Principles of Physics 5th Edition
A Calculus-Based Text
Raymond A. Serway, John W. Jewett 원저

최신대학물리학 II

대학물리학교재편찬위원회 역

 CENGAGE 북스힐

Andover • Melbourne • Mexico City • Stamford, CT • Toronto • Hong Kong • New Delhi • Seoul • Singapore • Tokyo

차 례

2권

번개 Lightning

번개는 세계 어느 곳에서나 일어나지만, 어떤 곳에서는 다른 곳보다 훨씬 자주 일어난다. 예를 들면 플로리다에서는 뇌우를 매우 자주 체험하는 반면에, 남 캘리포니아에서는 번개는 거의 일어나지 않는다. 이 〈관련 이야기〉를 시작하면서 번갯불의 상세한 내용을 정성적인 방법으로 보기로 하자. 이 〈관련 이야기〉를 계속하면서 더 정량적인 구조를 추가할 예정이다.

일반적으로 번갯불을 전하를 띤 구름과 땅 사이에서 일어나는 전기 방전 또는 다른 말로 엄청난 불꽃 방전이라고 생각할 것이다. 하지만 번개는 다음의 어떤 상황에서도 일어날 수 있는데, 그것은 어떤 큰 전하로(이것은 19장에서 논의한다) 말미암아 공기의 전기적 절연이 파괴되는 경우이며, 눈

© Clint Spencer/iStock

그림 1 번개는 전기적으로 구름과 땅을 연결한다. 이 〈관련 이야기〉에서 이런 번갯불의 자세한 내용에 대해 배우고, 지구에서 하루에 얼마나 번개가 많이 치는지 알아볼 것이다.

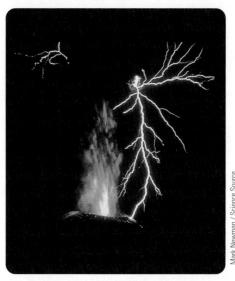

Mark Newman / Science Source

그림 2 러시아 캄차카의 톨바치크 화산이 분출하는 동안, 화산 위에 전하를 띤 공기에서 번개는 흔히 있는 일이다. 비록 이것뿐만 아니라 다른 많은 상황에서도 번개는 일어날 수 있지만, 이 〈관련 이야기〉에서 뇌우에서 일어나는 친숙한 번개를 연구할 것이다.

보라, 모래 폭풍 및 화산의 솟구침 등이 이에 해당된다. 구름과 결부지어 번개를 생각한다면, 구름 대 땅 방전, 구름 대 구름 방전, 구름 내 방전 및 구름 대 공기 방전을 관찰할 수 있다. 이 〈관련 이야기〉에서 우리는 가장 보편적으로 설명하는 방전, 즉 구름 대 땅 방전만을 생각할 것이다. 실제로는 구름 내 방전이 구름 대 땅 방전보다 더 자주 일어나지만, 그것은 통례적으로 관찰하는 번개 형태가 아니다.

번갯불은 매우 짧은 시간에 일어나기 때문에, 그 과정에 대한 구조는 보통 사람들의 관측으로는 알기가 어렵다. 하나의 번갯불은 개별적인 몇몇 번개침으로 구성되어 있는데, 그것들은 백분의 몇 초 정도 시간 간격을 두고 있다. 번개침의 수는 전형적으로 3 또는 4이지만, 하나의 번갯불에서 26번이나 친 것(총 지속 시간 2초 동안)을 측정한 적이 있다.

비록 하나의 번개침은 갑자기 일어난 단일 사건으로 나타날지 모르지만, 몇 단계 과정을 거쳐야 한다. 구름 근처에 있는 공기의 절연 파괴와 더불어 과정이 시작되는데, 이 결과 **계단선도**라는 음전하 기둥이 생기며, 이것은 전형적 속력 10^5 m/s로 대지를 향해 움직인다. **계단선도**라는 용어가 사용되는 이유는, 그 움직임이 길이 약 50 m인 별개의 계단 모양으로 일어나는데, 약 50 μs 동안 지연되다가 다음 계단이 생기기 때문이다. 공기가 불규칙적으로 이온화되어 짧은 길이의 공기에 전기가 통할 만큼 충분한 자유 전자가 생길 때마다 계단이 발생한다. 계단선도는 단지 희미하게 비칠 뿐이며 우리가 보통 번개로 생각하는 밝은 불빛이 아니다. 계단선도에 의해 운반되는 전하의 통로 반지름은 보통 수 미터에 이른다.

계단선도의 끄트머리가 대지에 접근할 때, 대지 가까이에 있는 공기의 전기적 절연 파괴를 일으킬 수 있는데, 뾰족한 물체의 끝에서 자주 일어난다. 계단선도에 있는 음전하 기둥의 끄트머리가 접근해 오면서 땅속 음전하를 밀쳐낸다. 결과적으로 대지 가까이에 있는 공기의 전기적 절연 파괴로 말미암아 땅으로부터 위로 움직이기 시작하는 양전하 기둥이 생긴다(전자는 이 기둥 안에서 아래로 움직이는데, 이는 양전하가 위로 움직인다는 것과 동일하다). 이 과정은 **귀환뇌격**의 시작이다. 땅 위 20~100 m에서, 귀환뇌격은 계단선도와 만나, 구름과 땅 사이에 하나의 효과적인 단락 회로를 만든다. 전자들이 빠른 속력으로 대지로 쏟아져 내려오며, 결과적으로 매우 큰 전류가 한 통로를 통해 흐르는데, 이 통로의 반지름은 수 센티미터로 측정된다. 이 높은 전류는 공기의 온도를 빠르게 상승시키고, 원자들을 이온화해서 우리가 보는 밝은 번갯불을 일으킨다. 번개의 방출 스펙트럼은 공기의 주요 성분인 산소와 질소로부터 나오는 여러 스펙트럼선을 보여 준다.

귀환뇌격 후에, 전도 통로는 짧은 시간 동안 전도성을 유지한다(백분의 몇 초 정도로 측정된다). 만일 이 전도 통로의 맨 위에서 구름으로부터 얻어 쓸 수 있는 음전하가 더 있다면, 이 전하는 아래로 움직여 새로운 번개침을 일으킬 수 있다. 이 경우에는 전도 통로가 '열려' 있기 때문에, 선도자는 계단 형태로 움직이지 않고, 그보다는 매끄럽고 빠르게

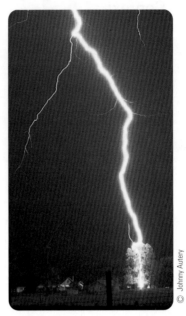

© Johnny Autery

그림 3 이 사진은 번개침뿐만 아니라 벼락의 개별 성분도 보여 주고 있다. 밝은 통로는 번개침이 진행 중임을 나타내는데, 이것은 계단선도와 귀환뇌격이 연결되어 통로가 전도성을 가지게 된 직후의 일이다. 사진의 윗부분에서 여러 개의 계단선도를 볼 수 있는데, 그것은 밝은 통로로부터 가지를 치고 있다. 계단선도는 밝은 통로보다 덜 빛나는데, 이는 그것이 아직 귀환뇌격과 연결되지 않았기 때문이다. 밝은 통로 바로 왼쪽에서 귀환뇌격 하나를 볼 수 있는데, 그것은 나무에서 위로 움직이며 계단선도를 찾고 있다. 아주 희미한 또 하나의 귀환뇌격을 볼 수 있는데, 그것은 사진 왼쪽에 있는 전봇대 꼭대기를 떠나고 있다.

아래로 움직인다. 이 때문에 이를 화살선도자라고 한다. 다시 한 번, 이 화살선도자가 땅에 접근하면서, 귀환뇌격이 촉발되고 밝은 불빛이 생긴다.

전도 통로를 통해 전류가 흐른 직후에, 공기는 보통 온도 30 000 K의 플라스마로 바뀐다. 그 결과 중 하나로, 급격한 압력 증가로 말미암아 플라스마가 빠르게 팽창해서 주위에 있는 공기에 충격파를 만들어 낸다. 이 충격파가 번개와 결부된 천둥의 근원이다.

번개를 이해하는 데 첫 번째 정성적 단계를 거쳤으므로, 이제 더욱 상세한 내용을 탐구해 보자. 번개에 관한 물리를 살펴본 후에, 우리는 다음 핵심 질문에 답할 것이다.

지구에서 하루 동안 내리치는 번개의 평균 횟수를 어떻게 계산할 수 있는가?

전기력과 전기장 Electric Forces and Electric Fields

Science Source

아이가 자신의 몸에 전기적으로 대전되는 현상을 즐기고 있다. 머리카락은 각각 대전되어 서로 척력을 작용해서 사진에서 보는 것과 같이 가닥가닥 곤두선다.

19 장은 **전기학**에 대한 세 개의 장 중 첫 번째 장이다. 여러분은 아마도 건조기에서 꺼낸 옷들이 달라붙는 현상과 같은 전기적 현상을 경험한 적이 있을 것이다. 카펫 위를 걸어간 후 문고리를 잡을 때 손끝에서 스파크가 튀는 것도 또한 익숙한 일일 것이다. 일상생활에서 사용하는 많은 기기들은 발전소에서 만들어져 전달된 전기 에너지에 의해 작동한다. 심지어 우리의 몸도 전기를 광범위하게 사용하는 전기 화학적 기계라 할 수 있다. 신경계는 자극을 전기 신호 형태로 전달하며, 세포막을 통과하는 물질의 흐름에도 전기력이 관련되어 있다.

이 장은 5장에서 소개한 정전기력의 기본 성질과 정지 상태의 대전 입자와 관련된 전기장의 성질을 고찰하는 것으로 시작된다. 또한 연속적인 전하 분포가 만들어 내는 전기장에 대한 개념과 이런 전기장이 다른 대전 입자에 미치는 영향 등이 기술되어 있다. 입자에 작용하는 전기력을 이해하면, 적절한 상황에서 알짜힘을 받는 입자 모형에 전기력을 포함시킬 수 있다.

▌**19.1** | **역사적 고찰** Historical Overview

휴대 전화, TV, 전동기, 컴퓨터, 고에너지 입자 가속기, 의학에서 이용되는 주요 전자 기기와 같은 장비를 운영할 때 전자기 법칙이 중심적 역할을 한다. 그러나 더욱 근본적인 것은 고체와 액체를 형성하는 데 필요한 원자 간 또는 분자 간 힘의 근원이 전기적인 것이라는 사실이다. 더욱이 접촉한 물체 사이의 밀고 당기는 힘과 용수철에서의 탄성력이 원자 수준에서는 전기적 힘에서 생긴다는 것이다.

중국의 문헌에 의하면 자기(magnetism)는 기원전 2000년경부터 알려졌다고 한다. 고대 그리스인들은 아마도 기원전 700년경에 전기적 현상과 자기적 현상을 관찰했다고 한다. 그들은 고무로 문지른 호박의 조각이 전기를 띠고 깃털 조각을 끌어당기는 것을 발견했다. 자기력의 존재는 **마그네타이트**(Fe_3O_4)라고 불리는 자연에서 생성된 돌조각이 쇠에 끌린다는 관찰로부터 알려졌다(electric이란 용어는 호박에 대한 그리스 용어인 elektron에서 유래됐다. 또한 magnetic이란 용어는 마그네타이트가 발견된 터키의 해안가에 있는 도시인 Magnesia에서 유래됐다).

1600년 영국의 과학자 길버트(William Gilbert)는 전기를 띠는 대전 현상이 호박에만 국한되지 않는 일반적인 현상임을 발견했다. 과학자들은 심지어 인간을 포함해서 다양한 물체를 대전시키려 했다.

19세기 초가 되어서야 과학자들은 전기와 자기가 서로 관련된 현상이라는 것을 증명했다. 1820년 덴마크 과학자인 외르스테드(Hans Oersted)는 자석으로 된 나침반 바늘이 전류를 운반하는 회로의 부근에 놓일 때 편향됨을 발견했다. 1831년 영국의 패러데이(Michael Faraday)와 거의 동시에 미국의 헨리(Joseph Henry)는 도선 고리가 자석 부근에서 움직일 때 (또는 자석이 도선 고리 부근에서 움직일 때) 도선 고리에서 전류를 관찰했다. 1873년 맥스웰(Clerk Maxwell)은 오늘날 우리가 알고 있는 전자기 법칙을 공식화하는 기초로서 이들의 관찰 결과와 여러 실험 사실을 이용했다. 바로 그 직후인 1888년경에 헤르츠(Heinrich Hertz)는 실험실에서 전자기파를 발생시킴으로써 맥스웰의 예언을 증명했다. 이 성과로 라디오, TV, 휴대 전화, 블루투스, Wi-Fi와 같은 실용적인 전자기기가 만들어진 것이다.

전자기학에 대한 맥스웰의 기여는 특히 중요한데, 그 이유는 그가 만든 법칙들이 **모든** 전자기 현상에 기초가 되기 때문이다. 그의 업적은 뉴턴의 운동의 법칙 및 중력 이론의 발견과 견줄 수 있을 만큼 중요하다.

▌**19.2** | **전하의 성질** Properties of Electric Charges

정전기력의 존재를 여러 가지 간단한 실험으로 입증할 수 있다. 예를 들면 머리빗을 머리카락에 문지르면 이 머리빗이 종잇조각을 끌어당김을 확인할 수 있을 것이다.

정전기적 인력은 종잇조각을 매달 수 있을 만큼 충분히 강하다. 유리와 고무와 같은 물질을 문지를 때도 동일한 효과를 관측할 수 있다.

또 다른 간단한 실험은 모직이나 머리카락으로 팽팽한 풍선을 문지르는 것이다(그림 19.1). 건조한 날에 문질러진 풍선은 방 안의 벽에 몇 시간 정도 붙어 있을 것이다. 물질이 이런 현상을 보일 때 대전됐다고 한다. 모직으로 짠 양탄자 위를 걷거나 자동차 좌석에서 미끄러질 때 우리 몸을 대전시킬 수 있으며, 다른 사람과 가볍게 접촉함으로써 우리 몸에 있는 전하를 느낄 수 있고 또한 전하를 제거시킬 수도 있다. 적당한 조건하에서 접촉할 때 불꽃이 튀는 것을 볼 수 있으며, 또한 두 사람 모두 약간의 따끔거림을 느끼게 된다(이런 실험은 건조한 날에 가장 잘 되는데, 그 이유는 공기 중의 과도한 수분은 전하가 대전된 물체로부터 빠져나갈 수 있는 경로가 되기 때문이다).

프랭클린(Benjamin Franklin, 1706~1790)은 일련의 실험에서 두 종류의 전하가 있음을 밝혔고, 이를 **양전하**와 **음전하**로 명명했다. 그림 19.2에서는 이 두 종류의 전하가 어떻게 상호 작용을 하는지 이해할 수 있다. 모피(또는 인공 섬유)로 문지른 딱딱한 고무(또는 플라스틱) 막대가 줄에 매달려 있고, 명주 천으로 문지른 유리 막대를 고무 막대 가까이 가져가면 고무 막대가 유리 막대 쪽으로 끌리게 된다(그림 19.2a). 대전된 두 고무 막대(또는 대전된 두 유리 막대)를 서로 가까이 하면 그림 19.2b에서처럼 이들은 서로 밀어낸다. 이 실험은 고무 막대와 유리 막대가 서로 다른 두 종류의 전하를 가지고 있음을 보여 준다. 이 관찰을 통해 **서로 같은 종류의 전하끼리는 밀어내고 서로 다른 종류의 전하끼리는 당긴다**는 결론을 내릴 수 있다.

여기서 전하는 두 종류만 존재함을 알게 되는데, 그 이유는 양전하에 의해 당겨지는 미지의 전하는 음전하에 의해서는 밀쳐진다는 것을 알고 있기 때문이다. 지금까지 어느 누구도 대전된 물체가 양전하와 음전하에 의해 동시에 당겨지거나 또는 이들 전하에 의해 동시에 밀쳐지는 현상을 관측한 바 없다.

전기적 인력을 활용한 다양한 전기제품이 있다. 예를 들어 **에타필콘**(etafilcon)이라고 하는 콘택트 렌즈용 플라스틱은 사람의 눈물 내에 있는 단백질 분자와 전기적으

그림 19.1 건조한 날 풍선을 머리에 대고 비비면 머리카락과 풍선이 모두 대전된다.

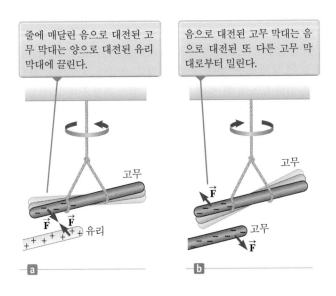

줄에 매달린 음으로 대전된 고무 막대는 양으로 대전된 유리 막대에 끌린다.

음으로 대전된 고무 막대는 음으로 대전된 또 다른 고무 막대로부터 밀린다.

고무

고무

$\vec{F}$

$\vec{F}$ $\vec{F}$ ← 유리

고무

$\vec{F}$

ⓐ

ⓑ

그림 19.2 (a) 서로 반대 전하와 (b) 같은 전하 사이의 전기력

BIO **콘택트 렌즈의 전기적 인력**

로 인력이 작용하는 분자들로 만들어진 것인데, 플라스틱은 이런 단백질 분자를 흡수하고 유지해서 사실상 렌즈가 이 렌즈를 착용한 사람의 눈물로 구성된 것과 같도록 해 준다. 렌즈를 착용한 사람이 이 렌즈에 대해 이물질과 같은 거부감을 느끼지 않고 편안하게 사용할 수 있는 것은 이런 이유 때문이다. 우리가 사용하는 많은 종류의 화장품에 첨가된 재료가 피부나 머리카락과 전기적 인력으로 인해 잘 달라붙으므로 이런 화장품은 사람의 피부나 머리카락에서 잘 떨어지지 않게 된다.

전하의 또 다른 중요한 특징은 고립계 내의 알짜 전하가 항상 보존된다는 것이다. 7장에서 에너지의 보존에 대해 설명하면서 고립계 모형을 소개한 바 있는데, 여기에서는 고립계에 대한 **전하 보존**(conservation of electric charge)의 원리를 살펴보고 있는 것이다. 전하 보존은 처음에 전기적으로 중성인 두 물체를 서로 문질러 대전시킬 때 그 과정에서 별도의 전하가 만들어지지 않는다는 것을 의미한다. 한 물체에서 다른 물체로 **전자가 전달**되기 때문에 물체는 대전된다. 즉 한 물체는 그 물체로 **옮겨진 전자**만큼의 음전하를 얻게 되는 반면에, 다른 물체는 잃은 음전하만큼의 양전하를 띠게 된다. 그렇지만 이 두 물체를 하나의 고립계라고 취급하므로, 이 고립계의 경계를 통해 전하가 이동한 것은 전혀 없다. 단지 변화가 생긴 것은 이 고립계를 구성하는 두 물체 간에 전하가 이동한다는 것이다. 예를 들면 그림 19.3에서처럼 유리 막대를 명주 천으로 문지를 때 유리 막대가 지닌 양전하만큼의 음전하를 명주 천이 얻게 되는데, 이것은 음으로 대전된 전자가 유리로부터 명주 천으로 이동하기 때문이다. 마찬가지로 고무를 모피로 문지를 때 전자는 모피에서 고무로 옮겨 간다. **대전되지 않은 물체**는 매우 많은(~10^{23} 정도) 음전하를 지닌 전자와 전자에 대응하는 양전하를 지닌 양성자가 존재하므로 대전되지 않은 물체는 어떤 부호의 알짜 전하도 가지지 않는다.

전하의 또 다른 성질은 물체가 가진 전체 전하가 기본 전하 e의 정수배로 양자화되어 있다는 것이다. 5장에서 $e = 1.60 \times 10^{-19}$ C임을 알았다. 전하의 양자화는 물체가 가진 전하가 정수 개의 여분의 전자나 정수 개의 전자가 부족함에 기인하기 때문이다.

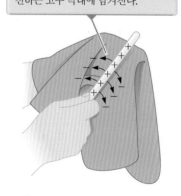

전하가 보존되기 때문에 각 전자는 명주 천에 음전하를 더하고, 동일한 양전하는 고무 막대에 남겨진다.

그림 19.3 유리 막대를 명주 천으로 문지르면 전자는 유리 막대에서 명주 천으로 옮겨진다. 또한 전하는 불연속적인 다발로 옮겨지므로 두 물체의 전하는 $\pm e$, $\pm 2e$, $\pm 3e$ 등이다.

▶ **퀴즈 19.1** 세 물체를 한 번에 두 개씩 서로 가까이 가져온다. 물체 A와 B를 함께 가져올 때는 서로 밀어내고, 또한 물체 B와 C를 함께 가져올 때도 서로 밀어낸다. 다음 명제 중 참인 것은? (a) 물체 A와 C의 전하는 같은 부호이다. (b) 물체 A와 C의 전하는 반대 부호이다. (c) 세 물체 모두 전하의 부호가 같다. (d) 한 물체는 중성이다. (e) 전하의 부호를 결정하기 위해서는 추가 실험을 해야 한다.

◤ **19.3** | **절연체와 도체** Insulators and Conductors

지금까지 한 물체에서 다른 물체로 전하가 이동하는 현상에 대해 살펴봤다. 전하는 물체 내의 한 지점에서 다른 지점으로 이동하는 것도 가능한데, 이런 전하의 움직임을 **전기 전도**(electrical conduction)라 한다. 물질 내에서 전하를 이동시킬 수 있는 능력에 따라 물질을 분류하는 것이 편리하다.

전기적인 **도체**(conductor)는 원자에 구속되지 않고 물질 내에서 상대적으로 자유롭게 움직일 수 있는 자유 전자가 있는 물질이며,[1] 전기적인 **절연체**(insulator)는 모든 전자가 핵에 구속되어 물질 내에서 자유롭게 움직일 수 없는 물질이다.

유리, 고무 및 마른 나무 등의 물질들은 절연체이다. 이런 물질들을 마찰에 의해 대전시키면, 문지른 부분만 전하를 띠며 이 전하는 물질의 다른 영역으로 이동할 수 없다. 이에 비해 구리, 알루미늄, 은 등의 물질은 양호한 도체이다. 이런 물질은 일부분이 대전되면, 이 전하는 즉각 도체의 전체 표면으로 퍼진다. 만일 여러분이 구리 막대를 손에 쥐고, 양모 또는 모피로 문지르면, 구리 막대는 종잇조각을 끌어당기지 않을 것이다. 이것은 금속이 대전될 수 없음을 암시하는 것으로 생각할 수 있다. 그러나 여러분이 절연 손잡이로 구리 막대를 쥐고 구리 막대를 문지르면 막대는 대전될 것이며 종잇조각을 끌어당길 것이다. 첫 번째 경우, 구리 막대가 종잇조각을 끌어당기지 않는 이유는 문지름에 의해서 생성된 전하가 쉽게 구리에서 여러분의 몸으로 옮겨지고 결국은 땅으로 옮겨지기 때문이다. 두 번째 경우는 절연 손잡이가 땅으로 전하가 흐르는 것을 방해하기 때문이다.

반도체(semiconductor)는 세 번째 종류의 물질로서, 전기적 성질은 도체와 절연체의 특성 사이에 있다. 반도체 내에 있는 전하는 대체로 자유롭게 움직이지만 움직이는 전하의 양은 도체의 경우와 비교할 때 대단히 적다. 다양한 전자 장비를 만드는 데 광범위하게 이용되는 것으로 잘 알려진 반도체의 예로는 실리콘(Si)과 저마늄(Ge)이 있다. 반도체에 어떤 원자를 첨가하면 반도체의 전기적인 성질을 매우 크게 변화시킬 수 있다.

유도에 의한 대전 Charging by Induction

도체가 도선이나 파이프로 땅에 연결될 때, **접지**(grounded)됐다고 한다. 지구를 전자의 무한한 저장고로 취급할 수 있는데, 그 의미는 지구가 무한한 양의 전자를 받아들이거나 공급할 수 있음을 의미한다. 이로부터 지구가 17장에서 설명한 에너지 저장고와 유사한 역할을 한다고 볼 수 있다. 이런 생각을 가진다면 **유도**(induction)에

---

[1] 금속 원자는 한 개 이상의 외각 전자를 가지고, 이들은 핵에 약하게 구속되어 있다. 여러 원자가 결합해서 금속을 만들 때, 이들 중 한두 개는 어떤 원자에도 구속되지 않는다. 이 전자들은 용기 안에서 움직이는 기체 분자와 유사한 방법으로 금속의 여러 곳으로 움직인다.

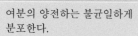

중성의 구는 동일한 수의 양전하와 음전하를 가진다.

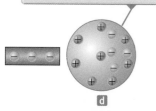

대전된 막대를 구 근처로 가져오면, 전자는 재분포된다.

구가 접지되면 구의 전자 일부는 접지선을 통해 나간다.

여분의 양전하는 불균일하게 분포한다.

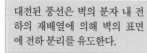

남아 있는 전자는 균일하게 재분포 되어, 구의 알짜 양전하가 균일하게 분포된다.

그림 19.4 유도에 의한 금속체 대전. (a) 중성의 금속구 (b) 대전된 고무 막대가 구 근처에 있다. (c) 구가 접지된다. (d) 접지 연결을 제거한다. (e) 막대를 제거한다.

의한 대전이라고 알려진 과정에 의해서 도체를 대전시키는 방법을 이해할 수 있다.

유도 과정을 통해 도체가 어떻게 대전되는지 이해하기 위해, 그림 19.4a와 같이 지 표면으로부터 절연된 중성의 (대전되지 않은) 금속 구를 생각해 보자. 만약 구의 전 하가 정확하게 영이면 구는 전자와 양성자의 수가 동일하다. 음으로 대전된 고무 막 대를 구에 가까이 가져가면, 막대에 가장 가까운 쪽에 있는 전자는 척력을 받아서 구 의 반대편으로 이동한다. 이 전자의 이동에 의해 그림 19.4b와 같이 막대와 가까운 쪽은 전자의 수가 감소해서 결과적으로 양전하가 남는다. (그림 19.4b에서 구의 왼쪽 은 양(+)으로 대전되는데 마치 양전하가 이 영역으로 이동한 것 같지만, 금속에서 자유롭게 이동할 수 있는 것은 단지 전자만이라는 것을 기억하자.) 이 과정에서 보듯 이 유도에 의해 물체를 대전시키기 위해서는 전하를 유도하는 물체와 접촉하지 않아 도 된다. 만약 구를 땅에 도선으로 연결하고 같은 실험을 수행하면(그림 19.4c), 도체 의 일부 전자는 막대의 음전하에 의해 밀려서 도선을 통해 구에서 땅으로 이동한다. 그림 19.4c의 도선 끝에 있는 기호 ⏚는 접지 기호로, 지구와 같은 저장고에 도선을 연결한 것을 의미한다. 접지된 도선을 제거하면(그림 19.4d), 양성자보다 전자가 적 기 때문에, 도체 구는 여분의 **유도**된 양전하를 가지게 된다. 구 주변에 있는 고무 막 대를 치우면(그림 19.4e), 유도된 양전하는 접지되지 않은 구에 남게 된다. 이 과정 동안 고무 막대는 음전하의 손실이 전혀 발생하지 않음에 주목하자.

유도에 의해 도체를 대전시킬 때 전하를 유도하는 물체와 접촉할 필요는 없다. 이 점은 두 물체를 접촉을 통해 문질러서 물체를 대전시키는 것과 비교된다.

도체에서 유도에 의한 대전 현상과 매우 비슷한 현상이 절연체에서도 발생한다. 대 부분의 중성 원자와 분자에서 양전하의 중심은 음전하의 중심과 일치한다. 그러나 대 전된 물체가 가까이에 있는 경우 양전하와 음전하의 위치는 대전된 물체의 인력과 척 력으로 인해 다소 이동할 수 있으며, 이 경우 분자 한쪽의 양전하가 다른 쪽의 양전하 보다 많아질 수 있다. 이런 효과를 **분극**(polarization)이라고 한다. 그림 19.5a는 대 전된 풍선이 오른쪽의 벽면 가까이 놓여 있는 경우 개개 분자의 분극이 부도체의 표

대전된 풍선은 벽의 분자 내 전 하의 재배열에 의해 벽의 표면 에 전하 분리를 유도한다.

종이의 분자 내에 전하 분리가 유도되 므로 대전된 막대는 종잇조각을 끌어 당긴다.

대전된 풍선　벽　유도 전하 분리

© Cengage Learning/Charles D. Winters

그림 19.5 (a) 대전된 풍선을 절연 벽에 가까이 가져간다. (b) 대전된 막대를 종잇조각에 가까이 가져간다.

면에 전하층을 만들 수 있음을 보여 준다. 이 그림에서 벽면의 음전하층이 각 분자의 반대쪽에 있는 전하로 만들어진 양전하층보다 양전하로 대전된 풍선에 더욱 가까이 있음을 알 수 있다. 이 경우 대전된 풍선이 지닌 양전하와 벽면의 음전하 간에 작용하는 인력은 대전된 풍선의 양전하와 벽면의 양전하 간에 작용하는 척력보다 커지기 때문에 풍선과 벽면 사이에는 알짜 인력이 존재하게 된다. 절연체의 유도 개념을 이용하면 그림 19.5b와 같이 대전된 막대가 전기적으로 중성인 종잇조각들을 왜 끌어 잡아당기는지 또는 옷에 문지른 풍선이 왜 중성의 벽에 붙을 수 있는지 설명할 수 있다.

> **퀴즈 19.2** 세 물체를 한 번에 두 개씩 서로 가까이 가져온다. 물체 A와 B를 함께 가져올 때는 서로 잡아당기고, 물체 B와 C를 함께 가져올 때는 서로 밀어낸다. 다음 명제 중 반드시 참인 것은? (**a**) 물체 A와 C의 전하는 같은 부호이다. (**b**) 물체 A와 C의 전하는 반대 부호이다. (**c**) 세 물체 모두 전하의 부호가 같다. (**d**) 한 물체는 중성이다. (**e**) 전하의 부호를 결정하기 위해서는 추가 실험을 해야 한다.

▌**19.4** │ **쿨롱의 법칙** Coulomb's Law

쿨롱(Charles Coulomb)은 자신이 고안한 비틀림 저울(그림 19.6)을 이용해서 대전된 물체 간에 작용하는 전기력을 정량적으로 측정했다. 이 실험을 통해 쿨롱은 대전된 매우 작은 구 사이에 작용하는 전기력이 두 구 사이의 거리 r의 제곱에 반비례한다는 사실, 즉 $F_e \propto 1/r^2$임을 확인했다. 쿨롱이 사용한 비틀림 저울의 작동 원리는 캐번디시(Henry Cavendish) 경이 지구 밀도를 측정할 때 사용한 장치의 원리와 동일한데(11.1절 참조), 두 장치 사이의 차이는 전기적으로 중성인 구를 대전된 구로 바꾼 것뿐이다. 그림 19.6의 대전된 두 구 A와 B 사이의 전기력은 서로 잡아당기거나 밀어서 매달린 줄이 비틀어지게 된다. 이 비틀어진 줄의 복원력 토크는 줄이 회전한 각도에 비례하기 때문에, 이 각도를 측정하면 인력 또는 척력인 전기력의 정량적인 크기를 얻을 수 있다. 마찰에 의해 구가 대전되면, 구 사이의 전기력은 만유인력에 비해 대단히 크기 때문에 만유인력의 영향은 무시할 수 있다.

5장에서 언급한 **쿨롱의 법칙**(Coulomb's law)에 따르면, 전하가 q_1과 q_2이고 거리 r만큼 떨어져 있는 대전된 두 입자 사이에 작용하는 정전기력의 크기는 다음과 같다.

$$F_e = k_e \frac{|q_1||q_2|}{r^2}$$ **19.1**

여기서 $k_e(= 8.987\ 6 \times 10^9\ \text{N} \cdot \text{m}^2/\text{C}^2)$은 **쿨롱 상수**(Coulomb constant)이고 전하의 단위가 C(쿨롬), 거리의 단위가 m일 경우 힘의 단위는 N(뉴턴)이 된다. 상수 k_e는 또한 다음과 같이 표현된다.

매다는 부분

철사줄

B

A

그림 19.6 두 전하 사이에 작용하는 전기력의 역제곱 법칙을 세우는 데 사용한 쿨롱의 비틀림 저울

© Book's Hill

쿨롱

Charles Coulomb, 1736~1806
프랑스의 물리학자

쿨롱은 정전기학 자기학 분야에서 과학적 업적을 세웠다. 일생 동안, 그는 재료의 강도를 연구하고, 보 위의 물체에 작용하는 힘을 측정해서 구조역학 분야에 기여했다. 인간 공학 분야에서도 그의 연구는 사람과 동물이 가장 일을 잘 할 수 있는 방법을 이해하는 데 기초를 제공했다.

표 19.1 | 전자, 양성자 및 중성자의 전하와 질량

입 자	전하 (C)	질량 (kg)
전자 (e)	$-1.602\,176\,5 \times 10^{-19}$	$9.109\,4 \times 10^{-31}$
양성자 (p)	$+1.602\,176\,5 \times 10^{-19}$	$1.672\,62 \times 10^{-27}$
중성자 (n)	0	$1.674\,93 \times 10^{-27}$

$$k_e = \frac{1}{4\pi\epsilon_0}$$

여기서 상수 ϵ_0는 **자유 공간의 유전율**(permittivity of free space)이며 다음의 값을 가진다.

$$\epsilon_0 = 8.854\,2 \times 10^{-12}\,\mathrm{C^2/N \cdot m^2}$$

참고로 식 19.1은 단지 전기력의 크기에 대한 것인데, 한 입자가 받는 힘의 방향은 대전된 두 입자의 상호 간 위치와 전하의 부호에 의해 결정된다. 따라서 정전기학의 문제를 푸는 데 있어서 그림을 이용해서 설명하는 것이 매우 중요하다.

전자의 전하는 $q = -e = -1.60 \times 10^{-19}$ C이고 양성자의 전하는 $q = +e = 1.60 \times 10^{-19}$ C이다. 그러므로 1 C의 전하는 $(1.60 \times 10^{-19})^{-1} = 6.25 \times 10^{18}$개 전자의 전하(즉 $1/e$)와 같다. (기본 전하 e에 대한 내용은 5.5절에 언급되어 있다.) 참고로 1 C의 전하는 상당히 큰 값에 해당된다. 고무 막대나 유리 막대가 마찰에 의해 대전되는 보통의 정전기 실험에서는 10^{-6} C($= 1\,\mu$C) 정도의 알짜 전하가 얻어진다. 바꿔 말하면 이들 물질 내에 존재하는 전체 전자 수(대략 1 cm³의 물질 내에 10^{23}개가 있음) 중 아주 작은 양만이 막대와 문지르는 물체 사이에서 전달된다. 전자, 양성자, 중성자의 전하와 질량이 표 19.1에 기재되어 있다.

쿨롱의 법칙을 적용할 때, 힘은 **벡터**양이므로 벡터 연산을 해야 한다. 더욱이 쿨롱의 법칙은 오직 점전하에만 정확히 적용[2]되는 것임을 알아야 한다. q_1이 q_2에 작용하는 정전기력 $\vec{\mathbf{F}}_{12}$는 다음과 같이 표현된다.[3]

$$\vec{\mathbf{F}}_{12} = k_e \frac{q_1 q_2}{r^2} \hat{\mathbf{r}}_{12} \qquad \textbf{19.2}$$

여기서 $\hat{\mathbf{r}}_{12}$는 그림 19.7a에서처럼 q_1에서 q_2로 향하는 단위 벡터이다. 식 19.2는 공간 내에서 전기력의 방향을 알고자 할 때 사용되는데, $\hat{\mathbf{r}}_{12}$의 방향을 명확히 하고자 할 경우에는 그림 표현이 효과적이다. 뉴턴의 제3법칙으로부터 q_1이 q_2에 작용하는 전기력은 q_2가 q_1에 작용하는 힘과 크기가 같고 방향이 반대, 즉 $\vec{\mathbf{F}}_{21} = -\vec{\mathbf{F}}_{12}$이다. 식 19.2로부터 q_1과 q_2가 같은 부호이면 $q_1 q_2$의 곱은 양이고, 힘은 척력임을 알 수 있다(그림 19.7a). 그림 19.7b에서처럼 q_1과 q_2가 반대 부호이면 $q_1 q_2$의 곱은 음이고 힘은 인력

---

[2] 쿨롱의 법칙은 또한 입자 모형을 적용할 수 있는 큰 물체에도 사용할 수 있다.

[3] 여기서 q_2는 전하 q_2를 지닌 입자를 나타내고 있음에 주목하자. 이런 표기는 보통 대전 입자에 대해 사용하는 것으로서 역학에서 질량이 m_2인 입자를 간단히 m_2이라고 표기하는 것과 유사한 것이다. 문맥을 이해하면 q가 전하를 지닌 입자를 뜻하는지 또는 전하량을 의미하는지 구분할 수 있다.

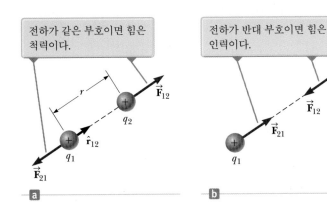

전하가 같은 부호이면 힘은 척력이다.

전하가 반대 부호이면 힘은 인력이다.

그림 19.7 거리 r만큼 떨어진 두 점전하는 서로 쿨롱의 법칙으로 주어진 힘을 작용한다. q_2가 q_1에 작용하는 힘 $\vec{\mathbf{F}}_{21}$은 q_1이 q_2에 작용하는 힘 $\vec{\mathbf{F}}_{12}$와 크기는 같고 방향은 반대임에 주목한다.

이 된다. 이 경우 q_2에 작용하는 힘은 $\hat{\mathbf{r}}_{12}$의 반대 방향, 즉 q_1으로 향하는 방향이 된다.

전하가 둘 이상 있으면, 이들 중 임의의 둘 사이에 작용하는 힘은 식 19.2로 주어지므로, 이들 중 한 전하에 작용하는 합력은 다른 각각의 전하에 의한 힘들의 **벡터합**과 같다. 정전기력에 적용된 것과 같은 이런 **중첩의 원리**(principle of superposition)는 실험적으로 관측된 사실로서, 4장에 기술된 것과 같이 여러 힘 간의 벡터합에 해당한다. 예를 들어 네 개의 대전 입자가 있다면, 입자 2, 3, 4가 입자 1에 작용하는 합력은 다음과 같이 벡터합으로 주어진다.

$$\vec{\mathbf{F}}_1 = \vec{\mathbf{F}}_{21} + \vec{\mathbf{F}}_{31} + \vec{\mathbf{F}}_{41}$$

▶ **퀴즈 19.3** 물체 A는 $+2~\mu\text{C}$의 전하를, 물체 B는 $+6~\mu\text{C}$의 전하를 가진다. 물체에 작용하는 전기력에 대해 참인 것은 어느 것인가? (a) $\vec{\mathbf{F}}_{AB} = -3\vec{\mathbf{F}}_{BA}$ (b) $\vec{\mathbf{F}}_{AB} = -\vec{\mathbf{F}}_{BA}$ (c) $3\vec{\mathbf{F}}_{AB} = -\vec{\mathbf{F}}_{BA}$ (d) $\vec{\mathbf{F}}_{AB} = 3\vec{\mathbf{F}}_{BA}$ (e) $\vec{\mathbf{F}}_{AB} = \vec{\mathbf{F}}_{BA}$ (f) $3\vec{\mathbf{F}}_{AB} = \vec{\mathbf{F}}_{BA}$

▶ **예제 19.1 | 알짜힘이 영인 곳은?**

세 개의 점전하가 그림 19.8과 같이 x축을 따라 놓여 있다. $q_1 = 15.0~\mu\text{C}$인 양전하가 $x = 2.00~\text{m}$에 있고, $q_2 = 6.00~\mu\text{C}$인 양전하는 원점에 놓여 있으며, q_3에 작용하는 알짜힘은 영이다. q_3의 x축 상 위치는 어디인가?

풀이

개념화 q_3은 다른 두 전하 사이에 있기 때문에 두 가지 전기력을 받는다. 그림 19.8과 같이 두 힘은 같은 선상에 놓인다. q_3은 음전하이고 q_1과 q_2는 양전하이므로, $\vec{\mathbf{F}}_{13}$과 $\vec{\mathbf{F}}_{23}$은 모두 인력이다.

분류 q_3에 작용하는 알짜힘은 영이므로 점전하 q_3을 평형 상태에 있는 입자로 간주한다.

분석 평형 상태에 있는 전하 q_3에 작용하는 알짜힘에 대한 식을 쓴다.

그림 19.8 (예제 19.1) 세 점전하가 x축을 따라 놓여 있다. q_3에 작용하는 합력이 영이라면, q_1이 q_3에 작용하는 힘 $\vec{\mathbf{F}}_{13}$는 q_2가 q_3에 작용하는 힘 $\vec{\mathbf{F}}_{23}$과 크기는 같고 방향이 반대여야만 한다.

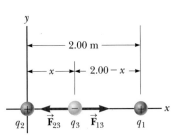

$$\vec{\mathbf{F}}_3 = \vec{\mathbf{F}}_{23} + \vec{\mathbf{F}}_{13} = -k_e \frac{|q_2||q_3|}{x^2}\hat{\mathbf{i}} + k_e \frac{|q_1||q_3|}{(2.00-x)^2}\hat{\mathbf{i}} = 0$$

이 식의 둘째 항을 우변으로 옮기고, 단위 벡터 $\hat{\mathbf{i}}$의 계수들을 같게 놓는다.

$$k_e \frac{|q_2||q_3|}{x^2} = k_e \frac{|q_1||q_3|}{(2.00 - x)^2}$$

k_e와 $|q_3|$을 소거하고 식을 다시 정리한다.

$$(2.00 - x)^2 |q_2| = x^2 |q_1|$$

$$(4.00 - 4.00x + x^2)(6.00 \times 10^{-6} \text{ C}) = x^2(15.0 \times 10^{-6} \text{ C})$$

이차 방정식을 간단히 한다.

$$3.00x^2 + 8.00x - 8.00 = 0$$

이차 방정식의 양의 근을 구한다.

$$x = \boxed{0.775 \text{ m}}$$

결론   이차 방정식에 대한 두 번째 근은 $x = -3.44$ m이다. 그 곳은 q_3에 작용하는 두 힘의 크기가 같은 지점이지만 두 힘은 같은 방향으로 작용하기 때문에 상쇄되지 않는다.

◤ 예제 19.2 | 수소 원자

수소 원자의 전자와 양성자는 평균적으로 대략 5.3×10^{-11} m 거리만큼 떨어져 있다. 두 입자 사이에 작용하는 전기력과 중력의 크기를 구하라.

풀이

개념화   이 문제처럼 매우 작은 거리만큼 떨어진 두 입자를 생각해 보자. 5장에서 작은 물체 사이에 작용하는 만유인력은 약하다는 것을 알았으므로, 전자와 양성자 사이에 작용하는 만유인력이 전기력에 비해 매우 작을 것으로 예상된다.

분류   일반적인 힘의 법칙으로 전기력과 만유인력을 구하므로, 예제를 대입 문제로 분류한다.

쿨롱의 법칙으로부터 전기력의 크기를 구한다.

$$F_e = k_e \frac{|e||-e|}{r^2}$$

$$= (8.99 \times 10^9 \text{ N} \cdot \text{m}^2/\text{C}^2) \frac{(1.60 \times 10^{-19} \text{ C})^2}{(5.3 \times 10^{-11} \text{ m})^2}$$

$$= \boxed{8.2 \times 10^{-8} \text{ N}}$$

표 19.1과 뉴턴의 만유인력 법칙을 이용해서 만유인력의 크기를 구한다.

$$F_g = G \frac{m_e m_p}{r^2}$$

$$= (6.67 \times 10^{-11} \text{ N} \cdot \text{m}^2/\text{kg}^2)$$

$$\times \frac{(9.11 \times 10^{-31} \text{ kg})(1.67 \times 10^{-27} \text{ kg})}{(5.3 \times 10^{-11} \text{ m})^2}$$

$$= \boxed{3.6 \times 10^{-47} \text{ N}}$$

F_e/F_g의 비는 대략 2×10^{39}이므로, 원자 수준의 대전된 작은 입자 사이에 작용하는 만유인력은 전기력에 비하면 무시할 정도이다. 뉴턴의 만유인력 법칙과 쿨롱의 전기력 법칙의 형태가 유사함에 주목하자. 기본 입자 사이에 힘의 크기 이외에 두 힘의 근본적인 차이는 무엇인가?

◤ 예제 19.3 | 구의 전하량 구하기

질량이 각각 3.00×10^{-2} kg이고 동일하게 대전된 두 개의 작은 구가 그림 19.9a와 같이 평형 상태로 매달려 있다. 각 줄의 길이는 0.150 m이고 각도 θ는 $5.00°$이다. 각 구의 전하 크기를 구하라.

풀이

개념화   그림 19.9a는 예제를 개념화하는 데 도움이 된다. 두 개의 구는 서로 척력이 작용한다. 두 구를 서로 가까이 가져다 놓으면, 바깥쪽 방향으로 움직이고 공기 저항에 의해 진동이 사라진 후에는 그림 19.9a의 위치에 자리를 잡는다.

분류   각 구를 평형 상태에 있는 입자로 취급할 수 있다. 예제는 구에 작용하는 힘에 전기력을 추가하면, 4장의 평형 상태

의 입자 문제와 비슷하다.

분석   왼쪽 구에 대한 힘 도표는 그림 19.9b와 같다. 이 구는 줄로부터 장력 $\vec{\mathbf{T}}$, 다른 구로부터 전기력 $\vec{\mathbf{F}}_e$ 및 중력 $m\vec{\mathbf{g}}$를 받아서 평형 상태에 있다.

왼쪽 구에 대해 성분별로 뉴턴의 제2법칙을 쓴다.

$$(1) \qquad \sum F_x = T \sin\theta - F_e = 0 \quad \rightarrow \quad T \sin\theta = F_e$$

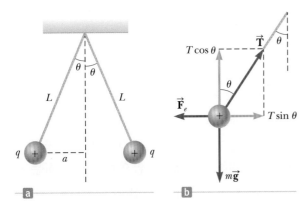

그림 19.9 (예제 19.3) (a) 두 개의 동일한 구가 각각 전하 q를 가지고 평형 상태로 줄에 매달려 있다. (b) 왼쪽 구에 대한 힘 도표

$$(2) \qquad \sum F_y = T\cos\theta - mg = 0 \ \rightarrow \ T\cos\theta = mg$$

식 (2)로 식 (1)을 나눠 F_e를 구한다.

$$\tan\theta = \frac{F_e}{mg} \ \rightarrow \ F_e = mg\tan\theta$$

그림 19.9a에서 직각삼각형의 기하학을 이용해서 a, L, θ의

관계식을 구한다.

$$\sin\theta = \frac{a}{L} \ \rightarrow \ a = L\sin\theta$$

쿨롱의 법칙(식 19.1)을 풀어서 각 구의 전하 $|q|$를 구한다.

$$|q| = \sqrt{\frac{F_e\,r^2}{k_e}} = \sqrt{\frac{F_e(2a)^2}{k_e}} = \sqrt{\frac{mg\tan\theta\,(2L\sin\theta)^2}{k_e}}$$

주어진 값들을 대입한다.

$$|q| = \sqrt{\frac{(3.00\times10^{-2}\,\text{kg})(9.80\,\text{m/s}^2)\tan(5.00°)}{8.99\times10^9\,\text{N}\cdot\text{m}^2/\text{C}^2}}$$

$$= 4.42\times10^{-8}\,\text{C}$$

결론 그림 19.9에 전하의 부호가 주어져 있지 않다면, 전하의 부호를 결정할 수 없다. 사실 전하의 부호는 중요하지 않다. 두 구 모두 양(+)으로 또는 음(−)으로 대전되었더라도 상황은 동일하다.

19.5 | 전기장 Electric Fields

4.1절에서 접촉력과 장힘(field forces)에 대해 공부했다. 두 가지 장힘 중 중력은 11장에서 논의했고, 전기력은 이 장에서 논의하고 있다. 이전에 언급한 바와 같이, 장힘은 공간을 통해 작용하므로 물체 사이에 물리적인 접촉이 없어도 상호 작용이 일어난다. 11.1절에서 공간 내의 한 점에서 원천 입자에 의한 중력장 $\vec{g}$는 질량 m인 시험 입자에 작용하는 중력 $\vec{F}_g$를 질량으로 나눈 값, 즉 $\vec{g} \equiv \vec{F}_g/m$로 정의했다. 장 개념은 패러데이(Michael Faraday, 1791~1867)에 의해 발전됐고, 앞으로 여러 장에서 다룰 실제적인 값이다. 이런 접근에서, **전기장**(electric field)은 **원천 전하**(source charge)인 대전된 물체의 주변 공간 영역에 존재한다. **시험 전하**(test charge)인 다른 대전된 물체가 전기장에 들어가면, 시험 전하는 전기력을 받는다. 예를 들어 그림 19.10에서처럼 작은 양전하인 시험 전하 q_0가 두 번째 대전체인 양전하 Q 근처에 있다고 하자. 시험 전하의 위치에서 원천 전하에 의한 전기장은 시험 전하에 작용하는 **단위 전하당** 전기력으로 정의한다. 즉 공간 속의 한 점에서 **전기장 $\vec{E}$**는 그 점에 놓인 양(+)의 시험 전하 q_0에 작용하는 전기력 $\vec{F}_e$를 시험 전하로 나눈 것[4]으로 정의한다.

그림 19.10 큰 양전하 Q를 가진 대전체 근처에 있는 작은 양전하인 시험 전하 q_0은 점 P에서 원천 전하 Q에 의해 생성된 전기장 $\vec{E}$을 느낀다. 항상 시험 전하는 매우 작아서 이로 인해 원천 전하의 전기장은 영향을 받지 않는다고 가정한다.

---

[4] 식 19.3을 사용할 때, 전기장의 원인이 되는 전하 분포를 교란하지 않을 정도로 시험 전하는 충분히 작은 것으로 가정해야 한다. 만일 시험 전하가 충분히 크면, 금속 구 표면의 전하는 재분포되고, 측정된 전기장은 훨씬 작은 시험 전하인 경우에 측정된 전기장과 다르다.

▶ 전기장의 정의

$$\vec{\mathbf{E}} \equiv \frac{\vec{\mathbf{F}}_e}{q_0}$$

19.3

전기장 $\vec{\mathbf{E}}$의 SI 단위는 N/C이다. 그림 19.10과 같이 $\vec{\mathbf{E}}$의 방향은 양(+)의 시험 전하가 전기장에 놓여 있을 때 받는 힘의 방향과 같다. $\vec{\mathbf{E}}$는 시험 전하로부터 **떨어져 있는** 전하 또는 전하 분포에 의해서 생긴다는 것에 유념하자. 즉 $\vec{\mathbf{E}}$는 시험 전하 자체에 의해 생기는 것이 아니다. 또한 전기장의 존재는 원천 전하 또는 전하 분포의 성질이다. 전기장이 존재하기 위해서는 시험 전하가 필요하지 않으며, 시험 전하는 전기장을 탐지하는 **검출기** 역할을 할 뿐이다. 어느 점에서 시험 전하가 전기력을 받으면, 그 점에는 전기장이 존재한다.

어떤 점의 전기장을 알고 있다면, 그 점에 놓여 있는 다른 전하에 작용하는 힘은 식 19.3으로부터 계산할 수 있다.

$$\vec{\mathbf{F}}_e = q\vec{\mathbf{E}}$$

19.4

> **오류 피하기 | 19.1**
>
> **입자에만 적용** 식 19.4는 전하 q의 크기가 없는 **입자**에만 적용된다. 전기장 내에 놓인 유한한 크기의 대전된 물체의 경우, 전기장의 방향과 크기는 물체의 크기에 따라 달라질 수 있다. 이 경우 전기력 식은 보다 복잡한 형태로 기술된다.

일단 입자에 작용하는 힘이 결정되면 이 입자의 운동은 알짜힘을 받는 입자 모형이나 평형 상태의 입자 모형에 의해 결정된다. 이런 운동을 이해하는 방법은 앞 장들에서 기술된 바 있다.

이제 시험 전하 q_0로부터 거리 r 만큼 떨어져 있는 곳에 점전하[5] q가 있다고 하자. 쿨롱의 법칙에 의하면 q가 시험 입자에 작용하는 힘은 다음과 같다.

$$\vec{\mathbf{F}}_e = k_e \frac{qq_0}{r^2} \hat{\mathbf{r}}$$

여기서 $\hat{\mathbf{r}}$은 q에서 q_0으로 향하는 단위 벡터이다. 그림 19.11a에서 이 힘의 방향은 원천 양전하 q에서 멀어지는 방향이다. 시험 전하의 위치인 점 P에서 전기장은 $\vec{\mathbf{E}} = \vec{\mathbf{F}}_e/q_0$로 정의되므로, q가 점 P에 만드는 전기장은 다음과 같다.

▶ 점전하에 의한 전기장

$$\vec{\mathbf{E}} = k_e \frac{q}{r^2} \hat{\mathbf{r}}$$

19.5

그림 19.11b는 그림 19.11a에서 시험 전하를 제거한 상황과 같다. 만일 원천 전하가 양(+)이면, 점 P에서 원천 전하는 전기장을 q로부터 멀어지는 방향으로 향하게 한다. 그림 19.11c와 같이 q가 음(−)이면, 시험 전하에 작용하는 힘은 원천 전하로 향하므로, 점 P에서 전기장은 그림 19.11d와 같이 원천 전하로 향한다.

점 P에서 많은 점전하가 만드는 전기장을 구하기 위해서는 먼저 식 19.5를 이용해서 점 P에서 각 점전하가 만드는 전기장 벡터를 구하고, 벡터합을 구한다. 다시 말해서 임의의 점 P에서 여러 원천 전하가 만드는 전체 전기장은 각 전하에 의한 각각의

---

[5] 지금까지 '대전 입자'라는 용어를 사용해 왔다. 전하는 입자의 성질이지 물리적 독립체는 아니기 때문에, '점전하'라는 용어는 다소 오해의 소지가 있다. 이는 역학에서 '질량 m인 입자가 놓여 있다……' 대신 '질량 m이 놓여 있다……'라는 오해의 소지가 있는 표현을 사용하는 것과 유사하다. 그러나 이 표현은 물리학 용법에서 관습적인 것이므로 계속 사용하기로 하고, 이 주석이 그 사용을 명확히 하는 데 충분하기를 바란다.

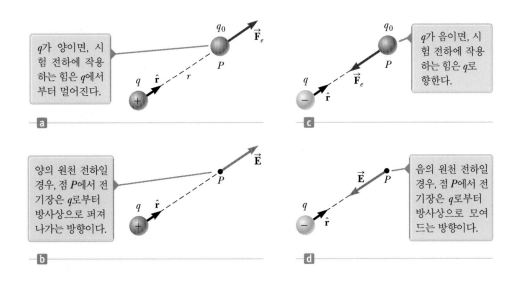

그림 19.11 (a), (c) 시험 전하 q_0이 원천 전하 q 근처에 놓이면, 시험 전하는 힘을 받는다. (b), (d) 원천 전하 q 근처의 점 P에는 전기장이 존재한다.

전기장의 벡터합과 같다. 전기장에 적용된 중첩의 원리는 전기력의 벡터 덧셈을 따르므로, 점 P에서 많은 원천 전하에 의한 전기장은 다음과 같이 벡터합으로 표현할 수 있다.

$$\vec{E} = k_e \sum_i \frac{q_i}{r_i^2} \hat{r}_i$$

19.6   ▶ 여러 점전하에 의한 전기장

여기서 r_i는 i 번째 원천 전하 q_i로부터 점 P(전기장을 계산하고자 하는 위치)에 이르는 거리이고, $\hat{r}_i$는 q_i에서 P로 향하는 단위 벡터이다.

◀ **퀴즈 19.4** 오른쪽 방향으로 향하는 크기 4×10^6 N/C 인 외부 전기장이 있는 점 P에 $+3 \, \mu$C의 시험 전하가 있다. 만일 시험 전하를 $-3 \, \mu$C으로 바꾸면, 점 P에서 외부 전기장은 어떻게 되는가? **(a)** 영향을 받지 않는다. **(b)** 방향이 바뀐다. **(c)** 바뀌는 방향을 결정할 수 없다.

◀ **예제 19.4 | 쌍극자에 의한 전기장**

그림 19.12에서처럼 양의 점전하 q와 음의 점전하 $-q$가 거리 $2a$만큼 떨어져 이루어진 **전기 쌍극자**가 있다. 이 장 다음 부분에서 공부하겠지만, 중성인 원자와 분자가 외부 전기장 내에 놓일 경우 전기 쌍극자의 성질을 보인다. 뿐만 아니라 HCl을 비롯한 많은 분자는 영구 전기 쌍극자이다(HCl은 사실상 H$^+$ 이온과 Cl$^-$ 이온이 결합한 것으로 이해할 수 있다). 이와 같은 전기 쌍극자가 전기장 내에 놓인 물체에 어떤 영향을 주는지에 대해서는 20장에서 논의할 것이다.

(A) x축 상에 놓인 전기 쌍극자가 y축 상의 점 P에 만드는 전기장 $\vec{E}$를 구하라. 원점에서 P까지의 거리는 y이다.

풀이

개념화 예제 19.1에서, 힘 벡터를 더해서 입자에 작용하는 알짜힘을 구했다. 여기서는 전기장 벡터를 더해서 공간 속의 한 점에서 알짜 전기장을 구한다.

분류 두 전하의 전체 전기장을 구해야 하므로, 예제를 식 19.6

의 중첩의 원리를 사용할 수 있는 것으로 분류한다.

분석 점 P에서 두 전하에 의한 전기장 $\vec{E}_1$과 $\vec{E}_2$는 크기가 같은데 이는 점 P가 크기가 같고 부호가 반대인 두 전하로부터 같은 거리만큼 떨어져 있기 때문이다. P에서 전기장은 $\vec{E} = \vec{E}_1 + \vec{E}_2$이다.

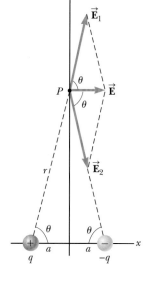

그림 19.12 (예제 19.4) 크기가 같고 부호가 반대인 두 전하(전기 쌍극자)에 의한 P에서의 전기장 $\vec{\mathbf{E}}$는 벡터합 $\vec{\mathbf{E}}_1 + \vec{\mathbf{E}}_2$와 같다. 전기장 $\vec{\mathbf{E}}_1$은 양전하 q에 의한 전기장이며, 전기장 $\vec{\mathbf{E}}_2$는 음전하 $-q$에 의한 전기장이다.

P에서 전기장의 크기를 구한다.

$$E_1 = E_2 = k_e \frac{q}{r^2} = k_e \frac{q}{y^2 + a^2}$$

$\vec{\mathbf{E}}_1$과 $\vec{\mathbf{E}}_2$의 y 성분은 크기는 같고 부호가 반대이므로 서로 상쇄된다. 이들 전기장의 x 성분은 크기와 부호가 같으므로 서로 더해진다. 그러므로 전체 전기장 $\vec{\mathbf{E}}$는 x축과 평행하다. P에서 전기장의 크기를 구한다.

$$(1) \qquad E = 2k_e \frac{q}{y^2 + a^2} \cos \theta$$

그림 19.12로부터 $\cos \theta = a/r = a/(y^2 + a^2)^{1/2}$임을 알 수 있다. 이 결과를 식 (1)에 대입한다.

$$E = 2k_e \frac{q}{(y^2 + a^2)} \frac{a}{(y^2 + a^2)^{1/2}}$$

$$(2) \qquad E = k_e \frac{2qa}{(y^2 + a^2)^{3/2}}$$

(B) 전기 쌍극자로부터 멀리 떨어진 y축 상의 위치, 즉 $y \gg a$일 경우에 대한 전기장을 구하라.

풀이

식 (2)로부터 y축 상의 모든 y 값에 대한 전기장의 값을 알 수 있다. 전기 쌍극자로부터 멀리 떨어진 점에서는 $y \gg a$인 근사식을 이용해서 분모에서 a^2을 무시한다. 이 경우 E는 다음과 같다.

$$(3) \qquad E \approx k_e \frac{2qa}{y^3}$$

결론 따라서 y축을 따라 멀리 떨어진 점에서 쌍극자에 의한 전기장은 $1/r^3$로 변하며, 반면에 점전하의 전기장은 $1/r^2$로 더 천천히 변한다(이 예제에서 $r = y$이다). 멀리 떨어진 점에서는 크기가 같고 부호가 반대인 두 전하의 전기장이 거의 서로 상쇄되기 때문이다. 쌍극자에 의한 전기장 E의 $1/r^3$ 변화는 x축 상의 멀리 떨어진 점은 물론이고 일반적으로 멀리 떨어진 점에 대해서도 마찬가지이다.

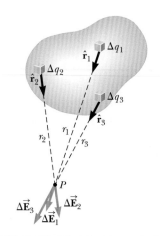

그림 19.13 연속적인 전하 분포에 의한 점 P에서 전기장 $\vec{\mathbf{E}}$는 전하 분포의 모든 Δq_i 전하 요소에 의한 전기장 $\Delta \vec{\mathbf{E}}_i$의 벡터합이다. 그림에는 세 전하 요소만 나타냈다.

연속적인 전하 분포에 의한 전기장 Electric Field Due to Continuous Charge Distributions

대부분의 실제 경우에 있어서(문지름에 의해 대전된 물체와 같이), 원천 전하 사이의 평균 거리는 이들에 의해 생성되는 전기장을 측정하는 점까지의 거리에 비해 짧다. 이런 경우에 원천 전하계를 **연속적**이라고 한다. 즉 전하 사이의 간격이 매우 좁은 전하계는 부피 또는 표면에 걸쳐 연속적으로 분포한 전체 전하와 동일하다고 생각할 수 있다.

연속적인 전하 분포에 의해 생긴 전기장을 계산하는 과정은 다음과 같다. 첫째로, 그림 19.13에서처럼 전하 분포를 각각 작은 전하 Δq를 갖는 작은 요소로 나눈다. 다음으로 이 요소를 하나의 점전하로 모형화하고 한 요소에 의한 점 P에서의 전기장 $\Delta \vec{\mathbf{E}}$를 계산하기 위해 식 19.5를 이용한다. 마지막으로 각 전하 요소에 의한 전기장을 벡터적으로 더해서(즉 중첩의 원리를 적용함으로써), 점 P에서의 전체 전기장을 계산한다.

그림 19.13에서 한 전하 요소 Δq_i에 의한 점 P에서의 전기장은 다음과 같다.

$$\Delta\vec{\mathbf{E}} = k_e \frac{\Delta q_i}{r_i^2} \hat{\mathbf{r}}_i$$

여기서 i는 분포되어 있는 전하 요소 중 i 번째 요소를 의미하고, r_i는 전하 요소 Δq_i 로부터 점 P까지의 거리이며 $\hat{\mathbf{r}}_i$는 요소로부터 P로 향한 단위 벡터이다. 전하 분포 내 모든 요소에 의한 P에서의 전체 전기장 $\vec{\mathbf{E}}$는 대략 다음과 같다.

$$\vec{\mathbf{E}} \approx k_e \sum_i \frac{\Delta q_i}{r_i^2} \hat{\mathbf{r}}_i$$

이제 연속 전하 분포 모형을 적용하고 각 전하 요소의 전하가 매우 작은 값을 가진 다고 하자. 이 모형을 이용할 경우 $\Delta q_i \to 0$인 극한에서 P에서의 전기장은 다음과 같이 된다.

$$\vec{\mathbf{E}} = \lim_{\Delta q_i \to 0} k_e \sum_i \frac{\Delta q_i}{r_i^2} \hat{\mathbf{r}}_i = k_e \int \frac{dq}{r^2} \hat{\mathbf{r}} \qquad\qquad \textbf{19.7}$$

여기서 dq는 매우 작은 전하를 의미하며, 적분은 점 P에 전기장을 만들어 내는 모든 원천 전하에 대해서 수행한다. 또한 적분은 **벡터** 연산이므로 주의해서 계산해야 한다. 이 계산은 모든 전하 요소 각각을 고려한 형태로 할 수도 있고 또는 대칭 개념을 도입 해서 벡터 연산을 스칼라 연산으로 변환시킨 후 할 수도 있다. 전하가 부피, 표면 또 는 선에 **균일**하게 분포된 것으로 가정한 몇 가지 예를 가지고 이런 적분 형태의 계산 을 설명하고자 한다. 이런 적분 계산을 할 때, 다음과 같은 **전하 밀도**의 개념을 이용하 면 편리하다.

• 전체 전하 Q가 부피 V에 균일하게 분포하면, **부피 전하 밀도**(volume charge density) ρ를 다음과 같이 정의한다.

$$\rho \equiv \frac{Q}{V} \qquad\qquad \textbf{19.8} \qquad \blacktriangleright \text{ 부피 전하 밀도}$$

여기서 단위 부피당 전하인 ρ의 단위는 C/m^3이다.

• Q가 넓이 A에 균일하게 분포하면, **표면 전하 밀도**(surface charge density) σ를 다 음과 같이 정의한다.

$$\sigma \equiv \frac{Q}{A} \qquad\qquad \textbf{19.9} \qquad \blacktriangleright \text{ 표면 전하 밀도}$$

여기서 단위 넓이당 전하인 σ의 단위는 C/m^2이다.

• 전하 Q가 길이 ℓ에 균일하게 분포하면, **선전하 밀도**(linear charge density) λ를 다 음과 같이 정의한다.

$$\lambda \equiv \frac{Q}{\ell} \qquad\qquad \textbf{19.10} \qquad \blacktriangleright \text{ 선전하 밀도}$$

여기서 단위 길이당 전하인 λ의 단위는 C/m이다.

예제 19.5 | 전하 막대에 의한 전기장

전체 전하 Q가 길이 ℓ인 막대에 균일하게 분포하고 있다. 이 막대의 단위 길이당 전하, 즉 선전하 밀도는 λ이다. 막대의 긴축 한쪽 끝으로부터 a만큼 떨어진 점 P에서 전기장을 구하라(그림 19.14).

풀이

개념화 막대의 각 조각 전하에 의한 점 P에서 전기장 $d\vec{\mathbf{E}}$는 모든 조각이 양전하를 띠고 있으므로 $-x$ 방향이다.

분류 막대는 연속적이므로, 개별 전하 집단보다는 연속적인 전하 분포에 의한 전기장을 구한다. 막대의 모든 조각은 $-x$ 방향으로 전기장을 생성하므로 각 전기장의 합을 다룰 수 있다.

분석 막대가 x축을 따라 놓여 있고, dx는 작은 조각 한 개의 길이이고, dq는 작은 조각의 전하라고 하자. 막대는 단위 길이당 전하 λ를 가지므로, 작은 조각의 전하 dq는 $dq = \lambda\, dx$이다. 전하 dq를 갖는 막대 조각에 의한 점 P에서의 전기장 크기를 구한다.

$$dE = k_e \frac{dq}{x^2} = k_e \frac{\lambda\, dx}{x^2}$$

식 19.7을 이용해서 점 P에서의 전체 전기장을 구한다.[6]

$$E = \int_a^{\ell+a} k_e \lambda \frac{dx}{x^2}$$

k_e와 $\lambda = Q/\ell$는 상수이므로, 적분 기호 앞으로 빼내고 적분한다.

$$E = k_e \lambda \int_a^{\ell+a} \frac{dx}{x^2} = k_e \lambda \left[-\frac{1}{x} \right]_a^{\ell+a}$$

$$(1) \quad E = k_e \frac{Q}{\ell} \left(\frac{1}{a} - \frac{1}{\ell+a} \right) = \frac{k_e Q}{a(\ell+a)}$$

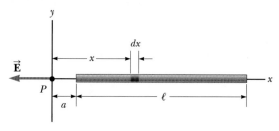

그림 19.14 (예제 19.5) x축에 나란히 놓인 균일한 전하 막대에 의한 점 P에서의 전기장

결론 막대의 왼쪽 끝이 원점으로 접근해가는 경우인 $a \to 0$이면, $E \to \infty$가 된다. 이는 관측점 P가 막대의 끝에 있는 전하로부터의 거리가 영인 조건을 나타내므로 전기장이 무한대가 된다.

문제 점 P가 막대로부터 아주 멀리 떨어져 있다면, 이 점의 전기장의 성질은?

답 만약 점 P가 막대에서 멀리 있다면($a \gg \ell$), 식 (1)의 분모에 있는 ℓ을 무시하고 전기장은 $E \approx k_e Q / a^2$가 된다. 이 식은 점전하에서 예상할 수 있는 바로 그 모양이다 a/ℓ값이 크면 전하 분포는 전하 Q인 점전하로 나타난다. 즉 점 P는 막대로부터 아주 멀리 떨어져서 막대의 크기를 구별할 수 없다. 극한의 방법($a/\ell \to \infty$)은 종종 수식을 확인하는 데 유용하다.

예제 19.6 | 균일한 고리 전하에 의한 전기장

전체 양전하 Q가 반지름이 a인 고리에 균일하게 분포하고 있다. 고리 면에 수직인 중심축으로부터 x만큼 떨어져 있는 점 P에서 고리에 의한 전기장을 구하라(그림 19.15a).

풀이

개념화 그림 19.15a는 고리 위쪽에 있는 한 전하 요소에 의한 점 P에서의 전기장 $d\vec{\mathbf{E}}$를 보여 준다. 이 전기장 벡터를 고리 축에 나란한 성분 dE_x와 축에 수직인 성분 $dE_\perp$으로 분해할 수 있다. 그림 19.15b는 고리 반대쪽에 있는 두 요소에 의한 전기장을 보여 준다. 대칭적인 상황이므로, 전기장의 수직

---

[6] 이와 같은 적분을 하기 위해서는, 먼저 전하 요소 dq를 적분 기호 안에 있는 다른 변수로 나타낸다. (이 예제에서, 변수 x가 있으므로 $dq = \lambda\, dx$로 바꾼다.) 적분은 모든 스칼라양들에 대한 것이어야 하며, 필요할 경우 성분으로 전기장을 나타낸다. (이 예제에서 전기장은 x축 성분만 가지므로 이 항목은 관련이 없다.) 그 다음에 한 개의 변수에 대한 식으로 만들어 적분한다(또는 각각의 변수에 대한 식으로 만들어 중적분한다). 구 또는 원통의 대칭성을 갖는 예제에서는 지름 좌표가 하나의 변수이다.

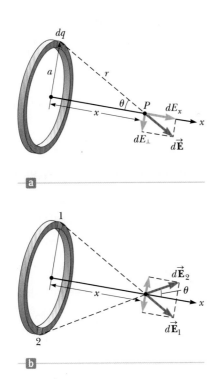

그림 19.15 (예제 19.6) 균일하게 대전된 반지름 a인 고리. (a) 점 P에서 전하 요소 dq에 의한 전기장. (b) 점 P에서 전체 전기장은 x축을 따라간다. 점 P에서 요소 1에 의한 전기장의 수직 성분은 요소 2에 의한 수직 성분에 의해 상쇄된다.

성분은 상쇄된다. 고리 둘레의 모든 쌍에서도 똑같으므로 전기장의 수직 성분을 무시하고, 단지 축에 나란한 성분들만 더한다.

분류 고리는 연속적이므로, 개별 전하의 집단보다는 연속인 전하 분포에 의한 전기장을 구한다.

분석 고리에 있는 전하 요소 dq에 의한 전기장의 수평 성분을 구한다.

$$(1) \qquad dE_x = k_e \frac{dq}{r^2} \cos\theta = k_e \frac{dq}{a^2 + x^2} \cos\theta$$

그림 19.15a의 기하학으로부터 $\cos\theta$를 구한다.

$$(2) \qquad \cos\theta = \frac{x}{r} = \frac{x}{(a^2 + x^2)^{1/2}}$$

식 (2)를 식 (1)에 대입한다.

$$dE_x = k_e \frac{dq}{a^2 + x^2} \frac{x}{(a^2 + x^2)^{1/2}} = \frac{k_e x}{(a^2 + x^2)^{3/2}} dq$$

고리의 모든 요소가 점 P로부터 같은 거리에 있기 때문에, 동일하게 전기장에 기여한다. 점 P에서 전체 전기장을 얻도록 적분한다.

$$E_x = \int \frac{k_e x}{(a^2 + x^2)^{3/2}} dq = \frac{k_e x}{(a^2 + x^2)^{3/2}} \int dq$$

$$(3) \qquad E = \frac{k_e x}{(a^2 + x^2)^{3/2}} Q$$

결론 이 결과로부터 $x = 0$에서 전기장이 영임을 알 수 있다. 더욱이 식 (3)은 $x \gg a$이면 $k_e Q / x^2$로 바뀌므로, 고리에서 멀리 위치한 점에서 고리는 점전하와 같은 역할을 한다.

문제 그림 19.15의 음전하를 고리 가운데에 놓고 천천히 $x \ll a$ 거리만큼 옮긴 후 풀어 놓으면, 음전하는 어떤 운동을 하는가?

답 고리 전하에 의한 전기장 식에서 $x \ll a$이면, 전기장은 다음과 같이 된다.

$$E_x = \frac{k_e Q}{a^3} x$$

그러므로 식 19.4에 따라 고리 중심에 가까이 있는 전하 $-q$에 작용하는 힘은 다음과 같다.

$$F_x = -\frac{k_e q Q}{a^3} x$$

이 힘은 혹의 법칙(식 12.1)의 형태이므로, 음전하의 운동은 **단조화 운동**이다.

◣ **19.6** | **전기력선** Electric Field Lines

전기장 모양을 시각화하기 위해 임의의 점에서 전기장 방향으로 향하는 선을 그릴 수 있다. 이를 **전기력선**(electric field lines)이라고 하는데, 이 선은 다음과 같은 방법으로 전기장과 연관된다.

- 전기장 벡터 $\vec{\mathbf{E}}$는 각 점에서 전기력선에 **접선 방향이다.**

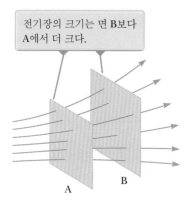

전기장의 크기는 면 B보다 A에서 더 크다.

그림 19.16 두 면을 통과하는 전기력선

• 전기력선에 수직인 면을 지나는 단위 넓이당 전기력선의 수는 그 영역에서의 전기장의 크기에 비례한다. 따라서 E는 전기력선이 서로 조밀한 곳에서는 크고 소한 곳에서는 작다.

그림 19.16의 경우 면 A를 통과하는 전기력선의 밀도는 면 B를 통과하는 전기력선의 밀도보다 크므로, 전기장은 면 B보다 면 A에서 더 크다. 더욱이 두 면 A, B 각각에서 전기력선들이 다른 방향을 향하고 있으므로, 각 면의 전기장은 균일하지 않다.

양의 점전하에 대한 전기력선이 그림 19.17a에 그려져 있다. 이 이차원적 그림은 점전하를 포함하는 평면에 놓인 전기력선을 보여 주고 있다. 이 전기력선은 마치 고슴도치의 바늘처럼 전하로부터 방사상의 **모든** 방향으로 뻗어 나간다. 이 전기장 안에 있는 양의 시험 전하는 전하 q에 의해 밀려날 것이기 때문에 이 전기력선은 q로부터 방사상으로 퍼져 나가는 방향이다. 비슷한 방법으로 음의 점전하에 대한 전기력선은 전하를 향한다(그림 19.17b). 어느 경우에나 전기력선은 방사상 방향이고 무한의 영역까지 뻗어 나간다. 전기력선은 전하로부터 가까울수록 서로 조밀한데 이는 전기장의 크기가 증가됨을 의미한다. 무한히 멀리 떨어져 있다고 가정한 가상의 전하에서 그림 19.17a의 전기력선은 끝나고 그림 19.17b의 전기력선은 시작한다.

전기력선으로 시각화한 전기장이 식 19.5와 일치하는가? 이 질문에 대답하기 위해 전하를 중심에 둔 반지름 r인 가상의 구 표면을 고려하자. 대칭성 원리를 이용하면 전기장의 크기가 구의 표면 어디에서든지 같음을 안다. 전하로부터 나가는 선의 수 N은 구의 표면을 관통하는 수와 같다. 따라서 구의 단위 넓이당 전기력선의 수는 $N/4\pi r^2$이다(여기서 구의 겉넓이는 $4\pi r^2$이다). E가 단위 넓이당 선의 수에 비례하기 때문에 E가 $1/r^2$로 변함을 알 수 있다. 이것은 식 19.5에서 얻은 결과와 일치하므로 $E = k_e q/r^2$이다.

어떤 전하 분포에 대한 전기력선을 그리는 규칙은 아래와 같다.

• 전기력선은 양전하에서 시작해서 음전하에서 끝나야 한다. 만일 어느 종류의 과잉 전하가 있으면, 전기력선은 무한히 멀리 떨어진 곳에서 시작하거나 끝날 것이다.

오류 피하기 | 19.2

전기력선은 입자의 경로가 아니다 전기력선은 여러 위치에 있는 전기장을 나타낸다. 매우 특별한 경우를 제외하고, 전기력선은 전기장 내에서 움직이는 대전 입자의 경로를 의미하지 않는다.

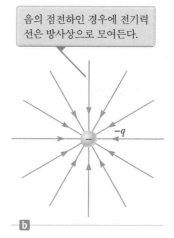

양의 점전하인 경우에 전기력선은 방사상으로 퍼져 나간다.

음의 점전하인 경우에 전기력선은 방사상으로 모여든다.

a

b

그림 19.17 점전하의 전기력선. 이들 그림은 단지 전기력선이 평면에 놓인 것만 보여 주고 있다.

- 양전하에서 나오거나 음전하로 들어가는 전기력선의 수는 전하 크기에 비례한다.
- 두 전기력선은 교차할 수 없다.

전자가 양자화되기 때문에 양전하로 대전된 물체로부터 나오는 선의 수는 0, ae, $2ae$, ...여야 한다. 여기서 a는 임의의(그러나 고정된) 비례 상수로, 전기력선을 그리는 사람이 결정한다. a가 선택되면 선의 수는 임의 수가 아니다. 예를 들면 물체 1이 Q_1의 전하를 가지고 물체 2가 Q_2의 전하를 가진다면, 이때 물체 2에 연결된 전기력선의 수와 물체 1에 연결된 전기력선의 수의 비는 $N_2/N_1 = Q_2/Q_1$이다.

크기가 같고 부호가 반대인 두 점전하(전기 쌍극자)에 의한 전기력선을 그림 19.18에서 볼 수 있다. 이 경우에 양전하에서 나온 선의 수가 음전하로 들어가는 수와 같아야 한다. 점전하 부근에서의 전기력선은 거의 방사상이다. 점전하 사이의 전기력선의 높은 밀도는 전기장이 강함을 의미한다. 부호가 다른 두 전하 사이에 작용하는 전기력이 인력임을 그림 19.18에서 확인할 수 있다.

그림 19.19는 동일한 두 양전하 부근에서의 전기력선을 보여 준다. 각각의 전하 근처에서 전기력선 또한 거의 방사상이다. 동일한 수의 선들이 각각의 전하에서 나가는데 이는 전하가 크기가 같기 때문이다. 전하에서 멀리 떨어진 곳의 전기장은 크기가 $2q$인 단일 점전하의 전기장과 근사적으로 같다. 이 그림에서 입자들을 연결하는 전기력선이 없고 전하 사이 영역에서 전기력선이 휘어지는 것은 같은 부호를 가진 입자들 사이의 전기력이 척력임을 보여 준다.

마지막으로 그림 19.20에서 $+2q$의 양의 점전하와 $-q$의 음의 점전하에 관련된 전기력선을 그렸다. 이 경우에 $+2q$에서 나온 선의 수는 $-q$의 전하에 들어가는 수의 두 배이다. 따라서 양전하에서 나온 전기력선의 반만이 음전하에 도달하고 나머지 반은 무한히 먼 곳에 있는 것으로 가정되는 다른 음전하로 향한다. 전하로부터 매우 먼 거리(전하 간 거리에 비해 매우 큰)에서 전기력선은 단일의 $+q$에 의한 것과 동일하다.

�|◀ **퀴즈 19.5** 그림 19.19에서 점 A, B, C의 전기장 크기가 큰 것부터 순서대로 나열하라.

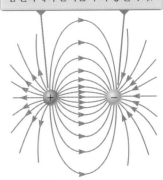

양전하에서 나온 전기력선의 수는 음전하에서 끝나는 수와 동일하다.

그림 19.18 크기가 같고 부호가 반대인 두 점전하(전기 쌍극자)에 대한 전기력선

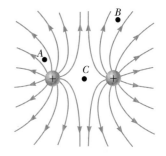

그림 19.19 (a) 두 양전하에 대한 전기력선(점 A, B, C는 퀴즈 19.5에서 사용한다.)

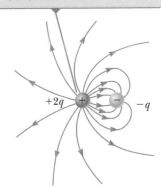

$-q$에서 끝나는 모든 전기력선에 대해, $+2q$에서는 두 개의 전기력선이 나온다.

그림 19.20 한 점전하 $+2q$와 다른 점전하 $-q$에 의한 전기력선

◀ **19.7** | 균일한 전기장 내에서 대전 입자의 운동
Motion of Charged Particles in a Uniform Electric Field

전하가 q이고 질량이 m인 입자가 전기장 $\vec{E}$ 내에 놓여 있을 경우 이 전하에 작용하는 전기력은 식 19.4에 따라 $\vec{F}_e = q\vec{E}$이다. 만약 이 힘이 전하에 작용하는 유일한 힘이라면 이 힘은 알짜힘이다. 또한 입자에 다른 힘들이 작용하고 있다면, 이들 힘에 전기력을 벡터적으로 더해서 알짜힘을 결정한다. 4장에서 공부한 바와 같이, 알짜힘을 받는 입자 모형에 의하면, 이 알짜힘은 입자를 가속시킨다. 이 전기력이 입자에 작용하는 유일한 힘이라고 할 때, 입자에 뉴턴의 제2법칙을 적용하면 다음과 같다.

$$\vec{F}_e = q\vec{E} = m\vec{a}$$

따라서 입자의 가속도는 다음과 같다.

$$\vec{a} = \frac{q\vec{E}}{m}$$ 19.11

$\vec{E}$가 균일(즉 크기와 방향이 일정)하면 가속도는 일정하므로 이 관계식을 이용해서 입자의 운동을 설명할 수 있다. 만약 입자가 양전하이면 입자의 가속도는 전기장과 같은 방향이고, 음전하이면 전기장과 반대 방향이다.

▌예제 19.7 | 양전하의 가속: 두 모형

그림 19.21과 같이 거리 d만큼 떨어진 대전된 평행판 사이에 균일한 전기장 $\vec{E}$가 x축과 나란한 방향으로 향하고 있다. 양전하 판에 가까운 점 Ⓐ에서 질량 m인 양의 점전하 q를 정지 상태에서 가만히 놓으면 이 양전하는 음전하 판 가까운 점 Ⓑ 쪽으로 가속도 운동을 한다.

(A) 등가속도를 받고 있는 입자로 모형화해서 점 Ⓑ에서 입자의 속력을 구하라.

풀이

개념화 점 Ⓐ에 양전하를 놓으면, 오른쪽으로 향하는 전기장 때문에, 양전하는 그림 19.21에서 오른쪽으로 전기력을 받는다.

분류 균일한 전기장은 전하에 일정한 전기력을 작용하므로, 문제에서 설명한 것처럼, 점전하는 등가속도를 받는 대전 입자로 모형화할 수 있다.

분석 식 2.14를 이용해서 입자의 속도를 위치의 함수로 표현한다.

$$v_f^2 = v_i^2 + 2a(x_f - x_i) = 0 + 2a(d - 0) = 2ad$$

v_f를 풀어서 식 19.11의 가속도 크기를 대입한다.

$$v_f = \sqrt{2ad} = \sqrt{2\left(\frac{qE}{m}\right)d} = \boxed{\sqrt{\frac{2qEd}{m}}}$$

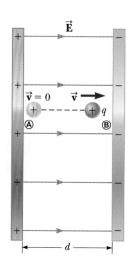

그림 19.21 (예제 19.7) 전기장 방향으로 등가속도를 받는 균일한 전기장 $\vec{E}$ 내에 있는 양의 점전하 q

(B) 비고립계 모형으로 점 B에서 입자의 속력을 구하라.

풀이

개념화 문제에 주어진 설명에 의하면 전하는 비고립계이다. 전하에 작용한 전기력이 일을 함으로써 이 전하에 에너지가 전달된다. 입자가 점 Ⓐ에 있을 때가 계의 처음 상태이고, 점 Ⓑ에 있을 때가 나중 상태이다.

분석 대전 입자 계에 에너지 보존 식 7.2 또는 일-운동 에너지 정리를 쓴다.

$$W = \Delta K$$

일과 운동 에너지를 적절한 값으로 대체한다.

$$F_e \Delta x = K_Ⓑ - K_Ⓐ = \frac{1}{2} mv_f^2 - 0 \rightarrow v_f = \sqrt{\frac{2F_e \Delta x}{m}}$$

전기력 F_e와 변위 Δx를 대입한다.

$$v_f = \sqrt{\frac{2(qE)(d)}{m}} = \boxed{\sqrt{\frac{2qEd}{m}}}$$

결론 예상한 바와 같이 (B)의 답은 (A)와 같다.

⟨ **예제 19.8** | **전자의 가속**

그림 19.22와 같이 $E = 200\,\text{N/C}$인 균일한 전기장 영역으로 전자가 처음 속력 $v_i = 3.00 \times 10^6\,\text{m/s}$로 들어온다. 판의 수평 길이는 $\ell = 0.100\,\text{m}$이다.

(A) 전자가 전기장 안에 있는 동안 전자의 가속도를 구하라.

풀이

개념화 이 예제는 대전 입자의 처음 속도가 전기력선에 수직이므로 바로 앞의 예제와 다르다(예제 19.7에서 대전 입자의 속도는 항상 전기장에 나란하다). 이 예제에서는 전자가 그림 19.22와 같은 곡선 경로를 따라 운동한다.

분류 전기장은 균일하므로 일정한 전기력이 전자에 작용한다. 전자의 가속도를 구하기 위해 알짜힘을 받는 입자로 모형화할 수 있다.

분석 전자의 가속도 방향은 그림 19.22의 전기력선의 반대 방향인 아래쪽으로 향한다.

입자에 작용하는 전기력이 유일한 힘인 경우, 알짜힘을 받는 입자 모형을 적용할 수 있으므로 식 19.11을 이용할 수 있다. 이 식을 이용해서 전자가 받는 가속도의 y 성분을 구한다.

$$a_y = -\frac{eE}{m_e}$$

주어진 값들을 대입한다.

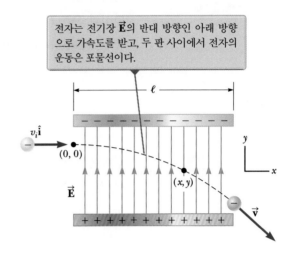

전자는 전기장 $\vec{\mathbf{E}}$의 반대 방향인 아래 방향으로 가속도를 받고, 두 판 사이에서 전자의 운동은 포물선이다.

그림 19.22 (예제 19.8) 대전된 두 판에 의해 생성된 균일한 전기장 안으로 전자를 수평하게 입사시킨다.

$$a_y = -\frac{(1.60 \times 10^{-19}\,\text{C})(200\,\text{N/C})}{9.11 \times 10^{-31}\,\text{kg}} = \boxed{-3.51 \times 10^{13}\,\text{m/s}^2}$$

(B) 시간 $t = 0$에 전기장 내로 전자가 들어온다고 가정하고, 전자가 전기장을 벗어나는 시간을 구하라.

풀이

분류 그림 19.22와 같이 전기력은 수직 방향으로만 작용하므로, 입자의 수평 방향 운동은 등속 운동하는 입자로 모형화해서 분석할 수 있다.

분석 식 2.5를 풀어서 전자가 완전히 판의 끝에 도착하는 시간을 구한다.

$$x_f = x_i + v_x t \rightarrow t = \frac{x_f - x_i}{v_x}$$

ℓ은 수평 길이 $(x_f - x_i)$이고 $v_x = v_i$인데 v_i가 문제에서 주어진 값이므로 $t = \dfrac{\ell}{v_i}$이다.

$$t = \frac{\ell}{v_i} = \frac{0.100\,\text{m}}{3.00 \times 10^6\,\text{m/s}} = \boxed{3.33 \times 10^{-8}\,\text{s}}$$

결론 전자에 작용하는 중력을 무시하는데, 이것은 원자 수준의 입자를 다룰 때 훌륭한 근사이다. 200 N/C의 전기장에서, 중력 mg에 대한 전기력 eE의 크기 비율은 전자인 경우에는 대략 10^{12}이고, 양성자인 경우에는 대략 10^9이다.

⟨ **19.8** | **전기선속** Electric Flux

앞 절에서 전기력선의 개념을 정성적으로 설명했다. 이 절에서는 전기력선을 정량적으로 기술하기 위해 **전기선속**이라는 새로운 개념을 도입한다. 전기선속은 어떤 표

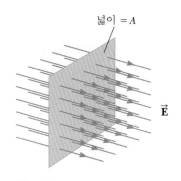

그림 19.23 전기장과 수직인 넓이 A의 평면을 통과하는 균일한 전기장의 전기력선. 이 넓이를 지나는 전기선속 Φ_E는 EA와 같다.

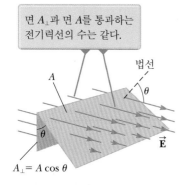

면 $A_\perp$과 면 A를 통과하는 전기력선의 수는 같다.

그림 19.24 전기장과 각도 θ를 이루고 면 A를 통과하는 균일한 전기장의 전기력선

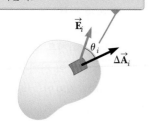

전기장은 넓이 요소에 수직인 방향으로 정의되는 벡터 $\Delta\vec{\mathbf{A}}_i$와 각도 θ_i를 이룬다.

그림 19.25 겉넓이가 ΔA_i인 작은 넓이 요소

면을 통과하는 전기력선의 수에 비례하는 양이다(여기서 '비례한다'는 말만 하는 이유는 전기력선의 수는 임의로 결정할 수 있기 때문이다).

먼저 그림 19.23과 같이 크기와 방향이 일정한 전기장을 생각해 보자. 전기력선은 전기장에 수직인 방향으로 놓여 있는 넓이 A인 사각형 단면을 통과한다. 단위 넓이당 전기력선의 수는 전기장의 크기에 비례함을 상기하자. 따라서 단면을 통과하는 전기력선의 수는 EA에 비례한다. 전기장의 크기 E와 전기장에 수직인 면의 넓이 A의 곱을 **전기선속**(electric flux) Φ_E라 하며 식 19.12로 표현된다.

$$\Phi_E = EA \qquad\qquad 19.12$$

SI 단위계에서 전기선속 Φ_E의 단위는 $\mathrm{N \cdot m^2 / C}$이다.

만약 고려하는 면이 전기장의 방향과 수직으로 놓여 있지 않다면, 그 면을 지나는 선속은 식 19.12에서 주어지는 것보다 작다. 이것은 넓이 A의 면에 대한 법선이 균일한 전기장과 각도 θ를 이루는 그림 19.24로부터 쉽게 이해할 수 있다. 이 면을 통과하는 전기력선의 수는 전기장에 수직으로 투영한 넓이 $A_\perp$을 지나는 전기력선의 수와 같다. 그림 19.24에서 두 넓이 사이에는 $A_\perp = A\cos\theta$의 관계가 성립함을 알 수 있다. 넓이 A를 지나는 선속은 $A_\perp$을 지나는 선속과 같으므로, 원하는 선속을 다음과 같이 결론지을 수 있다.

$$\Phi_E = EA\cos\theta \qquad\qquad 19.13$$

이 결과로부터 고정된 면을 지나는 선속은 면이 전기장과 수직일 때 최댓값 EA를 가지며(바꿔 말하면 면에 대한 법선이 전기장과 평행일 때, 즉 $\theta = 0$), 면이 전기장과 평행일 때(면에 대한 법선이 전기장과 수직일 때, 즉 $\theta = 90°$) 선속이 영이 됨을 알 수 있다.

보다 일반적인 경우, 면의 위치에 따라 전기장의 크기와 방향이 변할 수 있다. 이 경우 식 19.13으로 주어진 선속의 정의는 작은 넓이 요소에 대해서만 의미를 가진다. 각각의 넓이가 ΔA인 수많은 작은 요소로 나누어진 일반적인 면을 고려하자. 이 요소가 충분히 작으면 각 요소를 통과하는 전기장의 변화는 무시할 수 있다. 그림 19.25에서 보이는 것처럼 벡터 $\Delta\vec{\mathbf{A}}_i$의 크기는 큰 면을 구성하고 있는 i 번째 요소의 넓이를 나타내고, 방향은 이 넓이 요소에 수직인 방향으로 정의하는 것이 편리하다. 이 작은 요소를 통과하는 전기선속 $\Delta\Phi_E$는 다음과 같다.

$$\Delta\Phi_E = E_i\,\Delta A_i\cos\theta_i = \vec{\mathbf{E}}_i \cdot \Delta\vec{\mathbf{A}}_i$$

여기서 두 벡터의 스칼라곱($\vec{\mathbf{A}} \cdot \vec{\mathbf{B}} \equiv AB\cos\theta$)의 정의를 이용했다. 모든 요소의 기여를 합하면 표면을 통과하는 전체 선속을 얻을 수 있다. 각 요소의 넓이가 영에 접근하면, 요소의 수는 무한히 많아지고 그 합은 적분으로 대체된다. 그러므로 전기선속의 일반적인 정의는 다음과 같다.

▶ 전기선속

$$\Phi_E \equiv \lim_{\Delta A_i \to 0} \sum \vec{\mathbf{E}}_i \cdot \Delta\vec{\mathbf{A}}_i = \int\limits_{\text{surface}} \vec{\mathbf{E}} \cdot d\vec{\mathbf{A}} \qquad\qquad 19.14$$

식 19.14는 어떤 주어진 표면에 대한 면적분이다. 일반적으로 Φ_E 값은 전기장의 형태와 표면에 의해 결정된다.

그런데 **닫힌 표면**을 지나는 전기선속을 계산해야 할 때가 있다. 닫힌 표면은 공간을 내부 영역과 외부 영역으로 나누며, 이 표면을 지나지 않고는 한 영역에서 다른 영역으로 이동할 수 없는 면으로 정의된다. 이런 정의는 계 모형에서 계의 경계를 정의하는 것과 유사한데, 이 경우 계의 경계는 계의 내부와 환경인 외부를 구분한다. 예를 들면 구의 표면은 닫힌 표면이고 맥주잔은 열린 표면이다.

그림 19.26에 있는 닫힌 표면을 고려하자. 벡터 $\Delta\vec{\mathbf{A}}_i$는 다양한 표면 요소에 대해 각각 다른 방향을 가리키고 있음에 유의한다. 각각의 점에서 이들 벡터는 표면에 **수직**이고 관례에 따라 항상 **바깥쪽**을 가리킨다. 요소 ①의 경우 $\vec{\mathbf{E}}$는 바깥을 향하고 $\theta_i < 90°$이며, 따라서 이 요소를 지나는 선속 $\Delta\Phi_E = \vec{\mathbf{E}} \cdot \Delta\vec{\mathbf{A}}_i$는 양이다. 요소 ②의 경우 전기력선은 면에 접하고 있기 때문에(벡터 $\Delta\vec{\mathbf{A}}_i$에 수직임) 따라서 $\theta_i = 90°$이며 선속은 영이다. 요소 ③의 경우는 전기력선이 표면 안쪽을 향하므로 $180° > \theta_i > 90°$이고 $\cos\theta_i$가 음이기 때문에 선속은 음이다.

표면을 지나는 알짜 선속은 표면을 통과하는 알짜 전기력선의 수에 비례한다. 여기서 알짜 전기력선의 수는 표면으로 둘러싸인 부피를 통과하여 나가는 전기력선의 수에서 부피로 들어오는 전기력선의 수를 뺀 것을 의미한다. 만약 표면을 통과해서 나

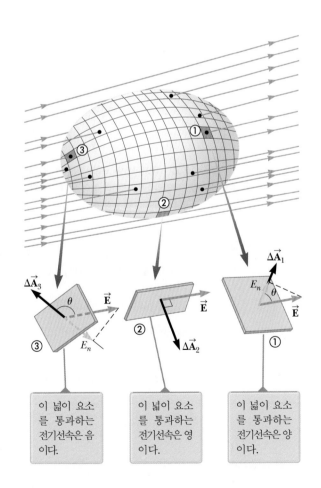

이 넓이 요소를 통과하는 전기선속은 음이다.

이 넓이 요소를 통과하는 전기선속은 영이다.

이 넓이 요소를 통과하는 전기선속은 양이다.

그림 19.26 전기장 내의 닫힌 표면. 넓이 벡터는 관례에 따라 표면에 수직이고 바깥쪽을 가리키도록 정의된다.

가는 전기력선 수가 들어오는 전기력선 수보다 많으면 알짜 선속은 양(+)의 값이고, 반대로 들어오는 전기력선 수가 나가는 전기력선 수보다 많으면 음(−)의 값이다. 닫힌 곡면에 대한 적분을 $\oint$로 표시하면, 닫힌 곡면을 통과하는 알짜 선속 Φ_E는 다음과 같이 쓸 수 있다.

$$\Phi_E = \oint \vec{\mathbf{E}} \cdot d\vec{\mathbf{A}} = \oint E_n \, dA \tag{19.15}$$

여기서 E_n은 표면에 수직인 전기장 성분을 말한다.

닫힌 표면을 지나는 알짜 선속을 계산하는 것은 매우 귀찮은 일일 수 있다. 그러나 전기장이 각 점에서 표면에 수직이거나 평행이고 크기가 일정하다면 계산은 바로 된다. 다음 예제는 이런 점을 보여 주고 있다.

◀ 예제 19.9 | 정육면체를 통과하는 선속

균일한 전기장 $\vec{\mathbf{E}}$가 빈 공간에서 x 방향으로 향하고 있다. 그림 19.27과 같이 한 변의 길이가 ℓ인 정육면체의 표면을 통과하는 알짜 전기선속을 구하라.

풀이

개념화 그림 19.27을 세심하게 검토한다. 전기력선이 정육면체의 두 면을 수직으로 통과하고 나머지 네 면에는 평행함에 주목한다.

분류 정의로부터 선속을 계산하므로, 예제를 대입 문제로 분류한다.

네 면(③, ④ 그리고 번호가 매겨져 있지 않은 다른 두 면)을 통과하는 선속은 영이 된다. 왜냐하면 $\vec{\mathbf{E}}$가 그 네 면에 평행해서 그 면들에 대한 $d\vec{\mathbf{A}}$와 수직이기 때문이다.

면 ①과 ②를 통과하는 알짜 선속에 대해 적분으로 쓴다.

$$\Phi_E = \int_1 \vec{\mathbf{E}} \cdot d\vec{\mathbf{A}} + \int_2 \vec{\mathbf{E}} \cdot d\vec{\mathbf{A}}$$

면 ①의 경우 전기장 $\vec{\mathbf{E}}$는 일정한 값을 가지고 안쪽 방향을 향하고 있으나, $d\vec{\mathbf{A}}$은 바깥쪽을 가리키고 있다($\theta = 180°$). 이 면을 통과하는 선속을 구한다.

$$\int_1 \vec{\mathbf{E}} \cdot d\vec{\mathbf{A}} = \int_1 E(\cos 180°)\, dA = -E \int_1 dA$$
$$= -EA = -E\ell^2$$

면 ②에 대해서는 전기장 $\vec{\mathbf{E}}$는 일정한 값을 가지고 바깥쪽을 향하며, $d\vec{\mathbf{A}}_2$와 같은 방향($\theta = 0°$)이다. 이 면을 통과하는 선

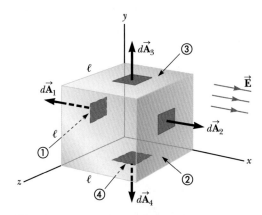

그림 19.27 (예제 19.9) x축과 평행한 균일한 전기장 내에 정육면체 모양의 닫힌 곡면이 놓여 있다. 면 ④는 아래쪽에 위치하고, 면 ①은 면 ②의 반대쪽에 위치한다.

속을 구한다.

$$\int_2 \vec{\mathbf{E}} \cdot d\vec{\mathbf{A}} = \int_2 E(\cos 0°)\, dA$$
$$= E \int_2 dA = +EA = E\ell^2$$

전체 여섯 면을 통과하는 선속을 더함으로써 알짜 선속을 구한다.

$$\Phi_E = -E\ell^2 + E\ell^2 + 0 + 0 + 0 + 0 = \boxed{0}$$

19.9 | 가우스의 법칙 Gauss's Law

이 절에서는 닫힌 표면(전자기 문제에서는 **가우스면**이라고도 함)을 지나는 알짜 전기선속과 닫힌 표면 내에 갇혀 있는 전하 사이의 관계를 알아본다. **가우스의 법칙** (Gauss's Law)이라고 알려진 이 관계는 전기장을 연구하는 데 아주 중요하게 사용된다.

첫째로 그림 19.28에서처럼 반지름 r인 구의 중심에 놓인 양의 점전하 q를 고려하자. 전기력선들은 방사상으로 바깥으로 향하며, 각각의 점에서 표면에 수직이다. 즉 구의 표면의 각 점에서 $\vec{\mathbf{E}}$는 넓이 요소 ΔA_i를 나타내는 벡터 $\Delta\vec{\mathbf{A}}_i$에 평행하다. 그러므로 구 표면의 각 점에서 다음이 성립한다.

$$\vec{\mathbf{E}}\cdot\Delta\vec{\mathbf{A}}_i = E_n\,\Delta A_i = E\,\Delta A_i$$

식 19.15로부터 가우스면을 통과하는 알짜 선속은 전기장 E가 표면에 걸쳐서 일정함을 이용하면, 다음과 같이 됨을 알게 된다.

$$\Phi_E = \oint E_n\,dA = \oint E\,dA = E\oint dA = EA$$

식 19.5에서 구의 표면에서 위치에 상관없이 전기장의 크기는 $E = k_e q/r^2$이다. 더욱이 구의 겉넓이는 $A = 4\pi r^2$이므로, 가우스면을 통과하는 알짜 선속은 다음과 같다.

$$\Phi_E = EA = \left(\frac{k_e q}{r^2}\right)(4\pi r^2) = 4\pi k_e q$$

$k_e = 1/4\pi\epsilon_0$임을 상기하면 이것을 다음과 같이 쓸 수 있다.

$$\Phi_E = \frac{q}{\epsilon_0} \qquad\qquad \textbf{19.16}$$

r과 무관한 이 결과는 구형의 가우스면을 통과하는 알짜 선속이 표면 **내부**의 중심에 있는 전하 q에 비례한다는 뜻이다. 이 결과는 수학적으로 (1) 알짜 선속은 전기력선의 수에 비례한다는 것과, (2) 전기력선의 수는 닫힌 표면 내의 전하에 비례한다는 것, 그리고 (3) 전하로부터 나오는 각각의 전기력선은 반드시 표면을 통과해야 한다는 것이다. 선속이 반지름과 무관하다는 사실은 식 19.5로 주어진 전기장의 역제곱 의존성의 결과이다. 즉 E는 $1/r^2$에 비례하나 구의 넓이는 r^2에 비례한다. 이들의 결합된 결과는 r과 무관한 선속을 만든다.

이제 그림 19.29에서처럼 전하 q를 둘러싼 다양한 형태의 닫힌 표면을 고려하자. 표면 S_1은 구형인 반면 S_2와 S_3는 구형이 아니다. S_1을 통해 지나는 선속의 값은 q/ϵ_0이다. 앞 절에서 논의했던 것과 같이 선속은 그 표면을 통해 지나는 전기력선의 수에 비례한다. 그림 19.29는 구형인 표면 S_1을 통해 지나는 전기력선이 구형이 아닌 표면 S_2와 S_3을 지나는 전기력선의 수와 같음을 보여 준다. 그러므로 어떤 닫힌 표면을 통과하는 알짜 선속은 그 표면의 모양과 무관하다고 결론짓는 것이 타당하다($E \propto 1/r^2$ 이라는 사실로부터 이를 증명할 수 있다).

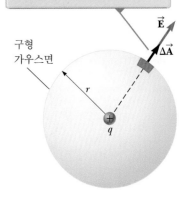

점전하가 구의 중심에 놓여 있으면, 전기장은 면에 수직이며 면의 어느 곳에서나 크기가 같다.

그림 19.28 점전하 q를 둘러싸고 있는 반지름 r인 구형 가우스면

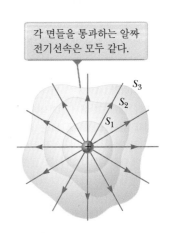

각 면들을 통과하는 알짜 전기선속은 모두 같다.

그림 19.29 전하 q를 둘러싸고 있는 여러 모양의 닫힌 표면

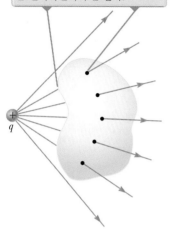

이 표면을 통과해서 들어오는 전기력선의 수와 표면을 통과해서 나가는 전기력선의 수는 같다.

그림 19.30 점전하가 닫힌 표면 **밖**에 있는 경우

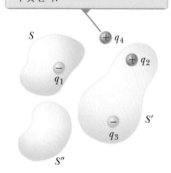

전하 q_4는 모든 표면의 바깥에 존재하기 때문에 어떤 표면에 대해서도 알짜 선속에는 영향을 미치지 못한다.

그림 19.31 닫힌 표면을 통과하는 알짜 선속은 그 표면의 **내부**에 있는 전하에만 비례한다. 표면 S를 통과하는 알짜 선속은 q_1/ϵ_0이고 표면 S'을 통과하는 알짜 선속은 $(q_2 + q_3)/\epsilon_0$이며 표면 S''을 통과하는 알짜 선속은 영이다.

오류 피하기 | 19.3

선속이 영이라고 해서 전기장이 영은 아니다 닫힌 표면을 통과하는 선속이 영인 경우는 두 가지이다. (1) 닫힌 표면 내에 대전 입자가 없다. (2) 닫힌 표면 내에 대전 입자가 있지만 표면 내에서의 알짜 전하가 영이다. 두 경우 모두에 대해 표면에서의 전기장은 영이라고 결론내리는 것은 **옳지 않다**. 가우스의 법칙은 **선속**이 닫힌 표면 내의 전하에 비례하는 것이지 **전기장**에 비례하는 것이 아님을 말한다.

점전하 q를 둘러싸고 있는 닫힌 표면을 지나는 알짜 선속은 닫힌 표면 내의 전하 위치에 상관없이 q/ϵ_0로 주어진다.

그림 19.30에서처럼 임의의 모양을 한 닫힌 표면의 **바깥**에 놓인 점전하를 고려하자. 이 구조에서 볼 수 있는 것처럼 전기력선은 표면으로 들어가고 또 표면에서 나온다. 그러므로 표면으로 들어가는 전기력선의 수는 표면으로부터 나오는 수와 같다. 따라서 전하를 둘러싸지 않은 닫힌 표면을 통한 알짜 선속은 영이라고 결론지을 수 있다. 이 결과를 예제 19.9에 적용하면 정육면체를 통과하는 알짜 선속은 영이 됨을 쉽게 알 수 있는데, 이는 정육면체의 내부에 전하가 없다고 가정했기 때문이다. 정육면체 내에 전하가 있다면 정육면체 내의 전기장은 이 예제에서처럼 균일할 수 없을 것이다.

이 논의를 전하의 연속적인 분포로 생각할 수 있는 많은 점전하가 있는 일반적인 경우로 확장하자. 여기서 중첩의 원리를 다시 이용한다. 즉 어떤 닫힌 표면을 통과하는 선속이 다음과 같다고 하자.

$$\oint \vec{E} \cdot d\vec{A} = \oint (\vec{E}_1 + \vec{E}_2 + \cdots) \cdot d\vec{A}$$

여기서 $\vec{E}$는 표면의 어느 점에서의 전체 전기장이고 $\vec{E}_1$, $\vec{E}_2$, ... 등은 그 점에서 개개의 전하에 의해 만들어진 전기장이다. 그림 19.31과 같은 전하계를 고려하자. 표면 S는 전하 q_1만을 포함하고 있으므로 표면 S를 통과하는 알짜 선속은 q_1/ϵ_0이다. 표면 S 밖의 전하에 의한 전기력선은 표면 S를 통과하더라도 들어왔다가 다시 빠져나가므로 표면 S에 대한 알짜 선속에는 영향을 주지 못한다. 표면 S'은 내부에 전하 q_2와 q_3을 포함하고 있으므로, 표면 S'에 대한 알짜 선속은 $(q_2 + q_3)/\epsilon_0$이 된다. 마지막으로 표면 S''은 내부에 알짜 전하를 포함하고 있지 않으므로, 표면 S''을 통과하는 알짜 선속은 영이 된다. 즉 한 점에서 S''으로 들어가는 **모든** 전기력선은 다른 곳으로 나온다. 전하 q_4는 어떤 표면에 대해서도 바깥에 있으므로 알짜 선속에는 영향을 미치지 못함에 주목하자.

앞에서 논의한 내용을 일반화한 것이 바로 **가우스의 법칙**(Gauss's Law)인데, **임의의** 닫힌 표면을 통과하는 알짜 선속을 다음과 같이 나타내고 있다.

$$\Phi_E = \oint \vec{E} \cdot d\vec{A} = \frac{q_{\text{in}}}{\epsilon_0} \qquad \text{19.17}$$

여기서 q_{in}은 **표면 안쪽의 알짜 전하**를 나타내며, $\vec{E}$는 표면 위의 임의의 점에서의 전기장을 나타낸다. 바꿔 말하면 가우스의 법칙은 닫힌 표면을 통과하는 알짜 전기선속은 그 표면에 의해 둘러싸인 알짜 전하를 ϵ_0로 나눈 것과 같음을 말한다. 참고로 가우스의 법칙에서 사용되는 닫힌 표면을 **가우스면**(gaussian surface)이라 한다.

원칙적으로 가우스의 법칙은 전하계의 전기장이나 또는 전하의 연속 분포의 전기장을 계산하는 데 이용할 수 있다. 그러나 실제로 이 기법은 매우 대칭적인 구조를 지닌 계에 대한 전기장을 계산하는 데만 유용하다. 다음 절에서 알게 되겠지만 가우스

의 법칙을 이용해서 구 대칭, 원통 대칭, 또는 평면 대칭을 이루는 전하 분포에 대한 전기장을 계산할 수 있다. 전하 분포를 둘러싼 가우스면을 적절하게 선택하면 식 19.17에서 스칼라곱을 간단히 할 수 있고, 전기장의 크기 **E**를 적분 기호 밖으로 빼낼 수 있어 적분을 쉽게 계산할 수 있다. 가우스면은 수학적인 면이기 때문에 어떤 실제의 물리적인 면과 일치할 필요가 없음도 역시 알아야 한다.

▶ **퀴즈 19.6** 어떤 가우스면을 통과하는 알짜 선속이 영이라면, 다음 명제 중 참인 것은? (a) 표면 안에는 어떤 전하도 없다. (b) 표면 안의 알짜 전하가 영이다. (c) 표면의 어디에서나 전기장은 영이다. (d) 표면 안으로 들어가는 전기력선의 수와 표면 밖으로 나오는 전기력선의 수가 동일하다.

▶ **퀴즈 19.7** 그림 19.31과 같은 전하 분포가 있다고 하자. (i) 표면 S'을 통과하는 전체 전기선속에 기여하는 전하는 어느 것인가? (a) q_1 (b) q_4 (c) q_2, q_3 (d) 네 전하 모두 (e) 정답 없음 (ii) 표면 S' 상의 특정한 점에서의 전체 전기장에 기여하는 전하는 어느 것인가? (a) q_1 (b) q_4 (c) q_2와 q_3 (d) 네 전하 모두 (e) 정답 없음

▷ **생각하는 물리 19.1**

구형 가우스면이 점전하 q를 둘러싸고 있다. (a) 전하가 세 배가 될 때, (b) 구의 부피가 두 배가 될 때, (c) 표면이 육면체로 변할 때, (d) 전하가 표면 안쪽의 다른 위치로 이동할 때 표면을 통과하는 알짜 선속에 어떤 일이 발생할지 설명하라.

추론 (a) 전하가 세 배가 되면 표면을 통과하는 알짜 선속 역시 세 배가 되는데, 이는 알짜 선속이 표면 안쪽의 알짜 전하에 비례하기 때문이다. (b) 부피가 변할 때 선속은 일정하게 남는데, 이는 표면이 부피에 무관하게 동일한 전하를 둘러싸고 있기 때문이다. (c) 닫힌 표면의 모양이 변할 때 전체 선속은 변하지 않는다. (d) 닫힌 표면을 통한 전체 선속은 표면 안쪽의 전하가 표면 안쪽의 다른 위치로 옮길 때 변하지 않는다. ◀

19.10 | 다양한 형태의 전하 분포에 대한 가우스 법칙의 적용
Application of Gauss's Law to Various Charge Distributions

이미 언급한 바와 같이 전하 분포가 매우 대칭적인 경우에는 가우스의 법칙이 전기장을 계산하는 데에 매우 유용하게 사용된다. 다음의 예는 식 19.17의 적분을 쉽게 계산할 수 있는 형태의 가우스면을 설정해서 전기장을 구하는 방법을 보여 준다. 가우스면을 설정할 때, 전하 분포의 대칭성을 이용하면 전기장 E를 적분 기호 밖으로 빼낼 수 있어 쉽게 계산할 수 있다. 따라서 가우스 법칙의 적용에 있어 가장 결정적인 단계는 가장 유용한 가우스면을 결정하는 것이라 할 수 있다. 이런 가우스면은 반드시 닫힌 표면이어야 하며 표면의 각 부분은 다음에 제시한 조건 중 최소한 하나 이상을 만족해야 한다.

1. 주어진 대칭성 때문에 전기장의 크기가 가우스면에서 일정한 크기의 상수가 되는 경우
2. $\vec{\mathbf{E}}$와 $d\vec{\mathbf{A}}$가 평행하기 때문에 식 19.17의 스칼라곱이 단순히 $E\,dA$로 주어지는 경우
3. $\vec{\mathbf{E}}$와 $d\vec{\mathbf{A}}$가 수직이기 때문에 식 19.17의 스칼라곱이 영으로 주어지는 경우
4. 전기장이 가우스면에서 영이 되는 경우

가우스면의 각 부분이 최소한 하나의 조건을 만족하면서도 서로 다른 부분은 다른 조건을 만족할 수 있다. 이 네 가지 경우 모두를 이 장의 예제로 다룰 것이다. 전하 분포가 충분히 대칭적이지 못해 이들 조건을 만족하는 가우스면을 찾을 수 없다면, 가우스의 법칙은 이 전하 분포에 대한 전기장을 구하는 데 유용하지 않다.

▍예제 19.10 │ 구 대칭 전하 분포

부피 전하 밀도가 ρ이고 전체 양전하 Q로 균일하게 대전되어 있는 반지름이 a인 속이 찬 부도체 구가 있다(그림 19.32).

(A) 구 밖의 한 점에서 전기장의 크기를 구하라.

풀이

개념화 이 문제가 앞 절에서의 가우스의 법칙에 대한 논의와 어떻게 다른지에 주목하자. 점전하로 인한 전기장에 대해서는 19.9절에서 논의했다. 이제 전하 분포로 인한 전기장을 고려하자. 19.5절에서는 다양한 전하 분포에 대해서 그 분포에 대해 적분을 해서 전기장을 구했다. 이 예제는 19.5절에서 논의한 것과 다른 점을 보여 준다. 이 장에서는 가우스의 법칙을 이용해서 전기장을 구한다.

분류 전하가 구 전체에 균일하게 분포되어 있으므로 전하 분포는 구 대칭이고, 전기장을 구하기 위해 가우스의 법칙을 적용할 수 있다.

분석 전하 분포가 구 대칭이므로, 그림 19.32a와 같이 구형 부도체와 동심이고 반지름 r인 구형 가우스면을 택한다. 그러면 조건 (2)가 표면의 모든 곳에서 만족되고 $\vec{\mathbf{E}} \cdot d\vec{\mathbf{A}} = E\,dA$가 성립한다.

가우스의 법칙에서 $\vec{\mathbf{E}} \cdot d\vec{\mathbf{A}}$에 $E\,dA$를 치환한다.

$$\Phi_E = \oint \vec{\mathbf{E}} \cdot d\vec{\mathbf{A}} = \oint E\,dA = \frac{Q}{\epsilon_0}$$

대칭성에 의해 표면의 모든 곳에서 E는 일정하므로 조건 (1)

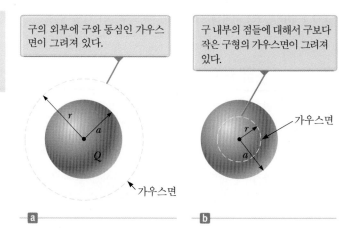

그림 19.32 (예제 19.10) 균일하게 대전되어 있는 반지름이 a이고 전체 전하가 Q인 구형 부도체. 이와 같은 그림에서 점선은 가우스면과 종이면이 교차하는 선을 의미한다.

을 만족하게 되고, E를 적분 기호 밖으로 빼낼 수 있다.

$$\oint E\,dA = E \oint dA = E(4\pi r^2) = \frac{Q}{\epsilon_0}$$

E에 대해 푼다.

$$(1) \qquad E = \frac{Q}{4\pi\epsilon_0 r^2} = k_e \frac{Q}{r^2} \quad (r > a)$$

결론 이 결과는 점전하에 의한 결과와 일치한다. 그러므로 균일하게 대전된 구에 의해 구의 외부에 만들어지는 전기장은 점전하가 구의 중심에 위치하고 있는 경우와 동일하다.

(B) 구 내부의 한 점에서 전기장의 크기를 구하라.

풀이

분석 이 경우에는 그림 19.32b와 같이 구의 내부에 반지름이 $r < a$인 동심의 가우스면을 택한다. 가우스면 내부의 부피를 V'으로 표기하자. 이 경우 가우스의 법칙을 적용할 때 주의할 점은 부피가 V'인 가우스면 내부의 전하 q_{in}이 전체 전하 Q보다 작다는 것이다.

$q_{in} = \rho V'$을 이용해서 q_{in}을 구한다.

$$q_{in} = \rho V' = \rho\left(\frac{4}{3}\pi r^3\right)$$

그림 19.32b에서 보이는 가우스면상의 어느 점에서나 조건 (1)과 (2)를 만족한다는 것에 주목한다. $r < a$인 영역에서 가우스의 법칙을 적용한다.

$$\oint E\, dA = E \oint dA = E(4\pi r^2) = \frac{q_{in}}{\epsilon_0}$$

E에 대해 풀고 q_{in}을 대입한다.

$$E = \frac{q_{in}}{4\pi\epsilon_0 r^2} = \frac{\rho\left(\dfrac{4}{3}\pi r^3\right)}{4\pi\epsilon_0 r^2} = \frac{\rho}{3\epsilon_0}r$$

$\rho = Q / \frac{4}{3}\pi a^3$과 $\epsilon_0 = 1/4\pi k_e$를 대입한다.

$$(2) \qquad E = \frac{Q/\dfrac{4}{3}\pi a^3}{3(1/4\pi k_e)}r = k_e\frac{Q}{a^3}r \quad (r < a)$$

결론 전기장의 크기 E에 대한 이 결과는 (A)에서 얻은 것과 다르다. $r \to 0$이 되면 $E \to 0$이 됨을 보여 준다. 따라서 이 결과는 E가 구의 내부에서도 $1/r^2$에 비례하면, $r = 0$에서 생길 수 있는 문제를 제거한다. 즉 $r < a$에 대해 $E \propto 1/r^2$이라면 $r = 0$에서 전기장은 무한대가 될 것이고 이런 경우는 물리적으로 불가능하다.

예제 19.11 | 원통 대칭 전하 분포

단위 길이당 양전하가 λ의 크기로 균일하게 대전되어 있는 무한히 길고 곧은 도선으로부터 거리가 r만큼 떨어진 점에서의 전기장을 구하라(그림 19.33a).

풀이

개념화 전하가 분포되어 있는 선은 **무한히** 길다. 그러므로 그림 19.33a에서 점의 수직 방향으로의 위치에 상관없이 선으로부터 같은 거리에 있는 모든 점에서 전기장의 크기는 일정하다.

분류 전하가 선을 따라 균일하게 분포되어 있기 때문에, 전하 분포는 원통 대칭이고 전기장을 구하기 위해 가우스의 법칙을 적용할 수 있다.

분석 그림 19.33b에서와 같이 전하 분포의 대칭성 때문에, 전기장 $\vec{E}$는 선전하에 수직으로 밖을 향하게 된다. 전하 분포의 대칭성을 고려해서 선전하와 동축이며 길이 ℓ, 반지름 r인 원통형 가우스면을 설정하자. 이 원통의 곡면에 대해 전기장은 모든 점에서 크기가 같고 면에 수직이므로 앞에서 언급한 조건 (1)과 (2)를 모두 만족한다. 나아가 가우스 원통의 양 끝 면을 통과하는 전기선속은 전기장 $\vec{E}$가 이 면들과 평행하기 때문에 영이다. 이것이 조건 (3)의 첫 번째 적용이다.

전체 가우스면에 대해 가우스의 법칙에 있는 면 적분을 취해야 한다. 원통의 평평한 양 끝 면에서는 $\vec{E} \cdot d\vec{A}$가 영이기 때문에 원통의 곡면 부분만을 고려하면 된다.

가우스면 내부의 전체 전하가 $\lambda\ell$이라는 사실에 유의하면서,

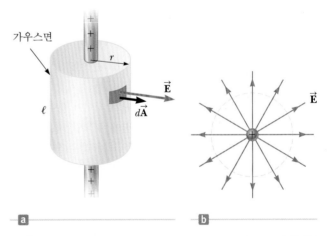

가우스면

그림 19.33 (예제 19.11) (a) 무한히 긴 선전하가 그 선과 동심인 원통형 가우스면으로 둘러싸여 있다. (b) 원통 옆면에서 전기장의 크기는 일정하며 방향은 표면에 수직임을 보이는 단면도

가우스의 법칙과 조건 (1)과 (2)를 적용한다.

$$\Phi_E = \oint \vec{E} \cdot d\vec{A} = E \oint dA = EA = \frac{q_{in}}{\epsilon_0} = \frac{\lambda\ell}{\epsilon_0}$$

원통 곡면의 넓이에 대해 $A = 2\pi r\ell$을 대입한다.

$$E(2\pi r\ell) = \frac{\lambda\ell}{\epsilon_0}$$

전기장의 크기를 구한다.

$$E = \frac{\lambda}{2\pi\epsilon_0 r} = 2k_e\frac{\lambda}{r} \qquad \textbf{19.18}$$

결론 이 결과는 구 대칭 전하 분포에 대한 외부 전기장은 $1/r^2$로 변하지만, 원통형 전하 분포에 의한 전기장은 $1/r$로 변한다는 것을 보여 준다. 식 19.18은 전하 분포에 대해 직접 적분해서 유도할 수 있다.

문제 이 예제에서 선 조각이 무한히 길지 않다면 어떻게 되는가?

답 만약 이 예제에서 선전하의 길이가 유한하다면, 전기장은 식 19.18에 의해 주어지지 않을 것이다. 전기장의 크기가 가우스 원통의 전체 면에 걸쳐 더 이상 일정하지 않기 때문에

유한한 길이의 선전하는 가우스의 법칙을 사용하기에 충분한 대칭성을 가지지 않는다. 선의 양 끝 근처에서의 전기장은 끝에서 멀리 떨어진 곳의 전기장과는 다를 것이다. 그러므로 이 상황에서는 조건 (1)이 만족되지 않는다. 더 나아가 모든 점에서 전기장 $\vec{E}$가 원통형 표면과 수직을 이루지 않는다. 끝 근처에서 전기장 벡터는 선에 평행한 성분을 가질 것이다. 그러므로 조건 (2)가 만족되지 않는다. 유한한 선전하에는 가깝고, 양 끝에서 멀리 떨어져 있는 점에서의 전기장은 식 19.18을 이용해서 훌륭한 근삿값을 얻을 수 있다.

반지름이 유한하고 길이가 무한대인 균일하게 대전된 막대의 내부에서 전기장은 r에 비례함을 연습문제에서 확인해 보라.

예제 19.12 | 전하 평면

양전하가 표면 전하 밀도 σ로 고르게 대전되어 있는 무한 평면에 의한 전기장을 구하라.

풀이

개념화 전하를 띤 평면이 **무한히** 크다는 사실에 주목하자. 따라서 평면 근처의 모든 점에서 전기장은 같아야만 한다.

분류 전하가 표면에 균일하게 분포하기 때문에, 전하 분포는 대칭적이다. 가우스의 법칙을 이용해서 전기장을 구할 수 있다.

분석 대칭성에 의해 $\vec{E}$는 모든 점에서 그 평면에 수직이어야만 한다. 전기장은 항상 양전하로부터 나오는 방향으로 향하기 때문에 그림 19.34와 같이 평면 한쪽에서 전기장의 방향은 다른 한쪽에서 전기장의 방향과 반대가 되어야 한다. 이와 같은 대칭성을 고려한 가우스면은 평면에 수직인 축을 가지고 각각의 넓이가 A인 양 끝 면까지의 거리가 같은 작은 원통이다. 전기장 $\vec{E}$가 원통의 곡면과 평행하므로 (따라서 곡면 상의 모든 점에서 $d\vec{A}$에 수직이므로) 조건 (3)이 만족되고, 이 면에 대한 면 적분은 기여하는 바가 없다. 원통의 평평한 양 끝 면에서는 조건 (1)과 (2)가 만족된다. 원통의 각 끝 면을 통과하는 선속은 EA가 되고, 전체 가우스면을 통과하는 전체 선속은 바로 양 끝을 통과하는 선속과 같아서 $\Phi_E = 2EA$가 된다.

가우스면 내부의 전체 전하가 $q_{in} = \sigma A$라는 사실에 유의하면서, 이 표면에 대한 가우스의 법칙을 쓴다.

$$\Phi_E = 2EA = \frac{q_{in}}{\epsilon_0} = \frac{\sigma A}{\epsilon_0}$$

E에 대해 푼다.

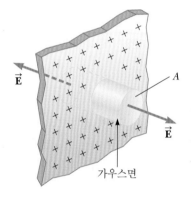

그림 19.34 (예제 19.12) 대전된 무한 평면을 수직으로 통과하는 원통형 가우스면. 원통의 평평한 양 끝 면을 통과하는 선속은 각각 EA이고, 원통의 곡면을 통과하는 선속은 영이다.

$$E = \frac{\sigma}{2\epsilon_0} \qquad \textbf{19.19}$$

결론 식 19.19에는 원통의 평평한 끝 면으로부터 떨어진 거리가 나타나지 않기 때문에, 전기장의 세기는 평면으로부터 어떤 거리에 있더라도 $E = \sigma/2\epsilon_0$라고 결론짓는다. 즉 어느 위치에서나 전기장은 균일하다.

문제 양전하로 대전된 무한 평면과 음전하로 대전된 무한 평면이 같은 크기로 평행하게 마주보고 있는 경우 전기장은 어떤 형태를 띠는가?

답 마주보는 대전된 두 무한 평면 사이의 영역에서는 전기장이 더해져서 크기가 σ/ϵ_0인 균일한 전기장이 존재할 것이고, 그 외의 공간에서는 서로 상쇄되어 전기장의 크기는 영이 된다. 이 방법은 서로 가까이 위치한 유한한 크기의 평행한 두 평면으로부터 균일한 전기장을 만드는 데 응용된다.

19.11 | 정전기적 평형 상태의 도체 Conductors in Electrostatic Equilibrium

구리와 같이 전기적으로 좋은 도체는 어떤 원자에도 구속되어 있지 않고 물질 내부를 자유롭게 움직이는 전하(전자)를 가지고 있다. 도체 내에서 열적 운동 이외에 이들 전하의 알짜 운동이 없을 경우, 도체는 **정전기적 평형 상태**(electrostatic equilibrium)에 있다고 한다. 정전기적 평형 상태에 있는 고립되어 있는 도체(접지되어 있지 않은 도체)는 다음과 같은 성질이 있다.

1. 도체 내부가 차 있거나 비어 있거나 상관없이, 도체 내부의 어느 위치에서나 전기장은 영이다.
2. 고립된 도체에 생긴 과잉 전하는 도체 표면에 분포한다.
3. 대전되어 있는 도체 표면 바로 바깥의 전기장은 도체 표면에 수직이고 크기가 σ/ϵ_0이다. 여기서 σ는 표면 전하 밀도이다.
4. 모양이 불규칙한 도체의 경우, 표면 전하 밀도는 면의 곡률 반지름이 가장 작은 곳, 즉 뾰족한 점에서 가장 크다.

다음 논의에서 위에 제시한 세 가지 성질을 증명한다. 네 번째 성질은 정전기적 평형 상태에 있는 도체의 성질에 대한 완벽한 목록을 제공하기 위해 제시했다. 그러나 이를 증명하기 위해서는 20장에서 이 내용과 관련된 개념이 필요하므로, 그때 증명하도록 하겠다.

앞에서 언급한 첫 번째 성질을 이해하기 위해 그림 19.35와 같이 외부 전기장 $\vec{E}$ 내에 놓여 있는 도체 평판을 생각하자. 정전기적 평형 상태에서는 도체 내부의 전기장이 영이 되어야만 한다. 도체 내부의 전기장이 영이 아니라면, 도체 내부의 자유 전자가 전기력을 받아서 가속될 것이다. 전자들의 이런 운동은 도체가 정전기적 평형 상태에 있지 않다는 것을 의미할 것이다. 그러므로 정전기적 평형 상태는 도체 내부의 전기장이 영일 때만 성립한다.

도체 내부의 전기장이 어떻게 영이 되는지를 알아보자. 외부 전기장을 걸어주기 전에는 자유 전자들이 도체 내부에 균일하게 분포되어 있다. 여기에 외부 전기장이 가해지면 그림 19.35와 같이 자유 전자들은 왼쪽으로 움직여, 왼쪽 표면에 음으로 대전된 평면을 만든다. 왼쪽으로 향하는 전자들의 이런 움직임은 결과적으로 도체의 오른쪽 표면에 전자의 부족을 야기해서 양으로 대전된 평면을 만든다. 전하를 띤 이들 평면은 도체 내부에 외부 전기장과 반대 방향으로 향하는 추가적인 전기장을 형성한다. 전자들이 움직임에 따라 표면 전하 밀도는 내부 전기장의 크기가 외부 전기장의 크기와 같아져서 도체 내부에서의 전기장이 영이 될 때까지 증가한다.

가우스의 법칙을 이용하면 정전기적 평형 상태에 있는 도체의 두 번째 성질을 증명할 수 있다. 그림 19.36과 같은 임의의 형태를 띤 도체를 생각해 보자. 도체 내부 표면에 될 수 있는 한 가깝게 가우스면을 잡자. 이미 논의한 바와 같이, 도체가 정전기적 평형 상태에 있을 때에는 도체 내부의 전기장은 영이다. 그러므로 19.10절의 조건

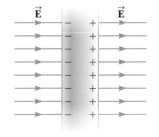

그림 19.35 외부 전기장 $\vec{E}$ 내에 놓여 있는 도체 평판. 도체의 양쪽 표면에 유도된 전하가 외부 전기장과 반대 방향으로 향하는 전기장을 만들어 도체 **내부**의 전기장이 영이 되게 한다.

그림 19.36 임의의 형태를 띤 도체. 점선은 도체 표면 바로 안쪽의 가우스면이다.

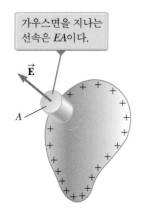

가우스면을 지나는
선속은 *EA*이다.

$\vec{E}$

A

그림 19.37 작은 원통형 가우스면을 이용해서 대전된 도체 표면의 바로 바깥쪽의 전기장을 계산한다.

(4)에 의해 가우스면 어디서나 전기장이 영이 된다. 이 결과와 가우스의 법칙으로부터, 가우스면 내부의 알짜 전하는 영이라고 할 수 있다. 가우스면을 도체의 표면에 무한히 가깝게 위치하게 할 수 있으므로, 가우스면 내부에는 알짜 전하가 존재할 수 없다. 도체에서의 알짜 전하는 도체의 표면에만 분포해야 한다. 가우스의 법칙은 과잉 전하가 어떻게 표면에 분포하는지에 대한 정보를 줄 수 없고, 단지 표면에만 과잉 전하가 분포하고 있다는 것을 알려 준다.

개념적으로 도체의 중심에 많은 전하가 놓인 경우를 상상함으로써 표면에 있는 전하의 위치를 이해할 수 있다. 부호가 같은 전하 간에 작용하는 척력은 이들 전하로 하여금 가능한 멀리 떨어져 있게 할 것인데, 이 전하들이 가장 멀리 갈 수 있는 곳은 표면 위에 있는 뾰족한 곳이다.

세 번째의 성질을 증명하는 데에도 가우스의 법칙을 이용할 수 있다. 이를 위해 그 양 끝의 면들이 표면과 평행인 작은 원통형 가우스면을 그리는 것이 편리하다(그림 19.37). 원통의 한 부분은 도체의 바로 바깥이며 일부분은 안쪽이다. 전기장은 도체 표면에 수직 방향이어야 하는데, 이는 도체가 정전기적 평형 상태에 있기 때문이다. $\vec{E}$가 표면에 평행한 성분을 가진다면, 자유 전하는 표면을 따라 이동할 것이며 표면 전류를 만들 것이고, 도체는 평형 상태에 있지 않을 것이다. 그러므로 $\vec{E}$가 가우스면의 곡면 부분에 평행하기 때문에 가우스면의 이 부분을 통과하는 선속이 없다는 관점에서 19.10절에서의 조건 3을 만족한다. $\vec{E} = 0$이기 때문에 도체 내 원통의 평평한 면을 통과하는 선속은 없다(조건 4). 따라서 가우스면을 통과하는 알짜 선속은 전기장이 면에 수직인 도체 바깥의 평평한 면을 통과하는 선속이다. 이 면에 대한 조건 1과 2를 사용하면, 선속은 *EA*인데, 여기서 *E*는 도체 바로 바깥에서의 전기장이고 *A*는 원통면의 넓이이다. 이 표면에 가우스의 법칙을 적용하면 다음과 같다.

$$\Phi_E = \oint E \, dA = EA = \frac{q_{\text{in}}}{\epsilon_0} = \frac{\sigma A}{\epsilon_0}$$

가우스면 바로 안쪽의 전하가 $q_{\text{in}} = \sigma A$라는 사실을 이용했는데, *E*에 대해 풀면 다음을 얻는다.

$$E = \frac{\sigma}{\epsilon_0} \qquad\qquad \text{19.20}$$

▶ **생각하는 물리 19.2**

점전하 +*Q*가 빈 공간에 있다고 생각하자. 점전하가 중앙에 오도록 전도성 구형 껍질로 전하를 둘러싸자. 이렇게 하면 전하로부터의 전기력선에 어떤 영향을 줄까?

추론 전하 주위에 구형 껍질을 놓으면 껍질에서의 자유 전하는 평형 상태의 도체에 대한 규칙과 가우스의 법칙에 따라 움직일 것이다. −*Q*의 알짜 전하가 도체의 안쪽 표면으로 이동할 것이며 그래서 도체 내부의 전기장이 영이 될 것

이다(껍질 내부 구형 가우스면 내에는 **알짜** 전하가 없기 때문이다). +*Q*의 알짜 전하는 바깥 표면에 남아 있을 것이다. 따라서 구의 바깥쪽 가우스면은 구 껍질이 거기에 없는 경우와 동일하게 +*Q*의 알짜 전하를 둘러쌀 것이다. 그러므로 처음 상황으로부터 전기력선의 유일한 변화는 도체 껍질 내부에서 전기력선이 없다는 것이다. ◀

| 연결 주제: 대기 중의 전기장
Context Connection: The Atmospheric Electric Field

이 장에서 여러 형태의 전하 분포가 있는 경우 전기장을 구하는 법에 대해 논의했다. 지표면이나 대기 중에서 여러 경로를 통해 전하의 분포가 존재하게 되며, 이로 인해 대기 중에도 전기장이 형성된다. 여기서 언급한 여러 경로에는 대기로 들어오는 우주선으로 인한 것이나 지표면에서 방사능 물질의 붕괴로 인한 것, 그리고 지금부터 다루게 될 번개 등이 포함된다.

이렇게 전하가 출입하는 과정에서 지표면에는 약 5×10^5 C의 음전하가 퍼지게 되는데 이는 엄청난 양이다(대기까지 포함할 경우 지구는 전체적으로는 중성인데, 지표면에 존재하는 음전하에 대응하는 양전하는 대기 중에 분포되어 있다. 이에 대한 것은 20장에서 다룰 것이다). 따라서 지표면에서의 평균 면전하 밀도는 다음과 같이 계산된다.

$$\sigma_{\text{avg}} = \frac{Q}{A} = \frac{Q}{4\pi r^2} = \frac{5 \times 10^5 \, \text{C}}{4\pi (6.37 \times 10^6 \, \text{m})^2} \sim 10^{-9} \, \text{C/m}^2$$

이 〈연결 주제〉에서 여러 가지의 단순화된 모형을 사용하게 되는데, 이런 모형을 통해 구하고자 하는 것은 '~' 부호로 표시되는 대강의 크기가 될 것이다.

지구는 좋은 도체이다. 그러므로 19.11에 기술한 바 있는 도체의 세 번째 성질을 이용해서 지표면에서의 평균 전기장 E_{avg}를 구할 수 있는데, 그 결과는 다음과 같다.

$$E_{\text{avg}} = \frac{\sigma_{\text{avg}}}{\epsilon_0} = \frac{10^{-9} \, \text{C/m}^2}{8.85 \times 10^{-12} \, \text{C}^2/\text{N} \cdot \text{m}^2} \sim 10^2 \, \text{N/C}$$

위의 값은 천둥이 치는 경우를 제외하고 날씨가 좋은 날에 측정된 결과와 유사하다. 전기장의 방향은 아래쪽이 되는데, 이는 지표면의 전하가 음의 값을 갖기 때문이다. 천둥이 칠 경우 적란운과 같은 구름 밑에서 측정되는 전기장은 맑은 날 측정된 값보다 월등히 큰 값을 갖게 되는데, 이는 구름 내의 전하 분포 때문이다.

그림 19.38은 적란운 내에서 관측되는 전하 분포의 전형적인 모습이다. 이런 전하의 분포는 구름 아래쪽의 양전하가 나머지 부분의 전하에 비해 다소 작은 값을 갖기는 하지만 **삼중극** 모형으로 잘 설명된다. 적란운 내에서 생기는 전하의 분포에 대한 내용은 아직 충분히 이해되어 있지 않으며, 현재도 이런 현상을 이해하려는 연구가 활발히 진행되고 있다.

적란운이 존재할 경우 구름과 땅 사이에 번개가 치는 것은 바로 구름 내에 존재하는 높은 밀도의 전하로 인해 구름 아래에 존재하게 되는 매우 강한 전기장 때문이다. 천둥이 칠 경우 관측되는 전기장의 크기는 25 000 N/C 정도로 매우 크다. 그림 19.38에서 볼 수 있듯이 구름의 중심에 분포되어 있는 음전하는 번개가 칠 때 땅으로 내려오는 음전하의 공급원이 된다.

그림 19.38 적란운 내부의 전형적인 삼중극 형태의 전하 분포. 점으로 표시된 것은 각 위치에 분포된 전하의 평균 위치이다.

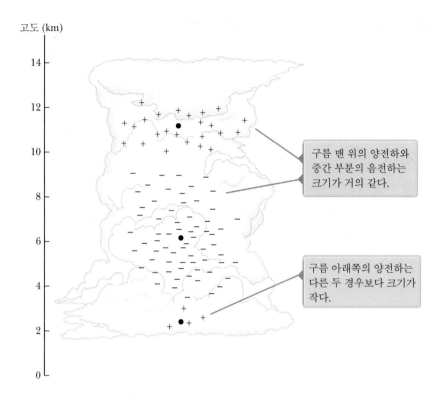

구름 맨 위의 양전하와 중간 부분의 음전하는 크기가 거의 같다.

구름 아래쪽의 양전하는 다른 두 경우보다 크기가 작다.

메가 번개 Transient Luminous Events

통상적인 번개는 지면과 뇌운 사이 대류권에서의 대기 전기장과 관련되어 있다. 그림 19.39에 보인 바와 같이 뇌운 위쪽의 전기장 효과에 대해 생각해 보자. 이 영역의 대기에서 발생하는 폭풍과 번개에 관한 몇 가지 가시적인 효과를 볼 수 있다. 일반적으로 이 현상을 **메가 번개**(transient luminous events)라 한다. 한 가지 형태는 **스프라이트**(sprites)라고 불리며, 뇌운 위쪽에서 발생하는데, 지상 90~100 km 사이에서 시작되는 번개이다. 스프라이트는 그 아래쪽에 있는 뇌운으로부터의 통상적인 대류권

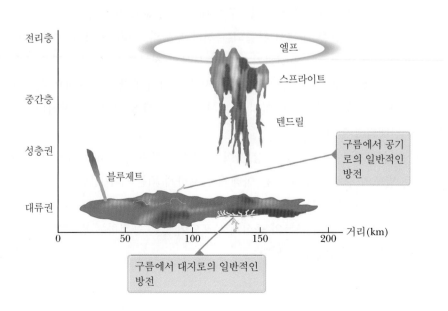

구름에서 공기로의 일반적인 방전

구름에서 대지로의 일반적인 방전

그림 19.39 뇌운 위쪽 대기에서 여러 형태의 메가 번개에 대한 묘사

번개에 의해 촉발되며, 아래로 매달린 덩굴손 같은 선명한 적색 섬광으로 나타난다. 이는 1 s보다 짧은 시간만 지속되기에 맨눈으로 보기는 쉽지 않다. 스프라이트는 1989년 처음으로 우연히 사진기에 잡혔다. 그 후 스프라이트를 찍은 사진은 쏟아졌고, 국제 우주 정거장의 우주 비행사들이 종종 심한 폭풍 동안 스프라이트를 봤다고 보고했다. 과학자들은 이 정도 고도에서의 전기장은 대기 분자들을 이온화시킬 정도로 충분히 강하다고 믿는다. 빨간색 빛은, 형광등의 광원과 유사한 방식으로, 질소 분자 이온이 전자와 재결합할 때 방출된다.

번개에 의해 유도되는 메가 번개의 다른 한 유형은 **엘프**(elves)이다. 이는 1 ms 미만 짧은 시간만 지속되기 때문에, 고속 노출계와 CCD 카메라로 관측된다. 스프라이트 발생 이전에 진행되는 엘프는 고도 75~105 km 사이의 전리층에서 팽창하는 후광처럼 나타난다. 이 후광의 팽창은 빛의 속력보다 빠르지만, 입자들은 빛의 속력보다 빠르지 않으므로 9장에서 배운 상대성 원리에 위배되지는 않는다. 현재의 이론은 전리층과 상호 작용해서 섬광을 발현시키는, 벼락으로부터의 팽창하는 구형 전자기 펄스에 관련시키고 있다.

그림 19.39에 보인 또 하나는 성층권에서의 **블루제트**(blue jet)라고 하는 광학 현상이다. 이는 뇌우의 꼭대기로부터 위쪽으로 뻗어 분출하듯 나타나며, 지상으로부터 40~50 km 정도에서 사라진다. 블루제트는 먹구름과 관련되지만, 스프라이트처럼 번개 섬광에 의해 직접적으로 촉발되지는 않는다.

다른 형태의 메가 번개는 **블루스타터**(blue starter), **트롤**(trolls), **픽시**(pixies)가 있다. 메가 번개의 원인에 대한 연구는 계속되고 있다.

연습문제 |

◀ 객관식

1. 두 양성자 사이의 전기력의 크기가 2.30×10^{-26} N이다. 두 양성자는 얼마나 멀리 떨어져 있는가? (a) 0.100 m (b) 0.022 0 m (c) 3.10 m (d) 0.005 70 m (e) 0.480 m

2. 반지름 b인 원형 고리에 전하 q가 원형 고리를 따라 균일하게 분포되어 있다. 고리 중심에서의 전기장 크기는 얼마인가? (a) 0 (b) $k_e q/b^2$ (c) $k_e q^2/b^2$ (d) $k_e q^2/b$ (e) 정답 없음

3. 두 점전하가 크기 F의 전기력으로 서로 끌어당기고 있다. 한 입자의 전하가 처음 값의 1/3로 감소하고 입자 사이의 거리가 두 배가 되면 두 입자 사이의 전기력의 크기는 얼마가 되는가? (a) $\frac{1}{12}F$ (b) $\frac{1}{3}F$ (c) $\frac{1}{6}F$ (d) $\frac{3}{4}F$ (e) $\frac{3}{2}F$

4. 전하 q인 입자가 정육면체 가우스면 내부에 놓여 있다. 근처에 다른 전하가 없을 경우 (i) 입자가 정육면체의 중심에 있을 때, 정육면체의 각 면을 통과하는 전기선속은 얼마인가? (a) 0 (b) $q/2\epsilon_0$ (c) $q/6\epsilon_0$ (d) $q/8\epsilon_0$ (e) 정육면체의 크기에 관계된다. (ii) 입자가 정육면체 내부의 어떤 지점으로든지 이동할 수 있다면, 한 면을 지나는 전기선속이 가질 수 있는 최댓값은 얼마인가? (i)의 보기에서 고르라.

5. -4.00 nC의 점전하가 $(0, 1.00)$ m 위치에 놓여 있다. 이 점전하가 $(4.00, -2.00)$ m 지점에 만드는 전기장의 x 성분은 얼마인가? (a) 1.15 N/C (b) -0.864 N/C (c) 1.44 N/C (d) -1.15 N/C (e) 0.864 N/C

6. 크기가 1.00×10^3 N/C인 균일한 전기장 내로 $3.00 \times$

10^6 m/s 의 속력을 가진 전자가 입사된다. 전기력선과 전자의 속도는 평행하고 같은 방향을 향하고 있다. 이 전자가 멈추기 전까지 얼마의 거리를 움직이는가? (a) 2.56 cm (b) 5.12 cm (c) 11.2 cm (d) 3.34 m (e) 4.24 m

7. 그림 OQ19.7과 같이 각 가우스면을 통과하는 전기선속의 값을 큰 것부터 순서대로 나열하라. 크기가 같을 경우 동일한 순위로 둔다.

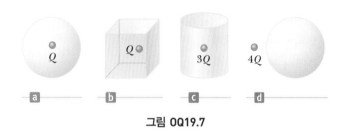

그림 OQ19.7

8. 가로 1.00 m, 세로 2.00 m, 높이 2.50 m인 직육면체 안에 3.00 nC, −2.00 nC, −7.00 nC, 1.00 nC인 점전하가 있다. 직육면체 밖에 1.00 nC과 4.00 nC의 전하가 있을 때, 직육면체의 면을 통과하는 전기선속은 얼마인가? (a) 0 (b) -5.64×10^2 N·m^2/C (c) -1.47×10^3 N·m^2/C (d) 1.47×10^3 N·m^2/C (e) 5.64×10^2 N·m^2/C

9. 수소 원자 내의 양성자로부터 약 5.29×10^{-11} m 떨어진 곳에 전자가 있다. 양성자가 전자가 있는 곳에 만드는 전기장 크기를 추정하라. (a) 10^{-11} N/C (b) 10^8 N/C (c) 10^{14} N/C (d) 10^6 N/C (e) 10^{12} N/C

10. 반지름이 5 cm인 두 개의 구가 똑같이 $2\,\mu$C의 전체 전하를 갖고 있다. 구 A는 좋은 도체이다. 구 B는 절연체이며 전하가 구의 부피에 골고루 분포되어 있을 때 (i) 두 구에서 각각 지름 방향으로 6 cm 떨어진 지점에서 전기장의 크기는 어떻게 되는지 비교하라. (a) $E_A > E_B = 0$ (b) $E_A > E_B > 0$ (c) $E_A = E_B > 0$ (d) $0 < E_A < E_B$ (e) $0 = E_A < E_B$ (ii) 두 구에서 지름 방향으로 4 cm 떨어진 지점에서 전기장의 크기는 어떻게 되는지 비교하라. (i)의 보기에서 고르라.

◀ **주관식**

19.2 전하의 성질

1. 다음 입자들의 전하와 질량을 유효 숫자 세 자리로 나타내라. 도움말: 부록 C에 있는 주기율표에서 중성 원자의 질량을 찾아서 시작한다. (a) H$^+$로 표시되는 이온화된 수소 원자 (b) 1가로 이온화된 나트륨 원자 Na$^+$ (c) 염소 이온 Cl$^-$ (d) 2가로 이온화된 칼슘 원자 Ca^{++} = Ca^{2+} (e) 암모니아 분자 중심의 N^{3-} 이온 (f) 뜨거운 별의 플라스마 상태에서 발견되는 4가로 이온화된 질소 원자 N^{4+} (g) 질소 원자의 핵 (h) H$_2$O$^-$ 분자 이온

19.4 쿨롱의 법칙

2. "두 사람이 팔 길이만큼 서로 떨어져 서 있고, 각각 인체에 존재하는 양성자보다 1 %의 전자를 더 가지고 있다면, 두 사람 사이의 척력은 지구 전체의 질량과 같은 무게를 들어 올리기에 충분할 것이다"라고 노벨상 수상자인 파인먼(Richard Feynman, 1918~1988)이 말했다. 이 주장을 입증할 수 있도록 두 힘이 어느 정도의 크기를 가지는지 계산하라.

3. 두 개의 동일한 작은 도체구의 중심이 서로 0.300 m 떨어져 있다. 한 구는 12.0 nC, 다른 구는 −18.0 nC의 전하를 갖는다. (a) 한 구가 다른 구에 작용하는 전기력을 구하라. (b) 이들 구를 도선으로 연결해서 평형 상태에 도달한 후, 한 구가 다른 구에 작용하는 전기력을 구하라.

4. 양전하 $q_1 = 3q$와 $q_2 = q$를 가지고 있는 두 개의 작은 구슬이 수평으로 놓여 있는 길이 $d = 1.50$ m의 절연 막대 양쪽 끝에 고정되어 있다. 전하 q_1을 갖는 구슬이 원점에 놓여 있다. 그림 P19.4와 같이 세 번째의 대전된 작은 구슬은 막대를 따라 자유롭게 미끄러질 수 있다. (a) 세 번째 구슬이 평형 상태가 되는 위치 x는 어디인가? (b) 이 평형은 안정된 상태인가?

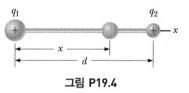

그림 P19.4

5. 그림 P19.5와 같이 정삼각형의 꼭짓점에 세 개의 대전 입자가 놓여 있다. $7.00\,\mu$C 전하에 작용하는 전체 전기력을 계산하라.

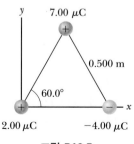

그림 P19.5

6. 보어의 수소 원자 이론에서 전자는 양성자를 중심으로 원 궤도 운동을 한다. 여기서 궤도 반지름은 5.29×10^{-11} m 이다. (a) 각 입자에 작용하는 전기력의 크기를 구하라. (b) 이 힘으로 전자가 구심 가속도를 갖게 될 때 전자의 속력은 얼마인가?

19.5 전기장

7. 75.0 μC으로 균일하게 대전된 반지름이 10.0 cm인 고리가 있다. 고리 중심으로부터 (a) 1.00 cm, (b) 5.00 cm, (c) 30.0 cm, (d) 100 cm 떨어진 고리 축 상에서의 전기장을 구하라.

8. 연속적인 선전하가 x축을 따라서 $x = +x_0$에서 양의 방향으로 무한대까지 놓여 있다. 이 선은 균일한 선전하 밀도 λ_0를 갖는 양전하로 대전되어 있다. 원점에서 전기장의 (a) 크기와 (b) 방향을 구하라.

9. 그림 P19.9에서 전기장이 영인 지점(무한히 먼 곳이 아닌)을 찾아라.

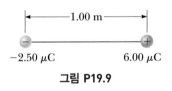

그림 P19.9

10. 세 개의 점전하가 그림 P19.10과 같이 놓여 있다. (a) 6.00 nC의 전하와 -3.00 nC의 전하가 원점에서 만드는 전기장을 구하라. (b) 5.00 nC에 작용하는 전기력을 구하라.

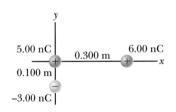

그림 P19.10

11. 균일하게 대전된 길이 14.0 cm의 절연 막대가 그림 P19.11과 같이 반원 형태로 구부러져 있다. 막대의 전체 전하는

그림 P19.11

-7.50 μC 이다. 반원의 중심인 O에서 (a) 전기장의 크기와 (b) 방향을 구하라.

12. 대전된 두 입자가 x축 상에 놓여 있다. 첫 번째 입자는 $+Q$ 전하를 가지고 $x = -a$에 있다. 두 번째 입자는 전하량은 알 수 없고 $x = +3a$에 있다. 이들 전하에 의해 생긴 원점의 알짜 전기장의 크기는 $2k_e Q/a^2$이다. 미지 전하가 몇 개의 값을 가질 수 있는지 설명하고, 가능한 값들을 구하라.

13. 길이가 14.0 cm인 균일하게 대전된 막대가 있다. 막대의 전체 전하는 -22.0 μC이다. 막대 중심에서 길이 방향의 축을 따라 36.0 cm 떨어진 지점에서의 (a) 전기장의 크기와 (b) 방향을 구하라.

14. 그림 P19.14와 같이 네 개의 점전하가 한 변이 a인 정사각형의 모서리에 놓여 있다. (a) 점전하 q의 위치에서 전기장의 크기와 방향을 구하라. (b) q에 작용하는 전체 전기력을 구하라.

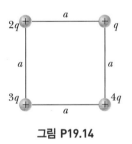

그림 P19.14

19.6 전기력선

15. 세 개의 동일한 양전하 q가 그림 P19.15와 같이 한 변의 길이가 a인 정삼각형의 꼭짓점에 놓여 있다. 세 전하가 모두 전기장을 만든다고 가정하자. (a) 전하가 놓여 있는 면에 전기력선을 그려라. (b) 전기장이 영인 한 점(무한히 먼 곳 제외)의 위치를 찾아라. 밑변에 있는 두 전하에 의한 점 P에서의 (c) 전기장의 크기와 (d) 방향을 구하라.

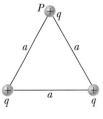

그림 P19.15

16. 음으로 대전된 유한한 길이의 막대가 균일한 선전하 밀도로 대전되어 있다. 막대가 포함된 면에서의 전기력선을 대

략적으로 그려라.

19.7 균일한 전기장 내에서 대전 입자의 운동

17. 640 N/C의 균일한 전기장 내에서 양성자가 정지 상태로부터 가속된다. 잠시 후 양성자의 속력은 1.20 Mm/s이다. (v가 빛의 속력에 비해 매우 작으므로 비상대론적이다.) (a) 양성자의 가속도를 구하라. (b) 양성자가 이와 같은 속력에 도달하는 데 걸리는 시간은 얼마인가? (c) 이 시간 동안 양성자는 얼마나 멀리 이동하는가? (d) 이 시간 간격 끝에서 양성자의 운동 에너지는 얼마인가?

18. 한 개의 양성자가 $t = 0$에서 균일한 전기장 $\vec{E} = (-6.00 \times 10^5)\,\hat{i}$ N/C의 영역으로 $+x$ 방향으로 입사된다. 이 양성자가 정지할 때까지 7.00 cm 이동한다. (a) 양성자의 가속도, (b) 양성자의 처음 속력, (c) 양성자가 정지할 때까지 걸린 시간을 구하라.

19. 양성자가 4.50×10^5 m/s로 수평 방향으로 운동해서 균일한 연직 전기장 9.60×10^3 N/C 안으로 들어간다. 모든 중력 효과는 무시하고 (a) 양성자가 수평 방향으로 5.00 cm 이동하는 데 걸린 시간, (b) 양성자가 수평 방향으로 5.00 cm 이동하는 동안 양성자의 연직 변위, (c) 양성자가 수평 방향으로 5.00 cm 이동했을 때 양성자 속도의 수평 성분과 연직 성분을 구하라.

19.8 전기선속

20. 천둥번개가 치는 어느 날 지표면 위에 크기가 2.00×10^4 N/C인 연직 방향의 전기장이 존재한다. 크기가 6.00 m × 3.00 m인 자동차가 경사도가 10.0°인 마른 자갈길을 내려가고 있을 때, 자동차의 바닥을 통과하는 전기선속을 구하라.

21. 지름이 40.0 cm인 원형 고리가 최대 전기선속의 위치를 찾을 때까지 균일한 전기장 내에서 회전하고 있다. 이 위치에서의 전기선속이 5.20×10^5 N · m²/C일 때 전기장의 크기는 얼마인가?

19.9 가우스의 법칙

22. 그림 P19.22에서처럼 전하 Q인 입자가 반지름 R인 반구의 평평한 면의 중심 바로 위 거리 δ인 곳에 있다. $\delta \to 0$일 때 (a) 반구의 곡면과 (b) 평평한 면을 지나는 전기선속을 구하라.

그림 P19.22

23. 반지름이 0.750 m인 얇은 구 껍질의 모든 면에서, 전기장의 크기가 890 N/C이고 방향은 지름 방향으로 구의 중심을 향할 때 (a) 구의 표면 내의 알짜 전하는 얼마인가? (b) 구 껍질 내의 전하 분포를 구하라.

24. 전하 $Q(> 0)$인 입자가 한 변의 길이가 L인 정육면체의 중심에 있고, 여섯 개의 똑같은 대전 입자 q가 그림 P19.24와 같이 Q를 중심으로 대칭적으로 놓여 있다. q가 음수일 때 정육면체의 한 면을 통과하는 전기선속을 구하라.

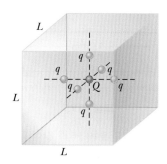

그림 P19.24

19.10 다양한 형태의 전하 분포에 대한 가우스 법칙의 적용

25. 단위 넓이당 전하가 9.00 μC/m²로 대전된 넓은 평면이 수평으로 있을 때, 이 평면의 중앙 바로 위에서의 전기장을 구하라.

26. 길이가 7.00 m인 직선 필라멘트에 전체 양전하 2.00 μC이 균일하게 분포되어 있다. 길이가 2.00 cm이고, 반지름이 10.0 cm인 대전되어 있지 않은 마분지 원통이 필라멘트를 중심축으로 하면서 필라멘트를 감싸고 있다. 합리적인 근사법을 이용해서 (a) 원통 표면의 전기장의 크기와 (b) 원통을 통과하는 전기선속을 구하라.

27. 균일한 전하 밀도 ρ로 대전되어 있는 반지름 R인 긴 원통형 전하 분포가 있다. 원통의 축으로부터 거리가 $r(r < R)$인 곳에서의 전기장을 구하라.

19.11 정전기적 평형 상태의 도체

28. 반지름이 5.00 cm인 긴 직선 금속 막대에 단위 길이당 전하 30.0 nC/m가 골고루 분포되어 있다. 막대의 축으로부터 측정한 수직 거리가 (a) 3.00 cm, (b) 10.0 cm, (c) 100 cm인 곳에서의 전기장을 구하라.

29. 긴 직선 도선을 같은 중심축을 가지고 속이 비어 있는 금속 원통이 감싸고 있다. 단위 길이당 도선의 전하는 λ이며, 원통은 2λ이다. 가우스의 법칙을 이용해서 (a) 원통의 안쪽 면에서의 단위 길이당 전하, (b) 원통의 바깥 면에서의 단위 길이당 전하, (c) 축으로부터 거리 r인 원통 바깥에서의 전기장을 구하라.

19.12 연결 주제: 대기 중의 전기장

30. 특정 지역 상공의 대기 중에서 지상으로부터 500 m 높이에서는 아래 방향으로 크기가 120 N/C인 전기장이 존재하고, 지상으로부터 600 m 높이에서는 아래 방향으로 크기가 100 N/C인 전기장이 존재한다. 두 높이 사이에 존재하는 공기층의 부피 전하 밀도의 평균값은 얼마인가? 이 전하 밀도는 양의 값인가 또는 음의 값인가?

추가문제

31. 단위 길이당 균일한 선전하 λ를 갖는 무한히 긴 선전하가 그림 P19.31과 같이 점 O로부터 거리 d에 놓여 있다. 중심이 O이고 반지름 R인 구의 표면을 통과하는 전체 전기선속을 (a) $R < d$, (b) $R > d$인 두 경우에 대해 구하라.

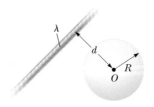

그림 P19.31

32. 그림 P19.32와 같이 2.00 g의 작은 플라스틱 공이 일정한 전기장하에 20.0 cm 길이의 줄에 매달려 있다. 줄이 연직과 15.0°를 이룰 때 공이 평형 상태에 있다면, 공의 알짜 전하는 얼마인가?

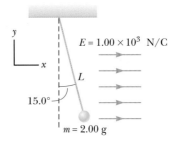

그림 P19.32

33. 그림 P19.33과 같이 $-q$의 음으로 대전된 입자가 균일하게 전체 전하 Q의 양으로 대전된 고리의 중심에 놓여 있다. x축 상에서만 움직이도록 제약된 입자를 x축을 따라 작은 거리 $x(x \ll a)$만큼 움직였다가 놓는다.

입자는 $f = \dfrac{1}{2\pi}\left(\dfrac{k_e qQ}{ma^3}\right)^{1/2}$로 주어지는 진동수로 단조화 진동함을 보여라.

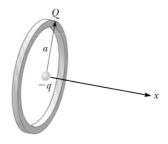

그림 P19.33

전위와 전기용량 Electric Potential and Capacitance

© Cengage Learning/George Semple

이 장치는 방송을 듣기 위해 라디오를 조정하는 데 사용되는 **가변 축전기**이다. 금속판 한 세트가 고정된 금속판 사이를 돌아갈 때, 이 장치의 **전기용량**은 변한다.

6장에서는 중력이나 용수철의 탄성력과 같은 보존력과 관련된 위치 에너지에 대한 개념을 공부했다. 고립계에서 역학적 에너지 보존의 원리를 사용함으로써, 여러 가지 역학적 문제를 푸는 데 있어서 힘을 직접적으로 다루지 않고 문제를 해결할 수 있었다. 이 장에서는 전기 문제를 다루는데 에너지 개념을 사용한다. 쿨롱의 법칙에 의해 주어지는 정전기력은 보존력이므로 전기 위치 에너지를 사용해서 정전기적 현상을 편리하게 기술할 수 있다. 이 개념에 의해서 **전위**라고 하는 스칼라양을 정의할 수 있다. 전위는 스칼라양이기 때문에 전기장 개념보다는 전위의 개념으로 정전기적 현상을 더 간단하게 기술할 수 있다. 전위의 개념은 많은 응용 문제에서도 아주 유용하다.

이 장에서는 또한 전하를 저장하는 소자인 축전기의 특성을 소개한다. 전하를 저장하는 축전기의 능력은 **전기용량**으로 나타낸다. 축전기는 라디오 수신을 위한 주파수 조절 장치, 전력 공급기의 여과기, 전자식 섬광을 위한 에너지 저장 장치 등에 응용된다.

▌**20.1** │ 전위와 전위차 Electric Potential and Potential Difference

시험 전하 q_0이 전기장 $\vec{\mathbf{E}}$ 내에 놓여 있을 때 시험 전하가 받는 전기력은 $q_0\vec{\mathbf{E}}$이다. 쿨롱의 법칙으로 기술되는 전하들 사이에 작용하는 힘은 보존력이므로, 시험 전하에 작용하는 힘 $\vec{\mathbf{F}}_e = q_0\vec{\mathbf{E}}$도 보존력이다. 시험 전하가 외력에 의해 전기장 내에서 등속도로 움직일 때, 전기장이 시험 전하에 한 일은 변위가 생기게 한 외력이 한 일과 크기는 같고 부호는 반대이다. 이것은 중력장에서 질량이 있는 물체를 들어 올리는 상황과 유사하다. 외력이 한 일은 mgh이며, 중력이 한 일은 $-mgh$이다.

$d\vec{\mathbf{s}}$는 전기장과 자기장을 다룰 때, 공간에서 이동 경로에 대해 접선 방향을 가지는 작은 변위(또는 미소 변위) 벡터를 나타낸다. 이 이동 경로는 직선일 수도 있고 곡선일 수도 있으며, 이 경로를 따라 행한 적분을 **경로 적분** 또는 **선 적분**이라 한다.

전기장 내에 있는 점전하 q_0이 작은 변위 $d\vec{\mathbf{s}}$만큼 이동할 때, 전하–전기장 계 내에서 전기장이 전하에 한 일은 $W_{\text{int}} = \vec{\mathbf{F}}_e \cdot d\vec{\mathbf{s}} = q_0\vec{\mathbf{E}} \cdot d\vec{\mathbf{s}}$이다. 전기장이 일을 함에 따라 전하–전기장 계의 위치 에너지는 $dU = -W_{\text{int}} = -q_0\vec{\mathbf{E}} \cdot d\vec{\mathbf{s}}$만큼 변하게 된다. 전하가 점 Ⓐ에서 Ⓑ로 이동할 때, 계의 위치 에너지 변화 $\Delta U = U_Ⓑ - U_Ⓐ$는 다음과 같다.

▶ 전하–전기장 계의 전기 위치 에너지의 변화

$$\Delta U = -q_0\int_Ⓐ^Ⓑ \vec{\mathbf{E}} \cdot d\vec{\mathbf{s}} \qquad \text{20.1}$$

이 적분은 q_0이 Ⓐ에서 Ⓑ로 이동한 경로에 따라 적분을 해야 한다. 힘 $q_0\vec{\mathbf{E}}$가 보존력이므로, 이 선 적분은 Ⓐ와 Ⓑ 사이의 경로에 무관하다.

시험 전하가 전기장 내의 어떤 위치에 놓이는 경우, $U = 0$으로 정의되는 전하–전기장 계의 배치에 상대적인 위치 에너지 U를 갖는다. 이 위치 에너지를 시험 전하 q_0으로 나누면 원천 전하의 분포에만 의존하는 물리량을 얻을 수 있고, 이것은 전기장 내의 각 점에서 한 개의 값을 갖는다. 이 물리량을 **전위**(electric potential)라 하며, V로 표기한다.

$$V = \frac{U}{q_0} \qquad \text{20.2}$$

위치 에너지가 스칼라양이므로 전위도 스칼라양이다.

식 20.1에서 알 수 있듯이, 시험 전하가 전기장 내의 두 위치 Ⓐ에서 Ⓑ로 이동한다면, 전하–전기장 계의 위치 에너지가 변하게 된다. 전기장 내에서 점 Ⓐ와 Ⓑ 사이의 **전위차**(potential difference) $\Delta V = V_Ⓑ - V_Ⓐ$는 시험 전하 q_0이 두 점 사이를 이동할 때 계의 위치 에너지 변화를 시험 전하 q_0으로 나눈 값으로 정의한다.

▶ 두 점 사이의 전위차

$$\Delta V \equiv \frac{\Delta U}{q_0} = -\int_Ⓐ^Ⓑ \vec{\mathbf{E}} \cdot d\vec{\mathbf{s}} \qquad \text{20.3}$$

이 정의에서, 작은 변위 $d\vec{\mathbf{s}}$는 식 20.1에서와 같이 점전하의 변위보다는 공간에서 두 점 사이의 변위를 의미한다.

위치 에너지와 마찬가지로 전위에서는 단지 **차이**만 의미가 있다. 그래서 전기장 내의 어떤 지점의 전위를 편의상 영으로 취할 수 있다.

전위차와 위치 에너지의 차를 혼동해서는 안 된다. 점 Ⓐ와 Ⓑ 사이의 전위차는 단지 원천 전하에 의해 생긴 것이므로 원천 전하의 분포에 의존한다(시험 전하 **없이** 점 Ⓐ와 Ⓑ를 생각하라). 위치 에너지가 존재하기 위해서는 둘 이상의 전하로 구성된 **계**가 있어야만 한다. 계의 위치 에너지는 한 전하가 계의 다른 부분에 대해 움직일 때만 변하게 된다.

시험 전하가 운동 에너지의 변화 없이 외력에 의해 Ⓐ로부터 Ⓑ까지 움직인다면, 외력은 계의 위치 에너지를 변화시키는 일을 한 것이다. 즉 $W = \Delta U$이다. 전기장 내에 놓여 있는 전하 q를 생각해 보자. 식 20.3으로부터 외력이 작용해서 전하 q가 전기장 내에서 등속도로 움직이는 과정에서 외력이 한 일은 다음과 같다.

$$W = q\Delta V \qquad\qquad \textbf{20.4}$$

전위는 단위 전하당 위치 에너지이므로, 전위와 전위차의 SI 단위는 J/C이 되며 이를 다음과 같이 **볼트**(V)라고 정의한다.

$$1\,\text{V} \equiv 1\,\text{J/C}$$

다시 말하면 1 V의 전위차 내에서 1 C의 전하량을 옮기는 데 1 J의 일이 필요하다. 식 20.3은 전위차가 전기장과 거리의 곱과 같은 단위를 가짐을 보여 준다. 따라서 전기장의 SI 단위(N/C)는 V/m로 표현할 수 있다.

$$1\,\text{N/C} = 1\,\text{V/m}$$

그러므로 전기장은 위치에 따라서 전위가 변화하는 비율의 척도라고 해석할 수 있다.

9.7절에서 설명한 바와 같이 원자 물리나 핵 물리에서 에너지의 단위로 **전자볼트**(eV)를 주로 사용하는데, 1전자볼트는 크기가 e인 전하(즉 전자 또는 양성자) 한 개가 1 V의 전위차 내에서 가속될 때, 전하-전기장 계가 얻거나 잃는 에너지로 정의한다. 1 V = 1 J/C이고, 기본 전하량이 1.602×10^{-19} C이므로, 1전자볼트는 다음과 같은 크기의 에너지이다.

$$1\,\text{eV} = 1.602 \times 10^{-19}\,\text{C} \cdot \text{V} = 1.602 \times 10^{-19}\,\text{J} \qquad \textbf{20.5}$$

예를 들어 일반적인 치과용 X선 기계의 빔에서 전자는 $1.4 \times 10^{8}\,\text{m/s}$의 속력을 갖는다. 이 경우 전자의 운동 에너지는 $1.1 \times 10^{-14}\,\text{J}$이며(9장에서 공부한 상대론적인 계산을 사용함), 이 값은 $6.7 \times 10^{4}\,\text{eV}$에 해당된다. 한 개의 전자가 정지 상태로부터 이런 속력에 도달하기 위해서는 67 kV의 전위차로 가속되어야 한다.

▌ **퀴즈 20.1** 그림 20.1과 같이 점 Ⓐ와 Ⓑ는 모두 전기장 내에 위치한다. (i) 전위차 $\Delta V = V_{Ⓑ} - V_{Ⓐ}$는? (a) 양수이다. (b) 음수이다. (c) 영이다. (ii) 점 Ⓐ에 놓여 있던 음전하가 Ⓑ로 이동했다. 이 경우 전하-전기장 계의 위치 에너지 변화는 어떻게 표현할 수 있는가? 앞의 보기에서 고르라.

오류 피하기 | 20.2

전압 두 점 사이의 전위차는 다양한 말로 표현되는데, 일반적으로 전위의 단위에서 비롯되는 **전압**(voltage)을 사용한다. 텔레비전과 같은 장치에 걸린 전압 또는 장치에서의 전압이라는 말은, 장치에서의 전위차란 말과 같은 의미이다. 대중적인 언어임에도 불구하고, 전압은 전자제품 속을 흐르는 무언가는 **아니다**.

오류 피하기 | 20.3

전자볼트 전자볼트는 전위의 단위가 아니라 에너지의 단위이다. 어떤 계의 에너지를 eV로 표현할 수도 있다. 그러나 이 단위는 원자로부터 가시광선의 방출과 흡수를 나타내기에 가장 편리하다. 핵 변화 과정의 에너지는 종종 MeV로 나타낸다.

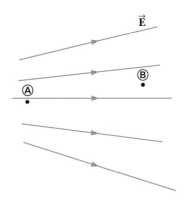

그림 20.1 (퀴즈 20.1) 전기장 내에 위치하는 두 점

◤ **20.2** | 균일한 전기장 내에서의 전위차
Potential Difference in a Uniform Electric Field

식 20.1과 20.3은 전기장이 균일하든지 변하든지 간에 모든 전기장 내에서 성립한 다. 그러나 이 식들은 균일한 전기장의 경우 간단하게 표현될 수 있다. 먼저 그림 20.2a에서와 같이 $-y$ 방향으로 향하는 균일한 전기장을 가정해 보자. 거리 d만큼 떨 어져 있는 점 Ⓐ와 Ⓑ 사이의 전위차를 구해 보자. 여기서 변위 $\vec{\mathbf{s}}$는 Ⓐ에서 Ⓑ로 향하 며 전기력선의 방향과 평행이다. 식 20.3에 이런 경우를 적용하면 다음과 같은 식을 얻 는다.

$$V_Ⓑ - V_Ⓐ = \Delta V = -\int_Ⓐ^Ⓑ \vec{\mathbf{E}} \cdot d\vec{\mathbf{s}} = -\int_Ⓐ^Ⓑ E\,ds\,(\cos 0°) = -\int_Ⓐ^Ⓑ E\,ds$$

E가 상수이므로 적분 밖으로 나올 수 있으므로, 점 Ⓐ와 Ⓑ 사이의 전위차는 다음과 같다.

▶ 균일한 전기장 내에 있는 두 점 사이의 전위차

$$\Delta V = -E \int_Ⓐ^Ⓑ ds = -Ed \qquad\qquad \textbf{20.6}$$

음($-$)의 부호는 점 Ⓑ의 전위가 Ⓐ의 전위보다 낮다는 것을 의미한다. 즉 $V_Ⓑ < V_Ⓐ$ 이다. 그림 20.2a와 같이 전기력선은 **항상** 전위가 감소하는 방향으로 향한다.

이번에는 시험 전하 q_0이 Ⓐ에서 Ⓑ로 이동한다고 가정하자. 식 20.3과 20.6으로부 터 전하-전기장 계의 위치 에너지의 변화는 다음과 같음을 알 수 있다.

$$\Delta U = q_0 \Delta V = -q_0 Ed \qquad\qquad \textbf{20.7}$$

즉 q_0이 양($+$)의 값이면 ΔU는 음($-$)의 값이다. 따라서 양전하와 전기장으로 이 루어진 계에서, 전하가 전기장 방향으로 이동할 때 계의 전기 위치 에너지는 감소한 다. 이것은 양전하가 전기장과 동일한 방향으로 이동할 때 전기장이 양전하에 일을 한다는 것을 뜻한다. 이것은 그림 20.2b에서와 같이 떨어지는 물체에 중력장이 일을

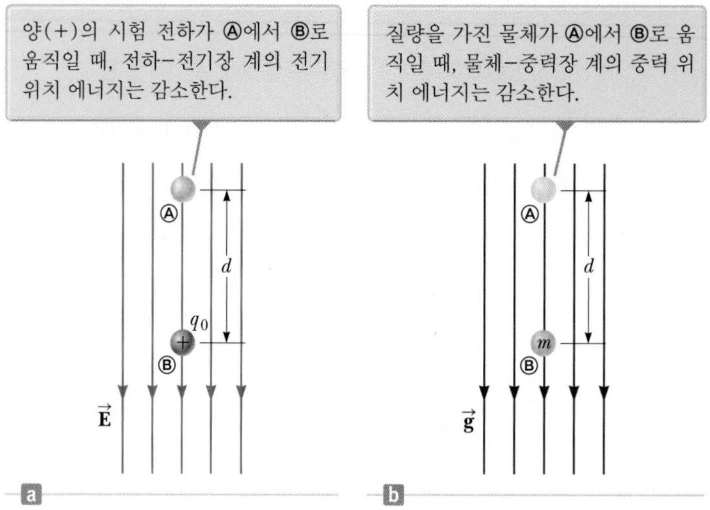

양($+$)의 시험 전하가 Ⓐ에서 Ⓑ로 움직일 때, 전하-전기장 계의 전기 위치 에너지는 감소한다.

질량을 가진 물체가 Ⓐ에서 Ⓑ로 움 직일 때, 물체-중력장 계의 중력 위 치 에너지는 감소한다.

그림 20.2 (a) 전기장 $\vec{\mathbf{E}}$가 아래로 향할 때 점 Ⓑ의 전위가 Ⓐ보다 더 낮다. (b) 중력장 $\vec{\mathbf{g}}$ 내에서 아래로 떨어지는 질량 m인 물체

하는 것과 유사하다. 전기장 내에서 정지하고 있던 양의 시험 전하가 자유롭게 움직일 수 있으면, 시험 전하는 $\vec{E}$의 방향으로 $q_0\vec{E}$의 힘을 받아 그림 20.2(a)와 같이 아래로 가속됨으로써 운동 에너지를 얻게 된다. 대전 입자가 운동 에너지를 얻으면, 전하-전기장 계는 동일한 크기의 위치 에너지를 잃게 된다. 이것은 7장에서 소개한 고립계에서의 에너지 보존에 해당된다.

그림 20.2에서와 같이 전기장 내의 양의 시험 전하와 중력장 내의 시험 질량을 비교해 보면, 전기적인 거동을 개념화하는 데 유용할 것이다. 그러나 전기적인 상황과 중력적인 상황이 다른 하나가 있는데, 전기에서는 시험 전하가 음전하일 수도 있다. 만일 시험 전하 q_0이 음전하이면, 식 20.7의 ΔU는 양(+)의 값을 가지며 모든 상황은 반대가 된다. 즉 음전하가 전기장의 방향으로 이동할 때, 음전하와 전기장으로 이루어진 계는 전기 위치 에너지를 얻게 된다. 음전하를 전기장 내에서 정지 상태로부터 자유롭게 놓아두면, 음전하는 전기장과 반대 방향으로 가속될 것이다. 음전하를 전기장의 방향으로 이동시키기 위해서는, 외력이 음전하에 양(+)의 일을 해야만 한다.

이제 좀 더 일반적인 경우로서, 그림 20.3과 같이 균일한 벡터 $\vec{s}$가 전기력선에 평행하지 **않은** 전기장 내에서 점 Ⓐ와 Ⓑ 사이로 이동하는 대전 입자를 생각해 보자. 이 경우 식 20.3은 다음과 같이 주어진다.

$$\Delta V = -\int_{Ⓐ}^{Ⓑ} \vec{E} \cdot d\vec{s} = -\vec{E} \cdot \int_{Ⓐ}^{Ⓑ} d\vec{s} = -\vec{E} \cdot \vec{s} \qquad \text{20.8}$$

여기서 $\vec{E}$는 상수이기 때문에 적분 밖으로 나올 수 있다. 따라서 전하-전기장 계의 위치 에너지 변화는 다음과 같다.

$$\Delta U = q_0 \Delta V = -q_0 \vec{E} \cdot \vec{s} \qquad \text{20.9}$$

마지막으로 식 20.8로부터 균일한 전기장 내에서 전기장과 수직인 면에 있는 모든 점의 전위는 같다는 것을 알 수 있다. 그림 20.3에서 볼 수 있듯이, 전위차 $V_Ⓑ - V_Ⓐ$와 $V_Ⓒ - V_Ⓐ$는 동일하기 때문에 $V_Ⓑ = V_Ⓒ$이다. (그림 20.3에서 볼 수 있는 것처럼 $\vec{E}$와 $\vec{s}$ 사이의 각도 θ가 임의의 값을 가지는 경우에 해당되는 $\vec{s}_{Ⓐ→Ⓑ}$와 $\theta = 0$인 경우에 해당되는 $\vec{s}_{Ⓐ→Ⓒ}$에 대해서 스칼라곱 $\vec{E} \cdot \vec{s}$를 계산해서 증명한다.) 전위가 같은 일련의 점들로 이루어진 면을 **등전위면**(equipotential surface)이라고 한다.

균일한 전기장 내의 등전위면은 전기장에 수직인 평면들이다. 다른 대칭형 전기장 내에서의 등전위면에 대한 논의는 다음 절에서 다룰 것이다.

▨ **퀴즈 20.2** 그림 20.4의 점들은 일련의 등전위면 위에 놓여 있다. 양전하를 각각 Ⓐ에서 Ⓑ로, Ⓑ에서 Ⓒ로, Ⓒ에서 Ⓓ로, Ⓓ에서 Ⓔ로 이동시킬 때, 전기장이 한 일을 큰 것부터 순서대로 나열하라.

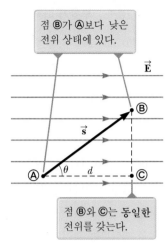

점 Ⓑ가 Ⓐ보다 낮은 전위 상태에 있다.

점 Ⓑ와 Ⓒ는 동일한 전위를 갖는다.

그림 20.3 $+x$축 방향의 균일한 전기장

▶ 균일한 전기장 내에서 두 점 사이의 전위 변화

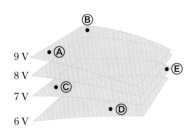

그림 20.4 (퀴즈 20.2) 네 개의 등전위면

예제 20.1 | 부호가 다른 전하를 가진 두 평행판 사이의 전기장

그림 20.5와 같이 두 평행한 도체판 사이에 12 V의 전지가 연결되어 있다. 두 판 사이의 거리 $d = 0.30$ cm이고, 판 사이의 전기장이 균일하다고 가정하자(이 가정은 두 판 사이의 간격이 판의 크기에 비해 매우 작고, 판의 모서리 부근에 있는 점들을 고려하지 않는다면 타당하다). 판 사이의 전기장 크기를 구하라.

풀이

개념화 19장에서 평행판 사이에서의 균일한 전기장을 공부했다. 이 문제에서 새로운 것은 전기장이 새로운 전위의 개념과 연결되어 있다는 점이다.

분류 전기장과 이 절에서 배운 전위의 관계를 이용해서 전기장을 계산하는 것이므로, 예제를 대입 문제로 분류한다.

식 20.6을 이용해서 두 판 사이의 전기장의 크기를 계산한다.

$$E = \frac{|V_B - V_A|}{d} = \frac{12 \text{ V}}{0.30 \times 10^{-2} \text{ m}} = \boxed{4.0 \times 10^3 \text{ V/m}}$$

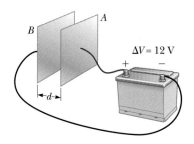

그림 20.5 (예제 20.1) 두 평행 도체판에 12 V의 전지가 연결되어 있다. 두 판 사이의 전기장의 크기는 판 사이의 전위차 ΔV를 두 판 사이의 거리 d로 나눈 값이다.

그림 20.5와 같은 형태의 구조를 **평행판 축전기**라고 하는데, 20.7절에서 더 자세히 공부하게 될 것이다.

예제 20.2 | 균일한 전기장 내에서 양성자의 운동

그림 20.6과 같이 8.0×10^4 V/m의 균일한 전기장 내에서 양성자를 정지 상태로부터 놓았다. 양성자가 점 Ⓐ에서 Ⓑ까지 $\vec{\mathbf{E}}$의 방향으로 $d = 0.50$ m만큼 이동한다. 이 거리를 이동한 후의 양성자 속력을 구하라.

풀이

개념화 양성자가 그림 20.6에서와 같이 전위차에 의해 아래로 이동하는 것으로 생각한다. 이 상황은 중력장에서 자유 낙하하는 물체와 비슷하다.

분류 그림 20.6에서 양성자와 두 판으로 이루어진 계는 주위 환경과 상호 작용하지 않으므로, 이를 고립계로 모형화할 수 있다.

분석 식 20.6을 이용해서 점 Ⓐ와 Ⓑ 사이의 전위차를 구한다.

$$\Delta V = -Ed = -(8.0 \times 10^4 \text{ V/m})(0.50 \text{ m})$$
$$= -4.0 \times 10^4 \text{ V}$$

에너지 보존식인 식 7.2를 적절하게 써서 전하와 전기장의 고립계에 대한 에너지를 나타낸다.

$$\Delta K + \Delta U = 0$$

두 항에 에너지 변화를 대입한다.

$$\left(\frac{1}{2} mv^2 - 0\right) + e\Delta V = 0$$

양성자의 나중 속력에 대해 푼다.

$$v = \sqrt{\frac{-2e\Delta V}{m}}$$

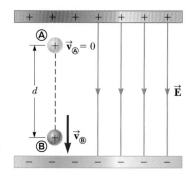

그림 20.6 (예제 20.2) 양성자는 전기장의 방향을 따라 Ⓐ에서 Ⓑ로 가속된다.

주어진 값들을 대입한다.

$$v = \sqrt{\frac{-2(1.6 \times 10^{-19} \text{ C})(-4.0 \times 10^4 \text{ V})}{1.67 \times 10^{-27} \text{ kg}}}$$
$$= \boxed{2.8 \times 10^6 \text{ m/s}}$$

결론 ΔV는 음이므로, 양성자–전기장 계의 ΔU 또한 음이다. ΔU가 음수라는 뜻은 양성자가 전기장 방향으로 이동함에 따라 계의 위치 에너지가 감소한다는 의미이다. 양성자가 전기장 방향으로 가속되면서, 계의 전기 위치 에너지가 감소하는 동시에 운동 에너지를 얻게 된다.

그림 20.6은 양성자가 아래로 이동하는 모습이다. 이 양성자의 운동은 중력장에서 낙하하는 물체와 유사하다. 중력장은 지표면에서 항상 아래로 향하지만, 전기장의 방향은 전기장을 만드는 판의 배열에 따라 아무 곳이나 향할 수 있다. 그림 20.6은 90°나 180°로 회전시켜 양성자를 수평 또는 위로 향하게 할 수 있다.

20.3 | 점전하에 의한 전위와 위치 에너지
Electric Potential and Potential Energy Due to Point Charges

19.6절에서 고립된 양(+)의 점전하 q는 전하로부터 밖으로 나가는 방향으로 전기장을 만든다는 것을 배웠다. 이 전하로부터 거리 r만큼 떨어진 지점의 전위를 구하려면, 전위차에 대한 일반식을 사용해야 한다.

$$V_{\circledB} - V_{\circledA} = -\int_{\circledA}^{\circledB} \vec{\mathbf{E}} \cdot d\vec{\mathbf{s}}$$

여기서 점 Ⓐ와 Ⓑ는 그림 20.7과 같이 임의의 두 지점이다. 공간에서 점전하에 의한 전기장은 $\vec{\mathbf{E}} = (k_e q / r^2)\hat{\mathbf{r}}$(식 19.5)이며, 여기서 $\hat{\mathbf{r}}$은 전하로부터 밖으로 나가는 방향의 단위 벡터이다. 또한 $\vec{\mathbf{E}} \cdot d\vec{\mathbf{s}}$는 다음과 같이 나타낼 수 있다.

$$\vec{\mathbf{E}} \cdot d\vec{\mathbf{s}} = k_e \frac{q}{r^2} \hat{\mathbf{r}} \cdot d\vec{\mathbf{s}}$$

단위 벡터 $\hat{\mathbf{r}}$의 크기는 1이기 때문에, 스칼라곱 $\hat{\mathbf{r}} \cdot d\vec{\mathbf{s}} = ds \cos\theta$이며, 여기서 θ는 단위 벡터 $\hat{\mathbf{r}}$과 $d\vec{\mathbf{s}}$ 사이의 각도이다. 또한 $ds \cos\theta$는 $d\vec{\mathbf{s}}$를 $\hat{\mathbf{r}}$의 방향으로 투영한 값이므로, $ds \cos\theta = dr$이 된다. 즉 점 Ⓐ에서 Ⓑ로의 변위 $d\vec{\mathbf{s}}$는 $\vec{\mathbf{r}}$ 방향으로 dr만큼 변하게 된다. 이를 대입하면 $\vec{\mathbf{E}} \cdot d\vec{\mathbf{s}} = (k_e q/r^2)dr$이 되며 전위차는 다음과 같이 나타낼 수 있다.

$$V_{\circledB} - V_{\circledA} = -k_e q \int_{r_{\circledA}}^{r_{\circledB}} \frac{dr}{r^2} = \left. \frac{k_e q}{r} \right|_{r_{\circledA}}^{r_{\circledB}}$$

$$V_{\circledB} - V_{\circledA} = k_e q \left[\frac{1}{r_{\circledB}} - \frac{1}{r_{\circledA}} \right] \qquad \textbf{20.10}$$

식 20.10에서 보는 바와 같이 $\vec{\mathbf{E}} \cdot d\vec{\mathbf{s}}$의 적분은 Ⓐ와 Ⓑ 사이의 경로에 **무관**하다. 두 점 Ⓐ와 Ⓑ 사이를 이동하는 전하 q_0을 곱한 $q_0 \vec{\mathbf{E}} \cdot d\vec{\mathbf{s}}$도 경로에 무관하다. 전기장이 전하 q_0에 한 일인 이 적분은 전기력이 보존력임을 보여 준다(6.7절 참조). 이와 같이 보존력과 연관된 장을 **보존력장**(conservative field)이라 정의한다. 즉 식 20.10은 점전하에 의한 전기장은 보존력장임을 보여 준다. 식 20.10의 결과에서 점전하에 의해 생성된 전기장 내의 임의의 두 점 Ⓐ와 Ⓑ 사이의 전위차는 지름 방향의 위치 $r_{\circledA}$와 $r_{\circledB}$만으로 결정됨을 알 수 있다. 일반적으로 $r_{\circledA} = \infty$인 점에서 전위가 영이 되도록 기준점을 잡는다. 따라서 점전하로부터 거리 r인 지점의 전위는 다음과 같다.

$$V = k_e \frac{q}{r} \qquad \textbf{20.11}$$

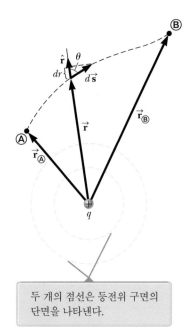

두 개의 점선은 등전위 구면의 단면을 나타낸다.

그림 20.7 점전하 q에 의한 점 Ⓐ와 Ⓑ 사이의 전위차는 처음 지름 방향의 위치 $r_{\circledA}$와 나중 지름 방향의 위치 $r_{\circledB}$에만 의존한다.

둘 이상의 점전하에 의한 전위는 중첩의 원리를 적용해서 구한다. 즉 여러 점전하에 의한 어떤 점 P에서의 전체 전위는 각각의 전하에 의한 전위의 합과 같다. 따라서 점전하군에 의한 점 P에서의 전체 전위는 다음과 같다.

▶ **점전하군에 의한 전위**

$$V = k_e \sum_i \frac{q_i}{r_i}$$ **20.12**

여기서 무한대에서의 전위를 영으로 잡았으며, r_i는 전하 q_i에서 점 P까지의 거리이다. 식 20.12에서의 합은 벡터합이 아닌 스칼라양에 대한 대수 합이다(벡터합은 식 19.6에서 점전하군에 의한 전기장을 계산하는 데 사용된다). 따라서 벡터합 $\vec{\mathbf{E}}$를 구하는 것보다 대수 합 V를 구하는 것이 훨씬 수월하다.

대전된 두 점전하로 이루어진 계의 위치 에너지를 계산해 보자. V_2를 전하 q_2에 의한 점 P에서의 전위라 하면, 두 번째 전하 q_1을 가속도 없이 무한대에서 점 P까지 가져오는 데 필요한 일은 $q_1 V_2$이다. 이 일은 두 전하로 이루어진 계에 에너지를 전달하는 것을 나타내며, 이 에너지는 그림 20.8a와 같이, 두 전하가 거리 r_{12}만큼 떨어져 있을 때 두 전하로 이루어진 계의 위치 에너지 U가 된다. 그러므로 계의 위치 에너지는 다음과 같이 표현될 수 있다.[1]

$$U = k_e \frac{q_1 q_2}{r_{12}}$$ **20.13**

두 전하의 부호가 같으면 U는 양의 값이 된다. 이것은 같은 부호의 전하끼리는 척력이 작용한다는 사실에 기인하며, 두 전하를 가까이 가져다 놓기 위해서는 양의 일을 해야 한다는 의미이다. 반대로 두 전하의 부호가 서로 다르면, U는 음의 값이 된다. 이것은 다른 부호의 전하끼리는 인력이 작용한다는 사실에 기인하며, 두 전하를 가까이 가져다 놓기 위해서는 음의 일을 해야 한다는 의미이다. 전하 q_1이 전하 q_2 쪽으로 가속되는 것을 방지하는 방향으로 힘이 가해져야 한다.

그림 20.8b와 같이 전하 q_1을 제거하면, 이 전하가 있던 점 P에서 전하 q_2에 의한 전위는 식 20.2와 20.13을 사용하면 $V = U/q_1 = k_e q_2 / r_{12}$이며 이 결과는 식 20.11과

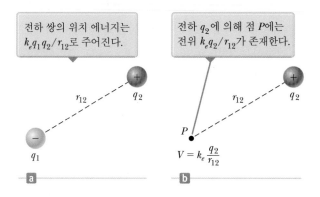

그림 20.8 (a) 거리 r_{12}만큼 떨어져 있는 두 점전하. (b) 전하 q_1을 제거한다.

---

[1] 두 점전하로 이루어진 계의 전기 위치 에너지를 표현하는 식 20.13은 두 점 질량으로 이루어진 계의 중력 위치 에너지의 식 $-Gm_1 m_2/r$와 **동일한** 함수 모양이다(11장 참조). 두 표현은 모두 거리의 역제곱으로 표현되는 힘으로부터 유도된 것이기 때문에, 동일한 형태를 가지는 것은 매우 당연하다.

일치한다.

두 개 이상의 대전된 점전하로 이루어진 계의 전체 위치 에너지는 각 전하 **쌍**의 U 를 계산해서 대수적으로 합한 값이다. 점전하들로 이루어진 계의 전체 전기 위치 에 너지는 무한히 멀리 떨어져 있는 전하들을 차례로 하나씩 나중 위치로 가져오는 데 필 요한 일과 같다.

퀴즈 20.3 구형 풍선의 중심에 양으로 대전된 물체가 있다. **(i)** 풍선의 중심에 양으로 대 전된 물체를 가진 채로 더 큰 부피로 부풀려질 때, 풍선 표면의 전위는? (a) 증가한다. (b) 감소한다. (c) 같다. **(ii)** 풍선의 표면을 통과하는 전기선속은? (a) 증가한다. (b) 감 소한다. (c) 같다.

퀴즈 20.4 그림 20.8a에서 전하 q_1은 음의 원천 전하이고 q_2는 시험 전하이다. **(i)** 원래 양 전하인 q_2를 같은 크기의 음전하로 교체하면 전하 q_1에 의한 전위는 q_2의 위치에서 어떻 게 되는가? (a) 증가한다. (b) 감소한다. (c) 동일하다. **(ii)** 전하 q_2를 양전하에서 음전하 로 바꾸면, 두 전하계의 위치 에너지는 어떻게 변화하는가? 앞의 보기에서 고르라.

예제 20.3 | 두 점전하에 의한 전위

그림 20.9a와 같이 $q_1 = 2.00\ \mu\text{C}$의 전하가 원점에 놓여 있고, $q_2 = -6.00\ \mu\text{C}$의 전하가 $(0, 3.00)$ m에 놓여 있다.

(A) 좌표가 $(4.00, 0)$ m인 점 P에서 이들 전하에 의한 전체 전위 를 구하라.

풀이

개념화 먼저 $2.00\ \mu\text{C}$과 $-6.00\ \mu\text{C}$의 전하가 원천 전하임을 인식하고, 점 P를 포함한 공간의 모든 점에서 전위뿐만 아니 라 전기장을 구한다.

분류 이 장에서 구한 식을 이용해서 전위를 계산하므로, 이 예제는 대입 문제이다.

두 원천 전하 계에 대해 식 20.12를 사용한다.

$$V_P = k_e \left(\frac{q_1}{r_1} + \frac{q_2}{r_2} \right)$$

주어진 값들을 대입한다.

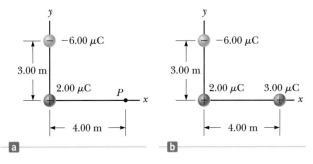

그림 20.9 (예제 20.3) (a) 두 전하 q_1과 q_2에 의한 점 P에서의 전위는 각 전하에 의한 전위의 대수 합이다. (b) 세 번째 전하 $q_3 = 3.00\ \mu\text{C}$은 무한대 에서 점 P까지 가져온다.

$$V_P = (8.99 \times 10^9\,\text{N} \cdot \text{m}^2/\text{C}^2)$$

$$\left(\frac{2.00 \times 10^{-6}\,\text{C}}{4.00\,\text{m}} + \frac{-6.00 \times 10^{-6}\,\text{C}}{5.00\,\text{m}} \right)$$

$$= -6.29 \times 10^3\,\text{V}$$

(B) 그림 20.9b와 같이 $q_3 = 3.00\ \mu\text{C}$의 전하를 무한대에서 점 P까지 가져옴에 따라 세 전하로 이루어지는 계의 위치 에너지 변화를 구하라.

풀이

q_3이 무한대에 있는 배열에서 $U_i = 0$으로 하자. 식 20.2를 이 용해서 전하가 P에 있는 배열에서 위치 에너지를 계산한다.

$$U_f = q_3 V_P$$

주어진 값들을 대입해서 ΔU를 계산한다.

$$\Delta U = U_f - U_i = q_3 V_P - 0$$
$$= (3.00 \times 10^{-6} \, \text{C})(-6.29 \times 10^3 \, \text{V})$$
$$= \boxed{-1.89 \times 10^{-2} \, \text{J}}$$

계의 위치 에너지가 감소하기 때문에, 전하를 위치 P로부터 무한대까지 다시 갖다 놓기 위해서는 외력이 양의 일을 해야 한다.

◤ 20.4 │ 전위로부터 전기장의 계산
Obtaining the Value of the Electric Field from the Electric Potential

전기장 $\vec{\mathbf{E}}$와 전위 V의 관계를 나타내는 식 20.3은 전기장 $\vec{\mathbf{E}}$를 알고 있을 때 ΔV를 계산하는 방법이다. 이제 어떤 영역에서 전위를 알고 있을 때 어떻게 전기장을 계산할 수 있는지에 대해 알아보자.

식 20.3으로부터 거리 ds만큼 떨어져 있는 두 점 사이의 전위차 dV는 다음과 같이 나타낼 수 있다.

$$dV = -\vec{\mathbf{E}} \cdot d\vec{\mathbf{s}} \qquad\qquad \textbf{20.14}$$

전기장이 단 하나의 성분 E_x만을 갖는다면, $\vec{\mathbf{E}} \cdot d\vec{\mathbf{s}} = E_x \, dx$가 된다. 따라서 식 20.14는 $dV = -E_x \, dx$, 즉 다음과 같이 된다.

$$E_x = -\frac{dV}{dx} \qquad\qquad \textbf{20.15}$$

즉 전기장의 x 성분은 x에 대해 전위를 미분한 후, 음($-$)의 부호를 붙이면 된다. 전위가 y나 z만의 함수라면, 전기장의 y와 z 성분에 대해서도 비슷하게 각각 y와 z에 관해 전위를 미분한 후, 음($-$)의 부호를 붙이면 된다. 식 20.15는 20.1절에서 배운 것과 같이 전기장은 전위의 위치 변화율의 음의 값임을 보여 준다.

시험 전하가 등전위면을 따라 $d\vec{\mathbf{s}}$ 만큼 이동할 때, 전위는 등전위면을 따라 일정하기 때문에 $dV = 0$이다. 이때 식 20.14로부터 $dV = -\vec{\mathbf{E}} \cdot d\vec{\mathbf{s}} = 0$이 된다. 즉 전기장 $\vec{\mathbf{E}}$는 등전위면을 따르는 변위에 수직이어야 한다. 이것은 등전위면은 등전위면을 뚫고 지나가는 전기력선에 항상 수직이어야 함을 의미한다.

20.2절의 끝에서 배운 것과 같이, 균일한 전기장에 대한 등전위면은 전기력선에 수직인 평면들로 이루어진다. 그림 20.10a는 균일한 전기장에 대한 등전위면을 보여 준다.

전기장을 생성하는 전하 분포가 구 대칭(여기서 부피 전하 밀도는 단지 지름 거리 r에 의존한다)이면, 전기장은 지름 방향이다. 이런 경우에 $\vec{\mathbf{E}} \cdot d\vec{\mathbf{s}} = E_r \, dr$이므로, 다음과 같이 $dV = -E_r \, dr$ 형태로 dV를 표현할 수 있다.

$$E_r = -\frac{dV}{dr} \qquad\qquad \textbf{20.16}$$

예를 들어 점전하에 의한 전위는 $V = k_e q / r$가 된다. V는 단지 r만의 함수이기 때문에, 전위는 구 대칭 함수이다. 식 20.16을 이용해서, 점전하에 의한 전기장을 구하

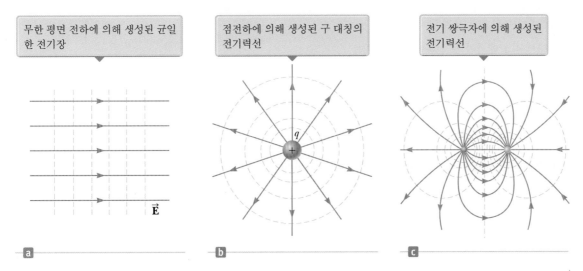

무한 평면 전하에 의해 생성된 균일한 전기장

점전하에 의해 생성된 구 대칭의 전기력선

전기 쌍극자에 의해 생성된 전기력선

$\vec{E}$

ⓐ   ⓑ   ⓒ

그림 20.10 등전위면(파란색 점선은 등전위면과 종이면의 교선)과 전기력선. 어느 경우에나 등전위면은 모든 점에서 전기력선과 **수직**이다.

면 친숙한 결과인 $E_r = k_e q / r^2$를 얻게 된다. 전위는 지름 방향으로만 변하고 지름에 수직인 방향으로는 변하지 않는다. 따라서 V는 E_r과 마찬가지로 r만의 함수이다. 또한 이것은 등전위면은 전기력선과 수직이라는 개념과 일치한다. 이 경우 등전위면은 그림 20.10b에서와 같이, 구 대칭 전하 분포와 중심이 같은 구들의 집합이 된다. 전기 쌍극자에 대한 등전위면은 그림 20.10c에 나타냈다.

일반적으로 전위는 세 공간 좌표의 함수이다. 전위 $V(r)$가 직각 좌표계로 주어진다면, 전기장 성분 E_x, E_y, E_z는 편미분에 의해 $V(x, y, z)$로부터 구할 수 있다.

$$E_x = -\frac{\partial V}{\partial x} \qquad E_y = -\frac{\partial V}{\partial y} \qquad E_z = -\frac{\partial V}{\partial z} \qquad \textbf{20.17}$$

▶ 전위로부터 전기장 계산

◤ **퀴즈 20.5** 어떤 주어진 공간에서 x축 위의 모든 위치에서 전위가 영이다. (i) 이런 정보를 이용해서 이 공간에서 전기장의 x 성분에 대해 결론을 지으면 (a) 영이다. (b) +x 방향을 가리킨다. (c) −x 방향을 가리킨다. (ii) x축을 따라 모든 곳에서의 전위가 +2 V라고 하자. 이 경우 전기장의 x 성분은 어떻게 되는지 앞의 보기에서 고르라.

◤ **예제 20.4 | 쌍극자에 의한 전위**

그림 20.11에서와 같이 크기는 같고 부호가 반대인 두 개의 전하가 거리 $2a$만큼 떨어져 있는 전기 쌍극자가 있다. 쌍극자는 x축 상에 있고, 중심은 원점에 있다.

(A) y축 상의 점 P에서의 전위를 구하라.

풀이

개념화 이 문제를 예제 19.4의 (A)와 비교하자. 이것들은 동일한 문제이지만, 전기장이 아니라 전위를 구하는 문제라는 것만 유념하면 된다.

분류 쌍극자는 두 개의 원천 전하로 구성되기 때문에, 전위는 두 개의 전하에 의한 전위를

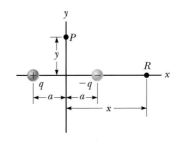

그림 20.11 (예제 20.4) x축 상에 놓여 있는 전기 쌍극자

각각 계산하고 그 결과를 합산해서 얻을 수 있다.

분석 식 20.12를 이용해서 점 P에서의 두 전하에 의한 전위를 구한다.

$$V_P = k_e \sum_i \frac{q_i}{r_i} = k_e \left(\frac{q}{\sqrt{a^2 + y^2}} + \frac{-q}{\sqrt{a^2 + y^2}} \right) = \boxed{0}$$

(B) $+x$축 상의 점 R에서의 전위를 구하라.

풀이

식 20.12를 이용해서 R에서 두 전하에 의한 전위를 구한다.

$$V_R = k_e \sum_i \frac{q_i}{r_i} = k_e \left(\frac{-q}{x - a} + \frac{q}{x + a} \right) = \boxed{-\frac{2k_e qa}{x^2 - a^2}}$$

(C) 쌍극자로부터 멀리 떨어져 있는 $+x$축 상의 점에서의 V와 E_x를 구하라.

쌍극자로부터 멀리 떨어져 있는 점 R에서는 $x \gg a$가 성립하므로, 문제 (B)의 해답에서 분모의 a^2을 무시한다.

$$V_R = \lim_{x \gg a} \left(-\frac{2k_e qa}{x^2 - a^2} \right) \approx \boxed{-\frac{2k_e qa}{x^2}} \quad (x \gg a)$$

이 결과와 식 20.15를 이용해서 쌍극자로부터 멀리 떨어져 있는 x축 상의 한 점에서 전기장의 x 성분을 구한다.

$$E_x = -\frac{dV}{dx} = -\frac{d}{dx} \left(-\frac{2k_e qa}{x^2} \right)$$

$$= 2k_e qa \frac{d}{dx} \left(\frac{1}{x^2} \right) = \boxed{-\frac{4k_e qa}{x^3}} \quad (x \gg a)$$

결론 $+$축 상의 점은 양전하보다 음전하에 더 가깝기 때문에 (B)와 (C)에서의 전위는 음이다. 같은 이유로, 전기장의 x 성분은 음이다.

20.5 | 연속적인 전하 분포에 의한 전위
Electric Potential Due to Continuous Charge Distributions

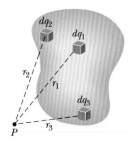

그림 20.12 연속적인 전하 분포에 의한 점 P에서의 전위는 대전된 물체를 전하 요소 dq로 나누고, 모든 전하 요소에 의한 전위들을 더함으로써 구할 수 있다. 그림에는 세 전하 요소만 나타냈다.

▶ 연속적인 전하 분포에 의한 전위

연속적으로 분포되어 있는 전하에 의한 전위는 두 가지 방법으로 계산할 수 있다. 첫 번째 방법은 다음과 같다. 전하 분포를 알면, 그림 20.12에서와 같이 작은 전하 요소 dq를 마치 점전하로 생각해서 전위를 계산할 수 있다. 식 20.11을 이용하면, 전하 요소 dq에 의한 점 P에서의 전위 dV는 다음과 같다.

$$dV = k_e \frac{dq}{r} \qquad \text{20.18}$$

여기서 r은 전하 요소와 점 P 사이의 거리이다. 점 P에서의 전체 전위를 구하려면, 분포되어 있는 모든 전하 요소들에 의한 기여를 포함하기 위해 식 20.18을 적분해야 한다. 일반적으로 각각의 전하 요소들은 점 P로부터 다른 거리에 있고 k_e는 상수이기 때문에, 전체 전위 V는 다음과 같이 표현될 수 있다.

$$V = k_e \int \frac{dq}{r} \qquad \text{20.19}$$

실제적으로 식 20.12에 있는 합을 적분 형태로 표현한 것이다. V에 대한 이 식에서, 전위가 영이 되는 기준점은 전하가 분포되어 있는 곳으로부터 무한히 먼 곳으로 택한다.

전위를 계산하는 두 번째 방법은 가우스의 법칙에서와 같이 전기장을 이미 알고 있을 때 사용한다. 전하가 대칭적으로 분포되어 있을 때, 가우스의 법칙을 이용해서 전기장 $\vec{E}$를 구한 다음, 이를 식 20.3에 대입해서 두 점 사이의 전위차 ΔV를 구한다. 그 후 편리한 위치를 기준점으로 정해 전위 V를 영으로 택한다.

◣ 예제 20.5 | 균일하게 대전된 고리에 의한 전위

(A) 반지름 a인 고리에 전체 전하 Q가 고르게 분포하고 있을 때, 중심축 상의 한 점 P에서 전위를 구하라.

풀이

개념화 그림 20.13에서 볼 수 있는 것처럼, 고리의 평면은 x축에 수직이고 고리의 중심은 원점에 놓여 있다. 이 상황의 대칭은 고리의 모든 전하가 점 P로부터 같은 거리에 있음을 의미한다.

분류 고리의 전하는 점전하의 집합으로 구성되어 있지 않고 균일하게 분포해 있기 때문에, 식 20.19의 적분 공식을 이용해야 한다.

분석 그림 20.13에서 점 P는 고리의 중심에서 x만큼 거리가 떨어진 곳에 위치한다.

식 20.19를 이용해서 V를 표현한다.

$$V = k_e \int \frac{dq}{r} = k_e \int \frac{dq}{\sqrt{a^2 + x^2}}$$

이때 a와 x는 모두 상수이므로, $\sqrt{a^2 + x^2}$ 항은 적분 밖으로

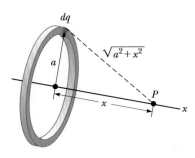

그림 20.13 (예제 20.5) 균일하게 대전된 반지름 a인 고리. 고리의 평면은 x축과 수직이다. 고리 위의 모든 전하 요소 dq로부터 x축 상에 놓여 있는 점 P에 이르는 거리는 같다.

나올 수 있다. 따라서 V는 다음과 같다.

$$(1) \qquad V = \frac{k_e}{\sqrt{a^2 + x^2}} \int dq = \boxed{\frac{k_e Q}{\sqrt{a^2 + x^2}}}$$

(B) 점 P에서 전기장의 크기를 구하라.

풀이

대칭성을 고려하면, x축 상에서 $\vec{E}$는 단지 x 성분만을 가진다. 따라서 식 20.15를 식 (1)에 적용한다.

$$E_x = -\frac{dV}{dx} = -k_e Q \frac{d}{dx}\left(a^2 + x^2\right)^{-1/2}$$

$$= -k_e Q \left(-\frac{1}{2}\right)\left(a^2 + x^2\right)^{-3/2}(2x)$$

$$E_x = \boxed{\frac{k_e x}{\left(a^2 + x^2\right)^{3/2}} Q}$$

결론 V와 E_x의 수식에서 변수는 x 하나밖에 없다. 그러므로 y와 z가 모두 영이 되는 x축 상에서만 이 결과가 유효하다. 적분법을 이용해서 전기장을 바로 구해도 동일한 결과를 얻을 수 있다(예제 19.6 참조). 식 20.3에 (B)의 결과를 대입해서 (A)에서 얻은 전위의 식이 맞는지 계산해 보자.

예제 20.6 | 균일하게 대전된 원판에 의한 전위

반지름이 R이고 표면 전하 밀도가 σ인 균일하게 분포된 대전 원판이 있다.

(A) 원판의 중심축 상의 한 점 P에서의 전위를 구하라.

풀이

개념화 원판을 대전된 일련의 고리로 나눠서 단순화하면, 반지름 a인 고리의 전위를 구한 예제 20.5의 결과를 그대로 사용할 수 있다. 따라서 최종적으로 각 고리에 의한 전위를 합산하기만 하면 된다.

분류 원판의 전하는 연속적으로 분포되어 있으므로 개별 전하의 전위를 합산하는 것이 아니라, 연속적으로 분포하는 전하에 의한 전위를 계산해야 한다.

분석 그림 20.14에서 나타냈듯이 반지름 r, 너비 dr인 고리의 전하량 dq를 구한다.

$$dq = \sigma\,dA = \sigma(2\pi r\,dr) = 2\pi\sigma r\,dr$$

이 결과를 예제 20.5에서 구한 V를 나타낸 식에 대입해서 (a는 r로 그리고 Q는 dq로 바꾼다) 고리에 의한 전위를 구한다.

$$dV = \frac{k_e\,dq}{\sqrt{r^2 + x^2}} = \frac{k_e 2\sigma\pi r\,dr}{\sqrt{r^2 + x^2}}$$

이 식을 $r = 0$에서 $r = R$까지 적분해서 P에서의 전체 전위를 구한다. 여기서 x는 상수이다.

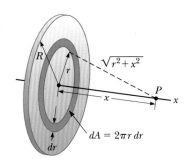

그림 20.14 (예제 20.6) 균일하게 대전된 반지름 R인 원판. 원판의 평면은 x축과 수직이다. x축 상의 점 P에서의 전위는 원판을 반지름이 r이고, 너비가 dr인 많은 고리(즉 넓이 $2\pi r\,dr$)들로 나눔으로써 쉽게 구할 수 있다.

$$V = \pi k_e \sigma \int_0^R \frac{2r\,dr}{\sqrt{r^2 + x^2}}$$
$$= \pi k_e \sigma \int_0^R (r^2 + x^2)^{-1/2}\, 2r\,dr$$

이 적분은 일반적인 형태 $\int u^n\,du$이며 $u^{n+1}/(n+1)$의 값을 가진다. $n = -\frac{1}{2}$과 $u = r^2 + x^2$을 대입하면, 다음과 같은 결과를 얻을 수 있다.

$$(1) \qquad V = 2\pi k_e \sigma \left[(R^2 + x^2)^{1/2} - x \right]$$

(B) 점 P에서의 전기장의 x 성분을 구하라.

풀이

예제 20.5의 식 20.15를 이용해서 축 상에서의 전기장을 구한다.

$$(2) \qquad E_x = -\frac{dV}{dx} = 2\pi k_e \sigma \left[1 - \frac{x}{(R^2 + x^2)^{1/2}} \right]$$

결론 중심축을 벗어난 임의의 점에서의 V와 $\vec{E}$를 계산하는 것은 대칭성이 없기 때문에 적분하기가 더 어려우므로 이 책에서는 다루지 않기로 한다.

▌20.6 | 대전된 도체에 의한 전위 Electric Potential Due to a Charged Conductor

19.11절에서 평형 상태에 있는 도체의 알짜 전하는 도체 표면에 분포한다는 것을 알았다. 또한 도체 표면 바로 바깥쪽의 전기장은 도체 표면에 수직인 방향이며, 도체 내부의 전기장은 영이라는 사실도 알았다.

이번에는 전위와 관련된 대전된 도체의 또 다른 성질을 알아보자. 그림 20.15와 같이 대전된 도체 표면 상의 두 점 Ⓐ와 Ⓑ를 잡으면, 두 점을 연결하는 경로 상의 모든

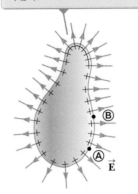

그림에서 양(+)의 부호 사이의 간격이 일정하지 않은 것은 표면 전하 밀도가 일정하지 않음을 의미한다.

그림 20.15 양전하를 띠는 임의의 모양의 도체. 도체가 정전기적 평형 상태에 있을 때, 모든 전하는 도체 표면에 위치하며 도체 내부의 전기장 $\vec{\mathbf{E}} = 0$이다. 또한 도체 바로 밖의 전기장은 도체 표면에 수직인 방향이다. 도체 내부의 전위는 일정하며 표면의 전위와 같다.

점에서 전기장 $\vec{\mathbf{E}}$는 항상 변위 $d\vec{\mathbf{s}}$에 수직이므로, $\vec{\mathbf{E}} \cdot d\vec{\mathbf{s}} = 0$이다. 이 결과와 식 20.3을 이용하면, Ⓐ와 Ⓑ 사이의 전위차는 반드시 영이 된다.

$$V_{Ⓑ} - V_{Ⓐ} = -\int_{Ⓐ}^{Ⓑ} \vec{\mathbf{E}} \cdot d\vec{\mathbf{s}} = 0$$

이 결과는 도체 표면 상의 임의의 두 점 사이에 적용할 수 있으므로, 평형 상태에 있는 대전된 도체 표면의 모든 점에서 전위 V는 일정하다. 즉

정전기적 평형 상태에 있는 대전된 도체 표면은 등전위면을 이룬다. 즉 평형 상태에 있는 대전된 도체 표면의 모든 점에서 전위는 같다. 또한 도체 내부의 전기장은 영이므로, 도체 내부의 모든 점에서 전위는 일정하며 그 표면의 전위와 같다.

전위가 일정한 값을 가지므로, 시험 전하를 도체 내부에서 표면으로 옮기는 데는 일이 필요하지 않다.

그림 20.16a에서와 같이 전체 전하 $+Q$로 대전된 반지름 R인 금속 구의 경우를 생각해 보자. 예제 19.10의 (A)에서 논의한 바와 같이 구 외부의 전기장은 $k_e Q / r^2$이며 바깥쪽을 향한다. 구 대칭으로 분포되어 있는 전하의 바깥쪽에서 전기장을 구하면 점전하의 전기장과 동일한 형태를 가지므로, 점전하의 전위 $k_e Q / r$와 같은 결과를 기대할 수 있다. 그림 20.16a의 금속 구 표면에서의 전위는 $k_e Q / R$가 된다. 금속 구 내부의 전위는 일정하므로, 금속 구 내부에 위치하는 임의의 점에서의 전위도 $k_e Q / R$가 된다. 그림 20.16b는 전위를 거리 r의 함수로 나타낸 것이고, 그림 20.16c는 거리 r에 대한 전기장의 변화를 나타내고 있다.

알짜 전하가 도체 구에 분포되어 있을 때, 표면 전하 밀도는 그림 20.16a와 같이 일정하다. 그러나 도체가 그림 20.15와 같이 구형이 아닐 때는, (19.11절에서 언급한 것과 같이) 곡률 반지름이 작은 곳에서 표면 전하 밀도가 크고, 곡률 반지름이 큰 곳에서 표면 전하 밀도가 작다. 도체 바로 밖의 전기장의 크기는 표면 전하 밀도에 비례

오류 피하기 | 20.5

전위는 영이 아닐 수도 있다 그림 20.15에서 도체 내부의 전기장이 영이더라도 전위가 영일 필요는 없다. 식 20.14는 전기장이 영인 도체 내부는 한 점과 다른 점에서 전위의 변화가 없다는 것을 나타낸다. 그렇기 때문에 전위가 영인 지점을 어디로 정의하느냐에 따라서 전위가 같은 도체 표면을 포함해서 내부 모든 곳의 전위는 영일 수도 있고 아닐 수도 있다.

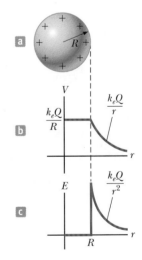

그림 20.16 (a) 반지름 R인 도체 구의 여분 전하는 표면에 균일하게 분포한다. (b) 대전된 도체 구의 중심으로부터 거리 r인 곳의 전위 (c) 대전된 도체 구의 중심으로부터 거리 r인 곳의 전기장의 크기

하므로, 곡률 반지름이 작은 볼록한 부분에서 전기장이 커지고, 뾰족한 부분에서 매우 강해진다. 예제 20.7에서 전기장과 곡률 반지름 사이의 관계를 수학적으로 알아본다.

예제 20.7 | 연결되어 있는 대전된 두 도체 구

반지름이 r_1과 r_2인 도체 구가 이들 각각 반지름의 크기보다 훨씬 더 먼 거리만큼 떨어져 있다. 그림 20.17에서와 같이 두 도체 구를 도선으로 연결했다. 평형 상태에서 두 도체 구의 전하가 q_1과 q_2이고, 두 도체 구에 균일하게 대전되어 있다고 하자. 이때 두 도체 구 표면에서 전기장 크기의 비를 구하라.

풀이

개념화 그림 20.17에 나타나 있는 것보다 구들이 훨씬 멀리 떨어져 있다고 생각해 보자. 구들이 매우 멀리 떨어져 있으므로 한 구에 의한 전기장이 다른 구의 전하 분포에는 영향을 미치지 않는다. 두 도체는 도선으로 연결되어 있기 때문에 전위는 같다.

분류 구들이 매우 멀리 떨어져 있기 때문에 구의 전하는 구 대칭으로 분포하게 된다. 따라서 구의 외부에서는 전기장과 전위가 점 전하에 의한 것과 같아진다.

분석 구 표면에서의 전위는 동일하다고 놓는다.

$$V = k_e \frac{q_1}{r_1} = k_e \frac{q_2}{r_2}$$

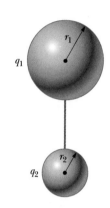

그림 20.17 (예제 20.7) 도선으로 연결되어 있는 대전된 두 도체 구. 두 도체 구의 전위 V는 같다.

구 표면에서 전하 비를 구한다.

$$\text{(1)} \qquad \frac{q_1}{q_2} = \frac{r_1}{r_2}$$

구 표면에서 전기장의 크기에 대한 식을 쓴다.

$$E_1 = k_e \frac{q_1}{r_1^2} \quad \text{그리고} \quad E_2 = k_e \frac{q_2}{r_2^2}$$

이들 전기장의 비를 계산한다.

$$\frac{E_1}{E_2} = \frac{q_1}{q_2} \frac{r_2^2}{r_1^2}$$

식 (1)로부터 전하의 비를 대입한다.

$$\text{(2)} \qquad \frac{E_1}{E_2} = \frac{r_1}{r_2} \frac{r_2^2}{r_1^2} = \boxed{\frac{r_2}{r_1}}$$

결론 두 개의 구 표면에서 전위는 같더라도 더 작은 구의 근처에서 전기장은 더 강해진다. $r_2 \to 0$이면 $E_2 \to \infty$이다. 이는 뾰족한 점들에서 전기장이 매우 크다는 앞에서의 내용을 증명한다.

생각하는 물리 20.1

피뢰침의 끝은 왜 뾰족한가?

추론 피뢰침은 번개가 치는 위치에서 번개가 가진 전하를 안전하게 대지로 이동시키는 역할을 한다. 피뢰침이 뾰족하면 피뢰침에서 땅으로 이동하는 전하에 의해 생기는 전기장

은 도체의 곡률 반지름이 매우 작기 때문에 그 근처에서 가장 강하다. 이 큰 전기장은 다른 곳보다 피뢰침의 끝 부분 근처로 번개가 칠 가능성을 크게 증가시킬 것이다. ◄

속이 빈 형태의 도체 A Cavity Within a Conductor

그림 20.18과 같이 속이 빈 임의의 모양을 가진 도체를 생각해 보자. 그 빈 공간에는 전하가 존재하지 않는다. 이런 경우 19.11절에서 설명한 바와 같이, 빈 공간 내부의 전기장은 도체 표면의 전하 분포와 무관하게 항상 **영**이어야 한다. 또한 도체 외부

에 전기장이 존재하더라도 빈 공간 내부의 전기장은 역시 영이다.

이를 증명하려면, 도체의 모든 점에서 전위가 동일하다는 사실을 사용해야 한다. 즉 빈 공간의 표면 위에 있는 두 점 Ⓐ와 Ⓑ는 같은 전위 상태에 있어야 한다. 전기장 $\vec{\mathbf{E}}$가 빈 공간 내부에 존재한다고 가정하면, 식 20.3에 의해 두 점 사이의 전위차는 다음과 같다.

$$V_Ⓑ - V_Ⓐ = -\int_Ⓐ^Ⓑ \vec{\mathbf{E}} \cdot d\vec{\mathbf{s}}$$

$V_Ⓑ - V_Ⓐ = 0$이므로, $\vec{\mathbf{E}} \cdot d\vec{\mathbf{s}}$의 적분은 도체 위의 두 점 Ⓐ와 Ⓑ 사이의 모든 경로에서 영이어야 한다. 모든 경로에 대해 이것이 사실이기 위해서는 빈 공간 내의 **모든 곳**에서 전기장 $\vec{\mathbf{E}}$는 영이어야 한다. 따라서 도체 벽으로 둘러싸인 빈 공간은 그 내부에 전하가 없다면 전기장이 없는 영역이라는 결론을 내릴 수 있다.

몇 가지에 적용을 해 보자. 예를 들어 전자제품이나 실험실을 외부의 전기장으로부터 차폐하기 위해 도체벽으로 둘러쌀 수 있다. 차폐는 종종 고정밀 전기 계측에 필요하다. 뇌우가 치는 동안에 안전한 장소는 자동차 안이다. 차에 번개가 치더라도 차 내부는 $\vec{\mathbf{E}} = 0$이므로 충격을 받지 않는다.

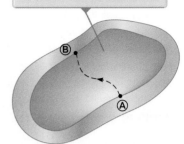

도체의 전하와 무관하게 빈 공간에서의 전기장은 영이다.

그림 20.18 정전기적 평형 상태에 있는 속이 빈 형태의 도체

▍**20.7** | **전기용량** Capacitance

전기에 대한 논의를 계속하고, 그 다음 장들에서 자기에 대해 계속 배움으로써 **회로 소자**로 구성된 **회로**를 이해할 수 있다. 회로는 일반적으로 도선으로 연결된 다수의 회로 소자로 구성되어 있고, 하나 이상의 닫힌 고리를 형성한다. 이 회로는 특정 역할을 하도록 구성된 계이다. 공부할 첫 번째 회로 소자는 **축전기**(capacitor)이다.

축전기는 기본적으로 두 도체로 구성된다. 전위차가 ΔV인 두 도체를 생각해 보자. 그림 20.19와 같이 크기는 같고 부호가 반대인 두 도체를 가정할 수 있는데, 이는 대전되지 않은 두 축전기를 전지 단자에 연결함으로써 일어난다. 그 후 전지의 연결을 끊으면 축전기에 전하가 남게 된다. 이를 '축전기가 충전됐다'라고 한다.

축전기의 전위차 ΔV는 두 도체 사이의 전위차이다. 이는 축전기의 전하 Q의 크기에 비례하며, Q는 두 도체 중 한쪽 전하의 크기로 정의된다. 축전기의 **전기용량**(capacitance) C는 두 도체 사이의 전위차의 크기에 대한 도체의 전하 크기의 비율로 정의된다.

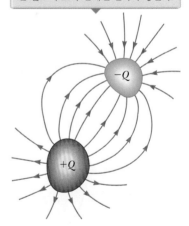

축전기가 충전되면, 두 도체에는 크기는 같고 부호가 반대인 전하가 생긴다.

그림 20.19 축전기는 전기적으로 서로 떨어져 있는 두 도체로 구성되어 있다.

$$C \equiv \frac{Q}{\Delta V}$$

20.20

▶ 전기용량의 정의

정의에 따라 **전기용량은 항상 양의 값**이다. 저장되는 전하를 증가시키면 전위차도 증가하므로 주어진 축전기에서 $Q/\Delta V$의 비는 항상 일정하다. 전기용량은 주어진 전위차에 대해 축전기에 저장되는 전하량이다.

식 20.20으로부터 전기용량의 SI 단위는 패러데이(Michael Faraday)의 이름을 따서 **패럿**(F)으로 표시한다. 패럿은 매우 큰 단위이므로 주로 사용되는 소자는 마이크로패럿에서부터 피코패럿에 이르는 단위를 사용한다.

▶ **퀴즈 20.6** 어떤 축전기가 전위차 ΔV일 때 전하 Q를 저장한다. 전지에 의해 축전기의 전위차가 두 배가 되면 어떻게 되는가? **(a)** 전기용량은 처음 값의 반이 되고 전하는 그대로 유지된다. **(b)** 전기용량과 전하 모두 처음 값의 반으로 된다. **(c)** 전기용량과 전하는 모두 두 배가 된다. **(d)** 전기용량은 처음 값 그대로이고 전하는 두 배가 된다.

소자의 전기용량은 축전기의 기하학적 배열에 따라 달라진다. 이 점을 설명하기 위해 반지름 R과 전하 Q인 고립된 도체구의 전기용량을 구해 보자(한 개의 도체구의 전기력선의 모양에 기초해 두 번째 도체는 반지름이 무한대이고 중심이 같은 도체 구 껍질 모양으로 생각할 수 있다). 무한대에 위치한 구 껍질 도체의 전위를 영으로 정하면 도체구 표면의 전위는 간단히 $k_e Q/R$가 되므로, 전기용량은 다음과 같다.

$$C = \frac{Q}{\Delta V} = \frac{Q}{k_e Q/R} = \frac{R}{k_e} = 4\pi\epsilon_0 R \qquad \textbf{20.21}$$

이 식에서 19.4절의 쿨롱 상수 $k_e = 1/4\pi\epsilon_0$를 사용한다. 식 20.21로부터 고립된 도체구의 전기용량은 구의 반지름에 비례하고 전하와 전위차에 의존하지 않음을 알 수 있다.

서로 반대의 부호로 대전된 도체쌍의 전기용량은 다음 방법으로 계산할 수 있다. 편의상 전하의 크기를 Q라고 가정하고 20.5절에 설명했던 방법을 이용해서 전위를 계산한 다음, $C = Q/\Delta V$에 넣고 풀면 전기용량을 구할 수 있다. 축전기의 형태가 간단하면 계산이 상대적으로 수월하다.

평행판과 원통형의 두 가지 친숙한 형태의 축전기에서 전기용량을 각각 구해 보자. 두 예제에서 대전된 축전기의 내부는 진공이라고 가정한다(축전기 사이가 물질로 채워진 경우는 20.10절에서 다루기로 한다).

평행판 축전기 Parallel-Plate Capacitor

그림 20.20과 같이 넓이가 A인 두 개의 도체 평행판이 거리 d만큼 떨어져 있다. 축전기가 충전되어 한쪽 판의 전하는 Q이고 다른 쪽 판의 전하가 $-Q$이면, 각 판의 단위 넓이당 전하는 $\sigma = Q/A$이다. 판의 크기에 비해 판 사이의 간격이 아주 가깝다면 예제 19.12에서 설명한 것처럼 판 사이의 전기장은 균일하고 그 외 지역에서의 전기장은 영이라 할 수 있다. 예제 19.12에 따라 판 사이의 전기장은 다음과 같다.

$$E = \frac{\sigma}{\epsilon_0} = \frac{Q}{\epsilon_0 A}$$

전기장이 균일하므로 판 사이의 전위차는 식 20.6으로부터 다음과 같이 구할 수 있다.

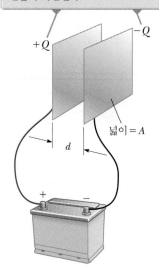

축전기를 전지의 단자에 연결하면, 판과 도선 사이에 전자가 이동해서 판들이 대전된다.

그림 20.20 평행한 두 도체판으로 된 축전기. 각 판의 넓이는 A이며 d만큼 떨어져 있다.

$$\Delta V = Ed = \frac{Qd}{\epsilon_0 A}$$

식 20.20에 이 결과를 대입하면 전기용량을 구할 수 있다.

$$C = \frac{Q}{\Delta V} = \frac{Q}{Qd/\epsilon_0 A}$$

$$\boxed{C = \epsilon_0 \frac{A}{d}}$$

20.22

즉 평행판 축전기의 전기용량은 판의 넓이에 비례하고 판 사이 간격에 반비례한다.

전기용량의 정의 $C = Q/\Delta V$로부터, 주어진 전위차에 대해 축전기에 저장할 수 있는 전하량은 전기용량이 증가함에 따라서 증가한다. 따라서 큰 넓이를 갖는 축전기가 많은 전하를 저장할 수 있는 것은 당연하다.

평행판 축전기의 경우 전기력선을 주의 깊게 살펴보면 판 사이의 중심 영역에서는 균일하지만, 판의 양 끝 부분에서의 전기장은 균일하지 않다. 그림 20.21은 평행판 축전기의 전기력선 모양으로 끝 부분에서 전기장이 균일하지 않음을 보여 준다. 판의 넓이와 비교해서 판 사이 간격이 작으면 작을수록 이런 가장자리 효과는 무시할 수 있고, 판 사이의 어느 곳에서나 균일한 전기장을 갖는 간단한 모형을 사용할 수 있다.

그림 20.22는 평행판 축전기를 전지와 연결한 회로이다. 스위치를 닫으면 전지는 전기장을 만들고 도선과 축전기 사이에 전하의 흐름이 생긴다. 이것은 에너지의 이동으로 볼 수 있다. 스위치를 닫기 전에 에너지는 전지 안의 화학 위치 에너지로 저장되어 있다. 이런 에너지는 화학 결합과 관련되어 있고 전기 회로가 작동할 때 전지 안에서 일어나는 화학 반응에 의해 변하게 된다. 즉 전지의 화학 위치 에너지가 축전기의 전기 위치 에너지로 변환되는 것으로 볼 수 있다. 이와 같

> **오류 피하기 | 20.8**
> 여러 가지 C들 쿨롬 단위인 정자체 C 와 전기용량을 나타내는 이탤릭체의 C 를 혼동하지 말라.

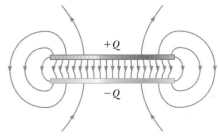

그림 20.21 평행판 축전기의 경우, 판의 중심부에서 전기장은 균일하고 끝 부분에서는 균일하지 않다.

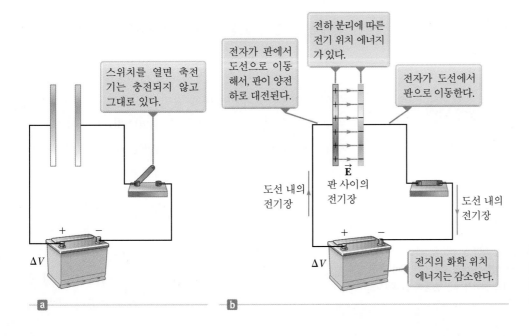

스위치를 열면 축전기는 충전되지 않고 그대로 있다.

전자가 판에서 도선으로 이동해서, 판이 양전하로 대전된다.

전하 분리에 따른 전기 위치 에너지가 있다.

전자가 도선에서 판으로 이동한다.

도선 내의 전기장

판 사이의 전기장

도선 내의 전기장

$\vec{E}$

ΔV

ΔV

전지의 화학 위치 에너지는 감소한다.

그림 20.22 (a) 축전기, 전지, 스위치로 구성된 회로 (b) 스위치를 닫으면 전지는 도선에 전기장을 형성하고 축전기는 충전된다.

이 축전기는 **전하**뿐만 아니라 **에너지**를 저장하는 장치로 사용된다. 더 자세한 에너지 저장은 20.9절에서 다룬다.

BIO 세포막의 전기용량

평행판 축전기의 생물학적인 예로서, 뉴런(neuron)에서의 **세포막**을 고려해 보자. 세포막은 다양한 형태의 분자들을 포함한 지질 이중 구조체이다. 이 막은 **이온 통로**와 **이온 펌프**를 포함한 많은 구조들을 가지고 있는데, 이 구조들은 세포막의 양면에서 다양한 이온들의 농도를 제어한다. 이 이온들은 칼륨, 염소, 칼슘, 나트륨을 포함한다. 이들 농도의 차이의 결과로 세포막의 내면에 음전하의 유효층이, 세포 바깥 면에는 양전하 층이 생긴다. 이것은 세포막에 대략 70~80 mV의 전압을 유도하는 결과를 낳는다. 이들 전하 층은 평행판 역할을 하므로, 그 결과 세포막은 평행판 축전기 역할을 할 수 있다. 세포막의 전기용량은 각각의 cm²당 대략 2 μF이다.

BIO 활동 전위

뉴런이 신호를 전달할 때 **활동 전위**가 만들어지는데, 이때 세포막에서 **전압 의존성 이온 통로**로 불리는 특별한 구조는 보통 닫혀 있다. 만일 세포막 축전기에서의 전위가 대략 50 mV의 문턱 전압이 되면, 세포 안으로 나트륨 이온이 들어오도록 이온 통로가 열린다. 이 흐름은 더 많은 나트륨 이온이 세포 안으로 들어올 수 있도록 전압을 더 낮춘다. 이로 인해 축전기에서 전압의 극성은 수 밀리초라는 짧은 시간 간격 사이에 역전된다. 전압 의존성 이온 통로가 닫히는 순간 다른 통로가 열린다. 이와 함께, 뉴런이 휴식 상태로 되돌아갈 때까지 이온의 이동이 이루어진다.

이 과정은 활동 전위가 뉴런을 따라 전파되도록 이웃한 세포막에 영향을 줄 수 있다. 다음 장에서 우리는 세포막의 전기용량이 세포막의 또 다른 전기적 특성과 어떻게 결합하는지 보게 될 것인데, 이는 뉴런을 따르는 신호의 전달에 관한 전기적 모형을 제시할 것이다.

원통형 축전기 The Cylindrical Capacitor

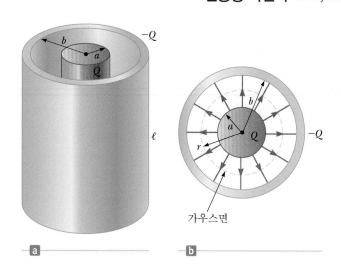

그림 20.23 (a) 반지름이 a이고 길이가 ℓ인 속이 찬 원통형 도체가 반지름이 b인 동축 원통형 껍질로 둘러싸여 있다. 이를 원통형 축전기라 한다. (b) 원통형 축전기의 단면. 점선은 반지름이 r이고 길이가 ℓ인 원통에 설정된 가우스면의 단면이다.

반지름이 a인 원통형 도체가 전하 Q로 대전되어 있고, 반지름이 b인 큰 원통은 $-Q$로 대전되어 있어 이들은 그림 20.23a와 같이 동심축을 이루고 있다. 원통의 길이를 ℓ이라고 할 때, 이 원통형 축전기의 전기용량을 구해 보자. 원통의 길이 ℓ이 a와 b에 비해 길면 가장자리 효과는 무시할 수 있다. 이 경우의 전기장은 그림 20.23b와 같이 원통의 중심축에 수직이며 두 원통 사이에만 존재한다. 먼저 두 원통 사이의 전위차를 구하면, 일반적으로 다음과 같다.

$$V_b - V_a = -\int_a^b \vec{\mathbf{E}} \cdot d\vec{\mathbf{s}}$$

여기서 $\vec{\mathbf{E}}$는 원통 사이에서의 전기장이다. 19장에서 가우스의 법칙을 이용해서 단위 길이당 전하가 λ로 대전된 원통에서 만드는 전기장은 $E = 2k_e \lambda / r$임을 보였다. 외부 원통은 안쪽의 전기장에 기여하지 않는다. 이 결과와 그림 20.23b와 같이 전기장의 방향은 r의 방향만 존재함을 주목하면 다음을 구할 수 있다.

$$V_b - V_a = -\int_a^b E_r\, dr = -2k_e\lambda \int_a^b \frac{dr}{r} = -2k_e\lambda \ln\left(\frac{b}{a}\right)$$

여기서 $\lambda = Q/\ell$이므로, 위의 결과를 식 20.20에 대입하면 다음을 얻을 수 있다.

$$C = \frac{Q}{\Delta V} = \frac{Q}{\dfrac{2k_eQ}{\ell}\ln\left(\dfrac{b}{a}\right)} = \frac{\ell}{2k_e\ln\left(\dfrac{b}{a}\right)} \qquad \text{20.23}$$

여기서 두 원통 사이의 전위차의 크기는 $\Delta V = |V_a - V_b| = 2k_e\lambda\ln(b/a)$이고, 양의 값이다. 위 결과로부터 전기용량은 원통의 길이에 비례하고 두 원통의 반지름에 따라 전기용량 C가 변하는 것을 알 수 있다. 예 중의 하나로는 반지름이 각각 a와 b인 동축의 원통형 도체로 이루어져 있고 도체 사이는 부도체로 채워져 있는 동축 케이블이 있다. 이 케이블은 내부 도체와 외부 도체에는 서로 반대 방향의 전류가 흐르도록 되어 있어 외부의 영향을 차단하면서 전기 신호를 보내는 데 유용하게 사용된다. 식 20.23으로부터 동축 케이블의 단위 길이당 전기용량을 구하면 다음과 같다.

$$\frac{C}{\ell} = \frac{1}{2k_e\ln\left(\dfrac{b}{a}\right)} \qquad \text{20.24}$$

◤ **20.8** | **축전기의 연결** Combinations of Capacitors

두 개 이상의 축전기를 여러 가지 방법으로 회로에 연결할 수 있다. 이때 등가 전기 용량을 구하는 방법을 생각해 보자. 이 절에서 연결하는 축전기들은 처음에 충전되어 있지 않다고 가정한다.

전기 회로를 공부할 때, **회로도**(circuit diagram)라고 하는 단순화시킨 그림 표현 법을 사용한다. 회로도에서 다양한 회로 소자를 표현하기 위해 **회로 기호**(circuit symbols)를 사용한다. 이들 회로 기호는 회로 소자 사이의 도선을 의미하는 직선으로 서로 연결된다. 축전기, 전지, 스위치를 나타내는 회로 기호와 이 책에서 정한 색깔 표시 체계가 그림 20.24에 나타나 있다. 그림에서 보는 것처럼, 축전기를 나타내는 회로 기호는 축전기 중에서 가장 많이 사용되는 평행판 축전기의 기하학적 모양을 본딴 것이다. 또한 전지의 양(+)극의 전위가 더 높기 때문에, 회로 기호로 나타낼 때 좀 더 긴 선으로 표시한다.

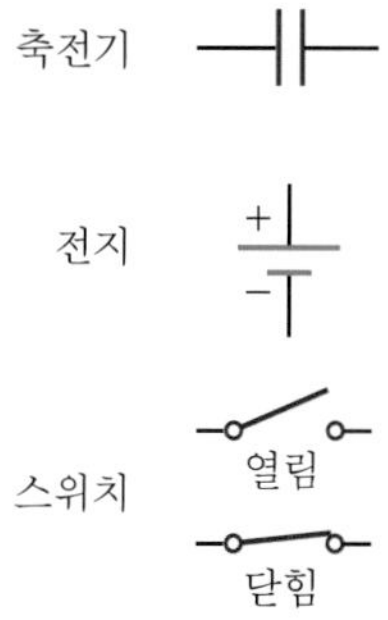

그림 20.24 축전기, 전지, 스위치의 회로 기호. 축전기는 파란색, 전지는 초록색, 스위치는 빨간색으로 나타냈다. 스위치를 닫으면 전류는 흐르고, 스위치를 열면 전류는 끊긴다.

병렬 연결 Parallel Combination

그림 20.25a에 두 개의 축전기가 **병렬 연결**(parallel combination)되어 있고 이에 대한 회로도는 20.25b와 같다. 두 개의 축전기의 왼쪽 판은 도선에 의해 전지의 양극

그림 20.25 두 축전기의 병렬 연결. 세 회로도는 동등하다.

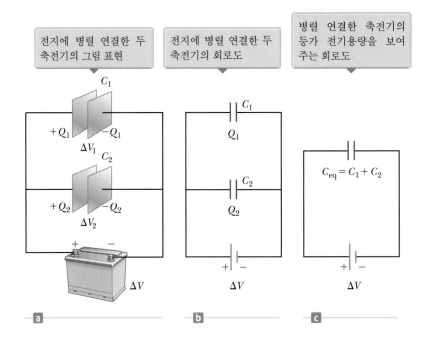

에 연결되어 있으므로 두 판 모두 전지 양극의 전위와 같다. 마찬가지로 축전기 오른쪽의 두 판은 전지의 음극에 연결되어 있으므로, 두 판 모두 전지 음극의 전위와 같다. 따라서 각 축전기 양단의 전위차는 같으며, 전지 양단의 전위차와도 같다.

$$\Delta V_1 = \Delta V_2 = \Delta V$$

여기서 ΔV는 전지의 단자 전압이다.

전지를 회로에 연결하면, 축전기는 곧바로 최대 전하에 도달한다. 두 개의 축전기에 저장된 최대 전하를 각각 Q_1과 Q_2라고 하면, 두 축전기에 저장된 **전체 전하** Q_{tot}는 각 축전기의 전하를 합한 것과 같다.

$$Q_{tot} = Q_1 + Q_2 \qquad\qquad\qquad \textbf{20.25}$$

이제 그림 20.25c와 같이 두 축전기를 전기용량 C_{eq}를 갖는 하나의 **등가 축전기**로 바꿔 보자. 이 등가 축전기는 회로에서 원래의 두 축전기와 똑같은 효과를 가져야 한다. 즉 전지와 연결되면 등가 축전기에는 전하 Q_{tot}이 저장되어야 한다. 그림 20.25c로부터 등가 축전기에 걸리는 전위차는 전지의 전압 ΔV와 같다. 따라서 등가 축전기의 경우

$$Q_{tot} = C_{eq} \Delta V$$

이고, 전하들을 식 20.25에 대입하면

$$C_{eq} \Delta V = Q_1 + Q_2 = C_1 \Delta V_1 + C_2 \Delta V_2$$
$$C_{eq} = C_1 + C_2 \qquad \text{(병렬 연결)}$$

이 된다. 여기서 전압들이 모두 같기 때문에 이들을 소거했다. 세 개 이상의 축전기를

병렬로 연결시킨 경우로 확장하면, **등가 전기용량**(equivalent capacitance)은 다음과
같다.

$$C_{eq} = C_1 + C_2 + C_3 + \cdots \quad \text{(병렬 연결)}$$ **20.26**   ▶ 병렬 연결 축전기의 등가 전기용량

따라서 축전기를 병렬로 연결하면 등가 전기용량은 (1) 개별 전기용량의 대수 합이
되고, (2) 어떤 개별 전기용량보다 커진다. 두 번째 내용은 다음과 같은 관점에서 타
당한데, 그 이유는 축전기에 도선을 연결하면 축전기 판의 넓이가 증가하며, 전기용
량은 평행판 축전기 판의 넓이에 비례하기 때문이다(식 20.22).

직렬 연결 Series Combination

이번에는 그림 20.26a와 같이 두 개의 축전기가 **직렬 연결**(series combination)된
경우를 생각해 보자. 이에 대한 회로도가 20.26b에 나타나 있다. 축전기 1의 왼쪽 판
과 축전기 2의 오른쪽 판이 전지의 양 단자에 연결되어 있고 축전기의 다른 두 판은
서로 연결되어 있다. 이들은 처음에는 충전되어 있지 않은 고립계를 형성하므로, 알
짜 전하는 영을 유지하고 있다. 이 연결을 이해하기 위해 먼저 충전되지 않은 축전기
를 고려하고, 그 다음 회로에 전지가 연결되면 어떤 일이 일어나는지 생각해 보자. 축
전기에 전지를 연결하면, 전자가 C_1의 왼쪽 판으로부터 가장 왼쪽에 있는 도선으로
전달되고, 가장 오른쪽에 있는 도선으로부터 C_2의 오른쪽 판으로 전달된다. C_2의 오
른쪽 판에 음전하가 모이면, C_2의 왼쪽 판에서 같은 양의 음전하가 힘을 받아 떨어져
나가게 되어 여분의 양전하가 남게 된다. C_2의 왼쪽 판을 떠난 음전하는 C_1의 오른쪽
판에 음전하가 모이게 한다. 그 결과 오른쪽 판은 모두 전하 $-Q$로 대전되고, 왼쪽 판
은 모두 전하 $+Q$로 대전된다. 그러므로 직렬 연결된 축전기에 저장된 전하는 서로
같다.

$$Q_1 = Q_2 = Q$$

여기서 Q는 도선과 어느 한 축전기의 바깥쪽 판 사이에 이동한 전하량이다.

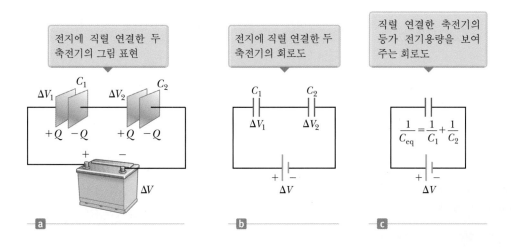

그림 20.26 두 축전기의 직렬 연결. 세
회로도는 동등하다.

그림 20.26a에서 전지 양단의 전체 전압 ΔV_{tot}는 두 축전기에 분할된다.

$$\Delta V_{tot} = \Delta V_1 + \Delta V_2 \qquad\qquad \textbf{20.27}$$

여기서 ΔV_1과 ΔV_2는 축전기 C_1과 C_2 양단에 각각 걸리는 전위차이다. 일반적으로 직렬 연결된 축전기의 전체 전위차는 각 축전기에 걸린 전위차의 합이다.

그러면 그림 20.26c와 같이 전지에 연결될 때, 회로도에서 직렬 연결된 축전기 역할을 하는 등가 축전기를 고려하자. 완전히 충전이 되면, 등가 축전기는 오른쪽 판에 $-Q$ 전하, 그리고 왼쪽 판에 $+Q$ 전하로 대전된다. 그림 20.26c에 있는 회로에 전기용량의 정의를 적용하면 다음을 얻는다.

$$\Delta V_{tot} = \frac{Q}{C_{eq}}$$

전압을 식 20.27에 대입하면 다음과 같다.

$$\frac{Q}{C_{eq}} = \Delta V_1 + \Delta V_2 = \frac{Q_1}{C_1} + \frac{Q_2}{C_2}$$

전하들이 모두 같기 때문에, 이들 전하를 소거하면 다음과 같다.

$$\frac{1}{C_{eq}} = \frac{1}{C_1} + \frac{1}{C_2} \qquad \text{(직렬 연결)}$$

셋 이상의 축전기가 직렬 연결된 경우의 **등가 전기용량**(equivalent capacitance)은 다음과 같음을 알 수 있다.

▶ 직렬 연결 축전기의 등가 전기용량

$$\frac{1}{C_{eq}} = \frac{1}{C_1} + \frac{1}{C_2} + \frac{1}{C_3} + \cdots \quad \text{(직렬 연결)} \qquad \textbf{20.28}$$

축전기를 직렬 연결하면 (1) 등가 전기용량의 역수는 각 전기용량의 역수의 합으로 표시되고, (2) 등가 전기용량의 크기는 임의의 한 축전기의 전기용량보다 항상 작다.

▎**퀴즈 20.7** 동일한 두 개의 축전기가 있다. 이들은 직렬 또는 병렬로 연결될 수 있다. 가장 작은 등가 전기용량을 얻기 위해서는 이들을 어떻게 연결해야 하는가? **(a)** 직렬 연결 **(b)** 병렬 연결 **(c)** 직렬이든 병렬이든 같은 등가 전기용량을 가지므로 상관없다.

▎**예제 20.8 | 등가 전기용량**

그림 20.27a와 같이 연결한 축전기의 점 a와 b 사이의 등가 전기용량을 구하라. 전기용량의 단위는 모두 마이크로패럿이다.

풀이

개념화 그림 20.27a를 주의 깊게 관찰해서 축전기가 어떻게 연결되어 있는 것인지 충분히 이해하도록 하자.

분류 그림 20.27a는 회로의 직렬과 병렬 연결 모두를 포함하므로, 이 절에서 배운 공식을 이용한다.

분석 식 20.26과 20.28을 이용해서 그림에서와 같이 단계적

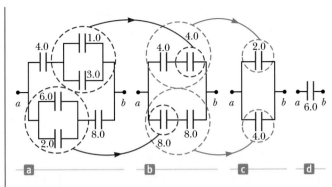

그림 20.27 (예제 20.8) (a)의 등가 전기용량을 구하기 위해, 병렬과 직렬 연결에 대한 식을 이용해서, 그림 (b), (c), (d)에 나타낸 대로 단계별로 회로의 조합을 줄여나간다. 축전기의 전기용량은 모두 μF 단위로 표시되어 있다.

으로 연결 상태를 단순화시킨다.

그림 20.27a에서 위쪽 갈색 원 안 $1.0~\mu F$과 $3.0~\mu F$의 축전기는 병렬 연결되어 있으므로, 식 20.26으로부터 등가 전기용량을 구한다.

$$C_{eq} = C_1 + C_2 = 4.0~\mu F$$

그림 20.27a에서 아래쪽 갈색 원 안 $2.0~\mu F$과 $6.0~\mu F$ 축전기도 병렬 연결되어 있다.

$$C_{eq} = C_1 + C_2 = 8.0~\mu F$$

따라서 회로는 그림 20.27b에서와 같이 되고, 그림 20.27b에서 위쪽 초록색 원 안 두 개의 $4.0~\mu F$ 축전기는 직렬 연결되어 있으므로 식 20.28로부터 등가 전기용량을 구한다.

$$\frac{1}{C_{eq}} = \frac{1}{C_1} + \frac{1}{C_2} = \frac{1}{4.0~\mu F} + \frac{1}{4.0~\mu F} = \frac{1}{2.0~\mu F}$$
$$C_{eq} = 2.0~\mu F$$

그림 20.27b에서 아래쪽 초록색 원 안 두 개의 $8.0~\mu F$ 축전기도 직렬 연결되어 있으므로 등가 전기용량은 식 20.28로부터 구한다.

$$\frac{1}{C_{eq}} = \frac{1}{C_1} + \frac{1}{C_2} = \frac{1}{8.0~\mu F} + \frac{1}{8.0~\mu F} = \frac{1}{4.0~\mu F}$$
$$C_{eq} = 4.0~\mu F$$

이제 결과적인 회로는 그림 20.27c와 같다. $2.0~\mu F$과 $4.0~\mu F$의 축전기가 병렬 연결되어 있다.

$$C_{eq} = C_1 + C_2 = \boxed{6.0~\mu F}$$

결론 최종 결과는 그림 20.27d에 있는 것처럼 하나의 등가 축전기의 전기용량이다. 축전기가 연결된 회로를 더 연습하기 위해, 전지가 그림 20.27a에서 점 a와 b 사이에 연결되어 있고 그 사이의 전위차를 ΔV라고 하자. 이때 각 축전기에 걸리는 전압과 전하를 구할 수 있는가?

20.9 | 충전된 축전기에 저장된 에너지
Energy Stored in a Charged Capacitor

전자 기기를 가지고 일하는 거의 모든 사람은 축전기가 에너지를 저장할 수 있다는 것을 확인해 본 경험이 있다. 충전된 축전기의 두 도체판이 도선으로 연결되면 두 도체판에 전하가 완전히 없어질 때까지 도선과 도체판 사이에는 전하 이동이 일어난다. 이런 현상은 눈에 보이는 스파크로 관찰할 수 있다. 대전되어 있는 축전기의 도체판을 우연히 손으로 만진다면, 손은 축전기가 방전되는 경로로 작용해서 전기적 충격을 받게 된다. 충격의 정도는 축전기의 전기용량과 걸린 전압에 따라 다르다. 전자 장비에 있는 전원 장치와 같이 고전압이 걸려 있는 경우 치명적일 수 있다.

평행판 축전기가 처음에 대전되지 않은 상태에 있다면 판 사이의 처음 전위차는 영이다. 이제 축전기를 전지에 연결해서 전하 Q로 충전시키면 축전기의 최종 전위차는 $\Delta V = Q/C$가 된다.

축전기에 저장된 에너지를 계산하기 위해, 20.7절에서 설명한 실제 과정과는 좀 다르지만 똑같은 결과를 얻게 되는 충전 과정을 생각해 보자. 최종 상태에서의 에너지는 실제 전하의 이동 과정과 무관하므로 이 가정은 타당하다.[2] 도체판은 전지로부터 분리되어 있고 전하를 다음과 같이 축전기의 판 사이의 공간을 통해 역학적으로 이동시킨다고 생각하자. 음극에 연결된 축전기의 한쪽 판에서 미량의 양전하를 붙잡은 다음 힘을 작용해서 이 양전하를 축전기의 양극에 연결된 판으로 이동시키자. 따라서 전하에 한 일은 전하를 축전기의 한쪽 판에서 다른 쪽 판으로 이동시킨 일과 같다. 처음에는 아주 작은 전하 dq를 한쪽 도체판에서 다른 쪽 도체판으로 이동시키기 위해서는 일이 필요하지 않지만,[3] 일단 전하가 이동되고 나면 두 판 사이에는 작은 전위차가 생긴다. 따라서 이 전위차를 통해 추가로 전하를 이동시키기 위해서는 일을 해 주어야만 한다. 전하가 한쪽 도체판으로부터 다른 쪽 도체판으로 점점 더 많이 전달될수록 전위차는 비례하여 증가하게 되고 더 많은 일이 필요하다.

한 도체판에서 다른 도체판으로 전하 dq를 옮기는 데 필요한 일은 다음과 같다.

$$dW = \Delta V\, dq = \frac{q}{C}\, dq$$

따라서 $q = 0$으로부터 나중의 $q = Q$까지 축전기를 충전시키는 데 필요한 전체 일은 다음과 같다.

$$W = \int_0^Q \frac{q}{C}\, dq = \frac{Q^2}{2C}$$

이 논의에서 축전기는 비고립 계로 나타낼 수 있다. 충전시 계의 외력이 한 일은 축전기에 저장된 위치 에너지 U로 생각할 수 있다. 그러나 실제로 이 에너지는 전하를 이동시키기 위해 외력이 한 역학적인 일이 아니라 전지의 화학 에너지가 변환된 것이다. 비록 외력이 한 일이라는 모형을 이용했지만 이 모형은 실제 상황을 잘 설명하는 결과를 얻었다. $Q = C\Delta V$를 이용해서 축전기에 저장된 에너지는 다음과 같이 여러 형태로 나타낼 수 있다.

▶ 충전된 축전기에 저장된 에너지

$$U = \frac{Q^2}{2C} = \frac{1}{2}Q\Delta V = \frac{1}{2}C(\Delta V)^2 \qquad \textbf{20.29}$$

이 결과는 축전기의 기하학적인 형태에 관계없이 **모든** 축전기에 적용된다. 그러나 현실적으로 저장할 수 있는 최대 에너지(또는 전하)는 전위차 ΔV를 충분히 크게 하면 축전기 판 사이에서 전기적인 방전이 일어나므로 한계값을 가진다. 이와 같은 이유로 축전기에는 대개 최대 허용 전압이 표기되어 있다.

용수철에서 탄성 위치 에너지는 용수철 내에 저장되는 것으로 나타낼 수 있다. 물질의 온도와 연관된 물질의 내부 에너지는 그 물질에 고르게 퍼져 있다. 축전기의 에너지는 어디에 있는가? 축전기에 저장된 에너지는 **축전기의 두 판 사이의 전기장 내에** 저장되는 것으로 나타낼 수 있다. 평행판 축전기에서 전위차는 $\Delta V = Ed$에서 전기장

---

[2] 이에 대한 논의는 열역학에서의 상태 변수에 대한 것과 유사하다. 온도와 같은 상태 변수의 변화는 처음 상태와 나중 상태 사이의 경로와는 무관하다. 축전기의 위치 에너지는 일종의 상태 변수라 할 수 있고, 따라서 그것은 축전기에 전하가 저장되는 실제 과정과는 상관이 없다.

[3] 기호 q는 축전기가 충전이 되면서 시간에 따라 변하는 전하를 나타낸다. 이와 구별하기 위해서 기호 Q는 축전기가 충전을 완전히 끝낸 후 축전기에 저장된 전체 전하이다.

에 관계되고, 전기용량은 $C = \epsilon_0 A / d$이므로 이들을 식 20.29에 대입하면 다음을 얻는다.

$$U = \frac{1}{2}\left(\frac{\epsilon_0 A}{d}\right)(Ed)^2 = \frac{1}{2}(\epsilon_0 Ad)\, E^2 \qquad \textbf{20.30}$$

여기서 전기장이 차지하고 있는 부피는 Ad이고, **에너지 밀도**(energy density)라고 하는 단위 부피당 에너지 $u_E = U/Ad$는 다음과 같다.

$$u_E = \frac{1}{2}\epsilon_0 E^2 \qquad \textbf{20.31} \qquad \blacktriangleright \text{전기장 내의 에너지 밀도}$$

식 20.31은 평행판 축전기의 경우에 대해 유도한 것이지만, 일반적으로 성립하는 수식이다. 즉 어떤 전기장 내의 에너지 밀도는 주어진 점에서 전기장의 제곱에 비례한다.

> ▌ **퀴즈 20.8** 세 개의 축전기와 전지가 있다. 이들 축전기를 전지에 연결할 때 다음 중 어느 경우에서 최대 에너지를 저장할 수 있는가? (**a**) 직렬 연결 (**b**) 병렬 연결 (**c**) 직렬이든 병렬이든 저장되는 에너지의 양에는 차이가 없다.

▌ **생각하는 물리 20.2**

축전기를 충전하고 전지를 제거했다. 축전기는 공기로 채워져 있고 움직일 수 있는 큰 판으로 구성되어 있다. 두 판을 끌어당겨 두 판 사이의 거리를 약간 멀게 만들 때 축전기의 전하에 어떤 일이 일어날까? 전위차에서는? 축전기에 저장된 에너지에는? 전기용량에는? 두 판 사이의 전기장에는? 판을 끌어당기는 것은 일을 한 것인가?

추론 전지에서 축전기를 제거했기 때문에 도체판에 있는 전하는 갈 곳이 없어진다. 그러므로 축전기의 전하는 판이 약간 떨어져도 변하지 않는다. 큰 도체판에 의한 전기장은 거리에 무관하게 균일하므로 축전기의 두 도체판 사이의 전기장은 일정한 값을 가진다. 전기장은 거리에 따른 전위의 비로 측정하기 때문에 거리가 증가함에 따라 두 도체판의 전위차는 증가한다. 같은 전하가 높은 전위차에서 저장되기 때문에 전기용량은 줄어든다. 저장된 에너지는 전하와 전위차에 비례하기 때문에 축전기에 저장된 에너지는 증가한다. 이 에너지는 어딘가에서 계 안으로 이동해야 한다. 도체판들이 서로 당기고 있기 때문에 두 도체판이 멀어지도록 끌어당길 때 축전기에 일을 한다. ◀

▌ **예제 20.9 | 대전된 두 축전기의 연결**

전기용량이 $C_1 (> C_2)$과 C_2인 축전기를 처음에 같은 전위차 ΔV_i로 충전한 후 전지를 제거한다. 그리고 그림 20.28a와 같이 반대 극성을 갖는 판끼리 연결한다. 그리고 난 후에 S_1과 S_2를 그림 20.28b와 같이 닫는다.

(A) 스위치를 닫은 다음 a와 b 사이의 나중 전위차 ΔV_f를 구하라.

풀이

개념화 그림 20.28은 예제의 처음 및 나중 상태를 이해하는 데 도움이 된다. 스위치를 닫으면, 계에 있는 전하는 두 축전기가 같은 전위차를 가질 때까지 두 축전기 사이에 재분포하게 될 것이다. $C_1 > C_2$이므로 C_2보다는 C_1에 더 많은 전하가 존재하게 되어, 나중 상태에서는 그림 20.28b에서와 같이 원

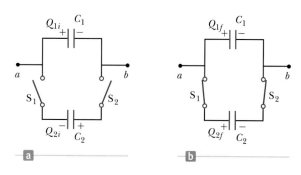

그림 20.28 (예제 20.9) (a) 처음에 같은 전위차로 충전한 두 축전기를 스위치를 닫아 서로 다른 부호의 도체판과 연결한다. (b) 스위치를 닫으면 전하는 재분포된다.

쪽 도체판이 양전하를 갖게 될 것이다.

분류 그림 20.28b에서 축전기가 병렬 연결된 것처럼 보이나, 이 회로에는 전압을 걸어 주는 전지는 없다. 따라서 예제를 축전기가 병렬 연결되어 있는 경우로 생각하면 안 된다. 그 대신 예제를 하나의 고립계로 취급할 수 있다. 축전기의 왼쪽 판들은 축전기의 오른쪽 판들과 연결되어 있지 않으므로, 축

전기의 왼쪽 판들을 하나의 고립계로 생각할 수 있다.

분석 스위치를 닫기 전에 축전기의 왼쪽 판들에 있는 전체 전하에 대한 식을 쓴다. 이때 축전기 C_2의 왼쪽 판에 있는 전하가 음이기 때문에 Q_{2i}는 음의 부호를 갖는다.

$$(1) \quad Q_i = Q_{1i} + Q_{2i} = C_1\Delta V_i - C_2\Delta V_i = (C_1 - C_2)\Delta V_i$$

스위치를 닫으면 각 축전기의 전하는 축전기가 모두 전위차 ΔV_f로 같아질 때까지 새로운 값인 Q_{1f}와 Q_{2f}로 바뀐다. 스위치를 닫은 후 왼쪽 판들에 있는 전체 전하에 대한 식을 쓴다.

$$(2) \quad Q_f = Q_{1f} + Q_{2f} = C_1\Delta V_f + C_2\Delta V_f = (C_1 + C_2)\Delta V_f$$

이 계는 고립되어 있으므로, 계의 처음과 나중 전하는 같아야 한다. 이 조건과 식 (1)과 (2)를 이용해서 ΔV_f에 대해 푼다.

$$Q_f = Q_i \quad \rightarrow \quad (C_1 + C_2)\Delta V_f = (C_1 - C_2)\Delta V_i$$

$$(3) \quad \Delta V_f = \left(\frac{C_1 - C_2}{C_1 + C_2}\right)\Delta V_i$$

(B) 스위치를 닫기 전과 닫은 후의 저장된 전체 에너지를 구하고, 처음 에너지에 대한 나중 에너지의 비율을 계산하라.

풀이

식 20.29를 이용해서 스위치를 닫기 전 축전기에 저장된 전체 에너지를 계산한다.

$$(4) \quad U_i = \frac{1}{2}C_1(\Delta V_i)^2 + \frac{1}{2}C_2(\Delta V_i)^2$$

$$= \frac{1}{2}(C_1 + C_2)(\Delta V_i)^2$$

스위치를 닫은 후에 축전기에 저장된 전체 에너지에 대한 식을 구한다.

$$U_f = \frac{1}{2}C_1(\Delta V_f)^2 + \frac{1}{2}C_2(\Delta V_f)^2 = \frac{1}{2}(C_1 + C_2)(\Delta V_f)^2$$

(A)에서 얻은 결과를 이용해서 이 식을 ΔV_i로 표현한다.

$$(5) \quad U_f = \frac{1}{2}(C_1 + C_2)\left[\left(\frac{C_1 - C_2}{C_1 + C_2}\right)(\Delta V_i)\right]^2$$

$$= \frac{1}{2}\frac{(C_1 - C_2)^2(\Delta V_i)^2}{C_1 + C_2}$$

식 (4)로 식 (5)를 나누어 처음과 나중의 저장된 에너지의 비율을 구한다.

$$\frac{U_f}{U_i} = \frac{\frac{1}{2}(C_1 - C_2)^2(\Delta V_i)^2/(C_1 + C_2)}{\frac{1}{2}(C_1 + C_2)(\Delta V_i)^2}$$

$$(6) \quad \frac{U_f}{U_i} = \left(\frac{C_1 - C_2}{C_1 + C_2}\right)^2$$

결론 이 식은 나중 에너지가 처음 에너지보다 **작아짐**을 의미한다. 그렇다면 위의 경우는 에너지 보존의 법칙에 위배되는가? 그렇지 않다. 여기서 '잃어버린' 에너지의 일부는 도선에서 열 에너지로 방출되고, 일부는 전자기파의 형태로 복사된다(24장 참조). 따라서 이 계는 전하에 대해서 고립되어 있지만, 에너지에 대해서는 고립되어 있지 않다.

문제 두 축전기의 전기용량이 같으면 어떻게 되는가? 스위치를 닫으면 어떤 일이 일어날 수 있는지 생각해 보자.

답 처음에 두 축전기의 전위차가 같으므로 축전기의 전하도 같다. 만약 반대의 극성을 갖는 축전기가 연결된다면, 같은 크기의 전하는 상쇄되고 축전기는 충전이 되지 않는다. 이 결과를 수학적으로 확인해 보자. 식 (1)에서는 전기용량이 같으므로, 왼쪽 판들에 있는 처음 전하 Q_i는 영이다. 식 (3)으로부터 $\Delta V_f = 0$임을 알 수 있는데, 이는 충전되지 않는 축전기에 해당한다. 마지막으로 식 (5)는 $U_f = 0$의 결과를 보여 주는데, 이 또한 충전되지 않는 축전기의 경우와 같다.

20.10 | 유전체가 있는 축전기 Capacitors with Dielectrics

고무, 유리, 왁스 칠한 종이 등과 같은 비전도성 물질을 **유전체**(dielectric)라 한다. 유전체를 축전기의 극판 사이에 넣으면 전기용량이 증가한다. 유전체로 극판 사이를 완전히 채우면 전기용량은 **유전 상수**(dielectric constant) κ만큼 증가한다. 유전 상수는 차원이 없다.

축전기에서 유전체의 효과를 이해하기 위해 다음과 같은 실험을 해 보자. 극판 사이에 유전체가 없는 경우에 평행판 축전기의 전기용량을 C_0, 충전된 전하를 Q_0이라 할 때, 전압계로 잰 극판 사이의 전위차가 ΔV_0으로 측정됐다. 즉 $\Delta V_0 = Q_0/C_0$이다 (그림 20.29a). 만약 축전기 회로가 **열려** 있을 경우, 즉 축전기의 판들은 전지에 연결되어 있지 **않으므로** 전하는 전압계를 통해 흐를 수 없다. 따라서 전하가 흘러서 축전기의 전하를 변화시킬 경로가 **없다.** 그림 20.29b와 같이 유전체를 끼워 넣으면 전압계에 나타난 전위차 ΔV는 다음과 같이 인자 κ만큼 **감소**한다.

$$\Delta V = \frac{\Delta V_0}{\kappa}$$

여기서 $\Delta V < \Delta V_0$이므로 $\kappa > 1$이다.

축전기에 충전된 전하 Q_0은 **변하지 않으므로** 다음과 같이 전기용량이 변해야 한다.

$$C = \frac{Q_0}{\Delta V} = \frac{Q_0}{\Delta V_0/\kappa} = \kappa \frac{Q_0}{\Delta V_0}$$

$$C = \kappa C_0 \qquad\qquad \textbf{20.32}$$

여기서 C_0는 유전체가 없을 때의 전기용량이다. 즉 판 사이의 공간을 유전체로 채울 때 유전 상수 κ만큼 전기용량은 증가한다.[4] 평행판 축전기의 경우, $C_0 = \epsilon_0 A/d$이므

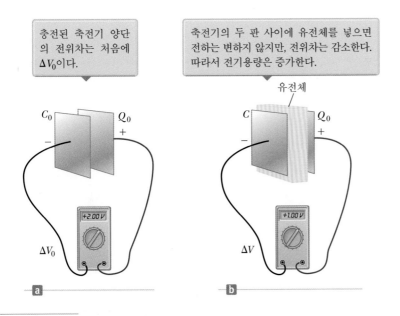

충전된 축전기 양단의 전위차는 처음에 ΔV_0이다.

축전기의 두 판 사이에 유전체를 넣으면 전하는 변하지 않지만, 전위차는 감소한다. 따라서 전기용량은 증가한다.

유전체

C_0 Q_0

ΔV_0

C Q_0

ΔV

a

b

그림 20.29 두 평행 도체판 사이를 유전체로 채우기 전(a)과 후(b)의 축전기

---

[4] 전지에 의해 전위차가 일정하게 유지되는 동안 유전체가 채워진 상태에 대해 실험을 하면 전하는 $Q = \kappa Q_0$으로 증가한다. 추가 전하는 도선을 따라 운반되고, 전기용량은 유전 상수 κ 만큼 증가한다.

로 유전체를 채웠을 때의 전기용량은 다음과 같다.

$$C = \kappa \frac{\epsilon_0 A}{d} \qquad 20.33$$

이 결과로부터 극판 사이의 거리 d를 감소시킴으로써 전기용량을 크게 증가시킬 수 있음을 알 수 있다. 그러나 실제로는 유전체를 통해서도 극판 사이에는 방전이 일어나므로 d의 최솟값은 한계를 가진다. 주어진 극판 사이의 임의의 거리 d에 대해, 방전을 일으키지 않고 걸어줄 수 있는 최대 전압은 유전체의 **유전 강도**(dielectric strength; 최대 전기장의 크기)에 의존한다. 공기의 유전 강도는 3×10^6 V/m이다. 유전체가 들어 있는 축전기에서 전기장이 유전 강도를 넘는다면 유전체의 절연성이 파괴되고 유전체는 전도성을 나타내게 된다. 대부분의 절연체의 유전 상수와 유전 강도는 표 20.1에 나타낸 바와 같이 공기가 갖는 값보다 크다. 따라서 유전체를 사용하면 다음과 같은 이점이 있다.

- 축전기의 전기용량 증가
- 축전기의 최대 작동 전압 증가
- 도체 판 사이를 역학적으로 지탱해 주는 효과가 있다. 따라서 두 도체판이 직접 접촉되지 않으므로 간격 d를 줄일 수 있고 전기용량 C를 증가시킨다.

19.3절에서 이미 논의한 분자의 극성을 고려함으로써 유전체의 효과를 이해할 수

표 20.1 | 상온에서의 여러 물질의 유전 상수와 유전 강도

물 질	유전 상수 κ	유전 강도 $(10^6$ V/m$)^a$
공기(건조)	1.000 59	3
베이클라이트	4.9	24
수 정	3.78	8
마일라	3.2	7
네오프렌 고무	6.7	12
나일론	3.4	14
종 이	3.7	16
파라핀지	3.5	11
폴리스티렌	2.56	24
폴리염화 바이닐	3.4	40
자기(porcelain)	6	12
파이렉스 유리	5.6	14
실리콘 기름	2.5	15
타이타늄산스트론튬	233	8
테플론	2.1	60
진 공	1.000 00	–
물	80	–

a 유전 강도는 유전체의 절연 성질이 파괴되지 않을 때까지 걸어줄 수 있는 최대 전기장과 같다. 유전 강도의 값은 물질에 불순물이 포함되거나 결함이 있을 때 달라진다.

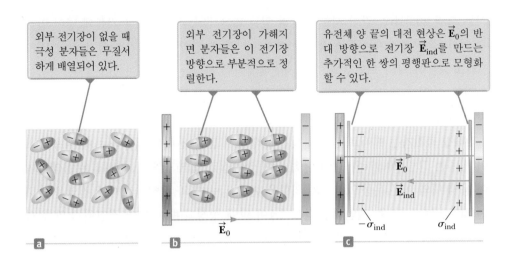

외부 전기장이 없을 때 극성 분자들은 무질서 하게 배열되어 있다.

외부 전기장이 가해지면 분자들은 이 전기장 방향으로 부분적으로 정렬한다.

유전체 양 끝의 대전 현상은 $\vec{E}_0$의 반대 방향으로 전기장 $\vec{E}_{ind}$를 만드는 추가적인 한 쌍의 평행판으로 모형화할 수 있다.

그림 20.30 (a) 유전체 내의 극성 분자 (b) 유전체에 전기장이 걸린다. (c) 유전체 내 전기장의 세부 사항

있다. 그림 20.30a는 전기장이 없을 때 여러 방향으로 배위한 유전체의 극성 분자를 나타낸 것이고 그림 20.30b는 충전된 축전기의 도체판 사이에 유전체가 있을 때 극성 분자를 나타낸 것으로, 극성 분자는 전기력선과 나란한 방향으로 정렬되어 있음을 알 수 있다. 그림 20.30b에서처럼 전기장 $\vec{E}_0$은 오른쪽 방향으로 형성되어 있다. 유전체는 일반적으로 가장자리를 따라 같은 전하가 존재한다. 따라서 유전체의 왼쪽 가장자리를 따라 음전하층이 있고 오른쪽 가장자리를 따라 양전하층이 있다. 이런 전하층은 그림 20.30c와 같이 추가적인 대전판으로 간주될 수 있다. 이 전하층의 극성은 실제 축전기 도체판의 극성과 반대 방향이므로, 이 전하층은 왼쪽을 향하는 전기장 $\vec{E}_{ind}$를 형성해서 축전기 판에 의한 전기장을 상쇄한다. 따라서 전지가 제거된 충전된 축전기에 유전체를 넣으면 판 사이의 전압은 줄어들게 된다. 판에 전하는 낮은 전위차로 저장되고 전기용량은 증가한다.

축전기의 형태 Types of Capacitors

많은 축전기가 집적 회로칩에 내장되지만, 어떤 전기 장치에는 여전히 단일형 축전기가 사용된다. 상용 축전기는 그림 20.31a와 같이 얇은 금속 박(foil) 사이에 파라핀지 같은 얇은 막을 넣어 작은 크기의 원통 형태로 감아 만든다. 일반적인 고전압 축전

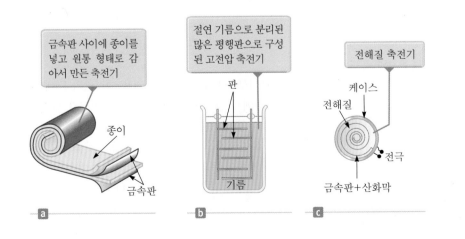

금속판 사이에 종이를 넣고 원통 형태로 감아서 만든 축전기

종이

금속판

절연 기름으로 분리된 많은 평행판으로 구성된 고전압 축전기

판

기름

전해질 축전기

케이스

전해질

전극

금속판+산화막

Chris Vuille

다양하게 사용되고 있는 축전기

그림 20.31 상용 축전기의 세 가지 형태

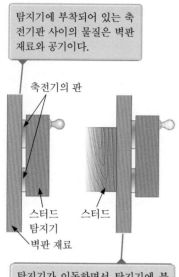

탐지기에 부착되어 있는 축전기판 사이의 물질은 벽판 재료와 공기이다.

축전기의 판

스터드 탐지기
스터드
벽판 재료

탐지기가 이동하면서 탐지기에 붙어 있는 축전기가 벽 안에 있는 스터드를 통과할 때 두 판 사이의 물질은 벽판 재료와 나무 스터드이다. 이때 유전 상수의 변화는 빛의 신호로 나타난다.

그림 20.32 (퀴즈 20.9) 전기 스터드 탐지기

기는 그림 20.31b와 같이 서로 엇갈려 있는 많은 금속판을 실리콘 기름에 넣어 만들 수 있다. 작은 축전기는 종종 세라믹 재료로 만든다. 일반적으로 가변 축전기(약 $10 \sim 500 \, \mathrm{pF}$)는 이 장의 도입부에 있는 사진에서처럼 하나는 고정되어 있고 다른 하나는 움직일 수 있게 엇갈려 있는 두 개의 금속판 세트로 구성되어 있고, 공기가 유전체 역할을 한다.

전해질 축전기는 때때로 비교적 낮은 전압에서 많은 전하를 저장하는 데 사용된다. 이 장치는 그림 20.31c와 같이 금속 박이 전해질과 접하고 있다. 전해질은 용액이며 이 용액 내의 이온 운동으로 도체 역할을 한다. 금속 박과 전해질 사이에 전압을 가하면 얇은 금속 산화층(절연체 역할을 함)이 박에 형성되며 이 박이 절연체 역할을 하게 된다. 유전층이 매우 얇기 때문에 큰 전기용량의 값을 얻을 수 있다.

전해질 축전기를 회로에서 사용하는 경우, 극성을 올바르게 연결해서 사용해야 한다. 인가 전압의 극성을 표기된 것과 반대로 연결하면 산화층이 제거되어 축전기는 전하를 저장할 수 없게 된다.

▶ **퀴즈 20.9** 그림이나 거울을 걸려고 할 때 못이나 나사를 박기 위해 벽 안에 있는 나무로 된 스터드(샛기둥, 벽의 간주)의 위치를 찾는다는 것은 쉽지 않다. 목수들은 이 스터드를 찾기 위해 탐지기를 사용하는데, 이 장치는 축전기가 마주보게 놓여진 것이 아닌 그림 20.32에서와 같이 나란하게 만들어져 있다. 이 탐지기가 스터드 위를 지나갈 때 전기용량은 어떻게 변하는가? (**a**) 증가한다. (**b**) 감소한다.

▶ **예제 20.10 | 축전기에 저장된 에너지**

평행판 축전기를 전지에 연결해서 전하 Q_0으로 충전시킨 다음 전지를 제거한다. 그리고 유전 상수가 κ인 유전체를 끼워 넣었다. 유전체가 있는 축전기를 계로 보고 유전체를 끼워 넣기 전과 후에 계에 저장된 에너지를 구하라.

풀이

개념화 축전기의 판 사이에 유전체를 끼워 넣을 때 어떤 일이 생기는지 생각해 보자. 전지를 제거했기 때문에 축전기의 전하는 변하지 않는다. 그러나 이전 학습으로부터 전기용량이 변한다는 것을 알고 있다. 따라서 축전기에 저장되는 에너지에도 변화가 있을 거라 짐작할 수 있다.

분류 에너지의 변화가 있을 것이므로 이를 축전기와 유전체를 포함하는 비고립계로 모형화한다.

분석 식 20.29로부터 유전체를 넣기 전에 축전기에 저장된 에너지를 구한다.

$$U_0 = \frac{Q_0^{\,2}}{2C_0}$$

유전체를 넣은 후 축전기에 저장되는 에너지를 구한다.

$$U = \frac{Q_0^{\,2}}{2C}$$

식 20.32를 써서 전기용량 C를 대체한다.

$$U = \frac{Q_0^{\,2}}{2\kappa C_0} = \frac{U_0}{\kappa}$$

결론 $\kappa > 1$이므로 나중 에너지는 처음 에너지의 $1/\kappa$만큼 적어진다. 실험에서 유전체를 끼워넣으면 유전체가 판 사이로 끌려들어감을 알 수 있는데, 이는 계의 에너지 감소를 설명한다. 따라서 유전체가 극판 사이로 가속되는 것을 방지하려면 외부에서 유전체에 음의 일(식 7.2에서 W)을 해주어야 한다. 이 일은 $U - U_0$이 됨을 쉽게 알 수 있다.

20.11 | 연결 주제: 축전기로서의 대기
Context Connection: The Atmosphere as a Capacitor

19장의 〈연결 주제〉에서 지표면과 대기에서 전하 분포를 야기하는 몇 가지 과정을 언급했다. 이 과정은 지표면에서의 음전하와 공기의 도처에 분포된 양전하로 이해될 수 있다.

이런 전하 분리는 축전기와 같이 모형화할 수 있다. 지표면을 한쪽 판으로, 공기의 양전하를 다른 쪽 판으로 본다. 대기에서의 양전하는 한 높이에 모두 위치하지 않고 대기 곳곳에 퍼져 있다. 그러므로 전하 분포에 기초해서 축전기 윗판의 위치를 모형화해야 한다. 대기 모형에서 표면으로부터 위 판 위치의 적절한 높이를 5 km로 본다. 그림 20.33은 대기 축전기 모형을 보여 준다.

지표면 위의 전하 분포를 구 대칭으로 가정하고, 그림 20.16과 20.6절의 관련된 논의를 이용하면, 지표면 위 한 점에서의 전위는 다음과 같다.

그림 20.33 대기 축전기

$$V = k_e \frac{Q}{r} = \frac{1}{4\pi\epsilon_0} \frac{Q}{r}$$

여기서 Q는 표면의 전하이다. 대기 축전기의 두 판 사이의 전위차는 다음과 같다.

$$\Delta V = \frac{Q}{4\pi\epsilon_0} \left(\frac{1}{r_{\text{surface}}} - \frac{1}{r_{\text{upper plate}}} \right)$$

$$= \frac{Q}{4\pi\epsilon_0} \left(\frac{1}{R_E} - \frac{1}{R_E + h} \right) = \frac{Q}{4\pi\epsilon_0} \left[\frac{h}{R_E(R_E + h)} \right]$$

여기서 R_E는 지구의 반지름이고 $h = 5$ km이다. 이 식으로부터 대기 축전기의 전기용량을 계산할 수 있다.

$$C = \frac{Q}{\Delta V} = \frac{Q}{\dfrac{Q}{4\pi\epsilon_0}\left[\dfrac{h}{R_E(R_E + h)} \right]} = \frac{4\pi\epsilon_0 R_E(R_E + h)}{h}$$

값을 넣어 계산하면 다음을 얻는다.

$$C = \frac{4\pi\epsilon_0 R_E(R_E + h)}{h}$$

$$= \frac{4\pi(8.85\times10^{-12}\,\text{C}^2/\text{N}\cdot\text{m}^2)(6.4\times10^3\,\text{km})(6.4\times10^3\,\text{km} + 5\,\text{km})}{5\,\text{km}}\left(\frac{1000\,\text{m}}{1\,\text{km}} \right)$$

$$\approx 0.9\,\text{F}$$

이 값은 축전기판 사이의 간격이 5 km나 떨어져 있음에도 불구하고 전기 회로에서 일반적인 축전기의 값인 **피코패럿**과 **마이크로패럿**에 비해 아주 큰 값이다. 〈관련 이야기 6 결론〉에서 축전기로서의 대기 모형을 이용해서, 하루 동안 대지로 내리치는 번개의 횟수를 계산할 것이다.

연습문제 |

객관식

1. X선 발생 장치에서는 전자는 1.00×10^4 V의 전위차에 의해 가속되어 표적에 충돌한다. 전자의 운동 에너지를 eV 단위로 구하라. (a) 1.00×10^4 eV (b) 1.60×10^{-15} eV (c) 1.60×10^{-22} eV (d) 6.25×10^{22} eV (e) 1.60×10^{-19} eV

2. 전기용량이 매우 큰 축전기가 전기용량이 매우 작은 축전기와 직렬로 연결되어 있다. 결합된 두 축전기의 등가 전기용량은 (a) 큰 축전기의 전기용량보다 약간 크다. (b) 큰 축전기의 전기용량보다 약간 작다. (c) 작은 축전기의 전기용량보다 약간 크다. (d) 작은 축전기의 전기용량보다 약간 작다.

3. 다음 명제가 참인지 거짓인지 판별하라. (a) 전기용량의 정의 $C = Q/\Delta V$에 따르면, 충전되지 않은 축전기의 전기용량은 영이다. (b) 전기용량의 정의에 따르면, 충전되지 않은 축전기에 걸린 전위차는 영이다.

4. 어떤 공간에 균일한 전기장이 x 방향으로 향하고 있다. 음전하의 입자가 $x = 20.0$ cm에서 $x = 60.0$ cm로 이동한다. **(i)** 전하–전기장 계의 전기 위치 에너지는 (a) 증가한다. (b) 변하지 않는다. (c) 감소한다. (d) 예측할 수 없다. **(ii)** 입자가 이동한 위치의 전위는 어떠한가? (a) 이전 위치보다 높다. (b) 변하지 않는다. (c) 이전 위치보다 낮다. (d) 예측할 수 없다.

5. 평행판 축전기를 충전시킨 후 전지를 분리했다. 판 사이의 거리가 두 배가 되면 저장된 에너지는 어떻게 되는가? (a) 네 배로 커진다. (b) 두 배로 커진다. (c) 변하지 않는다. (d) 절반이 된다. (e) 1/4배가 된다.

6. 입자들이 그림 OQ20.6과 같이 네 가지 형태로 놓여 있다. 위치 에너지가 큰 것부터 순서대로 나열하라. 동일한 경우는 같은 순위로 둔다.

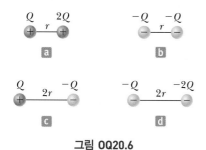

그림 OQ20.6

7. 크기 850 N/C이고 $+x$ 방향으로 향하는 균일한 전기장 안의 원점에서 정지한 양성자가 전기력을 받아 운동한다. 양성자가 $x = 2.50$ m의 위치로 움직일 때 양성자–전기장 계의 전기 위치 에너지 변화는 얼마인가? (a) 3.40×10^{-16} J (b) -3.40×10^{-16} J (c) 2.50×10^{-16} J (d) -2.50×10^{-16} J (e) -1.60×10^{-19} J

8. 금속 구의 부피가 세 배가 되면 전기용량은 원래 값의 얼마인가? (a) 3 (b) $3^{1/3}$ (c) 1 (d) $3^{-1/3}$ (e) $\frac{1}{3}$

9. 그림 OQ20.9에 나타나 있는 네 개의 위치 중 전위가 큰 것부터 순서대로 나열하라.

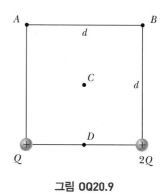

그림 OQ20.9

10. $x = 3.00$ m에서의 전위는 120 V이고 $x = 5.00$ m에서의 전위는 190 V이다. 전기장이 균일한 경우 이 영역에서 전기장의 x 성분은 얼마인가? (a) 140 N/C (b) -140 N/C (c) 35.0 N/C (d) -35.0 N/C (e) 75.0 N/C

주관식

20.1 전위와 전위차

1. 그림 P20.1과 같이 크기가 325 V/m인 균일한 전기장이 $-y$ 방향을 향하고 있다. 좌표가 각각 $(-0.200, -0.300)$ m와 $(0.400, 0.500)$ m인 점 Ⓐ와 Ⓑ 사이의 전위차 $V_Ⓑ - V_Ⓐ$를 점선 경로를 이용해서 계산하라.

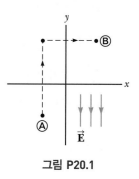

그림 P20.1

2. (a) 정지해 있다가 120 V의 전위차에 의해 가속된 양성자

의 속력을 계산하라. (b) 동일한 전위차에 의해 가속된 전자의 속력을 계산하라.

20.2 균일한 전기장 내에서의 전위차

3. 250 V/m의 균일한 전기장이 $+x$ 방향으로 향하고 있다. $+12.0\,\mu$C인 전하가 원점에서 점 $(x, y) = (20.0\ \text{cm}, 50.0\ \text{cm})$로 움직인다. (a) 전하-전기장 계에서 위치 에너지의 변화는 얼마인가? (b) 전하는 얼마만큼의 전위차 사이를 움직이는가?

4. 전자가 원점에서 처음 속력 3.70×10^6 m/s로 x축 방향으로 이동하고 있다. 전자의 속력은 $x = 2.00$ cm 위치에서 1.40×10^5 m/s로 감소된다. (a) 이 점과 원점 사이의 전위차를 계산하라. (b) 어느 점의 전위가 더 높은가?

20.3 점전하에 의한 전위와 위치 에너지

> *Note*: 별다른 언급이 없는 한, 전위의 기준은 $r = \infty$에서 $V = 0$이다.

5. 크기가 Q인 동일한 네 개의 대전 입자를 변의 길이가 s인 정사각형의 꼭짓점에 놓기 위해 필요한 일이 $5.41\,k_eQ^2/s$임을 보여라.

6. 동일한 양전하 q를 가지는 세 개의 입자가 그림 P20.6과 같이 변의 길이가 a인 정삼각형의 꼭짓점에 있다. (a) 전하들이 놓여 있는 평면 위에 전위가 영이 되는 점이 존재한다면, 그 점을 구하라. (b) 다른 두 전하에 의한 한 개의 전하가 위치하는 삼각형 꼭짓점에서의 전위는 얼마인가?

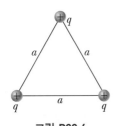

그림 P20.6

7. 세 개의 대전 입자가 그림 P20.7과 같이 이등변 삼각형($d = 2.00$ cm)의 꼭짓점에 위치하고 있다. $q = 7.00\,\mu$C일 때 밑변의 중심인 점 A에서 전위를 계산하라.

8. 반지름이 각각 0.300 cm와 0.500 cm이고, 질량이 0.100 kg과 0.700 kg인

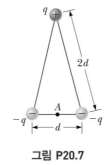

그림 P20.7

두 절연체 구에 $-2.00\,\mu$C와 $3.00\,\mu$C의 전하가 균일하게 분포하고 있다. 두 절연체 구가 중심으로부터 1.00 m 떨어진 위치에서 정지 상태로부터 놓는다. (a) 두 구가 충돌할 때 각각의 속력은 얼마인가? (b) 이들 구가 도체 구라고 하면 속력은 (a)의 결과보다 더 커지는가 아니면 작아지는가? 그 이유를 설명하라.

20.4 전위로부터 전기장의 계산

9. $x = 0$과 $x = 6.00$ m 사이의 영역에서 전위는 $V = a + bx$로 주어진다. 여기서 $a = 10.0$ V이고 $b = -7.00$ V/m이다. (a) $x = 0$, 3.00 m, 6.00 m에서의 전위와 (b) $x = 0$, 3.00 m, 6.00 m에서의 전기장의 크기와 방향을 구하라.

10. 공간의 어떤 영역에서 전위가 $V = 5x - 3x^2y + 2yz^2$이라 하자. 이 영역에서 전기장의 x, y, z 성분을 구하라. 좌표가 $(1.00, 0, -2.00)$ m인 점 P에서 전기장의 크기는 얼마인가?

11. 반지름 R인 대전된 구형 도체 내부의 전위는 $V = k_eQ/R$로 주어지고, 외부에서의 전위는 $V = k_eQ/r$로 주어진다. $E_r = -dV/dr$을 이용해서 (a) 구의 내부와 (b) 외부에서의 전기장을 유도하라.

20.5 연속적인 전하 분포에 의한 전위

12. 반지름 R인 고리에 전체 전하 Q가 균일하게 대전되어 있다. 고리의 중심과 중심축을 따라서 중심에서부터 거리 $2R$만큼 떨어진 점 사이의 전위차는 얼마인가?

13. 그림 P20.13과 같이 길이 L인 막대가 왼쪽 끝을 원점으로 하여 x축을 따라 놓여 있다. 이 막대는 불균일한 선전하 밀도 $\lambda = \alpha x$ (α는 양의 상수)로 대전되어 있다. (a) α의 단위는 무엇인가? (b) A에서의 전위를 계산하라.

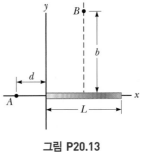

그림 P20.13

14. 그림 P20.14와 같이 반원 형태로 굽어 있는 도선이 선전하 밀도 λ로 균일하게 대전되어 있다. 점 O에서의 전위를 구하라.

그림 P20.14

20.6 대전된 도체에 의한 전위

15. 처음에 대전되어 있지 않은 반지름이 0.300 m인 도체 구의 표면에 7.50 kV의 전위를 만들려면 도체 구로부터 얼마나 많은 전자를 제거해야 하는가?

16. 반지름이 14.0 cm인 도체 구에 26.0 μC의 전하가 대전되어 있다. (a) 구 중심에서부터 $r = 10.0$ cm, (b) $r = 20.0$ cm, (c) $r = 14.0$ cm인 위치에서의 전기장과 전위를 계산하라.

20.7 전기용량

17. 질량 m인 작은 물체가 전하 q를 가지고 평행판 축전기의 연직 판 사이에서 실에 매달려 있다. 판 사이의 간격은 d이다. 실이 연직 방향과 각도 θ를 이루고 있다면, 판 사이의 전위차는 얼마인가?

18. (a) 12.0 V 전지에 연결되어 있는 4.00 μF 축전기의 판에는 얼마만큼의 전하가 있는가? (b) 같은 축전기가 1.50 V 전지에 연결되어 있다면 저장된 전하는 얼마인가?

19. 라디오 동조 회로에 사용되는 가변 공기 축전기는 각각 반지름이 R이고 서로 전기적으로 연결된 이웃한 판 사이의 거리가 d인 N개의 반원형 판으로 이루어져 있다. 그림 P20.19에서와 같이 두 세트로 되어 있는데 첫 번째 세트와 두 번째 세트는 서로 얽혀 있어 두 번째 세트의 판들은 처음 세트의 판들 사이 가운데에 위치한다. 두 번째 세트의 판들은 하나의 유닛을 이루어 회전할 수 있다. 전기용량을 회전각 θ의 함수로 구하라. 단, $\theta = 0$일 때 최대 전기용량이 된다.

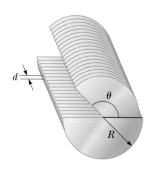

그림 P20.19

20.8 축전기의 연결

20. $C_1 = 5.00$ μF, $C_2 = 12.0$ μF인 두 축전기가 병렬로 9.00 V 전지에 연결되어 있다. (a) 결합된 축전기의 등가 전기용량, (b) 각 축전기에 걸린 전위차, (c) 각 축전기에 저장된 전하를 구하라.

21. 문제 20의 두 축전기($C_1 = 5.00$ μF, $C_2 = 12.0$ μF)가 이번에는 직렬로 9.00 V 전지에 연결되어 있다. (a) 결합된 축전기의 등가 전기용량, (b) 각 축전기에 걸린 전위차, (c) 각 축전기에 저장된 전하를 구하라.

22. (a) 그림 P20.22와 같이 연결되어 있는 한 무리의 축전기에 대해 점 a와 b 사이의 등가 전기용량을 구하라. $C_1 = 5.00$ μF, $C_2 = 10.0$ μF, $C_3 = 2.00$ μF이다. (b) 점 a와 b 사이의 전위차가 60.0 V라면 C_3에 저장된 전하는 얼마인가?

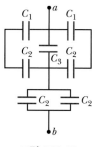

그림 P20.22

23. 한 무리의 동일한 축전기들을 처음에는 직렬로, 다음에는 병렬로 연결했다. 병렬 연결일 때의 등가 전기용량은 직렬 연결일 때보다 100배 크다. 이 무리에는 몇 개의 축전기가 있는가?

20.9 충전된 축전기에 저장된 에너지

24. 전하 Q, 넓이 A인 판으로 이루어진 평행판 축전기가 있다. 한쪽 판에서 다른 쪽 판으로 당기는 힘의 크기는 얼마인가? 판 사이의 전기장은 $E = Q/A\epsilon_0$이므로, 힘이 $F = QE = Q^2/A\epsilon_0$이라고 생각할 수도 있으나, 이 결론은 옳지 않다. 전기장 E는 두 판에 의해 만들어지고, 양(+)의 판에 의한 전기장은 양(+)의 판에 아무런 힘도 작용할 수 없기 때문이다. 각 판에 작용하는 힘은 실제로 $F = Q^2/2A\epsilon_0$임을 보여라. 도움말: 판 사이의 임의의 거리 x에 대해 $C = \epsilon_0 A/x$이고, 대전된 두 판을 떼어놓는 데 필요한 일은 $W = \int F dx$이다.

25. 건조한 환경에서 움직이면 우리 몸에 전하가 축적된다. 몸

에 축적된 전하가 양이든 음이든 관계 없이 높은 전압에 이르면 몸은 스파크나 쇼크를 통해 방전을 일으킬 수 있다. 우리의 몸이 지면으로부터 절연된 상태에서 전기용량 값이 150 pF이라고 가정하자. (a) 전압이 10.0 kV되기 위해서 우리 몸에는 얼마만큼의 전하가 있어야 하는가? (b) 민감한 전자 기기는 사람으로부터의 방전에 의해서도 고장이 날 수 있다. 어떤 기기가 250 μJ의 에너지를 방출하는 방전에 의해 고장이 났다면 우리 몸의 전압은 얼마인가?

26. 반지름이 각각 R_1과 R_2이고 각각의 반지름보다 훨씬 더 멀리 떨어져 있는 두 도체 구를 생각하자. 두 구는 전체 전하 Q를 나눠가지고 있다. 이 계의 전기 위치 에너지가 최솟값을 가질 때 구 사이의 전위차가 영임을 보이고자 한다. 전체 전하 Q는 $q_1 + q_2$이고, 여기서 q_1은 첫 번째 구의 전하, q_2는 두 번째 구의 전하를 나타낸다. 구들이 매우 멀리 떨어져 있으므로, 각 구의 전하는 구의 표면에 균일하게 분포하고 있다고 가정할 수 있다. (a) 진공 안에 있는 반지름 R이고 전하 q인 도체 구 하나의 에너지는 $U = k_e q^2 / 2R$임을 보여라. (b) 두 구로 이루어진 계의 전체 에너지를 q_1, 전체 전하 Q, 반지름 R_1과 R_2로 나타내라. (c) 에너지를 최소화하기 위해 (b)의 결과를 q_1에 대해 미분해서 이를 영으로 놓는다. 이로부터 q_1을 Q와 반지름들로 나타내라. (d) (c)의 결과로부터 전하 q_2를 구하라. (e) 각 구의 전위를 구하라. (f) 두 구 사이의 전위차는 얼마인가?

20.10 유전체가 있는 축전기

27. 공기 중에서 판 사이 거리가 1.50 cm이고 판의 넓이가 25.0 cm²인 평행판 축전기가 있다. 판이 250 V의 전위차로 충전되고 난 후 전원으로부터 차단됐다. 그 다음에 축전기를 증류수 속으로 넣었다. 증류수는 절연체로 가정한다. (a) 증류수 속에 넣기 전과 후의 전하, (b) 증류수 속에 넣은 후 전기용량과 전위차, (c) 축전기에 충전된 에너지를 구하라.

28. (a) 판 사이에 공기가 차 있고 넓이가 5.00 cm²인 평행판 축전기가 방전되기 직전까지 얼마의 전하를 가질 수 있는가? (b) 판 사이에 공기가 아니고 폴리스티렌이 있다면 최대 전하는 얼마가 되는가?

29. 어떤 상용 축전기를 그림 P20.29와 같이 만들고자 한다. 이 축전기는 파라핀으로 도포된 종이 띠를 사이에 둔 알루미늄 포일 띠로 이루어져 있다. 포일과 종이 띠의 너비는 모두 7.00 cm이다. 포일의 두께는 0.004 00 mm이고 종이

의 두께는 0.025 0 mm이며, 종이의 유전 상수는 3.70이다. 9.50×10^{-8} F의 전기용량을 얻으려면, 축전기를 말기 전 띠의 길이는 얼마가 되어야 하는가? (두 번째 종이 띠를 더해서 말면 포일 띠의 양쪽에 전하를 저장할 수 있으므로 축전기의 전기용량이 두 배가 될 것이다.)

그림 P20.29

20.11 연결 주제: 축전기로서의 대기

30. 폭풍우 구름과 대지 각각은 축전기의 극판으로 취급된다. 폭풍이 치는 동안, 두 판 사이의 전위차는 1.00×10^8 V이고 전하는 50.0 C이다. 벼락은 대지에 있는 나무에 축전기 에너지의 1.00 %를 전달한다. 얼마나 많은 나무 수액이 증발하는가? 수액은 처음에 30.0 °C인 물과 같이 생각한다. 물의 비열은 4 186 J/kg·°C, 끓는점은 100 °C이고 기화열은 2.26×10^6 J/kg이다.

추가문제

31. 적혈구 세포 모형은 두 개의 구형 판을 가지는 축전기와 같은 세포로 표현된다. 이것은 음으로 대전된 유동체 주위로부터 두께가 t인 절연막으로 분리되어 있고 넓이가 A인 양으로 대전된 구이다. 세포 안으로 삽입된 얇은 전극은 막의 단면 넓이에 100 mV의 전위차를 준다. 막의 두께는 100 nm이고 유전 상수는 5.00이다. (a) 전형적인 적혈구 세포는 질량이 1.00×10^{-12} kg이고 밀도는 1 100 kg/m³으로 가정한다. 적혈구의 부피와 겉넓이를 구하라. (b) 세포의 전기용량을 구하라. (c) 막 표면의 전하량을 계산하라. (도움말: 이 장에서, 우리는 지구를 두 개의 구형 판으로 된 축전기로 모형화했다.)

32. 원자핵의 물방울 모형은 어떤 핵들이 고에너지 진동으로 인해 원자핵이 소수 중성자를 포함한 동일하지 않은 두 개의 파편으로 쪼개질 수 있음을 보여 준다. 분열 생성물은 그들 사이의 쿨롱 척력으로 인해 운동 에너지를 얻는다. 전하는 각각의 구형 파편에 균일하게 분포되어 있고, 분열되기 전에 정지 상태인 구형 파편들의 표면은 접하고 있다고

가정한다. 핵 주위의 전자는 무시한다. 전하량과 반지름이 각각 $38e$와 5.50×10^{-15} m, $54e$와 6.20×10^{-15} m인 우라늄 핵으로부터 나온 두 개의 구형 파편의 전기 위치 에너지(eV로)를 계산하라.

33. 거리 $3d$만큼 떨어진 각각의 넓이가 A인 두 평행판 도체가 있고, 이들은 선으로 연결되어 접지시킴으로써 판에는 전하가 없다. 전하 Q를 가지는 세 번째 도체판을 그림 P20.33과 같이 처음 두 판 사이에 넣었다. (a) 처음 두 도체판에 유도되는 전하를 구하라. (b) 중간판과 위판 사이의 전위차, 그리고 중간판과 아래판 사이의 전위차를 구하라.

그림 P20.33

전류와 직류 회로
Current and Direct Current Circuits

Trombax/Shutterstock.com

지금까지 전기 현상에 대한 설명은 정지한 전하, 즉 **정전기학**에 초점을 맞췄다. 이제 운동 중에 있는 전하에 대한 상황을 고려하고자 한다. **전류**란 용어는 공간을 통과하는 전하의 흐름을 묘사하는 데 사용된다. 전기를 이용하는 거의 대부분의 경우가 전류와 관련이 있다. 예를 들면 백열전구가 든 손전등의 스위치를 켜면 전구에 전류가 흐른다. 일반적으로 전하의 흐름은 구리선과 같은 도체에서 일어난다. 물론 전류는 도선이 아닌 공간을 통해서도 흐를 수 있는데, 예를 들면 입자 가속기 내에서의 전자빔도 전류이다.

20장에서는 **회로**의 개념을 소개했다. 이 장에서는 새로운 회로 소자로 **저항기**를 소개한다.

한 기술자가 컴퓨터 회로 기판을 수리하고 있다. 오늘날 우리는 MP3 플레이어, 휴대 전화, 디지털 사진기를 포함해서 사진에 있는 회로 기판보다 훨씬 더 작은 전기 회로를 장착한 많은 제품을 사용하고 있다. 이 장에서는 간단한 회로와 회로를 분석하는 방법에 대해 공부한다.

◀ **21.1** | **전류** Electric Current

전하가 흐르고 있을 때마다 **전류**(electric current)가 존재한다고 말한다. 전류를 수리적으로 정의하기 위해서 그림 21.1과 같이 넓이 *A*인 표면에 수직으로 움직이고 있는 대전 입자를 생각하자(넓이 A는 도선 단면의 넓이이다). 전류는 **전하가 이 단면을 통과하는 전하의 흐름률**로 정의한다. 시간 Δt 동안에 이 넓이를 통과하는 전하가 ΔQ라면 그 시간 동안의 평균 전류 I_{avg}는 전하와 시간의 비율이다.

$$I_{avg} = \frac{\Delta Q}{\Delta t} \qquad\qquad 21.1$$

전하의 흐름률이 시간에 따라 변하면, **순간 전류**(instantaneous current) I는 $\Delta t \to 0$으로 접근할 때의 평균 전류의 극한으로 정의한다.

$$I \equiv \lim_{\Delta t \to 0} \frac{\Delta Q}{\Delta t} = \frac{dQ}{dt} \qquad\qquad 21.2$$

전류의 SI 단위는 **암페어**(A)이다.

$$1\,A = 1\,C/s \qquad\qquad 21.3$$

즉 1 A의 전류는 1 C의 전하가 1 s 동안에 단면을 통과해 지나가는 것과 같다.

그림 21.1에서처럼 단면을 통과해 흐르는 입자는 양 또는 음으로 대전될 수도 있고, 또는 두 가지 부호를 갖는 둘 이상의 입자일 수 있다. 관례적으로 전류의 방향을 양전하의 이동 방향으로 정의한다. 실제로 움직이는 대전 입자의 부호와는 무관하다[1]. 물리적으로 볼 때 구리와 같은 일반적인 도체에서 전류는 음으로 대전된 전자의 운동에 기인한다. 그러므로 이런 도체에서 전류를 말할 때 전류의 방향은 전자의 이동 방향과 반대가 된다. 반면에 입자 가속기에서 양으로 대전된 양성자 빔을 생각한다면 전류의 방향은 양성자의 운동 방향이 된다. 몇몇 경우— 예를 들어 기체와 전기 분해— 전류는 양과 음으로 대전된 두 입자의 흐름의 결과이다. 움직이는 대전 입자(그것이 양이든 음이든)를 **전하 운반자**(charge carrier)로 표현하는 것이 보통이다. 예를 들어 금속 내에서 전하 운반자는 전자이다.

이제 거시적인 관점에서의 전류를 대전 입자의 운동에 결부시켜 이야기할 구조 모형을 만들어 보자. 단면의 넓이가 A(그림 21.2)인 도체 내에서 움직이고 있는 동일한 대전 입자를 생각하자. 길이가 Δx인 도체의 일부분(그림 21.2에서 두 원형 단면 사이)의 부피는 $A\Delta x$이다. n을 단위 부피당 전하 운반자의 수(다시 말해서 전하 운반자 밀도)라고 하면, 이 부분에 있는 전하 운반자의 수는 $nA\Delta x$이다. 그러므로 이 부분의 전체 전하 ΔQ는 다음과 같다.

$$\Delta Q = \text{구획 내 전하 운반자 수} \times \text{전하 운반자당 전하} = (nA\,\Delta x)q$$

여기서 q는 각 전하 운반자의 전하이다. 전하 운반자가 x 방향(도선을 따라)으로 평균 속력 v_d로 움직인다면 시간 Δt 동안 이 방향으로의 변위는 $\Delta x = v_d \Delta t$이다. 도선을 따라 움직이는 전하의 속력 v_d는 **유동 속력**(drift speed)이라 부르는 평균 속력이

---

[1] 전류의 방향을 이야기하고 있지만 전류는 벡터가 아니다. 다음 장에서 설명하겠지만 전류는 벡터적으로 더하지 않고 대수적으로 더한다.

▶ 전류

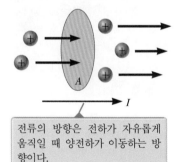

전류의 방향은 전하가 자유롭게 움직일 때 양전하가 이동하는 방향이다.

그림 21.1 전하가 단면의 넓이 A를 통과해서 지나가고 있다. 전하가 단면을 통해 흘러가는 단위 시간당 비율을 전류 I라고 정의한다.

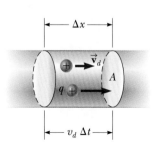

그림 21.2 단면의 넓이가 A인 균일한 도체의 일부분

다. 원통 내 전하가 원통의 길이와 같은 변위를 이동하는 데 필요한 시간이 Δt가 되도록 하자. 이 시간은 원통 내 모든 전하가 한쪽 끝에 있는 원형 단면을 통과하는 데 걸리는 시간이기도 하다. 이렇게 하면 ΔQ를 다음과 같이 쓸 수 있다.

$$\Delta Q = (nAv_d\Delta t)q$$

이 식의 양변을 Δt로 나누면 도체 내 평균 전류는 다음과 같다.

$$I_{avg} = \frac{\Delta Q}{\Delta t} = nqv_dA \qquad \textbf{21.4}$$

▶ 미시적인 요소로 나타낸 전류

식 21.4는 거시적으로 측정된 평균 전류를 전류의 미시적인 원천과 관련시켜 설명한다. 전하 운반자 밀도는 n, 전하 운반자당 전하는 q, 유동 속력은 v_d이다.

▍ **퀴즈 21.1** 그림 21.3에서처럼 네 영역을 수평으로 통과하는 양전하와 음전하가 있을 때 전류가 가장 큰 것부터 순서대로 나열하라.

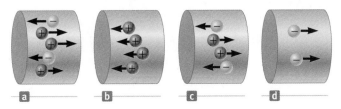

그림 21.3 (퀴즈 21.1) 네 영역에서 전하들이 서로 다르게 움직이고 있다.

유동 속력의 개념을 좀 더 살펴보자. 도선을 따라 이동하는 평균 속력으로 유동 속력을 정의했다. 하지만 전하 운반자가 속력 v_d로 일직선 상으로 움직이는 방법은 없다. 전하 운반자가 자유 전자인 도체를 생각하자. 도체 양단의 전위차가 없으므로 이들 전자는 16장에서 공부한 기체 분자 운동의 모형과 유사하게 자유로운 운동을 한다. 이 자유로운 운동은 도체의 온도와 관련된다. 전자는 금속 원자와 충돌을 반복하고 그 결과 그림 21.4와 같이 복잡한 지그재그 운동을 한다. 도체 양단에 전위차가 가해지면 도체에는 전기장이 형성되고, 전기장은 전자에 전기력(식 19.4)을 작용한다. 이 힘은 전자를 가속시키고 그로 인해 전류가 흐른다. 전기력에 의한 전자의 운동은 그의 불규칙한 운동과 겹쳐지고, 그 결과 그림 21.4에 보인 바와 같이 평균 속도의 크기는 유동 속력이 된다.

전자는 운동하는 동안 금속 원자와 충돌을 일으킬 때 원자에 에너지를 전달한다. 이 에너지 전달은 원자의 진동 에너지와 도체의 온도 증가를 일으킨다.[2] 이 과정은 식 7.2의 에너지 보존식에서 세 가지 유형의 에너지 저장을 수반한다. 만일 전자, 금속 원자 그리고 전기장(전지 같은 외부 원천에 의해 형성되는)이 있는 계를 고려한다면, 도체에 전위차가 걸리는 순간의 에너지는 전기장과 전자에 관련되는 전기 위치 에너

---

[2] 이런 온도의 증가를 때때로 **줄의 가열**이라 부른다. 그러나 그 용어는 잘못 붙여진 이름이다. 왜냐하면 어떤 열도 수반되지 않기 때문이다. 우리는 이 단어를 사용하지 않을 것이다.

오류 피하기 | 21.2
전지는 전자를 공급하지 않는다 전지는 회로에 전자를 공급하지 않는다. 전지는 이미 도선과 회로 소자에 있는 전자에 힘을 작용하는 전기장을 만든다.

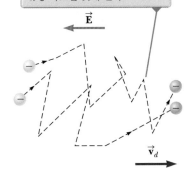

전기장 때문에 마구잡이 운동이 줄어들면서 전하 운반자인 전자의 운동은 전기장과 반대 방향의 유동 속도를 갖게 된다.

그림 21.4 도체 내의 음전하 운반자의 마구잡이 운동 모습을 나타낸 그림. 전기력에 의해 전하 운반자가 가속되므로 실제 경로는 포물선이 된다. 그러나 유동 속력은 평균 속력에 비해 훨씬 작아서 이 정도의 그림 크기에서는 포물선 모양을 알아볼 수가 없다.

지이다. 이 에너지는 계 내에서 전기장이 전자에 한 일에 의해 전자의 운동 에너지로 변환된다. 전자가 금속 원자와 부딪칠 때 운동 에너지의 일부가 원자에 전달되고 그 것은 계의 내부 에너지를 증가시킨다.

도체에서 **전류 밀도**(current density) J는 단위 넓이당 흐르는 전류로 정의한다. 식 21.4로부터 전류 밀도는 다음과 같다.

$$J \equiv \frac{I}{A} = nqv_d \qquad\qquad \textbf{21.5}$$

여기서 J의 SI 단위는 A/m^2이다.

> ▶ **생각하는 물리 21.1**
>
> 19장에서 도체 내부의 전기장이 영임을 주장했다. 그러나 앞선 설명에서는 전자를 유동 속도로 움직이게 하는 원인이 전자에 전기력을 가하는 도선 내 전기장이라고 했다. 이 개념은 19장과 모순되지 않는가?
>
> **추론** 전기장은 **정전기적 평형 상태**, 즉 전하가 평형 위치에서 움직인 후 정지해 있는 도체 내에서만 영이다. 전류가 흐르는 도체에서 전하는 정지해 있지 않으므로, 따라서 전기장은 영이 아니다. 회로에서 도체 내의 전기장은 아주 복잡하게 될 수 있는[3] 도체 표면 전체의 전하 분포의 영향을 받는다. ◀

▌**예제 21.1** | **구리 도선 내의 유동 속력**

옥내 배선용으로 많이 사용하는 게이지 번호 12번 구리 도선의 단면의 넓이가 3.31×10^{-6} m^2이다. 이 도선에 10.0 A의 전류가 흐른다면 도선 내 전자의 유동 속력은 얼마인가? 구리 원자 한 개당 전류에 기여하는 자유 전자는 한 개라고 가정한다. 구리의 밀도는 8.92 g/cm^3이다.

풀이

개념화 전자가 지그재그 모양으로 운동을 하고 있다고 생각해 보자. 도선에 전류가 흐르면 그림 21.4에서처럼 도선에 평행한 유동 속도가 생긴다. 이미 언급한 바와 같이 유동 속력은 크지 않은데 예제를 통해 그런 유동 속력의 크기 정도를 알 수 있다.

분류 식 21.4를 써서 유동 속력을 구한다. 전류가 일정하기 때문에 임의의 시간 동안의 평균 전류는 일정한 값을 갖는다. 즉 $I_{avg} = I$이다.

분석 부록 C에 있는 원소의 주기율표를 보면 구리의 몰질량이 $M = 63.5$ g/몰임을 알 수 있다. 물질 1몰 속에는 아보가

드로수($N_A = 6.02 \times 10^{23}$몰$^{-1}$)만큼의 원자가 있다는 사실을 이용하면 된다.

구리의 몰질량과 밀도를 사용해 구리 1몰의 부피를 구한다.

$$V = \frac{M}{\rho}$$

구리 원자 한 개마다 자유 전자가 하나씩 있다는 가정으로부터, 구리 속의 전자의 밀도를 구한다.

$$n = \frac{N_A}{V} = \frac{N_A \rho}{M}$$

식 21.4를 유동 속력에 관해 풀고 전자 밀도를 대입한다.

$$v_d = \frac{I_{avg}}{nqA} = \frac{I}{nqA} = \frac{IM}{qAN_A\rho}$$

---

[3] 이 전하 분포에 대해서는 차베이(R. Chabay)와 셔우드(B. Sherwood)가 쓴 《물질과 상호 작용 II: 전자기 상호 작용(Matter & Interactions II: Electric and Magnetic Interactions)》(Hoboken: Wiley, 2007)의 18장에 상세히 설명되어 있다.

주어진 값들을 대입한다.

$$v_d = \frac{(10.0\,\text{A})(0.063\,5\,\text{kg/몰})}{(1.60 \times 10^{-19}\,\text{C})(3.31 \times 10^{-6}\,\text{m}^2)}$$
$$(6.02 \times 10^{23}\,\text{몰}^{-1})(8\,920\,\text{kg/m}^3)$$

$$= 2.23 \times 10^{-4}\,\text{m/s}$$

결론 이 결과를 보면 유동 속력이 매우 작음을 알 수 있다.

예를 들어 2.23×10^{-4} m/s의 유동 속력으로 이동하는 전자가 구리 도선 속에서 1 m를 이동하는 데 약 75분이 걸린다. 전자의 유동 속력이 이렇게 느린데 어떻게 전기 스위치를 켜는 순간 전등에 불이 켜지는지 의문을 갖게 된다. 도체 속을 통해 전자를 움직이게 하는 전기장의 변화는 거의 빛의 속력에 가깝게 도체 속에서 전달된다. 따라서 스위치를 켜는 순간 전구의 필라멘트에 있는 전자는 전기력을 받게 되고 나노초 정도의 아주 짧은 시간 후에 움직이게 된다.

21.2 | 저항과 옴의 법칙 Resistance and Ohm's Law

전류가 흐르는 도선에서 전자의 유동 속력은 도선에 가해지는 전기장과 관계된다. 전기장이 증가되면 전자에 작용하는 전기력이 더욱 강해져서 유동 속력이 증가한다. 이 관계는 선형적이며 유동 속력이 전기장에 정비례한다는 것을 21.4절에서 보게 될 것이다. 단면이 균일한 도체에서 균일한 전기장으로 인해 도체 양단의 전위차는 식 20.6에서처럼 전기장에 비례한다. 그러므로 그림 21.5처럼 금속 도체 양단에 전위차 ΔV가 가해질 때 도체에 흐르는 전류는 걸린 전압에 비례하는 것으로 알려져 있다. 즉 $I \propto \Delta V$이다. 이 관계는 $\Delta V = RI$로 쓸 수 있으며, 여기서 R은 도체의 **저항**(resistance)이라 한다. 위의 식에 따르면 저항은 도체 양단의 전압과 전류의 비로 정의한다.

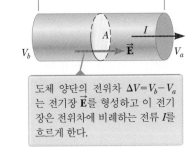

도체 양단의 전위차 $\Delta V = V_b - V_a$는 전기장 $\vec{\mathbf{E}}$를 형성하고 이 전기장은 전위차에 비례하는 전류 I를 흐르게 한다.

그림 21.5 길이가 ℓ이고 단면의 넓이가 A인 균일한 도체

$$R \equiv \frac{\Delta V}{I}$$
                                          21.6

▶ 저항의 정의

저항의 SI 단위는 V/A이며 이를 **옴**(Ω)이라 한다. 따라서 도체 양단에 1 V의 전위차로 1 A의 전류가 흐른다면 도체의 저항은 1 Ω이 된다. 또 다른 예로 전기 기기가 120 V의 전원에 연결될 때 6.0 A의 전류가 흐른다면 그것의 저항은 20 Ω이다.

저항은 간단한 회로에서 전압으로 인해 흐르는 전류를 결정하는 양이다. 고정된 전압에서 저항이 증가하면 전류는 감소하고 저항이 감소하면 전류는 증가한다.

전류, 전압, 저항에 대한 개념을 강물의 흐름에 빗대는 모형을 세우는 것이 유용하다. 너비와 깊이가 일정한 강에서 물이 아래쪽으로 흐를 때 물의 흐름(전류와 유사) 률은 두 지점 사이에서 물이 낙하하는(전압과 유사) 전체 연직 거리와 바위, 강둑 그리고 다른 장애물(저항과 유사)은 물론, 강의 너비와 깊이에 의존한다. 마찬가지로 균일한 도체를 흐르는 전류는 걸린 전압에 의존하고 도체의 저항은 도체 내 원자와 전자의 충돌에 기인한다.

대부분의 금속을 포함하는 많은 물질에 대해 저항은 넓은 영역의 전압에 대해 일정함을 보여 준다. 이런 현상은 저항의 계통적 연구를 최초로 수행한 옴(Georg Simon Ohm, 1787~1854) 이후 **옴의 법칙**(Ohm's law)으로 알려졌다.

오류 피하기 | 21.3

이전에 식 **21.6**과 비슷한 식을 본 적이 있다 4장에서 뉴턴의 제2법칙인 질량 m의 물체에 작용하는 알짜힘에 대한 식 $\Sigma F = ma$를 소개했다. 이것은 다음과 같이 쓸 수 있다.

$$m = \frac{\Sigma F}{a}$$

4장에서 질량을 **외력에 의한 운동의 변화를 거스르는 경향**으로 정의했다. 운동의 변화를 거스르는 경향인 질량은 전하의 흐름에 대한 전기 저항과 유사하다. 그리고 식 21.6은 위의 뉴턴의 제2법칙과 유사하다. 전기적 저항은 전류를 일으키는 ΔV를 전하의 흐름을 정량화한 전류 I로 나눈 것이고, 역학적 저항(관성 질량)은 운동의 변화를 일으키는 ΣF를 속도의 변화를 정량화한 가속도 a로 나눈 것과 같음을 앞의 식들은 말해 주고 있다.

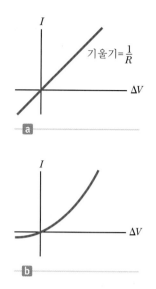

그림 21.6 (a) 옴성 물질에 대한 전류─전위차 그래프는 직선이고 기울기는 도체의 저항값의 역이다. (b) 반도체 다이오드의 경우는 전류─전위차 그래프는 직선이 아니다. 이런 소자는 옴의 법칙을 따르지 않는다.

▶ 길이 ℓ, 비저항 ρ인 균일한 물질의 저항

오류 피하기 | 21.4

저항과 비저항 비저항은 물질의 성질이다. 반면에 저항은 **물체**의 성질이다. 우리는 이전에 비슷한 변수쌍을 본 적이 있다. 예를 들어 밀도는 물질의 성질을 나타내는 반면에, 질량은 물체의 성질을 나타낸다. 식 21.8은 저항을 비저항과 관련시켜 설명한다. 이전에 질량을 밀도와 관련시켜 설명한 식(식 1.1)도 떠올려 보자.

많은 사람들은 식 21.6을 옴의 법칙이라 부른다. 그러나 이 용어는 올바르지 않다. 이 식은 저항의 간단한 정의이며, 전압, 전류, 저항 사이의 중요한 관계를 제공한다. 옴의 법칙은 자연의 기본 법칙이 **아니며** 어떤 물질과 소자와 한정된 영역의 조건에서만 타당하다. 옴의 법칙을 따르는, 즉 넓은 영역의 전압에서 일정한 저항값을 가지는 물질이나 소자를 **옴성**(ohmic)이라 한다(그림 21.6a). 옴의 법칙을 따르지 않는 물질이나 소자는 **비옴성**(nonohmic)이다. 흔히 보는 비옴성 반도체 소자로 **다이오드**가 있다. 다이오드는 전류를 한 방향으로 흐르게 하는 밸브처럼 동작하는 회로 소자이다. 이것의 전류에 대한 저항은 그림 21.6b에서처럼 순방향($+\Delta V$)에서는 작고 역방향($-\Delta V$)에서는 크다. 대부분의 현대 전기적 소자들은 비선형적 전압─전류 특성을 갖는다. 이들은 옴의 법칙을 따르지 않는 특별한 방법으로 작동한다.

▶ **퀴즈 21.2** 그림 21.6b에서 걸린 전압이 증가할 때 다이오드의 저항은? **(a)** 증가한다. **(b)** 감소한다. **(c)** 변함 없다.

저항기(resistor)는 전기 회로에서 특정한 저항을 제공하는 간단한 회로 소자이다. 회로도에서 저항의 기호는 빨간색 지그재그 선이다(─\/\/\/─). 식 21.6은 다음 형태로 표현할 수 있다.

$$\Delta V = IR \qquad\qquad\textbf{21.7}$$

이 식은 저항기 양단의 전압이 저항과 저항기를 흐르는 전류의 곱임을 말한다.

그림 21.5에 보인 옴성 도선의 저항은 다음과 같이 도선의 길이 ℓ에 비례하고 단면의 넓이 A에 반비례하는 것으로 밝혀졌다.

$$R = \rho \frac{\ell}{A} \qquad\qquad\textbf{21.8}$$

여기서 비례 상수 ρ는 물질의 **비저항**(resistivity)[4]이라 하며 단위는 $\Omega \cdot \text{m}$이다. 이런 저항과 비저항의 관계를 잘 이해하는 것이 중요하다. 모든 옴성 물질은 물질의 성질과 온도에 의존하는 변수인 독특한 비저항을 가지며, 특수한 도체의 저항은 물질의 비저항은 물론 크기와 모양에 의존함을 식 21.8로부터 알 수 있다. 표 21.1은 20 ℃에서 측정된 여러 물질의 비저항을 제공한다.

비저항의 역수를 **전도도**(conductivity) σ로 정의한다.[5] 그러므로 옴성 도체의 저항을 전도도로 표현하면 다음과 같다.

$$R = \frac{\ell}{\sigma A} \qquad\qquad\textbf{21.9}$$

여기서 $\sigma = 1/\rho$이다.

식 21.9는 도체의 저항이 관을 통해 흐르는 유체의 흐름과 유사하게 도체의 길이에

[4] 비저항으로 사용되는 기호 ρ를 같은 기호를 사용하는 질량 밀도와 부피 전하 밀도와 혼동하지 말아야 한다.
[5] 슈테판─볼츠만 상수 및 표면 전하 밀도와 같은 기호를 사용하는 전도도의 기호 σ와 혼동하지 말아야 한다.

표 21.1 | 여러 가지 물질의 비저항과 비저항의 온도 계수

물 질	비저항[a] $(\Omega \cdot m)$	온도 계수[b] $\alpha \, [(^\circ C)^{-1}]$
은	1.59×10^{-8}	3.8×10^{-3}
구 리	1.7×10^{-8}	3.9×10^{-3}
금	2.44×10^{-8}	3.4×10^{-3}
알루미늄	2.82×10^{-8}	3.9×10^{-3}
텅스텐	5.6×10^{-8}	4.5×10^{-3}
철	10×10^{-8}	5.0×10^{-3}
백 금	11×10^{-8}	3.92×10^{-3}
납	22×10^{-8}	3.9×10^{-3}
니크롬[c]	1.00×10^{-6}	0.4×10^{-3}
탄 소	3.5×10^{-5}	-0.5×10^{-3}
저마늄	0.46	-48×10^{-3}
실리콘[d]	2.3×10^{3}	-75×10^{-3}
유 리	$10^{10} \sim 10^{14}$	
단단한 고무	$\sim 10^{13}$	
유 황	10^{15}	
석영(용융)	75×10^{16}	

[a] 모든 값은 20 °C에서의 값이다. 이 표에 있는 모든 원소에는 불순물이 없다고 가정한다.

[b] 비저항의 온도 계수는 이 절에서 설명할 예정이다.

[c] 니켈-크로뮴 합금은 열선 재료로 많이 사용된다. 니켈의 비저항은 조성비에 따라 1.00×10^{-6}에서 $1.50 \times 10^{-6} \, \Omega \cdot m$ 범위에 있다.

[d] 실리콘의 비저항은 순도에 매우 민감하다. 다른 원소가 불순물로 주입된 경우에는 비저항의 값이 수십에서 수백 배 이상 변할 수 있다.

비례하고 단면의 넓이에 반비례함을 보인다. 관 양 끝의 압력차가 일정하고 길이가 증가할 때 어느 고정된 거리만큼 떨어져 있는 두 점 사이의 압력차는 감소하고 이들 점 사이의 유체 요소를 미는 힘은 더 작아질 것이다. 따라서 관 양 끝 사이의 압력차에 대해 유체의 흐름이 작아지면, 이는 저항 증가를 의미한다. 단면의 넓이가 증가할 때 관 양 끝 사이의 주어진 압력차에 대해 주어진 시간에 더 많은 유체가 이동할 수 있어 저항이 떨어진다.

전기 회로와 앞에서 공부한 내용 사이의 또 다른 유사성을 보기 위해 식 21.6과 21.9

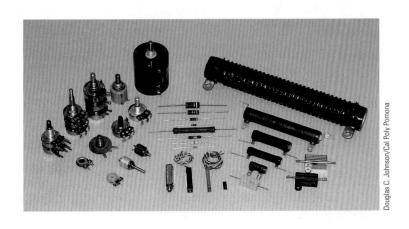

전기회로에 사용되는 각종 저항기

를 결합하자.

$$R = \frac{\ell}{\sigma A} = \frac{\Delta V}{I} \quad \rightarrow \quad I = \sigma A \frac{\Delta V}{\ell} \quad \rightarrow \quad \frac{q}{\Delta t} = \sigma A \frac{\Delta V}{\ell}$$

여기서 q는 시간 Δt 동안 이동한 전하량이다. 이 식을 넓이 A, 길이 ℓ, 열전도도 k인 평판 물체를 통과하는 에너지 전도에 대한 식 17.35와 비교하자.

$$P = kA\frac{(T_h - T_c)}{L} \quad \rightarrow \quad \frac{Q}{\Delta t} = kA\frac{\Delta T}{L}$$

이 식에서 Q는 시간 Δt 동안 열의 형태로 전달된 에너지의 양이다. 마지막 두 식의 놀라운 유사성에 주목하자.

BIO 생물학적 계에서의 확산

또 다른 유사함이 생화학적 응용의 중요한 예에서 일어난다. **픽의 법칙**(Fick's law)은 **확산** 과정을 거쳐 용질이 용매로 이동하는 전달률을 기술한다. 이 전달은 두 위치 사이의 용질의 농도(단위 부피당 용질의 질량) 차로 인해 일어난다. 픽의 법칙은 다음과 같다.

$$\frac{n}{\Delta t} = DA\frac{\Delta C}{L}$$

여기서 $n/\Delta t$는 단위 시간당 몰 단위의 용질의 흐름률이다. A는 용질이 통과하는 넓이이고, L은 농도 차가 ΔC인 길이이다. 농도는 $1\ m^3$당 몰수로 측정된다. 변수 D는 용매를 통과하는 용질의 확산률을 나타내는 확산 상수(단위는 m^2/s)이며, 전기 또는 열전도도의 성질과 유사하다. 픽의 법칙은 생체막을 가로지르는 분자의 운동을 묘사하는 데 중요하게 적용된다.

앞의 세 식은 모두 똑같은 수학적 형태를 갖는다. 각각의 좌변은 시간적 변화율, 우변은 전도도와 넓이의 곱, 그리고 길이에 따른 변화량을 나타낸다. 이런 형태의 식은 물질의 몰수나 전하, 에너지가 전달될 때 사용되는 **수송 식**이다. 각 식의 우변에 있는 변수의 차이는 수송을 일어나게 하는 원인이다. 온도의 차이는 열 에너지의 전달을, 전위의 차이는 전하의 전달을, 농도의 차이는 물질의 전달을 일어나게 한다.

대부분의 전기 회로에서는 회로의 여러 부분에 전류의 세기를 조절하기 위해 저항기를 사용한다. 저항기에는 일반적으로 두 가지 유형이 있는데, 하나는 탄소가 함유된 탄소 저항기이고 다른 하나는 선을 감아 만든 권선 저항기이다. 그림 21.7과 표 21.2와 같이 저항기에는 보통 그들의 저항값을 옴으로 나타내는 색 코드가 있다. 예를 들어 그림 21.7의 아래에 있는 저항기의 네 색이 노란색(= 4), 보라색(= 7), 검정색(= 10^0), 금색(= 5 %)이라면, 저항값은 $47 \times 10^0\ \Omega = 47\ \Omega$이고 오차는 5 % = 20 Ω이다.

이 저항기에는 노란색, 보라색, 검정색, 금색 색깔 띠가 있다.

그림 21.7 회로 기판에 있는 저항기를 확대해보면 색 코드가 보인다.

BIO 심장에서의 전기적 활동

적당한 심장 박동을 유지하는 데 있어 전기 저항의 역할을 생각해 보자. 우심방에는 심장 박동을 일으키는 동방(SA) 결절이라는 근섬유의 특별한 조직이 있다. 이 섬유에서 시작한 전기적 자극은 점차 좌우 심방 근육 도처의 세포에서 세포로 퍼지는데, 이때 이들 근육의 수축이 일어난다. 자극이 방실(AV) 결절에 도착하면, 심방 근육이 이완하기 시작하고, 자극은 **히스다발**(bundle of His) 그리고 **푸르키녜 섬유**

표 21.2 | 저항기의 색 코드

색	번 호	곱 수	오차 (%)
검정색	0	1	
갈 색	1	10^1	
빨간색	2	10^2	
주황색	3	10^3	
노란색	4	10^4	
초록색	5	10^5	
파란색	6	10^6	
보라색	7	10^7	
회 색	8	10^8	
흰 색	9	10^9	
금 색		10^{-1}	5
은 색		10^{-2}	10
색 없음			20

(Purkinje fibers)라고 하는 심방 근육 세포들을 거쳐서 심실 근육으로 향한다. 결과적으로 심실 수축이 일어난 후에, 심장 박동은 완료되고 순환을 다시 시작한다.

심장은 여러 가지 종류의 **부정맥**(arrhythmias)을 겪을 수 있다. 이때 정상적인 심장 박동 리듬이 깨진다. 부정맥은 일반적으로 심장에서의 비정상적인 전기적 활동 때문에 생긴다. 흔한 심장 부정맥으로 **심방세동**(atrial fibrillation, AF)이 있다. 이 상태에서, 심장 내의 위쪽 두 심방에서는 평상시의 규칙적인 수축이 아니라 분당 300회 이상일 수 있는 비정상적인 떨림이 일어난다. **발작성 심방세동**(paraxysmal AF)에서, 환자는 수분에서 수일간 지속되는 심장 떨림을 겪게 된다. 어떤 경우에는 심지어 상태가 만성이 될 수도 있다. 수일 이상 세동이 계속되면, 혈액을 심장 밖으로 밀어내는 데 있어 비능률적인 수축 작용으로 인해 혈액이 심방 안에 고일 수 있다. 이 고인 혈액은 혈전이 될 수 있다. 그렇게 되면 이 혈전들은 뇌로 이동해서 뇌졸중을 야기할 수 있다. 오랫동안 AF를 겪는 환자들은 혈전을 방지하기 위해 항응혈제 치료를, 심실에 전달되는 자극의 빈도를 줄이기 위해 심박동수 조절 약물 치료를, 심장을 정상 리듬으로 돌리기 위해 항부정맥제 치료를 받아야 한다. 가끔 증상이 심각한 환자의 가슴에 제세동기 패들을 사용해서 정상적인 심장 상태로 되돌리기 위해 전기적 충격을 가하기도 한다.

대다수의 환자들에서, 비정상적인 떨림의 원인은 좌심방으로 이어지는 네 개의 폐정맥에서 발견된다. 심방 조직이 이들 정맥 내에 성장해서 SA 결절과 함께 전기적인 기폭 장치로 동작할 수 있다. 그 결과, 심방 근육은 SA 결절 하나뿐만 아니라 다양한 요인에 의해 전기적 신호를 받는다. 이로 인해 비정상적인 수축이 발생한다. 약물 치료를 원하지 않는 환자나, 약물 치료로 부정맥이 제어될 수 없는 환자들은 전기생리학자가 정상적인 정맥 리듬을 회복하기 위해 **심장 카테터 절제술**(cardiac catheter ablation)을 고려해 볼 수 있다. 이 수술법에서, 마취 후 환자에게 카테터를 서혜부

BIO 심방세동에 대한 카테터 절제

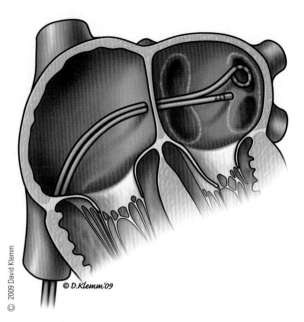

© 2009 David Klemm

© D.Klemm'09

그림 21.8 카테터 절제술이 시술되는 동안, 카테터는 서혜부의 정맥을 통해 좌심방으로 유도된다. 라디오파 에너지를 이용해서 폐정맥을 둘러싼 비정상적인 전기적 작용을 일으키고 있는 조직을 제거한다.

(groin) 쪽 정맥 안으로 삽입하고, 삽입한 카테터를 심장의 우심방으로 보낸다. 그러고 나면 카테터는 격막에 구멍을 뚫고 좌심방으로 들어간다. 그림 21.8은 정맥으로부터 심장으로 지나가는 절제 카테터를 보여 준다. 전기생리학자는 심방의 내부를 조사하고 심장을 자극해서 비정상적인 전기 활동을 일으키는 영역을 알아낸다. 마지막으로 전기생리학자는 대개 카테터 중 하나의 팁(끝)에 라디오파 에너지를 걸어서 네 개의 폐정맥 주변의 조직을 **제거한다**. 결과로 생긴 흉터 조직은 고저항을 가지게 된다. 이곳을 통해서는 폐정맥에 있는 AF 기폭 장치들로부터의 전기적 신호들은 지나갈 수 없다. 그 결과 SA 결절 단독으로 심장의 전기적 활동을 다시 제어한다. 폐정맥에서의 기폭 장치가 전기적으로 심장의 나머지 부분과 차단되기 때문인데, 이 특별한 수술법을 **폐정맥 고립술**(pulmonary vein isolation)이라고 한다.

예제 21.2 | 니크롬선의 저항

게이지 번호 22번 니크롬선의 반지름은 0.32 mm이다.

(A) 이 선의 단위 길이당 저항을 계산하라.

풀이

개념화 표 21.1을 보면 니크롬선의 비저항은 그 표에 나타나 있는 가장 좋은 도체의 약 100배이다. 따라서 아주 좋은 도체로는 할 수 없는 좋은 응용성이 있을 것으로 기대된다.

분류 도선을 원통형으로 간주하면 크기와 관련된 값만으로

간단히 저항을 구할 수 있다.

분석 식 21.8과 표 21.1에 주어진 니크롬선의 비저항값을 이용하면 단위 길이당 저항을 구할 수 있다.

$$\frac{R}{\ell} = \frac{\rho}{A} = \frac{\rho}{\pi r^2} = \frac{1.0 \times 10^{-6}\ \Omega \cdot \text{m}}{\pi (0.32 \times 10^{-3}\ \text{m})^2} = \boxed{3.1\ \Omega/\text{m}}$$

(B) 길이가 1.0 m인 니크롬선에 10 V의 전위차가 걸리면, 도선에 흐르는 전류는 얼마인가?

풀이

분석 식 21.6을 이용해서 전류를 구한다.

$$I = \frac{\Delta V}{R} = \frac{\Delta V}{(R/\ell)\ell} = \frac{10\ \text{V}}{(3.1\ \Omega/\text{m})(1.0\ \text{m})} = \boxed{3.2\ \text{A}}$$

결론 니크롬선은 비저항이 매우 크고 공기 중에서 잘 산화되지 않기 때문에 토스터, 전기 다리미, 전기난로 등의 열선으로 많이 사용된다.

문제 도선이 니크롬이 아니라 구리로 되어 있다면 어떻게 될까? 단위 길이당 저항과 전류는 어떻게 변할까?

답 표 21.1을 보면 구리의 비저항은 니크롬보다 1/100 정도 작다. 따라서 (A)에서의 답은 작아지고 (B)에서의 답은 커질 것으로 예상된다. 계산에 의하면 같은 반지름의 구리 도선은 단지 0.053 Ω/m의 단위 길이당 저항을 갖는다. 같은 반지름인 1.0 m 길이의 구리 도선은 10 V의 전위차에 의해 190 A의 전류가 흐를 것으로 예상된다.

온도에 따른 비저항의 변화 Change in Resistivity with Temperature

비저항은 여러 요소 중 하나인 온도에 의존한다. 대부분 금속의 비저항은 한정된 온도 영역에서 온도에 따라 거의 선형적으로 증가한다.

$$\rho = \rho_0[1 + \alpha(T - T_0)] \qquad \text{21.10}$$

▶ 온도에 따른 비저항의 변화

여기서 ρ는 어떤 온도 T에서의 비저항이고, ρ_0는 어떤 기준 온도(보통 20 ℃) T_0에서의 비저항이다. α는 **비저항의 온도 계수**(temperature coefficient of resistivity)(16장에 있는 선팽창 계수와 혼동하지 말 것)라 한다. 식 21.10으로부터 α는 다음과 같이 표현될 수 있다.

$$\alpha = \frac{1}{\rho_0} \frac{\Delta\rho}{\Delta T} \qquad \text{21.11}$$

▶ 비저항의 온도 계수

여기서 $\Delta\rho = \rho - \rho_0$는 온도 변화 $\Delta T = T - T_0$에 따른 비저항 변화이다.

어떤 물질의 비저항과 비저항의 온도 계수가 표 21.1에 나타나 있다. 구리와 은 같은 좋은 도체에서 비저항 값은 매우 작지만 유리나 고무 같은 절연체에서는 매우 커 비저항이 광범위한 영역에 있음을 알 수 있다. 이상적인 또는 '완전한' 도체의 비저항은 영이고 이상적인 절연체는 비저항이 무한대이다.

식 21.8에 따르면 저항은 비저항에 비례하기 때문에 저항의 온도 변화는 다음과 같이 쓸 수 있다.

$$R = R_0[1 + \alpha(T - T_0)] \qquad \text{21.12}$$

▶ 온도에 따른 저항의 변화

때로는 이런 성질을 이용해서 정확한 온도를 측정하기도 한다.

▌ **퀴즈 21.3** 백열전구에 흐르는 전류가 보다 큰 경우는 **(a)** 스위치를 켠 직후 금속 필라멘트가 붉게 달아오를 때인가? 아니면 **(b)** 수천 분의 1초 동안 켜진 다음 전구의 밝기가 일정할 때인가?

▌ **21.3** │ 초전도체 Superconductors

그림 21.9에 나타낸 것처럼 대부분 금속의 비저항은 온도에 거의 비례한다. 그러나 실제로 매우 낮은 온도에서는 항상 비선형 영역이 존재한다. 그래서 비저항은 보통 절대 온도 영도 근처에서 어떤 유한한 값으로 접근한다(그림 21.9의 확대 부분). 절대 온도 영도 근처에서의 이 잔여 저항은 전자가 불순물 및 금속 내 결함과 충돌함에 기인한다. 이와는 반대로 높은 온도에서의 비저항(선형 구간)은 진동하는 금속 원자와 전자의 충돌에 좌우된다. 이 과정을 21.4절에서 좀 더 상세히 설명할 것이다.

임계 온도(critical temperature) T_c 이하에서 저항이 영으로 감소하는 금속이나 화합물이 있다. 이런 물질을 **초전도체**(superconductors)라고 한다. T_c 이상의 온도

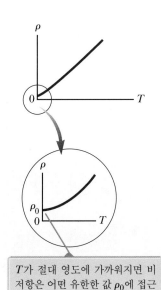

T가 절대 영도에 가까워지면 비저항은 어떤 유한한 값 ρ_0에 접근한다.

그림 21.9 구리와 같은 금속의 온도에 따른 비저항의 변화. 이 곡선은 넓은 범위의 온도에 걸쳐 선형적이고, ρ는 온도에 따라 증가한다.

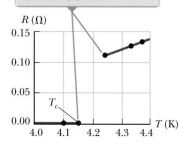

T_c에서 저항값이 영으로 뚝 떨어지는데, 수은의 경우 그 온도가 4.15 K이다.

그림 21.10 수은(Hg)의 온도에 따른 저항. 임계 온도 T_c 이상에서는 보통 금속에 대한 그래프와 같다.

표 21.3 | 여러 가지 초전도체의 임계 온도

물 질	T_c (K)
HgBa$_2$Ca$_2$Cu$_3$O$_8$	134
Tl-Ba-Ca-Cu-O	125
Bi-Sr-Ca-Cu-O	105
YBa$_2$Cu$_3$O$_7$	92
Nb$_3$Ge	23.2
Nb$_3$Sn	18.05
Nb	9.46
Pb	7.18
Hg	4.15
Sn	3.72
Al	1.19
Zn	0.88

작은 영구자석이 온도가 77 K인 액체 질소 안에 있는 초전도체 YBa$_2$Cu$_3$O$_7$ 조각 위에 떠 있다.

에서 초전도체의 온도-저항 그래프는 보통 금속의 그래프와 같다(그림 21.10). 그러나 온도가 T_c 이하로 내려갈 때는 초전도체의 비저항은 갑자기 영으로 떨어진다. 이런 현상은 1911년에 네덜란드의 물리학자 오네스(Heike Kamerlingh-Onnes, 1853~1926)가 수은으로 실험한 결과로부터 발견됐다. 수은의 임계 온도는 4.15 K 이다. 많은 실험 결과에 따르면 임계 온도 T_c 이하에서 초전도체의 비저항값은 4×10^{-25} $\Omega \cdot$m 이하로서 구리의 비저항값보다 약 10^{17}배 작다. 실제로 이런 비저항값은 영으로 간주해도 된다.

오늘날에는 수천 가지의 초전도체가 알려져 있는데, 그중 몇 가지를 표 21.3에 나열했다. 최근에 발견된 초전도체의 임계 온도는 초전도 현상이 처음 발견될 당시 가능하다고 생각했던 온도보다는 상당히 높다. 초전도체를 두 가지로 분류하는데, 최근에 발견된 임계 온도가 매우 높은 세라믹 계통과 오네스가 발견할 당시의 초전도 재료인 금속이다. 상온에서 초전도를 나타내는 재료가 발견된다면 과학 기술의 발전에 미치는 영향은 엄청날 것이다.

T_c의 값은 화합물의 종류, 압력, 분자 구조 등에 매우 민감하다. 구리, 은, 금은 매우 우수한 도체이지만 초전도성을 띠지는 않는다.

초전도체의 참으로 놀라운 특징 중 하나는 일단 초전도체에 전류가 한번 흐르고 나면 전류를 흐르게 한 **전위차를 제거해도 계속해서** 전류가 흐른다는 것이다($R = 0$이기 때문). 고리 모양의 초전도체에서 정상 전류가 줄어들지 않고 수년 동안 지속된다는 사실이 관측되어 왔다. 이 얼마나 놀라운 사실인가!

초전도체에 관한 중요하고도 유용한 응용은 초전도 자석을 개발하는 것으로, 초전도 자석의 자기장 세기는 가장 우수한 비초전도 자석의 거의 열 배나 크기 때문이다. 이런 초전도 자석은 에너지를 저장하는 수단으로 고려되고 있다. 현재 자기 공명 영상 장치(MRI)에 초전도 자석을 사용하고 있는데, MRI를 사용하면 환자가 유해한 방사선이나 X선 등에 노출되지 않고도 아주 선명한 인체 내부의 사진을 얻을 수 있다.

▌**21.4** | 전기 전도 모형 A Model for Electrical Conduction

이 절에서는 드루드(Paul Drude, 1863~1906)가 1900년에 처음으로 제안한 금속 내의 전기 전도에 관한 고전적인 모형을 설명하고자 한다. 이 구조 모형으로부터 옴의 법칙이 나오며 비저항이 금속 내의 전자의 운동과 관련됨을 나타내고 있다. 여기서 소개하는 드루드의 모형은 불완전하지만 좀 더 정교한 이론에 사용되는 개념에 익숙해지는 데 유용하다.

11.2절에서 소개한 구조 모형의 가정을 이용해서, 드루드 모형을 다음과 같이 묘사할 수 있다.

1. 계를 이루는 구성 요소에 대한 서술: 규칙적으로 배열된 원자와 **전도** 전자라고 하

는 자유 전자로 이루어진 도체가 있다고 하자. 원자가 개별적으로 놓여 있으면 모든 전자는 각자의 원자에 속박되어 있으나 원자가 결합해서 고체가 되면 일부 전자는 자유 전자, 즉 전도 전자가 된다.

2. **계의 구성 요소의 상대적 위치 및 그들 간의 상호 작용에 대한 서술:** 전도 전자는 도체 내부를 채운다. 전기장이 없으면 전자는 불규칙한 방향으로 도체 내부를 움직인다. 이 상황은 그릇 안에 갇힌 기체 분자의 움직임과 비슷하다. 사실 어떤 과학자는 금속 내의 전도 전자를 **전자 기체**로 부른다. 전도 전자는 이온화된 원자 중의 하나와 충돌하는 경우를 제외하고는 이온화된 원자의 배열과 상호 작용이 없다.

3. **시간이 지남에 따라 계가 어떻게 변하는가에 대한 서술:** 전기장이 도체에 작용할 때, 전도 전자는 충돌과 다음 충돌 사이 동안 그들 자신의 평균 속력(대략 10^6 m/s)보다 훨씬 작은 평균 유동 속력 v_d(대략 10^{-4} m/s)로 전기장의 방향과 반대 방향으로 천천히 움직인다(그림 21.4). 충돌 후 전자의 운동은 충돌 전 전자의 운동에 의존하지 않는다. 전기장으로부터 전자가 얻은 운동 에너지는 전자가 원자와 충돌할 때 도체의 원자 이온으로 이동한다. 원자가 얻은 에너지는 원자의 진동 에너지를 증가시키는데, 이것은 도체의 온도를 올리는 원인이 된다.

4. **구조 모형을 이용한 예측과 실제 관측 결과에 대한 비교 서술, 그리고 가능하다면 아직 관측된 바 없는 새로운 효과에 대한 예측:** 드루드의 모형으로부터 실험값과 일치하는 도체의 비저항에 대한 식을 만들 수 있을까?

이제 유동 속도에 관한 식을 유도해서 (4)에서 제시한 답을 찾는 것으로부터 시작하자. 질량이 m_e이고 전하가 $q(=-e)$인 전자가 전기장 $\vec{\mathbf{E}}$ 내에 놓여 있을 때 받는 힘은 $\vec{\mathbf{F}} = q\vec{\mathbf{E}}$이다. 이 전자는 알짜힘을 받는 입자이고, 따라서 가속도는 뉴턴의 제2법칙 $\sum \vec{\mathbf{F}} = m\vec{\mathbf{a}}$에 의해 다음과 같이 구할 수 있다.

$$\vec{\mathbf{a}} = \frac{\sum \vec{\mathbf{F}}}{m} = \frac{q\vec{\mathbf{E}}}{m_e} \qquad \text{21.13}$$

전기장이 균일하기 때문에 전자의 가속도는 일정하다. 따라서 전자는 등가속도로 움직이는 입자로 간주할 수 있다. $\vec{\mathbf{v}}_i$를 충돌 직후 전자의 처음 속도라고 하면(이때를 $t = 0$이라고 하자), 매우 짧은 시간 후(다음 충돌이 일어나기 직전) 전자의 속도는 식 3.8로부터 다음과 같이 됨을 알 수 있다.

$$\vec{\mathbf{v}}_f = \vec{\mathbf{v}}_i + \vec{\mathbf{a}}t = \vec{\mathbf{v}}_i + \frac{q\vec{\mathbf{E}}}{m_e}t \qquad \text{21.14}$$

이제 도선 내의 모든 전자에 대해 모든 가능한 충돌 이후의 경과한 시간 t와 $\vec{\mathbf{v}}_i$의 모든 가능한 값에 대해 $\vec{\mathbf{v}}_f$의 평균을 취해 보자. 처음 속도는 모든 가능한 방향에 대해 임의적으로 분포됐다고 가정하면 $\vec{\mathbf{v}}_i$의 평균값은 영이다. 식 21.14의 두 번째 항의 평균값은 $(q\vec{\mathbf{E}}/m_e)\tau$이다. 여기서 τ는 **연속적인 충돌 사이의 평균 시간 간격**이다. $\vec{\mathbf{v}}_f$의 평균값이 유동 속도와 같으므로 다음이 성립한다.

▶ 미시적인 양으로 나타낸 유동 속도

$$\vec{\mathbf{v}}_{f,\text{avg}} = \vec{\mathbf{v}}_d = \frac{q\vec{\mathbf{E}}}{m_e}\tau \qquad \textbf{21.15}$$

유동 속도의 크기(유동 속력)를 식 21.4에 대입하면 다음을 얻는다.

$$I = nev_d A = ne\left(\frac{eE}{m_e}\tau\right)A = \frac{ne^2 E}{m_e}\tau A \qquad \textbf{21.16}$$

식 21.6에 따르면 전류는 거시적 변수인 전위차와 저항과 관계된다.

$$I = \frac{\Delta V}{R}$$

식 21.8를 이용해서 전류는 다음과 같이 나타낼 수 있다.

$$I = \frac{\Delta V}{\left(\rho\dfrac{\ell}{A}\right)} = \frac{\Delta V}{\rho\ell}A$$

도체에서 전기장은 균일하므로 식 20.6인 $\Delta V = E\ell$을 이용해서 도체 양단의 전위차의 크기를 대입하면 다음과 같다.

$$I = \frac{E\ell}{\rho\ell}A = \frac{E}{\rho}A \qquad \textbf{21.17}$$

전류에 대한 두 식인 식 21.16과 21.17을 같게 놓고 비저항에 대해 정리하면 다음과 같다.

▶ 미시적인 변수로 나타낸 비저항

$$I = \frac{ne^2 E}{m_e}\tau A = \frac{E}{\rho}A \quad \rightarrow \quad \rho = \frac{m_e}{ne^2\tau} \qquad \textbf{21.18}$$

이 구조 모형에 따르면 비저항은 전기장이나 전위차에 의존하지 않고 단지 물질과 전자에 관계되는 매개 변수에만 의존한다. 이 특징은 옴의 법칙을 만족하는 도체의 특성이다. 이 모형은 비저항이 전자 밀도, 전하와 질량 그리고 충돌 사이의 평균 시간 τ를 알면 계산할 수 있음을 보여 준다. 이 시간은 다음과 같이 충돌 사이의 평균 거리 ℓ_{avg}(**평균 자유 거리**)와 평균 속력 v_{avg}와 관계된다.[6]

$$\tau = \frac{\ell_{\text{avg}}}{v_{\text{avg}}} \qquad \textbf{21.19}$$

예제 21.3 | 구리에서 전자의 충돌

(A) 예제 21.1에서의 자료와 전자 전도의 구조 모형을 이용해서 20 °C인 구리에서 전자들이 일으키는 충돌 사이의 평균 시간 간격을 어림해서 구하라.

풀이

개념화 도체 내부를 움직이면서 이온화된 원자의 배열과 충돌하는 전도 전자를 생각해 보자. 전자의 속력이 빠르기 때문에 단위 시간 간격당 많은 충돌이 일어날 것으로 예상되기 때문에 충돌 사이의 시간 간격은 짧을 것이다.

분류 이 문제를 푸는 데 우리의 구조 모형의 결과를 이용할

---

[6] 입자 집단의 평균 속력은 집단의 온도에 의존하며 유동 속도 v_d와 같지 않음을 상기하자.

것이므로, 이 예제를 대입 문제로 분류한다.

식 21.18을 풀어 충돌 사이의 평균 시간 간격을 구한다.

$$(1) \qquad \tau = \frac{m_e}{ne^2\rho}$$

식 (1)에서 ρ는 도체의 **비저항**이다. 예제 21.1로부터 도체에서의 전자 밀도에 대한 식을 쓴다.

$$(2) \qquad n = \frac{N_A\rho}{M}$$

식 (2)에서 ρ는 도체의 **밀도**이고 M은 도체의 몰당 질량이다. 식 (2)에 주어진 값들을 대입한다.

$$n = \frac{(6.022 \times 10^{23}\,\text{mol}^{-1})(8\,920\,\text{kg/m}^3)}{0.063\,5\,\text{kg/mol}}$$

$$= 8.46 \times 10^{28}\,\text{m}^{-3}$$

이 결과와 주어진 값들을 식 (1)에 대입한다.

$$\tau = \frac{9.109 \times 10^{-31}\,\text{kg}}{(8.46 \times 10^{28}\,\text{m}^{-3})(1.602 \times 10^{-19}\,\text{C})^2(1.7 \times 10^{-8}\,\Omega\cdot\text{m})}$$

$$= 2.5 \times 10^{-14}\,\text{s}$$

이 결과는 매우 짧은 시간 간격이므로, 전자는 단위 시간당 수없이 충돌함에 주목한다.

(B) 구리에서 자유 전자의 평균 속력을 1.6×10^6 m/s로 하고 문제 (A)의 결과를 이용해서 구리 내 전자들의 평균 자유 거리를 계산하라.

풀이

평균 자유 거리에 대한 식 21.19를 풀고 주어진 값들을 대입한다.

$$\ell_{avg} = v_{avg}\tau = (1.6 \times 10^6\,\text{m/s})(2.5 \times 10^{-14}\,\text{s})$$

$$= 4.0 \times 10^{-8}\,\text{m}$$

이것은 40 nm(원자 사이의 간격은 0.2 nm)와 같다. 그러므로 충돌 시의 시간 간격이 짧더라도 전자는 원자와 충돌하기 전 원자 간 거리의 약 200배를 지나게 된다.

전도에 대한 구조 모형이 옴의 법칙에 모순되지 않는다 할지라도, 온도에 따른 비저항의 거동이나 비저항값을 올바르게 예측하지는 못한다. 예를 들어 전자에 대해 이상 기체 모형을 이용해서 v_{avg}를 고전적으로 계산한 결과는 실제 값보다 약 10분의 1보다 더 작다. 이는 식 21.18로부터 예측한 비저항의 값과 다른 결과이다. 더군다나 식 21.18과 21.19에 의한 비저항은 이상 기체 모형에 따르면 $\sqrt{T}$에 비례하는 v_{avg}와 같은 온도 의존성을 보인다고 예측한다. 이 예측은 순수한 금속에서 비저항이 온도에 따라 선형적으로 비례하는 것과 일치하지 않는다(그림 21.9). 이들이 예측과 다르기 때문에 구조 모형을 수정해야 한다. 우리는 지금까지 개발한 전기 전도에 대한 모형을 **고전적** 모형이라 부를 것이다. 고전적 모형의 틀린 예측을 설명하기 위해 **양자 역학적** 모형을 추가해서 전개할 것이다.

우리는 앞의 장에서 두 가지 중요한 단순 모형인 입자 모형과 파동 모형을 논의했다. 이들 두 간단한 모형을 따로따로 논의했지만 양자 물리학은 이 분리가 뚜렷하지 않음을 말해 준다. 28장에서 상세히 공부하겠지만 입자는 파동성을 갖는다. 만일 입자가 파동처럼 거동한다면 몇 가지 모형의 예측이 실험 결과와 조화를 이룰 수 있다. 금속에서 전기 전도의 구조 모형은 이들 경우 중 하나이다.

금속을 통해 움직이는 전자가 파동성을 갖는다고 상상하자. 도체 내 원자의 배열이 균일한 간격(주기적)이라면 전자의 파동성은 그들이 도체를 통해 자유롭게 움직이는 것을 가능하게 하고 원자와의 충돌은 있음직하지 않다. 이상적인 도체에 대해 어떤 충돌도 일어나지 않으며 평균 자유 거리는 무한하게 될 것이고 비저항은 영이 된다. 전자는 구조적 결함이나 불순물의 결과로 원자의 배열이 불규칙인(비주기적) 경우에 한해 산란된다. 낮은 온도에서 금속의 비저항은 전자와 불순물 사이의 충돌에 의해 일어나는 산란이 지배적이다. 높은 온도에서 비저항은 도체 내 원자와 전자 사이의 충돌에 의해 산란이 일어나게 된다. 이때 도체 내 원자는 열적 진동으로 인하여 연속적으로 변위가 일어나며 완전한 주기성이 무너진다. 원자의 열운동은 불규칙적인 구조(정지 상태의 원자 배열과 비교하면)를 만들어서 전자의 평균 자유 거리를 감소하게 한다.

이 수정 과정을 상세하게 보이는 것이 이 교재의 범위를 넘어선다 할지라도, 전자의 파동성으로 수정된 고전적 모형으로 실험값과 일치하는 비저항값과 비저항의 온도 의존성이 선형적임을 추정할 수 있다. 11장에서 수소 원자를 설명할 때 원자의 스펙트럼과 같은 실험적 관측을 이해하기 위해 양자 개념을 도입해야만 했다. 마찬가지로 17장에서 기체의 몰비열의 온도에 따른 거동을 이해하기 위해 양자 개념을 도입해야만 했다. 여기서 우리는 모형을 실험과 일치시키는 데 양자 물리가 필요한 또 다른 경우를 갖는다. 고전 물리가 엄청난 영역의 현상을 설명할 수 있다 할지라도, 양자 물리를 우리의 모형에 포함시켜야만 하는 상황을 계속해서 알아보도록 한다. 28~31장에서 양자 물리를 상세하게 공부할 것이다.

█ **21.5** | 전기 회로에서 에너지와 전력 Energy and Power in Electric Circuits

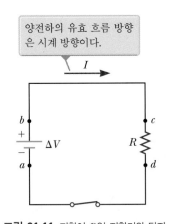

양전하의 유효 흐름 방향은 시계 방향이다.

그림 21.11 저항이 R인 저항기와 단자 전위차가 ΔV인 전지로 구성된 회로

21.1에서 도체에 전류가 흐를 때 일어나는 에너지 변환에 대해 공부했다. 전지가 도체에 전류를 흐르게 하는 데 전지를 사용할 경우 전지의 화학 에너지는 전자의 운동 에너지로, 도체의 내부 에너지로 연이어 변환되므로 결과적으로 도체의 온도는 증가한다.

보통의 전기 회로에서, 에너지 T_{ET}(식 7.2 참조)는 전지와 같은 에너지원에서 전구나 라디오 수신기 같은 어떤 장치로 전기 수송에 의해 전달된다. 이런 에너지가 전달되는 비율을 계산하는 식을 만들어 보자. 먼저 그림 21.11에서와 같이 에너지가 저항기에서 소비되는 단순한 회로를 살펴보자. 회로 소자를 연결하는 도선도 저항이 있으므로 일부 에너지는 도선에서 소비되고 나머지는 저항기에서 소비된다. 특별히 따로 언급하지 않는 한 도선의 저항이 저항기의 저항보다는 훨씬 작아서 도선에서 소비되는 에너지는 무시할 수 있다고 가정한다.

그림 21.11에서 전지가 저항기에 R로 연결된 회로를 에너지적으로 분석해 보자. 양전하 Q가 점 a로부터 전지를 통과해서 저항기를 지나 a로 돌아온다고 생각하자. 점 a는 전위를 영으로 한 기준점이다. 전체 회로를 하나의 계로 취급한다. 전하가 전위차 ΔV인 전지를 통해 a에서 b로 이동할 때 계의 전기 위치 에너지는 $Q\Delta V$만큼 증가한다. 반면에 전지의 화학 에너지는 같은 양만큼 감소한다(20장의 $\Delta U = q\Delta V$를 상

기하자). 그러나 전하가 저항기를 통해 c에서 d로 이동할 때 저항기에서 원자와 충돌하는 동안 계는 전기 위치 에너지를 잃는다. 이 과정에서 에너지는 저항기에서 증가된 원자의 진동에 상응하는 내부 에너지로 변환된다. 연결 도선의 저항을 무시했기 때문에 구간 bc와 da에서는 어떤 에너지의 변환도 일어나지 않는다. 전하가 점 a로 돌아옴에 따라 전지 내의 화학 에너지의 일부는 저항기에 운반되고 저항기에서는 분자의 진동과 관련된 내부 에너지로 존재하게 된다.

저항기는 보통 공기 중에 노출되어 있으므로 증가된 온도는 공기 중으로 열 전달을 일으킨다. 또한 저항기는 에너지가 탈출하는 다른 방법인 열복사를 방출하기도 한다. 시간이 얼마 지나면 저항기는 일정한 온도를 유지한다. 이때 전지로부터 저항기에 들어온 에너지는 저항기에서 열이나 복사로 방출되어 나가는 에너지와 같아진다. 어떤 전기 장치는 과열을 막기 위해 부품에 **방열판**(heat sinks)[7]을 붙이기도 한다. 방열판은 얇은 날개가 많이 달린 금속으로 되어 있다. 금속은 열전도도가 좋기 때문에 부품의 뜨거운 열을 빨리 방출할 수 있다. 또한 방열판에 붙어 있는 수많은 날개는 공기와 접하는 표면의 넓이를 넓혀 열 에너지를 빠른 비율로 복사시키거나 공기 중으로 전도시킨다.

이제 전하 Q가 저항기를 통과해서 흐를 때 계가 잃어버리는 전기 위치 에너지의 시간 비율을 알아보자. 그 시간 비율은 다음과 같다.

$$\frac{dU}{dt} = \frac{d}{dt}(Q\Delta V) = \frac{dQ}{dt}\Delta V = I\Delta V$$

여기서 I는 회로에 흐르는 전류이다. 전하가 전지를 통과할 때는 전지 내의 화학 에너지를 소비하면서 계는 위치 에너지를 다시 얻는다. 전하가 저항기를 통과하면서 잃는 위치 에너지의 비율은 계가 저항기 내에서 얻는 내부 에너지의 비율과 같다. 그러므로 에너지가 저항기로 전달되는 비율을 나타내는 **전력**(power) P는 다음과 같다.

$$P = I\Delta V \qquad\qquad \textbf{21.20}$$

여기서는 전지가 에너지를 저항기에 전달한다고 가정해서 이 식을 유도했다. 그러나 식 21.20은 전원 장치에 의해 전류 I가 흐르면서 그 양단에 전위차 ΔV가 걸리는 모든 종류의 장치로 전달되는 전력을 계산하는 데 사용될 수 있다.

식 21.20과 저항기에 대한 $\Delta V = IR$의 관계를 사용하면, 저항기로 전달되는 전력에 대한 식을 다음과 같은 형태로 나태낼 수 있다.

$$P = I^2 R = \frac{(\Delta V)^2}{R} \qquad\qquad \textbf{21.21}$$

7장에서 소개한 대로 전력의 SI 단위는 와트(W)이다. 식 21.20과 21.21에서 단위를 검토한다면 계산 결과는 단위가 W로 되는 것을 알 수 있다. 저항 R의 도체에 공

---

[7] 일상적인 언어에서 깊숙히 자리잡고 있는 **열**이라는 단어가 잘못 사용된 예이다.

오류 피하기 | 21.5

전류에 관한 잘못된 개념 일반적으로 잘못된 몇 가지 개념은 그림 21.11과 같은 회로에 흐르는 전류와 연관되어 있다. 하나는 전류가 전지의 한 단자로부터 나오고 저항기를 통과할 때 다 '소모'된다는 것이다. 이렇게 접근하면 회로의 한 부분에만 전류가 있다. 그러나 회로 내 **어느 곳**에서나 전류는 같다. 이와 연관된 잘못된 개념은 저항기로부터 나오는 전류는 저항기에서 일부가 '소모'되기 때문에 들어가는 것보다 더 적다는 것이다. 또 다른 오개념은 전지의 두 단자로부터 반대 방향으로 전류가 나와서 저항기에서 '충돌'하며, 이 방법으로 에너지를 전달한다는 것이다. 그렇지 않다. 왜냐하면 전하는 이 회로 내 **모든** 점에서 같은 (시계 또는 반시계) 방향으로 흐르기 때문이다.

오류 피하기 | 21.6

전하는 회로 주위의 모든 경로를 따라 움직이지 않는다 매우 작은 크기의 유동 속도로 인해 전자 하나가 회로를 한 바퀴 도는 데 몇 **시간**이 걸릴 것이다. 그러나 회로에서 에너지 전달의 이해를 돕기 위해서는 회로 주위의 모든 경로를 한 전하가 움직인다고 생각하는 것이 편리하다.

▶ 소자에 전달된 전력

오류 피하기 | 21.7

에너지가 없어지지는 않는다 몇몇 책에서 식 21.21을 저항기에서 에너지가 사라지는 것을 암시하듯 '소모된' 전력으로 묘사하는 경우가 있다. 그보다도 에너지가 저항기에 '전달된다'고 말한다. 소모의 개념은 따뜻한 저항기가 복사나 열로서 에너지를 방출하고 전지에서 전달된 에너지가 회로를 떠나기 때문에 생긴다. (에너지는 사라지지 않는다.)

급되는 전력은 I^2R의 손실로 나타난다.

7.6절에서 배웠듯이 전기회사가 에너지 전달을 계산하는 데 사용하는 에너지 단위인 킬로와트시(kWh)는 1 kW의 일정한 전력으로 1시간 동안 전달된 에너지의 양이다. 7.6절에서 1 kWh $= 3.6 \times 10^6$ J임을 배웠다.

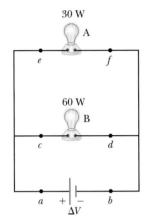

그림 21.12 (퀴즈 21.4와 생각하는 물리 21.2) 두 백열전구가 같은 전위차로 연결되어 있다.

▶ **퀴즈 21.4** 그림 21.12에 나타낸 전구의 경우 a에서 f까지 전류가 큰 것부터 순서대로 나열하라.

▶ **생각하는 물리 21.2**

두 백열전구 A와 B가 그림 21.12와 같이 양단에 같은 전위차로 연결되어 있다. 전구의 입력 전력이 그림과 같을 때 어느 전구가 더 큰 저항을 갖는가? 어느 전구에 더 큰 전류가 흐르는가?

추론 각 전구 양단의 전압이 같고 저항기에 공급되는 에너지 전달률이 $P = (\Delta V)^2/R$이므로 더 작은 저항을 가진 전구가 더 큰 에너지 전달률을 나타낸다. 이 경우에 A의 저항이 B보다 더 크다. 아울러 $P = I\Delta V$이므로 B로 유도되는 전류가 A보다 더 큼을 알 수 있다. ◀

▶ **생각하는 물리 21.3**

백열전구는 켜진 바로 직후에 잘 망가진다고 생각되는가, 아니면 잠시 시간이 경과한 후에 더 약하다고 생각되는가?

추론 스위치가 닫히자마자 전압이 전구의 양단에 가해진다. 전압이 차가운 필라멘트의 양단에 가해져서 전구가 켜질 때 필라멘트의 저항은 작다. 따라서 전류가 많이 흐르고 단위 시간당 공급되는 에너지의 양은 상대적으로 크다. 이는 필라멘트의 온도가 급격히 올라가는 원인이 된다. 필라멘트에 가해지는 열적 스트레스의 결과로 인해 그 순간에 끊어질 확률이 크다. 필라멘트가 끊어지지 않고 뜨거워지면 저항은 커지고 전류는 조금 작아진다. 결과적으로 전구에 공급되는 에너지 전달률은 떨어진다. 필라멘트에 가해지는 열적 스트레스는 감소되고 전구가 켜지고 난 잠시 후에 덜 망가진다. ◀

▶ **예제 21.4 | 전기와 열역학의 연결**

투입식 히터를 사용해서 물 1.50 kg을 10.0 °C에서 50.0 °C로 10.0분 내에 끓이고자 한다. 히터의 사용 전압은 110 V이다.

(A) 저항값이 얼마인 히터를 사용해야 하는가?

풀이

개념화 투입식 히터는 그 자체가 저항기이다. 히터에 에너지가 전달되면 히터의 온도가 증가하게 되고 그것이 물로 전달된다. 히터의 온도가 일정한 값에 도달하면 저항에서 소비되는 전력이 열의 형태로 물로 전달되는 에너지 비율과 같게 된다.

분류 예제에서는 전기에서의 전력에 관한 개념을 열역학(17

장)에서의 비열에 관한 개념과 연결짓는 것이다. 물은 비고립계이다. 물의 내부 에너지 증가는 저항기로부터 열의 형태로 물로 전달되는 에너지에 의한 것이다. 즉 $\Delta E_{int} = Q$이다. 여기서는 히터에서 물로 들어가는 에너지가 전부 물에만 남아 있다고 가정한다.

분석 분석을 간단히 하기 위해 저항기의 온도가 증가하는 처음 과정과 온도에 따른 저항 변화를 무시하기로 한다. 그러므로 10.0분 동안의 에너지 전달률은 일정하다고 하자.

저항기에 전달된 에너지 비율이 열의 형태로 물로 들어가는 에너지 Q의 비율과 같다고 놓는다.

$$P = \frac{(\Delta V)^2}{R} = \frac{Q}{\Delta t}$$

식 17.3인 $Q = mc\Delta T$를 이용해서 열 에너지 전달에 의해 물의 온도가 상승한다고 놓고 저항값에 대해 푼다.

$$\frac{(\Delta V)^2}{R} = \frac{mc\Delta T}{\Delta t} \quad \rightarrow \quad R = \frac{(\Delta V)^2 \Delta t}{mc\Delta T}$$

주어진 값들을 대입한다.

$$R = \frac{(110\ \text{V})^2(600\ \text{s})}{(1.50\ \text{kg})(4\,186\ \text{J/kg}\cdot{}^{\circ}\text{C})(50.0\,{}^{\circ}\text{C} - 10.0\,{}^{\circ}\text{C})}$$

$$= \boxed{28.9\ \Omega}$$

(B) 물을 끓이는 비용을 구하라.

풀이
전력과 시간을 곱해 소모된 에너지를 계산한다.

$$T_{\text{ET}} = P\Delta t = \frac{(\Delta V)^2}{R}\Delta t = \frac{(110\ \text{V})^2}{28.9\ \Omega}(10.0\ \text{min})\left(\frac{1\ \text{h}}{60.0\ \text{min}}\right)$$

$$= 69.8\ \text{Wh} = 0.069\,8\ \text{kWh}$$

에너지 비용을 계산해 보자. 현재 한국의 전기 요금은 kWh당 약 100원이다.

$$\text{비용} = (0.069\,8\ \text{kWh})(100\,\text{원}/\text{kWh}) = \boxed{6.98\text{원}}$$

결론 물을 끓이는 데 드는 비용은 매우 싸며, 10원도 안 된다. 실제 비용은 이보다는 더 드는데, 그 이유는 물의 온도가 상승하는 동안 상당히 많은 에너지가 물 주변에 열이나 전자기 복사의 형태로 없어진다. 여러분이 가정에서 사용하는 전기 장치에는 소비 전력이 표시되어 있다. 소비 전력과 사용 시간을 곱하면, 장치를 사용하는 데 드는 전기 요금을 대략 계산할 수 있다.

21.6 | 기전력원 Sources of emf

그림 21.13에서 일정한 전압을 유지하는 물건을 **기전력원**(source of emf)[8]이라 한다. 기전력원은 전하가 회로를 통해 이동하는 동안 회로상의 점 사이의 전위차를 유지함으로써 회로계의 위치 에너지를 증가시키는 전지와 발전기 같은 장치이다. 기전력원은 '전하 펌프'로 생각할 수 있다. 기전력 ε는 단위 전하당 한 일을 말하며, SI 단위는 볼트(V)이다.

전위차를 앞에서 정의했는데, 볼트를 단위로 하는 두 번째 물리량 기전력을 왜 지금 정의해야 하는지 의아해할지 모른다. 이 새로운 양에 대한 필요성을 알기 위해 저항기에 연결된 전지로 구성되어 있는 그림 21.13에 있는 회로를 생각하자. 연결 도선은 저항을 갖고 있지 않다고 가정한다. 전지 단자 사이의 전위차(단자 전압)가 전지의 기전력과 같다는 생각을 할 수도 있다. 그러나 실제 전지는 약간의 **내부 저항**(internal resistance) r을 갖는다. 따라서 앞으로 알게 되겠지만 단자 전압은 기전력과 같지 않다.

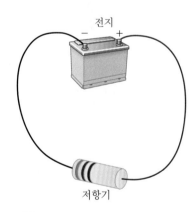

그림 21.13 전지 단자와 저항기로 구성된 회로

---

[8] emf 란 용어는 원래 electromotive force의 약자이다. 그러나 힘은 아니다. 그래서 길이가 긴 용어는 사용이 금지됐다. 기전력이란 이름은 전지에 대한 이해가 오늘날처럼 정교해지기 전 전기 연구에서 사용됐다.

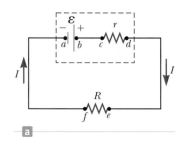

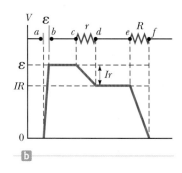

그림 21.14 (a) 외부 저항 R에 연결된 내부 저항 r인 기전력 ε(이 경우는 전지)의 회로도 (b) (a)의 회로에서 시계 방향으로 지나갈 때 전위의 변화를 나타내는 그래프

그림 21.13에 나타낸 회로는 그림 23.14a의 회로도로 묘사할 수 있다. 사각형 점선 안에 있는 전지는 내부 저항 r과 저항이 0인 이상적인 기전력 ε을 직렬로 해서 만든 모형이다. 그림 21.14a에서 a로부터 b로 움직이는 것을 생각하자. 기전력원 내 음의 단자로부터 양의 단자로 지나갈 때 전위는 ε만큼 증가한다. 그러나 저항 r을 통해 움직일 때 전위는 Ir만큼 감소한다. 여기서 I는 회로를 흐르는 전류이다. 그러므로 전지의 단자 전압 $\Delta V = V_d - V_a$는[9] 다음과 같다.

$$\Delta V = \varepsilon - Ir \qquad\qquad 21.22$$

ε는 **열린 회로 전압**(open-circuit voltage), 즉 전류가 흐르지 않을 때의 단자 전압과 동등하다는 표현에 주목하자. 그림 21.14b는 시계 방향으로 회로를 고찰할 때 전위의 변화를 그래프로 나타낸 것이다. 그림 21.14a를 살펴보면 단자 전압 ΔV가 **부하 저항**(load resistance)이라고 하는 외부 저항 R 양단의 전위차와 같아야 한다는 것을 알 수 있다. 즉 $\Delta V = IR$이다. 이 표현을 식 21.22와 조합하면 다음과 같이 된다.

$$\varepsilon = IR + Ir \qquad\qquad 21.23$$

전류에 대해 풀면 다음을 얻는다.

$$I = \frac{\varepsilon}{R + r} \qquad\qquad 21.24$$

이 식은 간단한 회로에서 전류는 외부 저항 R과 전지 내부 저항 r에 의존함을 보인다. R이 r보다 훨씬 크다면 분석하는 데 있어서 r을 무시하는 단순화한 모형을 채택할 수 있다. 많은 회로에서 우리는 이 단순화한 모형을 사용할 것이다.

식 21.24에 전류 I를 곱하면 다음과 같이 된다.

$$I\varepsilon = I^2R + I^2r$$

이 식에 의하면 기전력원의 전체 전력 $I\varepsilon$은 부하 저항에 공급되는 에너지의 시간에 대한 비율 I^2R과 내부 저항에 공급되는 에너지의 시간에 대한 비율 I^2r의 합과 같다. $r \ll R$이면 부하 저항이 커서 결과적으로 작은 전류가 흐르기 때문에 기전력이 공급하는 전력은 상대적으로 작지만 이들 중 전지의 내부 에너지로 바뀌는 양보다 부하 저항에 공급되는 양이 훨씬 더 많다. $r \gg R$이면 높은 비율의 에너지가 내부 저항에 공급되기 때문에 상당 부분의 에너지가 전지 내에 머문다. 예를 들어 도선으로 전지 단자를 바로 연결하면 전지는 따뜻해진다. 이 따뜻함은 기전력원으로부터 내부 저항으로의 에너지 전달을 묘사한다. 여기서 에너지는 온도와 관련되는 내부 에너지로 나타난다.

오류 피하기 | 21.8

전지에서 일정한 것은? 전지가 일정한 전류원이라는 것은 보통 잘못된 개념이다. 식 21.24는 사실이 아니라는 것을 명백하게 보여 준다. 회로를 흐르는 전류는 전지에 연결된 저항 R에 의존한다. 식 21.22는 전지가 일정한 단자 전압원이라는 것 또한 사실이 아니라는 것을 보여 준다. **전지는 일정한 기전력원이다.**

---

[9] 이 경우 단자 전압은 기전력보다 Ir만큼 더 작다. 몇몇 상황에서 단자 전압이 기전력을 Ir만큼 초과할지 모른다. 그런 상황은 전지가 또 다른 기전력원에 의해 충전될 때와 같이 전류의 방향이 기전력의 방향과 **반대**일 때 일어난다.

◣ **예제 21.5 | 전지의 단자 전압**

기전력이 12.0 V이고 내부 저항이 0.050 0 Ω인 전지가 있다. 이 전지의 양 단자 사이에는 3.00 Ω의 부하 저항이 연결되어 있다.

(A) 회로에 흐르는 전류와 전지의 단자 전압을 구하라.

풀이

개념화 문제에서 제시된 회로를 나타내는 그림 21.14a를 참조한다. 전지는 부하 저항에 에너지를 전달한다.

분류 이 예제는 이 절에서 배운 간단한 계산이 요구되므로 대입 문제로 분류한다.

식 21.24를 이용해서 회로의 전류를 구한다.

$$I = \frac{\mathcal{E}}{R + r} = \frac{12.0 \text{ V}}{(3.00 \text{ } \Omega + 0.050 \text{ } 0 \text{ } \Omega)} = \boxed{3.93 \text{ A}}$$

식 21.22를 이용해서 단자 전압을 구한다.

$$\Delta V = \mathcal{E} - Ir = 12.0 \text{ V} - (3.93 \text{ A})(0.050 \text{ } 0 \text{ } \Omega) = \boxed{11.8 \text{ V}}$$

이 결과를 확인하기 위해 부하 저항 R 양단의 전위차를 계산한다.

$$\Delta V = IR = (3.93 \text{ A})(3.00 \text{ } \Omega) = 11.8 \text{ V}$$

(B) 부하 저항에서 소모되는 전력과 전지의 내부 저항에서 소모되는 전력 및 전지가 공급하는 전력을 구하라.

풀이

식 21.21을 이용해서 부하 저항에서 소모되는 전력을 구한다.

$$P_R = I^2 R = (3.93 \text{ A})^2 (3.00 \text{ } \Omega) = \boxed{46.3 \text{ W}}$$

내부 저항에서 소모되는 전력을 구한다.

$$P_r = I^2 r = (3.93 \text{ A})^2 (0.050 \text{ } 0 \text{ } \Omega) = \boxed{0.772 \text{ W}}$$

두 결과를 더해 전지로부터 공급되는 전력을 구한다.

$$P = P_R + P_r = 46.3 \text{ W} + 0.772 \text{ W} = \boxed{47.1 \text{ W}}$$

문제 전지가 소모됨에 따라 내부 저항은 증가한다. 전지의 수명이 다할 때쯤 전지의 내부 저항이 2.00 Ω으로 증가한다고 가정하자. 이 경우 전지의 에너지 공급 능력은 어떻게 변하는가?

답 전지에 3.00 Ω의 같은 부하 저항을 연결하자. 전지에 흐르는 전류를 다시 구한다.

$$I = \frac{\mathcal{E}}{R + r} = \frac{12.0 \text{ V}}{3.00 \text{ } \Omega + 2.00 \text{ } \Omega} = 2.40 \text{ A}$$

단자 전압을 다시 구한다.

$$\Delta V = \mathcal{E} - Ir = 12.0 \text{ V} - (2.40 \text{ A})(2.00 \text{ } \Omega) = 7.2 \text{ V}$$

부하 저항과 내부 저항에 공급되는 에너지를 다시 구한다.

$$P_R = I^2 R = (2.40 \text{ A})^2 (3.00 \text{ } \Omega) = 17.3 \text{ W}$$
$$P_r = I^2 r = (2.40 \text{ A})^2 (2.00 \text{ } \Omega) = 11.5 \text{ W}$$

단자 전압이 기전력의 60 %임에 주목하자. r이 2.00 Ω일 경우 전지로부터 공급되는 전력의 40 %가 내부 저항에 공급된다. r이 0.0500 Ω인 (B)의 결과는 1.6 %이다. 결론적으로 일정하게 주어진 기전력에 있어서 증가되는 내부 저항은 전지의 에너지 공급 능력을 현저히 감소시킨다.

◣ **21.7 | 저항기의 직렬 연결과 병렬 연결** Resistors in Series and Parallel

둘 이상의 저항기가 그림 21.15a의 전구와 같이 연결되어 있을 때 이를 **직렬 연결**(series combination)이라고 한다. 그림 21.15b는 전지와 전구(저항기로 표현됨)를 회로도로 나타낸 것이다. 직렬 연결에 있어서 저항기 R_1을 통해서 흐르는 전하 Q는 반드시 두 번째 저항기 R_2를 통해 흐르게 된다. 그렇지 않을 경우 전하는 저항기 사이의 도선에 쌓이게 된다. 그러므로 주어진 시간 동안에 같은 크기의 전하가 두 저항기를 통해서 흐르게 된다.

$$I = I_1 = I_2$$

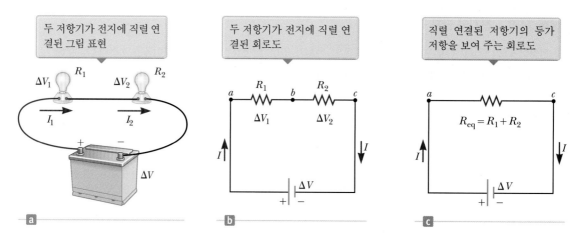

그림 21.15 저항이 R_1과 R_2인 두 전구의 직렬 연결. 세 회로도는 모두 같다.

여기서 I는 전지를 통해서 흐르는 전류, I_1은 저항기 R_1을 통해서 흐르는 전류이고, I_2는 저항기 R_2를 통해서 흐르는 전류이다.

직렬로 연결된 저항기에 나타나는 전위차는 각 저항기로 나뉘어져 분배된다. 그림 21.15b에서 a와 b 사이의 전압 강하[10]는 $I_1 R_1$이고, b와 c 사이의 전압 강하는 $I_2 R_2$이므로, a와 c 사이의 전압 강하는 다음과 같다.

$$\Delta V = \Delta V_1 + \Delta V_2 = I_1 R_1 + I_2 R_2$$

전지 양단의 전위차는 그림 21.15c의 **등가 저항**(equivalent resistance) R_{eq}에도 다음과 같이 똑같이 적용된다.

$$\Delta V = I R_{eq}$$

여기서 등가 저항은 직렬 연결의 저항기와 같은 크기의 전류가 전지로부터 흐르도록 하므로, 회로 내에서 등가 저항은 같은 효과를 낸다. ΔV에 대한 이 식들을 결합하면 직렬로 연결된 두 저항기는 각각의 저항값을 더한 것과 같은 한 개의 등가 저항으로 다음과 같이 대체될 수 있다.

$$\Delta V = I R_{eq} = I_1 R_1 + I_2 R_2 \quad \rightarrow \quad R_{eq} = R_1 + R_2 \qquad \textbf{21.25}$$

여기서 전류 I, I_1, I_2는 같으므로 모두 소거됐다. 직렬 연결한 두 저항기는 각각의 저항을 합한 하나의 등가 저항으로 치환될 수 있음을 알 수 있다.

셋 이상의 직렬 연결에 대한 등가 저항은 다음과 같다.

▶ 여러 개의 저항기가 직렬로 연결된 경우의 등가 저항

$$R_{eq} = R_1 + R_2 + R_3 + \cdots \qquad \textbf{21.26}$$

이 관계식으로부터 직렬 연결된 저항기의 등가 저항은 각 저항값의 합이므로 각 저항보다 항상 커짐을 알 수 있다.

---

[10] **전압 강하**라는 용어는 저항기를 통한 전위의 감소를 의미한다. 전기 회로를 다루는 사람들이 종종 사용하는 용어이다.

식 21.24를 되돌아보면 분모는 외부 저항과 내부 저항의 단순한 합이다. 이는 그림 21.14a에서 내부 저항과 외부 저항이 직렬로 연결된 것과 일치한다.

그림 21.15a에서 만일 한 전구의 필라멘트가 끊어질 경우 회로는 끊어지며(열린 회로 조건) 두 번째 전구도 역시 작동하지 않게 된다. 이는 직렬 연결 회로의 일반적인 특성으로, 직렬 연결로 구성된 전기 장치에서 열린 회로가 발생할 경우 회로 내의 모든 전기 장치가 작동하지 않게 된다.

▶ **퀴즈 21.5** 그림 21.16a의 스위치가 닫혀 있을 경우 스위치는 저항이 영인 경로를 제공하게 되므로, 저항 R_2를 통해서 전류는 흐르지 않는다. 전류는 R_1을 통해서 흐르고, 그때 흐르는 전류의 양은 회로도의 아래에 있는 전류계(전류를 측정하는 계측기)로 측정한다. 이제 스위치를 열면(그림 21.16b) 전류는 R_2를 통해 흐른다. 스위치를 여는 순간 전류계의 눈금은 어떻게 변하는가? (**a**) 증가한다. (**b**) 감소한다. (**c**) 변화 없다.

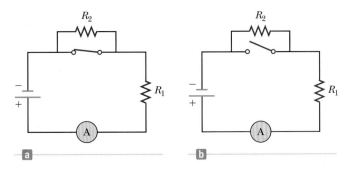

그림 21.16 (퀴즈 21.5) 스위치를 열면 어떻게 되는가?

이제 그림 21.17과 같이 두 저항기가 **병렬 연결**(parallel combination)된 경우를 생각해 보자. 두 저항기가 똑같이 전지의 양단에 연결됨에 주목하자. 따라서 다음과 같이 저항기 양단의 전위차는 같다.

$$\Delta V = \Delta V_1 = \Delta V_2$$

여기서 ΔV는 전지의 단자 전압이다.

그림 21.17b에서 점 a에 도달한 전하들은 나뉘어서 일부는 R_1쪽으로 흐르고 나머지는 R_2쪽으로 흐른다. **분기점**(junction)은 회로에서 전류가 갈라지는 모든 점이다. 전류는 이렇게 갈라지기 때문에 각 저항을 통해서 흐르는 전류는 전지를 통해서 흐르는 전류보다 적어진다. 전하는 보존되므로 다음과 같이 점 a로 들어가는 전류 I는 그 점에서 나가는 전체 전류와 같다.

$$I = I_1 + I_2 = \frac{\Delta V_1}{R_1} + \frac{\Delta V_2}{R_2}$$

여기서 I_1은 R_1에 흐르는 전류이고, I_2는 R_2에 흐르는 전류이다.

그림 21.17c에서 **등가 저항**(equivalent resistance) R_{eq}에 흐르는 전류는 다음과 같다.

$$I = \frac{\Delta V}{R_{eq}}$$

그림 21.17 저항이 R_1과 R_2인 두 전구의 병렬 연결. 세 회로도는 모두 동등하다.

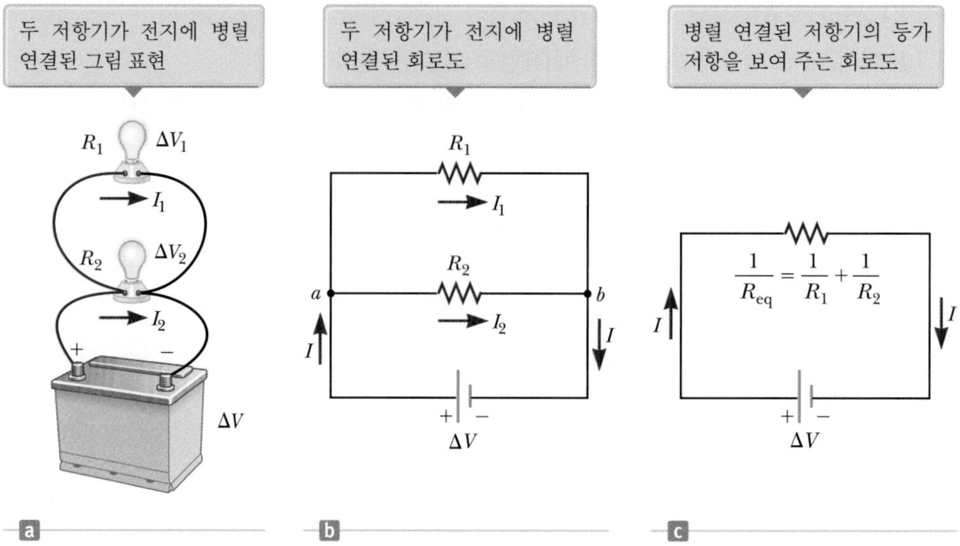

| 두 저항기가 전지에 병렬 연결된 그림 표현 | 두 저항기가 전지에 병렬 연결된 회로도 | 병렬 연결된 저항기의 등가 저항을 보여 주는 회로도 |

오류 피하기 | 21.11

전류는 가장 작은 저항의 경로를 택하지 않는다 여러분은 둘 이상의 경로가 있는 회로에서 저항기의 병렬 연결과 관련해서 "전류가 가장 작은 저항을 갖는 경로를 택한다"는 유의 말을 들은 적이 있을 것이다. 그러나 이 표현은 올바르지 않다. 전류는 **모든** 경로를 택한다. 저항이 적은 경로에는 큰 전류가 흐르지만, 저항이 큰 경로에도 **약간**의 전류는 흐른다. 이론적으로 전류가 저항이 영인 경로와 저항이 무한히 큰 경로 사이에서 선택의 기로에 있다면, 모든 전류는 저항이 영인 경로로 흐른다. 그러나 저항이 영인 경로는 이상적인 것일 뿐이다.

여기서 등가 저항은 회로 내에서 병렬로 연결된 두 저항과 같은 효과를 낸다. 즉 등가 저항은 병렬 연결의 저항기들 조합과 같은 크기의 전류가 전지로부터 흐르게 한다. I에 대한 위의 식들을 결합하면 병렬로 연결된 두 저항기에 해당하는 등가 저항은 다음과 같다.

$$I = \frac{\Delta V}{R_{eq}} = \frac{\Delta V_1}{R_1} + \frac{\Delta V_2}{R_2} \quad \rightarrow \quad \frac{1}{R_{eq}} = \frac{1}{R_1} + \frac{1}{R_2} \qquad \textbf{21.27}$$

여기서 ΔV, ΔV_1, ΔV_2는 같은 값이므로 소거된다.

이 식을 셋 이상의 저항기가 병렬 연결될 경우로 확장하면 다음과 같다.

▶ 여러 개의 저항기가 병렬로 연결된 등가 저항

$$\frac{1}{R_{eq}} = \frac{1}{R_1} + \frac{1}{R_2} + \frac{1}{R_3} + \cdots \qquad \textbf{21.28}$$

이 식을 보면, 둘 이상의 저항이 병렬로 연결된 경우 등가 저항의 역수는 각 저항의 역수의 합과 같다. 더구나 등가 저항은 각 저항 중에 가장 작은 값의 저항보다도 항상 더 작아진다는 것을 알 수 있다.

저항기로 구성된 회로는 경우에 따라 단 하나의 저항만을 갖는 간단한 회로로 줄일 수 있다. 그러기 위해서는 처음 회로를 검토한다. 그리고 병렬 또는 직렬 저항을 식 21.26과 식 21.28을 이용해서 등가 저항으로 대치한다. 이렇게 변화된 후의 새로운 회로 그림을 그린다. 회로를 검토하고 새 회로에 존재하는 직렬 또는 병렬 연결을 등가 저항으로 대치한다. 전체 회로에서 단 하나의 등가 저항을 얻게 될 때까지 이 과정을 계속한다. (이런 방법이 가능하지 않을 수도 있는데, 이 경우 21.8절에 소개한 방법을 사용한다.)

처음 회로에서 저항기 양단의 전위차나 전류를 구하고자 하면 나중 회로를 가지고 시작한다. 그리고 앞서 구한 등가 회로들을 역순으로 돌아가면서 문제를 풀어 나간다. 저항기 양단의 전압과 전류는 저항기의 직·병렬 연결에 대한 이해와 $\Delta V = IR$를 이용해서 구한다.

옥내용 회로는 그림 21.17a처럼 전기 장치가 병렬로 연결되도록 배선한다. 이런 회로에서 각 장치는 하나를 꺼버려도 다른 것은 켜진 상태를 유지할 수 있도록 다른 것과 독립적으로 동작한다. 예를 들어 그림 21.17a에서 전구 중 하나가 소켓에서 제거되더라도 다른 것들은 동작이 계속된다. 아울러 중요한 것은 각 장치가 같은 전압으로 동작한다는 사실이다. 장치가 직렬로 연결됐다면 옥외로부터 가해진 전압은 소자 사이에 나뉘게 된다. 그래서 한 소자에 걸린 전압은 얼마나 많은 소자가 연결됐느냐에 의존한다.

옥내용 회로에서는 흔히 안전을 목적으로 회로 차단기를 다른 회로 소자와 직렬 연결해서 사용한다. 회로 차단기는 회로의 특성에 좌우되는 어느 최대 전류(전형적으로 15 A 또는 20 A)에서 회로를 열고 끊어지게 설계되어 있다. 회로 차단기를 사용하지 않는다면, 많은 장치로부터 과전류가 발생해서 도선이 과열되므로 불이 날 수도 있다. 옛날에 집을 지을 때는 회로 차단기에 퓨즈를 사용했다. 회로에 전류가 어느 이상 흐를 때 퓨즈인 도체가 녹아서 회로를 연다. 퓨즈의 단점은 그들이 회로를 여는 과정에서 녹아서 끊어진다는 것이다. 이에 반해 회로 차단기는 처음 상태로 되돌릴 수 있다.

▎**퀴즈 21.6** 그림 21.18a의 스위치가 열려 있을 경우 저항 R_2를 통해서 전류는 흐르지 않는다. 그렇지만 전류는 R_1을 통해서 흐르고, 그때 흐르는 전류의 양은 회로도의 오른쪽에 있는 전류계로 측정된다. 이제 스위치를 닫으면(그림 21.18b) 전류는 R_2를 통해서 흐른다. 스위치를 닫는 순간 전류계의 눈금은 어떻게 변하는가? (**a**) 증가한다. (**b**) 감소한다. (**c**) 변화 없다.

▎**퀴즈 21.7** 다음 질문에 (a) 증가한다. (b) 감소한다. (c) 변화 없다. 세 보기 중 하나로 답하라. (**i**) 그림 21.15에서 처음 두 저항기에 세 번째 저항기를 직렬로 추가로 연결한다. 전지의 전류는 어떻게 되는가? (**ii**) 전지 양단의 전압은 어떻게 되는가? (**iii**) 그림 21.17에서 처음 두 저항기에 세 번째 저항기를 병렬로 추가로 연결한다. 전지의 전류는 어떻게 되는가? (**iv**) 전지 양단의 전압은 어떻게 되는가?

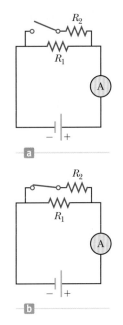

그림 21.18 (퀴즈 21.6) 스위치를 닫으면 어떻게 되는가?

▎▎ **생각하는 물리 21.4**

그림 21.19에서 네 개의 같은 전구의 밝기를 비교하라. 전구 A가 끊어져서 전도할 수 없다면 어떤 일이 일어나는가? 전구 C가 끊어지면? 전구 D가 끊어지면?

추론   전구 C는 그 자체가 전지 양단에 연결되어 있지만 전구 A와 B는 직렬로 연결되어 있다. 그러므로 전지의 단자 전압은 전구 A와 B 사이로 나뉜다. 그 결과 전구 C는 전구 A와 B보다 더 밝아질 것이다. 전구 A와 B는 서로 밝기가 같아져야 한다. 전구 D는 그 양단에 연결된 도선을 갖고 있다. 그러므로 전구 D 양단에 전위차가 없어서 그것은 전혀 빛을 내지 않는다. 전구 A가 끊어지면 전구 B는 불이 꺼지며 전구 C는 밝기를 유지한다. 전구 C가 끊어지면 다른 전구에는 어떤 영향도 없다. 전구 D가 끊어지면 전구 D는 처음과 마찬가지로 빛이 나지 않기 때문에 아무 변화가 없다. ◀

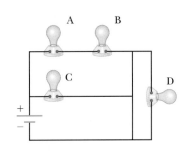

그림 21.19 (생각하는 물리 21.4) 전구 하나가 끊어지면 어떻게 되는가?

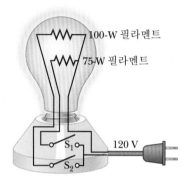

그림 21.20 (생각하는 물리 21.5) 세 가지 밝기로 빛을 내는 이중 전구

▶ **생각하는 물리 21.5**

그림 21.20은 전구의 밝기를 세 단계로 하기 위한 세 가지 방법을 나타낸다. 램프의 소켓은 밝기를 다르게 택할 수 있도록 세 방식으로 스위치가 설치되어 있다. 전구 속에는 필라멘트가 두 개 있다. 필라멘트가 왜 병렬로 연결되어 있는가? 두 필라멘트를 어떻게 사용하면 밝기가 다른 세 경우를 얻는지 설명하라.

추론 필라멘트가 직렬로 연결되어 있고 그중 하나가 작동하지 않으면 전구에는 어떤 전류도 흐르지 않아서 스위치의 위치에 관계없이 전구는 빛을 내지 않는다. 그러나 전구가 병렬로 연결되어 있고 그중 하나(75 W 필라멘트를 말함)가 작동하지 않을 때에도 전구는 모든 스위치 위치에서 늘 동작한다. 왜냐하면 다른 필라멘트(100 W)에는 전류가 흐르기 때문이다. 세 종류의 빛의 세기는, 하나의 전압 120 V를 사용하더라도 필라멘트들에 연결하는 세 가지 방법의 저항값들 중 하나를 택해 얻을 수 있다. 75 W 필라멘트는 하나의 저항값을 가지고 100 W 필라멘트는 두 번째 저항값을 제공하며 3번째 저항값은 두 필라멘트를 병렬로 연결해서 얻는다. 스위치 S_1이 닫히고, 스위치 S_2가 열릴 때 75 W 필라멘트에만 전류가 흐른다. S_1이 열리고 S_2가 닫힐 때 100 W 필라멘트에만 전류가 흐른다. 두 스위치가 모두 닫힐 때 전류는 두 필라멘트를 모두 흐르고, 전체의 밝기는 175 W가 얻어진다. ◀

◀ **예제 21.6** | 등가 저항 구하기

네 개의 저항기가 그림 21.21a와 같이 연결되어 있다.

(A) 점 a와 c 사이의 등가 저항을 구하라.

풀이

개념화 회로의 왼쪽으로부터 전하가 유입된다고 생각하자. 모든 전하는 처음 두 저항기를 지나지만 6.0 Ω과 3.0 Ω의 병렬 연결에서 전하는 두 개의 회로로 나뉜다.

분류 그림 21.21에서 회로는 저항기의 단순한 결합으로 이루어지므로 예제는 저항기의 직렬 및 병렬 연결의 규칙을 단순하게 적용하는 정도의 수준으로 분류한다.

분석 저항기 연결을 그림 21.21과 같이 단계별로 줄일 수가 있다.

8.0 Ω과 4.0 Ω의 저항기가 직렬 연결된 a와 b 사이의 등가 저항을 구한다.

$$R_{eq} = 8.0\,\Omega + 4.0\,\Omega = 12.0\,\Omega$$

6.0 Ω과 3.0 Ω의 저항기가 병렬 연결(오른쪽 갈색 원)된 b와 c 사이의 등가 저항을 구한다.

$$\frac{1}{R_{eq}} = \frac{1}{6.0\,\Omega} + \frac{1}{3.0\,\Omega} = \frac{3}{6.0\,\Omega}$$

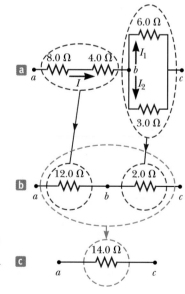

그림 21.21 (예제 21.6) 네트워크로 연결된 저항기의 회로를 단일 등가 저항으로 줄일 수 있다.

$$R_{eq} = \frac{6.0\,\Omega}{3} = 2.0\,\Omega$$

등가 저항으로 치환된 회로는 그림 21.21b와 같다. 12.0 Ω

과 2.0 Ω 저항기는 직렬 연결이다(초록색 원). a와 c 사이의 등가 저항을 구한다.

$$R_{\text{eq}} = 12.0\,\Omega + 2.0\,\Omega = \boxed{14.0\,\Omega}$$

이 저항은 그림 21.21c에 있는 단일 등가 저항으로 나타낼 수 있다.

(B) 만일 a와 c 사이의 전위차를 42 V로 유지한다면 각 저항기에 흐르는 전류는 얼마인가?

풀이

8.0 Ω과 4.0 Ω의 저항기는 직렬 연결되어 있으므로 두 저항기에 흐르는 전류는 같다. 또한 이 전류는 42 V의 전위차에 의해서 14.0 Ω의 등가 저항에 흐르는 전류와 같다.

식 21.6($R = \Delta V/I$)과 (A)의 결과를 이용해서 8.0 Ω과 4.0 Ω의 저항기에 흐르는 전류를 구한다.

$$I = \frac{\Delta V_{ac}}{R_{\text{eq}}} = \frac{42\,\text{V}}{14.0\,\Omega} = \boxed{3.0\,\text{A}}$$

그림 21.21a에서 병렬 연결된 저항기들의 양단 전압을 같게 놓고 전류 간의 관계식을 구한다.

$$\Delta V_1 = \Delta V_2 \;\rightarrow\; (6.0\,\Omega)I_1 = (3.0\,\Omega)I_2 \;\rightarrow\; I_2 = 2I_1$$

$I_1 + I_2 = 3.0\,\text{A}$ 를 이용해서 I_1을 구한다.

$$I_1 + I_2 = 3.0\,\text{A} \;\rightarrow\; I_1 + 2I_1 = 3.0\,\text{A} \;\rightarrow\; I_1 = \boxed{1.0\,\text{A}}$$

I_2를 구한다.

$$I_2 = 2I_1 = 2(1.0\,\text{A}) = \boxed{2.0\,\text{A}}$$

결론 $\Delta V_{bc} = (6.0\,\Omega)\,I_1 = (3.0\,\Omega)\,I_2 = 6.0\,\text{V}$이고, $\Delta V_{ab} = (12.0\,\Omega)I = 36\,\text{V}$임에 주의해서 결과를 확인한다. 따라서 $\Delta V_{ac} = \Delta V_{ab} + \Delta V_{bc} = 42\,\text{V}$이다.

⟨ 예제 21.7 | 병렬 연결된 세 저항기

그림 21.22a와 같이 세 저항기가 병렬 연결되어 있다. 점 a와 b 사이의 전위차는 18.0 V로 유지한다.

(A) 회로의 등가 저항을 계산하라.

풀이

개념화 그림 21.22a의 세 저항기는 단순한 병렬 연결 상태이다. 전류 I는 세 저항기에서 세 가지 전류 I_1, I_2, I_3로 나뉨에 유의하자.

분류 세 저항기는 단순히 병렬 연결되어 있으므로 식 21.28을 이용해서 등가 저항을 구한다.

분석 식 21.28을 이용해서 R_{eq}를 구한다.

$$\frac{1}{R_{\text{eq}}} = \frac{1}{3.00\,\Omega} + \frac{1}{6.00\,\Omega} + \frac{1}{9.00\,\Omega} = \frac{11.0}{18.0\,\Omega}$$

$$R_{\text{eq}} = \frac{18.0\,\Omega}{11.0} = \boxed{1.64\,\Omega}$$

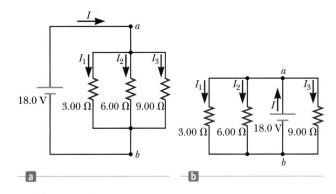

그림 21.22 (예제 21.7) (a) 병렬 연결된 세 저항기. 각 저항기 양단의 전위차는 18.0 V이다. (b) 전지 한 개와 저항기 세 개로 구성된 다른 회로. (a)의 회로와 동등한가?

(B) 각 저항기에 흐르는 전류를 구하라.

풀이

각 저항기 양단의 전위차는 18.0 V이다. $\Delta V = IR$의 관계식을 이용해서 전류를 구한다.

$$I_1 = \frac{\Delta V}{R_1} = \frac{18.0\,\text{V}}{3.00\,\Omega} = \boxed{6.00\,\text{A}}$$

$$I_2 = \frac{\Delta V}{R_2} = \frac{18.0\,\text{V}}{6.00\,\Omega} = \boxed{3.00\,\text{A}}$$

$$I_3 = \frac{\Delta V}{R_3} = \frac{18.0\,\text{V}}{9.00\,\Omega} = \boxed{2.00\,\text{A}}$$

(C) 각 저항기에 공급되는 전력을 구하고 저항기의 병렬 연결 전체에 공급되는 전력을 계산하라.

풀이

(B)에서 계산한 전류를 $P = I^2R$의 관계식에 적용해서 전력을 구한다.

$$3.00\ \Omega:\ P_1 = I_1^2 R_1 = (6.00\ \text{A})^2(3.00\ \Omega) = \boxed{108\ \text{W}}$$

$$6.00\ \Omega:\ P_2 = I_2^2 R_2 = (3.00\ \text{A})^2(6.00\ \Omega) = \boxed{54\ \text{W}}$$

$$9.00\ \Omega:\ P_3 = I_3^2 R_3 = (2.00\ \text{A})^2(9.00\ \Omega) = \boxed{36\ \text{W}}$$

결론 (C)의 결과는 가장 작은 저항기에 제일 많은 전력이 전달됨을 보여 준다. 세 결과를 더하면 전체 전력은 198 W이

다. (A)에서 구한 등가 저항을 이용하면 전체 전력을 다음과 같이 바로 계산할 수 있다.

$$P = (\Delta V)^2 / R_{\text{eq}} = (18.0\ \text{V})^2 / 1.64\ \Omega = 198\ \text{W}$$

문제 그림 21.22a 대신에 그림 21.22b와 같은 회로로 바꾸면 어떻게 되는가? 계산 결과에 어떤 영향을 주는가?

답 계산에 아무 영향을 주지 않는다. 전지의 물리적인 위치는 중요하지 않다. 그림 21.22b에서 전지에 의한 점 a와 b 사이의 전위차는 18.0 V로 유지되므로, 그림의 두 회로는 전기적으로 동등하다.

◣ **21.8** | 키르히호프의 법칙 Kirchhoff's Rules

앞 절에서 공부했듯이 간단한 회로의 경우 $\Delta V = IR$의 표현과 저항기의 직렬과 병렬 연결의 규칙을 이용해서 분석할 수 있다. 그러나 많은 경우 이들 법칙을 이용해서 회로를 단일 고리로 단순화하는 것이 불가능하다. 이와 같이 복잡한 회로를 분석하는 과정은 다음과 같은 **키르히호프의 법칙**(Kirchhoff's rules)이라는 두 가지 법칙을 이용해야 한다.

> 1. **분기점 법칙** (Junction rule): 모든 분기점에서 전류의 합은 영이다.
>
> $$\sum_{\text{junction}} I = 0 \qquad \textbf{21.29}$$
>
> 2. **고리 법칙** (Loop rule): 모든 닫힌 회로에서 각 소자를 지나갈 때 전위차의 합은 영이다.
>
> $$\sum_{\text{loop}} \Delta V = 0 \qquad \textbf{21.30}$$

키르히호프의 제1법칙은 **전하 보존**(conservation of electric charge)에 대한 설명이다. 회로 내의 전하는 한 분기점에서 쌓일 수 없으므로 그 분기점으로 흘러들어가는 전류는 모두 흘러나온다. 이 법칙에서 분기점으로 흘러들어가는 전류를 $+I$라 하고 분기점으로부터 흘러나가는 전류를 $-I$라 한다. 이 법칙을 그림 21.23a의 분기점에 적용하면 다음을 얻는다.

$$I_1 - I_2 - I_3 = 0$$

그림 21.23b는 이 상황에 대한 역학적 비유를 나타내고 있는데, 여기서 물은 갈라진 관을 통해 새는 곳이 없이 흐른다. 관의 왼쪽을 통해 단위 시간당 흘러들어가는 물의 양은 두 갈래의 오른쪽으로 흘러나가는 물의 양과 같다.

키르히호프의 제2법칙은 **에너지 보존**(conservation of energy)의 법칙을 따른다.

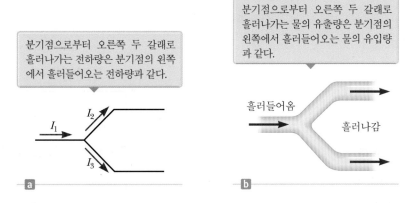

분기점으로부터 오른쪽 두 갈래로 흘러나가는 전하량은 분기점의 왼쪽에서 흘러들어오는 전하량과 같다.

분기점으로부터 오른쪽 두 갈래로 흘러나가는 물의 유출량은 분기점의 왼쪽에서 흘러들어오는 물의 유입량과 같다.

그림 21.23 (a) 키르히호프의 분기점 법칙 (b) 분기점 법칙에 대한 역학적 비유

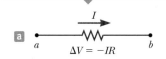

각각의 그림에서, $\Delta V = V_b - V_a$와 회로 요소는 a에서 b쪽으로, 즉 왼쪽에서 오른쪽으로 지날 경우이다.

그림 21.24 전지와 저항기 양단의 전위차를 결정하기 위한 규칙(전지의 내부 저항은 없다고 가정한다.)

닫힌 회로의 고리를 따라 한 양전하가 움직인다고 가정해도 좋다. 전하가 출발점에 돌아오면 전하-회로 계는 전하가 출발하기 전의 에너지와 같은 전체 에너지를 가져야 한다. 전하가 회로의 어떤 소자를 지나갈 때 증가한 에너지의 전체 합은 전하가 회로의 다른 소자를 지나면서 감소한 에너지의 전체 합과 같아야 한다. 양전하는 저항기 양단의 전압 강하 $-IR$을 통해 지나가거나 기전력원의 역방향으로 이동할 때 위치 에너지가 감소한다. 이 전하의 위치 에너지는 전지의 음극에서 양극으로 지날 때만 증가한다.

키르히호프의 제2법칙을 실제로 적용할 때 고리를 따라 **순환**하는 것처럼 생각하고, 앞 문단에서 설명한 **위치 에너지**의 변화보다는 **전위**의 변화를 고려한다. 그림 21.24의 회로에서 오른쪽으로 지나가는 경우를 생각해 보자. 제2법칙을 적용할 때 다음과 같은 부호의 규정에 유의해야 한다.

- 전류의 방향으로 저항기를 지날 때 전하는 저항기의 높은 전위로부터 낮은 전위로 지나가므로, 저항기에서의 전위차 ΔV는 $-IR$이다(그림 21.24a).
- 전류의 반대 방향으로 저항기를 지날 때 저항기에서의 전위차 ΔV는 $+IR$이다(그림 21.24b).
- 기전력의 방향(음극에서 양극)으로 기전력원(내부 저항이 없다고 가정)을 지날 때 전위차 ΔV는 $+\varepsilon$이다(그림 21.24c).
- 기전력의 반대 방향(양극에서 음극)으로 기전력원(내부 저항이 없다고 가정)을 지날 때 전위차 ΔV는 $-\varepsilon$이다(그림 21.24d).

회로를 분석하는 데 있어서 키르히호프의 법칙을 적용하는 횟수에는 제한이 있다. 한 분기점 방정식에서 사용되지 않은 전류를 포함하는 한 새로운 분기점에서 분기점 법칙을 적용해서 필요한 만큼의 방정식을 세울 수 있다. 일반적으로 분기점 법칙을 적용할 수 있는 횟수는 회로 내의 분기점 수보다 하나 적다. 이어서 회로의 고리들에 대해 고리 법칙을 적용하는데, 모든 고리에 대해 다 적용할 필요는 없고 미지 전류를 계산하기에 충분한 수의 방정식만 얻으면 된다. 일반적으로 특정한 회로 문제를 풀기 위해 필요한 독립적인 방정식의 수는 미지 전류의 수와 같아야 한다.

키르히호프
Gustav Kirchhoff, 1824~1887
독일의 물리학자

하이델베르그 대학의 교수인 키르히호프와 분젠(Robert Bunsen)은 분광기를 개발하고 분광학의 체계를 확립했다. 그들은 세슘과 루비듐 원소를 발견했으며 천문 분광학 분야를 개척했다.

예제 21.8 | 여러 고리를 포함하는 회로

그림 21.25의 회로에서 전류 I_1, I_2, I_3을 구하라.

풀이

개념화 전기적으로 동일하게 유지하면서 회로를 물리적으로 재배열한다고 생각해 보자. 여러분은 이 회로를 하나의 직렬 연결 또는 병렬 연결로 되게끔 재배열할 수 있는가? 여러분은 이렇게 단순화시킬 수 없음을 알게 될 것이다.

분류 저항기의 직렬 연결이나 병렬 연결의 규칙을 적용해서 회로를 단순화할 수 없다. (10.0 V의 전지를 제거하고 b에서 6.0 Ω 저항기까지 도선으로 연결하면, 이때의 회로는 단순화시킬 수 있을 것이다.) 회로는 단순히 저항의 직렬 연결이나 병렬 연결이 아니므로, 예제는 키르히호프의 법칙을 적용해야만 한다.

분석 그림 21.25와 같이 회로에 흐르는 전류의 방향을 설정한다.
분기점 c에 키르히호프의 분기점 법칙을 적용한다.

$$(1) \qquad I_1 + I_2 - I_3 = 0$$

세 미지수 I_1, I_2, I_3에 대해서 이제 하나의 식을 세웠다. 회로에는 세 개의 고리 $abcda$, $befcb$, $aefda$가 있다. 미지의 전류를 결정하기 위해 두 개의 고리 법칙만 적용해서 식을 세우면 된다(세 번째 고리 방정식에는 새로운 정보가 없다). 고리의 시계 방향으로 순환하기로 한다. 고리 $abcda$, $befcb$에 키르히호프의 고리 법칙을 적용한다.

$abcda$: (2) $\quad 10.0\,\text{V} - (6.0\,\Omega)I_1 - (2.0\,\Omega)I_3 = 0$

$befcb$: $\;-(4.0\,\Omega)I_2 - 14.0\,\text{V} + (6.0\,\Omega)I_1 - 10.0\,\text{V} = 0$

$$(3) \qquad -24.0\,\text{V} + (6.0\,\Omega)I_1 - (4.0\,\Omega)I_2 = 0$$

식 (1)을 I_3에 대해서 풀고 식 (2)에 대입한다.

$$10.0\,\text{V} - (6.0\,\Omega)I_1 - (2.0\,\Omega)(I_1 + I_2) = 0$$

$$(4) \qquad 10.0\,\text{V} - (8.0\,\Omega)I_1 - (2.0\,\Omega)I_2 = 0$$

식 (3)의 모든 항에 4를 곱하고 식 (4)의 각 항에 3을 곱한다.

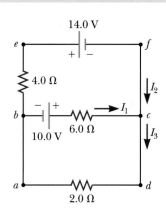

그림 21.25 (예제 21.8) 여러 분기점을 포함하고 있는 회로

$$(5) \qquad -96.0\,\text{V} + (24.0\,\Omega)I_1 - (16.0\,\Omega)I_2 = 0$$

$$(6) \qquad 30.0\,\text{V} - (24.0\,\Omega)I_1 - (6.0\,\Omega)I_2 = 0$$

식 (5)와 (6)을 더해서 I_1을 소거하고 I_2를 구한다.

$$-66.0\,\text{V} - (22.0\,\Omega)I_2 = 0$$

$$I_2 = \boxed{-3.0\,\text{A}}$$

식 (3)에 I_2를 대입해서 I_1을 구한다.

$$-24.0\,\text{V} + (6.0\,\Omega)I_1 - (4.0\,\Omega)(-3.0\,\text{A}) = 0$$

$$-24.0\,\text{V} + (6.0\,\Omega)I_1 + 12.0\,\text{V} = 0$$

$$I_1 = \boxed{2.0\,\text{A}}$$

식 (1)을 이용해서 I_3을 구한다.

$$I_3 = I_1 + I_2 = 2.0\,\text{A} - 3.0\,\text{A} = \boxed{-1.0\,\text{A}}$$

결론 I_2와 I_3 모두 음($-$)의 부호를 가지므로 전류의 실제 방향은 그림 21.25의 처음에 설정한 방향과 반대이다. 그러나 그 크기는 맞다. 전류의 방향은 반대이지만 그 다음 계산에서 계속해서 음의 값을 사용해야 한다. 왜냐하면 이는 방정식을 세울 때 설정한 전류의 방향을 따라야 하기 때문이다. 전류의 방향은 그림 21.25와 같이 두고, 고리의 반대 방향으로 순환하면 어떻게 되는가?

▌**21.9** │ *RC* 회로 *RC* Circuits

지금까지는 일정한 전류가 흐르는 직류 회로를 공부했다. 축전기를 포함하는 직류 회로에 있어서 흐르는 전류의 방향은 일정하지만 흐르는 전류의 크기는 변할 수 있다. 저항기와 축전기가 직렬로 연결된 회로를 ***RC* 회로**(*RC* circuit)라고 한다.

축전기의 충전 Charging a Capacitor

그림 21.26은 간단한 *RC* 회로를 나타낸다. 처음에 축전기는 충전되지 않았다고 가정한다. 스위치가 열려 있을 때(그림 21.26a) 회로에는 전류가 흐르지 않는다. *t* = 0 의 시간(그림 21.26b)에 스위치를 닫으면, 전하가 이동하면서 회로에 전류를 형성하고 축전기에 충전이 되기 시작한다.[11] 축전기의 판 사이의 간격은 열린 회로이기 때문에, 충전이 되는 동안에 전하는 판 사이를 통과하지 못한다는 것을 유의해야 한다. 대신 축전기가 완전히 충전될 때까지 전하는 전지에 의해서 축전기의 두 판을 연결한 도선 내부에 형성된 전기장을 따라서 흐른다. 축전기의 판에 충전이 진행됨에 따라 축전기 양단의 전위차는 증가한다. 판에 유도되는 전하의 최댓값은 전지의 전압에 의존한다. 일단 최대 전하에 도달하면, 축전기 양단의 전위차는 전지의 전압과 같아지므로 회로에 흐르는 전류는 영이 된다.

정량적으로 문제를 분석하기 위해 스위치를 *a* 위치에 놓은 후 회로에 키르히호프의 제2법칙을 적용해 보자. 그림 21.26b와 같이 회로가 시계 방향으로 순환하면 다음을 얻는다.

$$\varepsilon - \frac{q}{C} - IR = 0 \qquad \textbf{21.31}$$

여기서 *q*/*C*는 축전기에서의 전위차를 나타내고 *IR*은 저항기에서의 전위차를 나타낸다. *ε*와 *IR*의 부호는 앞에서 논의한 부호 설정의 규칙을 따른다. 축전기의 경우 양(+) 판에서 음(−) 판으로 지나가므로 전압 강하가 일어남에 유의하자. 그러므로 식 21.31의 전위차 항에서 음의 부호를 사용한다. *q*와 *I*는 각각 축전기가 충전될 때의 시간에 의존하는(정상 상태와는 다름) **순간 전하**와 **순간 전류**값임에 유의하자.

식 21.31을 이용해서 회로의 처음 전류와 축전기의 최대 전하를 구할 수 있다. 스위치를 *a* 위치로 닫는 순간(*t* =0), 축전기의 전하는 영이며, 식 21.31로부터 회로의 처음 전류 *I*ᵢ는 최댓값을 가지며 다음과 같다.

$$I_i = \frac{\varepsilon}{R} \qquad (t = 0 \text{에서의 전류}) \qquad \textbf{21.32}$$

이때 전지 단자로부터의 전위차는 전적으로 저항기에서 일어난다. 나중에 축전기

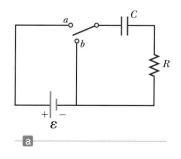

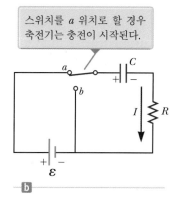

스위치를 *a* 위치로 할 경우 축전기는 충전이 시작된다.

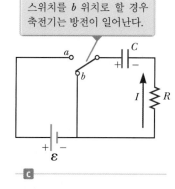

스위치를 *b* 위치로 할 경우 축전기는 방전이 일어난다.

그림 21.26 저항기, 전지 및 스위치와 직렬로 연결된 축전기

---

[11] 앞에서 축전기를 공부할 때 축전기를 포함하고 있는 회로에는 전류가 흐르지 않는 정상 상태를 가정했다. 여기서는 정상 상태에 도달하기 **전** 상태를 고려한다. 이 경우 축전기를 연결하는 도선을 통해서 전류가 흐르고 있다.

가 최댓값 Q로 충전되면 전하의 흐름은 멈추게 되고 회로의 전류는 영이 되며, 전지 단자로부터의 전위차는 전적으로 축전기에서 일어난다. $I = 0$을 식 21.31에 대입해서 그때 축전기에 저장된 최대 전하를 구하면 다음과 같다.

$$Q = C\mathcal{E} \qquad \text{(최대 전하)} \qquad\qquad \textbf{21.33}$$

시간에 따라 변화하는 전하와 전류의 표현을 구하기 위해, q와 I를 포함하는 식 21.31을 풀어야 한다. 직렬 회로의 모든 소자에 있어서 흐르는 전류는 동일하다. 그러므로 저항 R을 통해서 흐르는 전류는 축전기의 판 사이에 흐르는 전류뿐만 아니라 도선을 통해서 흐르는 전류와 같다. 이 전류는 축전기에 충전되는 전하의 시간 변화율과 같다. 그러므로 $I = dq/dt$를 식 21.31에 대입해서 식을 정리하면 다음과 같다.

$$\frac{dq}{dt} = \frac{\mathcal{E}}{R} - \frac{q}{RC}$$

q에 대한 식을 구하기 위해 변수 분리를 이용해서 미분 방정식을 푼다. 먼저 우변의 항들을 묶으면

$$\frac{dq}{dt} = \frac{C\mathcal{E}}{RC} - \frac{q}{RC} = -\frac{q - C\mathcal{E}}{RC}$$

이다. 이제 dt를 곱하고 $q - C\mathcal{E}$로 나누면

$$\frac{dq}{q - C\mathcal{E}} = -\frac{1}{RC}dt$$

이다. $t = 0$에서 $q = 0$이라는 사실을 적용하여 이 식을 적분하면

$$\int_0^q \frac{dq}{q - C\mathcal{E}} = -\frac{1}{RC}\int_0^t dt$$

$$\ln\left(\frac{q - C\mathcal{E}}{-C\mathcal{E}}\right) = -\frac{t}{RC}$$

이다. 자연 로그의 정의로부터 이 식은 다음과 같이 쓸 수 있다.

▶ 충전되는 축전기에서 전하의 시간에 대한 함수

$$q(t) = C\mathcal{E}(1 - e^{-t/RC}) = Q(1 - e^{-t/RC}) \qquad\qquad \textbf{21.34}$$

여기서 e는 자연 로그의 밑수이고, 식 21.33을 이용해서 마지막 식을 유도했다.

충전 전류에 대한 표현은 식 21.34를 시간에 대해 미분함으로써 구할 수 있다. 관계식 $I = dq/dt$를 이용해서 구하면 다음과 같다.

▶ 충전되는 축전기에서 전류의 시간에 대한 함수

$$I(t) = \frac{\mathcal{E}}{R}e^{-t/RC} \qquad\qquad \textbf{21.35}$$

회로의 전류와 충전되는 전하의 시간에 대한 그래프가 그림 21.27에 나타나 있다. 전하는 $t = 0$에서 영이고, $t \to \infty$일 때 최댓값 $C\mathcal{E}$에 수렴한다는 사실에 유의하자. 전류는 $t = 0$에서 최댓값 $I_i = \mathcal{E}/R$이며, 시간이 지남에 따라 지수적으로 감소해서 $t \to \infty$일 때 영이 된다. 식 21.34와 21.35의 지수에 나타나는 값 RC는 회로의 **시간**

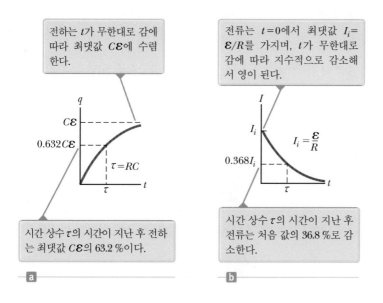

전하는 t가 무한대로 감에 따라 최댓값 $C\mathcal{E}$에 수렴한다.

전류는 $t = 0$에서 최댓값 $I_i = \mathcal{E}/R$를 가지며, t가 무한대로 감에 따라 지수적으로 감소해서 영이 된다.

시간 상수 τ의 시간이 지난 후 전하는 최댓값 $C\mathcal{E}$의 63.2 %이다.

시간 상수 τ의 시간이 지난 후 전류는 처음 값의 36.8 %로 감소한다.

상수(time constant) τ라고 하고 다음과 같이 나타낸다.

$$\tau = RC \qquad\qquad 21.36$$

시간 상수는 전류가 처음 값의 $1/e$로 감소하는 데 걸리는 시간을 나타낸다. 즉 시간 τ 동안에 $I = e^{-1}I_i = 0.368I_i$로 감소하고, 2τ 동안의 시간에는 $I = e^{-2}I_i = 0.135I_i$ 등으로 감소한다. 마찬가지로 시간 τ 동안에 전하는 영으로부터 $C\mathcal{E}[1 - e^{-1}] = 0.632\,C\mathcal{E}$로 증가한다.

축전기가 완전히 충전되는 동안 전지가 공급한 에너지는 $Q\mathcal{E} = C\mathcal{E}^2$이다. 축전기가 완전히 충전된 후 축전기에 저장된 에너지는 $\frac{1}{2}Q\mathcal{E} = \frac{1}{2}C\mathcal{E}^2$이며, 이것은 전지에서 나온 에너지의 꼭 절반이다. 전지에서 나온 나머지 절반의 에너지는 저항기에서 내부 에너지로 나타난다.

축전기의 방전 Discharging a Capacitor

이제 그림 21.26b와 같이 처음에 전하 Q로 완전히 충전된 축전기를 생각해 보자. 스위치가 열려 있을 경우 축전기 양단의 전위차는 Q/C이고, $I = 0$이므로 저항기 양단의 전위차는 영이다. $t = 0$에서 스위치를 b 위치로 닫으면(그림 21.26c), 축전기는 저항기를 통해서 방전하기 시작한다. 방전하는 동안 어떤 시간 t에서 회로에 흐르는 전류는 I이고 축전기의 전하는 q이다. 그림 21.26c의 회로는 회로에 전지가 없는 것을 제외하고는 그림 21.26b의 회로와 동일하다. 따라서 식 21.31에서 기전력 $\mathcal{E}$를 제거해서 다음과 같이 그림 21.26c의 회로에 대한 적절한 고리 방정식을 얻는다.

$$-\frac{q}{C} - IR = 0 \qquad\qquad 21.37$$

$I = dq/dt$를 이 식에 대입하면 다음을 얻는다.

$$-R\frac{dq}{dt} = \frac{q}{C}$$

$$\frac{dq}{q} = -\frac{1}{RC}\,dt$$

$t = 0$에서 $q = Q$인 사실을 이용해서 이 식을 적분하면 다음을 얻는다.

$$\int_Q^q \frac{dq}{q} = -\frac{1}{RC}\int_0^t dt$$

$$\ln\left(\frac{q}{Q}\right) = -\frac{t}{RC}$$

▶ 방전되는 축전기에서 전하의 시간에 대한 함수

$$q(t) = Q\,e^{-t/RC} \qquad\qquad 21.38$$

이 식을 시간에 대해서 미분하면 다음과 같이 순간 전류를 시간의 함수로 구할 수 있다.

▶ 방전되는 축전기에서 전류의 시간에 대한 함수

$$I(t) = -\frac{Q}{RC}\,e^{-t/RC} \qquad\qquad 21.39$$

여기서 $Q/RC = I_i$는 처음 전류이다. 음$(-)$의 부호는 축전기를 방전할 때의 전류의 방향이 축전기를 충전할 때의 전류의 방향과 반대임을 나타낸다(그림 21.26b와 21.26c에서 전류의 방향을 비교한다). 축전기의 전하와 전류는 둘 다 시간 상수 $\tau = RC$의 특성을 가지고 지수적으로 감소한다.

20.7절에서 축전기로서의 세포막 조각 모형을 살펴봤다. 주어진 세포막 조각의 전기용량을 C_m이라고 하자. 또한 세포막에서 다양한 이온 통로와 이온 펌프를 통한 이온의 흐름을 이야기했다. 이 흐름은 전류를 의미한다. 이온은 자유롭게 세포막을 가로질러 이동할 수 없다. 그러니까 전류가 흐르는 데 있어서 **세포막 저항** R_m이라고 하는 저항이 있다. 그 결과 각각의 작은 세포막 조각들은 그림 21.28에 보인 것처럼 RC 회로로 모형화할 수 있다.

BIO 신경을 따라 전파되는 활동 전위에 대한 케이블 이론

특정한 뉴런에서의 긴 구조(예를 들면 수상 돌기나 축삭)는 그림 21.28에서 보는 것처럼 길이 방향의 저항으로 연결된 RC 회로 모듈로 모형화할 수 있다. **길이 방향의 저항** R_ℓ은 세포질에 있는 뉴런의 축을 따라 흐르는 전류에서 저항을 나타낸다. 이 뉴런 모형은 해저 전신 케이블의 신호의 감쇠를 분석하기 위해 1850년대에 켈빈이 처음 사용한 **케이블 이론**으로 해석할 수 있다. 우리는 하나의 뉴런에서, 일어나는 활동

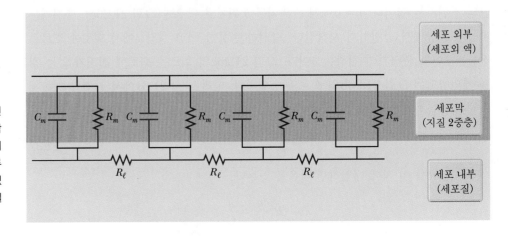

그림 21.28 케이블 이론을 이용한 뉴런의 세포막 모형. 네 개의 작은 세포막 조각을 보여 주고 있는데, 각각의 조각은 전기적으로 저항 R_m과 전기용량 C_m으로 이루어진 RC 회로로 모형화한다. 인접하고 있는 조각들은 전기적으로 세포 내의 세포질 저항 R_ℓ로 연결되어 있다.

전위의 전파 감쇠를 이야기할 것이다.

케이블 이론을 이용해서, 신경 세포에서 일어나는 활동 전위의 전파를 모형화할 수 있고 이 모형을 사람의 신경계 내부에서의 정보 전달과 연관시킬 수 있다. 활동 전위의 전파는 두 가지 주요한 변수, 즉 시간 상수와 길이 상수에 따라 좌우된다. 세포막 조각을 모형화한 RC 회로의 **시간 상수** $\tau = R_m C_m$은 앞서 말한 시간 상수와 유사하며, 얼마나 빨리 세포막 축전기가 충전 및 방전을 할 수 있는지를 결정한다. 뉴런의 어떤 한 점에 주어진 특정한 입력 정보에 대해, 뉴런에서의 세포막 전압이 퍼져 나간 거리에 따라 지수적으로 감쇠한다. **길이 상수** $\lambda = (R_m / R_\ell)^{1/2}$는 전압이 처음 값에서 e^{-1}로 감쇠하는 뉴런에서의 특성 길이를 결정한다. 더불어 이 두 가지 변수는 뉴런이 얼마나 효과적으로 뉴런의 길이를 따라 신호를 전달하는지 보여 준다.

어떤 신경 조직의 축삭은 **미엘린**[myelin, 신경 섬유의 축삭(軸索)을 싸는 지방성 물질] 조각으로 둘러싸여 있다. 각 조각은 **랑비에 결절**(nodes of Ranvier)이라고 하는 간격으로 분리되어 있다. 미엘린은 세포막에서 이온이 이동하는 것을 차단하는 작용을 한다. 그럼으로써 앞서 말한 조각에서 조각으로의 상대적으로 느린 활동 전위의 전파는 일어나지 않는다. 대신 한 결절에서의 활동 전위가 빠르게 다음 결절에서 활동 전위를 유도하면서 신호는 주로 세포 내부에서 전달된다. 그 결과 신호는 **도약 전도**(saltatory conduction) 과정을 통해 뉴런을 따라 훨씬 빠르게 전달된다.

어떤 질병은 신경 세포 주변의 미엘린 수초(髓鞘)에 손상을 주어 도약 전도 과정을 나쁘게 만든다. 그 결과 이 질병으로 고통 받는 환자는 근육으로 전달되는 신호가 지연됨에 따른 운동 장애를 겪는다. 예를 들어 자기 면역 질환의 일종인 **횡단성 척수염**(transverse myelitis)에 걸리면, 몸이 미엘린에 손상을 주는 염증을 유발하면서 척수를 공격한다. 심한 경우에, 환자는 휠체어 신세를 져야 하고 일상생활을 하는 데 있어 타인의 도움을 받아야 한다. 만일 두뇌의 백색질에서 미엘린이 손상되면, 관련된 인체 기능에 심각한 수준의 장애를 일으키는 **다발성 경화증**(multiple sclerosis)이 발생한다.

> 🔺 **퀴즈 21.8** 그림 21.29의 회로에서 전지의 내부 저항은 없다고 가정하자. (**i**) 스위치를 닫은 바로 직후 전지에 흐르는 전류는 얼마인가? (a) 0 (b) $\mathcal{E}/2R$ (c) $2\mathcal{E}/R$ (d) $\mathcal{E}/R$ (e) 알 수 없다. (**ii**) 시간이 많이 흐르고 난 후 전지에 흐르는 전류는 얼마인가? 앞의 보기에서 고르라.

▶ 생각하는 물리 21.6

도로 건설 현장에는 운전자에게 위험을 경고하기 위해 노란색 빛의 점멸등을 설치해 둔다. 전구를 빛나게 하는 것은 무엇인가?

추론 이런 빛을 내는 전형적인 회로를 그림 21.30에 나타낸다. 기체로 채워진 램프 L은 큰 전위차가 기체 내에 전기 방전을 일으켜서 밝은 빛을 방출할 때에만 전류가 흐

BIO 신경 전도에서 미엘린의 역할

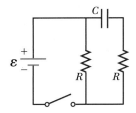

그림 21.29 (퀴즈 21.8) 스위치를 닫은 후 전류는 어떻게 변하는가?

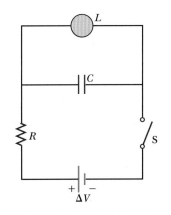

그림 21.30 (생각하는 물리 21.6) 점멸등이 있는 도로 건설 현장에서의 RC 회로. 스위치가 닫힐 때, 축전기 판에 있는 전하는 축전기 양단의 전위차가 축전기가 방전해서 램프가 빛을 내기에 충분할 때까지 증가한다.

른다. 방전되는 동안 전하는 램프의 전극 사이의 기체를 통해 흐른다. 스위치 S가 닫힌 후 전지는 전기용량 C인 축전기를 충전한다. 처음에 전류는 크고 축전기에의 전하는 작다. 그래서 대부분의 전위차는 저항 R의 양단에 나타난다. 축전기가 충전됨에 따라, 축전기 양단의 전위차가 점점 증가한다. 이로써 전류가 적게 흐르면서 저항기 양단의 전위차가 낮아진다. 결국 축전기 양단의 전위차는 램프에 전류가 흐를 수 있는 값에 도달해서 빛을 내게 된다. 이 과정에서 축전기를 방전시키고 이어서 충전 과정은 다시 시작된다. 빛 사이의 간격은 RC 회로의 시간 상수를 변화함으로써 조절될 수 있다. ◀

예제 21.9 | RC 회로에서 축전기의 충전

충전되지 않은 축전기와 저항기가 그림 21.26과 같이 전지에 연결되어 있다. 여기서 $\varepsilon = 12.0$ V, $C = 5.00$ μF, $R = 8.00 \times 10^5$ Ω이다. 스위치를 a 위치로 놓는다. 회로의 시간 상수, 축전기에 저장되는 최대 전하, 회로에 흐르는 최대 전류를 구하고 축전기의 전하 및 회로의 전류를 시간의 함수로 구하라.

풀이

개념화 그림 21.26을 살펴보고 그림 21.26b와 같이 스위치를 a 위치로 놓는다고 생각해 보자. 그렇게 하면 축전기의 충전이 시작된다.

분류 이 절에서 공부한 식을 이용해서 결과를 얻을 수 있으므로, 예제를 대입 문제로 분류한다.

식 21.36을 이용해서 회로의 시간 상수를 계산한다.

$$\tau = RC = (8.00 \times 10^5 \ \Omega)(5.00 \times 10^{-6} \ \text{F}) = \boxed{4.00 \ \text{s}}$$

식 21.33을 이용해서 축전기에 저장되는 최대 전하를 계산한다.

$$Q = C\varepsilon = (5.00 \ \mu\text{F})(12.0 \ \text{V}) = \boxed{60.0 \ \mu\text{C}}$$

식 21.32로부터 회로에 흐르는 최대 전류를 계산한다.

$$I_i = \frac{\varepsilon}{R} = \frac{12.0 \ \text{V}}{8.00 \times 10^5 \ \Omega} = \boxed{15.0 \ \mu\text{A}}$$

식 21.34와 21.35를 이용해서 전하와 전류를 시간의 함수로 구한다.

$$(1) \qquad q(t) = \boxed{60.0(1 - e^{-t/4.00})}$$

$$(2) \qquad I(t) = \boxed{15.0 \ e^{-t/4.00}}$$

식 (1)과 (2)에서 q의 단위는 μC, I의 단위는 μA, t의 단위는 s이다.

예제 21.10 | RC 회로에서 축전기의 방전

그림 21.26c와 같이 전기용량이 C인 축전기가 저항 R을 통해서 방전한다고 생각해 보자.

(A) 축전기의 전하가 처음 값의 4분의 1이 되는 데 걸리는 시간은 시간 상수의 몇 배가 되는가?

풀이

개념화 그림 21.26을 살펴보고 그림 21.26c와 같이 스위치를 b 위치로 놓는다고 생각해 보자. 그렇게 하면 축전기의 방전이 시작된다.

분류 예제를 방전하는 축전기의 문제로 분류하고 그와 관련된 식들을 사용한다.

분석 식 21.38에서 $q(t) = Q/4$로 치환한다.

$$\frac{Q}{4} = Qe^{-t/RC}$$

$$\frac{1}{4} = e^{-t/RC}$$

식의 양변에 로그를 취하고 t에 대해 푼다.

$$-\ln 4 = -\frac{t}{RC}$$

$$t = RC \ln 4 = 1.39 RC = \boxed{1.39 \ \tau}$$

(B) 축전기의 방전이 진행됨에 따라서 축전기에 저장된 에너지는 줄어든다. 축전기에 저장된 에너지가 처음 값의 4분의 1이 되는 데 걸리는 시간은 시간 상수의 몇 배가 되는가?

풀이

식 20.29와 21.38을 이용해서 시간 t에 축전기에 저장된 에너지 식을 구한다.

$$(1) \qquad U(t) = \frac{q^2}{2C} = \frac{Q^2}{2C} e^{-2t/RC}$$

식 (1)에서 $U(t) = \frac{1}{4}(Q^2/2C)$로 치환한다.

$$\frac{1}{4}\frac{Q^2}{2C} = \frac{Q^2}{2C} e^{-2t/RC}$$

$$\frac{1}{4} = e^{-2t/RC}$$

식의 양변에 로그를 취하고 t에 대해 푼다.

$$-\ln 4 = -\frac{2t}{RC}$$

$$t = \frac{1}{2}RC \ln 4 = 0.693 \, RC = \boxed{0.693 \, \tau}$$

결론 에너지는 전하의 제곱에 비례하므로 축전기의 에너지는 전하보다 더 빠르게 감소한다.

▌**21.10** | **연결 주제: 도체로서의 대기**
Context Connection: The Atmosphere as a Conductor

20장에서 두 도체판 사이에 공기로 채워진 축전기를 설명하면서 공기가 완전 절연체였던 단순화한 모형을 채택했다. 비록 그것이 축전기에서 나타나는 전형적인 전위차에 관한 좋은 모형이라 할지라도, 우리는 전류가 공기를 통해 흐르는 것이 가능함을 안다. 번개는 이 가능성의 단적인 예이다. 하지만 더 일상적인 예로, 여러분이 카펫을 걸어간 후 문 손잡이를 만졌을 때 생기는 스파크가 있다.

번개와 문 손잡이 스파크는 전류의 크기가 아주 다르지만 동일한 전기적 방전 과정으로 분석할 수 있다. 강한 전기장이 공기 중에 존재하면, 공기는 유효 비저항이 극도로 작아지고 도체로 변하는 전기적 절연 파괴가 가능하다. 항상 공기 중에는 우주선과의 충돌이나 다른 사건들로 인해 많은 이온화된 분자가 있다(그림 21.31a). 날씨가 좋을 때의 전기장처럼 비교적 약한 전기장의 경우 이들 이온과 자유로워진 전자는 전기력에 의해 서서히 가속된다. 이들은 다른 분자와 충돌하며 자유로워진 전자는 궁극적으로 이온을 만나 결합함으로써 결국은 전기적으로 중성이 된다. 그러나 뇌우와 같은 강한 전기장 내에서 자유로워진 전자들은 분자와 충돌하기 전(그림 21.31c)에 매우 큰 속력으로 가속될 수 있다(그림 21.31b). 전기장이 충분히 강하면, 전자는 이 충돌에서 분자를 이온화시킬 만큼 충분한 에너지를 가질 수 있다(그림 21.31d). 이제 전기장에 의해 가속되는 두 전자가 있는데, 각각은 큰 속력으로 다른 분자와 충돌할 수 있다(그림 21.31e). 그 결과 공기 중에 전하 운반자의 수가 매우 급속히 증가하고 그에 따라 공기의 전기 저항은 감소한다. 따라서 공기 중에 많은 전류가 흐를 수 있는데, 이때 구름 내의 전하와 지면에의 전하처럼 처음에 전위차를 형성했던 전하들은 중성화된다. 그 일이 일어날 때 우리는 번개를 본다.

번개가 칠 때 전류는 매우 강하다. 땅으로 향하는 계단선도가 만들어지는 동안 전

분자가 어떤 사건의 결과로 이온화
된다.

전기장으로부터 힘을 받아 이온은
서서히 가속되고 전자는 급속히
가속된다.

가속된 전자는 빠른 속력으로 또
다른 분자에 접근한다.

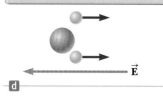

새로운 분자는 이온화되고 원래
전자와 새로운 전자는 급속히 가속
된다.

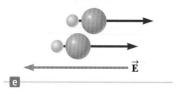

이들 전자는 다른 분자에 접근하고
또 다른 두 개의 자유로운 전자와
이온화 과정의 급격한 증가를 가져
온다.

그림 21.31 불꽃의 해부

류는 보통 정도인 200~300 A 범위에 있다. 이 전류는 집 안에서의 전류에 비하면 매우 크지만 번개 방전의 최대 전류와 비교하면 작은 것이다. 일단 계단선도와 낙뢰가 연결되면, 전류는 5×10^4 A 정도로 급격하게 증가한다. 뇌우에서 구름과 지면 사이의 전위차는 수십만 볼트에 이를 수 있음을 고려하면, 번개치는 동안의 전력은 수십억 W로 추정된다. 번개칠 때 에너지의 대부분은 급격한 온도 상승과 섬광 그리고 천둥 소리를 통해 공기로 전달된다.

뇌운이 없을 때도 공기를 통한 전하의 흐름이 있다. 공기 중에 있는 이온은 전도도가 높지는 않지만 공기를 도체로 만든다. 대기 측정에 의하면 대기 축전기(20.11절) 양단에 약 3×10^5 V의 전형적인 전위차가 발생한다. 〈관련 이야기 6 결론〉에서 보겠지만 대기 축전기에서 판 사이의 공기의 전체 저항은 약 300 Ω이다. 그러므로 공기 중에서 날씨가 좋은 날의 평균 전류는 다음과 같다.

$$I = \frac{\Delta V}{R} = \frac{3 \times 10^5 \text{ V}}{300 \text{ } \Omega} \approx 1 \times 10^3 \text{ A}$$

이들 계산에서 많은 단순화한 가정을 했지만, 이 결과는 지구의 전류의 크기 정도를 정확하게 설명한다. 결과가 놀랄 만큼 크지만, 이 전류는 지구의 전 표면에 퍼져 있음을 기억하라. 그러므로 날씨가 좋은 날의 평균 전류 밀도는 다음과 같다.

$$J = \frac{I}{A} = \frac{I}{4\pi r^2} = \frac{1 \times 10^3 \text{ A}}{4\pi (6.4 \times 10^6 \text{ m})^2} \approx 2 \times 10^{-12} \text{ A/m}^2$$

비교해 보면, 번개가 칠 때 전류 밀도는 10^5 A/m² 정도이다.

맑은 날씨일 때의 전류와 번개치는 날의 전류는 방향이 반대이다. 맑은 날씨에 전류는 대지로 양전하가 이동하고 반면에 번개가 칠 때에는 음전하가 이동한다. 이들 두 효과는 균형을 이룬다.[12] 이는 〈관련 이야기 6 결론〉에서 지구에서 내리치는 번개의 평균 횟수를 통계적으로 예측하는 데 사용할 원리이다.

---

[12] 역시 많은 다른 효과가 있다. 그러나 우리는 단지 이들 두 효과만 고려하는 단순화 모형을 채택할 것이다. 더 많은 정보는 *Physics Today*, October 1998, pp. 24–30에 있는 E. A. Bering, A. A. Few와 J. R. Benbrook의 〈지구의 전기회로〉를 참고한다.

연습문제 |

객관식

1. 여러 개의 저항기가 직렬로 연결되어 있다. 다음 중 옳은 것을 모두 고르라. (a) 등가 저항은 각각의 어떤 저항보다도 크다. (b) 등가 저항은 각각의 어떤 저항보다도 작다. (c) 등가 저항은 직렬 연결에 걸린 전압에 의존한다. (d) 등가 저항은 각 저항의 합과 같다. (e) 정답 없음

2. 그림 OQ21.2는 특정 전기 소자의 전압–전류 특성을 나타내고 있다. 소자에 걸린 전위차가 2 V일 때 저항은 얼마인가? (a) 1 Ω (b) 3/4 Ω (c) 4/3 Ω (d) 알 수 없음 (e) 정답 없음

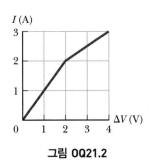

그림 OQ21.2

3. 120 V의 전기 회로에서 전열기는 1.30×10^3 W, 토스터는 1.00×10^3 W, 전기 오븐은 1.54×10^3 W의 전력을 공급받는다. 세 가지 전기 기기를 120 V의 전기 회로에 병렬로 연결하고 동시에 스위치를 닫을 경우, 외부 전원으로부터 회로에 공급되는 전체 전류는 얼마인가? (a) 24.0 A (b) 32.0 A (c) 40.0 A (d) 48.0 A (e) 정답 없음

4. 저항이 R인 전기 도선을 동일한 크기의 세 도막으로 자른 후 나란히 연결해서 원래 길이의 1/3이 되는 새로운 도선을 만들었다. 새 도선의 저항은 얼마인가? (a) $R/9$ (b) $R/3$ (c) R (d) $3R$ (e) $9R$

5. 도선 B는 길이와 반지름이 각각 도선 A의 두 배이며, 두 도선은 모두 같은 물질로 되어 있다. 도선 A의 저항이 R이라면 도선 B의 저항은 얼마인가? (a) $4R$ (b) $2R$ (c) R (d) $R/2$ (e) $R/4$

6. 10.0 Ω 저항기의 양단에 1.00 V의 전위차가 20.0 s 동안 유지되고 있다. 이 시간 동안 저항기에 연결된 도선의 한 점을 통해 지나간 전체 전하는 얼마인가? (a) 200 C (b) 20.0 C (c) 2.00 C (d) 0.005 00 C (e) 0.050 0 C

7. 길이와 반지름이 같은 도선 A와 B가 같은 전위차로 연결되어 있다. 도선 A의 비저항 값이 도선 B의 두 배일 때, A에 전달된 전력의 크기는 B의 몇 배인가? (a) 2 (b) $\sqrt{2}$ (c) 1 (d) $1/\sqrt{2}$ (e) 1/2

8. 값이 서로 다른 저항기를 직렬로 연결할 경우, 다음 중 각 저항기에 동일한 값을 제공하는 물리량은 무엇인가? 모두 고르라. (a) 전위차 (b) 전류 (c) 공급되는 전력 (d) 주어진 시간 동안 각 저항기에 들어가는 전하 (e) 정답 없음

9. 여러 개의 저항기가 병렬로 연결되어 있다. 다음 중 옳은 것을 모두 고르라. (a) 등가 저항은 각각의 어떤 저항보다도 크다. (b) 등가 저항은 각각의 어떤 저항보다도 작다. (c) 등가 저항은 병렬 연결에 걸린 전압에 의존한다. (d) 등가 저항은 각 저항의 합과 같다. (e) 정답 없음

10. 자동차 전지의 등급은 주로 전류와 시간의 곱으로 정한다. 이 정보는 다음 중 어떤 물리량을 나타내는가? (a) 전류 (b) 전력 (c) 에너지 (d) 전하 (e) 전지가 제공할 수 있는 전위

주관식

21.1 전류

1. 특정한 음극선관에서 측정된 전류는 30.0 μA이다. 얼마나 많은 전자가 40.0 s마다 관의 스크린에 부딪히는가?

2. 단면의 넓이가 4.00×10^{-6} m^2인 알루미늄 도선에 5.00 A의 전류가 흐르고 있다. 알루미늄의 밀도는 2.70 g/cm^3이다. 알루미늄 원자 한 개당 전류에 기여하는 전자가 한 개라고 가정하면, 도선 내 전자의 유동 속력은 얼마인가?

3. 어떤 고에너지 전자 가속기에서 나오는 전자빔의 원형 단면의 반지름이 1.00 mm이다. (a) 빔의 출력이 균일하다고 가정하고 빔 전류가 8.00 μA일 때의 전류 밀도를 구하라. (b) 전자의 속력이 빛의 속력에 매우 가까워서 오차를 무시하고 그 속력을 300 Mm/s라고 놓을 수 있다고 하자. 이 전자빔의 전자 밀도를 구하라. (c) 가속기로부터 나오는 전자의 수가 아보가드로수만큼 되는 데 걸리는 시간을 구하라.

4. 넓이가 2.00 cm^2인 표면을 통과하여 지나간 전하량 $q(C)$가 $q = 4t^3 + 5t + 6$의 식으로 시간에 따라 변한다. 여기

서 시간 t의 단위는 s이다. (a) $t = 1.00$ s일 때 표면을 통과해서 흐르는 순간 전류는 얼마인가? (b) 전류 밀도의 값은 얼마인가?

21.2 저항과 옴의 법칙

5. 240 Ω의 저항을 가진 전구가 120 V의 전위차에서 사용될 때, 전구에 흐르는 전류는 얼마인가?

6. 지름이 0.100 mm인 알루미늄 도선에 0.200 V/m의 균일한 전기장이 전체 길이에 걸쳐 고르게 분포되어 있다. 도선의 온도가 50.0 °C이며 원자 한 개당 한 개의 자유 전자가 있다고 가정하고, (a) 표 21.1의 자료를 이용해서 이 온도에서 알루미늄의 비저항을 구하라. (b) 도선 내의 전류 밀도는 얼마인가? (c) 또한 도선 내의 전체 전류는 얼마인가? (d) 전도 전자의 유동 속력은 얼마인가? (e) 앞에 언급된 전기장을 만들기 위해 2.00 m 길이의 도선 양단의 전위차는 얼마여야 하는가?

7. 단면의 넓이가 0.600 mm²인 1.50 m 길이의 텅스텐 도선의 양단에 0.900 V의 전위차가 유지되고 있다. 이 도선에 흐르는 전류는 얼마인가?

8. 20.0 °C에서 알루미늄 막대의 저항이 1.234 Ω이다. 비저항과 막대의 크기 변화를 고려하여 120 °C에서 막대의 저항을 계산하라. 알루미늄의 선팽창 계수는 24.0×10^{-6} (°C)$^{-1}$이다.

9. 1.00 g의 구리로 저항이 0.500 Ω인 균일한 도선을 만들고자 한다. 1.00 g의 구리를 모두 이용해서 만든다면, 도선의 (a) 길이와 (b) 지름은 얼마여야 하는가?

21.4 전기 전도 모형

10. 구리 도선 내 자유 전자의 유동 속도 크기가 7.84×10^{-4} m/s라면 도체 내 전기장은 얼마인가?

21.5 전기 회로에서 에너지와 전력

11. 열선이 니크롬선으로 된 토스터가 처음에 120 V 전원에 연결되어 있다. 처음 열선에 흐르는 전류는 1.80 A이며, 이때 열선의 온도는 20.0 °C이다. 열선의 온도가 상승함에 따라 전류는 감소하며 이후 토스터의 나중 동작 온도에 도달할 때 전류는 1.53 A이다. (a) 토스터가 나중 동작 온도에 도달할 때 토스터가 소비하는 전력을 구하라. (b) 열선의 나중 온도는 얼마인가?

12. 터빈은 수력 발전 장치에서 발전기에 1 500 hp를 공급한다. 발전기는 기계적 에너지의 80.0 %를 밖으로 송전한다. 이들 조건하에서 발전기는 2 000 V의 단자 전압에서 얼마의 전류를 공급하는가?

13. 110 V 전선에 연결되어 1.70 A의 전류가 흐르는 전등을 24시간 켜놓는 데 드는 비용을 구하라. 전기 요금은 100원/kWh로 가정한다.

14. 120 V의 전원에 연결된 100 W짜리 전구에 순간적으로 전압이 140 V로 급등한다. 전구의 전력은 몇 %나 변하는가? 저항은 변하지 않는다고 가정한다.

15. 절연이 잘 되어 있는 전기 온수기를 이용해서 109 kg의 물을 20.0 °C에서 49.0 °C로 데우는 데 25.0분이 걸린다. 온수기의 열선이 240 V 전위차에 연결되어 있을 때 열선의 저항을 구하라.

16. 어떤 전기 자동차가 12.0 V짜리 전지를 여러 개 연결해서 작동하도록 설계되어 있다. 이 전지들에 저장된 전체 에너지는 2.00×10^{7} J이다. 전기 자동차가 20.0 m/s의 일정한 속력으로 달리는 동안 전기 모터가 8.00 kW를 소비한다면 (a) 모터에 흐르는 전류는 얼마가 되는가? (b) 전지의 전력이 다 소비될 때까지 이 자동차가 갈 수 있는 거리는 얼마인가?

21.6 기전력원

17. 기전력이 15.0 V인 전지가 있다. 외부 저항 R에 20.0 W의 전력을 공급할 때 전지의 단자 전압은 11.6 V이다. (a) R값은 얼마인가? (b) 전지의 내부 저항은 얼마인가?

18. 자동차 전지의 기전력은 12.6 V이고 내부 저항은 0.080 0 Ω이다. 두 전조등의 등가 저항은 5.00 Ω으로 일정하다고 가정한다. (a) 전조등이 유일한 부하 저항일 경우와 (b) 전지에서 35.0 A의 전류가 더 요구되는 시동 장치를 동시에 작동할 경우, 전조등 전구 양단의 전위차는 얼마인가?

21.7 저항기의 직렬 연결과 병렬 연결

19. (a) 그림 P21.19에서 점 a와 b 사이의 등가 저항을 구하라. (b) 점 a와 b 사이에 34.0 V의 전위차가 가해진다. 각 저항기에 흐르는 전류를 계산하라.

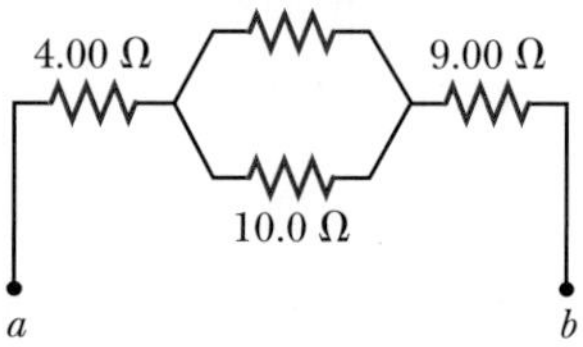

그림 P21.19

20. 한 청년이 120 V 535 W의 상자 모양 진공청소기로 자신의 자동차를 청소하려고 한다. 그는 아파트 주차장에 차를 주차하고 진공청소기에 전원을 연결하기 위해 비싸지 않은 15.0 m 길이의 연장 코드선을 사려고 한다. 진공청소기는 일정한 저항을 갖는다고 가정한다. (a) 연장 코드라서 두 가닥의 도선의 저항이 각각 0.900 Ω이라면, 진공청소기에 전달된 실제 전력은 얼마인가? (b) 전력이 적어도 525 W가 되려면 그가 구입해야 하는 연장 코드는 구리 도체의 지름이 얼마가 되어야만 하는가? (c) 전력이 적어도 532 W가 될 때 (b)의 계산을 반복하라.

21. 그림 P21.21과 같은 회로에서 (a) 20.0 Ω 저항기에 흐르는 전류와 (b) 점 a와 b 사이의 전위차를 구하라.

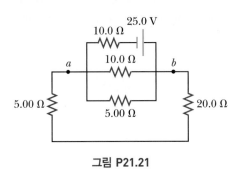

그림 P21.21

22. 100 Ω의 저항기 세 개가 그림 P21.22와 같이 연결되어 있다. 저항기 한 개당 안전하게 공급할 수 있는 최대 전력은 25.0 W이다. (a) 단자 a와 b 사이에 가할 수 있는 최대 전압은 얼마인가? (b) (a)에서 구한 전압에 대해 각 저항기에 공급되는 전력은 얼마인가? (c) 연결된 저항기에 공급되는 전체 전력은 얼마인가?

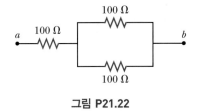

그림 P21.22

23. 그림 P21.23의 회로에서 각 저항기에 공급되는 전력을 계산하라.

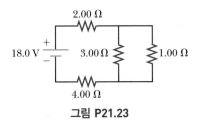

그림 P21.23

21.8 키르히호프의 법칙

24. 그림 P21.24의 회로에서 전류계의 눈금은 2.00 A를 나타낸다. (a) I_1, (b) I_2, (c) $\mathcal{E}$를 구하라.

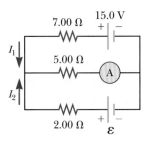

그림 P21.24

25. 그림 P21.25에 나타낸 회로를 2.00분 동안 연결해 놓았다. (a) 회로의 각 소자에 흐르는 전류를 구하라. (b) 각 전지가 공급하는 에너지를 구하라. (c) 각 저항기에 공급되는 에너지를 구하라. (d) 회로가 작동하는 동안 일어나는 에너지 저장의 변환 형태를 설명하라. (e) 저항기에서 내부 에너지로 변환된 전체 에너지의 양을 구하라.

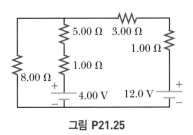

그림 P21.25

26. 그림 P21.26에서 $R = 1.00\ \text{k}\Omega$, $\mathcal{E} = 250\ \text{V}$일 경우 수평 방향으로 놓인 a와 e 사이 도선에 흐르는 전류의 크기와 방향을 구하라.

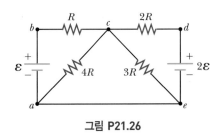

그림 P21.26

21.9 *RC* 회로

27. 그림 P21.27의 회로가 $R = 1.00\ \text{M}\Omega$, $C = 5.00\ \mu\text{F}$, $\mathcal{E} = 30.0\ \text{V}$인 직렬 RC 회로일 때 (a) 회로의 시간 상수와 (b) 스위치를 닫은 후 축전기에 저장되는 최대 전하를 구하라. (c) 스위치를 닫은 10.0 s 후에 저항기에 흐르는 전류를 구하라.

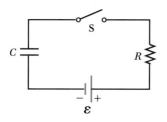

그림 P21.27 문제 27, 32

28. 처음에 5.10 μC의 전하가 저장된 용량 2.00 nF인 축전기를 1.30 kΩ의 저항기를 통해서 방전시킨다. (a) 저항기를 축전기에 연결하고 9.00 μs 지난 후의 전류를 계산하라. (b) 8.00 μs 지난 후 축전기에 남아 있는 전하는 얼마인가? (c) 저항기를 통해서 흐르는 최대 전류는 얼마인가?

29. 그림 P21.29에서 회로는 오랫동안 연결된 상태로 있었다. (a) 축전기 양단의 전위차는 얼마인가? (b) 회로로부터 전지를 분리한 후, 축전기의 전위차가 처음의 1/10로 감소하는 데 걸리는 시간은 얼마인가?

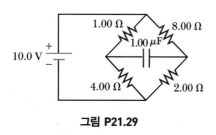

그림 P21.29

21.10 연결 주제: 도체로서의 대기

30. 6.00×10^{-13} A/m²의 전류 밀도가 전기장이 100 V/m인 곳의 대기 중에 존재한다. 이 지역 내 지구 대기의 전기 전도도를 계산하라.

추가문제

31. x축을 따라 놓여 있는 곧은 원통 모양의 도선의 길이가 0.500 m이고 지름은 0.200 mm이다. 이것은 $\rho = 4.00 \times 10^{-8}$ $\Omega \cdot$m의 비저항을 갖고 옴의 법칙을 만족하는 물질로 만들어져 있다. 도선의 왼쪽 끝인 $x = 0$에 4.00 V, $x = 0.500$ m에 0의 전위가 유지된다고 가정한다. 다음을 구하라. (a) 도선 내 전기장의 크기와 방향 (b) 도선의 저항 (c) 도선에 흐르는 전류의 크기와 방향 (d) 도선의 전류 밀도 (e) $E = \rho J$임을 보여라.

32. 스위치를 포함하는 간단한 RC 직렬 회로(그림 P21.27)에서 성분의 값들이 $C = 1.00$ μF, $R = 2.00 \times 10^6$ Ω 그리고 $\mathcal{E} = 10.0$ V이다. 스위치를 닫은 후 10.0 s일 때 다음을 계산하라. (a) 축전기에 있는 전하, (b) 저항기에 흐르는 전류, (c) 축전기에 에너지가 저장되는 일률, (d) 에너지가 전지에 의해 공급되는 일률

33. 스위치 S가 오랜 시간 동안 닫혀 있다. 그러면 그림 P21.33에 보인 전기 회로에는 일정한 전류가 흐른다. $C_1 = 3.00$ μF, $R_1 = 4.00$ kΩ 그리고 $R_2 = 7.00$ kΩ이다. R_2에 공급된 전력은 2.40 W이다. (a) C_1에 충전된 전하는? (b) 이제 스위치를 연다. 수 ms 후에 C_2에 충전된 전하는 어느 정도 변화되는가?

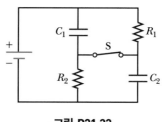

그림 P21.33

번개의 횟수 결정
Determining the Number of Lightning Strikes

전기에 관한 원리를 관찰한 지금, 〈관련 이야기 6 번개〉에 대한 핵심 질문으로 되돌아 가 보자.

> 지구에서 하루 동안 내리치는 번개의 평균 횟수를 어떻게 계산할 수 있는가?

우리는 이를 계산하기 위해 전기에 관한 지식으로부터 여러 개념을 결합시켜야 한다. 20장에서 대기를 하나의 축전기로 모형화했다. 그 모형은 캘빈(Lord Kelvin)에 의해 최초로 만들어졌다. 그는 지표면 위 수십 킬로미터에 있는 양극판으로 전리층을 모형화했다. 보다 정교한 모형을 써서 계산하면, 양극판의 유효 높이가 우리가 앞에서 사용한 값인 5 km라는 것을 보일 수 있다.

대기 축전기 모형 The Atmospheric Capacitor Model

대기 축전기의 판들은 전류를 운반할 수 있는 수많은 자유 이온을 포함하는 공기층에 의해 분리되어 있다. 공기는 좋은 절연체이다. 측정에 의하면 공기의 비저항은 3×10^{13} $\Omega \cdot$ m이다. 축전기 판 사이의 공기의 저항을 계산하자. 저항기는 대기 축전기의 판 사이에서 구 껍질 모양을 하고 있다(그림 1a). 그러나 길이 5 km는 지구 반지름 6 400 km와 비교하면 매우 짧다. 그러므로 우리는 구 모양을 무시하고 이 저항기를 겉넓이가 지구와 같고 길이가 5 km인 평판형이라고 간주할 수 있다. 식 21.8을 이용해서 저항을 구하면 다음과 같다.

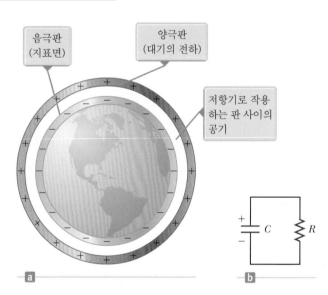

그림 1 (a) 대기는 판 사이에 공기로 채워진 축전기로 모형화할 수 있다. (b) 대기에서 전하 이동을 RC 회로로 모형화한다. 이 모형에서 축전기의 충전과 번개로 인한 방전은 균형을 이룬다.

$$R = \rho \frac{\ell}{A} = (3 \times 10^{13}\ \Omega \cdot \text{m}) \frac{5 \times 10^{3}\ \text{m}}{4\pi (6.4 \times 10^{6}\ \text{m})^{2}} \approx 3 \times 10^{2}\ \Omega$$

대기 축전기의 전하는 위 판에서 지면으로 공기가 채워진 판 사이를 전류의 형태로 지나갈 수 있다. 이와 같이 대기를 20장에서 다룬 전기용량과 위에서 계산한 판을 연결하는 전기 저항을 이용해서 RC 회로로 모형화할 수 있다(그림 1b). 이 RC 회로의 시간 상수는 다음과 같다.

$$\tau = RC = (0.9\ \text{F})(3 \times 10^{2}\ \Omega) \approx 3 \times 10^{2}\ \text{s} = 5\ \text{min}$$

따라서 대기 축전기의 전하는 5분 후에 처음값의 $e^{-1} = 37$ %로 떨어져야 한다. 30분 후에는 0.3 %보다 적게 전하가 남아야 한다. 그렇게 되지 않는 이유는? 대기 축전기는 어떻게 충전 상태를 유지하는가? 그 대답은 **번개**이다. 구름에서의 충전 과정은 번개침을 일으켜 대지로 음전하를 전달하며, 이는 공기를 통해 전하가 흐르면서 부족해진 음전하를 보충한다. 평균적으로 대기 축전기에 있는 알짜 전하는 이 두 과정 사이에서 평형을 이룬다.

핵심 질문에 수치적으로 답하기 위해 이 평형을 이용하도록 하자. 먼저 19장에서 지면에 5×10^5 C의 전하가 퍼져 있음을 언급했다. 그것은 대기 축전기에 있는 전하이다. 축전기를 충전하는 과정에서 전형적인 번개는 약 25 C의 음전하를 대지로 보낸다. 축전기의 전하를 번개당 전하로 나눈 것이 축전기를 충전하는 데 필요한 번개의 수이다.

$$번개의 수 = \frac{전체\ 전하}{번개당\ 전하} = \frac{5 \times 10^5\ \mathrm{C}}{25\ \mathrm{C/번개}} \approx 2 \times 10^4 번개$$

RC 회로에 대한 계산에 의하면, 대기 축전기는 약 30분 내에 공기를 통해 완전히 방전된다. 이와 같이 2×10^4 번개는 충전과 방전 과정에서 평형을 이루기 위해 30분마다 일어나야 한다. 하루를 시간으로 고쳐서 곱하면 다음을 얻는다.

$$하루\ 동안\ 치는\ 번개의\ 수 = (4 \times 10^4 번개/\mathrm{h})\left(\frac{24\ \mathrm{h}}{1\ \mathrm{d}}\right) \approx 1 \times 10^6 번개/일$$

계산을 위해 사용한 단순화에도 불구하고, 이 값은 전형적인 날 하루 동안 지구에 내려치는 번개 수에 대한 크기의 정도 값이다. 1백만 번이다!

문제

1. 교재에서 묘사된 한쪽 판은 대지이고 다른 쪽 판은 양전하를 갖는 대기로 이루어진 대기 축전기를 생각하자. 어떤 특정 일의 대기 축전기 전기용량은 0.800 F이다. 실제 판 사이 간격은 4.00 km이고 판 사이에 있는 공기의 비저항은 2.00×10^{13} Ω·m이다. 번개가 치지 않는다면 축전기는 공기를 통해 방전될 것이다. $t = 0$에서 4.00×10^4 C의 전하가 대기 축전기에 있다고 할 때 전하가 다음과 같이 되는 데 걸리는 시간을 구하라. (a) 2.00×10^4 C (b) 5.00×10^3 C (c) 0

2. 하루에 지구에 치는 번개의 수를 구하기 위한 다른 추산 방법을 고려하자. 5.00×10^5 C을 갖는 지구 위의 전하와 0.9 F의 대기 전기용량을 이용해서 축전기 양단의 전위차가 $\Delta V = Q/C = 5.00 \times 10^5$ C/0.9 F $\approx 6 \times 10^5$ V임을 안다. 공기 중으로 누설되는 전류는 $I = \Delta V/R = 6 \times 10^5$ V/300 Ω ≈ 2 kA이다. 대전된 축전기를 유지하기 위해 번개는 누설 전류와 반대 방향으로 같은 알짜 전류를 전달해야 한다. (a) 번개가 매번 지면으로 25 C의 전하를 전달하면 번개에 의한 평균 전류가 2 kA가 되기 위해서는 번개 사이의 평균 시간 간격은 얼마가 되어야 하는가? (b) 번개 사이의 평균 시간 간격을 이용해서 하루에 치는 번개의 수를 계산하라.

3. 본문에서 토론한 대기 축전기를 다시 생각하자. (a) 하루 전체에 대해 축전기 판 사이에 있는 공기의 비저항이 2.50 km 아래에서는 2.00×10^{13} Ω·m이고, 2.50 km 위에서는 0.500×10^{13} Ω·m인 대기 조건을 갖는다고 가정하자. 이 날에는 번개가 몇 번 발생하는가? (b) 하루 전체에 대해 축전기 판 사이에 있는 공기의 비저항이 남반구에서는 2.00×10^{13} Ω·m이고 북반구에서는 0.200×10^{13} Ω·m인 대기 조건을 갖는다고 가정한다. 이 날에는 번개가 몇 번 발생하는가?

의학에서의 자기 Magnetism in Medicine

지 금까지 전기에 대해 알아봤다. 이제 자기와 매우 관련이 있는 주제를 다뤄보자. 자기는 우리의 주변 어디에나 있다. 자석은 모터를 구동하는 필수 요소이다. 발전기에 쓰이는 자석은 가정과 회사에 전기를 공급한다. 확성기에서는 전기 신호를 소리로 바꾸는 데 자석을 사용한다. 또한 자석은 냉장고 문에 메모를 붙여 놓는 데도 필요하다.

자기는 의학 분야에서도 건강을 증진시키고 생명을 구하기 위해 많이 응용되고 있다. 다양한 의학 테스트나 처리에서 자석을 사용한다. 자석과 관련한 중요한 응용 몇 가지를 이번 〈관련 이야기〉에서 다룰 것이다. 18세기부터 오늘날까지 의학에서 자기의 사용에 약간의 의문이 제기되는 응용사례에서부터 시작하자.

그림 1 자석 팔찌는 건강을 증진시키고 통증을 완화하려는 소비자에게 팔린다. 여러분은 이런 팔찌와 같은 장치가 작용을 할 거라고 생각하는가?

여러분은 그림 1과 같은 자석 팔찌 광고를 본 적이 있을 수 있고 심지어 착용하고 있을 수도 있다. 이런 팔찌는 일명 자기 치료를 행하는 장치의 일례이다. 또 다른 장치로는 자기 장신구, 다양한 신체 부위에 착용하는 자기 밴드, 자석 부착 신발, 자기 담요와 침대, 그리고 자기 크림 등이 있다. 매년 10억 달러 규모의 매출에도 불구하고, 자기 치료의 효과에 대한 어떤 과학적인 연구도 보고되지 않았다. 미국 식품의약국은 입증된 의학적 이점이 있다고 선전하는 어떤 자기 치료 장치도 시장에서의 유통을 금지했다.

이제 과거로 거슬러가서 의학에서 초기 자기의 응용에는 어떤 것이 있었는지 알아보기로 하자. 실제로 이런 응용을 한 몇몇 의사는 자신이 고안한 자기 기구가 환자를 도울 수 있으리라 믿었다. 돌팔이 의사들의 일부는 제 역할을 못한다는 것을 알지만, 어쨌든 이런 기구를 이용했다.

비엔나에 있던 메스머(Franz Anton Mesmer)는 자성과 관련한 의학 이론을 만든 초기 인물 중 한 사람이다. 그는 박사 논문(행성이 인간의 몸에 끼치는 영향, 1767)에서, 그가 '동물 중력'이라 부른 보편 유체가 모든 건강과 질환의 원인이 된다고 제안했다. 1773년에 메스머는 질병을 치료하는 데 자석을 사용하기 시작했다. 그는 자석을 이용해서 쓰다듬거나 다양한 형태의 울부짖음, 프랭클린이 새로이 발명한 유리 하모니카에서 흘러나오는 소리를 귀 기울여 듣는 것을 적절히 조합해서 사용하면 어떤 질병은 치유될 수 있다고 주장했다.

1776년 무렵에 메스머는 자석이 그의 치료에 필요하지 않으며, 그것은 단지 보편 유체의 전도체로서만 역할을 한다고 발표했다. 지금의 자성 유체에 해당하는데, 메스머는 그것을 동물 자기라 불렀다. 메스머는 치료하려는 질병의 선택에 매우 신중했다. 기질성 질환의 경우는, 그는 환자를 기존 의사들에게 보냈다. 그는 신경성 또는 히스테리성 질환을 치료하는 데만 자석을 사용했다. 메스머의 시술에서 놀라운 점은

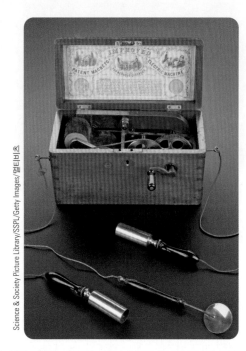

그림 2 신경 질환용 데이비스 앤 키더 전자기 장치. 치료사가 회전반을 돌리는 동안, 환자는 양손에 금속관을 쥐고 있는다. 환자는 상자 안의 거대 영구 자석에서 생기는 자기장의 영향하에서 자석 주위에 감긴 코일에 의해 만들어진 전압으로부터 충격을 받는다.

아마도 눈먼 피아니스트의 시력를 회복하고 만성적인 발작으로부터 환자의 고통을 완화시킨다는 것이다. 오늘날 우리는 메스머의 자기 치료가 실제 환자를 치유하는 것이 아님을 알았다. 실은 메스머가 응시, 쓰다듬기, 유리 하모니카 소리, 암시의 힘 등을 이용해서 환자에게 최면을 건 것이었다. 사실 그의 이름인 메스머(Mesmer)는 재밌게도 **최면술을 걸다**(mesmerize)의 어원이다.

그림 2는 **신경 질환용 데이비스 앤 키더 전자기 장치**(The Davis and Kidder Magneto-Electric Machine for Nervous Disorders)의 한 가지 예를 보인 것이다. 이 장치는 1850년대부터 19세기 후반까지 사용됐다. 이것은 패러데이의 자기 유도 발견 이후, 얼마 되지 않아 개발된 단순한 전자기 발전 장치이다. 한 쌍의 전선 코일이 영구 자석의 주변에서 회전한다. 환자는 두 개의 금속 원통 손잡이를 잡고 있게 되는데, 이 손잡이가 발전 장치와 연결되어 있다. 그리고 나서 치료사가 회전반을 돌리면 환자에게 전기 충격이 가해진다. 환자에게 전기 충격을 가하는 것은 20세기 말엽까지 그 효력을 믿는 사람들이 치료 방법으로 사용했으며, 오늘날도 행하는 경우가 있다. 한편 수동식 데이비스 앤 키더 장치는 자외선 장치(violet ray machines)와 에이브람즈(Albert Abrams)의

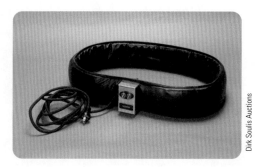

그림 3 테로노이드 자기 장치. '혈액을 자기화하기 위해' 가죽으로 둘러싼 전선 고리를 몸에 두른다.

다양한 장치들 같은 플러그 접속식 장치로 바뀌었다. (인터넷 상에서 에이브람즈와 미국의사협회와의 그의 싸움에 대해 확인해 보라.)

20세기에 나타난 또 다른 가짜 자기 장치는 처음에 IONACO라는 이름으로 제작됐는데, 윌셔(Gaylord Wilshire)가 만들었다. 가죽으로 둘러싼 커다란 전선 고리를 몸에 두른 후 전원에 연결해서 혈액을 자화하는 것이었다. 그림 3은 일슬리(Philip Ilsey)에 의해 제작된 테로노이드(theronoid)라고 하는 이 장치의 후속 버전이다. 이것에 대해 1993년 연차 보고서에서, 미연방무역위원회(FTC)는 다음 글을 공식 발표했다. "얘기된 장치의 사용 또는 응용은… 천식, 관절염, 물집, 기관지염, 점막 염증, 변비, 당뇨병, 습진, 심장병, 치질, 소화불량, 불면증, 요통, 신경쇠약, 신경통, 신경염, 류머티즘, 좌골 신경통, 배탈, 정맥류, 그리고 고혈압 등의 보조, 완화, 예방, 또는 치유에 있어 이로운 치료 장치라는 게 설문 참여자가 주장한 바이다." FEC는 테로노이드의 광고를 금지하는 선에서 연차 보고서의 이 문제를 마무리했다. 우리 위원회는 다음과 같이 명령한다.… 이 장치 또는 이와 유사한 장치가… 어떤 물리 치료 효과가 있다거나, 어떤 인간 질환이나 아픔을 예방, 치료하는 데 도움이 되리라 추정한다는 내용을 어떤 방식으로 든 표현하는 것을 금지한다.

이 〈관련 이야기〉에서, 우리는 여기서 논의된 근거가 없고, 어떤 경우에는 사기와는 거리가 먼, 오늘날 의학에서 과학적으로 뒷받침되는 자기의 사용을 보게 될 것이다. 우리는 다음과 같은 핵심 질문에 답할 것이다.

질병의 진단과 치유, 그리고 생명을 구하는 의료 분야에 어떻게 자기가 사용되는가?

자기력과 자기장 Magnetic Forces and Magnetic Fields

자기적 성질의 기술적 응용 사례는 매우 많다. 예를 들면 대형 전자석은 고철폐품 쓰레기장에서 무거운 물건을 들어올리는 데 사용된다. 자석은 계기, 모터 및 고성능 확성기 같은 장치에도 사용된다. 자기 테이프는 녹음이나 녹화 장치에 주로 사용된다. 초전도 자석으로 만든 강력한 자기장은 현재 핵융합 제어 연구에 이용되는 10^8 K 정도의 플라스마를 담을 수 있는 수단으로 사용되고 있다.

이 장의 내용을 공부하면 자기는 전기와 무관하지 않다는 것을 알 수 있다. 예를 들면 자기장은 운동하는 전하에 영향을 미치고, 움직이는 전하는 자기장을 만든다. 전기와 자기 사이의 이와 같은 밀접한 관계는 그 둘을 **전자기학**으로 통합시키는 근거가 되며, 이 장과 다음 장에 걸쳐 이에 관해 다루고자 한다.

유럽공동핵연구기구(CERN)에서 운영하는 유럽입자물리연구소의 한 기술자가 초전도 자석을 이용한 거대 강입자 가속기에 있는 전자 장치를 테스트하고 있다. 자석은 가속기 내에서 대전 입자의 운동을 제어하는 데 사용된다. 이 장에서 우리는 자기장이 대전 입자의 운동에 주는 영향을 공부하고자 한다.

22.1 | 역사적 고찰 Historical Overview

많은 과학사학자들은 자침을 사용하는 나침반이 아랍이나 인도에서 발명되어 기원전 13세기에는 이미 중국에서 사용된 것으로 보고 있다. 자기 현상은 이미 기원전 약 800년경에 그리스 사람들에게 알려져 있었다. 그들은 오늘날 **자철광**(Fe_3O_4)으로 불리는 물질로 된 어떤 돌이 철 조각을 끌어당긴다는 사실을 발견했다.

1269년에 마리쿠르(Pierre de Maricourt, 1220~?)는 구형 천연자석 표면의 여러 곳에 자화된 바늘을 두고, 이것이 가리키는 방향을 도표로 작성했다. 그는 그 방향들이 어떤 선들을 만들고, 그 선들은 구를 둘러싸고 서로 정반대 방향에 있는 **자극**(pole)이라고 하는 두 점을 통과한다는 사실을 알게 됐다. 계속된 실험에서 밝혀진 사실은 모든 자석은 모양에 관계 없이 **북**(N)**극**과 **남**(S)**극**이라고 하는 두 개의 극을 가지며, 전하와 마찬가지로 서로 힘을 작용한다는 것이다. 즉 같은 극끼리(N-N, S-S)는 서로 밀어내고, 다른 극끼리(N-S)는 서로 끌어당긴다는 것이다. 이 극들의 이름은 지구 자기장 내에서 자석의 거동으로 정해졌다. 막대자석의 중간점을 실로 묶어서 수평면 내에서 자유롭게 움직일 수 있도록 매달아 놓으면 막대자석의 북극은 지구의 지리적 북극(자북극으로 지구 자석의 남극)을 가리키고, 막대자석의 '남극'은 지구의 지리적 남극을 향해 멈출 때까지 회전할 것이다(이 현상은 간단한 나침반 제작에 응용된다).

1600년에 길버트(William Gilbert, 1544~1603)는 이 실험을 여러 가지 물질에 확장했다. 나침반 바늘이 특정한 방향을 향하는 사실에 주목해서, 자석들이 거대한 땅덩어리 지구로 끌어당겨진다고 제시했다. 1750년 존 미첼(John Michell, 1724~1793)은 비틀림 저울을 이용해서 자극 사이에 척력과 인력이 존재하며, 이 힘들은 떨어진 거리의 역제곱에 비례해서 변한다는 것을 보였다. 두 자극 사이의 힘이 두 전하 사이의 힘과 비슷하지만 중요한 차이점이 있다. 전하는 고립될 수 있지만(전자와 양성자를 보라), 자극은 고립될 수 없다. 즉 자극은 항상 짝으로만 존재한다. 영구자석을 아무리 여러 번 자른다 해도 각 조각은 항상 북극과 남극을 가지게 된다. (몇몇 이론에서 자기 홀극─고립된 북극이나 남극─이 자연에 존재할 수도 있다고 추측하고 있고, 현재 활발한 실험 연구로 이들을 발견하려는 시도를 하고 있다. 그러나 그 어떤 시도도 아직까지 성공하지 못했다.)

자기와 전기 사이의 관계는 1819년 강의 준비 중이던 덴마크의 과학자 외르스테드(Hans Christian Oersted)가 도선에 흐르는 전류가 근처에 있는 나침반 바늘을 편향시키는 것을 보고 발견했다. 바로 그 후에 앙페르(André-Marie Ampère, 1775~1836)는 전류가 흐르는 도체 사이의 자기력에 대한 정량적 법칙을 추론해 냈다. 그는 또한 분자 크기의 전류 고리가 **모든** 자기 현상의 원인이 된다고 제안했다.

1820년대에, 전기와 자기 사이의 보다 많은 관계가 패러데이(Faraday)와 헨리(Joseph Henry, 1797~1878)의 서로 독립적인 연구에 의해 확인됐다. 그들은 회로 근처에서 자석을 움직이거나 근처에 있는 다른 회로의 전류를 변화시킴으로써 전류

© Book's Hill

외르스테드
Hans Christian Oersted, 1777~1851
덴마크의 물리학자 겸 화학자

외르스테드는 도선에 전류가 흐를 때 도선 가까이 있는 나침반의 바늘이 편향됨을 발견한 것으로 잘 알려져 있다. 이 발견으로 전기와 자기 현상 사이에 관계가 있음을 처음으로 증명했다. 외르스테드는 최초로 순수 알루미늄을 만들어 낸 것으로도 유명하다.

가 회로에서 생성될 수 있음을 확인했다. 그들의 관측은 자기장의 변화가 전기장을 만들어 낸다는 것을 보인 것이다. 몇 년 후에 맥스웰(James Clerk Maxwell)은 이론 적으로 그 역이 성립함을 증명했다. 즉 변하는 전기장이 자기장을 만들어 낸다는 것 이다.

이 장에서는 전하와 전류에 작용하는 일정한 자기장의 효과를 조사하고 자기장의 원천을 공부할 것이다. 다음 장에서는 시간에 따라서 변하는 자기장의 효과를 탐구할 것이다.

22.2 | 자기장 The Magnetic Field

앞 장에서 대전된 물체 사이의 상호 작용을 전기장으로 기술했다. 전기장은 임의의 정지한 전하 주위에 존재하고 있다는 것을 상기하자. **움직이는** 전하 주위의 공간에는 전기장뿐만 아니라 **자기장**(magnetic field)도 존재한다. 자기장은 또한 영구자석 주 위에도 있다. 전기장과 마찬가지로 자기장도 벡터장이다.

어떤 형태의 벡터장을 나타내려면 그것의 크기와 방향을 정의해야만 한다. 어떤 위 치에서 자기장 벡터 $\vec{B}$의 방향은 바로 그 위치에서 나침반 바늘의 북극이 가리키는 방향이다. 그림 22.1은 나침반을 이용해서 막대자석의 자기장을 추적하는 방법을 보 여 주는데, 이는 19장에서 공부한 전기력선과 여러모로 유사하게 **자기력선**(magnetic field line)을 정의한다. 자기장의 모습은 그림 22.2와 같이 자석 주위에 철가루를 사 용함으로써 확인할 수 있다.

11장에서 설명한 중력과 19장에서 설명한 전기에 대한 모형과 마찬가지로 장 내 입자 모형을 이용해서 자기장 $\vec{B}$를 정량화할 수 있다. 공간의 어떤 점에서 자기장의 존재는 그 점에 놓여 있는 시험 입자에 작용하는 **자기력**(magnetic force) $\vec{F}_B$를 측정 함으로써 결정될 수 있다. 이 과정은 19장에서 전기장을 정의할 때 했던 것과 똑같다. 시험 입자는 양성자와 같은 전기적으로 대전된 입자가 사용된다. 이런 실험을 통해,

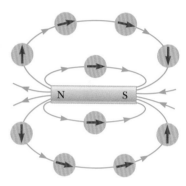

그림 22.1 나침반의 바늘을 이용해서 막 대자석 주변의 자기력선을 그릴 수 있다.

막대자석 주위에서의 자기장 형태

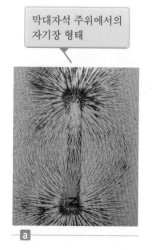

두 막대자석의 서로 **다른** 극 (N–S) 사이에서 자기장 형태

두 막대자석의 **같은** 극(N– N) 사이에서 자기장 형태

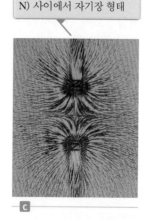

그림 22.2 종이 위에 뿌린 철가루로 자 석 부근의 자기장 형태를 볼 수 있다.

그림 22.3 (a) 자기장 $\vec{\mathbf{B}}$ 내에서 $\vec{\mathbf{v}}$로 운동하는 대전 입자에 작용하는 자기력 $\vec{\mathbf{F}}_B$의 방향 (b) 양전하와 음전하에 작용하는 자기력. 점선은 22.3절에서 설명하는 입자의 경로이다.

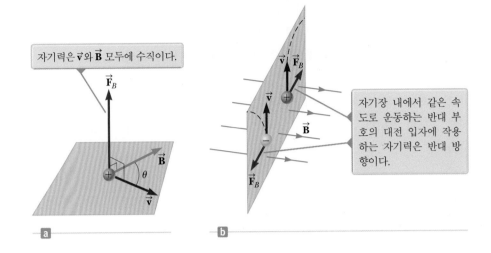

자기력은 $\vec{\mathbf{v}}$와 $\vec{\mathbf{B}}$ 모두에 수직이다.

자기장 내에서 같은 속도로 운동하는 반대 부호의 대전 입자에 작용하는 자기력은 반대 방향이다.

전기력의 실험에서 얻었던 결과와 유사한 다음의 결과를 알 수 있다.

- 자기력은 입자의 전하 q에 비례한다.
- 음전하에 작용하는 자기력은 같은 방향으로 움직이는 양전하에 작용하는 힘과 반대 방향이다.
- 자기력은 자기장 벡터 $\vec{\mathbf{B}}$의 크기에 비례한다.

또한 전기력에 관한 실험에서 얻은 결과와 **완전히 다른** 다음의 결과도 알 수 있다.

- 자기력은 입자의 속력 v에 비례한다.
- 속도 벡터가 자기장과 각도 θ를 이루면, 자기력의 크기는 $\sin\theta$에 비례한다.
- 대전 입자가 자기장 벡터에 **평행**하게 운동할 때, 전하에 작용하는 자기력은 영이다.
- 대전 입자가 자기장과 평행하지 **않은** 방향으로 운동할 때, 자기력은 $\vec{\mathbf{v}}$와 $\vec{\mathbf{B}}$ 모두에 수직인 방향으로 작용한다. 즉 자기력은 $\vec{\mathbf{v}}$와 $\vec{\mathbf{B}}$가 이루는 평면에 수직이다.

이런 결과를 통해 입자에 작용하는 자기력은 전기력보다 훨씬 더 복잡하다는 것을 알 수 있다. 자기력은 그것이 속도에 의존하고, 그 방향이 $\vec{\mathbf{v}}$와 $\vec{\mathbf{B}}$ 모두에 수직이라는 것이 특징이다. 그림 22.3은 대전 입자에 작용하는 자기력의 방향을 자세히 보여 주고 있다. 이런 복잡한 거동에도 불구하고, 이런 관측 결과들은 자기력을 다음과 같이 표현함으로써 간결하게 요약할 수 있다.

▶ 자기장 내에서 운동하고 있는 대전 입자에 작용하는 자기력을 벡터로 표현한 식

$$\vec{\mathbf{F}}_B = q\vec{\mathbf{v}} \times \vec{\mathbf{B}} \qquad 22.1$$

여기서 자기력의 방향은 $\vec{\mathbf{v}} \times \vec{\mathbf{B}}$의 방향이고, 이것은 벡터곱의 정의에 의해 $\vec{\mathbf{v}}$와 $\vec{\mathbf{B}}$ 모두에 수직이다. 식 22.1이 식 19.4 ($\vec{\mathbf{F}}_e = q\vec{\mathbf{E}}$)와 유사하지만 훨씬 더 복잡하다는 것을 알 수 있다. 식 22.1은 공간상의 한 점에서 자기장에 대한 조작적 정의로 간주할 수 있다. 자기장의 SI 단위는 **테슬라**(T)이고 다음과 같은 관계에 있다.

$$1\,\text{T} = 1\,\text{N}\cdot\text{s/C}\cdot\text{m}$$

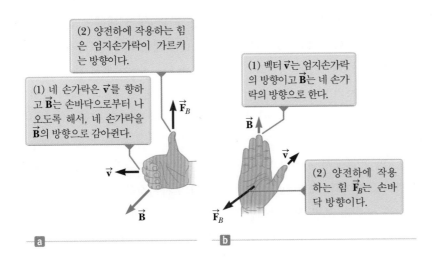

그림 22.4 자기장 $\vec{\mathbf{B}}$ 내에서 속도 $\vec{\mathbf{v}}$로 운동하는 대전 입자에 작용하는 자기력 $\vec{\mathbf{F}}_B = q\vec{\mathbf{v}} \times \vec{\mathbf{B}}$의 방향을 결정하는 두 가지 오른손 법칙. (a) 이 법칙의 경우 자기력은 엄지손가락이 가르키는 방향이다. (b) 이 법칙의 경우 자기력은 손바닥이 향하는 방향이다.

그림 22.4는 벡터곱 $\vec{\mathbf{v}} \times \vec{\mathbf{B}}$의 방향과 $\vec{\mathbf{F}}_B$의 방향을 결정하는 두 가지 오른손 법칙을 나타낸다. 그림 22.4a에서의 법칙은 그림 10.13에서 벡터곱에 대한 오른손 법칙에 의존한다. 손바닥이 $\vec{\mathbf{B}}$를 향한 상태로 오른손의 네 손가락을 벡터 $\vec{\mathbf{v}}$에서 $\vec{\mathbf{B}}$로 감아돌리면 엄지손가락은 $\vec{\mathbf{v}} \times \vec{\mathbf{B}}$의 방향을 가리킨다. $\vec{\mathbf{F}}_B = q\vec{\mathbf{v}} \times \vec{\mathbf{B}}$이기 때문에, q가 양전하이면 $\vec{\mathbf{F}}_B$는 엄지손가락의 방향이며, q가 음전하이면 $\vec{\mathbf{F}}_B$는 엄지손가락의 반대 방향이다.

두 번째 법칙은 그림 22.4b에 나타나 있다. 여기서 엄지손가락은 $\vec{\mathbf{v}}$의 방향을 가리키고 펼친 손가락들은 $\vec{\mathbf{B}}$의 방향이다. 이때 양전하에 작용하는 힘 $\vec{\mathbf{F}}_B$의 방향은 손바닥에서 밖으로 나가는 방향을 향한다. 이 법칙의 장점은 전하에 작용하는 힘이 손바닥으로부터 밖을 향해 손으로 어떤 것을 미는 쪽으로 향하고 있다는 것이다. 음전하에 작용하는 힘은 반대 방향이다. 이 두 오른손 법칙 중에 어느 것을 사용해도 상관없다.

자기장의 크기는 다음과 같다.

$$F_B = |q|\, vB \sin\theta \qquad \textbf{22.2}$$

▶ 자기장 내에서 운동하는 대전 입자에 작용하는 자기력의 크기

여기서 θ는 $\vec{\mathbf{v}}$와 $\vec{\mathbf{B}}$ 사이의 각도이다. 이 식으로부터 $\vec{\mathbf{v}}$와 $\vec{\mathbf{B}}$가 서로 평행이거나 반 평행일 때($\theta = 0$ 또는 $180°$) F_B는 영이 된다. 더욱이 힘은 $\vec{\mathbf{v}}$와 $\vec{\mathbf{B}}$에 수직일 때($\theta = 90°$) 최댓값을 갖는다.

대전 입자에 작용하는 전기력과 자기력 사이의 중요한 차이점을 정리하면 다음과 같다.

- 전기력의 방향은 항상 전기장의 방향과 같은 반면에, 자기력은 자기장의 방향과 수직이다.
- 대전 입자에 작용하는 전기력은 입자의 속도와 무관하지만, 자기력은 입자가 운동할 때만 작용한다.
- 전기력은 대전 입자의 변위에 대해 일을 하는 반면에, 일정한 자기장으로 부터의 자기력은 입자가 변위될 때 일을 하지 않는다.

이 마지막 내용은 전하가 일정한 자기장에서 운동할 때 자기력은 작용점의 변위에

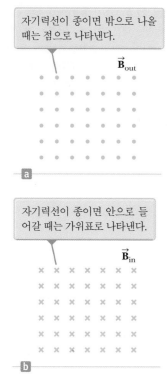

자기력선이 종이면 밖으로 나올 때는 점으로 나타낸다.

$\vec{\mathbf{B}}_{out}$

ⓐ

자기력선이 종이면 안으로 들어갈 때는 가위표로 나타낸다.

$\vec{\mathbf{B}}_{in}$

ⓑ

그림 22.5 종이면에 수직인 자기력선의 표현

항상 **수직**이기 때문에 확실하다. 즉 입자의 작은 변위 $d\vec{\mathbf{s}}$에 대해서 입자에 작용하는 자기력이 한 일은 $dW = \vec{\mathbf{F}}_B \cdot d\vec{\mathbf{s}} = (\vec{\mathbf{F}}_B \cdot \vec{\mathbf{v}})\,dt = 0$이 되는데, 이는 자기력이 $\vec{\mathbf{v}}$에 수직인 벡터이기 때문이다. 이런 성질과 일−운동 에너지 정리로부터 대전 입자의 운동 에너지는 일정한 자기장만으로는 바꿀 수 **없다**는 결론에 도달한다. 바꿔 말하면 전하가 속도 $\vec{\mathbf{v}}$로 운동할 때 작용하는 자기장은 속도 벡터의 방향은 바꿀 수 있지만, 입자의 속력은 변화시킬 수 없다.

　그림 22.3과 22.4에서 자기장 벡터를 표현하기 위해 초록색 화살표를 사용했는데, 이는 이 책의 규약이다. 그림 22.1에서 막대자석의 자기장을 초록색 역선으로 표현했다. 자기장을 공부해 보면 전기장에는 없는 복잡한 것들이 나타난다. 전기장을 공부할 때는 종이면에 모든 전기장 벡터를 그리거나 원근법을 이용해서 종이면에 대해서 어떤 각도로 향하게 표현했다. 식 22.1에 있는 벡터곱은 자기장 문제를 풀기 위해서는 삼차원에서 생각할 것을 요구하고 있다. 따라서 이렇게 왼쪽 또는 오른쪽 그리고 위쪽 또는 아래쪽으로 향하는 벡터를 그리는 것 이외에 종이면의 안쪽이나 바깥쪽으로 향하는 벡터를 그리는 방법이 필요하게 된다. 이런 벡터를 표현하는 방법이 그림 22.5에 예시되어 있다. 종이면 밖으로 나오는 벡터는 점(•)으로 표현되는데, 이는 우리를 향해 종이를 뚫고 나오는 화살촉의 끝으로 생각할 수 있다(그림 22.5a). 종이면으로 들어가는 벡터는 가위표(✕)로 표현되는데, 이는 종이면으로 들어가는 화살의 꼬리로 간주할 수 있다(그림 22.5b). 이런 묘사는 앞으로 마주치게 될 어떤 형태의 벡터(자기장, 속도, 힘 등)에도 사용할 수 있다.

▶ **퀴즈 22.1** 전자가 종이면에서 위로 운동한다. 자기장이 종이면에서 오른쪽으로 향하고 있다면, 전자에 작용하는 자기력의 방향은 어느 쪽인가? (a) 종이면의 위쪽 (b) 종이면의 아래쪽 (c) 종이면의 왼쪽 (d) 종이면의 오른쪽 (e) 종이면으로부터 나오는 방향 (f) 종이면으로 들어가는 방향

▶ **생각하는 물리 22.1**

사업상 호주를 여행할 때 보이스카웃 시절에 사용했던 나침반을 갖고 간다. 이 나침반을 호주에서도 제대로 사용할 수 있을까?

추론 호주에서도 이 나침반을 사용하는 것에는 문제가 없다. 나침반의 자석의 북극이 한국에서와 마찬가지로 지리적 북극 근처에 있는 자기적 남극으로 끌리게 될 것이다. 자기력선에 있어서 유일한 차이점은 호주에서는 상향 성분을 갖는 데 반해, 한국에서는 하향 성분을 갖는다는 것이다. 이 나침반을 수평면에 둘 때, 연직 성분은 감지할 수 없고 오직 자기장의 수평 성분의 방향만을 나타낼 것이다. ◀

◤ **예제 22.1** | **자기장 내에서의 전자 운동**

구식 텔레비전 수상관 내에서 한 전자가 x축을 따라서 8.0×10^6 m/s의 속력으로 운동한다. 이 전자가 xy 평면에서 x축과 $60°$를 이루는 0.025 T의 자기장으로 들어간다(그림 22.6). 전자에 작용하는 자기력을 계산하라.

풀이

개념화 대전 입자에 작용하는 자기력은 속도와 자기장 벡터가 이루는 면에 수직이다. 그림 22.4의 오른손 법칙을 이용하면 전자에 작용하는 힘의 방향이 그림 22.6과 같이 아래쪽이다.

분류 이 절에서 유도한 식을 이용해서 자기력을 계산하므로, 예제를 대입 문제로 분류한다.

식 22.2를 이용해서 자기력의 크기를 구한다.

$$F_B = |q|vB\sin\theta = (1.6 \times 10^{-19}\,\text{C})(8.0 \times 10^6\,\text{m/s})(0.025\,\text{T})(\sin 60°)$$

$$= 2.8 \times 10^{-14}\,\text{N}$$

이 힘을 식 22.1의 벡터곱을 이용해서 계산해 보자.

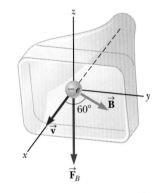

그림 22.6 (예제 22.1) xy 평면에 $\vec{v}$와 $\vec{B}$가 있을 때, 전자에 작용하는 자기력 $\vec{F}_B$는 $-z$ 방향이다.

22.3 | 균일한 자기장 내에서 대전 입자의 운동
Motion of a Charged Particle in a Uniform Magnetic Field

22.2절에서 자기장 내에서 운동하는 대전 입자에 작용하는 자기력은 항상 입자의 속도와 수직 방향임을 알았다. 이 성질로부터 전하의 작은 변위는 항상 자기력에 수직이므로, 자기력이 한 일은 영이라는 것을 알 수 있다. 균일한 자기장 내에서 자기장에 수직인 방향의 처음 속도로 움직이는 양전하의 경우를 생각해 보자. 그림 22.7에서 ×로 표시한 것처럼 자기장은 종이면 안쪽으로 향한다고 가정한다. 입자가 자기력에 의해 속도의 방향이 바뀌지만, 자기력은 속도에 수직으로 유지된다. 5.2절에서 공부한 바와 같이, 힘이 속도에 항상 수직이면 입자의 경로는 원이다. 그림 22.7은 자기장에 수직인 면에서 원운동하는 입자를 보여 준다. 자기력이 여러분한테 낯설고 익숙하지 않더라도, 자기장의 효과는 등속 원운동하는 입자라는 익숙한 결과임을 본다.

자기력 $\vec{F}_B$가 $\vec{v}$와 $\vec{B}$에 수직이고 일정한 크기 qvB를 갖기 때문에, 입자는 원운동을 하게 된다. 힘 $\vec{F}$가 입자를 편향시키기 때문에 $\vec{v}$와 $\vec{F}$의 방향은 그림 22.7과 같이 계속해서 변한다. 그러므로 $\vec{F}_B$는 구심력이고, 이 힘은 속력을 일정하게 유지하면서 $\vec{v}$의 방향만을 변화시킨다. 회전 방향은 양전하에 대해 반시계 방향이다. q가 음전하라면 회전 방향은 반대가 되어 시계 방향이다. 알짜힘을 받는 입자 모형을 이용해서, 이 입자에 대한 뉴턴의 제2법칙을 쓰면 다음과 같다.

$$\sum F = F_B = ma$$

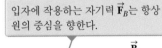

입자에 작용하는 자기력 $\vec{F}_B$는 항상 원의 중심을 향한다.

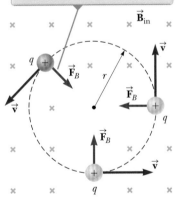

그림 22.7 양(+)으로 대전된 입자의 속도가 균일한 자기장과 수직일 때, 입자는 $\vec{B}$(종이면 안으로 향하는)에 수직인 평면에서 원운동을 한다.

입자는 원운동하므로, 이를 등속 원운동하는 입자로 모형화하고 가속도를 다음과 같은 구심 가속도로 치환한다.

$$F_B = qvB = \frac{mv^2}{r}$$

이 식으로부터 원의 반지름은 다음과 같이 된다.

$$r = \frac{mv}{qB} \qquad\qquad \textbf{22.3}$$

즉 궤도 반지름은 입자의 선운동량 mv에 비례하고, 전하와 자기장의 크기에는 반비례한다. 입자의 각속력은 (식 10.10으로부터)

$$\omega = \frac{v}{r} = \frac{qB}{m} \qquad\qquad \textbf{22.4}$$

로 주어진다. 운동의 주기(한 번 회전하는 데 걸리는 시간)는 원둘레를 입자의 속력으로 나눈 것과 같으므로

$$T = \frac{2\pi r}{v} = \frac{2\pi}{\omega} = \frac{2\pi m}{qB} \qquad\qquad \textbf{22.5}$$

이 된다. 이 결과들은 균일한 자기장 내 입자의 경우 원운동의 각속력과 주기가 입자의 속력이나 궤도 반지름에 무관함을 보여 주고 있다. 각속력 ω는 흔히 **사이클로트론 각진동수**(cyclotron frequency)라고 하는데, 이것은 대전 입자들이 **사이클로트론**이라고 하는 가속기 안에서 이 진동수로 원운동을 하기 때문이며 22.4절에서 다룰 것이다.

대전 입자가 균일한 자기장 내에서 자기장 $\vec{\mathbf{B}}$와 임의의 각도를 갖고서 운동한다면 경로는 나선형이 된다. 예를 들면 자기장의 방향이 그림 22.8과 같이 x축 방향이라면 입자에 작용하는 x축 방향으로의 힘의 성분은 없고, 따라서 $a_x = 0$이며 입자 속도의 x 성분인 v_x는 일정하게 유지된다. 그러나 자기력 $q\vec{\mathbf{v}} \times \vec{\mathbf{B}}$는 시간에 따라 대전 입자의 v_y와 v_z를 변화시키면서, 입자의 운동이 자기장 $\vec{\mathbf{B}}$에 평행한 축을 갖는 나선 운동이 되게 한다. 입자의 경로를 yz 평면으로 사영시키면 (x축에서 바라볼 때) 원이다. (xy 평면이나 xz 평면으로 사영시키면 사인 함수의 형태이다!) v를 $v_\perp = \sqrt{v_y^2 + v_z^2}$로 대치시키면 식 22.3으로부터 식 22.5까지가 역시 성립된다. yz 평면에서, 대전 입자는 알짜힘을 받아 등속 원운동하는 입자로 모형화한다. x 방향에서, 대전 입자는 등속 운동의 입자로 모형화한다.

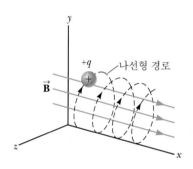

그림 22.8 균일한 자기장에 평행한 성분의 속도 벡터를 갖는 대전 입자는 나선형 경로를 따라 움직인다.

▸ **퀴즈 22.2** 대전 입자가 자기장과 수직으로 반지름 r인 원운동을 하고 있다. **(i)** 동일한 성질을 가진 두 번째 입자가 첫 번째 입자와 같은 방향으로 더 빠르게 들어온다면, 두 번째 입자의 반지름은 첫 번째 입자의 반지름에 비해 (a) 작다. (b) 크다. (c) 같다. **(ii)** 자기장의 크기가 커지면, 첫 번째 입자의 반지름은 어떻게 변하는가?

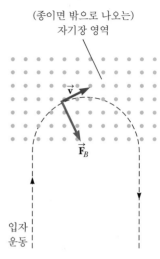

▶ **생각하는 물리 22.2**

균일한 자기장이 그림 22.9에서처럼 유한 공간 영역에 존재한다고 하자. 대전 입자를 이 영역에 입사시켜 자기력으로 올가미를 씌워 이 영역에 머물게 할 수 있을까?

추론 입자의 속도를 그 영역에서 자기장에 평행인 성분과 수직인 성분으로 분리해서 생각해 보자. 자기력선에 평행인 성분에 대해서는 입자에 아무런 힘도 작용하지 않고, 입자가 자기장 영역을 떠날 때까지 평행인 성분을 가진 채 계속 운동할 것이다. 이제 역선에 수직인 성분을 살펴보자. 자기장선과 속도 성분 모두에 수직인 자기력 성분이 나타난다. 앞에서 다뤘듯이, 대전 입자에 작용하는 힘이 속도에 항상 수직이면 입자는 원형 경로에서 운동한다. 이렇게 입자는 원호를 반을 따라 운동하다가 원의 다른 쪽에서 그림 22.9처럼 장을 빠져나온다. 그러므로 균일한 자기장에 입사한 입자는 장 영역에 붙잡혀 머물러 있을 수 없다. ◀

그림 22.9 (생각하는 물리 22.2) 양으로 대전된 한 입자가 종이면으로부터 나오는 방향의 자기장 영역으로 들어간다.

◀ **예제 22.2 | 균일한 자기장에 수직으로 운동하는 양성자**

반지름이 14 cm이고 속도에 수직인 0.35 T의 균일한 자기장 내에서 양성자가 원운동을 한다. 양성자의 속력을 구하라.

풀이

개념화 이 절에서 설명했듯이 균일한 자기장에 수직으로 운동하는 양성자는 원운동을 한다.

분류 이 절에서 유도한 식을 이용해서 양성자의 속력을 계산하므로, 예제를 대입 문제로 분류한다.

식 22.3으로부터 입자의 속력을 구한다.

$$v = \frac{qBr}{m_p} = \frac{(1.60 \times 10^{-19}\,\text{C})(0.35\,\text{T})(0.14\,\text{m})}{1.67 \times 10^{-27}\,\text{kg}}$$

$$= 4.7 \times 10^6\,\text{m/s}$$

문제 양성자 대신에 전자가 같은 속력으로 같은 자기장에 수직 방향으로 운동한다면, 회전 반지름은 어떻게 달라질까?

답 전자는 양성자보다 질량이 훨씬 작으므로, 자기력은 양성자보다 훨씬 더 쉽게 전자의 속도를 변화시킬 수 있을 것이다. 그러므로 반지름은 더 작을 것으로 예상된다. 식 22.3은 r이 양성자에서와 마찬가지로 전자의 경우에도 m, q, B, v에 의존함을 보여 준다. 결과적으로 반지름은 질량비 m_e/m_p만큼 작아질 것이다.

◀ **예제 22.3 | 전자빔의 휘어짐**

그림 22.10에서와 같이 코일 다발에 의해 발생하는 균일한 자기장의 크기를 측정하는 실험이 있다. 전자는 정지 상태에서 전위차 350 V에 의해서 가속된 후, 자기장 내에서 원운동을 하며, 전자들이 이루는 전자빔의 반지름은 7.5 cm가 된다. 자기장이 빔과 수직 방향이라고 가정할 때

(A) 자기장의 크기는 얼마인가?

풀이

개념화 예제는 전자가 전기장에 의해 정지 상태로부터 가속하고 이후 자기장에 의해 원운동하는 내용이다. 그림 22.7과 22.10에서 전자의 원운동을 볼 수 있다.

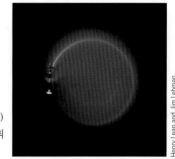

그림 22.10 (예제 22.3) 자기장 내에서 전자빔의 휘어짐

Henry Leap and Jim Lehman

분류 식 22.3을 보면, 자기장 크기를 구하기 위해서는 모르고 있는 전자의 속력 v를 구해야 한다. 따라서 전자를 가속시

키는 전위차로부터 전자의 속력을 구해야 한다. 그러기 위해서, 문제의 첫 번째 부분에서 전자와 전기장을 고립계로 모형화한다. 일단 전자가 자기장에 들어가면, 문제의 두 번째 부분은 이 절에서 공부한 것과 유사한 문제로 분류한다.

전자–전기장 계에 대한 식 7.2의 에너지 보존 식을 적절하게 정리해서 쓴다.

$$\Delta K + \Delta U = 0$$

적절한 처음과 나중 에너지를 대입한다.

$$\left(\frac{1}{2} m_e v^2 - 0\right) + (q\,\Delta V) = 0$$

전자의 속력에 대해 푼다.

$$v = \sqrt{\frac{-2q\,\Delta V}{m_e}}$$

주어진 값들을 대입한다.

$$v = \sqrt{\frac{-2\,(-1.60 \times 10^{-19}\,\text{C})(350\,\text{V})}{9.11 \times 10^{-31}\,\text{kg}}}$$
$$= 1.11 \times 10^7\,\text{m/s}$$

이제 이 속력으로 자기장에 들어가는 전자를 생각해 보자. 식 22.3을 자기장 크기에 대해 푼다.

$$B = \frac{m_e v}{e r}$$

주어진 값들을 대입한다.

$$B = \frac{(9.11 \times 10^{-31}\,\text{kg})(1.11 \times 10^7\,\text{m/s})}{(1.60 \times 10^{-19}\,\text{C})(0.075\,\text{m})}$$
$$= 8.4 \times 10^{-4}\,\text{T}$$

(B) 전자의 각속력은 얼마인가?

풀이

식 10.10을 사용한다.

$$\omega = \frac{v}{r} = \frac{1.11 \times 10^7\,\text{m/s}}{0.075\,\text{m}} = \boxed{1.5 \times 10^8\,\text{rad/s}}$$

결론 각속력은 $\omega = (1.5 \times 10^8\,\text{rad/s})(1\,\text{rev}/2\pi\,\text{rad}) = 2.4 \times 10^7\,\text{rev/s}$로 나타낼 수 있다. 전자는 초당 2 400만 번 원 주위를 돌게 된다. 이 답은 (A)에서 구한 매우 빠른 속력과 일치한다.

문제 가속 전압이 갑자기 400 V로 증가한다면 어떻게 되는가? 자기장은 일정하게 유지된다고 가정할 때, 전자의 속력에 미치는 영향은 어떻게 되는가?

답 가속 전압 ΔV가 증가하면 자기장에 들어가는 전자의 속력 v가 더 빨라진다. 속력이 더 빨라지면 더 큰 반지름 r로 원운동을 하게 된다. 각속력은 v와 r의 비율이다. v와 r이 같은 비율로 증가하기 때문에, 그 효과는 서로 상쇄되어 각속력은 일정하게 유지된다. 식 22.4는 전자의 각속력과 같은 사이클로트론 각진동수 식이다. 사이클로트론 각진동수는 단지 전하 q, 자기장 B, 질량 m_e에만 의존하는데, 이들 어떤 것도 변하지 않았다. 따라서 전압의 급격한 변화는 각속력에 영향을 주지 못한다. (그러나 실제의 경우 자기장이 가속 전압과 같은 전원을 사용하고 있다면, 전압의 증가가 자기장 증가로 이어질 수도 있다. 이런 경우 각속력은 식 22.4에 따라서 증가하게 된다.)

◤ **22.4** | 자기장 내에서 운동하는 대전 입자 운동의 응용
Applications Involving Charged Particles Moving in a Magnetic Field

전기장 $\vec{\mathbf{E}}$와 자기장 $\vec{\mathbf{B}}$에서 속도 $\vec{\mathbf{v}}$로 운동하는 전하는 전기력 $q\vec{\mathbf{E}}$와 자기력 $q\vec{\mathbf{v}} \times \vec{\mathbf{B}}$의 영향을 모두 받는다. **로렌츠 힘**(Lorentz force)이라고 하는 전하에 작용하는 전체 힘은 다음과 같은 벡터합으로 주어진다.

$$\vec{\mathbf{F}} = q\vec{\mathbf{E}} + q\vec{\mathbf{v}} \times \vec{\mathbf{B}} \qquad\qquad 22.6$$

이 절에서는 로렌츠 힘을 받는 입자를 포함하는 세 개의 응용 문제를 다룬다.

속도 선택기 Velocity Selector

대전 입자의 운동을 포함하는 많은 실험에서 입자를 같은 속도로 움직이게 하는 것은 중요하다. 이것은 그림 22.11에 나타낸 것과 같이 전기장과 자기장을 둘 다 입자에 작용시킴으로써 얻어진다. 전하를 띤 한 쌍의 평행판에 의해 오른쪽 방향으로 균일한 전기장이 만들어진다. 반면에 균일한 자기장이 전기장에 수직인 방향, 즉 그림 22.11에서 종이면으로 들어가는 방향으로 작용하고 있다. q가 양(+)이고 $\vec{\mathbf{v}}$가 위를 향하면, 왼쪽으로 자기력 $q\vec{\mathbf{v}} \times \vec{\mathbf{B}}$가 작용하고 전기력 $q\vec{\mathbf{E}}$가 오른쪽으로 작용한다. 전기력이 자기력과 평형을 이루도록 장의 크기를 선택하면, 대전 입자는 평형 상태의 입자로 모형화하고 이들 장 영역에서 직선으로 움직이게 된다. qvB와 qE를 같다고 놓으면 다음의 식을 얻는다.

$$v = \frac{E}{B} \qquad \textbf{22.7}$$

그러므로 단지 이 속력을 갖는 입자들만이 서로 수직인 전기장과 자기장을 지나면서 편향되지 않는다. 이보다 빠른 속력으로 운동하는 입자에 작용하는 자기력은 전기력보다 크고, 입자들은 왼쪽 방향으로 편향된다. 이보다 느린 속력을 갖는 입자들은 오른쪽 방향으로 편향된다.

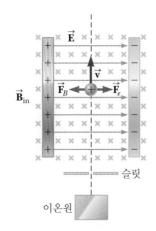

그림 22.11 속도 선택기. 양(+)으로 대전된 입자가 종이면으로 들어가는 방향의 자기장과 오른쪽 방향의 전기장이 작용하는 영역에서 움직이면, 이 입자는 오른쪽 방향으로 $q\vec{\mathbf{E}}$의 전기력과 왼쪽 방향으로 $q\vec{\mathbf{v}} \times \vec{\mathbf{B}}$의 자기력을 동시에 받게 된다.

질량 분석기 The Mass Spectrometer

질량 분석기(mass spectrometer)는 원자와 분자 이온을 질량 대 전하비에 따라 분리시키는 장치이다. **베인브리지 질량 분석기**(Bainbridge mass spectrometer)로 알려진 장치에서 이온빔은 그림 22.12와 같이 먼저 속도 선택기를 통과한 다음, 종이면 안쪽 방향으로 향하는 균일한 자기장 $\vec{\mathbf{B}}_0$(속도 선택기의 자기장의 방향과 같음)에 들어가게 된다. 이온은 두 번째 자기장에 들어가서 반지름 r인 원을 그리다가 검출기의 점 P에 부딪친다. 이온이 양전하를 띠면, 빔은 그림 22.12에서와 같이 왼쪽으로 편향된다. 이온이 음전하이면 빔은 오른쪽으로 편향된다. 식 22.3으로부터 m/q 비를 다음과 같이 표현할 수 있다.

$$\frac{m}{q} = \frac{rB_0}{v}$$

속도 선택기 내의 자기장 크기를 B라고 하고 입자의 속력을 나타내는 식 22.7을 이용하면 다음을 얻는다.

$$\frac{m}{q} = \frac{rB_0 B}{E} \qquad \textbf{22.8}$$

그러므로 m/q는 곡률 반지름과 B, B_0, E의 크기를 알면 결정할 수 있다. 실제로 같은 전하 q를 갖고 있는 이온들의 다양한 동위 원소들의 질량을 측정하기도 한다. 이런 방법으로 q를 모르는 경우에도 질량의 비를 결정할 수 있다.

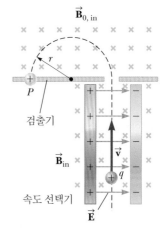

그림 22.12 질량 분석기. 양(+)으로 대전된 입자는 먼저 속도 선택기를 통과한다. 그 후 이 입자는 종이면으로 들어가는 방향의 자기장 $\vec{\mathbf{B}}_0$의 영역으로 들어가서 반원의 궤적을 그리며 점 P에 부딪친다.

그림 22.13 e/m_e를 측정하기 위한 톰슨의 장치

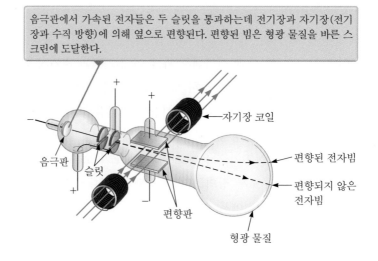

음극관에서 가속된 전자들은 두 슬릿을 통과하는데 전기장과 자기장(전기장과 수직 방향)에 의해 옆으로 편향된다. 편향된 빔은 형광 물질을 바른 스크린에 도달한다.

자기장 코일

음극판

슬릿

편향된 전자빔

편향되지 않은 전자빔

편향판

형광 물질

이와 비슷한 방법으로 톰슨(J. J. Thomson, 1856~1940)이 1897년에 전자의 e/m_e를 측정했다. 그림 22.13은 톰슨이 사용한 기본 장치이다. 이 실험에서 전자들은 음극으로부터 가속되어 두 슬릿을 통과한다. 그리고 이들은 서로 수직인 전기장과 자기장 영역에서 이동한다. 실험에서는 먼저 $\vec{E}$와 $\vec{B}$를 동시에 가해서 빔이 편향되지 않는 $\vec{E}$와 $\vec{B}$를 구한다. 다음에 자기장을 끄고 전기장만 가해서 빔이 위로 편향되게 하여 거리를 잰다. 그 거리와 E와 B값으로부터 e/m_e를 구할 수 있다. 이런 결정적인 실험의 결과로 자연에 존재하는 기본 입자로서 전자를 발견하게 됐다.

사이클로트론 The Cyclotron

사이클로트론(cyclotron)은 초고속으로 입자를 가속시킬 수 있다. 이것이 작동할 때, 전기력과 자기력이 핵심적 역할을 한다. 만들어진 고에너지 입자들은 원자핵을 때리는 데 사용되고 그 결과 관심사인 핵반응을 일으킨다. 상당수의 병원에서 사이클로트론 시설을 이용해서 암을 치료하는 고에너지 입자 빔뿐만 아니라 진단과 치료를 위한 방사능 물질을 만들어 내고 있다. 현재 전 세계에 37개의 양성자 치료 센터가 있다. 센터에서는 암에 대한 방사선 치료에 양성자를 고속으로 가속하는 사이클로트론이나 싱크로트론이라는 입자 가속기를 이용한다. 양성자 치료가 이용되는 영역에는 전립선암, 망막아세포종(눈에 생기는 암), 두경부암, 안구흑생종양, 청신경종양 등이 있다.

BIO 의학에서 사이클로트론 이용

사이클로트론의 개략도가 그림 22.14a에 나타나 있다. 전하는 두 개의 텅 빈 금속 반원 용기 D_1, D_2 내부에서 운동한다. 이 내부를 문자 D와 같이 생겼다고 해서 **디**(dee)라고 한다. 고주파 교류 전압이 디에 적용되고 균일한 자기장은 수직인 방향을 향하고 있다. 자석의 중심 근처 점 P에서 빠져나온 양이온은 한쪽 디의 반원형 경로(그림에서 검은 점선)에서 운동하고, 시간 간격 $T/2$에서 갈라진 틈의 뒤쪽에 도달한다. 여기서 T는 식 22.5에 주어진 것으로, 두 디를 완전히 한 바퀴 도는 데 필요한 시간 간

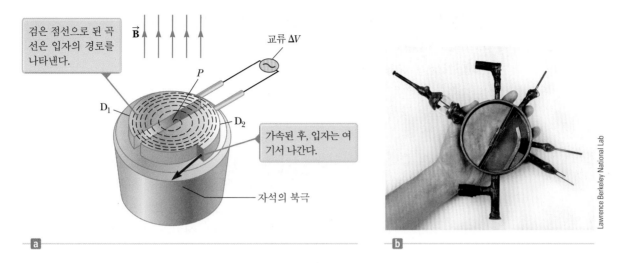

그림 22.14 (a) 두 개의 디(D_1과 D_2) 사이에 교류 전압이 가해지는 사이클로트론. 사이클로트론은 이온원(P), 디, 균일한 자기장으로 구성되어 있다. (b) 로렌스(E. O. Lawrence)와 리빙스턴(M. S. Livingston)이 1934년 발명한 최초의 사이클로트론

격이다. 적용된 교류 전압의 주파수는 이온이 한 디 주위를 움직이는 시간 간격 동안에 디의 극성이 바뀔 수 있도록 선택된다. 만약 적용된 전압이 D_2가 D_1보다 ΔV 만큼 더 낮은 전위에 있도록 조정되면, 이온은 갈라진 틈을 지나 D_2로 가속되고, 운동 에너지는 $q\Delta V$ 만큼 증가한다. 그러면 이온은 더 큰 반지름을 갖는 반원형 경로에서 D_2 주위를 운동한다. 시간 간격 $T/2$ 후에는 그것은 다시 디 사이의 갈라진 틈에 도달한다. 이때 디를 가로지르는 극성이 다시 반대로 되고 갑자기 속도를 올리는 또 다른 '킥(kick)'이 가해진다. 운동은 계속되고 반 주기마다 이온은 $q\Delta V$ 만큼의 운동 에너지를 추가로 얻게 된다. 경로의 반지름이 거의 디의 반지름 정도로 커졌을 때, 강력한 이온은 작은 구멍(slit)을 통해 계를 떠난다. 여기서 중요한 것은 사이클로트론의 작동이 이온의 속력과 원형 경로의 반지름과는 무관한 T에 바탕을 두고 있다는 사실이다(식 22.5).

이온이 사이클로트론에서 나올 때 이온의 운동 에너지는 디의 반지름 R로 표현할 수 있다. 식 22.3으로부터 $v = qBR/m$임을 알고 있으므로, 운동 에너지는 다음과 같다.

$$K = \frac{1}{2}mv^2 = \frac{q^2B^2R^2}{2m} \qquad 22.9$$

사이클로트론에 있는 이온의 에너지가 약 20 MeV를 넘게 되면, 상대론적 효과가 나타난다. 이런 이유로, 운동하는 이온은 가해 준 교류 전압과 위상이 맞지 않게 된다. 몇몇 가속기에서는 적용한 전위차의 주파수를 운동하는 이온과 같은 위상에 있도록 조정함으로써 이 문제를 해결하고 있다.

오류 피하기 | 22.1
사이클로트론은 최신식 기술은 아니다
사이클로트론은 그것이 초고속 입자를 만들어 낸 최초의 입자 가속기라는 것 때문에 역사적으로 중요하다. 의료용으로 여전히 사이클로트론이 사용되고 있지만, 현재 연구용으로 만들어진 대부분의 가속기는 사이클로트론이 아니다. 연구용 가속기들은 서로 다른 원리로 작동되며 일반적으로 **싱크로트론**이다.

▌22.5 | 전류가 흐르는 도체에 작용하는 자기력
Magnetic Force on a Current-Carrying Conductor

대전 입자 하나가 외부 자기장을 통과해 운동할 때 자기력이 작용하기 때문에, 전류가 흐르는 도선이 외부 자기장에 놓여 있을 때도 역시 자기력이 작용한다는 것은 놀라운 일은 아니다. 전류는 운동하는 많은 대전 입자들의 집합이므로 도선에 작용하는 자기력의 합력은 대전 입자에 작용하는 개별 자기력의 합에 의해서 주어진다. 입자에 작용하는 힘은 도선을 구성하는 원자와 충돌을 통해 도선 전체에 전달된다.

전류가 흐르는 도체에 자기력이 작용한다는 것은 그림 22.15에서처럼 자석의 극 사이에 도선을 걸어 놓음으로써 확인할 수 있는데, 여기서 자기장은 종이면 안쪽을 향하고 있다. 도선은 전류가 흐를 때 왼쪽 또는 오른쪽으로 휘게 된다.

그림 22.16과 같이 균일한 외부 자기장 $\vec{\mathbf{B}}$ 내에서 전류 I가 흐르는 길이 L, 단면의 넓이 A인 직선 도선의 시료를 생각해 보자. 빠른 지그재그 운동은 무시하고(이 운동에 의한 알짜 속도는 영이기 때문에), 전하는 단지 유동 속도 $\vec{\mathbf{v}}_d$로 운동한다고 가정하자. 유동 속도 $\vec{\mathbf{v}}_d$로 운동하는 전하 q에 작용하는 자기력은 $q\vec{\mathbf{v}}_d \times \vec{\mathbf{B}}$이다. 도선에 작용하는 전체 자기력을 구하기 위해 전하 한 개에 작용하는 힘에 도선 시료 안에 있는 전하의 수를 곱해야 한다. 시료의 부피는 AL이므로, n을 단위 부피당 전하의 수라고 하면 시료 안에 있는 전체 전하의 수는 nAL이다. 그러므로 길이 L의 도선에 작용하는 전체 자기력은 다음과 같다.

$$\vec{\mathbf{F}}_B = (q\vec{\mathbf{v}}_d \times \vec{\mathbf{B}})nAL$$

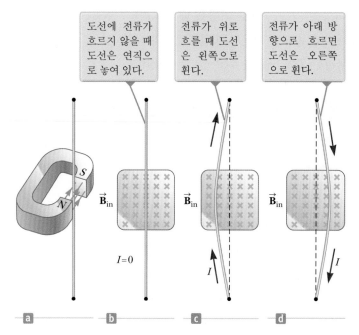

그림 22.15 (a) 자극 사이에 연직으로 매달린 도선 (b)부터 (d) 자석의 남극에서 본 (a)의 모습. 자기장(초록색 ×)은 종이면 안으로 향한다.

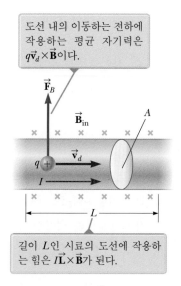

그림 22.16 자기장 $\vec{\mathbf{B}}$ 내에서 운동하는 전하를 포함하는 도선의 시료

식 21.4에서 도선 내의 흐르는 전류가 $I = nqv_d A$이므로 $\vec{F}_B$는 다음과 같이 좀 더 편리한 형태로 표현할 수 있다.

$$\vec{F}_B = I\vec{L} \times \vec{B} \qquad \qquad 22.10$$

여기서 $\vec{L}$은 전류 I가 흐르는 방향으로의 벡터이고 $\vec{L}$의 크기는 도선 시료의 길이와 같다. 이 식은 직선형 도선이 균일한 외부 자기장에 있을 때만 사용할 수 있는 식임을 알아야 한다.

이제 그림 22.17과 같이 외부 자기장 내에 놓인 단면이 일정한 임의의 모양의 도선을 생각해 보자. 식 22.10으로부터 외부 자기장 $\vec{B}$가 존재할 때 매우 작은 길이 $d\vec{s}$에 작용하는 자기력은 다음과 같다.

$$d\vec{F}_B = Id\vec{s} \times \vec{B} \qquad \qquad 22.11$$

여기서 $d\vec{s}$는 길이 요소를 나타내는 벡터로서 방향은 전류의 방향과 같고, $d\vec{F}_B$는 그림 22.17에서의 경우라면 종이면 밖으로 향하는 방향이다. 식 22.11을 $\vec{B}$의 또 다른 정의로 생각할 수 있다. 즉 자기장 $\vec{B}$를 전류 요소에 작용하는 측정 가능한 힘으로 정의할 수 있다. 여기서 힘은 자기장이 전류 요소에 수직일 때 최대가 되고, 평행할 때 영이 된다.

임의의 점 a와 b 사이의 도선의 길이에 작용하는 전체 자기력을 구하기 위해 식 22.11을 이 두 점 사이의 도선의 길이에 대해 적분하면 다음과 같다.

$$\vec{F}_B = I\int_a^b d\vec{s} \times \vec{B} \qquad \qquad 22.12$$

이 적분을 계산할 때, 자기장의 크기와 자기장이 벡터 $d\vec{s}$와 이루는 방향이 지점에 따라 변할 수 있다.

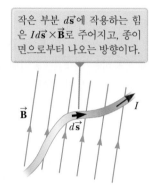

작은 부분 $d\vec{s}$에 작용하는 힘은 $Id\vec{s} \times \vec{B}$로 주어지고, 종이면으로부터 나오는 방향이다.

그림 22.17 자기장 $\vec{B}$ 내에서 전류 I가 흐르는 임의의 도선은 자기력을 받는다.

▶ 퀴즈 22.3 종이면에 놓인 도선에 전류가 위쪽으로 흐르고 있다. 도선이 종이면의 오른쪽으로 자기력을 느낀다면 자기장의 방향은 어디로 향하는가? (**a**) 종이면에서 왼쪽 (**b**) 종이면에서 오른쪽 (**c**) 종이면으로부터 나오는 방향 (**d**) 종이면으로 들어가는 방향

▶ 생각하는 물리 22.3

낙뢰(벼락이 떨어짐) 시에는 구름에서 대지로 음전하의 운동이 급격히 일어나게 된다. 지구 자기장에 의해서 이 낙뢰는 어느 방향으로 휘는가?

추론 낙뢰 시 음전하의 아래쪽으로의 흐름은 위쪽으로 흐르는 전류와 동등하다. 따라서 벡터 $d\vec{s}$는 위쪽을 향하고, 자기장 벡터는 북향 성분을 갖는다. 길이 요소와 자기장 벡터의 벡터곱(식 22.11)에 따르면, 낙뢰는 **서쪽**으로 휠 것이다. ◀

⟨ 예제 22.4 | 반원형 도선에 작용하는 힘

반지름 R인 반원의 닫힌 회로를 구성하고 있는 도선에 전류 I가 흐른다. 회로는 xy 평면에 놓여 있고, 균일한 자기장이 그림 22.18과 같이 $+y$ 방향을 따라 작용한다. 도선의 직선 부분과 곡선 부분에 작용하는 자기력을 구하라.

풀이

개념화 벡터곱에 대한 오른손 법칙을 사용하면, 도선의 직선 부분에 작용하는 힘 $\vec{\mathbf{F}}_1$은 종이면으로부터 나오고 곡선 부분에 작용하는 힘 $\vec{\mathbf{F}}_2$는 종이면 안으로 향한다. 곡선 부분의 길이가 직선 부분의 길이보다 길므로 $\vec{\mathbf{F}}_2$가 $\vec{\mathbf{F}}_1$의 크기보다 더 클까?

분류 자기장 내의 대전 입자 하나가 아니라 전류가 흐르는 도선을 다루고 있으므로, 식 22.12를 이용해서 도선의 각 부분에 작용하는 전체 힘을 구해야 한다.

분석 도선의 직선 부분 어디에서든지 $d\vec{\mathbf{s}}$는 $\vec{\mathbf{B}}$와 수직임에 주목하자. 이 부분에 작용하는 힘은 식 22.12를 이용해서 구한다.

$$\vec{\mathbf{F}}_1 = I\int_a^b d\vec{\mathbf{s}} \times \vec{\mathbf{B}} = I\int_{-R}^{R} B\,dx\,\hat{\mathbf{k}} = \boxed{2IRB\hat{\mathbf{k}}}$$

그림 22.18에서 요소 $d\vec{\mathbf{s}}$에 작용하는 자기력 $d\vec{\mathbf{F}}_2$에 대한 식을 써서 자기력을 구한다.

$$(1) \qquad d\vec{\mathbf{F}}_2 = I\,d\vec{\mathbf{s}} \times \vec{\mathbf{B}} = -IB\sin\theta\,ds\,\hat{\mathbf{k}}$$

그림 22.18의 구조에서 ds에 대한 식을 쓴다.

$$(2) \qquad\qquad ds = R\,d\theta$$

식 (2)를 식 (1)에 대입하고 각도 θ를 0에서 π까지 적분한다.

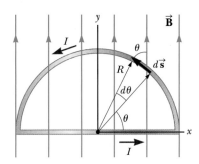

그림 22.18 (예제 22.4) 고리의 직선 부분에는 자기력이 종이면으로부터 나오는 방향으로 작용하며, 곡선 부분에는 종이면 안으로 작용한다.

$$\begin{aligned}
\vec{\mathbf{F}}_2 &= -\int_0^\pi IRB\sin\theta\,d\theta\,\hat{\mathbf{k}} = -IRB\int_0^\pi \sin\theta\,d\theta\,\hat{\mathbf{k}} \\
&= -IRB\,[-\cos\theta]_0^\pi\,\hat{\mathbf{k}} \\
&= IRB(\cos\pi - \cos 0)\hat{\mathbf{k}} = IRB(-1-1)\hat{\mathbf{k}} \\
&= \boxed{-2IRB\hat{\mathbf{k}}}
\end{aligned}$$

결론 이 예제로부터 두 가지 매우 중요한 내용을 얻게 된다. 첫째, 곡선 부분에 작용하는 힘은 같은 두 점 사이의 직선 도선에 작용하는 힘과 크기가 같다. 일반적으로 균일한 자기장 내에서, 전류가 흐르는 곡선에 작용하는 자기력은 같은 전류가 흐르고 두 끝점을 연결한 직선 도선에 작용하는 자기력과 크기가 같다. 더욱이 $\vec{\mathbf{F}}_1 + \vec{\mathbf{F}}_2 = 0$은 일반적인 결과이다. 균일 자기장 내에 있는 닫힌 전류 고리에 작용하는 알짜힘은 영이다.

⟨ 22.6 | 균일한 자기장 내에서 전류 고리가 받는 토크
Torque on a Current Loop in a Uniform Magnetic Field

앞 절에서 외부 자기장 내에 놓여 있는 전류가 흐르는 도체에 자기력이 어떻게 작용하는지 알아봤다. 이 절에서는 자기장 내에 놓여 있는 전류 고리에 **토크**(또는 돌림힘)가 작용한다는 것을 증명할 것이다. 이 결과는 전동기나 발전기를 설계할 때 실제로 적용될 수 있는 것이다.

그림 22.19a에서와 같이, 전류 I가 흐르는 **직사각형의 전류 고리**가 이 **고리의 면과** 평행인 균일한 외부 자기장 내에 있다고 하자. 길이 b인 변 ①과 ③에 작용하는 힘은, 이 도선이 자기장에 평행이므로 영이다. 즉 이 변들에 대해 $d\vec{\mathbf{s}} \times \vec{\mathbf{B}} = 0$이다. 그러나 변 ②와 ④에는 영이 아닌 자기력이 작용하는데, 이 변들이 자기장에 수직인 방향을

향하고 있기 때문이다. 작용하는 힘의 크기는 다음과 같다.

$$F_2 = F_4 = IaB$$

고리에 작용하는 알짜힘은 영이다. 변 ②에 작용하는 자기력 $\vec{F}_2$의 방향은 종이면에서 나오는 방향이고 변 ④에 작용하는 힘 $\vec{F}_4$는 종이면 속으로 들어가는 방향이다. 그림 22.19b와 같이 전류 고리를 보면 변 ②와 ④에 작용하는 두 힘을 나타낸 것이다. 점 O를 지나면서 종이면에 수직인 회전축에 대해 전류 고리가 회전할 수 있도록 하면, 이 두 자기력은 고리를 시계 방향으로 회전시키는 회전축에 대한 알짜 토크를 만들어 내는 것을 알 수 있다. 이 토크의 크기 $\tau_{\max}$는 다음과 같다.

$$\tau_{\max} = F_2\frac{b}{2} + F_4\frac{b}{2} = (IaB)\frac{b}{2} + (IaB)\frac{b}{2} = IabB$$

여기서 점 O에 관한 모멘트 팔은 각 힘에 대해 $b/2$이다. 고리의 넓이가 $A = ab$이므로 토크의 크기는 다음과 같이 표현할 수 있다.

$$\tau_{\max} = IAB \tag{22.13}$$

이 결과는 자기장 $\vec{B}$가 고리의 면에 평행할 때만 성립하는 것에 유의해야 한다. 전류 고리가 그림 22.19b에서와 같을 때 회전 방향은 시계 방향이다. 전류가 반대 방향으로 흐르면 자기력의 방향이 반대가 되어 회전 방향은 반시계 방향이 된다.

이제 균일한 자기장이 그림 22.20에서와 같이 전류 고리의 면에 수직인 선과 각도 θ를 이룬다고 생각해 보자. $\vec{B}$는 여전히 변 ②와 ④에 수직임에 주목하자. 이 경우 변 ①과 ③에 작용하는 자기력은 서로 상쇄되고, 또 이 자기력의 작용선이 같아서 토크를 만들지 못한다. 그러나 변 ②와 ④에 작용하는 자기력 $\vec{F}_2$와 $\vec{F}_4$는 짝을 이뤄 고리 중심을 지나는 축에 대한 토크를 만들어 낸다. 그림 22.20을 보면 이 축에 대한 $\vec{F}_2$의 모멘트 팔은 $(b/2)\sin\theta$임을 알게 된다. 마찬가지로 $\vec{F}_4$의 모멘트 팔 역시 $(b/2)\sin\theta$가 된다. $F_2 = F_4 = IaB$이므로 알짜 토크의 크기는 다음과 같다.

$$\begin{aligned}
\tau &= F_2\frac{b}{2}\sin\theta + F_4\frac{b}{2}\sin\theta \\
&= (IaB)\left(\frac{b}{2}\sin\theta\right) + (IaB)\left(\frac{b}{2}\sin\theta\right) = IabB\sin\theta \\
&= IAB\sin\theta
\end{aligned}$$

여기서 $A = ab$는 고리의 넓이이다. 이 결과로부터 알 수 있는 것은 자기장이 고리의 면에 평행일 때($\theta = 90°$)는 토크는 최댓값 IAB(식 22.13)를 가지며, 수직일 때($\theta = 0°$)는 영이 된다. 그림 22.20에서 보듯이 이 고리는 θ의 값이 감소하는 방향으로 회전하려고 한다(즉 고리 면에 대한 법선이 자기장의 방향으로 회전한다). 토크에 대한 벡터 표현은 다음과 같다.

$$\vec{\tau} = I\vec{A} \times \vec{B} \tag{22.14}$$

고리 면에 수직인 벡터 $\vec{A}$는 고리의 넓이와 같은 크기를 갖는다. $\vec{A}$의 방향은 그림

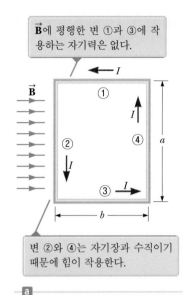

변 ①과 ③에 작용하는 자기력은 없다.

변 ②와 ④는 자기장과 수직이기 때문에 힘이 작용한다.

a

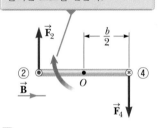

변 ②와 ④에 작용하는 자기력 $\vec{F}_2$와 $\vec{F}_4$는 고리를 시계 방향으로 돌리는 토크를 만든다.

b

그림 22.19 (a) 균일한 자기장 내에 놓인 사각형 고리를 위에서 본 모습 (b) 사각형을 옆에서 본 모습. 왼쪽 원 안에 있는 보라색 점은 도선 ②의 전류가 여러분 쪽으로 다가오는 것을 나타낸다. 오른쪽 원 안의 보라색 ×는 도선 ④의 전류가 여러분으로부터 멀어짐을 나타낸다.

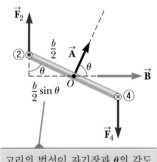

고리의 법선이 자기장과 θ의 각도를 이룰 때, 토크에 대한 모멘트 팔은 $(b/2)\sin\theta$이다.

그림 22.20 그림 22.19에서 자기장에 대해 회전하는 고리의 끝에서 본 모습

그림 22.21 $\vec{\mathbf{A}}$의 방향을 결정하는 오른손 법칙. 자기 모멘트 $\vec{\boldsymbol{\mu}}$의 방향은 $\vec{\mathbf{A}}$의 방향과 같다.

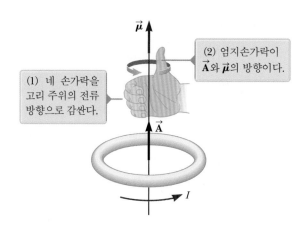

(1) 네 손가락을 고리 주위의 전류 방향으로 감싼다.

(2) 엄지손가락이 $\vec{\mathbf{A}}$와 $\vec{\boldsymbol{\mu}}$의 방향이다.

22.21에서와 같이 오른손 법칙으로 정해진다. 오른손의 네 손가락이 고리 내에 흐르는 전류의 방향으로 돌아갈 때 엄지 손가락이 $\vec{\mathbf{A}}$의 방향을 가리킨다. 곱 $I\vec{\mathbf{A}}$를 고리의 **자기 쌍극자 모멘트**(대개는 간단히 자기 모멘트라 한다) $\vec{\boldsymbol{\mu}}$로 다음과 같이 정의한다.

$$\vec{\boldsymbol{\mu}} = I\vec{\mathbf{A}} \qquad\qquad 22.15$$

자기 쌍극자 모멘트의 SI 단위는 $A \cdot m^2$이다. 이 정의를 사용해서 토크를 다음과 같이 표현할 수 있다.

$$\vec{\boldsymbol{\tau}} = \vec{\boldsymbol{\mu}} \times \vec{\mathbf{B}} \qquad\qquad 22.16$$

▶ 자기장 내에서 자기 모멘트에 작용하는 토크

토크를 고리에 대해 특정한 각도를 이루고 있는 $\vec{\mathbf{B}}$에 대해 얻었지만, 식 22.16은 어떤 각도에 대해서도 성립한다. 더욱이 토크에 대한 식을 사각형 고리로부터 유도했지만, 이 결과는 어떤 모양의 고리에 대해서도 성립한다. 일단 토크가 결정되면, 코일의 운동은 10장에서 공부했던 알짜 토크를 받는 강체로 취급된다.

각각 동일한 전류가 흐르고 동일한 넓이를 갖는 도선을 N번 감아서 코일을 만들면, 코일의 전체 자기 모멘트는 한 번 감긴 경우의 자기 모멘트의 크기에 감긴 횟수를 곱한 것이다. 즉 $\vec{\boldsymbol{\mu}} = NI\vec{\mathbf{A}}$이다. N번 감긴 코일의 토크는 한 번 감은 코일의 것보다 N배 크다.

흔히 사용하는 전동기는 영구자석이 만드는 자기장 내에서 회전할 수 있도록 장치된 코일로 구성된다. 전류가 흐르는 코일에 작용하는 토크는 자동차의 파워 윈도 (power window), 가정용 팬, 울타리 다듬는 기구와 같은 역학적 장치의 구동축을 회전시키는 데 사용된다.

정지 상태에서 자유롭게 움직이는 그림 22.20의 사각형 고리를 생각해 보자. ($\vec{\mathbf{A}}$와 평행한) 자기 모멘트 벡터는 시계 방향으로 회전하기 시작해서 자기장 벡터 $\vec{\mathbf{B}}$ 방향으로 정렬할 것이다. 일단 $\vec{\boldsymbol{\mu}}$가 $\vec{\mathbf{B}}$와 정렬한 평형 위치에 오더라도, 고리의 각운동량에 의해 이 상태를 지나칠 것이며, 그렇게 되면 이후 고리는 복원 토크로 인해 속도가 느려질 것이다. 그 결과 평형 배열 상태에 대해 진동하게 될 것이다. 이 상황에 대해서 몇 가지 질문을 해보자. 고리−장 계의 진동과 관련된 에너지는 어디에서 오는가? 그것은 외력이 처음에 평형 위치에서 멀리 있는 $\vec{\boldsymbol{\mu}}$를 돌리면서 한 일로부터 왔다. 이번에는 고리가 움직이기 전 계의 에너지는 어떤 형태였는가? 그것은, 용수철 위의 물체가 평형 상태로부터 멀어질 때처럼, **위치 에너지**의 형태이다. 자기장 내에 놓인 자기 쌍극자 계의 위치 에너지는 자기장 내에 있는 쌍극자의 방향에 의존한다. 자기 쌍극자 모멘트의 위치 에너지는 다음과 같다.

$$U = -\vec{\pmb{\mu}} \cdot \vec{\mathbf{B}}$$ 22.17 ▶ 자기장 내에서 자기 모멘트 계의 위치 에너지

이 식은 $\vec{\pmb{\mu}}$가 $\vec{\mathbf{B}}$와 같은 방향일 때 계가 가장 낮은 에너지 $U_{\min} = -\mu B$를 가짐을 보여 준다. $\vec{\pmb{\mu}}$가 $\vec{\mathbf{B}}$와 반대 방향일 때 계는 가장 큰 에너지 $U_{\max} = +\mu B$를 갖는다.

◀ **예제 22.5 | 코일의 자기 쌍극자 모멘트**

도선이 25번 감긴 5.40 cm × 8.50 cm 크기의 직사각형 코일이 있다. 이 코일에 15.0 mA의 전류가 흐르고 있고, 0.350 T의 자기장이 코일면에 평행하게 걸린다.

(A) 코일의 자기 쌍극자 모멘트 크기를 계산하라.

풀이

개념화 코일의 자기 모멘트는 고리가 놓여 있는 자기장과 무관하다. 그러므로 자기 모멘트는 고리의 모양과 흐르는 전류에만 의존한다.

분류 이 절에서 유도한 식에 기초한 양을 계산하므로, 예제를 대입 문제로 분류한다.

식 22.15를 이용해서 N번 감은 코일의 자기 모멘트를 계산한다.

$$\mu_{\text{coil}} = NIA$$
$$= (25)(15.0 \times 10^{-3}\,\text{A})(0.0540\,\text{m})(0.0850\,\text{m})$$
$$= 1.72 \times 10^{-3}\,\text{A} \cdot \text{m}^2$$

(B) 고리에 작용하는 토크의 크기는 얼마인가?

풀이

$\vec{\mathbf{B}}$가 $\vec{\pmb{\mu}}_{\text{coil}}$에 수직임에 주목하면서, 식 22.16을 이용한다.

$$\tau = \mu_{\text{coil}} B = (1.72 \times 10^{-3}\,\text{A} \cdot \text{m}^2)(0.350\,\text{T})$$
$$= 6.02 \times 10^{-4}\,\text{N} \cdot \text{m}$$

◣ **22.7 | 비오-사바르 법칙** The Biot-Savart Law

지금까지 자기장 내에 물체가 놓일 때의 결과를 다뤘다. 자기장 내에서 운동하는 전하는 자기력을 받는다. 또한 자기장 내에 놓여 있는 전류가 흐르는 도선도 자기력을 받고, 자기장 내의 전류 고리에는 토크가 작용한다.

이제 자기장의 **원천**에 대해 생각해 보자. 도선에 흐르는 전류가 근처에 있는 나침반 바늘을 움직이게 한다는 외르스테드(Oersted)의 1819년 발견(22.1절)은 전류가 자기장의 원천임을 보여 준다. 19세기 초에 전류가 흐르는 도체와 자석 사이에 작용하는 힘을 조사해서, 비오(Jean-Baptiste Biot)와 사바르(Félix Savart)는 자기장을 생성하는 전류로써 공간 내 한 점에서의 자기장을 표현할 수 있었다. 전류가 흐르기 위

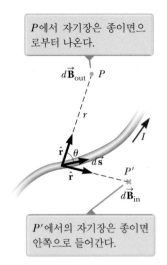

P에서 자기장은 종이면으로부터 나온다.

$d\vec{\mathbf{B}}_{\text{out}}$ P

r

$\hat{\mathbf{r}}$ θ

$d\vec{\mathbf{s}}$

$\hat{\mathbf{r}}$ P'

$d\vec{\mathbf{B}}_{\text{in}}$

I

P'에서의 자기장은 종이면 안쪽으로 들어간다.

그림 22.22 길이 요소 $d\vec{\mathbf{s}}$의 전류에 의한 한 점에서의 자기장 $d\vec{\mathbf{B}}$는 비오–사바르 법칙에 의해 주어진다.

오류 피하기 | 22.2

비오–사바르 법칙 비오–사바르 법칙으로 기술되는 자기장은 **전류가 흐르는 주어진 도체에 의한 자기장**이다. 이 자기장을 도체에 작용하는 원천이 다른 외부 자기장과 혼동하지 않아야 한다.

▶ **자유 공간의 투자율**

▶ **비오–사바르 법칙**

해서는 완전한 회로가 있어야 하므로 점전하와 같은 점전류는 존재하지 않는다. 따라서 큰 전류 분포의 일부인 작은 전류 요소에 의한 자기장을 조사해야 한다. 그림 22.22에서와 같이 도선에 정상 전류 I가 흐른다고 가정하자. 실험 결과에 따르면 도선의 작은 길이 ds에 의한 점 P에서의 자기장 $d\vec{\mathbf{B}}$는 다음과 같은 성질을 갖는다.

- 벡터 $d\vec{\mathbf{B}}$는 $d\vec{\mathbf{s}}$(전류의 방향으로 향함)와 길이 요소에서 점 P로 향하는 단위 벡터 $\hat{\mathbf{r}}$에 모두 수직이다.
- $d\vec{\mathbf{B}}$의 크기는 r^2에 반비례하며, 여기서 r은 점 P까지의 거리이다.
- $d\vec{\mathbf{B}}$의 크기는 전류 I와 길이 요소 ds에 비례한다.
- $d\vec{\mathbf{B}}$의 크기는 $\sin\theta$에 비례하며, 여기서 θ는 $d\vec{\mathbf{s}}$와 $\hat{\mathbf{r}}$ 사이의 각도이다.

비오–사바르 법칙(Biot–Savart law)으로 이들 결과를 다음과 같은 식으로 요약할 수 있다.

$$d\vec{\mathbf{B}} = k_m \frac{I\,d\vec{\mathbf{s}} \times \hat{\mathbf{r}}}{r^2} \qquad 22.18$$

여기서 k_m은 SI 단위로 정확히 10^{-7} T·m/A인 상수이다. 상수 k_m은 보통 $\mu_0/4\pi$로 쓰며, 여기서 μ_0는 **자유 공간의 투자율**(permeability of free space)이라고 하는 상수이다.

$$\frac{\mu_0}{4\pi} = k_m = 10^{-7}\,\text{T·m/A}$$

$$\mu_0 = 4\pi k_m = 4\pi \times 10^{-7}\,\text{T·m/A} \qquad 22.19$$

따라서 비오–사바르 법칙인 식 22.18은 다음과 같이 쓸 수도 있다.

$$d\vec{\mathbf{B}} = \frac{\mu_0}{4\pi} \frac{I\,d\vec{\mathbf{s}} \times \hat{\mathbf{r}}}{r^2} \qquad 22.20$$

비오–사바르 법칙은 도체의 작은 길이 요소에 의한 한 점에서의 자기장만을 나타낸다는 것에 유의해야 한다. 곱 $I\,d\vec{\mathbf{s}}$는 **전류 요소**(current element)이다. 유한 크기의 도체에 의한 어떤 점에서의 전체 자기장 $\vec{\mathbf{B}}$를 구하려면, 도체를 구성하는 모든 전류 요소의 기여를 합해야 한다. 즉 도체 전체에 대해 식 22.20을 적분해서 $\vec{\mathbf{B}}$를 계산한다.

자기장에 관한 비오–사바르 법칙과 전하 분포의 전기장에 관한 식 19.7 사이에는 두 가지 유사한 점과 두 가지 중요한 차이점이 있다. 전류 요소 $I\,d\vec{\mathbf{s}}$는 자기장을 만들고, 전하 요소 dq는 전기장을 만든다. 게다가 자기장의 크기는 전류 요소로부터의 거리 제곱에 반비례하고, 전기장은 전하 요소로부터의 거리 제곱에 반비례한다. 하지만 전기장과 자기장의 방향은 아주 다르다. 전하 요소에 의한 전기장은 지름 방향이다. 양의 점전하인 경우에, $\vec{\mathbf{E}}$는 점전하로부터 멀어지는 방향이다. 전류 요소에 의한 자기장은 전류 요소 벡터와 지름 벡터에 각각 수직이다. 따라서 도체가 종이면 내에 놓여 있으면, 그림 22.22에서와 같이 $d\vec{\mathbf{B}}$는 점 P에서는 종이면으로부터 나오는 방향이고,

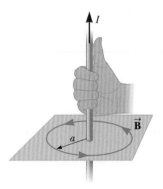

I

$\vec{\mathbf{B}}$

a

그림 22.23 전류가 흐르는 긴 직선 도선을 둘러싸는 자기장의 방향을 결정하는 오른손 법칙. 자기력선은 도선 주위에서 동심원을 형성함에 주목하자. 도선으로부터 거리 r인 지점에서의 자기장 크기는 식 22.21에 의해 주어진다.

점 P'에서는 종이면 속으로 들어가는 방향이다. 또 다른 중요한 차이점은 전기장은 단일 전하 또는 전하 분포에 의해 형성되지만, 자기장은 전류 분포에 의해서만 형성된다는 것이다.

그림 22.23은 전류에 의한 자기장의 방향을 결정하는 데 편리한 오른손 법칙을 나타내고 있다. 자기력선은 일반적으로 전류를 둘러싼다는 것에 유의하기 바란다. 긴 직선 도선인 경우, 자기력선은 도선에 중심을 둔 동심원을 그리며 도선에 수직인 평면 내에 있다. 엄지손가락이 전류의 방향으로 향하도록 하고 도선을 오른손으로 쥐면, 손가락들은 $\vec{\mathbf{B}}$의 방향으로 감긴다.

전류가 흐르는 무한히 긴 직선 도선이 만드는 자기장은 비오-사바르 법칙을 이용해서 계산할 수 있지만, 22.9절에서 다른 방법을 이용해서 도선으로부터 거리 r인 지점에서의 자기장의 크기는 다음과 같음을 보일 것이다.

$$B = \frac{\mu_0 I}{2\pi r}$$ 22.21   ▶ 긴 직선 도선에 의한 자기장

▼ **퀴즈 22.4** 그림 22.24에서 보이는 전선을 흐르는 전류에 의한 자기장을 고려하자. 길이 요소 $d\vec{\mathbf{s}}$에 흐르는 전류로 인한 자기장의 크기를 가장 큰 것부터 순서대로 점 A, B, C를 나열하라.

그림 22.24 (퀴즈 22.4) 전류 요소에 의한 자기장이 가장 큰 곳은 어디인가?

▌ **예제 22.6** | **원형 전류 도선의 축 상에서의 자기장**

그림 22.25에서처럼 yz 평면에 위치한 반지름 a의 원형 도선에 전류 I가 흐르는 경우를 생각하자. 중심으로부터 x만큼 떨어진 축 상의 점 P에서의 자기장을 계산하라.

풀이

개념화 그림 22.25는 원형 도선의 꼭대기에 있는 단일 전류 요소에 의한 점 P에서의 자기장 $d\vec{\mathbf{B}}$를 보여 준다. 이 벡터는 그림에서 x축과 평행한 dB_x와 x축과 수직인 $dB_\perp$로 분해할 수 있다. 전류 고리의 맨 아래에 있는 전류 요소에 의한 자기장을 생각하자. 대칭성 때문에 원형 도선의 맨 위와 맨 아래에 있는 전류 요소에 의한 자기장의 수직 성분은 상쇄된다. 이 상쇄는 원형 도선 주위의 모든 대응되는 쌍에 대해서 일어나기 때문에 자기장의 $dB_\perp$ 성분은 고려할 필요가 없고 x축에 평행한 항에 대해서만 풀면 된다.

분류 간단한 전류 분포에 의한 자기장을 구하는 문제이므로, 예제는 비오-사바르 법칙이 적합한 전형적인 문제이다.

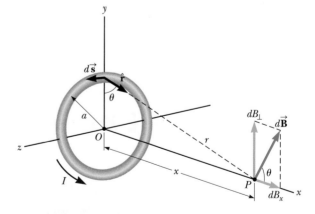

그림 22.25 (예제 22.6) 전류 고리 축 상에 놓여 있는 점 P에서의 자기장을 계산하기 위한 기하. 대칭에 의해 전체 자기장 $\vec{\mathbf{B}}$는 고리의 축 방향이다.

분석 여기서 모든 길이 요소 $d\vec{s}$는 요소 위치에서 벡터 $\hat{\mathbf{r}}$과 수직이기 때문에, 모든 요소에 대해서 $|d\vec{s} \times \hat{\mathbf{r}}| = (ds)(1)$ $\sin 90° = ds$이다. 또한 원형 도선 주위의 모든 길이 요소는 점 P로부터 같은 거리 r에 있고 $r^2 = a^2 + x^2$이다.

식 22.20을 이용해서 길이 요소 $d\vec{s}$의 전류에 의한 $d\vec{B}$의 크기를 구한다.

$$dB = \frac{\mu_0 I}{4\pi} \frac{|d\vec{s} \times \hat{\mathbf{r}}|}{r^2} = \frac{\mu_0 I}{4\pi} \frac{ds}{(a^2 + x^2)}$$

자기장 요소의 x성분을 구한다.

$$dB_x = \frac{\mu_0 I}{4\pi} \frac{ds}{(a^2 + x^2)} \cos\theta$$

전체 원형 도선에 대해 적분한다.

$$B_x = \oint dB_x = \frac{\mu_0 I}{4\pi} \oint \frac{ds \cos\theta}{a^2 + x^2}$$

기하학적 배치에서 $\cos\theta$를 계산한다.

$$\cos\theta = \frac{a}{(a^2 + x^2)^{1/2}}$$

적분 식에 $\cos\theta$에 대해 푼 식을 대입한다. 여기서 x와 a는 모두 상수이다.

$$B_x = \frac{\mu_0 I}{4\pi} \oint \frac{ds}{a^2 + x^2} \frac{a}{(a^2 + x^2)^{1/2}}$$

$$= \frac{\mu_0 I}{4\pi} \frac{a}{(a^2 + x^2)^{3/2}} \oint ds$$

원형 도선에 대해 적분한다.

$$B_x = \frac{\mu_0 I}{4\pi} \frac{a}{(a^2 + x^2)^{3/2}} (2\pi a)$$

$$= \frac{\mu_0 I a^2}{2(a^2 + x^2)^{3/2}} \qquad \qquad 22.23$$

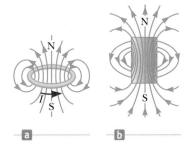

그림 22.26 (예제 22.6) (a) 원형 전류 도선 주위의 자기력선 (b) 막대자석 주위의 자기력선. 두 자기력선이 비슷함에 주목하자.

결론 원형 도선의 중심에서의 자기장은 식 22.23에서 $x = 0$을 설정하면 된다. 이 특별한 위치에서 자기장은 다음과 같다.

$$B = \frac{\mu_0 I}{2a} \qquad (x = 0\text{에서}) \qquad 22.24$$

원형 전류 도선 고리에서 자기력선의 형태가 그림 22.26a에 있는데, 자기력선은 원형 도선의 축을 포함하는 평면에 대해서 그렸다. 자기력선의 형태는 축방향으로 대칭이고 그림 22.26b에서 보이는 막대자석 주위의 형태와 유사하다.

문제 원형 도선으로부터 매우 먼 x축 상의 한 지점에서 자기장은 어떠한가? 이런 점에서 자기장은 어떻게 작동하는가?

답 이 경우 $x \gg a$이므로 식 22.23의 분모에 있는 a^2항을 무시할 수 있어 다음 식을 얻는다.

$$B \approx \frac{\mu_0 I a^2}{2x^3} \qquad (x \gg a\text{인 경우}) \qquad 22.25$$

원형 도선의 자기 모멘트 μ의 크기는 전류와 원형 도선의 넓이의 곱으로 정의된다. $\mu = I(\pi a^2)$이다(식 22.15 참조). 그러므로 식 22.25를 다음과 같이 나타낼 수 있다.

$$B \approx \frac{\mu_0}{2\pi} \frac{\mu}{x^3} \qquad\qquad 22.26$$

이 결과는 전기 쌍극자에 의한 전기장에 대한 식 $E = k_e(p/y^3)$와 유사하다(예제 19.4 참조). 여기서 $p = 2aq$는 전기 쌍극자 모멘트이다.

▌**22.8** ▎두 평행 도체 사이의 자기력
The Magnetic Force Between Two Parallel Conductors

22.5절에서 전류가 흐르는 도체가 외부 자기장에 놓여 있을 때 도체에 작용하는 자기력을 설명했다. 도체에서 전류는 자체의 자기장을 만들기 때문에, 전류가 흐르는 두 도체는 서로 자기력을 작용한다는 것을 쉽게 이해할 수 있다. 뒤에서 알게 되겠지만, 이 힘은 암페어(ampere)와 쿨롬(coulomb)을 정의하는 데 근거로 사용할 수 있다.

그림 22.27에서와 같이 거리 a만큼 떨어져 있고 동일한 방향으로 전류 I_1과 I_2가 흐르는 두 개의 긴 직선 평행 도선을 생각하자. 도선의 반지름이 자기력 계산에 영향을 미치지 않도록 도선의 반지름은 a보다 훨씬 작다고 가정한다. 다른 도선이 만드는 자기장에 의해 한 도선에 작용하는 힘을 구할 수 있다. 전류 I_2가 흐르는 도선 2는 도선 1의 위치에 자기장 $\vec{\mathbf{B}}_2$를 만든다. $\vec{\mathbf{B}}_2$의 방향은 그림 22.27에서와 같이 도선 1에 수직이다. 식 22.10에 의해, 도선 1의 길이 ℓ에 작용하는 자기력은 $\vec{\mathbf{F}}_1 = I_1\vec{\ell} \times \vec{\mathbf{B}}_2$이다. $\vec{\ell}$이 $\vec{\mathbf{B}}_2$에 수직이므로, $\vec{\mathbf{F}}_1$의 크기는 $F_1 = I_1\ell B_2$이다. 도선 2가 만드는 자기장은 식 22.21에 의해 다음과 같이 됨을 알 수 있다.

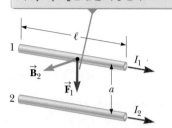

도선 2에 흐르는 전류에 의한 도선 1에서의 자기장 $\vec{\mathbf{B}}_2$는 도선 1에 크기가 $F_1 = I_1\ell B_2$인 힘을 작용한다.

그림 22.27 정상 전류가 흐르는 두 평행 도선은 서로 자기력을 작용한다. 전류가 같은 방향이면 인력이고, 다른 방향이면 척력이다.

$$F_1 = I_1\ell B_2 = I_1\ell\left(\frac{\mu_0 I_2}{2\pi a}\right) = \frac{\mu_0 I_1 I_2}{2\pi a}\,\ell$$

이 식을 단위 길이당 힘으로 다음과 같이 다시 쓸 수 있다.

$$\frac{F_1}{\ell} = \frac{\mu_0 I_1 I_2}{2\pi a}$$

$\vec{\mathbf{F}}_1$의 방향은 $\vec{\ell} \times \vec{\mathbf{B}}_2$가 아래 방향이므로 도선 2로 향하는 아래 방향이다. 도선 1에 의한 도선 2의 위치에서의 자기장을 고려한다면, 도선 2에 작용하는 힘 $\vec{\mathbf{F}}_2$는 $\vec{\mathbf{F}}_1$과 크기는 같고 방향은 반대가 된다. 따라서 전류가 흐르는 긴 직선 도선이 다른 도선에 작용하는 단위 길이당 자기력은 다음과 같다.

$$\frac{F}{\ell} = \frac{\mu_0 I_1 I_2}{2\pi a} \qquad \qquad \textbf{22.27}$$

▶ 전류가 흐르는 평행 도선 사이의 단위 길이당 자기력

이 식은 두 도선 중에 한 도선의 길이가 유한할 때도 또한 적용된다. 위 논의에서 전류 I_2가 흐르는 무한 길이의 도선이 만드는 자기장에 대한 식을 사용하지만, 도선 1의 길이가 무한할 필요는 없다.

전류가 서로 반대 방향으로 흐르면, 자기력은 방향이 역전되고 도선 사이에는 척력이 작용한다. 따라서 동일한 방향으로 전류가 흐르는 평행한 도체 사이에는 인력이 작용하고, 반면에 반대 방향으로 전류가 흐르는 평행한 도체 사이에는 척력이 작용함을 알게 된다.

전류가 흐르는 평행한 두 도선 사이의 자기력은 **암페어**(ampere)를 정의하는 데 사용된다.

1 m 떨어져 있는 두 긴 평행 도선에 동일한 전류가 흐르고, 각 도선의 단위 길이당 작용하는 힘이 2×10^{-7} N/m이면, 도선에 흐르는 전류는 1 A라고 정의된다.

수치 값 2×10^{-7} N/m는 식 22.27에서 $I_1 = I_2 = 1\,$A 및 $a = 1\,$m일 때 얻어진다.

전하의 SI 단위인 **쿨롬**(coulomb)은 이제 암페어를 이용해서 정의할 수 있다. 도체에 1 A의 정상 전류가 흐를 때, 도체의 단면을 통해 1 s 동안 흐르는 전하량이 1 C이다.

▌ **예제 22.7 | 공중에 떠 있는 도선**

두 개의 무한히 긴 평행 도선이 그림 22.28a에서처럼 거리 $a = 1.00$ cm 떨어져서 바닥 위에 놓여 있다. 길이 $L = 10.0$ m이고 질량이 400 g이며 전류 $I_1 = 100$ A가 흐르는 세 번째 도선이 두 도선 사이의 중앙에 위로 수평으로 떠 있다. 무한히 긴 두 도선에는 같은 전류 I_2가 떠 있는 도선과는 반대 방향으로 흐른다. 세 도선이 정삼각형을 이루려면 무한히 긴 두 도선에 흐르는 전류는 얼마여야 하는가?

풀이

개념화 짧은 도선의 전류는 긴 도선의 전류와 반대 방향으로 흐르므로 짧은 도선은 다른 두 도선과 서로 민다. 긴 도선의 전류가 커진다고 가정하자. 이때 미는 힘은 더 커지고 떠 있는 도선은 그 힘이 그 도선의 무게와 평형 상태에 이르도록 하는 지점까지 움직인다. 그림 22.28b는 세 개의 도선이 정삼각형을 이루는 상황을 보여 준다.

분류 떠 있는 도선은 힘을 받지만 가속하지는 않으므로, 이를 평형 상태에서의 입자로 생각할 수 있다.

분석 떠 있는 도선에 작용하는 자기력의 수평 성분은 상쇄된다. 연직 성분은 모두 양(+)이므로 더해진다. 그림 22.28b에서 도선의 위쪽을 z축으로 하자.

떠 있는 도선이 받는 위 방향의 전체 자기력을 구한다.

$$\vec{\mathbf{F}}_B = 2\left(\frac{\mu_0 I_1 I_2}{2\pi a}\,\ell\right)\cos\theta\,\hat{\mathbf{k}} = \frac{\mu_0 I_1 I_2}{\pi a}\,\ell\cos\theta\,\hat{\mathbf{k}}$$

떠 있는 도선에 작용하는 중력을 구한다.

$$\vec{\mathbf{F}}_g = -mg\,\hat{\mathbf{k}}$$

힘들을 더하고 알짜힘이 영이 되도록 설정하여 평형 상태의 입자 모형을 적용한다.

$$\sum\vec{\mathbf{F}} = \vec{\mathbf{F}}_B + \vec{\mathbf{F}}_g = \frac{\mu_0 I_1 I_2}{\pi a}\,\ell\cos\theta\,\hat{\mathbf{k}} - mg\,\hat{\mathbf{k}} = 0$$

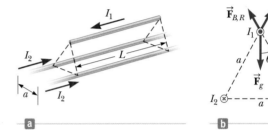

그림 22.28 (예제 22.7) (a) 전류가 흐르는 두 도선이 바닥에 놓여 있고 자기력에 의해 세 번째 도선이 공중에 떠 있다. (b) 단면도. 세 도선은 정삼각형을 이룬다. 떠 있는 도선에 작용하는 두 자기력은 바닥의 왼쪽 도선에 기인한 힘인 $\vec{\mathbf{F}}_{B,L}$과 오른쪽 도선에 기인한 힘인 $\vec{\mathbf{F}}_{B,R}$이다. 떠 있는 도선에 작용하는 중력은 $\vec{\mathbf{F}}_g$이다.

바닥에 놓여 있는 도선의 전류에 대해 푼다.

$$I_2 = \frac{mg\pi a}{\mu_0 I_1 \ell \cos\theta}$$

주어진 값들을 대입한다.

$$I_2 = \frac{(0.400\ \text{kg})(9.80\ \text{m/s}^2)\,\pi(0.0100\ \text{m})}{(4\pi\times10^{-7}\,\text{T}\cdot\text{m/A})(100\ \text{A})(10.0\ \text{m})\cos 30.0°}$$

$$= \boxed{113\ \text{A}}$$

결론 모든 도선의 전류는 10^2 A 정도의 크기를 갖는다. 그런 큰 전류는 특수 장비가 필요하다. 그러므로 이 상황을 실제로 구현하기는 어렵다.

▌ **22.9 | 앙페르의 법칙** Ampère's Law

1820년 외르스테드가 처음 수행한 간단한 실험은 전류가 흐르는 도체는 자기장을 만들어 낸다는 것을 명확히 입증한다. 이 실험에서 여러 개의 나침반 자침이 그림

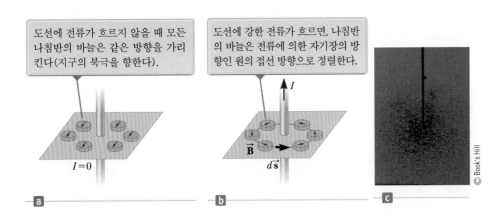

도선에 전류가 흐르지 않을 때 모든 나침반의 바늘은 같은 방향을 가리킨다(지구의 북극을 향한다).

도선에 강한 전류가 흐르면, 나침반의 바늘은 전류에 의한 자기장의 방향인 원의 접선 방향으로 정렬한다.

$I = 0$

I

$\vec{\mathbf{B}}$

$d\vec{\mathbf{s}}$

a

b

c

© Book's Hill

그림 22.29 (a)와 (b) 도선 주위 전류의 영향을 보여 주는 나침반 (c) 전류가 흐르는 도체 주위에 철가루에 의해 만들어진 원형의 자기력선

22.29a에서와 같이 수직 방향의 긴 도선 근처의 수평면에 놓는다. 도선에 전류가 흐르지 않을 때는 모든 자침은 예측한 대로 같은 방향(지구 자기장의 방향)을 가리킨다. 그러나 도선에 강한 정상 전류가 흐르면, 자침들은 그림 22.29b에서와 같이 원에 접선 방향으로 향하게 된다. 이 관찰 결과는 $\vec{\mathbf{B}}$의 방향은 22.7절에서 설명한 오른손 법칙을 따른다는 것을 보여 준다. 전류의 방향이 반대로 되면, 그림 22.29b에서의 자침 또한 방향이 반대로 된다.

자침들은 $\vec{\mathbf{B}}$의 방향을 가리키므로, 22.7절에서 논의한 대로 $\vec{\mathbf{B}}$의 자기력선은 도선 둘레로 동심원을 형성한다고 결론내릴 수 있다. 대칭에 의해 $\vec{\mathbf{B}}$의 크기는 도선에 중심을 두고 도선에 수직인 평면 내에 있는 한 원형 경로상의 모든 곳에서 동일하다. 전류와 도선으로부터의 거리를 변화시킴으로써, $\vec{\mathbf{B}}$는 전류에 비례하고 도선으로부터의 거리에 반비례한다는 것을 알게 된다.

19장에서 전하와 이 전하가 만드는 전기장 사이를 연관짓는 가우스의 법칙을 설명했다. 가우스의 법칙은 전하 분포가 매우 대칭적일 때 전기장을 계산하는 데 사용할 수 있다. 이제 전류와 이 전류가 만드는 자기장 사이의 유사한 관계에 대해 살펴볼 것이다. 이 관계는 매우 대칭적인 전류 분포에 의해 만들어지는 자기장을 계산하는 데 사용할 수 있다.

그림 22.29b에서 보이는 도선에 중심을 둔 원형 경로상의 작은 길이 요소 $d\vec{\mathbf{s}}$에 대해 곱 $\vec{\mathbf{B}} \cdot d\vec{\mathbf{s}}$를 계산해 보자.[1] 이 경로를 따라서는 벡터 $d\vec{\mathbf{s}}$와 $\vec{\mathbf{B}}$는 모든 지점에서 평행하므로 $\vec{\mathbf{B}} \cdot d\vec{\mathbf{s}} = B\,ds$가 된다. 더욱이 대칭에 의해 $\vec{\mathbf{B}}$는 원둘레 상에서 크기가 일정하고 식 22.21에 의해 주어진다. 그러므로 닫힌 경로를 따른 곱 $B\,ds$의 합은 $\vec{\mathbf{B}} \cdot d\vec{\mathbf{s}}$의 선적분과 동일하고

$$\oint \vec{\mathbf{B}} \cdot d\vec{\mathbf{s}} = B \oint ds = \frac{\mu_0 I}{2\pi r}(2\pi r) = \mu_0 I \qquad \textbf{22.28}$$

---

[1] 이 스칼라곱을 계산해야 하는 이유를 이상하게 생각할 수 있다. 앙페르 법칙의 기원은 '자기 전하'(고립된 전하와 비슷한 가상의 것)가 원형 자기력선을 따라서 이동한다고 상상하는 19세기 과학이다. 전기장에서 전하를 이동할 때 한 일이 $\vec{\mathbf{E}} \cdot d\vec{\mathbf{s}}$와 관련되는 것처럼, 이 자기 전하에 한 일은 $\vec{\mathbf{B}} \cdot d\vec{\mathbf{s}}$와 관련된다. 그러므로 올바르고 유용한 원리인 앙페르의 법칙이 오류가 있어서 버려진 19세기 과학적 계산으로부터 만들어졌다.

가 되며, 여기서 $\oint ds = 2\pi r$은 원둘레이다.

이 결과는 도선을 둘러싸는 원형 경로인 특별한 경우에 대해 계산한 것이다. 그러나 이 법칙은 정상 전류가 임의의 닫힌 경로에 의해 둘러싸인 넓이를 통과하는 일반적인 경우에도 적용할 수 있다. **앙페르의 법칙**(Ampère's law)으로 알려진 일반적인 경우는 다음과 같이 설명할 수 있다.

> 닫힌 경로에서 $\vec{\mathbf{B}} \cdot d\vec{\mathbf{s}}$의 선적분은 $\mu_0 I$와 같다. 여기서 I는 닫힌 경로에 의해 둘러싸인 임의의 면을 통과하는 전체 정상 전류이다.
>
> $$\oint \vec{\mathbf{B}} \cdot d\vec{\mathbf{s}} = \mu_0 I \qquad 22.29$$

▶ 앙페르의 법칙

앙페르
Andre-Marie Ampère, 1775~1836
프랑스의 물리학자

앙페르는 전류와 자기장의 관계를 다룬 전자기학의 발견으로 명예를 얻었다. 앙페르의 천재성, 특히 수학에서의 비범함은 12세가 되자 두각을 나타냈다. 그러나 그는 비극적인 삶을 살았다. 아버지는 부유한 시공무원이었으나 프랑스 혁명 때 처형됐고, 부인은 1803년 젊은 나이로 죽었다. 앙페르는 폐렴으로 61세에 사망했다.

▶ **퀴즈 22.6** 그림 22.30의 닫힌 경로 a부터 d까지에 대한 $\oint \vec{\mathbf{B}} \cdot d\vec{\mathbf{s}}$의 크기를 가장 큰 것부터 순서대로 나열하라.

▶ **퀴즈 22.7** 그림 22.31의 닫힌 경로 a부터 d까지에 대한 $\oint \vec{\mathbf{B}} \cdot d\vec{\mathbf{s}}$의 크기를 가장 큰 것부터 순서대로 나열하라.

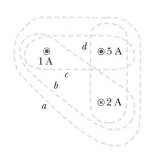

그림 22.30 (퀴즈 22.6) 전류가 흐르는 도선 주위에 있는 네 개의 닫힌 경로

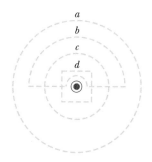

그림 22.31 (퀴즈 22.7) 전류가 흐르는 한 도선 주위에 있는 네 개의 닫힌 경로

앙페르의 법칙은 정상 전류에 대해서만 성립한다. 게다가 앙페르의 법칙은 모든 전류 분포 형태에 대해 **성립**하긴 하지만, 매우 대칭적인 전류 분포 형태에 의한 자기장을 계산하는 데만 **유용**하다.

19.10절에서 가우스면을 정의할 때 요구되는 몇 가지 조건을 제시했다. 이와 마찬가지로 자기장을 계산하기 위해 식 22.29를 적용하려면, 경로의 각 부분이 다음 조건 중 하나 이상을 만족하는 적분 경로(**앙페르 고리**라 부름)를 설정해야 한다.

1. 대칭에 의해 자기장의 값이 경로의 일부에서 일정하다.
2. $\vec{\mathbf{B}}$와 $d\vec{\mathbf{s}}$가 평행해서 식 22.29에서의 스칼라곱이 간단한 대수곱 $B\,ds$로 표현될 수 있다.
3. $\vec{\mathbf{B}}$와 $d\vec{\mathbf{s}}$가 수직이어서 식 22.29에서의 스칼라곱이 영이 된다.
4. 경로 일부의 모든 점에서 자기장이 영이 된다.

　　다음 예제들은 앙페르의 법칙이 유용하게 사용되는 대칭적인 전류 형태의 몇몇 경우를 보여 준다.

예제 22.8 | 전류가 흐르는 긴 도선이 만드는 자기장

반지름 R인 긴 직선 도선에 그림 22.32와 같이 도선의 단면에 균일하게 분포된 정상 전류 I가 흐른다. 도선의 중심으로부터의 거리 r이 $r \geq R$ 그리고 $r < R$인 영역에서의 자기장을 구하라.

풀이

개념화 그림 22.32를 연구해서 도선의 구조와 전류를 이해한다. 전류는 도선의 내부와 외부의 어디에나 자기장을 형성한다.

분류 도선이 고도의 대칭성을 가지므로 예제를 앙페르 법칙의 문제로 분류한다. $r \geq R$인 영역에서는 예제 22.21에서 구한 것과 동일한 결과에 도달해야 한다.

분석 도선 외부의 자기장의 경우 그림 22.32의 원 1을 적분 경로로 선택한다. 대칭성으로부터 $\vec{\mathbf{B}}$는 원 위의 모든 점에서 크기가 일정하고 $d\vec{\mathbf{s}}$에 평행이다.

원의 단면을 통과하는 전체 전류는 I이므로 앙페르의 법칙을 적용한다.

$$\oint \vec{\mathbf{B}} \cdot d\vec{\mathbf{s}} = B \oint ds = B(2\pi r) = \mu_0 I$$

B에 대해 푼다.

$$B = \frac{\mu_0 I}{2\pi r} \quad (r \geq R \text{인 경우})$$

이제 도선의 내부($r < R$)를 고려하자. 여기서는 원 2를 통과하는 전류 I'이 전체 전류 I보다 작다.

전체 전류 I에 대한 원 2로 둘러싸인 전류 I'의 비율을 도선의 단면의 넓이 πR^2과 원 2로 둘러싸인 넓이 πr^2의 비율로 설정한다.

$$\frac{I'}{I} = \frac{\pi r^2}{\pi R^2}$$

I'에 대해 푼다.

$$I' = \frac{r^2}{R^2} I$$

원 2에 앙페르의 법칙을 적용한다.

$$\oint \vec{\mathbf{B}} \cdot d\vec{\mathbf{s}} = B(2\pi r) = \mu_0 I' = \mu_0 \left(\frac{r^2}{R^2} I \right)$$

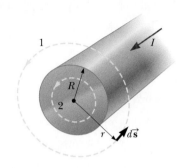

그림 22.32 (예제 22.8) 도선의 단면에 균일하게 분포된 정상 전류 I가 흐르는 반지름이 R인 긴 직선 도선. 임의의 점에서의 자기장은 도선과 동심이며 반지름이 r인 원형 경로를 사용한 앙페르의 법칙으로부터 구할 수 있다.

B에 대해 푼다.

$$B = \left(\frac{\mu_0 I}{2\pi R^2} \right) r \quad (r < R \text{인 경우}) \qquad 22.30$$

결론 도선 외부의 자기장은 식 22.21과 동일하다. 고도로 대칭적인 상황의 경우에서 종종 그런 것처럼, 이 결과를 구하기 위해 비오-사바르 법칙보다 앙페르의 법칙을 사용하는 것이 훨씬 더 쉽다. 도선 내부의 자기장은 균일하게 대전된 구 내부의 전기장에 대한 표현(예제 19.10 참조)과 비슷한 형태이다. 거리 r에 대한 자기장의 크기를 그림 22.33에 나타냈다. 도선 내부에서 $r \to 0$일 때 $B \to 0$이다. 더욱이 $r > R$과 $r < R$ 영역에서의 결과는 $r = R$에서 자기장의 값이 같음을 알 수 있다. 그것은 도선의 표면에서 자기장은 연속적임을 보여 준다.

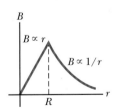

그림 22.33 (예제 22.8) 그림 22.32에 보인 도선의 경우 거리 r에 대한 자기장의 크기. 자기장은 도선 내부에서는 r에 비례하고, 외부에서는 $1/r$에 따라 변한다.

예제 22.9 | 토로이드가 만드는 자기장

토로이드(그림 22.34)는 보통 어떤 닫혀 있는 영역에 거의 균일한 자기장을 만드는 데 사용된다. 이 장치는 비전도성 물질로 이루어진 고리(토러스)에 감긴 도선으로 구성되어 있다. 도선이 N번 촘촘히 감겨 있는 토로이드에서 중심으로부터 거리 r만큼 떨어진 토러스 내부 영역의 자기장을 구하라.

풀이

개념화 그림 22.34를 연구해서 토러스에 도선이 어떻게 감기는지 이해한다. 토러스에는 도선이 그림 22.34에 보인 형태로 촘촘히 감겨 있고, 빈 원형 고리는 고체 물질이나 공기로 채워질 수 있다.

분류 토로이드는 고도의 대칭성을 갖기 때문에 예제를 앙페르의 법칙 문제로 분류한다.

분석 그림 22.34의 평면에 있는 반지름 r인 원형 앙페르 고리(고리 1)를 고려하자. 대칭성에 의해 자기장의 크기는 원위에서 일정하고 방향은 접선 방향이므로 $\vec{\mathbf{B}} \cdot d\vec{\mathbf{s}} = B\,ds$이다. 더욱이 도선이 원형 경로를 N번 통과하므로 전체 전류는 NI이다.

이 원형 고리에 앙페르의 법칙을 적용한다.

$$\oint \vec{\mathbf{B}} \cdot d\vec{\mathbf{s}} = B \oint ds = B(2\pi r) = \mu_0 NI$$

B에 대해 푼다.

$$B = \frac{\mu_0 NI}{2\pi r} \qquad \textbf{22.31}$$

결론 이 결과는 B가 $1/r$에 비례하므로 토러스로 채워진 영역에서 **균일하지 않음**을 보여 준다. 그러나 r이 토러스의 단면의 반지름 a에 비해 매우 크면 토러스 내부의 자기장은 근사적으로 균일하다.

도선이 촘촘히 감겨 있는 이상적인 토로이드에서 외부 자기장은 영에 가깝지만, 정확하게 영은 아니다. 그림 22.34에서 b보다 작거나 또는 c보다 큰, 반지름 r인 앙페르의 고리를 생각하자. 어느 경우에든 원형 경로의 알짜 전류가 영이므로

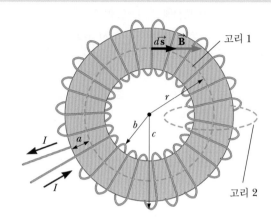

그림 22.34 (예제 22.9) 도선이 많이 감겨 있는 토로이드. 촘촘히 감겨 있으면 토러스 내부의 자기장은 점선 원(고리 1)의 접선 방향이고 크기는 $1/r$에 비례한다. a는 토러스의 단면의 반지름이다. 토로이드 외부의 자기장은 매우 작으며 오른쪽 종이면에 수직인 평면 위의 경로(고리 2)를 이용해서 설명할 수 있다.

$\oint \vec{\mathbf{B}} \cdot d\vec{\mathbf{s}} = 0$이다. 이 결과가 $\vec{\mathbf{B}} = 0$임을 증명한다고 생각할 수 있지만, 그렇지 않다. 그림 22.34에서 토로이드의 오른쪽에 있는 닫힌 고리 2를 고려하자. 이 고리의 면은 종이면에 수직이며 토로이드가 닫힌 고리를 관통한다. 그림 22.34에서 전류 방향으로 표시되는 것처럼 토로이드에 전하가 들어가면 전하는 토로이드를 따라서 반시계 방향으로 움직인다. 따라서 전류는 수직인 닫힌 고리를 통과한다! 결국 토로이드는 전류 고리의 역할을 하며 그림 22.26에 보인 바와 같이 약한 외부 자기장을 형성한다. 종이면에 있는 반지름 $r < b$ 및 $r > c$의 닫힌 경로에 대해 $\oint \vec{\mathbf{B}} \cdot d\vec{\mathbf{s}} = 0$인 이유는 $\vec{\mathbf{B}} = 0$이기 때문이 아니라 자기력선이 $d\vec{\mathbf{s}}$에 수직이기 때문이다.

◤ **22.10** | 솔레노이드의 자기장 The Magnetic Field of a Solenoid

솔레노이드는 나선형으로 감긴 긴 도선이다. 도선을 촘촘하게 감는다면, 솔레노이드의 양 끝에 가까운 영역을 제외한 솔레노이드 내부 영역에서는 비교적 균일한 자기장을 만들 수 있다. 각각의 한 바퀴 감은 도선을 원형 고리라고 생각할 수 있고, 알짜

자기력선은 막대자석의 자기력선과 유사하다. 실제로 솔레노이드는 N극과 S극을 갖는다.

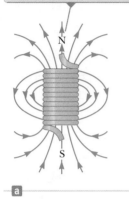

그림 22.35 (a) 정상 전류가 흐르는 촘촘히 감긴 유한 길이의 솔레노이드의 자기력선. 내부에서의 자기장은 강하고 거의 균일하다. (b) 종이 위의 철가루가 만드는 막대자석의 자기력선 모양

자기장은 전체 코일에서 각 고리가 만든 자기장의 벡터합이 된다.

코일이 촘촘하게 감겨 있고 길이가 유한한 솔레노이드의 자기력선이 그림 22.35a에서 보이고 있다. 이 경우에 자기력선은 한쪽 끝에서 갈라져 나와 반대편 끝에서 모인다. 솔레노이드 외부에서 자기장 분포를 면밀히 조사하면 막대자석의 자기장(그림 22.35b)과 유사하다는 것을 알 수 있다. 따라서 솔레노이드의 한쪽 끝은 자석의 북극, 반대쪽 끝은 남극과 같은 성질을 나타낸다. 솔레노이드의 길이가 증가하면, 내부 자기장은 더욱더 균일해진다. 솔레노이드의 코일이 촘촘하게 감겨 있고 길이가 반지름에 비해 크면 **이상적인 솔레노이드**에 접근한다. 이상적인 솔레노이드에 있어서, 솔레노이드 외부의 자기장은 무시해도 좋을 만큼 약하고 내부의 자기장은 균일하다. 여기서는 실제 솔레노이드의 단순화한 모형으로서 이상적인 솔레노이드를 사용할 것이다.

그림 22.36에서 종이면에 수직이고 이상적인 솔레노이드를 둘러싸는 앙페르 고리(고리 1)를 생각하면, 고리는 도선 내의 전하가 솔레노이드 길이 방향으로 코일을 따라 이동하는 작은 전류를 둘러싼다는 것을 알 수 있다. 따라서 솔레노이드 외부에서 자기장은 영이 아니다. 이 솔레노이드 외부의 자기장은 약하고, 그림 22.23에서 보인 직선 형태의 전류에 의한 자기장처럼 원형 자기력선을 가진다. 이상적인 솔레노이드에 대해, 이것이 유일한 솔레노이드 외부의 자기장이다. 그림 22.36에서 이 외부 자기장은 첫 번째 층의 코일 외부에 두 번째 층 코일을 추가해서 소거할 수 있다. 첫 번째 층 코일이 그림 22.36의 바닥에서 꼭대기 쪽으로 전진하며 감기고, 두 번째 층 코일이 꼭대기에서 바닥 쪽으로 전진하며 감긴다면 솔레노이드의 축 방향으로의 알짜 전류는 영이 된다.

한 층만을 감은 이상적인 솔레노이드 내부의 자기장에 대한 식을 얻기 위해 앙페르의 법칙을 사용할 수 있다. 이상적인 솔레노이드 일부의 종단면(그림 22.36)에 전류 I가 흐른다. 이상적인 솔레노이드 내부의 $\vec{B}$는 균일하고 축에 평행하다. 그림 22.36에서 보인 것과 같은 길이가 ℓ이고 너비가 w인 직사각형 경로(고리 2)를 고려하자.

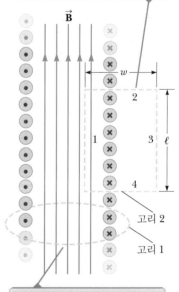

직사각형 점선 경로에 앙페르의 법칙을 적용하면 솔레노이드 내부의 자기장의 크기를 구할 수 있다.

종이면에 수직인 면의 원형 경로에 앙페르의 법칙을 적용하면 솔레노이드 외부에 약한 자기장이 있음을 보일 수 있다.

그림 22.36 내부 자기장은 균일하고 외부 자기장이 영에 가까운 이상적인 솔레노이드의 단면도

직사각형의 네 변의 각각에 걸쳐 $\vec{\mathbf{B}} \cdot d\vec{\mathbf{s}}$의 선적분을 계산함으로써 이 경로에 앙페르의 법칙을 적용할 수 있다. 변 3을 솔레노이드로부터 가까운 곳이나 먼 곳으로 잡아도 닫힌 직사각형 경로를 따라 적분한 결과는 같다. 따라서 솔레노이드 외부의 자기장은 영이고 변 3의 선적분의 기여는 영이다. 변 2와 4로부터의 기여는 $\vec{\mathbf{B}}$가 솔레노이드 내부와 외부에서 이들 경로에 따른 $d\vec{\mathbf{s}}$에 수직이므로 둘 다 영이다. 길이가 ℓ인 변 1은 이 경로에서 $\vec{\mathbf{B}}$는 크기가 일정하고 $d\vec{\mathbf{s}}$에 평행하기 때문에 선적분에 기여한다. 이것은 조건 1과 2에 부합되는 것이다. 따라서 닫힌 직사각형 경로에 따른 적분값은 다음과 같다.

$$\oint \vec{\mathbf{B}} \cdot d\vec{\mathbf{s}} = \int_{\text{side1}} \vec{\mathbf{B}} \cdot d\vec{\mathbf{s}} = B \int_{\text{side1}} ds = B\ell$$

앙페르의 법칙의 우변은 적분 경로로 둘러싸인 면을 통과하는 **전체** 전류를 포함하고 있다. 이 경우에 직사각형 경로를 통과하는 전체 전류는 솔레노이드의 한 바퀴 감은 각 도선에 흐르는 전류에 적분 경로에 의해 둘러싸인 영역에서 감은 수를 곱한 것과 같다. N을 길이 ℓ에 감은 수라고 하면, 직사각형을 통과하는 전체 전류는 NI와 같다. 따라서 이 경로에 앙페르의 법칙을 적용하면 다음을 얻는다.

$$\oint \vec{\mathbf{B}} \cdot d\vec{\mathbf{s}} = B\ell = \mu_0 NI$$

$$B = \mu_0 \frac{N}{\ell} I = \mu_0 nI \qquad 22.32$$

여기서 $n = N/\ell$은 **단위 길이당** 감은 수이다(감은 수 N과 혼동하지 않도록 유의해야 한다).

이 결과는 또한 토로이드 코일의 자기장(예제 22.9)을 재고해서 보다 간단한 방법으로 얻을 수 있다. 감은 수가 N인 토로이드 코일의 반지름 r이 단면 반지름 a에 비해 크면, 토로이드 코일의 짧은 한 부분은 $n = N/2\pi r$인 짧은 솔레노이드라고 근사적으로 생각할 수 있다. 이 극한에서 토로이드 코일에 대해 유도된 식 22.31은 식 22.32와 일치하는 것을 알 수 있다.

식 22.32는 매우 긴 솔레노이드의 중심 근처에 있는 점들에 대해서만 성립한다. 예상할 수 있듯이, 끝점 근처의 자기장은 식 22.32로 주어지는 값보다는 작다. 긴 솔레노이드의 끝점에서 자기장의 크기는 중심에서 자기장 크기의 약 1/2이 된다.

▶ **퀴즈 22.8** 반지름에 비해 길이가 매우 긴 솔레노이드를 생각하자. 다음 중 솔레노이드 내부의 자기장을 증가시키는 가장 효과적인 방법은 무엇인가? (a) 단위 길이당 감은 수를 일정하게 유지하면서 길이를 두 배로 한다. (b) 단위 길이당 감은 수를 일정하게 유지하면서 반지름을 반으로 줄인다. (c) 전체 솔레노이드를 전류가 흐르는 도선으로 한 겹 더 감는다.

◤ **22.11** | 연결 주제: 심장 카테터 절제술의 원격 자기 항법 장치
Context Connection: Remote Magnetic Navigation for Cardiac Catheter
Ablation Procedures

〈관련 이야기 4 심장마비〉에서, 우리는 혈관에서 유체 흐름의 역할과 심장으로 흐르는 혈액의 흐름에서 플라크의 위험성에 대해 배웠다. 심방세동으로 고통받는 환자에게 시술하는 심장 카테터(수술용 인체 삽입관) 절제술에 대해 구체적으로 알아봄으로써, 21.2절에서 다시 심장을 살펴봤다. 이번 〈연결 주제〉에서, 심장에서의 심방세동으로 되돌아가지만, 보다 새롭게 발전된 절제술을 알아보고자 한다.

전통적인 심장 카테터 절제술에는 많은 위험이 따른다. 예를 들어 삽입한 카테터로 인해 심장 천공이 생길 수 있다. 식도가 심장 뒤 오른편으로 지나기 때문에 특정한 절제를 하는 동안 과도하게 많은 조직을 태우고 식도 누공을 일으킬 가능성이 있다. 또 다른 위험은 X선 노출에서 온다. 카테터의 위치를 관찰하려면, 전기생리학자가 심장과 카테터가 보이도록 형광 투시기와 X선을 이용해야 한다. 그 결과 환자는 절제 과정 동안 상대적으로 높은 방사선량을 받는다. 게다가 납 차단막을 착용함에도 불구하고, 전기생리학자는 그 시술에 종사하는 동안은 계속 방사선을 받는다. 이와 같은 오랜 방사선 노출의 영향에 더해, 많은 조사에서 전기생리학자 중 높은 비율이 장시간 동안의 납 차단막의 착용으로 인한 등과 목의 고통을 치료하는 것으로 보였다.

환자와 의사 모두에서 위험을 줄이기 위한 한 가지 가능한 수단은 카테터 절제술에서 **원격 자기 항법 장치**를 이용하는 것이다. 이 절제술은 천공의 위험성을 줄이고, 유연하지 않은 전통 카테터로는 할 수 없는 심장 영역에 카테터를 도달시키기 위해 전통적인 방식보다 더 부드럽고 더 유연한 카테터를 사용한다. 카테터 팁(끝)은 컴퓨터와 연결되어 자기적으로 유도된다. 전기생리학자는 방사선의 노출을 피해, 또 다른 방에서 컴퓨터에 편안하게 앉아서 조이스틱으로 카테터를 움직일 수 있다. 그림 22.37은 전기생리학자가 원격으로 카테터를 조정하는 전형적인 컴퓨터 디스플레이를 보여 준다.

원격 자기 항법 장치를 이용한 카테터 절제술 동안, 환자는 그림 22.38에 보이는 것

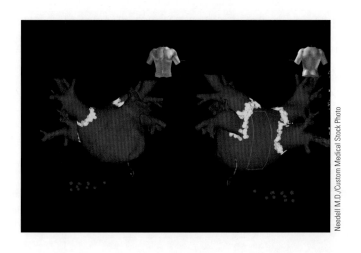

Needell M.D./Custom Medical Stock Photo

그림 22.37 카테터 절제술을 위한 원격 자기 항법 장치에서, 전기생리학자는 여기에 보인 심장의 앞과 뒤의 영상과 같은 컴퓨터 모형을 본다. 노란 점들은 절제 과정에서 표시한 폐정맥 주변의 병소(病巢)이다.

그림 22.38 원격 자기 항법 장치를 이용한 카테터 삽입 연구소는 심방세동으로 고통 받는 환자들을 수용할 준비가 되어 있다. 수술대 양쪽의 커다란 하얀 물체들은 환자에게 자기장을 걸어줄 강력한 자석이 들어 있는 용기이다. 카테터 절제술을 시행하는 전기생리학자들은 왼쪽 방 안에 설치된 컴퓨터 옆에 있다. 자기장으로부터의 안내에 따라, 전기생리학자는 조이스틱과 다른 제어 장치를 이용해서 자기에 민감하게 반응하는 심장 카테터 팁이 혈관을 통해 심방으로 삽입되도록 한다.

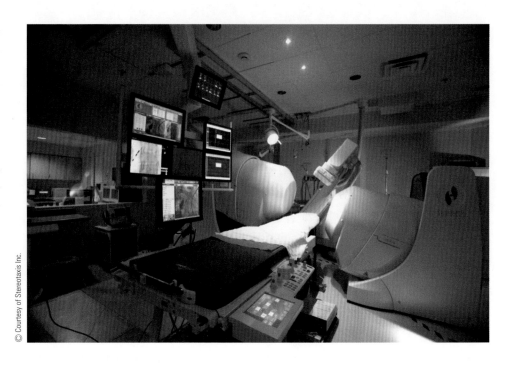

© Courtesy of Stereotaxis Inc.

처럼, 두 개의 강한 자석 사이에 위치한다. 자석은 환자에 대해 넓은 범위의 위치와 방향에서 움직일 수 있다. 자석에서 나오는 자기장은 강하지만, (〈관련 이야기 7 결론〉에서 설명할) MRI(자기 공명 영상) 자기장의 대략 10 % 정도이다. 카테터 팁은 외부 자석의 위치에 따라 방향을 정확히 제어하기 위해 강자성 물질로 되어 있다. 일단 카테터 팁을 정확히 방향을 맞추면, 카테터는 전통적인 방식에서와 같이 기계적으로 작동할 수 있다.

카테터가 더 유연해지면서 안전성이 향상되고 카테터 팁의 자기 방향성이 더 정확해진 것에 더해, 컴퓨터로 제어되는 절제술은 부가적인 이점이 있다. 예를 들어 절제 위치를 컴퓨터에 저장할 수 있다. 카테터 팁은 컴퓨터에 저장된 위치를 불러옴으로서 절제를 반복하더라도 빠르게 이 위치로 정확하게 되돌아갈 수 있다.

원격 자기 항법 장치가 많은 이점이 있는 반면, 단점을 이야기하는 임상 치료 증거가 있다. 원격 항법 장치의 전체 절제술 시간이 전통적인 방식보다 상당히 더 길었다.[2] 시간 간격이 더 길어진 원인은 전기생리학자들 중 이 방법을 학습 중인 사람이 있기 마련이라는 점, 환자와 격리된 방에서 다른 의료진과 있기 때문에 생기는 '방해 시간', 그리고 더 많은 복잡한 매핑(길찾기) 절차로 인해 증가된 시간을 포함한다.

매핑 기술이 좋아지고 전기생리학자들이 능숙하게 원격 자기 항법 장치를 다룬다면, 절제술 시간은 아마도 짧아질 수 있을 것이다. 그게 된다면, 자기 기술은 전통적인 기계적 방식을 넘어 확실한 이점을 가질 것이다.

---

[2] A. Arya, R. Zaker-Shahrak, P. Sommer, A. Bollmann, U. Wetzel, T. Gaspar, S. Richter, D. Husser, C. Piorkowski, and G. Hindricks, "Catheter Ablation of Atrial Fibrillation Using Remote Magnetic Catheter Navigation: A Case-Control Study", *Europace*, **13**, pp. 45-50 (2011).

연습문제 |

객관식

1. 대전 입자가 균일한 자기장 내에서 움직일 때, 다음 중 옳은 것을 모두 고르라. (a) 입자는 자기장의 방향으로 힘을 받는다. (b) 입자는 운동 방향으로 힘을 받는다. (c) 입자의 운동 에너지는 증가한다. (d) 입자는 운동 방향에 수직인 힘을 받는다. (e) 입자의 운동량 크기는 변하지 않는다.

2. 자기장을 만들 수 있는 것은 어느 것인가? 정답은 하나 이상일 수 있다. (a) 전하를 띤 정지한 물체 (b) 전하를 띤 움직이는 물체 (c) 전류가 흐르는 정지한 도체 (d) 전위차 (e) 정지 상태이고 전지와 단락된 충전된 축전기. *Note*: 24장에서 변하는 전기장에 의해 발생하는 자기장에 대해서 배운다.

3. 균일한 자기장 내에 한 입자가 있을 때, 입자에 자기력이 작용하지 않는 경우를 모두 고르라. (a) 입자가 대전 입자인 경우 (b) 입자가 자기장과 수직 방향으로 움직이는 경우 (c) 입자가 자기장과 평행인 방향으로 움직이는 경우 (d) 시간에 따라 자기장의 크기가 변하는 경우 (e) 입자가 정지해 있는 경우

4. 두 개의 긴 평행 도선에 같은 방향으로 같은 전류 I가 흐른다(그림 OQ22.4). 두 도선 사이의 중간 지점 P에서 전체 자기장은 (a) 영인가? (b) 종이면으로 들어가는가? (c) 종이면으로부터 나오는가? (d) 왼쪽으로 향하는가? (e) 오른쪽으로 향하는가?

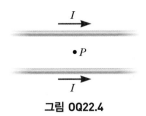

그림 OQ22.4

5. 서로 직각으로 교차하는 두 개의 긴 직선 도선에 같은 전류 I가 흐른다(그림 OQ22.5). 다음 중 그림의 여러 점에서 두 도선에 의한 전체 자기장에 대한 설명으로 옳은 것은 어느 것인가? 정답은 하나 이상일 수 있다. (a) 자기장은 점 B와 D 위치에서 가장 강하다. (b) 자기장은 점 A와 C 위치에서 가장 강하다. (c) 자기장은 점 B에서 종이면으로부터 나오고 점 D에서 종이면으로 들어간다. (d) 자기장이 점 C에서 종이면으로부터 나오고 점 D에서도 종이면으로부터 나온다. (e) 자기장의 크기는 네 점에서 모두 같다.

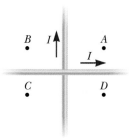

그림 OQ22.5

6. 다음 질문에 '예' 또는 '아니오'로 답하라. 운동 방향과 전류 방향을 x축으로 전기장과 자기장의 방향을 y축으로 가정하자. (a) 전기장은 정지한 대전 입자에 힘을 작용할 수 있는가? (b) 자기장은 정지한 대전 입자에 힘을 작용할 수 있는가? (c) 전기장은 움직이는 대전 입자에 힘을 작용할 수 있는가? (d) 자기장은 움직이는 대전 입자에 힘을 작용할 수 있는가? (e) 전기장은 전류가 흐르는 도선에 힘을 작용할 수 있는가? (f) 자기장은 전류가 흐르는 도선에 힘을 작용할 수 있는가? (g) 전기장은 움직이는 전자빔에 힘을 작용할 수 있는가? (h) 자기장은 움직이는 전자빔에 힘을 작용할 수 있는가?

7. 어떤 순간에 $+x$ 방향으로 움직이는 양성자가 $-z$ 방향의 자기장 영역을 통과한다. 이 양성자는 어떤 방향으로 자기력을 받는가? (a) $+z$ 방향 (b) $-z$ 방향 (c) $+y$ 방향 (d) $-y$ 방향 (e) 어떤 힘도 받지 않는다.

8. 긴 직선 도선에 전류 I가 흐른다(그림 OQ22.8). 다음 중 도선에 의해 만들어지는 자기장에 대한 설명으로 옳은 것은 어느 것인

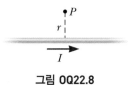

그림 OQ22.8

가? 정답은 하나 이상일 수 있다. (a) 크기는 I/r에 비례하고, 방향은 P에서 종이면으로부터 나오는 방향이다. (b) 크기는 I/r^2에 비례하고, 방향은 P에서 종이면으로부터 나오는 방향이다. (c) 크기는 I/r에 비례하고, 방향은 P에서 종이면으로 들어가는 방향이다. (d) 크기는 I/r^2에 비례하고, 방향은 P에서 종이면으로 들어가는 방향이다. (e) 크기는 I에 비례하지만 r에 의존하지 않는다.

9. 길이가 $1.00\,\text{m}$이고 질량이 $50.0\,\text{g}$인 얇은 구리 막대가 있다. $0.100\,\text{T}$의 자기장 내에서 이 구리 막대가 지면 위 공중

에 떠 있으려면, 전류는 적어도 얼마 이상 흘러야 하는가? (a) 1.20 A (b) 2.40 A (c) 4.90 A (d) 9.80 A (e) 정답 없음

10. 그림 OQ22.10에 고리 도선이 있다. 고리는 xy 평면에 놓여 있고, 같은 크기의 전류가 흐르며, 자기장은 $+x$ 방향으로 균일하다. 자기장에 의한 토크가 큰 것부터 순서대로 나열하라.

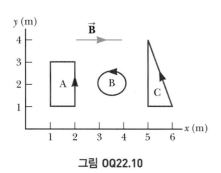

그림 OQ22.10

◤ 주관식

22.2 자기장

1. 지구 적도 근처에서 전자가 다음 네 방향으로 운동하는 경우, 전자는 각각 어느 방향으로 휘는가? (a) 아래쪽 (b) 북쪽 (c) 서쪽 (d) 남동쪽

2. 그림 P22.2에 있는 네 가지 경우, 자기장으로 들어간 대전 입자는 처음에 어느 방향으로 휘는가?

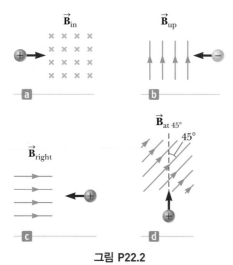

그림 P22.2

3. 전자가 정지 상태로부터 2.40×10^3 V로 가속되어 1.70 T의 균일한 자기장으로 들어간다. 이 입자가 받는 자기력의 (a) 최댓값과 (b) 최솟값은 얼마인가?

4. 자기장 $\vec{\mathbf{B}} = (\hat{\mathbf{i}} + 2\hat{\mathbf{j}} - \hat{\mathbf{k}})$ T 내에서 양성자의 속도가 $\vec{\mathbf{v}} = (2\hat{\mathbf{i}} - 4\hat{\mathbf{j}} + \hat{\mathbf{k}})$ m/s일 때, 이 입자에 작용하는 자기력의 크기는 얼마인가?

22.3 균일한 자기장 내에서 대전 입자의 운동

5. 크기가 1.00 mT인 균일한 자기장 내에서 전자가 수직으로 원운동을 하고 있다. 원의 중심에 대한 전자의 각운동량이 4.00×10^{-25} kg·m²/s일 때 (a) 원 궤도의 반지름과 (b) 전자의 속력을 구하라.

6. 성간(항성 사이)에 있는 양성자 우주선 입자가 10.0 MeV의 에너지를 가지고 있다. 이 입자가 태양 주위를 도는 수성 궤도와 같은 원 궤도 반지름으로 움직인다면, 성간 영역의 자기장은 얼마인가? (수성의 궤도 반지름은 5.80×10^{10} m 이다.)

22.4 자기장 내에서 운동하는 대전 입자 운동의 응용

7. 그림 22.12에 보인 질량 분석기에 대해 생각해 보자. 속도 선택기의 판 사이의 전기장 크기는 2.50×10^3 V/m이고, 속도 선택기와 편향실 양쪽에서 자기장의 크기는 모두 0.035 0 T이다. 질량 $m = 2.18 \times 10^{-26}$ kg인 1가 이온 입자의 운동 반지름을 계산하라.

8. $\vec{\mathbf{E}} = E\hat{\mathbf{k}}$인 전기장과 $\vec{\mathbf{B}} = B\hat{\mathbf{j}}$, $B = 15.0$ mT인 자기장으로 된 속도 선택기가 있다. 750 eV인 전자가 $-x$ 방향을 따라 편향되지 않고 운동하기 위한 E의 값을 구하라.

9. 양성자를 가속시키기 위해 반지름 1.20 m로 제작된 사이클로트론이 있다. 사이클로트론 내에서 자기장의 크기는 0.450 T이다. (a) 사이클로트론 진동수와 (b) 양성자가 얻게 되는 최대 속력은 얼마인가?

22.5 전류가 흐르는 도체에 작용하는 자기력

10. 그림 P22.10과 같이 전류 I가 흐르고 반지름 r인 도체 고리 아래에 강한 자석이 놓여 있다. 자기장 $\vec{\mathbf{B}}$가 고리의 위

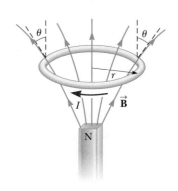

그림 P22.10

치에서 연직으로부터 θ의 각도를 이루고 있을 때, 고리에 작용하는 자기력의 (a) 크기와 (b) 방향을 구하라.

11. 균일한 자기장 0.390 T에 있는 2.80 m의 도선에 전류 5.00 A가 흐른다. 전류와 자기장과의 각도가 (a) 60.0°, (b) 90.0°, (c) 120°일 때 도선에 작용하는 자기력의 크기를 각각 계산하라.

12. 단위 길이당 질량이 0.500 g/cm인 도선이 수평으로 놓여 있고, 이 도선에 2.00 A의 전류가 남쪽으로 흐른다. 도선을 연직 위로 들어 올리는 데 필요한 최소 자기장의 (a) 방향과 (b) 크기를 구하라.

22.6 균일한 자기장 내에서 전류 고리가 받는 토크

13. 직사각형 코일이 $N = 100$번의 횟수로 촘촘하게 감겨 있고 각 변의 길이는 $a = 0.400$ m, $b = 0.300$ m이다. 코일의 한 변은 y축에 붙어 있고 코일은 이 축에 대해 돌 수 있으며, 코일의 면은 x축과 각도 $\theta = 30.0°$를 이루고 있다(그림 P22.13). (a) 그림에서 보이는 방향으로 전류 $I = 1.20$ A가 흐를 때 $+x$축 방향의 균일한 자기장 $B = 0.800$ T에 의해 코일에 작용하는 토크의 크기는 얼마인가? (b) 코일의 회전 방향은 어떻게 되는가?

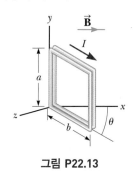

그림 P22.13

14. 둘레가 2.00 m인 단일 원형 고리에 17.0 mA의 전류가 흐른다. 0.800 T의 자기장은 고리면에 평행이다. (a) 고리의 자기 모멘트 크기를 계산하라. (b) 자기장이 고리에 작용하는 토크의 크기는 얼마인가?

22.7 비오-사바르 법칙

15. 그림 P22.15에서처럼 직각으로 구부러진 무한히 긴 직선 도선에 전류 I가 흐른다. 도선의 모서리로부터 거리 x만큼 떨어진 점 P에서의 자기장을 구하라.

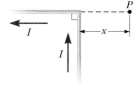

그림 P22.15

16. 그림 P22.16에서처럼 반지름 $R = 15.0$ cm의 원형 고리와 두 개의 긴 직선 부분으로 이루어진 도체가 있다. 도선은 종이면에 놓여 있고 전류 $I = 1.00$ A가 흐른다. 고리 중심에서의 자기장을 구하라.

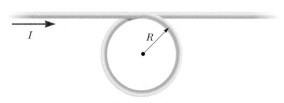

그림 P22.16

17. 1913년 보어의 수소 원자 모형에서 전자는 2.19×10^6 m/s의 속력으로 반지름 5.29×10^{-11} m인 원 궤도에서 양성자 주위를 돈다. 이 운동이 양성자의 위치에서 만들어 내는 자기장의 크기를 계산하라.

18. (a) 그림 P22.18에서처럼 한 변의 길이가 $\ell = 0.400$ m인 정사각형 도체 고리에 전류 $I = 10.0$ A가 흐른다. 정사각형 중심에서 자기장의 크기와 방향을 계산하라. (b) 이 도체를 원형 도선으로 바꾸고 같은 전류를 흘릴 경우, 중심에서 자기장의 값은 얼마인가?

그림 P22.18

22.8 두 평행 도체 사이의 자기력

19. 그림 P22.19에서처럼 $I_1 = 5.00$ A의 전류가 흐르는 긴 직선 도선이 $I_2 = 10.0$ A의 전류가 흐르는 직사각형 고리와 같은 평면에 놓여 있다. 그림에서 $c = 0.100$ m, $a = 0.150$ m, $\ell = 0.450$ m이다. 도선이 만드는 자기장에 의해 고리에 작용하는 알짜힘의 크기와 방향을 구하라.

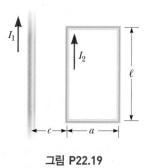

그림 P22.19

20. 10.0 cm 떨어진 두 개의 긴 평행 도선에 같은 방향으로 전류가 흐른다. 첫 번째 도선에 전류 $I_1 = 5.00\,A$가 흐르고 두 번째 도선에는 $I_2 = 8.00\,A$가 흐른다. (a) I_2의 위치에 I_1이 만드는 자기장의 크기는 얼마인가? (b) I_1이 I_2에 작용하는 단위 길이당 힘은 얼마인가? (c) I_2가 I_1의 위치에 만드는 자기장의 크기는 얼마인가? (d) I_2가 I_1에 작용하는 단위 길이당 힘은 얼마인가?

21. 두 개의 긴 도선이 연직으로 매달려 있다. 도선 1은 1.50 A의 전류가 위로 흐른다. 도선 2는 도선 1의 오른쪽으로 20.0 cm 떨어져 있고 아래 방향으로 4.00 A의 전류가 흐른다. 도선 3은 연직으로 매달려서 어떤 전류가 흐를 때 각각의 도선이 알짜힘을 받지 않는 위치에 있다. (a) 이런 상황이 가능한가? 이 상황이 한 가지 이상의 방법으로 가능한가? (b) 도선 3의 위치를 묘사하고 (c) 도선 3에 흐르는 전류의 크기와 방향을 구하라.

22.9 앙페르의 법칙

22. 그림 P22.22는 동축 케이블의 단면이다. 중심 도체는 고무층, 바깥쪽 도체 그리고 또 다른 고무층으로 둘러싸여 있다. 안쪽 도체에 전류가 종이면으로부터 나오는 방향으로 $I_1 = 1.00\,A$가 흐르고, 바깥쪽 도체에 흐르는 전류는 $I_2 = 3.00\,A$이고 종이면으로 들어간다. 거리 $d = 1.00\,mm$로 가정하고 (a) 점 a와 (b) 점 b에서 자기장의 크기와 방향을 구하라.

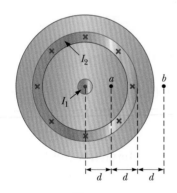

그림 P22.22

23. 니오븀 금속은 9 K 이하로 냉각되면 초전도체가 된다. 표면 자기장이 0.100 T를 초과할 때 초전도성은 사라진다. 어떤 외부 자기장도 없는 상태에서, 초전도성을 유지하면서 지름 2.00 mm의 니오븀 도선에 흐를 수 있는 최대 전류를 구하라.

24. 100개의 절연된 긴 직선 도선을 묶은 반지름 $R = 0.500\,cm$

인 원통 모양의 도선 다발이 있다. 각 도선에 2.00 A의 전류가 흐른다면, 다발의 중심에서 0.200 cm 거리에 위치한 도선에 작용하는 단위 길이당 자기력의 (a) 크기와 (b) 방향은 어떻게 되는가? (c) 다발의 바깥 테두리에 있는 도선에 작용하는 힘은 (a)와 (b)에서 계산한 값보다 작은가 또는 큰가?

25. 토카막 융합로의 자기 코일은 내부 반지름 0.700 m와 외부 반지름 1.30 m인 토로이드 모양으로 되어 있다. 토로이드는 지름이 큰 도선으로 900번 감겨 있고, 도선에는 14.0 kA의 전류가 흐른다. 토로이드의 (a) 내부 반지름과 (b) 외부 반지름을 따라서 토로이드 내부에 형성되는 자기장 크기를 구하라.

22.10 솔레노이드의 자기장

26. 한 변의 길이가 2.00 cm인 한 번 감은 정사각형 고리에 시계 방향으로 0.200 A의 전류가 흐른다. 이 고리는 솔레노이드 내부에 놓여 있다. 고리의 평면은 솔레노이드의 자기장에 수직이다. 솔레노이드는 cm당 30.0번 감겼고 시계 방향으로 15.0 A의 전류가 흐른다. (a) 고리의 각 변에 작용하는 힘과 (b) 고리에 작용하는 토크를 구하라.

27. 길이가 ℓ이고 반지름이 a인 균일하게 N번 감긴 솔레노이드에 일정한 전류 I가 흐른다. (a) 이들 변수를 이용해서 솔레노이드의 한 끝으로부터 축을 따라 위치 x의 함수로 자기장을 구하라. (b) ℓ이 매우 길어질 때 솔레노이드의 양 끝에서 B가 $\mu_0 NI/2\ell$로 접근함을 보여라.

28. 길이 0.400 m에 걸쳐 균일하게 1 000번 감긴 긴 솔레노이드가 있다. 이 솔레노이드 중심에 크기가 $1.00 \times 10^{-4}\,T$인 자기장을 만들려면 전류는 얼마나 흘러야 하는가?

22.11 연결 주제: 심장 카테터 절제술의 원격 자기 항법 장치

29. 원격 자기 항법 장치를 이용한 카테터 절제술에서 외부 자기장의 전형적인 크기는 $B = 0.080\,T$이다. 절제술에 사용된 카테터의 영구자석이 심장의 왼쪽 심방 내부에 있고, 이 외부 자기장의 영향을 받는다고 가정하자. 영구자석은 $0.10\,A \cdot m^2$의 자기 모멘트를 갖는다. 영구자석의 방향은 외부 자기장 방향으로부터 30°이다. (a) 영구자석을 포함한 카테터 팁에 작용하는 토크의 크기는 얼마인가? (b) 카테터에서의 영구자석과 외부 자석이 주는 자기장으로 구성된 계의 위치 에너지는 얼마인가?

추가문제

30. yz 평면에 놓여 있는 무한히 넓은 전류판(current sheet)에 선형 표면 전류 밀도 J_s인 표면 전류가 흐르고 있다. 전류는 $+z$ 방향이고, J_s는 y축을 따라 측정된 단위 길이당 전류를 나타낸다. 그림 P22.30은 판을 옆에서 본 것이다. 판 근처의 자기장은 판에 평행하고 전류 방향에 수직이며 크기가 $\mu_0 J_s / 2$임을 보여라.

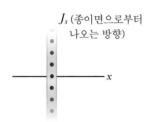

J_s (종이면으로부터 나오는 방향)

x

그림 P22.30

31. 양전하 $q = 3.20 \times 10^{-19}$ C인 입자가 속도 $\vec{v} = (2\hat{i} + 3\hat{j} - \hat{k})$ m/s로 균일한 자기장 및 전기장이 존재하는 영역에서 운동한다. (a) $\vec{B} = (2\hat{i} + 4\hat{j} + \hat{k})$ T와 $\vec{E} = (4\hat{i} - \hat{j} + 2\hat{k})$ V/m를 이용해서, 운동하는 전하에 작용하는 전체 힘을 계산하라(단위 벡터로 표기할 것). (b) $+x$축과 힘벡터가 이루는 각도는 얼마인가?

32. 평행하고 동축인 두 원형 고리가 거의 접촉할 정도로 거리 1.00 mm만큼 떨어져 있다(그림 P22.32). 각 고리의 반지름은 10.0 cm이다. 위쪽 고리에는 시계 방향으로 $I = 140$ A의 전류가, 아래 고리에는 반시계 방향으로 140 A의 전류가 흐르고 있다. (a) 아래 고리가 위쪽 고리에 작용하는 자기력을 계산하라. (b) 어떤 학생이 (a)를 푸는 첫 번째 단계로 두 고리 중 하나가 만든 자기장을 구하기 위해 식 22.23을 이용하려 한다고 하자. 이 생각에 여러분은 동의하는가 아니면 동의하지 않는가? (c) 위쪽 고리의 질량은 0.021 0 kg이다. (a)에서 계산된 힘과 중력만이 위쪽 고리에 작용한다고 가정해서, 위쪽 고리의 가속도를 계산하라.

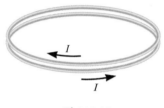

I

I

그림 P22.32

패러데이의 법칙, 유도 계수 및 교류 회로

Faraday's Law, Inductance, and Alternating Current Circuits

Marine Current Turbines TM Ltd.

지금까지 정전하에 의한 전기장과 전하의 운동에 의해 형성된 자기장에 대해 공부했다. 이 장에서는 자기장의 변화에서 생기는 전기장을 다루기로 한다.

19.1절에서 배운 바와 같이, 영국의 패러데이와 미국의 헨리는 1800년대 초에 독자적으로 수행한 실험에서 자기장의 변화에 따라 회로에 전류가 유도될 수 있다는 것을 보였다. 이런 실험 결과들은 **패러데이의 유도 법칙**으로 알려진 매우 기본적이고 중요한 전자기 법칙을 이끌어 냈다. 이 법칙은 다른 장치와 마찬가지로 발전기가 어떻게 작동하는지를 설명한다.

패러데이의 법칙은 또한 새로운 회로 **소자**인 인덕터의 기초가 된다. 이 새로운 회로 소자는 다양한 전기 회로를 구성하는 데 저항기, 축전기와 함께 사용된다.

북 웨일스의 앵글 시 섬 주위에 건설 중인 조력 발전기인 Skerries SeaGen Array(섬 해양 발전기 배열)를 예술가가 그린 그림. 2015년경에 완공되면, 조류를 이용해서 10.5 MW의 전력을 생산할 예정이다. 그림에서 물속에 있는 날개는 조류에 의해 움직이며, 두 번째 날개 시스템은 정비하기 위해 물 밖에 나와 있다. 이 장에서는 발전기를 공부한다.

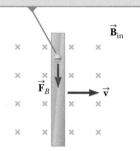

도체 내의 대전 입자에 작용하는 자기력 때문에 도체 내에 전류가 유도된다.

$\vec{B}_{in}$

$\vec{F}_B$ $\vec{v}$

그림 23.1 속도 $\vec{v}$에 수직인 균일한 자기장 $\vec{B}$를 통해 움직이고 있는 직선의 전기 도체

© Book's Hill

마이클 패러데이

Michael Faraday, 1791~1867
영국의 물리학자 겸 화학자

패러데이는 1800년대를 대표하는 실험과학자 중 한 명이다. 전기학에 대한 그의 많은 공헌에는 전자기 유도 법칙과 전기 분해 법칙의 발견뿐만 아니라, 전동기, 발전기 그리고 변압기의 발명도 포함된다. 신실한 종교인이었기 때문에 영국군의 독가스 개발에 참여하기를 거부했다.

23.1 | 패러데이의 유도 법칙 Faraday's Law of Induction

이 장에서는 22장에서 공부한 물질을 기반으로 간단한 실험을 고려하면서 개념들을 설명하는 것으로 시작한다. 그림 23.1에서처럼 종이면으로 들어가는 균일한 자기장 안에 놓인 직선의 금속 도체를 생각하자. 도체 내부에는 많은 자유 전자가 있다. 이제 도체가 속도 $\vec{v}$로 오른쪽으로 이동한다. 식 22.1은 자기력이 도체에 있는 전자에 작용함을 보여 준다. 오른손 법칙에 따르면, 그림 23.1에서 전자에 작용하는 힘은 아래를 향한다(전자는 음의 전하를 운반한다는 것을 기억하자). 이 방향은 도체를 따라서 있기 때문에, 전자는 이 힘에 의해 도체를 따라서 움직인다. 이와 같이 자기장을 통해서 움직일 때 도체 내에 **전류**가 만들어진다.

전류가 자기장에 의해 만들어질 수 있음을 보여 주는 또 다른 간단한 실험을 생각해 보자. 민감한 전류계에 연결된 도선 고리를 생각하자. 전류계는 그림 23.2에서 보는 것처럼 전류를 측정하는 장치이다. 자석이 고리를 향해 움직이면, 전류계는 그림 23.2a에서처럼 전류가 흐름을 보여 준다. 자석이 그림 23.2b에서처럼 정지하면 전류계에 전류가 흐르지 않는다. 자석이 그림 23.2c에서처럼 고리에서 멀어지면, 전류계는 자석이 고리를 향할 때 흐른 전류와 반대 방향으로 전류가 흐름을 보여 준다. 결국 자석이 정지 상태를 거쳐 고리 가까이 또는 멀리 움직인다면, 전류계는 또다시 전류가 흐름을 보여 준다. 이 관측으로부터 자석과 고리 사이에 상대적인 움직임이 있는 한 고리에 전류가 만들어진다는 결론에 도달한다.

이 결과는 전지가 연결되지 않더라도 전류가 도선 고리에 존재한다는 것을 생각할 때 아주 경이롭다. 이런 전류를 **유도 전류**(induced current)라고 하며, **유도 기전력**(induced emf)에 의해 만들어진다.

패러데이가 처음으로 행한 또 다른 실험을 그림 23.3에 나타냈다. 실험 장치의 일

그림 23.2 자석이 고리를 향하거나 멀어질 때 고리에 전류가 유도됨을 보이는 간단한 실험

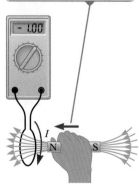

자석이 민감한 전류계에 연결된 도선 고리를 향해 움직일 때, 전류계는 도선 고리에 전류가 유도됨을 보여 준다.

I

N   S

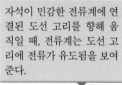
a

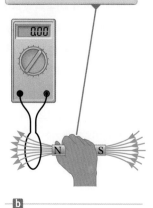

자석을 정지 상태로 유지하면, 고리 안에 자석이 있더라도, 유도 전류는 만들어지지 않는다.

N   S

b

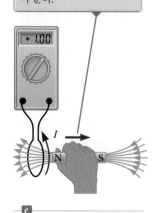

고리로부터 자석이 멀어질 때, 전류계는 유도 전류의 방향을 a에서와 반대로 보여 준다.

I

N   S

c

부는 스위치와 전지에 연결한 절연 도선으로 만든 코일로 구성되어 있다. 이 코일을 도선의 **1차 코일**이라 하며, 이에 대응되는 회로를 1차 회로라 한다. 1차 코일은 코일을 통과하는 전류에 의해 형성된 자기장을 크게 하기 위해 철심 둘레를 감싸고 있다. 오른쪽에 있는 절연 도선의 2차 코일 역시 철심 둘레를 감싸고 있으며 검류계와 연결되어 있다. 이것을 **2차 코일**이라 하며, 이에 대응되는 회로를 2차 회로라 한다. 여기에서 2차 회로에는 전지가 없으며 2차 코일은 1차 코일과 물리적으로 연결되어 있지 않다. 단지 이 회로의 목적은 1차 회로에 의해 만들어진 자기장의 변화에 의해 발생될지도 모르는 어떤 전류를 검출하는 데 있다.

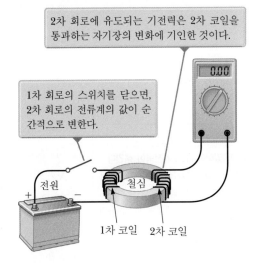

2차 회로에 유도되는 기전력은 2차 코일을 통과하는 자기장의 변화에 기인한 것이다.

1차 회로의 스위치를 닫으면, 2차 회로의 전류계의 값이 순간적으로 변한다.

전원 철심

1차 코일 2차 코일

그림 23.3 패러데이의 실험

먼저 2차 회로에서 전류가 결코 검출되지 않을 것이라고 생각할지도 모른다. 그러나 1차 회로의 스위치를 갑자기 닫거나 열 때 매우 놀랄 만한 일이 일어난다. 스위치를 닫는 순간 전류계는 전류가 흐름을 보이고 그 후 영으로 돌아온다. 스위치를 열 때, 전류계는 반대 방향으로 전류가 흐름을 보이고 다시 영으로 돌아온다. 마지막으로 전류계는 1차 회로에 정상 전류가 흐를 때는 영을 표시한다.

이 관찰의 결과로 패러데이는 자기장의 변화에 따라 전류가 생성된다고 결론을 내렸다. 일정한 자기장은 전류를 생성할 수 없다. 그림 23.2의 실험에서, 자기장 변화는 자석과 도선 고리 사이의 상대적인 움직임의 결과이다. 움직임이 지속되는 한, 전류는 유지된다. 그림 23.3에서 보는 실험에서, 2차 회로에 생성된 전류는 스위치가 닫혀 2차 코일에 작용하는 자기장이 영에서 어떤 값까지 변하는 동안에만 발생한다. 실제로 2차 회로는 짧은 순간 동안 기전력의 공급원이 2차 코일에 연결된 것처럼 작동한다. 일반적으로 유도 기전력은 1차 회로에 흐르는 전류에 의해 형성된 자기장의 변화에 의해 2차 회로에 유도된다.

이런 관측을 정량화하기 위해 **자기선속**(자속; magnetic flux)이라고 하는 양을 정의하자. 자기장과 관련된 선속은 전기선속(19.8절)과 비슷한 방법으로 정의되며, 어떤 넓이를 통과하는 자기력 선의 수에 비례한다. 그림 23.4처럼 열린 임의의 모양을 취하고 있는 표면상에 넓이 요소 $d\vec{\mathbf{A}}$를 생각해 보자. 이 위치에서 자기장이 $\vec{\mathbf{B}}$라면, 그때 넓이 요소 $d\vec{\mathbf{A}}$를 통과하는 자기선속은 $\vec{\mathbf{B}} \cdot d\vec{\mathbf{A}}$이며, 여기서 $d\vec{\mathbf{A}}$는 넓이 dA와 크기가 같고 방향이 표면에 수직인 벡터이다. 따라서 전체 표면을 통과하는 자기선속 Φ_B는 다음과 같다.

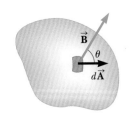

그림 23.4 넓이 요소 $d\vec{\mathbf{A}}$를 통과하는 자기선속은 $\vec{\mathbf{B}} \cdot d\vec{\mathbf{A}} = BdA\cos\theta$로 주어진다. $d\vec{\mathbf{A}}$는 표면에 수직임에 주목하자.

$$\Phi_B = \int \vec{\mathbf{B}} \cdot d\vec{\mathbf{A}} \qquad \qquad 23.1$$

▶ 자기선속

자기선속의 SI 단위는 $\mathrm{T \cdot m^2}$로서 **웨버**(Wb)를 사용하며, $1\,\mathrm{Wb} = 1\,\mathrm{T \cdot m^2}$이다.

그림 23.2와 23.3에 예시한 실험은 한 가지 공통점이 있다. 두 경우 모두 기전력은 회로를 통과하는 자기선속이 시간에 따라 변할 때 회로에 유도됐다. 유도 기전력을 포함한 이 같은 실험들을 다음과 같이 **패러데이의 유도 법칙**(Faraday's law of induction)

으로 알려져 있는 일반적인 표현으로 요약할 수 있다.

▶ 패러데이의 법칙

> 회로에 유도된 기전력은 회로를 통과하는 자기선속의 시간 변화율과 같다.
>
> $$\varepsilon = -\frac{d\Phi_B}{dt} \qquad\qquad \textbf{23.2}$$

식 23.2에서 Φ_B는 식 23.1에 주어진 회로를 통과하는 자기선속이다. 식 23.2의 음의 부호는 렌츠 법칙의 결과이며 23.3절에서 논의할 것이다. 만일 회로가 전부 같은 N개의 고리로 구성된 코일로 되어 있고, 자기력선이 모든 고리 사이로 빠져 나간다면 유도 기전력은 다음과 같다.

$$\varepsilon = -N\frac{d\Phi_B}{dt} \qquad\qquad \textbf{23.3}$$

기전력은 모든 고리가 직렬로 연결되기 때문에 N개만큼의 크기로 증가할 것이며, 그래서 전체 기전력은 각 고리의 기전력을 더한 것이다.

그림 23.5와 같이 균일한 자기장이 넓이 A인 고리를 통과한다고 가정해 보자. 이 경우에 고리를 통과하는 자기선속은 다음과 같다.

$$\Phi_B = \int \vec{\mathbf{B}} \cdot d\vec{\mathbf{A}} = \int B \, dA \cos\theta = B\cos\theta \int dA = BA\cos\theta$$

따라서 유도 기전력은 다음과 같다.

$$\varepsilon = -\frac{d}{dt}(BA\cos\theta) \qquad\qquad \textbf{23.4}$$

이 식으로부터 기전력은 자기선속을 다음과 같이 몇 가지 방법으로 변화시켜서 얻을 수 있음을 알 수 있다. (1) $\vec{\mathbf{B}}$의 크기가 시간에 따라 변할 수 있다. (2) 회로의 넓이 A가 시간에 따라 변할 수 있다. (3) $\vec{\mathbf{B}}$와 면에 수직인 법선 사이의 각도 θ가 시간에 따라 변할 수 있다. 그리고 (4) 이런 것들의 어떤 조합으로도 발생할 수 있다.

패러데이 법칙의 재미있는 응용으로 전기 기타에서 소리를 발생시키는 방법을 들 수 있다(그림 23.6). 이 경우에 **픽업 코일**은 진동하는 기타 줄 근처에 위치한다. 코일은 자화될 수 있는 금속으로 만들어진다. 코일 안의 영구자석이 코일에 가장 가까운 줄의 일부를 자화시킨다. 줄이 어떤 진동수에서 진동하면 자화된 부분이 코일을 지나

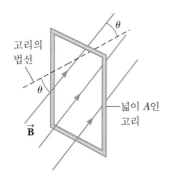

오류 피하기 | 23.1

변화가 있어야 유도 기전력이 생긴다
면을 통과하는 자기선속의 **존재**만으로는 유도 기전력이 생기지 않는다. 유도 기전력이 생기기 위해서는 자기선속의 **변화**가 있어야 한다.

그림 23.5 균일한 자기장 $\vec{\mathbf{B}}$ 내에 놓인 넓이 A인 도체 고리. $\vec{\mathbf{B}}$와 고리의 법선 사이의 각도는 θ이다.

그림 23.6 (a) 전기 기타에서는 자화된 기타 줄이 진동해서 픽업 코일에 기전력을 유도한다. (b) 이 전기 기타의 픽업 코일 (금속 줄 아래의 원)은 줄의 진동을 감지하고, 이 정보를 증폭기를 통해서 확성기에 보낸다(연주자는 스위치로 여섯 개의 픽업 코일 중 어떤 것도 선택할 수 있다).

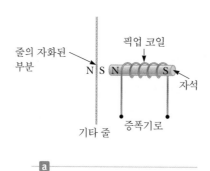

는 자기선속을 변하게 한다. 변하는 자기선속은 코일에 기전력을 유도하고, 기전력이 증폭기로 공급된다. 증폭기의 출력이 확성기로 전달되어 음파가 만들어진다.

퀴즈 23.1 고리 회로가 균일한 자기장 내에서 회로의 면과 자기력선이 수직이 되도록 놓여 있다. 유도 전류가 발생되지 않는 회로는 다음 중 어느 것인가? (**a**) 찌그러지는 고리 회로 (**b**) 자기력선과 수직인 축에 대해 회로가 회전할 때 (**c**) 회로의 방향을 고정시켜 자기력선을 따라 움직일 때 (**d**) 회로를 자기장이 없는 곳으로 끌어당기고 있을 때

퀴즈 23.2 그림 23.7은 고정된 고리를 지나고 고리의 면에 수직인 자기장에 대해 자기장의 크기 변화를 시간에 따라 나타낸 것이다. 자기장의 크기는 고리의 모든 면에서 균일하다. 표시된 다섯 순간에 고리에 만들어진 기전력의 크기를 큰 것부터 순서대로 나열하라.

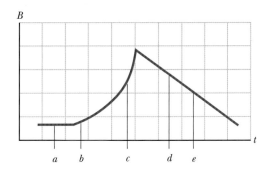

그림 23.7 (퀴즈 23.2) 고리를 통과하는 자기장에 대한 시간 거동

생각하는 물리 23.1

누전차단기(GFCI)는 전기 기구에서 누전에 의한 감전을 예방하기 위한 안전 장치이다. 그림 23.8에서 주요 부품들을 볼 수 있다. 패러데이 법칙을 이용해서 GFCI는 어떻게 작동하는지를 알아보자.

추론 도선 1은 벽에 있는 콘센트에서 보호될 전기 기구에 연결되며, 도선 2는 전기 기구에서 벽의 콘센트에 연결된다. 철심 고리는 두 도선을 에워싸고 있다. 철심 고리를 감고 있는 감지 코일에 자기선속의 변화가 생기면 차단 회로를 작동시킨다. 전기 기구가 정상 작동하면 두 도선에 흐르는 전류는 서로 반대로 흐르고, 전류로 인한 감지 코일을 통과하는 알짜 자기선속은 영이다. 하지만 전기 기구에 연결된 도선의 하나가 사고로 전기 기구의 금속 상자에 닿으면, 감지 코일을 지나가는 자기선속의 변화가 일어날 수 있다. 이 전기 기구를 땅에 접지를 하면, 가정용 전기는 교류이므로 시간에 따라 변하는 알짜 자기선속이 감지 코일을 통과한다. 이렇게 변하는 자기선속은 코일에 기전력을 유도하고, 이것이 차단 회로를 동기시켜서, 위험 수위에 도달하기 전에 전류를 끊는다. ◀

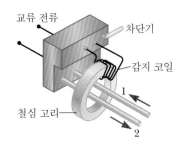

그림 23.8 (생각하는 물리 23.1) 누전차단기의 기본 구성

예제 23.1 │ 코일에 기전력 유도하기

도선으로 200번 감긴 코일이 있다. 코일은 각각 한 변의 길이가 $d = 18$ cm인 정사각형으로 되어 있고, 코일의 면에 수직으로 균일한 자기장이 가해진다. 0.80 s 동안 자기장이 0에서 0.50 T로 선형적으로 변한다면, 자기장이 변하는 동안 코일에 유도되는 기전력의 크기를 구하라.

풀이

개념화 문제의 설명에서 코일을 통과하는 자기력선을 생각한다. 자기장의 크기가 변하기 때문에, 코일에 기전력이 유도된다.

분류 이 절에서 공부한 패러데이의 법칙으로 기전력을 계산할 것이므로 예제를 대입 문제로 분류한다.

자기장이 시간에 대해 선형적으로 변한다는 것을 고려해서, 식 23.3을 이 문제의 상황에 맞게 전개한다.

$$|\varepsilon| = N\frac{\Delta\Phi_B}{\Delta t} = N\frac{\Delta(BA)}{\Delta t} = NA\frac{\Delta B}{\Delta t} = Nd^2\frac{B_f - B_i}{\Delta t}$$

주어진 값들을 대입한다.

$$|\varepsilon| = (200)(0.18\text{ m})^2\frac{(0.50\text{ T} - 0)}{0.80\text{ s}} = \boxed{4.0\text{ V}}$$

문제 자기장이 변하는 동안 코일에 유도되는 전류의 크기를 찾으라고 묻는다면 이 물음에 대답할 수 있는가?

답 코일 끝이 회로에 연결되지 않았다면, 이 질문의 답은 쉽다. 전류는 영이다(코일의 도선을 따라 전하가 움직이며, 코일 끝의 바깥으로는 움직일 수 없다). 정상 전류가 존재한다면, 코일이 외부 회로와 연결되어 있어야 한다. 코일이 회로에 연결되어 있고, 코일과 회로 전체의 저항이 $2.0\ \Omega$이라고 가정하면, 코일에 흐르는 전류는 다음과 같다.

$$I = \frac{|\varepsilon|}{R} = \frac{4.0\text{ V}}{2.0\ \Omega} = 2.0\text{ A}$$

예제 23.2 │ 지수적으로 감소하는 자기장

넓이 A인 닫힌 회로가 회로면에 대해 수직으로 지나가는 자기장 내에 놓여 있다. 자기장 $\vec{B}$의 크기는 시간에 따라 $B = B_{max}e^{-at}$로 변한다(a는 상수). 즉 $t = 0$일 때는 자기장이 B_{max}이고, $t > 0$일 때는 자기장이 지수적으로 감소한다(그림 23.9). 닫힌 회로에서 유도 기전력을 시간에 대한 함수로 구하라.

풀이

개념화 단일 원형 도선이며, 자기장이 선형적으로가 아니라 지수적으로 변한다는 두 가지만 제외하면, 예제 23.1과 물리적 상황이 비슷하다.

분류 이 절의 패러데이의 법칙으로 기전력을 계산할 것이므로 예제를 대입 문제로 분류한다.

식 23.2를 문제의 상황에 맞게 전개한다.

$$\varepsilon = -\frac{d\Phi_B}{dt} = -\frac{d}{dt}(AB_{max}e^{-at}) = -AB_{max}\frac{d}{dt}e^{-at}$$

$$= \boxed{a\,AB_{max}e^{-at}}$$

이 식은 유도 기전력이 시간에 대해 지수적으로 감소함을 나

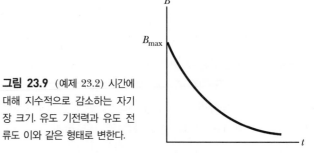

그림 23.9 (예제 23.2) 시간에 대해 지수적으로 감소하는 자기장 크기. 유도 기전력과 유도 전류도 이와 같은 형태로 변한다.

타낸다. 최대 기전력은 $t = 0$일 때 $\varepsilon_{max} = aAB_{max}$이다. t에 대한 ε의 그래프는 그림 23.9의 t에 대한 B의 그래프와 비슷하다.

23.2 | 운동 기전력 Motional emf

예제 23.1과 23.2에서 자기장이 시간에 따라 변할 때 회로에 기전력이 유도되는 경우를 고려했다. 이 절에서는 자기장 내에서 움직이는 도체에 유도되는 기전력, 즉 **운동 기전력**(motional emf)에 대해 기술하고자 한다. 이것은 그림 23.1에서 설명한 상황이다.

먼저 그림 23.10과 같이 길이 ℓ인 직선 도체가 종이면 안쪽으로 향한 균일한 자기장 내에서 등속도로 움직이는 경우를 고려해 보자. 문제를 간단히 하기 위해 도체가 자기장에 수직인 방향으로 움직인다고 가정하자. 도체 속의 전자는 도체를 따라 $|\vec{F}_B| = |q\,\vec{v} \times \vec{B}| = qvB$인 힘을 받는다. 뉴턴의 제2법칙에 따라서, 전자는 이 힘에 의해 가속을 받아 도체를 따라서 이동한다. 전자는 도체의 아래 끝으로 이동해서 쌓이고, 위쪽 끝에는 알짜 양전하가 남는다. 이렇게 전하가 분리됨으로써 도체 내에 전기장 $\vec{E}$가 만들어진다. 그림 23.10에서처럼 양 끝의 전하는 자기력 qvB와 전기력 qE가 평형을 이룰 때까지 계속 쌓인다. 평형을 이루면 전하는 더 이상 흐르지 않는다. 전기력과 자기력이 평형을 이뤄 전자에 가하는 알짜 힘은 영이다.

$$\sum \vec{F} = \vec{F}_e - \vec{F}_B = 0 \quad \rightarrow \quad qE = qvB \quad \rightarrow \quad E = vB$$

도체에 형성된 전기장은 일정하기 때문에, 전기장은 양 끝의 전위차와 $\Delta V = E\ell$ (20.2절)의 관계를 갖는다. 따라서 다음과 같이 된다.

$$\Delta V = E\ell = B\ell v$$

여기서 위 끝은 아래 끝보다도 더 높은 전위를 갖는다. 그러므로 전위차는 도체가 자기장을 통해 이동하는 한은 유지된다. 만일 움직임이 반대라면 ΔV의 극은 반대가 될 것이다.

움직이는 도체가 닫힌 회로의 일부분일 때 어떤 일이 일어날지를 고려한다면 또 다른 재미있는 현상이 나타난다. 이 현상은 닫힌 회로에서 자기선속의 변화가 어떻게 유도 전류를 일으킬 수 있는지를 보이는 데 특히 유용하다. 그러면 길이 ℓ인 도체막대가 그림 23.11a와 같이 두 개의 고정된 평행한 도체 레일 위를 따라 미끄러지는 회로를 생각해 보자. 편의상 움직이는 도체 막대의 전기적 저항은 영이고 고정된 회로의 저항은 R이라 가정한다. 균일하고 일정한 자기장 $\vec{B}$가 회로의 면에 수직 방향으로 가해진다.

외력 $\vec{F}_{app}$ 때문에 막대가 $\vec{v}$의 속도로 오른쪽으로 끌어당겨질 때 막대 내의 자유 전하는 막대를 따라 자기력을 받게 된다. 움직이는 막대는 회로의 일부분이므로 회로에는 일정한 전류가 흐르게 된다. 이 경우에는 고리를 통과하는 자기선속의 변화율과 이에 수반되어 움직이는 막대의 양단 간에 유도되는 유도 기전력은 막대가 자기장을 통과해서 움직이기 때문에 생기는 고리 넓이의 변화에 비례한다.

어떤 순간에 회로의 넓이가 ℓx이므로 회로를 통과하는 자기선속은 다음과 같다.

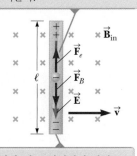

정상 상태에서 도선의 전자에 작용하는 전기력과 자기력은 균형을 이룬다.

전자가 받는 자기력에 의해, 도체 양 끝이 반대 부호로 대전되어 도체에 전기장을 일으킨다.

그림 23.10 $\vec{v}$의 속도로 $\vec{v}$와 수직인 균일한 자기장 $\vec{B}$ 내를 움직이는 길이 ℓ인 직선형 도체 막대

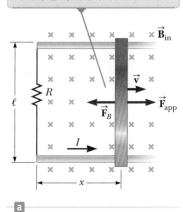

반시계 방향의 전류 I가 고리에 유도된다. 막대에 작용하는 자기력 $\vec{F}_B$는 이 운동을 방해한다.

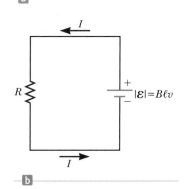

그림 23.11 (a) 외력 $\vec{F}_{app}$에 의해서 두 도체 레일을 따라 $\vec{v}$의 속도로 미끄러지고 있는 도체 막대 (b) (a)에 대한 등가 회로

$$\Phi_B = B\ell x$$

여기서 x는 시간에 따라 변화하는 회로의 너비이다. 패러데이의 법칙을 적용하면, 유도 기전력은 다음과 같다.

$$\mathcal{E} = -\frac{d\Phi_B}{dt} = -\frac{d}{dt}(B\ell x) = -B\ell\frac{dx}{dt}$$
$$\mathcal{E} = -B\ell v$$

23.5

회로의 저항이 R이므로, 유도 전류의 크기는 다음과 같다.

$$I = \frac{|\mathcal{E}|}{R} = \frac{B\ell v}{R}$$

23.6

이 예에 대한 등가 회로를 그림 23.11b에 나타냈다. 움직이는 도선은 계속 움직이는 한은 기전력의 공급원인 전지처럼 행동할 것이다.

비고립계에서 에너지를 고려해서 이 상황을 조사해 보자. 회로에는 전지가 없으므로 계의 유도 전류와 전기적인 에너지의 발생원에 관해 의문이 들 수도 있다. 이것은 외력 $\vec{F}_{app}$가 도체에 일을 해서 전하가 자기장을 통해 움직인다는 사실을 인지함으로써 이해할 수 있다. 이로 인해 전하는 평균 유동 속도로 운동을 하게 되며, 전류가 형성된다. 에너지 보존의 관점에서 보면(식 7.2), 도체 막대가 일정한 속력으로 운동하는 동안 외력이 계에 한 전체 일은 이 시간 간격 동안 저항기의 내부 에너지 증가율과 같아야 한다(이 말은 에너지는 저항기에 머문다는 것을 가정한다. 실제로 에너지는 열과 전자기 복사로 저항기를 떠난다).

길이가 ℓ인 도체가 균일한 자기장 $\vec{B}$를 통과해서 움직일 때 막대는 크기 $I\ell B$의 자기력 $\vec{F}_B$를 받게 되는데(식 22.10), 여기서 I는 막대가 움직이기 때문에 유도된 전류이다. 힘의 방향은 막대의 이동 방향과 반대이며 그림 23.11a의 왼쪽에 있다.

만일 막대가 **등속도**로 움직인다면, 이는 평형 상태의 입자로 모형화할 수 있으므로, 외력 $\vec{F}_{app}$는 반드시 자기력과 크기는 같고 방향은 반대이거나 그림 23.11a에서 보듯이 오른쪽 방향이다(자기력이 운동 방향으로 작용하면 운동 중인 막대를 가속시킬 것이고 그로 인해 막대의 속도는 증가할 것이다. 이런 경우 에너지 보존 법칙의 원리에 위배된다). 식 23.6과 $F_{app} = F_B = I\ell B$ 관계식을 이용하면 외력이 전달한 일률은 다음과 같다.

$$P = F_{app}v = (I\ell B)v = \frac{B^2\ell^2 v^2}{R} = \left(\frac{B\ell v}{R}\right)^2 R = I^2 R$$

23.7

이 일률은 예상대로 에너지를 저항기에 전달하는 비율과 같다.

▶ **퀴즈 23.3** 고리에서 기전력을 유도하기 위해 주어진 속도로 일정한 자기장 영역으로 직사각형 도선 고리를 움직이고자 한다. 고리 면은 자기장과 수직을 유지해야 한다. 움직이는 동안 가장 큰 기전력을 만들기 위해서는 고리를 어느 방향으로 유지해야 하는가? **(a)** 고리의 긴 부분을 속도 벡터에 나란하게 한다. **(b)** 고리의 짧은 부분을 속도 벡터에 나란하게 한다. **(c)** 방향에 무관하게 두 가지 방법 모두 가능하다.

퀴즈 23.4 그림 23.11에서 외력의 크기가 F_{app}일 때 막대는 일정한 속력 v로 운동하며 입력되는 일률은 P이다. 외력의 세기가 증가해서 막대의 속력이 두 배로, 즉 $2v$의 일정한 속력이 된다. 이 상태에서 새로운 힘과 새로운 일률을 계산하라. (**a**) $2F$와 $2P$ (**b**) $4F$와 $2P$ (**c**) $2F$와 $4P$ (**d**) $4F$와 $4P$

예제 23.3 | 회전하고 있는 막대에 유도되는 운동 기전력

길이 ℓ인 도체 막대가 막대 끝의 회전축에 대해 일정한 각속력 ω로 회전하고 있다. 그림 23.12와 같이 균일한 자기장 $\vec{B}$가 회전면에 대해 수직으로 작용하고 있다. 막대 양 끝에 유도되는 운동 기전력을 구하라.

풀이

개념화 회전하고 있는 막대는 그림 23.11과 같이 미끄러지고 있는 막대와는 성격이 다르다. 따라서 막대의 길이 방향으로 작은 막대 조각을 먼저 고찰한다. 자기장 내에서 움직이는 도체의 작은 조각이 있고 여기에 기전력이 발생된다. 각각의 작은 조각을 기전력원으로 생각해서, 일렬로 나열된 모든 조각들의 기전력을 더하면 된다.

분류 위 과정을 바탕으로 막대 조각들이 원형 경로를 따라 이동하는 특성을 추가하고 각각의 막대 조각들을 자기장 내에서 운동하는 도체로 모형화해서 접근한다.

분석 식 23.5로부터 $\vec{v}$의 속도로 움직이는 길이 dr인 막대 조각에 유도되는 기전력의 크기를 계산한다.

$$d\mathcal{E} = Bv\,dr$$

모든 조각에 유도되는 기전력을 더해서 막대 양 끝의 전체 기전력을 구한다.

$$\mathcal{E} = \int Bv\,dr$$

각 조각의 접선 방향의 속력 v는 각속력 ω와 $v = r\omega$의 관계가 있다(식 10.10). 이를 이용해서 적분한다.

$$\mathcal{E} = B\int v\,dr = B\omega\int_0^\ell r\,dr = \boxed{\frac{1}{2}B\omega\ell^2}$$

결론 미끄러지고 있는 막대의 식 23.5에서 $\mathcal{E}$는 B, ℓ, v에 따라 증가할 수 있다. 이 변수 중 어느 하나라도 증가시키면 같은 비율로 $\mathcal{E}$도 증가하게 된다. 따라서 이 세 변수 중 어느 것을 선택하든 기전력을 증가시키는 가장 편한 방법이 된다. 그러나 회전하는 막대의 경우 기전력이 ℓ의 제곱에 비례하기 때문에, 기전력을 늘리기 위해 막대의 길이를 증가시키는 것이 편할 수 있다. 각속력을 2배로 늘리면 기전력이 2배로만 늘어나지만, 길이를 2배로 하면 기전력은 4배로 늘어나게 된다.

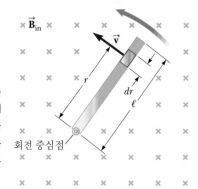

그림 23.12 (예제 23.3) 도체 막대가 균일한 자기장 내에서 막대 끝의 축을 중심으로 회전한다. 운동 기전력이 막대 양 끝에 유도된다.

문제 이 예제를 읽은 후 기발한 생각을 하게 됐다고 가정하자. 회전식 관람차에는 회전축과 외륜을 연결하는 금속으로 된 바퀴 살(spoke)이 있다. 이 바퀴 살은 지구 자기장에 대해 그림 23.12의 막대와 같이 움직인다. 관람차의 회전에 의해 발생되는 기전력을 관람차 위에 있는 백열전구에 공급할 계획이다. 제대로 작동할까?

답 이 경우 발생된 기전력을 추정해 보자. 지구 자기장의 크기가 약 $B = 0.5 \times 10^{-4}$ T임을 알고 있다. 보통 회전식 관람차의 바퀴 살의 길이는 약 10 m 정도이다. 회전 주기는 약 10 s라고 가정하자.

바퀴 살의 각속력을 구한다.

$$\omega = \frac{2\pi}{T} = \frac{2\pi}{10\,\text{s}} = 0.63\,\text{s}^{-1} \sim 1\,\text{s}^{-1}$$

관람차의 위치에서 지구 자기력선의 방향이 종이면에 평행하며 바퀴 살에 대해 수직이라고 가정한다. 발생하는 기전력은

$$\mathcal{E} = \frac{1}{2}B\omega\ell^2 = \frac{1}{2}(0.5 \times 10^{-4}\,\text{T})(1\,\text{s}^{-1})(10\,\text{m})^2$$
$$= 2.5 \times 10^{-3}\,\text{V} \sim 1\,\text{mV}$$

인데, 이 값의 기전력은 백열전구를 작동시키기에 너무 작다. 또 다른 어려움은 에너지에 있다. 밀리볼트 단위의 전위차로

작동하는 백열전구를 찾을 수 있다고 하더라도, 바퀴 살이 전구에 전압을 공급하기 위해서는 회로의 일부여야만 한다. 당연히 바퀴 살에는 전류가 흘러야만 한다. 전류를 공급하는 이 바퀴 살은 자기장 안에 있기 때문에 운동 방향과 반대 방향으로 자기력을 받게 된다. 결과적으로 회전식 관람차를 구동시키는 전동기는 이 자기 저항력을 이겨내도록 더 많은 에너지를 공급해야만 한다.

예제 23.4 | 미끄러지고 있는 막대에 작용하는 자기력

그림 23.13과 같이 도체 막대가 마찰이 없는 두 평행 레일 위를 움직이고, 균일한 자기장이 종이면 안쪽 방향으로 향하고 있다. 막대의 질량은 m이고 길이는 ℓ이다. $t = 0$일 때 막대의 처음 속도는 오른쪽 방향으로 $\vec{\mathbf{v}}_i$이다.

(A) 뉴턴의 법칙을 이용해서 시간의 함수로서 막대의 속도를 구하라.

풀이

개념화 그림 23.13과 같이 막대가 오른쪽으로 미끄러질 때, 반시계 방향의 전류가 막대, 레일과 저항기로 구성된 회로에 흐르게 된다. 막대에 흐르는 위쪽 방향의 전류로 인해 그림과 같이 막대에는 왼쪽 방향의 자기력이 생긴다. 결과적으로 막대는 감속해야 하며, 수학적인 해로서 이를 증명해야 한다.

분류 예제를 뉴턴의 법칙을 사용하는 문제로 분류한다. 막대는 알짜힘을 받는 입자로 모형화한다.

분석 식 22.10에서 자기력의 크기는 $F_B = -I\ell B$이며, 음의 부호는 힘이 왼쪽 방향을 향한다는 뜻이다. 이 자기력이 막대에 작용하는 **유일한** 수평력이다.

뉴턴의 제2법칙을 막대의 수평 방향에 적용한다.

$$F_x = ma \quad \rightarrow \quad -I\ell B = m\frac{dv}{dt}$$

식 23.6의 $I = B\ell v/R$를 대입한다.

$$m\frac{dv}{dt} = -\frac{B^2\ell^2}{R}v$$

변수 v항은 모두 왼쪽에, 그리고 t항은 오른쪽에 오도록 식을 재정리한다.

$$\frac{dv}{v} = -\left(\frac{B^2\ell^2}{mR}\right)dt$$

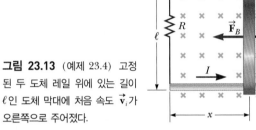

그림 23.13 (예제 23.4) 고정된 두 도체 레일 위에 있는 길이 ℓ인 도체 막대에 처음 속도 $\vec{\mathbf{v}}_i$가 오른쪽으로 주어졌다.

이 식을 $t = 0$일 때 $v = v_i$로 처음 조건을 이용해서 적분하고, $(B^2\ell^2/mR)$은 상수임에 주목하자.

$$\int_{v_i}^{v} \frac{dv}{v} = -\frac{B^2\ell^2}{mR}\int_0^t dt$$

$$\ln\left(\frac{v}{v_i}\right) = -\left(\frac{B^2\ell^2}{mR}\right)t$$

상수 $\tau = mR/B^2\ell^2$로 정의하고 속도에 대해 푼다.

$$\text{(1)} \qquad v = v_i e^{-t/\tau}$$

결론 v에 대한 이 식은 문제를 개념화할 때 예상대로 막대의 속도가 자기력의 작용을 받아 시간이 흐름에 따라 감소하고 있음을 나타낸다.

(B) 에너지 관점에서 같은 결과에 도달함을 보여라.

풀이

분류 예제를 에너지 보존 문제로 분류한다. 그림 23.13의 회로 전체를 하나의 고립계로 모형화한다.

분석 미끄러지는 막대를 운동 에너지를 가진 계의 구성 요소로 보면, 에너지는 레일을 통해 전달되어 그 막대에서 유출되기 때문에 운동 에너지는 감소하게 된다. 저항기는 내부 에너지를 가진 계의 다른 구성 요소로서, 에너지가 이 저항기로 유입되기 때문에 내부 에너지가 증가하게 된다. 에너지는 그 계에서 나가버리는 것이 아니므로, 막대로부터의 에너지 유출률은 저항기로의 에너지 유입률과 같다.

저항기에 유입되는 일률은 막대에서 유출되는 것과 같다고 놓는다.

$$P_{\text{resistor}} = -P_{\text{bar}}$$

저항기에 공급되는 전력(또는 일률)과 막대에 대한 운동 에너지의 시간 변화율을 대입한다.

$$I^2R = -\frac{d}{dt}\left(\frac{1}{2}mv^2\right)$$

전류에 대한 식 23.6을 사용하고 미분한다.

$$\frac{B^2\ell^2v^2}{R} = -mv\frac{dv}{dt}$$

각 항들을 다시 정리한다.

$$\frac{dv}{v} = -\left(\frac{B^2\ell^2}{mR}\right)dt$$

결론 이 결과는 (A)에서 구한 식과 같다.

문제 막대가 처음 출발해서 멈출 때까지 이동하는 거리를 늘리고자 한다. v_i, R, B의 세 변수 중 하나를 2배나 1/2배로 바꿀 수

있다고 한다. 어느 변수를 바꿔야 이동 거리가 최대로 늘어나는가? 또한 그것을 2배로 해야 하는가 아니면 1/2배로 해야 하는가?

답 v_i가 증가하면 더 멀리까지 막대를 움직일 수 있다. 저항이 증가하면 유도 전류가 감소해서 자기력도 감소하며, 막대를 더 멀리까지 보낼 수 있다. B가 감소하면 자기력이 줄어들어 막대를 더 멀리까지 보낼 수 있다. 과연 어떤 방법이 가장 효과적일까?

식 (1)을 이용해서 적분을 하고 막대의 이동 거리를 구한다.

$$v = \frac{dx}{dt} = v_i e^{-\frac{t}{\tau}}$$

$$x = \int_0^\infty v_i e^{-\frac{t}{\tau}}\, dt = -v_i\tau e^{-\frac{t}{\tau}}\Big|_0^\infty$$

$$= -v_i\tau(0-1) = v_i\tau = v_i\left(\frac{mR}{B^2\ell^2}\right)$$

이 식은 v_i 또는 R을 2배로 하면 거리가 2배가 된다는 것을 보여 준다. 그러나 B를 반으로 줄이면 이동 거리가 4배로 늘어나게 된다.

교류 발전기 The Alternating-Current Generator

교류(AC) 발전기는 일로 에너지를 받아서 전기 에너지로 내보내는 장치이다. 그림 23.14a는 교류 발전기를 단순하게 보여 주고 있다. 교류 발전기는 외부 자기장 내에서 회전하는 도선 코일로 구성되어 있다. 상업용 발전소는 고리를 회전시키는 데 필요한 에너지를 여러 가지 에너지원으로부터 얻고 있다. 예를 들면 수력 발전소에서는 터빈의 날개를 향해 떨어지는 물이 회전 운동을 일으키고, 화력 발전소에서는 석탄을

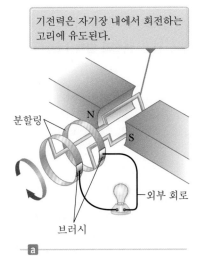

기전력은 자기장 내에서 회전하는 고리에 유도된다.

분할링
N
S
외부 회로
브러시

a

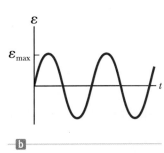

b

그림 23.14 (a) 교류 발전기 구성도 (b) 시간의 함수로서 고리에 유도된 교류 기전력

태워 얻은 에너지가 물을 수증기로 바꾸고, 이 수증기가 터빈을 회전시킨다. 고리가 회전함에 따라서 고리를 통과하는 시간에 따라서 변하는 자기선속에 의해 코일에 연결된 회로에 기전력과 전류가 유도된다.

코일이 모두 동일한 넓이 A이고 N번 감겨 있으며, 그 코일이 자기장에 수직인 축에 대해 일정한 각속력 ω로 회전한다고 가정하자. θ가 자기장과 코일의 면에 수직 방향 사이의 각도라면, 임의의 시간 t에서 고리를 통과하는 자기선속은 다음과 같이 주어진다.

$$\Phi_B = BA \cos \theta = BA \cos \omega t$$

여기서 각위치와 각속력의 관계식 $\theta = \omega t$를 사용했다(식 10.7에서 각가속도 α를 영으로 놓는다). 그러므로 코일의 유도 기전력은 다음과 같다.

$$\varepsilon = -N \frac{d\Phi_B}{dt} = -NAB \frac{d}{dt}(\cos \omega t) = NAB\omega \sin \omega t \qquad \textbf{23.8}$$

그림 23.14b에서처럼 이 결과는 기전력이 시간에 따라 사인형으로 변하는 것을 보여 준다. 식 23.8로부터 최대 기전력은 $\varepsilon_{max} = NAB\omega$이며, $\omega t = 90°$ 또는 $270°$일 때 이 값을 갖는다. 즉 자기장이 코일 면에 나란해서 자기선속의 시간 변화율이 최대일 때 $\varepsilon = \varepsilon_{max}$가 된다. 이 위치에서 도선 고리의 속도 벡터는 자기장 벡터에 수직이다. 그리고 $\omega t = 0$ 또는 $180°$일 때, 즉 자기장 $\vec{B}$가 코일 면에 수직해서 자기선속의 시간 변화율이 영일 때 기전력은 **영**이 된다. 이 방향에서 고리 도선의 속도 벡터는 자기장 벡터에 나란하다.

식 23.8에서 사인형으로 변하는 기전력은 전기 회사에서 소비자에게 전달되는 **교류 전류**의 공급원이다. 이는 전지에서 나오는 직류(DC) 전압에 대비되는 것으로서 **교류(AC) 전압**이라고 한다.

◤ **23.3** | 렌츠의 법칙 Lenz's Law

이제 패러데이의 법칙에서 음의 부호를 알아보기로 하자. 자기선속의 변화가 생길 때 유도 기전력과 유도 전류의 방향은 다음과 같은 **렌츠의 법칙**(Lenz's law)으로부터 알 수 있다.

> 닫힌 회로에서 유도 전류는 닫힌 회로로 둘러싸인 부분을 통과하는 자기선속의 변화를 방해하는 방향으로 자기장을 발생시킨다. 즉 유도 전류는 회로를 통과하는 원래의 자기선속을 변화시키지 않고 유지하려는 경향이 있다.

어떤 식도 렌츠의 법칙과 관련되지 않음에 주목하자. 이 법칙은 단지 자기장 변화가 생길 때 회로에서 전류의 방향을 결정하기 위한 수단을 제공한다.

생각하는 물리 23.2

그림 23.15와 같이 변압기가 철고리 주위에 감긴 한 쌍의 코일로 구성되어 있다. 교류 전압을 **1차 코일**에 가하면 **2차 코일**을 통과하는 자기력선이 기전력을 유도한다(이것은 그림 23.3에서 본 패러데이 실험에 사용된 것과 같다). 각 코일에서 도선의 감긴 횟수를 조절함으로써 2차 코일의 교류 전압이 1차 코일의 전압보다 크거나 작게 만들 수 있다. 분명히 이 장치는 직류 전원에서는 작동하지 않는다. 덧붙여서 만일 직류 전압을 가하면 1차 코일에 과부하가 걸려서 타버릴 수도 있다. 왜 그럴까?

추론 전류가 1차 코일에 있으면 이 전류로부터 자기력선이 코일 자체를 통과한다. 그러므로 어떤 전류의 변화도 자기장의 변화의 원인이 되며, 이는 같은 코일에 전류를 유도한다. 렌츠의 법칙에 따르면 이 전류의 방향은 원래 전류와 반대이다. 결과는 교류 전압을 가하면 렌츠의 법칙으로 인한 반대 기전력이 코일에 낮은 값으로 전류를 제한한다. 직류 전압을 가하면 어떤 반대되는 기전력도 발생하지 않으며 큰 전류가 흐르게 된다. 이렇게 증가된 전류는 코일의 온도를 상승시켜 때로는 전선의 절연 피복을 태우는 점까지 이른다. ◀

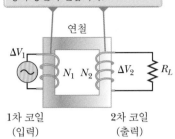

교류 전압 ΔV_1은 1차 코일에 걸리고, 출력 전압 ΔV_2는 저항 R_L인 저항기 양단의 전압이다.

그림 23.15 (생각하는 물리 23.2) 이상적인 변압기는 같은 철심에 감은 두 코일로 구성되어 있다.

렌츠의 법칙을 좀 더 잘 이해하기 위해서 종이면 안으로 향하는 균일한 자기장 내에 놓인 두 개의 평행 레일 위를 오른쪽으로 움직이는 막대의 예로 되돌아가 보자(그림 23.16a). 막대가 오른쪽으로 움직일 때 고리의 넓이가 늘어나기 때문에 회로를 통과하는 자기선속은 시간에 따라 증가하게 된다. 렌츠의 법칙에 따르면 유도 전류는 그것이 만든 자기선속이 외부 자기장에 의한 자기선속의 **변화**에 반대되는 방향으로 흐른다. 외부 자기장에 의한 자기선속은 종이면 **안쪽** 방향으로 증가하기 때문에 유도 전류가 그 변화에 반대 방향으로 향해 있다면 유도 전류는 종이면 **바깥쪽** 방향으로 자기선속을 만들어야 한다. 따라서 막대가 오른쪽으로 이동할 때 고리 안쪽 영역에서 종이면 바깥쪽 방향으로 향하는 자기선속을 제공할 수 있도록 유도 전류는 반시계 방

오류 피하기 | 23.2

유도 전류는 변화를 방해한다 회로에 유도된 전류는 자기장 그 자체가 아닌 자기장의 **변화**를 방해한다. 그러므로 어떤 경우에는 유도 전류로 인한 자기장이 변하는 외부 자기장과 같은 방향에 있다. 외부 자기장의 크기가 감소하는 경우가 그렇다.

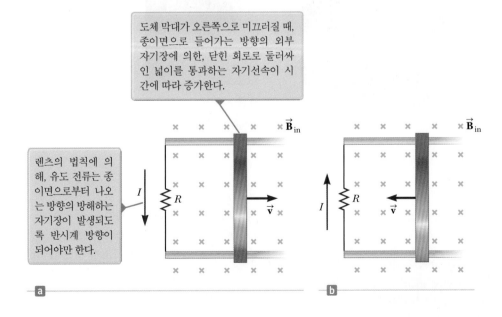

도체 막대가 오른쪽으로 미끄러질 때, 종이면으로 들어가는 방향의 외부 자기장에 의한, 닫힌 회로로 둘러싸인 넓이를 통과하는 자기선속이 시간에 따라 증가한다.

렌츠의 법칙에 의해, 유도 전류는 종이면으로부터 나오는 방향의 방해하는 자기장이 발생되도록 반시계 방향이 되어야만 한다.

그림 23.16 (a) 렌츠의 법칙으로 유도 전류의 방향을 결정할 수 있다. (b) 막대가 왼쪽으로 움직이면, 유도 전류는 시계 방향이어야 한다. 왜 그럴까?

향으로 흘러야 한다. (오른손 법칙을 이용해서 방향을 확인해 본다.) 막대가 그림 23.16b 와 같이 왼쪽으로 이동하면 고리를 통과하는 자기선속은 시간이 지남에 따라 감소한다. 외부 자기선속이 종이면 안으로 향하면서 감소하기 때문에 유도 전류는 고리 안쪽 영역 에서 종이면 안으로 들어가는 자기선속을 만들 수 있도록 시계 방향으로 흘러야 한다. 어떤 경우이든 유도 전류는 회로를 통과하는 원래의 선속을 유지하려고 한다.

이번에는 에너지를 고려한 관점에서 이 경우를 조사해 보자. 막대를 오른쪽으로 살 짝 민다고 가정해 보자. 앞의 분석에서 이 운동이 고리에서 반시계 방향의 전류를 유 도한다는 것을 알았다. 전류가 시계 방향으로 흐른다고 잘못 가정하면 어떻게 되는지 알아보자. 시계 방향으로 흐르는 전류 I에 대해 미끄러지는 막대에 작용하는 자기력 $I\ell B$의 방향은 오른쪽이 될 것이다. 이 힘은 막대를 가속시키고 속력을 증가시킬 것이 다. 반면에 이것은 고리의 넓이를 더욱 빨리 증가시킬 것이다. 이것은 유도 전류를 증가시키고, 힘을 증가시키고, 전류를 증가시키게 될 것이다. 그렇다면 이 계는 추가 에너지의 입력이 없이 에너지를 얻을 수 있을 것이다. 이 결과는 명백하게 모든 경험 과 에너지 보존 법칙에 위배된다. 그러므로 유도 전류는 반시계 방향이어야 한다고 결론을 내리지 않을 수 없다.

▶ **퀴즈 23.5** 20세기 초기의 양팔 저울(그림 23.17)에 알루미늄 판이 한쪽 팔에 달려 있고 자석의 자극 사이를 통과해서, 진동을 빠르게 감소시킨다. 이런 자석 제동 장치가 없다면, 진동은 오랫동안 계속될 것이며 실험자는 눈금을 읽기 위해 기다려야만 할 것이다. 왜 진 동이 감소하는가? (a) 알루미늄 판이 자석에 끌리기 때문에 (b) 알루미늄 판의 전류가 진 동을 방해하도록 자기장을 발생시키기 때문에 (c) 알루미늄이 상자성체이기 때문에

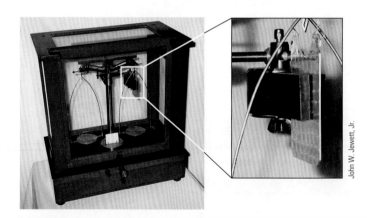

그림 23.17 (퀴즈 23.5) 고전풍 양팔 저울에서 알루미늄 판이 자극 사이에 달 려 있다.

▶ **생각하는 물리 23.3**

자석이 그림 23.18a에서와 같이 금속 고리 근처에 있다. **(A)** 자석을 고리 방향으로 밀면 고리에서의 유도 전류 방향 은 어떻게 되는가?

추론 막대자석이 정지해 있는 도선 고리를 향해 움직이면, 도선 고리를 통과하는 외부 자기선속은 시간에 따라 증가한

다. 오른쪽 방향의 자기장에 의한 자기선속 증가를 막기 위 해, 유도 전류는 자신의 자기장을 왼쪽 방향으로 만든다(그 림 23.18b). 따라서 유도 전류는 그림과 같은 방향으로 흐 른다. 이처럼 자극은 서로를 밀치며, 전류 고리의 왼쪽 면은 N극, 그리고 오른쪽 면은 S극과 같이 작용한다.

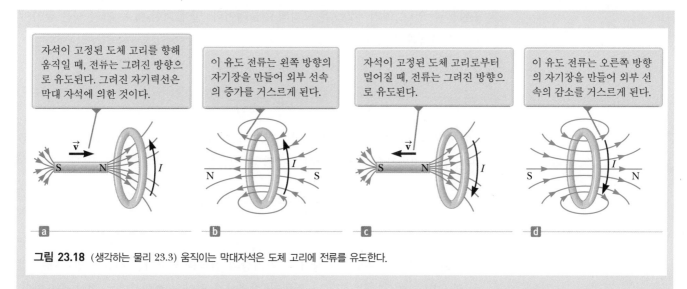

그림 23.18 의 말풍선 텍스트:

자석이 고정된 도체 고리를 향해 움직일 때, 전류는 그려진 방향으로 유도된다. 그려진 자기력선은 막대 자석에 의한 것이다.

이 유도 전류는 왼쪽 방향의 자기장을 만들어 외부 선속의 증가를 거스르게 된다.

자석이 고정된 도체 고리로부터 멀어질 때, 전류는 그려진 방향으로 유도된다.

이 유도 전류는 오른쪽 방향의 자기장을 만들어 외부 선속의 감소를 거스르게 된다.

그림 23.18 (생각하는 물리 23.3) 움직이는 막대자석은 도체 고리에 전류를 유도한다.

(B) 자석을 고리로부터 멀리 움직이면, 고리에서의 유도 전류 방향은 어떻게 되는가?

추론 그림 23.18c와 같이 자석이 왼쪽으로 움직이면 도선 고리를 통과하는 자기선속은 시간에 따라 감소한다. 도선 고리에 유도되는 전류는 그림 23.18d에서 보는 방향이 되며, 이 전류의 방향은 외부 자기장과 같은 방향의 자기장을 생성시킨다. 이 경우에 고리의 왼쪽 면은 S극이고 오른쪽 면은 N극이 된다. ◀

▶**23.4** | 유도 기전력과 전기장 Induced emfs and Electric Fields

앞에서 자기선속의 변화에 따라 도체 고리에 기전력과 전류가 유도된다는 사실을 살펴봤다. 우리는 또한 다른 관점에서 이 현상을 해석할 수 있다. 회로에서 전하의 정상적인 흐름은 전지와 같은 전원에 의해 도선에 만들어진 전기장에 의한 것이기 때문에, 변하는 자기장이 유도 전기장을 만드는 것으로 해석할 수 있다. 이 전기장은 전하에 힘을 가해 이동시킨다. 이런 접근법으로 보면, 자기선속이 변한 결과 도체 안에 전기장이 만들어진다는 것을 알 수 있다. 사실 전자기 유도 법칙은 다음과 같이 해석할 수 있다. 전하가 존재하지 않는 자유 공간에서조차도 자기선속이 변하면 항상 전기장이 생성된다. 그러나 이 유도 전기장은 정지 전하에 의해 생성되는 정전기장과는 매우 다른 특성이 있다.

그림 23.19와 같이 고리 면에 수직인 균일한 자기장 안에 놓인 반지름 r의 도체 고리를 생각해서 이 점을 설명해 보자. 자기장이 시간에 따라 변한다면, 패러데이의 법칙에 따라 기전력(emf) $\mathcal{E} = -d\Phi_B/dt$가 고리에 유도된다. 이렇게 유도된 전류는 유도 전기장 $\vec{E}$의 존재를 의미하는데, 전기력이 고리 주위를 따라 전하에 가해지도록 이 전기장은 고리의 접선 방향이어야 한다. 고리의 주위를 따라 시험 전하 q를 한 바퀴 이동시킬 때 전기장이 고리에 한 일은 $W = q\mathcal{E}$이다. 전하에 미치는 전기력의 크기가 qE이기 때문에, 전기장이 한 일 또한 식 6.8에 의해 $W = \int \vec{F} \cdot d\vec{r} = qE(2\pi r)$로

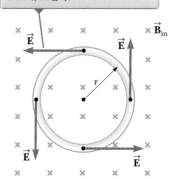

말풍선: $\vec{B}$가 시간에 따라 변하면, 전기장이 고리의 원주에 대해 접선 방향으로 유도된다.

그림 23.19 반지름 r인 도체 고리가 고리 면에 대해 수직인 균일한 자기장 내에 있다.

표현될 수 있다. 여기서 $2\pi r$은 고리의 원둘레이다. 일에 대한 이 두 가지 식은 같아야 하므로 다음과 같이 됨을 알 수 있다.

$$q\mathcal{E} = qE(2\pi r)$$

$$E = \frac{\mathcal{E}}{2\pi r}$$

이 결과를 패러데이의 법칙과 원형 고리에 대해 $\Phi_B = BA = B\pi r^2$임을 함께 사용하면, 유도 전기장은 다음과 같이 표현될 수 있음을 알 수 있다.

$$E = -\frac{1}{2\pi r}\frac{d\Phi_B}{dt} = -\frac{1}{2\pi r}\frac{d}{dt}(B\pi r^2) = -\frac{r}{2}\frac{dB}{dt}$$

이 식은 자기장의 시간적 변화가 정해지면 유도 전기장을 계산하는 데 사용될 수 있다. 음의 부호는 유도 전기장 $\vec{\mathbf{E}}$가 자기장의 변화를 억제하는 전류를 만든다는 것을 의미한다. 이 결과는 도체나 전하가 존재하지 않아도 성립한다는 점이 중요하다. 즉 자기장이 변하면 빈 공간에서도 전기장이 똑같이 유도된다.

일반적으로 닫힌 경로의 기전력은 그 경로에 대해 $\vec{\mathbf{E}} \cdot d\vec{\mathbf{s}}$를 선적분한 것으로 표현될 수 있다(식 20.3). 따라서 패러데이의 유도 법칙의 일반적인 형태는 다음과 같다.

▶ 패러데이 법칙의 일반형

$$\oint \vec{\mathbf{E}} \cdot d\vec{\mathbf{s}} = -\frac{d\Phi_B}{dt} \qquad\qquad \textbf{23.9}$$

식 23.9의 유도 전기장 $\vec{\mathbf{E}}$는 자기장의 변화에 따라 만들어진 비보존 전기장이라는 사실을 인지하는 것이 중요하다. 닫힌 경로(그림 23.19의 고리)를 따라 전하를 이동시키는 데 사용된 일이 영이 아니기 때문에 이를 비보존 전기장이라고 한다. 이 유형의 전기장은 정전기장과는 아주 다르다.

▌ **퀴즈 23.6** 자기장이 공간에서 균일하지만 일정한 비율로 증가한다. 변하는 자기장이 유도하는 전기장은 (**a**) 시간에 따라 증가한다. (**b**) 비보존적이다. (**c**) 자기장 방향이다. (**d**) 일정한 크기를 가진다.

▌ **생각하는 물리 23.4**

전기장을 연구하는 데 있어서, 전기력선은 양전하에서 시작해서 음전하에서 끝난다는 것을 알았다. 전기력선은 **모두** 전하에서 시작해서 전하에서 끝나는가?

추론 전기력선이 전하에서 시작해서 전하에서 끝난다는 내용은 다만 **정전기장**, 즉 정지 전하에 의한 **전기장**에 대해서만 성립한다. 자기장의 변화에 따라 형성된 전기력선은 원형 고리 형태이며 시작과 끝이 없고 전하의 존재와 무관하다. ◀

◀ 예제 23.5 | 솔레노이드에서 변하는 자기장이 유도하는 전기장

반지름 R인 긴 솔레노이드가 단위 길이당 n번씩 도선으로 감겨 있고 시간에 따라 변하는 사인형 전류 $I = I_{max} \cos \omega t$가 흐르고 있다. I_{max}는 최대 전류이며 ω는 교류 전원의 각주파수이다(그림 23.20).

(A) 긴 중심축으로부터 거리 $r > R$만큼 떨어진 솔레노이드 바깥 지점에서의 유도 전기장 크기를 구하라.

풀이

개념화 그림 23.20은 물리적 상황을 나타내고 있다. 코일에 흐르는 전류가 변함에 따라, 공간의 모든 점에서 변하는 자기장과 유도 전기장을 상상해 보자.

분류 전류가 시간에 따라 변하기 때문에, 자기장이 변해서 정지 전하가 유도하는 정전기장과 구별되는 유도 전기장을 발생시키게 된다.

분석 먼저 솔레노이드 외부의 한 점을 고려해서 그림 23.20과 같이 솔레노이드 축에 중심을 둔 반지름 r인 원을 선적분의 경로로 잡는다.

적분 경로인 원에 대해 수직인 자기장 $\vec{B}$가 솔레노이드 내부에 있다는 점을 고려해서, 식 23.9의 우변을 계산한다.

$$(1) \qquad -\frac{d\Phi_B}{dt} = -\frac{d}{dt}(B\pi R^2) = -\pi R^2 \frac{dB}{dt}$$

식 22.32로부터 솔레노이드 내부의 자기장을 계산한다.

$$(2) \qquad B = \mu_0 nI = \mu_0 nI_{max} \cos \omega t$$

식 (2)를 식 (1)에 대입한다.

$$(3) \qquad -\frac{d\Phi_B}{dt} = -\pi R^2 \mu_0 nI_{max} \frac{d}{dt}(\cos \omega t)$$
$$= \pi R^2 \mu_0 nI_{max} \omega \sin \omega t$$

$\vec{E}$의 크기가 적분 경로에서 상수이며 접선 방향임에 주의해서, 식 23.9의 좌변을 계산한다.

$$(4) \qquad \oint \vec{E} \cdot d\vec{s} = E(2\pi r)$$

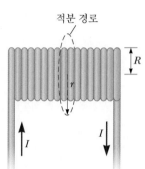

그림 23.20 (예제 23.5) 시간에 따라 변하는 전류 $I = I_{max} \cos \omega t$가 흐르는 긴 솔레노이드 전기장은 솔레노이드 내부와 외부에서 유도된다.

식 (3)과 (4)를 식 23.9에 대입한다.

$$E(2\pi r) = \pi R^2 \mu_0 nI_{max} \omega \sin \omega t$$

전기장의 크기에 대해 푼다.

$$E = \frac{\mu_0 nI_{max} \omega R^2}{2r} \sin \omega t \qquad (r > R)$$

결론 이 결과는 솔레노이드 밖에서 전기장의 크기가 $1/r$로 감소하며, 시간에 대해 사인형으로 변하는 것을 보여 준다. 24장에서 배우겠지만, 시간에 따라 변하는 전기장은 자기장을 추가적으로 발생한다. 자기장은 솔레노이드의 내부와 외부 모두에서 처음 말한 것보다 다소 강할 수 있다. 자기장에 대한 보정은 각주파수 ω가 작으면 작다. 그러나 고주파수에서는 새로운 현상이 두드러진다. 이 경우 각자 서로를 재생산하는 전기장과 자기장이 솔레노이드에 의해 복사되는 전자기파의 구성 요소가 된다(24장 참조).

(B) 중심축에서 거리 $r < R$ 만큼 떨어진 솔레노이드 내부에서 유도 전기장의 크기는 얼마인가?

풀이

분석 내부의 한 점$(r < R)$에서 적분 고리를 통과하는 자기 선속은 $\Phi_B = B\pi r^2$으로 주어진다.

식 23.9의 우변을 계산한다.

$$(5) \qquad -\frac{d\Phi_B}{dt} = -\frac{d}{dt}(B\pi r^2) = -\pi r^2 \frac{dB}{dt}$$

식 (2)를 식 (5)에 대입한다.

$$(6) \qquad -\frac{d\Phi_B}{dt} = -\pi r^2 \mu_0 nI_{max} \frac{d}{dt}(\cos \omega t)$$
$$= \pi r^2 \mu_0 nI_{max} \omega \sin \omega t$$

식 (4)와 (6)을 식 23.9에 대입한다.

$$E(2\pi r) = \pi r^2 \mu_0 nI_{max} \omega \sin \omega t$$

전기장의 크기에 대해 푼다.

$$E = \frac{\mu_0 n I_{max} \omega}{2} r \sin \omega t \quad (r < R)$$

솔레노이드 내부에 유도하는 전기장의 크기는 r에 대해 선형적으로 증가하며, 시간에 대해 사인형으로 변한다는 것을 보여 준다.

결론 이 결과는 솔레노이드를 통과하는 자기선속의 변화가

23.5 | 유도 계수 Inductance

그림 23.21과 같이 스위치, 저항기 및 기전력원으로 이루어진 고립된 회로를 생각해 보자. 회로의 전류에 의한 자기력선의 방향을 볼 수 있도록 회로도를 입체적으로 나타낸 것이다. 스위치를 닫을 때, 전류는 즉각적으로 영에서 최댓값 ε/R에 도달하지 않는다. 실제 상황은 전자기 유도 법칙(패러데이의 법칙)에 따른다. 시간에 따라 전류가 증가하면서 전류에 의해 생겨서 회로 고리를 통과하는 자기선속도 역시 시간에 따라 증가한다. 고리를 통과하는 이 자기선속의 증가는 회로에 알짜 자기선속의 변화를 방해하는 기전력[종종 **역기전력**(back emf)이라고 함]을 회로에 유도한다. 그러므로 렌츠의 법칙에 의해 도선에 유도된 전기장은 반드시 전류의 방향과 반대가 되어야 하고, 그리고 이 역기전력은 회로에 전류를 점진적으로 증가시킨다. 회로를 통과하는 자기선속의 변화가 자체의 회로를 통해서 일어나기 때문에 이 효과를 **자체 유도**라고 한다. 이 경우에 형성된 기전력을 **자체 유도 기전력**(self-induced emf)이라 한다.

자체 유도의 정량적 기술을 위해, 먼저 패러데이의 법칙으로부터 유도 기전력은 자기선속의 시간 변화율의 음(−)의 값임을 상기해 보자. 자기선속은 자기장에 비례하고, 자기장은 회로에 흐르는 전류에 비례한다. 그러므로 자체 유도 기전력은 항상 전류의 시간 변화율에 비례한다. 토로이드형 코일 또는 이상적인 솔레노이드와 같이 조밀하게 N번 감긴 코일에 대해, 이 비례를 다음과 같이 표현할 수 있다.

$$\varepsilon_L = -N \frac{d\Phi_B}{dt} = -L \frac{dI}{dt}$$

23.10

여기서 L은 비례 상수로서 코일의 **유도 계수**(인덕턴스; inductance)라고 하는데, 회로의 기하학적인 특징과 다른 물리적인 특성에 따라 결정된다. 이 표현으로부터 N번 감긴 코일의 유도 계수는 다음과 같음을 알 수 있다.

$$L = \frac{N\Phi_B}{I}$$

23.11

여기서 감긴 코일 각각을 지나는 선속은 같다고 가정한다. 다음에 이 식은 특수한 형태의 기하 구조에 대한 유도 계수를 계산하는 데 이용될 것이다.

식 23.10으로부터 유도 계수를 다음과 같은 비율로 쓸 수 있다.

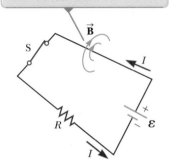

스위치를 닫으면 전류는 회로를 통과하는 자기선속을 만들고, 전류가 증가함에 따라 변화하는 자기선속은 유도 기전력을 만든다.

그림 23.21 간단한 회로에서의 자체 유도

© Book's Hill

헨리
Joseph Henry, 1797~1878
미국의 물리학자

헨리는 스미스소니언 박물관의 초대 관장 및 자연과학협회의 초대 원장을 지냈다. 그는 전자석의 설계를 개선했으며 처음으로 전동기를 제작한 사람 중 한 명이다. 또한 자체 유도 현상을 발견했지만 이를 출판하지는 못했다. 유도 계수의 단위인 헨리는 그의 이름을 딴 것이다.

$$L = -\frac{\varepsilon_L}{dI/dt} \qquad\qquad \textbf{23.12}$$

일반적으로 위의 식은 형태, 크기 또는 물질의 특성에 관계없이 임의의 코일의 유도 계수를 정의하는 식으로 사용된다. 식 23.12를 식 21.6, $R = \Delta V/I$와 비교하면 저항이 전류에 대한 억제 척도인 반면, 유도 계수는 전류의 **변화**에 대한 억제 척도임을 알 수 있다.

유도 계수의 SI 단위는 **헨리**(H)이며, 식 23.12로부터 다음과 같이 됨을 알 수 있다.

$$1\,\text{H} = 1\,\text{V} \cdot \text{s/A}$$

다음에 보듯이 **코일의 유도 계수는 기하학적인 형태에 의존한다.** 유도 계수의 계산은 복잡한 기하 구조에 대해서는 꽤 어려울 수 있기 때문에, 우리가 공부할 예제는 유도 계수의 값을 쉽게 구할 수 있는 간단한 상황에 대한 것이다.

◀ **예제 23.6 | 솔레노이드의 자체 유도 계수**

길이 ℓ인 원통에 도선이 균일하게 N번 감긴 솔레노이드가 있다. ℓ은 솔레노이드의 반지름보다 대단히 길며 솔레노이드의 내부는 비어 있다.

(A) 솔레노이드의 자체 유도 계수를 구하라.

풀이

개념화 솔레노이드의 각 코일로부터의 자기선속은 모든 코일을 통과하며, 각 코일에서의 유도 기전력은 전류의 변화를 방해한다.

분류 솔레노이드의 길이가 길므로 22장에서 구한 이상적인 솔레노이드에 대한 결과를 사용할 수 있다.

분석 단면의 넓이가 A인 솔레노이드에서 코일 하나에 대한 자기선속을 식 22.32로부터 구한다.

$$\Phi_B = BA = \mu_0 nIA = \mu_0 \frac{N}{\ell} IA$$

이 식을 식 23.11에 대입한다.

$$(1) \qquad L = \frac{N\Phi_B}{I} = \mu_0 \frac{N^2}{\ell} A$$

(B) 단면의 넓이가 4.00 cm²이고, 길이가 25.0 cm인 원통에 300번 코일을 감은 솔레노이드의 자체 유도 계수를 구하라.

풀이

식 (1)에 대입하면 다음과 같다.

$$L = (4\pi \times 10^{-7}\,\text{T} \cdot \text{m/A})\,\frac{300^2}{25.0 \times 10^{-2}\,\text{m}}\,(4.00 \times 10^{-4}\,\text{m}^2)$$

$$= 1.81 \times 10^{-4}\,\text{T} \cdot \text{m}^2/\text{A} = \boxed{0.181\,\text{mH}}$$

(C) 50.0 A/s의 비율로 전류가 감소할 때 솔레노이드의 자체 유도 기전력을 계산하라.

풀이

$dI/dt = -50.0$ A/s와 (B)에서의 답을 식 23.10에 대입하면 다음과 같다.

$$\varepsilon_L = -L\frac{dI}{dt} = -(1.81 \times 10^{-4}\,\text{H})(-50.0\,\text{A/s})$$

$$= \boxed{9.05\,\text{mV}}$$

결론 (A)의 결과로부터 L은 길이, 단면의 넓이 등의 기하학적 모양과 감은 수의 제곱에 비례함을 알 수 있다. $N = n\ell$이므로

$$L = \mu_0 \frac{(n\ell)^2}{\ell}A = \mu_0 n^2 A\ell = \mu_0 n^2 V$$

가 된다. 여기서 $V = A\ell$은 솔레노이드 내부의 부피이다.

◤ **23.6** | *RL* 회로 *RL* Circuits

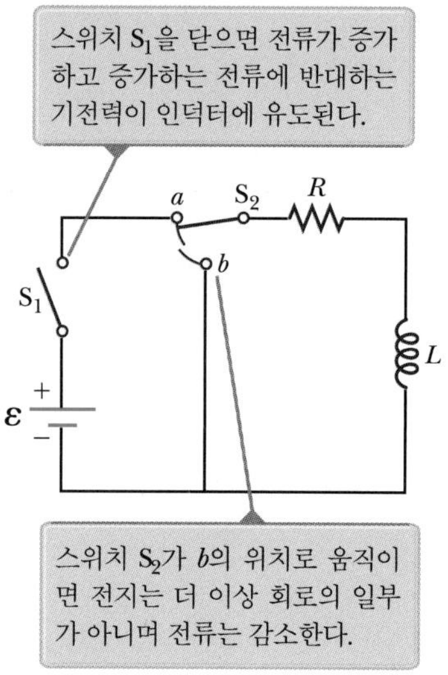

스위치 S_1을 닫으면 전류가 증가하고 증가하는 전류에 반대하는 기전력이 인덕터에 유도된다.

스위치 S_2가 b의 위치로 움직이면 전지는 더 이상 회로의 일부가 아니며 전류는 감소한다.

그림 23.22 *RL* 회로. 스위치 S_2가 a의 위치에 있으면 전지는 회로에 연결된다.

솔레노이드와 같이 코일을 포함한 회로는 전류의 순간적인 증가나 감소를 방해하는 유도 계수를 갖는다. 유도 계수가 큰 회로 소자를 **인덕터**(inductor)라 하며, 이에 대한 회로 기호는 —ᴔᴔᴔ—이다. 회로의 인덕터를 제외한 나머지 부분도 유도 계수를 가지나 인덕터의 유도 계수에 비하면 무시할 수 있을 정도라고 가정한다.

인덕터의 유도 계수는 역기전력을 발생시키기 때문에 회로 내의 인덕터는 전류의 변화를 억제한다. 인덕터는 변화가 발생하기 전과 동일한 전류를 유지하려고 한다. 회로에서 전지의 전압이 증가해서 전류가 증가하면, 인덕터는 이 변화를 억제해서 전류가 순간적으로 증가하지 않는다. 전지 전압이 감소하면, 인덕터는 순간적인 변화를 억제하며 전류를 천천히 감소시킨다. 그러므로 인덕터는 전압의 변화에 회로가 천천히 반응하게 한다.

그림 23.22의 무시할 수 있는 내부 저항을 가진 전지를 포함한 회로를 생각해 보자. 전지에 연결된 요소가 저항기와 인덕터이기 때문에 이 회로는 **RL 회로**(*RL* circuit)라고 한다. 스위치 S_2에 있는 곡선은 스위치가 열리지 않고, a 또는 b의 위치에 항상 있음을 보인다(스위치가 a 또는 b에 연결되지 않으면, 회로의 전류는 갑자기 없어진다). $t < 0$일 때 스위치 S_2가 점 a에 있고, 스위치 S_1이 열려 있다가 $t = 0$인 순간에 닫히면, 회로의 전류가 증가하기 시작하나 인덕터는 전류의 증가를 방해하는 역기전력(식 23.10)을 발생시킨다.

이 사실을 바탕으로 이 회로에 대한 키르히호프의 고리 법칙을 시계 방향으로 적용하면 다음과 같다.

$$\varepsilon - IR - L\frac{dI}{dt} = 0 \qquad\qquad 23.13$$

여기서 IR은 저항기를 통과할 때의 전압 강하이다(키르히호프의 법칙은 일정한 전류가 흐르는 회로에 대해 유도되나, 어느 한 순간의 회로를 고려하면 전류가 변화하는 회로에 대해서도 적용할 수 있다). 위 미분 방정식의 일반해는 21.9절의 *RC* 회로에 대한 해와 유사한 형태를 갖는다.

식 23.13의 수학적인 해는 시간의 함수로서 회로의 전류를 나타낸다. 수학적인 해를 구하기 위해 변수를 $x = \dfrac{\varepsilon}{R} - I$로 치환하는 것이 편리하다. 이때 $dx = -dI$가 되며, 이것을 식 23.13에 대입해서 정리하면 다음과 같다.

$$x + \frac{L}{R}\frac{dx}{dt} = 0$$

이 식을 양변으로 분리해서 적분하면 다음과 같다.

$$\int_{x_0}^{x}\frac{dx}{x} = -\frac{R}{L}\int_{0}^{t}dt$$

$$\ln\frac{x}{x_0} = -\frac{R}{L}t$$

여기서 x_0는 $t = 0$에서 x의 값이다. 앞의 식을 x에 대해 풀면 다음과 같다.

$$x = x_0 e^{-Rt/L}$$

$t = 0$에서 $I = 0$이므로, $x_0 = \mathcal{E}/R$이 된다. 따라서 원래의 변수를 이용해서 앞의 식을 나타내면 다음과 같다.

$$\frac{\mathcal{E}}{R} - I = \frac{\mathcal{E}}{R} e^{-Rt/L}$$

$$I = \frac{\mathcal{E}}{R}(1 - e^{-Rt/L})$$

이 식은 인덕터가 전류에 주는 영향을 보여 준다. 스위치를 닫으면 전류는 순간적으로 증가해서 나중 평형 상태의 값을 나타내지 않고, 지수 함수적으로 증가한다. 인덕터가 회로로부터 제거되어 L이 영에 접근하면 지수항은 영이 되어, 전류의 시간 의존성이 없어진다. 즉 유도 계수가 영인 경우에 전류가 순간적으로 증가해서 나중 평형 상태의 값을 나타낸다.

또한 앞의 식을 다음과 같이 나타낼 수 있다.

$$I = \frac{\mathcal{E}}{R}(1 - e^{-t/\tau}) \qquad \textbf{23.14}$$

여기서 상수 τ는 *RL* 회로의 **시간 상수**(time constant)이다.

$$\tau = \frac{L}{R} \qquad \textbf{23.15}$$

물리적으로 τ의 의미는 전류가 0에서부터 나중값 $\mathcal{E}/R$의 $(1 - e^{-1}) = 0.632$ = 63.2 %에 이르는 데 걸리는 시간이다. 시간 상수는 여러 회로의 시간 반응을 비교하는 데 유용한 변수이다.

그림 23.23은 *RL* 회로에 흐르는 전류와 시간 사이의 그래프이다. $t = \infty$에서 전류는 나중 평형 상태에 도달하게 되며, 그 값은 $\mathcal{E}/R$이다. 이는 식 23.13에 $dI/dt = 0$을 대입해서 전류에 대해 풀면 얻게 된다(평형 상태에서 전류의 변화는 영이다). 이 그래프에서 보면 전류가 처음에는 빠르게 증가하나, t가 무한대에 접근하면 점차적으로 평형 상태의 값 $\mathcal{E}/R$에 도달함을 알 수 있다.

전류의 시간 변화율을 살펴보자. 식 23.14를 시간에 대해 미분하면 다음과 같다.

$$\frac{dI}{dt} = \frac{\mathcal{E}}{L} e^{-t/\tau} \qquad \textbf{23.16}$$

이 식은 전류의 시간 변화율이 $t = 0$에서 최댓값($\mathcal{E}/L$)이며, t가 무한대로 가면 지수 함수적으로 영이 된다(그림 23.24).

이번에는 그림 23.22에 있는 *RL* 회로를 다시 살펴보자. 스위치 S_2가 충분히 오랜 시간 동안 점 a에 놓여 있어 전류가 나중 평형값 $\frac{\mathcal{E}}{R}$에 도달한다고 하자. 이 경우 회로는 그림 23.22의 바깥 고리이다. 스위치를 a에서 b로 옮기면 전지가 연결되지 않은 오른쪽의 닫힌 고리의 회로가 된다. 전지가 회로로부터 제거된 것이다. 식 23.13에

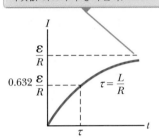

그림 23.23 그림 23.22에 있는 *RL* 회로의 시간 대 전류 그래프. 시간 상수 τ는 I가 최댓값의 63.2 %에 이르는 데 걸리는 시간을 의미한다.

▶ *RL* 회로의 시간 상수

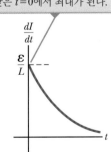

그림 23.24 그림 23.22에 있는 *RL* 회로에 대한 시간 대 dI/dt 그래프. 이 비율은 I가 최댓값에 도달함에 따라 시간에 따라 지수적으로 감소한다.

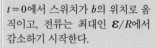

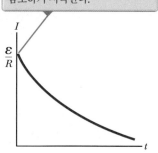

t = 0에서 스위치가 b의 위치로 움직이고, 전류는 최대인 $\mathcal{E}/R$에서 감소하기 시작한다.

그림 23.25 그림 23.22의 오른쪽 회로에 대한 시간 대 전류 그래프. $t < 0$에서 스위치 S_2는 a의 위치에 있다.

$\mathcal{E} = 0$을 대입한 뒤 정리하면 다음과 같다.

$$IR + L\frac{dI}{dt} = 0 \qquad \text{23.17}$$

이 미분 방정식의 해는 다음과 같다.

$$I = \frac{\mathcal{E}}{R}e^{-t/\tau} = I_i e^{-t/\tau} \qquad \text{23.18}$$

여기서 $\mathcal{E}$는 전지의 기전력이고, 스위치가 b로 옮겨진 순간의 처음 전류는 $I_i = \mathcal{E}/R$ 이다.

만일 회로에 인덕터가 없으면 전류는 전지가 제거될 때 즉시 영으로 감소된다. 인덕터가 존재하면 전류의 감소를 억제해서 전류가 지수적으로 감소한다. 회로에서 시간 대 전류 그래프(그림 23.25)는 전류가 시간에 따라 지속적으로 감소함을 보여 준다.

▶ **퀴즈 23.7** 그림 23.26의 회로는 사인형 전압을 공급하는 전원을 포함한다. 따라서 인덕터 안의 자기장은 일정하게 변하고 있다. 인덕터는 단순 공심 솔레노이드이다. 회로의 스위치를 닫으면 전구는 안정적으로 빛을 낸다. 솔레노이드 내에 쇠막대가 삽입되면 솔레노이드 내의 자기장 크기가 증가한다. 그러면 전구의 밝기는 **(a)** 증가한다. **(b)** 감소한다. **(c)** 영향을 받지 않는다.

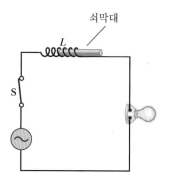
쇠막대

그림 23.26 (퀴즈 23.7) 전구가 인덕터를 포함한 AC 전원에 의해 전기를 공급받고 있다. 도체 막대가 코일에 삽입되면 전구의 밝기는 어떻게 될까?

▶ **퀴즈 23.8** 그림 23.22와 같이 L의 값을 제외하면 동일한 두 개의 회로가 있다. 회로 A에서는 인덕터의 유도 계수가 L_A이고, B에서는 L_B이다. 스위치 S_2는 양쪽 회로 모두 위치 b에 장시간 위치한다. $t = 0$에서 양쪽 회로 모두 스위치 S_1을 닫고 스위치 S_2를 a로 이동한다. $t = 10\text{ s}$에서 양쪽 회로 모두 스위치 S_2가 b로 이동된다. 시간의 함수로서 전류의 그래프 표현의 결과가 그림 23.27에 있다. 각 회로의 시간 상수가 10 s보다 매우 짧다고

그림 23.27 (퀴즈 23.8) 유도 계수가 다른 두 회로의 시간 대 전류 그래프

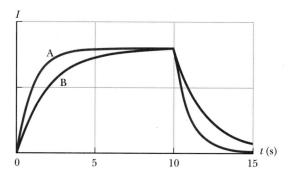

가정하면 다음 중 어느 것이 옳은가? (**a**) $L_A > L_B$, (**b**) $L_A < L_B$, (**c**) 상대적 값을 결정하기에 충분한 정보가 없다.

예제 23.7 | *RL* 회로의 시간 상수

그림 23.22와 같이 $L = 30.0$ mH의 인덕터와 $R = 6.00\ \Omega$ 의 저항기 그리고 $\mathcal{E} = 12.0$ V의 전지가 직렬로 연결된 회로가 있다.

(A) 회로의 시간 상수를 구하라.

풀이

개념화 이 절에서 논의한 회로를 이해해야 한다.

분류 이 절에서 논의한 식으로부터 전류를 계산할 수 있으므로 예제를 대입 문제로 분류한다.

식 23.15에서 시간 상수를 대입하면 다음과 같이 된다.

$$\tau = \frac{L}{R} = \frac{30.0 \times 10^{-3}\,\mathrm{H}}{6.00\,\Omega} = \boxed{5.00\ \mathrm{ms}}$$

(B) 스위치 S_2는 a의 위치에 있고 $t = 0$에서 스위치 S_1을 닫는다. $t = 2.00$ ms에서 회로에 흐르는 전류의 크기를 계산하라.

풀이

식 23.14에서 $t = 2.00$ ms에서의 전류를 구한다.

$$I = \frac{\mathcal{E}}{R}\left(1 - e^{-t/\tau}\right) = \frac{12.0\ \mathrm{V}}{6.00\ \Omega}\left(1 - e^{-2.00\,\mathrm{ms}/5.00\,\mathrm{ms}}\right)$$

$$= 2.00\ \mathrm{A}\left(1 - e^{-0.400}\right) = \boxed{0.659\ \mathrm{A}}$$

(C) 인덕터 양단의 전위차와 저항기 양단의 전위차를 비교하라.

풀이

스위치가 닫힌 순간에는 전류가 없으며 이에 따라 저항기 양단의 전위차는 없다. 이 순간에 인덕터가 영의 전류 상태를 유지하려고 함에 따라 전지 전압은 12.0 V의 역기전력 형태로 인덕터의 양단에만 걸려 있는 것으로 나타난다(그림 23.22에서 인덕터의 위쪽은 아래쪽보다 높은 전위를 갖고 있다). 시간이 지남에 따라 그림 23.28과 같이 인덕터 양단의 기전력은 감소하며 저항기의 전류(그리고 저항기 양단의 전압)는 증가한다. 두 전압의 합은 항상 12.0 V이다.

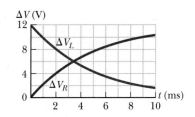

그림 23.28 (예제 23.7) 예제에서 그림 23.22에 대해 주어진 값에 따른 인덕터와 저항기 양단 전압의 시간 변화

23.7 | 자기장 내의 에너지 Energy Stored in a Magnetic Field

앞 절에서 인덕터에 의해 형성된 유도 기전력이 전지로부터의 순간적인 전류 생성을 억제한다는 것을 알았다. 전지에 의해 공급된 에너지 중 일부는 저항기에서 내부 에너지로 변환되고 나머지는 인덕터에 저장된다. 식 23.13의 각 항에 전류 I를 곱하고 식을 다시 정리하면 다음과 같은 식을 얻는다.

$$I\mathcal{E} = I^2R + LI\frac{dI}{dt} \qquad \textbf{23.19}$$

오류 피하기 | 23.3

축전기, 저항기, 인덕터는 서로 다른 방법으로 에너지를 저장한다 충전된 축전기는 전기 위치 에너지로 에너지를 저장한다. 인덕터는 전류가 흐르면서 생기는 자기 위치 에너지라 할 수 있는 형태로 에너지를 저장한다. 저항기에 전달된 에너지는 내부 에너지로 변환된다.

이 식은 에너지가 전지에 의해 공급되는 비율 $I\varepsilon$이 저항기에 전달되는 에너지 비율 I^2R과 인덕터에 전달되는 에너지 비율 $LI(dI/dt)$의 합과 같다는 것을 말해 준다. 따라서 식 23.19는 단지 고립된 회로계에 대한 에너지 보존의 식이다(실제로 에너지는 열 대류를 통해 공기로, 또는 전자기 복사를 통해 회로 외부로 떠날 수 있으므로 계가 완전히 고립되지는 않는다). 임의의 시간에 인덕터에 저장된 에너지를 U로 표기하면 에너지가 인덕터에 전달되는 비율 dU/dt는 다음과 같이 쓸 수 있다.

$$\frac{dU}{dt} = LI\frac{dI}{dt}$$

어느 순간에 인덕터에 저장된 전체 에너지를 구하기 위해 위 식을 $dU = LI\,dI$로 놓고 적분하면 다음과 같이 다시 쓸 수 있다.

$$U = \int_0^U dU = \int_0^I LI\,dI$$

▶ 인덕터에 저장된 에너지

$$U = \frac{1}{2}LI^2$$

23.20

여기서 L은 상수이기 때문에 적분 밖으로 나올 수 있다. 식 23.20은 전류가 I일 때 인덕터의 자기장 내에 저장된 에너지를 나타낸다.

식 23.20은 축전기의 전기장 내에 저장된 에너지에 대한 식 $U = \frac{1}{2}C(\Delta V)^2$ (식 20.29)과 유사하다. 어느 경우이든 장을 만들기 위해서는 전지로부터의 에너지가 필요하고, 그 에너지는 장에 저장된다. 축전기의 경우에, 축전기에 저장된 에너지를 판 위에 고립된 전하에 의한 전기 위치 에너지와 개념적으로 관련시킬 수 있다. 전기 위치 에너지에 대응되는 자기 위치 에너지에 대해 논의한 바가 없어서 인덕터에서의 에너지 저장은 개념화하기가 어렵다.

에너지가 인덕터에 저장된다는 것을 입증하기 위해, 그림 23.22의 회로에 저항기 R에 스위치 S_3이 추가된 그림 23.29a의 회로를 생각하자. 그림과 같이 스위치 S_2가 a의 위치에 있고, S_3이 닫히면 인덕터에 전류가 흐른다. 이제 그림 23.29b와 같이 스위

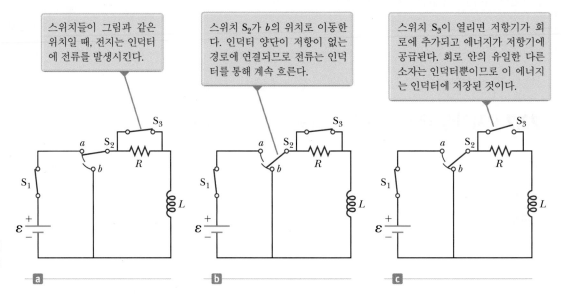

스위치들이 그림과 같은 위치일 때, 전지는 인덕터에 전류를 발생시킨다.

스위치 S_2가 b의 위치로 이동한다. 인덕터 양단이 저항이 없는 경로에 연결되므로 전류는 인덕터를 통해 계속 흐른다.

스위치 S_3이 열리면 저항기가 회로에 추가되고 에너지가 저항기에 공급된다. 회로 안의 유일한 다른 소자는 인덕터뿐이므로 이 에너지는 인덕터에 저장된 것이다.

그림 23.29 인덕터 에너지 저장의 개념화에 사용되는 RL 회로

ⓐ   ⓑ   ⓒ

치 S₂가 *b*의 위치로 이동한다. 이 (이상적으로는) 저항기도 전지도 없고, 양단 사이에 인덕터와 도선만 있는 회로(그림 23.29b의 오른쪽 고리)에 전류가 유지된다. 저항기에는 (S₃을 경유하는 선로는 저항이 없으므로) 전류가 흐르지 않는다. 따라서 에너지가 전달되지 않는다. 다음 단계로 저항기를 회로에 넣은 그림 23.29c와 같이 스위치 S₃을 연다. 이제 저항기에 전류가 흐르고 에너지가 저항기에 공급된다. 에너지는 어디에서 오고 있는가? 스위치 S₃이 닫혀 있는 동안에는 오직 인덕터만이 회로를 구성하고 있었다. 따라서 에너지는 인덕터에 저장된 것이고, 이것이 저항기에 전달되는 것임이 분명하다.

이제 자기장에 저장된 단위 부피당 에너지, 또는 에너지 밀도를 구해 보자. 간략하게 하기 위해 유도 계수가 $L = \mu_0 n^2 A\ell$인 솔레노이드를 고려해 보자(예제 23.6 참조). 솔레노이드의 자기장은 $B = \mu_0 nI$이다. L에 대한 식과 $I = B/\mu_0 n$을 식 23.20에 대입하면 다음 식을 얻는다.

$$U = \frac{1}{2} LI^2 = \frac{1}{2} \mu_0 n^2 A\ell \left(\frac{B}{\mu_0 n} \right)^2 = \frac{B^2}{2\mu_0}(A\ell) \qquad \textbf{23.21}$$

$A\ell$이 솔레노이드의 부피이기 때문에 자기장에 단위 부피당 저장된 에너지, 바꿔 말하면 **자기 에너지 밀도**는 다음과 같다.

$$u_B = \frac{U}{A\ell} = \frac{B^2}{2\mu_0} \qquad \textbf{23.22} \qquad \text{▶ 자기 에너지 밀도}$$

식 23.22는 솔레노이드와 같은 특수한 경우에 대해 유도된 것이지만 자기장이 존재하는 어떤 공간 영역에서도 이 식은 유효하다. 이것은 전기장에 저장된 단위 부피당 에너지에 대한 식, $\frac{1}{2}\epsilon_0 E^2$(식 20.31)과 유사함에 주목하자. 두 경우 모두 에너지 밀도는 장의 크기의 제곱에 비례한다.

퀴즈 23.9 매우 긴 솔레노이드 내부에서 가능한 한 최대의 자기장 에너지 밀도가 필요한 실험을 수행하고 있다. 다음 중 어떤 변화가 에너지 밀도를 증가시키는가? (정답은 하나 이상일 수 있다.) (a) 솔레노이드에서 단위 길이당 감은 수의 증가 (b) 솔레노이드의 단면의 넓이 증가 (c) 단위 길이당 감은 수는 같고 솔레노이드 길이만 증가 (d) 솔레노이드에서 전류의 증가

예제 23.8 | 인덕터 내의 에너지에 어떤 일이 일어나는가?

그림 23.22의 *RL* 회로에서 스위치 S₂는 *a*의 위치에 있고 전류는 평형 상태 값을 갖고 있다. 스위치 S₂가 *b*의 위치로 움직이면 오른쪽 회로의 전류는 $I = I_i e^{-t/\tau}$에 의해 시간에 따라 지수적으로 감소한다. 여기서 $I_i = \mathcal{E}/R$는 회로의 처음 전류이며 $\tau = L/R$로서 시간 상수이다. 처음에 인덕터의 자기장 내에 저장된 모든 에너지는 전류가 영으로 감소함에 따라 저항기의 내부 에너지로 변환됨을 보여라.

풀이

개념화 스위치 S₂가 *b*의 위치로 움직이기 전에는 에너지는 전지로부터 저항기에 일정한 비율로 전달되며, 인덕터에도 일정한 양의 에너지가 저장되어 있다. 스위치 S₂가 *b*의 위치로 움직인 *t* = 0 이후에는 전지가 더 이상 에너지를 제공할 수 없고, 인덕터로부터만 저항기에 에너지가 공급된다.

분류 오른쪽 회로를 고립계로 보면 에너지는 계의 요소 사이에 이동되지만 계를 떠나지는 않는다.

분석 어느 순간에 인덕터의 자기장에 있는 에너지는 U이다. 에너지가 인덕터에서 나와 저항기에 공급되는 에너지 비율 dU/dt는 I^2R과 같다. 여기서 I는 순간 전류이다.

식 23.18에 주어진 전류를 식 $dU/dt = I^2R$에 대입한다.

$$\frac{dU}{dt} = I^2R = (I_i e^{-Rt/L})^2 R = I_i^2 R e^{-2Rt/L}$$

dU에 대해 풀고 이 식을 $t = 0$에서 $t \to \infty$까지 시간에 대해 정적분한다.

$$U = \int_0^\infty I_i^2 R e^{-2Rt/L} dt = I_i^2 R \int_0^\infty e^{-2Rt/L} dt$$

정적분의 값이 $L/2R$이므로 U는 다음과 같다.

$$U = I_i^2 R\left(\frac{L}{2R}\right) = \boxed{\frac{1}{2} L I_i^2}$$

결론 이 결과는 식 23.20에 주어진 자기장에 저장된 처음 에너지와 같다.

예제 23.9 | 동축 도선

스테레오 시스템과 같은 전기 장치를 연결하거나 TV 케이블 시스템에서 신호를 수신하기 위해 동축 도선이 쓰인다. 그림 23.30과 같이 길이 ℓ, 반지름 a인 내부 원통과 반지름 b인 외부 원통으로 이루어진 동축 도선이 있다. 두 원통은 얇은 도체막으로 이루어져 있다. 각 도체에는 같은 크기의 전류 I가 흐르나, 외부 도체를 흐르는 전류는 내부 전류와 반대 방향이다. 이 도선의 유도 계수를 구하라.

풀이

개념화 그림 23.30을 살펴보자. 여기에서 가시적인 코일은 없지만 연한 금색 직사각형과 동축 도선의 얇은 지름 방향 면을 가상해 본다. 내부 및 외부 도체는 동축 도선의 끝에서(그림에서 위와 아래) 연결되어 있다면 이 면은 하나의 큰 도체 회로를 표현한다. 도선의 전류는 막으로 나타낸 내부 도체와 외부 도체 사이에 이 면을 지나는 자기장을 형성한다. 전류가 변하면 자기장이 변하며 유도 기전력은 도체에서 전류의 변화를 억제한다.

분류 식 23.11에서 본 유도 계수의 기본적인 정의를 살펴보자.

분석 그림 23.30에서 연한 금색 직사각형을 통과하는 자기 선속을 알아야 한다. 앙페르의 법칙(22.9절)에 따르면 두 도체 사이의 자기장은 내부 도체에 의한 것이며, 이의 크기는 $B = \mu_0 I/2\pi r$가 되며, r은 원통의 공통 중심으로부터의 거리이다. 한 원형 자기력선을 그림 23.30에 나타냈다. 외부 도체의 바깥 쪽($r > b$)에서 자기장은 영이 된다. 외부에서 자기장이 영이 되는 이유는 두 도체를 흐르는 전류의 방향이 반대이므로 알짜 전류는 영이 되어 앙페르의 법칙에 따라 $\oint \vec{\mathbf{B}} \cdot d\vec{\mathbf{s}} = 0$이 되기 때문이다.

자기장은 길이 ℓ, 너비 $(b-a)$인 연한 금색 직사각형과 수직이다. 자기장은 지름 방향의 거리에 따라 변하므로, 자기선속을 구하려면 미적분을 이용해야 한다.

그림 23.30에서와 같이 연한 금색 직사각형을 너비가 dr인

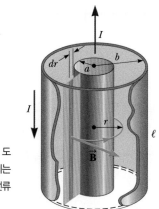

그림 23.30 (예제 23.9) 긴 동축 도선의 일부. 내부 도체와 외부 도체에는 각각 크기가 같고 방향이 반대인 전류가 흐른다.

진한 띠로 나누고, 이 진한 띠를 통과하는 자기선속을 계산한다.

$$d\Phi_B = B\,dA = B\ell\,dr$$

자기장을 대입하고 연한 금색 직사각형 전체에 대해 적분한다.

$$\Phi_B = \int_a^b \frac{\mu_0 I}{2\pi r} \ell\, dr = \frac{\mu_0 I \ell}{2\pi} \int_a^b \frac{dr}{r} = \frac{\mu_0 I \ell}{2\pi} \ln\left(\frac{b}{a}\right)$$

식 23.11을 이용해서 도선의 유도 계수를 구한다.

$$L = \frac{\Phi_B}{I} = \boxed{\frac{\mu_0 \ell}{2\pi} \ln\left(\frac{b}{a}\right)}$$

결론 유도 계수는 ℓ 및 b가 클수록, a가 작을수록 증가한다. 이 결과는 자기장이 통과하는 지름 방향의 면으로 나타낸 회로의 크기가 증가하면, 자체 유도 계수가 증가한다는 앞의 개념과 일치한다.

23.8 | 교류 전원 AC Sources

교류 회로는 회로 요소와 교류 전압 Δv를 제공하는 전원으로 이루어진다. 전원으로부터 시간에 따라 변하는 전압은 다음과 같이 표현된다.

$$\Delta v = \Delta V_{max} \sin \omega t$$

여기서 ΔV_{max}는 전원의 최대 출력 전압 또는 **전압 진폭**(voltage amplitude)이다. 23.2절에 언급한 것처럼 발전기와 전기 진동자를 포함해서 교류 전원에는 여러 가지가 있다. 가정에서 전기 콘센트는 교류 전원의 역할을 한다. 교류 전원의 출력 전압이 시간에 대해 사인 함수로 변하기 때문에, 전압은 그림 23.31처럼 반 사이클 동안 양(+)의 값이고 그 다음 반 사이클 동안은 음(−)의 값을 가진다. 마찬가지로 교류 전원이 공급된 회로에서, 전류도 시간에 따라 사인형으로 변하는 교류이다.

식 12.12로부터 교류 전압의 각주파수는 다음과 같다.

$$\omega = 2\pi f = \frac{2\pi}{T}$$

여기서 f는 전원의 주파수이고 T는 주기이다. 전원은 전기 콘센트와 연결된 회로에 흐르는 전류의 주파수를 결정한다. 한국과 미국 발전소는 60.0 Hz의 주파수를 사용한다. 이 값은 377 rad/s의 각주파수에 해당된다.

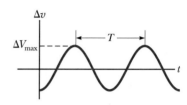

그림 23.31 교류 전원에 의해 공급된 주기 T인 사인형 전압

23.9 | 교류 회로에서의 저항기 Resistors in an AC Circuit

그림 23.32에서 보듯이 저항기와 교류 전원(─⊗─)으로 구성된 교류 회로를 생각해 보자. 어느 순간에 한 회로에서 닫힌 회로를 따라 한 바퀴 돌 때, 전압(전위차)의 대수합은 영이다(키르히호프의 고리 법칙). 그러므로 $\Delta v - \Delta v_R = 0$이고, 저항기 양단의 전압에 대해 식 21.6을 이용하면 다음을 얻는다.*

$$\Delta v - i_R R = 0$$

이 식을 정리해서 Δv에 $\Delta V_{max} \sin \omega t$를 대입하면, 저항기에 흐르는 순간 전류는 다음과 같다.

$$i_R = \frac{\Delta v}{R} = \frac{\Delta V_{max}}{R} \sin \omega t = I_{max} \sin \omega t \qquad \textbf{23.23}$$

여기서 I_{max}는 최대 전류이다.

$$I_{max} = \frac{\Delta V_{max}}{R} \qquad \textbf{23.24}$$

그림 23.32 교류 전원(─⊗─)에 연결된 저항 R인 저항기로 구성된 회로

$\Delta v = \Delta V_{max} \sin \omega t$

▶ 저항기에 흐르는 최대 전류

---

* 저항기 양단의 전위차 또는 전압을 말할 때 $-i_R R$을 뜻할 경우도 있고, 전압 강하의 크기 $i_R R$을 뜻할 때도 있다. 이 절과 다음 23.12절까지에서는 키르히호프의 법칙을 적용할 때 음(−)의 부호를 뺀 양을 회로 요소 양단의 전압이라 하고 있다: 역자주

그림 23.33 (a) 시간의 함수로 나타낸 저항기에 흐르는 순간 전류 i_R과 저항기 양단에 걸린 순간 전압 Δv_R의 그래프. 시간 $t = T$일 때 시간에 따라 변하는 전압과 전류의 한 주기가 완성된다. (b) 전류가 전압과 같은 위상에 있음을 보여 주는 저항 회로의 위상자 도표

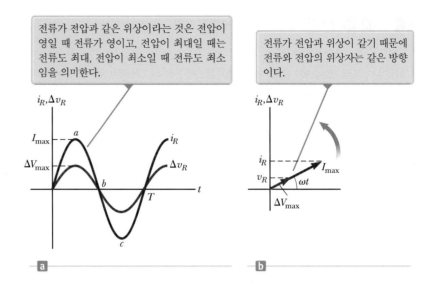

전류가 전압과 같은 위상이라는 것은 전압이 영일 때 전류가 영이고, 전압이 최대일 때는 전류도 최대, 전압이 최소일 때 전류도 최소임을 의미한다.

전류가 전압과 위상이 같기 때문에 전류와 전압의 위상자는 같은 방향이다.

식 23.23으로부터 저항기 양단의 순간 전압은 다음과 같음을 알 수 있다.

▶ **저항기 양단의 전압**

$$\Delta v_R = i_R R = I_{\max} R \sin \omega t \qquad \textbf{23.25}$$

그림 23.33a는 이 회로의 시간에 대한 전압과 전류의 그래프이다. 점 a에서 전류는 양(+)의 방향으로 최댓값을 갖는다. 점 a와 b 사이에서 전류 크기는 감소하지만 여전히 양(+)의 방향에 있다. b에서 전류는 순간적으로 영이고, b와 c 사이에서 음(−)의 방향으로 증가한다. c에서 전류는 음(−)의 방향으로 최대 크기에 도달한다.

전류와 전압은 시간에 따라 똑같이 변하기 때문에 서로 방향이 일치한다. 그림 23.33a에서 보듯이 i_R과 Δv_R 모두 $\sin \omega t$로 변하고, 같은 시간에 최댓값에 도달하기 때문에 **위상이 같다**(in phase)라고 한다. 14장의 파동 운동에서 배웠듯이 두 개의 파동이 같은 위상일 수 있는 것과 유사하다. 그러므로 사인형의 전압이 걸릴 때, 저항기에 흐르는 전류는 저항기 양단에 걸린 전압과 항상 같은 위상에 있다. 교류 회로 내의 저항기에 대해 배워야 할 새로운 개념은 없다. 저항기는 본질적으로 직류와 교류 회로에서 같은 방식으로 작동한다. 그러나 축전기와 인덕터의 경우는 이와 같지 않다.

두 개 이상의 구성 요소를 가진 회로의 분석을 간단히 하기 위해 **위상자 도표**라 하는 그림 표현을 사용한다. **위상자**(phasor)는 벡터이고, 그 길이는 나타내고자 하는 변수의 최댓값에 비례한다(현재 논의에서는 전압에 대해 $\Delta V_{\max}$이고 전류에 대해서는 $I_{\max}$). 위상자는 그 변수에 관계되는 각주파수와 같은 각속력으로 반시계 방향으로 회전한다. 위상자를 수직축에 투영하면 위상이 나타내는 순간값을 얻게 된다.

그림 23.33b는 어떤 순간에 그림 23.32의 회로에 대한 전압과 전류의 위상자를 보여 준다. 위상자 화살을 세로축에 투영하면 그 길이는 가로축과 위상자 사이의 각에 대한 사인 함수로 결정된다. 예를 들면 그림 23.33b에서 전류 위상자의 투영은 $I_{\max} \sin \omega t$이다. 이것은 식 23.23과 같은 표현이다. 그러므로 위상자의 투영은 시간에 따라 사인형으로 변하는 전류값을 나타낸다. 시간에 따라 변하는 전압에 대해서도 동일하게 적용할 수 있다. 이런 접근의 장점은 교류 회로에서 전류와 전압 사이의 위

상 관계를 구할 때 1장의 벡터합을 이용해서 위상자들의 벡터합을 얻는 방법이 편리하기 때문이다.

단일 닫힌 회로로 구성된 그림 23.32의 저항 회로의 경우, 전류와 전압의 위상자는 그림 23.33b에서 보듯이 i_R과 Δv_R은 같은 위상이기 때문에 같은 선상에 놓인다. 축전기와 인덕터를 포함하는 회로에서 전류와 전압은 다른 위상 관계를 가진다.

퀴즈 23.10 그림 23.34에 있는 세 순간에서의 전압 위상자를 살펴보자. **(i)** 순간 전압의 값이 가장 큰 것은 어느 것인가? **(ii)** 순간 전압의 값이 가장 작은 것은 어느 것인가?

a
b
c

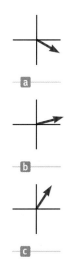

그림 23.34 (퀴즈 23.10) 세 순간에서 전압 위상자

그림 23.32의 간단한 저항 회로의 경우 한 주기에 대한 전류의 평균값은 영이다. 즉 전류는 동일한 시간 동안 양(+)의 방향으로 유지되고, 같은 크기만큼의 전류가 음(−)의 방향으로도 유지되기 때문이다. 그러나 전류의 방향은 저항기의 거동에 영향을 주지 못한다. 저항기 내의 원자와 전자들의 충돌로 인해 저항기의 온도가 상승되는 것을 인식하면, 이 개념을 이해할 수 있다. 이런 온도 증가는 전류의 크기에 의존하지만 전류의 방향과는 무관하다.

에너지가 저항기로 전달되는 비율은 전력 $P = i^2R$임을 상기함으로써 이를 정량적으로 나타낼 수 있다. 여기서 i는 저항기에 흐르는 순간 전류이다. 이 전력은 전류의 제곱에 비례하기 때문에 전류가 직류인지 교류인지, 즉 전류의 부호가 양인지 음인지는 중요하지 않다. 그러나 최댓값 I_{max}를 가지는 교류 전류에 의해 발생한 온도 증가는 직류 전류 I_{max}에 의해 발생한 온도 증가와는 다르다. 왜냐하면 교류 전류는 한 주기 동안 어느 한 순간에서만 최댓값을 가지기 때문이다(그림 23.35a). 교류 회로에서 가장 중요한 것은 **rms 전류**(rms current)라고 하는 전류의 평균값이다. 16.5절에서 배웠듯이 rms는 **제곱-평균-제곱근**(root-mean-square)을 나타내며, 이 경우에는 전류의 제곱-평균-제곱근을 의미한다. 즉 $I_{\text{rms}} = \sqrt{(i^2)_{\text{avg}}}$이다. i^2이 $\sin^2\omega t$에 비례해서 i^2의 시간에 대한 평균값은 $\frac{1}{2}I_{\text{max}}^2$이 되기 때문에, rms 전류는 다음과 같다(그림 23.35b).

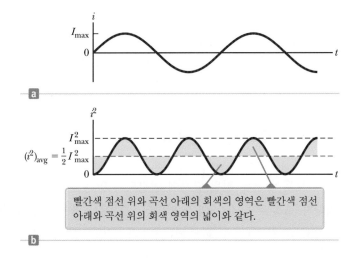

i
I_{max}
0
t
a
i^2
I_{max}^2
$(i^2)_{\text{avg}} = \frac{1}{2}I_{\text{max}}^2$
0
t
빨간색 점선 위와 곡선 아래의 회색의 영역은 빨간색 점선 아래와 곡선 위의 회색 영역의 넓이와 같다.
b

그림 23.35 (a) 시간의 함수로 나타낸 저항기에 흐르는 전류의 그래프 (b) 시간의 함수로 나타낸 저항기에 흐르는 전류 제곱의 그래프. 빨간색 점선은 $I_{\text{max}}^2\sin^2\omega t$의 평균값이다. 일반적으로 한 주기에 대한 $\sin^2\omega t$ 또는 $\cos^2\omega t$의 평균값은 1/2이다.

▶ rms 전류

$$I_{rms} = \frac{I_{max}}{\sqrt{2}} = 0.707 I_{max}$$ 　　23.26

이 식은 최댓값이 2.00 A인 교류 전류가 (0.707)(2.00 A) = 1.41 A의 값을 가지는 직류 전류와 같은 전력을 저항기에 공급함을 의미한다. 그러므로 교류가 흐르는 저항기에 공급되는 평균 전력은 다음과 같다.

▶ 저항기에 공급되는 평균 전력

$$P_{avg} = I_{rms}^2 R$$

교류 전압도 또한 rms 전압 형태로 주로 표현된다. 그 관계식은 전류에 대해서와 동일하다.

▶ rms 전압

$$\Delta V_{rms} = \frac{\Delta V_{max}}{\sqrt{2}} = 0.707 \, \Delta V_{max}$$ 　　23.27

전기 콘센트로부터 120 V 교류 전압을 측정한다고 말할 때, 120 V rms 전압을 의미한다. 식 23.27을 사용해서 구하면 교류 전압이 약 170 V의 최댓값을 가짐을 알 수 있다. 이 장에서 교류 전류와 교류 전압을 논의할 때 rms 값을 사용하는 이유는, 교류 전류계와 전압계가 rms 값을 읽도록 만들어졌기 때문이다. 더욱이 rms 값을 사용하면 우리가 사용하는 많은 식들이 직류 전류일 때의 대응되는 식들과 동등한 형태를 가진다.

◤ 예제 23.10 | rms 전류는 얼마인가?

교류 전원의 전압 출력이 $\Delta v = (200 \text{ V}) \sin \omega t$로 주어진다. 이 전원에 100 Ω의 저항기가 연결되어 있을 때 회로 내에 흐르는 rms 전류를 구하라.

풀이

개념화 그림 23.32는 이 문제에 대한 물리적 상태를 보여 준다.

분류 이 절에서 논의한 식으로부터 전류를 계산할 수 있으므로 예제를 대입 문제로 분류한다.

전압 출력에 대한 이 식과 일반적인 형태 $\Delta v = \Delta V_{max} \sin \omega t$를 비교함으로써 $\Delta V_{max} = 200$ V임을 알 수 있다. 식 23.27로

부터 rms 전압을 계산한다.

$$\Delta V_{rms} = \frac{\Delta V_{max}}{\sqrt{2}} = \frac{200 \text{ V}}{\sqrt{2}} = 141 \text{ V}$$

rms 전류를 구한다.

$$I_{rms} = \frac{\Delta V_{rms}}{R} = \frac{141 \text{ V}}{100 \, \Omega} = \boxed{1.41 \text{ A}}$$

◤ **23.10** | 교류 회로에서의 인덕터 Inductors in an AC Circuit

그림 23.36에서 보듯이 교류 전원 단자에 연결되어 있는 인덕터만으로 구성된 교류 회로를 고려하자. $\Delta v_L = L(di_L / dt)$가 인덕터 양단에서 자체 유도된 순간 전압이기 때문에(식 23.10 참조), 이 회로에 키르히호프의 고리 법칙을 적용하면

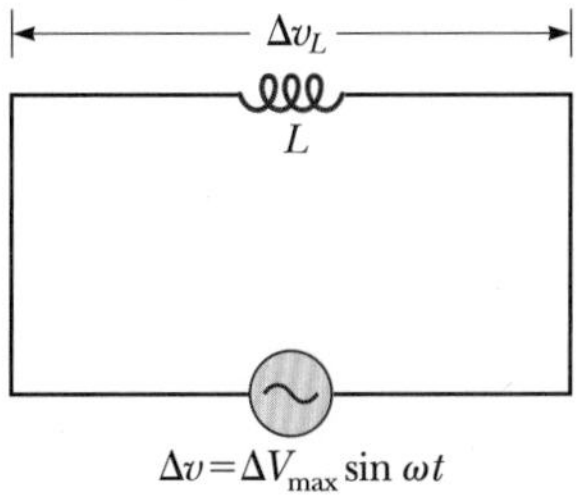

$\Delta v - \Delta v_L = 0$ 또는

$$\Delta v - L \frac{di_L}{dt} = 0$$

이 된다. Δv에 $\Delta V_{max} \sin \omega t$를 대입해서 정리하면 다음을 얻는다.

$$\Delta v = L \frac{di_L}{dt} = \Delta V_{max} \sin \omega t \qquad \text{23.28}$$

이 식을 di_L에 대해 풀면 다음을 구할 수 있다.

$$di_L = \frac{\Delta V_{max}}{L} \sin \omega t \, dt$$

위의 식을 적분하면[1] 인덕터 내에 흐르는 순간 전류 i_L은 시간의 함수로 다음과 같이 된다.

$$i_L = \frac{\Delta V_{max}}{L} \int \sin \omega t \, dt = -\frac{\Delta V_{max}}{\omega L} \cos \omega t \qquad \text{23.29}$$

삼각 함수 항등식 $\cos \omega t = -\sin(\omega t - \pi/2)$를 사용하면, 식 23.29를 다음과 같이 나타낼 수 있다.

$$i_L = \frac{\Delta V_{max}}{\omega L} \sin\left(\omega t - \frac{\pi}{2}\right) \qquad \text{23.30}$$

▶ 인덕터에 흐르는 전류

이 결과를 식 23.28과 비교하면 인덕터에 흐르는 순간 전류 i_L과 인덕터 양단에 걸린 순간 전압 Δv_L은 위상이 $(\pi/2)$rad $= 90°$만큼 차이가 남을 알 수 있다.

그림 23.37a에 시간에 대한 전압과 전류의 그래프가 있다. 인덕터에 흐르는 전류 i_L이 최댓값을 가질 때(그림 23.37a에서 점 b), 순간적으로 변하지 않으므로 양단에 걸린 전압이 영이 된다(점 d). 점 a와 e에서 전류는 영이고 전류의 변화율은 최대가 된다. 그러므로 인덕터 양단에 걸린 전압 또한 최대가 된다(점 c와 f). 전압은 전류가 최댓값에 도달하기 전 1/4 주기에서 최댓값에 도달한다. 그러므로 사인형 전압에 의해 인덕터에 흐르는 전류는 항상 인덕터 양단에 걸린 전압보다 90°(시간적으로는 4

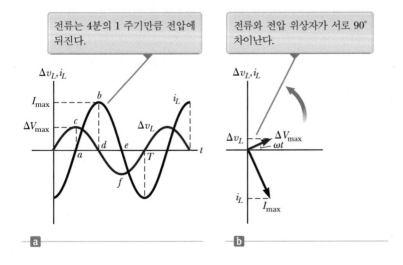

그림 23.36 교류 전원에 연결된 유도 계수 L인 인덕터로 구성된 회로

그림 23.37 (a) 시간의 함수로 표현한 인덕터 양단의 순간 전류 i_L과 순간 전압 Δv_L의 그래프 (b) 인덕터 회로에 대한 위상자 도표

---

[1] 여기서 적분 상수는 이 경우에 중요하지 않은 처음 조건에 의존하기 때문에 이를 무시한다.

분의 1 주기) 만큼 뒤진다.

그림 23.37b에서 보듯이, 저항기에 대한 전류와 전압 사이의 관계에서와 같이 인덕터에 대한 관계를 위상자 도표로 표시할 수 있다. 위상자가 서로 90°를 이루면, 이는 전류와 전압 사이에 90° 만큼 위상차가 있음을 나타낸다.

식 23.29로부터 인덕터 회로에 흐르는 전류는 $\cos\omega t = \pm 1$일 때 최댓값에 도달함을 알 수 있다.

▶ 인덕터에 흐르는 최대 전류

$$I_{max} = \frac{\Delta V_{max}}{\omega L} \qquad 23.31$$

이 식은 직류 회로($I = \Delta V/R$, 식 21.6)에서 전류, 전압, 저항 사이의 관계와 유사하다. I_{max}는 암페어 단위, ΔV_{max}는 볼트 단위이기 때문에 ωL은 옴 단위여야 한다. 그러므로 ωL은 저항과 같은 단위를 가지고, 저항과 같은 방식으로 전류와 전압의 관계를 맺어준다. 그것은 전하의 흐름에 저항한다는 의미에서 저항과 유사한 방식으로 거동한다. 그러나 ωL은 각주파수 ω에 의존하기 때문에, 인덕터가 전류에 저항하는 정도는 주파수에 의존한다. 이런 이유 때문에 ωL을 **유도 리액턴스**(inductive reactance) X_L이라고 정의한다.

▶ 유도 리액턴스

$$\boxed{X_L \equiv \omega L} \qquad 23.32$$

그러므로 식 23.31을 다음과 같이 쓸 수 있다.

$$\boxed{I_{max} = \frac{\Delta V_{max}}{X_L}} \qquad 23.33$$

인덕터에 흐르는 rms 전류에 대한 식은 I_{max}를 I_{rms}로 그리고 ΔV_{max}를 ΔV_{rms}로 대체하면, 식 23.33과 유사하다.

식 23.32는 가해진 전압에 대해 주파수가 증가함에 따라 유도 리액턴스가 증가함을 나타낸다. 이것은 인덕터에 흐르는 전류의 변화가 크면 클수록 역기전력이 더 커지는 패러데이의 법칙과 일치한다. 더 큰 역기전력은 리액턴스를 증가시키고 전류를 감소시킨다.

식 23.28과 23.33을 사용해서 인덕터 양단에 걸린 순간 전압을 다음과 같이 구할 수 있다.

▶ 인덕터 양단에 걸린 전압

$$\Delta v_L = L\frac{di_L}{dt} = \Delta V_{max}\sin\omega t = I_{max}X_L\sin\omega t \qquad 23.34$$

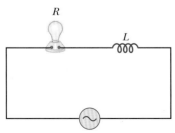

그림 23.38 (퀴즈 23.11) 어떤 주파수에서 전구가 가장 밝게 빛나는가?

▌ **퀴즈 23.11** 그림 23.38의 교류 회로를 살펴보자. 전압 진폭이 일정하게 유지되면서 교류 전원의 주파수가 변동된다. 언제 전구가 가장 밝게 빛나는가? **(a)** 전구는 높은 주파수에서 밝게 빛난다. **(b)** 전구는 낮은 주파수에서 밝게 빛난다. **(c)** 전구의 밝기는 모든 주파수에서 동일하다.

예제 23.11 | 순수한 유도성 교류 회로

순수한 유도성 교류 회로에서 $L = 25.0$ mH 이고 rms 전압이 150 V이다. 주파수가 60.0 Hz일 때 유도 리액턴스와 회로에 흐르는 rms 전류를 계산하라.

풀이

개념화 그림 23.36은 이 예제에 대한 물리적 상태를 보여 준다. 인가 전압의 주파수가 증가하면, 유도 리액턴스가 증가함을 기억하라.

분류 이 절에서 논의한 식으로부터 리액턴스와 전류를 계산할 수 있으므로 예제를 대입 문제로 분류한다.

식 23.32를 이용해서 유도 리액턴스를 구한다.

$$X_L = \omega L = 2\pi f L = 2\pi (60.0 \text{ Hz})(25.0 \times 10^{-3} \text{ H})$$
$$= 9.42 \ \Omega$$

rms 형태의 식 23.33으로부터 rms 전류를 구한다.

$$I_{rms} = \frac{\Delta V_{rms}}{X_L} = \frac{150 \text{ V}}{9.42 \ \Omega} = \boxed{15.9 \text{ A}}$$

문제 주파수가 6.00 kHz로 증가하면 회로에 흐르는 rms 전류는 어떻게 되는가?

답 주파수가 증가하면 전류가 더 높은 비율로 변하기 때문에, 유도 리액턴스는 증가한다. 유도 리액턴스가 증가하면 전류는 감소한다.

새로운 유도 리액턴스와 새로운 rms 전류를 계산하자.

$$X_L = 2\pi (6.00 \times 10^3 \text{ Hz})(25.0 \times 10^{-3} \text{ H}) = 942 \ \Omega$$

$$I_{rms} = \frac{150 \text{ V}}{942 \ \Omega} = 0.159 \text{ A}$$

23.11 | 교류 회로에서의 축전기 Capacitors in an AC Circuit

그림 23.39는 교류 전원의 양단에 연결된 축전기로 구성된 교류 회로를 보여 준다. 이 회로에 키르히호프의 고리 법칙을 적용하면 $\Delta v - \Delta v_C = 0$ 또는 다음과 같이 된다.

$$\Delta v - \frac{q}{C} = 0 \qquad \textbf{23.35}$$

Δv에 $\Delta V_{max} \sin \omega t$를 대입해서 정리하면 다음을 얻는다.

$$q = C \Delta V_{max} \sin \omega t \qquad \textbf{23.36}$$

여기서 q는 축전기의 순간 전하이다. 식 23.36을 시간에 대해 미분함으로써 회로에서 순간 전류를 얻는다.

$$i_C = \frac{dq}{dt} = \omega C \Delta V_{max} \cos \omega t \qquad \textbf{23.37}$$

삼각 함수의 항등식

$$\cos \omega t = \sin\left(\omega t + \frac{\pi}{2}\right)$$

를 이용하면, 식 23.37을 다음과 같은 형태로 나타낼 수 있다.

$$i_C = \omega C \Delta V_{max} \sin\left(\omega t + \frac{\pi}{2}\right) \qquad \textbf{23.38} \qquad \blacktriangleright \text{ 축전기에 흐르는 전류}$$

앞의 식과 $\Delta v = \Delta V_{max} \sin \omega t$를 비교하면 전류가 축전기 양단의 전압과 위상이

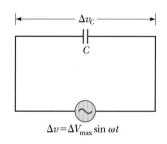

그림 23.39 전기용량이 C인 축전기가 AC 전원에 연결되어 있는 회로

그림 23.40 (a) 시간의 함수로 표현된 축전기에 흐르는 순간 전류 i_C와 양단에 걸린 순간 전압 Δv_C (b) 축전기 회로에 대한 위상자 도표

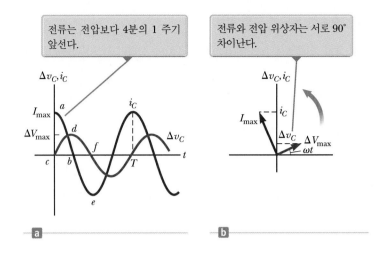

$\pi/2\,\text{rad} = 90°$ 차이남을 알 수 있다. 시간에 대한 전류와 전압의 그래프(그림 23.40a)는 전류가 전압이 최댓값에 도달하기 전보다 1/4 주기 먼저 최댓값에 도달함을 보여 준다.

좀 더 구체적으로 전류가 영이 되는 점 b를 고려해 보자. 이것은 축전기가 최대 전하량에 도달할 때 발생한다. 그러므로 축전기 양단의 전압은 최대이다(점 d). 점 a와 e에서 전류는 최대이다. 이것은 축전기에서 전하량이 영이 되고 반대의 극성으로 전하가 충전되려는 순간에 발생한다. 전하량이 영이기 때문에 축전기 양단의 전압은 영이다(점 c와 f).

인덕터에서처럼 축전기에 대한 전류와 전압을 위상자 도표에서 나타낼 수 있다. 그림 23.40b에서 위상자 도표는 사인형 전압에 대해 전류는 항상 축전기 양단의 전압보다 90° 앞섬을 보여 준다.

식 23.37로부터 회로에 흐르는 전류는 $\cos \omega t = \pm 1$일 때 그 크기가 최댓값에 도달한다.

$$I_{max} = \omega C \Delta V_{max} = \frac{\Delta V_{max}}{(1/\omega C)} \qquad 23.39$$

이것은 옴의 법칙인 식 21.6과 유사하다. 그러므로 분모는 저항의 역할을 하고 단위는 옴이다. $1/\omega C$를 기호 X_C로 표현한다. X_C는 주파수에 따라 변하며, 이것을 **용량 리액턴스**(capacitive reactance)라 부른다.

▶ 용량 리액턴스

$$X_C \equiv \frac{1}{\omega C} \qquad 23.40$$

식 23.39를 다음과 같이 쓸 수 있다.

▶ 축전기에 흐르는 최대 전류

$$I_{max} = \frac{\Delta V_{max}}{X_C} \qquad 23.41$$

I_{max}를 rms 전류인 I_{rms}로 그리고 ΔV_{max}를 ΔV_{rms}로 대체함으로써, 식 23.41과 유사한 표현을 얻을 수 있다.

식 23.41을 이용해서 축전기 양단의 순간 전압을 다음과 같이 표현할 수 있다.

$$\Delta v_C = \Delta V_{max} \sin \omega t = I_{max} X_C \sin \omega t \qquad \textbf{23.42}$$

▶ 축전기 양단의 전압

식 23.40과 23.41은 전압 전원의 주파수가 증가할 때, 용량 리액턴스는 감소하므로 최대 전류는 증가함을 나타낸다. 전류의 주파수는 회로를 구동시키는 전압 전원의 주파수에 따라 결정된다. 주파수가 영에 가까워질 때 용량 리액턴스는 무한대에 접근하고, 따라서 전류는 영에 도달한다. 이것은 ω가 영인 회로는 직류 전류가 흐르는 회로이기 때문에 타당한 것이며, 그 축전기는 열린 회로임을 나타낸다.

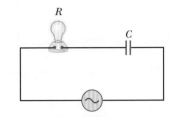

그림 23.41 (퀴즈 23.12)

▌**퀴즈 23.12** 그림 23.41의 교류 회로를 살펴보자. 전압 진폭이 일정하게 유지되면서 교류 전원의 주파수가 변동된다. 언제 전구가 가장 밝게 빛나는가? (**a**) 전구는 높은 주파수에서 밝게 빛난다. (**b**) 전구는 낮은 주파수에서 밝게 빛난다. (**c**) 전구의 밝기는 모든 주파수에서 동일하다.

▌**퀴즈 23.13** 그림 23.42의 교류 회로를 살펴보자. 전압 진폭이 일정하게 유지되면서 교류 전원의 주파수가 변동된다. 언제 전구가 가장 밝게 빛나는가? (**a**) 전구는 높은 주파수에서 밝게 빛난다. (**b**) 전구는 낮은 주파수에서 밝게 빛난다. (**c**) 전구의 밝기는 모든 주파수에서 동일하다.

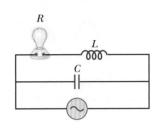

그림 23.42 (퀴즈 23.13)

▌**예제 23.12 | 순수한 용량성 교류 회로**

8.00 μF인 축전기가 rms 전압이 150 V이고 60.0 Hz의 교류 전원에 연결되어 있다. 회로에서 용량 리액턴스와 rms 전류를 구하라.

풀이

개념화 그림 23.39는 이 예제에 대한 물리적 상태를 보여 준다. 인가 전압의 주파수가 증가하면, 용량 리액턴스가 감소함을 기억하라.

분류 이 절에서 논의한 식으로부터 리액턴스와 전류를 계산할 수 있으므로 예제를 대입 문제로 분류한다.
식 23.40을 이용해서 용량 리액턴스를 구한다.

$$X_C = \frac{1}{\omega C} = \frac{1}{2\pi f C}$$

$$= \frac{1}{2\pi(60.0\,\text{Hz})(8.00 \times 10^{-6}\,\text{F})} = 332\,\Omega$$

rms 형태의 식 23.41을 이용해서 rms 전류를 구한다.

$$I_{rms} = \frac{\Delta V_{rms}}{X_C} = \frac{150\,\text{V}}{332\,\Omega} = \boxed{0.452\,\text{A}}$$

문제 주파수가 두 배가 된다면 회로에 흐르는 rms 전류는 어떻게 되는가?

답 주파수가 증가하면 인덕터의 경우와는 반대로 용량 리액턴스는 감소한다. 용량 리액턴스가 감소하면 전류는 증가한다. 새로운 용량 리액턴스와 새로운 rms 전류를 계산하자.

$$X_C = \frac{1}{\omega C} = \frac{1}{2\pi(120\,\text{Hz})(8.00 \times 10^{-6}\,\text{F})} = 166\,\Omega$$

$$I_{rms} = \frac{150\,\text{V}}{166\,\Omega} = 0.904\,\text{A}$$

⎣ **23.12** | *RLC* **직렬 회로** The RLC Series Circuit

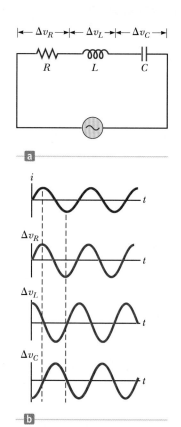

그림 23.43 (a) 교류 전원에 연결된 저항기, 인덕터와 축전기로 구성된 직류 회로 (b) 직렬 *RLC* 회로에서 전류와 전압 사이의 위상 관계

앞의 절들에서 교류 전원에 연결한 개별적인 회로 요소들을 고려했다. 그림 23.43a는 교류 전압 전원에 직렬로 연결된 저항기, 인덕터 그리고 축전기로 구성된 회로 요소들의 조합을 보여 준다. 순간 전압이 앞에서와 같이 시간에 따라 사인형으로 변한다고 가정하자. 즉

$$\Delta v = \Delta V_{\max} \sin(\omega t + \phi)$$

로 주어지고 전류가

$$i = I_{\max} \sin \omega t$$

로 변한다고 하고 논의를 계속한다. 여기서 ϕ는 전류와 전압 사이의 **위상각**(phase angle)이다. 23.10절과 23.11절에서 위상에 대한 설명에 기초하면, *RLC* 회로에서 전류는 일반적으로 전압과 같은 위상에 있지는 않을 것으로 예상된다. 우리의 목적은 ϕ와 $I_{\max}$를 결정하는 것이다. 그림 23.43b는 회로의 각 요소의 양단에서 시간 대 전압과, 이들의 전류에 대한 위상 관계를 보여 준다.

우선 요소들이 직렬로 연결되어 있기 때문에, 회로 내의 모든 곳에 흐르는 전류는 어느 순간에나 같아야 한다. 즉 전류는 직렬 교류 회로의 모든 점에서 같은 진폭과 위상을 가진다. 이전 절에서 각 요소의 양단 전압이 다른 진폭과 위상을 가짐을 알았다. 특히 저항기 양단의 전압은 전류와 같은 위상이다. 인덕터 양단의 전압은 90°만큼 전류를 앞서고, 축전기 양단의 전압은 전류에 90° 뒤진다. 이 위상 관계를 이용함으로써 세 가지 회로 요소 양단의 순간 전압을 다음과 같이 나타낼 수 있다.

$$\Delta v_R = I_{\max} R \sin \omega t = \Delta V_R \sin \omega t \qquad \textbf{23.43}$$

$$\Delta v_L = I_{\max} X_L \sin\left(\omega t + \frac{\pi}{2}\right) = \Delta V_L \cos \omega t \qquad \textbf{23.44}$$

$$\Delta v_C = I_{\max} X_C \sin\left(\omega t - \frac{\pi}{2}\right) = -\Delta V_C \cos \omega t \qquad \textbf{23.45}$$

이들 세 전압의 합은 교류 전원 전압과 같아야 한다. 하지만 세 전압은 전류에 대해 다른 위상 관계를 가지기 때문에, 직접적인 대수 합을 구할 수는 없다. 그림 23.44는 세 요소의 전류가 순간적으로 영이 되는 점에서의 위상자를 나타낸다. 영의 전류는

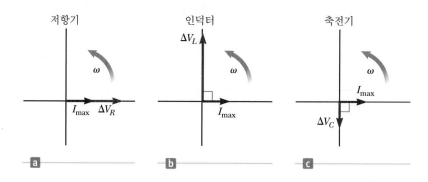

그림 23.44 회로에 직렬로 연결된 (a) 저항기, (b) 인덕터, (c) 축전기에 대한 전압과 전류 위상자 사이의 위상 관계

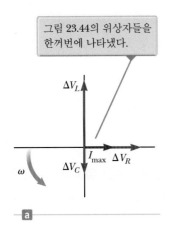

> 그림 23.44의 위상자들을 한꺼번에 나타냈다.

ΔV_L

I_{max} ΔV_R

ΔV_C

ω

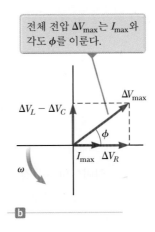

> 전체 전압 ΔV_{max}는 I_{max}와 각도 ϕ를 이룬다.

ΔV_{max}

$\Delta V_L - \Delta V_C$

ϕ

I_{max} ΔV_R

ω

a

b

그림 23.45 (a) 그림 23.43a에 나타낸 직렬 *RLC* 회로에 대한 위상자 도표 (b) 유도 계수와 전기용량 위상자를 먼저 합친 후 저항 위상자에 벡터적으로 합한다.

그림의 각 부분에서 가로축을 따라 전류 위상자로 나타냈다. 다음에 전압 위상자는 각 요소의 전류에 적합한 위상각으로 그려져 있다.

위상자들은 회전 벡터이기 때문에, 그림 23.44의 전압 위상자는 벡터합을 이용해서 그림 23.45처럼 합칠 수 있다. 그림 23.45a에서 그림 23.44의 전압 위상자를 같은 좌표축에 함께 그렸다. 그림 23.45b는 전압 위상자의 벡터합을 보여 준다. 전압 위상자 ΔV_L과 ΔV_C는 동일 선상에 반대 방향으로 놓여 있어서, 위상자 ΔV_R에 수직인 위상자의 차 $\Delta V_L - \Delta V_C$를 그릴 수 있다. 전압 진폭 ΔV_R, ΔV_L, ΔV_C의 벡터합이 최대 전압 ΔV_{max}인 위상자의 길이와 같음을 알 수 있고, 전류 위상자 I_{max}와 ϕ의 각도를 이룬다. 그림 23.45b의 직각 삼각형으로부터 다음을 알 수 있다.

$$\Delta V_{max} = \sqrt{\Delta V_R^{\ 2} + (\Delta V_L - \Delta V_C)^2} = \sqrt{(I_{max}R)^2 + (I_{max}X_L - I_{max}X_C)^2}$$

$$\Delta V_{max} = I_{max}\sqrt{R^2 + (X_L - X_C)^2}$$

그러므로 최대 전류를 다음과 같이 나타낼 수 있다.

$$I_{max} = \frac{\Delta V_{max}}{\sqrt{R^2 + (X_L - X_C)^2}} \qquad \textbf{23.46}$$

▶ *RLC* 회로에서 최대 전류

이 식은 식 21.6과 같은 수학적 형태를 가진다. 분모는 저항과 같은 역할을 하므로, 회로의 **임피던스**(impedance) Z라 한다.

$$Z \equiv \sqrt{R^2 + (X_L - X_C)^2} \qquad \textbf{23.47}$$

여기서 임피던스 또한 옴 단위이다. 그러면 식 23.46을 다음과 같이 나타낼 수 있다.

$$I_{max} = \frac{\Delta V_{max}}{Z} \qquad \textbf{23.48}$$

식 23.48은 식 21.6에 대응하는 교류에 대한 식이다. 교류 회로에서 임피던스와 전류는 저항, 유도 계수, 전기용량과 주파수에 의존한다.

그림 23.45b의 위상자 도표에 있는 직각삼각형으로부터, 전류와 전압 사이의 위상

각 ϕ는 다음과 같음을 알 수 있다.

$$\phi = \tan^{-1}\left(\frac{\Delta V_L - \Delta V_C}{\Delta V_R}\right) = \tan^{-1}\left(\frac{I_{max}X_L - I_{max}X_C}{I_{max}R}\right)$$

$$\phi = \tan^{-1}\left(\frac{X_L - X_C}{R}\right) \qquad \qquad \textbf{23.49}$$

$X_L > X_C$ (고주파수에서 발생)일 때 그림 23.45처럼 위상각은 양수이고, 전류가 걸린 전압에 뒤짐을 의미한다. 이 경우 회로를 유도성이라고 말한다. $X_L < X_C$일 때 위상각은 음수이고, 전류가 전압보다 앞서고 회로를 용량성이라고 말한다. $X_L = X_C$인 경우, 위상각은 영이고 회로는 순수하게 저항만 있다.

▶ **퀴즈 23.14** 그림 23.46a, b, c에 $X_L > X_C$, $X_L = X_C$, $X_L < X_C$를 각각 표시하라.

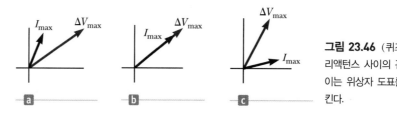

그림 23.46 (퀴즈 23.14) 리액턴스 사이의 관계를 보이는 위상자 도표를 일치시킨다.

▶ **예제 23.13 | 직렬 *RLC* 회로 분석**

직렬 RLC 회로가 $R = 425\,\Omega$, $L = 1.25\,\text{H}$, $C = 3.50\,\mu\text{F}$, $f = 60.0\,\text{Hz}$, $\Delta V_{max} = 150\,\text{V}$를 가진다.

(A) 유도 리액턴스와 용량 리액턴스 그리고 회로의 임피던스를 구하라.

풀이

개념화 그림 23.43a는 이 예제의 회로를 보여준다. 저항기, 인덕터 그리고 축전기로 구성된 회로의 전류는 걸어준 전압에 관해 특정 위상각에서 진동한다.

분류 이 회로는 직렬 RLC 회로이므로 이번 절에서 설명한 방법으로 문제를 풀 수 있다.

분석 각주파수를 구한다.

$$\omega = 2\pi f = 2\pi(60.0\,\text{Hz}) = 377\,\text{s}^{-1}$$

식 23.32를 이용해서 유도 리액턴스를 구한다.

$$X_L = \omega L = (377\,\text{s}^{-1})(1.25\,\text{H}) = \boxed{471\,\Omega}$$

식 23.40을 이용해서 용량 리액턴스를 구한다.

$$X_C = \frac{1}{\omega C} = \frac{1}{(377\,\text{s}^{-1})(3.50 \times 10^{-6}\,\text{F})} = \boxed{758\,\Omega}$$

식 23.47을 이용해서 임피던스를 구한다.

$$Z = \sqrt{R^2 + (X_L - X_C)^2}$$
$$= \sqrt{(425\,\Omega)^2 + (471\,\Omega - 758\,\Omega)^2} = \boxed{513\,\Omega}$$

(B) 회로에 흐르는 최대 전류를 구하라.

풀이

식 23.48을 이용하면 최대 전류는 다음과 같다.

$$I_{max} = \frac{\Delta V_{max}}{Z} = \frac{150\,\text{V}}{513\,\Omega} = \boxed{0.293\,\text{A}}$$

(C) 전류와 전압 사이의 위상각을 구하라.

풀이

식 23.49를 이용하여 위상각을 계산한다.

$$\phi = \tan^{-1}\left(\frac{X_L - X_C}{R}\right) = \tan^{-1}\left(\frac{471\,\Omega - 758\,\Omega}{425\,\Omega}\right) = -34.0°$$

(D) 각 회로 요소 양단의 최대 전압을 구하라.

풀이

식 23.24, 23.33 및 23.41을 이용하면, 최대 전압은 다음과 같다.

$$\Delta V_R = I_{max}\,R = (0.293\,\text{A})(425\,\Omega) = 124\text{ V}$$

$$\Delta V_L = I_{max}\,X_L = (0.293\,\text{A})(471\,\Omega) = 138\text{ V}$$

$$\Delta V_C = I_{max}\,X_C = (0.293\,\text{A})(758\,\Omega) = 222\text{ V}$$

(E) 이 회로를 분석하는 기술자가 어떤 L을 선정하면, 전류가 걸린 전압보다 34.0°가 아니라 30.0° 앞서는지 찾아 보라. 단, 이 회로의 다른 모든 변수는 동일하다.

풀이

식 23.49를 이용해서 유도 리액턴스를 구한다.

$$X_L = X_C + R\tan\phi$$

식 23.32와 식 23.40을 이 식에 대입한다.

$$\omega L = \frac{1}{\omega C} + R\tan\phi$$

L에 대해 푼다.

$$L = \frac{1}{\omega}\left(\frac{1}{\omega C} + R\tan\phi\right)$$

주어진 값들을 대입한다.

$$L = \frac{1}{(377\text{s}^{-1})}\left[\frac{1}{(377\text{s}^{-1})(3.50\times10^{-6}\text{F})} + (425\,\Omega)\tan(-30.0°)\right]$$

$$= 1.36\text{H}$$

결론 용량 리액턴스가 유도 리액턴스보다 더 크기 때문에, 회로는 용량성이다. 이 경우에 위상각 ϕ는 음수이고 전류는 걸어준 전압보다 앞선다.

식 23.43, 23.44 및 23.45를 사용함으로써, 세 요소 양단의 순간 전압을 구하면 다음과 같다.

$$\Delta v_R = (124\text{ V})\sin 377\,t$$

$$\Delta v_L = (138\text{ V})\cos 377\,t$$

$$\Delta v_C = (-222\text{ V})\cos 377\,t$$

문제 만약 세 회로 요소 양단의 최대 전압을 합하면 어떻게 되는가? 이것은 물리적인 의미가 있는가?

답 요소들 양단의 최대 전압의 합은 $\Delta V_R + \Delta V_L + \Delta V_C = 484\text{ V}$ 이다. 이 합은 전원의 최대 전압인 150 V보다 훨씬 크다. 사인형으로 변하는 양을 합할 때 진폭과 위상 두 가지 모두를 고려해야 하기 때문에, 최대 전압의 합은 의미가 없는 양이다. 여러 요소 양단의 최대 전압은 각기 다른 순간에서 발생한다. 즉 그림 23.45에서 보듯이 전압은 다른 위상들을 고려하면서 더해야 한다.

23.13 | 연결 주제: 우울증 치료에 경두개 자기 자극법 이용 BIO

Context Connection: The Use of Transcranial Magnetic Stimulation in Depression

20.7절과 21.9절에서 뉴런의 전기적 특성과 뉴런에서의 활동 전위의 전파를 살펴봤다. 이번 〈연결 주제〉에서는, 신경 사이에서 그리고 신경을 따라 자극의 전파와 밀접하게 관련된 초기 우울증의 새로운 치료법을 알아보고자 한다.

우울증이란 정신 장애인데, 이 병에 걸린 환자들은 자존감 감소, 기분 저하, 슬픔, 예전에는 즐겨하던 일에 대한 흥미 상실과 자살의 충동 가능성 증가를 나타낸다. 이것은 복잡한 장애인데, 그 원인에는 생물학적 조건, 심리학적 영향, 사회적 상호 작용, 약물 사용과 음주 행위, 그리고 유전적인 요소들까지도 포함하는 것처럼 보인다. 우울증을 일으키는 많은 가능한 요인들을 연구한 결과, 어느 개인을 위한 특별한 치료 방법은 환자와의 상세한 상담과 다양한 치료법을 사용하지 않으면 안전하지 않다.

우리의 논의에서, 우울증의 가능한 생물학적 원인에 초점을 맞출 것이다. 하나의 가정은 우울증이 뉴런 사이의 시냅스에서 낮은 수치의 **신경 전달 물질**(특히 세로토닌, 노르에피네프린, 도파민)과 관련된다고 보는 것이다. **세르트랄린**(sertraline) 같은 항우울제는 이 신경 전달 물질의 수치를 높이는 작용을 한다.

다른 치료법에 잘 반응하지 않는 심각한 우울증의 경우 더 많은 논란이 있는 치료법 중의 하나가 **전기 경련 요법**(ECT)인데, 마취 상태에 있는 환자에게 발작을 유도한다. 발작은 환자의 머리 위에 전극을 놓고, 전극들 사이에 펄스 전류를 지나가게 함으로써 유도된다. 인간의 뇌에 대해 이 치료의 효과를 윤리적 이유로 자세히 연구할 수는 없지만, 동물 실험 결과에서는 이 치료법에 의해 새로운 시냅스 형성이 일어났음을 보여 준다. 우울증에서 신경 전달 물질의 역할 때문에, 이 시냅스의 증가가 전기 경련 요법을 시행한 우울증 환자들에서 호전을 보인 근거가 될 수 있다. ECT는 1940년대와 1950년대에 많은 정신 질환자 보호 시설에서 심각하게 정신 장애를 겪고 있는 환자에게 사용됐다. 오늘날, ECT를 주로 사용하는 곳은 정신 병원이다. 정신 장애로 고통 받는 환자들에게 ECT의 사용은 여전히 논란이 되고 있다.

BIO **경두개 자기 자극 치료**

뇌에 전류를 유도하는 더 새로운 방법은 **경두개 자기 자극 치료**(TMS)이다. 이 방법은 부착 전극에 높은 전압을 걸어주지 않고, 대신에 자기 유도를 이용해서 뇌에 전류를 유도한다. 많은 전선 코일이 환자의 두피에 놓인다. 코일에 교류가 흐르면서 진동하는 자기장을 형성하는데, 이 자기장이 뇌의 신경 세포에 전류를 유도한다. 전기 경련 요법과 달리 환자는 발작을 겪지 않고 깨어난다. 그림 23.47은 환자의 머리에 쓰인 뉴로스타(Neurostar TMS) 기계 장치의 코일을 보여 주고 있다. 미국 식약청이 현재 TMS를 일반 치료 과정으로 승인하지 않은 반면에 TMS를 수행하는 특정 뉴로스타 장치는 승인했다.

TMS는 대뇌 운동 피질의 지도 제작에 사용되는데, 이 지도의 목적은 척수 손상, 발작, 운동 신경 질환에서 오는 피해를 알아내기 위해서 일차 대뇌 운동 피질과 다양한 근육 사이의 연결 관계를 측정하는 데 있다. 이 기술에 의해, 자기 코일을 대뇌 운동 피질의 여러 부위로 옮겨가면서 검지, 팔뚝, 이두근, 턱, 다리에서의 근육 반응을 알아낼 수 있다.

코일이 후두부 피질 쪽으로 움직이게 되면, 어떤 환자에

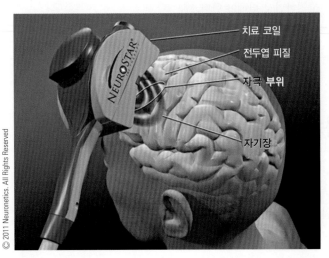

치료 코일
전두엽 피질
자극 부위
자기장

그림 23.47 뉴로스타 TMS 장치의 자기 코일이 환자의 머리 부근에 있다.

게서는 **자기광시증**(magnetophosphenes)이 나타나는데, 이는 눈을 감았을 때도 빛 섬광이 보이는 증상이다. 광시증을 유도하는 가장 쉬운 방법은 감은 눈을 비비는 물리적인 행동에 있다. 머리가 받은 충격에서 생기는 광시증은 이런 외상과 연관이 있는 '별이 보인다'는 문구의 어원이다.

우울증에 TMS를 사용한 것은 거의 최근이다. 그림 23.48은 TMS 장치로 치료받는 환자를 보여 준다. 환자가 의자에 앉으면 TMS 장치의 코일을 머리에 놓는다. 코일에 전원이 들어오면 뇌에 전류를 유도하는데, 10 Hz의 주파수로 켜졌다 꺼졌다 한다. 자기장은 환자의 손가락이 경련을 일으키는 치료 수치에 도달할 때까지 증가된다. 일단 이 수치에 이르면, 환자의 치료 시간은 대략 40분 동안 지속된다. 이 치료는 몇 주간 매일 반복된다.

그림 23.48 뉴로스타 TMS 장치로 환자가 치료받고 있다.

여러 연구에서 우울증 치료에 대한 몇몇 효과가 보고되고 있지만, 효력을 입증하기 위해 더 많은 연구를 수행해야 한다. 효과의 검증에 불리하게 작용하는 요소 중 하나는 실제 치료와 대조적으로 플라시보처럼 사용될 수 있는 위조된 TMS 치료를 규정하는 데 있어서의 어려움이다. 이 치료는 약간의 경부통, 두통, 두피 경련을 일으키는데, 이는 플라시보의 개입으로 재현하기가 어렵다.

연습문제 |

객관식

1. 그림 OQ23.1은 일정한 간격 동안 시간의 함수로 어떤 코일을 통과하는 자기선속을 나타내고 있다. 이 시간 간격 동안 차례로 코일의 반지름이 증가하고, 이후 코일이 1.5번 회전하고, 그 다음 외부 자기장이 꺼진다. 시간 A, B, C, D, E에서 코일의 유도 기전력이 큰 순서대로 나열하라. 기전력이 같을 경우 동일한 순위로 나타내고, 기전력이 영이 되는 시간들도 지적하라.

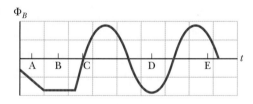

그림 OQ23.1

2. 반지름이 4.0 cm인 원형 도선 고리가 0.060 T인 균일한 자기장 내에 놓여 있다. 고리 평면은 자기장의 방향에 수직이다. 0.50 s 후에 자기장이 반대 방향으로 바뀌어 0.040 T가 된다. 고리에 유도되는 평균 기전력의 크기는 얼마인가?

(a) 0.20 V (b) 0.025 V (c) 5.0 mV (d) 1.0 mV (e) 0.20 mV

3. 인쇄 회로 기판에서의 솔레노이드 인덕터를 설계한다. 무게를 줄이기 위해, 기하학적인 구조는 같게 유지한 채, 감은 수를 반으로 줄인다. 인덕터에 저장된 에너지를 같게 유지하려면, 흐르는 전류는 어떻게 되어야 하는가? (a) 네 배여야 한다. (b) 두 배여야 한다. (c) 같아야 한다. (d) 1/2 배여야 한다. (e) 감은 수를 줄여 전류의 변화를 보상할 수 없다.

4. 가늘고 긴 도선을 감아서 코일의 유도 계수가 5 mH가 되게 한다. 코일을 전지에 연결하고, 수초 후에 전류를 측정한다. 이번에는 도선을 풀어 다르게 감아 코일의 유도 계수가 10 mH가 되게 한다. 이 두 번째 코일을 같은 전지에 연결하고, 같은 방식으로 전류를 측정한다. 첫 번째 코일에서의 전류는 두 번째 코일에서의 전류에 비해 (a) 네 배이다. (b) 두 배이다. (c) 변화 없다. (d) 1/2배이다. (e) 1/4배이다.

5. 사각형 도체 고리가 그림 OQ23.5와 같이 일정한 전류 I가 흐르는 긴 도선 가까이에 놓여 있다. 시간에 따라 전류 I가

감소하면 도체 고리에 유도되는 전류는 어떻게 되는가? (a) 전류의 방향은 도체 고리의 크기에 영향을 받는다. (b) 전류는 시계 방향으로 흐른다. (c) 전류는 반시계 방향으로 흐른다. (d) 전류는 영이다. (e) 추가 정보 없이는 전류에 대해 언급할 수 없다.

그림 OQ23.5

6. 발전기 코일의 회전율을 두 배로 증가시킬 경우 유도 기전력의 진폭은 어떻게 되는가? (a) 네 배로 커진다. (b) 두 배로 커진다. (c) 변화 없다. (d) 절반으로 작아진다. (e) 1/4로 작아진다.

7. 두 솔레노이드 A와 B가 같은 종류의 선과 같은 길이로 감겨 있다. 각 솔레노이드는 축의 길이가 지름에 비해 길다. 솔레노이드 A의 축 길이는 솔레노이드 B의 길이에 비해 두 배 길고, 솔레노이드 A는 B에 비해 두 배 많이 감겨 있다. 솔레노이드 A와 솔레노이드 B의 유도 계수 비는 얼마인가? (a) 4 (b) 2 (c) 1 (d) 1/2 (e) 1/4

8. 인덕터에 흐르는 전류가 두 배로 증가하면, 저장되는 에너지는 몇 배로 되는가? (a) 4 (b) 2 (c) 1 (d) 1/2 (e) 1/4

9. 그림 OQ23.9와 같이 사각형 평판 고리가 고리 평면에 수직인 방향의 균일한 자기장 내에서 등속도로 끌려가고 있다. 다음 중 옳은 것은 어느 것인가? 정답은 하나 이상일 수 있다. (a) 시계 방향으로 전류가 고리에 유도된다. (b) 반시계 방향으로 전류가 고리에 유도된다. (c) 고리에 어떤 전류도 유도되지 않는다. (d) 전하 분리가 발생해서 고리의 위쪽 끝으로 양전하가 분리된다. (e) 전하 분리가 발생해서 고리의 위쪽 끝으로 음전하가 분리된다.

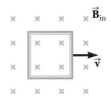

그림 OQ23.9

10. 그림 OQ23.10에서처럼 종이면으로부터 나오는 방향으로 균일하고 일정한 자기장 내에서 막대가 레일 위에서 속도 $\vec{v}$로 오른쪽으로 이동하고 있다. 다음 중 옳은 것은 어느 것인가? 정답은 하나 이상일 수 있다. (a) 고리에 유도된 전류는 영이다. (b) 고리에 유도된 전류는 시계 방향이다. (c) 고리에 유도된 전류는 반시계 방향이다. (d) 막대를 일정한 속력으로 계속 이동시키기 위해서는 외력이 필요하다. (e) 막대를 일정한 속력으로 계속 이동시키기 위해서 외력이 필요하지는 않다.

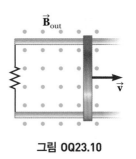

그림 OQ23.10

◤ 주관식

23.1 패러데이의 유도 법칙

1. 반지름이 4.00 cm이고 30번 감긴 원형 코일과 1.00 Ω의 저항기가 코일 평면에 수직 방향인 자기장 내에 놓여 있다. 자기장의 크기는 시간에 따라 다음 식과 같이 변한다. $B = 0.010\ 0\ t + 0.040\ 0\ t^2$, 여기서 B의 단위는 T이고 t의 단위는 s이다. 시간 $t = 5.00$ s일 때 코일에 유도되는 기전력을 계산하라.

2. 강한 전자석이 단면의 넓이가 0.200 m²인 영역에 1.60 T의 균일한 자기장을 만든다. 200번 감겨 있고 전체 저항이 20.0 Ω인 코일을 코일 면이 자기장과 수직이 되도록 해서 이 영역에 놓는다. 그러고 나서 전자석에 공급되는 전류를 20.0 ms 동안에 영이 되도록 서서히 감소시킨다. 코일에 유도되는 전류는 얼마인가?

3. 약하게 진동하는 자기장이 인체에 미치는 영향에 대한 연구가 최근 진행 중이다. 연구에 따르면 기관차 운전자는 다른 철도 관계자들에 비해 백혈병에 걸릴 확률이 높은 것으로 알려졌다. 그 이유는 기관차 엔진 주변의 많은 기계 장치에 오랫동안 노출되기 때문일 가능성이 높다. 만약 인체가 크기가 1.00×10^{-3} T이고 사인형으로 진동하는 진동수가 60.0 Hz인 자기장에 노출될 경우, 지름이 8.00 μm인 적혈구 가장자리에 유도될 수 있는 최대 기전력을 구하라.

4. 미터당 1 000번 감긴 반지름 $r_2 = 3.00$ cm인 속이 빈 긴 솔레노이드 한쪽 끝에 반지름이 $r_1 = 5.00$ cm이고, 저항이 3.00×10^{-4} Ω인 알루미늄 고리가 그림 P23.4와 같이

놓여 있다. 솔레노이드에 발생되는 축 성분의 자기장의 크기는 솔레노이드 끝 면에서의 값이 솔레노이드 가운데의 값의 절반이 된다고 가정하자. 솔레노이드 단면 밖에서의 자기장은 무시할 정도라고 하자. 솔레노이드에 흐르는 전류가 270 A/s의 비율로 증가하고 있다. (a) 고리에 유도되는 전류는 얼마인가? 고리의 유도 전류에 의해 만들어지는 고리 중심에서 자기장의 (b) 크기와 (c) 방향을 구하라.

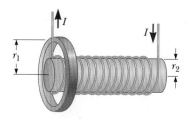

그림 P23.4

5. 도선을 25번 감은 지름이 1.00 m인 원형 코일이 있다. 50.0 μT 크기의 지구 자기장 방향으로 코일 축이 놓여 있다가 0.200 s 동안에 180° 뒤집어진다. 코일에 발생되는 평균 기전력의 크기는 얼마인가?

23.2 운동 기전력

23.3 렌츠의 법칙

6. 헬리콥터(그림 P23.6)에 중심축에서 밖으로 향하고 2.00 rev/s로 회전하는 길이 3.00 m의 날개가 있다. 지구 자기장의 연직 성분이 50.0 mT이면, 날개 끝과 중심축 사이의 유도 기전력은 얼마인가?

그림 P23.6

7. 그림 P23.7은 마찰 없이 미끄러지는 막대를 위에서 본 모습이다. 저항은 $R = 6.00\ \Omega$이고 2.50 T인 자기장이 종이

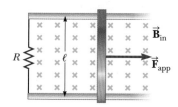

그림 P23.7 문제 7, 8

면 안쪽으로 수직으로 향하고 있다. $\ell = 1.20$ m라 하자. (a) 일정한 속력 2.00 m/s로 막대를 오른쪽으로 움직이기 위해 필요한 외력을 계산하라. (b) 저항기에 공급되는 전력은 얼마인가?

8. 질량 m의 금속막대가 그림 P23.7에서 보듯이 간격이 ℓ이고 저항 R로 연결된 두 개의 평행한 수평 레일을 따라 마찰 없이 미끄러진다. 크기가 B인 균일한 연직 자기장이 종이면에 수직으로 가해졌다. 그림에 보이는 힘은 막대의 속력이 v가 될 때까지 순간적으로만 작용한다. 막대가 정지할 때까지 미끄러지는 거리를 m, ℓ, R, B, v로 구하라.

9. 연직 방향으로 길이 $\ell = 1.20$ m인 안테나를 장착한 자동차가 평평한 커브길을 달리고 있다. 이 도로에서 지구 자기장의 크기는 $B = 50.0\ \mu$T이고, 자기장의 방향은 북쪽이며, 수평 아래 방향으로 $\theta = 65.0°$의 각도를 이룬다. 안테나의 꼭대기와 밑 부분 사이에 유도된 운동 기전력은 자동차의 속력과 주행 방향에 따라 변하는데, 최댓값이 4.50 mV에 이를 수 있는가? 그 이유를 설명하라.

10. 패러데이 원반(Faraday disk)이라고도 불리는 **동극 발전기**(homopolar generator)는 저압, 고전류 발전기이다. 이것은 그림 P23.10과 같이, 축과 원주 위에 정지 정류자(brush)를 하나씩 가진 회전 도체 원반이다. 균일한 자기장이 원반 면에 수직으로 가해진다. 장이 0.900 T, 각속력이 3.20 × 10³ rev/min, 그리고 원반의 반지름이 0.400 m라 가정한다. 정류자 사이의 기전력을 구하라. 큰 자기장을 만들기 위해 초전도 코일이 사용될 때, 동극 발전기는 수백 메가와트의 출력을 낼 수 있다. 이런 발전기는, 예를 들면 전기 분해로 금속을 정련할 때 유용하다. 거꾸로 발전기의 출력 단자에 전압이 가해지면, 큰 토크를 낼 수 있는 동극 모터로 작동해서 회전하며, 이는 선박 추진 등에 유용하다.

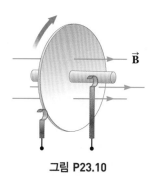

그림 P23.10

11. 그림 P23.11과 같이 저항이 R이고 길이 ℓ과 너비 w로 N번 감긴 코일이 하나 있다. 이 코일이 균일한 자기장 $\vec{B}$ 내를 등속도 $\vec{v}$로 이동하고 있다. 코일에 작용하는 전체 자기

력의 크기와 방향을 (a) 자기장으로 들어갈 때, (b) 자기장 안에서 이동할 때, (c) 자기장에서 나올 때로 구분해서 각각 구하라.

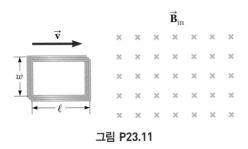

그림 P23.11

12. 넓이 0.100 m^2의 코일이 0.200 T의 자기장에 수직인 회전축을 중심으로 60.0 rev/s로 회전하고 있다. (a) 코일의 감은 수가 $1\,000$이면 최대 유도 기전력은 얼마인가? (b) 최대 유도 전압이 발생할 때 자기장에 대한 코일의 방향을 구하라.

13. 렌츠의 법칙을 이용해서 유도 전류의 방향에 대한 다음 질문에 그림 P23.13에 표기된 문자 a와 b로 답하라. (a) 그림 P23.13a에서 막대자석이 왼쪽으로 움직일 때, 저항기 R에 유도된 전류의 방향은 어느 쪽인가? (b) 그림 P23.13b에서 스위치 S를 닫은 직후 저항기 R에 유도된 전류의 방향은 어느 쪽인가? (c) 그림 P23.13c에서 전류 I가 급격히 영으로 감소되는 경우 저항기 R에 유도된 전류의 방향은 어느 쪽인가?

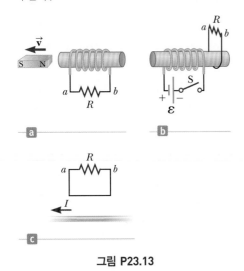

그림 P23.13

23.4 유도 기전력과 전기장

14. 그림 P23.14와 같이 자기장이 종이면으로 들어가고 시간에 따라 $B = 0.030\,0\,t^2 + 1.40$로 변한다. 여기서 B의 단위는 T이고 t의 단위는 s이다. 자기장은 반지름이 $R =$

2.50 cm인 원형 단면 형태를 갖고 있다. 시간이 $t = 3.00 \text{ s}$, $r_2 = 0.020\,0 \text{ m}$일 때, 점 P_2에서 전기장의 (a) 크기와 (b) 방향을 구하라.

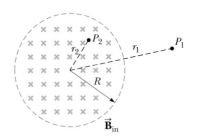

그림 P23.14 문제 14, 15

15. 그림 P23.14와 같이 초록색 점선으로 표시된 원 내에서, 자기장이 시간에 따라 $B = 2.00\,t^3 - 4.00\,t^2 + 0.800$로 변한다. 여기서 B의 단위는 T, t의 단위는 s이고, $R = 2.50 \text{ cm}$이다. 시간 $t = 2.00 \text{ s}$에서 원형 자기장의 중심으로부터 거리 $r_1 = 5.00 \text{ cm}$ 떨어진 점 P_1에 위치한 전자에 작용하는 힘의 (a) 크기와 (b) 방향을 계산하라. (c) 어느 순간에 이 힘은 영이 되는가?

23.5 유도 계수

16. 유도 계수가 3.00 mH이고, 코일에 전류가 0.200 s 동안에 0.200 A에서 1.50 A로 변한다. 이 사이에 코일에 유도된 평균 기전력을 구하라.

17. 10.0 mH의 인덕터에 $I = I_{max}\sin \omega t$의 전류가 흐른다. 여기서 $I_{max} = 5.00 \text{ A}$이고 $f = \omega/2\pi = 60.0 \text{ Hz}$일 때, 시간의 함수로 자체 유도 기전력을 구하라.

18. 전류가 10.0 A/s의 비율로 변할 때, 500번 감은 코일에 24.0 mV의 기전력이 유도된다. 전류가 4.00 A일 때, 코일 하나를 지나는 자기 선속은 얼마인가?

19. 90.0 mH 인덕터에서 시간에 따라 전류가 $I = 1.00\,t^2 - 6.00\,t$로 변한다. 여기서 I의 단위는 A이고 시간 t의 단위는 s이다. (a) $t = 1.00 \text{ s}$와 (b) 4.00 s에서 유도 기전력의 크기를 구하라. (c) 유도 기전력이 영이 되는 시간은 언제인가?

20. 감은 수가 420번이고 길이가 16.0 cm인 솔레노이드 모양의 어떤 인덕터가 있다. 인덕터를 통과하는 전류가 0.421 A/s의 일정한 비율로 감소할 때, 인덕터에 $175\,\mu\text{V}$의 기전력이 유도된다. 솔레노이드의 반지름은 얼마인가?

23.6 *RL* 회로

21. 12.0 V 전지가 10.0 Ω 저항기와 2.00 H 인덕터가 포함된 직렬 회로에 연결되어 있다. 나중 전류 값의 (a) 50.0 %와 (b) 90.0 %에 도달하는 시간은 얼마인가?

22. $I = I_i e^{-t/\tau}$가 다음 미분 방정식의 해임을 보여라.

$$IR + L \frac{dI}{dt} = 0$$

여기서 I_i는 $t = 0$에서의 전류이고 $\tau = L/R$이다.

23. 그림 P23.23의 회로에서 $\varepsilon = 6.00$ V, $L = 8.00$ mH, $R = 4.00$ Ω이라 할 때 (a) 회로의 유도 시간 상수는 얼마인가? (b) 스위치를 닫은 후 250 μs에서 회로에 흐르는 전류를 계산하라. (c) 나중 정상 상태 전류의 값은 얼마인가? (d) 전류가 최댓값의 80.0 %에 도달하는 시간을 구하라.

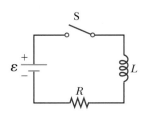

그림 P23.23 문제 23, 24

24. 그림 P23.23의 회로에서 $L = 7.00$ H, $R = 9.00$ Ω, $\varepsilon = 120$ V라고 하자. 스위치를 닫은 0.200 s 후 자체 유도 기전력은 얼마인가?

25. 그림 P23.25의 스위치가 $t < 0$인 동안 열려 있다가 $t = 0$인 순간에 닫힌다. (a) 인덕터 내의 전류와 (b) 스위치에 흐르는 전류를 시간의 함수로 구하라.

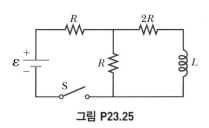

그림 P23.25

26. 회로의 코일, 스위치, 전지가 모두 직렬로 연결됐다. 전지의 내부 저항은 코일에 비해 무시할 만하다. 처음에 스위치는 열려 있다. 스위치가 닫히고 Δt의 시간 간격이 지난 후에는 회로의 전류가 나중값의 80.0 %에 도달한다. 스위치를 닫고 Δt보다 훨씬 긴 시간이 지난 후 전지를 분리하고 코일의 양 끝을 연결해서 닫힌 회로를 만들었다. (a) Δt의 시간 간격이 지난 후 전류는 나중값의 몇 %가 되는가? (b) 코일이 닫힌 회로가 되고 $2\Delta t$의 시간이 지난 후, 코일의 전류는 최댓값의 몇 %인가?

27. 그림 P23.27과 같이 140 mH의 인덕터와 4.90 Ω의 저항기가 기전력 6.00 V의 전지에 연결되어 있다. (a) 스위치를 a로 연결한 후 전류가 220 mA에 도달하는 데 걸리는 시간을 구하라. (b) 스위치를 닫은 10.0 s 후의 전류는 얼마인가? (c) 스위치를 a에서 b로 재빨리 바꿀 때, 인덕터에서 전류가 160 mA로 떨어지는 데 걸리는 시간은 얼마인가?

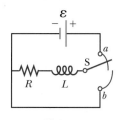

그림 P23.27

23.7 자기장 내의 에너지

28. 길이가 8.00 cm이고 지름이 1.20 cm인 공심 솔레노이드에 도선이 68번 감겨 있다. 솔레노이드에 흐르는 전류가 0.770 A라고 할 때, 자기장에 저장된 에너지는 얼마인가?

29. 어떤 지역의 맑은 날, 지면에 100 V/m의 연직 전기장이 존재한다. 같은 위치에서 지구 자기장의 크기는 0.500×10^{-4} T이다. (a) 전기장 에너지 밀도와 (b) 자기장 에너지 밀도를 계산하라.

23.8 교류 전원

23.9 교류 회로에서의 저항기

30. 교류 전원에 12.0 Ω의 저항기를 연결할 때 rms 전류가 8.00 A이다. 이때 (a) 저항기 양단의 rms 전압, (b) 전원의 최대 전압, (c) 저항기에서의 최대 전류, (d) 저항기로 전달된 평균 전력을 구하라.

31. (a) 최대 전압 170 V, 60.0 Hz의 전원에 평균 전력 75.0 W의 전구를 연결할 때 전구의 저항은 얼마인가? (b) 만약 100 W의 전구를 연결하면 저항은 얼마인가?

32. 어떤 교류 전원의 최대 전압이 $\Delta V_{max} = 100$ V이다. 그림 P23.32와 같이 이 교류 전원에 저항기 $R = 24.0$ Ω을 연결하고 이상적인 교류 전류계와 전압계로 전류와 전압을 측정한다. 이상적인 전류계의 저항은 영이고 이상적인 전압계의 저항은 무한대이다. (a) 전류계와 (b) 전압계의 측정값은 각각 얼마인가?

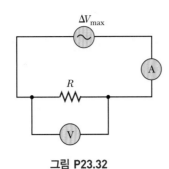

그림 P23.32

33. 그림 P23.33과 같이 교류 전원과 저항기로 구성된 오디오 증폭기가 확성기로 오디오 주파수의 교류 전압을 보낸다. 만약 전원의 전압 진폭이 15.0 V이고 저항이 $R = 8.20\ \Omega$ 이며, 확성기의 등가 저항이 $10.4\ \Omega$ 이라면 확성기로 보낸 평균 전력은 얼마인가?

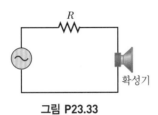

그림 P23.33

34. 그림 P23.34와 같이 세 전구가 120 V의 rms 교류 전원에 연결되어 있다. 전구 1과 2는 150 W이고 전구 3은 100 W 이다. (a) 각 전구에 흐르는 rms 전류와 (b) 각 전구의 저항을 구하라. (c) 세 전구의 조합에 의한 전체 저항은 얼마인가?

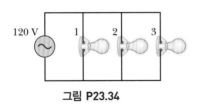

그림 P23.34

23.10 교류 회로에서의 인덕터

35. 그림 P23.35에 보인 순수한 유도성 교류 회로에서 ΔV_{max} $= 100$ V이다. (a) 최대 전류가 50.0 Hz에서 7.50 A일 때, 자체 유도 계수 L을 구하라. (b) 어떤 각주파수에서 최대 전류가 2.50 A인지 구하라.

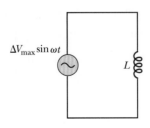

그림 P23.35 문제 35, 36

36. 그림 P23.35의 회로에서 $\Delta V_{max} = 80.0$ V, $\omega = 65.0\pi$ rad/s, $L = 70.0$ mH이다. $t = 15.5$ ms에서 인덕터에 흐르는 전류를 계산하라.

37. 인덕터가 60.0 Hz의 전원에 연결될 때 54.0 Ω의 리액턴스를 갖는다. 이 인덕터를 rms 전압이 100 V인 50.0 Hz의 전원에 연결할 때 인덕터에 흐르는 최대 전류는 얼마인가?

38. 교류 전원의 출력 전압이 $\Delta v = 120 \sin 30.0\pi t$이다. 여기서 Δv의 단위는 V이고 t의 단위는 s이다. 이 전원에 0.500 H의 인덕터를 연결할 때 (a) 전원의 주파수, (b) 인덕터 양단의 rms 전압, (c) 회로의 유도 리액턴스, (d) 인덕터에 흐르는 rms 전류, (e) 인덕터에 흐르는 최대 전류를 구하라.

23.11 교류 회로에서의 축전기

39. 전기용량이 $3.70\ \mu$F인 축전기 양단에 $\Delta V_{max} = 48.0$ V이고 $f = 90.0$ Hz인 교류 전원이 연결될 때 축전기에 공급되는 최대 전류는 얼마인가?

40. 주파수 60.0 Hz, rms 전압 36.0 V인 교류 전원에 $12.0\ \mu$F 의 축전기를 연결할 때 (a) 용량 리액턴스, (b) rms 전류, (c) 최대 전류를 구하라. (d) 전류가 최대일 때 축전기의 전하는 최대가 되는가? 설명하라.

41. 교류 전원이 $\Delta v = 98.0 \sin 80\pi t$인 전압을 축전기에 공급한다. 여기서 Δv의 단위는 V이고 t의 단위는 s이다. 회로에서 최대 전류가 0.500 A일 때 (a) 전원의 rms 전압, (b) 전원의 주파수, (c) 전기용량을 구하라.

42. (a) $22.0\ \mu$F의 축전기가 175 Ω의 리액턴스를 갖게 되는 주파수는 얼마인가? (b) 같은 주파수에서 $44.0\ \mu$F의 축전기가 갖는 리액턴스는 얼마인가?

23.12 *RLC* 직렬 회로

43. $\Delta V_{max} = 150$ V이고 $f = 50.0$ Hz인 교류 전원이 그림 P23.43의 점 a와 d 사이에 연결될 때 (a) 점 a와 b, (b) 점 b와 c, (c) 점 c와 d, (d) 점 b와 d 사이의 최대 전압을 계산하라.

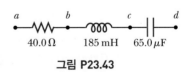

그림 P23.43

44. 150 Ω인 저항기, $21.0\ \mu$F인 축전기, 460 mH인 인덕터로 구성된 *RLC* 회로가 120 V, 60.0 Hz인 전원과 직렬로 연결

되어 있다. (a) 전류와 전원 전압 사이의 위상각은 얼마인가? (b) 전류와 전압 중 어느 것이 먼저 최댓값에 도달하는가?

45. 57.0 μH 인덕터의 유도 리액턴스와 57.0 μF 축전기의 용량 리액턴스가 같아지는 주파수는 얼마인가?

46. $\Delta v = 40.0 \sin 100t$ 인 사인형 전압이 $L = 160$ mH, $C = 99.0$ μF, $R = 68.0$ Ω 인 직렬 *RLC* 회로에 연결되어 있다. (a) 회로의 임피던스는 얼마인가? (b) 최대 전류는 얼마인가? 식 $i = I_{max} \sin(\omega t - \phi)$ 에서 (c) ω 와 (d) ϕ 값을 각각 구하라.

47. 인덕터($L = 400$ mH), 축전기($C = 4.43$ μF), 저항기($R = 500$ Ω)가 직렬로 연결되어 있다. 50.0 Hz인 교류 전원이 회로에서 250 mA의 최대 전류를 만든다. (a) 필요한 최대 전압 ΔV_{max}를 계산하라. (b) 전류가 전압에 비해 앞서는지 또는 뒤지는지, 위상각을 구하라.

48. 직렬 교류 회로가 임의의 저항기, 150 mH의 인덕터, 5.00 μF 의 축전기, 50.0 Hz에서 작동하는 $\Delta V_{max} = 240$ V의 교류 전원으로 구성되어 있다. 회로의 최대 전류가 100 mA일 때 (a) 유도 리액턴스, (b) 용량 리액턴스, (c) 임피던스, (d) 저항값, (e) 전류와 전원 전압 사이의 위상각을 계산하라.

23.13 연결 주제: 우울증 치료에 경두개 자기 자극법 이용

49. 도선이 수회 감긴 반지름 6.00 cm의 코일을 포함한 경두개

자기 자극 치료(TMS) 장치를 생각해 보자. 코일과 동축이며 바로 아래의 반지름 6.00 cm인 두뇌의 원형 영역에서, 자기장은 1.00×10^4 T/s의 비율로 변한다. 이 변화율은 원형 영역 내의 모든 곳에서 같다. (a) 두뇌의 원형 영역 주변에 유도되는 기전력은 얼마인가? (b) 원형 영역 주변에 유도되는 전기장은 얼마인가?

추가문제

50. 셀로판테이프 심 위에 도선을 감아 코일을 만든다고 생각하라. 코일에 유도 전압을 만들기 위해 막대자석을 어떻게 사용하는지 설명하라. 발생한 기전력의 크기의 차원은 얼마인가? 데이터로 취한 양과 그들의 값을 나타내라.

51. 강철 기타 줄이 진동한다(그림 23.6). 근처 픽업 코일 면에 수직한 자기장의 성분이 다음과 같다.

$$B = 50.0 + 32.0 \sin(1\,046\pi t)$$

여기서 B와 t의 단위는 각각 mT와 s 이다. 이 원형 픽업 코일의 감은 수가 30번이고 반지름은 2.70 mm이다. 코일에 유도된 기전력을 시간의 함수로 구하라.

52. 금속 고리를 통과하는 자기선속이 시간 t에 따라 $\Phi_B = at^3 - bt^2$으로 변하며, 여기서 $a = 6.00$ s^{-3}, $b = 18.0$ s^{-2} 이다. 고리의 저항은 3.00 Ω이다. $t = 0$에서 $t = 2.00$ s 사이에 고리에 유도된 최대 전류를 구하라.

핵 자기 공명과 자기 공명 영상법
Nuclear Magnetic Resonance and Magnetic Resonance Imaging

이 번 〈관련 이야기 결론〉에서, 우리는 의료 영역에서 비침투 진단 도구로서 광범위하게 사용되는 응용 장치를 이야기할 것이다. 이 응용 장치는 MRI로 알려진 **자기 공명 영상법**(magnetic resonance imaging)이다.

22.11절에서 전자의 스핀 각운동량과 이와 연관된 자기 모멘트를 이야기했다. 스핀은 모든 입자의 일반적인 성질이다. 예를 들어 원자의 핵 속에 있는 양성자와 중성자는 스핀과 이와 연관된 자기 쌍극자 모멘트 $\vec{\mu}$를 가진다. 22.6절에서처럼 외부 자기장에서 자기 쌍극자 모멘트로 이루어진 계의 위치 에너지는 $U = -\vec{\mu} \cdot \vec{B}$이다.

자기 모멘트 $\vec{\mu}$가 양자 물리학이 허용하는 한 가깝게 자기장과 정렬되면, 쌍극자–장 계의 위치 에너지는 에너지의 최솟값 E_{min}을 가진다. $\vec{\mu}$가 장과 가능한 한 반평행이면, 위치 에너지는 에너지의 최댓값 E_{max}을 가진다. 입자에서 스핀과 자기 모멘트의 방향이 양자화되어 있기 때문에(29장 참조), 쌍극자–장 계의 에너지도 양자화된다. 에너지의 양자화 상태의 개념은 11장에서 소개했다. 일반적으로 장에 대해 자기 모멘트의 양자화된 방향에 대응하는 E_{min}과 E_{max} 사이에 허용되는 에너지 상태들이 있다. 이 상태를 흔히 **스핀 상태**(spin states)라 부른다. 왜냐하면 이 상태는 스핀 방향에 따라 에너지의 차이가 나기 때문이다.

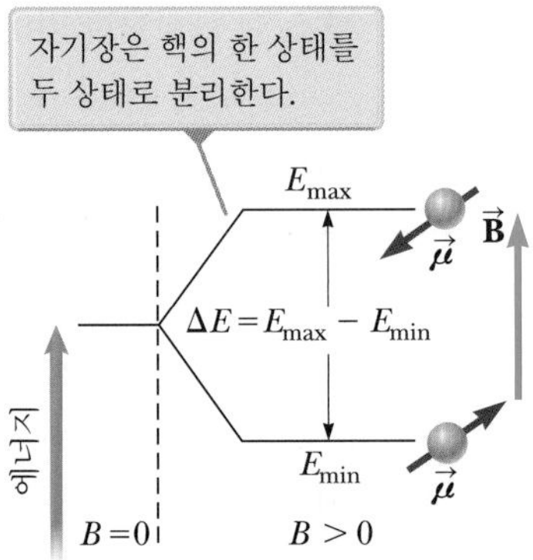

스핀 상태의 수는 원자핵의 스핀에 의존한다. 가장 간단한 상황이 에너지 E_{min}과 E_{max}의 단지 두 개의 가능한 스핀 상태를 가지는 원자핵에 대해서 그림 1에 나와 있다.

핵 자기 공명(NMR)으로 알려진 기술을 이용하면 시료 내의 이들 두 스핀 상태 사이에서의 전이를 관찰할 수 있다. 일정한 자기장은 그림 1에 보인 것처럼 스핀 상태와 관련된 에너지를 변화시켜, 이들의 에너지를 분리시킨다. 시료는 또한 전자기 스펙트럼의 라디오파 영역의 전자기파에 노출된다. 라디오파의 주파수를 조절해서 광자 에너지가 스핀 상태 사이의 에너지와 같아지면, 공명 조건이 나타나고 광자는 바닥 상태의 원자핵에 의해 흡수되어 원자핵–자기장 계는 더 높은 에너지 스핀 상태로 올라간다. 이것은 계에 의한 에너지의 알짜 흡수로 이어지는데, 실험 제어 및 측정 시스템으로 검출된다. NMR 신호를 검출하는 데 쓰이는 장치도가 그림 2에 있다. 흡수된 에너지는 라디오파를 만드는 발진기에 의해 공급된다. 핵 자기 공명과 **전자 스핀 공명**이라 부르는 유사한 기술은 핵과 원자계를 연구하고, 이 계들이 그를 둘러싼 환경과 어떻게 상호 작용하는지를 조사하는 데 매우 중요한 방법이다.

자기 공명 영상법(MRI)라고 하는 널리 사용되는 의료 진단 기술은 핵 자기 공명에 기초

자기장은 핵의 한 상태를 두 상태로 분리한다.

그림 1 스핀 $\frac{1}{2}$을 갖는 원자핵이 자기장 안에 위치해 있다.

▶ 핵 자기 공명

BIO 자기 공명 영상법

한다. MRI에서 환자는 공간에 변화하는 자기장을 공급하는 거대한 솔레노이드 안쪽에 위치하게 된다. 환자의 몸을 가로지르는 자기장의 기울기 때문에, 몸의 다른 위치에서 물 분자의 수소 원자에 있는 양성자의 두 스핀 상태 사이의 에너지 차가 달라진다. 그 결과 공명 신호가 양성자들의 위치와 관련한 정보를 제공하는 데 사용될 수 있다. 최종 영상 구성을 위한 자료를 제공하는 위치 정보를 분석하기 위해 컴퓨터를 사용한다. 인체 내부 구조의 놀라운 세부 정보를 보여 주는 MRI 스캔이 그림 3에 나와 있다. 의료 진단법에서 다른 영상 기술들을 넘어서는 MRI의 주요한 이점은 X선이나 감마선이 야기하는 세포 구조 손상을 일으키지 않는다는 것이다. MRI에 사용되는 라디오파 신호와 관련된 광자는 겨우 10^{-7} eV 정도의 에너지를 갖는다. 분자 결합 강도는 훨씬 더 크기 때문에(대략 1 eV), 고주파 방사이지만 세포의 손상을 가져오지 않는다. 이에 비해 X선이나 감마선은 $10^4 \sim 10^6$ eV에 이르는 에너지를 가지고 있어 적지 않은 세포의 손상을 야기할 수 있다. 그렇기 때문에, 자기 공명 영상법과 관련한 **핵**은 어떤 사람에게는 공포로 다가오는 단어임에도 불구하고, 이와 연관된 라디오파 복사는 X선이나 감마선보다 훨씬 더 안전하다!

이번 이야기에서 우리는 의료 과정에서 자기의 다양한 응용을 살펴 봤다. 여기서 논의된 카데터 절제술(21.2와 22.11절)과 MRI 스캔은 정밀한 진단과 치료로 많은 생명을 구했다. 경두개 자기 자극 치료는 우울증에 적용하면 유용성이 입증될지도 모를 상대적으로 새로운 방식이다. 가까운 미래에 자성이 의술에서 어떻게 다르게 이용될지 누가 알겠는가? 신문과 인터넷에 관심을 가지고 지켜보면, 여러분은 그 다음 응용 기술을 매우 빠르게 알게 될지도 모른다!

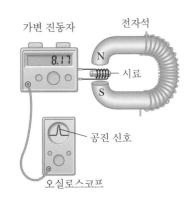

그림 2 핵 자기 공명 실험 장치. 가변 진동자에서 나온 신호에 의해 시료를 둘러싼 코일에 의해 발생한 라디오파 자기장은 전자석에 의해 만들어진 일정한 자기장과 직각을 이룬다. 시료로 쓰인 원자핵이 공명 조건이 되면, 원자핵은 코일의 라디오파 장에서 에너지를 흡수한다. 이 흡수는 코일이 포함되어 있는 회로의 특성을 변화시킨다. 최신 NMR 분광계는 고정된 장 세기를 갖는 초전도 자석을 이용해서 대략 200 MHz의 주파수에서 작동한다.

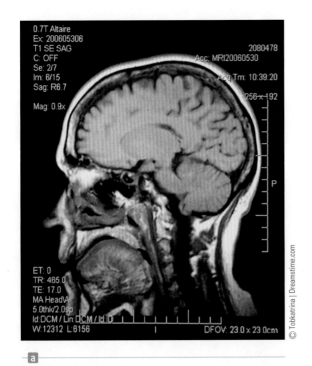

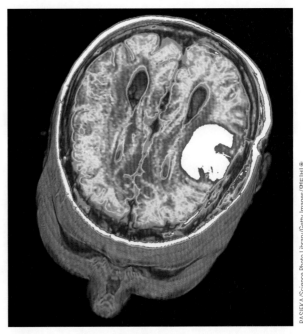

그림 3 MRI 스캔으로 보여 주는 인간의 뇌 영상. (a) 뇌의 각 구조에 대해 매우 상세한 영상을 보이는 인간 뇌의 시상 단면. (b) 대뇌의 전이성 암(흰색)을 보여 주는 뇌를 관통하는 수평 단면의 컴퓨터 처리 영상

문제

1. 크기 μ의 자기 모멘트를 가지는 원자핵이 스핀 상태 사이에서 공명 흡수를 나타내는 라디오파 주파수를 **라머 주파수**(Larmor frequency)라고 하며 다음 식과 같이 주어진다.

$$f = \frac{\Delta E}{h} = \frac{2\mu B}{h}$$

(a) 1.00 T의 자기장 내에 있는 자유 중성자, (b) 1.00 T의 자기장 내에 있는 자유 양성자, 그리고 (c) 장의 크기가 50.0 μT인 위치에 놓인 지구의 자기장 내에서 자유 양성자의 라머 주파수를 계산하라.

2. 자기 공명 영상법(MRI)에서 환자는 거대한 솔레노이드 안에 놓인다. 길이 2.40 m, 지름 0.900 m, 반지름 1.00 mm인 니오븀-티타늄 재질의 초전도 도선 한 겹으로 감긴 MRI 솔레노이드를 생각해 보자. 솔레노이드는 촘촘히 감겨 있고 감긴 도선 사이에는 틈이 없다. 솔레노이드가 만드는 자기장은 1.55 T이다. (a) 이 자기장을 만들기 위해 솔레노이드에 흘려야 하는 전류는 얼마인가? (b) 솔레노이드를 통과하는 자기 선속은 얼마인가? (c) 기계가 작동을 멈췄을 때, 자기장은 5.00 s 안에 선형적으로 영으로 감소한다. 기계가 작동을 멈추는 동안, 솔레노이드 내부에서 유도되는 기전력은 얼마인가? (d) 솔레노이드를 이루는 니오븀-티타늄 재질의 초전도 도선의 전체 질량은 얼마인가? 도선의 밀도는 $6.00 \times 10^3 \, \text{kg/m}^3$라고 하자.

레이저 Lasers

여러 해 동안 레이저의 발명가로 알려져 온 사람들은 1958년 〈피지컬 리뷰〉 지에 레이저에 대한 제안을 발표한 Arthur L. Schawlow와 Charles H. Townes이다.

1977년, 30년 간의 길고 긴 법정투쟁 끝에, 1950년대 후반 컬럼비아 대학의 대학원생이었던 Gordon Gould가 레이저란 말을 만들고 1957년에 레이저를 발명한 것에 대해 특허를 받는 것으로 처음 판결이 났다. 당시 그는 특허를 출원하기 전에 동작하는 시제품을 만들어야 하는 것으로 잘못 알고 있었기 때문에 1959년 Schawlow와 Townes보다 다소 늦게 특허를 출원했던 것이다. 이 재판은 1987년에야 Gould의 승리로 완전히 끝났다.

최초의 레이저 장치 개발 이후, 레이저 기술은 놀라운 성장을 거듭했다. 적외선, 가시광선, 자외선 영역의 레이저가 보급되어 있다. 여러 가지 유형의 레이저들의 동작 매질로서 고체, 액체, 기체를 이용한다. 최초의 레이저는 고정된 파장

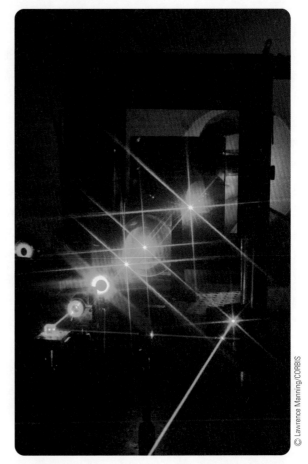

그림 2 붉은빛을 방출하는 최초의 루비 레이저가 개발된 이후, 많은 레이저가 뒤따라 곧 만들어졌다. 오늘날 여러 가지 색깔의 레이저와 여러 범위의 전자기 분광 레이저를 만들 수 있다. 이 사진에서는 과학 실험을 수행하기 위해 초록색 레이저를 사용하고 있다.

의 매우 좁은 영역의 빛을 방출했지만, 지금은 파장의 변화가 가능한 레이저가 개발되어 있다.

레이저는 우리 일상에서 아주 흔히 볼 수 있는 기술도구이다. 그 응용은 라식(LASIK) 수술(26장에서 자세히 설명 예정임), 망막 박리 치료 수술, 정밀 측량과 길이 측정, 유도 핵융합 반응을 위한 광원과 금속과 다른 물질의 정밀 절단 및

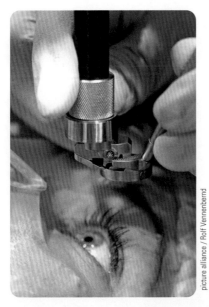

그림 1 안과 수술을 하는 동안 레이저가 사람의 눈에 이용된다.

그림 3 레이저 절단 기계로 두꺼운 강판을 자른다.

광섬유 전화 통신 등을 포함한다.

또한 오디오 감상과 컴퓨터 응용에 사용하기 위해서 CD에서 정보를 읽어 내기 위해 레이저가 이용된다. DVD와 블루레이 디스크 플레이어에서는 비디오 정보를 읽기 위해 레이저를 사용한다. 레이저는 소매상에서 제품 표지로부터 가격과 재고 정보를 읽어 내기 위해 사용되기도 한다. 실험실에서 레이저는 원자를 포획해서 절대 온도 0 K 바로 위의 밀리켈빈 온도로 냉각시킬 때 사용되고, 미시적 생체 조직을 손상없이 이동시킬 때 이용되기도 한다. 이들 뿐만 아니라 레이저 빛만의 유일한 특성 때문에 다른 응용도 가능하다. 레이저 빛은 거의 단색광이라는 것 외에 아주 높은 방향성을 가지며, 따라서 초점을 매우 작게 맺게 하여 매우 강한 강도의 빛을 얻을 수 있다.

이 〈관련 이야기〉에서 우리는 물리학의 전자기 복사와 광학을 공부할 것이며, 이에 대한 원리들을 레이저 빛의 거동과 그 응용을 이해하는 데 적용할 것이다. 우리 연구의 주요한 초점의 하나는 광섬유의 기술에 관련된 것이며, 그것들이

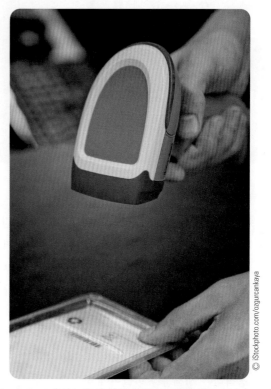

그림 4 바코드 스캐너는 구입하려는 제품을 구별하기 위해서 레이저 빛을 이용한다. 바코드에서 반사된 빛을 읽어 컴퓨터에 입력되면 물품의 가격을 알아낼 수 있다.

산업과 의학에 어떻게 이용되는지를 보게 된다. 우리는 다음 핵심 질문에 대답하면서 빛의 성질을 연구할 것이다.

> 레이저 빛의 특징은 무엇이고 기술적 응용에 있어 어떻게 사용되는가?

전자기파 Electromagnetic Waves

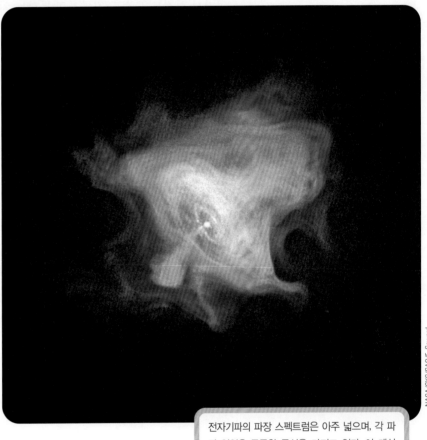

NASA/CXC/SAO/F. Seward

우리가 항상 전자기파의 존재를 의식하고 생활하는 것은 아니지만, 전자기파는 우리 주변에 깔려 있다. 가시광선 형태의 전자기파는 눈으로 주변을 볼 수 있게 하고, 지표면으로부터 발산되는 적외선은 우리 주변을 따뜻하게 해 준다. 라디오파는 우리가 즐기는 라디오 프로그램들을 전송해 주고, 마이크로파는 음식을 요리해 주고 무선 통신을 가능하게 하고, 이런 전자기파의 응용은 매우 많다. 13장에서 배운 파동이 전파되기 위해서는 매질이 필요하다. 그러나 전자기파는 진공 속을 전파해 갈 수 있다. 역학적 파동과 전자기파의 이런 차이점에도 불구하고, 13장과 14장에서 공부한 파동의 특성은 전자기파의 경우도 비슷하다.

전자기파의 파장 스펙트럼은 아주 넓으며, 각 파장 영역은 독특한 특성을 가지고 있다. 이 게성운 사진은 X선으로 얻은 것이다. 매우 짧은 파장이라는 것을 제외하면 가시광선과 다름없다. 이 장에서는 X선, 가시광선, 기타 다른 형태의 전자기 복사들의 일반적인 특성을 배울 예정이다.

이 장의 목적은 전자기파의 특성을 탐구하는 것이다. 전기학과 자기학의 기본 법칙들은 맥스웰 방정식에 담겨 있으며, 모든 전자기 현상을 설명하는 바탕이 된다. 이 법칙 중 하나에 따르면 시간에 따라 변하는 자기장이 전기장을 만들듯이, 시간에 따라 변하는 전기장이 자기장을 만든다. 맥스웰은 이런 일반화를 통해 전기장과 자기장이 불가분의 관계를 가지고 있음을 보였다. 그의 방정식이 예측하는 가장 극적인 현상은 빛의 속력으로 빈 공간을 전파해 가는 전자기파의 존재이다. 전자기파의 발견은 라디오, 텔레비전, 휴대 전화와 같은 실질적인 응용을 이끌었으며, 빛이 전자기파의 일종임을 알게 됐다.

24.1 | 변위 전류와 앙페르 법칙의 일반형
Displacement Current and the Generalized Form of Ampère's Law

우리는 움직이는 전하, 즉 전류가 자기장을 생성함을 안다. 전류가 흐르는 도체가 높은 대칭성을 가지고 있는 경우에는 식 22.29로 표현되는 앙페르의 법칙을 이용해서 자기장을 계산할 수 있다.

$$\oint \vec{\mathbf{B}} \cdot d\vec{\mathbf{s}} = \mu_0 I$$

여기서 선적분은 전도 전류가 관통하는 임의의 면을 에워싼 닫힌 경로에 대한 적분이고, 전도 전류는 $I = dq/dt$로 정의된다.

이 절에서 **전도 전류**는 지금까지 논의한 전류, 즉 도선 내의 대전 입자의 움직임에 의한 전류를 의미한다. 이 용어는 뒤에서 소개할 다른 유형의 전류와 구분하기 위해 사용된다. 이 형태의 앙페르 법칙은 전류가 공간적으로 연속인 경우에 한해 성립한다. 맥스웰은 이런 한계를 인식하고 모든 가능한 상황에서 성립할 수 있도록 앙페르의 법칙을 수정했다.

그림 24.1에서 축전기가 충전되는 경우를 고찰함으로써 이런 한계를 이해할 수 있다. 도선에 전도 전류가 흐르면 축전기에 저장된 전하가 변한다. 그러나 축전기의 두 판 사이에는 전도 전류가 흐르지 않는다. 그림 24.1에 있는 바와 같이 같은 경로 P를 경계로 하는 두 표면 S_1(파란색 원)과 S_2(두 평행판 사이를 지나가는 주황색 포물면)에 대해 생각해 보자. 앙페르의 법칙에 의하면, 이 경로를 따라 $\vec{\mathbf{B}} \cdot d\vec{\mathbf{s}}$를 선적분하면 $\mu_0 I$가 되어야 한다. 이때 I는 경로 P로 둘러싸인 **임의의** 곡면을 통과하는 전도 전류이다.

경로 P를 S_1의 경계로 간주하면, 축전기가 충전되는 동안 전도 전류가 S_1을 통과하므로 식 22.29의 우변은 $\mu_0 I$이다. 그러나 경로 P를 S_2의 경계로 간주하면, 전도 전류가 S_2를 통과하지 않으므로 식 22.29의 우변은 영이다. 따라서 전류의 불연속 때문에 이런 모순적인 상황이 야기된다. 맥스웰은 식 22.29의 오른쪽에 부가적인 항[**변위 전류**(displacement current) I_d]을 도입함으로써 이 문제를 해결할 수 있었다.

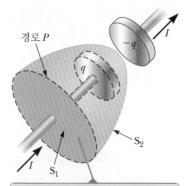

경로 P

$-q$

I

q

S_2

I S_1

도선 속의 전도 전류 I는 S_1만 통과하고 있으므로 앙페르 법칙에 모순이 생긴다. 이 모순은 S_2를 통과하는 변위 전류가 있다고 가정해야만 해결될 수 있다.

그림 24.1 축전기판 근처의 두 표면 S_1과 S_2는 같은 경로 P를 경계로 하고 있다.

▶ 변위 전류

$$I_d \equiv \epsilon_0 \frac{d\Phi_E}{dt}$$

24.1

Φ_E는 전기선속이며, $\Phi_E \equiv \oint \vec{\mathbf{E}} \cdot d\vec{\mathbf{A}}$ (식 19.14)로 정의됨을 상기하자(여기서 **변위**는 2장에서의 변위와는 다른 의미를 가진다. 그러나 오래전부터 물리학에서 사용되어 왔기 때문에 계속해서 사용하기로 한다).

식 24.1은 다음과 같이 설명된다. 축전기가 충전(또는 방전)되는 동안에 판 사이의 전기장의 변화는 판 사이의 전류의 흐름과 동등한 것으로 간주될 수 있고, 이 전류가 도선에서의 전도 전류의 연속으로 작용한다. 식 24.1로 정의된 변위 전류가 앙페르의 법칙 우변에 더해지면 그림 24.1에서와 같은 어려움은 해소된다. 경계가 경로 P인 어떤 곡면에 대해서도 전도 전류 또는 변위 전류가 곡면을 뚫고 흐른다. 이런 변위 전류에 대한 개념을 도입하면 앙페르 법칙의 일반형(또는 **앙페르-맥스웰 법칙**)을 다음과 같이 쓸 수 있다.[1]

$$\oint \vec{B} \cdot d\vec{s} = \mu_0 (I + I_d) = \mu_0 I + \mu_0 \epsilon_0 \frac{d\Phi_E}{dt}$$

24.2

▶ **앙페르-맥스웰 법칙**

그림 24.2를 보면 이 표현의 의미를 이해할 수 있다. 표면 S를 통과하는 전기선속은 축전기판의 넓이를 A라 하고 축전기판 사이의 균일한 전기장의 크기를 E라 할 때 $\Phi_E = \int \vec{E} \cdot d\vec{A} = EA$이다. 어떤 순간에 판에 대전된 전하를 q라 하면 $E = \sigma/\epsilon_0 = q/(\epsilon_0 A)$이다(예제 19.12 참조). 그러므로 S를 통과한 전기선속은 다음과 같다.

$$\Phi_E = EA = \frac{q}{\epsilon_0}$$

따라서 S를 통과하는 변위 전류는 다음과 같다.

$$I_d = \epsilon_0 \frac{d\Phi_E}{dt} = \frac{dq}{dt}$$

24.3

즉 S를 통과하는 변위 전류 I_d는 축전기에 연결한 도선에서의 전도 전류 I와 똑같다.

표면 S를 생각하면 변위 전류를 곡면의 경계선 위의 자기장의 원천으로 간주할 수 있다. 변위 전류는 시간에 따라 변하는 전기장이 그 물리적인 원인이다. 이 이론의 핵심은 자기장이 전도 전류와 시간에 따라 변하는 전기장 **둘 다**에 의해서 발생된다는 것이다. 이 결과는 맥스웰의 이론적 업적의 경이적인 예이며, 전자기학을 이해하는 데 주요한 기여를 했다.

◀ **퀴즈 24.1** 어떤 RC 회로에서 축전기가 방전되기 시작한다. **(i)** 다음 중 방전이 되는 동안 축전기 판 사이의 공간에 대한 설명으로 옳은 것은? (a) 전도 전류는 있지만 변위 전류는 없다. (b) 변위 전류는 있지만 전도 전류는 없다. (c) 전도 전류와 변위 전류 모두 있다. (d) 어떤 전류도 흐르지 않는다. **(ii)** 다음 중 방전이 되는 동안 축전기 판 사이의 공간에 대한 설명으로 옳은 것은? (a) 전기장은 있지만 자기장은 없다. (b) 자기장은 있지만 전기장은 없다. (c) 전기장과 자기장 모두 있다. (d) 어떤 장도 없다.

24.2 | 맥스웰 방정식과 헤르츠의 발견
Maxwell's Equations and Hertz's Discoveries

이제 모든 전기와 자기 현상들의 기초로 여겨지는 네 개의 방정식을 제시하겠다. 이 방정식들은 맥스웰이 발전시켰으며, 뉴턴의 법칙들이 역학 현상에 기본이 되듯이

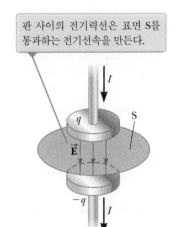

그림 24.2 전도 전류가 도선에 존재하면, 축전기의 판 사이에 변하는 전기장 $\vec{E}$가 존재한다.

판 사이의 전기력선은 표면 S를 통과하는 전기선속을 만든다.

© Book's Hill

맥스웰
James Clerk Maxwell, 1831~1879
스코틀랜드의 이론 물리학자

맥스웰은 빛의 전자기 이론과 기체 운동론을 발전시켰고, 토성의 고리와 색채 시각의 성질을 설명했다. 맥스웰의 성공적인 전자기장의 해석으로 인해서 그의 이름을 붙인 방정식들이 탄생하게 됐다. 뛰어난 통찰력과 엄청난 수학적 능력이 결합되어 그는 전자기학과 기체 운동론에서 선구적 업적을 남겼다. 암으로 인해 50살을 채 넘기지 못했다.

---

[1] 엄밀하게 말하면 이 식은 진공 중에서만 성립한다. 만약 자성이 있는 물질이 존재하면, 앙페르의 법칙을 완전히 일반화하기 위해서는 식 24.2의 우변에 자화 전류를 포함시켜야 한다.

맥스웰의 방정식들은 전자기 현상에 기본이 된다. 사실 맥스웰이 발전시킨 이 이론은, 아인슈타인이 1905년에 증명했듯이 특수 상대성 이론과도 일치하므로, 자신이 생각했던 것보다 훨씬 넓은 영역에까지 적용된다.

맥스웰의 방정식들은 전기와 자기 법칙들을 표현한 것이지만 다른 중요한 결론들도 내포하고 있다. 논의를 단순화하기 위해 자유 공간 속에서, 즉 유전체나 자성체가 없는 경우의 **맥스웰 방정식**(Maxwell's equations)들을 살펴보겠다. 이들 네 개의 방정식은 다음과 같다.

▶ 가우스의 법칙

$$\oint \vec{E} \cdot d\vec{A} = \frac{q}{\epsilon_0}$$ 24.4

▶ 자기에 대한 가우스의 법칙

$$\oint \vec{B} \cdot d\vec{A} = 0$$ 24.5

▶ 패러데이의 법칙

$$\oint \vec{E} \cdot d\vec{s} = -\frac{d\Phi_B}{dt}$$ 24.6

▶ 앙페르-맥스웰 법칙

$$\oint \vec{B} \cdot d\vec{s} = \mu_0 I + \epsilon_0 \mu_0 \frac{d\Phi_E}{dt}$$ 24.7

식 24.4는 가우스의 법칙이다. 어떤 닫힌 곡면을 통과하는 전체 전기선속은 그 곡면 내부의 알짜 전하를 ϵ_0로 나눈 것과 같다. 이 법칙은 전기장과 전기장을 만들어낸 전하 분포를 연관시킨다.

식 24.5는 자기에 대한 가우스의 법칙이며 닫힌 곡면을 통과하는 알짜 자기선속(또는 자속)은 영이라는 것을 나타낸다. 즉 닫힌 공간을 들어가는 자기력선의 수는 그 공간을 나오는 자기력선의 수와 같아야 한다는 것이며, 이것은 자기력선은 어떤 점에서도 시작하거나 끝날 수 없다는 것을 의미한다. 만일 그럴 수 있다면 그 지점에 고립된 자기 홀극이 존재한다는 것을 의미한다. 자연에서 자기 홀극이 관측된 적이 없다는 사실이 식 24.5를 확증하는 셈이다.

식 24.6은 자기선속이 변하면 전기장을 만들 수 있다는 것을 나타내는 패러데이의 유도 법칙이다. 이 법칙은 임의의 닫힌 경로를 따라 전기장을 선적분한 값인 기전력이 그 경로로 둘러싸인 임의의 표면을 통과하는 자기선속의 시간에 대한 변화율과 같다는 것이다. 패러데이의 법칙에서 나오는 결론 중 하나는 시간에 따라 변하는 자기장 내에 놓인 고리 도선 속에는 전류가 유도된다는 것이다.

식 24.7은 앙페르-맥스웰 법칙이며, 전기장의 변화와 전류가 자기장을 어떻게 유도하는지를 표현한 것이다. 임의의 닫힌 경로를 따라 자기장을 선적분한 것은 그 경로를 관통하는 알짜 전류에 μ_0을 곱한 것에다 그 경로로 둘러싸인 임의의 표면을 통과하는 전기선속의 시간 변화율에 $\epsilon_0 \mu_0$을 곱한 것을 더한 것과 같다.

일단 공간 속의 한 점에서 전기장과 자기장을 알면, 전하 q인 입자에 작용하는 힘은 다음 식으로 계산할 수 있다.

▶ 로렌츠 힘의 법칙

$$\vec{F} = q\vec{E} + q\vec{v} \times \vec{B}$$ 24.8

이 관계식을 **로렌츠 힘의 법칙**(Lorentz force law)이라 한다(이 식을 식 22.6에서 본적이 있을 것이다). 맥스웰 방정식들과 이 방정식이 진공에서 일어나는 모든 고전적인 전자기적 상호 작용을 완벽하게 설명한다.

맥스웰 방정식들의 대칭성에 주목하자. 식 24.4와 24.5는 식 24.5에 자기 홀극 항들이 없다는 점을 제외하고는 대칭적이다. 또 식 24.6과 24.7은 임의의 닫힌 경로를 따라 $\vec{E}$와 $\vec{B}$를 선적분한 값이 각각 자기선속과 전기선속의 변화율과 연관되어 있다는 점에서 대칭적이다. 맥스웰 방정식들은 전자기뿐만 아니라 모든 과학에 기본적으로 중요하다. 헤르츠는 "우리는 이들 수식이 독립적인 존재성과 그 자신의 지성을 가지고 있고, 우리보다 더 현명할 뿐만 아니라 그것을 발견한 사람들보다도 더 현명하며, 우리가 노력한 것보다 더 많은 것을 이 수식으로부터 얻어낸다고 생각하지 않을 수 없다"고 기록하기도 했다.

다음 절에서 배우겠지만 식 24.6과 24.7을 결합해서 전기장 및 자기장의 파동 방정식을 유도할 수 있다. $q = 0$이고, $I = 0$인 진공에서 두 방정식의 해를 보면 전자기파의 진행 속력은 측정된 빛의 속력과 같다는 것을 알 수 있다. 이 결과 때문에 맥스웰은 빛이 전자기파의 일종이라는 주장을 하게 된다.

헤르츠는 맥스웰의 예측을 증명하는 실험을 했다. 헤르츠가 전자기파를 발생시키고 검출하는 데 사용한 실험 장치들을 그림 24.3에 간략하게 나타냈다. 좁은 간격을 두고 떨어져 있는 두 개의 구형 전극으로 구성된 송신기에 유도 코일이 연결되어 있다. 코일은 전극에 짧고 급격한 전압 상승을 일으켜서 한 전극은 양으로, 다른 전극은 음으로 만든다. 두 전극 근처의 전기장 중 하나가 공기의 유전 강도($3 \times 10^6 \text{ V/m}$)를 넘어서면 방전이 일어난다(표 20.1 참조). 강한 전기장 속에서 자유 전자는 가속되어 어떤 분자들과 충돌하더라도 이온화시킬 수 있을 정도의 에너지를 갖게 된다. 이런 이온화는 더 많은 전자들을 제공하고 이들은 가속되어 더 많은 이온화를 일으킨다. 간극의 공기는 이온화되면 훨씬 더 좋은 전도체가 되고 전극 사이의 방전은 높은 주파수로 진동한다. 전기 회로의 관점에서 보면, 이것은 코일의 자체 유도 계수를 가지고 구형 전극들의 전기 용량을 가진 LC 회로와 같다. 21.9절의 RC 회로에 키르히호프 고리 법칙을 적용한 것과 마찬가지로 LC 회로에 키르히호프 고리 법칙을 적용하면, LC 회로에서의 전류는 다음과 같은 각주파수로 단조화 운동을 한다.

$$\omega = \frac{1}{\sqrt{LC}} \qquad\qquad 24.9$$

헤르츠의 장치에서 L과 C가 작으므로 주파수는 100 MHz 정도로 매우 높다. 전자기파는 송신기 회로 속의 자유 전하들의 진동(따라서 가속도) 때문에 이런 주파수로 복사된다. 헤르츠는 이런 파동들을 스파크 간극을 가진 한 개의 도선 고리(수신기)를 이용해서 검출할 수 있었다. 송신기에서 몇 미터 떨어진 곳에 놓인 이런 수신 고리는 유도 계수, 전기 용량 그리고 고유 진동의 주파수를 가지고 있다. 헤르츠의 실험에서 수신기의 주파수를 송신기의 주파수에 맞췄더니 수신 전극들의 간극에서 스파크가 일어났다. 그러므로 수신기에 유도된 진동하는 전류는 송신기에서 복사된 전자기파

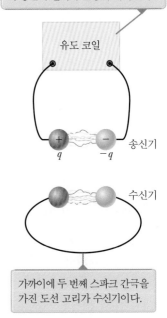

좁은 간격을 두고 떨어져 있는 두 개의 구형 전극으로 구성된 송신기에 연결된 유도 코일이 전극에 짧고 급격한 전압 상승을 일으켜 전극 사이에 방전이 일어나 진동이 시작된다.

유도 코일

송신기

수신기

가까이에 두 번째 스파크 간극을 가진 도선 고리가 수신기이다.

그림 24.3 전자기파를 생성하고 검출하는 헤르츠의 실험 장치 개략도

© Book's-Hill

헤르츠
Heinrich Rudolf Hertz, 1857~1894
독일의 물리학자

헤르츠는 1887년에 전자기파의 발견이라는 가장 중요한 업적을 남겼다. 전자기파의 속력이 빛의 속력과 같다는 것을 발견한 뒤, 헤르츠는 전자기파도 광파처럼 반사, 굴절, 회절될 수 있다는 것을 보였다. 초당 한 번 이루어지는 완전한 진동, 즉 사이클을 나타내는 헤르츠(Hz) 단위는 그의 이름을 따서 명명된 것이다.

에 의해 생긴 것임을 헤르츠는 실험으로 증명했다. 헤르츠의 실험은 소리굽쇠가 진동수가 같은 다른 소리굽쇠에서 발생된 음파에 반응하는 것과 유사하다.

또한 헤르츠는 일련의 실험에서 자신의 스파크 간극 장치에서 발생된 복사(radiation)가 간섭, 회절, 반사, 굴절 그리고 편광 같은 파동적 성질을 보인다는 것을 증명했다. 이런 모든 성질은 이 장과 25~27장에서 보겠지만 빛이 가지고 있는 성질이다. 그러므로 헤르츠가 발생시켰던 라디오-주파수의 파동들은 광파와 유사한 성질들을 가졌고 다만 주파수와 파장만 다르다는 것이 분명해졌다. 아마 헤르츠의 가장 설득력 있는 실험은 이 복사의 속력 측정이었을 것이다. 주파수를 아는 파동을 금속판에 반사시켜서 마디들을 측정할 수 있는 정상파 간섭 무늬를 만들었다. 마디 사이의 거리를 측정해서 파장을 구할 수 있었다. 식 $v = \lambda f$ (식 13.12)를 이용해서 헤르츠는 v가 가시광선의 알려진 속력 c인 $3 \times 10^8 \, \mathrm{m/s}$에 가깝다는 것을 발견했다.

▶ 생각하는 물리 24.1

라디오 전송에서는 라디오파가 반송파가 되고 음파는 반송파 위에 얹혀진다. 진폭 변조의 경우(AM 라디오)에는 반송파의 진폭이 음파에 따라 변한다. (**변조**라는 단어는 변화를 의미한다.) 주파수 변조의 경우(FM 라디오)에는 반송파의 주파수가 음파에 따라 변한다. 해군에서는 전등을 이용해서 모스 부호를 보내어 근처에 있는 배와 통신을 하기도 하는데, 이는 라디오 방송과 비슷하다. 이 과정은 AM인가 FM인가? 반송 주파수는 무엇인가? 신호 주파수는? 전송 안테나는 무엇인가? 수신 안테나는 무엇인가?

추론 모스 부호에 따라 전등을 깜박이는 것은 극단적인 진폭 변조에 해당한다. 왜냐하면 진폭이 최댓값과 영 사이에서 변하고 있기 때문이다. 이런 의미에서 컴퓨터나 CD에서 사용하는 0과 1의 이진법 부호와 같다. 반송 주파수는 빛의 주파수이고, $10^{14} \, \mathrm{Hz}$정도 된다. 신호 주파수는 신호를 보내는 사람의 능력에 따라 다르기는 하지만 수 헤르츠 정도 된다. 이 변조파의 안테나는 신호 발생기 안에 있는 전구의 필라멘트이다. 수신 안테나는 눈이다. ◀

▌ 24.3 | 전자기파 Electromagnetic Waves

전자기학에 대한 통일 이론에서 맥스웰은 시간에 의존하는 전기장과 자기장이 선형 파동 방정식을 만족하는 것을 보였다(역학적 파동에 대한 선형 파동 방정식은 식 13.20이다). 그의 이론의 가장 중요한 결론 중 하나는 **전자기파**(electromagnetic wave)의 존재에 대한 예측이다.

맥스웰 방정식들은 진동하는 전기장과 자기장으로 이루어진 전자기파의 존재를 예측한다. 진동하는 전기장과 자기장은 서로를 유도함으로써 파동의 전파를 가능하게 한다. 즉 전기장의 변화가 자기장을 유도하고, 자기장의 변화가 전기장을 유도한다. 그림 24.4와 같이 어떤 순간에 한 점에서의 벡터 $\vec{E}$와 $\vec{B}$는 서로에게 수직이고 진행 방향에 수직이다. 진행 방향은 벡터곱 $\vec{E} \times \vec{B}$의 방향과 같으며, 24.4절에서 자세히 다룰 예정이다.

그림 24.4에서는 $+x$ 방향으로 진행하는 전자기파를 택했다. 또한 전기장 벡터를 y

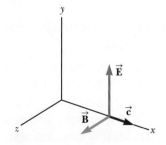

그림 24.4 $+x$ 방향으로 속도 $\vec{c}$로 진행하는 파동의 어떤 점에서의 전기장과 자기장. 두 장은 x와 t에만 의존한다.

축에 평행하게 택했다. 이렇게 정하게 되면, 그림 24.4에서 보듯이 자기장 $\vec{\mathbf{B}}$는 z 방향으로 정해진다. 전기와 자기장이 특정한 방향과 평행하게 제한된 이런 파동을 **선형 편광파**(linearly polarized waves)라고 한다. 또한 그림 24.4에 있는 공간상 어떤 점에서도 장의 크기 E와 B는 x와 t에만 의존하고 y와 z에는 의존하지 않는다고 가정하자.

또 전자기파는 yz 평면상 **임의의** 점에서(그림 24.4처럼 원점에서만이 아니라) 복사되어 x 방향으로 진행하고, 그런 **모든** 파동들은 같은 위상으로 출발한다고 하자. 파동이 진행하는 방향을 따라가는 선을 **광선**(ray)이라 정의하면 이런 파동들의 모든 광선들은 평행하다. 이런 파동들의 집단 전체를 **평면파**(plane wave)라 한다. **파면**(wave front)이라고 하는 모든 파동에서 위상이 같은 점들을 잇는 면은 기하학적 평면이 된다. 반면에 복사의 점원(point source)은 모든 방향으로 방사상 형태로 파동들을 내보낸다. 이 경우 위상이 같은 점들을 잇는 면은 구가 되므로 이것을 **구면파**(spherical wave)라 한다.

패러데이의 법칙인 식 24.6에서 시작해서 전자기파를 예측해 보자.

$$\oint \vec{\mathbf{E}} \cdot d\vec{\mathbf{s}} = -\frac{d\Phi_B}{dt}$$

또 전기장 $\vec{\mathbf{E}}$이 $+y$ 방향, 그리고 자기장 $\vec{\mathbf{B}}$이 $+z$ 방향인 x 방향으로 진행하는 전자기파를 가정해 보자.

그림 24.5처럼 너비가 dx이고, 높이가 ℓ인 xy 평면 위의 직사각형을 생각해 보자. 식 24.6을 적용하기 위해, 파동이 직사각형을 통해 지나가는 순간에 이 직사각형을 따라 반시계 방향으로 $\vec{\mathbf{E}} \cdot d\vec{\mathbf{s}}$의 선적분을 계산해야 한다. 직사각형의 윗변과 아랫변 부분에서는 $\vec{\mathbf{E}}$와 $d\vec{\mathbf{s}}$가 수직이기 때문에 선적분 값이 영이 된다. 직사각형의 오른쪽 변에서 전기장은 다음과 같이 표현할 수 있다.

$$E(x + dx) \approx E(x) + \frac{dE}{dx}\bigg|_{t \, \text{constant}} dx = E(x) + \frac{\partial E}{\partial x} dx$$

여기서 $E(x)$는 이 순간에 직사각형의 좌변에서 전기장이다.[2] 따라서 이 직사각형에 대한 선적분은 근사적으로 다음과 같다.

$$\oint \vec{\mathbf{E}} \cdot d\vec{\mathbf{s}} = [E(x + dx)]\ell - [E(x)]\ell \approx \ell\left(\frac{\partial E}{\partial x}\right) dx \qquad \textbf{24.10}$$

자기장은 z 방향이기 때문에, 넓이 $\ell \, dx$인 직사각형을 통과하는 자기선속은 근사적으로 $\Phi_B = B\ell \, dx$이다(이 경우 dx가 파동의 파장에 비해 매우 작다고 가정한다). 자기선속을 시간에 대해 미분하면 다음을 얻는다.

$$\frac{d\Phi_B}{dt} = \ell \, dx \frac{dB}{dt}\bigg|_{x \, \text{constant}} = \ell \, dx \frac{\partial B}{\partial t} \qquad \textbf{24.11}$$

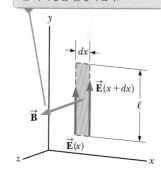

$\vec{\mathbf{E}}$의 이런 공간적 변화는 식 24.12에 따라 z 방향의 시간에 따라 변하는 자기장을 발생시킨다.

그림 24.5 너비가 dx이고 xy 평면에 놓인 직사각형 경로를 $+x$ 방향으로 진행하는 평면파가 통과하는 순간, y축 방향의 전기장은 $\vec{\mathbf{E}}(x)$에서 $\vec{\mathbf{E}}(x + dx)$까지 변한다.

오류 피하기 | 24.1

한 개의 파동은 무엇인가? 파동 한 개의 의미는 무엇인가? '파동'이란 (이 교재에서 yz 평면상의 한 점에서 복사되는 파동이라고 할 때와 같이) 하나의 점원으로부터 방출되는 것을 의미하기도 하고, (이 교재에서 '평면파'의 경우와 같이) 파원의 모든 점에서 복사되는 파동의 집합을 의미하기도 한다. 여러분은 파동이라는 용어를 두 의미로 사용할 수 있어야 하며 문맥으로부터 어떤 것을 의미하는지 알 수 있어야 한다.

---

[2] 이 방정식에서 dE/dx는 주어진 시간 t에 위치 x에 따른 E의 변화를 뜻하기 때문에, dE/dx는 편미분 도함수 $\partial E/\partial x$와 같다. 마찬가지로 dB/dt는 특정 지점 x에서 시간 t에 따른 B의 변화를 나타내기 때문에, 식 24.11에서 dB/dt는 $\partial B/\partial t$로 바꿀 수 있다.

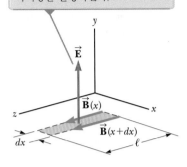

$\vec{\mathbf{B}}$의 이런 공간적 변화는 식 24.15에 따라 y 방향의 시간에 따라 변하는 자기장을 발생시킨다.

그림 24.6 너비가 dx이고 xz 평면에 놓인 직사각형 경로를 진행하는 평면파가 통과하는 순간, z 방향의 자기장은 $\vec{\mathbf{B}}(x)$에서 $\vec{\mathbf{B}}(x+dx)$까지 변한다.

식 24.10과 24.11을 식 24.6에 대입하면 다음과 같다.

$$\ell \left(\frac{\partial E}{\partial x} \right) dx = -\ell \, dx \, \frac{\partial B}{\partial t}$$

$$\frac{\partial E}{\partial x} = -\frac{\partial B}{\partial t} \qquad\qquad \text{24.12}$$

비슷한 방법으로 진공에서 네 번째 맥스웰 방정식인 식 24.7에서 출발해서 두 번째 식을 유도할 수 있다. 이 경우에는 그림 24.6처럼, 너비가 dx이고 길이가 ℓ인 xz 평면 위의 직사각형을 따라 $\vec{\mathbf{B}} \cdot d\vec{\mathbf{s}}$의 선적분을 구해야 한다. 너비 dx만큼 위치가 변할 때 자기장의 크기는 $B(x)$에서 $B(x+dx)$로 변하고 선적분의 방향은 그림 24.6의 위에서 볼 때 반시계 방향으로 선택하면, 이 직사각형을 따라 선적분한 값은 근사적으로

$$\oint \vec{\mathbf{B}} \cdot d\vec{\mathbf{s}} = [B(x)]\ell - [B(x+dx)]\ell \approx -\ell \left(\frac{\partial B}{\partial x} \right) dx \qquad\qquad \text{24.13}$$

이다. 직사각형을 통과하는 전기선속은 $\Phi_E = E\ell \, dx$이고, 시간에 대해서 미분하면

$$\frac{\partial \Phi_E}{\partial t} = \ell \, dx \, \frac{\partial E}{\partial t} \qquad\qquad \text{24.14}$$

이다. 식 24.13과 24.14를 식 24.7에 대입하면 다음을 얻는다.

$$-\ell \left(\frac{\partial B}{\partial x} \right) dx = \mu_0 \epsilon_0 \ell \, dx \left(\frac{\partial E}{\partial t} \right)$$

$$\frac{\partial B}{\partial x} = -\mu_0 \epsilon_0 \frac{\partial E}{\partial t} \qquad\qquad \text{24.15}$$

식 24.12를 x에 대해 미분한 다음, 식 24.15와 결합시키면

$$\frac{\partial^2 E}{\partial x^2} = -\frac{\partial}{\partial x} \left(\frac{\partial B}{\partial t} \right) = -\frac{\partial}{\partial t} \left(\frac{\partial B}{\partial x} \right) = -\frac{\partial}{\partial x} \left(-\mu_0 \epsilon_0 \frac{\partial E}{\partial t} \right)$$

$$\frac{\partial^2 E}{\partial x^2} = \mu_0 \epsilon_0 \frac{\partial^2 E}{\partial t^2} \qquad\qquad \text{24.16}$$

를 얻는다. 같은 방법으로 식 24.15를 x에 대해 미분한 다음, 식 24.12와 결합하면

$$\frac{\partial^2 B}{\partial x^2} = \mu_0 \epsilon_0 \frac{\partial^2 B}{\partial t^2} \qquad\qquad \text{24.17}$$

를 얻는다. 식 24.16과 24.17은 둘 다 파동의 속력 v를 c로 바꾼 일반적인 파동 방정식[3] 모양을 하고 있다. 여기서

▶ 전자기파의 속력

$$c = \frac{1}{\sqrt{\mu_0 \epsilon_0}} \qquad\qquad \text{24.18}$$

---

[3] 선형 파동 방정식의 모양은 $(\partial^2 y / \partial x^2) = (1/v^2)(\partial^2 y / \partial t^2)$이고, 여기서 v는 파동의 속력, y는 파동 함수이다. 선형 파동 방정식은 식 13.20으로 소개됐으며, 13.2절을 복습하면 도움이 될 것이다.

이 속력의 값을 계산해 보자.

$$c = \frac{1}{\sqrt{(4\pi \times 10^{-7}\,\mathrm{T \cdot m/A})(8.854\,19 \times 10^{-12}\,\mathrm{C^2/N \cdot m^2})}}$$

$$= 2.997\,92 \times 10^8\,\mathrm{m/s}$$

이 속력이 진공 속의 빛의 속력과 정확히 같으므로, 빛이 전자기파라고 믿을 수 있다.

식 24.16과 24.17의 가장 간단한 해는 사인형 파동으로서, 장의 크기 E와 B가 x와 t에 대해 다음과 같이 변한다.

$$E = E_{\max} \cos(kx - \omega t) \qquad\qquad \textbf{24.19}$$

$$B = B_{\max} \cos(kx - \omega t) \qquad\qquad \textbf{24.20}$$

▶ 사인형 전기장과 자기장

여기서 $E_{\max}$와 $B_{\max}$는 장의 최댓값이다. 각파수(angular wave number)는 $k = 2\pi/\lambda$이고, 각주파수는 $\omega = 2\pi f$이다. 여기서 λ는 파장이고 f는 주파수이다. 비 ω/k는 전자기파의 속력 c와 같다.

$$\frac{\omega}{k} = \frac{2\pi f}{2\pi/\lambda} = \lambda f = c$$

여기서는 연속적인 파동의 속력, 주파수 그리고 파장을 연결하는 식 13.12 $v = c = \lambda f$를 사용했다. 그러므로 전자기파의 경우, 이들 파동의 파장과 주파수는 다음과 같이 연결되어 있다.

$$\lambda = \frac{c}{f} = \frac{3.00 \times 10^8\,\mathrm{m/s}}{f} \qquad\qquad \textbf{24.21}$$

그림 24.7은 $+x$ 방향으로 진행하는 사인형의 선편광된 평면파의 어느 순간을 그림으로 나타낸 것이다.

식 24.19와 24.20을 각각 x와 t에 대해 편미분하면

$$\frac{\partial E}{\partial x} = -kE_{\max}\sin(kx - \omega t)$$

$$\frac{\partial B}{\partial t} = \omega B_{\max}\sin(kx - \omega t)$$

가 된다. 이 결과들을 식 24.12에 대입하면, 임의의 시간에

$$kE_{\max} = \omega B_{\max}$$

$$\frac{E_{\max}}{B_{\max}} = \frac{\omega}{k} = c$$

가 성립한다. 이들 결과를 식 24.19와 24.20과 함께 사용하면

$$\boxed{\frac{E_{\max}}{B_{\max}} = \frac{E}{B} = c} \qquad\qquad \textbf{24.22}$$

가 성립한다. 즉 매 순간에 전자기파의 자기장 크기에 대한 전기장 크기의 비는 빛의 속력과 같다.

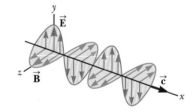

그림 24.7 속력 c로 $+x$ 방향으로 진행하는 사인형 전자기파

오류 피하기 | 24.2

$\vec{E}$는 $\vec{B}$보다 강한가? c가 매우 크기 때문에 어떤 학생들은 전기장이 자기장보다 더 강하다는 의미로 식 24.22를 잘못 해석한다. 전기장과 자기장은 서로 다른 단위로 측정되므로 이들을 바로 비교할 수 없다. 24.4절에서 우리는 전기장과 자기장이 똑같이 파동 에너지에 기여하는 것을 볼 수 있다.

마지막으로 전자기파는 E와 B가 만족시키는 미분 방정식이 선형 방정식이기 때문에 (14.1절에서 역학적 파동의 경우에 설명했던) 중첩의 원리를 따른다. 예를 들어 같은 주파수와 편광을 가진 두 파동을, 이들의 전기장의 크기를 그냥 대수적으로 더해서, 합성파를 구할 수 있다.

빛에 대한 도플러 효과 Doppler Effect for Light

전자기파의 또 하나의 특징은 관측된 파동의 주파수가 파원과 관찰자의 상대적 움직임이 있을 때 이동한다는 것이다. 도플러 효과로 알려진 이 현상은 13장에서 음파의 경우에 한해 소개됐다. 음파의 경우는 전파 매질에 대한 음원의 운동이 매질에 대한 관측자의 운동과 구별될 수 있다. 그러나 빛의 경우는 달리 해석되어야 한다. 왜냐하면 빛은 전파 매질이 없기 때문에 광원의 운동과 관측자의 운동을 구별할 방법이 없다.

광원과 관측자가 상대 속력 v로 서로 접근하면, 관측자가 측정하는 주파수 f'은 다음과 같다.

▶ 전자기파에 대한 도플러 효과

$$f' = \sqrt{\frac{c+v}{c-v}}\, f \qquad\qquad 24.23$$

여기서 f는 정지 기준틀에서 측정한 광원의 주파수이다. 이 도플러 이동을 나타내는 식은 음원에 대한 도플러 이동식과는 달리 광원과 관측자 간의 상대 속력 v에만 의존하고 빛의 속력 c에 가까운 상대 속력의 경우에 성립한다. 예상대로 광원과 관측자가 서로 접근할 때는 $f' > f$가 된다. 광원과 관측자가 멀어지는 경우는 위의 식 24.23에서 v의 값을 음으로 하면 된다.

전자기파에 대한 도플러 효과의 가장 놀랍고도 경이로운 사실은 은하계와 같은 매우 빠른 속력으로 움직이는 우주 공간에 있는 물체에서 방출되는 빛의 주파수가 지구에서는 원래 주파수와 다르게 측정된다는 것이다. 원자에서 정상적으로 방출된 빛의 스펙트럼에서 보라색 영역 끝단의 빛이 다른 은하계에 있는 원자에서 방출될 경우는 빨간색 끝단으로 이동되어 관측된다. 이것은 이들 은하가 우리로부터 **멀어지고** 있다는 증거이다. 미국의 천문학자 허블(Edwin Hubble, 1889~1953)은 이 **적색 이동**을 광범위하게 측정해서 대부분의 은하계가 우리로부터 멀어지고 있고, 따라서 우주는 팽창한다고 확신했다.

예제 24.1 | 전자기파

주파수 40.0 MHz인 사인형 전자기파가 그림 24.8처럼 진공 속을 x 방향으로 진행한다.

(A) 파동의 파장과 주기를 구하라.

풀이

개념화 전기장과 자기장이 같은 위상을 가지고 진동하면서 x

축 방향으로 진행하는 그림 24.8의 파동을 상상해 보자.

분류 이들 결과는 이 절에서 구한 식들을 이용해서 계산할 수 있으므로 예제를 대입 문제로 분류한다.

식 24.21을 이용해서 파동의 파장을 구한다.

$$\lambda = \frac{c}{f} = \frac{3.00 \times 10^8 \text{ m/s}}{40.0 \times 10^6 \text{ Hz}} = \boxed{7.50 \text{ m}}$$

주파수의 역수인 파동의 주기 T를 구한다.

$$T = \frac{1}{f} = \frac{1}{40.0 \times 10^6 \text{ Hz}} = \boxed{2.50 \times 10^{-8} \text{ s}}$$

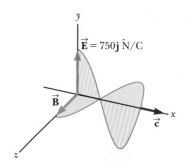

그림 24.8 (예제 24.1) 어떤 순간에 x 방향으로 진행하는 평면 전자기파의 최대 전기장이 $+y$ 방향으로 750 N/C이다.

(B) 어떤 순간에 어떤 지점의 전기장의 크기가 750 N/C으로 최대이고 $+y$ 방향이다. 그 순간 그 지점에서 자기장의 크기와 방향을 계산하라.

풀이

식 24.22를 이용해서 자기장의 크기를 구한다.

$$B_{\text{max}} = \frac{E_{\text{max}}}{c} = \frac{750 \text{ N/C}}{3.00 \times 10^8 \text{ m/s}} = \boxed{2.50 \times 10^{-6} \text{ T}}$$

$\vec{\mathbf{E}}$와 $\vec{\mathbf{B}}$는 서로 수직이어야 하고 파동의 진행 방향(이 경우 x 방향)과도 수직이어야 하므로, $\vec{\mathbf{B}}$는 z 방향이어야 한다.

(C) 그림 24.8에서 어떤 관측자가 x축 상에서 오른쪽 먼 곳으로부터 왼쪽으로 0.500 c의 속력으로 움직인다. 이 관측자가 측정하는 전자기파의 주파수는 얼마인가?

풀이

관측되는 주파수를 알기 위해 도플러 효과에 대한 식 24.23을 사용한다.

$$f' = \sqrt{\frac{c+v}{c-v}} \, f = 40.0 \text{ MHz} \sqrt{\frac{c+(+0.500c)}{c-(+0.500c)}}$$

$$= \boxed{69.3 \text{ MHz}}$$

관측자가 광원을 향해 움직이므로 v는 양수이다.

▌**24.4** | **전자기파가 운반하는 에너지** Energy Carried by Electromagnetic Waves

13.5절에서 역학적 파동이 에너지를 운반함을 봤다. 전자기파도 또한 에너지를 운반하며, 공간을 퍼져 나가면서 자신의 경로에 놓여 있는 물체에 에너지를 전달할 수 있다. 이런 개념은 7장에서 에너지 보존 식에서 에너지의 전달 메커니즘을 논의하는 과정에서 도입됐으며, 17장에서 열복사를 논의하는 과정에서 다시 한 번 언급됐다. 전자기파에서 에너지의 흐름률은 **포인팅 벡터**(Poynting vector)라 부르는 벡터 $\vec{\mathbf{S}}$에 의해서 기술되며 다음과 같이 정의된다.

$$\vec{\mathbf{S}} \equiv \frac{1}{\mu_0} \vec{\mathbf{E}} \times \vec{\mathbf{B}}$$

24.24   ▶ 포인팅 벡터

포인팅 벡터의 크기는 에너지가 파동의 진행 방향에 수직인 단위 넓이를 통과하며 흐르는 비율을 나타낸다(그림 24.9). 따라서 포인팅 벡터는 **단위 넓이당 일률**을 나타낸다. 포인팅 벡터의 SI 단위는 $\text{J/s} \cdot \text{m}^2 = \text{W/m}^2$이다.

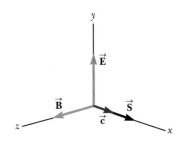

그림 24.9 평면 전자기파의 포인팅 벡터 $\vec{S}$는 파동의 진행 방향을 향한다.

▶ **파동의 세기**

예를 들어 평면파에 대한 $\vec{S}$의 크기를 구해보자. $\vec{E}$와 $\vec{B}$는 서로 수직이므로 $|\vec{E} \times \vec{B}| = EB$이다. 이 경우

$$S = \frac{EB}{\mu_0} \qquad 24.25$$

$B = E/c$이므로 포인팅 벡터의 크기는 다음과 같음을 알 수 있다.

$$S = \frac{E^2}{\mu_0 c} = \frac{cB^2}{\mu_0}$$

S에 대한 이런 식들은 어떤 순간에도 적용된다.

사인형 전자기파(식 24.19와 24.20)에 대해서 보다 중요한 물리량은 한 주기 또는 여러 주기에 대한 S의 평균값이며, 단위 넓이당 평균 일률인 이것이 **세기**(intensity) I이다. 평균값을 구하기 위해서는 $\cos^2(kx - \omega t)$의 시간에 대한 평균값이 필요하며, 평균값은 $\frac{1}{2}$이다. 따라서 S의 평균값(또는 파동의 세기)은

$$I = S_{avg} = \frac{E_{max} B_{max}}{2\mu_0} = \frac{E_{max}^2}{2\mu_0 c} = \frac{cB_{max}^2}{2\mu_0} \qquad 24.26$$

단위 부피당 에너지 u_E, 즉 전기장과 관련된 순간 에너지 밀도는 식 20.31로 주어진다.

$$u_E = \frac{1}{2}\epsilon_0 E^2 \qquad 24.27$$

그리고 자기장과 관련된 순간 에너지 밀도 u_B는 식 23.22로 주어진다.

$$u_B = \frac{B^2}{2\mu_0} \qquad 24.28$$

전자기파의 경우 E와 B가 시간에 따라 변하므로 에너지 밀도 또한 시간에 따라 변한다. $B = E/c$이고 $c = 1/\sqrt{\epsilon_0 \mu_0}$이므로 식 24.28은 다음과 같이 쓸 수 있다.

$$u_B = \frac{(E/c)^2}{2\mu_0} = \frac{\mu_0 \epsilon_0}{2\mu_0}E^2 = \frac{1}{2}\epsilon_0 E^2$$

이 결과를 u_E에 대한 표현식과 비교하면 다음과 같다.

$$u_B = u_E$$

즉 전자기파의 순간 자기장 에너지 밀도는 순간 전기장 에너지 밀도와 같다. 따라서 어떤 공간에서도 전기장과 자기장에 관련된 에너지는 같다.

전체 순간 에너지 밀도(total instantaneous energy density) u는 두 장과 관련된 순간 에너지 밀도의 합과 같다.

▶ **전자기파의 전체 순간 에너지 밀도**

$$u = u_E + u_B = \epsilon_0 E^2 = \frac{B^2}{\mu_0}$$

이 식을 한 주기 또는 여러 주기에 대해 평균하면 $\frac{1}{2}$을 곱해야 한다.

$$u_{avg} = \epsilon_0 (E^2)_{avg} = \frac{1}{2} \epsilon_0 E_{max}^2 = \frac{B_{max}^2}{2\mu_0} \qquad \textbf{24.29} \quad \blacktriangleright \text{전자기파의 평균 에너지 밀도}$$

이 식을 S의 평균값에 대한 표현식인 식 24.26과 비교하면 다음과 같다.

$$I = S_{avg} = cu_{avg} \qquad \textbf{24.30}$$

다시 말하면 전자기파의 세기는 평균 에너지 밀도에 빛의 속력을 곱한 것과 같다.

▌**퀴즈 24.2** 전자기파가 $-y$ 방향으로 진행하고 있다. 공간 속의 한 점에서의 전기장이 순간적으로 $+x$ 방향을 향하고 있다. 그 지점에서 그 순간 자기장은 어느 방향을 향하고 있는가? (**a**) $-x$ 방향 (**b**) $+y$ 방향 (**c**) $+z$ 방향 (**d**) $-z$ 방향

▌**퀴즈 24.3** 평면 전자기파에 대한 다음 물리량 중 시간에 따라 변하지 않는 것은? (**a**) 포인팅 벡터의 크기 (**b**) 에너지 밀도 u_E (**c**) 에너지 밀도 u_B (**d**) 세기 I

▌**예제 24.2 | 종이 위의 전자기장**

책상 전등에서 나오는 가시광선이 종이 위로 입사될 때, 이 빛의 전기장과 자기장의 최대 크기를 추정해 보라. 단, 전구를 전기 도선을 통해 입력되는 에너지를 가시광선 형태의 에너지로 변환시켜 방출하는데 5 %의 효율을 가진 점광원으로 취급한다.

풀이

개념화 전구의 필라멘트는 전자기 복사를 방출한다. 전구가 밝을수록 전자기장들의 크기가 더 크다.

분류 전구를 점광원으로 취급한다면 모든 방향으로 똑같은 세기로 방출하므로, 전자기 복사는 구면파로 모형화할 수 있다.

분석 앞에서 세기는 단위 넓이당 평균 복사 일률이라는 것을 배웠다. 모든 방향으로 균일하게 복사하는 점광원의 경우, 일률은 광원으로부터 반지름 r인 구의 겉넓이 $4\pi r^2$에 균일하게 분포하게 된다. 따라서 파동의 세기 $I = P_{avg}/4\pi r^2$이다. 여기서 P_{avg}는 광원의 평균 일률이다.

I에 대한 이 식을 식 24.26으로 주어진 전자기파의 세기와 같다고 놓는다.

$$I = \frac{P_{avg}}{4\pi r^2} = \frac{E_{max}^2}{2\mu_0 c}$$

전기장의 크기에 대해 푼다.

$$E_{max} = \sqrt{\frac{\mu_0 c P_{avg}}{2\pi r^2}}$$

이제 이 식에 들어갈 숫자에 대한 몇 가지 가정을 하자. 만일 60 W 전구를 사용한다면, 5 % 효율의 경우 그 일률은 가시광선으로 약 3.0 W가 된다(나머지 에너지는 전도와 보이지 않는 복사에 의해 전구에서 나간다). 전구에서 종이까지의 거리는 대충 0.30 m 정도 된다고 하자.

이 값들을 대입한다.

$$E_{max} = \sqrt{\frac{(4\pi \times 10^{-7}\ \text{T} \cdot \text{m/A})(3.00 \times 10^8\ \text{m/s})(3.0\ \text{W})}{2\pi (0.30\ \text{m})^2}}$$

$$= 45\ \text{V/m}$$

식 24.22를 이용해서 자기장의 크기를 구한다.

$$B_{max} = \frac{E_{max}}{c} = \frac{45\ \text{V/m}}{3.00 \times 10^8\ \text{m/s}} = 1.5 \times 10^{-7}\ \text{T}$$

결론 이 자기장 크기는 지구 자기장의 1/100 정도로 작은 크기이다.

▌**24.5** | 운동량과 복사압 Momentum and Radiation Pressure

전자기파는 에너지뿐만 아니라 선운동량도 운반한다. 따라서 전자기파가 어떤 면에 입사되면 그 면에 압력이 작용한다. 아래의 논의에서는 전자기파가 표면에 수직으로 입사하고, 시간 Δt 동안에 표면에 전체 에너지 T_{ER}을 전달한다고 가정하자. 만약 표면이 이 시간 동안에 입사 에너지 T_{ER}을 흡수한다고 가정하는 경우, 맥스웰에 의하면 표면에 전달되는 전체 운동량 $\vec{\mathbf{p}}$의 크기는 다음과 같다.

▶ **완전 흡수 표면에 전달되는 운동량**

> **오류 피하기 | 24.4**
>
> p의 구분 이 교재에서 p는 운동량이고 P는 압력이다. 그리고 이 둘은 일률 P와 관계가 있다! 이 기호의 구분을 명확히 하도록 하자.

$$p = \frac{T_{ER}}{c} \qquad \text{(완전 흡수)} \qquad \text{24.31}$$

표면에 작용하는 복사압 P는 단위 넓이당 힘 F/A로 정의된다. 이 정의를 뉴턴의 제2법칙과 결합하면 다음과 같다.

$$P = \frac{F}{A} = \frac{1}{A}\frac{dp}{dt}$$

P는 복사에 의해서 표면에 전달되는 압력이며, 식 24.31을 이용하면 다음을 얻는다.

$$P = \frac{1}{A}\frac{dp}{dt} = \frac{1}{A}\frac{d}{dt}\left(\frac{T_{ER}}{c}\right) = \frac{1}{c}\frac{(dT_{ER}/dt)}{A}$$

$(dT_{ER}/dt)/A$가 단위 넓이당 표면에 에너지가 도달하는 비율, 즉 포인팅 벡터의 크기라는 것을 알 수 있다. 따라서 완전히 흡수하는 표면에 작용하는 복사압 P는 다음과 같다.

▶ **완전 흡수 표면에 작용하는 복사압**

$$P = \frac{S}{c} \qquad \text{(완전 흡수)} \qquad \text{24.32}$$

모든 입사 에너지를 흡수하는 (전혀 반사하지 않는) 흡수 표면을 **흑체**(black body)라 한다. 흑체에 대해서는 28장에서 자세히 다룰 예정이다.

앞 절에서 살펴본 것처럼, 전자기파의 세기 I는 S의 평균값과 같다(식 24.26). 따라서 평균 복사압을 다음과 같이 나타낼 수 있다.

$$P_{avg} = \frac{S_{avg}}{c} = \frac{I}{c} \qquad \text{(완전 흡수)} \qquad \text{24.33}$$

또한 S_{avg}는 단위 넓이당 일률을 의미하므로 넓이가 A인 표면에 전달된 평균 일률이 다음과 같음을 알 수 있다(이 절에서 P가 압력을 의미하기 때문에 '일률'로 쓴다).

$$(\text{일률})_{avg} = IA \qquad \text{(완전 흡수)} \qquad \text{24.34}$$

만약 표면이 완전한 반사면이라면, 표면에 수직으로 입사하는 경우 시간 Δt 동안에 표면에 전달되는 운동량은 식 24.31의 두 배인 $p = 2T_{ER}/c$이다. 즉 운동량 T_{ER}/c가 먼저 입사파에 의해서 그리고 다시 반사파에 의해서 표면에 전달되며, 이 과정은 공이 벽에 수직으로 탄성 충돌하는 경우와 비슷하다.[4] 따라서 완전 반사면에 수직으로 입사하는 경우 표면에 작용하는 복사압은 다음과 같이 식 24.32의 두 배이다.

$$P = \frac{2S}{c} \quad \text{(완전 반사)} \qquad 24.35$$

비록 복사압은 매우 작지만(직사 태양광선의 경우 약 $5 \times 10^{-6} \text{ N/m}^2$), 그림 24.10 과 같은 비틀림 천칭을 이용해서 측정할 수 있다. 빛이 가느다란 실에 매달려 있는 검은 원판이나 거울에 쪼여진다. 검은 원판에 쪼여진 빛은 완전히 흡수되어 운동량이 판에 전달된다. 거울에 수직으로 입사하는 빛은 완전히 반사되고 검은 원판에 전달되는 운동량의 두 배가 거울에 전달된다. 복사압은 검은 원판과 거울을 연결하는 수평 막대가 회전한 각도를 측정해서 결정한다. 공기의 흐름에 의한 영향을 배제하기 위해서 이 장치는 고진공 상태에 있어야 한다.

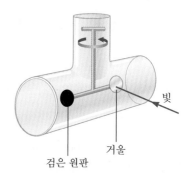

그림 24.10 빛에 의한 압력을 측정하는 장치. 실제로 이 장치는 고진공 상태에 있다.

▶ **퀴즈 24.4** 그림 24.10과 같은 장치에서 검은 원판을 반지름이 절반인 원판으로 바꾼다고 하자. 원판이 바뀐 후 다음 중 무엇이 달라지는가? (a) 그 판에 작용하는 복사압 (b) 그 원판에 작용하는 복사힘 (c) 어떤 시간 동안 그 원판에 전달되는 운동량

▶ **생각하는 물리 24.2**

태양계의 행성 사이의 공간에는 많은 먼지가 있다. 이론적으로는 분자 크기로부터 다양한 크기가 있을 수 있다. 그러나 태양계에는 $0.2 \ \mu m$ 정도보다 작은 크기의 먼지는 거의 없다. 왜 그럴까? (**힌트:** 태양계는 처음에는 모든 크기의 먼지들을 포함하고 있었다.)

추론 태양계의 먼지는 두 가지의 힘을 받는다. 하나는 태양 쪽을 향하는 만유인력이고, 다른 하나는 햇빛 때문에 생기는 복사압에 의한 힘으로서 방향은 태양으로부터 멀어지는 방향이다. 만유인력은 먼지 입자의 질량에 비례하기 때문에 구형 먼지입자의 반지름의 세제곱에 비례한다. 복사압은 먼지 입자의 단면의 크기에 비례하기 때문에 구형 먼지 입자의 반지름의 제곱에 비례한다. 큰 입자의 경우는 만유인력이 복사압에 의한 힘보다 크다. 크기가 $0.2 \ \mu m$보다 작은 먼지 입자 경우에는 복사압이 만유인력보다 크기 때문에 태양계 밖으로 휩쓸려 나간다. ◀

▶ **예제 24.3 | 태양 에너지**

태양은 지표면으로 약 $1\ 000 \text{ W/m}^2$의 에너지를 보낸다.

(A) 크기 $8.00 \text{ m} \times 20.0 \text{ m}$의 지붕에 입사하는 전체 일률을 구하라.

풀이

개념화 태양으로부터 에너지가 나와 지붕에 충돌하는 모습을 상상해 볼 수 있을 것이다. 이런 에너지 전달을 식 7.2에서 T_{ER}로 표현했다.

분류 이 절에서 얻은 식들을 이용하므로, 예제를 대입 문제로 분류한다.

포인팅 벡터의 평균 크기는 약 $I = S_{avg} = 1\ 000 \text{ W/m}^2$이고, 단위 넓이당 일률을 나타낸다. 태양광이 지붕에 수직으로 입사

---

[4] **비스듬하게** 입사하는 경우, 전달되는 운동량은 $2T_{ER}\cos\theta/c$이고, 압력은 $P = 2S\cos^2\theta/c$이다. 이때 θ는 빛의 진행 방향과 면의 법선 사이의 각도이다.

한다고 가정하면, 지붕 전체에 전달된 일률을 식 24.34를 이용해서 구할 수 있다.

$$(\text{일률})_{\text{avg}} = IA = (1\,000 \text{ W/m}^2)(8.00 \text{ m})(20.0 \text{ m})$$
$$= \boxed{1.60 \times 10^5 \text{ W}}$$

(B) 지붕이 태양광을 완전히 흡수한다고 가정하고, 지붕에 가해지는 복사압과 복사힘을 구하라.

풀이

식 24.33에 $I = 1\,000 \text{ W/m}^2$를 대입해서 지붕에 작용하는 평균 복사압을 구한다.

$$P_{\text{avg}} = \frac{I}{c} = \frac{1\,000 \text{ W/m}^2}{3.00 \times 10^8 \text{ m/s}} = \boxed{3.33 \times 10^{-6} \text{ N/m}^2}$$

압력은 단위 넓이당 작용하는 힘과 같으므로 지붕에 작용하는 복사힘을 구한다.

$$F = P_{\text{avg}} A = (3.33 \times 10^{-6} \text{ N/m}^2)(8.00 \text{ m})(20.0 \text{ m})$$
$$= \boxed{5.33 \times 10^{-4} \text{ N}}$$

예제 24.4 | 레이저 포인터의 압력

많은 사람들이 발표 시 청중의 주의를 스크린 위의 내용에 집중시키기 위해 레이저 포인터를 사용한다. 3.0 mW의 포인터가 지름 2.0 mm인 점을 스크린에 만든다면, 입사하는 빛의 70 %를 반사하는 스크린에 작용하는 복사압을 구하라. 일률 3.0 mW는 시간에 대한 평균값이다.

풀이

개념화 파동이 스크린에 부딪쳐 복사압이 작용하는 것을 생각한다. 복사압이 대단히 크지는 않을 것이다.

분류 이런 문제에서는, 70 % 반사율 때문에 좀 복잡하긴 하지만, 식 24.32 또는 24.35 같은 식들을 구할 때와 같은 접근법을 이용해서 복사압을 계산한다.

분석 이 문제를 분석하기 위해 먼저 빔의 포인팅 벡터의 크기를 결정한다.

전자기파로 전달되는 일률의 시간 평균을 빔의 단면의 넓이로 나눈다.

$$S_{\text{avg}} = \frac{(\text{일률})_{\text{avg}}}{A} = \frac{(\text{일률})_{\text{avg}}}{\pi r^2} = \frac{3.0 \times 10^{-3} \text{ W}}{\pi \left(\dfrac{2.0 \times 10^{-3} \text{ m}}{2} \right)^2}$$
$$= 955 \text{ W/m}^2$$

이제 레이저 빔에 의한 복사압을 결정하자. 식 24.35에 따르면 완전히 반사된 빔은 $P_{\text{avg}} = 2S_{\text{avg}}/c$만큼의 평균 압력을 가할 것이다. 실제 반사를 다음과 같이 나타낼 수 있다. 표면이

빔을 흡수해서 압력 $P_{\text{avg}} = S_{\text{avg}}/c$를 받는다고 가정하자. 다음에 표면이 빔을 방출해서 $P_{\text{avg}} = S_{\text{avg}}/c$의 압력을 더 받는다. 만일 표면이 빔의 일부 f (즉 f는 입사빔 중 반사된 양의 비율이다)만을 방출한다면, 방출된 빔에 의한 압력은 $P_{\text{avg}} = f S_{\text{avg}}/c$이다.

이 모형을 이용해서 흡수와 재방출(반사)에 의해 표면에 작용하는 전체 압력을 구한다.

$$P_{\text{avg}} = \frac{S_{\text{avg}}}{c} + f \frac{S_{\text{avg}}}{c} = (1 + f) \frac{S_{\text{avg}}}{c}$$

70 % 반사된 빔의 경우 압력을 구한다.

$$P_{\text{avg}} = (1 + 0.70) \frac{955 \text{ W/m}^2}{3.0 \times 10^8 \text{ m/s}} = \boxed{5.4 \times 10^{-6} \text{ N/m}^2}$$

결론 압력은 예상대로 엄청나게 작다 (15.1절에서 대기압은 약 10^5 N/m^2 정도라는 것을 배웠다). 포인팅 벡터의 크기 $S_{\text{avg}} = 955 \text{ W/m}^2$를 먼저 생각해 보자. 이것은 지표면의 태양광 세기와 비슷하다. 그 때문에 레이저 포인터 빔을 사람의 눈에 비추는 것은 안전하지 않다. 그것은 태양을 직접 바라보는 것보다 더 위험할 수 있다.

우주 돛단배 Space Sailing

다른 행성으로의 우주 여행을 생각할 때 우리는 우주선에 싣고 가는 화학 연료를 우주선의 운동 에너지로 바꾸는 로켓 엔진을 떠올린다. 이에 대한 흥미로운 대안은 **우주 돛단배**이다. 우주 돛단배에는 빛을 반사할 수 있는 대단히 큰 돛이 달려 있다. 우주선의 운동은 빛에 의해서 가해지는 압력, 즉 태양광의 반사에 의해서 돛에 가해지는 힘으로 결정된다. (미국 정부가 우주 돛단배 계획에 대한 예산을 삭감하기 전에 행한) 계산에 의하면 우주 돛단배는 보다 적은 비용으로 전통적 방법에 의한 시간과 비슷한 시간 안에 행성 사이를 오갈 수 있다.

계산에 의하면, 큰 돛을 단 실용적인 우주 돛단배에 작용하는 태양에 의한 복사힘의 크기는 우주선에 작용하는 만유인력의 크기와 같거나 약간 크다. 만약 이 두 힘의 크기가 같다면, 태양이 작용하는 안쪽 방향의 만유인력과 태양광에 의한 바깥 방향의 복사힘이 균형을 이루기 때문에 우주 돛단배를 평형 상태에 있는 입자로 모형화할 수 있다. 만약 우주선이 태양으로부터 멀어지는 방향의 처음 속도를 가지고 있었다면, 이 두 힘이 작용하는 상태에서 연료를 소모하지 않고 처음 속도의 방향으로 직선 운동을 할 것이다. 그러나 전통적인 우주선의 경우 로켓 엔진을 끈다면 태양이 작용하는 만유인력 때문에 감속 운동을 할 것이다. 돛에 작용하는 힘과 태양이 작용하는 만유인력 둘 다 태양 우주선 사이의 거리의 제곱에 반비례해서 감소한다. 따라서 이론적으로는 우주선의 직선 운동은 연료를 소모하지 않는 상태에서 영원히 계속될 것이다.

태양이 우주 돛단배에 작용하는 힘에 의한 운동을 이용하면 우주선이 알파 켄타우리에 도달하는데 10 000년이 걸릴 것이다. **복사 빔 추진 시스템**을 이용하면 이 시간을 30년에서 100년 정도로 줄일 수 있다. 이 방법에서는 지구 궤도를 도는 변환 장치를 이용해서 태양광을 모아서 레이저 빔이나 마이크로파를 만들어 우주선에 보낸다. 이 강한 복사 빔이 작용하는 힘이 우주선을 가속시킴으로써 여행시간을 크게 감소시킨다. 계산에 의하면, 우주선은 빛의 속력의 20 % 정도의 속력 정도까지 도달할 수 있을 것으로 예상된다.

▌**24.6** | 전자기파의 스펙트럼 The Spectrum of Electromagnetic Waves

전자기파는 진공 속에서 주파수 f, 파장 λ를 가지고 속력 c로 움직인다. 다양한 유형의 전자기파가 그림 24.11에 나타나 있으며, 이 모든 전자기파들은 가속되는 전하에 의해서 발생된다. 주파수와 파장의 넓은 영역에 주목하자. 그림 24.11에 있는 파의 유형을 간략하게 기술하기로 하자.

라디오파(radio waves)는 예를 들어 라디오 안테나에 있는 도선을 통해 가속되는 전하에 의해 발생된다. 라디오파는 LC 진동자와 같은 전자 장치에 의해 발생되며 라디오나 텔레비전 통신 체계에서 사용된다.

Raymond A. Serway

자외선(UV) 차단이 안 되는 색안경을 끼는 것은 끼지 않은 것보다 눈에 더 해롭다. 어떤 색안경이든 가시광선을 얼마간 흡수한다. 따라서 착용자의 동공은 확대된다. 안경이 자외선을 동시에 차단하지 못한다면, 확대된 동공 때문에 수정체에 더 큰 손상을 일으킬 수 있다. 색안경을 아예 끼지 않았더라면 동공은 수축되고 눈도 찌푸리게 되어 훨씬 적은 자외선이 눈에 들어 왔을 것이다. 좋은 품질의 색안경은 눈에 해로운 거의 대부분의 자외선을 차단한다.

그림 24.11 전자기파 스펙트럼

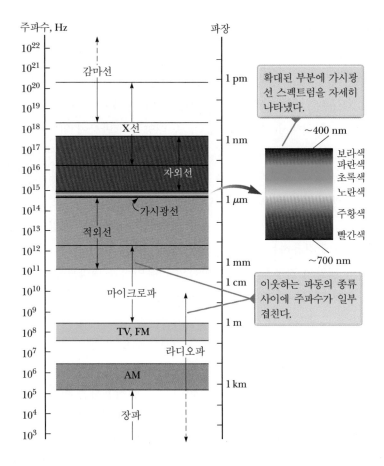

마이크로파(microwaves, 단파 라디오파)의 파장은 약 1 mm부터 30 cm이며, 전자 장치에 의해 발생된다. 파장이 짧기 때문에 항공기 운항에 사용되는 레이더 체계나 물체의 원자적 특성이나 분자적 특성을 연구하는 데 적합하다. 전자레인지는 이 파들을 이용하는 가전제품이다.

적외선(infrared waves)의 파장은 약 1 mm부터 가시광선 중에서 가장 긴 파장인 7×10^{-7} m에 이른다. 이런 파들은 실온의 물체나 분자에 의해 방출되며, 대부분의 물질에 의해 쉽게 흡수된다. 적외선은 물리 치료, 적외선 사진, 진동 분광학을 포함해서 실생활에서 그리고 과학적 응용에서 다양하게 이용되고 있다. TV 또는 DVD의 원격 조정기는 적외선을 이용해서 비디오 장치에 신호를 보낸다.

가시광선(visible light)은 전자기파 중에서 가장 친숙한 것이며, 인간의 눈이 감지할 수 있는 전자기파이다. 빛은 백열전구 필라멘트와 같이 뜨거운 물체나 원자와 분자 속 전자들의 재배열에 의해 생성된다. 가시광선은 보라색($\lambda \approx 4 \times 10^{-7}$ m)부터 빨간색($\lambda \approx 7 \times 10^{-7}$ m)까지 색깔에 의해서 구분된다. 눈의 민감도는 파장의 함수이며, 파장이 약 5.5×10^{-7} m(황록색)일 때 가장 크다. 표 24.1은 가시광선의 파장과 인간이 정의한 색깔 사이의 대체적인 관계를 보여 준다. 빛은 광학과 광학 장치의 근간을 이루며, 25장부터 27장 사이에서 다룬다.

자외선(ultraviolet light)은 파장이 약 4×10^{-7} m(400 nm)부터 6×10^{-10} m(0.6 nm)까지의 영역이다. 태양은 선탠과 일광 화상을 일으키는 자외선의 중요한 광원이

표 24.1 | 가시광선의 파장과 색의 근사적인 대응 관계

파장의 범위 (nm)	대응되는 색
400~430	보라색
430~485	파란색
485~560	초록색
560~590	노란색
590~625	주황색
625~700	빨간색

Note: 여기서 파장의 범위는 근사적인 것이다. 사람마다 색을 다르게 표현할 수 있다.

다. 성층권에 있는 원자들이 태양으로부터 오는 자외선의 대부분을 흡수한다. (많은 양의 자외선은 인간에게 나쁜 영향을 끼치기 때문에 다행스러운 일이다.) 성층권의 중요한 성분 중 하나는 오존(O_3)이고, 오존은 산소와 자외선의 상호 작용으로 형성된다. 이 오존층은 치명적인 고에너지 자외선을 해가 없는 적외선으로 바꾼다. 에어로솔 스프레이와 냉매에 쓰이던 프레온과 같은 염화불화탄소 부류의 화합물에 의한 오존 보호층의 감소에 대한 많은 우려가 있어 왔다.

X선(X-ray)은 파장이 약 10^{-8} m(10 nm)로부터 10^{-13} m(10^{-4} nm)에 이르는 영역의 전자기파이다. 대부분의 경우 X선은 고에너지 전자가 금속 표적에 충돌할 때 생기는 가속 운동으로 발생된다. X선은 의료 분야에서 진단 도구로 사용되고 있고, 특정 암에 대해서는 치료 도구로도 사용된다. X선은 생체 세포나 장기에 피해를 주거나 파괴할 수 있기 때문에 불필요하거나 과다한 노출은 피해야 한다. X선의 파장이 고체 속 원자 간의 거리(≈ 0.1 nm)와 비슷하기 때문에 X선은 또한 결정 구조의 연구에 사용되고 있다.

감마선(gamma ray)은 방사성 핵에서 그리고 어떤 핵반응 중에 나오는 전자기파이다. 감마선의 파장은 약 10^{-10} m로부터 10^{-14} m 이하의 범위에 있다. 감마선은 투과성이 높고, 생체 세포에 흡수되는 경우 심각한 피해를 초래한다. 따라서 X선과 같이 위험한 방사선을 다루는 사람들은 납판과 같은 흡수성이 강한 물질로 보호해야 한다.

▶ **퀴즈 24.5** 많은 가정의 주방에는 음식을 조리하는 데 전자레인지가 사용된다. 마이크로파의 주파수는 10^{10} Hz 정도이다. 마이크로파의 파장은 대략 (**a**) 킬로미터 (**b**) 미터 (**c**) 센티미터 (**d**) 마이크로미터 정도이다.

▶ **퀴즈 24.6** 라디오파의 주파수는 10^5 Hz 정도이며 10^3 Hz 정도의 음파를 실어 보내고자 한다. 라디오파의 파장은 대략 (**a**) 킬로미터 (**b**) 미터 (**c**) 센티미터 (**d**) 마이크로미터 정도이다.

오류 피하기 | 24.5

열선 적외선을 종종 '열선(heat rays)'이라 부른다. 이 이름은 잘못 붙여진 것이다. 패스트푸드점에서 음식을 따뜻하게 유지하기 위해서 '열 전등(heat lamp)'을 사용하는 경우처럼 비록 적외선이 온도를 올리거나 유지하기 위해서 사용되기는 하지만, 파장에 상관없이 전자기파는 모두 에너지를 운반하고 물체의 온도를 올릴 수 있다. 예를 들어 전자레인지로 감자를 익힐 경우 마이크로파 때문에 온도가 올라간다.

▶ **생각하는 물리 24.3**   BIO 눈에 가장 민감한 파장 영역

눈에 가장 민감한 파장 영역은 태양으로부터 오는 스펙트럼 중심 영역의 주파수와 같다. 이것은 놀라운 우연의 일치인가?

추론 그것은 우연의 일치는 아니다. 오히려 생물학적인 진화의 결과이다. 인간은 태양광 중에서 가장 센 파장의 빛에 시각적으로 가장 민감하도록 진화했다. 온도가 다른 태양 주변의 어떤 행성으로부터 외계인이 지구로 온다는 것을 상상하는 것은 재미있는 추측이다. 그들의 눈에 가장 민감한 파장은 우리와 다를 것이다. 지구에 대한 그들의 시각은 우리와 어떻게 다를까? ◀

▌**24.7** | 빛의 편광 Polarization of Light Waves

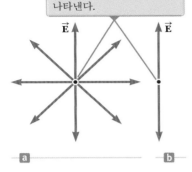

빨간 점은 종이면으로부터 나오는 파동의 속도 벡터를 나타낸다.

그림 24.12 (a) 편광되지 않은 빛을 파의 진행 방향(종이면에서 나오는 방향)에서 본 그림. 시간에 따라 변하는 전기장은 종이면에서 어떤 방향으로도 같은 확률을 가질 수 있다. (b) 시간에 따라 변하는 전기장이 연직 방향으로 선편광된 빛

24.3절에서 전자기파의 전기장과 자기장이 그림 24.4와 같이 서로에게 수직이고, 또한 진행 방향과도 수직이라는 것을 배웠다. 이 절에서 다룰 편광 현상은 전자기파의 전기장과 자기장의 방향을 결정하는 특성이다.

보통 광선은 광원의 원자들에서 방출되는 많은 파동으로 구성되어 있다. 각 원자에서 방출되는 파의 전기장 벡터 $\vec{\mathbf{E}}$는 원자의 진동 방향에 대응하는 고유 방향을 가지고 있다. 전자기파의 편광 방향은 전기장이 진동하는 방향으로 정의된다. 그러나 광선을 방출하는 원자들은 모든 방향으로 진동할 수 있으므로 광선은 개개의 원자가 방출하는 파동의 중첩이다. 그 결과 그림 24.12a에 나타낸 바와 같이 **편광되지 않은**(unpolarized) 빛이 된다. 이 그림에서 파동의 진행 방향은 종이면에 수직이다. 그림이 암시하는 바와 같이 파동의 진행 방향에 대해 수직으로 놓여 있는 종이면 상에서 전기장 벡터는 어떤 방향으로도 확률이 같다.

그림 24.12b에 나타낸 바와 같이 특정 지점에서 항상 모든 개별 파동의 전기장 벡터의 방향이 같으면 빛의 다발은 **선형 편광**(linearly polarized)됐다고 한다[때로는 파동이 **평면 편광**(plane polarized)됐다고도 한다]. 그림 24.4에 그려진 파동이 y 방향으로 선형 편광된 파동의 한 예이다. 파동이 x 방향으로 진행하는 동안에 $\vec{\mathbf{E}}$는 항상 y 방향이다. 전기장 벡터 $\vec{\mathbf{E}}$와 진행 방향 벡터가 이루는 평면을 파동의 **편광면**(plane of polarization)이라 한다. 그림 24.4에서 편광면은 xy 평면이다. 편광되지 않은 파동으로부터 한 평면상에 있지 않은 모든 전기장의 성분들을 제거함으로써 선형 편광된 파동을 얻을 수 있다.

빛을 편광시키기 위해 가장 자주 쓰이는 기술은 특정 물질에 통과시켜서 물질 고유의 **편광 방향**(polarization direction)의 전기장 벡터 성분만을 통과시키는 방법이다. 1938년 랜드(E. H. Land)는 일정한 방향으로 정렬되어 있는 분자들이 빛을 선택적으로 흡수함으로써 빛을 편광시키는 **폴라로이드**(polaroid)라는 물질을 발견했다. 이 물질은 긴 사슬 모양의 탄화수소로 이루어진 얇은 막의 형태로서, 만드는 동안 잡아늘임으로써 분자들을 정렬시킨다. 이 막을 아이오딘 용액에 담그면 분자들은 좋은 전도체가 된다. 그러나 분자들의 가전자가 탄화수소 사슬 방향으로만 쉽게 이동할 수

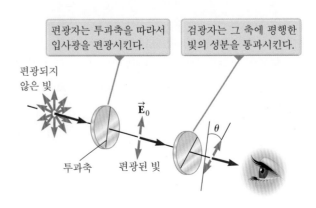

편광자는 투과축을 따라서 입사광을 편광시킨다.

검광자는 그 축에 평행한 빛의 성분을 통과시킨다.

편광되지 않은 빛

$\vec{\mathbf{E}}_0$

θ

투과축　편광된 빛

그림 24.13 투과축이 서로 θ의 각도를 이룬 두 개의 편광자. 검광자에 입사하는 편광된 빛의 일부분만이 투과한다.

있기 때문에 사슬 방향으로만 전도가 이루어진다. (가전자는 도체에서 쉽게 움직일 수 있는 전자들을 말한다.) 그 결과 분자들은 전기장의 방향이 분자 길이 방향일 때 빛을 쉽게 **흡수**하고, 전기장이 분자 길이 방향에 수직일 때 빛을 **투과**시킨다. 종종 분자 사슬의 방향에 수직인 방향을 **투과축**(transmission axis)이라 한다. 이상적인 편광자는 투과축에 나란한 전기장의 성분은 투과시키고, 투과축에 수직인 성분은 흡수한다. 몇 개의 편광자를 투과하는 경우 투과된 빛은 마지막 편광자의 편광 방향으로 편광된다.

이제 편광 물질을 통과하는 빛의 세기에 대한 표현식을 구해 보기로 하자. 그림 24.13에서 편광되지 않은 빛이 첫 번째 편광판, 즉 **편광자**(polarizer)에 입사한다. 이 판을 통과한 빛은 수직 방향으로 편광되고, 투과된 전기장 벡터는 $\vec{E}_0$이다. 두 번째 편광판, 즉 **검광자**(analyzer)의 투과축은 편광자의 투과축과 θ의 각도를 이룬다. 검광자의 투과축 방향에 수직인 $\vec{E}_0$의 성분은 완전히 흡수되고, 그 축 방향에 나란한 성분은 $E_0 \cos\theta$이다. 식 24.26에서 투과된 빛의 세기는 투과 진폭의 **제곱**에 비례한다. 따라서 투과된(편광된) 빛의 세기는 다음과 같다.

$$I = I_{max}\cos^2\theta \qquad\qquad 24.36$$

▶ 말뤼스의 법칙

여기서 I_{max}는 검광자에 입사한 편광된 빛의 세기이다. 이 식을 **말뤼스의 법칙**(Malus's law)이라 하며 투과축이 이루는 각도가 θ인 어떤 두 편광 물질에 대해서도 성립한다. 투과축이 나란할 때($\theta = 0°$, 또는 $180°$) 최대이고, 투과축이 서로 수직일 때에는 영(검광자에 의한 완전 흡수)이 됨에 주목하자. 한 쌍의 편광자를 지나가는 경우 투과된 빛의 세기 변화를 그림 24.14에 나타냈다. $\cos^2\theta$의 평균값이 $\frac{1}{2}$이므로 편광되지 않은 빛이 편광판 하나를 통과하면 빛의 세기는 절반으로 줄어든다.

▌**퀴즈 24.7** 마이크로파에 이용하는 편광자는 약 1 cm 정도 떨어진 평행한 금속선의 격자로 만들 수 있다. 이 편광자를 통과하는 마이크로파의 전기장 벡터는 금속 격자에 (**a**) 평행이다. (**b**) 수직이다.

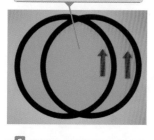

두 투과축이 서로 평행할 때 투과된 빛의 세기는 최대가 된다.

두 투과축이 이루는 각도가 45°일 때 투과된 빛의 세기가 감소된다.

두 투과축이 서로 90°일 때 투과된 빛의 세기는 최소가 된다.

그림 24.14 두 개의 편광자를 투과한 빛의 세기는 두 편광자의 투과축이 이루는 각도에 의존한다. 빨간 화살은 편광자의 투과축을 나타낸다.

◤ **24.8** | 연결 주제: 레이저 빛의 특수한 성질
Context Connection: The Special Properties of Laser Light

이 장과 다음의 세 장에서 레이저 빛의 성질과 기술사회에서 다양하게 응용되는 레이저에 대해 설명할 것이다. 이런 응용에 유용한 레이저 빛의 주요 특성은 다음과 같다.

- 레이저 빛은 높은 간섭성(또는 결맞음)을 가진다. 레이저 빔의 각 광선은 서로 위상이 고정되어 있어서 상쇄 간섭이 발생하지 않는다.
- 레이저 빛은 단색광이다. 레이저 빛의 파장 범위는 매우 좁다.
- 레이저 빛의 발산각이 작다. 아주 먼 거리를 가도 빛이 거의 퍼지지 않는다.

이런 특성의 원인을 이해하기 위해서 11장에서 배운 원자의 에너지 준위에 대한 지식과 레이저 빛을 방출하는 원자에 대해 요구되는 특수한 조건을 결합해 보기로 하자.

11장에서 배운 바와 같이 원자의 에너지는 양자화되어 있다. 에너지의 양자화를 이해하기 위해서 준도식적인 **에너지 준위 도표**를 사용했다. 레이저 빛의 생성은 원자에서의 에너지 양자화에 크게 의존하며, 그것이 레이저 빛의 에너지원이다.

레이저란 유도 방출에 의한 빛의 증폭(light **a**mplication by **s**timulated **e**mission of **r**adiation)에서 머리글자를 따서 조합한 단어이다. 이 이름이 시사하는 바 중 하나는 레이저 발진을 일으키기 위해서는 **유도 방출**(stimulated emission)이라는 과정이 필수적이라는 점이다.

그림 24.15와 같이 어떤 원자가 들뜬 상태 E_2에 있다고 하고, 에너지가 $hf = E_2 - E_1$인 빛이 원자에 입사한다고 하자. 입사하는 광자는 들뜬 원자가 바닥 상태로 돌아가도록 자극해서 같은 에너지 hf를 가지고 같은 방향으로 진행하는 두 번째 광자를 방출하게 할 수 있다. 입사한 광자는 흡수되지 않으며 유도 방출 뒤에는 두 개의 똑같은 광자, 즉 입사한 광자와 방출된 광자가 존재하게 된다. 이 광자들은 다른 원자들로 하여금 광자를 방출하도록 자극할 수 있으며, 비슷한 과정이 연쇄적으로 일어날 수 있다. 이런 과정을 거쳐서 발생된 광자들이 간섭성이 있는 강한 레이저 빛의 원천이다.

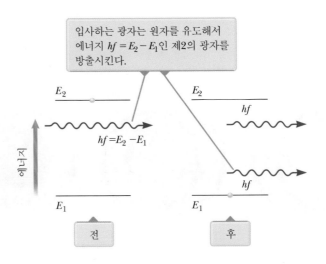

그림 24.15 에너지 hf를 갖고 입사하는 광자에 의한 또 다른 광자의 유도 방출. 원자는 처음부터 들뜬 상태이다.

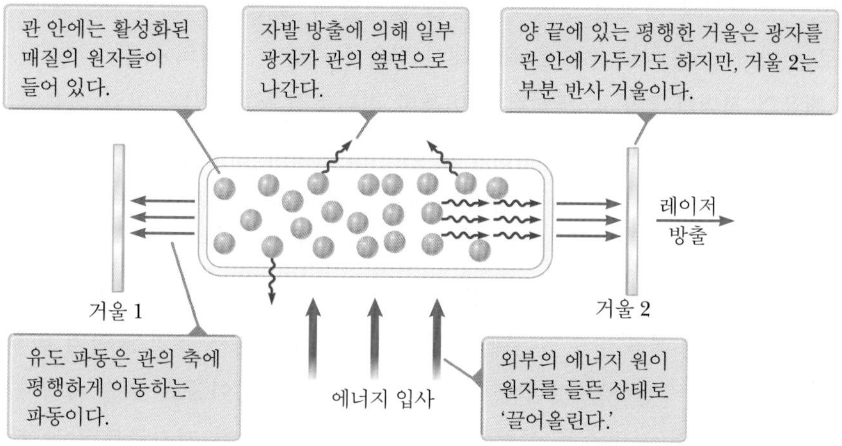

그림 24.16 레이저 설계의 모형도

관 안에는 활성화된 매질의 원자들이 들어 있다.

자발 방출에 의해 일부 광자가 관의 옆면으로 나간다.

양 끝에 있는 평행한 거울은 광자를 관 안에 가두기도 하지만, 거울 2는 부분 반사 거울이다.

거울 1

거울 2

레이저 방출

유도 파동은 관의 축에 평행하게 이동하는 파동이다.

에너지 입사

외부의 에너지 원이 원자를 들뜬 상태로 '끌어올린다.'

유도 방출에 의한 레이저 빛을 얻기 위해서는 빛을 축적할 수 있어야 한다. 빛을 축적하기 위해서는 다음 세 가지 조건을 만족해야 한다.

- 계가 **밀도 반전**(population inversion) 상태에 있어야 한다. 바닥 상태에 있는 원자의 수보다 들뜬 상태에 있는 원자의 수가 많아야 한다. 바닥 상태에 있는 원자들은 광자들을 흡수해서 들뜬 상태로 올라갈 수 있다. 밀도 반전 상태에서는 바닥 상태에서 광자를 흡수하는 원자보다 들뜬 상태에서 광자를 방출하는 원자의 수가 많다.
- 계의 들뜬 상태는 **준안정 상태**이어야 한다. 즉 준안정 상태의 수명이 들뜬 상태의 짧은 수명(보통 10^{-8} s)보다 길어야 한다. 이 경우 유도 방출의 가능성이 자발 방출의 가능성보다 크다. 준안정 상태의 에너지는 E^*와 같이 별표를 붙여 나타낸다.
- 방출 광자는 다른 들뜬 원자를 자극할 수 있을 만큼 충분히 오랫동안 계에 갇혀 있어야 하며, 조건은 계의 양 끝에 거울을 붙이면 만족시킬 수 있다. 한 끝은 완전히 반사하도록 만들고 다른 한 끝은 레이저 빔이 빠져나갈 수 있도록 약간 투명하게 만든다(그림 24.16).

복사의 유도 방출을 나타내는 장치의 하나로 헬륨-네온 기체 레이저가 있다. 그림 24.17은 네온 원자에 대한 에너지 준위 도표이다. 거울로 양 끝을 봉한 유리관에 헬륨과 네온의 혼합 기체를 넣는다. 그런 다음 유리관 양단에 전압을 가하면 전자가 관을 통과하면서 기체 원자와 충돌해서 원자를 들뜬 상태로 만든다. 네온 원자는 이 과정을 통해 또는 헬륨 원자와 충돌하는 바람에 E_3^* 상태(*는 준안정 상태를 표시)로 된다. 유도 방출이 일어나면서 네온 전자는 E_2 상태로 전이한다. 근접해 있는 들뜬 원자들 역시 더불어 유도 방출이 일어난다. 이 결과로 파장이 632.8 nm인 간섭성 있는 빛이 생성된다.

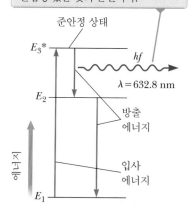

네온 원자는 $E_3^* - E_2$ 전이에서 유도 방출을 통해 632.8 nm 광자를 방출한다. 이 빛이 레이저 안에서 형성되는 간섭성 있는 빛의 근원이다.

준안정 상태

E_3^*

hf

$\lambda = 632.8$ nm

E_2

방출 에너지

입사 에너지

에너지

E_1

그림 24.17 헬륨-네온 레이저에서 네온 원자의 에너지 준위 도표

응용 Applications

1960년 처음으로 레이저가 개발된 이래 레이저 기술은 놀랄 만한 성장을 이루었다.

적외선, 가시광선과 자외선 영역의 파장을 생성할 수 있는 레이저가 개발됐다. 응용 분야로는 망막 박리 치료 수술을 포함해서 정확한 측량과 길이의 측정, 금속 및 기타 다른 재료의 정밀한 절단과 광섬유를 이용한 전화통신 등이 있다. 이런 응용이 가능한 이유는 레이저 빛이 독보적 특성이 있기 때문이다. 레이저 빛은 단색광이며 한 방향을 가지고, 집중도가 높아 일정 영역에 매우 강렬한 빛 에너지를 집속시킬 수 있다 (에너지 밀도가 일반적인 절단용 용접 토치의 10^{12}배이다).

레이저는 장거리 정밀 측정에도 사용된다(거리계 장치). 최근 몇 년 동안 천문학과 지질학에서 중요한 목표가 있었는데, 지표면의 여러 위치에서 달의 표면의 위치까지 가능한 한 정확히 측정하는 것이다. 목표를 달성하기 위해 **아폴로** 우주 비행사가 달에 $(0.5 \text{ m})^2$의 반사 프리즘을 설치했으며, 이것은 지구 실험 기지로부터 온 레이저 펄스를 동일한 실험 기지로 다시 반사할 수 있다. 알고 있는 빛의 속력을 이용해서 1 나노 초 펄스의 왕복 시간을 측정함으로써, 지구와 달 사이의 거리를 10 cm 이내의 정확성으로 결정할 수 있었다.

BIO 안과학에서 레이저 사용

의학적 응용은 레이저의 여러 파장이 특정한 생물학적 조직에 흡수된다는 점을 이용한다. 예를 들어 한 레이저는 녹내장과 당뇨로 인한 실명을 크게 줄이는 레이저 시술에 사용된다. 녹내장의 대표 증상은 높은 안압이며, 이런 조건은 시각 신경을 파괴한다. 단순 레이저 시술(홍채 절제술)은 손상된 막에 작은 구멍을 뚫어 안압을 떨어뜨린다. 당뇨병의 심각한 부작용은 쇠약한 혈관이 증식되어 종종 출혈이 유발되는 신생혈관증식증이다. 이런 증상이 망막에 발생하면, 시력 저하(당뇨 망막증)로 이어지며 결국은 시력을 잃게 된다. 요즘에는 아르곤 이온 레이저에서 나오는 초록색 빛을 수정체와 눈 속의 액체를 통과시켜, 망막의 가장자리에 초점을 맞추어 출혈이 생긴 혈관을 응고시키는 것이 현재 가능하다. 근시와 같이 사소한 시각장애가 있는 사람도, 역시 레이저를 이용해서 각막의 모양을 다시 형성하여 초점거리를 바꿈으로써 안경의 필요성을 줄이는 혜택을 받고 있다.

BIO 레이저 수술

현재 레이저 외과 수술은 세계 도처의 병원에서 매일 시행되고 있다. 이산화탄소 레이저로부터 나온 $10 \text{ }\mu\text{m}$의 적외선 빛은 근육 조직을 절개하고 세포 물질에 포함된 물을 증발시킨다. 약 100 W 정도의 레이저 출력이 이런 기술에 필요하다. '레이저 칼'은 일반적인 방법에 비해 장점이 있는데, 레이저 복사가 조직을 자르면서 동시에 혈액을 응고시킬 수 있어서 혈액의 손실을 많이 줄인다. 더구나 이 기술은 종양을 제거할 때 중요한 관심사인 세포의 이동을 실제로 막는다.

BIO 레이저 세포 분리기

생물학 및 의학 연구에서, 생소한 세포의 분리와 수집은 연구에 중요하다. 레이저 세포 분리에서 형광 염료를 이용해서 특정 세포를 구분할 수 있다. 약하게 대전된 분출구 구멍을 통해 세포들을 떨어뜨리면서, 염료 꼬리표를 확인하기 위해 레이저 스캔을 한다. 만약 빛 방출 꼬리표가 발견되면, 작은 전압이 걸린 평행판에서 대전된 세포를 편향시켜 수집 비커 쪽으로 떨어지게 한다.

1990년경 원자의 **레이저 포획법**(laser trapping)이 개발되면서 흥미로운 연구 분야와 기술 응용 분야가 생겼다. 스탠포드 대학의 추(Steven Chu) 교수와 그의 동료에 의해 개발된 **광학 당밀법**(optical molasses)에서 여섯 개의 레이저 빔을 작은 영역에 초점을 맞춰 원자를 가둘 수 있었다. 각각의 레이저 쌍은 *x*, *y*, *z*축의 한쪽으로만 이동하고 반대 방향으로 빛을 방출한다(그림 24.18). 레이저 빛의 주파수는 대상 원자의 흡수 주파수 바로 아래에 오게 맞춘다. 원자 하나가 포획 영역에서부터 자신을 향해 빛을 방출하는 레이저(그림 24.18의 가장 오른쪽 레이저)를 향해 +*x*축 방향으로 이동한다고 상상해 보자. 원자가 움직이기 때문에 레이저로부터 나온 빛은 원자 기준틀에서의 주파수보다 위로 도플러 이동된다. 도플러 이동된 레이저 주파수와 원자의 흡수 주파수는 일치(정합)되고 원자는 광자를 흡수한다.[5] 광자가 가졌던 운동량이 원자를 다시 포획 영역의 중심으로 이동시키게 된다. 여섯 개의 레이저의 상호 작용으로 원자는 어떤 축으로 움직이든지 상관없이 포획된다.

1986년 추 교수는 **광학 족집게**(optical tweezers)를 개발해서 한 개의 초점이 잘 맞은 레이저 빔을 이용해서 작은 입자를 포획하고 조정할 수 있게 했다. 현미경과 함께 사용되면서 광학 족집게는 생물학자에게 많은 가능성을 열어 줬다. 광학 족집게는 살아 있는 박테리아를 손상없이 다루고 세포핵 내 염색체 이동과 DNA 분자의 탄성 특성을 측정하는 데 이용됐다. 추는 광학 포획법을 개발한 공로로 1997년 노벨 물리학상을 그의 동료와 공동으로 수상했다.

레이저 포획법을 확장한 **레이저 냉각법**(laser cooling)은 원자들이 포획 영역에 갇히게 되면 보통 상태에서의 고속 움직임이 줄어드는 현상에 바탕을 두고 있다. 이 결과 모인 원자의 온도를 수 마이크로켈빈까지 줄일 수 있다. 레이저 냉각법이 발전하면서 과학자들은 매우 낮은 온도에서 원자의 반응을 연구할 수 있게 됐다(그림 24.19).

1920년대에 보스(Satyendra Nath Bose, 1894~1974)는 모두 같은 양자 상태에 있는 똑같은 광자들의 집합을 연구했다. 아인슈타인은 보스의 연구 결과를 확장해서 온도가 충분히 낮으면 원자 집단 속 원자들이 모두 똑같은 양자 상태에 있을 수 있다는 것을 예측했다. 이 가상적인 원자 집단을 **보스-아인슈타인 응집체**(Bose-Einstein condensate)라 한다. 1995년에 증발에 의한 냉각과 결합한 레이저 냉각법을 이용해서 코넬(Eric Cornell)과 위만(Carl Wieman)은 실험실 최초의 보스-아인슈타인 응집체를 만들었고, 그 공로로 2001년 노벨 물리학상을 수상했다. 지금은 많은 실험실에서 보스-아인슈타인 응집체를 만들어 특성을 연구하고 응용 가능성을 연구하고 있다. 재미있는 연구 결과가 하우(Lene Vestergaard Hau)가 이끄는 하버드 대학 연구팀에서 보고됐다. 하우와 그녀의 동료들은 보스-아인슈타인 응집 현상을 이용해서 광 펄스를 완전히 정지시킬 수 있었다고 발표했다.[6]

보다 최근에, 과학자들은 **폴라리톤**[7](polariton)이라고 하는 유사 입자에 기초한 새

주황색 점은 트랩된 나트륨 원자이다.

그림 24.18 원자의 광학적 포획은 수직 축을 따라서 서로 대응되며 진행하는 여섯 개의 레이저 빔의 교차점에서 형성된다.

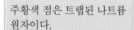

BIO 광학 족집게

그림 24.19 국제 표준 기술 연구소의 연구원이 포획한 나트륨 원자를 보고 있는데, 이것은 온도를 1 mK 이하로 냉각시킨 것이다.

Courtesy of National Institute of Standars and Technology, U.S. Dept. of Commerce

---

[5] 원자와 같은 방향으로 움직이는 레이저 빔은 주파수가 좀 더 작은 쪽으로 도플러 이동이 되므로 흡수되지 않는다. 따라서 정반대에 위치한 레이저에 의해 원자는 포획 영역 밖으로 밀리지 않는다.

[6] C. Liu, Z. Dutton, C. H. Behroozi, L. V. Hau, "Observation of Coherent Optical Information Storage in an Atomic Medium Using Halted Light Pulses," *Nature*, 409, 490-493, January 25, 2001.

[7] D. Snoke and P. Littlewood, "Polariton Condensates," *Physics Today*, 42-47, August 2010.

로운 유형의 보스–아인슈타인 응집체를 발견했다. 고체에서 광자와 전자 들뜸의 결합인 폴라리톤은 보통 광공진기에서 겨우 몇 피코초 동안만 있을 수 있다. 이 응집체는 원자 응집체와 비교할 때 매우 밝은 특징이 있으며, 더 높은 온도에서 양자 효과를 보인다.

우리는 이 장에서 빛의 일반적인 특성을 살펴봤다. 25장에서는 레이저가 다양하게 응용되고 있는 광섬유 기술을 살펴볼 것이다.

연습문제 |

객관식

1. 진공 속에서 작은 파원으로부터 또 모든 방향으로 하나의 주파수를 가진 전자기파가 나온다. (i) 파동이 진행함에 따라 주파수는 (a) 증가한다. (b) 감소한다. (c) 일정하게 유지된다. 전자기파의 (ii) 파장, (iii) 속력, (iv) 세기, (v) 자기장 진폭을 앞의 보기에서 고르라.

2. 헤르츠의 실험 장치와 같은 전자파 발생 장치를 연구하는 학생이 전극들을 조정해서 원래 주파수의 반이 되는 주파수를 갖는 전자기파를 발생시키고자 한다. (i) 전극 쌍의 유효 전기용량은 얼마라야 하는가? (a) 원래의 네 배여야 한다. (b) 원래의 두 배여야 한다. (c) 원래의 반이어야 한다. (d) 원래의 1/4이어야 한다. (e) 정답 없음 (ii) 이렇게 필요한 조정을 했을 때 나오는 전자기파의 파장은 어떻게 되는가? (i)의 보기에서 고르라.

3. 빗으로 머리를 빗어 대전된 빗을 막대자석에 가까이 댄다고 하자. 생성된 전기장과 자기장은 전자기파를 이루는가? (a) 꼭 그렇다. (b) 대전 입자가 막대자석 내에서 움직이므로 그렇다. (c) 그럴 수 있다. 그러나 빗의 전기장과 자석의 자기장이 수직일 때만 그렇다. (d) 그럴 수 있다. 그러나 빗과 자석이 모두 움직일 때만 그렇다. (e) 그럴 수 있다. 빗 또는 자석, 또는 두 가지 모두가 가속될 때 그렇다.

4. 단일 주파수의 평면 전자기파가 진공에서 $+x$ 방향으로 진행한다. 이 전자기파의 진폭은 yz 평면에서 균일하다. (i) 파동이 진행함에 따라 주파수는 (a) 증가한다. (b) 감소한다. (c) 일정하게 유지된다. 전자기파의 (ii) 파장, (iii) 속력, (iv) 세기, (v) 자기장 진폭을 앞의 보기에서 고르라.

5. 보통 전자레인지는 2.45 GHz의 주파수로 작동된다. 전자레인지의 전자기파의 파장은 얼마인가? (a) 8.20 m (b) 12.2 cm (c) 1.20×10^8 m (d) 8.20×10^{-9} m (e) 정답 없음

6. 최대 자기장 크기가 1.50×10^{-7} T인 전자기파에서 최대 전기장의 크기는 얼마인가? (a) 0.500×10^{-15} N/C (b) 2.00×10^{-5} N/C (c) 2.20×10^4 N/C (d) 45.0 N/C (e) 22.0 N/C

7. 진공 속에서 진행하는 전자기파에 관한 설명으로 옳은 것은 어느 것인가? 정답은 하나 이상일 수 있다. (a) 모든 파동의 파장은 같다. (b) 모든 파동의 주파수는 같다. (c) 모든 파동은 3.00×10^8 m/s 로 진행한다. (d) 전자기파의 전기장과 자기장은 서로 수직이며 진행하는 방향과도 수직이다. (e) 파동의 속력은 주파수에 의존한다.

8. 평면 편광된 빛을 첫 번째는 원래의 편광면에 45°로, 그 다음엔 90° 방향으로 두 개의 편광자를 통과시키면, 원래의 편광된 빛의 세기에 대한 두 번째 편광자를 통과한 빛의 세기의 비는 얼마인가? (a) 0 (b) $\frac{1}{4}$ (c) $\frac{1}{2}$ (d) $\frac{1}{8}$ (e) $\frac{1}{10}$

9. 반지름이 0.2 mm인 행성 간 구형 먼지 알갱이가 태양으로부터 r_1의 거리에 있다. 태양이 알갱이에 작용하는 중력은 태양 빛으로부터의 복사압으로 인한 힘을 정확히 상쇄한다. (i) 알갱이를 태양으로부터 거리 $2r_1$까지 옮겨 자유롭게 놓는다고 가정하자. 이 위치에서 알갱이에 작용하는 알짜힘은 어떻게 되는가? (a) 태양을 향한다. (b) 태양으로부터 멀어지는 방향을 향한다. (c) 영이다. (d) 알갱이의 질량을 모르면 알짜힘을 알 수 없다. (ii) 알갱이를 원래의 위치 r_1에 되돌려 놓는다고 하자. 이때 질량 밀도가 상당히

큰 구가 되도록 압축해서 결정이 되게 한다고 가정하자. 이런 상황에서 알갱이에 작용하는 알짜힘은 어떻게 되는가? (i)의 보기에서 고르라.

10. 평면 전자기파에서 전기장의 진폭이 E_1이고 자기장의 진폭이 B_1이라고 가정하자. 이제 전자기파의 파원을 조정해서 전기장의 진폭이 두 배가 되도록 한다. (i) 이 과정에서 자기장의 진폭은 어떻게 되는가? (a) 네 배 커진다. (b) 두 배 커진다. (c) 일정하게 유지한다. (d) 반이 된다. (e) 1/4이 된다. (ii) 파동의 세기는 얼마가 되는가? (i)의 보기에서 고르라.

주관식

24.1 변위 전류와 앙페르 법칙의 일반형

1. 그림 P24.1에서의 상황을 고려해 보자. 300 V/m의 전기장이 지름 $d = 10.0$ cm인 원의 영역에 한정되어 있으며 종이면에 수직으로 바깥을 향한다. 전기장이 20.0 V/m · s의 시간 변화율로 증가하고 있다면, 원의 중심으로부터 $r = 15.0$ cm 되는 점 P에서 자기장의 (a) 방향과 (b) 크기를 말하라.

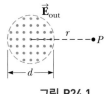

그림 P24.1

2. 반지름이 10.0 cm인 두 원판으로 이루어진 축전기를 0.200 A 전류로 충전하고 있다. 판 사이의 간격이 4.00 mm라면 (a) 판 사이에서 전기장의 시간 변화율은 얼마인가? (b) 판 사이에서 중심으로부터 5.00 cm 떨어진 곳에서 자기장의 크기는 얼마인가?

3. 한 변의 길이가 5.00 cm인 두 정사각형 판으로 이루어진 축전기를 0.100 A 전류로 충전하고 있다. 판 사이의 간격은 4.00 mm이다. (a) 판 사이의 전기선속의 시간 변화율과 (b) 판 사이에서의 변위 전류를 구하라.

24.2 맥스웰 방정식과 헤르츠의 발견

4. 양성자가 균일한 전기장 $\vec{E} = 50.0\hat{j}$ V/m와 균일한 자기장 $\vec{B} = (0.200\hat{i} + 0.300\hat{j} + 0.400\hat{k})$ T 내에서 운동한다. 양성자의 속도가 $\vec{v} = 200\hat{i}$ m/s일 때 양성자의 가속도를 구하라.

5. 전자가 균일한 전기장 $\vec{E} = (2.50\hat{i} + 5.00\hat{j})$ V/m와 균일한 자기장 $\vec{B} = 0.400\hat{k}$ T 내에서 운동한다. 전자의 속도가 $\vec{v} = 10.0\hat{i}$ m/s일 때 전자의 가속도를 구하라.

6. 매우 길고 가는 어떤 막대의 선 전하 밀도가 35.0 nC/m이다. 이것은 x축에 놓여 있으며 x 방향으로 속력 1.50×10^7 m/s로 움직인다. (a) ($x = 0$, $y = 20.0$ cm, $z = 0$) 점에서 움직이는 막대가 만드는 전기장을 구하라. (b) 같은 점에서 막대가 만드는 자기장을 구하라. (c) 이 점에서 $(2.40 \times 10^8)\hat{i}$ m/s의 속도로 움직이는 전자가 받는 힘을 구하라.

24.3 전자기파

> *Note*: 특별한 언급이 없으면 매질은 진공으로 간주한다.

7. 간격이 2.00 m인 두 금속 판 사이에 라디오파가 만든 정상파 무늬가 있다. 2.00 m는 이들 금속 판 사이에서 정상파를 형성하는 가장 짧은 간격이다. 라디오파의 주파수는 얼마인가?

8. 다음의 식들이 각각 식 24.16과 24.17의 해가 됨을 증명하라.

$$E = E_{max} \cos(kx - \omega t)$$
$$B = B_{max} \cos(kx - \omega t)$$

9. 투명한 비자기적인 물질에서 진행하는 어떤 전자기파의 속력이 $v = 1/\sqrt{\kappa \mu_0 \epsilon_0}$이다. 여기서 κ는 물질의 유전 상수이다. 가시광선 주파수에서 유전 상수가 1.78인 물속에서 빛의 속력을 구하라.

10. $$E = 9.00 \times 10^3 \cos[(9.00 \times 10^6)x - (3.00 \times 10^{15})t]$$
$$B = 3.00 \times 10^{-5} \cos[(9.00 \times 10^6)x - (3.00 \times 10^{15})t]$$

로 주어진 전기장과 자기장은 빈 공간을 통해 진행하는 전자기파의 전기장과 자기장이 될 수 있는가? 그 이유를 설명하라. 여기서 모든 수치 값과 변수는 SI 단위이다.

11. 북극성(Polaris)까지 거리는 대략 6.44×10^{18} m이다. (a) 북극성이 오늘 다 타버린다면 우리는 지금부터 몇 년 후에 그것이 사라지는 것을 보는가? (b) 태양빛이 지구에 도달하는 데 걸리는 시간은 얼마인가? (c) 마이크로파 신호가 지구에서 달까지 왕복하는 데 걸리는 시간은 얼마인가?

12. 어떤 물리학자가 신호 위반을 하고 경찰관에게 걸렸다. 물리학자는 파장이 650 nm인 빨간색이 도플러 효과 때문에 파장이 520 nm인 초록색으로 보였다고 주장했다. 경찰은

과속 범칙금을 부과했다. 물리학자의 주장대로라면 그의 속력은 얼마였는가?

13. 경찰의 레이더가 다음과 같이 차의 속력을 측정한다(그림 P24.13) 마이크로파의 주파수는 정확하게 알려져 있고, 차를 향해 방출된다. 움직이는 차는 마이크로파를 반사하며, 도플러 이동이 발생한다. 수신된 반사파가 진폭을 줄인 발사파와 결합되면 두 마이크로파 사이에 맥놀이 현상이 발생하고, 맥놀이 주파수가 측정된다. (a) 속력 v로 다가오는 거울에 의해서 광원 쪽으로 반

그림 P24.13

사되는 전자기파의 주파수는 다음과 같음을 보여라.

$$f' = \frac{c + v}{c - v} f$$

f는 광원의 주파수이다. (b) v가 c보다 훨씬 작을 때에는 맥놀이 주파수가 $f_{\text{beat}} = 2v/\lambda$임을 보여라. (c) 마이크로파의 주파수가 10.0 GHz이고 자동차의 속력이 30.0 m/s일 때 맥놀이 주파수를 구하라. (d) 만약 (c)에서 맥놀이 주파수의 측정이 ±5.0 Hz 정도로 정확하다면, 속력 측정은 얼마나 정확한가?

14. 진공에서 전기장의 진폭이 220 V/m인 어떤 전자기파가 있다. 이에 대응하는 자기장의 진폭을 계산하라.

24.4 전자기파가 운반하는 에너지

15. 250 kW의 평균 일률을 등방적으로(모든 방향에 대해 같은 크기로) 방출하는 라디오 발신기로부터 5.00마일 떨어진 곳에서 포인팅 벡터의 평균 크기는 얼마인가?

16. 출력 100 W의 점 전자기파원으로부터 얼마나 떨어진 점에서 $E_{\max} = 15.0$ V/m인가?

17. 매우 청명한 날 지표면에서 햇빛의 세기가 1 000 W/m²일 경우, 이 햇빛의 에너지 밀도(세제곱미터당 전자기장의 에너지)는 얼마인가?

18. 백열전구의 필라멘트의 저항은 150 Ω이고, 1.00 A의 전류가 흐르고 있다. 필라멘트의 길이는 8.00 cm이고, 반지름이 0.900 mm이다. (a) 전류를 흐르게 하는 정전기장과 전

류가 만드는 정자기장과 관련된 필라멘트 표면에서의 포인팅 벡터를 구하라. (b) 필라멘트 표면에서의 정전기장과 정자기장을 구하라.

19. 밤하늘에서 빛나는 밝은 별 하나를 생각하자. 지구로부터의 거리가 20.0 ly(광년)이고 출력이 태양 출력의 약 100배인 4.00×10^{28} W라고 가정하자. (a) 지구에서 별빛의 세기를 구하라. (b) 지구가 받는 별빛의 일률을 구하라. 1광년은 빛이 1년 동안 진공 속을 진행하는 거리이다.

24.5 운동량과 복사압

20. 우주 비행의 가능한 방법은 지구 주위 궤도에 완전 반사를 하는 알루미늄 판을 놓는 것이다. 그런 다음, 이 '알루미늄 태양 돛'을 움직이기 위해 태양으로부터 오는 빛을 이용한다. 태양을 마주보는 궤도에 놓인 돛의 넓이는 $A = 6.00 \times 10^5$ m²이고 질량은 $m = 6.00 \times 10^3$ kg이라고 가정하자. 모든 중력 효과는 무시하고 태양빛의 세기는 1 370 W/m²라고 하자. (a) 돛이 받는 힘은 얼마인가? (b) 돛의 가속도는 얼마인가? (c) (b)에서 구한 가속도가 상수 값을 갖는다고 가정할 때, 지구에 정지 상태에서 출발해서 3.84×10^8 m 떨어진 달에 도착할 때까지 걸리는 시간을 구하라.

21. 출력이 15.0 mW인 헬륨-네온 레이저는 반지름이 2.00 mm인 원형 단면을 가진 레이저를 방출한다. (a) 빔에서의 최대 전기장을 구하라. (b) 길이 1.00 m의 빔에 들어 있는 전체 에너지를 구하라. (c) 길이 1.00 m의 빔이 운반하는 전체 운동량을 구하라.

24.6 전자기파의 스펙트럼

22. (a) 사람의 키, (b) 종이의 두께와 같은 크기의 파장을 갖는 전자기파의 주파수를 어림해서 구하라. 이들 파동은 전자기파 스펙트럼에서 어떤 파동으로 분류되는가?

23. 자유 공간(진공)에서 주파수가 (a) 5.00×10^{19} Hz와 (b) 4.00×10^9 Hz인 전자기파의 파장은 얼마인가?

24. 중대 뉴스 발표가 100 km 떨어진 방송국으로부터 라디오파에 의해 라디오 바로 옆에 앉아 있는 사람들에 전달되며, 또한 그 발표는 뉴스 진행자로부터 뉴스 진행실을 건너서 3.00 m 떨어져서 앉아 있는 사람들에게 음파에 의해 전달된다. 공기 중에서 음속이 343 m/s라고 한다면 누가 뉴스를 먼저 듣게 되는가? 설명하라.

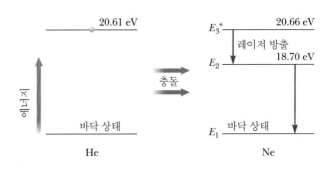

그림 P24.28

24.7 빛의 편광

25. 평면 편광된 빛이 투과축의 방향에 평행한 $\vec{E}_0$의 방향으로 단일 편광판에 입사한다. 편광판을 회전해서 투과된 빛의 세기가 (a) 1/3.00, (b) 1/5.00, (c) 1/10.0이 되게 하려면 회전각은 얼마여야 하는가?

26. 그림 P24.26과 같이 왼쪽 편광판과 오른쪽 편광판의 회전축이 서로 수직이라고 하자. 그리고 가운데 편광판은 동심축에 대해 각속력 ω로 회전한다고 하자. 세기 I_{max}인 편광되지 않은 빛이 왼쪽 편광판에 입사하는 경우, 오른쪽 편광판을 투과해 나오는 빛의 세기가 다음과 같음을 보여라.

$$I = \frac{1}{16} I_{max}(1 - \cos 4\omega t)$$

이 결과는 투과광의 세기는 중심 편광판의 각속력의 네 배의 각속력으로 변조됨을 의미한다. [도움말: 삼각함수에 대한 항등식 $\cos^2\theta = (1 + \cos 2\theta)/2$와 $\sin^2\theta = (1 - \cos 2\theta)/2$를 이용하자.]

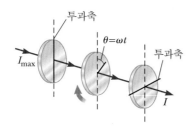

그림 P24.26

27. 이상적인 편광 필터 여러 장을 이웃하는 두 필터의 투과축들의 사이 각이 같도록 사용해서 편광된 빛의 최종 편광면이 45.0°만큼 회전하게 하고자 한다. 다만 세기의 감소가 10.0 %를 넘지 않아야 한다. (a) 몇 장의 편광 필터가 필요한가? (b) 이웃하는 편광자 투과축 사이의 각도는 얼마인가?

24.8 연결 주제: 레이저 빛의 특수한 성질

28. 그림 P24.28은 헬륨과 네온 원자의 에너지 준위 도표이다. 전기 방전에 의해 He 원자를 바닥 상태(이때의 에너지를 $E_1 = 0$이라 하자)로부터 에너지가 20.61 eV인 들뜬 상태로 전이시킨다. 들뜬 He 원자는 바닥 상태의 Ne 원자와 충돌해서 Ne 원자를 20.66 eV의 에너지 상태로 전이시킨다. Ne 원자는 E_3^*에서 E_2로 전자 전이되면서 레이저가 방출된다. 그림에 있는 자료로부터 He-Ne 레이저의 파장은 대략 633 nm임을 보여라.

29. 라식 수술에 사용하는 한 레이저는 망막에 지름 30.0 μm의 작은 크기로 집광되며 1.00 ns의 한 펄스에 3.00 mJ의 에너지를 전달한다. (a) 망막에서 단위 넓이당 일률(SI 단위)을 구하라. (광학에서는 이를 **조도**라고 한다.) (b) 분자의 크기를 지름 0.600 nm의 원으로 생각할 때 한 레이저 펄스가 분자에 전달하는 에너지는 얼마인가?

30. 이산화탄소 레이저는 가장 최근에 개발된 강력한 레이저 중의 하나이다. 두 레이저 준위 사이의 에너지 차이는 0.117 eV이다. 이 레이저에서 방출되는 복사의 (a) 주파수와 (b) 파장을 구하라. (c) 이 복사는 전자기 스펙트럼 중 어느 부분인가?

추가문제

31. 지구의 구름 위로 쏟아지는 태양빛의 세기가 1 370 W/m² 라 하자. (a) 지구와 태양 사이의 평균 거리는 1.496×10^{11} m이다. 태양이 복사하는 전체 일률을 구하라. 지구 위치에서의 (b) 전기장과 (c) 자기장의 최댓값을 구하라.

32. 어떤 접시 모양의 안테나의 지름이 20.0 m이고, 그림 P24.32와 같이 멀리에서 다가오는 라디오파를 수직으로 받는다. 라디오파는 진폭이 $E_{max} = 0.200\ \mu$V/m인 연속적인 사인파이다. 안테나는 안테나에 입사하는 모든 라디오

그림 P24.32

파를 흡수한다고 하자. (a) 이 파의 자기장의 진폭은 얼마인가? (b) 이 안테나가 흡수하는 라디오파의 세기는 얼마인가? (c) 안테나가 흡수하는 일률은 얼마인가? (d) 라디오파가 안테나에 작용하는 힘의 크기는 얼마인가?

33. 1965년 펜지아(Arno Penzias)와 윌슨(Robert Wilson)은 우주의 팽창과정을 겪으며 남아 있는 우주 마이크로파를 발견했다. 이 배경 복사의 에너지 밀도는 4.00×10^{-14} J/m³이다. 전기장의 진폭은 얼마인가?

빛의 반사와 굴절 Reflection and Refraction of Light

© Book's Hill

앞 장은 물리학 분야 중 전자기학과 **광학**을 연결하는 역할을 한다. 이제 전자기 복사의 파동적 특성을 확인했으므로 가시광선의 특성을 살펴보고, 전자기파 복사에 대해 배운 것을 적용하고자 한다. 이 장은 빛이 두 매질의 경계면에서 만날 때의 특성에 중점을 둘 것이다.

지금까지는 빛을 파동적인 특성에 초점을 맞춘 단순 파동 모형으로 살펴봤다. 그러나 빛의 특성에 대해 좀 더 깊이 살펴보면 입자 모형으로 돌아가게 된다. 특히 28장에서 시작하는 양자 물리 개념에서는 더욱 그러하다. 25.1절에서 보이듯 역사적으로 빛의 파동설 지지자와 입자설 지지자 사이에 오랜 논쟁이 있었다.

이 무지개 사진에는 색깔이 거꾸로 배열된 이차 무지개도 볼 수 있다. 무지개는 이 장에서 다루는 반사, 굴절 및 분산 등의 광학 현상과 깊은 관련이 있다.

25.1 | 빛의 본질 The Nature of Light

우리는 아침에 눈을 뜨고 나면 항상 빛과 만나고 있다. 이런 일상적인 경험은 실제로는 매우 복잡한 현상과 연관되어 있다. 이 책의 처음 부분에서 물리적 현상에 대한 이해를 돕기 위해 단순한 모형으로 입자 모형과 파동 모형을 살펴봤다. 이 두 모형 모두 빛의 본성을 설명할 수 있다. 19세기 초까지는 대부분의 과학자들이 빛이란 광원에서부터 튀어 나오는 입자의 흐름으로 생각했다. 이 모형에 따르면 빛의 입자가 눈으로 들어와 시각을 자극한다. 빛의 입자설을 대표적으로 주장한 사람은 뉴턴이다. 이 모형은 잘 알려진 빛의 본성에 대한 실험적 사실(이 장에서 살펴볼 반사와 굴절의 법칙)을 간단하게 설명할 수 있었다.

그 당시에 대부분의 과학자는 빛의 입자 모형을 받아들였다. 그러나 뉴턴이 살아 있는 동안 빛이 파동적 특성을 가지고 있다는 다른 모형이 주장되기 시작했다. 1678년 네덜란드의 물리학자이자 천문학자인 호이겐스(Christian Huygens)는 빛의 파동 모형도 반사 법칙과 굴절 법칙을 설명할 수 있음을 보였다. 그러나 파동 모형은 여러 가지 이유로 즉시 받아들여지지 않았다. 왜냐하면 그 당시에 알려진 모든 파동들(소리, 물 등)은 매질 안에서 전파되지만, 빛은 태양에서 지구로 빈 공간에서 전파될 수 있었기 때문이다. 1660년경 그리말디(Francesco Grimaldi, 1618~1663)가 빛의 파동성에 대한 실험적 증거를 발견한 다음에도 대부분의 과학자는 한 세기 이상 파동 모형을 받아들이지 않았으며, 뉴턴의 위대한 과학적 명성 때문에도 뉴턴의 입자 모형에 집착했다.

1801년 영국인 토마스 영(Thomas Young, 1773~1829)은 알맞은 조건에서 빛이 간섭 효과를 보인다는 빛의 파동성에 대한 최초의 명확하고도 신빙성 있는 실험 결과를 보였다. 즉 단일 광원에서 방출된 두 빛은 서로 다른 경로를 따라서 전파된 다음 한 점에 도달해서 중첩되어 어두워지는 상쇄 간섭을 일으킬 수 있다. 당시에는 두 개나 그 이상의 입자가 한 점에 모여서 서로서로를 상쇄시킨다고 상상할 수 없었기에 이런 특성을 입자 모형으로는 설명할 수 없었다. 19세기 이후 이에 대한 추가적인 발견이 있고 나서야 빛의 파동 모형을 통상적으로 받아들이게 됐다.

1865년 맥스웰(James Clerk Maxwell)이 빛은 주파수가 높은 전자기파의 한 형태임을 수학적으로 예견한 것은 빛을 이해하는 데 결정적인 발전이었다. 24장에서 살펴본 바와 같이 1887년 헤르츠(Hertz)는 전자기파를 발생시키고 검지함으로써 맥스웰의 이론을 실험적으로 확인했다. 헤르츠와 다른 연구자는 이런 전자기파가 반사, 굴절 및 모든 다른 파동적 특성이 있다는 것을 보였다.

전자기파 모형이 정립되어 알려진 빛의 특성을 대부분 설명할 수 있게 됐지만 여전히 몇 가지 실험은 빛이 파동이라는 가정으로 설명할 수 없었다. 가장 놀라운 것은 헤르츠가 발견한 **광전 효과**로 금속 표면에 빛을 쪼이면 전자가 튀어나오는 현상이다. 이 실험에 대해서는 28장에서 자세히 다룰 것이다.

이런 발전을 거치면서 빛은 두 가지 본성을 갖고 있는 것처럼 생각하게 됐다. 즉 빛은 어떤 경우에는 파동처럼 행동하고 다른 경우에는 입자처럼 행동한다. 고전 전자기파 모형으로는 빛의 전파와 간섭에 대해서는 적절하게 설명할 수 있으나 광전 효과와 빛이 물질과 반응하는 다른 실험들은 빛을 입자로 가정해야만 가장 잘 설명할 수 있다. 사실 빛은 빛이다. '빛이 파동이냐 입자냐?'하는 질문은 적절하지 않다. 어떤 실험에서는 빛의 파동적 특성을 측정하고 다른 실험에서는 빛의 입자적 특성을 측정한다. 이 시점에서는 빛의 이런 신기한 이중적 본질이 확실하지 않지만 **양자 입자**의 개념을 도입하면 확실해질 것이다. 빛의 입자인 광자는 최초의 양자 입자로 28장에서 좀 더 자세히 살펴볼 것이다. 그때까지는 파동 모형으로 만족스럽게 설명할 수 있는 빛의 특성에 관심을 기울일 것이다.

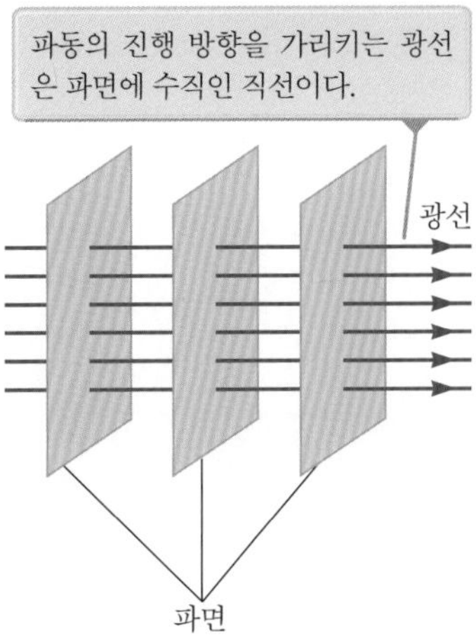

▌**25.2** | 기하 광학에서의 광선 모형 The Ray Model in Geometric Optics

광학을 공부할 때 처음에는 **광선 모형**(ray model) 또는 **광선 근사**(ray approximation)라는 간단한 모형을 사용하게 된다. **광선**(ray)은 단일 파동의 전파 방향을 그린 직선으로, 공간에서 진행하는 파동의 경로를 보여 준다. 광선 근사는 이런 직선을 바탕으로 하는 기하학적 모형이다. 광선 근사로 설명할 수 있는 현상은 빛이 직선을 따라 전파된다는 것 이외에는 빛의 파동적 본질과 뚜렷한 관계가 없다.

빛의 파동은 24.3절에서 도입한 평면파를 나타낸 그림 25.1과 같이(24.3절에서 정의한 대로) 파면으로 나타낼 수 있다. 파면은 공간상의 모든 점에서 광선과 수직인 면으로 정의된다.

평면파가 그림 25.2a와 같이 파장 λ에 비해 상대적으로 큰 크기가 d인 구멍(빈틈)이 있는 장벽과 만나면 구멍에서 발생한 각각의 파동은 (작은 가장자리 효과를 무시한다면) 계속 직진한다. 따라서 광선 근사는 계속 유효하다. 그림 25.2b와 같이 구멍의 크기가 파장과 같으면 파동은 (따라서 우리가 그리는 광선은) 구멍에서 사방으로 퍼져 나간다. 입사 평면파가 구멍을 지나는 동안 **회절**된 것이다. 구멍이 파장에 비해 작으면 회절이 매우 강하므로 구멍을 파동의 점광원처럼 생각할 수 있다(그림 25.2c). 따라서 파장과 구멍의 비 d/λ가 영에 가까이 다가갈수록 회절이 강하게 일어난다.

광선 근사에서는 $\lambda \ll d$로 가정해서 회절 효과를 무시한다. 이 회절 효과는 전적으로 빛의 파동적인 특성이다. 27장까지는 회절을 무시하고 이 장과 26장에서는 광선 근사를 이용한다. 이 장에서 다루는 내용을 **기하 광학**이라고 한다. 광선 근사는 거울, 렌즈, 프리즘과 관련된 광학 도구, 즉 망원경, 사진기 및 안경을 설명하기에 편리하다.

파동의 진행 방향을 가리키는 광선은 파면에 수직인 직선이다.

광선

파면

그림 25.1 오른쪽으로 진행하는 평면파

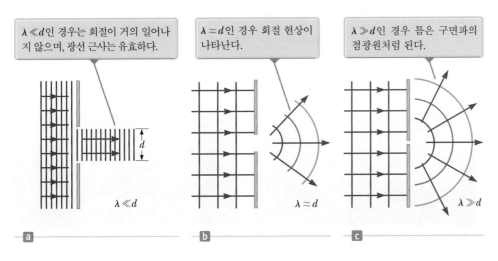

$\lambda \ll d$인 경우는 회절이 거의 일어나지 않으며, 광선 근사는 유효하다.

$\lambda \approx d$인 경우 회절 현상이 나타난다.

$\lambda \gg d$인 경우 틈은 구면파의 점광원처럼 된다.

$\lambda \ll d$　　　$\lambda \approx d$　　　$\lambda \gg d$

a　　　**b**　　　**c**

그림 25.2 지름이 d인 틈이 있는 장벽에 파장이 λ인 파동이 입사한다.

◀ **25.3** | 분석 모형: 반사파 Analysis Model: Wave Under Reflection

13장에서 줄에서의 파동을 다루면서 파동의 반사에 관한 일차원적인 모형을 소개했다. 파동이 파동의 속력이 달라지는 경계면을 만날 때 경계에서 에너지의 일부가 반사되고 일부는 투과된다. 이때 파동은 일차원 줄을 따라서만 움직인다고 생각했다. 광학에서는 이런 제한은 없으므로 빛의 파동은 삼차원적으로 움직일 수 있다.

그림 25.3은 표면에 입사하는 여러 개의 광선을 나타낸 것이다. 빛이 표면에서 완벽하게 흡수되지 않는다면 그 일부는 표면에서 반사된다(투과된 부분에 대해서는 25.4절에서 다룰 것이다). 표면이 매우 평탄하다면 반사 광선은 그림 25.3a와 같이 나란하다. 이런 평탄한 면에서의 빛의 반사를 **정반사**(specular reflection)라고 한다. 반사면이 그림 25.3a와 같이 거칠다면 광선은 여러 방향으로 반사될 것이다. 거친 표면에서의 반사를 **난반사**(diffuse reflection)라고 한다. 표면의 거칠기가 입사 광선의 파장보다 작다면 그 표면은 평탄한 면으로 간주할 수 있다. 예를 들어 빛이 전자레인지 문의 작은 그물망 구멍을 지나갈 때 그 구멍이 가시광선의 파장보다 충분히 크기 때문에 내부를 볼 수 있다. 그러나 파장이 그물망 구멍 크기보다 긴 마이크로파의 경우, 그 문은 빈틈이 없는 금속처럼 작용하기 때문에 마이크로파를 반사시킨다.

그림 25.3c와 25.3d는 레이저 빛을 이용한 정반사와 난반사 사진이다. 빛을 사진기 쪽으로 산란시키는 공기 중의 먼지를 이용해서 레이저 빛을 볼 수 있도록 했다. 그림 25.3c에서 반사된 레이저 광선을 뚜렷이 볼 수 있다. 그림 25.3d에서는 난반사로 입사광이 여러 방향으로 반사되므로 반사 광선을 볼 수 없다.

정반사는 반사면에서 뚜렷한 상을 만든다. 이는 26장에서 자세히 살펴볼 것이다. 그림 25.4는 평탄한 수면에서 정반사로 생긴 상이다. 수면이 잔잔하지 않으면 난반사가 일어나 반사된 상을 볼 수 없을 것이다.

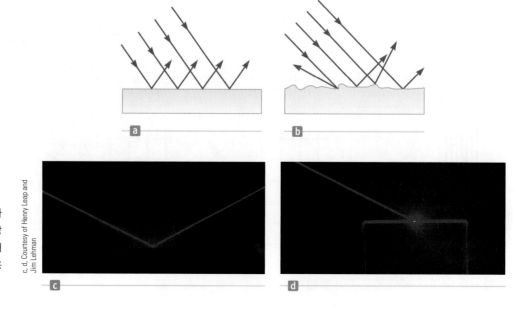

그림 25.3 (a) 반사 광선이 모두 나란한 정반사와 (b) 반사광이 여러 방향으로 흩어져 진행하는 난반사의 개념도. (c)와 (d)는 레이저 빛을 사용한 전반사와 난반사 사진이다.

c. d. Courtesy of Henry Leap and Jim Lehman

그림 25.4 프랑스 노르망디에 있는 해안가 집들이 옹플뢰르 항구(Honfleur Harbor)의 물에 반사된 모습

이 두 가지 형태의 반사는 밤에 운전할 때 도로 표면에서 일어날 수 있다. 맑은 날 밤에는 다가오는 자동차의 불빛이 도로에서 서로 다른 방향으로 흩어져 나가므로(난반사) 도로를 잘 식별할 수 있다. 비가 오는 밤이면 도로 표면의 작은 거친 면이 물로 채워진다. 수면은 평탄하기에 빛은 정반사하게 되고 반사광 때문에 눈이 부셔서 도로를 잘 식별할 수 없게 된다.

이제 반사가 일어나는 파동의 수학적 표현을 살펴보기로 하자. 공기 중에서 진행하던 광선이 그림 25.5와 같이 평탄한 수평면에 어떤 각도로 입사한 경우를 살펴보자. 입사 광선과 반사 광선은 입사 광선이 표면과 부딪친 점에서 그 평면에 수직인 직선과 각각 θ_1과 θ_1'의 각도를 이룬다. 실험에 따르면 입사 광선 표면의 법선(수직인 직선) 및 반사 광선은 같은 평면 위에 있고 **반사각은 입사각과 같다.**

$$\theta_1' = \theta_1 \qquad \qquad \textbf{25.1}$$

식 25.1을 **반사의 법칙**(law of reflection)이라고 한다. 일반적으로 입사각과 반사각은 표면에서부터가 아니라 표면의 법선에서부터 측정한다. 서로 다른 두 매질 사이의 경계면에서 파동의 반사는 자연에서 흔히 일어나는 현상이므로, 이런 파동 현상을 **반사파**(wave under reflection)의 모형으로 분석하며, 식 25.1은 이런 모형을 수학적으로 표현한 것이다.

난반사에서도 광선은 **각각의 법선에 대해** 반사의 법칙을 따른다. 다만 표면이 거칠기 때문에 입사되는 점마다 법선이 다르다. 이 책에서는 정반사만 대상으로 하므로 앞으로 **반사**라고 할 때는 정반사를 의미한다.

식 25.1과 여러 그림에서 보듯이 광학 분야에서 기하학적 모형이 광범위하게 사용된다. 많은 물리 현상이 기하학적으로 표현되므로 삼각형과 삼각법의 원리가 널리 사용될 것이다.

광선의 경로는 가역적이다. 예를 들면 그림 25.5의 광선은 왼쪽 위로부터 진행해서 거울에서 반사되어 오른쪽 위의 한 점으로 이동한다. 광선이 오른쪽 위 점에서 시작한다면 거꾸로 같은 경로를 지나가 왼쪽 위의 같은 점에 다다르게 된다. 이 가역 특성은 광선의 경로를 찾기 위한 기하 작도를 할 때 매우 유용하다.

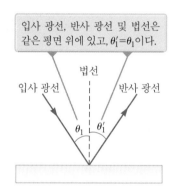

입사 광선, 반사 광선 및 법선은 같은 평면 위에 있고, $\theta_1' = \theta_1$이다.

법선

입사 광선 반사 광선

θ_1 θ_1'

그림 25.5 반사파 모형

오류 피하기 | 25.1

아래 첨자 표시 식 25.1과 그림 25.5에서 아래 첨자 1은 처음 매질 속의 빛을 나타내는 것이다. 빛이 한 매질에서 다른 매질로 진행할 때 새로운 매질 속의 빛과 관련해서 아래 첨자 2를 사용한다. 현재 빛이 같은 매질에 있으므로 아래 첨자 1만 사용한다.

그림 25.6 (a) 디지털 미세 거울 소자의 표면에 있는 거울의 배열. 각 거울의 넓이는 약 $16\,\mu\text{m}^2$이다. (b) 근접 촬영한 두 개의 미세 거울

거울의 크기와 개미의 다리를 비교해 보라.

Courtesy of Texas Instruments

왼쪽 거울은 'on' 상태이고, 오른쪽은 'off' 상태이다.

Courtesy of Texas Instruments

반사의 법칙을 실제적으로 응용한 것은 영화, 텔레비전 및 컴퓨터 발표 등에 사용되는 디지털 프로젝터이다. 디지털 프로젝터는 디지털 **미세 거울 소자**라고 하는 광학 반도체 칩을 이용한다. 이 소자에는 백만 개 이상의 아주 작은 거울이 배열되어 있다(그림 25.6a). 거울에 붙어 있는 전극에 신호를 주어 이 거울을 하나씩 기울일 수 있다. 거울 하나가 영상의 한 화소(pixel)에 대응된다. 어떤 거울에 해당하는 화소가 밝으면 거울은 'on' 위치가 되고 거울 배열을 비추는 광원에서 오는 빛이 화면 쪽으로 반사되도록 자리잡는다(그림 25.6b). 거울에 해당하는 화소가 어두우면 거울은 'off'가 되고 빛을 화면 쪽이 아닌 다른 방향으로 반사하도록 기울인다. 화소의 밝기는 영상을 비추는 동안 거울이 'on' 위치에 있는 전체 시간에 따라 결정된다.

디지털 영화 영사기는 빨강, 파랑, 초록의 삼원색 각각에 대해 하나씩 세 개의 미세 거울 소자를 사용해서 35조 개의 다른 색을 표현할 수 있다. 디지털 영화는 물리적으로 저장되는 필름 영화와는 달리 시간이 지나도 열화되지 않는다. 더구나 디지털 영화는 전적으로 컴퓨터의 소프트웨어 형태이므로 위성, 광 디스크 또는 광통신망을 통해 극장에 배급할 수도 있다.

▶ **퀴즈 25.1** 영화에서 가끔 배우가 거울을 들여다보는 장면이 나온다. 여러분은 거울에서 배우의 얼굴을 볼 수 있다. 이 장면을 촬영하는 동안 거울 속의 배우는 어디를 보는가? (a) 자기 얼굴 (b) 여러분의 얼굴 (c) 감독의 얼굴 (d) 영사기 (e) 알 수 없음

▶ **생각하는 물리 25.1**

밤중에 유리창을 통해 밖을 내다볼 때 자기 자신의 **이중**상을 본다. 왜 그럴까?

추론 빛은 두 광학 매질의 경계면에서 반사된다. 창문 유리는 두 개의 경계면이 있다. 첫 번째는 유리의 안쪽 표면이고 두 번째는 바깥쪽 표면이다. 각각의 경계면에서 상이 만들어지기 때문이다. ◀

◀ **예제 25.1 | 이중으로 반사된 광선**

그림 25.7과 같이 두 개의 거울이 서로 120°의 각도를 이루고 놓여 있다. 거울 M_1에 65°의 입사각으로 들어온 광선이 거울 M_2로부터 반사될 때의 방향을 구하라.

풀이

개념화 그림 25.7에서 볼 수 있듯이 입사 광선은 첫 번째 거울에서 반사되어 두 번째 거울로 입사되어 다시 반사가 이루어지는 이중 반사에 관한 문제이다.

분류 각 거울에서 빛과의 상호 작용은 반사 이론으로 충분히 설명이 되기 때문에, 반사 이론과 기하학을 이용한다.

분석 반사의 법칙으로부터 첫 번째 거울에서 법선과 이루는 반사각은 65°이다.
첫 번째 반사 광선이 수평면과 이루는 각도를 구한다.

$$\delta = 90° - 65° = 25°$$

반사 광선과 두 거울이 만드는 삼각형으로부터, 반사 광선이 M_2와 이루는 각도를 구한다.

$$\gamma = 180° - 25° - 120° = 35°$$

첫 번째 반사 광선이 M_2에 수직인 법선과 이루는 각도를 구한다.

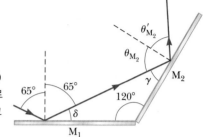

그림 25.7 (예제 25.1) 거울 M_1과 M_2는 서로 120°의 각도를 이루고 있다.

$$\theta_{M_2} = 90° - 35° = 55°$$

반사의 법칙에 따라 두 번째 반사 광선이 M_2에 수직인 법선과 이루는 각도를 구한다.

$$\theta'_{M_2} = \theta_{M_2} = \boxed{55°}$$

결론 다른 반사 문제뿐만 아니라, 이 반사 문제는 각도와 기하학적인 모형인 삼각형의 중요한 원리들을 사용하고 있음에 주목하자. 자세한 것은 부록 B를 참조한다.

25.4 | 분석 모형: 굴절파 Analysis Model: Wave Under Refraction

다시 13장에서 다룬 줄에서의 파동을 돌이켜 보면 불연속적인 곳에 입사한 파동 에너지는 일부가 그 불연속인 곳을 지나서 전달된다는 것을 알 수 있다. 이 절에서는 빛의 파동이 삼차원에서 전파할 때 일어나는 현상을 살펴보고자 한다.

투명한 매질에서 진행하는 광선이 그림 25.8a와 같이 다른 투명한 매질과의 경계면에 비스듬하게 입사하면 광선의 일부는 반사되지만 일부는 두 번째 매질로 전달된다. 두 번째 매질로 들어간 광선은 경계면에서 진행 방향이 변하게 되는데, 이를 **굴절**(refraction)이 일어났다고 한다. 입사 광선, 반사 광선 및 굴절 광선은 모두 같은 평면 위에 있다. 그림 25.8a의 **굴절각**(angle of refraction) θ_2는 두 매질의 특성에 따라 다르며 입사각과 다음과 같은 관계가 있다.

$$\frac{\sin \theta_2}{\sin \theta_1} = \frac{v_2}{v_1} \qquad \textbf{25.2}$$

이 식에서 v_1은 매질 1에서의 빛의 속력이고 v_2는 매질 2에서의 빛의 속력이다. 식 25.2는 굴절파 모형을 수학적으로 표현한 것으로 좀 더 일반적인 것은 식 25.7에 나

그림 25.8 (a) 굴절파 모형 (b) 투명 합성수지 물체에 입사된 광선은 물체에 들어갈 때와 나올 때 모두 꺾인다.

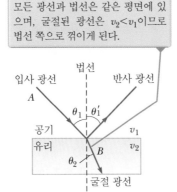

모든 광선과 법선은 같은 평면에 있으며, 굴절된 광선은 $v_2 < v_1$이므로 법선 쪽으로 꺾이게 된다.

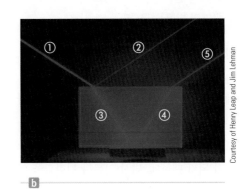

타난다.

굴절면을 지나는 광선의 경로는 반사의 경우와 같이 가역적이다. 예를 들면 그림 25.8a에서 광선은 점 A에서 점 B로 진행한다. 광선이 점 B에서 시작하는 경우 같은 경로를 반대로 따라서 점 A에 이르게 된다. 이 경우 반사 광선은 유리 안에 있을 것이다.

▶ **퀴즈 25.2** 그림 25.8b에서 ①은 입사 광선을 나타낸다. 네 개의 빨간색 광선 중 반사가 일어난 것과 굴절이 일어난 것은 각각 어떤 것인가?

일부가 물에 잠긴 연필은 꺾여 보인다. 이는 연필 아랫부분에서 오는 빛이 물과 공기의 경계면을 가로질러 진행할 때 굴절되기 때문이다.

식 25.2는 빛이 속력이 빠른 매질에서 속도가 느린 매질로 이동할 때 굴절각 θ_2가 입사각보다 작다는 것을 보여 준다. 따라서 굴절 광선은 그림 25.9a에서와 같이 법선 쪽으로 꺾이게 된다. 빛이 속력이 느린 매질에서 빠른 매질로 진행하면 θ_2는 θ_1보다 크고 광선은 그림 25.9b에서와 같이 법선으로부터 먼 쪽으로 꺾이게 된다.

빛이 공기에서 다른 물질을 통과해서 진행하고 다시 공기로 나오는 경우는 우리 일상의 다른 현상과 달라 조금은 혼란스러울 수 있다. 빛이 공기 속에서 진행할 때 속력은 $c = 3.0 \times 10^8$ m/s이고 유리 속으로 들어가면 빛의 속력은 약 2.0×10^8 m/s로 줄어든다. 빛이 다시 공기 속으로 나오면 속력은 원래의 값 3.0×10^8 m/s로 늘어난다. 나무토막을 향해 총알을 발사할 때와 비교해 보면 다른 것을 알 수 있다. 총알이 나무를 관통할 때 나무 조직을 파괴하는 데 원래 에너지의 일부를 사용하므로 속력이 줄

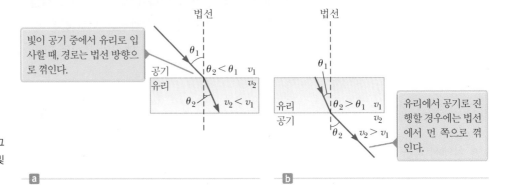

그림 25.9 (a) 빛이 공기에서 유리로 그리고 (b) 유리에서 공기로 진행할 때의 빛의 굴절

어든다. 따라서 총알이 다시 공기 중으로 나와도 나무토막에 들어갈 때의 속력보다 늦어진다.

빛에서는 왜 이런 현상이 생기는지를 이해하기 위해 빛이 왼쪽에서부터 유리 조각에 들어가는 것을 보이는 그림 25.10을 살펴보자. 유리 속에서 빛은 그림에서 점 A로 나타낸 원자를 만나게 된다. 빛이 이 원자에 의해 흡수되어 원자가 진동한다고 가정하자(그림에서는 양쪽 화살표로 자세히 보이고 있다). 그러면 진동하는 원자는 점 B의 원자를 향해 광선을 복사(방출)한다. 빛은 점 B에서 다시 흡수된다. 이런 자세한 흡수와 방출은 28장에서 다룰 양자 물리로 가장 잘 설명할 수 있다. 빛이 차례대로 한 원자에서 다른 원자로 가면서 전체 유리를 지나간다고 생각하자. (이것은 같은 팀의 선수끼리 바통을 넘겨 주는 이어달리기와 유사하다.) 빛이 한 원자에서 다른 원자로 원자 사이의 빈 공간을 지날 때는 $c = 3.0 \times 10^8$ m/s의 속력으로 가지만 원자들이 빛을 흡수하고 방출하는 데 시간이 걸린다. 따라서 유리 속에서의 **평균** 속력은 c보다 작다. 빛이 다시 공기 속으로 나오면 흡수와 방출이 중단되고 빛의 평균 속력은 원래 값으로 돌아간다.[1] 이렇게 빛은 물질의 내부이든 외부이든 간에 진공 속에서는 같은 속력으로 진행한다.

한 매질에서 다른 매질로 지나가는 빛은 두 매질에서의 평균 속력의 차이 때문에 굴절한다. 사실상 **빛은 진공 속에서 최대 속력으로 진행한다.** 매질의 **굴절률**(index of refraction) n을 다음과 같이 정의하면 편리하다.

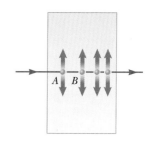

그림 25.10 매질 속의 한 원자로부터 다른 원자로 전달되는 빛. 파란색 구는 전자, 연직 화살표는 전자의 진동을 나타낸다.

오류 피하기 | 25.2

여기서 n은 정수가 아니다 11장에서 보어 궤도의 양자수를 나타내기 위해, 14장에서는 줄이나 공기 기둥의 정상파의 모드를 나타내기 위해 n을 사용했다. 그 경우 n은 정수였다. 굴절률 n은 정수가 아니다.

$$n \equiv \frac{\text{진공 속에서 빛의 속력}}{\text{매질 속에서 빛의 속력}} = \frac{c}{v} \qquad\qquad 25.3$$

▶ 굴절률

이 정의로부터 매질 속의 v가 c보다 작으므로 굴절률은 단위가 없고 1보다 크다는 것을 알 수 있다. 또 진공에서는 n은 1이다. 여러 가지 물질의 굴절률을 표 25.1에 나열했다.

파동이 한 매질에서 다른 매질로 진행할 때 주파수는 변하지 않는다. 먼저 가벼운 줄에서 무거운 줄로 진행하는 파동에 대해 살펴보자. 두 줄이 만나는 점에서 입사 파동과 투과 파동의 주파수가 다르면 두 줄을 묶어 놓은 곳이 위아래로 함께 움직일 수 없으므로 두 줄은 함께 묶여 있을 수 없다.

빛의 파동이 한 매질에서 다른 매질로 진행할 때 주파수 역시 일정하다. 그 이유를 알기 위해 그림 25.11을 살펴보자. 파면이 매질 1의 점 A에 있는 관측자를 지나서 매질 1과 매질 2 사이의 경계면에 입사된다. 매질 2의 점 B에 있는 관측자를 지나가는 파면의 주파수는 점 A에 도착할 때의 주파수와 같아야 한다. 그렇지 않다면 파면은 경계면에 쌓이거나 없어지거나 또는 새로 만들어질 것이다. 이런 경우가 일어나지 않

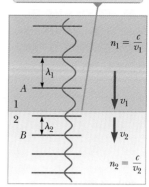

파동이 매질 사이를 진행할 경우, 파장은 변하지만 진동수는 일정하게 유지된다.

그림 25.11 파동이 매질 1에서 매질 2로 진행할 때, 속력이 느려진다.

---

[1] 일정한 속력 v로 시내에 진입해서 시내 중심부에서 여러 역에 정차하는 지하철을 생각하면 유사할 것이다. 역 사이에서 지하철의 순간 속력은 v이지만 시내를 지나가는 **평균** 속력은 v보다 작다. 지하철이 도시를 떠나 정차하지 않는다면 다시 일정한 속력 v로 달린다. 다른 비유와 같이 이 비유도 완벽하지는 않다. 왜냐하면 지하철은 역 사이에서 v의 속력으로 가속되는 데 시간이 걸리지만, 빛은 원자를 떠나자마자 c의 속력으로 진행한다.

표 25.1 | 여러 가지 물질의 굴절률

물 질	굴절률	물 질	굴절률
20 °C의 고체		20 °C의 액체	
큐빅 지르코니아	2.20	벤 젠	1.501
다이아몬드 (C)	2.419	이황화탄소	1.628
형석 (CaF_2)	1.434	사염화탄소	1.461
석영 유리 (SiO_2)	1.458	콘 시럽	2.21
인화갈륨 (GaP)	3.50	에틸알코올	1.361
크라운 유리	1.52	글리세린	1.473
납유리	1.66	물	1.333
얼음 (H_2O)	1.309	0 °C 1기압의 기체	
폴리스티렌	1.49	공 기	1.000 293
소금 (NaCl)	1.544	이산화탄소	1.000 45

Note: 진공 중에서 파장 589 nm의 빛에 대한 값이다.

으므로 광선이 한 매질에서 다른 매질로 지나갈 때 주파수는 일정해야 한다. 따라서 두 매질에서 $v = \lambda f$ (식 13.12)의 관계가 성립되고 $f_1 = f_2 = f$이므로 다음과 같이 됨을 안다.

$$v_1 = \lambda_1 f \qquad 그리고 \qquad v_2 = \lambda_2 f$$

$v_1 \neq v_2$이므로 $\lambda_1 \neq \lambda_2$이다. 굴절률과 파장의 관계는 이 두 수식을 나누고 식 25.3의 굴절률의 정의를 이용해서 구할 수 있다.

오류 피하기 | 25.3
반비례 관계 굴절률은 파동 속력에 **반비례한다.** 파동의 속력 v가 감소하면 굴절률 n은 증가한다. 따라서 물질의 굴절률이 크면 빛의 속력을 진공 중의 속력보다 더 많이 **감속시킨다.** 빛의 속력이 많이 감소하면 식 25.7에서 θ_2는 θ_1과 더 많이 차이가 난다.

$$\frac{\lambda_1}{\lambda_2} = \frac{v_1}{v_2} = \frac{c/n_1}{c/n_2} = \frac{n_2}{n_1} \qquad\qquad 25.4$$

이 식에서 다음을 얻는다.

$$\lambda_1 n_1 = \lambda_2 n_2 \qquad\qquad 25.5$$

식 25.5로부터 매질의 굴절률을 다음과 같이 나타낼 수 있다.

$$n = \frac{\lambda}{\lambda_n} \qquad\qquad 25.6$$

이 식에서 λ는 진공 속에서 빛의 파장이고, λ_n은 굴절률이 n인 매질에서의 파장이다. 식 25.2를 다르게 나타내면 다음과 같다. 식 25.3과 25.2를 결합하면 다음과 같다.

▶ 스넬의 굴절 법칙

$$\boxed{n_1 \sin\theta_1 = n_2 \sin\theta_2} \qquad\qquad 25.7$$

이 관계식은 실험적으로 발견한 스넬(Willebrord Snell, 1591~1626)의 이름을 따서 **스넬의 굴절 법칙**(Snell's law of refraction)[2]이라 한다. 서로 다른 두 매질 사이의 경계면에서 파동의 굴절은 자연에서 흔히 일어나는 현상이므로, 이런 파동 현상을

---

[2] 1637년 데카르트(R. Descartes, 1596~1650)가 빛의 입자론에서 동일한 법칙을 이끌어 냈기 때문에, 프랑스에서는 **데카르트의 법칙**으로 알려져 있다.

굴절파(wave under refraction)의 모형으로 분석한다. 식 25.7은 전자기 복사에 대한 이 모형의 수학적인 표현이다. 굴절률이 다른 물질에서의 굴절 현상은 식 25.2를 이용하면 해석이 가능하고, 이런 해석은 음파나 지진파의 경우에도 같은 방법으로 적용된다.

▶ **퀴즈 25.3** 빛이 굴절률이 1.3인 매질에서 1.2인 매질로 진행한다. 입사 광선과 비교할 때 굴절된 빛의 특성은 어떠한가? **(a)** 법선 방향으로 꺾인다. **(b)** 반사되지 않는다. **(c)** 법선 반대 방향으로 꺾인다.

▶ **퀴즈 25.4** 태양에서 오는 빛이 대기권으로 들어올 때 공기에서와 진공에서의 작은 속력 차이 때문에 굴절한다. 하루의 **광학적** 길이는 태양의 꼭대기가 지평선에서 막 보이는 순간부터 태양의 꼭대기가 지평선 아래로 막 사라지는 순간까지의 시간 간격으로 정의한다. 하루의 **기하학적** 길이는 관측자와 태양의 꼭대기를 이은 직선이 지평선에 닿는 순간부터 이 직선이 지평선 아래로 잠기는 순간까지의 시간 간격으로 정의한다. **(a)** 하루의 광학적 길이와 **(b)** 하루의 기하학적 길이 중 어느 것이 더 긴가?

▶ **생각하는 물리 25.2**   BIO **물속에서의 시야**

물안경을 착용하면 물속에서 더 잘 보이는 이유는? 물안경은 안경용 렌즈가 아니라 평판 유리로 만든 것이다.

추론 공기 중에서 눈에 초점을 맞추는 데 필요한 굴절은 공기-각막 경계면에서 일어난다. 눈의 수정체는 다양한 거리에 있는 물체를 보기 위해 이런 영상을 미세 조정할 뿐이

다. 물속에서 눈을 뜨면 경계면은 공기-각막이 아니라 물-각막이 된다. 따라서 눈에 들어온 빛은 망막에 모이지 않아 물체가 흐리게 보인다. 안경은 눈 앞에 공기층을 형성해서 공기-각막 경계면을 유지하므로 굴절에 의해 빛이 망막에 모이게 된다. ◀

▶ **예제 25.2 | 유리의 굴절각**

파장이 589 nm인 광선이 공기 중에서 투명하고 평평한 크라운 유리로 법선과 입사각 30.0°를 이루며 입사한다.

(A) 굴절각을 구하라.

풀이

개념화 그림 25.9a가 이 문제에 주어진 굴절 과정을 잘 보여 준다.

분류 이 절에서 얻은 식을 이용해서 결과를 계산하므로 예제를 대입 문제로 분류한다.

굴절각 $\sin \theta_2$를 구하기 위해 스넬의 굴절 법칙을 정리한다.

$$\sin \theta_2 = \frac{n_1}{n_2} \sin \theta_1$$

θ_2에 대해 푼다.

$$\theta_2 = \sin^{-1}\left(\frac{n_1}{n_2} \sin \theta_1\right)$$

입사각과 표 25.1에 있는 굴절률을 대입한다.

$$\theta_2 = \sin^{-1}\left(\frac{1.00}{1.52} \sin 30.0°\right) = \boxed{19.2°}$$

(B) 유리에서 빛의 속력을 구하라.

풀이

유리에서 빛의 속력은 식 25.3으로 푼다.

$$v = \frac{c}{n}$$

주어진 값들을 대입한다.

$$v = \frac{3.00 \times 10^8 \text{ m/s}}{1.52} = \boxed{1.97 \times 10^8 \text{ m/s}}$$

(C) 유리에서 빛의 파장은 얼마인가?

풀이
식 25.6을 이용한다.

$$\lambda_n = \frac{\lambda}{n} = \frac{589 \text{ nm}}{1.52} = \boxed{388 \text{ nm}}$$

예제 25.3 | 평행판을 투과하는 빛

그림 25.12와 같이 빛이 매질 1로부터 매질 2, 즉 굴절률이 n_2인 두꺼운 평행판을 투과한다. 투과된 빛이 입사한 빛과 평행함을 보여라.

풀이

개념화 그림 25.12에서 빛의 경로를 따라가면, $n_2 > n_1$이므로 첫 번째 굴절에서는 법선 방향으로 굴절되고 두 번째 면에서는 법선과 멀어지는 각도로 굴절된다.

분류 이 절에서 배운 식을 이용해서 결과를 계산하므로, 예제를 대입 문제로 분류한다.
윗면에서 스넬의 굴절 법칙을 적용한다.

$$(1) \qquad \sin\theta_2 = \frac{n_1}{n_2} \sin\theta_1$$

아랫면에서 다시 스넬의 법칙을 적용한다.

$$(2) \qquad \sin\theta_3 = \frac{n_2}{n_1} \sin\theta_2$$

식 (1)을 식 (2)에 대입한다.

$$\sin\theta_3 = \frac{n_2}{n_1}\left(\frac{n_1}{n_2}\sin\theta_1\right) = \sin\theta_1$$

따라서 $\theta_3 = \theta_1$이고 투과 광선의 방향은 바뀌지 않는다. 그러나 그림 25.12와 같이 평행한 경로는 d만큼 떨어지게 된다.

문제 평행판의 두께 t가 두 배로 되면 두 광로 사이의 거리 d도 두 배가 되는가?

답 그림 25.12에서 판 내에서 빛의 경로를 고려하자. 거리 a는 두 직각삼각형의 빗변이다.

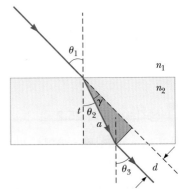

그림 25.12 (예제 25.3) 판의 아래로부터 나오는 광선에 평행한 점선은 평행판이 없을 경우 빛이 지나가는 경로를 나타낸 것이다.

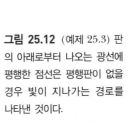

노란 삼각형으로부터 a에 대한 식을 구한다.

$$a = \frac{t}{\cos\theta_2}$$

주황 삼각형으로부터 d에 대한 식을 구한다.

$$d = a\sin\gamma = a\sin(\theta_1 - \theta_2)$$

이들 두 식을 결합한다.

$$d = \frac{t}{\cos\theta_2}\sin(\theta_1 - \theta_2)$$

주어진 입사각 θ_1에 대해 굴절각 θ_2는 굴절률에 의해서만 결정되므로, 경로 사이의 거리 d는 평행판 두께 t에 비례한다. 만약 두께가 두 배로 변하면, 광로 사이의 거리도 마찬가지이다.

25.5 | 분산과 프리즘 Dispersion and Prisms

앞 절에서 스넬의 법칙을 유도할 때 물질의 굴절률을 사용했다. 표 25.1에 여러 가지 물질의 굴절률을 보여 준다. 그런데 세밀하게 측정하면 진공이 아닌 경우 굴절률이 빛의 파장에 따라 달라지는 것을 알 수 있다. 파장에 따른 굴절률의 차이, 즉 파장에 따른 파동의 속력 차이를 **분산**(dispersion)이라 한다. 그림 25.13은 파장에 따라 굴절률이 다른 것을 나타낸 것이다. n이 파장의 함수이므로 스넬의 법칙은 빛이 어떤 매질에 입사할 때 굴절각은 빛의 파장에 따라 다르다는 것을 보여 준다. 그림 25.13과 같이 가시광선 영역에서 일반적으로 파장이 증가할 때 물질의 굴절률이 감소한다. 따라서 공기에서 물질로 진행하는 보라색 빛($\lambda \approx 400 \, \text{nm}$)은 빨간색 빛($\lambda \approx 650 \, \text{nm}$)보다 많이 굴절한다.

빛의 분산 효과를 이해하기 위해 그림 25.14에서와 같이 빛을 프리즘에 비출 때 어떤 일이 일어나는지 알아보자. 프리즘의 꼭지각 Φ는 그림에서처럼 정의한다. 왼쪽에서부터 프리즘에 입사한 단일 파장의 광선이 원래의 진행 경로에서 편향각 δ만큼 벗어난 방향으로 나온다. 편향각 δ는 꼭지각과 프리즘 물질의 굴절률에 따라 다르다. 이제 백색광(모든 가시광선의 조합)을 프리즘에 입사시킨다고 가정하자. 분산 때문에 여러 빛은 각각 다른 편향각으로 꺾여서 프리즘의 두 번째 면에서 나오는 광선은 그림 25.15와 같은 **가시 스펙트럼**(visible spectrum)으로 펼쳐진다. 파장이 긴 것부터 나열하면 빨강, 주황, 노랑, 초록, 파랑 및 보라이다.[3] 보라색은 본래 경로에서 가장 많이 편향하고 빨간색이 가장 적게 편향하며 가시 스펙트럼의 다른 색들은 그 중간에 있다.

빛이 스펙트럼으로 분산되는 것은 자연계에서 무지개가 형성되는 것을 통해 가장 생생하게 볼 수 있다. 무지개는 태양과 소나기 사이에 위치한 관측자가 종종 볼 수 있다. 어떻게 무지개가 형성되는지를 이해하기 위해 그림 25.16을 살펴보자. 머리 위를

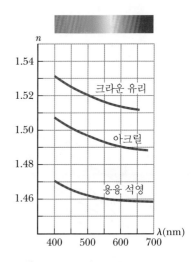

그림 25.13 세 가지 물질의 진공에서 파장에 따른 굴절률의 변화

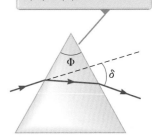

꼭지각 Φ는 프리즘에서 빛이 들어온 변과 나간 변 사이의 각도이다.

그림 25.14 프리즘이 단일 파장의 빛을 굴절시켜서 빛이 각도 δ만큼 벗어난다.

프리즘에서의 분산에 의해 파장이 다른 빛은 서로 다른 각도로 굴절되기 때문에 굴절된 빔의 색들이 분리된다.

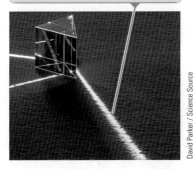

David Parker / Science Source

그림 25.15 백색광이 유리 프리즘 왼쪽 위에서 입사한다. 반사된 빛은 입사한 빛 바로 아래에서 프리즘 바깥쪽으로 나온다. 오른쪽 아래로 이동한 빛은 뚜렷하게 여러 색으로 보인다. 보라색이 가장 많이 편향하고 빨간색이 가장 적게 편향한다.

보라색 빛이 빨간색 빛보다 더 큰 각도로 굴절된다.

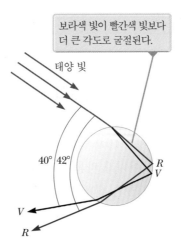

태양 빛

그림 25.16 구면 물방울 안에서 태양 빛의 경로. 이 경로에 따른 빛이 가시광의 무지개를 만든다.

오류 피하기 | 25.4

여러 광선의 무지개 그림 25.16과 같이 그림으로 나타낸 것은 잘못 이해할 수도 있다. 그림에서는 물방울로 들어가서 반사되고 굴절한 뒤 들어간 광선과 40~42°를 이루는 물방울에서 나오는 한 광선을 볼 수 있다. 이 그림을 보고 물방울로 들어간 **모든** 빛이 이 좁은 범위의 각도로 물방울에서 나온다고 오해할 수도 있다. 실제로 빛은 0~42°의 넓은 범위의 각도로 물방울에서 나온다. 동그란 물방울에서의 반사와 굴절을 세밀하게 분석하면 물방울에서 **빛이 가장 강하게 나오는 각도**는 40~42° 사이임을 알 수 있다.

---

[3] 뉴턴 시대에는 현재 우리가 청록색(teal)과 파란색(blue)이라고 하는 색을 파란색(blue)과 남색(indigo)이라고 불렀다. 청바지는 남색 물감을 들인 것이다.

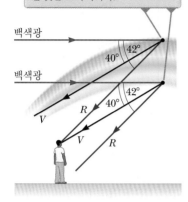

높은 곳에 있는 물방울로부터 관측자의 눈으로 오는 가장 강한 빛은 빨간색이고, 반면에 낮은 곳에 있는 물방울로부터 오는 가장 강한 빛은 보라색이다.

그림 25.17 뒤쪽에 태양을 두고 서 있는 관측자에게 보이는 무지개의 형성 과정

지나는 광선은 대기 중의 둥근 물방울에 입사해 다음과 같이 굴절되고 반사된다. 먼저 물방울의 앞면에서 굴절될 때 보라색이 가장 많이 꺾이고 빨간색이 가장 적게 꺾인다. 물방울의 뒷면에서는 빛이 반사되어 앞면으로 돌아간다. 그곳에서 다시 한 번 물에서 공기로 이동하는 것처럼 굴절된다.

물방울 앞면 전체로 빛이 들어가기 때문에 뒷면에서 반사된 후 물방울에서 나오는 빛의 각도는 일정한 범위 안에 있게 된다. 공 모양의 물방울에 대해 자세히 분석해 보면, 가장 강한 빨간색은 42°, 보라색은 40° 각도가 된다. 따라서 관측자가 본 물방울에서 나오는 빛이 이 각도에서 가장 밝아 무지개를 볼 수 있다. 그림 25.17은 관측자에 대한 기하학적 그림이다. 무지개의 색을 태양과 반대 방향, 즉 태양으로부터 정확하게 180° 되는 곳으로부터 40~42° 사이에서 볼 수 있다. 하늘 높이 있는 물방울로부터 오는 빨간색을 볼 수 있다면 그 물방울에서 오는 보라색은 관측자의 머리 위로 지나가므로 볼 수 없다. 따라서 이 물방울 주변의 무지개는 빨간색이다. 관측자가 보는 무지개의 보라색 부분이 하늘에서 낮게 있는 물방울에 의한 것이라면, 보라색은 관측자의 눈으로 가고, 빨간색은 눈 아랫부분으로 간다.

이 장의 도입부 사진은 **이중 무지개**이다. 이차 무지개는 일차 무지개보다 흐리고 그 색은 역순이다. 이차 무지개는 물방울 내부에서 밖으로 나오기 전에 두 번의 반사를 거친 빛이 만든 것이다. 실험실에서 무지개를 구현하는 경우 빛이 물방울을 나오기 전에 30번 이상 반사를 일으킬 수도 있다. 반사를 할 때마다 물방울 바깥쪽으로 굴절하는 빛이 있어서 빛이 줄어들므로 차수가 높은 무지개의 세기는 매우 약하다.

▷ **퀴즈 25.5** 분산적인 물질에서 광선의 굴절각은 빛의 파장에 따라 다르다. 다음은 참인가, 아니면 거짓인가? 물질의 표면에서 반사각은 파장에 따라 다르다.

25.6 | 호이겐스의 원리 Huygens's Principle

호이겐스
Christian Huygens, 1629~1695
네덜란드의 물리학자 겸 천문학자

호이겐스는 광학과 동역학 분야에 크게 공헌을 한 것으로 잘 알려져 있다. 호이겐스에겐 빛이란 진동의 한 유형으로 여겨졌고, 그 에너지가 퍼져 눈으로 들어와서 인식된다고 생각했다. 이런 이론에 바탕을 두고 굴절, 반사 그리고 이중 굴절 현상을 설명했다.

이 절에서는 1678년 호이겐스가 제안했던 기하 작도법을 소개한다. 호이겐스는 빛이 입자가 아니라 파동이라고 생각했다. 빛의 전자기적 성질을 전혀 몰랐지만 그의 기하학적 모형은 실제 빛의 전파 양상을 이해하기에 충분하다.

호이겐스의 원리(Huygens's principle)는 이전의 파면을 알 때 새로운 파면의 위치를 결정할 수 있는 기하학적 모형이다. 호이겐스 방식에 따르면

> 파면상의 모든 점은 소파(wavelet)라고 하는 2차 구면파를 생성하는 점파원으로 생각할 수 있으며, 이 소파는 매질에서의 파동 속력을 가지고 바깥쪽 방향으로 전파된다. 얼마의 시간이 경과한 후, 새로운 파면의 위치는 이 소파들에 접하는 면(포락면)이다.

그림 25.18은 호이겐스 원리에 의한 작도의 두 가지 예이다. 먼저 그림 25.18a처럼 자유 공간을 움직이는 평면파를 생각해 보자. $t = 0$일 때 파동면은 AA'으로 나타낸

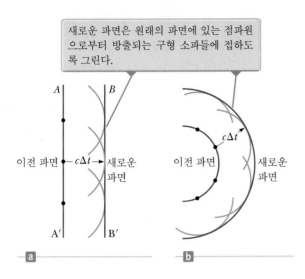

새로운 파면은 원래의 파면에 있는 점파원으로부터 방출되는 구형 소파들에 접하도록 그린다.

그림 25.18 호이겐스 작도에 따른 오른쪽으로 진행하는 (a) 평면파와 (b) 구면파

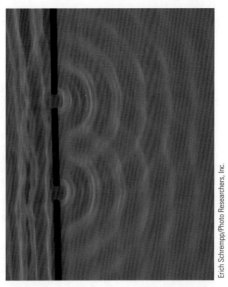

그림 25.19 잔물결 통 속의 수면파에서 호이겐스의 소파를 볼 수 있다. 작은 구멍 두 개가 있는 장벽에 평면파가 입사한다. 구멍이 원형 소파의 파원 역할을 한다.

평면이다. 이 파면의 모든 점이 소파의 점파원이다. 이 점 중 세 개를 골라 반지름이 $c\Delta t$인 원호(실제는 구면)를 그린다. c는 자유 공간에서 빛의 속력이고 Δt는 파동이 전달된 시간 간격이다. 이 소파들이 접하도록 그린 면이 평면 BB'으로 AA'과 나란하다. 이 평면이 Δt인 순간의 파면이다. 같은 방법으로 25.18b에서는 퍼져 나가는 구면파를 호이겐스의 원리에 따라 나타낸 것이다.

호이겐스의 소파가 존재한다는 확실한 예를 그림 25.19와 같이 (잔물결 통이라고 하는) 얕은 물통의 수면파에서 볼 수 있다. 틈새에서 왼쪽에서 만들어진 평면파가 바깥쪽으로 전달되는 이차원 원형 파동처럼 틈새의 오른쪽으로 나아간다. 평면파에서는 파동면의 모든 점이 이차원 수면의 원형파의 광원처럼 작용한다. 시간이 경과하면 이 원형 파면의 접선은 직선이 된다. 그러나 파면이 장벽을 만나면 파면의 모든 점에서 틈새를 만난 파동 이외의 파동은 반사된다. 아주 작은 구멍에 대해서는 두 개의 구멍 각각에서 호이겐스 소파의 광원 하나가 있는 것과 같은 경우로 생각할 수 있다. 결과적으로 이런 단일 광원에서 나온 호이겐스의 소파는 그림 25.19와 같이 오른쪽의 퍼져 나가는 원형파로 나타난다. 이는 이 장의 도입부에서 언급한 회절의 단적인 예로 27장에서 좀 더 자세히 살펴볼 것이다.

반사와 굴절에 적용한 호이겐스의 원리
Huygens's Principle Applied to Reflection and Refraction

이제 호이겐스의 원리를 이용해서 반사와 굴절의 법칙을 유도해 보자.

반사의 법칙은 그림 25.20을 참조한다. 선 AB는 광선 1이 면에 도달할 때의 입사파의 평면 파면을 나타낸다. 이 순간 A의 파동은 A에 중심을 둔 갈색 원호로 나타낸 호이겐스 소파를 D쪽으로 내보낸다. 반사파는 표면과 γ'의 각도를 이룬다. 동시에 B의

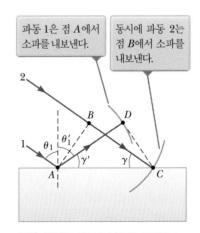

파동 1은 점 A에서 소파를 내보낸다.

동시에 파동 2는 점 B에서 소파를 내보낸다.

그림 25.20 반사의 법칙을 증명하기 위한 호이겐스의 작도

파동은 B에 중심을 둔 갈색 원호로 나타낸 호이겐스 소파를 C를 향해 내보낸다. 입사파는 표면과 γ의 각도를 이룬다. 그림 25.20은 광선 2가 면에 도달할 때, 즉 시간 간격 Δt가 흐른 후의 이들 소파를 보여 준다. 광선 1과 2는 모두 같은 속력으로 움직이므로 $AD = BC = c\Delta t$이다.

나머지의 분석은 그림 25.20에 보인 두 삼각형 ABC와 ADC에 대한 것이다. 이 두 삼각형은 공통의 변 AC를 가지고 $AD = BC$이므로 합동이다.

$$\cos \gamma = \frac{BC}{AC} \qquad \text{그리고} \qquad \cos \gamma' = \frac{AD}{AC}$$

여기서 $\gamma = 90° - \theta_1$이고 $\gamma' = 90° - \theta'_1$ 이다. $AD = BC$이므로 다음이 성립한다.

$$\cos \gamma = \cos \gamma'$$
$$\gamma = \gamma'$$
$$90° - \theta_1 = 90° - \theta'_1$$
$$\theta_1 = \theta'_1$$

이는 곧 반사의 법칙이다.

이번에는 호이겐스의 원리를 이용해서 굴절에 관한 스넬의 법칙을 유도해 보자. 우리의 관심은 그림 25.21에서와 같이 광선 1이 표면에 다다른 때로부터 광선 2가 표면에 도달한 때까지이다. 이 시간 동안 파동은 점 A에서 갈색의 호이겐스 소파를 D쪽으로 내보내고 이 방향은 표면의 법선과 각도 θ_2를 이룬다. 같은 시간 동안 점 B에서 C쪽으로 갈색의 호이겐스 소파를 내보내고 이 빛은 같은 방향으로 계속 진행한다. 두 개의 소파는 다른 매질에서 진행하므로 소파의 반지름은 다르다. 점 A로부터의 소파의 반지름은 $AD = v_2 \Delta t$이고, 점 B로부터의 소파의 반지름은 $BC = v_1 \Delta t$이다. v_1과 v_2는 각각 첫 번째와 두 번째 매질에서의 빛의 속력이다.

삼각형 ABC와 삼각형 ADC로부터 다음을 안다.

$$\sin \theta_1 = \frac{BC}{AC} = \frac{v_1 \Delta t}{AC} \qquad \text{그리고} \qquad \sin \theta_2 = \frac{AD}{AC} = \frac{v_2 \Delta t}{AC}$$

첫 번째 식을 두 번째 식으로 나누면 다음을 얻는다.

$$\frac{\sin \theta_1}{\sin \theta_2} = \frac{v_1}{v_2}$$

그런데 식 25.3에서 $v_1 = c/n_1$이고 $v_2 = c/n_2$이므로 다음이 성립한다.

$$\frac{\sin \theta_1}{\sin \theta_2} = \frac{c/n_1}{c/n_2} = \frac{n_2}{n_1}$$
$$n_1 \sin\theta_1 = n_2 \sin\theta_2$$

이는 곧 스넬의 굴절 법칙이다.

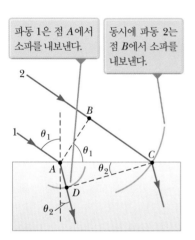

파동 1은 점 A에서 소파를 내보낸다.

동시에 파동 2는 점 B에서 소파를 내보낸다.

그림 25.21 스넬의 굴절 법칙을 증명하기 위한 호이겐스의 작도

▶ **25.7** | 내부 전반사 Total Internal Reflection

굴절률이 큰 매질에서 작은 매질로 빛이 진행할 때 **내부 전반사**(total internal reflection)라고 하는 재미 있는 현상이 나타날 수 있다. 매질 1에서 진행해서 $n_1 > n_2$인 매질 1과 매질 2의 경계면에서 만나는 광선을 생각한다(그림 25.22a). 여러 가지 가능한 광선의 방향을 광선 1에서 5까지 나타냈다. $n_1 > n_2$이므로 굴절 광선은 법선에서 먼 쪽으로 휘어진다(빛이 두 매질 사이 경계면에서 굴절될 때 부분적으로는 반사도 일어난다. 이들 광선을 그림 25.22a에 나타냈다). **임계각**(critical angle)이라고 하는 특정 입사각 θ_c에서 굴절 광선은 경계면과 나란하게 진행하므로 $\theta_2 = 90°$가 된다(그림 25.22a에서 광선 4, 그림 25.22b에도 나타냄). 입사각이 θ_c보다 크면 그림 25.22a의 광선 5와 같이 어떤 빛도 굴절되지 않고 입사 광선은 모두 경계면에서 반사된다. 이 광선은 경계면에서 완벽한 반사 표면에 부딪친 것처럼 반사되며, 반사 법칙을 따른다. 즉 입사각이 반사각과 같다.

스넬의 법칙을 이용해서 임계각을 찾을 수 있다. $\theta_1 = \theta_c$일 때 $\theta_2 = 90°$이고 스넬의 법칙(식 25.7)에 따라 다음을 얻는다.

$$n_1 \sin \theta_c = n_2 \sin 90° = n_2$$

$$\sin \theta_c = \frac{n_2}{n_1} \qquad (n_1 > n_2) \qquad \textbf{25.8}$$

이 식은 n_1이 n_2보다 클 때만 사용할 수 있다. 이는 전반사는 빛이 굴절률이 큰 매질에서 작은 매질로 진행하는 경우에만 일어날 수 있다는 뜻이다. 이것이 **내부**라는 말을 사용하는 이유이다. 빛은 처음에는 물질 바깥쪽의 매질보다 굴절률이 큰 물질의

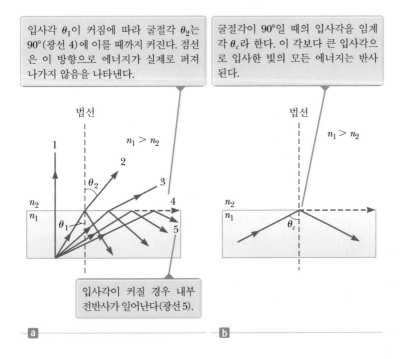

입사각 θ_1이 커짐에 따라 굴절각 θ_2는 90°(광선 4)에 이를 때까지 커진다. 점선은 이 방향으로 에너지가 실제로 퍼져 나가지 않음을 나타낸다.

굴절각이 90°일 때의 입사각을 임계각 θ_c라 한다. 이 각보다 큰 입사각으로 입사한 빛의 모든 에너지는 반사된다.

입사각이 커질 경우 내부 전반사가 일어난다(광선 5).

그림 25.22 (a) 굴절률이 n_1인 매질로부터 n_2인 매질로 진행하는 광선. 여기서 $n_1 > n_2$이다. (b) 광선 4를 따로 그렸다.

내부에 있어야 한다. n_1이 n_2보다 작으면 식 25.8에 따라 $\sin\theta_c > 1$이 되어 어떤 각도의 사인값도 1보다 클 수 없어서 의미가 없게 된다.

n_1이 n_2보다 상당히 크면 전반사의 임계각은 작다. 이런 경우의 예가 다이아몬드($n = 2.42$, $\theta_c = 24°$)와 크라운 유리($n = 1.52$, $\theta_c = 41°$)이다. 이때 주어진 각도는 매질에서 공기로 굴절하는 빛에 해당한다. 다이아몬드나 맑은 유리를 빛 아래에서 들여다보면 해당 면에서 발생하는 전반사 때문에 반짝이게 된다.

그림 25.23 (퀴즈 25.6) 평행하지 않은 다섯 종류의 빛이 왼쪽에서 오른쪽으로 유리 프리즘으로 입사한다.

▸ **퀴즈 25.6** 그림 25.23은 다섯 종류의 빛이 유리 프리즘으로 왼쪽에서 입사되는 것을 나타낸 것이다. **(i)** 몇 개의 빛이 경사면에서 내부 전반사가 일어나는가? (a) 1 (b) 2 (c) 3 (d) 4 (e) 5 **(ii)** 프리즘은 종이면 방향으로 회전할 수 있다. **다섯 광선 모두**가 경사면에서 내부 전반사가 일어나도록 하기 위해서는 어떤 방향으로 회전시켜야 하는가? (a) 시계 방향 (b) 반시계 방향

▸ **퀴즈 25.7** 백색광이 그림 25.22와 같이 크라운 유리-공기 경계면에 입사한다. 입사광이 시계 방향으로 회전하면 입사각 θ가 증가한다. 이 유리 안에서의 분산 때문에 어떤 빛은 다른 빛보다 먼저 전반사되어(그림 25.22a의 광선 4) 유리 밖으로 굴절하는 빛이 더 이상 백색광이 아니다. 위 경계면으로 굴절되어 나오는 마지막 빛은 무엇인가? **(a)** 보라 **(b)** 초록 **(c)** 빨강 **(d)** 알 수 없다.

▸ **예제 25.4 | 물고기의 눈에 보이는 광경**

물의 굴절률이 1.33이라면 공기-물 경계면에서 임계각은 얼마인가?

풀이

개념화 임계각의 중요성과 내부 전반사의 의미를 이해하기 위해 그림 25.22를 자세히 살펴볼 필요가 있다.

분류 이 절에서 배운 개념을 이용하므로 예제를 대입 문제로 분류한다.

공기-물 경계면에서 식 25.8을 적용한다.

$$\sin\theta_c = \frac{n_2}{n_1} = \frac{1.00}{1.33} = 0.752$$

$$\theta_c = \boxed{48.8°}$$

문제 그림 25.24와 같이 물속의 물고기가 수면을 향해 다른 여러 각도로 바라볼 때, 무엇을 볼 수 있는가?

답 광선의 경로는 가역적이기 때문에, 그림 25.22a에 있는 매질 2에서 매질 1로 광선이 진행할 경우, 경로는 같고 방향은 **반대**이다. 이 경우는 그림 25.24의 물고기가 수면 위쪽을 바라보는 경우와 같다. 물고기가 바라보는 각도가 임계각보

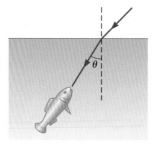

그림 25.24 (예제 25.4) 물고기가 수면을 향해 위쪽을 바라보고 있다.

다 작을 때 물 밖을 볼 수 있다. 그러므로 예컨대 물고기가 바라보는 각이 수면에 수직인 법선과 $\theta = 40°$를 이루는 경우에, 물 위의 빛은 물고기에 도달한다. 물의 임계각인 $\theta = 48.8°$에서는 수면을 스쳐 지나가는 빛이 물고기의 눈에 보일 것이며, 원리적으로 물고기는 호수의 모든 해안을 볼 수 있다. 임계각보다 큰 각에서는 수면에서 내부 전반사된 빛이 물고기의 눈에 들어오게 된다. 따라서 $\theta = 60°$에서 물고기는 호수 바닥이 반사된 것을 볼 것이다.

25.8 | 연결 주제: 광섬유 Context Connection: Optical Fibers

내부 전반사를 이용하는 흥미 있는 경우가 유리나 투명한 플라스틱 막대를 이용해서 빛을 한 장소에서 다른 장소로 관을 따라 보내는 것이다. 통신업계에서 레이저광의 디지털 펄스를 이 광 도관을 따라서 이동시켜 정보를 매우 빠른 속력으로 전달한다. 이번 〈연결 주제〉에서는 이 진보된 기술의 물리적 원리를 살펴본다.

그림 25.25와 같이 빛은 파이프가 약간 휘어진 경우에도, 연속적인 전반사를 통해 빛을 파이프 내부에 가둬서 전달할 수 있다. 이와 같은 광 파이프는 굵은 막대보다는 얇은 **광섬유**(optical fiber) 다발을 쓰면 훨씬 유연하게 사용할 수 있다. 평행하게 만든 광섬유 다발은 광통신이나 상을 한 곳에서 다른 곳으로 보내는 데 사용된다. 2009년 노벨 물리학상의 일부는 얇은 유리 섬유를 통해 먼 거리까지 광 신호를 전달하는 방법을 발견한 공로로 카오(Charles K. Kao, 1933~)에게 수여됐다. 이런 발견은 **광섬유 광학**이라고 알려진 상당한 규모의 산업발전으로 이어졌다.

실제 광섬유는 투명한 코어와 이를 둘러싼 굴절률이 더 작은 **클래딩**(cladding)이 감싸고 있으며, 바깥에는 기계적인 손상을 막기 위해 플라스틱 피복으로 싸여 있다. 그림 25.26은 이 구조의 단면을 보여 준다. 클래딩의 굴절률이 코어보다 작기 때문에, 두 경계면에 임계각보다 큰 각으로 입사하는 빛은 코어 안에서 내부 전반사에 의해 진행한다. 이 경우 빛의 세기를 거의 잃지 않고 반사되어 코어를 따라 진행한다. 광섬유에서의 손실은 주로 광섬유의 양 끝에서의 반사와 섬유 물질에 의한 흡수 때문이다.

광섬유는 접근할 수 없는 곳을 관찰할 때 매우 유용하게 이용된다. 예를 들면 의사들은 인체 내부의 장기를 검사하거나 큰 자국을 남기지 않고 수술할 때, 이와 같은 기기를 종종 사용한다. 광섬유는 전선보다 훨씬 많은 양의 통화나 다른 형태의 정보를 보낼 수 있기 때문에, 통신용 구리선이나 동축 케이블을 대체하고 있다.

그림 25.27은 **다중 모드의 계단형**(stepped) 굴절률 광섬유를 측면을 따라 자른 단면이다. **계단형 굴절률**이란 용어는 코어와 클래딩 사이에 굴절률이 연속이 아닌 것을 일컫는 말이고, **다중 모드**는 광섬유에 여러 각도로 입사한 빛이 전달된다는 뜻이다. 이런 종류의 광섬유는 단거리에 신호를 보내기에는 적합하나 진행해 가는 동안 복잡한 반사가 일어나서 디지털 펄스가 넓게 퍼져 버리므로 장거리에는 적합하지 않다. 레이저광의 완벽하게 직사각형 펄스를 광섬유의 코어에 넣어 주었다고 생각해 보자. 그림 25.28a는 입력 펄스 레이저광의 세기의 이상적인 시간 특성을 나타낸 것이다. 레이저광의 세기는 순간적으로 최댓값이 되어 펄스폭만큼 일정하게 유지된 후 순간적으로 영으로 떨어진다. 그림 25.27에서 축을 따라 입사한 펄스의 빛이 가장 짧은 거리를 진행해서 다른 쪽 끝에 가장 먼저 도착한다. 빛의 다른 경로는 다른 각도를 갖고 반사되므로 더 먼 거리를 진행한 빛의 경로이다. 결과적으로 펄스로부터의 빛은 다른 쪽 끝에 훨씬 긴 시간 동안에 도착하게 되어 그림 25.28b에서와 같이 펄스는 그 폭이 넓어진다. 일련의 펄스가 이진 신호의 0과 1을 나타낸다면 펄스가 이렇게 넓어져 펄스가 서로 겹치거나 빛의 피크의 세기가 탐지할 수 없을 정도로 약해질 수 있어

그림 25.25 빛이 여러 번의 내부 전반사에 의해 휘어진 투명 막대 안에서 진행한다.

유리 또는
플라스틱 코어

보호 피복

클래딩

그림 25.26 광섬유의 구조. 빛이 클래딩과 보호 피복에 둘러싸인 코어에서 진행한다.

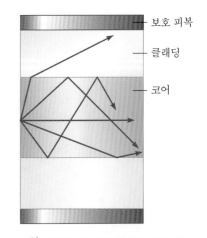

보호 피복

클래딩

코어

그림 25.27 다중 모드 계단형 굴절률 광섬유. 여러 각도로 입사한 광선이 코어를 지나간다. 축과 큰 각을 이루는 광선은 광섬유를 통과하기 위해 작은 각도를 이루는 광선보다 더 먼 경로를 진행해야 한다.

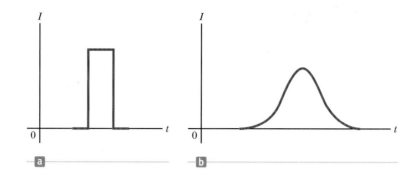

그림 25.28 (a) 광섬유에 들여보낼 직사각형 형태의 레이저 광선 펄스 (b) 광섬유를 지나는 동안 다른 경로로 진행해서 넓어진 출력 광 펄스

유리 광섬유의 가닥을 소리, 영상 및 원격 통신망의 정보 신호를 보내는 데 사용한다. 광섬유의 지름은 약 60 μm이다.

어느 경우이든 정보가 소멸될 수 있다.

이런 경우에 광통신을 향상시키기 위해 그림 25.29에 보인 바와 같이 **다중 모드, 경사(graded) 굴절률 광섬유**를 사용하는 방법이 있다. 이 광섬유의 코어는 중심에서부터 반지름이 커질수록 그 굴절률이 작아진다. 경사 굴절률 광섬유에서는 광섬유 중심축에서 떨어져 있는 광선은 코어의 굴절률이 연속적이기에 가장자리에서 점점 멀어지게 휘어져 그림 25.29의 빛의 경로와 같이 중심 쪽으로 돌아오게 된다. 이런 곡선 경로로 진행하면 중심축에서 떨어진 빛의 통과 시간이 줄어서 펄스도 덜 넓어진다. 통과 시간은 두 가지 이유로 감소한다. 첫째는 진행 경로가 짧아지고, 둘째로 빛의 속력이 중심부보다 빠른 굴절률이 낮은 지역에서 파동이 진행하는 시간이 길기 때문이다.

그림 25.27의 다중 모드의 계단형 굴절률 광섬유에 두 가지 변화를 주도록 설계해서 그림 25.28에서 펄스폭이 넓어지는 현상을 더 줄여 거의 없앨 수도 있다. 하나는 코어를 매우 작게 만들어 그 안의 모든 경로가 더욱 비슷하게 하는 것이고, 다른 하나는 코어와 클래딩의 굴절률의 차이를 상대적으로 작게 해서 광섬유의 중심축에서 벗어난 광선은 클래딩으로 들어가 흡수되도록 하는 것이다. 그림 25.30에서 이런 변화를 살펴본다. 이런 광섬유를 **단일 모드, 계단형 굴절률 광섬유**라 한다. 이 광섬유에서는 펄스가 극히 적게 넓어지므로 매우 빠른 비트 전송 속도로 정보를 전송할 수 있다.

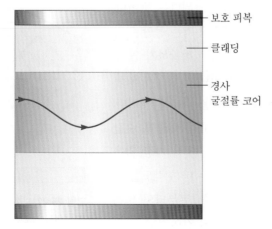

그림 25.29 다중 모드, 경사 굴절률 광섬유. 코어의 굴절률이 중심에서 반지름을 따라 변하므로 광섬유 중심축에서 벗어난 광선은 코어 내부의 구부러진 경로로 진행한다.

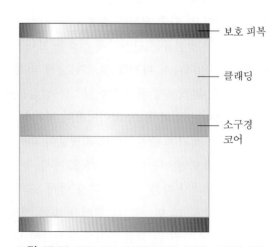

그림 25.30 단일 모드, 계단형 굴절률 광섬유. 코어의 지름이 작고 코어와 클래딩의 굴절률의 차이가 작아서 광펄스가 덜 넓어진다.

실제적으로는 코어의 재질이 완벽하게 투명하지 않으므로 빛이 광섬유를 진행하는 동안 흡수와 산란이 일어난다. 전자기 복사를 통해 전달되던 에너지가 흡수되어 광섬유 내부 에너지가 증가한다. 산란 때문에 빛이 코어-클래딩 경계면에 전반사의 임계각보다 작은 각도로도 부딪히고, 클래딩이나 피복에서 손실이 발생한다. 이런 문제가 있어도 광섬유를 통해 킬로미터당 입력 에너지의 95 %가 전달될 수 있다. 코어 재질이 투명한, 가능한 긴 파장을 이용해서 이런 문제를 최소화한다. 많은 광통신에서 파장이 약 1 300 nm인 적외선 레이저광을 사용한다.

앞에서 설명한 바와 같이 광섬유를 원격 통신에 사용하는 것이 가장 일반적인 응용이다. 또 광섬유를 '스마트 빌딩(smart building)'에 사용하기도 한다. 이 경우 센서들을 건물 곳곳에 설치하고 광섬유를 통해 레이저광을 센서로 보내면 이 빛을 반사시켜 제어 장치로 보낸다. 지진이나 다른 이유로 건물에 어떤 왜곡이 일어나면 센서에서 반사되는 빛의 세기가 변하기 때문에 제어 장치는 감지한 센서를 확인해서 왜곡이 일어난 위치를 알아낼 수 있다.

앞에서 살펴본 바와 같이 한 가닥의 광섬유로도 디지털 신호를 보낼 수 있다. 광섬유로 풍경 이미지를 보내고 싶으면 광섬유 다발을 사용할 필요가 있다. 의학용 **섬유경**(fiberscope)은 이런 광섬유 다발을 사용한다. 26장의 〈연결 주제〉에서 이런 장치를 살펴볼 것이다.

연습문제 |

◢ 객관식

1. 다음 중 광섬유를 어떤 물질로 감쌀 때 광섬유의 코어에서 빛의 손실을 최소화해서 전달할 수 있는가? (a) 물 (b) 다이아몬드 (c) 공기 (d) 유리 (e) 용융 석영

2. 파장이 495 nm인 단색광의 빛이 공기 중에 방출되고 있다. 이 빛이 어떤 액체를 지나갈 때 파장은 434 nm로 감소한다고 한다. 이 액체의 굴절률은 얼마인가? (a) 1.26 (b) 1.49 (c) 1.14 (d) 1.33 (e) 2.03

3. 물의 굴절률은 약 4/3이다. 빛이 공기에서 물로 진행할 때 다음 중 물에서의 빛의 성질을 올바르게 표현한 것은 어느 것인가? (a) 빛의 속력은 $\frac{4}{3}c$로 증가하고, 주파수는 감소한다. (b) 빛의 속력은 $\frac{3}{4}c$로 감소하고, 파장은 $\frac{3}{4}$배로 감소한다. (c) 빛의 속력은 $\frac{3}{4}c$로 감소하고, 파장은 $\frac{4}{3}$배로 증가한다. (d) 빛의 속력과 주파수는 변함없다. (e) 빛의 속력은 $\frac{3}{4}c$로 감소하고 주파수는 증가한다.

4. 빛이 공기에서 크라운 유리로 법선에 대해 입사각 θ로 입사할 때, 다음 중 어떤 색의 빛이 가장 많이 굴절하는가? (a) 보라색 (b) 파란색 (c) 초록색 (d) 노란색 (e) 빨간색

5. 광선이 진공에서 굴절률 n_1인 첫 번째 판으로 표면에 대해 θ의 각도로 입사한다. 그리고 이어서 굴절률 n_2인 두 번째 판을 지난 다음 진공으로 다시 나온다. 두 개의 판은 서로 평행하게 놓여 있다. 빛이 두 번째 판을 지나 나올 때, 다음 중 진공으로 나온 빛이 법선과 이루는 나중 각도 ϕ를 올바르게 설명한 것은 어느 것인가? (a) $\phi > \theta$ (b) $\phi < \theta$ (c) $\phi = \theta$ (d) ϕ는 n_1과 n_2의 크기에 의존한다. (e) ϕ는 빛의 파장에 의존한다.

6. 크라운 유리($n = 1.52$)로 만들어진 용기 안에 이황화탄소 용액($n = 1.63$)이 담겨 있다. 액체 내에서 출발한 광선이 액체-유리 표면에 입사할 때 내부 전반사가 일어나기 위한 임계각은 얼마인가? (a) 89.2° (b) 68.8° (c) 21.2° (d) 1.07° (e) 43.0°

7. 굴절률이 n_1인 매질에서 진행하던 빛이 굴절률이 n_2인 다른 매질로 입사한다. 다음 중 어떤 조건에서 두 매질의 경계면에서 내부 전반사가 일어날 수 있는가? (a) 굴절률이 $n_2 > n_1$일 경우 (b) 굴절률이 $n_1 > n_2$일 경우 (c) 빛이 첫번째 매질보다 두 번째 매질에서 천천히 진행할 때 (d) 입사각이 임계각보다 작을 때 (e) 입사각이 임계각과 같을 때

8. 빛이 공기에서 물로 진행하고 있다. 물에서 가능한 여러 광선의 경로를 그림 OQ25.8에 나타냈다. 이 중 어떤 경우가 가장 타당한가? (a) A (b) B (c) C (d) D (e) E

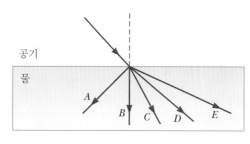

그림 OQ25.8

9. 매질 1과 2 사이에서 광파가 이동한다. 두 매질에서의 빛의 속력, 주파수, 파장 및 두 매질의 굴절률, 입사각과 반사각을 고려할 때 다음 중 옳은 것은 어느 것인가? 정답은 하나 이상일 수 있다. (a) $v_1/\sin\theta_1 = v_2/\sin\theta_2$ (b) $\csc\theta_1/n_1 = \csc\theta_2/n_2$ (c) $\lambda_1/\sin\theta_1 = \lambda_2/\sin\theta_2$ (d) $f_1/\sin\theta_1 = f_2/\sin\theta_2$ (e) $n_1/\cos\theta_1 = n_2/\cos\theta_2$

10. 파란색과 빨간색의 파장을 포함한 광선이 유리판에 입사한다. 그림 OQ25.10에서 가장 타당한 것은 어느 것인가? (a) A (b) B (c) C (d) D (e) 정답 없음

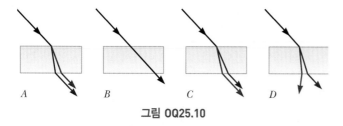

그림 OQ25.10

주관식

25.2 기하 광학에서의 광선 모형
25.3 분석 모형: 반사파
25.4 분석 모형: 굴절파

Note: 표 25.1의 굴절률을 살펴본다.

1. 두 개의 거울이 그림 P25.1처럼 수직으로 놓여 있다. 점선으로 표시한 연직면 내의 빛이 거울 1에 입사할 때 (a) 반사된 빛이 거울 2에 입사될 때까지 진행한 거리를 구하라. (b) 거울 2에서 반사된 빛은 어떤 방향으로 진행하는가?

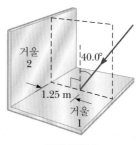

그림 P25.1

2. 그림 P25.2에서와 같이 입사한 광선은 평행한 거울 사이에서 몇 번 반사가 일어나는가?

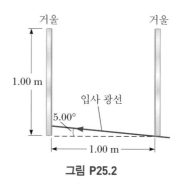

그림 P25.2

3. 광선이 물속에 있는 크라운 유리의 평평한 면에 입사한다. 굴절각이 19.6°일 때 반사각을 구하라.

4. 잠수부가 물속에서 태양을 바라볼 때 겉보기 각도가 수평면 위 45.0°이면, 실제 태양이 수평면과 이루는 각도는 얼마인가?

5. 창문을 통해 물체를 본다면 공기 대신 유리를 통과하기 때문에 빛은 얼마나 늦어지는가? 각자의 자료를 바탕으로 그 크기 정도를 추정하라. 또 얼마나 많은 파장만큼 지연되는가?

6. 공기 중에서 빨간색의 헬륨−네온 레이저 빛의 파장은 632.8 nm이다. (a) 주파수는 얼마인가? (b) 굴절률 1.50인 유리에서의 파장은 얼마인가? (c) 유리에서의 속력은 얼마인가?

7. (a) 납유리, (b) 물, (c) 큐빅 지르코니아 속에서의 빛의 속력을 구하라.

8. 진공 속에서 파장이 632.8 nm인 레이저 광선을 그림 25.8b와 같이 공기에서 루사이트판으로 입사시킨다. 사진에 대한 시선은 광선이 움직이는 평면과 수직이다. 루사이트 속

에서 빛의 (a) 속력, (b) 주파수, (c) 파장을 구하라. (도움말: 각도기를 이용한다.)

9. 광선이 두께 2.00 cm인 평평한 유리 조각($n = 1.50$)에 법선과 30.0°로 부딪쳤다. 유리를 지나가는 빛을 작도하고 각각의 표면에서 입사각과 굴절각을 구하라.

10. 진공에서 편광되지 않은 빛을 굴절률 n인 유리판에 쪼였다. 반사 광선과 굴절 광선이 서로 수직이다. 입사각을 구하라. 이 각도를 **브루스터각**(Brewster's angle) 또는 **편광각**(polarizing angle)이라 한다. 이 경우 이 반사 광선의 전기장이 이 광선과 이 광선의 법선으로 이루어진 평면 안에 놓여 있게 되는데 이 빛을 선형 편광됐다고 한다.

11. 윗면의 지름이 3.00 m인 원통 모양의 탱크에 물이 차 있고 오후의 태양빛이 수평면에서 28.0°의 각도로 수면에 입사되고 있다. 이후 굴절된 빛이 탱크의 바닥을 전혀 비추지 않는다고 할 때 탱크의 깊이는 얼마인가?

12. 그림 P25.12와 같이 빛이 아마인유의 법선(NN')과 $\alpha = 20.0°$의 각도로 입사한다. 각도 (a) θ와 (b) θ'을 구하라. (단, 아마인유의 굴절률은 1.48이다.)

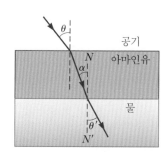

그림 P25.12

13. 그림 P25.13과 같이 $n = 1.50$인 유리판을 통과한 빛은 방향의 변화 없이 d만큼 수평 이동한다. (a) d의 값을 구하라. (b) 빛이 유리판을 지나는 데 걸리는 시간을 구하라.

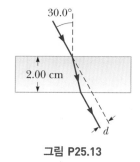

그림 P25.13

25.5 분산과 프리즘

14. 그림 P25.14와 같이 단단한 납유리에서 보라색 빛의 굴절률은 1.66이고 빨간색 빛의 굴절률은 1.62이다. 이 물질로 만들어진 꼭지각이 60.0°인 프리즘에 입사각 50.0°로 빛이 들어올 때, 가시광선의 각 퍼짐을 구하라.

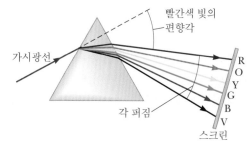

그림 P25.14

25.6 호이겐스의 원리

15. 물결파의 속력은 $v = \sqrt{gd}$로 기술한다. 여기서 d는 수심인데, 파장에 비해 작다고 가정한다. 이 물결파의 속력이 변하기 때문에, 물결파는 수심이 다른 곳으로 이동할 때 굴절된다. (a) 대륙의 동쪽 편에 위치한 바닷가의 지도를 그려 보자. 기울기는 상당히 고르다고 가정하고 물 아래 같은 깊이를 이은 등고선을 그려라. (b) 먼 폭풍우로부터 시작해 북북동으로 향한 물결파가 해변에 도착한다고 가정한다. 물결파는 해변의 해안선에 거의 수직으로 온다는 것을 증명하라. (c) 그림 P25.15에서처럼 만과 곶이 번갈아 나오는 해안선의 지도를 그려라. 같은 깊이를 이은 등고선의 모양에 대해 다시 논리적으로 생각해 보라. (d) 해변에 접근하는 물결파를 가정하자. 이 파는 직진성 파면을 따라 밀도가 균일한 에너지를 운반한다. 해변에 도착한 에너지는 곶에 집중되고 만에서 더 낮은 세기가 됨을 보여라.

그림 P25.15

25.7 내부 전반사

16. 589 nm의 빛에 대해 공기 중의 (a) 다이아몬드, (b) 납유리, (c) 얼음에 대한 임계각을 계산하라.

17. 공기로 가득찬 방에서 음속이 343 m/s이다. 콘크리트로 만들어진 벽에서의 음속은 1 850 m/s이다. (a) 공기와 콘

크리트 경계면에서 내부 전반사가 일어나기 위한 임계각을 구하라. (b) 내부 전반사가 일어나기 위해 소리는 처음 어느 매질에서 진행해야 하는가? (c) "콘크리트 벽은 소리에 대해 아주 효과적인 거울이다." 이 말이 맞는지 틀린지 설명하라.

18. 그림 P25.18과 같이 꼭지각이 $\Phi = 60.0°$이고 굴절률이 $n = 1.50$인 삼각형 유리 프리즘이 있다. 광선이 프리즘의 다른 면을 투과해 공기로 나가는 최소 입사각 θ_1은 얼마인가?

그림 P25.18

19. 도로 위의 과열된 공기에 의해 형성되는 신기루에 대해 알아보자. 눈 높이가 도로 위 2.00 m인 트럭 기사가 전방을 본다. 여기서 $n = 1.000\,293$이다. 기사가 시선을 수평선 아래로 1.20°로 하면 전방 도로 위에 물웅덩이가 있어 젖어 있는 것처럼 신기루를 본다. 도로 표면 바로 위 공기의 굴절률을 구하라.

25.8 연결 주제: 광섬유

20. 유리 광섬유($n = 1.50$)가 물($n = 1.33$)에 잠긴다. 광섬유 내에 빛이 머무르기 위한 임계각은 얼마인가?

21. 그림 P25.21과 같이 길이가 $L = 42.0$ cm이고 두께가 $t = 3.10$ mm인 판 모양의 물질 한쪽 끝에 레이저 빔이 입사된다. 레이저는 왼쪽 끝의 중심에 $\theta = 50.0°$의 입사각으로 들어간다. 판의 굴절률이 $n = 1.48$일 때, 판의 반대쪽으로 빔이 나올 때까지 내부 전반사는 85번 일어날 수 있는가? 그 이유를 설명하라.

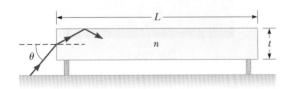

그림 P25.21

22. 그림 P25.22와 같이 지름이 $d = 2.00\ \mu$m이고 굴절률이 1.36인 투명한 막대가 있다. 빛이 막대 내에서 내부 전반사를 일으키며 진행하기 위해, 막대의 끝에서 입사하는 빛의 최대 입사각 θ를 구하라. 이 문제의 답은 광섬유에서 수용

원뿔(cone of acceptance)의 크기를 나타낸다.

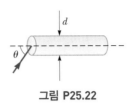

그림 P25.22

23. 지름이 d이고 굴절률이 n인 광섬유가 진공 중에 있다. 그림 P25.23과 같이 빛이 광섬유 축 방향으로 입사한다. (a) 광섬유를 인위적으로 구부릴 경우 빛이 새어나가지 않을 최소의 바깥쪽 반지름 R_{min}을 구하라. (b) 광섬유의 지름 d가 영으로 근접할 경우 (a)의 답은 어떻게 되는가? (c) n이 증가할 때 (a)의 답은 어떻게 되는가? (d) n이 1로 접근할 때 (a)의 답은 어떻게 되는가? (e) 광섬유의 지름이 100 μm이고 굴절률이 1.40일 때 R_{min}을 계산하라.

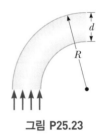

그림 P25.23

추가문제

24. 작은 전구가 수면 1.00 m 아래 수영장 바닥 위에 놓여 있다. 물속에서 나온 빛이 잔잔한 수면에서 원을 형성한다. 이 원의 지름을 구하라.

25. 그림 P25.25는 프리즘의 꼭지각을 구하는 한 방법을 보여준다. 두 개의 평행한 광선이 프리즘에 입사한 뒤 반사되면 그에 따른 각도 γ가 만들어진다. $\phi = (1/2)\gamma$임을 보여라.

그림 P25.25

26. 길이가 4.00 m인 막대가 2.00 m 길이의 호수에 연직 방향으로 서 있다. 태양이 수평과 40.0°의 각도를 이루고 있을 때 호수 바닥에서 이 막대의 그림자 길이를 구하라.

27. 광선이 어떤 행성의 대기로 입사한다. 대기는 표면까지 h

만큼 연직 아래에 있다. 빛이 입사한 대기의 굴절률은 1.00
이고 선형으로 증가해서 표면에서 굴절률은 n이다. (a) 광
선이 이 경로를 진행하는 데 걸리는 시간은 얼마인가? (b)
이 시간을 대기가 없을 때의 진행 시간과 비교하면 어느 정
도인지 비율을 구하라.

28. 그림 P25.28과 같이 사각형 플라스틱 물체에 $\theta_1 = 45.0°$
의 각도로 입사한 광선은 $\theta_2 = 76.0°$을 이루며 나온다. (a)
플라스틱의 굴절률을 구하라. (b) 바닥에서 $L = 50.0$ cm
인 지점에 입사한다면 광선이 플라스틱을 투과하는 데 걸
리는 시간은 얼마인가?

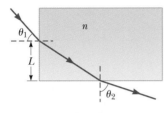

그림 P25.28

29. 거의 해질 무렵 외딴 산봉우리에 등산객이 공기 중의 물방
울에 의해 생긴 무지개를 보고 있다. 등산객과 무지개의 밝
은 원주의 한 점 사이의 시선 거리는 8.00 km이다. 계곡이
정상으로부터 2.00 km 아래에 있으며 완전히 평평하다. 이
등산객은 완전한 원주에 의해 얼마만큼의 비율인 무지개를

볼 수 있는가?

30. 그림 P25.30a처럼 빈 용기를 보는 사람은 용기 바닥의 반
대편 끝을 볼 수 있다. 용기의 높이는 h이고 너비는 d이다.
용기가 굴절률 n인 액체로 가득 채워져 있는 상태에서 같
은 각도로 바라볼 때, 그림 P25.30b처럼 용기 바닥의 가운
데에 있는 동전을 볼 수 있다. (a) h/d의 비율이 다음과 같
음을 보여라.

$$\frac{h}{d} = \sqrt{\frac{n^2 - 1}{4 - n^2}}$$

(b) 용기 너비가 8.00 cm이고 물로 채워져 있다고 가정하
고, 위의 식을 이용해서 용기의 높이를 구하라. (c) 임의의
h와 d값에 대해 용기 가운데 있는 동전을 보지 못하는 굴
절률의 범위를 구하라.

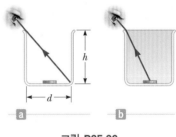

그림 P25.30

거울과 렌즈에 의한 상의 형성
Image Formation by Mirrors and Lenses

이 장에서는 광선이 평면이나 곡면과 상호 작용할 때 형성되는 상에 대해 공부한다. 거울과 렌즈에서 반사나 굴절에 의해 상이 형성될 수 있다는 것을 알게 될 것이다.

자동차의 백미러, 세면용이나 화장용 거울, 사진기, 안경 그리고 확대경과 같은 다양한 일상의 기기들에서 반사와 굴절에 의해 상이 형성된다. 또한 망원경이나 현미경과 같은 좀 더 과학적인 기기는 이 장에서 논의할 상 형성 원리를 바탕으로 한다.

우리는 반사와 굴절의 원리로부터 발전된 기하학적 모형을 광범위하게 사용할 것이다. 이런 작도를 통해 다양한 형태의 거울과 렌즈의 상 위치에 대한 수학적 표현을 전개할 수 있다.

Don Hammond Photography Ltd. RF

잎사귀 뒤쪽의 배경에서 오는 광선은 사진기의 필름에 정확한 초점을 맺지 못해 배경이 흐릿해 보인다. 반면에 잎사귀에 매달린 물방울을 통과해서 들어오는 광선은 사진기의 필름에 초점이 맺혀 잎사귀 배경을 선명하게 보여 준다. 이 장에서는 기하학적 모형을 통해 광선이 거울에 반사되거나 렌즈에 굴절되어 상을 형성하는 것을 공부한다.

◤ 26.1 | 평면 거울에 의한 상 Images Formed by Flat Mirrors

먼저 가장 간단한 거울인 평면 거울에 대해 생각해 보자. 그림 26.1에서와 같이 평면 거울로부터 p만큼 떨어진 점 O에 점광원[1]이 놓인 경우를 생각

---

[1] 물체를 점광원으로 생각하자. 물체는 실제로 매우 작은 백열등과 같은 점원일수도 있지만, 많은 경우 그 광원에 의해 외부에서 빛을 받은 어떤 크기가 있는 물체 위의 한 점이다. 따라서 반사된 빛은 마치 그 점이 광원인 것처럼 물체 위의 그 점을 출발한다.

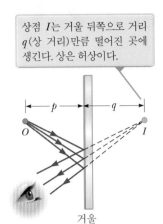

상점 *I*는 거울 뒤쪽으로 거리 *q*(상 거리)만큼 떨어진 곳에 생긴다. 상은 허상이다.

그림 26.1 평면 거울로부터의 반사에 의해 생기는 상

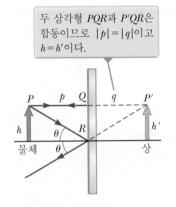

두 삼각형 *PQR*과 *P'QR*은 합동이므로 |*p*| = |*q*|이고 *h* = *h'*이다.

그림 26.2 평면 거울 앞에 놓인 물체의 상을 찾기 위한 기하학적 작도

하자. 거리 p를 **물체 거리**(object distance)라 한다. 광선들은 광원에서 나와 거울에서 반사된다. 반사된 광선들은 계속해서 발산한다(퍼져서 서로 멀어진다). 발산하는 광선들을 역으로 따라가 보면(그림 26.1의 점선들) 교점 I에서 만난다. 관측자에게 이 발산하는 광선들은 거울 뒤에 있는 점 I로부터 오는 것처럼 보인다. 점 I는 O에 있는 물체의 **상**(image)이라 한다. 어떤 광학계에서든, 발산하는 광선들을 역으로 연장해서 그들의 교점을 찾음으로써 상의 위치를 찾을 수 있다.[2] 상은 광선들이 **실제로** 발산하는 점 또는 광선들이 발산하는 것처럼 **보이는** 점에 생긴다. 상이 생기는 점 I는 거울 면에서 q만큼 떨어진 곳에 위치하며 이 거리 q를 거울 면에서 상까지의 거리, 즉 **상 거리**(image distance)라고 한다.

상은 **실상**(real image)과 **허상**(virtual image)으로 분류된다. **실상**은 광선들이 상점(image point)을 통과해서 발산하는 경우에 생기며, **허상**은 광선들이 상점을 통과하지 않고 상점으로부터 발산하는 것처럼 보인다. 그림 26.1에서 거울에 의해 생긴 상은 허상이다. 평면 거울 속에 보이는 상은 **언제나** 허상이다. 실상은 (마치 영화관에서 영화를 보듯) 스크린 위에서 볼 수 있으나, 허상은 스크린 위에서 볼 수 없다. 실상의 예는 26.2절에서 보게 될 것이다.

그림 26.2는 **광선 도표**(ray diagram)라고 하는 특별한 그림 표현의 예인데, 거울과 렌즈를 연구하는 데 매우 유용하다. 광선 도표에 점원을 출발한 무수한 광선 중 몇 개를 그린 다음, 이 광선들에 반사의 법칙(굴절면이나 렌즈의 경우, 굴절의 법칙)을 적용해서 상의 위치를 구한다. 광선 도표는 기하학적 모형을 세워 기하학과 삼각 함수를 이용해서 수리적으로 문제를 풀 수 있도록 정확하게 그려야 한다.

그림 26.2에 보인 간단한 배치를 이용해서 평면 거울에 의해 생기는 크기가 있는 물체의 상의 성질을 살펴보자. 상이 생기는 위치를 알기 위해서는 거울에서 반사되는 최소한 두 개의 광선이 필요하다. 한 광선은 점 P에서 시작해서 거울에 수직인 경로 PQ를 따라 입사된 후 반사되어 오던 경로를 되돌아간다. 두 번째 광선은 비스듬한 경로 PR을 따라 거울에 입사되어 반사의 법칙에 따라 같은 각도로 반사된다. 두 광선은 거울 뒤쪽의 점 P'에서 나오는 것처럼 보인다. 거울 앞쪽에 있는 관측자가 이런 과정을 다른 점들에 대해서도 계속하면 거울 오른쪽에 상(주황색 화살)을 얻게 된다. 이들 광선과 역으로 연장한 광선들을 이용해서 삼각형 PQR과 $P'QR$로부터 상의 형성에 대한 기하학적 모형을 만들 수 있다. 삼각형 PQR과 $P'QR$은 합동이므로, 거리 $PQ = P'Q$, 즉 $|p| = |q|$이다. (p와 q의 절댓값을 사용하는 것은 나중에 설명하겠지만 + 또는 − 부호에 관련이 있다.) 그러므로 평면 거울 앞에 놓인 물체의 상은 물체와 거울 사이의 거리만큼 거울 뒤쪽에 형성된다고 결론내릴 수 있다.

기하학적 모형에 의하면 상의 크기 h'은 물체의 크기 h와 같다. 상의 **가로 배율**(또는

---

[2] 여러분의 눈과 뇌는 발산하는 광선들을 한 점에서 생겨난 것처럼 해석한다. 여러분의 눈−뇌 계는 **눈으로 들어오는** 광선들만 감지할 수 있고, 눈에 도달하기 전에 광선들이 지나간 어떤 경로에 대한 정보를 감지할 방법은 없다. 따라서 광선들이 **실제로** 점 I에서 출발하지 않았다고 해도, 마치 광선들이 그 점에서 시작한 것처럼 눈에 들어온다. I는 여러분의 뇌가 물체의 위치를 인식한 그 점이다.

간단히 배율, lateral magnification) M은 다음과 같이 정의된다.

$$M \equiv \frac{\text{상의 크기}}{\text{물체의 크기}} = \frac{h'}{h}$$ **26.1**

▶ 상의 배율

위 식은 어떤 형태의 거울이나 렌즈에 적용되는 배율의 일반적인 정의이다. 평면 거울의 경우 상의 크기가 $h' = h$이므로 배율 $M = 1$이다. 이 경우 상은 **정립**이다. 왜냐하면 상으로 표시된 화살표가 물체로 표시된 화살표와 같은 방향이기 때문이다. 정립 상은 수학적으로 배율이 양(+)임을 나타낸다[나중에 배율이 음(−)인 경우에는 **도립** 상이 생기는 것을 논의할 것이다].

마지막으로 평면 거울은 좌우가 반전된 상을 만듦에 주목하자. 거울 앞에서 오른손을 들어보라. 거울 속에 왼손을 들고 있는 상이 보일 것이다. 마찬가지로 여러분의 머리 가르마가 왼쪽에 있다면 거울 속의 상은 오른쪽 가르마를 하고 있고, 여러분의 오른쪽 뺨에 점이 있다면 거울 속의 상은 왼쪽 뺨에 점이 있다.

이 뒤바뀜은 **사실은** 좌우 반전이 아니다. 예컨대 거울 면과 몸이 나란하도록 왼쪽으로 누운 경우를 상상해 보자. 그러면 머리는 왼쪽에 발은 오른쪽에 오게 된다. 여러분이 발을 흔든다고 해서 거울 속의 상이 머리를 흔들지는 않는다! 그렇지만 여러분이 오른손을 들어올리면 거울 속의 상은 왼손을 들어올린다. 거울은 다시 좌우 반전을 일으키는 것으로 보이지만 이 반전은 위아래 방향에서 일어난다!

사실 이 반전은 거울을 향해 갔다가 반사되어 다시 되돌아오는 광선들에 의해 일어나는 **앞뒤 반전**이다. 그림 26.3은 어떤 사람의 오른손과 그 상이 평면 거울에 비친 모습을 보여 준다. 상은 좌우 반전이 일어난 것이 아니라는 것에 유의해야 한다. 왜냐하면 거울 앞의 물체의 엄지손가락을 보면 손의 왼쪽에 있다. 좌우가 반전되는 상이 생긴다면 거울 속 손의 엄지손가락은 오른쪽에 있어야 한다. 그런데 실제 상의 엄지손가락은 거울 속에서 좌측에 있기 때문에 좌우 반전이 아니다.

재미있는 실습거리로서 오버헤드 프로젝터용 투명지를 그 위에 쓰인 글씨를 읽을 수 있도록 들고서 거울 앞에 서 보라. 투명지의 상에 나타난 글씨 또한 읽을 수 있을 것이다. 자동차 밖에서 읽을 수 있도록 자동차 뒷유리에 투명한 전사지(decal)를 붙인 경우에도 비슷한 경험을 할 수 있다. 자동차 밖에서 그 전사지의 글씨를 읽을 수 있다면, 자동차 안에서도 뒷거울에 비친 전사지의 상을 봄으로써 글씨를 읽을 수 있다.

실제 손과 상에서 모두 엄지손가락은 왼쪽에 있다. 상의 엄지손가락이 오른쪽에 있지 않다는 사실은 좌우 반전이 아님을 보여 준다.

그림 **26.3** 거울에 비친 오른손의 상은 앞뒤 반전이다. 거울 속의 상은 왼손처럼 보인다.

퀴즈 26.1 그림 26.4에서 관측자 1이 본 돌의 상이 점 C에 있다. 관측자 2가 본 상은 A, B, C, D, E 중 어디에 있을까?

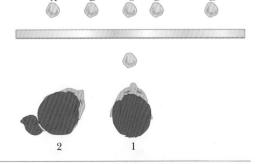

그림 **26.4** (퀴즈 26.1) 관측자 2가 본 돌의 상은 어디에 있을까?

▶ **퀴즈 26.2** 여러분이 거울에서 약 2 m쯤 떨어진 곳에 서 있다고 하자. 거울에는 물방울이 군데군데 남아 있다. 다음 명제가 참인지 거짓인지 판별하라. 여러분의 상과 물방울에 눈의 초점을 동시에 맞출 수 있다.

▶ 생각하는 물리 26.1

대부분의 자동차 백미러는 주간과 야간으로 기능을 설정할 수 있게 되어 있다. 야간 설정은 상의 세기를 상당히 감소시켜서 뒤에서 따라오는 차량의 불빛이 운전자의 시야를 방해하지 않도록 한다. 거울은 어떻게 이런 작용을 하는가?

풀이 그림 26.5는 각각의 설정에 대한 백미러의 단면도를 보여 준다. 거울은 뒷면이 빛을 반사하도록 금속으로 코팅이 된 쐐기 모양의 유리로 되어 있다. 주간 설정(그림 26.5a)에서, 자동차 뒤편의 물체로부터 오는 불빛은 점 1에서 쐐기형 유리에 맞아 비춘다. 대부분의 빛은 앞면을 지나 굴절하면서 쐐기형 유리로 들어가고 뒷면에 닿은 빛은 되돌아 앞면으로 반사하는데, 앞면에서 그 빛은 광선 *B*(밝은 빛)와 같이 다시 공기로 재진입해서 굴절된다. 더불어 광선 *D*(어두운 빛)로 표시된 적은 양의 빛이 유리의 앞면에서 반사된다. 이 반사된 희미한 빛은 거울이 야간 설정에 있을 때 보는 상에 해당한다(그림 26.5b). 이 경우에 쐐기형 유리는 밝은 빛(광선 *B*)의 경로가 눈에 들어오지 않도록 회전한다. 대신에

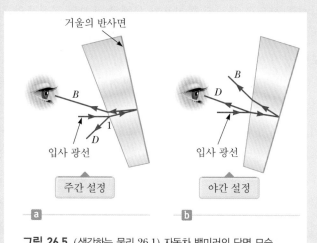

그림 26.5 (생각하는 물리 26.1) 자동차 백미러의 단면 모습

쐐기형 유리의 앞면에서 반사되는 희미한 빛이 눈으로 들어오고 뒤따라오는 자동차 전조등의 불빛은 운전자에게 위협이 되지 않는다. ◀

▶ 생각하는 물리 26.2

두 개의 평면 거울이 그림 26.6처럼 서로 수직으로 세워져 있다. 물체가 점 *O*에 놓여 있을 때, 이 경우 여러 개의 상이 형성된다. 이들 상의 위치를 표시하라.

풀이 거울 1(초록색 광선)과 거울 2(빨간색 광선)에 의해 생기는 물체의 상은 I_1과 I_2이다. 추가로, 제3의 상이 I_3(파란색 광선)에 형성된다. 제3의 상인 I_3은 거울 2에 의해 생긴 I_1의 상이며, 같은 방식으로 거울 1에 의해 생긴 I_2의 상이다. 결과적으로 상 I_1(또는 I_2)은 상 I_3에 대해 물체의 역할을 한 것이다. 상 I_3는 점 *O*에서 나온 광선이 거울 1과 2에서 두 번 반사되어 형성된 상이다. ◀

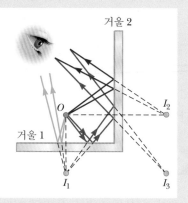

그림 26.6 (생각하는 물리 26.2) 어떤 물체가 수직으로 만나는 두 개의 평면 거울 앞에 놓여 있을 때 세 개의 상이 형성되는 모습. 각각의 상이 형성되는 것을 이해하기 위해 서로 다른 색의 광선들을 따라가 보자.

26.2 | 구면 거울에 의한 상 Images Formed by Spherical Mirrors

26.1절에서는 평면 거울에 의해 반사되어 생기는 상에 대해 알아봤다. 이 절에서는 곡면 거울(오목 거울과 볼록 거울)에 의해 생기는 상에 대해 공부한다.

오목 거울 Concave Mirrors

구면 거울(spherical mirror)은 그 이름처럼 구면의 일부로 되어 있다. 그림 26.7a 는 구면 거울의 단면이며, 반사면은 실선의 곡선으로 나타냈다. 안쪽의 오목한 면에 서 반사가 일어나는 이런 형태의 거울을 **오목 거울**(concave mirror)이라 한다. 곡률 반지름을 R, 곡률 중심은 점 C에 있다. 점 V는 구면부의 중심이며 C에서 V로 그은 선분을 거울의 **주축**(principal axis)이라고 한다.

이제 그림 26.7b에서 점 C 밖의 어떤 점 O에 위치한 점광원을 생각해 보자. 점 O 에서 두 개의 광선이 나와서 진행하면 거울에서 반사된 후 점 I에 상을 맺고 마치 점 I에 점광원이 있는 것처럼 계속 진행한다. 점 I에서 빛이 계속 퍼져 나오는 것(발산 하는)을 육안으로 볼 수 있다면 점광원이 그 점에 있다고 말할 수 있을 것이다.

이 예는 상점으로부터 빛이 퍼져 나온다는 것을 의미하며, 물체에서 나온 빛이 상 점을 통과해서 상이 생긴 실상(그림 26.7b)을 말한다. 이것은 평면 거울에 의해 생긴 허상인 그림 26.2와는 다르다.

물체에서 나온 모든 빛이 주축과 이루는 각도가 작은 상태로 거울에서 반사될 때 이런 광선들을 **근축 광선**(paraxial ray)이라고 하며, 이 절에서는 이와 같은 단순화한 모형을 사용하기로 한다. 이런 광선은 그림 26.7b처럼 상을 맺는다. 그림 26.8과 같 이 주축에서 벗어나 큰 각으로 입사하는 광선은 주축 위의 여러 점들에서 흩어져 상 을 만들기 때문에 초점이 하나로 일치하지 못하고 흐릿한 상을 만든다.

기하학적 모형을 이용해서 광선이 진행하는 모습을 그림 26.9에 나타냈다. 물체 거

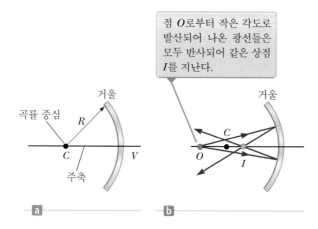

그림 26.7 반지름 R인 오목 거울. 곡률 중심 C가 주축 위에 있다. (b) 점 물체가 반지름 R인 구면 오목 거울 앞의 점 O에 놓여 있다. 점 O는 주축을 따라 거울 표면으로부터 거리 R보다 더 멀리 떨어진 위치이다. 이 경우 I에 생기 는 상은 실상이다.

그림 26.8 광선들이 주축과 큰 각도를 이루면, 구면 오목 거울은 흐릿한 상을 만 든다.

그림 26.9 물체 O가 곡률 중심 C의 바깥에 있는 경우, 구면 오목 거울에 의해 생기는 상. 식 26.4를 유도하기 위해 기하학적으로 작도했다.

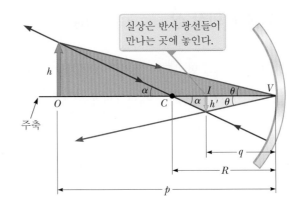

실상은 반사 광선들이 만나는 곳에 놓인다.

리 p와 곡률 반지름 R을 알면 그림 26.9를 이용해서 상 거리 q를 계산할 수 있다. 이런 거리들은 점 V로부터 재는 것이 관례이다. 그림 26.9는 물체의 뾰족한 끝 부분에서 나오는 두 개의 광선을 보여 준다. 한 광선은 거울의 곡률 중심 C를 지나 거울면에 수직으로 입사하는데, 반사되어 왔던 경로를 되돌아간다. 두 번째 광선은 거울의 중심(점 V)에 입사해서 그림에 보인 것처럼 반사 법칙에 따라 반사된다. 화살의 뾰족한 끝의 상은 이들 두 광선이 교차하는 지점에 생긴다. 그림 26.9의 큰 빨간색 직각삼각형에서 $\tan\theta = h/p$이고, 노란색 직각삼각형으로부터 $\tan\theta = -h'/q$이다. 상이 뒤집혀 있기 때문에 음(−)의 부호를 도입해서, h'은 음수가 된다. 그러므로 이 결과들과 식 26.1로부터 상의 배율은 다음과 같다.

$$M = \frac{h'}{h} = \frac{-q\tan\theta}{p\tan\theta} = -\frac{q}{p} \qquad \text{26.2}$$

그림에서 점 C를 공유하고 한 내각이 α인 두 직각삼각형(초록색 삼각형과 작은 빨간색 삼각형)으로부터

$$\tan\alpha = \frac{h}{p-R} \qquad \text{그리고} \qquad \tan\alpha = -\frac{h'}{R-q}$$

이 식으로부터

$$\frac{h'}{h} = -\frac{R-q}{p-R} \qquad \text{26.3}$$

가 된다. 식 26.2와 식 26.3을 비교하면

$$\frac{R-q}{p-R} = \frac{q}{p}$$

이 되며, 이 식을 대수적으로 정리하면

▶ 곡률 반지름으로 나타낸 거울 방정식

$$\frac{1}{p} + \frac{1}{q} = \frac{2}{R} \qquad \text{26.4}$$

가 되고, 이 공식을 **거울 방정식**(mirror equation)이라고 한다. 이는 근축 광선으로 단순화한 모형에만 적용할 수 있다.

물체가 거울로부터 매우 멀리 있는 경우, 즉 물체 거리 p가 R에 비해 훨씬 커서 거

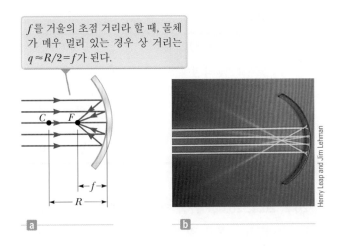

f를 거울의 초점 거리라 할 때, 물체가 매우 멀리 있는 경우 상 거리는 $q \approx R/2 = f$가 된다.

a

b

Henry Leap and Jim Lehman

Henry Leap and Jim Lehman

그림 26.10 (a) 먼 곳의 물체($p \approx \infty$)로부터 오는 광선들은 오목 거울에서 반사되어 초점 F를 지난다. (b) 오목 거울에서 반사되는 평행 광선

의 무한대에 가까울 경우, $1/p \rightarrow 0$이므로 식 26.4로부터 $q \approx R/2$이 됨을 알 수 있다. 다시 말하면 물체가 거울로부터 매우 멀리 떨어진 경우, 상은 그림 26.10a에서 보듯 곡률 중심과 거울 중심의 가운데 지점에 생긴다. 물체가 거울에서 멀리 떨어진 경우에는 물체에서 나오는 광선은 이 그림에서처럼 주축과 평행하게 거울에 들어온다. 축에 평행하지 않은 광선들은 거울을 비껴간다. 그림 26.10b를 보면 네 광선이 주축과 평행하게 들어와서 거울 면에 반사한 후 상을 맺게 되는데, 이 점을 거울의 **초점** (focal point) F라고 하고, 거울에서 초점까지의 거리를 **초점 거리**(focal length) f 라고 한다. 이를 곡률 반지름 R을 써서 표현하면 다음과 같다.

$$f = \frac{R}{2}$$

26.5

따라서 거울 방정식을 초점 거리를 이용해서 다시 쓰면 다음과 같다.

$$\frac{1}{p} + \frac{1}{q} = \frac{1}{f}$$

26.6   ▶ 초점 거리로 나타낸 거울 방정식

초점 거리를 이용하는 위 식은 곡률 반지름을 사용하는 식 26.4보다 더 보편적으로 사용된다. 구체적인 사용하는 예는 앞으로 공부하게 될 것이다.

볼록 거울 Convex Mirrors

그림 26.11은 **볼록 거울**(convex mirror), 즉 빛이 바깥쪽의 볼록한 면에서 반사되도록 도금한 거울에 의해 맺히는 상을 보여 준다. 볼록 거울은 **발산 거울**(diverging mirror)이라고도 한다. 이는 물체의 임의의 점에서 나온 광선들이 이 거울에서 반사한 후 마치 거울 뒤의 어떤 점에서 나오는 것처럼 발산하기 때문이다. 그림 26.11의 상은 그림에 점선으로 보인 바와 같이 반사된 광선들이 상점으로부터 나오는 것처럼 보일 뿐이므로 허상이다. 게다가 상은 언제나 정립 상이며 실제 물체보다 작게 보인다.

볼록 거울에 대한 식을 따로 유도하지 않았는데, 그 이유는 다음의 부호 규

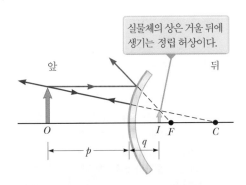

실물체의 상은 거울 뒤에 생기는 정립 허상이다.

앞   뒤

O   I F   C

p q

그림 26.11 구면 볼록 거울에 의한 상의 형성

표 26.1 | 거울에 대한 부호 규약

물리량	양(+)인 경우	음(−)인 경우
물체의 위치 (p)	물체가 거울의 앞에 있을 때 (실물체)	물체가 거울의 뒤에 있을 때 (허물체)
상의 위치 (q)	상이 거울의 앞에 있을 때 (실상)	상이 거울의 뒤에 있을 때 (허상)
상의 크기 (h')	정립 상일 때	도립 상일 때
초점 거리(f)와 반지름(R)	거울이 오목할 때	거울이 볼록할 때
배율(M)	정립 상일 때	도립 상일 때

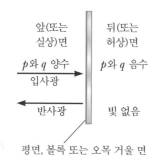

그림 26.12 오목 및 볼록 거울에 대한 p 와 q의 부호

약을 따르면, 식 26.2, 26.4, 26.6을 볼록 거울에도 오목 거울에도 모두 적용할 수 있기 때문이다. 앞으로는 빛이 거울을 향해 움직여가는 영역을 거울의 **앞면**이라 하고, 나머지 영역을 거울의 **뒷면**이라 하자. 예를 들면 그림 26.9와 26.11에서는 거울의 왼편이 앞면이 되고, 거울의 오른편이 뒷면이 된다. 그림 26.12는 물체 거리와 상 거리에 대한 부호 규약을 나타내며, 표 26.1은 이 규약을 요약한 것이다. 표에서 **허물체**에 대한 것을 26.4절에 소개한다.

거울에 관한 광선 도표 Ray Diagrams for Mirrors

광선 도표는 평면 거울과 구면 거울에서 상의 위치를 추적하는 데 도움이 된다. 정확한 광선 도표를 그리는 과정을 연습해 보자. 정확한 도표를 그리려면 물체의 위치와 초점, 그리고 거울의 반지름(곡률 반지름)을 알아야 한다. 그림 26.13을 보면 세 광선이 물체에서 나가는 모습이 작도되어 있다. 두 광선(1, 2번 광선)은 상의 위치를 결정하는 데 필요하고, 나머지 한 광선(3번)은 부가적으로 작도가 잘됐는지 확인하기 위한 참고용 광선이다. 그림 26.13a와 26.13b는 오목 거울에 의해 생기는 상을 작도한 것이다. 이 도표는 다음과 같이 광선을 그린다.

> • 광선 1은 물체의 꼭대기에서 출발해서 주축과 평행하게 그린다. 이 광선은 거울에서 반사된 후 초점 F를 지난다.
> • 광선 2는 물체의 꼭대기에서 출발해서 초점을 지나도록(또는 $p < f$이면 초점으로부터 오는 것처럼) 그린다. 이 광선은 반사된 후 주축과 평행하게 진행한다.
> • 광선 3은 물체의 꼭대기에서 출발해서 거울의 곡률 중심 C를 지나도록 그린다. 이 광선은 반사된 후 왔던 경로를 따라 되돌아간다.

이들 광선으로부터 얻어진 상점은 거울 방정식을 이용해서 계산한 q값과 항상 일치한다. 오목 거울의 경우, 무한대로부터 물체가 거울로 접근할 때 어떤 결과가 나타나는지 살펴보자. 그림 26.13a의 경우, 물체가 거울에 근접할수록 도립 실상은 왼쪽으로 이동한다. 물체가 곡률 중심, 즉 점 C에 놓여 있으면 물체와 상은 거울로부터 같은 거리에 위치하게 되며 크기도 같다. 물체가 초점 위에 있게 되면 상은 거울의 좌측으로부터 무한대만큼 떨어진 곳에 생기게 된다(거울 방정식을 이용해서 위 세 가지 경우가 옳은지 계산해 보자).

오류 피하기 | 26.2

부호에 유의할 것 표면에서 굴절 또는 얇은 렌즈의 경우처럼, 거울 방정식을 이용해서 문제를 푸는 경우 적절한 부호의 선택은 중요하다. 그렇게 하기 위해서는 수업 시간에 설명을 잘 듣고 예제를 주의 깊게 풀어 부호를 선택하는 것을 익혀야 한다.

그림 26.13 구면 거울에 대한 광선 도표와 해당되는 상황에서 촛불의 상을 찍은 사진

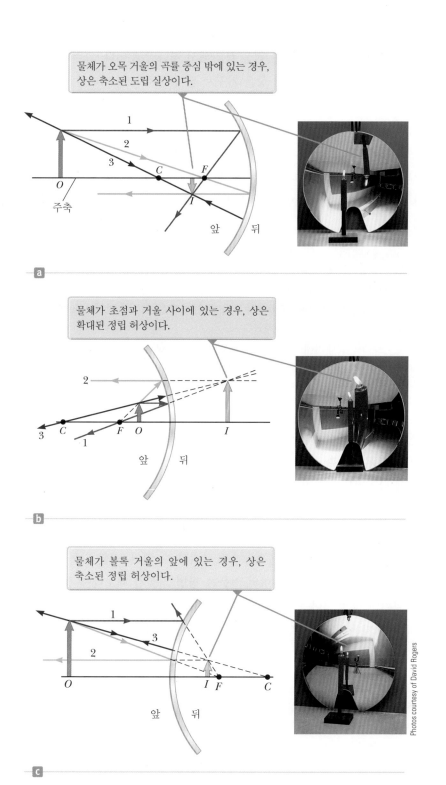

물체가 오목 거울의 곡률 중심 밖에 있는 경우, 상은 축소된 도립 실상이다.

a

물체가 초점과 거울 사이에 있는 경우, 상은 확대된 정립 허상이다.

b

물체가 볼록 거울의 앞에 있는 경우, 상은 축소된 정립 허상이다.

c

위성 접시 안테나는 지구를 돌고 있는 위성으로부터 오는 TV파를 오목한 반사체(위성 접시)를 통해 수신하는 안테나이다. 마이크로파에 실려 오는 TV 신호는 아주 먼 곳에서 오기 때문에 위성 안테나에 수평으로 들어온다. 이런 파들은 위성 접시에서 반사한 후 집속된다.

오류 피하기 | 26.3

초점은 상이 맺히는 점이 아니다 초점은 광선이 모여서 상을 맺는 점이라고 오해하지 말자. 초점을 결정하는 것은 오로지 거울의 곡률이며, 물체의 위치에는 의존하지 않는다. 일반적으로 상은 거울(또는 렌즈)의 초점과 다른 점에 형성된다. 유일한 예외는 물체가 거울에서 무한히 멀리 위치할 때뿐이다.

물체가 초점과 거울면 사이에 위치하면(그림 26.13b) 상은 정립 허상이며 거울의 뒷면에 위치한다. 이 경우 상은 물체보다 확대된다. 생활 속에서 이런 예는 화장용 거울이나 면도용 오목 거울을 사용할 때, 오목 거울에 여러분의 얼굴을 초점 거리보다 더 가까이 접근시키면 이런 현상이 발생한다. 여러분이 이런 거울을 가지고 있다면, 그것을 들여다보면서 거울로부터 더 멀어지도록 여러분의 얼굴을 움직여 보라. 여러

분의 머리는 상이 뚜렷하지 않은 점을 통과해서 지나갈 것이다. 그런 다음, 여러분이 계속해서 더 멀리 움직이게 되면 상은 거꾸로 된 얼굴로 다시 나타날 것이다. 상이 뚜렷하지 않은 영역은 여러분의 머리가 초점을 통과해서 지나가 상이 무한히 더 멀어지는 영역이다.

그림 26.13a와 26.13b에서 작은 사진기의 도립 상이 보인다. 사진기의 위치가 초점으로부터 매우 먼 곳에 위치하기 때문에, 이 상은 촛불의 위치와 무관하게 도립이다.

그림 26.13c는 볼록 거울에 의해 생기는 상의 광선 도표이며 다음과 같이 광선을 그린다.

- 광선 1은 물체의 꼭대기에서 출발해서 주축과 평행하게 그린다. 이 광선은 반사된 후 초점 F로부터 나오는 방향으로 진행한다.
- 광선 2는 물체의 꼭대기에서 출발해서 거울 뒤의 초점을 향하는 방향으로 그린다. 이 광선은 반사된 후 주축과 평행하게 진행한다.
- 광선 3은 물체의 꼭대기에서 출발해서 거울의 곡률 중심 C를 향하는 방향으로 그린다. 이 광선은 반사된 후 왔던 경로를 따라 되돌아나간다.

볼록 거울에 의해 생긴 상은 언제나 정립 허상이다. 그림 26.13c에서 나타난 촛불과 사진기의 상은 항상 정립이다. 물체 거리가 증가할수록 허상은 점점 작아지며, 물체 거리 p가 무한대로 커지면 상은 초점에 맺힌다. 물체의 위치가 변하면 상의 위치가 어떻게 달라지는지 직접 광선 도표를 그려 확인해 보자.

대형 매장에서는 천장에 볼록 거울을 여러 개 설치해서 도난 방지용으로 사용한다. 매장의 넓은 시야가 볼록 거울에 의해 작게 보이기 때문에 매장 직원은 여러 통로에서 벌어질지도 모를 절도 행각을 한 번에 감시할 수 있다. 또한 자동차 측면 거울은 대개 볼록 거울로 만든다. 이 유형의 거울은 평면 거울일 때보다 운전자에게 유효한 자동차 뒤편의 넓은 시야를 확보한다(그림 26.14). 그러나 이 거울은 왜곡된 느낌이 들게 하는데, 자동차에서 측면 거울 뒤편의 자동차들이 더 작게, 그럼으로써 더 멀리 보이게 만든다.

그림 26.14 자동차의 오른쪽 측면 볼록 거울에 트럭이 보인다. 트럭의 상은 선명하게 보이지만 거울의 틀은 그렇지 않음에 주목하자. 이는 트럭의 상의 위치가 거울 표면의 위치와 다르기 때문이다.

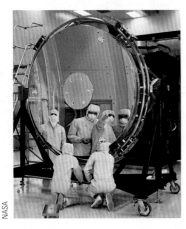

그림 26.15 (퀴즈 26.4) 이 거울은 어떤 종류의 거울인가?

퀴즈 26.3 거울로 태양광을 반사시켜 장작더미에 불을 지피고 싶다. 다음 중 어떤 거울을 사용하는 것이 가장 좋은가? (a) 평면 거울 (b) 오목 거울 (c) 볼록 거울

퀴즈 26.4 그림 26.15의 거울 속에 생긴 상을 보고 생각해 보자. 이 상의 특징으로 볼 때 다음 중 어떤 결론을 내릴 수 있는가? (a) 거울은 오목 거울이고, 상은 실상이다. (b) 거울은 오목 거울이고, 상은 허상이다. (c) 거울은 볼록 거울이고, 상은 실상이다. (d) 거울은 볼록 거울이고, 상은 허상이다.

◀ **예제 26.1 | 오목 거울에 의한 상**

초점 거리가 +10.0 cm인 구면 거울이 있다.

(A) 물체 거리가 25.0 cm일 때 생기는 상의 위치를 구하고, 상의 특징을 설명하라.

풀이

개념화 초점 거리가 양수이므로 이 거울은 오목 거울이다(표 26.1 참조). 상은 실상일 수도 있고 허상일 수도 있다.

분류 물체 거리가 초점 거리보다 크기 때문에, 실상이 생길 것으로 예측할 수 있다. 이 상황은 그림 26.13a와 비슷하다.

분석 식 26.6을 이용해서 상 거리를 구한다.

$$\frac{1}{q} = \frac{1}{f} - \frac{1}{p}$$

$$\frac{1}{q} = \frac{1}{10.0\text{ cm}} - \frac{1}{25.0\text{ cm}}$$

$$q = \boxed{16.7\text{ cm}}$$

식 26.2를 이용해서 상의 배율을 구한다.

$$M = -\frac{q}{p} = -\frac{16.7\text{ cm}}{25.0\text{ cm}} = \boxed{-0.667}$$

결론 배율 M의 절댓값이 1보다 작은 것은 상이 물체보다 작음을 의미하며, 배율이 음수인 것은 도립 상임을 의미한다. q가 양수이므로 상은 거울의 앞에 생기며 실상이다. 숟가락을 들여다보거나 면도용 거울을 멀리 서서 보면 이런 상을 볼 수 있다.

(B) 물체 거리가 10.0 cm일 때 생기는 상의 위치를 구하고, 상의 특징을 설명하라.

풀이

분류 물체가 초점 위에 있으므로 상이 무한 원점에 생길 것을 예상할 수 있다.

분석 식 26.6을 이용해서 상 거리를 구한다.

$$\frac{1}{q} = \frac{1}{f} - \frac{1}{p}$$

$$\frac{1}{q} = \frac{1}{10.0\text{ cm}} - \frac{1}{10.0\text{ cm}}$$

$$q = \boxed{\infty}$$

결론 이 결과는 초점에 위치한 물체에서 나온 광선들은 반사되어 거울에서 무한히 먼 곳에 상을 맺음을 의미한다. 즉 반사된 모든 광선들은 서로 평행하게 진행한다. 이런 상황에 해당하는 것이 손전등이나 자동차의 전조등인데, 손전등의 필라멘트가 반사 거울의 초점에 위치해서 평행광을 만든다.

(C) 물체 거리가 5.00 cm일 때 생기는 상의 위치를 구하고 상의 특징을 설명하라.

풀이

분류 물체 거리가 초점 거리보다 짧기 때문에 허상이 예상된다. 이 상황은 그림 26.13b와 유사하다.

분석 식 26.6을 이용해서 상 거리를 구한다.

$$\frac{1}{q} = \frac{1}{f} - \frac{1}{p}$$

$$\frac{1}{q} = \frac{1}{10.0\text{ cm}} - \frac{1}{5.00\text{ cm}}$$

$$q = -10.0\text{ cm}$$

식 26.2를 이용해서 상의 배율을 구한다.

$$M = -\frac{q}{p} = -\left(\frac{-10.0\text{ cm}}{5.00\text{ cm}}\right) = \boxed{+2.00}$$

결론 상의 크기는 물체 크기의 두 배이다. 배율 M이 양수이므로 정립 상이다(그림 26.13b). 상 거리가 음의 값이므로 예상대로 상은 허상이다. 면도용 거울에 얼굴을 바싹 붙이면 이런 상을 볼 수 있다.

예제 26.2 | 볼록 거울에 의한 상

그림 26.14는 자동차 거울로부터 10.0 m 떨어진 트럭의 상을 보여 준다. 거울의 초점 거리는 −0.60 m이다.

(A) 트럭의 상이 생기는 위치를 구하라.

풀이

개념화 이 상황은 그림 26.13c의 상황과 같다.

분류 볼록 거울이므로 물체의 위치에 관계없이 축소된 정립 허상이 생긴다.

분석 식 26.6을 이용해서 상 거리를 구한다.

$$\frac{1}{q} = \frac{1}{f} - \frac{1}{p}$$

$$\frac{1}{q} = \frac{1}{-0.60 \text{ m}} - \frac{1}{10.0 \text{ m}}$$

$$q = \boxed{-0.57 \text{ m}}$$

(B) 상의 배율을 구하라.

풀이

분석 식 26.2를 이용한다.

$$M = -\frac{q}{p} = -\left(\frac{-0.57 \text{ m}}{10.0 \text{ m}}\right) = \boxed{+0.057}$$

결론 (A)에서 q의 값이 음수인 것은 상이 허상임을 의미한다. 즉 그림 26.13c에서와 같이 상이 거울 뒤에 생긴다. (B)에서

구한 M의 값이 1보다 작은 양수이므로, 상은 실제 트럭보다 작으며, 정립 상이다. 상의 크기가 축소되기 때문에 트럭은 실제보다 더 멀리 있는 것처럼 보인다. 상이 실제 물체보다 작기 때문에 자동차의 거울에는 "물체는 거울 속에 보이는 것보다 더 가까이 있습니다"라는 글귀가 적혀 있다. 자동차의 백미러나 반짝이는 숟가락의 뒷면을 들여다보면 이런 상을 볼 수 있다.

26.3 | 굴절에 의한 상 Images Formed by Refraction

이 절에서는 투명한 물체의 표면에서 광선이 굴절되어 상이 생기는 것을 다룬다. 구체적으로 굴절의 법칙과 근축 광선을 이용한 단순화한 모형을 이용해서 상이 형성되는 것을 다룬다.

굴절률이 각각 n_1과 n_2인 투명한 두 매질의 경계면이 곡률 반지름 R인 구면인 경우를 생각해 보자(그림 26.16). O에 위치한 물체는 굴절률이 n_1인 매질 속에 있다고 가정하고 O에서 나오는 근축 광선들을 살펴보면, 이 광선들은 구면에서 굴절되어 한 점, 즉 상점 I에 모임을 알게 될 것이다.

그림 26.17의 기하학적 도표를 보면, 한 광선이 점 O에서 출발해서 구면에서 굴절된 다음 점 I를 통과한다. 이 굴절 광선에 스넬의 법칙을 적용하면 다음과 같다.

$$n_1 \sin \theta_1 = n_2 \sin \theta_2$$

근축 광선의 경우 θ_1과 θ_2가 작기 때문에 $\sin \theta \approx \theta$(각도는 라디안)이므로, 스넬의 법칙은 다음과 같이 된다.

$$n_1 \theta_1 = n_2 \theta_2$$

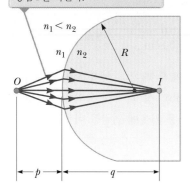

물체점 O에서 나와 주축과 작은 각도를 이루는 광선들은 굴절되어 상점 I를 지난다.

그림 26.16 구면에서 굴절에 의해 생긴 상

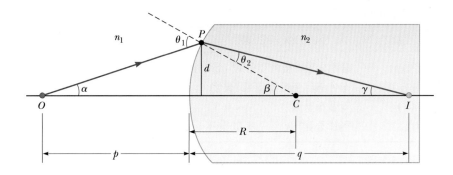

그림 26.17 식 26.8을 유도하기 위한 기하학적 도표. 여기서 $n_1 < n_2$이다. 점 C 는 곡면 굴절면의 곡률 중심이다.

기하학에서 삼각형의 외각은 두 내각의 합과 같다는 법칙을 그림 26.17의 삼각형 *OPC*와 *PIC*에 적용하면 다음과 같이 된다.

$$\theta_1 = \alpha + \beta$$
$$\beta = \theta_2 + \gamma$$

위의 세 식으로부터 θ_1과 θ_2를 제거하면 다음 식을 얻게 된다.

$$n_1 \alpha + n_2 \gamma = (n_2 - n_1)\beta \qquad \textbf{26.7}$$

작은 각도 근사의 경우 $\tan\theta \approx \theta$라는 관계를 이용하면 그림 26.17에서 다음과 같은 근사식이 성립된다.

$$\tan\alpha \approx \alpha \approx \frac{d}{p}, \quad \tan\beta \approx \beta \approx \frac{d}{R}, \quad \tan\gamma \approx \gamma \approx \frac{d}{q}$$

여기서 d는 그림 26.17에서 보이는 거리이다. 이들 식을 식 26.7에 대입하고 양변에서 d를 소거하면 다음과 같은 식을 얻을 수 있다.

$$\frac{n_1}{p} + \frac{n_2}{q} = \frac{n_2 - n_1}{R} \qquad \textbf{26.8}$$

▶ 굴절면에 대한 상거리와 물체 거리의 관계

고정된 물체 거리 p에 대해 상 거리 q는 광선이 축과 이루는 각도에 무관하다. 이 결과는 모든 근축 광선들이 동일한 상점 I에 모임을 뜻한다.

물체와 굴절면 사이의 기하학적 도표를 이용해서 다음과 같이 상의 배율을 구할 수 있다.

$$M = -\frac{n_1 q}{n_2 p} \qquad \textbf{26.9}$$

▶ 굴절면에 의해 생긴 상의 배율

거울과 마찬가지로 식 26.8과 26.9를 사용할 때에는 부호 규약을 이용해야 한다. 실상은 구면 쪽에 생기는데, 이것은 빛이 진행해 들어오는 쪽(구면의 왼쪽)과 **반대**인 곳이다. 즉 구면의 오른쪽이다. 이는 거울과는 반대의 상황인데 거울의 경우, 실상은 빛이 발생한 쪽에 형성된다. 이처럼 거울에 의한 실상의 위치가 굴절면에 의한 실상의 위치의 반대편임에 유의하면 구면에 의한 굴절에서 부호의 규약은 거울의 경우와 유사하다. 예를 들어 그림 26.17에서 p, q, R은 모두 양수이다.

표 26.2는 구형 굴절면에 관한 부호 규약이다. 이것은 다음 절에서 논의될 얇은 렌

표 26.2 | 굴절면에 대한 부호 규약

물리량	양(+)인 경우	음(−)인 경우
물체의 위치(p)	물체가 면의 앞에 있을 때 (실물체)	물체가 면의 뒤에 있을 때 (허물체)
상의 위치(q)	상이 면의 뒤에 있을 때 (실상)	상이 면의 앞에 있을 때 (허상)
상의 크기(h')	정립 상일 때	도립 상일 때
반지름(R)	곡률 중심이 면의 뒤에 있을 때	곡률 중심이 면의 앞에 있을 때

즈에 대한 부호 규약과 같다. 거울에서와 같이 굴절면의 앞은 빛이 면에 접근하는 쪽으로 가정한다.

평평한 굴절면 Flat Refracting Surfaces

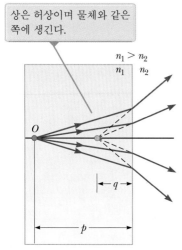

상은 허상이며 물체와 같은 쪽에 생긴다.

$n_1 > n_2$
n_1 n_2

그림 26.18 평평한 굴절면에 의한 상. 모든 광선들은 근축 광선이라 가정했다.

굴절면이 평면인 경우는 곡률 반지름 R이 무한대인 경우이며, 식 26.8은 다음과 같다.

$$\frac{n_1}{p} = -\frac{n_2}{q}$$

즉
$$q = -\frac{n_2}{n_1}p \qquad\qquad 26.10$$

식 26.10에서 q의 부호는 p와 반대이다. 평평한 면에 의해 생긴 상은 물체와 같은 쪽에 생긴다. 이런 경우는 그림 26.18에 작도됐다. 굴절률 n_1이 n_2보다 클 때 허상은 물체와 굴절면 사이에 생긴다. $n_1 > n_2$이므로 광선은 법선에서 **멀어지는** 쪽으로 굴절된다.

식 26.10에서 q값을 계산할 수 있는데, $n_1 > n_2$이므로, q값의 절댓값은 p값보다 항상 작게 된다. 따라서 굴절률이 작은 쪽에서(n_2) 상을 보면 상은 물체보다 항상 굴절면에 더 가까이 있는 것처럼 보이게 된다. 예를 들면 강물이나 수영장의 밑바닥은 우리 눈으로 보는 것보다 실제로는 더 깊다는 것이다.

◀ 예제 26.3 | 공 내부 보기

반지름 3.0 cm인 플라스틱 공 속에 동전이 들어 있다. 플라스틱의 굴절률은 $n_1 = 1.50$이다. 공의 가장자리로부터 2.0 cm 안쪽에 동전 하나가 있다(그림 26.19). 이 동전의 상이 생기는 위치를 구하라.

풀이

개념화 공기의 굴절률이 $n_2 = 1.00$이므로 $n_1 > n_2$이다. 그러므로 그림 26.19의 동전으로부터 나온 광선들은 플라스틱 공 표면과 만나면 법선으로부터 멀어지는 방향으로 굴절되어 바깥쪽으로 발산한다.

분류 한 매질 안에서 생긴 광선들이 곡면을 통과해서 다른 매질 속으로 들어가므로, 이 문제는 굴절에 의해 생기는 상과 관련되어 있다.

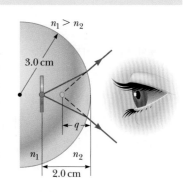

그림 26.19 (예제 26.3) 플라스틱 공 속에 들어 있는 동전으로부터 나온 광선들은 물체(동전)와 공 표면 사이에 허상을 만든다. 물체가 공 속에 있으므로 굴절면의 앞쪽은 공의 내부이다.

$n_1 > n_2$
3.0 cm
n_1 n_2
2.0 cm

분석 표 26.2로부터 R이 음수임에 유의하면서 식 26.8을 적용한다.

$$\frac{n_2}{q} = \frac{n_2 - n_1}{R} - \frac{n_1}{p}$$

$$\frac{1}{q} = \frac{1.00 - 1.50}{-3.0 \text{ cm}} - \frac{1.50}{2.0 \text{ cm}}$$

$$q = \boxed{-1.7 \text{ cm}}$$

결론 q값이 음수인 것은 상이 굴절면의 앞쪽, 즉 그림 26.19에 보인 바와 같이 물체와 같은 쪽에 생김을 뜻한다. 그러므로 상은 허상이다(표 26.2 참조). 동전은 실제보다 표면에 더 가까운 것처럼 보인다.

예제 26.4 | 도망치는 물고기

물고기 한 마리가 연못의 수면 아래 깊이 d인 곳에서 헤엄치고 있다 (그림 26.20).

(A) 수면 위에서 수직으로 관찰할 때 물고기의 겉보기 깊이는 얼마인가?

풀이

개념화 공기의 굴절률을 $n_2 = 1.00$이라 할 때 $n_1 > n_2$이므로, 그림 26.20a에서처럼 물고기에서 나온 광선들은 물 표면에서 법선으로부터 멀어지는 방향으로 굴절해서 바깥쪽으로 퍼져 나간다.

분류 굴절면이 평면이므로 R은 무한대이다. 그러므로 $p = d$로 놓고 식 26.10을 이용하면, 물고기 상의 위치를 결정할 수 있다.

분석 그림 26.20a에 나와 있는 굴절률 값을 식 26.10에 대입한다.

$$q = -\frac{n_2}{n_1} p = -\frac{1.00}{1.33} d = \boxed{-0.752 \, d}$$

결론 q가 음수이므로 상은 그림 26.20a에 점선으로 표시된

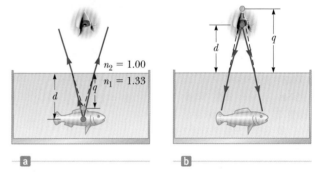

그림 26.20 (예제 26.4) (a) 물고기의 겉보기 깊이 q는 실제 깊이 d보다 얕다. 모든 광선들이 근축 광선이라 가정했다. (b) 물고기에게 관측자의 얼굴은 수면으로부터 실제보다 더 높이 있는 것처럼 보인다.

것과 같이 허상이다. 겉보기 깊이는 실제 깊이의 약 3/4 정도이다.

(B) 관측자의 얼굴이 수면 위 높이 d의 위치에 있다면, 물고기가 보는 관측자의 겉보기 높이는 얼마인가?

풀이

관측자의 얼굴에서 나온 광선들을 그림 26.20b에 보였다.

개념화 광선들이 법선을 향해 굴절되므로, 관측자의 얼굴은 실제보다 더 높이 있는 것으로 보인다.

분류 굴절면이 평면이므로 R은 무한대이다. 그러므로 $p = d$로 놓고 식 26.10을 이용하면, 물고기가 보는 상의 위치를 결정할 수 있다.

분석 식 26.10을 이용해서 상 거리를 구한다.

$$q = -\frac{n_2}{n_1} p = -\frac{1.33}{1.00} d = \boxed{-1.33 \, d}$$

결론 q가 음수이므로 상은 광선이 나온 매질, 즉 물 위의 공기 중에 생긴다.

◥ **26.4** | 얇은 렌즈에 의한 상 Images Formed by Thin Lenses

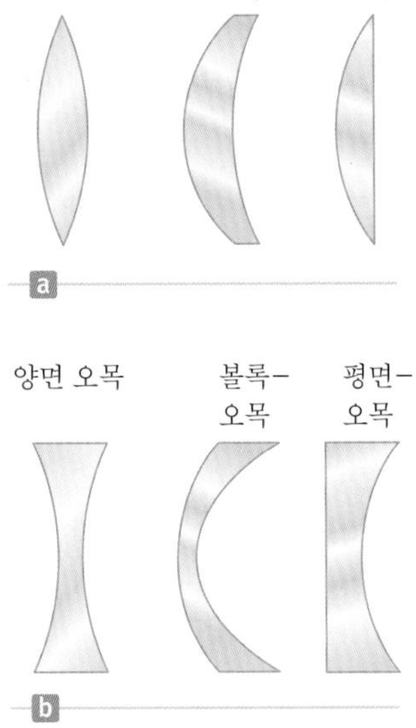

양면 볼록　　볼록-　　평면-
　　　　　　오목　　　볼록

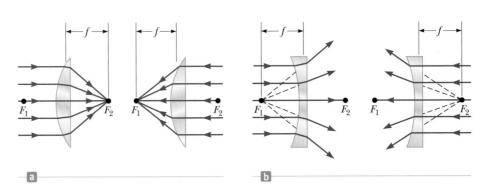

양면 오목　　볼록-　　평면-
　　　　　　오목　　　오목

그림 26.21 렌즈의 여러 가지 모양 (a) 수렴 렌즈는 양(+)의 초점 거리를 가지며 중앙부가 가장 두껍다. (b) 발산 렌즈는 음(−)의 초점 거리를 가지며 가장자리가 가장 두껍다.

오류 피하기 | 26.4

렌즈는 초점은 두 개지만 초점 거리는 하나이다 렌즈는 앞뒤로 하나씩 초점이 있지만 초점 거리는 단 하나이다. 두 개의 초점은 각각 렌즈로부터 같은 거리에 위치한다(그림 26.22). 그 결과 렌즈를 돌려놔도 렌즈는 같은 위치에 물체의 상을 만든다. 실제로는 렌즈들이 무한히 얇지 않기 때문에 상의 위치가 아주 미세하게 다를 수도 있다.

일반적으로 **얇은 렌즈**(thin lens)는 유리나 플라스틱으로 만든다. 렌즈의 두 면은 구면 또는 평면으로 연마되며, 사진기, 망원경 그리고 현미경 등에 사용되어 굴절에 의한 상을 맺는다.

그림 26.21은 여러 가지 모양의 렌즈 형태의 단면을 보여 준다. 이런 렌즈들은 두 가지 그룹으로 나눌 수 있다. 그림 26.21a는 중앙부가 가장자리보다 더 두꺼우며, 그림 26.21b는 중앙부가 가장자리보다 얇다. 첫 번째 그룹의 렌즈는 **수렴 렌즈**(converging lenses)라고 하며 두 번째 그룹의 렌즈는 **발산 렌즈**(diverging lenses)라고 한다.

거울의 경우처럼 렌즈의 경우에도 **초점**(focal point)을 정의하는 것이 편리하다. 그림 26.22a는 주축에 평행하게 들어오는 광선들은 렌즈에 의해 수렴되어 초점을 맺는다. 광선이 수렴되므로 수렴 렌즈라고 부른다. 초점에서 렌즈의 중심까지의 거리를 **초점 거리**(focal length) f라고 한다. 물체가 렌즈로부터 무한히 멀리 떨어져 있을 때 상이 생기는 점까지의 거리가 초점 거리이다.

렌즈의 두께에서 발생되는 복잡한 문제를 피하기 위해, **얇은 렌즈 근사**(thin lens approximation)라고 하는 단순화한 모형을 사용하는데, 이때 렌즈의 두께는 무시할 수 있다고 가정한다. 그렇게 하면 초점 거리는 초점에서 렌즈 표면까지 또는 초점에서 렌즈의 중심까지라고 생각해도 별반 차이가 없게 된다. 왜냐하면 렌즈의 두께를 무시할 수 있다고 가정했기 때문이다. 얇은 렌즈는 하나의 초점 거리와 **두 개**의 초점을 가지는데, 렌즈의 오른쪽과 왼쪽에서 광선이 입사하는 경우에 그에 대응하는 각각의 초점을 가지게 되기 때문이다(그림 26.22).

그림 26.22b를 보면 주축에 평행으로 입사하는 광선은 렌즈를 지나서 발산하게 된다. 이 경우, 초점은 발산되는 광선이 그림 26.22b에서처럼 시작된 것으로 보이는 점으로 정의한다. 그림 26.22a는 렌즈에 의해 평행 광선이 모이기(즉 수렴하기) 때문에 **수렴** 렌즈라고 부르고, 그림 26.22b는 광선이 렌즈에 의해 발산되기(즉 퍼져 나가기) 때문에 **발산** 렌즈라고 부른다.

이번에는 수렴 렌즈로부터 거리 p에 위치한 물체에 대한 그림 26.23의 광선 도표를 살펴보자. 물체의 끝에서 나온 빨간 광선은 렌즈의 중심을 지난다. 빨간 광선은 주축(렌즈의 중심을 지나는 수평축)과 평행하게 진행해서 렌즈에서 굴절한 후 초점 F를

그림 26.22 (a) 수렴 렌즈와 (b) 발산 렌즈를 지나는 평행 광선. 주어진 렌즈에 대해 초점 거리는 광선의 통과 방향과 상관없이 일정하다. 두 초점 F_1과 F_2는 렌즈로부터 동일한 거리만큼 떨어져 있다.

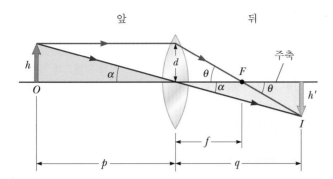

그림 26.23 얇은 렌즈 식을 유도하기 위한 기하학적 그림

지난다. 두 광선은 렌즈로부터 거리 q인 상점에서 교차해서 상을 맺는다.

각 α의 탄젠트값은 그림 26.23에서 상과 물체에 관한 두 개의 삼각형에서

$$\tan\alpha = \frac{h}{p} \quad \text{그리고} \quad \tan\alpha = -\frac{h'}{q}$$

이며, 배율의 공식에 h와 h'을 대입하면 다음과 같다.

$$M = \frac{h'}{h} = -\frac{q}{p} \qquad\qquad 26.11$$

따라서 렌즈의 배율은 거울의 배율과 같은 식 26.2가 된다. 그림 26.23에서 $\tan\theta$는

$$\tan\theta = \frac{d}{f} \quad \text{그리고} \quad \tan\theta = -\frac{h'}{q-f}$$

이다. 여기서 높이 d는 그림에서 h와 같다. 그러므로

$$\frac{h}{f} = -\frac{h'}{q-f} \quad \rightarrow \quad \frac{h'}{h} = -\frac{q-f}{f}$$

이며, 이 식을 식 26.11과 연결하면

$$\frac{q}{p} = \frac{q-f}{f}$$

이 되며, 이를 다시 정리하면

$$\boxed{\frac{1}{p} + \frac{1}{q} = \frac{1}{f}} \qquad\qquad 26.12$$

이 된다. 이 식을 **얇은 렌즈 식**(thin lens equation)이라고 한다(이 식은 거울 방정식 26.6과 본질적으로 같다). 이 식은 수렴 렌즈와 발산 렌즈에 공통으로 사용할 수 있으며 사용 시 부호에 유의해야 한다. 그림 26.24는 p와 q의 부호를 정하는 데 유용하다(거울에서와 같이, 빛이 입사하는 쪽을 렌즈의 앞이라고 하자). 표 26.3을 보면 부호 규약에 대한 여러 내용을 알 수 있다. 수렴 렌즈의 경우 초점 거리가 **양수**이고 발산 렌즈의 경우에는 f가 **음수**임에 주목하자.

공기 중에서 렌즈의 초점 거리는 렌즈의 표면과 곡률 반지름, 렌즈를 만든 물질의 굴절률 n과 관련되어 있으며 다음 식으로 주어진다.

▶ **얇은 렌즈 식**

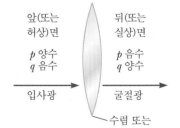

그림 26.24 얇은 렌즈에 대해 p와 q의 부호를 결정하기 위한 도표(이 도표는 굴절면에 대해서도 적용된다.)

표 26.3 | 얇은 렌즈에 대한 부호 규약

물리량	양(+)인 경우	음(−)인 경우
물체의 위치 (p)	물체가 렌즈의 앞에 있을 때 (실물체)	물체가 렌즈의 뒤에 있을 때 (허물체)
상의 위치 (q)	상이 렌즈의 뒤에 있을 때 (실상)	상이 렌즈의 앞에 있을 때 (허상)
상의 크기 (h')	정립 상일 때	도립 상일 때
R_1과 R_2	곡률 중심이 렌즈의 뒤에 있을 때	곡률 중심이 렌즈의 앞에 있을 때
초점 거리 (f)	수렴 렌즈	발산 렌즈

▶ 렌즈 제작자의 식

$$\frac{1}{f} = (n-1)\left(\frac{1}{R_1} - \frac{1}{R_2}\right)$$

26.13

여기서 R_1은 렌즈 앞면의 곡률 반지름이고, R_2는 렌즈 뒷면의 곡률 반지름이다. (앞뒷면은 렌즈에 빛이 들어오는 순서에 따라 정의된다.) 식 26.13을 이용하면 렌즈의 알려진 물리량으로부터 초점 거리를 계산할 수 있다. 이 식을 **렌즈 제작자의 식**(lens maker's equation)이라고 부른다. 표 26.3은 반지름 R_1과 R_2의 부호를 정하는 부호 규약을 보여 주고 있다.

얇은 렌즈에 대한 광선 도표 Ray Diagrams for Thin Lenses

광선 도표는 얇은 렌즈 또는 렌즈들이 조합된 광학계가 만드는 상의 위치를 결정하는 데 편리하다. 또한 광선 도표는 이미 논의한 부호의 규약을 더욱 분명히 한다. 그림 26.25는 단일 렌즈에서 세 가지 경우에 관한 광선 도표를 보여 준다. 수렴 렌즈에 의한 상을 찾을 때에는(그림 26.25a와 26.25b) 물체의 위에서 나오는 다음의 세 광선을 그린다.

- 광선 1은 주축과 평행하게 그린다. 이 광선은 렌즈에 의해 굴절된 후 렌즈 뒤쪽의 초점을 지난다.
- 광선 2는 렌즈 앞쪽의 초점을 지나는 광선(또는 $p < f$인 경우 렌즈 앞쪽의 초점으로부터 나오는 것 같은 광선)인데, 렌즈에서 굴절된 후 주축과 평행하게 진행한다.
- 광선 3은 렌즈의 중심을 지나는 광선으로 굴절되지 않고 똑바로 진행한다.

그림 26.25c와 같이 **발산** 렌즈에 의한 상을 찾을 때에는 물체의 위에서 나오는 다음의 세 광선을 그린다.

- 광선 1은 주축과 평행하게 그린다. 이 광선은 렌즈에 의해 굴절된 후 마치 렌즈 앞쪽의 초점으로부터 직선으로 진행해 온 것처럼 진행한다.
- 광선 2는 렌즈 뒤쪽의 초점을 향해 진행하는 광선인데, 렌즈에 의해 굴절된 후 주축과 평행하게 진행한다.
- 광선 3은 렌즈의 중심을 지나는 광선으로서 굴절되지 않고 똑바로 진행한다.

이들 광선 도표에서 **두 개**의 광선이 교차되는 곳에 상이 위치하게 되는 것을 알 수

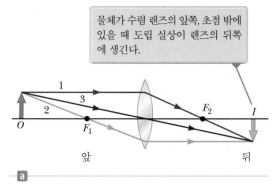
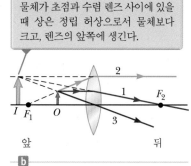
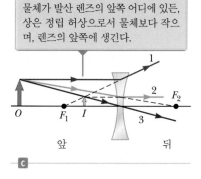

물체가 수렴 렌즈의 앞쪽, 초점 밖에 있을 때 도립 실상이 렌즈의 뒤쪽에 생긴다.

물체가 초점과 수렴 렌즈 사이에 있을 때 상은 정립 허상으로서 물체보다 크고, 렌즈의 앞쪽에 생긴다.

물체가 발산 렌즈의 앞쪽 어디에 있든, 상은 정립 허상으로서 물체보다 작으며, 렌즈의 앞쪽에 생긴다.

그림 26.25 얇은 렌즈에 의해 생기는 상을 찾기 위한 광선 도표

있다. 세 번째 광선은 그 상점을 재확인하는 데 보조 광선으로 활용된다.

물체가 앞쪽 초점($p > f$) **바깥**에 있는 그림 26.25a의 수렴 렌즈의 경우, 상은 도립 실상이고 렌즈의 뒤쪽에 위치해 있다. 이 도표를 영사기로 보면, 필름은 물체이고 렌즈는 영사기 내에 있으며 상은 관객이 보는 대형 스크린 위로 투영된다. 도립 상이 관객에게 똑바로 보이도록 영상을 거꾸로 해서 필름을 배치한다.

물체가 그림 26.25b처럼 수렴 렌즈의 초점 **안**에 놓이게 되면($p < f$) 상은 정립 허상이다. 이런 방식으로 볼록 렌즈를 사용하면 확대경이 된다. 예를 들면 우표나 지문 등, 작은 글씨나 그림을 보기 위해 확대경을 사용할 경우에 적용되는 원리가 이것이다.

그림 26.25c처럼 발산 렌즈의 경우 모든 물체에 대해 상은 정립 허상이다. 발산 렌즈는 시야가 넓기 때문에 문 밑으로 밀어넣어서 안쪽의 상황을 확인할 수 있는 보안용 렌즈로 사용할 수 있다. 발산 렌즈는 근시에 사용하는 콘택트렌즈, 그리고 사진기의 파노라마 사진용 광각 렌즈(넓은 시야를 볼 수 있는)로도 사용된다.

▶ **퀴즈 26.5** 판유리창의 초점 거리는 얼마인가? (**a**) 0 (**b**) 무한대 (**c**) 유리의 두께와 같다. (**d**) 결정할 수 없다.

▶ **퀴즈 26.6** 그림 26.25a에서 종이로 렌즈의 윗부분 반을 가지면 물체의 상은 어떻게 될까? (**a**) 상은 물체의 아랫부분만 나타난다. (**b**) 상의 윗부분 반만 나타난다. (**c**) 상은 다 보이지만 좀 어둡다. (**d**) 상이 전혀 생기지 않는다.

▶ **생각하는 물리 26.3**   BIO **잠수경의 보정 렌즈**

시력이 좋지 않은 다이버를 위해 잠수경에 렌즈가 부착되어 있는 경우도 있다. 잠수경에 렌즈가 부착된 경우에는 안경이 필요없다. 그 이유는 잠수경에 부착된 렌즈가 또렷한 상을 맺는 데 필요한 굴절을 일으키기 때문이다. 일반 렌즈는 앞면과 뒷면에서 모두 굴절시키기 위해 양면이 모두 평면이 아니고 곡면이다. 잠수경의 렌즈는 단지 얼굴쪽인 유리의 **안쪽** 면만 곡면이다. 왜 이런 식의 설계가 좋을까?

추론 잠수경을 착용할 때 눈을 가리는 유리 렌즈의 안쪽면(얼굴쪽)만을 곡면으로 하는 주된 이유는 물속에서뿐만 아니라 공기 중에서도 다이버가 눈 앞에 있는 물체를 잘 볼 수 있도록 하기 위함이다. 잠수경의 앞면과 뒷면 모두가 곡면이라면, 두 번의 굴절이 일어난다. 이 렌즈를 공기 중에서 두

번의 굴절에 의해 또렷한 상이 맺히도록 설계했다고 하자. 그러나 다이버가 물속에 있을 경우에는, 물과 공기의 굴절률이 다르기 때문에 이번에는 첫 경계면인 물과 유리 사이에서 굴절이 달라진다. 그래서 물속에서 시야가 선명하지 못하게 된다.

잠수경 렌즈의 바깥쪽을 평면으로 하면, 빛이 렌즈의 평면에 수직으로 입사하는 경우, **물속이든 공기 중이든**, 굴절이 일어나지 않고 수직으로 통과한다. 모든 굴절은 안쪽의 유리–공기 면에서 일어난다. 그러므로 공기 중이나 물속에서, 같은 굴절 보정이 존재하게 되어 다이버는 모두 선명한 상을 보게 된다. ◀

예제 26.5 | 수렴 렌즈에 의해 생기는 상

초점 거리 10.0 cm인 수렴 렌즈가 있다.

(A) 렌즈로부터 30.0 cm 떨어진 곳에 물체가 있다. 광선 도표를 그리고, 상 거리를 구하고, 상의 특징을 설명하라.

풀이

개념화 수렴 렌즈이므로 초점 거리는 양수이다(표 26.3). 상은 실상일 수도 있고 허상일 수도 있다.

분류 물체 거리가 초점 거리보다 크므로 실상이 예상된다. 그림 26.26a는 이 상황에 대한 광선 도표이다.

분석 식 26.12를 이용해서 상 거리를 구한다.

$$\frac{1}{q} = \frac{1}{f} - \frac{1}{p}$$

$$\frac{1}{q} = \frac{1}{10.0 \text{ cm}} - \frac{1}{30.0 \text{ cm}}$$

$$q = \boxed{+15.0 \text{ cm}}$$

식 26.11로부터 상의 배율을 구한다.

$$M = -\frac{q}{p} = -\frac{15.0 \text{ cm}}{30.0 \text{ cm}} = \boxed{-0.500}$$

결론 상 거리가 양수이므로 상은 실상이고 렌즈 뒤에 생긴

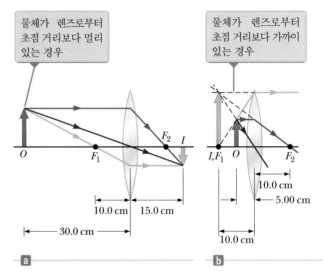

그림 26.26 (예제 26.5) 수렴 렌즈에 의한 상

다. 배율로부터 상의 크기가 절반으로 축소됨을 알 수 있으며, 배율이 음수인 것은 도립 상을 뜻한다.

(B) 렌즈로부터 10.0 cm 떨어진 곳에 물체가 있다. 상 거리를 구하고, 상의 특징을 설명하라.

풀이

분류 물체가 초점에 있으므로 상은 무한히 먼 곳에 생길 것이다.

분석 식 26.12를 이용해서 상 거리를 구한다.

$$\frac{1}{q} = \frac{1}{f} - \frac{1}{p}$$

$$\frac{1}{q} = \frac{1}{10.0 \text{ cm}} - \frac{1}{10.0 \text{ cm}}$$

$$q = \boxed{\infty}$$

결론 이 결과는 렌즈의 초점에 놓인 물체에서 나오는 광선들은 렌즈로부터 무한히 먼 곳에 상이 맺히도록 굴절됨을 뜻한다. 즉 굴절된 후 광선들은 서로 평행하게 진행한다.

(C) 렌즈로부터 5.00 cm 떨어진 곳에 물체가 있다. 광선 도표를 그리고, 상 거리를 구하고, 상의 특징을 설명하라.

풀이

분류 물체 거리가 초점 거리에 비해 짧기 때문에 허상이 예상된다. 이 상황에 대한 광선 도표는 그림 26.26b와 같다.

분석 식 26.12를 이용해서 상 거리를 구한다.

$$\frac{1}{q} = \frac{1}{f} - \frac{1}{p}$$

$$\frac{1}{q} = \frac{1}{10.0 \text{ cm}} - \frac{1}{5.00 \text{ cm}}$$

$$q = -10.0 \text{ cm}$$

식 26.11로부터 상의 배율을 구한다.

$$M = -\frac{q}{p} = -\left(\frac{-10.0 \text{ cm}}{5.00 \text{ cm}}\right) = +2.00$$

결론 상 거리가 음수인 것은 상이 허상으로서 렌즈의 앞쪽, 즉 빛이 렌즈에 입사되는 쪽에 생김을 뜻한다. 상은 확대되며, 배율의 부호가 양인 것은 상이 정립 상임을 의미한다.

문제 물체가 렌즈 표면 바로 앞으로 움직여가면 (즉 $p \to 0$) 상은 어디에 생길까?

답 이 경우 렌즈면의 곡률 반지름을 R이라 할 때 $p \ll R$이므로, 렌즈의 곡률을 무시하고 평평한 물체처럼 간주해도 된다. 그러면 상은 렌즈의 바로 앞쪽, 즉 $q = 0$의 위치에 생기는데, 이는 얇은 렌즈 식을 다음과 같이 수학적으로 재배치함으로써 확인할 수 있다.

$$\frac{1}{q} = \frac{1}{f} - \frac{1}{p}$$

$p \to 0$이면 우변의 둘째 항이 첫째 항에 비해 매우 커지므로 첫째 항인 $1/f$을 무시할 수 있다. 그러면 이 식은 다음과 같이 된다.

$$\frac{1}{q} = -\frac{1}{p} \to q = -p = 0$$

즉 q는 렌즈의 앞쪽(p와 부호가 반대이므로) 표면이 된다.

얇은 렌즈의 조합 Combination of Thin Lenses

두 개의 얇은 렌즈를 이용해서 상을 형성하는 경우, 이 계는 다음과 같이 취급할 수 있다. 첫 번째 렌즈에 의한 상의 위치는 두 번째 렌즈가 없다고 생각한 다음 식을 이용해서 계산한다. 그 다음에 첫 번째 렌즈에 의해 생긴 상에서 나오는 광선이 두 번째 렌즈에 입사한다고 가정한다. 첫 번째 렌즈에 의한 상은 두 번째 렌즈에서 물체로 취급된다. 두 번째 렌즈에 의한 상이 이 광학계의 최종 상이다. 첫 번째 렌즈의 상이 두 번째 렌즈의 뒷면에 놓인다면, 그 상은 두 번째 렌즈의 **허물체**로 취급하면 된다(이 경우 p가 음수로 된다). 같은 방법은 세 개 또는 그 이상의 렌즈로 된 광학계를 생각할 수 있다. 얇은 렌즈들로 이루어진 광학계의 전체 배율은 각 렌즈의 배율들을 모두 **곱**한 것과 같다.

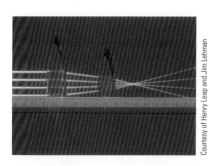

어떤 물체로부터 입사한 광선이 두 개의 수렴 렌즈를 통과한 후 초점을 맺는 모습

◣ **예제 26.6 | 최종 상은 어디에?**

초점 거리가 각각 $f_1 = 10.0$ cm와 $f_2 = 20.0$ cm인 두 개의 얇은 수렴 렌즈가 그림 26.27과 같이 20.0 cm 떨어져 있다. 렌즈 1의 왼쪽 30.0 cm 위치에 물체가 놓여 있을 때 최종 상의 위치와 배율을 구하라.

풀이

개념화 렌즈 2가 없다고 가정하고, 렌즈 1을 통과한 광선이 만드는 실상을 ($p > f$이므로) 생각하자. 그림 26.27은 이 광선들이 도립 상 I_1을 형성함을 보여 준다. 상점으로 수렴한 광선들은 정지하지 않고 상점을 지나 계속 진행해서 렌즈 2와 상호 작용한다. 상점을 지나온 이 광선들은 물체에서 나온 광선들과 똑같이 거동한다. 그러므로 렌즈 1의 상은 렌즈 2에 대해 물체 역할을 하게 되는 것이다.

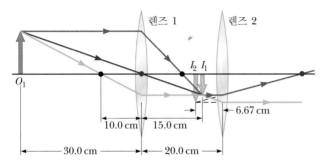

그림 26.27 (예제 26.6) 두 수렴 렌즈의 조합. 이 광선 도표는 렌즈 조합에 의한 최종 상의 위치를 보여 준다. 주축 위의 검은 점은 렌즈 1의 초점이고 빨간 점은 렌즈 2의 초점이다.

분류 이 문제는 얇은 렌즈 식을 두 렌즈에 대해 단계별로 적용해서 풀 수 있는 문제이다.

분석 렌즈 1에 의해 형성되는 상의 위치를 얇은 렌즈 식을 이용해서 구한다.

$$\frac{1}{q_1} = \frac{1}{f} - \frac{1}{p_1}$$

$$\frac{1}{q_1} = \frac{1}{10.0 \text{ cm}} - \frac{1}{30.0 \text{ cm}}$$

$$q_1 = +15.0 \text{ cm}$$

상의 배율은 식 26.11을 이용해서 구한다.

$$M_1 = -\frac{q_1}{p_1} = -\frac{15.0 \text{ cm}}{30.0 \text{ cm}} = -0.500$$

이 상이 둘째 렌즈의 물체 역할을 한다. 그러므로 둘째 렌즈에 대한 물체 거리는 20.0 cm − 15.0 cm = 5.00 cm이다. 렌즈 2에 의해 형성되는 상의 위치를 얇은 렌즈 방정식을 이용해서 구한다.

$$\frac{1}{q_2} = \frac{1}{20.0 \text{ cm}} - \frac{1}{5.00 \text{ cm}}$$

$$q_2 = -6.67 \text{ cm}$$

식 26.11을 이용해서 상의 배율을 구한다.

$$M_2 = -\frac{q_2}{p_2} = -\left(\frac{-6.67 \text{ cm}}{5.00 \text{ cm}}\right) = +1.33$$

두 렌즈에 의한 상의 전체 배율을 계산한다.

$$M = M_1 M_2 = (-0.500)(1.33) = -0.667$$

결론 전체 배율이 음수인 것은 최종 상이 처음 물체에 대해 도립 상임을 의미한다. 배율의 절댓값이 1보다 작기 때문에 최종 상은 처음 물체보다 작다. q_2가 음(−)이기 때문에 최종 상은 렌즈 2의 앞 즉 왼쪽에 생긴다. 이런 모든 결과는 그림 26.27의 광선 도표에 잘 부합한다.

문제 이 두 개의 렌즈로 정립 상을 만들고 싶다. 두 번째 렌즈를 어떻게 움직여야 하나?

답 물체가 첫 번째 렌즈로부터 떨어진 거리가 첫 번째 렌즈의 초점 거리보다 더 멀기 때문에, 첫 번째 렌즈에 의한 상은 도립 상이 된다. 그러므로 두 번째 렌즈가 상을 다시 한 번 더 뒤집도록 하면 최종 정립 상을 만들 수 있다. 수렴 렌즈가 도립 상을 만드는 경우는 물체가 초점 밖에 위치하는 경우뿐이다. 그러므로 그림 26.27에서 첫 번째 렌즈에 의한 상이 두 번째 렌즈의 초점보다 왼쪽에 위치해야 한다. 이렇게 되려면 두 번째 렌즈가 첫 번째 렌즈로부터 최소한 $q_1 + f_2 =$ 15.0 cm + 20.0 cm = 35.0 cm 이상 떨어지도록 움직여야 한다.

▎**26.5 | 연결 주제: 의료에 응용** Context Connection: Some Medical Applications   BIO

BIO **섬유경의 의료적 이용**

1957년 **섬유경**(fiberscope)이 개발되면서 의료 영역에 광섬유를 이용하기 시작했다. 그림 26.28은 두 개의 광섬유 다발로 이루어진 섬유경의 구조를 보여 준다. **조명용 다발**(illuminating bundle)은 **비간섭성** 다발이며, 이는 두 끝에서 섬유의 상대적인 위치를 일치시키는 작업이 특별히 없음을 의미한다. 이 다발의 유일한 목적은 빛을 몸속의 원하는 지점에 전달하는 것이기 때문에 이런 일치는 필요하지 않다. **보기용 섬유 다발**(viewing bundle of fibers)의 끝에서 관측하는 지점의 실상을 만들기 위해 섬유경의 내부 끝에 렌즈(**대물 렌즈**)를 사용한다. 상으로부터 오는 빛은 섬유를

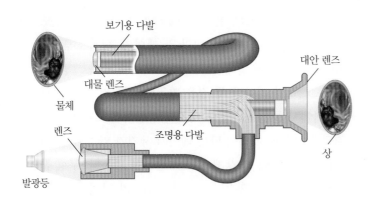

따라 보는 끝으로 전달된다. 보기용 다발에서 섬유의 끝에 보이는 상을 확대하기 위해, 이 끝에 대안 렌즈를 사용한다.

이 섬유경의 지름은 아주 작게는 1 mm 정도에 불과하지만 관찰 부위의 선명한 상을 보여 준다. 이렇게 작기 때문에 피부 표면을 아주 조금만 절개해도 몸 안으로 넣을 수 있으며 실처럼 동맥 안으로도 넣을 수 있다.

다른 예로서, 의사들이 섬유경을 통해 위 내부의 궤양을 육안으로 실시간에 볼 수 있으며, 많은 경우 디스플레이 모니터로 보며 나중을 위해 디지털로 자료로 저장하기도 한다.

내시경은 보기용 및 조명용 광섬유 다발 외에 다른 관을 추가한 섬유경이다. 이런 관은 몸에서 어떤 액체를 빼내거나 넣을 때, 금속선 등을 집어넣어서 조작할 때, 생체 조직을 자를 때, 주사, 기타 많은 외과적 응용에 사용될 수 있다.

BIO **내시경의 의료적 이용**

다빈치 수술 장치는 수술 부위를 삼차원 영상으로 보여 주는 내시경을 이용한다. 이 내시경에는 거리가 떨어진 두 개의 렌즈가 있다. 각 렌즈는 독립된 영상을 외과 의사의 양쪽 눈에 보내고 의사는 삼차원 영상을 보게 된다. 삼차원 영상은 외과 의사에게 보다 향상된 수술 시야를 제공하는 한편, 로봇 팔을 이용함으로써 보다 민첩하고 정밀한 수술이 가능하게 됐다.

BIO **다빈치 수술 장치**

다양한 의료 진단이나 치료 고정에서 레이저가 내시경과 함께 사용되고 있다. 진단의 예로서, 혈액 속 산소의 양을 측정한다. 두 개의 레이저 광원으로부터, 빨간색 광선과 적외선 광선을 광섬유를 통해서 혈액으로 보낸다. 헤모글로빈은 적외선을 받아서 반사한다. 반사된 적외선의 양을 총 주입된 적외선의 양과 비교해서 헤모글로빈의 양을 측정한다. 한편 빨간색 파장은 산소를 운반하는 헤모글로빈이 산소가 없는 헤모글로빈보다 훨씬 많이 반사한다. 반사된 양을 계측해서 환자의 혈액 속에 존재하는 산소의 양을 알 수 있다.

BIO **레이저를 이용한 헤모글로빈 측정**

레이저는 **뇌수종**과 같은 질병을 치료하는 데 사용된다. 신생아 약 1 %에서 뇌수종이 발병한다. 이 질병에 걸리면 뇌척수액(cerebrospinal fluid, CSF)이 과도하게 많아지며, CSF 흐름이 장애를 받거나 CSF를 흡수할 능력이 없어 머리 내의 압력이 증가한다. 선천적인 뇌수종에 덧붙여, 이 질병은 머리에 가해진 외상, 뇌종양, 또는 다른 여러 가지 요인으로 그 이후에 찾아올 수도 있다.

BIO **레이저를 이용한 뇌수종 치료**

내시경 외피 광섬유 다발 구형 끝 부분

그림 26.29 뇌수종 치료에서 뇌척수액이 흐를 새 길을 내는 데 사용되는 내시경 탐침. 레이저 빛은 구의 온도를 올리고, 구 끝에서 새 길을 내기 위해 생체 조직에 에너지를 가하는 복사를 낸다.

폐쇄뇌수종에 대한 이전의 치료법은 뇌 안에 CSF가 지나갈 수 있도록 뇌실 사이에 샛길(관)을 만드는 것이다. 새로운 대안은 **레이저 뇌실조루술**(laser-assisted ventriculostomy)인데, 이 수술법에서는 적외선 레이저 빔과 그림 26.29에서처럼 끝이 둥근 내시경으로 CSF가 지나갈 새 길을 만든다. 레이저 빔이 내시경의 구형 끝에 도달하면, 구형 표면에서 굴절이 일어나 마치 점광원처럼 모든 방향으로 퍼지는 광파를 만든다. 그 결과 구로부터 거리에 따른 레이저 세기가 급격히 감소하게 되어 새 길이 만들어진 부위에 인접한 뇌 속 생체 구조의 손상을 막는다. 구형 끝의 표면은 적외선 흡수 물질로 코팅되어 있고, 흡수된 레이저 에너지가 구의 온도를 높인다. 구가 원하는 길의 위치와 접하고 있으면, 구의 높은 온도와 구로부터 나온 레이저가 복합되어 CSF가 지나갈 새 길을 태운다. 이 방법은 분류기를 이용하는 것에 비해 수술 후 치료가 간단하고, 회복 기간이 훨씬 빠르다.

BIO 라식 수술

라식(laser-assisted in situ keratomileusis, LASIK)은 근시, 원시, 난시 등의 교정을 위해 레이저를 이용하는 시력 교정 수술의 한 형태이다. 수술 과정은 세 단계를 거친다. 첫째, 눈을 고정시키기 위해 각막에 흡입 고리를 장착한다. 눈을 고정하고 나서, 금속 날이나 레이저를 이용해 각막 상부(상피 및 보우만 막)를 절삭해서 절편을 만들어 젖힌다. 다음 단계는, 193 nm 파장의 **엑시머 레이저**를 이용해 **각막실질**(stroma)의 형태를 교정한다. 엑시머 레이저는 인접한 실질의 손상 없이 정교한 제어법으로 조직을 증발시킨다. 끝으로, 실질층이 제대로 성형되면 젖혔던 각막 절편을 시술 부위 위로 다시 덮는데, 완전히 치유될 때까지 자연적인 접착력에 의해 각막 절편은 이 위치를 유지한다.

BIO 레이저를 이용한 문신 제거

문신은 피부를 침투해 문신의 더 어두운 색소를 표적으로 하면서도 주변 조직에 손상을 주지 않도록 특별히 고안된 **Q 스위치 레이저**를 이용해 제거하거나 수정할 수 있다. Q 스위치 레이저는 아주 짧은 시간(나노초)에 높은 에너지가 순간적으로 나오는 방식으로, 한 번 분출할 때마다 많은 양의 에너지가 나온다. 레이저에서 나온 에너지는 잉크 입자를 더 작은 조각으로 나누고, 조각들은 정상적인 신체 과정에서 자연스럽게 흡수된다. 펄스의 지속 시간이 짧기 때문에 에너지는 주변 조직으로 전달되지 않는다. 문신 색소를 몸속에서 분해해서 없애는 데는 몇 달이 걸린다.

BIO 레이저를 이용한 양성전립선비대증 치료

전립선(양성전립선비대증)이 비대해진 환자는 때때로 레이저 수술로 치료한다. 경요도 전립선 절제술(transurethral resection of the prostate, TURP)로 불리는 이 수술 형태에서, 레이저는 전립선에서 배뇨를 방해하는 생체 조직을 제거한다. 가시광선에서 적외선 파장 범위의 다양한 레이저가 이 과정에 사용된다.

27장에서 레이저의 다른 이용 방법을 공부할 것이다. **홀로그래피**는 최근에 하루가 다르게 성장하는 기술이다. 홀로그래피에서는 물체의 삼차원 영상이 필름에 기록된다.

연습문제 |

▶ 객관식

1. 초점 거리가 15.0 cm인 수렴 렌즈 앞 50.0 cm 되는 곳에 물체가 놓여 있다. 렌즈가 형성하는 상에 대해 다음 중 참 인 것은 어느 것인가? (a) 정립 허상이고 물체보다 크다. (b) 도립 실상이고 물체보다 작다. (c) 도립 허상이고 물체 보다 작다. (d) 도립 실상이고 물체보다 크다. (e) 정립 실 상이고 물체보다 크다.

2. 면도용 오목 거울에서 30.0 cm 떨어진 조쉬의 얼굴이 정립 허상으로 실제보다 1.5배 커 보인다면, 거울의 초점 거리는 얼마인가? (a) 12.0 cm (b) 20.0 cm (c) 70.0 cm (d) 90.0 cm (e) 정답 없음

3. 초점 거리가 각각 $f_1 = 15.0$ cm와 $f_2 = 10.0$ cm인 두 개 의 얇은 렌즈가 같은 축 상에 35.0 cm 떨어져 있다. f_1 렌 즈가 f_2 렌즈의 왼쪽에 있다. 어떤 물체를 f_1 렌즈의 왼쪽 50.0 cm 되는 곳에 두어 두 렌즈를 통과한 상이 형성된다. 나중 상의 크기는 물체 크기의 몇 배인가? (a) 0.600 (b) 1.20 (c) 2.40 (d) 3.60 (e) 정답 없음

4. 크라운 유리로 만든 어떤 수렴 렌즈의 초점 거리가 공기 중 에서 15.0 cm이다. 이 렌즈를 물속에 완전히 넣고 측정하 면, 초점 거리는 어떻게 되는가? (a) 음이다. (b) 15.0 cm 보다 작다. (c) 15.0 cm이다. (d) 15.0 cm보다 크다. (e) 정답 없음

5. (i) 평면 거울에 의해 물체의 상이 형성될 때 다음 중 항상 참인 것은 어느 것인가? 정답은 하나 이상일 수 있다. (a) 허상이다. (b) 실상이다. (c) 정립이다. (d) 도립이다. (e) 정답 없음 (ii) 오목 거울에 의해 상이 형성될 때 (i)의 보 기 중 항상 참인 것은 어느 것인가? (iii) 볼록 거울에 의해 상이 형성될 때 (i)의 보기 중 항상 참인 것은 어느 것인가?

6. (i) 수렴 렌즈에 의해 물체의 상이 형성될 때 다음 중 항상 참인 것은 어느 것인가? 정답은 하나 이상일 수 있다. (a) 허상이다. (b) 실상이다. (c) 정립이다. (d) 도립이다. (e) 정답 없음 (ii) 발산 렌즈에 의해 물체의 상이 형성될 때 (i)의 보기 중 항상 참인 것은 어느 것인가?

7. 루루는 화장용 거울로 자신의 상을 보고 있다. 그녀가 거울 가까이 있을 때 상은 확대된다. 그녀가 뒤로 이동할 때 상

은 점점 더 커져 거울로부터 30.0 cm인 곳에 있을 때 상을 볼 수가 없다. 그녀가 30.0 cm보다 멀어지면 상은 도립되 며, 거울로부터 매우 멀어지면 작고 깨끗한 도립 상이 생긴 다. (i) 거울은 (a) 볼록 (b) 평면 (c) 오목이다. (ii) 초점 거리의 크기는 (a) 0 (b) 15.0 cm (c) 30.0 cm (d) 60.0 cm (e) ∞이다.

8. 다음의 장치들이 하나의 수렴 렌즈로 구성되어 있다고 하 자. 물체 거리와 렌즈의 초점 거리 비율이 큰 것부터 순서 대로 나열하라. (a) 필름 영사기 (b) 우표 검사하는 데 이 용하는 확대경 (c) 깨끗한 별의 상을 만드는 데 이용되는 천체 굴절 망원경 (d) 점광원으로부터 평행 광선빔을 만드 는 데 사용되는 탐조등 (e) 축구 경기 사진을 찍는 데 사용 되는 사진기 렌즈

9. 초점 거리가 8 cm인 수렴 렌즈가 스크린에 선명한 상을 형 성한다. 물체와 스크린까지의 최소 거리는 얼마인가? (a) 0 (b) 4 cm (c) 8 cm (d) 16 cm (e) 32 cm

10. 회색 화살표로 나타낸 물체가 평면 거울 앞에 놓여 있다. 그림 OQ26.10에서 어느 것이 정확하게 상을 표현한 것인 가? 주황색으로 나타낸 것이 상이다.

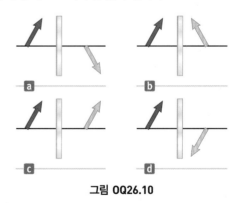

그림 OQ26.10

▶ 주관식

26.1 평면 거울에 의한 상

1. 키가 178 cm인 사람이 자신의 몸 전체를 거울에 비춰 보기 위한 거울의 최소 높이를 구하라. **도움말:** 광선 도표를 그 려보면 쉽게 풀 수 있다.

2. 직접 볼 수 없는 물체를 보는 데 잠망경이 유용하다(그림 P26.2). 잠망경은 잠수함에서 주로 사용하고, 군중들이 많

이 모인 골프 경기장이나 행진 대열 등을 볼 때도 사용한다. 물체가 위 거울에서 p_1 거리에 있고 두 평면 거울의 중심 간의 거리가 h라고 하자. (a) 나중 상은 아래 거울에서 얼마나 멀리 떨어진 곳에 생기는가? (b) 나중 상은 실상인가 허상인가? (c) 상은 정립인가 도립인가? (d) 배율은 얼마인가? (e) 좌우 반전된 상인가?

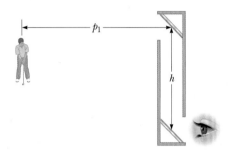

그림 P26.2

3. 어떤 사람이 여러 개의 상이 생기도록 마주보고 있는 두 장의 평면 거울을 설치한 방 안으로 들어간다. 왼쪽의 거울에서 형성된 상들만을 고려하자. 이 사람이 왼쪽 벽의 거울로부터 2.00 m이고, 오른쪽 벽의 거울로부터 4.00 m 떨어져 있을 때, 이 사람으로부터 왼쪽 거울에 보이는 처음 세 개의 상까지의 거리를 구하라.

4. (a) 욕실 거울 앞에 서면 실제보다 젊어 보이는가 아니면 늙어 보이는가? (b) 구체적인 데이터를 만들어서 나이 차이의 정도를 추정해 보라.

26.2 구면 거울에 의한 상

5. 곡률 반지름의 크기가 40.0 cm인 볼록 구면 거울이 있다. 물체 거리가 (a) 30.0 cm와 (b) 60.0 cm인 곳에 있는 물체의 허상의 위치와 배율을 구하라. (c) (a)와 (b)의 상들이 정립인가 도립인가?

6. 사람들은 자기 시야에 들어오는 각폭으로 물체까지의 거리를 무의식적으로 측정한다. 라디안으로 나타낸 각폭 θ는 물체의 크기 h 및 거리 d와 $\theta = h/d$의 관계가 있다. 어떤 사람이 차를 운전하고 있는데, 높이가 1.50 m인 차가 24.0 m 뒤에 따라오고 있다고 하자. (a) 앞차 운전자의 눈에서 오른쪽 앞 1.55 m인 곳에 평면 거울이 있다고 가정하자. 앞차 운전자의 눈에서 뒤에 오는 차의 상까지의 거리는 얼마인가? (b) 뒤차를 보는 앞차 운전자의 각폭은 얼마인가? (c) 그림 26.14에서처럼 앞차에 뒤를 보기 위한 곡률 반지름 2.00 m의 볼록 거울이 있다고 하자. 앞차 운전자의 눈에서 뒤에 오는 차의 상까지의 거리는 얼마인가? (d) 이 경

우 뒤차를 보는 앞차 운전자의 각폭은 얼마인가? (e) 여기에 있는 각도의 크기에 기초해서 뒤차가 있는 것으로 보이는 거리를 구하라.

7. 크기가 10.0 cm인 물체가 미터자의 영 눈금 위에 놓여 있다. 구면 거울이 자의 어떤 위치에 놓여 있는데, 거울에 의한 상은 크기가 4.00 cm인 정립이고 미터자의 눈금으로 42.0 cm인 곳에 있다. (a) 거울은 오목인가 볼록인가? (b) 거울의 위치는 어디인가? (c) 거울의 초점 거리는 얼마인가?

8. 어떤 오목 구면 거울의 곡률 반지름이 20.0 cm이다. (a) 오목 거울의 중심 표면에서 (i) 40.0 cm, (ii) 20.0 cm, (iii) 10.0 cm 떨어져 있는 물체의 상의 위치를 구하라. 각각에 대한 상이 (b) 실상인가 허상인가? (c) 정립인가 도립인가? (d) 각각에 대한 배율을 구하라.

9. 병원의 복도 교차점에 볼록 거울을 설치해서 사람들의 충돌을 예방한다. 이 거울의 곡률 반지름의 크기는 0.550 m이다. (a) 거울에서 10.0 m 떨어진 환자의 상의 위치와 (b) 상이 정립 또는 도립인지 알아보고 (c) 상의 배율을 구하라.

10. 콘택트렌즈를 맞추려면 **각막 곡률계**(keratometer)로 눈의 앞쪽 표면인 각막의 곡률 반지름을 측정해야 한다. 이 장치는 각막으로부터 거리 p인 곳에 크기를 아는 조명된 물체를 놓는다. 각막은 물체로부터의 빛 일부를 반사해서 물체의 상을 형성한다. 각막에 의해 생긴 상과 프리즘 배열에 의해 보는 영역에 투사된 이차 보정된 상을 비교할 수 있는 시야각이 작은 망원경을 이용해서 상의 배율 M을 측정한다. $p = 30.0$ cm이고 $M = 0.013\,0$인 경우 각막의 곡률 반지름을 구하라.

11. 곡률 반지름이 60.0 cm인 오목 거울이 있다. 그 앞에 물체가 (a) 90.0 cm, (b) 20.0 cm에 있을 경우 상의 위치는 어디인가? (c) 위의 두 경우를 광선 도표를 그려서 확인하라.

12. (a) 어떤 오목 구면 거울이 물체의 크기보다 네 배가 큰 상을 형성한다. 물체와 상까지의 거리가 0.600 m라고 가정하고 거울의 초점 거리를 구하라. (b) 이번에는 거울이 볼록 거울이라고 하자. 상과 물체 사이의 거리는 (a)의 경우와 같지만, 상은 물체 크기의 0.500배이다. 거울의 초점 거리를 구하라.

13. 박물관의 매우 큰 홀의 한 벽에 움푹 들어간 부분(벽감)이 있다. 평면도에는 그 부분이 반지름 2.50 m인 반원형으로 움푹 들어간 것으로 되어 있다. 어떤 관광객이 가장 움푹한

곳에서 거리 2.00 m 떨어진 중심선에 서서 휘파람으로 "휙" 소리를 냈다. 움푹한 곳의 중앙 부근에서 반사된 음은 어디에 모이는가?

26.3 굴절에 의한 상

14. 납유리판이 수족관 바닥에 놓여 있다. 판의 두께는 8.00 cm (세로 크기)이고 그 위 물의 두께는 12.0 cm이다. 물 바로 위에서 내려다볼 때, 유리판의 겉보기 두께를 구하라.

15. 한 변이 50.0 cm인 정육면체 얼음이 평평한 마루에 있는 먼지 위에 놓여 있다. 얼음의 굴절률이 1.309라면, 바로 위에서 얼음을 볼 때 먼지의 상 위치를 구하라.

16. 긴 유리 막대($n = 1.50$)의 한쪽 끝에 곡률 반지름이 6.00 cm인 볼록한 표면이 있다. 막대의 축을 따라 공기 중에 어떤 물체가 놓여 있다. 물체의 위치가 막대의 볼록한 끝에서 (a) 20.0 cm, (b) 10.0 cm, (c) 3.00 cm인 곳에 있을 때 상의 위치를 구하라.

17. 직육면체 수족관 안에서 금붕어가 2.00 cm/s의 속력으로 수족관 벽 쪽으로 나아가고 있다. 수족관 밖의 전면에서 들여다볼 때, 금붕어의 겉보기 속력은 얼마인가?

18. 반지름이 15.0 cm인 유리공(굴절률이 1.50) 속에 작은 공기 방울이 공의 중심에서 5.00 cm 위쪽에 있다. 이 공기 방울을 위에서 수직으로 들여다볼 때 공기 방울의 겉보기 위치는 유리 표면에서 얼마나 깊은 곳에 있을까?

26.4 얇은 렌즈에 의한 상

19. 얇은 렌즈의 초점 거리가 25.0 cm이다. 물체가 렌즈 앞 (a) 26.0 cm에 위치할 때, (b) 24.0 cm에 위치할 때, 각 상의 위치는 어디일까? 그리고 각 상에 대해 설명하라.

20. 발산 렌즈의 초점 거리가 $f = -32.0$ cm이다. 그 렌즈 앞 20.0 cm에 물체가 위치해 있다. (a) 상의 위치와 (b) 상의 배율을 구하라. (c) 이 문제에 대한 광선 도표를 그려라.

21. 어떤 콘택트렌즈는 굴절률이 1.50인 플라스틱으로 되어 있다. 바깥쪽의 곡률 반지름은 +2.00 cm이고 안쪽의 곡률 반지름은 +2.50 cm이다. 렌즈의 초점 거리는 얼마인가?

22. 양면 볼록 렌즈의 곡률 반지름이 왼쪽 면은 12.0 cm이고 오른쪽 면은 18.0 cm이다. 유리의 굴절률은 1.44이다. (a) 빛이 왼쪽에서 들어오는 경우 렌즈의 초점 거리를 계산하라. (b) 렌즈를 반 바퀴 돌려서 두 면의 곡률 반지름이 바뀌게 한 경우, 왼쪽에서 들어온 빛에 대한 초점 거리를 구

23. 수렴 렌즈의 초점 거리가 20.0 cm이다. 물체가 렌즈 앞 (a) 40.0 cm, (b) 20.0 cm, (c) 10.0 cm에 있을 경우, 상의 위치를 구하라. 각 경우에 대해 상이 실상인지 허상인지, 또 정립인지 도립인지를 구별하고 각 상의 배율도 구하라.

24. 그림 P26.24에 있는 동전의 상은 동전보다 두 배 크고 렌즈로부터 2.84 cm 떨어져 있다. 렌즈의 초점 거리를 구하라.

그림 P26.24

25. 양 한 마리가 수렴 렌즈로부터 20.0 m의 거리에 있다. 렌즈에 의해 거리 30.0 cm에 양의 상이 맺힌다. (a) 처음 위치에서 양이 렌즈로부터 5.00 m/s의 속력으로 멀어져 갈 때 상은 얼마나 빨리 움직이는가? (b) 상은 렌즈로부터 멀어지는가 가까워지는가?

26. 슬라이드 프로젝터 안의 렌즈는 얇은 렌즈 하나로 되어 있다. 크기가 24.0 mm인 슬라이드 필름을 높이가 1.80 m인 스크린에 가득 채워 비추려고 한다. 필름 면에서 스크린까지의 거리는 3.00 m이다. (a) 렌즈의 초점 거리를 구하라. (b) 스크린에 상을 형성하기 위해서는 필름 면과 렌즈까지의 거리는 얼마여야 하는가?

26.5 연결 주제: 의료에 응용

27. 공기가 채워져 있는 몸 내부 장기에 사용할 내시경을 설계하고자 한다. 내시경 끝의 렌즈는 광섬유 다발의 끝을 커버하는 상을 형성하게 될 것이다. 이 상은 광섬유에 의해 섬유경의 끝 바깥에 있는 대안 렌즈로 전달될 것이다. 다발의 반지름은 1.00 mm이다. 상으로 볼 몸 내부 부위는 반지름이 6.00 cm인 원 내부를 채운다. 렌즈가 보고자 하는 조직과 5.00 cm 거리에 있을 것이다. (a) 렌즈는 광섬유 다발 끝으로부터 얼마나 떨어져야 하는가? (b) 렌즈의 초점 거리는 얼마인가?

추가문제

28. 렌즈 제작자의 식을 액체 속에 있는 렌즈에 대해 적용하기

위해서는 이 공식의 n에 n_2/n_1를 대입하면 된다. 여기서 n_2 는 렌즈 재료의 굴절률이고, n_1은 렌즈를 둘러싸고 있는 물질의 굴절률이다. (a) 어떤 렌즈는 공기 중에서의 초점 거리가 79.0 cm이고 굴절률은 1.55이다. 이 렌즈의 물속에서의 초점 거리를 구하라. (b) 어떤 거울은 공기 중에서의 초점 거리가 79.0 cm이다. 이 거울의 물속에서의 초점 거리를 구하라.

29. 실 물체가 미터자의 영 눈금 위에 위치해 있다. 미터자의 100 cm 눈금 위에 있는 커다란 오목 구면 거울이 70.0 cm 위치에 물체의 상을 형성한다. 20.0 cm 위치에 놓인 작은 볼록 구면 거울이 10.0 cm 위치에 최종 상을 형성한다. 볼록 거울의 곡률 반지름은 얼마인가?

30. 물체와 그 물체의 정립 상까지 거리가 d이다. 배율이 M이라면, 이런 상을 얻기 위한 렌즈의 초점 거리는 얼마인가?

파동 광학 Wave Optics

Dec Hogan/Shutterstock.com

벌새의 깃털 색은 색소에 의한 것이 아니다. 목과 배에 종종 나타나는 밝은 무지개 빛깔들은 깃털의 구조 때문에 생기는 간섭 효과에 의한 것이다. 색은 보는 각도에 따라 변한다.

25 장과 26장에서, 빛이 표면에서 반사하거나 새로운 매질로 굴절할 때 어떤 일이 일어나는지에 대해 광선 근사를 이용해서 알아봤다. 또한 이들에 대해 **기하 광학**의 일반적인 항을 설명했다. 이 장에서는 **파동 광학**과 관련된 간섭과 회절 현상을 다룰 것이다. 이 현상들은 광선 근사로서 정확하게 설명할 수 없다. 이 현상들을 이해하기 위해서는 먼저 빛의 파동적 성질을 언급해야만 한다.

일차원 파동의 파동 간섭의 개념은 14장에서 소개했다. 이 현상은 중첩의 원리로 둘 이상 진행하는 역학적 파동이 어느 한 점에서 결합될 때, 그 점에서 최종 변위는 각 파동에 의한 변위의 합으로 주어짐을 말한다.

이 장에서는 파동의 간섭 모형을 다양한 광학적 현상에 적용한다. 그림 14.1과 14.2에서 간섭 현상을 소개하기 위해 줄에서의 일차원 파동을 사용했다. 빛의 간섭 현상을 다룰 때, 이전의 논의와 비교해서 두 가지 중요한 차이가 있음에 주의해야 한다. 첫째로, 더 이상 일차원 파동에 초점을 맞추지 않을 것이다. 그래서 이차원 또는 삼차원에서 이 현상을 해석하기 위한 기하학적 모형을 만들 것이다. 둘째로, 역학적 파동보다는 전자기파에 대해 논의할 것이다. 그러므로 중첩의 원리는 물질 요소들의 변위보다는 장 벡터들에 대해 나타내야 한다.

27.1 | 간섭의 조건 Conditions for Interference

역학적 파동의 간섭에 대한 14장의 논의에서, 두 파동이 합성되어 보강 또는 상쇄될 수 있음을 알았다. 파동 사이의 보강 간섭에서 합성 파동의 진폭은 각 파동의 진폭보다 큰 반면에 상쇄 간섭에서 합성 파동의 진폭은 각 파동의 진폭보다 작다. 전자기파도 간섭하는데, 기본적으로 모든 전자기파의 간섭은 개별 파동을 형성하고 있는 전자기장이 결합할 때 일어난다.

그림 14.4에서, 음파의 간섭 장치를 설명했다. 가시 영역의 전자기파는 파장이 짧기 때문에(약 $4 \times 10^{-7} \sim 7 \times 10^{-7}$ m) 간섭 현상을 관찰하기 어렵다. 간섭을 만들려면 동일한 파장의 파동을 만드는 두 파원이 필요하다. 안정한 간섭 무늬를 만들기 위해, 각각의 파동은 서로 일정한 위상 관계를 유지해야 한다. 즉 이들은 **간섭성**(coherent)이어야 한다. 예를 들어 하나의 증폭기로 구동하는 이웃한 두 개의 확성기에서 나오는 음파는 간섭을 만들어 낸다. 이것은 두 확성기가 같은 시간에 같은 방법으로 증폭기에 의해 움직이기 때문이다.

독립적으로 빛을 내는 두 개의 광원이 나란히 놓여 있다면, 한 광원으로부터의 광파는 다른 광원과 무관하게 방출되기 때문에 간섭 효과는 관측되지 않는다. 이때 두 광원에서 방출되는 파동은 시간에 따른 일정한 위상 관계를 유지하지 않는다. 일반적인 광원은 나노초보다 짧은 시간 간격 동안에 불규칙한 변화를 일으킨다. 따라서 보강 간섭, 상쇄 간섭 또는 중간 상태의 조건에서는 단지 매우 짧은 시간 동안에만 유지된다. 사람의 눈이 그런 빠른 변화를 따라가지 못하기 때문에 간섭 현상을 보지 못한다. 이런 광원을 **비간섭성**(incoherent)이라고 한다.

27.2 | 영의 이중 슬릿 실험 Young's Double-Slit Experiment

간섭성을 지닌 두 개의 광원을 만드는 일반적인 방법은 두 개의 작은 구멍(보통은 슬릿 모양)을 갖는 장애물에 단색 광원을 비추는 것이다. 하나의 광원이 빔을 만들고, 두 개의 슬릿은 단지 그 빔을 두 부분으로 나누는 역할(결국 앞 절에서 설명한 이웃한 확성기에서 나오는 음파와 같이)만 하기 때문에 두 슬릿에서 나오는 빛은 간섭성을 가지고 있다. 광원에서 방출되는 빛의 불규칙한 변화가 동시에 두 빔에서 일어나고, 결과적으로 두 슬릿에서 나오는 빛이 스크린에 도달할 때 간섭 효과를 나타낸다.

그림 27.1a와 같이 빛이 슬릿들을 통과한 후 원래의 방향으로만 진행할 경우, 파동은 중첩되지 않고 아무런 간섭 무늬를 볼 수 없을 것이다. 실제로는 호이겐스의 원리(25.6절)에서 설명한 대로, 그림 27.1b와 같이 파동은 슬릿으로부터 퍼져 나간다. 다시 말하면 빛은 직선 경로를 벗어나 그림자 영역으로 들어간다. 25.2절에서 언급한 바와 같이, 빛이 처음의 직선 경로로부터 퍼지는 것을 **회절**(diffraction)이라 한다.

좁은 슬릿을 통과한 빛은 이와 같이 거동하지 **않**는다.

a

좁은 슬릿을 통과한 빛은 **회절**한다.

b

그림 27.1 (a) 슬릿을 통과한 후에 빛의 파동이 흩어지지 않으면, 간섭이 일어나지 않는다. (b) 두 슬릿에서 나오는 빛이 퍼져 나가면서 겹쳐지고, 어두운 부분일 것이라고 생각되는 영역을 빛으로 채우면서 슬릿의 오른쪽에 있는 스크린에 간섭 무늬를 만든다.

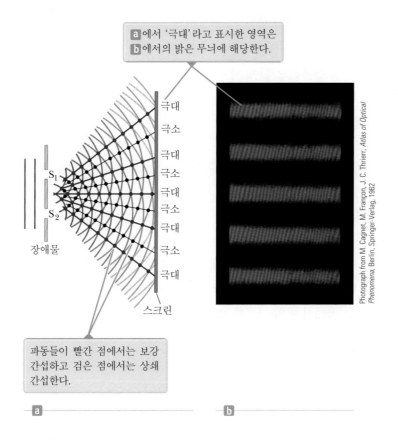

그림 27.2 (a) 영의 이중 슬릿 실험의 개략도. 슬릿 S_1과 S_2는 스크린 위에 간섭 무늬를 만드는 간섭 광원으로 작용한다. (b) 스크린 위에 형성되는 간섭 무늬의 중심부를 확대한 모양

a에서 '극대'라고 표시한 영역은 **b**에서의 밝은 무늬에 해당한다.

파동들이 빨간 점에서는 보강 간섭하고 검은 점에서는 상쇄 간섭한다.

Photograph from M. Cagnet, M. Françon, J. C. Thrierr, Atlas of Optical Phenomena, Berlin, Springer-Verlag, 1962

두 광원에서 나오는 빛의 간섭은 1801년 영 (Thomas Young)에 의해 처음 발견됐다. 영이 사용한 장치의 개략도를 그림 27.2a에 나타냈다. 평행한 빛이 나란한 두 개의 슬릿 S_1과 S_2가 있는 장애물을 만난다. 이 두 슬릿으로부터 나오는 파동은 같은 파면으로부터 발생했고, 일정한 위상 관계를 유지하고 있기 때문에 두 슬릿은 간섭 광원의 쌍으로 작용한다. S_1과 S_2에서 나온 빛은 스크린 위에 밝고 어두운 띠를 만드는데, 이를 **간섭 무늬**(fringes)라 한다(그림 27.2b). S_1과 S_2에서 나온 빛이 스크린 위의 한 점에 도달해서 보강 간섭을 일으킬 때, 그 점에 밝은 무늬가 나타난다. 두 슬릿에서 나온 빛이 스크린 위의 임의의 점에서 상쇄적으로 결합하면, 어두운 무늬가 생긴다.

그림 27.3은 두 파동이 스크린 위에서 결합할 수 있는 몇 가지 방법에 대한 개략도

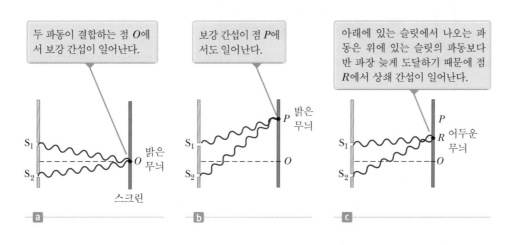

두 파동이 결합하는 점 O에서 보강 간섭이 일어난다.

보강 간섭이 점 P에서도 일어난다.

아래에 있는 슬릿에서 나오는 파동은 위에 있는 슬릿의 파동보다 반 파장 늦게 도달하기 때문에 점 R에서 상쇄 간섭이 일어난다.

그림 27.3 파동이 슬릿을 지나 스크린의 여러 점에서 만난다. (그림은 실제 크기와 다름)

이다.[1] 그림 27.3a는 위상이 같은 두 파동이 두 슬릿을 떠나서 스크린의 중앙에 있는 점 O에 도달한다. 이들 파동은 같은 거리를 진행하기 때문에 점 O에서 같은 위상을 가지고 도달한다. 결과적으로 이 위치에 보강 간섭이 생겨서 밝은 무늬가 보인다. 그림 27.3b는 두 파동이 같은 위상으로 출발하지만, 아래 파동은 위 파동보다 한 파장만큼 더 진행해서 스크린 위의 점 P에 도달한다. 아래 파동은 위 파동보다 정확히 한 파장 뒤에 도달하기 때문에 이들 두 파동은 점 P에서 위상이 같고, 이 점에서 두 번째 밝은 무늬가 나타난다. 이제 그림 27.3c처럼 O와 P 사이의 점 R을 생각하자. 이 점에서 파동이 스크린에 도달할 때 아래 파동은 위 파동보다 반 파장 늦게 도달한다. 그래서 아래 파동의 골 부분이 위의 파동의 마루 부분과 겹쳐서 점 R에서 상쇄 간섭이 일어나고, 이 위치에서 어두운 무늬가 보인다.

영의 이중 슬릿 실험은 여러 간섭 현상 중 한 예이다. 간섭의 기술적 응용 분야가 비교적 많은데, 이중 슬릿 현상은 이런 간섭을 이해하기 위한 중요한 분석 모형으로 인식된다. 다음 절에서 빛의 간섭에 대한 수학적 표현을 다룰 것이다.

◤ **27.3** | 분석 모형: 파동의 간섭 Analysis Model: Waves in Interference

그림 27.4a와 같은 기하학적 모형을 이용해 영의 실험을 정량적으로 기술할 수 있다. 거리 d만큼 떨어진 두 슬릿 S_1과 S_2로부터 수직으로 거리 L만큼 떨어진 곳에 스크린이 있다. 스크린 위의 점 P를 생각해 보자. 각도 θ는 슬릿의 중간점으로부터 스크린에 이르는 수직선과 중간점에서 점 P까지의 직선이 이루는 각도이다. 슬릿으로부터 스크린까지 파동이 진행하는 거리를 각각 r_1과 r_2로 정의한다. 광원은 단색광이라고 가정하자. 이런 조건하에서, S_1과 S_2를 통해 진행하는 파동은 파장과 진폭이 같

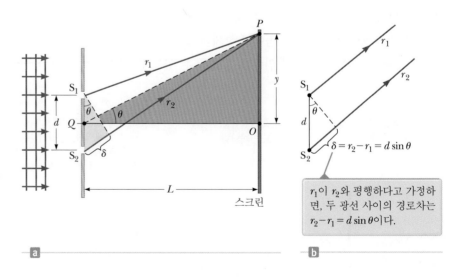

그림 27.4 (a) 영의 이중 슬릿 실험을 설명하는 기하학적 그림(그림은 척도에 맞게 그린 것이 아니다). (b) 슬릿을 파원으로 나타냈으며, 슬릿에서 나오는 두 광선이 P로 진행할 때 평행하다고 가정한다. 이런 근사는 $L \gg d$일 때 가능하다.

r_1이 r_2와 평행하다고 가정하면, 두 광선 사이의 경로차는 $r_2 - r_1 = d \sin \theta$이다.

$\delta = r_2 - r_1 = d \sin \theta$

---

[1] 간섭은 스크린에서뿐만 아니라 슬릿과 스크린 사이의 모든 곳에서 발생한다. 생각하는 물리 27.1을 보라. 우리가 제안한 모형에서 옳은 결과를 얻을 수 있다.

으며, 동일한 위상을 갖는다. 점 P에서 스크린에 나타나는 빛의 세기는 두 슬릿으로부터 들어오는 빛이 중첩된 결과이다. 그림 27.4a에서 노란색 삼각형을 생각해 보자. 아래 슬릿에서의 파동은 위의 파동보다 δ만큼 더 진행한다. 이 거리를 **경로차**(path difference) δ라고 한다.

L이 d보다 훨씬 크다면, 두 경로는 거의 평행한 것처럼 보인다. 두 경로가 완전히 평행하다고 단순히 가정해 보자. 이 경우에, 그림 27.4b로부터 다음 식을 얻는다.

$$\delta = r_2 - r_1 = d \sin \theta \qquad\qquad \textbf{27.1}$$

▶ 경로차

그림 27.4a에서 그림은 편의상 조건 $L \gg d$의 척도에 맞게 그린 것이 아니기 때문에 조건을 만족하지 않는 것처럼 보인다. 조건을 만족하는 경우 광선은 그림 27.4b와 같이 슬릿을 떠난다. 앞에서 언급한 것과 같이, 두 파동이 P에 도달할 때, 두 파동의 위상이 같은지 또는 다른지는 경로차가 결정한다. 경로차가 영이거나 파장의 정수배라면, P에서 두 파동은 위상이 같아 **보강 간섭**(constructive interference)이 일어난다. P에서 밝은 무늬를 가질 조건은 다음과 같다.

$$\delta = d \sin \theta_{\text{bright}} = m\lambda \qquad m = 0, \pm1, \pm2, \dots \qquad \textbf{27.2}$$

▶ 보강 간섭 조건

m은 **차수**(order number)라 부르는 정수이다. $\theta_{\text{bright}} = 0$인 중앙의 밝은 무늬는 $m = 0$의 차수를 갖는 것과 같고, **0차 극대**(zeroth-order maximum)라고 한다. 이것의 양옆에 처음으로 나타나는 극대, 즉 $m = \pm1$일 경우, **1차 극대**(first-order maximum)라 한다.

비슷한 방법으로, 경로차가 $\lambda/2$의 홀수배일 때, P에 도달하는 두 파동은 위상이 $180°$ 어긋나 **상쇄 간섭**(destructive interference)이 나타난다. P에서 어두운 무늬가 나타날 조건은 다음과 같다.

$$\delta = d \sin \theta_{\text{dark}} = \left(m + \frac{1}{2} \right) \lambda \qquad m = 0, \pm1, \pm2, \dots \qquad \textbf{27.3}$$

▶ 상쇄 간섭 조건

이 식들은 간섭 무늬의 **각** 위치를 나타낸다. 간섭 무늬의 위치를 O에서 P까지의 스크린을 따라 측정된 **선** 위치로 표현하는 것이 유용하다. 그림 27.4a에서 삼각형 OPQ로부터 다음 관계식을 알 수 있다.

$$\tan \theta = \frac{y}{L} \qquad\qquad \textbf{27.4}$$

이 결과를 이용해서, 밝고 어두운 간섭 무늬가 나타나는 y축 상의 위치가 다음과 같음을 알 수 있다.

$$y_{\text{bright}} = L \tan \theta_{\text{bright}} \qquad\qquad \textbf{27.5}$$

$$y_{\text{dark}} = L \tan \theta_{\text{dark}} \qquad\qquad \textbf{27.6}$$

여기서 θ_{bright}와 θ_{dark}는 식 27.2와 27.3에 의해 주어진다.

간섭 무늬들에 대한 각도가 작을 때, 간섭 무늬의 위치는 중앙에 거의 몰려서 나타난다. 이 경우를 증명하기 위해 작은 각도에 대한 근사 $\tan\theta \approx \sin\theta$임을 사용하면, 밝은 간섭 무늬의 위치를 나타내는 식 27.5는 $y_{\text{bright}} = L\sin\theta_{\text{bright}}$로 쓸 수 있다. 이 식에 식 27.2를 대입하면 다음을 얻는다.

$$y_{\text{bright}} = L\left(\frac{m\lambda}{d}\right) \quad \text{(작은 각도)}$$ 27.7

y_{bright}는 차수 m에 선형적으로 비례하므로 간섭 무늬들이 일정한 간격으로 나타남을 알 수 있다. 마찬가지로 어두운 무늬의 경우 다음과 같다.

$$y_{\text{dark}} = L\frac{\left(m + \frac{1}{2}\right)\lambda}{d} \quad \text{(작은 각도)}$$ 27.8

예제 27.1에서처럼 영의 이중 슬릿 실험으로 빛의 파장을 측정하는 방법을 알 수 있다. 영도 실제로 이 방법을 이용해서 빛의 파장을 측정했다. 또한 영의 실험은 빛의 파동 모형에 대한 확신을 줬다. 슬릿들에서 나오는 빛의 입자가 서로 상쇄되어 어두운 무늬를 설명한다는 것은 상상할 수도 없었다.

이 절에서 논의한 원리들은 **파동의 간섭**(waves in interference) 분석 모형의 기본이다. 이 모형은 14장에서 일차원의 역학적 파동에 적용했고, 여기서는 이 모형을 삼차원의 빛에 적용하는 것을 자세히 살펴본다.

▶ 퀴즈 27.1 이중 슬릿 간섭에서 간섭 무늬 간격이 더 커지는 경우는 어느 것인가?
(a) 빛의 파장을 줄인다. (b) 스크린 거리 L을 줄인다. (c) 슬릿 간격 d를 줄인다.
(d) 전체 장치를 물속에 넣는다.

▶ **생각하는 물리 1.1**

레이저 빔이 인접한 이중 슬릿을 통과하고 선명한 간섭 무늬가 멀리 떨어진 스크린에 나타나는 영의 이중 슬릿 실험을 생각해 보자. 지금 이중 슬릿과 스크린 사이에 연기 입자가 있다고 하자. 연기 입자를 통해 슬릿과 스크린 사이의 공간에서 간섭 현상을 볼 수 있을까? 아니면 스크린에서만 이 현상을 볼 수 있을까?

추론 연기가 가득한 공간에서 간섭 현상을 볼 수 있다. 빛의 밝은 빔들은 스크린 위의 밝은 영역을 향해 진행하고, 어두운 부분은 스크린 위의 어두운 영역을 향해 진행한다. 그림 27.4a에서 보인 도면은 간섭에 대한 수식을 유도하는 데 중요하다. 간섭이 스크린 상에서만 일어난다고 했기 때문에 오해를 일으키기도 하지만 자세한 상황이 그림 27.2a에 나타나 있다. 이 그림에 슬릿에서 스크린까지의 보강 간섭과 상쇄 간섭의 모든 **경로**가 나타나 있는데, 이 경로는 연기로 확인할 수 있다. ◀

예제 27.1 | 광원의 파장 측정

이중 슬릿으로부터 스크린까지의 거리는 4.80 m이고, 두 슬릿 사이의 간격은 0.030 0 mm이다. 단색광이 이중 슬릿으로 들어가서 스크린에 간섭 무늬를 형성한다. 첫 번째 어두운 무늬는 중심선에서 4.50 cm 떨어져 있다.

(A) 빛의 파장을 구하라.

풀이

개념화 그림 27.4를 공부해서 파동의 간섭 현상을 확실하게 이해한다. 그림 27.4에서 y는 거리 4.50 cm이다.

분류 이 절에서 유도한 식을 이용해서 결과를 검토하므로 예제를 대입 문제로 분류한다. $L \gg y$이므로 무늬에 대한 각도는 작다.

식 27.8에서 파장을 구하고 주어진 값들을 대입한다. 첫 번째 어두운 무늬의 경우 $m = 0$으로 놓는다.

$$\lambda = \frac{y_{dark}\, d}{\left(m + \frac{1}{2}\right)L} = \frac{(4.50 \times 10^{-2}\ \text{m})(3.00 \times 10^{-5}\ \text{m})}{\left(0 + \frac{1}{2}\right)(4.80\ \text{m})}$$

$$= 5.62 \times 10^{-7}\ \text{m} = \boxed{562\ \text{nm}}$$

(B) 이웃한 밝은 무늬들 사이의 거리를 계산하라.

풀이

식 27.7과 (A)의 결과로부터 이웃한 밝은 무늬 사이의 거리를 구한다.

$$y_{m+1} - y_m = L\frac{(m+1)\lambda}{d} - L\frac{m\lambda}{d}$$

$$= L\frac{\lambda}{d} = 4.80\ \text{m}\left(\frac{5.62 \times 10^{-7}\ \text{m}}{3.00 \times 10^{-5}\ \text{m}}\right)$$

$$= 9.00 \times 10^{-2}\ \text{m} = \boxed{9.00\ \text{cm}}$$

연습 삼아 예제 (A)에서의 과정을 이용해서 예제 14.1에 주어진 음파의 파장을 구해 보라.

이중 슬릿에 의한 간섭 무늬의 세기 분포
Intensity Distribution of the Double-Slit Interference Pattern

이 절에서는 이중 슬릿의 간섭 무늬 모양에서 빛의 세기 I의 분포를 살펴보려고 한다. 다시 한 번 두 슬릿을 간섭성이 있는 사인형 파동을 발생시키는 광원으로 가정하자. 이 경우 두 파동은 같은 각주파수 ω를 가지고 일정한 위상차 ϕ를 갖는다. 두 파동이 슬릿에서 출발할 때 조건은 같지만, 점 P에서의 위상차 ϕ는 경로차 $\delta = r_2 - r_1 = d\sin\theta$에 의존한다. 위상차 ϕ에 대한 경로차 δ의 비율은 2π rad에 대한 λ의 비율과 같다. 이것을 수학적으로 표현하면 다음과 같다.

$$\frac{\delta}{\phi} = \frac{\lambda}{2\pi}$$

$$\phi = \frac{2\pi}{\lambda}\delta = \frac{2\pi}{\lambda}d\sin\theta \qquad\qquad 27.9$$

이 식은 위상차 ϕ가 각도 θ에 따라 어떻게 달라지는가를 말해 준다.

여기서 증명은 하지 않겠지만, 매우 좁은 두 슬릿으로부터 스크린에 도달하는 전기장은 주어진 각도 θ에 대해 **시간 평균 빛의 세기**(time-averaged light intensity)로 나타내며 다음 식과 같다.

$$I = I_{max}\cos^2\left(\frac{\pi d\sin\theta}{\lambda}\right) \qquad\qquad 27.10$$

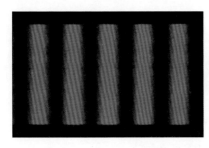

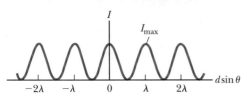

그림 27.5 스크린이 두 슬릿에서 멀리 떨어져 있을 때 ($L \gg d$), $d \sin \theta$에 대한 이중 슬릿 간섭 무늬의 빛의 세기 분포

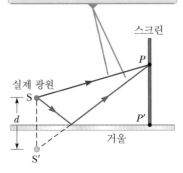

직접 광선(빨간색)과 반사 광선(파란색)의 합성에 의한 간섭 무늬가 스크린에 생긴다.

그림 27.6 로이드 거울. 반사 광선에는 180°의 위상 변화가 생긴다.

여기서 $I_{\max}$는 그림 27.4a에서 점 O에서의 세기이다. 그림 27.5는 $d \sin \theta$에 대한 세기 분포를 나타낸 것이다.

▌ **27.4** ▏ 반사에 의한 위상 변화 Change of Phase Due to Reflection

두 개의 간섭 광원을 만드는 영의 방법은 하나의 광원으로 이중 슬릿을 비추는 것이다. 한 개의 광원으로 간섭 무늬를 만드는 또 하나의 간단한 장치로 **로이드 거울**이 있다. 그림 27.6에서 설명한 것과 같이 점광원 S는 거울에서 가까운 점 P에 놓인다. 빛의 파동들은 S에서 P로 직접 가거나, 거울에서 반사되어 가는 간접적인 경로를 통해 점 P에 도달한다. 반사 광선은 마치 거울 아래에 위치한 S′에 광원이 있는 것처럼 스크린에 도달한다.

두 개의 실제 간섭 광원의 경우와 마찬가지로, 점 S와 S′에서 나오는 파동은 먼 관찰점에 간섭 무늬를 형성할 것이며, 실제로 간섭 무늬가 관측된다. 그러나 S와 S′에 있는 간섭 광원이 180°만큼 위상이 다르기 때문에, 두 개의 실제 간섭 광원에 의한 것(영의 실험)과 비교할 때 어둡고 밝은 무늬의 위치가 **뒤바뀐다**. 이 180° 위상 변화는 반사에 의한 것이다. 일반적으로 전자기파는 진행하고 있는 매질보다 굴절률이 더 큰 매질로부터 반사될 때에 180°의 위상 변화가 생긴다.

그림 27.7과 같이 파동이 경계에서 만날 때, 반사된 광파와 잡아당겨진 줄에서의 횡파의 반사(13.4절) 사이에서 유사성을 찾아보는 것은 매우 유용하다. 그림 13.12와 13.13에서 설명했듯이, 파동이 한쪽 끝이 고정된 것으로부터 반사될 때 줄에서의 반사 파동은 180°의 위상 변화가 생기고, 파동이 한쪽 끝이 자유롭게 움직일 수 있는 것으로부터 반사될 때는 위상 변화가 없다. 두 줄 사이에 경계가 있으면, 투과 파동은 위상 변화 없이 진행한다. 이와 비슷하게 전자기파도 진행하고 있는 매질보다 굴절률이 큰 매질의 경계에서 반사될 때 180°의 위상 변화가 생긴다. 굴절률이 작은 매질의

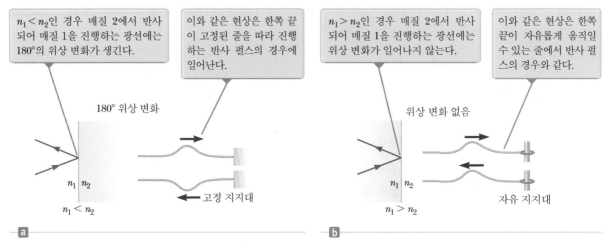

$n_1 < n_2$인 경우 매질 2에서 반사되어 매질 1을 진행하는 광선에는 180°의 위상 변화가 생긴다.

이와 같은 현상은 한쪽 끝이 고정된 줄을 따라 진행하는 반사 펄스의 경우에 일어난다.

$n_1 > n_2$인 경우 매질 2에서 반사되어 매질 1을 진행하는 광선에는 위상 변화가 일어나지 않는다.

이와 같은 현상은 한쪽 끝이 자유롭게 움직일 수 있는 줄에서 반사 펄스의 경우와 같다.

180° 위상 변화

$n_1 \quad n_2$

$n_1 < n_2$

고정 지지대

a

위상 변화 없음

$n_1 \quad n_2$

$n_1 > n_2$

자유 지지대

b

그림 27.7 빛 파동과 줄에서의 파동 반사 비교

경계로 파동이 입사할 때 반사 광선에 대한 위상 변화는 없다.

▌**27.5** │ **박막에서의 간섭** Interference in Thin Films

간섭 현상은 여러 곳에서 관찰된다. 물 위에 있는 얇은 기름층이나 비눗방울에 백색광이 비춰져 색깔 무늬가 나타나는 것을 본 적이 있을 것이다. 이런 상황에서 색깔들은 박막의 양쪽 표면으로부터 반사된 파동의 간섭으로 인해 나타난다.

그림 27.8과 같이 두께가 t이고 굴절률이 n인 균일한 막을 생각해 보자. 광선은 박막의 표면에 거의 수직으로 입사한다고 하자. 박막에서 반사된 두 광선은 표면 위에서 반사된 것과 박막을 통해 굴절된 후 막의 아래 표면에서 반사된 것이다. 박막은 얇고 평행한 두 면을 가지고 있기 때문에, 두 반사광은 평행하다. 그래서 위쪽 표면으로부터 반사된 광선은 아래쪽 표면에서 반사된 광선과 간섭할 수 있다. 반사 광선이 보강 간섭 또는 상쇄 간섭을 할 것인지를 판단하기에 앞서 다음과 같은 사실을 기억해 두자.

- 굴절률이 n_1인 매질에서 n_2인 매질로 진행하는 전자기파는 $n_2 > n_1$일 때 180°의 위상 변화가 생기지만, $n_2 < n_1$일 때는 위상 변화가 없다.
- 굴절률 n인 매질에서 빛의 파장 λ_n은 다음과 같다.

$$\lambda_n = \frac{\lambda}{n} \qquad \textbf{27.11}$$

여기서 λ는 자유 공간에서 빛의 파장이다.

그림 27.8의 박막에 대해 이 규칙을 적용해 보자. 첫 번째 규칙에 따라, 윗면(A)에서 반사되는 광선 1은 입사 광선에 비해 180°의 위상 변화가 생긴다. 아랫면(B)에서 반사되는 광선 2는 위상 변화가 생기지 않는다. 경로차를 무시한다면, 광선 1은 광선 2와 180°의 위상차가 생기며, 이 위상차는 $\lambda_n/2$의 경로차에 해당한다. 또한 광선 2는 두 광선이 결합하기 전에 $2t$만큼의 거리를 더 진행했다는 것을 고려해야 한다. **전체 위상차는 경로차와 반사로 인한 180°의 위상 변화의 합이다.** 예를 들어 $2t = \lambda_n/2$라면, 광선 1과 광선 2는 같은 위상이므로 보강 간섭이 일어난다. 일반적으로 보강 간섭의 조건은 다음과 같다.

$$2t = \left(m + \frac{1}{2}\right)\lambda_n \qquad m = 0, 1, 2, \ldots \qquad \textbf{27.12}$$

이 조건은 (a) 두 광선의 경로차($m\lambda_n$의 항)와 (b) 반사로 인한 180°의 위상 변화 ($\lambda_n/2$의 항)라는 두 가지 상황을 고려한 것이다. $\lambda_n = \lambda/n$이므로 식 27.12를 다음과 같이 나타낼 수 있다.

$$2nt = \left(m + \frac{1}{2}\right)\lambda \qquad m = 0, 1, 2, \ldots \qquad \textbf{27.13}$$

▶ 박막에서의 보강 간섭 조건

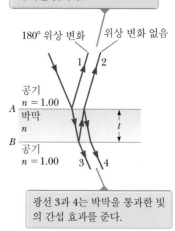

박막에서 반사된 빛에 의한 간섭은 박막의 위와 아래 표면에서 반사되는 광선 1과 2의 결합에 의한 것이다.

180° 위상 변화　위상 변화 없음

1　2

공기
$n = 1.00$
A
박막
n
t
B
공기
$n = 1.00$　3　4

광선 3과 4는 박막을 통과한 빛의 간섭 효과를 준다.

그림 27.8 박막을 지나가는 빛의 경로

광선 2가 더 진행한 거리 $2t$가 λ_n의 정수배이면, 두 파동은 위상이 반대인 상태로 만나게 되며, 그 결과 상쇄 간섭이 나타난다. 상쇄 간섭에 대한 일반적인 식은 아래와 같다.

▶ 박막에서의 상쇄 간섭 조건

$$2nt = m\lambda \qquad m = 0, 1, 2, \ldots \qquad \textbf{27.14}$$

위에서 보강 간섭과 상쇄 간섭에 대한 조건들은 박막의 위와 아래 매질이 같을 때 성립한다. 주변 매질이 박막의 매질보다 굴절률이 더 크거나 작은 어느 쪽의 경우든, 광선들은 두 표면으로부터 반사되어 180°의 위상 변화를 가진다. 서로 다른 매질이 박막의 위와 아래에 있고, 각각 매질의 굴절률이 박막의 매질보다 더 크거나 작은 값을 가질 때 성립한다.

박막이 $n < n_{\text{film}}$인 매질과 $n > n_{\text{film}}$인 매질 사이에 있으면, 보강 간섭과 상쇄 간섭 조건은 바뀐다. 이 경우 표면 A에서 반사되는 광선 1과 표면 B에서 반사되는 광선 2 모두에 대해 위상 변화가 180°이거나, 두 광선 모두 위상 변화가 없을 수 있다. 따라서 반사에 의한 상대적인 알짜 위상 변화는 영이다.

그림 27.8에서 광선 3과 4는 박막을 통과한 빛에서의 간섭 효과를 보여 준다. 이런 효과에 대한 해석은 반사된 빛의 경우와 비슷하다.

퀴즈 27.2 실험실에서 사고로, 물에 두 액체를 엎질렀다. 두 액체는 물과 섞이지 않아 물 표면 위에 박막이 형성됐다. 박막이 매우 얇을 때, 반사된 빛에 의해 하나의 박막은 밝고 다른 하나는 어두운 색을 띠었다. 어두운 색을 나타내는 박막은 **(a)** 물보다 굴절률이 더 크다. **(b)** 물보다 굴절률이 더 작다. **(c)** 물과 굴절률이 같다. **(d)** 밝은색을 띠는 박막보다 굴절률이 더 작다.

퀴즈 27.3 현미경 슬라이드가 다른 슬라이드 위에 왼쪽 모서리끼리 접촉되어 놓여 있고, 위쪽 슬라이드의 오른쪽 모서리 밑에는 사람 머리카락이 있다. 그 결과 두 슬라이드 사이에는 쐐기형의 공기층이 존재한다. 이 쐐기에 단색광이 입사하면 간섭 무늬가 생긴다. 슬라이드의 왼쪽 모서리에는 어떤 무늬가 생기는가? **(a)** 어두운 무늬 **(b)** 밝은 무늬 **(c)** 결정할 수 없음

예제 27.2 | 비누 막에서의 간섭

비누 거품 막을 자유 공간에서의 파장이 $\lambda = 600$ nm인 빛으로 비출 때, 막에서 반사되는 빛이 보강 간섭을 일으키기 위한 막의 최소 두께를 계산하라. 비누 막의 굴절률은 1.33이다.

풀이

개념화 그림 27.8의 비누 막 양쪽이 공기로 되어 있다고 생각한다.

분류 이 절에서 유도한 식을 이용해서 결과를 구하므로 예제를 대입 문제로 분류한다.

반사된 빛의 보강 간섭을 위한 최소 두께는 식 27.13에서 $m = 0$에 해당한다. 이 식에서 t를 구하고 값을 대입한다.

$$t = \frac{\left(0 + \frac{1}{2}\right)\lambda}{2n} = \frac{\lambda}{4n} = \frac{(600\text{ nm})}{4(1.33)} = \boxed{113\text{ nm}}$$

문제 막의 두께가 두 배이면 어떤 일이 일어나는가? 이때 보강

간섭이 일어나는가?

답 식 27.13을 이용해서 보강 간섭이 일어나는 막의 두께를 구할 수 있다.

$$t = \left(m + \frac{1}{2}\right)\frac{\lambda}{2n} = (2m + 1)\frac{\lambda}{4n} \quad m = 0, 1, 2, \ldots$$

가능한 m값은 보강 간섭이 $m = 0$일 때의 두께인 $t = 113\,\mathrm{nm}$의 **홀수**배일 때 형성됨을 보여 준다. 따라서 막의 두께가 두 배인 경우 보강 간섭은 일어나지 않는다.

예제 27.3 | 태양 전지의 무반사 코팅

태양에 노출될 때 전기를 발생시키는 태양 전지는 흔히 일산화규소(SiO, $n = 1.45$)와 같은 투명한 박막을 태양 전지에 코팅해서 표면에서 반사에 의한 손실을 최소화한다. 이런 목적으로 규소 태양 전지($n = 3.5$)를 얇은 일산화규소 막으로 코팅한다(그림 27.9a). 가시광선 영역의 중심 파장인 550 nm 빛의 반사를 최소로 하기 위한 박막의 최소 두께를 구하라.

풀이

개념화 그림 27.9a는 반사된 빛에 간섭 무늬를 만드는 SiO 막에서 광선의 경로를 이해하는 데 도움을 준다.

분류 SiO 층의 기하학적 구조에 따라 예제를 박막에 의한 간섭 문제로 분류한다.

분석 그림 27.9a의 광선 1과 2가 상쇄 간섭 조건을 만족할 때 반사된 빛이 최소가 된다. 이때 SiO 표면의 위와 아래에서 반사되는 광선 1과 2에는 반사될 때 **모두** 180°의 위상 변화가 생긴다. 따라서 반사에 의한 알짜 위상 변화는 영이고, 최소 반사 조건이 일어나기 위해서는 $\lambda_n/2$(λ_n는 SiO에서 빛의 파장)의 경로차가 필요하다. 따라서 $2nt = \lambda/2$이고, 이때 λ는 공기 중의 파장, n은 SiO의 굴절률이다.

식 $2nt = \lambda/2$에서 t를 구하고, 값을 대입한다.

$$t = \frac{\lambda}{4n} = \frac{550\,\mathrm{nm}}{4(1.45)} = \boxed{94.8\,\mathrm{nm}}$$

결론 코팅되지 않은 태양 전지는 반사에 의한 손실이 약 30 % 이상인 반면 SiO 코팅을 하면 10 % 정도로 줄일 수 있다. 이렇게 반사에 의한 손실을 줄이면 더 많은 태양 빛이 규소로 들어가서 전지 안의 전하 운반자를 많이 생성하게 되므로 전지의 효율이 높아지게 된다. 입사광이 넓은 파장 영역에 걸쳐 있고, 필요한 막의 두께는 파장에 의존하기 때문에 실제로는 완전한 무반사 코팅을 할 수 없다.

사진기나 다른 광학 장비에 사용되는 유리 렌즈는 흔히 투명한 박막 코팅을 해서 원하지 않는 반사를 줄이거나 없애고, 렌즈를 통과하는 빛의 양을 증가시킨다. 그림 27.9b의 사진기 렌즈는 가시광선 영역의 중심 파장 근처에서 빛의 반사를 최소화시키기 위해 두께를 달리하여 여러 층으로 코팅했다. 그 결과 렌즈에서 반사되는 작은 양의 빛의 대부분은 스펙트럼의 끝 부분에 해당하고 빨간색을 띤 자주색으로 보인다.

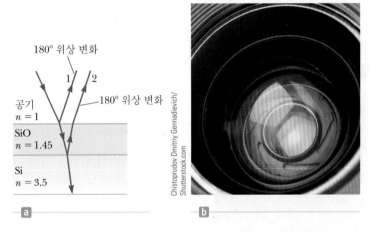

a

b

Chistoprudov Dmitriy Gennadievich/Shutterstock.com

그림 27.9 (예제 27.3) (a) 규소 태양 전지에서 일산화규소의 얇은 막을 코팅해서 반사에 의한 손실을 최소화한다. (b) 코팅된 사진기 렌즈에서 반사된 빛은 빨간색을 띤 자주색으로 보인다.

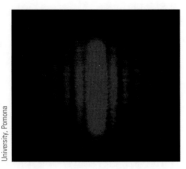

그림 27.10 빛이 좁은 수직 슬릿을 통과할 때 스크린에 나타나는 회절 무늬. 무늬는 넓은 중앙 줄무늬와 연속적으로 세기가 약해지는 좁은 가장자리 줄무늬로 구성된다.

중앙의 밝은 점에 주목하라.

© Book's Hill

그림 27.11 스크린과 광원의 중간에 놓인 동전으로 인한 회절 무늬

오류 피하기 | 27.1

회절과 회절 무늬의 형태 회절은 슬릿을 통과해서 파동이 퍼지는 일반적인 현상을 의미한다. 간섭 무늬의 존재에 대한 설명에서도 회절이라는 단어를 사용했다. **회절 무늬**는 실제로 잘못 사용된 단어이지만, 물리 용어로 깊숙이 정착한 단어이다. 단일 슬릿에 비출 때, 스크린에 보이는 회절 무늬는 실제로 또 다른 형태의 간섭 무늬이다. 간섭은 슬릿의 각각 다른 영역에 입사하는 빛의 일부분들이 만나 생기게 된다.

27.6 | 회절 무늬 Diffraction Patterns

25.2절과 27.2절에서 **회절**(diffraction) 현상에 대해 간단하게 논의했는데, 이 절에서는 빛의 회절에 대해 좀 더 깊이 다룰 것이다. 일반적으로 회절은 파동이 장애물 주위의 작은 구멍 또는 날카로운 모서리를 통과할 때 발생한다.

작은 구멍을 통과한 빛은 빛의 퍼짐성 때문에 스크린 위의 넓은 영역을 비출 것이라 기대할지 모르지만 더 흥미로운 사실을 발견할 수 있다. 앞에서 논의한 간섭 무늬와 비슷하게 밝고 어두운 영역으로 구성된 **회절 무늬**(diffraction pattern)가 관찰된다. 예를 들어 좁은 슬릿이 광원(또는 레이저 빔)과 스크린 사이에 있을 때, 빛은 그림 27.10과 같이 회절 무늬를 만들어 낸다. 그 무늬는 넓고 강한 중앙 띠(**중앙 극대**), 그 옆에 연속적으로 세기가 약한 추가적인 띠(**측면 극대**), 그리고 연속적으로 끼워져 있는 어두운 띠(**극소**)로 구성된다.

그림 27.11은 동전의 그림자로서, 밝고 어두운 고리 모양의 회절 무늬를 나타낸 것이다. 중앙의 밝은 점[도미니크 아라고(Dominique Arago)에 의해 발견된 후 **아라고 밝은 점**(Arago bright spot)이라 부른다]은 빛의 파동 이론으로 설명할 수 있다. 동전의 가장자리 위의 모든 점들로부터 회절된 파동은 스크린의 중앙점까지 같은 거리로 진행한다. 그래서 중앙점은 보강 간섭 영역이고 밝은 점으로 나타난다. 기하 광학의 관점에서는, 그림자의 중앙은 동전이 스크린을 완전히 가리기 때문에 밝은 점은 나타나지 않아야 한다.

빛이 슬릿과 같은 좁은 구멍을 통과해서 스크린에 투영되는 일반적인 상황을 생각해 보자. 분석을 단순화하기 위해서 관찰하는 스크린은 슬릿으로부터 멀리 떨어져 있고, 따라서 스크린에 도착하는 광선들은 거의 평행하다고 가정하자. 이런 상황은 스크린 근처에 있는 평행 광선을 모으는 수렴 렌즈를 이용해서 실험적으로 만들 수 있다. 이런 모형에서 스크린 상에 나타나는 무늬를 **프라운호퍼 회절 무늬**(Fraunhofer diffraction pattern)[2]라 한다.

그림 27.12a는 왼쪽으로부터 단일 슬릿으로 들어가서 스크린을 향해 진행할 때 회절하는 빛을 보여 준다. 그림 27.12b는 단일 슬릿 프라운호퍼 회절 무늬 사진을 나타낸 것이다. 밝은 무늬는 $\theta = 0$인 축을 따라 생기며, 그 양쪽 주위에 밝고 어두운 무늬가 교대로 나타난다.

지금까지는 슬릿을 점광원으로 가정했지만, 이 절에서는 이 같은 가정을 버리고 프라운호퍼 회절을 이해하기 위해 유한한 너비를 갖는 슬릿이 어떻게 사용되는지를 알아볼 것이다. 그림 27.13과 같이 슬릿의 여러 위치로부터 나오는 빛을 조사해서 이 문제의 중요한 특성을 유도할 것이다. 호이겐스의 원리에 의하면, 슬릿의 각 점들은 점파원으로 작용한다. 따라서 슬릿의 한 점에서 나온 빛은 다른 점에서 나온 빛과 간

---

[2] 스크린을 슬릿으로 가깝게 가져올 때 생기는 무늬를 프레넬 회절 무늬라 한다. 프레넬 무늬는 분석하기가 어려우므로 여기서는 프라운호퍼 회절에 대해서만 다루기로 한다.

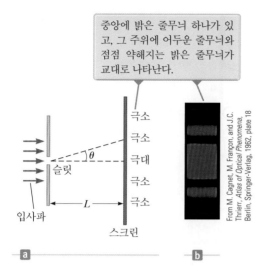

중앙에 밝은 줄무늬 하나가 있고, 그 주위에 어두운 줄무늬와 점점 약해지는 밝은 줄무늬가 교대로 나타난다.

From M. Cagnet, M. Françon, and J.C. Thrierr, *Atlas of Optical Phenomena*, Berlin, Springer-Verlag, 1962, plate 18

그림 27.12 (a) 단일 슬릿에 의한 프라운호퍼 회절 무늬를 분석하기 위한 구조(그림은 실제 크기와 다름) (b) 단일 슬릿에 의한 프라운호퍼 회절 무늬 사진

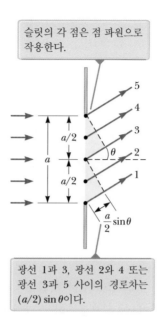

슬릿의 각 점은 점 파원으로 작용한다.

광선 1과 3, 광선 2와 4 또는 광선 3과 5 사이의 경로차는 $(a/2) \sin \theta$이다.

그림 27.13 너비가 a인 좁은 슬릿과 만나서 스크린을 향해 θ의 각도로 회절하는 광선의 경로 (그림은 실제 크기와 다름)

섭을 일으키게 되고, 그 결과 스크린 상의 빛의 세기는 θ에 의존한다.

회절 무늬를 해석하기 위해서는 그림 27.13과 같이 슬릿을 절반으로 나눠 생각하는 것이 편리하다. 슬릿으로부터 나오는 모든 파동의 위상은 동일하다. 파동 1과 3은 각각 슬릿의 아래와 중앙에서 나온다고 생각한다. 스크린 상의 같은 점에 도달하기 위해서, 파동 1은 3보다 $(a/2) \sin \theta$의 경로차만큼 더 진행해야 한다. 여기서 a는 슬릿의 너비이다. 비슷한 방법으로 파동 3과 5 사이의 경로차도 $(a/2) \sin \theta$이다. 두 파동 사이의 경로차가 정확히 파장의 절반(180°의 위상차와 일치)이면, 두 파동은 서로 상쇄되며, 결과적으로 상쇄 간섭한다. 슬릿 너비의 1/2만큼 떨어져 있는 임의의 두 점에서 나온 파동은 위상차가 180°가 된다. 따라서 슬릿의 위쪽에서 절반 나온 파동과 아래쪽에서 절반 나온 파동은 아래와 같은 경우 **상쇄** 간섭한다.

$$\frac{a}{2} \sin \theta = \pm \frac{\lambda}{2}$$

또는

$$\sin \theta = \pm \frac{\lambda}{a}$$

마찬가지 방법으로 슬릿을 네 부분으로 나누면 다음과 같은 경우에 스크린이 어두워진다.

$$\sin \theta = \pm \frac{2\lambda}{a}$$

비슷한 방법으로 슬릿을 여섯 부분으로 나누면 다음과 같은 경우에 스크린이 어두워진다.

$$\sin \theta = \pm \frac{3\lambda}{a}$$

그러므로 상쇄 간섭에 대한 일반 조건은 아래와 같다.

오류 피하기 | 27.2

유사한 식 식 27.15의 형태는 식 27.2와 정확히 일치한다. 식 27.2에는 슬릿 간격 a가 사용됐고, 식 27.15에는 슬릿 너비 d가 사용됐다. 식 27.2는 두 슬릿에서 간섭 무늬의 **밝은** 영역을 나타낸 것이지만, 식 27.15는 단일 슬릿 회절 무늬에서 **어두운** 영역을 나타낸 것이다. 더 나아가 $m = 0$이 회절 무늬에서 어두운 영역을 표현하지 않는다.

그림 27.14 너비가 a인 단일 슬릿에 의한 프라운호퍼 회절 무늬에 대한 빛의 세기 분포. 중앙 극대의 양쪽에 각각 두 개의 극소 위치가 표시되어 있다.

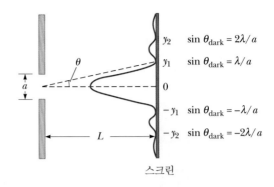

스크린

▶ 회절 무늬에서 상쇄 간섭 조건

$$\sin \theta_{\text{dark}} = m \frac{\lambda}{a} \qquad m = \pm1, \ \pm2, \ \pm3, \ \dots$$

27.15

식 27.15로부터 회절 무늬의 세기가 영인, 즉 어두운 무늬가 형성되는 θ값을 알 수 있다. 이 식으로부터 스크린 상에 나타나는 세기의 변화를 알 수는 없다. 일반적인 세기 분포의 특징이 그림 27.14에 나와 있다. 중앙에 넓고 밝은 무늬가 있고, 그 주위에 약한 밝은 무늬와 어두운 무늬가 교대로 나타난다. 어두운 무늬의 위치(세기가 영인 점)는 식 27.15를 만족하는 θ에 의해 결정된다. 보강 간섭이 되는 점들의 위치는 대략 어두운 무늬 사이의 중간 지점에 놓여 있다. 중앙의 밝은 무늬의 너비는 약한 밝은 무늬의 두 배가 된다.

▰ **퀴즈 27.4** 그림 27.14에서 슬릿 너비를 반으로 줄이면 중앙의 밝은 무늬는 (**a**) 더 넓어진다. (**b**) 같다. (**c**) 더 좁아진다.

▶ **생각하는 물리 27.2**

교실 문이 약간 열려 있으면, 복도에서 다가오는 소리는 들을 수 있지만 무슨 일이 일어났는지는 알 수 없다. 빛과 음파의 다른 점에 대해 설명하라.

추론 약간 열려 있는 문과 벽 사이의 공간은 파동에 대한 단일 슬릿으로 작용한다. 음파는 슬릿 너비보다 더 큰 파장을 가지고 있어서 소리는 열린 곳을 통해 회절되고 방 안으로 퍼질 것이다. 그러면 소리는 벽, 바닥 그리고 천장에서 반사되어 방 전체에 퍼질 것이다. 빛의 파장은 슬릿 너비보다 훨씬 더 작기 때문에, 사실상 회절이 일어나지 않는다. 광파를 보려면 시선은 일직선이 되어야 한다. ◀

▌ **예제 27.4** | 어두운 무늬의 위치는?

너비가 0.300 mm인 슬릿에 파장 580 nm의 빛이 입사했다. 스크린이 슬릿으로부터 2.00 m 거리에 있을 때, 중앙의 밝은 무늬의 너비를 각각 구하라.

풀이

개념화 문제 내용을 바탕으로 그림 27.14와 유사한 단일 슬릿 회절 무늬를 생각해 보자.

분류 예제를 단일 슬릿 회절 무늬의 논의에 대한 직접적인 응용 문제로 분류한다.

분석 중앙의 밝은 무늬 옆에 생기는 $m = \pm1$의 어두운 두 무닉에 대해 식 27.15를 계산한다.

$$\sin \theta_{\text{dark}} = \pm \frac{\lambda}{a}$$

y는 그림 27.14에서 스크린의 중심으로부터 측정한 연직 위치라고 하자. 그러면 $\tan\theta_{\text{dark}} = y_1/L$이다. 여기서 아래 첨자 1은 첫 번째 어두운 무늬를 의미한다. θ_{dark}가 매우 작으므로 $\sin \theta_{\text{dark}} \approx \tan \theta_{\text{dark}}$가 되어 $y_1 = L \sin \theta_{\text{dark}}$가 된다. 중앙의 밝은 무늬 너비는 y_1의 절댓값의 두 배이다.

$$2|y_1| = 2|L \sin \theta_{\text{dark}}| = 2\left|\pm L \frac{\lambda}{a}\right| = 2L \frac{\lambda}{a}$$

$$= 2(2.00 \text{ m}) \frac{580 \times 10^{-9} \text{ m}}{0.300 \times 10^{-3} \text{ m}}$$

$$= 7.73 \times 10^{-3} \text{ m} = \boxed{7.73 \text{ mm}}$$

결론 이 값이 슬릿의 너비보다 훨씬 크다는 것에 주목한다. 슬릿의 너비를 변화시키면 어떻게 될지 탐구해 보자.

문제 슬릿의 너비를 3.00 mm로 증가시키면 어떻게 되는가? 회절 무늬는 어떻게 되는가?

답 식 27.15에 의하면 어두운 띠가 나타나는 각도는 a가 증가함에 따라 감소할 것이라고 기대되므로 회절 무늬는 좁아진다. 더 큰 슬릿 너비로 계산을 다시 한다.

$$2|y_1| = 2L \frac{\lambda}{a} = 2(2.00 \text{ m}) \frac{580 \times 10^{-9} \text{ m}}{3.00 \times 10^{-3} \text{ m}}$$

$$= 7.73 \times 10^{-4} \text{ m} = \boxed{0.773 \text{ mm}}$$

이 결과는 슬릿의 너비보다 **더 작다**. 일반적으로 a값이 크면 여러 개의 최대 최소가 서로 가까워져 결국 중앙에 밝은 무늬만 남게 되어 슬릿의 기하학적인 상과 같게 된다. 이 문제는 망원경, 현미경 또는 다른 광학 기구에 사용되는 렌즈를 설계하는 데 매우 중요하다.

27.7 | 단일 슬릿과 원형 구멍의 분해능
Resolution of Single-Slit and Circular Apertures

완전한 직선이고 평탄한 수 킬로미터의 사막도로를 따라 운전하고 있다고 생각해 보자. 멀리서 여러분을 향해 달려오는 다른 자동차가 있다. 자동차가 멀리 떨어져 있을 때, 차가 전조등이 두 개인 자동차인지 아니면 전조등이 한 개인 오토바이인지를 판단하는 것은 불가능하다. 차가 여러분에게 다가옴에 따라, 어느 시점부터 전조등이 두 개인 자동차라고 판단할 수 있을 것이다. 두 개의 분리된 전조등 빛을 볼 수 있을 때, 우리는 두 광원이 **분해**(resolved)됐다고 말한다.

가까이 있는 물체를 구별하는 광학계의 능력은 빛의 파동성 때문에 한계가 있다. 이런 한계를 이해하기 위해서, 그림 27.15와 같이 좁은 슬릿으로부터 멀리 떨어져 있는 두 광원을 생각해 보자. 두 광원은 S_1과 S_2의 두 개의 간섭성이 없는 점광원이다. 예를 들어 두 광원은 망원경을 통해 관측되는 멀리 떨어져 있는 두 별로 생각할 수 있다. 회절이 일어나지 않으면, 오른쪽에 있는 그림과 같이 스크린 상의 두 개의 뚜렷한 밝은 점 (상)을 관찰할 수 있다. 회절 때문에, 중앙 부근에 밝은

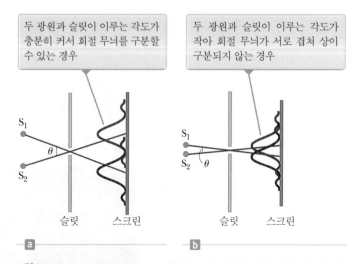

그림 27.15 좁은 슬릿으로부터 멀리 떨어진 두 점 광원은 각각의 회절 무늬를 만든다. (a) 광원이 큰 각도를 이루고 있음 (b) 광원이 작은 각도를 이루고 있음 (여기서 그림은 실제 척도와 다르며, 각도는 과장되어 있다.)

무늬와 그 주변에 약한 밝은 무늬와 어두운 무늬가 각 광원에 대해 생긴다. 따라서 스크린에서는 광원 S_1과 S_2에 대한 회절 무늬의 합이 관찰된다.

그림 27.15a와 같이 두 광원이 충분히 떨어져 있어서 두 회절 무늬의 중앙 극대점이 서로 겹치지 않으면, 그 상들은 구분할 수 있고 이때 두 개의 상은 분해됐다고 한다. 반면에 그림 27.15b와 같이 두 광원이 서로 가까이 있는 경우에는, 두 개의 중앙 극대점이 서로 겹쳐 상들은 분해되지 않는다. 두 상이 분해됐는지는 보통 아래의 기준에 의해 결정된다.

▶ 레일리 기준

> 한 상의 중앙 극대가 다른 상의 처음 극소에 위치하면 이 상은 분해됐다고 말한다. 이런 분해에 대한 한계 기준을 **레일리 기준**(Rayleigh's criterion)이라고 한다.

그림 27.16은 원형 구멍에 대한, 세 가지 상황에 대한 회절 무늬를 나타낸 것이다. 두 물체(광원)가 멀리 떨어져 있을 때, 그것들은 잘 분해된다(그림 27.16a). 물체의 각분리(angular separation)가 레일리 기준을 만족하면, 그림 27.16b와 같이 겨우 분해된다. 마지막으로 그림 27.16c와 같이 두 광원은 분해되지 않는다.

레일리 기준을 이용하면, 두 광원이 겨우 분해될 수 있는 슬릿에서 최소 각분리 $\theta_{\min}$을 결정할 수 있다. 27.6절에서, 단일 슬릿 회절 무늬에 의한 첫 번째 극소점의 회절 무늬 각도는 다음과 같다.

$$\sin \theta = \frac{\lambda}{a}$$

여기서 a는 슬릿의 너비이다. 레일리 기준에 따르면, 이 각도는 두 광원이 분해될 수 있는 가장 작은 각분리를 나타낸다. 대부분의 상황에서는 $\lambda \ll a$이고 θ가 작기 때문에, $\sin \theta \approx \theta$로 근사시킬 수 있다. 그래서 슬릿 너비 a에 대한 분해의 한계각은 다음과 같다.

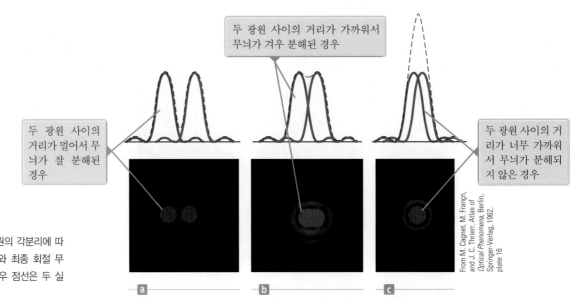

두 광원 사이의 거리가 가까워서 무늬가 겨우 분해된 경우

두 광원 사이의 거리가 멀어서 무늬가 잘 분해된 경우

두 광원 사이의 거리가 너무 가까워서 무늬가 분해되지 않은 경우

From M. Cagnet, M. Françn, and J. C. Thrier, *Atlas of Optical Phenomena*, Berlin, Springer-Verlag, 1962, plate 16

그림 27.16 두 광원의 각분리에 따른 회절 무늬(실선)와 최종 회절 무늬(점선). 각각의 경우 점선은 두 실선의 합이 된다.

$$\theta_{min} = \frac{\lambda}{a} \qquad\qquad \textbf{27.16}$$

▶ 슬릿의 분해 한계각

여기서 θ_{min}의 단위는 라디안이다. 따라서 광원들이 분해되려면, 슬릿에서 볼 때 두 광원이 이루는 각도가 λ/a보다 **커야** 한다.

대부분의 광학 기구들은 슬릿보다는 원형 구멍을 사용한다. 그림 27.16에 보인 것처럼, 원형 구멍의 회절 무늬는 중앙에 밝은 원판이 있고, 그 주위를 점차로 희미해지는 원형 무늬가 둘러싸고 있다. 원형 구멍에 의한 회절 무늬를 분석할 때, 분해 한계각은 다음과 같다.

$$\theta_{min} = 1.22\frac{\lambda}{D} \qquad\qquad \textbf{27.17}$$

▶ 원형 구멍의 분해 한계각

여기서 D는 구멍의 지름이다. 식 27.17은 원형 구멍에 대한 회절의 수학적 분석으로부터 얻은 비례 상수 1.22를 제외하면 식 27.16과 비슷하다. 이 식은 이 절의 도입부에서 예를 든 두 개의 전조등을 구분하기 어려운 경우와 관련이 있다. 눈으로 관찰할 때, 식 27.17의 D는 동공의 지름이다. 빛이 동공을 통해 지나갈 때 형성되는 간섭 무늬는 두 전조등을 분해하는 데 어려움을 일으킬 수 있다. 원형 구멍의 분해에 대한 회절 효과의 또 다른 예는 천체 망원경이다. 빛이 통과해서 지나가는 관의 끝은 원형이므로, 별을 관측하기 위해 빛을 분해하는 망원경의 분해능은 열린 구멍의 지름에 따라 한계를 갖는다.

▌**퀴즈 27.5** 망원경으로 쌍성을 관찰하는데, 두 별을 분해하기 어렵다고 가정하자. 분해능을 최대화하기 위해 색 필터를 사용하기로 하자(주어진 색 필터는 단지 그 색만을 투과시킨다). 어떤 색 필터를 선택해야 하는가? **(a)** 파란색 **(b)** 초록색 **(c)** 노란색 **(d)** 빨간색

▶ **생각하는 물리 27.3**

고양이의 눈의 동공은 세로 방향 슬릿으로 모형화할 수 있다. 밤에 고양이는 멀리 떨어져 있는 자동차의 전조등을 배의 돛대에 상하로 달려 있는 전등빛보다 더 성공적으로 분해할 수 있는가?

추론 연직 방향에서의 실제 슬릿 너비는 수평 방향일 때보다 더 크다. 그래서 눈은 연직 방향에서 빛을 분해하는 데 분해능이 더 좋고, 배 위의 돛대에 상하로 달린 빛을 분해하는 데 더 효과적이다. ◀

▌**예제 27.5 | 눈의 분해능** BIO

가시광선 스펙트럼의 중심 근처인 파장 500 nm의 빛이 눈으로 들어간다. 동공의 지름은 사람마다 다르지만 낮에는 지름이 2 mm라고 하자.

(A) 눈의 분해 한계가 단지 회절에 의해서만 제한 받는다고 가정할 때, 눈의 분해 한계각을 구하라.

풀이

개념화 눈의 동공을 그림 27.16에서 빛이 진행하는 구멍과 동일시하자. 이 같은 작은 구멍을 통과하는 빛은 망막에 회절

무늬를 만든다.

분류 이 절에 전개된 식을 이용해서 결과를 계산하므로 예제를 대입 문제로 분류한다.

$\lambda = 500 \, \text{nm}$와 $D = 2 \, \text{mm}$이므로 식 27.17을 사용하면 다음과 같다.

$$\theta_{\min} = 1.22 \frac{\lambda}{D} = 1.22 \left(\frac{5.00 \times 10^{-7} \, \text{m}}{2 \times 10^{-3} \, \text{m}} \right)$$

$$= \boxed{3 \times 10^{-4} \, \text{rad}} \approx \boxed{1'}$$

(B) 그림 27.17과 같이 두 개의 점광원이 관찰자로부터 거리 $L = 25 \, \text{cm}$만큼 떨어져 있을 때, 사람의 눈이 구분할 수 있는 두 점광원의 최소 분리 거리 d를 구하라.

풀이

$\theta_{\min}$이 작다는 것에 주목하며 d를 구한다.

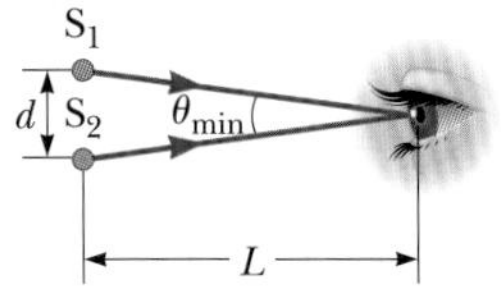

$$\sin \theta_{\min} \approx \theta_{\min} \approx \frac{d}{L} \quad \rightarrow \quad d = L\theta_{\min}$$

주어진 값들을 대입한다.

$$d = (25 \, \text{cm})(3 \times 10^{-4} \, \text{rad}) = \boxed{8 \times 10^{-3} \, \text{cm}}$$

이 값은 사람의 머리카락 두께와 비슷하다.

그림 27.17 (예제 27.5) 눈으로 관찰할 때, d만큼 떨어져 있는 두 개의 점광원

◤ **27.8** | 회절 격자 The Diffraction Grating

오류 피하기 | 27.3

회절 격자는 간섭 격자이다 회절 무늬와 같이, 회절 격자도 잘못된 이름이지만 널리 사용되어 굳어진 물리 용어이다. 회절 격자는 이중 슬릿처럼 회절에 의존하는데, 여러 슬릿으로부터 빛을 간섭할 수 있도록 빛을 퍼트린다. 그래서 간섭 격자라고 부르는 것이 더 맞겠지만, 회절 격자가 현재 사용되는 이름이다.

회절 격자(diffraction grating)는 광원을 분석하는 데 유용한 기구로서, 일정한 간격의 많은 평행한 슬릿으로 구성되어 있다. 회절 격자는 유리판 또는 금속판 위에 정밀한 줄긋는 기계로 평행하게 똑같이 공간상에 홈을 그어 만들 수 있다. **투과 회절 격자**에서, 슬릿 사이의 공간은 빛이 투과할 수 있으므로 분리된 슬릿과 같이 작용한다. **반사 회절 격자**에서 선들 사이에 있는 공간의 반사율은 대단히 크다. 서로 매우 인접해서 많은 슬릿을 가진 회절 격자는 슬릿 간격이 아주 작다. 예를 들어 5 000 홈/cm를 가진 회절 격자는 슬릿 간격이 $d = (1/5\,000) \, \text{cm} = 2 \times 10^{-4} \, \text{cm}$이다.

그림 27.18은 회절 격자의 단면을 나타낸 것이다. 평면파가 회절 격자의 왼쪽에서 격자면에 수직으로 입사하면 오른쪽에 있는 스크린 상에 간섭 및 회절의 효과가 결합

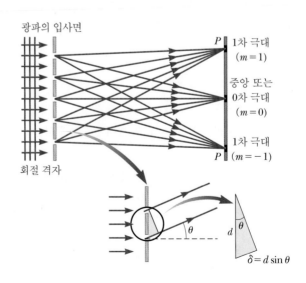

그림 27.18 회절 격자의 측면. 슬릿 사이의 거리는 d이고, 인접한 슬릿 사이의 경로차는 $d \sin \theta$가 된다.

된 무늬가 나타난다. 각 슬릿은 회절을 일으키고 회절된 빔들이 서로 간섭해서 최종 무늬가 생기게 된다. 각 슬릿은 광원으로 작용하고, 모든 빛들이 슬릿을 떠날 때는 위상이 동일하다. 그러나 수평 방향으로부터 임의의 방향으로 θ만큼 기울어진 파동은 스크린 위의 특별한 점에 도달하기 전에 각각 다른 거리를 진행한다. 그림 27.18로부터 서로 인접한 슬릿으로부터 나온 파동 사이의 경로차가 $d \sin \theta$임을 주목하자(스크린까지의 거리 L이 d보다 훨씬 크다고 가정하자). 이 경로차가 파장과 같거나 파장의 정수배라면, 모든 슬릿으로부터 나온 빛들이 스크린에서 위상이 같고 밝은 선으로 나타날 것이다. 빛이 격자면에 수직으로 입사될 때, 각도 θ에서 간섭 무늬가 **극대**가 될 조건은 다음 식[3]과 같다.

$$d \sin \theta_{bright} = m\lambda \qquad m = 0, \pm 1, \pm 2, \pm 3, \ldots \qquad \textbf{27.18}$$

이 식은 격자 간격 d와 편향각 θ를 알면 파장을 계산하는 데 사용할 수 있다. 입사파의 파장이 다양하면, 각 파장에 대한 m차 극대는 식 27.18로부터 결정된 각도에서 생긴다. 모든 파장의 빛이 $m = 0$과 일치하는 $\theta = 0$에서 모두 섞여 있다.

그림 27.19는 회절 격자에 대한 세기 분포를 나타낸 것이다. 주 극대(principal maxima)는 뾰족한 반면 어두운 영역은 넓게 퍼져 있으며, 두 개의 슬릿에 의한 넓고 밝은 간섭 무늬(그림 27.5 참조)의 특성과는 대조적임을 알 수 있다.

빛의 파장을 측정할 수 있는 간단한 장치를 그림 27.20에 나타냈다. 이 장치를 **회절 격자 분광기**라고 한다. 분석하고자 하는 빛이 슬릿을 지난 다음,[4] 격자에 수직인 평행한 빔이 시준기(collimator)를 통과한다. 식 27.18을 만족하는 각도에서 회절된 빔은 격자를 투과해서 보강 간섭을 일으킨다. 망원경은 슬릿의 상을 보기 위해서 사용된다. 회절된 파장은 슬릿의 상이 나타나는 여러 차수의 정확한 각도를 측정해서 결정할 수 있다.

분광기는 한 원자로부터 나온 빛의 파장을 분석하는 **원자 분광학**에 유용하게 사용

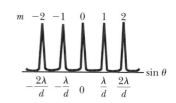

그림 27.19 회절 격자에서 $\sin \theta$에 대한 회절 무늬의 세기 분포. 0차, 1차, 2차 극대가 각각 나타나 있다.

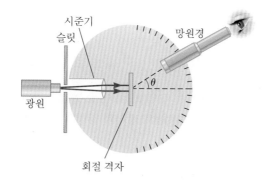

그림 27.20 회절 격자 분광기. 회절 격자에 입사하는 시준된 빛들은 파장에 따라 보강 간섭 조건 $d \sin \theta_{bright} = m\lambda$를 만족하는 각도 θ_{bright}로 퍼져 나간다. 여기서 $m = 0, \pm 1, \pm 2, \ldots$ 이다.

---

[3] 이 식은 식 27.2와 동일하다는 점에 주목하자. 이 식은 2개에서 N개까지 슬릿의 개수에 사용할 수 있다. 세기 분포는 슬릿의 개수에 따라 변하지만, 극대의 위치는 같다.

[4] 11장에서 논의한 것처럼, 길고 좁은 슬릿은 원자와 분자계로부터 오는 빛에서 **선**스펙트럼을 관찰할 수 있도록 한다.

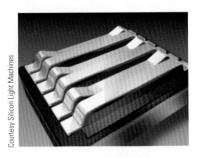

그림 27.21 회절 격자 빛 밸브의 일부분. 하나 걸러 다른 높이에서 반사하는 리본은 회절 격자와 같이 작동해서 디지털 표시 장치로 향하는 빛의 방향을 빠른 속력으로 조정한다.

된다. 11.5절에서 논의한 것처럼 이 파장 성분으로부터 원자를 구별할 수 있다. 원자 스펙트럼은 29장에서 자세히 다룰 것이다.

회절 격자의 또 다른 응용은 최근에 개발된 **회절 격자 빛 밸브**(grating light valve, GLV)이다. 이것은 가까운 미래에 25.3절에서 소개한 디지털 미세 거울 소자(digital micromirror devices, DMD)를 갖는 프로젝터와 경쟁하게 될지도 모른다. 회절 격자 빛 밸브는 얇은 알루미늄 박막이 코팅된 평행한 실리콘 질화물 리본이 배열된 실리콘 마이크로 칩으로 구성된다(그림 27.21). 각 리본의 길이는 20 μm, 너비는 5 μm로 100 nm 정도의 공기층에 의해 실리콘 기판으로부터 분리되어 있다. 전압이 가해지지 않으면 모든 리본은 같은 높이가 되고, 이 상황에서는 입사하는 빛을 거울 반사하는 리본의 배열은 평평한 면으로 작용한다.

리본과 실리콘 기판 위의 전극 사이에 전압이 가해지면, 전기력이 리본을 아래로 끌어당겨 기판과 가까워진다. 하나 걸러 리본을 당길 수 있고, 그때 그 사이의 리본은 처음 상태 그대로 남아 있다. 그 결과 리본의 배열은 회절 격자와 같이 작동해서 특정 파장의 빛에 대한 보강 간섭 결과가 스크린 또는 다른 광 표시 시스템으로 향한다. 빨간색, 파란색 및 초록색과 같은 각각의 세 장치를 이용해서 모든 색을 표현할 수 있다.

GLV는 DMD보다 분해능이 더 높고 제작하기가 더 간단하다. 반면에 DMD는 이미 시장에 등록되어 있다. 수년 내에 이 같은 기술 경쟁을 지켜보는 것도 흥미로운 일이 될 것이다.

> ◀ **퀴즈 27.6** 파장 350 nm의 자외선 빛이 슬릿 간격이 d인 회절 격자로 입사해서 거리 L만큼 떨어진 스크린 위에 간섭 무늬를 만든다. 극대 간섭의 각 위치 θ_{bright}는 크며, 밝은 무늬의 위치를 스크린 위에 표시했다. 이제 파장 700 nm의 빨간색 빛으로 스크린 위에 또 다른 회절 무늬를 만들기 위해 한 회절 격자를 사용하자. 이때 밝은 무늬의 위치를 스크린 위에 표시된 위치로 만들려면 (a) 스크린을 회절 격자로부터 $2L$ 거리만큼 이동시킨다. (b) 스크린을 회절 격자로부터 $L/2$ 거리만큼 이동시킨다. (c) 회절 격자를 슬릿 간격이 $2d$인 것으로 대체한다. (d) 회절 격자를 슬릿 간격이 $d/2$인 것으로 대체한다. (e) 아무 변화를 주지 않는다.

그림 27.22 (생각하는 물리 27.4) 백색 광하에서 관찰한 CD. 색깔들은 반사된 빛에 의해 관찰되고, 그것들의 세기는 눈과 광원의 위치에 따라 달라진다.

> ▶ **생각하는 물리 27.4**
>
> CD의 표면으로부터 반사된 백색광은 그림 27.22에 보듯이 다양한 색깔로 나타난다. 더 나아가, 관찰 결과는 디스크를 보는 눈의 방향과 광원의 위치에 따라 달라진다. 왜 이런 일이 생기는지 설명하라.
>
> **추론** CD의 표면에는 약 1 μm의 간격으로 나선 모양의 트랙이 있어, 반사 회절 격자로 작용한다. 빛은 파장과 입사광의 방향에 따라 보강 간섭을 하는 매우 가까운 간격의 트랙에 의해 분산된다. CD의 어떤 부분은 백색광의 회절 격자 역할을 하고, 다른 방향으로 다른 색의 간섭광을 보낸다. CD의 한 부분을 볼 때, 광원이 변하거나 입사각이나 보는 방향을 달리하면 다른 색을 볼 수 있다. ◀

> **예제 27.6 | 회절 격자의 차수**

헬륨–네온 레이저로부터 나온 파장이 $\lambda = 632.8$ nm인 단색광이 6 000홈/cm인 회절 격자에 수직으로 입사한다. 1차 극대와 2차 극대가 관찰되는 각도를 구하라.

풀이

개념화 그림 27.18을 공부하고, 왼쪽으로부터 오고 있는 빛이 헬륨–네온 레이저로부터 발생된다고 생각하자.

분류 이 절에서 전개된 식을 이용해서 결과를 계산하므로 예제를 대입 문제로 분류한다.

슬릿의 간격을 계산해야 하며, 이는 cm당 홈 수의 역수와 같다.

$$d = \left(\frac{1}{6\,000}\right) \text{cm} = 1.667 \times 10^{-4} \text{ cm} = 1\,667 \text{ nm}$$

$\sin\theta$에 대해 식 27.18을 풀고, θ_1을 구하기 위해 1차 극대 ($m = 1$)에 대한 주어진 값들을 대입한다.

$$\sin\theta_1 = \frac{(1)\lambda}{d} = \frac{632.8 \text{ nm}}{1\,667 \text{ nm}} = 0.379\,7$$

$$\theta_1 = \boxed{22.31°}$$

2차 극대($m = 2$)에 대해 반복한다.

$$\sin\theta_2 = \frac{(2)\lambda}{d} = \frac{2(632.8 \text{ nm})}{1\,667 \text{ nm}} = 0.759\,4$$

$$\theta_2 = \boxed{49.41°}$$

문제 3차 극대를 구하라. 관찰할 수 있는가?

답 $m = 3$일 때는 $\sin\theta_3 = 1.139$가 된다. $\sin\theta$는 1보다 작아야 하므로 실질적인 해가 될 수 없다. 따라서 이 경우에는 0차, 1차, 2차 극대만 관찰된다.

> # **27.9 | 연결 주제: 홀로그래피** Context Connection: Holography

레이저의 흥미로운 응용 중 하나가 물체의 삼차원 영상을 만들어 내는 **홀로그래피** (holography)이다. 홀로그래피 물리학은 1948년에 가버(Dennis Gabor, 1900~1979)가 개발해서 1971년 노벨 물리학상을 수상했다. 하지만 홀로그래피는 간섭성 광이 필요하므로 가버의 업적인 홀로그래피 영상은 1960년대 레이저가 개발된 후 실현됐다. 그림 27.23은 홀로그램과 홀로그램 영상의 삼차원적 특성을 보여 주고 있다.

그림 27.24는 홀로그램이 어떻게 만들어지는가를 보여 준다. 레이저에서 나온 빛이 B에서 은이 반코팅된 거울에 의해 두 경로로 나뉘어 진행한다. 빔의 일부분은 사진이 될 물체에 반사되어 사진 필름에 입사한다. 다른 빔은 렌즈 L_2에 의해 퍼져, 거울 M_1

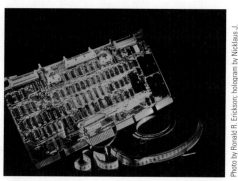

Photo by Ronald R. Erickson; hologram by Nicklaus J. Phillips

그림 27.23 이 홀로그램은 회로판을 다른 두 방향에서 본 모양이다. (a)와 (b)에서 줄자의 모양과 확대 렌즈를 통해 보이는 곳의 차이에 주목한다.

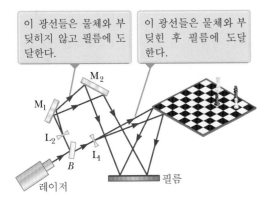

이 광선들은 물체와 부딪히지 않고 필름에 도달한다.

이 광선들은 물체와 부딪힌 후 필름에 도달한다.

그림 27.24 홀로그램을 만들기 위한 실험 배열

과 M_2로 반사되어 최종적으로 필름에 입사한다. 두 빔은 겹쳐져서 매우 복잡한 간섭 무늬를 필름 위에 만든다. 이런 간섭 무늬는 노출되는 동안 두 파동의 위상 관계가 일정할 경우에만 생기게 된다. 이런 조건은 핀홀을 통해 들어오는 빛 또는 간섭성 레이저 빛으로 조명할 때 가능하다. 홀로그램은 기존의 사진과 같이 물체로부터 산란된 빛의 세기뿐만 아니라, 기준 빔과 물체로부터 산란된 빔 사이의 위상차까지 기록한다. 이 같은 위상차 때문에 간섭 무늬는 홀로그램 상의 임의의 점에 대해 원근이 유지되는 삼차원적 정보를 갖는 영상을 만들어 낸다.

보통의 사진 영상에서 렌즈는 물체 위의 각 점이 필름 위의 한 점과 일대일로 대응되도록 상을 모으기 위해 사용된다. 그림 27.24에는 필름으로 빛을 모으기 위한 렌즈가 없음에 주목하자. 따라서 물체 위의 각 점으로부터 나온 빛은 넓게 퍼져서 필름 위의 **모든** 점으로 도착하게 된다. 결과적으로 홀로그램이 기록되는 사진 필름의 각 영역은 물체 위에 조명된 모든 점들에 대한 정보를 각각 포함하게 된다. 이것이 놀라운 결과를 이끌어 내는 것이다. 즉 홀로그램의 작은 조각이 필름으로부터 잘려도 그 작은 조각으로부터 완전한 영상을 만들어 낼 수 있다.

홀로그램은 간섭성 빔이 나오는 방향대로 현상된 필름을 투과해 올 때 그 반대 방향으로 광원을 향해 볼 때 가장 잘 보이게 된다. 필름 위의 간섭 무늬는 회절 격자와 같이 작용한다. 그림 27.25는 두 광선이 필름을 통과하는 모습을 보여 준다. 각 광선에 대해 회절 무늬의 $m = 0$과 $m = \pm1$ 광선이 필름의 오른쪽에 만들어진 것이 보인다. $m = +1$ 광선들은 수렴해서 정상적으로 보이는 상이 아닌 실상을 만든다. 필름 뒤쪽에서 $m = -1$에 대응하는 광선들을 연장하면 필름이 입사될 때, 빛이 실제 물체로부터 나왔던 것과 똑같은 방법으로 상에서 나온 빛이 있는 것 같아 허상이 있음을 보게 된다. 이것이 홀로그래피 필름을 통해 보이는 상이다.

홀로그램은 화면 표시 장치와 정밀 측정 등 여러 가지 분야에 응용되고 있다. 신용카드에도 홀로그램이 사용되고 있다. 이것은 홀로그램의 특별한 형태로 **무지개 홀로그램**이라 하며, 백색광에서 반사될 때 보이도록 고안됐다.

홀로그램은 레이저를 이용해서 시각 정보로 저장하는 수단이기도 하다. 〈관련 이야기

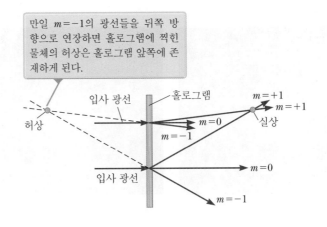

만일 $m = -1$의 광선들을 뒤쪽 방향으로 연장하면 홀로그램에 찍힌 물체의 허상은 홀로그램 앞쪽에 존재하게 된다.

그림 27.25 두 광선이 수직 입사로 홀로그램(필름)에 부딪친다. 각 광선에 대해 $m = 0$과 $m = \pm1$에 대응하는, 나가는 광선을 보여 주고 있다.

8 결론〉에서는, 음성 또는 비디오 영상 장치로 전환할 수 있는 디지털 정보를 저장하기 위해 사용하는 레이저에 대해 살펴볼 것이다.

연습문제 |

객관식

1. 단일 슬릿을 통과하는 파동이 있다. 슬릿의 너비를 반으로 줄이면 회절 무늬의 중앙 극대의 너비는 어떻게 변하는가? (a) 1/4이 된다. (b) 1/2이 된다. (c) 변하지 않는다. (d) 두 배가 된다. (e) 네 배가 된다.

2. 빛의 파장보다 짧은 슬릿 간격을 갖는 영의 이중 슬릿 실험을 한다고 생각해 보자. 매우 큰 반 원통을 스크린으로 사용하며, 반원통 축의 중앙선을 슬릿의 중앙선을 따라서 놓는다. 반원통의 내부 표면에서 보게 되는 간섭 무늬는 어떤 것인가? (a) 밝고 어두운 무늬가 매우 좁게 반복되어 분리할 수 없는 모습이다. (b) 가운데 밝은 무늬와 두 개의 어두운 무늬만 있다. (c) 어두운 무늬 없이 스크린이 완전히 밝다. (d) 중앙에 하나의 어두운 무늬와 양쪽에 두 개의 밝은 무늬가 있다. (e) 밝은 무늬 없이 스크린이 완전히 어둡다.

3. 영의 이중 슬릿 실험을 공기 중에서 빨간색 빛을 이용해서 한 번 수행한 다음, 물속에 넣어서 실험을 다시 한다고 가정하자. 스크린 상에 나타나는 간섭 무늬는 어떻게 되는가? (a) 사라진다. (b) 밝고 어두운 무늬가 같은 위치에 나타나지만 명암의 대비가 감소한다. (c) 밝은 무늬들이 더 가까워진다. (d) 밝은 무늬들이 더 멀어진다. (e) 간섭 무늬에 아무런 변화도 일어나지 않는다.

4. 영의 이중 슬릿 실험을 다음과 같이 네 번 수행한다. (a) 첫 번째는 간격이 $400\,\mu$m인 두 슬릿에 파란색 빛을 통과시켜 4 m 떨어진 스크린에 간섭 무늬가 생기게 한다. (b) 두 번째는 (a)에서와 같은 슬릿에 빨간색 빛을 통과시키고 같은 스크린에 간섭 무늬가 생기게 한다. (c) 세 번째는 빨간색 빛을 사용하고 스크린도 같지만 슬릿의 간격이 $800\,\mu$m이다. (d) 네 번째는 빨간색 빛을 사용하고 슬릿 간격은 $800\,\mu$m이지만 스크린까지의 거리는 8 m이다. (i) 앞의 네 가지 실험에서 스크린에 나타나는 간섭 무늬의 중앙 극대에서 1차 극대까지의 각도가 큰 것부터 순서대로 나열하라. 같은 경우에는 동일한 순위로 둔다. (ii) 중앙 극대에서 1차 극대까지의 거리가 큰 것부터 순서대로 나열하라.

5. 평면 단색광이 그림 27.2에서와 같이 이중 슬릿으로 입사한다. (i) 스크린을 이중 슬릿에서 더 멀리 움직임에 따라, 스크린 상에 나타나는 간섭 무늬의 간격은 어떻게 되는가? (a) 넓어진다. (b) 좁아진다. (c) 변함없다. (d) 빛의 파장에 따라 넓어지거나 좁아진다. (e) 새로운 정보가 더 있어야 답을 낼 수 있다. (ii) 슬릿의 간격을 넓히면, 스크린 상에 나타나는 간섭 무늬의 간격은 어떻게 되는가? (i)의 보기에서 고르라.

6. 주차장의 작은 웅덩이에 여러 가지 밝은 색의 소용돌이 무늬가 보인다. 이 기름 막의 두께에 관해 할 수 있는 말은 어떤 것이 있는가? (a) 가시광선의 파장보다 얇다. (b) 가시광선의 파장 정도이다. (c) 가시광선의 파장보다 훨씬 두껍다. (d) 가시광선의 파장과 어떤 관계가 있을 것이다.

7. 물($n = 1.33$) 위에 얇은 기름 막($n = 1.25$)이 떠 있다. 초록색 빛($\lambda = 530$ nm)을 강하게 반사하는 영역에서 기름막의 두께가 영이 아닌 최솟값은 얼마인가? (a) 500 nm (b) 313 nm (c) 404 nm (d) 212 nm (e) 285 nm

8. 단일 슬릿으로부터 1.00 m 떨어진 곳에 프라운호퍼 회절 무늬가 생긴다. 광원의 파장이 5.00×10^{-7} m이고 중앙의 밝은 무늬에서 첫 번째 어두운 무늬까지의 거리가 5.00×10^{-3} m이다. 슬릿의 너비는 얼마인가? (a) 0.010 0 mm (b) 0.100 mm (c) 0.200 mm (d) 1.00 mm (e) 0.005 00 mm

9. 젖은 길 위의 기름 박막에서 때때로 진한 색의 무늬가 생기는 복합적인 광학적 현상은 다음 중 어느 것인가? (a) 회절과 편광 (b) 간섭과 회절 (c) 편광과 반사 (d) 굴절과 회절 (e) 반사와 간섭

10. 파장이 500 nm인 단색광을 슬릿 간격이 2.00×10^{-5} m인 이중 슬릿에 비춘다. 2차 밝은 무늬의 각도는 얼마인가?

(a) 0.050 0 rad (b) 0.025 0 rad (c) 0.100 rad (d) 0.250 rad (e) 0.010 0 rad

주관식

27.1 간섭의 조건

27.2 영의 이중 슬릿 실험

27.3 분석 모형: 파동의 간섭

1. 파장이 589 nm인 빛을 이용해서 영의 이중 슬릿 실험을 한다. 슬릿과 스크린 사이의 거리는 2.00 m이고 10번째 간섭 극소 위치는 중앙 극대에서 7.26 mm 떨어져 있다. 두 슬릿 사이의 간격을 구하라.

2. 어떤 방송국 안테나 두 개가 그림 P27.2에서처럼 $d = 300\ \mathrm{m}$ 떨어져 있다. 이 안테나는 파장이 똑같은 신호를 동시에 송출한다. 자동차 한 대가 두 안테나의 중심선으로부터 $x = 1\,000\ \mathrm{m}$ 떨어진 위치에서 북쪽을 따라 직선으로 이동하면서 신호를 수신한다. (a) 자동차가 점 O로부터 북쪽으로 $y = 400\ \mathrm{m}$ 갔을 때 두 번째 극대 신호를 수신했다면, 신호의 파장은 얼마인가? (b) 그 위치에서 얼마나 더 올라가면 다음 극소 신호를 수신하게 되는가? *Note*: 이 문제에서 작은 각도 근사는 사용하지 않는다.

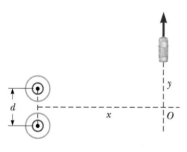

그림 P27.2

3. 초록색 아르곤 레이저 빛을 이용해서 영의 간섭 실험을 한다. 슬릿의 간격은 0.500 mm이고 스크린까지의 거리는 3.30 m 이다. 첫 번째 밝은 무늬는 간섭 무늬의 중앙으로부터 3.40 mm 떨어져 있다. 아르곤 레이저 빛의 파장은 얼마인가?

4. 두 슬릿의 간격은 0.320 mm이다. 500 nm 빛이 슬릿에 부딪쳐 간섭 무늬를 만들었다. $-30.0° \leq \theta \leq 30.0°$ 의 각도 범위에서 관측된 극대의 개수는 몇 개인가?

5. 그림 P27.5(실제 크기와 다름)에서 $L = 1.20\ \mathrm{m}$이고 $d = 0.120\ \mathrm{mm}$이며 두 슬릿에 500 nm의 빛을 조사한다고 하자. (a) $\theta = 0.500°$일 때와 (b) $y = 5.00\ \mathrm{mm}$일 때, 점 P

에 도달하는 두 파면 사이의 위상차를 계산하라. (c) 위상차가 0.333 rad가 되기 위한 θ의 값은 얼마인가? (d) 경로차가 $\lambda/4$가 되기 위한 θ의 값은 얼마인가?

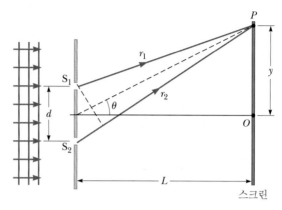

그림 P27.5 문제 5, 6

6. 그림 P27.5에서, $L = 120\ \mathrm{cm}$이고 $d = 0.250\ \mathrm{cm}$라 하자. 슬릿에 입사하는 빛의 파장은 간섭성인 600 nm의 빛이다. 스크린에 도달하는 빛의 평균 세기가 중앙 극대 값의 75.0 %가 되는 곳의(중앙 극대로부터의) 거리 y를 계산하라.

7. 그림 P27.7과 같은 이중 슬릿 배열에서 $d = 0.150\ \mathrm{mm}$, $L = 140\ \mathrm{cm}$, $\lambda = 643\ \mathrm{nm}$, $y = 1.80\ \mathrm{cm}$이다. (a) 두 슬릿으로부터 P에 도달하는 빛의 경로차 δ는 얼마인가? (b) 경로차를 λ값으로 나타내라. (c) 점 P는 극대인가 극소인가, 아니면 중간 조건인가? 답에 대한 근거를 설명하라.

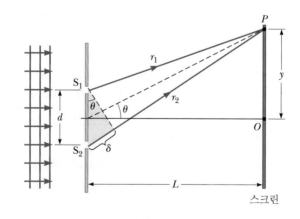

그림 P27.7

8. 어떤 학생이 파장이 632.8 nm인 빛을 내는 레이저를 들고 있다. 레이저 빔은 레이저 앞에 붙인 유리판으로 된 간격이 0.300 mm인 두 슬릿을 통과한다. 슬릿을 통과한 빔은 스크린에 간섭 무늬를 나타낸다. 학생이 스크린을 향해 3.00 m/s의 속력으로 걸어간다. 스크린의 중앙 극대는 정지해 있다. 스크린에서 50번째 극대가 움직이는 속력을 구하라.

9. 간격이 0.250 mm인 평행한 슬릿 쌍에 초록색 빛(λ = 546.1 nm)이 입사한다. 슬릿으로부터 1.20 m 떨어진 스크린에 간섭 무늬가 나타난다. (a) 중앙 극대에서 양쪽의 1차 극대까지, (b) 간섭 무늬에서 첫 번째와 두 번째 어두운 띠까지의 거리를 계산하라.

10. 파장이 λ인 간섭성 광선이 그림 P27.10에서와 같이 간격이 d인 두 슬릿을 슬릿이 있는 면의 법선과 θ_1의 각도로 입사한다. 슬릿을 통과한 광선은 법선과 θ_2의 각도로 나가서 슬릿에서 아주 먼 곳에 있는 스크린에 간섭 극대 무늬를 형성한다. 각도 θ_2가 다음과 같음을 보여라.

$$\theta_2 = \sin^{-1}\left(\sin\theta_1 - \frac{m\lambda}{d}\right)$$

여기서 m은 정수이다.

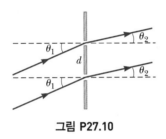

그림 P27.10

27.4 반사에 의한 위상 변화

27.5 박막에서의 간섭

11. 비행기가 레이더에 검출되지 않게 하는 방법으로 비행기에 무반사 고분자 재료를 코팅하는 것이 있다. 레이더파의 파장이 3.00 cm이고 고분자 재료의 굴절률이 n = 1.50일 때, 코팅의 두께는 얼마인가?

12. 물 위에 떠 있는 기름 박막(n = 1.45)에 백색광이 수직으로 입사한다. 기름 박막의 두께는 280 nm이다. (a) 가장 강하게 반사, (b) 가장 강하게 투과되는 가시광선의 파장과 색깔을 각각 구하고, 그 이유를 설명하라.

13. 580 nm의 빛이 그림 P27.13에서와 같이 아주 가까이 놓인 두 장의 유리판에 거의 수직으로 입사한다. 두 장의 유리를 투과한 빛이 밝게 보이기 위한 영이 아닌 d값의 최솟값은 얼마인가?

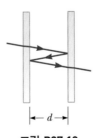

그림 P27.13

14. 그림 P27.14에서와 같이 두 장의 유리판을 겹쳐 놓고 한쪽에 가느다란 전선을 끼우면 쐐기 모양의 공기막이 형성된다. 위에서 600 nm의 빛을 조사하고

내려다볼 때 30개의 어두운 무늬가 관찰된다면, 전선의 지름 d는 얼마인가?

그림 P27.14

15. 굴절률이 1.30인 물질을 유리(n = 1.50) 위에 무반사 코팅 재료로 사용한다. 500 nm의 빛을 최소로 반사하기 위한 막의 최소 두께는 얼마인가?

27.6 회절 무늬

16. 멀리 떨어진 음원으로부터 나온 650 Hz의 음파가 방음벽의 한가운데 있는 너비가 1.10 m인 문을 통과한다. 벽과 평행한 선을 따라서 움직이는 관측자가 듣는 회절 극소의 (a) 개수와 (b) 각도로 나타낸 방향을 구하라.

17. 파장이 632.8 nm인 수평으로 비추어진 레이저 빔의 원형 단면은 지름이 2.00 mm이다. 빔이 나오는 곳의 중앙에 직사각형 구멍이 있어서 4.50 m 뒤에 있는 벽에 수직으로 비칠 때, 빛은 한 변이 110 mm이고 다른 변이 6.00 mm인 사각형 모양의 중앙 극대가 형성된다. 그 크기는 중앙 극대 양쪽의 극소 사이의 거리를 잰 것이다. 레이저 빔이 나오는 구멍의 (a) 너비와 (b) 높이를 구하라. (c) 회절 무늬의 중앙 부분의 밝은 조각의 긴 쪽이 수평인가 수직인가? (d) 레이저가 나오는 구멍의 긴 쪽이 수평인가 수직인가? (e) 두 직사각형의 관계를 그림으로 나타내어 설명하라.

18. 파장이 690 nm인 빛이 입사하는 슬릿 뒤 50.0 cm 되는 곳에 스크린이 있다. 회절 무늬의 1차 극소와 3차 극소 사이의 거리가 3.00 mm이면, 슬릿의 너비는 얼마인가?

27.7 단일 슬릿과 원형 구멍의 분해능

19. 헬륨–네온 레이저의 파장은 632.8 nm이다. 레이저가 나오는 원형 구멍의 지름은 0.500 cm이다. 레이저로부터 10.0 km 떨어진 곳에서 레이저 빔의 지름을 추정하라.

20. 인상파 화가 쇠라(Georges Seurat)는 그림물감으로 지름이 약 2.00 mm인 무수한 점들을 찍어 그림을 그렸다. 주로 빨간색과 초록색이 눈에 띈다(그림 P27.20). 캔버스 위의 각 점들을 구분할 수 없게 되는 그림으로부터의 거리를 구하라. (λ = 500 nm이고 동공의 지름은 4.00 mm로 가정한다.)

그림 P27.20 쇠라의 〈그랑자트 섬의 일요일 오후〉

21. 고양이 눈은 주간에는 마치 너비가 0.500 mm인 수직 슬릿이라도 되듯이 동공이 좁아진다. 빛의 평균 파장을 500 nm라 가정할 때, 수평으로 약간 떨어져 있는 쥐들을 구별하기 위한 분해 한계각은 얼마인가?

22. 해안 경비정의 원형 레이더 안테나의 지름은 2.10 m이고 15.0 GHz의 주파수를 방사한다. 경비정으로부터 9.00 km 떨어진 곳에 두 척의 작은 배가 있다. 레이더로 멀리 있는 배가 두 척임을 확인할 수 있는 두 배 사이의 최소 거리는 얼마인가?

27.8 회절 격자

Note: 다음 문제들에서 빛은 회절 격자에 수직으로 입사한다고 가정한다.

23. 백색광이 회절 격자를 통과하면 스펙트럼 성분으로 분산된다. 격자수가 2 000홈/cm라면 파장이 640 nm인 빨간색 빛이 1차 극대에서 나타나는 각도 얼마인가?

24. 회절 격자를 교정하기 위해 헬륨-네온 레이저($\lambda = 632.8$ nm)가 사용된다. 1차 극대가 20.5°에서 나타난다면, 격자의 홈들 사이의 간격은 얼마인가?

25. 수소 원자 스펙트럼에는 656 nm의 빨간색 선과 434 nm의 청보라색 선이 있다. 4 500홈/cm짜리 회절 격자를 이용해서 얻을 수 있는 모든 가시광의 차수에 대해 이들 두 스펙트럼선 사이의 분리각을 구하라.

26. 아르곤 레이저에서 나온 빛이 5 310홈/cm인 회절 격자를 통과해서 1.72 m 떨어진 스크린에 회절 무늬를 형성한다. 스크린에서 중앙 주 극대와 1차 주 극대 사이는 0.488 m 떨어져 있다. 이용된 레이저 빛의 파장을 구하라.

27.9 연결 주제: 홀로그래피

27. 632.8 nm의 파장을 가진 레이저 빛이, 간격이 1.20 mm인 좁고 평행한 슬릿들 사이를 지나서, 1.40 m 떨어진 사진 필름 위로 입사한다. 각각의 밝은 무늬 중앙 영역을 제외한 어느 곳에서고 노출이 되지 않도록 노출 시간을 조절했다. (a) 간섭 무늬의 최대 사이의 거리는 얼마인가? 필름은 투명하게 현상할 때 노출 선을 제외한 모든 곳은 불투명하다. 다음으로, 같은 레이저 빔이 현상된 필름에 입사해서 1.40 m 뒤쪽에 떨어진 스크린 위에 입사하도록 했다. (b) 간격이 1.20 mm인 좁고 평행한 밝은 영역이 본래 슬릿의 실상으로서 스크린 상에 나타남을 논의하라. (축구 경기를 보면서 이와 유사한 꼬리를 물고 이어지는 생각들을 하다가 가버(Dennis Gabor)는 홀로그래피를 고안했다.)

추가문제

28. 그림 P27.28과 같이 간섭 현상은 500 nm의 광원으로부터의 직진한 광선과 거울로부터 반사된 광선이 중첩된 간섭 무늬가 스크린 위의 점 P에 나타난다. 광원은 스크린의 왼쪽으로 100 m, 거울 위 1.00 cm 되는 곳에 있다고 가정하자. 거울 위쪽으로 첫 번째 어두운 띠에 대한 거리 y를 구하라.

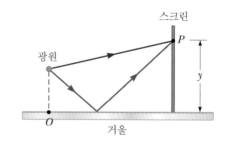

그림 P27.28

29. 헬륨-네온 레이저($\lambda = 632.8$ nm) 빛이 단일 슬릿에 입사한다. 회절의 최소가 관측되지 않는 슬릿의 최대 폭은 얼마인가?

30. 500 nm 파장의 빛이 회절 격자에 수직으로 입사하고 있다. 회절 무늬의 3차 극대가 32.0°에서 관측됐다. (a) 단위센티미터당 격자 수는 얼마인가? (b) 이 상황에서 관찰할 수 있는 주 극대들의 전체 개수를 구하라.

레이저를 이용한 디지털 정보의 기록 및 재생

Using Lasers to Record and Read Digital Information

지금까지 광학의 원리에 대해 살펴봤다. 이제 〈관련 이야기 8 레이저〉에서 했던 핵심 질문에 대한 해답을 찾아볼 것이다.

> 레이저 빛의 특징은 무엇이고 기술적 응용에 있어 어떻게 사용되는가?

24장부터 27장까지 레이저의 여러 기술적 응용에 대해 다뤘다. 이번 〈관련 이야기 8 결론〉에서는 이런 응용들 중 하나인 콤팩트디스크(CD-ROM, DVD 등도 유사함)에 대한 정보의 저장과 검색에 대해 설명할 것이다.

다량의 정보를 작은 공간에 저장하게 된 것은 수십 년에 걸친 연구 결과이다. 초기에는 컴퓨터의 정보를 천공 카드에 저장했다. 이 방법은 오늘날에는 좀 역설적으로 보인다. 왜냐하면 문서의 쪽을 표현하기 위해 책상 위에 놓여 있는 천공 카드의 수가 원본의 문서 분량보다 훨씬 더 많았기 때문이다.

1950년대에 등장한 자기디스크의 기록과 저장 기술은 원본 데이터의 저장 공간을 축소했다. 광학적 저장은 1970년대 비디오디스크의 출현과 함께 시작됐다. 이 플라스틱 디스크는 영상 신호와 관련된 아날로그 정보를 나타내는 부호화된 피트(pit)를 포함하고 있었다. 렌즈에 의해 지름이 약 1 μm의 작은 점에 초점이 맞춰지는 레이저는 데이터를 읽는 데 사용됐다. 레이저 빛이 디스크의 평평한 영역에 떨어져 반사되면, 그 빛은 다시 시스템으로 돌아온다. 빛이 피트와 만나면, 그 빛의 일부는 산란된다. 피트의 바닥으로부터 반사된 빛은 표면으로부터 반사된 빛과 상쇄 간섭을 일으키고, 아주 약간의 빛만 검출 시스템으로 돌아간다.

광학 기록의 다음 단계는 콤팩트디스크(CD)의 출현 등의 디지털 혁명을 포함한다. 디스크를 읽는 것은 비디오디스크와 비슷하지만, 정보가 **디지털** 형식으로 저장된다. 음악 CD는 비디오디스크보다 대중들에게 열정적으로 빠르게 받아들여졌다. CD의 출현 이후 단기간에, 컴퓨터의 정보를 저장하기 위한 광학디스크인 **CD-ROM**이 시장에 소개됐다.

디지털 기록 Digital Recording

디지털 기록에서, 정보는 모스 부호의 점과 대시와 비슷한 2진 코드(1과 0)로 변환된

표 1 | 2진수의 예

10진수	2진수	합
1	0000000000000001	1
2	0000000000000010	2+0
3	0000000000000011	2+1
10	0000000000001010	8+0+2+0
37	0000000000100101	32+0+0+4+0+1
275	0000000100010011	256+0+0+0+16+0+0+2+1

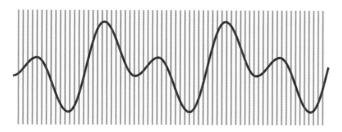

그림 1 소리는 주기적인 간격(파란선들 사이)에 파형을 샘플링해서 디지털화된다. 매 간격마다 그 간격의 평균 전압이 숫자로 기록된다. 여기 보이는 표본 추출 속도는 초당 44 100의 실제 속도보다 매우 느리다.

다. 첫째, 소리의 파형은 전형적으로 초당 44 100번의 비율로 **샘플링**된다. 그림 1은 이 과정을 설명한다. 샘플링 주파수는 위쪽 가청 영역(약 20 000 Hz)보다 훨씬 더 높다. 그래서 들을 수 있는 모든 소리의 주파수가 이 비율로 샘플링된다. 각각의 샘플링 동안, 음압은 전압으로 변환되어 측정된다. 그래서 소리가 샘플링되는 매 초마다 44 100개의 숫자가 얻어진다.

이 측정은 10진법보다 2진법으로 표현되는 **2진수**로 변환된다. 표 1은 몇 개의 2진수를 예로 보여 주고 있다. 일반적으로 측정된 전압은 16비트 '워드'로 기록된다. 여기서 각 비트는 1 또는 0이다. 그래서 다른 전압 레벨의 개수는 $2^{16} = 65\,536$개이며 각각을 서로 다른 코드로 기록한다. 소리의 초당 비트 수는 $16 \times 44\,100 = 705\,600$이다. 16비트인 워드의 1과 0의 문자열은 CD 표면에 기록된다.

그림 2는 CD 표면을 확대한 사진이다. 영역의 두 가지 형태인 **랜드**(land)와 **피트**(pit)는 레이저 재생 시스템에 의해 검출된다. 디스크 표면 그대로인 랜드는 반사율이 크다. 기록 레이저로 표면을 태운 영역이 피트이다. 아래에 설명한 재생 시스템에서 피트와 랜드는 각각 2진수 1과 0으로 변환된다.

그림 3에서 나타난 것과 같이, CD로부터 읽힌 2진수는 다시 전압으로 변환되고, 그 파형은 재구성된다. 샘플링 비율이 매우 높기(매초에 44 100전압 측정) 때문에, 재생된 파형이 계단 형태라는 것의 영향이 소리에서 현저하게 나타나지는 않는다.

Andrew Syred / Science Source

그림 2 피트가 있는 콤팩트디스크의 표면. 피트와 랜드 변화는 1에 해당한다. 변화가 없는 영역은 0에 해당한다.

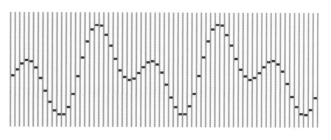

그림 3 그림 1에서 추출한 음파의 재구성. 주목할 점은 그림 1의 파형은 연속적인 데 비해 재구성된 파형은 계단 형태라는 것이다.

디지털 기록의 장점은 충실한 원음 재생에 있다. 아날로그 기록은 기록 표면이나 장비의 작은 결함에도 파형의 왜곡을 가져올 수 있다. 예를 들어 파형의 최대점이 단지 90 % 정도의 높이가 되도록 잘려 나간다면, 아날로그 기록에서 소리의 스펙트럼에 큰 영향을 주게 될 것이다. 하지만 디지털 기록에 있어서, 그것은 1에서 0으로 전환시킬 정도는 아니다. 만약 어떤 이유로 원래 값의 90 %가 됐다고 해도, 그 것을 1로 인식하므로 왜곡은 없다. 디지털 기록의 또 다른 장점은 디 스크에 기계적인 손상 없이 눈에 보이는 정보를 추출한다는 것이다.

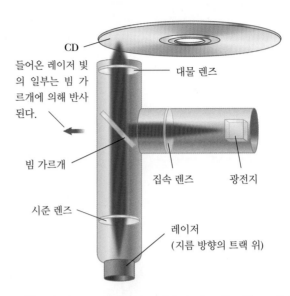

그림 4 플레이어의 검출 시스템. 레이저(하부)는 위쪽 방향으로 빛의 빔을 보낸다. 레이저 빛은 디스크로부터 되돌아와 반사된다. 그리고 빔 가르개에 의해 반사되어 광전지로 들어간다. 빛의 펄스로서 들어온 광 전지의 디지털 정보는 오디오 정보로 전환된다.

디지털 재생 Digital Playback

그림 4는 CD 플레이어의 검출 시스템을 보여 주고 있다. 광학적 성분은 시스템이 디스크의 모든 위치에 접근할 수 있도록 지름 방향 으로 회전하는 트랙 위로 설치(그 모습이 보이지는 않지만)되어 있 다. 레이저가 그림의 아래쪽에 위치해서, 빛을 위로 직접 비추고 있 다. 빛은 렌즈들에 의해 평행하게 되고 빔 가르개를 통해 지나간다. 빔 가르개는 빛이 지나갈 때는 아무 역할도 안 하지만, 빛이 다시 되 돌아올 때 중요한 역할을 한다. 돌아온 레이저 빔은 대물 렌즈를 통해 디스크의 매우 작은 점에 초점을 맞춘다.

빛이 디스크의 피트에 닿으면 그 빛은 분산되고, 매우 작은 빛만이 원래의 경로로 돌아 간다. 빛이 디스크의 평평한 부분에 닿으면, 그 빛은 원래의 경로를 따라 반사된다. 반사 된 빛은 그림에 나타난 것과 같이 아래쪽으로 진행해서 빔 가르개에 도착한다. 그래서 이 빛은 부분적으로 오른쪽으로 반사된다. 렌즈는 빛을 초점에 모으고 이 빛이 광전관에 의 해 검출된다.

이 재생 시스템은 1초에 705 600번 반사된 빛을 검출한다. 레이저가 피트에서 랜드 또 는 랜드에서 피트로 움직일 때, 반사된 빛은 샘플링되는 동안 변하고 비트(bit)는 1로 기 록된다. 샘플링 동안 변화가 없다면, 비트는 0으로 기록된다. CD 플레이어의 전자회로는 0과 1을 다시 들을 수 있는 신호로 바꾼다.

DVD 방식은 1996년엔 일본에서 그리고 1997년엔 미국에서 소개됐다. CD 플레이어가 780 nm의 빛을 사용하는 데 비해 DVD 플레이어는 이보다 짧은 650 nm 파장의 레이저 빛을 사용한다. DVD 디스크는 CD 디스크보다 더 작은 피트로 디지털 정보를 저장할 수 있고, 이것이 DVD의 저장 용량이 커지는 데 일조한다. 더 최근에 개발된 블루 레이(Blu-ray) 방식은 DVD 방식을 대체하고 있는데, 이는 훨씬 더 짧은 405 nm (파란색/보라색) 빛을 이용하며, 이중층(dual layer) 디스크로 제작되어 저장 용량이 50 GB에 이른다. HD DVD에 대한 지원이 끊긴 2008년 초까지, 블루 레이와 또 하나의 고정밀도 방식인 HD DVD는 치열한 경쟁을 했다.

문제

1. CD와 DVD 플레이어는 간섭을 이용해서 아주 작은 반사로부터 강한 신호를 발생시 킨다. 디스크 표면의 미세한 홈(피트)의 깊이는 디스크를 재생하는 데 사용되는 레

이저 빛의 1/4파장과 같다. 그러면 피트에서 반사된 빛과 인접한 랜드로부터 반사된 빛은 검출기에서 상쇄 간섭을 하는 1/2파장만큼 진행한 경로 길이가 다르다. 디스크가 회전할 때 반사된 빛의 세기는 피트 가장자리 가까운 곳에서 빛이 반사될 때 떨어진다. 연속된 피트들의 앞뒤 끝 사이의 간격은 이 요동 사이의 시간 간격으로 결정된다. 연속된 시간 간격은 저장된 정보를 나타내는 0과 1의 시리즈로 판독된다. 진공에서 파장이 780 nm인 적외선이 CD 플레이어에 사용된다고 가정하자. 디스크는 굴절률이 1.50인 플라스틱으로 입혀져 있다. 각각의 피트 깊이는 얼마인가? DVD 플레이어는 더 짧은 파장의 빛을 사용하므로, 피트 깊이가 더 얕다. DVD는 CD에 비해 기억 용량이 훨씬 크다.

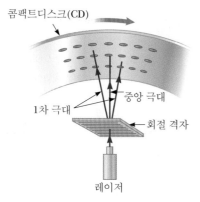

콤팩트디스크(CD)

1차 극대

중앙 극대

회절 격자

레이저

그림 5 CD 플레이어 안의 추적 방식

2. CD 플레이어의 레이저는 한 나선형 고리와 그 다음 간격이 약 1.25 μm인 나선형 트랙을 따라갈 만큼 정밀해야 한다. 피드백(되먹임) 과정은 레이저가 트랙을 이탈할 때 플레이어가 다시 제자리로 돌릴 수 있게 한다. 그림 5는 회절 격자가 트랙에 빔을 고정하도록 정보를 제공하는 데 사용됨을 보여 준다. 레이저 빛은 회절 격자를 통과한 뒤에 디스크에 도달한다. 회절 무늬의 강한 중앙 극대가 트랙의 피트들의 정보를 읽어 내는 데 사용된다. 두 개의 1차 측면 극대는 방향을 조정하는 데 사용된다. 격자는 1차 극대가 정보 트랙의 양쪽 평평한 면에 입사하도록 설정되어 있다. 양쪽 빔은 그들 고유의 감지기 안으로 반사된다. 양쪽 빔이 피트가 없는 표면에서 반사되면 높은 세기로 반사된다. 중앙의 빛이 트랙을 이탈하면 측면의 빔 중 하나가 정보 트랙의 피트에 부딪쳐서 반사되는 빛이 줄어든다. 이 변화는 전기회로와 함께 빔을 원하는 위치로 되돌아가도록 유도하는 데 사용된다. 레이저 빛은 파장이 780 nm이고 회절 격자는 디스크로부터 6.90 μm 떨어져 위치한다고 가정한다. 1차 빔은 디스크에서 정보 트랙 양쪽으로 0.400 μm인 곳에 위치한다고 가정한다. 격자에서 밀리미터당 홈의 개수는 몇 개인가?

3. CD 표면이 레이저를 지나는 속력은 1.3 m/s이다. 각각의 오디오 정보의 한 비트당 오디오 트랙의 평균 길이는 얼마인가?

4. 그림 2에 있는 CD 표면의 그림을 생각해 보자. 오디오 데이터는 데이터를 읽을 때 다양한 에러를 줄이기 위해 복잡한 과정을 거친다. 그러므로 오디오 '워드(word)'는 디스크에 선형으로 배열되어 있지 않다. 에러 코딩을 제거하고 데이터를 읽었다고 가정하면 결과적인 오디오 문자는 다음과 같다.

$$1011101110111011$$

16비트 워드에 의해 나타나는 10진수는 무엇인가?

5. 레이저는 또한 **광자기 디스크**의 기록 과정에서 사용된다. 피트를 기록하기 위해, 강자성층 상의 피트점은 최소 온도인 퀴리 온도 이상으로 올라가야 한다. 표면이 약 1 m/s의 속력으로 레이저를 지나쳐 움직이고, 피트는 높이가 1 μm이고 반지름이 1 μm인 원통으로 생각하자. 강자성 물질은 다음 특징을 가진다. 그것의 퀴리 온도는 600 K, 비열은 300 J/kg · °C, 밀도는 2×10^3 kg/m³이다. 피트를 퀴리 온도 이상으로 올리는 데 필요한 레이저 빔 세기의 크기는 대략 얼마인가?

우주와의 연관 The Cosmic Connection

이 번 〈관련 이야기〉에서는 일반적으로 **현대 물리학**이라고 하는 물리학 영역에 포함되는 원리를 살펴본다. 20세기가 열리면서 시작된 현대 물리학은 물리학의 혁명으로 불린다. 9장에서 상대론을 공부할 때 현대 물리학을 논의하기 시작했다. 현대 물리학의 또 다른 내용은 이 책을 통해 여러 곳(11장에서 원자 스펙트럼과 보어 모형, 11장의 블랙홀, 17장의 분자 회전과 진동의 양자화, 24장의 흑체와 광자에 대한 논의를 포함해서)에 나타난다.

이 책에서, 물리 현상을 이해하기 위한 모형의 중요성을 강조했다. 20세기로 넘어가는 시점에, 고전 물리학은 잘 확립되어 있었고 현상을 설명하기 위한 모형으로 많은 법칙이 만들어졌다. 그러나 많은 실험 관측에서 고전 모형을 사용한 이론과 일치하지 않는 결과가 나오고 있었다. 원자계에 대한 고전 물리학의 법칙을 적용한 시도에서 원자 크기의 물질의 특성에 대한 정확한 예측과 일치하지 않는다. 흑체 복사, 광전 효과 그리고 기체 방전에서 원자의 선스펙트럼 방출과 같

그림 2 초신성 1987A. (왼쪽) 초신성 이전의 대마젤란운(Large Magellanic Cloud) 영역. (오른쪽) 초신성 폭발은 1987년 2월 24일에 일어났다. 이 우주 폭발은 핵 내부의 미시적 입자 사이의 상호 작용으로 인해 발생한 것으로 알려져 있다.

은 다양한 현상들은 고전 물리학의 범주에서 이해할 수 없었다. 그러나 1990년에서 1930년 사이에, **양자 물리학** 또는 **양자 역학**이라 부르는 새로운 모형은 원자, 분자 그리고 핵의 운동을 설명하는 데 매우 성공적이었다. 상대성 이론과 마찬가지로 양자 물리학도 물리적 세계와 관계된 우리의 사고체계의 변화를 요구한다. 그러나 양자 역학이 고전 역학을 부정하거나 틀렸음을 입증하지는 않는다. 상대성 이론과 마찬가지로 미시계를 설명하는 데 사용되는 양자 물리학의 식도 적절한 영역에서 고전적인 식과 같아진다.

양자 물리학의 광대한 연구는 확실히 이 책의 범위를 넘어서므로 이 〈관련 이야기〉에서는 간단한 기초가 되는 개념만 소개한다. 양자 물리학의 진정한 성과 중 하나는 미시적 현상과 우주의 구조와 진화 사이의 연관성을 밝힌 것이라 할 것이다. 역설적으로, 최근 물리학의 발전으로 점점 더 작은

그림 1 많이 사용되는 태블릿 컴퓨터인 애플 아이패드. 화면에 나타나는 정보는 마이크로 프로세서 회로에서 미세 전자의 작용으로 인해 나타난다.

NASA, ESA, and M. Livio and the Hubble 20th Anniversary Team (STScI)

그림 3 지구에서 7 500광년 떨어진 용골자리 성운(Carina Nebula)의 일부를 보여 주는 이 그림은 허블 우주 망원경(1990년 4월 24일)을 우주에 띄운 지 20주년을 축하하기 위해 공개됐다. 눈에 띄는 새로운 별의 탄생이 이 화면에 담겨 있다. 사진의 위쪽에 보이는 것들처럼 몇 개의 물질 분출은 물질과 새로운 별들의 표면 사이의 만유인력에 의해서 생긴다. 사진에 보이는 다양한 색은 산소, 질소, 수소 각각의 원자에서 방출된 빛에 의한 것이다. 용골자리 성운은 우리 은하의 구성원이다. 전체 하늘에서, 허블 우주 망원경이 발견할 수 있는 은하는 천억 개로 추산된다. 이것은 우주의 보이는 부분에 있는 전체 은하 중에서 매우 작은 부분으로 예상된다. 이 어마어마하게 큰 계의 기원에 대한 이론을 발전시키기 위해 입자 물리학의 최근 이론에서 가장 기본이 되는 입자인 쿼크에 대한 이해가 필요하다.

세계에 대한 연구가 이루어지면서 우리에게 친숙한 큰 계들을 보다 잘 이해할 수 있게 한다. 작은 것과 큰 것 사이의 이 같은 연관성이 이번 〈관련 이야기〉의 주제이다.

거시계와 미세 입자의 거동에 대한 연관성의 몇 가지 예를 들어보자. 오늘날 액정디스플레이(LCD)에서 정보를 나타내는 일반적인 전자 기기(휴대용 전자 계산기, 스마트폰, 태블릿 컴퓨터, 평면 텔레비전 등)에 대한 여러분의 경험을 생각해 보자. LCD 화면에서 전화번호, 일정 또는 사진과 같은 목록을 보는 것은 거시적이지만, 이 거시적 내용을 조절하는 것은 무엇일까? 그것들은 전자 기기 안에 있는 마이크로 프로세서에 의해 조절된다. 마이크로 프로세서의 작동은 마이크로 칩 내의 전자의 거동에 의존한다. 거시적인 전자 기기의 설계와 제조는 이 전자의 거동에 대한 이해 없이는 불가능하다.

두 번째 예로, 초신성 폭발은 분명히 거시적인 사건이다. 반지름이 10억 미터 정도 되는 별이 격렬한 반응을 일으키는 것이다. 10^{-15} m 크기 정도의 원자핵을 연구한다면, 이런 현상에 이해를 깊게 할 수 있을 것이다.

별보다 더 큰 계(우주 전체)를 생각한다면, 핵보다 훨씬 작은 입자에 대해 생각함으로써 그것의 기원에 대한 이해를 깊게 할 수 있을 것이다. **쿼크**라고 하는 양성자 및 중성자의 구성 요소를 생각해 보자. 쿼크 모형은 우주의 기원 이론인 **빅뱅**에 대한 이해를 넓히고 있다. 이 〈관련 이야기〉에서 쿼크와 대폭발에 대해 언급할 것이다.

우리가 조사하고자 하는 계가 보다 클수록, 우리는 보다 작은 입자들의 거동을 이해해야 한다. 우리는 다음 핵심 질문에 답하면서 이 관계를 탐구하고 양자 물리학의 원리를 공부할 것이다.

> 미시적인 입자 물리학과 천체 물리학을 어떻게 연관지을 수 있을까?

양자 물리학 Quantum Physics

© David Spears FRPS FRMS / Corbis

주사 전자 현미경으로 얻은 치즈 진드기인 *Tyrolichus casei*의 미세 영상이다. 진드기는 최대 길이 0.70 mm로 매우 작아서 일반 현미경으로는 그 미세한 해부학적 모습을 나타낼 수 없다. 전자 현미경의 작동 원리는 양자 역학의 중요한 특징인 전자의 파동적 성질에 기초를 두고 있다.

О│ 책의 앞부분 여러 장에서 입자의 물리 운동을 중점적으로 다뤘다. 입자 모형은 물체의 특성을 연구할 때, 물체의 불필요한 세부 구조를 생략할 수 있게 하는 단순화 모형이다. 그리고 입자 모형을 한층 더 단순화한 물리계와 강체에 적용했다. 13장에서는 또 다른 단순화 모형인 파동을 도입했고, 진동하는 줄과 소리의 복잡성을 간단한 파동을 공부함으로써 이해할 수 있었다. 24∼27장에서는 빛의 파동 모형이 빛과 관련된 많은 현상을 이해하는 데 도움이 된다는 것을 알았다.

이제 여러분은 아주 다른 입자의 세계와 파동의 세계에서의 물리 문제를 분석할 수 있는 능력에 자신감을 갖고 있을 것이다. 25장의 시작 부분에서 빛이 파동의 특성과 입자의 특성 모두를 갖고 있음을 논의하면서 자신감이 흔들렸을 것이다.

이 장에서는 빛의 이중성으로 다시 돌아가서 좀 더 자세히 공부할 것이다. 그 결과 양자 입자와 경계 조건하의 양자 입자라는 두 분석 모형에 이르게 될 것이다. 이 두 모형을 면밀히 분석하면 입자와 파동은 예상과는 달리 서로 무관하지 않음을 알 수 있다.

오류 피하기 | 28.1

도전을 기대한다 이 장과 다음의 장들에서 양자 물리학의 논의가 낯설고 혼란스러운 것처럼 보인다면, 우리의 모든 삶의 경험이 양자 효과가 분명하지 않은 거시적인 세상에 놓여 있기 때문이다.

28.1 | 흑체 복사와 플랑크의 이론 Blackbody Radiation and Planck's Theory

17장에서 논의했듯이, 임의의 온도에서 물체는 **열복사**(thermal radiation)라 불리는 에너지를 방출한다. 이 복사의 특징은 온도와 물체의 표면 특성에 의존한다. 물체의 표면이 상온에 있다면, 열복사의 파장은 주로 적외선 영역이고, 우리 눈으로 관찰할 수 없다. 표면의 온도가 증가하면서 결국 빨간색의 빛을 발한다. 충분히 높은 온도에서 물체는 백색광을 발한다. 이는 전구의 뜨거운 텅스텐 필라멘트의 빛과 같다. 좀 더 상세히 조사해 보면 열복사는 전자기 스펙트럼의 모든 부분에 해당하는 파장의 연속적인 분포로 이루어져 있음을 알 수 있다.

고전적 관점에서, 열복사는 물체 표면 근처의 가속된 대전 입자에 의해 일어난다. 열적으로 들떠 있는 전하들의 가속도는 연속적인 분포를 갖는데, 이것이 물체에 의해 방출되는 복사의 연속 스펙트럼의 원인이 된다. 19세기 후반에는, 열복사에 대한 이런 고전적 이론이 맞지 않는다는 것이 명백해졌다. 근본적인 문제는 흑체라고 하는 이상적 물체에 의해 방출되는 복사 파동의 측정된 분포를 이해하는 데 있었다. 24장에 언급했듯이, **흑체**(blackbody)는 그것에 입사하는 모든 복사를 흡수하는 이상적인 계이다. 흑체와 비슷한 좋은 예는 그림 28.1과 같이, 내부가 비어 있고 작은 구멍이 나 있는 물체이다. 구멍에서 방출되는 복사의 성질은 오직 공동(cavity) 벽의 온도에만 의존한다.

그림 28.1 흑체의 물리적인 모형

공동에서 나온 복사의 파장 분포는 19세기 후반에 다방면에 걸쳐 연구됐다. 그림 28.2는 세 가지 온도에 대한 **흑체 복사**(blackbody radiation)의 에너지 분포에 대한 실험 자료를 보여 준다. 복사 에너지의 분포는 파장과 온도에 따라 변한다. 다음의 두 가지 실험적인 발견은 특히 중요하다.

1. **방출된 복사의 전체 일률은 온도에 따라 증가한다. 슈테판의 법칙**(Stefan's law)으로 알려진 이 특징은 17장에서 소개했고, 넓이가 A이고 온도가 T인 표면에서 나온 일률을 말한다.

▶ 슈테판의 법칙

$$P = \sigma A e T^4 \tag{28.1}$$

흑체에서 방출률은 정확히 $e = 1$이다.

2. **파동 분포의 봉우리는 온도가 증가함에 따라 더 짧은 파장으로 이동한다.** 이런 변화는 실험적으로 발견됐고, **빈의 변위 법칙**(Wien's displacement law)에 따른다.

▶ 빈의 변위 법칙

$$\lambda_{max} T = 2.898 \times 10^{-3}\ \text{m}\cdot\text{K} \tag{28.2}$$

여기서 λ_{max}는 그림 28.2에 있는 곡선 봉우리에서의 파장이고, T는 복사를 방출하는 표면의 절대 온도이다.

흑체 복사에 관한 이론이 성공하려면, 슈테판의 법칙으로 나타낸 온도 의존성과 빈의 변위 법칙으로 나타낸 온도에 따른 봉우리의 이동을 나타내는 그림 28.2에 주어진

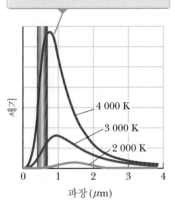

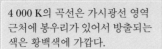

4 000 K의 곡선은 가시광선 영역 근처에 봉우리가 있어서 방출되는 색은 황백색에 가깝다.

그림 28.2 세 가지 온도에 대한 파장에 따른 흑체 복사의 세기 분포. 파장의 가시광선 영역은 $0.4\,\mu$m에서 $0.7\,\mu$m이다. 약 6 000 K에서 봉우리는 가시광선 영역의 중간쯤에 있으므로, 물체는 백색으로 보이게 된다.

뜨거운 석탄 덩어리 사이에서 작열하는 빛은 흑체 복사의 아주 좋은 예이다. 여기서 보이는 빛의 색깔은 석탄 조각의 온도에만 의존한다.

곡선의 모양을 설명할 수 있어야 한다. 고전적인 개념을 이용해서 그림 28.2에 나타나 있는 곡선의 모양을 설명하고자 하는 초기의 시도들은 모두 실패했다.

이런 초기의 시도들 중 하나를 살펴보자. 흑체로부터 방출되는 에너지의 분포를 표현하기 위해 $I(\lambda, T)\,d\lambda$를 세기, 즉 파장 구간 $d\lambda$에서 방출되는 단위 넓이당 일률로 정의하자. **레일리-진스의 법칙**(Rayleigh–Jeans law)으로 알려진 흑체 복사에 따른 고전 이론에 근거해서 계산한 결과는 다음과 같다.

$$I(\lambda, T) = \frac{2\pi c k_B T}{\lambda^4}$$ **28.3**

▶ 레일리-진스의 법칙

여기서 k_B는 볼츠만 상수이다. 흑체는 공동의 벽 내에서 가속 전하들에 의해 생긴 전자기장의 많은 진동 모드가 가능해서, 모든 파장의 전자기파가 방출될 수 있도록 공동에 작은 구멍이 있는 물체로 생각할 수 있다(그림 28.1). 식 28.3을 유도하기 위해 사용된 고전 이론에서는 정상파의 각 파장에 해당하는 평균 에너지는 16.5절에서 논의한 에너지 등분배 정리에 근거해서 $k_B T$에 비례한다고 가정했다.

그림 28.3에 흑체 복사 스펙트럼의 실험 그래프와 레일리-진스의 이론적 예측을 나타내는 그래프가 있다. 파장에 따라 레일리-진스의 법칙은 실험 자료와 어느 정도 일치하기는 하지만, 짧은 파장 영역에서는 거의 일치하지 않는다.

λ가 영에 접근함에 따라, 식 28.3으로 주어진 함수 $I(\lambda, T)$는 무한대에 접근한다. 따라서 고전 이론에 의하면, 흑체 복사 스펙트럼에서 파장이 짧을수록 세기가 크게 증가하고, 특히 파장이 영에 가까우면 흑체에서 방출되는 에너지는 무한대에 가까워야 한다. 이런 예측과는 대조적으로, 그림 28.3에서 실험 결과는 λ가 영에 접근할 때 $I(\lambda, T)$도 영에 접근한다. 이런 이론과 실험의 불일치는 매우 당황스러운 일이어서 과학자들은 이를 **자외선 파탄**(ultraviolet catastrophe)이라고 했다(이 '파탄'—무한대의 에너지—은 파장이 영에 접근함에 따라 일어나고, **자외선**이란 말은 자외선 영역의 파장이 짧기 때문에 사용된 말이다).

고전 이론(갈색 곡선)에서는 실험 자료(파란색 곡선)와 달리 짧은 파장 영역에서 제한없이 세기가 증가한다.

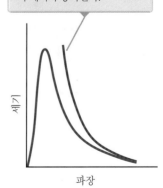

그림 28.3 흑체 복사에 관한 레일리-진스의 법칙에 따른 곡선과 실험 결과의 비교

플랑크
Max Planck, 1858~1947
독일의 물리학자

플랑크는 '작용 양자'(플랑크 상수, h)의 개념을 도입해서 흑체 복사의 스펙트럼 분포를 설명하려고 시도했다. 이 개념이 양자 이론의 기초를 세우게 된 것이다. 그는 에너지가 양자화된다는 것을 발견한 공로로 1918년에 노벨 물리학상을 받았다.

1900년에, 플랑크(Max Planck)는 파장 분포에 대한 이론적 식을 이끌어 내는 구조 모형을 개발했는데, 이 식은 모든 파장에서 실험 결과와 완벽하게 일치했다. 그의 모형은 초기 **양자 물리**(quantum physics)를 나타낸다.

11.2절에 소개한 구조 모형의 구성 요소를 이용해서, 플랑크 모형을 다음과 같이 기술할 수 있다.

1. **계를 이루는 구성 요소에 대한 서술:** 플랑크는 흑체 복사를 흑체의 분자 내에 전하를 띤 입자와 관계된 진동자에 의한 것으로 생각했다. 계를 이루는 구성 요소는 진동자와 이들에서 방출되는 복사이다.

2. **계의 구성 요소의 상대적 위치 및 그들 간의 상호 작용에 대한 서술:** 관찰할 수 있는 흑체 복사를 방출하는 진동자들은 흑체의 표면에 위치해 있다. 진동자의 에너지는 양자화되어 있다. 즉 이는 다음에 주어지는 어떤 **불연속** 에너지양 E_n만을 가질 수 있다.

$$E_n = nhf \qquad\qquad \textbf{28.4}$$

여기서 n은 **양자수**(quantum number)[1]라고 하는 양의 정수이고, f는 진동자 주파수, 그리고 h는 11장에서 소개한 **플랑크 상수**(Planck's constant)이다. 각 진동자의 에너지가 식 28.4에 주어진 불연속 값만 가질 수 있기 때문에, 에너지가 **양자화**(quantized)됐다고 한다. 다른 **양자 상태**(quantum state)에 해당하는 각각의 불연속적인 값은 양자수 n으로 나타낸다. 진동자가 $n = 1$인 상태에 있으면 에너지는 hf이고, $n = 2$인 상태에 있으면 에너지는 $2hf$ 등등이다. 한 양자 상태에 머물러 있으면, 에너지는 흡수되거나 방출되지 않는다.

3. **시간이 지남에 따라 계가 어떻게 변하는가에 대한 서술:** 구조 모형 구성 요소 2의 말미에 언급한 것처럼, 진동자는 한 양자 상태에서 다른 양자 상태로 전이를 할 때에만 복사 에너지를 방출하거나 흡수한다. 진동자는 불연속 단위로 에너지를 방출 또는 흡수하는데, 이는 11장에서 언급한 보어 모형과 비슷하다. 전이의 처음과 나중 상태 간의 전체 에너지 차이는 복사의 단일 양자로서 방출된다. 전이가 한 상태에서 가장 가까운 낮은 상태로 일어나면(예를 들어 $n = 3$인 상태에서 $n = 2$인 상태로), 진동자에 의해 복사된 에너지양은 식 28.4에 따라 다음과 같이 나타낼 수 있다.

$$E = hf \qquad\qquad \textbf{28.5}$$

그림 28.4는 플랑크가 제안한 양자화된 에너지 준위와 허용 전이를 보여 주고 있다.

4. **구조 모형을 이용한 예측과 실제 관측 결과에 대한 비교 서술, 그리고 가능하다면 아직 관측된 바 없는 새로운 효과에 대한 예측:** 플랑크 모형이 보이고자 한 것은 이것일 것이다. 이 모형이 식 28.3의 표현식보다 더 나은 그림 28.2에서의 실험

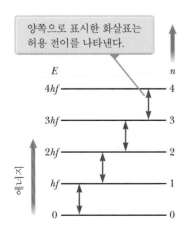

양쪽으로 표시한 화살표는 허용 전이를 나타낸다.

그림 28.4 주파수 f를 갖는 진동자의 허용 에너지 준위

---

[1] 11.5절에서 미시적인 계에 대한 양자수 개념을 처음으로 언급했고, 그것을 수소 원자의 보어 모형에 적용했다. 양자수는 이 책의 다음 장들에서 중요한 개념이기 때문에 여기에 다시 한 번 고딕체로 표기했다.

결과와 일치하는 파장 분포 곡선을 예측하는가?

　11장에서 보어의 수소 원자 모형에서 이미 이런 개념들을 봤기 때문에 이 가정들이 그리 놀랍지 않아 보일지 모른다. 그러나 보어 모형은 1913년에 제안됐고, 플랑크의 가설은 1900년에 만들어졌다는 사실을 생각해 보자. 플랑크 이론의 가장 중요한 점은 양자화된 에너지 상태에 관한 혁명적인 가정이다.

　이 방법을 이용해서 플랑크는 그림 28.2에 나오는 파장의 전 영역에 걸쳐 실험 곡선과 매우 잘 일치하는 다음과 같은 이론적인 식을 만들었다.

$$I(\lambda, T) = \frac{2\pi hc^2}{\lambda^5 (e^{hc/\lambda k_{\mathrm{B}} T} - 1)} \qquad \textbf{28.6}$$

▶ 플랑크의 파장 분포 함수

　이 함수에는 h라고 하는 인자가 포함되어 있는데, 그것은 플랑크가 전 파장 영역에 걸쳐 이론 곡선이 실험 자료와 잘 맞게 하기 위해 도입한 것이다. 이 인자의 값은 흑체가 만들어진 재료에 무관하고 온도에 무관한 자연의 기본 상수이다. 다음은 11장에서 이미 나왔던 플랑크 상수 h의 값이다.

$$h = 6.626 \times 10^{-34}\ \mathrm{J \cdot s} \qquad \textbf{28.7}$$

▶ 플랑크 상수

　파장이 긴 영역에서 식 28.6은 레일리–진스의 식 28.3이 되고, 파장이 짧은 영역에서는 파장이 감소함에 따라 $I(\lambda, T)$ 값이 지수 함수적으로 감소함을 예측한다. 이것은 실험 결과와 잘 일치하는 것이다.

　플랑크가 그의 이론을 발표했을 때, 플랑크를 포함한 대부분의 과학자들은 양자 개념을 실제적인 것으로 간주하지 않았다. 그저 우연히 올바른 결과를 예측한 수학적 기교라 믿었다. 따라서 플랑크와 다른 과학자들은 흑체 복사에 대한 좀 더 이성적인 설명을 찾기 위해 계속 노력했다. 그러나 그 후의 진전된 연구에서 원자 수준의 수많은 현상들을 설명하기 위해서는 (고전적 개념보다는) 양자 개념에 기초한 이론이 필요하다는 것을 보였다.

　인접한 상태 사이의 전이에 의한 에너지 변화는 거시적인 세계의 전체 에너지에 비해 너무나 작게 일어나기 때문에 그 미묘한 변화를 인지할 수 없다. 그런 이유로 우리는 양자 효과를 일상에서는 볼 수 없다(예제 28.2 참조). 그러므로 비록 거시적인 계의 에너지 변화가 실제로 양자화되어 있고 작은 양자 뜀(quantum jump)이 일어나더라도, 우리의 감각은 연속적인 감소로 인지하게 된다. 양자 효과는 오직 원자와 분자의 미시적인 단계가 되어서야 중요해지고 측정할 수 있게 된다. 더 나아가서, 양자 역학적 결과들은 양자수가 커지면 고전 역학적 결과들과 매끄럽게 융화되어야 한다. 이것을 **대응 원리**(correspondence principle)라 한다.

　여러분은 병원에서 온도를 순간적으로 읽을 수 있는 **귀 체온계**로 체온을 측정한 경험이 있을 것이다(그림 28.5). 이런 종류의 온도계는 순간적으로 고막에서 방출되는 적외선 영역의 복사의 양을 측정해서 이를 온도로 바꾼다. 슈테판의 법칙에서 일률이 온도의 네 제곱으로 증가하기 때문에, 이 온도계는 매우 민감하다.

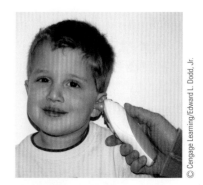

그림 28.5 귀 체온계는 고막에서 발생하는 적외선 복사의 강도를 검출해서 환자의 체온을 측정한다.

퀴즈 28.1 그림 28.6은 오리온자리에 있는 두 개의 별을 보여 준다. 베텔게우스(오리온자리 중 1등별)는 빨간빛으로 보이고 리겔은 파란색으로 보인다. 표면 온도가 더 높은 별은 어느 것인가? **(a)** 베텔게우스 **(b)** 리겔 **(c)** 둘 다 같다. **(d)** 알 수 없다.

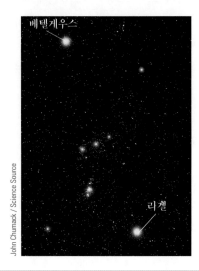

그림 28.6 (퀴즈 28.1) 베텔게우스와 리겔 중 어느 별이 더 뜨거울까?

생각하는 물리 28.1

여러분은 노란색 양초의 불꽃을 관찰하고 있고, 여러분의 실험실 파트너는 불꽃에서 나온 빛은 원자에서 나왔다고 주장한다. 여러분은 양초 불꽃이 뜨겁기 때문에 복사는 열에서 나왔다고 주장한다. 이 언쟁이 격해지기 전에 여러분은 누가 맞는지 어떻게 결정할 수 있는가?

추론 27.8절에 있는 회절 격자 분광계를 이용해서 양초의 불꽃을 관찰하면 간단히 설명할 수 있다. 만약 빛이 연속 스펙트럼이라면, 열이 그 원인이다. 불연속 스펙트럼이라면, 원자가 그 기원이다. 이 실험 결과는 빛은 열적 원인이 주된 것이고 양초 불꽃 속의 뜨거운 그을음 입자로부터 나온다는 것을 보여 준다. ◀

예제 28.1 | 열복사의 몇 가지 예 BIO

(A) 피부의 표면 온도가 35 °C일 때 인체에서 방출되는 세기가 가장 큰 흑체 복사의 봉우리 파장을 구하라.

풀이

개념화 열복사는 어느 물체에서나 나온다. 세기가 최고인 봉우리 파장은 빈의 변위 법칙(식 28.2)에서의 온도와 관계된다.

분류 이 절에서 유도한 식을 이용해서 계산할 수 있으므로 예제를 대입 문제로 분류한다.

식 28.2를 $\lambda_{\max}$에 대해 푼다.

$$(1) \qquad \lambda_{\max} = \frac{2.898 \times 10^{-3} \, \text{m} \cdot \text{K}}{T}$$

표면 온도를 대입한다.

$$\lambda_{\max} = \frac{2.898 \times 10^{-3} \, \text{m} \cdot \text{K}}{308 \, \text{K}} = \boxed{9.41 \, \mu\text{m}}$$

이 복사는 스펙트럼의 적외선 영역에 해당하며 사람의 눈에는 보이지 않는다. 어떤 동물들(예를 들어 살무사 같은 뱀 종류)은 이 영역에 속하는 파장의 복사선을 감지할 수 있어서 어둠 속에서도 정온 동물들을 찾아 내어 잡아먹을 수 있다.

(B) 온도가 2 000 K인 텅스텐 전구의 필라멘트에서 방출되는 세기가 가장 큰 흑체 복사의 봉우리 파장을 구하라.

풀이

필라멘트의 온도를 식 (1)에 대입한다.

$$\lambda_{max} = \frac{2.898 \times 10^{-3}\,\text{m} \cdot \text{K}}{2\,000\,\text{K}} = \boxed{1.45\,\mu\text{m}}$$

이 복사도 역시 적외선 영역이다. 즉 전구에서 방출되는 대부분의 에너지는 우리 눈에는 보이지 않는다.

(C) 표면 온도가 약 5 800 K인 태양으로부터 방출되는 세기가 가장 큰 흑체 복사의 봉우리 파장을 구하라.

풀이

표면 온도를 식 (1)에 대입한다.

$$\lambda_{max} = \frac{2.898 \times 10^{-3}\,\text{m} \cdot \text{K}}{5\,800\,\text{K}} = \boxed{0.500\,\mu\text{m}}$$

이 복사는 가시광선 영역의 중간 부분에 있다. 이 부분은 연두색 테니스공의 색과 비슷하다. 이것은 태양 빛의 가장 강한 색이므로, 인간의 눈은 이 파장 부근이 가장 민감하도록 진화되어 왔다.

(D) 여러분의 피부가 흑체처럼 방출한다고 가정할 때, 방출되는 전체 일률은 얼마인가?

풀이

먼저 피부의 겉넓이를 추정해야 한다. 인체를 높이 2 m, 너비 0.3 m, 깊이 0.2 m인 직육면체로 모형화해서 전체 겉넓이를 구한다.

$$A = 2(2\,\text{m})(0.3\,\text{m}) + 2(2\,\text{m})(0.2\,\text{m}) + 2(0.2\,\text{m})(0.3\,\text{m})$$
$$\approx 2\,\text{m}^2$$

식 28.1의 슈테판 법칙을 이용해서 방출되는 복사 일률을 구한다.

$$P = \sigma A e T^4 \approx (5.7 \times 10^{-8}\,\text{W/m}^2 \cdot \text{K}^4)(2\,\text{m}^2)(1)(308\,\text{K})^4$$
$$\approx \boxed{10^3\,\text{W}}$$

(E) (D)의 답에 근거하면, 여러분의 피부는 왜 백열전구를 몇 개 밝힌 것처럼 밝게 타오르지 않는가?

풀이

(D)의 답은 여러분의 피부가 100 W 전구 열 개에 전송되는 비율과 같은 정도의 에너지를 방출하고 있음을 보여 주고 있다. 그러나 시각적으로 피부가 작열하는 것이 보이지 않는데, 이는 (A)에서 구한 바와 같이 이 복사의 대부분이 적외선 영역이고 사람의 눈은 적외선 복사에 민감하지 않기 때문이다.

예제 28.2 | 양자화된 진동자

2.00 kg의 물체가 힘상수 $k = 25.0$ N/m인 질량을 무시할 수 있는 용수철에 매달려 있다. 용수철을 평형 위치로부터 0.400 m 잡아당겼다가 정지 상태에서 놓는다.

(A) 계의 전체 에너지와 진동수를 고전적으로 계산하라.

풀이

개념화 이미 12장에서 배운 단조화 진동자의 운동에 관해서는 잘 알고 있다. 필요하면 다시 되돌아가 복습하기 바란다.

분류 '고전적으로 계산하라'라는 말은 문제에서 진동자를 고전적으로 간주하라는 뜻이다. 여기서 물체를 단조화 운동을 하는 입자로 생각해 보자.

분석 운동하는 물체의 진폭은 0.400 m이다.

물체-용수철 계의 전체 에너지를 식 12.21을 이용해서 계산한다.

$$E = \frac{1}{2} k A^2 = \frac{1}{2}(25.0\,\text{N/m})(0.400\,\text{m})^2 = \boxed{2.00\,\text{J}}$$

식 12.14로부터 진동수를 계산한다.

$$f = \frac{1}{2\pi}\sqrt{\frac{k}{m}} = \frac{1}{2\pi}\sqrt{\frac{25.0\,\text{N/m}}{2.00\,\text{kg}}} = \boxed{0.563\,\text{Hz}}$$

> **(B)** 진동자의 에너지가 양자화됐다고 가정하고, 이런 진폭으로 진동하는 계의 양자수 n을 구하라.

풀이

분류 문제의 이 부분은 진동자의 양자적 해석에 속한다. 따라서 물체–용수철 계를 플랑크의 진동자로 모형화한다.

분석 식 28.4를 양자수 n에 대해 푼다.

$$n = \frac{E_n}{hf}$$

주어진 값들을 대입한다.

$$n = \frac{2.00 \text{ J}}{(6.626 \times 10^{-34} \text{ J} \cdot \text{s})(0.563 \text{ Hz})} = \boxed{5.36 \times 10^{33}}$$

결론 5.36×10^{33}이라는 값은 매우 큰 값으로서 거시계의 경우 거의 이런 값을 갖는다. 그러면 이제 진동자의 양자 상태 간의 변화에 대해서 다뤄 보자.

문제 어떤 진동자가 $n = 5.36 \times 10^{33}$ 상태에서 한 단계 아래인 $n = 5.36 \times 10^{33} - 1$ 상태로 전이를 한다고 가정해 보자. 이렇게 양자 상태가 한 단계 변하면 진동자의 에너지는 얼마나 변하는가?

답 식 28.5와 (A)에서의 결과로부터 n이 1만큼 변할 때 상태 간의 전이에 의해 옮겨지는 에너지는 다음과 같다.

$$E = hf = (6.626 \times 10^{-34} \text{ J} \cdot \text{s})(0.563 \text{ Hz})$$
$$= 3.73 \times 10^{-34} \text{ J}$$

양자 상태 한 단계 변화에 따른 에너지 변화는 겨우 3.73×10^{-34} J/2.00 J로 이것은 10^{34}분의 1에 해당한다. 진동자의 전체 에너지의 이렇게 작은 일부분은 도저히 검출할 수 없다. 따라서 거시적인 물체–용수철 계의 에너지가 양자화되고, 작은 양자 뜀에 의해 에너지가 감소한다고 해도 이런 감소를 연속적인 감소로 감지할 수밖에 없다. 원자나 분자 정도의 준미시적인 수준에서만 양자 효과는 중요하고 측정이 가능하다.

▌**28.2** | 광전 효과 The Photoelectric Effect

흑체 복사는 역사적으로 양자 모형으로 설명되는 첫 현상이었다. 19세기 후반, 열 복사에 관한 실험을 하던 같은 시기에, 어떤 금속 표면에 입사한 빛이 표면으로부터 전자를 방출시킴을 실험으로 보였다. 25.1절에서 언급했듯이, 헤르츠(Hertz)가 처음 발견한 이 현상을 **광전 효과**(photoelectric effect)라 하며 방출된 전자를 **광전자**(photoelectrons)[2]라 한다.

그림 28.7은 광전 효과 실험 장치의 간략한 그림이다. 진공 상태의 유리관이나 석영관에는 전원의 음극에 연결된 금속판 E가 들어 있다. 또 다른 금속판 C는 전원에 의해 양 전압을 유지한다. 이 관을 어두운 곳에 두면, 회로에 전류가 흐르지 않아 전류계는 영을 가리킨다. 그러나 판 E에 적당한 파장의 빛을 쪼이면 전류가 흐르며, 이는 전하가 E와 C 사이의 틈을 가로지르는 것을 의미한다. 이 전류는 음극판 E(이미터, emitter)에서 나온 전자에 의해 발생하고, 양극판 C(컬렉터, collector)에 모인다.

광전 효과 실험에 관한 그래프인 그림 28.8은 두 빛의 세기에 대한 E와 C 사이의 전류와 전압에 대한 그래프를 보여 준다. ΔV의 큰 양의 값에 대해서, 전류는 최댓값을 가진다. 그리고 입사하는 빛의 세기가 증가하면 전류의 세기도 증가한다. 마지막

빛이 금속판 E(이미터)에 닿으면 그 판에서 광전자들이 방출된다.

금속판 E에서 금속판 C (컬렉터)로 이동하는 전자들은 회로에서 전류가 된다.

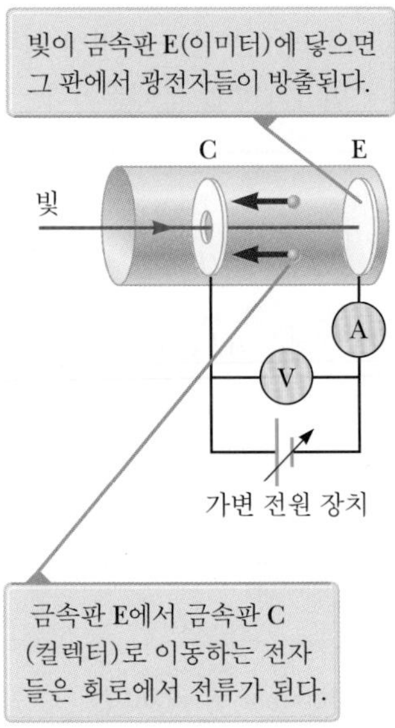

그림 28.7 광전 효과를 연구하기 위한 회로도

---

[2] 광전자가 보통 전자와 다른 것은 아니다. 단지 광전 효과에서 광자에 의해 금속으로부터 방출되기 때문에 붙여진 이름이다.

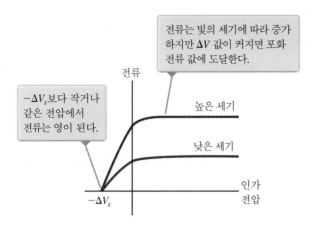

그림 28.8 두 가지 빛의 세기에 대한 인가 전압에 따른 광전류의 변화

으로 ΔV가 음수일 때, 즉 전원의 극성을 바꿔 E가 양극이고 C가 음극이 될 때 E에서 나온 많은 광전자가 음극인 컬렉터 C에서 반발되기 때문에 전류는 감소한다. 오직 $e|\Delta V|$ 보다 큰 운동 에너지를 가진 전자들만이 C에 도달한다. 여기서 e는 전자의 전하 크기이다. ΔV의 크기가 **정지 전위**(stopping potential) ΔV_s의 크기와 같을 때, 전자는 C에 도달하지 않고 전류는 영이 된다.

도체판과 고립계의 최대 운동 에너지를 가지고 판 E에서 튀어 나오는 전자 사이의 전기장의 결합을 생각해 보자. 이 전자는 판 C에 도달할 때만 정지한다고 가정하자. 에너지에 대한 고립계 모형을 적용하면, 식 7.2는 다음과 같이 된다.

$$\Delta K + \Delta U = 0 \quad \rightarrow \quad K_f + U_f = K_i + U_i$$

여기서 계의 처음 상태는 전자가 최대 허용 운동 에너지 K_{max}를 가지고 도체를 떠나는 순간을 나타내고, 나중 상태는 전자가 판 C에 도달하기 전을 말한다. 처음 상태에서 이 계의 전압이 영이라고 하면, 앞의 에너지 식은 다음과 같이 쓸 수 있다.

$$0 + (-e)(-\Delta V_s) = K_{max} + 0$$
$$K_{max} = e\Delta V_s \qquad\qquad \textbf{28.8}$$

이 식은 전류가 영으로 떨어질 때 그 전압을 측정하면 K_{max}를 실험적으로 측정할 수 있음을 의미한다.

다음은 광전 효과에 대한 몇 가지 특징이다. 빛에 대한 파동 모형을 이용해서 고전적 접근에 기초한 구조 모형에 의한 예측과 실험 결과를 비교한 것이다. 예측과 결과가 선명한 대조를 이루고 있음에 주목한다.

1. 빛의 세기에 따른 광전자 운동 에너지

   고전적인 예측: 전자는 전자기파로부터 계속 에너지를 흡수해야 한다. 금속판에 입사하는 빛의 세기가 증가함에 따라 에너지가 더 빠른 비율로 금속판에 전달되고 전자들은 좀 더 큰 운동 에너지로 방출되어야 한다.

   실험 결과: 두 곡선이 같은 음의 전압에서 영이 됨을 보이는 그림 28.8에서처럼 광전자의 최대 운동 에너지는 빛의 세기에는 **무관**하다(식 28.8에 따르면 최대

운동 에너지는 정지 전위에 비례한다).

2. 빛의 입사와 광전자 방출 사이의 시간 간격

   고전적인 예측: 빛의 세기가 약할지라도 빛이 금속판에 조사되고 난 다음 전자가 금속판에서 방출되는 데 걸리는 시간이 측정되어야 한다. 이런 시간 간격은 전자가 입사한 복사 에너지를 흡수하고 난 다음 금속판에서 탈출하기에 충분한 에너지를 얻는 데까지 걸리는 시간이다.

   실험 결과: 금속판에서 방출된 전자들은 매우 낮은 세기의 빛에 대해서도 거의 순간적으로 방출된다(표면에 빛을 쪼인 후 10^{-9} s보다 짧은 시간이다).

3. 빛의 주파수에 따른 방출 전자의 수

   고전적인 예측: 빛의 주파수와는 관계없이 빛에 의해 금속판에 에너지가 전달되므로, 빛의 세기가 충분히 높기만 하면 어떤 주파수의 빛이 입사해도 금속판에서는 전자가 방출되어야 한다.

   실험 결과: 입사하는 빛의 주파수가 **차단 주파수**(cutoff frequency) f_c보다 낮을 경우에는 전자가 방출되지 않는다. 차단 주파수는 빛을 받는 물질의 종류에 따라 다르다. 빛은 아무리 세기가 강해도 차단 주파수 아래에서는 전자가 방출되지 않는다.

4. 빛의 주파수에 따른 광전자 운동 에너지

   고전적인 예측: 어떤 고전적인 모형에는 빛의 주파수와 전자의 최대 운동 에너지 사이에는 선형적인 관계가 있지 않다. 운동 에너지는 빛의 세기에 따라 달라야 한다.

   실험 결과: 광전자의 최대 운동 에너지는 빛의 주파수가 증가함에 따라 선형으로 증가한다.

   고전 모형의 **네 가지** 예측 모두 옳지 않다는 점에 주목하자. 광전 효과의 성공적인 설명은 1905년 아인슈타인에 의해 주어졌는데, 그해는 아인슈타인이 특수 상대성 이론을 발표한 해이기도 하다. 1921년 노벨상을 수상한 바 있는 전자기 복사에 대한 논문에서 알 수 있듯이, 아인슈타인은 플랑크의 양자화 개념을 전자기파에 적용했다. 그는 복사원과 상관없이 주파수 f의 빛(또는 임의의 전자기파)은 양자들의 흐름으로 간주할 수 있다고 가정했다. 오늘날 우리는 이 양자들을 **광자**(photons)라 명명한다. 각각의 광자는 식 28.5, $E = hf$에 의해 주어진 에너지 E를 가지고 빛의 속력 c로 진공 속에서 움직인다. 여기서 $c = 3.00 \times 10^8$ m/s이다.

> ◢ **퀴즈 28.2** 어느 날 저녁 문밖에 서 있는 어떤 사람이 가로등의 황색등, AM 방송국에서 나오는 전파, FM 방송국에서 나오는 전파, 통신 중계기의 안테나에서 나오는 초단파의 네 가지 전자기파를 받는다고 하자. 광자의 에너지가 높은 것부터 순서대로 나열하라.

구조 모형의 구성 요소를 이용해서 광전 효과에 대한 아인슈타인의 모형을 정리해 보자.

1. **계를 이루는 구성 요소에 대한 서술:** 우리가 생각하는 계는 (1) 입사 광자에 의해 방출된 전자와 (2) 금속에 남은 전자로 이루어진 계이다.

2. **계의 구성 요소의 상대적 위치 및 그들 간의 상호 작용에 대한 서술:** 아인슈타인 모형에서, 입사하는 빛의 광자는 모든 에너지 hf를 금속에 있는 단일 전자에게 모두 준다. 그러므로 전자에 의한 에너지 흡수는 파동 모형에서 기대한 연속적 과정이 아니라, 에너지가 묶음 상태로 전자에 전해지는 비연속적 과정이다. 에너지 전이는 (광자 한 개 / 전자 한 개) 사건에 의해 이루어진다.

3. **시간이 지남에 따라 계가 어떻게 변하는가에 대한 서술:** 광자 한 개를 흡수하고 그에 상응하는 전자 한 개를 방출하는 시간 동안의 에너지에 대한 비고립계 모형을 적용해서 계의 시간 전개를 서술할 수 있다. 에너지는 전자기 복사인 광자에 의해 계로 전달된다. 계는 두 가지 형태의 에너지를 갖는다. 금속–전자 간의 위치 에너지와 방출된 전자의 운동 에너지. 따라서 에너지 보존식 7.2를 다음과 같이 쓸 수 있다.

$$\Delta K + \Delta U = T_{\text{ER}} \qquad\qquad \textbf{28.9}$$

계로의 에너지 전달은 광자의 에너지 전달, $T_{\text{ER}} = hf$ 이다. 이 과정 동안, 전자의 운동 에너지는 영에서 최대 가능 값 $K_{\max}$까지 증가한다. 계의 위치 에너지는 증가하는데, 그 이유는 금속 속에서 인력을 받던 전자가 멀어지기 때문이다. 전자가 금속의 외부에 있을 때, 계의 위치 에너지를 영으로 정의한다. 전자가 금속의 내부에 있을 때, 계의 최대 위치 에너지는 $U = -\phi$이고, 여기서 ϕ는 금속의 **일함수**(work function)이다. 일함수란 전자가 금속에 속박되는 최소 에너지를 나타내며, 그 값은 수 전자볼트 정도이다. 표 28.1에 몇 가지 예를 나타냈다. 전자가 금속에서 제거될 때, 계의 위치 에너지 증가는 일함수 ϕ이다. 이 에너지들을 식 28.9에 대입하면 다음 식을 얻는다.

$$(K_{\max} - 0) + [0 - (-\phi)] = hf$$
$$K_{\max} + \phi = hf \qquad\qquad \textbf{28.10}$$

전자가 방출되면서 다른 전자나 금속 이온과 충돌하면, 입사 에너지의 일부가 금속으로 전달되고, 전자는 $K_{\max}$보다 작은 에너지로 방출된다.

4. **구조 모형을 이용한 예측과 실제 관측 결과에 대한 비교 서술, 그리고 가능하다면 아직 관측된 바 없는 새로운 효과에 대한 예측:** 아인슈타인이 만든 예측은 조사하는 복사 주파수의 함수로서 방출된 전자의 최대 운동 에너지에 대한 식이다. 이 식은 식 28.10을 재배열하면 알 수 있다.

$$K_{\max} = hf - \phi \qquad\qquad \textbf{28.11}$$

▶ 광전 효과 식

아인슈타인의 구조 모형으로 고전 개념으로는 설명할 수 없는 광전 효과의 실험적

표 28.1 | 몇 가지 금속의 일함수

금 속	ϕ (eV)
나트륨 (Na)	2.46
알루미늄 (Al)	4.08
구리 (Cu)	4.70
아연 (Zn)	4.31
은 (Ag)	4.73
백금 (Pt)	6.35
납 (Pb)	4.14
철 (Fe)	4.50

Note: 여기 주어진 금속들에 대한 일함수의 값은 전형적인 것이다. 실제의 값은 금속이 단결정이냐 다결정이냐에 따라 다르다. 이 값은 전자가 방출되는 결정 금속의 면에 따라 다를 수도 있다. 더구나 실험 과정이 다르면 측정값에 차이가 있을 수 있다.

결과를 설명할 수 있다.

1. 빛의 세기에 따른 광전자 운동 에너지

    식 28.11에 따르면 K_{max}는 빛의 세기에 무관하다. $hf - \phi$로 주어지는 임의의 한 전자의 최대 운동 에너지는 빛의 주파수와 금속의 일함수에만 의존한다. 빛의 세기가 두 배가 되면 단위 시간당 도달하는 광자의 수가 두 배가 되어 광전자가 방출되는 비율이 두 배가 된다. 그러나 임의의 한 광전자의 최대 운동 에너지는 변하지 않는다.

2. 빛의 입사와 광전자 방출 사이의 시간 간격

    거의 순간적인 전자의 방출은 빛의 광자 모형과 일치한다. 입사 에너지는 작은 덩어리 단위로 나타나며, 광자와 전자 간에 일대일 상호 작용이 있다. 입사광의 세기가 매우 낮으면 단위 시간당 도달하는 광자의 수는 매우 적다. 그러나 각 광자는 전자를 즉시 방출시킬 만한 충분한 에너지를 가지고 있다.

3. 빛의 주파수에 따른 방출 전자의 수

    전자를 방출하기 위해서 광자는 일함수 ϕ보다 더 큰 에너지를 가져야 하기 때문에, 광전 효과는 특정 차단 주파수 아래에서는 관측되지 않는다. 입사 광자의 에너지가 이 조건을 만족하지 못하면, 매우 강한 빛이 단위 시간당 많은 광자가 금속에 입사할지라도 전자가 금속 표면에서 방출될 수 없다.

4. 빛의 주파수에 따른 광전자 운동 에너지

    주파수가 높은 광자는 더 큰 에너지를 갖고 있으므로, 주파수가 낮은 광자가 방출하는 광전자의 에너지보다 더 큰 에너지의 광전자를 방출한다.

아인슈타인의 이론적 결과(식 28.11)는 전자의 최대 운동 에너지 K_{max}와 빛의 주파수 f 사이의 선형 관계를 예측했다. 선형 관계의 실험적 관측은 아인슈타인의 이론을 확인시켜 줄 것이다. 실제로 선형 관계가 그림 28.9에서처럼 관측됐다. 모든 금속

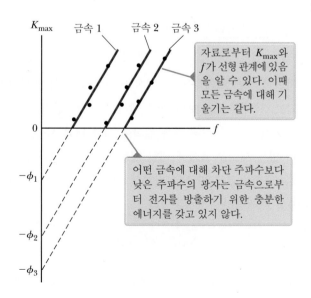

자료로부터 K_{max}와 f가 선형 관계에 있음을 알 수 있다. 이때 모든 금속에 대해 기울기는 같다.

어떤 금속에 대해 차단 주파수보다 낮은 주파수의 광자는 금속으로부터 전자를 방출하기 위한 충분한 에너지를 갖고 있지 않다.

그림 28.9 전형적인 광전 효과 실험에서 입사광의 주파수에 따른 광전자의 K_{max} 대 주파수의 그래프

에 대해 곡선의 기울기는 플랑크 상수 h이다. 세로축과 만나는 점은 일함수 ϕ이고, 이는 금속마다 다르다. 가로축의 절편은 차단 주파수이고, 일함수와의 관계는 $f_c = \phi/h$이다. 이 차단 주파수는 아래 식의 **차단 파장**(cutoff wavelength)과 일치한다.

$$\lambda_c = \frac{c}{f_c} = \frac{c}{\phi/h} = \frac{hc}{\phi}$$ **28.12**   ▶ 차단 파장

여기서 c는 빛의 속력이다. λ_c보다 파장이 더 **큰** 빛이 일함수가 ϕ인 금속에 입사하면 광전자를 방출하지 않는다.

hc 조합은 광자의 파장과 광자의 에너지를 관련지을 때 유용하다. 문제를 푸는 데 이 상수를 유용한 단위로 표현한 아래의 수치를 사용하면 매우 편리하다.

$$hc = 1240 \,\text{eV} \cdot \text{nm}$$

광전 효과를 처음으로 실용화한 것 중의 하나는 검출 장치로서 사진기의 노출계에 사용된 것이다. 사진을 찍고자 하는 물체에서 반사된 빛이 사진기의 노출계 표면에 도달하면, 광전자가 방출되어 아주 민감한 전류계의 바늘이 움직인다. 전류계에 흐르는 전류의 세기는 빛의 세기에 의존한다.

광전 효과를 응용한 제품 중 하나인 광전관은 전기 회로의 스위치와 같은 역할을 한다. 충분히 높은 주파수의 빛이 광전관의 금속판에 도달할 때 회로에 전류가 흐른다. 그러나 어두울 때는 전류가 흐르지 않는다. 초기에 광전관은 경보 장치나 영화 필름의 사운드 트랙의 시작 부분을 찾는 장치에 사용됐다. 광전 효과를 이용한 많은 장치들이 현재는 반도체 소자로 대체됐다.

광전 효과를 이용해서 아직도 사용하고 있는 것으로 광전자 증배관이라는 것이 있다. 그림 28.10은 이 장치의 원리를 보여 주고 있다. 광음극에 닿은 광자는 광전 효과에 의해 전자를 방출한다. 이 전자들이 광음극과 첫 번째 **다이노드**(dynode) 사이의 전위차에 의해 가속된다. 그림 28.10에는 이 전위차가 광음극에 대해 +200 V로 나타나 있다. 이런 높은 에너지의 전자들이 다이노드를 쳐서 더 많은 수의 전자가 방출된다. 이 과정으로 더 높은 전위에서 여러 다이노드를 거치면서 마지막 다이노드에는 수백만 개의 전자가 닿아서 전기 신호를 관 밖으로 내보낸다. 이런 이유로 이 관을 **광전자 증배관**이라 한다. 처음에 한 개의 광자로 시작해서 마지막 출력에는 수백만 개의 전자를 만들어 낸다.

광전자 증배관은 30장에서 언급하겠지만, 방사성 핵으로부터 방출되는 감마선의 존재를 검출하기 위한 핵 검출기로 사용된다. 이것은 또한 **광전 측광**(photoelectric photometry)이라 불리는 기술을 이용해 천문학에서도 이용된다. 어떤 별로부터 오는 빛을 망원경에 모아서 일정 시간 동안 광전자 증배관으로 보낸다. 이 증배관은 그 시간 동안 전체 광에너지를 측정해서 별의 밝기로 바꾼다.

광전자 증배관은 많은 천문 관측에서 디지털 사진기에 흔히 쓰이는 **전하 결합 소자**(charge-coupled device, CCD)로 대치되고 있다. 이 소자는 픽셀(화소)이 집적 회

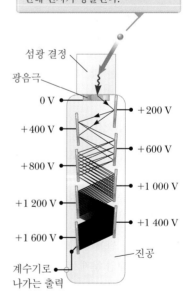

입사 입자가 섬광 결정에 들어가면, 충돌에 의해 광자가 발생한다. 광자는 광음극에 충돌하고 광전 효과로 인해 전자가 방출된다.

섬광 결정
광음극
0 V
+200 V
+400 V
+600 V
+800 V
+1 000 V
+1 200 V
+1 400 V
+1 600 V
진공
계수기로 나가는 출력

그림 28.10 광전자 증배관 속에서 전자의 수를 늘리는 방법

로의 실리콘 표면에 배열되어 있다. 표면에 망원경이나 디지털 사진기로부터의 영상에 해당하는 빛이 들어올 때, 광전 효과에 의해 발생된 전자는 표면 밑의 '집전 장치(traps)'에 잡힌다. 전자의 개수는 표면을 때리는 빛의 세기와 관련이 있다. 신호 프로세서는 각 픽셀에서의 전자의 수를 측정하고, 이 정보를 디지털 코드로 변환해서 컴퓨터가 영상을 재구성하도록 한다.

전자 충돌 CCD 사진기는 보통의 CCD 사진기보다 더 민감하다. 이 소자에서는 광전 효과에 의해 광음극으로 방출된 전자는 고전압에 의해 가속되어 CCD 배열에 부딪친다. 낮은 세기의 복사에 대해서도 민감하게 검출할 수 있다.

광전 효과에 대한 양자 역학적 설명과 흑체 복사에 대한 플랑크의 양자 모형은 양자 물리학에 대한 연구를 확고한 기반에 올려놓았다. 다음 절에서, 빛의 양자적 본성의 좀 더 강력한 증거로 심도 있게 세 번째 실험 결과를 소개할 것이다.

▶ **퀴즈 28.3** 그림 28.8의 곡선 중 하나를 살펴보자. 입사광의 세기는 일정하게 유지되지만 주파수는 증가한다. 그림 28.8에서의 정지 전위는 (a) 일정하다. (b) 오른쪽으로 이동한다. (c) 왼쪽으로 이동한다.

▶ **퀴즈 28.4** 어떤 고전 물리학자가 그림 28.9와 같이 K_{max}와 f의 관계를 예상했다고 가정하자. 빛의 파동성을 바탕으로 할 때 예상되는 그래프를 그려라.

▶ **예제 28.3 | 나트륨의 광전 효과**

나트륨의 표면에 파장이 300 nm인 빛을 쪼였다. 금속 나트륨의 일함수는 2.46 eV이다.

(A) 방출되는 광전자의 최대 운동 에너지를 구하라.

풀이

개념화 한 개의 광자가 금속판을 때려서 한 개의 전자가 방출된다고 생각해 보자. 최대 에너지를 갖는 이 전자는 금속의 가장 바깥 표면에 있는 것으로서, 금속판을 떠나오면서 금속 내의 다른 입자들과 상호 작용을 하지 않아서 에너지를 잃지 않은 전자이다.

분류 이 절에서 유도한 식을 이용해서 계산할 수 있으므로 예제를 대입 문제로 분류한다.

식 28.5를 이용해서 쪼여지는 빛에서 각 광자의 에너지를 구한다.

$$E = hf = \frac{hc}{\lambda}$$

식 28.11을 이용해서 전자의 최대 운동 에너지를 구한다.

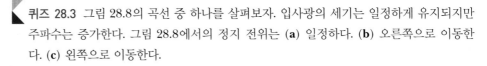

$$K_{max} = \frac{hc}{\lambda} - \phi = \frac{1\,240\ \text{eV} \cdot \text{nm}}{300\ \text{nm}} - 2.46\ \text{eV}$$
$$= \boxed{1.67\ \text{eV}}$$

(B) 나트륨에 대한 차단 파장 λ_c를 구하라.

풀이

식 28.12를 이용해서 λ_c를 계산한다.

$$\lambda_c = \frac{hc}{\phi} = \frac{1\,240\ \text{eV} \cdot \text{nm}}{2.46\ \text{eV}} = \boxed{504\ \text{nm}}$$

28.3 | 콤프턴 효과 The Compton Effect

1919년에 아인슈타인은 에너지 E의 광자는 $E/c = hf/c$의 운동량을 가지고 움직인다고 제안했다. 1923년에 콤프턴(Arthur Holly Compton)은 아인슈타인의 광자 운동량의 개념을 **콤프턴 효과**(Compton effect)로 발전시켰다.

1922년 전까지 콤프턴과 그의 동료는 빛의 고전적인 파동 이론이 전자로부터 X선의 산란을 설명하지 못한다는 증거를 수집했다. 고전 이론에 따르면, 전자에 입사하는 주파수 f_0의 전자기파는 두 가지 효과를 가져야 한다. (1) 전자는 복사압에 의해 전자기파의 진행 방향으로 가속되도록 해야 한다(24.5절 참조). (2) 진동하는 전기장은 움직이는 전자가 검출하는 겉보기 복사 주파수로 전자를 진동하게 만들어야 한다. 전자에 의해 검출되는 겉보기 주파수는 도플러 효과(24.3절 참조) 때문에 f_0과 다르다. 전자는 움직이는 입자로서 복사를 흡수하기 때문이다. 그리고 움직이는 입자로서 다시 복사하기 때문에 방출되는 복사의 주파수에서도 도플러 이동이 나타나야 한다.

전자들은 상호 작용 후에 전자기파로부터 흡수한 에너지에 따라 다른 속력으로 움직이기 때문에 주어진 각도에서 산란된 파동의 주파수는 도플러 이동한 값의 분포를 보여야 한다. 이 예측과는 달리, 콤프턴의 실험은 주어진 각도에서 복사의 오직 **한** 주파수만이 관측됐다. 콤프턴과 그의 동료들은 이 실험 결과로서 광자를 파동이 아니라, 에너지가 hf이고 운동량이 hf/c이며 충돌하는 광자와 전자의 고립계에서 에너지와 운동량이 보존된다는 가정하에 점 입자로서 고려해야 한다는 것을 깨달았다. 콤프턴은 아인슈타인이 광전 효과 실험에서 했던 것처럼 파동으로서 잘 알려졌던 현상에 대해 입자 모형을 채택했다. 그림 28.11은 X선 광자와 전자가 충돌하는 양자 모형을 나타낸다. 고전 모형에서, 전자는 복사압에 의해 입사 X선의 진행 방향을 따른다. 그림 28.11에서 양자 모형에서는 전자는 당구공이 충돌하듯 진행 방향에 대해 각도 ϕ로 산란된다.

그림 28.12는 콤프턴이 사용한 실험 장치의 모습을 나타내고 있다. 흑연 표적으로부터 산란된 X선의 산란각은 회전 결정 분광기를 써서 측정하고, 그 세기는 세기에 비례

콤프턴
Arthur Holly Compton, 1892~1962
미국의 물리학자

콤프턴은 오하이오 주 우스터에서 태어나 우스터 대학과 프린스턴 대학을 다녔다. 시카고 대학의 연구소장이 되어서도 핵의 지속적 연쇄 반응을 연구한 결과 최초의 핵무기를 만드는 데 핵심적 역할을 했다. 그는 콤프턴 효과의 발견으로 1927년에 윌슨과 함께 노벨 물리학상을 받았다.

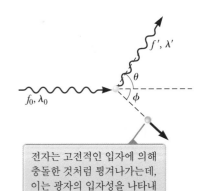

전자는 고전적인 입자에 의해 충돌한 것처럼 튕겨나가는데, 이는 광자의 입자성을 나타내고 있다.

그림 28.11 전자로부터 산란된 X선에 대한 양자 모형

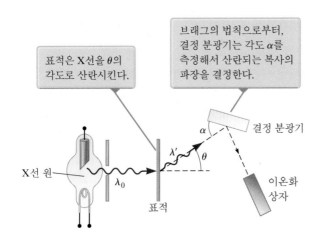

표적은 X선을 θ의 각도로 산란시킨다.

브래그의 법칙으로부터, 결정 분광기는 각도 α를 측정해서 산란되는 복사의 파장을 결정한다.

X선 원
λ_0
표적
λ'
θ
α
결정 분광기
이온화 상자

그림 28.12 콤프턴 실험 장치의 개략도

하는 전류를 내는 이온화 상자를 이용해서 측정했다. 입사광은 파장이 $\lambda_0 = 0.071 \, \text{nm}$ 인 단색 X선을 사용했다. 콤프턴이 실험에서 관측한 네 가지 산란각(그림 28.11에서 θ에 해당하는)에 대한 파장에 따른 세기의 변화가 그림 28.13에 나타나 있다. 각도가 영인 것을 제외하고 나머지 세 그래프는 두 개의 봉우리를 갖는데, 하나는 λ_0에서 최고이고, 다른 하나는 $\lambda' > \lambda_0$에서 최고이다. 오른쪽으로 이동된 λ'은 자유 전자로부터 산란된 X선에 의한 것이며, 콤프턴이 계산한 그 값은 산란각의 함수로 다음과 같이 주어진다.

▶ 콤프턴 이동 식

$$\lambda' - \lambda_0 = \frac{h}{m_e c}(1 - \cos\theta)$$
28.13

여기서 m_e는 전자의 질량이다. 이 식을 **콤프턴 이동 식**(Compton shift equation)이라 한다. 인수 $h/m_e c$를 전자의 **콤프턴 파장**(Compton wavelength) λ_C이라 하며, 현재 사용되고 있는 값은 다음과 같다.

▶ 콤프턴 파장

$$\lambda_C = \frac{h}{m_e c} = 0.002\,43 \, \text{nm}$$

콤프턴의 측정은 식 28.13의 예측과 매우 잘 일치한다. 양자 이론이 근본적으로 맞는 것이라고 실제로 많은 물리학자들이 확신하게 되는 최초의 실험 결과였다.

병원과 방사성 동위 원소 연구실에서 종사하는 X선 기술자들은 콤프턴 효과에 주의를 기울여야 한다. 환자의 몸속으로 투사된 X선은 신체 내의 전자에 의해 모든 방향으로 콤프턴 산란을 한다. 식 28.13은 산란된 파장도 X선 영역 내에 있으므로, 이들 산란된 X선은 인체 조직을 손상시킬 수 있다. 일반적으로 X선 기사는 산란된 X선에 의한 노출을 피하기 위해 흡수벽 뒤로부터 X선 기계를 작동한다. 치과용 X선 촬영을 할 때, 납으로 만든 보호막으로 환자를 덮어 환자 몸의 다른 부분에 산란된 X선의 흡수를 줄인다.

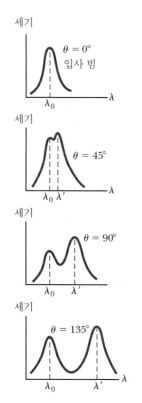

그림 28.13 $\theta = 0°, 45°, 90°$ 및 $135°$에서 콤프턴 산란의 파장에 따른 산란된 X선의 세기 분포

> ### 생각하는 물리 28.2
>
> 광자가 여러 각도로 산란될 때 콤프턴 효과에 따라 파장이 변한다. 가시광선을 물질 조각에 비추고 광선과 다른 각도로부터 물질을 관측한다고 하자. 산란된 빛의 파장 변화에 따른 **색깔 변화**를 볼 수 있는가?
>
> **추론** 물질 조각에 의해 산란되는 가시광선의 파장은 변하지만 그 변화는 매우 적어서 색깔의 변화를 알아내기도 어렵다. 180°에서 산란된 가장 큰 파장 변화는 콤프턴 파장의 두 배, 즉 약 0.005 nm이다. 이것은 빨간색 파장의 0.001 %보다 더 작은 변화를 나타낸다. 콤프턴 효과는 파장이 매우 짧을 경우에만 콤프턴 파장이 입사 파장에 비해 아주 작지 않아서 검출 가능하다. 결과적으로 콤프턴 효과를 관찰할 수 있는 보통의 복사는 전자기 스펙트럼의 X선 영역에 속한다. ◀

예제 28.4 | 45°에서 콤프턴 산란

파장이 $\lambda_0 = 0.200\,000$ nm인 X선이 어떤 물질에 부딪쳐 산란된다. 산란된 X선이 입사 X선에 대해 45.0°의 각도에서 관측될 때 파장을 구하라.

풀이

개념화 그림 28.11에서 산란 과정을 살펴보면 광자는 원래의 방향에서 45°로 산란된다.

분류 이 절에서 유도한 식을 이용해서 계산할 수 있으므로 예제를 대입 문제로 분류한다.

식 28.13을 산란된 X선의 파장에 대해 푼다.

$$(1) \qquad \lambda' = \lambda_0 + \frac{h(1 - \cos\theta)}{m_e c}$$

주어진 값들을 대입한다.

$$\lambda' = 0.200\,000 \times 10^{-9}\,\text{m}$$
$$+ \frac{(6.626 \times 10^{-34}\,\text{J} \cdot \text{s})(1 - \cos 45.0°)}{(9.11 \times 10^{-31}\,\text{kg})(3.00 \times 10^8\,\text{m/s})}$$
$$= 0.200\,000 \times 10^{-9}\,\text{m} + 7.10 \times 10^{-13}\,\text{m}$$

$$= 0.200\,710\,\text{nm}$$

문제 검출기를 이동시켜서 산란된 X선을 45°보다 큰 각도에서 관측한다면 각도 θ의 증가에 따라 산란된 X선의 파장은 증가하는가 아니면 감소하는가?

답 식 (1)을 살펴보면, 각도 θ가 증가할 때 $\cos\theta$는 감소한다. 따라서 $(1 - \cos\theta)$는 증가하므로 산란된 X선의 파장은 증가한다.

이와 같은 결론을 얻는 다른 방법으로 에너지 변수를 사용할수도 있다. 산란각이 증가함에 따라 더 많은 에너지가 입사 광자로부터 전자에게로 전달된다. 그 결과 산란 광자의 에너지는 산란각이 증가할 때 감소한다. $E = hf$이므로 산란 광자의 주파수가 감소하고 그에 따라 $\lambda = c/f$에 의해 파장이 증가한다.

28.4 | 광자와 전자기파 Photons and Electromagnetic Waves

광전 효과와 콤프턴 효과와 같은 현상에 대한 양자 모형에 기초를 둔 실험적 측정과 이론적 예측 간의 일치는 빛과 물질이 상호 작용할 때, 빛이 에너지 hf, 운동량 hf/c인 입자로 구성되어 있는 것처럼 보인다는 명백한 증거를 제공한다. 이런 관점에서 명백한 질문은 "빛이 파동과 같은 성질을 나타낼 때, 어떻게 빛을 광자로 생각할 수 있을까?"일 것이다. 입자 모형의 요소들인 에너지와 운동량을 가진 광자로 빛을 기술한다. 그러나 빛과 전자기파는 오직 파동 모형으로만 해석이 가능한 회절과 간섭 효과도 보인다는 것을 기억해야 한다.

어떤 모형이 맞는 것일까? 빛은 파동일까 아니면 입자일까? 답은 관측하는 현상에 의존한다. 어떤 실험은 광자 모형만으로 더 좋게 설명되고 또 어떤 실험은 파동 모형으로 잘 설명된다. 결국 두 모형을 받아들여야 하며, 빛의 본성은 어느 하나만의 고전적인 그림으로 묘사되지 않는다는 것을 인정해야 한다. 그래서 빛은 파동과 입자 특성 둘 다 나타나는 이중성을 가진다. 금속으로부터 전자를 방출시키는 같은 빛의 빔이 격자로 회절될 수도 있음을 알아야 한다. 바꿔 말하면 빛의 입자 모형과 파동 모형은 서로 상호 보완적이다.

광전 효과와 콤프턴 효과를 설명하는 데에 빛의 입자 모형의 성공은 많은 의문을 제기한다. 광자는 입자이기 때문에, 광자의 '주파수'와 '파장'의 의미는 무엇이고, 이 두 성질의 어떤 것이 에너지와 운동량을 결정짓는가? 빛은 입자이며 동시에 파동인가? 비록 광자는 정지 에너지를 갖지 않지만 '움직이는' 광자의 유효 질량에 대한 간단한 표현이 있는가? 만약 '움직이는' 광자가 유효 질량을 가진다면, 그것은 중력에 의해 끌리는가? 광자는 크기가 있으며 또 어떻게 전자는 한 개의 광자를 산란하고 흡수하는가? 이런 질문들의 일부에 대한 답을 얻을 수 있지만 나머지 질문들은 원자 반응 과정에 대한 아주 생생하고도 정확한 설명을 필요로 한다. 더구나 많은 질문이 충돌하는 당구공과 해변에서 부서지는 파도와 같이 고전 역학적인 유추에서 비롯된다. 양자 역학은 빛의 입자 모형과 파동 모형 둘 다 필요하고 상호 보완적으로 다룸으로써, 빛에 유동적이고 유연한 특성을 부여한다. 빛의 모든 성질을 설명하기 위해 어느 한 모형만을 사용할 수 없다. 관찰된 빛의 특성에 대한 완전한 이해를 위해서는 두 모형이 상호 보완적으로 결합할 때만 가능하다. 이 결합을 자세하게 거론하기 전에, 전자기파에서 입자라 불리는 실체로 관심을 돌린다.

◤ **28.5** | 입자의 파동적 성질 The Wave Properties of Particles

거시적인 물체뿐만 아니라 입자들에 대한 에너지와 운동량 보존의 개념을 공부했기 때문에 물질에 대한 입자 모형을 매우 편안하게 느낄 것이다. 따라서 **물질**이 이중성을 가지고 있다는 개념을 더 어렵게 받아들일 것이다.

1923년에 드 브로이(Louis Victor de Broglie)는 그의 박사 학위 논문에서 광자는 파동성과 입자성을 동시에 가지고 있기 때문에, 모든 형태의 물질 또한 입자성뿐만 아니라 파동성도 가지고 있을 것이라고 가정했다. 이는 그 당시에 실험적인 증거는 없었으나 매우 혁명적인 생각이였다. 드 브로이에 따르면, 운동하는 전자는 파동성과 입자성을 모두 가진다. 그는 1929년 노벨상 수상 연설에서 그의 주장에 대한 근거를 설명했다.

어떤 측면으로 보면 빛의 양자 이론은 빛 입자의 에너지를 주파수 f를 포함하는 식 $E = hf$로 정의하기 때문에 만족스럽다고 할 수 없다. 순수 입자 이론에는 주파수를 정의할 수 있는 게 없다. 그러므로 이런 이유에서 빛의 경우에 입자 개념과 파동 개념을 동시에 도입하지 않을 수 없다. 다른 한편으로 원자에서 전자의 안정된 운동의 결정할 때 정수를 도입하지만, 물리학에서 정수를 포함하는 현상은 간섭과 진동의 정규 모드뿐이다. 이런 사실에서 전자도 입자로 간주될 뿐만 아니라 주기성도 부여되어야 한다.

9장에서, 광자에 대한 에너지와 운동량 사이의 관계가 $p = E/c$임을 알았다. 또한 식 28.5로부터 광자의 에너지가 $E = hf = hc/\lambda$임을 알 수 있다. 그러므로 광자의 운동량은 다음과 같이 나타낼 수 있다.

$$p = \frac{E}{c} = \frac{hf}{c} = \frac{hc}{c\lambda} = \frac{h}{\lambda}$$

드 브로이
Louis de Broglie, 1892~1987
프랑스의 물리학자

드 브로이는 프랑스의 디에프에서 태어났다. 파리에 있는 소르본 대학에서 그가 바라던 외교관이 되기 위한 준비로 역사를 공부했다. 과학의 세계에 눈을 뜬 것은 그에게 행운이었다. 그는 출세길을 마다하고 이론 물리학자가 됐다. 드 브로이는 전자의 파동성을 예측해서 1929년에 노벨 물리학상을 받았다.

이 식으로부터 광자의 파장을 그것의 운동량으로 $\lambda = h/p$와 같이 표현할 수 있다. 드 브로이는 운동량 p의 물질 입자도 같은 식으로 주어지는 그 운동량에 대응하는 파장을 갖고 있을 것이라고 제안했다. 질량 m이고 속력이 u인 비상대론적인 입자의 운동량 크기는 $p = mu$이기 때문에, 이 입자의 **드 브로이 파장**(de Broglie wavelength)은 다음과 같이 나타난다.[3]

$$\lambda = \frac{h}{p} = \frac{h}{mu}$$ 　　　　28.15　　　▶ 입자의 드 브로이 파장

더 나아가 드 브로이는 광자와 유사하게 입자도 아인슈타인의 관계식 $E = hf$를 따른다고 가정했다. 이때 입자의 주파수는 아래와 같이 나타난다.

$$f = \frac{E}{h}$$ 　　　　28.16　　　▶ 입자의 주파수

물질의 이중성은 위의 두 식에서 각각 입자 개념(p와 E)과 파동 개념(λ와 f) 둘 다를 포함하고 있기 때문에 명확하게 나타난다. 이런 관계는 광자에 대해서 실험적으로 확립됐다. 전자와 같이 입자의 파동성에 대한 실험적 증거가 있는가? 이를 확인해 보자.

데이비슨–거머 실험 The Davisson-Germer Experiment

물질이 입자성과 파동성을 갖고 있다는 드 브로이의 제안은 순수한 추론 정도로만 여겨졌다. 전자 같은 입자가 파동성을 가진다면 특정 조건하에서는 입자는 회절 효과를 보여야 한다. 드 브로이가 논문을 발표한 지 3년 후인 1927년에, 미국의 데이비슨(C. J. Davisson)과 거머(L. H. Germer)는 전자의 회절 현상을 관찰하고 파장을 측정하는 데 성공했다. 이 중요한 발견은 드 브로이에 의해 제안된 입자의 파동성에 관한 첫 번째 실험적 검증이었다.

흥미롭게도, 원래 데이비슨–거머 실험은 드 브로이 가설을 증명하기 위한 실험이 아니었다. 사실 그들의 발견은 우연이었다. 실험은 낮은 에너지(약 54 eV)의 전자를 진공 중에서 니켈 표적에 때려서 산란시키는 것이었다. 실험 중에 진공계가 사고로 깨지는 바람에 니켈의 표면이 산화됐다. 표면에 산화된 피막을 없애기 위해 표적에 수소를 흘리면서 열을 가했는데, 니켈에 의해 산란된 전자는 어떤 특정 각도에서 최대와 최소 세기를 보였다. 실험자들은 결국 니켈이 열 때문에 커다란 결정 영역을 형성했고, 그 결정 영역에서 규칙적으로 일정한 간격으로 배열한 원자면이 전자에 대해 회절 격자(27.8절)로 작용한다는 사실을 알아냈다.

그 후 데이비슨과 거머는 단일 결정 표적으로부터 산란된 전자의 회절 실험을 광범위하게 수행했다. 실험 결과는 전자의 파동성을 결정적으로 입증했으며 드 브로이 관계식인 $p = h/\lambda$를 확인했다. 1년 후인 1928년에, 스코틀랜드의 톰슨(G. P. Thomson)

> **오류 피하기 | 28.3**
> **무엇이 파동치는가?** 입자가 파동의 성질을 가진다면, 무엇이 파동치는가? 여러분은 매우 분명한 줄에서의 파동과 친숙할 것이다. 음파는 추상적이지만, 그래도 익숙할 것이다. 전자기파는 더 추상적이지만, 적어도 그것은 전기장과 자기장 그리고 물리 변수로 표현할 수 있다. 대조적으로 입자와 관련된 파동은 완전히 추상적이고 물리 변수와 연관지을 수 없다. 이 장 후반부에 입자와 관련된 파동을 확률로 표현한다.

---

[3] 상대론적인 속력을 포함한, 어떤 속력 u로 움직이는 입자에 대한 드 브로이 파장은 $\lambda = h/\gamma mu$로 주어지는데, 여기서 $\gamma = (1 - u^2/c^2)^{-1/2}$이다. 9장에서 기준틀의 속력 v와 구별하기 위해 입자 속력을 u로 사용했음을 기억하자.

은 매우 얇은 금박에 전자를 통과시켜 전자의 회절 형태를 관찰했다. 그 후 회절 형태는 헬륨 원자, 수소 원자 및 중성자의 산란에서도 관찰됐다. 그래서 물질의 파동성은 다양한 방면에서 자리를 잡아오고 있다.

◀ **퀴즈 28.5** 비상대론적인 속력으로 움직이는 전자와 양성자는 둘 다 같은 드 브로이 파장을 가진다. 두 입자에 대해 같은 물리량을 가지는 것은 어느 것인가? (a) 속력 (b) 운동에너지 (c) 운동량 (d) 주파수

◀ **퀴즈 28.6** 전자와 관련된 두 파장(콤프턴 파장과 드 브로이 파장)에 대해 논의했다. 전자와 관련된 실제 **물리적** 파장은 어느 것인가? (a) 콤프턴 파장 (b) 드 브로이 파장 (c) 둘 다 (d) 어느 파장도 아니다.

◀ **예제 28.5 | 미시적인 물체와 거시적인 물체의 파장**

(A) $1.00 \times 10^7 \, \text{m/s}$의 속력으로 움직이는 전자($m_e = 9.11 \times 10^{-31} \, \text{kg}$)의 드 브로이 파장을 구하라.

풀이

개념화 공간 속을 움직이는 전자가 있다면 고전적인 입장에서 보면 전자는 등속도로 움직이는 입자이다. 그러나 양자적인 입장에서 본다면 전자는 운동량에 관계되는 파장을 갖는다.

분류 이 절에서 유도한 식을 이용해서 계산할 수 있으므로 예제를 대입 문제로 분류한다.

식 28.15를 이용해서 파장을 계산한다.

$$\lambda = \frac{h}{m_e u} = \frac{6.63 \times 10^{-34} \, \text{J} \cdot \text{s}}{(9.11 \times 10^{-31} \, \text{kg})(1.00 \times 10^7 \, \text{m/s})}$$

$$= 7.27 \times 10^{-11} \, \text{m}$$

이 전자의 파동성은 데이비슨–거머 실험과 같은 회절 기술로 검출할 수 있을 것이다.

(B) 질량이 50 g인 돌멩이를 40 m/s의 속력으로 던졌다. 이 돌멩이의 드 브로이 파장은 얼마인가?

풀이

식 28.15를 이용해서 드 브로이 파장을 계산한다.

$$\lambda = \frac{h}{mu} = \frac{6.63 \times 10^{-34} \, \text{J} \cdot \text{s}}{(50 \times 10^{-3} \, \text{kg})(40 \, \text{m/s})} = 3.3 \times 10^{-34} \, \text{m}$$

이 파장은 돌멩이가 통과할 수 있는 어떤 가장 작은 구멍보다도 훨씬 더 작다. 따라서 이 돌멩이로는 회절 효과를 관찰할 수 없다. 그러므로 크기가 큰 물체의 파동성은 관측될 수 없다.

◀ **예제 28.6 | 가속 전하**

전하가 q이고 질량이 m인 입자가 정지 상태에서 전위차 ΔV로 가속된다. 입자가 비상대론적으로 움직인다고 가정할 때, 드 브로이 파장을 구하라.

풀이

개념화 입자의 운동을 생각한다. 정지 상태에서 출발한 입자는 전기장으로부터 힘을 받아 가속된다. 입자의 속력이 증가하면서 입자의 드 브로이 파장은 감소한다.

분류 이 계를 입자와 전기장으로 이루어진 계로 보고, 고립계 모형에서의 에너지 유형으로 푼다. 계의 처음 상태는 입자가 정지 상태에서 움직이기 시작하는 순간을 나타내고, 나중 상태는 전위차 ΔV로 가속된 후 입자가 나중 속력에 도달할

때이다. 처음 설정에서 계의 전기 위치 에너지를 영으로 정의한다.

분석 고립계에 대한 에너지 보존식(식 7.2)을 쓴다.

$$\Delta K + \Delta U = 0$$

양전하가 전위가 **감소하는** 방향으로 가속됨을 생각하면서, 처음과 나중 에너지를 대입한다.

$$\left(\frac{1}{2}mu^2 - 0\right) + (-q|\Delta V| - 0) = 0$$

나중 속력 u에 대해 푼다.

$$u = \sqrt{\frac{2q|\Delta V|}{m}}$$

식 28.15에 대입한다.

$$\lambda = \frac{h}{mu} = \frac{h}{m}\sqrt{\frac{m}{2q|\Delta V|}} = \frac{h}{\sqrt{2mq|\Delta V|}}$$

결론 입자의 전하나 전위차가 증가하면 파장이 감소된다는 것에 주목하자. 이 전하들 어느 것이나 입자를 더 빠른 속력으로 움직이게 만들기 때문에, 이런 결과가 생긴다. 만일 다른 모든 것이 동일하다면, 입자의 질량이 증가하면 입자의 속력은 감소할 것이며, 이에 따라 질량의 증가도 드 브로이 파장을 감소시킬 것이라는 게 놀라울지 모른다. 하지만 드 브로이 파장은 입자의 운동량에 의존한다는 것에 유의하자. 속력은 이 경우에 질량의 역제곱근에 따라 감소하지만, 운동량에 대한 일반적인 표현은 질량에 정비례한다. 결론적으로 이 경우에 있어 운동량은 질량의 제곱근에 비례한다.

전자 현미경 The Electron Microscope BIO

전자의 파동성을 이용한 실용적인 기계로 **전자 현미경**(electron microscope)이 있다. 평탄하고 얇은 시료를 보기 위해 사용되는 **투과** 전자 현미경을 그림 28.14에 나타냈다. 많은 점에서 광학 현미경과 비슷하지만 전자 현미경은 전자를 매우 높은 운동 에너지로 가속시켜 매우 짧은 파장을 갖게 해서 훨씬 좋은 분해능을 가지고 있다.

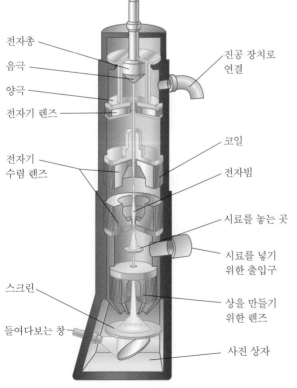

전자총
음극
양극
전자기 렌즈
전자기 수렴 렌즈
스크린
들여다보는 창

진공 장치로 연결
코일
전자빔
시료를 놓는 곳
시료를 넣기 위한 출입구
상을 만들기 위한 렌즈
사진 상자

a

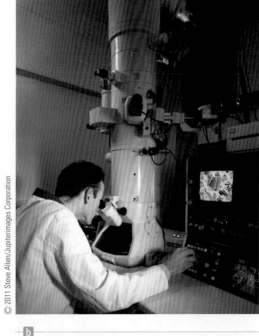

© 2011 Steve Allen/Jupiterimages Corporation

b

그림 28.14 (a) 얇은 시료의 단면을 보도록 만든 투과 전자 현미경의 대략적인 그림. 전자빔을 제어하는 '렌즈'의 역할을 하는 것은 자기 편향 코일이다. (b) 사용 중인 전자 현미경의 실제 모습

광학 현미경은 물질을 투사하는 데 사용되는 빛의 파장보다 훨씬 작은 것은 볼 수 없다. 전자의 파장은 광학 현미경에서 사용되는 가시광선의 파장보다 100배 정도 짧다. 그렇기 때문에 전자 현미경은 광학 현미경보다 100배 정도 더 분해능이 좋다(전자 현미경의 전자와 같은 파장의 전자기 복사는 X선 영역에 해당한다).

전자 현미경의 전자빔은 빔의 초점을 맞추고 영상을 만들기 위해 전자 편향과 자기 편향으로 조절된다. 광학 현미경처럼 눈으로 영상을 보는 것이 아니라 모니터나 다른 스크린을 통해 영상을 보게 된다. 이 장의 도입부에 나온 사진은 전자 현미경으로 찍은 것으로 놀랄 만큼 정밀하다.

◀ **28.6** | 새 모형: 양자 입자 A New Model: The Quantum Particle

입자 모형과 파동 모형은 앞 장에서는 서로 별개의 것으로 구분했기 때문에, 앞 절에서의 내용은 꽤 혼란스러울 수 있다. 빛과 물질 입자 모두가 입자성과 파동성을 갖고 있다는 생각은 이런 구분과 잘 맞지 않는다. 그러나 우리가 이중성을 받아들여만 하는 실험적인 증거가 있다. 이중성은 새로운 모형인 **양자 입자 모형**(quantum particle model)으로 나타난다. 다른 단순화한 모형에 양자 입자를 추가해서 이로부터 입자, 계, 강체 및 파동에 대한 분석 모형을 세운다. 이 모형에서, 물질의 실체(entity)는 입자성과 파동성을 가지는데, 특정 현상을 이해하기 위해서는 입자성 또는 파동성 중에서 적절한 성질을 선택해야 한다.

이 절에서는 이 모형에 대한 이해를 좀 더 높일 것이다. 입자성을 보이는 실체가 파동으로부터 구성될 수 있음을 예를 들어 설명하겠다.

먼저 이상적인 입자와 파동의 특성을 다시 알아보자. 입자 모형에서 이상적인 입자는 크기가 없다. 13.2절에서 언급했듯이, 이상적인 파동은 단일 주파수를 가지고 무한히 길다. 그래서 입자를 파동과 구별짓는 특징은 공간에 국소적이라는 것이다. 무한히 긴 파동으로부터 위치가 국소적인 실체를 구성해 보자. 그림 28.15a에서처럼 $x = 0$에 위치한 마루를 가진 파동을 x축을 따라 그려 보자. 다음에 $x = 0$에서 최고점을 가진 진폭은 같으나 주파수가 다른 두 번째 파동을 그려 보자. 이 두 파동의 중첩의 결과는 파동이 일치하는 위상과 일치하지 않는 위상이 교대로 나타나기 때문에 **맥놀이**이다(맥놀이는 14.5절에서 설명했다). 그림 28.15b는 두 파동의 중첩 결과를 보여 준다.

두 파동을 중첩해서 약간의 국소성이 생겼다는 점에 주의하자. 하나의 파동은 공간의 어느 점과 다르지 않은 공간의 모든 곳에서 같은 진폭을 가진다. 그러나 두 번째 파동을 더해서 위상이 같은 점과 위상이 다른 점 사이에서 공간에 달라지는 부분이 형성됐다.

각기 다른 주파수를 가진 새로운 파동들을 원래의 파동에 자꾸 더하는

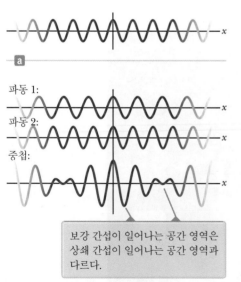

파동 1:

파동 2:

중첩:

보강 간섭이 일어나는 공간 영역은 상쇄 간섭이 일어나는 공간 영역과 다르다.

그림 28.15 (a) 이상적인 파동은 공간과 시간에 관계없이 주파수가 정확하게 한 값이다. (b) 주파수가 약간 다른 두 개의 이상적인 파동이 결합하면 맥놀이가 생긴다(14.5절).

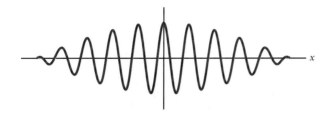

그림 28.16 수많은 파동을 결합한 결과 파동 묶음인 입자가 나타난다.

것을 생각하자. 각각의 새로운 파동은 최고점의 하나가 $x = 0$에 위치하도록 더한다. $x = 0$에서의 결과는 모든 파동이 보강이 되도록 더해질 것이다. 많은 파동을 고려하면, 임의의 점에서 파동 함수의 양(+)의 값의 확률은 음(−)의 값의 확률과 같고, 모든 마루가 중첩된 $x = 0$ 가까이를 제외한 **모든** 점에서 상쇄 간섭이 일어난다. 이 결과를 그림 28.16에 나타냈다. 보강 간섭이 일어난 작은 영역을 **파동 묶음**(wave packet)이라 한다. 그 밖의 파동들의 중첩 결과는 영이기 때문에, 이 파동 묶음은 다른 영역과는 달리 공간에서 국소적인 영역이다. 이 파동 묶음을 입자로 볼 수 있고 파동 묶음의 위치는 입자의 위치에 해당한다.

위의 과정을 거쳐서 만들어진 파동 묶음의 국소성은 입자의 특성 중 한 가지일 뿐이다. 아직은 파동 묶음이 질량이나 전하 및 스핀과 같은 입자의 성질을 어떻게 갖게 할지는 정하지 않았다. 따라서 파동으로 입자를 만들었다고 확신할 수 있는 것은 아니다. 파동 묶음이 입자로 나타날 수 있다고 하는 증거를 더 만들기 위해 파동 묶음이 입자의 또 다른 특성도 가지는지를 확인해 볼 필요가 있다.

간단한 수학적인 표현식을 만들어 내기 위해 두 파동의 결합으로 되돌아가 보자. 진폭은 같으나 다른 주파수 f_1과 f_2를 가진 두 파동을 생각해 보자. 두 파동은 수학적으로 다음과 같이 표현된다.

$$y_1 = A \cos(k_1 x - \omega_1 t) \qquad 그리고 \qquad y_2 = A \cos(k_2 x - \omega_2 t)$$

13장에서 나타난 것과 같이 $\omega = 2\pi f$이고 $k = 2\pi / \lambda$이다. 중첩의 원리를 이용해서, 두 파동을 더하면 다음과 같다.

$$y = y_1 + y_2 = A \cos(k_1 x - \omega_1 t) + A \cos(k_2 x - \omega_2 t)$$

다음의 삼각함수 항등식을 이용하자.

$$\cos a + \cos b = 2 \cos\left(\frac{a - b}{2}\right) \cos\left(\frac{a + b}{2}\right)$$

$a = k_1 x - \omega_1 t$이고, $b = k_2 x - \omega_2 t$라 하면 다음과 같이 된다.

$$y = 2A \cos\left[\frac{(k_1 x - \omega_1 t) - (k_2 x - \omega_2 t)}{2}\right] \cos\left[\frac{(k_1 x - \omega_1 t) + (k_2 x - \omega_2 t)}{2}\right]$$

$$= \left[2A \cos\left(\frac{\Delta k}{2} x - \frac{\Delta \omega}{2} t\right)\right] \cos\left(\frac{k_1 + k_2}{2} x - \frac{\omega_1 + \omega_2}{2} t\right) \qquad \text{28.17}$$

그림 28.17 그림 28.15b의 맥놀이 모양에 포락선 함수(검은 점선)를 겹쳐 놓았다.

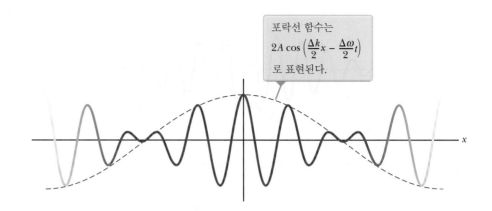

포락선 함수는
$$2A \cos\left(\frac{\Delta k}{2}x - \frac{\Delta \omega}{2}t\right)$$
로 표현된다.

두 번째 코사인 함수 인자는 각 파동에 대한 평균값과 일치하는 파수와 주파수를 가진 파동을 표현한 것이다.

대괄호 안의 인자는 그림 28.17에 보인 것과 같은 파동의 포락선(envelope)을 나타낸다. 또한 이 인자가 파동의 수학적 형태를 가지는 것에 주목하자. 이 포락선은 각 파동과는 다른 속력으로 공간을 움직인다. 이 가능성의 극단적인 예로서 반대 방향으로 움직이는 두 파동의 조합을 고려해 보자. 두 파동은 같은 속력으로 움직이나 14.2절에서 공부한 것처럼 정상파를 구성하기 때문에 포락선의 속력은 **영**이다.

각 파동에 대해, 속력은 식 13.11로 주어진다.

▶ 파동의 위상 속력

$$v_{\text{phase}} = \frac{\omega}{k}$$

이 속력은 고정된 위상을 가진 단일 파동의 마루가 움직이는 비율이기 때문에 **위상 속력(phase speed)**이라고 한다. 이 식은 다음과 같이 해석될 수 있다. 파동의 위상 속력은 파동에 대한 식 $y = A\cos(kx - \omega t)$에서 공간 변수 x의 계수와 시간 변수 t의 계수의 비율이다.

식 28.17의 대괄호 안의 함수는 파동의 형태이므로, 파동은 같은 비율에 의해 주어진 속력으로 움직인다.

$$v_g = \frac{\text{시간 변수 } t \text{의 계수}}{\text{공간 변수 } x \text{의 계수}} = \frac{(\Delta \omega / 2)}{(\Delta k / 2)} = \frac{\Delta \omega}{\Delta k}$$

속력에 붙은 첨자 g는 **군 속력(group speed)** 또는 파동 묶음(파동의 군)의 속력을 가리킨다. 이는 두 파동을 단순히 더해서 얻은 것이다. 파동 묶음을 형성하는 아주 많은 파동의 중첩에 대해서, 이 비율은 미분이 된다.

▶ 파동 묶음의 군 속력

$$v_g = \frac{d\omega}{dk}$$

28.18

분자와 분모에 각각 $\hbar = h/2\pi$를 곱하자.

$$v_g = \frac{\hbar \, d\omega}{\hbar \, dk} = \frac{d(\hbar \omega)}{d(\hbar k)}$$

28.19

이 식의 분자와 분모의 괄호 안의 항을 따로 보면, 분자에 대해서는 다음을 얻는다.

$$\hbar\omega = \frac{h}{2\pi}(2\pi f) = hf = E$$

분모에 대해서는 다음을 얻는다.

$$\hbar k = \frac{h}{2\pi}\left(\frac{2\pi}{\lambda}\right) = \frac{h}{\lambda} = p$$

그래서 식 28.19는 다음과 같이 표현된다.

$$v_g = \frac{d(\hbar\omega)}{d(\hbar k)} = \frac{dE}{dp} \qquad\qquad \textbf{28.20}$$

지금 중첩된 파동의 포락선이 입자를 나타낼 가능성이 있는지를 검토하고 있으므로, 빛의 속력에 비해 느린 속력 u로 움직이는 자유 입자가 있다고 하자. 입자의 에너지는 운동 에너지이므로 다음과 같다.

$$E = \frac{1}{2}mu^2 = \frac{p^2}{2m}$$

이 식을 p에 대해 미분하면 다음을 얻는다.

$$v_g = \frac{dE}{dp} = \frac{d}{dp}\left(\frac{p^2}{2m}\right) = \frac{1}{2m}(2p) = u \qquad\qquad \textbf{28.21}$$

여기서 $p = mu$이다. 따라서 파동 묶음의 군 속력은 모형으로 삼고자 하는 입자의 속력과 같다. 그러므로 이것은 파동 묶음을 가지고 입자를 만드는 적절한 방법이 된다는 또 한 가지의 확신을 준다.

◀ **퀴즈 28.7** 파동 묶음을 유추하기 위해, 교통 사고 현장에서 엉켜 있는 자동차의 모습에서 '자동차 묶음'을 생각해 보자. 위상 속력은 사고로 인해 후진하는 차들의 개별 속력과 유사하다. 군 속력은 자동차 묶음의 앞쪽 언저리의 속력으로 동일시할 수 있다. 자동차 묶음의 경우에, 군 속력은 **(a)** 위상 속력과 같다. **(b)** 위상 속력보다 작다. **(c)** 위상 속력보다 더 크다.

◤ **28.7** | 양자적 관점에서 이중 슬릿 실험
The Double-Slit Experiment Revisited

전자의 파동–입자 이중성을 구체화하는 방법 중 하나는 전자로 가상 이중 슬릿 실험을 해 보는 것이다. 그림 28.18에서처럼 이중 슬릿에 입사하는 단일 에너지의 평행한 전자빔을 고려하자. 27.6절에서 빛에 대해 기술된 것처럼 극대와 극소 회절에 대해 걱정할 필요가 없도록 슬릿의 너비는 전자의 파장에 비해 작다고 가정한다. 전자 검출기 스크린은 두 슬릿 사이의 거리 d보다 훨씬 큰 거리에 위치한다. 검출기 스크린이 충분히 긴 시간 동안 전자를 모은다면, 분당 개수 또는 전자의 도착 확률에 대한

그림 28.18 전자의 간섭 실험. 슬릿 사이의 거리 d는 각 슬릿의 너비에 비해 훨씬 크지만 슬릿과 검출기 스크린 사이의 거리에 비해서는 아주 작다.

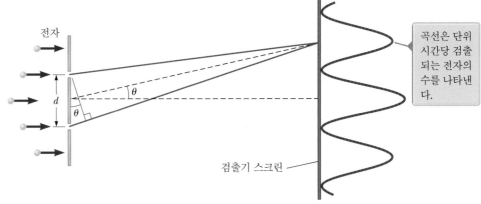

곡선은 단위 시간당 검출되는 전자의 수를 나타낸다.

검출기 스크린

28개의 전자가 슬릿을 통과한 모습. 규칙적인 무늬가 없음.

a

1 000개의 전자가 슬릿을 통과한 모습. 간섭 무늬가 나타나기 시작함.

b

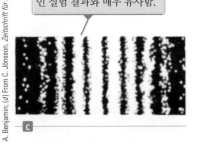

10 000개의 전자가 슬릿을 통과한 모습. 무늬는 d에서 보인 실험 결과와 매우 유사함.

c

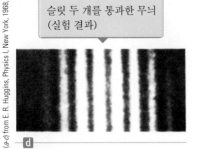

슬릿 두 개를 통과한 무늬 (실험 결과)

d

(a-c) from E. R. Huggins, Physics I, New York, 1968, W. A. Benjamin; (d) From C. Jönsson, *Zeitschrift für Physik* **161**:454, 1961; used with permission

그림 28.19 (a)~(c) 이중 슬릿에 입사하는 전자빔의 간섭 무늬를 컴퓨터로 모의 실험한 것 (d) 전자에 의해 생긴 이중 슬릿 간섭 무늬의 사진

전형적인 파동의 간섭 무늬를 볼 수 있을 것이다. 전자가 고전적인 입자처럼 거동한다면 이런 간섭 무늬는 볼 수 없을 것이다. 전자가 파동의 특성인 간섭을 일으키는 것이 분명하다.

그림 28.18에서 전자가 검출기 스크린에 도달하는 세기가 극대가 되는 각도 θ를 측정하면 빛의 간섭(식 27.2)에서 주어지는 식과 똑같은 식인 $d\sin\theta = m\lambda$가 성립함을 알 수 있다. 여기서 m은 차수이고, λ는 전자의 파장이다. 따라서 전자의 이중성은 이 실험에 의해 다음과 같이 분명해진다. 전자는 어느 순간 검출기 스크린 상의 한 점에 입자로서 검출되지만, 그 점에 도달할 확률은 두 간섭파의 세기를 구하는 방식으로 결정된다.

이번에는 빔의 세기를 낮춰 이중 슬릿에는 한 번에 하나의 전자만 도달하도록 하는 상황을 생각해 보자. 그때 그 전자는 슬릿 1을 통과하든지 아니면 슬릿 2를 통과해야 한다. 그렇다면 첫 번째 전자와 간섭하기 위한 다른 슬릿으로 들어가는 두 번째 전자가 없기 때문에 간섭 효과가 일어나지 않는다고 할 것이다. 이런 가정은 전자의 입자 모형에서 너무나도 많이 강조되는 것이기도 하다. 하여간 검출기 스크린에 도달하는 전자의 수가 많아질 때까지 충분히 긴 시간 동안 측정을 한다면, 계속 간섭 효과는 관찰된다! 이런 상황을 컴퓨터 모의 실험으로 나타내 보인 것이 그림 28.19이다. 이 그림에서 보면 검출기 스크린에 도달하는 전자의 수가 많을수록 간섭 무늬가 또렷해진다. 그러므로 두 슬릿이 모두 열려 있을 때 전자는 정확한 위치를 가지며 슬릿의 한쪽으로만 통과한다는 가정은 잘못된 것(받아들이기에 고통스러운 결론!)이다.

이런 결과들을 설명하기 위해 전자들이 두 슬릿과 **동시에** 상호 작용한다는 결론을 내릴 수밖에 없다. 전자가 어느 슬릿으로 들어가는지를 알고자 하는 실험을 하려고 한다면, 관측하려는 시도 자체가 간섭 무늬의 형성을 방해한다. 어느 슬릿으로 전자가 지나가는 것을 결정하는 것은 불가능하다. 사실 전자는 **두** 슬릿으로 통과한다고 말할 수밖에 없다. 이와 같은 주장은 광자에 대해서도 적용된다.

순전히 입자 모형으로만 생각한다면, 전자가 동시에 두 슬릿에서 나타날 수 있다고 하는 것은 매우 불편한 생각이 된다. 그러나 양자 입자 모형으로는 입자들이 공간 전체에 존재하는 파동들로 이루어져 있다고 간주할 수 있다. 그러므로 전자의 파동 성분들이 동시에 두 슬릿에 나타난다고 할 수 있으며, 따라서 이런 모형을 사용하면 위의 실험 결과를 아주 잘 설명할 수 있다.

28.8 | 불확정성 원리 The Uncertainty Principle

어느 순간에 입자의 위치 또는 속력을 측정할 때 실험적인 불확정성으로 측정의 불확정성을 피할 수 없다. 고전 역학에 따르면, 실험 과정 또는 계기를 궁극적으로 정밀하게 하는 데 근본적인 장벽은 없다. 원리적으로 말하자면 작은 오차로 매우 정밀한 측정을 하는 것은 가능하다. 그러나 양자 이론에서는 입자의 위치와 운동량을 무한대의 정밀성을 가지고 동시에 측정하는 것은 근본적으로 불가능하다는 것을 예측한다.

1927년에 하이젠베르크(Werner Heisenberg)는 이 원리를 제안했고, 오늘날 **하이젠베르크의 불확정성의 원리**(Heisenberg uncertainty principle)라 부른다.

> 입자의 위치를 측정할 때 불확정성이 Δx이고, 입자의 운동량을 동시에 측정할 때 불확정성이 Δp_x이면, 두 불확정성의 곱은 결코 $\hbar/2$보다 작을 수 없다.
>
> $$\Delta x \Delta p_x \geq \frac{\hbar}{2}$$ 28.22

▶ 운동량과 위치에 대한 불확정성 원리

즉 입자의 정확한 위치와 운동량을 동시에 측정하는 것은 물리적으로 불가능하다. 불가피한 불확정성 Δx와 Δp_x는 실제적인 측정 계기의 불완전성으로부터 생기는 것이 아니라고 주의깊게 지적했다. 더 나아가, 이는 실험 과정에서 일어날 수 있는 계의 어떤 불안정성 때문에 발생하는 것이 아니다. 오히려 불확정성은 물질의 양자 구조 때문에 일어난다.

불확정성의 원리를 이해하기 위해, 파장이 **정확히** 알려져 있는 입자를 고려하자. 드 브로이 식 $\lambda = h/p$에 따르면, 무한한 정확성을 가진 운동량을 알 수 있으며 그것은 $\Delta p_x = 0$이다.

실제로 언급된 것처럼, 단일 파장의 파동은 공간에 두루 퍼져 있다. 이 파동을 따라가 보면 모든 영역이 동일하다(그림 28.15a 참조). "이 파동을 표현하는 입자가 어디에 있는가?"라고 물으면, 파동 주위의 모든 점이 같기 때문에 입자로서 구별될 만한 공간의 위치가 없다. 그러므로 입자 위치의 불확정성은 **무한대**이고 그것이 어디에 존재하는지는 모른다. 운동량을 완벽히 아는 대신 위치에 대한 모든 정보를 잃어버린다.

비교하기 위해, 이번에는 운동량에 어느 정도 불확정성이 있어서 운동량의 값이 어느 정도의 범위에 있는 입자를 생각해 보자. 드 브로이 관계식에 따르면, 이는 파장의 범위를 의미한다. 그래서 입자는 단일 파장에 있지 않고 이 영역 안에 파장의 조합으로 있다. 이 조합은 28.6절에서 논의했고, 그림 28.16에서처럼 파동 묶음을 구성한다. 입자의 위치가 어디냐고 묻는다면 이 영역과 파동의 다른 부분 사이에 분명한 차이가 있기 때문에 파동 묶음의 어딘가에 있다고 할 수 있다. 그래서 입자의 운동량에 대한

하이젠베르크
Werner Heisenberg, 1901~1976
독일의 이론 물리학자

하이젠베르크는 1923년에 뮌헨 대학에서 박사학위를 받았다. 다른 물리학자들이 양자 현상에 대한 물리적 모형을 연구하고 있는 동안 그는 행렬 역학이라고 하는 추상적인 수학적 모형을 개발해서 다른 물리적 모형들이 행렬 역학과 동등하다는 것을 증명했다. 하이젠베르크는 불확정성 원리, 분자 수소의 두 가지 형태, 핵의 이론적 모형 등을 포함해서 물리학에 매우 중요한 많은 기여를 했다. 그는 불확정성 원리로 1932년에 노벨 물리학상을 받았다.

▶ 시간과 에너지에 대한 불확정성 원리

정보를 잃는 대신 위치에 대한 정보를 얻을 수 있다.

운동량에 대한 모든 정보를 잃으면 모든 가능한 파장의 파동을 더한 것이 되어 결과적으로 길이가 없는 파동 묶음이 된다. 그래서 운동량에 대한 정보가 없으면, 입자의 위치를 정확하게 알 수 있다.

불확정성 원리의 수학적인 식은 위치와 운동량의 불확정성의 곱이 항상 어떤 최솟값보다는 크다고 하는 것이다. 이 값은 식 28.22의 $\hbar/2$이다.

불확정성 원리의 또 다른 식은 그림 28.16을 다시 고려한 것으로 만들 수 있다. 가로축이 위치 x가 아닌 시간이라고 하자. 이때 시간과 대응되는 것은 주파수이다. 주파수 $E = hf$에 의해 입자의 에너지와 관계되기 때문에 시간과 에너지에 대한 불확정성의 원리가 된다.

$$\Delta E \Delta t \geq \frac{\hbar}{2} \qquad 28.23$$

불확정성 원리인 이 식은 에너지 보존이 식 28.23의 시간 간격 Δt의 짧은 시간 동안 ΔE만큼 위배될 수 있다는 것을 보여 준다. 31장에서 입자의 정지 에너지를 계산하는 데 이 개념을 사용할 것이다.

◤ 예제 28.7 | 전자의 위치 확인하기

한 전자의 속력이 5.00×10^3 m/s로 측정된다. 이 측정의 정밀도는 0.00 300 %이다. 이 전자의 위치를 결정하는 데 최소의 불확정성을 구하라.

풀이

개념화 전자의 속력의 정밀도에 대한 %값은 그 운동량의 불확정성의 %값이라고 할 수 있다. 이 불확정성은 불확정성 원리에 따라 전자의 위치 불확정성의 최솟값에 해당한다.

분류 이 절에서 배운 개념을 이용해서 계산할 수 있으므로 예제를 대입 문제로 분류한다.

전자가 x축을 따라 움직인다고 가정하고 전자의 운동량의 x성분을 구한다. f는 전자 속력 측정의 정밀도를 나타낸다고 하자.

$$\Delta p_x = m \Delta v_x = m f v_x$$

식 28.22를 이용해서 전자의 위치 불확정성에 대한 값을 구하고 주어진 값들을 대입한다.

$$\Delta x \geq \frac{\hbar}{2\Delta p_x} = \frac{\hbar}{2mf v_x}$$

$$= \frac{1.055 \times 10^{-34} \text{ J} \cdot \text{s}}{2(9.11 \times 10^{-31} \text{ kg})(0.000\,030\,0)(5.00 \times 10^3 \text{ m/s})}$$

$$= 3.86 \times 10^{-4} \text{ m} = \boxed{0.386 \text{ mm}}$$

◤ **28.9** | 양자 역학의 해석 An Interpretation of Quantum Mechanics

이 장에서 새롭고 생소한 개념을 도입했다. 양자 물리학의 개념을 더 이해하기 위해 입자와 파동 사이의 또 다른 연결 고리를 조사해 보자. 전자기 복사를 입자라는 관점에서 논의하는 것으로부터 시작한다. 전자기 복사가 있는 특별한 경우, 주어진 시간과 공간에서 단위 부피당 광자 하나를 찾을 수 있는 확률은 그 시간에서 단위 부피당 광자의 수에 비례한다.

$$\frac{확률}{V} \propto \frac{N}{V}$$

단위 부피당 광자의 수는 복사 세기에 비례한다.

$$\frac{N}{V} \propto I$$

전자기 복사의 세기는 전자기파에 대한 전기장 진폭의 제곱에 비례한다는 사실로부터 파동 모형에 대한 연결 고리를 형성한다(24.4절).

$$I \propto E^2$$

비례 식의 처음 부분과 마지막 부분을 연결하면, 다음과 같이 나타난다.

$$\frac{확률}{V} \propto E^2 \qquad\qquad \textbf{28.24}$$

그래서 전자기 복사에서 이 복사에 관련된 입자(광자)를 찾을 단위 부피당 확률은 입자와 관련된 파동 진폭의 제곱에 비례한다.

전자기파와 물질의 파동−입자 이중성을 인식하면서, 물질 입자에 대해서도 마찬가지로 비례성이 성립할 것으로 추정할 수 있다. 즉 입자를 찾을 단위 부피당 확률은 입자를 표현한 파동 진폭의 제곱에 비례한다. 28.5절에서, 드 브로이 파동은 모든 입자와 관련지을 수 있음을 배웠다. 입자에 관련된 드 브로이 파동의 진폭은 측정할 수 있는 양이 아니다(아래에서 논의하겠지만, 물질을 나타내는 파동 함수가 복소수 함수이기 때문이다). 반면에 전기장은 전자기파로부터 측정할 수 있는 양이다. 식 28.24와 유사한 식으로 파동 진폭의 제곱을 단위 부피당 입자를 찾을 확률과 관계지을 수 있을 것이다. 결과적으로 입자의 파동 진폭을 **확률 진폭**(probability amplitude) 또는 **파동 함수**(wave function)라고 하고 기호 Ψ로 쓰기로 한다. 일반적으로 계에 대한 완전한 파동 함수 Ψ는 모든 입자의 위치와 시간에 의존하기 때문에 $\Psi(\vec{r}_1, \vec{r}_2, ..., \vec{r}_j, ..., t)$로 쓸 수 있다. 여기서 $\vec{r}_j$는 계에서 j 번째 입자의 위치 벡터이다. 이 교재에서 공부하게 될 관심을 끄는 많은 계들에 대해, 파동 함수 Ψ는 수학적으로 시공간에서 분리할 수 있고 계의 입자들의 위치에 대한 복소 공간 함수 ψ와 복소 시간 함수[4]의 곱으로 쓸 수 있다.

$$\Psi(\vec{r}_1, \vec{r}_2, \vec{r}_3, ..., \vec{r}_j, ..., t) = \psi(\vec{r}_j)\, e^{-i\omega t} \qquad\qquad \textbf{28.25}$$

▶ 시공간에 의존하는 파동 함수 ψ

여기서 $\omega(= 2\pi f)$는 파동 함수의 각주파수이고 $i = \sqrt{-1}$이다.

퍼텐셜 에너지(또는 위치 에너지)를 가진 어떤 계가 시간에 무관하고 단지 계 내의

---

[4] 복소수의 일반적인 형태는 $a + ib$이다. $e^{i\theta}$는 다음 형태와 같다.

$$e^{i\theta} = \cos\theta + i\sin\theta$$

그러므로 식 28.25에서 $e^{-i\omega t}$는 $\cos(-\omega t) + i\sin(-\omega t) = \cos\omega t - i\sin\omega t$와 같다.

입자들의 위치에만 의존하는 경우에 있어서, 계의 중요한 정보는 파동 함수의 공간 부분에 담겨져 있다. 시간 부분은 간단히 $e^{-i\omega t}$로 주어진다. 그러므로, ψ의 이해가 핵심 사항이 되는 것이다.

파동 함수 ψ는 보통 복소수값을 가진다. 크기 $|\psi|^2 = \psi^*\psi$는 항상 실수이고 양의 값을 가진다. 여기서 ψ^*는 ψ의 켤레 복소수[5]이다. 그 크기는 어떤 순간에 주어진 점에서 입자를 발견할 확률인 단위 부피당 확률에 비례한다. 파동 함수는 입자의 운동에 관해 필요한 모든 정보를 담고 있다.

이런 파동 함수에 대한 확률론적인 해석은 1928년에 본(Max Born, 1882~1970)에 의해 처음으로 제안됐다. 1926년에 슈뢰딩거(Erwin Schrödinger, 1887~1961)가 파동 함수의 시간과 공간에 대한 변화를 기술하기 위한 파동 방정식을 제안했다. 28.12절에서 조사하게 될 **슈뢰딩거 파동 방정식**은 양자 역학의 열쇠가 되는 중요한 요소이다.

28.5절에서 드 브로이 방정식이 $p = h/\lambda$라는 관계식에 의해 입자의 운동량과 파장 사이의 관계를 이어주는 것을 배웠다. 이상적인 자유 입자가 정확하게 p_x의 운동량을 가지고 있다면, 그 파동 함수는 파장 $\lambda = h/p_x$의 사인형 함수이고 입자는 x축을 따르는 어느 점에 있을 확률과 같다. x축을 따라 움직이는 자유 입자에 대한 파동 방정식은 다음과 같다.

$$\psi(x) = Ae^{ikx} \qquad \textbf{28.26}$$

여기서 $k = 2\pi/\lambda$는 각파수이고 A는 일정한 진폭이다.[6]

비록 ψ를 측정할 수 없지만, ψ의 절댓값의 제곱인 $|\psi|^2$을 측정할 수 있다. $|\psi|^2$의 해석은 다음과 같다. ψ가 단일 입자를 표현한다면, **확률 밀도**(probability density)라고 불리는 $|\psi|^2$는 단위 부피당 주어진 점에서 입자가 발견될 확률이다. 이는 만약 dV가 어떤 점 주위의 작은 부피 요소라면, 이 부피 요소에서 입자를 찾을 확률은 $|\psi|^2 dV$라고 해석할 수도 있다. 이 절에서는 입자가 x축만을 따라서 움직이는 일차원 계에 대해서 다룰 것이기 때문에, dV를 dx로 놓으면 된다. 이 경우에 입자가 발견될 확률 $P(x)\,dx$는 다음과 같이 주어진다.

$$P(x)\,dx = |\psi|^2 dx \qquad \textbf{28.27}$$

입자가 x축을 따라 어디엔가는 존재해야 하기 때문에, x의 모든 값에 대한 확률의 합은 1이어야 한다.

오류 피하기 | 28.5

파동 함수는 계에 속한다 양자 역학의 일반적인 언어는 입자를 파동 함수와 연관짓는 데 있다. 파동 함수는 입자와 주변의 상호 작용으로 결정되므로, 계에 속하는 것이 보다 마땅하다. 많은 경우에 있어, 입자는 단지 변화가 일어나는 계의 일부분이다. 이런 이유로 일반적인 언어가 발전됐다. 앞으로의 예에서 입자의 파동 함수보다 계의 파동 함수라고 생각하는 것이 더 나은 예들을 보게 된다.

▶ **자유 입자의 파동 함수**

---

[5] 복소수 $z = a + ib$에 대해, 켤레 복소수는 i를 $-i$로 바꿔 나타낸다. 즉 $z^* = a - ib$이다. 복소수와 그것의 켤레 복소수의 곱은 항상 실수이고 양의 값을 가진다.

$$z^*z = (a - ib)(a + ib) = a^2 - (ib)^2 = a^2 - (i)^2 b^2 = a^2 + b^2$$

[6] 자유 입자에 대해, 식 28.25에 기초를 둔 모든 파동 함수는 다음과 같다.

$$\Psi(x,\,t) = Ae^{ikx}e^{-i\omega t} = Ae^{i(kx-\omega t)} = A[\cos(kx - \omega t) + i\sin(kx - \omega t)]$$

이 파동 함수의 실수 부분은 28.6절에서 파동 묶음으로 나타낸 파동과 같은 형태이다.

$$\int_{-\infty}^{\infty} |\psi|^2 \, dx = 1 \qquad \text{28.28}$$

▶ ψ의 규격화 조건

식 28.28을 만족하는 모든 파동 함수를 **규격화**(normalized)됐다라고 말한다. 간단히 말해 규격화는 모든 시간에서 어느 위치에든 입자가 존재한다는 사실을 식으로 표현한 것이다.

입자의 위치를 완전하게 정하는 것은 불가능하지만, 주어진 점 주위의 작은 영역에서 입자를 발견한 확률을 $|\psi|^2$으로 설명하는 것은 가능하다. 입자가 $a \le x \le b$ 안에 존재할 확률은 다음과 같이 주어진다.

$$P_{ab} = \int_{a}^{b} |\psi|^2 \, dx \qquad \text{28.29}$$

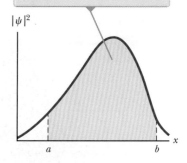

입자가 $a \le x \le b$에 있을 확률은 확률 밀도 곡선의 a에서 b까지의 적분값이다.

그림 28.20 어떤 입자에 대한 임의의 확률 밀도 곡선

확률 P_{ab}는 그림 28.20에 나타난 것과 같이 $|\psi|^2$ 곡선 아래의 $x = a$와 $x = b$ 사이의 넓이이다.

실험적으로, 주어진 위치와 시간에서는 유한한 확률을 가진다. 그 확률의 값은 0과 1 사이에 존재하게 된다. 예를 들어 확률이 0.3이라면, 그 구간에서 입자가 발견될 확률이 30 %라는 말이다.

전자기파와 관련된 전기장이 맥스웰 방정식으로부터 파동 방정식을 만족하는 것처럼, 파동 함수 ψ는 파동 방정식을 만족한다. 앞에서 설명한 것처럼 ψ가 만족하는 파동 방정식은 슈뢰딩거 방정식(28.12절)이고, ψ는 이 방정식을 풀어서 구할 수 있다. ψ는 측정할 수 있는 양은 아니지만, 입자의 에너지와 운동량과 같은 측정할 수 있는 양은 ψ의 정보로부터 유도할 수 있다. 예를 들어 일단 파동 함수를 알게 되면, 수많은 측정을 할 때 입자가 발견될 평균 위치를 계산할 수 있다. 이 평균 위치는 x의 **기댓값**(expectation value)이라 부르고, 다음 식으로 정의된다.

$$\langle x \rangle \equiv \int_{-\infty}^{\infty} \psi^* x \psi \, dx \qquad \text{28.30}$$

▶ 위치 x의 기댓값

여기서 $\langle \; \rangle$ 괄호는 기댓값을 나타내는 데 사용된다. 더 나아가, 다음 식을 이용해서 입자와 관련된 임의의 함수 $f(x)$의 기댓값을 알 수 있다.

$$\langle f(x) \rangle \equiv \int_{-\infty}^{\infty} \psi^* f(x) \psi \, dx \qquad \text{28.31}$$

▶ 함수 $f(x)$의 기댓값

◤ **28.10** | 상자 내 입자 A Particle in a Box

이 절에서는 간단한 문제를 만들어서 적용할 것이다. **상자 내의 입자**(비록 '상자'가 일차원이지만)라고 부르는 일차원 공간 영역에 갇혀 있는 입자와 같은 간단한 문제를 선택하자. 그림 28.21a와 같이 고전적인 입장에서 거리 L만큼 떨어진 통과할 수 없는 일차원 상자의 문제는 매우 기술하기 쉬운 문제이다. 입자의 속력이 u라면, 운동량의 크기 mu는 보존되고 운동 에너지 역시 보존된다. 고전 물리학에서는 운동량

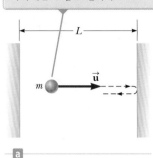

이 그림은 거리 L만큼 떨어진 투과할 수 없는 두 벽 사이에서 되튀는 질량 m, 속력 u인 입자를 나타내는 **그림 표현**이다.

ⓐ

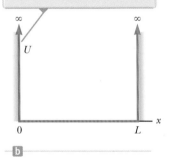

이 그림은 입자-상자 계의 퍼텐셜 에너지를 보여 주는 **그래프 표현**이다. 파란색 영역은 고전적으로 금지되어 있다.

ⓑ

그림 28.21 (a) 상자 내의 입자 (b) 계의 퍼텐셜 에너지 함수

▶ 상자 내 입자의 파동 함수

과 에너지값에 아무런 제한도 없다. 이 문제에 대한 양자 역학적인 접근은 사뭇 다르고, 주어진 상황과 조건에 맞는 적당한 파동 함수를 찾아야 한다.[7]

벽을 뚫고 나갈 수 없기 때문에, 상자의 바깥에서 입자가 발견될 확률은 영이므로 파동 함수 $\psi(x)$는 $x < 0$과 $x > L$의 영역에서 영을 갖는다. 여기서 L은 두 벽 사이의 거리이다. 파동 함수에 대한 수학적인 조건은 공간에서 연속이어야 한다.[8] 따라서 벽의 바깥에서 ψ가 영이라면, 그것은 또한 벽에서도 영이어야 한다. 즉 $\psi(0) = 0$, $\psi(L) = 0$이다. 이 조건만을 만족하는 파동 함수만이 허용된다.

그림 28.21b는 입자-환경 계의 퍼텐셜 에너지 그래프로 상자 내의 입자 문제를 표현한 것이다. 입자가 상자 내부에 있을 때, 퍼텐셜 에너지는 입자의 위치와 무관하게 영의 값을 가진다. 상자의 밖에서는, 파동 함수가 영임이 확실하다. 이것을 얻기 위해 상자 벽의 퍼텐셜 에너지를 무한대로 잡을 수 있다. 운동 에너지가 반드시 양수이어야 하므로, 계가 무한대의 에너지를 가진다면, 입자가 상자 밖에 존재할 수 있다.

상자 내의 입자에 대한 파동 함수는 실수인 사인형 함수로 표현된다.[9]

$$\psi(x) = A \sin\left(\frac{2\pi x}{\lambda}\right) \qquad \text{28.32}$$

이 파동 함수는 벽에서 경계 조건을 만족해야 한다. $x = 0$일 때 사인 함수는 영이기 때문에, $x = 0$에서의 경계 조건은 이미 만족되어 있다. $x = L$에서 경계 조건에 대해

$$\psi(L) = 0 = A \sin\left(\frac{2\pi L}{\lambda}\right)$$

이 되고, 여기서 만약

$$\frac{2\pi L}{\lambda} = n\pi \quad \rightarrow \quad \lambda = \frac{2L}{n} \qquad \text{28.33}$$

이라면 $x = L$에서의 경계 조건도 만족한다. 여기서 $n = 1, 2, 3, \ldots$이다. 따라서 입자의 어떤 특정한 파장만이 허용된다. 허용된 각각의 파장은 계의 양자 상태와 관계가 있으며, n은 양자수이다. 파동 함수를 양자수 n으로 다시 쓰면, 다음과 같다.

$$\psi_n(x) = A \sin\left(\frac{2\pi x}{\lambda}\right) = A \sin\left(\frac{2\pi x}{2L/n}\right) = A \sin\left(\frac{n\pi x}{L}\right) \qquad \text{28.34}$$

그림 28.22a와 28.22b는 상자 내의 입자에 대해 $n = 1, 2, 3, \ldots$일 때의 x에 대한 ψ_n와 $|\psi_n|^2$의 표현을 그림으로 나타낸 것이다. ψ_n가 양이든 음이든 관계없이 $|\psi_n|^2$은 항상 양이다. $|\psi_n|^2$은 확률 밀도를 나타내기 때문에, $|\psi_n|^2$이 음의 값을 가지는 것은 의미가 없다.

그림 28.22b를 자세히 살펴보면, $|\psi_n|^2$이 경계에서 영이므로 경계 조건을 만족하고 있음을 알 수 있다. 더 나아가, $|\psi_n|^2$이 다른 점에서 영이 되는 것은 n의 값에 의존하

---

[7] 계속하기 전에, 역학적인 정상파에 대한 14.2절과 14.3절을 다시 보기 바란다.

[8] 파동 함수가 어떤 점에서 불연속이면, 그 점에서 파동 함수의 도함수는 무한대이다. 이런 결과는 슈뢰딩거 방정식(파동 함수의 해를 구하고, 28.12절에서 논의된다)에서 문제를 야기할 수 있다.

[9] 이 함수가 28.12절에서 명백하게 일치함을 알 수 있다.

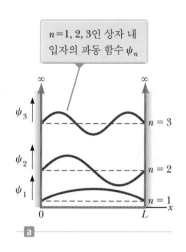

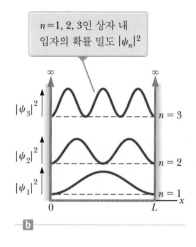

그림 **28.22** 일차원 상자에 갇힌 입자의 처음 세 개의 허용 상태. 파동 함수와 확률 밀도는 잘 보이게 하기 위해서 수직으로 분리된 축에 따라 그려져 있다. 퍼텐셜 에너지를 나타내는 이 축의 상대적인 위치는 각 상태에서의 에너지 차이를 나타낸다.

기 때문이다. 즉 $n = 2$에 대해, $x = L/2$에서 $|\psi_n|^2 = 0$이고 $n = 3$에 대해, $x = L/3$과 $x = 2L/3$에서 $|\psi_n|^2 = 0$이다. 영이 되는 부분이 양자수가 증가할 때마다 하나씩 증가함을 알 수 있다.

입자의 파장은 $\lambda = 2L/n$의 조건으로 주어지기 때문에, 입자의 운동량의 크기 또한 특정한 값으로 제한된다. 드 브로이의 파장에 대한 식(식 28.15)으로부터 다음과 같이 나타낼 수 있다.

$$p = \frac{h}{\lambda} = \frac{h}{2L/n} = \frac{nh}{2L}$$

이 식으로부터 허용 에너지(간단히 입자의 운동 에너지이다) 값을 알 수 있다.

$$E_n = \frac{1}{2}mu^2 = \frac{p^2}{2m} = \frac{(nh/2L)^2}{2m}$$

$$E_n = \left(\frac{h^2}{8mL^2}\right)n^2 \quad n = 1, 2, 3, \dots \qquad 28.35$$

이 식으로부터 입자의 에너지는 양자화됐다는 것을 알 수 있고, 11장에서 수소 원자의 에너지 양자화와 비슷하다. 가장 낮은 허용 에너지는 $n = 1$인 상태이며, 그 값은 $E_1 = h^2/8mL^2$이다. $E_n = n^2 E_1$이기 때문에, $n = 2, 3, 4, \dots$에 대응하는 상태는 들뜬 상태로서 에너지값은 $4E_1, 9E_1, 16E_1, \dots$으로 주어진다.

그림 28.23은 허용된 상태에서 에너지값을 나타낸 에너지 준위 도표[10]이다. $n = 0$이면 에너지는 영이 되어서 허용되지 않는다는 것에 주목하자. 이 말은 양자 역학에서 입자는 절대로 정지해 있을 수 없다는 것이다. 가장 작은 에너지는 $n = 1$일 때와 대응되고, **영점 에너지**(zero-point energy)라 부른다. 이 결과는 에너지가 영인 상태가 가능한 고전적 관점과는 다르다.

▶ 상자 내 입자의 양자화된 에너지

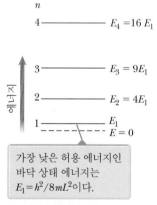

그림 **28.23** 길이가 L인 일차원 상자에 갇힌 입자에 대한 에너지 준위 도표

---

[10] 11장에서 그림 표현으로 상세하게 소개했다.

> **퀴즈 28.8** 전자와 양성자 그리고 알파 입자를 고려하자(헬륨 핵). 각각 동일한 상자 내에 갇혀 있다. (i) 어느 입자가 가장 높은 바닥 상태 에너지를 갖는가? (a) 전자 (b) 양성자 (c) 알파 입자 (d) 바닥 상태 에너지는 세 경우 모두 같다. (ii) 바닥 상태에서 어느 입자가 가장 긴 파장을 갖는가? (a) 전자 (b) 양성자 (c) 알파 입자 (d) 세 입자 모두 같은 파장을 갖는다.

> **퀴즈 28.9** 길이가 L인 상자 내에 입자가 있다. 갑자기 상자의 길이가 $2L$로 증가한다. 그림 28.23에서의 에너지 준위에 어떤 일이 발생하는가? (a) 아무 일도 일어나지 않는다. (b) 더 멀리 움직인다. (c) 더 가까워진다.

예제 28.8 | 상자 내의 거시적, 미시적 입자

(A) 0.200 nm 떨어진 투과할 수 없는 두 벽 사이에 갇혀 있는 전자가 있다. $n = 1, 2, 3$일 때 각 상태의 에너지 준위를 구하라.

풀이

개념화 그림 28.21a에서 입자는 전자이고, 벽은 서로 매우 가깝다고 가정하자.

분류 이 절에서 전개한 식을 이용해서 에너지 준위를 구할 수 있으므로 예제를 대입 문제로 분류한다.

$n = 1$인 상태에 대해 식 28.35를 사용한다.

$$E_1 = \frac{h^2}{8m_e L^2}(1)^2 = \frac{(6.63 \times 10^{-34} \, \text{J} \cdot \text{s})^2}{8(9.11 \times 10^{-31} \, \text{kg})(2.00 \times 10^{-10} \, \text{m})^2}$$

$$= 1.51 \times 10^{-18} \, \text{J} = \boxed{9.42 \, \text{eV}}$$

$E_n = n^2 E_1$을 이용해서, $n = 2$와 $n = 3$인 상태의 에너지를 구한다.

$$E_2 = (2)^2 E_1 = 4(9.42 \, \text{eV}) = \boxed{37.7 \, \text{eV}}$$

$$E_3 = (3)^2 E_1 = 9(9.42 \, \text{eV}) = \boxed{84.8 \, \text{eV}}$$

(B) $n = 1$인 상태에 있는 전자의 속력을 구하라.

풀이

고전적인 운동 에너지 식을 이용해서 입자의 속력을 구한다.

$$K = \frac{1}{2}m_e u^2 \quad \rightarrow \quad u = \sqrt{\frac{2K}{m_e}}$$

입자의 운동 에너지가 계의 에너지와 같음을 인식하고, K를 E_n으로 치환한다.

$$(1) \qquad u = \sqrt{\frac{2E_n}{m_e}}$$

(A)에서 얻은 결과를 대입한다.

$$u = \sqrt{\frac{2(1.51 \times 10^{-18} \, \text{J})}{9.11 \times 10^{-31} \, \text{kg}}} = \boxed{1.82 \times 10^6 \, \text{m/s}}$$

상자 안에 놓인 전자는 빛의 속력의 0.6 %에 해당하는 **최소** 속력을 가진다.

(C) 0.500 kg의 야구공이 100 m 떨어진 경기장의 단단한 두 벽 사이에 갇혀 있다. 이것을 길이 100 m의 상자라고 생각할 때, 야구공의 최소 속력을 계산하라.

풀이

개념화 그림 28.21a에서 입자는 야구공이고 벽은 운동장이라고 가정하자.

분류 예제의 이 부분은 거시적인 물질에 양자학적 접근을 적용해서 풀 수 있는 문제로 분류한다.

식 28.35를 사용하면 $n = 1$인 상태는 다음과 같다.

$$E_1 = \frac{h^2}{8mL^2}(1)^2 = \frac{(6.63 \times 10^{-34} \, \text{J} \cdot \text{s})^2}{8(0.500 \, \text{kg})(100 \, \text{m})^2} = 1.10 \times 10^{-71} \, \text{J}$$

식 (1)을 이용해서 공의 속력을 구한다.

$$u = \sqrt{\frac{2(1.10 \times 10^{-71} \text{ J})}{0.500 \text{ kg}}} = 6.63 \times 10^{-36} \text{ m/s}$$

거시적인 물질의 최소 속력을 기대할지도 모르지만, 이 속력은 너무 작아서 물체가 정지한 것처럼 보일 수 있다.

문제 직선 타구를 쳐서 공이 150 m/s의 속력으로 움직인다면, 그 상태의 야구공의 양자수는 얼마인가?

답 야구공은 거시적인 물체이기 때문에 양자수는 매우 클 것으로 예상된다.

야구공의 운동 에너지를 계산한다.

$$\frac{1}{2}mu^2 = \frac{1}{2}(0.500 \text{ kg})(150 \text{ m/s})^2 = 5.62 \times 10^3 \text{ J}$$

식 28.35로부터 양자수 n을 계산한다.

$$n = \sqrt{\frac{8mL^2 E_n}{h^2}} = \sqrt{\frac{8(0.500 \text{ kg})(100 \text{ m})^2(5.62 \times 10^3 \text{ J})}{(6.63 \times 10^{-34} \text{ J} \cdot \text{s})^2}}$$

$$= 2.26 \times 10^{37}$$

엄청나게 큰 양자수를 답으로 얻었다. 야구공이 공기를 가르며 날아간 후, 땅에 떨어져 굴러간 다음 멈출 때, 10^{37}개 이상의 양자 상태를 지나간다. 이 상태들은 에너지 측면에서 너무 가까워서 한 단계에서 다른 단계로 이동하는 것을 관찰할 수 없고, 단지 야구공 속력이 부드럽게 변해가는 것을 볼 수 있다. 우주의 양자적인 성격은 거시적인 물체의 움직임에서 간단히 드러나지 않는다.

28.11 | 분석 모형: 경계 조건하의 양자 입자
Analysis Model: Quantum Particle Under Boundary Conditions

상자 내 입자는 14장에서 다룬 줄에서의 정상파와 유사하다.

- 줄의 끝은 마디이기 때문에 줄의 경계에서 파동 함수는 영이어야 한다. 상자 밖에서는 입자가 존재할 수 없기 때문에, 경계에서 입자의 허용 파동 함수는 영이어야 한다.
- 진동하는 줄의 경계 조건으로부터 양자화된 진동수와 파장을 얻게 된다. 상자가 입자 내에 있는 경우에도 파동 함수의 경계 조건으로부터 양자화된 입자의 진동수와 파장을 얻게 된다.

양자 역학에서 입자가 경계 조건에 의해 지배되는 것은 매우 일반적이다. 그러므로 **경계 조건하의 양자 입자**(quantum particle under boundary conditions)의 새로운 분석 모형을 소개하겠다. 많은 방법 중에서 이 모형은 14.3절에서 배웠던 경계 조건하의 파동과 유사하다. 상자 내 입자의 파동 함수에서 가능한 파장은 식 28.33에 나와 있듯이, 줄의 역학적인 파동의 파장을 나타내는 식 14.5와 동일하다.

경계 조건하의 양자 입자의 모형은 몇 가지 점에서 경계 조건하의 파동과 **다르다**.

- 양자 입자의 대부분의 경우, 줄에서의 파동 함수처럼 단순한 사인형 함수가 아니다. 게다가 양자 입자의 파동 함수는 복소수 함수가 될 수도 있다.
- 양자 입자의 경우 주파수가 에너지 $E = hf$와 관련되므로, 양자화된 주파수로부터 양자화된 에너지를 얻게 된다.
- 경계 조건하의 양자 입자의 파동 함수와 관련된 정상 상태의 '마디'는 없을 수도

있다. 상자 내의 입자보다 더 복잡한 계는 더 복잡한 파동 함수를 갖는다. 그래서 어떤 경계 조건은 파동 함수를 어떤 고정점들에서 영으로 만들지 않을 수도 있다.

일반적으로

> 경계 조건하의 입자의 경우에 입자의 주변과의 상호 작용은 하나 이상의 경계 조건을 의미하고, 상호 작용이 입자를 일정한 공간에 제한되게 하면, 계의 에너지는 양자화된다.

양자 파동 함수에 주어지는 경계 조건은 문제를 표현하는 좌표계와 관계가 있다. 상자 내 입자의 경우, 두 개의 x값에 대해서 파동 함수가 영이 되어야 한다. 수소 원자와 같은 삼차원 계의 경우에 대해서는 29장에서 논의할 것이다. 이 문제는 **구면 좌표계**로 잘 나타낼 수 있다. 이 좌표계는 1.6절에서 소개한 평면 극좌표계의 확장이다. 구면 좌표계는 지름 좌표 r과 두 개의 각도 좌표로 구성되어 있다. 수소 원자에 대한 파동 함수를 구하는 것과 경계 조건을 적용하는 것은 이 교재의 범위를 넘어서는 것이지만, 29장에서 수소 원자의 파동 함수의 거동에 대해서 살펴볼 것이다.

모든 x의 값에 대해 존재하는 파동 함수의 경계 조건은 $x \rightarrow \infty$로 갈 때 파동 함수가 영에 접근해야 하고, $x \rightarrow 0$으로 갈 때 유한한 값이 되어야 한다. 그래야만 파동 함수를 규격화할 수 있다. 파동 함수의 각도 부분에서의 한 경계 조건은 각도에 대해서 2π를 더해도 같은 값을 갖는데, 이는 2π를 더해도 같은 각 위치를 갖기 때문이다.

◀ **28.12** | 슈뢰딩거 방정식 The Schrödinger Equation

24.3절에서 전자기 복사의 파동 방정식에 대해서 논의했다. 입자와 관련된 파동에 대해서도 입자가 만족하는 파동 방정식이 존재한다. 물질 입자는 정지 에너지가 영이 아니기 때문에 물질 입자의 파동 방정식은 광자의 파동 방정식과는 다를 것으로 기대된다. 적절한 파동 방정식은 1926년에 슈뢰딩거에 의해 제안됐다. 양자계에 경계 조건 모형하의 양자 입자를 적용하는 데 있어서, 방정식을 풀어 경계 조건을 적용해서 해를 결정하는 방식이다. 이 해로부터 고려하고 있는 계에 맞는 파동 함수와 에너지 준위를 얻는다. 파동 함수를 적당하게 이용하면 계의 모든 측정 가능한 값들을 구할 수 있다.

슈뢰딩거 방정식은 x축을 따라 움직이는 질량 m인 입자를 기술하는 것으로, 퍼텐셜 에너지 함수 $U(x)$는 환경과의 상호 작용을 나타낸다.

▶ 시간에 무관한 슈뢰딩거 방정식

$$-\frac{\hbar^2}{2m}\frac{d^2\psi}{dx^2} + U\psi = E\psi \qquad 28.36$$

여기서 E는 계(입자와 환경)의 전체 에너지이다. 이 방정식은 시간에 무관하므로 통상적으로 **시간에 무관한 슈뢰딩거 방정식**(time-independent Schrödinger equation)이라 언급한다. [이 교재에서는 시간에 의존하는 슈뢰딩거 방정식의 해(식 28.25의

Ψ)는 논하지 않을 것이다.]

슈뢰딩거 방정식은 고립계 모형의 에너지의 개념과 일치한다. 이 계는 입자와 입자가 속한 환경으로 이뤄져 있다. 자유 입자와 상자 내 입자의 경우에 모두 슈뢰딩거 방정식의 첫 번째 항은 입자의 운동 에너지와 파동 함수의 곱으로 유도된다. 따라서 식 28.36은 전체 에너지는 운동 에너지와 퍼텐셜 에너지의 합이며, 전체 에너지는 일정하다. 즉 $K + U = E =$ 상수이다.

원칙적으로 계의 퍼텐셜 에너지 $U(x)$를 알면 식 28.36을 풀 수 있고, 계의 허용 상태에 대한 파동 함수와 에너지를 얻을 수 있다. U는 위치에 따라 값이 변하기 때문에 여러 영역에서 따로따로 방정식의 해를 구할 필요가 있다. 이 과정에서, 다른 영역에서의 파동 함수들은 경계에서 매끄럽게 연결되어야 하고 $\psi(x)$는 **연속**이어야 한다. 더 나아가 파동 함수가 규격화되려면, ±∞에서 영으로 접근하는 조건을 적용해야 한다. 마지막으로 $\psi(x)$는 **단일값**이어야 하고 또한 $d\psi/dx$는 유한한 $U(x)$값에 대해 연속[11]이어야 한다.

슈뢰딩거 방정식을 푸는 과정은 퍼텐셜 에너지 함수의 형태에 따라 매우 어려운 일이 될 수도 있다. 알려진 바대로, 슈뢰딩거 방정식은 고전 물리학에서 할 수 없었던 원자와 핵의 물리적 설명을 매우 성공적으로 해왔다. 뿐만 아니라 양자 역학을 거시계에 적용하면 대응 원리가 요구하는 바와 같이 고전 물리학과 잘 일치한다.

슈뢰딩거
Erwin Schrödinger, 1887~1961
오스트리아 출생 이론 물리학자

슈뢰딩거는 양자 역학의 창시자로 잘 알려져 있다. 양자 역학에 대한 그의 접근법은 하이젠베르크에 의해 개발된 좀 더 추상적인 행렬 역학과 수학적으로 동등하다. 슈뢰딩거는 또한 통계 역학, 색깔 보기, 일반 상대론 분야에서 중요한 논문을 발표했다.

슈뢰딩거 방정식에 의한 상자 내의 입자
The Particle in a Box via the Schrödinger Equation

슈뢰딩거 방정식이 문제에 어떻게 적용되는지 보기 위해, 너비가 L인 일차원 상자 내 입자(그림 28.21) 문제를 슈뢰딩거 방정식을 이용해서 다시 풀어 보자. 그림 28.21b와 관련해서 문제를 기술하는 퍼텐셜 에너지 도표를 논의하자. 이런 퍼텐셜 에너지 도표는 슈뢰딩거 방정식으로 문제를 이해하고 푸는 데 유용한 표현이다.

그림 28.21b에서 퍼텐셜 에너지의 모양 때문에, 상자 내의 입자는 종종 **네모 우물**[12] (square well)이라고 한다. 여기서 **우물**(well)은 퍼텐셜 에너지 도표에서 곡선의 윗부분이 열려 있는 형태를 가진다(아래가 열려 있는 형태는 **장벽**이라 하는데, 28.13절에서 살펴볼 것이다).

$0 < x < L$ 의 영역에서 $U = 0$이므로, 슈뢰딩거 방정식을 다음과 같은 형태로 쓸 수 있다.

$$\frac{d^2\psi}{dx^2} = -\frac{2mE}{\hbar^2}\psi = -k^2\psi \qquad \text{28.37}$$

여기서

$$k = \frac{\sqrt{2mE}}{\hbar} \qquad \text{28.38}$$

---

[11] $d\psi/dx$ 가 연속적이지 않으면, 불연속 점에서 식 28.36의 $d^2\psi/dx^2$을 계산할 수 없다.
[12] 도식화된 퍼텐셜 에너지가 사각형 모양이라 네모 우물이라 한다.

이다. 식 28.37의 해는 이차 미분한 함수가 원래 함수에 상수 k^2을 곱한 후에 음의 부호를 붙인 것이다. 사인 함수와 코사인 함수가 모두 이 조건을 만족한다. 그러므로 방정식에 대한 가장 일반적인 해는 두 해의 선형 조합이다.

$$\psi(x) = A \sin kx + B \cos kx$$

여기서 A와 B는 경계 조건에 의해 결정되는 상수이다.

첫 번째 경계 조건 $\psi(0) = 0$을 적용하면 다음과 같다.

$$\psi(0) = A \sin 0 + B \cos 0 = 0 + B = 0 \quad \rightarrow \quad B = 0$$

따라서 해는 다음과 같이 된다.

$$\psi(x) = A \sin kx$$

두 번째 경계 조건은 $\psi(L) = 0$이므로, 이 해에 적용하면 다음과 같다.

$$\psi(L) = A \sin kL = 0$$

이 식에서 kL이 π의 정수배이면 만족한다. 즉 $kL = n\pi$이고, 여기서 n은 정수이다. $k = \sqrt{2mE}/\hbar$이기 때문에 다음과 같이 된다.

$$kL = \frac{\sqrt{2mE}}{\hbar} L = n\pi$$

각각의 n에 대한 정수값에 대해, 이 식은 양자화된 에너지 E_n을 결정한다. 허용 에너지 E_n에 대해 풀면 다음을 얻는다.

$$E_n = \left(\frac{h^2}{8mL^2}\right) n^2 \qquad\qquad \text{28.39}$$

이것은 식 28.35에 있는 허용 에너지와 동일하다.

파동 함수에 k값을 대입하면, 허용 파동 함수 $\psi_n(x)$는 다음 식으로 주어진다.

$$\psi_n(x) = A \sin\left(\frac{n\pi x}{L}\right) \qquad\qquad \text{28.40}$$

이 파동 함수는 식 28.34와 일치한다.

규격화 조건을 넣으면 $A = \sqrt{(2/L)}$이므로 규격화된 파동 함수는 다음 식과 같다.

$$\psi_n(x) = \sqrt{\frac{2}{L}} \sin\left(\frac{n\pi x}{L}\right) \qquad\qquad \text{28.41}$$

퍼텐셜 우물에 입자를 가두어 두는 개념은 이제 싹트는 분야인 **나노 기술**(nano-technology)에 사용되고 있다. 나노 기술이란 1 ~ 100 nm 사이의 소자를 만들고 응용하는 기술이다. 이런 소자의 제작에는 원자 한 개나 작은 원자의 집합체로서 그림 28.24의 양자 목장과 같은 구조를 만드는 기술이 사용된다.

연구자들이 흥미를 가지는 나노 기술의 한 분야는 **양자점**(quantum dot)이다. 양자점이란 작은 실리콘 같은 결정체로서 퍼텐셜 우물의 역할을 한다. 이런 영역은 양

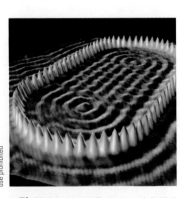

그림 28.24 이 사진은 구리 표면에 위치한 48개의 철 원자들을 고리로 구성한 양자 목장의 사진이다. 이 고리는 지름이 143 nm이고 사진은 28.13절에서 언급된 주사 터널링 현미경(STM)을 낮은 온도에서 이용해서 얻은 것이다. 목장과 다른 구조들은 전자 파동을 표면에 붙잡아 놓을 수 있다. 이런 구조를 연구하는 것은 작은 전자 소자의 미래를 결정하는 데 중요한 역할을 할 것이다.

자화된 에너지를 갖는 상태로 전자를 가두어 둘 수 있다. L이 나노미터 정도의 크기라면, 양자점에 있는 입자의 파동 함수는 그림 28.22a와 같은 모양이 된다. 양자점을 이용해서 기억 매체를 연구하는 것이 각광을 받고 있다. 간단한 기억 방법은 양자점에 전자를 포함하면 1이고 점이 비어 있으면 0으로 구별하는 것이다. 여러 개의 양자점을 준비해서 여러 개의 0과 1을 이용하는 것도 가능하다. 여러 연구소에서는 양자점의 특성과 가능한 응용을 많이 연구하고 있다. 앞으로 수년간 이런 연구소에서 많은 새로운 정보가 나올 것이다.

◀ 예제 28.9 | 상자 내 입자의 기댓값

질량 m인 입자가 $x = 0$과 $x = L$ 사이의 일차원 상자에 갇혀 있다. 양자수 n인 상태에서 입자의 위치 x의 기댓값을 구하라.

풀이

개념화 그림 28.22b는 상자 내에서 입자가 주어진 곳에 있을 확률이 위치에 따라 변하는 것을 보여 준다. 파동 함수의 대칭성으로부터 x의 기댓값을 예측할 수 있는가?

분류 예제에 주어진 내용은 상자 내 양자 입자에 초점을 맞추고 x의 기댓값을 계산하는 것이다.

분석 식 28.30에서 상자 바깥의 모든 곳에서 $\psi = 0$이기 때문에, 적분 구간 $-\infty$에서 ∞는 0에서 L까지로 다시 쓸 수 있다. 식 28.41을 식 28.30에 대입해서 x의 기댓값을 구한다.

$$\langle x \rangle = \int_{-\infty}^{\infty} \psi_n^* x \psi_n \, dx = \int_0^L x \left[\sqrt{\frac{2}{L}} \sin\left(\frac{n\pi x}{L}\right) \right]^2 dx$$

$$= \frac{2}{L} \int_0^L x \sin^2\left(\frac{n\pi x}{L}\right) dx$$

적분표를 이용하거나, 직접 계산을 해서 적분을 계산한다.[13]

$$\langle x \rangle = \frac{2}{L} \left[\frac{x^2}{4} - \frac{x \sin\left(2\frac{n\pi x}{L}\right)}{4\frac{n\pi}{L}} - \frac{\cos\left(2\frac{n\pi x}{L}\right)}{8\left(\frac{n\pi}{L}\right)^2} \right]_0^L$$

$$= \frac{2}{L} \left[\frac{L^2}{4} \right] = \boxed{\frac{L}{2}}$$

결론 상자의 중심에 대해서(그림 28.22b) 파동 함수의 제곱 형태(확률 밀도)가 대칭성을 가진다는 것을 생각하면 모든 n 값에 대해서 x의 기댓값이 상자의 중심에 있다는 것을 예측할 수 있다.

그림 28.22b에서 $n = 2$일 때, 파동 함수는 상자의 중심에서 영인 값을 갖는다. 입자가 발견될 확률이 영인 지점에서 기댓값을 가질 수 있을까? 기댓값은 **평균** 위치라는 것을 기억하자. 그러므로 입자는 중간 지점의 오른쪽에서 발견되는 만큼, 왼쪽에서 발견될 수 있다. 그러므로 비록 확률이 영인 지점이라도 평균 위치는 상자의 중심이다. 예를 들어 기말 고사 성적이 50 %인 학생들을 생각해 보자. 모든 학생의 평균이 50 %가 되기 위해서 몇몇 학생의 성적이 정확히 50 %일 필요는 없다.

◀ **28.13** | 연결 주제: 우주 온도 Context Connection: The Cosmic Temperature

지금까지 미시 입자와 미시계에 대한 양자 물리학의 개념을 소개했다. 우주와 같은 거대 규모에서 일어나는 과정에 대해 이 개념들을 어떻게 연결시켜야 할지 알아보자.

---

[13] 이 함수를 적분하기 위해서, 첫 번째로 $\sin^2(\pi x/L)$을 $\frac{1}{2}(1 - \cos 2\pi x/L)$로 놓는다(부록 B의 표 B.3). 이 과정은 $\langle x \rangle$를 두 개의 적분 식으로 표현할 수 있다. 두 번째 적분은 부분 적분으로 계산할 수 있다.

첫 번째 그런 연결성에 대해, 계로서 우주를 고려하자. 5장에서 처음으로 언급했듯이, **빅뱅**(Big Bang)이라 불리는 대폭발로 인해 우주가 생성됐다고 널리 믿고 있다. 이 폭발 때문에, 우주의 모든 물질은 뿔뿔이 흩어져 움직였다. 이 팽창은 빅뱅으로부터 나온 복사선에 도플러 이동을 일으켜서 복사 파장이 늘어나도록 한다. 1940년대에, 알퍼(Ralph Alpher), 가모프(George Gamow), 그리고 헤르만(Robert Hermann)은 우주의 구조 모형을 개발했다. 그들은 빅뱅으로부터 열복사선이 존재하고 수 켈빈 정도의 온도를 가진 흑체와 일치하는 파장 분포를 가지고 있다는 것을 예측했다.

 1965년에 벨 전화 연구소의 펜지아스(Arno Penzias)와 윌슨(Robert Wilson)은 20 ft짜리 특수 라디오 안테나를 사용해 우리 은하로부터 복사선을 측정했다. 그들은 안테나로부터 나온 신호에서 복사선의 배경 '잡음'이 있는 것에 주목했다. 잡음의 원인이 태양으로부터 간섭에 의한 것이라는 등의 가설들(우리 은하의 알 수 없는 선원인지, 안테나의 구조적인 문제인지, 안테나에 떨어진 비둘기의 배설물의 잔재인지 등)을 검증하기 위한 끊임없는 노력에도 불구하고, 가설들은 잡음을 설명할 수 없었다.

 펜지아스와 윌슨이 검출한 것은 빅뱅으로부터의 열복사였다. 즉 안테나의 방향과 관계없이 그들의 시스템에 의해 검출된 잡음은 빅뱅 모형의 예측대로 우주에 널리 퍼져 있는 복사선과 일치했다. 이 복사의 세기 측정은 복사와 관련된 온도가 약 3 K임을 말해주고 있으며, 이는 알퍼, 가모프, 헤르만이 1940년대에 예측한 것과 일치함을 보여 준다. 측정된 세기가 그들의 예측과 일치하기는 하지만 단일 파장에 대해서만 측정됐다. 우주의 흑체 모형은 다양한 파장에서의 측정이 그림 28.2와 일치하는 파장 분포를 보일 때만 가능하다.

 펜지아스와 윌슨의 발견 이후로, 많은 연구자들은 다른 파장에서 측정을 했다. 1989년에 NASA는 COBE(COsmic Background Explorer) 위성을 발사해서 0.1 cm 이하 파장에서의 결정적인 측정을 추가했다. 이 측정의 결과로 연구자들은 2006년 노벨 물리학상을 받았다. COBE로부터 측정된 데이터가 그림 28.25에 나타나 있다. 2001년 6월에 우주로 쏘아올린 윌킨슨 마이크로파 이방성 탐색기(Wilkinson Microwave Anisotropy Probe)에서 마이크로켈빈(μK = 1/1 000 000 K) 범위에서 우주 온도차 관측이 가능한 데이터를 보내왔다. QUaD, Qubic, 그리고 남극 텔레스코프 같은 과제와 연관되어, 지구에 있는 장치에서도 관측이 계속 이뤄지고 있다. 또한 유럽우주기구는 2009년 5월에 플랑크 위성을 우주로 쏘아 올렸다. 이 우주에서의 관측 장치는 윌킨슨 탐색기보다 더 좋은 감도로 우주 배경 복사를 관측할 것이다. 1965년 이후에 측정된 일련의 데이터는 온도 2.7 K에 해당하는 열복사와 일치한다. 우주 온도의 모든 이야기는 과학적 연구(모형을 세우고, 예측을 하고, 측정을 하고, 예측에 대해 다시 측정)의 주요한 예가 됐다.

 〈관련 이야기 9 우주와의 연관성〉에서 이 연관성에 관해 처음으로 예를 들어 설명했다. 미시 진동하는 물체로 열복사를 공부함으로써, 우리 우주의 기원에 대해 배운다. 29장에서는 이런 매혹적인 연관성에 대한 더 많은 예를 알아볼 예정이다.

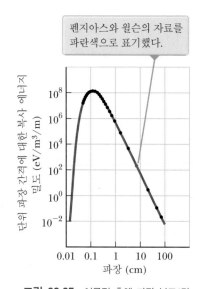

펜지아스와 윌슨의 자료를 파란색으로 표기했다.

그림 28.25 이론적 흑체 파장 분포(갈색 곡선)와 빅뱅으로부터 나온 복사선에 대해 측정된 데이터 점(검정색). 데이터의 대부분은 COBE 위성에서 수집한 것이다.

연습문제 |

객관식

1. (a) 전자, (b) 광자, (c) 양성자 모두가 진공 속에서 움직인다. 다음 각각의 질문에 대해 옳은 답을 모두 고르라. (i) 정지 에너지를 갖는 것은 어느 것인가? (ii) 전하를 갖는 것은 어느 것인가? (iii) 에너지를 운반하는 것은 어느 것인가? (iv) 운동량을 운반하는 것은 어느 것인가? (v) 빛의 속력으로 움직이는 것은 어느 것인가? (vi) 운동의 특징을 알아낼 수 있는 파장을 갖는 것은 어느 것인가?

2. 광자에 대한 (a)에서 (e)까지 명제 중에서 참과 거짓을 판별하라. (a) 이는 양자 입자이며, 어떤 실험에서는 고전적인 입자로 그리고 어떤 실험에서는 고전적인 파동처럼 행동한다. (b) 정지 에너지가 영이다. (c) 에너지가 운동으로 전달된다. (d) 운동량이 운동으로 전달된다. (e) 이의 운동은 파장이 있는 파동 함수로 표현되고 파동 방정식을 만족한다.

3. x축의 $x = 4$ nm와 $x = 7$ nm 사이에서, 어떤 양자 입자를 발견할 확률이 48 %이다. 이 영역에서 입자의 파동 함수는 $\psi(x)$는 일정하다. $\psi(x)$의 값은 $nm^{-1/2}$ 단위로 얼마인가? (a) 0.48 (b) 0.16 (c) 0.12 (d) 0.69 (e) 0.40

4. 질량 m_1인 양자 입자가 무한히 높은 벽으로 된 길이가 3 nm인 정사각형 우물에 있다. 입자의 에너지가 큰 것부터 (a)에서 (e)까지 순서대로 나열하라. 크기가 같으면 동일한 순위로 둔다. (a) 질량 m_1인 입자가 우물의 바닥 상태에 있을 때 (b) 질량 m_1인 입자가 같은 우물의 $n = 2$인 들뜬 상태에 있을 때 (c) 질량 $2m_1$인 입자가 같은 우물의 바닥 상태에 있을 때 (d) 질량 m_1인 입자가 같은 우물의 바닥 상태에 있고, 불확정성 원리가 적용되는 상황이 아닐 때, 즉 플랑크 상수가 영이 될 경우 (e) 질량 m_1인 입자가 우물의 길이가 6 nm인 바닥 상태에 있을 때

5. 빛의 입자성을 가장 잘 설명하는 현상은 다음 중 어느 것인가? (a) 회절 (b) 광전 효과 (c) 편광 (d) 간섭 (e) 굴절

6. 양성자, 전자, 헬륨핵이 모두 같은 속력 v로 움직인다. 드브로이 파장을 긴 것부터 순서대로 나열하라.

7. 길이가 L인 단단한 상자 내에 입자가 $n = 2$인 첫 번째 들뜬 상태에 있다(그림 OQ 28.7). 입자가 가장 잘 발견되는 곳은 어디인가? (a) 상자의 중앙 (b) 상자의 끝 부분 (c) 상자 내의 모든 곳에서 같다. (d) 상자의 끝으로부터 1/4

떨어진 곳 (e) 정답 없음

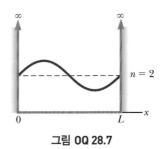

그림 OQ 28.7

8. 운동 에너지가 2.00 eV인 양자 입자들로 이뤄진 빔이 작은 너비와 높이가 3.00 eV인 퍼텐셜 장벽에서 반사된다. 장벽의 높이를 2.01 eV로 낮추면, 반사된 양자 입자들의 비율은 어떻게 변하는가? (a) 증가한다. (b) 감소한다. (c) 0으로 유지된다. (d) 1로 유지된다. (e) 다른 어떤 값으로 유지된다.

9. X선 광자가 처음에 정지하고 있던 전자에 의해 산란된다. 입사 광자의 주파수에 대해 산란 광자의 주파수는 (a) 낮아진다. (b) 높아진다. (c) 변함없다.

10. 피부 세포에 있는 분자에 더 많은 에너지를 전달해서 햇볕으로 인한 화상이 생길 수 있는 가능성이 가장 큰 것은 어느 것인가? (a) 적외선 (b) 가시 광선 (c) 자외선 (d) 마이크로파 (a)~(d)에서 빛의 양은 같다고 하자.

주관식

28.1 흑체 복사와 플랑크의 이론

1. 사람의 눈은 560 nm(초록색)의 빛에 가장 민감하다. 이 파장을 가장 강하게 복사하는 흑체의 온도는 얼마인가?

2. 그림 P28.2는 개똥벌레가 방출하는 빛의 스펙트럼이다. (a) 이것과 같은 파장에서 봉우리에 해당하는 복사를 방출

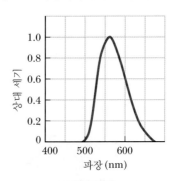

그림 P28.2

하는 흑체의 온도를 구하라. (b) 이 결과에 기초해서 개똥벌레가 내는 빛이 흑체 복사인지를 설명하라.

3. (i) 주파수가 (a) 620 THz, (b) 3.10 GHz, (c) 46.0 MHz인 광자의 에너지를 전자볼트 단위로 계산하라. (ii) (i)에 나열한 광자에 해당하는 파장을 구하고, (iii) 이들이 전자기파 스펙트럼의 어느 영역에 해당하는지를 말하라.

4. 어린이나 노약자에게, 일반적인 열 온도계를 사용하는 것은 세균 오염이나 조직 천공의 위험이 따른다. 그림 28.5에 보인 복사 온도계는 빠르게 작동하고 대부분의 위험을 피할 수 있다. 이 온도계는 귓구멍에서 방출되는 적외선의 복사량을 측정한다. 이 공동은 정확하게 흑체로 설명되고, 몸의 온도를 중앙에서 조절하는 시상하부에 근접해 있다. 보통 인체의 정상 체온은 37.0 °C이다. 열병 환자의 체온이 38.3 °C라고 하면, 그의 귓구멍으로부터 복사 일률의 증가는 몇 퍼센트인가?

28.2 광전 효과

5. 구리로 된 반지름이 5.00 cm인 고립된 구가 있다. 처음에 대전되어 있지 않았는데 파장이 200 nm인 자외선을 쪼인다. 구리의 일함수는 4.70 eV이다. 광전 효과에 의해 구에 유도되는 최대 전하는 얼마인가?

6. 파장이 625 nm인 빛을 금속 표면에 쪼일 때 방출되는 전자의 속력이 4.60×10^5 m/s이다. (a) 금속 표면의 일함수는 얼마인가? (b) 이 표면에서의 차단 주파수는 얼마인가?

7. 몰리브데넘의 일함수는 4.20 eV이다. (a) 광전 효과에 대한 차단 주파수와 파장을 구하라. 입사광선의 파장이 180 nm일 때, 정지 전위는 얼마인가?

28.3 콤프턴 효과

8. 그림 P28.8에서처럼 에너지 E_0인 광자가 처음에 정지해 있던 전자에 의해 산란된다. 산란 전자와 광자의 산란각은 같다. (a) 각도 θ를 구하라. (b) 산란 광자의 에너지와 운동량을 구하라. (c) 산란 전자의 운동 에너지와 운동량을 구하라.

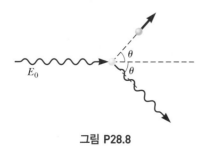

그림 P28.8

9. 에너지가 300 keV인 X선인 표적으로부터 콤프턴 산란을 한다. 산란광은 입사광에 대해 37.0°의 각도에서 검출된다. 이때 (a) 이 각도에서의 콤프턴 이동, (b) 산란된 X선의 에너지, (c) 튕겨나간 전자의 에너지를 구하라.

10. 0.001 60 nm의 광자가 자유 전자로부터 산란된다. 산란되는 광자의 에너지와 튕겨나가는 전자의 운동 에너지가 같아지는 광자의 산란각은 얼마인가?

28.4 광자와 전자기파

11. 어떤 헬륨–네온 레이저는 빔의 지름이 1.75 mm이고 초당 2.00×10^{18}개의 광자를 방출한다. 각 광자의 파장은 633 nm이다. 빔 내의 (a) 전기장과 (b) 자기장의 진폭을 계산하라. (c) 이 빔이 완전히 반사하는 표면에 수직으로 입사하면, 빔이 표면에 작용하는 힘은 얼마인가? (d) 빔이 0 °C의 얼음 덩어리에 1.50 h 동안 흡수된다면, 얼음은 얼마나 녹는가?

12. 전자기파의 광자 에너지가 약 10.0 eV보다 커서 원자의 전자를 떼어낼 수 있을 때 방출되는 전자기파를 **전리 방사선** (ionizing radiation)이라고 한다. 그림 P28.12를 참조해서, 전자기파 스펙트럼의 어느 영역이 전리 방사선의 정의에 적합하고 어느 영역이 그렇지 않은지 구분하라.

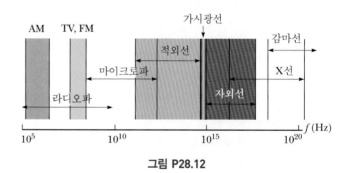

그림 P28.12

28.5 입자의 파동적 성질

13. 현미경의 분해능은 사용되는 파장에 의존한다. 원자를 보기 위해서는 1.00×10^{-11} m 정도의 분해능이 요구된다. (a) 전자가 이용(전자 현미경)된다면 전자에 요구되는 최소 운동 에너지는 얼마인가? (b) 광자가 이용된다면, 요구되는 분해능을 얻기 위해 최소 광자 에너지는 얼마인가?

14. (a) 운동 에너지가 3.00 eV인 전자의 파장은 얼마인가? (b) 광자의 에너지가 3.00 eV라면, 광자의 파장은 얼마인가?

15. 속력이 1.00×10^6 m/s인 양성자의 드 브로이 파장을 계산하라.

28.6 새 모형: 양자 입자

16. 질량 m인 양자 입자가 속력 u로 자유롭게 움직이고 있다. 입자의 에너지는 $E = K = \frac{1}{2}mu^2$이다. (a) 입자를 나타내는 양자 파동의 위상 속력을 구하고, (b) 이것은 입자의 질량과 에너지가 이동하는 속력과는 다름을 증명하라.

17. 속력 u, 전체 에너지 $E = hf = \hbar\omega = \sqrt{p^2c^2 + m^2c^4}$, 운동량 $p = h/\lambda = \hbar k = \gamma mu$로 자유롭게 움직이는 상대론적인 양자 입자가 있다. 입자를 나타내는 양자 파동의 경우, 군 속력은 $v_g = d\omega/dk$이다. 이 파동의 군 속력은 입자의 속력과 같음을 증명하라.

28.7 양자적 관점에서 이중 슬릿 실험

18. 0.400 m/s로 진행하는 중성자들이 간격이 1.00 mm인 슬릿 쌍을 통과하려고 한다. 슬릿으로부터 10.0 m 떨어진 곳에 검출기가 한 줄로 늘어서 있다. (a) 중성자의 드 브로이 파장은 얼마인가? (b) 검출기들이 늘어서 있는 곳에서 세기가 처음 영이 되는 곳은 중앙에서 얼마나 떨어진 곳인가? (c) 중성자가 검출기에 도달할 때, 중성자가 어느 슬릿을 통과했다고 말할 수 있는가? 설명하라.

19. 어떤 진공관에서, 뜨거운 음극에서 전자들이 느리고 일정한 비율로 나와 정지 상태에서 45.0 V의 전위차에 의해 가속된다. 그 이후 28.0 cm 이동하면서 전자들은 일련의 슬릿을 통과한 다음 스크린에 닿아서 간섭 무늬를 형성한다. 빔전류가 어느 값 이하이면, 한 번에 한 개의 전자만이 관 속에서 날아갈 수 있다. 이런 경우 간섭 무늬는 나타나지만, 각각의 전자들은 자신과 간섭할 수 있을 뿐이다. 관 속에서 한 번에 한 개의 전자만 날아갈 수 있는 빔전류의 최 댓값은 얼마인가?

28.8 불확정성 원리

20. 전자 한 개와 0.020 0 kg의 총알 하나가 각각 500 m/s의 속력으로 움직인다. 속력의 정밀도는 두 입자 모두 0.010 0 % 이내이다. 속도의 방향을 따라서 각 물체의 위치를 측정하는 불확정도의 하한은 얼마인가?

21. 오리 한 마리가 $h = 2\pi$ J·s인 우주에 살고 있다. 오리의 질량은 2.00 kg이고, 처음에는 너비가 1.00 m인 연못에 살고 있는 것으로 알려져 있다. (a) 연못의 너비에 평행한 방향으로 오리 속도 성분의 최소 불확정도는 얼마인가? (b) 이런 속력의 불확정도가 5.00 s 동안 지속될 때, 이 시간 이후 오리 위치의 불확정도를 구하라.

28.9 양자 역학의 해석

22. 다음과 같은 파동 함수를 갖는 자유 전자가 있다.

$$\psi(x) = Ae^{i(5.00\times10^{10}x)}$$

여기서 x의 단위는 m이다. (a) 드 브로이 파장, (b) 운동량, (c) 운동 에너지(eV)를 구하라.

23. 양자 입자의 파동 함수가 다음과 같다.

$$\psi(x) = \sqrt{\frac{a}{\pi(x^2 + a^2)}}$$

이때 $a > 0$이고 $-\infty < x < +\infty$이다. $x = -a$와 $x = +a$ 사이에 입자가 있을 확률을 구하라.

28.10 상자 내 입자

24. 길이가 0.100 nm인 일차원 상자 내에 전자가 있다. (a) 전자의 에너지 준위 도표를 $n = 4$인 준위까지 그려라. (b) 전자가 $n = 4$의 상태에서 $n = 1$의 상태인 아래로 전이되면서 광자가 방출된다. 이 광자의 파장을 구하라.

25. 무한히 깊은 정사각형 우물 내에 있는 양자 입자의 파동 함수가 $0 \le x \le L$일 때 다음과 같고, 그 외에서는 영이다.

$$\psi_1(x) = \sqrt{\frac{2}{L}}\sin\left(\frac{\pi x}{L}\right)$$

(a) $x = 0$에서 $x = (1/3)L$ 사이에 있을 확률을 구하라. (b) $x = (1/3)L$에서 $x = (2/3)L$ 사이의 값을 (a)의 결과를 이용해 풀라. 단, 다시 적분을 하지는 말라.

28.11 분석 모형: 경계 조건하의 양자 입자

28.12 슈뢰딩거 방정식

26. 무한히 깊은 정사각형 우물 내에 있는 양자 입자의 파동 함수가 $0 \le x \le L$일 때 다음과 같고, 그 이외에서는 영이다.

$$\psi_2(x) = \sqrt{\frac{2}{L}}\sin\left(\frac{2\pi x}{L}\right)$$

(a) x의 기댓값을 구하라. (b) 입자를 $L/2$ 근처, 즉 $0.490L \le x \le 0.510L$ 범위에서 발견할 확률을 구하라. (c) 입자를 $L/4$ 근처, 즉 $0.240L \le x \le 0.260L$ 범위에서 발견할 확률을 구하라. (d) (a)의 결과가 (b), (c)의 결과와 모순되지 않음을 설명하라.

27. 파동 함수 $\psi(x) = Ae^{i(kx-\omega t)}$이 슈뢰딩거 방정식(식 28.36)의 해임을 보여라. 여기서 $k = 2\pi/\lambda$이고 $U = 0$이다.

28.13 연결 주제: 우주 온도

28. 우주 배경 복사는 절대 온도 2.73 K 에너지원이 발하는 흑체 복사이다. (a) 빈의 법칙을 이용해서 복사가 최대 세기를 가질 때의 파장을 구하라. (b) 이 분포의 봉우리는 전자기 스펙트럼의 어느 영역에 속하는가?

추가문제

29. 아래 표는 광전 효과 실험으로 얻은 데이터를 나타낸 것이다. (a) 이 데이터를 이용해서, 그림 28.9와 비슷한 직선 그래프를 그려라. 이 그래프로부터, (b) 플랑크 상수에 대한 실험값(J·s 단위로)을 구하라. (c) 표면에 대한 일함수(eV 단위로)를 구하라.

파장 (nm)	광전자의 최대 운동 에너지 (eV)
588	0.67
505	0.98
445	1.35
399	1.63

30. 파장 λ인 광자가 금속에 입사한다. 금속에서 방출된 에너지가 가장 큰 전자가 자기장 B에 의해 반지름 R인 원호를 그리며 휘어진다. 이 금속의 일함수는 얼마인가?

31. 파동 함수가 $\psi(x)$로 주어지는 입자에서 어떤 물리량 $f(x)$의 기댓값은 다음과 같이 정의된다.

$$\langle f(x) \rangle \equiv \int_{-\infty}^{\infty} \psi^* f(x) \psi \, dx$$

무한히 깊은 일차원 상자($0 \le x \le L$) 안에 입자가 있을 때 다음을 증명하라.

$$\langle x^2 \rangle = \frac{L^2}{3} - \frac{L^2}{2n^2\pi^2}$$

원자 물리학 Atomic Physics

Deymos/Shutterstock.com

28장에서는 양자 역학에서 사용하고 있는 기본적인 개념과 방법을 소개하고, 또한 단순한 여러 계에 적용했다. 29장에서는 앞에서 이미 공부한 것보다 더 복잡한 원자 구조 모형에 양자 역학을 적용해서 설명하고자 한다.

우리는 11장에서 보어의 준고전적인 방법으로 수소 원자를 공부했다. 이번 장에서는 획기적인 양자 모형으로 수소 원자를 분석하고자 한다. 가장 간단한 원자계인 수소 원자를 이해하는 것은 여러 가지 측면에서 중요하다.

불꽃놀이에서 다채로운 색을 볼 수 있다. 폭발해서 타고 있는 물질에서 원자의 종류에 따라 색이 결정된다. 밝은 하얀빛은 산화된 마그네슘이나 알루미늄에 의해서 만들어진다. 빨간빛은 스트론튬에서, 노란빛은 나트륨에서 만들어진다. 파란빛은 만들어 내기가 더 어렵지만 구리 가루, 염화구리, 헥사클로로에탄올을 섞어서 태워 얻을 수 있다. 원자로부터의 빛의 방출은 원자의 구조에 대해서 배울 수 있는 중요한 단서이다.

- 한 개의 전자를 가진 수소 원자에 대한 연구가 이미 많이 이루어져서, He^+ 또는 Li^{2+}와 같이 한 개의 전자를 갖는 이온으로 확장할 수 있다.

- 수소 원자는 실험을 통해 정확히 이론과 일치됨을 확인할 수 있고, 원자 구조를 이해하는 데 전반적으로 기여하고 있다.

- 수소의 허용 상태를 특정화시키는 데 사용되는 양자수는 더 복잡한 원자를 이해하는 데도 이용되고, 주기율표에서 원소의 성질을 기술하는 데 유용하다. 이런 이해는 양자 역학의 위대한 업적 중 하나이다.

- 원자 구조에 대한 기본적 이해가 좀 더 복잡한 분자 구조와 고체의 전기적인 구조를 다루기 전에 선행되어야 한다.

29.1 | 초창기 원자 구조 모형 Early Structural Models of the Atom

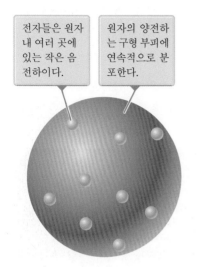

전자들은 원자 내 여러 곳에 있는 작은 음전하이다.

원자의 양전하는 구형 부피에 연속적으로 분포한다.

그림 29.1 톰슨의 원자 모형

뉴턴 시대에는 원자를 내부 구조를 무시하는 입자 모형인 작고, 단단하고, 분리할 수 없는 (깰 수 없는) 구라고 생각했다. 비록 이 모형이 기체의 운동론(16장)에 대한 기본적인 근거를 제시했지만, 계속된 실험을 통해 원자의 전기적 성질들이 나타나면서 새로운 모형들을 만들어야 했다. 톰슨은 양전하 밀도를 가진 부피 내에 전자들이 박힌 형태로 존재한다는 원자 구조 모형을 제안했다(그림 29.1).

1911년에 러더퍼드(Ernest Rutherford)는 그의 제자 가이거(Hans Geiger)와 마르스덴(Ernest Marsden)과 함께 행한 실험을 통해 톰슨의 모형이 잘못됐다는 사실을 보였다. 이 실험에서는 그림 29.2a와 같이 양전하의 알파 입자(He 원자핵) 빔을 표적인 얇은 금속 박에 입사시켰다. 대부분의 입사된 입자들은 금속 박이 톰슨 모형과 일치하는 빈 공간인 것처럼 통과했지만, 깜짝 놀랄만한 몇 가지 실험 결과가 있었다. 적지 않은 수의 입자들이 입자의 진행 방향에 대해 큰 각도로 산란됐고, 일부의 입자는 입사된 방향의 반대쪽으로 산란됐다. 가이거가 러더퍼드에게 이런 결과를 보고하자 러더퍼드는 "그것은 내 인생에서 가장 믿기지 않는 사건이었다. 그것은 마치 15인치 공을 얇은 종이에 던졌을 때, 그 공이 반사되어 나를 때린 것처럼 믿기지 않았다."고 썼다.

이런 큰 편향 현상을 톰슨 모형으로는 설명할 수 없다. 톰슨 모형에 따르면, 양전하로 대전된 알파 입자는 큰 각도로 산란시키기에 충분한 양전하 밀도가 있는 곳을 찾기가 불가능하다. 더욱이 전자는 알파 입자에 비해 아주 적은 질량을 가지고 있으므로, 큰 각도로 산란을 일으키는 원인이 될 수 없다. 러더퍼드는 이 놀라운 현상을 설명하기 위해 11.5절에서 소개한 것처럼 새로운 구조 모형을 제시했다. 그는 원자의 크기에 비해 상대적으로 좁은 부분에 양전하가 집중되어 있다고 생각했다. 그는 원자에서 양전하의 집합을 **핵**(nucleus)이라고 했다. 전자는 상대적으로 외부의 큰 공간에 존재한다고 가정했다. 전자들이 전기력에 의해서 핵에 끌리지 않는 이유를 설명하기 위해, 전자들은 태양을 도는 위성처럼 핵 주위의 궤도를 회전하고 있다고 설명했다(그림 29.2b).

러더퍼드의 행성 모형은 두 가지 근본적인 문제가 있다. 11장에서 보인 것처럼, 원자는 어떤 고유 주파수의 전자기 복사파를 방출(흡수)하지만 러더퍼드 모형은 이 현

그림 29.2 (a) 얇은 막 표적으로부터 산란하는 알파 입자를 관측하기 위한 러더퍼드의 실험 방법. 라듐과 같이 자연에서 생성된 방사성 물질을 발사했다. (b) 원자에 대한 러더퍼드의 행성 모형

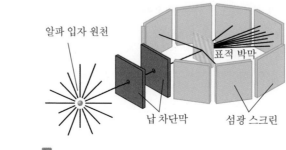

알파 입자 원천
표적 박막
납 차단막
섬광 스크린

a

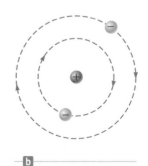

b

상을 설명할 수 없다. 두 번째 문제는 러더퍼드의 전자가 구심 가속도를 받고 있는 것이다. 맥스웰의 전자기 이론에 따르면, 주파수 f로 회전 운동하는 전하는 동일한 주파수를 가진 전자기파를 방출해야 한다. 불행히도, 고전적인 러더퍼드 모형을 원자에 적용하면 파멸이 예견된다. 전자가 전자-양성자 계로부터 에너지를 방출하면 전자의 궤도 반지름은 계속 감소하고, 회전수는 증가한다. 에너지는 전자기 복사에 의해 계로부터 연속적으로 외부로 전달된다. 그 결과 계의 에너지는 감소해서 전자 궤도가 붕괴된다. 이런 전체 에너지의 감소는 전자의 운동 에너지 증가로 이어져[1], 방출된 복사의 주파수가 계속 증가하고 전자는 핵에 흡수되어 붕괴하게 된다(그림 29.3).

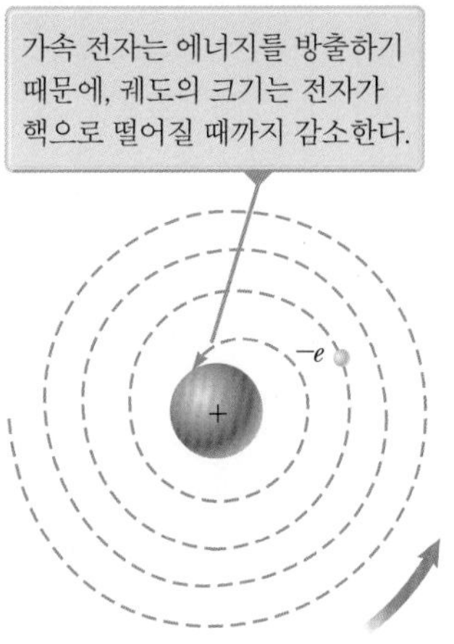
가속 전자는 에너지를 방출하기 때문에, 궤도의 크기는 전자가 핵으로 떨어질 때까지 감소한다.
$-e$
+

그림 29.3 핵 원자의 고전적인 모형에 의하면 원자 붕괴가 예상된다.

이제 11장에서 설명한 보어 모형에 대해 논의해 보자. 전자가 원자핵으로 낙하하면서 원소로부터 연속 스펙트럼을 방출하는 문제를 해결하기 위해 보어는 고전 복사 이론이 원자 크기의 세계에서는 적용될 수 없다고 가정했다. 원자핵 주위를 회전하는 전자는 양자화된 에너지 준위를 갖는다는 플랑크 이론을 적용함으로써 에너지를 연속적으로 방출하는 고전적인 문제를 극복했다. 그래서 11.5절에서 기술했듯이, 보어는 전자들이 원자 내에서 복사파를 방출하지 않고 안정된 궤도인 정상 상태 궤도에 속박되어 있다고 가정했다. 또한 그는 아인슈타인의 개념을 적용해서, 전자가 어떤 정상 상태에서 다른 상태로 전이할 때 방출되는 빛의 주파수에 대한 수식을 유도했다.

보어 모형은 안정한 원자와 방출되는 복사의 파장을 예측한다는 점에서 러더퍼드 모형보다 더 성공적이었지만, 오류 피하기 11.4에서 언급한 것처럼 여러 미세 선스펙트럼을 예측하는 데는 실패했다. 향상된 분광 기술을 이용해서, 수소의 선스펙트럼을 분석한 결과, 보어 이론에 대한 수정의 필요성이 처음으로 제기됐다. 발머 계열과 다른 계열에서 한 개가 아닌 많은 선들이 발견되고, 각 계열은 촘촘한 선들로 군을 이루고 있었다. 관측된 또 다른 난점은 원자에 강한 자기장을 걸었을 때 한 선스펙트럼이 매우 인접한 세 선으로 분리됐다는 것이다. 보어 모형은 이 현상을 설명할 수 없다.

보어 이론에서 벗어난 이런 현상들을 해결하기 위해 이론으로 개선하려는 노력이 계속되어 왔다. 변화된 고전적인 개념 중 하나는 전자가 자신의 축에 대한 22장에서 도입한 **스핀**이라고 하는 고유 각운동량을 갖고 있다는 것이었다. 이번 장에서 더욱 상세하게 스핀을 논의할 예정이다.

29.2 | 다시 보는 수소 원자 The Hydrogen Atom Revisited

수소 원자의 양자적 접근은 전자-양자 계의 전기 퍼텐셜 에너지(U)에 관련된 슈뢰딩거 방정식(식 28.36)의 해를 필요로 한다. 수소 원자에 대한 슈뢰딩거 방정식의 완전한 수학적 해를 적용시킴으로써 원자의 완전한 특성을 알 수 있다. 그러나 해를 유도하는 수학적 과정은 이 교재의 수준을 벗어나므로 자세한 부분은 생략하도록 한

[1] 역제곱 법칙의 힘에 의해 일어나는 궤도 운동에서 계가 에너지를 잃게 되면, 운동 에너지는 증가하지만 퍼텐셜 에너지는 그에 비해 크게 줄어들어 계의 전체 에너지 변화가 음의 값이 된다.

다. 허용 정상 상태를 나타내는 양자수와 함께 수소 원자의 여러 상태에 대한 해를 공부하고자 한다. 우리는 또한 양자수의 물리적 중요성을 논의할 것이다.

수소 원자에 대한 양자 구조 모형의 구성 요소를 정리해 보자.

1. **계를 이루는 구성 요소에 대한 서술:** 초창기 수소 원자 모형에서와 같이, 구성 요소는 전자와 매우 작은 핵에 모여 있다고 모형화한 양전하이다. 또한 전자는 전하가 국소적으로 모여 있다고 모형화한다. 그러나 이런 가정은 융통성 있게 받아들여야 하는데, 이유에 대해서는 이 모형의 결과가 암시해 줄 것이다.

2. **계의 구성 요소의 상대적 위치 및 그들 간의 상호 작용에 대한 서술:** 원자의 크기가 작아서 전자와 핵이 근접해 있고, 또한 그들이 전기력으로 상호 작용한다고 가정한다. 전자의 어떤 종류의 궤도도 가정하지 않는다.

3. **시간이 지남에 따라 계가 어떻게 변하는가에 대한 서술:** 우리는 안정한 수소 원자에 대해 자세하게 알고 싶어 한다. 또한 전자기 복사의 형태로 에너지의 방출이나 흡수가 일어나는 시간 동안의 계의 변화를 이해하고자 한다.

4. **구조 모형을 이용한 예측과 실제 관측 결과에 대한 비교 서술, 그리고 가능하다면 아직 관측된 바 없는 새로운 효과에 대한 예측:** 이 모형은 이미 공부한 양자화된 에너지와 스펙트럼선의 파장을 예측할 수 있어야 한다. 또한 원자 스펙트럼의 미세한 구조, 주기율표의 구조, X선 스펙트럼의 세부 내용 등을 정확하게 예측할 수 있어야 한다.

양자 모형으로부터의 예측은 다음과 같은 것을 이야기하게 될 것이다. 위의 구성 요소 1과 2에 서술한 구성 요소를 갖는 계에 대해 슈뢰딩거 방정식을 세울 것이다. 그 다음에 이 방정식을 풀어서 **일반적인** 파동 함수(일반해)를 구한다. 마지막으로 원자의 허용 파동 함수와 에너지를 결정하기 위해 경계 조건하의 양자 입자 모형을 사용한다. 즉 일반적인 파동 함수에 대해 경계 조건을 적용한다.

28.10절에서 공부한 일차원 상자 내 입자 경우, 경계 조건을 적용해서 양자수 하나를 구했다. 수소 원자와 같은 삼차원 계에 대해, 각각의 차원에 경계 조건을 적용할 때마다, 하나의 양자수가 필요하게 되어 양자 구조 모형은 세 개의 양자수를 만들게 된다. 또한 스핀을 나타내는 네 번째 양자수가 필요함을 알게 되는데, 이는 슈뢰딩거 방정식으로는 이끌어 낼 수 없다.

슈뢰딩거 방적식을 세우기 위해, 첫 번째로 계의 퍼텐셜 에너지를 알아야만 한다. 수소 원자에 대해 이 함수는 다음과 같다.

$$U(r) = -k_e \frac{e^2}{r} \qquad \textbf{29.1}$$

여기서 k_e는 쿨롱 상수이고 r은 양성자($r = 0$에 위치)와 전자 사이의 지름 거리이다.

수소 원자에 대한 문제를 푸는 방법은 $U(r)$을 슈뢰딩거 방정식에 대입한 후, 28.12절에서 계산한 상자 내 입자 문제와 같이 타당한 답을 구하는 것이다. 수소 원자 문제는 삼차원으로 취급해야 하며, U는 x, y, z 좌표가 아닌 지름 좌표 r의 함수이기 때문에 구면 좌표계를 사용해야 한다. 이는 매우 복잡하다. 여기서는 수소 원자에 대한 해를 구하지 않고 원자 구조에 대한 특성과 의미만을 간단히 기술할 예정이다.

슈뢰딩거 방정식의 해에 경계 조건을 적용하면, 수소 원자에 대한 허용 상태의 에너지는 다음과 같다.

$$E_n = -\left(\frac{k_e e^2}{2a_0}\right)\frac{1}{n^2} = -\frac{13.606\,\text{eV}}{n^2} \qquad n = 1, 2, 3, \ldots$$

29.2

▶ 수소 원자에 대한 허용 에너지

여기서 a_0는 보어 반지름이다. 이 결과는 보어 이론 및 관측된 스펙트럼 선들과 정확히 일치하고 있다. 이런 일치는 완전히 서로 다른 관점에서 출발한 보어 이론과 완전한 양자 이론이 같은 결론에 도달한다는 점에서 매우 **놀랍다**.

이 모형에서 허용 에너지는 **주양자수**(principal quantum number)라고 하는 양자수 n에만 의존한다는 사실에 주목하자. 또한 경계 조건을 적용하면 보어 모형에서 나타나지 않는 두 개의 새로운 양자수를 얻게 된다. 양자수 ℓ은 **궤도 양자수**(orbital quantum number)라 하며, m_ℓ은 **궤도 자기 양자수**(orbital magnetic quantum number)라 한다. n이 원자의 에너지와 관련되어 있는 반면, 양자수 ℓ과 m_ℓ은 29.4절에서 서술한 것처럼 원자의 각운동량과 관련되어 있다. 슈뢰딩거 방정식의 해로부터, 이들 세 양자수에 대해 다음과 같은 허용 값을 얻을 수 있다.

> **오류 피하기 | 29.1**
>
> **수소 원자에 있어서 에너지는 오직 n에만 의존한다** 에너지가 양자수 n에만 의존한다는 식 29.2는 수소 원자에 대해서만 성립한다. 더 복잡한 원자들의 경우, 수소에서 구한 같은 양자수를 사용할 것이다. 이들 원자에 있어서 에너지 준위는 주로 n에 의존하지만, 다른 양자수에도 약간 의존적이다.

- n은 1부터 ∞까지의 정수이다.

주어진 n값에 대해

- ℓ은 0부터 $n-1$까지의 정수이다.

주어진 ℓ값에 대해

- m_ℓ은 $-\ell$부터 ℓ까지의 정수이다.

표 29.1은 주어진 n값에 대해 ℓ과 m_ℓ의 허용 값을 결정하는 규칙들을 요약한 것이다.

역사적인 이유 때문에, 동일한 주양자수를 가지고 있는 상태들은 모두 하나의 **껍질**(shell)을 형성한다고 말한다. $n = 1, 2, 3, \ldots$ 상태를 나타내는 껍질은 K, L, M, … 의 문자로 표현한다. 마찬가지로 동일한 n과 ℓ값을 가진 모든 상태는 **버금 껍질**(subshell)을 형성한다. 문자[2] $s, p, d, f, g, h, \ldots$는 $\ell = 0, 1, 2, 3, 4, 5, \ldots$을 표현하는 데 사용한다. 예를 들어 $3p$로 표현된 상태는 $n = 3$과 $\ell = 1$의 양자수를, $2s$ 상태는 $n = 2$와 $\ell = 0$의 양자수를 갖고 있다. 이 표시법을 표 29.2와 29.3에 요약했다.

표 29.2 | 원자 껍질 표시법

n	껍질 기호
1	K
2	L
3	M
4	N
5	O
6	P

표 29.1 | 수소 원자에 대한 세 가지 양자수

양자수	이름	허용 값	허용 상태수
n	주양자수	$1, 2, 3, \ldots$	모든 수
ℓ	궤도 양자수	$0, 1, 2, \ldots, n-1$	n
m_ℓ	궤도 자기 양자수	$-\ell, -\ell+1, \ldots, 0, \ldots, \ell-1, \ell$	$2\ell+1$

---

[2] 처음 네 개의 문자(s-sharp, p-principal, d-diffuse, f-fine)는 스펙트럼 선을 분류할 때 생겨났다. 나머지는 알파벳순이다.

표 29.3 | 원자 버금 껍질 표시법

ℓ	버금 껍질 기호
0	s
1	p
2	d
3	f
4	g
5	h

표 29.1에 주어진 규칙을 위반하는 상태는 존재하지 않는다. 예를 들면 $2d$ 상태는 $n = 2$와 $\ell = 2$인데 이것은 존재하지 않는다. 왜냐하면 ℓ의 가장 높은 값 $n-1$은 1이기 때문이다. 따라서 $n = 2$에 대해서는 $2s$와 $2p$ 상태만 가능하고 $2d$, $2f$, ... 는 불가능하다. $n = 3$에 대해서 허용 버금 껍질은 $3s$, $3p$, $3d$이다.

▶ **퀴즈 29.1** $n = 4$ 준위의 수소 원자에는 얼마나 많은 버금 껍질이 있는가? (a) 5 (b) 4 (c) 3 (d) 2 (e) 1

▶ **퀴즈 29.2** 주양자수가 $n = 5$일 때, 얼마나 많은 (a) ℓ, (b) m_ℓ의 허용 값이 존재하는가?

▶ **예제 29.1 | 수소의 $n = 2$ 준위**

수소 원자에서 주양자수 $n = 2$에 해당하는 허용 상태수를 결정하고, 이 상태들의 에너지를 구하라.

풀이

개념화 $n = 2$인 양자 상태를 가정한다. 보어 이론에서는 이 한 가지 상태만 존재하지만, 양자 이론 논의에서는 ℓ과 m_ℓ의 값이 가능하므로 더 많은 상태가 허용된다.

분류 이번 절에서 논의한 법칙을 사용하므로 예제를 대입 문제로 분류한다.

표 29.1에서와 같이, $n = 2$일 때 ℓ은 0과 1만 가능하다. 표 29.1로부터 가능한 m_ℓ의 값을 구한다.

$$\ell = 0 \quad \rightarrow \quad m_\ell = 0$$

$$\ell = 1 \quad \rightarrow \quad m_\ell = -1, 0 \text{ 또는 } 1$$

그러므로 $2s$ 상태는 한 가지 상태로서 양자수가 $n = 2$, $\ell = 0$, $m_\ell = 0$이며, $2p$ 상태는 세 가지 상태로 표시하는 데 각각의 양자수는 $n = 2$, $\ell = 1$, $m_\ell = -1$; $n = 2$, $\ell = 1$, $m_\ell = 0$; $n = 2$, $\ell = 1$, $m_\ell = 1$이다.

이들 네 가지 상태는 모두 같은 주양자수 $n = 2$를 갖기 때문에 식 29.2에 따라 모두 같은 에너지를 갖는다.

$$E_2 = -\frac{13.606 \text{ eV}}{2^2} = \boxed{-3.401 \text{ eV}}$$

▶ **29.3 | 수소에 대한 파동 함수** The Wave Functions for Hydrogen

수소 원자의 퍼텐셜 에너지는 핵과 전자 사이의 지름 방향 r에만 의존하기 때문에, 수소 원자에서 어떤 허용 상태는 r에만 의존하는 파동 함수로 표현할 수 있다. (다른 파동 함수들은 r과 각도 좌표들에 의존한다.) 수소 원자에서 가장 간단한 파동 함수는 $1s$ 상태이고, $\psi_{1s}(r)$로 표시한다.

▶ 바닥 상태에 있는 수소의 파동 함수

$$\psi_{1s}(r) = \frac{1}{\sqrt{\pi a_0^3}} e^{-r/a_0} \qquad\qquad 29.3$$

여기서 a_0는 보어 반지름이며, 이 파동 함수는 규격화되어 있다. 이 파동 함수는 28.11절에서 설명한 경계 조건을 만족한다. 즉 ψ_{1s}는 $r \rightarrow \infty$로 접근함에 따라 영으로 접근하며 $r \rightarrow 0$일 때 유한하다. 또한 ψ_{1s}는 r에만 의존하기 때문에 이 파동 함수는 구 대칭이다. 실제로 모든 s 상태들은 구 대칭이다.

어떤 영역에서 전자를 발견할 확률은 ψ가 규격화되어 있을 때 그 영역에서 확률 밀도 대한 $|\psi|^2$의 적분과 같다. $1s$ 상태에 대한 확률 밀도는 다음과 같다.

$$|\psi_{1s}|^2 = \left(\frac{1}{\pi a_0^3}\right)e^{-2r/a_0} \qquad \textbf{29.4}$$

부피 dV 내에서 전자를 발견할 확률은 $|\psi|^2\,dV$이다. **지름 확률 밀도 함수**(radial probability density function) $P(r)$을 반지름 r과 두께 dr을 가진 구 껍질 내에서 전자를 발견할 확률로서 정의하는 것이 편리하다. 이런 껍질의 부피는 겉넓이 $4\pi r^2$과 껍질의 두께 dr(그림 29.4)의 곱으로 주어지며, 따라서 이 확률는 다음과 같다.

$$P(r)\,dr = |\psi|^2\,dV = |\psi|^2\,4\pi r^2\,dr \qquad \textbf{29.5}$$

$$P(r) = 4\pi r^2|\psi|^2 \qquad \textbf{29.6}$$

식 29.4를 29.6에 대입하면, 바닥 상태인 수소 원자의 지름 확률 밀도 함수를 얻을 수 있다.

$$P_{1s}(r) = \left(\frac{4r^2}{a_0^3}\right)e^{-2r/a_0} \qquad \textbf{29.7}$$

함수 $P_{1s}(r)$을 r에 대해 그린 것이 그림 29.5a이다. 이 곡선에서 봉우리는 이런 특정 상태에서 전자가 거리 r에 있을 확률이 가장 크다는 것을 의미한다. 분포 함수의 구 대칭은 그림 29.5b에서 볼 수 있다.

예제 29.2를 통해 수소의 바닥 상태에서 전자를 발견할 확률이 가장 높은 r의 값은 보어 반지름 a_0임을 알 수 있다. 이런 결과는 보어 모형과 양자 모형 사이의 일치라는 또 하나의 **훌륭한** 예이다. 양자 역학에 따르면 원자는 명확한 경계가 없다. 그림 29.5a의 확률 분포를 살펴보면, 전자 전하는 입자 모형처럼 국소화되어 있지 않고 보통 **전자 구름**(electron cloud) 영역의 공간에 펼쳐져서 분포하고 있다는 것을 알 수 있다. 이 불확정성 원리의 예측뿐만 아니라 양자 입자에서의 파동 묶음의 관점에서

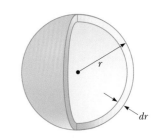

그림 29.4 반지름이 r이고, 두께가 dr인 구 껍질의 부피는 $4\pi r^2\,dr$이다.

▶ $1s$ 상태인 수소 원자의 지름 확률 밀도

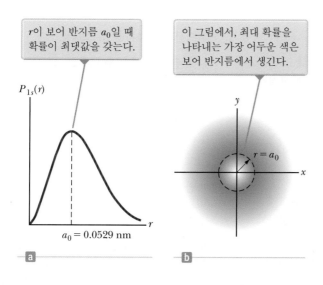

r이 보어 반지름 a_0일 때 확률이 최댓값을 갖는다.

이 그림에서, 최대 확률을 나타내는 가장 어두운 색은 보어 반지름에서 생긴다.

$P_{1s}(r)$

$a_0 = 0.0529$ nm

$r = a_0$

a **b**

그림 29.5 (a) $1s$ (바닥) 상태의 수소 원자에서, 핵에 대한 거리의 함수로서 전자를 발견할 확률 (b) $1s$ 상태의 수소 원자에 대한 xy 평면에서의 구형 전자 전하 분포

볼 때, 이런 전자의 비국소화는 그리 놀랄 만한 일은 아니다. 전자 구름 모형은 핵으로부터 전자가 고정된 위치에 존재하는 보어 모형과 매우 다르다. 그림 29.5b는 xy 평면에서 위치의 함수로서 1s 상태에 있는 수소 원자에서의 전자 확률 밀도를 보여준다. 가장 진한 위치는 $r = a_0$에서 나타나고, 전자에 대한 r의 최빈값에 해당된다.

이번에는 원자에 대한 구조 모형의 세 번째 성분인 계의 시간에 대한 변화를 알아보자. 슈뢰딩거 방정식의 해에 해당하는 양자 상태에 있는 원자에 있어서, 전자 구름 구조는 시간이 지나더라도 평균적으로 변하지 않는다. 그러므로 **원자는 하나의 특정한 양자 상태에 있을 때는 복사하지 않는다.** 이 사실은 러더퍼드 모형에서 전자가 핵쪽으로 나선형을 그리면서 떨어질 때 복사가 연속적으로 방출하는 것과 관련된 문제를 해결했다. 복사는 오직 전자 구름의 전하 구조가 변할 때만 일어난다. 즉 원자 상태의 전이가 일어나서 전자 구름이 시간에 따라 변할 때 빛이 나온다.

수소 원자에서 다음으로 간단한 파동 함수는 $2s(n=2, \ell=0)$ 상태이다. 이 상태의 규격화된 파동 함수는 다음과 같다.

$$\psi_{2s}(r) = \frac{1}{4\sqrt{2\pi}}\left(\frac{1}{a_0}\right)^{3/2}\left[2 - \frac{r}{a_0}\right]e^{-r/2a_0} \qquad \textbf{29.8}$$

ψ_{1s}와 같이 ψ_{2s}도 단지 r에만 의존하며, 구 대칭 함수이다. 이 상태의 에너지는 $E_2 = -(13.6\text{ eV}/4) = -3.4\text{ eV}$이다. 이 에너지 준위는 수소의 첫 번째 들뜬 상태를 나타낸다.

이 상태를 비롯한 수소의 다른 상태들의 지름 분포에 대한 그래프는 그림 29.6에 나타냈다. 2s 상태에는 두 개의 봉우리가 존재한다. 이 경우에서, 발견할 확률이 가장 큰 r의 값은 두 번째 봉우리인 $r \approx 5a_0$이다. 2s 상태에 있는 전자의 핵으로부터 평균 거리 r값은 1s보다 더 크다.

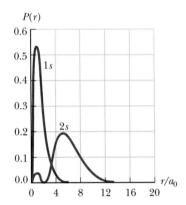

그림 29.6 수소 원자의 1s와 2s 상태에서, r/a_0에 대한 지름 확률 밀도 함수

▌예제 29.2 | 수소의 바닥 상태

(A) 수소 원자의 바닥 상태에서 전자가 존재할 확률이 가장 큰 r값을 구하라.

풀이

개념화 보어의 수소 원자 이론에서처럼 양성자 주위를 도는 전자를 가정하지 않는다. 대신에 양성자 주위의 공간에 퍼져 있는 전자의 전하를 가정한다.

분류 '존재할 확률이 가장 큰 r값'을 구하는 문제이므로 양자 역학적 접근이 필요한 문제로 분류한다(보어 원자에서, 전자는 정확한 r값을 가지고 궤도 운동을 한다).

분석 확률이 가장 큰 r값은 r 대 $P_{1s}(r)$의 그래프에서 최대에 해당한다. $dP_{1s}/dr = 0$으로 놓고 r에 대해서 풀면 r의 최빈값을 구할 수 있다.

식 29.7을 미분하고 결과를 영으로 놓는다.

$$\frac{dP_{1s}}{dr} = \frac{d}{dr}\left[\left(\frac{4r^2}{a_0^3}\right)e^{-2r/a_0}\right] = 0$$

$$e^{-2r/a_0}\frac{d}{dr}(r^2) + r^2\frac{d}{dr}\left(e^{-2r/a_0}\right) = 0$$

$$2re^{-2r/a_0} + r^2(-2/a_0)e^{-2r/a_0} = 0$$

$$(1) \qquad 2r[1 - (r/a_0)]e^{-2r/a_0} = 0$$

괄호 안의 값을 영으로 놓고 r을 구한다.

$$1 - \frac{r}{a_0} = 0 \qquad \rightarrow \qquad r = a_0$$

결론 r의 최빈값은 보어 반지름과 같다! 이 문제를 마무리하려면 식 (1)은 $r = 0$과 $r \to \infty$를 만족해야 한다. 이 점들 은 **최소** 확률 위치이고, 그림 29.5a에서와 같이 영이 된다.

(B) 바닥 상태의 수소 원자에서 전자가 첫 번째 보어 반지름 외부에서 발견된 확률을 구하라.

풀이

분석 바닥 상태에 대한 지름 확률 밀도 $P_{1s}(r)$을 보어 반지름 a_0에서 ∞까지 적분해서 확률을 구할 수 있다.

식 29.7을 이용해서 적분을 한다.

$$P = \int_{a_0}^{\infty} P_{1s}(r) \, dr = \frac{4}{a_0^3} \int_{a_0}^{\infty} r^2 e^{-2r/a_0} \, dr$$

변수 r을 차원이 없는 변수 $z = 2r/a_0$로 치환하면 $r = a_0$일 때 $z = 2$이고, $dr = (a_0/2) \, dz$이므로 다음과 같다.

$$P = \frac{4}{a_0^3} \int_{2}^{\infty} \left(\frac{za_0}{2} \right)^2 e^{-z} \left(\frac{a_0}{2} \right) dz = \frac{1}{2} \int_{2}^{\infty} z^2 e^{-z} dz$$

부분 적분(부록 B.7 참조)을 이용해서 적분을 한다.

$$P = -\frac{1}{2}(z^2 + 2z + 2) \, e^{-z} \Big|_{2}^{\infty}$$

적분 구간 사이에서 적분값을 구한다.

$$P = 0 - \left[-\frac{1}{2}(4 + 4 + 2) \, e^{-2} \right] = 5e^{-2}$$

$$= 0.677 \ \text{또는} \ 67.7 \%$$

결론 이 확률은 50 %보다 크다. 이런 값이 나오게 된 이유는 지름 확률 밀도 함수(그림 29.5a)가 비대칭이어서 봉우리의 왼쪽보다는 오른쪽이 더 넓기 때문이다.

문제 최빈값보다 바닥 상태에 있는 전자에 대한 r의 평균값은 얼마인가?

답 r의 평균값은 r에 대한 기댓값과 같다.

식 29.7을 사용해서 r의 평균값을 계산한다.

$$r_{avg} = \langle r \rangle = \int_{0}^{\infty} rP(r) \, dr = \int_{0}^{\infty} r \left(\frac{4r^2}{a_0^3} \right) e^{-2r/a_0} \, dr$$

$$= \left(\frac{4}{a_0^3} \right) \int_{0}^{\infty} r^3 e^{-2r/a_0} \, dr$$

부록 B의 표 B.6에 있는 적분표를 이용해서 적분을 한다.

$$r_{avg} = \left(\frac{4}{a_0^3} \right) \left(\frac{3!}{(2/a_0)^4} \right) = \frac{3}{2} a_0$$

또한 그림 29.5a에 보인 파동 함수의 비대칭성 때문에 평균값은 최빈값보다 크다.

예제 29.3 | 양자화된 태양계

중력에 의해 상호 작용하는 지구와 태양을 두 개의 입자계로 보고 이의 슈뢰딩거 방정식을 생각해 보자. 현재의 궤도에서 이 계의 양자 수는 얼마인가?

풀이

개념화 거대한 원자와 같은 구조로서 태양을 원자핵으로, 지구를 전자로 생각한다.

분류 행성과 같이 큰 물체의 거시적인 운동을 설명하기 위해서 양자 물리를 이용할 필요가 없다는 사실에도 불구하고, 문제의 질문은 양자 접근법을 이용하는 것으로 분류한다.

분석 계의 퍼텐셜 에너지 함수는 다음과 같다.

$$U(r) = -G \frac{M_E M_S}{r}$$

여기서 M_E는 지구의 질량이고 M_S는 태양의 질량이다. 수소 원자에 대한 식 29.1과 이 식을 비교해 보면, 수학적으로 같 은 형식이라는 것과 위에 표현한 상수 $GM_E M_S$는 $k_e e^2$의 역할을 하는 것을 알 수 있다. 그러므로 지구-태양 계에 있어서 슈뢰딩거 방정식의 해는 수소 원자의 해와 **같으며** 상수만 다르다.

지구-태양 계의 양자화된 상태의 허용 에너지를 구하기 위해서, 식 29.2에서의 상수를 치환한다.

$$E_n = -\left(\frac{k_e e^2}{2a_0} \right) \frac{1}{n^2} \quad \to \quad E_n = -\left(\frac{GM_E M_S}{2a_0} \right) \frac{1}{n^2}$$

양자수 n에 대해 이 식을 푼다.

$$(1) \qquad n = \sqrt{-\left(\frac{GM_E M_S}{2a_0} \right) \frac{1}{E_n}}$$

식 11.23으로부터 상수를 치환해서 지구-태양 계의 보어 반지름을 구한다.

$$(2) \quad a_0 = \frac{\hbar^2}{m_e k_e e^2} \rightarrow a_0 = \frac{\hbar^2}{M_E(GM_E M_S)} = \frac{\hbar^2}{GM_E^2 M_S}$$

양자수 n에 해당하는 원 궤도를 생각하면서, 식 11.10으로부터 지구-태양 계의 에너지를 계산한다.

$$(3) \quad E_n = -\frac{GM_E M_S}{2r_n}$$

식 (2)와 (3)을 식 (1)에 대입한다.

$$n = \sqrt{-\left(\frac{GM_E M_S}{2a_0}\right)\frac{1}{E_n}}$$

$$= \sqrt{-\left(\frac{GM_E M_S}{2}\right)\left(\frac{GM_E^2 M_S}{\hbar^2}\right)\left(-\frac{2r_n}{GM_E M_S}\right)}$$

$$= \sqrt{\frac{GM_E^2 M_S r_n}{\hbar^2}}$$

주어진 값들을 대입한다.

$$n = \sqrt{\frac{(6.67 \times 10^{-11}\,\text{N}\cdot\text{m}^2/\text{kg}^2)(5.97 \times 10^{24}\,\text{kg})^2}{\dfrac{(1.99 \times 10^{30}\,\text{kg})(1.50 \times 10^{11}\,\text{m})}{(1.055 \times 10^{-34}\,\text{J}\cdot\text{s})^2}}}$$

$$= 2.52 \times 10^{74}$$

결론 이 결과는 매우 거대한 양자수이다. 그러므로 대응 원리에 따르면 양자 역학만큼이나 고전 역학은 지구의 운동을 잘 기술한다. 인접한 n값에서의 양자 상태 에너지는 매우 가까워서 우리는 자연 상태에서 양자화된 에너지를 볼 수 없다. 예를 들면 지구가 하나 더 높은 양자 상태로 이동하면 태양으로부터 10^{-63} m 거리에 해당하는 만큼 멀어진다. 심지어 10^{-15} m인 핵 크기에서 조차 이 값은 측정할 수 없다.

◤ **29.4** | 양자수의 물리적 해석 Physical Interpretation of the Quantum Numbers

29.2절에서 논의한 바와 같이 수소 원자 모형의 특정한 상태의 에너지는 주양자수에 의존한다. 다른 세 양자수가 원자 구조 모형의 물리적 성질에 어떻게 기여하는지 알아보자.

궤도 양자수 ℓ The Orbital Quantum Number ℓ

한 입자가 반지름 r인 원운동한다면 원의 중심에 대한 각운동량의 크기는 $L = mvr$이다. $\vec{\mathbf{L}}$의 방향은 원이 이루는 평면에 수직이고 오른손 법칙[3]을 따른다. 고전 역학에 의하면 L은 어떤 값이라도 가질 수 있다. 그러나 수소에 대한 보어 모형에서는 각운동량이 $\hbar$의 정수배라는 제한된 값을 갖는다. 즉 $mvr = n\hbar$이다. 이 모형은 수소의 바닥 상태($n = 1$)가 $L = \hbar$의 값을 갖는다고 예측하기 때문에 수정되어야 한다. 우리의 양자 모형은 궤도 운동량과 연관된 가장 낮은 궤도 양자수는 $\ell = 0$이며, 이는 각운동량이 영에 해당한다.

양자 역학 모형에 따르면, 주양자수가 n인 상태에 있는 원자는 **궤도 각운동량**(orbital angular momentum) 벡터의 크기가 다음과 같이 **불연속적**인 값들을 가질

---

[3] 10.9절과 10.10절에 있는 각운동량에서의 내용을 보자.

수 있다.[4]

$$L = \sqrt{\ell(\ell+1)}\,\hbar \qquad \ell = 0, 1, 2, \ldots, n-1 \qquad \textbf{29.9}$$

▶ L의 허용 값

이 모형에서 각운동량 L이 영의 값을 가질 수 있다는 사실은 순수한 입자 모형 관점에 기반을 둔 양자 역학으로 그 결과를 해석하려 할 때 본질적 문제점을 내포하는 것이다. 우리는 그런 문제에 있어서 원형이나 다른 어떤 모양으로 잘 정의된 궤도에서 진행하는 전자를 생각할 수 없다. 확률이 가장 높은 곳에서 구름의 '밀도'가 가장 높은 전자 구름에서 공간으로 전자가 퍼져 있는 것을 생각하는 양자 물리의 확률적인 개념과 더 일관성이 있다. 양자 역학적으로 해석하면, $L = 0$인 전자 구름은 구 대칭이어서 회전축이 없다는 것을 의미한다.

자기 궤도 양자수 m_ℓ The Magnetic Orbital Quantum Number m_ℓ

각운동량은 벡터이기 때문에 방향이 언급되어야 한다. 22장을 보면, 전류 고리는 자기 모멘트 $\vec{\mu} = I\vec{A}$(식 22.15)를 갖는다. 여기서 I는 고리에 흐르는 전류이고, $\vec{A}$는 벡터로서 고리에 수직 방향이고 크기는 고리의 넓이이다. 이런 모멘트는 자기장 $\vec{B}$ 내에 놓일 때 자기장과 상호 작용한다. 공간에서 z축의 방향을 가진 약한 자기장을 가정하자. 고전 물리에 따르면 식 22.17에 언급한 $U = -\vec{\mu} \cdot \vec{B}$처럼, 고리-자기장 계의 에너지는 자기장 방향에 대한 고리의 자기 모멘트 방향에 의존한다. 고전 물리에서는 $-\mu B$와 $+\mu B$ 사이의 어떤 에너지든 모두 허용된다.

보어 모형에서 원운동하는 전자를 전류 고리로 표현한다. 수소 원자에 대한 양자 역학적 접근에서, 보어 모형의 관점인 궤도를 무시하지만, 원자는 여전히 궤도 각운동량을 가진다. 전자가 핵 주위를 회전한다는 관념이 그나마 있으므로, 이 각운동량에 의해서 자기 모멘트가 존재한다.

29.1절에 언급했듯이, 어떤 원자의 스펙트럼 선은 자기장 내에서 인접한 세 선으로 분리되는 것을 관찰할 수 있다. 수소 원자에 자기장을 건다고 하자. 양자 역학에 따르면 자기장 벡터 $\vec{B}$에 대해 자기 모멘트 벡터 $\vec{\mu}$는 허용된 방향이 **불연속**적이다. 이것은 모든 방향이 허용된 고전 물리와는 매우 다르다.

원자의 자기 모멘트 $\vec{\mu}$는 각운동량 벡터 $\vec{L}$과 관계가 있기 때문에 $\vec{\mu}$의 불연속적인 방향은 $\vec{L}$의 방향이 양자화된 것을 의미한다. 이 양자화는 L_z($\vec{L}$을 z축에 투영시킨 것)가 불연속적인 값을 가짐을 의미한다. 궤도 자기 양자수 m_ℓ은 궤도 각운동량의 z 성분이 가질 수 있는 허용 값을 다음과 같이 지정한다.

$$L_z = m_\ell \hbar \qquad \textbf{29.10}$$

▶ L_z의 허용 값

외부 자기장에 대한 $\vec{L}$의 가능한 방향의 양자화를 **공간 양자화**(space quantization)라고 한다.

---

[4] 식 29.9는 슈뢰딩거 방정식의 수학적인 해를 직접 구한 결과이고, 각 경계 조건을 적용했다. 이 전개는 이 교재의 범위를 넘기 때문에 생략한다.

그림 29.7 $\ell = 2$에 대한 벡터 모형

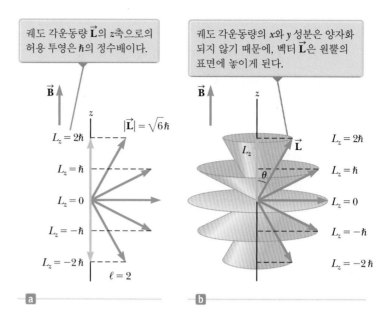

궤도 각운동량 $\vec{L}$의 z축으로의 허용 투영은 $\hbar$의 정수배이다.

궤도 각운동량의 x와 y 성분은 양자화 되지 않기 때문에, 벡터 $\vec{L}$은 원뿔의 표면에 놓이게 된다.

주어진 ℓ값에 대해 $\vec{L}$의 가능한 방향을 생각해 보자. m_ℓ은 $-\ell$부터 ℓ까지의 값을 가질 수 있다. $\ell = 0$일 때, $L = 0$이고 방향을 고려할 벡터는 없다. $\ell = 1$이면, 가능한 m_ℓ은 -1, 0, 1이므로 L_z는 $-\hbar$, 0, $\hbar$가 가능하다. 만약 $\ell = 2$이면, m_ℓ의 값은 -2, -1, 0, 1, 2일 수 있으며, 대응되는 L_z는 $-2\hbar$, $-\hbar$, 0, $\hbar$, $2\hbar$ 등이다.

공간 양자화를 이해하기 위한 유용하고 특별한 그림 표현을 일반적으로 **벡터 모형**(vector model)이라고 한다. $\ell = 2$에 대한 공간 양자화를 벡터 모형으로 묘사하면 그림 29.7a와 같다. L_z는 각운동량 $\vec{L}$의 크기보다 작기 때문에 $\vec{L}$은 z축과 평행 또는 반평행 방향으로 배열될 수 없다. $m_\ell = 0$인 경우 벡터 $\vec{L}$은 z축과 **수직**일 수 있다. 삼차원 관점에서 $\vec{L}$은 그림 29.7b에 나타냈듯이, z축과 θ의 각도를 이루는 원뿔의 표면에 놓여 있다. 이 그림으로부터 θ는 또한 양자화되어 있으며 다음의 관계식으로 표현된 값만 허용됨을 볼 수 있다.

$$\cos \theta = \frac{L_z}{L} = \frac{m_\ell}{\sqrt{\ell(\ell + 1)}} \qquad \text{29.11}$$

m_ℓ은 ℓ보다 클 수 없으므로, m_ℓ은 항상 $\sqrt{\ell(\ell + 1)}$보다 작고, 따라서 θ는 영이 될 수 없다. 이는 z축과 평행하지 않다는 $\vec{L}$의 제한과 일치한다.

불확정성 원리에 따르면, $\vec{L}$은 어떤 특별한 방향을 가질 수 없고 오히려 공간에서 원뿔면 위의 어딘가에 있다. $\vec{L}$이 명확한 방향을 갖게 되면, 삼차원 성분 L_x, L_y, L_z는 정확히 결정되는 것이다. 잠시 이 경우를 사실이라고 가정하고, 전자가 xy 평면으로 이동한다고 가정하면 불확정도는 $\Delta z = 0$이 된다. 전자가 xy 평면에서 움직이기 때문에 $p_z = 0$이다. 그래서 p_z는 **정확하게** 알게 되므로 $\Delta p_z = 0$이다. 이들 두 불확정도를 곱하면 $\Delta z \Delta p_z = 0$이다. 그러나 이것은 불확정성 원리($\Delta z \Delta p_z \geq \hbar/2$)에 위배된다. 실제로 각운동량 $\vec{L}$의 크기와 하나의 성분(관습적으로 L_z를 사용한다)만 동시에 정의된 값을 가질 수 있다. 다시 말하면 양자 역학적으로 표현하면 L과 L_z의 정확한 값은

알 수 있지만, L_x와 L_y는 알 수 없다. $\vec{L}$의 방향은 z축에 대해 계속 변하기 때문에, L_x와 L_y의 평균값은 영이 되고, L_z는 $m_\ell \hbar$의 고정된 값을 갖게 된다.

▶ **퀴즈 29.3** $\ell = 1$일 때, 그림 29.7a에서 $\ell = 2$일 때 보인 것과 같이 벡터 모형을 그려라.

▶ **예제 29.4 | 수소에 대한 공간 양자화**

$\ell = 3$인 상태의 수소 원자에서, $\vec{L}$의 크기와 L_z의 허용 값 그리고 $\vec{L}$과 z축에 의해 형성되는 각도 θ를 구하라.

풀이

개념화 $\ell = 2$에 대한 벡터 모형인 그림 29.7a를 고려한다. 문제 해결을 위해 $\ell = 3$에 대한 벡터 모형을 그려본다.

분류 이번 절에서 유도된 식을 이용하므로 예제를 대입 문제로 분류한다.

궤도 각운동량의 크기를 식 29.9를 이용해서 구한다.

$$L = \sqrt{\ell(\ell+1)}\,\hbar = \sqrt{3(3+1)}\,\hbar = \boxed{2\sqrt{3}\,\hbar}$$

L_z의 허용 값은 식 29.10과 $m_\ell = -3, -2, -1, 0, 1, 2, 3$을 이용해서 구한다.

$$L_z = \boxed{-3\hbar, -2\hbar, -\hbar, 0, \hbar, 2\hbar, 3\hbar}$$

식 29.11을 이용해서 허용된 $\cos\theta$ 값을 구한다.

$$\cos\theta = \frac{\pm 3}{2\sqrt{3}} = \pm 0.866$$

$$\cos\theta = \frac{\pm 2}{2\sqrt{3}} = \pm 0.577$$

$$\cos\theta = \frac{\pm 1}{2\sqrt{3}} = \pm 0.289$$

$$\cos\theta = \frac{0}{2\sqrt{3}} = 0$$

이들 $\cos\theta$ 값에 대응하는 각도를 구한다.

$$\theta = \boxed{30.0°, 54.7°, 73.2°, 90.0°, 107°, 125°, 150°}$$

문제 ℓ은 어떤 값들을 갖는가? 주어진 ℓ값에 대해, 허용되는 m_ℓ의 값은 몇 개인가?

답 주어진 ℓ값에 대해, m_ℓ의 값은 $-\ell$부터 $+\ell$까지 1씩 증가한다. 따라서 m_ℓ은 영이 아닌 2ℓ개의 값을 갖는다($\pm 1, \pm 2, \dots, \pm \ell$). 또한 $m_\ell = 0$인 값이 가능하므로, m_ℓ은 모두 $(2\ell + 1)$개의 값을 갖는다. 이 결과는 다음에 스핀에 대해 설명한 슈테른–게를라흐 실험 결과를 이해하는 데 중요하다.

스핀 자기 양자수 m_s The Spin Magnetic Quantum Number m_s

지금까지 논의한 세 개의 양자수 n, ℓ, m_ℓ은 슈뢰딩거 방정식의 해를 구할 때 경계 조건을 적용해서 얻은 것이고, 각각의 양자수에 대해서는 물리적인 의미를 부여할 수 있다. 이것은 29.2절에서 세운 양자 구조 모형을 이용해서 해석할 수 있는 최대한의 것이다. 그러나 우리는 이 모형에 **전자 스핀**(electron spin)을 고려해서 확장해야 한다. 스핀과 연관된 결과는 슈뢰딩거 방정식을 통해서는 얻을 수 **없다**.

예제 29.1에서 $n = 2$일 때 대응되는 네 가지 양자 상태를 도출해 봤다. 그러나 이번 절에 살펴보겠지만 실제로는 **여덟** 가지 상태가 있다. 추가된 상태들은 각각의 상태에 네 번째 양자수인 **스핀 자기 양자수**(spin magnetic quantum number) m_s를 도입해서 설명할 수 있다.

이 새로운 양자수는 나트륨 증기와 같은 특정 기체의 스펙트럼을 분석할 때 그 필

> **오류 피하기 | 29.2**
>
> **전자는 실제로 도는 것이 아니다** 전자 스핀은 개념적으로 유용하지만, 글자 그대로 전자가 자전하는 것은 아니다. 지구의 자전은 물리적인 회전이다. 한편 전자 스핀은 순수하게 양자 효과인데, 물리적인 회전인 것처럼 전자에게 각운동량을 준다.

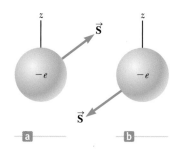

그림 29.8 전자의 스핀은 지정된 z축에 대해 상대적으로 (a) 업이나 (b) 다운으로 나타난다. 궤도 각운동량의 경우와 마찬가지로 스핀 각운동량 벡터의 x와 y 성분은 양자화되지 않는다.

요성이 제기됐다. 나트륨의 방출 스펙트럼을 자세히 분석한 결과, 한 개로 알려져 있던 선이 사실은 간격이 매우 가까운 이중선으로 구성된 것이 관측됐다. 이 선의 파장은 노란색 영역에 형성됐고, 각각 589.0 nm와 589.6 nm이다. 1925년에 처음으로 발견된 이중선은 기존의 원자 이론으로는 설명할 수가 없었다. 이 문제를 풀기 위해서 호우트스미트(Samuel Goudsmit)와 윌렌베크(George Uhlenbeak)는 오스트리아 물리학자인 파울리(Wolfgang Pauli)가 언급한 스핀 양자수를 제안했다. 이 네 번째 양자수의 기원은 조머펠트(Arnold Sommerfeld)와 디랙(Paul Dirac)이 전자의 상대론적인 성질을 나타낼 때 사용했다. 사차원 시공간에서 전자를 설명하는 데 네 개의 양자수가 필요하다.

스핀 양자수를 기술하기 위해, 전자가 핵의 궤도를 돌면서 자체 축을 회전(자전)하는 것으로 설명하면 편리하다. (그러나 이것은 틀린 견해이다.) 전자 스핀은 오직 두 가지 방향만 존재하며, 그림 29.8에 표현했다. 스핀의 방향이 그림 29.8a와 같으면 전자는 스핀 업(spin up) 상태라 하고, 그림 29.8b와 같으면 전자는 스핀 다운(spin down) 상태라 한다. 전하를 가진 전자의 스핀 각운동량은 이와 관련된 자기 모멘트를 갖는다. 따라서 원자가 자기장 내에 있을 때, 식 22.17은 계(원자와 자기장)의 에너지는 스핀의 두 방향에 따라 약간씩 달라지며, 그 에너지 차이로 인해 나트륨의 이중선 현상이 발생한다. 스핀 업에는 양자수 $m_s = \frac{1}{2}$이 부여되고 스핀 다운에는 $m_s = -\frac{1}{2}$이 연관된다. 곧 살펴보겠지만, 이 추가된 양자수 때문에 전체 허용 상태의 개수는 양자수가 n, ℓ, m_ℓ인 허용 상태 수의 두 배이다.

1921년에 슈테른(Otto Stern, 1888~1969)과 게를라흐(Walther Gerlach, 1889~1979)는 균일하지 않은 자기장 내에서 자기 모멘트에 작용하는 힘을 보여 주는 실험(그림 29.9)을 했다. 이 실험으로 원자의 각운동량이 양자화되어 있다는 것을 증명했다. 그들의 실험에서 중성의 원자 빔을 균일하지 않은 자기장으로 보냈다. 이런 상황에서 원자들은 이 자기장에서 그들의 자기 모멘트로 인해 그림 29.9에서처럼 연직 방향으로 힘을 받는다. 고전 이론으로부터, 그림 29.9에서 보는 사진 건판에 연속적인 분포로 퍼지는 빔을 기대했다. 왜냐하면 원자 자기 모멘트의 모든 가능한 방향이 허

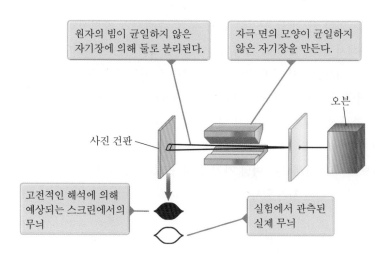

원자의 빔이 균일하지 않은 자기장에 의해 둘로 분리된다.

자극 면의 모양이 균일하지 않은 자기장을 만든다.

오븐

사진 건판

고전적인 해석에 의해 예상되는 스크린에서의 무늬

실험에서 관측된 실제 무늬

그림 29.9 공간 양자화를 확인하기 위해 슈테른–게를라흐가 이용한 측정 기술

용되기 때문이다. 그러나 슈테른과 게를라흐는 빔이 두 개의 불연속적인 성분으로 **분리**되는 것을 발견했다. 실험은 다른 원자를 이용해서 반복되고, 각 경우에서 빔은 둘 또는 그 이상의 불연속적인 성분으로 분리됐다.

이들 결과는 고전적인 모형의 예측과는 확실히 일치하지 않는다. 그러나 양자 모형에 따르면, 원자의 전체 각운동량의 방향과 그에 따른 자기 모멘트 $\vec{\mu}$의 방향은 양자화된다. 그러므로 편향된 빔은 몇 개의 불연속적인 성분을 가지고, 각자의 성분들이 μ_z의 가능한 값들을 결정한다. 슈테른-게를라흐 실험을 통해 분리된 빔을 볼 수 있었기 때문에, 공간 양자화가 적어도 정량적으로 증명됐다.

일단 원자의 각운동량이 궤도 각운동량[5]이라고 가정하자. μ_z는 m_ℓ에 비례하기 때문에 μ_z가 가질 수 있는 가능한 개수는 $2\ell + 1$개이다. 더욱이 ℓ은 정수이기 때문에 μ_z의 가능한 개수는 항상 홀수이다. 이것은 슈테른과 게를라흐의 관측과 일치하지 않았다. 그들은 은원자의 굴절된 빔 안에서 단지 두 성분만을 관측했다. 따라서 슈테른-게를라흐 실험이 공간 양자화를 보여 주기는 했지만, 성분의 수는 그 당시의 양자 모형과 일치하지 않았다.

1927년, 핍스(T. E. Phipps)와 테일러(J. B. Taylor)는 수소 원자를 이용해서 슈테른-게를라흐 실험을 반복했다. 이 실험에서는 바닥 상태에 있는 단 한 개의 전자를 가진 원자를 취급했기 때문에 중대하고 신뢰성 있는 결과를 보일 수 있었다. 수소의 바닥 상태에서 궤도 각운동량은 $\ell = 0$이며, 이에 따라 $m_\ell = 0$이다. 그러므로 그 빔은 μ_z가 영이기 때문에 빔이 자기장에 의해 휘어지지 않을 것을 기대했다. 그러나 핍스-테일러 실험에서 빔은 다시 두 성분으로 분리됐다. 이 결과로부터, 한 가지 결론에 도달할 수 있다. 궤도 각운동량 외에도 원자의 각운동량과 자기 모멘트에 기여하는 무언가가 존재한다.

앞에서 배운 것처럼 호우트스미트와 윌렌베크는 전자가 궤도 각운동량과는 다른 고유한 각운동량인 스핀을 갖고 있다고 제안했다. 다시 말해서 특정 전자 상태에 있는 전자의 전체 각운동량은 궤도 성분 $\vec{L}$과 스핀 성분 $\vec{S}$를 둘 다 포함한다. 스핀에 대한 양자수 s가 존재하고, 이는 궤도 각운동량 ℓ과 유사하다. 그러나 ℓ과 달리 s의 값은 **항상 $\frac{1}{2}$**이다.

스핀 각운동량(spin angular momentum) 벡터 $\vec{S}$는 $\vec{L}$과 같은 양자 규칙을 따른다. 식 29.9에 의해 전자에 대한 **스핀 각운동량 $\vec{S}$의 크기**는 다음과 같다.

$$S = \sqrt{s(s+1)}\,\hbar = \frac{\sqrt{3}}{2}\hbar \qquad \textbf{29.12}$$

▶ 전자의 스핀 각운동량의 크기

이 결과는 전자의 스핀 각운동량 벡터의 크기에 대해서 유일한 허용 값이다. 그래서 일반적으로 원자의 상태를 설명하는 양자수 리스트에 s를 포함하지 않는다. 궤도 각운동량과 같이 스핀 각운동량은 그림 29.10에서처럼 공간 내에 양자화되어 있다.

---

[5] 슈테른-게를라흐 실험은 스핀 가설이 나오기 전인 1921년에 실행됐다. 그래서 궤도 각운동량은 그 당시 양자 모형에서 유일한 각운동량이었다.

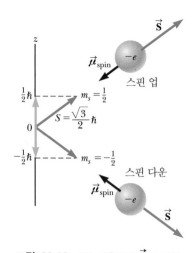

그림 29.10 스핀 각운동량 $\vec{S}$에 의한 공간 양자화. 이 그림은 전자와 같이 스핀 $\frac{1}{2}$인 입자에 대해 스핀 각운동량 벡터 $\vec{S}$와 스핀 자기 모멘트 $\vec{\mu}_{\text{spin}}$의 허용된 두 방위를 나타낸다.

이 각운동량은 스핀 자기 양자수 m_s로 불리며, 두 가지 방향을 가지고 있어서 두 개의 가능한 값 $\pm\frac{1}{2}$을 갖는다. 식 29.10과 유사하게 스핀 각운동량의 z 성분은 다음과 같다.

$$S_z = m_s\hbar = \pm\frac{1}{2}\hbar \qquad\qquad \textbf{29.13}$$

S_z에 대한 두 값 $\pm\hbar/2$는 그림 29.10에 있는 $\vec{S}$의 두 방향에 대응한다. 양자수 m_s는 원자의 특정 상태를 나타내는 네 번째 양자수이다.

전자의 스핀 자기 모멘트 $\vec{\mu}_{\text{spin}}$는 스핀 각운동량 $\vec{S}$와 다음과 같은 관계가 있다.

$$\vec{\mu}_{\text{spin}} = -\frac{e}{m_e}\vec{S} \qquad\qquad \textbf{29.14}$$

여기서 e는 전자의 전하이고 m_e는 전자의 질량이다. $S_z = \pm\frac{1}{2}\hbar$이므로 스핀 자기 모멘트의 z 성분은 다음과 같은 값을 가진다.

$$\vec{\mu}_{\text{spin},z} = \pm\frac{e\hbar}{2m_e} \qquad\qquad \textbf{29.15}$$

이 식의 우변에서 $e\hbar/2m_e$는 **보어 마그네톤**(Bohr magneton) μ_B라고 부르며 그 값은 9.274×10^{-24} J/T이다.

오늘날 물리학자들은 슈테른–게를라흐 실험을 다음과 같이 설명한다. 은과 수소 원자에 대해 관측된 자기 모멘트는 궤도 각운동량이 아니라 스핀 각운동량에 기인한 것이다. (바닥 상태에 있는 수소 원자는 $\ell = 0$을 갖는다. 슈테른–게를라흐 실험에서 사용한 은의 경우, 모든 전자에 대한 알짜 궤도 각운동량은 $|\vec{L}| = 0$이다.) 수소와 같이 전자 한 개만 존재하는 원자들은 자기장 내에서 양자화된 전자 스핀을 갖게 되는데, $m_s = \pm\frac{1}{2}$이므로 스핀 자기 운동량의 z 성분은 $\frac{1}{2}\hbar$이거나 $-\frac{1}{2}\hbar$가 된다. 스핀 $+\frac{1}{2}$을 가진 전자는 아래쪽으로 편향되어 있고 $-\frac{1}{2}$을 가진 전자는 위쪽으로 편향되어 있다.

슈테른–게를라흐 실험에서 두 가지 중요한 결과를 얻을 수 있다. 첫째, 이 실험은 공간 양자화 개념을 입증했다. 둘째, 스핀 각운동량의 존재를 보였는데, 이 특성은 실험이 수행되고 나서 오랜 시간이 흐른 후에 알 수 있었다.

앞서 설명했듯이, 수소 원자에는 $n = 2$에 대응하는 여덟 가지(예제 29.1처럼 네 가

표 29.4 | 주양자수 $n = 2$인 수소 원자

n	ℓ	m_ℓ	m_s	버금 껍질	껍질	버금 껍질에서의 상태 수
2	0	0	$\frac{1}{2}$			
2	0	0	$-\frac{1}{2}$	$2s$	L	2
2	1	1	$\frac{1}{2}$			
2	1	1	$-\frac{1}{2}$			
2	1	0	$\frac{1}{2}$			
2	1	0	$-\frac{1}{2}$	$2p$	L	6
2	1	-1	$\frac{1}{2}$			
2	1	-1	$-\frac{1}{2}$			

지가 아니라)의 양자 상태가 존재한다. 예제 29.1에서 네 가지 준위의 각각은 실제로
는 두 가지 상태인데, 이는 m_s에 두 가지 값이 가능하기 때문이다. 표 29.4는 여덟 가
지 상태에 해당하는 양자 준위를 나타낸다.

> ### ▶ 생각하는 물리 29.1
>
> 슈테른−게를라흐 실험으로부터 궤도 각운동량과 스핀 각운동량의 차이를 구별할 수 있는가?
>
> **추론** 자기 모멘트에 작용하는 자기력은 궤도 각운동량과 스핀 각운동량으로부터 모두 발생한다. 이런 의미에서는 이 실험으로부터 두 각운동량을 구별할 수 없다. 그렇지만 스크린에 나타난 선들의 수는 우리에게 분명히 무언가를 알려준다. 왜냐하면 궤도 각운동량들이 정수의 양자수 ℓ에 의해 설명되기 때문이다. 반면 스핀 각운동량은 반정수의 양자수 s로 기술된다. 스크린에 홀수 개의 선이 나타나면, 세 가지 가능성이 있다. 즉 원자는 (1) 궤도 각운동량만 갖는다. (2)
>
> 스핀 각운동량이 있는 짝수 개의 전자를 갖는다. 또는 (3) 궤도 각운동량과 스핀 각운동량이 있는 짝수 개의 전자의 조합을 갖는다. 스크린에 짝수 개의 선이 나타나면, 적어도 쌍을 이루지 않은 스핀 각운동량이 한 개는 존재한다. 물론 이들이 궤도 각운동량과 결합할 수도 있다. 각운동량 유형을 결정할 수 있는 선은 하나(궤도 각운동량도 없고, 스핀 각운동량도 없음) 또는 둘(전자 한 개의 스핀)뿐이다. 둘 이상의 선이 관측된다면 $\vec{\mathbf{L}}$과 $\vec{\mathbf{S}}$의 다양한 결합으로 인해서 여러 가지 가능성이 나타난다. ◀

◀ **29.5** | 배타 원리와 주기율표 The Exclusion Principle and the Periodic Table

슈뢰딩거 방정식으로부터 나오고 전자 스핀의 개념을 포함한 수소에 대한 양자 모형은 하나의 전자와 양성자로 이루어진 계를 기초로 하고 있다. 이제 헬륨 원자에 대해 알아보자. 헬륨은 복합적인 요소를 가지고 있다. 헬륨에서 두 전자는 핵과 상호 작용을 한다. 따라서 상호 작용에 대해 퍼텐셜 에너지 함수를 정의할 수 있다. 그들(전자)은 또한 서로 상호 작용을 한다. 전자−핵의 상호 작용은 전자와 핵 사이의 작용선을 따른다. 전자−전자 상호 작용은 전자−핵의 상호 작용과는 다른 두 전자 사이의 작용선을 따른다. 그래서 슈뢰딩거 방정식은 매우 풀기 어렵다. 그래서 더 많은 전자들을 갖고 있는 원자들을 생각할 때 슈뢰딩거 방정식의 대수적인 해를 찾을 가능성은 거의 없다.

그러나 슈뢰딩거 방정식을 풀 수 있는 능력이 없음에도 불구하고 수소보다 무거운 원자의 전자들에 대해 수소 원자에서 다뤘던 네 가지 양자수를 이용할 수 있음을 알았다. 우리는 양자화된 에너지 준위를 쉽게 계산할 수는 없지만 이론적인 모형과 실험적 측정으로부터 준위에 관한 정보를 얻을 수 있다.

원자 내에 있는 전자는 네 개의 양자수 n, ℓ, m_ℓ, m_s로 기술되기 때문에, 곧바로 중요한 질문이 생기는데, "주어진 양자수 조합 (양자 상태 하나)에는 몇 개의 전자가 존재할 수 있는가?"라는 것이다. 1925년에 파울리는 **배타 원리**(exclusion principle)라는 규칙을 발표함으로써 이에 대응했다.

© Book's-Hill

파울리
Wolfgang Pauli, 1900~1958
오스트리아의 이론 물리학자

현대 물리학의 많은 분야에서 중요한 기여를 한 뛰어난 재능이 있는 이론학자인 파울리는 21살의 나이에 이미 상대론에 대한 완숙한 논평 논문을 써서 일반에 잘 알려져 있었다. 이 논문은 아직도 상대론에 대해 가장 명확하고 이해하기 쉬운 소개서 중의 하나로 여겨지고 있다. 그의 또 다른 기여는 배타 원리의 발견, 통계학과 입자 스핀 사이의 관계에 대한 해석, 상대론적 양자 전기 역학 이론, 뉴트리노 가설 및 핵스핀 가설 등이 있다.

한 원자 내에 있는 어떤 전자도 같은 양자 상태에 존재할 수 없다. 즉 동일한 원자 내의 어떤 두 전자도 모두 같은 양자수를 가질 수 없다.

이 원리가 지켜지지 않으면, 모든 전자는 결국 원자의 바닥 상태만 점유하게 되어 원소의 화학적 성질들은 전체적으로 수정될 수밖에 없다는 사실을 주목해야 한다. 그러면 우리가 살고 있는 자연은 존재할 수 없다. 실제 자연에서는 복잡한 원자의 전자들이 에너지가 낮은 상태부터 순서대로 채우는 구조를 가진 것으로 생각할 수 있다. 여기서 최외각 전자들은 그 원소의 화학적 성질 대부분을 나타낸다.

핵이 형성되고 그 주위의 허용 양자 상태에 원자가 중성이 될 때까지 전자가 채워지면서 원자가 완성되는 과정을 상상해 보자. 우리는 "전자가 허용 상태로 간다"라는 일반적인 언어를 사용하자. 그러나 그 상태들은 원자系의 상태임을 기억하자. 일반적인 규칙으로 원자의 버금 껍질에 전자를 채우는 순서는 다음과 같다. 한 버금 껍질이 일단 채워지면, 다음 전자는 빈 껍질 중에서 가장 에너지가 낮은 버금 껍질로 들어간다.

어떤 원소들의 전자 배열을 논의하기 전에, 한 **궤도**(orbital)를 양자수 n, ℓ, m_ℓ을 가진 전자의 상태로 정의하는 것이 매우 편리하다. 배타 원리에 따르면, 모든 궤도에는 최대 두 개의 전자만이 존재할 수 있다. 그중 한 전자는 $m_s = +\frac{1}{2}$, 다른 전자는 $m_s = -\frac{1}{2}$인 상태에 있다. 각 궤도에는 두 개의 전자로 제한되어 있기 때문에, 각 준위가 점유할 수 있는 전자의 수 역시 제한되어 있다.

표 29.5에는 원자에 대해 $n = 3$까지 허용된 양자 상태의 수를 보여 주고 있다. 표 마지막 줄의 사각형 안에 있는 ↑ 화살표는 $m_s = +\frac{1}{2}$을 나타내며 ↓ 화살표는 $m_s = -\frac{1}{2}$을 나타내는 궤도를 의미한다. $n = 1$ 껍질은 $m_\ell = 0$의 상태만 허용된 궤도이기 때문에 단 두 개의 전자만이 있을 수 있다. $n = 2$ 껍질에는 $\ell = 0$과 $\ell = 1$의 두 버금 껍질이 존재한다. $\ell = 0$의 버금 껍질에는 $m_\ell = 0$이기 때문에 단 두 개의 전자만 수용할 수 있다. $\ell = 1$의 버금 껍질에는 $m_\ell = 1, 0, -1$의 값을 가진 세 개의 궤도가 허용되어 있다. 각 궤도는 두 개의 전자를 수용할 수 있기 때문에 $\ell = 1$ 버금 껍질은 여섯 개의 전자가 있을 수 있다. 따라서 $n = 2$ 껍질에는 여덟 개의 전자가 존재할 수 있다. $n = 3$ 껍질에는 세 개의 버금 껍질과 아홉 개의 궤도가 있으며, 열여덟 개의 전자가 있을 수 있다. 각 껍질에는 $2n^2$개의 전자를 수용할 수 있다.

가벼운 원자 순서대로 몇 가지 원소의 전자 배치를 조사함으로써 배타 원리에 대해 실례를 들어 설명한다. **수소**(hydrogen)는 단 한 개의 전자를 가지고 있으며, 바닥 상태에서 전자는 두 양자수 1, 0, 0, $+\frac{1}{2}$ 또는 1, 0, 0, $-\frac{1}{2}$ 중의 하나로 기술된다. 이런

> **오류 피하기 | 29.3**
>
> **배타 원리가 더 일반적이다** 여기서 논의된 배타 원리는 더욱 일반적으로 제한된 형태이다. 이 배타 원리는 같은 양자 상태에서 반정수 스핀 $\frac{1}{2}, \frac{3}{2}, \frac{5}{2}$, ... 를 가진 **페르미온**이 두 개가 될 수 없다는 것을 기술하고 있다. 원자 물리학을 논의할 때는 현재 형태의 배타 원리가 충분하다. 그리고 31장에서 일반적인 형태를 더 논의할 것이다.

표 29.5 | 원자에 대해 $n = 3$까지 허용 양자수

n	1	2			3									
ℓ	0	0	1		0	1			2					
m_ℓ	0	0	1	0	-1	0	1	0	-1	2	1	0	-1	-2
m_s	↑↓	↑↓	↑↓	↑↓	↑↓	↑↓	↑↓	↑↓	↑↓	↑↓	↑↓	↑↓	↑↓	↑↓

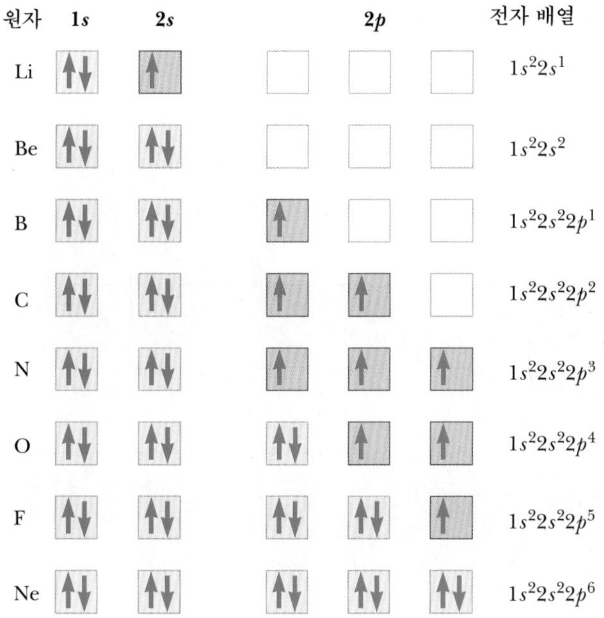

원자	1s	2s		2p		전자 배열
Li	↑↓	↑				$1s^22s^1$
Be	↑↓	↑↓				$1s^22s^2$
B	↑↓	↑↓	↑			$1s^22s^22p^1$
C	↑↓	↑↓	↑	↑		$1s^22s^22p^2$
N	↑↓	↑↓	↑	↑	↑	$1s^22s^22p^3$
O	↑↓	↑↓	↑↓	↑	↑	$1s^22s^22p^4$
F	↑↓	↑↓	↑↓	↑↓	↑	$1s^22s^22p^5$
Ne	↑↓	↑↓	↑↓	↑↓	↑↓	$1s^22s^22p^6$

그림 29.11 전자 상태의 배열은 배타 원리와 훈트의 규칙을 따라야 한다.

원자의 전자 배치는 $1s^1$으로 표현된다. $1s$는 $n = 1$과 $\ell = 0$인 상태를 나타내며, 위 첨자는 s 버금 껍질에 전자 한 개가 존재한다는 것을 의미한다.

중성인 **헬륨**(helium)에는 두 개의 전자가 존재한다. 바닥 상태에서, 두 전자의 양자수는 $1, 0, 0, +\frac{1}{2}$과 $1, 0, 0, -\frac{1}{2}$이다. 이 준위에 대해서 다른 양자수 조합은 가능하지 않으며, 헬륨 원자는 K 껍질이 꽉 찬 상태라고 말한다. 헬륨은 $1s^2$ 상태로 존재한다.

이어지는 원소들의 전자 배치는 그림 29.11에 나타나 있다. 중성 **리튬**(lithium)에는 세 개의 전자가 존재한다. 바닥 상태에서 이들 중 두 개는 $1s$ 버금 껍질에 있고 세 번째는 $2s$ 버금 껍질에 있다. 왜냐하면 이 버금 껍질의 에너지는 $2p$ 버금 껍질의 에너지보다 낮기 때문이다. (식 29.2에서 E가 n에 단순히 의존하는 것 이외에, 29.6절에서 설명하겠지만 ℓ에 추가적으로 의존한다.) 따라서 리튬의 전자 배치는 $1s^22s^1$이 된다.

네 개의 전자가 있는 **베릴륨**(beryllium)의 전자 배치는 $1s^22s^2$이며, **붕소**(boron)의 전자 배치는 $1s^22s^22p^1$이다. 붕소의 $2p$ 전자는 여섯 개의 양자 상태 중 한 상태로 기술되며, 여섯 상태의 에너지는 모두 동일하다.

탄소(carbon)에는 여섯 개의 전자가 존재하며, 두 개의 $2p$ 전자들에 대한 배열 상태를 논의해 보자. 두 전자가 동일한 궤도에서 쌍을 이루는 스핀 (↑↓) 상태로 존재할까? 아니면 쌍을 이루지 않는 스핀 상태 (↑↑ 또는 ↓↓)로 다른 궤도에 존재할까? 실험 데이터를 보면 후자, 즉 쌍을 이루지 않는 스핀 상태가 에너지 관점에서 가장 안전한 상태임을 알 수 있다. 따라서 탄소의 $2p$ 전자 두 개와 질소의 $2p$ 전자 세 개는 쌍을 이루지 않는 스핀 상태로 존재한다(그림 29.11). 주기율표 전체에서 이런 현상을 지배하는 일반적인 규칙을 **훈트의 규칙**(Hund's rule)이라 한다. 탄소와 같은 원소에 적절한 규칙은 다음과 같다. 원자가 에너지가 같은 궤도를 여러 개 가지는 경우, 전자가 궤도를 채우는 순서는 쌍을 이루지 않는 스핀이 가장 많은 방법으로 채우는 것이다.

I족	II족	전이 원소										III족	IV족	V족	VI족	VII족	0족
H 1 $1s^1$																H 1 $1s^1$	He 2 $1s^2$
Li 3 $2s^1$	Be 4 $2s^2$											B 5 $2p^1$	C 6 $2p^2$	N 7 $2p^3$	O 8 $2p^4$	F 9 $2p^5$	Ne 10 $2p^6$
Na 11 $3s^1$	Mg 12 $3s^2$											Al 13 $3p^1$	Si 14 $3p^2$	P 15 $3p^3$	S 16 $3p^4$	Cl 17 $3p^5$	Ar 18 $3p^6$
K 19 $4s^1$	Ca 20 $4s^2$	Sc 21 $3d^14s^2$	Ti 22 $3d^24s^2$	V 23 $3d^34s^2$	Cr 24 $3d^54s^1$	Mn 25 $3d^54s^2$	Fe 26 $3d^64s^2$	Co 27 $3d^74s^2$	Ni 28 $3d^84s^2$	Cu 29 $3d^{10}4s^1$	Zn 30 $3d^{10}4s^2$	Ga 31 $4p^1$	Ge 32 $4p^2$	As 33 $4p^3$	Se 34 $4p^4$	Br 35 $4p^5$	Kr 36 $4p^6$
Rb 37 $5s^1$	Sr 38 $5s^2$	Y 39 $4d^15s^2$	Zr 40 $4d^25s^2$	Nb 41 $4d^45s^1$	Mo 42 $4d^55s^1$	Tc 43 $4d^55s^2$	Ru 44 $4d^75s^1$	Rh 45 $4d^85s^1$	Pd 46 $4d^{10}$	Ag 47 $4d^{10}5s^1$	Cd 48 $4d^{10}5s^2$	In 49 $5p^1$	Sn 50 $5p^2$	Sb 51 $5p^3$	Te 52 $5p^4$	I 53 $5p^5$	Xe 54 $5p^6$
Cs 55 $6s^1$	Ba 56 $6s^2$	57-71*	Hf 72 $5d^26s^2$	Ta 73 $5d^36s^2$	W 74 $5d^46s^2$	Re 75 $5d^56s^2$	Os 76 $5d^66s^2$	Ir 77 $5d^76s^2$	Pt 78 $5d^96s^1$	Au 79 $5d^{10}6s^1$	Hg 80 $5d^{10}6s^2$	Tl 81 $6p^1$	Pb 82 $6p^2$	Bi 83 $6p^3$	Po 84 $6p^4$	At 85 $6p^5$	Rn 86 $6p^6$
Fr 87 $7s^1$	Ra 88 $7s^2$	89-103**	Rf 104 $6d^27s^2$	Db 105 $6d^37s^2$	Sg 106 $6d^47s^2$	Bh 107 $6d^57s^2$	Hs 108 $6d^67s^2$	Mt 109 $6d^77s^2$	Ds 110 $6d^97s^1$	Rg 111	112		114		116		

*Lanthanide 계열

La 57 $5d^16s^2$	Ce 58 $5d^14f^16s^2$	Pr 59 $4f^36s^2$	Nd 60 $4f^46s^2$	Pm 61 $4f^56s^2$	Sm 62 $4f^66s^2$	Eu 63 $4f^76s^2$	Gd 64 $5d^14f^76s^2$	Tb 65 $5d^14f^86s^2$	Dy 66 $4f^{10}6s^2$	Ho 67 $4f^{11}6s^2$	Er 68 $4f^{12}6s^2$	Tm 69 $4f^{13}6s^2$	Yb 70 $4f^{14}6s^2$	Lu 71 $5d^14f^{14}6s^2$

**Actinide 계열

Ac 89 $6d^17s^2$	Th 90 $6d^27s^2$	Pa 91 $5f^26d^17s^2$	U 92 $5f^36d^17s^2$	Np 93 $5f^46d^17s^2$	Pu 94 $5f^67s^2$	Am 95 $5f^77s^2$	Cm 96 $5f^76d^17s^2$	Bk 97 $5f^86d^17s^2$	Cf 98 $5f^{10}7s^2$	Es 99 $5f^{11}7s^2$	Fm 100 $5f^{12}7s^2$	Md 101 $5f^{13}7s^2$	No 102 $5f^{14}7s^2$	Lr 103 $5f^{14}6d^17s^2$

그림 29.12 원소의 주기율표는 주기적인 화학적 성질을 가진 원소들을 조직화해서 표로 표현한 것이다. 같은 열에 있는 원소들은 비슷한 성질을 갖는다. 표에는 원소 이름, 원자 번호 및 원자 배열 등이 나와 있다. 좀 더 자세한 주기율표는 부록 C에 있다.

이 규칙에 대한 예외적인 경우는 버금 껍질이 거의 채워졌거나 절반이 채워졌을 때 발생한다.

1871년 러시아 화학자 멘델레예프(Dmitri Mendeleev, 1834~1907)는 원소들 사이에 어떤 질서를 발견하려고 시도했다. 그는 원자들을 무리지워 하나의 표 안에 배열했는데, 이것은 가장 잘 알려지고 중요한 과학의 도구가 됐다. 그는 원자의 질량과 유사성에 따라 그림 29.12에 보인 것과 유사한 표에 원자들을 배열했다. 멘델레예프가 처음으로 제안한 표에는 빈 칸이 매우 많았으며, 그것은 원소들이 아직 발견되지 않았기 때문에 비어 있다고 주장했다. 비어 있는 곳에 있어야 할 원소들의 위치로부터, 그는 원소의 화학적 성질에 대해 대략적으로 예측할 수 있었다. 멘델레예프가 발표한 후 20년 안에 빈 칸의 원소들이 실제로 발견됐다. 그래서 처음으로 원소의 주기율표가 생겼다.

그림 29.12의 **주기율표**(periodic table)에서 세로 열에 위치한 원소는 비슷한 화학적 성질을 가진다. 예를 들어 마지막 열에 있는 원소, He(헬륨), Ne(네온), Ar(아르곤), Kr(크립톤), Xe(제논)과 Rn(라돈)을 살펴보자. 이 원소들의 가장 두드러진 특성은 정상적인 방법으로 화학적 반응에 참여하지 않는다는 것이다. 즉 다른 원자들과 결합해서 분자를 구성하지 않으므로, 이들을 **불활성 기체**라 한다.

그림 29.12에 있는 전자 배열을 살펴봄으로써 이들 특성을 부분적으로 이해할 수 있다. 헬륨 원소는 전자 배열이 $1s^2$, 즉 한 전자 껍질을 채운 원자이다. 이 껍질의 전자 에너지는 다음 준위 $2s$의 전자 에너지보다 상당히 낮다. 이번에는 네온의 전자 배열 $1s^2 2s^2 2p^6$에 대해 살펴보자. 최외각 껍질은 채워져 있으며, $2p$ 준위와 $3s$ 준위 사이에는 에너지 간격이 존재한다. 아르곤의 전자 배열은 $1s^2 2s^2 2p^6 3s^2 3p^6$이다. 여기서 $3p$ 버금 껍질은 꽉 찬 상태이며, $3p$와 $3d$ 버금 껍질 사이에는 에너지 간격이 존재한다. 이런 진행 상황은 모든 불활성 기체에 대해 계속될 수 있다. 한 껍질이나 버금 껍질이 꽉 찬 상태이고 다음 가능한 준위와 에너지 간격이 있을 때 불활성 기체가 형성된다.

주기율표에서 불활성 기체의 왼쪽 열은, **할로젠족** 원소(플루오린, 염소, 브로민, 아이오딘, 아스타틴)이다. 상온에서 플루오린과 염소는 기체이다. 브로민은 액체, 그리고 아이오딘과 아스타틴은 고체이다. 각각의 원자가 바깥쪽 버금 껍질을 모두 채우기 위해서는 전자 한 개가 부족하다. 이런 결과로 할로젠은 화학적으로 매우 활성화되어 다른 원자로부터 쉽게 전자 한 개를 얻어서 닫힌 껍질을 형성한다. 할로젠은 주기율표의 다른 부분의 원자와 강한 이온 결합을 하는 경향이 있다. 할로젠 전구에서 브로민 또는 아이오딘 원자는 필라멘트로부터 기화된 텅스텐 원자와 결합 또는 환원하는 방법으로 오래 지속되는 전구를 만든다. 또한 필라멘트도 일반 전구보다 높은 온도에서 작동할 수 있어서 보다 밝은 백색을 만든다.

주기율표의 왼쪽 부분에 있는 I족 원소는 수소를 포함해서 **알칼리 금속**인 리튬, 나트륨, 칼륨, 루비듐, 세슘 및 프랑슘 등이다. 이들 원자는 한 개의 전자가 최외각 껍질에 있다. 그러므로 이들 원소는 쉽게 양이온 형태로 되는데, 왜냐하면 쌍이 아닌 전자는 상대적으로 적은 에너지로 결합되어 있기 때문이다. 이런 이유로 알칼리 금속 원자는 화학적으로 할로젠 원자와 강한 결합을 한다. 예를 들면 소금은 알칼리 금속과 할로젠의 화합물이다. 외각 전자가 약하게 결합되어 있기 때문에 순수한 알칼리 금속은 좋은 전기 전도체이지만, 높은 화학적 반응도를 가지고 있어서, 일반적으로 자연에서 순수한 알칼리 금속을 찾기는 어렵다.

그림 29.13처럼 원자 번호 Z에 대한 이온화 에너지를 그려보면 흥미로운 결과가 나

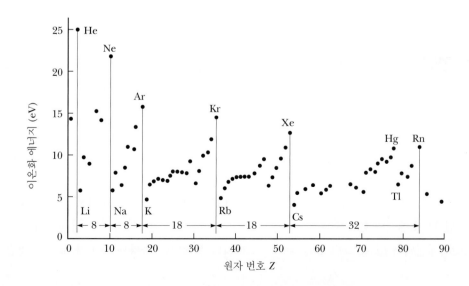

그림 29.13 원자 번호에 따른 원소의 이온화 에너지

타난다. 여러 개의 봉우리들의 원자 번호의 차가 8, 8, 18, 18, 32의 양상이 되는 것을 눈여겨 보자. 이 숫자는 파울리의 배타 원리와 일맥상통하며, 원소의 화학적 성질이 그룹(주기율표의 족)으로 반복되는 이유를 설명하는 데 일조한다. 예를 들어 $Z = 2$, 10, 18, 36에 나타난 봉우리는 최외각 껍질이 채워진 불활성 기체인 헬륨, 네온, 아르곤, 크립톤 원소들의 원자 번호에 해당한다. 이 원소들은 화학적 성질이 비슷하다.

▶ **퀴즈 29.4** 세 원소(리튬, 칼륨, 세슘)의 최외각 전자를 제거하는 데 필요한 에너지가 가장 작은 것부터 순서대로 나열하라.

BIO **양성자 요법을 이용한 암 치료**

암 조직을 다루는 데 다양한 치료법이 이용되고 있다. 원자와 핵의 성질을 이용한 몇 가지 치료법이 이번 장과 다음 장에서 논의될 것이다. 이들 치료법 중에 **양성자 치료법**이라는 것이 있다. 이 치료법에서는 암 조직에 양성자 빔을 조사한다. 양성자는 **이온화 방사선**의 한 형태이다. 즉 방사선은 병든 조직을 파괴하기 위한 목적으로 그 조직의 원자들을 이온화시킬 것이다. 양성자를 이용할 때의 장점은 조직에 전달된 방사선량, 즉 조직에 전달된 이온화시키는 에너지가 치료 부위에 도달하는 마지막 수 밀리미터 부근에서 최대란 점이다. 그 결과 양성자 경로의 처음 부분에서는 상대적으로 적은 이온화가 일어나게 되어 건강한 조직에 손상을 주지 않는다. 양성자의 입사 에너지는 250 MeV까지 조절할 수 있으며, 종양의 위치에 맞춰 대부분의 에너지가 전달되도록 한다. 양성자 빔을 내는 특수 노즐에서 종양의 삼차원적 형태에 따라 빔 형태를 조정한다. 이렇게 함으로써 종양 전체에 방사선을 균일하게 조사한다. 그 결과 암 조직 주변의 건강한 조직을 훨씬 적게 손상시키면서 암 조직을 파괴하게 된다.

양성자 요법은 전립선암, 육종, 의학적으로 수술이 불가능한 간암, 청신경초종, 그리고 다양한 안암에 사용된다. 양성자 요법 과정은 물리학 연구를 위해 만든 입자 가속기를 이용해서 1950년대 초부터 시행되어 왔다. 1990년에 세계 최초 환자 치료 전용 양성자 치료 센터가 건립됐다. 이 책이 인쇄된 지금(2013년), 미국에만 열 개의 센터가 있고, 전 세계적으로는 37개의 센터가 있다.

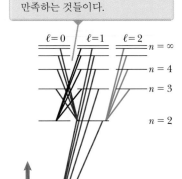

허용 전이는 선택 규칙 $\Delta \ell = \pm 1$을 만족하는 것들이다.

그림 29.14 수소에 대한 허용 전자 전이의 일부로서, 색 선으로 표시되어 있다.

29.6 | 원자 스펙트럼의 내막: 가시광선과 X선
More on Atomic Spectra: Visible and X-Ray

11장에서는 수소 및 수소와 같은 구조를 가진 이온들의 스펙트럼선의 원인에 대해 간단히 설명했다. 들뜬 상태에 있는 전자가 더 낮은 에너지 상태로 전이할 때, 원자는 전자기 복사를 방출한다는 사실에 주목하자.

수소에 대한 에너지 준위 도표를 그림 29.14에 나타냈다. 이 도표에서 보이는 것은 그림 11.18에서와 다르다. 주양자 수가 n이면서 다른 ℓ 값에 대응하는 상태들이 수평으로 배열되어 있다. 그림 29.14는 $\ell = 2$까지의 상태만을 나타낸 것이다. $n = 4$ 껍질의 윗부분은 그림의 오른쪽으로 더 많은 준위를 가지고 있지만 표시하지 않았다.

그림 29.14에서 사선들은 정상 상태 사이의 허용 전이를 나타낸다. 전자가 높은 에너지 상태에서 더 낮은 준위로 전이할 때 광자는 방출된다. 광자의 주파수는 $f = \Delta E/h$ 이고 여기서 ΔE는 두 상태 사이의 에너지 차이이며 h는 플랑크 상수이다. 허용 전이에 대한 **선택 규칙**(selection rule)은 다음과 같다.

$$\Delta \ell = \pm 1 \quad \text{그리고} \quad \Delta m_\ell = 0 \quad \text{또는} \quad \pm 1 \qquad \textbf{29.16}$$

▶ 허용 원자 전이의 선택 규칙

이 선택 규칙에 맞지 않는 전이는 **금지되어** 있다. (이런 전이도 가능하지만, 그 확률은 허용 전이의 확률에 비해 무시할 수 있을 만큼 작다.) 예를 들어 그림 29.14에서 수직선으로 나타낸 모든 전이는 양자수 ℓ이 변하지 않기 때문에 금지되어 있다.

광자가 전이에 의해 흡수되거나 방출될 때 (즉 상태 사이의 전이 결과로) 원자의 궤도 각운동량은 변하고, 또한 원자–광자 계의 각운동량은 보존되어야 하기 때문에 이 과정에 관계된 광자는 각운동량을 갖고 있어야 한다. 실제로 광자는 스핀 $s = 1$인 입자와 동일한 고유 각운동량을 갖는다. $s = \frac{1}{2}$인 전자와 비교해 보자. 따라서 광자는 에너지, 선운동량 및 각운동량을 갖고 있다. 이는 **정수** 스핀을 갖는 입자의 예이다.

식 29.2는 수소에 대한 허용 양자 상태의 에너지를 보여 준다. 우리는 He^+와 Li^{++} 이온과 같은 단 전자계에 슈뢰딩거 방정식을 적용할 수 있다. 이들 이온과 수소 원자 사이의 주요한 차이는 핵에 있는 양성자 수 Z가 다르다는 것이다. 이와 같은 단전자계에 대한 식 29.2의 일반적인 결과는 다음과 같다.

$$E_n = -\frac{(13.6\,\text{eV})\,Z^2}{n^2} \qquad \textbf{29.17}$$

다전자 원자에서 바깥에 있는 전자들의 경우, 핵전하 Ze는 내부 전자들의 음전하에 의해 차단되고 상쇄된다. 따라서 최외각 전자들은 핵의 실제 전하보다 작은 알짜 전하와 상호 작용한다. (가우스의 법칙에 의하면, 최외각 전자의 위치에서 전기장은 핵의 알짜 전하와 핵에 가까운 전자들에 의존한다.) 다전자 원자에 대한 허용 에너지는 Z 대신 유효 원자 번호 Z_{eff}를 대입함으로써 식 29.17과 같은 형태를 사용할 수 있다. 즉

$$E_n \approx -\frac{(13.6\,\text{eV})\,Z_{\text{eff}}^2}{n^2} \qquad \textbf{29.18}$$

여기서 Z_{eff}는 ℓ과 n에 의존한다.

▶ 생각하는 물리 29.2

한 물리학과 학생이 이른 아침에 유성우를 보고 있다. 그녀는 유성우는 유성체가 대기권의 높은 지역에 유성체가 들어옴으로 인해서 빛의 줄무늬가 사라지기 전 2~3 s 동안 지속되는 것을 본다.

그녀는 또한 멀리서 번개치는 것을 본다. 번개는 빛이 반짝거린 직후 바로 빛의 선들이 사라져서 없어진다. 확실히 1 s 보다도 훨씬 짧은 시간에 일어난다. 번개와 유성우는 둘 다 공기를 고온의 플라스마 상태로 바꾼다. 플라스마 상태에서 분리된 전자가 이온화된 분자와 재결합할 때 번개와 유성우로부터 빛이 방출된다. 왜 번개가 지속되는 시간보다 유성우가 지속되는 시간이 더 길까?

추론 그 답은 '대기의 매우 높은 지역에 들어오는' 이라는 유성체에 대한 설명에서 미묘하게 표현되어 있다. 대기의 매우 높은 지역에서 공기의 압력과 **밀도**는 매우 낮아서 공기 분자들은 상대적으로 떨어져 있다. 그러므로 공기가 통과하는 유성체에 의해서 이온화되고 난 후에 자유 전자가 이온화된 분자와 만나서 재결합하는 단위 시간당 확률은 상대적으로 매우 낮다. 그 결과 모든 자유로운 전자들의 재결합 과정은 비교적 긴 시간 동안 발생하는 데, 수초 정도 걸린다.

반면에 번개는 압력과 밀도가 상대적으로 높은 대기의 낮은 지역에서 발생한다. 대기가 이온화된 후에 자유로운 전자들과 이온화된 분자들은 모두 높은 쪽의 대기에서보다 좀 더 가까이 있다. 재결합의 단위 시간당 확률은 매우 높다. 그리고 모든 전자들과 이온들의 재결합에 걸리는 시간 간격은 매우 짧다. ◀

X선 스펙트럼 X-Ray Spectra

고에너지의 전자 또는 다른 전하를 띤 입자가 금속 표적을 때릴 때 X선이 방출된다. X선 스펙트럼은 그림 29.15에서처럼 특이하게도 넓은 연속적인 밴드와 일련의 뾰족한 선(봉우리)으로 구성되어 있다. 24.6절에서 가속된 전기 전하는 전자기 복사를 방출한다고 언급했다. 그림 29.15에 나타낸 X선 스펙트럼은 고에너지의 전자가 금속 표면을 지나면서 속력이 늦어지기 때문에 발생하는 결과이다. 전자가 표적 원자들과 한 번 또는 여러 번 상호 작용하며 자신의 모든 운동 에너지를 잃게 된다. 한 번의 상호 작용을 통해 소실된 운동 에너지의 양은 영에서 전자의 전체 운동 에너지까지 다양하다. 그러므로 이런 상호 작용으로부터 발생한 복사의 파장은 어떤 최솟값부터 무한대까지 연속적인 범위에 놓이게 된다. 이것은 일반적으로 그림 29.15에 보이는 연속 곡선을 나타나게 하는 것이고, 최소 파장 값은 들어온 전자의 운동 에너지에 의존하게 된다. X선 복사는 전자의 속력이 줄어드는 의미를 둔 X선 복사를 **제동 복사**(bremsstrahlung)라 한다.

이 봉우리는 **특성 X선**을 나타낸다. 이는 표적 물질에 따라 다르다.
K_α
K_β
세기
30
40
50
60
70
80
90
λ(pm)
연속 곡선은 **제동 복사**를 나타낸다. 가장 짧은 파장은 가속 전압에 따라 다르다.

그림 29.15 금속 표적의 X선 스펙트럼. 이 곡선은 몰리브데넘 표적을 37 keV의 전자로 충격을 가했을 때 얻은 결과이다.

매우 높은 에너지의 제동 복사는 **외부 방사선 치료** 과정에서 암 조직을 치료하는 데 사용될 수 있다. 그림 29.16은 선형 가속기를 이용해서 전자를 18 MeV로 가속시켜 텅스텐 표적을 때리는 기계를 보여 주고 있다. 그 결과 광자 빔의 에너지는 최대 18 MeV까지이며 이는 그림 24.11에서 감마선에 해당한다. 이 방사선을 환자의 종양에 향하게 한다.

그림 29.16 이 기계에서 만들어지는 제동 복사는 환자의 암을 치료하는 데 사용된다.

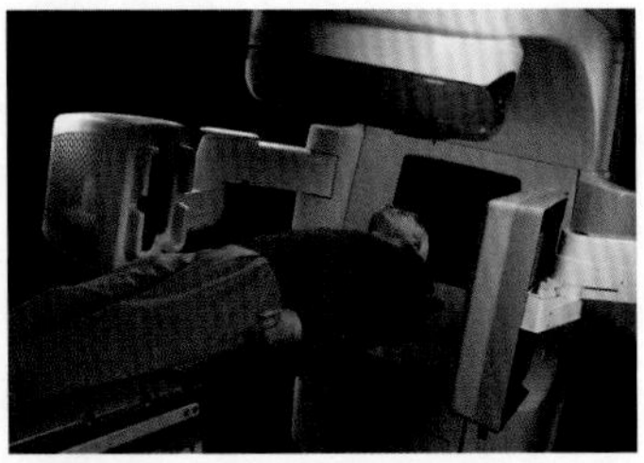

앞 절에서, 양성자 에너지를 이용해서 암 조직을 다루는 것에 대해 이야기했다. 이 기술의 장점은 양성자가 가진 대부분의 에너지가 상대적으로 건강한 조직에 해를 주지 않으면서 암 조직에 전달된다는 것이다. 단점은 치료 수준의 에너지로 양성자를 가속하는 데 필요한 사이클로트론 또는 싱크로트론의 크기와 가격이다. 외부 빔 방사선 요법은 건강한 조직이 크게 손상될 가능성을 수반한다. 그러나 치료 수준의 에너지로 전자를 가속하는 데 필요한 장치는 양성자 요법에서보다 훨씬 더 작고 저렴하다.

X선은 20세기 초부터 의료 영상에 사용되어 왔다. X선이 인체를 지나면, 다양한 밀도와 구성의 조직은 다른 양의 에너지를 흡수한다. 인체를 지난 X선을 사진 필름에

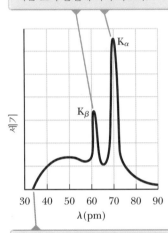

인화하면, 필름에 인체의 내부 구조 사진의 명암이 나타난다. **형광 투시법**이 발전하면서, 사진 필름은 형광 스크린으로 또는 감지 스크린과 비디오 모니터로 대체됐다 (1950년대). 이 방식은 실시간으로 X선 영상을 처리할 수 있다. 1970년대에 이르러, **컴퓨터 단층 촬영법**(computed tomography) 또는 **CT 스캔**이 개발되면서 눈부신 발전을 이뤘다. CT 스캔에서는 X선을 여러 각도에서 인체에 투영하고 이를 컴퓨터로 재구성해서 인체 내부 단면의 모습을 화상으로 보여 준다. 삼차원 영상을 만들어내는 더 새로운 버전과 함께 CT 스캔은 의료 진단 과정에서 광범위하게 사용된다. CT 스캔이 MRI(magnetic resonance imaging) 스캔에 비해 흉부 종양 영상의 경우처럼 나은 경우도 있지만 X선에 환자가 노출된다는 분명한 단점도 가지고 있다. X선은 건강한 조직에 손상을 줄 수 있다. 반면에 MRI 스캔에서 환자는 강한 자기장과 해가 없는 전파에만 노출된다.

그림 29.15에서 불연속적인 선들은 **특성 X선**(characteristic x-rays)이라 하며, 1908년에 발견됐는데 제동 복사와는 기원이 다르다. 그 기원은 자세한 원자 구조가 밝혀지기 전까지는 설명할 수 없었다. 특성 X선을 발생시키는 첫 단계는 전자를 표적 원자에 충돌시키는 것이다. 이 입사 전자는 원자의 내부 껍질에 있는 전자를 원자로부터 제거할 수 있도록 충분한 에너지를 갖고 있어야 한다. 이 껍질에 생긴 빈 준위는 더 높은 준위의 전자가 그 빈 준위로 떨어져서 채워진다. 이 전이가 일어나는 시간은 10^{-9} s 이하로 매우 짧다. 일반적인 경우와 같이 이런 전이 과정에는 두 준위 사이의 에너지 차이와 동일한 에너지를 가진 광자의 방출이 동반된다. 전형적으로 이런 전이 에너지는 1 000 eV보다 크므로, 방출된 X선 광자는 0.01 nm에서 1 nm 범위의 파장을 갖고 있다.

입사 전자가 원자의 가장 내부 껍질인 K 껍질의 전자와 충돌해서 그 전자를 원자로부터 떼어냈다고 가정하자. 그 빈 공간은 바로 위 들뜬 상태인 L 껍질로부터 이동한 전자에 의해 채워진다면, 이 과정에서 방출된 광자는 그림 29.15의 곡선에 있는 K_α에 해당하는 에너지를 갖는다. 그 빈 공간이 M 껍질로부터 떨어진 전자로 채워진다면, 그 생성된 선은 K_β 선이라 부른다. 이 표기법에서, 문자 K는 전자가 떨어진 나중 껍질이고 첨자는 전이하기 전에 전자가 있던 껍질을 나중 껍질에서 센 순서에 해당하는 그리스 문자이다. 따라서, K_α는 나중 껍질이 K 껍질이고, 처음 껍질은 (α가 그리스 알파벳에서 첫 번째 문자이기 때문에) K 위 첫 번째 껍질인 L 껍질을 의미한다.

다른 특성 X선은 K 껍질 외의 빈 공간으로 더 높은 껍질의 전자가 떨어질 때 생성된다. 예를 들면 L 껍질의 빈 공간이 더 높은 껍질로부터 떨어지는 전자에 의해 채워졌을 때 L선이 생긴다. L_α선은 전자가 M 껍질로부터 L 껍질로 떨어질 때 생기고, L_β 선은 N 껍질로부터 L 껍질로 전이가 일어날 때 생긴다.

비록 다전자 원자는 보어의 모형이나 슈뢰딩거 방정식으로 정확히 분석할 수는 없지만, 19장의 가우스 법칙으로부터 놀라울 정도로 정확히 X선의 에너지와 파장을 예측할 수 있다. 원자 번호 Z인 원자에서 K 껍질에 있는 두 개의 전자 중 하나를 방출했다고 생각해 보자. L 전자의 안쪽으로 가능한 가장 큰 반지름을 가진 가우스면을 그

BIO X선을 이용한 의료 영상

려 보자. L 전자 위치에서의 전기장은 핵, 한 개의 K 전자, 다른 L 전자 그리고 외각 전자가 생성하는 전기장의 조합이다. 외각 전자의 파동 함수는 핵으로부터 멀리 떨어진 곳에서 발견될 확률이 L 전자보다는 매우 높은 것이다. 따라서 외각 전자는 가우스면의 안쪽보다 바깥쪽에 있을 확률이 높고, 평균적으로 L 전자의 위치에 있는 전기장에는 크게 영향을 주지 않는다. 가우스면 안에서 유효 전하는 양의 핵전하와 한 개의 K 전자가 기여하는 음전하이다. L 전자들 사이의 상호 작용을 무시하면, 한 개의 L 전자는 가우스면에 의해 둘러싸인 전하 $(Z-1)e$에 기인한 전기장을 받는 것처럼 행동할 것이다. 핵전하는 K 껍질에 있는 전자에 의해 차폐되므로, 식 29.18과 같이 Z_{eff}는 $Z-1$이다. 더 높은 준위 껍질의 경우, 핵전하는 모든 안쪽 껍질에 있는 전자들에 의해 차폐된다.

L 껍질에 있는 전자의 에너지 기여를 식 29.18을 이용해서 추정할 수 있다.

$$E_L \approx -(Z-1)^2 \frac{13.6\,\text{eV}}{2^2}$$

원자가 전이한 후에는 두 개의 전자가 K 껍질에 있다. K 전자 중에서 한 개의 전자가 기여하는 에너지는 단전자 원자의 에너지와 거의 동일하다. (실제로는 핵전하가 다른 전자의 음전하에 의해 차폐되지만 이는 무시하도록 한다.) 그러므로 다음과 같다.

$$E_K \approx -Z^2 (13.6\,\text{eV}) \qquad\qquad \textbf{29.19}$$

예제 29.5에서 보겠지만, M 껍질에 전자를 가진 원자의 에너지도 유사한 방법으로 결정할 수 있다. 처음과 나중 준위의 에너지 차이가 주어질 때 방출된 광자의 에너지와 파장을 구할 수 있다.

1914년 모즐리(Henry G. J. Moseley, 1887~1915)는 많은 원소에 대해 $\sqrt{1/\lambda}$와 Z값을 그래프로 그렸는데, 여기서 λ는 각 원소의 K_α선의 파장이다. 그는 그림 29.17처럼 그래프가 직선이란 것을 찾아냈다. 이런 사실은 식 29.19에서 제공한 간략한 에너지 준위의 계산과 일치한다. 이 그래프로부터 모즐리는 그동안 발견되지 않은 원소들의 Z값을 결정할 수 있었고, 원소의 화학적 성질과 잘 일치하는 주기율표를 만들 수 있었다.

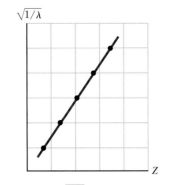

그림 29.17 $\sqrt{1/\lambda}$ 을 Z에 대해 그린 모즐리의 그래프로, λ는 원자 번호 Z를 가진 원소의 K_α X선 파장이다.

퀴즈 29.5 참 또는 거짓: X선 스펙트럼은 특성 X선이 존재하지 않아도 연속적인 X선 스펙트럼을 보일 수 있다.

퀴즈 29.6 X선 관에서 금속 표적을 때리는 전자의 에너지를 증가시키면, 특성 X선의 파장은 **(a)** 증가하는가, **(b)** 감소하는가 또는 **(c)** 변화 없는가?

예제 29.5 | X선 에너지 값 추정

전자가 M 껍질($n = 3$인)에서 K 껍질($n = 1$ 상태)의 빈 공간으로 떨어질 때 텅스텐 표적으로부터 방출되는 특성 X선의 에너지를 구하라. 텅스텐의 원자 번호는 $Z = 74$이다.

풀이

개념화 가속된 한 개의 전자가 텅스텐 원자와 충돌해서 K 껍질에서 전자 한 개를 방출했다고 가정하자. 즉각 M 껍질의 전자 한 개가 빈 공간을 채우기 위해 내려가고, 준위 간 에너지 차이는 X선 광자로 방출된다.

분류 이 절에서 도출된 결론을 사용하므로 예제를 대입 문제로 분류한다.

K 껍질에 있는 전자와 관련된 에너지를 구하기 위해 식 29.19와 텅스텐의 $Z = 74$를 이용한다.

$$E_K \approx -(74)^2(13.6\text{ eV}) = -7.4 \times 10^4\text{ eV}$$

식 29.18과 핵 전자를 둘러싼 아홉 개의 전자($n = 2$ 상태에 여덟 개의 전자, $n = 1$ 상태에 한 개의 전자가 있다)를 이용

해서 M 껍질의 에너지를 구한다.

$$E_M \approx -\frac{(13.6\text{ eV})(74 - 9)^2}{(3)^2} \approx -6.4 \times 10^3\text{ eV}$$

X선 광자로 방출된 에너지를 구한다.

$$hf = E_M - E_K \approx -6.4 \times 10^3\text{ eV} - (-7.4 \times 10^4\text{ eV})$$
$$\approx 6.8 \times 10^4\text{ eV} = \boxed{68\text{ keV}}$$

X선 참조 표를 보면, 텅스텐에서 M–K 전이 에너지는 66.9 keV에서 67.7 keV까지 변하는데, 이 에너지 범위는 서로 다른 ℓ 상태에 대한 에너지의 약간의 차이에 기인한 것이다. 따라서 여기서 구한 값은 실험에서 측정한 범위의 중간점과는 약 1 % 차이가 있다.

29.7 | 연결 주제: 우주 내의 원자 Context Connection: Atoms in Space

이번 장에서는 수소 원자에 대해 간단히 공부했다. 이제 우주에 있는 수소 원자를 고려해 보자. 수소는 우주에서 가장 풍부한 원소이고, 그 역할은 천문학과 우주론에서 매우 중요하기 때문이다.

여러분이 천문학 교재에서 봤을지도 모르는 성운 사진들(예를 들어 그림 29.18과 같은)을 고려하며 시작해 보자. 이 물체에 대한 노출 사진에서 다양한 색을 볼 수 있

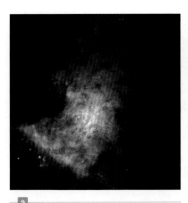

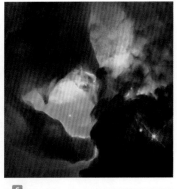

a. C. R. O' Dell (Rice University) and NASA;
b. ⓒ Science Photo Library / Alamy;
c. A. Caulet (ST-ECF, ESA) and NASA) 1007 29.16

그림 29.18 성운의 종류. (a) 오리온 성운의 중심 부분은 방출 성운으로 색깔은 원자들로부터 나온 것이다. (b) 플레이아데스. 별들 주위의 빛의 구름은 먼지 입자들로부터 별빛이 반사된 반사 성운이다. (c) 석호 성운은 먼지 구름이 별빛을 차단하고 멀리 있는 별로부터오는 빛의 반대쪽에 검은 윤곽으로 나타난 암흑 성운의 효과를 보여 준다.

다. 가스 성운과 먼지 성운이 그런 색을 내는 원인은 무엇인가? 아주 뜨거운 별 근처에 있는 수소 원자의 성운을 상상해 보자. 별로부터 오는 높은 에너지의 광자는 수소 원자를 높은 에너지 상태로 올리거나 또는 수소 원자를 이온화시키는 상호 작용을 할수 있다. 원자가 더 낮은 상태로 떨어질 때, 많은 원자는 발머 계열의 파장을 방출한다. 그러므로 이런 원자는 성운으로부터 오는 빨간색, 초록색, 파란색 그리고 보라색을 제공하는데, 11장에서 본 수소 스펙트럼의 색과 일치한다.

실제로 성운은 수소 원자에서 일어나는 전이에 따라 세 그룹으로 분류된다. **방출 성운**(emission nebulae)(그림 29.18a)은 뜨거운 별 근처에 있으므로, 앞에서 설명한 바와 같이 수소 원자는 별에서 나오는 빛에 의해 들뜨게 된다. 그 결과 성운으로부터 방출되는 빛은 불연속적인 방출 선스펙트럼이 많으며 색을 띄게 된다. **반사 성운**(reflection nebulae)(그림 29.18b)은 차가운 별 근처에 있다. 이 경우, 성운으로부터 오는 대부분의 빛은 들뜬 원자에 의해 방출되기보다는 성운 내 물질의 큰 알갱이에서 반사된 별빛이다. 그 결과 성운으로부터 오는 빛의 스펙트럼은 별에서 오는 스펙트럼과 같다. 즉 별의 바깥 지역에 있는 원자와 이온에 의해 흡수된 빛의 파장 위치에 어두운 선이 있는 흡수 선스펙트럼이다. 이 성운으로부터의 스펙트럼은 흰색으로 보이는 경향이 있다. 마지막으로 **암흑 성운**(dark nebulae)(그림 29.18c)은 별들과 가깝게 있지 않다. 그 결과 원자의 들뜸에 쓰이거나 먼지의 단면으로부터 반사되는 빛은 거의 없다. 결과적으로 이 성운의 물질은 다른 별로부터 성운으로 오는 빛을 가린다. 그리고 이 물질들은 더 먼 별의 밝기와 대비를 이루며 검은 반점으로 나타난다.

수소뿐만 아니라 우주에 있는 또 다른 원자와 이온들은 별로부터 오는 복사에 의해 더 높은 에너지 상태로 올라가서, 여러 가지 색을 방출하게 된다. 흔히 관측되는 색으로는 O^+ 이온으로부터 나온 보라색(373 nm), O^{++} 이온으로부터 나온 초록색(496 nm와 501 nm)이 있다. 헬륨과 질소도 강한 색을 낸다.

수소 원자에서 양자수에 대한 논의에서, $1s$ 껍질에는 업 또는 다운 스핀에 해당하는 두 가지 상태가 있음을 알았다. 이 두 상태의 에너지는 자기장이 없을 때 에너지가 같다. 하지만 양성자의 스핀을 포함시켜 구조 모형을 수정하면, 전자 스핀에 대응하는 두 원자 상태의 에너지는 같지 않음을 알 수 있다. 전자와 양성자 스핀이 평행한 상태의 에너지는 이들이 평행하지 않은 상태의 에너지보다 약간 높다. 이 에너지의 차이는 단지 5.9×10^{-6} eV이다. 이 두 상태의 에너지가 다르기 때문에 두 상태 사이에 전이가 일어날 수 있다. 평행 상태에서 반평행 상태로의 전이가 일어나면, 광자가 방출되는데 이 에너지는 두 상태 사이의 에너지 차이와 같다. 전이에 대응하는 광자의 파장은 다음과 같다.

$$\lambda = \frac{c}{f} = \frac{hc}{hf} = \frac{hc}{E} = \frac{1\,240\,\text{eV} \cdot \text{nm}}{5.9 \times 10^{-6}\,\text{eV}} \left(\frac{10^{-9}\,\text{m}}{1\,\text{nm}} \right)$$

$$= 0.21\,\text{m} = 21\,\text{cm}$$

이 복사를 알기 쉽게 **21 cm 복사선**이라고 부른다. 21 cm 복사선은 수소 원자로 확인할 수 있는 파장이다. 그러므로 우주에서 이 복사를 찾으면 수소 원자를 검출할 수 있다. 더구나 관측된 복사의 파장이 21 cm와 같지 않으면, 그 파장이 지구와 광원의 상대 운동에 의한 도플러 이동을 한 것으로 추정할 수 있다. 그러면 이 도플러 이동은 지구와 광원 사이의 상대 속력을 측정하는 데 사용할 수 있다. 이 방법은 우리 은하에서 수소 분포의 연구와 다른 은하에서의 나선팔과 비슷한 존재를 발견하는 데 폭넓게 사용되어 왔다.

원자 물리가 연구되면서 양자 물리의 미시적인 세계와 거시적인 우주의 중요한 연관성을 이해할 수 있게 됐다. 전 우주에 있는 원자는 그 원자가 있는 공간에 관한 정보의 전달자 역할을 한다. 핵물리를 다루는 30장에서, 우리는 미시적인 과정을 이해하는 것이 어떻게 별의 중심부의 상태를 이해하는 데 도움을 주는지 알게 될 것이다.

연습문제 |

객관식

1. 수소 원자 내의 전자가 $n = 3$, $\ell = 2$, $m_\ell = 1$, $m_s = 1/2$의 양자수를 갖는다면, 이는 어떤 상태인가? (a) $3s$ (b) $3p$ (c) $3d$ (d) $4d$ (e) $3f$

2. 주기율표는 다음 중 어떤 원리를 기반으로 하고 있는가? (a) 불확정성의 원리 (b) 원자 내의 모든 전자는 같은 양자수를 가져야 한다는 원리 (c) 모든 상호 작용에서 에너지가 보존된다는 원리 (d) 원자 내의 모든 전자는 같은 에너지를 갖는 궤도에 있다는 원리 (e) 어떤 두 개의 전자도 같은 양자수 조합을 가질 수 없다는 원리

3. 다음의 양자수 (a) n, (b) ℓ, (c) m_ℓ, (d) m_s 중에서 적절한 답을 고르라. (i) 분수가 될 수 있는 어느 것인가? (ii) 때때로 음수도 가능한 것은 어느 것인가? (iii) 영이 될 수 있는 것은 어느 것인가?

4. 전자가 원자와 충돌할 때, 전자는 자신의 모든 또는 일부의 에너지를 원자에 줄 수 있다. 바닥 상태에 있는 수소 원자에 각각 운동 에너지가 10.5 eV인 여러 개의 전자가 충돌한다. 그 결과는 어떤가? (a) 원자는 더 높은 허용 상태로 들뜰 수 있다. (b) 원자는 이온화된다. (c) 전자는 상호 작용 없이 원자를 지나간다.

5. 수소 원자의 $n = 3$인 에너지 준위를 생각해 보자. 이 준위에 몇 개의 전자가 있을 수 있는가? (a) 1 (b) 2 (c) 8 (d) 9 (e) 18

6. (i) X선 스펙트럼에서 M_β를 방출하는 원자의 처음 상태 주양자수는 얼마인가? (a) 1 (b) 2 (c) 3 (d) 4 (e) 5 (ii) 이 전이의 나중 상태 주양자수는 얼마인가? (i)의 보기에서 고르라.

7. 다음 중 원자의 허용 전자 배열이 아닌 것은 어느 것인가? 맞는 답을 모두 고르라. (a) $2s^2 2p^6$ (b) $3s^2 3p^7$ (c) $3d^7 4s^2$ (d) $3d^{10} 4s^2 4p^6$ (e) $1s^2 2s^2 2d^1$

8. (a) 수소 원자에서 양자수 n은 무한히 커질 수 있는가? (b) 수소의 스펙트럼에서 불연속적인 선의 주파수는 무한히 커질 수 있는가? (c) 수소의 스펙트럼에서 불연속적인 선의 파장은 무한히 커질 수 있는가?

9. 원자가 광자를 방출할 때 어떤 일이 일어나는가? (a) 여러 전자 중 한 개가 원자로부터 떨어져 나온다. (b) 원자는 더 높은 에너지 상태로 전이된다. (c) 원자는 더 낮은 에너지 상태로 전이된다. (d) 여러 전자 중 한 전자가 제3의 입자와 충돌한다. (e) 이들 사건은 일어나지 않는다.

10. 수소 원자에서 d 상태에 있는 전자에 대한 설명으로 옳은 것은 어느 것인가? (a) 원자는 이온화되어 있다. (b) 궤도 양자수는 $\ell = 1$이다. (c) 주양자수는 $n = 2$이다. (d) 원자는 바닥 상태에 있다. (e) 원자의 궤도 각운동량은 영이 아니다.

▌ 주관식

29.1 초창기 원자 구조 모형

1. (a) 지구에 대한 궤도 운동 때문에 생긴 달의 각운동량을 구하라. 지구–달의 거리는 3.84×10^8 m이고 달의 주기는 2.36×10^6 s이다. (b) 달의 각운동량을 보어의 가설인 $mvr = n\hbar$로 가정하고 대응하는 양자수를 결정하라. (c) 지구–달과의 거리를 어느 정도까지 증가시켜야 양자수가 1만큼 커지는가?

2. 고전 물리에 따르면 가속도 a로 운동하는 전하 e는 다음과 같은 비율로 에너지를 방출한다.

$$\frac{dE}{dt} = -\frac{1}{6\pi\epsilon_0} \frac{e^2 a^2}{c^3}$$

(a) 고전적인 수소 원자 내의 전자가(그림 29.3 참조) 핵을 향해서 다음과 같은 반지름의 시간 비율로 나선형 운동을 함을 보여라.

$$\frac{dr}{dt} = -\frac{e^4}{12\pi^2 \epsilon_0^2 m_e^2 c^3}\left(\frac{1}{r^2}\right)$$

(b) 전자가 $r_0 = 2.00 \times 10^{-10}$ m에서 출발해서 $r = 0$에 도달하는 데 걸리는 시간을 구하라.

3. 고립되어 있는 한 원자가 다섯 번째 들뜬 상태에서 두 번째 들뜬 상태로 전이되면서 520 nm 파장의 광자를 방출한다. 또 이 원자는 여섯 번째 들뜬 상태에서 두 번째 들뜬 상태로 전이되면서 410 nm 파장의 광자를 방출한다. 이 원자가 여섯 번째 들뜬 상태에서 다섯 번째 들뜬 상태로 전이된다면, 이때 방출되는 광자의 파장은 얼마인가?

29.2 다시 보는 수소 원자

4. 수소 원자의 발머 계열은 그림 P29.4에서처럼 $n = 2$인 양자수 상태로 떨어지는 전자 전이에 해당한다. 그림에 보인 전이에서 파장이 가장 긴 광자의 (a) 에너지와 (b) 파장을 구하라. 그림에 보인 전이에서 파장이 가장 짧은 스펙트럼 선의 (c) 광자 에너지와 (d) 파장을 구하라. (e) 발머 계열에서 파장이 가장 짧은 것은 무엇인가?

5. 단전자 원자와 이온의 에너지 준위의 일반적인 식은 다음과 같다.

$$E_n = -\frac{\mu k_e^2 q_1^2 q_2^2}{2\hbar^2 n^2}$$

여기서 μ는 원자의 환산 질량이며 $\mu = m_1 m_2/(m_1 + m_2)$이다. m_1은 전자의 질량, m_2는 핵의 질량, k_e는 쿨롱 상수, q_1과 q_2는 각각 전자와 핵의 전하이다. 수소 원자에서 $n = 3$에서 $n = 2$로 전이할 때의 파장은 656.3 nm(빨간색 가시광선)이다. 이와 똑같은 전이가 (a) 양전자 하나와 전자 하나를 지닌 포지트로늄과 (b) 1가 헬륨 이온에서 일어날 때 파장은 얼마인가? Note: 양전자는 양으로 대전된 전자이다.

6. 한 전자의 운동량 p는 고정된 양성자로부터 r만큼 떨어져 있다. 이 전자의 운동 에너지는 $K = p^2/2m_e$이다. 원자의 퍼텐셜 에너지는 $U = -k_e e^2/r$이고 전체 에너지는 $E = K + U$이다. 전자가 수소 원자를 형성하기 위해 양성자에 속박된 경우 평균 위치는 양성자에 있고 그 위치의 불확정도(불확정성)는 대략 궤도 반지름 r과 같다. 전자의 평균 벡터 운동량은 영이다. 하지만 운동량의 제곱의 평균은 불확정성 원리로 구할 수 있는 운동량의 불확정도의 제곱과 같다. (a) 전자의 운동량의 불확정도를 r로 표현하라. 전자의 (b) 운동 에너지와 (c) 퍼텐셜 에너지를 r로 표현하라. r의 실제 값은 **전체 에너지를 최소화시키는 것이다**. 그리고 이것은 안정한 원자를 의미한다. (d) r의 값과 (e) 전체 에너지를 구하라. 보어 이론에 의한 예측과 여러분의 답을 비교하라.

7. 에너지가 2.28 eV인 광자가 수소 원자에 흡수된다. (a) 이 광자에 의해 이온화되기 위한 수소 원자의 주양자수의 최솟값 n과 (b) (a)에서의 상태로부터 자유로워져서 멀리 떨어진 전자의 속력을 구하라.

29.3 수소에 대한 파동 함수

8. 수소 원자에서 파동 함수 $\psi_{1s}(r)$ 대 r의 그래프(식 29.3 참조)와 확률 밀도 함수 $P_{1s}(r)$ 대 r의 함수 그래프(식 29.7 참조)를 그려라. r은 0부터 $1.5a_0$ 영역이며, a_0는 보어 반지름이다.

9. 수소 원자에서 전자의 바닥 상태 파동 함수는 다음과 같다.

$$\psi_{1s}(r) = \frac{1}{\sqrt{\pi a_0^3}}\, e^{-r/a_0}$$

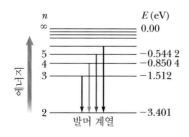

그림 P29.4 발머 계열을 보여 주는 수소의 에너지 준위 도표

여기서 r은 전자의 지름 좌표이고, a_0는 보어의 반지름이다.
(a) 주어진 파동 함수가 규격화되어 있음을 보여라. (b)
전자가 $r_1 = a_0/2$와 $r_2 = 3a_0/2$ 사이에 있을 확률을 구하라.

10. 수소 원자의 구 대칭인 한 상태에서 구면 좌표계로 표현한
슈뢰딩거 방정식은 다음과 같다.

$$-\frac{\hbar^2}{2m_e}\left(\frac{d^2\psi}{dr^2} + \frac{2}{r}\frac{d\psi}{dr}\right) - \frac{k_e e^2}{r}\psi = E\psi$$

(a) 수소 내 전자에 대한 다음과 같은 $1s$ 파동 함수가 슈뢰
딩거 방정식을 만족함을 보여라.

$$\psi_{1s}(r) = \frac{1}{\sqrt{\pi a_0^{\,3}}}\, e^{-r/a_0}$$

(b) 이 상태에서 원자의 에너지는 얼마인가?

29.4 양자수의 물리적 해석

11. 수소 원자가 주양자수가 6인 다섯 번째 들뜬 상태에 있다.
이 원자는 파장이 1 090 nm인 광자를 방출한다. 원자가
광자를 방출한 후 가능한 최대 궤도 각운동량의 크기를 구
하라.

12. 파장이 88.0 nm인 광자가 매끈한 알루미늄 표면에 충돌해
서 광전자를 방출시킨다. 이 광전자는 다시 바닥 상태에 있
는 수소 원자에 충돌해서 에너지를 전달함으로써 원자를
더 높은 양자 상태로 들뜨게 할 수 있는가? 그 이유를 설명
하라.

13. 전자가 4.714×10^{-34} J·s와 동일한 각운동량을 갖고 있
다면, 이 상태의 전자가 갖는 궤도 양자수는 얼마인가?

14. (a) 양성자를 반지름이 1.00×10^{-15} m인 단단한 구로 가
정하고 양성자의 질량 밀도를 구하라. (b) 고전적인 모형
에서처럼 전자가 양성자와 똑같은 밀도를 가진 균일한 단
단한 구라고 가정해서, 전자의 반지름을 구하라. (c) 이 전
자가 z축에 대해 회전하는 고전적인 모형으로 각운동량
$I\omega = \hbar/2$를 가진다고 가정하자. 전자의 적도에 있는 한 지
점의 속력을 구하라. (d) 이 속력을 빛의 속력과 비교하라.

15. $3d$ 상태에 있는 수소 원자에 대해 (a) L, (b) L_z, (c) θ의
가능한 값들을 구하라.

16. (a) $3d$ 버금 껍질과 (b) $3p$ 버금 껍질과 관련된 수소 원자
에서 가능한 양자수의 조합을 나열하라.

17. 수소 원자에서 (a) $n = 1$, (b) $n = 2$, (c) $n = 3$, (d) $n =$
4, (e) $n = 5$ 각각의 경우 몇 가지 양자수의 조합이 가능

한가?

18. ρ^- 메존은 전하가 $-e$, 스핀 양자수는 1, 질량은 전자의 1 507
배이다. 그것의 스핀 자기 양자수에 대한 가능한 값은 -1,
0, 1이다. 원자 안의 전자가 ρ^- 메존으로 바뀐다면, $3d$ 버금
껍질의 ρ^- 메존에서, 가능한 양자수의 조합을 나열하라.

29.5 배타 원리와 주기율표

19. 원자 번호가 110인 중성의 원자 경우, 가능한 바닥 상태 전자
배열을 구하라.

20. (a) 산소 원자($Z = 8$)의 바닥 상태의 전자 배열을 나타내
라. (b) 산소 원자 내의 전자들에 대한 가능한 양자수 n, ℓ,
m_ℓ, m_s의 조합을 보여라.

21. 자기장 $\vec{\mathbf{B}}$에서 자기 모멘트 $\vec{\boldsymbol{\mu}}_s$인 전자가 있다고 하자. 전
자−자기장 계는 전자의 자기 모멘트의 z 성분이 자기장과
반대 방향인 높은 에너지 상태와 전자의 자기 모멘트의 z
성분이 자기장과 같은 방향인 낮은 에너지 상태에 있을 수
있다. 두 상태 사이의 에너지 차이는 $2\mu_B B$이다.
높은 해상도에서, 많은 스펙트럼선은 이중선으로 관찰된
다. 파장 588.995 nm와 589.592 nm를 갖는 나트륨(D
line)의 스펙트럼에서 두 개의 노란선이 가장 유명하다. 전
자는 고유의 스핀 각운동량을 가지고 있다고 주장한 호우
스미트와 월렌베크가 1925년에 그 존재를 설명했다. 나트
륨 원자가 $3p$ 버금 껍질에 최외각 전자가 있도록 들뜰 때,
최외각 전자의 궤도 운동은 자기장을 만든다. 원자의 에너
지는 이 자기장에서 전자가 스핀 업인지 스핀 다운인지에
따라 약간 다르다. 원자가 바닥 상태로 떨어지면서 방출하
는 광자 에너지는 들뜬 상태의 에너지에 의존한다. 스핀−
궤도 결합이라고 부르는 이 현상에서 내부 자기장의 크기
를 구하라.

22. 어떤 원소의 최외각 전자가 $3p$ 버금 껍질을 가진다. 이것
은 불활성 기체보다 세 개 더 전자를 가지고 있기 때문에
+3의 원자가를 가진다. 이 원소는 무엇인가?

23. 원자 번호가 증가함에 따라 전자는 $n + \ell$이 낮은 값을 갖
는 버금 껍질을 먼저 채운다는 것을 그림 29.12를 통해서
조사하라. 두 껍질이 같은 $n + \ell$의 값을 갖는다면, n이 낮
은 값을 갖는 하나가 일반적으로 먼저 채워진다. 이 두 가
지 규칙을 이용해서 $n + \ell = 7$까지 버금 껍질이 채워지는
순서를 쓰라.

24. (a) 주기율표를 보면 $3d$와 $4s$의 버금 껍질 중 어느 것이

먼저 채워지는가? (b) [Ar] $3d^4 4s^2$와 [Ar] $3d^5 4s^1$ 중 어느 전자 배열이 더 낮은 에너지를 가지는가? *Note*: 기호 [Ar]은 아르곤에서 채워진 배열 상태를 표시한 것이다. 도움말: 둘 중 짝짓지 않은 스핀이 더 많은 것을 찾는다. (c) (b)의 전자 배열을 갖는 원소는 무엇인가?

29.6 원자 스펙트럼의 내막: 가시광선과 X선

25. 예제 29.5에서 설명하는 방법을 이용해서 몰리브데넘 표적 ($Z = 42$)에서 L 껍질($n = 2$)로부터 K 껍질($n = 1$)로 전이할 때 나오는 X선의 파장을 구하라.

26. 텅스텐으로부터 방출되는 불연속적인 X선 스펙트럼의 K 계열 파장은 0.018 5 nm, 0.020 9 nm, 0.021 5 nm이다. K 껍질의 이온화 에너지는 69.5 keV이다. (a) L, M, N 껍질의 이온화 에너지를 구하라. (b) 전이 도표를 그려라.

27. (a) He$^+$ 이온이 $n = 3$인 상태에 있을 때 가능한 ℓ, m_ℓ 양자수의 값들을 구하라. (b) 이 상태의 에너지는 얼마인가?

28. 특정한 광원으로부터 K_β선에서 특성 X선의 파장은 0.152 nm이다. 표적에 있는 물질을 구하라.

29. 실험실에서 10.0 nm의 X선을 만들려고 한다면, 전자를 가속하는 데 사용될 최소 전압은 얼마인가?

29.7 연결 주제: 우주 내의 원자

30. 24.3절을 참고한다. 전자기파 파장에서 다음 식에 의해서 기술되는 도플러 이동을 증명하라.

$$\lambda' = \lambda \sqrt{\frac{1 + v/c}{1 - v/c}}$$

λ'은 파장 λ를 방출하는 광원으로부터 속력 v로 멀어지는 관측자가 측정한 파장이다.

추가문제

31. $2s$ 상태의 식 29.8에 의해서 주어지는 파동 함수를 가진 수소 원자가 있다고 하자. $r = a_0$일 때, (a) $\psi_{2s}(a_0)$, (b) $|\psi_{2s}(a_0)|^2$, (c) $P_{2s}(a_0)$의 값을 구하라.

32. $1s$ 상태에서의 수소에서 핵에서 $2.50 a_0$의 거리보다 더 멀리서 전자를 찾을 확률은 얼마인가?

33. 질량 m과 스핀 $\frac{1}{2}$을 갖는 세 개의 동일하고 전하가 없는 입자가 길이가 L인 일차원 상자에 들어 있다. 이 계에서 바닥 상태 에너지는 무엇인가?

핵물리학 Nuclear Physics

핵 물리학이 탄생한 1896년, 베크렐(Antoine–Henri Becquerel, 1852~1908)은 우라늄 화합물 속에서 방사능을 발견했다. 그는 우라늄이 포함된 황산칼륨이 포장되어 있는 사진 건판을 검게 만든다는 것을 우연히 발견했다. 일련의 실험을 통해서 이 결정체에서 나오는 방사선은 새로운 것으로, 외부의 자극이 없이 복사가 일어나며 보호된 사진 건판을 투과하고 기체를 이온화시킨다는 것을 알았다.

방사능 핵에서 방출되는 방사선을 이해하려는 시도로, 수많은 과학자들의 연구가 그 뒤를 이었다. 러더퍼드의 선구적 연구는 방사선이 세 가지 형태로 구분됨을 보였는데, 그는 이것을 알파선, 베타선, 그리고 감마선이라 불렀다. 이후의 실험들을 통해서 알파선은 헬륨의 핵이고, 베타선은 전자 또는 양전자라고 부르는 입자이며, 감마선은 고에너지 광자임이 알려졌다.

29.1절에서 본 바와 같이, 1911년 러더퍼드는 실험을 통해 원자핵은 매우 크기가 작고 원자 질량의 대부분은 핵 속에 포함되어 있음을 보였다. 더 나아가, 이 연구들은 새로운 형태의 힘, 즉 5.5절에서 소개된 핵력이 있음을 보였는데, 이 힘은 약 10^{-15} m 범위 내에서 작용하고 이보다 긴 거리에서는 영이다. 즉 핵력은 짧은 거리의 힘이다.

이번 장에서 우리는 원자핵의 성질과 구조에 관해 논의할 것이다. 핵의 기본적인 성질에 관한 설명을 시작으로, 핵력과 결합 에너지, 핵 모형, 그리고 방사능 현상을 설명한다. 또한 핵반응과 핵붕괴 과정을 논의하자.

1991년 이탈리아의 알프스에서 빙하가 녹았을 때, 독일 관광객들이 청동기 시대의 사람인 '얼음 인간'을 발견했다. 이 시체를 분석해서 그가 마지막으로 먹은 음식, 앓았던 질병, 살았던 지역을 알 수 있었다. 방사능을 이용해서 그가 기원전 약 3300년에 살았음을 알 수 있었다. 얼음 인간은 이탈리아 볼자노에 있는 남티롤(South Tyrol) 고고학 박물관에서 볼 수 있다.

◤ **30.1** | 핵의 성질 Some Properties of Nuclei

일반적으로 핵의 구조 모형에서, 모든 핵은 두 가지 형태의 입자, 즉 양성자와 중성자로 구성된다고 알려져 있다. 유일한 예외는 보통의 수소핵으로, 단 한 개의 양성자만을 갖는다. 원자핵을 설명하는 데 있어서, 우리는 다음의 양에 관해 언급해야만 한다.

- **원자 번호** Z: 핵 속의 양성자수와 같다(때로는 **전하수**라고도 한다).
- **중성자수** N: 핵 속의 중성자수와 같다.
- **질량수** $A = Z + N$: 핵 속에 있는 **핵자**수(중성자수 + 양성자수)와 같다.

핵종(nuclide)은 특정 핵을 나타내는 원자 번호와 질량수의 조합이다. 핵을 나타내는 데 얼마나 많은 양성자와 중성자가 있는가를 보이기 위해 ${}^{A}_{Z}\text{X}$의 모양으로 표현하는 것이 편리하다. 여기서 X는 원소 기호이다. 예를 들어 ${}^{56}_{26}\text{Fe}$(철)는 질량수가 56이고 원자 번호가 26이라는 뜻이다. 그러므로 철 원자는 26개의 양성자와 30개의 중성자를 갖고 있다. 화학에서 원소 기호 자체가 정해진 원자 번호 Z를 갖고 있으므로, 아래 첨자 Z를 생략해도 혼란이 일어나지는 않는다. 따라서 ${}^{56}_{26}\text{Fe}$는 ${}^{56}\text{Fe}$와 같은 표현이며 '철 56'이라고 표현한다.

특정 원소의 모든 원자의 핵들은 양성자수가 같으나 중성자수가 다른 것들이 있다. 이런 종류의 핵을 **동위 원소**(isotopes)라고 한다. 어떤 원소의 동위 원소는 Z가 같으나 N과 A는 다르다. 당연히 동위 원소가 자연에 존재하는 비율은 다를 것이다. 예를 들어 탄소의 동위 원소에는 ${}^{11}_{6}\text{C}$, ${}^{12}_{6}\text{C}$, ${}^{13}_{6}\text{C}$, ${}^{14}_{6}\text{C}$의 네 가지가 있다. 그중 ${}^{12}_{6}\text{C}$가 자연에 존재하는 비율은 98.9 %인 반면에 ${}^{13}_{6}\text{C}$의 존재비는 1.1 %에 지나지 않는다. (${}^{11}_{6}\text{C}$와 ${}^{14}_{6}\text{C}$는 아주 적은 양으로 존재한다.) 가장 단순한 원소인 수소 원자도 동위 원소가 있는데, ${}^{1}_{1}\text{H}$는 보통의 수소 원자이고 ${}^{2}_{1}\text{H}$는 중수소 그리고 ${}^{3}_{1}\text{H}$는 삼중수소이다. 몇몇 동위 원소는 자연적으로 나타나지 않지만, 핵반응을 통해서 실험실 내에서 생성될 수 있다.

◤ **퀴즈 30.1** 다음 각각의 문제에서의 답을 (a) 양성자, (b) 중성자, (c) 핵자 중에서 고르라. (i) ${}^{12}\text{C}$, ${}^{13}\text{N}$, ${}^{14}\text{O}$의 세 원자핵에서 같은 것은 무엇인가? (ii) ${}^{12}\text{N}$, ${}^{13}\text{N}$, ${}^{14}\text{N}$의 세 원자핵에서 같은 것은 무엇인가? (iii) ${}^{14}\text{C}$, ${}^{14}\text{N}$, ${}^{14}\text{O}$의 세 원자핵에서 같은 것은 무엇인가?

전하와 질량 Charge and Mass

양성자는 한 개의 양전하 $+e$를 운반하고, 전자는 한 개의 음전하 $-e$를 운반한다. 여기서 $e = 1.60 \times 10^{-19}$ C이다. 중성자는 그 이름이 의미하는 대로 전기적으로 중성이다. 중성자는 전기를 띠지 않기 때문에 초기의 실험 장치나 기술로는 검출하기가 어려웠다. 그러나 오늘날의 최신의 검출 장치는 중성자를 쉽게 검출한다.

원자 단위의 질량을 나타내기 위해 **원자 질량 단위**(atomic mass unit) u를 정의한다. 동위 원소 $^{12}_{6}$C의 질량은 정확히 12 u(1 u = 1.660 539 × 10^{-27} kg)이다. 양성자와 중성자는 각각 근사적으로 1 u의 질량을 가지며, 전자의 질량은 원자 질량 단위에 비해서 아주 작다.

양성자 질량 = 1.007 276 u

중성자 질량 = 1.008 665 u

전자의 질량 = 0.000 548 6 u

입자의 정지 질량 에너지가 $E_R = mc^2$(9.7절)로 주어졌기 때문에, 원자 질량 단위를 그 입자의 질량과 동등한 에너지의 형태로 표현하는 것이 편리할 때가 있다. 1 원자 질량 단위에 해당하는 등가 에너지는 다음과 같다.

$$E_R = mc^2 = (1.660\,539 \times 10^{-27}\,\text{kg})(2.997\,92 \times 10^8\,\text{m/s})^2$$
$$= 931.494\,\text{MeV}/c^2$$

여기서 $1\,\text{eV} = 1.602\,176 \times 10^{-19}$ J을 이용했다. 핵물리학자들은 질량을 MeV/c^2의 단위로 흔히 표현한다. 몇 가지 간단한 입자의 질량을 표 30.1에 실었다. 선택된 동위 원소의 질량과 몇 가지 다른 성질은 표 30.1과 부록 A.3에 나열되어 있다.

표 30.1 | 여러 가지 단위로 표현된 몇몇 입자들의 질량

입 자	질 량		
	kg	u	MeV/c^2
양성자	1.672 62 × 10^{-27}	1.007 276	938.27
중성자	1.674 93 × 10^{-27}	1.008 665	939.57
전 자	9.109 38 × 10^{-31}	5.485 79 × 10^{-4}	0.510 999
$^1_1$H 원자	1.673 53 × 10^{-27}	1.007 825	938.783
$^4_2$He 핵	6.644 66 × 10^{-27}	4.001 506	3 727.38
$^{12}_6$C 원자	1.992 65 × 10^{-27}	12.000 000	11 177.9

핵의 크기 | The Size of Nuclei

핵의 크기와 구조는 29.1절에 논의한 바와 같이, 러더퍼드의 산란 실험에서 처음으로 관측됐다. 에너지 보존의 원리를 이용해서, 러더퍼드는 핵을 향해 곧바로 이동하는 알파 입자가 쿨롱 척력을 받아 되돌아오기 전까지 얼마나 핵 가까이 접근할 수 있는가에 대한 표현식을 찾았다.

입사하는 알파 입자($Z = 2$)와 원자핵(임의의 Z)이 에너지적으로 고립된 계를 생각하자. 원자핵은 알파 입자에 비해 매우 무거우므로 이 계의 운동 에너지를 알파 입자의 운동 에너지로 생각할 수 있다. 알파 입자가 원자핵으로부터 멀리 떨어져 있을 때 퍼텐셜 에너지는 영으로 정할 수 있다. 충돌이 일어나면 알파 입자는 어떤 지점에서 갑자기 정지하고(그림 30.1) 계의 에너지는 모두 퍼텐셜 에너지이다. 따라서 입자가 멈출 때 접근하는 알파 입자의 처음 운동 에너지는 완전히 계의 전기 퍼텐셜 에너지

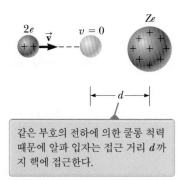

같은 부호의 전하에 의한 쿨롱 척력 때문에 알파 입자는 접근 거리 d까지 핵에 접근한다.

그림 30.1 알파 입자가 전하가 Ze인 핵과 정면 충돌하는 과정

로 변환된다.

$$\frac{1}{2}mv^2 = k_e \frac{q_1 q_2}{r} = k_e \frac{(2e)(Ze)}{d}$$

여기서 d는 최대 근접 거리이고, Z는 표적 핵의 원자 번호이며, 알파 입자의 속력이 그 빛의 속력인 c보다 매우 작기 때문에 운동 에너지에 대해 비상대론적인 표현을 사용했다. d에 관해 풀면 다음을 얻는다.

$$d = \frac{4k_e Ze^2}{mv^2}$$

이 식으로부터 러더퍼드는 금으로 만들어진 얇은 막 내에 핵 내부의 3.2×10^{-14} m 이내로 알파 입자가 접근했음을 알아냈다. 이 결과와 정면 충돌이 아닌 충돌에 대한 결과 분석으로부터, 러더퍼드는 금 핵의 반지름은 이 값보다 작아야만 한다고 주장했다. 은 원자에 대한 최대 근접 거리는 2×10^{-14} m임을 알아냈다. 이와 같은 결과로부터 러더퍼드는 원자 내 양전하는, 반지름이 약 10^{-14} m보다 더 크지 않은 핵이라고 하는, 작은 구에 집중되어 있다고 결론지었다. 이 반지름은 보어 반지름의 10^{-4} 크기임에 주목하자. 이 반지름은 수소 원자의 부피에 비해 10^{-12} 크기에 해당한다. 원자핵은 원자의 믿을 수 없을 만큼 매우 작은 부분이다. 이와 같은 작은 거리는 핵물리학에서 흔한 경우이기 때문에, 편리한 길이 단위로 **펨토미터**(femtometer, fm), 흔히 **페르미**(fermi)라고 하는 단위를 사용한다. 1 fm의 정의는 다음과 같다.

$$1 \, \text{fm} \equiv 10^{-15} \, \text{m}$$

러더퍼드의 산란 실험 이래로, 수많은 다른 실험에서 대부분의 핵들은 근사적으로 구형이고 다음과 같은 평균 반지름을 가지고 있음을 보였다.

$$r = aA^{1/3} \qquad\qquad \textbf{30.1}$$

여기서 A는 질량수이고, a는 값이 1.2×10^{-15} m의 부피 상수이다. 구의 부피는 반지름의 세제곱에 비례하기 때문에, 식 30.1로부터 핵의 부피는 핵자의 전체 수 A에 정비례한다. 이것으로 모든 핵은 거의 같은 밀도를 갖는다는 가정을 할 수 있다. 핵자들은 마치 밀집되어 강하게 묶여 있는 구들과 같이 서로 결합되어 핵을 형성한다(그림 30.2).

그림 30.2 핵은 핵자로 된 각각의 구가 단단하게 밀집된 덩어리로 모형화할 수 있다.

예제 30.1 | 핵의 부피와 밀도

질량수가 A인 핵이 있다.

(A) 이 핵의 질량에 대한 근사식을 구하라.

풀이

개념화 핵을 그림 30.2에서와 같이 양성자와 중성자의 모임이라고 생각하자. 질량수 A는 양성자와 중성자를 **모두** 합한 수이다.

분류 A가 충분히 크다고 가정해서 핵의 모양이 구라고 하자.

분석 양성자의 질량은 중성자의 질량과 거의 같으므로, 이 입자들 하나의 질량을 m이라 하면 핵의 질량은 약 Am 이 된다.

(B) 이 핵의 부피에 대한 식을 A를 써서 나타내라.

풀이
핵이 구 모양이라고 가정하고 식 30.1을 사용한다.

$$(1) \qquad V_{\text{nucleus}} = \frac{4}{3}\pi r^3 = \frac{4}{3}\pi a^3 A$$

(C) 이 핵의 밀도를 나타내는 식을 구하라.

풀이
밀도에 관한 식 1.1을 사용하고 위의 식 (1)에 대입한다.

$$\rho = \frac{m_{\text{nucleus}}}{V_{\text{nucleus}}} = \frac{Am}{\frac{4}{3}\pi a^3 A} = \frac{3m}{4\pi a^3}$$

주어진 값들을 대입한다.

$$\rho = \frac{3(1.67 \times 10^{-27}\,\text{kg})}{4\pi(1.2 \times 10^{-15}\,\text{m})^3} = 2.3 \times 10^{17}\,\text{kg/m}^3$$

결론 핵의 밀도는 물의 밀도($\rho_{\text{water}} = 1.0 \times 10^3\,\text{kg/m}^3$)의 약 2.3×10^{14}배이다.

문제 지구가 압축되어 밀도가 핵의 밀도와 같아지려면, 지구의 크기는 얼마가 되어야 하는가?

답 핵의 밀도는 엄청나게 크므로 이런 밀도를 갖는 지구의 크기는 아주 작아야 할 것이다.

압축된 지구의 부피를 구하기 위해 식 1.1과 지구의 질량을 사용한다.

$$V = \frac{M_E}{\rho} = \frac{5.97 \times 10^{24}\,\text{kg}}{2.3 \times 10^{17}\,\text{kg/m}^3} = 2.6 \times 10^7\,\text{m}^3$$

이 부피로부터 반지름을 구한다.

$$V = \frac{4}{3}\pi r^3 \rightarrow r = \left(\frac{3V}{4\pi}\right)^{1/3} = \left[\frac{3(2.6 \times 10^7\,\text{m}^3)}{4\pi}\right]^{1/3}$$
$$= 1.8 \times 10^2\,\text{m}$$

이런 반지름을 갖는 지구는 엄청나게 작은 것이다.

핵의 안정성 Nuclear Stability

핵은 양성자와 중성자들이 밀접하게 뭉쳐진 집합으로 구성되어 있기 때문에, 이것이 존재할 수 있는가 하는 의구심이 들지도 모른다. 매우 근접한 양성자 간에 작용하는 큰 척력의 정전기력은 핵이 쪼개져 서로 멀리 떨어지게 하려고 한다. 그러나 핵들은 **핵력**(nuclear force)이라는 또 다른 힘 때문에 안정하다(5.5절). 단거리(약 2 fm 이내)일 때만 작용하는 이 힘은 모든 핵자들 간에 작용하는 인력이다.

핵력은 핵 내에서(단거리 범위에서) 쿨롱 척력보다 더 지배적이다. 그렇지 않으면 안정한 핵은 존재하지 않는다. 더욱이 핵력은 전하와는 무관하다. 다시 말해서 핵력은 양성자–양성자, 양성자–중성자, 중성자–중성자 간의 상호 작용으로서 모두 같으며, 양성자–양성자의 경우 쿨롱 척력이 별도로 있는 것이다.

핵력이 작용하는 거리가 매우 짧다는 것의 증거는 산란 실험과 핵의 결합 에너지에 관한 연구에서 나온 것이다. 핵력이 매우 짧은 거리의 힘이라는 것이 수소를 포함하는 표적에다 중성자를 산란시키는 실험에 의해 얻어진 그림 30.3a의 중성자–양성자 (n–p) 퍼텐셜 에너지 도표를 보면 알 수 있다. n–p 퍼텐셜 에너지 우물의 깊이는 40~50 MeV이며, 핵자들이 0.4 fm 이내로 접근하지 못하게 하는 매우 강한 척력 성분도 있다.

핵력은 전자에게 작용하지 않으므로 충분한 에너지를 가진 전자들이 핵 속으로 들

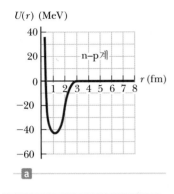

두 곡선의 차이는 양성자-양성자 상호 작용의 경우 매우 큰 쿨롱 척력에 의한 것이다.

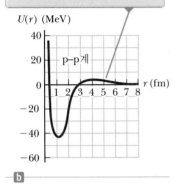

그림 30.3 (a) 중성자-양성자 계에서 간격에 따른 퍼텐셜 에너지의 변화 (b) 양성자-양성자 계에서 간격에 따른 퍼텐셜 에너지의 변화. 이 그래프에서 눈금의 차이를 잘 드러내기 위해 양성자-양성자 곡선의 경우 볼록한 부분의 높이를 약 10배 정도 과장해서 그렸다.

어가 핵의 전하 밀도를 탐사하는 점 입자로 행동하게 할 수 있다. 핵력이 전하와 무관하다는 것은 n-p 및 p-p 상호 작용의 주된 차이가 p-p 퍼텐셜 에너지는 그림 30.3b에서처럼 핵력과 쿨롱 힘의 **합**으로 되어 있다는 것이다. 2 fm 이내의 거리에선 p-p와 n-p 퍼텐셜 에너지가 거의 같지만, 2 fm 이상의 거리에선 p-p 퍼텐셜 에너지가 4 fm에서 최대가 되는 양의 에너지 언덕을 가진다.

약 260가지의 안정한 핵들이 있다. 그외 수백 개의 핵들이 관측되고 있지만, 불안정하다. 수많은 안정한 핵들에 대한 Z와 N에 관한 그래프가 그림 30.4에 그려져 있다. 가벼운 핵은 핵 내의 양성자수와 중성자수가 같을 때, 즉 $N = Z$일 때 대부분 안정되지만, 무거운 핵은 $N > Z$일 때 더 안정하다. 이것은 양성자의 수가 증가할수록, 쿨롱 힘의 세기가 증가하고 결과적으로 핵이 분해될 수 있다는 것을 고려한다면 부분적으로 이해할 수 있다. 결과적으로 핵의 안정성을 유지하기 위해서는 중성자가 더 많이 필요하다. 왜냐하면 중성자는 오로지 서로 끌어당기는 핵력만 있기 때문이다. 궁극적으로, $Z = 83$일 때, 양성자 간에 작용하는 척력은 중성자가 더 많아져도 보상되지 않는다. 83개 이상의 양성자를 함유한 원소들은 안정한 핵을 가질 수 없다.

매우 흥미로운 것은 대부분의 안정한 핵은 원자 수 A가 짝수라는 것이다. 실제로 Z와 N의 값 가운데 어떤 것들은 극히 안정한 핵에 해당한다. **마법수**(magic numbers)라 불리는 이들의 Z와 N의 값들은 다음과 같다.

$$Z \text{ 또는 } N = 2, 8, 20, 28, 50, 82, 126 \qquad \textbf{30.2}$$

예를 들면 $Z = 2$이고 $N = 2$인 헬륨핵(양성자 두 개와 중성자 두 개)은 매우 안정하다. 이 안정성은 불활성 기체의 화학적 안정성을 생각하게 하며, 양자화된 핵 에너

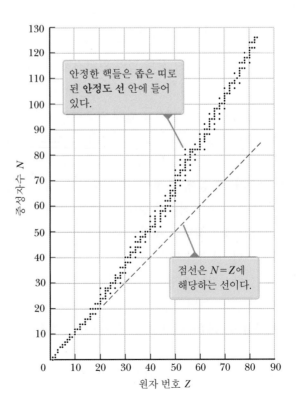

안정한 핵들은 좁은 띠로 된 **안정도** 선 안에 들어 있다.

점선은 $N=Z$에 해당하는 선이다.

그림 30.4 안정한 핵(검정색 점)에 대한 원자 번호 Z에 따른 중성자수 N의 도표

지 준위들이 있음을 제시하는데, 이것은 사실로 밝혀진다. 핵의 구조 모형이 원자의 껍질 구조와 비슷할 것이라고 예측할 수 있다.

핵스핀과 자기 모멘트 Nuclear Spin and Magnetic Moment

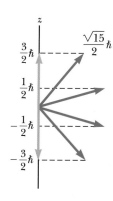

그림 30.5 핵스핀 자기 모멘트의 가능한 방향을 보여 주는 벡터 모형과 $I = \frac{3}{2}$의 경우 z축으로의 사영

29장에서 스핀이라고 하는 어떤 고유 각운동량을 갖는 전자에 대해 논의했다. 전자와 같이 양성자와 중성자도 또한 고유 각운동량을 갖는다. 더욱이 핵은 양성자와 중성자의 각각의 스핀에서 야기되는 알짜 고유 각운동량을 갖는다. 이 각운동량은 궤도 각운동량과 같은 양자 규칙을 따라야 한다(29.4절). 그러므로 **핵의 각운동량**(nuclear angular momentum)의 크기는 모든 핵자들의 각운동량을 조합한 결과이며, $\sqrt{I(I+1)}\hbar$이다. I는 **핵스핀 양자수**(nuclear spin quantum number)이고 정수 또는 반정수가 될 수 있다. 어느 한 방향으로 사영된 핵의 각운동량의 최대 성분은 $I\hbar$이다. 그림 30.5는 $I = \frac{3}{2}$인 경우에 핵스핀의 가능한 방향과 z축으로의 사영을 보여 준다.

핵의 각운동량은 연관된 핵자기 모멘트를 갖는다. 핵의 자기 모멘트는 다음과 같이 정의되는 **핵 마그네톤**(nuclear magneton) μ_n 단위 형태로 측정된다.

$$\mu_n \equiv \frac{e\hbar}{2m_p} = 5.05 \times 10^{-27} \text{ J/T} \qquad \textbf{30.3}$$

▶ 핵 마그네톤

이 정의는 전자의 스핀 자기 모멘트의 z성분인 보어 마그네톤 μ_B에 관한 식 29.15와 유사하다. μ_n은 양성자와 전자의 커다란 질량 차로 인해 μ_B보다 약 2 000배 정도 작다.

자유로운 양성자의 자기 모멘트는 μ_n이 아니라 $2.792\,8\,\mu_n$이다. 불행하게도 이 값을 설명할 일반적인 핵자기학 이론이 없다. 또 다른 놀랄 만한 점은 중성자는 전기 전하를 갖지 않음에도 불구하고 $-1.913\,5\,\mu_n$의 자기 모멘트를 갖는다는 사실이다. 음의 부호는 중성자의 자기 모멘트가 자신의 스핀 각운동량과 반대 방향임을 나타낸다. 중성 입자의 이런 자기 모멘트는 중성자에 대한 관찰을 설명할 수 있는 구조 모형을 설계해야 한다는 필요성을 제기한다. 이런 구조 모형, 즉 **쿼크 모형**은 31장에서 논의할 것이다.

> **퀴즈 30.2** 입자의 동위 원소 중 거의 변화가 없는 것은 다음 중 어느 것인가? **(a)** 원자 질량 **(b)** 핵스핀 자기 모멘트 **(c)** 화학 반응

30.2 | 핵의 결합 에너지 Nuclear Binding Energy

핵의 질량은 핵을 구성하고 있는 핵자들의 질량 합보다 항상 작다. 왜냐하면 질량은 에너지의 다른 표현이기 때문이며, 속박된 계(핵)의 전체 에너지는 분리된 핵자들의 정지 질량 에너지의 합보다 작다. 에너지에서 이런 차이를 핵의 **결합 에너지**(binding energy) E_b라고 하며, 핵을 구성 성분들로 분리하기 위해 핵에 가해져야 하는 에너지로 생각할 수 있다. 결합 에너지를 나타내는 식은 다음과 같다.

▶ **핵의 결합 에너지**

$$E_b(\text{MeV}) = [ZM(\text{H}) + Nm_n - M(^A_Z\text{X})] \times 931.494\ \text{MeV/u}$$ **30.4**

여기서 $M(\text{H})$는 중성 수소 원자의 질량이며, $M(^A_Z\text{X})$는 동위 원소 ^A_ZX의 원자 질량을 나타낸다. m_n은 중성자의 질량이며, 그 질량들은 모두 원자 질량 단위로 표현된다. $M(\text{H})$에 포함된 Z개의 전자 질량은 전자들의 원자 결합 에너지와 관련된 작은 차이 범위 내에서 $M(^A_Z\text{X})$에 포함된 Z개의 전자 질량과 상쇄됨에 주목하자. 원자의 결합 에너지는 일반적으로 수 eV이고 핵의 결합 에너지는 수 MeV이기 때문에, 이 차이는 무시할 수 있으며, 이 차이를 무시한 단순화한 모형을 사용한다.

◥ **예제 30.2 | 중양성자의 결합 에너지**

중양성자(중수소의 원자핵)의 결합 에너지를 계산하라. 중양성자는 양성자와 중성자로 구성되어 있으며, 중양성자의 원자 질량은 2.014 102 u이다.

풀이

개념화 중양성자 원자의 핵에서처럼, 두 개의 핵자만 있다면 그림 30.2가 어떻게 보일지 생각해 보자. 원자핵은 분명히 구형이진 않을 것이다. 식 30.4의 결합 에너지 식은 원자핵의 형태에 의존하지 않는다. 그렇기 때문에, 이 상황에서 유효하다.

분류 결과를 얻기 위해 단순히 식 30.4를 적용할 것이다. 따라서 예제를 대입 문제로 분류한다.

표 30.1에서 양성자로 나타낸, 수소 원자의 질량이 $M(\text{H}) = 1.007\,825\ \text{u}$이고, 중성자 질량은 $m_n = 1.008\,665\ \text{u}$임을 알

수 있다. 이 정보로부터 중양성자의 결합 에너지를 구한다.

$$\begin{aligned} E_b(\text{MeV}) = &[(1)(1.007\,825\ \text{u}) + (1)(1.008\,665\ \text{u}) \\ &- 2.014\,102\ \text{u}] \times 931.494\ \text{MeV/u} \\ = &\ 2.224\ \text{MeV} \end{aligned}$$

이 결과는 중양성자를 양성자와 중성자로 분리하는 데 2.224 MeV의 에너지가 필요하다는 것을 말해 준다. 이 에너지를 중양성자에 공급하는 한 가지 방법은 에너지를 가진 입자로 충격을 주는 것이다.

오류 피하기 | 30.2

결합 에너지 분리된 핵자가 핵을 구성하기 위해 모이면, 전체 계의 정지 에너지는 감소한다. 그러므로 에너지의 변화는 음수이다. 이 변화의 절댓값이 결합 에너지이다. 부호의 변화가 혼동의 이유가 될 수 있다. 예를 들면 결합 에너지의 **증가**는 계의 정지 에너지의 **감소**에 해당한다.

여러 가지 안정된 핵들의 핵자의 개수당 결합 에너지 E_b/A를 질량수 A의 함수로 나타낸 그래프가 그림 30.6에 있다. 곡선은 $A = 60$의 부근에서 최고임에 주목하자. 그리고 이 값은 철, 니켈, 코발트의 동위 원소이다. 이것은 60보다 크거나 작은 질량수를 가진 핵들은 주기율표 중간 근처의 핵들만큼 강하게 속박되어 있지 않음을 의미한다. $A = 60$ 근처의 결합 에너지의 높은 값들은 거대한 핵이 $A = 60$ 근처에 있는 여러 가벼운 핵들로 쪼개지거나 **분열**할 때 에너지가 방출됨을 의미한다. 분열이 일어날 때 에너지가 방출되는데, 그 이유는 분열된 각각의 핵들에 있는 핵자들이 분열되기 전의 핵의 핵자들보다 더 단단하게 결합되어 있기 때문이다. 분열의 중요한 과정과 가벼운 핵들이 결합할 때 에너지를 방출하는 **융합**의 중요한 과정은 30.6절에서 자세히 고려할 것이다.

그림 30.6에서 $A > 20$일 때 핵자당 결합 에너지는 8 MeV로 거의 일정하다. 이 경우에 핵 안의 하나의 특정한 핵자와 다른 모든 핵자 사이의 핵력을 **포화** 상태라고 말할 수 있다. 즉 하나의 특정한 핵자는 단지 제한된 수의 다른 핵자들과 끌어당기는 결합을 형성한다. 핵력의 짧은 범위 특성 때문에 이런 다른 핵자들은 그림 30.2에서 보

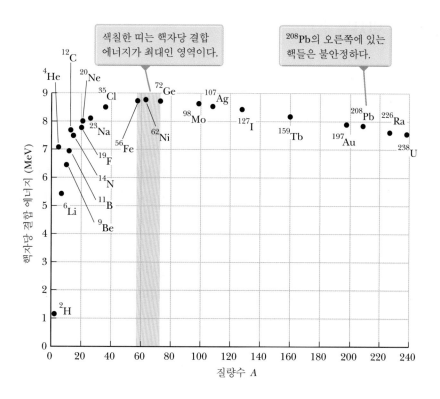

인 것처럼 밀집된 구조 내에 있는 최근접 핵자로 간주될 수 있다.

그림 30.6은 화학 원소의 기원에 대한 통찰력을 준다. 우주의 초창기에는 수소와 헬륨만이 존재했다. 성운이 중력에 의해 합쳐져서 별이 됐다. 핵종 $^{62}_{28}$Ni은 핵자당 8.794 5(MeV/핵자)의 가장 강한 결합 에너지를 갖는다. 62보다 큰 질량수 원소가 별 내부에서 만들어지기 위해서는 부가적인 에너지가 필요하다. 왜냐하면 핵자당 결합 에너지가 더 작기 때문이다. 초대형 별이 생을 마감할 때 나타나는 초신성의 폭발에서 오는 에너지가 바로 이 에너지이다. 우리의 몸에 존재하는 모든 무거운 원소는 과거의 별의 폭발에서 만들어졌다. 문자 그대로 우리는 별 먼지로 만들어진 것이다!

▶ 생각하는 물리 30.1

그림 30.6은 핵으로부터 핵자를 떼어내기 위해 필요한 에너지양의 그래프를 보여 준다. 29장의 그림 29.13은 원자로부터 전자를 떼어내기 위해 필요한 에너지를 나타낸다. 그림 30.6에서 핵자(약 $A = 20$ 이상에서)를 떼어내기 위해 필요한 에너지양이 **대략 일정함**을 보이는 반면, 그림 29.13에서는 원자로부터 전자를 떼어내기 위해 필요한 에너지양이 **매우 다양**하다. 왜 그럴까?

추론 그림 30.6의 경우 핵의 결합 에너지가 대략 일정한 값을 갖는 이유는 강한 핵력의 짧은 범위 특성 때문이다. 주어진 핵자는 핵 안의 모든 핵자보다는 단지 몇몇 가까이 있는 주변 핵자와 상호 작용을 한다. 그러므로 비록 핵자들이 핵 안에 존재한다 하더라도, 하나의 핵자를 꺼내는 것은 단지 주변으로부터 그것을 분리시키는 것을 수반한다. 그러므로 이를 위한 에너지는 대개 얼마나 많은 핵자들이 존재하는지에 달려 있지 않다.

반면에 원자에서 전자가 핵에 붙어 있는 전기적인 힘은 먼 거리 힘이다. 원자 내 전자는 핵 안의 **모든** 양성자와 상호 작용을 한다. 핵의 전하가 증가할 때 핵과 전자 사이에는 더 강한 인력이 작용한다. 결과적으로 핵의 전하가 증가할 때 전자를 제거하기 위해서는 더 많은 에너지가 필요하다. 이는 그림 29.13에서 각 주기에 대한 이온화 에너지의 상향성에 의해 증명된다. ◀

❱ **30.3** | 방사능 Radioactivity

마리 퀴리
Marie Curie, 1867~1934
폴란드의 과학자

1903년 마리 퀴리는 그녀의 남편 피에르 그리고 베크렐과 함께 방사성 물질에 관한 연구로 노벨 물리학상을 공동 수상했다. 이어서 그녀는 라듐과 폴로늄을 발견한 공로로 1911년에 노벨 화학상을 받았다.

이 장의 앞에서 베크렐(Henri Becquerel)이 방사선을 발견한 것을 논했는데, 이 것은 원자핵이 입자와 방사선을 방출하는 것이다. 이런 자연 방출을 **방사능**(radioactivity)이라고 부른다.

마리 퀴리(Marie Curie, 1867~1934)와 피에르 퀴리(Pierre Curie, 1859~1906)가 이런 종류의 연구를 가장 의미있게 실행했다. 이후 수년 동안 세밀하면서도 엄청난 노력으로 몇 톤에 달하는 역청 우라늄 원광의 화학 분리 과정을 통해 퀴리 부부는 기존에 알려지지 않은 폴로늄과 라듐이라고 하는 두 가지 방사능 원소를 발견했다. 알파 입자 산란에 관한 러더퍼드의 유명한 연구를 포함한 계속된 실험에 의해 방사능은 불안정한 핵에서의 붕괴의 결과라는 제안을 하게 됐다.

방사능 물질은 세 가지 형태의 방사선을 방출할 수 있다. α선은 헬륨(^{4}He)의 원자핵이고, β선은 전자이거나 양전자이며, γ선은 고에너지 광자이다. **양전자**(positron)는 $(+e)$ 전하를 갖는다는 점을 제외하면 모든 면에서 전자와 유사하다[양전자는 전자의 **반입자**(antiparticle)로 불린다. 반입자에 대해서는 31장에서 자세히 다룬다.] 기호 e^-는 전자를 표시하며 e^+는 양전자를 표시한다.

그림 30.7의 장치로 세 가지 성분으로 구분될 수 있다. 방사능 물질에서 나오는 방사선이 자기장 내에 주입되면 이 방사선은 자기장 내에서 세 개의 성분으로 분리된다. 두 개는 반대 방향으로 분리되고 나머지 하나는 방향을 바꾸지 않는다. 이런 간단한 관찰로부터 휘지 않는 방사선은 전하를 운반하지 않으며(γ선), 위 방향으로 휘는 성분은 양으로 대전된 입자에 해당하고(α선), 아래 방향으로 휘는 성분은 음으로 대전된 입자(e^-)에 해당한다고 결론지을 수 있다. 빔이 양전자(e^+)를 가지고 있다면 그 것은 위 방향으로 휜다.

이들 세 가지 형태의 방사선은 아주 다른 침투 능력을 가지고 있다. 알파 입자는 종이 한 장을 간신히 뚫을 수 있으며, 베타 입자는 수 밀리미터 두께의 알루미늄을 통과할 수 있고, 감마선은 수 센티미터 두께의 납을 통과할 수 있다.

방사능 물질에서 일어나는 붕괴의 비율은 물질 내에 있는 방사성 핵(즉 아직 붕괴되지 않은 핵)의 수에 비례한다. 이는 아기가 태어나는 비율이 현재 살아 있는 사람의

그림 30.7 방사능 물질에서 방출되는 방사선을 자기장 속으로 통과시키면 세 갈래로 갈라지는데, 대전된 입자들은 휘어져 나아간다. 오른쪽에 있는 검출기는 도달하는 방사선의 양을 기록한다.

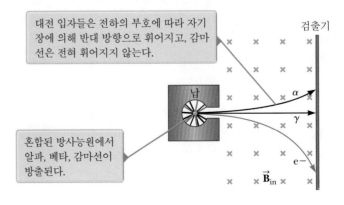

수에 비례하는 인구 증가 형태와 유사하다. 어느 순간의 방사성 핵의 수가 N이라면, N의 변화율은 다음과 같다.

$$\frac{dN}{dt} = -\lambda N \tag{30.5}$$

여기서 λ는 **붕괴 상수**(decay constant 또는 disintegration constant)이고, 서로 다른 핵의 경우 값이 서로 다르다. 음의 부호는 dN/dt이 음임을 나타내는데, 즉 N은 시간에 따라 감소한다.

식 30.5를 다음과 같이 쓸 수 있다.

$$\frac{dN}{N} = -\lambda \, dt$$

임의의 시간 $t = 0$에서 나중 시간 t까지 적분이 가능하다.

$$\int_{N_0}^{N} \frac{dN}{N} = -\lambda \int_0^t dt$$

$$\ln\left(\frac{N}{N_0}\right) = -\lambda t$$

$$\boxed{N = N_0 e^{-\lambda t}} \tag{30.6}$$

▶ 시간의 함수로 나타낸 붕괴되지 않은 핵의 수

상수 N_0는 $t = 0$에서의 방사성 핵의 수이다. 21.9절에서 충전기가 방전할 때 지수 함수적으로 변한다는 것을 살펴봤다. 이런 경험을 토대로 붕괴 상수의 역수, 즉 $1/\lambda$을 붕괴되지 않은 핵의 개수가 원래 값보다 $1/e$로 감소하는 데 필요한 시간의 간격으로 정의할 수 있다. 그러므로 $1/\lambda$는 21.9절에서 RC 회로, 23.6절에서 RL 회로에서 시간 상수와 유사하게 이 붕괴에서의 **시간 상수**(time constant)이다.

붕괴율(decay rate) R은 식 30.6을 시간에 대해 미분해서 얻을 수 있다.

$$R = \left|\frac{dN}{dt}\right| = N_0 \lambda e^{-\lambda t} = R_0 e^{-\lambda t} \tag{30.7}$$

여기서 $R = N\lambda$이고, $R_0 = N_0\lambda$는 $t = 0$에서의 붕괴율이다. 붕괴율은 종종 **방사능**(방사성 활성도; activity)라고 불린다. N과 R 모두 시간에 관해 지수 함수적으로 감소함을 주목하자. 그림 30.8의 시간 대 N의 그래프는 지수 함수적 붕괴의 법칙을 보여 준다.

방사능 시료의 일반적인 방사능 단위는 **퀴리**(curie, Ci)이며, 다음과 같이 정의된다.

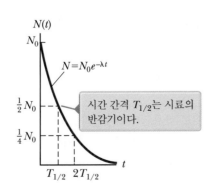

그림 30.8 방사성 핵의 지수적 붕괴를 나타내는 그래프. 세로축은 임의 시간 t에서의 붕괴되지 않은 방사성 핵의 수를 나타내고 가로축은 시간을 나타낸다.

▶ 퀴리

$$1\,\text{Ci} \equiv 3.7 \times 10^{10}\ \text{붕괴/s}$$

이 단위가 맨 처음에 선택된 이유는 그것이 라듐 원소 1 g의 방사능과 거의 같기 때문이다. 방사능의 SI 단위는 **베크렐**(Bq)로서 다음과 같이 정의한다.

▶ 베크렐

$$1\,\text{Bq} \equiv 1\,\text{붕괴/s}$$

따라서 $1\,\text{Ci} \equiv 3.7 \times 10^{10}\ \text{Bq}$이다. 퀴리는 너무 큰 단위이므로 자주 사용되는 방사능의 단위는 밀리퀴리(mCi)나 마이크로퀴리(μCi)이다.

방사선 붕괴의 특성을 묘사하는 데 유용한 또 다른 매개 변수가 **반감기**(half-life) $T_{1/2}$이다. 방사성 물질의 반감기란 붕괴하는 방사성 핵이 처음 양의 반으로 줄어드는 데 걸리는 시간이다. 식 30.6에 $N = N_0/2$를, $t = T_{1/2}$을 대입하면 다음을 얻는다.

> **오류 피하기 | 30.5**
>
> **반감기** 두 번째 반감기에서 원래의 핵이 모두 붕괴한다는 생각은 옳지 않다. 첫 번째 반감기에서는 원래 핵의 절반이 붕괴한다. 두 번째 반감기에서, 나머지의 반이 붕괴되어 원래의 1/4이 남게 된다.

$$\frac{N_0}{2} = N_0 e^{-\lambda T_{1/2}}$$

$e^{\lambda T_{1/2}} = 2$로 놓고 자연 로그를 취하면 다음을 얻는다.

▶ 반감기

$$T_{1/2} = \frac{\ln 2}{\lambda} = \frac{0.693}{\lambda} \qquad \textbf{30.8}$$

이것은 반감기가 붕괴 상수의 함수로 표현된 편리한 식이다. 한 번의 반감기가 경과하면 원자핵이 $N_0/2$로 줄고 두 번의 반감기가 지나면 처음 양의 $N_0/4$로, 세 번의 반감기가 지나면 $N_0/8$로 남게 됨을 주목하자. 일반적으로 n번의 반감기가 지나면 남아 있는 방사성 핵의 수는 처음 양의 $N_0/2^n$가 된다.

BIO **방사 면역 측정법의 발달**

방사성 동위 원소는 생체 의학 분야에서 다양하게 사용되고 있다. 1950년대에 물리학자 얄로우(Rosalyn Yalow, 1921~2011)와 의사 버슨(Solomon Berson, 1918~1972)이 **방사 면역 측정법**(radioimmunoassay)을 개발하면서 크게 발전했다. 그들은 혈액에서 미량의 인슐린을 매우 미세하게 측정하기 위해 이 기술을 이용했다. 그들의 방법은 인슐린에 대한 항체를 준비하는 것으로 시작하는데, 항체가 준비되면 이것을 플라스틱 구슬(beads)에 붙인다. 이것에 ^{131}I와 같은 알려진 양의 방사성 동위 원소로 표지를 붙인 인슐린을 첨가한다. 그리고 인슐린은 항체에서 결합할 수 있는 위치를 점유한다. 환자의 혈액이 혼합물에 첨가되면 혈액의 인슐린은 방사성 인슐린을 대체한다. 혈액을 씻어낸 후에, 얄로우와 버슨은 남아 있는 ^{131}I의 활성도를 측정해서, 혈액에서 인슐린의 양을 최초로 알아낼 수 있었다. 이 업적으로 얄로우는 1977년에 생리 의학 분야에서 노벨상을 수상했다. (버슨은 이미 사망한 후였고 노벨상은 사후에 수여되지 않는다.) 다른 기술이 발달했음에도 불구하고, 많은 항원들의 작은 농도를 측정하기 위해서 방사 면역 측정법은 오늘날에도 사용되고 있다.

▶ **퀴즈 30.3** 생일날 ^{210}Bi 원소의 방사능을 측정한다고 하자. 이것의 반감기는 5.01 일이다. 측정된 방사능이 $1.000\ \mu$Ci 라면, 다음 해 생일날 그 시료의 방사능은 어떻게 되는가? (**a**) $1.000\ \mu$Ci (**b**) 0 (**c**) $\sim 0.2\ \mu$Ci (**d**) $\sim 0.01\ \mu$Ci (**e**) $\sim 10^{-22}\ \mu$Ci

> **퀴즈 30.4** 반감기 $T_{1/2}$인 방사능 물질이 있다. $t = 0$일 때 붕괴되지 않은 핵 N_0개에서 $t = \frac{1}{2}T_{1/2}$일 때 붕괴된 핵은 몇 개인가? (a) $\frac{1}{4}N_0$ (b) $\frac{1}{2}N_0$ (c) $\frac{3}{4}N_0$ (d) $0.707\,N_0$ (e) $0.293\,N_0$

▶ 생각하는 물리 30.2

탄소 $^{14}_6\text{C}$는 5 730년의 반감기를 가진 방사성 물질이다. 만일 여러분이 1 000개 탄소−14 핵의 시료를 가지고 시작한다면, 17 190년에는 얼마나 많은 탄소가 남아 있겠는가?

추론 17 190년의 시간 간격에서 반감기의 수는 (17 190)/(5 730) = 3이다. 그러므로 이 시간 간격 후에 남는 방사성 핵의 수는 $N_0/2^n = 1\,000/2^3 = 125$이다. 이런 값들은 이상적인 경우를 나타낸다. 방사성 붕괴는 매우 많은 수의 원자들에 대한 통계적인 과정이며, 실제에 있어서는 확률에 따른다. 이 예에서 처음의 시료는 겨우 1 000개의 핵이며, 원자를 다룰 때 확실히 그리 많은 수는 아니다. 그러므로 이 작은 시료에 대해 세 번의 반감기가 지난 후에 남은 수를 실제로 센다면, 그 값은 아마도 정확히 125개가 아닐 것이다. ◀

▶ 예제 30.3 | 탄소의 방사능

시간 $t = 0$에서 어떤 방사성 원소의 시료 속에 3.50 μg 의 순수한 $^{11}_6\text{C}$가 들어 있다. 그 동위 원소의 반감기는 20.4분이다.

(A) $t = 0$일 때 시료 속에 있는 핵의 수 N_0을 구하라.

풀이

개념화 반감기가 비교적 짧으므로 붕괴되지 않은 핵의 수는 매우 빨리 줄어든다. $^{11}_6\text{C}$의 분자량은 대략 11.0 g/mol이다.

분류 이 절에서 얻어낸 식을 이용해서 계산할 수 있으므로 예제를 대입 문제로 분류한다.

순수한 $^{11}_6\text{C}$의 3.50 μg의 몰수를 구한다.

$$n = \frac{3.50 \times 10^{-6}\,\text{g}}{11.0\,\text{g/mol}} = 3.18 \times 10^{-7}\,\text{mol}$$

순수한 $^{11}_6\text{C}$에 들어 있는 붕괴되지 않은 핵의 수를 계산한다.

$$N_0 = (3.18 \times 10^{-7}\,\text{mol})(6.02 \times 10^{23}\,\text{핵/mol})$$

$$= \boxed{1.92 \times 10^{17}\,\text{핵}}$$

(B) 이 시료의 처음 방사능과 8.00시간이 지난 후의 방사능은 얼마인가?

풀이

식 30.7을 이용해서 이 시료의 처음 방사능을 구한다.

$$R_0 = N_0\lambda = N_0\frac{0.693}{T_{1/2}} = (1.92 \times 10^{17})\frac{0.693}{20.4\,\text{min}}\left(\frac{1\,\text{min}}{60\,\text{s}}\right)$$

$$= (1.92 \times 10^{17})(5.66 \times 10^{-4}\,\text{s}^{-1}) = \boxed{1.09 \times 10^{14}\,\text{Bq}}$$

식 30.7을 이용해서 $t = 8.00\,\text{h} = 2.88 \times 10^4\,\text{s}$일 때의 방사능을 구한다.

$$R = R_0e^{-\lambda t} = (1.09 \times 10^{14}\,\text{Bq})e^{-(5.66 \times 10^{-4}\,\text{s}^{-1})(2.88 \times 10^4\,\text{s})}$$

$$= \boxed{8.96 \times 10^6\,\text{Bq}}$$

▶ 예제 30.4 | 아이오딘의 방사성 동위 원소

어떤 병원에서 반감기가 8.04일이고, 선적 당시 방사능이 5.0 mCi 인 동위 원소 ^{131}I의 시료를 수입해서 검수할 때 방사능을 측정해 보니 2.1 mCi였다. 두 측정 간에 걸린 시간을 구하라.

풀이

개념화 이 시료는 운반 도중 계속적으로 붕괴한다. 선적과 검수의 시간 동안 58 %의 방사능의 감소가 나타났으므로, 경과 시간은 반감기 8.04일보다 길 것으로 추정된다.

분류 여기서 나오는 방사능의 크기는 붕괴수로 환산하면 초당 매우 많은 수가 된다. 따라서 N이 매우 크므로, 이 문제는 방사성에 관한 통계적인 해석이 가능한 문제로 볼 수 있다.

분석 식 30.7을 처음 방사능에 대한 나중 방사능의 비에 대해 푼다.

$$\frac{R}{R_0} = e^{-\lambda t}$$

양변에 자연 대수를 취한다.

$$\ln\left(\frac{R}{R_0}\right) = -\lambda t$$

시간 t에 대해 푼다.

$$(1) \qquad t = -\frac{1}{\lambda} \ln\left(\frac{R}{R_0}\right)$$

식 30.8을 이용해서 λ를 구한다.

$$t = -\frac{T_{1/2}}{\ln 2} \ln\left(\frac{R}{R_0}\right)$$

주어진 값들을 대입한다.

$$t = -\frac{8.04\,\text{일}}{0.693} \ln\left(\frac{2.1\,\text{mCi}}{5.0\,\text{mCi}}\right) = \boxed{10\,\text{일}}$$

결론 예측한 대로 이 결과는 반감기에 비해 훨씬 긴 시간이다. 예제는 반감기가 매우 짧은 방사능 시료를 운반할 때의 어려움을 나타내고 있다. 운반이 수일 정도 지연된다면 검수할 때는 일부의 시료만 남아 있을 것이다. 이런 어려움은 동위 원소 중 붕괴 후 생성물이 구입측이 원하는 원소가 되는 것을 섞어서 판매자가 선적함으로써 해결될 수 있다. 원하는 동위 원소가 붕괴율과 같은 비율로 생성되도록 **평형**을 유지하는 것은 가능하다. 그렇게 하면, 운반 과정과 그 이후의 보관 과정에서 원하는 동위 원소의 양이 일정하게 유지된다. 필요할 때는 원하는 동위 원소는 그 시료의 나머지 부분들로부터 분리될 수 있다. 그 경우 선적 시점이 아닌 바로 이 시점에서 방사능 붕괴를 시작하는 것으로 계산하면 된다.

◀ **30.4** | 방사능 붕괴 과정 The Radioactive Decay Processes

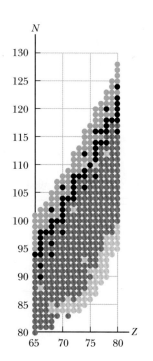

그림 30.9 그림 30.4에서 $Z = 65$에서 $Z = 80$ 사이의 구간에서 안정도 선 부분을 확대한 모습. 그림 30.4에서와 같이 검정색의 점은 안정된 핵을 나타낸다. 다른 색의 점들은 안정도 선의 위와 아래에 있는 불안정한 동위 원소를 나타내며 점의 색에 따라 붕괴의 종류가 다르다.

● 베타 붕괴 (전자)
● 안정된 핵
● 베타 붕괴 (양전자) 또는 전자 포획
● 알파 붕괴

한 핵이 다른 핵으로 외부의 영향을 받지 않고 변할 때, 이 과정을 **자발 붕괴**(spontaneous decay)라고 한다. 30.3절에서 설명한 바와 같이 방사성 핵은 알파, 베타, 감마 붕괴의 세 가지 과정 중 한 과정에 의해 자발적으로 붕괴한다. 그림 30.9는 그림 30.4에서 $Z = 65$에서 $Z = 80$까지의 부분을 확대한 그림이다. 그림 30.4에서 검정색 원은 안정된 핵을 나타낸다. 각각의 Z값에 대한 안정도 선의 위와 아래에는 불안정한 핵들이 있다. 안정도 선의 위에 있는 파란색의 원은 중성자가 많은 불안정한 핵을 나타내며, 그 핵들은 전자 한 개가 방출되는 베타 붕괴를 한다. 검정색 원들 아래에 있는 주황색 원들은 양성자의 수가 많은 불안정한 핵으로서, 주로 양전자가 방출되거나 전자 포획이라고 하는 과정이 일어난다. 베타 붕괴와 전자 포획에 관해서는 다음에 좀 더 자세히 다룰 예정이다. 안정도 선의 훨씬 아래쪽(몇 가지 예외를 제외하고는)에 있는 노란색 원은 주로 알파 붕괴가 일어나는 양성자가 많은 핵들을 나타내고 있다. 먼저 알파 붕괴에 대해 논의해 보자.

알파 붕괴 Alpha Decay

핵이 자발적으로 붕괴해서 알파 입자($^{4}_{2}\text{He}$)를 방출하면, 핵은 두 개의 중성자와 두 개의 양성자를 잃는다. 그러므로 N은 2만큼 감소하고, Z도 2만큼, A는 4만큼 감소한다. 이

알파 붕괴 과정을 수식으로 나타내면 아래와 같다.

$$_Z^A X \quad \rightarrow \quad _{Z-2}^{A-4} Y + _2^4 He \qquad \qquad \textbf{30.9}$$

여기서 X를 **어미핵**(parent nucleus)이라 하고 Y를 **딸핵**(daughter nucleus)이라 한다. 이런 식으로 나타내어지는 모든 붕괴에 대한 규칙으로 다음의 두 가지가 있다. (1) 붕괴 식의 양변에서 질량수 A의 합은 같아야 한다. (2) 붕괴 식의 양변에서 원자 번호 Z의 합은 같아야 한다. 예를 들어 ^{238}U과 ^{226}Ra는 둘 다 알파 입자를 방출하며 붕괴 식은 다음과 같이 주어진다.

$$_{92}^{238} U \quad \rightarrow \quad _{90}^{234} Th + _2^4 He \qquad \qquad \textbf{30.10}$$

$$_{88}^{226} Ra \quad \rightarrow \quad _{86}^{222} Rn + _2^4 He \qquad \qquad \textbf{30.11}$$

^{238}U의 반감기는 4.47×10^9 년이고, ^{226}Ra의 반감기는 1.60×10^3 년이다. 이 두 경우 모두, 딸핵의 질량수 A가 어미핵의 질량수보다 4개 적다. 마찬가지로 Z는 2만큼 감소한다.

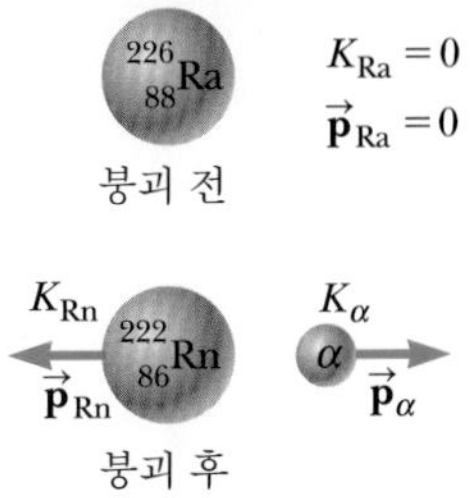

^{226}Ra의 붕괴는 그림 30.10에서 보여 준다. 무게와 원자 번호의 보존 법칙과 더불어, 붕괴에서 고립계의 전체 에너지는 보존되어야 한다. 어미핵의 질량을 M_X, 딸핵의 질량을 M_Y 및 알파 입자의 질량을 M_a라 하면, 이 계의 **붕괴 에너지**(disintegration energy) Q는 다음과 같이 정의할 수 있다.

$$Q \equiv (M_X - M_Y - M_a)c^2 \qquad \qquad \textbf{30.12}$$

질량의 단위가 kg이고 빛의 속력이 $c = 3.00 \times 10^8$ m/s이면, 에너지의 단위는 J이 된다. 그러나 질량을 원자 질량 단위 u로 나타내면 Q는 다음 식에 의해 MeV 단위로 계산될 수 있다.

$$Q = (M_X - M_Y - M_a) \times 931.494 \, \text{MeV/u} \qquad \qquad \textbf{30.13}$$

붕괴 에너지 Q는 계의 결합 에너지의 감소를 나타내며 딸핵과 알파 입자의 운동 에너지로 나타난다. 고립계 모형에서의 핵에 대한 에너지 개념을 생각할 때, 어떤 에너지도 유입되거나 빠져나가지 않는다. 계의 에너지는 단순히 정지 질량 에너지가 운동 에너지로 변하며 식 30.13은 이 과정에서 변환된 에너지를 보여 준다. 이 양은 때때로 핵반응에서 **Q값**(Q value)이라고 불린다.

에너지 보존과 더불어 고립계 모형의 운동량을 붕괴에 적용할 수 있다. 고립계의 운동량은 보존되어야 하므로, 가벼운 알파 입자는 붕괴 후 딸핵보다 훨씬 더 빠른 속력으로 움직인다. 결과적으로 거의 모든 운동 에너지는 알파 입자가 갖는다. 일반적으로 핵붕괴에서 가벼운 입자가 대부분의 에너지를 갖게 된다.

식 30.13은 알파 입자가 불연속적인 에너지로 방출됨을 나타낸다. 이런 에너지가 예제 30.5에 계산되어 있다. 실제적으로 알파 입자는 몇 개의 불연속적인 에너지로 방출된다(그림 30.11). 예제 30.5에 그 **최댓값**이 계산되어 있다. 이 불연속적인 에너

그림 30.10 라듐-226의 알파 붕괴. 라듐핵은 처음에 정지해 있다. 붕괴 후, 라돈핵의 운동 에너지는 K_{Rn}이고 운동량은 $\vec{p}_{Rn}$이다. 알파 입자의 운동 에너지와 운동량은 각각 K_a와 $\vec{p}_a$이다.

오류 피하기 | 30.6

다른 의미의 Q값 앞 장에서 우리는 Q값을 봤다. 그러나 이 절에서는 이 기호가 전혀 다른 의미로 쓰였다. 이 값은 열이나 전하가 아닌 붕괴 에너지이다.

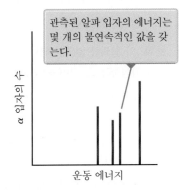

관측된 알파 입자의 에너지는 몇 개의 불연속적인 값을 갖는다.

그림 30.11 전형적인 알파 붕괴에서 알파 입자 에너지의 분포

지들은 원자의 에너지가 양자화된 것과 유사하게 핵의 에너지가 양자화되어 있기 때문이다. 식 30.13에서 딸핵은 바닥 상태에 있다고 가정했다. 딸핵이 들뜬 상태에 있으면, 붕괴에서 적은 양의 에너지가 방출되며, 알파 입자는 더 작은 에너지로 방출된다. 알파 입자가 불연속적인 에너지를 갖는 것은 핵의 에너지가 양자화됐다는 직접적인 증거이다. 이 양자화는 경계 조건에서의 양자화 입자 모형과 일치한다. 왜냐하면 핵자는 양자 입자이고 이 입자 사이의 상호 작용에 의해 속박되기 때문이다.

마지막으로 ^{238}U(또는 다른 알파 방사 핵)이 양성자와 중성자를 방출하면서 붕괴되면, 붕괴 산물의 질량은 어미핵의 질량을 초과하게 될 것이고, 그에 상응해서 Q는 음의 값을 갖게 된다. 고립계에서 이런 경우는 일어날 수 없으므로, 이런 자연 붕괴는 발생되지 않는다.

▌ **퀴즈 30.5** $^{157}_{72}$Hf 이 알파 붕괴를 할 때 생성되는 딸핵은 다음 중 어느 것인가?
(a) $^{153}_{72}$Hf (b) $^{153}_{70}$Yb (c) $^{157}_{70}$Yb

▌ **예제 30.5 | 라듐이 붕괴될 때 방출되는 에너지**

^{226}Ra 핵이 식 30.11로 주어지는 알파 붕괴를 한다. 이 과정에 대한 Q값을 구하라.
부록 A의 표 A.3으로부터 ^{226}Ra의 질량 = 226.025 410 u, ^{222}Rn의 질량 = 222.017 578 u, $^4_2$He 의 질량 = 4.002 603 u이다.

풀이

개념화 그림 30.10을 잘 살펴보면서 ^{226}Ra 핵의 알파 붕괴 과정을 이해한다.

분류 이 절에서 배운 식을 사용하면 되므로 예제를 대입 문제로 분류한다.

식 30.13을 이용해서 Q값을 구한다.

$$Q = (M_X - M_Y - M_\alpha) \times 931.494 \text{ MeV/u}$$
$$= (226.025\,410 \text{ u} - 222.017\,578 \text{ u} - 4.002\,603 \text{ u})$$
$$\times 931.494 \text{ MeV/u}$$
$$= (0.005\,229 \text{ u}) \times 931.494 \text{ MeV/u}$$
$$= \boxed{4.87 \text{ MeV}}$$

문제 이 붕괴가 일어날 때의 알파 입자의 운동 에너지를 계산한다고 가정하라. 그 값이 4.87 MeV가 되는가?

답 4.87 MeV의 에너지는 붕괴가 일어날 때의 붕괴 에너지이다. 이 값은 붕괴 후의 알파 입자와 딸핵의 운동 에너지를 모두 포함하고 있다. 그러므로 알파 입자의 운동 에너지는 4.87 MeV보다는 작다.

이번에는 이 운동 에너지를 수학적으로 계산해 보자. 어미핵은 알파 입자와 딸핵으로 붕괴되는 고립계이다. 그러므로 계의 운동량이 보존되어야 한다.

계의 처음 운동량이 영임에 유의하면서 운동량 보존식을 쓴다.

$$(1) \qquad 0 = M_Y v_Y - M_\alpha v_\alpha$$

붕괴 에너지를 알파 입자와 딸핵의 운동 에너지의 합으로 놓는다(딸핵이 바닥 상태에 있다고 가정한다).

$$(2) \qquad Q = \frac{1}{2} M_\alpha v_\alpha^2 + \frac{1}{2} M_Y v_Y^2$$

식 (1)을 v_Y에 대해 풀어서 식 (2)에 대입한다.

$$Q = \frac{1}{2} M_\alpha v_\alpha^2 + \frac{1}{2} M_Y \left(\frac{M_\alpha v_\alpha}{M_Y} \right)^2 = \frac{1}{2} M_\alpha v_\alpha^2 \left(1 + \frac{M_\alpha}{M_Y} \right)$$
$$= K_\alpha \left(\frac{M_Y + M_\alpha}{M_Y} \right)$$

알파 입자의 운동 에너지에 대해서 푼다.

$$K_\alpha = Q \left(\frac{M_Y}{M_Y + M_\alpha} \right)$$

이 예제에서 알고자 하는 ^{226}Ra의 특정 붕괴에 대한 값들을 대입해서 운동 에너지를 계산한다.

$$K_\alpha = (4.87 \text{ MeV}) \left(\frac{222}{222 + 4} \right) = 4.78 \text{ MeV}$$

이제 붕괴 과정을 이해하기 위해서, 알파 붕괴 메커니즘에 대한 구조 모형으로 돌아가 보자.

1. **계를 이루는 구성 요소에 대한 서술:** 알파 입자가 어미핵 속에 있는 것으로 가정하자. 여기서 어미핵은 알파 입자와 남게 되는 딸핵으로 구성된 계로 모형화한다.

2. **계의 구성 요소의 상대적 위치 및 그들 간의 상호 작용에 대한 서술:** 알파 입자와 딸핵은 전기력과 핵력에 의해 상호 작용을 한다. 그림 30.12는 이 계에서 알파 입자와 딸핵 간의 거리 r에 따른 퍼텐셜 에너지의 함수 관계 그래프이다. 여기서 R은 핵력이 미치는 거리이다. 쿨롱 척력은 $r > R$일 때의 곡선을 설명한다. 핵 인력은 $r < R$일 때의 음의 에너지 곡선을 설명한다. 예제 30.5에서처럼 붕괴 에너지는 수 MeV이고 이는 알파 입자의 대략적인 운동 에너지이다. 이를 그림 30.12에서 가로축 위의 점선으로 나타냈다.

3. **시간이 지남에 따라 계가 어떻게 변하는가에 대한 서술:** 고전 물리에 따르면, 알파 입자는 그림 30.12의 퍼텐셜 장벽에 영원히 갇혀 있다. 그러나 자연적으로 알파 붕괴가 일어나고, 언젠가 알파 입자는 딸핵으로부터 분리될 것이다. 그렇다면 어떻게 알파 입자가 핵에서 탈출할 수 있는가? 이 문제는 1928년 가모프(George Gamow, 1904~1968)가 양자 역학을 이용하여 풀었고, 거니(Ronald Gurny, 1898~1953)와 콘돈(Edward Condon, 1902~1974)도 독립적으로 양자 역학을 이용해서 풀었다. 요컨대 양자 역학의 관점에서 입자는 언제나 퍼텐셜 장벽을 통과할 수 있는 확률이 존재한다.

4. **구조 모형을 이용한 예측과 실제 관측 결과에 대한 비교 서술, 그리고 가능하다면 아직 관측된 바 없는 새로운 효과에 대한 예측:** 퍼텐셜 에너지 곡선과 터널링 확률을 결합하면, 입자의 에너지가 높을수록 터널링 확률도 증가한다. 왜냐하면 높은 에너지에서는 장벽이 좁아지기 때문이다. 장벽 투과의 확률이 크다는 것은 방사능이 증가하고 결과적으로 반감기가 더 짧아진다는 뜻이 된다.

실험적인 자료가 위 구성 요소 4에서 예측된 바로 이 연관성을 보여 준다. 더 높은 알파 입자 에너지를 갖는 핵이 더 짧은 반감기를 갖는다. 그림 30.12의 퍼텐셜 에너지 곡선을 입자 간격만큼의 연속적인 여러 개의 사각 장벽으로 가정하면, 입자의 에너지와 반감기 사이의 이론적 연관 관계를 만들 수 있는데, 이것은 실험적인 결과와 아주 잘 일치한다. 모형화와 양자 물리학의 이 특별한 적용은 이런 접근법의 위력을 매우 효과적으로 보여 준다.

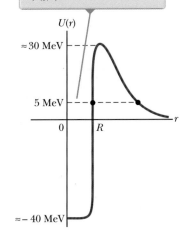

고전적으로는 5 MeV, 알파 입자의 에너지는 퍼텐셜 장벽을 넘을 만큼 충분하지 않아서 그 입자가 핵으로부터 탈출할 수가 없다.

그림 30.12 알파 입자는 퍼텐셜 장벽을 터널링해서 핵으로부터 탈출한다.

베타 붕괴 Beta Decay

방사성 핵이 **베타 붕괴**(beta decay)를 할 때, 딸핵은 어미핵과 핵자의 수가 같지만, 원자 번호는 1만큼 변한다.

$$^A_Z X \quad \rightarrow \quad _{Z+1}^A Y + e^- \quad \text{(불완전한 식)} \qquad \textbf{30.14}$$

$$^A_Z X \quad \rightarrow \quad _{Z-1}^A Y + e^+ \quad \text{(불완전한 식)} \qquad \textbf{30.15}$$

다시 말해서 핵자수와 전체 전하는 이들 붕괴 과정에서 모두 보존된다. 그러나 뒤에 보게 되겠지만 이런 과정은 위의 식으로 정확히 기술되지는 않는다. 잠시 그 이유에 대해 살펴보자.

이런 붕괴에서 생긴 전자 또는 양전자는 붕괴 과정의 처음 단계에 있는 핵 사이에서 발생된다. 예를 들면 β^- 붕괴에서 핵 내의 중성자는 양성자와 전자로 변환된다.

$$\text{n} \quad \rightarrow \quad \text{p} + e^- \quad \text{(불완전한 식)}$$

이 과정 후에, 전자가 핵으로부터 방출된다. β^+ 붕괴 경우, 양성자가 중성자와 양전자로 변환된다.

$$\text{p} \quad \rightarrow \quad \text{n} + e^+ \quad \text{(불완전한 식)}$$

이 과정 후에 양전자가 핵에서 방출된다.

핵의 바깥에서는 후반의 과정은 일어나지 않을 것이다. 왜냐하면 중성자와 전자의 질량의 합이 양성자보다 크기 때문이다. 그러나 이 과정은 핵에서는 일어날 수 있다. 왜냐하면 우리가 각각의 입자가 아니라 전체 핵 계의 에너지 변화를 고려하기 때문이다. β^+ 붕괴에서, 과정 $\text{p} \rightarrow \text{n} + e^+$에 의해 실제로 핵 질량의 감소가 일어난다. 그래서 이 과정은 저절로 일어난다.

알파 붕괴와 같이 베타 붕괴에서도 핵과 방출되는 입자로 구성된 고립계의 에너지는 보존되어야 한다. 실험적으로 베타 입자는, 불연속적으로 방출되는 알파 입자와는 다르게(그림 30.11) 연속된 에너지를 보여 준다(그림 30.13). 계의 운동 에너지 증가는 계의 정지 에너지 감소와 균형을 이뤄야 한다. 즉 이들 변화가 Q값이다. 그러나 모든 붕괴하는 핵은 처음 질량이 같으므로, Q값이 각각의 붕괴에서 항상 같아야 한다. 그러면 방출되는 전자가 어떤 운동 에너지 범위를 가져야 하는가? 고립계의 에너지 모형이 잘못된 예측을 하는 것 같다. 식 30.14와 30.15에서 주어지는 붕괴 과정에서 페르미온 개수가 한 개 늘어나므로 각운동량(스핀)이 보존되지 않는다. 실제 실험 결과에 의하면 계의 각운동량과 선운동량이 보존되지 않는다. 그래서 이 식을 불완전하다고 한 것이다.

확실히 베타 붕괴에 대한 구조 모형은 알파 붕괴 모형과 달라야 한다. 많은 실험과 이론적 연구 후에 파울리(Pauli)는, 1930년에 '손실된' 에너지와 운동량을 설명하는 세 번째 입자가 존재해야 한다고 제안했다. 페르미(Enrico Fermi)는 후에 이 입자를 **중성미자**(neutrino; 중성인 소립자)로 명명했다. 왜냐하면 그것은 전기적으로 중성이어야 하고 정지 에너지가 거의 없어야 하기 때문이다. 오랜 기간 동안 발견되지 않다가 중성미자(기호 ν)는 마침내 1956년 라이너스(Frederick Reines, 1918~1998)와 코완(Clyde Cowan, 1919~1974)에 의해서 실험적으로 검출됐다. 라이너스와 코완은 이런 중요 업적으로 1995년에 노벨 물리학상을 수상했다. 중성미자는 다음과 같

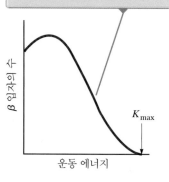

관측된 베타 입자의 에너지는 모두 최댓값까지 연속적이다.

그림 30.13 전형적인 베타 붕괴에서 베타 입자의 에너지 분포. 그림 30.11의 알파 입자의 불연속 에너지 분포와 베타 붕괴의 연속적인 에너지 분포를 비교해 보자.

은 특성을 갖는다.

- 전기적인 전하가 영이다.
- 질량이 전자 질량에 비해 매우 작다. 최근의 설득력 있는 실험에 의하면 중성미자의 질량은 영이 아니며 중성미자의 질량은 약 $2 \text{ eV}/c^2$ 보다 클 수 없다.
- 스핀이 1/2이다. 그것은 베타 붕괴에서 각운동량 보존의 법칙이 만족됨을 의미한다.
- 중성미자는 물질과 매우 약하게 상호 작용하며, 그 때문에 검출하기가 매우 어렵다.

이제 베타 붕괴 과정(식 30.14와 30.15)에 대한 식을 수정해서 완전한 형태로 쓸 수 있다.

$$\begin{array}{ll} {}_Z^A X \rightarrow {}_{Z+1}^A Y + e^- + \bar{\nu} & \text{(완전한 식)} & \textbf{30.16} \\ {}_Z^A X \rightarrow {}_{Z-1}^A Y + e^+ + \nu & \text{(완전한 식)} & \textbf{30.17} \end{array}$$

여기서 $\bar{\nu}$는 **반중성미자**(antineutrino)를 나타내고 중성미자의 반입자이다. 반입자에 대해서는 31장에서 논의할 것이다. 이번 장에서는 중성미자는 양전자 붕괴에서 방출되고, 반중성미자는 전자 붕괴에서 방출된다는 정도만 언급하도록 한다. 중성미자의 스핀이 붕괴 과정에서 각운동량의 보존을 설명해 준다. 아주 작은 질량에도 불구하고 중성미자는 운동량을 가지고 있어서 선운동량이 보존된다.

$$\begin{array}{ll} n \rightarrow p + e^- + \bar{\nu} & \text{(완전한 식)} \\ p \rightarrow n + e^+ + \nu & \text{(완전한 식)} \end{array}$$

베타 붕괴의 예로서, 탄소-14와 질소-12의 붕괴 과정을 다음과 같이 쓸 수 있다.

$$\begin{array}{ll} {}_6^{14}C \rightarrow {}_7^{14}N + e^- + \bar{\nu} & \text{(완전한 식)} & \textbf{30.18} \\ {}_7^{12}N \rightarrow {}_6^{12}C + e^+ + \nu & \text{(완전한 식)} & \textbf{30.19} \end{array}$$

그림 30.14는 식 30.18과 30.19에서 기술된 붕괴의 도식적 그림이다.

> **오류 피하기 | 30.7**
>
> **전자의 질량수** 식 30.18에서 전자의 또 다른 표시는 ${}_{-1}^0 e$ 이다. 이 표기는 전자의 정지 에너지가 영이라는 것을 의미하지 않는다. 전자의 질량이 가장 가벼운 핵자의 무게와 비교해서 매우 작아 원자핵의 붕괴와 반응에서 영으로 어림잡는다.

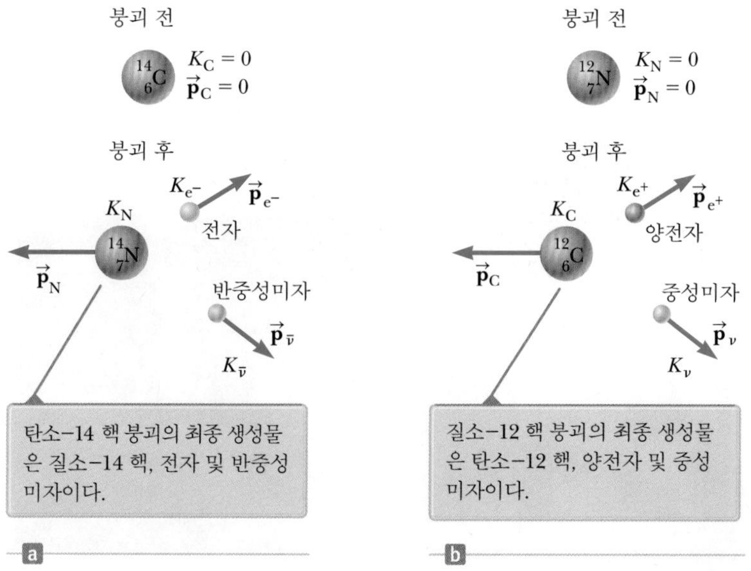

탄소-14 핵 붕괴의 최종 생성물은 질소-14 핵, 전자 및 반중성미자이다.

질소-12 핵 붕괴의 최종 생성물은 탄소-12 핵, 양전자 및 중성미자이다.

그림 30.14 (a) 탄소-14의 베타 붕괴 (b) 질소-12의 베타 붕괴

β^+ 붕괴에서 나중 계는 딸핵과 방출되는 양전자와 중성미자로 구성되는데, 딸 원자를 중성화시키기 위해 원자로부터 전자가 나온다. 때때로 이 과정이 일어나는 경우 정지 에너지가 증가한다면 이런 과정은 일어나지 않는다. 양성자가 많은 핵의 붕괴에서 이런 경우가 생기는데, 또 다른 과정이 가능해서 붕괴가 일어날 수 있다. 이 과정은 **전자 포획**(electron capture)이라 하고, 어미핵이 자신의 궤도 전자를 포획하고 중성자를 방출한다. 방출의 마지막 과정은 전하가 $Z - 1$이다.

▶ 전자 포획

$$_Z^A X + e^- \rightarrow \; _{Z-1}^A Y + \nu \qquad\qquad \textbf{30.20}$$

대부분 경우에 있어서, 포획되는 것은 안쪽 K 껍질 전자이고 따라서 **K 포획**(K capture)이라고 부른다. 이 과정에서, 유일하게 밖으로 나오는 입자는 중성미자와 X선 광자이며, 이들은 높은 껍질에 있는 전자가 포획된 K 전자에 의해 생긴 빈 곳으로 떨어져 생기게 된다.

▌ **퀴즈 30.6** $_{72}^{184}$Hf 이 베타 붕괴를 할 때 생성되는 딸핵은 다음 중 어느 것인가?
(a) $_{72}^{183}$Hf (b) $_{73}^{183}$Ta (c) $_{73}^{184}$Ta

페르미
Enrico Fermi, 1901~1954
이탈리아의 물리학자

페르미는 파시스트(극우파)를 피해 미국으로 이주했다. 페르미는 중성자에 의한 초우라늄 원소를 생성하고 저속 중성자에 의해 야기된 핵반응을 발견한 공로로 1938년 노벨상을 받았다. 그는 이외에도 물리학의 많은 분야에도 뛰어난 기여를 했는데, 그 예로 베타 붕괴 이론, 금속의 자유 전자 이론과 1942년에 세계 최초로 개발된 핵분열 반응로를 들 수 있다. 페르미는 진정으로 천부적인 이론학자이자 실험 물리학자이다. 또한 그는 물리학을 명쾌하고 역동적으로 기술하는 재능으로 유명하다. 그는 다음과 같이 말한다. "자연이 인류를 위해 무엇을 간직하고 있건 간에 또 그것이 얼마나 불쾌하든지 간에 우리는 순응해만야 한다. 왜냐하면 무지는 지식보다는 결코 나은 것이 아니기 때문이다."

탄소 연대 측정법 Carbon Dating BIO

유기 물질 시료의 연대를 측정하는 데는 ^{14}C(식 30.18)의 베타 붕괴가 주로 사용된다. 대기의 상층부에 있는 우주선(우주 공간으로부터 들어오는 고에너지 입자)이 ^{14}C를 생성하는 핵반응을 일으킨다. 우리가 살고 있는 대기 중에 존재하는 이산화탄소 분자에서 ^{12}C에 대한 ^{14}C의 비는 약 1.3×10^{-12}으로 일정하다. 살아 있는 유기 물질은 계속해서 그 외부와 이산화탄소를 교환하기 때문에, 모든 생명체 조직 속에 있는 탄소 원자들은 이와 같은 ^{14}C/^{12}C의 비를 갖는다. 그러나 생명체가 죽으면, 대기 중으로부터 더 이상 ^{14}C를 흡수하지 않게 되어 ^{14}C/^{12}C의 비는 (^{14}C의 반감기인) 5 730년의 반감기로 감소한다. 따라서 ^{14}C의 붕괴에 의한 단위 질량당 방사능을 측정해서 유기 시료의 나이를 측정할 수 있다. 이런 기술을 이용해서 과학자들은 오래된 나무, 목탄, 뼈, 조개껍데기 등이 1 000년에서 25 000년 전에 살아 있던 것임을 알아낼 수 있다.

특별히 흥미로운 예로는 사해문서(Dead Sea Scrolls)의 연대를 측정한 것이다. 이

그림 30.15 (a) 사진 (b)에서 아래에 보이는 중동의 서안 지구에 위치한 동굴에서 발견된 사해문서 조각 (a)에서 두루마리를 싸고 있던 헝겊을 탄소 연대 측정법으로 분석해서 연대를 추정했다.

a

b

일련의 문서들은 1947년에 어떤 양치기에 의해 발견됐는데, 그 내용은 구약 성서의 내용이 대부분인 종교적인 문서이다(그림 30.15). 역사적으로나 종교적인 중요성 때문에 학자들은 그 연대를 알고 싶어 했다. 두루마리로 된 그 문서에 탄소 연대 측정법을 적용한 결과 약 1 950년 전의 것임이 확인됐다.

> ### ▶ 생각하는 물리 30.3

1991년에, 한 독일 여행가가 이탈리아 알프스의 빙하 속에서 지금은 외치(Ötzi)라고 부르는 잘 보존된 얼음 인간의 유해를 발견했다(이 장의 도입부 사진). 얼음 인간은 ^{14}C에 의한 방사능 연대법 측정 결과 대략 5 300년 전에 살았었다고 밝혀졌다. 왜 과학자들은 20.4 min의 반감기로 베타 방출하는 ^{11}C보다 동위 원소 ^{14}C를 이용해서 외치 표본의 날짜 측정을 하는가?

추론 ^{14}C의 반감기는 5 730년으로 매우 길다. 그래서 한 번의 반감 이후에도 여전히 ^{14}C 핵의 일부가 남아 있으므로 표본 활동에서 정확한 변화를 계산하기에 충분하다. ^{11}C 동위 원소는 반감기가 매우 짧지만 유용하지가 못하다. 왜냐하면

이의 방사능은 5 300년 후에는 거의 남아 있지 않아서 검출할 수 없기 때문이다.

연대법을 측정하기 위해서는 시료가 만들어졌을 때 동위 원소가 알려져 있는 양만큼 시료에 있어야 한다. 일반적으로 이 시료의 나이와 같은 크기 정도의 반감기를 갖는 동위 원소를 연대법에서 사용한다. 반감기가 시료의 나이보다 짧으면 초기의 방사선량이 거의 남아 있지 않으므로 충분한 방사능을 검지할 수 없다. 시료의 나이보다 반감기가 훨씬 길면 방사능의 감소가 미미하므로 시료가 사망한 후의 방사능 감소량을 측정할 수 없게 된다. ◀

> ### ◀ 예제 30.6 | 방사성 연대 측정

질량 25.0 g의 숯 조각이 어떤 고대 도시의 폐허 속에서 발견됐다. 표본에서 ^{14}C의 방사능 R는 250 decays/min이다. 숯을 만드는 것에 쓰였을 나무는 죽은 지 얼마나 되었는가?

풀이

개념화 목탄이 고대의 폐허에서 발견됐기 때문에 현재의 방사능은 당시의 방사능보다 작을 것으로 예측된다. 처음의 방사능을 결정할 수 있다면 그 나무가 죽은 지 얼마나 되는지도 알 수 있다.

분류 질문의 내용으로 보아, 예제는 탄소 연대 측정법의 문제로 분류한다.

분석 식 30.7을 풀어 t를 구한다.

$$(1) \qquad t = -\frac{1}{\lambda} \ln\left(\frac{R}{R_0}\right)$$

식 30.7을 이용해서 비 R/R_0을 계산한다. $^{14}C/^{12}C$ 비의 처음 값은 r_0, 탄소의 몰수는 n, 그리고 아보가드로수는 N_A이다.

$$\frac{R}{R_0} = \frac{R}{\lambda N_0(^{14}C)} = \frac{R}{\lambda r_0 N_0(^{12}C)} = \frac{R}{\lambda r_0 n N_A}$$

탄소의 몰질량 M과 표본의 질량 m의 항으로 몰수를 치환하고, 붕괴 상수 λ도 치환한다.

$$\frac{R}{R_0} = \frac{R}{(\ln 2/T_{1/2})r_0(m/M)N_A} = \frac{RMT_{1/2}}{r_0 m N_A \ln 2}$$

주어진 값들을 대입한다.

$$\frac{R}{R_0} = \frac{(250 \text{ min}^{-1})(12.0 \text{ g/mol})(5\,730 \text{ yr})}{(1.3 \times 10^{-12})(25.0 \text{ g})(6.022 \times 10^{23} \text{ mol}^{-1})\ln 2}$$

$$\left(\frac{3.156 \times 10^7 \text{ s}}{1 \text{ yr}}\right)\left(\frac{1 \text{ min}}{60 \text{ s}}\right)$$

$$= 0.667$$

식 (1)에 이 비를 대입하고 붕괴 상수 λ에도 값을 대입한다.

$$t = -\frac{1}{\lambda}\ln\left(\frac{R}{R_0}\right) = -\frac{T_{1/2}}{\ln 2}\ln\left(\frac{R}{R_0}\right)$$

$$= -\frac{5\,730 \text{ yr}}{\ln 2}\ln(0.667) = \boxed{3.4 \times 10^3 \text{ yr}}$$

결론 여기서 구한 시간 간격은 반감기와 같은 크기 정도이므로, 생각하는 물리 30.3에서 논의한 바와 같이, ^{14}C는 이 시료의 연대 측정법에 적절한 동위 원소이다.

감마 붕괴 Gamma Decay

거의 모든 경우 방사성 붕괴를 하는 핵은 들뜬 에너지 상태에 있게 된다. 그 다음에 핵은 낮은 에너지 상태인 바닥 상태로 두 번째 붕괴인 **감마 붕괴**(gamma decay)를 하게 되는데, 이때 다음과 같이 고에너지의 광자를 방출한다.

▶ 감마 붕괴

$$_Z^A\mathrm{X}^* \rightarrow {}_Z^A\mathrm{X} + \gamma \qquad 30.21$$

여기서 X^*는 들뜬 상태의 핵을 나타낸다. 들뜬 핵 상태의 전형적인 반감기는 10^{-10} s 이다. 핵에서 들뜬 상태에서 그 이하의 상태로 내려오는 과정에서 방출되는 광자를 **감마선**(gamma ray)이라고 한다. 이런 광자들의 에너지(1 MeV에서 1 GeV)는 가시광의 에너지(약 1 eV)에 비해 훨씬 크다. 원자에 의해 흡수되거나 방출되는 광자의 에너지는 전이하는 두 원자 양자 상태의 에너지 차이와 같다는 29장의 내용을 기억하자. 이와 마찬가지로 감마선 광자는 두 핵 양자 상태의 에너지 준위의 에너지 차이 ΔE와 같은 에너지 hf를 갖는다. 핵이 감마선을 방출하며 붕괴할 때 핵 속의 변화는 단지 그 에너지 상태들이 낮아진다는 것뿐이다. 원자 질량 A와 원자 번호 Z의 변화는 없다.

핵은 다른 입자와의 맹렬한 충돌의 결과로 들뜬 상태에 도달할 수도 있다. 그러나 보통의 경우 대부분 알파 붕괴나 베타 붕괴 후에 들뜬 상태에 도달한다. 다음에 나타낸 일련의 붕괴는 감마 붕괴가 일어나는 전형적인 상황을 나타내고 있다.

$$_5^{12}\mathrm{B} \rightarrow {}_6^{12}\mathrm{C}^* + \mathrm{e}^- + \bar{\nu} \qquad 30.22$$
$$_6^{12}\mathrm{C}^* \rightarrow {}_6^{12}\mathrm{C} + \gamma \qquad 30.23$$

그림 30.16은 ^{12}B의 붕괴를 보여 주는데, 반감기 20.4 ms의 ^{12}C의 두 가지 상태 중 한 상태로 베타 붕괴가 일어난다. 이것은 (1) 13.4 MeV의 에너지를 가진 전자를 방출하면서 바닥 상태로 직접 도달하는 붕괴와, (2) ^{12}C*의 들뜬 상태로 가는 β^- 붕괴를 하고 이어 감마 붕괴를 통해 바닥 상태로 가는 과정 두 가지 중 어느 것도 가능하다. 후자의 과정은 4.4 MeV의 광자와 9.0 MeV의 전자를 방출한다. 방사성 핵이 붕괴 과정을 거칠 수 있는 경로를 표 30.2에 요약했다.

29장에서 우리는 양성자 요법과 외부 빔 방사선 요법을 이용한 악성 종양 치료에 관해 논의했었다. 그러나 어떤 국소 암에 대한 또 다른 대안 치료법으로 **근접 방사선 요법**(brachytherapy)이 있다. 이 방법에서, 방사성 선원(radioactive source)은 치

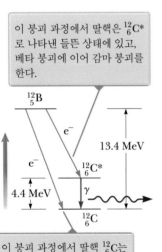

이 붕괴 과정에서 딸핵은 $_6^{12}$C*로 나타낸 들뜬 상태에 있고, 베타 붕괴에 이어 감마 붕괴를 한다.

이 붕괴 과정에서 딸핵 $_6^{12}$C는 바닥 상태로 된다.

그림 30.16 ^{12}Be 핵의 처음 준위와 ^{12}C 핵의 가능한 두 가지 낮은 상태의 준위를 보여 주는 에너지 준위 도표

BIO 근접 방사선 요법을 이용한 암의 치료

표 30.2 | 여러 가지 붕괴 과정

알파 붕괴	$_Z^A\mathrm{X} \rightarrow {}_{Z-2}^{A-4}\mathrm{Y} + {}_2^4\mathrm{He}$
베타 붕괴(e^-)	$_Z^A\mathrm{X} \rightarrow {}_{Z+1}^A\mathrm{Y} + \mathrm{e}^- + \bar{\nu}$
베타 붕괴(e^+)	$_Z^A\mathrm{X} \rightarrow {}_{Z-1}^A\mathrm{Y} + \mathrm{e}^+ + \nu$
전자 포획	$_Z^A\mathrm{X} + \mathrm{e}^- \rightarrow {}_{Z-1}^A\mathrm{Y} + \nu$
감마 붕괴	$_Z^A\mathrm{X}^* \rightarrow {}_Z^A\mathrm{X} + \gamma$

료 부위 안 또는 옆에 놓는다. 이 치료법은 외부 빔 방사선 요법에서 잘 생기는 부작용인 건강한 조직에서의 에너지 흡수 없이 종양의 암 조직에 높은 에너지 흡수가 일어나게 한다. 근접 방사선 요법은 일반적으로 자궁경부암, 전립선암, 유방암, 피부암 등에 적용한다.

예를 들어 전립선암의 치료에서 초기 단계 전립선암 환자에게 150개의 방사성 시드(radioactive seed)가 삽입된다. 시드로 잘 쓰이는 방사성 선원은 팔라듐(^{103}Pd)인데, 17일의 반감기로 감마선을 방출한다. 이 선원을 이용하면, 두세 달의 치료 기간에 방사능은 매우 낮은 수준으로 감소할 것이다. 타이타늄 캡슐로 싸인 시드는 치료 후에 영구히 인체에 남게 된다. 전립선암 치료에서 근접 방사선 요법의 결과는 근치적 전립선 절제술(radical prostatectomy)과 외부 빔 방사선 요법의 결과와 견줄 만하다.

또 다른 감마 방사체, ^{99}Tc은 **핵을 이용한 뼈 스캔 검사**(nuclear bone scan)에 사용된다. 이 진단 테스트에서 환자에 약 600 MBq의 테크네튬 동위 원소를 포함한 진단 시약(tracer)을 주입한다. 이 시약은 인체로 퍼지면서, 특히 뼈로 흡수된다. 그 다음 감마선을 검출하기 위해 '감마 카메라'를 사용한다. 사진에서 어둡게 나타나는 영역은 시약이 소량 흡수된 영역이다. 이것은 뼈에 생긴 암으로 인해 혈액 공급이 결핍됨을 의미할 수 있다. 사진에서 밝은 영역은 시약이 상당량 흡수됨을 나타내는데, 이는 관절염, 골절, 또는 감염의 가능성을 제시한다.

|BIO| 핵을 이용한 뼈 스캔 검사

◤ **30.5** | **핵반응** Nuclear Reactions

30.4절에서 방사선 붕괴 과정에 의해서 핵이 **자발적으로** 다른 핵으로 변하는 과정을 논했다. 고에너지 입자로 원자핵에 충격을 가함으로써 원자핵의 특성이나 구조를 바꾸는 것이 가능하다. 이런 변화를 **핵반응**(nuclear reaction)이라고 한다. 1919년에 러더퍼드는 타격 입자에 대해 자연적으로 발생하는 방사선원을 이용해서 핵반응을 관찰한 최초의 연구자가 됐다. 1930년 대전 입자 가속기를 개발한 후, 수천 가지 핵반응에 대한 관찰이 행해졌다. 이어서 오늘날의 발전된 입자 가속기와 입자 검출기 기술을 토대로, 최소한 1 000 GeV = 1 TeV의 입자 에너지에 도달하는 것이 가능해졌으며, 이와 같은 고에너지 입자들은 핵에 대한 수수께끼를 푸는 데 도움을 주는 새로운 입자들을 생성하는 데 이용된다.

표적핵 X에 입사 입자 a가 충돌해서 어떤 새로운 핵 Y와 방출 입자 b가 나타나는 반응을 생각해 보자(그림 30.17).

$$a + X \rightarrow Y + b \qquad\qquad 30.24$$

이 반응은 흔히 보다 더 간단한 형태로 다음과 같이 표기한다.

$$X(a, b)Y$$

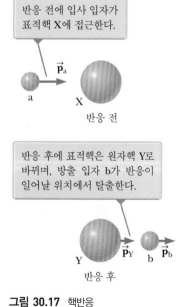

반응 전에 입사 입자가 표적핵 X에 접근한다.

반응 전

반응 후에 표적핵은 원자핵 Y로 바뀌며, 방출 입자 b가 반응이 일어날 위치에서 탈출한다.

반응 후

그림 30.17 핵반응

▶ 핵반응

앞 절에서 방사성 붕괴와 관련된 Q값, 즉 붕괴 에너지는 정지 에너지의 변화로 정의되는데, 붕괴 과정에서 정지 에너지가 운동 에너지로 변환되는 것으로 정의한다. 마찬가지로 다음 과정에 관련된 입자계의 처음과 나중 정지 에너지의 차이를 핵반응과 관련된 **반응 에너지**(reaction energy) Q로 정의한다.

▶ 반응 에너지 Q

$$Q = (M_a + M_X - M_Y - M_b)c^2 \qquad \textbf{30.25}$$

Q값이 양인 경우는 **발열 반응**(exothermic reaction)이라고 한다. 이 에너지는 반응 후 a와 X에 대한 Y와 b의 운동 에너지 증가로 나타난다.

Q가 음인 반응은 **흡열 반응**(endothermic reaction)이라고 하고, 정지 에너지의 증가를 의미한다. 흡열 반응은 충돌 입자가 $|Q|$보다 큰 운동 에너지를 가지고 있지 않다면, 발생하지 않는다. 그런 반응이 발생하는 데 필요한 최소한의 에너지를 **문턱 에너지**(threshold energy)라고 한다. 문턱 에너지는 $|Q|$보다 크다. 왜냐하면 상호 작용하는 입자들의 계에서의 선운동량은 반드시 반응 전과 후가 같기 때문이다. 입사 입자의 에너지가 정확히 $|Q|$이면 계의 정지 에너지가 증가하면서, 나중 입자의 운동 에너지는 조금도 남지 않아서 반응 후에 아무런 움직임이 없다. 그러므로 반응 전에는 입사 입자가 운동량을 갖고 있으나 반응 후 계의 운동량은 없어져서, 운동량 보존의 법칙을 위배하게 된다.

핵반응에서 입자 a와 b가 같고 X와 Y가 마찬가지로 같은 경우의 반응을 **산란 사건**(scattering event)이라고 한다. 반응 전(a와 X)의 운동 에너지가 반응 후(b와 Y)의 운동 에너지와 같으면 **탄성 산란**으로 분류되고 반응 전후의 운동 에너지가 같지 않으면 **비탄성 산란**으로 분류된다. 이 경우에 에너지 차이는 표적핵이 들뜬 상태로 에너지가 증가되는 것으로 설명된다. 마지막 계는 b와 Y^*로 구성되고 순차적으로 b, Y, γ가 되며, 여기서 γ는 계가 바닥 상태로 돌아갈 때 발생되는 감마선 광자이다. 이 탄성, 비탄성이라는 용어는 거시계의 충돌을 기술하는 데 사용되는 용어와 같은 말이다 (8.4절 참조).

에너지와 운동량뿐만 아니라, 전체 전하와 전체 핵자의 개수는 핵반응에서 보존되어야 한다. 예를 들어 Q값을 8.124 MeV로 가지고 있는 ^{19}F(p, α)^{16}O의 반응을 고려해 본다면, 이 반응을 다음과 같이 보다 더 완벽하게 나타낼 수 있다.

$$^{1}_{1}\text{H} + ^{19}_{9}\text{F} \rightarrow ^{16}_{8}\text{O} + ^{4}_{2}\text{He}$$

핵자의 전체 수에 있어서, 반응 전(1 + 19 = 20)의 전체 수는 반응 후(16 + 4 = 20)의 전체 수와 같다는 것을 알 수 있다. 더구나 전체 전하(Z = 10)는 반응 전이나 반응 후에 같다.

30.6 | 연결 주제: 별들의 엔진 Context Connection: The Engine of the Stars

핵반응의 중요한 현상 중 하나는 화석 연료의 연소와 같은 일반적인 화학 변화보다 훨씬 더 많은 에너지가 발생한다는 것이다. 결합 에너지 곡선 그림 30.6을 보고 이 곡선과 관련된 두 가지의 중요한 핵반응을 검토해 보자. 그래프 오른쪽의 무거운 원자핵이 두 개의 가벼운 원자핵으로 갈라진다면 이 계의 전체 결합 에너지는 증가하고 이것은 핵으로부터 에너지가 방출된 것을 나타낸다. 이런 반응은 1939년에 오토 한(Otto Hahn, 1879~1968)과 슈트라스만(Fritz Strassman, 1902~1980)에 의해서 관측, 보고됐다. **핵분열**(fission)로 알려진 이 반응은 최초의 원자탄 개발에 발맞춰 제2차 세계대전 당시에 과학적 및 정치적으로 많은 관심을 끌었다.

핵분열에서 분열할 수 있는 핵(표적핵 X 주로 ^{235}U)은 천천히 움직이는 중성자(입사 입자 a)를 흡수하고 이 핵이 두 개의 작은 핵(두 개의 원자핵 Y_1과 Y_2)으로 갈라지고 에너지와 더 많은 중성자(여러 개의 입자 b)를 방출한다. 이런 중성자들은 다른 핵에 흡수되어 다른 핵분열을 유도한다. 제어가 없으면 이런 결과는 그림 30.18에 보인 바와 같이 폭발로 이어진다. 적절한 제어가 있으면 핵분열 과정은 원자력 발전으로 이용될 수 있다.

원자력 발전소에서 전력을 성공적으로 생산하지만, 거기에는 고려되어야 할 심각한 안전 문제가 있다. 1986년에 우크라이나의 체르노빌 원자력 발전소가 폭발하면서 상당량의 방사성 물질이 대기로 유출되어 증가된 방사능 수치가 유럽과 러시아의 많은 지역에서 검출됐다.

최근에, 2011년 3월 일본 해안에서 떨어진 곳에서 격렬한 지진이 발발한 후에 심각한 방사능이 원자력 발전소로부터 유출됐다. 지진 후에 발전소는 자동 폐쇄됐지만,

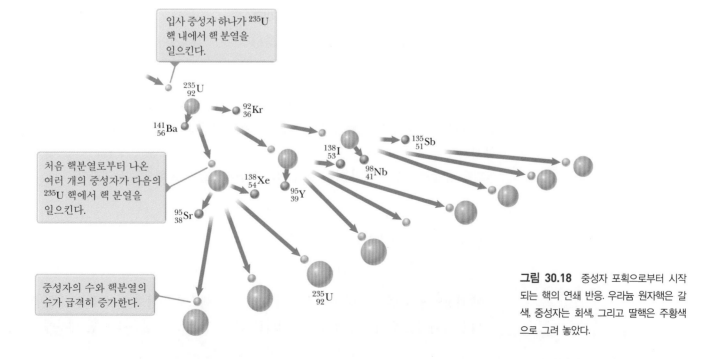

입사 중성자 하나가 ^{235}U 핵 내에서 핵 분열을 일으킨다.

$^{235}_{92}$U

$^{92}_{36}$Kr

$^{141}_{56}$Ba

처음 핵분열로부터 나온 여러 개의 중성자가 다음의 ^{235}U 핵에서 핵 분열을 일으킨다.

$^{138}_{54}$Xe

$^{138}_{53}$I

$^{135}_{51}$Sb

$^{98}_{41}$Nb

$^{95}_{39}$Y

$^{95}_{38}$Sr

중성자의 수와 핵분열의 수가 급격히 증가한다.

$^{235}_{92}$U

그림 30.18 중성자 포획으로부터 시작되는 핵의 연쇄 반응. 우라늄 원자핵은 갈색, 중성자는 회색, 그리고 딸핵은 주황색으로 그려 놓았다.

뒤이은 해일은 냉각 펌프 작동을 유지하는 데 필요한 긴급 발전기를 쓸모없게 만들었다. 이 냉각 펌프는 핵분열 부산물의 붕괴에서 오는 내부 에너지를 제거하기 위해서 반응로가 폐쇄된 후에도 필요하다. 압력을 줄이기 위한 의도적인 통풍, 바다로 냉각수의 의도적인 방출, 그리고 폭발로 인해, 일본 원전 사태에서의 방사능 유출은 체르노빌 사고에서와 같은 수준으로 본다.

결합 에너지 곡선의 다른 의미를 주시하면, 가벼운 두 핵이 결합함으로써 계의 결합 에너지가 증가하고 에너지를 방출함을 알 수 있다. 이런 **핵융합**(fusion) 과정은 실제로 만들기 어렵다. 왜냐하면 두 핵이 충분히 가까이 다가가서 융합하기 위해서는 매우 강한 쿨롱 척력을 극복해야 하기 때문이다. 이런 척력을 극복하는 한 가지 방법은, 이 계의 온도를 매우 높게 증가시킴으로써 매우 높은 운동 에너지를 가지고 움직이게 하는 방법이다. 또한 핵의 밀도가 매우 높으면 원자 간의 충돌 확률이 높아지고, 융합이 일어날 수 있다. 높은 온도와 밀도를 만드는 기술적 문제가 지구 상에서 제어된 융합 에너지 연구에 중요한 문제이다.

별의 핵과 같은 자연적 위치에서는 필요한 높은 온도와 밀도가 존재한다. 우주의 어느 한 곳에 있는 기체와 먼지를 고립계로 생각하자. 인력으로 작용하는 중력의 영향으로 수축하면서, 이 계에는 어떤 일이 일어날 것인가? 이 계의 에너지는 보존되고 서로 분리된 입자의 중력 위치 에너지는 감소하는 반면, 입자의 운동 에너지는 증가한다. 중심부로 낙하하는 입자가 이미 그곳에 낙하한 입자와 충돌하면 이들의 운동 에너지는 다른 입자의 운동 에너지로 분산되며, 결과적으로 내부 에너지가 된다. 이것은 입자들의 온도와 관련이 된다.

계의 중심의 온도와 밀도가 핵융합이 일어날 정도로 증가하면 계는 별이 된다. 초기 우주의 구성 물질은 수소였으며, 별 중심에서 융합 반응이 일어나 수소가(양성자) 헬륨 원자핵으로 결합된다. 비교적 낮은 ($T < 15 \times 10^6 \, \text{K}$) 코어를 가진 별에서 핵의 일반적인 반응 과정은 **양성자-양성자 사이클**(proton-proton cycle)이다. 결합의 첫 번째 과정은 두 개의 양성자가 결합해서 중양성자가 되는 것이다.

$$^1_1\text{H} + {}^1_1\text{H} \;\rightarrow\; {}^2_1\text{H} + \text{e}^+ + \nu$$

잠정적으로 ${}^2_2\text{H}$가 만들어지지만 반응식에서는 나타나지 않는다. 이 원자핵은 매우 불안정하기 때문에 매우 빠르게 β^+ 붕괴를 해서 중수소 핵과 양전자와 중성미자로 붕괴된다.

다음 단계는 중수소 핵이 다른 양성자와 융합해서 헬륨-3 핵으로 붕괴한다.

$$^1_1\text{H} + {}^2_1\text{H} \;\rightarrow\; {}^3_2\text{He} + \gamma$$

마지막으로 두 개의 헬륨-3 핵은 헬륨-4 핵과 두 개의 양성자로 융합된다.

$$^3_2\text{He} + {}^3_2\text{He} \;\rightarrow\; {}^4_2\text{He} + {}^1_1\text{H} + {}^1_1\text{H}$$

이 과정의 알짜 결과는 네 개의 양성자가 헬륨-4 핵으로 형성되는 것이다. 이때 방출되는 에너지는 별의 표면에서 전자기파로 별을 떠난다. 이 반응에서 별 내부에서 베타 붕괴가 일어나는 신호인 중성미자의 방출이 일어난다는 것에 주목하자. 초신성에서 중성미자의 증가는 어떤 현상이 일어난 것을 분석하는 중요한 도구이다.

좀 더 뜨거운 핵($T > 15 \times 10^6 \text{ K}$)을 갖는 별에서는 **탄소 주기**(carbon cycle) 과정이 지배적이다. 이런 높은 온도에서는 수소 핵은 헬륨보다 무거운 탄소 등으로 융합될 수 있다. 6단계 주기 중 첫 번째 주기는 탄소 핵이 양성자와 융합해서 질소를 만든다.

$$_1^1\text{H} + {}_6^{12}\text{C} \rightarrow {}_7^{13}\text{N}$$

이 질소 핵은 양성자가 많고 β^+ 붕괴를 한다.

$$_7^{13}\text{N} \rightarrow {}_6^{13}\text{C} + e^+ + \nu$$

탄소-13 핵은 또 다른 양성자와 융합하며 감마선을 방출한다.

$$_1^1\text{H} + {}_6^{13}\text{C} \rightarrow {}_7^{14}\text{N} + \gamma$$

질소-14와 또 다른 양성자는 융합해서 더 많은 감마선을 방출한다.

$$_1^1\text{H} + {}_7^{14}\text{N} \rightarrow {}_8^{15}\text{O} + \gamma$$

산소 핵은 β^+ 붕괴를 한다.

$$_8^{15}\text{O} \rightarrow {}_7^{15}\text{N} + e^+ + \nu$$

마지막으로 질소-15는 다른 양성자와 융합한다.

$$_1^1\text{H} + {}_7^{15}\text{N} \rightarrow {}_6^{12}\text{C} + {}_2^4\text{He}$$

이 과정의 알짜 효과는 네 개의 양성자가 헬륨과 결합해서 마치 양성자-양성자 주기처럼 된다는 것에 주목하자. 이 반응의 초기에서 탄소-12는 마지막에도 나타나며 마치 촉매처럼 작용하기 때문에 소모되지 않는다.

무게에 따라 다르지만, 별은 내부에서 $10^{23} \sim 10^{33}$ W의 비율로 에너지를 변환한다. 내부에 있는 핵의 정지 에너지로부터 변환된 에너지는 두 가지 형태로 주위 층을 통해서 외부로 전달된다. 첫 번째 중성미자는 우주 공간으로 운동 에너지를 나르는데, 이 중성미자는 물질과 약하게 상호 작용한다. 둘째, 별의 내부로부터 광자가 운반한 에너지는 바깥에 있는 층에서 기체가 흡수하고 외부로 방출된다. 이 에너지는 궁극적으로 별의 표면에서 방출되는데, 주로 적외선, 가시광선, 자외선 영역의 전자기파로 방출된다. 코어의 바깥층의 무게가 핵 내부의 폭발을 방지한다. 별의 전체 계는 코어 내에서 수소의 공급이 지속되는 한 안정하다.

앞 장에서 양자 물리와 원자 물리를 우주에 응용한 예를 봤다. 이번 장에서는 핵 과정이 우주에서 중요한 역할을 한다는 것을 알 수 있었다. 별의 형성은 우주의 진화를 설명하는 중요한 과정이다. 별이 공급하는 에너지는 지구와 같은 행성의 생명체에 필수적이다. 마지막으로 다음 장에서는 보다 작은 크기에서 일어나는 **소립자**의 과정을 논하자. 우리는 작은 크기를 들여다봄으로써 우주라는 가장 큰 크기의 계에 대한 이해를 증진시킬 수 있다.

연습문제 |

객관식

1. 다음 중 핵반응의 반응 에너지를 나타내는 것은 어느 것인가? (a) (나중 질량 – 처음 질량) / c^2 (b) (처음 질량 – 나중 질량) / c^2 (c) (나중 질량 – 처음 질량) c^2 (d) (처음 질량 – 나중 질량) c^2 (e) 정답 없음

2. 같은 방사능 핵종인 두 시료가 준비되어 있다. 시료 G는 시료 H의 처음 방사능의 두 배이다. (i) G의 반감기를 H의 반감기와 비교하면 어느 정도인가? (a) 두 배 더 크다. (b) 같다. (c) 2분의 1이다. (ii) 각각 다섯 번의 반감기가 지난 후에 이 두 시료의 방사능을 비교하면 어느 정도인가? (a) G는 H의 방사능의 두 배 이상이다. (b) G는 H의 방사능의 두 배이다. (c) G와 H의 방사능은 같다. (d) G는 H보다 방사능이 낮다.

3. 붕괴 식 $^{234}_{90}\text{Th} \rightarrow {}^{A}_{Z}\text{Ra} + {}^{4}_{2}\text{He}$에서, Ra 핵의 질량수와 원자 번호는 얼마인가? (a) $A = 230$, $Z = 92$ (b) $A = 238$, $Z = 88$ (c) $A = 230$, $Z = 88$ (d) $A = 234$, $Z = 88$ (e) $A = 238$, $Z = 86$

4. 반응 식 $^{9}\text{Be} + \alpha \rightarrow {}^{12}\text{C} + \text{n}$에서 Q값은 얼마인가? (a) 8.4 MeV (b) 7.3 MeV (c) 6.2 MeV (d) 5.7 MeV (e) 4.2 MeV

5. 자유 중성자의 반감기는 614 s이다. 이것은 전자 하나를 방출하면서 베타 붕괴를 한다. 자유 양성자도 이런 붕괴를 할 수 있는가? (a) 예, 같은 방식의 붕괴를 할 수 있다. (b) 예, 그러나 양전자를 방출하면 된다. (c) 예, 그러나 반감기가 매우 다르다. (d) 아니오

6. Ra-224의 반감기는 약 3.6일이다. 2주일이 지난 후 붕괴되지 않고 남아 있는 양의 비는 얼마인가? (a) 1/2 (b) 1/4 (c) 1/8 (d) 1/16 (e) 1/32

7. $^{40}_{18}\text{X}$로 표기한 핵은 (a) 중성자 20개와 양성자 20개, (b) 양성자 22개와 중성자 18개, (c) 양성자 18개와 중성자 22개, (d) 양성자 18개와 중성자 40개, (e) 중성자 40개와 양성자 18개를 갖고 있다.

8. $^{95}_{36}\text{Kr}$ 핵이 베타 붕괴를 해서 전자 한 개와 반중성미자 한 개를 방출할 때, 딸핵(Rb)은 (a) 중성자 58개와 양성자 37개, (b) 양성자 58개와 중성자 37개, (c) 중성자 54개와 양성자 41개, (d) 중성자 55개와 양성자 40개를 갖고 있다.

9. $^{144}_{60}\text{Nd}$가 $^{140}_{58}\text{Ce}$로 붕괴될 때 방출되는 입자는 다음 중 어느 것인가? (a) 양성자 (b) 알파 입자 (c) 전자 (d) 중성자 (e) 중성미자

10. $^{32}_{15}\text{P}$가 $^{32}_{16}\text{S}$으로 붕괴될 때 방출되는 입자는 다음 중 어느 것인가? (a) 양성자 (b) 알파 입자 (c) 전자 (d) 감마선 (e) 반중성미자

주관식

Note: 원자 질량은 부록 A의 A.3에 수록되어 있다.

30.1 핵의 성질

1. (a) 정지해 있는 금 원자의 핵(^{197}Au)에 0.500 MeV의 처음 에너지로 정면 충돌하는 알파 입자가 접근할 수 있는 가장 짧은 거리를 에너지 보존의 법칙을 이용해서 계산하라. 금 원자의 핵은 충돌 과정에서 정지 상태를 유지한다고 가정한다. (b) 최근접 거리가 300 fm가 되기 위한 알파 입자의 처음 속력의 최솟값은 얼마인가?

2. (a) 우리 몸속에 있는 양성자수, (b) 중성자수, (c) 전자수는 대략 어느 정도인가?

3. 러더퍼드의 산란 실험에서, 운동 에너지가 7.70 MeV인 알파 입자가 충돌 과정 중에 정지해 있는 금 원자 핵을 향해 진행한다. 알파 입자는 29.5 fm까지 접근한 후 금 원자 핵에서 튕겨나간다. (a) 에너지가 7.70 MeV인 알파 입자의 드 브로이 파장을 계산하고 그것을 최근접 거리 29.5 fm와 비교해 보라. (b) 이 비교를 기반으로 러더퍼드 산란 실험에서 알파 입자는 파동이 아닌 입자로 간주하는 것이 적절한 것인지를 설명하라.

4. 태양의 네 배에서 여덟 배의 질량을 갖는 별이 생을 마감하면서 붕괴되어 초신성이 된다. 초신성 폭발 후에 남은 잔존물에서, 양성자와 전자가 결합해서 중성자별이 되며, 태양 질량의 약 두 배가 된다. 이런 별은 거대 원자핵이라고 생각할 수 있다. $r = aA^{1/3}$으로 가정한다(식 30.1). 질량 3.98×10^{30} kg의 별이 모두 중성자($m_n = 1.67 \times 10^{-27}$ kg)로 구성되어 있다면 이의 반지름은 얼마인가?

5. 지름이 각각 4.30 cm인 두 개의 골프공이 1.00 m 떨어져

있다. 이들 공이 핵 물질로 가득 찬 것이라면, 각 공이 서로에게 작용하는 중력은 얼마나 되는가?

6. 자기 모멘트 크기가 μ인 핵이 스핀 상태 사이에서 공명 흡수를 나타내는 주파수를 라머(Larmor) 주파수라고 하며 다음과 같이 주어진다.

$$f = \frac{\Delta E}{h} = \frac{2\mu B}{h}$$

이때 (a) 1.00 T의 자기장 내에 있는 자유 중성자, (b) 1.00 T의 자기장 내에 있는 자유 양성자, (c) 지구 자기장이 50.0 μT가 되는 위치에서 있는 자유 양성자에 해당하는 라머 주파수를 계산하라.

30.2 핵의 결합 에너지

7. $Z_1 = N_2$와 $Z_2 = N_1$의 쌍원자를 **거울동중원소**(mirror isobar, 원자 번호와 중성자 번호가 서로 바뀐 것)라고 한다. 이런 핵의 결합 에너지를 측정함으로써, 핵력이 전하와 무관하다는 것을 알 수 있다. (즉 양성자-양성자, 양성자-중성자, 중성자-중성자의 핵력은 같다.) $^{15}_{8}O$와 $^{15}_{7}N$의 거울 동중 원소의 결합 에너지를 계산하라. 7개보다는 8개 양성자 사이의 척력이 이 차이를 설명해 준다.

8. (a) ^2H, (b) ^4He, (c) ^{56}Fe, (d) ^{238}U의 핵자당 결합 에너지를 계산하라.

9. 그림 30.6에 있는 그래프를 이용해서 질량수가 200인 핵이 질량수가 100인 두 개의 핵으로 분열할 때 방출되는 에너지를 구하라.

30.3 방사능

10. 어떤 방사능 핵의 반감기는 $T_{1/2}$이다. 이 핵을 포함하는 시료의 처음 방사능은 $t = 0$일 때 R_0이다. 나중 시간 t_1과 t_2 사이의 시간 동안 붕괴되는 핵의 수를 계산하라.

11. $^{72}_{33}As$의 반감기가 26시간이라면, 90.0 %의 방사능이 소멸되기 위해서는 어느 정도 시간이 필요한가?

12. 어떤 방사성 동위 원소가 방사능 10.0 mCi를 내고 있다. 4.00시간 후에 방사능이 8.00 mCi일 때 (a) 붕괴 상수와 (b) 반감기를 계산하라. (c) 처음에 몇 개의 동위 원소가 있는가? (d) 30.0시간 뒤 시료의 방사능은 얼마인가?

13. 어떤 방사성 물질의 시료가 1.00×10^{15}개의 원자를 포함

하고 있다. 시료의 방사능이 6.00×10^{11} Bq이라면 반감기는 얼마인가?

14. ^{131}I의 반감기는 8.04일이다. 어느날 아이오딘 131 시료의 방사능이 6.40 mCi이다. 40.2일 뒤 방사능은 얼마인가?

15. 식물 뿌리의 영양소 전달의 실험에서는 두 개의 방사성 핵종인 X와 Y가 이용된다. 처음에 Y의 2.50배의 X가 존재한다. 정확히 3일 후에는 Y의 4.20배의 X가 존재한다. 동위 원소 Y가 반감기가 1.60일이라면, 동위 원소 X의 반감기는 얼마인가?

30.4 방사능 붕괴 과정

16. 우라늄은 자연계에 바위나 흙에 존재한다. 방사성 붕괴의 첫 단계로서, ^{238}U은 화학적으로 불활성 기체이며 반감기가 3.82일인 라돈-222로 붕괴한다. 이 라돈은 땅으로부터 공기로 나와 대기 방사능이 0.3 pCi/L 수준으로 되게 한다. 집에서는 밀폐된 공간에서 축적되므로, ^{222}Rn은 심각한 오염 물질이 될 수 있다. 라돈 방사능이 4 pCi/L를 넘으면, 환경부에서는 땅으로부터 스며드는 공기를 줄이는 방법 등으로 라돈을 줄일 것을 권하고 있다. (a) 4 pCi/L를 becquerel/m³로 환산하라. (b) 이런 방사능 상태에서 몇 개의 ^{222}Rn 원자가 있는가? (c) 공기 질량의 얼마의 비율이 라돈으로 구성되는가?

17. 다음의 식들에서 미지의 핵자 또는 입자(X)가 무엇인지 알아보라.

(a) $X \rightarrow {}^{65}_{28}Ni + \gamma$

(b) $^{215}_{84}Po \rightarrow X + \alpha$

(c) $X \rightarrow {}^{55}_{26}Fe + e^+ + \nu$

18. 핵 $^{15}_{8}O$는 전자를 포획해서 붕괴한다. 핵 반응 식은 다음과 같다.

$$^{15}_{8}O + e^- \rightarrow {}^{15}_{7}N + \nu$$

(a) 핵 내에서 한 개의 입자에 일어나는 과정을 식으로 쓰라. (b) 중성미자의 에너지를 구하라. 딸핵의 운동(되튐)은 무시한다.

19. 그림 P30.19는 수명이 긴 동위 원소 ^{235}U에서 시작해서 안정된 핵인 ^{207}Pb로 끝나는 자연 방사능의 붕괴 계열을 보여주는 그림이다. 노란색 사각형 안에 올바른 핵의 기호를 써넣으라.

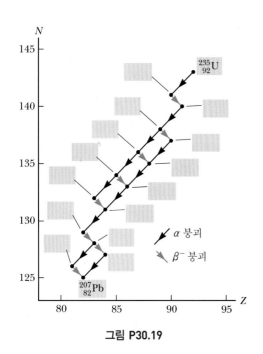

그림 P30.19

20. ^{3}H 핵은 전자 한 개와 반중성미자 한 개를 방출하면서 ^{3}He 로 붕괴한다. 반응 식은 다음과 같다.

$$^3_1\text{H} \rightarrow \ ^3_2\text{He} + e^- + \bar{\nu}$$

이 붕괴 과정에서 방출되는 전체 에너지를 구하라.

21. 다음의 알파 붕괴에서 방출되는 에너지를 구하라.

$$^{238}_{92}\text{U} \rightarrow \ ^{234}_{90}\text{Th} + \ ^4_2\text{He}$$

30.5 핵반응

22. 다음의 핵반응에서 미지의 핵종 그리고 입자 X와 X′은 무엇인가?

(a) $X + \ ^4_2\text{He} \rightarrow \ ^{24}_{12}\text{Mg} + \ ^1_0\text{n}$

(b) $^{235}_{92}\text{U} + \ ^1_0\text{n} \rightarrow \ ^{90}_{38}\text{Sr} + X + 2(^1_0\text{n})$

(c) $2(^1_1\text{H}) \rightarrow \ ^2_1\text{H} + X + X'$

23. 자연산 금에는 단 하나의 동위 원소 $^{197}_{79}\text{Au}$가 있다. 만약 자연산 금이 느린 중성자 다발에 조사되어 전자를 방출한다고 할 때, (a) 대략적인 반응식을 쓰라. (b) 방출된 전자들의 최대 에너지를 계산하라.

24. 6.61 MeV의 양성자 빔이 $^{27}_{13}\text{Al}$의 표적에 입사한다. 이런 충돌에 의해 생성되는 반응식은 다음과 같다.

$$\text{p} + \ ^{27}_{13}\text{Al} \rightarrow \ ^{27}_{14}\text{Si} + \text{n}$$

생성 핵이 튕겨나가는 것은 무시하고, 나오는 중성자의 운동 에너지를 구하라.

25. $^{235}_{92}\text{U}$ 동위 원소를 3.40 % 포함하는 우라늄이 배의 연료로 사용된다고 가정하자. 물이 1.00×10^5 N의 평균 마찰력을 핵 추진 배에 작용한다고 하면, 1 kg당 얼마의 거리를 움직일 수 있는가? 붕괴마다 200 MeV의 에너지가 방사되며, 배의 엔진 효율이 20.0 %라고 가정하자.

30.6 연결 주제: 별들의 엔진

26. 탄소 폭발은 별의 노화로 일시적으로 무거운 별의 내부를 찢는 강력한 폭발이다. 이런 폭발은 탄소의 융합으로 일어나는데, 탄소핵의 쿨롱 척력을 극복하기 위해서는 약 6×10^8 K의 온도가 필요하다. (a) 탄소 융합을 위한 온도를 이용해서, 융합의 반발 에너지를 어림 계산하라. (다른 말로 표현하면, 6×10^8 K에서 탄소핵의 평균 운동 에너지는 얼마인가?) (b) 다음의 '탄소 연소' 반응에서 방출되는 에너지를 MeV로 계산하라.

$$^{12}\text{C} + \ ^{12}\text{C} \rightarrow \ ^{20}\text{Ne} + \ ^4\text{He}$$
$$^{12}\text{C} + \ ^{12}\text{C} \rightarrow \ ^{24}\text{Mg} + \gamma$$

(c) 첫 번째 식에서 2.00 kg의 탄소가 완전 융합할 때의 에너지를 kWh로 계산하라.

27. 태양이 3.85×10^{26} W의 비율로 에너지를 방출한다. 다음 식이 모든 에너지의 방출을 나타낸다고 가정하자.

$$4(^1_1\text{H}) + 2(^{\ 0}_{-1}\text{e}) \rightarrow \ ^4_2\text{He} + 2\nu + \gamma$$

초당 융합되는 양성자의 개수를 계산하라.

28. 두 가지의 핵반응을 고려하자.

$$A + B \rightarrow C + E \quad \text{(I)}$$
$$C + D \rightarrow F + G \quad \text{(II)}$$

(a) 이 두 반응식의 알짜 분해 에너지($Q_\text{net} = Q_\text{I} + Q_\text{II}$)가 다음 순수한 반응식의 분해 에너지와 같음을 보여라.

$$A + B + D \rightarrow E + F + G$$

(b) 태양 내부에서의 양성자–양성자 사이클의 반응식은 다음과 같다.

$$^1_1\text{H} + \ ^1_1\text{H} \rightarrow \ ^2_1\text{H} + \ ^{\ 0}_{1}\text{e} + \nu$$
$$^{\ 0}_{1}\text{e} + \ ^{\ 0}_{-1}\text{e} \rightarrow 2\gamma$$
$$^1_1\text{H} + \ ^2_1\text{H} \rightarrow \ ^3_2\text{He} + \gamma$$
$$^1_1\text{H} + \ ^3_2\text{He} \rightarrow \ ^4\text{He} + \ ^{\ 0}_{1}\text{e} + \nu$$
$$^{\ 0}_{1}\text{e} + \ ^{\ 0}_{-1}\text{e} \rightarrow 2\gamma$$

(a)에 기초하면 Q_net은 얼마인가?

추가문제

29. (a) 왜 $p \rightarrow n + e^+ + \nu$와 같은 베타 붕괴가 자유 양성자에게는 일어나지 않는가? (b) 왜 양성자가 원자핵에 속박되어 있을 때는 같은 반응이 가능한가? 예를 들면 다음 반응은 가능하다.

$$^{13}_{7}\text{N} \rightarrow {}^{13}_{6}\text{C} + e^+ + \nu$$

(c) (b)와 같은 반응에서 에너지는 얼마나 방출되는가?

30. (a) 실험에서 사용할 중성자를 생성하기 위한 한 가지 방법은 가벼운 핵을 알파 입자로 때려주는 것이다. 1932년 채드윅(James Chadwick)이 사용한 방법에서는 폴로늄에서 방출되는 알파 입자가 베릴륨을 때려주었다.

$$^{4}_{2}\text{He} + {}^{9}_{4}\text{Be} \rightarrow {}^{12}_{6}\text{C} + {}^{1}_{0}\text{n}$$

이 반응의 Q값은 얼마인가? (b) 중성자는 때때로 작은 크기의 입자 가속기로 생성할 수 있다. 한 가지 방법은 중양성자를 밴더 그래프(Van de Graaff) 발생기에서 가속시켜 다른 중수소 핵을 때려주는 것이다.

$$^{2}_{1}\text{H} + {}^{2}_{1}\text{H} \rightarrow {}^{3}_{2}\text{He} + {}^{1}_{0}\text{n}$$

반응의 Q값을 계산하라. (c) (b)에서 이 반응은 발열 반응인가 아니면 흡열 반응인가?

31. 감마선이 물질에 입사할 때, 그 물질을 통과하는 감마선의 세기는 깊이 x에 따라 $I(x) = I_0 e^{-\mu x}$로 변한다. 여기서 I_0는 물질의 표면($x = 0$)에서의 방사선의 세기이고, μ는 선형 흡수 계수이다. 에너지가 낮은 감마선을 강철에 쪼인 경우 흡수 계수는 0.720 mm^{-1}라고 하자. (a) 입사하는 감마선을 흡수하여 원래 세기의 반으로 감소시키는 데 필요한 강철의 '반감 두께'를 구하라. (b) 제강 공장에서, 압연기를 통과하는 강판의 두께는 감마선을 강판에 쪼인 다음 그 밑에서 감마선의 세기를 측정하여 측정한다. 만일 강판의 두께가 0.800 mm에서 0.700 mm로 변한다면, 감마선의 세기는 몇 % 변하는가?

입자 물리학 Particle Physics

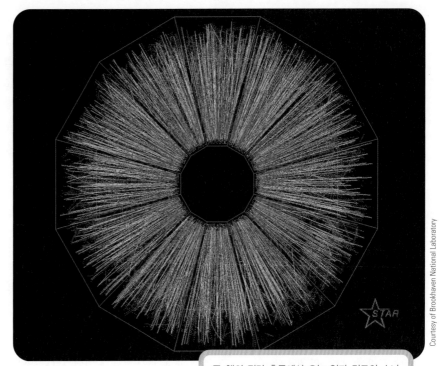

Courtesy of Brookhaven National Laboratory

금 핵의 정면 충돌에서 오는 입자 경로의 소나기(샤워, shower)로, 각 입자는 100 GeV의 에너지로 움직인다. 이 충돌은 브룩헤이븐국립연구소의 상대론적 중이온 충돌기(RHIC)에서 일어나, STAR 검출기(RHIC의 Solenoidal 추적기)로 기록됐다. 경로는 충돌 에너지로부터 생긴 수많은 기본 입자를 나타낸다.

앞 장들에서 논의된 입자 모형에서는 입자를 크기가 영이고 구조가 없는 물체로 간주했다. 열팽창과 같은 물체의 특성은 원자를 입자로 다루고 이들의 모임으로 물체의 모형을 만듦으로써 이해할 수 있다. 이런 입자 모형에서는 원자의 어떤 내부 구조도 무시된다. 그러나 원자 스펙트럼과 같은 현상을 이해하려면 원자의 내부 구조를 무시할 수 없다. 이 경우에는 수소 입자를 입자 같은 핵과 그 주위 궤도를 돌고 있는 전자로 이뤄진 계로 취급하는 것이 유용하다(11.5절). 그러나 30장에서는 핵의 안정성과 방사능 붕괴와 같은 거동을 이해하기 위해서는 핵을 내부 구조가 없는 입자로 취급할 수 없다는 것을 알았다. 더 작은 핵자들의 모임으로 핵 모형을 만들어야 했다. 그러면 핵의 구성 입자인 양성자와 중성자의 경우는 어떨까? 이들에게 입자 모형을 적용시킬 수 있을까? 곧 알게 되겠지만 양성자와 중성자도 구조를 가지며 이는 또 하나의 어려운 문제를 제기한다. 더 작고 작은 '입자' 구조를 조사하면 궁극적으로 구성 요소가 정말로 완벽한 입자 모형으로 기술될 수 있는 단계까지 이를 수 있을까?

이번 장에서는 이 질문에 대한 답을 얻고자 알려진 다양한 아원자 입자(subatomic particle)들과 그들의 거동을 지배하는 기본 상호 작용을 분류하고 특성을 조사할 것이다. 또한 오직 쿼크와 경입자 두 집단의 입자로 모든 물질이 구성된다고 믿어지는 현재의 기본 입자 모형을 논의할 것이다.

원자라는 단어는 '분할할 수 없는'이라는 뜻을 가진 그리스어 *atomos*에서 유래됐다. 한때 원자는 물질의 나눌 수 없는 구성 요소, 즉 기본 입자라고 생각됐다. 1932년 이후, 물리학자들은 모든 물질이 단지 전자, 양성자 및 중성자 세 가지 성분으로 구성된다고 생각했다. (1932년에 중성자가 관측되고 확인됐다.) 핵 안의 중성자가 아닌 자유 중성자를 제외하면, 세 입자는 매우 안정하다. 1945년 초, 알려진 입자들로 행한 고에너지 충돌 실험으로 새로운 입자들이 많이 발견됐다. 이 새로운 입자들의 특성은, 대단히 불안정해서 $10^{-6} \sim 10^{-23}$ s 범위에 속하는 매우 짧은 반감기를 가진다. 이런 불안정하고 수명이 짧은 입자가 300개 이상 분류됐다.

1930년대 이래, 세계 여러 곳에서 강력한 입자 가속기가 많이 건설되어 실험 조건을 조절해 가면서 입자들의 고에너지 충돌을 관측하는 것이 가능해져서 아원자 세계를 매우 상세하게 탐구할 수 있게 됐다. 1960년대까지 대단히 많고 다양한 아원자 입자가 발견되어 물리학자들을 곤혹스럽게 만들었다. 물리학자들은 이 많은 입자들이 서로 체계적인 연관성이 없는지, 또는 핵보다 하부 세계에 대한 정교한 구조를 더 잘 이해할 수 있는 새로운 규칙성(pattern)이 나타날지에 대한 관심을 갖게 됐다. 그 이후로, 물리학자들은 계속 숫자가 늘어나는 이 입자들이 대부분 쿼크라고 불리는 보다 작은 입자들로 만들어졌다는 구조 모형을 개발함으로써 물질의 구조에 대한 지식을 혁신적으로 향상시켰다. 예를 들면 양성자나 중성자는 진정한 기본 입자가 아니고 쿼크들이 강력하게 결합된 계라는 것이다.

◀ **31.1** | **자연의 기본적인 힘** The Fundamental Forces in Nature

5장에서 배운 바와 같이, 모든 자연 현상은 입자 사이에 작용하는 네 가지 기본적인 힘으로 기술할 수 있다. **강력**(strong force), **전자기력**(electromagnetic force), **약력**(weak force) 및 **중력**(gravitational force)의 순서로 힘이 약하다. 현재의 모형으로는, 전자기력과 약력은 **전자기약력**(electroweak force) 한 가지 상호 작용에 대한 두 종류의 나타남으로 생각하며, 31.11절에서 논의한다.

30장에서 언급한 바와 같이, **핵력**(nuclear force)은 핵자들을 결합시킨다. 핵력은 매우 짧은 범위에서만 효력이 있고, 핵의 크기 정도인 2 fm 이상 되는 거리에서는 무시해도 좋다. 원자와 분자를 결합해서 보통의 물질을 이루게 하는 전자기력은 핵력의 약 10^{-2} 정도의 세기를 가진다. 전자기력의 세기는 상호 작용하는 입자 사이 거리의 제곱에 반비례하는 장거리 힘이다. 약력은 베타 붕괴와 같은 방사능 붕괴 과정을 알려 주는 단거리 힘이며, 핵력의 약 10^{-5} 정도의 세기를 가진다. 마지막으로 중력은 세기가 오직 핵력의 약 10^{-39} 정도인 장거리 힘이다. 잘 알려진 중력의 상호 작용은 행성, 별 및 은하계를 유지하는 힘이지만, 기본 입자에 작용하는 효과는 무시된다.

현대 물리학에서, 입자 사이의 상호 작용을 **장입자**(field particle) 또는 **교환 입자**(exchange particle)의 교환을 수반하는 구조 모형으로 자주 기술한다. 또한 장입자는 **게이지 보손**(gauge boson)으로 불린다.[1] (일반적으로 정수 스핀을 갖는 모든 입자

> **오류 피하기** | **31.1**
>
> **핵력과 강력** 30장에서 공부한 핵력은 역사적으로 볼 때 강력으로 불렸다. 그러나 쿼크 이론(31.9절)이 일단 확립되면서 **강력**이라는 표현은 쿼크 사이의 힘으로 간주됐다. 우리는 이 관습을 따를 것이다. 강력은 쿼크 또는 쿼크로 구성된 입자 사이의 힘이며, 핵력은 하나의 핵 내에서 핵자 사이의 힘이다. 핵력은 31.10절에서 논의할 것과 같이 강력의 이차적인 결과이다. 가끔 핵력을 잔류 강력이라 부른다. 이런 힘들의 명명에 대한 역사적인 변천 때문에, 때때로 다른 책에서는 핵력을 강력으로 언급한다.

▶ 장입자

---

[1] 게이지라는 단어는 이 책의 범위를 넘어서는 복잡한 수학적 해석을 하는 **게이지 이론**에서 온 것이다.

표 31.1 | 기본적인 힘

힘	상대적 세기	힘의 범위	전달하는 장입자	장입자의 질량 (GeV/c^2)
핵력/강력	1	짧은 범위($\sim$1 fm)	글루온	0
전자기력	10^{-2}	∞	광자	0
약력	10^{-5}	짧은 범위($\sim 10^{-3}$ fm)	W$^\pm$, Z^0 보손	80.4, 80.4, 91.2
중력	10^{-39}	∞	중력자	0

를 **보손**이라 한다.) 예를 들면 잘 알려진 전자기 상호 작용의 경우에 교환되는 장입자는 광자이다. 현대 물리학적인 표현으로, 전자기력은 광자에 의해 전달되고, 광자는 전자기장의 양자라고 말한다. 마찬가지로 핵력은 **글루온**(gluon)이라고 하는 장입자에 의해 전달되고, 약력은 W 및 **Z 보손**(boson)에 의해 **전달**되며, 중력은 **중력자**(graviton)라는 중력장의 양자에 의해 전달된다. 이 네 가지 힘의 작용 범위와 상대적인 세기를 표 31.1에 요약했다.

◤ **31.2** | **양전자와 여러 반입자** Positrons and Other Antiparticles

1920년대에 영국의 이론 물리학자 디랙(Paul Adrien Maurice Dirac)은 특수 상대성 이론과 부합하는 새로운 양자 역학 이론을 발전시켰다. 디랙의 이론은 전자의 스핀과 자기 모멘트의 원인을 잘 설명한다. 그러나 디랙의 상대론적 파동 방정식은 자유 전자의 경우마저도 음에너지 상태에 해당하는 해를 가져야 하는 중요한 문제점을 갖고 있었다. 그러나 만일 음에너지 상태가 존재한다면 양에너지 상태의 전자는 광자를 방출하면서 음에너지 상태로 빠르게 전이될 것이 예상된다. 디랙은 이 문제점을 해결하기 위해 모든 음에너지 상태가 채워진 구조의 모형을 제시했다. 이 음에너지 상태를 채운 전자들의 집단을 **디랙 바다**(Dirac sea)라고 한다. 디랙 바다 안에 있는 전자는 외력과 반응하는 것이 파울리의 배타 원리로 금지되기 때문에 직접 관측할 수 없다. 전자가 양에너지 상태로 들뜨게 하는 충분히 강한 외부 환경과의 상호 작용이 없으면 이 상태의 전자들은 고립계에 있는 것처럼 행동한다. 들뜸이 일어나면 음에너지 상태의 하나를 비게 만들고, 그림 31.1처럼 채워진 상태의 바다 안에 하나의 **양공**(hole)을 남긴다. (양에너지 상태는 $E > m_e c^2$일 때에만 존재하고, 음에너지 상태는 $E < -m_e c^2$일 때에만 존재하는 것에 주목한다. $m_e c^2$은 전자의 정지 에너지를 나타낸다.) **양공은 외력에 반응할 수 있고 따라서 관측될 수 있다.** 양전하를 가진 것을 제외하면 양공은 전자와 마찬가지로 행동한다. 이것은 전자의 **반입자**(antiparticle)이다.

이 모형의 뜻깊은 암시는 **모든 입자는 그에 대응하는 반입자를 가진다**는 것이다. 반입자는 입자와 동일한 질량을 가지지만, 전하의 부호는 반대이다. 예를 들면 **양전자**

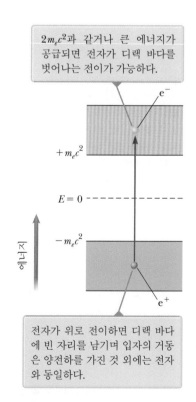

$2m_ec^2$과 같거나 큰 에너지가 공급되면 전자가 디랙 바다를 벗어나는 전이가 가능하다.

e^-

$+m_ec^2$

$E = 0$

$-m_ec^2$

에너지

e^+

전자가 위로 전이하면 디랙 바다에 빈 자리를 남기며 입자의 거동은 양전하를 가진 것 외에는 전자와 동일하다.

그림 31.1 반전자(양전자)의 존재에 대한 디랙의 모형

디랙
Paul Adrien Maurice Dirac,
1902~1984
영국의 물리학자

디랙은 반물질(antimatter)에 대한 이해와 양자 역학과 상대론의 통합에 기여했다. 양자 물리학과 우주론의 발전에도 많이 공헌했다. 1933년에 노벨 물리학상을 받았다.

오류 피하기 | 31.2
반입자 반대의 전하값만으로 반입자를 특성지을 수는 없다. 중성 입자들조차도 스핀과 같은 여러 다른 특성으로 정의되는 반입자가 있다.

(positron)라고 하는 전자의 반입자는 $0.511\ \text{MeV}/c^2$의 질량과 $1.60 \times 10^{-19}\ \text{C}$의 양전하를 가진다.

앤더슨(Carl Anderson, 1905~1991)은 1932년에 양전자를 관측하고 확인해서, 그 공로로 1936년에 노벨 물리학상을 받았다. 앤더슨은 안개 상자 안에 양전하의 전자를 닮은 입자에 의해 만들어진 궤적을 조사해서 양전자를 발견했다. (안개 상자는 기체의 일상적인 액화점 바로 아래의 초냉각된 기체를 담고 있다. 큰 에너지를 가진 방사성 입자는 기체를 이온화하고 뚜렷한 자취를 남긴다. 이 초기 실험에서는 대기 상층부에서 우주선(cosmic rays; 대부분 태양계 우주 공간을 지나가는 아주 빠른 양성자)이 일으키는 고에너지 반응의 결과로 지상에서 생성되는 양전자를 관찰했다. 그는 양전하와 음전하를 구별하기 위해, 자기장 안에 안개 상자를 뒀다. 자기장은 22.3절에서 논의된 바와 같이 운동하는 대전 입자의 진행 방향을 구부러지게 하기 때문이다. 그는 전자의 궤도와 비슷한 것들이 양으로 대전된 입자들과 같은 방향으로 편향되는 것에 주목했다.

앤더슨의 발견 후에 수많은 실험에서 양전자가 관측됐다. 양전자가 생성되는 일반적인 과정은 **쌍생성**(pair production)이다. 충분히 높은 에너지를 가진 감마선 광자가 핵과 상호 작용하는 과정에서 전자-양전자 쌍이 만들어진다. 디랙 바다 모형에서, 음에너지 상태에 있는 전자가 양에너지 상태로 들뜨게 되어 관측이 가능한 새로운 전자와 양전자에 해당하는 양공이 만들어진다. 전자-양전자 쌍의 전체 정지 에너지가 $2m_ec^2 = 1.022\ \text{MeV}$이기 때문에 전자-양전자 쌍을 생성하는 광자의 에너지는 적어도 이 에너지 이상을 가져야 한다. 그러므로 감마선 광자 모양의 에너지가 아인슈타인의 관계식 $E_R = mc^2$에 따라 정지 에너지로 전환된다. 이 과정을 기술하기 위해 고립계의 모형을 사용할 수 있다. 광자와 핵의 계가 가지는 에너지는 보존되며 전자와 양전자의 정지 에너지, 이 입자들의 운동 에너지 및 핵과 관련되는 작은 분량의 운동 에너지로 변환된다. 그림 31.2a는 납판을 때리는 300 MeV의 감마선에 의해 생성된 전자-양전자 쌍의 자국을 보여 준다.

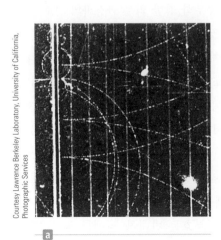
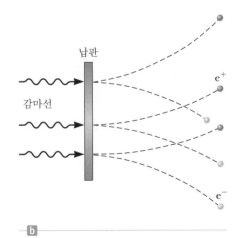

그림 31.2 (a) 왼쪽에서 납판을 때리는 300 MeV 감마선으로 생성된 전자-양전자 쌍이 거품 상자에 만든 자국 (b) 적절한 쌍생성 반응. 자기장 내에서 양전자는 위로 편향되고, 전자는 아래로 편향된다.

◤ 퀴즈 31.1 그림 31.2b와 같이 입자가 확인된다면, 그림 31.2a에서 외부 자기장의 방향은 어디로 향하는가? **(a)** 종이면 안으로 **(b)** 종이면 밖으로 **(c)** 알 수 없다.

역과정도 똑같이 일어날 수 있다. 적당한 조건에서 전자와 양전자는 함께 소멸해서 결합된 에너지가 최소한 1.022 MeV인 두 개의 감마선 광자를 생성할 수 있다(생각하는 물리 31.1 참조).

$$e^- + e^+ \rightarrow 2\gamma$$

전자-양전자 쌍 소멸은 **양전자 방사 단층 촬영**(positron-emission tomography, PET)이라 하는 의학적 진단 기술에도 이용된다. 붕괴하면서 양전자를 방출(때때로 ¹⁸F)하는 방사성 물질이 포함된 글루코오스 용액을 환자의 몸에 주사하면 혈액을 통해 몸속에 퍼지게 된다. 글루코오스 용액 속에 있는 방사성 핵 하나가 붕괴 반응하는 동안 하나의 양전자가 방출되며, 바로 주위의 세포 조직 속의 전자와 쌍소멸을 일으키면서 두 개의 감마선 광자를 반대 방향으로 방출한다. 환자 둘레의 감마 검출기가 광자 선원의 위치를 정확하게 알아내고, 컴퓨터를 통해 글루코오스가 농축된 위치의 영상을 만든다(글루코오스는 암의 종양 안에서 신진대사를 통해 빠르게 변형되고 그 위치에 쌓이게 되며, PET 검출 장치에 강한 신호를 보낸다). PET 스캔으로 얻은 영상은 알츠하이머병(그림 31.3)을 포함한 뇌의 다양한 장애를 보여 준다. 또한 뇌의 활동이 활발한 구역에서는 글루코오스의 변화가 더 빨리 일어나므로, PET 스캔은 환자가 언어 사용, 음악 또는 영상 등과 관계된 활동을 할 때 뇌의 어느 부분이 관여하고 있는지를 보여 주고 있다.

1955년 이전까지는 디랙의 이론을 바탕으로 모든 입자는 대응하는 반입자를 가질 것이라고 예상했으나, 반양성자와 반중성자와 같은 반입자들은 실험적으로 검출되지 않았다. 디랙의 상대론적 이론에는 성공한 면도 많은 반면에, 그렇지 않은 면도 있어서 반양성자가 실제로 존재하는지는 매우 중대한 관심사가 됐다. 1955년에 세그레(Emilio Segrè, 1905~1989)와 체임벌린(Owen Chamberlain, 1920~2006)의 연구팀이 캘리포니아의 버클리 대학교에 설치된 베바트론(Bevatron) 입자 가속기로 반양성자와 반중성자를 생성하는 데 성공했다. 그들은 반입자의 존재에 대한 확실성

BIO 양전자 방사 단층 촬영 (PET)

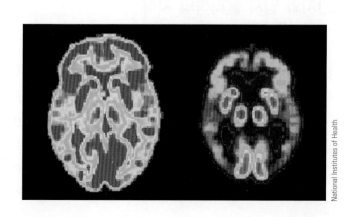

그림 31.3 건강한 노인의 뇌(왼쪽)와 알츠하이머병을 앓고 있는 환자의 뇌(오른쪽)를 양전자 방사 단층 촬영(PET)한 사진. 밝은 영역은 방사성 글루코오스가 더 많이 농축된 부분이고, 이것은 신진대사율이 높고, 뇌의 활동이 활발하다는 것을 나타낸다.

을 확립했고, 이 연구로 세그레와 체임벌린은 1959년에 노벨 물리학상을 받았다. 지금은 '모든 입자는 대응되는 반입자를 가지는데, 질량과 스핀은 같고, 전하, 자기 모멘트 및 기묘도의 크기는 같고 부호가 반대이다'는 사실이 확립되어 있다(기묘도의 특성은 31.6절에서 설명된다). 입자와 반입자에 대한 규칙에 예외적인 것은 오직 중성인 광자, 파이온 및 에타 입자인데, 이들은 각각이 그 자신의 반입자이다.

반입자의 존재에 대해 흥미로운 견해가 있는데, 만일 원자 내의 모든 양성자, 중성자 및 전자를 그들의 반입자로 대체한다면, 안정한 반원자를 생성할 수 있고, 반원자들의 조합으로 반분자들이 형성되고 최종적으로 반세계가 생길 것이다. 우리가 아는 한 반세계에서 모든 것의 행동은 우리 세계에서의 행동과 같은 방식일 것이다. 원칙적으로 보통의 물질로 구성된 은하에서 수백만 광년 떨어진 곳에 반물질로 이루어진 은하가 존재하는 것은 가능한 일이다. 유감스럽게도 광자는 그 자신이 반입자이기 때문에 반물질 은하계에서 발하는 빛은 보통의 물질 은하계의 빛과 다르지 않기 때문에 천문학적 관측으로는 그 은하가 물질인지 반물질인지 결정할 수 없다. 현재 반물질 은하가 존재한다는 증거는 없지만, 물질 은하와 반물질 은하가 충돌해서 은하 전체의 질량을 충돌점으로부터 튀어나가는 고에너지 입자로 전환시키는 물질-반물질 쌍소멸에 의한 복사 에너지의 거대한 분출로 이어지는 우주의 장대한 광경은 상상하는 것만으로도 외경심을 일으킬 만하다.

▶ **생각하는 물리 31.1**

자유 공간에서 전자와 양전자가 느린 속력으로 마주칠 때, 1.022 MeV의 에너지를 가진 한 개의 감마선이 생성되지 않고, 0.511 MeV의 에너지를 가진 두 개의 감마선이 생성되는 이유는 무엇인가?

추론 감마선은 광자이며, 광자는 운동량을 운반한다. 고립계의 모형에서 운동량의 변화를 전자와 양전자로 구성된 처음의 계에 적용시켜 보자. 그 계가 정지 상태에 있고 오직 한 개의 광자로 변환된다면, 전자-양전자계의 처음 운동량은 영이지만, 1.022 MeV의 에너지를 가진 한 개의 감마선으로 된 나중 계는 영이 아닌 운동량을 가지므로 운동량이 보존되지 않는다. 이와 반대로, 두 개의 감마선 광자가 **반대** 방향으로 운동하면, 나중 계에서 두 광자의 전체 운동량은 영이고 운동량은 보존된다. ◀

31.3 | 중간자와 입자 물리학의 시작
Mesons and the Beginning of Particle Physics

1930년대 중반의 물리학자들은 물질의 구조에 대해 상당히 단순한 견해를 가지고 있었다. 물질의 구조는 양성자, 전자 및 중성자였다. 그 당시 이들 외에 광자, 중성미자 및 양전자의 세 가지 다른 입자도 알려졌거나 존재하는 것으로 믿어졌다. 이 여섯 개의 입자를 물질의 기본적인 구성이라고 생각했다. 그러나 너무나 간단하게 세상을 표시한 이것으로는 다음의 중요한 문제에 어떤 답도 줄 수 없었다. 핵 내에서 근접해 있는 양성자들은 그들의 양전하 때문에 서로 강하게 반발되어야 하는데, 핵을 함께 묶어 주는 그 힘의 특징은 무엇인가? 과학자들은 핵력이라고 불리는 이 불가사의한 힘은 그 당시까지 자연에서 마주친 어떤 것보다도 훨씬 강해야 한다는 것을 깨달았다.

1935년에 일본의 물리학자 유카와(Hideki Yukawa)가 핵력의 특징을 성공적으로 설명할 수 있는 첫 번째 이론을 제안했고, 그 업적으로 후에 노벨 물리학상을 받았다. 유카와의 이론을 이해하려면, 광자를 교환함으로써 대전 입자들이 상호 작용하는 전자기 상호 작용의 현대적인 구조 모형을 먼저 생각하는 것이 도움이 된다. 유카와는 이런 착상을 핵 안에서 핵력을 생성하는 핵자들 사이에서 교환되는 새로운 입자를 제안해서 핵력을 설명하는 데 사용했다. 더욱이 그는 핵력의 범위는 제안한 입자의 질량에 반비례한다는 것을 확립했고, 그 입자의 질량은 전자의 질량보다 약 200배 클 것으로 예측했다. 새로운 입자의 질량은 전자의 질량보다 크고 양성자의 질량보다 작기 때문에 중간자(meson)라고 부른다. ('중간'의 뜻을 가진 그리스어 *meso*에서 유래.)

유카와의 예측을 실증하기 위해 물리학자들은 지구의 대기로 들어오는 우주선(cosmic ray)을 연구함으로써 중간자에 대한 실험적 탐색을 시작했다. 1937년에 앤더슨과 그의 공동 연구원들은 전자의 질량보다 약 207배 무거운 106 MeV/c^2의 질량을 가진 입자를 발견했다. 계속되는 실험에서 그 입자는 물질과 매우 약하게 상호 작용해서, 핵력의 운반자가 될 수 없다는 것을 알게 됐다. 이런 당혹스러운 상황에서 영감을 받은 이론가들은 질량이 약간 다른 두 개의 중간자가 존재한다고 제안했다. 이런 생각은 1947년에 파웰(Cecil Frank Powell, 1903~1969)과 오키알리니(Giuseppe P. S. Occhialini, 1907~1993)에 의해 **파이**(π) **중간자** 또는 간단히 **파이온**(pion)이 발견됨으로써 확인됐다. 1937년에 앤더슨이 발견해서 유카와의 중간자라고 생각했었던 입자는 확실히 중간자가 아니다. (중간자가 되기 위한 입자의 필요 조건을 31.4절에서 논의할 것이다.) 그 대신에, 이 입자는 약한 상호 작용과 전자기 상호 작용에만 참여하는 입자로 지금은 **뮤온**(μ)이라고 불리는 입자이다. 9.4절에서 시간 팽창을 공부할 때 뮤온을 설명한 적이 있다.

핵력의 유카와 운반자인 파이온에는 세 가지 전하 상태에 대응하는 π^+, π^-, π^0의 세 종류가 있다. π^+와 π^-의 질량은 각각 139.6 MeV/c^2이고, π^0의 질량은 135.0 MeV/c^2이다. 파이온과 뮤온은 매우 불안정한 입자들이다. 예를 들면 π^-는 평균 수명이 2.6×10^{-8} s이며, 먼저 뮤온과 반중성미자로 붕괴한다. 이 뮤온의 평균 수명은 $2.2\,\mu$s이며 전자, 중성미자 및 반중성미자로 붕괴한다.

$$\pi^- \rightarrow \mu^- + \bar{\nu}$$
$$\mu^- \rightarrow e^- + \nu + \bar{\nu}$$

31.1

양성자와 같은 대전 입자뿐만 아니라 전하가 없는 입자의 경우, 기호 위의 bar는 반입자를 나타낸다.

두 입자 사이의 상호 작용을 미국의 물리학자 파인먼(Richard P. Feynman)이 창안한 **파인먼 도형**(Feynman diagram)이라고 하는 단순한 성질의 도표로 표현할 수 있다. 그림 31.4는 서로 인접한 두 전자 사이의 전자기 상호 작용을 나타낸 파인먼 도형

유카와
Hideki Yukawa, 1907~1981
일본의 물리학자

중간자의 존재를 예견한 공로로 1949년에 노벨 물리학상을 받았다. 그는 일본에서 경력을 쌓은 후 1949년에 컬럼비아 대학교로 왔다.

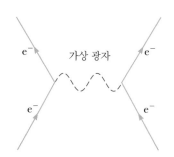

그림 31.4 두 전자 사이에서 전자기력을 전달하는 광자를 표현한 파인먼 도형

파인먼
Richard Feynman, 1918~1988
미국의 물리학자

디랙에게 영향을 받은 파인먼은 상대론과 양자 역학에 기초한 빛과 물질의 상호 작용에 관한 이론으로 양자전기역학을 발전시켰다. 1965년에 슈윙거(Julian Schwinger), 토 모 나 가 (Sin Itiro Tomonaga)와 공동으로 노벨 물리학상을 받았다. 그의 경력 초기는 최초로 핵무기를 개발하는 맨해튼 계획의 중요한 구성원 중의 한 명이었다. 그의 경력 끝 무렵에는, 1986년 우주선 챌린저호의 비극적인 사고 원인을 조사하는 위원회에서 연구하면서 우주 왕복선에 사용하는 고무 제품 둥근 고리(O-ring)가 저온에서 나타내는 영향을 연구했다.

이다. 파인먼 도형은 수직 방향의 시간 대 수평 방향의 공간에 대한 정성적인 그래프이다. 시간과 공간의 실제 값은 중요하지 않고, 그래프의 형상 전체가 과정을 나타내는 점에서 정성적이다. 과정의 시간 변화는 도표의 바닥에서 시작해서 위쪽으로 눈을 움직이는 것과 비슷하다.

그림 31.4에 있는 전자-전자 상호 작용의 간단한 경우에서, 광자는 전자 사이에서 전자기력을 전달하는 장입자이다. 상호 작용의 전체가 마치 한 점에서 때를 맞춰 일어난 것처럼 도형에 표시됐음에 주목하자. 그러므로 전자들의 경로는 상호 작용의 순간에 방향의 변화가 불연속적인 것으로 보인다. 한 개의 광자가 교환되는 정도의 시간 간격 동안 미시적인 수준에서 이 표현은 옳다. 이것은 우리가 미시적인 관점으로 상호 작용을 지켜보는 매우 긴 시간 간격에 걸쳐서 생성된 경로와는 다르다. 이런 경우에는 그림 31.2처럼 많은 장입자의 연속적인 교환 때문에 경로가 굽어지며, 파인먼 도형이 정성이라는 점을 재차 나타낸다.

전자-전자 상호 작용의 경우에, 한 전자에서 다른 전자로 에너지와 운동량을 옮기는 광자는 상호 작용하는 중에 검출되지 않고 사라지기 때문에 **가상 광자**(virtual photon)라고 한다. 28장에서 논의된 바와 같이, 주파수가 f인 광자의 에너지는 $E=hf$이다. 따라서 처음 정지 상태에서 두 개의 전자로 된 계는 가상 광자를 방출하기 전에는 $2m_e c^2$의 에너지를 가지나 가상 광자를 방출한 후에는 $2m_e c^2 + hf$의 에너지를 가진다. (그 외에 전자가 얼마쯤 여분의 운동 에너지를 갖는 것은 광자가 방출된 결과이다.) 이것은 고립계에 대한 에너지 보존 법칙을 위반하는 것인가? 아니다. 이 과정은 에너지 보존 법칙을 위배하지 않는다. 이유는 가상 광자는 매우 짧은 수명 Δt를 갖고 있어서 두 개의 전자와 광자로 구성된 계의 에너지에서 광자의 에너지보다 큰 불확정성 $\Delta E \approx \hbar/2\Delta t$이 있기 때문이다.

이제 그림 31.5a의 유카와 모형에 따라서 양성자와 중성자 사이에서 교환되는 파이온을 생각하자. 질량 m_π인 파이온을 생성하기 위해 필요한 에너지 ΔE_R은 아인슈타인의 식에 의해 $\Delta E_R = m_\pi c^2$으로 주어진다. 그림 31.4에서의 광자처럼, 이 파이온의 존재가 $\Delta t \approx \hbar/2\Delta E_R$보다 긴 시간 동안 들떠 있다면 에너지 보존 법칙을 위반하는 것으로 보일 수 있다. 여기서 Δt는 파이온이 하나의 핵자로부터 다른 핵자로 이동하는 데 필요한 시간 간격이다. 따라서 다음과 같다.

$$\Delta t \approx \frac{\hbar}{2\Delta E_R} = \frac{\hbar}{2m_\pi c^2}$$

그림 31.5 (a) 양성자와 중성자가 중성 파이온에 의해 전달되는 핵력에 의해서 상호 작용하는 것을 표현한 파인먼 도형 (이 모형이 핵자 상호 작용에 대한 가장 기본적인 모형은 아니다.) (b) 전자와 중성미자가 Z^0 보손에 의해 전달되는 약력으로 상호 작용하는 것을 표현한 파인먼 도형

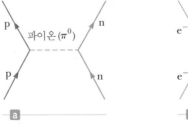
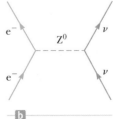

이 식으로부터 파이온의 정지 에너지는 다음과 같다.

$$m_\pi c^2 = \frac{\hbar}{2\Delta t} \qquad \text{31.2}$$

파이온은 빛의 속력보다 빠르게 움직일 수 없기 때문에, 시간 간격 Δt 동안에 갈 수 있는 최대 거리 d는 $c\Delta t$이다. 따라서 식 31.2와 $d = c\Delta t$를 이용해서 다음을 구한다.

$$m_\pi c^2 = \frac{\hbar c}{2d} \qquad \text{31.3}$$

30장에서 핵력의 범위가 10^{-15} fm 정도인 것을 배웠다. 식 31.3의 d에 대한 값을 이용해서 파이온의 정지 에너지를 계산하면 다음과 같다.

$$m_\pi c^2 \approx \frac{(1.055 \times 10^{-34} \text{ J} \cdot \text{s})(3.00 \times 10^8 \text{ m/s})}{2(1 \times 10^{-15} \text{ m})}$$

$$= 1.6 \times 10^{-11} \text{ J} \approx 100 \text{ MeV}$$

이것은 100 MeV$/c^2$의 질량에 해당한다(대략 전자 질량의 250배). 이 값은 관측된 파이온의 질량과 거의 일치한다.

우리가 기술한 개념은 가히 혁명적이다. 사실상 이것은 두 개의 핵자로 된 계가, 아주 짧은 시간에 원래의 상태로 되돌아간다면, 두 개의 핵자에 하나의 파이온이 더해진 계로 변할 수 있음을 의미한다. (이 모형은 파이온이 핵력에 대한 장입자라고 생각하던, 오래되고 역사적인 것임을 기억하자.) 물리학자들은 핵자가 파이온을 방출할 때와 흡수할 때 **요동**(fluctuation)한다고 말한다. 이미 배운 바와 같이, 이 요동은 (불확정성 원리를 통한) 양자 역학과 (아인슈타인의 질량−에너지의 관계식 $E_R = mc^2$을 통한) 특수 상대론을 결합한 결과이다.

이번 절에서는 핵력을 전달하는 파이온 입자와 전자기력의 매개자인 광자를 다뤘다. 31.10절에서 설명되는 것처럼, 최근 이론은 쿼크 사이에 작용하는 힘의 평균 효과나 잔류 효과로 핵력을 보다 본질적으로 기술한다. 중력의 매개자인 중력자는 아직 관측되지 않았다. 약력을 전달하는 $W^\pm$와 Z^0 입자는 1983년에 이탈리아의 물리학자인 루비아(Carlo Rubbia, 1934~)와 그의 동료들이 양성자−반양성자 충돌 장치에서 발견했다. 루비아와 메르(Simon van der Meer, 1925~2011)는 CERN에서 $W^\pm$와 Z^0의 입자를 검출하고 확인한 것과 양성자−반양성자 충돌 장치를 발전시킨 업적으로 1984년에 노벨 물리학상을 받았다. 이 가속기 안에서 양성자와 반양성자는 서로 정면 충돌한다. 이 충돌 중 어떤 것에서 $W^\pm$와 Z^0 입자가 생성됐고, 그들의 붕괴 산물들에 의해 차례로 확인됐다. 그림 31.5b는 Z^0 보손에 의해 매개되는 약한 상호작용에 대한 파인먼 도형을 나타낸다.

▍**31.4** | 입자의 분류 Classification of Particles

장입자를 제외한 모든 입자는 두 개의 큰 범주 **강입자**(hadron)와 **경입자**(lepton)

로 나눌 수 있다. 입자들이 **강력**을 통해 상호 작용을 하면 강입자로 분류한다. 잡아당긴 용수철에서 받는 힘처럼, 강력은 분리된 거리에 따라 증가한다. 핵 속의 핵자 사이에 작용하는 핵력은 강력의 특별한 표현이며, 앞으로 강력이라는 용어는 일반적으로 쿼크라고 하는 더 기본적인 단위의 입자 사이에서 만들어지는 상호 작용을 언급할 때 사용할 것이다. (오늘날 강입자는 기본 입자가 아니고, 쿼크라는 더 기본적인 단위로 이루어져 있다고 생각한다.) 표 31.2에 경입자와 강입자의 특성을 요약했다.

표 31.2 | 입자와 입자의 특성

분류	입자 이름	기호	반입자	질량 (MeV/c^2)	B	L_e	L_μ	L_τ	S	수명 (s)	스핀
경입자	전 자	e^-	e^+	0.511	0	+1	0	0	0	안 정	$\frac{1}{2}$
	전자-중성미자	ν_e	$\bar{\nu}_e$	$<2eV/c^2$	0	+1	0	0	0	안 정	$\frac{1}{2}$
	뮤 온	μ^-	μ^+	105.7	0	0	+1	0	0	2.20×10^{-6}	$\frac{1}{2}$
	뮤온-중성미자	ν_μ	$\bar{\nu}_\mu$	<0.17	0	0	+1	0	0	안 정	$\frac{1}{2}$
	타 우	τ^-	τ^+	1 784	0	0	0	+1	0	$<4 \times 10^{-13}$	$\frac{1}{2}$
	타우-중성미자	ν_τ	$\bar{\nu}_\tau$	<18	0	0	0	+1	0	안 정	$\frac{1}{2}$
강입자											
중간자	파이온	π^+	π^-	139.6	0	0	0	0	0	2.60×10^{-8}	0
		π^0	자신	135.0	0	0	0	0	0	0.83×10^{-16}	0
	케이온	K^+	K^-	493.7	0	0	0	0	+1	1.24×10^{-8}	0
		K_S^0	$\bar{K}_S^0$	497.7	0	0	0	0	+1	0.89×10^{-10}	0
		K_L^0	$\bar{K}_L^0$	497.7	0	0	0	0	+1	5.2×10^{-8}	0
	이 타	η	자신	548.8	0	0	0	0	0	$<10^{-18}$	0
		η'	자신	958	0	0	0	0	0	2.2×10^{-21}	0
중입자	양성자	p	$\bar{p}$	938.3	+1	0	0	0	0	안 정	$\frac{1}{2}$
	중성자	n	$\bar{n}$	939.6	+1	0	0	0	0	614	$\frac{1}{2}$
	람 다	Λ^0	$\bar{\Lambda}^0$	1 115.6	+1	0	0	0	-1	2.6×10^{-10}	$\frac{1}{2}$
	시그마	Σ^+	$\bar{\Sigma}^-$	1 189.4	+1	0	0	0	-1	0.80×10^{-10}	$\frac{1}{2}$
		Σ^0	$\bar{\Sigma}^0$	1 192.5	+1	0	0	0	-1	6×10^{-20}	$\frac{1}{2}$
		Σ^-	$\bar{\Sigma}^+$	1 197.3	+1	0	0	0	-1	1.5×10^{-10}	$\frac{1}{2}$
	델 타	Δ^{++}	$\bar{\Delta}^{--}$	1 230	+1	0	0	0	0	6×10^{-24}	$\frac{1}{2}$
		Δ^+	$\bar{\Delta}^-$	1 231	+1	0	0	0	0	6×10^{-24}	$\frac{3}{2}$
		Δ^0	$\bar{\Delta}^0$	1 232	+1	0	0	0	0	6×10^{-24}	$\frac{3}{2}$
		Δ^-	$\bar{\Delta}^+$	1 234	+1	0	0	0	0	6×10^{-24}	$\frac{3}{2}$
	크 시	Ξ^0	$\bar{\Xi}^0$	1 315	+1	0	0	0	-2	2.9×10^{-10}	$\frac{1}{2}$
		Ξ^-	Ξ^+	1 321	+1	0	0	0	-2	1.64×10^{-10}	$\frac{1}{2}$
	오메가	Ω^-	Ω^+	1 672	+1	0	0	0	-3	0.82×10^{-10}	$\frac{3}{2}$

강입자 Hadrons

강력을 통해 상호 작용하는 입자들을 **강입자**(hadron)라 부른다. 강입자에는 그들의 질량과 스핀에 따라 분류되는 **중간자**와 **중입자**의 두 종류가 있다.

모든 **중간자**(meson)의 스핀은 0이거나 정수(0 또는 1)[2]이다. 31.3절에서 말했듯이, 유카와가 제안한 입자의 질량은 전자의 질량과 양성자의 질량 사이에 있을 것이라는 예상에서 원래의 이름이 지어졌다. 몇몇 중간자 질량은 이 범위 안에 놓여 있지만, 양성자의 질량보다 큰 질량을 가진 무거운 중간자도 있다.

모든 중간자는 마지막에 전자, 양전자, 중성미자 및 광자로 붕괴된다고 알려져 있다. 알려진 중간자 중에서 가장 가벼운 파이온의 질량은 약 140 MeV/c^2이며 스핀은 0이다. K 중간자의 질량은 약 500 MeV/c^2이며 스핀은 0이다.

중입자(baryon)는 강입자의 두 번째 부류이며, 질량이 양성자의 질량과 같거나 그이상이고(*baryon*은 '무겁다'는 뜻을 가진 그리스어), 그들의 스핀은 언제나 $\frac{1}{2}$의 홀수배인 반정수값이다($\frac{1}{2}$ 또는 $\frac{3}{2}$). 양성자와 중성자는 중입자이며 다른 중입자도 많이 있다. 양성자를 제외한 다른 모든 중입자는 마지막에 양성자를 생성하는 붕괴를 한다. 예를 들면 Ξ 초입자(hyperon)라고 부르는 중입자는 약 10^{-10} s 사이에 Λ^0 중입자로 붕괴한다. 그 후에 Λ^0 중입자는 대략 3×10^{-10} s 사이에 양성자와 π^-로 붕괴한다.

현재 강입자는 기본 입자가 아니며, 쿼크라는 더 기본적인 단위로 구성되어 있다고 생각한다. 쿼크는 31.9절에서 논의할 것이다.

경입자 Leptons

경입자(lepton; '작다' 또는 '가볍다'는 뜻의 그리스어 *leptos*에서 유래)는 전자기 상호 작용(전하가 있을 때)과 약한 상호 작용에 관여하는 입자들의 집단이다. 모든 경입자의 스핀은 $\frac{1}{2}$이다. 크기와 내부 구조를 가진 강입자와 달라서, 경입자는 내부 구조가 없는 진정한 기본 입자로 보인다.

강입자와 아주 다른 점은, 알려진 경입자의 수가 적다는 것이다. 일반적으로 전자(e^-), 뮤온(μ^-), 타우(τ^-)와 이들과 관련된 중성미자 ν_e, ν_μ, ν_τ로 오직 여섯 개의 경입자만 존재한다고 과학자들은 믿고 있다. 1975년에 발견된 타우 경입자는 양성자질량보다 약 두 배 큰 질량을 가졌다. 타우와 관련된 중성미자에 대한 명백한 실험적인 증거가 2000년 7월에 페르미 국립가속기연구소(Fermilab)에서 공표됐다. 여섯 개의 경입자는 각각 반입자를 가진다.

---

[2] 따라서 1937년에 앤더슨이 발견한 입자는 중간자가 아니고, 스핀이 $\frac{1}{2}$인 뮤온이며 **경입자** 집단에 속한다.

▌**31.5** | 보존 법칙 Conservation Laws

고립계에 대한 보존 법칙의 중요성을 앞에서 많이 봤고, 에너지 보존, 선운동량 보존, 각운동량 보존 및 전하 보존을 이용해서 많은 문제를 해결했다. 보존 법칙은 어떤 붕괴나 반응은 일어나지만 다른 것은 일어나지 않는 것을 이해할 때 중요하다. 일반적으로 우리에게 익숙한 여러 보존 법칙은 모든 과정에서 반드시 만족해야 한다.

기본 입자의 연구에 중요한 몇 개의 새로운 보존 법칙이 실험을 통해 확인됐다. 고립계를 구성하고 있는 요소가 붕괴 또는 반응하는 동안에 변한다. 붕괴 또는 반응 전의 처음 입자들은 그 후의 나중 입자들과 다르다.

중입자 수 Baryon Number

핵반응 또는 핵붕괴에서 중입자가 생성될 때는 반중입자도 반드시 생성되는 것을 실험 결과로 알 수 있다. 모든 중입자에는 $B = +1$, 모든 반중입자에는 $B = -1$, 다른 모든 입자에 $B = 0$의 중입자 수를 할당하면 이 보존 법칙을 수식화할 수 있다. 따라서 **중입자 수 보존의 법칙**(law of conservation of baryon number)은 다음을 말한다.

▶ 중입자 수의 보존

> 반응이나 붕괴가 있어날 때마다 과정 전의 중입자 수의 합과, 과정 후의 중입자 수의 합이 같아야만 한다.

중입자 수가 절대적으로 보존된다면, 양성자는 절대적으로 안정한 것이 틀림없다. 예를 들면 양성자가 양전자와 중성 파이온으로 붕괴된다면 에너지 보존, 운동량 보존, 전하 보존을 만족시킨다. 그러나 이런 붕괴 반응은 절대 관측되지 않는다. 현재 우리가 말할 수 있는 것은 양성자의 반감기는 최소 10^{33}년이라는 것뿐이다(우주의 나이는 겨우 10^{10}년으로 추정된다). 그러므로 양성자 한 개의 붕괴 과정을 관측하는 것은 거의 가망이 없는 것이다. 그러나 많은 수의 양성자를 모으면 수집된 양성자 중의 **몇 개**가 붕괴하는 것을 혹시 볼 수 있을지도 모른다(예제 31.2).

▌ **퀴즈 31.2** 붕괴식 (**i**) $n \rightarrow \pi^+ + \pi^- + \mu^+ + \mu^-$ (**ii**) $n \rightarrow p + \pi^-$에 대해 생각하자. 이들 붕괴식에서 어떤 보존 법칙이 위반되는가? (a) 에너지 (b) 전하 (c) 중입자 수 (d) 각운동량 (e) 위반되는 보존 법칙 없음

▌ **예제 31.1** | **중입자 수 계산**

중입자 수 보존의 법칙을 이용해서 아래의 각 반응이 일어날 수 있는지를 판정하라.

(A) $p + n \rightarrow p + p + n + \bar{p}$

풀이

개념화 오른쪽의 질량이 왼쪽의 질량보다 더 크다. 그러므로

누군가는 반응이 에너지 보존을 위배한다고 주장하려고 할지도 모른다. 그렇지만 만일 일차 입자들이 계의 정지 에너지를

증가시킬 충분한 운동 에너지를 가진다면, 실제로 반응은 일어날 수 있다.

분류 이 절에서 전개된 보존 법칙을 사용하므로 예제를 대입 문제로 분류한다.

반응식 좌변의 전체 중입자 수를 계산한다.

$$1 + 1 = 2$$

반응식 우변의 전체 중입자 수를 계산한다.

$$1 + 1 + 1 + (-1) = 2$$

그러므로 중입자 수는 보존되고, 반응은 일어날 수 있다.

(B) $p + n \rightarrow p + p + \bar{p}$

풀이

반응식 좌변의 전체 중입자 수를 계산한다.

$$1 + 1 = 2$$

반응식 우변의 전체 중입자 수를 계산한다.

$$1 + 1 + (-1) = 1$$

중입자 수는 보존되지 않으므로, 반응은 일어날 수 없다.

▌예제 31.2 | 양성자 붕괴의 검출

일본의 슈퍼 카미오칸데(Kmiokande) 중성미자 검출기 설비(그림 31.6)로 측정해서 얻은 양성자의 반감기는 최소 10^{33}년이다.

(A) 유리잔의 물속에 있는 양성자가 붕괴하는 것을 보려면, 평균적으로 얼마 동안을 관찰해야 하는지 계산하라.

풀이

개념화 유리잔의 물속에 있는 양성자의 수를 생각하자. 한 잔의 물속에 있는 양성자의 수는 매우 많지만, 한 개의 양성자가 붕괴할 확률은 거의 없다는 것을 알기 때문에 붕괴를 관측하려면 오랜 시간 동안을 기다려야 할 것으로 예상된다.

분류 문제에서 반감기가 주어졌기 때문에, 이 문제를 30.3절의 통계 분석 기법을 적용할 수 있는 문제로 분류한다.

분석 질량 $m = 250\,\text{g}$, 몰질량 $M = 18\,\text{g/mol}$의 물이 들어 있는 유리잔을 상정하자.

유리잔에 들어 있는 물의 분자 수를 구한다.

$$N_{\text{molecules}} = nN_{\text{A}} = \frac{m}{M}N_{\text{A}}$$

물 분자 한 개는 양성자 1개를 포함한 수소 원자 2개와 양성자 8개를 포함한 산소 원자 1개로 구성되어 전체 10개의 양성자를 가진다. 따라서 유리잔 속의 물에는 $N = 10N_{\text{molecules}}$개의 양성자가 있다.

식 30.5, 30.7, 30.8에서 양성자의 방사능을 구한다.

$$\begin{aligned}
(1) \quad R &= \lambda N = \frac{\ln 2}{T_{1/2}}\left(10\,\frac{m}{M}N_{\text{A}}\right) \\
&= \frac{\ln 2}{10^{33}\,\text{yr}}(10)\left(\frac{250\,\text{g}}{18\,\text{g/mol}}\right)(6.02 \times 10^{23\,\text{mol}^{-1}}) \\
&= 5.8 \times 10^{-8}\,\text{yr}^{-1}
\end{aligned}$$

Kamioka Observatory, ICRR(The Institute for Cosmic Ray Research), The University of Tokyo

그림 31.6 (예제 31.2) 일본에 건설된 슈퍼 카미오칸데 중성자 설비에 있는 이 검출기는 광자와 중성미자를 연구하는 데 이용된다. 극도로 정화된 50 000 톤의 물과 13 000개의 광증폭관으로 구성되어 있다. 이 사진은 물을 채우는 중간에 찍은 것이다. 기술자들이 뗏목을 타고서 광증폭관들이 물속에 잠기기 전에 깨끗하게 씻어내고 있다.

결론 붕괴 상수는 1년에 한 개의 양성자가 붕괴할 가능성을 나타낸다. 1년 동안 유리잔의 물에서 양성자가 붕괴할 가능성은 식 (1)에 의해 주어진다. 따라서 우리는 유리잔의 물을 $1/R \approx$ 1 700만 년 동안 지켜보아야 한다! 예상대로 이것은 참으로 긴 세월이다.

(B) 슈퍼 카미오칸데 중성미자 검출기 설비에는 50 000톤의 물이 담겨 있다. 양성자의 반감기를 10^{33}년으로 한다면, 이 엄청난 물속에서 일어나는 양성자 붕괴의 검출 사이의 평균 시간 간격을 계산하라.

풀이

분석 시험수에서의 양성자 붕괴율 R은 양성자의 수 N에 비례한다. 슈퍼 카미오칸데 설비에서와 유리잔의 물속에서의 붕괴율의 비를 세운다.

$$\frac{R_{\text{Kamiokande}}}{R_{\text{glass}}} = \frac{N_{\text{Kamiokande}}}{N_{\text{glass}}} \rightarrow R_{\text{Kamiokande}} = \frac{N_{\text{Kamiokande}}}{N_{\text{glass}}} R_{\text{glass}}$$

양성자의 수는 시험수의 질량에 비례하기 때문에, 질량의 항을 써서 붕괴율을 나타낸다.

$$R_{\text{Kamiokande}} = \frac{m_{\text{Kamiokande}}}{m_{\text{glass}}} R_{\text{glass}}$$

주어진 값들을 대입한다.

$$R_{\text{Kamiokande}} = \left(\frac{50\,000\,\text{t}}{0.250\,\text{kg}} \right) \left(\frac{1\,000\,\text{kg}}{1\,\text{t}} \right) (5.8 \times 10^{-8}\,\text{yr}^{-1})$$

$$\approx 12\,\text{yr}^{-1}$$

결론 붕괴 사이의 시간 간격은 대략 1년의 12분의 1, 또는 한 달에 한 번 정도라는 것이다. 이것은 (A)에서의 시간 간격에 비해 대단히 짧은데, 그 이유는 검출기 설비 안에 채워진 엄청난 양의 물로 인한 것이다. 이와 같은 한 달에 한 번 양성자 붕괴가 일어나리라는 장밋빛 예측과 달리, 양성자 붕괴는 결코 관찰되지 않는다. 이것은 양성자의 반감기가 10^{33}년보다 더 클지도 모른다거나, 단순히 양성자 붕괴가 일어나지 않는다는 것을 제시한다.

경입자 수 Lepton Number

전자, 뮤온 및 타우 입자에서 일반적으로 일어나는 붕괴를 관측한 결과, 각 경입자의 종류별로 모두 세 개의 보존 법칙이 있다는 확신에 도달할 수 있다. **전자 경입자 수 보존의 법칙**(law of conservation of electron lepton number)은 다음을 말하고 있다.

▶ 전자 경입자 수의 보존

반응이나 붕괴가 일어날 때마다 과정 전의 전자 경입자 수의 합과, 과정 후의 전자 경입자 수의 합이 같아야만 한다.

전자(e)와 전자-중성미자(ν_e)에는 $L_e = +1$, 반경입자 e$^+$와 $\bar{\nu}_e$는 $L_e = -1$, 나머지 전부에 $L_e = 0$의 전자-경입자 수를 할당한다. 예를 들어 다음과 같은 중성자의 붕괴를 생각하자.

$$\text{n} \rightarrow \text{p} + \text{e}^- + \bar{\nu}_e$$

붕괴 전의 전자 경입자 수는 $L_e = 0$이며, 반응 후에도 $0 + 1 + (-1) = 0$이다. 따라서 전자 경입자 수는 보존된다. 중입자 수도 역시 보존되어야 한다는 것에 주목하는 것은 중요하다. 중입자 수는 쉽게 점검할 수 있는데, 붕괴 전의 중입자 수는 $B = +1$이고 붕괴 후에도 B는 $+1 + 0 + 0 = +1$이다.

마찬가지로 붕괴에 뮤온이 포함되면 뮤온 경입자 수 L_μ도 보존된다. μ^-와 ν_μ에는 $L_\mu = +1$, 반경입자 μ^+와 $\bar{\nu}_\mu$에는 $L_\mu = -1$, 나머지 전부에 $L_\mu = 0$의 뮤온 경입자 수를 할당한다. 마지막으로 타우 경입자 수 L_τ도 보존되고, 타우 경입자와 중성미자에 대해서도 유사한 할당을 할 수 있다.

▶ **퀴즈 31.3** 붕괴식 $\pi^0 \rightarrow \mu^- + e^+ + \nu_\mu$에 대해 생각하자. 이 붕괴식에서 어떤 보존 법칙이 위반되는가? (a) 에너지 (b) 각운동량 (c) 전하 (d) 중입자 수 (e) 전자 경입자 수 (f) 뮤온 경입자 수 (g) 타우 경입자 수 (h) 위반되는 보존 법칙 없음

▶ **퀴즈 31.4** 붕괴식 $n \rightarrow p + e^-$로 주어진 중성자 붕괴에 대해 생각하자. 이 붕괴식에서 어떤 보존 법칙이 위반되는가? (a) 에너지 (b) 각운동량 (c) 전하 (d) 중입자 수 (e) 전자 경입자 수 (f) 뮤온 경입자 수 (g) 타우 경입자 수 (h) 위반되는 보존 법칙 없음

▶ **예제 31.3 | 경입자 수 확인**

다음 각 붕괴 반응 (A)와 (B)가 일어날 수 있는지를 경입자 수 보존 법칙을 이용해서 판정하라.

(A) $\mu^- \rightarrow e^- + \bar{\nu}_e + \nu_\mu$

풀이

개념화 이 붕괴는 뮤온과 전자를 포함하기 때문에, 붕괴가 일어난다면 L_μ와 L_e는 각각 보존되어야 한다.

분류 이 절에서 전개된 보존 법칙을 사용할 것이므로 예제를 대입 문제로 분류한다.

붕괴 전의 경입자 수를 계산한다.

$$L_\mu = +1, \qquad L_e = 0$$

붕괴 후의 전체 경입자 수를 계산한다.

$$L_\mu = 0 + 0 + 1 = +1, \qquad L_e = +1 + (-1) + 0 = 0$$

따라서 양쪽 수들이 보존되고 이를 근거로 붕괴가 일어날 수 있다.

(B) $\pi^+ \rightarrow \mu^+ + \nu_\mu + \nu_e$

풀이

붕괴 전의 경입자 수를 계산한다.

$$L_\mu = 0, \qquad L_e = 0$$

붕괴 후의 전체 경입자 수를 계산한다.

$$L_\mu = -1 + 1 + 0 = 0, \qquad L_e = 0 + 0 + 1 = 1$$

따라서 전자 경입자 수가 보존되지 않기 때문에 붕괴는 일어나지 않는다.

31.6 | **기묘 입자와 기묘도** Strange Particles and Strangeness

1950년대에 대기 중에서 일어난 파이온과 양성자 및 중성자와의 핵반응에서 생성된 많은 입자들이 발견됐다. 이 입자들 중에서 케이온(K), 람다(L) 및 시그마(Σ) 그룹은 생성되고 붕괴될 때 특이한 특성을 나타내기 때문에 기묘 입자라 불린다.

특이한 특성 중 하나는, 이 그룹의 입자는 항상 쌍으로 생성된다는 것이다. 예를 들면 파이온이 양성자와 충돌해서 다음과 같이 두 개의 중성 기묘 입자를 생성할 확률이 높다.

$$\pi^- + p \rightarrow \Lambda^0 + K^0$$

그러나 $\pi^- + p \rightarrow n^0 + K^0$와 같이 기묘 입자가 단 한 개만 생성되는 반응은 1950년

대에 알려졌던 보존 법칙을 위반하지 않고, 파이온의 에너지가 반응을 일으키는 데 충분함에도 불구하고 절대 일어나지 않는다.

기묘 입자의 두 번째 특징은 그들이 강력으로 생성되는 비율은 높지만, 강력으로 상호 작용하는 입자들로 붕괴하는 비율은 그렇게 높지 않다는 것이다. 그 대신에 약한 상호 작용의 특성처럼 매우 느리게 붕괴하는 것이다. 강력으로 상호 작용하는 대부분의 입자는 반감기가 10^{-20} s 이하이지만 기묘 입자의 반감기는 $10^{-10} \sim 10^{-8}$ s 범위에 있다.

이와 같이 관찰된 특징은 지금까지의 모형이 수정될 필요가 있다는 것을 알려 준다. 기묘 입자의 특이한 특성을 설명하기 위해 지금까지의 기본 입자 모형에 **기묘도** (strangeness)라고 하는 새로운 양자수 S와 함께 새로운 보존 법칙이 도입됐다. 기묘 입자의 기묘도는 표 31.2에 있다. 기묘 입자가 쌍으로 생성되는 반응에서 기묘 입자 중 하나에 $S = +1$, 다른 하나에 $S = -1$을 할당하고, 기묘 입자가 아닌 것에는 기묘도 $S = 0$을 할당한다. **기묘도 보존의 법칙**(law of conservation of strangeness)은 다음을 말하고 있다.

▶ 기묘도의 보존

> 강력에 의해 반응이나 붕괴 과정이 일어날 때, 과정 전의 기묘도 수의 합과, 과정 후의 기묘도 수의 합이 같아야만 한다.

강한 상호 작용과 전자기 상호 작용은 기묘도 보존 법칙을 따르지만 약한 상호 작용은 기묘도 보존의 법칙을 따르지 않는다고 가정하면, 기묘 입자의 낮은 붕괴 비율에 대한 설명이 가능하다. 기묘 입자가 없어지는 붕괴 반응은 기묘도 보존을 위반하므로 약한 상호 작용을 통해 과정이 느리게 진행된다.

⟨ 예제 31.4 | 기묘도는 보존되는가?

(A) 반응 $\pi^0 + n \rightarrow K^+ + \Sigma^-$ 가 일어날 수 있는지를 기묘도 보존의 법칙을 이용해서 판정하라.

풀이

개념화 이 반응에서 나타나는 기묘 입자가 있다고 알았기 때문에, 기묘도의 보존을 조사해야 한다는 것을 알았다.

분류 이 절에서 전개된 보존 법칙을 이용할 것이므로 예제를 대입 문제로 분류한다.

표 31.2로부터 반응식 좌변의 기묘도를 계산한다.

$$S = 0 + 0 = 0$$

반응식 우변의 기묘도를 계산한다.

$$S = +1 - 1 = 0$$

따라서 기묘도는 보존되고 반응은 일어날 수 있다.

(B) $\pi^- + p \rightarrow \pi^- + \Sigma^+$ 의 반응에서 기묘도가 보존되지 않음을 증명하라.

풀이

반응식 좌변의 기묘도를 계산한다.

$$S = 0 + 0 = 0$$

반응식 우변의 기묘도를 계산한다.

$$S = 0 + (-1) = -1$$

따라서 기묘도는 보존되지 않는다.

31.7 | 입자의 수명 측정 Measuring Particle Lifetimes

혼란스럽기까지 한 표 31.2의 입자 목록을 보면 그에 대한 확고한 근거가 무엇인가 하는 의구심이 든다. 목록 중에서, 수명이 10^{-20} s이며 질량이 1 192.5 MeV/c^2인 Σ^0 입자의 예를 보면, 실제로 이런 의문을 갖는 것은 자연스러운 일이다. 단지 10^{-20} s만 존재하는 입자를 검출하는 것이 어떻게 가능할까?

대부분의 입자들은 불안정하고, 자연 속에서는 매우 드물게 우주선 소나기(cosmic ray shower) 속에서 생성될 뿐이다. 그러나 실험실에서는 고에너지 입자와 적당한 표적을 사용한 제어된 충돌로 이런 입자가 상당수 만들어진다. 입사 입자는 대단히 높은 에너지를 가져야 하고, 전자기장에서 높은 에너지로 입자를 가속시키려면 상당한 시간이 걸린다. 따라서 전자 또는 양성자와 같이 안정하고 전하를 가진 입자가 일반적으로 입사선속으로 사용된다. 마찬가지로 표적도 단순하고 안정해야 하는데, 가장 단순한 표적인 수소는 표적(양성자)과 검출기로 모두 쓸 수 있다.

그림 31.7은 표적 입자와 검출기 역할을 하는 거품 상자 안의 수소에서 일어난 전형적인 반응을 보여 준다(거품 상자는 끓는점에 가까운 온도를 유지하는 액체 수소를 채운 용기에서 운동하는 대전 입자의 자국이 보이도록 고안된 장치이다). 사진의 바닥에서 들어오는 음의 파이온이 만든 다수의 평행한 자국을 볼 수 있다. 삽입된 그림에 표시한 것과 같이, 파이온 중의 하나가 정지 상태에 있는 수소 안의 양성자와 부딪쳐 다음 반응에 따라 두 개의 기묘 입자 Λ^0와 K^0를 생성한다.

$$\pi^- + p \rightarrow \Lambda^0 + K^0$$

중성인 기묘 입자는 어떤 자국도 남기지 않지만, 이들 입자의 붕괴로 생겨난 대전 입자는 그림 31.7에서처럼 선명하게 보인다. 사진의 면 안쪽으로 향하는 자기장은 각 대전된 입자의 자국을 휘어지게 하는데, 그 자국의 곡률을 측정함으로써 입자의 전하와 선운동량을 결정할 수 있다. 입사 입자의 질량과 운동량을 알고 있다면, 운동량 보존 법칙과 에너지 보존 법칙으로 생성된 입자의 질량, 운동 에너지 및 속력을 통상 계산할 수 있다. 마지막으로 생성된 입자의 속력과 측정이 가능한 붕괴 자국의 길이로부터, 생성된 입자의 수명을 계산할 수 있다. 때로는 아무런 자국도 남기지 않는 중성 입자에도 이 수명 측정 기술을 적용시킬 수 있음을 그림 31.7이 보여 준다. 입자의 속력과 그 입자의 보이지 않는 자국의 시작점과 끝점을 알면, 보이지 않는 자국의 길이를 추론해서 중성 입자의 수명을 계산할 수 있다.

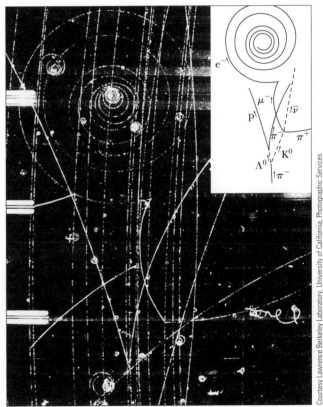

그림 31.7 이 거품 상자의 사진은 많은 입자의 반응을 보여 주며, 삽입된 그림은 확인된 자국을 그린 것이다. 그림의 아래쪽을 보면 π^-가 양성자와 상호 작용해서 반응식 $\pi^- + p \rightarrow \Lambda^0 + K^0$에 따라 Λ^0와 K^0가 생성된다(점선으로 나타낸 것처럼 중성 입자는 거품 상자에 자국을 남기지 않음에 주목한다). 다음에 Λ^0와 K^0는 $\Lambda^0 \rightarrow \pi^- + p$와 $K^0 \rightarrow \pi^+ + \mu^- + \bar{\nu}_\mu$에 따라 붕괴한다.

공명 입자 Resonance Particles

숙련된 실험 기술과 많은 노력의 결과로, 10^{-6} m 정도의 짧은 붕괴 자국의 길이를 측정할 수 있게 됐다. 따라서 거의 빛의 속력으로 이동하는 고에너지 입자의 경우에는 10^{-16} s 정도의 짧은 수명도 측정할 수 있다. 붕괴된 입자가 실험실 기준틀에서 $0.99c$의 속력으로 1 μm를 이동했다고 하면 입자의 수명은 $\Delta t_{\text{lab}} = 1 \times 10^{-6}$ m$/0.99c \approx 3.4 \times 10^{-15}$ s가 된다. 그러나 시간 팽창의 상대론적 효과도 고려해야 하기 때문에 이 결과는 최종인 것은 아니다. 붕괴 입자의 기준틀에서 측정된 고유 수명 Δt_{p}는 실험실 기준틀에서 측정된 Δt_{lab}의 값보다 인수 $\sqrt{1 - (v^2/c^2)}$만큼 짧기 때문에 (식 9.6 참조) 고유 수명을 다음과 같이 계산할 수 있다.

$$\Delta t_{\text{p}} = \Delta t_{\text{lab}} \sqrt{1 - \frac{v^2}{c^2}} = (3.4 \times 10^{-15} \text{ s}) \sqrt{1 - \frac{(0.99 \, c)^2}{c^2}} = 4.8 \times 10^{-16} \text{ s}$$

유감스럽게도 아인슈타인의 상대론적 효과의 도움과, 자국−길이의 방법을 사용하는 방법으로도 10^{-20} s의 짧은 수명을 측정하는 것은 불가능하다. 그러면 10^{-20} s 정도의 시간 간격 동안만 존재하는 입자의 실재를 어떻게 검출할 수 있을까? **공명 입자** (resonance particle)로 알려진 이와 같이 짧은 수명을 가진 입자에 대해 우리가 할 수 있는 것은 이 입자의 붕괴 과정에서 생성된 입자에 관한 실험 자료로부터 그 공명 입자의 질량, 수명 및 그들의 존재까지도 추론하는 것이 전부이다.

◢ **31.8** | **입자 세계의 규칙성 찾기** Finding Patterns in the Particles

과학자들이 자연을 이해하는 데 유용한 도구는 자료에서 규칙성(pattern)을 파악하는 것이다. 이에 대한 가장 좋은 본보기 중 하나는 원소의 화학적 성질에 대한 기본적인 이해를 제공하는 주기율표이다. 주기율표를 보면 100개가 넘는 원소들이 어떤 전자, 양성자, 중성자 구성으로 되어 있는지 알 수 있다. 관측된 입자와 입자 물리학자들에 의해 알려진 공명 입자의 수는 주기율표에 있는 원소의 수보다 훨씬 많다. 이 모든 입자를 구성할 수 있는 소수의 기본 입자가 존재하는 것이 가능할까? 주기율표와 같은 입자 사이의 규칙성에 대한 탐구의 역사를 조사해 보자.

입자를 집단으로 묶는 여러 가지 분류 방식이 제안됐다. 예를 들어 표 31.2에서 스핀이 $\frac{1}{2}$인 p, n, Λ^0, Σ^+, Σ^0, Σ^-, Ξ^0, Ξ^-의 중입자를 생각하자. 이 중입자를 그림 31.8a와 같이 기묘도 대 전하의 기울어진 좌표계를 이용해서 도면에 좌표로 나타내면 아주 멋진 규칙성을 발견하게 된다. 여섯 개의 중입자가 육각형을 이루고 나머지 두 개의 중입자가 육각형의 중심[3]에 있다.

---

[3] 기울어진 좌표계를 사용하는 이유는 변의 길이가 똑같은 **규칙적인** 육각형을 만들 수 있기 때문이다. 보통의 직교 좌표계를 이용해도 도형을 만들 수 있지만 육각형을 이루는 변의 길이는 달라진다. 시도해 보자.

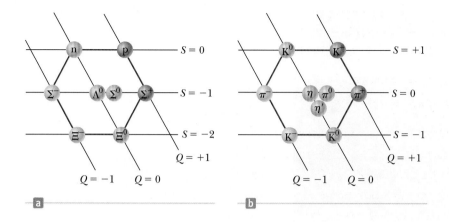

그림 31.8 (a) 여덟 개의 스핀 1/2인 중입자에 대한 육각형 팔정도 도형. 전하에 대한 기묘도를 나타내는 그림으로 경사진 축은 전하수 Q, 수평축은 기묘도 S를 나타낸다. (b) 아홉 개의 스핀 0인 중간자에 대한 팔정도 도형

두 번째 예를 들어 표 31.2의 목록에서 스핀이 영인 π^+, π^0, π^-, K^+, K^0, K^-, η, η' 및 반입자 $\overline{K}^0$의 중간자를 생각하자. 그림 31.8b가 이 아홉 개의 중간자 집단에 대한 기묘도 대 전하의 도면이다. 다시 육각형의 모형이 됐다. 이 경우 육각형의 주변에 입자와 반입자가 반대 방향으로 놓여 있고, 입자 자신이 반입자를 형성하는 나머지 세 개의 중간자가 육각형의 중심에 있다. 이 육각형 도면 및 관련된 대칭 모형이 1961년에 겔만(Murray Gell-Mann)과 네에만(Yuval Ne'eman)에 의해 독자적으로 개발됐다. 겔만은 이 모형을 **팔정도**(eightfold way)라고 불렀는데, 이는 불교에서 해탈에 이르는 여덟 겹의 길을 지칭한다.

팔정도의 체제 안에서 여러 가지 다른 대칭 모형으로 중입자와 중간자의 집단을 표시할 수 있다. 예를 들면 1961년에 알려진 스핀이 $\frac{3}{2}$인 중입자의 집단은 그림 31.9와 같이 볼링 핀 모양으로 배열된 아홉 개의 중입자를 포함한다[Σ^{*+}, Σ^{*0}, Σ^{*-}, Ξ^{*0}, Ξ^{*-} 입자들은 Σ^+, Σ^0, Σ^-, Ξ^0, Ξ^- 입자들의 들뜬 상태에 있는 것이다. 이런 높은 에너지 상태에서는 중입자를 구성하는 쿼크(31.9절 참조) 세 개의 스핀이 정렬되어서 중입자의 전체 스핀은 $\frac{3}{2}$이다]. 이 모형을 제안할 때, 도형의 아랫부분에 그때까지 전혀 관측되지 않은 입자에 대응되는 빈 자리가 있음을 알았다. 겔만은 이 입자를 오메가 마이너스(Ω^-)라 부르고, 스핀은 $\frac{3}{2}$, 전하는 -1, 기묘도는 -3이며 정지 에너지는 약 1 680 MeV가 되어야 한다고 예측했다. 그 후로 얼마 지나지 않은 1964년에 미국 브룩헤이븐국립연구소의 과학자들이 거품 상자 사진(그림 31.10)을 세심하게 분석해서 빈 자리를 채울 입자를 찾았고, 그 입자에 대해 예측했던 모든 특성들을 확인

겔만
Murray Gell-Mann, 1929~
미국의 물리학자

겔만은 아원자 입자를 다룬 이론적인 연구의 공로로 1969년 노벨 물리학상을 받았다.

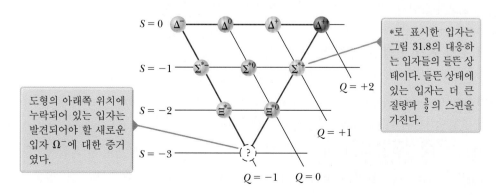

도형의 아래쪽 위치에 누락되어 있는 입자는 발견되어야 할 새로운 입자 Ω^-에 대한 증거였다.

*로 표시한 입자는 그림 31.8의 대응하는 입자들의 들뜬 상태이다. 들뜬 상태에 있는 입자는 더 큰 질량과 $\frac{3}{2}$의 스핀을 가진다.

그림 31.9 당시에 알려진 스핀이 $\frac{3}{2}$이고 질량이 더 큰 중입자에 대한 도형이 제안됐다.

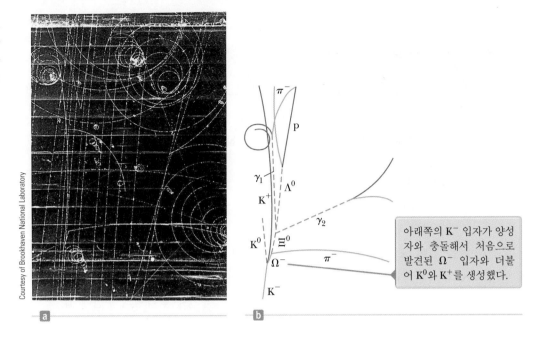

그림 31.10 Ω^- 입자의 발견. 왼쪽의 사진은 거품 상자에 나타난 자국을 찍은 원본이며, 오른쪽은 중요한 반응의 자국만 분리해서 그린 것이다.

아래쪽의 K^- 입자가 양성자와 충돌해서 처음으로 발견된 Ω^- 입자와 더불어 K^0와 K^+를 생성했다.

했다.

팔정도에서 빈 자리에 대응되는 입자에 대한 예측은 주기율표에서 빈 자리에 대응되는 원소를 예측하는 것과 공통점이 많다. 정보의 체계화된 모형에서 생긴 빈 자리는 실험학자들의 연구에 길잡이가 된다.

31.9 | 쿼크 Quarks

이미 말한 바와 같이 경입자는 존재하는 유형의 수가 적고, 잴 수 있는 크기나 내부 구조가 없어 더 작은 단위로 나눠지지 않는 것으로 보이기 때문에 진정한 기본 입자로 생각된다. 이와 달리 중입자는 크기와 내부 구조가 있는 복합 입자이다. 팔정도 규칙성은 중입자는 더 기본적인 하부 구조가 있음을 암시한다. 더구나 중입자의 종류는 수백에 달하고 대부분의 중입자는 다른 중입자로 붕괴된다. 이런 사실은 중입자가 진정한 기본 입자가 될 수 없다는 것을 강력하게 암시하는 것이다. 이 절에서 중입자의 복잡성이 간단한 하부 구조로 설명될 수 있음을 보일 것이다.

최초의 쿼크 모형: 중입자의 구조 모형
The Original Quark Model: A Structural Model for Hadrons

1963년에 겔만(Gell-Mann)과 츠바이크(George Zweig, 1937~)는 독자적으로 중입자는 더 기본적인 하부 구조를 가진다고 제안했다. 그들의 구조 모형에 따르면, 모든 중입자는 **쿼크**(quark)라고 하는 기본 구성체 두 개 또는 세 개로 된 복합계이다 [겔만은 쿼크라는 단어를 조이스(James Joyce)가 쓴 *Finnegan's Wake*에 인용된

"Three quarks for Muster Mark"에서 차용했다]. 세 가지 유형의 쿼크가 존재한다고 하고 이들을 u, d, s로 표기했다. 쿼크들은 임의로 **위**(up), **아래**(down) 및 **기묘**(strange)라고 명명됐다. 쿼크의 여러 가지 유형을 **맛깔**(flavor)이라 부른다. 중간자는 세 개의 쿼크로 구성되고, 중간자는 쿼크 한 개와 반쿼크 한 개로 구성된다. 그림 31.11은 몇몇 강입자의 쿼크 구성을 그림으로 나타낸 것이다.

쿼크의 독특한 특성은 분수 전하를 가지는 것이다. u, d, s 쿼크는 각각 $+\frac{2}{3}e$, $-\frac{1}{3}e$, $-\frac{1}{3}e$의 전하를 가지며, 여기서 e는 1.6×10^{-19} C의 기본 전하이다. 쿼크와 반쿼크가 가지는 여러 가지 특성을 표 31.3에 나타냈다. 쿼크가 가지는 스핀이 $\frac{1}{2}$인 것에 주목할 필요가 있는데, 이는 반정수 스핀을 가진 다른 입자처럼 모든 쿼크는 **페르미온**이라는 것을 의미한다. 표 31.3에서 보듯이 각각의 쿼크에 대해서 반대 부호의 전하, 중입자 수 및 기묘도를 갖는 반쿼크가 존재한다.

겔만과 츠바이크가 그들의 모형을 제안할 때에 알려진 모든 강입자의 구성은 세 가지 규칙에 의해 완전하게 기술할 수 있다.

- 중간자는 쿼크 한 개와 반쿼크 한 개로 구성되며, 따라서 중입자 수는 0이다.
- 중입자는 세 개의 쿼크로 구성된다.
- 반중입자는 세 개의 반쿼크로 구성된다.

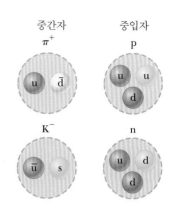

그림 31.11 중간자(π^+, K⁻)와 중입자(양성자, 중성자)의 쿼크 구성

표 31.3 | 쿼크와 반쿼크의 특성

쿼크

이 름	기 호	스 핀	전 하	중입자 수	기묘도	맵시도	바닥도	꼭대기도
위	u	$\frac{1}{2}$	$+\frac{2}{3}e$	$\frac{1}{3}$	0	0	0	0
아 래	d	$\frac{1}{2}$	$-\frac{1}{3}e$	$\frac{1}{3}$	0	0	0	0
기 묘	s	$\frac{1}{2}$	$-\frac{1}{3}e$	$\frac{1}{3}$	-1	0	0	0
맵 시	c	$\frac{1}{2}$	$+\frac{2}{3}e$	$\frac{1}{3}$	0	$+1$	0	0
바 닥	b	$\frac{1}{2}$	$-\frac{1}{3}e$	$\frac{1}{3}$	0	0	$+1$	0
꼭대기	t	$\frac{1}{2}$	$+\frac{2}{3}e$	$\frac{1}{3}$	0	0	0	$+1$

반쿼크

이 름	기 호	스 핀	전 하	중입자 수	기묘도	맵시도	바닥도	꼭대기도
반 위	$\bar{u}$	$\frac{1}{2}$	$-\frac{2}{3}e$	$-\frac{1}{3}$	0	0	0	0
반아래	$\bar{d}$	$\frac{1}{2}$	$+\frac{1}{3}e$	$-\frac{1}{3}$	0	0	0	0
반기묘	$\bar{s}$	$\frac{1}{2}$	$+\frac{1}{3}e$	$-\frac{1}{3}$	$+1$	0	0	0
반맵시	$\bar{c}$	$\frac{1}{2}$	$-\frac{2}{3}e$	$-\frac{1}{3}$	0	-1	0	0
반바닥	$\bar{b}$	$\frac{1}{2}$	$+\frac{1}{3}e$	$-\frac{1}{3}$	0	0	-1	0
반꼭대기	$\bar{t}$	$\frac{1}{2}$	$-\frac{2}{3}e$	$-\frac{1}{3}$	0	0	0	-1

겔만과 츠바이크에 의해 싹튼 이론은 **최초의 쿼크 모형**이다.

> ▶ **퀴즈 31.5** 그림 31.8과 같은 좌표계를 이용해서 최초의 쿼크 모형에 있는 세 개의 쿼크에 대한 팔정도 도형을 그려라.

맵시 쿼크와 그 밖의 발전 상황 Charm and Other Developments

최초의 쿼크 모형이 입자들을 집단으로 분류하는 것에는 대단히 성공적이었으나 모형의 예측과 실험적 붕괴 비율 사이에 약간의 불일치가 있는 것이 분명했다. 이런 불일치를 제거하려면 구조 모형을 수정해야 한다는 것이 명백해졌다. 이에 1967년에 몇몇 물리학자들이 네 번째 쿼크를 제안했다. 그들은 (당시에 생각했던 전자, 전자 – 중성미자, 뮤온 및 뮤온 – 중성미자) 네 개의 경입자가 존재한다면 자연의 기초적인 대칭성 때문에 쿼크도 역시 네 개 존재해야 한다고 주장했다. 기호 c로 구상된 네 번째 쿼크의 주어진 특성을 **맵시**이라고 부른다. **맵시 쿼크**(charmed quark)의 전하는 $+\frac{2}{3}e$이지만, 이 쿼크의 맵시도는 다른 세 개의 쿼크와 구별된다. 맵시 쿼크가 추가되어 맵시도를 나타내는 새로운 양자수 C가 도입됐다. 표 31.3에서 보이는 것처럼 이 새로운 쿼크는 $C = +1$, 반쿼크는 $C = -1$이며 다른 쿼크는 모두 $C = 0$의 맵시도를 가진다. 맵시도는 기묘도와 마찬가지로 강한 상호 작용과 전자기 상호 작용에서는 보존되지만 약한 상호 작용에서는 보존되지 않는다.

1974년 스탠퍼드선형가속기센터(SLAC)에서 리히터(Burton Richter, 1931~)가 이끄는 그룹과, 브룩헤이븐국립연구소에서 팅(Samuel Ting, 1936~)이 이끄는 그룹이 독자적으로 J/Ψ(또는 간단히 Ψ)라 부르는 무거운 입자를 발견하면서 맵시 쿼크가 존재하는 증거가 모이기 시작했다. 이 업적으로 리히터와 팅은 1976년에 노벨 물리학상을 수상했다. J/Ψ 입자는 세 개로 구성되는 쿼크 모형에는 적합하지 않고, 제안된 맵시 쿼크와 반맵시 쿼크가 결합한 $c\bar{c}$의 특성에 적합하다. 이 입자는 알려진 어떤 중간자보다도 훨씬 무겁고(~3 100 MeV/c^2), 수명은 강력에 의해 붕괴되는 입자보다 훨씬 길다. 얼마 지나지 않아 $\bar{c}d$와 $c\bar{d}$와 같은 쿼크 조합에 해당하는 중간자가 발견됐는데, 이는 모두 질량이 크고 수명도 길다. 이런 새로운 중간자의 존재는 네 번째 쿼크 맛깔에 대한 확고한 증거를 제공한다.

1975년에 스탠퍼드 대학교의 연구진들이 1 784 MeV/c^2의 질량을 가지는 타우(τ) 경입자에 대한 강력한 증거를 제시했다. 이것은 찾아내야 할 다섯 번째 경입자이며, 맵시 쿼크의 제안을 이끌었던 것처럼 대칭성 논의에 근거해서 쿼크 맛깔이 더 있을 것이라는 제안을 하게 됐다. 이런 제안들 때문에 더 정교한 쿼크 모형이 만들어지고, **꼭대기**(top) 쿼크 t와 **바닥**(bottom) 쿼크 b라는 두 개의 새로운 쿼크가 예측됐다. 이 두 개의 쿼크를 앞에서 알려진 네 개의 쿼크와 구별하기 위해 **꼭대기도**(topness)와 **바닥도**(bottomness)라는 양자수가 도입되고, 이를 (허용하는 값 +1, 0, -1) 표 31.3과 같이 모든 쿼크와 반쿼크에 할당한다. 1977년에 페르미국립연구소에서 레이

표 31.4 | 중간자의 쿼크 구성

		$\overline{b}$		$\overline{c}$		반쿼크 $\overline{s}$		$\overline{d}$		$\overline{u}$	
		Υ	$(\overline{b}b)$	B_c^-	$(\overline{c}b)$	$\overline{B}_s^0$	$(\overline{s}b)$	$\overline{B}_d^0$	$(\overline{d}b)$	B^-	$(\overline{u}b)$
	b										
	c	B_c^+	$(\overline{b}c)$	J/Ψ	$(\overline{c}c)$	D_s^+	$(\overline{s}c)$	D^+	$(\overline{d}c)$	D^0	$(\overline{u}c)$
쿼크	s	B_s^0	$(\overline{b}s)$	D_s^-	$(\overline{c}s)$	η, η'	$(\overline{s}s)$	$\overline{K}^0$	$(\overline{d}s)$	K^-	$(\overline{u}s)$
	d	B_d^0	$(\overline{b}d)$	D^-	$(\overline{c}d)$	K^0	$(\overline{s}d)$	π^0, η, η'	$(\overline{d}d)$	π^-	$(\overline{u}d)$
	u	B^+	$(\overline{b}u)$	$\overline{D}^0$	$(\overline{c}u)$	K^+	$(\overline{s}u)$	π^+	$(\overline{d}u)$	π^0, η, η'	$(\overline{u}u)$

Note: 쿼크 t는 너무 빠르게 붕괴되기 때문에 중간자를 형성할 수 없다.

더먼(Leon Lederman, 1922~)이 이끄는 연구진이, 바닥 쿼크 $b\overline{b}$로 구성됐다고 생각되는 매우 무겁고 새로운 중간자 Υ의 발견을 보고했다. 1995년 3월에는 페르미 연구소의 연구진이, 질량 173 GeV/c^2의 꼭대기 쿼크를 발견한 것을 발표했다.

표 31.4는 위(u), 아래(d), 기묘(s), 맵시(c) 및 바닥(b) 쿼크로 형성된 중간자의 쿼크 구성에 관한 목록이다. 표 31.5는 표 31.2에 수록된 중입자에 대한 쿼크 조합을 보여 준다. 보통의 물질 (양성자와 중성자)에서 접하게 되는 모든 강입자는 단지 두 개의 쿼크 맛깔 u와 d만으로 구성되어 있음에 주목하자.

이런 발견이 언제 끝이 날지에 대한 의문을 가질 수도 있다. 얼마나 많은 물질의 기본 요소가 실제로 존재하는가? 현재 물리학자들이 믿는 자연에 있는 기본 입자는, 표 31.6에 수록된 여섯 개의 쿼크와 여섯 개의 경입자 및 표 31.1에 수록된 장입자이다. 표 31.6에는 쿼크와 경입자의 정지 에너지와 전하를 수록했다.

표 31.5 | 중입자의 쿼크 구성

입 자	쿼크 구성
p	uud
n	udd
Λ^0	uds
Σ^+	uus
Σ^0	uds
Σ^-	dds
Δ^{++}	uuu
Δ^+	uud
Δ^0	udd
Δ^-	ddd
Ξ^0	uss
Ξ^-	dss
Ω^-	sss

Note: p와 Δ^+는 uud, n과 Δ^0는 udd와 같이 어떤 중입자는 같은 쿼크 구성을 가진다. 이 경우의 Δ 입자는 양성자와 중성자의 들뜬 상태로 간주된다.

표 31.6 | 기본 입자의 정지 에너지와 전하

입 자	정지 에너지	전 하
쿼크		
u	2.4 MeV	$+\frac{2}{3}e$
d	4.8 MeV	$-\frac{1}{3}e$
s	104 MeV	$-\frac{1}{3}e$
c	1.27 GeV	$+\frac{2}{3}e$
b	4.2 GeV	$-\frac{1}{3}e$
t	173 GeV	$+\frac{2}{3}e$
경입자		
e^-	511 keV	$-e$
μ^-	105.7 MeV	$-e$
τ^-	1.78 GeV	$-e$
ν_e	< 2 eV	0
ν_μ	< 0.17 MeV	0
ν_τ	< 18 MeV	0

광범위한 실험을 수행한 노력에도 불구하고 고립된 쿼크가 발견된 적이 없다. 현재 물리학자들은 강입자 안의 쿼크가 달아나는 것을 방해하는 강력 때문에 쿼크는 영원히 강입자 안에 갇혀 있다고 믿는다. 지금은 중성자와 양성자로부터 자유로운 쿼크의 물질 상태인 **쿼크-글루온 플라스마**(quark-gluon plasma)를 만들려는 노력이 진행 중이다. 2000년에 CERN의 과학자들은 납의 원자핵을 충돌시켜 형성된 쿼크-글루온 플라스마의 증거를 발표했다. 2005년에 브룩헤이븐의 상대론적 중이온 충돌기(RHIC)로 연구하는 과학자들은 네 가지 실험적 연구로부터 쿼크-글루온 플라스마일지도 모를 물질의 새로운 상태에 대한 증거를 발표했다. CERN과 RHIC, 양측 결과 모두 완전한 결론을 내리지 못했고 공식적으로 증명되지 않았다. CERN에 있는 새로운 대형 강입자 충돌형 가속기(LHC)의 세 개의 실험 검출기는 쿼크-글루온 플라스마 생성의 증거를 찾을 것이다.

▶ 생각하는 물리 31.2

우리는 **경입자 수** 보존의 법칙과 **중입자 수** 보존의 법칙을 알고 있다. 그런데 왜 중간자 수 보존 법칙은 없을까?

추론 우리는 이용할 수 있는 에너지로 입자-반입자의 쌍이 만들어지는 관점에서 논의를 할 수 있다(31.2절의 쌍생성 참조). 에너지가 경입자-반경입자 쌍의 정지 에너지로 전환되면 경입자는 +1, 반경입자는 −1의 경입자 수를 가지므로 경입자 수에는 알짜 변화가 없다. 에너지는 또한 중입자-반중입자 쌍의 정지 에너지로 변환될 수 있다. 중입자는 +1, 반중입자는 −1의 중입자 수를 가지므로 중입자 수에도 알짜 변화가 없다.

그러나 이제는 에너지가 쿼크-반쿼크 쌍의 정지 에너지로 변환된다고 가정하자. 쿼크 이론의 정의에 따르면, 쿼크-반쿼크의 쌍은 한 개의 **중간자**이다. 따라서 전에는 없던 중간자가 이제는 존재하기 때문에 우리는 에너지에서 중간자를 만들어 낸 것이다. 그런 까닭에 중간자 수는 보존되지 않는다. 에너지 보존 법칙 외에는 다른 보존 법칙의 제한을 받지 않으므로, 에너지가 많을수록 더 많은 중간자를 만들 수 있다. ◀

◀ **31.10** | 다색 쿼크 Multicolored Quarks

쿼크의 개념이 제안된 후 얼마 되지 않아서 과학자들은 어떤 입자는 파울리의 배타 원리에 위반되는 쿼크 구성을 갖는 것을 알았다. 29장에서의 오류 피하기 29.3에서 말한 바와 같이, 모든 페르미온은 배타 원리를 따른다. 모든 쿼크는 스핀이 $\frac{1}{2}$인 페르미온이기 때문에 배타 원리를 따를 것으로 기대한다. 배타 원리의 위반을 보이는 입자의 한 예는 Ω^-(sss) 중입자이며, 이 중입자는 나란한 스핀을 가지는 세 개의 s 쿼크를 포함하므로 전체 스핀은 $\frac{3}{2}$이다. 스핀이 나란하고 동일한 쿼크를 가진 중입자의 다른 예는 Δ^{++}(uuu)와 Δ^-(ddd)이다. 이 문제를 해결하기 위해 한무영(Moo-Young Han, 1934~)과 요이치로 난부(Yoichiro Nambu, 1921~)는 **색**(color) 또는 **색전하**(color charge)라는 특성을 가진 쿼크로, 쿼크 모형의 수정을 제안했다. 이 특성은 색전하에는 **빨강**(red), **초록**(green), **파랑**(blue)의 세 종류가 있다는 것 외에는 많은 점에서 전기 전하와 비슷하다. 반쿼크는 **반빨강**(antired), **반초록**(antigreen), **반파랑**(antiblue)의 색전하를 가진다. 배타 원리를 만족시키기 위해 중입자 안에 있는 세 가지 쿼크는 모두 다른 색이어야 한다. 실제의 세 가지 빛을 조합하면 중간색인 백색이 만들어지듯이 다른 색을 가진 세 개의 쿼크 조합도 역시 백색 또는 무색이라고 말한다. 중간자는 한 가지 색을 가진 쿼크와 이와 대응되는 반색(anticolor)을 가진 반쿼크로 구성된다. 그 결과 중입자와 중간자는 항상 백색 또는 무색이다.

쿼크 모형에서 색의 개념은 처음에 배타 원리를 만족시키기 위해 고안됐지만, 색의 개념은 어떤 실험 결과를 설명하는 데도 보다 나은 이론을 제공한다. 예를 들면 수정 이론에서 π^0 중간자의 수명을 정확하게 예측한다. 전하 사이의 상호 작용에 관한 이론을 양자 전기 역학이라고 하듯이, 쿼크가 다른 쿼크와 상호 작용을 하는 방법에 관한 이론을 **양자 색소 역학**(quantum chromodynamics), 또는 QCD라고 한다. 전하와 유사하게 QCD에서는 쿼크가 **색전하**(color charge)를 운반한다고 말한다. 쿼크 사이의 강력을 **색힘**(color force)이라고 부르기도 한다.

전하 사이의 전기력과 유사하게 쿼크 사이의 색힘도 같은 색 사이에서는 척력을, 반대색 사이에서는 인력을 작용한다. 따라서 두 개의 초록 쿼크는 서로 밀어내지만, 초록 쿼크와 반초록 쿼크는 서로 끌어당긴다. 반대색 쿼크 사이에서 생기는 인력은 그림 31.12a에 보인 바와 같이 중간자($q\bar{q}$)를 형성한다. 색이 다른 쿼크도 역시 서로를 끌어당기지만, 그 세기는 반대색 쿼크와 반쿼크의 경우보다 작다. 예를 들면 빨강, 초록 및 파랑의 쿼크 무리는 모두 서로를 끌어당겨 그림 31.12b에 나타낸 것과 같이 중입자를 형성한다. 그런 까닭에 모든 중입자는 세 가지 다른 색의 쿼크 세 개를 포함한다.

앞에서 언급한 바와 같이, 강력은 빛의 속력으로 움직이며 질량이 없는 **글루온**(gluon)이라 부르는 입자에 의해 전달된다. QCD에 의하면, 모두 '파랑−반빨강'처럼 색과 반색의 색전하 두 개를 전달하는 여덟 개의 글루온이 있다. 쿼크가 글루온을 방출하거나 흡수하면 쿼크의 색이 변한다. 예를 들면 파랑 쿼크가 파랑−반빨강의 글루온을 방출하면 빨강 쿼크가 되고, 이 글루온을 흡수한 빨강 쿼크는 파랑 쿼크가 된다.

그림 31.13a는 유카와의 파이온(이 경우는 π^-) 방법에 의한 중성자와 양성자 사이의 상호 작용을 보이는 파인먼 도표를 보여 준다. 그림 31.13a에서는, 전하를 가진 파이온이 한 핵자에서 다른 핵자로 전하를 전달하고, 따라서 핵자의 본질이 변하게 되어 양성자가 중성자로 되며 중성자가 양성자로 된다(이 과정은 장입자가 π^0이기 때문에 한 핵자에서 다른 핵자로 이동하는 전하가 생기지 않는 그림 31.5의 과정과 다르다).

같은 상호 작용을 그림 31.13b에 보인 쿼크 모형의 관점에서 살펴보자. 이 파인먼 도형에서 양성자와 중성자를 그들의 쿼크 구성으로 표시했다. 중성자와 양성자 안에 있는 각각의 쿼크는 계속 글루온을 방출하거나 흡수한다. 글루온의 에너지는 쿼크−반쿼크 쌍생성이 생기게 할 수 있는데, 이것은 31.2절에서 배운 쌍생성에서 전자−양전자 쌍이 만들어지는 것과 유사하다. 중성자와 양성자가 1 fm 이내로 서로 접근하

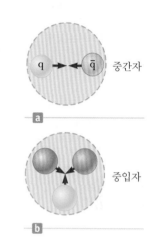

그림 31.12 (a) 초록 쿼크와 반초록 쿼크는 서로 끌어당겨 쿼크 구성이 ($q\bar{q}$)인 중간자를 형성한다. (b) 색깔이 다른 세 쿼크가 서로 끌어당겨서 중입자를 형성한다.

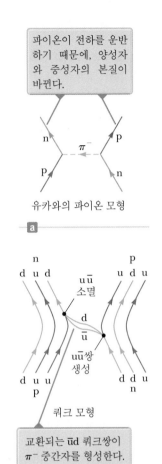

파이온이 전하를 운반하기 때문에, 양성자와 중성자의 본질이 바뀐다.

유카와의 파이온 모형

교환되는 ūd 쿼크쌍이 π⁻ 중간자를 형성한다.

그림 31.13 (a) 유카와의 파이온 교환 모형으로 설명되는 양성자와 중성자 사이의 핵력 상호 작용 (b) 쿼크와 글루온으로 설명된 같은 반응

면, 두 핵자 사이에서 글루온과 쿼크가 교환될 수 있고 이런 교환이 강력을 만든다. 그림 31.13b는 그림 31.13a에 보인 과정에 대한 쿼크로 표현할 수 있는 하나의 가능성을 묘사한다. 오른쪽의 중성자 안에 있는 아래(d) 쿼크가 하나의 글루온을 방출한다. 그 글루온의 에너지가 변환되어 $u\bar{u}$ 쌍을 만들어낸다. 위(u) 쿼크는 핵자 안에 머물러 양성자로 변하고, 되튄 d 쿼크와 $\bar{u}$ 반쿼크는 도형의 왼쪽에 있는 양성자에 전달된다. 따라서 알짜 효과는 u 쿼크 하나가 d 쿼크로 변하고, 왼쪽의 양성자가 중성자로 변한다.

그림 31.13b에서 핵자 사이에서 d 쿼크와 $\bar{u}$ 반쿼크가 이동하기 때문에, d와 $\bar{u}$는 서로 글루온을 교환하고 강력에 의해 서로를 결합한다고 생각할 수 있다. 이제 표 31.4로 되돌아가 보면 이 $\bar{u}$d의 쿼크 조합이 유카와의 장입자 π⁻인 것을 보게 된다. 결과적으로 핵자 사이의 상호 작용으로 기술하는 쿼크 모형은 파이온 교환 모형과 일치한다.

31.11 | 표준 모형 The Standard Model

현재 과학자들은 세 가지로 분류되는 경입자, 쿼크 및 장입자를 진정한 기본 입자라고 생각한다. 이 세 입자는 페르미온이나 보손으로 분류된다. 쿼크나 경입자들의 스핀은 $\frac{1}{2}$이므로 페르미온인 반면에, 장입자는 1 또는 그 이상의 정수 스핀을 가지므로 보손이다.

31.1절에서 W⁺, W⁻, Z⁰의 보손에 의해 약력이 전해진다고 생각했던 것을 상기하자. 쿼크가 색전하를 가진 것처럼, 이 보손 입자들은 **약전하**(weak charge)를 가졌다고 말한다. 따라서 각각의 기본 입자는 질량, 전기 전하, 색전하 및 약전하를 가질 수 있다. 물론 이 값들 중 한 가지 이상이 영이 될 수 있다.

1979년에 글래쇼(Sheldon Glashow, 1932~), 살람(Abdus Salam, 1926~1996), 와인버그(Steven Weinberg, 1933~)가 전자기 상호 작용과 약한 상호 작용을 통합하는 이론을 발전시킨 공로로 노벨 물리학상을 받았다. 이 **전자기 약작용 이론**(electroweak theory)은 약한 상호 작용과 전자기 상호 작용은 대단히 높은 입자 에너지에서는 세기가 같다고 가정했다. 두 상호 작용을 하나로 통합된 전자기 약작용의 두 가지 다른 표현으로 보는 것이다. 광자와 세 개의 무거운 보손(W⁺와 Z⁰)은 전자기 약작용 이론에서 열쇠 역할을 한다. 이 이론은 구체적인 예측을 많이 만들어 냈지만, 가장 극적인 예측은 W 입자와 Z 입자의 질량이 각각 약 82 GeV/c^2와 93 GeV/c^2이라는 것이다. 스위스 제네바에 있는 CERN 실험실에서 이런 질량을 가진 입자를 발견하는 데 앞장선 공로로 루비아(Carlo Rubbia)와 메르(Simon van der Meer)가 1984년에 노벨 물리학상을 받았다.

전자기 약작용 이론과 강한 상호 작용에 대한 QCD의 조합으로 만들어진 결과를 고에너지 물리학에서는 **표준 모형**(Standard Model)으로 인용된다. 비록 표준 모형의 세부 사항은 복잡하지만, 이 모형의 본질적인 구성 요소는 그림 31.14와 같이 요

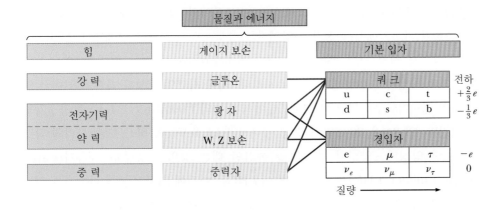

그림 31.14 입자 물리학의 표준 모형

약될 수 있다. (현재의 표준 모형에는 중력이 포함되어 있지 않지만, 물리학자들은 언젠가는 중력이 통일장 안으로 통합되기를 바라기 때문에 그림 31.14에 중력을 포함시켰다.) 이 도형을 보면 쿼크는 모든 기본적인 힘에 관여하고 경입자는 강력을 제외한 나머지 모두에 관여한다.

표준 모형으로 모든 문제점을 해결할 수는 없다. 아직도 해결되지 않은 중요한 문제점은, 전자기 약작용에서는 매개자가 둘인 것과, 광자는 질량이 없는데 W와 Z 보손은 질량을 가지는 이유를 모르는 것이다. 이와 같이 질량의 차이 때문에 전자기력과 약력이 낮은 에너지에서는 확실하게 구별되지만 전체 에너지에 비해 정지 에너지를 무시할 수 있는 대단히 높은 에너지에서는 두 힘이 비슷하다. 높은 에너지에서는 힘이 비슷하거나 대칭이지만 낮은 에너지에서는 매우 달라지는 성질을 **대칭성 깨짐**(symmetry breaking)이라 한다. W와 Z 보손의 정지 에너지가 영이 아닌 점은 입자 질량의 근원에 대한 문제를 제기한다. 이 문제를 해결하기 위해, 전자기 약작용 대칭을 깨는 구조를 가진 **힉스 보손**(Higgs boson)이라 불리는 가상적인 입자가 제안됐다. W와 Z 보손의 질량을 논리적으로 설명을 제공하는 힉스 구조를 포함시켜 표준 모형을 수정했다. 힉스 입자의 존재는 2013년 CERN에서 확인되어, 이의 업적으로 피터 힉스 교수와 프랑수아 알글레드 교수가 2013년 노벨 물리학상을 수상했다. 물리학자들은 힉스 보손의 정지 에너지가 1 TeV보다 작아야 한다는 것을 알고 있다. 힉스 보손의 존재를 판정하기 위해서는 최소한 1 TeV의 에너지를 가진 쿼크 두 개를 충돌시켜야 한다. 그러나 계산해 보면 이 과정은 양성자의 부피 안에 40 TeV의 에너지를 주입해야 한다는 것을 의미한다.

과학자들은 고정된 표적을 사용하는 전통적인 입자 가속기에서 사용할 수 있는 에너지는 너무 제한되기 때문에 **충돌형 가속기**(collider)라 불리는 선속을 충돌시키는 가속기의 건립이 필요하다고 확신했다. 충돌형 가속기의 개념은 간단하다. 같은 질량과 같은 운동 에너지를 가지는 입자들을 입자 가속기의 고리 안에서 반대 방향으로 회전시키다가 정면 충돌을 일으켜 필요한 반응과 새로운 입자들을 만들어 낸다. 상호작용하는 입자의 고립계가 가지는 전체 운동량은 영이기 때문에 입자의 모든 운동 에너지를 반응에 사용할 수 있다. 스위스 제네바 근처의 CERN에 있는 대형 전자-양전

CERN

그림 31.15 대형 강입자 충돌형 가속기 (LHC) 터널의 내부 사진

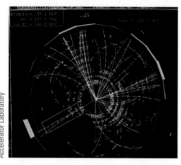

Fermilab Photo, Courtesy of Fermi National Accelerator Laboratory

그림 31.16 충돌 후 생겨난 입자의 경로를 페르미연구소의 컴퓨터에서 영상으로 만든 사진

자 충돌형 가속기(Large Electron-Positron, LEP)와 캘리포니아에 있는 스탠퍼드 선형 충돌형 가속기에서는 전자와 양전자를 충돌시킬 목적으로 설계됐다. CERN에 있는 초양성자 싱크로트론(Super Proton Synchrotron)에서는 300~400 GeV의 에너지까지 양성자와 반양성자를 가속시킨다. 세계 최고의 양성자 가속기인 미국 일리노이의 페르미연구소에 있는 테바트론에서는 거의 1 000 GeV(1 TeV)로 양성자를 가속시킨다. CERN은 2008년에 질량 에너지가 14 TeV이며 힉스 보손 물리의 탐구가 가능한 양성자–양성자 충돌형 가속기인 대형 강입자 충돌형 가속기(Large Hadron Collider, LHC)를 완성했다. 이 LHC는 이전에 LEP 충돌형 가속기가 있는 27 km 터널 안에 건설됐다(그림 31.15). LHC는 2008년에 처음 작동했을 때 손상을 입은 자석을 보수한 후 2009년 후반에 작동을 시작했다. 힉스 보손과 다른 여러 의문점에 대한 답을 찾기 위한 연구가 진행되고 있다.

새로운 입자 가속기에는 에너지가 높아졌을 뿐만 아니라 검출기 기술도 더욱더 정교해졌다. 그림 31.16은 현대적인 입자 검출기에서 얻은 충돌 후에 생긴 입자의 궤적에 대한 정보를 컴퓨터 영상으로 나타낸 것이다.

> **생각하는 물리 31.3**
>
> 동일한 자동차 두 대가 반대 방향에서 같은 속력으로 달려와 정면 충돌을 일으킨 경우를 생각하자. 이 정면 충돌의 경우와 정지해 있는 한 자동차에 다른 자동차가 달려가 일으킨 충돌의 경우를 비교하자. 운동 에너지가 다른 형태의 에너지로 더 많이 변환되는 것은 어느 경우의 충돌인가? 이 예를 입자 가속기와 어떻게 연관시킬 수 있는가?
>
> **추론** 양쪽 자동차가 달려와 정면 충돌을 일으키는 경우, 두 자동차의 계에 대한 운동량 보존 법칙에 따르면 충돌 중 두 자동차는 멈춘 상태가 된다. 따라서 처음 운동 에너지는 **모두** 다른 형태로 변환된다. 두 번째 경우의 충돌에서 두 자동차는 충돌 후에도 감속된 속력으로 움직인다. 따라서 처음 운동 에너지의 **일부분만** 다른 형태로 변환된다.
>
> 이 예는 고정된 표적에 빔을 충돌시키는 것과는 대조적으로 입자 가속기 안에서 충돌하는 빔의 중요성을 암시한다. 반대 방향으로 운동하는 입자가 충돌할 때, 모든 운동 에너지가 다른 형태의 에너지로 변환될 수 있고, 이 경우에 새로운 입자가 생성된다. 고정된 표적에 충돌시킨 빔은 운동 에너지의 일부만 변환되기 때문에 질량이 큰 입자는 생성될 수 없다. ◀

▌**31.12** | 연결 주제: 가장 큰 계를 이해하기 위한 가장 작은 계의 탐구 Context Connection: Investigating the Smallest System to Understand the Largest

이 절에서는 28장에서 소개한 모든 과학에서 가장 맵시적인 이론 중 하나인 우주 탄생의 대폭발 이론과, 이 이론을 뒷받침하는 실험적 증거에 대해 기술한다. 이 우주론은 우주는 시작이 있고 더욱이 그 시작이 대단한 격변이었기에 그 시작을 지나서 뒤돌아보는 것은 불가능하다고 주장한다. 이 이론에 따르면, 우주는 약 140억 년 전에 밀도가 무한대인 한 개의 특이점에서 분출됐다. 대폭발 이후 처음 극미소 시간 동안은 물리의 기본적인 힘 네 개가 모두 통합되어 있었다고 여겨지며, 모든 물질이 쿼크-글루온 플라스마에 녹아 있는 것으로 생각된다.

대폭발로부터 지금까지 네 가지 기본적인 힘에 대한 변화를 그림 31.17에 보이고 있다. 처음 10^{-43} s(초고온 시대, $T \sim 10^{32}$ K) 동안에는 강력, 전자기 약력 및 중력이 결합되어 완전히 통합된 힘을 형성한다고 추정된다. 대폭발 후 10^{-35} s(고온 시대, $T \sim 10^{29}$ K)에 중력이 이 통합된 힘에서 분리되고, 강력과 전자기 약력은 통합된 상태로 남아 있었다. 이 기간 동안에는 입자 에너지가 대단히 커서($> 10^{16}$ GeV) 매우 무거운 입자도 쿼크, 경입자 및 그의 반입자와 더불어 존재했다. 10^{-35} s가 지난 다음에 우주는 급격히 팽창되면서 냉각됐고($T \sim 10^{29} \sim 10^{15}$ K), 강력과 전자기 약력은 분리됐다. 우주가 계속 식어가면서 대폭발 후 약 10^{-10} s에 전자기 약력이 약력과 전자기력으로 분리됐다.

몇 분의 시간이 지난 후에 플라스마에서 양성자가 응축되어 나왔다. 30분이 지나 우주에 수소 폭탄의 폭발과 같은 열핵의 폭발이 일어나 현재 존재하는 헬륨 원자핵의 대부분이 생성됐다. 우주는 계속 팽창되고 온도는 떨어졌다. 대폭발 후 약 70만 년까지 우주는 복사의 지배를 받았다. 강력한 복사 안에서는 형성된 어떤 원자도 충돌로 즉시 이온화되기 때문에 단 하나의 수소 원자도 형성되지 못한다. 광자가 방대한 수

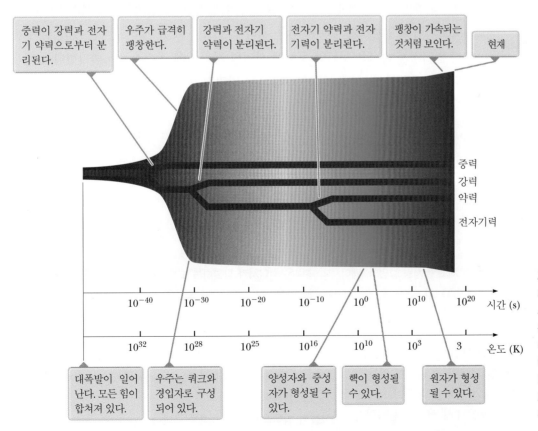

그림 31.17 대폭발로부터 현재에 이르는 우주의 간단한 역사. 네 가지 기본적인 힘이 10억 분의 1초 동안에 분리됐다. 시간에 따라 모든 쿼크는 강력에 의해 상호 작용하는 입자를 형성했다. 그러나 경입자는 분리된 채로 남았고 현재까지 개별적으로 관측이 가능한 입자로 존재한다.

의 자유 전자와 연속적으로 콤프턴 산란을 일으키기 때문에 복사를 통과시키지 않는 우주가 됐다. 우주의 나이가 약 70만 년 시점에 팽창된 우주는 약 3 000 K로 냉각되고, 양성자는 전자와 결합해서 중성의 수소 원자를 형성할 수 있게 됐다. 원자의 양자화된 에너지 때문에, 원자에 의해 흡수되는 복사의 파장보다 흡수되지 않는 복사의 파장이 훨씬 많아지고 우주는 갑자기 광자기 투과시킬 수 있게 투명해졌다. 복사는 더 이상 우주를 지배하지 못하게 되고, 중성 물질의 덩어리가 끊임없이 늘어나 처음에는 원자가 만들어지고, 계속해서 분자, 기체 구름, 별과 최종적으로 은하가 만들어졌다.

팽창하는 우주에 대한 증거 Evidence for the Expanding Universe

28장에서 논의했던 펜지어스(Arno Penzias)와 윌슨(Robert Wilson)에 의해 관측된 흑체 복사는 대폭발(Big Bang) 후의 흔적을 나타내는 것이다. 이와 관계된 또 하나의 중요한 천문학적 관측 사실을 논의하자. 미국의 천문학자 슬라이퍼(Vesto Melvin Slipher, 1875∼1969)는 대부분의 성운이 시속 수백만 마일의 속력으로 지구로부터 멀어지고 있다는 것을 보고했다. 슬라이퍼는 은하의 속력을 측정하기 위해 스펙트럼선에서 도플러 이동의 방법을 최초로 적용한 사람이다.

1920년대 후반에 허블(Edwin Hubble, 1889∼1953)은 우주 전체가 팽창하고 있다고 대담히 주장했다. 1928년부터 1936년까지 허블과 허메이슨(Milton Humason, 1891∼1972)은 이 주장을 증명하기 위해 캘리포니아의 윌슨 산에 있는 천문대에서 100인치 망원경이 한계에 이를 때까지 연구에 전력했다. 이 연구의 결과와 1940년대에 200인치 망원경으로 계속된 연구 결과에서 그림 31.18에서 보이는 것과 같이 은하의 멀어지는 속력은 우리와 은하계 사이의 거리 R에 정비례해서 증가한다는 것을 증명했다. **허블의 법칙**(Hubble's law)으로 알려진 이 선형 관계식은 다음과 같이 쓸 수 있다.

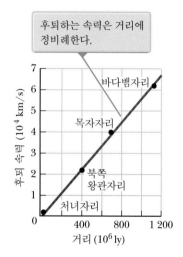

그림 31.18 허블의 법칙. 네 개의 은하에 대한 자료를 보여 주고 있다.

▶ 허블의 법칙

$$v = HR \qquad\qquad 31.4$$

여기서 H는 **허블 상수**(Hubble parameter)이며 대략 값은 다음과 같다.

$$H \approx 22 \times 10^{-3} \, \text{m/(s·ly)}$$

◀ 예제 31.5 | 퀘이사의 후퇴

퀘이사는 지구로부터 대단히 멀리 있는 물체로 별처럼 보인다. 퀘이사의 속력은 퀘이사가 방출하는 빛의 도플러 이동 측정으로부터 알아낼 수 있다. 어떤 퀘이사가 지구로부터 0.55c의 속력으로 멀어지고 있다. 이 퀘이사는 지구로부터 얼마나 멀리 있는가?

풀이

개념화 허블 법칙에 대한 일반적인 관념적 표현은 오븐에서 익는 건포도 빵과 유사하다. 빵 한 덩어리 속 중심에 있는 여러분 자신을 상상해 보자. 빵 전체가 열기로 부풀어 오르면, 여러분 근처의 건포도들은 여러분에 대해 천천히 움직인다.

빵 덩이의 가장자리 쪽으로 여러분으로부터 멀어진 건포도들은 더 빠른 속력으로 움직인다.

분류 이 절에서 전개된 개념을 이용할 것이므로 예제를 대입 문제로 분류한다.

허블의 법칙으로부터 거리를 구한다.

$$R = \frac{v}{H} = \frac{(0.55)(3.00 \times 10^8 \text{ m/s})}{22 \times 10^{-3} \text{ m/(s} \cdot \text{ly)}} = \boxed{7.5 \times 10^9 \text{ ly}}$$

문제 퀘이사가 빅뱅 이후부터 계속 이 속력으로 이동했다고 가정하자. 이를 전제로, 우주의 나이를 계산하라.

답 지구로부터 퀘이사까지의 거리를 빅뱅 이후 특이점으로

부터 퀘이사가 이동한 거리로 근사한다. 그리고 일정한 속력 모형 입자로부터 시간 간격을 구하면, $\Delta t = d/v = R/v = 1/H \approx 140$ 억 년이다. 이것은 우주의 나이에 대한 다른 계산 결과와 대략 일치한다.

우주는 영원히 팽창할 것인가? Will the Universe Expand Forever?

1950년대와 1960년대에 샌디지(Allan R. Sandage, 1926~2010)는 캘리포니아의 팔로마(Palomar) 산 천문대에서 200인치 망원경을 이용해서 지구에서 60억 광년에 이르는 거리에 있는 은하의 속력을 측정했다. 이 측정값은 대단히 먼 은하는 허블의 법칙으로 예측되는 것보다 빠르게 10 000 km/s로 이동하는 것을 보여 준다. 이 결과에 따르면, 10억 년 전의 우주는 더 빠르게 팽창했어야 하며 당연히 팽창이 느려지고 있음을 알 수 있다. 현재 천문학자들과 물리학자들은 느려지는 비율을 결정하려고 노력하고 있다.

우주에 있는 원자의 평균 질량 밀도가 어떤 임계 밀도(약 3원자/m³)보다 작다면, 은하는 바깥쪽으로 향한 돌진이 느려지지만 무한히 탈출할 것이다. 평균 밀도가 임계값을 초과하면, 언젠가는 팽창을 멈추고 수축되기 시작하고, 아마 새로운 초과밀 상태와 다른 팽창을 초래하게 될 것이다. 이 각본대로 된다면 **진동하는 우주**(oscillating Universe)가 될 것이다.

▌예제 31.6 | 우주의 임계 밀도

(A) 에너지 보존을 이용하고 허블 상수 H와 만유인력 상수 G로 우주의 임계 질량 밀도 ρ_c를 계산하라.

풀이

개념화 그림 31.19는 반지름이 R인 구로 이루어진 우주의 거대 구조이다. 이 부피가 가지는 전체 질량은 M이다. 만일 이 계의 운동 에너지와 중력 위치 에너지의 합이 영이면, 구의 중심으로부터 거리 R에서 속력 v인 질량 m의 은하($m \ll M$)는 무한대로(거기에서 은하의 속력은 영에 접근한다) 탈출하게 된다.

분류 우주는 공간적인 크기에서 유한할지도 모른다. 그러나 중력에 관한 가우스의 법칙(19장에서 전기장에 관한 가우스의 법칙과 유사)은 구 내의 질량 M만이 은하-구 계의 중력 위치 에너지에 기여한다는 것을 알려 준다. 따라서 이 문제를 중력에 관한 가우스의 법칙을 적용하는 문제로 분류한다. 여

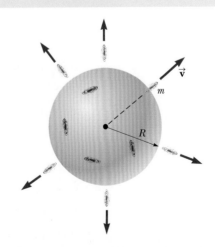

그림 31.19 (예제 31.6) 반지름 R인 구의 부피를 갖는 거대한 은하의 성단으로부터 탈출하는 질량 m으로 표시한 은하. R 내의 질량만이 은하를 느리게 한다.

기서의 모형은 그림 31.19에서 보는 구 형상과 고립계로서의 탈출하는 은하이다.

분석 계의 전체 역학적 에너지에 대한 식을 쓰고 이 식을 영과 같다고 정하자. 이 표현은 탈출 속력으로 움직이는 은하를 나타낸다.

$$E_{\text{total}} = K + U = \frac{1}{2}mv^2 - \frac{GmM}{R} = 0$$

구 내의 질량 M에 임계 밀도와 구의 부피의 곱을 대입한다.

$$\frac{1}{2}mv^2 = \frac{Gm\left(\frac{4}{3}\pi R^3 \rho_c\right)}{R}$$

임계 밀도에 대해 푼다.

$$\rho_c = \frac{3v^2}{8\pi G R^2}$$

허블의 법칙으로부터 비율 $\frac{v}{R} = H$를 대입한다.

$$(1) \qquad \rho_c = \frac{3}{8\pi G}\left(\frac{v}{R}\right)^2 = \boxed{\frac{3H^2}{8\pi G}}$$

(B) 임계 밀도(g/cm³)에 대한 값을 추정하라.

풀이

식 (1)에 H와 G의 값을 대입한다.

$$\rho_c = \frac{3H^2}{8\pi G} = \frac{3[22 \times 10^{-3}\ \text{m/(s} \cdot \text{ly)}]^2}{8\pi(6.67 \times 10^{-11}\ \text{N} \cdot \text{m}^2/\text{kg}^2)}$$

$$= 8.7 \times 10^5\ \text{kg/m} \cdot (\text{ly})^2$$

광년을 미터로 환산한 단위로 바꾼다.

$$\rho_c = 8.7 \times 10^5\ \text{kg/m} \cdot (\text{ly})^2 \left(\frac{1\ \text{ly}}{9.46 \times 10^{15}\ \text{m}}\right)^2$$

$$= 9.7 \times 10^{-27}\ \text{kg/m}^3 = \boxed{9.7 \times 10^{-30}\ \text{g/cm}^3}$$

결론 수소 원자 한 개의 질량이 1.67×10^{-23} g이기 때문에, ρ_c에 대한 이 계산 값은 6×10^{-6}개/cm³ 또는 6개/m³의 수소 원자가 있는 것과 같다.

우주의 잃어버린 질량? Missing Mass in the Universe?

은하에서 빛을 내는 물질을 평균하면 우주의 밀도는 약 5×10^{-33} g/cm³이다. 우주의 복사의 에너지는 보이는 물질의 대략 2 %와 등가이다. 성간 기체나 블랙홀과 같이 빛을 내지 않는 물질의 전체 질량은 성단 안에서 서로 궤도를 선회하는 은하의 속력에서 추정할 수 있다. 은하의 속력이 빠를수록 성단의 질량은 크다. 코마(Coma) 성단에서 측정된 값은 빛을 내지 않는 물질의 양이 별과 밝은 기체 구름에 있는 빛을 내는 물질의 양보다 20~30배 크다고 가리킨다. 이와 같이 많은 암흑 물질의 보이지 않는 성분을 전 우주로 확대 적용해도 관측된 질량 밀도는 여전히 ρ_c의 1/10 정도로 작다. **잃어버린 질량**이라 불리는 부족한 질량이 이론과 실험에서 중요한 연구 과제이다. 액시온(axion), 포티노(photino)와 초끈(superstring) 입자와 같이 색다른 입자가 잃어버린 질량의 후보로 제안되고 있다. 제안된 보다 현실적인 논의는 잃어버린 질량이 어떤 은하에 중성미자로 존재한다는 것이다. 실제로 중성미자 한 개의 정지 에너지는 겨우 20 eV로 보잘것없지만, 중성미자는 아주 풍부하게 많아서 잃어버린 질량이 되어 우주를 '닫히게' 할 수 있다. 중성미자의 정지 에너지를 측정하도록 고안된 현재 진행 중인 실험은 우주의 미래에 대한 예측에 크게 영향을 줄 것이고 이는 우주의 가장 작은 입자와 우주 전체 사이의 명확한 관계가 있음을 보일 것이다.

우주의 신비한 에너지? Mysterious Energy in the Universe?

1998년에 절대 밝기가 변하지 않는 초신성이 관측되어 우주의 역사 연구에 놀라운 변화가 생겼다. 겉보기 밝기와 폭발한 초신성에서 나오는 빛의 적색 이동으로부터 지구로부터의 거리와 후퇴하는 속력을 계산할 수 있다. 이 관측은 우주의 팽창이 느려지는 것이 아니라 오히려 가속되고 있다는 결론에 이르게 한다. 다른 연구 집단의 관찰 결과도 같은 해석에 이르게 된다.

이 가속을 설명하기 위해 물리학자들은 우주의 공간이 소유하는 에너지를 뜻하는 **암흑 에너지**(dark energy)를 제안했다. 우주의 초기 상태는 중력이 암흑 에너지를 지배했다. 우주가 팽창됨에 따라 은하 사이의 거리가 멀어지면서 은하 사이의 중력이 작아지고 암흑 에너지가 점점 중요하게 되어 갔다. 암흑 에너지에 의해 유효 척력이 생겨서 팽창률을 증가시키는 원인이 된다.[4]

우주의 시작에 대해서는 어느 정도 확신이 있지만 우주의 끝에 대해서는 이야기가 어떻게 될지 불확실하다. 우주가 영원히 팽창할 것인가, 아니면 언젠가 수축되고 다시 팽창되는 끝없는 진동을 할 것인가? 이 문제에 대한 결과와 해답은 해결되지 못한 상태로 남아 있고, 열띤 논의는 계속되고 있다.

연습문제 |

객관식

1. 원자핵의 양성자에 영향을 주는 상호 작용은 어떤 것인가? 정답은 하나 이상일 수 있다. (a) 핵 상호 작용 (b) 약한 상호 작용 (c) 전자기 상호 작용 (d) 중력 상호 작용

2. 태양계의 평균 밀도 ρ_{SS}를 태양, 행성들, 위성들, 고리들, 소행성들, 차가운 외계 물체들, 그리고 혜성들의 전체 질량을 이런 모든 대상을 포함할 만큼 큰 태양 주위 구의 부피로 나눠서 정의하자. 구는 가장 가까운 별의 대략 중간쯤까지의 크기로, 반지름이 대략 2×10^{16} m인데 약 2광년에 해당한다. 태양계의 이 평균 밀도를 허블의 법칙 팽창을 멈추기 위해 우주에 대해 요구되는 임계 밀도 ρ_c와 비교하면 어떻게 되는가? (a) ρ_{SS}가 ρ_c보다 훨씬 더 크다. (b) ρ_{SS}는 대략 또는 정확히 ρ_c와 같다. (c) ρ_{SS}가 ρ_c보다 훨씬 더 작다. (d) 비교할 수 없다.

3. 고립 정지된 뮤온은 전자, 전자 반중성미자, 그리고 뮤온 중성미자로 붕괴한다. 이 세 입자의 전체 운동 에너지는 어떠한가? (a) 영 (b) 그들의 정지 에너지에 비해 작다. (c) 그들의 정지 에너지에 비해 크다. (d) 정답 없음

4. 첫 번째 실험에서, 점토로 만든 같은 질량의 두 공이 서로를 향해 같은 속력 v로 움직이다 정면 충돌한 뒤 멈춘다. 두 번째 실험에서, 점토로 만든 같은 질량의 두 공을 다시 사용한다. 한 공은 가는 실로 천장에 매달린 채 정지 상태에 있다. 다른 공은 속력 v로 먼저 공을 향해 움직인다. 충돌이 일어난 뒤 두 공은 붙어서 계속 전진한다. 첫 번째 실험에서 내부 에너지로 전환된 운동 에너지는 두 번째 실험의 그것에 비해 몇 배인가? (a) 4분의 1 (b) 2분의 1 (c) 동일 (d) 두 배 (e) 네 배

5. Ω^- 입자는 스핀 $\frac{3}{2}$인 중입자이다. Ω^- 입자는 다음 중 어느 것을 가지는가? (a) 자기장 내에서 세 개의 가능한 스핀

[4] 암흑 에너지에 대한 설명은 다음을 참조하라. S. Perlmutter, "Supernovae, Dark Energy, and the Accelerating Universe," *Physics Today*, 56(4): 53–60, April 2003.

상태를 가진다. (b) 네 개의 가능한 스핀 상태를 가진다. (c) 스핀 $-\frac{1}{2}$인 입자의 세 배의 전하를 가진다. (d) 스핀 $-\frac{1}{2}$인 입자의 세 배의 질량을 가진다. (e) 정답 없음

6. 다음 중 강력을 매개하는 장입자는 어느 것인가? (a) 양성자 (b) 글루온 (c) 중력자 (d) W^+ 및 Z 보손 (e) 정답 없음

7. 빈 공간에서 전자와 양전자가 느린 속력으로 만날 때, 두 입자는 두 개의 0.511 MeV의 감마선을 만들고 서로 소멸한다. 두 입자가 1.02 MeV의 한 개의 감마선을 만든다면 어떤 법칙이 위배되는가? (a) 에너지의 보존 (b) 운동량의 보존 (c) 전하의 보존 (d) 중입자 수의 보존 (e) 전자 경입자 수의 보존

8. 다음 사건을 우주 역사의 초기부터 최근까지 바른 순서대로 나열하라. (a) 중성의 원자들이 형성된다. (b) 양성자와 중성자가 더 이상 그들이 형성되는 것만큼 빠르게 소멸되지 않는다. (c) 우주는 쿼크-글루온 스프(quark-gluon soup)이다. (d) 우주는 핵융합에 의해 헬륨을 형성하는 오늘날 정상적인 별의 핵과 유사하다. (e) 우주는 이온화된 원자들의 플라스마로 구성된 오늘날 뜨거운 별의 표면과 유사하다. (f) 다원자 분자들이 형성된다. (g) 고체 물질들이 형성된다.

▌주관식

31.1 자연의 기본적인 힘

31.2 양전자와 여러 반입자

1. 순수한 구리로 된 3.10 g의 동전이 있다고 하자. 29개의 반양성자와 34개 또는 36개의 반중성자로 구성된 핵 주위의 궤도에 29개의 양전자를 가진 구리 반원자로 만들어진 같은 질량의 동전을 생각하자. (a) 두 동전이 충돌한다고 가정하고, 방출되는 에너지를 구하라. (b) 일반 전기료의 단가 0.11달러/kWh로 이 에너지의 가격을 구하라.

2. 세상을 살아가다 보면, 병원에서 양전자 단층 촬영(PET)을 해야 할지도 모른다. 이 과정에서, e^+ 붕괴를 하는 방사능 원소가 여러분 몸에 주입된다. 이 장치는 방출된 양전자가 여러분의 신체 조직 속의 전자를 만났을 때 일어나는 쌍소멸로부터 나오는 감마선을 검출한다. 이 스캔 동안에 70.6 s의 반감기를 갖는 10^{10}개에 달하는 ^{14}O 원자들을 포함하는 글루코오스(glucose) 주사를 맞는다고 가정하자. 5분 뒤 신체에 남아 있는 이 산소가 2 L의 혈액 전체에 균일하게 분포된다고 가정하자. 이때 1 cm³의 혈액 내에서 산소 원자의 붕괴율의 정도는 얼마인가?

3. 광자가 $\gamma \rightarrow p + \bar{p}$ 반응에 따라 양성자와 반양성자 쌍을 생성한다. (a) 광자의 가능한 최소 가능 주파수는 얼마인가? (b) 이때의 파장은 얼마인가?

4. 양성자와 반양성자가 서로 소멸할 때, 두 개의 광자가 생성된다. 양성자와 반양성자 계의 질량 중심이 정지되어 있는 기준틀에서, (a) 최소 주파수와 (b) 각 광자의 대응하는 파장은 얼마인가?

5. $E_\gamma = 2.09$ GeV의 에너지를 가진 광자가 양성자-반양성자 쌍을 생성했다. 생성된 양성자의 운동 에너지가 95.0 MeV이면 반양성자의 운동 에너지는 얼마인가? *Note:* $m_p c^2 = 938.3$ MeV

31.3 중간자와 입자 물리학의 시작

6. 가끔 고에너지 뮤온은 전자와 충돌해 반응 $\mu^+ + e^- \rightarrow 2\nu$에 따라 두 개의 중성미자를 만든다. 두 중성미자는 어떤 종류의 중성미자인가?

7. 정지 상태의 중성 파이온이 $\pi^0 \rightarrow \gamma + \gamma$와 같이 두 개의 광자로 붕괴된다. 각 광자의 (a) 에너지, (b) 운동량 및 (c) 주파수를 구하라.

8. 약한 상호 작용을 전달하는 입자 중 하나인 Z^0 보손의 질량은 91 GeV/c^2이다. 이 정보를 이용해서 약한 상호 작용의 범위에 대한 크기 정도를 구하라.

9. 자유로운 중성자가 베타 붕괴되면 $n \rightarrow p + e^- + \bar{\nu}$의 반응에 따라 양성자, 전자 및 반중성미자를 생성한다. 자유로운 중성자가 붕괴되어 다음과 같이 양성자와 중성자로 붕괴된다고 상상하자.

$$n \rightarrow p + e^-$$

중성자는 처음에 실험실계에 정지 상태에 있다고 가정한다. (a) 이 반응에서 방출되는 에너지를 구하라. (b) 반응 후 양성자 및 전자의 속력을 구하라. (이 반응에서 에너지와 운동량은 보존된다.) (c) 상대론적 속력으로 운동하는 입자가 있는지 설명하라.

31.4 입자의 분류

10. 다음 반응식 좌변의 모르는 입자를 구하라.

$$? + p \rightarrow n + \mu^+$$

11. Ω^+, $\overline{K}_S^{\,0}$, $\overline{\Lambda}^0$ 및 $\overline{n}$에 대해 가능한 붕괴 양식을 한 가지씩 말하라.

31.5 보존 법칙

12. 다음의 각 반응은 허용되지 않는다. 각 반응에 있어서 어떤 보존 법칙이 위배되는지 판정하라.
   (a) $p + \overline{p} \rightarrow \mu^+ + e^-$ (b) $\pi^- + p \rightarrow p + \pi^+$
   (c) $p + p \rightarrow p + p + n$ (d) $\gamma + p \rightarrow n + \pi^0$
   (e) $\nu_e + p \rightarrow n + e^+$

13. 다음 과정에 수반되는 중성미자 또는 반중성미자의 유형을 결정하라.
   (a) $\pi^+ \rightarrow \pi^0 + e^+ + ?$ (b) $? + p \rightarrow \mu^- + p + \pi^+$
   (c) $\Lambda^0 \rightarrow p + \mu^- + ?$ (d) $\tau^+ \rightarrow \mu^+ + ? + ?$

14. 다음 반응 또는 붕괴에는 하나 이상의 중성미자가 수반된다. 각각의 경우에 빠진 중성미자(ν_e, ν_μ, ν_τ) 또는 반중성미자를 보충하라.
   (a) $\pi^- \rightarrow \mu^- + ?$ (b) $K^+ \rightarrow \mu^+ + ?$
   (c) $? + p \rightarrow n + e^+$ (d) $? + n \rightarrow p + e^-$
   (e) $? + n \rightarrow p + \mu^-$ (f) $\mu^- \rightarrow e^- + ? + ?$

15. 다음 두 반응의 첫 번째는 일어날 수 있다. 그러나 두 번째는 아니다. 그 이유를 설명하라.
   $K_S^0 \rightarrow \pi^+ + \pi^-$ (일어날 수 있다)
   $\Lambda^0 \rightarrow \pi^+ + \pi^-$ (일어날 수 없다)

16. (a) 다음 파이온과 양성자의 반응에서 중입자 수와 전하가 보존되는 것을 증명하라.
   $$(1)\ \pi^+ + p \rightarrow K^+ + \Sigma^+$$
   $$(2)\ \pi^+ + p \rightarrow \pi^+ + \Sigma^+$$
   (b) 첫 번째 반응은 관측되지만, 두 번째 반응은 일어날 수 없다. 그 이유를 설명하라.

17. 다음 반응 중에서 어떤 것이 일어날 수 있는 반응인지 판정하라. 일어날 수 없는 반응의 경우, 위배되는 보존 법칙을 모두 적으라.
   (a) $p \rightarrow \pi^+ + \pi^0$ (b) $p + p \rightarrow p + p + \pi^0$
   (c) $p + p \rightarrow p + \pi^+$ (d) $\pi^+ \rightarrow \mu^+ + \nu_\mu$
   (e) $n \rightarrow p + e^- + \overline{\nu}_e$ (f) $\pi^+ \rightarrow \mu^+ + n$

31.6 기묘 입자와 기묘도

18. 다음 각 허용되지 않는 붕괴에 대해, 어떤 보존 법칙이 위배되는지 판정하라.
   (a) $\mu^- \rightarrow e^- + \gamma$ (b) $n \rightarrow p + e^- + \nu_e$
   (c) $\Lambda^0 \rightarrow p + \pi^0$ (d) $p \rightarrow e^+ + \pi^0$
   (e) $\Xi^0 \rightarrow n + \pi^0$

19. 다음 붕괴나 반응에서 기묘도의 보존 여부를 결정하라.
   (a) $\Lambda^0 \rightarrow p + \pi^-$ (b) $\pi^- + p \rightarrow \Lambda^0 + K^0$
   (c) $\overline{p} + p \rightarrow \overline{\Lambda}^0 + \Lambda^0$ (d) $\pi^- + p \rightarrow \pi^- + \Sigma^+$
   (e) $\Xi^- \rightarrow \Lambda^0 + \pi^-$ (f) $\Xi^0 \rightarrow p + \pi^-$

20. 다음 과정 중에서 (a)는 강한 상호 작용에 의해서 일어나고, (b)와 (c)는 약한 상호 작용에 의해서 일어난다고 생각하고, 빠진 입자를 보충하라. 기묘도가 보존되지 않으면 전체 기묘도 변화가 1이라고 가정한다.
   (a) $K^+ + p \rightarrow ? + p$ (b) $\Omega^- \rightarrow ? + \pi^-$
   (c) $K^+ \rightarrow ? + \mu^+ + \nu_\mu$

21. 다음 과정에서 강한 상호 작용, 전자기 상호 작용, 약한 상호 작용을 받거나 또는 전혀 상호 작용을 받지 않는 것은 어느 것인가?
   (a) $\pi^- + p \rightarrow 2\eta$ (b) $K^- + n \rightarrow \Lambda^0 + \pi^-$
   (c) $K^- \rightarrow \pi^- + \pi^0$ (d) $\Omega^- \rightarrow \Xi^- + \pi^0$
   (e) $\eta \rightarrow 2\gamma$

31.7 입자의 수명 측정

22. 거품 상자에서 입자 붕괴 $\Sigma^+ \rightarrow \pi^+ + n$이 관찰됐다. 그림 P31.22는 종이면 밖으로 나오는 방향인 1.15 T의 균일한 자기장에서 입자 Σ^+와 π^+의 곡선 경로와 중성자의 보이지 않는 경로를 나타내고 있다. 측정된 곡률 반지름은 Σ^+ 입자에 대해 1.99 m이고 π^+ 입자에 대해 0.580 m이다. 이 정보로부터 Σ^+ 입자의 질량을 구하고자 한다. (a) MeV/c의 단위로 Σ^+와 π^+ 입자의 운동량의 크기를 구하라. (b) 붕괴의 순간에 Σ^+와 π^+입자의 운동량 사이의 각은 $\theta = 64.5°$이다.

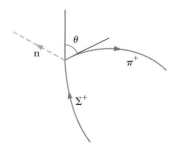

그림 P31.22

중성자의 운동량의 크기를 구하라. (c) π^+ 입자와 중성자의 알려진 질량($m_\pi = 139.6 \, \text{MeV}/c^2$, $m_n = 939.6 \, \text{MeV}/c^2$)과 상대론적 에너지-운동량 관계로부터 이들의 전체 에너지를 계산하라. (d) Σ^+ 입자의 전체 에너지는 얼마인가? (e) Σ^+ 입자의 질량을 계산하라. (f) 구한 질량을 표 31.2의 값과 비교하라.

23. 정지 상태의 K_S^0 중간자가 $0.900 \times 10^{-10} \, \text{s}$의 시간에 붕괴되어 $0.960c$ 속력으로 움직인다면 얼마나 멀리 이동할까?

31.8 입자 세계의 규칙성 찾기

31.9 쿼크

31.10 다색 쿼크

31.11 표준 모형

24. 결합 에너지는 무시할 수 있다고 가정하고, 양성자와 중성자의 질량으로부터 u쿼크와 d쿼크의 질량을 계산하라.

25. 다음과 같은 쿼크 구성을 가진 중입자의 전하는 얼마이며, 중입자의 명칭은 무엇인가? (a) $\overline{u}\overline{u}\overline{d}$ (b) $\overline{u}\overline{d}\overline{d}$

26. (a) 1 L의 물속에 있는 전자의 수와 각각의 종류별로 쿼크의 수를 계산하라. (b) 사람 몸안에 있는 기본 입자의 수에 대한 크기 정도를 추정하라. 계산을 위한 가정과 자료로 이용한 양을 설명하라.

27. 다음 반응을 구성된 쿼크로 해석하고, 각각의 쿼크 유형이 보존됨을 보여라.
    (a) $\pi^+ + p \rightarrow K^+ + \Sigma^+$
    (b) $K^- + p \rightarrow K^+ + K^0 + \Omega^-$
    (c) $p + p \rightarrow K^0 + p + \pi^+ + ?$의 반응에서 나중 입자를 구성하는 쿼크를 결정하라.
    (d) (c)의 반응에 들어가야 할 입자를 확인하라.

28. Σ^0 입자가 물질 속을 통과하며 양성자와 충돌해서, Σ^+와 감마선 및 제3의 입자가 발생됐다. 각각에 대한 쿼크 모형을 이용해서 제3의 입자를 판정하라.

31.12 연결 주제: 가장 큰 계를 이해하기 위한 가장 작은 계의 탐구

29. 허블의 법칙을 이용해서 지구로부터 (a) 2.00×10^6광년,

(b) 2.00×10^8광년, (c) 2.00×10^9광년 떨어진 은하계에서 방출되는 590 nm 나트륨선의 파장을 구하라.

30. 우주의 평균 밀도가 임계 밀도와 같다고 가정한다. (a) 우주의 나이가 $2/3H$임을 증명하라. (b) $2/3H$를 계산하고 연(yr) 단위로 표시하라.

31. 우주 공간에 암흑 물질이 $6.00 \times 10^{-28} \, \text{kg/m}^3$의 균일한 밀도로 존재한다고 가정하자. (a) 태양을 중심으로 지구의 궤도를 적도로 하는 구의 안쪽에 있는 암흑 물질의 양을 계산하라. (b) 이 암흑 물질의 중력장이 지구의 공전에 영향을 미칠 수 있을까?

32. 초기의 우주는 에너지가 $\sim k_B T$인 감마선 광자의 밀도가 높고, 양성자와 반양성자가 $\gamma \rightarrow p + \overline{p}$의 과정으로 생성되고 같은 속도로 쌍소멸이 일어나는 높은 온도였다. 우주가 단열 팽창으로 차가워지면서 온도가 어떤 값 이하로 떨어져 양성자 쌍생성이 드물게 됐다. 이때 양성자가 반양성자보다 약간 많이 존재했고, 본질적으로 현재 우주 안의 모든 양성자는 그때 있던 것이다. (a) 양성자가 응축될 때 우주의 온도의 크기 정도를 추정하라. (b) 전자들이 응축될 때 우주의 온도의 크기 정도를 추정하라.

추가문제

33. 정지 상태의 어떤 불안정한 입자가 양성자(정지 질량 938.3 MeV)와 π^-(정지 질량 139.6 MeV)로 붕괴됐다. 생성된 입자들이 0.250 T의 균일한 자기장과 수직인 방향으로 진행한다. 입자들이 지나간 자국의 곡률 반지름은 1.33 m이다. 처음의 불안정한 입자의 질량은 얼마인가?

34. 볼츠만(Boltzmann) 분포 함수 $e^{-E/k_B T}$를 이용해서 양성자 집단의 1.00 %가 1.00 eV보다 큰 에너지를 가지게 되는 온도를 계산하여라. 우주의 온도가 계산된 온도 이하로 떨어지면서 플라스마로부터 중성 원자가 형성되고 우주는 투명하게 됐다.

35. 태양에서 방출되는 중성미자들은 지표면에 0.400 W/m² 정도의 에너지 다발을 운반한다. 중성미자를 10^9년 동안 방출해서 감소되는 태양 질량의 비율을 계산하라. 태양의 질량은 1.989×10^{30} kg이며, 지구와 태양 사이의 거리는 1.496×10^{11} m이다.

문제점과 전망 Problems and Perspectives

지 금까지 양자 물리의 원리를 연구하면서 핵심 질문이 〈관련 이야기 9 우주와의 연관〉과 많은 관련이 있음을 알았다.

> 미시적인 입자 물리학과 천체 물리학을 어떻게 연관지을 수 있을까?

입자 물리학자들이 매우 작은 영역을 탐구하는 동안에 우주학자들은 우주가 생성될 때 일어난 대폭발(Big Bang)의 처음 순간에 대한 우주 역사의 진상을 탐구했다. 우주의 역사에서 우주가 생성되는 초기의 순간을 재구성하려면, 입자 가속기 안에서 두 입자가 충돌할 때 일어나는 결과를 관찰하는 것이 가장 중요하다. 초기의 우주를 이해하는 비결은 먼저 소립자의 세계를 이해하는 것이다. 우주학자들과 물리학자들은 이제 그들이 공통의 목적을 많이 가지고 있음을 발견하고 물질계의 가장 기본적인 수준에서 물질계를 이해하려는 시도에 손을 맞잡았다.

문제점 Problems

우주와 우주의 기초적인 구조에 대한 이해에 대단한 진보가 있지만, 수많은 의문점이 해결되지 못하고 있다. 왜 우주 안에는 반물질이 물질에 비해 그렇게 소량일까? 중성미자는 미미한 정지 에너지를 가졌는가, 만일 그렇다면 중성미자가 어떻게 우주의 '암흑 물질'에 기여하는 것인가? 우주 안에 '암흑 에너지'가 존재하는가? 강력과 전자기 약력을 논리적이고 모순이 없는 방법으로 통합하는 것이 가능할까? 중력이 다른 힘과 통합될 수 있을까? 왜 쿼크와 경입자는 유사하게 세 가지 유형이 있지만 다른 집단으로 구분되는가? 뮤온은 전자와 같은가(그들의 질량 차이는 별문제로 하고), 아니면 그들 사이에 아직까지 발견되지 않은 다른 미묘한 차이가 있는 것일까? 왜 어떤 입자들은 대전되어 있고 다른 것은 중성일까? 왜 쿼크는 분수 전하를 갖는 것일까? 기본 구성물의 질량은 무엇으로 결정되는가? 고립된 쿼크가 존재할 수 있을까? 경입자와 쿼크에 내부 구조가 있을까?

끈 이론: 새로운 전망 String Theory: A New Perspective

입자에 대한 새로운 전망을 제안해서 위의 문제점에 적합한 해답을 구하려는 현재의 노력에 대해 간단히 논의해 보자. 이 책을 보면서, 입자 모형으로 시작해서 입자 모형과 함께 꽤 많은 물리학 연구를 해왔음을 알게 됐다. 〈관련 이야기 3 지진〉에서 파동 모형을 도입했고, 많은 물리적 현상에서 파동의 특성이 연구됐다. 〈관련 이야기 8 레이저〉에서는 빛에 대한 파동 모형을 사용했다. 게다가 물질 입자가 파동 같은 성질을 가진 것을 알았다. 28장의 양자 입자 모형은 입자를 파동으로 구성하며, 파동이 기본적인 실체임을 암시한다. 그러나 31장에서는 소립자를 기본적인 실체라고 논의했다. 이것은 마치 우리의 의견을 결정할 수 없게 하는 것으로 보인다. 어느 면에서 이것은 사실인데, 그것은 파동 – 입자의 이중성은 아직도 활발한 연구가 진행 중인 분야이기 때문이다. 이 마지막 〈관련 이야기 9 결론〉에서, 입자를 파동과 진동으로 확립하려는 현재의 연구 노력에 대해 논의할 것이다.

끈 이론(string theory)은 믿기 어려울 정도로 작은 끈이라는 단 하나의 실체의 여러 가지 양자화된 진동 모드로 모든 입자를 모형화시켜서 네 가지 기본적인 힘을 통합하려는 노력의 결과이다. 이런 끈의 전형적인 길이는 크기가 10^{-35} m이며, **플랑크 길이**(Planck length)라고 한다. 우리는 전에 14장에서 진동하는 기타줄의 진동수가 양자화된 진동과 29장에서 원자의 양자화된 에너지 준위를 봤다. 끈 이론에서, 그 끈의 진동에 대한 각각의 양자화된 모드는 표준 모형의 서로 다른 기본 입자에 대응한다.

끈 이론에서 한 가지 복잡한 인자는 시공간이 10차원임을 요구하는 것이다. 10차원을 다루는 것이 이론상의 어려움과 개념상의 어려움이 있음에도 불구하고, 끈 이론은 중력을 다른 힘들과 통합시킬 수 있는 희망을 준다. 10차원 중 네 개는 명백하다. 세 개의 공간 차원과 한 개의 시간 차원이다. 다른 여섯 개는 **꽉채움**(compactified) 상태에 있다. 바꿔 말하면 육차원은 단단하게 말려서 거시적 세계에서는 보이지 않는다.

유사하게 음료용 빨대를 생각하자. 확실히 2차원을 가지는 직사각형으로 자른 종이(그림 1a)를 작은 대롱이 되도록 말아서(그림 1b) 음료용 빨대를 만들 수 있다. 멀리 떨어진 곳에서 빨대는 일차원의 곧은 선처럼 보인다. 두 번째의 차원은 말려서 보이지 않게 된다. 이와 유사하게 끈 이론에서는 여섯 개의 시공간 차원이 말려서 플랑크 길이의 크기로 오그라들었기 때문에 우리의 관점에서 이들을 보는 것은 불가능하다고 주장한다.

끈 이론의 다른 복잡한 인자는, 이론학자들이 실험에서 어떤 방법으로 무엇을 찾아야 하는지 실험학자들의 길잡이 역할을 하지만 끈에 대해서는 이 역할이 어렵다는 것이다. 플랑크 길이가 믿을 수 없을 만큼 작기 때문에 끈에 대해 직접 실험하는 것은 불가능하다. 끈이론이 훨씬 더 발전하기까지 이론학자들은 끈이론의 적용을 알려진 실험 결과에 한정해서 일치 여부를 판단하는 정도를 할 수 있다.

끈 이론의 예언 중 한 가지가 **초대칭성**(supersymmetry, SUSY)인데, 이것은 모든 기본 입자가 아직까지는 관측되지 아니한 초대칭짝(superpartner)을 가진다는 것을 제안한다. 초대칭성은 위반된 대칭이며(낮은 에너지에서 전자기 약작용 대칭이 위반되는 것과 같이) 초대칭짝의 질량은 현재 입자 가속기에서 검출할 수 있는 것 이상이라고 생각된다. 어떤 이론학자들은 초대칭짝의 질량이 31장에서 논의한 잃어버린 질량이라고 주장한다. 31장에서 본 입자들의 이름을 별나게 붙이는 경향과 그들의 특성에 어울리게, 입자의 초대칭짝에는 입자 이름 앞에 s를 붙여, **squark**(쿼크의 초대칭짝), **selectron**(전자의 초대칭짝) 등과 같이, 힘을 전달하는 장입자(field particle)의 초대칭짝에는 장입자 이름 뒤에 ino를 붙여, **gluino**(글루온의 초대칭짝) 등과 같이 이름을 붙인다.

다른 이론학자들은 끈보다 오히려 막을 기반으로 하는 11차원의 이론인 **M-이론**(M-

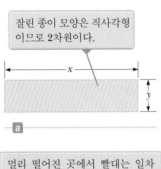

잘린 종이 모양은 직사각형이므로 2차원이다.

멀리 떨어진 곳에서 빨대는 일차원으로 보이게 된다. 빨대의 지름에 비해 먼 거리에서 볼 때 말린 제2의 차원은 뚜렷하지 않다.

그림 1 (a) 종잇조각을 직사각형 모양으로 자른다. (b) 종이를 말아서 음료용 빨대와 같이 만든다.

theory)을 연구하고 있다. 꽉채움을 11차원에서 10차원으로 줄이면 M-이론이 끈 이론으로 바뀌게 된다. 이는 대응 원리가 생각나게 한다.

이 〈관련 이야기 결론〉의 시작 부분에서 열거했던 문제들은 계속될 것이다. 그 이유는 입자 물리학 분야의 빠른 진전과 새로운 발견으로, 여러분이 이 책을 읽는 동안 위의 문제 중 어떤 것은 해결되기도 하지만 새롭게 또 다른 문제가 발생할 수 있기 때문이다.

질문

1. 한 여자아이와 그녀의 할머니가 맷돌로 옥수수 가루를 만들면서 할머니가 소녀에게 가장 중요한 것에 대해 이야기하고 있다. 한 남자아이가 잘 익은 옥수수 밭에서 까마귀 떼를 쫓을 때 그 소년의 할아버지는 그늘에 앉아서 소년에게 우주와 우주 안에서 소년의 위치를 설명하고 있다. 이 아이들에게 금년에는 이해되지 않는 것들이 내년에는 보다 많이 이해될 것이다. 이제 여러분은 성숙한 사람이 되어야 한다. 여러분이 알고 있는 가장 일반적인 것, 가장 기본적인 것, 가장 보편적인 진실을 말하라. 만일 어떤 사람의 다른 견해들을 딴 사람에게 말할 때에는, 이 견해들에 대해 여러분이 입수할 수 있는 가장 좋은 자료를 선택하고 그 자료의 출처를 말하라. 그 자료에 여러분이 이해할 수 없는 부분이 있으면, 빠른 시일 내에 그 부분을 더 잘 이해할 계획을 세우라.

문제

1. 고전적인 일반 상대성 이론으로 고찰하면 시공간의 구조는 결정론적이며 임의의 작은 거리에 대해 적절하게 정해진다. 이와 반대로, 양자 일반 상대성 이론에서는 $L = (\hbar G / c^3)^{1/2}$로 정해진 플랑크 길이보다 작은 거리는 금지된다. (a) 플랑크 길이의 값을 계산하라. 양자 한계(quantum limitation)는 대폭발 후에, 현재 관측할 수 있는 우주의 부분 모두가 한 특이점 안에 포함되어 있던 때에는 특이점이 플랑크 길이보다 커질 때까지 아무것도 관측할 수 없었다는 것을 암시한다. 특이점의 크기가 빛의 속력으로 커졌기 때문에, 우리는 빛이 플랑크 길이를 진행하는 데 걸리는 시간 간격 동안에는 어떤 관측도 불가능하다고 추론할 수 있다. (b) 플랑크 시간 T로 알려진 이 시간 간격을 계산하고, 이 시간 간격과 본문에서 언급된 초고온(ultrahot) 시대를 비교하라. (c) 이 해답은 시간 $t = 0$과 시간 $t = T$ 사이에 어떤 일이 발생했는지 결코 알 수 없을지도 모른다는 것을 암시하는 것일까?

성공의 의미

현명한 이에게 존경을 받고 아이들에게 사랑을 받는 것

자연의 아름다움과 주위의 모든 것에 감사하는 것

다른 사람의 최선을 보고 북돋워 주는 것

대가 없이 재능을 베푸는 것,

주는 것이 바로 받는 것이기에.

길 잃은 영혼을 돌보고, 아픈 아이를 치료하고, 책을 쓰고,

친구를 위해 목숨을 거는 것

큰 기쁨으로 찬양하고 웃음지으며, 열광과 환희로 노래하는 것

절망 속에서조차 희망을 갖는 것,

희망이 있는 한 삶이 있기에.

사랑하고 사랑받는 것

이해받고 이해하는 것

당신이 있기에 단 한 사람이라도 편히 숨 쉬는 것

이것이 성공의 의미입니다.

서웨이(Ray Serway)가 수정한 에머슨(Ralph Waldo Emerson)의 詩

표

표 A.1 | 바꿈 인수

길 이

	m	cm	km	in.	ft	mi
1 meter	1	10^2	10^{-3}	39.37	3.281	6.214×10^{-4}
1 centimeter	10^{-2}	1	10^{-5}	0.393 7	3.281×10^{-2}	6.214×10^{-6}
1 kilometer	10^3	10^5	1	3.937×10^4	3.281×10^3	0.621 4
1 inch	2.540×10^{-2}	2.540	2.540×10^{-5}	1	8.333×10^{-2}	1.578×10^{-5}
1 foot	0.304 8	30.48	3.048×10^{-4}	12	1	1.894×10^{-4}
1 mile	1 609	1.609×10^5	1.609	6.336×10^4	5 280	1

질 량

	kg	g	slug	u
1 kilogram	1	10^3	6.852×10^{-2}	6.024×10^{26}
1 gram	10^{-3}	1	6.852×10^{-5}	6.024×10^{23}
1 slug	14.59	1.459×10^4	1	8.789×10^{27}
1 atomic mass unit	1.660×10^{-27}	1.660×10^{-24}	1.137×10^{-28}	1

Note : 1 metric ton = 1 000 kg

시 간

	s	min	h	day	yr
1 second	1	1.667×10^{-2}	2.778×10^{-4}	1.157×10^{-5}	3.169×10^{-8}
1 minute	60	1	1.667×10^{-2}	6.994×10^{-4}	1.901×10^{-6}
1 hour	3 600	60	1	4.167×10^{-2}	1.141×10^{-4}
1 day	8.640×10^4	1 440	24	1	2.738×10^{-5}
1 year	3.156×10^7	5.259×10^5	8.766×10^3	365.2	1

속 력

	m/s	cm/s	ft/s	mi/h
1 meter/second	1	10^2	3.281	2.237
1 centimeter/second	10^{-2}	1	3.281×10^{-2}	2.237×10^{-2}
1 foot/second	0.304 8	30.48	1	0.681 8
1 mile/hour	0.447 0	44.70	1.467	1

Note : 1 mi/min = 60 mi/h = 88 ft/s

힘

	N	lb
1 newton	1	0.224 8
1 pound	4.448	1

표 A.1 | 바꿈 인수 (계속)

에너지, 에너지 전달

	J	ft · lb	eV
1 joule	1	0.737 6	6.242×10^{18}
1 ft · lb	1.356	1	8.464×10^{18}
1 eV	1.602×10^{-19}	1.182×10^{-19}	1
1 cal	4.186	3.087	2.613×10^{19}
1 Btu	1.055×10^{3}	7.779×10^{2}	6.585×10^{21}
1 kWh	3.600×10^{6}	2.655×10^{6}	2.247×10^{25}

	cal	Btu	kWh
1 joule	0.238 9	9.481×10^{-4}	2.778×10^{-7}
1 ft · lb	0.323 9	1.285×10^{-3}	3.766×10^{-7}
1 eV	3.827×10^{-20}	1.519×10^{-22}	4.450×10^{-26}
1 cal	1	3.968×10^{-3}	1.163×10^{-6}
1 Btu	2.520×10^{2}	1	2.930×10^{-4}
1 kWh	8.601×10^{5}	3.413×10^{2}	1

압 력

	Pa	atm
1 pascal	1	9.869×10^{-6}
1 atmosphere	1.013×10^{5}	1
1 centimeter mercury*	1.333×10^{3}	1.316×10^{-2}
1 pound / inch²	6.895×10^{3}	6.805×10^{-2}
1 pound / foot²	47.88	4.725×10^{-4}

	cmHg	lb/in.²	lb/ft²
1 pascal	7.501×10^{-4}	1.450×10^{-4}	2.089×10^{-2}
1 atmosphere	76	14.70	2.116×10^{3}
1 centimeter mercury*	1	0.194 3	27.85
1 pound / inch²	5.171	1	144
1 pound / foot²	3.591×10^{-2}	6.944×10^{-3}	1

* 0 ℃ 그리고 자유 낙하 가속도가 '표준값' 9.806 65 m/s²인 지역에서

표 A.2 | 물리량의 기호, 차원, 단위

물리량	일반 기호	단위*	차 원†	SI 단위계에 바탕을 둔 단위
가속도	$\vec{\mathbf{a}}$	m/s²	L/T²	m/s²
물질의 양	n	MOLE		mol
각 도	θ, ϕ	radian (rad)	1	
각가속도	$\vec{\alpha}$	rad/s²	T⁻²	s⁻²
각주파수	ω	rad/s	T⁻¹	s⁻¹
각운동량	$\vec{\mathbf{L}}$	kg·m²/s	ML²/T	kg·m²/s
각속도	$\vec{\boldsymbol{\omega}}$	rad/s	T⁻¹	s⁻¹
넓 이	A	m²	L²	m²
원자수	Z			
전기용량	C	farad (F)	Q²T²/ML²	A²·s⁴/kg·m²
전 하	q, Q, e	coulomb (C)	Q	A·s
전하 밀도				
선전하 밀도	λ	C/m	Q/L	A·s/m
표면 전하 밀도	σ	C/m²	Q/L²	A·s/m²
부피 전하 밀도	ρ	C/m³	Q/L³	A·s/m³
전도도	σ	1/Ω·m	Q²T/ML³	A²·s³/kg·m³
전 류	I	AMPERE	Q/T	A
전류 밀도	J	A/m²	Q/TL²	A/m²
밀 도	ρ	kg/m³	M/L³	kg/m³
유전 상수	κ			
전기 쌍극자 모멘트	$\vec{\mathbf{p}}$	C·m	QL	A·s·m
전기장	$\vec{\mathbf{E}}$	V/m	ML/QT²	kg·m/A·s³
전기선속	Φ_E	V·m	ML³/QT²	kg·m³/A·s³
기전력	$\mathcal{E}$	volt (V)	ML²/QT²	kg·m²/A·s³
에너지	E, U, K	joule (J)	ML²/T²	kg·m²/s²
엔트로피	S	J/K	ML²/T²K	kg·m²/s²·K
힘	$\vec{\mathbf{F}}$	newton (N)	ML/T²	kg·m/s²
진동수	f	hertz (Hz)	T⁻¹	s⁻¹
열	Q	joule (J)	ML²/T²	kg·m²/s²
유도 계수	L	henry (H)	ML²/Q²	kg·m²/A²·s²
길 이	ℓ, L	METER	L	m
변 위	$\Delta x, \Delta \vec{\mathbf{r}}$			
거 리	d, h			
위 치	$x, y, z, \vec{\mathbf{r}}$			
자기 쌍극자 모멘트	$\vec{\boldsymbol{\mu}}$	N·m/T	QL²/T	A·m²
자기장	$\vec{\mathbf{B}}$	tesla (T) (=Wb/m²)	M/QT	kg/A·s²
자기선속(또는 자속)	Φ_B	weber (Wb)	ML²/QT	kg·m²/A·s²
질 량	m, M	KILOGRAM	M	kg
몰비열	C	J/mol·K		kg·m²/s²·mol·K
관성 모멘트	I	kg·m²	ML²	kg·m²

표 A.2 | 물리량의 기호, 차원, 단위 (계속)

물리량	일반 기호	단위*	차 원†	SI 단위계에 바탕을 둔 단위
운동량	$\vec{p}$	kg·m/s	ML/T	kg·m/s
주 기	T	s	T	s
자유 공간 투과율	μ_0	N/A² (=H/m)	ML/Q²	kg·m/A²·s²
자유 공간 유전율	ϵ_0	C²/N·m² (=F/m)	Q²T²/ML³	A²·s⁴/kg·m³
전 위	V	volt (V) (=J/C)	ML²/QT²	kg·m²/A·s³
일 률	P	watt (W) (=J/s)	ML²/T³	kg·m²/s³
압 력	P	pascal (Pa) (=N/m²)	M/LT²	kg/m·s²
저 항	R	ohm (Ω) (=V/A)	ML²/Q²T	kg·m²/A²·s³
비 열	c	J/kg·K	L²/T²K	m²/s²·K
속 력	v	m/s	L/T	m/s
온 도	T	KELVIN	K	K
시 간	t	SECOND	T	s
토 크	$\vec{\tau}$	N·m	ML²/T²	kg·m²/s²
속 도	$\vec{v}$	m/s	L/T	m/s
부 피	V	m³	L³	m³
파 장	λ	m	L	m
일	W	joule (J) (=N·m)	ML²/T²	kg·m²/s²

* 기초 SI 단위들은 대문자로 표시했다.

† 기호 M, L, T 및 Q는 질량, 길이, 시간과 전하를 각각 의미한다.

표 A.3 | 동위 원소의 화학 및 핵 정보

원자 번호 Z	원 소	기 호	질량수 (*방사성을 나타냄) A	원자 질량 (u)	분포 백분율	반감기 (방사성인 경우) $T_{1/2}$
−1	electron	e−	0	0.000 549		
0	neutron	n	1*	1.008 665		614 s
1	hydrogen	¹H = p	1	1.007 825	99.988 5	
	[deuterium	²H = D]	2	2.014 102	0.011 5	
	[tritium	³H = T]	3*	3.016 049		12.33 yr
2	helium	He	3	3.016 029	0.000 137	
	[alpha particle	α = ⁴He]	4	4.002 603	99.999 863	
			6*	6.018 889		0.81 s
3	lithium	Li	6	6.015 123	7.5	
			7	7.016 005	92.5	
4	beryllium	Be	7*	7.016 930		53.3 d
			8*	8.005 305		10⁻¹⁷ s
			9	9.012 182	100	
5	boron	B	10	10.012 937	19.9	
			11	11.009 305	80.1	

표 **A.3** | 동위 원소의 화학 및 핵 정보 (계속)

원자 번호 Z	원소	기 호	질량수 (*방사성을 나타냄) A	원자 질량 (u)	분포 백분율	반감기 (방사성인 경우) $T_{1/2}$
6	carbon	C	11*	11.011 434		20.4 min
			12	12.000 000	98.93	
			13	13.003 355	1.07	
			14*	14.003 242		5 730 yr
7	nitrogen	N	13*	13.005 739		9.96 min
			14	14.003 074	99.632	
			15	15.000 109	0.368	
8	oxygen	O	14*	14.008 596		70.6 s
			15*	15.003 066		122 s
			16	15.994 915	99.757	
			17	16.999 132	0.038	
			18	17.999 161	0.205	
9	fluorine	F	18*	18.000 938		109.8 min
			19	18.998 403	100	
10	neon	Ne	20	19.992 440	90.48	
11	sodium	Na	23	22.989 769	100	
12	magnesium	Mg	23*	22.994 124		11.3 s
			24	23.985 042	78.99	
13	aluminum	Al	27	26.981 539	100	
14	silicon	Si	27*	26.986 705		4.2 s
15	phosphorus	P	30*	29.978 314		2.50 min
			31	30.973 762	100	
			32*	31.973 907		14.26 d
16	sulfur	S	32	31.972 071	94.93	
19	potassium	K	39	38.963 707	93.258 1	
			40*	39.963 998	0.011 7	1.28×10^9 yr
20	calcium	Ca	40	39.962 591	96.941	
			42	41.958 618	0.647	
			43	42.958 767	0.135	
25	manganese	Mn	55	54.938 045	100	
26	iron	Fe	56	55.934 938	91.754	
			57	56.935 394	2.119	
27	cobalt	Co	57*	56.936 291		272 d
			59	58.933 195	100	
			60*	59.933 817		5.27 yr
28	nickel	Ni	58	57.935 343	68.076 9	
			60	59.930 786	26.223 1	
29	copper	Cu	63	62.929 598	69.17	
			64*	63.929 764		12.7 h
			65	64.927 789	30.83	
30	zinc	Zn	64	63.929 142	48.63	

표 A.3 | 동위 원소의 화학 및 핵 정보 (계속)

원자 번호 Z	원 소	기 호	질량수 (*방사성을 나타냄) A	원자 질량 (u)	분포 백분율	반감기 (방사성인 경우) $T_{1/2}$
37	rubidium	Rb	87*	86.909 181	27.83	
38	strontium	Sr	87	86.908 877	7.00	
			88	87.905 612	82.58	
			90*	89.907 738		29.1 yr
41	niobium	Nb	93	92.906 378	100	
42	molybdenum	Mo	94	93.905 088	9.25	
44	ruthenium	Ru	98	97.905 287	1.87	
54	xenon	Xe	136*	135.907 219		2.4×10^{21} yr
55	cesium	Cs	137*	136.907 090		30 yr
56	barium	Ba	137	136.905 827	11.232	
58	cerium	Ce	140	139.905 439	88.450	
59	praseodymium	Pr	141	140.907 653	100	
60	neodymium	Nd	144*	143.910 087	23.8	2.3×10^{15} yr
61	promethium	Pm	145*	144.912 749		17.7 yr
79	gold	Au	197	196.966 569	100	
80	mercury	Hg	198	197.966 769	9.97	
			202	201.970 643	29.86	
82	lead	Pb	206	205.974 465	24.1	
			207	206.975 897	22.1	
			208	207.976 652	52.4	
			214*	213.999 805		26.8 min
83	bismuth	Bi	209	208.980 399	100	
84	polonium	Po	210*	209.982 874		138.38 d
			216*	216.001 915		0.145 s
			218*	218.008 973		3.10 min
86	radon	Rn	220*	220.011 394		55.6 s
			222*	222.017 578		3.823 d
88	radium	Ra	226*	226.025 410		1 600 yr
90	thorium	Th	232*	232.038 055	100	1.40×10^{10} yr
			234*	234.043 601		24.1 d
92	uranium	U	234*	234.040 952		2.45×10^5 yr
			235*	235.043 930	0.720 0	7.04×10^8 yr
			236*	236.045 568		2.34×10^7 yr
			238*	238.050 788	99.274 5	4.47×10^9 yr
93	neptunium	Np	236*	236.046 570		1.15×10^5 yr
			237*	237.048 173		2.14×10^6 yr
94	plutonium	Pu	239*	239.052 163		24 120 yr

Source: G. Audi, A. H. Wapstra, and C. Thibault, "The AME2003 Atomic Mass Evaluation," *Nuclear Physics A* **729**: 337–676, 2003.

자주 사용되는 수학

이 수학에 대한 부록은 연산과 방법을 간단히 복습할 수 있도록 했다. 이 교과목 이전에, 여러분은 기본적인 대수 계산법, 해석 기하학, 삼각 함수에 익숙해야 한다. 미적분학에 대해서는 자세히 다뤘으며, 물리적인 상황에 적용이 어려운 학생들에게 도움이 되도록 했다.

◀ B.1 | 과학적인 표기법

과학자들이 사용하는 많은 양의 크기가 종종 매우 크거나 매우 작다. 예를 들어 빛의 속력은 약 300 000 000 m/s이고, 글자 기역(ㄱ)을 도트 잉크로 찍는 데 약 0.000 000 001 kg이 필요하다. 이런 숫자를 읽고, 쓰고, 기억하는 것이 분명히 쉽지 않다. 이런 문제는 10의 지수를 사용해서 간단히 해결할 수 있다.

$$10^0 = 1$$
$$10^1 = 10$$
$$10^2 = 10 \times 10 = 100$$
$$10^3 = 10 \times 10 \times 10 = 1\,000$$
$$10^4 = 10 \times 10 \times 10 \times 10 = 10\,000$$
$$10^5 = 10 \times 10 \times 10 \times 10 \times 10 = 100\,000$$

0의 개수는 10의 **지수**(exponent)라고 부른다. 예를 들어 빛의 속력 300 000 000 m/s는 3.00×10^8 m/s로 표현할 수 있다. 이런 방법으로 1보다 작은 수를 다음과 같이 나타낼 수 있다.

$$10^{-1} = \frac{1}{10} = 0.1$$
$$10^{-2} = \frac{1}{10 \times 10} = 0.01$$
$$10^{-3} = \frac{1}{10 \times 10 \times 10} = 0.001$$
$$10^{-4} = \frac{1}{10 \times 10 \times 10 \times 10} = 0.000\,1$$
$$10^{-5} = \frac{1}{10 \times 10 \times 10 \times 10 \times 10} = 0.000\,01$$

이들 경우 숫자 1의 왼쪽에 있는 소수점까지의 개수는 (음)의 지수값과 같다. 10의 지수에 1과 10 사이의 수를 곱한 것을 **과학적인 표기법**(scientific notation)이라 한다. 예를 들어 5 943 000 000과 0.000 083 2의 과학적인 표기법은 각각 5.943×10^9과 8.32×10^{-5}이다.

과학적인 표기법으로 표현된 수를 곱할 때, 다음의 일반적인 규칙이 매우 유용하다.

$$10^n \times 10^m = 10^{n+m}$$

B.1

여기서 n과 m은 어떤 **임의의** 수일 수 있다(반드시 정수일 필요는 없음). 예를 들어 $10^2 \times 10^5$ $= 10^7$이다. 지수 중에 음수가 있어도 같은 규칙을 적용한다. 즉 $10^3 \times 10^{-8} = 10^{-5}$이다.

과학적인 표기법으로 표현할 수를 나눌 때, 다음에 주목하자.

$$\frac{10^n}{10^m} = 10^n \times 10^{-m} = 10^{n-m} \qquad \text{B.2}$$

연습문제

앞에서 설명한 규칙을 이용해서, 다음 식에 대한 답을 증명하라.

1. $86\,400 = 8.64 \times 10^4$
2. $9\,816\,762.5 = 9.816\,762\,5 \times 10^6$
3. $0.000\,000\,039\,8 = 3.98 \times 10^{-8}$
4. $(4.0 \times 10^8)(9.0 \times 10^9) = 3.6 \times 10^{18}$
5. $(3.0 \times 10^7)(6.0 \times 10^{-12}) = 1.8 \times 10^{-4}$
6. $\dfrac{75 \times 10^{-11}}{5.0 \times 10^{-3}} = 1.5 \times 10^{-7}$
7. $\dfrac{(3 \times 10^6)(8 \times 10^{-2})}{(2 \times 10^{17})(6 \times 10^5)} = 2 \times 10^{-18}$

◤ B.2 | 대수법

기본 규칙

대수 연산을 할 때, 산수의 법칙을 적용한다. x, y, z는 미지수를 나타낸다.

먼저 다음의 방정식을 고려하자.

$$8x = 32$$

x에 대해 풀고자 하면, 양변을 같은 수로 나누거나 곱할 수 있다. 이 경우 양변을 8로 나눈다.

$$\frac{8x}{8} = \frac{32}{8}$$
$$x = 4$$

이번에는 다음의 방정식을 고려하자.

$$x + 2 = 8$$

이 경우 양변에 같은 수를 더하거나 뺄 수 있다. 양변에서 2를 빼면 다음을 얻는다.

$$x + 2 - 2 = 8 - 2$$
$$x = 6$$

일반적으로 $x + a = b$이면 $x = b - a$이다.

이번에는 다음의 방정식을 고려하자.

$$\frac{x}{5} = 9$$

양변에 5를 곱해서 x를 구한다.

$$\left(\frac{x}{5}\right)(5) = 9 \times 5$$

$$x = 45$$

모든 경우에 좌변과 우변에 연산을 같이 해주어야 한다.

곱셈, 나눗셈, 덧셈, 나눗셈에 대한 다음의 규칙을 상기해 보자. 여기서 a, b, c, d는 상수이다.

규 칙	예
곱 셈 $\left(\dfrac{a}{b}\right)\left(\dfrac{c}{d}\right) = \dfrac{ac}{bd}$	$\left(\dfrac{2}{3}\right)\left(\dfrac{4}{5}\right) = \dfrac{8}{15}$
나눗셈 $\dfrac{(a/b)}{(c/d)} = \dfrac{ad}{bc}$	$\dfrac{2/3}{4/5} = \dfrac{(2)(5)}{(4)(3)} = \dfrac{10}{12}$
덧 셈 $\dfrac{a}{b} \pm \dfrac{c}{d} = \dfrac{ad \pm bc}{bd}$	$\dfrac{2}{3} - \dfrac{4}{5} = \dfrac{(2)(5) - (4)(3)}{(3)(5)} = -\dfrac{2}{15}$

연습문제

다음의 방정식을 x에 대해 풀라.

답

1. $a = \dfrac{1}{1 + x}$ $x = \dfrac{1 - a}{a}$

2. $3x - 5 = 13$ $x = 6$

3. $ax - 5 = bx + 2$ $x = \dfrac{7}{a - b}$

4. $\dfrac{5}{2x + 6} = \dfrac{3}{4x + 8}$ $x = -\dfrac{11}{7}$

지 수

x에 대한 거듭제곱의 곱셈은 다음을 만족한다.

$$x^n x^m = x^{n+m} \qquad \text{B.3}$$

예를 들어 $x^2 x^4 = x^{2+4} = x^6$과 같이 한다.

x에 대한 거듭제곱의 나눗셈은 다음과 같이 한다.

$$\frac{x^n}{x^m} = x^{n-m} \qquad \text{B.4}$$

예를 들면 $x^8/x^2 = x^{8-2} = x^6$과 같이 한다.

$\frac{1}{3}$과 같은 분수로 거듭제곱하는 것은 다음과 같이 거듭제곱근을 구하는 것과 같다.

$$x^{1/n} = \sqrt[n]{x} \qquad \text{B.5}$$

예를 들어 $4^{1/3} = \sqrt[3]{4} = 1.587\,4$와 같은 것이다. (이런 종류의 계산에는 공학용 계산기가 유용하다.)

마지막으로 x^n의 m 거듭제곱은 다음과 같다.

$$(x^n)^m = x^{nm} \qquad \text{B.6}$$

표 B.1에 지수 법칙을 요약해 놓았다.

표 B.1 |

지수 법칙
$x^0 = 1$
$x^1 = x$
$x^n x^m = x^{n+m}$
$x^n/x^m = x^{n-m}$
$x^{1/n} = \sqrt[n]{x}$
$(x^n)^m = x^{nm}$

연습문제

다음 방정식을 증명하라.

1. $3^2 \times 3^3 = 243$
2. $x^5 x^{-8} = x^{-3}$
3. $x^{10}/x^{-5} = x^{15}$
4. $5^{1/3} = 1.709\,975$　　(계산기를 사용한다.)
5. $60^{1/4} = 2.783\,158$　　(계산기를 사용한다.)
6. $(x^4)^3 = x^{12}$

인수분해

다음은 식을 인수분해하는 데 유용한 공식이다.

$$ax + ay + az = a(x + y + x)$$　　공통 인수
$$a^2 + 2ab + b^2 = (a + b)^2$$　　완전제곱꼴
$$a^2 - b^2 = (a + b)(a - b)$$　　제곱의 차

이차 방정식

이차 방정식의 일반적인 형태는 다음과 같다.

$$ax^2 + bx + c = 0 \qquad \text{B.7}$$

여기서 x는 미지수이고 a, b, c는 **계수**(coefficient)이다. 이 방정식은 근이 두 개이며, 다음과 같이 주어진다.

$$x = \frac{-b \pm \sqrt{b^2 - 4ac}}{2a} \qquad \text{B.8}$$

$b^2 \geq 4ac$ 이면 방정식은 실근을 갖는다.

예제 B.1

방정식 $x^2 + 5x + 4 = 0$은 제곱근 항의 두 부호에 따라 다음과 같은 근을 갖는다.

$$x = \frac{-5 \pm \sqrt{5^2 - (4)(1)(4)}}{2(1)} = \frac{-5 \pm \sqrt{9}}{2} = \frac{-5 \pm 3}{2}$$

$$x_+ = \frac{-5 + 3}{2} = \boxed{-1} \qquad x_- = \frac{-5 - 3}{2} = \boxed{-4}$$

여기서 x_+는 제곱근 부호가 양수인 것에 해당하는 것이고, x_-는 음수인 것에 해당한다.

연습문제

다음 이차 방정식을 풀라.

답

1. $x^2 + 2x - 3 = 0$ $\quad x_+ = 1$ $\qquad x_- = -3$
2. $2x^2 - 5x + 2 = 0$ $\quad x_+ = 2$ $\qquad x_- = \dfrac{1}{2}$
3. $2x^2 - 4x + 9 = 0$ $\quad x_+ = 1 + \sqrt{22}\,/2$ $\quad x_- = 1 - \sqrt{22}\,/2$

선형 방정식

선형 방정식은 다음의 형태를 갖는다.

$$y = mx + b \qquad \text{B.9}$$

여기서 m과 b는 상수이다. 이 방정식은 그림 B.1에서 보는 바와 같이 직선을 타나낸다. 상수 b는 **y절편**(y-intercept)이고, 상수 m은 직선의 **기울기**(slope)를 나타낸다. 그림 B.1처럼 직선 위의 두 점 (x_1, y_1)과 (x_2, y_2)가 주어지면, 직선의 기울기는 다음과 같이 표현된다.

$$\text{기울기} = \frac{y_2 - y_1}{x_2 - x_1} = \frac{\Delta y}{\Delta x} \qquad \text{B.10}$$

세 가지 가능한 m과 b값에 대한 직선을 그림 B.2에 나타냈다.

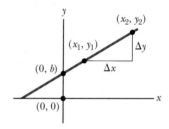

그림 B.1 xy좌표계에 그린 직선. 직선의 기울기는 Δy와 Δx의 비율이다.

연습문제

1. 다음의 직선 그래프를 그려라.

  (a) $y = 5x + 3$ (b) $y = -2x + 4$ (c) $y = -3x - 6$

2. 연습문제 1에서 설명한 직선의 기울기를 구하라.

  답 (a) 5 (b) -2 (c) -3

3. 다음에 주어진 좌표를 지나는 직선의 기울기를 구하라.

  (a) $(0, -4)$와 $(4, 2)$ (b) $(0, 0)$와 $(2, -5)$ (c) $(-5, 2)$와 $(4, -2)$

  답 (a) $\frac{3}{2}$ (b) $-\frac{5}{2}$ (c) $-\frac{4}{9}$

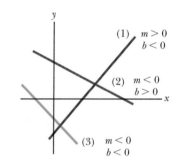

그림 B.2 갈색선은 기울기가 양이고 y절편은 음이다. 파란선은 기울기가 음이고 y절편이 양이다. 초록색선은 기울기가 음이고 y절편이 음이다.

일차 연립 방정식 풀기

미지수가 x, y인 방정식 $3x + 5y = 15$를 고려하자. 이런 방정식의 해는 하나가 아니다. 예를 들어 $(x = 0, y = 3)$, $(x = 5, y = 0)$, $(x = 2, y = \frac{9}{5})$는 모두 이 방정식의 해이다.

문제에 두 개의 미지수가 있으면, **두 개**의 방정식이 주어질 때에만 해가 하나 존재한다. 일반적으로 n개의 미지수가 있는 문제에서, 해가 존재하려면 n개의 방정식이 필요하다.

어떤 경우에는 두 가지 정보가 (1) 하나의 식과 (2) 해에 대한 하나의 조건일 수 있다. 예를 들어 $m = 3n$과, m과 n은 가장 작은 가능한 자연수여야 한다는 조건이 주어졌다고 하자. 그러면 하나의 식으로 하나의 해만 갖게 할 수는 없지만, 추가 조건 때문에 $n = 1$이고 $m = 3$이 된다.

◀ 예제 B.2 |

다음 연립 방정식을 풀라.

$$(1)\ 5x + y = -8$$
$$(2)\ 2x - 2y = 4$$

풀이

식 (2)로부터 $x = y + 2$이다. 이 방정식을 식 (1)에 대입한다.

$$5(y + 2) + y = -8$$
$$6y = -18$$
$$y = \boxed{-3}$$
$$x = y + 2 = \boxed{-1}$$

다른 풀이 법 식 (1)에 2를 곱하여 식 (2)와 더하면 다음을 구할 수 있다.

$$10x + 2y = -16$$
$$\underline{2x - 2\ = 4}$$
$$12x\quad\quad = -12$$
$$x = \boxed{-1}$$
$$y = x - 2 = \boxed{-3}$$

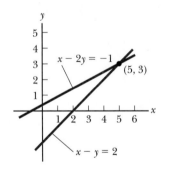

그림 B.3 두 일차 방정식에 대해 그래프를 이용해서 구한 해

또한 미지수 두 개를 포함하고 있는 두 개의 선형 방정식은 그래프 방법을 이용해서 풀 수 있다. 두 방정식에 해당하는 직선을 일반적인 좌표계에 그렸을 때, 두 직선의 교점이 해를 나타낸다. 예를 들어 다음의 두 방정식을 고려하자.

$$x - y = 2$$
$$x - 2y = -1$$

이들 방정식을 그림 B.3에 그렸다. 두 직선의 교점은 이 방정식의 해인 $x = 5$와 $y = 3$이다. 이 해를 앞에서 설명한 해석학적 방법으로 확인해 보기 바란다.

연습문제

다음의 이원 일차 연립 방정식을 풀라.

답

1. $x + y = 8$ $x = 5, y = 3$
   $x - y = 2$

2. $98 - T = 10a$ $T = 65, a = 3.27$
   $T - 49 = 5a$

3. $6x + 2y = 6$ $x = 2, y = -3$
   $8x - 4y = 28$

로그

x가 a의 지수 함수라고 가정하자.

$$x = a^y \qquad\qquad \text{B.11}$$

숫자 a는 **밑**(base)이라고 부른다. 밑 a에 대한 x의 **로그값**은 $x = a^y$와 같다.

$$y = \log_a x \qquad\qquad \text{B.12}$$

역으로 y의 로그의 역은 x가 된다.

$$x = \text{antilog}_a\, y \qquad\qquad \text{B.13}$$

실제로 두 가지 밑을 가장 많이 사용한다. 상용 로그에서 사용하는 밑 10과 오일러 상수 또는 자연 로그의 밑 $e = 2.718\,282$가 그것이다. 상용 로그는 다음과 같이 사용한다.

상용 로그

$$y = \log_{10} x \quad (\text{또는}\ x = 10^y) \qquad\qquad \text{B.14}$$

자연 로그

$$y = \ln x \quad (\text{또는}\ x = e^y) \qquad\qquad \text{B.15}$$

예를 들어 $\log_{10} 52 = 1.716$이면, $\text{antilog}_{10} 1.716 = 10^{1.716} = 52$이다. 마찬가지로 $\ln 52 = 3.951$이면 $\text{antiln}\,3.951 = e^{3.951} = 52$이다.

일반적으로 밑이 10인 수와 밑이 e인 수를 다음과 같이 변환할 수 있다.

$$\ln x = (2.302\,585)\log_{10} x \qquad\qquad \text{B.16}$$

마지막으로 로그에서 유용한 성질은 다음과 같다.

$$
\left.
\begin{aligned}
\log(ab) &= \log a + \log b \\
\log(a/b) &= \log a - \log b \\
\log(a^n) &= n \log a
\end{aligned}
\right\} \begin{aligned}\text{어떤 밑이든지}\\ \text{성립}\end{aligned}
$$

$$\ln e = 1$$
$$\ln e^a = a$$
$$\ln\!\left(\frac{1}{a}\right) = -\ln a$$

◣ **B.3** | 기하학

좌표 (x_1, y_1)과 (x_2, y_2) 사이의 **거리**(distance) d는 다음과 같다.

$$d = \sqrt{(x_2 - x_1)^2 + (y_2 - y_1)^2} \qquad\qquad \text{B.17}$$

그림 B.4와 같이 두 변이 서로 수직이면, 두 변 사이의 각도는 같다.

호도법: 호의 길이 s는 각도 θ(라디안)가 일정할 때 반지름 r에 비례한다.

$$
\begin{aligned}
s &= r\theta \\
\theta &= \frac{s}{r}
\end{aligned}
\qquad\qquad \text{B.18}
$$

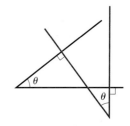

그림 B.4 두 변이 서로 수직이기 때문에 각도는 서로 같다.

그림 B.5 라디안으로 나타낸 각도 θ는 호의 길이 s와 원의 반지름 r의 비이다.

표 B.2 | 여러 기하학적 형태에 대한 값

모 양	넓이 또는 부피	모 양	넓이 또는 부피
직사각형	넓이 $= \ell w$	구	겉넓이 $= 4\pi r^2$ 부피 $= \dfrac{4\pi r^3}{3}$
원	넓이 $= \pi r^2$ 원둘레 $= 2\pi r$	원통	옆넓이 넓이 $= 2\pi r \ell$ 부피 $= \pi r^2 \ell$
삼각형	넓이 $= \frac{1}{2}bh$	직사각형 상자	겉넓이 $=$ $2(\ell h + \ell w + hw)$ 부피 $= \ell wh$

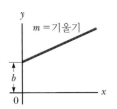

그림 B.6 기울기가 m이고 y절편이 b인 직선

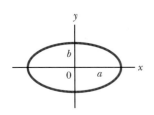

그림 B.7 긴 반지름이 a이고 짧은 반지름이 b인 타원

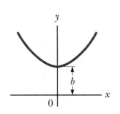

그림 B.8 꼭짓점이 $y = b$인 포물선

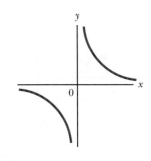

그림 B.9 쌍곡선

표 B.2는 이 교재에서 사용한 여러 모양의 **넓이**(area)와 **부피**(volume)를 보여 준다. **직선**(straight line)의 방정식(그림 B.6)은 다음과 같다.

$$y = mx + b \tag{B.19}$$

여기서 b는 y절편이고 m은 직선의 기울기이다.

중심이 원점에 있고 반지름이 R인 **원**(circle)의 방정식은 다음과 같다.

$$x^2 + y^2 = R^2 \tag{B.20}$$

중심이 원점에 있는 **타원**(ellipse)의 방정식(그림 B.7)은 다음과 같다.

$$\frac{x^2}{a^2} + \frac{y^2}{b^2} = 1 \tag{B.21}$$

여기서 a는 긴 반지름이고 b는 짧은 반지름이다.

꼭짓점이 $y = b$에 있는 **포물선**(parabola)의 방정식(그림 B.8)은 다음과 같다.

$$y = ax^2 + b \tag{B.22}$$

쌍곡선(hyperbola)의 방정식(그림 B.9)은 다음과 같다.

$$xy = 상수 \tag{B.23}$$

◤ **B.4** | 삼각 함수

직각삼각형의 특수한 성질에 기초한 수학을 삼각 함수라고 한다. 그림 B.10에서의 직각삼각형을 고려하자. 여기서 변 a는 각도 θ의 반대쪽에 있고, 변 b는 각도 θ에 인접해 있고, 변 c는 빗변이다. 이런 삼각형에서 정의된 세 가지 기본적인 삼각 함수는 사인(sin), 코사인(cos), 탄젠트(tan)이다. 이들 함수를 각도 θ로 다음과 같이 정의한다.

$$\sin \theta = \frac{\text{높이}}{\text{빗변}} = \frac{a}{c}$$

B.24

$$\cos \theta = \frac{\text{밑변}}{\text{빗변}} = \frac{b}{c}$$

B.25

$$\tan \theta = \frac{\text{높이}}{\text{밑변}} = \frac{a}{b}$$

B.26

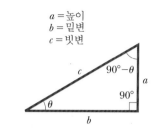

$a = $높이
$b = $밑변
$c = $빗변

그림 B.10 삼각 함수의 기본 함수를 정의하는 데 사용한 직각삼각형

피타고라스 정리에 따르면 직각삼각형의 경우 다음이 성립한다.

$$c^2 = a^2 + b^2$$

B.27

삼각 함수의 정의와 피타고라스 정리로부터 다음이 성립한다.

$$\sin^2 \theta + \cos^2 \theta = 1$$

$$\tan \theta = \frac{\sin \theta}{\cos \theta}$$

코시컨트, 시컨트, 코탄젠트는 다음과 같이 정의된다.

$$\csc \theta = \frac{1}{\sin \theta} \qquad \sec \theta = \frac{1}{\cos \theta} \qquad \cot \theta = \frac{1}{\tan \theta}$$

다음 관계식은 그림 B.10에 있는 직각삼각형으로부터 직접 유도된다.

$$\sin \theta = \cos (90° - \theta)$$
$$\cos \theta = \sin (90° - \theta)$$
$$\cot \theta = \tan (90° - \theta)$$

삼각 함수의 몇 가지 성질:

$$\sin (-\theta) = -\sin \theta$$
$$\cos (-\theta) = \cos \theta$$
$$\tan (-\theta) = -\tan \theta$$

다음의 관계식은 그림 B.11에 있는 **어떤** 삼각형에도 적용된다.

$$\alpha + \beta + \gamma = 180°$$

코사인 법칙 $\begin{cases} a^2 = b^2 + c^2 - 2bc \cos \alpha \\ b^2 = a^2 + c^2 - 2ac \cos \beta \\ c^2 = a^2 + b^2 - 2ab \cos \gamma \end{cases}$

사인 법칙 $\quad \dfrac{a}{\sin \alpha} = \dfrac{b}{\sin \beta} = \dfrac{c}{\sin \gamma}$

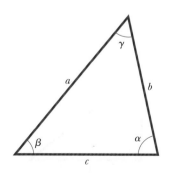

그림 B.11 임의의 삼각형

표 B.3에 삼각 함수의 여러 관계식을 실어 놓았다.

표 B.3 |

삼각 함수의 여러 관계식

$$\sin^2 \theta + \cos^2 \theta = 1 \qquad\qquad \csc^2 \theta = 1 + \cot^2 \theta$$

$$\sec^2 \theta = 1 + \tan^2 \theta \qquad\qquad \sin^2 \frac{\theta}{2} = \tfrac{1}{2}(1 - \cos \theta)$$

$$\sin 2\theta = 2 \sin \theta \cos \theta \qquad\qquad \cos^2 \frac{\theta}{2} = \tfrac{1}{2}(1 + \cos \theta)$$

$$\cos 2\theta = \cos^2 \theta - \sin^2 \theta \qquad\qquad 1 - \cos \theta = 2 \sin^2 \frac{\theta}{2}$$

$$\tan 2\theta = \frac{2 \tan \theta}{1 - \tan^2 \theta} \qquad\qquad \tan \frac{\theta}{2} = \sqrt{\frac{1 - \cos \theta}{1 + \cos \theta}}$$

$$\sin (A \pm B) = \sin A \cos B \pm \cos A \sin B$$
$$\cos (A \pm B) = \cos A \cos B \mp \sin A \sin B$$
$$\sin A \pm \sin B = 2 \sin \left[\tfrac{1}{2}(A \pm B)\right] \cos \left[\tfrac{1}{2}(A \mp B)\right]$$
$$\cos A + \cos B = 2 \cos \left[\tfrac{1}{2}(A + B)\right] \cos \left[\tfrac{1}{2}(A - B)\right]$$
$$\cos A - \cos B = 2 \sin \left[\tfrac{1}{2}(A + B)\right] \sin \left[\tfrac{1}{2}(B - A)\right]$$

예제 B.3 |

그림 B.12에 있는 직각삼각형을 고려하자. 여기서 $a = 2.00$, $b = 5.00$ 이고 c는 미지수이다. 피타고라스 정리로부터 다음을 얻는다.

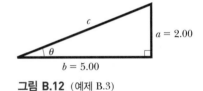

그림 B.12 (예제 B.3)

$$c^2 = a^2 + b^2 = 2.00^2 + 5.00^2 = 4.00 + 25.0 = 29.0$$
$$c = \sqrt{29.0} = \boxed{5.39}$$

각도 θ를 구하기 위해 다음을 주목하라.

$$\tan \theta = \frac{a}{b} = \frac{2.00}{5.00} = 0.400$$

계산기를 이용해서 다음을 구한다.

$$\theta = \tan^{-1}(0.400) = \boxed{21.8°}$$

여기서 $\tan^{-1}(0.400)$는 '탄젠트 값이 0.400'일 때의 각도를 나타내는 기호이며, 때때로 $\arctan (0.400)$으로 표기하기도 한다.

연습문제

그림 B.13 (연습문제 1)

1. 그림 B.13에서 (a) 높이, (b) 밑변, (c) $\cos \theta$, (d) $\sin \phi$, (e) $\tan \phi$를 구하라.

   답 (a) 3 (b) 3 (c) $\frac{4}{5}$ (d) $\frac{4}{5}$ (e) $\frac{4}{3}$

2. 어떤 직각삼각형에서 서로 수직인 두 변의 길이가 각각 5.00 m와 7.00 m일 때, 빗변의 길이는 얼마인가?

   답 8.60 m

3. 어떤 직각삼각형에서 빗변의 길이가 3.0 m이고 한 각도는 30°이다. (a) 높이는 얼마인가?

(b) 밑변은 얼마인가?

답 (a) 1.5 m (b) 2.6 m

◤ **B.5** | 급수 전개

$$(a + b)^n = a^n + \frac{n}{1!} a^{n-1}b + \frac{n(n-1)}{2!} a^{n-2}b^2 + \cdots$$

$$(1 + x)^n = 1 + nx + \frac{n(n-1)}{2!} x^2 + \cdots$$

$$e^x = 1 + x + \frac{x^2}{2!} + \frac{x^3}{3!} + \cdots$$

$$\ln(1 \pm x) = \pm x - \tfrac{1}{2}x^2 \pm \tfrac{1}{3}x^3 - \cdots$$

$$\left.\begin{array}{l} \sin x = x - \dfrac{x^3}{3!} + \dfrac{x^5}{5!} - \cdots \\[2mm] \cos x = 1 - \dfrac{x^2}{2!} + \dfrac{x^4}{4!} - \cdots \\[2mm] \tan x = x + \dfrac{x^3}{3} + \dfrac{2x^5}{15} + \cdots \quad |x| < \dfrac{\pi}{2} \end{array}\right\} x\text{는 라디안 단위}$$

$x \ll 1$인 경우 다음의 근사식을 사용할 수 있다.[1]

$$(1 + x)^n \approx 1 + nx \qquad \sin x \approx x$$

$$e^x \approx 1 + x \qquad\qquad \cos x \approx 1$$

$$\ln(1 \pm x) \approx \pm x \qquad \tan x \approx x$$

◤ **B.6** | 미 분

과학의 여러 분야에서 물리적인 현상을 설명하기 위해 뉴턴이 만들어 낸 수학의 기본적인 도구를 사용하는 것이 때때로 필요하다. 미적분의 사용은 뉴턴 역학, 전기와 자기에서 다양한 문제를 푸는 데 기본이다. 여기에서는 간단하고 중요한 성질을 설명하겠다.

함수(function)는 한 변수와 또 다른 변수 사이의 관계로 정의된다(예, 시간에 따른 좌표). 한 변수를 y라 하고(종속 변수) 또 다른 변수를 x라 하자(독립 변수). 그리고 다음과 같은 함수를 생각해 보자.

$$y(x) = ax^3 + bx^2 + cx + d$$

a, b, c, d가 상수이면, 임의의 값 x에 대해 y를 계산할 수 있다. 일반적으로 y가 x에 대해 '부드럽게' 변하는 함수를 다룬다.

x에 대한 y의 **도함수**(derivative)는 Δx가 0으로 접근할 때 x-y 곡선 위의 두 점 사이에 그린

---

[1] 함수 $\sin x$, $\cos x$, $\tan x$에 대한 근사는 $x \leq 0.1$ rad 인 경우에 해당한다.

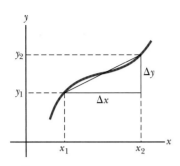

그림 B.14 곡선의 임의의 점에서 미분을 정의하기 위해 길이 Δx와 Δy를 사용한다.

표 B.4 |

여러 함수의 도함수
$\dfrac{d}{dx}(a) = 0$
$\dfrac{d}{dx}(ax^n) = nax^{n-1}$
$\dfrac{d}{dx}(e^{ax}) = ae^{ax}$
$\dfrac{d}{dx}(\sin ax) = a\cos ax$
$\dfrac{d}{dx}(\cos ax) = -a\sin ax$
$\dfrac{d}{dx}(\tan ax) = a\sec^2 ax$
$\dfrac{d}{dx}(\cot ax) = -a\csc^2 ax$
$\dfrac{d}{dx}(\sec x) = \tan x \sec x$
$\dfrac{d}{dx}(\csc x) = -\cot x \csc x$
$\dfrac{d}{dx}(\ln ax) = \dfrac{1}{x}$
$\dfrac{d}{dx}(\sin^{-1} ax) = \dfrac{a}{\sqrt{1-a^2x^2}}$
$\dfrac{d}{dx}(\cos^{-1} ax) = \dfrac{-a}{\sqrt{1-a^2x^2}}$
$\dfrac{d}{dx}(\tan^{-1} ax) = \dfrac{a}{1+a^2x^2}$

Note: a와 n은 상수이다.

직선의 기울기의 극한값으로 정의한다. 수학적으로는 이 정의를 다음과 같이 쓴다.

$$\frac{dy}{dx} = \lim_{\Delta x \to 0} \frac{\Delta y}{\Delta x} = \lim_{\Delta x \to 0} \frac{y(x + \Delta x) - y(x)}{\Delta x} \qquad \text{B.28}$$

여기서 $\Delta x = x_2 - x_1$이고 $\Delta y = y_2 - y_1$로 정의한 양이다(그림 B.14). dy/dx는 dy를 dx로 나눈다는 의미가 아니라 식 B.28의 정의에 의한 도함수를 구하는 극한 과정을 나타내는 기호이다.

a가 상수이고 n이 양 또는 음의 정수 또는 분수일 때 함수 $y(x) = ax^n$의 도함수는 다음과 같다.

$$\frac{dy}{dx} = nax^{n-1} \qquad \text{B.29}$$

$y(x)$가 x의 급수이거나 대수 함수이면 급수의 각 항에 식 B.29를 적용하고 $d(\text{상수})/dx = 0$으로 한다.

도함수의 성질

A. 두 함수의 곱 도함수 함수 $f(x)$가 두 함수 $g(x)$와 $h(x)$의 곱으로 주어질 때 $f(x)$의 도함수는 다음과 같이 구한다.

$$\frac{d}{dx}f(x) = \frac{d}{dx}[g(x)h(x)] = g\frac{dh}{dx} + h\frac{dg}{dx} \qquad \text{B.30}$$

B. 두 함수의 합의 도함수 함수 $f(x)$가 두 함수의 합이면 도함수는 각 함수의 도함수를 더한 것과 같다.

$$\frac{d}{dx}f(x) = \frac{d}{dx}[g(x) + h(x)] = \frac{dg}{dx} + \frac{dh}{dx} \qquad \text{B.31}$$

C. 도함수의 연쇄법칙 $y = f(x)$, $x = g(z)$라 할 때 dy/dz는 두 도함수의 곱으로 구한다.

$$\frac{dy}{dz} = \frac{dy}{dx}\frac{dx}{dz} \qquad \text{B.32}$$

D. 이차 도함수 y의 x에 대한 이차 도함수는 도함수 dy/dx의 도함수로 정의한다(즉 도함수의 도함수). 그리고 다음과 같이 표기한다.

$$\frac{d^2 y}{dx^2} = \frac{d}{dx}\left(\frac{dy}{dx}\right) \qquad \text{B.33}$$

많이 사용되는 함수의 도함수를 표 B.4에 나열했다.

◀ **예제 B.4** |

$y(x)$가 다음과 같이 주어진다.

$$y(x) = ax^3 + bx + c$$

여기서 a와 b는 상수일 때, 다음과 같이 된다.

$$y(x + \Delta x) = a(x + \Delta x)^3 + b(x + \Delta x) + c$$

$$= a(x^3 + 3x^2 \Delta x + 3x \Delta x^2 + \Delta x^3) + b(x + \Delta x) + c$$

그러므로

$$\Delta y = y(x + \Delta x) - y(x) = a(3x^2 \Delta x + 3x \Delta x^2 + \Delta x^3) + b \Delta x$$

이를 식 B.28에 대입하면 다음을 얻는다.

$$\frac{dy}{dx} = \lim_{\Delta x \to 0} \frac{\Delta y}{\Delta x} = \lim_{\Delta x \to 0} [3ax^2 + 3ax\Delta x + a\Delta x^2] + b$$

$$\frac{dy}{dx} = \boxed{3ax^2 + b}$$

예제 B.5 |

다음 식의 도함수를 구하라.

$$y(x) = 8x^5 + 4x^3 + 2x + 7$$

풀이

식 B.29를 각 항에 적용하면 다음을 얻는다.

$$\frac{dy}{dx} = 8(5)x^4 + 4(3)x^2 + 2(1)x^0 + 0$$

$$\frac{dt}{dx} = \boxed{40x^4 + 12x^2 + 2}$$

예제 B.6 |

$y(x) = x^3/(x + 1)^2$ 의 x에 대한 도함수를 구하라.

풀이

이 함수를 $y(x) = x^3(x + 1)^{-2}$와 같이 쓰고 식 B.30을 적용한다.

$$\frac{dy}{dx} = (x + 1)^{-2}\frac{d}{dx}(x^3) + x^3\frac{d}{dx}(x + 1)^{-2}$$

$$= (x + 1)^{-2}\,3x^2 + x^3(-2)(x + 1)^{-3}$$

$$\frac{dy}{dx} = \boxed{\frac{3x^2}{(x + 1)^2} - \frac{2x^3}{(x + 1)^3}} = \boxed{\frac{x^2(x + 3)}{(x + 1)^3}}$$

예제 B.7 |

두 함수를 나눈 함수에 대한 도함수 공식을 식 B.30으로부터 얻을 수 있다. 다음을 보여라.

$$\frac{d}{dx}\left[\frac{g(x)}{h(x)}\right] = \frac{h\dfrac{dg}{dx} - g\dfrac{dh}{dx}}{h^2}$$

풀이

나누기를 gh^{-1}와 같이 나타낼 수 있으므로 식 B.29와 B.30을 적용한다.

$$\frac{d}{dx}\left(\frac{g}{h}\right) = \frac{d}{dx}\left(gh^{-1}\right) = g\frac{d}{dx}\left(h^{-1}\right) + h^{-1}\frac{d}{dx}\left(g\right)$$

$$= -gh^{-2}\frac{dh}{dx} + h^{-1}\frac{dg}{dx} = \frac{h\dfrac{dg}{dx} - g\dfrac{dh}{dx}}{h^2}$$

◤ **B.7** │ 적 분

적분을 미분의 역 과정으로 생각한다. 예를 들어 다음의 식을 고려하자.

$$f(x) = \frac{dy}{dx} = 3ax^2 + b \qquad \text{B.34}$$

이는 예제 B.4에서 다음 함수를 미분한 것이다.

$$y(x) = ax^3 + bx + c$$

식 B.34를 $dy = f(x)dx = (3ax^2 + b)\,dx$로 쓸 수 있고, 모든 x에 대해 '더해서' $y(x)$를 구할 수 있다. 수학적으로, 이 역 과정을 다음과 같이 쓴다.

$$y(x) = \int f(x)\,dx$$

식 B.34로 주어진 함수 $f(x)$에 대해 다음을 얻는다.

$$y(x) = \int (3ax^2 + b)\,dx = ax^3 + bx + c$$

여기서 c는 적분 상수이다. 적분값이 c의 선택에 의존하기 때문에, 이런 적분 형태를 **부정 적분**이라고 한다.

일반적으로 **부정 적분**(indefinite integral) $I(x)$는 다음과 같이 정의된다.

$$I(x) = \int f(x)\,dx \qquad \text{B.35}$$

여기서 $f(x)$를 **피적분 함수**라 하고, $f(x) = dI(x)/dx$이다.

연속 함수 $f(x)$에 대해 적분은 곡선 $f(x)$와 그림 B.15와 같이 x축의 두 점 x_1, x_2로 둘러싸인 넓이로 나타낼 수도 있다.

그림 B.15의 파란색 영역의 넓이는 대략 $f(x_i)\Delta x_i$이며 x_1와 x_2 사이의 이런 모든 넓이를 더하고 이 합을 $\Delta x_i \rightarrow 0$의 극한을 취하면 $f(x)$와 x_1과 x_2 사이의 x축에 둘러싸인 실제 넓이를 얻게 된다.

$$\text{넓이} = \lim_{\Delta x_i \rightarrow 0} \sum_i f(x_i)\Delta x_i = \int_{x_1}^{x_2} f(x)\,dx \qquad \text{B.36}$$

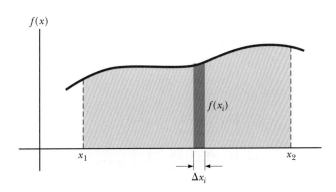

식 B.36으로 정의된 적분 형태를 **정적분**(definite integral)이라고 한다. 다음은 일반적 적분 공식이다.

$$\int x^n \, dx = \frac{x^{n+1}}{n+1} + c \quad (n \neq -1)$$

　B.37

이 결과는 당연하나. 왜냐하면 우변을 x에 대해 미분하면 바로 $f(x) = x^n$이 되기 때문이다. 적분 구간이 정해지면 이 적분은 **정적분**이 되고 다음과 같이 쓴다.

$$\int_{x_1}^{x_2} x^n \, dx = \frac{x^{n+1}}{n+1}\bigg|_{x_1}^{x_2} = \frac{x_2^{n+1} - x_1^{n+1}}{n+1} \quad (n \neq -1)$$

　B.38

◤ 예 제 ┃

1. $\displaystyle\int_0^a x^2 \, dx = \frac{x^3}{3}\bigg]_0^a = \frac{a^3}{3}$

3. $\displaystyle\int_3^5 x \, dx = \frac{x^2}{2}\bigg]_3^5 = \frac{5^2 - 3^2}{2} = 8$

2. $\displaystyle\int_0^b x^{3/2} \, dx = \frac{x^{5/2}}{5/2}\bigg]_0^b = \frac{2}{5}b^{5/2}$

부분 적분

때때로 적분값을 구하기 위해 **부분 적분**을 적용하는 것이 유용하다. 이 방법은 다음의 성질을 이용한다.

$$\int u \, dv = uv - \int v \, du$$

　B.39

여기서 u의 v는 복잡한 적분을 단순하게 하기 위해 **적절하게** 선택한다. 다음의 함수를 고려하자.

$$I(x) = \int x^2 e^x \, dx$$

이는 두 번 부분 적분을 해서 계산할 수 있다. 먼저 $u = x^2$, $v = e^x$로 놓으면 다음을 얻는다.

표 B.5 |

부정 적분 (각 적분에 임의의 상수가 더해져야 한다.)

$$\int x^n \, dx = \frac{x^{n+1}}{n+1} \quad (n \neq 1 \text{인 경우})$$

$$\int \frac{dx}{x} = \int x^{-1} \, dx = \ln x$$

$$\int \frac{dx}{a+bx} = \frac{1}{b} \ln (a+bx)$$

$$\int \frac{x \, dx}{a+bx} = \frac{x}{b} - \frac{a}{b^2} \ln (a+bx)$$

$$\int \frac{dx}{x(x+a)} = -\frac{1}{a} \ln \frac{x+a}{x}$$

$$\int \frac{dx}{(a+bx)^2} = -\frac{1}{b(a+bx)}$$

$$\int \frac{dx}{a^2+x^2} = \frac{1}{a} \tan^{-1} \frac{x}{a}$$

$$\int \frac{dx}{a^2-x^2} = \frac{1}{2a} \ln \frac{a+x}{a-x} \quad (a^2-x^2 > 0)$$

$$\int \frac{dx}{x^2-a^2} = \frac{1}{2a} \ln \frac{x-a}{x+a} \quad (x^2-a^2 > 0)$$

$$\int \frac{x \, dx}{a^2 \pm x^2} = \pm \frac{1}{2} \ln (a^2 \pm x^2)$$

$$\int \frac{dx}{\sqrt{a^2-x^2}} = \sin^{-1} \frac{x}{a} = -\cos^{-1} \frac{x}{a} \quad (a^2-x^2 > 0)$$

$$\int \frac{dx}{\sqrt{x^2+a^2}} = \ln (x + \sqrt{x^2 \pm a^2})$$

$$\int \frac{x \, dx}{\sqrt{a^2-x^2}} = -\sqrt{a^2-x^2}$$

$$\int \frac{x \, dx}{\sqrt{x^2 \pm a^2}} = \sqrt{x^2 \pm a^2}$$

$$\int \sqrt{a^2-x^2} \, dx = \frac{1}{2} \left(x\sqrt{a^2-x^2} + a^2 \sin^{-1} \frac{x}{|a|} \right)$$

$$\int x\sqrt{a^2-x^2} \, dx = -\frac{1}{3}(a^2-x^2)^{3/2}$$

$$\int \sqrt{x^2 \pm a^2} \, dx = \frac{1}{2} \left[x\sqrt{x^2 \pm a^2} \pm a^2 \ln (x + \sqrt{x^2 \pm a^2}) \right]$$

$$\int x(\sqrt{x^2 \pm a^2}) \, dx = \frac{1}{3}(x^2 \pm a^2)^{3/2}$$

$$\int e^{ax} \, dx = \frac{1}{a} e^{ax}$$

$$\int \ln ax \, dx = (x \ln ax) - x$$

$$\int xe^{ax} \, dx = \frac{e^{ax}}{a^2} \quad (ax-1)$$

$$\int \frac{dx}{a+be^{cx}} = \frac{x}{a} - \frac{1}{ac} \ln (a + be^{cx})$$

$$\int \sin ax \, dx = -\frac{1}{a} \cos ax$$

$$\int \cos ax \, dx = \frac{1}{a} \sin ax$$

$$\int \tan ax \, dx = -\frac{1}{a} \ln (\cos ax) = \frac{1}{a} \ln (\sec ax)$$

$$\int \cot ax \, dx = \frac{1}{a} \ln (\sin ax)$$

$$\int \sec ax \, dx = \frac{1}{a} \ln (\sec ax + \tan ax) = \frac{1}{a} \ln \left[\tan \left(\frac{ax}{2} + \frac{\pi}{4} \right) \right]$$

$$\int \csc ax \, dx = \frac{1}{a} \ln (\csc ax - \cot ax) = \frac{1}{a} \ln \left(\tan \frac{ax}{2} \right)$$

$$\int \sin^2 ax \, dx = \frac{x}{2} - \frac{\sin 2ax}{4a}$$

$$\int \cos^2 ax \, dx = \frac{x}{2} + \frac{\sin 2ax}{4a}$$

$$\int \frac{dx}{\sin^2 ax} = -\frac{1}{a} \cot ax$$

$$\int \frac{dx}{\cos^2 ax} = \frac{1}{a} \tan ax$$

$$\int \tan^2 ax \, dx = \frac{1}{a} (\tan ax) - x$$

$$\int \cot^2 ax \, dx = -\frac{1}{a} (\cot ax) - x$$

$$\int \sin^{-1} ax \, dx = x(\sin^{-1} ax) + \frac{\sqrt{1-a^2x^2}}{a}$$

$$\int \cos^{-1} ax \, dx = x(\cos^{-1} ax) - \frac{\sqrt{1-a^2x^2}}{a}$$

$$\int \frac{dx}{(x^2+a^2)^{3/2}} = \frac{x}{a^2\sqrt{x^2+a^2}}$$

$$\int \frac{x \, dx}{(x^2+a^2)^{3/2}} = -\frac{1}{\sqrt{x^2+a^2}}$$

표 B.6 |

가우스의 확률 적분과 여러 정적분

$$\int_0^\infty x^n e^{-ax}\,dx = \frac{n!}{a^{n+1}}$$

$$I_0 = \int_0^\infty e^{-ax^2}dx = \frac{1}{2}\sqrt{\frac{\pi}{a}} \quad \text{(가우스의 확률 적분)}$$

$$I_1 = \int_0^\infty xe^{-ax^2}\,dx = \frac{1}{2a}$$

$$I_2 = \int_0^\infty x^2 e^{-ax^2}dx = -\frac{dI_0}{da} = \frac{1}{4}\sqrt{\frac{\pi}{a^3}}$$

$$I_3 = \int_0^\infty x^3 e^{-ax^2}dx = -\frac{dI_1}{da} = \frac{1}{2a^2}$$

$$I_4 = \int_0^\infty x^4 e^{-ax^2}dx = \frac{d^2 I_0}{da^2} = \frac{3}{8}\sqrt{\frac{\pi}{a^5}}$$

$$I_5 = \int_0^\infty x^5 e^{-ax^2}dx = \frac{d^2 I_1}{da^2} = \frac{1}{a^3}$$

$$\vdots$$

$$I_{2n} = (-1)^n \frac{d^n}{da^n} I_0$$

$$I_{2n+1} = (-1)^n \frac{d^n}{da^n} I_1$$

$$\int x^2 e^x\,dx = \int x^2\,d(e^x) = x^2 e^x - 2\int e^x x\,dx + c_1$$

이제 $u = x, v = e^x$로 놓으면 다음을 얻는다.

$$\int x^2 e^x\,dx = x^2 e^x - 2x e^x + 2\int e^x\,dx + c_1$$

또는

$$\int x^2 e^x\,dx = x^2 e^x - 2xe^x + 2e^x + c_2$$

전미분

기억해야 할 또 다른 방법으로 **전미분**이 있다. 전미분은 적분 함수의 독립 변수로 나타낸 미분이 함수의 미분이 되도록 변수 변화를 찾는 것이다. 예를 들어 다음 적분을 고려해 보자.

$$I(x) = \int \cos^2 x \, \sin x \, dx$$

이 적분은 $d(\cos x) = -\sin x\,dx$로 쓰면 쉽게 계산할 수 있다. 그러면 적분은 다음과 같이 된다.

$$\int \cos^2 x \, \sin x \, dx = -\int \cos^2 x \, d(\cos x)$$

변수를 $y = \cos x$로 바꾸면 다음을 구할 수 있다.

$$\int \cos^2 x \, \sin x \, dx = -\int y^2 \, dy = -\frac{y^3}{3} + c = -\frac{\cos^3 x}{3} + c$$

표 B.5에 유용한 부정적분을 나열했다. 표 B.6은 가우스의 확률 적분과 여러 정적분을 나열했다.

◤ B.8 | 불확정도의 전파

실험실 실험에서 공통적인 사항은 자료를 얻기 위해 측정하는 것이다. 이들 측정은 여러 장치를 이용해서 얻은 길이, 시간, 간격, 온도, 전압 등의 여러 형태이다. 측정과 장비의 질에 무관하게 **물리적인 측정에는 항상 이와 연관된 불확정도가 있다.** 이런 불확정도는 측정과 관련된 불확정도와 측정하는 계의 불확정도와 모두 연관되어 있다. 전자의 예는 미터자 위의 선 사이에서 길이 측정의 위치를 정확히 결정하는 것이 불가능하다는 것이다. 측정하는 계와 관련된 불확정도의 한 예는 물 안의 온도 변화인데, 그래서 물에 대한 하나의 온도를 결정하는 것이 어렵다.

불확정도는 두 가지 방법으로 표현할 수 있다. **절대 불확정도**(absolute uncertainty)는 측정과 같은 단위로 표현한 불확정도를 의미한다. 따라서 컴퓨터 디스크 라벨의 길이는 (5.5 ± 0.1) cm로 표현할 수 있다. 측정 값이 1.0 cm라면, ± 0.1 cm의 불확정도는 크지만, 측정 값이 100 m라면 이 불확정도는 작은 것이다. 불확정도를 더 의미 있게 하기 위해 **소수 불확정도**(fractional uncertainty) 또는 **퍼센트 불확정도**(percent uncertainty)를 사용한다. 이 경우 불확정도는 실제 측정값으로 나눈 것이다. 따라서 컴퓨터 디스크 라벨의 길이는 다음과 같이 표현할 수 있다.

$$\ell = 5.5 \text{ cm} \pm \frac{0.1 \text{ cm}}{5.5 \text{ cm}} = 5.5 \text{ cm} \pm 0.018 \quad \text{(소수 불확정도)}$$

또는
$$\ell = 5.5 \text{ cm} \pm 1.8\,\% \quad \text{(퍼센트 불확정도)}$$

계산에서 측정들을 조합하면, 최종 결과에서 퍼센트 불확정도는 일반적으로 각각의 측정에서의 불확정도보다 크다. 이를 **불확정도의 전파**(propagation of uncertainty)라고 하며, 실험 물리에서 중요한 것 중의 하나이다.

계산한 결과에서 불확정도를 합리적으로 추정해볼 수 있는 몇 가지 간단한 규칙이 있다.

곱셈과 나눗셈: 불확정도를 가진 측정들을 서로 곱하거나 나눌 때, 각각의 **퍼센트 불확정도**를 더하여 최종 퍼센트 불확정도를 얻는다.

예: 직사각형 판의 넓이

$$A = \ell w = (5.5 \text{ cm} \pm 1.8\,\%) \times (6.4 \text{ cm} \pm 1.6\,\%)$$
$$= 35 \text{ cm}^2 \pm 3.4\,\% = (35 \pm 1) \text{ cm}^2$$

덧셈과 뺄셈: 불확정도를 가진 측정들을 서로 더하거나 뺄 때, 각각의 불확정도 절댓값을 더

하여 **최종 불확정도**를 얻는다.

예: 온도의 변화

$$\Delta T = T_2 - T_1 = (99.2 \pm 1.5)\,^\circ\text{C} - (27.6 \pm 1.5)\,^\circ\text{C}$$

$$= (71.6 \pm 3.0)\,^\circ\text{C} = 71.6\,^\circ\text{C} \pm 4.2\,\%$$

거듭제곱: 측정값을 거듭제곱할 때, 퍼센트 불확정도는 측정값의 퍼센트 불확정도에 거듭제곱 수만큼 곱하면 된다.

예: 구의 부피

$$V = \tfrac{4}{3}\pi r^3 = \tfrac{4}{3}\pi (6.20\text{ cm} \pm 2.0\,\%)^3 = 998\text{ cm}^3 \pm 6.0\,\%$$

$$= (998 \pm 60)\text{ cm}^3$$

복잡한 계산의 경우, 많은 불확정도를 서로 더하면 최종 결과의 불확정도가 매우 커질 수 있다. 실험은 계산이 가능한 한 단순하게 되도록 설계해야 한다.

불확정도는 계산에서 항상 누적되므로 특히 측정값이 거의 비슷한 경우에는 측정값을 뺄셈하는 실험은 가능하면 피해야 한다. 그런 경우 측정값을 뺀 값이 불확정도보다 훨씬 작아질 수가 있다.

원소의 주기율표

| I족 | II족 | 전이 원소 | | | | | | |

H 1
1.007 9
1s

Li 3
6.941
2s¹

Be 4
9.012 2
2s²

기호 — **Ca** 20 — 원자 번호
원자 질량† — 40.078
4s² — 전자 배치

Na 11
22.990
3s¹

Mg 12
24.305
3s²

K 19	Ca 20	Sc 21	Ti 22	V 23	Cr 24	Mn 25	Fe 26	Co 27
39.098	40.078	44.956	47.867	50.942	51.996	54.938	55.845	58.933
$4s^1$	$4s^2$	$3d^14s^2$	$3d^24s^2$	$3d^34s^2$	$3d^54s^1$	$3d^54s^2$	$3d^64s^2$	$3d^74s^2$
Rb 37	Sr 38	Y 39	Zr 40	Nb 41	Mo 42	Tc 43	Ru 44	Rh 45
85.468	87.62	88.906	91.224	92.906	95.94	(98)	101.07	102.91
$5s^1$	$5s^2$	$4d^15s^2$	$4d^25s^2$	$4d^45s^1$	$4d^55s^1$	$4d^55s^2$	$4d^75s^1$	$4d^85s^1$
Cs 55	Ba 56	57–71*	Hf 72	Ta 73	W 74	Re 75	Os 76	Ir 77
132.91	137.33		178.49	180.95	183.84	186.21	190.23	192.2
$6s^1$	$6s^2$		$5d^26s^2$	$5d^36s^2$	$5d^46s^2$	$5d^56s^2$	$5d^66s^2$	$5d^76s^2$
Fr 87	Ra 88	89–103**	Rf 104	Db 105	Sg 106	Bh 107	Hs 108	Mt 109
(223)	(226)		(261)	(262)	(266)	(264)	(277)	(268)
$7s^1$	$7s^2$		$6d^27s^2$	$6d^37s^2$				

*Lanthanide 계열

La 57	Ce 58	Pr 59	Nd 60	Pm 61	Sm 62
138.91	140.12	140.91	144.24	(145)	150.36
$5d^16s^2$	$5d^14f^16s^2$	$4f^36s^2$	$4f^46s^2$	$4f^56s^2$	$4f^66s^2$

**Actinide 계열

Ac 89	Th 90	Pa 91	U 92	Np 93	Pu 94
(227)	232.04	231.04	238.03	(237)	(244)
$6d^17s^2$	$6d^27s^2$	$5f^26d^17s^2$	$5f^36d^17s^2$	$5f^46d^17s^2$	$5f^67s^2$

Note: 주어진 원자량값은 자연에 존재하는 동위원소의 비율을 고려해서 평균한 값이다.
†불안정한 원소에 대해서는, 가장 안정된 동위원소의 원자량을 괄호 안에 표시했다.
††원소 111, 112, 114는 아직 이름이 붙여지지 않았다.
Note: 각 원소에 대한 자세한 사항은 *physics.nist.gov/PhysRefData/Elements/per_text.html*에서 찾아볼 수 있다.

	III족	IV족	V족	VI족	VII족	0족
					H 1 1.007 9 $1s^1$	**He** 2 4.002 6 $1s^2$
	B 5 10.811 $2p^1$	**C** 6 12.011 $2p^2$	**N** 7 14.007 $2p^3$	**O** 8 15.999 $2p^4$	**F** 9 18.998 $2p^5$	**Ne** 10 20.180 $2p^6$
	Al 13 26.982 $3p^1$	**Si** 14 28.086 $3p^2$	**P** 15 30.974 $3p^3$	**S** 16 32.066 $3p^4$	**Cl** 17 35.453 $3p^5$	**Ar** 18 39.948 $3p^6$

Ni 28 58.693 $3d^84s^2$	**Cu** 29 63.546 $3d^{10}4s^1$	**Zn** 30 65.41 $3d^{10}4s^2$	**Ga** 31 69.723 $4p^1$	**Ge** 32 72.64 $4p^2$	**As** 33 74.922 $4p^3$	**Se** 34 78.96 $4p^4$	**Br** 35 79.904 $4p^5$	**Kr** 36 83.80 $4p^6$
Pd 46 106.42 $4d^{10}$	**Ag** 47 107.87 $4d^{10}5s^1$	**Cd** 48 112.41 $4d^{10}5s^2$	**In** 49 114.82 $5p^1$	**Sn** 50 118.71 $5p^2$	**Sb** 51 121.76 $5p^3$	**Te** 52 127.60 $5p^4$	**I** 53 126.90 $5p^5$	**Xe** 54 131.29 $5p^6$
Pt 78 195.08 $5d^96s^1$	**Au** 79 196.97 $5d^{10}6s^1$	**Hg** 80 200.59 $5d^{10}6s^2$	**Tl** 81 204.38 $6p^1$	**Pb** 82 207.2 $6p^2$	**Bi** 83 208.98 $6p^3$	**Po** 84 (209) $6p^4$	**At** 85 (210) $6p^5$	**Rn** 86 (222) $6p^6$
Ds 110 (271)	**Rg** 111 (272)	112 (285)		114†† (289)		116†† (292)		

Eu 63 151.96 $4f^76s^2$	**Gd** 64 157.25 $4f^75d^16s^2$	**Tb** 65 158.93 $4f^85d^16s^2$	**Dy** 66 162.50 $4f^{10}6s^2$	**Ho** 67 164.93 $4f^{11}6s^2$	**Er** 68 167.26 $4f^{12}6s^2$	**Tm** 69 168.93 $4f^{13}6s^2$	**Yb** 70 173.04 $4f^{14}6s^2$	**Lu** 71 174.97 $4f^{14}5d^16s^2$
Am 95 (243) $5f^77s^2$	**Cm** 96 (247) $5f^76d^17s^2$	**Bk** 97 (247) $5f^86d^17s^2$	**Cf** 98 (251) $5f^{10}7s^2$	**Es** 99 (252) $5f^{11}7s^2$	**Fm** 100 (257) $5f^{12}7s^2$	**Md** 101 (258) $5f^{13}7s^2$	**No** 102 (259) $5f^{14}7s^2$	**Lr** 103 (262) $5f^{14}6d^17s^2$

SI 단위

표 D.1 | 기본 단위

기본량	기 본 단 위	
	명 칭	단 위
길 이	미 터	m
질 량	킬로그램	kg
시 간	초	s
전 류	암페어	A
온 도	켈 빈	K
물질의 양	몰	mol
광 도	칸델라	cd

표 D.2 | 유도 단위

양	명 칭	단 위	기본 단위 표현	유도 단위 표현
평면각	라디안	rad	m/m	
진동수	헤르츠	Hz	s^{-1}	
힘	뉴 턴	N	$kg \cdot m/s^2$	J/m
압 력	파스칼	Pa	$kg/m \cdot s^2$	N/m^2
에너지	줄	J	$kg \cdot m^2/s^2$	$N \cdot m$
일 률	와 트	W	$kg \cdot m^2/s^3$	J/s
전 하	쿨 롬	C	$A \cdot s$	
전 위	볼 트	V	$kg \cdot m^2/A \cdot s^3$	W/A
전기용량	패 럿	F	$A^2 \cdot s^4/kg \cdot m^2$	C/V
전기 저항	옴	Ω	$kg \cdot m^2/A^2 \cdot s^3$	V/A
자기선속	웨 버	Wb	$kg \cdot m^2/A \cdot s^2$	$V \cdot s$
자기장	테슬라	T	$kg/A \cdot s^2$	
유도 계수	헨 리	H	$kg \cdot m^2/A^2 \cdot s^2$	$T \cdot m^2/A$

물리량 그림 표현과 주요 물리 상수

역학과 열역학

변위와 위치 벡터	
변위와 위치 성분 벡터	
선속도($\vec{v}$)와 각속도 벡터($\vec{\omega}$)	
속도 성분 벡터	
힘 벡터($\vec{F}$)	
힘 성분 벡터	
가속도 벡터($\vec{a}$)	
가속도 성분 벡터	
에너지 전달 화살	W_{eng}
	Q_c
	Q_h
과정 화살	

선운동량($\vec{p}$)과 각운동량($\vec{L}$) 벡터	
선운동량과 각운동량 성분 벡터	
토크 벡터($\vec{\tau}$)	
토크 성분 벡터	
선운동 또는 회전 운동 방향	
회전 화살	
확대 화살	
용수철	
도르래	

전기와 자기

전기장	
전기장 벡터	
전기장 성분 벡터	
자기장	
자기장 벡터	
자기장 성분 벡터	
양전하	
음전하	
저항기	
전지와 DC 전원	
스위치	

축전기	
인덕터(코일)	
전압계	V
전류계	A
AC 전원	
전 구	
접 지	
전 류	

빛과 광학

광 선	
초점 광선	
중앙 광선	
수렴 렌즈	
발산 렌즈	

거 울	
곡면 거울	
물 체	
상	

표 E.1 | 주요 물리 상수

양	기호	값[a]
원자 질량 단위	u	$1.660\ 538\ 782\ (83) \times 10^{-27}$ kg
		$931.494\ 028\ (23)$ MeV/c^2
아보가드로수	N_A	$6.022\ 141\ 79\ (30) \times 10^{23}$ particles/mol
보어 마그네톤	$\mu_B = \dfrac{e\hbar}{2m_e}$	$9.274\ 009\ 15\ (23) \times 10^{-24}$ J/T
보어 반지름	$a_0 = \dfrac{\hbar^2}{m_e e^2 k_e}$	$5.291\ 772\ 085\ 9\ (36) \times 10^{-11}$ m
볼츠만 상수	$k_B = \dfrac{R}{N_A}$	$1.380\ 650\ 4\ (24) \times 10^{-23}$ J/K
콤프턴 파장	$\lambda_C = \dfrac{h}{m_e c}$	$2.426\ 310\ 217\ 5\ (33) \times 10^{-12}$ m
쿨롱 상수	$k_e = \dfrac{1}{4\pi\epsilon_0}$	$8.987\ 551\ 788\ \ldots \times 10^9$ N·m²/C² (exact)
중양자 질량	m_d	$3.343\ 583\ 20\ (17) \times 10^{-27}$ kg
		$2.013\ 553\ 212\ 724\ (78)$ u
전자 질량	m_e	$9.109\ 382\ 15\ (45) \times 10^{-31}$ kg
		$5.485\ 799\ 094\ 3\ (23) \times 10^{-4}$ u
		$0.510\ 998\ 910\ (13)$ MeV/c^2
전자볼트	eV	$1.602\ 176\ 487\ (40) \times 10^{-19}$ J
기본 전하	e	$1.602\ 176\ 487\ (40) \times 10^{-19}$ C
기체 상수	R	$8.314\ 472\ (15)$ J/mol·K
중력 상수	G	$6.674\ 28\ (67) \times 10^{-11}$ N·m²/kg²
중성자 질량	m_n	$1.674\ 927\ 211\ (84) \times 10^{-27}$ kg
		$1.008\ 664\ 915\ 97\ (43)$ u
		$939.565\ 346\ (23)$ MeV/c^2
핵 마그네톤	$\mu_n = \dfrac{e\hbar}{2m_p}$	$5.050\ 783\ 24\ (13) \times 10^{-27}$ J/T
자유 공간의 투자율	μ_0	$4\pi \times 10^{-7}$ T·m/A (exact)
자유 공간의 유전율	$\epsilon_0 = \dfrac{1}{\mu_0 c^2}$	$8.854\ 187\ 817\ \ldots \times 10^{-12}$ C²/N·m² (exact)
플랑크 상수	h	$6.626\ 068\ 96\ (33) \times 10^{-34}$ J·s
	$\hbar = \dfrac{h}{2\pi}$	$1.054\ 571\ 628\ (53) \times 10^{-34}$ J·s
양성자 질량	m_p	$1.672\ 621\ 637\ (83) \times 10^{-27}$ kg
		$1.007\ 276\ 466\ 77\ (10)$ u
		$938.272\ 013\ (23)$ MeV/c^2
뤼드베리 상수	R_H	$1.097\ 373\ 156\ 852\ 7\ (73) \times 10^7$ m⁻¹
진공에서 빛의 속력	c	$2.997\ 924\ 58 \times 10^8$ m/s (exact)

Note: 이들 상수는 2006년에 CODATA가 추천한 값들이다. 이 값들은 여러 측정값들을 최소 제곱으로 얻은 것에 기초하고 있다. 더 자세한 목록은 다음을 참고하라. P. J. Mohr, B. N. Taylor, and D. B. Newell, "CODATA Recommended Values of the Fundamental Physical Constants: 2006." *Rev. Mod. Phys.* **80**: 2, 633~730, 2008.

[a]괄호 안의 수는 마지막 두 자리의 불확정도를 나타낸다.

표 E.2 | 태양계 자료

물 체	질량 (kg)	평균 반지름 (m)	주기 (s)	태양으로부터의 평균 거리 (m)
수 성	3.30×10^{23}	2.44×10^{6}	7.60×10^{6}	5.79×10^{10}
금 성	4.87×10^{24}	6.05×10^{6}	1.94×10^{7}	1.08×10^{11}
지 구	5.97×10^{24}	6.37×10^{6}	3.156×10^{7}	1.496×10^{11}
화 성	6.42×10^{23}	3.39×10^{6}	5.94×10^{7}	2.28×10^{11}
목 성	1.90×10^{27}	6.99×10^{7}	3.74×10^{8}	7.78×10^{11}
토 성	5.68×10^{26}	5.82×10^{7}	9.29×10^{8}	1.43×10^{12}
천왕성	8.68×10^{25}	2.54×10^{7}	2.65×10^{9}	2.87×10^{12}
해왕성	1.02×10^{26}	2.46×10^{7}	5.18×10^{9}	4.50×10^{12}
명왕성[a]	1.25×10^{22}	1.20×10^{6}	7.82×10^{9}	5.91×10^{12}
달	7.35×10^{22}	1.74×10^{6}	—	—
해	1.989×10^{30}	6.96×10^{8}	—	—

[a]2006년 8월, 국제 천문 연맹은 명왕성을 다른 여덟 개의 행성과 분리해서 행성의 정의를 다시 했다. 명왕성은 이제 '왜소행성'으로 정의하고 있다.

표 E.3 | 자주 사용되는 물리 자료

지구-달 평균 거리	3.84×10^{8} m
지구-태양 평균 거리	1.496×10^{11} m
지구 평균 반지름	6.37×10^{6} m
공기 밀도 (20 ℃, 1 atm)	1.20 kg/m^3
공기 밀도 (0 ℃, 1 atm)	1.29 kg/m^3
물의 밀도 (20 ℃, 1 atm)	1.00×10^{3} kg/m^3
자유 낙하 가속도	9.80 m/s^2
지구 질량	5.97×10^{24} kg
달 질량	7.35×10^{22} kg
태양 질량	1.99×10^{30} kg
표준 대기압	1.013×10^{5} Pa

Note: 이 값들은 이 교재에서 사용하는 값이다.

표 E.4 | 10의 지수를 나타내는 접두사

지 수	접두사	약 자	지 수	접두사	약 자
10^{-24}	yocto	y	10^{1}	deka	da
10^{-21}	zepto	z	10^{2}	hecto	h
10^{-18}	atto	a	10^{3}	kilo	k
10^{-15}	femto	f	10^{6}	mega	M
10^{-12}	pico	p	10^{9}	giga	G
10^{-9}	nano	n	10^{12}	tera	T
10^{-6}	micro	μ	10^{15}	peta	P
10^{-3}	milli	m	10^{18}	exa	E
10^{-2}	centi	c	10^{21}	zetta	Z
10^{-1}	deci	d	10^{24}	yotta	Y

표 E.5 | 표준 약어와 단위

기 호	단 위	기 호	단 위
A	암페어	K	켈 빈
u	원자 질량 단위	kg	킬로그램
atm	대기압	kmol	킬로몰
Btu	영국 열 단위	L	리 터
C	쿨 롬	lb	파운드
°C	섭씨 온도	ly	광 년
cal	칼로리	m	미 터
d	일	min	분
eV	전자볼트	mol	몰
°F	화씨 온도	N	뉴 턴
F	패 럿	Pa	파스칼
ft	피 트	rad	라디안
G	가우스	rev	회 전
g	그 램	s	초
H	헨 리	T	테슬라
h	시	V	볼 트
hp	마 력	W	와 트
Hz	헤르츠	Wb	웨 버
in.	인 치	yr	연
J	줄	Ω	옴

표 E.6 | 수학 기호와 의미

기 호	의 미
$=$	같 음
$\equiv$	정의함
$\neq$	같지 않음
$\propto$	비례함
$\sim$	크기 정도
$>$	~보다 크다
$<$	~보다 작다
$\gg (\ll)$	매우 크거나(작은)
$\approx$	대략적으로 같음
Δx	x의 변화
$\displaystyle\sum_{i=1}^{N} x_i$	i=1부터 i=N까지의 합
$|x|$	x의 절댓값
$\Delta x \to 0$	Δx가 영에 접근
$\dfrac{dx}{dt}$	x의 t에 대한 미분
$\dfrac{\partial x}{\partial t}$	x의 t에 대한 편미분
$\displaystyle\int$	적 분

표 E.7 | 바꿈 인수

길 이

1 in. = 2.54 cm (exact)
1 m = 39.37 in. = 3.281 ft
1 ft = 0.304 8 m
12 in. = 1 ft
3 ft = 1 yd
1 yd = 0.914 4 m
1 km = 0.621 mi
1 mi = 1.609 km
1 mi = 5 280 ft
$1 \mu m = 10^{-6}$ m $= 10^3$ nm
1 light-year $= 9.461 \times 10^{15}$ m

넓 이

$1 m^2 = 10^4 cm^2 = 10.76 ft^2$
$1 ft^2 = 0.092\ 9\ m^2 = 144\ in.^2$
$1\ in.^2 = 6.452\ cm^2$

부 피

$1\ m^3 = 10^6\ cm^3 = 6.102 \times 10^4\ in.^3$
$1\ ft^3 = 1\ 728\ in.^3 = 2.83 \times 10^{-2}\ m^3$
$1\ L = 1\ 000\ cm^3 = 1.057\ 6\ qt = 0.035\ 3\ ft^3$
$1\ ft^3 = 7.481\ gal = 28.32\ L = 2.832 \times 10^{-2}\ m^3$
$1\ gal = 3.786\ L = 231\ in.^3$

질 량

1 000 kg = 1 t (metric ton)
1 slug = 14.59 kg
$1\ u = 1.66 = 10^{-27}$ kg $= 931.5$ MeV/c^2

힘

1 N = 0.224 8 lb
1 lb = 4.448 N

속 도

1 mi/h = 1.47 ft/s = 0.447 m/s = 1.61 km/h
1 m/s = 100 cm/s = 3.281 ft/s
1 mi/min = 60 mi/h = 88 ft/s

가속도

$1\ m/s^2 = 3.28\ ft/s^2 = 100\ cm/s^2$
$1\ ft/s^2 = 0.304\ 8\ m/s^2 = 30.48\ cm/s^2$

압 력

$1\ bar = 10^5\ N/m^2 = 14.50\ lb/in.^2$
1 atm = 760 mm Hg = 76.0 cm Hg
$1\ atm = 14.7\ lb/in.^2 = 1.013 \times 10^5\ N/m^2$
$1\ Pa = 1\ N/m^2 = 1.45 \times 10^{-4}\ lb/in.^2$

시 간

1 yr = 365 days $= 3.16 \times 10^7$ s
1 day = 24 h $= 1.44 \times 10^3$ min $= 8.64 \times 10^4$ s

에너지

1 J = 0.738 ft·lb
1 cal = 4.186 J
1 Btu = 252 cal $= 1.054 \times 10^3$ J
1 eV $= 1.602 \times 10^{-19}$ J
1 kWh $= 3.60 \times 10^6$ J

일 률

1 hp = 550 ft·lb/s = 0.746 kW
1 W = 1 J/s = 0.738 ft·lb/s
1 Btu/h = 0.293 W

유용한 어림값

1 m ≈ 1 yd
1 kg ≈ 2 lb
$1\ N \approx \frac{1}{4}$ lb
$1\ L \approx \frac{1}{4}$ gal

1 m/s ≈ 2 mi/h
$1\ yr \approx \pi \times 10^7$ s
60 mi/h ≈ 100 ft/s
$1\ km \approx \frac{1}{2}$ mi

Note: 더 많은 정보는 부록 A의 표 A.1을 참조하라.

표 E.8 | 그리스 알파벳

Alpha	A	α	Iota	I	ι	Rho	P	ρ
Beta	B	β	Kappa	K	κ	Sigma	Σ	σ
Gamma	Γ	γ	Lambda	Λ	λ	Tau	T	τ
Delta	Δ	δ	Mu	M	μ	Upsilon	Υ	υ
Epsilon	E	ϵ	Nu	N	ν	Phi	Φ	φ
Zeta	Z	ζ	Xi	Ξ	ξ	Chi	X	χ
Eta	H	η	Omicron	O	o	Psi	Ψ	ψ
Theta	Θ	θ	Pi	Π	π	Omega	Ω	ω

퀴즈 및 주관식 연습문제 해답

[관련 이야기 5 결론]

1. 298 K
2. 60 km
3. (c) 336 K (d) The troposphere and stratosphere are too thick to be accurately modeled as having uniform temperatures. (e) 227 K (f) 107 (g) The multilayer model should be better for Venus than for the Earth. There are many layers, so the temperature of each can reasonably be modeled as uniform.

19장

[퀴즈]

1. (a), (c), (e)
2. (e)
3. (b)
4. (a)
5. A, B, C
6. (b) and (d)
7. (i) (c) (ii) (d)

[주관식]

1. (a) $+1.60 \times 10^{-19}$ C, 1.67×10^{-27} kg
   (b) $+1.60 \times 10^{-19}$ C, 3.82×10^{-26} kg
   (c) -1.60×10^{-19} C, 5.89×10^{-26} kg
   (d) $+3.20 \times 10^{-19}$ C, 6.65×10^{-26} kg
   (e) -4.80×10^{-19} C, 2.33×10^{-26} kg
   (f) $+6.40 \times 10^{-19}$ C, 2.33×10^{-26} kg
   (g) $+1.12 \times 10^{-18}$ C, 2.33×10^{-26} kg
   (h) -1.60×10^{-19} C, 2.99×10^{-26} kg
2. $\sim 10^{26}$ N
3. (a) 2.16×10^{-5} N toward the other (b) 8.99×10^{-7} N away from the other
4. (a) 0.951 m (b) yes, if the third bead has positive charge
5. 0.872 N at 330°
6. (a) 8.24×10^{-8} N (b) 2.19×10^{6} m/s
7. (a) 6.64×10^{6} N/C (b) 2.41×10^{7} N/C (c) 6.39×10^{6} N/C (d) 6.64×10^{5} N/C
8. (a) $\dfrac{k_e\lambda_0}{x_0}$ (b) to the left
9. 1.82 m to the left of the $-2.50\ \mu$C charge
10. (a) $(-0.599\,\hat{\mathbf{i}} - 2.70\,\hat{\mathbf{j}})$ kN/C (b) $(-3.00\,\hat{\mathbf{i}} - 13.5\,\hat{\mathbf{j}})\ \mu$N
11. (a) 2.16×10^{7} N/C (b) to the left
12. The field at the origin can be to the right, if the unknown charge is $-9Q$, or the field can be to the left, if and only if the unknown charge is $+27Q$.
13. (a) 1.59×10^{6} N/C (b) toward the rod
14. (a) $\dfrac{k_e q}{a^2}(3.06\hat{\mathbf{i}} + 5.06\hat{\mathbf{j}})$ (b) $\dfrac{k_e q^2}{a^2}(3.06\hat{\mathbf{i}} + 5.06\hat{\mathbf{j}})$
15. (b) at the center (c) $1.73\,k_e\dfrac{q}{a^2}\hat{\mathbf{j}}$

16.

17. (a) 6.13×10^{10} m/s^2 (b) 1.96×10^{-5} s (c) 11.7 m (d) 1.20×10^{-15} J
18. (a) $-5.76 \times 10^{13}\,\hat{\mathbf{i}}$ m/s^2 (b) $\vec{\mathbf{v}}_i = 2.84 \times 10^{6}\,\hat{\mathbf{i}}$ m/s (c) 4.93×10^{-8} s
19. (a) 111 ns (b) 5.68 mm (c) $(450\,\hat{\mathbf{i}} + 102\,\hat{\mathbf{j}})$ km/s
20. 355 kN·m^2/C
21. 4.14 MN/C
22. (a) $\dfrac{+Q}{2\epsilon_0}$ (b) $\dfrac{-Q}{2\epsilon_0}$
23. (a) -55.7 nC (b) negative, spherically symmetric
24. $\dfrac{Q - 6|q|}{6\epsilon_0}$
25. 508 kN/C up
26. (a) 51.4 kN/C, radially outward (b) 646 N·m^2/C
27. $\dfrac{\rho r}{2\epsilon_0}$ radially away from the cylinder axis.
28. (a) 0 (b) 5.39×10^{3} N/C outward (c) 539 N/C outward
29. (a) $-\lambda$ (b) 3λ (c) $6k_e\dfrac{\lambda}{r}$, radially outward
30. 1.77×10^{-12} C/m^3; positive
31. (a) 0 (b) $\dfrac{2\lambda\sqrt{R^2 - d^2}}{\epsilon_0}$
32. 5.25 μC
33. $\dfrac{1}{2\pi}\sqrt{\dfrac{k_e Qq}{ma^3}}$

20장

[퀴즈]

1. (i) (b) (ii) (a)
2. Ⓑ to Ⓒ, Ⓒ to Ⓓ, Ⓐ to Ⓑ, Ⓓ to Ⓔ
3. (i) (b) (ii) (c)
4. (i) (c) (ii) (a)
5. (i) (a) (ii) (a)
6. (d)
7. (a)
8. (b)
9. (a)

[주관식]

1. $+260$ V
2. (a) 1.52×10^{5} m/s (b) 6.49×10^{6} m/s
3. (a) -6.00×10^{-4} J (b) -50.0 V
4. (a) -38.9 V (b) the origin

5. $5.41 \dfrac{k_e Q^2}{s}$

6. (a) no point (b) $\dfrac{2k_e q}{a}$

7. -1.10×10^7 V

8. 8.94 J

9. (a) At $x = 0$, $V = 10.0$ V, at $x = 3.00$ m, $V = -11.0$ V, at $x = 6.00$ m, $V = -32.0$ V (b) 7.00 N/C in the $+x$ direction

10. (a) $\vec{E} = (-5 + 6xy)\hat{i} + (3x^2 - 2z^2)\hat{j} - 4yz\hat{k}$ (b) 7.07 N/C

11. (a) 0 (b) $\dfrac{k_e Q}{r^2}$

12. $-0.553 k_e \dfrac{Q}{R}$

13. (a) $\dfrac{C}{\text{m}^2}$ (b) $k_e \alpha \left[L - d \ln\left(1 + \dfrac{L}{d}\right) \right]$

14. $k_e \lambda(\pi + 2\ln 3)$

15. 1.56×10^{12} electrons

16. (a) 0, 1.67 MV (b) 5.84 MN/C away, 1.17 MV (c) 11.9 MN/C away, 1.67 MV

17. $\dfrac{mgd \tan\theta}{q}$

18. (a) 48.0 μC (b) 6.00 μC

19. $\dfrac{(2N - 1)\epsilon_0(\pi - \theta)R^2}{d}$

20. (a) 17.0 μF (b) 9.00 V (c) $Q_5 = 45.0$ μC, $Q_{12} = 108$ μC

21. (a) 3.53 μF (b) 6.35 V on 5.00 μF, 2.65 V on 12.0 μF (c) 31.8 μC on each capacitor

22. (a) 6.05 μF (b) 83.7 μC

23. ten

24. $\dfrac{Q^2}{2\epsilon_0 A}$

25. (a) 1.50 μC (b) 1.83 kV

26. (a) $\dfrac{k_e Q^2}{2R}$ (b) $\dfrac{k_e q_1^2}{2R_1} + \dfrac{k_e(Q - q_1)^2}{2R_2}$ (c) $\dfrac{R_1 Q}{R_1 + R_2}$ (d) $\dfrac{R_2 Q}{R_1 + R_2}$

(e) $V_1 = \dfrac{k_e Q}{R_1 + R_2}$ and $V_2 = \dfrac{k_e Q}{R_1 + R_2}$ (f) 0

27. (a) 369 pC; 1.20×10^{-10} F, 3.10 V (c) -45.5 nJ

28. (a) 13.3 nC (b) 272 nC

29. 1.04 m

30. 9.79 kg

31. (a) volume 9.09×10^{-16} m^3, area 4.54×10^{-10} m^2 (b) 2.01×10^{-13} F (c) 2.01×10^{-14} C; 1.26×10^5 electronic charges

32. 253 MeV

33. (a) On the lower plate the charge is $-\dfrac{Q}{3}$, and on the upper plate the charge is $-\dfrac{2Q}{3}$ (b) $\dfrac{2Qd}{3\epsilon_0 A}$

21장

【퀴즈】

1. (a) > (b) = (c) > (d)

2. (b)

3. (a)

4. $I_a = I_b > I_c = I_d > I_e = I_f$

5. (b)

6. (a)

7. (i) (b) (ii) (a) (iii) (a) (iv) (b)

8. (i) (c) (ii) (d)

【주관식】

1. 7.50×10^{15} electrons

2. 0.129 mm/s

3. (a) 2.55 A/m^2 (b) 5.30×10^{10} m^{-3} (c) 1.21×10^{10} s

4. (a) 17.0 A (b) 85.0 kA/m^2

5. 500 mA

6. (a) 31.5 n$\Omega \cdot$ m (b) 6.35 MA/m^2 (c) 49.9 mA (d) 658 μm/s (e) 0.400 V

7. 6.43 A

8. 1.71 Ω

9. (a) 1.82 m (b) 280 μm

10. 0.18 V/m

11. (a) 184 W (b) 461°C

12. 448 A

13. \$0.494/day

14. 36.1 %

15. 6.53 Ω

16. (a) 667 A (b) 50.0 km

17. (a) 6.73 Ω (b) 1.97 Ω

18. (a) 12.4 V (b) 9.65 V

19. (a) 17.1 Ω (b) 1.99 A for 4 Ω and 9 Ω, 1.17 A for 7 Ω, 0.818 A for 10 Ω

20. (a) 470 W (b) 1.60 mm or more (c) 2.93 mm or more

21. (a) 227 mA (b) 5.68 V

22. (a) 75.0 V (b) 25.0 W, 6.25 W, and 6.25 W (c) 37.5 W

23. 14.2 W to 2.00 Ω, 28.4 W to 4.00 Ω, 1.33 W to 3.00 Ω, 4.00 W to 1.00 Ω

24. (a) 0.714 A (b) 1.29 A (c) 12.6 V

25. (a) 0.846 A down in the 8.00 Ω resistor, 0.462 A down in the middle branch, 1.31 A up in the right-hand branch (b) -222 J by the 4.00 V battery, 1.88 kJ by the 12.0 V battery (c) 687 J to 8.00 Ω, 128 J to 5.00 Ω, 25.6 J to the 1.00 Ω resistor in the center branch, 616 J to 3.00 Ω, 205 J to the 1.00 Ω resistor in the right branch (d) Chemical energy in the 12.0 V battery is transformed into internal energy in the resistors. The 4.00 V battery is being charged, so its chemical potential energy is increasing at the expense of some of the chemical potential energy in the 12.0 V battery. (e) 1.66 kJ

26. 50.0 mA from a to e

27. (a) 5.00 s (b) 150 μC (c) 4.06 μA

28. (a) -61.6 mA (b) 0.235 μC (c) 1.96 A

29. (a) 6.00 V (b) 8.29 μs

30. 6.00×10^{-15}/$\Omega \cdot$ m

31. (a) 8.00 V/m in the positive x direction (b) 0.637 Ω (c) 6.28 A in the positive x direction (d) 200 MA/m^2

32. (a) 9.93 μC (b) 33.7 nA (c) 335 nW (d) 337 nW

33. (a) 222 μC (b) 444 μC

【관련 이야기 6 결론】

1. (a) 87.0 s (b) 261 s (c) $t \to \infty$

2. (a) 0.01 s (b) 7×10^6

3. (a) 3×10^6 (b) 9×10^6

22장

【퀴즈】

1. (e)
2. (i) (b) (ii) (a)
3. (c)
4. $B > C > A$
5. (a)
6. $c > a > d > b$
7. $a = c = d > b = 0$
8. (c)

【주관식】

1. (a) west (b) zero deflection (c) up (d) down
2. (a) up (b) out of the page, since the charge is negative (c) no deflection (d) into the page
3. (a) 7.91×10^{-12} N (b) zero
4. 2.34×10^{-18} N
5. (a) 5.00 cm (b) 8.79×10^6 m/s
6. 7.88×10^{-12} T
7. 0.278 m
8. 244 kV/m
9. (a) 4.31×10^7 rad/s (b) 5.17×10^7 m/s
10. (a) $2\pi r I B \sin \theta$ (b) up, away from magnet
11. (a) 4.73 N (b) 5.46 N (c) 4.73 N
12. (a) east (b) 0.245 T
13. (a) 9.98 N · m (b) clockwise as seen looking down from a position on the positive y axis
14. (a) 5.41 mA · m^2 (b) 4.33 mN · m
15. $\dfrac{\mu_0 I}{4\pi x}$ into the paper
16. 5.52 μT into the page
17. 12.5 T
18. (a) 28.3 μT into the page (b) 24.7 μT into the page
19. $-27.0\,\hat{\mathbf{i}}\ \mu$N
20. (a) 10 μT (b) 80 μN toward the other wire (c) 16 μT (d) 80 μN toward the other wire
21. (a) The situation is possible in just one way (b) 12.0 cm to the left of wire 1 (c) 2.40 A down
22. (a) 200 μT toward the top of the page (b) 133 μT toward the bottom of the page
23. 500 A
24. (a) 6.34×10^{-3} N/m (b) inward toward the center of the bundle (c) greatest at the outer surface
25. (a) 3.60 T (b) 1.94 T
26. (a) 226 μN away from the center of the loop (b) zero
27. (a) $\dfrac{\mu_0 IN}{2\ell}\left[\dfrac{x+\ell}{\sqrt{(x+\ell)^2+a^2}} - \dfrac{x}{\sqrt{x^2+a^2}}\right]$ (b) See P22.27b for full explanation.
28. 31.8 mA
29. (a) 4.0×10^{-3} N · m (b) -6.9×10^{-3} J
30. $\dfrac{\mu_0 J_s}{2}$
31. (a) $(3.52\,\hat{\mathbf{i}} - 1.60\,\hat{\mathbf{j}}) \times 10^{-18}$ N (b) 24.4°

32. (a) 2.46 N upward (b) Equation 22.23 is the expression for the magnetic field produced a distance x above the center of the loop. The magnetic field at the center of the loop or on its axis is much weaker than the magnetic field just outside the wire. The wire has negligible curvature on the scale of 1 mm, so we model the lower loop as a long straight wire to find the field it creates at the location of the upper wire (c) 107 m/s^2 upward

23장

【퀴즈】

1. (c)
2. $c, d = e, b, a$
3. (b)
4. (c)
5. (b)
6. (d)
7. (b)
8. (b)
9. (a), (d)
10. (i) (c) (ii) (b)
11. (b)
12. (a)
13. (b)

【주관식】

1. 61.8 mV
2. 160 A
3. 6.03×10^{-12} V
4. (a) 1.60 A counterclockwise (b) 20.1 μT (c) left
5. $+9.82$ mV
6. 2.83 mV
7. (a) 3.00 N to the right (b) 6.00 W
8. $\dfrac{Rmv}{B^2\ell^2}$
9. The speed of the car is equivalent to about 640 km/h or 400 mi/h, much faster than the car could drive on the curvy road and much faster than any standard automobile could drive in general.
10. 24.1 V with the outer contact positive
11. (a) $\dfrac{N^2 B^2 w^2 v}{R}$ to the left (b) 0 (c) $\dfrac{N^2 B^2 w^2 v}{R}$ to the left again
12. (a) 7.54 kV (b) The plane of the loop is parallel to $\vec{\mathbf{B}}$.
13. (a) to the right (b) out of the page (c) to the right
14. (a) 1.80×10^{-3} N/C (b) tangent to the electric field line passing through at point P_2 and counterclockwise
15. (a) 8.01×10^{-21} N (b) clockwise (c) $t = 0$ or $t = 1.33$ s
16. 19.5 mV
17. $\varepsilon = -18.8 \cos 120\pi t$, where ε is in volts and t is in seconds
18. 19.2 μT · m^2
19. (a) 360 mV (b) 180 mV (c) 3.00 s
20. 9.77 mm
21. (a) 0.139 s (b) 0.461 s
22. See P23.22 for full explanation.
23. (a) 2.00 ms (b) 0.176 A (c) 1.50 A (d) 3.22 ms
24. 92.8 V
25. (a) $\dfrac{\varepsilon}{5R}\left(1 - e^{-5Rt/2L}\right)$ (b) $\dfrac{\varepsilon}{10R}\left(6 - e^{-5Rt/2L}\right)$

26. (a) 20.0 % (b) 4.00 %
27. (a) 5.66 ms (b) 1.22 A (c) 58.1 ms
28. 2.44 μJ
29. (a) 44.3 nJ/m^3 (b) 995 μJ/m^3
30. (a) 96.0 V (b) 136 V (c) 11.3 A (d) 768 W
31. (a) 193 Ω (b) 144 Ω
32. (a) 2.95 A (b) 70.7 V
33. 3.38 W
34. (a) The rms current in each 150-W bulb is 1.25 A. The rms current in the 100-W bulb is 0.833 A (b) 96.0 Ω (c) 36.0 Ω
35. (a) 0.0424 H (b) 942 rad/s
36. 5.60 A
37. 3.14 A
38. (a) 15.0 Hz (b) 84.9 V (c) 47.1 Ω (d) 1.80 A (e) 2.55 A
39. 100 mA
40. (a) 221 Ω (b) 0.163 A (c) 0.230 A (d) no
41. (a) 69.3 V (b) 40.0 Hz (c) 20.3 μF
42. (a) $f = 41.3$ Hz (b) $X_C = 87.5$ Ω
43. (a) 146 V (b) 212 V (c) 179 V (d) 33.4 V
44. (a) 17.4° (b) the voltage
45. 2.79 kHz
46. (a) 109 Ω (b) 0.367 A (c) $I_{max} = 0.367$ A (d) $\omega = 100$ rad/s (e) $\phi = -0.896$ rad $= -51.3$°
47. (a) 194 V (b) The current leads by 49.9°.
48. (a) 47.1 Ω (b) 637 Ω (c) 2.40 kΩ (d) 2.33 kΩ (e) -14.2°
49. (a) 113 V (b) 300 V/m
50. $\sim 10^{-4}$ V, by reversing a 20-turn coil of diameter 3 cm in 0.1 s in a field of 10^{-3} T
51. $\varepsilon = -7.22 \cos (1\,046\pi t)$, where ε is in millivolts and t is in seconds
52. 6.00 A

[관련 이야기 7 결론]

1. (a) 29.2 MHz (b) 42.6 MHz (c) 2.13 kHz
2. (a) 2.47×10^3 A (b) 0.986 T · m^2 (c) 0.197 V (d) 64.0 kg

24장

[퀴즈]

1. (i) (b) (ii) (c)
2. (c)
3. (d)
4. (b), (c)
5. (c)
6. (a)
7. (b)

[주관식]

1. (a) out of the page (b) 1.85×10^{-18} T
2. (a) 7.19×10^{11} Vm/s (b) 2.00×10^{-7} T
3. (a) 11.3 GV · m/s (b) 0.100 A
4. $(-2.87\,\hat{\mathbf{j}} + 5.75\,\hat{\mathbf{k}}) \times 10^9$ m/s^2
5. $(-4.39\,\hat{\mathbf{i}} - 1.76\,\hat{\mathbf{j}}) \times 10^{11}$ m/s^2
6. (a) $3.15 \times 10^3\,\hat{\mathbf{j}}$ N/C (b) $5.25\,\hat{\mathbf{k}} \times 10^{-7}$ T (c) $4.83(-\hat{\mathbf{j}}) \times 10^{-16}$ N
7. 74.9 MHz
8. See P24.8 for full explanation.

9. 2.25×10^8 m/s
10. The ratio of ω to k is higher than the speed of light in a vacuum, so the wave as described is impossible.
11. (a) 2 692 C.E. (b) 499 s (c) 2.56 s (d) 0.133 s (e) 3.33×10^{-5} s
12. $0.220c$
13. (a) See P24.13a for full explanation (b) See P24.13b for full explanation (c) 2.00 kHz (d) 0.075 0 m/s $\approx$ 0.17 mi/h
14. 733 nT
15. 307 μW/m^2
16. 5.16 m
17. 3.34 μJ/m^3
18. (a) 332 kW/m^2 radially inward (b) 1.88 kV/m and 222 μT
19. (a) 88.8 nW/m^2 (b) 11.3 MW
20. (a) 5.48 N (b) 913 μm/s^2 away from the Sun (c) 10.6 days
21. (a) 1.90 kN/C (b) 50.0 pJ (c) 1.67×10^{-19} kg · m/s
22. (a) $\sim 10^8$ Hz radio wave (b) $\sim 10^{13}$ Hz infrared
23. (a) 6.00 pm (b) 7.49 cm
24. Listeners 100 km away will receive the news before the people in the newsroom.
25. (a) 54.7° (b) 63.4° (c) 71.6°
26. $\dfrac{1}{16} I_{max}(1 - \cos 4\omega t)$
27. (a) six (b) 7.50°
28. 633 nm
29. (a) 4.24×10^{15} W/m^2 (b) 1.20×10^{-12} J
30. (a) 28.3 THz (b) 10.6 μm (c) infrared
31. (a) 3.85×10^{26} W (b) 1.02 kV/m and 3.39 μT
32. (a) 6.67×10^{-16} T (b) 5.31×10^{-17} W/m^2 (c) 1.67×10^{-14} W (d) 5.56×10^{-23} N
33. 95.1 mV/m

25장

[퀴즈]

1. (d)
2. Beams ② and ④ are reflected; beams ③ and ⑤ are refracted.
3. (c)
4. (a)
5. False
6. (i) (b) (ii) (b)
7. (c)

[주관식]

1. (a) 1.94 m (b) 50.0° above the horizontal
2. six times from the mirror on the left and five times from the mirror on the right
3. 22.5°
4. 19.5° above the horizon
5. $\sim 10^{-11}$ s, $\sim 10^{-3}$ wavelengths
6. (a) 4.74×10^{14} Hz (b) 422 nm (c) 2.00×10^8 m/s
7. (a) 1.81×10^8 m/s (b) 2.25×10^8 m/s (c) 1.36×10^8 m/s
8. (a) 2.0×10^8 m/s (b) 4.74×10^{14} Hz (c) 4.2×10^{-7} m
9. $\theta_2 = 19.5$°; $\theta_3 = 19.5$°; $\theta_4 = 30.0$°

10. $\tan^{-1} n$
11. 3.39 m
12. (a) $\theta = 30.4°$ (b) $\theta' = 22.3°$
13. (a) 0.387 cm (b) 106 ps
14. 4.61°
15. (b) As the waves move to shallower water, the wave fronts slow down, and those closer to shore slow down more. The rays tend to bend toward the normal of the contour lines; or equivalently, the wave fronts bend to become more nearly parallel to the contour lines. (d) We suppose that the headlands are steep underwater, as they are above water. The rays are everywhere perpendicular to the wave fronts of the incoming refracting waves. As shown, because the rays tend to bend toward the normal of the contour lines, the rays bend toward the headlands and deliver more energy per length at the headlands.
16. (a) 27.0° (b) 37.1° (c) 49.8°
17. (a) 10.7° (b) air (c) Sound in air falling on the wall from directions is 100 % reflected.
18. 27.9°
19. 1.000 07
20. 62.5°
21. The beam will exit after making 81 reflections, so it does not make 85 reflections.
22. 67.1°
23. (a) $\dfrac{nd}{n-1}$ (b) Yes; for very small d, the light strikes the interface at very large angles of incidence (c) Yes: as n increases, the critical angle becomes smaller (d) 350 μm
24. 2.27 m
25. See P25.25 for full explanation.
26. 3.79 m
27. (a) $\dfrac{h}{c}\left(\dfrac{n+1.00}{2}\right)$ (b) $\left(\dfrac{n+1.00}{2}\right)$ times larger
28. (a) 1.20 (b) 3.40 ns
29. 62.2 %
30. (a) $\dfrac{h}{d} = \sqrt{\dfrac{n^2-1}{4-n^2}}$ (b) 4.73 cm (c) For $n = 1$, $h = 0$. For $n = 2$, $h = \infty$. For $n > 2$, h has no real solution.

26장

[퀴즈]

1. C
2. false
3. (b)
4. (b)
5. (b)
6. (c)
7. (c)

[주관식]

1. 89.0 cm
2. (a) $p_1 + h$, behind the lower mirror (b) virtual (c) upright (d) 1.00 (e) no
3. (a) 4.00 m (b) 12.00 m (c) 16.00 m
4. (a) Younger (b) $\sim 10^{-19}$ s

5. (a) −12.0 cm; 0.400 (b) −15.0 cm; 0.250 (c) both upright
6. (a) 25.6 m (b) 0.058 7 rad (c) 2.51 m (d) 0.023 9 rad (e) 62.8 m
7. (a) convex (b) at the 30.0 cm mark (c) −20.0 cm
8. (i) (a) 13.3 cm (b) real (c) inverted (d) −0.333 (ii) (a) 20.0 cm (b) real (c) inverted (d) −1.00 (iii) (a) ∞ (b) no image formed (c) no image formed (d) no image formed
9. (a) −26.7 cm (b) upright (c) 0.0267
10. 0.790 cm
11. (a) $q = 45.0$ cm, $M = -0.500$ (b) $q = -60.0$ cm, $M = 3.00$ (c) The image (a) is real, inverted, and diminished. That of (b) is virtual, upright, and enlarged.
12. (a) 0.160 m (b) −0.400 m
13. 3.33 m from the deepest point in the niche
14. 4.82 cm
15. 38.2 cm below the top surface
16. (a) 45.1 cm (b) −89.6 cm (c) −6.00 cm
17. 1.50 cm/s
18. 8.57 cm
19. (a) 650 cm from the lens on the opposite side from the object; real, inverted, enlarged (b) 600 cm from the lens on the same side as the object; virtual, upright, enlarged
20. (a) 12.3 cm to the left of the lens (b) 0.615
21. 20.0 cm
22. (a) 16.4 cm (b) 16.4 cm
23. (a) $q = 40.0$ cm, $M = -1.00$, real, inverted (b) $q =$ infinity, no image (c) $q = -20.0$ cm; $M = 2.00$, upright, virtual
24. 2.84 cm
25. (a) 1.16 mm/s (b) toward the lens
26. (a) 39.0 mm (b) 39.5 mm
27. (a) 0.833 mm (b) 0.820 mm
28. (a) 267 cm (b) 79.0 cm
29. −25.0 cm
30. $f = \dfrac{-Md}{(1-M)^2}$ when the lens is diverging; $f = \dfrac{Md}{(M-1)^2}$ when the lens is converging

27장

[퀴즈]

1. (c)
2. (a)
3. (a)
4. (a)
5. (a)
6. (c)

[주관식]

1. 1.54 mm
2. (a) 55.7 m (b) 124 m
3. 515 nm
4. 641
5. (a) 13.2 rad (b) 6.28 rad (c) 1.27×10^{-2} deg (d) 5.97×10^{-2} deg
6. 48.0 μm

7. (a) 1.93 μm (b) 3.00λ (c) maximum
8. 0.318 m/s
9. (a) 2.62 mm (b) 2.62 mm
10. See P27.10 for full explanation.
11. 0.500 cm
12. (a) green (b) violet
13. 290 nm
14. 8.70 μm
15. 96.2 nm
16. (a) four (b) $\theta = \pm 28.7°,\ \pm 73.6°$
17. (a) 51.8 μm (b) 949 μm (c) horizontal (d) vertical
    (e) A smaller distance between aperture edges causes a wider diffraction angle. The longer dimension of each rectangle is 18.3 times larger than the smaller dimension.
18. 2.30×10^{-4} m
19. 3.09 m
20. 16.4 m
21. 1.00×10^{-3} rad
22. 105 m
23. 7.35°
24. 1.81 μm
25. 5.91°, 13.2°, 26.5°
26. 514 nm
27. (a) 0.738 mm (b) See P27.27b for full explanation.
28. 2.50 mm
29. 632.8 nm
30. (a) 3.53×10^3 rulings/cm (b) 11

[관련 이야기 8 결론]

1. 130 nm
2. 74.2 grooves/mm
3. 1.8 μm/bit
4. 48 059
5. $\sim 10^8$ W/m^2

28장

[퀴즈]

1. (b)
2. Sodium light, microwaves, FM radio, AM radio.
3. (c)
4. The classical expectation (which did not match the experiment) yields a graph like the following drawing:

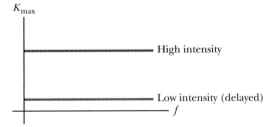

5. (c)
6. (b)
7. (b)
8. (i) (a) (ii) (d)
9. (c)
10. (a), (c), (f)

[주관식]

1. 5.18×10^3 K
2. (a) 5 200 K (b) This is not blackbody radiation.
3. i: (a) 2.57 eV, (b) 1.28×10^{-5} eV, (c) 1.91×10^{-7} eV
   ii: (a) 484 nm, (b) 9.68 cm, (c) 6.52 m
   iii: (a) visible light (blue), (b) radio wave, (c) radio wave
4. 1.69 %
5. 8.34×10^{-12} C
6. (a) 1.38 eV (b) 3.34×10^{14} Hz
7. (a) 295 nm, 1.02 PHz (b) 2.69 V
8. (a) $\theta = \cos^{-1}\left(\dfrac{m_e c^2 + E_0}{2m_e c^2 + E_0}\right)$

   (b) $E' = \dfrac{E_0(2m_e c^2 + E_0)}{2(m_e c^2 + E_0)},\ p' = \dfrac{E_0(2m_e c^2 + E_0)}{2c(m_e c^2 + E_0)}$

   (c) $K_e = \dfrac{E_0^2}{2(m_e c^2 + E_0)},\ p_e = \dfrac{E_0(2m_e c^2 + E_0)}{2c(m_e c^2 + E_0)}$
9. (a) 4.89×10^{-4} nm (b) 268 keV (c) 31.8 keV
10. 70.0°
11. (a) 14.0 kV/m (b) 46.8 μT (c) 4.19 nN (d) 10.2 g
12. To have photon energy 10 eV or greater, according to this definition, ionizing radiation is the ultraviolet light, x-rays, and γ rays with wavelength shorter than 124 nm; that is, with frequency higher than 2.42×10^{15} Hz.
13. (a) 14.8 keV or, ignoring relativistic correction, 15.1 keV
    (b) 124 keV
14. (a) 0.709 nm (b) 413 nm
15. 3.97×10^{-13} m
16. (a) $\dfrac{u}{2}$ (b) This is different from the speed u at which the particle transports mass, energy, and momentum.
17. See P28.17 for the full explanation.
18. (a) 989 nm (b) 4.94 mm (c) No; there is no way to identify the slit through which the neutron passed. Even if one neutron at a time is incident on the pair of slits, an interference pattern still develops on the detector array. Therefore, each neutron in effect passes through both slits.
19. 2.27×10^{-12} A
20. within 1.16 mm for the electron, 5.28×10^{-32} m for the bullet
21. (a) 0.250 m/s (b) 2.25 m
22. (a) 126 pm (b) 5.27×10^{-24} kg $\cdot$ m/s (c) 95.3 eV
23. $\dfrac{1}{2}$
24. (a)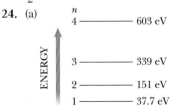

    (b) 2.20 nm, 2.75 nm, 4.12 nm, 4.71 nm, 6.59 nm, 11.0 nm
25. (a) 0.196 (b) 0.609
26. (a) $\dfrac{L}{2}$ (b) 5.26×10^{-5} (c) 3.99×10^{-2} (d) in the $n = 2$ graph in the text's Active Figure 28.22b, it is more probable to find the particle either near $x = L/4$ or $x = 3L/4$ than at the center, where the probability density is zero. Nevertheless, the

symmetry of the distribution means that the average position is $x = L/2$.

27. See P28.27 for complete solution.
28. (a) 1.06 mm (b) microwave
29. (a) slope $= \dfrac{0.402\,\text{eV}}{10^{14}\,\text{Hz}} \pm 8\%$ (b) $6.4 \times 10^{-34}\,\text{J}\cdot\text{s} \pm 8\%$
    (c) 1.4 eV
30. $\dfrac{hc}{\lambda} - \dfrac{e^2 B^2 R^2}{2m_e}$
31. See P28.31 for full explanation.

29장

【퀴즈】

1. (b)
2. (a) five (b) nine
3.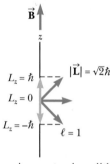
4. cesium, potassium, lithium
5. true
6. (c)

【주관식】

1. (a) $2.89 \times 10^{34}\,\text{kg}\cdot\text{m}^2/\text{s}$ (b) 2.74×10^{68}
   (c) 7.30×10^{-69}
2. (a) See P29.2 for full explanation (b) 0.846 ns
3. 1.94 μm
4. (a) 1.89 eV (b) 656 nm (c) 3.40 eV (d) 365 nm (e) 365 nm
5. (a) 1.31 μm (b) 164 nm
6. (a) $\dfrac{\hbar}{2r}$ (b) $\dfrac{\hbar^2}{2m_e r^2}$ (c) $\dfrac{\hbar^2}{2m_e r^2} - \dfrac{k_e e^2}{r}$ (d) $\dfrac{\hbar^2}{m_e k_e e^2} = a_0$
   (e) -13.6 eV (f) We find our results are in agreement with the Bohr theory.
7. (a) 3 (b) 520 km/s
8.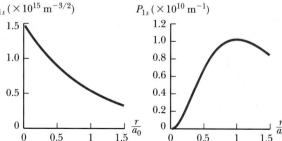
9. (a) 1 (b) 0.497
10. (a) See P29.10a for full explanation (b) $E = -\dfrac{k_e e^2}{2a_0}$
11. $\sqrt{6}\,\hbar = 2.58 \times 10^{-34}\,\text{J}\cdot\text{s}$

12. The electron energy is not enough to excite the hydrogen atom from its ground state to even the first excited state.
13. $\ell = 4$
14. (a) $3.99 \times 10^{17}\,\text{kg/m}^3$ (b) 8.17 am (c) 1.77 Tm/s (d) It is $5.91 \times 10^3 c$, which is huge compared with the speed of light and impossible.
15. (a) $\sqrt{6}\,\hbar$ (b) L_z can have the values $-2\hbar$, $-\hbar$, 0, $\hbar$ and $2\hbar$
    (c) 145°, 114°, 90.0°, 65.9°, and 35.3°
16. (a) See P29.16a for a list of all sets (b) See P29.16b for a list of all sets.
17. (a) 2 (b) 8 (c) 18 (d) 32 (e) 50
18. $n = 3$, $\ell = 2$; $m_\ell = -2, -1, 0, 1, 2$; $s = 1$; and $m_s = -1, 0, 1$
19. $1s^2 2s^2 2p^6 3s^2 3p^6 3d^{10} 4s^2 4p^6 4d^{10} 4f^{14} 5s^2 5p^6 5d^{10} 5f^{14}$
    $6s^2 6p^6 6d^8 7s^2$
20. (a) $1s^2 2s^2 2p^4$ (b) See P29.20b for full explanation.
21. 18.4 T
22. aluminum
23. 1s, 2s, 2p, 3s, 3p, 4s, 3d, 4p, 5s, 4d, 5p, 6s, 4f, 5d, 6p, 7s
24. (a) the 4s subshell (b) We would expect $[\text{Ar}]3d^4 4s^2$ to have lower energy, but $[\text{Ar}]3d^5 4s^1$ has more unpaired spins and lower energy according to Hund's rule (c) chromium
25. 0.068 nm
26. (a) L shell $= 11.8$ keV, M shell $= 10.2$ keV, N shell $= 2.47$ keV
    (b) See the diagram in P29.26.
27. (a) If $\ell = 2$, then $m_\ell = 2, 1, 0, -1, -2$; if $\ell = 1$, then $m_\ell = 1, 0, -1$; if $\ell = 0$, then $m_\ell = 0$. (b) -6.05 eV
28. manganese
29. 124 V
30. See P29.30 for full explanation.
31. (a) $1.57 \times 10^{14}\,\text{m}^{-3/2}$ (b) $2.47 \times 10^{28}\,\text{m}^{-3}$
    (c) $8.69 \times 10^8\,\text{m}^{-1}$
32. 0.125
33. $\dfrac{3h^2}{4mL^2}$

30장

【퀴즈】

1. (i) (b) (ii) (a) (iii) (c)
2. (c)
3. (e)
4. (e)
5. (b)
6. (c)

【주관식】

1. (a) 455 fm (b) $6.05 \times 10^6\,\text{m/s}$
2. (a) $\sim 10^{28}$ protons (b) 10^{28} neutrons (c) $\sim 10^{28}$ electrons
3. (a) 5.18 fm (b) λ is much less than the distance of closest approach
4. 16 km
5. $6.1 \times 10^{15}\,\text{N}$ toward each other
6. (a) 29.2 MHz (b) 42.6 MHz (c) 2.13 kHz
7. greater for $^{15}_{7}\text{N}$ by 3.54 MeV
8. (a) 1.11 MeV (b) 7.07 MeV (c) 8.79 MeV (d) 7.57 MeV
9. ~ 200 MeV

10. $\dfrac{R_0 T_{1/2}}{\ln 2}\left(2^{-t_1/T_{1/2}} - 2^{-t_2/T_{1/2}}\right)$

11. 86.4 h

12. (a) 1.55×10^{-5} s^{-1} (b) 12.4 h (c) 2.39×10^{13} atoms
(d) 1.88 mCi

13. 1.16×10^3 s

14. 0.200 mCi

15. 2.66 d

16. (a) 148 Bq/m^3 (b) 7.05×10^7 atoms/m^3
(c) 2.17×10^{-17}

17. (a) $^{65}_{28}\text{Ni}^*$ (b) $^{211}_{82}\text{Pb}$ (c) $^{55}_{27}\text{Co}$

18. (a) $e^- + p \rightarrow n + \nu$ (b) 2.75 MeV

19.

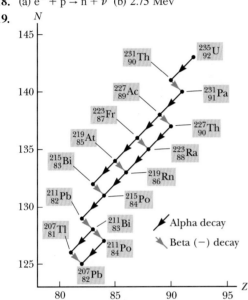

20. (a) See P30.20a for full explanation (b) 18.6 keV

21. 4.27 MeV

22. (a) $^{21}_{10}\text{Ne}$ (b) $^{144}_{54}\text{Xe}$ (c) $e^+ + \nu$

23. (a) $^{197}_{79}\text{Au} + ^1_0\text{n} \rightarrow ^{198}_{79}\text{Au}^* \rightarrow ^{198}_{80}\text{Hg} + ^{\;\;0}_{-1}e + \bar{\nu}$ (b) 7.89 MeV

24. 1.02 MeV

25. 5.58×10^6 m

26. (a) 8×10^4 eV (b) 4.62 MeV and 13.9 MeV
(c) 1.03×10^7 kWh

27. 3.60×10^{38} protons/s

28. (a) See P30.28a for full explanation (b) 26.7 MeV

29. (a) The process cannot occur because energy input would be required (b) Required energy can come from the electrostatic repulsion (c) 1.20 MeV

30. (a) 5.70 MeV (b) 3.27 MeV (c) exothermic

31. (a) 0.963 mm (b) It increases by 7.47 %.

31장

[퀴즈]

1. (a)

2. (i) (c), (d) (ii) (a)

3. (b), (e), (f)

4. (b), (e)

5. $S = 0$, $S = -1$, $Q = -\tfrac{1}{3}$, $Q = +\tfrac{2}{3}$ (diagram with d, u, s quarks)

[주관식]

1. (a) 5.57×10^{14} J (b) $\$1.70 \times 10^7$

2. $\sim 10^3$ Bq

3. (a) 4.54×10^{23} Hz (b) 6.61×10^{-16} m

4. (a) 2.27×10^{23} Hz (b) 1.32×10^{-15} m

5. 118 MeV

6. $\sim 10^{-23}$ s

7. (a) 67.5 MeV (b) 67.5 MeV/c (c) 1.63×10^{22} Hz

8. $\sim 10^{-18}$ m

9. (a) 0.782 MeV (b) $v_e = 0.919c$, $v_p = 380$ km/s
(c) The electron is relativistic; the proton is not.

10. $\bar{\nu}_\mu$

11. $\Omega^+ \rightarrow \bar{\Lambda}^0 + K^+$, $\overline{K}^0_S \rightarrow \pi^+ + \pi^-$, $\bar{\Lambda}^0 \rightarrow \bar{p} + \pi^+$
$\bar{n} \rightarrow \bar{p} + e^+ + \nu_e$

12. (a) muon lepton number and electron lepton number
(b) charge (c) baryon number (d) charge
(e) electron lepton number

13. Baryon number conservation allows the first reaction and forbids the second.

14. (a) $\bar{\nu}_\mu$ (b) ν_μ (c) $\bar{\nu}_e$ (d) ν_e (e) ν_μ (f) $\bar{\nu}_e + \nu_\mu$

15. (a) ν_e (b) ν_μ (c) $\bar{\nu}_\mu$ (d) ν_μ, $\bar{\nu}_\tau$

16. (a) See P31.16a for full explanation
(b) $E_e = E_\gamma = 469$ MeV, $p_e = p_\gamma = 469$ MeV/c
(c) $v = 0.999\,999\,4c$

17. (a) It cannot occur because it violates baryon number conservation.
(b) It can occur. (c) It cannot occur because it violates baryon number conservation. (d) It can occur. (e) It can occur. (f) It cannot occur because it violates baryon number conservation, muon lepton number conservation, and energy conservation.

18. The $\rho^0 \rightarrow \pi^+ + \pi^-$ decay must occur via the strong interaction. The $\overline{K}^0_S \rightarrow \pi^+ + \pi^-$ decay must occur via the weak interaction.

19. (a) Strangeness is not conserved. (b) Strangeness is conserved. (c) Strangeness is conserved. (d) Strangeness is not conserved. (e) Strangeness is not conserved. (f) Strangeness is not conserved.

20. (a) K^+ (scattering event) (b) Ξ^0 (c) π^0

21. (a) It is not allowed because baryon number is not conserved. (b) strong interaction (c) weak interaction (d) weak interaction (e) electromagnetic interaction

22. (a) $p_{\Sigma^+} = 686$ MeV/c, $p_{\pi^+} = 200$ MeV/c (b) 626 MeV/c
(c) $E_{\pi^+} = 244$ MeV, $E_n = 1.13$ GeV (d) 1.37 GeV (e) 1.19 GeV/c^2
(f) The result in part (e) is within 0.05 % of the value ion Table 31.2.

23. 9.25 cm

24. $m_u = 312$ MeV/c^2; $m_d = 314$ MeV/c^2

25. (a) $-e$ (b) 0 (c) antiproton; antineutron

26. (a) See P31.26 for full explanation.

27. (a) The reaction has a net of 3u, 0d, and 0s before and after (b) the reaction has a net of 1u, 1d, and 1s before and after (c) (uds) before and after (d) Λ^0 or Σ^0

28. The unknown particle is a neutron, udd.

29. (a) 590.09 nm (b) 599 nm (c) 684 nm

30. (a) 8.41×10^6 kg (b) No. It is only the fraction 4.23×10^{-24} of the mass of the Sun.

31. (a) See P31.31a for full explanation (b) 1.18×10^{10} yr

32. (a) $\sim 10^{13}$ K (b) $\sim 10^{10}$ K

33. $1.12 \text{ GeV}/c^2$

34. 2.52×10^3 K

35. 1 part in 5×10^7

【관련 이야기 9 결론】

1. (a) 1.61×10^{-35} m (b) 5.38×10^{-44} s (c) yes

찾아보기

번역 및 교정에 참여하신 분 (가나다 순)

강준희·강지훈·강치중·계범석·고정곤·고태준·곽종훈·곽진석·권명회·권수일·권진혁
길원평·김　용·김기현·김동진·김동호·김동희·김병훈·김복기·김봉수·김삼진·김상수
김영식·김영철·김용민·김원정·김은규·김응찬·김일곤·김재구·김재용·김종수·김준호
김진민·김창배·김철성·김청식·김태완·김항배·김현수·김희상·남상탁·남순권·남창우
노승정·노태익·노희소·류미이·문석배·문순재·문종대·문한섭·박기택·박성균·박성찬
박승룡·박인호·박창수·박홍준·박환배·백선목·서정화·손동철·손영수·송대엽·송석호
신상진·신재철·심규리·심인보·안재석·양길석·양호순·오재혁·오차환·유동선·유인권
유평렬·윤병국·윤용성·윤종환·이강일·이광걸·이기암·이기호·이길동·이동렬·이명재
이성재·이영백·이윤상·이재광·이재열·이정주·이종진·이종훈·이주연·이지우·이진형
이창우·이창환·이충일·이태진·이태훈·이항모·이행기·이혁재·이현규·이현복·이형락
이형철·이호근·이호섭·장기완·장영록·장지훈·전윤한·전철규·정경아·정광식·정기수
정미윤·정순영·정양준·정옥희·정완상·정원정·정윤근·정윤철·정준우·정진석·정태훈
정호용·조수원·조영걸·조영석·조준형·조진호·주관식·주상현·진형진·차명식·차성도
천명기·천명구·최대선·최　덕·최명선·최병구·최보훈·최수경·최수봉·최재호·하혜자
한두희·한영근·한창희·현준원·홍덕균·홍덕기·홍진표·황춘규

최신 대학물리학 5판

2022년　3월 1일　인쇄
2022년　3월 5일　발행

원 저 자 ◉ Serway/Jewett
역　　자 ◉ 대학물리학 교재편찬위원회
발 행 인 ◉ 조 승 식
발 행 처 ◉ (주)도서출판 북스힐
　　　　　 서울시 강북구 한천로 153길 17
등　　록 ◉ 제 22-457 호

 (02) 994-0071

 (02) 994-0073
www.bookshill.com
bookshill@bookshill.com

ISBN 978-89-5526-880-5

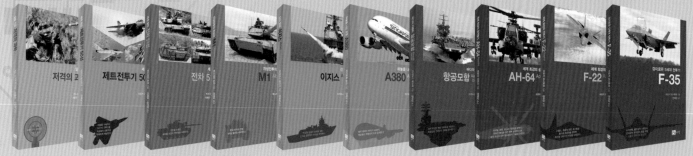

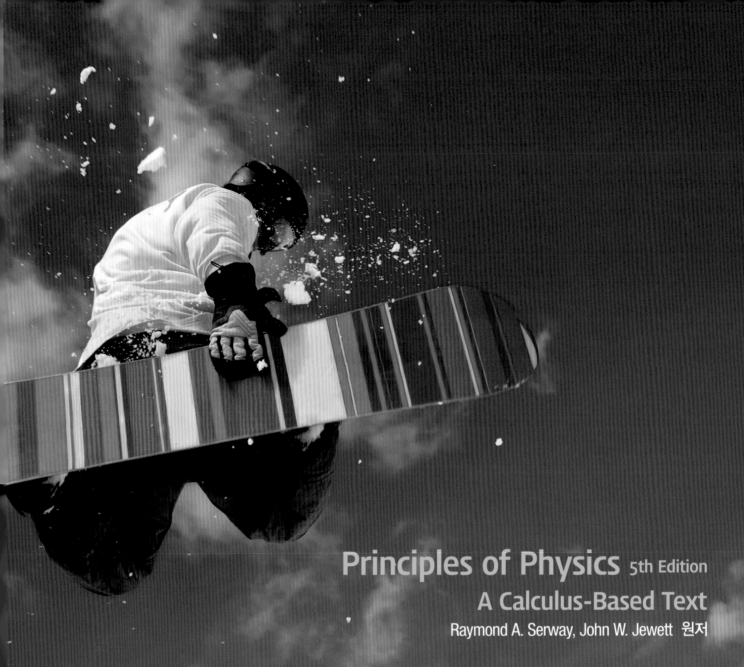

Principles of Physics 5th Edition
A Calculus-Based Text
Raymond A. Serway, John W. Jewett 원저

최신대학물리학 I

대학물리학교재편찬위원회   역

CENGAGE

북스힐

Principles of Physics 5th Edition
A Calculus-Based Text
Raymond A. Serway, John W. Jewett 원저

최신대학물리학 I

대학물리학교재편찬위원회 역

CENGAGE 북스힐

Andover • Melbourne • Mexico City • Stamford, CT • Toronto • Hong Kong • New Delhi • Seoul • Singapore • Tokyo

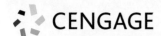

Principles of Physics: A Calculus-Based Text,
5th Edition

Raymond A. Serway
John W. Jewett

ISBN-13: 978-89-5526-880-5

Cengage Learning Korea Ltd.
14F YTN Newsquare 76 Sangamsan-ro
Mapo-gu Seoul 03926 Korea
Tel: (82) 2 330 7000
Fax: (82) 2 330 7001

Cengage Learning is a leading provider of customized learning solutions with office locations around the globe, including Singapore, the United Kingdom, Australia, Mexico, Brazil, and Japan. Locate your local office at: **www.cengage.com**

Cengage Learning products are represented in Canada by Nelson Education, Ltd.

To learn more about Cengage Learning Solutions, visit **www.cengageasia.com**

Printed in Korea
Print Number: 05   Print Year: 2022

이번에 새로이 서웨이 교수와 예웨트 교수의 《최신 대학물리학(Principles of Physics: A Calculus-Based Text)》 5판의 번역본이 나오게 된 것을 기쁘게 생각한다. 이 교재는 강의뿐만 아니라 물리의 원리를 이해하고 학생들이 스스로 학습하는 데도 크게 기여할 것으로 예상되며, 이와 같이 좋은 교재를 번역해서 소개할 수 있게 된 것이 번역자들로서도 의미 있는 일이 아닐 수 없다.

저자 두 분은 대학에서의 경험을 바탕으로 학생과 교수에 적합한 강의용 교재를 꾸준히 수정 보완하면서 5판에 이르게 됐다. 서웨이 교수는 미국 제임스 매디슨 대학교(James Madison University)의 명예 교수이시고, 예웨트 교수는 미국 캘리포니아 주립 전문대학(California State Polytechnic University)의 명예 교수이시다. 두 분은 자연과학, 공학, 의학 관련 분야 대학생들이 물리학을 흥미롭게 배울 수 있는 교재를 다수 개발해서, 이미 물리학 교재 저자 중에서 명망이 높은 분들이다.

5판의 특징은 물리의 기본 개념과 원리를 명확하게 이해시키고, 응용적인 예를 통해 기본 원리를 전달하고자 함에 있다. 이런 이해와 전달 방법은 여타 교재에서와는 다른 방법을 이용하고 있다. 예제는 문제 풀이 전략을 세워 개념화 단계에서부터 문자로 표현하는 방법과 여기에 숫자를 대입해서 원하는 결과를 도출하는 단계까지 체계적으로 접근하고 이해할 수 있도록 했다. 또한 본문의 내용을 적절한 물리적 상황에 적용한 〈연결 주제〉와 〈관련 이야기〉를 다뤄 물리의 원리가 실생활에 가까이 있음을 보여 주고 있다. 한편 물리적 원리를 바이오와 생체 관련 분야와 같은 생명 과학에 접목시키고자 했다. 번역본에서의 연습문제는 각 장당 객관식과 주관식 문제를 합쳐 40개 이상의 문항으로 해서 다양한 형태로 기본 개념을 익힐 수 있도록 했다. 객관식 문제에서는 직관력과 상상력을 바탕으로 접근하는 형식의 문제가 주어져 있고, 주관식 문제에서는 기존의 방식인 개념과 식을 이용해서 답을 구하는 형식으로 주어져 있다.

번역을 하면서 주안점을 둔 부분은 수업은 두 학기에 걸쳐 사용할 때, 학생들이 물리를 무난히 이해할 수 있도록 경우에 따라 의역을 했으며, 용어의 선택은 고등학교 과학에서 일반적으로 사용하는 것과 한국물리학회에서 정한 용어집을 기본으로 했다. 이 교재를 공부하게 될 학생들에게 부탁하고 싶은 말은 본문의 내용을 잘 이해하고, 연습 문제를 반드시 풀어서 개념을 스스로 정립해나가기 바란다. 문제를 푸는 과정 중에 물리 법칙에 대한 이해를 높일 수 있고, 완전한 답에 접근하는 방법을 배울 수 있을 것이다.

마지막으로 본 교재가 출판되기까지 번역을 위해 애쓰신 여러 교수님들에게 감사드리고, 많은 노력을 아끼지 않으신 북스힐 출판사의 조승식 사장님, 김동준 상무님과 편집진 여러분에게 깊이 감사를 드립니다.

2014년 2월
역자 일동

저자 소개

서웨이(Raymond A. Serway)는 일리노이 공대에서 박사 학위를 받았으며, 현재 제임스 매디슨 대학교의 명예 교수이다. 2011년에, 그는 모교인 유티카 대학(Utica College)에서 명예 박사 학위를 수여받았다. 1990년 17년 동안 가르쳐 온 제임스 매디슨 대학교에서 매디슨 학술상을 받았다. 그는 클락슨 대학에서 교육자의 길을 걷기 시작했으며, 그곳에서 1967년부터 1980년까지 연구와 교육에 매진했다. 그는 1977년 클락슨 대학에서 최우수 교육상을 받았으며 1985년 유티카 대학에서 동문 공로상을 수상했다. 객원 과학자로서 스위스의 취리히에 있는 IBM 연구소에서 1987년 노벨상을 받은 알렉스 뮐러와 함께 일을 했었다. 서웨이 박사는 또한 방문 과학자로 아르곤 국립연구소에서 그의 정신적 스승이자 친구인 故 샘 마셀과 공동 연구를 수행했다. 서웨이 박사는 《대학물리학(Physics for Scientists and Engineers, 8판)》, 《일반물리학(College Physics, 9판)》 그리고 《현대 물리학(Essentials of College Physics; Modern Physics, 3판)》 등의 공동 저자이다. 그는 또한 홀트맥두걸(Holt McDougal) 출판사에서 출판한 고등학교 교과서인 《물리(Physics)》의 저자이기도 하다. 게다가 서웨이 박사는 응집 물리 분야에서 40여 편 이상의 연구 논문을 발표했으며, 학회에서 60여 회 이상 발표했다. 서웨이 박사와 부인 엘리자베스는 여행, 골프, 낚시, 정원 가꾸기, 교회 합창단에서 노래부르기 그리고 그들의 네 자녀와 아홉 손자 그리고 최근에는 증손자와 시간 보내기를 즐기고 있다.

예웨트(John W. Jewett, Jr.)는 드렉셀 대학교(Drexel University)에서 물리 분야 학사를 받았고 오하이오 주립 대학교에서 박사 학위를 했으며, 응집 물질의 광학적, 자기적 성질 연구가 그의 전문 분야이다. 예웨트 박사는 뉴저지의 리처드 스톡턴 대학에서 학자의 길을 시작하였으며, 그곳에서 1974년에서 1984년까지 가르쳤다. 현재 그는 캘리포니아 주 포노마에 있는 캘리포니아 주립전문대학의 물리학과 명예 교수로 재직 중이다. 그는 가르치는 동안 과학 교육 증진에 활동적이었고, 자연과학기금을 네 번이나 받았으며 남가주 현대물리연구소(Southern California Area Modern Physics Institute, SCAMPI) 설립과 관리를 돕기도 했다. 그는 현대적 교수법 및 창조적 교육을 위한 연구소(Institute for Modern Pedagogy and Creative Teaching, IMPACT)의 과학 부분 책임자를 역임했다. 예웨트 박사는 1980년 리처드 스톡턴 대학에서 스톡턴 메리트 상을 받았으며, 1991~1992년 동안의 우수 교수상을 캘리포니아 주립 전문대학에서 받았고, 1998년 미국 물리교육학회로부터 학부 대학물리 강의 우수상을 받았다. 2010년에 그는 물리 교육에 대한 공로로 드렉셀 대학교로부터 평생 동문 공로상을 받았다. 그는 국내외 국제회의에서 복수 발표한 것을 포함해서 학회에서 100여 회 이상을 발표했다. 그는 이 책 《최신 대학물리학(Principles of Physics)》 이외에 고등학교 융합 과학에 관한 네 권의 학습 지침 매뉴얼인 《Global Issues》 뿐만 아니라 서웨이 박사와 《대학물리학(Physics for Scientists and Engineers, 8판)》을 공동 저술했고, 물리와 일상 생활의 경험을 연결해 주는 《물리학의 세계: 불가사의, 신비 그리고 신화(The World of Physics: Mysteries, Magic, and Myth.)》의 저자이기도 하다. 예웨트 박사는 단원이 모두 물리학자로 구성된 밴드에서 키보드 반주를 맡고 있으며, 여행, 수중 사진찍기, 외국에 배우기, 의료용 골동품 수집을 즐긴다. 그의 골동품은 물리학 강의 시간에 시범을 보일 수 있는 것들이다. 그는 아내 리사와 자녀들, 그리고 손자들과 보내는 시간을 중요하게 여기며 좋아한다.

초신 대학물리학(Principles of Physics)은 1년 과정의 미적분을 바탕으로 한 물리학 입문 과목을 위해 만들어진 것으로, 이공계 학생들과 물리 과목을 깊이 배우고자 하는 (치)의예 학생들을 위한 것이다. 이 5판은 여러 새로운 교육학적 기법을 도입했다. 그중 주목할 만한 것은 모형화의 접근법을 사용하는 구조적 문제 풀이 전략이다. 4판에 대한 독자들의 의견과 평론가들의 제안을 기초로 구조, 표현의 명료성, 언어의 세심함, 그리고 분명함을 전체적으로 향상시키기 위한 노력을 했다.

이 교재는 처음에 미적분을 바탕으로 한 물리학 입문 과목을 가르치는 일에 대한 잘 알려진 문제 때문에 생각하게 됐다. 과목의 내용(따라서 교과서의 크기)은 계속해서 증가하는데 학생들과의 접촉 시간은 줄어들거나 변하지 않고 게다가 전통적인 1년 교과 과정에서 19세기 이후의 물리학은 거의 다루지 않는다.

이 교재를 준비함에 있어서 물리 교육 연구를 통해 물리학 교육과 학습을 새롭게 하려는 움직임에 대한 확산되는 관심이 동기가 됐다. 이런 노력의 일환이 미국 물리교육학회와 미국 물리학회의 후원으로 만들어진 대학 물리학 연구 계획(Introductory University Physics Project, IUPP)이다. 이 계획의 주된 목적과 지침은 다음과 같은 것이다.

- '적은 것이 더 많을 수 있다.'라는 제어를 따라 교과 내용을 축소한다.
- 교과 과정에 자연스럽게 현대 물리학을 접목시킨다.
- 교과 내용을 몇 개의 '이야기'로 구조화한다.
- 모든 학생들을 동등하게 대한다.

몇 년 전에 이런 지침에 부합하는 교재의 필요성을 인식하고 IUPP에서 제한한 다양한 체계와 IUPP 위원회의 여러 보고서를 연구했다. 결국 저자 중 한 사람(서웨이)은 '기초 물리학의 입자적 접근'이라는 제하의 미국 공군사관학교에서 처음 개발된 특정 형식으로 교과서를 계획하고 살펴보는 데 적극적으로 관여하게 됐다. 사관학교를 추가로 방문해서 입자적 접근 형식의 주 저자인 제임스 헤드 대령 그리고 롤프 엔저 중령 그리고 학과의 다른 사람들과 함께 작업을 했다. 이런 매우 유익한 공동 작업이 이 계획의 시작점이 됐다.

또 다른 저자(예웨트)는 존 리딘(미국 물리학회), 다비드 그리피스(오리건 주립대), 그리고 로렌스 콜맨(리틀 록의 아칸서스 대학)에 의해 개발된 '상황 물리학'이라는 IUPP 형식에 관여하게 됐다. 이런 관여로 새로운 상황 접근 개발을 위한 국립과학재단(NSF)의 연구비 지원을 받게 되어 서문의 후반에서 자세히 설명할 상황의 형식이 탄생했다.

IUPP의 접근 방법에 의한 이 교재의 특징은 다음과 같다.

- 현재 물리학계에서는 혁신적 접근이 아닌 점진적 접근을 필요로 한다.

- 광학기기 같은 여러 고전 물리학적 주제는 생략하고 강체의 운동이나 광학 그리고 열역학의 비중을 줄인다.
- 기본적인 힘, 특수 상대성 이론, 에너지 양자화 그리고 수소 원자의 보어 모형과 같은 현대 물리학적 주제를 교재의 전반부에서 소개한다.
- 신중하게 물리학의 총체성과 물리 원리의 표괄적인 성질을 보여 주도록 한다.
- 동기 부여의 도구로서 교재에서 물리학적 원리를 생물 물리 상황, 사회 현상, 자연 현상, 그리고 첨단 기술 등과 연결시킨다.

물리 교육 연구 결과를 연관시키기 위한 노력으로 다음과 같은 내용을 이 교재에 포함시켰다. 퀴즈, 객관식 연습문제, 오류 피하기 등이 그것이다.

| 목 적

이 물리학 입문서는 두 가지 목적이 있다. 즉 학생들에게 물리학적 원리와 기본 개념을 분명하고 논리적인 표현으로 알리고, 실생활에 다양하게 응용하고 있는 것을 살펴봄으로써 그 개념과 원리의 이해도를 증진시키기 위한 것이다. 이 목적에 부합하기 위해 좋은 물리적 논거와 문제 풀이 방법론을 강조했으며 동시에 공학, 화학 그리고 의학 분야 같은 다른 분야에서 물리학의 역할을 보여 주는 실용적 예를 통해 학생들에게 동기를 유발하고자 했다.

| 5판에서 바뀐 내용

5판에서는 많은 변화와 개선이 이루어졌다. 대부분의 변화와 개선은 최근에 발견한 물리 교육 연구 과정의 결과와, 처음 네 판본으로 가르친 사람들과 이 원고를 검토한 사람들의 조언과 지적을 반영한 것이다. 5판의 주요 변화는 다음과 같은 사항들이다.

관련 이야기 이 기법은 다음의 '구성' 항에 기술되어 있다. 5판에서는 두 개의 새로운 〈관련 이야기〉를 도입했으며, 이는 15장에서의 '심장마비'와 22~23장에서의 '의학에서의 자기'이다. 이들 새 〈관련 이야기〉는 물리의 원리를 생물 물리 분야에 적용하는 것을 목표로 하고 있다.

예제 본문에 있는 모든 예제는 재구성했으며 물리의 개념을 더 강조하기 위해 2열로 구성했다. 왼쪽 열은 문제 푸는 단계를 설명하는 내용이고 오른쪽 열은 이들 단계를 수학적으로 접근해서 얻는 결과를 보여 준다. 이런 레이아웃은 개념과 수학적인 연산을 연결하고 학생들이 문제 풀이를 체계화하는 데 도움을 준다. 대부분의 경우, 예제는 끝까지 기호와 문자로 나타내고, 숫자는 마지막에 대입하는 형태로 했다. 이런 과정은 학생들이 문자로 되어 있는 결과가 문제에서 주어진 변수들에 어떻게 의존하고 있으며 또한 극한의 경우에 대한 추정을 하는 데 도움을 준다.

객관식과 주관식 연습문제의 세밀한 수정 8판에서 저자는 객관식과 주관식 연습문제를 하나하나씩 읽어보면서 이해하기 쉽고 내용이 적절한지를 검토했다. 학생과 교수들에게 문제를 명확하게 하기 위해, 검토 방향은 명확성, 문장의 길이, 적절한 그림의 추가, 문항을 나눠 산뜻한 구조로 재정리하는 광범위한 과정을 거쳤다.

객관식 연습문제 객관식은 선다형, 참/거짓, 순위 또는 추정 문제들로 구성했다. 일부는 학생들이 여러 식, 변수, 변수들이 의미하는 개념, 개념 사이의 관계들에 친숙해지도록 하기 위해 계산을 필요로 한다. 나머지는 본질적인 개념 문제이고 이로부터 개념적인 사고력을 키울 수 있도록 했다. 객관식 연습문제 또한 사용자들이 제안한 개인적인 요청을 감안해서 만들었다.

주관식 연습문제 이 판에서 각 장의 끝에 있는 많은 문제들을 대폭 개정했다.

가능성 문제 물리 교육 연구는 주로 학생들이 문제 푸는 요령에 집중되어 왔다. 비록 이 교재에서 대부분의 연습문제가 데이터를 주고 계산을 하는 형태로 주어져 있지만, 각 장에서 한두 개는 가능성을 묻는 문제로 주어져 있다. 이런 문제의 경우, 학생들에게 상황을 제시하고 가능성을 묻고 있다. 학생은 이 상황을 읽고 무엇을 답해야 하는지 어떤 계산을 해야 하는지를 스스로 결정해야 한다. 이런 결정을 할 때 개인적인 경험, 상식, 인터넷 검색, 측정, 수학적인 계산, 인간의 보편적인 지식, 또는 과학적인 사고를 동원해야 할 것이다. 이런 연습문제는 학생들의 사고력을 기를 수 있게 하기 위함이다.

그림의 완전 재정비 5판에서 모든 그림은 물리적인 원리를 깨끗하고 간결한 형태로 나타내기 위해 새롭고 현대적인 스타일로 바꿨다. 또한 모든 그림은 물리적인 상황이 본문의 내용과 정확히 일치하도록 했다.

   또한 이 판에서 도입한 그림의 형식은 '말풍선'이다. 이는 그림의 중요한 면을 가리키거나 그림 또는 사진으로 나타낸 과정을 학생들이 따라올 수 있도록 하기 위함이다. 이 형식은 시각적으로 배우는 요즘의 학생들에게 도움이 될 것이다.

내용 변화 교재의 내용과 형식은 4판과 기본적으로 같다. 더욱더 균형 있는 교재가 되도록 기존의 여러 장의 여러 절들을 삭제 또는 다른 절들과 유연하게 통합했다. 6장과 7장은 완전히 재구성했는데, 이는 교재에서 일관성 있게 사용하는 통일된 에너지 접근법에 학생들이 익숙해지도록 하기 위함이다. 최근의 연구 경향과 물리의 응용을 반영하기 위해 업데이트했는데, 예를 들어 새로운 카이퍼 띠 천체(11장), 광학적 응용으로 최근 개발된 회전 격자 빛 밸브의 발전(27장), 우주 배경 복사를 찾는 새로운 실험(28장), 쿼크-글루온 플라스마 증거를 찾는 연구의 발전(31장), 거대 강입자 가속기(31장) 등이다.

| 구 성

   IUPP의 '상황 물리' 접근법에 부응하기 위해 〈관련 이야기〉 체제를 교재에 포함시켰다. 이런 형식이 본문과 관련된 실생활 문제에 대한 응용에 흥미를 더해 준다. 이런 형식은 유연하게 적용함으로써 상황적 접근법을 사용하지 않아도 본문 내용 전체가 문제되지 않도록 했다. 그러나 학생들이 상황적 접근법을 통해 얻는 것이 많을 것으로 믿는다.

〈관련 이야기〉는 다음과 같이 9개의 부분으로 구성되어 있다.

번 호	관련 이야기	주 제	장
1	대체 연료 자동차	고전 역학	2~7
2	화성 탐사 임무	고전 역학	8~11
3	지 진	진동과 파동	12~14
4	심장마비	유 체	15
5	지구 온난화	열역학	16~18
6	번 개	전 기	19~21
7	의학에서의 자기	자 기	22~23
8	레이저	광 학	24~27
9	우주와의 연관	현대 물리	28~31

각 〈관련 이야기〉는 역사적 배경 또는 〈관련 이야기〉의 주제와 관련된 사회적 이슈를 연결해 주는 서론으로 시작한다. 서론은 〈관련 이야기〉 내의 연구에 동기를 부여하는 '핵심 질문'으로 끝난다. 각 장의 마지막 절은 '연결 주제' 부분으로서 각 장의 내용이 관련 이야기와 핵심 질문에 어떻게 연관되는지를 설명하게 된다. 각 〈관련 이야기〉의 마지막 장은 〈관련 이야기 결론〉으로 마무리된다. 핵심 질문에 대한 완전한 답을 구하기 위해 각 결론은 〈관련 이야기〉에서 얻은 원리를 사용한다. 〈관련 이야기 결론〉과 더불어 각 장은 관련 이야기의 내용과 연관된 문제들이 포함되어 있다.

| 교재의 체제

수업용 교재는 학생들이 과목의 내용을 배우고 이해하는 주요 지침서여야 한다. 더욱이 교재는 가르치고 배우기 용이하도록 꾸며져야 하고 쓰여야 할 뿐만 아니라 쉽게 접근할 수 있어야 한다. 이런 점을 염두에 두고 교수와 학생 모두에게 교재의 유용성을 증진시키고자 다음과 같은 교육학적 체제를 도입했다.

문제 풀이와 개념의 이해

일반적인 문제 풀이 전략 일반적인 문제 풀이 전략을 1장의 마지막 부분에 개괄적으로 나타냈으며 학생들에게 구조화된 문제 풀이 과정을 보여 준다. 그 이외의 모든 장에서, 예제마다 이 전략을 적용해서 학생들이 어떻게 적용하는지를 배우게 된다. 학생들이 연습문제를 풀 때 이 전략을 따르기를 바란다.
이는 학생들이 문제를 풀 때 필요한 단계를 찾을 수 있도록 해서 문제 풀이 능력을 향상시키게 된다.

모형화 물리학자들이 흔히 사용하는 네 가지 형식의 모형을 근간으로 모형화 접근법을 학생들에게 소개함으로써 실제와 근사적으로 비슷한 문제를 풀고 있음을 이해할 수 있게 한다. 학생들은 모형의 타당성을 점검하는 방법을 배워야 한다. 이런 접근법은 대부분의 문제가 몇 개의 모형으로 풀릴 수 있음을 보임으로써 학생들이 물리학의 통일성을 이해할 수 있게 하는 데 도움이 된다. 1장에서 모형화 접근법을 소개하게 된다.

예제 학생들의 이해도를 증진시키기 위해 다양한 난이도의 많은 예제를 준비했다. 많은 예제들이 각 장의 문제 풀이를 위한 지침 역할을 하기도 한다. 물리적 개념의 이해에 역점을 두어 대부분의 예제는 개념적인 것으로 했다. 예제는 외곽선 테두리로 꾸며 놓았으며, 답은 음영으로 처리해서 돋보이도록 했다.

생각하는 물리 각 장마다 많은 생각하는 물리의 예를 실었으며, 이 예는 물리적 개념과 보통의 경험을 연관시키고 물리적 개념을 교재 밖으로 확장시키기도 하는 것이다. 각 질문 다음에는 물음에 대한 '논리적 사고' 과정이 있다. 학생들이 숙제나 정량적 문제를 접하기 전에 물리적 개념을 더 잘 이해하기 위해 이것을 먼저 이용하는 것이 이상적이다.

퀴즈 학생들에게 퀴즈를 통해 물리적인 개념의 이해를 확인할 기회를 제공한다. 질문은 학생들이 합리적인 논리에 근거해서 결정할 수 있도록 하고, 어떤 질문은 보통 잘못 가지고 있는 개념의 오류를 극복하도록 한다. 퀴즈의 답은 교재 뒤에서 확인할 수 있다.

오류 피하기 본문의 여백에 위치한 오류 피하기는 학생들이 가끔 빠지기 쉬운 일반적인 잘못된 개념과 환경에 관한 것이다. 150여 개 이상의 오류 피하기가 학생들이 쉽게 실수하고 오해할 수 있는 것들을 피할 수 있도록 되어 있다.

연습문제 각 장의 끝에 광범위한 문제들을 수록했으며, 주관식 연습문제의 답은 교재 뒤에서 확인할 수 있다.

다양한 표현 연상법, 그림, 곡선, 표, 수식 등으로 정보를 다양하게 표현해야 한다. 많은 문제들이 주어진 정보를 다르게 표현하면 쉽게 풀린다.

도움이 되는 모양

형식 책의 내용을 빠르고 쉽게 이해할 수 있도록 분명하고 논리적이지만 매력적인 형식으로 쓰려고 했다. 다소 공식적이지는 않지만 유연한 표현을 써서 읽는 즐거움을 더하고자 했다. 새로운 용어는 주의 깊게 정의했다.

중요 정의와 식 아주 중요한 정의는 강조와 복습이 용이하도록 굵은 글씨로 꾸며 돋보이게 했다. 마찬가지로 중요한 식들은 쉽게 찾을 수 있도록 배경을 음영으로 처리해서 돋보이게 했다.

여백의 주 여백에 ▶ 아이콘과 함께 주를 달아 중요 문장, 식, 개념을 쉽게 찾을 수 있도록 했다.

수학의 난이도 학생들이 가끔 초급 미적분학과 물리학을 동시에 수강한다는 것을 염두에 두고 미적분을 점진적으로 사용하도록 했다. 기본 식의 경우 유도 과정을 나타냈고, 필요에 따라 책의 마지막 부분에 있는 부록을 참고하도록 했다. 1장에서 벡터를 자세히 설명하긴 했지만, 벡터의 연산은 응용이 필요한 곳에서 나중에 자세히 다룬다. 스칼라곱은 일과 에너지를 다루는 6장에서 소개하며, 벡터곱은 회전 동역학을 다루는 10장에서 다룬다.

유효 숫자 예제와 각 장의 문제에서 유효 자리를 조심스럽게 다뤘다. 데이터의 정밀도에 따라 유효 자릿수를 둘 또는 셋에 맞춰 대부분의 예제와 문제를 풀도록 했다.

단위 책 전반에 걸쳐 SI 단위계를 사용했다. 미국의 관습 단위는 단지 역학과 열역학 장에서 제한적 범위 내에서 사용했다.

부록 책의 마지막에 몇 가지 부록을 실었다. 대부분은 이 교재에서 사용한 개념이나 기법으로 과학적 표기법, 대수, 기하, 삼각법, 미적분 등이다. 책 전반에 걸쳐 이 부록을 참조할 수 있도록 부록에 있는 대부분의 수학 부분은 자세한 예시와 답과 함께 예제를 포함하고 있다. 부록에는 수학 부분과 함께 자주 사용하는 물리량, 바꿈 인수, SI 단위로 표시한 기본 물리량과 같은 물리적 자료를 실었다. 이와 더불어 행성에 관한 기본 상수와 같은 물리적 자료와 표준 접두어, 수학 기호, 그리스 문자, 측정 단위의 표준 약어 등을 실었다.

▎감사의 글

이 개정판을 내기 전에, 교재의 필요성을 알아보기 위해 두 가지 설문 조사를 했었다. 설문에 참여해 주신 교수의 수가 많았다는 것뿐만 아니라 창의적인 코멘트에 놀랐다. 그들의 피드백과 제안은 이 개정판에 많은 도움이 되었으며, 감사를 드린다.

마지막으로, 우리의 부인, 아이들의 사랑과 지원, 희생에 깊이 감사드린다.

Raymond A. Serway
St. Petersburg, Florida

John W. Jewett, Jr.
Anaheim, California

습하는 동안 도움이 될 이 교재의 다양한 형식에 관해 기술한 서문을 반드시 읽기 바란다. 그리고 나서 여러분에게 도움이 될 다음의 글을 읽기 바란다.

학습법

자주 "어떻게 물리공부를 하며 시험 준비를 해야 하나요?"라고 학생들이 질문하곤 한다. 이 질문에 대한 명쾌한 답은 없다. 그러나 여러 해 동안 가르친 경험을 통해 몇 가지 조언을 하고자 한다.

첫째, 가장 중요한 것은 물리학이 모든 자연 과학의 가장 기본이 된다는 것을 명심하면서 긍정적인 태도를 유지하는 것이다. 다른 과학 과목에서 똑같은 물리적 원리를 사용하므로 본문의 내용에서 다루는 다양한 이론과 개념을 응용할 줄 알고 이해하는 것이 중요하다.

개념과 원리

문제를 풀려고 하기 전에 기본 개념과 원리를 이해하는 것이 중요하다. 그렇게 하기 위해서는 강의 시간 전에 배울 내용을 미리 정독하는 것이 가장 좋다. 책을 읽으면서 잘 모르는 부분은 표시를 해 둔다. 책을 읽는 동안 퀴즈 질문에 충실히 답하려고 하라. 이 질문들은 여러분 스스로가 내용을 얼마나 이해하는지 파악하는 데 도움이 되도록 매우 숙고해서 만들어진 것이다. '오류 피하기'는 물리에서 개념을 잘못 파악하거나 이해를 잘못하지 않도록 해 준다. 수업 중에는 이해가 잘 안 되는 부분을 꼼꼼하게 표시하고 질문을 한다. 책의 내용을 한 번 읽고 그 내용을 완전히 이해할 수 있는 사람은 거의 없다는 것을 명심하라. 교재와 필기한 것을 반복해 읽는 것이 필요하다. 강의 시간과 실험 시간은 교재를 읽고 이해하기 위한 보조적 수단이며 좀 더 어려운 내용을 이해하는 데 도움이 되는 역할을 하는 것이다. 많은 것을 단순히 외우려고 하지 마라. 교재의 내용, 식, 유도 과정을 완전히 외우고 있다는 것이 내용을 이해한다는 것은 아니다. 친구와 또는 교수와의 토론 그리고 교재의 문제 풀이 능력과 같은 효율적 학습 습관의 조화가 교재 내용을 더욱 잘 이해할 수 있도록 할 것이다. 개념이 분명치 않다고 느끼면 언제든 질문을 해야 한다.

학습 계획

규칙적인 일일 학습 계획을 세우는 것이 중요하다. 강의 계획서를 읽고 그 계획에 충실히 따르도록 한다. 수업 시간 전에 해당 내용을 먼저 읽으면 더욱 의미 있는 수업이 될 것이다. 일반적으로 강의 시간 한 시간에 대해 두 시간의 예습 시간을 들여야 한다. 수업을 따라가는 데 문제가 있으면 선배나 교수의 조언을 구하도록 한다. 선배들로부터 받은 추가 안내나 지침이 필요할 수도 있다. 매우 가끔 교수들이 정규 수업 시간 이외에 복습 또는 정리 시간을 갖기도 한다. 파국적 결과를 가져오는 벼락치기 공부를 하지 않는 것이 중요하며 올빼미식의 밤샘 공부보다는 간략하게 기본 개념과 식을 복습하고 잘 자는 것이 좋다.

교재 활용법

서문에 소개한 교재 내의 다양한 형식을 최대한 활용해야 한다. 예를 들면 여백의 주는 중요 식과 개념의 위치를 찾는 데 유용하도록 한 것이고, 굵은 고딕 글씨는 중요 설명과 정의를 나타낸다. 부록에는 유용한 여러 표를 실었으며, 이 표는 대부분 교재 내용에서 참고로 인용하는 것들이다. 부록 B는 필요한 수학적 사항들을 요약한 것이다.

차례는 교재를 개관할 수 있도록 해 주며, 찾아보기는 특정 내용을 빨리 찾을 수 있도록 해 준다. 각주는 교재 내용을 보충 설명하거나 다른 참고 사항을 인용할 때 사용했다.

어떤 장을 읽은 후 그 장에서 배운 새로운 개념이나 물리량을 정의할 수 있어야 하며, 중요 관계식을 얻는 데 사용한 가정과 원리를 논의할 수 있어야 한다. 각 장의 요약 부분과 학생용 해답은 그런 점에서 도움이 될 것이다. 어떤 경우에는 특정 주제의 부분을 교재에서 찾기 위해 찾아보기를 사용해야 할 때가 있을 것이다. 각 물리량과 그 물리량을 나타내는 기호와 단위를 정확히 구분할 수 있어야 한다. 더욱이 중요한 관계식들은 간략하고 정확한 문장으로 표현할 수 있어야 한다.

문제 풀이

노벨 물리학 수상자인 파인먼(R. P. Feynman)은 "연습하기 전까지 아무것도 모른다."고 했다. 이 말을 명심하면서 다양한 문제를 풀기 위한 기술을 연마하기를 충고하는 바이다. 문제 풀이 능력은 물리적 지식의 정도를 나타내는 주요 지표 중의 하나이다. 따라서 가능한 많은 문제를 풀어 보도록 하라. 문제를 풀기 전에 반드시 기본 개념과 원리를 이해해야 한다. 문제를 다른 방법으로 풀 수 있는지 시도해 보는 것도 훌륭한 연습이 된다. 예를 들어 뉴턴 법칙으로 역학 문제를 풀 수 있다고 하면 그 문제를 다른 방법, 즉 에너지 보존 법칙으로 더 간단히 풀 수도 있다. 수업 시간에 문제를 푸는 것을 봤다고 해서 그 문제를 이해한다고 생각하면 안 된다. 스스로 그 문제와 유사 문제를 풀어 봐야 한다.

문제 풀이는 조심스럽게 계획을 세워야 한다. 문제가 여러 개념을 필요로 할 때는 특히 체계적 계획이 중요해진다. 첫째, 문제를 여러 번 읽어 문제가 무엇을 요구하는지 분명히 파악한다. 중요 핵심 단어를 보면 문제를 파악하거나 필요한 가정을 세우는 데 도움이 된다. 둘째, 문제에서 얻은 정보와 구해야 하는 양을 기록하는 습관을 들인다. 예를 들면 문제에서 주어진 것과 구해야 하는 양을 표로 만들어 볼 수 있다. 이런 방법을 교재의 예제에서 사용하기도 했다. 주어진 문제에 대해 적당하다고 느끼는 방법이 결정되면 문제를 푼다. 일반적 문제 풀이 전략은 복잡한 문제를 풀 수 있는 지침이 되도록 했다. 이 전략을 1장의 끝에 실었다. 이 절차(개념화, 분류, 분석, 결론)를 따르면 문제 풀이가 쉽다는 것을 알게 될 것이며, 들인 노력보다 더 많은 것을 얻게 된다.

특별한 경우에는 특정 물리 법칙이나 식을 사용할 수 없다는 것에 유의해야 한다. 특정 식이나 이론 이면에 있는 가정을 이해하고 기억해야 한다. 예를 들어 운동학의 몇 가지 식은 물체가 등가속도로 움직이는 경우에만 사용할 수 있다. 이 식들은 용수철에 연결된 물체 또는 유체 내의 움직이는 물체와 같이 가속도가 변하는 경우에는 사용할 수 없다.

실험

물리학은 실험적 관찰을 기초로 한 학문이다. 이런 관점에서 집에서 또는 실험실에서 '직접' 다양한 실험을 해보기를 권한다. 예를 들어 흔히 보는 슬링키(용수철로 된 장난감)은 진행파를 공부하는 데 좋은 도구이다; 긴 줄에 매달린 공은 단진자 운동을 공부하는 데 사용할 수 있다; 연직 용수철이나 고무줄에 매달린 물체는 탄성을 공부하기에 좋다; 낡은 선글라스, 쓰지 않는 렌즈, 돋보기 등은 광학 실험을 위해 좋은 부품이 된다; 초시계로 높이를 알고 있는 곳에서 물체가 낙하하는 시간을 측정하여 대략적인 자유 낙하 가속도를 측정할 수 있다. 이런 실험의 예는 끝이 없다. 물리적 모형이 없을 경우 상상력을 동원해 스스로의 모형을 만들도록 하자.

맺음말

여러분이 어떤 직업을 택하더라도 물리학이 재미있고 즐거운 경험이라는 것을 알게 되고 이런 경험이 여러분에게 도움이 될 것을 우리는 진심으로 바라는 바이다. 재미있는 물리의 세계에 온 여러분을 환영합니다!

과학자는 쓸모가 있어서 자연을 탐구하는 것이 아니라 자연의 아름다움 때문에 과학자는 즐거워하고 그 즐거움 때문에 탐구하는 것이다. 자연이 아름답지 않다면 알 가치가 없으며 자연을 알 가치가 없으면 삶은 살 가치가 없는 것이다.

헨리 푸앙카레

차 례

2권

물리로의 초대

영국 남부에 있는 고대의 거석 기념물인 스톤헨지는 수천 년 전에 만들어졌다. 이것이 무엇을 하는 것인 지에 대한 여러 가지 이론이 제안됐는데, 무덤, 치유를 위한 장소, 조상 숭배를 위한 예식 장소라는 설이 있다. 하지만 아주 흥미로운 이론 중의 하나는 그것이 일식이나 월식, 하지나 동지, 춘분이나 추분 등의 절기를 예언하는 관측소라는 것이다.

자연과학에서 가장 기본이 되는 학문인 물리학의 관심사는 우주의 기본적인 원리이다. 물리학은 공학, 기술 및 천문학, 생물학, 화학 및 지질학의 바탕이 된다. 물리학의 강점은 기본적인 원리의 단순함과 몇 가지 기본적인 개념, 수식 및 가정으로써 세상에서 일어나는 현상을 폭넓게 이해하는 방법들을 제공한다는 것이다.

1900년도 이전까지 발전해 온 **고전 물리학**의 내용은 고전 역학, 열역학, 전자기학 및 광학 분야의 이론, 개념, 법칙 및 실험적 사실 등이다. 예를 들어 갈릴레이(Galileo Galilei, 1564~1642)는 등가속도 운동 법칙에 관한 업적으로 고전 역학에 크게 공헌했다. 같은 시대에 케플러 (Johannes Kepler, 1571~1630)는 천문학적 관측을 바탕으로 천체 운동에 관한 실험 법칙을 찾아냈다.

고전 역학에 가장 많이 기여한 사람은 뉴턴(Isaac Newton, 1642~1727)이다. 뉴턴은 고전 역학을 체계적 이론으로 발전시켰으며, 수학적 도구인 미적분의 창시자 중 한 사람이다. 고전 역학의 주된 발전은 18세기까지 지속되지만 열역학과 전자기학은 19세기 후반에야 발전하기 시작하는데, 이는 그 당시까지 실험 장비가 조악하거나 아직 없었기 때문이다. 일찍부터 여러 가지 전기적, 자기적 현상에 대해 연구해 왔지만 전자기학의 통일 이론은 맥스웰(James Clerk Maxwell, 1831~1879)의 업적이다. 이 교재에서는 각 장에서 고전 물리학의 다양한 분야를 다룰 것이며, 역학과 전자기학 분야가 모든 물리 분야의 기본이 됨을 알게 될 것이다.

현대 물리학이라고 하는 물리학에서의 중요한 혁명이

CERN(유럽원자핵공동연구소)에서 운영하는 대형 중입자 충돌 장치의 일부인 소형 뮤온 검출 장치(CMS)의 모습. 이 장치는 고에너지 양성자의 충돌로 인해 생기는 입자를 검출하고 측정하기 위해 만들어졌다. 명칭에 **소형**이라는 단어가 붙어 있기는 하지만 이 장치는 지름이 15미터나 된다. 이 사진의 아래쪽에 있는 파란색 안전모를 쓰고 있는 기술자와 뒤쪽에 있는 노란색 안전모를 쓴 기술자들을 보면 이 장치의 크기가 어느 정도인지 알 수 있다.

19세기 말 무렵에 시작됐다. 당시의 새로운 물리 현상들을 고전 물리학으로 설명할 수 없게 되면서 현대 물리학이 발달됐다. 이 시기의 가장 중요한 분야는 상대론과 양자 역학이다. 아인슈타인(Albert Einstein)의 상대론은 공간, 시간, 에너지에 관한 전통적인 개념을 획기적으로 바꿨다. 이 상대론은 빛의 속력과 비슷한 속력으로 움직이는 물체의 운동을 정확하게 기술한다. 또 상대론은 빛의 속력이 물체 운동 속력의 최댓값이며 질량과 에너지가 서로 관계가 있다는 것을 보여 준다. 탁월한 과학자들에 의해 성립된 양자 역학은 원자 수준의 물리 현상을 설명할 수 있다.

과학자는 기본적인 법칙에 대한 이해를 증진시키기 위해 꾸준히 노력하며 매일 새로운 발견에 도전하고 있다. 여러 연구 분야에서 물리학, 화학 및 생물학이 겹치게 된다. 이렇게 겹치는 분야는 생물리학, 생화학, 물리 화학, 생물 공학 등 하위 전문 분야의 이름에서 볼 수 있다. 최근의 여러 가지 기술적 진보는 여러 과학자, 공학자 및 기술자의 노력의 결실이다. 20세기 후반의 가장 눈에 띄는

발전은 (1) 달 및 다른 행성으로의 우주 여행, (2) 초소형 회로 및 고속 컴퓨터, (3) 과학 연구와 의학에서 사용하는 정교한 영상 기술, (4) 유전 공학에서의 주목할 만한 업적 등이다. 이들은 21세기 초에 이르러서도 계속 발전하고 있다. 탄소 나노 튜브와 같은 재료는 이제 다양한 응용 분야에 접목이 진행되고 있다. 2010년도 노벨 물리학상은 탄소 원자로 구성된 이차원 재료인 그래핀의 연구 성과에 수여됐다. 다양한 전기 소자와 DNA 배열 순서를 밝히는 생체 소자 등에 이 물질을 응용하려는 연구들이 시도되고 있다. 이런 발전과 발견이 사회에 끼치는 영향은 매우 지대하며, 미래의 발견과 발전은 흥미 있고 도전해볼 만할 뿐만 아니라 인류에게 크게 도움이 될 것이다.

우리 사회의 발전에 끼치는 물리학의 영향을 살펴보기 위해 이 교재에서는 본문과 관련된 일상의 내용을 소개하고 있다. 이 책에는 본문과 관련된 이야기가 아홉 개 있으며, 각각은 물리학과 사회적 문제, 자연 현상 또는 기술적 응용과 관련되어 있다. 이를 요약하면 다음과 같다.

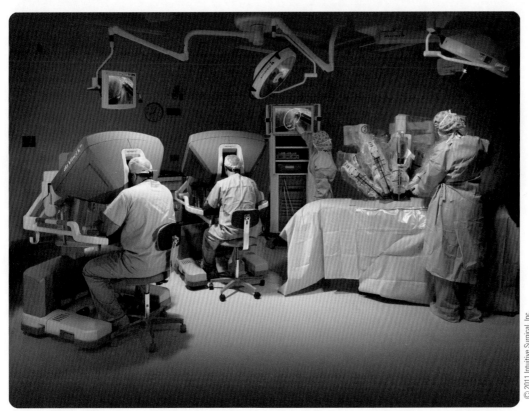

물리학은 오늘날 생의학 분야에 광범위하게 응용되고 있다. 이 사진에 있는 것은 다빈치 수술 장치로 로봇을 이용해서 전립선 절제, 자궁 절제, 승모판 재건술, 심장 동맥 문합 등과 같은 수술을 하고 있다. 외과의사는 왼쪽에 있는 제어반 앞에 앉아서 수술 부위를 입체 영상으로 들여다본다. 컴퓨터가 의사의 손의 움직임을 인식해서 오른쪽의 수술대 위에 있는 로봇의 팔을 움직이게 한다.

장	관련 이야기
2~7	대체 연료 자동차
8~11	화성 탐사 임무
12~14	지 진
15	심장마비
16~18	지구 온난화
19~21	번 개
22~23	의학에서의 자기
24~27	레이저
28~31	우주와의 연관

〈관련 이야기(Context)〉는 본문 각 절의 줄거리를 제공하며, 관련성과 내용을 공부하는 데 동기를 부여한다.

〈관련 이야기〉는 주제 토론으로 시작해서 **핵심 문제**에서 정점에 달한다. 이 핵심 문제는 각 〈관련 이야기〉의 초점이 된다. 각 장의 마지막 절은 〈연결 주제(Context Connection)〉로 소재는 핵심 문제를 염두에 두고 찾아낸 것이다. 〈관련 이야기〉의 끝에는 〈관련 이야기의 결론(Context Conclusion)〉이 있어서 핵심 문제를 가능한 한 완전히 해결하기에 필요한 모든 원리를 모아 놓았다.

1장에서는 물리학을 공부할 때 사용할 수학의 기본과 문제 풀이 전략을 살펴본다. 첫 번째 〈관련 이야기〉는 **대체 연료 자동차**로 2장 바로 앞에서 소개한다. 원유의 수입 의존도를 줄이고 현재의 휘발유 자동차가 대기로 뿜어대는 유해 부산물을 거의 만들지 않는 자동차를 설계, 개발, 제작 판매하는 문제에 고전 역학의 원리를 적용하고 있다는 내용이다.

서론 및 벡터 Introduction and Vectors

물리학의 목표는 우리 우주에서 벌어지는 기본 현상에 대해 정량적인 이해를 하는 것이다. 물리학은 실험적 관찰과 수학적 분석에 기초한 학문이다. 이런 실험과 분석을 하는 주된 목적은 탐구하는 현상을 설명하는 이론을 개발하고, 그 이론을 정립된 다른 이론과 관련을 지으려는 것이다. 다행히, 몇 가지 기본 법칙을 사용해서 다양한 물리계의 현상을 설명할 수 있다. 분석적 방법을 쓰려면 이론과 실험을 연결해 주는 수학적 언어로 이런 법칙들을 표현할 필요가 있다. 이 장에서는 이 책에서 자주 쓰이게 될 몇 가지 수학적 개념과 방법을 논의하겠다. 덧붙여, 앞으로 두루 사용하게 될 효과적인 문제 풀이 방법을 개략적으로 설명한다.

Raymond A. Serway

미국 플로리다 주의 세인트 피터즈버그에 있는 표지판은 여러 도시로의 거리와 방향을 알려준다. 크기와 방향으로 정의되는 양을 **벡터양**이라고 한다.

1.1 | 길이, 질량, 시간의 표준
Standards of Length, Mass, and Time

자연 현상을 설명하기 위해서는 다양한 관점에서 자연을 측정해야 한다. 각각의 측정은 물체의 길이와 같은 물리적인 양과 연관되어 있다. 물리학의 법칙은 이 책에서 소개하고 논의할 물리량의 수학적인 관계로 표현된다. 역학에서 세 가지 기본량은 길이, 질량, 시간이며, 이것으로 다른 모든 양들을 표현할 수 있다.

어떤 물리량을 측정해서 결과를 다른 사람과 주고받으려면, 물리량에 대한 단위가 정의되어 있어야 한다. 어떤 행성에서 온 외계인이 우리가 모르는 이상한 길이 단위를 사용해서 이야기한다면, 우리는 그것을 이해하지 못할 것이다. 반면에 우리의 측정계와 친숙한 사람이 벽의 높이가 2.0 m라고 이야기할 때, 길이의 기본 단위가 1.0 m라고 정의되어 있을 경우, 벽의 높이가 기본 길이 단위의 두 배라는 것을 알 수 있다. 국제위원회는 기본 물리량에 대한 정의와 표준을 세웠는데, 이를 **SI**(Système International) **단위계**라고 부른다. SI 단위계에서 길이, 질량, 시간의 기본 단위는 각각 미터(m), 킬로그램(kg), 초(s)이다.

길이 Length

1120년에 영국의 왕 헨리 1세는 길이의 표준으로 야드(yard)를 사용할 것과 1야드는 정확히 자신의 코끝에서부터 쭉 뻗은 팔의 손가락 끝까지의 거리로 할 것을 선포했다. 마찬가지로 프랑스인들은 피트(feet)의 표준으로 루이 14세의 발 길이를 택해 1피트의 단위로 채택했다. 이 표준은 1799년 프랑스에서 길이의 법적 표준으로 **미터**(m)가 채택되기 전까지 널리 사용됐다. 그 당시 1미터는 파리를 지나는 경도선의 적도에서 북극까지 거리의 천만분의 1로 정의했다.

앞에서 논의한 것 이외에도 여러 단위계가 개발됐지만, 대부분의 나라와 과학계는 그 이점 때문에 프랑스 단위계를 사용한다. 1960년까지 1미터는 프랑스의 온도와 습도 등이 일정하게 유지되는 곳에 보관된 백금−이리듐 합금으로 만든 특수 봉에 새겨 놓은 두 선 사이의 길이로 정의됐다. 이 표준은 여러 가지 이유로 폐기됐는데, 주된 이유는 봉에 새겨놓은 두 선 사이의 거리가 현대 과학과 기술이 필요로 하는 정확도를 만족시키지 못했기 때문이다. 1미터의 정의는 크립톤−86 광원으로부터 방출되는 적황색 빛의 파장의 1 650 763.73배에 해당하는 길이로 수정됐다. 그러나 1983년 10월 **1미터(m)는 진공 속에서 빛이 1/299 792 458초 동안 진행한 거리로 다시 정의됐다.** 이 값은 진공 속의 빛의 속력이 정확히 초속 299 792 458미터로 확정됨에 따라 정해진 것이다. 이 책에서는 세 자리 이상의 숫자는 숫자 세 개씩 쉼표보다는 빈 칸으로 구분하는 표준적인 과학 표기법을 사용할 것이다. 따라서 이 문단에 있는 1 650 763.73과 299 792 458은 더 일반적인 표기법인 1,650,763.73과 299,792,458과 같다. 마찬가지로 $\pi=3.14159265$는 $3.141\ 592\ 65$로 쓴다.

▶ 미터의 정의

질량 Mass

질량은 물체가 그 운동을 바꾸려고 할 때 저항하는 정도를 나타낸다. 질량의 SI 단위인 **킬로그램은 프랑스 세브르에 있는 국제도량형국에 보관된 백금−이리듐 합금 원기의 질량**으로 정의한다. 여기에서 주의를 덧붙이면, 물리학을 처음 공부하는 많은 학생들이 **무게**와 **질량**이라는 물리량을 혼동한다. 이 장에서는 둘 사이의 구별을 논의하지 않

▶ 킬로그램의 정의

고, 다음 장들에서 명확히 하겠다. 지금으로서는 이 둘이 서로 다른 양이라는 점만 주
의하자.

시간 Time

1967년 이전까지 시간의 표준은 **평균 태양일**을 이용해서, 평균 태양일의 $\left(\frac{1}{60}\right)$ $\left(\frac{1}{60}\right)\left(\frac{1}{24}\right)$을 1초(s)로 정의했다(태양일이란 태양이 하늘의 최고점에 다다른 시각부터 다음날 최고점에 다다를 때까지의 시간을 의미한다).

그 후 1967년에 초는 원자시계(그림 1.1)로 알려진 장치에서 얻을 수 있는 대단한 정확도의 이점을 살려 다시 정의됐다. 원자시계는 세슘-133 원자의 특정 진동수를 '기준 시계'로 쓴다. 현재는 **세슘 원자의 복사 진동 주기의 9 192 631 770배 되는 시간**을 1초로 정의한다. 요즘은 미국 콜로라도에 있는 원자시계로부터 라디오 신호를 받아 정확한 시각을 맞추는 시계를 살 수 있다.

길이, 질량, 시간의 근삿값 Approximate Values for Length, Mass, and Time

여러 길이, 질량과 시간의 근삿값을 각각 표 1.1, 1.2, 1.3에 나타냈다. 이들 수치들의 넓은 범위에 주의하자.[1] 표를 주의 깊게 살펴보고, 예를 들어 100킬로그램의 질량이나 3.2×10^7초의 시간 간격이 무엇을 의미하는지 직관을 길러 보자.

▶ 초의 정의

> **오류 피하기 | 1.1**
>
> **합리적인 수치** 여기서 제시한 양들의 전형적인 수치에 대한 직관을 키우는 것은 아주 중요하다. 문제를 푸는 데 있어 중요한 단계는 말미에 얻은 결과에 대해 숙고해 보고 그 결과가 타당해 보이는지 결정하는 것이다. 집파리의 질량을 계산하는 데 100 kg의 결과를 얻었다면, 이 수치는 **타당하지 않다**. 즉 어디선가 실수가 있었던 것이다.

표 1.1 | 여러 가지 측정 길이의 근삿값

	길이 (m)
지구로부터 가장 먼 퀘이사까지의 거리	1.4×10^{26}
지구로부터 가장 먼 은하까지의 거리	9×10^{25}
지구로부터 가장 가까운 큰 은하(안드로메다자리 M 31 은하)까지의 거리	2×10^{22}
태양으로부터 가장 가까운 별(켄타우루스자리 프록시마 별)까지의 거리	4×10^{16}
1광년	9.46×10^{15}
지구의 평균 공전 궤도 반지름	1.50×10^{11}
지구로부터 달까지의 평균 거리	3.84×10^{8}
적도에서 북극까지의 거리	1.00×10^{7}
지구의 평균 반지름	6.37×10^{6}
지구 주위를 도는 인공위성의 일반 고도	2×10^{5}
미식 축구장의 길이	9.1×10^{1}
이 책의 길이	2.8×10^{-1}
집파리의 크기	5×10^{-3}
가장 작은 먼지 입자의 크기	$\sim 10^{-4}$
살아 있는 생명체의 세포 크기	$\sim 10^{-5}$
수소 원자의 지름	$\sim 10^{-10}$
원자핵의 지름	$\sim 10^{-14}$
양성자의 지름	$\sim 10^{-15}$

---

[1] 10의 거듭제곱(과학적 표기)에 익숙하지 않으면 부록 B.1을 참고한다.

그림 1.1 세슘 원자시계.

표 1.2 | 여러 가지 물체의 질량 (근삿값)

	질량 (kg)
관측 가능한 우주	$\sim 10^{52}$
우리 은하	$\sim 10^{42}$
태 양	1.99×10^{30}
지 구	5.98×10^{24}
달	7.36×10^{22}
상 어	$\sim 10^{3}$
사 람	$\sim 10^{2}$
개구리	$\sim 10^{-1}$
모 기	$\sim 10^{-5}$
박테리아	$\sim 10^{-15}$
수소 원자	1.67×10^{-27}
전 자	9.11×10^{-31}

표 1.3 | 여러 가지 시간의 근삿값

	시간 (s)
우주의 나이	4×10^{17}
지구의 나이	1.3×10^{17}
로마 제국 붕괴 이후의 시간	5×10^{12}
대학생의 평균 나이	6.3×10^{8}
1년	3.2×10^{7}
1일 (지구의 1회 자전 시간)	8.6×10^{4}
수업 1시간	3.0×10^{3}
정상적인 심장 박동 주기	8×10^{-1}
가청 음파의 주기	$\sim 10^{-3}$
전형적인 라디오파의 주기	$\sim 10^{-6}$
고체 내 원자의 진동 주기	$\sim 10^{-13}$
가시광선의 주기	$\sim 10^{-15}$
핵 충돌 지속 시간	$\sim 10^{-22}$
빛이 양성자를 가로지르는 데 걸리는 시간	$\sim 10^{-24}$

표 1.4 | 10의 거듭제곱에 대한 접두어

거듭제곱	접두어	약 자	거듭제곱	접두어	약 자
10^{-24}	yocto	y	10^{3}	kilo	k
10^{-21}	zepto	z	10^{6}	mega	M
10^{-18}	atto	a	10^{9}	giga	G
10^{-15}	femto	f	10^{12}	tera	T
10^{-12}	pico	p	10^{15}	peta	P
10^{-9}	nano	n	10^{18}	exa	E
10^{-6}	micro	μ	10^{21}	zetta	Z
10^{-3}	milli	m	10^{24}	yotta	Y
10^{-2}	centi	c			
10^{-1}	deci	d			

과학, 상업, 산업 및 일상생활에 공통으로 사용되는 단위계는 (1) **SI 단위계**의 경우 길이, 질량, 시간의 단위는 각각 미터(m), 킬로그램(kg), 초(s)이고, (2) **미국 관습 단위계**의 경우 길이, 질량, 시간의 단위는 각각 피트(ft), 슬러그(slug), 초(s)이다. 과학과 산업에서 거의 보편적으로 국제 단위계를 쓰기 때문에 이 교재의 대부분은 SI 단위를 쓸 것이다. 미국의 관습 단위는 고전 역학을 탐구하는 데 제한적으로 사용할 것이다.

가장 많이 쓰이는 10의 거듭제곱을 나타내는 접두어와 기호를 표 1.4에 나열했다. 예를 들면 10^{-3} m는 1밀리미터(mm)와 같고, 10^{3} m는 1킬로미터(km)와 같다. 마찬가지로 1 kg은 10^{3} 그램(g)이고, 1메가볼트(MV)는 10^{6} 볼트(V)이다.

길이, 시간, 질량은 **기본량**의 예이다. 훨씬 더 많은 변수는 **유도량**, 즉 기본량의 수학적인 조합으로 표현할 수 있다. 잘 알려진 예로는 두 길이의 곱인 **넓이**와 길이와 시간 간격의 비인 **속력**이 있다.

유도량의 또 다른 예로 **밀도**(density)가 있다. 어떤 물질의 밀도 ρ(그리스 문자 로)는 **단위 부피당 질량**으로 정의한다.

$$\rho \equiv \frac{m}{V} \qquad 1.1$$

▶ 밀도의 정의

즉 질량과 세 길이의 곱의 비로 정의한다. 예를 들어 알루미늄은 밀도가 2.70×10^3 kg/m³이고, 납은 11.3×10^3 kg/m³이다. 밀도의 극단적인 차이를 느끼기 위해서는 한쪽 손에 한 변이 10 cm인 정육면체 스티로폼을 들고 있고, 다른 손에는 한 변이 10 cm인 정육면체 납을 들고 있다고 상상해 보면 알 수 있다.

1.2 | 차원 분석 Dimensional Analysis

물리학에서 **차원**이라고 하는 말은 어떤 양의 물리적인 유형을 나타낸다. 예를 들면 두 지점 사이의 거리는 피트나 미터 어느 단위로도 측정할 수 있으며, **길이**라는 차원을 나타낸다.

길이, 질량, 시간의 차원을 나타내기 위해 이 교재에서 사용하는 기호는 각각 L, M, T이며, 물리량의 차원을 표시하기 위해 괄호 [ ]를 사용한다.[2] 예를 들면 속력을 나타내는 기호는 v이고 속력의 차원은 $[v] = L/T$이다. 그리고 넓이 A의 차원은 $[A] = L^2$이다. 넓이, 부피, 속력 및 가속도의 차원을 사용되는 단위와 함께 표 1.5에 나열했으며, 힘이나 에너지와 같은 다른 물리량의 차원은 교재에서 소개될 때마다 기술하기로 한다.

많은 경우에, 어떤 특정한 식을 유도하거나 검증해야 할 상황이 생긴다. 유도 과정을 정확히 기억하지 못한다고 하더라도 **차원 분석**(dimensional analysis)이라는 유용한 일괄성 확인 방법을 사용하면, 식을 유도하는 데 도움을 받거나 마지막 식을 검토해 볼 수 있다. 차원 분석은 차원을 대수적인 양으로 취급할 수 있다라는 점을 이용한다. 예를 들어 물리량은 모두 같은 차원일 때만 더하거나 뺄 수 있으며 식에서 양변의 항들은 모두 같은 차원을 가져야만 한다. 이와 같은 간단한 규칙을 활용함으로써 차원 분석은 어떤 식이 올바른 형태인지 결정하는 데 도움을 줄 수 있다. 식에서 양변의

오류 피하기 | 1.2

물리량을 나타내는 기호 어떤 물리량은 그것을 나타내는 기호가 여러 개인 경우가 있다. 예를 들어 시간을 나타내는 기호는 항상 t 하나뿐이지만 다른 물리량은 그 사용 용도에 따라 여러 가지 기호가 있는 경우가 있다. 길이의 경우, 위치에 관한 것으로 x, y, z가 있고 반지름에 관한 것으로 r, 직각삼각형의 변을 나타내는 a, b, c, 물체의 길이를 나타내는 ℓ, 지름을 나타내는 d, 높이를 나타내는 h 등이 있다.

표 1.5 | 넓이, 부피, 속력 및 가속도의 차원과 단위

물리량	넓이 (A)	부피 (V)	속력 (v)	가속도 (a)
차 원	L^2	L^3	L/T	L/T^2
SI 단위계	m²	m³	m/s	m/s²
미국 관습 단위계	ft²	ft³	ft/s	ft/s²

---

[2] 어떤 물리량의 **차원**은 L과 T처럼 이탤릭체가 아닌 대문자 볼드체로 나타낸다. 그러나 해당 물리량의 대수적인 **기호**는 이탤릭체로 나타낸다(예를 들어 길이는 L, 시간은 t).

차원이 모두 같을 때만 관계식이 성립하기 때문이다.

이런 과정을 설명하기 위해, 정지하고 있던 자동차가 등가속도 a로 움직이기 시작해서 시간 t초 동안 이동한 거리 x를 수식으로 유도하려고 한다고 가정하자. 이 경우의 정확한 식은 2장에서 공부하겠지만 $x = \frac{1}{2}at^2$이고, 여기서 차원 분석을 통해 이 표현식의 타당성을 따져 보도록 하자.

좌변의 x는 길이의 차원을 가지기 때문에, 이 식이 차원으로 옳은 식이 되려면 우변도 길이의 차원이 되어야 한다. 가속도의 차원은 L/T^2(표 1.5)이고 시간의 차원은 T이므로, 이들 기본 차원을 식 $x = \frac{1}{2}at^2$에 대입해서 차원을 확인할 수 있다. 말하자면 식 $x = \frac{1}{2}at^2$의 차원을 다음과 같이 쓸 수 있다.

$$[x] = \frac{L}{T^2}T^2 = L$$

보다시피 시간의 차원은 소거되어 길이의 차원만 남는데, 이것은 위치 x의 올바른 차원이다. 식에 있는 숫자 $\frac{1}{2}$은 단위가 없으므로 차원 분석에는 들어가지 않음에 유의하자.

▶ **퀴즈 1.1 참 또는 거짓**: 차원 분석으로 수식의 표현에서 나타나는 비례 상수의 값을 알 수 있다.

▶ **예제 1.1 | 식의 분석**

식 $v = at$가 차원적으로 올바른지 보여라. 여기서 v, a, t는 각각 속력, 가속도, 시간을 나타낸다.

풀이

표 1.5로부터 v의 차원을 나타낸다.

$$[v] = \frac{L}{T}$$

표 1.5로부터 a의 차원을 나타내고 t의 차원을 곱한다.

$$[at] = \frac{L}{T^2}T = \frac{L}{T}$$

따라서 $v = at$는 차원적으로 올바른 식이다. 왜냐하면 양쪽 모두 같은 차원을 가지기 때문이다. (만약 여기서 사용한 식이 $v = at^2$라면 차원적으로 **올바른 표현이 아니다**.)

▶ **1.3 | 단위의 환산** Conversion of Units

한 단위계에서 다른 단위계로 환산하는 것은 물론이거니와 킬로미터를 미터로 바꾸는 것과 같이 한 단위계 내에서도 환산이 필요하다. 길이에 대한 SI 단위계와 미국 관습 단위계 사이의 관계는 다음과 같으며, 부록 A에 여러 가지 바꿈 인수를 수록해 놓았다.

$$1 \text{ mi} = 1\,609 \text{ m} = 1.609 \text{ km} \qquad 1 \text{ ft} = 0.3048 \text{ m} = 30.48 \text{ cm}$$
$$1 \text{ m} = 39.37 \text{ in.} = 3.281 \text{ ft} \qquad 1 \text{ in.} = 0.0254 \text{ m} = 2.54 \text{ cm}$$

단위들은 서로 상쇄할 수 있는 대수적인 양처럼 취급할 수 있다. 따라서 환산을 하

오류 피하기 | 1.3

항상 단위를 포함해서 계산하라 어떤 계산을 할 때 반드시 그 전 과정에서 모든 양에 단위를 포함시켜서 계산하는 습관을 가져야 한다. 계산 단계마다 단위를 빠뜨리는 일이 없도록 주의하고 최종 답의 수치에는 알고 있는 단위를 붙여야 한다. 계산 단계마다 포함시킨 단위를 살펴보면 최종 결과의 단위가 틀렸을 때 어디에서 잘못됐는지를 알아낼 수 있다.

기 위해 어떤 양에 **바꿈 인수**(conversion factor)를 곱할 수 있다. 바꿈 인수는 분자와 분모가 다른 단위로 된 크기가 1인 분수로 최종 결과에서 원하는 단위를 제공한다. 예를 들어 15.0 in.를 센티미터로 바꾸어 보자. 1 in. = 2.54 cm이므로 바꿈 인수를 곱하면 다음과 같다.

$$15.0 \text{ in.} = (15.0 \text{ in.})\left(\frac{2.54 \text{ cm}}{1 \text{ in.}}\right) = 38.1 \text{ cm}$$

여기서 괄호 안의 비는 1이다. 주어진 양의 단위를 약분할 수 있도록 1 in./2.54 cm 보다는 2.54 cm/1 in.를 1로 했음에 주목하자. 센티미터 단위가 남는데, 이것은 우리가 원하는 결과이다.

▶ **퀴즈 1.2** 두 도시 사이의 거리가 100 mi일 때, 단위를 km로 환산하면 어떻게 되는가?
(**a**) 100보다 작다. (**b**) 100보다 크다. (**c**) 100이다.

▶ **예제 1.2 | 그는 과속하고 있는가?**

제한 속력이 75.0 mi/h인 고속도로에서 38.0 m/s의 속력으로 자동차가 달리고 있다. 이 자동차의 운전자는 제한 속력을 초과했는가?

풀이

먼저 속력에서 미터를 마일로 바꾼다.

$$(38.0 \text{ m/s})\left(\frac{1 \text{ mi}}{1\,609 \text{ m}}\right) = 2.36 \times 10^{-2} \text{ mi/s}$$

초를 시간으로 바꾼다.

$$(2.36 \times 10^{-2} \text{ mi/s})\left(\frac{60 \text{ s}}{1 \text{ min}}\right)\left(\frac{60 \text{ min}}{1 \text{ h}}\right) = 85.0 \text{ mi/h}$$

운전자는 제한 속력을 초과하고 있으므로, 속력을 줄여야 한다.

문제 이 자동차의 속력은 km/h로 얼마인가?

답 마지막 답을 적절한 단위로 바꿀 수 있다.

$$(85.0 \text{ mi/h})\left(\frac{1.609 \text{ km}}{1 \text{ mi}}\right) = 137 \text{ km/h}$$

그림 1.2는 자동차의 속력을 mi/h 및 km/h로 동시에 보여주는 속력계이다. 이 사진을 이용해서 위에서 변환한 결과를 확인해 보자.

그림 1.2 (예제 1.2) 자동차의 속력계에서 자동차의 속력을 mi/h와 km/h 두 가지로 나타내고 있다.

▶ **1.4 | 크기의 정도 계산** Order-of-Magnitude Calculations

누군가가 여러분에게 보통의 CD 음반에 기록되어 있는 비트(bit) 수를 묻는다고 가정하자. 대개 여러분은 정확한 수로 답하기보다는 과학적 표기법에 근거한 어림값을 대답할 것이다. 아래와 같이 10의 거듭제곱을 이용해서 **크기**의 정도를 나타내면 어림으로 근삿값을 구할 수 있다.

1. 1에서 10까지의 수에 10의 거듭제곱을 곱한 과학적 표기법으로 수를 나타낸다.
2. 곱하는 수가 3.162(10의 제곱근)보다 작으면, 수의 크기의 정도는 과학적 표기법으로 나타낸 10의 거듭제곱 그 자체이다. 곱하는 수가 3.162보다 크면, 수의 크기의 정도는 10의 거듭제곱에 나타난 지수에 하나를 더 더한 값이 된다.

기호 '∼'는 '크기 정도에 있는'이라는 뜻으로 다음과 같이 사용한다.

$$0.0086 \text{ m} \sim 10^{-2} \text{ m} \qquad 0.0021 \text{ m} \sim 10^{-3} \text{ m} \qquad 720 \text{ m} \sim 10^{3} \text{ m}$$

통상적으로 어떤 양에 대해 크기의 정도로 어림값이 주어지면, 그 결과는 대략 10배 정도 내에서 신뢰할 만하다. 어떤 양의 크기의 정도(10의 거듭제곱에 나타난 지수)가 3만큼 증가했다면, 그 양은 대략 $10^3 = 1\ 000$배 증가한 것을 의미한다.

◣ **예제 1.3 | 고체 내에 있는 원자의 개수**

고체 1 cm^3 내에 있는 원자의 개수를 추정하라.

풀이

표 1.1로부터 원자의 지름은 대략 10^{-10} m인 점에 유의하자. 고체 내의 원자들이 이 정도 지름의 구라고 가정하면, 각 구의 부피는 대략 10^{-30} m^3(더 정확히는 부피 $= 4\pi r^3/3 = \pi d^3/6$이고 $r = d/2$임)이다. $1 \text{ cm}^3 = 10^{-6}$ m^3이므로 고체 내

에 있는 원자의 개수는 $10^{-6}/10^{-30} = 10^{24}$이다.

더 정확한 계산을 하기 위해서는 추가적인 정보가 필요한데, 그것은 표에서 찾을 수 있다. 하지만 우리의 추정은 더 정확한 계산과 10배 정도의 범위 안에서 같다.

◣ **예제 1.4 | 평생 동안 숨쉬는 횟수**

평생 동안 숨쉬는 횟수를 어림해서 구하라.

풀이

보통 인간 수명을 70년으로 추정하고, 사람의 분당 평균 호흡 횟수를 생각해 보자. 호흡 횟수는 사람이 운동 중인지 수면 중인지, 또는 흥분 상태인지 안정 상태인지 등에 따라 달라진다. 가장 근접한 크기의 정도로 평균 호흡 횟수를 분당 10회로 어림하자(이것은 분명히 분당 1회나 100회를 선택하는 것보다 훨씬 실제 값에 가깝다).

1년을 분으로 어림해서 계산한다.

$$1 \text{ yr} \left(\frac{400 \text{ days}}{1 \text{ yr}}\right)\left(\frac{25 \text{ h}}{1 \text{ day}}\right)\left(\frac{60 \text{ min}}{1 \text{ h}}\right) = 6 \times 10^5 \text{ min}$$

70년을 분으로 어림해서 계산한다.

$$\text{분 수} = (70 \text{ yr})(6 \times 10^5 \text{ min/yr})$$
$$= 4 \times 10^7 \text{ min}$$

평생 동안의 호흡 횟수를 어림으로 구한다.

$$\text{호흡 횟수} = (10 \text{ breaths/min}) \times (4 \times 10^7 \text{ min})$$
$$= \boxed{4 \times 10^8 \text{ breaths}}$$

따라서 사람은 평생 $\sim 10^9$번 호흡을 한다. 위 계산에서 정확하게 365×24로 하는 것보다 400×25로 함으로써 계산이 훨씬 간단해짐에 주목하자.

문제 평균 수명을 70년 대신에 80년으로 어림하면 어떻게 되는가? 최종 어림값이 달라지는가?

답 $(80 \text{ yr})(6 \times 10^5 \text{ min/yr}) = 5 \times 10^7 \text{ min}$이 되어 평생 5×10^8회 호흡하는 것으로 추산된다. 이것도 여전히 $\sim 10^9$회 호흡하는 것이므로 크기의 정도 계산에서 위의 결과와 차이가 없다.

$\blacktriangleleft$ **1.5** | 유효 숫자 Significant Figure

어떤 양을 측정할 때, 측정값은 실험 오차 범위 내에서만 의미가 있다. 이런 불확실 정도는 실험 장치의 정밀도, 실험자의 기술 그리고 실험 횟수 등 여러 가지 요인에 영향을 받는다. 측정에서 **유효 숫자**(significant figure)의 개수는 불확실한 정도를 표현하는 데 사용된다. 다음에 설명하고 있는 것처럼, 유효 숫자의 개수는 측정값을 표현하기 위해 사용하는 숫자의 개수와 관계가 있다.

자로 콤팩트디스크(CD)의 반지름을 측정한다고 하자. 이 CD의 반지름을 측정하는 데 정밀도가 $\pm 0.1\,cm$라고 가정한다. 불확정도가 $\pm 0.1\,cm$이기 때문에, 측정된 반지름이 6.0 cm라고 하면 반지름은 5.9 cm와 6.1 cm 사이에 있다. 이 경우 측정값 6.0 cm는 두 개의 유효 숫자를 갖는다고 말한다. **측정값의 유효 숫자는 첫 번째 어림 자릿수를 포함함**에 주목하자. 따라서 우리는 반지름이 $(6.0 \pm 0.1)\,cm$라고 기록할 것이다.

영(0)은 유효 숫자에 포함될 수도 있고 포함되지 않을 수도 있다. 0.03 또는 0.007 5와 같이 소수점의 위치를 나타내기 위해 사용된 0은 유효 숫자가 아니다. 따라서 위의 두 수는 각각 한 개와 두 개의 유효 숫자를 가지고 있다. 그러나 다른 숫자 뒤에 위치한 0의 경우 잘못 인식할 가능성이 있으므로 조심해야 한다. 예를 들어 어떤 물체의 질량이 1 500 g이라고 할 때 두 개의 0이 소수점의 위치를 나타내기 위해 사용된 것인지 또는 측정값의 유효 숫자인지 불확실하다. 이와 같은 불확실성을 제거하기 위해, 흔히 유효 숫자의 수를 확실하게 나타내는 과학적 표기법을 사용한다. 위의 경우 유효 숫자가 두 개이면 $1.5 \times 10^3\,g$, 세 개이면 $1.50 \times 10^3\,g$ 그리고 네 개이면 $1.500 \times 10^3\,g$으로 표현한다. 1보다 적은 숫자에도 같은 규칙이 적용되어 $2.3 \times 10^{-4}\,g$ (또는 0.000 23으로 쓸 수 있다)은 두 개의 유효 숫자를 가지며 $2.30 \times 10^{-4}\,g$ (또는 0.000 230으로 쓸 수 있다)은 세 개의 유효 숫자를 가진다.

문제를 풀 때, 수학적으로 덧셈, 뺄셈, 곱셈, 나눗셈 등을 이용하게 된다. 이때 여러분들은 계산 결과의 값이 적절한 유효 숫자를 갖는지 확인해야 한다. 곱하거나 나누는 경우 유효 숫자의 개수를 결정하는 데 도움을 주는 규칙은 다음과 같다.

> 여러 가지 양을 곱할 때 결과 값의 유효 숫자의 개수는 곱하는 양 중 가장 작은 유효 숫자의 개수와 같다. 나눗셈의 경우도 마찬가지이다.

위에서 측정된 CD 반지름 값을 이용해서 CD의 넓이를 구하는 데 위의 규칙을 이용해 보자. 원의 넓이를 구하는 식을 이용하면 다음과 같다.

$$A = \pi r^2 = \pi (6.0\,cm)^2 = 1.1 \times 10^2\,cm^2$$

이 계산을 계산기를 이용해서 값을 구하면 113.097 335 5이다. 이 값 모두를 사용할 필요가 없다는 것은 분명하지만, 결과 값이 113 cm²라고 말하고 싶을 것이다. 그러나 반지름이 단지 두 개의 유효 숫자를 가지므로 넓이도 두 개의 유효 숫자를 가져야 한다.

오류 피하기 | 1.4

자세히 읽어라 덧셈과 뺄셈에 관한 규칙은 나눗셈이나 곱셈 규칙과 다르다는 사실을 기억하자. 덧셈이나 뺄셈에서는 **유효 숫자**의 자릿수가 아닌 **소수점**의 자릿수에 맞춰 계산해야 한다.

덧셈이나 뺄셈의 경우에는 소수점 아래 자릿수를 고려해서 결과 값의 유효 숫자를 결정해야 한다.

> 숫자를 더하거나 뺄 때, 결과 값에서의 소수점 아래 자릿수는 계산 과정에 포함된 숫자 중 소수점 아래 자릿수가 가장 작은 것과 같아야 한다.

이 규칙의 한 예로서 다음의 덧셈을 고려해 보자.

$$23.2 + 5.174 = 28.4$$

답은 28.374가 아님에 주목하자. 왜냐하면 23.2가 소수점 아래 자릿수가 하나로 가장 작기 때문이다. 따라서 답은 소수점 아래 한 자리만 가져야 한다.

덧셈과 뺄셈의 규칙을 적용하면 답은 때때로 계산을 시작할 때의 숫자와 다른 유효 숫자를 갖게 된다. 예를 들어 다음의 연산을 고려해 보자.

$$1.000\,1 + 0.000\,3 = 1.000\,4$$
$$1.002 - 0.998 = 0.004$$

첫 번째 예에서, 0.000 3이 한 개의 유효 숫자를 갖더라도 결과는 다섯 개의 유효 숫자를 갖는다. 마찬가지로 두 번째 계산에서 각각 네 개와 세 개의 유효 숫자를 가진 수들 사이의 뺄셈이지만 결과는 오직 한 개의 유효 숫자를 갖는다.

▶ 이 교재의 유효 숫자 사용 지침이다

> 이 교재에서 대부분의 예제와 연습문제의 답은 세 개의 유효 숫자를 갖도록 했다. 크기의 정도를 계산할 때는, 일반적으로 하나의 유효 숫자를 가지고 계산한다.

오류 피하기 | 1.5

수식 형태의 풀이 문제를 풀 때, 수식 형태로 풀이를 한 다음 최종 수식에 수치를 대입한다. 이는 계산기를 두드리는 횟수를 줄이는 방법이다. 특히 어떤 수치가 서로 소거되는 경우 그런 값들을 계산기에 입력할 필요가 없게 된다. 더구나 반올림은 최종 결과에서 한 번만 하면 된다.

계산의 결과에서 유효 숫자의 수를 줄여야 하는 경우에는 반올림을 하는 것이 일반적인 규칙이다. 즉 버리는 마지막 자릿수의 값이 5보다 같거나 크면 남아 있는 마지막 자릿수(버리는 자릿수의 앞자리)의 값에 1을 더하고 (예를 들어 1.346은 1.35가 된다), 5보다 작으면 남아 있는 마지막 자릿수의 값은 그대로 둔다 (예를 들어 1.343은 1.34가 된다). 어떤 사람들은 버리는 마지막 자릿수의 값이 5일 경우, 남아 있는 마지막 자릿수의 값이 짝수이면 그대로 두고 홀수이면 1을 더하기도 한다. (이 규칙은 계산에서 누적되는 오차를 줄여 준다.)

누적되는 오차를 줄이기 위해서는 최종 결과를 얻을 때까지 긴 계산 과정에서 반올림을 하지 말아야 한다. 계산기에서 마지막 답을 얻을 때까지 기다렸다가 정확한 유효 숫자의 개수로 반올림한다. 이 교재에서는 수를 반올림해서 유효 숫자가 둘 또는 세 개가 되도록 표기했다. 이는 때때로 어떤 수리 계산이 이상하거나 틀린 것처럼 보이게 만든다. 예를 들어 앞으로 나올 예제 1.8에서 $-17.7\,\text{km} + 34.6\,\text{km} = 17.0\,\text{km}$를 보게 될 것이다. 이 뺄셈은 틀린 것처럼 보이지만, 이는 $17.7\,\text{km}$와 $34.6\,\text{km}$가 표기의 편의상 반올림한 값이기 때문이다. 중간 과정의 수에 있는 자릿수를 모두 그대로 유지하다가 최종 값에서만 반올림하면, $17.0\,\text{km}$의 올바른 세 자리 결과를 얻게 된다.

> **예제 1.5 | 카펫 깔기**
>
> 직사각형 방에 카펫을 깔려고 하는데, 방의 길이는 12.71 m이고 너비는 3.46 m이다. 방의 넓이를 구하라.
>
> **풀이**
>
> 계산기로 12.71 m와 3.46 m를 곱하면 43.976 6 m²가 될 것이다. 유효 숫자에 관한 곱셈 규칙에서 측정된 가장 작은 유효 숫자의 개수가 결과의 유효 숫자의 개수와 같아야 한다. 여기서 유효 숫자의 개수가 가장 작은 측정값(3.46 m)이 세 개의 유효 숫자를 가지므로 최종 답은 44.0 m²가 되어야 한다.

1.6 | 좌표계 Coordinate System

물리학의 많은 부분에서 공간의 위치를 다룬다. 예를 들어 어떤 물체의 운동을 수학적으로 기술하려면 물체의 위치를 지정할 방법이 필요하다. 따라서 우리는 먼저 공간에서 어떤 점의 위치를 기하학적으로 표현한 좌표계로 어떻게 기술하는지 논의한다. 직선에 있는 한 점의 위치는 하나의 좌표로 정할 수 있고, 평면에 있는 한 점은 두 개의 좌표로 정하고, 공간에 있는 한 점의 위치를 정하려면 세 개의 좌표가 필요하다.

공간에서 위치를 정하기 위해 사용하는 좌표계는 다음과 같이 구성된다.

- 원점이라고 하는 고정된 기준점 O
- 적당한 눈금과 이름이 있는 좌표축
- 좌표에서 한 점을 나타내는 방법

편리하고 일반적으로 사용되는 좌표계는 **직각 좌표계**로 불리는 **데카르트 좌표계**이다. 이차원에서의 직각 좌표계를 그림 1.3에 나타냈다. 이 좌표계에서 임의의 한 점은 좌표 (x, y)로 표시한다. $+x$는 원점의 오른쪽에 있고, $+y$는 원점의 위쪽에 있다. $-x$는 원점의 왼쪽에 있고, $-y$는 원점의 아래쪽에 있다. 예를 들어 좌표가 $(5, 3)$인 점 P는 먼저 원점의 오른쪽으로 5 m 간 다음 원점의 위쪽으로 3 m(또는 원점의 위쪽으로 3 m 간 다음 오른쪽으로 5 m) 가면 도달할 수 있다. 또한 점 Q의 좌표가 $(-3, 4)$이면 원점의 왼쪽으로 3 m 간 다음 원점의 위로 4 m 가는 것에 대응한다.

때때로 평면에 있는 어떤 점은 그림 1.4a와 같이 **평면 극좌표** (r, θ)로 표현하는 것이 더 편리하기도 하다. 이 좌표계에서 r은 원점으로부터 그 점까지의 선분의 길이이고, θ는 고정축과 그 선분 사이의 각도이다. 여기서 고정축은 보통 $+x$축이고, θ는 이

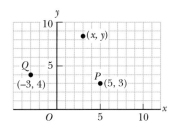

그림 1.3 직각 좌표계에서 점들의 위치 표현법. xy 평면의 각 사각형은 한 변이 1 m이다. 각 점은 좌표 (x, y)로 표시한다.

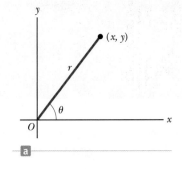

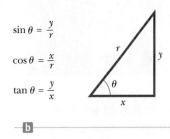

그림 1.4 (a) 한 점의 평면 극좌표는 거리 r과 각도 θ로 표현되는데, θ는 $+x$축으로부터 반시계 방향으로 측정된다. (b) (x, y)와 (r, θ)의 관계를 보여 주는 직각 삼각형

축으로부터 반시계 방향으로 측정한다. 그림 1.4b에 있는 직각삼각형으로부터 $\sin\theta = y/r$과 $\cos\theta = x/r$임을 알 수 있다(삼각 함수에 대한 간단한 설명은 부록 B.4에 있다). 따라서 평면 극좌표에서 시작해서 다음 식을 통해 직각 좌표를 얻을 수 있다.

$$x = r\cos\theta \qquad\qquad 1.2$$

$$y = r\sin\theta \qquad\qquad 1.3$$

또한 우리가 직각 좌표계를 알고 있다면, 삼각 함수의 정의로부터 다음이 성립한다.

$$\tan\theta = \frac{y}{x} \qquad\qquad 1.4$$

$$r = \sqrt{x^2 + y^2} \qquad\qquad 1.5$$

위의 네 개의 수식에 나타난 좌표 (x, y)와 (r, θ)의 관계는 그림 1.4a와 같이 θ가 정의될 때, 즉 θ를 $+x$축으로부터 **반시계 방향**으로 측정한 각도로 정의할 때에만 사용할 수 있다. 항법과 천문학에서는 다른 방법을 사용하기도 한다. 각도 θ에 대한 기준 축을 $+x$축으로 하지 않거나, θ의 증가 방향을 다르게 정의할 경우에는 두 좌표계와 관련된 표현식은 달라지게 된다.

◤ **1.7** │ **벡터와 스칼라** Vector and Scalar

이 책에서 접하게 될 물리량은 스칼라나 벡터로 분류할 수 있다. **스칼라**(scalar)는 전적으로 양수 또는 음수로 명시되고 적절한 단위를 동반하는 양이다. 그러나 **벡터**(vector)는 반드시 크기와 방향을 모두 명시하는 물리량이다.

포도 한 송이(그림 1.5a)에 달린 포도알의 수는 스칼라양의 한 예이다. 38개의 포도알이 달려 있다고 들었다면, 이 말은 정확한 정보이다. 방향에 대한 지정은 필요하지 않다. 스칼라의 다른 예로는 온도, 부피, 질량과 시간이 있다. 보통의 산술 규칙을

© Book's Hill

© Cengage Learning/George Semple

그림 1.5 (a) 포도 한 송이에 달린 포도알 개수는 스칼라양의 한 예이다. 다른 예를 들어 보자. (b) 이 사람은 법원에 가려면 5블록 북쪽으로 가라고 방향을 올바르게 알려준 것이다. 벡터는 크기와 방향을 모두 명시하는 물리량이다.

사용해서 스칼라양을 다룰 수 있다. 이 양들은 단위가 같은 경우 자유롭게 더하거나 뺄 수 있고, 곱하거나 나눌 수 있다.

힘은 벡터양의 한 예이다. 어떤 물체에 작용하는 힘을 기술하려면 작용하는 힘의 방향과 크기 둘 다 명시해야 한다.

벡터양의 또 다른 간단한 예는 어떤 물체의 **위치의 변화**로 정의되는 물체의 **변위** (displacement)이다. 그림 1.5b에 있는 사람은 목적지로 법원을 가고자 할 때 필요한 변위 벡터의 방향을 가리키고 있다. 그는 예를 들어 '5블록 북쪽으로'와 같이 방향과 더불어 변위의 크기도 말해 줄 것이다.

▶ 변위

어떤 입자가 그림 1.6에서처럼 점 Ⓐ에서 Ⓑ로 직선을 따라 움직인다고 가정하자. 이 변위는 Ⓐ에서 Ⓑ로 화살을 그려 나타낼 수 있는데, 화살촉은 변위의 방향을 나타내고 화살의 길이는 변위의 크기를 나타낸다. 이 입자가 그림 1.6의 점선처럼 다른 경로를 따라 Ⓐ에서 Ⓑ로 움직이더라도, 변위는 여전히 Ⓐ에서 Ⓑ를 향한 벡터이다. 어떤 우회 경로를 따라 움직이든지 Ⓐ에서 Ⓑ로 가는 벡터 변위는 Ⓐ에서 Ⓑ로 가는 직선을 나타내는 변위와 같은 것으로 정의한다. 변위의 크기는 양끝 점 사이의 가장 짧은 거리이다. 따라서 **입자의 처음과 나중 좌표를 알게 되면 그 입자의 변위를 완전히 알게 된다.** 따라서 경로는 지정할 필요가 없다. 다시 말해 경로의 양끝이 고정되어 있으면 **변위는 경로와 무관하다.**

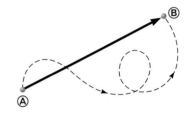

그림 1.6 입자가 Ⓐ에서 Ⓑ로 점선으로 표시된 임의의 경로를 따라 이동할 때, 이 변위는 벡터양이고, Ⓐ에서 Ⓑ를 화살로 그려 나타낸다.

어떤 입자가 움직인 **거리**(distance)는 입자의 변위와 명백하게 다르다는 점에 유의하자. 움직인 거리(스칼라양)는 경로의 길이이다. 거리는 변위의 크기보다 훨씬 클 수도 있다. 그림 1.6에서 점선 곡선의 길이는 검은 변위 벡터의 크기보다 훨씬 크다.

▶ 거리

그림 1.7에서처럼 입자가 위치 x_i에서 x_f로 x축을 따라 움직이면, 변위는 $x_f - x_i$로 주어진다(첨자 i와 f는 처음과 나중 값을 나타낸다). 어떤 양의 **변화**를 나타내기 위해 그리스 문자 델타(Δ)를 사용한다. 따라서 입자의 위치 변화(변위)는 다음과 같이 정의한다.

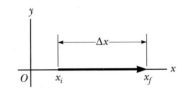

그림 1.7 x축을 따라 x_i에서 x_f로 움직인 입자의 변위는 $\Delta x = x_f - x_i$이다.

$$\Delta x \equiv x_f - x_i \qquad\qquad 1.6$$

이 정의로부터 x_f가 x_i보다 크면 Δx는 양수이고, x_f가 x_i보다 작으면 Δx는 음수가 된다. 예를 들어 입자의 위치가 $x_i = -5$ m에서 $x_f = 3$ m로 변하면, 변위는 $\Delta x = +8$ m이다.

변위를 포함해 많은 물리량이 벡터이다. 속도, 가속도, 힘과 운동량이 벡터에 포함되는데, 후에 이를 정의할 것이다. 이 교재에서는 벡터를 나타내기 위해 $\vec{\mathbf{A}}$처럼 글자 위에 화살표를 그린 볼드체를 사용할 것이다. 벡터에 대한 또 다른 일반적인 표현은 단순히 볼드체 **A**인데, 이 표현에도 익숙해지자.

벡터 $\vec{\mathbf{A}}$의 크기는 이탤릭 문자 A 또는 $|\vec{\mathbf{A}}|$로 표시한다. 벡터의 크기는 항상 양수이고, 변위는 미터, 속도는 단위 시간당 미터와 같이 그 벡터가 나타내려는 양의 단위를 동반한다. 벡터는 1.8절과 1.9절에서 논의할 특별한 규칙에 따라 연산한다.

▌ **퀴즈 1.3** 다음에서 벡터양과 스칼라양을 구분하라.
(**a**) 나이 (**b**) 가속도 (**c**) 속도 (**d**) 속력 (**e**) 질량

▌ **생각하는 물리 1.1**

아침에 통근하거나 통학하는 것을 생각해 보자. 움직인 거리와 변위 벡터의 크기 중 어느 것이 더 큰가?

추론 아주 특별하게 통근하지 않는 한, 움직인 거리는 **반드시** 변위 벡터의 크기보다 크다. 거리는 집에서 일하러 가거나 학교에 가는 길이 구불구불하면 늘어난다. 이와는 반대로 변위 벡터의 크기는 집에서 직장 또는 학교까지의 직선의 길이이다. 이 길이는 흔히 '최단 거리'라고 표현되기도 한다. 거리가 변위 벡터의 크기와 같아질 수 있는 유일한 방법은 통근 또는 통학 길이 완전히 직선 도로일 때뿐인데, 이것은 거의 있음 직하지 않다! 두 점 사이의 가장 짧은 거리는 직선이므로 거리는 **절대로** 변위 벡터의 크기보다 작을 수 없다. ◀

▌ **1.8** │ 벡터의 성질 Some Properties of Vectors

두 벡터의 동등성 Equality of Two Vectors

두 벡터 $\vec{\mathbf{A}}$와 $\vec{\mathbf{B}}$가 같은 단위와 같은 크기, 같은 방향을 가지고 있을 때 두 벡터는 같다고 정의한다. 다시 말해 $A = B$이고 $\vec{\mathbf{A}}$와 $\vec{\mathbf{B}}$가 같은 방향을 향하고 있을 때만 $\vec{\mathbf{A}} = \vec{\mathbf{B}}$이다. 예를 들어 그림 1.8에 있는 벡터들은 비록 시작점이 다르지만 모두 같다. 이런 성질로부터 벡터는 평행 이동이 가능함을 알 수 있다.

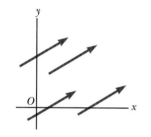

그림 1.8 이들 네 개의 벡터 표현은 같다. 왜냐하면 모두 크기가 같고 방향이 같기 때문이다.

덧셈 Addition

벡터의 덧셈은 그래프 방법으로 편리하게 기술할 수 있다. 벡터 $\vec{\mathbf{B}}$를 $\vec{\mathbf{A}}$에 더하려면, 그림 1.9a와 같이 모눈종이에 먼저 벡터 $\vec{\mathbf{A}}$를 그려 넣고 벡터 $\vec{\mathbf{B}}$를 같은 배율로 벡터 $\vec{\mathbf{B}}$의 꼬리가 $\vec{\mathbf{A}}$의 머리로부터 시작하도록 그린다. 여기서 두 벡터의 덧셈의 결과는 **합 벡터** $\vec{\mathbf{R}} = \vec{\mathbf{A}} + \vec{\mathbf{B}}$로서, 벡터 $\vec{\mathbf{A}}$의 꼬리에서 벡터 $\vec{\mathbf{B}}$의 머리까지 연결한 벡터이다. 벡터 덧셈에 대한 이 방법을 '머리-꼬리법(head to tail method)'이라 한다.

벡터를 더할 때 합은 덧셈의 순서와 무관하다. 그림 1.9b에 있는 기하학적 작도로부터 두 벡터에 대해 이 무관함을 쉽게 알 수 있는데, 이를 **덧셈의 교환 법칙**(commutative law of addition)이라고 한다.

$$\vec{\mathbf{A}} + \vec{\mathbf{B}} = \vec{\mathbf{B}} + \vec{\mathbf{A}}$$
1.7

셋 또는 그 이상의 벡터를 더할 때, 그 합은 어떤 두 벡터를 먼저 더하느냐와 무관하다. 세 벡터에 대해 이런 성질을 보여 주는 기하학적 증명이 그림 1.10에 있다. 이를

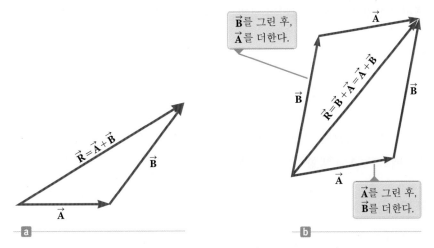

그림 1.9 (a) 벡터 $\vec{\mathbf{A}}$와 $\vec{\mathbf{B}}$를 더할 때 두 벡터합 $\vec{\mathbf{R}}$은 벡터 $\vec{\mathbf{A}}$의 꼬리에서 벡터 $\vec{\mathbf{B}}$의 머리까지 이은 벡터이다. (b) 이 작도법은 $\vec{\mathbf{A}} + \vec{\mathbf{B}} = \vec{\mathbf{B}} + \vec{\mathbf{A}}$임을 보여 준다. 벡터 덧셈은 교환이 가능하다.

덧셈의 결합 법칙(associative law of addition)이라고 한다.

$$\vec{\mathbf{A}} + (\vec{\mathbf{B}} + \vec{\mathbf{C}}) = (\vec{\mathbf{A}} + \vec{\mathbf{B}}) + \vec{\mathbf{C}} \qquad 1.8$$

기하학적인 방법은 세 벡터 이상의 덧셈에 사용할 수 있는데, 그림 1.11은 네 벡터의 경우를 보여 주고 있다. 합 벡터 $\vec{\mathbf{R}} = \vec{\mathbf{A}} + \vec{\mathbf{B}} + \vec{\mathbf{C}} + \vec{\mathbf{D}}$는 더하려는 벡터들에 의해 만들어지는 다각형을 완성시키는 벡터이다. 다른 말로 하면 $\vec{\mathbf{R}}$은 첫 벡터의 꼬리에서 마지막 벡터의 머리 끝까지 연결한 벡터이다. 역시 더하는 순서는 중요하지 않다.

요약하면 **벡터양은 크기와 방향을 가지며**, 그림 1.9와 그림 1.10과 그림 1.11에서 설명된 바와 같이 **벡터의 덧셈 법칙을 따른다.** 둘 이상의 벡터를 서로 더할 때 벡터는 모두 같은 단위를 가져야 하고, 같은 물리량을 나타내야 한다. 변위 벡터(예를 들어 북쪽으로 200 km)에 속도 벡터(예를 들어 동쪽으로 60 km/h)를 더한다는 것은 아무 의미가 없다. 왜냐하면 그 벡터들은 서로 다른 물리량을 나타내기 때문이다. 이와 같은 규칙은 스칼라양에서도 적용된다. 예를 들어 시간과 온도를 더하는 것은 의미가 없다.

음의 벡터 Negative of a Vectors

벡터 $\vec{\mathbf{A}}$의 음의 벡터는 $\vec{\mathbf{A}}$에 더했을 때 그 합이 영이 되는 벡터이다. 즉 $\vec{\mathbf{A}} + (-\vec{\mathbf{A}}) = 0$이다. 벡터 $\vec{\mathbf{A}}$와 $-\vec{\mathbf{A}}$는 크기는 같지만 방향은 서로 반대이다.

벡터의 뺄셈 Subtraction of Vectors

벡터의 뺄셈은 음의 벡터의 정의를 이용해서 구할 수 있다. 연산 $\vec{\mathbf{A}} - \vec{\mathbf{B}}$는 벡터 $\vec{\mathbf{A}}$에 음의 벡터 $-\vec{\mathbf{B}}$를 더해서 구한다.

$$\vec{\mathbf{A}} - \vec{\mathbf{B}} = \vec{\mathbf{A}} + (-\vec{\mathbf{B}}) \qquad 1.9$$

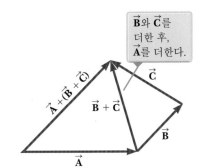

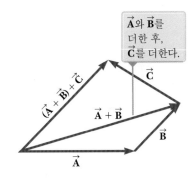

그림 1.10 덧셈의 결합 법칙을 보여 주는 기하학적 방법

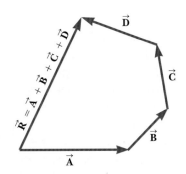

그림 1.11 네 벡터를 더하는 기하학적 방법. 합 벡터 $\vec{\mathbf{R}}$은 다각형을 완성하고, 첫 벡터의 꼬리에서 마지막 벡터의 머리를 향한다.

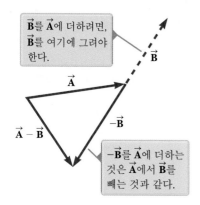

B를 **A**에 더하려면, **B**를 여기에 그려야 한다.

$\vec{B}$

$\vec{A}$

$-\vec{B}$

$\vec{A}-\vec{B}$

$-\vec{B}$를 $\vec{A}$에 더하는 것은 $\vec{A}$에서 $\vec{B}$를 빼는 것과 같다.

그림 1.12 벡터 $\vec{A}$에서 $\vec{B}$를 빼는 방법. 벡터 $-\vec{B}$는 벡터 $\vec{B}$와 크기가 같고 방향은 반대이다.

두 벡터의 뺄셈에 대한 기하학적 방법은 그림 1.12에 예시되어 있다.

벡터와 스칼라의 곱 Multiplication of a Vector by a Scalar

벡터 $\vec{A}$에 양(+)의 스칼라양 s를 곱하면, 곱 $s\vec{A}$는 $\vec{A}$와 방향이 같고, 크기가 sA인 벡터이다. s가 음(−)의 스칼라양이면 벡터 $s\vec{A}$는 $\vec{A}$의 반대 방향을 가리킨다. 예를 들어 벡터 $5\vec{A}$는 $\vec{A}$보다 다섯 배 더 크고 $\vec{A}$와 같은 방향이다. 벡터 $-\frac{1}{3}\vec{A}$는 $\vec{A}$의 크기의 1/3배이고, $\vec{A}$와 방향이 반대이다.

두 벡터의 곱 Multiplication of Two Vectors

두 벡터 $\vec{A}$와 $\vec{B}$는 두 가지 다른 방법으로 곱해서 스칼라양 또는 벡터양을 만들 수 있다. **스칼라곱**(scalar product, 또는 도트곱) $\vec{A}\cdot\vec{B}$는 $\vec{A}$와 $\vec{B}$ 사이의 각도를 θ라 할 때 $AB\cos\theta$와 같은 스칼라양이다. **벡터곱**(vector product, 또는 크로스곱) $\vec{A}\times\vec{B}$는 크기가 $AB\sin\theta$와 같은 벡터양이다. 이 곱들은 처음 사용하게 될 6장과 10장에서 더 충분히 다룰 것이다.

▶ **퀴즈 1.4** 두 벡터 $\vec{A}$와 $\vec{B}$의 크기가 각각 $A=12$와 $B=8$이다. 이때 합 벡터 $\vec{R}=\vec{A}+\vec{B}$의 크기의 **최댓값**과 **최솟값**을 바르게 나열한 것을 고르라. (**a**) 14.4, 4 (**b**) 12, 8 (**c**) 20, 4 (**d**) 정답 없음

▶ **퀴즈 1.5** 벡터 $\vec{A}$에 벡터 $\vec{B}$를 더할 때, 어떤 조건에서 합 벡터 $\vec{A}+\vec{B}$의 크기가 $A+B$와 같은가? (**a**) $\vec{A}$와 $\vec{B}$는 평행하고 같은 방향일 때 (**b**) $\vec{A}$와 $\vec{B}$는 평행하고 반대 방향일 때 (**c**) $\vec{A}$와 $\vec{B}$가 수직일 때

◣ **1.9** │ **벡터의 성분과 단위 벡터** Components of a Vector and Unit Vectors

벡터의 덧셈에서 그래프 방법은 정밀도가 요구되거나 삼차원 문제를 다루는 경우에 있어서는 적합하지 않다. 이 절에서는 직각 좌표계의 각 좌표축에 벡터를 사영해서 벡터 덧셈을 하는 방법을 공부하기로 하자. 이런 벡터의 각 좌표축에 대한 사영을 그 벡터의 **성분**(component) 또는 **직각 성분**(rectangular component)이라고 한다. 모든 벡터는 그 성분으로 완벽하게 기술할 수 있다.

xy 평면에 놓인 벡터 $\vec{A}$를 고려하자. 그림 1.13a와 같이 벡터는 $+x$축과 θ의 각도를 이루고 있다. 이 벡터 $\vec{A}$는 x축에 평행한 **성분 벡터** $\vec{A}_x$와 y축에 평행한 성분 벡터 $\vec{A}_y$의 두 벡터합으로 표시될 수 있다. 그림 1.13b에서 세 벡터는 직각삼각형을 이루고 있으며, $\vec{A}=\vec{A}_x+\vec{A}_y$임을 알 수 있다. 즉 벡터 $\vec{A}$는 성분 벡터 $\vec{A}_x$와 $\vec{A}_y$의 합으로 표현된다. '벡터 $\vec{A}$의 스칼라 성분'은 (볼드체가 아닌) A_x와 A_y로 나타낸다. 여기서 성분 A_x는 x축에 대한 벡터 $\vec{A}$의 사영이고, 성분 A_y는 y축에 대한 벡터 $\vec{A}$의 사영이다.

오류 피하기 │ 1.7

x, y 성분 식 1.10에서 x 성분은 코사인 함수, y 성분은 사인 함수로 되어 있다. 이런 관계는 각도 θ가 $+x$축으로부터 측정된 경우에만 성립한다. 따라서 이 식을 공식처럼 외우면 안 된다. 각도 θ가 $+y$축으로부터 측정된 각도라면(어떤 문제에는 그렇게 되어 있다), 이 식은 틀린 식이 된다. 삼각형의 어느 변이 빗변이고 어느 변이 대변인지를 생각해서 코사인과 사인을 알맞게 사용해야 한다.

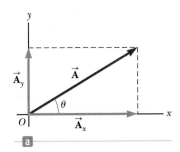 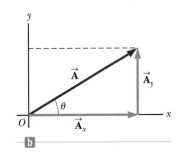

그림 1.13 (a) xy 평면에 놓여 있는 벡터 $\vec{A}$는 성분 벡터 $\vec{A}_x$와 $\vec{A}_y$로 나타낼 수 있다. (b) y축 성분 벡터 $\vec{A}_y$를 오른쪽으로 평행 이동해서 $\vec{A}_x$에 더한다. 이 성분 벡터들의 벡터합이 벡터 $\vec{A}$이다. 이들 세 벡터는 직각삼각형을 이룬다.

이 성분은 양($+$)이나 음($-$)이 될 수 있다. 성분 벡터 $\vec{A}_x$의 방향이 $+x$축이면 성분 A_x는 양이고, $\vec{A}_x$의 방향이 $-x$축을 가리키고 있으면 성분 A_x는 음이다. 성분 A_y에 대해서도 마찬가지이다.

그림 1.13b와 삼각 함수의 정의로부터, $\cos\theta = A_x/A$와 $\sin\theta = A_y/A$임을 알 수 있으며, 이때 벡터 $\vec{A}$의 성분들은 다음과 같다.

$$A_x = A\cos\theta, \quad A_y = A\sin\theta \qquad \text{1.10}$$

이 성분들은 두 변이 직교하는 직각삼각형을 이루며, 다른 한 변의 크기는 빗변 A이다. 따라서 벡터 $\vec{A}$의 크기와 방향은 벡터의 성분들과 다음 관계를 만족한다.

$$A = \sqrt{A_x^2 + A_y^2} \qquad \text{1.11}$$

$$\tan\theta = \frac{A_y}{A_x} \qquad \text{1.12}$$

θ에 대해 풀기 위해 $\theta = \tan^{-1}(A_y/A_x)$로 쓸 수 있다. 이것은 '$\theta$는 탄젠트의 값이 비 A_y/A_x인 각도와 같다' 라는 의미이다. **A_x와 A_y의 부호는 각도 θ에 의존하는 것에 유의하자.** 예를 들어 $\theta = 120°$이면 A_x는 음수이고, A_y는 양수이다. 그렇지만 $\theta = 225°$이면 A_x와 A_y 둘 다 음수이다. $\vec{A}$가 놓인 사분면에 따른 성분의 부호를 그림 1.14에 요약했다.

기준축이나 각도를 그림 1.13에 나타난 것과 다르게 선택하면, 그에 따라 벡터의 성분을 수정해야 한다. 많은 응용 문제에서 축들이 비록 기울어졌더라도 서로 직교하는 축으로 이루어진 좌표계에서 벡터의 성분을 표현하는 것이 더 편리하다. 벡터 $\vec{B}$가 그림 1.15에 정의된 x'축과 각도 θ'이 되는 경우를 생각해 보자. 이들 축에서 $\vec{B}$의 성분은 식 1.10처럼 $B_{x'} = B\cos\theta'$과 $B_{y'} = B\sin\theta'$이 된다. $\vec{B}$의 크기와 방향은 식 1.11과 1.12와 동일한 표현이 된다. 따라서 벡터의 성분은 특별한 상황에 편리한 **어떤** 좌표계에서든 표현할 수 있다.

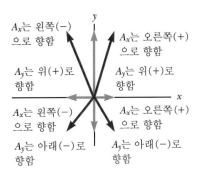

그림 1.14 벡터 $\vec{A}$ 성분의 기호는 벡터가 위치하는 사분면과 관련이 있다.

▶ $\vec{A}$의 크기

▶ $\vec{A}$의 방향

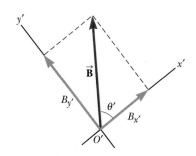

그림 1.15 기울어진 좌표계에서 벡터 $\vec{B}$의 성분

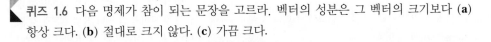

퀴즈 1.6 다음 명제가 참이 되는 문장을 고르라. 벡터의 성분은 그 벡터의 크기보다 **(a)** 항상 크다. **(b)** 절대로 크지 않다. **(c)** 가끔 크다.

단위 벡터 Unit Vectors

벡터양은 종종 단위 벡터를 이용해서 표시한다. **단위 벡터**(unit vector, 또는 기본 벡터)는 차원이 없고 크기가 1인 벡터이다. 단위 벡터는 다른 특별한 의미는 없지만 주어진 방향을 표시하기 위해 사용된다. 직각 좌표의 단위 벡터인 $\hat{\mathbf{i}}$, $\hat{\mathbf{j}}$, $\hat{\mathbf{k}}$는 각각 양 (+)의 x, y, z축 방향을 나타내는 데 사용한다. 글자 위에 '모자'가 있는 기호는 단위 벡터를 나타내는 일반적인 표현 방법이다. 예를 들어 $\hat{\mathbf{i}}$는 'i-hat'이라고 읽는다. 그림 1.16a와 같이 단위 벡터 $\hat{\mathbf{i}}$, $\hat{\mathbf{j}}$, $\hat{\mathbf{k}}$는 서로 수직인 한 세트의 벡터를 구성하며 이들 단위 벡터의 크기는 $|\hat{\mathbf{i}}| = |\hat{\mathbf{j}}| = |\hat{\mathbf{k}}| = 1$이다.

벡터 $\vec{\mathbf{A}}$가 그림 1.16b와 같이 xy 평면에 놓여 있을 때, 성분 A_x와 단위 벡터 $\hat{\mathbf{i}}$의 곱은 벡터 $\vec{\mathbf{A}}_x = A_x\hat{\mathbf{i}}$이고, x축에 평행하며 크기는 A_x이다. 마찬가지로 $\vec{\mathbf{A}}_y = A_y\hat{\mathbf{j}}$는 크기가 A_y이고, y축에 평행한 벡터이다. 따라서 단위 벡터를 이용해서 벡터 $\vec{\mathbf{A}}$를 표시하면 다음과 같다.

$$\vec{\mathbf{A}} = A_x\hat{\mathbf{i}} + A_y\hat{\mathbf{j}} \tag{1.13}$$

이제 벡터 $\vec{\mathbf{A}}$에 벡터 $\vec{\mathbf{B}}$를 더하려고 한다. 여기서 $\vec{\mathbf{B}}$의 성분은 B_x와 B_y이다. 합을 구하려면 단순히 x와 y 성분을 따로따로 더하면 된다. 따라서 합 벡터 $\vec{\mathbf{R}} = \vec{\mathbf{A}} + \vec{\mathbf{B}}$는 다음과 같다.

$$\vec{\mathbf{R}} = (A_x + B_x)\hat{\mathbf{i}} + (A_y + B_y)\hat{\mathbf{j}} \tag{1.14}$$

이 식으로부터 합 벡터의 성분들은 다음과 같다.

$$\begin{aligned} R_x &= A_x + B_x \\ R_y &= A_y + B_y \end{aligned} \tag{1.15}$$

따라서 벡터의 성분을 이용해서 더할 때, 각각의 x 성분들을 더해서 합 벡터의 x 성분을 구하고, y 성분에 대해서도 같은 과정을 이용한다. 성분을 이용한 두 벡터 $\vec{\mathbf{A}}$와 $\vec{\mathbf{B}}$의 덧셈은 그림 1.17에서와 같이 기하학적인 과정을 통해 확인할 수 있다.

$\vec{\mathbf{R}}$의 크기와 x축과 이루는 각도는 각각 다음과 같다.

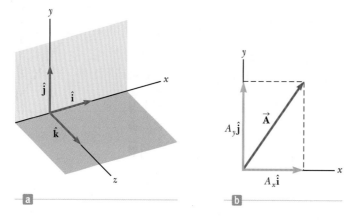

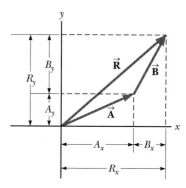

그림 1.16 (a) 단위 벡터 $\hat{\mathbf{i}}$, $\hat{\mathbf{j}}$, $\hat{\mathbf{k}}$는 각각 x, y, z축을 향한다. (b) 벡터 $\vec{\mathbf{A}} = A_x\hat{\mathbf{i}} + A_y\hat{\mathbf{j}}$는 xy 평면에 있고 성분들은 A_x와 A_y이다.

그림 1.17 두 벡터를 더하는 기하학적 방법은 두 벡터의 합 벡터 $\vec{\mathbf{R}}$의 성분과 각 벡터의 성분들 사이의 관계를 보이는 것이다.

$$R = \sqrt{R_x^2 + R_y^2} = \sqrt{(A_x + B_x)^2 + (A_y + B_y)^2} \qquad \textbf{1.16}$$

$$\tan\theta = \frac{R_y}{R_x} = \frac{A_y + B_y}{A_x + B_x} \qquad \textbf{1.17}$$

이런 방법을 삼차원 벡터로 확장하는 것은 간단하다. $\vec{A}$와 $\vec{B}$가 x, y, z 성분을 갖고 있다면 다음과 같이 표현할 수 있다.

$$\vec{A} = A_x\hat{\mathbf{i}} + A_y\hat{\mathbf{j}} + A_z\hat{\mathbf{k}}$$

$$\vec{B} = B_x\hat{\mathbf{i}} + B_y\hat{\mathbf{j}} + B_z\hat{\mathbf{k}}$$

그러면 $\vec{A}$와 $\vec{B}$의 합은 다음과 같다.

$$\vec{R} = \vec{A} + \vec{B} = (A_x + B_x)\hat{\mathbf{i}} + (A_y + B_y)\hat{\mathbf{j}} + (A_z + B_z)\hat{\mathbf{k}} \qquad \textbf{1.18}$$

벡터 $\vec{R}$이 x, y, z 성분을 가지면, 이 벡터의 크기는 다음과 같다.

$$R = \sqrt{R_x^2 + R_y^2 + R_z^2}$$

$\vec{R}$이 x축과 이루는 각도 θ_x는 다음과 같이 주어지고, y와 z축에 대한 각도 비슷한 표현으로 주어진다.

$$\cos\theta_x = \frac{R_x}{R}$$

둘 이상의 벡터를 더할 때는 이 방법을 확장시켜 사용하면 된다. 예를 들어 $\vec{A} + \vec{B} + \vec{C} = (A_x + B_x + C_x)\hat{\mathbf{i}} + (A_y + B_y + C_y)\hat{\mathbf{j}} + (A_z + B_z + C_z)\hat{\mathbf{k}}$이다. 변위 벡터의 덧셈은 비교적 쉽게 이해할 수 있었는데, 나중에 배우게 될 속도, 힘, 전기장 벡터와 같은 다른 형태의 벡터들도 더할 수 있다.

오류 피하기 | 1.8

계산기의 탄젠트 식 1.17에 탄젠트 함수를 이용한 각도의 계산이 포함되어 있다. 일반적으로 계산기의 역탄젠트 함수는 $-90°$와 $+90°$ 사이의 각을 나타낸다. 따라서 구하려는 벡터가 제2 또는 3사분면에 놓여 있으면 $+x$축에 서부터 측정한 각도는 계산기에서 얻은 각도 더하기 $180°$이다.

▌ **퀴즈 1.7** 최소한 어떤 벡터의 한 성분이 양수이면, 그 벡터는 **(a)** 음의 성분을 가질 수 없다. **(b)** 영이 될 수 없다. **(c)** 세 성분을 가질 수 없다.

▌ **퀴즈 1.8** $\vec{A} + \vec{B} = 0$이면 두 벡터 $\vec{A}$와 $\vec{B}$의 대응하는 성분들은 반드시 **(a)** 같다. **(b)** 양수이다. **(c)** 음수이다. **(d)** 부호가 반대이다.

▌ **생각하는 물리 1.2**

여러분은 도시에서 어떤 사람에게 길을 물었을 때 '3블록 동쪽으로 걸어간 후 다시 5블록 남쪽으로'와 같은 말을 들은 경험이 있을 것이다. 그렇다면 벡터 성분에 대한 경험을 한 것인가?

추론 맞다, 경험을 한 것이다! 비록 이런 길 안내를 받았을 때 벡터 성분의 언어로 생각하지는 않겠지만, 그것은 정확히 그 길 안내가 나타내는 바이다. 도시의 직교하는 거리는 xy 좌표계를 반영한다. 동서로 뻗은 거리는 x축을 배정하고, 남북으로 뻗은 거리는 y축을 배정한다. 그러면 그 사람이 한 길 안내는 'x 성분이 13블록이고 y 성분이 -5블록인 변위 벡터로 움직여라'와 같은 말로 옮길 수 있다. y 성분을 먼저 따라가고, 그 다음에 x 성분을 따라가도 동일한 목적지에 도달할 수 있는데, 이 점은 덧셈의 교환 법칙을 예증하는 것이다. ◀

예제 1.6 | 두 벡터의 덧셈

$\vec{\mathbf{A}} = (2.0\hat{\mathbf{i}} + 2.0\hat{\mathbf{j}})$ m 이고, $\vec{\mathbf{B}} = (2.0\hat{\mathbf{i}} - 4.0\hat{\mathbf{j}})$ m일 때 xy 평면의 두 벡터 $\vec{\mathbf{A}}$와 $\vec{\mathbf{B}}$의 합을 구하라.

풀이

앞의 $\vec{\mathbf{A}}$와 일반적인 식 $\vec{\mathbf{A}} = A_x\hat{\mathbf{i}} + A_y\hat{\mathbf{j}} + A_z\hat{\mathbf{k}}$를 비교하면, $A_x = 2.0$ m, $A_y = 2.0$ m임을 알 수 있다. 마찬가지로 $B_x = 2.0$ m, $B_y = -4.0$ m이다.

식 1.14를 이용해서 합 벡터 $\vec{\mathbf{R}}$을 구한다.

$$\vec{\mathbf{R}} = \vec{\mathbf{A}} + \vec{\mathbf{B}} = (2.0 + 2.0)\hat{\mathbf{i}}\, \text{m} + (2.0 - 4.0)\hat{\mathbf{j}}\, \text{m}$$

$\vec{\mathbf{R}}$의 성분을 구한다.

$$R_x = 4.0\ \text{m} \qquad R_y = -2.0\ \text{m}$$

식 1.16을 이용해서 $\vec{\mathbf{R}}$의 크기를 구한다.

$$R = \sqrt{R_x^2 + R_y^2} = \sqrt{(4.0\,\text{m})^2 + (-2.0\,\text{m})^2}$$
$$= \sqrt{20}\ \text{m} = \boxed{4.5\ \text{m}}$$

식 1.17을 이용해서 $\vec{\mathbf{R}}$의 방향을 구한다.

$$\tan\theta = \frac{R_y}{R_x} = \frac{-2.0\ \text{m}}{4.0\ \text{m}} = -0.50$$

계산기로 $\theta = \tan^{-1}(-0.50)$를 계산하면 $-27°$를 구할 수 있다. 이 답은 각도가 x축으로부터 시계 방향으로 $27°$라고 해석하면 된다. 그러나 우리가 도입한 표준 방법은 x축으로부터 반시계 방향의 각도를 나타내므로, 이 벡터에 대한 각도는 $\theta = \boxed{333°}$ 이다.

예제 1.7 | 합 변위

어떤 입자가 연속적으로 세 번 변위 $\Delta\vec{\mathbf{r}}_1 = (15\hat{\mathbf{i}} + 30\hat{\mathbf{j}} + 12\hat{\mathbf{k}})$ cm, $\Delta\vec{\mathbf{r}}_2 = (23\hat{\mathbf{i}} - 14\hat{\mathbf{j}} - 5.0\hat{\mathbf{k}})$ cm, $\Delta\vec{\mathbf{r}}_3 = (-13\hat{\mathbf{i}} + 15\hat{\mathbf{j}})$ cm 를 한다. 합 변위를 단위 벡터로 나타내고 그 크기를 구하라.

풀이

일차원에서는 입자의 위치를 나타내는데 x 성분만으로 충분하지만, 이, 삼차원에서 입자의 위치를 나타내는 데 벡터 $\vec{\mathbf{r}}$를 사용해야 한다. $\Delta\vec{\mathbf{r}}$라는 기호는 일차원에서의 변위 Δx를 이, 삼차원으로 일반화한 것이다. 이차원 벡터는 종이 위에 그릴 수 있지만 삼차원은 그려서 나타내기가 쉽지 않으므로 삼차원 변위를 개념화하는 것은 이차원의 경우보다는 어렵다.

이 문제의 경우, 그래프 용지에 x, y축을 그려 놓고 연필 끝이 원점에서 출발한다고 생각해 보자. 연필이 x축을 따라 오른쪽으로 15 cm 이동한 다음, y축을 따라 위로 30 cm 이동하고 바로 그 곳에서 종이면에 **수직으로 위로** 12 cm 움직여 보자. 이것이 $\Delta\vec{\mathbf{r}}_1$로 표현된 변위를 행하는 것이다. 이 점에서 x축에 평행하게 23 cm 오른쪽으로 이동하고 $-y$ 방향으로 종이면에 평행하게 14 cm 이동한 다음 종이면에 수직으로 위로 5.0 cm 올라간다. 이 과정이 $\Delta\vec{\mathbf{r}}_1 + \Delta\vec{\mathbf{r}}_2$로 나타낸 벡터를 원점으로부터 변위시킨 것이다. 또 그 점으로부터 연필을 $-x$ 방향으로 13 cm 왼쪽으로 이동한 다음 마지막으로 종이 면에 수직으로 위로 15 cm 이동한다. 마지막 위치는 원점으로부터 $\Delta\vec{\mathbf{r}}_1 + \Delta\vec{\mathbf{r}}_2 + \Delta\vec{\mathbf{r}}_3$의 변위를 한 것이다.

합 변위를 구하기 위해 세 벡터를 더한다.

$$\Delta\vec{\mathbf{r}} = \Delta\vec{\mathbf{r}}_1 + \Delta\vec{\mathbf{r}}_2 + \Delta\vec{\mathbf{r}}_3$$
$$= (15 + 23 - 13)\,\hat{\mathbf{i}}\ \text{cm} + (30 - 14 + 15)\,\hat{\mathbf{j}}\ \text{cm}$$
$$+ (12 - 5.0 + 0)\,\hat{\mathbf{k}}\ \text{cm}$$
$$= \boxed{(25\hat{\mathbf{i}} + 31\hat{\mathbf{j}} + 7.0\hat{\mathbf{k}})\ \text{cm}}$$

합 벡터의 크기를 구한다.

$$R = \sqrt{R_x^2 + R_y^2 + R_z^2}$$
$$= \sqrt{(25\,\text{cm})^2 + (31\,\text{cm})^2 + (7.0\,\text{cm})^2}$$
$$= \boxed{40\ \text{cm}}$$

예제 1.8 | 도보 여행

한 도보 여행가가 첫째 날에 그의 승용차로부터 남동쪽으로 25.0 km를 간 후, 그곳에서 텐트를 치고 하룻밤을 잤다. 다음 날 동북쪽 60.0° 방향으로 40.0 km를 걷고, 그곳에서 산림 감시원의 망루를 발견했다.

(A) 첫째 날과 둘째 날의 도보 여행가의 변위를 구하라.

풀이

개념화 첫째 날과 둘째 날의 변위 벡터를 각각 $\vec{A}$와 $\vec{B}$로 표시하고, 그의 승용차를 좌표의 원점으로 이용하면, 그림 1.18과 같은 벡터를 얻을 수 있다.

분류 합 벡터 $\vec{R}$을 그리면, 이 문제는 앞에서 풀었던 두 벡터의 덧셈이다.

분석 변위 $\vec{A}$의 크기는 25.0 km이고 방향은 +x축에 대해 남동쪽으로 45.0°이다.

식 1.10을 이용해서 $\vec{A}$의 성분을 구한다.

$$A_x = A\cos(-45.0°) = (25.0\ \text{km})(0.707) = \boxed{17.7\ \text{km}}$$

$$A_y = A\sin(-45.0°) = (25.0\ \text{km})(-0.707) = \boxed{-17.7\ \text{km}}$$

여기서 A_y의 부호가 음(−)인 것은 도보 여행가가 첫째 날 −y축 방향으로 걸어갔다는 것을 가리킨다. 그림 1.18에서 A_x와 A_y의 부호는 명백하다.

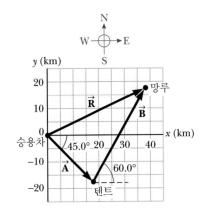

그림 1.18 (예제 1.8) 도보 여행가의 전체 변위는 $\vec{R} = \vec{A} + \vec{B}$이다.

식 1.10을 이용해서 $\vec{B}$의 성분을 구한다.

$$B_x = B\cos 60.0° = (40.0\ \text{km})(0.500) = \boxed{20.0\ \text{km}}$$

$$B_y = B\sin 60.0° = (40.0\ \text{km})(0.866) = \boxed{34.6\ \text{km}}$$

(B) 도보 여행가의 합 변위 벡터 $\vec{R}$의 성분을 구하라. 단위 벡터로 $\vec{R}$을 나타내라.

풀이

여행의 전체 변위, $\vec{R} = \vec{A} + \vec{B}$의 성분은 식 1.15에서 다음과 같이 얻을 수 있다.

$$R_x = A_x + B_x = 17.7\ \text{km} + 20.0\ \text{km} = \boxed{37.7\ \text{km}}$$

$$R_y = A_y + B_y = -17.7\ \text{km} + 34.6\ \text{km} = \boxed{17.0\ \text{km}}$$

단위 벡터를 이용해서 다음과 같이 표현한다.

$$\vec{R} = \boxed{(37.7\hat{\mathbf{i}} + 17.0\hat{\mathbf{j}})\ \text{km}}$$

결론 그림 1.18과 같이 망루의 위치는 대략 (38 km, 17 km)이며, 이는 도보 여행가의 나중 위치를 나타내는 합 변위 벡터 $\vec{R}$의 성분과 일치한다. 또한 $\vec{R}$의 성분들은 양의 값이고 좌표계의 제1사분면에 있으므로, 이 성분들은 그림 1.18과 일

치한다.

문제 감시 망루에 도착한 후, 도보 여행가는 직선 길을 따라 그의 승용차로 돌아오고자 한다. 이 경로를 나타내는 벡터의 성분은 무엇인가? 경로의 방향은 어느 쪽인가?

답 원하는 벡터 $\vec{R}_{car}$는 벡터 $\vec{R}$의 음(−)이다.

$$\vec{R}_{car} = -\vec{R} = (-37.7\hat{\mathbf{i}} - 17.0\hat{\mathbf{j}})\ \text{km}$$

방향은 벡터가 x축과 이루는 각도를 계산해서 구한다.

$$\tan\theta = \frac{R_{car,\,y}}{R_{car,\,x}} = \frac{-17.0\ \text{km}}{-37.7\ \text{km}} = 0.450$$

따라서 $\theta = 204.2°$ 또는 남서쪽으로 24.2°이다.

1.10 | 모형화, 다양한 표현, 문제 풀이 전략
Modeling, Alternative Representations, and Problem-Solving Strategy

대부분의 대학 물리 과정은 학생들이 문제를 푸는 기법을 익힐 것을 요구하고, 시험에는 대개 그런 기법을 평가하는 문제가 나온다. 이 절은 물리 개념의 이해를 향상시키고, 문제를 정확히 푸는 능력을 기르고, 문제에 접해서 방향을 잃지 않으며, 초기 공황을 없애고, 체계적인 공부를 할 수 있도록 돕는 아이디어를 몇 가지 기술한다.

물리학에서 문제를 푸는 기본 방법 중 한 가지는 문제의 적당한 **모형**(model)을 세우는 것이다. **모형은 문제를 상대적으로 간단한 방식으로 풀 수 있도록 실제 문제를 단순화시킨 대용품이다.** 모형의 예측이 실제 계의 실제 행동에 충분히 부합하는 한, 그 모형은 유효하다. 예측이 부합되지 않으면 모형을 개량하든지 아니면 다른 모형으로 대체해야 한다. 모형화의 힘은 광범위한 아주 복잡한 문제를 비슷한 방식으로 접근할 수 있는 몇 가지 제한된 수 또는 범위의 문제로 줄이는 능력에 있다.

과학에서 모형은, 예를 들어 지으려는 건축물의 축척 모형과는 아주 다르다. 축척 모형은 이것이 대표하는 것의 축소판으로 보인다. 과학적 모형은 이론적인 구성물이고 물리적 문제와는 아무 시각적 유사성이 없을 수도 있다. 예제 1.9에 모형화의 간단한 적용을 나타낸다. 그리고 앞으로 더 많은 복잡한 모형의 예를 접하게 될 것이다.

모형은 우주의 실제 작동이 극히 복잡하기 때문에 필요하다. 예를 들어 태양 주위를 도는 지구의 운동에 대한 문제를 푸는 경우를 생각해 보자. 지구는 아주 복잡해서 많은 작용이 한꺼번에 발생한다. 이 작용은 기상, 지진 활동과 대양의 움직임뿐만 아니라 인간 활동을 수반하는 무수한 작용을 포함한다. 이 모든 작용을 이해하고 알려는 시도는 불가능한 작업이다.

모형화 접근법에서는 이런 작용 어느 것도 태양 주위를 도는 지구의 운동에는 측정할 수 있을 정도로 영향을 미치지 않는다고 생각한다. 따라서 이런 세부는 모두 무시된다. 더구나 11장에서 알게 되겠지만, 지구의 크기는 지구와 태양 사이의 중력에 영향을 주지 않는다. 오직 지구와 태양의 질량, 그리고 그들 사이의 거리가 이 힘을 결정한다. 단순화한 모형에서 지구는 질량은 있지만 크기는 없는 물체, 즉 입자로 상상한다. 퍼진 물체를 입자로 대체하는 것을 **입자 모형**(particle model)이라 하는데, 이것은 물리학에서 광범위하게 사용된다. 우리는 태양 주위 궤도에 있는 지구 질량을 가진 입자의 운동을 분석해서, 입자 운동의 예측이 지구의 실제 운동과 아주 잘 부합되는 것을 알게 된다.

입자 모형을 이용하기 위한 두 가지 기본 조건은 다음과 같다.

- 실제 물체의 크기는 운동 분석에는 영향을 주지 않는다.
- 물체의 내부에 발생하는 작용은 운동 분석에는 영향을 주지 않는다.

지구를 입자로 취급하는 모형에서 이 두 조건은 다 만족된다. 지구의 크기는 그 운동을 결정하는 인자가 아니고, 심한 뇌우, 지진, 생성 활동과 같은 내부적 작용도 무시할 수 있다.

이 교재에서는 문제를 풀고 이해를 높일 모형을 네 범주로 나누고 있다. 첫 번째 범주는 **기하학적 모형**(geometric model)이다. 이 모형에서는 실제 상황을 대표하는 기하학적 구성물을 만든다. 실제 문제를 제쳐 놓고 기하학적 구성물을 분석해 보자. 다음 예제와 같이 기초적인 삼각법의 일반적인 문제를 생각해 본다.

◀ **예제 1.9** | **나무의 높이 구하기**

직접 재기 어려운 어떤 나무의 높이를 구하려고 한다. 나무로부터 50.0 m 떨어진 곳에 서서, 지면에서 나무의 꼭대기를 보는 시선과 지면이 만드는 각도가 25.0°이다. 나무의 크기는 얼마인가?

풀이

그림 1.19는 나무와 직각삼각형을 나타낸다. 삼각형을 문제의 정보에 맞춰 나무에 포개 놓았다(나무는 완벽히 평평한 지면에 대해 정확히 수직이라고 가정한다). 삼각형으로부터 밑변의 길이, 빗변과 밑변 사이의 각도를 안다. 나무의 높이는 삼각형 높이의 길이를 계산해서 구할 수 있다. 탄젠트 함수로 구하면 다음과 같다.

$$\tan\theta = \frac{\text{높이}}{\text{밑변}} = \frac{h}{50.0 \text{ m}}$$

$$h = (50.0 \text{ m})\tan\theta = (50.0 \text{ m})\tan 25.0° = \boxed{23.3 \text{ m}}$$

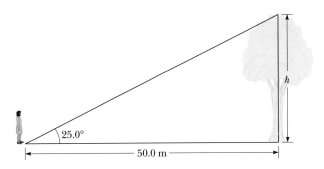

그림 1.19 (예제 1.9) 나무의 높이는 나무까지의 거리와 지면에서 나무 꼭대기를 보는 시선의 각을 측정해서 구할 수 있다. 이 문제는 실제 문제에 대해 기하학적으로 **모형화한** 간단한 예이다.

아마도 예제 1.9와 비슷한 문제를 풀어본 적이 있지만 모형화의 개념은 생각해 보지 못했을 것이다. 하지만 모형 접근법으로 보자면, 그림 1.19의 삼각형을 그리고 나면 삼각형은 실제 문제의 기하학적 모형이 된다. 삼각형은 **대용품**인 것이다. 문제의 결말에 도달하기 전까지는 문제를 **나무**에 대한 것으로 생각하지 않고 **삼각형**에 대한 것으로 생각한다. 삼각형의 높이를 구하기 위해 삼각법을 사용해서 23.3 m라는 값을 얻는다. 이 높이는 나무의 높이를 **나타내기** 때문에, 우리는 이제 원래의 문제로 돌아와서 나무의 높이가 23.3 m라고 단언한다.

기하학적 모형의 다른 예로는 지구를 완벽한 구로, 피자를 완벽한 원판으로, 미터자를 두께가 없는 긴 막대로, 전선을 길고 곧은 원통으로 모형화하는 것을 포함한다.

입자 모형은 모형의 두 번째 범주인데, 우리는 이를 **단순화 모형**(simplification model)이라 한다. 단순화 모형에서는 문제의 결론을 결정하는 데 있어 중요하지 않은 세부는 무시된다. 10장에서 회전을 공부할 때, 물체는 **강체**로 모형화한다. 강체의 모든 분자는 서로 간 정확한 상대적 위치를 유지한다. 강체가 **아닌** 회전하는 젤라틴 덩어리보다 회전하는 바위가 분석하기에 훨씬 쉽기 때문에 우리는 이 같은 단순화 모형을 택한다. 다른 단순화 모형은 마찰력과 같은 어떤 양이 무시될 수 있다든가, 일정하다든가, 또는 물체의 속력의 제곱에 비례한다든가 하는 것을 가정하는 것이다.

세 번째 범주는 **분석 모형**(analysis model) 범주로, 이전에 풀었던 문제의 일반적인 유형이다. 문제를 푸는 중요한 기술은 새로운 문제를 이미 알고 있는 모형으로 사용할 수 있는 문제와 유사한 형태로 탈바꿈시키는 것이다. 차차 알게 되겠지만, 접하게 되는 대부분의 문제를 푸는 데 사용할 수 있는 분석 모형은 아주 많다. 우리는 2장에서 첫 번째 분석 모형을 보게 되는데, 거기서 좀 더 자세히 다룰 것이다.

모형의 네 번째 범주는 **구조 모형**(structural model)이다. 이 모형은 일반적으로 척도가 우리의 거시적 세계와—너무 작든가 또는 너무 크든가—너무 달라서 우리가 직접 상호 작용할 수 없는 계의 거동을 이해하는 데 사용된다. 예를 들면 양성자 주위의 원 궤도에 있는 전자라는 수소 원자의 개념은 원자의 구조 모형이다. 이 모형과 구조 모형에 대해서는 11장에서 논의할 것이다.

문제의 **다양한 표현**(alternative representation)을 형성하는 것은 모형화 개념에 직접적으로 관련된다. **표현은 문제에 관련된 정보를 진술하거나 보여 주는 방법이다.** 과학자는 복잡한 개념을 과학적 배경이 없는 개개인에게 전달할 수 있어야 한다. 정보를 성공적으로 전달하는 최선의 표현법은 개인마다 다를 것이다. 어떤 사람은 잘 그려진 그래프에 납득할 것이고, 또 어떤 사람은 그림을 필요로 한다. 물리학자들에게는 흔히 식을 사용해서 어떤 견해에 동의하도록 설득할 수 있지만, 일반인들에게는 정보를 수리적으로 표현해서 설득하기 어려울 수 있다.

이 교재의 각 장 끝에 있는 언어로 된 문제는 문제의 한 가지 표현법이다. 졸업 후에 들어서게 되는 '현실 세계'에서는 문제의 처음 표현이 지구 온난화의 효과나 죽을 위험에 놓여 있는 환자와 같이 단지 존재하는 상황일지도 모른다. 아마도 중요한 자료와 정보를 식별하고 나서 그 상황을 대등한 언어로 된 문제로 옮겨야 할 것이다!

다양한 표현을 고려하는 것은 문제의 정보를 여러 가지 방법으로 생각한 다음에 문제를 이해하고 풀도록 한다. 여러 가지 표현 유형은 이런 노력에 도움이 될 것이다.

- **머릿속에서 구상하기** 문제의 서술로부터 문제에서 일어나는 장면을 상상한다. 그런 다음 상황을 이해하고 시간이 흐를 때 그 상황에서 어떤 변화가 벌어질지 예측해 본다. 이 과정은 **모든 문제**를 다루는 데 있어서 결정적이다.

- **그림으로 나타내기** 문제에 기술된 상황을 그림으로 그리는 것은 문제를 이해하는 데 있어서 아주 큰 도움이 될 수 있다. 예제 1.9에서 그림 1.19의 그림 표현은 삼각형을 문제의 기하학적 모형으로 인식하는 것이 가능하게 한다. 건축에서 청사진은 지으려는 건축물의 그림 표현이다.

일반적으로 그림 표현은 문제의 상황을 관찰한다면 **보게 될 것을** 묘사한다. 예를 들어 그림 1.20은 야구 선수가 짧고 높이 뜬 파울을 친 것을 그림 표현으로 나타낸 것이다. 그림 표현에 들어 있는 좌표축은 흔히 이차원의 것이다. 즉 x와 y축이다.

• **단순하게 그리기** 단순화 모형을 적용해서 복잡한 세부 사항이 없는 그림 표현으로 다시 그리는 것이 유용하다. 이 과정은 앞에서 기술한 입자 모형의 논의와 비슷하다. 태양 주위 궤도에 있는 지구의 그림 표현에서 지구와 태양을 구로 그릴 수 있다. 아마도 어느 구가 지구인지 표시하기 위해 대륙을 그려 넣는 시도가 있을 수도 있다. 단순화된 그림 표현에서는 지구와 태양은 간단히 입자를 나타내는 점으로 그려질 것이다. 그림 1.20에 있는 야구공의 궤적의 그림 표현에 대응하는 단순화된 그림 표현은 그림 1.21이다. 이 그림에서 v_x와 v_y는 야구공의 속도 벡터의 성분을 나타낸다. 이 교재에서는 그런 단순화한 그림 표현을 사용할 것이다.

• **그래프로 나타내기** 어떤 문제에서는 상황을 묘사하는 그래프를 그리는 것이 아주 유용할 수 있다. 예를 들어 역학에서 위치–시간 그래프는 크게 도움이 된다. 이와 마찬가지로 열역학에서는 압력–부피 그래프가 이해에 필수적이다. 그림 1.22는 연직으로 놓인 용수철의 끝에 매달린 물체가 위아래로 진동할 때 물체의 위치를 시간의 함수로 나타낸 그래프 표현이다. 그런 그래프는 12장에서 공부할 단조화 운동을 이해하는 데 도움을 준다.

그래프 표현은 그림 표현과 다르다. 그림 표현도 정보의 이차원 표시인데, 축이 있다면 그것은 **길이** 좌표가 된다. 그래프 표현에서 축은 관련된 **임의의** 변수 두 개를 나타낸다. 예를 들어 그래프 표현은 온도와 시간에 대한 축을 가질 수 있다. 따라서 그림 표현과 비교하면 그래프 표현은 일반적으로 문제의 상황을 눈으로 관찰할 때 볼 수 있는 그런 것이 **아니다.**

• **표 표현** 가끔 정보를 표의 형태로 체계화하는 것이 보다 분명할 때가 있다. 예를 들어 어떤 학생은 알려진 양과 알려지지 않은 양의 표를 만드는 것이 도움이 됨을 발견한다. 주기율표는 화학과 물리학에서 극히 유용한 정보를 표로 나타내어 표현한 것이다.

• **수학적 표현** 문제를 푸는 궁극적 목표는 흔히 수학적 표현이다. 서술 문제에 들어 있는 정보로부터 시작해서 무슨 일이 일어나는지 이해할 수 있는 다양한 표현을 거쳐서 문제의 상황을 대표하는 하나 또는 몇 개의 식에 도달하고자 하는 것이다. 원하는 결과를 얻으려면 그 식들을 수학적으로 풀면 된다.

물리학의 개념에 관해 배우는 것 외에도, 물리학을 배우는 과정을 통해 쌓아야만 하는 매우 값진 기술은 복잡하게 구성되어 있는 문제를 푸는 능력이다. 물리학자들은 복잡한 상황에 접하면 그것을 다룰 수 있는 부분으로 쪼개는 데 이는 상당히 유용한 방법이다. 다음에 나오는 것은 여러분을 단계별로 이끌어 주기 위한 일반적인 문제 풀이 전략이다. 전략의 각 단계를 잘 기억하자. 각 단계는 **개념화**, **분류**, **분석**, **결론**으로 구성되어 있다.

그림 1.20 야구 선수가 친 짧고 높이 뜬 파울의 그림 표현

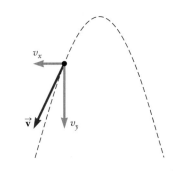

그림 1.21 그림 1.20에 나타난 상황에 대한 단순화한 그림 표현

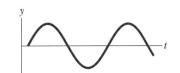

그림 1.22 용수철에 매달려 진동하고 있는 물체의 위치를 시간의 함수로 나타낸 그래프 표현

▶ 문제 풀이 전략

개념화 단계

- 문제에 접근할 때 가장 먼저 해야 할 일은 **문제에 관해 생각**하는 것이고 그 다음에 상황을 **이해**하는 것이다. 문제에 딸려 있는 모든 정보(도표, 그래프, 표, 사진 등)가 나타내는 의미를 주의 깊게 연구한다. 그 문제에서 어떤 일이 일어나고 있는지 마음 속에서 동영상을 보듯이 상상한다.

- 그림으로 주어진 것이 없는 경우, 거의 모든 경우에 그 상황을 재빠르게 그림으로 그려야 한다. 알려진 값을 표로 나타내거나 그림 속에 직접 넣어서 표시한다.

- 문제에서 주어진 수식이나 수치 정보가 무엇인지 확인한다. 문제가 뜻하는 바를 주의 깊게 읽고, '정지 상태에서 출발한다'($v_i = 0$) 또는 '정지한다'($v_f = 0$)와 같은 주요 문구를 살펴본다.

- 문제를 풀 때 예측되는 결과가 어떤 것인지를 생각해 본다. 구하려는 것이 정확하게 무엇인가? 나중 결과는 수치 값인가 아니면 수식인가? 예상되는 단위가 무엇인지 알고 있는가?

- 경험으로부터 우러나는 정보와 상식을 통합하는 것을 결코 잊어서는 안 된다. 답이 타당하기 위해서는 어떻게 나타나야 하는가? 예를 들어 자동차의 속력이 $5 \times 10^6 \, \text{m/s}$로 계산된다면 그것은 현실성이 없는 답이다.

분류 단계

- 문제가 무엇인지에 관한 그림이 머릿속에 그려지면, 그 문제를 **단순화할** 필요가 있다. 풀이에 중요하지 않은 내용은 제거한다. 예를 들면 움직이는 물체를 입자로 간주한다. 적절한 경우에는 미끄러지는 물체와 표면 사이의 공기 저항이나 마찰을 무시한다.

- 문제가 단순화되면, 그 문제를 **분류**하는 것이 중요하다. 문제가 수식에 값만 대입하면 되는 단순한 **대입 문제**인가? 그렇다면, 그 문제는 값을 대입하는 것으로 끝난다. 그렇지 않다면, 분석 문제에 직면한 것이고 해답을 얻으려면 문제의 상황을 좀 더 깊이 분석해야만 한다.

- 문제가 분석 문제라면, 좀 더 분류할 필요가 있다. 그런 형태의 문제를 전에도 본 적이 있는가? 이전에 풀어 본 문제의 형태보다도 더 단계가 높은 것인가? 그렇다면, 다음에 나오는 분석 단계로 넘어가기에 적절한 분석 모형(들)을 찾는다. 분석 모형을 사용해서 문제를 분류함으로써 문제를 푸는 밑그림을 쉽게 그릴 수 있다. 예를 들어 어떤 문제를 단순화한 결과 문제가 등가속도 운동하는 입자로 취급될 수 있고 그런 문제는 이미 풀어 본 경험이 있다면(그런 예는 2.6절에서 배운다), 지금 풀어야 할 문제는 이전에 풀어 본 문제와 풀이가 비슷한 형태를 따르게 된다.

분석 단계

- 이제 문제를 분석해서 수학적인 풀이에 도달해야만 한다. 문제를 이미 분류하고 분석 모형을 확인해 놓았기 때문에, 그 문제의 상황에 맞는 적절한 식을 선택해서 적용하는 것이 어렵지 않다. 예를 들어 그 문제가 등가속도 운동을 하는 입자에 관한 것이라면(2.6절 참조), 식 2.10에서 2.14까지가 적절한 식이다.

- 주어진 물리량으로 미지의 값을 수식으로 풀기 위해서는 대수학을 (필요하다면 미

적분도) 사용한다. 변수에 해당하는 수치를 대입해서 결과를 계산하고, 적절한 유효 숫자에 맞춰 반올림한다.

결론 단계

- 수치로 나온 답을 확인한다. 적절한 단위를 갖고 있는가? 문제를 개념화할 때 예상한 것과 비슷한가? 의미 있는 답인가? 문제에서의 변수에 값을 대입할 때 변수가 급작스럽게 증가, 감소 또는 영이 되어도 물리적으로 의미 있는 방법으로 변하는 것인지 확인해서 알아본다. 답이 예상되는 값을 나타내는지 확인하기 위해 극한의 경우를 살펴보는 것은 타당한 답을 구했는지를 확인하는 매우 유용한 방법이다.

- 이 문제를 여러분이 이미 풀어 본 문제와 어떻게 비교할 것인지 생각해 본다. 얼마나 비슷한가? 결과가 달라지게 되는 결정적인 방법은 무엇인가? 이 문제를 왜 풀어 보라고 했겠는가? 이 문제를 풀어 봄으로서 배우게 되는 것이 무엇인지 알겠는가? 이것이 새로이 분류되는 문제라면, 그 문제에 대한 이해를 확실히 해 두면 앞으로 나올 비슷한 문제를 풀 때 새로운 모형으로 사용할 수 있다.

복잡한 문제를 풀 때, 딸린 문제를 확인해서 각각에 문제 풀이 전략을 적용해야 한다. 간단한 문제의 경우에는 이런 전략이 필요하지 않을 수도 있다. 문제를 풀려고 할 때, 그 다음에 무엇을 해야 하는지 모르기도 하지만, 전략의 단계를 기억하고 그것을 문제 풀이 지침으로 사용한다.

이 교재에서는 풀이된 문제는 **개념화, 분류, 분석, 결론**의 단계 표시를 붙여둘 것이다. 이런 전략이 어떻게 수행되는지를 확인하기 위해 다음 쪽에 예제 1.8을 전략의 각 단계별로 확인해 가면서 한 번 더 설명해 놓았다.

문제를 **개념화**할 때는 문제의 설명에서 나타내고자 하는 상황을 이해하도록 한다. 문제에 딸려 있는 모든 정보(도표, 그래프, 표, 사진 등)가 나타내는 의미를 주의 깊게 연구한다. 문제에서 어떤 일이 일어나고 있는지 마음속에서 동영상을 보듯이 상상한다.

문제를 단순화한다. 풀이에 중요하지 않은 내용은 제거한다. 그런 다음 문제를 분류한다. 문제가 수식에 값만 대입하면 되는 단순한 대입 문제인가? 그렇지 않다면, 문제를 분석해야 하는 과정에 직면한다. 이 경우, 적절한 분석 모형(분석 모형은 2장에서 소개한다)을 확인한다.

문제를 **분석**한다. 분석 모형으로부터 적절한 식을 선택한 다음 미지수를 주어진 값에 대한 수식으로 푼다. 변수에 해당하는 수치값을 대입하고 결과를 계산한 다음 유효 숫자에 맞춰 반올림한다.

예제 1.8 | 도보 여행

한 도보 여행가가 첫째 날에 그의 승용차로부터 남동쪽으로 25.0 km를 간 후, 그곳에서 텐트를 치고 하룻밤을 잤다. 다음 날 동북쪽 60.0° 방향으로 40.0 km를 걷고, 그곳에서 산림 감시원의 망루를 발견했다.

(A) 첫째 날과 둘째 날의 도보 여행가의 변위를 구하라.

풀이

개념화 첫째 날과 둘째 날의 변위 벡터를 각각 $\vec{\mathbf{A}}$와 $\vec{\mathbf{B}}$로 표시하고, 그의 승용차를 좌표의 원점으로 이용하면, 그림 1.18과 같은 벡터를 얻을 수 있다.

분류 합 벡터 $\vec{\mathbf{R}}$을 그리면, 이 문제는 앞에서 풀었던 두 벡터의 덧셈이다.

분석 변위 $\vec{\mathbf{A}}$의 크기는 25.0 km이고 방향은 +x축에 대해 남동쪽으로 45.0°이다.

식 1.10을 이용해서 $\vec{\mathbf{A}}$의 성분을 구한다.

$$A_x = A\cos(-45.0°) = (25.0\ \text{km})(0.707) = \boxed{17.7\ \text{km}}$$

$$A_y = A\sin(-45.0°) = (25.0\ \text{km})(-0.707) = \boxed{-17.7\ \text{km}}$$

여기서 A_y의 부호가 음(−)인 것은 도보 여행가가 첫째 날 −y축 방향으로 걸어갔다는 것을 가리킨다. 그림 1.18에서 A_x와 A_y의 부호는 명백하다.

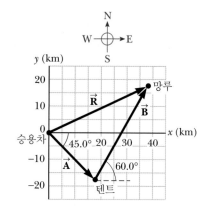

그림 1.18 (예제 1.8) 도보 여행가의 전체 변위는 $\vec{\mathbf{R}} = \vec{\mathbf{A}} + \vec{\mathbf{B}}$이다.

식 1.10을 이용해서 $\vec{\mathbf{B}}$의 성분을 구한다.

$$B_x = B\cos 60.0° = (40.0\ \text{km})(0.500) = \boxed{20.0\ \text{km}}$$

$$B_y = B\sin 60.0° = (40.0\ \text{km})(0.866) = \boxed{34.6\ \text{km}}$$

(B) 도보 여행가의 합 변위 벡터 $\vec{\mathbf{R}}$의 성분을 구하라. 단위 벡터로 $\vec{\mathbf{R}}$을 나타내라.

풀이

여행의 전체 변위, $\vec{\mathbf{R}} = \vec{\mathbf{A}} + \vec{\mathbf{B}}$의 성분은 식 1.15에서 다음과 같이 얻을 수 있다.

$$R_x = A_x + B_x = 17.7\ \text{km} + 20.0\ \text{km} = \boxed{37.7\ \text{km}}$$

$$R_y = A_y + B_y = -17.7\ \text{km} + 34.6\ \text{km} = \boxed{17.0\ \text{km}}$$

단위 벡터를 이용해서 다음과 같이 표현한다.

$$\vec{\mathbf{R}} = \boxed{(37.7\hat{\mathbf{i}} + 17.0\hat{\mathbf{j}})\ \text{km}}$$

문제의 **결론**을 내린다. 수치로 나온 답을 확인한다. 적절한 단위를 갖고 있는가? 문제를 개념화할 때 예상한 것과 비슷한가? 의미 있는 답인가? 결과의 수식의 형태는 어떤 것인가? 문제에서의 변수에 값을 대입할 때 변수가 급작스럽게 증가, 감소 또는 영이 되어도 물리적으로 의미 있는 방법으로 변하는 것인지 확인해서 알아본다.

다음과 같은 경우는 어떻게 되는가? 본문 중의 많은 예제에서 질문이 주어져 있으며 그 질문의 내용은 풀이된 상황에서 어떤 변화를 주는 내용이다. 이런 질문은 예제의 결과에 관해 생각해 보는 능력을 길러 주며 원리의 개념적인 이해에 도움이 된다.

결론 그림 1.18과 같이 망루의 위치는 대략 (38 km, 17 km)이며, 이는 도보 여행가의 나중 위치를 나타내는 합 변위 벡터 $\vec{R}$의 성분과 일치한다. 또한 $\vec{R}$의 성분들은 양의 값이고 좌표계의 제1사분면에 있으므로, 이 성분들은 그림 1.18과 일치한다.

문제 감시 망루에 도착한 후, 도보 여행가는 직선 길을 따라 그의 승용차로 돌아오고자 한다. 이 경로를 나타내는 벡터의 성분은 무엇인가? 경로의 방향은 어느 쪽인가?

답 원하는 벡터 $\vec{R}_{car}$는 벡터 $\vec{R}$의 음$(-)$이다.

$$\vec{R}_{car} = -\vec{R} = (-37.7\hat{\mathbf{i}} - 17.0\hat{\mathbf{j}})\ km$$

방향은 벡터가 x축과 이루는 각도를 계산해서 구한다.

$$\tan\theta = \frac{R_{car,\,y}}{R_{car,\,x}} = \frac{-17.0\ km}{-37.7\ km} = 0.450$$

따라서 $\theta = 204.2°$ 또는 남서쪽으로 $24.2°$이다.

연습문제 |

▶ 객관식

1. 다음 질문에 '예' 또는 '아니오'로 답하라. 다음의 어느 경우에 두 물리량은 동일한 차원을 가져야 하는가? (a) 두 물리량을 더할 때 (b) 두 물리량을 곱할 때 (c) 두 물리량을 뺄 때 (d) 두 물리량을 나눌 때 (e) 두 물리량을 등식으로 놓을 때

2. 측정값들의 합인 $21.4\ s + 15\ s + 17.17\ s + 4.003\ s$의 값으로 옳은 것은 어느 것인가? (a) $57.573\ s$ (b) $57.57\ s$ (c) $57.6\ s$ (d) $58\ s$ (e) $60\ s$

3. 다음 다섯 개의 값을 큰 것부터 순서대로 나열하라. 두 값의 크기가 같으면 동일한 순위로 둔다. (a) $0.032\ kg$ (b) $15\ g$ (c) $2.7 \times 10^5\ mg$ (d) $4.1 \times 10^{-8}\ Gg$ (e) $2.7 \times 10^8\ \mu g$

4. 어떤 학생이 물리 교재의 두께를 재는 데 자를 이용해서 $4.3\ cm \pm 0.1\ cm$ 값을 얻었다. 다른 네 학생은 버니어캘리퍼스를 이용해서 각각 (a) $4.32\ cm \pm 0.01\ cm$, (b) $4.31\ cm \pm 0.01\ cm$, (c) $4.24\ cm \pm 0.01\ cm$, (d) $4.43\ cm \pm$ 0.01 cm 값을 얻었다. 네 학생의 측정값 중 처음 학생이 받아들일 수 있는 측정값은 어느 것인가?

5. 그림 OQ1.5에 있는 벡터의 x 성분은 얼마인가? (a) $3\ cm$ (b) $6\ cm$ (c) $-4\ cm$ (d) $-6\ cm$ (e) 정답 없음

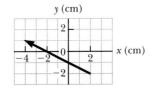

그림 OQ1.5

6. 벡터 $(10\hat{\mathbf{i}} - 10\hat{\mathbf{k}})\ m/s$의 크기는 어느 것인가? (a) 0 (b) $10\ m/s$ (c) $-10\ m/s$ (d) 10 (e) $14.1\ m/s$

7. 뉴턴의 운동 제2법칙(4장 참조)은 물체의 질량에 가속도를 곱한 값이 물체에 가해진 알짜힘과 같다고 설명한다. 다음 중 힘의 단위로 옳은 것은 어느 것인가? (a) $kg \cdot m/s^2$ (b) $kg \cdot m^2/s^2$ (c) $kg/m \cdot s^2$ (d) $kg \cdot m^2/s$ (e) 정답 없음

8. 그림 OQ1.8은 $\vec{D_1}$과 $\vec{D_2}$를 보여 준다. 벡터 $\vec{D_2}-2\vec{D_1}$은 그림의 (a)부터 (d) 중에서 어느 것인가? 또는 (e) 정답 없음

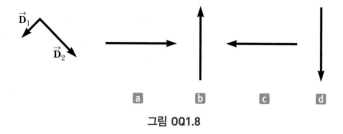

그림 OQ1.8

9. xy 평면의 원점에서 제2사분면으로 향하는 벡터가 있다. 이 벡터의 성분에 대한 설명으로 옳은 것은 어느 것인가? (a) x 성분은 양이고 y 성분도 양이다. (b) x 성분은 양이고 y 성분은 음이다. (c) x 성분은 음이고 y 성분은 양이다. (d) x 성분은 음이고 y 성분도 음이다. (e) 두 개 이상의 답이 있다.

10. 다음 질문에 '예' 또는 '아니오'로 답하라. 다음에 주어진 것은 벡터인가? (a) 힘 (b) 온도 (c) 깡통 안 물의 부피 (d) TV쇼의 등급 (e) 빌딩의 높이 (f) 스포츠카의 속도 (g) 우주의 나이

▶ **주관식**

Note: 문제를 풀 때, 이 교재의 부록 및 표를 참조하라. 이 장의 경우, 표 15.1과 부록 B.3은 특히 유용하다.

1.1 길이, 질량, 시간의 표준

1. 자동차 회사가 9.35 kg의 강철로 주조한 신형 자동차 모형을 전시하고 있다. 창립 100주년을 기념해서 동일한 주조틀을 이용해서 금으로 똑같은 자동차 모형을 주조하려고 한다. 필요한 금의 질량은 얼마인가?

2. 안쪽 반지름 r_1과 바깥쪽 반지름 r_2인 속이 빈 구 껍질을 만들려면 밀도 ρ인 물질의 질량은 얼마나 필요한가?

1.2 차원 분석

3. 다음 식 중에서 차원이 올바른 것은 어느 것인가?
   (a) $v_f = v_i + ax$ (b) $y = (2\text{ m})\cos(kx)$이고 $k = 2\text{ m}^{-1}$

4. 그림 P1.4와 같은 **원뿔대**가 있다. 수식 (a), (b), (c)를 설명하고 있는 물리량 (d), (e), (f)와 연결하라. (a) $\pi(r_1 + r_2)$ $[h^2 + (r_2 - r_1)^2]^{1/2}$ (b) $2\pi(r_1 + r_2)$ (c) $\pi h(r_1^2 + r_1 r_2 + r_2^2)/3$ (d) 위아래 단면의 원둘레의 합 (e) 부피 (f) 옆넓이

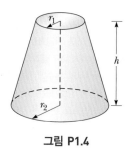

그림 P1.4

1.3 단위의 환산

5. 페인트 1갤런(부피: $3.78 \times 10^{-3}\text{ m}^3$)으로 25.0 m²의 넓이를 고르게 칠했다. 칠한 직후에 페인트의 두께는 얼마인가?

6. 30.0 gal 휘발유 탱크를 가득 채우는 데 7.00분이 걸린다고 가정하자. (a) 탱크를 채우는 비율을 gal/s 단위로 계산하라. (b) 탱크를 채우는 비율을 m³/s 단위로 계산하라. (c) 동일한 비율로 부피 1.00 m³을 채우는 데 걸리는 시간을 h 단위로 계산하라. (1 U.S. gal = 231 in.³)

7. 여러분의 머리카락이 하루에 1/32 in. 비율로 자란다고 가정하자. 이 비율은 nm/s 단위로 얼마인가? 분자를 구성하는 원자 사이의 간격이 0.1 nm라고 할 때, 머리카락 단백질 합성에서 원자 층이 얼마나 빨리 쌓여 가고 있는가?

1.4 크기의 정도 계산

8. 일반적인 크기의 방에 탁구공을 채우려면, 대략 공이 몇 개 필요한지 크기의 정도를 구하라(공은 찌그러지지 않는다고 가정한다).

9. 자동차 바퀴가 50 000마일을 달릴 수 있다고 한다. 그동안 바퀴는 몇 번을 회전하는가? 크기의 정도로 답하라.

10. 뉴욕 시에 얼마나 많은 피아노 조율사가 살고 있을까? 크기의 정도로 답하라. 물리학자 페르미는 박사 과정 자격 시험에서 이런 질문을 한 것으로 유명하다.

1.5 유효 숫자

11. **태양년**은 그해의 춘분날로부터 다음 해 춘분날까지의 시간을 바탕으로 하는 태양력 달력의 기반이다. 태양년 1년은 365.242 199일이다. 1년을 초 단위로 계산하라.

12. 다음 수에서 유효 숫자는 각각 몇 개인가? (a) 78.9 ± 0.2 (b) 3.788×10^9 (c) 2.46×10^{-6} (d) 0.0053

Note: 불확정도의 전파에 대한 부록 B.8은 다음 문제를 풀 때 유용하다.

13. (10.0 ± 0.1) m × (17.0 ± 0.1) m인 수영장 주위에 인도를 만들려고 한다. 인도가 너비 (1.00 ± 0.01) m × 두께(9.0 ± 0.1) cm이면, 필요한 콘크리트의 부피는 얼마인가? 그리고 이 부피의 근사적인 불확정도(오차)는 얼마인가?

> *Note*: 다음의 두 문제는 여러분이 이미 알고 있는 수학적인 지식이 필요하다.

14. 미지수 p, q, r, s와 t가 포함된 다음 식에서 t/r의 값을 구하라.

$$p = 3q$$
$$pr = qs$$
$$\frac{1}{2}pr^2 + \frac{1}{2}qs^2 = \frac{1}{2}qt^2$$

15. $\sin\theta$와 $\cos\theta$의 비율이 −3.00인 각도를 0과 360° 사이에서 모두 찾으라.

1.6 좌표계

16. 극좌표가 $r = 5.50$ m, $\theta = 240°$인 한 점이 있다. 이 점의 직각 좌표를 구하라.

17. 파리 한 마리가 어떤 방의 벽에 붙어 있다. 이때 방 벽의 왼쪽 아래 모서리를 이차원 직각 좌표계의 원점으로 택한다. 파리가 앉아 있는 점의 좌표가 (2.00, 1.00) m라고 하면, (a) 파리는 원점인 구석에서 얼마나 떨어져 있는가? (b) 파리의 위치를 극좌표계로 나타내라.

1.7 벡터와 스칼라
1.8 벡터의 성질

18. 그림 P1.18에 보인 변위 벡터 $\vec{A}$와 $\vec{B}$의 크기는 3.00 m이다. 벡터 $\vec{A}$의 방향은 $\theta = 30.0°$이다. 그래프 방법으로 (a) $\vec{A} + \vec{B}$, (b) $\vec{A} - \vec{B}$, (c) $\vec{B} - \vec{A}$, (d) $\vec{A} - 2\vec{B}$를 구하라. 모든 각도는 +x축에서 반시계 방향으로 측정한다.

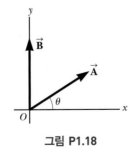

그림 P1.18

19. 롤러코스터 차가 수평 방향으로 200 ft 간 후 수평 방향과 30.0° 위쪽으로 135 ft를 간다. 그 다음 40.0°의 각도로 아래로 135 ft를 움직인다. 출발점에서 나중 위치까지의 변위는 얼마인가? 그림을 이용해서 구하라.

1.9 벡터의 성분과 단위 벡터

20. 한 남자가 두 번의 걸레질을 한다. 첫 번째는 +x축으로부터 120° 방향으로 150 cm 이동한다. 합 변위는 +x축으로부터 35.0° 방향으로 140 cm이다. 두 번째 변위의 크기와 방향을 구하라.

21. 어떤 벡터의 x와 y 성분이 각각 −25.0과 40.0이다. 이 벡터의 크기와 방향을 구하라.

22. 크로켓 공의 변위를 나타내는 세 벡터가 그림 P1.22에 주어져 있다. 이때 $|\vec{A}| = 20.0$단위, $|\vec{B}| = 40.0$단위, $|\vec{C}| = 30.0$단위이다. (a) 합 변위를 단위 벡터들로 구하고 (b) 합 변위의 크기와 방향을 구하라.

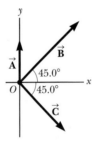

그림 P1.22

23. (a) 벡터 $\vec{A} = (6.00\hat{i} - 8.00\hat{j})$, $\vec{B} = (-8.00\hat{i} + 3.00\hat{j})$, $\vec{C} = (26.0\hat{i} + 19.0\hat{j})$가 있다. 이때 $a\vec{A} + b\vec{B} + \vec{C} = 0$이 되는 a와 b를 구하라. (b) 수학에서 미지수가 두 개이면, 하나의 식으로 구할 수 없다고 배웠다. 문제 (a)에서 하나의 식에서 a와 b를 구할 수 있는 이유를 설명하라.

24. 어떤 사람이 그림 P1.24에서 보이는 경로를 따라서 걸어간다. 이동한 전체 길은 네 직선 경로로 되어 있다. 출발점으로부터 도보가 끝난 곳까지의 합 변위를 구하라.

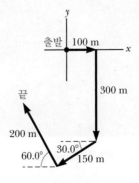

그림 P1.24

1.10 모형화, 다양한 표현, 문제 풀이 전략

25. 버스 운전사가 이동하는 변위가 다음과 같다.

$$(-6.30\,\text{b})\hat{\mathbf{i}} - (4.00\,\text{b}\cos 40°)\hat{\mathbf{i}} - (4.00\,\text{b}\sin 40°)\hat{\mathbf{j}}$$
$$+ (3.00\,\text{b}\cos 50°)\hat{\mathbf{i}} - (3.00\,\text{b}\sin 50°)\hat{\mathbf{j}} - (5.00\,\text{b})\hat{\mathbf{j}}$$

여기서 b는 도시에서 한 블럭을 나타내며, 이는 잘 짜여진 도시에서 편리한 거리 단위이다. $\hat{\mathbf{i}}$는 동쪽이고 $\hat{\mathbf{j}}$는 북쪽을 나타낸다. (a) 연속적으로 이동하는 변위 그림을 그려라. (b) 전체 이동한 거리는 얼마인가? (c) 전체 변위의 크기와 방향을 계산하라.

26. 어떤 관측자가 그림 P1.26에 보인 방법으로 똑바로 흐르는 강물의 너비를 측정하려 한다. 건너편 강둑 위의 한 나무로부터 바로 건너와 밑변에 해당하는 거리 100 m를 걷는다. 그리고 나무를 보아 나무 방향을 빗변으로 한다. 밑변과 빗변이 이루는 각도가 35.0°로 측정된다. 강물의 너비는 얼마인가?

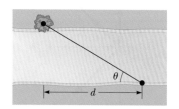

그림 P1.26

추가문제

27. 태양으로부터 가장 가까운 별까지의 거리는 4×10^{16} m이다. 우리 은하를 대충 지름이 $\sim 10^{21}$ m이고 두께가 $\sim 10^{19}$ m인 원판이라고 할 때 은하수에 있는 별들의 수의 크기의 정도를 구하라. 태양과 우리의 가장 가까운 이웃 별 사이의 거리가 평균적인 별 사이의 거리라고 가정한다.

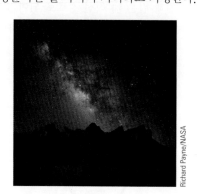

그림 P1.27 우리 은하

28. 어느 회사의 천연 가스 소비량이 $V = 1.50t + 0.00\,800\,t^2$으로 표현된다. 여기서 V는 가스의 부피로 단위가 백만 ft³이고 t는 월 단위의 시간이다. 이 관계식을 ft³과 s 단위로 나타내라. 계산 중에 한 달을 30.0일로 가정한다.

29. 1년은 약 $\pi \times 10^7$초이다. 이 근사의 백분율 오차를 구하라. '백분율 오차'는 다음과 같이 정의된다.

$$\text{백분율 오차} = \frac{|\,\text{추정값} - \text{참값}\,|}{\text{참값}} \times 100\,\%$$

30. 그림 P1.30은 두 사람이 고집 센 노새를 끌고 있는 모습을 헬리콥터에서 본 그림이다. 오른쪽에 있는 사람은 크기가 120 N이고 방향이 $\theta_1 = 60.0°$인 힘 $\vec{\mathbf{F}}_1$으로 끈다. 왼쪽에 있는 사람은 크기가 80.0 N이고 방향이 $\theta_2 = 75.0°$인 힘 $\vec{\mathbf{F}}_2$로 끈다. 이때 (a) 그림에 보인 두 힘과 같은 단 하나의 힘과 (b) 만약 세 번째 사람이 노새에게 힘을 가해서 노새가 받는 힘의 합이 영이 되도록 하는 힘을 구하라. 힘의 단위는 N이다.

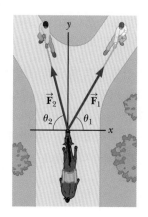

그림 P1.30

대체 연료 자동차 Alternative-Fuel Vehicles

스스로 추진하는 자동차에 대한 생각은 수세기 동안 인류의 상상의 일부가 되어 왔다. 레오나르도 다 빈치(Leonardo da Vinci)는 1478년에 용수철에 의해 힘을 얻는 자동차에 대한 설계도를 그렸다. 설계도를 바탕으로 모형이 제작되고 박물관에 전시되기도 했지만 이 자동차는 제작되지 않았다. 뉴턴(Isaac Newton)은 1680년에 증기를 분사하며 작동하는 자동차를 개발했는데, 이것은 로켓 엔진과 비슷하다. 이 발명은 유용한 기구의 발전으로 이어지지는 않았다. 이런 여러 시도에도 불구하고 스스로 추진하는 자동차는 성공하지 못했다. 19세기가 되어서야 그것들은 주요 운송 수단으로서 말을 대체하기 시작했다.

성공적인 자동차의 역사는 1769년에 프랑스의 퀴노(Nicolas Joseph Cugnot)에 의해 군사용 트랙터가 발명됨으로써 시작된다. 이 자동차와 더불어 퀴노의 후속 자동차들은 증기 엔진으로 동력을 얻었다. 이에 더해 증기로 가는 자동차가 18세기 후반과 19세기에 프랑스와 영국, 미국에서 개발됐다.

19세기 초 이탈리아의 볼타(Alessandro Volta)에 의해 전지가 발명되고, 30년에 걸친 개선 후에 1830년대에 초기 전

기 자동차를 발명하게 됐다. 1859년 재충전할 수 있는 축전지가 개발되면서 전기 자동차의 개발을 상당히 촉진시켰다. 20세기 초쯤에 약 20마일의 주행 거리와 시속 15마일의 최고 속력을 가진 전기 자동차가 개발됐다.

네덜란드 물리학자인 호이겐스(Christiaan Huygens)는 1680년에 내연 기관을 설계했지만 제작하지는 않았다. 현대적인 휘발유 동력 내연 기관의 발명의 명예는 일반적으로 1885년 다임러(Gottlieb Daimler)와 1886년 벤츠(Karl Benz)에게 주어진다. 그렇지만 1807년까지 거슬러 올라가는 기존의 여러 자동차도 석탄 가스와 원시적인 휘발유를 포함하는 다양한 연료로 작동하는 내연 기관을 사용했다.

20세기가 시작될 무렵에 증기 동력 자동차, 휘발유 동력 자동차와 전기 자동차가 미국의 도로를 공유했다. 전기 자동차는 휘발유 동력 자동차의 진동, 냄새, 소음을 내지 않았고, 증기 동력 자동차가 추운 아침에 45분까지도 걸리는 긴 시동 시간을 겪지도 않았다. 전기 자동차는 특히 여성이 선호했는데, 그들은 크랭크를 돌려 휘발유 동력 자동차의 시동을 거는 어려운 작업을 좋아하지 않았기 때문이다. 유일하게 존재하는 도로는 인구 밀집 지역에 있었고 자동차는 주로 시내의 단거리 이동에 사용됐으므로 전기 자동차의 제한된 주행 거리는 중대한 문제가 아니었다.

20세기 초 전기 자동차의 종말은 다음과 같은 개발과 더불어 시작됐다.

- 1901년: 텍사스에서 원유가 발견되면서 휘발유의 가격이 널리 감당할 만한 수준으로 내렸다.
- 1912년: 휘발유 엔진을 위한 전기 시동 장치가 발명되어서 크랭크를 돌리는 힘든 과정이 없어졌다.
- 1910년대: 포드(Henry Ford)는 내연 기관 자동차의 대량 생산을 성공적으로 도입했다. 그 결과 이 자동차의 가격이 전기 자동차보다 상당히 저렴할 정도로 떨어졌다.

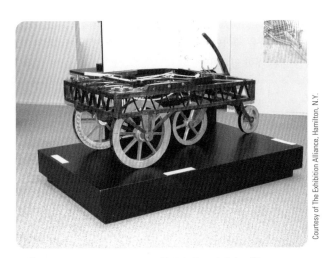

Courtesy of The Exhibition Alliance, Hamilton, N.Y.

그림 1 레오나르도 다 빈치가 설계한 용수철 동력차의 모형

그림 2 미시간 주 포트허런에 천연 가스로 운행되는 버스가 있다. 포트허런 등 많은 도시에는 천연 가스 충전소가 있어서 대다수의 차량이 경유보다 값이 싸고 공해를 덜 배출하는 천연 가스로 운행된다.

그림 3 현대의 전기 자동차는 주차장 옆 충전소를 이용하기도 한다. 일부 도시에서는 지역 기반 시설로서 이런 장치를 설치한다.

- 1920년대 초: 미국 내의 도로가 전보다 훨씬 좋아졌고 도시들을 연결했기 때문에 전기 자동차보다 더 길게 주행할 수 있는 자동차가 필요했다.

이런 요인들 때문에 1920년대쯤에는 휘발유 동력 자동차가 도로를 거의 독점적으로 지배했다. 하지만 휘발유는 유한하고 일시적인 상품이다. 운송에 휘발유를 사용하는 우리의 역량은 거의 끝에 다다르고 있다. 일부 전문가는 향후 20여 년 이내에 원유 공급이 감소해서 휘발유의 가격이 터무니없게 높은 수준으로 내몰릴 것으로 예상한다. 더구나 휘발유와 디젤 연료는 환경에 해로운 심각한 배기 가스를 방출한다. 휘발유를 대체할 연료를 모색함에 따라 우리는 또한 더 친환경적인 연료를 원한다. 그러한 연료는 〈관련 이야기 5〉에서 공부할 지구 온난화의 영향을 줄이는 데 도움을 줄 것이다.

증기 기관, 전기 모터, 내연 기관의 공통점은 무엇인가? 말하자면, 연료 유형이든지 아니면 전지 유형이든지, 그것들이 각각 자원으로부터 추출하는 것은 무엇인가? 이 질문에 대한 답은 **에너지**이다. 자동차의 유형에 관계없이 어떤 에너지 자원이 반드시 제공되어야 한다.

에너지는 이 〈관련 이야기〉에서 조사할 물리적 개념 중 하나이다. 휘발유와 같은 연료는 화학적 조성과 연소 과정을 거치는 능력 때문에 에너지를 가지고 있다. 전기 자동차의 전지도 에너지를 가지고 있는데, 이것은 역시 화학적 조성과 관련이 있지만 이 경우에는 전류를 생산하는 능력과 관계가 있다.

자동차를 위한 새로운 에너지 개발의 사회적 난점 중 하나는 에너지의 새로운 수송을 위한 기반 시설과 새로운 자동차의 개발이 반드시 동시에 진행되어야 한다는 것이다. 이런 양상은 자동차 회사, 그리고 에너지 제조업자와 공급자 사이에 긴밀한 협조를 필요로 한다. 예를 들어 전기 자동차의 개발과 더불어 충전소라는 기반 시설이 개발되지 않는 한 전기 자동차는 장거리 이동에 사용될 수 없다.

휘발유가 고갈되는 시점이 가까이 다가옴에 따라 이 첫 번째 〈관련 이야기〉에서 우리의 핵심 질문은 우리의 미래 개발을 위해 아주 중요한 것이다.

> 공해 배출을 줄이면서 휘발유를 대체할 수 있는 에너지원으로는 어떤 것이 있는가?

일차원에서의 운동 Motion in One Dimension

운동을 이해하기 위해 운동의 원인에 관계없이 공간과 시간의 개념을 사용해서 기술한 운동을 고려한다. 역학의 이런 영역을 **운동학**이라고 한다(운동학을 의미하는 kinematics라는 단어는 영화를 의미하는 cinema와 어원이 같다). 이 장에서는 일차원 운동, 즉 직선을 따라 움직이는 운동을 다루고, 3장에서 우리의 논의를 이차원 운동으로 확장할 것이다.

이 장에서 배울 물리량 중 하나는 직선을 따라 움직이는 물체의 속도이다. 슬로프를 내려오는 스키 선수는 크기가 100 km/h가 넘는 속도를 낼 수 있다.

일상의 경험을 통해 물체의 위치가 연속적으로 변하는 것을 나타낸 것이 운동임을 우리는 알고 있다. 예를 들어 집에서 목적지까지 자동차로 가고 있다면, 지표면에서 자동차의 위치가 변한다.

공간을 통해 물체가 움직이면(병진) 물체의 회전이나 진동이 수반될 수 있으며, 이런 운동들은 아주 복잡할 수 있다. 하지만 움직이는 물체의 회전과 내부 운동을 잠시 무시하면, 문제를 단순화할 수 있다. 그 결과가 1장에서 논의한 입자 모형이라고 하는 단순화 모형이다. 고려하는 운동이 오직 공간을 통한 병진 운동만이라면, 많은 상황에서 물체를 입자로 취급할 수 있다. 이 책에서 우리는 광범위하게 입자 모형을 사용할 것이다.

🔻 **2.1** │ 평균 속도 Average Velocity

평균 속도의 개념을 가지고 운동학에 대한 공부를 시작하자. 운전 경험이 있다면 비슷한 용어인 평균 속력에 이미 친숙할 것이다. 주행거리계에 따라 100마일을 가는 데 2.0시간이 걸리면 자동차의 평균 속력은 (100 mi)/(2.0 h) = 50 mi/h이다. 거리 d 를 시간 간격 Δt 동안에 움직이는 입자의 **평균 속력**(average speed) v_{avg} 는 수학적으로 다음과 같이 정의된다.

▶ 평균 속력의 정의

$$v_{avg} \equiv \frac{d}{\Delta t}$$

2.1

속력은 벡터가 아니므로 평균 속력과 관련된 방향은 없다.

평균 속도는 벡터이기 때문에 덜 친숙할 수도 있다. 먼저 여러 형태의 물체의 운동을 표현할 수 있는 입자 모형을 이용해서 입자의 운동을 다루자. 여기서는 x축을 따라 움직이는 일차원 운동에 대한 논의로 제한할 것이다.

모든 시간에서 입자의 위치를 알면 입자의 운동을 완전히 기술할 수 있다. x축을 따

그림 2.1 자동차는 직선을 따라서 앞뒤로 움직인다. 자동차의 병진 운동에만 관심이 있기 때문에, 자동차를 입자로 모형화할 수 있다. 자동차의 운동에 대한 정보를 여러 가지 표현으로 사용할 수 있다. 표 2.1은 이들 정보를 표로 나타낸 것이다. (a) 자동차의 운동에 대한 그림 표현 (b) 자동차의 운동에 대한 그래프 표현(위치-시간 그래프). $t=0$에서 $t=10$ s 구간에서의 평균 속도 $v_{x, avg}$는 점 Ⓐ와 Ⓑ를 연결하는 직선의 기울기로부터 얻는다. (c) 자동차의 운동에 대한 속도-시간 그래프

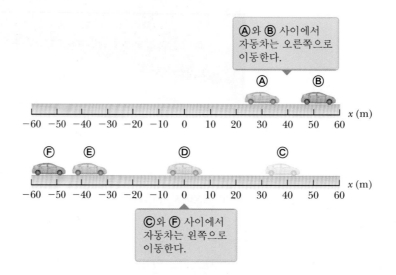

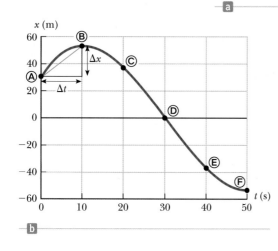

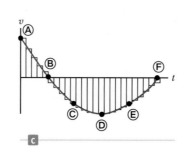

표 2.1 │ 여러 시간에서 자동차의 위치

위치	t(s)	x(m)
Ⓐ	0	30
Ⓑ	10	52
Ⓒ	20	38
Ⓓ	30	0
Ⓔ	40	−37
Ⓕ	50	−53

라 앞뒤로 움직이는 자동차를 고려하자. 매 10 s마다 자동차의 위치를 측정한다고 생각하자. 그림 2.1a는 10 s 간격으로 자동차의 위치를 보여 주는 일차원 운동을 그림으로 나타낸 것이다. 기록된 여섯 개의 데이터 점들을 ④에서 ⑤까지 표시했다. 표 2.1은 각 시간마다 자동차의 위치를 표로 나타낸 것이다. 그림 2.1b는 자동차의 운동을 **그래프**로 나타낸 것이며, 이런 그림을 **위치-시간 그래프**(position-time graph)라고 한다. 그림 2.1b에서 여섯 개의 데이터 점을 지나가는 곡선을 정확하게 그릴 수는 없다. 왜냐하면 이들 점 사이에 어떤 일이 일어났는지에 대해 아는 바가 없기 때문이다. 그러나 이 곡선은 50 s 동안 매 순간 자동차의 위치를 나타내는 있을 수 있는 운동의 그래프 표현이다.

입자가 시간 간격 $\Delta t = t_f - t_i$ 동안 움직일 때에 입자의 변위는 $\Delta \vec{x} = \vec{x}_f - \vec{x}_i = (x_f - x_i)\hat{i}$로 기술된다 (1장에서 변위는 나중 위치에서 처음 위치를 뺀 것과 같은 입자의 위치 변화로 정의했음을 상기하자). 이 장에서는 일차원 운동만을 고려하므로 벡터 표기법은 사용하지 않으며 3장에서 다시 도입할 것이다. 이 장에서는 벡터의 방향을 양 또는 음의 부호로 표시할 것이다.

입자의 **평균 속도**(average velocity) $v_{x,\mathrm{avg}}$는 입자의 변위 Δx를 변위가 일어나는 동안의 시간 간격 Δt로 나눈 값으로 정의된다.

$$v_{x,\mathrm{avg}} \equiv \frac{\Delta x}{\Delta t} = \frac{x_f - x_i}{t_f - t_i} \qquad 2.2$$

▶ 평균 속도의 정의

여기서 아래 첨자 x는 x축을 따라 움직이는 운동을 나타낸다. 이 정의로부터 평균 속도는 길이를 시간으로 나눈 차원을 가지며, SI 단위는 m/s이고 미국 관습 단위는 ft/s이다. 평균 속도는 처음과 나중 위치 사이의 경로에 **무관**하다. 이 경로 무관성이 바로 앞에서 다룬 평균 속력과 다른 점이다. 평균 속도는 입자의 처음과 나중 위치에만 의존하는 변위 Δx에 비례하므로 경로에 무관하다. 평균 속도(벡터)는 **변위**를 시간 간격으로 나눈 것인 데 비해 평균 속력(스칼라)은 이동한 **거리**를 시간 간격으로 나눈 것이다. 따라서 평균 속도는 운동의 상세한 내용보다는 운동의 결과만을 알려 준다. 끝으로 일차원에서 평균 속도는 변위의 부호에 따라 양 또는 음의 값을 가질 수 있음에 주목하자(시간 간격 Δt는 항상 양이다). 시간 간격 동안에 입자의 x 좌표가 증가하면 (즉 $x_f > x_i$이면) Δx는 양이고 $v_{x,\mathrm{avg}}$는 양으로서 평균 속도가 $+x$ 방향임을 나타낸다. 반면에 시간 간격 동안 좌표가 감소하면($x_f < x_i$이면) Δx는 음이고 $v_{x,\mathrm{avg}}$는 음으로서 평균 속도가 $-x$ 방향임을 나타낸다.

◤ **퀴즈 2.1** 일차원 운동하는 입자의 평균 속도의 크기가 평균 속력보다 작은 경우는 다음 중 어느 것인가? (**a**) 입자가 $+x$ 방향으로 움직일 경우 (**b**) 입자가 $-x$ 방향으로 움직일 경우 (**c**) 입자가 $+x$ 방향으로 움직이다가 운동 방향이 바뀐 경우 (**d**) 정답 없음

그림 2.1b의 그래프에서처럼 평균 속도를 기하학적으로 해석할 수 있다. 어떤 두 점 사이를 잇는 직선을 그릴 수 있다. 그림 2.1b의 점 ④와 ⑧ 사이에서 이런 직선을 볼 수

오류 피하기 | 2.1
평균 속력과 평균 속도 평균 속도의 크기가 평균 속력은 **아니다**. 한 물체가 4.0 s 동안에 원점에서 $x = 10$ m까지 갔다가 원점으로 되돌아온다고 가정하자. 물체가 출발해서 처음 위치로 돌아오면 변위가 영이므로 평균 속도의 크기는 영이다. 그러나 평균 속력은 전체 거리를 시간 간격으로 나누므로 20 m/4.0 s = 5.0 m/s이다.

오류 피하기 | 2.2
그래프의 기울기 물리 데이터의 그래프에서 기울기는 가로축에 나타낸 변화량에 대한 세로축에 나타낸 변화량의 비율을 의미한다. 기울기는 (두 축의 단위가 같지 않는 한) 단위를 갖는다. 따라서 그림 2.1b와 2.2에서 기울기의 단위는 속도의 단위인 m/s 이다.

있다. 기하학적 모형을 이용하면, 이 직선은 밑변 Δt 와 높이 Δx인 직각삼각형의 빗변이 된다. 빗변의 기울기는 비율 $\Delta x/\Delta t$이다. 그러므로 t_i에서 t_f까지의 시간 간격 동안에 입자의 평균 속도는 위치−시간 그래프에서 처음과 나중 점을 연결하는 직선의 기울기와 같다. 예를 들어 점 Ⓐ와 Ⓑ 사이에서 자동차의 평균 속도는 $v_{x,\,avg}$ = (52 m − 30 m)/(10 s − 0) = 2.2 m/s이다.

시간 간격 동안 전체 변위도 기하학적으로 해석할 수 있다. 그림 2.1c는 그림 2.1a와 2.1b에서 자동차의 운동에 대한 속도−시간 그래프를 보여 준다. 운동의 전체 시간 간격을 짧은 시간 증분 Δt_n으로 분할했다. 이 증분들 개개의 짧은 시간 동안에 속도가 일정하다고 하면 입자의 변위는 $\Delta x_n = v_n \Delta t_n$이다.

기하학적으로, 이 식의 우변에서 곱은 그림 2.1c의 개개 시간 증분과 관련된 얇은 직사각형의 넓이를 나타내는데, (시간축으로부터 측정한) 직사각형의 높이는 v_n이고 너비는 Δt_n이다. 입자의 전체 변위는 개개 시간 증분 동안에 대한 변위의 합이다.

$$\Delta x \approx \sum_n \Delta x_n = \sum_n v_n \Delta t_n$$

개개 시간의 증분 동안 속도가 일정하다고 가정했으므로 이 합은 근사적이다. 우변 항은 모든 얇은 직사각형의 전체 넓이를 나타낸다. 이 식에서 시간 증분을 영으로 다가가게 극한을 취하면, 근삿값은 정확한 값으로 수렴한다.

$$\Delta x = \lim_{\Delta t_n \to 0} \sum_n \Delta x_n = \lim_{\Delta t_n \to 0} \sum_n v_n \Delta t_n$$

이 극한에서 매우 얇은 모든 직사각형 넓이의 합은 시간축에 대한 곡선의 전체 넓이와 같다. 그러므로 t_i에서 t_f까지의 시간 간격 동안 입자의 변위는 속도−시간 그래프의 처음과 나중 점 사이에서 속도 곡선이 시간축과 이루는 넓이와 같다. 이 기하학적 표현을 2.6절에서 사용할 예정이다.

예제 2.1 | 평균 속도와 평균 속력 계산

그림 2.1a에서 위치 Ⓐ에서 Ⓕ 사이를 움직인 자동차의 변위, 평균 속도, 평균 속력을 구하라.

풀이

개념화 자동차와 자동차의 운동을 머릿속에 그려 넣기 위해 그림 2.1에 나타낸 그림을 살펴보자. 그림 2.1b는 시간에 따른 위치 변화의 형태로 도식화한 운동을 보여준다.

분류 자동차를 입자로 간주하자. 이미 알고 있는 식에 수치를 대입할 것이므로, 예제를 대입 문제로 분류한다.

분석 그림 2.1b의 위치−시간 그래프로부터 $t_Ⓐ$ = 0 s때 $x_Ⓐ$ = 30 m이고 $t_Ⓕ$ = 50 s일 때 $x_Ⓕ$ = −53 m임을 알 수 있다. 식 1.6을 이용해서 자동차의 변위를 구한다.

$$\Delta x = x_Ⓕ - x_Ⓐ = -53 \text{ m} - 30 \text{ m} = \boxed{-83 \text{ m}}$$

식 2.2를 이용해서 자동차의 평균 속도를 구한다.

$$v_{x,\,avg} = \frac{x_Ⓕ - x_Ⓐ}{t_Ⓕ - t_Ⓐ} = \frac{-53 \text{ m} - 30 \text{ m}}{50 \text{ s} - 0 \text{ s}}$$

$$= \frac{-83 \text{ m}}{50 \text{ s}} = \boxed{-1.7 \text{ m/s}}$$

표 2.1에 있는 자료만으로는 자동차의 평균 속력을 명확하게 구할 수는 없다. 왜냐하면 데이터 점 사이에서 자동차의 위치에 관한 정보가 충분하지 않기 때문이다. 하지만 자동차의 위치에 관한 자세한 정보를 그림 2.1b에서의 곡선으로 나타낼

수 있다고 가정하면, 자동차가 이동한 전체 거리는 22 m(Ⓐ에서 Ⓑ까지)에다 105 m(Ⓑ에서 Ⓕ까지)를 더해 전체 127 m가 된다.

식 2.1을 이용해서 자동차의 평균 속력을 구한다.

$$v_{avg} = \frac{127 \text{ m}}{50 \text{ s}} = \boxed{2.5 \text{ m/s}}$$

결론 위 풀이에서의 첫 번째 결과는 자동차가 처음 위치에서 음의 방향(이 경우 왼쪽)으로 83 m 이동했음을 의미한다. 이 값이 가지는 단위는 올바르게 주어졌으며 값의 크기는 주어진 자료에서 주어지는 값들과 크기의 정도가 같다. 그림 2.1a를 언뜻 보면 그 답이 맞음을 알 수 있다. 자동차가 처음 위치에서 왼쪽으로 갔다는 것은 평균 속도가 음으로 주어지는 것이 당연함을 나타낸다.

그러나 평균 속력의 값은 당연히 양이다. 그림 2.1b에서의 갈색 곡선이 다른 모양으로 주어져서 Ⓐ에서 0 s와 10 s 사이에 간 거리가 100 m이고 그 다음에 Ⓑ로 돌아온다고 가정해 보자. 그 경우, 자동차가 움직인 거리가 다르기 때문에 자동차의 평균 속력은 다르게 나타난다. 그러나 평균 속도는 변하지 않을 것이다.

대입 문제는 주어진 식에 값만 대입하므로 분석할 내용이 많지 않다. 마찬가지로 결론 단계도 우선적으로 단위를 확인하고 답이 적절한지 확인하는 것으로 구성되어 있다. 따라서 앞으로 대입 문제의 경우 분석 단계나 결론 단계를 표기하지 않을 것이다. 생략되기도 한다. 단지 이런 과정을 시범적으로 보여 주기 위해 대입 문제의 첫 예제에서 분석 단계와 결론 단계를 명기했다.

예제 2.2 | 달리기 운동

어떤 사람이 직선 도로를 4.00분 동안 5.00 m/s의 평균 속도로 달린 다음 3.00분 동안 4.00 m/s의 평균 속도로 달린다.

(A) 처음 위치에 대한 나중 변위의 크기는 얼마인가?

풀이

개념화 여러분의 경험으로부터, 트랙을 따라 달리는 사람을 생각해 보자. 이 사람은 두 번째 시간 구간에서 평균적으로 더 천천히 달린다.

분류 이 문제에서 달리는 사람이 누구인가는 중요하지 않으며, 이 사람을 하나의 입자로 모형화한다.

분석 운동의 분리된 두 구간에 대한 데이터가 주어져 있으므로, 식 2.2를 이용해서 각 구간에서 변위를 구한다.

$$v_{x,\,avg} = \frac{\Delta x}{\Delta t} \rightarrow \Delta x = v_{x,\,avg}\Delta t$$

$$\Delta x_{portion\ 1} = (5.00 \text{ m/s})(4.00 \text{ min})\left(\frac{60 \text{ s}}{1 \text{ min}}\right)$$

$$= 1.20 \times 10^3 \text{ m}$$

$$\Delta x_{portion\ 2} = (4.00 \text{ m/s})(3.00 \text{ min})\left(\frac{60 \text{ s}}{1 \text{ min}}\right)$$

$$= 7.20 \times 10^2 \text{ m}$$

이 두 변위를 더해서 $\boxed{1.92 \times 10^3 \text{ m}}$ 의 전체 변위를 얻는다.

(B) 7.00분의 전체 시간 간격 동안에 평균 속도의 크기는 얼마인가?

풀이

식 2.2를 이용해서 전체 시간 간격 동안의 평균 속도를 구한다.

$$v_{x,\,avg} = \frac{\Delta x}{\Delta t} = \frac{1.92 \times 10^3 \text{ m}}{7.00 \text{ min}}\left(\frac{1 \text{ min}}{60 \text{ s}}\right) = \boxed{4.57 \text{ m/s}}$$

결론 예상대로 평균 속도가 문제에서 주어진 두 속도 사이에 있긴 하지만, 산술 평균이 아님에 주목하라.

2.2 | 순간 속도 Instantaneous Velocity

변위의 크기가 40마일인 거리를 오후 1:00:00시에서 오후 2:00:00시까지 정확히 한 시간 걸려 자동차로 움직인다고 가정하자. 그러면 1시간의 간격에 대한 평균 속도

그림 2.2 (a) 그림 2.1에서 자동차의 운동에 대한 위치–시간 그래프 (b) 그래프의 왼쪽 상단 부분을 확대한 그림

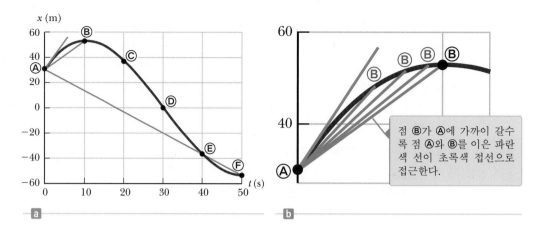

의 크기는 40 mi/h이다. 그런데 오후 1:20:00분이라는 특정 **순간**에 얼마나 빠르게 움직였는가? 언덕, 교통 신호등, 전방의 느린 운전자 등으로 인해 운전하는 동안 자동차의 속도가 변하므로 전체 운전 시간 동안 일정한 속도를 유지할 수 없다. 어떤 순간에 있어 입자의 속도를 **순간 속도**라 한다.

그림 2.1a에서 보인 자동차의 운동을 다시 고려하자. 그림 2.2a는 서로 다른 시간 간격 동안의 평균 속도를 나타내는 두 개의 파란색 선을 다시 그래프로 표현한 것이다. 첫 번째 파란색 선은 Ⓐ부터 Ⓑ까지의 구간에 대해 계산한 평균 속도이고, 두 번째 파란색 선은 Ⓐ부터 Ⓕ까지의 훨씬 긴 구간에 대한 평균 속도를 나타낸다. 이들 중 어느 것이 점 Ⓐ에서의 순간 속도를 더 잘 표현할 수 있을까? 그림 2.1a에서 자동차는 오른쪽으로 운동하기 시작하며, 양의 속도를 가진다. (Ⓐ에서 Ⓕ까지 직선의 기울기가 음이므로) Ⓐ에서 Ⓕ까지의 평균 속도는 **음**이고, 이 속도는 점 Ⓐ에서의 순간 속도에 대한 정확한 표현이 명백히 아니다. Ⓐ에서 Ⓑ까지의 구간에 대한 평균 속도는 **양**이므로, 적어도 속도의 부호는 올바르다.

그림 2.2b는 점 Ⓑ가 점 Ⓐ로 점차 접근함에 따라 자동차의 평균 속도를 나타내는 선들이 변하는 모습을 보여 준다. 점 Ⓑ가 점 Ⓐ로 접근함에 따라 파란색 선의 기울기가 점 Ⓐ에서 곡선의 접선인 초록색 선의 기울기에 접근한다. 점 Ⓑ가 점 Ⓐ로 접근할 때 점 Ⓐ를 포함하는 시간 간격은 무한히 작아진다. 그러므로 시간 간격이 영으로 다가갈 때 이 시간 간격 동안의 평균 속도를 점 Ⓐ에서의 순간 속도로 해석할 수 있다. 점 Ⓐ에서의 곡선에 대한 접선의 기울기가 시간 t_A에서의 순간 속도이다. 즉 **순간 속도** (instantaneous velocity) v_x는 Δt가 영으로 접근할 때 $\Delta x/\Delta t$ 비율의 극한값과 같다.[1]

$$v_x \equiv \lim_{\Delta t \to 0} \frac{\Delta x}{\Delta t}$$

미적분 표기로 이 극한을 dx/dt로 쓰고 t에 대한 x의 **도함수**라 부른다.

---

[1] Δt가 영에 가까워짐에 따라 Δx도 영에 가까워진다. 그러나 Δx와 Δt가 점점 작아질수록 비 $\Delta x/\Delta t$는 x–t 곡선에서 접선의 기울기 값에 가까워진다.

$$v_x \equiv \lim_{\Delta t \to 0} \frac{\Delta x}{\Delta t} = \frac{dx}{dt} \qquad \text{2.3}$$

순간 속도는 양, 음, 또는 영일 수 있다. 그림 2.3의 점 Ⓐ에서와 같이 위치−시간 그래프의 기울기가 양일 때 v_x는 양이다. 점 Ⓒ에서는 기울기가 음이므로 v_x는 음이다. 마지막으로 기울기가 영인 정점 Ⓑ(되돌이점)에서의 순간 속도는 영이다. 이제부터는 순간 속도를 나타내기 위해 속도라는 단어를 통상적으로 사용할 것이다.

입자의 **순간 속력**(instantaneous speed)은 순간 속도 벡터의 크기로서 정의된다. 그러므로 정의에 따라 **속력**은 절대로 음이 될 수 없다.

> ▶ 순간 속도의 정의
>
>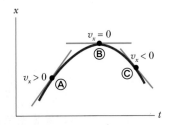
>
> **그림 2.3** 위치−시간 그래프에서, 접선의 기울기가 양인 점 Ⓐ에서의 속도는 양이다. 접선의 기울기가 영인 점 Ⓑ에서의 속도는 영이다. 그리고 접선의 기울기가 음인 점 Ⓒ에서의 속도는 음이다.

> ▌**퀴즈 2.2** 고속도로 경찰은 운전자의 **(a)** 평균 속력과 **(b)** 순간 속력 중 어느 것에 더 관심이 있는가?

미적분학에 친숙하려면, 함수를 미분할 때 특별한 규칙들이 존재하는 것을 알아야 한다. 부록 B.6에 나열한 이 규칙들을 이용하면 미분을 빨리 계산할 수 있다.

다음과 같이 x가 t의 거듭제곱에 비례한다고 가정하자.

$$x = At^n$$

여기서 A와 n은 상수이다(이 식은 아주 흔한 함수 형태이다). t에 대한 x의 미분은 다음과 같다.

$$\frac{dx}{dt} = nAt^{n-1}$$

예를 들어 $x = 5t^3$일 때 $dx/dt = 3(5)t^{3-1} = 15t^2$이다.

> ▶ **오류 피하기 | 2.3**
>
> **순간 속력과 순간 속도**　오류 피하기 2.1에서 평균 속도의 크기가 평균 속력이 아니라고 했다. 그러나 순간 속도의 크기는 순간 속력과 같다. 시간 간격이 무한히 짧은 경우, 변위의 크기는 입자가 움직인 거리와 같다.

▌**생각하는 물리 2.1**

일차원에서 다음과 같은 물체의 운동을 고찰해 보자. **(a)** 위로 똑바로 던져 올린 공이, 최고점까지 올라갔다가 다시 던진 사람의 손으로 떨어진다. **(b)** 경주용 차가 정지 상태에서 출발해서 직선 도로를 따라 100 m/s까지 속력을 올린다. **(c)** 우주선이 등속도로 빈 우주 공간을 통해 다른 행성으로 이동한다. 이 물체들의 운동에서 어떤 순간의 순간 속도가 전체 구간에 걸친 평균 속도와 같은 순간이 있는가? 그런 순간이 있다면, 그 점을 확인하라.

추론　**(a)** 던져진 공에 대해 전체 구간에 걸친 평균 속도는 영이다. 시간 간격의 끝에서 공은 출발점으로 되돌아온다. 순간 속도가 영인 한 점은 운동의 정점이다. **(b)** 경주용 차의 운동에 대한 평균 속도는 주어진 정보를 가지고 명백하게 계산할 수가 없지만 평균 속도의 크기는 0~100 m/s 사이의 어떤 값임에 틀림이 없다. 차의 순간 속도의 크기가 0~100 m/s 사이의 어떤 값이든지 이 값을 갖는 순간이 이 구간에 존재하므로 순간 속도가 전체 구간에 걸친 평균 속도와 같은 어떤 순간이 반드시 있을 것이다. **(c)** 우주선의 순간 속도는 일정하므로, **어떤** 시간의 순간 속도와 **어떤** 시간 간격 동안의 평균 속도는 같다. ◀

예제 2.3 | 극한값 구하기

x축을 따라 움직이는 입자의 위치가 시간에 따라 $x = 3t^2$으로 변한다.[2] 여기서 x의 단위는 m이고 t의 단위는 s이다. 임의의 시간에서의 속도를 t의 함수로 나타내라.

풀이

개념화 이 운동에 관한 위치–시간 그래프는 그림 2.4와 같다. 계산을 하기 전에, x축을 따라서 움직이는 입자의 운동을 상상해 보자. 입자는 운동 방향을 바꾼 적이 있는가?

분류 물체의 운동을 입자로 나타냈기 때문에 더 단순화할 것은 없다.

분석 순간 속도의 정의를 이용해서 임의의 시간 t에서의 속도를 계산할 수 있다.

처음 시간 t에서의 입자의 위치는 $x_i = 3t^2$이고, 나중 시간 $t + \Delta t$에서의 위치를 구한다.

$$x_f = 3(t + \Delta t)^2 = 3[t^2 + 2t\Delta t + (\Delta t)^2]$$
$$= 3t^2 + 6t\Delta t + 3(\Delta t)^2$$

시간 간격 Δt 동안의 변위를 구한다.

$$\Delta x = x_f - x_i = (3t^2 + 6t\Delta t + 3(\Delta t)^2) - (3t^2)$$
$$= 6t\Delta t + 3(\Delta t)^2$$

이 시간 간격 동안의 평균 속도를 구한다.

$$v_{x,\text{avg}} = \frac{\Delta x}{\Delta t} = \frac{6t\Delta t + 3(\Delta t)^2}{\Delta t} = 6t + 3\Delta t$$

순간 속도를 구하기 위해 이 식에서 Δt가 영으로 가는 극한을 취한다.

$$v_x = \lim_{\Delta t \to 0} \frac{\Delta x}{\Delta t} = 6t + 3(0) = \boxed{6t}$$

결론 이 식은 임의의 시간 t에서의 속도를 나타내고 있으며

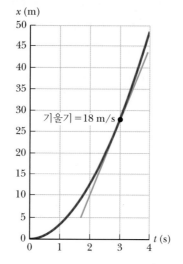

그림 2.4 (예제 2.3) x 좌표가 시간에 따라 $x = 3t^2$으로 변하는 입자의 위치–시간 그래프. $t = 3.0$ s 에서의 순간 속도는 그 점에서 곡선에 접하는 초록색선의 기울기로부터 구할 수 있다.

v_x가 시간에 따라 선형적으로 증가하고 있음을 알 수 있다. 이 식 $v_x = 6t$에 특정 시간의 값을 대입하면 그 시간에서의 속도를 쉽게 구할 수 있다. 예를 들어 $t = 3.0$ s 에서 속도는 $v_x = 6(3) = 18$ m/s이다. 이 답은 $t = 3.0$ s 에서 그래프의 기울기(그림 2.4에서 초록색선)를 구해 확인할 수 있다.

v_x를 구하기 위한 또 다른 방법은 식 2.3에서와 같이 x의 시간에 대한 도함수를 구하는 것이다. 이 예에서 $x = 3t^2$이므로, $v_x = dx/dt = 6t$이다. 이것은 극한을 취해서 얻은 결과와 같다.

---

[2] 식을 단순히 쉽게 읽기 위해, $x = (3.00 \text{ m/s}^2)t^{2.00}$와 같이 쓰기보다는 $x = 3t^2$으로 쓴다. 이 경우처럼 어떤 식으로 여러 측정을 관련지어 나타낼 때, 식의 계수들은 문제에서 인용된 다른 자료와 같은 수의 유효 숫자를 가지고 있다고 생각하라. 또한 그 계수들은 차원 일치에서 요구되는 단위들을 가진다. $t = 0$에서부터 시간을 잴 때, 숫자 0이 유효 숫자가 한 개인 것을 의미하지 않는다. 이 교재에서 영으로 표현된 숫자는 여러분이 필요한 만큼의 유효 숫자를 가질 수 있음에 유의하라.

예제 2.4 | 평균 속도와 순간 속도

한 입자가 x축을 따라 움직인다. 입자의 위치는 $x = -4t + 2t^2$의 식과 같이 시간에 따라 변한다. 여기서 x의 단위는 m, t의 단위는 s 이다. 이 운동에 대한 위치-시간 그래프는 그림 2.5a로 주어진다. 입자의 위치가 수학적인 함수로 주어졌으므로, 그림 2.1에서의 자동차 운동과는 달리, 우리는 이 입자의 운동에 대해 완전히 알고 있다. 이 입자는 운동의 처음 1 s 동안 $-x$ 방향으로 움직이고, $t = 1$ s 에서 순간적으로 정지한 후 $+x$ 방향으로 움직인다.

(A) $t = 0$에서 $t = 1$ s 까지의 시간 간격과 $t = 1$ s에서 $t = 3$ s 까지의 시간 간격에서 입자의 변위를 구하라.

풀이

개념화 그림 2.5a의 도표는 입자의 운동을 나타낸 것이다. 그래프에서 갈색 곡선이 입자의 경로가 아님에 유의하자. 이 입자는 그림 2.5b에서와 같이 일차원에서 x축을 따라서만 움직인다. $t = 0$에서 입자는 좌우 어느 방향으로 움직이고 있는가? 첫 번째 시간 간격 동안 곡선의 기울기는 음이므로 평균 속도도 음이다. 그래서 점 Ⓐ와 Ⓑ 사이의 변위는 미터의 단위를 갖는 음수임이 틀림이 없다. 마찬가지로 점 Ⓑ와 Ⓓ 사이의 변위는 양임을 알 수 있다.

분류 처음 두 장에서 주어진 정의로부터 결과를 계산하므로, 이 예제는 대입 문제로 분류된다.

첫 번째 시간 간격에서 변위를 구하기 위해 $t_i = t_Ⓐ = 0$ s와 $t_f = t_Ⓑ = 1$ s로 놓고, 식 1.6을 이용한다.

$$\Delta x_{Ⓐ \to Ⓑ} = x_f - x_i = x_Ⓑ - x_Ⓐ$$
$$= [-4(1) + 2(1)^2] - [-4(0) + 2(0)^2]$$
$$= \boxed{-2 \text{ m}}$$

두 번째 시간 간격에서 $t_i = t_Ⓑ = 1$ s와 $t_f = t_Ⓓ = 3$ s로 놓고 변위를 계산한다.

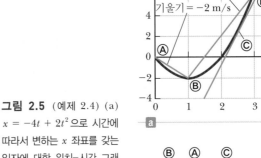

그림 2.5 (예제 2.4) (a) $x = -4t + 2t^2$으로 시간에 따라서 변하는 x 좌표를 갖는 입자에 대한 위치-시간 그래프 (b) 입자는 x축을 따라서 일차원 운동을 한다.

$$\Delta x_{Ⓑ \to Ⓓ} = x_f - x_i = x_Ⓓ - x_Ⓑ$$
$$= [-4(3) + 2(3)^2] - [-4(1) + 2(1)^2]$$
$$= \boxed{+8 \text{ m}}$$

또한 이들 변위는 위치-시간 그래프에서 직접 구할 수도 있다.

(B) 두 가지 시간 간격 동안의 평균 속도를 구하라.

풀이

첫 번째 시간 간격에서 $\Delta t = t_f - t_i = t_Ⓑ - t_Ⓐ = 1$ s이고, 식 2.2를 이용해서 평균 속도를 구한다.

$$v_{x, \text{avg} (Ⓐ \to Ⓑ)} = \frac{\Delta x_{Ⓐ \to Ⓑ}}{\Delta t} = \frac{-2 \text{ m}}{1 \text{ s}} = \boxed{-2 \text{ m/s}}$$

두 번째 시간 간격에서 $\Delta t = 2$ s이므로 다음과 같다.

$$v_{x, \text{avg} (Ⓑ \to Ⓓ)} = \frac{\Delta x_{Ⓑ \to Ⓓ}}{\Delta t} = \frac{8 \text{ m}}{2 \text{ s}} = \boxed{+4 \text{ m/s}}$$

이들 값은 그림 2.5a에서 이 점들을 연결한 직선의 기울기와 같다.

(C) $t = 2.5$ s에서 입자의 순간 속도를 구하라.

풀이

그림 2.5a에서 $t = 2.5$ s (점 Ⓒ)일 때 초록색 선의 기울기를 측정해서 순간 속도를 구한다.

$$v_x = \frac{10 \text{ m} - (-4 \text{ m})}{3.8 \text{ s} - 1.5 \text{ s}} = \boxed{+6 \text{ m/s}}$$

이 순간 속도는 앞에서 얻은 결과들과 크기 정도가 같음에 주목하자. 이것은 여러분이 예상한 결과인가? 운동의 대칭성이 보이는가? 예를 들어 속력이 같은 점들이 있는가? 이들 점에서 속도는 같은가?

⟨ 2.3 | 분석 모형: 등속 운동하는 입자
Analysis Model: Particle Under Constant Velocity

1.10절에서 언급한 바와 같이 이 책에서 사용한 모형의 세 번째 범주가 **분석 모형**이다. 이런 모형은 물리 문제의 상황을 분석하는 데 도움을 주고 해답으로 안내한다. **이전에 풀었던 문제가 분석 모형이 된다.** 분석 모형은 (1) 어떤 물리적 실체의 거동이나 (2) 실체와 그 주변 사이의 상호 작용을 묘사한 것이다. 새로운 문제를 대할 때 문제의 근본적인 사항을 파악하고 이미 풀었던 문제 형태 중 어떤 유형이 새로운 문제에 대한 모형으로 사용될 수 있는지를 인식해야 한다.

이 방법은 법률 업무에서 '판례'를 찾는 방법과 일반적으로 유사하다. 현재의 경우와 매우 유사하면서, 이전에 해결된 경우를 찾을 수 있다면, 이를 모형으로 삼고 논리적으로 두 경우를 연결시켜 법정에서 논증할 수 있다. 그러면 이전의 경우에서 찾은 내용은 현재의 경우를 해결하는 데 이용할 수 있다. 물리학에서도 문제를 풀 때 이와 유사한 방법을 사용할 수 있다. 주어진 문제에 대해, 이미 익숙하고 현재 문제에 적용할 수 있는 모형을 찾는다.

네 가지 기본적인 단순화 모형에 근거한 분석 모형을 만들 것이다. 첫 번째 단순화 모형은 1장에서 논의한 입자 모형이다. 여러 형태로 운동하며 주위와 상호 작용하고 있는 입자를 검토할 것이다. 보다 심도 있는 분석 모형은 **계, 강체** 그리고 **파동**의 단순화 모형들을 기초로 하여 다음에 소개할 것이다. 소개된 분석 모형은, 여러 다른 상황에서 반복적으로 나타남을 알게 될 것이다.

문제를 풀 때, 문제에서 요구하는 미지의 변수가 포함되어 있는 식을 찾으려고 교재를 여기저기 두서없이 대강 훑어보는 것은 피해야 한다. 많은 경우, 여러분이 찾은 식은 풀고자 하는 문제와 상관이 없을 수 있다. 다음의 첫 번째 단계를 밟는 것이 **훨씬 더 좋다. 먼저 문제에 적절한 분석 모형을 설정하라.** 그렇게 하기 위해서는, 문제에서의 상황을 주의 깊게 생각하고 이전에 알고 있던 내용과 연결시켜라. 어떤 단순화 모형이 그 문제에 관련된 실체에 대해 적절한가? 운동의 실체가 입자, 계, 강체, 또는 파동인가? 두 번째로, 운동의 실체가 무엇을 하고 있는가 또는 그것이 주위 환경과 어떻게 상호 작용하는가? 예를 들어 이 절의 제목에서 분석 모형은 대상 실체를 입자로 모형화했음을 의미한다. 또한 이 입자가 등속도로 운동한다고 정했다.

일단 분석 모형이 설정되면, 그 모형에 적절한 적은 몇몇 식들이 있을 것이다. 따라서 **그 모형으로부터 수학적인 표현을 위해 어떤 식들이 사용될 것인지 알 수 있다.** 이번 절에서, 우리는 어떤 식들이 등속 운동하는 입자의 분석 모형에 관련되는지를 배우게 될 것이다. 앞으로, 여러분이 어떤 문제에서 적절한 모형이 등속 운동하는 입자 모형임을 파악하게 되면, 문제를 푸는 데 어떤 식들을 사용해야 하는지 곧바로 알게 될 것이다.

첫 번째 분석 모형을 만들기 위해 식 2.2를 이용하자. 등속 운동하는 입자를 생각해 보자. **등속 운동하는 입자**(particle under constant velocity) 모형은 입자로 모형화된 실체가 등속도로 운동하는 **어떤** 경우에도 적용할 수 있다. 이런 상황은 빈번하게 나타나므로 이 모형은 중요하다.

입자의 속도가 일정하면, 시간 간격 내 어떤 순간에서의 순간 속도는 이 구간에서의 평균 속도와 같다. 다시 말하면 $v_x = v_{x,\text{avg}}$이다. 그러므로 식 2.2로부터 이 상황을 수학적으로 표현한 식을 얻을 수 있다.

$$v_x = v_{x,\text{avg}} = \frac{\Delta x}{\Delta t} \qquad\qquad 2.4$$

여기서 $\Delta x = x_f - x_i$이면 $v_x = (x_f - x_i)/\Delta t$이다. 또는

$$x_f = x_i + v_x \Delta t$$

이다. 이 식은 입자의 위치가 $t = 0$에서의 원래 위치 x_i와 시간 간격 Δt 동안에 생긴 변위 $v_x \Delta t$와의 합임을 말해 주고 있다. 일반적으로 실제 문제에서 처음 시간을 $t_i = 0$, 나중 시간을 $t_f = t$로 놓으므로, 이 식은 다음과 같이 된다.

$$\boxed{x_f = x_i + v_x t} \qquad (v_x\text{는 일정}) \qquad\qquad 2.5$$

식 2.4와 2.5는 등속 운동하는 입자의 모형에 사용되는 주된 식들이다. 이들을 등속 운동하는 입자로 모형화할 수 있는 입자와 물체에 적용할 수 있다. 앞으로, 등속 운동하는 입자 모형을 적용하는 문제라고 판단되면, 이들 식 중의 하나를 이용해서 문제를 풀 수 있다.

그림 2.6은 등속 운동하는 입자의 그래프 표현이다. 이 위치-시간 그래프에서 운동을 나타내는 직선의 기울기는 일정하고, 이는 속도와 같다. 이는 수학적 표현, 즉 직선의 식인 식 2.5와 일치한다. 두 가지 표현 모두에서 직선의 기울기는 v_x이고 y축의 절편은 x_i이다.

▶ 등속 운동 모형의 입자에서 시간의 함수로 나타낸 위치

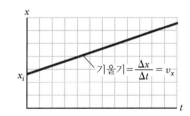

그림 2.6 등속 운동하는 입자의 위치-시간 그래프. 직선의 기울기가 등속도의 값이다.

◤ **예제 2.5 | 달리는 사람을 입자로 모형화하기** BIO

신체 운동학자가 인간의 생체 역학을 연구하기 위해 어떤 실험 대상이 일정한 비율로 직선을 따라서 달리는 동안 실험 대상의 속도를 측정한다. 신체 운동학자는 달리는 사람이 어떤 주어진 지점을 통과할 때 초시계를 작동시키고 20 m를 달린 시점에 초시계를 멈춘다. 초시계에 기록된 시간 간격은 4.0 s이다.

(A) 달리는 사람의 속도를 구하라.

풀이

개념화 여러분은 트랙이나 필드 경기를 본 적이 있을 것이다. 그러므로 이 상황을 쉽게 이해할 것이다.

분류 달리는 사람의 크기 및 팔과 다리의 운동은 불필요한 사항이기 때문에, 달리는 사람을 입자로 모형화한다. 문제에서 사람이 일정한 비율로 달리므로, 그를 등속 운동하는 입자

로 모형화할 수 있다.

분석 모형을 설정했기 때문에, 달리는 사람의 등속도를 구하기 위해, 식 2.4를 이용한다.

$$v_x = \frac{\Delta x}{\Delta t} = \frac{x_f - x_i}{\Delta t} = \frac{20\ \text{m} - 0\ \text{m}}{4.0\ \text{s}} = \boxed{5.0\ \text{m/s}}$$

(B) 초시계가 멈춘 후에도 사람이 계속 달린다면, 10 s 후의 위치는 어디인가?

풀이

$t = 10$ s의 시간에서 입자의 위치를 구하기 위해, 식 2.5와 (A)에서 구한 속도를 이용한다.

$$x_f = x_i + v_x t = 0 + (5.0 \text{ m/s})(10 \text{ s}) = \boxed{50 \text{ m}}$$

결론 (A)의 결과는 인간에게 합리적인 속력인가? 100 m와 200 m 달리기 세계 기록과 비교해 보자. (B)에서의 이 값은 초시계가 멈추었을 때의 20 m보다 두 배 이상임에 유의하자. 이 값은 10 s가 4.0 s의 두 배 이상인 것과 일치하는가?

등속 운동하는 입자에 대한 수학적인 계산은 식 2.4와 이로부터 유도된 식 2.5로부터 시작된다. 이들 식은 다른 변수들이 알려져 있다면 미지의 변수를 구하고자 할 때 사용될 수 있다. 예를 들면 예제 2.5의 (B)에서, 속도와 시간이 주어졌을 때 위치를 구한다. 마찬가지로 속도와 나중 위치를 알고 있다면, 식 2.5를 이용해서 달리는 사람이 이 위치에 도착했을 때 시간을 구할 수 있다. 3장에서 등속 운동하는 입자에 대한 더 많은 예들을 볼 것이다.

등속 운동하는 입자는 직선을 따라 일정한 속력으로 움직인다. 이제 곡선의 경로를 따라서 일정한 속력으로 움직이는 입자를 고려하자. 이 상황은 **일정한 속력으로 운동하는 입자 모형**(particle under constant speed model)으로 나타낼 수 있다. 이 모형에서 주된 식은 식 2.1에서 평균 속력 v_{avg}를 일정한 속력 v로 바꾸어 놓아 얻는다.

$$v \equiv \frac{d}{\Delta t} \qquad \text{2.6}$$

한 예로 원형 경로에서 일정한 속력으로 움직이는 입자를 고려해 보자. 속력이 5.00 m/s이고 경로의 반지름이 10.0 m인 경우, 원을 따라 한 바퀴 도는 데 걸리는 시간을 계산할 수 있다.

$$v = \frac{d}{\Delta t} \quad \rightarrow \quad \Delta t = \frac{d}{v} = \frac{2\pi r}{v} = \frac{2\pi (10.0 \text{ m})}{5.00 \text{ m/s}} = 12.6 \text{ s}$$

▌**2.4** | 가속도 Acceleration

입자의 속도가 시간에 따라 변할 때, 입자가 **가속**되고 있다고 말한다. 예를 들어 '가속 페달을 밟으면' 자동차의 속력은 증가하고, 브레이크를 밟으면 차는 느려지며, 운전대를 돌리면 자동차의 방향이 바뀐다. 이런 변화들에는 모두 가속도가 관계한다. 운동에 대해 학습하기 위해서 가속도에 대한 정확한 정의가 필요하다.

x축을 따라 움직이는 입자가 시간 t_i일 때 속도가 v_{xi}이고 시간 t_f일 때 속도가 v_{xf}라고 생각하자. 시간 간격 $\Delta t = t_f - t_i$에서 입자의 **평균 가속도**(average acceleration) $a_{x,\,avg}$는 $\Delta v_x / \Delta t$의 비율로 정의되며, 여기서 $\Delta v_x = v_{xf} - v_{xi}$는 이 시간 간격 동안 일어난 입자의 속도 **변화**이다.

$$a_{x,\,\text{avg}} \equiv \frac{v_{xf} - v_{xi}}{t_f - t_i} = \frac{\Delta v_x}{\Delta t}$$

2.7 ▶ 평균 가속도의 정의

그러므로 가속도는 속도가 얼마나 빨리 변하는지에 대한 척도이다. 가속도는 길이를 (시간)^{2}으로 나눈 L/T^{2}의 차원을 갖는 벡터양이다. 흔히 사용하는 가속도의 단위는 m/s^{2}과 ft/s^{2}이다. 예를 들어 2 m/s^{2}의 가속도는 속도가 초당 2 m/s 변한다는 것을 의미한다.

어떤 상황에서는 시간 간격에 따라 평균 가속도의 값이 달라질 수 있다. 그래서 **순간 가속도**(instantaneous acceleration)를 Δt가 영으로 접근할 때 평균 가속도의 극한으로 정의하는 것이 유용하다. 이 개념은 2.2절에서 논의한 순간 속도의 정의와 유사하다.

$$a_x \equiv \lim_{\Delta t \to 0} \frac{\Delta v_x}{\Delta t} = \frac{dv_x}{dt}$$

2.8 ▶ 순간 가속도의 정의

즉 순간 가속도는 시간에 대한 속도의 도함수와 같고, 속도−시간 그래프의 접선의 기울기가 된다. a_x가 양(+)이면 가속도는 $+x$ 방향이고, a_x가 음(−)이면 $-x$ 방향으로 가속됨을 의미한다. 음의 가속도가 반드시 입자가 $-x$ 방향으로 **움직이는** 것을 의미하는 것은 아니다. 잠시 후에 이 점에 대해 보다 자세히 언급할 것이다. 이제부터 순간 가속도를 의미하는 용어로 **가속도**라는 표현을 사용할 것이다.

$v_x = dx/dt$이므로, 가속도를 또한 다음과 같이 쓸 수 있다.

$$a_x = \frac{dv_x}{dt} = \frac{d}{dt}\left(\frac{dx}{dt}\right) = \frac{d^2 x}{dt^2}$$

2.9

이 식은 가속도가 시간에 대한 위치의 **이차 도함수**와 같은 것임을 보여 준다.

그림 2.7은 그래프상에서 가속도−시간 곡선이 속도−시간 곡선으로부터 어떻게 유도될 수 있는지를 보여 준다. 이들 그림에서 어떤 시간에 입자의 가속도는 단순히 그 시간에서 속도−시간 그래프의 기울기이다. 양의 가속도값들은 (0과 $t_{ⓑ}$ 사이에서) $+x$ 방향에서 속도의 크기가 증가(입자의 속력이 증가)하고 있는 점들에 대응된다. 시간 $t_{ⓐ}$일 때 가속도는 최대가 되며, 이때 속도−시간 그래프의 기울기가 최대이다. 시간 $t_{ⓑ}$일 때 가속도는 영이 되는데, 이때 속도가 최대(즉 속도가 순간적으로 변하지 않고 t에 대한 v 그래프의 기울기가 영)이다. 마지막으로 $+x$ 방향에서 속도의 크기가 감소할 때($t_{ⓑ}$와 $t_{ⓒ}$ 사이) 가속도는 음이다.

> **오류 피하기 | 2.4**
>
> **음의 가속도** 음의 가속도가 반드시 물체의 속력이 감소하는 것을 의미하지는 않는다는 것을 유념하자. 가속도가 음이고 속도가 음이면, 물체의 속력은 증가한다!

> **오류 피하기 | 2.5**
>
> **감가속도** 감가속도라는 단어는 흔히 속력이 감소한다는 의미로 쓰고 있다. 오류 피하기 2.4의 잘못된 생각, 즉 음의 가속도가 반드시 속력 감소를 의미하지 않음을 고려하면, **감가속도**라는 단어를 사용해서 상황이 더욱 혼동될 수 있다. 이 교재에서는 이 단어를 사용하지 않을 것이다.

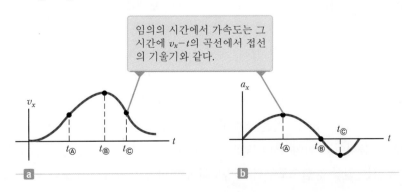

임의의 시간에서 가속도는 그 시간에 $v_x - t$의 곡선에서 접선의 기울기와 같다.

그림 2.7 (a) x축을 따라 움직이는 입자의 속도−시간 그래프 (b) 순간 가속도는 속도−시간 그래프로부터 구할 수 있다.

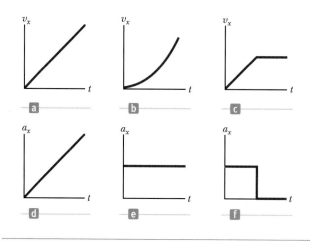

퀴즈 2.3 그림 2.8로부터 a, b, c의 $v_x - t$ 그래프로 주어진 운동을 가장 잘 묘사하고 있는 $a_x - t$ 그래프를 d, e, f에서 찾으라.

그림 2.8 (퀴즈 2.3) (a), (b), (c)는 일차원 운동에서 물체의 속도−시간 그래프이다. 가능한 가속도−시간 그래프를 (d), (e), (f)에 순서 없이 나타냈다.

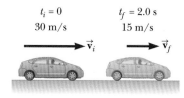

그림 2.9 시간 간격 2.0 s 동안에 자동차의 속도가 30 m/s에서 15 m/s로 감소한다.

가속도 계산의 예로서, 그림 2.9에 있는 자동차의 운동을 고려해 보자. 이 경우 자동차의 속도는 2.0 s의 시간 간격 동안에 처음 30 m/s에서 나중 15 m/s로 변한다. 이 시간 간격 동안에 평균 가속도는 다음과 같다.

$$a_{x,\,avg} = \frac{15\,\text{m/s} - 30\,\text{m/s}}{2.0\,\text{s}} = -7.5\,\text{m/s}^2$$

이 예에서 음의 부호는 가속도 벡터가 $-x$ 방향(그림 2.9의 왼쪽 방향)을 향하는 것을 의미한다. 직선 운동의 경우에 물체의 속도 방향과 가속도 방향은 다음과 같이 관련되어 있다. 물체의 속도와 가속도가 같은 방향일 때, 물체는 그 방향으로 속력이 증가한다. 반면에 물체의 속도와 가속도가 반대 방향일 때에는 시간이 경과함에 따라 물체의 속력이 감소한다.

속도와 가속도의 부호에 대한 논의를 위해, 물체의 가속도와 물체에 작용하는 **힘**과의 관계를 기술한 4장을 미리 살짝 들여다보자. 세부 사항은 나중에 논의하기로 하고 지금은 **물체에 작용하는 힘은 물체의 가속도에 비례**한다는 개념만을 가져오자.

$$\vec{F} \propto \vec{a}$$

이 비례 관계는 가속도가 힘에 기인한다는 것을 보여준다. 게다가 비례 관계의 벡터 표기에서 알 수 있듯이 힘과 가속도는 같은 방향이다. 그러므로 힘이 작용하여 가속도가 생기는 것을 머릿속으로 그려, 속도와 가속도의 부호에 대해 생각해 보자. 속도와 가속도가 같은 방향인 경우를 다시 한 번 고려하자. 이 상황은 주어진 방향으로 움직이는 물체가 같은 방향으로 물체를 끌어당기는 힘을 받는 경우와 같다. 이 경우에 물체의 속력이 증가하는 것은 명백하다! 속도와 가속도가 반대 방향이면, 물체가 한 방향으로 움직이고 힘이 반대 방향으로 물체를 잡아당긴다. 이 경우에 물체는 느려진다! 우리는 일상 경험으로부터 가속도의 방향만을 생각하는 것보다 힘이 물체에

미치는 효과가 무엇인지를 생각하는 것이 더 쉽기 때문에, 이런 상황에서 가속도의
방향을 힘의 방향과 같다고 하는 것이 매우 유용하다.

> **퀴즈 2.4** 자동차가 동쪽으로 진행하면서 속력이 줄어든다면, 속력이 줄어들게 하는 힘이
> 자동차에 작용하는 방향은 어느 쪽인가? (**a**) 동쪽 (**b**) 서쪽 (**c**) 동쪽도 아니고 서쪽도
> 아니다.

예제 2.6 | 평균 가속도와 순간 가속도

x축을 따라서 운동하는 입자의 속도가 $v_x = (40 - 5t^2)$ m/s로 시간에 따라 변한다. 여기서 t의 단위는 s이다.

(A) $t = 0$ s에서 $t = 2.0$ s까지의 시간 간격 동안 평균 가속도를 구하라.

풀이

개념화 수학적인 표현으로부터 입자가 어떤 운동을 하는지
생각해 보자. 입자는 $t = 0$ s에서 움직이고 있는가? 어느 방
향으로 움직이고 있는가? 속력은 증가하는가 또는 감소하는
가? 그림 2.10은 문제에서 주어진 속도–시간($v_x - t$) 그래프
이다. $v_x - t$ 곡선의 기울기가 음(−)이기 때문에, 가속도가 음
(−)이라고 예상된다.

분류 이 문제는 분석 모형을 이용하기보다는 함수의 극한을
구하는 문제이다. 그러므로 단순 대입 문제보다는 다소 복잡
하다.

분석 $t_i = t_Ⓐ = 0$ s와 $t_f = t_Ⓑ = 2.0$ s를 속도에 관한 식에 대
입한다.

$$v_{xⒶ} = 40 - 5t_Ⓐ^2 = 40 - 5(0)^2 = +40 \text{ m/s}$$

$$v_{xⒷ} = 40 - 5t_Ⓑ^2 = 40 - 5(2.0)^2 = +20 \text{ m/s}$$

시간 간격 $\Delta t = t_Ⓑ - t_Ⓐ = 2.0$ s 동안 평균 가속도를 구한다.

$$a_{x,\text{avg}} = \frac{v_{xf} - v_{xi}}{t_f - t_i} = \frac{v_{xⒷ} - v_{xⒶ}}{t_Ⓑ - t_Ⓐ} = \frac{20 \text{ m/s} - 40 \text{ m/s}}{2.0 \text{ s} - 0 \text{ s}}$$

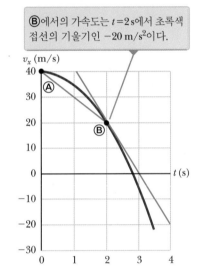

Ⓑ에서의 가속도는 $t = 2$ s에서 초록색
접선의 기울기인 −20 m/s²이다.

그림 2.10 (예제 2.6)
$v_x = 40 - 5t^2$ 를 만족하
면서 x축을 따라서 운동
하는 입자의 속도–시간
그래프

$$= -10 \text{ m/s}^2$$

결론 음(−)의 부호는 예상한 것과 일치한다. 즉 속도–시간
그래프에서 시작점과 끝점을 연결한 파란색 직선의 기울기로
표현되는 평균 가속도는 음(−)이다.

(B) $t = 2.0$ s에서의 가속도를 구하라.

풀이

분석 처음 시간 t에서의 속도가 $v_{xi} = 40 - 5t^2$일 때, $t + \Delta t$
에서의 나중 속도를 구한다.

$$v_{xf} = 40 - 5(t + \Delta t)^2 = 40 - 5t^2 - 10t \, \Delta t - 5(\Delta t)^2$$

시간 간격 Δt 동안 속도의 변화를 구한다.

$$\Delta v_x = v_{xf} - v_{xi} = -10t \, \Delta t - 5(\Delta t)^2$$

가속도를 구하기 위해 이 속도 변화를 Δt로 나누고 Δt를 영

으로 접근시킨다.

$$a_x = \lim_{\Delta t \to 0} \frac{\Delta v_x}{\Delta t} = \lim_{\Delta t \to 0} (-10t - 5\Delta t) = -10t$$

$t = 2.0$ s를 대입한다.

$$a_x = (-10)(2.0) \text{ m/s}^2 = \boxed{-20 \text{ m/s}^2}$$

결론 이 순간에 입자의 속도는 양(+)이고, 가속도는 음(−)
이기 때문에, 입자의 속도는 감소한다.

(A)와 (B)에 대한 풀이가 다름에 주목한다. (A)에서의 평균 가속도는 그림 2.10에서 점 Ⓐ와 Ⓑ를 연결한 파란색 선의 기울기이다. (B)에서 순간 가속도는 점 Ⓑ에서 곡선의 접선 인 초록색 선의 기울기이다. 또한 이 예제에서 가속도가 **일정 하지 않음**에 유의하자. 등가속도를 포함하는 상황은 2.6절에 서 다룬다.

▌2.5 │ 운동 도표 Motion Diagram

속도와 가속도의 개념은 종종 서로 혼동되지만 사실상 아주 다른 양이다. 물체가 운동하는 동안 속도와 가속도 벡터를 표현하기 위해 **운동 도표**(motion diagram)라 고 하는 그림을 사용하면 이해에 도움이 된다.

움직이는 물체의 **섬광 사진**은 섬광이 일정한 템포로 터질 때마다 찍은 물체의 여러 순간 장면들을 보여 준다. 그림 2.1a는 2.1절에서 공부한 자동차의 운동 도표이다. 그 림 2.11은 왼쪽에서 오른쪽으로 직선 도로를 따라 움직이는 자동차의 연속 섬광 사진 세 세트를 나타내고 있다. 각 도표에서 섬광이 터진 시간 간격은 모두 같다. 두 벡터 의 양을 구별하기 위해 그림 2.11에서 속도 벡터를 빨간색 화살로, 가속도 벡터를 보 라색 화살로 표시했다. 물체가 운동하는 동안 여러 순간에서 벡터를 그렸다. 각각의 도표에서 자동차의 운동을 설명해 보자.

그림 2.11a에서 자동차의 영상은 동일한 간격이며, 자동차는 각 시간 간격 동안 동 일한 거리를 이동한다. 그러므로 자동차는 **일정한 양(+)의 속도**로 움직이고 **가속도는 영**이다. 자동차를 입자로 단순화할 수 있고 자동차의 운동을 등속 운동하는 입자의 분석 모형으로 설명할 수 있다.

그림 2.11b에서 자동차의 간격은 시간에 따라 점점 증가하므로, 이 경우 속도 벡터 가 시간에 따라 증가한다. 왜냐하면 인접한 점 사이의 자동차 변위가 시간에 따라 증 가하기 때문이다. 그러므로 자동차는 **양의 속도**와 **양의 가속도**로 움직인다. 속도와 가 속도는 같은 방향이다. 앞에서 논의한 힘의 관점에서 보면, 자동차가 움직이는 방향과 같은 방향으로 자동차를 끌어당기는 힘을 상상할 수 있고, 이 힘이 자동차의 속력을 증가시킨다.

그림 2.11c에서 시간에 따라 인접한 점 사이의 변위가 감소하므로 자동차는 오른쪽

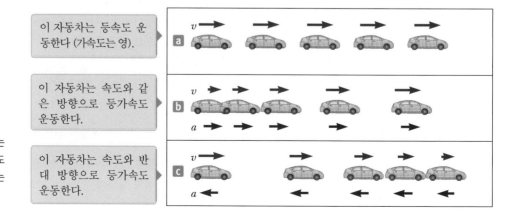

이 자동차는 등속도 운동한다 (가속도는 영).

이 자동차는 속도와 같은 방향으로 등가속도 운동한다.

이 자동차는 속도와 반대 방향으로 등가속도 운동한다.

그림 2.11 한 방향으로 곧은 길을 달리는 자동차의 운동 도표. 각각의 순간에 속도 벡터는 빨간색 화살표로, 등가속도 벡터는 보라색 화살표로 표시되어 있다.

으로 움직이면서 속력이 감소한다. 이 경우에 자동차는 처음부터 **양의 속도**와 **음의 가속도**로 오른쪽으로 움직인다. 속도 벡터는 시간에 따라 감소하고 결국 영에 도달한다 (브레이크를 밟은 후에 멈추기까지 미끄러지는 자동차에서 이런 형태의 운동을 볼 수 있다). 이 도표에서 가속도 벡터와 속도 벡터가 같은 방향이 **아님**을 알 수 있다. 속도와 가속도는 반대 방향이다. 앞에서 논의한 힘을 생각하면, 자동차가 움직이는 방향과 반대 방향으로 자동차를 잡아당기는 힘을 상상할 수 있고, 이 힘이 자동차의 속력을 감소시킨다.

그림 2.11b와 2.11c에서 보라색 가속도 벡터는 모두 같은 길이를 갖고 있다. 그러므로 이들 도표는 등가속도 운동을 나타내고 있다. 이런 형태의 운동에 대해서는 다음 절에서 다룬다.

> **퀴즈 2.5** 다음 중 옳은 것은 어느 것인가? (a) 자동차가 동쪽으로 이동하고 있으면, 자동차의 가속도는 동쪽이다. (b) 자동차가 느려지면, 자동차의 가속도는 음이 틀림없다. (c) 등가속도의 입자는 결코 멈추어서 정지 상태로 머물 수 없다.

2.6 | 분석 모형: 등가속도 운동하는 입자
Analysis Model: Particle Under Constant Acceleration

입자의 가속도가 시간에 따라 변하면 그 운동은 복잡하고 분석하기 어려울 수 있다. 아주 흔하고 단순한 형태의 일차원 운동은 그림 2.11b와 2.11c에서 자동차의 운동처럼 가속도가 일정할 때에 일어난다. 이 경우에 어떤 시간 간격 동안의 평균 가속도는 시간 간격 내에서 어떤 순간에서든지 그 순간에서 순간 가속도와도 같다. 결과적으로 운동 내내 같은 비율로 속도가 증가하거나 감소한다. **등가속도 운동하는 입자**(particle under constant acceleration) 모형은 적절한 문제들에 적용할 수 있는 일반적인 분석 모형이다. 이 모형은 낙하하는 물체 또는 브레이크를 밟은 자동차와 같은 상황을 모형화하는 데 자주 사용된다.

식 2.7에서 $a_{x,\,\text{avg}}$를 a_x로 치환하면 다음과 같이 된다.

$$a_x = \frac{v_{xf} - v_{xi}}{t_f - t_i}$$

편의상 $t_i = 0$ 그리고 t_f를 임의의 시간 t로 놓자. 이 표기로 v_{xf}에 대해 풀면 다음과 같다.

$$v_{xf} = v_{xi} + a_x t \quad (a_x\text{는 일정}) \qquad 2.10$$

이 식은 처음 속도와 등가속도를 알 때 **어떤** 시간 t에서 속도를 구하는 데 유용하다. 이것은 등가속도로 운동하는 입자 모형으로 문제를 푸는 데 사용될 수 있는 네 가지 식 중 첫 번째 식이다. 이 운동에 대한 시간에 따른 위치 변화 그래프를 그림 2.12a에 나타냈다. 그림 2.12b의 속도–시간 그래프는 직선이고 기울기는 등가속도 a_x이

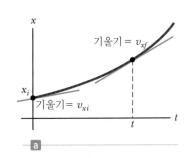

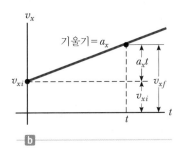

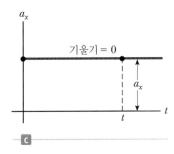

그림 2.12 x축을 따라 등가속도 a_x로 움직이는 입자에 대한 그래프 (a) 위치–시간 그래프 (b) 속도–시간 그래프 (c) 가속도–시간 그래프

▶ 등가속도 운동하는 입자 모형에서 시간의 함수로 나타낸 속도

다. 이 그래프가 직선이라는 것은 $a_x = dv_x/dt$가 일정하다는 것과 일치한다. 이 그래프와 식 2.10으로부터 시간 t일 때의 속도는 처음 속도 v_{xi}와 가속도에 의한 속도 변화량 $a_x t$를 더한 것이다. 가속도가 일정하기 때문에 시간에 따른 가속도의 그래프(그림 2.12c)는 기울기가 영인 직선이다. 가속도가 음이면, 그림 2.12b의 기울기가 음일 것이고 그림 2.12c의 수평선은 시간축 아래에 놓일 것이다.

입자의 변위가 속도 – 시간 그래프 곡선 아래의 넓이라는 2.1절의 결과를 이용하면, 등가속도 입자 모형에 대한 다른 식을 만들 수 있다. 그림 2.12b와 같이 속도가 시간에 따라 선형적으로 변하기 때문에, 곡선 아래의 넓이는 다음과 같이 직사각형의 넓이 (그림 2.12b의 수평 점선 아랫부분)와 삼각형의 넓이(수평 점선 윗부분)를 더한 것이다.

$$\Delta x = v_{xi}\,\Delta t + \frac{1}{2}\,(v_{xf} - v_{xi})\,\Delta t$$

간단히 하면 다음과 같다.

$$\Delta x = \left(v_{xi} + \frac{1}{2}v_{xf} - \frac{1}{2}v_{xi}\right)\Delta t = \frac{1}{2}(v_{xi} + v_{xf})\,\Delta t$$

일반적으로 식 2.2로부터 시간 간격 동안의 변위는 다음과 같다.

$$\Delta x = v_{x,\,\mathrm{avg}}\,\Delta t$$

나중의 두 식을 비교하면 어떤 시간 간격 동안의 평균 속도는 처음 속도 v_{xi}와 나중 속도 v_{xf}의 산술 평균임을 알 수 있다.

▶ 등가속도 운동하는 입자 모형에서 평균 속도

$$v_{x,\,\mathrm{avg}} = \frac{1}{2}(v_{xi} + v_{xf}) \quad (a_x \text{는 일정}) \qquad \text{2.11}$$

이 식은 단지 가속도가 일정한 때에만, 즉 속도가 시간에 따라 선형적으로 변할 때에만 타당하다는 것을 기억하자.

위치를 시간의 함수로 구하기 위해 식 2.2와 2.11을 사용한다. 처음 위치 x_i를 지날 때의 시간을 다시 $t_i = 0$으로 택하면 다음을 얻는다.

$$\Delta x = v_{x,\,\mathrm{avg}}\Delta t = \frac{1}{2}(v_{xi} + v_{xf})t$$

▶ 등가속도 운동하는 입자 모형에서 속도와 시간의 함수로 나타낸 위치

$$\boxed{x_f = x_i + \frac{1}{2}(v_{xi} + v_{xf})t} \quad (a_x \text{는 일정}) \qquad \text{2.12}$$

v_{xf}에 대한 식 2.10을 식 2.12에 대입하면, 위치에 대한 또 다른 유용한 식을 얻을 수 있다.

$$x_f = x_i + \frac{1}{2}[v_{xi} + (v_{xi} + a_x t)]t$$

▶ 등가속도 운동하는 입자 모형에서 시간의 함수로 나타낸 위치

$$\boxed{x_f = x_i + v_{xi}t + \frac{1}{2}a_x t^2} \quad (a_x \text{는 일정}) \qquad \text{2.13}$$

어떤 시간 t일 때의 위치는 처음 위치 x_i에 속도가 처음 속도로 일정하게 유지될 경우의 변위 $v_{xi}t$와 입자가 가속됨에 따른 변위 $\frac{1}{2}a_x t^2$을 더한 것임에 주목하자. 그림 2.12a에 보인 등가속도 운동에 대한 위치 – 시간 그래프를 다시 고려하자. 식 2.13으

로 표현되는 곡선은 t^2에 의존하므로 포물선이다. $t = 0$일 때 이 곡선에 대한 접선의 기울기가 처음 속도 v_{xi}와 같고, 어떤 시간 t일 때 접선의 기울기가 그 시간에서의 속도와 같다.

마지막으로 식 2.10으로부터 t의 값을 식 2.12에 대입하면, 시간을 포함하지 않은 식을 얻을 수 있다.

$$x_f = x_i + \frac{1}{2}(v_{xi} + v_{xf})\left(\frac{v_{xf} - v_{xi}}{a_x}\right) = x_i + \frac{v_{xf}^2 - v_{xi}^2}{2a_x}$$

$$v_{xf}^2 = v_{xi}^2 + 2a_x(x_f - x_i) \qquad (a_x\text{는 일정}) \qquad \textbf{2.14}$$

▶ 등가속도 운동하는 입자 모형에서 위치의 함수로 나타낸 속도

이 식은 식 2.10과 2.12를 결합해서 유도했으므로 독립적인 식은 **아니다**. 그러나 이 식은 시간을 포함하지 않은 문제들을 해결할 때 유용하다.

가속도가 **영**인 운동에서 식 2.10과 2.13은 다음과 같이 된다.

$$\left.\begin{array}{l} v_{xf} = v_{xi} \\ x_f = x_i + v_{xi}t \end{array}\right\} \quad a_x = 0\text{일 때}$$

즉 가속도가 영일 때, 속도는 일정하게 유지되고 위치는 시간에 따라 선형적으로 변한다. 이 경우에 **등가속도** 운동하는 입자 모형은 **등속** 운동하는 입자 모형으로 환원된다.

식 2.10, 2.12, 2.13, 2.14는 등가속도 운동하는 입자(또는 입자로서 취급할 수 있는 물체)의 일차원 운동에 관한 문제를 푸는 데 사용될 수 있는 네 개의 **운동학 식** (kinematic equations)이다. 주어진 문제를 분석해서 등가속도 운동하는 입자 모형이 적절한 분석 모형이라면, 이들 네 개의 식을 이용하라. 몇 가지 간단한 대수적 처리 과정과 가속도가 일정하다는 조건하에서 속도와 가속도의 정의로부터 이 관계들을 유도했다는 것을 기억하자. $t = 0$일 때에 $x_i = 0$이 되도록 입자의 처음 위치를 운동의 원점으로 선택하는 것이 편리하다. 그러나 x_i의 값을 영이 아닌 다른 값으로 선택해야 하는 경우도 있다.

편의상 등가속도 운동하는 입자에 대한 네 개의 운동학 식을 표 2.2에 나열했다. 주어진 상황에서 사용할 운동학 식을 선택하는 것은 사전에 알고 있는 정보에 의존한다. 때때로 어떤 순간에 위치와 속도와 같은 두 미지수에 대한 문제를 풀기 위해 이들 식 중 두 개를 사용하는 경우도 있다. 운동 중 변하는 물리량은 속도 v_{xf}, 위치 x_f, 시간 t임을 알아야 한다. 다른 물리량 x_i, v_{xi}, a_x는 운동의 **매개변수**로 일정하다.

표 2.2 등가속도 운동하는 입자의 운동학 식

식 번호	식	식에 표시된 정보
2.10	$v_{xf} = v_{xi} + a_x t$	시간의 함수로 나타낸 속도
2.12	$x_f = x_i + \frac{1}{2}(v_{xi} + v_{xf})t$	속도와 시간의 함수로 나타낸 위치
2.13	$x_f = x_i + v_{xi}t + \frac{1}{2}a_x t^2$	시간의 함수로 나타낸 위치
2.14	$v_{xf}^2 = v_{xi}^2 + 2a_x(x_f - x_i)$	위치의 함수로 나타낸 속도

Note: 운동은 x 방향임. $t = 0$일 때, 입자의 위치는 x_i이고 속도는 v_{xi}이다.

예제 2.7 | 항공모함에 착륙하기

전투기가 $140 \, \text{mi/h} \, (\approx 63 \, \text{m/s})$의 속력으로 항공모함에 착륙하려고 한다.

(A) 전투기가 착함구속 와이어에 걸려서 정지하기까지 $2.0 \, \text{s}$가 걸린다면 가속도는 얼마인가? 단, 가속도가 일정하다고 가정한다.

풀이

개념화 항공모함에 착륙하는 전투기의 모습은 영화나 텔레비전에서 흔히 볼 수 있다. 전투기는 착함구속 와이어에 걸려서 놀랄 정도로 빨리 정지한다. 이 문제를 잘 읽어보면, 처음 속력이 $63 \, \text{m/s}$라는 것과 나중 속력이 영이라는 것을 알 수 있다. x축을 전투기의 운동 방향으로 설정하자. 전투기가 감속하는 동안 위치의 변화에 대한 정보는 주어져 있지 않다.

분류 전투기의 가속도가 일정하다고 가정하고 있으므로, 여기서는 전투기를 등가속도 운동하는 입자로 모형화한다.

분석 표 2.2에 있는 식 중에서 식 2.10만이 위치를 포함하고 있지 않으므로, 전투기를 입자로 가정하고 가속도를 구하는데 이 식을 사용하면 된다.

$$a_x = \frac{v_{xf} - v_{xi}}{t} \approx \frac{0 - 63 \, \text{m/s}}{2.0 \, \text{s}} = \boxed{-32 \, \text{m/s}^2}$$

(B) 전투기가 처음으로 갑판에 닿는 지점을 $x_i = 0$으로 한다면, 전투기가 정지하는 위치는 어디인가?

풀이

식 2.12를 이용해서 나중 위치를 구한다.

$$x_f = x_i + \frac{1}{2}(v_{xi} + v_{xf})t = 0 + \frac{1}{2}(63 \, \text{m/s} + 0)(2.0 \, \text{s})$$

$$= \boxed{63 \, \text{m}}$$

결론 항공모함의 크기를 대략적으로 생각해 볼 때, $63 \, \text{m}$의 거리는 전투기가 정지하기에 적절한 거리인 것 같다. 착함구속 와이어를 이용해서 안전하게 비행기를 감속시켜서 배 위에 착륙시키는 방법은 1차 세계대전 때 고안된 아이디어이

다. 착함구속 와이어는 아직도 항공모함에서 사용되고 있다.

문제 (A)에서 계산한 가속도로 제동하는 상황에서 전투기가 $63 \, \text{m/s}$보다 빠른 속력으로 갑판에 착륙한다면 (B)의 답은 어떻게 달라져야 하는가?

답 전투기의 처음 속도가 더 빠르다면, 갑판에 닿는 지점으로부터 더 먼 거리에서 정지하게 될 것이므로, (B)에서의 답은 더 큰 값으로 나온다. 식 2.12에 있는 수식에서 알 수 있듯이 v_{xi}가 커지면, x_f도 커질 것이다.

예제 2.8 | 과속 차량의 단속

$45.0 \, \text{m/s}$의 일정한 속력으로 달리는 자동차가 광고판 뒤에 숨어 있는 교통경찰을 지나친다. 과속한 자동차가 광고판을 통과한 뒤 $1 \, \text{s}$ 후, 과속한 자동차를 붙잡기 위해 교통경찰은 광고판에서 출발해서 $3.00 \, \text{m/s}^2$으로 일정하게 가속한다. 교통경찰이 과속 자동차를 붙잡는 데 걸리는 시간은 얼마인가?

풀이

개념화 그림 2.13은 일련의 사건을 명확하게 하는 데 도움이 된다.

분류 자동차는 등속 운동을 하는 입자 그리고 교통경찰은 등가속도 운동을 하는 입자로 모형화한다.

분석 먼저 각 자동차의 위치를 시간의 함수로 나타낸다. 광고판의 위치를 원점으로 선택하고 교통경찰이 움직이기 시작한 시간을 $t_ⓑ = 0$으로 둔다. 그 순간에 자동차는 $1 \, \text{s}$ 동안 $v_x = 45.0 \, \text{m/s}$의 일정한 속력으로 움직였기 때문에, 이미 $45.0 \, \text{m}$의 거리를 이동했다. 따라서 과속 자동차의 처음 위치는

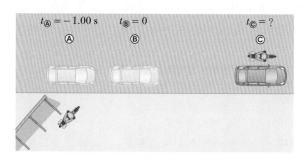

그림 2.13 (예제 2.8) 숨어 있는 교통경찰을 지나치는 과속 자동차

$x_ⓑ = 45.0 \, \text{m}$이다.

등속 운동하는 입자의 모형을 이용해서, 임의의 시간 t에서 자동차의 위치는 식 2.5에 적용해서 구한다.

$$x_{car} = x_⑧ + v_{x\,car}\,t$$

얼핏 점검해 보면 $t = 0$에서 이 식은 교통경찰이 움직이기 시작할 때 자동차의 정확한 처음 위치를 보여 준다. 즉 $x_{car} = x_⑧ = 45.0\ \text{m}$이다.

교통경찰이 $t_⑧ = 0$일 때 정지한 상태에서 출발해서 원점으로부터 $3.00\ \text{m/s}^2$의 가속도로 달려 나간다. 따라서 시간 t일 때 교통경찰의 위치는 식 2.13으로 구할 수 있다.

$$x_f = x_i + v_{xi}\,t + \frac{1}{2}a_x t^2$$

$$x_{경찰차} = 0 + (0)t + \frac{1}{2}a_x t^2 = \frac{1}{2}a_x t^2$$

교통경찰이 위치 ©에서 과속 자동차를 붙잡게 되므로, 두 위치를 같게 놓는다.

$$x_{경찰차} = x_{car}$$
$$\frac{1}{2}a_x t^2 = x_⑧ + v_{x\,car}\,t$$

이 식을 정리하면 이차 방정식이다.

$$\frac{1}{2}a_x t^2 - v_{x\,car}\,t - x_⑧ = 0$$

이 식의 해에서 양(+)의 값을 가지는 해는 $t = 31.0\ \text{s}$이다. (교통경찰이 자동차를 붙잡게 되는 시간에 대한 이차 방정식을 푼다. 이차 방정식을 푸는 데 있어 도움을 얻으려면 부록 B.2를 보라.)

$$t = \frac{v_{x\,car} \pm \sqrt{v_{x\,car}^2 + 2a_x x_⑧}}{a_x}$$

(1)
$$t = \frac{v_{x\,car}}{a_x} + \sqrt{\frac{v_{x\,car}^2}{a_x^2} + \frac{2x_⑧}{a_x}}$$

해를 구하고, 여기서 시간 $t > 0$과 일치해야 하기 때문에 양(+)의 부호를 선택한다.

$$t = \frac{45.0\ \text{m/s}}{3.00\ \text{m/s}^2} + \sqrt{\frac{(45.0\ \text{m/s})^2}{(3.00\ \text{m/s}^2)^2} + \frac{2\,(45.0\ \text{m})}{3.00\ \text{m/s}^2}}$$

$$= \boxed{31.0\ \text{s}}$$

결론 자동차가 교통경찰을 지나치는 순간의 시간 $t = 0$을 선택하지 않은 이유는 무엇일까? 그렇게 했다면, 교통경찰에 대해 등가속도 운동하는 입자 모형을 사용할 수 없었을 것이다. 교통경찰의 가속도는 처음 1 s 동안은 영이고, 나머지 시간 동안 $3.00\ \text{m/s}^2$이다. 교통경찰이 움직이기 시작할 때를 $t = 0$으로 놓음으로써, 모든 양(+)의 시간에 대해 등가속도 운동하는 입자 모형을 사용할 수 있다.

문제 교통경찰이 더 큰 가속도를 내는 훨씬 강력한 오토바이를 가졌더라면 어떻게 될 것인가? 교통경찰이 과속한 자동차를 붙잡는 시간은 어떻게 변하는가?

답 오토바이가 더 큰 가속도를 갖는다면, 교통경찰은 더 빨리 자동차를 따라잡기 때문에 시간에 대한 해는 31 s보다 더 작을 것이다. 식 (1)의 우변에 있는 모든 항들이 분모에 a_x를 가지고 있기 때문에, 가속도가 증가하면 따라잡는 시간이 단축될 것이다.

▌**2.7** | **자유 낙하 물체** Freely Falling Objects

모든 물체는 낙하할 때 거의 등가속도로 지구를 향해 떨어지는 것으로 잘 알려져 있다. 갈릴레이가 피사의 사탑에서 무게가 다른 두 물체를 동시에 떨어뜨려 두 물체가 거의 동시에 바닥에 도달하는 것을 관찰함으로써 이런 사실을 처음 발견했다는 전설이 있다(공기 저항이 물체의 낙하에 영향을 미치지만, 우선은 낙하하는 물체가 진공 중에서 떨어지는 것으로 단순화 모형을 설정하자). 이 특별한 실험이 실제로 수행됐는지는 다소 의심스럽지만, 갈릴레오는 경사면에서 움직이는 물체에 대해 많은 실험을 체계적으로 수행했다는 사실은 잘 알려져 있다. 갈릴레오는 거리와 시간 간격 사이의 관계를 주의 깊게 관찰해서, 원점에서 정지해 있던 물체의 변위가 운동이 진행된 시간 간격의 제곱에 비례하는 것을 밝혔다. 이 관측은 등가속도 운동하는 입

갈릴레이
Galileo Galilei, 1564~1642
이탈리아의 물리학자 겸 천문학자

갈릴레이는 자유 낙하하는 물체에 대한 운동 법칙을 공식화했고 물리학과 천문학에서 많은 다른 중요한 발견을 했다. 갈릴레이는 태양이 우주의 중심이라는 코페르니쿠스의 주장(태양 중심설)을 공식적으로 옹호했다. 그는 가톨릭 교회가 이단이라고 주장하는 견해인 코페르니쿠스의 모형을 지지하는 《새로운 두 천체 계들에 관한 대화》를 출판했다.

오류 피하기 | 2.6

*g*와 **g** 자유 낙하 가속도의 기호로 사용되는 이탤릭체 *g*와 질량의 단위, 그램의 축약으로 사용되는 직립체 g를 혼동하지 않도록 하자.

자에 대해 유도한 운동학 식 중 하나와 일치한다($v_{xi} = 0$일 때의 식 2.13). 역학에서 갈릴레오의 성과는 뉴턴이 운동 법칙을 만드는 데 길잡이가 됐다.

동전과 구긴 종잇조각을 같은 높이에서 동시에 떨어뜨리면 바닥에 도달하는 데 작은 시간 차이가 있을 것이다. 그러나 공기 저항을 실제로 무시할 수 있는 진공 상태에서 같은 실험을 수행하면, 심지어는 종이가 평평하더라도 종이의 모양이나 무게에 관계없이 같은 가속도로 떨어질 것이다. 공기 저항이 무시되는 이상적인 경우에 있어 이런 운동을 **자유 낙하**라고 한다. 그림 2.14의 진공에서 사과와 깃털의 낙하 사진을 볼 때, 이런 사실은 매우 설득력 있게 설명된다. 1971년 8월 2일에 우주 비행사 스콧(David Scott)이 달에서 이런 실험을 수행했다. 그는 망치와 깃털을 동시에 떨어뜨렸고 그것들은 동시에 달의 표면에 떨어졌다. 이 실험은 확실히 갈릴레오를 기쁘게 했을 것이다!

자유 낙하 가속도의 크기는 기호 *g*로 표기한다. 지표면에서 *g*는 대략 9.80 m/s², 980 cm/s², 또는 32 ft/s²이다. 별다른 언급이 없으면, 계산할 때에 9.80 m/s²를 사용할 것이다. 또한 벡터 $\vec{g}$는 지구 중심을 향해 아래로 향하는 것으로 가정할 것이다.

자유 낙하 물체라는 표현을 사용할 때, 반드시 정지 상태로부터 떨어지는 물체를 의미하지는 않는다. 자유 낙하 물체는 처음 운동에 관계없이 중력만의 영향하에서 자유롭게 움직이는 물체이다. 그러므로 위로 또는 아래로 던진 물체와 정지 상태에서 떨어지는 물체 모두는, 일단 출발하면 다 자유 낙하 물체이다! 지표면 근처에서 *g*의 값은 일정하기 때문에, 자유 낙하 물체를 기술할 때 등가속도 운동하는 입자 모형을 사용할 수 있다.

이 장의 앞선 예제들에서 입자는 문제에서 언급된 바와 같이 등가속도로 운동했다. 그러므로 모형화가 필요한 것은 아니었다. 이제는 모형화할 필요를 느낄 수 있다. 실제로 낙하하는 물체를 분석 모형으로 **모형화**한다. (1) 공기 저항을 무시하고 (2) 자유

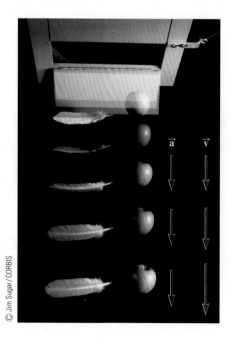

그림 2.14 진공 용기 안에서 정지 상태로부터 낙하시킨 사과와 깃털은 질량에 상관없이 같은 비율로 떨어진다. 공기 저항을 무시하면, 이 다중 섬광 사진에서 보라색 화살표로 표시한 것처럼 모든 물체는 9.80 m/s² 크기의 같은 가속도를 가지고 지구로 낙하한다. 연이은 빨간색 화살표로 표시한 것처럼 두 물체의 속도는 시간에 따라 선형적으로 증가한다.

낙하 가속도를 일정한 것으로 가정함에 주목하자. 그러므로 등가속도 운동하는 입자 모형은 훨씬 복잡할 수 있는 실제 문제에 대한 하나의 **대체**이다. 그러나 공기 저항과 g의 변화가 작으면, 모형을 통해 실제 상황과 아주 일치하는 예측을 할 수 있다.

등가속도로 움직이는 물체에 대해 2.6절에서 전개한 식을 낙하하는 물체에 적용할 수 있다. 다만 자유 낙하 물체에 대한 식을 만들 때, 꼭 필요한 수량은 운동이 연직 방향으로 일어나므로 x 대신에 y를 사용하고, 가속도가 아래 방향으로 $9.80 \ \mathrm{m/s^2}$의 크기를 갖는다는 것이다. 그러므로 자유 낙하 물체에 대해 흔히 $a_y = -g = -9.80 \ \mathrm{m/s^2}$로 잡는데, 음의 부호는 물체의 가속도가 아래 방향임을 표시한다. 아래 방향을 음으로 선택하는 것은 임의적이지만 일반적인 일이다.

> **퀴즈 2.6** 공을 위로 던져 올리면 공이 자유 낙하하는 동안 가속도가 (**a**) 증가한다, (**b**) 감소한다, (**c**) 증가하다가 감소한다, (**d**) 감소하다가 증가한다, (**e**) 일정하게 유지된다. 이들 중 어느 것이 맞는가?

> **생각하는 물리 2.2**
>
> 한 스카이다이버가 공중에 정지한 헬리콥터에서 뛰어내린다. 몇 초 후에 다른 스카이다이버가 뛰어내려서 둘은 같은 연직선을 따라 떨어진다. 공기 저항을 무시하면 두 스카이다이버는 같은 가속도로 떨어지며, 그들을 등가속도 운동하는 입자로 모형화한다. 그들 사이의 연직 거리가 같게 유지되는가? 그들의 속력 차이는 같게 유지되는가?
>
> **추론** 어떤 주어진 순간에 스카이다이버의 속력은 한 사람이 다른 사람보다 먼저 떨어지기 시작했기 때문에 분명히 다르다. 그러나 그들이 같은 가속도를 갖기 때문에 어떤 시간 간격 동안에 각 스카이다이버는 같은 양만큼 속력이 증가한다. 그러므로 속력의 차이는 같게 유지된다. 첫 번째 스카이다이버는 두 번째 스카이다이버보다 항상 더 빠른 속력으로 떨어진다. 주어진 시간 간격에서 첫 번째 스카이다이버는 두 번째 스카이다이버보다 더 큰 변위를 움직일 것이다. 그러므로 그들 사이의 거리는 증가한다. ◀

> **예제 2.9 | 초보치고는 잘 던졌어!**
>
> 한 건물 옥상에서 돌멩이를 처음 속도 $20.0 \ \mathrm{m/s}$로 연직 위 방향으로 던진다. 건물의 높이가 $50.0 \ \mathrm{m}$이고, 돌멩이는 그림 2.15와 같이 지붕의 가장자리를 살짝 벗어나 아래로 떨어진다.
>
> **(A)** 돌멩이가 위치 Ⓐ에서 던지는 사람의 손을 떠나는 시간을 $t_Ⓐ = 0$으로 두고, 이를 이용해서 돌멩이가 최고점에 도달한 시간을 구하라.

풀이

개념화 떨어지는 물체 또는 위로 던진 물체가 다시 낙하하는 것을 본 적이 있을 것이다. 그래서 이런 문제는 이미 익숙한 경험을 잘 기술할 수 있어야 한다. 이 상황을 묘사하기 위해,

작은 물체를 위로 던지고 바닥으로 떨어질 때까지의 시간 간격에 주목한다. 이제는 이 물체를 건물의 옥상에서 위로 던지는 것을 상상하자.

돌멩이를 위로 던졌기 때문에 처음 속도는 양(+)이다. 돌멩

이가 최고점에 도달한 후에는 속도의 부호가 바뀔 것이다. 그러나 돌멩이의 가속도는 **항상** 아래 방향이다.

분류 돌멩이는 자유 낙하하기 때문에, 등가속도 운동하는 입자로 모형화할 수 있다.

분석 돌멩이가 사람의 손을 떠난 순간의 위치를 처음 지점으로 하고 최고점을 나중 지점으로 하자.
돌멩이가 최대 높이에 도달하는 시간을 계산하기 위해 식 2.10을 이용한다.

$$v_{yf} = v_{yi} + a_y t \quad \rightarrow \quad t = \frac{v_{yf} - v_{yi}}{a_y}$$

주어진 값들을 대입한다.

$$t = t_{Ⓑ} = \frac{0 - 20.0 \,\text{m/s}}{-9.80 \,\text{m/s}^2} = \boxed{2.04 \,\text{s}}$$

(B) 돌멩이의 최대 높이를 구하라.

풀이

(A)에서와 같이, 시작 지점과 나중 지점을 선택한다.
(A)에서 구한 시간을 식 2.13에 대입해서, 던진 사람의 위치로부터 측정된 최대 높이를 구할 수 있다. 여기서 $y_{Ⓐ} = 0$으로 놓는다.

$$y_{\max} = y_{Ⓑ} = y_{Ⓐ} + v_{yⒶ} t + \frac{1}{2} a_y t^2$$

$$y_{Ⓑ} = 0 + (20.0 \,\text{m/s})(2.04 \,\text{s})$$
$$+ \frac{1}{2}(-9.80 \,\text{m/s}^2)(2.04 \,\text{s})^2 = \boxed{20.4 \,\text{m}}$$

(C) 돌멩이가 처음 위치로 되돌아왔을 때의 속도를 구하라.

풀이

돌멩이가 던져진 때의 위치를 처음 지점으로 하고, 올라갔다가 내려오면서 같은 지점을 통과할 때의 위치를 나중 지점으로 하자.
식 2.14에 주어진 값들을 대입한다.

$$v_{yⒸ}^2 = v_{yⒶ}^2 + 2a_y(y_Ⓒ - y_Ⓐ)$$

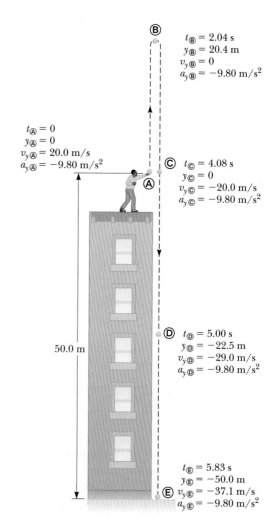

그림 2.15 (예제 2.9) 처음 속도 $v_{yi} = 20.0 \,\text{m/s}$로 연직 위로 던진 자유 낙하하는 돌멩이에 대한 시간에 따른 위치와 속도. 그림의 여러 위치에서 적어놓은 많은 양들은 예제에서 계산된다. 계산되지 않은 다른 여러 값들을 확인할 수 있는가?

$$v_{yⒸ}^2 = (20.0 \,\text{m/s})^2 + 2(-9.80 \,\text{m/s}^2)(0 - 0) = 400 \,\text{m}^2/\text{s}^2$$

$$v_{yⒸ} = \boxed{-20.0 \,\text{m/s}}$$

돌멩이는 점 Ⓒ에서 아래쪽으로 내려가기 때문에 음의 해를 택한다. 돌멩이가 원래 높이로 되돌아올 때의 속도는 처음 속도와 크기는 같지만 방향은 반대이다.

(D) $t = 5.00 \,\text{s}$일 때 돌멩이의 속도와 위치를 구하라.

풀이

돌멩이가 던져진 때의 위치를 처음 지점으로 하고, 5.00 s 후의 위치를 나중 지점으로 하자.
식 2.10으로부터 Ⓓ에서의 속도를 계산한다.

$$v_{yⒹ} = v_{yⒶ} + a_y t = 20.0 \,\text{m/s} + (-9.80 \,\text{m/s}^2)(5.00 \,\text{s})$$

$$= \boxed{-29.0 \,\text{m/s}}$$

식 2.13을 이용해서 $t_Ⓓ = 5.00 \,\text{s}$에서 돌멩이의 위치를 구한다.

$$y_{®} = y_{Ⓐ} + v_{yⒶ}t + \frac{1}{2}a_y t^2$$

$$= 0 + (20.0 \text{ m/s})(5.00 \text{ s}) - \frac{1}{2}(-9.80 \text{ m/s}^2)(5.00 \text{ s})^2$$

$$= \boxed{-22.5 \text{ m}}$$

결론 $t = 0$으로 놓는 시간은 임의로 편리하게 선택하면 된다. 시간 기준을 임의로 선택하는 예로서 돌멩이가 최고점에 있을 때의 시간을 $t = 0$이라고 하자. 그리고 이 새로운 처음 순간을 이용해서 (C)와 (D)를 다시 풀고 여러분이 얻은 답이 위의 것과 같음을 확인하라.

문제   건물의 높이가 지면으로부터 50.0 m가 아니라 30.0 m라면, (A)에서 (D)까지의 풀이들은 어떻게 바뀌는가?

답   어떤 답도 바뀌지 않을 것이다. 모든 운동이 5.00 s 동안 공중에서 일어난다(30.0 m 높이의 빌딩인 경우에도, 돌은 $t = 5.00$ s일 때 땅에 도달하지 않는다). 그래서 건물의 높이는 문제가 되지 않는다. 수학적으로 우리가 한 계산을 다시 검토해 보면, 어떤 식에도 건물의 높이가 포함되어 있지 않음을 알 것이다.

◤2.8 | 연결 주제: 소비자가 원하는 자동차의 가속도
Context Connection: Acceleration Required by Consumers

각 장의 마지막 절에 본문과 관련된 내용의 읽을거리를 실었다. 이 절에서 그 첫 번째 내용을 소개한다. 이번 장의 주제는 **대체 연료 자동차**이며 중심 내용은 **공해 배출을 줄이면서 휘발유를 대신할 수 있는 에너지원으로는 어떤 것이 있는가?** 라는 것이다.

대체로 소비자들은 수십 년 동안 휘발유차를 운전하면서 휘발유차가 낼 수 있는 가속도의 크기에 익숙해져 있다. 더구나 고속도로 진입로의 길이는 자동차가 고속도로로 진입하는 데 필요한 최소의 가속도에 맞추어 설계되어 있다. 이런 진입 경험은 휘발유차를 대체할 대체 연료 자동차가 오늘날 소비자가 원하는 가속도를 낼 수 있느냐 하는 문제를 제기한다. 다시 말해서 소비자의 기대를 충족시키고 새로운 자동차에 대한 수요를 창출하기 위해 대체 연료 자동차를 개발하는 사람은 가속도를 높이기 위해 노력해야 한다.

많은 자동차 모델에 대해 0에서 60 mi/h까지 가속하는 데 걸리는 시간이 발표되어 있다. 표 2.3의 세 번째 줄에 걸리는 시간이 명기되어 있다. 각 자동차의 평균 가속도는 식 2.7을 이용해서 이 자료로부터 계산된다. 이 표의 윗부분(**매우 비싼 자동차**)을 보면 가속도가 20 mi/h·s 이상인 차들은 가격이 매우 비싸다. 최고의 가속도는 부가티 베이론 16.4 슈퍼 스포츠의 23.1 mi/h·s이며 그 자동차의 가격은 2백만 달러가 넘는다. 그보다 낮은 가속도의 자동차는 셸비 슈퍼카 얼티머트 에어로로 할인판매 가격이 654 000달러이다. 가격이 44 000~102 000달러 사이의 **가격 대비 성능이 좋은 자동차**의 평균 가속도는 14.1 mi/h·s이며 이것은 **매우 비싼 자동차**의 19.0 mi/h·s에 비하면 가속도가 낮은 편이다. 표의 세 번째 부분에 보면 부자가 아닌 운전자를 위한 자동차(보통 자동차)의 가속도는 그 평균값이 6.9 mi/h·s임을 알 수 있다. 이 수치가 전형적인 소비자를 위한 휘발유차의 가속도 값이며 대체 연료 자동차가 갖춰야 할 가속도의 근사적인 표준값이다.

표 2.3 | 몇몇 자동차의 0~60 mi/h 구간 가속도

모 델	출시 연도	소요 시간 0~60 mi/h(s)	평균 가속도 (mi/h·s)	가격 (달러)
매우 비싼 자동차				
부가티 베이론 16.4 슈퍼 스포츠	2011	2.60	23.1	2 300 000
람보르기니 LP 570-4 슈퍼레게라	2011	3.40	17.6	240 000
렉서스 LFA	2011	3.80	15.8	375 000
메르세데스 벤츠 SLS AMG	2011	3.60	16.7	186 000
셸비 슈퍼카 얼티머트 에어로	2009	2.70	22.2	654 000
평 균		**3.22**	**19.1**	**751 000**
가격 대비 성능이 좋은 자동차				
시보레 코베트 ZR1	2010	3.30	18.2	102 000
닷지 바이퍼 SRT10	2010	4.00	15.0	91 000
재규어 XJL 슈퍼챠지드	2011	4.40	13.6	90 500
어큐라 TL SH-AWD	2009	5.20	11.5	44 000
닷지 챌린저 SRT8	2010	4.90	12.2	45 000
평 균		**4.36**	**14.1**	**74 500**
보통 자동차				
뷰익 리갈 CXL 터보	2011	7.50	8.0	30 000
시보레 타호 1500 LS (SUV)	2011	8.60	7.0	40 000
포드 피에스타 SES	2010	9.70	6.2	14 000
허머 H3 (SUV)	2010	8.00	7.5	34 000
현대 소나타 SE	2010	7.50	8.0	25 000
스마트 포투	2010	13.30	4.5	16 000
평 균		**9.10**	**6.9**	**26 500**
대체 연료 자동차				
시보레 볼트 (하이브리드)	2011	8.00	7.5	41 000
닛산 리프 (전기)	2011	10.00	6.0	34 000
혼다 CR-Z (하이브리드)	2011	10.50	5.7	25 000
혼다 인사이트 (하이브리드)	2010	10.60	5.7	21 000
토요타 프리우스 (하이브리드)	2010	9.80	6.1	24 000
평 균		**9.78**	**6.2**	**29 000**

Note: 3장에서 6장 사이의 유사한 표와 마찬가지로 이 표에 주어진 데이터는 주행시험보고서와 같은 인터넷 사이트나 자동차 제조사의 홈페이지에서 모은 내용이다. 이 표에 있는 가속도와 같은 데이터는 원 자료로부터 계산한 것이다.

표 2.3의 맨 아랫부분에 있는 자료가 다섯 가지 대체 연료 자동차에 대한 자료이다. 이들 다섯 자동차들의 평균 가속도는 6.2 mi/h·s이고 이것은 보통 자동차의 평균 가속도의 약 90 %정도이다. 이 가속도는 소비자들이 '서둘러서 출발하기'위한 욕구를 충족하기에 충분한 값이다. 그림 2.16은 표 2.3에 있는 자동차들에 대해 가속도에 따른 가격을 그래프로 나타낸 것이다. 이 그래프를 보면 가속도가 20 mi/h·s 이상인 자동차들은 가격이 껑충 뜀을 알 수 있다.

혼다 CR-Z, 혼다 인사이트, 토요타 프리우스는 **하이브리드차**로서 223쪽에 있는 〈관련 이야기 1 결론〉에서 다시 다룰 것이다. 이 자동차들은 휘발유 엔진과 전기 모터가

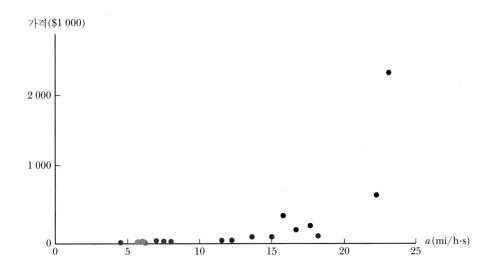

그림 2.16 대체 연료 자동차(초록색), 보통 자동차(파란색), 가격 대비 성능이 좋은 자동차(빨간색), 매우 비싼 자동차(검정색)의 가속도 대비 가격 그래프

결합되어 둘 다 차를 움직이게 한다. 이 차들의 가속도 값은 표의 가장 아랫부분에 나타나 있다. 가속도가 낮다는 단점은 다른 장점으로 상쇄된다. 이 자동차들은 연비가 매우 좋고 공해 배출이 적으며 전기 자동차만큼 충전할 필요가 없다.

시보레 볼트와 닛산 리프는 순전히 전기 모터에 의해 움직이는 차이다. 리프는 순수 전기 자동차이며 에너지원으로 배터리만 사용한다. 배터리가 방전되면 자동차가 움직일 수 없으며 73마일(U.S. EPA)마다 충전해야 한다. 직렬형 하이브리드차인 볼트(하이브리드의 형태에 관해서는 〈관련 이야기 1 결론〉에서 설명할 것이다)는 휘발유 엔진을 갖고 있으나 정상 속력에서 휘발유 엔진으로 직접 주행하지는 않는다. 엔진은 발전기와 같은 역할을 해서 배터리를 충전한다. 이 엔진은 자동차가 배터리 전기만으로는 약 35마일을 간 후 다음 충전까지 350마일 이상을 주행하게 한다.

표 2.3에 있는 자동차들을 비교함에 있어서, 그림 2.17에 있는 흔히 드래그 레이스에 사용되는 높은 수준의 '가격 대비 성능이 좋은 자동차'의 가속도를 살펴보자. 자료에 의하면 이런 자동차들은 정지 상태에서 출발해서 0.25 mi을 5.0 s 안에 도달한다. 식 2.13을 이용해서 가속도를 계산하면 다음과 같다.

$$x_f = x_i + v_i t + \frac{1}{2} a_x t^2 = 0 + 0(t) + \frac{1}{2}(a_x)(t)^2 \quad \rightarrow \quad a_x = \frac{2x_f}{t^2}$$

George Lepp/Stone/Getty Images/멀티비츠

그림 2.17 드래그 레이스에서는 매우 높은 가속도가 요구된다. 1/4마일의 거리를 5 s 이내에 주파하려면 마지막 속력이 320 mi/h를 넘는다.

$$a_x = \frac{2(0.25\,\text{mi})}{(5.0\,\text{s})^2} = 0.020\,\text{mi/s}^2 \left(\frac{3\,600\,\text{s}}{1\,\text{h}} \right) = 72\,\text{mi/h} \cdot \text{s}$$

기대한 바와 같이, 이 값은 표 2.3에 나열된 가속도의 값보다 훨씬 크다. 중력 가속도를 mi/h·s 단위로 환산하면 다음과 같다.

$$g = 9.80\,\text{m/s}^2 = 21.9\,\text{mi/h} \cdot \text{s}$$

그러므로 드래그레이스차는 수평 방향으로 중력 가속도보다 약 3.3배 빠르게 가속된다. 그것은 절벽에서 밑으로 떨어질 때의 가속도의 세 배 이상이다. (물론 수평 방향의 가속도가 유지되는 시간은 매우 짧다.)

다음 장에서 이차원 운동에 대해 고찰하는데, 자동차가 고속으로 급 커브를 돌 때 생기는 다른 형태의 가속도에 관해 배우게 될 것이다.

연습문제 |

객관식

1. 움직이는 자동차의 엔진에서 5 s마다 기름 방울이 연직 방향으로 떨어진다. 그림 OQ2.1은 길 위에 떨어진 기름 방울 자국을 보여 준다. 그림에 나타난 영역에서 자동차의 평균 속력은 얼마인가? (a) 20 m/s (b) 24 m/s (c) 30 m/s (d) 100 m/s (e) 120 m/s

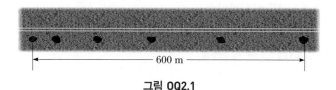

├─────── 600 m ───────┤

그림 OQ2.1

2. 처음 속력 15.0 m/s로 연직 위 방향으로 화살을 쏜다. 화살이 아래 방향으로 속력이 8.00 m/s가 되는 시간은 몇 초 후인가? (a) 0.714 s (b) 1.24 s (c) 1.87 s (d) 2.35 s (e) 3.22 s

3. 볼링 핀을 공중에 연직 위 방향으로 던진다. 핀이 손을 떠나서 공중에 있을 때 다음 중 옳은 것은 어느 것인가? (a) 핀의 속도는 항상 핀의 가속도와 같은 방향이다. (b) 핀의 속도는 절대로 가속도와 같은 방향에 있지 않다. (c) 핀의 가속도는 영이다. (d) 핀이 올라갈 때 핀의 속도는 가속도와 반대 방향이다. (e) 핀이 올라갈 때 핀의 속도는 가속도와 같은 방향이다.

4. 일차원에서 움직이는 물체에 대해 운동학 식을 적용할 때 다음 중 옳은 것은 어느 것인가? (a) 물체의 속도가 일정하게 유지되어야 한다. (b) 물체의 가속도가 일정하게 유지되어야 한다. (c) 물체의 속도가 시간에 따라 증가해야 한다. (d) 물체의 위치가 시간에 따라 증가해야 한다. (e) 물체의 속도는 가속도와 항상 같은 방향이어야 한다.

5. 물체가 x 방향으로 움직일 때, 매끄럽고 정확한 x-t 그래프를 얻을 수 있는 만큼 위치들을 측정했다. 그래프만으로는 구할 수 없는 양은 다음 중 무엇인가? (a) 어느 순간의 속도 (b) 어느 순간의 가속도 (c) 어느 시간 간격 동안의 변위 (d) 어느 시간 간격 동안의 평균 속도 (e) 어느 순간의 속력

6. 공을 연직 위 방향으로 던질 때, 어느 경우에 순간 속도와 가속도가 동시에 영이 되는가? (a) 위로 올라갈 때 (b) 경로의 맨 꼭대기에서 (c) 내려갈 때 (d) 올라가는 경로의 한 중간과 내려가는 경로의 한 중간에서 (e) 없다.

7. 높이 h인 건물 옥상에서 학생이 공을 속력 v_i로 위 방향으로 던지고, 그 다음 두 번째 공을 같은 처음 속력 v_i로 아래 방향으로 던진다. 위로 던진 공이 땅에 도달할 때의 속력은 아래로 던진 공이 땅에 도달할 때의 속력보다 (a) 더 크다. (b) 더 작다. (c) 같다.

8. 북쪽으로 움직이는 배에서 선장이 프로펠러의 회전 방향을

바꾸면, 배는 남쪽을 향한 가속도를 가지고 움직인다. 배의 가속도의 크기와 방향이 일정하다면 배에는 어떤 일이 일어나는가? (a) 나중에는 정지해서 움직이지 않는다. (b) 결국에 정지했다가 앞 방향으로 점점 빨라진다. (c) 결국에 정지했다가 반대 방향으로 점점 빨라진다. (d) 속력이 점점 더 줄어들어 영원히 느려지지만 정지하지는 않는다. (e) 정지하지는 않고 앞으로 계속해서 빨라진다.

9. 스케이트보드를 타고 정지 상태로부터 직선 경사면을 따라 등가속도로 6 s 동안 내려온다. 그 다음 두 번째로 탈 때는 같은 경사면을 같은 가속도로 2 s 동안만 내려온다. 두 번째 탈 때 내려온 거리는 첫 번째 탈 때 내려온 거리와 비교해서 (a) 1/3 (b) 3배 (c) 1/9 (d) 9배 (e) $1/\sqrt{3}$ 배이다.

10. 공기 저항에 영향을 받지 않는 단단한 고무공이 어깨 높이에서 떨어져서 바닥에서 다시 튀어올라 처음보다 낮은 높이까지 올라왔다가 다시 바닥으로 떨어지는 것을 반복한다. 그림 OQ2.10에서 Ⓐ에서 Ⓔ까지는 일어난 순서에 따른 것이지만 각 구간에서의 시간 간격은 같지 않다. Ⓓ에서 공의 중심이 가장 아래에 있다. 공은 같은 연직선상에서 움직이지만, 그림에서는 중첩을 피하기 위해 움직임을 약간씩 오른쪽으로 옮겨져 보이도록 했다. 연직 위 방향을 $+y$ 방향으로 하자. (a) Ⓐ에서 Ⓔ까지의 위치 중에서 공의 속력 $|v_y|$가 큰 것부터 순서대로 나열하라. (b) 공의 가속도 a_y가 큰 것부터 순서대로 나열하라(순서에서 영은 음수보다 크다. 두 값이 같으면 동일한 순위로 둔다).

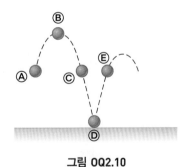

그림 OQ2.10

▶ 주관식

2.1 평균 속도

1. 그림 P2.1은 x축을 따라 움직이는 입자에 대한 위치–시간 그래프이다. 다음 시간 간격 동안의 평균 속도를 구하라.
   (a) 0~2 s (b) 0~4 s (c) 2~4 s (d) 4~7 s (e) 0~8 s

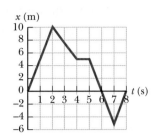

그림 **P2.1** 문제 1, 6

2. 여러 시간별로 자동차의 위치를 측정해서 그 결과를 다음의 표에 요약했다. (a) 처음 1 s, (b) 마지막 3 s와 (c) 전체 관측 시간 동안에 자동차의 평균 속도를 구하라.

t (s)	0	1.0	2.0	3.0	4.0	5.0
x (m)	0	2.3	9.2	20.7	36.8	57.5

3. 어떤 사람이 직선 위의 점 Ⓐ에서 Ⓑ까지 처음에 5.00 m/s의 일정한 속력으로 가다가 다시 점 Ⓑ에서 Ⓐ로 3.00 m/s의 일정한 속력으로 돌아온다. (a) 전체 구간에서 이 사람의 평균 속력은 얼마인가? (b) 전체 구간에서 이 사람의 평균 속도는 얼마인가?

2.2 순간 속도

4. 그림 P2.4는 x축을 따라 움직이는 입자에 대한 위치–시간 그래프이다. (a) $t = 1.50$ s에서 $t = 4.00$ s까지의 시간 간격 동안 평균 속도를 구하라. (b) 그래프에서 접선의 기울기를 구하여 시간 $t = 2.00$ s에서의 순간 속도를 구하라. (c) 속도가 영일 때의 시간 t를 구하라.

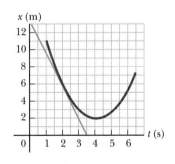

그림 **P2.4**

5. (a) 문제 2에 있는 자료들을 이용해서 시간에 따른 위치를 매끄러운 그래프로 그려라. (b) $x(t)$ 곡선에 대한 접선들을 그려서 여러 시점에서 자동차의 순간 속도를 구하라. (c) 시간에 따른 순간 속도 그래프를 그리고 이로부터 차의 평균 가속도를 결정하라. (d) 자동차의 처음 속도는 얼마인가?

6. 그림 P2.1에서 (a) $t = 1.0$ s, (b) $t = 3.0$ s, (c) $t = 4.5$ s, (d) $t = 7.5$ s에서 입자의 순간 속도를 구하라.

2.3 분석 모형: 등속 운동하는 입자

7. 토끼와 거북이가 1.00 km 거리의 직선 코스에서 경주를 한다. 거북이는 결승점을 향해 0.200 m/s의 속력으로 기어간다. 토끼는 처음 0.800 km까지는 8.00 m/s의 속력으로 뛰다가, 거북이가 통과할 때 느림보 거북이를 놀리기 위해 멈춰서 기다린다. 마침내 거북이는 토끼를 지나치고, 토끼는 거북이가 지나친 후에도 좀 더 머물러 있다가 다시 8.00 m/s의 속력으로 결승점을 향해 뛴다. 토끼와 거북이는 둘 다 결승점에 똑같이 들어온다. 두 동물 모두는 움직일 때 각자의 속력으로 일정하게 움직인다고 가정하면, (a) 토끼가 다시 뛰기 시작할 때 거북이는 결승점으로부터 얼마나 떨어져 있었는가? (b) 토끼는 중간에 얼마나 오랫동안 쉬었는가?

2.4 가속도

8. 25.0 m/s로 움직이는 50.0 g의 공이 벽돌 벽에 부딪혀 반대 방향으로 22.0 m/s로 되튀어 나가는 것을 고속 카메라로 촬영한다. 공이 벽과 3.50 ms 동안 접촉했다면, 이 시간 간격 동안 공의 평균 가속도 크기는 얼마인가?

9. 한 입자가 x축을 따라 식 $x = 2.00 + 3.00t - 1.00 t^2$으로 움직인다. 여기서 x의 단위는 m이고 t의 단위는 s이다. 시간 $t = 3.00$ s일 때 입자의 (a) 위치, (b) 속도, (c) 가속도를 구하라.

10. 입자가 정지 상태에서 출발해서 그림 P2.10에서 보는 것처럼 가속된다. (a) $t = 10.0$ s와 $t = 20.0$ s일 때 입자의 속력, (b) 첫 20.0 s 동안에 이동한 거리를 구하라.

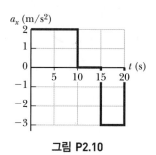

그림 P2.10

11. 어떤 물체가 x축을 따라 식 $x = 3.00t^2 - 2.00t + 3.00$으로 움직인다. 여기서 x의 단위는 m이고 t의 단위는 s이다. 이때 (a) $t = 2.00$ s에서 $t = 3.00$ s 사이에서의 평균 속도, (b)

$t = 2.00$ s와 $t = 3.00$ s에서의 순간 속력, (c) $t = 2.00$ s에서 $t = 3.00$ s 사이에서의 평균 가속도, (b) $t = 2.00$ s와 $t = 3.00$ s에서의 순간 가속도 그리고 (e) 물체가 정지하는 시간을 구하라.

12. 그림 P2.12는 경륜 선수가 정지 상태로부터 직선 도로를 따라 움직이는 동안의 $v_x - t$ 그래프이다. (a) $t = 0$에서 $t = 6.00$ s의 시간 간격 동안의 평균 가속도를 구하라. (b) 가속도가 양의 최댓값을 갖게 되는 시간과 그 순간의 가속도 크기를 구하라. (c) 가속도가 영일 때의 시간을 구하라. (d) 가속도가 음이면서 크기가 최대일 때의 가속도의 값과 그때의 시간을 구하라.

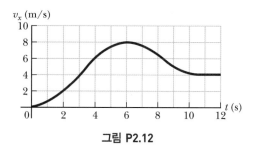

그림 P2.12

2.5 운동 도표

13. 다음과 같은 경우에 대해 운동 도표를 그려라. (a) 일정한 속력으로 오른쪽으로 움직이는 물체, (b) 일정한 비율로 속력이 증가하면서 오른쪽으로 움직이는 물체, (c) 일정한 비율로 속력이 감소하면서 오른쪽으로 움직이는 물체, (d) 왼쪽으로 움직이면서 일정한 비율로 속력이 증가하는 물체, (e) 왼쪽으로 움직이면서 일정한 비율로 속력이 감소하는 물체. (f) 속력의 변화가 일정하지 않은 경우, 즉 속력이 일정한 비율로 변화하지 않는 경우라면 운동 도표는 어떻게 달라지는가?

2.6 분석 모형: 등가속도 운동하는 입자

14. 등가속도 운동하는 어떤 물체의 x 좌표가 3.00 cm일 때 속도가 $+x$ 방향으로 12.0 cm/s이다. 2.00 s 후 물체의 x 좌표가 −5.00 cm라면, 물체의 가속도는 얼마인가?

15. 직선 도로에 있는 트럭이 정지 상태에서 출발해서 20.0 m/s의 속력에 도달하기까지 2.00 m/s²로 가속된다. 그 다음 20.0 s 동안 일정한 속력으로 이동하다가 브레이크를 밟아 추가로 5.00 s 동안 균일하게 속력을 줄여 정지한다. (a) 그동안 트럭은 얼마의 거리를 이동하는가? (b) 기술한 운동 동안 트럭의 평균 속도는 얼마인가?

16. 직선으로 움직이는 보트의 속력이 변위 Δx가 200 m 변하는 동안 $v_i = 20.0$ m/s에서 $v_f = 30.0$ m/s로 일정하게 증가한다. 보트가 이만큼 움직이는 동안 걸리는 시간을 알려고 한다. (a) 이 경우에 적합한 좌표계를 선택하고 그려라. (b) 이 상황을 기술하기 위해 어떤 분석 모형이 적당한가? (c) 이 분석 모형에서 보트의 가속도를 구하기 위해 어떤 식이 적당한가? (d) (c)에서의 식을 풀어 보트의 가속도를 v_i, v_f, Δx로 나타내라. (e) 주어진 값들을 대입해서 가속도를 계산하라. (f) 앞에서 말한 시간 간격은 얼마인가?

17. 길을 막고 있는 나무를 본 순간 운전자가 세게 브레이크를 밟는다. 자동차는 4.20 s 동안 -5.60 m/s²의 가속도로 일정하게 감속해서 나무에 부딪쳐 멈출 때까지 62.4 m의 스키드 마크를 남긴다. 자동차가 나무를 들이받을 때의 속력은 얼마인가?

18. 트럭이 부드럽게 속력을 줄여 나중 속도가 2.80 m/s가 되는 동안 40.0 m를 움직였다. 이때 걸린 시간은 8.50 s이다. (a) 처음 속력은 얼마인가? (b) 가속도는 얼마인가?

2.7 자유 낙하 물체

> *Note*: 19번부터 23번까지 문제에서 공기의 저항은 무시한다.

19. 에밀리는 친구 데이비드가 1달러짜리 지폐를 다음과 같이 잡을 수 있는지에 도전한다. 에밀리는 그림 P2.19와 같이 지폐를 연직 방향으로 잡고, 데이비드는 지폐의 한가운데에서 엄지와 검지를 지폐에 닿지 않게 벌리고 있다. 가만있다가 갑자기 에밀리가 지폐를 놓는다면, 데이비드는 손을 내리지 않고 지폐를 잡을 수 있는가? 잡을 수 없다면, 그 이유를 설명하라. 단, 데이비드의 반응 시간은 보통 사람들의 반응 시간과 같다.

그림 P2.19

20. 야구공이 방망이에 맞은 후에 연직 위 방향으로 올라간다. 공이 최고 높이에 도달하는 데 3.00 s가 걸리는 것을 한 관중이 관측했다. (a) 공의 처음 속도와 (b) 공이 도달하는 높이를 구하라.

21. 용감한 카우보이가 나뭇가지 위에 앉아서 나무 아래에 달려가는 말 위로 연직 방향으로 떨어져 타고 싶어 한다. 말의 속력은 10.0 m/s로 일정하고 안장에서 나뭇가지까지의 높이는 3.00 m이다. (a) 카우보이가 떨어지는 순간 나뭇가지와 안장 사이의 수평 거리는 얼마여야 하는가? (b) 얼마 동안 카우보이는 공중에 머무는가?

22. 한 여학생이 4.00 m 높이의 창문에 있는 동아리 친구에게 열쇠 꾸러미를 연직 위 방향으로 던진다. 친구는 1.50 s 후에 열쇠를 받는다. (a) 열쇠의 처음 속도는 얼마인가? (b) 받기 직전 열쇠의 속도는 얼마인가?

23. 30.0 m 높이에서 처음 속력 8.00 m/s로 연직 아래 방향으로 공을 던진다. 몇 초 후에 공은 지면에 도달하는가?

2.8 연결 주제: 소비자가 원하는 자동차의 가속도

24. (a) 자동차들이 속력을 0에서 60 mi/h까지 올리는 데 요구되는 소요 시간으로부터 표 2.3에서의 최대 평균 가속도와 최소 평균 가속도가 정확히 계산됨을 보여라. (b) 이 가속도를 SI 표준 단위로 환산하라. (c) 각각의 가속도가 일정한 것으로 가정하고 두 차들의 속력이 60 mi/h에 도달하는 동안 이동한 거리를 각각 구하라. (d) 자동차가 수평 도로에서 $a = g = 9.8$ m/s² 크기의 가속도를 유지할 경우 0에서 60.0 mi/h까지 가속하는 데 걸리는 시간은 얼마인가?

추가문제

25. 공이 정지 상태에서 출발해서 9.00 m 길이의 경사면을 내려오는 동안 0.500 m/s²로 가속된다. 공이 바닥에 도달한 다음에는 다른 경사면을 15.0 m 움직인 후 멈춘다. (a) 첫 번째 경사면의 바닥에서 공의 속력은 얼마인가? (b) 공이 첫 번째 경사면을 내려오는 데 걸리는 시간은 얼마인가? (c) 두 번째 경사면에서 공의 가속도는 얼마인가? (d) 두 번째 경사면을 따라 8.00 m를 움직인 순간에 공의 속력은 얼마인가?

26. 미 공군의 스태프(Colonel John P. Stapp) 대령은 제트기 비행사가 비상 탈출에서 생존할 수 있는지를 연구하는 데 참여했다. 1954년 3월 19일에 그는 632 mi/h로 트랙을 미끄러져 내려오는 로켓 추진 썰매를 탔다. 그와 썰매는 1.40 s만에 안전하게 정지했다(그림 P2.26). (a) 그가 경험한 음

의 가속도와 (b) 음의 가속 구간 동안 이동한 거리를 구하라.

그림 P2.26 로켓 썰매를 타고 있는 스태프 대령.

27. 증기를 이용한 발사체가 비행기를 항공모함으로부터 발진시킨다. 2.50 s 후 비행기의 속력은 175 mi/h이다. (a) 비행기의 평균 가속도를 구하라. (b) 가속도가 일정하다고 가정하고 이 시간 간격 동안에 비행기가 이동한 거리를 구하라.

28. 길이 ℓ인 글라이더가 에어트랙 위에 고정되어 있는 포토게이트를 지나간다. 포토게이트(그림 P2.28)는 게이트 사이를 가로지르는 적외선 빔을 글라이더가 막는 시간 간격 Δt_d를 측정하는 장치이다. 빔을 가로막는 동안, 글라이더의 평균 속도는 $v_d = \ell/\Delta t_d$이다. 글라이더는 등가속도로 움직인다고 가정한다. (a) v_d와 글라이더의 한가운데가 포토게이트를 지날 때의 순간 속도가 같은지 아니면 다른

그림 P2.28

지를 논하라. (b) 글라이더가 포토게이트를 지나는 시간 간격의 정확히 반이 될 때의 순간 속도가 v_d와 같은지 아니면 다른지를 논하라.

29. 아셀라(Acela)는 워싱턴–뉴욕–보스턴을 잇는 전동차로 승객을 170 mi/h로 실어 나른다. 아셀라의 속도–시간 그래프가 그림 P2.29에 나와 있다. (a) 각 시간 구간에서 전동차의 운동을 설명하라. (b) 그래프화한 운동에서 가장 큰 양의 가속도를 구하라. (c) $t = 0$에서 $t = 200$ s까지 전동차의 변위를 마일 단위로 구하라.

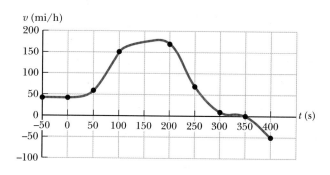

그림 P2.29 아셀라의 속도–시간 그래프

30. 여자 100 m 달리기 경주에서 일정하게 가속해서 최대의 속력을 얻는 데 로라는 2.00 s 그리고 힐란은 3.00 s가 걸린다. 이후에 그들은 이 최대 속력을 일정하게 유지하며 달린다. 둘 다 결승점을 10.4 s로 동시에 통과해서 세계 기록을 세운다. (a) 각 주자의 가속도는 얼마인가? (b) 각 주자의 최대 속력은 얼마인가? (c) 6.00 s가 지났을 때 누가 얼마나 더 앞서 있는가? (d) 힐란이 로라에 가장 많이 뒤처진 때의 거리와 시간을 구하라.

이차원에서의 운동 Motion in Two Dimensions

Photo courtesy of Laservision

이 장에서 우리는 평면에서 움직이는 입자로 모형화할 수 있는 물체의 운동학에 대해 공부할 예정이다. 이 운동은 이차원에서 일어난다. 평면에서의 운동의 흔한 예로는 지구 주위 궤도를 돌고 있는 인공위성의 운동, 던진 야구공처럼 움직이는 포물체, 그리고 균일한 전기장에서의 전자의 운동 등이 있다. 또한 등속 원운동하는 입자의 운동에 대해서도 공부하고, 곡선 경로를 움직이는 입자의 여러 가지 상황을 설명할 예정이다.

인도 뉴델리의 힌두교 사원 스와미나라얀 악샤르담(Swaminarayan Akshardham)에 있는 영생의 음악 분수가 매일 저녁 12분 동안 물, 소리, 빛의 향연을 펼친다. 이 장에서 우리는 분수에서 나오는 물이 어떻게 포물선 모양을 그리는지를 배운다.

◤ 3.1 | 위치, 속도 및 가속도 벡터
The Position, Velocity, and Acceleration Vectors

2장에서 입자의 위치가 시간의 함수로 주어지면 x축과 같은 일직선 상에서 움직이는 입자의 운동을 완전히 파악할 수 있다는 것을 알았다. 이번에는 이 개념을 xy 평면에서의 운동으로 확장시켜 보자. 벡터를 사용한다는 것을 제외하고는 2장에서와 똑같은 위치와 속도에 대한 식을 얻게 된다.

입자의 위치는 그림 3.1에서처럼 xy 평면에서 좌표계의 원점으로부터 입자의 위치까지 연결한 **위치 벡터**(position vector) $\vec{r}$ 로 나타낸다. 시간 t_i에서 입자는 점 Ⓐ에 있고 조금 지난 시간 t_f에서 입자는 점 Ⓑ에 있다. 여기서 아래 첨자 i와

f는 처음과 나중값을 나타낸다. 입자가 시간 간격 $\Delta t = t_f - t_i$ 동안에 Ⓐ에서 Ⓑ로 움직이면, 위치 벡터는 $\vec{r}_i$에서 $\vec{r}_f$로 변한다. 2장에서 배웠듯이 입자의 변위는 나중 위치와 처음 위치의 차이다.

$$\Delta\vec{r} \equiv \vec{r}_f - \vec{r}_i \tag{3.1}$$

$\Delta\vec{r}$의 방향은 그림 3.1에 나타나 있다.

시간 간격 Δt 동안 입자의 **평균 속도**(average velocity) $\vec{v}_{avg}$는 변위를 시간 간격으로 나눈 비로 정의한다.

▶ 평균 속도의 정의

$$\vec{v}_{avg} \equiv \frac{\Delta\vec{r}}{\Delta t} \tag{3.2}$$

변위는 벡터양이고 시간 간격은 스칼라양이므로, 평균 속도는 $\Delta\vec{r}$과 나란한 방향을 가지는 **벡터**양이다. 식 3.2를 일차원에서 대응되는 식 2.2와 비교해 보자. 점 Ⓐ와 Ⓑ 사이의 평균 속도는 두 점 사이의 **경로와 무관**하다. 평균 속도는 변위에 비례하기 때문에 처음과 나중 위치 벡터에만 의존하고 이들 두 점 사이에서 택한 경로와는 무관하다. 일차원 운동과 같이, 입자가 어떤 점을 출발해서 임의의 경로를 거쳐 출발점으로 되돌아오면 그 변위는 영이므로 이 운동을 하는 동안 평균 속도는 영이 된다.

그림 3.2와 같이 xy 평면에서 두 점 사이에서 운동하는 입자를 다시 생각해 보자. 운동을 관찰하는 시간 간격이 점점 짧아질수록, 변위의 방향은 점 Ⓐ에서 경로의 접선 방향으로 접근한다.

순간 속도(instantaneous velocity) $\vec{v}$는 Δt가 영에 접근할 때 평균 속도 $\Delta\vec{r}/\Delta t$의 극한값으로 정의한다.

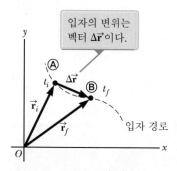

그림 3.1 xy 평면에서 운동하는 입자의 위치는 원점에서부터 입자까지 그려진 위치 벡터 $\vec{r}$로 나타낸다. 시간 간격 $\Delta t = t_f - t_i$ 동안 Ⓐ에서 Ⓑ로 이동한 입자의 변위는 벡터 $\Delta\vec{r} = \vec{r}_f - \vec{r}_i$이다.

입자의 변위는 벡터 $\Delta\vec{r}$이다.

입자 경로

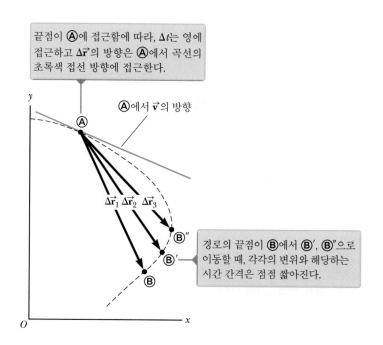

끝점이 Ⓐ에 접근함에 따라, Δt는 영에 접근하고 $\Delta\vec{r}$의 방향은 Ⓐ에서 곡선의 초록색 접선 방향에 접근한다.

Ⓐ에서 $\vec{v}$의 방향

$\Delta\vec{r}_1$ $\Delta\vec{r}_2$ $\Delta\vec{r}_3$

경로의 끝점이 Ⓑ에서 Ⓑ′, Ⓑ″으로 이동할 때, 각각의 변위와 해당하는 시간 간격은 점점 짧아진다.

그림 3.2 입자가 두 점 사이를 운동할 때, 입자의 평균 속도는 변위 벡터 $\Delta\vec{r}$의 방향과 같다. 정의에 따라 점 Ⓐ에서의 순간 속도는 이 접선과 같은 방향이다.

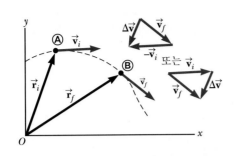

그림 3.3 입자가 Ⓐ에서 Ⓑ로 운동한다. 속도 벡터는 $\vec{v}_i$에서 $\vec{v}_f$로 변한다. 오른쪽 위에 있는 벡터 덧셈 그림은 처음과 나중 벡터로부터 벡터 $\Delta\vec{v}$를 결정하는 두 가지 방법을 보여 준다.

$$\vec{v} \equiv \lim_{\Delta t \to 0} \frac{\Delta \vec{r}}{\Delta t} = \frac{d\vec{r}}{dt} \qquad\qquad 3.3$$

즉 순간 속도는 시간에 대한 위치 벡터의 도함수와 같다. 입자의 운동 경로상에 있는 임의의 점에서 순간 속도 벡터의 방향은 그 점에서 경로의 접선을 향하고 운동 방향과 같다. 순간 속도의 크기를 **속력**이라 한다.

　입자가 점 Ⓐ로부터 Ⓑ로 그림 3.3에서처럼 어떤 경로를 따라서 움직일 때, 순간 속도는 시간 t_i에서 $\vec{v}_i$로부터 시간 t_f에서 $\vec{v}_f$로 변한다. 이 시간 간격 동안 입자의 **평균 가속도**(average acceleration) $\vec{a}_{\text{avg}}$는 순간 속도의 변화 $\Delta\vec{v}$를 시간 간격 Δt로 나눈 비로 정의한다.

$$\vec{a}_{\text{avg}} \equiv \frac{\vec{v}_f - \vec{v}_i}{t_f - t_i} = \frac{\Delta \vec{v}}{\Delta t} \qquad\qquad 3.4$$

▶ 평균 가속도의 정의

　평균 가속도는 벡터양 $\Delta\vec{v}$와 스칼라양 Δt의 비이므로, $\vec{a}_{\text{avg}}$는 $\Delta\vec{v}$와 방향이 같은 벡터양이다. 식 3.4를 일차원에서 대응되는 식 2.7과 비교해 보자. 그림 3.3에 표시한 것처럼 $\Delta\vec{v}$의 방향은 정의에 따라 $\Delta\vec{v} = \vec{v}_f - \vec{v}_i$이기 때문에 벡터 $\vec{v}_f$에 벡터 $-\vec{v}_i$를 더해서 구할 수 있다.

　순간 가속도(instantaneous acceleration) $\vec{a}$는 Δt가 영에 접근할 때 비 $\Delta\vec{v}/\Delta t$의 극한값으로 정의한다.

$$\vec{a} \equiv \lim_{\Delta t \to 0} \frac{\Delta \vec{v}}{\Delta t} = \frac{d\vec{v}}{dt} \qquad\qquad 3.5$$

▶ 순간 가속도의 정의

즉 순간 가속도는 속도 벡터의 시간에 대한 도함수와 같다. 식 3.5와 식 2.8을 비교해 보자.

　입자의 여러 가지 속도 변화에서 가속도가 나타남을 인식하는 것이 중요하다. 첫째, 직선(일차원) 운동에서와 같이 속도 벡터의 크기가 시간에 따라 변할 수 있다. 둘째, 속도 벡터의 크기는 일정하지만 벡터 방향이 시간에 따라 변할 수도 있다. 마지막으로 속도 벡터의 크기와 방향 모두가 변할 수도 있다.

오류 피하기 | 3.1

벡터의 덧셈　1장에서 **변위** 벡터와 관련된 벡터의 덧셈을 공부했지만, 벡터의 덧셈은 모든 형태의 벡터에 적용된다. 예를 들어 그림 3.3은 **속도** 벡터의 덧셈을 그림으로 보여 주고 있다.

퀴즈 3.1 자동차를 제어하는 장치로 가속 페달, 브레이크 그리고 운전대를 생각해 보자. 열거한 제어 장치 중 자동차가 가속도를 갖게 하는 장치는 무엇인가? **(a)** 세 가지 모두 **(b)** 가속 페달과 브레이크 **(c)** 브레이크 **(d)** 가속 페달 **(e)** 운전대

3.2 | 이차원 등가속도 운동 Two-Dimensional Motion with Constant Acceleration

가속도의 크기와 방향이 일정한 이차원 운동을 생각해 보자. 이 상황에 대해서는 2.6절에서 공부한 내용을 이차원 운동으로 확장해서 분석할 것이다.

분석에 앞서, 이차원 운동에 관한 한 가지 중요한 점을 강조하고자 한다. 마찰이 없는 에어 하키 테이블의 표면을 따라 직선 운동하는 에어 하키 퍽을 상상하자. 그림 3.4a는 위에서 내려다본 퍽의 운동을 나타낸 것이다. 2.4절에서 물체의 가속도를 그 물체에 작용하는 힘과 연관시켰다는 사실을 상기하자. 수평 방향으로는 퍽에 아무런 힘도 작용하지 않으므로, 퍽은 x축 방향으로 등속 운동을 한다. 이제 이 퍽이 관찰 지점을 통과할 때, y 방향으로 바람을 순간적으로 일으켜 이 방향으로 힘을 가한다면, **정확히** y 방향의 가속도가 생긴다. 바람이 지나간 후에 y 방향의 속도 성분은 일정하다. 한편 이와 같은 현상이 생기는 동안에도 x 방향의 속도 성분은 그림 3.4b에서 보듯이 변하지 않는다. 이 간단한 실험을 일반화하면, **이차원 운동은 x축과 y축 방향의 각각 독립된 두 개의 운동으로 기술할 수 있다. 즉 y 방향으로의 어떤 영향도 x 방향의 운동에 영향을 주지 않는다. 그리고 그 반대의 경우도 마찬가지이다.**

입자의 위치 벡터 $\vec{r}$ 을 모든 시간에서 알면 입자의 운동을 결정할 수 있다. xy 평면에서 운동하는 입자에 대한 위치 벡터는 다음과 같이 쓸 수 있다.

$$\vec{r} = x\hat{\mathbf{i}} + y\hat{\mathbf{j}}$$ 3.6

여기서 x, y, $\vec{r}$ 은 입자가 운동할 때 시간에 따라 변한다. 위치 벡터를 알면, 입자의 속도는 식 3.3과 3.6으로부터 구할 수 있다.

$$\vec{v} = \frac{d\vec{r}}{dt} = \frac{dx}{dt}\hat{\mathbf{i}} + \frac{dy}{dt}\hat{\mathbf{j}} = v_x\hat{\mathbf{i}} + v_y\hat{\mathbf{j}}$$ 3.7

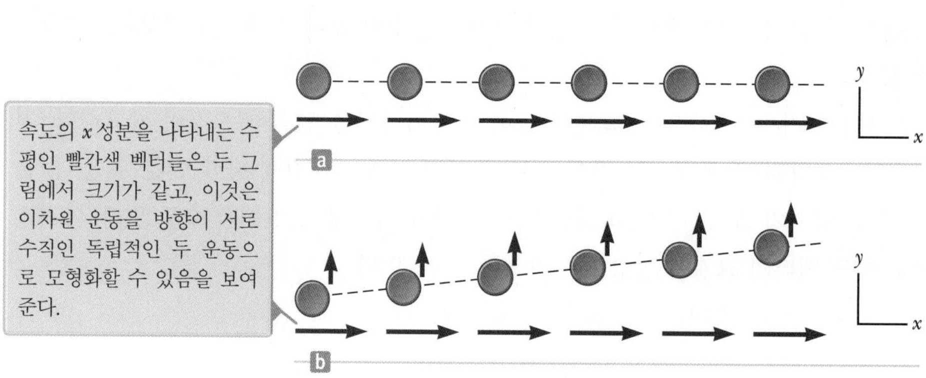

그림 3.4 (a) 퍽이 x 방향에서 등속도로 수평 에어 하키 테이블을 가로질러 움직인다. (b) 퍽에 y 방향으로 바람이 훅 분 후 퍽이 y 성분의 속도를 얻는다. 그러나 x 성분은 수직 방향의 힘에 의해 영향을 받지 않는다.

속도의 x 성분을 나타내는 수평인 빨간색 벡터들은 두 그림에서 크기가 같고, 이것은 이차원 운동을 방향이 서로 수직인 독립적인 두 운동으로 모형화할 수 있음을 보여준다.

$\vec{\mathbf{a}}$는 이 논의에서 상수라고 가정하기 때문에, 성분 a_x와 a_y도 상수이다. 그러므로 운동학 식을 속도 벡터의 x축과 y축 성분에 따라 적용할 수 있다. $v_x = v_{xf} = v_{xi} + a_x t$와 $v_y = v_{yf} = v_{yi} + a_y t$를 식 3.7에 대입하면 다음을 얻는다.

$$\vec{\mathbf{v}}_f = (v_{xi} + a_x t)\hat{\mathbf{i}} + (v_{yi} + a_y t)\hat{\mathbf{j}}$$
$$= (v_{xi}\hat{\mathbf{i}} + v_{yi}\hat{\mathbf{j}}) + (a_x\hat{\mathbf{i}} + a_y\hat{\mathbf{j}})t$$

$$\boxed{\vec{\mathbf{v}}_f = \vec{\mathbf{v}}_i + \vec{\mathbf{a}}t} \qquad\qquad 3.8$$

▶ 등가속도 운동하는 입자 모형에서 시간의 함수로 나타낸 속도 벡터

이 결과를 통해 임의의 시간 t일 때 입자의 속도 $\vec{\mathbf{v}}_f$는 처음 속도 $\vec{\mathbf{v}}_i$와 시간 t일 때 등가속도의 결과로 얻은 추가 속도 $\vec{\mathbf{a}}t$의 벡터합임을 알 수 있다. 이 결과는 벡터라는 특징을 제외하면 식 2.10과 동일하다.

마찬가지로 식 2.13으로부터 등가속도 운동하는 입자의 x와 y 좌표는 다음과 같다.

$$x_f = x_i + v_{xi}t + \frac{1}{2}a_x t^2 \qquad \text{그리고} \qquad y_f = y_i + v_{yi}t + \frac{1}{2}a_y t^2$$

이들 식을 식 3.6에 대입하면 나중 위치 벡터를 얻을 수 있다.

$$\vec{\mathbf{r}}_f = \left(x_i + v_{xi}t + \frac{1}{2}a_x t^2\right)\hat{\mathbf{i}} + \left(y_i + v_{yi}t + \frac{1}{2}a_y t^2\right)\hat{\mathbf{j}}$$
$$= (x_i\hat{\mathbf{i}} + y_i\hat{\mathbf{j}}) + (v_{xi}\hat{\mathbf{i}} + v_{yi}\hat{\mathbf{j}})t + \frac{1}{2}(a_x\hat{\mathbf{i}} + a_y\hat{\mathbf{j}})t^2$$

$$\boxed{\vec{\mathbf{r}}_f = \vec{\mathbf{r}}_i + \vec{\mathbf{v}}_i t + \frac{1}{2}\vec{\mathbf{a}}t^2} \qquad\qquad 3.9$$

▶ 등가속도 운동하는 입자 모형에서 시간의 함수로 나타낸 위치 벡터

이 식은 나중 위치 벡터 $\vec{\mathbf{r}}_f$가 처음 위치 벡터 $\vec{\mathbf{r}}_i$, 입자의 처음 속도로부터 발생되는 변위 $\vec{\mathbf{v}}_i t$, 그리고 입자의 등가속도로부터 생기는 변위 $\frac{1}{2}\vec{\mathbf{a}}t^2$의 벡터합임을 의미한다. 이것은 벡터라는 특징을 제외하면 식 2.13과 동일하다.

그림 3.5a와 3.5b는 식 3.8과 3.9를 그래프로 나타낸 것이다. 그림 3.5b에서 $\vec{\mathbf{r}}_f$는 일반적으로 $\vec{\mathbf{r}}_i$, $\vec{\mathbf{v}}_i$ 또는 $\vec{\mathbf{a}}$와 같은 방향이 아니다. 왜냐하면 각 양들 사이의 관계가 벡터 표현이기 때문이다. 같은 이유로 그림 3.5a에서 $\vec{\mathbf{v}}_f$는 일반적으로 $\vec{\mathbf{v}}_i$ 또는 $\vec{\mathbf{a}}$의

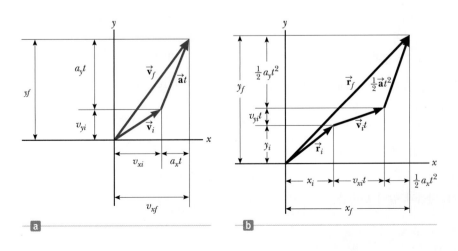

그림 3.5 등가속도 $\vec{\mathbf{a}}$로 운동하는 입자의 (a) 속도와 (b) 위치의 벡터 표현과 성분

방향과 같지 않다. 마지막으로 두 그림을 비교하면 $\vec{\mathbf{v}}_f$와 $\vec{\mathbf{r}}_f$는 같은 방향이 아니라는 것을 알 수 있다.

식 3.8과 3.9는 **벡터** 표현이기 때문에 x와 y 성분의 식으로 분리해서 쓸 수도 있다.

$$\vec{\mathbf{v}}_f = \vec{\mathbf{v}}_i + \vec{\mathbf{a}}t \rightarrow \begin{cases} v_{xf} = v_{xi} = a_x t \\ v_{yf} = v_{yi} + a_y t \end{cases}$$

$$\vec{\mathbf{r}}_f = \vec{\mathbf{r}}_i + \vec{\mathbf{v}}_i t + \frac{1}{2}\vec{\mathbf{a}}t^2 \rightarrow \begin{cases} x_f = x_i + v_{xi}t + \frac{1}{2}a_x t^2 \\ y_f = y_i + v_{yi}t + \frac{1}{2}a_y t^2 \end{cases}$$

이들 성분은 그림 3.5에서 설명하고 있다. 그림 3.4의 설명과 일관성 있게, 등가속도로 이차원에서 운동하는 입자는 등가속도 a_x와 a_y를 가지고 x와 y 방향으로 **독립적으로** 움직이는 두 개의 일차원 운동과 같다. 여기서 x 방향의 운동과 y 방향의 운동은 서로 영향을 미치지 않는다. 그러므로 이차원 등가속도로 움직이는 입자는 새로운 모형이 아니라 x와 y 방향을 분리해서 일차원 등가속도 운동을 두 번 적용한 것과 동일하다.

▌**예제 3.1 | 평면에서의 운동**

xy 평면에서 입자가 시간 $t = 0$일 때, x 성분은 20 m/s, y 성분은 -15 m/s의 처음 속도로 원점에서 운동하기 시작한다. 이 입자는 x 성분의 가속도 $a_x = 4.0$ m/s^{2}으로 운동한다.

(A) 임의의 시간에서 전체 속도 벡터를 구하라.

풀이

개념화 처음 속도의 성분을 통해 입자가 오른쪽 아래 방향으로 움직이기 시작한다는 것을 알 수 있다. 속도의 x 성분은 20 m/s에서 시작해서 초당 4.0 m만큼 증가한다. 속도의 y 성분은 처음 값 -15 m/s에서 전혀 변하지 않는다. 그림 3.6에서 운동이 일어나는 상황을 대략 표시했다. 입자가 $+x$ 방향으로 가속되고 있기 때문에, 이 방향의 속도 성분은 증가할 것이고 경로는 그림과 같은 곡선을 나타낸다. 속력이 증가하므로 연속된 상들 사이의 간격은 시간이 지남에 따라 증가함에 유의하자. 그림 3.6에 그려놓은 가속도 벡터와 속도 벡터들은 상황을 개념적으로 깊이 이해하는 데 도움을 준다.

분류 처음 속도는 x와 y 방향의 성분을 모두 가지고 있기 때문에, 이 문제는 이차원에서 운동하는 입자를 포함하는 문제의 범주에 속한다. 입자는 x 성분의 가속도만 가지기 때문에, 입자는 x 방향으로는 등가속도 운동을 하고 y 방향으로는 등속도 운동을 하는 것으로 다루게 된다.

분석 수학적인 분석을 시작하기 위해, 다음과 같이 변수를 정한다.

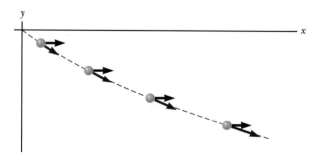

그림 3.6 (예제 3.1) 입자의 운동을 나타낸 그림

$$v_{xi} = 20 \text{ m/s}, \; v_{yi} = -15 \text{ m/s}, \; a_x = 4.0 \text{ m/s}^2, \; a_y = 0$$

속도 벡터에 대한 식 3.8을 사용한다.

$$\vec{\mathbf{v}}_f = \vec{\mathbf{v}}_i + \vec{\mathbf{a}}t = (v_{xi} + a_x t)\hat{\mathbf{i}} + (v_{yi} + a_y t)\hat{\mathbf{j}}$$

속도는 m/s, 시간은 s의 단위로 주어진 값들을 대입한다.

$$\vec{\mathbf{v}}_f = [20 + (4.0)t]\hat{\mathbf{i}} + [-15 + (0)t]\hat{\mathbf{j}}$$

$$(1) \qquad \vec{\mathbf{v}}_f = \boxed{[(20 + 4.0t)\hat{\mathbf{i}} - 15\hat{\mathbf{j}}]}$$

결론 속도의 x 성분은 시간에 따라 증가하지만 y 성분은 상수 로 남아 있음에 주목하자. 이 결과는 예측한 것과 일치한다.

(B) 시간 $t = 5.0$ s일 때 입자의 속도와 속력, 속도 벡터가 x축과 이루는 각도를 구하라.

풀이

분석 식 (1)을 이용해서 시간 $t = 5.0$ s일 때의 결과를 계산한다.

$$\vec{\mathbf{v}}_f = [(20 + 4.0(5.0))\hat{\mathbf{i}} - 15\hat{\mathbf{j}}] = (40\hat{\mathbf{i}} - 15\hat{\mathbf{j}}) \text{ m/s}$$

$t = 5.0$ s 일 때 $\vec{\mathbf{v}}_f$가 x축과 이루는 각도 θ를 구한다.

$$\theta = \tan^{-1}\left(\frac{v_{yf}}{v_{xf}}\right) = \tan^{-1}\left(\frac{-15 \text{ m/s}}{40 \text{ m/s}}\right) = -21°$$

입자의 속력은 $\vec{\mathbf{v}}_f$의 크기로 다음과 같이 계산된다.

$$v_f = \left|\vec{\mathbf{v}}_f\right| = \sqrt{v_{xf}^2 + v_{yf}^2} = \sqrt{(40)^2 + (-15)^2} \text{ m/s}$$

$$= 43 \text{ m/s}$$

결론 각도 θ에 대한 음의 부호는 속도 벡터가 x축에서 시계 방향으로 21° 돌아간 방향을 나타낸다. $\vec{\mathbf{v}}_i$의 x와 y 성분으로부터 v_i를 구한다면, $v_f > v_i$ 임을 알게 된다. 이 결과는 예측한 것과 일치한다.

(C) 임의의 시간 t에서 입자의 x 및 y 좌표와 그 시간에서 입자의 위치 벡터를 구하라.

풀이

분석 시간 $t = 0$ 에서 $x_i = y_i = 0$인 것과 식 3.9의 성분들을 이용한다. x와 y의 단위는 m이고, t의 단위는 s이다.

$$x_f = v_{xi}t + \frac{1}{2}a_x t^2 = 20t + 2.0t^2$$

$$y_f = v_{yi}t = -15t$$

임의의 시간 t에서 입자의 위치 벡터를 표현한다.

$$\vec{\mathbf{r}}_f = x_f\hat{\mathbf{i}} + y_f\hat{\mathbf{j}} = (20t + 2.0t^2)\hat{\mathbf{i}} - 15t\hat{\mathbf{j}}$$

결론 t의 값이 매우 큰 경우를 고려한다.

문제 매우 오랜 시간 동안 기다리고 나서 입자의 운동을 관찰하면 어떠한가? 매우 큰 시간 값에 대해 입자의 운동은 어떻게 기술될 것인가?

답 그림 3.6에서 x축을 향해 휜 입자의 경로를 볼 수 있다. 이런 경향이 바뀔 것이라고 가정할 그 어떤 이유도 없으며, 그것은 시간이 오래 지나감에 따라 경로가 점점 더 x축에 나란하게 된다는 것을 암시한다. 수학적으로 식 (1)은 속도의 x 성분이 시간에 따라 선형적으로 증가하지만 y 성분은 일정함을 보여 준다. 그러므로 시간 t가 매우 클 때, 속도의 x 성분은 y 성분보다 훨씬 더 커지게 되어 속도 벡터가 x축에 점점 더 나란하게 됨을 암시한다. x_f와 y_f 둘 다 시간에 따라 계속 증가한다. 하지만 x_f가 훨씬 더 빠르게 증가한다.

3.3 | **포물체 운동** Projectile Motion

공중으로 던진 야구공의 운동에서 포물체 운동을 관찰할 수 있다. 공을 지표면에 대해 어떤 각도로 던지면 곡선 경로를 따라 운동한다. 물체의 **포물체 운동**(projectile motion)은 이런 유형의 문제를 모형화할 때 다음 두 가정을 통해 매우 간단하게 분석할 수 있다. (1) 자유 낙하 가속도 g는 운동하는 동안에 일정하고 아래를 향한다.[1] (2) 공기 저항의 효과는 무시할 수 있다.[2] 이런 가정을 하면, **궤적**이라 부르는 포물체

---

[1] 사실상, 이 근사는 고려하고 있는 운동의 범위 내에서 지구가 평평하고, 물체의 최대 높이가 지구의 반지름과 비교해서 작다고 가정하는 것과 동일하다.

[2] 이 근사는 특히 빠른 속도를 갖는 예에서 종종 잘 맞지 않는다. 더구나 야구공과 같은 포물체의 스핀은 공기 역학적 힘과 관련된 매우 흥미로운 효과를 일으킬 수 있다(예를 들면 투수가 던진 커브볼).

그림 3.7 처음 속도 $\vec{v}_i$로 원점(점 Ⓐ)을 떠나는 포물체의 포물선 경로. 속도 벡터 $\vec{v}$는 시간에 따라 크기와 방향이 변한다. 이 변화는 $-y$ 방향의 가속도 $\vec{a} = \vec{g}$에 의한 결과이다.

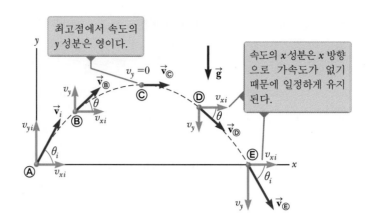

최고점에서 속도의 y 성분은 영이다.

속도의 x 성분은 x 방향으로 가속도가 없기 때문에 일정하게 유지된다.

오류 피하기 | 3.2

최고점에서의 가속도 오류 피하기 2.7에서 이야기한 바와 같이 많은 사람들은 포물체가 최고점에 있을 때의 가속도는 영이라고 주장한다. 이런 오해는 연직 방향으로의 속도가 영인 것과 가속도가 영인 것 사이의 혼동에서 생긴다. 포물체가 최고점에서 가속도가 영이라면, 그 점에서의 속도는 변하지 않아야 하며, 이후 포물체는 계속 수평 방향으로 움직여야 한다. 그러나 포물체의 궤도 운동 상의 어느 곳에서나 가속도가 영이 **아니므로** 그런 일은 일어나지 않는다.

용접공이 뜨거운 용접기로 강한 금속 철골에 구멍을 내고 있다. 이때 발생하는 불꽃은 포물선 경로로 튄다.

의 경로는 **항상 포물선이 된다. 이 장 전체에서 이런 가정을 근거로 해서 단순화한 모형을 사용할 것이다.**

만약 y 방향을 수직이고 위쪽 방향을 양으로 하는 기준틀을 선택하면 $a_y = -g$(일차원 자유 낙하에서처럼), 그리고 $a_x = 0$(가능한 수평 방향 가속도는 공기 저항에서 생길 수 있으나 이를 무시했기 때문에)이 된다. 더구나 그림 3.7과 같이 $t = 0$일 때 포물체가 원점(점 Ⓐ, $x_i = y_i = 0$)에서 속력 v_i로 출발한다고 가정한다. 속도 $\vec{v}_i$가 수평 방향과 각도 θ_i를 이루고 있으면 그림에서 직각삼각형을 기하학적 모형으로 하고 코사인 함수와 사인 함수의 정의로부터 다음을 얻는다.

$$\cos \theta_i = \frac{v_{xi}}{v_i} \quad \text{그리고} \quad \sin \theta_i = \frac{v_{yi}}{v_i}$$

그러므로 속도의 처음 x와 y 성분은 다음과 같다.

$$v_{xi} = v_i \cos \theta_i \quad \text{그리고} \quad v_{yi} = v_i \sin \theta_i$$

이들을 $a_x = 0$과 $a_y = -g$를 갖는 식 3.8과 3.9에 대입하면, 임의의 시간 t에서 포물체에 대한 속도 성분과 위치 좌표는 다음과 같다.

$$v_{xf} = v_{xi} = v_i \cos \theta_i = \text{일정} \qquad\qquad 3.10$$

$$v_{yf} = v_{yi} - gt = v_i \sin \theta_i - gt \qquad\qquad 3.11$$

$$x_f = x_i + v_{xi} t = (v_i \cos \theta_i)t \qquad\qquad 3.12$$

$$y_f = y_i + v_{yi} t - \frac{1}{2}gt^2 = (v_i \sin \theta_i)t - \frac{1}{2}gt^2 \qquad\qquad 3.13$$

식 3.10에서 가속도의 수평 성분이 없기 때문에, v_{xf}는 시간에 따라 일정하게 유지되므로 v_{xi}와 같다. 그러므로 수평 방향 운동은 등속도로 운동하는 입자와 같다. y 방향에서 v_{yf}와 y_f는 자유 낙하하는 물체에 대한 식 2.10, 2.13과 유사하다. 그러므로 등가속도 운동을 하는 입자의 모형을 y 성분에 적용할 수 있다. 사실, 2장에서 유도한 모든 운동학 식은 포물체 운동에 적용이 가능하다.

식 3.12를 t에 대해 풀고 t에 대한 이 식을 식 3.13에 대입해 풀면 다음을 얻는다.

$$y_f = (\tan\theta_i)x_f - \left(\frac{g}{2v_i^2\cos^2\theta_i}\right)x_f^2 \qquad \textbf{3.14}$$

이 식은 각도가 $0 < \theta_i < \pi/2$인 영역에서 성립한다. 이 식은 $y = ax - bx^2$ 형태로 원점을 지나는 포물선의 식이다. 그래서 포물체의 궤적은 기하학적으로 포물선으로서 모형화할 수 있다. 궤적은 v_i와 θ_i를 알면 **완전히** 기술할 수 있다.

포물체에 대해 시간의 함수인 위치 벡터 식은 $\vec{\mathbf{a}} = \vec{\mathbf{g}}$와 식 3.9로부터 직접 유도할 수 있다.

$$\vec{\mathbf{r}}_f = \vec{\mathbf{r}}_i + \vec{\mathbf{v}}_i t + \frac{1}{2}\vec{\mathbf{g}}t^2$$

이 식은 식 3.12와 3.13의 조합과 동일한 정보를 주므로 그림 3.8처럼 그릴 수 있다. $\vec{\mathbf{r}}_f$에 대한 이 식은 벡터 식이고 위쪽 방향을 양으로 정했을 때 $\vec{\mathbf{a}} = \vec{\mathbf{g}} = -g\hat{\mathbf{j}}$가 되기 때문에, $\vec{\mathbf{r}}_f$에 대한 식은 식 3.13과 일치한다.

입자의 위치는 처음 위치 $\vec{\mathbf{r}}_i$, 가속도가 없을 때의 변위 $\vec{\mathbf{v}}_i t$, 그리고 중력에 의한 가속도 때문에 생기는 $\frac{1}{2}\vec{\mathbf{g}}t^2$의 합으로 생각할 수 있다. 다시 말해 중력 가속도가 없으면, 입자는 $\vec{\mathbf{v}}_i$ 방향으로 직선 경로를 따라 운동을 계속할 것이다.

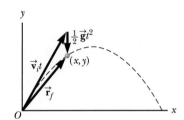

그림 3.8 원점에서 처음 속도가 $\vec{\mathbf{v}}_i$인 포물체의 위치 벡터 $\vec{\mathbf{r}}_f$. 벡터 $\vec{\mathbf{v}}_i t$는 중력이 없을 때의 위치 벡터이고, 벡터 $\frac{1}{2}\vec{\mathbf{g}}t^2$은 아래 방향으로 중력 가속도로 인한 입자의 연직 변위이다.

▎**퀴즈 3.2** (i) 위로 쏘아 올린 포물체가 그림 3.8에서처럼 포물선 모양의 경로로 움직일 때, 경로의 어느 점에서 포물체의 속도와 가속도 벡터가 서로 수직이 되는가? (a) 그런 점이 없다. (b) 최고점 (c) 발사점 (ii) 위 보기 중 포물체의 속도와 가속도가 서로 평행하게 되는 지점은 어디인가?

포물체 운동의 수평 도달 거리와 최대 높이
Horizontal Range and Maximum Height of a Projectile

그림 3.9에서처럼 포물체가 $t_i = 0$일 때 $+v_{yi}$ 성분으로 쏘아 올려진 다음, 다시 같은 수평 높이까지 되돌아온다고 가정하자. 이런 상황은 야구, 축구, 골프와 같은 스포츠에서 흔히 볼 수 있다.

이를 분석할 때 특별히 흥미로운 두 위치의 점들이 있는데, 직교 좌표에서 $(R/2, h)$인 최고점 ⓐ와 좌표 $(R, 0)$을 갖는 도착점 ⓑ이다. 거리 R은 포물체의 **수평 도달 거리**이고 h는 **최대 높이**이다. 궤적의 대칭성 때문에 포물체는 x 위치가 R의 절반일 때에 최대 높이에 도달한다. h와 R을 v_i, θ_i, g로 나타내 보자.

최대 높이에서 $v_{y\text{ⓐ}} = 0$을 이용해서 h를 구할 수 있다. 그러므로 식 3.11을 이용해서 포물체가 최고점에 도달하는 시간 $t_\text{ⓐ}$를 결정할 수 있다.

$$t_\text{ⓐ} = \frac{v_i\sin\theta_i}{g}$$

$t_\text{ⓐ}$에 대한 이 식을 식 3.13에 대입하고 y_f를 h로 바꾸면 h를 v_i와 θ_i로 나타낼 수 있다.

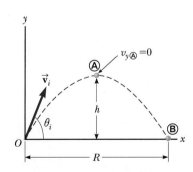

그림 3.9 $t = 0$일 때 처음 속도 $\vec{\mathbf{v}}_i$로 평평한 지면의 원점에서 쏘아 올린 포물체. 포물체의 최대 높이는 h이고 수평 도달 거리는 R이다. 궤적의 최고점인 ⓐ에서 포물체의 좌표는 $(R/2, h)$이다.

$$h = (v_i \sin \theta_i) \frac{v_i \sin \theta_i}{g} - \frac{1}{2} g \left(\frac{v_i \sin \theta_i}{g} \right)^2$$

$$h = \frac{v_i^2 \sin^2 \theta_i}{2g} \qquad\qquad \textbf{3.15}$$

이 식으로부터 최대 높이 h가 어떻게 증가할 수 있는지를 생각해 보자. 더 큰 처음 속도를 가지고, 더 큰 각도에서, 또는 달에서처럼 자유 낙하 가속도가 작은 위치에서 포물체를 발사할 수 있다. 이 상황은 머릿속으로 생각해 보는 것과 일치하는가?

수평 도달 거리 R은 포물체가 최고점에 도달하는 데 걸리는 시간의 두 배의 시간 동안 운동한 수평 거리이다. 이는 $2t_Ⓐ$ 시간에서 포물체의 위치를 찾는 것과 같다. 식 3.12를 이용하고 $t = 2t_Ⓐ$에서 $x_f = R$이라는 것을 생각하면 다음과 같이 구할 수 있다.

$$R = (v_i \cos \theta_i) 2t_Ⓐ = (v_i \cos \theta_i) \frac{2v_i \sin \theta_i}{g} = \frac{2v_i^2 \sin \theta_i \cos \theta_i}{g}$$

$\sin 2\theta = 2 \sin \theta \cos \theta$이므로, R은 다음과 같이 더 간단한 형태로 쓸 수 있다.

$$R = \frac{v_i^2 \sin 2\theta_i}{g} \qquad\qquad \textbf{3.16}$$

오류 피하기 | 3.3
높이와 도달 거리 식 식 3.15와 3.16은 그림 3.9에서와 같이 대칭 경로에 대해서만 h와 R을 계산하는 데 유용하다는 것을 명심하자. 경로가 대칭이 아니면 이 식들을 사용하면 안 된다. 식 3.10에서 식 3.13까지 주어진 일반적인 표현들은 임의의 궤적에 대해 시간 t에서 포물체의 좌표와 속도 성분을 주기 때문에 더 중요한 결과들이다.

수학적인 식으로부터 수평 도달 거리 R을 증가시키는 방법을 생각해 보자. 더 큰 처음 속도를 가지고 또는 달과 같이 자유 낙하 가속도가 작은 위치에서 발사할 수 있다. 이 상황은 머릿속으로 생각해 보는 것과 일치하는가?

또한 수평 도달 거리는 처음 속도 벡터의 각도와 관련이 있다. 식 3.16으로부터 R의 가능한 최댓값은 $R_{max} = v_i^2/g$이다. 이 결과는 $\sin 2\theta_i$의 최댓값이 $2\theta_i = 90°$일 때 1이라는 사실로부터 나온다. 그러므로 R은 $\theta_i = 45°$일 때 최대가 된다.

그림 3.10은 주어진 처음 속력의 포물체에 대한 여러 궤적들을 나타냈다. 그림에서 알 수 있듯이 수평 도달 거리는 $\theta_i = 45°$일 때 최대가 된다. 또한 45° 이외의 θ_i에 대해, 75°와 15° 같이 서로 여각인 두 개의 θ_i에서 동일한 좌표 $(R, 0)$에 도달할 수 있다. 물론 최대 높이와 비행 시간은 이들 두 θ_i에 대해 서로 다를 것이다.

▌**퀴즈 3.3** 그림 3.10에 있는 다섯 가지 경로에 대한 발사각을 비행 시간에 따라 가장 짧은 비행 시간부터 순서대로 나열하라.

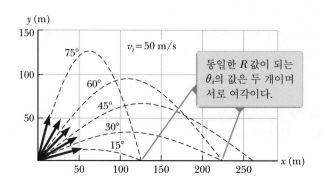

그림 3.10 원점에서 처음 속력 50 m/s로 쏘아 올린 포물체의 여러 각도에 대한 궤적

생각하는 물리 3.1

야구 경기에서 홈런을 쳤다. 홈 플레이트에서 친 공은 포물선을 따라 관중석으로 날아 간다. (**a**) 공이 올라가는 동안, (**b**) 궤도의 최고점에서, (**c**) 최고점에 도착한 이후에 떨어지는 동안 공의 가속도는 얼마인가? 공기 저항은 무시한다.

추론 세 부분의 답이 모두 동일하다. 가속도는 중력 때문에 생기며 $a_y = -9.80 \text{ m/s}^2$ 이다. 중력은 운동하는 동안 공을 아래 방향으로 끌어당긴다. 공이 궤적을 따라 올라 라가는 동안 아래 방향 가속도는 공 속도의 연직 성분의 양의 값을 줄여 준다. 공이 궤적을 따라 내려가는 동안 아래 방향 가속도는 속도의 연직 성분의 음의 값의 크기를 증가시킨다. ◀

예제 3.2 | 대단한 팔

건물의 옥상에서 수평과 $30.0°$의 방향으로 20.0 m/s의 처음 속력으로 던졌다(그림 3.11). 돌을 던진 손의 위치는 지면으로부터 높이 45.0 m 이다.

(A) 돌이 지면에 도달하는 데 걸리는 시간은 얼마인가?

풀이

개념화 그림 3.11을 살펴보면, 돌의 운동에 관한 여러 가지 변수가 주어져 있고 궤적이 그려져 있다.

분류 이 문제는 포물체 운동 문제로 분류할 수 있다. 돌은 y 방향으로는 등가속도 운동을 하고 x 방향으로는 등속 운동하 는 입자로 간주할 수 있다.

분석 여기서 이미 알고 있는 정보는 $x_i = y_i = 0$, $y_f = -45.0 \text{ m}$, $a_y = -g$, $v_i = 20.0 \text{ m/s}$ 이다(y_f의 수치값이 음인 이유는 돌을 던진 지점을 좌표의 원점으로 정했기 때문이다).

돌의 속도의 처음 x 성분과 y 성분을 구한다.

$$v_{xi} = v_i \cos\theta_i = (20.0 \text{ m/s}) \cos 30.0° = 17.3 \text{ m/s}$$
$$v_{yi} = v_i \sin\theta_i = (20.0 \text{ m/s}) \sin 30.0° = 10.0 \text{ m/s}$$

식 3.9의 연직 성분으로부터 돌의 연직 위치를 식으로 나타낸다.

$$y_f = y_i + v_{yi}t + \frac{1}{2}a_y t^2$$

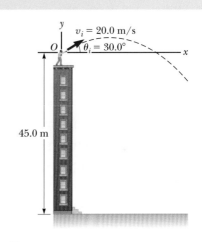

그림 3.11 (예제 3.2) 건물의 옥상에서 돌을 던진다.

주어진 값을 대입한다.

$$-45.0 \text{ m} = 0 + (10.0 \text{ m/s})t + \frac{1}{2}(-9.80 \text{ m/s}^2)t^2$$

t에 관한 이차 방정식의 해를 구한다.

$$t = 4.22 \text{ s}$$

(B) 돌이 지면에 도달하기 직전의 속력은 얼마인가?

풀이

분석 식 3.8의 y 성분을 이용해서 돌이 지면에 도달하기 직전의 속도의 y 성분을 구한다.

$$v_{yf} = v_{yi} + a_y t$$

$t = 4.22 \text{ s}$를 대입한다.

$$v_{yf} = 10.0 \text{ m/s} + (-9.80 \text{ m/s}^2)(4.22 \text{ s}) = -31.3 \text{ m/s}$$

이 성분 값과 수평 성분 값 $v_{xf} = v_{xi} = 17.3 \text{ m/s}$를 대입해서 $t = 4.22 \text{ s}$에서의 돌의 속력을 구한다.

$$v_f = \sqrt{v_{xf}^2 + v_{yf}^2} = \sqrt{(17.3 \text{ m/s})^2 + (-31.3 \text{ m/s})^2}$$
$$= 35.8 \text{ m/s}$$

결론 나중 속력의 y 성분 값이 음이 나오는 것이 타당한 것인가? 나중 속력이 처음 속력 20.0 m/s보다 큰 것이 타당한 것인가?

문제 돌을 던진 방향으로 수평 방향의 바람이 불어서 돌의 수평 가속도 성분이 $a_x = 0.500 \text{ m/s}^2$이라면 어떻게 되는가? (A)와

(B) 중에서 어느 것의 답이 바뀌는가?

답 x 방향과 y 방향의 운동을 별개의 것으로 생각한다. 따라서 수평 방향의 바람이 연직 방향의 운동에 영향을 미치지 않는다. 연직 방향의 운동은 포물체가 공중에 머무는 시간을 결정하므로 (A)의 답은 변하지 않는다. 바람은 시간에 따라 수평 방향의 속도 성분을 증가시키므로, (B)에서의 나중 속력은 커진다. $a_x = 0.500 \text{ m/s}^2$이라 하면, $v_{xf} = 19.4 \text{ m/s}$, $v_f = 36.9 \text{ m/s}$가 된다.

예제 3.3 | 스키 점프 도약대

그림 3.12에서 보듯이 한 스키 점프 선수가 수평 방향 25.0 m/s의 속력으로 스키 트랙을 떠난다. 선수가 착지할 경사면은 35.0° 기울어져 있다. 선수는 경사면 어느 지점에 착지하는가?

풀이

개념화 이 문제를 동계 올림픽 스키 경기를 관전한 기억들을 바탕으로 개념화하자. 스키 선수는 약 4 s 동안 떠 있고 수평으로 약 100 m의 거리를 이동하는 것으로 추정된다. 경사면에서의 거리 d의 값도 크기의 정도가 비슷할 것이다.

분류 이 문제는 포물체 운동을 하는 입자 문제로 분류할 수 있다.

분석 점프의 시작을 원점으로 정하면 편리하다. 처음 속도 성분은 $v_{xi} = 25.0 \text{ m/s}$와 $v_{yi} = 0$이다. 그림 3.12에 있는 직각삼각형으로부터 착지점에서 선수의 x와 y 좌표 성분이 $x_f = d \cos\phi$와 $y_f = -d \sin\phi$로 주어짐을 알 수 있다.
선수의 좌표를 시간의 함수로 표현한다.

$$(1) \qquad x_f = v_{xi}t$$

$$(2) \qquad y_f = v_{yi}t + \frac{1}{2}a_y t^2 = -\frac{1}{2}gt^2$$

착지점에서 x_f와 y_f값들을 대입한다.

$$(3) \qquad d\cos\phi = v_{xi}t$$

$$(4) \qquad -d\sin\phi = -\frac{1}{2}gt^2$$

시간 t에 대해 식 (3)의 해를 구하고, 그 결과를 식 (4)에 대입한다.

$$-d\sin\phi = -\frac{1}{2}g\left(\frac{d\cos\phi}{v_{xi}}\right)^2$$

위 식에서 d에 대한 해를 구한다.

$$d = \frac{2v_{xi}^2 \sin\phi}{g\cos^2\phi} = \frac{2(25.0 \text{ m/s})^2 \sin 35.0°}{(9.80 \text{ m/s}^2)\cos^2 35.0°} = 109 \text{ m}$$

선수가 착지하는 지점의 x와 y 좌표를 계산한다.

$$x_f = d\cos\phi = (109 \text{ m})\cos 35.0° = \boxed{89.3 \text{ m}}$$

$$y_f = -d\sin\phi = -(109 \text{ m})\sin 35.0° = \boxed{-62.5 \text{ m}}$$

결론 이 결과를 예측값과 비교하자. 수평 도달 거리가 100 m 정도로 예측되고, 89.3 m인 이 결과와는 크기의 정도가 같다. 선수가 공기 중에 떠 있는 시간을 계산하고 그것을 약 4 s 정도인 추정치와 비교하는 것은 유용할 것이다.

문제 예제와 동일한 조건에서, 스키 점프 선수가 위쪽으로 도약하도록 도약대의 끝이 휘었다고 하자. 이런 설계가 점프 거리를 최대화하는 데 더 유리한가?

답 처음 속도가 위 방향 성분을 갖는다면, 선수는 상공에 더 오래 떠 있게 될 것이고, 따라서 더 멀리 이동할 수도 있다. 그러나 처음 속도 벡터 성분을 위 방향으로 편향시키는 것은 처음 속도의 수평 성분을 줄이게 될 것이다. 따라서 스키 트

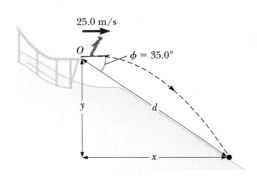

그림 3.12 (예제 3.3) 스키 점프 선수가 수평 방향으로 트랙을 떠난다.

락의 끝을 위 방향의 **큰** 각도로 기울이는 것은 수평 도달 거리를 **줄일** 수 있다. 극단의 예를 들어보자. 선수가 수평에 대해 90°로 도약하면, 선수는 트랙 끝에서 단순히 위로 갔다가 아래로 떨어진다. 이 논의는 체공 시간을 늘리는 것과 수평 속도 성분을 더 작게 하는 것 사이에 균형을 나타내는 0°와 90° 사이의 최적의 각도가 있음을 암시한다.

이 최적의 각도를 수학적으로 구하자. 다음과 같이 식 (1)~(4)를 수정한다. 선수가 임의의 각도 θ로 기울어진 트랙에서 수평선을 기준으로 각도 θ로 점프하고, 경사면은 수평선과 ϕ의 각도를 이룬다고 가정한다.

$$(1)\text{과 }(3)\;\rightarrow\;x_f = (v_i \cos\theta)t = d\cos\phi$$

$$(2)\text{와 }(4)\;\rightarrow\;y_f = (v_i \sin\theta)t - \frac{1}{2}gt^2 = -d\sin\phi$$

이 식들 사이에서 시간을 소거해서 d를 구하고 이것이 최댓값을 갖는 θ를 구하기 위해 미분법을 사용한다. 그 결과는 다음과 같다.

$$\theta = 45° - \frac{\phi}{2}$$

그림 3.12에 있는 경사각은 $\phi = 35.0°$이다. 따라서 이 식은 최적의 발사각이 $\theta = 27.5°$가 됨을 보여 준다. 수평면을 의미하는 $\phi = 0°$인 각도에 대해 이 식은 기대하는 것처럼 $\theta = 45°$가 최적 발사각이 되게 한다(그림 3.10 참조).

예제 3.4 | 창던지기

중력 가속도가 정확하게 $g = 9.78$ m/s^{2}인 적도 지방에서 열린 올림픽에서 창던지기 선수가 창을 던져서 80.0 m에 도달했다. 4년 뒤 올림픽이 북극에서 열렸는데 그곳의 중력 가속도는 $g = 9.83$ m/s^{2}이다. 선수가 적도에서 던졌던 속도와 정확하게 같은 속도로 창을 던진다고 가정하면, 북극에서 창은 얼마나 멀리 가는가?

풀이

개념화 적도와 북극 사이에서 운동하는 경우 물체 무게의 차이를 느끼기는 쉽지 않다. 그러나 북극에서의 더 큰 중력 가속도는 창이 땅에 빨리 떨어지게 하므로 적도에서보다 수평 도달 거리가 더 짧을 것이다.

분류 공기 중에서 움직이는 창에 영향을 주는 것과 관련된 정보가 없다면, 창을 자유 낙하 입자로 간주할 수 있다. 트랙

세계의 수준급 선수들은 창을 아주 멀리 던질 수 있다.

과 운동장에서 일어나는 일들은 평평한 운동장에서 정상적으로 일어나는 것으로 본다. 그러므로 창이 떨어지는 곳의 수직 위치는 던지는 곳의 연직 위치와 같다고 할 수 있고 창이 날아가는 궤적은 대칭이라고 할 수 있다. 이런 가정을 적용하면 식 3.15와 3.16을 이용해서 운동을 분석할 수 있다. 수평 도달 거리의 차이는 적도와 북극에서의 자유 낙하 가속도의 차이 때문에 생긴다.

분석 이 문제를 풀려면, 포물체의 수평 도달 거리와 중력 가속도의 비례 관계를 수식으로 나타내야 한다. 비례 관계를 이용해서 문제를 푸는 이런 기술은 매우 강력한 방법으로서 잘 살펴서 비례식을 세우고 충분히 이해를 하면 앞으로 나오는 문제 풀이에 적용할 수 있다.

식 3.16을 이용해서 두 위치에서 입자의 수평 도달 거리의 식을 나타낸다.

$$R_{\text{북극}} = \frac{v_i^2 \sin 2\theta_i}{g_{\text{북극}}}$$

$$R_{\text{적도}} = \frac{v_i^2 \sin 2\theta_i}{g_{\text{적도}}}$$

첫 번째 식을 두 번째 식으로 나누면 도달 거리의 비와 자유 낙하 가속도의 비 사이의 관계식이 얻어진다. 이 문제에서 두 위치에서의 창의 처음 속도가 같다고 가정했으므로, 비례식에 있는 분자와 분모의 v_i와 θ_i는 같다.

$$\frac{R_{북극}}{R_{적도}} = \frac{\left(\dfrac{v_i^2 \sin 2\theta_i}{g_{북극}}\right)}{\left(\dfrac{v_i^2 \sin 2\theta_i}{g_{적도}}\right)} = \frac{g_{적도}}{g_{북극}}$$

$$R_{북극} = \frac{g_{적도}}{g_{북극}} R_{적도} = \frac{9.78 \text{ m/s}^2}{9.83 \text{ m/s}^2}(80.0 \text{ m})$$

$$= \boxed{79.6 \text{ m}}$$

이 식을 북극에서의 도달 거리에 대한 식으로 풀고 값을 대입한다.

결론 비례 관계식을 세워서 문제를 푸는 이런 강력한 방법의 이점 중의 하나는 처음 속도의 크기(v_i)나 방향(θ_i)을 몰라도 된다는 것이다. 두 위치에서 그 값이 같다면 비례식에서 서로 소거된다.

◀ **3.4** | 분석 모형: 등속 원운동하는 입자
Analysis Model: Particle in Uniform Circular Motion

그림 3.13a는 원 궤도를 따라 도는 자동차를 보여 주고 있다. 이런 운동을 **원운동**(circular motion)이라고 한다. 자동차가 **일정한 속력** v로 이 경로를 따라 움직이면, 이를 **등속 원운동**(uniform circular motion)이라고 한다. 주변에서 흔히 보는 이런 형태의 운동은 **등속 원운동하는 입자**(particle in uniform circular motion)라고 하는 분석 모형을 세워 취급하는 것이 좋다. 이 절에서는 이 모형에 대해 공부한다.

학생들은 물체가 일정한 속력으로 원 궤도를 따라 운동할 때에도 **가속도가 있다**는 것을 알 때 종종 놀란다. 이유를 알기 위해 평균 가속도를 정의하는 식 $\vec{a}_{avg} = \Delta\vec{v}/\Delta t$ (식 3.4)를 고려해 보자. 가속도는 속도 벡터가 변하기 때문에 생긴다. 속도는 벡터이기 때문에 가속도가 있는 경우는 3.1절에서 언급했듯이 두 가지가 있다. 즉 속도의 **크기**가 변하는 경우와 **방향**이 변하는 경우이다. 원형 경로에서 일정한 속력으로 운동하는 물체의 경우가 방향의 변화로 가속도가 생기는 경우이다. 크기가 일정한 속도 벡터는 항상 경로의 접선 방향이고, 원형 경로의 반지름에 수직이다. 그러므로 속도 벡터는 계속 **변한다**. 등속 원운동에서 가속도 벡터가 경로에 수직이고, 항상 원의 중심을 향한다는 것을 알 수 있다.

먼저 가속도가 입자에 의해 만들어지는 경로에 수직이어야만 한다는 것을 개념적으로 논의하기로 하자. 수직이 아니라면, 속도 벡터에 평행한 가속도 성분이 있어야 한다. 그런 가속도 성분은 물체의 속력 변화에 기인한다. 그러나 이 변화는 입자가 경

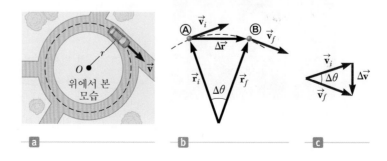

그림 3.13 (a) 자동차가 일정한 속력으로 원형 길을 따라 움직이면 등속 원운동을 하게 된다. (b) 입자가 Ⓐ에서 Ⓑ로 운동하는 동안 속도 벡터는 $\vec{v}_i$에서 $\vec{v}_f$로 변한다. (c) 속도 변화 $\Delta\vec{v}$의 방향을 결정하기 위한 그림. $\Delta\theta$의 크기가 작으면 $\Delta\vec{v}$는 원의 중심을 향한다.

로를 따라서 일정한 속력을 가지고 운동한다는 문제의 가정에 모순이 된다. 그러므로 **등속** 원운동에 대해 가속도 벡터는 경로에 수직 성분만 갖게 되고 원의 중심을 향하는 방향이다.

이제 입자의 가속도 크기를 구해 보자. 그림 3.13b에서 자동차를 입자로 모형화한 경우의 위치와 속도 벡터의 그림 표현을 고려하자. 또한 그림은 위치의 변화를 나타내는 벡터 $\Delta\vec{r}$을 보여 준다. 입자는 점선으로 나타낸 부분의 원형 경로를 따라 움직인다. 입자가 시간 t_i일 때 Ⓐ에 있고, 속도는 $\vec{v}_i$이며, 조금 지난 시간 t_f일 때 입자는 Ⓑ에 있고 속도는 $\vec{v}_f$가 된다. $\vec{v}_i$와 $\vec{v}_f$는 크기는 같고 방향만 다르다(즉 **등속** 원운동이므로 $v_i = v_f = v$). 입자의 가속도를 계산하기 위해 평균 가속도에 대한 정의 식 3.4를 이용하자.

$$\vec{a}_{avg} = \frac{\vec{v}_f - \vec{v}_i}{t_f - t_i} = \frac{\Delta\vec{v}}{\Delta t}$$

그림 3.13c에서는 3.13b에 있는 속도 벡터들의 시점(꼬리)을 일치시켜 다시 그렸다. 벡터 $\Delta\vec{v}$는 벡터합 $\vec{v}_f = \vec{v}_i + \Delta\vec{v}$를 표현하기 위해 벡터들의 머리를 연결했다. 그림 3.13b와 3.13c에서 운동을 분석할 때 유용한 기하학적 모형을 적용할 수 있는 두 개의 삼각형을 볼 수 있다. 그림 3.13b에서 두 위치 벡터가 이루는 각도 $\Delta\theta$는 그림 3.13c에서 속도 벡터가 이루는 각도와 같다. 왜냐하면 속도 벡터 $\vec{v}$는 항상 위치 벡터 $\vec{r}$과 수직이기 때문이다. 그러므로 두 삼각형은 **닮은꼴**이다(두 변 사이의 각도가 같고 두 변의 길이 비가 같으면, 두 삼각형은 닮은꼴이다). 이 두 닮은꼴 삼각형에서 변의 길이 사이의 관계는 다음과 같다.

$$\frac{|\Delta\vec{v}|}{v} = \frac{|\Delta\vec{r}|}{r}$$

여기서 $v = v_i = v_f$이고 $r = r_i = r_f$이다. 이 식에서 $|\Delta\vec{v}|$를 구해 그 결과를 평균 가속도 $\vec{a}_{avg} = \Delta\vec{v}/\Delta t$(식 3.4)에 대입하면, 입자가 Ⓐ에서 Ⓑ로 운동하는 시간 동안의 평균 가속도 크기를 다음과 같이 구할 수 있다.

$$\left|\vec{a}_{avg}\right| = \frac{v}{r}\frac{|\Delta\vec{r}|}{\Delta t}$$

이제 그림 3.13b에서 두 점 Ⓐ와 Ⓑ가 매우 가까이 접근한다고 상상해 보자. Ⓐ와 Ⓑ가 서로 접근함에 따라 Δt는 영으로 접근하고, 비 $|\Delta\vec{r}|/\Delta t$는 속력 v에 접근한다. 또한 평균 가속도는 점 Ⓐ에서의 순간 가속도가 된다. 그러므로 $\Delta t \to 0$인 극한에서 가속도의 크기는 다음과 같다.

$$a_c = \frac{v^2}{r}$$

▶ 구심 가속도의 크기 **3.17**

이런 가속도를 **구심 가속도**(centripetal acceleration)라 한다. 가속도 표기에서 아래 첨자는 가속도가 **중심을 향하고 있음**을 나타낸다.

반지름 r인 원 위에서 등속 운동하는 입자의 운동에서 **주기**(period) T를 도입하면 편리하다. 여기서 주기는 한 번 회전하는 데 걸리는 시간으로 정의한다. 한 주기 T 동안 입자는 원둘레인 $2\pi r$만큼 이동한다. 그리고 속력은 원둘레를 주기로 나눈 $v = 2\pi r/T$이므로, 주기는 다음과 같이 표현된다.

▶ 등속 원운동에서 입자의 주기

$$T = \frac{2\pi r}{v}$$

3.18

등속 원운동하는 입자는 매우 일상적인 물리적 상황이고 문제 풀이를 위한 분석 모형으로 유용하다. 식 3.17과 3.18은 등속 원운동하는 입자 모형이 주어진 상황에 적절할 때 사용된다.

> **오류 피하기 | 3.5**
> **구심 가속도는 일정하지 않다** 등속 원운동에서 구심 가속도 벡터의 크기는 일정하지만, **구심 가속도 벡터는 일정하지 않다.** 그 벡터는 항상 원운동의 중심을 향하고 있으므로 계속해서 방향이 변한다.

▌ **퀴즈 3.4** 원형 경로에서 움직이는 입자에 대한 구심 가속도 벡터를 정확하게 기술하고 있는 것은 다음 중 어느 것인가? (**a**) 일정한 벡터이고 입자의 속도에 항상 수직 (**b**) 일정한 벡터이고 입자의 속도에 항상 평행 (**c**) 크기가 일정하고, 입자의 속도에 항상 수직 (**d**) 크기가 일정하고, 입자의 속도에 항상 평행

> ▌ **생각하는 물리 3.2**
>
> 비행기가 로스앤젤레스부터 오스트레일리아의 시드니까지 날아가고 있다. 비행 고도에 도달한 후에 비행기의 계기들은 지상 속력 700 km/h를 계속 유지하고 비행기의 방향은 변하지 않았음을 나타내고 있다. 비행하는 동안 비행기의 속도는 일정한가?
>
> **추론** 지구의 곡률 때문에 속도는 일정하지 않다. 속력이 변하지 않았고 방향이 항상 시드니를 향하고 있었을지라도 비행기는 지구 원둘레의 일부분을 돌아서 날았다. 그러므로 속도 벡터의 방향은 실제로 변한다. 비행기가 시드니를 통과해서 계속해서 로스앤젤레스에 도착할 때까지 지구 주위를 날아가는 것을 상상함으로써 이 상황을 확장할 수 있다. 비행기가 (지표면이 아니라 우주에 대해 상대적인) 등속도 운동을 한다면 출발점으로 되돌아오는 것은 불가능하다. ◀

▌ **예제 3.5 | 지구의 구심 가속도**

태양 주위로 공전하는 지구의 구심 가속도를 구하라.

풀이

개념화 태양을 중심으로 원 궤도를 돌고 있는 지구를 생각해 보자. 지구를 입자로, 궤도를 원으로 가정해서 (11장에서 논의하겠지만 사실은 약간 타원이다) 문제를 간단히 하자.

분류 개념화 단계에서 이 문제를 등속 원운동하는 입자 문제로 분류할 수 있다.

분석 식 3.17에 대입할 지구의 공전 속력을 모른다. 하지만

식 3.18에 지구 공전의 주기인 일 년과 지구 궤도 반지름 1.496×10^{11} m를 대입하면 공전 속력을 구할 수 있다. 식 3.17과 3.18을 결합한다.

$$a_c = \frac{v^2}{r} = \frac{\left(\dfrac{2\pi r}{T}\right)^2}{r} = \frac{4\pi^2 r}{T^2}$$

주어진 값들을 대입한다.

$$a_c = \frac{4\pi^2 (1.496 \times 10^{11}\,\text{m})}{(1\,\text{yr})^2} \left(\frac{1\,\text{yr}}{3.156 \times 10^7\,\text{s}} \right)^2$$

$$= 5.93 \times 10^{-3}\,\text{m/s}^2$$

결론 이 가속도는 지표면에서의 자유 낙하 가속도보다 훨씬 작다. 여기서 알아야 할 중요한 사항은 식 3.17에서 운동의 속력 v를 주기 T로 바꾸는 기교이다. 많은 문제에서 v보다는 T를 알고 있는 경우가 더 많다.

◀3.5 | 접선 가속도와 지름 가속도 Tangential and Radial Acceleration

3.4절에서 배운 것보다 더 일반적인 운동을 고려해 보자. 그림 3.14에서처럼 입자가 곡선 경로를 따라 오른쪽으로 움직이고 속도의 크기와 방향이 모두 변하는 경우, 속도 벡터는 항상 경로의 접선 방향이지만 가속도 $\vec{\mathbf{a}}$는 경로와 어떤 각도를 이루고 있다. 각 순간에, 입자는 원형 경로 위에서 움직이는 것으로 모형화할 수 있다. 원형 경로의 반지름은 그 순간에 경로의 곡률 반지름이다. 그 다음 순간에, 입자는 다른 원형 경로 위에서 움직이는 것처럼 움직인다. 이때 중심과 반지름은 이전의 것과 다르다. 그림 3.14의 각 점 Ⓐ, Ⓑ, Ⓒ에서, 실제 경로에 대해 기하학적으로 원형 경로를 형성하는 모형의 점선 원들을 그렸다.

그림 3.14에서 입자가 곡선 경로를 따라 이동할 때 전체 가속도 벡터 $\vec{\mathbf{a}}$의 방향은 위치에 따라 변한다. 이 벡터는 점선의 모형과 원의 중심을 기반으로 해서 두 성분으로 나눌 수 있다. 하나는 모형 원의 지름 방향인 지름 성분 a_r이고 다른 하나는 지름에 수직인 접선 성분 a_t이다. **전체** 가속도 벡터 $\vec{\mathbf{a}}$는 두 성분 벡터의 벡터합으로 쓸 수 있다.

$$\vec{\mathbf{a}} = \vec{\mathbf{a}}_r + \vec{\mathbf{a}}_t \qquad\qquad \textbf{3.19}$$

접선 가속도 성분은 입자 속력의 변화로 생기며 다음과 같이 주어진다.

$$a_t = \frac{d|\vec{\mathbf{v}}|}{dt} \qquad\qquad \textbf{3.20} \qquad \blacktriangleright\ \text{접선 가속도}$$

지름 가속도는 속도 벡터의 방향 변화의 결과로 나타나며 다음과 같이 주어진다.

$$a_r = -a_c = -\frac{v^2}{r}$$

$\blacktriangleright$ **지름 가속도**

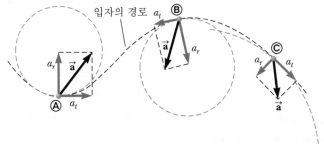

그림 3.14 xy 평면에 있는 임의의 곡선 경로를 따라 움직이는 입자의 운동. 경로에 접하는 속도 벡터 $\vec{\mathbf{v}}$의 크기와 방향이 변할 때, 가속도 벡터 $\vec{\mathbf{a}}$는 접선 성분 a_t와 지름 성분 a_r을 갖는다.

여기서 r은 점에서 경로의 곡률 반지름이다. 가속도의 지름 성분의 크기가 3.4절에서 논의한 구심 가속도임을 알 수 있다. 음의 부호는 구심 가속도의 방향이 원의 중심을 향하고, 원의 중심에서 항상 밖을 향하는 지름 단위 벡터 $\hat{r}$과 반대임을 나타낸다.

서로 수직인 $\vec{a}_r$과 $\vec{a}_t$는 $\vec{a}$의 벡터 성분들이므로 $\vec{a}$의 크기는 $a = \sqrt{a_r^2 + a_t^2}$이다. 주어진 속력에서 (그림 3.14에 있는 점 Ⓐ와 Ⓑ처럼) 곡률 반지름이 작을 때 a_r은 크고 (점 Ⓒ에서처럼), r이 클 때 a_r은 작다. $\vec{a}_t$의 방향은 속력 v가 증가하면 $\vec{v}$와 같은 방향이고, v가 감소하면 (점 Ⓑ에서처럼) $\vec{v}$와 반대 방향이다.

v가 상수인 등속 원운동에서는 $a_t = 0$이고, 가속도는 3.4절에서 기술한 것처럼 항상 지름 방향이다. 다시 말하면 등속 원운동은 곡선 경로 운동 중 특별한 경우이다. 보다 특별한 경우로, $\vec{v}$의 방향이 변하지 않으면 지름 가속도는 생기지 않고, 운동은 일차원적이 된다(이 경우 $a_r = 0$이지만 a_t는 영이 아닐 수 있다).

▶ **퀴즈 3.5** 한 입자가 어떤 경로를 따라 움직이고 있으며, 그 속력이 시간에 따라 증가하고 있다. (i) 다음 중 입자의 가속도 벡터와 속도 벡터가 평행한 경우는 어느 것인가? (a) 경로가 원형일 때 (b) 경로가 직선일 때 (c) 경로가 포물선 형태일 때 (d) 정답 없음. (ii) 앞의 보기 중 입자의 가속도 벡터와 속도 벡터가 경로 위의 모든 지점에서 수직인 경우는 어느 것인가?

▶ **3.6** | 상대 속도와 상대 가속도 Relative Velocity and Relative Acceleration

이번 절에서는 서로 다른 기준틀에 있는 관측자의 관측이 서로 어떻게 관련되는지 설명하고자 한다. 기준틀은 관측자가 원점에 정지해 있는 직각 좌표계이다.

관측자들이 서로 다르게 관측하게 될 어떤 상황을 개념화하자. 그림 3.15a에서 수직선에 위치한 두 관측자 A와 B를 생각하자. 관측자 A는 일차원 x_A축의 원점에 위치하고, 관측자 B는 $x_A = -5$인 위치에 있다. 관측자 A가 이 축의 원점에 있으므로 위치 변수를 x_A로 정한다. 두 관측자는 $x_A = +5$에 위치한 점 P의 위치를 측정한다. 그림 3.15b에서처럼 관측자 B는 자신의 위치를 x_B축의 원점으로 정했다고 하자. 두 관측자는 점 P의 위치 값을 각각 다르게 읽는다. 관측자 A는 점 P가 +5의 값을 갖는 위치에 있다고 주장할 것이고, 관측자 B는 점 P가 +10의 값을 갖는 위치에 있다고 주장할 것이다. 비록 두 관측자가 다른 측정값을 말하더라도 둘 다 옳다. 두 관측자는 서로 다른 기준틀에서 측정하기 때문에 그들의 측정값은 서로 다르다.

이제 그림 3.15b에서 관측자 B가 x_B축을 따라 오른쪽으로 움직인다고 생각해 보자. 이 경우 두 측정은 훨씬 더 달라진다. 관측자 A는 점 P가 +5의 값을 갖는 위치에 그대로 정지해 있다고 주장하고, 관측자 B는 점 P의 위치가 시간에 따라 연속적으로 변해서, 자신이 있는 쪽으로 다가와서 자신을 지나 뒤로 간다고 말할 것이다. 서로 다

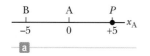

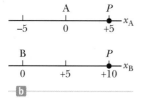

그림 3.15 관측자가 다르면 측정값도 다르다. (a) 관측자 A는 원점에 있고, 관측자 B는 −5의 위치에 있다. 두 관측자는 입자 P의 위치를 측정한다. (b) 두 관측자가 그들 자신의 위치를 각각 좌표계의 원점으로 삼아 측정하면 P에 있는 입자의 위치 값은 일치하지 않는다.

른 기준틀로부터 측정한 값이 차이가 나더라도 두 관측자의 관측 결과는 모두 옳다.

이 현상을 그림 3.16에서와 같이 공항에 있는 움직이는 무빙워크에서 걷고 있는 한 남자를 쳐다보는 두 관측자를 고려함으로써 더 자세히 탐구하자. 움직이는 무빙워크 위에 서 있는 여자는 남자가 보통 걷는 속력으로 이동하고 있다고 관측할 것이다. 바닥에 멈춰 서서 관측하고 있는 여자는 남자가 좀 더 빠른 속력으로 이동하고 있다고 관측할 것이다. 왜냐하면 무빙워크 속력이 남자가 걷는 속력에 더해지기 때문이다. 두 관측자는 같은 남자를 보면서도 서로 다른 속력 값으로 결론을 내리게 된다. 그러나 두 명 다 옳다. 측정에서 생기는 차이는 두 기준틀 사이의 상대 속도가 원인이다.

보다 일반적인 경우로 그림 3.17에서 점 P에 놓인 입자를 생각해 보자. 이 입자의 운동을 두 명의 관측자가 측정한다고 하자. 관측자 A는 지구에 대해 상대적으로 고정된 기준틀 S_A에 있고, 관측자 B는 S_A에 대해 상대적으로 (따라서 지구에 대해 상대적으로) 오른쪽으로 일정한 속도 $\vec{\mathbf{v}}_{BA}$를 갖고 이동하는 기준틀 S_B에 있다. 상대 속도에 대한 이같은 논의에서는 이중 아래 첨자 표시법을 사용한다. 첫 번째 아래 첨자는 관측 대상을 나타내고, 두 번째 아래 첨자는 관측자를 나타낸다. 따라서 $\vec{\mathbf{v}}_{BA}$는 관측자 A가 측정하는 관측자 B(기준틀 S_B)의 속도를 의미한다. 이 표시법으로 관측자 B는 A가 속도 $\vec{\mathbf{v}}_{AB} = -\vec{\mathbf{v}}_{BA}$로 왼쪽으로 움직인다고 관측하게 된다. 이 논의를 위해 각 관측자는 각자의 좌표계의 원점에 있다고 하자.

두 기준틀의 원점이 일치하는 순간을 시간 $t = 0$이라 가정하자. 그러면 시간 t에서는 두 기준틀의 원점 사이의 거리가 $v_{BA}t$만큼 벌어질 것이다. 시간 t일 때 관측자 A에 대한 입자의 상대적인 위치 P를 위치 벡터 $\vec{\mathbf{r}}_{PA}$라 하고, 관측자 B에 대한 상대적인 위치 P를 위치 벡터 $\vec{\mathbf{r}}_{PB}$라 하자. 그림 3.17에서 위치 벡터 $\vec{\mathbf{r}}_{PA}$와 $\vec{\mathbf{r}}_{PB}$는 다음의 관계식으로 서로 연관되어 있음을 알 수 있다.

$$\vec{\mathbf{r}}_{PA} = \vec{\mathbf{r}}_{PB} + \vec{\mathbf{v}}_{BA}t \qquad \text{3.21}$$

식 3.21을 시간에 대해 미분하고 벡터 $\vec{\mathbf{v}}_{BA}$가 상수임을 감안하면, 다음을 얻을 수 있다.

$$\frac{d\vec{\mathbf{r}}_{PA}}{dt} = \frac{d\vec{\mathbf{r}}_{PB}}{dt} + \vec{\mathbf{v}}_{BA}$$

$$\vec{\mathbf{u}}_{PA} = \vec{\mathbf{u}}_{PB} + \vec{\mathbf{v}}_{BA} \qquad \text{3.22}$$

여기서 $\vec{\mathbf{u}}_{PA}$는 관측자 A가 측정한 점 P에 있는 입자의 속도이고, $\vec{\mathbf{u}}_{PB}$는 관측자 B가 측정한 점 P에 있는 입자의 속도이다(이 절에서는 입자의 속도에 대해 $\vec{\mathbf{v}}$보다 기호 $\vec{\mathbf{u}}$를 사용하는데, $\vec{\mathbf{v}}$는 두 기준틀의 상대 속도에 사용된다). 식 3.21과 3.22는 **갈릴레이 변환식**(Galilean transformation equations)으로 알려져 있다. 이 식은 상대적으로 운동 중인 관측자가 측정하는 입자의 위치와 속도를 연결시켜 준다. 식 3.22에서 아래 첨자의 배치에 주의하라. 상대 속도들이 더해질 때 안쪽의 아래 첨자(B)가 같으면, 바깥의 아래 첨자(P, A)는 식의 좌변에 있는 속도의 아래 첨자와 일치한다.

무빙워크에 서 있는 여자는 멈춰서 관측하는 여자보다 남자의 이동 속력이 느리다고 본다.

그림 3.16 두 관측자가 무빙워크에서 걷는 한 남자의 속력을 측정하고 있다.

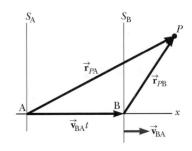

그림 3.17 P에 위치한 입자를 두 명의 관측자, 즉 고정된 기준틀 S_A의 한 명과 등속도 $\vec{\mathbf{v}}_{BA}$로 오른쪽으로 이동하는 기준틀 S_B에 있는 다른 한 명이 기술한다고 하자. 벡터 $\vec{\mathbf{r}}_{PA}$는 S_A계에서 본 입자의 위치 벡터이고 $\vec{\mathbf{r}}_{PB}$는 S_B계에서 본 위치 벡터이다.

▶ 갈릴레이 속도 변환

비록 두 기준틀에서 관측자들이 입자의 속도를 다르게 측정하더라도, $\vec{v}_{BA}$가 일정하면 두 기준틀에서 **동일한 가속도**를 측정하게 된다. 이는 식 3.22의 시간에 대한 도함수를 얻음으로써 확인할 수 있다.

$$\frac{d\vec{u}_{PA}}{dt} = \frac{d\vec{u}_{PB}}{dt} + \frac{d\vec{v}_{BA}}{dt}$$

$\vec{v}_{BA}$가 일정하기 때문에 $d\vec{v}_{BA}/dt = 0$이다. 따라서 $\vec{a}_{PA} = d\vec{u}_{PA}/dt$이고 $\vec{a}_{PB} = d\vec{u}_{PB}/dt$이므로 $\vec{a}_{PA} = \vec{a}_{PB}$라고 결론내릴 수 있다. 즉 한 기준틀에 있는 관측자가 측정한 입자의 가속도는 그 기준틀에 대해 등속도로 상대 운동을 하는 다른 관측자가 측정한 가속도와 같다.

⟨ **예제 3.6** | **강을 가로질러 가는 배**

넓은 강을 건너는 배가 물에 대해 상대적으로 10.0 km/h의 속력으로 움직인다. 강물은 지면에 대해 동쪽으로 5.00 km/h의 일정한 속력으로 흐르고 있다.

(A) 배가 북쪽을 향하고 있을 때, 강둑에 서 있는 관측자에 대한 배의 상대 속도를 구하라.

풀이

개념화 강을 건널 때, 물살을 따라 배가 하류로 밀리고 있다고 상상해 보자. 배는 강을 곧장 가로질러 가지 못하고 그림 3.18a와 같이 하류로 떠내려가면서 반대편 강둑에 도달할 것이다.

분류 배와 강의 속도를 분리할 수 있으므로, 이 문제를 상대 속도가 관계된 문제로 분류할 수 있다.

분석 강물에 대한 배의 상대 속도 $\vec{v}_{br}$, 지면에 대한 강물의 상대 속도 $\vec{v}_{rE}$를 알고 있다. 구해야 할 것은 $\vec{v}_{bE}$, 즉 지면에 대한 배의 상대 속도이다. 이 세 가지 양들 사이의 관계는 $\vec{v}_{bE} = \vec{v}_{br} + \vec{v}_{rE}$로 나타낼 수 있다. 식에 있는 항들은 그림 3.18a에서 보듯이 벡터로 다뤄야 한다. 벡터 $\vec{v}_{br}$은 북쪽, $\vec{v}_{rE}$는 동쪽 그리고 둘의 벡터합은 그림 3.18a에 나타낸 것처럼 북동 θ인 방향에 있다.

피타고라스의 정리를 이용해서 지면에 대한 배의 상대 속력 v_{bE}를 구한다.

$$v_{bE} = \sqrt{v_{br}^2 + v_{rE}^2} = \sqrt{(10.0 \text{ km/h})^2 + (5.00 \text{ km/h})^2}$$

$$= \boxed{11.2 \text{ km/h}}$$

$\vec{v}_{bE}$의 방향을 구한다.

$$\theta = \tan^{-1}\left(\frac{v_{rE}}{v_{br}}\right) = \tan^{-1}\left(\frac{5.00}{10.0}\right) = \boxed{26.6°}$$

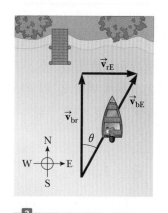 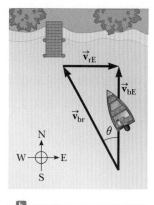

그림 3.18 (예제 3.6) (a) 배는 강을 곧장 가로질러 가려 하지만, 하류에 도달한다. (b) 강을 곧장 가로질러 가려면, 배는 상류를 향해야 한다.

결론 배는 지면에 대해 상대적으로 북쪽에서 동쪽으로 26.6° 방향으로 11.2 km/h의 속력을 갖고 이동한다. 속력 11.2 km/h는 배의 속력 10.0 km/h보다 빠르다는 것에 주목하자. 배의 속력은 유속 때문에 더 큰 속력이 된다. 그림 3.18a에서 보면 결과적으로 배의 속도는 강을 가로지르는 방향에 대해 어떤 각도를 갖고, 결국 배는 예상보다 하류인 지점에 도달한다.

(B) 강물에 대한 배의 상대 속력은 10.0 km/h로 같지만 그림 3.18b에 나타나 있는 바와 같이 북쪽으로 이동하려 할 때, 배가 향해야 하는 방향은 어느 쪽인가?

풀이

개념화/분류 이 질문은 (A)의 확장이다. 따라서 앞서 문제를 이미 개념화하고 분류했다. 그러나 이 경우 배가 강을 똑바로 가로질러 가도록 해야 한다는 것이다.

분석 그림 3.18b에서처럼 새로운 삼각형으로 분석해야 한다. (A)에서처럼 $\vec{v}_{rE}$와 벡터 $\vec{v}_{br}$의 크기를 알고 있고, $\vec{v}_{bE}$가 강을 가로지르는 방향이 되기를 원한다. 그림 3.18a에 있는 삼각형과 그림 3.18b에 있는 삼각형의 차이에 주목하자. 그림 3.18b의 직각삼각형의 빗변은 더 이상 $\vec{v}_{bE}$가 아니다. 피타고라스의 정리를 이용해서 $\vec{v}_{bE}$를 구한다.

$$v_{bE} = \sqrt{v_{br}^{2} - v_{rE}^{2}} = \sqrt{(10.0 \text{ km/h})^{2} - (5.00 \text{ km/h})^{2}}$$
$$= 8.66 \text{ km/h}$$

배가 향하는 방향을 구한다.

$$\theta = \tan^{-1}\left(\frac{v_{rE}}{v_{bE}}\right) = \tan^{-1}\left(\frac{5.00}{8.66}\right) = \boxed{30.0°}$$

결론 배가 강을 가로질러 정북쪽으로 이동하려면 상류쪽을 향해야 한다. 주어진 상황에 대해 배는 북서쪽으로 30.0° 가 되도록 키를 잡아야 한다. 유속이 빠를수록 배는 더 큰 각도로 상류를 향해야만 한다.

문제 (A)와 (B)에서 두 배가 강을 가로질러 경주를 한다고 생각하자. 어느 배가 반대 둑에 먼저 도달하는가?

답 (A)에서는 강을 가로지르는 속도 성분이 10 km/h이다. (B)에서는 이 북쪽 속도 성분이 8.66 km/h이다. 운동의 각 성분은 서로 독립적이므로 (A)에서의 배가 북쪽 속도 성분이 커서 먼저 도착한다.

▌**3.7** | **연결 주제: 자동차의 가로 방향 가속도**
Context Connection: Lateral Acceleration of Automobiles

자동차는 직선을 따라 움직이지 않는다. 평평한 지표면 위에서는 이차원 경로로 이동하고 언덕이나 계곡이 있는 경우에는 삼차원 경로를 따라 움직인다. 여기서 자동차가 평평한 도로 위에서 이차원으로 움직인다고 생각을 하자. 방향을 바꾸는 동안 자동차는 운동의 각 점에서 원형 경로의 호를 따라서 움직인다고 생각할 수 있다. 결과적으로 자동차는 구심 가속도를 갖는다.

자동차는 전복되지 않고 곡선 길을 돌아야 하는데, 이는 구심 가속도에 의존한다. 책이 좁고 긴 사포 위에 똑바로 세워져 있다고 가정하자. 사포가 매우 작은 가속도를 가지고 테이블 면을 느리게 움직인다면 책은 여전히 똑바로 서 있을 것이다. 그러나 사포가 큰 가속도로 움직이면 책은 넘어질 것이다. 그것이 운전 중 피해야 할 전복 사고이다.

일차원에서 책이 가속하는 대신에 원형 경로에서 자동차가 구심으로 가속하는 경우를 생각하자. 그 효과는 같다. 구심 가속도가 매우 크면 차는 전복될 것이다. 회전할 때 자동차가 전복하지 않고 돌 수 있는 최대로 가능한 구심 가속도를 **가로 방향 가속도**라 한다. 자동차의 가로 방향 가속도에 기여하는 두 가지는 자동차의 질량 중심의 지면 위 높이와 나란한 바퀴들 사이의 거리이다(질량 중심은 8장에서 공부할 예정이다). 앞의 책의 예에서 사포 위에 놓인 책의 질량 중심 높이와 책의 너비의 비는 상대

표 3.1 │ 성능 좋은 여러 자동차의 가로 방향 가속도

모 델	가로 방향 가속도(g)	모 델	가로 방향 가속도(g)
매우 비싼 자동차		**보통 자동차**	
부가티 베이론 16.4 슈퍼 스포츠	1.40	뷰익 리갈 CXL 터보	0.85
람보르기니 LP 570-4 슈퍼레게라	0.98	시보레 타호 1500 LS (SUV)	0.70
렉서스 LFA	1.04	포드 피에스타 SES	0.84
메르세데스 벤츠 SLS AMG	0.96	허머 H3 (SUV)	0.66
셸비 슈퍼카 얼티머트 에어로	1.05	현대 소나타 SE	0.85
평 균	**1.09**	스마트 포투	0.72
		평 균	**0.77**
가격 대비 성능이 좋은 자동차		**대체 연료 자동차**	
시보레 코베트 ZR1	1.07	시보레 볼트 (하이브리드)	0.83
닷지 바이퍼 SRT10	1.06	닛산 리프 (전기)	0.79
재규어 XJL 슈퍼챠지드	0.88	혼다 CR-Z (하이브리드)	0.83
어큐라 TL SH-AWD	0.91	혼다 인사이트 (하이브리드)	0.74
닷지 챌린저 SRT8	0.88	토요타 프리우스 (하이브리드)	0.76
평 균	**0.96**	평 균	**0.79**

적으로 크다. 그래서 작은 가속도에서 상대적으로 쉽게 넘어진다. 자동차의 질량 중심의 높이와 바퀴 사이의 거리의 비는 더 작다. 그러므로 큰 가속도를 견딘다.

표 2.3의 어떤 자동차에 대한 공인된 가로 방향 가속도의 기록을 표 3.1에 나열했다. 이들의 값은 중력에 기인하는 중력 가속도 g의 곱으로 주어졌다. 대부분의 매우 비싼 자동차와 가격 대비 성능이 좋은 자동차들은 중력 가속도에 가까운 가로 방향 가속도를 갖는다. 부가티는 중력 가속도보다 40 % 더 크다. 부가티는 매우 안정된 자동차이다.

반대로 성능이 안 좋은 자동차들은 성능 좋은 자동차만큼의 빠른 속력으로 회전할수 있도록 설계되지 않아서 가로 방향 가속도가 더 작다. 예를 들면 뷰익 리갈은 0.85g의 가로 방향 가속도를 갖는다. 표에 있는 두 개의 스포츠형 다용도 자동차는 이 값보다 작은 가로 방향 가속도를 가지며, 이들 자동차는 0.62g까지 낮은 값을 가질 수 있다. 결과적으로 이들 자동차는 급한 곡예 운전에서 전복되기가 매우 쉽다.

연습문제 |

객관식

1. 그림 OQ3.1은 고속도로 곡선 길을 지나는 승용차를 상공에서 본 그림이다. 승용차가 지점 1에서 지점 2로 이동하는 동안 차의 속력은 두 배가 된다. (a)~(e) 중 두 지점 사이를 이동하는 승용차의 평균 가속도 벡터를 나타낸 것은 어느 것인가?

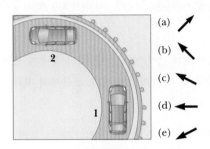

그림 OQ3.1

2. 기숙사 방에서 한 학생이 자신의 가방을 지면과 $45°$의 각도를 이루며 오른쪽으로 던진다(그림 OQ3.2). 가방은 공기 저항의 영향을 받지 않는다고 가정한다. 가방은 학생의 손에서 떠나는 지점 Ⓐ, 비행 중 최고점에 이르는 지점 Ⓑ, 이층 침대 위에 떨어지는 지점 Ⓒ로 이동한다. (i) 다음 속도의 수평과 연직 성분을 큰 것부터 순서대로 나열하라. (a) $v_{Ⓐx}$ (b) $v_{Ⓐy}$ (c) $v_{Ⓑx}$ (d) $v_{Ⓑy}$ (e) $v_{Ⓒy}$. 영은 음수보다 큰 수임에 유의하자. 두 양이 같으면 동일한 순위로 둔다. 어떤 양이 영이면 영이라고 쓰라. (ii) 마찬가지로 가속도 성분을 큰 것부터 순서대로 나열하라. (a) $a_{Ⓐx}$ (b) $a_{Ⓐy}$ (c) $a_{Ⓑx}$ (d) $a_{Ⓑy}$ (e) $a_{Ⓒy}$

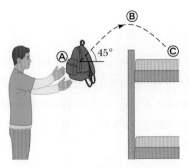

그림 OQ3.2

3. 다음 상황 중 포물체 운동을 하는 물체의 모형을 사용하기에 적합한 것은 어느 것인가? 정답을 모두 고르라. (a) 임의의 방향으로 던진 신발 (b) 엔진의 추진력에 의해 하늘을 나는 제트 비행기 (c) 발사대를 떠나는 로켓 (d) 연료를 다 사용한 후 음속보다 훨씬 작은 속력으로 하늘을 비행하는 로켓 (e) 잠수부가 수중에서 던진 돌

4. 실 끝에 달린 고무마개가 원을 그리며 회전하고 있다. 첫 번째 회전에서 속력 v로 반지름 r인 원을 그리며 돌았고, 두 번째 회전에서 속력 $3v$로 반지름 $3r$인 원을 그리며 돌았다. 첫 번째 회전에서의 가속도와 두 번째 회전에서의 가속도를 비교하라. (a) 두 가속도는 같다. (b) 두 번째 회전에서의 가속도는 첫 번째 회전에서의 가속도의 세 배이다. (c) 두 번째 회전에서의 가속도는 첫 번째 회전에서의 가속도의 3분의 1이다. (d) 두 번째 회전에서의 가속도는 첫 번째 회전에서의 가속도의 아홉 배이다. (e) 두 번째 회전에서의 가속도는 첫 번째 회전에서의 가속도의 9분의 1이다.

5. 실에 매달린 열쇠 꾸러미가 지면과 나란하게 원을 그리며 일정한 속력으로 돌고 있다. 첫 번째 바퀴에서 열쇠는 속력 v로 반지름 r인 원을 그리며 돌고, 두 번째 회전에서는 속력 $4v$로 반지름 $4r$인 원을 그리며 돈다. 두 번째 회전에서의 주기는 첫 번째 회전의 주기와 비교해 어떠한가? (a) 두 주기가 동일하다. (b) 첫 번째 회전의 주기의 네 배이다. (c) 첫 번째 회전의 주기의 4분의 1이다. (d) 첫 번째 회전의 주기의 열여섯 배이다. (e) 첫 번째 회전의 주기의 16분의 1이다.

6. 어떤 트럭이 반지름 150 m인 곡선 길을 최대 속력 32.0 m/s로 지날 수 있다. 같은 가속도로 반지름 75.0 m인 곡선 길을 지날 때의 최대 속력은 얼마인가? (a) 64 m/s (b) 45 m/s (c) 32 m/s (d) 23 m/s (e) 16 m/s

7. 첫 번째 학생이 높은 빌딩의 발코니에서 처음 속력 v_i로 무거운 빨간 공을 지면과 수평으로 던진다. 같은 순간 두 번째 학생은 좀 더 가벼운 파란 공을 발코니에서 떨어뜨린다. 공기 저항을 무시할 때, 다음 중 참인 것은 어느 것인가? (a) 파란 공이 지면에 먼저 도달한다. (b) 두 공은 같은 순간에 지면에 도달한다. (c) 빨간 공이 지면에 먼저 도달한다. (d) 두 공은 같은 속력으로 지면에 도달한다. (e) (a)~(d)의 내용은 모두 거짓이다.

8. 등속도로 움직이는 빠른 배에서 항해사가 돛대 위에서 렌치를 연직으로 떨어뜨린다. 렌치는 배의 갑판 어느 부분에 떨어지는가? 바람이나 공기의 저항력 등은 무시한다. (a)

돛대 바로 아래에 떨어진다. (b) 돛대 바로 아래보다 뒤에 떨어진다. (c) 돛대 바로 아래에서 바람이 불어오는 쪽으로 떨어진다. (d) 정답 없음

9. 지구에서 포물체가 어떤 처음 속도로 발사되어 공기의 저항을 받지 않으며 운동하고 있다. 다른 포물체가 같은 처음 속도로 중력 가속도가 지구의 6분의 1인 달 위에서 발사될 때 도달 거리는 지구에서 포물체의 도달 거리와 비교할 때 어떠한가? (a) 지구에서 도달 거리의 6분의 1이다. (b) 같다. (c) 지구에서 도달 거리의 $\sqrt{6}$배이다. (d) 지구에서 도달 거리의 여섯 배이다. (e) 지구에서 도달 거리의 36배이다.

10. 외야수가 야구공을 포수에게 던진다. 공이 최고점에 도달할 때, 다음 중 참인 것은 어느 것인가? (a) 공의 속도와 가속도는 모두 영이다. (b) 공의 속도는 영이 아니지만 가속도는 영이다. (c) 공의 속도와 가속도는 수직이다. (d) 공의 가속도는 공이 던져진 각도에 영향을 받는다. (e) (a)~(d)의 내용은 모두 거짓이다.

주관식

3.1 위치, 속도 및 가속도 벡터

1. 운전사가 남쪽으로 20.0 m/s의 속력으로 3.00분 동안 달린 뒤, 서쪽으로 25.0 m/s의 속력으로 2.00분 동안 달리고, 마지막으로 북서쪽으로 30.0 m/s의 속력으로 1.00분 동안 달린다. 전체 6.00분 동안의 주행에서 (a) 전체 변위 벡터, (b) 평균 속력, (c) 평균 속도를 구하라. 단, 동쪽 방향을 $+x$축으로 한다.

2. 입자의 위치 벡터가 시간의 함수로 $\vec{\mathbf{r}}(t) = x(t)\hat{\mathbf{i}} + y(t)\hat{\mathbf{j}}$로 주어진다. 여기서 $x(t) = at + b$이고 $y(t) = ct^2 + d$이다. 또한 $a = 1.00$ m/s, $b = 1.00$ m, $c = 0.125$ m/s^2, $d = 1.00$ m이다. (a) 시간 $t = 2.00$ s에서 $t = 4.00$ s 사이에서의 평균 속도를 구하라. (b) $t = 2.00$ s에서의 속도와 속력을 구하라.

3.2 이차원 등가속도 운동

3. 처음 원점에 위치한 입자가 $\vec{\mathbf{a}} = 3.00\,\hat{\mathbf{j}}$ m/s^{2}의 가속도와 $\vec{\mathbf{v}}_i = 5.00\,\hat{\mathbf{i}}$ m/s 의 처음 속도를 갖는다. (a) 임의의 시간 t에서 위치와 (b) 속도 벡터, (c) $t = 2.00$ s에서 입자의 좌표와 (d) 속력을 구하라.

4. 바다의 어떤 바위를 기준으로 $\vec{\mathbf{r}}_i = (10.0\hat{\mathbf{i}} - 4.00\hat{\mathbf{j}})$ m에

있는 물고기가 수평 방향으로 이동하는 속도는 $\vec{\mathbf{v}}_i = (4.00\hat{\mathbf{i}} + 1.00\hat{\mathbf{j}})$ m/s이다. 등가속도로 20.0 s 동안 이동한 뒤 물고기의 속도는 $\vec{\mathbf{v}} = (20.0\hat{\mathbf{i}} - 5.00\hat{\mathbf{j}})$ m/s가 됐다. (a) 가속도의 성분들을 구하라. (b) 단위 벡터 $\hat{\mathbf{i}}$에 대한 가속도의 방향을 구하라. (c) 물고기가 등가속도를 유지한다고 할 때, $t = 25.0$ s에서 물고기의 위치와 이동 방향을 구하라.

3.3 포물체 운동

Note: 모든 문제에서 공기 저항은 무시하고 지표면에서 $g = 9.80$ m/s^{2}이다.

5. 포물체가 최대 높이에 도달할 때의 속력은 공이 최대 높이의 절반일 때 속력의 절반이다. 포물체의 처음 발사 각도는 얼마인가?

6. 1 000 m/s의 포탄 속력을 갖는 대포가 산의 경사 위에 눈사태를 만들기 위해 사용됐다. 표적이 대포로부터 수평으로 2 000 m, 위로 800 m 높이에 있다. 대포는 수평 위로 얼마의 각도로 쏘아야 하는가?

7. 동네 술집에서 고객이 리필을 요청하며 빈 맥주 머그잔을 카운터로 미끄러뜨린다. 카운터의 높이는 1.22 m이다. 머그잔은 카운터 끝에서 1.40 m를 날아가 바닥에 떨어진다. (a) 카운터에서 떨어질 때 머그잔의 속도를 구하라. (b) 마루에 부딪치기 바로 직전 머그잔의 속도의 방향을 구하라.

8. 건물의 위층 창문을 통해 수평에서 아래 방향으로 20.0°의 각도, 8.00 m/s로 공을 던진다. 공은 3.00 s 후에 지면에 도달한다. (a) 공이 지면에 도달한 지점과 건물 바닥과의 수평 거리를 구하라. (b) 공이 출발한 높이를 구하라. (c) 공이 출발한 높이에서 10.0 m 아래에 도달하는 시간을 구하라.

9. 마야족의 왕이나 학교 운동부는 점프를 잘하는 퓨마나 쿠거(산사자) 등의 동물명으로 이름을 짓기도 한다. 쿠거는 45.0°의 각도로 지면을 떠날 때 12.0 ft의 높이를 도약할 수 있다. 이런 도약을 하기 위해 지면을 떠날 때 SI 단위로 얼마의 속력을 갖는가?

10. 그림 P3.10처럼 소방관이 화재가 발생한 건물에서 d만큼 떨어져서 수평과 θ_i의 각도를 이루고 소방 호스로 물을 쏘고 있다. 물의 처음 속력이 v_i일 때 물이 도달하는 건물의 높이 h를 구하라.

그림 P3.10

11. 축구 선수가 40.0 m 높이의 절벽에서 호수를 향해 수평으로 돌을 찼다. 선수가 3.00 s 후에 물 튀는 소리를 들었다면 돌의 처음 속도는 얼마인가? 공기 중에서 소리의 속력은 343 m/s이다.

12. 불꽃놀이용 로켓이 연직 궤적의 최고 높이 h에서 폭발한다. 타고 있는 조각들이 모든 방향으로 같은 속력 v로 떨어진다. 고형화된 금속 조각들은 공기 저항 없이 땅으로 떨어진다. 금속 조각이 땅으로 떨어질 때 나중 속도가 수평과 이루는 가장 작은 각도를 구하라.

13. 아래에 있는 도로로부터 높이 6.00 m인 학교 건물 평평한 옥상에 놀이터가 있다(그림 P3.13). 건물 벽의 높이는 $h = 7.00$ m이고 놀이터 주변에는 1 m 높이로 난간을 세워 놓았다. 공이 거리로 떨어져 밑에 있던 보행자가 각도 $\theta = 53.0°$로 건물로부터 거리 $d = 24.0$ m만큼 떨어진 곳에서 공을 차 돌려주었다. 공이 되돌아가는 데 2.20 s가 걸렸다. (a) 찬 공의 속력을 구하라. (b) 공이 벽 위를 지날 때의 연직 높이를 구하라. (c) 공이 지붕에 떨어진 곳부터 벽까지의 수평 거리를 구하라.

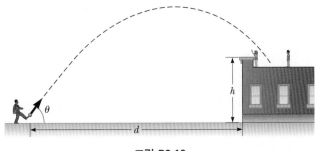

그림 P3.13

14. 8장에서 공부할 내용이지만 공간에서 인체의 운동은 인체의 질량 중심을 나타내는 입자 운동으로 모형화할 수 있다. 멀리뛰기를 하는 운동 선수의 질량 중심의 변위의 성분들은 다음과 같은 식으로 나타낼 수 있다.

$$x_f = 0 + (11.2 \text{ m/s})(\cos 18.5°)t$$

$$0.360 \text{ m} = 0.840 \text{ m} + (11.2 \text{ m/s})(\sin 18.5°)t$$
$$- \frac{1}{2}(9.80 \text{ m/s}^2)t^2$$

여기서 t의 단위는 s이며, 운동 선수가 착지하는 순간의 시간을 나타낸다. 이때 (a) 뛰는 순간의 운동 선수의 위치, (b) 속도 벡터, (c) 운동 선수가 뛴 거리를 구하라.

3.4 분석 모형: 등속 원운동하는 입자

15. 그림 P3.15가 보여 주는 것처럼 운동 선수가 반지름 1.06 m인 원 궤도를 따라서 1.00 kg의 원반을 회전시킨다. 원반의 최대 속력은 20.0 m/s이다. 원반의 최대 지름 가속도의 크기를 구하라.

그림 P3.15

16. 반지름이 0.500 m인 바퀴가 200 rev/min의 일정한 비율로 회전한다. 바퀴의 가장 바깥쪽에 박힌 조그만 돌의 속력과 가속도를 구하라.

17. 그림 P3.17의 지구 주위를 도는 우주비행사가 베스타 VI 인공위성과 도킹을 준비 중에 있다. 인공위성은 자유 낙하 가속도가 8.21 m/s²인 지표면에서 600 km 상공의 원 궤도에 있다. 지구의 반지름은 6 400 km로 잡는다. 인공위성의 속력과 지구 주위를 한 번 완전히 도는 데 걸리는 시간(인공위성의 주기)을 구하라.

그림 P3.17

18. 예제 3.5에서 태양 주위를 공전하는 지구의 구심 가속도를 구해 봤다. 이 교재 부록에 주어진 정보를 이용해서 지구가 자전함에 따라 생기는 지구 적도 위 한 점에서의 구심 가속

도를 계산하라.

3.5 접선 가속도와 지름 가속도

19. 기차가 수평 곡선 구간을 돌기 위해 곡선을 도는 데 걸린 15.0 s 동안에 90.0 km/h에서 50.0 km/h까지 속력을 줄인다. 커브의 반지름은 150 m이다. 기차가 50.0 km/h의 속력에 도달할 때 가속도를 계산하라. 이 시간에 똑같은 비율로 계속 속도를 줄인다고 가정한다.

20. 그림 P3.20은 어떤 순간에 반지름 2.50 m의 원을 시계 방향으로 운동하는 입자의 전체 가속도를 나타낸다. 이 순간의 (a) 지름 가속도, (b) 입자의 속력, (c) 접선 가속도를 구하라.

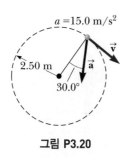

그림 P3.20

3.6 상대 속도와 상대 가속도

21. 자동차가 50.0 km/h의 속력으로 동쪽을 향해 움직이고 있다. 비가 지면에 수직 방향으로 일정한 속력으로 떨어지고 있다. 차의 옆 유리창에 떨어진 빗물 자국이 수직 방향과 60.0°를 이루고 있다. 이때 (a) 자동차에 대한 비의 상대 속도, (b) 지면에 대한 비의 상대 속도를 구하라.

22. 강물이 0.500 m/s의 일정한 속력으로 흐르고 있다. 한 학생이 상류를 향해 1.00 km 거리를 헤엄쳐 간 뒤 출발점으로 되돌아온다. 학생은 흐르지 않는 물에서 1.20 m/s의 속력으로 수영할 수 있다. (a) 위와 같이 강을 왕복하는 데 걸리는 시간을 구하라. (b) 물이 흐르지 않는 경우 왕복하는 데 걸리는 시간을 구하라. (c) 흐르는 강에서 왕복할 때 시간이 더 걸림을 직관적으로 설명하라.

23. 비행기 조종사는 계기로부터 정서쪽을 향하고 있다는 것을 알았다. 공기에 대한 비행기의 속력은 150 km/h이다. 공기는 북쪽을 향해 30.0 km/h로 바람을 따라 움직이고 있다. 땅에 대한 비행기의 속도를 구하라.

24. 과학을 공부하는 학생이 10.0 m/s의 등속력으로 일직선의 수평 궤도를 따라 움직이는 기차의 바닥만 있는 화차 위에 타고 있다. 학생은 공을 수평과 60.0°의 각도를 이루는 처

음 속도로 기차의 운동 방향과 정반대 쪽으로 던진다. 근처 지면에 서 있는 학생의 교수가 연직으로 올라가는 공을 관찰한다. 교수는 공이 어느 높이까지 올라가는지를 보는가?

3.7 연결 주제: 자동차의 가로 방향 가속도

25. 어떤 소형 트럭이 옆으로 경사지지 않은 곡률 반지름 150 m의 커브길을 32.0 m/s의 최대 속력으로 달릴 수 있다. 곡률 반지름이 75.0 m인 커브를 안전하게 달릴 수 있는 최대 속력은 얼마인가?

추가문제

26. 조경사가 도시 공원에 인공 폭포를 조성하려고 한다. 물은 높이 $h = 2.35$ m인 벽 위 수평 수로의 끝에서 1.70 m/s로 흐르다가 웅덩이로 떨어진다(그림 P3.26). (a) 폭포와 벽 사이는 보행로를 만들기에 충분한 거리인가? (b) 기획안을 시의회에 제출하기 위해 실제 크기의 12분의 1로 미니어처를 만들어야 하는데, 미니어처에서 물의 속력은 얼마로 해야 하는가?

그림 P3.26

27. 줄 끝에 묶인 공이, 반지름이 0.300 m인 수평 원 궤도에서 빙글빙글 돈다. 원의 평면은 땅 위의 1.20 m에 있다. 줄이 끊어지고 공은 줄이 끊어진 위치 바로 아래 땅 위의 한 지점으로부터 수평으로 2.00 m 떨어진 지점에 떨어졌다. 원운동하는 동안 공의 지름 방향 가속도를 구하라.

28. '무중력 훈련비행기(Vomit Comet)' 무중력 상태에서 우주비행사의 훈련과 장비 검사를 위해 NASA는 KC135A 비행기를 운행해서 포물선 경로로 비행하게 한다. 그림 P3.28에 보이는 바와 같이 항공기는 24 000 ft에서 31 000 ft까지 올라간다. 여기서 비행기는 45.0°로 기수를 높여서 143 m/s의 속도로 포물선 경로에 진입하고 45.0°로 기수를 내려서 143 m/s의 속도로 포물선 경로를 빠져나간다. 이 부분의 비행 동안 비행기와 선실의 물체들은 자유 낙하를 한다. 우주 비행사와 물체는 중력이 없는 것처럼 자유롭게 떠다닌다. 비행의 최고점에서 비행기의 (a) 속력은 얼마인

가? (b) 고도는 얼마인가? (c) 무중력에서 보낸 시간은 얼마인가?

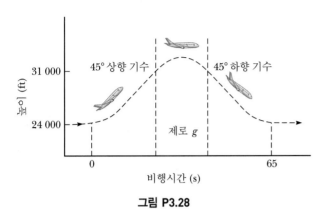

그림 P3.28

29. 야구 선수는 외야로부터 공을 던질 때, 대개 공이 내야에 도달하기 전에 한 번 바운드하도록 한다. 바운드된 공이 땅을 떠나는 각도가 그림 P3.29에서처럼 외야수가 던지는 각도와 같다고 하고, 바운드된 후 공의 속력은 바운드되기 전의 속력의 절반이 된다고 하자. (a) 공을 항상 같은 처음 속력으로 던진다고 가정하고, 공의 저항은 무시하자. 공을 던진 곳에서부터 한 번 바운드되어 도달하는 거리 D(파란색 경로)가 공이 바운드 없이 $45.0°$의 각도로 위로 던져서 도달하는 거리(초록색 경로)와 같아지도록 하려면, 야수는 얼마의 각도 θ로 공을 던져야 하는가? (b) 공이 바운드 없이 날아갈 때 걸리는 시간에 대한 한 번 바운드될 때 걸리는 시간의 비율을 구하라.

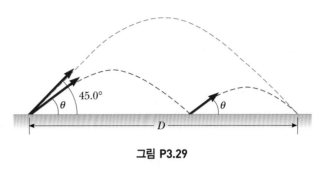

그림 P3.29

30. 스키 선수가 그림 P3.30에서처럼 수평 위쪽 $15.0°$ 방향으로 10.0 m/s의 속도로 스키 점프 도약대를 떠난다. 착지할 경사면은 $50.0°$로 기울어져 있고 공기 저항은 무시한다. 이때 (a) 도약대에서부터 선수가 착지하는 곳까지의 거리와 (b) 착지 직전의 속도 성분을 구하라. (c) 공기 저항을 고려하면 답이 어떻게 변할지 설명하라.

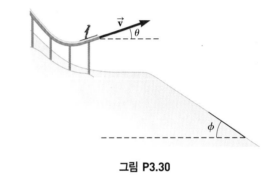

그림 P3.30

운동의 법칙 The Laws of Motion

AL PARKER PHOTOGRAPHY/Shutterstock.com

물체의 운동을 다룬 앞의 두 장에서는 위치와 속도, 그리고 가속도의 정의를 통해 입자의 운동을 표현했다. 하지만 중력에 의해 자유 낙하하는 물체의 경우를 제외하고는 물체의 운동에 영향을 주는 원인에 대해서는 살펴보지 않았다. 이제는 "무엇이 운동의 변화를 일으키는가?" 또는 "왜 어떤 물체는 다른 물체보다 속도의 변화가 큰가?"와 같은 운동의 원인에 관련된 일반적인 문제들에 대해 생각해 보고자 한다. **동역학**을 소개하는 이번 장에서는 힘과 질량의 개념을 가지고 물체의 운동 변화를 유발하는 것이 무엇인지 알아보고, 뉴턴(Isaac Newton)이 300여 년 전 실험 결과들에 근거를 두고 완성한 기본적인 세 가지 운동 법칙을 이해하도록 한다.

서로 지지 않으려고 안간힘을 쓰고 있는 큰뿔 야생양 두 마리는 뉴턴의 운동 법칙을 그대로 적용하는 셈이다. 각자는 다리가 마찰력에 의해 지면에서 미끄러지지 않게 다리 근육을 통해 지구에 힘을 작용하고 있다. 지구의 반작용력은 양에 작용해서 맞닿은 상대방의 머리를 미는 힘을 제공한다. 두 양의 평형 상태가 깨지게 힘을 작용하는 양이 이긴다.

◀ 4.1 | 힘의 개념 The Concept of Force

누구나 일상의 경험으로부터 힘에 대한 기본적인 개념을 이해하고 있다. 식탁 위의 접시를 밀 때 그 물체에 힘을 가한다. 공을 던지거나 찰 때에도 그 공에 힘을 가한다. 이들 예에서, **힘**이란 단어는 인체의 근육 활동과 물체의 상호 작용으로 물체의 운동 상태가 변할 때 사용한다. 그렇지만 힘이 언제나 운동을 유발하는 것은 아니다. 예를 들어 의자에 앉아 책을 읽고 있을 때 우리의 몸은 중력을

그림 4.1 힘이 다양한 물체에 작용하는 몇 가지 예. 각각의 경우 점선으로 표시된 네모 속의 입자 또는 물체에 힘이 작용한다. 네모 부분 바깥 주위 환경의 어떤 요인이 물체에 힘을 작용한다.

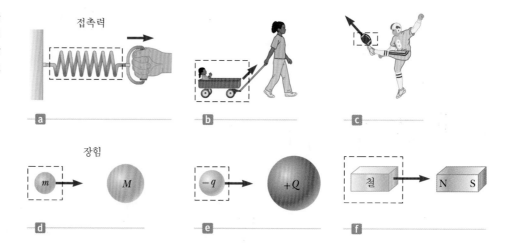

뉴턴
Isaac Newton, 1642~1727
영국의 물리학자 겸 수학자

뉴턴은 역사상 가장 위대한 과학자 중의 한 사람이다. 30세가 되기 전에 이미 역학의 기본 개념과 법칙들을 정립했고, 만유인력의 법칙을 발견했으며 미적분에 대한 수학적인 방법론을 창시했다. 뉴턴은 자신의 이론의 결과로서 행성의 운동을 설명하고, 밀물과 썰물 등 지구와 달의 운동에 관한 많은 현상을 설명했다. 그는 또한 빛의 성질에 대한 많은 기본적인 관측을 설명했다. 물리학 이론에 대한 그의 공헌은 이후 두 세기 동안 과학적인 사고의 근간이 되어 왔으며 오늘날까지 중요한 영향을 미치고 있다.

받고 있지만 정지한 채로 있다. 또 커다란 바위를 밀더라도 그 바위는 거의 움직이지 않는다.

이번 장에서는 물체에 작용하는 힘과 물체의 운동 간의 관계를 살펴보도록 한다. 그림 4.1a에서와 같이 용수철은 당기면 늘어난다. 이 용수철의 특성을 알고 있다면, 용수철이 늘어나는 길이를 통해 용수철을 당기고 있는 힘의 크기를 나타낼 수 있을 것이다. 그림 4.1b는 아이가 장난감 짐차를 끌면 이 짐차가 움직이는 것을 보여 준다. 그림 4.1c는 축구공을 찬 순간, 공은 모양이 살짝 변형되면서 운동을 시작한다는 사실을 알려 준다. 이들 예에서 작용하는 힘은 두 물체의 직접적인 접촉에 의해 작용하는 **접촉력**의 결과이다. 즉 이 힘들은 두 물체 간의 물리적인 접촉의 결과를 나타내는 것이다.

접촉력 이외에 두 물체가 직접 닿아 있지 않더라도 공간을 통해 작용할 수 있는 **장힘**이 있다. 2장과 3장에서 살펴본 자유 낙하 운동의 원인이 되는 두 물체 간의 중력이 장힘의 좋은 예이며, 그림 4.1d에 나타나 있다. 이 중력은 지구 상의 물체를 지구에 붙잡아 두는 원인이 되며, 지구에서 물체의 **무게**를 결정한다. 또한 이 중력을 통해 지구를 포함한 행성이 태양을 중심으로 태양계를 이루고 있다. 그림 4.1e는 우리 주변에서 자주 볼 수 있는 또 다른 장힘의 예로, 이 힘은 한 전하가 다른 전하에 주는 전기력이다. 장힘의 세 번째 예는 그림 4.1f와 같이 막대자석이 쇠붙이에 작용하는 자기력이다.

그러나 앞에서 살펴본 것처럼 접촉력과 장힘이 명확하게 구분되는 것은 아니다. 접촉력이라고 했던 힘은 원자 크기 수준에서 보면 그림 4.1e에 나타낸 전기력에 의해 생겨나는 것으로 판명됐다. 그럼에도 불구하고 거시적인 현상을 설명하기 위한 모형으로서 두 종류의 힘을 모두 사용하는 것이 편리하다.

용수철저울에서 힘은 작용하는 힘에 비례해서 늘어나는 용수철의 길이를 통해 측정할 수 있다. 그림 4.2a에서처럼 위 끝이 고정된 용수철에 연직 방향으로 힘이 작용하는 경우를 생각하자. 용수철의 길이를 1.00 cm만큼 늘어나게 하는 힘을 기본 단위 힘 $\vec{\mathbf{F}}_1$으로 정의하면, 이에 따라 적절히 용수철에 눈금을 매길 수 있다. 그림 4.2b와

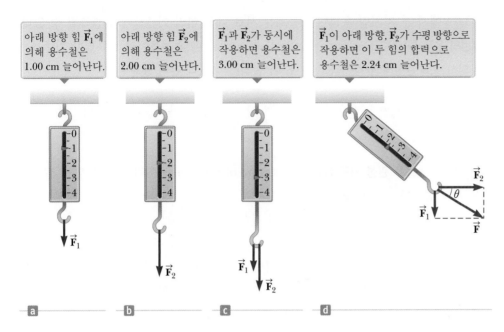

아래 방향 힘 $\vec{\mathbf{F}}_1$에 의해 용수철은 1.00 cm 늘어난다.

아래 방향 힘 $\vec{\mathbf{F}}_2$에 의해 용수철은 2.00 cm 늘어난다.

$\vec{\mathbf{F}}_1$과 $\vec{\mathbf{F}}_2$가 동시에 작용하면 용수철은 3.00 cm 늘어난다.

$\vec{\mathbf{F}}_1$이 아래 방향, $\vec{\mathbf{F}}_2$가 수평 방향으로 작용하면 이 두 힘의 합력으로 용수철은 2.24 cm 늘어난다.

그림 4.2 용수철저울을 통해 힘의 벡터 성질을 확인할 수 있다.

같이 힘 $\vec{\mathbf{F}}_2$가 용수철에 작용해서 용수철의 길이가 2.00 cm만큼 늘어났다면, 힘 $\vec{\mathbf{F}}_2$의 크기는 기본 단위 힘의 두 배라는 것을 알 수 있다. 그림 4.2c는 이들 두 힘이 같은 방향으로 동시에 작용하는 경우를 나타내고 있다. 이 경우 이들 두 힘의 크기는 단순히 더할 수 있으며, 그 결과로 용수철의 길이는 3.00 cm만큼 늘어나게 된다. 그림 4.2d와 같은 좀 더 복잡한 경우를 생각해 보자. 힘 $\vec{\mathbf{F}}_1$과 $\vec{\mathbf{F}}_2$가 서로 수직인 다른 두 방향으로 작용한다면, 그 결과로 늘어나는 용수철의 길이는 $\sqrt{(1.00)^2 + (2.00)^2}\,\text{cm} = \sqrt{5.00}\,\text{cm} = 2.24\,\text{cm}$이다. 단 하나의 힘 $\vec{\mathbf{F}}$만을 작용해서 2.24 cm만큼 용수철을 늘어나게 하려면, 이때 필요한 단일 힘은 그림 4.2d에서와 같이 $\vec{\mathbf{F}}_1$과 $\vec{\mathbf{F}}_2$의 벡터합으로 표현된다. 즉 단일 힘 $\vec{\mathbf{F}}$의 크기 $|\vec{\mathbf{F}}_1| = \sqrt{F_1^2 + F_2^2}$는 기본 단위 힘의 2.24배이며, 방향은 $\theta = \tan^{-1}(-0.500) = -26.6°$를 향한다. 실험 관측을 통해 힘은 벡터라는 사실이 증명됐으며, 이에 따라 물체에 작용하는 알짜힘을 얻기 위해서는 반드시 벡터 덧셈 규칙을 이용해야 한다.

4.2 | 뉴턴의 제1법칙 Newton's First Law

다음과 같은 상황으로부터 힘에 대한 논의를 시작해 보자. 수평으로 놓인 평판 위의 퍽이 자유롭게 움직일 수 있는 수평 에어 하키 테이블 실험 장치를 생각해 보자(그림 4.3). 퍽을 테이블 위에 가만히 놓으면 그 자리에 그대로 있을 것이다. 이번에는 등속으로 움직이는 기차에 이 실험 장치를 싣고 같은 실험을 하더라도 퍽은 그 자리에 그대로 있을 것이다. 그러나 기차가 가속되기 시작하면, 마치 자동차를 가속시킬 때 앞 선반 위의 상자가 뒤로 밀려 바닥으로 떨어지듯이, 테이블을 따라 움직이기 시작할 것이다.

공기 흐름

전기 송풍기

그림 4.3 구멍이 뚫린 테이블 밑에서 바람을 불어넣어 그 위의 퍽을 거의 마찰 없이 움직일 수 있도록 한 수평 에어 하키 테이블 실험 장치. 테이블이 가속되지 않는 경우, 퍽에 어떤 수평력도 작용하지 않는다면 그 위의 퍽은 정지 상태를 유지할 것이다.

3.6절에서 본 것처럼 움직이는 물체는 서로 다른 여러 기준틀에서 관측될 수 있다. **뉴턴의 운동 제1법칙**(Newton's first law of motion)은 **관성틀**이라는 특별한 기준틀을 정의하므로 **관성의 법칙**이라고 한다. 이 법칙은 다음과 같이 표현된다.

▶ 뉴턴의 제1법칙

> 한 물체가 다른 어떤 물체와도 상호 작용하지 않으면, 이 물체의 가속도가 영이 되는 기준틀이 존재한다.

▶ 관성 기준틀

이런 기준틀을 **관성 기준틀**(inertial frame of reference)이라고 한다. 앞서 실험에서 실험 장치가 지상에 놓여 있는 경우, 관성 기준틀에서 퍽의 운동을 관측하는 것이다. 테이블 위의 퍽에 수평 방향의 힘이 전혀 작용하지 않으므로 이 기준틀에서는 퍽의 수평 방향 가속도를 영으로 측정한다. 만약 여러분이 등속으로 움직이는 기차에 타서 지상의 실험 장치를 관측한다고 해도 여전히 관성 기준틀에서 관측하는 것이다. 즉 관성틀에 대해 등속으로 움직이는 기준틀은 모두 관성틀이다. 그러나 실험 장치가 있는 기차가 가속하고 있다면, 즉 관성틀인 지상에 대해 상대적으로 가속하고 있는 기차 안의 관측자는 **비관성 기준틀**(noninertial reference frame)에서 퍽의 운동을 관측하는 것이 된다. 비록 관측자에게는 퍽의 가속도가 있는 것으로 보이더라도, 우리는 퍽의 가속도가 영인 기준틀을 찾아낼 수 있다. 예를 들어 기차 밖의 지상에 있는 관측자는 퍽이 기차가 가속하기 전과 똑같은 등속도로 움직이는 것으로 보인다(그 이유는 퍽과 기차를 함께 묶어 놓을 수 있는 마찰이 거의 없기 때문이다). 그러므로 기차 안의 관측과는 달리 뉴턴의 제1법칙은 여전히 성립한다.

먼 거리에 있는 별에 대해 등속도로 운동하는 기준틀은 근사적으로 거의 관성틀이며 지구도 그와 같은 관성틀로 취급할 수 있다. 실제로 지구는 태양 주위로 공전 운동을 하고 지구 축에 대해 자전 운동을 해서 두 회전 운동의 구심 가속도를 가지므로 관성틀이 아니다. 그러나 이 가속도는 중력 가속도 g에 비해 작아서 무시할 수 있다(이것은 단순화한 모형이다). 따라서 지구와 지구 상에 고정된 좌표계를 관성틀로 취급하자.

관성 기준틀에서 어떤 물체를 관측한다고 가정해 보자. 1600년대 이전에는 물체가 정지해 있는 것이 자연스러운 상태라고 믿었다. 경험을 바탕으로 운동하는 물체는 결국 정지한다고 본 것이다. 물체의 자연 상태와 운동에 대해 새로운 접근을 시도한 최초의 인물은 갈릴레이이다. 사고 실험(또는 생각 실험)을 통해서 운동하는 물체가 정지하려는 속성을 가진 것이 아니라, **운동 상태의 변화를 거스르려는 속성**을 가졌다는 결론을 내렸다. 그의 말을 빌리자면, "운동하는 물체의 속도는 외부에서 그 운동을 방해하는 요인이 없으면 끝없이 일정하게 유지된다."

관성 기준틀에서 물체의 운동을 관찰하고 있다는 가정하에 뉴턴의 운동 제1법칙을 좀 더 실용적인 문구로 다음과 같이 표현할 수 있다.

▶ 뉴턴의 제1법칙의 다른 표현

> 관성 기준틀에서 볼 때, 외력이 없다면 정지해 있는 물체는 정지 상태를 유지하고, 등속 직선 운동하는 물체는 계속해서 등속 운동 상태를 유지한다.

간단히 말해서, **물체에 어떤 힘도 작용하지 않는 경우, 물체의 가속도는 영이다.** 물체의 운동에 아무런 변화가 없으면, 물체의 속도는 변하지 않는다. 제1법칙으로부터 **고립되어 있는**(주위 환경과 아무런 상호 작용을 하지 않는) **물체**는 정지해 있거나 등속 운동한다는 결론을 내릴 수 있다. 이렇듯 운동의 변화를 거스르려는 물체의 성질을 **관성**(inertia)이라 한다.

행성으로부터 멀리 떨어진 우주에서 여행하고 있는 우주선을 상상해 보자. 우주선의 속도를 변화시키기 위해서는 추진 시스템을 필요로 한다. 우주선이 속도 $\vec{v}$에 도달하는 순간 추진 시스템을 껐다면 우주선은 여전히 같은 속도로 날아갈 것이며, 우주인들은 추진력이 필요 없는 우주 여행을 즐길 수 있을 것이다.

마지막으로 2장에서 다뤘던 다음과 같은 힘과 가속도의 관계를 기억해 보자.

$$\vec{F} \propto \vec{a}$$

뉴턴의 제1법칙은 외부로부터 물체에 어떤 힘도 작용하지 않는 경우 운동하는 물체의 속도는 일정하게 유지된다고 말해 준다. 즉 물체는 그 운동 상태를 유지한다. 위에서 나타낸 힘과 가속도 사이의 비례 관계는, 외력이 존재하면 가속도로 나타낼 수 있는 운동 변화를 유발한다는 사실을 나타낸다. 이 사실은 뉴턴의 제2법칙을 이루는 기본 개념이 되며, 이에 대한 자세한 이야기는 곧이어 다루기로 한다.

▍ 퀴즈 4.1 다음 중 옳은 설명은 어느 것인가? (**a**) 물체에 어떤 힘이 작용하지 않아도 운동이 가능하다. (**b**) 물체에 힘이 작용해도 정지 상태를 유지하는 것이 가능하다. (**c**) (a)와 (b) 모두 옳지 않다. (**d**) (a)와 (b) 모두 옳다.

> **오류 피하기 | 4.1**
>
> **뉴턴의 제1법칙**　뉴턴의 제1법칙은 물체에 작용하는 외력의 합이 영인 경우(즉 여러 힘이 서로를 상쇄시키는 경우)를 설명하고 있지는 않다. 제1법칙은 물체에 외부로부터 작용하는 힘이 존재하지 않는 경우만을 고려하고 있다. 미묘하지만 매우 중요한 이 차이점으로 물체의 운동을 변화시키는 원인으로서의 힘을 정의할 수 있다. 균형을 이루고 있는 여러 힘들의 영향하에 있는 물체의 경우는 뉴턴의 제2법칙에서 다룰 것이다.

4.3 | **질량** Mass

탁구공이나 볼링공을 던지고 받는 경우를 생각해 보자. 날아오는 공을 받는 경우 탁구공과 볼링공 중 어느 것을 정지시키는 것이 어려운가? 반대로 공을 던지는 경우 탁구공과 볼링공 중 던지기 힘든 공은 어느 것인가? 두 공 중 탁구공보다 볼링공이 속도의 변화를 일으키기가 훨씬 더 어렵다. 이런 현상을 어떻게 정량화해서 나타낼 수 있을까?

질량(mass)은 속도의 변화를 거스르는 정도를 나타내는 물체의 속성이다. 1.1절에서 살펴본 대로 질량은 SI 단위계에서 kg으로 나타낸다. 같은 힘이 물체에 작용할 때 물체의 질량이 커질수록 물체의 가속도는 작아진다.

▶ 질량의 정의

질량을 정량적으로 나타내기 위해 주어진 힘에 대해 질량이 서로 다른 두 물체가 얻는 가속도를 비교하는 실험을 해보자. 질량 m_1인 물체에 작용하는 힘이 가속도 $\vec{a}_1$로 운동을 변화시키고, 질량 m_2인 물체에 **같은 힘**이 작용해서 $\vec{a}_2$로 가속시킨다고 가정하자. 두 질량의 비는 작용한 힘에 의해 발생하는 두 가속도 크기의 비의 **역수**(또는 역비)로 정의된다.

$$\frac{m_1}{m_2} \equiv \frac{a_2}{a_1}$$ 4.1

예를 들어 어떤 힘이 3 kg인 물체에 작용해서 물체가 4 m/s²으로 가속된다면, 같은 힘을 6 kg인 물체가 받으면 2 m/s²으로 가속된다. 한 물체의 질량을 알고 있다면 다른 물체의 질량은 이들의 가속도를 측정해서 알아낼 수 있다.

질량은 물체가 가지고 있는 고유 속성으로 주위 환경과 그것을 측정하는 방법과는 무관하다. 또한 질량은 스칼라양이며 보통의 산술 법칙을 따른다. 즉 여러 물체의 질량은 단순한 숫자 연산으로 더하면 된다. 예를 들어 질량 3 kg과 5 kg을 더하면 8 kg이 된다. 이는 여러 물체 하나하나에 대해서와 이들을 하나로 묶은 것에 대해서, 동일한 힘으로 각각의 가속도를 측정해서 실험적으로 검증할 수 있다.

▶ 질량과 무게는 서로 다른 물리량이다

질량을 무게와 혼동해서는 안 된다. 질량과 무게는 서로 다른 물리량이다. 이번 장의 후반부에서 자세히 공부하겠지만, 물체의 무게는 그것에 작용하는 중력의 크기와 같고, 따라서 그 크기는 물체의 위치에 따라 달라진다. 예를 들어 지구 상에서 무게가 600 N인 사람의 달에서의 무게는 100 N에 불과하다. 반면에 질량은 그 물체가 어디에 있거나 같다. 즉 질량이 2 kg인 물체는 그것이 지구에 있거나 달에 있거나 동일한 2 kg의 질량을 갖고 있다.

4.4 | 뉴턴의 제2법칙 Newton's Second Law

뉴턴의 제1법칙은 물체가 힘을 받지 않을 때 물체에 일어나는 현상을 설명한다. 이 경우 물체는 정지 상태를 유지하거나 일정한 속력으로 직선 운동을 한다. 이 법칙을 통해 우리는 관성 기준틀을 결정할 수도 있다. 또한 힘은 물체의 운동에 변화를 준다는 사실도 알 수 있다. 뉴턴의 제2법칙은 앞서 언급한 질량의 개념에 기초해서, 물체에 하나 또는 여러 힘이 작용할 때 물체에 일어나는 현상을 설명한다.

> **오류 피하기 | 4.2**
>
> **힘은 운동을 변화시키는 원인이다** 힘의 역할에 대해서 분명히 알아야 한다. 많은 경우, 힘이 운동의 원인이라고 잘못 생각하는 경우가 있다. 뉴턴의 제1법칙에 의하면 물체는 힘이 없어도 운동을 할 수 있다. 그러므로 힘을 운동의 원인이라고 설명해서는 안 된다. 힘은 운동을 변화시키는 원인임을 확실히 이해하도록 하자.

마찰이 없는 수평면에서 얼음 덩어리를 밀고 있다고 가정하자. 물체에 수평력 $\vec{F}$ 를 가하면 얼음 덩어리는 가속도 $\vec{a}$ 로 운동하게 된다. 같은 물체에 가하는 힘을 두 배로 하면, 실험 결과는 물체의 가속도가 두 배임을 보여 준다. 가하는 힘을 $3\vec{F}$ 로 한다면 가속도도 세 배가 된다. 이런 관측을 통해서 물체의 가속도는 물체에 작용한 알짜힘에 비례한다고 결론을 내릴 수 있다. 즉 $\vec{F} \propto \vec{a}$ 이다. 이런 개념은 2장에서 가속도에 대해 이야기할 때 이미 소개한 바 있다. 앞 절에서 설명한 것처럼 물체의 가속도 크기는 질량에 반비례한다. 즉 $|\vec{a}| \propto 1/m$ 이다.

이런 관측 결과는 **뉴턴의 제2법칙**(Newton's second law)으로 정리된다.

▶ 뉴턴의 제2법칙

관성 기준틀에서 관측할 때, 물체의 가속도는 그 물체에 작용하는 알짜힘에 비례하고 물체의 질량에 반비례한다.

이 법칙은 다음과 같이 표현할 수 있다.

$$\vec{a} \propto \frac{\sum \vec{F}}{m}$$

여기서 $\sum \vec{F}$는 질량 m인 물체에 작용하는 힘 **전체**의 벡터합으로 결정되는 **알짜힘**(net force)이다. 여러 개의 작은 요소로 구성되어 있는 계의 경우, 알짜힘은 이 계에 작용하는 모든 **외력**의 벡터합이다. 계 안의 요소 간에 작용하는 **내력**은 계의 운동에 어떤 영향도 미치지 않으므로 알짜힘에 포함되지 않는다. 알짜힘은 종종 **합성힘**, **합력**, **전체 힘**, 또는 **불균형 힘**이라고도 한다.

수학적으로 표현된 뉴턴의 제2법칙은 위의 관계에서 비례 상수가 1이 됨을 나타낸다.[1]

$$\boxed{\sum \vec{F} = m\vec{a}} \qquad\qquad 4.2$$

▶ 뉴턴의 제2법칙의 수학적 표현

식 4.2는 **벡터** 표현이므로 다음과 같이 세 성분 식으로 표현할 수 있다.

$$\sum F_x = ma_x, \qquad \sum F_y = ma_y, \qquad \sum F_z = ma_z \qquad 4.3$$

▶ 뉴턴의 제2법칙의 성분 표현

뉴턴의 제2법칙은 알짜힘을 받는 입자라는 새로운 분석 모형을 제시한다. 한 입자로 모형화될 수 있는 물체가 알짜힘을 받으면, 뉴턴의 제2법칙의 수학적 표현인 식 4.2는 이 물체의 운동을 표현할 수 있다. 알짜힘이 일정할 경우 가속도는 일정하다. 이 사실은 일정한 알짜힘을 받는 입자의 운동은 등가속도 운동하는 입자의 운동으로 나타낼 수 있다는 것을 의미한다. 물론 모든 힘이 항상 일정하지는 않다. 이 경우 입자의 운동은 더 이상 등가속도 운동하는 입자로 모형화할 수 없다. 4장과 5장에서 이런 여러 가지 경우에 대해 살펴보도록 하자.

> **오류 피하기 | 4.3**
>
> $m\vec{a}$**는 힘이 아니다** 식 4.2가 곱 $m\vec{a}$는 힘의 한 종류임을 의미하지는 않는다. 물체에 작용하는 모든 힘은 벡터로서 더해져서 좌변에서 알짜힘이 된다. 이 알짜힘은 물체의 질량과 알짜힘으로부터 생긴 가속도의 곱으로 나타난다. 물체에 작용하는 힘을 분석할 때 '$m\vec{a}$ 힘'이란 힘을 포함하면 안 된다.

> ◤ **퀴즈 4.2** 가속되지 않는 물체가 있다. 다음 중 이 물체에 대한 설명으로 틀린 것은 어느 것인가? (a) 물체에 단 하나의 힘만이 작용하고 있다. (b) 물체에 어떤 힘도 작용하지 않고 있다. (c) 물체에 여러 힘이 작용하지만 모두 상쇄된다.

> ◤ **퀴즈 4.3** 마찰이 없는 바닥 위에 정지하고 있던 물체를 Δt 시간 동안 일정한 힘으로 밀어서 물체의 속력이 v가 됐다. 같은 실험을 반복하는데, 이번에는 두 배의 힘을 작용한다. 이때 속력 v에 도달하는 데 걸리는 시간은 얼마인가? (a) $4\Delta t$ (b) $2\Delta t$ (c) Δt (d) $\Delta t/2$ (e) $\Delta t/4$

힘의 단위 Unit of Force

SI 단위계에서 사용하는 힘의 단위는 뉴턴(N)이다. 1 N은 1 kg의 물체가 1 m/s^{2}의 가속도를 내는 데 필요한 힘으로 정의된다.

---

[1] 식 4.2는 물체의 속력이 빛의 속력에 비해 매우 작을 때에만 성립한다. 상대론적인 상황은 9장에서 다룬다.

이 정의와 뉴턴의 제2법칙으로부터 뉴턴을 질량, 길이, 그리고 시간의 기본 단위로 표현하면 다음과 같다.

▶ 뉴턴(N)의 정의

$$1\,\mathrm{N} \equiv 1\,\mathrm{kg \cdot m/s^2}$$

4.4

질량, 가속도, 그리고 힘의 단위를 표 4.1에 요약해 놓았다. 우리가 다룰 역학에서의 계산에는 SI 단위계를 사용할 것이다. SI 단위계와 미국 관습 단위계 사이의 관계는 부록 A에 있다.

표 4.1 | 질량, 가속도, 힘의 단위

단위계	질량 (M)	가속도 (L/T²)	힘 (ML/T²)
SI 단위계	kg	$\mathrm{m/s^2}$	$\mathrm{N = kg \cdot m/s^2}$
미국 관습 단위계	slug	$\mathrm{ft/s^2}$	$\mathrm{lb = slug \cdot ft/s^2}$

> ▶ **생각하는 물리 4.1**
>
> 기차의 차량은 모두 **연결 고리**로 연결되어 있다. 맨 앞의 기관차가 기차를 끌면 차량 사이의 연결 고리는 연결되어 있는 차량에 힘을 가하게 된다. 기차가 점점 **빠르게** 달린다고 상상해 보자. 기관차로부터 마지막 객차까지 가는 동안 그 사이의 연결고리가 작용하는 힘은 **증가할까**, **감소할까**, 아니면 **변함 없이 일정할까**? 기관사가 브레이크를 건다면 맨 앞의 기관차와 마지막 객차 사이의 힘은 어떻게 변할까? (브레이크는 기관차의 엔진에만 작용한다고 가정한다.)
>
> **추론** 기차의 앞에서 뒤로 갈수록 힘은 **감소**한다. 기관차와 첫 번째 차량 사이의 연결 고리는 기관차에 이어져 있는 모든 차량을 가속시키는 데 필요한 힘을 작용해야 한다. 기차의 뒤로 갈수록 각 고리가 가속시켜야 하는 질량은 점차 감소한다. 마지막 연결 고리는 마지막 차량만 가속시키면 되므로 가장 작은 힘을 가하게 된다. 브레이크를 걸게 되면, 이 경우도 기차의 뒤로 갈수록 힘은 감소한다. 기관차 바로 뒤의 연결 고리는 모든 차량을 멈추기 위해 큰 힘을 작용해야만 한다. 하지만 마지막 고리의 경우는 마지막 차량의 속력을 줄이는 데 필요한 힘만 가하면 된다. ◀

◣ **예제 4.1 | 가속되는 하키 퍽**

질량이 0.30 kg인 하키 퍽이 스케이트장의 마찰 없는 수평면에서 미끄러지고 있다. 그림 4.4처럼 두 개의 하키 스틱이 동시에 퍽을 가격해서 힘이 작용했다. $\vec{F}_1$은 크기가 5.0 N이고 $\vec{F}_2$는 크기가 8.0 N이다. 퍽이 가속되는 가속도의 크기와 방향을 구하라.

풀이

개념화 그림 4.4를 살펴보고 1장에서 배운 벡터의 덧셈을 이용해서 퍽에 작용하는 알짜힘 벡터의 대략적인 방향을 예상해 본다. 퍽의 가속도는 그와 같은 방향을 가질 것이다.

분류 알짜힘을 결정할 수 있고 가속도를 구하는 문제이므로

뉴턴의 제2법칙으로 풀 수 있는 문제로 분류된다.

분석 퍽에 작용하는 알짜힘의 x 방향 성분을 구한다.

$$\sum F_x = F_{1x} + F_{2x} = F_1 \cos(-20°) + F_2 \cos 60°$$
$$= (5.0\,\mathrm{N})(0.940) + (8.0\,\mathrm{N})(0.500) = 8.7\,\mathrm{N}$$

y 방향으로 작용하는 알짜힘을 구한다.

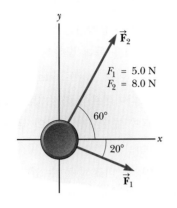

$F_1 = 5.0$ N
$F_2 = 8.0$ N

그림 4.4 (예제 4.1) 하키 퍽이 마찰 없는 면 위에서 두 힘 $\vec{F}_1$과 $\vec{F}_2$를 받고 있다.

$$\sum F_y = F_{1y} + F_{2y} = F_1 \sin(-20°) + F_2 \sin 60°$$
$$= (5.0 \text{ N})(-0.342) + (8.0 \text{ N})(0.866) = 5.2 \text{ N}$$

이제 뉴턴의 제2법칙의 성분 표현인 식 4.3으로부터 퍽의 x와 y 방향의 가속도를 찾을 수 있다.

$$a_x = \frac{\sum F_x}{m} = \frac{8.7 \text{ N}}{0.30 \text{ kg}} = 29 \text{ m/s}^2$$
$$a_y = \frac{\sum F_y}{m} = \frac{5.2 \text{ N}}{0.30 \text{ kg}} = 17 \text{ m/s}^2$$

가속도의 크기를 구한다.

$$a = \sqrt{(29 \text{ m/s}^2)^2 + (17 \text{ m/s}^2)^2} = \boxed{34 \text{ m/s}^2}$$

방향은 x축에 대해 다음과 같다.

$$\theta = \tan^{-1}\left(\frac{a_y}{a_x}\right) = \tan^{-1}\left(\frac{17}{29}\right) = \boxed{31°}$$

결론 그림 4.4에서 두 힘을 평행사변형법으로 합성해 보면, 위에서 구한 답이 적절한지를 판단할 수 있다. 가속도 벡터가 합력의 방향으로 놓이므로 작도를 해서 답이 타당한지 확인할 수 있다.(꼭 해볼 것!)

문제 세 개의 하키 스틱이 동시에 작용하는데, 그중 두 개는 그림 4.4와 같고 나머지 한 힘은 하키 퍽의 가속도가 영이 되게 작용한다면 세 번째 힘의 성분은 어떻게 되는가?

답 퍽의 가속도가 영이라면 퍽에 작용하는 알짜힘이 영임을 의미하므로 세 번째 힘은 첫 번째와 두 번째 힘의 합력을 상쇄해야만 한다. 그러므로 세 번째 힘의 성분은 이 합력과 크기는 같고 부호는 반대여야 한다. 따라서 $F_{3x} = -8.7$ N, $F_{3y} = -5.2$ N 이다.

4.5 | 중력과 무게 The Gravitational Force and Weight

지구는 모든 물체를 끌어당긴다는 사실을 잘 알고 있다. 지구가 물체에 작용하는 이 힘을 **중력**(gravitational force) $\vec{F}_g$ 라 하며, 중력은 지구의 중심을 향한다.[2] 중력의 크기를 그 물체의 **무게**(weight) F_g라고 한다.

앞서 2장과 3장에서 자유 낙하하는 물체는 지구의 중심을 향하는 가속도 $\vec{g}$ 가 있음을 배웠다. 자유 낙하하는 물체에 작용하는 힘은 오직 중력 하나이므로, 이 경우 물체에 작용하는 알짜힘은 중력과 같다.

$$\sum \vec{F} = \vec{F}_g$$

자유 낙하하는 물체의 가속도는 자유 낙하 가속도와 같으므로

$$\sum \vec{F} = m\vec{a} \quad \rightarrow \quad \vec{F}_g = m\vec{g}$$

이며 그 크기는 다음과 같다.

$$\boxed{F_g = mg} \qquad\qquad 4.5$$

물체의 무게는 g에 의존하기 때문에 앞의 4.3절에서 언급한 바와 같이 지리적인 위

오류 피하기 | 4.4
'물체의 무게' 일상생활에서 '물체의 무게'라는 말을 많이 사용한다. 그러나 무게는 물체의 고유 성질이 아니라 물체와 지구(또는 다른 행성) 사이 중력의 크기를 나타내는 것이다. 그러므로 무게는 물체가 속해 있는 계인 물체와 지구 사이의 성질이다.

오류 피하기 | 4.5
킬로그램은 무게의 단위가 아니다
우리는 $1 \text{ kg} = 2.2 \text{ lb}$라는 '환산식'에 익숙해 있다. 흔히 무게를 kg으로 나냄에도 불구하고, kg은 **무게**의 단위가 아니라 **질량**의 단위이다. 그 환산식은 항등식이 아니며 지표면에서만 성립하는 **등식**일 뿐이다.

---

[2] 이 내용은 지구의 질량 분포가 완벽한 구 대칭을 이루고 있지 않다는 사실을 무시한 단순 모형이다.

우주비행사 슈미트(Harrison Schmitt)가 등에 지고 있는 생명 유지 장치는 지상에서 무게가 약 300 lb이고 질량이 136 kg이다. 지상에서 훈련을 할 때 그는 질량이 23 kg인 50 lb 무게의 모형을 짊어졌다. 비록 달에서 무게가 덜 나간다는 것을 감안한 것이지만, 질량은 변하지 않는다는 것을 제대로 반영한 것은 아니다. 지구에서 23 kg의 장비를 가속시키는 것보다 달에서 136 kg의 장비를 뛰거나 갑자기 방향을 틀거나 해서 가속시키는 것이 더 힘들다.

치에 따라 달라진다. g는 지구의 중심으로부터 멀어질수록 줄어들기 때문에 고도가 높아질수록 물체의 무게는 작아진다. 그러므로 물체의 무게는 질량과는 달리 물체의 고유 특성은 아니다. 그것은 물체와 지구 **계**의 특성이다. 예를 들어 질량이 70 kg인 물체가 $g = 9.8$ m/s² 인 위치에서 가지는 무게는 $mg = 686$ N이며, $g = 9.76$ m/s² 인 산 꼭대기 위에서 이 물체의 무게는 683 N이 된다. 그러므로 다이어트를 하지 않고 몸무게를 줄이고 싶다면, 산을 오르거나 비행 도중 30 000 ft의 고도에서 자신의 무게를 재보면 된다.

$F_g = mg$이므로 두 물체의 무게를 측정함으로써 둘의 질량을 비교해 볼 수 있다. g가 일정한 고정된 위치에서 두 물체가 가지는 무게의 비는 둘의 질량의 비와 같다.

식 4.5는 물체가 정지해 있거나 움직이는 것에 관계없이 또는 물체에 여러 종류의 힘이 작용하는 경우에도, 물체가 받는 중력의 크기는 식 4.5로 기술된다. 이로부터 질량에 대한 해석을 달리할 수 있다. 식 4.5에서 질량 m은 지구와 물체 사이의 중력의 크기를 결정하는 역할을 하고 있다. 이는 앞에서 설명한 질량의 역할, 즉 외력에 의한 운동 변화에 저항하는 척도로서의 역할과 확연히 다르다. 이런 역할을 하는 경우 **관성 질량**(inertial mass)이라고 한다. 식 4.5에서 사용한 질량 m을 **중력 질량**(gravitational mass)이라 한다. 중력 질량은 관성 질량과 개념적으로 다르지만 뉴턴의 동역학에서는 실험 오차 내에서 두 값이 같다는 것이 실험으로 확인됐다.

◀ **퀴즈 4.4** 지구에 살고 있는 사람이 달에 살고 있는 친구와 행성 간 전화로 통화를 한다고 가정하자. 달에 사는 친구가 경기에 나가서 1 N짜리 금메달을 받았고 지구에 있는 사람도 같은 경기 종목에 나가서 역시 1 N짜리 금메달을 받았다고 한다. 누가 더 부자인가? **(a)** 지구에 있는 사람 **(b)** 달에 사는 친구 **(c)** 같다.

◀ **4.6** | 뉴턴의 제3법칙 Newton's Third Law

뉴턴의 제3법칙은 힘은 항상 두 물체 사이에 작용하는 상호 작용이라는 사실을 이야기해 준다.

> 두 물체가 상호 작용을 하는 경우, 물체 1이 물체 2에 작용하는 힘 $\vec{F}_{12}$는 물체 2가 물체 1에 작용하는 힘 $\vec{F}_{21}$과 크기는 같고 방향은 반대이다.
>
> $$\vec{F}_{12} = -\vec{F}_{21} \qquad\qquad 4.6$$

▶ 뉴턴의 제3법칙

힘을 두 물체 사이의 상호 작용으로 나타낼 때, 'a가 b에 작용하는 힘'을 아래 첨자를 써서 $\vec{F}_{ab}$로 표현하도록 한다. 그림 4.5a에 나타난 것처럼, 뉴턴의 제3법칙은 **힘이 언제나 쌍으로 나타나며 고립된 단일 힘은 존재할 수 없음**을 말하고 있다. 물체 1이 물체 2에 작용하는 힘을 **작용력**이라 하고, 물체 2가 물체 1에 가하는 힘을 **반작용력**이라

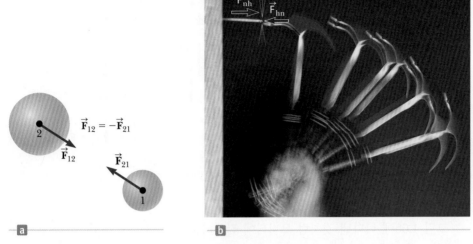

그림 4.5 뉴턴의 제3법칙. (a) 물체 1이 물체 2에 작용하는 힘 $\vec{\mathbf{F}}_{12}$는 물체 2가 물체 1에 가하는 힘 $\vec{\mathbf{F}}_{21}$과 크기는 같고 방향은 반대이다. (b) 망치가 못에 작용하는 힘 $\vec{\mathbf{F}}_{hn}$은 못이 망치에 작용하는 힘 $\vec{\mathbf{F}}_{nh}$와 크기는 같고 방향은 반대이다.

한다. 우리는 편의에 따라 두 힘 중 어느 한 힘을 작용력 또는 반작용력으로 임의로 정할 수 있다. 작용력은 반작용력과 크기가 같고 방향은 반대이다. 모든 경우에 작용력과 반작용력은 서로 다른 물체에 작용하고 같은 종류의 힘이어야 한다. 예를 들어 자유 낙하하는 포물체에 작용하는 힘은 지구에 의한 중력으로 $\vec{\mathbf{F}}_g = \vec{\mathbf{F}}_{Ep}$(E는 지구, p는 포물체)이고, 크기는 mg이다. 이 힘에 대한 반작용력 $\vec{\mathbf{F}}_{pE} = -\vec{\mathbf{F}}_{Ep}$는 포물체가 지구에 작용해서 포물체 쪽으로 지구를 가속시킨다. 마찬가지로 작용력 $\vec{\mathbf{F}}_{Ep}$는 지구 쪽으로 포물체를 가속시킨다. 그러나 지구는 매우 큰 질량을 가지고 있으므로, 이런 반작용력에 의한 가속도의 크기는 무시할 정도로 작다.

뉴턴의 제3법칙을 나타내는 또 다른 예를 그림 4.5b에 나타냈다. 망치가 못에 작용하는 힘(작용력) $\vec{\mathbf{F}}_{hn}$은 못이 망치에 작용하는 힘(반작용력) $\vec{\mathbf{F}}_{nh}$와 크기는 같고 방향은 반대이다. 이 반작용력은 망치가 못을 내려치는 순간 앞으로 나아가려는 움직임을 멈추게 한다.

지구는 모든 물체에 중력 $\vec{\mathbf{F}}_g$를 작용한다. 그림 4.6a와 같이 컴퓨터 모니터가 책상 위에 정지해 있다면, 모니터에 작용하는 힘 $\vec{\mathbf{F}}_g = \vec{\mathbf{F}}_{Em}$에 대한 반작용력은 모니터가 지구에 작용하는 힘 $\vec{\mathbf{F}}_{mE} = -\vec{\mathbf{F}}_{Em}$이 된다. 하지만 모니터는 책상이 받치고 있어서 가속되지는 않는다. 이것은 책상이 모니터에 **수직항력**(normal force)이라는 위로 향하는 힘 $\vec{\mathbf{n}} = \vec{\mathbf{F}}_{tm}$을 작용하기 때문이다.[3] 이 힘은 모니터가 책상을 통과해서 떨어지는 것을 막고 있다. 이 힘의 크기는 책상이 부서지지 않는 한 어떤 값이라도 가질 수 있다. 모니터의 가속도는 영이므로 뉴턴의 제2법칙으로부터 $\sum \vec{\mathbf{F}} = \vec{\mathbf{n}} + \vec{\mathbf{F}}_g = 0$ 또는 $n = mg$라는 사실을 알 수 있다. 수직항력은 모니터에 작용하는 중력을 상쇄시키므로 모니터에 작용하는 알짜힘은 영이다. $\vec{\mathbf{n}}$에 대한 반작용력은 모니터가 책상을 아래 방향으로 누르는 힘, $\vec{\mathbf{F}}_{mt} = -\vec{\mathbf{F}}_{tm}$이다.

▶ **수직항력**

오류 피하기 | 4.6

뉴턴의 제3법칙 뉴턴의 제3법칙은 매우 중요하나 그 의미를 오해하는 경우가 자주 있으므로 여기서 다시 한 번 반복해서 언급하고자 한다. 뉴턴의 제3법칙에서 작용력과 반작용력은 각각 서로 **다른** 물체에 작용한다. 한 물체에 작용하는 두 힘은 크기가 같고 방향이 반대라 하더라도 작용−반작용 쌍이 될 수 없다.

---

[3] 수직항력 $\vec{\mathbf{n}}$의 방향은 항상 표면에 **수직**이므로 **수직**이라는 단어를 사용한다.

그림 4.6 (a) 책상 위에 정지해 있는 컴퓨터 모니터에 작용하는 힘은 수직항력 $\vec{n}$ 과 중력 $\vec{F}_g$이다. $\vec{n}$에 대한 반작용은 모니터가 책상에 작용하는 힘 $\vec{F}_{mt}$이고, 중력 $\vec{F}_g$에 대한 반작용은 모니터가 지구에 작용하는 힘 $\vec{F}_{mE}$이다. (b) 모니터에 작용하는 힘만 표시했다. (c) 모니터에 대한 자유 물체 도표. 모니터는 검정색 점으로 표시했다.

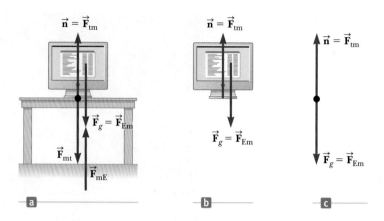

그림 4.6b에 나타낸 것처럼 모니터에 작용하는 힘은 $\vec{F}_g$와 $\vec{n}$이고, 반작용력 $\vec{F}_{mE}$ 와 $\vec{F}_{mt}$는 모니터가 지구와 책상에 각각 작용하는 힘이다. 작용−반작용 쌍에 존재하는 두 힘은 항상 서로 다른 두 물체에 작용한다는 사실을 기억하자.

그림 4.6은 힘이 관련된 문제를 그림으로 나타내는 방법 사이에 큰 차이가 있음을 보여 준다. 그림 4.6a는 이 상황과 관련된 모니터, 지구 및 책상 등에 작용하는 힘을 보여 준다. 반면에 그림 4.6b는 모니터라는 **한 물체**에 작용하는 힘들만을 보여 주는데, 이를 **힘 도표**(force diagram) 또는 **물체에 작용하는 힘들을 보여 주는** 도표라고 한다. 그림 4.6c에서의 중요하면서 단순화한 그림 표현을 **자유 물체 도표***(free-body diagram)라 한다. 자유 물체 도표에서는 물체를 점 또는 입자로 표현하며, 물체에 작용하는 힘을 점에 작용하는 것으로 표현한다. 알짜힘을 받는 입자의 운동을 분석할 때에는 입자로 모형화할 질량 m인 물체에 작용하는 알짜힘에 관심을 가져야 한다. 따라서 자유 물체 도표를 그려보면 우리가 관심을 가지고 있는 물체에 작용하는 힘만을 표현하게 되므로, 물체의 운동을 쉽게 분석하고 이해할 수 있다.

> **오류 피하기 | 4.7**
> **n은 mg와 항상 같은 것은 아니다**
> 그림 4.6의 경우와 많은 다른 경우에 $n = mg$(법선 방향의 힘의 크기가 중력과 같다)이다. 그러나 이 결과는 보편적인 진리가 아니다. 물체가 경사면 위에 있는 경우, 연직 성분의 힘이 작용한다든지 연직 방향의 가속도가 있게 되면, $n \neq mg$이다. n과 mg와의 관계를 구하기 위해서는 **항상** 뉴턴의 제2법칙을 적용해야 한다.

> **오류 피하기 | 4.8**
> **자유 물체 도표** 뉴턴의 법칙을 이용해서 문제를 해결하는 데 있어 **가장 중요한** 단계는 주어진 상황에 대한 적절하고 단순화된 그림을 그리는 것이다. 이 그림을 자유 물체 도표라 한다. 자유 물체 도표에는 분석하고자 하는 물체에 작용하는 힘만 그린다는 사실을 기억하도록 하자. 중력과 같은 장힘까지 포함해서 물체에 작용하는 힘을 **모두** 나타내야 한다.

▷ **퀴즈 4.5** (i) 파리가 매우 빨리 달리는 버스의 전면 유리창에 부딪칠 경우 더 큰 충격력을 받는 것은 어느 쪽인가? (a) 파리 (b) 버스 (c) 둘 다 같은 힘. (ii) 더 큰 가속을 받는 것은 어느 쪽인가? (a) 파리 (b) 버스 (c) 둘 다 같은 크기의 가속도

▷ **퀴즈 4.6** 여러분이 책상 의자에 앉아 있는 경우, 다음 중 여러분의 신체에 작용하는 중력에 대한 반작용력은 어느 것인가? (a) 의자로부터의 수직항력 (b) 여러분이 의자에 작용하는 아래 방향의 힘 (c) 정답 없음

▷ **생각하는 물리 4.2**
말(horse)이 수평 방향으로 힘을 작용하여 썰매(sled)를 끌고 그 결과 그림 4.7a에서처럼 썰매를 가속시킨다. 뉴턴의 제3법칙에 의하면 썰매는 말에 대해 크기는 같고 방

---

* 대개 힘 도표와 자유 물체 도표는 이 교재의 힘 도표를 나타내는 말로 둘 다 쓰인다. 교재의 자유 물체 도표는 입자 모형의 경우에만 사용한다: 역자 주

그림 4.7 (생각하는 물리 4.2) (a) 말이 눈 위에서 썰매를 끌고 있다. (b) 썰매에 작용하는 힘 (c) 말에 작용하는 힘

향이 반대인 힘을 작용한다. 이 상황에서 썰매가 가속되는 이유는 무엇인가? 힘은 서로 상쇄되지 않는가?

추론 뉴턴의 제3법칙을 적용할 경우 힘은 서로 다른 물체에 작용한다는 사실을 반드시 기억해야 한다. 말이 가하는 힘은 **썰매**에 작용하고, 썰매가 가하는 힘은 **말**에 작용한다. 이 힘들은 서로 다른 물체에 작용하므로 서로 상쇄되지 않는다.

썰매에만 작용하는 수평력은 말이 가하는 추진력 $\vec{F}_{hs}$와 썰매와 표면 사이에 작용하는 뒤로 향하는 마찰력 $\vec{f}_s$이다(그림 4.7b). $\vec{F}_{hs}$가 $\vec{f}_s$보다 클 경우, 썰매는 오른쪽으로 가속된다.

말에만 작용하는 수평력은 바닥으로 인한 앞쪽을 향하는 마찰력 $\vec{f}_h$와 썰매가 가하는 뒤로 향하는 힘 $\vec{F}_{sh}$이다(그림 4.7c). 이 두 힘으로 인해 말은 가속되며, $\vec{f}_h$가 $\vec{F}_{sh}$보다 크면 말은 오른쪽으로 가속된다. ◀

4.7 | 뉴턴의 제2법칙을 이용한 분석 모형
Analysis Models Using Newton's Second Law

이 절에서는 평형 상태($\vec{a} = 0$)에 있거나 일정한 외력에 의해 가속 운동하는 물체에 대한 문제를 푸는 두 가지 분석 모형을 다룬다. 이 절에 나오는 모든 물체가 크기를 무시할 수 있는 입자라 가정하면 물체의 회전 운동과 같은 복잡한 운동은 고려할 필요가 없다. 이외에도 몇 가지 단순화한 모형을 사용하도록 한다. 또한 운동하는 물체에 작용하는 마찰의 효과도 무시한다. 즉 물체는 **마찰이 없는** 표면 위에서 움직이는 것과 같다. 또한 줄이나 끈의 질량도 무시한다. 이와 같은 가정에 의해 줄을 따라 작용하는 힘의 크기는 줄 위의 모든 점에서 동일하다. 문제에서 **가볍다거나 무시할 만한 질량**이라는 말이 있으면, 이는 관련된 질량을 무시하라는 의미이다. 이 둘은 문맥상 동일한 의미이다.

분석 모형: 평형 상태의 입자 Analysis Model: Particle in Equilibrium

물체가 정지해 있거나 등속도로 움직이는 경우 이를 **평형 상태의 입자**(particle in

equilibrium) 모형으로 분석한다. $\vec{a} = 0$일 때 뉴턴의 제2법칙으로부터 평형 상태의 조건은 다음과 같이 표현된다.

$$\sum \vec{F} = 0 \qquad 4.7$$

이것은 평형 상태에서 물체에 작용하는 모든 힘들의 벡터합(알짜힘)은 영임을 의미한다.[4] 물체가 힘의 영향을 받더라도 가속도가 영이면, 식 4.7을 이용해서 다음의 몇 가지 예에서 보듯이 주어진 상황을 분석할 수 있다.

대부분의 평형 상태에 관한 문제의 경우, 식 4.7을 물체에 작용하고 있는 외력의 벡터 성분에 대해 적용함으로써 쉽게 풀 수 있다. 다시 말해서 이차원의 경우, 외력의 x와 y 방향의 합은 다음과 같이 각각 반드시 영이 되어야 한다.

$$\sum F_x = 0, \qquad \sum F_y = 0 \qquad 4.8$$

이것은 세 번째 성분 식인 $\sum F_z = 0$을 포함함으로써 삼차원으로까지 확장할 수 있다.

주어진 상황에 따라 물체에 작용하는 힘들이 한 방향에 대해서는 균형을 이루고 다른 방향으로는 균형을 이루고 있지 않을 수 있다. 그러므로 문제에 주어진 상황에 따라 물체를 한 방향에 대해서는 평형 상태의 입자로 모형화하고 다른 방향에 대해서는 알짜힘을 받는 입자로 모형화 해야 한다.

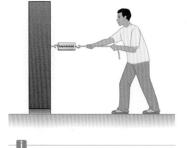

그림 4.8 (퀴즈 4.7) (i) 한 사람이 벽에 달린 용수철저울을 크기가 F인 힘으로 당기고 있다. (ii) 두 사람이 줄 사이에 연결된 용수철저울을 크기가 F인 힘을 가지고 서로 반대 방향으로 잡아당기고 있다.

▶ **퀴즈 4.7** 그림 4.8에서처럼 용수철저울이 달려 있는 줄을 힘 F의 크기로 당기고 있는 경우를 생각해 보자. 두 경우 모두 가속도는 발생하지 않는다. 그림 (i)에 보이는 용수철저울의 눈금은 (ii)의 눈금이 가리키는 값보다 (**a**) 큰가? (**b**) 작은가? (**c**) 아니면 둘은 같은 값을 가리키는가?

분석 모형: 알짜힘을 받는 입자 Analysis Model: Particle Under a Net Force

물체가 가속되고 있다면, 물체의 운동은 **알짜힘을 받는 입자**(particle under a net force) 모형으로 분석할 수 있다. 이 모형에 대한 적합한 식은 뉴턴의 제2법칙(식 4.2)이다.

$$\sum \vec{F} = m\vec{a} \qquad 4.2$$

그림 4.9a처럼 상자를 마찰이 없는 수평의 마루 위에서 오른쪽으로 끌고 가는 상황을 생각해 보자. 물론 소년이 바로 서 있는 마루는 마찰이 있어야 한다. 그렇지 않으면 소년이 상자를 끌어당기려고 할 때 발이 바로 미끄러질 것이다. 여기서 상자의 가속도와 마루가 상자에 작용하는 힘을 찾는 것이 문제라고 하자. 그림 4.9b에

---

[4] 이것은 물체의 평형 상태를 나타내는 한 조건이다. 공간을 통해 이동하는 물체의 운동을 병진 운동이라고 한다. 회전하고 있는 물체는 회전 운동을 하고 있다고 말한다. 평형 상태의 두 번째 조건은 회전 평형을 의미한다. 이 두 번째 조건은 회전하는 물체의 운동을 다루는 10장에서 자세히 살펴볼 것이다. 식 4.7은 현재의 관심인 물체의 병진 운동을 분석하는 데 충분하다.

이 상자에 작용하는 힘의 자유 물체 도표를 나타냈다. 먼저 줄이 상자를 끄는 힘 $\vec{T}$ 를 주목하자. 이 $\vec{T}$의 크기가 바로 장력이다. 상자에 대한 자유 물체 도표는 $\vec{T}$뿐만 아니라 중력 $\vec{F}_g$와 마루가 상자에 작용하는 수직항력 $\vec{n}$을 포함한다.

상자에 대해 각 성분별로 뉴턴의 제2법칙을 적용할 수 있다. x 방향으로 작용하는 유일한 힘은 $\vec{T}$이므로, $\sum F_x = ma_x$를 수평 방향의 운동에 적용하면 다음을 얻는다.

$$\sum F_x = T = ma_x \quad \text{또는} \quad a_x = \frac{T}{m}$$

한편 상자는 수평 방향으로만 움직이므로 y 방향으로는 가속도가 없다. 따라서 y 방향으로는 평형 상태의 입자 모형을 적용한다. 식 4.7의 y 성분을 적용하면 다음을 얻는다.

$$\sum F_y = n + (-F_g) = 0 \quad \text{또는} \quad n = F_g$$

즉 수직항력은 중력과 크기는 같지만 방향은 반대이므로 서로 상쇄된다.

$\vec{T}$가 일정하다면 가속도 또한 $a_x = T/m$로 일정하다. 따라서 상자는 x 방향으로 일정한 가속도를 갖는 입자 모형으로 설명할 수 있으며, 2장에서 배운 운동학 식을 이용해서 상자의 위치 x와 속력 v_x를 시간의 함수로 얻을 수 있다.

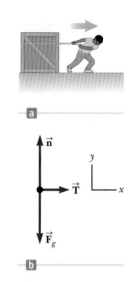

그림 4.9 (a) 마찰이 없는 표면 위의 나무 상자를 오른쪽으로 끌고 있다. (b) 상자에 작용하는 외력을 모두 표시한 자유 물체 도표

◣ 예제 4.2 | 매달려 있는 신호등

무게가 122 N인 신호등이 그림 4.10a처럼 세 줄에 매달려 있다. 위의 두 줄은 수평면과 $37.0°$와 $53.0°$를 이루고 있다. 이 두 줄은 연직 줄에 비해 그리 강한 편이 아니라 장력이 100 N을 초과하면 끊어진다. 이 상태에서 신호등은 잘 매달려 있을 수 있을까? 아니면 둘 중 하나는 줄이 끊어질까?

풀이

개념화 그림 4.10a의 상황을 잘 살펴보자. 우선 줄이 끊어지지 않는 상태로 있다고 가정한다.

분류 아무것도 움직이지 않는다면 어느 부분도 가속되지 않는다. 따라서 신호등을 알짜힘이 영인 평형 상태의 입자 모형으로 분류할 수 있다. 마찬가지로 매듭에 작용하는 알짜힘도 영이다(그림 4.10c).

분석 그림 4.10b에 보인 바와 같이 신호등에 작용하는 힘 도표와 그림 4.10c에서와 같이 세 줄이 묶여 있는 매듭에 대한 자유 물체 도표를 그린다. 매듭은 문제에서 관심을 가지고 있는 모든 힘이 작용하고 있어 특히 중요하다.

신호등에서 y방향에 대해 식 4.8을 적용한다.

$$\sum F_y = 0 \quad \rightarrow \quad T_3 - F_g = 0$$
$$T_3 = F_g = 122 \text{ N}$$

그림 4.10c처럼 좌표계를 도입해서 매듭에 작용하는 힘을 각 성분으로 분해한다.

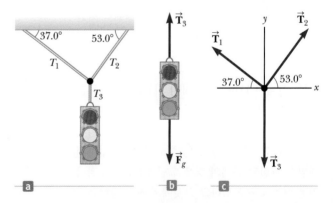

그림 4.10 (예제 4.2) (a) 줄에 매달린 신호등 (b) 신호등에 작용하는 힘 (c) 세 줄이 연결된 매듭에서의 자유 물체 도표

매듭에 평형 상태의 입자 모형을 적용한다.

(1) $\sum F_x = -T_1 \cos 37.0° + T_2 \cos 53.0° = 0$

(2) $\sum F_y = T_1 \sin 37.0° + T_2 \sin 53.0° + (-122 \text{ N}) = 0$

식 (1)로부터 $\vec{T}_1$과 $\vec{T}_2$ 각각의 수평 성분의 크기가 서로 같다는 것과 식 (2)로부터 $\vec{T}_1$과 $\vec{T}_2$ 각각의 수직 성분의 합이 아

힘	x 성분	y 성분
$\vec{T}_1$	$-T_1 \cos 37.0°$	$T_1 \sin 37.0°$
$\vec{T}_2$	$T_2 \cos 53.0°$	$T_2 \sin 53.0°$
$\vec{T}_3$	0	$-122\,\text{N}$

래 방향 힘 $\vec{T}_3$과 비긴다는 것을 알 수 있다. T_2에 대한 식 (1)을 T_1에 관해 정리한다.

$$T_2 = T_1 \left(\frac{\cos 37.0°}{\cos 53.0°} \right) = 1.33 T_1$$

이를 식 (2)에 대입한다.

$$T_1 \sin 37.0° + (1.33 T_1)(\sin 53.0°) - 122\,\text{N} = 0$$

$$T_1 = 73.4\,\text{N}$$

$$T_2 = 1.33\, T_1 = 97.4\,\text{N}$$

두 힘이 모두 $100\,\text{N}$보다 작으므로, 줄은 끊어지지 않고 버틸 수 있다.

결론 문제에서 상황이 바뀌면 어떻게 될지를 생각해 보자. 줄이 끊어지려면 어떤 변수가 달라지고 그 값은 얼마가 될까? 그림 4.10a에서 두 줄이 수평면과 이루는 각도가 같다면 T_1과 T_2의 관계는 어떻게 될까?

예제 4.3 | 미끄러지는 자동차

그림 4.11a처럼 경사각이 θ이고 비탈진 빙판길에 질량 m인 자동차가 있다.

(A) 비탈길이 마찰이 없다고 가정하고, 자동차의 가속도를 구하라.

풀이

개념화 상황을 개념화하기 위해 그림 4.11a를 보자. 일상적인 경험으로부터 비탈진 빙판길에 있는 자동차는 비탈 아래로 가속될 것이다(브레이크가 고장난 자동차의 경우도 같은 상황이다).

분류 자동차가 가속되므로, 이 자동차를 알짜힘을 받는 입자 모형으로 분류한다. 이 예제는 경사진 평면 위에서 중력의 영향을 받아 움직이는 물체의 운동에 해당한다.

분석 그림 4.11b는 자동차의 자유 물체 도표를 나타낸다. 자동차에 작용하는 힘은 경사면이 면과 수직 방향으로 작용하는 수직항력 $\vec{n}$과 아래 방향으로 작용하는 중력 $\vec{F}_g = m\vec{g}$뿐이다. 경사진 평면과 관련된 문제의 경우 그림 4.11b처럼 경사면을 따라 x축을 정하고 그것에 수직인 방향을 y 방향으로 정하는 것이 편리하다. 이 축들에 대해 $+x$축을 따르는 중력의 성분 $mg \sin\theta$와 $-y$축을 따르는 중력의 성분 $mg \cos\theta$를 가지고 문제를 푼다. 선택한 축들은 자동차를 x 방향으로는 알짜힘을 받는 입자 모형으로, y 방향으로는 평형 상태의 입자 모형으로 다룰 수 있게 한다.

이들 모형을 자동차에 적용한다.

$$\text{(1)} \qquad \sum F_x = mg \sin\theta = ma_x$$

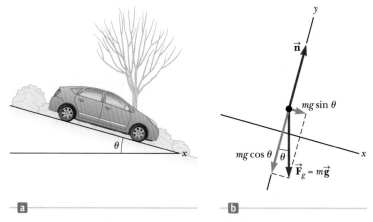

그림 4.11 (예제 4.3) (a) 마찰이 없는 비탈길에 있는 질량 m인 자동차 (b) 자동차의 자유 물체 도표. 검정색 점은 자동차의 질량 중심의 위치를 나타낸다. 질량 중심에 대해서는 8장에서 공부한다.

$$\text{(2)} \qquad \sum F_y = n - mg \cos\theta = 0$$

a_x에 대해 식 (1)을 정리하면 다음과 같다.

$$\text{(3)} \qquad a_x = g \sin\theta$$

결론 가속도의 x 방향 성분 a_x는 자동차의 질량과 무관한 형태로 주어지고, 오직 경사각과 중력 가속도 g에만 의존하게 된다.

식 (2)로부터 힘 $\vec{F}_g$의 경사면에 수직인 성분은 수직항력과 상쇄된다. 즉 $n = mg \cos\theta$이다. 이 상황은 수직항력이 물체의 무게와 같지 않은 경우의 예에 해당한다(오류 피하기 4.7 참조).

조금 불편하긴 하지만 수평축과 수직축을 좌표축으로 삼아도 된다. 연습 삼아 각자 해보기 바란다.

(B) 자동차가 정지 상태에서 비탈길 꼭대기로부터 운동을 시작하고 자동차의 앞 범퍼에서 비탈 맨 아래까지의 거리가 d라고 가정하자. 앞 범퍼가 비탈 맨 아래에 도달하는 데 걸리는 시간과 그곳에서 자동차의 속력을 구하라.

풀이

개념화 자동차가 비탈을 미끄러져 내려가고 있고 비탈 맨 아래에 도달하는 데 걸리는 시간을 초시계로 측정한다고 생각해 보자.

분류 이 부분의 문제는 동역학보다 운동학의 문제이다. 식 (3)은 가속도 a_x가 일정함을 보이므로, 여기서는 자동차를 등가속도 운동하는 입자로 분류해야 한다.

분석 앞 범퍼의 처음 위치를 $x_i = 0$, 나중 위치를 $x_f = d$로 정의하면 처음 속력은 $v_{xi} = 0$이므로, 식 2.13의 $x_f = x_i + v_{xi}t + \frac{1}{2}a_xt^2$으로부터 다음을 얻는다.

$$d = \frac{1}{2}a_xt^2$$

시간 t에 대해 푼다.

(4) $\qquad t = \sqrt{\frac{2d}{a_x}} = \boxed{\sqrt{\frac{2d}{g\sin\theta}}}$

$v_{xi} = 0$과 식 2.14를 이용해서 자동차의 나중 속도를 구한다.

$$v_{xf}^2 = 2a_xd$$

(5) $\qquad v_{xf} = \sqrt{2a_xd} = \boxed{\sqrt{2gd\sin\theta}}$

결론 식 (4)와 (5)에서 자동차가 비탈의 맨 아래에 도착하는 데 걸리는 시간 t와 나중 속력 v_{xf}는 가속도와 마찬가지로 자동차의 질량과 무관하다. 이 예제에서는 2장에서 배운 내용과 현재의 장에서 배운 내용을 연결시켜서 문제를 해결했다는 것에 주목한다. 앞으로 배우게 될 내용과 함께 이 교재의 여러 곳에서 이와 같은 식으로 여러 가지 분석 모형과 풀이 방법을 결합해서 문제를 해결할 것이다.

문제 $\theta = 90°$이면 상황은 어떻게 될지 설명하라.

답 그림 4.11에서 θ가 $90°$에 이르는 상황을 생각해 보자. 경사면은 수직면이 되고 자동차는 자유 낙하하므로, 식 (3)에서 다음과 같이 자유 낙하 가속도를 얻는다.

$$a_x = g\sin\theta = g\sin 90° = g$$

($a_x = -g$가 아니고 $a_x = g$의 결과를 얻은 것은 그림 4.11처럼 $+x$ 방향을 아래 방향으로 정했기 때문이다.) 또한 조건 $n = mg\cos\theta$는 $n = mg\cos 90° = 0$이라는 결과를 준다. 이는 연직면에서 자동차가 자유 낙하하는 것과 일맥상통하며, 이 경우 자동차와 평면 사이에 접촉력은 없다.

◤ 예제 4.4 | 애트우드 기계

질량이 서로 다른 두 물체가 그림 4.12a와 같이 질량을 무시할 수 있고 마찰이 없는 도르래에 수직으로 매달려 있다. 이런 장치를 **애트우드 기계**(Atwood machine)라 한다. 이 장치는 종종 실험실에서 중력 가속도 g를 결정하는 데 쓰인다. 이때 두 물체의 가속도와 줄에 걸리는 장력을 구하라.

풀이

개념화 그림 4.12a와 같이 한 물체는 위쪽으로, 다른 물체는 아래쪽으로 움직인다고 생각해 보자. 두 물체는 늘어나지 않는 줄로 연결되어 있으므로 가속도의 크기는 같을 것이다.

분류 애트우드 기계에서 두 물체는 모두 중력과 줄에 의한 장력을 받아서 움직이므로, 이 문제를 알짜힘을 받는 입자 모형으로 분류할 수 있다.

분석 두 물체에 대한 자유 물체 도표는 그림 4.12b와 같다. 각 물체에 작용하는 두 힘은 줄에 의해 작용하는 위 방향으로의 장력 $\vec{\mathbf{T}}$와 아래 방향으로의 중력이다. 여기서는 도르래의 질량과 마찰이 모두 없는 것으로 가정했으므로, 두 물체에 걸리는 장력은 같다. 도르래가 질량을 갖거나 마찰이 있다면, 양쪽 줄에 작용하는 장력은 같지 않으며 이 경우는 10장에서 다루게 된다.

문제에서 다음과 같이 부호에 주의를 기울여야 한다. 그림

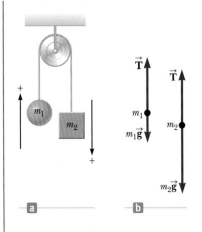

그림 **4.12** (예제 4.4) 애트우드 기계. (a) 두 물체가 마찰 없는 도르래를 통해 가벼운 줄에 연결되어 있다. (b) 두 물체에 대한 자유 물체 도표

4.12a에서처럼 물체 1이 위쪽으로 가속되면 물체 2는 아래쪽으로 가속되므로 부호의 일관성을 위해, 물체 1의 운동 방향인 위쪽을 $+y$ 방향으로 정할 경우 물체 2는 아래쪽을 $+y$ 방향으로 정한다. 이렇게 좌표축을 정하면 두 물체의 가속도는 부호가 같아진다. 이렇게 하면 물체 1에 작용하는 힘의 y 성분은 $T - m_1 g$이고, 물체 2에 작용하는 힘의 y 성분은 $m_2 g - T$가 된다.

물체 1에 뉴턴의 제2법칙을 적용한다.

$$(1) \qquad \sum F_y = T - m_1 g = m_1 a_y$$

물체 2에 뉴턴의 제2법칙을 적용한다.

$$(2) \qquad \sum F_y = m_2 g - T = m_2 a_y$$

식 (1)과 (2)를 더하면 다음과 같다.

$$-m_1 g + m_2 g = m_1 a_y + m_2 a_y$$

이때 T는 소거된다. 이제 가속도를 구한다.

$$(3) \qquad a_y = \left(\frac{m_2 - m_1}{m_1 + m_2}\right) g$$

식 (3)을 식 (1)에 대입해서 T를 구한다.

$$(4) \qquad T = m_1(g + a_y) = \left(\frac{2 m_1 m_2}{m_1 + m_2}\right) g$$

결론 뉴턴의 제2법칙으로부터 예상할 수 있는 것처럼, 식 (3)은 $(m_2 - m_1) g$의 힘을 받는 $(m_1 + m_2)$의 질량을 가진 물체의 가속도로 이해할 수 있다. 가속도의 부호는 두 물체의 상대적인 질량에 의존한다.

문제 두 물체의 질량이 같다면, 즉 $m_1 = m_2$일 경우 계의 운동을 설명하라.

답 두 물체의 질량이 같다면 서로 평형을 이루기 때문에 가속이 되지 않을 것이다. 식 (3)에 $m_1 = m_2$를 대입하면 $a_y = 0$을 얻을 수 있다.

문제 한 물체의 질량이 다른 것보다 훨씬 더 크다면($m_1 \gg m_2$), 어떤 운동을 하게 되는가?

답 이 경우에는 질량이 작은 물체의 효과는 무시할 수 있다. 따라서 질량이 작은 물체는 없는 것처럼, 질량이 큰 물체는 단순히 자유 낙하할 것이다. 식 (3)에서 $m_1 \gg m_2$라고 가정하면 $a_y = -g$가 되는 것을 확인할 수 있다.

예제 4.5 | 한 물체가 다른 물체를 미는 경우

질량이 m_1과 m_2인 두 물체($m_1 > m_2$)가 그림 4.13a에서처럼 마찰이 없는 수평면 위에서 서로 접촉해 있다. 그림에서처럼 일정한 크기의 수평 방향의 힘 $\vec{\mathbf{F}}$가 m_1에 작용한다.

(A) 이 계의 가속도의 크기를 구하라.

풀이

개념화 그림 4.13a를 살펴보면 두 물체는 서로 접촉해 있고 운동 중에 접촉을 계속 유지하기 때문에 가속도가 같아야 한다.

분류 이 문제는 두 물체의 계에 힘이 작용하고 그 계의 가속도를 구하는 문제이기 때문에 알짜 힘을 받는 입자 문제로 볼 수 있다.

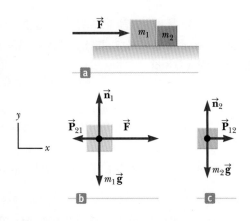

그림 **4.13** (예제 4.5) (a) 질량이 m_1인 물체에 힘이 작용하고 그 물체는 질량이 m_2인 두 번째 물체를 민다. (b) m_1에 작용하는 힘 (c) m_2에 작용하는 힘

분석　두 물체를 결합해서 알짜힘을 받는 입자로 간주한다. x 성분에 뉴턴의 제2법칙을 적용해서 가속도를 구한다.

$$\sum F_x = F = (m_1 + m_2)a_x$$

(1)
$$a_x = \boxed{\dfrac{F}{m_1 + m_2}}$$

결론　식 (1)로 주어진 가속도는 질량이 $m_1 + m_2$인 물체가 같은 힘을 받는 단일 입자의 가속도와 같다.

(B) 두 물체 사이의 접촉력의 크기를 구하라.

풀이

개념　접촉력은 두 물체 계의 내부에 존재하는 힘이다. 그러므로 이 힘은 전체 계(두 물체)를 하나의 입자로 간주해서 풀 수는 없다.

분류　두 물체의 각각이 알짜힘을 받는 개개의 입자로 간주하는 문제로 분류한다.

분석　그림 4.13b와 4.13c에서처럼, 각 물체에 작용하는 힘에 대한 자유 물체 도표를 그린다. 여기서 접촉력은 $\vec{P}$로 표기한다. 그림 4.13c를 보면, m_2에 작용하는 수평 방향의 힘만이 오른쪽을 향하는 접촉력 $\vec{P}_{12}$이다.
m_2에 뉴턴의 제2법칙을 적용한다.

(2)
$$\sum F_x = P_{12} = m_2 a_x$$

식 (1)로 주어지는 가속도 a_x에 대한 이 값을 식 (2)에 대입한다.

(3)
$$P_{12} = m_2 a_x = \left(\dfrac{m_2}{m_1 + m_2}\right)F$$

결론　결과를 보면 접촉력 P_{12}가 미는 힘 F보다 **작음**을 알 수 있다. 물체 2를 가속하는 데 필요한 힘은 두 물체 계를 같은 가속도로 가속시키기 위한 힘보다 작아야만 한다.

최종 결론을 얻기 위해, 그림 4.13b에서 처럼 m_1에 작용하는 힘을 고려해서 P_{12}에 대한 식을 확인해 보자. m_1에 작용하는 수평 방향의 힘은 오른쪽으로 향하는 미는 힘 $\vec{F}$와 왼쪽으로 작용하는 접촉력 $\vec{P}_{21}(m_2$가 m_1에 작용하는 힘)이다. 뉴턴의 제3법칙에 의하면, $\vec{P}_{21}$은 $\vec{P}_{12}$의 반작용력이므로 $P_{21} = P_{12}$이다. m_1에 뉴턴의 제2법칙을 적용한다.

(4)
$$\sum F_x = F - P_{21} = F - P_{12} = m_1 a_x$$

P_{12}에 대해 풀어서 그 식에 식 (1)에서 구한 a_x의 값을 대입한다.

$$P_{12} = F - m_1 a_x = F - m_1\left(\dfrac{F}{m_1 + m_2}\right) = \left(\dfrac{m_2}{m_1 + m_2}\right)F$$

이 결과는 당연히 식 (3)과 일치한다.

문제　그림 4.13에서 힘 $\vec{F}$가 오른쪽에 있는 m_2에 왼쪽으로 작용한다고 생각해 보자. 그 경우 접촉력 $\vec{P}_{12}$의 크기는 힘이 m_1에 오른쪽으로 작용한 경우와 같은가?

답　힘이 m_2에 왼쪽으로 작용할 때, 접촉력은 m_1을 가속해야만 한다. 먼저 경우에 접촉력은 m_2를 가속했다. $m_1 > m_2$이기 때문에 더 큰 힘이 필요하므로 $\vec{P}_{12}$의 크기는 먼저 경우보다 커야 한다.

◄ **예제 4.6 | 승강기 안에서 물고기의 무게 측정**

어떤 사람이 그림 4.14처럼 승강기 천장에 달려 있는 용수철저울로 질량 m인 물고기의 무게를 측정하고 있다.

(A) 승강기가 위 또는 아래 방향으로 가속되면 용수철저울이 가리키는 눈금은 물고기의 실제 무게와 다름을 보여라.

풀이

개념화　용수철저울이 가리키는 눈금은 그림 4.2에서처럼 용수철의 끝에 작용하는 힘과 관련되어 있다. 물고기가 용수철저울의 끝에 달린 줄에 매달려 있다고 생각해 보자. 이 경우 용수철에 작용하는 힘의 크기는 줄에 작용하는 장력 T와 같고, 힘 $\vec{T}$는 물고기를 위로 끌어올린다.

분류　물고기를 알짜힘이 작용하는 입자로 간주한다.

분석　그림 4.14의 자유 물체 도표를 보면 물고기에 작용하는 외력은 아래 방향으로 작용하는 중력 $\vec{F}_g = m\vec{g}$와 줄의 작용에 의한 힘 $\vec{T}$라는 것을 알 수 있다. 승강기가 정지해 있거나 등속도로 움직인다면, 입자는 평형 상태에 있으므로 $\sum F_y = T - F_g = 0$, 즉 $T = F_g = mg$이다 (스칼라양 mg는 물고기

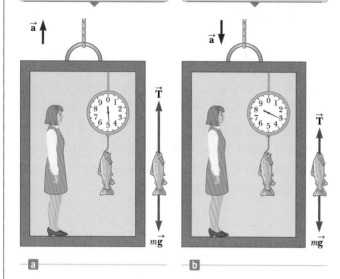

승강기가 위로 가속될 때 용수철저울의 눈금은 물고기의 실제 무게보다 더 큰 값을 가리킨다.

승강기가 아래로 가속될 때 용수철저울의 눈금은 물고기의 실제 무게보다 더 작은 값을 가리킨다.

그림 4.14 (예제 4.6) 가속하는 승강기 안에서 용수철저울로 물고기의 무게를 재고 있다.

의 무게임을 기억하자).

이제 승강기가 관성틀인 외부에서 정지하고 있는 관측자에 대해 가속도 $\vec{a}$로 움직인다고 가정하자. 물고기는 알짜힘을 받는 입자로 볼 수 있다.

물고기에 뉴턴의 제2법칙을 적용한다.

$$\sum F_y = T - mg = ma_y$$

이 식을 T에 대해 푼다.

$$(1) \quad T = ma_y + mg = mg\left(\frac{a_y}{g} + 1\right) = F_g\left(\frac{a_y}{g} + 1\right)$$

이때 위 방향을 $+y$ 방향으로 정했다. 식 (1)로부터 T를 표시하는 용수철저울의 눈금은 $\vec{a}$가 위 방향이면 a_y가 양(+)이므로 물고기의 무게 mg보다 더 큰 값을 가리키고(그림 4.14a), $\vec{a}$가 아래 방향이면 a_y가 음이므로 mg보다 더 작은 값을 가리킨다(그림 4.14b).

(B) 승강기가 $a_y = \pm 2.00 \text{ m/s}^2$으로 움직일 때 40.0 N인 물고기에 대해 용수철저울이 가리키는 눈금을 구하라.

풀이

$\vec{a}$가 위 방향일 경우, 식 (1)로부터 용수철저울이 가리키는 눈금을 구한다.

$$T = (40.0 \text{ N})\left(\frac{2.00 \text{ m/s}^2}{9.80 \text{ m/s}^2} + 1\right) = \boxed{48.2 \text{ N}}$$

$\vec{a}$가 아래 방향일 경우, 식 (1)로부터 용수철저울이 가리키는 눈금을 구한다.

$$T = (40.0 \text{ N})\left(\frac{-2.00 \text{ m/s}^2}{9.80 \text{ m/s}^2} + 1\right) = \boxed{31.8 \text{ N}}$$

결론 충고를 하자면, 여러분이 승강기 안에서 물고기를 살

경우가 있다면, 승강기가 정지하고 있거나 아래 방향으로 가속하고 있는 동안에 물고기의 무게를 측정해야 할 것이다. 한편 여기에서 주어진 정보들로는 승강기의 운동 방향은 알 수 없다.

문제 승강기의 줄이 끊어져서 승강기와 그 안의 물체가 자유 낙하한다고 가정해 보자. 용수철저울이 가리키는 눈금은 얼마인가?

답 승강기가 자유 낙하한다면 가속도는 $a_y = -g$이다. 이 경우는 식 (1)로부터 T가 영이 됨을 알 수 있다. 즉 물고기의 **겉보기** 무게가 영이 된다.

◤ 4.8 | 연결 주제: 자동차에 작용하는 힘
Context Connection: Forces on Automobiles

2장과 3장에서 나온 본문과 관련이 있는 연결 주제에서 다양한 자동차의 두 가지 형태의 가속도에 대해서 이야기했다. 이번 장에서는 물체에 작용하는 힘이 가속도와 어떻게 연관되는지를 배웠다. 이제 여기서 배운 것을 자동차가 정지 상태에서 출발해서 60 mi/h의 속력에 이를 때까지 최대 가속도를 내기 위해 자동차에 작용하는 힘에

대해 알아보도록 하자.

　자동차를 가속시키는 힘은 지면과의 마찰력이다(마찰력에 관해서는 5장에서 자세히 다룰 것이다). 엔진이 바퀴에 힘을 작용해서 돌게 함으로써 지면과 접촉한 바퀴 부분이 지면에 뒤로 향하는 힘을 작용한다. 뉴턴의 제3법칙에 따르면 지면은 바퀴에 앞으로 향하는 힘을 작용해서 차가 앞으로 움직이게 한다. 공기의 저항을 무시하면, 이 힘은 자동차에 수평 방향으로 작용하는 알짜힘으로 간주할 수 있다.

　2장에서, 0에서 60 mi/h로 가속하는 여러 자동차를 살펴봤다. 표 4.2에는 이런 가속도에 관한 정보를 다시 나열하면서 자동차의 무게를 파운드 단위와 킬로그램 단위로 나타냈다. 가속도와 질량을 이용해서 자동차가 앞으로 나아가기 위한 힘을 구해서 표 4.2의 가장 오른쪽에 나열했다.

　표 4.2에서 몇 가지 재미있는 결과를 알 수 있다. 매우 비싼 자동차와 가격 대비 성

표 4.2 | 여러 자동차의 구동력

모 델	출시 연도	평균 가속도 (mi/h · s)	무게 (lb)	질량 (kg)	힘 ($\times 10^3$ N)
매우 비싼 자동차					
부가티 베이론 16.4 슈퍼 스포츠	2011	23.1	4 160	1 887	19.5
람보르기니 LP 570-4 슈퍼레게라	2011	17.6	2 954	1 340	10.5
렉서스 LFA	2011	15.8	3 580	1 624	11.5
메르세데스 벤츠 SLS AMG	2011	16.7	3 795	1 721	12.8
셸비 슈퍼카 얼티머트 에어로	2009	22.2	2 750	1 247	12.4
평 균		**19.1**	**3 448**	**1 564**	**13.3**
가격 대비 성능이 좋은 자동차					
시보레 코베트 ZR1	2010	18.2	3 333	1 512	12.3
닷지 바이퍼 SRT10	2010	15.0	3 460	1 569	10.5
재규어 XJL 슈퍼챠지드	2011	13.6	4 323	1 961	11.9
어큐라 TL SH-AWD	2009	11.5	3 860	1 751	9.0
닷지 챌린저 SRT8	2010	12.2	4 140	1 878	10.2
평 균		**14.1**	**3 823**	**1 734**	**10.8**
보통 자동차					
뷰익 리갈 CXL 터보	2011	8.0	3 671	1 665	6.0
시보레 타호 1500 LS (SUV)	2011	7.0	5 636	2 556	8.0
포드 피에스타 SES	2010	6.2	2 330	1 057	2.9
허머 H3 (SUV)	2010	7.5	4 695	2 130	7.1
현대 소나타 SE	2010	8.0	3 340	1 515	5.4
스마트 포투	2010	4.5	1 825	828	1.7
평 균		**6.9**	**3 583**	**1 625**	**5.2**
대체 연료 자동차					
시보레 볼트 (하이브리드)	2011	7.5	3 500	1 588	5.3
닛산 리프 (전기)	2011	6.0	3 500	1 588	4.3
혼다 CR-Z (하이브리드)	2011	5.7	2 637	1 196	3.0
혼다 인사이트 (하이브리드)	2010	5.7	2 723	1 235	3.2
토요타 프리우스 (하이브리드)	2010	6.1	3 042	1 380	3.8
평 균		**6.2**	**3 080**	**1 397**	**3.9**

능이 좋은 자동차는 모두 힘이 표의 다른 부분에 있는 자동차보다 엄청 크다. 더구나 매우 비싼 자동차와 가격 대비 성능이 좋은 자동차의 평균 질량은 표에 있는 보통 자동차의 질량보다 10 % 이상 크지 않다. 그러므로 매우 비싼 자동차와 가격 대비 성능이 좋은 자동차는 엄청난 힘으로 엄청난 가속도를 낸다. 매우 비싼 자동차 중에서 월등한 차는 부가티 베이론 16.4 슈퍼 스포츠이다. 이 차는 비싼 자동차 중에서 가장 무겁지만 엄청난 힘으로 최고의 가속도를 낸다. 그 집단에서 두 번째로 가속도가 큰 자동차는 셸비 슈퍼카 얼티머트 에어로이다. 이 자동차의 질량은 부가티의 66 %밖에 되지 않으므로, 가속도기 쉽다. 그러나 셸비에 작용하는 힘은 부가티의 64 %밖에 되지 않아 질량이 작음에도 불구하고 가속도가 작다.

예상대로, 보통 자동차는 매우 비싼 자동차와 가격 대비 성능이 좋은 자동차에 비해 힘이 훨씬 작아서 가속도 또한 작다. 그러나 예로 든 SUV 자동차의 힘은 매우 크다. 이들은 표에서 그 부분에 있는 다른 자동차와 힘이 거의 비슷하며, 그 큰 힘으로 질량이 큰 SUV 자동차를 가속시킴을 확인할 수 있다.

또 대체 연료 자동차를 구동하기 위한 힘은 표에서 가장 낮은 평균값을 갖는다. 힘이 약한 이런 자동차들의 가속도는 표에 있는 다른 어느 자동차보다도 가장 낮다.

표에 있는 내용 중에 흥미로운 자동차는 보통 자동차 집단의 스마트 포투이다. 그 자동차는 힘이 표에서 가장 낮은 곳에 있으나 질량도 가장 작은 값을 가진다. 그 결과 가속도가 4.5 mi/h·s으로 관심을 끌 만한 것은 아니지만, 연비가 높다는 것 등의 소형차가 가지는 장점 때문에 소비자의 관심을 끌고 있다.

연습문제 |

객관식

1. 운동장 한쪽 변에 3학년 학생들이 늘어서 있고 그 반대쪽에 4학년 학생들이 늘어서 있다. 그들은 서로에게 눈덩이를 던지며 눈싸움을 하고 있다. 그들은 그림 OQ4.1과 같이 질량이 다른 눈덩이를 각각의 속도로 던지고 있다. 적절한 가정을 하고 (a)에서 (e)까지 학생이 각각에게 작용한 힘의 크기가 가장 큰 것부터 순서대로 나열하라. 공기의 저항은 무시한다. 순위가 같은 눈덩이가 있을 경우 그 이유를 설명하라.

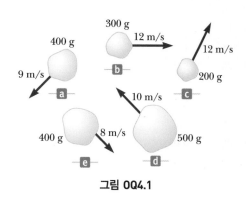

그림 OQ4.1

2. 그림 OQ4.2에서 기관차가 기차역의 벽을 뚫고 나갔다. 충돌하는 동안 기관차가 벽에 작용한 힘에 대해 알맞게 설명한 것은 어느 것인가? (a) 기관차가 벽에 작용한 힘은 벽이 기관차에 작용할 수 있는 힘보다 크다. (b) 기관차가 벽에 작용한 힘은 벽이 기관차에 작용한 힘과 크기가 같다. (c) 기관차가 벽에 작용한 힘은 벽이 기관차에 작용한 힘보다 작다. (d) 충돌 후 벽이 부서졌기 때문에 벽이 힘을 '작용

했다' 고 볼 수 없다.

그림 OQ4.2

3. 마찰을 무시할 수 있는 수평 에어 하키 테이블에서 퍽을 가지고 실험을 진행한다. 크기가 일정한 수평력을 퍽에 가하고 퍽의 가속도를 측정한다. 그 다음 마찰과 중력을 무시할 수 있는 지구 밖 우주 공간으로 퍽을 옮겨 놓고 지상의 에어 하키 테이블에서의 실험과 같은 크기의 일정한 힘을 퍽에 가한다. (용수철저울을 이용해서 같은 크기의 일정한 힘을 가한다.) 그리고 (멀리 떨어진 별들에 대한) 퍽의 가속도를 측정한다. 지구 밖 우주 공간에서의 퍽의 가속도에 대한 설명으로 옳은 것은 어느 것인가? (a) 지구에서의 가속도보다 크다. (b) 지구에서의 가속도와 같다. (c) 지구에서의 가속도보다 작다. (d) 마찰뿐만 아니라 중력의 제약을 받지 않으므로 가속도는 무한대가 된다. (e) 퍽의 무게가 매우 작지만 영은 아니고 가속도는 무게에 반비례하기 때문에 가속도는 매우 클 것이다.

4. 그림 4.12a와 같이 두 개의 물체가 줄로 연결되어 있고 그 줄은 마찰이 없는 도르래에 걸려 있다. $m_1 < m_2$이고 각각의 가속도를 a_1과 a_2라 할 때, 질량이 m_2인 물체의 가속도 a_2의 크기로 옳은 것은 어느 것인가? (a) $a_2 < g$ (b) $a_2 > g$ (c) $a_2 = g$ (d) $a_2 < a_1$ (e) $a_2 > a_1$

5. 어떤 물체가 평형 상태에 있을 때, 다음 중 옳지 않은 것은 어느 것인가? (a) 물체의 속력은 일정하다. (b) 물체의 가속도는 영이다. (c) 물체에 작용하는 알짜힘은 영이다. (d) 물체는 정지해 있어야 한다. (e) 물체에 적어도 두 개의 힘이 작용해야 한다.

6. 모래가 적재된 트럭이 고속도로에서 가속한다. 트럭을 가속시키는 힘은 일정하다. 적재하는 트레일러 바닥에 구멍이 나서 모래가 일정한 비율로 빠져나갈 경우, 가속도는 어떻게 되는가? (a) 일정한 비율로 줄어든다. (b) 일정한 비율로 증가한다. (c) 증가하다가 감소한다. (d) 감소하다가 증가한다. (e) 일정하게 유지된다.

▶ 주관식

4.3 질량

1. 질량 m_1인 물체에 $\vec{\mathbf{F}}$의 힘이 작용해서 3.00 m/s^2로 가속된다. 같은 힘이 질량 m_2인 물체에 작용해서 1.00 m/s^2으로 가속된다면, (a) m_1/m_2의 비는 얼마인가? (b) m_1과 m_2인 두 물체가 하나로 합쳐진 물체에 $\vec{\mathbf{F}}$의 힘이 작용한다면 얼마만큼 가속되는가?

4.4 뉴턴의 제2법칙

2. 수평면(xy 평면)에서 마찰 없이 미끄러질 수 있는 큰 퍽에 장난감 로켓 엔진을 단단히 고정시킨다. 질량이 4.00 kg인 퍽이 어떤 순간에 속도가 $3.00\hat{\mathbf{i}} \text{ m/s}$가 됐다. 8 s 후, 퍽의 속도는 $(8\hat{\mathbf{i}} + 10\hat{\mathbf{j}}) \text{ m/s}$가 된다. 로켓 엔진이 일정한 수평력을 작용한다고 가정할 때 (a) 작용한 힘의 성분과 (b) 힘의 크기를 구하라.

3. 질량이 3.00 kg인 물체가 xy 평면 위에서 움직이고 있다. 이 물체의 위치를 나타내는 x, y 좌표가 $x = 5t^2 - 1$, $y = 3t^3 + 2$로 주어진다고 한다. 여기서 x와 y의 단위는 m이고 t의 단위는 s이다. $t = 2.00 \text{ s}$일 때 물체에 작용하는 알짜힘의 크기를 구하라.

4. 질량이 3.00 kg인 물체가 $\vec{\mathbf{a}} = (2.00\hat{\mathbf{i}} + 5.00\hat{\mathbf{j}}) \text{ m/s}^2$으로 가속되고 있다. 이 물체에 작용하는 (a) 알짜힘과 (b) 크기를 구하라.

5. 어떤 물체에 세 힘 $\vec{\mathbf{F}}_1 = (-2.00\hat{\mathbf{i}} + 2.00\hat{\mathbf{j}}) \text{ N}$, $\vec{\mathbf{F}}_2 = (5.00\hat{\mathbf{i}} - 3.00\hat{\mathbf{j}}) \text{ N}$, $\vec{\mathbf{F}}_3 = (-4.50\hat{\mathbf{i}}) \text{ N}$이 작용한다. 물체가 힘을 받아 3.75 m/s^2으로 가속된다. 이때 (a) 가속된 방향은 어느 쪽인가? (b) 물체의 질량은 얼마인가? (c) 정지해 있던 물체에 힘이 작용했다면 10.0s 후의 속력은 얼마인가? (d) 10.0s 후의 속도 성분은 얼마인가?

6. 5.00 kg인 물체에 두 힘 $\vec{\mathbf{F}}_1$과 $\vec{\mathbf{F}}_2$가 작용한다. 두 힘의 크기는 각각 $F_1 = 20.0 \text{N}$과 $F_2 = 15.0 \text{N}$이다. 그림 P4.6에서 (a)와 (b)의 경우에 대해 각각의 가속도를 구하라.

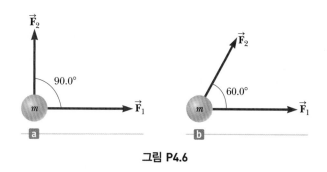

그림 P4.6

4.5 중력과 무게

7. 질량과 무게의 차이는 1671년 리셰르(Jean Richer)가 진자시계를 프랑스 파리로부터 프랑스령 기아나 카옌으로 이동하는 중 발견됐다. 리셰르는 카옌에서 진자시계가 파리에서보다 느리게 가는 것을 관찰했고 시계가 파리로 되돌아가자 이 현상은 반대로 관측됐다. $g = 9.809\ 5\ \text{m/s}^2$인 파리로부터 $g = 9.780\ 8\ \text{m/s}^2$인 카옌으로 여행한다면 몸무게는 얼마만큼 변화가 생길까? (자유 낙하 가속도가 진자의 주기에 미치는 영향은 12.4절에서 다룰 것이다.)

8. 질량이 $9.11 \times 10^{-31}\ \text{kg}$인 전자가 처음 속력 3.00×10^5 m/s로 움직이고 있다. 직선 상에서 움직이는 이 전자가 일정하게 가속되어 5.00 cm 이동하는 동안 속력이 7.00×10^5 m/s로 증가한다면, (a) 전자에 작용하는 힘의 크기는 얼마인가? (b) 전자가 받는 힘과 전자의 무게를 비교하라.

9. 한 여성의 몸무게가 120파운드(lb)이다. (a) 이 여성의 몸무게를 뉴턴(N) 단위로 환산하라. (b) 이 여성의 질량은 얼마인가? kg으로 나타내라.

10. 야구공에 $-F_g\hat{\mathbf{j}}$의 중력이 아래 방향으로 작용한다. 투수가 시간 간격 $\Delta t = t - 0 = t$ 동안 수평 방향으로 일정하게 가속해서 야구공을 속도 $v\hat{\mathbf{i}}$로 던진다. 이때 (a) 정지 상태로부터 투수가 공을 던지기 전까지 공이 이동한 거리는 얼마인가? (b) 투수가 공에 작용한 힘은 얼마인가?

4.6 뉴턴의 제3법칙

11. 마루 위에 15.0 lb인 물체가 정지해 있다. (a) 마루가 물체에 작용하는 힘은 얼마인가? (b) 물체에 줄을 연결하고 도르래를 이용해서 연직 상방으로 당긴 다음 줄의 다른 한 쪽 끝에 10.0 lb인 물체를 매단다. 이제 마루가 15.0 lb인 물체에 작용하는 힘은 얼마인가? (c) (b)에서 10.0 lb인 물체 대신 20.0 lb인 물체를 매단다면, 마루가 15.0 lb인 물체에 작용하는 힘은 얼마인가?

12. 의자 위에 서 있다가 뛰어내린다. (a) 의자에서 바닥으로 떨어지는 시간 동안 지구는 떨어지는 사람을 향해 움직이는데 이때 지구의 가속도의 크기는 얼마인가? 그 이유를 설명하라. 여기서 지구는 완벽한 구로 생각한다. (b) 지구가 떨어지는 사람을 향해 움직여 오는 거리의 크기는 어느 정도인가?

13. 공기에 있는 질소 분자의 평균 속력은 약 6.70×10^2 m/s이고, 질량은 4.68×10^{-26} kg이다. (a) 질소 분자가 벽에 부딪치고, 방향은 반대이면서 같은 속력으로 되튀는 데 3.00×10^{-13} s 걸린다면, 이 시간 간격 동안 분자의 평균 가속도는 얼마인가? (b) 분자가 벽에 미치는 평균력은 얼마인가?

4.7 뉴턴의 제2법칙을 이용한 분석 모형

14. 자동차의 천장에 고정되어 있는 길이 L의 줄에 질량 m인 진자를 매달아 간단한 가속도계를 제작했다. 차가 가속됨에 따라 이 진자와 줄로 구성된 계는 연직과 θ의 일정한 각도를 이룬다. (a) m과 비교해서 줄의 질량이 무시될 수 있는 경우 자동차의 가속도를 각도 θ를 이용해서 나타내고, 가속도는 질량 m과 길이 L에 관계없음을 보여라. (b) $\theta = 23.0°$일 때 자동차의 가속도를 구하라.

15. 그림 P4.15에 있는 계는 모두 평형 상태에 있다. 용수철저울의 눈금이 모두 N 단위로 되어 있다면, 각각의 용수철저울에서 읽을 수 있는 값은 얼마인가? 모든 경우에 도르래의 질량, 줄의 질량, 마찰은 무시할 수 있다.

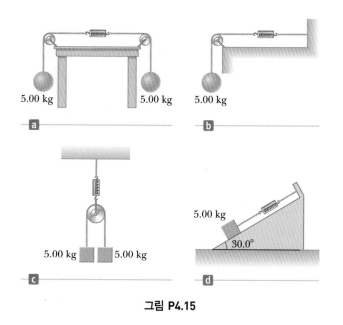

그림 P4.15

16. 무게가 325 N인 시멘트 포대가 그림 P4.16과 같이 세 줄에 평형 상태로 매달려 있다. 위의 두 줄은 수평면과 각각 $\theta_1 = 60.0°$, $\theta_2 = 40.0°$를 이루고 있다. 이 상태를 평형 상태라고 가정할 때, 각 줄에 걸리는 장력 T_1, T_2, T_3을 구하라.

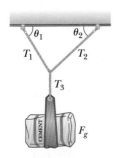

그림 P4.16 문제 16, 17

17. 그림 P4.16에서 시멘트 포대의 무게를 F_g라 하고, 두 줄이 수평면과 이루는 각을 각각 θ_1, θ_2라고 할 때 평형 상태에서 왼쪽의 줄에 걸리는 장력 T_1이 다음과 같음을 보여라.

$$T_1 = \frac{F_g \cos \theta_2}{\sin(\theta_1 + \theta_2)}$$

18. 질량이 200 kg인 보트에 달려 있는 줄을 두 사람이 수평으로 힘껏 잡아당기고 있다. 두 사람이 같은 방향으로 끌면 보트는 오른쪽으로 1.52 m/s²의 가속도를 가진다. 서로 다른 방향으로 끌 경우, 보트는 왼쪽으로 0.518 m/s²의 가속도를 가진다. 각자 보트에 작용하는 힘의 크기는 얼마인가? 보트에 작용하는 다른 수평력은 무시한다.

19. 그림 P4.19에서와 같이 마찰이 없는 수평 테이블에 놓인 질량 $m_1 = 5.00$ kg인 물체가, 테이블에 고정된 질량을 무시할 수 있고 마찰이 없는 도르래를 통해, 질량 $m_2 = 9.00$ kg인 물체와 줄로 연결되어 있다. 이때 (a) 두 물체의 자유 물체 도표를 그려라. (b) 물체의 가속도의 크기와 (c) 줄의 장력을 구하라.

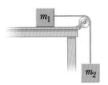

그림 P4.19

20. 질량 $m = 1.00$ kg인 물체의 가속도는 $\vec{a}$인데, 그 크기는 10.0 m/s²이고 방향은 북동 60.0° 방향으로 기울어져 있다. 그림 P4.20은 물체를 위에서 본 모습이다. 물체에 작용하는 $\vec{F}_2$의 크기는 5.00 N이고 방향은 북쪽이라고 할 때, 물체에 작용하는 다른 힘 $\vec{F}_1$의 크기와 방향을 구하라.

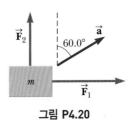

그림 P4.20

21. 처음 속도 5 m/s로 20.0°의 마찰 없는 경사면을 올라가고 있는 물체가 있다(그림 P4.21). 물체는 얼마나 멀리 올라간 후 멈추는가?

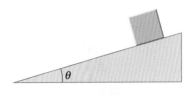

그림 P4.21

22. 진흙구덩이에 빠진 차를 견인차가 2 500 N의 힘으로 그림 P4.22와 같이 끌고 있다. 그 결과 견인 케이블의 장력은 맨 위쪽에 위치한 핀을 왼쪽 아래 방향으로 당긴다. 이 가벼운 핀은 두 막대 A와 B가 가하는 힘에 의해 평형 상태로 고정되어 있는데, 각각의 막대는 **지지대**의 역할을 한다. 이들의 무게는 이들이 가하는 힘보다 작고, 그 힘은 막대 끝의 경첩을 통해서만 작용한다. 이 지지대들이 가하는 힘의 방향은 그 길이와 평행하다. 각 지지대가 받는 힘이 잡아당기는 힘(장력)인지 아니면 압축력인지를 결정하라. 이 문제를 해결하기 위해 다음과 같이 생각한다. 첫 번째로 맨 위의 핀에 가해지는 힘의 방향(장력인지 아니면 압축력인지)을 짐작해 보고 핀의 자유 물체 도표를 그린다. 평형 조건을 이용해서 핀의 자유 물체 도표로부터 평형에 대한 식을 구한다. 이 식으로부터 지지대 A와 B가 가하는 힘을 계산할 수 있다. 계산된 값이 양의 값이면 이는 처음 추측한 힘의 방향이 옳다는 사실을 알려 준다. 그와 반대로 음의 값이 나올 경우 힘의 방향은 반대가 되어야 한다. 하지만 두 경우 모두 계산된 값의 절댓값은 힘의 크기를 말해 준다. 지

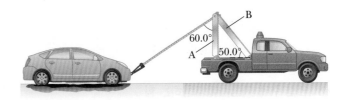

그림 P4.22

지대가 핀을 당기고 있다면 지지대가 받는 힘은 장력이다. 그와 달리 핀을 밀고 있다면 지지대가 받는 힘은 압축력이다. 각 지지대의 힘이 장력인지 또는 압축력인지를 밝혀라.

23. 그림 P4.23의 작업자와 플랫폼의 전체 무게는 950 N이다. 도르래는 마찰이 없다고 가정한다. 자신을 위로 움직이게 하기 위해서는 얼마나 열심히 줄을 잡아당겨야 하는가? (아니면 이것은 불가능한가? 그렇다면 그 이유를 설명하라.)

그림 P4.23

24. 어떤 물체가 수평면과 $\theta = 15.0°$의 각도를 이루고 있는 마찰이 없는 경사면을 미끄러져 내려오고 있다. 물체는 경사면의 제일 높은 쪽 끝에서 출발하고 경사면의 전체 길이는 2.00 m이다. (a) 물체의 자유 물체 도표를 그려라. (b) 물체의 가속도와 (c) 물체가 경사면의 아래쪽 끝에 도달할 때의 속력을 구하라.

25. 그림 P4.25에 보인 계에서, 질량 $m_2 = 8.00\,\text{kg}$인 물체에 수평력 $\vec{F}_x$가 작용한다. 이때 수평면은 마찰이 없다. 미끄러지는 물체의 가속도는 수평력의 크기 F_x의 함수로 주어진다. (a) 질량 $m_1 = 2.00\,\text{kg}$인 물체가 위 방향으로 가속되려면 F_x는 어떤 값을 가져야 하는가? (b) 끈의 장력이 0이 되려면 F_x는 어떤 값을 가져야 하는가? (c) F_x를 $-100\,\text{N}$에서부터 $100\,\text{N}$까지 변화를 주며 F_x에 따른 수평면 위 물체 m_2의 가속도를 그래프로 그려라.

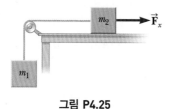

그림 P4.25

4.8 연결 주제: 자동차에 작용하는 힘

26. 젊은 여성이 자동차 경주에 출전하기 위해 중고 자동차를

구입했다. 고속도로 주행 시 이 자동차의 가속도는 8.40 mi/h·s이다. 엔진을 튜닝함으로써 자동차가 가지는 수평력을 24.0 % 증가시킬 수 있으며, 또한 비용을 줄여 차체의 질량을 24.0 % 감소시킬 수 있다. (a) 위의 두 방법 중 어느 것이 자동차의 가속도를 보다 더 증가시키는가? (b) 두 방법을 모두 사용할 경우 자동차의 가속도는 얼마가 되는가?

추가문제

27. 질량 M인 물체가 그림 P4.27에 보인 것처럼 두 개의 도르래로 만들어진 장치에 매달려 있고 이 장치에 힘 $\vec{F}$가 작용하고 있다. 이 장치에 사용된 도르래들은 질량이 없고 마찰도 없다. (a) 각 도르래에 작용하는 힘의 도표를 그려라. (b) 각 줄에 걸리는 장력 T_1, T_2, T_3, T_4, T_5와 (c) $\vec{F}$의 크기를 구하라.

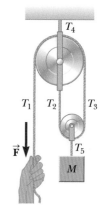

그림 P4.27

28. 창의성이 풍부한 아이인 닉은 나무에 기어오르지 않고 나무에 달린 사과를 따고 싶었다. 닉은 마찰을 무시할 수 있는 도르래에 걸린 줄과 연결된 의자에 앉아서 줄의 반대쪽을 잡아당겼는데(그림 P4.28), 용수철저울로 확인한 결과 250 N의 힘으로 잡아당기고 있었다. 닉의 무게는 320 N이고, 의자의 무게는 160 N이며, 닉의 발은 땅에서 떨어져 있다. (a) 닉과 의자를 별개의 계라고 생각하고 한 쌍의 자유 물체 도표를 그리고, 닉과 의자를 하나의 계로 생각해서 자유 물체 도표를 그려라. (b) 계의 가속도가 **위쪽**임을 보이고 그 크기를 구하라. (c) 닉이 의자에 작용한 힘을 구하라.

그림 P4.28 문제 28, 29

29. 문제 28과 그림 P4.28에서 설명한 상황에서, 줄과 용수철 저울, 도르래의 질량은 무시할 만큼 작다. 그리고 닉의 발은 땅에서 떨어져 있다. (a) 닉이 줄의 끝을 당기는 것을 멈추고 땅에 서 있는 440 N의 무게를 가진 다른 아이에게 줄의 끝을 잡게 하고 잠시 쉬었다고 가정하자. 줄은 끊어지지 않았다. 이때 일어날 운동을 묘사하라. (b) 이번에는 닉이 잠깐 쉬기 위해서 줄의 끝을 나무줄기에 강한 갈고리로 걸었다. 왜 이 방법은 줄이 끊어지게 할 수 있는지 설명하라.

30. 평평한 에어트랙 위에서 1.00 kg의 글라이더가 θ의 각도를 이루는 줄에 의해 끌려가고 있다. 이 팽팽하게 걸린 줄은 도르래를 지나며 줄의 다른 쪽 끝에는 그림 P4.30과 같이 0.500 kg의 추가 매달려 있다. (a) 글라이더의 속도 v_x와 추의 속도 v_y 사이에는 $v_x = uv_y$의 관계식이 성립함을 보여라. 여기서 $u = z(z^2 - h_0^2)^{-1/2}$이다. (b) 글라이더를 정지 상태에서부터 놓는 순간 글라이더의 가속도 a_x와 추의 가속도 a_y 사이에는 $a_x = ua_y$의 관계식이 성립함을 보여라. (c) $h_0 = 80.0$ cm, $u = 30.0°$일 때 글라이더를 놓는 순간 줄의 장력을 구하라.

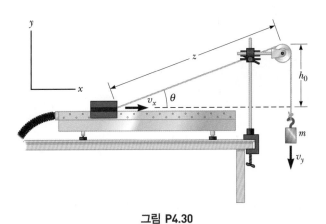

그림 P4.30

31. 길이 L인 줄에 같은 질량 m인 네 개의 금속 나비를 매단 모빌이 있다. 그림 P4.31처럼 나비는 같은 거리 ℓ만큼씩 떨어져서 묶여 있고 줄은 끝점에서 천장과 각도 θ_1을 이루고 있다. 또한 줄의 중심 부분은 수평을 유지하고 있다. (a) 줄의 각 부분에 작용하는 장력을 θ_1, m, g에 대한 식으로 구하라. (b) 안쪽 나비와 바깥쪽 나비 사이에 있는 줄이 수평과 이루는 각도 θ_2를 θ_1에 관한 식으로 구하라. (c) 줄이 천장에 매달린 두 점 사이의 거리 D가 다음과 같음을 보여라.

$$D = \frac{L}{5}\left\{2\cos\theta_1 + 2\cos\left[\tan^{-1}\left(\frac{1}{2}\tan\theta_1\right)\right] + 1\right\}$$

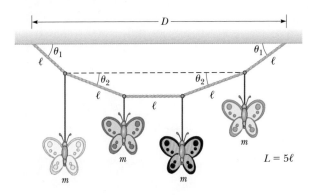

그림 P4.31

32. 그림 P4.32와 같이 두 물체가 상대적으로 정지 상태를 유지하기 위해 질량 M인 큰 물체에 가해야 하는 수평력을 구하라. 이때 각 표면과 도르래는 마찰이 없다고 가정한다. 줄이 작용하는 힘이 m_2를 가속시킴에 주목하라.

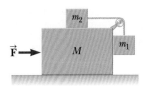

그림 P4.32

33. 8.40 kg인 물체가 마찰이 없는 경사면을 미끄러져 내려간다. 다음 질문에 대해 컴퓨터를 이용해서 답을 구하거나 표를 만들라. (a) 물체에 작용하는 수직항력을 수평면에 대한 경사각에 따라 구하라. (0°부터 90°까지 5°씩 늘려가며 계산) (b) 물체의 가속도를 수평면에 대한 경사각에 따라 구하라. (0°부터 90°까지 5°씩 늘려가며 계산) (c) 경사각에 따른 수직항력과 가속도의 그래프를 그려라. (d) 0°나 90° 같은 극단적인 경우에서의 결과가 경험적으로 알고 있던 움직임과 일치하는가?

34. 그림 P4.34에서 정지해 있던 자동차가 아래로 가속되어 6.00 s 후 30.0 m/s가 됐다. 자동차 안에 장난감 하나가 줄에 연결되어 자동차의 천장에 달려 있다. 그림에서 공은 질량 0.100 kg인 장난감

그림 P4.34

을 나타낸 것이다. 자동차가 가속되는 동안 줄은 천장과 수직이다. 이때 (a) 각도 θ와 (b) 줄에 걸리는 장력을 구하라.

뉴턴 법칙의 응용 More Applications of Newton's Laws

4장에서 뉴턴의 운동 법칙을 배웠으며, 마찰을 무시한 경우에 적용했다. 이번 장에서는 탐구 영역을 마찰이 있을 때의 물체의 운동으로 확장할 것이다. 예를 들면 거친 표면 위를 미끄러지는 물체, 그리고 액체나 공기처럼 점성이 있는 매질 속을 움직이는 물체 등이다. 원운동의 동역학에 뉴턴의 법칙을 적용하면 여러 가지 힘을 받아 원형 경로를 따라 이동하는 물체의 운동을 이해할 수 있다.

미국 조지아 주 햄프턴에 있는 애틀란타 자동차 스피드웨이에서 2008년 3월 9일에 있었던 NASCAR 스프린트 컵 시리즈 코발트 툴스 (Kobalt Tools) 500 대회에서 18번 스니커스 토요타 운전자인 부시(Kyle Busch)가 24번 두폰 시보레 운전자인 고든(Jeff Gordon)을 앞서 가고 있다.

▌5.1 │ 마찰력 Force of Friction

물체가 어떤 표면 위를 운동하거나 공기나 물과 같은 점성이 있는 매질 속에서 운동할 때, 물체는 주위와의 상호 작용 때문에 운동하는 데 저항을 받는다. 이런 저항을 **마찰력**(force of friction)이라고 한다. 마찰력은 일상생활에서 매우 중요하다. 걷거나 달리기 또는 자동차의 운동 등이 모두 마찰력 때문에 가능하다.

마당에서 쓰레기로 가득 찬 쓰레기통을 그림 5.1a와 같이 콘크리트 위에서 끌고 있다고 하자. 쓰레기통과 콘크리트 표면은 단순화한 모형에서 가정하는 마찰이 없는 **이상적인** 면이 아니다. 오른쪽 수평 방향으로 작용하는 외력 $\vec{F}$가 그다지 크지 않으면 쓰레기통은 움직이지 않을 것이다. 외력 $\vec{F}$에 맞서서 쓰레기통이 움직이지 못하게 왼쪽으로 작용하는 힘을 **정지 마찰력**(force of static friction) $\vec{f}_s$

그림 5.1 (a)와 (b) 쓰레기통을 끌 때, 통과 거친 표면 사이의 마찰력 $\vec{f}$는 가한 힘 $\vec{F}$와 반대 방향으로 작용한다. (c) 가한 힘과 마찰력의 크기의 변화를 보여 주는 그래프. 여기서 $f_{s,\,\max} > f_k$이다.

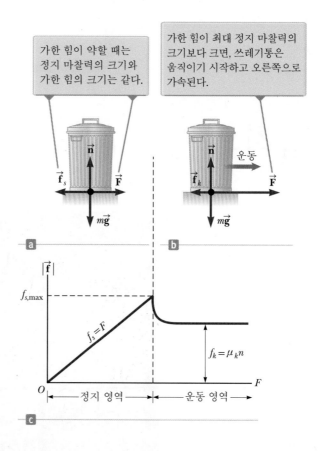

라 한다. 쓰레기통이 움직이지 않는 한, 이런 경우는 $f_s = F$인 평형 상태에 있는 입자와 같은 모형이다. 따라서 $\vec{F}$의 크기가 증가하면, $\vec{f}_s$의 크기 역시 증가한다. 마찬가지로 $\vec{F}$가 감소하면, $\vec{f}_s$의 크기 또한 감소한다.

　실험을 통해 마찰력은 두 표면의 특성에서 기인한다는 것을 알 수 있다. 표면이 거칠기 때문에 접촉은 물질의 돌출부가 만나는 단지 몇 개의 점에서만 일어난다. 이런 점에서 한 돌출부가 다른 표면의 돌출부의 운동에 물리적으로 저항하는 것과 두 표면의 돌출부끼리 접촉할 때 화학적인 결합에 의해 마찰력이 일어난다. 원자 수준에서 볼 때 마찰은 매우 복잡하지만, 실제로 마찰력의 본질은 표면의 원자나 분자 사이의 전기적 상호 작용이다.

　그림 5.1b와 같이 $\vec{F}$의 크기가 증가하면 쓰레기통이 결국에는 움직이기 시작한다. 쓰레기통이 막 움직이려는 순간에는 그림 5.1c에서처럼 f_s가 최대이다. F가 최대 정지 마찰력 $f_{s,\,\max}$보다 크면, 쓰레기통은 움직이기 시작하고 오른쪽으로 가속한다. 쓰레기통이 움직이는 동안 통에 대한 운동 마찰력은 $f_{s,\,\max}$보다 작다(그림 5.1c). 운동하고 있는 물체에 대한 마찰력을 **운동 마찰력**(force of kinetic friction) $\vec{f}_k$라 한다. x 방향의 알짜힘 $F - f_k$는 뉴턴의 제2법칙에 따라 통을 오른쪽으로 가속시킨다. $\vec{F}$의 크기를 줄여서 $F = f_k$이면 가속도는 영이고 쓰레기통은 일정한 속력으로 오른쪽을 향해 움직인다. 통에 가하는 외력을 제거하면 왼쪽으로 작용하는 마찰력이 쓰레기통에 $-x$ 방향으로 가속도를 가해서 결국에는 멈추게 만든다.

$f_{s,\max}$와 f_k는 표면이 물체에 가하는 수직항력의 크기에 근사적으로 비례한다는 것이 실험적으로 알려진 사실이다. 그래서 이런 근사가 정확하다고 가정한 단순 모형을 채택하려고 한다. 단순 모형의 가정은 다음과 같이 요약할 수 있다.

• 접촉하고 있는 두 물체 사이의 정지 마찰력의 크기는 다음과 같다.

$$f_s \leq \mu_s n \qquad\qquad 5.1$$

▶ 정지 마찰력

여기서 μ_s는 차원이 없는 상수로서 **정지 마찰 계수**(coefficient of static friction)이고 n은 수직항력의 크기이다. 식 5.1에서 등호는 물체가 막 움직이기 시작할 때, 즉 $f_s = f_{s,\max} = \mu_s n$일 때 성립한다. 이 상황을 **임박한 운동**이라고 한다. 부등호는 면에 평행하게 작용하는 힘의 성분이 최대 정지 마찰력 값보다 작을 때이다.

• 접촉하고 있는 두 물체 사이의 운동 마찰력의 크기는 다음과 같다.

$$f_k = \mu_k n \qquad\qquad 5.2$$

▶ 운동 마찰력

여기서 μ_k는 **운동 마찰 계수**(coefficient of kinetic friction)이다. 이런 단순 모형에서, 이 계수는 표면의 상대 속력과 무관하다.

• μ_k와 μ_s는 표면의 성질에 의존하며 일반적으로 μ_k는 μ_s보다 작다. 표 5.1에 이 값들을 정리했다.

• 마찰력의 방향은 접촉하고 있는 물체의 움직이는 방향과 반대이며, 정지 마찰력의 경우에는 움직이려는 방향과 반대 방향으로 작용한다.

식 5.1과 5.2는 아주 엄밀한 식은 아니지만 물체를 경사면 위에서 일정한 속력으로 미끄러져 내려가게 하면 쉽게 확인이 가능한 식이다. 특히 속력이 느릴 때는, 붙었다 미끄러졌다 하는 운동이 반복되어 나타나기도 한다. 앞에서 요약한 네 가지 단순 모형의 가정 덕분에 마찰을 포함하는 문제를 보다 쉽게 풀 수 있게 됐다.

> **오류 피하기 | 5.1**
> **등호는 특별한 경우에만 사용된다** 식 5.1의 등호는 표면을 막 떠나 미끄러지기 시작하는 순간에만 사용된다. 어떤 정적인 상태에서 $f_s = \mu_s n$을 사용하는 흔한 실수를 범하지 말라.

> **오류 피하기 | 5.2**
> **마찰력의 방향** 흔히 물체와 면 사이에서 물체가 받는 마찰력의 방향이 운동 방향 또는 임박한 운동 방향의 반대 방향이라고 말하는데 이 말은 정확하지 않다. 올바른 진술은 다음과 같다. "물체가 받는 마찰력의 방향은 **면에 대한 상대 운동의 방향**, 또는 면에 대한 임박한 운동의 방향과 반대 방향이다."

표 5.1 | 마찰 계수

	μ_s	μ_k
콘크리트 위의 고무	1.0	0.8
강철 위의 강철	0.74	0.57
강철 위의 알루미늄	0.61	0.47
유리 위의 유리	0.94	0.4
강철 위의 구리	0.53	0.36
나무 위의 나무	0.25~0.5	0.2
젖은 눈 위의 왁스칠한 나무	0.14	0.1
마른 눈 위의 왁스칠한 나무	–	0.04
금속 위의 금속(윤활유를 칠한 경우)	0.15	0.06
테플론 위의 테플론	0.04	0.04
얼음 위의 얼음	0.1	0.03
인체의 관절	0.01	0.003

Note: 모든 값은 근삿값이다. 어떤 경우에는 마찰 계수가 1.0을 넘기도 한다.

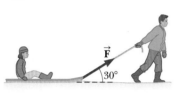

그림 5.2 (퀴즈 5.3) (a) 아빠가 딸의 어깨를 아래 방향으로 밀어 썰매를 움직인다. (b) 아빠가 딸의 썰매를 줄을 이용해서 위 방향으로 끌어당기고 있다. 어느 것이 더 쉬울까?

이제 마찰력의 특성을 알았으므로 알짜힘을 받고 있는 입자 모형의 알짜힘에 마찰력도 포함시킬 수 있다.

▶ **퀴즈 5.1** 물리 책을 벽에 대고 누른다고 하자. 이때 책에 수직으로 수직항력이 작용한다. 벽이 책에 작용하는 마찰력은 어느 방향인가? (a) 아래쪽 (b) 위쪽 (c) 벽에서 나오는 방향 (d) 벽을 향한 방향

▶ **퀴즈 5.2** 바닥이 평평한 트럭에 나무상자가 실려 있다. 트럭은 동쪽 방향으로 가속되고, 나무상자는 전혀 미끄러지지 않고 트럭과 함께 운동하고 있다. 트럭이 나무상자에 작용하는 마찰력의 방향은 어느 쪽인가? (a) 서쪽 (b) 동쪽 (c) 나무상자가 미끄러지지 않으므로 마찰력은 존재하지 않는다.

▶ **퀴즈 5.3** 아빠가 수평인 눈썰매장에서 딸의 썰매를 끌 때 다음 중 어느 것이 더 쉬울까? (a) 그림 5.2a처럼 딸의 뒤에서 어깨를 수평과 30° 아래 방향으로 민다. (b) 그림 5.2b처럼 썰매에 줄을 묶어 수평과 30° 위 방향으로 끌어당긴다.

▶ **예제 5.1 | 미끄러지는 하키 퍽**

얼음 위에 있는 하키 퍽의 처음 속력이 20.0 m/s이다.

(A) 그 퍽이 얼음 위에서 115 m를 미끄러진 후 정지한다면, 퍽과 얼음 사이의 운동 마찰 계수를 구하라.

풀이

개념화 그림 5.3과 같이 오른쪽으로 가다가 마찰력으로 인해 정지하게 되는 퍽을 생각한다.

분류 퍽에 작용하는 힘은 그림 5.3에 표시되어 있으며 운동학 변수는 문제의 본문 속에 있다. 그러므로 이 문제는 두 가지로 분류할 수 있다. 하나는 입자가 알짜힘을 받아서 운동 마찰력이 퍽을 가속하게 하는 것이고, 다른 하나는 운동 마찰력은 속력과 무관한 것으로 보고 퍽의 가속도가 일정하다고 놓는 것이다. 따라서 이 문제는 등가속도 운동의 문제로 분류할 수 있다.

분석 먼저 뉴턴의 제2법칙을 이용해서 가속도를 마찰 계수의 함수로 구한다. 퍽의 가속도와 이동 거리를 알면 운동학 식을 이용해서 운동 마찰 계수의 값을 구할 수 있다. 그림 5.3을 보면 퍽에 작용하는 힘이 나타나 있다.

퍽에 x 방향에서 알짜힘을 받는 입자 모형을 적용한다.

$$(1) \qquad \sum F_x = -f_k = ma_x$$

퍽에 y 방향에서 알짜힘을 받는 입자 모형을 적용한다.

$$(2) \qquad \sum F_y = n - mg = 0$$

식 (2)의 $n = mg$와 $f_k = \mu_k n$ 을 식 (1)에 대입한다.

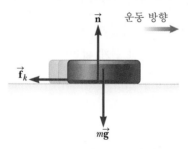

그림 5.3 (예제 5.1) 퍽이 처음 속력으로 오른쪽으로 나아간 다음, 그 퍽에 작용하는 힘은 중력 $m\vec{g}$, 수직항력 $\vec{n}$, 운동 마찰력 $\vec{f}_k$이다.

$$-\mu_k n = -\mu_k mg = ma_x$$
$$a_x = -\mu_k g$$

음의 부호는 그림 5.3에서 가속도가 왼쪽 방향임을 나타낸다. 퍽의 속도가 오른쪽을 향하고 있으므로 퍽의 속력이 느려진다. μ_k 가 일정하다고 가정했으므로, 가속도는 퍽의 질량과 무관하고 일정하다.

퍽에 등가속도 운동을 하는 입자 모형을 적용해서, 식 2.14의 $v_{xf}^2 = v_{xi}^2 + 2a_x(x_f - x_i)$에 $x_i = 0$와 $v_f = 0$ 를 대입한다.

$$0 = v_{xi}^2 + 2a_x x_f = v_{xi}^2 - 2\mu_k g x_f$$

운동 마찰 계수에 대해 푼다.

(3) $\qquad \mu_k = \dfrac{v_{xi}^2}{2gx_f} \qquad\qquad\qquad \mu_k = \dfrac{(20.0 \text{ m/s})^2}{2(9.80 \text{ m/s}^2)(115 \text{ m})} = \boxed{0.177}$

주어진 값들을 대입한다.

(B) 퍽의 처음 속력이 위에서의 값의 반이라면, 도달거리는 얼마나 되는가?

풀이

이런 문제는 비교 문제이므로 예제 3.4에서 사용한 비례 관계를 이용해서 풀 수 있다.

(A)의 식 (3)을 퍽의 나중 위치 x_f에 대해 풀어서 하나는 원래 속력에 대해 쓰고, 또 하나는 속력이 반이 된 경우에 대해 쓴다.

$$x_{f1} = \frac{v_{1xi}^2}{2\mu_k g}$$

$$x_{f2} = \frac{v_{2xi}^2}{2\mu_k g} = \frac{\left(\frac{1}{2}v_{1xi}\right)^2}{2\mu_k g} = \frac{1}{4}\frac{v_{1xi}^2}{2\mu_k g}$$

처음 식을 두 번째 식으로 나눈다.

$$\frac{x_{f1}}{x_{f2}} = 4 \quad\rightarrow\quad x_{f2} = \boxed{\frac{1}{4}x_{f1}}$$

결론　(A)에서 μ_k는 당연히 차원이 없는 수이고 작은 값을 가지므로 물체가 얼음 위에서 미끄러지는 경우에 적절한 값이라고 할 수 있다. (B)에서는 처음 속도가 반이 되었으므로 미끄러지는 거리가 약 75 % 줄어든다. 이런 개념을 길에서 미끄러지는 자동차에 적용하면, 미끄러운 길에서 자동차의 속력을 줄이는 것이 안전할 수 있음을 알 수 있다.

예제 5.2 | 실험으로 μ_s와 μ_k 결정하기

다음에서 물체와 거친 표면 사이의 마찰 계수를 측정하는 간단한 방법을 알아보자. 그림 5.4와 같이 수평면에 대해 기울어진 비탈면에 물체를 둔다. 이때 비탈면의 경사를 수평에서 물체가 막 미끄러질 때까지 서서히 증가시키자. 물체가 미끄러지기 시작할 때의 임계각 θ_c를 측정해서 μ_s를 얻을 수 있음을 보여라.

풀이

개념화　그림 5.4의 자유 물체 도표를 보자. 물체가 중력에 의해 비탈면을 미끄러져 내려온다고 생각해 보자. 이와 같은 상황을 재현해 보기 위해, 책의 겉면에 동전을 놓고 동전이 미끄러지기 시작할 때까지 수평과 책 사이의 각도를 증가시켜 보자. 이 예제가 예제 4.3과 어떻게 다른지에 주목하자. 경사면에 마찰이 없으면, 약간의 경사각을 주더라도 정지 물체는 운동하기 시작한다. 그러나 마찰이 있으면, 임계각보다 작은 각도에서는 물체가 움직이지 않는다.

분류　물체는 경사가 증가함에 따라 막 미끄러지기 직전까지 변하는 힘을 받게 되지만 움직이지 않으므로 물체를 평형 상태의 입자 문제로 분류할 수 있다.

분석　그림 5.4의 도표에서 볼 수 있는 것처럼, 물체에 작용하는 힘은 중력 $m\vec{\mathbf{g}}$, 수직항력 $\vec{\mathbf{n}}$, 정지 마찰력 $\vec{\mathbf{f}}_s$가 있다. x축을 비탈면에 나란한 방향으로 y축을 비탈면에 수직인 방향으로 정의한다.

x와 y 방향 모두에서 물체에 식 4.7을 적용한다.

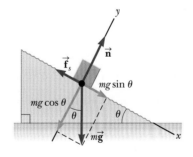

그림 5.4 (예제 5.2) 거친 비탈면에 놓여 있는 물체에 작용하는 외력은 중력 $m\vec{\mathbf{g}}$, 수직항력 $\vec{\mathbf{n}}$, 마찰력 $\vec{\mathbf{f}}_s$가 있다. 편의상 중력을 비탈면에 평행한 성분 $mg\sin\theta$와 수직인 성분 $mg\cos\theta$로 나눈다.

(1) $\qquad \sum F_x = mg\sin\theta - f_s = 0$

(2) $\qquad \sum F_y = n - mg\cos\theta = 0$

식 (2)로부터 $mg = n/\cos\theta$을 식 (1)에 대입한다.

(3) $\qquad f_s = mg\sin\theta = \left(\dfrac{n}{\cos\theta}\right)\sin\theta = n\tan\theta$

물체가 막 미끄러지는 순간까지 경사각을 크게 하면 정지 마찰력은 최댓값 $\mu_s n$까지 커진다. 이 경우 각도 θ는 임계각 θ_c이다. 이들을 식 (3)에 대입한다.

$$\mu_s n = n\tan\theta_c$$

$$\mu_s = \tan\theta_c$$

예를 들어 물체가 $\theta_c = 20.0°$에서 막 미끄러졌다면 $\mu_s = \tan 20.0° = 0.364$가 된다.

결론 $\theta \geq \theta_c$이면 물체는 아래로 가속되고, 이때의 운동 마찰

력은 $f_k = \mu_k n$이다. 그러나 θ를 다시 θ_c 이하로 줄여 나가면, 물체가 평형 상태의 입자로서 등속 운동($a_x = 0$)을 하는 각도 θ_c'을 구할 수 있다. 이때 식 (1)과 (2)로부터 f_s를 f_k로 바꾸면 $\mu_k = \tan\theta_c'$이고 $\theta_c' < \theta_c$이다.

예제 5.3 | 마찰이 있는 경우 연결된 두 물체의 가속도

그림 5.5a처럼 거친 수평면 위에 질량 m_2인 물체가 가볍고 마찰 없는 도르래에 걸쳐진 가벼운 줄에 의해 질량 m_1인 공과 연결되어 있다. 그림에서 보는 것처럼 수평과 이루는 각도가 θ인 방향으로 물체에 힘 F가 작용해서 오른쪽으로 미끄러지고 있다. 물체와 표면 사이의 운동 마찰 계수는 μ_k이다. 두 물체의 가속도의 크기를 구하라.

풀이

개념화 물체에 힘 $\vec{F}$가 작용하면 어떻게 될까? 물체를 표면에서 들어올릴 정도로 $\vec{F}$가 크지는 않다고 가정하면, 물체는 오른쪽으로 미끄러지고 공은 위로 올라갈 것이다.

분류 주어진 힘들로부터 물체의 가속도를 구해야 하므로 이 문제를 물체와 공 둘 다가 알짜힘을 받는 입자인 문제로 분류할 수 있다.

분석 먼저 그림 5.5b와 5.5c처럼 두 물체에 대한 자유 물체 도표를 그린다. 줄은 물체 모두에 크기가 T인 힘을 작용한다. 작용한 힘 $\vec{F}$는 각각 x 성분 $F\cos\theta$와 y 성분 $F\sin\theta$로 분해할 수 있다. 두 물체는 연결되어 있으므로 물체의 가속도의 x 성분과 공의 가속도의 y 성분이 같고 이를 a로 둔다. 물체가 오른쪽으로 움직인다고 가정한다.

수평 방향에 대해 물체에 알짜힘을 받는 입자 모형을 적용한다.

(1) $\quad \sum F_x = F\cos\theta - f_k - T = m_2 a_x = m_2 a$

물체는 수평으로만 움직이므로, 연직 방향에 대해서 물체에 평형 상태의 입자 모형을 적용한다.

(2) $\quad \sum F_y = n + F\sin\theta - m_2 g = 0$

연직 방향에 대해 구에 알짜힘을 받는 입자 모형을 적용한다.

(3) $\quad \sum F_y = T - m_1 g = m_1 a_y = m_1 a$

식 (2)를 n에 대해 푼다.

$$n = m_2 g - F\sin\theta$$

n을 식 5.2의 $f_k = \mu_k n$에 대입한다.

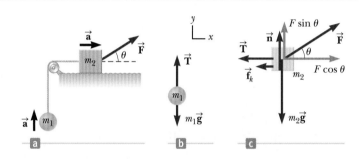

그림 5.5 (예제 5.3) (a) 외력 $\vec{F}$가 작용해서 물체는 오른쪽으로 가속된다. (b, c) 물체는 오른쪽으로, 공은 위 방향으로 가속된다고 가정할 때, 두 물체에 작용하는 힘을 보여 주는 도표

(4) $\quad f_k = \mu_k(m_2 g - F\sin\theta)$

식 (4)와 (3)으로부터 나온 값 T와 f_k를 식 (1)에 대입한다.

$$F\cos\theta - \mu_k(m_2 g - F\sin\theta) - m_1(a + g) = m_2 a$$

이제 a를 구하면 다음과 같다.

(5) $\quad a = \dfrac{F(\cos\theta + \mu_k\sin\theta) - (m_1 + \mu_k m_2)g}{m_1 + m_2}$

결론 물체의 가속도는 식 (5)의 분자의 부호에 따라 오른쪽 또는 왼쪽이 될 수 있다. 물체가 왼쪽으로 움직이면 마찰력이 표면에 대한 물체의 운동과 반대 방향이어야 하므로, 식 (1)에서 f_k의 부호가 반대가 되어야 한다. 이 경우 a의 값은 식 (5)의 분자에 있는 두 양의 부호를 음의 부호로 바꾼 것과 같다.

5.2 | 등속 원운동하는 입자 모형의 확장
Extending the Particle in Uniform Circular Motion Model

마찰력이 포함된 문제를 푸는 것은 뉴턴의 제2법칙의 여러 응용 중 하나이다. 이제 또 다른 상황, 등속 원운동하는 입자를 고려해 보자. 3장에서 일정한 속력 v로 반지름 r의 원형 경로를 운동하는 입자는 다음에 주어진 크기의 구심 가속도가 있음을 알았다.

$$a_c = \frac{v^2}{r}$$

▶ 구심 가속도

이 크기를 가진 가속도 벡터는 원의 중심을 향하며, **항상** $\vec{v}$와 수직이다.

뉴턴의 제2법칙에 의하면, 가속도가 발생할 때 알짜힘은 가속도의 원인이어야 한다. 가속도는 원의 중심을 향하기 때문에, 알짜힘은 원의 중심을 향해야만 한다. 그러므로 원형 경로에서 한 입자가 움직이면 힘은 입자를 원의 **안쪽**으로 작용하고, 이것이 원운동의 원인이 된다. 이 절에서는 이런 형태의 가속도가 생기는 힘들을 알아본다.

그림 5.6과 같이 질량 m인 퍽이 길이 r인 줄에 묶여 수평 원 궤도를 따라 빙빙 돌고 있는 경우를 생각해 보자. 입자의 무게는 마찰이 없는 책상이 받치고 있고, 줄은 퍽의 원형 경로 중심에 못으로 고정되어 있다. 퍽은 왜 원을 따라 움직이는가? 뉴턴의 제1법칙에 의하면, 힘을 받지 않는 퍽은 직선 경로를 따라 움직인다. 하지만 퍽에 작용하는 지름 방향의 힘 $\vec{F}_r$은 직선을 따라 움직이는 운동을 방해한다. 크기가 줄의 장력인 이 힘은 그림 5.6에서와 같이 줄의 길이를 따라서 원의 중심을 향한다.

이런 논의에서 줄의 장력은 원운동의 원인이 된다. 다른 힘들 역시 물체를 원운동 시킬 수 있다. 예를 들어 마찰력은 자동차를 구부러진 도로를 따라 움직이게 하며, 중력은 태양 주위에서 행성이 궤도 운동을 하게 하는 원인이 된다.

원운동하는 입자에 작용하는 힘의 본질과 무관하게, 뉴턴의 제2법칙을 지름 방향을 따라 움직이는 입자에 적용할 수 있다.

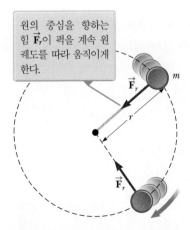

그림 5.6 수평면에서 원 궤도를 따라 운동하는 퍽을 위에서 본 그림

원의 중심을 향하는 힘 $\vec{F}_r$이 퍽을 계속 원 궤도를 따라 움직이게 한다.

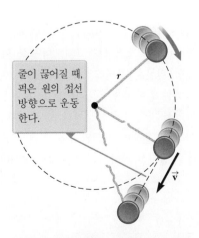

그림 5.7 원 궤도를 따라 운동하는 퍽을 잡아주던 줄이 끊어진다.

줄이 끊어질 때, 퍽은 원의 접선 방향으로 운동한다.

오류 피하기 | 5.3

줄이 끊어질 때 운동 방향 그림 5.7을 주의 깊게 살펴보자. 많은 학생들이 줄이 끊어질 때 퍽이 원의 중심으로부터 **지름 방향**으로 멀어지는 운동을 한다는 잘못된 개념을 가지고 있다. 퍽의 속도는 원의 **접선** 방향이다. 뉴턴의 제1법칙에 의해 퍽은 줄로부터 힘이 사라질 때 움직이는 방향으로 계속 움직이려고 한다.

$$\sum F = ma_c = m\frac{v^2}{r} \qquad 5.3$$

오류 피하기 | 5.4

원심력 흔히 듣는 단어인 '원심력'은 원운동하는 물체를 **바깥쪽**으로 잡아당기는 힘을 나타낸다. 유원지에 있는 회전하는 통 속에서 원심력을 느낀다면, 어떤 물체가 여러분과 상호 작용하는 것인가? 여러분은 이 또 다른 물체를 알아낼 수 없다. 왜냐하면 원심력은 겉보기 힘이기 때문이다.

앞으로 나올 예제에서 보게 되겠지만, 일반적으로 다양한 형태의 힘의 영향 또는 힘들의 **조합**으로 어떤 물체도 원 경로를 따라 움직일 수 있다.

물체에 작용하는 힘이 사라진다면, 물체는 더 이상 원 경로를 따라 움직이지 않는다. 대신 원에 접하는 직선 경로를 따라 움직인다. 이는 수평면에서 줄 끝에 매달려 원운동하는 퍽의 경우로, 그림 5.7에 나타나 있다. 어느 한순간에 줄이 끊어지면, 그 순간 퍽이 위치한 지점에서 원에 접선인 직선 경로를 따라 퍽이 움직인다.

퀴즈 5.4 여러분은 일정한 속력으로 돌고 있는 회전식 관람차를 타고 있다(그림 5.8). 승객이 타고 있는 관람차는 뒤집어지지 않고 언제나 똑바로 위를 향하도록 유지된다. **(i)** 승객이 회전식 관람차의 맨 꼭대기에 있을 때 의자가 승객에게 작용하는 수직항력의 방향은 어느 쪽인가? **(a)** 위쪽 **(b)** 아래쪽 **(c)** 결정할 수 없다. **(ii)** 같은 경우 승객이 회전식 관람차의 맨 아래에 있을 때 승객에게 작용하는 알짜힘은 어느 쪽인가? 앞의 보기에서 고르라.

그림 5.8 (퀴즈 5.4) 회전식 관람차

생각하는 물리 5.1

태양계에 대한 코페르니쿠스의 이론은, 행성이 태양 주위를 원운동한다고 가정하는 구조 모형이다. 역사적으로 이 이론은 지구가 중심이라는 톨레미의 구조 모형으로부터 떨어져 나온 것이다. 코페르니쿠스의 이론이 제안됐을 때, 무엇이 지구를 포함한 다른 행성들이 태양 주위를 계속 움직이게 할까 하는 자연스런 질문이 생겨났다. 이 질문에 대한 매우 흥미로운 답 하나가 파인먼(Richard Feynman)에게서 나왔다. "그 시대에는 행성의 움직임 뒤에는 보이지 않는 천사들이 있다고 생각했다. 날개를 저으며 행성을 앞으로 미는데, 이는 행성이 주위를 계속 돌게 만드는 것이다. 그러나 보이지 않는 천사는 다른 방향으로 날아야만 한다."[1] 파인먼의 이 말은 무엇을 의미하는가?

추론 코페르니쿠스 시대의 질문은 뉴턴의 제1법칙으로 기술된 관성에 대한 적절한 이해가 없었음을 암시한다. 역사적으로 그 시대는 뉴턴과 갈릴레이 이전으로, **운동은** 힘에 기인한다고 이해했다. 이런 해석은 힘은 **운동의 변화**의 원인이라는 현대적 해석과 다르다. 그러므로 코페르니쿠스 시대에는 무슨 힘이 궤도의 형성을 추진하는지에 대한 질문은 자연스러운 것이었다. 현재 우리가 이해하고 있는 바에 의하면, 궤도에 접하는 방향의 힘은 필요 없고, 이 운동은 단순히 관성에 의해 계속되는 것이다.

따라서 파인먼의 상상에서 천사는 행성을 **뒤에서** 밀어 줄 필요가 없으며, 천사는 행성의 궤도 운동에 관련된 구심 가속도를 만들기 위해 행성을 **안쪽**으로 밀어 주어야 한다. 물론 천사는 과학적인 관점에서 실재하지 않지만 **중력**의 은유로 볼 수 있다. ◀

---

[1] R. P. Feynman, R. B. Leighton, and M. Sands, 《파인먼 물리학 강의》 1권 (Addison-Wesley 출판, 1963) p. 7–2.

Robin Smith/GettyImages/멀티비츠

나선형 롤러코스터는 좁은 원 궤도를 따라 이동해야 한다. 궤도로부터의 수직항력은 구심 가속도를 제공한다. 중력은 방향이 일정하기 때문에 수직항력과 같은 방향이지만, 종종 반대 방향이기도 하다.

예제 5.4 | 얼마나 빨리 돌 수 있나?

질량 0.500 kg인 퍽이 길이 1.50 m인 밧줄 끝에 붙어 있다. 이 퍽은 그림 5.6에서처럼 수평면 위의 원을 따라 돌고 있다. 밧줄이 50.0 N의 최대 장력을 버틸 수 있다면, 밧줄이 끊어지지 않고 돌 수 있는 퍽의 최대 속력은 얼마인가? 줄은 운동의 전 과정에서 수평으로 유지된다고 가정한다.

풀이

개념화 밧줄이 튼튼할수록 밧줄이 끊어지지 않고 돌 수 있는 퍽의 최대 속력이 크다는 것은 이치에 맞는다. 또 퍽의 질량이 커질수록 더 작은 속력에서 밧줄이 끊어지리라 생각한다. (볼링공을 밧줄에 묶어 돌린다고 생각해 보라!)

분류 퍽이 원을 따라 운동하므로, 등속 원운동하는 입자로 모형화한다.

분석 식 5.3에서와 같이 뉴턴의 제2법칙에 장력과 가속도를 결합한다.

$$T = m\frac{v^2}{r}$$

v에 대해 푼다.

$$(1) \qquad v = \sqrt{\frac{Tr}{m}}$$

줄이 견딜 수 있는 최대 장력에 대응되는 퍽의 최대 속력을 구한다.

$$v_{max} = \sqrt{\frac{T_{max}\,r}{m}} = \sqrt{\frac{(50.0 \text{ N})(1.50 \text{ m})}{0.500 \text{ kg}}} = \boxed{12.2 \text{ m/s}}$$

결론 식 (1)은 속력 v가 장력 T가 커짐에 따라 증가하고, 질량 m이 커짐에 따라 감소하는 것을 보여 준다. 이것은 이 문제의 개념화 단계에서 예상했던 것과 일치한다.

문제 퍽이 같은 속력 v로 더 큰 반지름을 갖는 원을 따라 돈다고 가정해 보자. 이때 밧줄은 더 잘 끊어질까, 아니면 그 반대일까?

답 반지름이 더 크다는 것은 주어진 시간 간격 동안에 속도 벡터의 방향 변화가 더 작다는 것을 의미한다. 그러므로 가속도는 더 작아지고 줄에 걸리는 장력도 작아진다. 그 결과 퍽이 더 큰 반지름을 갖는 원을 따라 돌 때, 줄은 이전보다 잘 끊어지지 않을 것이다.

예제 5.5 | 원뿔 진자

질량 m인 작은 공이 길이 L인 줄에 매달려 있다. 그림 5.9에서처럼 이 공은 수평면에서 반지름 r인 원 위를 일정한 속력 v로 돌고 있다(줄이 원뿔의 표면을 쓸며 움직이기 때문에 이 계를 **원뿔 진자**라 한다). 진자의 속력 v에 대한 식을 구하라.

풀이

개념화 그림 5.9a와 같은 공의 운동을 상상해서, 줄이 원뿔의 표면을 쓸고, 공이 수평인 면에서 원운동하는 것으로 이해한다.

분류 그림 5.9의 공은 연직 방향으로는 가속되지 않는다. 그러므로 이 공을 연직 방향에 대해 평형 상태의 입자로 모형화한다. 이 공은 수평 방향에 대해서는 구심 가속도가 있으므로, 이 방향에 대해서는 등속 원운동하는 입자로 생각한다.

분석 θ는 줄과 연직 방향과의 각도를 나타낸다. 그림 5.9b의 공에 대한 힘 도표에서 줄이 공에 작용하는 장력 $\vec{T}$를 연직 성분 $T\cos\theta$와 원 궤도의 중심을 향해 작용하는 수평 성분 $T\sin\theta$로 분해했다.

연직 방향에 평형 상태의 입자 모형을 적용한다.

$$\sum F_y = T\cos\theta - mg = 0$$

$$(1) \qquad T\cos\theta = mg$$

수평 방향에 등속 원운동하는 입자 모형으로부터 식 5.3을 사용한다.

$$(2) \qquad \sum F_x = T\sin\theta = ma_c = \frac{mv^2}{r}$$

식 (2)를 식 (1)로 나누고 $\sin\theta/\cos\theta = \tan\theta$를 이용한다.

$$\tan\theta = \frac{v^2}{rg}$$

v에 대해 푼다.

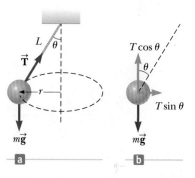

그림 5.9 (예제 5.5) (a) 원뿔 진자. 공의 운동 궤도는 수평 원이다. (b) 공에 작용하는 여러 힘

$$v = \sqrt{rg\tan\theta}$$

그림 5.9a의 도형으로부터 $r = L\sin\theta$의 관계식을 결합시킨다.

$$v = \sqrt{Lg\sin\theta\tan\theta}$$

결론 속력은 공의 질량에 무관함에 주목하자. 각도 θ가 90°가 되어 줄이 수평이 되는 경우 어떤 일이 일어날지 생각해 보자. tan 90°는 무한대이기 때문에, 속력 v는 무한대가 되어야 하고 이것은 줄이 수평이 되는 것이 불가함을 말해 준다. 만약 줄이 수평이라면, 공에 작용하는 중력을 상쇄하기 위한 줄의 장력 $\vec{T}$의 연직 성분이 존재하지 않는다. 그림 5.6과 관련해서 마찰이 없는 책상에 의해 퍽의 무게가 지지된다고 한 이유가 바로 이 때문이다.

예제 5.6 | 자동차의 최대 속력은 얼마인가?

1500 kg의 자동차가 평탄하고 수평인 곡선 도로에서 커브를 돌고자 한다(그림 5.10a). 커브의 곡률 반지름이 35.0 m이고 바퀴와 건조한 노면 사이의 정지 마찰 계수가 0.523일 때, 자동차가 길에서 안전하게 커브를 돌 수 있는 최대 속력을 구하라.

풀이

개념화 곡선 도로를 큰 원의 일부로 보고 자동차가 원형 경로 위에서 움직인다고 생각한다.

분류 문제의 개념화 단계를 근거로 해서 자동차를 수평면 상에서 등속 원운동하는 입자로 간주하면 된다. 자동차가 연직 방향으로 가속되지 않기 때문에 연직 방향으로는 평형 상태

에 있다고 하면 된다.

분석 그림 5.10b에 자동차에 작용하는 힘이 나타나 있다. 자동차의 곡선 경로를 유지하는 힘은 정지 마찰력이다(노면과 바퀴의 접촉 지점에서 자동차가 미끄러지지 않으며 곡선 경로 상에 고정되어 있으므로 지름 바깥 방향이므로 힘은 운동 마찰력이 아닌 **정지 마찰력**이다. 빙판길처럼 최대 정지 마찰

력이 아주 작다면 자동차는 거의 직선으로 계속 움직일 것이며 곡선 도로에서 미끄러져 나갈 것이다). 자동차가 곡선 도로를 안전하게 돌 수 있는 최대 속력 v_{max}는 원 궤도를 이탈하기 직전의 속력이다. 그 속력에서의 마찰력은 최댓값인 $f_{s,max} = \mu_s n$이다. 최대 속력 조건을 구하기 위해 지름 방향에 식 5.3을 적용한다.

$$(1) \qquad f_{s,max} = \mu_s n = m\frac{v_{max}^2}{r}$$

자동차를 하나의 입자로 보고 연직 방향에서의 평형 조건을 적용한다.

$$\sum F_y = 0 \;\rightarrow\; n - mg = 0 \;\rightarrow\; n = mg$$

식 (1)을 최대 속력에 대해 풀고 n에 대한 값을 대입한다.

$$(2) \qquad v_{max} = \sqrt{\frac{\mu_s nr}{m}} = \sqrt{\frac{\mu_s mgr}{m}} = \sqrt{\mu_s gr}$$

주어진 값들을 대입한다.

$$v_{max} = \sqrt{(0.523)(9.80 \text{ m/s}^2)(35.0 \text{ m})} = \boxed{13.4 \text{ m/s}}$$

결론 이 속력은 30.0 mi/h에 해당하는 값이다. 그러므로 그 길에서의 제한 속력이 30 mi/h보다 높게 하려면, 이 길은 다음 예제에서와 같이 도로를 경사지게 만들어야 안전에 도움이 된다. 최대 속력은 자동차의 질량에 무관하기 때문에 길 위를 달리는 질량이 다른 여러 자동차들에 대한 곡선 길에서의 제한 속력을 다양하게 둘 필요는 없다.

문제 길이 젖은 날 자동차가 곡선 도로를 달리고 있는데 속력이 불과 8.00 m/s에서 미끄러지기 시작한다. 이런 경우 정지 마찰

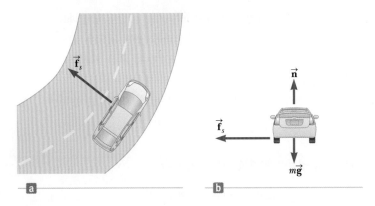

그림 5.10 (예제 5.6) (a) 곡선 도로의 중심을 향하는 정지 마찰력이 자동차가 원형 도로를 달릴 수 있도록 한다. (b) 자동차에 작용하는 힘

계수는 어떻게 되는가?

답 바퀴와 젖은 길 사이의 정지 마찰 계수는 마른 길의 경우보다 작아야 한다. 이렇게 예측할 수 있는 것은 젖은 길이 마른 길보다 잘 미끄러진다는 사실을 많은 운전 경험을 통해 알고 있기 때문이다.

실제로 그런지를 확인하기 위해, 식 (2)를 정지 마찰 계수에 대해 푼다.

$$\mu_s = \frac{v_{max}^2}{gr}$$

주어진 값들을 대입한다.

$$\mu_s = \frac{v_{max}^2}{gr} = \frac{(8.00 \text{ m/s})^2}{(9.80 \text{ m/s}^2)(35.0 \text{ m})} = 0.187$$

이것은 마른 길에 대한 0.523보다 작은 값이다.

예제 5.7 | 옆으로 경사진 길

한 토목 기술자가 예제 5.6에서 나온 곡선 도로를 다시 설계해서 달리는 자동차가 마찰에 관계없이 미끄러지지 않게 하고자 한다. 다시 말해서 설계 속력으로 달리는 자동차는 길이 얼음처럼 미끄러워도 곡선길을 안전하게 달릴 수 있게 하고자 한다. 이런 길을 보통 옆으로 경사진 길이라고 한다. 즉 이것은 이 장의 도입부 사진에 나와 있는 것처럼 길이 곡선 안쪽으로 경사져 있다는 뜻이다. 이런 길의 설계 속력이 13.4 m/s(30 mi/h)이고 곡선 도로의 곡률 반지름이 35.0 m라 할 때 이 길은 얼마나 안쪽으로 기울어져야 하는가?

풀이

개념화 이 예제와 예제 5.6의 차이는 자동차가 더 이상 평탄한 길을 달리지 않는다는 것이다. 그림 5.11은 옆으로 경사진 길을 나타내고 있으며 곡선 도로의 곡률 중심은 이 그림의 훨씬 왼쪽에 있다. 자동차의 구심 가속도의 원인이 되는 수직항력의 수평 성분을 잘 봐야 한다.

분류 예제 5.6에서와 같이 자동차는 연직 방향으로는 평형 상태에 있는 입자이고 수평 방향으로는 등속 원운동을 하는 입자이다.

분석 평평한 길(옆으로 기울어지지 않은)에서는, 구심력을 제공하는 힘은 앞의 예제에서와 같이 자동차와 길 사이의 정지 마찰력이다. 그러나 그림 5.11에서처럼 길이 옆으로 각도

θ만큼 기울어져 있다면, 수직항력 $\vec{\mathbf{n}}$는 커브의 중심을 향하는 수평 성분의 힘을 갖는다. 정지 마찰력이 영이 되도록 길의 경사가 설계됐으므로 성분 $n_x = n \sin \theta$만이 구심 가속도의 원인이 된다.

x방향인 지름 방향에서 자동차에 대한 뉴턴의 제2법칙을 쓴다.

$$(1) \qquad \sum F_r = n \sin \theta = \frac{mv^2}{r}$$

연직 방향 성분은 평형 상태므로 영이다.

$$\sum F_y = n \cos \theta - mg = 0$$

$$(2) \qquad n \cos \theta = mg$$

식 (1)을 식 (2)로 나눈다.

$$(3) \qquad \tan \theta = \frac{v^2}{rg}$$

각도 θ에 대해 푼다.

$$\theta = \tan^{-1}\left[\frac{(13.4 \text{ m/s})^2}{(35.0 \text{ m})(9.80 \text{ m/s}^2)}\right] = \boxed{27.6°}$$

결론 식 (3)에 의하면 곡선 도로의 경사각은 자동차의 질량과 무관함을 나타내고 있다. 자동차가 13.4 m/s보다 느린 속력으로 안쪽으로 경사진 곡선 도로를 달리면 자동차가 아래로(그림 5.11에서 왼쪽으로) 미끄러지지 않기 위해서는 마찰이 필요하다. 같은 길을 운전자가 13.4 m/s보다 빠른 속력으로 달리고자 한다면 자동차가 길 오른쪽 위로(그림 5.11에서 오른쪽) 미끄러지지 않기 위해서는 마찰에 의존해야 한다.

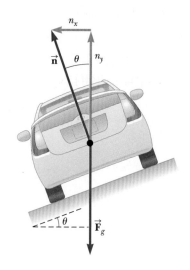

그림 5.11 (예제 5.7) 자동차는 종이면 속으로 향하고 수평과 θ의 각도로 기운 도로에서 커브를 돌고 있다. 마찰을 무시하면, 구심력을 제공해서 자동차가 곡선을 유지하며 달릴 수 있게 하는 힘은 수직항력의 수평 성분이다.

문제 이 문제에서와 같은 도로를 미래의 화성에 건설한다면, 이 문제에서와 같은 속력으로 달려도 되는가?

답 화성에서는 중력이 작기 때문에 자동차가 길에 착 달라붙지 않는다. 따라서 수직항력이 작아지고 그에 따라 원의 중심을 향하는 힘의 성분도 작아진다. 작아진 성분 힘은 원래의 속력과 관계가 있는 구심 가속도를 충분히 제공하지 못한다. 구심 가속도가 줄기 때문에 자동차의 속력 v도 줄어야 한다. 수식을 살펴보면, 식 (3)은 속력 v가 곡률 반지름이 r이고 길이 옆으로 경사진 각도가 θ인 길에서 g의 제곱근에 비례한다. 그러므로 화성에서와 같이 g가 작아지면, 안전하게 달릴 수 있는 속력 v 역시 작아져야 한다.

예제 5.8 | 회전식 관람차

질량 m인 어린이가 그림 5.12a처럼 회전식 관람차를 타고 있다. 어린이는 반지름이 10.0 m인 연직 원 위를 3.00 m/s의 일정한 속력으로 운동한다.

(A) 관람차가 연직 원의 맨 아래에 있을 때 좌석이 어린이에게 작용하는 힘을 구하라. 답을 어린이의 무게 mg로 표현하라.

풀이

개념화 그림 5.12a를 주의 깊게 살펴보자. 여러분은 자동차를 몰고 도로 위의 작은 언덕을 넘어가거나 회전식 관람차의 맨 꼭대기를 지나갈 때의 경험을 바탕으로, 원 궤도의 맨 꼭대기에서 몸이 더 가볍다고 느끼고 원 궤도의 바닥에서 더 무겁다고 느낄 것으로 예상한다. 원 궤도의 맨 꼭대기와 바닥에서 모두 어린이에게 작용하는 수직항력과 중력은 **반대** 방향으로 작용한다. 이들 두 힘의 벡터합은 일정한 크기의 힘을 주어 어린이가 원 궤도를 따라 일정한 속력을 유지하도록 한다. 같은 크기의 알짜힘 벡터를 주려면, 원 궤도 바닥에서의

수직항력은 꼭대기에서보다 더 커야 한다.

분류 어린이의 속력은 일정하므로, 이 문제를 등속 원운동하는 입자(어린이)를 포함하며, 매 순간 중력이 어린이에게 작용하는 복잡한 문제로 분류할 수 있다.

분석 그림 5.12b와 같이 원 궤도의 맨 아래에 있는 어린이에게 작용하는 힘 도표를 그린다. 어린이에게 작용하는 힘들은 아래 방향의 중력 $\vec{\mathbf{F}}_g = m\vec{\mathbf{g}}$와 의자에 의해 위쪽으로 작용하는 힘 $\vec{\mathbf{n}}_{bot}$뿐이다. 어린이의 구심 가속도를 주는 알짜힘은 $n_{bot} - mg$의 크기로 위쪽을 향한다.

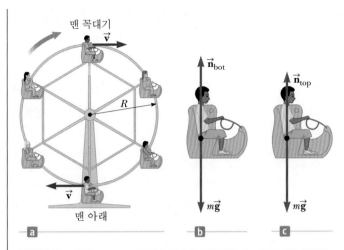

그림 5.12 (예제 5.8) (a) 어린이가 회전식 관람차를 타고 있다. (b) 원주의 맨 아래에서 어린이에게 작용하는 힘 (c) 원주의 맨 꼭대기에서 어린이에게 작용하는 힘

지름 방향에 대해 뉴턴의 제2법칙을 관람차의 바닥에 있는 어린이에게 적용한다.

$$\sum F = n_{\text{bot}} - mg = m\frac{v^2}{r}$$

의자가 어린이에게 작용하는 힘에 대해 푼다.

$$n_{\text{bot}} = mg + m\frac{v^2}{r} = mg\left(1 + \frac{v^2}{rg}\right)$$

속력과 반지름에 대해 주어진 값들을 대입한다.

$$n_{\text{bot}} = mg\left[1 + \frac{(3.00\ \text{m/s})^2}{(10.0\ \text{m})(9.80\ \text{m/s}^2)}\right]$$
$$= 1.09\ mg$$

그러므로 의자가 어린이에게 작용하는 힘 $\vec{\mathbf{n}}_{\text{bot}}$의 크기는 어린이의 무게보다 1.09배 크다. 결국 어린이는 자신의 실제 무게보다 1.09배 큰 겉보기 무게를 경험한다.

(B) 원 궤도의 맨 꼭대기에서 의자가 어린이에게 작용하는 힘을 구하라.

풀이

분석 원 궤도의 맨 꼭대기에서 어린이에게 작용하는 힘 도표가 그림 5.12c에 나타나 있다. 구심 가속도를 주는 알짜 아래 방향 힘의 크기는 $mg - n_{\text{top}}$이다.

뉴턴의 제2법칙을 이 지점에서의 어린이에게 적용한다.

$$\sum F = mg - n_{\text{top}} = m\frac{v^2}{r}$$

의자가 어린이에게 작용하는 힘에 대해 푼다.

$$n_{\text{top}} = mg - m\frac{v^2}{r} = mg\left(1 - \frac{v^2}{rg}\right)$$

주어진 값들을 대입한다.

$$n_{\text{top}} = mg\left[1 - \frac{(3.00\ \text{m/s})^2}{(10.0\ \text{m})(9.80\ \text{m/s}^2)}\right]$$
$$= 0.908\ mg$$

이 경우에는 의자가 어린이에게 작용하는 힘의 크기가 실제 어린이 무게의 0.908배로 줄게 되어, 어린이는 몸이 가벼워짐을 느낀다.

결론 수직항력이 변하는 것은 이 문제의 개념화 단계에서 예측했던 것과 일치한다.

문제 회전식 관람차에 이상이 생겨 어린이의 속력이 10.0 m/s로 증가했다고 하자. 이 경우 원 궤도의 맨 꼭대기에서 어린이가 받는 힘은 어떻게 되는가?

답 앞의 계산을 $v = 10.0$ m/s로 해서 수행하면, 원 궤도의 꼭대기에서 수직항력의 크기는 음수이며, 이는 불가능하다. 우리는 이것을 어린이에게 필요한 구심 가속도는 중력에 의한 가속도보다 더 크다는 것을 의미한다고 해석한다. 그 결과 어린이는 의자와 떨어지게 될 것이고, 어린이가 의자에 붙어 있게끔 아래 방향으로의 힘을 제공하는 안전 막대가 있을 경우에만 원 궤도를 유지할 수 있을 것이다. 원 궤도의 바닥에서 수직항력은 2.02 mg이며, 이 정도면 불편할 수 있다.

◤5.3 | 비등속 원운동 Nonuniform Circular Motion

입자가 원형 경로에서 일정하지 않은 속력으로 운동하면, 가속도는 원의 지름 성분뿐만 아니라, 크기가 dv/dt인 원의 접선 성분도 있다는 것을 3장에서 배웠다. 그러므

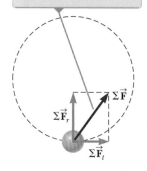

입자에 작용하는 알짜힘은 지름 방향 힘과 접선 방향 힘의 벡터합이다.

그림 5.13 원 궤도 운동하는 입자에 작용하는 알짜힘이 접선 성분 벡터 $\sum \vec{F}_t$를 가지면, 입자의 속력이 변한다.

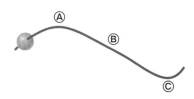

그림 5.14 (퀴즈 5.6) 구부러진 철선을 따라 미끄러지는 목걸이 구슬

로 입자에 작용하는 알짜힘은 그림 5.13에서 보인 바와 같이 지름과 접선 성분을 가져야만 한다. 이것은 전체 가속도가 $\vec{a} = \vec{a}_r + \vec{a}_t$이기 때문이며, 입자에 작용하는 전체 힘은 $\sum \vec{F} = \sum \vec{F}_r + \sum \vec{F}_t$이다(지름 방향 힘과 접선 방향 힘 각각은 결합되는 여러 힘으로 구성되어 있을 수 있으므로, 합 기호를 이용해서 알짜힘을 나타낸다). 성분 벡터 $\sum \vec{F}_r$는 원의 중심을 향하고 구심 가속도를 만든다. 원의 접선 성분인 벡터 $\sum \vec{F}_t$는 시간에 따른 입자의 속력 변화를 나타내는 접선 가속도를 만든다.

▶ **퀴즈 5.5** 다음 중 원궤도로 움직이는 자동차에 대해 불가능한 것은 어느 것인가? 자동차는 절대로 정지하지 않는다고 가정한다. (a) 자동차는 접선 가속도를 가지나, 구심 가속도는 없다. (b) 자동차는 구심 가속도를 가지나 접선 가속도는 없다. (c) 자동차는 구심 가속도와 접선 가속도 모두 가지고 있다.

▶ **퀴즈 5.6** 그림 5.14에 나타난 것처럼 목걸이 구슬이 수평면 위에 놓여 있는 구부러진 철선을 따라 일정한 속력으로 자유롭게 미끄러지고 있다. (a) 점 Ⓐ, Ⓑ, Ⓒ에서 철선이 구슬에 작용하는 힘을 나타내는 벡터를 그려라. (b) 그림 5.14의 구슬이 오른쪽을 향해 움직이며 일정한 접선 가속도를 가지고 속력이 증가하고 있다고 가정한다. 점 Ⓐ, Ⓑ, Ⓒ에서 구슬에 작용하는 힘을 나타내는 벡터를 그려라.

◀ **예제 5.9 | 공에 주목**

그림 5.15에서와 같이 질량 m인 작은 구가 길이 R의 줄 끝에 매달려 고정된 점 O를 중심으로 **연직** 평면에서 원운동을 하고 있다. 이 구의 속력이 v이고 줄이 연직 방향과 각도 θ를 이루고 있을 때 구의 접선 가속도와 줄의 장력을 구하라.

풀이

개념화 그림 5.15의 구의 운동을 예제 5.8의 그림 5.12a의 어린이의 운동과 비교한다. 두 물체 모두 원 궤도를 따라 움직인다. 그러나 이 예제에서의 구의 속력은 궤도의 대부분의 점에서 예제 5.8의 어린이와 달리 일정하지 않은데, 이는 구에 작용하는 중력에 의한 가속도의 접선 성분 때문이다.

분류 구를 원 궤도를 따라 움직이는 알짜힘을 받는 입자로 모형화하지만, 이 입자의 운동은 **등속** 원운동은 아니다. 이 절에서 논의한 비등속 원운동에 대한 방법을 사용해야 한다.

분석 그림 5.15의 힘 도표로부터 구에 작용하는 힘은 지구가 작용하는 중력 $\vec{F}_g = m\vec{g}$와 줄이 작용하는 힘 $\vec{T}$뿐이라는 것을 안다. $\vec{F}_g$를 접선 성분 $mg\sin\theta$와 지름 성분 $mg\cos\theta$로 분해한다.

구의 접선 방향에 대해 뉴턴의 제2법칙을 적용한다.

$$\sum F_t = mg\sin\theta = ma_t$$

$$a_t = \boxed{g\sin\theta}$$

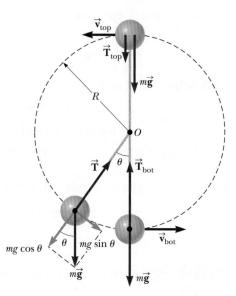

그림 5.15 (예제 5.9) 길이 R인 줄에 연결되어 O를 중심으로 연직 원을 그리며 돌고 있는 질량 m인 구에 작용하는 힘. 구가 맨 꼭대기와 아래 그리고 임의의 위치에 있을 때 구에 작용하는 힘을 보이고 있다.

$\vec{\mathbf{T}}$와 $\vec{\mathbf{a}}_r$ 모두 원의 중심 O를 향하는 것에 주목한다. 구의 지름 방향으로 작용하는 힘에 뉴턴의 제2법칙을 적용하면 다음과 같다.

$$\sum F_r = T - mg\cos\theta = \frac{mv^2}{R}$$

$$T = mg\left(\frac{v^2}{Rg} + \cos\theta\right)$$

결론 원 궤도의 맨 꼭대기와 맨 아래에서의 결과를 계산한다 (그림 5.15).

$$T_{\text{top}} = mg\left(\frac{v_{\text{top}}^2}{Rg} - 1\right) \qquad T_{\text{bot}} = mg\left(\frac{v_{\text{bot}}^2}{Rg} + 1\right)$$

이 결과들은 예제 5.8의 어린이에 작용하는 수직항력 n_{top}과 n_{bot}에 대한 식과 수학적으로 같은 형태인데, 이는 예제 5.8의 어린이에 작용하는 수직항력이 지금 예제의 줄에 작용하는 장력과 같은 역할을 한다는 점에서 일관성이 있다. 그러나 예제 5.8에서 어린이에 작용하는 수직항력 $\vec{\mathbf{n}}$은 항상 위 방향인 반면에, 이 예제에서의 힘 $\vec{\mathbf{T}}$는 줄을 따라서 안쪽 방향으로 항상 향해야 하기 때문에 방향이 바뀐다는 것을 기억하자. 또한 예제 5.8의 속력 v는 상수인 반면에 위 식의 v는 아래 첨자로 구별한 것처럼, 구의 위치에 따라 변하는 것에 주목한다.

5.4 | 속도에 의존하는 저항력을 받는 운동
Motion in the Presence of Velocity-Dependent Resistive Forces

물체가 운동하는 동안 운동 물체와 표면 사이의 마찰력을 앞에서 기술했다. 지금까지는 물체가 운동하고 있는 **매질**과 물체와의 상호 작용은 무시했다. 이제 유체나 기체와 같은 매질의 효과를 고려하고자 한다. 이런 매질은 **저항력**(resistive force) $\vec{\mathbf{R}}$을 물체에 작용한다. 고속 주행하는 차창 밖으로 손을 내밀 때, 여러분이 느끼는 손을 뒷방향으로 미는 힘은 달리는 자동차에 대한 공기의 저항력이다. 이 힘의 크기는 물체와 매질 간의 상대 속력에 의존하며, 물체에 작용하는 $\vec{\mathbf{R}}$의 방향은 매질에 대한 물체의 운동 방향과 반대 방향이다. 저항력의 예로는 운동하는 자동차에 관련된 공기 저항(때로는 공기 항력 또는 공기 끌림력이라 한다), 유체 속으로 가라앉는 물체에 작용하는 점성력 등이 있다.

일반적으로 저항력의 크기는 속력이 증가함에 따라 증가한다. 저항력은 속력에 따라 복잡한 방식으로 변하는데, 우리는 이런 상황을 분석하기 위한 단순화된 모형으로 다음 두 가지 경우를 고려하고자 한다. 첫 번째 모형은 저항력이 속도에 비례하는 경우이다. 액체 속에서 천천히 떨어지는 물체의 경우와 공기 속에서 운동하는 먼지와 같은 매우 작은 물체의 경우가 근사적으로 이 경우에 해당된다. 두 번째 모형은 저항력의 크기가 물체의 속력의 제곱에 비례하는 경우이다. 공기 속에서 자유 낙하하는 스카이다이버와 같은 커다란 물체는 이런 힘을 느낀다.

모형 1: 물체 속도에 비례하는 저항력 Model 1: Resistive Force Proportional to Object Velocity

저속에서 점성 매질 속을 운동하는 물체에 작용하는 저항력은 물체의 속도에 비례한다는 것으로 모형화할 수 있으며, 저항력의 수학적 표현은 다음과 같다.

$$\vec{\mathbf{R}} = -b\vec{\mathbf{v}} \qquad\qquad 5.4$$

여기서 $\vec{\mathbf{v}}$는 매질에 대한 물체의 속도이고, b는 매질의 성질과 물체의 크기와 형태에 관련된다. 음의 부호는 저항력이 매질에 대해 운동하는 물체 속도와 반대 방향임을 나타낸다.

그림 5.16a에서처럼 질량이 m인 공이 액체 속에서 정지해 있다가 떨어지는 경우를 생각해 보자. 공에 작용하는 힘은 저항력 $\vec{\mathbf{R}}$과 무게 $m\vec{\mathbf{g}}$뿐이라 가정하고, 뉴턴의 제2 법칙을 적용해서 공의 운동을 기술해 보자.[2] 연직 방향 운동을 생각하고 아래 방향을 양으로 잡으면 다음을 얻는다.

$$\sum F_y = ma_y \quad \rightarrow \quad mg - bv = m\frac{dv}{dt}$$

이 식을 질량으로 나누면 다음을 얻는다.

$$\frac{dv}{dt} = g - \frac{b}{m}v \qquad\qquad 5.5$$

식 5.5는 **미분 방정식**이라 하는데, 이 방정식은 속력과 속력의 미분을 포함하고 있다. 여러분은 아직 이런 방정식을 푸는 방법에 익숙하지 않을 것이다. 그러나 처음에 $(t = 0)$ $v = 0$일 때 저항력은 영이 되며, 가속도 dv/dt는 단순히 중력 가속도 g이다. 시간 t가 증가함에 따라 속력도 증가하며, 저항력 역시 증가한다. 하지만 가속도는 감소한다. 그러므로 이 경우는 입자의 속도와 가속도 모두 영이 아니라 상수인 경우이다.

저항력이 증가해서 마침내 무게와 평형이 되면 가속도는 영이 된다. 이 점에서 물체는 **종단 속력**(terminal speed) v_T에 도달하며, 이때부터 가속도가 영인 운동을 계속한다. 그림 5.16b의 운동 도표는 공이 처음에는 가속되고 나중에는 종단 속력에 도달

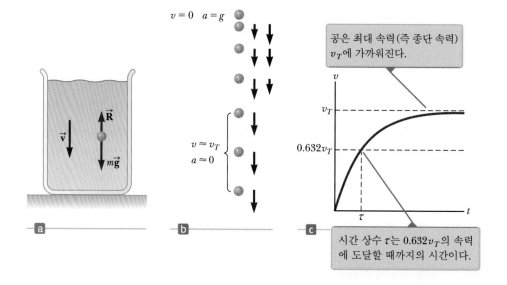

그림 5.16 (a) 액체 속에서 낙하하는 작은 공 (b) 낙하하는 공의 운동 그림. 첫 번째 그림 이후 각 그림에 속도 벡터(빨강)와 가속도 벡터(보라)가 그려져 있다. (c) 공에 대한 속력–시간 그래프

---

[2] 유체에 잠긴 물체에는 **부력**도 작용한다. 15장에서 논의된 것처럼 이 힘은 일정하며, 그 크기는 물체에 의해 밀려난 무게와 같다. 이 힘의 효과는 공의 겉보기 무게를 상수배만큼 변화시켜 모형화할 수 있으며, 그래서 여기서는 이 힘을 무시한다.

함을 보여 준다. 종단 속력에 도달한 이후에 공은 등속 운동을 한다. 종단 속력은 식 5.5에 $a = dv/dt = 0$이라 놓고 다음과 같이 얻을 수 있다.

$$mg - bv_T = 0 \quad \rightarrow \quad v_T = \frac{mg}{b}$$

$t = 0$일 때 $v = 0$인 식 5.5를 만족하는 속도 v의 식은 다음과 같다.

$$v = \frac{mg}{b}(1 - e^{-bt/m}) = v_T(1 - e^{-t/\tau}) \tag{5.6}$$

여기서 $v_T = mg/b$, $\tau = m/b$, $e = 2.718\,28$은 자연로그의 밑이다. 속도 v에 대한 이런 식은 식 5.5에 대입해 봄으로써 증명할 수 있다(여러분 각자 해보기 바란다). 이 함수는 그림 5.16c에 그려져 있다.

운동의 수학적 표현(식 5.6)에 의하면, 지수 함수는 정확히 영이 될 수 없기 때문에 종단 속력에 결코 도달할 수 없다. 그러나 실질적으로 t가 큰 값일 때 지수 함수가 매우 작아지면, 입자의 속력은 상수 또는 종단 속력과 근사적으로 같다고 말할 수 있다.

종단 속력에 도달하는 시간 간격의 방법으로 서로 다른 물체를 비교할 수 없다. 왜냐하면 모든 물체에 대해 이 시간 간격은 무한하기 때문이다. 그러므로 서로 다른 물체에 대해 지수 함수적 거동을 비교하기 위해서 **시간 상수**(time constant)라는 매개변수를 사용한다. 시간 상수($\tau = m/b$)는 식 5.6에 있으며, 이는 식 5.6의 괄호 안의 인자가 $1 - e^{-1} = 0.632$가 되는 데 걸리는 시간이다. 그러므로 시간 상수는 물체가 종단 속력의 63.2 %에 도달하는 데 걸리는 시간을 나타낸다(그림 5.16c).

◤ **예제 5.10 | 기름 속에서 가라앉는 공**

물체의 속력에 비례하는 저항력을 가진 기름으로 채운 커다란 용기 속에서 질량 2.00 g인 작은 공을 놓는다. 공의 종단 속력은 5.00 cm/s 이다. 시간 상수와 공이 종단 속력의 90.0 %에 도달하는 시간을 구하라.

풀이

개념화 그림 5.16을 보며, 공이 정지 상태로부터 기름 속으로 떨어져 용기의 바닥으로 가라앉고 있다고 상상하자. 걸쭉한 샴푸가 있으면, 그 안에 공깃돌을 떨어뜨리고 그것의 운동을 지켜보자.

분류 공을 알짜힘을 받아 운동하는 입자로 모형화하는데, 공에 작용하는 힘 중 하나는 공의 속력에 비례하는 저항력이다.

분석 $v_T = mg/b$로부터 계수 b를 구한다.

$$b = \frac{mg}{v_T} = \frac{(2.00\text{ g})(980\text{ cm/s}^2)}{5.00\text{ cm/s}} = 392\text{ g/s}$$

시간 상수 τ를 구한다.

$$\tau = \frac{m}{b} = \frac{2.00\text{ g}}{392\text{ g/s}} = \boxed{5.10 \times 10^{-3}\text{ s}}$$

식 5.6에 $v = 0.900\,v_T$로 놓고 시간 t에 대해 풀어서 공이 $0.900v_T$의 속도에 도달하는 시간 t를 구한다.

$$0.900\,v_T = v_T(1 - e^{-t/\tau})$$
$$1 - e^{-t/\tau} = 0.900$$
$$e^{-t/\tau} = 0.100$$
$$-\frac{t}{\tau} = \ln(0.100) = -2.30$$
$$t = 2.30\,\tau = 2.30(5.10 \times 10^{-3}\text{ s})$$
$$= 11.7 \times 10^{-3}\text{ s}$$
$$= \boxed{11.7\text{ ms}}$$

결론 공은 매우 짧은 시간 만에 종단 속력의 90.0 %에 도달한다. 구슬과 샴푸로 이 실험을 한다면 이와 같은 현상을 볼 것이다. 종단 속력에 도달하는 데 필요한 시간이 짧기 때문에, 이 시간 간격을 전혀 눈치채지 못할 수도 있다. 구슬이 샴푸 속에서 곧바로 등속도 운동하는 것을 본 적이 있을 것이다.

모형 2: 물체 속력의 제곱에 비례하는 저항력
Model 2: Resistive Force Proportional to Object Speed Squared

비행기, 스카이다이버 또는 야구공처럼 큰 물체가 공기 중에서 빠른 속력으로 운동하는 경우, 저항력의 크기가 다음과 같이 속력의 제곱에 비례하는 것으로 모형화할 수 있다.

$$R = \frac{1}{2} D \rho A v^2 \qquad \text{5.7}$$

여기서 ρ는 공기의 밀도, A는 속도와 수직인 평면에서 측정한 운동 물체의 단면의 넓이, D는 차원이 없는 실험값인 **끌림 계수**(drag coefficient)이다. 끌림 계수는 공기 중에서 운동하는 구형 물체의 경우 대략 0.5 정도이나, 불규칙하게 생긴 물체의 경우 2 정도로 큰 값을 가진다.

저항력을 느끼면서 비행 중인 비행기를 고려하자. 식 5.7은 공기의 밀도에 비례하는 힘, 즉 공기 밀도가 감소하면 감소하는 힘이다. 공기 밀도는 고도가 높아짐에 따라 감소하기 때문에, 어떤 속력을 가진 제트 비행기의 저항력은 고도가 높아지면 **감소한다.** 따라서 비행기는 낮은 저항력을 이용해서 매우 높은 고도 비행을 하려고 하며, 주어진 엔진 추진력으로 비행기가 더 빨리 날아갈 수 있다.

이제 크기는 식 5.7로 주어졌고, 위 방향으로 공기 저항을 받는 낙하 물체의 운동을 분석해 보자. 그림 5.17의 질량 m인 물체를 정지 상태($y=0$)로부터 놓았다. 이 물체는 두 가지의 외력을 받는데, 아래 방향 중력 $m\vec{g}$와 위 방향 저항력 $\vec{R}$이다. 따라서 뉴턴의 제2법칙을 이용하면 다음과 같다.

$$\sum F = ma \quad \rightarrow \quad mg - \frac{1}{2} D \rho A v^2 = ma \qquad \text{5.8}$$

a에 관해 풀면, 물체의 아래 방향 가속도 크기를 얻는다.

$$a = g - \left(\frac{D \rho A}{2m}\right) v^2 \qquad \text{5.9}$$

$a = dv/dt$이므로, 식 5.9는 시간의 함수로 속력을 얻는 또 하나의 미분 방정식이다.

이 경우에도 역시, 중력과 저항력이 평형을 이룰 때 알짜힘은 영이 되고, 따라서 가속도가 영이 된다는 것으로부터 종단 속력 v_T를 구할 수 있다. 식 5.9에서 $a=0$으로 놓으면 다음을 얻는다.

$$g - \left(\frac{D \rho A}{2m}\right) v_T^2 = 0$$

$$v_T = \sqrt{\frac{2mg}{D \rho A}} \qquad \text{5.10}$$

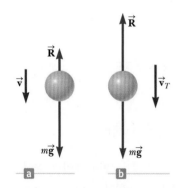

그림 5.17 (a) 공기 중에서 낙하하는 물체에는 저항 끌림력 $\vec{R}$과 중력 $\vec{F}_g = m\vec{g}$가 작용한다. (b) 물체에 작용하는 알짜힘이 영일 때, 즉 $\vec{R} = -\vec{F}_g$이거나 $R = mg$일 때 물체는 종단 속력에 도달한다. 종단 속력 도달 전까지 식 5.9에 따라 가속도는 속력에 따라 변한다.

표 5.2 | 공기 중에서 낙하하는 몇몇 물체의 종단 속력

물 체	질량 (kg)	단면의 넓이 (m²)	v_T (m/s)^a
스카이다이버	75	0.70	60
야구공 (반지름 3.7 cm)	0.145	4.2×10^{-3}	33
골프공 (반지름 2.1 cm)	0.046	1.4×10^{-3}	32
우박 (반지름 0.50 cm)	4.8×10^{-4}	7.9×10^{-5}	14
빗방울 (반지름 0.20 cm)	3.4×10^{-5}	1.3×10^{-5}	9.0

^{a}각 경우의 끌림 계수 D는 0.5로 가정했다.

표 5.2는 공기 중에서 낙하하는 몇몇 물체의 종단 속력을 정리한 것이다. 계산에서 끌림 계수는 0.5로 가정했다.

▌ **퀴즈 5.7** 그림 5.18의 공기 중에서 낙하해서 종단 속력에 도달하는 스카이 서퍼(sky surfer)를 생각하자. 스카이 서퍼의 속력이 증가함에 따라, 가속도의 크기는 **(a)** 일정한 상수이다. **(b)** 영이 아닌 일정 상수로 접근할 때까지 감소한다. **(c)** 영에 도달할 때까지 감소한다.

그림 5.18 (퀴즈 5.7) 스카이 서퍼는 자신의 보드를 위로 미는 공기의 저항력을 이용하고 있다.

5.5 | **자연의 기본적인 힘** The Fundamental Forces of Nature

지금까지 지구 또는 지구 근처의 물체에 작용하는 중력, 서로 다른 면이 미끄러질 때의 마찰력과 같은 일상생활에서 경험할 수 있는 여러 힘에 대해 기술했다. 뉴턴의 제2법칙은 물체 또는 입자의 가속도와 힘을 어떻게 관련시킬 수 있는가에 대해 알려 준다.

자연에는 앞에서 설명한 거시적인 힘들뿐만 아니라, 원자와 원자보다 작은 (아원자) 세계에서 작용하는 힘들도 있다. 예를 들어 원자 내부의 힘은 원자의 구성 요소가 잘 붙어 있도록 하며, 핵력은 원자핵의 다른 부분에 작용해서 각각의 부분들이 떨어지지 않도록 한다.

최근까지, 물리학자들은 자연에는 네 가지 기본적인 힘이 있다고 믿고 있다. 바로 중력, 전자기력, 강력, 약력이다. 이제 각각의 힘을 논의하고, 이들 기본 힘에 대한 최신의 관점을 고려해 보고자 한다.

중력 The Gravitational Force

중력(gravitational force)은 우주의 어떤 두 물체 사이의 상호 인력이다. 중력은 거시적인 물체 사이에서만 강력한 힘이지만, 본질적으로 모든 기본적인 힘들 중 가장 약하다는 사실은 흥미롭고 호기심을 자극한다. 예를 들어 수소 원자 내의 전자와 양성자 사이의 중력은 10^{-46} N 정도의 크기를 갖는다. 반면에 같은 두 입자 사이의 전자기력은 10^{-7} N의 크기를 갖는다.

▶ 뉴턴의 만유인력의 법칙

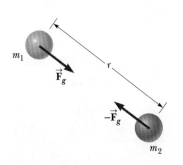

그림 5.19 질량이 m_1과 m_2인 두 입자는 크기가 Gm_1m_2/r^2인 힘으로 서로 잡아당긴다.

뉴턴은 운동의 이해에 대한 연구뿐만 아니라, 중력에 대한 광범위한 연구도 했다. **뉴턴의 만유인력의 법칙**(Newton's law of universal gravitation)은 우주의 모든 입자는 다른 모든 입자를 서로 잡아당기고 입자의 질량의 곱에 비례하며, 입자 사이의 거리의 제곱에 반비례하는 것을 말한다. 그림 5.19에서 보듯이 질량 m_1과 m_2가 거리 r만큼 떨어져 있다면, 중력의 크기는 다음과 같다.

$$F_g = G\frac{m_1 m_2}{r^2}$$ 　　5.11

여기서 $G = 6.674 \times 10^{-11}$ N·m²/kg²은 **만유인력 상수**(universal gravitational constant)이다. 중력에 대한 상세한 사항은 11장에서 다룰 것이다.

전자기력 The Electromagnetic Force

전자기력(electromagnetic force)은 화합물 속의 원자와 분자를 결합시켜 보통 물질을 형성한다. 이 힘은 중력에 비해 훨씬 강하다. 문지른 머리빗이 작은 종잇조각을 잡아당기고, 철못에 작용하는 자기력도 전자기력이다. 거시적인 세계에서 중력을 제외한 모든 힘은 본질적으로는 전자기력으로 나타난다. 예를 들어 마찰력, 접촉력, 장력과 늘어난 용수철의 힘은 가까이 있는 전하를 띤 입자 사이의 전자기력에 기인한다.

전자기력은 두 가지 형태의 입자와 관련되는데, 양전하와 음전하이다(19장에서 이 두 전하에 대해 다룬다). 항상 인력 상호 작용을 하는 중력과 달리 전자기력은 입자들의 전하에 따라 인력 또는 반발력이 될 수 있다.

▶ 쿨롱의 법칙

쿨롱의 법칙(Coulomb's law)은 거리 r만큼 떨어진 두 전하 입자 사이의 **정전기력**[3]으로, 크기 F_e를 수식으로 표현하면 다음과 같다.

$$F_e = k_e\frac{q_1 q_2}{r^2}$$ 　　5.12

여기서 q_1과 q_2는 두 입자의 전하이며, 단위는 **쿨롬**(C)이고, $k_e (= 8.99 \times 10^9$ N·m²/C²)는 **쿨롱 상수**(Coulomb constant)이다. 정전기력은 뉴턴의 만유인력의 법칙(식 5.11)과 수학적으로 같은 형태를 갖는다. 전하는 질량의 역할을, 만유인력 상수 자리에는 쿨롱 상수가 있음에 주목하자. 그림 5.20에 나타낸 바와 같이, 두 전하의 부호가 반대이면 정전기력은 인력이며, 두 전하의 부호가 같으면 반발력이다.

자연에서 발견되는 고립된 전하의 가장 작은 양은 전자와 양성자의 전하이다. 이 단위 전하의 기본량은 기호가 e이고, 크기는 $e = 1.60 \times 10^{-19}$ C이다. 전자 하나의 전하는 $-e$인 반면 양성자는 $+e$이다. 20세기 후반의 이론에 의하면, 양성자와 중성자는 더 작은 입자인 **쿼크**(quark)로 구성되어 있으며, 그 전하는 $\frac{2}{3}e$ 또는 $-\frac{1}{3}e$이다 (자세한 논의는 31장에서 한다). 핵 내부에 존재하는 쿼크와 같은 입자의 실험적 증

---

[3] 정전기력은 정지해 있는 두 전하 사이에 작용하는 전자기력이다. 전하가 움직이면 자기력 또한 존재한다. 이런 힘들은 22장에서 공부할 것이다.

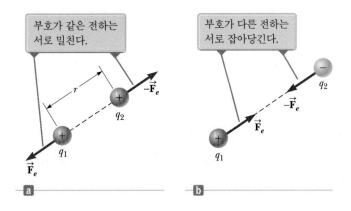

그림 5.20 거리 r만큼 떨어진 두 점전하는 쿨롱의 법칙에 주어진 정전기력을 서로에게 미친다.

거는 발견됐으나 자유 쿼크(분리된 쿼크)는 아직 발견되지 않았다.

강력 The Strong Force

현재 우리가 모형으로 생각하고 있는 원자는 극히 밀집된 양전하 핵이 음전하 전자의 구름에 둘러싸여 있고, 전자는 전기력에 의해 핵에 끌리고 있다. 수소 원자의 핵을 제외한 모든 핵은 양전하의 양성자와 전기적으로 중성인 중성자(이 둘은 핵자라고 부른다)의 조합이다. 그런데 왜 양성자 사이의 정전기적 척력이 핵을 산산조각 내지 않는가? 확실히 강한 정전기적 척력에 대항하는 인력이 있어야만 하고, 이것이 핵이 안정한 이유일 것이다. 핵자를 결합해서 핵을 구성하는 이런 힘을 **핵력**(nuclear force)이라고 한다. 핵력은 쿼크 사이의 힘인 **강력**(strong force)으로 인해 나타난 강한 힘이다. 이것은 31장에서 논의할 것이다. 거리의 역제곱의 형태인 중력과 전자기력과 달리, 강력은 매우 짧은 거리에만 작용한다. 힘의 세기는 핵 바깥에서 매우 빠르게 감소하며 약 10^{-14} m 이상의 거리에서는 무시될 수 있다.

약력 The Weak Force

약력(weak force)은 어떤 핵에서 불안정성을 주는 단거리 힘이다. 이 힘은 자연 방사성 원소에서 최초로 발견됐으며, 나중에 대부분의 방사능 붕괴에 중요한 역할을 하는 것으로 알려졌다. 약력은 중력보다 약 10^{34}배 강하고, 전자기력보다 10^{3}배 약하다.

기본적인 힘의 현대적 관점 The Current View of Fundamental Forces

물리학자들은 오랫동안 물리 현상을 기술하는 데 필요한 기본적인 힘들의 숫자를 줄일 수 있는 단순한 이론 체계를 찾아왔다. 1967년 물리학자들은 원래 서로 독립적이며, 기본적인 힘으로 생각되어 온 전자기력과 약핵력이, 사실은 현재는 **전기약력**(electroweak)이라 불리는 단일 힘의 표현이라고 예언했다. 이 예언은 1984년에 실험적으로 확인됐다. 31장에서 좀 더 충분히 논의될 것이다.

우리는 이제 양성자와 중성자는 기본 입자가 아님을 알고 있다. 양성자와 중성자의 현대적 이론 모형은 앞에서 설명한 바와 같이 쿼크라고 하는 더 단순한 입자로 구성되어 있다. 쿼크 모형은 핵력에 대한 우리의 이해를 바꿔 놓았다. 과학자들은 핵자 안의 쿼크를 서로 묶는 힘을 강력으로 정의한다. 이 힘은 31장에서 다룰 '색(color)'이라고 하는 쿼크의 성질과 관련지어, **색력**(color force)이라고도 한다. 앞에서 핵력이라고 정의한 핵자 간에 작용하는 힘은 이제는 쿼크 간의 강한 힘의 이차적 효과로 해석한다.

과학자들은 자연의 기본적인 힘들은 우주의 기원과 관련이 있다고 믿고 있다. 빅뱅 이론에 의하면, 우주는 140억 년 전 대폭발과 함께 시작됐다고 한다. 이 이론으로 빅뱅 후 처음 순간 동안 모든 기본적인 힘들이 하나의 힘으로 통합될 정도의 극도의 (높은) 에너지 상태였음을 알게 됐다. 물리학자들은 알려진 기본적인 힘들 간의 관계를 계속 찾고 있다. 힘들 간의 관계로 궁극적으로 힘이란 단지 하나의 초힘의 다른 형태임을 증명할 수 있다. 이런 매력적인 연구는 물리학의 최전선에서 계속 진행되고 있다.

◤ **5.6** | 연결 주제: 자동차의 끌림 계수
Context Connection: Drag Coefficients of Automobiles

4장의 연결 주제에서는 공기의 저항을 무시하고 바퀴에 작용하는 구동력은 수평 방향으로 자동차에 작용한 힘만 있다고 가정했다. 5.4절에서 속도에 의존하는 힘을 공부했으므로, 자동차의 설계에 있어서 공기 저항이 아주 중요한 것임을 알아야 한다.

표 5.3에는 이전 장에서 우리가 살펴본 자동차의 끌림 계수가 나열되어 있다. 매우 비싼 자동차, 가격 대비 성능이 좋은 자동차, 보통 자동차의 평균 끌림 계수는 $0.27 \sim 0.43$이며 세 부류의 각각의 평균은 거의 비슷하다. 그러나 대체 연료 자동차를 살펴보면 모든 자동차에 대해 끌림 계수가 매우 낮다. 특히 시보레 볼트와 토요타 프리우

표 5.3 | 여러 자동차의 끌림 계수

모 델		끌림 계수	모 델		끌림 계수
매우 비싼 자동차			보통 자동차		
부가티 베이론 16.4 슈퍼 스포츠		0.36	뷰익 리갈 CXL 터보		0.27
람보르기니 LP 570-4 슈퍼레게라		0.31	시보레 타호 1500 LS (SUV)		0.42
렉서스 LFA		0.31	포드 피에스타 SES		0.33
메르세데스 벤츠 SLS AMG		0.36	허머 H3 (SUV)		0.43
셸비 슈퍼카 얼티머트 에어로		0.36	현대 소나타 SE		0.32
	평 균	**0.34**	스마트 포투		0.34
				평 균	**0.35**
가격 대비 성능이 좋은 자동차			대체 연료 자동차		
시보레 코베트 ZR1		0.28	시보레 볼트 (하이브리드)		0.26
닷지 바이퍼 SRT10		0.40	닛산 리프 (전기)		0.29
재규어 XJL 슈퍼차지드		0.29	혼다 CR-Z (하이브리드)		0.30
어큐라 TL SH-AWD		0.29	혼다 인사이트 (하이브리드)		0.28
닷지 챌린저 SRT8		0.35	토요타 프리우스 (하이브리드)		0.25
	평 균	**0.32**		평 균	**0.28**

그림 5.21 (a) 시보레 코베트는 유선형으로 되어 있어 끌림계수가 0.28밖에 되지 않는다. (b) 허머 H3는 시보레와 같은 유선형이 아니며 끌림계수도 0.43이나 된다.

스는 계수가 가장 낮다. 1996년에서부터 1999년까지 생산되다가 단종된 전기차 GM EV1은 끌림 계수가 0.19로 현저히 낮다.

대체 연료 자동차를 설계하는 기술자들은 자동차에 연료나 배터리의 형태로 저장된 에너지로써 최대의 이동 거리를 얻기 위해 노력한다. 그러기 위한 가장 중요한 방법은 공기의 저항력을 줄여 자동차의 알짜 추진력을 가능한 최대가 되게 하는 것이다.

끌림 계수를 줄이기 위해 몇 가지 기술이 사용된다. 그중 두 가지는 자동차 앞면의 넓이를 줄이고 자동차의 전방에서 후방까지 부드러운 곡선이 되게 설계하는 것이다. 예를 들어 그림 5.21a에 나타나 있는 시보레 코베트 ZR1은 자동차의 모양이 유선형으로 되어 있어서 끌림 계수를 낮춘다. 상자 모양처럼 생긴 그림 5.21b의 허머 H3와 비교해 보면 이해가 쉽다. 그 차의 끌림 계수는 0.43이다(이 값은 그 이전 모델 H2의 0.57보다 개선된 것이다). 계수를 줄이거나 최소화하기 위한 또 다른 개선 요소는 차체와 연결된 문 손잡이나, 유리창 와이퍼, 바퀴집, 전조등과 앞면 통풍망 등에서 울퉁불퉁한 부분이 거의 없게 하는 것이다. 특히 자동차의 밑바닥도 중요하다. 공기가 자동차 밑으로 지나가는데, 그곳에는 브레이크, 동력 전달 기구, 현가 장치의 부품이 있어 표면을 매우 울퉁불퉁하게 만든다. 차량 하부의 전체 표면을 가능한 최대로 매끄럽게 하면 끌림 계수를 상당히 낮출 수 있다.

연습문제 |

객관식

1. 비행기에 탑승한 학생이 MP3 플레이어에 이어폰을 꽂고, 손으로 이어폰 선을 잡아 MP3 플레이어가 매달리도록 만든다. 비행기가 이륙 전 정지해서 대기 중일 때, MP3 플레이어는 연직 아래를 향하게 된다. 곧이어 비행기가 활주로를 달리면서 급속히 속력이 증가한다. (i) 속력이 증가할 때 학생의 손을 기준으로 MP3 플레이어는 (a) 비행기 머리 쪽으로 이동하는가, (b) 그냥 연직으로 매달린 상태를 유지하는가, (c) 비행기의 꼬리 쪽으로 이동하는가? (ii) 비행기가 수 초 동안 등가속도로 속력이 증가한다면, 이 시간 간격 동안 이어폰 선이 연직선과 이루는 각도는 (a) 증가하는가, (b) 그 상태를 유지하는가, (c) 감소하는가?

2. 고속으로 달리고 있는 트럭을 운전자가 멈추기 위해 급브레이크를 밟아서 거리 d만큼 미끄러진 후 멈춘다. 두 번째

시도에서는 트럭의 속력이 처음 경우의 반이라면, 트럭을 멈추면서 미끄러진 거리는 얼마인가? (a) $2d$ (b) $\sqrt{2}d$ (c) d (d) $d/2$ (e) $d/4$

3. 질량 m인 물체가 가속도 $\vec{a}$로 울퉁불퉁한 경사를 내려가고 있다. 다음 중 어떤 힘이 자유 물체 도표에 표기되어야 하는가? 정답을 모두 고르라. (a) 중력 (b) 운동 방향에서의 $m\vec{a}$ (c) 경사면이 작용하는 수직항력 (d) 경사면이 작용하는 마찰력 (e) 물체가 경사면에 작용하는 힘

4. 그림 OQ5.4와 같이 작은 크기의 추가 가벼운 줄에 매달려 진자를 구성하고 있다. 이때 추는 저항을 받지 않고 움직여서 좌우의 끝에서 같은 높이까지 오르내리며 흔들리게 된다. 진자의 추는 되돌이점 A 지점에서 출발해 B 지점을 거친 후 C 지점에서 최대 속력에 도달한다. (a) 이들 세 지점 가운데, 진자의 지름 가속도는 영이 아니고 접선 가속도는 영인 지점이 존재하는가? 존재한다면, 어떤 지점이고 그때 전체 가속도의 방향은 어떻게 되는가? (b) 이들 세 지점 가운데, 진자의 접선 가속도가 영이 아니고 지름 가속도는 영인 지점이 존재하는가? 존재한다면, 어느 지점이고 그때 전체 가속도의 방향은 어떻게 되는가? (c) 진자의 전체 가속도가 영인 지점이 존재하는가? 존재한다면, 어느 지점인가? (d) 진자가 접선 방향과 지름 방향 모두에서 가속도를 갖는 지점이 존재하는가? 존재한다면, 어느 지점이고 그때 전체 가속도의 방향은 어떻게 되는가?

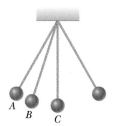

그림 OQ5.4

5. 사무실이나 병원의 문에는 문이 일정한 속력으로 부드럽게 닫히도록 만들어주는 공압식 닫힘 장치를 장착하는 경우가 많다. 이렇게 일정한 속력으로 문이 닫힐 때, 문의 손잡이는 (a) 구심 가속도를 갖는가, (b) 접선 가속도를 갖는가?

6. 어린이가 BMX 자전거 경주 시합을 대비해 경주 코스에서 연습을 한다. BMX 경주 코스를 위에서 내려다보면 그림 OQ5.6과 같으며, 자전거를 탄 아이는 경주 코스를 반시계 방향으로 일정한 속력으로 돌고 있다. (a) A, B, C, D, E 지점 중에서 각 지점에서 자전거의 가속도의 크기가 큰 것부터 순서대로 나열하라. 이때 어떤 두 지점에서 가속도의 크기가 같으면 동일한 순위로 두고, 또한 가속도가 영이라면 이를 표시하라. (b) 자전거가 A, B, C 지점을 지날 때 속도의 방향은 어떻게 되는가? 각 지점에 대해, 동서남북(EWSN) 또는 방향 없음 중 하나로 나타내라. (c) A, B, C 지점에서 각각 가속도의 방향을 나타내라.

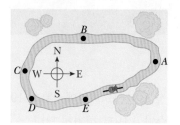

그림 OQ5.6

7. 순간적인 힘을 받아 열리기 시작한 사무실의 문은 곧이어 닫힘 장치의 저항력을 받아 감속되어 정지한 후 반대 방향으로 움직이며 닫히게 된다. 문이 최대로 열린 순간 문의 손잡이는 (a) 구심 가속도를 갖는가, (b) 접선 가속도를 갖는가?

8. 고속으로 달리고 있던 트럭을 운전자가 멈추기 위해 급브레이크를 밟아서 거리 d만큼 미끄러진 후 멈춘다. 두 번째 시도에서는 트럭에 짐을 실어 질량이 두 배가 된다. 같은 속력으로 달리는 트럭을 멈추기 위해 이전과 동일하게 브레이크를 밟는다면, '미끄러진 거리'는 얼마인가? (a) $4d$ (b) $2d$ (c) $\sqrt{2}d$ (d) d (e) $d/2$

9. 질량 m인 물체가 속력 v_i로 운동 마찰 계수 μ인 수평 테이블에서 운동하고 있다. 이 물체가 거리 d만큼 이동 후 정지한다. 다음 식 중에서 v_i를 적절하게 나타낸 식은 어느 것인가? (a) $v_i = \sqrt{-2\mu mgd}$ (b) $v_i = \sqrt{2\mu mgd}$ (c) $v_i = \sqrt{-2\mu gd}$ (d) $v_i = \sqrt{2\mu gd}$ (e) $v_i = \sqrt{2\mu d}$

10. 대기에서 빗방울이 떨어질 때, 빗방울의 속력은 낙하 초기에 증가하다가 종단 속력에 이르게 된다. 종단 속력에 이르기 전까지 가속도의 크기는 (a) 증가하는가, (b) 감소하는가, (c) 영의 상태를 유지하는가, (d) 9.80 m/s²을 유지하는가 또는 (e) 또 다른 어떤 값을 유지하는가?

주관식

5.1 마찰력

1. 25.0 kg인 물체가 수평면에 정지해 있다. 물체를 정지 상태

에서 움직이게 하기 위해서는 75.0 N의 힘이 필요하다. 물체가 움직이기 시작한 후 물체가 일정한 속력으로 움직이게 하기 위해서는 60.0 N의 힘이 필요하다. 이때 물체와 수평면 사이의 (a) 정지 마찰 계수와 (b) 운동 마찰 계수를 구하라.

2. 한 학생이 고무와 여러 종류의 표면 간의 마찰 계수를 측정하기 위해, 고무 지우개와 빗면을 이용하고자 한다. 실험에서, 기울임 각도 36.0°일 때 지우개가 빗면 아래로 미끄러지기 시작했고, 기울임 각도가 30.0°로 줄었을 때는 일정 속력으로 미끄러져 내려갔다. 앞의 자료로부터 정지 및 운동 마찰 계수의 값을 결정하라.

3. 9.00 kg의 매달려 있는 물체가 수평 테이블에 놓여 있는 5.00 kg의 물체와 연결되어 있다(그림 P5.3). 연결 줄은 가볍고 늘어나지 않으며 도르래와는 마찰이 없다. 테이블과의 운동 마찰 계수가 0.200이면, 줄에서의 장력은 얼마인가?

그림 P5.3

4. 수평 고속도로에서 자동차가 시속 50.0마일로 달리고 있다. (a) 비가 오는 날 도로와 바퀴 사이의 정지 마찰 계수가 0.100일 때 자동차가 멈추기 위한 최소 거리를 구하라. (b) 도로면이 말라 있고 $\mu_s = 0.600$일 때 정지 거리를 구하라.

5. 30.0°로 기울어져 있는 경사면 위쪽 끝에 멈춰 있던 3.00 kg인 물체가 미끄러지기 시작해서 1.50 s 동안 2.00 m의 거리를 미끄러져 내려온다. 이때 (a) 물체의 가속도, (b) 물체와 경사면 사이의 운동 마찰 계수, (c) 물체에 작용한 마찰력, (d) 2.00 m를 미끄러진 후 물체의 속력을 구하라.

6. 공항에서 한 여자가 20.0 kg의 여행용 가방을 일정한 속력으로 끌고 있는데, 여행용 가방의 가죽끈과 수평면 사이의 각도는 θ로 유지된다(그림 P5.6). 여자는 가죽끈을 35.0 N의 힘으로 당기고 있고 여행용 가방에 작용하는 마찰력은 20.0 N이다. 이때 (a) 여행용 가방의 자유 물체 도표를 그려라. (b) 수평면과 가죽끈이 이루는 각도 θ는 얼마인가? (c) 바닥이 여행용 가방에 작용하는 수직항력의 크기는 얼마인가?

그림 P5.6

7. 신발류에 대한 미국 체신국 요구 사항은 규정된 타일 면에서 0.5 이상의 정지 마찰 계수를 가져야 한다. 통상적 육상화의 마찰 계수는 0.800이다. 어떤 여성이 (a) 체신국 요구 사항을 최소로 만족시키는 신발을 신었다면, (b) 보통 육상화를 신었다면, 긴급 상황시 타일 바닥에서 3.00 m를 미끄러져 움직여서 정지하는 데 필요한 최소 시간은 얼마인가?

8. 질량이 3.00 kg인 물체가 수평 방향과 50.0° 각을 이루는 힘 $\vec{P}$에 의해 벽을 밀고 있다(그림 P5.8). 물체와 벽 사이의 정지 마찰 계수는 0.250이다. (a) 물체가 가만히 있게 하기 위한 $\vec{P}$의 크기는 얼마인가? (b) $|\vec{P}|$가 더 크거나 더 작은 값을 가지면 어떻게 되는지 설명하라. (c) 힘이 수평과 $\theta = 13.0°$의 각도일 때 (a)와 (b)를 다시 계산하라.

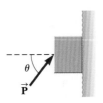

그림 P5.8

9. 두 물체가 질량을 무시할 수 있는 줄로 연결되어 수평력에 의해 수평으로 끌려가고 있다(그림 P5.9). $F = 68.0$ N이고, $m_1 = 12.0$ kg, $m_2 = 18.0$ kg 그리고 물체와 바닥 사이의 운동 마찰 계수는 0.100이라고 하자. (a) 각 물체의 자유 물체 도표를 그려라. (b) 계의 가속도와 (c) 줄에 걸리는 장력 T를 구하라.

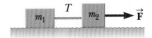

그림 P5.9

10. 그림 P5.10과 같이 세 물체가 테이블 위에 연결되어 있다. 질량 m_2인 물체와 테이블 사이의 운동 마찰 계수는 0.350이다. 도르래는 마찰이 없고, 각 물체의 질량은 $m_1 = 4.00$ kg, $m_2 = 1.00$ kg, $m_3 = 2.00$ kg이다. 이때 (a) 각 물체의 자유 물체 도표를 그려라. (b) 각 물체의 가속도의 크기와

방향을 구하라. (c) 연결된 두 줄의 장력을 각각 구하라. (d) 테이블의 윗면이 매끄럽다면 장력은 증가할까, 감소할까, 아니면 그 전과 같을까? 왜 그런지 설명하라.

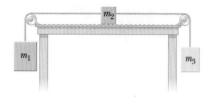

그림 P5.10

5.2 등속 원운동하는 입자 모형의 확장

11. 그림 P5.11과 같이 가벼운 줄에 매달린 질량 $m = 3.00$ kg 의 물체가 수평 책상 면에서 마찰 없이 원운동을 하고 있다. 원의 반지름 $r = 0.800$ m이고, 이 줄은 최대 25.0 kg까지 정지 하중을 견딜 수 있다고 한다. 줄이 끊어지기 전에 물체가 가질 수 있는 속력의 범위를 구하라.

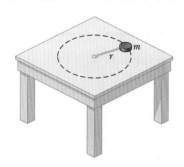

그림 P5.11

12. 그림 P5.12에서와 같이 질량 $m = 4.00$ kg인 물체가 각각 길이 $\ell = 2.00$ m인 두 줄에 묶여 수직으로 놓인 기둥에 연결되어 있고, 이 두 연결 점들은 서로 $d = 3.00$ m만큼 떨어져 있다. 줄에 묶인 물체는 $v = 3.00$ m/s 의 일정한 속력으로, 두 줄이 팽팽한 상태에서, 수평 원을 따라 회전할 수 있는가? (이때 기둥은 물체를 따라 회전하기 때문에 줄이 기둥에 감기지는 않는다.) 그 이유를 설명하라. 이 상황이 다른 행성에서라면 가능할까?

그림 P5.12

13. 보어의 수소 원자 모형에서 전자는 원자핵 주위를 원 궤도를 그리며 공전한다. 여기서 전자의 속력은 2.20×10^6 m/s이고 궤도의 반지름은 0.530×10^{-10} m일 때, (a) 전자에 작용하는 힘과 (b) 전자의 구심 가속도를 구하라.

14. 그림 P5.14와 같이 줄에 매달린 추가 연직선과 일정한 각도를 유지한 채 수평 원을 그리며 회전할 때 원뿔형 진자가 만들어진다. 추의 질량 $m = 80.0$ kg, 줄의 길이 $L = 10.0$ m이고, 줄이 연직선과 이루는 각도가 $5.00°$일 때 원뿔형 진자에 대해 (a) 줄이 추에 작용하는 힘의 수평 성분과 연직 성분의 크기와 (b) 추의 구심 가속도를 구하라.

그림 P5.14

5.3 비등속 원운동

15. 노벨상 수상자 콤프턴(Arthur H. Compton)은 연구실 인근 도로의 과속 차량 때문에 연구에 방해를 받자 과속 방지턱을 고안해서 도로에 설치했다. 방지턱은 그림 P5.15에서 보는 바와 같이 원통의 일부가 도로면 위로 솟은 형태이다. 1 800 kg인 자동차가 30.0 km/h의 속력으로 곡률 반지름 20.4 m인 방지턱을 통과한다고 하자. (a) 방지턱의 가장 높은 지점을 통과할 때, 도로가 자동차에 작용하는 힘의 크기는 얼마인가? (b) 자동차가 방지턱의 가장 높은 지점을 도로면을 벗어나지 않고 접촉해서 통과할 수 있는 최대 속력은 얼마인가?

그림 P5.15

16. 물을 채운 양동이의 손잡이를 잡고 연직면에서 반지름 1.00 m의 원을 따라 회전하도록 돌린다. (a) 양동이 안의 물에 작용하는 두 가지 힘은 무엇인가? (b) 이 두 힘 중에서 어떤 힘이 양동이 안의 물이 원운동을 하게 만드는 데 더 중요한가? (c) 양동이의 원운동에서 가장 높은 지점에 이르렀을 때에 물이 양동이 밖으로 넘치지 않기 위해서 필요한 최소 속력은 얼마인가? (d) 가장 높은 지점에서의 속

력이 (c)에서 구한 값이라 하고, 이 위치에서 양동이만 갑자기 사라졌다고 가정하자. 그 후 물의 운동을 기술하라. 물의 운동은 포물체의 운동과 다른가?

17. 질량이 40.0 kg인 어린이가 줄의 길이가 각각 3.00 m인 두 줄로 연결된 그네를 타고 있다. 그네가 가장 낮은 위치에 있을 때 각 줄의 장력이 350 N이라면, 이때 (a) 그네의 속력과 (b) 그네 의자가 아이에게 작용하는 힘을 구하라. (단, 그네 의자의 질량은 무시한다.)

5.4 속도에 의존하는 저항력을 받는 운동

18. 점성이 있는 액체 속에서 크기가 작고 질량이 3.00 g인 정지해 있던 구형 구슬을 $t = 0$의 순간에 놓는다. 이의 종단 속력이 $v_T = 2.00$ cm/s로 측정된다면, (a) 이 교재 본문의 식 5.4에서 상수 b의 값, (b) 속력이 $0.632 v_T$가 되는 데 걸리는 시간 t 그리고 (c) 종단 속력에 이르렀을 때 저항력의 크기는 얼마인가?

19. 스케이트 선수에 작용하는 저항력이 $f = -kmv^2$이고 속력 v의 제곱에 비례한다고 하자. 여기서 k는 비례 상수이고, m은 스케이트 선수의 질량이다. 스케이트 선수가 결승점을 지나고 난 직후 속력이 v_i이고 이후에 직선 방향으로 미끄러져 가면서 속력이 떨어진다. 스케이트 선수의 속력이 결승점 통과 후 시간 t에 대해 $v(t) = v_i/(1 + ktv_i)$임을 보여라.

20. 작은 조각의 스티로폼 포장이 지상 2.00 m 위에서 낙하한다. 종단 속력에 도달할 때까지 이 스티로폼의 가속도의 크기는 $a = g - Bv$로 주어진다. 0.500 m 낙하 후에 스티로폼은 종단 속력에 도달하고, 지상에 도달하기까지 5.00 s가 더 걸렸다고 한다. (a) 상수 B의 값은 얼마인가? (b) $t = 0$일 때 가속도는 얼마인가? (c) 속력이 0.150 m/s일 때 가속도는 얼마인가?

21. 모터보트가 속력 10.0 m/s로 달리다가 갑자기 엔진을 멈추고 물의 저항을 받으며 수면을 미끄러지며 정지한다. 이 시간 동안 모터보트의 운동을 설명하는 식은 $v = v_i e^{-ct}$인데, 여기서 v는 시간 t에서의 속력, v_i는 $t = 0$에서의 속력이고, c는 상수이다. 시간 $t = 20.0$ s에서 모터보트의 속력이 5.00 m/s라면, 모터보트의 운동에 대해, (a) 상수 c의 값을 구하라. (b) $t = 40.0$ s에서 모터보트의 속력은 얼마인가? (c) 이와 더불어 $v(t)$에 대한 식을 미분해서 모터보트의 가속도가 속력에 비례함을 보여라.

5.5 자연의 기본적인 힘

22. 지구 반지름의 3.00배 되는 지상 거리에서 떨어지고 있는 운석이 있다. 중력이 작용해서 생긴 자유 낙하 가속도는 얼마인가?

23. 질량이 각각 2.00 kg인 동일한 고립된 두 입자가 거리 30.0 cm만큼 떨어져 있다. 한 입자가 다른 입자에 작용하는 중력의 크기는 얼마인가?

24. 뇌운(번개 구름)의 경우, 구름의 윗부분에는 +40.0 C 그리고 아랫부분에는 −40.0 C의 전기 전하가 있으며, 이들 사이의 떨어진 거리는 2.00 km이다. 위 전하에 작용하는 전기력은 얼마인가?

5.6 연결 주제: 자동차의 끌림 계수

25. 스포츠카의 질량이 1 200 kg이다. 공기 역학적 끌림 계수 값이 0.250이고 차체의 앞 넓이는 2.20 m²이다. 다른 원인의 마찰력을 무시하고, 100 km/h 속력으로 달리다가 변속 상태를 중립으로 바꾸고 진행하도록 두었다고 가정하고 처음 가속도를 구하라.

추가문제

26. 그림 P5.26에서와 같이, 가정용 건조 세탁기는 젖은 세탁물을 담고 있는 원통형 통이 수평 축을 중심으로 일정하게 회전한다. 세탁물을 균일하게 건조시키기 위해, 회전하는 통 안에서 세탁물이 구르도록 되어 있다. 매끄러운 원통 벽의 회전율(분당 또는 초당 회전수)은 작은 천 조각이 수평으로부터 $\theta = 68.0°$의 각도에서 떨어지도록 설계되어 있다. 통의 반지름이 $r = 0.330$ m라면, 회전율은 얼마인가?

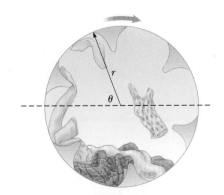

그림 P5.26

27. 그림 P5.27에 보인 것처럼 무게가 F_g인 상자를 평평한 마루 위에서 힘 $\vec{P}$로 밀고 있다. 정지 마찰 계수가 μ_s이고 힘 $\vec{P}$

는 수평 방향에서 아래로 θ만큼 기울어진 방향으로 작용한다고 한다. (a) 상자를 움직일 수 있는 P의 최솟값은 다음과 같음을 보여라.

$$P = \frac{\mu_s F_g \sec \theta}{1 - \mu_s \tan\theta}$$

(b) 어떤 크기의 힘 P를 작용시키더라도 상자가 움직일 수 없는 각도 θ의 구간이 있다. 이 각도 θ의 구간을 μ_s에 대한 식으로 구하라.

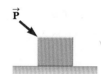

그림 P5.27

28. 그림 P5.28에 나타낸 연결된 세 개의 물체를 고려하자. 첫째로 빗면에 마찰이 없고, 세 물체가 평형 상태에 있다고 가정한다. m, g, u를 써서 (a) 질량 M, (b) 장력 T_1과 T_2를 구하라. 이제 질량 M의 값이 (a)에서 얻은 값의 두 배가 됐다고 가정하고 (c) 각 물체의 가속도, (d) 장력 T_1과 T_2를 구하라. 다음은 질량이 m과 $2m$인 두 물체와 빗면 사이의 마찰 계수를 m_s라 하고 계가 평형이라고 가정한다. (e) M의 최댓값, (f) M의 최솟값, (g) M이 최솟값 및 최댓값일 때 T_2의 값을 구하라.

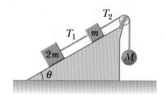

그림 P5.28

29. 전원 플러그가 연결되지 않은 질량 1.30 kg인 토스터기가 있다. 토스터기와 수평 조리대 사이의 정지 마찰 계수는 0.350이다. 전원 플러그와 토스터기 사이의 전선이 견딜 수 있는 최대 장력은 4.00 N이다. 이 경우에 전선을 수평 조리대와 특정한 각도를 이루어 당기면 토스터기를 움직일 수 있는가? 그 이유를 설명하라.

30. 그네가 달린 놀이 기구가 있다. 이 놀이기구는 중앙에 수평으로 놓인 지름 $D = 8.00$ m의 회전하는 원형 중심대에 길이 $d = 2.50$ m의 질량이 무시되는 줄에 연결되어 질량 $m = 10.0$ kg인 그네가 여러 개 매달려 있다. 중심대가 일정한 속력으로 회전하면 그네는 바깥쪽으로 밀려나고 줄은 연직축과 $\theta = 28.0°$의 각도를 이룬다. 이때 (a) 각 그네의 속력을 구하라. (b) 그네를 타고 있는 40.0 kg의 어린이에 작용하는 힘을 그림으로 나타내라. (c) 이 그네의 줄에 작용하는 장력의 크기는 얼마인가?

계의 에너지 Energy of a System

© Book's-Hill

불어오는 바람은 풍차의 날개에 일을 하여 날개를 돌려 발전기를 회전시킨다. 에너지는 풍차의 계로부터 전기의 형태로 전달된다.

위 치, 속도, 가속도, 힘과 같은 양을 정의하고 뉴턴의 제2법칙 등과 관련된 원리들을 적용하면 다양한 문제를 해결할 수 있다. 하지만 원리적으로 뉴턴의 법칙을 이용해 풀 수 있는 문제들도 실제로 해결하는 것은 매우 어려울 때가 있다. 이런 문제들의 일부는 다른 접근 방법으로 훨씬 간단히 해결할 수 있다. 이 장과 다음 장에서는 이 새로운 접근 방법을 배울 것인데, 여기서는 별로 친숙하지 않은 양들에 대한 정의가 포함될 것이다. 또한 익숙해 보이는 양이라고 하더라도 물리학에서는 일상생활에서보다 좀 더 특별한 의미를 가질 수도 있다. 이런 논의를 **에너지**라는 용어를 살펴보는 것에서 시작하자.

과학과 공학에서 에너지라는 개념은 가장 중요한 주제 중 하나이다. 일상생활에서 에너지라 하면 교통수단이나 난방에 필요한 연료, 전등이나 가전제품을 사용하기 위한 전기, 소비되는 음식 등으로 이해한다. 그러나 이런 생각들은 에너지를 제대로 정의한 것이 아니다. 그저 연료란 어떤 작업을 위해 필요한 것이고, 연료로써 에너지를 제공한다는 것일 뿐이다.

에너지는 우주에 여러 가지 형태로 존재한다. 우주에서 일어나는 **모든** 물리적인 과정들은 에너지와 에너지의 전달 또는 변환을 포함한다. 에너지는 매우 중요한 것이지만, 불행히도 쉽게 정의할 수 있는 것은 아니다. 앞서 등장한 변수들은 비교적 구체적이었다. 예를 들면 속도나 힘은 일상적으로 경험한다. 에너지에 대해서도 자동차의 연료가 떨어졌다거나, 거센 폭풍 후에 전기가 끊어졌다는 식의 **경험**이 있기는 하지만, 에너지라는 **개념**은 보다 추상적이다.

역학계에 대해 뉴턴의 법칙을 적용하지 않고, 에너지 보존의 법칙에서 출발해서 문제를 해결할 수 있는 경우도 있다. 더욱이 에너지 개념을 사용한 접근 방법은 이 교재의 뒤에 나올 열적 현상과 전기적 현상을 이해하는 데 도움을 준다.

앞 장들에서 소개한 분석 모형은 **입자** 하나의 운동 또는 하나의 입자로 모형화할 수 있는 물체의 운동에 관한 것이었다. 이제 **계**(system)와 계의 모형에 기초한 분석 모형에 대해 집중적으로 알아보자. 이런 분석 모형들은 7장에서 자세히 소개할 예정이다. 이 장에서는 계와 계에 에너지를 저장하는 세 가지 방법을 소개한다.

▌6.1 | 계와 환경 Systems and Environments

계 모형에서는, 우리는 우주의 작은 한 부분, 즉 **계**(system)에 대해 관심을 집중하고 그 계를 제외한 우주의 나머지 부분에 대한 구체적인 사항은 무시한다. 계 모형을 문제에 적용함에 있어 핵심적인 기술은 바로 **계를 정의**하는 것이다. 유효한 계는

- 하나의 물체 또는 입자일 수 있다.
- 물체나 입자들의 집합일 수 있다.
- 공간의 일부 영역일 수 있다(예를 들어 자동차 엔진의 연소 실린더 내부).
- 시간에 따라 크기와 모양이 변할 수 있다(예를 들어 벽에 부딪쳐서 형태가 변하는 고무공).

문제를 푸는 데 있어서 (입자가 아니라) 계로 접근하는 것은 1장에서 소개한 일반적인 문제 풀이 전략에서 분류 단계의 한 부분이다. 특정한 계를 정의하는 것은 이 단계의 두 번째 부분이다.

주어진 문제에서 특정한 계가 무엇이든 간에, **계의 경계**(system boundary)라는 가상의 면(꼭 물리적 표면과 일치시킬 필요는 없다)이 있는데, 이 면은 우주를 계와 그 계를 둘러싼 **환경**(environment)으로 나눈다.

예를 들어 빈 공간에 있는 어떤 물체에 작용하는 힘을 생각해 보자. 그 물체를 계로 정의하고 물체의 표면을 계의 경계로 정의할 수 있을 것이다. 외력은 환경으로부터, 경계를 넘어 계에 작용한다. 다음 절에서 계의 접근 방법으로 이 상황을 어떻게 분석하는지를 보게 될 것이다.

또 다른 예는 예제 5.3에서 봤다. 계는 공과 육면체 그리고 줄의 조합으로 정의할 수 있다. 환경으로부터의 영향은 공과 육면체에 작용하는 중력, 육면체에 작용하는 수직 항력과 마찰력, 도르래가 줄에 작용하는 힘, 그리고 크기가 F인 외력이다. 줄이 공과 육면체에 작용하는 힘은 계의 내력이며, 따라서 환경으로부터 영향을 받지 않는다.

우리는 환경으로부터 계가 영향을 받는 많은 메커니즘들을 보게 될 것이다. 먼저 **일**에 대해서 살펴보기로 하자.

 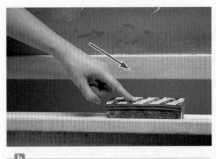 

그림 6.1 수평 방향에 대해 각기 다른 각도로 작용하는 힘에 의해 분필 지우개가 분필 가루받이를 따라 미끄러지고 있다.

6.2 | 일정한 힘이 한 일 Work Done by a Constant Force

속도, 가속도, 힘과 같이 지금까지 사용한 거의 모든 용어들은 물리학에서도 일상생활에서와 유사한 의미를 가진다. 그러나 이제는 물리학에서 사용되는 의미가 일상적인 의미와 현저하게 다른 용어를 접하게 된다. 바로 **일**이다.

계에 작용하는 영향으로서의 일이 물리학자에게 무엇을 의미하는지 이해하기 위해 그림 6.1에 나타난 상황을 생각해 보자. 계로 설정할 수 있는 분필 지우개에 힘 $\vec{F}$가 작용해서 지우개는 분필 가루받이를 따라 미끄러진다. 이 힘이 지우개를 미는 데 얼마나 효율적인지를 알고 싶다면 힘의 크기뿐만 아니라 방향까지도 알아야 한다. 그림 6.1에서 손가락이 지우개에 서로 다른 세 방향으로 힘을 작용하는 것에 주목하자. 세 장의 사진에서 작용하는 힘의 크기가 모두 같다고 가정한다면, 그림 6.1b에서 미는 힘은 그림 6.1a에서 미는 힘보다 지우개를 더 밀게 된다. 반면 그림 6.1c는 아무리 세게 밀어도 지우개를 전혀 밀지 못한다(물론 분필 가루받이를 부숴버릴 정도로 센 힘을 가하지 않는다면 말이다). 이런 결과는 힘을 분석해서 그 힘이 계에 미치는 영향을 결정하기 위해서는 힘의 벡터 성질을 고려해야 함을 보여 주고 있다. 또한 힘의 크기도 고려해야만 한다. 크기가 2 N인 힘으로 변위시키는 동안 한 효과는 1 N의 힘으로 같은 변위 동안 한 효과보다 크다. 변위의 크기 역시 중요한 항이다. 동일한 힘을 작용해서 지우개를 3 m 움직이는 것은 2 cm 움직이는 것보다 더 많은 효과를 준다.

그림 6.2의 상황을 살펴보자. 여기서 물체(계)는 직선 상에서 위치가 변하는데, 크기가 F인 일정한 힘이 변위의 방향과 각도 θ를 이루며 작용한다.

> 어떤 계에 일정한 크기의 힘을 가하는 주체가 계에 한 **일**(work) W는 힘의 크기 F, 힘의 작용점의 변위 크기 Δr 그리고 $\cos\theta$의 곱이다. 여기서 θ는 힘과 변위 벡터가 이루는 각도이다.
>
> $$W \equiv F \, \Delta r \cos\theta \qquad\qquad 6.1$$

식 6.1에서 주목해야 할 점은 일이 힘 $\vec{F}$와 변위 $\Delta \vec{r}$ 두 개의 벡터에 의해 정의되지만, 일은 스칼라양이라는 것이다. 6.3절에서 두 개의 벡터를 결합해서 스칼라양을 형

오류 피하기 | 6.2

…이 …에 일을 했다 계를 정의하는 것뿐만 아니라 주위 환경의 어떤 힘이 계에 일을 하고 있는지를 확인해야 한다. 일을 논의할 때 항상 다음 문구를 사용하자. "…이 …에 일을 했다" '이' 앞에는 계와 직접적으로 상호 작용하는 부분을 집어넣는다. '…에' 앞에는 계를 집어넣는다. 예를 들면 "망치가 못에 일을 했다"는 못을 계로 인식하고 망치로부터의 힘은 환경과의 상호 작용을 나타낸다.

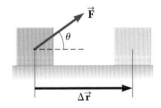

그림 6.2 물체는 일정한 힘 $\vec{F}$를 받아 $\Delta \vec{r}$ 만큼 변위가 발생한다.

▶ 일정한 힘이 한 일

성하는 방법에 대해 다룰 것이다.

또한 식 6.1에서 변위는 **힘의 작용점**의 변위임에 주목한다. 힘이 입자 또는 입자로 모형화할 수 있는 강체에 작용하면, 이 변위는 입자의 변위와 같다. 그러나 변형 가능한 계의 경우 이들 변위는 같지 않다. 예를 들어 풍선의 양쪽을 두 손으로 누른다고 생각해 보자. 풍선 중심의 변위는 영이다. 그러나 여러분의 손으로부터 풍선 양쪽 힘의 작용점은 실제로 풍선이 압축됨에 따라 이동한다. 이것이 식 6.1에서 사용되는 변위이다. 앞으로 용수철이나 용기 내의 기체와 같은 변형 가능한 계의 또 다른 예들도 살펴볼 예정이다.

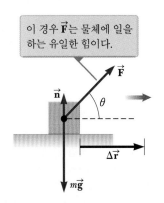

이 경우 $\vec{F}$는 물체에 일을 하는 유일한 힘이다.

그림 6.3 물체가 마찰이 없고 수평인 면을 따라 움직일 때 수직항력 $\vec{n}$과 중력 $m\vec{g}$는 물체에 대해 일을 하지 않는다.

오류 피하기 | 6.3

변위의 원인 물체에 작용한 힘이 한 일을 계산할 수 있으나 그 힘은 물체의 변위의 원인이 **아니다**. 예를 들면 물체를 들어올리면 중력이 물체를 위로 움직이는 원인이 아니라 하더라도 중력은 물체에 음(−)의 일을 한다.

일에 대한 정의와 일상생활에서 이해하는 용어에 차이가 있음을 보여 주는 예로서 무거운 의자를 3분 동안 팔을 뻗어 들고 있는 경우를 생각해 보자. 3분이 지나면 지친 팔 때문에 아마 의자에 엄청난 양의 일을 했다고 생각할 것이다. 그러나 물리적 정의에 따르면 어찌 됐든 아무 일도 하지 않은 것이다. 의자를 받치기 위해 힘을 가했지만 전혀 움직이지 않았다. 어떤 힘이 물체의 위치를 바꾸지 못했다면 물체에 한 일은 없는 것이다. 식 6.1에서 $\Delta r = 0$이라면 $W = 0$인 것을 알 수 있는데, 그 예가 그림 6.1c이다.

식 6.1에서 한 가지 더 주목해야 하는 것은 움직이는 물체에 작용한 힘이 작용점의 변위에 대해 수직이라면 그 힘이 한 일은 영이란 것이다. 즉 $\theta = 90°$라면 $\cos 90° = 0$이므로 $W = 0$인 것이다. 예를 들어 그림 6.3에서 물체에 수직항력이 한 일과 중력이 물체에 한 일은, 두 힘 모두 변위에 대해 수직이고 $\Delta \vec{r}$ 방향 축에 대한 두 힘의 성분 값이 영이므로 모두 영이다.

일의 부호는 또한 $\Delta \vec{r}$에 대한 $\vec{F}$의 방향에도 의존한다. 작용한 힘이 한 일은 $\Delta \vec{r}$에 대한 $\vec{F}$의 사영이 변위의 방향과 같을 때 양(+)이다. 예를 들어 어떤 물체를 들어올릴 때 작용한 힘이 한 일은 양(+)인데, 이것은 힘이 위쪽 방향이어서 작용점의 변위와 같은 방향이기 때문이다. $\Delta \vec{r}$에 대한 $\vec{F}$의 사영이 변위와 반대 방향이면 W는 음(−)이다. 예를 들어 어떤 물체를 들어올릴 때 중력이 물체에 한 일은 음(−)이다. W의 식 6.1에서 $\cos \theta$가 자동적으로 일의 부호를 결정한다.

작용한 힘 $\vec{F}$가 변위 $\Delta \vec{r}$과 같은 방향이라면 $\theta = 0$이고 $\cos 0 = 1$이다. 이 경우 식 6.1은 다음과 같이 된다.

$$W = F \Delta r$$

일의 단위는 힘에 길이를 곱한 것이다. 따라서 일의 SI 단위는 **뉴턴·미터**(N·m = kg·m²/s²)이다. 이 단위의 조합은 자주 사용되므로 **줄**(J)이라는 고유한 이름을 붙였다.

계를 이용한 문제 해결에서 고려해야 할 중요한 사항은 **일은 에너지의 전달**이라는 것이다. W가 계에 더해진 일이고 W가 양(+)이라면 에너지는 계로 전달된 것이고, W가 음(−)이라면 에너지는 계로부터 주위 환경으로 전달된 것이다. 따라서 계가 주위 환경과 상호 작용한다면 이 상호 작용은 계의 경계를 통한 에너지의 전달로 묘사할 수 있다. 이 결과로 계에 저장된 에너지가 변한다. 일의 양상을 좀 더 살펴본 다음 6.5절에서 에너지 저장의 첫 번째 형태를 배우게 될 것이다.

퀴즈 6.1 태양이 지구에 작용하는 중력에 의해 지구는 태양 주위의 궤도를 유지하고 있다. 이 궤도가 완전한 원이라고 가정하자. 지구가 궤도를 따라 이동하는 도중의 짧은 시간 동안 태양의 중력이 한 일은? (a) 0 (b) 양(+) (c) 음(−) (d) 결정할 수 없다.

퀴즈 6.2 그림 6.4는 힘이 물체에 작용하는 네 가지 경우를 보여 준다. 모든 경우에 있어서 힘은 같은 크기이고, 물체의 변위는 오른쪽 방향으로 같은 크기이다. 힘이 물체에 한 일을 가장 큰 값부터 순서대로 나열하라.

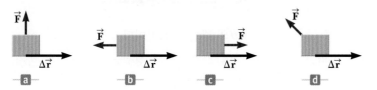

그림 6.4 (퀴즈 6.2) 물체에 네 가지 다른 방향의 힘이 작용해서 움직인다. 각 경우 물체의 변위는 오른쪽 방향으로 같은 크기이다.

예제 6.1 | 진공청소기를 끄는 남자

그림 6.5와 같이 마루를 청소하는 사람이 $F = 50.0\,\text{N}$의 힘으로 수평 방향과 $30.0°$의 각도로 진공청소기를 끌고 있다. 진공청소기가 오른쪽으로 $3.00\,\text{m}$ 움직이는 동안 이 힘이 진공청소기에 한 일을 구하라.

풀이

개념화 이 상황을 개념화한 것이 그림 6.5이다. 일상생활에서 어떤 물체를 밧줄이나 끈을 이용해서 마루 위에서 끌었던 경험을 생각해 보자.

분류 힘이 물체에 한 일을 물어봤고 물체에 작용하는 힘, 물체의 변위, 이들 두 벡터 사이의 각도가 주어졌으므로, 이 문제를 대입 문제로 분류할 수 있다. 진공청소기를 계로 설정한다. 일의 정의인 식 6.1을 사용한다.

$$W = F\Delta r \cos\theta = (50.0\,\text{N})(3.00\,\text{m})(\cos 30.0°)$$
$$= \boxed{130\,\text{J}}$$

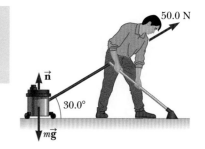

그림 6.5 (예제 6.1) 수평과 $30.0°$의 각도로 진공청소기를 끌고 있다.

여기서 수직항력 $\vec{\mathbf{n}}$과 중력 $\vec{\mathbf{F}}_g = m\vec{\mathbf{g}}$는 진공청소기의 변위에 수직이므로 일을 하지 않는다는 것에 주목하자. 더욱이 진공청소기와 마루 사이에 마찰이 있었는지에 대한 언급이 없었다. 작용한 힘이 한 일을 계산할 때 마찰이 있는지 또는 없는지의 여부는 중요하지 않다. 또한 이 일은 진공청소기가 등속도로 움직이든지 또는 가속하든지 상관이 없다.

6.3 | 두 벡터의 스칼라곱 The Scalar Product of Two Vectors

식 6.1과 같이 힘과 변위 벡터가 조합을 이루므로, 두 벡터의 **스칼라곱**(scalar product)이라는 간편한 수학적 도구를 이용하면 도움이 된다. 벡터 $\vec{\mathbf{A}}$와 $\vec{\mathbf{B}}$의 스칼라곱은 $\vec{\mathbf{A}} \cdot \vec{\mathbf{B}}$로 쓰기로 한다. [도트(dot) 부호를 이용하므로 **도트곱**(dot product)이라고도 한다.]

임의의 두 벡터 $\vec{\mathbf{A}}$와 $\vec{\mathbf{B}}$의 스칼라곱은 두 벡터의 크기와 두 벡터 사이의 각 θ의 코

오류 피하기 | 6.4

일은 스칼라이다 식 6.3은 두 벡터의 항으로 정의하지만 **일은 스칼라이다.** 따라서 일과 연관된 방향이 없다. **모든 형태의 에너지와 에너지 전달은 스칼라이다.** 에너지가 스칼라양이라는 점은 벡터 계산을 하지 않아도 되기 때문에 에너지로 문제를 푸는 것이 쉽다.

사인의 곱으로 정의되는 스칼라양이다.

▶ 임의의 두 벡터 $\vec{A}$와 $\vec{B}$의 스칼라곱

$$\vec{A} \cdot \vec{B} \equiv AB\cos\theta \qquad 6.2$$

$\vec{A}$와 $\vec{B}$는 단위가 같을 필요가 없는데, 이는 어떤 곱셈의 경우도 마찬가지다.

이 정의를 식 6.1과 비교해 보면, 식 6.1을 다음의 스칼라곱으로 바꿔 쓸 수 있다.

$$W = F\Delta r\cos\theta = \vec{F} \cdot \Delta\vec{r} \qquad 6.3$$

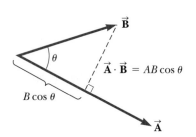

그림 6.6 스칼라곱 $\vec{A} \cdot \vec{B}$는 $\vec{A}$의 크기와 $B\cos\theta$, 즉 $\vec{A}$에 대한 $\vec{B}$의 사영을 곱한 것과 같다.

다시 말해서 $\vec{F} \cdot \Delta\vec{r}$은 $F\Delta r\cos\theta$의 간단한 표현이다.

일에 대한 논의를 계속하기 전에, 스칼라곱의 성질을 살펴보기로 하자. 그림 6.6에는 스칼라곱을 정의할 때 사용된 두 벡터 $\vec{A}$와 $\vec{B}$ 그리고 사이의 각 θ가 표시되어 있다. 여기서 $B\cos\theta$는 $\vec{A}$에 대한 $\vec{B}$의 사영이므로, 식 6.2에서 $\vec{A} \cdot \vec{B}$는 $\vec{A}$의 크기와 $\vec{A}$에 대한 $\vec{B}$의 사영을 곱한 것이다.[1]

식 6.2의 우변으로부터 스칼라곱은 다음과 같이 **교환 법칙**(commutative)이 성립함을 알 수 있다.[2]

$$\vec{A} \cdot \vec{B} = \vec{B} \cdot \vec{A}$$

마지막으로 스칼라곱은 다음과 같이 **분배 법칙**(distributive law of multiplication)을 만족한다.

$$\vec{A} \cdot (\vec{B} + \vec{C}) = \vec{A} \cdot \vec{B} + \vec{A} \cdot \vec{C}$$

스칼라곱은 $\vec{A}$가 $\vec{B}$에 수직이거나 평행이라면 식 6.2로부터 쉽게 구할 수 있다. $\vec{A}$가 $\vec{B}$에 수직($\theta = 90°$)이라면 $\vec{A} \cdot \vec{B} = 0$이다 (등식 $\vec{A} \cdot \vec{B} = 0$은 $\vec{A}$ 또는 $\vec{B}$가 영인 명백한 경우에도 성립된다). $\vec{A}$가 $\vec{B}$에 평행해서 같은 방향을 향하면 ($\theta = 0°$), $\vec{A} \cdot \vec{B} = AB$이다. $\vec{A}$가 $\vec{B}$와 평행하기는 하지만 서로 반대 방향이라면 ($\theta = 180°$), $\vec{A} \cdot \vec{B} = -AB$이다. 스칼라곱은 $90° < \theta \le 180°$일 때 음(−)이다.

1장에서 정의한 단위 벡터 $\hat{i}$, $\hat{j}$, $\hat{k}$는 각각 양(+)의 x, y, z 방향을 향한다. 따라서 $\vec{A} \cdot \vec{B}$의 정의에 따라 이들 단위 벡터의 스칼라곱은 다음과 같다.

▶ 단위 벡터의 스칼라곱

$$\hat{i} \cdot \hat{i} = \hat{j} \cdot \hat{j} = \hat{k} \cdot \hat{k} = 1 \qquad 6.4$$

$$\hat{i} \cdot \hat{j} = \hat{i} \cdot \hat{k} = \hat{j} \cdot \hat{k} = 0 \qquad 6.5$$

1.9절에 따라 두 벡터 $\vec{A}$와 $\vec{B}$를 각각 성분 벡터의 형태로 쓰면 다음과 같다.

$$\vec{A} = A_x\hat{i} + A_y\hat{j} + A_z\hat{k}$$

$$\vec{B} = B_x\hat{i} + B_y\hat{j} + B_z\hat{k}$$

벡터에 대한 이들 표현식과 식 6.4와 6.5를 이용하면 $\vec{A}$와 $\vec{B}$의 스칼라곱은 다음과

---

[1] $\vec{A} \cdot \vec{B}$가 $\vec{B}$의 크기와 $\vec{B}$에 대한 $\vec{A}$의 사영을 곱한 것이라고 해도 마찬가지이다.
[2] 10장에서 물리에 유용하지만 교환 법칙이 성립하지 않는 또 다른 벡터곱을 배운다.

같이 간단히 표현된다.

$$\vec{\mathbf{A}} \cdot \vec{\mathbf{B}} = A_x B_x + A_y B_y + A_z B_z \qquad 6.6$$

$\vec{\mathbf{A}} = \vec{\mathbf{B}}$인 특수한 경우는 다음과 같음을 알 수 있다.

$$\vec{\mathbf{A}} \cdot \vec{\mathbf{A}} = A_x^2 + A_y^2 + A_z^2 = A^2$$

> ◤ 퀴즈 6.3 두 벡터의 스칼라곱과 두 벡터 크기의 곱 사이의 관계에 대한 설명으로 옳은 것
> 은 어느 것인가? (a) $\vec{\mathbf{A}} \cdot \vec{\mathbf{B}}$가 AB보다 크다. (b) $\vec{\mathbf{A}} \cdot \vec{\mathbf{B}}$가 AB보다 작다. (c) $\vec{\mathbf{A}} \cdot \vec{\mathbf{B}}$는 두 벡
> 터 사이의 각도에 따라 AB보다 클 수도 작을 수도 있다. (d) $\vec{\mathbf{A}} \cdot \vec{\mathbf{B}}$는 AB와 같을 수 있다.

◤ 예제 6.2 | 스칼라곱

벡터 $\vec{\mathbf{A}}$와 $\vec{\mathbf{B}}$가 $\vec{\mathbf{A}} = 2\hat{\mathbf{i}} + 3\hat{\mathbf{j}}$, $\vec{\mathbf{B}} = -\hat{\mathbf{i}} + 2\hat{\mathbf{j}}$라고 하자.

(A) 스칼라곱 $\vec{\mathbf{A}} \cdot \vec{\mathbf{B}}$를 구하라.

풀이

개념화 여기서 생각해 볼 물리적인 계는 없다. 순수하게 두 벡터를 이용하는 수학적인 문제이다.

분류 스칼라곱에 대한 정의를 알고 있으므로 예제를 대입 문제로 분류한다.

벡터 $\vec{\mathbf{A}}$와 $\vec{\mathbf{B}}$의 위 표현을 대입한다.

$$\begin{aligned}
\vec{\mathbf{A}} \cdot \vec{\mathbf{B}} &= (2\hat{\mathbf{i}} + 3\hat{\mathbf{j}}) \cdot (-\hat{\mathbf{i}} + 2\hat{\mathbf{j}}) \\
&= -2\hat{\mathbf{i}} \cdot \hat{\mathbf{i}} + 2\hat{\mathbf{i}} \cdot 2\hat{\mathbf{j}} - 3\hat{\mathbf{j}} \cdot \hat{\mathbf{i}} + 3\hat{\mathbf{j}} \cdot 2\hat{\mathbf{j}} \\
&= -2(1) + 4(0) - 3(0) + 6(1) \\
&= -2 + 6 = \boxed{4}
\end{aligned}$$

물론 식 6.6을 직접 사용해도 같은 결과를 얻는데, 이때 $A_x = 2$, $A_y = 3$, $B_x = -1$, $B_y = 2$이다.

(B) $\vec{\mathbf{A}}$와 $\vec{\mathbf{B}}$의 사이의 각도 θ를 구하라.

풀이

피타고라스의 정리를 이용해서 $\vec{\mathbf{A}}$와 $\vec{\mathbf{B}}$의 크기를 계산한다.

$$A = \sqrt{A_x^2 + A_y^2} = \sqrt{(2)^2 + (3)^2} = \sqrt{13}$$
$$B = \sqrt{B_x^2 + B_y^2} = \sqrt{(-1)^2 + (2)^2} = \sqrt{5}$$

(A)의 결과와 식 6.2를 이용해서 사이의 각도 θ을 구하면 다

음과 같다.

$$\cos\theta = \frac{\vec{\mathbf{A}} \cdot \vec{\mathbf{B}}}{AB} = \frac{4}{\sqrt{13}\sqrt{5}} = \frac{4}{\sqrt{65}}$$
$$\theta = \cos^{-1}\frac{4}{\sqrt{65}} = \boxed{60.3°}$$

◤ 예제 6.3 | 일정한 힘이 한 일

xy 평면에서 어떤 입자가 $\Delta\vec{\mathbf{r}} = (2.0\hat{\mathbf{i}} + 3.0\hat{\mathbf{j}})$ m의 변위만큼 움직이는 동안 $\vec{\mathbf{F}} = (5.0\hat{\mathbf{i}} + 2.0\hat{\mathbf{j}})$ N의 일정한 힘이 작용한다. $\vec{\mathbf{F}}$가 입자에 한 일을 계산하라.

풀이

개념화 힘과 변위가 주어진다는 점에서 앞의 예제에 비해 보다 물리적이기는 하지만, 수학적인 구조에 있어서는 비슷한

문제이다.

분류 힘과 변위 벡터가 주어지고 이 힘이 입자에 한 일을 구하라고 했으므로 예제를 대입 문제로 분류한다.

$\vec{\mathbf{F}}$와 $\Delta\vec{\mathbf{r}}$을 식 6.3에 대입하고 식 6.4와 6.5를 이용한다.

$$W = \vec{\mathbf{F}} \cdot \Delta\vec{\mathbf{r}} = [(5.0\hat{\mathbf{i}} + 2.0\hat{\mathbf{j}})\,\text{N}] \cdot [(2.0\hat{\mathbf{i}} + 3.0\hat{\mathbf{j}})\,\text{m}]$$

$$= (5.0\hat{\mathbf{i}} \cdot 2.0\hat{\mathbf{i}} + 5.0\hat{\mathbf{i}} \cdot 3.0\hat{\mathbf{j}}$$
$$+ 2.0\hat{\mathbf{j}} \cdot 2.0\hat{\mathbf{i}} + 2.0\hat{\mathbf{j}} \cdot 3.0\hat{\mathbf{j}})\,\text{N} \cdot \text{m}$$
$$= [10 + 0 + 0 + 6]\,\text{N} \cdot \text{m} = \boxed{16\,\text{J}}$$

▌6.4 │ 변하는 힘이 한 일 Work Done by a Varying Force

x_i에서 x_f로의 변위에 대해 변하는 힘이 한 전체 일은 모든 사각형의 넓이의 합과 거의 같다.

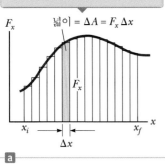

넓이 = $\Delta A = F_x \Delta x$

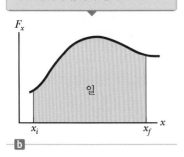

입자가 x_i에서 x_f로 움직일 때 변하는 힘의 성분인 F_x가 한 일은 **정확히** 이 곡선 아래의 넓이와 같다.

일

그림 6.7 (a) 작은 변위 Δx에 대해 힘의 성분 F_x가 입자에 한 일은 $F_x \Delta x$인데, 이 값은 색칠한 사각형의 넓이와 같다. (b) 각 사각형의 너비 Δx는 영으로 접근한다.

위치에 따라 변하는 힘의 작용을 받아 x축으로 움직이는 입자를 생각해 보자. 입자는 $x = x_i$에서 $x = x_f$로 x의 값이 증가하는 방향으로 움직인다. 이런 상황이라면 힘이 한 일을 $W = F\Delta r \cos\theta$로 계산할 수 없는데, 그 이유는 이 식이 $\vec{\mathbf{F}}$의 크기와 방향이 변하지 않을 때에만 적용되기 때문이다. 그러나 그림 6.7a와 같이 매우 작은 Δx만큼의 변위만이 있었다고 가상한다면, 이 작은 구간에 대해 힘의 x 성분인 F_x는 근사적으로 일정하다. 이 작은 변위에 대해, 이 힘이 한 일은 다음과 같이 근사적으로 쓸 수 있다.

$$W \approx F_x \Delta x$$

이 값은 그림 6.7a에 나타난 색칠한 사각형의 넓이이다. $F_x - x$ 곡선을 동일한 간격으로 많이 나눈다면 x_i에서 x_f로의 변위 동안 일의 전체 합은 근사적으로 다음과 같은 많은 항의 합으로 쓸 수 있다.

$$W \approx \sum_{x_i}^{x_f} F_x \Delta x$$

작은 구간의 크기 Δx를 영에 접근시킬 수 있다면, 위의 합에 사용될 항의 개수는 무한히 늘어나지만 합의 값은 다음과 같이 F_x 곡선과 x축 사이의 넓이와 같은 값이 된다.

$$\lim_{\Delta x \to 0} \sum_{x_i}^{x_f} F_x \Delta x = \int_{x_i}^{x_f} F_x \, dx$$

따라서 입자가 x_i에서 x_f로 움직일 때 F_x가 한 일은 다음과 같이 나타낼 수 있다.

$$\boxed{W = \int_{x_i}^{x_f} F_x \, dx} \qquad 6.7$$

이 식은 힘의 성분 $F_x = F \cos\theta$가 일정하다면 식 6.1이 된다.

어떤 계에 하나 이상의 힘이 작용하고 **그 계를 입자로 모형화할 수 있다면**, 그 계에 대해 한 전체 일은 알짜힘이 한 일과 같다. x 방향으로의 알짜힘을 $\sum F_x$라고 하면, 입자가 x_i에서 x_f로 움직일 때 전체 일 또는 **알짜일**은 다음과 같다.

$$\sum W = W_{\text{ext}} = \int_{x_i}^{x_f} \left(\sum F_x\right) dx \qquad \text{(입자)}$$

보다 일반적인 경우로서 알짜힘이 $\sum\vec{\mathbf{F}}$이고 크기와 방향이 변하는 경우, 스칼라곱을 이용해서 다음과 같이 쓸 수 있다.

$$\sum W = W_{\text{ext}} = \int \left(\sum \vec{\mathbf{F}} \right) \cdot d\vec{\mathbf{r}} \qquad \text{(입자)} \qquad 6.8 \qquad \blacktriangleright \text{변하는 알짜힘이 한 일}$$

식 6.8은 입자가 공간에서 움직이는 경로에 대해 계산하는 것이다. 일에 붙인 아래 첨자 'ext'는 **외부**에서 계에 알짜일을 했다는 뜻이다. 이 장에서는 **내부** 일과 이 일을 구분하기 위해 이 기호를 사용할 예정이다.

계를 입자로 모형화할 수 없는 경우(예를 들어 계가 변형 가능하면), 식 6.8을 이용할 수 없다. 왜냐하면 계에 작용하는 서로 다른 힘에 대한 변위가 각기 다를 수 있기 때문이다. 이 경우는 각 힘이 한 일을 따로 구하고, 그것을 산술적으로 다시 더해야 알짜일을 구할 수 있다.

$$\sum W = W_{\text{ext}} = \sum_{\text{forces}} \left(\int \vec{\mathbf{F}} \cdot d\vec{\mathbf{r}} \right) \qquad \text{(변형 가능한 계)}$$

◀ 예제 6.4 | 그래프로 전체 일 계산하기

어떤 입자에 작용하는 힘이 그림 6.8과 같이 x에 따라 변한다. 입자가 $x = 0$에서 $x = 6.0$ m까지 움직이는 동안 이 힘이 한 일을 구하라.

풀이

개념화 그림 6.8의 힘을 받는 입자를 상상해 보자. 입자가 처음 4.0 m를 움직이는 동안은 힘이 일정하고, 그 후 선형적으로 감소해서 6.0 m 지점에서는 영이 되는 것을 알 수 있다. 앞의 운동에 대한 논의로부터, 이 입자는 처음 4.0 m 동안 일정한 힘을 받기 때문에 등가속도 운동하는 입자로 모형화할 수 있을 것이다. 그러나 4.0 m와 6.0 m 사이에서는 입자의 가속도가 변하기 때문에, 앞에서의 분석 모형을 적용할 수 없다. 입자가 정지 상태에서 출발하면, 속력은 운동하는 동안 증가하고 이 입자는 $+x$ 방향으로 계속 이동한다. 그러나 속력과 방향에 대한 정보는 한 일을 계산하는 데 필요하지는 않다.

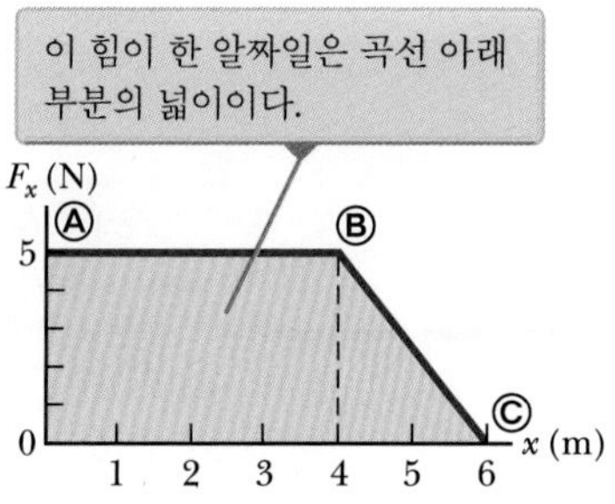

분류 입자가 움직이는 동안 힘이 변하므로, 변하는 힘이 한 일의 계산 방법을 이용해야 한다. 이 경우 그림 6.8의 그래프를 이용해서 일을 구할 수 있다.

분석 힘이 한 일은 $x_{\circledA} = 0$에서부터 $x_{\circledC} = 6.0$ m까지 곡선 아래의 넓이와 같다. 이 넓이는 Ⓐ와 Ⓑ 사이의 사각형 부분의 넓이와 Ⓑ와 Ⓒ 사이의 삼각형 부분의 넓이의 합이다.

사각형 부분의 넓이를 계산한다.

$$W_{\circledA\circledB} = (5.0 \text{ N})(4.0 \text{ m}) = 20 \text{ J}$$

삼각형 부분의 넓이를 계산한다.

$$W_{\circledB\circledC} = \frac{1}{2} (5.0 \text{ N})(2.0 \text{ m}) = 5.0 \text{ J}$$

힘이 입자에 한 전체 일을 계산한다.

$$W_{\circledA\circledC} = W_{\circledA\circledB} + W_{\circledB\circledC} = 20 \text{ J} + 5.0 \text{ J} = \boxed{25 \text{ J}}$$

결론 힘의 그래프가 직선들로 이루어져 있으므로 전체 일을 계산하는 데 있어서 간단한 도형들의 넓이를 구하는 방법을 이용할 수 있다. 힘이 선형적으로 변하지 않는 경우에 있어서는 이런 방법을 이용할 수가 없고, 식 6.7 또는 6.8과 같이 위치의 함수인 힘을 적분해야 한다.

이 힘이 한 알짜일은 곡선 아래 부분의 넓이이다.

그림 6.8 (예제 6.4) 입자에 작용하는 힘이 처음 4.0 m 움직이는 동안은 일정하고, 그 후 $x_{\circledB} = 4.0$ m에서 $x_{\circledC} = 6.0$ m까지는 x에 대해 선형적으로 감소한다.

용수철이 한 일 Work Done by a Spring

그림 6.9는 위치에 따라 힘이 변하는 통상적인 물리계의 모형을 보여 준다. 수평이 며 마찰이 없는 면 위에 용수철에 연결된 물체가 있다. 용수철이 늘어나지 않은 상태, 즉 평형 상태에서 작은 거리만큼 늘어나거나 줄어들면 용수철이 물체에 작용하는 힘 은 다음과 같다.

▶ **용수철 힘**

$$F_s = -kx \qquad\qquad 6.9$$

여기서 x는 평형 위치($x = 0$)에 대한 물체의 위치이고, k는 용수철의 **힘상수**(force constant) 또는 **용수철 상수**(spring constant)라고 하는데 양수이다. 다시 말하면 용 수철을 늘이거나 압축시킬 때 필요한 힘은 늘어나거나 줄어든 길이 x에 비례한다. 용 수철의 힘에 관한 이 법칙은 **훅의 법칙**(Hooke's law)이라고 한다. k의 값은 용수철의 **탄성**을 나타낸다. 단단한 용수철은 k값이 크고, 무른 용수철은 k값이 작다. 식 6.9에서 알 수 있듯이 k의 단위는 N/m이다.

식 6.9를 벡터 형식으로 쓰면 다음과 같다.

$$\vec{\mathbf{F}}_s = F_s\hat{\mathbf{i}} = -kx\hat{\mathbf{i}} \qquad\qquad 6.10$$

여기서 x축은 용수철이 늘어나거나 압축되는 방향과 나란하도록 선택했다.

식 6.9와 6.10에서 음(−)의 부호는 용수철 힘이 언제나 평형 위치로부터의 변위에 **반대** 방향이라는 것을 의미한다. 그림 6.9a와 같이 $x > 0$이면 물체는 평형 위치의 오

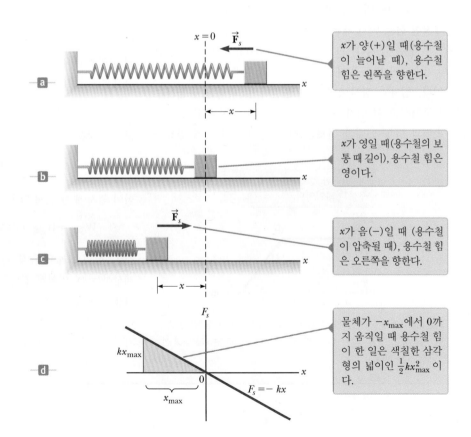

그림 6.9 용수철이 물체에 작용하는 힘 은 평형 위치($x = 0$)로부터 물체의 위치 x에 따라 변한다. (a) x가 양일 때 (b) x 가 영일 때 (c) x가 음일 때 (d) 물체-용 수철 계의 $F_s - x$ 그래프

[그림 설명]
a — x가 양(+)일 때(용수철 이 늘어날 때), 용수철 힘은 왼쪽을 향한다.

b — x가 영일 때(용수철의 보 통 때 길이), 용수철 힘은 영이다.

c — x가 음(−)일 때 (용수철 이 압축될 때), 용수철 힘 은 오른쪽을 향한다.

d — 물체가 $-x_{max}$에서 0까 지 움직일 때 용수철 힘 이 한 일은 색칠한 삼각 형의 넓이인 $\frac{1}{2}kx_{max}^2$ 이 다.

른쪽에 있고, 용수철 힘은 왼쪽, 즉 $-x$ 방향이 된다. 그림 6.9c와 같이 $x < 0$이면 물체는 평형 위치의 왼쪽에 있고, 용수철 힘은 오른쪽, 즉 $+x$ 방향이 된다. 그림 6.9b와 같이 $x = 0$이면 용수철은 늘어나지 않았으므로 $F_s = 0$이다. 용수철 힘은 항상 평형 위치 $(x = 0)$로 향하기 때문에 **복원력**이라고 한다.

물체가 $-x_{max}$의 위치까지 움직이도록 용수철을 압축한 후 놓으면, 물체는 $-x_{max}$로부터 영을 지나 $+x_{max}$까지 움직인다. 그런 다음에 방향을 바꿔 $-x_{max}$까지 되돌아가므로 왕복 진동은 계속된다. 12장에서 진동에 대해 자세히 공부할 예정이다. 당분간은 한 번 진동하는 영역의 작은 부분에서 용수철이 물체에 한 일을 알아보도록 하자.

물체를 $-x_{max}$까지 왼쪽으로 밀어 놓은 경우를 생각해 보자. 물체만을 계라고 정하고 $x_i = -x_{max}$에서 $x_f = 0$까지 물체가 움직일 때, 용수철이 물체에 한 일 W_s를 계산해 보자. 식 6.8을 적용하고 물체를 입자로 취급할 수 있다고 가정하면, 일은 다음과 같다.

$$W_s = \int \vec{\mathbf{F}}_s \cdot d\vec{\mathbf{r}} = \int_{x_i}^{x_f} (-kx\hat{\mathbf{i}}) \cdot (dx\hat{\mathbf{i}}) = \int_{-x_{max}}^{0} (-kx)\, dx = \frac{1}{2}kx_{max}^2 \qquad \textbf{6.11}$$

여기서 $n = 1$일 때 부정적분 $\int x^n dx = x^{n+1}/(n+1)$을 사용했다. 용수철 힘이 한 일은 양$(+)$인데, 이것은 힘이 물체의 변위와 같은 방향이기 때문이다(둘 다 오른쪽이다). 물체가 $x = 0$에 도달할 때 속력이 영이 아니므로 물체는 $+x_{max}$에 도달할 때까지 계속 움직인다. 물체가 $x_i = 0$에서 $x_f = x_{max}$까지 움직이는 동안 용수철 힘이 물체에 한 일은 $W_s = -\frac{1}{2}kx_{max}^2$이다. 이 부분의 운동에서 용수철 힘의 방향은 왼쪽이고 변위의 방향은 오른쪽이기 때문에 일은 음이다. 따라서 $x_i = -x_{max}$에서 $x_f = +x_{max}$까지 물체가 움직이는 동안 용수철 힘이 한 **알짜**일은 **영**이다.

그림 6.9d는 F_s-x 그래프이다. 식 6.11에서 구한 일은 색칠한 삼각형의 넓이로, $-x_{max}$에서 0까지의 변위에 대한 것이다. 삼각형의 밑변은 x_{max}이고 높이는 kx_{max}이므로 넓이는 $\frac{1}{2}kx_{max}^2$이고, 이는 식 6.11에서 구한 용수철이 한 일과 일치한다.

물체가 $x = x_i$에서 $x = x_f$까지 임의의 변위를 움직인다면, 용수철 힘이 물체에 한 일은 다음과 같다.

$$W_s = \int_{x_i}^{x_f} (-kx)\, dx = \frac{1}{2}kx_i^2 - \frac{1}{2}kx_f^2 \qquad \textbf{6.12} \qquad \blacktriangleright \text{용수철이 한 일}$$

식 6.12에서 알 수 있는 것은 시작점이 끝점이 되는 $(x_i = x_f)$ 운동에 대해서도 용수철 힘이 한 일은 영이라는 것이다. 7장에서는 이 중요한 결과를 이용해서 물체-용수철 계의 운동에 대해 보다 상세하게 다룰 것이다.

식 6.11과 6.12는 용수철 힘이 물체에 한 일이다. 이제 그림 6.10과 같이 다른 **외력**이 작용해서 물체를 $x_i = -x_{max}$에서 $x_f = 0$까지 **매우 천천히** 움직이도록 한 경우 그 힘이 물체에 한 일을 생각해 보자. 어느 위치에서든지 이 **외력** $\vec{\mathbf{F}}_{app}$는 용수철 힘 $\vec{\mathbf{F}}_s$와 크기는 같고 방향은 반대이므로 $\vec{\mathbf{F}}_{app} = F_{app}\hat{\mathbf{i}} = -\vec{\mathbf{F}}_s = -(-kx\hat{\mathbf{i}}) = kx\hat{\mathbf{i}}$라는 것에 주목하면 그 일을 구할 수 있다. 따라서 외력이 물체의 계에 한 일은 다음과 같다.

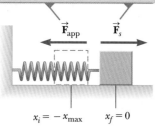

이 물체가 움직이는 과정이 매우 천천히 일어난다면, $\vec{\mathbf{F}}_{app}$는 항상 $\vec{\mathbf{F}}_s$와 크기는 같고 방향은 반대이다.

$\vec{\mathbf{F}}_{app}$ $\quad$ $\vec{\mathbf{F}}_s$

$x_i = -x_{max}$ $\qquad$ $x_f = 0$

그림 6.10 힘 $\vec{\mathbf{F}}_{app}$가 작용해서 물체가 마찰이 없는 면 위에서 $x_i = -x_{max}$로부터 $x_f = 0$까지 움직인다.

$$W_{ext} = \int \vec{\mathbf{F}}_{app} \cdot d\vec{\mathbf{r}} = \int_{x_i}^{x_f} (kx\hat{\mathbf{i}}) \cdot (dx\hat{\mathbf{i}}) = \int_{-x_{max}}^{0} kx\, dx = -\frac{1}{2} kx_{max}^2$$

이 일은 같은 변위에 대해 용수철 힘이 한 일의 음($-$)과 같다(식 6.11). 그 이유는 물체가 $-x_{max}$에서 0까지 움직이는 동안 외력이 용수철이 늘어나지 못하도록 안쪽으로 밀어주어 그 방향이 힘의 작용점의 변위와 반대가 되기 때문이다.

물체가 $x = x_i$에서 $x = x_f$까지 움직이는 동안 (용수철 힘이 아닌) 외력이 계에 한 일은 다음과 같다.

$$W_{ext} = \int_{x_i}^{x_f} kx\, dx = \frac{1}{2} kx_f^2 - \frac{1}{2} kx_i^2 \qquad\qquad 6.13$$

이 식은 식 6.12의 음($-$)과 같음에 주목하자.

▶ **퀴즈 6.4** 용수철이 내장된 장난감 화살총에 작은 화살을 장전하는 경우 용수철을 x만큼 압축해야 한다. 두 번째 화살을 장전하기 위해서는 용수철을 $2x$만큼 압축해야 한다. 두 번째 화살을 장전하는 데에는 첫 번째 화살을 장전하는 데 필요한 일의 몇 배가 드는가? (a) 네 배 (b) 두 배 (c) 같음 (d) 반 (e) 4분의 1

▶ **예제 6.5 | 용수철의 힘상수 k 측정하기**

용수철의 힘상수를 구하는 통상적인 방법이 그림 6.11에 나타나 있다. 그림 6.11a와 같이 용수철은 연직으로 매달려 있고, 질량 m인 물체를 그 아래쪽 끝에 매단다. 용수철은 그림 6.11b와 같이 매달린 무게 mg에 의해 평형 위치로부터 거리 d만큼 늘어난다.

(A) 질량이 0.55 kg인 물체가 매달려 2.0 cm만큼 늘어났다면 용수철의 힘상수는 얼마인가?

풀이

개념화 그림 6.11b를 보면, 물체가 매달릴 때 용수철에 어떤 변화가 생기는지를 알 수 있다. 이 상황은 고무줄에 물체를 매다는 경우처럼 생각할 수 있다.

분류 그림 6.11b의 물체는 가속되지 않는다. 따라서 평형 상태에 있는 입자로 모형화할 수 있다.

분석 물체가 평형 상태에 있으므로, 작용하는 알짜힘은 영이 되어 위쪽 방향의 용수철 힘이 아래쪽으로 중력 $m\vec{\mathbf{g}}$와 균형을 이룬다(그림 6.11c).
물체에 평형 상태의 입자 모형을 적용한다.

$$\vec{\mathbf{F}}_s + m\vec{\mathbf{g}} = 0 \quad \rightarrow \quad F_s - mg = 0 \quad \rightarrow \quad F_s = mg$$

훅의 법칙에 의해 $F_s = kd$이므로 k를 구하면 다음과 같다.

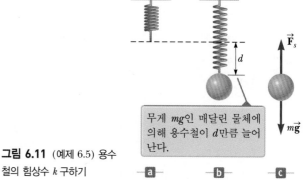

$\vec{\mathbf{F}}_s$

d

$m\vec{\mathbf{g}}$

무게 mg인 매달린 물체에 의해 용수철이 d만큼 늘어난다.

그림 6.11 (예제 6.5) 용수철의 힘상수 k 구하기 ⒜ ⒝ ⒞

$$k = \frac{mg}{d} = \frac{(0.55 \text{ kg})(9.80 \text{ m/s}^2)}{2.0 \times 10^{-2} \text{ m}} = \boxed{2.7 \times 10^2 \text{ N/m}}$$

(B) 길이가 늘어나는 동안 용수철이 한 일을 구하라.

풀이

식 6.12를 이용하면 용수철이 물체에 한 일을 구할 수 있다.

$$W_s = 0 - \frac{1}{2} kd^2 = -\frac{1}{2} (2.7 \times 10^2 \text{ N/m})(2.0 \times 10^{-2} \text{ m})^2$$

$$= -5.4 \times 10^{-2}\ \text{J}$$

결론 물체가 2.0 cm의 거리를 움직일 때, 중력도 역시 일을 한다. 중력의 방향과 변위가 모두 아래쪽이므로 이 일은 양 (+)의 값이 된다. 식 6.12와 그 후의 설명에 의하면, 중력이 한 일이 $+5.4 \times 10^{-2}$ J이라고 할 수 있는가? 물체에 중력이 한 일을 계산하면 다음과 같다.

$$W = \vec{\mathbf{F}} \cdot \Delta\vec{\mathbf{r}} = (mg)(d)\cos 0 = mgd$$
$$= (0.55\ \text{kg})(9.80\ \text{m/s}^2)(2.0 \times 10^{-2}\ \text{m})$$
$$= 1.1 \times 10^{-1}\ \text{J}$$

중력이 한 일이 용수철이 한 일에 단순히 양(+)의 부호를 붙인 것과 같을 것이라고 생각했다면, 이 결과가 놀라울 것이다. 왜 그렇게 되지 않는지를 이해하기 위해서는 다음 절에서 설명할 내용들을 좀 더 살펴봐야 할 것이다.

6.5 | 운동 에너지와 일–운동 에너지 정리
Kinetic Energy and the Work-Kinetic Energy Theorem

앞에서 일이란 어떤 계로 에너지를 전달하는 메커니즘이라고 규정했다. 앞에서 일은 환경으로부터 계에 주는 효과라고 했지만, 그 효과의 **결과**에 대해서는 논의하지 않았다. 계에 일을 해서 얻을 수 있는 결과 중 하나는 계의 속력을 바꿀 수 있다는 것이다. 이번 절에서는 이런 상황을 살펴보고, 계가 가질 수 있는 에너지의 첫 번째 형태인 **운동 에너지**를 소개한다.

단일 물체로 이루어진 계를 생각해 보자. 그림 6.12에서 질량 m인 물체는 오른쪽 방향의 알짜힘 $\sum \vec{\mathbf{F}}$에 의해 오른쪽 방향으로의 변위를 얻으며 움직이고 있다. 뉴턴의 제2법칙으로부터 물체는 가속도 $\vec{\mathbf{a}}$를 얻게 된다. 물체의 움직이는 변위가 $\Delta\vec{\mathbf{r}} = \Delta x\hat{\mathbf{i}} = (x_f - x_i)\hat{\mathbf{i}}$이라면, 알짜힘 $\sum\vec{\mathbf{F}}$가 한 일은 다음과 같다.

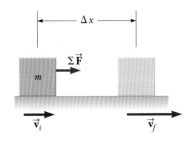

그림 6.12 일정한 알짜힘 $\sum\vec{\mathbf{F}}$가 작용하면서 물체의 속도가 변하고, 변위 $\Delta\vec{\mathbf{r}} = \Delta x\hat{\mathbf{i}}$만큼 이동한다.

$$W_{\text{ext}} = \int_{x_i}^{x_f} \sum F\, dx \qquad\qquad 6.14$$

뉴턴의 제2법칙을 이용해서, 알짜힘의 크기를 $\sum F = ma$로 대입한 후 다음의 연쇄 법칙(chain-rule)을 적분에 활용하자.

$$W_{\text{ext}} = \int_{x_i}^{x_f} ma\, dx = \int_{x_i}^{x_f} m\frac{dv}{dt}\, dx = \int_{x_i}^{x_f} m\frac{dv}{dx}\frac{dx}{dt}\, dx = \int_{v_i}^{v_f} mv\, dv$$

$$W_{\text{ext}} = \frac{1}{2}mv_f^2 - \frac{1}{2}mv_i^2 \qquad\qquad 6.15$$

여기서 v_i는 $x = x_i$일 때 물체의 속력이며 v_f는 $x = x_f$일 때의 속력이다.

식 6.15는 일차원인 특수한 상황에 대해 유도됐지만 사실은 일반적인 결과이다. 즉 알짜힘이 질량 m인 입자에 한 일은 $\frac{1}{2}mv^2$의 처음 값과 나중 값의 차이와 같다. 이는 매우 중요한 양으로 특별히 **운동 에너지**(kinetic energy)라고 부른다.

$$K \equiv \frac{1}{2}mv^2 \qquad\qquad 6.16 \qquad\blacktriangleright\ \text{운동 에너지}$$

운동 에너지는 입자의 운동과 관련된 에너지를 나타낸다. 운동 에너지는 스칼라양

표 6.1 | 여러 물체의 운동 에너지

물 체	질량 (kg)	속력 (m/s)	운동 에너지 (J)
태양 주위를 도는 지구	5.97×10^{24}	2.98×10^4	2.65×10^{33}
지구 주위를 도는 달	7.35×10^{22}	1.02×10^3	3.82×10^{28}
탈출 속력으로 움직이는 로켓[a]	500	1.12×10^4	3.14×10^{10}
시속 100 km의 자동차	2 000	25	8.4×10^5
달리기 선수	70	10	3 500
10 m 높이에서 떨어지는 돌	1.0	14	98
종단 속력으로 움직이는 골프공	0.046	44	45
종단 속력으로 떨어지는 빗방울	3.5×10^{-5}	9.0	1.4×10^{-3}
대기 중의 산소 분자	5.3×10^{-26}	500	6.6×10^{-21}

[a] 탈출 속력이란 임의의 물체가 지표로부터 무한히 먼 곳까지 움직이기 위한 지표 부근에서의 최소 속력이다.

이며 일과 단위가 같다. 예를 들어 2.0 kg의 물체가 4.0 m/s의 속력으로 움직이고 있다면 운동 에너지는 16 J이다. 표 6.1은 다양한 물체의 운동 에너지를 보여 준다.

식 6.15는 알짜힘 $\sum \vec{F}$가 입자에 작용할 때 한 일은 입자의 운동 에너지의 변화와 같다는 것을 말한다. 식 6.15는 다음 형태로 나타내는 것이 편리한 경우도 있다.

$$W_{\text{ext}} = K_f - K_i = \Delta K \qquad \text{6.17}$$

$K_f = K_i + W_{\text{ext}}$로 쓸 수도 있으며, 나중 운동 에너지는 처음 운동 에너지에 알짜힘이 한 일을 더한 것과 같다.

식 6.17은 입자에 일을 하는 경우를 생각해서 유도됐다. 각 부분이 서로에 대해 움직임으로써 모양이 변형될 수 있는 계에도 일을 할 수 있다. 이런 경우에도, 앞의 식 6.8을 설명할 때 언급한 바와 같이, 각 힘이 한 일을 계산한 다음 그 일들을 더하는 방법으로 알짜일을 계산한다면 여전히 식 6.17이 유효하다.

식 6.17은 중요한 결과이며 **일-운동 에너지 정리**(work-kinetic energy theorem)라고 한다.

▶ 일-운동 에너지 정리

> 어떤 계에 일이 작용하고 계의 유일한 변화가 속력이라면, 알짜힘이 계에 한 일은 계의 운동 에너지의 변화와 같다.

오류 피하기 | 6.5

일-운동 에너지 정리의 조건 일-운동 에너지 정리는 중요하지만 그 응용에는 한계가 있다. 즉 일반적인 원리는 아니다. 많은 경우에, 속력이 변하는 것 말고도 계 내의 다른 것들이 변해서 일 이외의 환경과 상호 작용한다. 에너지와 관련된 더 일반적인 원리는 7.1절에 나오는 **에너지의 보존**이다.

일-운동 에너지 정리에 의하면 행해진 알짜일의 부호가 **양**(+)이면 어떤 계의 속력은 **증가**하는데, 그 이유는 나중 운동 에너지가 처음 운동 에너지보다 크기 때문이다. 알짜일이 **음**(−)이면 속력은 **감소**하는데, 이것은 나중 운동 에너지가 처음 운동 에너지보다 작기 때문이다.

지금까지 병진 운동에 대해서만 살펴보고 있으므로 병진 운동이 있는 상황을 분석해서 일-운동 에너지 정리를 논했다. 운동의 또 다른 형태는 **회전 운동**인데, 물체가 어떤 축에 대해 돌고 있는 경우이다. 이런 운동은 10장에서 배우게 될 것이다. 일-운동 에너지 정리는 계에 작용한 일 때문에 회전 속력이 바뀌는 계에 대해서도 적용된다. 이 장 도입부에 등장한 풍차가 회전 운동을 일으키는 일의 예이다.

일−운동 에너지 정리는 이 장의 앞부분에서 본, 어쩌면 이상하게도 보일 수 있는 결과를 명확하게 설명한다. 6.4절에서 용수철이 물체를 $x_i = -x_{max}$에서 $x_f = x_{max}$ 까지 밀 때 한 일은 영이라고 했다. 이 과정 동안 용수철에 달린 물체의 속력은 계속해서 바뀔 것이어서 이 과정을 분석하는 것이 복잡해 보일지도 모른다. 그러나 일−운동 에너지 정리의 ΔK는 단지 처음과 나중 위치에서의 속력에만 관계하고, 이 두 점 사이의 구체적인 경로와는 무관하다. 따라서 이 운동의 처음과 나중 위치 모두에서 속력이 영이므로 물체에 한 알짜일은 영이다. 문제를 다룸에 있어 경로와 무관하다는 식의 개념은 앞으로 종종 등장할 것이다.

예제 6.5의 결론 부분에서 나온 의문점에 대해서도 다시 살펴보자. 왜 중력이 한 일은 용수철이 한 일에 단순히 양(+)의 부호를 붙인 것과 다른 것인가? 중력이 한 일은 용수철이 한 일의 크기보다 크다는 것에 주목하자. 따라서 물체에 작용하는 모든 힘에 의한 알짜일은 양(+)의 값이다. 이제 어떻게 하면 물체에 작용하는 힘이 용수철 힘과 중력뿐인 상황을 만들 수 있는지 상상해 보자. 물체를 가장 높은 지점에서 받치고 있다가 손을 떼서 물체가 떨어지도록 한다고 하자. 그렇게 한다면 식 6.17에 따라 여러분은 물체가 손 아래로 2.0 cm 지점에 이르렀을 때 **움직이고** 있어야 한다는 것을 안다. 왜냐하면 양(+)의 알짜일을 물체에 했으므로 물체가 2.0 cm 지점을 통과할 때 물체는 운동 에너지를 가지고 있기 때문이다.

물체가 2.0 cm를 움직인 후에도 운동 에너지를 갖지 않도록 하는 유일한 방법은 그 물체를 손으로 받치면서 천천히 내려가도록 하는 것이다. 그런 경우에는 물체에 일을 하는 세 번째의 힘이 존재하게 되는데, 바로 손으로부터의 수직항력이다. 만일 이 일을 계산해서 용수철 힘과 중력이 한 일에 더한다면, 물체에 한 알짜일이 영이 될 것이고, 이는 물체가 2.0 cm 지점에서 움직이지 않는다는 사실과 일치한다.

앞에서 일이란 것은 어떤 계로 에너지가 전달되는 메커니즘 중의 하나임을 지적했다. 식 6.17은 이 개념의 수학적 표현이다. 어떤 계에 W_{net}의 일을 하면, 계의 경계를 거쳐 에너지의 전달이 일어난다. 그 결과 계에 주어지는 것은 식 6.17에서 운동 에너지의 변화인 ΔK이다. 다음 절에서는 계에 일을 한 결과로서 계에 저장될 수 있는 또 다른 형태의 에너지에 대해 고찰할 것이다.

> **오류 피하기 | 6.6**
>
> **일−운동 에너지 정리: 속도가 아니라 속력** 일−운동 에너지 정리는 일을 속도의 변화가 아닌 계의 속력의 변화와 연관시킨다. 예를 들어 어떤 물체가 등속 원운동을 한다면, 속력은 일정하다. 속도가 변하더라도 원운동을 유지하는 힘은 물체에 일을 하지 않는다.

◀ **퀴즈 6.5** 작은 화살을 용수철이 내장된 장난감 화살총에 장전하는 경우 용수철을 x만큼 압축해야 한다. 두 번째 화살을 장전하기 위해서는 용수철을 $2x$만큼 압축해야 한다. 두 번째 화살은 첫 번째 화살에 비해 얼마나 빠른 속력으로 화살총에서 발사되는가? **(a)** 네 배 **(b)** 두 배 **(c)** 같음 **(d)** 반 **(e)** 4분의 1

생각하는 물리 6.1

어떤 사람이 트럭의 짐칸에 판자를 걸쳐 놓고 그 위로 냉장고를 밀어서 싣고자 한다(그림 6.13). 판자와 지면과의 각도는 θ이다. 그는 판자의 길이 L이 더 길어지면 필요한 일은 적어질 것이라고 주장한다. 그의 주장은 타당한가?

추론 그렇지 않다. 냉장고를 바퀴 달린 손수레에 올려놓고 경사면을 따라 일정한 속력으로 밀어 올린다고 하자. 이 경우 손수레와 냉장고로 된 계의 운동 에너지 변화는 $\Delta K = 0$이다. 경사면이 계에 작용하는 수직항력은 작용점의 변위 방향과 90°를 이루므로, 계에 하는 일은 없다. $\Delta K = 0$이므로, 일-에너지 정리는 다음과 같이 된다.

$$W_{\text{ext}} = W_{\text{by man}} + W_{\text{by gravity}} = 0$$

중력이 한 일은 계의 무게 mg와 냉장고가 변위한 거리 L, 그리고 $\cos(\theta + 90°)$를 곱한 것과 같다. 따라서 다음과 같이 된다.

$$W_{\text{by man}} = -W_{\text{by gravity}} = -(mg)(L)[\cos(\theta + 90°)]$$
$$= mgL\sin\theta = mgh$$

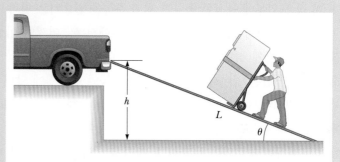

그림 6.13 (생각하는 물리 6.1) 마찰이 없고 바퀴 달린 손수레에 실린 냉장고가 일정한 속력으로 경사면 위로 올라가고 있다.

여기서 $h = L\sin\theta$는 경사면의 높이이다. 그러므로 사람은 경사면의 길이에 **관계없이** 계에 mgh와 같은 양의 일을 해야만 한다. 일은 경사면의 높이에만 관계된다. 경사면의 길이가 길면 힘이 덜 들겠지만, 그 힘은 많은 거리를 이동하는 동안 작용해야만 한다. ◀

예제 6.6 | 마찰이 없는 평면에서 물체를 밀기

6.0 kg인 물체가 처음에 정지해 있다가 12 N의 일정한 수평력을 받아서 마찰이 없는 수평면을 따라 오른쪽으로 움직이고 있다. 물체가 3.0 m 움직인 후의 속력은 얼마인가?

풀이

개념화 주어진 상황은 그림 6.14와 같다. 장난감 자동차를 앞쪽에 부착된 고무줄을 이용해서 탁자 위에서 당기는 경우를 상상해 보자. 늘어난 고무줄의 길이를 항상 일정하게 함으로써 자동차에 작용하는 힘을 일정하게 유지할 수 있다.

분류 운동학 식을 적용해서 답을 찾을 수도 있지만, 에너지 접근 방법을 연습해 보자. 계는 물체이고 그 계에는 세 가지 힘이 작용한다. 수직항력과 중력은 균형을 이루고, 모두 물체에 연직 방향으로 작용해서 일은 하지 않는다. 이들 힘의 작용점은 수평의 변위를 갖기 때문이다.

분석 물체에 작용하는 알짜 외력은 수평력 12 N이다.
물체에 대한 일-운동 에너지 정리를 이용하고, 처음 운동 에너지가 영임을 고려한다.

$$W_{\text{ext}} = K_f - K_i = \frac{1}{2}mv_f^2 - 0 = \frac{1}{2}mv_f^2$$

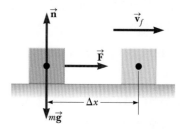

그림 6.14 (예제 6.6) 일정한 수평력이 마찰이 없는 면에서 물체를 오른쪽으로 당기고 있다.

v_f를 구하고 $\vec{F}$가 물체에 한 일에 대한 식 6.1을 사용한다.

$$v_f = \sqrt{\frac{2W_{\text{ext}}}{m}} = \sqrt{\frac{2F\Delta x}{m}}$$

주어진 값들을 대입한다.

$$v_f = \sqrt{\frac{2(12\text{ N})(3.0\text{ m})}{6.0\text{ kg}}} = 3.5\text{ m/s}$$

결론 물체를 알짜힘을 받는 입자로 모형화해서 가속도를 구한 후, 등가속도 운동을 하는 입자로 모형화해서 나중 속도를 찾는 방법으로 이 문제를 다시 풀어보면 매우 유익할 것이다.

문제 이 예제에서 힘의 크기가 두 배가 되어 $F' = 2F$라고 가정하자. 6.0 kg의 물체는 그 힘에 의해 가속되어 속력이 3.5 m/s가 될 때까지 변위 $\Delta x'$만큼 움직인다고 하자. 변위 $\Delta x'$은 처음의 변위 Δx와 비교해서 어떻게 되는가?

답 더 세게 당기면 물체는 같은 속력으로 가속되는 데 거리가 더 짧아질 것이다. 따라서 $\Delta x' < \Delta x$라고 예상할 수 있다. 두 경우 모두 물체의 운동 에너지 변화 ΔK는 같다. 수학적으로 일-운동 에너지 정리로부터 다음과 같이 됨을 알 수 있다.

$$W_{ext} = F' \Delta x' = \Delta K = F \Delta x$$

$$\Delta x' = \frac{F}{F'} \Delta x = \frac{F}{2F} \Delta x = \frac{1}{2} \Delta x$$

개념화 단계에서 예상한 바와 같이 거리가 짧아진다.

6.6 | 계의 위치 에너지 Potential Energy of a System

지금까지 계를 일반적으로 정의했으나, 외력을 받는 한 개의 입자나 물체를 주로 다뤘다. 이제는 여러 개의 입자나 물체로 구성된 계에서, 그 입자나 물체들이 **내력**에 의해 서로 상호 작용하는 경우를 생각해 보자. 이런 계의 운동 에너지는 계의 모든 구성 요소들의 운동 에너지의 대수적인 합과 같다. 그러나 어떤 계에서는 한 물체가 매우 무거워 그 물체는 움직이지 않으므로 운동 에너지도 무시할 수 있는 경우가 있다. 예를 들어 공이 지면으로 떨어지는 경우에, 공-지구 계에서 계의 운동 에너지는 공의 운동 에너지만 고려하면 된다. 이 과정에서 공을 향한 지구의 운동은 무시할 수 있기 때문에 지구의 운동 에너지는 무시할 수 있다. 반면 두 전자 계의 운동 에너지는 두 입자의 운동 에너지를 모두 포함해야 한다.

중력으로 상호 작용을 하는 책과 지구로 된 계를 생각해 보자. 그림 6.15와 같이 책을 높이 $\Delta \vec{r} = (y_f - y_i)\hat{j}$로 천천히 들어올리면서 외력이 계에 일을 한다. 일은 에너지의 전달이라고 한 것을 생각하면, 계에 한 일은 계의 에너지 증가로 나타나야 한다. 책은 일을 하기 전에 정지 상태이고, 일을 한 후에도 정지 상태이다. 따라서 계의 운동 에너지는 변하지 않는다.

계의 에너지 변화가 운동 에너지 변화가 아니기 때문에, 다른 형태의 에너지로 저장되어야 한다. 책을 들어올린 후 놓으면, 원래 위치 y_i로 낙하한다. 이때 책(따라서 계)은 운동 에너지를 가지며, 그 에너지는 책을 들어올릴 때 한 일에서 온 것임에 주목한다. 책이 가장 높은 위치에 있을 때, 계에는 운동 에너지로 바뀔 수 있는 **잠재적인 에너지**가 있고, 이것은 책이 떨어지면서 운동 에너지로 바뀌게 된 것이다. 책을 놓기 전의 이런 에너지 저장 형태를 **위치 에너지**(potential energy)라 한다. 여러분은 위치 에너지가 계의 구성 요소 사이에 작용하는 특별한 형태의 힘에만 연관됨을 알게 될 것이다. 위치 에너지의 크기는 계를 구성하는 요소들의 **배열 상태**에 따라 결정된다. 계의 구성 요소들을 다른 위치로 이동시키거나 회전시키는 경우, 계의 배열 상태가 변하게 되고 따라서 위치 에너지가 변하게 된다.

이제 지표면 위로 특정한 위치에 놓인 물체와 관련된 위치 에너지 식을 유도하자.

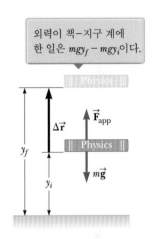

외력이 책-지구 계에 한 일은 $mgy_f - mgy_i$이다.

그림 6.15 외력이 책을 높이 y_i에서 y_f로 천천히 들어올린다.

오류 피하기 | 6.7
위치 에너지 위치 에너지라는 말은 에너지가 되기 위해 잠재해 있는 어떤 것을 가리키는 것이 아니다. 위치 에너지는 그 자체가 에너지이다.

그림 6.15와 같이 질량 m인 물체를 지면으로부터 처음 높이 y_i에서 나중 높이 y_f까지 들어올리는 경우를 고려해 보자. 물체를 가속도 없이 천천히 들어올리는 경우, 들어올리는 힘은 물체에 작용하는 중력과 크기가 같으며, 이때 물체는 평형 상태에서 등속 운동하는 입자로 모형화할 수 있다. 물체가 위쪽 방향으로 움직이는 동안 외력이 계(물체와 지구)에 한 일은, 위로 작용하는 힘 $\vec{\mathbf{F}}_{app}$와 위쪽 방향의 변위 $\Delta \vec{\mathbf{r}} = \Delta y \hat{\mathbf{j}}$의 곱과 같다.

$$W_{ext} = (\vec{\mathbf{F}}_{app}) \cdot \Delta \vec{\mathbf{r}} = (mg\hat{\mathbf{j}}) \cdot [(y_f - y_i)\hat{\mathbf{j}}] = mg\,y_f - mg\,y_i \qquad \textbf{6.18}$$

환경으로부터 계에 작용하는 힘은 들어올리는 힘뿐이므로, 이 결과는 계에 한 알짜 일이 된다. (중력은 계에서 **내력**이다.) 식 6.18이 식 6.15와 유사함에 주목하자. 각 식에서 계에 한 일은 어떤 양의 처음과 나중 값의 차이와 같다. 식 6.15에서 일은 계로 전달되는 에너지를 나타내고, 계의 에너지 증가는 운동 에너지의 형태이다. 식 6.18에서는 일에 의해 계로 에너지가 전달되는데, 계의 에너지 변화는 다른 형태로 나타나고 이를 위치 에너지라고 했다.

따라서 mgy를 **중력 위치 에너지**(gravitational potential energy) U_g로 정의할 수 있다.

▶ 중력 위치 에너지

$$U_g \equiv mgy \qquad \textbf{6.19}$$

중력 위치 에너지 단위는 J이며, 일과 운동 에너지의 단위와 같다. 위치 에너지는 일과 운동 에너지와 같이 스칼라양이다. 식 6.19는 지표면 근처의 물체에만 유효하며, 이때 g는 근사적으로 일정하다.[3]

중력 위치 에너지의 정의를 사용하면 식 6.18은 다음과 같이 쓸 수 있다.

$$W_{ext} = \Delta U_g \qquad \textbf{6.20}$$

이는 외력들이 계에 한 알짜일은 운동 에너지의 변화가 없을 때 계의 중력 위치 에너지의 변화로 나타남을 수학적으로 표현한 것이다.

중력 위치 에너지는 단지 지표면 위 물체의 연직 높이에만 의존한다. 물체−지구 계에 한 일은 물체를 연직 방향으로 들어올리거나, 같은 지점에서 출발해서 마찰이 없는 경사면을 따라 같은 높이까지 밀어올릴 때 한 일과 같다. 이 내용은 냉장고를 경사로를 따라 위로 굴려올리는 특별한 경우인 생각하는 물리 6.1에서 증명한 바 있다. 이는 일반적으로 외력이 연직 및 수평 성분을 모두를 가진 변위에 대해 한 일을 계산함으로써 참임을 보일 수 있다.

$$W_{ext} = (\vec{\mathbf{F}}_{app}) \cdot \Delta \vec{\mathbf{r}} = (mg\,\hat{\mathbf{j}}) \cdot [(x_f - x_i)\hat{\mathbf{i}} + (y_f - y_i)\hat{\mathbf{j}}] = mg\,y_f - mg\,y_i$$

여기서 $\hat{\mathbf{j}} \cdot \hat{\mathbf{i}} = 0$이므로 마지막 결과에서 x항이 포함되지 않는다.

중력 위치 에너지를 포함한 문제를 풀 때, 중력 위치 에너지가 어떤 기준값(보통의

---

[3] g가 일정하다고 하는 가정은 물체의 높이가 지구 반지름에 비해 충분히 작을 때 성립한다.

경우 영으로 잡음)이 되는 기준 위치를 정할 필요가 있다. 기준점의 선택은 완전히 임의적인데, 그 이유는 위치 에너지의 **차이**가 중요하고, 그 차이는 기준점의 선택과 무관하기 때문이다.

보통 지표면에 물체가 놓여 있을 때 위치 에너지를 영으로 하는 것이 편리하다. 그러나 반드시 그럴 필요는 없다. 문제의 상황에 따라 사용할 기준점을 선택한다.

▶ **퀴즈 6.6** 옳은 답을 고르라. 계의 중력 위치 에너지는 (**a**) 항상 양(+)이다. (**b**) 항상 음(−)이다. (**c**) 양(+)일 수도 있고 음(−)일 수도 있다.

▶ **예제 6.7 | 훌륭한 운동 선수와 아픈 발가락**

운동 선수의 부주의로 손에서 트로피가 미끄러져 선수의 발가락에 떨어졌다. 바닥을 좌표의 원점($y = 0$)으로 하고, 트로피가 떨어짐에 따라 트로피–지구 계의 중력 위치 에너지의 변화를 추정하라. 또한 운동 선수의 머리를 좌표의 원점으로 하고 앞의 계산을 다시 하라.

풀이

개념화 트로피는 지표면으로부터의 연직 방향 위치가 변한다. 이 위치의 변화에 따라 중력 위치 에너지가 변하게 된다.

분류 이 절에서 정의된 중력 위치 에너지의 변화를 구하면 되므로, 예제는 대입 문제에 해당한다. 숫자가 주어지지 않았으므로, 이는 추정 문제이다.

문제를 읽어보면 위치 에너지가 영이 되는 트로피–지구 계의 기준 위치는 트로피의 아래가 바닥에 놓여 있을 때임을 알 수 있다. 계의 위치 에너지 변화를 구하기 위해 몇 가지 값을 추정할 필요가 있다. 트로피의 질량은 대략 2 kg이고, 발가락의 높이는 대략 0.03 m이다. 또한 트로피는 0.5 m의 높이에서 떨어졌다고 가정한다.

트로피가 떨어지기 직전의 트로피–지구 계의 중력 위치 에너지를 계산한다.

$$U_i = mg\, y_i = (2 \text{ kg})(9.80 \text{ m/s}^2)(0.5 \text{ m}) = 9.80 \text{ J}$$

트로피가 선수의 발가락 위에 떨어지는 순간의 트로피–지구 계의 중력 위치 에너지를 계산한다.

$$U_f = mgy_f = (2 \text{ kg})(9.80 \text{ m/s}^2)(0.03 \text{ m}) = 0.588 \text{ J}$$

트로피–지구 계의 중력 위치 에너지의 변화를 계산한다.

$$\Delta U_g = 0.588 \text{ J} - 9.80 \text{ J} = -9.21 \text{ J}$$

여러 값을 대략적으로 추정했기 때문에, 이 값도 근사적으로

추정해서 중력 위치 에너지의 변화는 대략 $-9\,\text{J}$ 이라고 할 수 있다. 이 계는 트로피가 떨어지기 전에 10 J의 중력 위치 에너지를 가지고 있었고, 트로피가 발가락에 떨어지는 순간 거의 1 J에 가까운 위치 에너지를 가지게 됐다.

두 번째 질문은 트로피가 선수의 머리 위치에 있을 때를 위치 에너지가 영이 되는 기준으로 하는 경우이므로 (트로피는 실제로 이 높이로 올라가지는 않는다), 이 위치를 바닥으로부터 대략 1.50 m라고 추정한다.

트로피가 떨어지기 직전에는 선수의 머리로부터 1 m 아래에 위치하므로 트로피–지구 계의 중력 위치 에너지는 다음과 같다.

$$U_i = mgy_i = (2 \text{ kg})(9.80 \text{ m/s}^2)(-1\text{m}) = -19.6 \text{ J}$$

트로피가 선수의 발가락에 도달하는 순간에는 선수의 머리로부터 1.47 m 아래에 있으므로 트로피–지구 계의 중력 위치 에너지는 다음과 같다.

$$U_f = mg\, y_f = (2 \text{ kg})(9.80 \text{ m/s}^2)(-1.47\text{m}) = -28.8 \text{ J}$$

트로피–지구 계의 중력 위치 에너지의 변화를 계산하면 다음과 같다.

$$\Delta U_g = -28.8 \text{ J} - (-19.6 \text{ J}) = -9.2 \text{ J} \approx -9\,\text{J}$$

이는 앞에서 계산한 값과 당연히 같다.

탄성 위치 에너지 Elastic Potential Energy

계의 구성 요소들은 서로 다른 형태의 힘으로 상호 작용할 수 있으므로, 계에는 서로 다른 형태의 위치 에너지가 존재할 수 있다. 앞에서는 구성 요소들이 중력에 의해 상호 작용하는 계의 중력 위치 에너지에 대해 살펴봤으므로, 이번에는 계가 가질 수 있는 두 번째 형태의 위치 에너지를 생각해 보자.

그림 6.16과 같이 용수철과 물체로 구성된 계를 고려하자. 6.4절에서는 물체만을 계의 구성 요소로 했다. 이번에는 물체와 용수철 모두가 계를 구성하고 있으며, 용수철 힘이 계의 구성 요소 사이의 상호 작용이다. 용수철이 물체에 작용하는 힘은 $F_s = -kx$(식 6.9)이다. 외력 F_{app}가 용수철과 연결된 물체로 구성되어 있는 계에 한 일은 식 6.13으로 주어진다.

$$W_{ext} = \frac{1}{2}kx_f^2 - \frac{1}{2}kx_i^2 \qquad\qquad 6.21$$

여기서 물체의 처음과 나중 x 좌표는 평형 위치($x = 0$)로부터 측정한다. 중력의 경우와 마찬가지로, 외력이 계에 한 일은 계의 배열과 관련된 어떤 양의 처음과 나중 값의 차이와 같다. 물체–용수철 계에서의 **탄성 위치 에너지**(elastic potential energy) 함수는 다음과 같이 정의한다.

▶ 탄성 위치 에너지

$$U_s \equiv \frac{1}{2}kx^2 \qquad\qquad 6.22$$

계의 탄성 위치 에너지는 변형된(평형 위치로부터 압축되거나 늘어남) 용수철에 저장된 에너지로 생각할 수 있다. 용수철에 저장된 탄성 위치 에너지는 용수철이 변형되지 않았을 때($x = 0$)에는 영이다. 용수철이 늘어나거나 압축된 경우에만 에너지가 저장된다. 탄성 위치 에너지가 x^2에 비례하므로, 변형된 용수철의 U_s는 항상 양(+)의 값을 갖는다. 일상생활에서 탄성 위치 에너지 저장에 대한 예를 찾아보면 용수철 태엽으로 작동하는 구식 시계와 태엽 감는 어린이 장난감 인형을 들 수 있다.

그림 6.16과 같이 마찰이 없는 수평면 위에 있는 용수철을 고려하자. 그림 6.16b와 같이 외력으로 물체를 용수철에 대해 압축하면, 계의 탄성 위치 에너지와 전체 에너지는 증가한다. 용수철을 거리 x_{max}만큼 압축하면(그림 6.16c), 용수철에 저장된 탄성 위치 에너지는 $\frac{1}{2}kx_{max}^2$이다. 물체를 정지 상태로부터 놓으면 용수철은 물체에 힘을 작용해서 물체를 오른쪽으로 민다. 계의 탄성 위치 에너지는 감소하는 반면에, 운동 에너지는 증가하고 전체 에너지는 변함이 없다(그림 6.16d). 용수철이 원래의 길이로 돌아오면, 저장된 탄성 위치 에너지는 완전히 물체의 운동 에너지로 변환된다(그림 6.16e).

에너지 막대 그래프 Energy Bar Chart

그림 6.16은 계의 에너지와 관련된 중요한 정보를 그래프로 보여 주는데, 이를 **에너지 막대 그래프**(energy bar chart)라고 한다. 세로축은 계의 유형별 에너지양을 나타

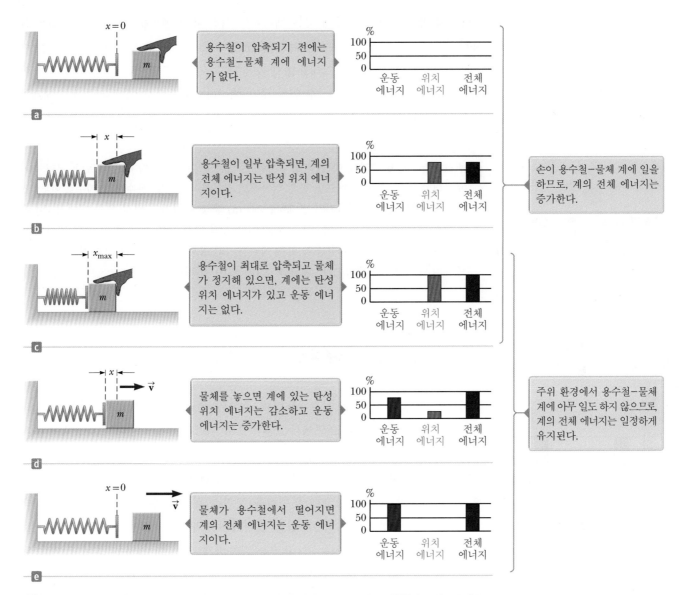

그림 6.16 질량 m인 물체를 밀어 마찰이 없는 수평면 위에 놓인 용수철을 거리 x_{max}만큼 압축한다. 그리고 물체를 정지 상태에서 놓으면, 용수철은 물체를 오른쪽으로 밀어, 결국에는 물체가 용수철에서 떨어지게 된다. (a)부터 (e)는 과정 중 각각의 순간을 보여 주고 있다. 오른쪽의 에너지 막대 그래프는 각각의 경우에 있어서 계의 에너지를 파악하는 데 도움을 준다.

내고, 가로축은 계에 존재하는 에너지 유형을 표시한다. 그림 6.16a의 막대 그래프는 용수철이 평형 상태에 있고 물체는 움직이지 않으므로, 계의 에너지가 영이라는 것을 보여 준다. 그림 6.16a에서 그림 6.16c로 가는 동안, 손이 계에 일을 함으로써 용수철을 압축시켜 계에 탄성 위치 에너지를 저장하게 된다. 그림 6.16d에서는 물체를 놓아 오른쪽으로 이동하며, 물체는 여전히 용수철과 접하고 있다. 계의 탄성 위치 에너지에 대한 막대의 높이는 감소하고 운동 에너지 막대는 증가하며, 전체 에너지는 일정하게 유지된다. 그림 6.16e에서는 용수철이 원래의 평형 위치로 돌아옴으로써, 계에는 물체의 운동에 의한 운동 에너지만이 존재한다.

에너지 막대 그래프는 계에 있는 에너지의 여러 유형 변화를 추적하는 데 매우 유용한 표현이 될 수 있다. 예를 들어 그림 6.15에서 책을 높은 위치에서 낙하시킬 때 책-지구 계의 에너지 막대 그래프를 만들어 보자. 퀴즈 6.7에 있는 그림 6.17 또한 에너지 막대 그래프를 그려 볼 수 있는 좋은 예이다. 이 장에서 에너지 막대 그래프가 종종 나타난다.

그림 6.17 (퀴즈 6.7) 질량이 없는 용수철에 공이 매달려 있다. 공을 아래로 당기는 경우 어떤 종류의 위치 에너지가 존재하는가?

> **퀴즈 6.7** 그림 6.17과 같이 질량을 무시할 수 있는 용수철에 공이 매달려 있다. 평형 위치로부터 아래로 당긴 후 놓으면 공은 위아래로 진동한다. **(i) 공, 용수철 및 지구로 이루어진 계**에서, 어떤 종류의 에너지가 존재하는가? (a) 운동 에너지와 탄성 위치 에너지 (b) 운동 에너지와 중력 위치 에너지 (c) 운동 에너지 및 탄성 위치 에너지 및 중력 위치 에너지 (d) 탄성 위치 에너지와 중력 위치 에너지. **(ii) 공과 용수철로 이루어진 계**에서는 어떤 종류의 에너지가 존재하는가? 앞의 보기 (a)~(d)에서 고르라.

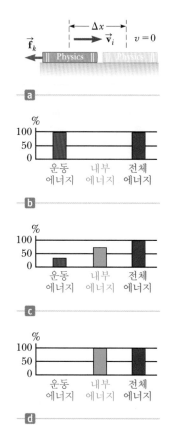

그림 6.18 (a) 수평면 위에서 오른쪽으로 미끄러지는 책이 왼쪽으로 작용하는 운동 마찰력에 의해 속력이 줄어든다. (b) 운동의 처음 상태에서 책과 표면의 계에 대한 에너지 막대 그래프. 계의 에너지는 모두 운동 에너지이다. (c) 책이 미끄러지는 동안, 계의 운동 에너지는 내부 에너지로 변환되면서 감소한다. (d) 책이 멈춘 후에는 계의 에너지는 모두 내부 에너지이다.

6.7 | 보존력과 비보존력 Conservative and Nonconservative Forces

이번에는 계가 가질 수 있는 세 번째 종류의 에너지를 살펴보자. 그림 6.18a와 같이 책이 무거운 탁자의 표면에서 오른쪽으로 미끄러져 움직이다가 마찰력에 의해 멈추게 되는 경우를 생각해 보자.

마찰이 있는 표면에서 미끄러질 때의 일상 경험으로부터 아마도 책이 미끄러진 후 책과 책상의 표면이 다소 따뜻해졌을 것이라 짐작할 수 있을 것이다(여러분의 두 손을 마주 문질러보면 알 수 있을 것이다). 책과 탁자 표면으로 이루어진 계를 생각하면 책의 운동 에너지는 두 표면을 따뜻하게 하는 데 사용된 셈이다. 계의 온도와 연관된 에너지를 **내부 에너지**(internal energy)라고 하고 E_{int}라고 나타낸다 (17장에서 내부 에너지를 보다 일반적으로 정의할 것이다). 이 경우 표면에 작용한 일은 계로 전달된 에너지를 나타내지만, 그 에너지는 계에서 운동 에너지나 위치 에너지가 아닌 내부 에너지로 존재한다.

그림 6.18a에서 책과 탁자 표면을 합한 계를 생각하자. 처음에는 책이 움직이고 있으므로 계에는 운동 에너지가 있다. 책이 미끄러지는 동안, 계의 내부 에너지는 증가하고 책과 표면은 이전보다 더 따뜻해진다. 책이 멈추면 운동 에너지는 내부 에너지로 완전히 변환된다. 계 내부에서(즉 책과 표면 사이에서) 마찰력이 한 일을 에너지의 **변환 메커니즘**이라고 생각할 수 있다. 이 일에 의해 계의 운동 에너지가 내부 에너지로 변환된다. 마찬가지로 책이 공기 저항 없이 아래로 떨어지는 경우, 책-지구 계 내에서 중력이 한 일은 중력 위치 에너지를 운동 에너지로 변환시킨다.

그림 6.18b에서 6.18d까지는 6.18a의 상황에 대한 에너지 막대 그래프이다. 그림 6.18b에서는 책이 움직이기 시작할 때 계에 운동 에너지가 있다는 것을 알 수 있다. 이때 계의 내부 에너지는 영이라고 정의한다. 그림 6.18c는 마찰력 때문에 책이 느려

지면서 내부 에너지로 변환된 운동 에너지이다. 그림 6.18d는 책이 멈춘 후에 운동 에너지가 영이고 계에는 내부 에너지만 존재하는 것을 보여 준다. 이 과정 동안 빨간 색의 전체 에너지 막대는 변하지 않음에 주목하자. 책이 멈춘 후 계의 내부 에너지는 처음에 계에 있는 운동 에너지와 같다. 이것은 **에너지 보존**이라고 하는 중요한 원리에 의해 설명된다. 이 원리를 7장에서 살펴보게 될 것이다.

지표면 근처에서 아래로 움직이는 물체에 대해 다시 살펴보자. 중력이 물체에 한 일은 물체가 연직으로 떨어지거나 마찰이 있는 경사면을 미끄러지는 것과는 무관하다. 중요한 것은 물체의 높이 변화이다. 그러나 경사면에서의 마찰에 의한 내부 에너지로의 에너지 변환은 물체가 미끄러지는 거리에 매우 의존한다. 경사가 길면 길수록, 더 많은 위치 에너지가 내부 에너지로 변환된다. 다시 말하면 중력이 한 일은 경로에 따른 차이가 없으나, 마찰에 의한 에너지 변환은 경로에 따라 차이가 있다. 이런 경로 의존성은 힘을 보존력과 비보존력으로 구분하는 데 사용할 수 있다. 방금 살펴본 힘 중에서, 중력은 보존력이고 마찰력은 비보존력이다.

보존력 Conservative Force

보존력(conservative force)은 두 가지 성질이 있다.

1. 두 점 사이를 이동하는 입자에 보존력이 한 일은 이동 경로와 무관하다.

2. 닫힌 경로를 따라 이동하는 입자에 보존력이 한 일은 영이다(닫힌 경로는 출발점과 도착점이 같은 경로를 말한다).

▶ 보존력의 성질

보존력의 한 예로 중력이 있고, 또 다른 예로 이상적인 용수철에 달린 물체에 작용하는 용수철 힘이 있다. 지표면 근처에서 두 점 사이를 이동하는 물체에 중력이 한 일은 $W_g = -mg\hat{\mathbf{j}} \cdot [(y_f - y_i)\hat{\mathbf{j}}] = mg\,y_i - mg\,y_f$이다. 이 식으로부터 W_g는 물체의 처음과 마지막 y 좌표에만 의존하고 두 점 사이의 경로와는 무관함을 알 수 있다. 더욱이 물체가 임의의 닫힌 경로를 이동할 경우($y_i = y_f$) W_g는 영이다.

물체–용수철 계의 경우, 용수철이 한 일은 $W_s = \frac{1}{2}kx_i^2 - \frac{1}{2}kx_f^2$ (식 6.12)이다. W_s는 물체의 처음과 나중 x 좌표에만 의존하고 닫힌 경로에 대해서는 영이므로, 용수철 힘은 보존력이라는 것을 알 수 있다.

계의 구성 요소 사이에 작용하는 힘에 대해 위치 에너지를 연관시키려면, 그 힘이 보존력인 경우에만 그렇게 할 수 있다. 일반적으로 계가 한 배열 상태에서 다른 배열 상태로 변할 때, 계의 구성 요소 중의 하나인 물체에 보존력이 한 일 W_{int}는 계의 위치 에너지의 처음 값에서 나중 값을 뺀 것과 같다.

$$W_{\text{int}} = U_i - U_f = -\Delta U \qquad\qquad 6.23$$

식 6.23에서 아래 첨자 'int'는 우리가 논의하는 일이 계의 구성 요소 중의 하나가 다른 구성 요소에 한 일이므로, 일은 계의 내부적인 것을 의미한다. 이는 외력이 전반적으로 계에 한 일 W_{ext}와는 다르다. 예를 들어 식 6.23을 용수철의 길이가 변할 때

오류 피하기 | 6.9

비슷한 식에 대한 유의점 식 6.23을 6.20과 비교해 보라. 이들 식은 음의 부호만 빼놓고 비슷하다. 그것 때문에 혼란이 일어날 수 있다. 식 6.20은 어떤 계에 외부에서 양의 일을 해서 계의 위치 에너지의 변화(운동 에너지 또는 내부 에너지의 변화 없이)가 일어나는 원인이 됨을 의미한다. 식 6.23은 **계 내부의 보존력이 계의 일부에 일을 해서 계의 위치 에너지의 감소가 일어나게 함**을 의미한다.

용수철 힘이 한 일(식 6.12)과 이 식을 비교해 보자.

비보존력 Nonconservative Force

보존력에 대한 성질 1과 2를 만족하지 못하면 그 힘은 **비보존력**(nonconservative force)이다. 계의 운동 에너지와 위치 에너지의 합을 **역학적 에너지**(mechanical energy)라고 정의한다.

$$E_{\text{mech}} \equiv K + U \qquad\qquad 6.24$$

여기서 K는 계의 모든 구성 요소의 운동 에너지를 포함하고, U는 계의 모든 형태의 위치 에너지를 포함한다. 중력의 영향으로 떨어지는 책의 경우, 책-지구 계의 역학적 에너지는 일정하게 유지된다. 중력 위치 에너지는 운동 에너지로 변환되며 계의 전체 역학적 에너지는 일정하다. 계 내부에서 작용하는 비보존력은 역학적 에너지의 **변화**를 초래한다. 예를 들어 책이 마찰이 있는 수평면 위를 미끄러진다면, 앞에서 살펴 봤듯이 책-표면 계의 역학적 에너지는 내부 에너지로 변환된다. 이때 책의 운동 에너지 중 일부는 책의 내부 에너지로 변환되고, 나머지는 표면의 내부 에너지로 변환된다(여러분이 체육관 바닥에 넘어져 미끄러지면, 무릎뿐만 아니라 바닥도 따뜻해진다). 운동 마찰력은 계의 역학적 에너지를 내부 에너지로 변환시키므로 비보존력이다.

비보존력이 한 일이 경로에 의존하는 예로서 그림 6.19를 보며 생각해 보자. 책상 위의 두 점 사이에서 책을 옮긴다고 가정하자. 그림 6.19와 같이 책이 점 Ⓐ와 Ⓑ 사이의 파란 경로를 따라 직선으로 이동할 때, 외부에서 마찰력과 같은 크기의 힘으로 일을 하면 책은 등속 운동을 할 것이다. 이번에는 그림 6.19의 갈색 반원 경로를 따라 책을 민다고 하자. 직선 경로보다 더 먼 거리를 밀어야 하므로 마찰력에 대항해서 한 일이 더 많다. 책에 한 일이 경로에 의존하므로, 마찰력에 대항해서 작용한 힘은 비보존력이다. 또한 마찰력도 비보존력이다.

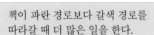
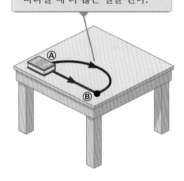

책이 파란 경로보다 갈색 경로를 따라갈 때 더 많은 일을 한다.

그림 6.19 책을 Ⓐ에서 Ⓑ로 밀 때 운동 마찰력에 대항해서 한 일은 경로에 의존한다.

6.8 | 보존력과 위치 에너지의 관계
Relationship Between Conservative Forces and Potential Energy

앞 절에서 계의 구성 요소 중 한 물체가 이동하는 동안 보존력이 한 일은 물체가 움직인 경로와 무관하다는 것을 알았다. 일은 단지 처음과 나중 좌표에만 의존한다. 따라서 보존력이 계 내부에서 한 일과 위치 에너지 변화에 음(−)의 부호를 붙인 것과 같도록 **위치 에너지 함수**(potential energy function) U를 정의할 수 있다. 입자들 사이에 보존력 $\vec{\mathbf{F}}$가 작용하는 여러 입자로 구성된 계를 생각해 보자. 또한 입자 하나가 x축을 따라 움직임에 따라 계의 배열 상태가 변하는 경우를 생각해 보자. 입자가 x축을 따라 움직이는 동안 보존력 $\vec{\mathbf{F}}$가 한 일[4]은 다음과 같다.

$$W_{int} = \int_{x_i}^{x_f} F_x \, dx = -\Delta U \qquad \qquad 6.25$$

여기서 F_x는 $\vec{F}$의 변위 방향 성분이다. 즉 계의 구성 요소들 사이에 작용하는 보존력이 한 일은 계의 배열 상태가 변함에 따라 나타나는 위치 에너지 변화에 음(−)의 부호를 붙인 것과 같다. 식 6.25를 다음과 같이 나타낼 수 있다.

$$\Delta U = U_f - U_i = -\int_{x_i}^{x_f} F_x \, dx \qquad \qquad 6.26$$

따라서 F_x와 dx가 같은 방향일 때 ΔU는 음(−)이 되는데, 중력장에서 물체를 아래로 내리는 경우 또는 용수철이 물체를 평형 위치로 미는 경우 등이 이에 해당된다.

보통 계의 구성 요소 중 한 개의 위치에 대해 임의의 기준점 x_i를 잡고 이 점에 대한 모든 위치 에너지의 차이를 측정하는 것이 편리하다. 이 경우 위치 에너지 함수를 다음과 같이 정의할 수 있다.

$$U_f(x) = -\int_{x_i}^{x_f} F_x \, dx + U_i \qquad \qquad 6.27$$

기준점에서 U_i의 값을 종종 영으로 잡는다. 실제로 U_i를 어떤 값으로 정하든지 관계가 없다. 왜냐하면 영이 아닌 값은 $U_f(x)$를 일정량만큼만 이동시킬 뿐이고, 물리적으로 의미를 갖는 것은 위치 에너지의 **변화**이기 때문이다.

힘의 작용점이 작은 변위 dx만큼 움직인다면, 계의 작은 위치 에너지 변화 dU는 다음과 같다.

$$dU = -F_x \, dx$$

따라서 보존력은 위치 에너지 함수와 다음과 같은 관계가 있다.[5]

$$\boxed{F_x = -\frac{dU}{dx}} \qquad \qquad 6.28$$

▶ 계의 구성 요소 사이의 힘과 계의 위치 에너지와의 관계

즉 계 내부의 한 물체에 작용하는 보존력의 x 성분은 위치 에너지의 x에 대한 미분값에 음(−)의 부호를 붙인 것과 같다.

이미 배웠던 두 가지 예에 대해 식 6.28을 쉽게 확인해 볼 수 있다. 변형된 용수철의 경우, $U_s = \frac{1}{2}kx^2$이므로 다음이 성립한다.

$$F_s = -\frac{dU_s}{dx} = -\frac{d}{dx}\left(\frac{1}{2}kx^2\right) = -kx$$

---

[4] 일반적인 변위에 대해 이차원이나 삼차원에서 한 일은 $-\Delta U$와 같은데, 이 경우 $U = U(x, y, z)$이다. 이 식을 $W_{int} = \int_i^f \vec{F} \cdot d\vec{r} = U_i - U_f$의 형태로 쓴다.

[5] 삼차원에서는 이 식을 다음과 같이 쓸 수 있다.

$$\vec{F} = -\frac{\partial U}{\partial x}\hat{i} - \frac{\partial U}{\partial y}\hat{j} - \frac{\partial U}{\partial z}\hat{k}$$

여기서 $\frac{\partial U}{\partial x}$는 편미분을 뜻한다. 벡터 미적분학에서 사용하는 말로 표현하면 $\vec{F}$는 스칼라양인 $U(x, y, z)$의 음(−)의 **그래디언트**(gradient)이다.

이것은 용수철의 복원력과 일치한다(훅의 법칙). 중력에 의한 위치 에너지 함수는 $U_g = mgy$이기 때문에, 식 6.28을 이용해서 U_g를 x 대신 y에 대해 미분하면 $F_g = -mg$가 된다.

지금까지 본 바와 같이 보존력은 U로부터 얻을 수 있기 때문에 U는 중요한 함수이다. 또한 식 6.28은 위치 에너지 함수에 상수를 더하는 것이 중요하지 않음을 명확히 보이는데, 왜냐하면 상수를 미분하면 영이기 때문이다.

▌**퀴즈 6.8** $U(x)$를 x에 대해 그린 그래프에서 기울기는 무엇을 나타내는가? **(a)** 물체에 작용하는 힘의 크기 **(b)** 물체에 작용하는 힘의 크기에 음(−)의 부호를 붙인 것 **(c)** 물체에 작용하는 힘의 x 성분 **(d)** 물체에 작용하는 힘의 x 성분에 음(−)의 부호를 붙인 것

▌**6.9** | 중력과 전기력의 위치 에너지
Potential Energy for Gravitational and Electric Forces

이 장의 앞부분에서 중력 위치 에너지를 도입했다. 이는 중력으로 상호 작용하는 물체의 계와 관련된 에너지이다. 식 6.19의 중력 위치 에너지 함수는 지표면 근처의 질량 m인 물체에만 성립함을 강조하고자 한다. 이 절에서는 모든 거리에서 성립하는 일반적인 중력 위치 에너지의 식을 알고자 한다. g의 값은 높이에 따라 변하기 때문에, 계의 위치 에너지의 일반적 거리 의존성은 단순한 식인 식 6.19보다 훨씬 복잡하다.

그림 6.20과 같이 지표면 위의 점 Ⓐ에서 Ⓑ로 움직이는 질량 m인 입자를 생각해 보자. 5.5절에서 처음 소개한 지구가 입자에 작용하는 중력은 다음과 같은 벡터 형태로 쓸 수 있다.

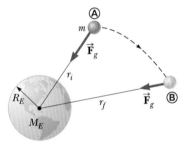

그림 6.20 입자가 지표면 위의 점 Ⓐ에서 Ⓑ로 움직임에 따라 식 6.31에 의해 주어지는 입자–지구 계의 위치 에너지도 변한다. 입자–지구의 거리가 r_i에서 r_f로 바뀌기 때문이다.

오류 피하기 | 6.10

r은 무엇인가? 5.5절에서 두 **입자** 사이의 중력을 다뤘다. 식 6.29에서 한 입자와 크기가 있는 지구 사이의 중력을 다룬다. 또한 지구와 태양처럼 크기가 있는 두 물체 사이의 중력을 표현할 수도 있다. 이런 상황에서 r은 물체들의 **중심** 사이의 거리를 뜻한다. 지표면 으로부터 재지 **않는다**.

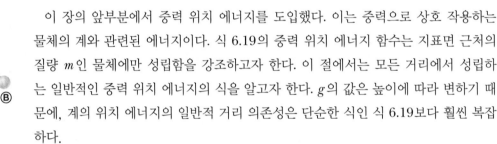

$$\vec{\mathbf{F}}_g = -G\frac{M_E m}{r^2}\hat{\mathbf{r}} \qquad 6.29$$

여기서 $\hat{\mathbf{r}}$은 지구로부터 입자를 향하는 단위 벡터이고, 음의 부호는 지구를 향하는 아래 방향의 힘을 표시한다. 이 식은, 중력은 지름 좌표 r에 의존하며, 뿐만 아니라 중력은 보존력임을 나타낸다. 식 6.27은

$$U_f = -\int_{r_i}^{r_f} F(r)\,dr + U_i = GM_E m\int_{r_i}^{r_f}\frac{dr}{r^2} + U_i = GM_E m\left(-\frac{1}{r}\right)\Big|_{r_i}^{r_f} + U_i$$

즉

$$U_f = -GM_E m\left(\frac{1}{r_f} - \frac{1}{r_i}\right) + U_i \qquad 6.30$$

가 된다. 항상 위치 에너지의 기준이 되는 배열은 언제든지 임의로 택할 수 있다. 통상적으로 힘이 영이 되는 배열을 택한다. $r_i \to \infty$일 때 $U_i \to 0$이라고 두면 다음과 같은 중요한 결과를 얻는다.

$$U_g = -G\frac{M_E m}{r} \qquad 6.31$$

여기서 $r > R_E$이고 R_E는 지구의 반지름이다. 기준 배열에서 위치 에너지를 영으로 했으므로, 함수 U_g는 항상 음이다(그림 6.21).

식 6.31은 입자-지구 계에서 유도됐지만, 이 식은 **어떤** 두 입자에도 적용할 수 있다. 질량 m_1, m_2의 **어떤 한 쌍**의 입자가 거리 r만큼 떨어져 있다면, 중력의 인력은 식 5.11로 주어지고, 두 입자계가 갖는 중력 위치 에너지는 다음과 같다.

$$U_g = -G\frac{m_1 m_2}{r} \qquad 6.32$$

이 식은 **질량 분포가 구 대칭**인 더 큰 물체들에도 적용할 수 있음을 뉴턴이 처음으로 증명했다. 이 경우 r은 구형 물체 중심 사이의 거리이다.

식 6.32는 두 입자 간에 작용하는 힘은 $1/r^2$로 변하지만, 입자 사이의 중력 위치 에너지는 $1/r$로 변한다. 더욱이 힘이 인력이고 입자 사이의 거리가 무한대일 때 위치 에너지를 영으로 했기 때문에, 위치 에너지는 **음**(−)이다. 둘 사이에 작용하는 힘이 인력이기 때문에, 둘 사이의 거리를 멀어지게 하기 위해서는 외력이 양(+)의 일을 해야 한다. 두 입자가 멀어지면서 외력이 한 일은 위치 에너지를 증가시킨다. 즉 r이 증가하면서 U_g는 더 작은 음(−)의 값이 된다.

이런 개념을 세 개 이상의 입자들에도 적용할 수 있다. 이 경우 계의 전체 위치 에너지는 각 **쌍**의 위치 에너지를 모두 더하면 된다. 각 쌍이 식 6.32 형태의 항으로 기여를 하게 된다. 예를 들어 그림 6.22와 같이 계가 세 입자로 이루어져 있으면 다음과 같이 됨을 알 수 있다.

$$U_{total} = U_{12} + U_{13} + U_{23} = -G\left(\frac{m_1 m_2}{r_{12}} + \frac{m_1 m_3}{r_{13}} + \frac{m_2 m_3}{r_{23}}\right) \qquad 6.33$$

U_{total}의 절댓값은 세 입자를 서로 무한히 멀리 떨어뜨리는 데 필요한 일을 나타낸다.

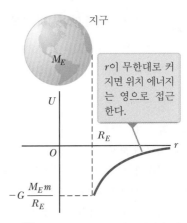

그림 6.21 지표면 위에 있는 입자에 대한 거리 r에 따른 중력 위치 에너지 U_g의 그래프

지구

M_E

r이 무한대로 커지면 위치 에너지는 영으로 접근한다.

오류 피하기 | 6.11

중력 위치 에너지 유의하라! 식 6.32는 중력의 식 5.11과 유사해 보인다. 하지만 두 가지 큰 차이가 있다. 중력 위치 에너지는 스칼라인 반면, 중력은 벡터이다. 중력 위치 에너지는 단순히 떨어진 거리의 역수에 비례하지만 중력은 떨어진 거리의 역제곱에 비례한다.

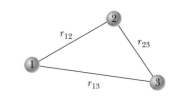

그림 6.22 상호 작용하는 세 입자

▶ **생각하는 물리 6.2**

태양은 왜 뜨거운가?

추론 태양은 중력에 의한 인력 때문에 기체와 먼지 구름이 응축되어 형성된 천문학적 물체이다. 이 구름을 계로 정의하고 기체와 먼지를 입자로 모형화하자. 처음 계의 입자들은 넓게 퍼져 있었는데, 이는 중력 위치 에너지가 컸음을 의미한다. 태양을 형성하기 위해 입자들이 같이 움직이면서 계의 중력 위치 에너지는 감소한다. 이 위치 에너지는 입자들이 중심으로 떨어짐에 따라 운동 에너지로 전환된다. 입자들의 속력이 증가함에 따라 입자 간에 많은 충돌이 일어나고, 이들의 운동을 마구잡이화하고(randomize) 운동 에너지를 내부 에너지로 전환시킨다. 이는 온도의 증가를 의미한다. 입자들이 가까워지면 온도는 핵반응이 일어날 수 있는 온도까지 상승한다. 핵반응이 일어나면 엄청난 양의 에너지를 방출하기 때문에 태양은 고온을 유지할 수 있다. 이것이 우주의 모든 항성에서 일어나고 있는 과정이다. ◀

> **예제 6.8 | 위치 에너지의 변화**
>
> 질량 m인 입자가 지표면 위에서 연직으로 작은 거리 Δy만큼 이동한다. 이 경우 식 6.30으로 주어지는 중력 위치 에너지의 변화는 우리에게 친숙한 $\Delta U = mg\Delta y$임을 보여라.

풀이

개념화 중력 위치 에너지에 대해 식을 얻은 두 가지 상황을 비교해 보자. (1) 행성과 물체가 매우 멀리 떨어져 있어서 에너지가 식 6.30으로 주어지는 경우와 (2) 행성 표면 근처에 있는 작은 입자의 경우로 에너지가 식 6.19로 주어지는 경우, 이 두 식이 동일하다는 것을 보이고자 한다.

분류 예제는 대입 문제이다.

식 6.30에서 분모를 통분한다.

$$(1) \quad \Delta U = -GM_E m \left(\frac{1}{r_f} - \frac{1}{r_i} \right) = GM_E m \left(\frac{r_f - r_i}{r_i r_f} \right)$$

입자의 처음과 나중 위치가 지표면에서 아주 가까울 때

$r_f - r_i$와 $r_i r_f$의 값을 계산한다.

$$r_f - r_i = \Delta y \qquad r_i r_f \approx R_E^2$$

이 식들을 식 (1)에 대입한다.

$$\Delta U \approx \frac{GM_E m}{R_E^2} \Delta y$$

식 6.29를 이용해서 $GM_E m / R_E^2$을 지표면에서 질량 m의 물체에 작용하는 중력의 크기 F_g로 표현한다.

$$\Delta U \approx F_g \Delta y$$

식 4.5를 이용해서 중력을 중력 가속도로 표현한다.

$$\Delta U \approx mg\Delta y$$

5장에서 두 입자 사이의 정전기력을 논의했고, 이는 쿨롱의 법칙으로 주어진다.

$$F_e = k_e \frac{q_1 q_2}{r^2} \tag{6.34}$$

이 식은 뉴턴의 만유인력의 법칙과 유사하기 때문에 이 힘의 위치 에너지 함수의 유도는 비슷하게 진행될 것으로 예상할 수 있다. 실제로 그러하며 이 과정으로부터 다음의 **전기 위치 에너지**(electric potential energy) 함수를 얻게 된다.

$$U_e = k_e \frac{q_1 q_2}{r} \tag{6.35}$$

중력 위치 에너지와 같이 전기 위치 에너지는 전하들이 무한히 떨어져 있을 때 영으로 정의한다. 이 식과 중력 위치 에너지의 식을 비교해 보면, 상수와 질량 대신에 전하가 사용된 명확한 차이를 알 수 있다. 그런데 차이점이 하나 더 있다. 중력의 표현은 항상 음의 부호를 가지고 있지만, 전기력의 식은 그렇지 않다. 인력을 받고 있는 물체계의 경우, 물체를 가까이 가져다 놓으면 위치 에너지가 감소한다. 무한히 떨어져 있을 때 위치 에너지를 영으로 정의했기 때문에, 거리가 줄어들수록 에너지는 영의 값으로부터 감소해야 한다. 즉 잡아당기는 물체계의 모든 위치 에너지는 반드시 음이어야 한다. 따라서 중력의 경우 인력만이 가능하다. 중력 상수, 질량, 거리는 모두 양수이므로, 음의 부호는 식 6.32와 같이 명백히 포함되어야 한다.

전기력은 인력 또는 척력일 수 있다. 인력은 반대 부호의 전하 사이에 생긴다. 따라서 식 6.35의 두 전하에 대해 힘이 인력이라면 하나의 전하는 양, 다른 전하는 음이다. 이들 전하를 곱하면 수학적으로 위치 에너지가 음수가 되므로, 위치 에너지 식에 음의 부호를 붙일 필요가 없다. 같은 부호를 가진 전하의 경우, 두 전하의 곱은 양이 되므로 위치 에너지도 양이 된다. 이 결론은 타당하다. 왜냐하면 무한 거리에서 반발하는 입자들을 함께 움직이게 하기 위해서는 계에 일을 해야 하기 때문이다. 그러므로 같은 부호의 두 전하가 가까워지면 위치 에너지는 증가한다.

6.10 | 연결 주제: 연료의 위치 에너지*
Context Connection: Potential Energy in Fuels

연료란 자동차가 움직이게 하는 데 사용되는 위치 에너지의 저장된 형태를 나타낸다. 지난 수십 년간 자동차용 연료는 주로 **휘발유**였다. 휘발유는 지구에 존재하는 원유를 정제한 것이다. 원유는 1억에서 6억 년 전에 지구 상에 존재했던 식물들이 퇴적되어 생긴 것이다. 원유의 에너지원은 고대 식물의 성분 분자로부터 생성된 탄화수소이다.

내연 기관에서 일어나는 화학 반응은 주로 탄소와 수소의 산화 과정이다. 이 과정을 화학식으로 나타내면 다음과 같다.

$$C + O_2 \quad \rightarrow \quad CO_2$$
$$4H + O_2 \quad \rightarrow \quad 2H_2O$$

두 반응은 모두 에너지를 방출하며 자동차를 작동시키는 데 사용된다.

이들 반응에서의 최종 생성물을 살펴보자. 하나는 환경에 무해한 물이고, 다른 하나는 온실 효과에 기여하는 이산화 탄소이다. 온실 효과에 관해서는 〈관련 이야기 5〉에서 배울 것이다. 탄소와 산소가 불완전 연소를 일으키면 일산화 탄소(CO)를 발생시키는데, 이것은 유독 기체이다. 공기 중에는 산소 외에도 다른 원소가 포함되어 있기 때문에, 질소 산화물과 같은 유해한 생성물도 존재한다.

연료에 저장되어 있고 연료로부터 얻을 수 있는 위치 에너지양을 흔히 **연소열**이라고 한다. 물론 이 말은 **열**이라는 말을 잘못 사용한 것이기도 하다. 자동차용 휘발유의 연소열 값은 약 44 MJ/kg이다. 엔진의 효율이 100 %가 아니기 때문에 이 에너지의 일부만이 자동차의 운동 에너지로 바뀐다. 엔진의 효율에 관해서는 〈관련 이야기 5〉에서 살펴볼 것이다.

또 다른 연료로는 경유라고도 하는 **디젤 연료**이다. 디젤 연료의 연소열은 42.5 MJ/kg으로서 휘발유보다 조금 작다. 그러나 디젤 엔진은 휘발유 엔진보다 효율이 좋기 때문에 가용 에너지의 비율이 더 높다.

내연 기관을 작동시키기 위한 몇 가지 다른 형태의 연료가 개발되어 왔다. 이를 간

---

* Potential Energy란 영어를 직역하면 '잠재해 있는 에너지'라는 뜻이다. 그런데 역학에서의 potential energy는 위치만의 함수로 나타나기 때문에 흔히 '위치 에너지'라고 번역한다: 역자 주

단히 설명하면 다음과 같다.

에탄올 Ethanol

에탄올은 가장 많이 사용되는 대체 연료로서 상업용 차량에 사용되고 있으며 점차 개인용 차량으로 폭을 넓히고 있다. 에탄올은 옥수수, 밀, 보리 등과 같은 곡물로부터 만들어진 알코올이다. 이런 곡물들은 재배할 수 있기 때문에 에탄올은 재생 가능하다. 에탄올을 사용하면 보통 휘발유를 사용할 때보다 일산화 탄소와 이산화 탄소의 배출을 줄일 수 있다.

에탄올을 휘발유와 혼합해서 다음과 같은 혼합물을 만들 수 있다.

E10: 10 % 에탄올, 90 % 휘발유

E85: 85 % 에탄올, 15 % 휘발유

E85의 에너지 함량은 휘발유의 70 %이어서, 주행 연비는 휘발유만 사용하는 경우보다는 낮을 것이다. 반면에, 에탄올은 재생 가능하므로 그런 단점을 충분히 보완한다.

'FLEXFUEL'이라는 표지를 붙이고 다니는 자동차를 본 적이 있을 것이다. 이런 자동차는 순수 휘발유에서 E85까지 연속적인 비율로 혼합된 에탄올 연료로 작동된다. 혼합물에 상관없이, 한 개의 연료통에 저장된 연료와 연료 계통에 있는 센서가 에탄올의 양을 결정해서 분사량과 점화 시간을 자동으로 조절한다.

바이오디젤 Biodiesel

바이오디젤 연료는 야채 기름, 지방, 상용 소스에 있는 유지 및 재배 작물을 알코올과 화학 반응시켜서 만든다. 하와이에 있는 퍼시픽 바이오디젤 회사는 음식점에서 나온 폐식용유를 이용해서 바이오디젤을 만들고 있다. 따라서 사용한 식용유는 매립하지 않을뿐더러 연료로 재생산해 공급한다.

바이오디젤은 다음과 같은 형태로써 이용 가능하다.

B20: 20 % 바이오디젤, 80 % 휘발유

B100: 100 % 바이오디젤

B100은 독성이 없으며 생물 분해성이 있다. 바이오디젤을 사용하면 배기 기체의 공해 방출을 현저히 줄일 수 있다. 더구나 발암성 미립자는 순수한 바이오디젤을 사용할 경우 94 %까지 감소된다는 실험 결과가 있다.

B100의 에너지 함량은 기존의 디젤의 약 90 %이지만 에탄올과 마찬가지로 재생 가능한 연료라는 점이 이런 약점을 충분히 보완한다.

천연 기체 Natural Gas

천연 기체는 화석 연료로서, 가스정이나 원유 정제 과정의 부산물로 생산된다. 주성분은 메테인(CH_4)이며, 소량의 질소, 에테인, 프로페인 등의 기체가 혼합되어 있다.

거의 완전하게 연소되며 휘발유에 비해 공해 배출이 훨씬 적다. 천연 가스를 사용하는 차량은 현재 시내버스, 택배 트럭, 청소차 등이다.

에탄올과 바이오디젤을 혼합한 연료를 사용하려면 기존의 엔진을 조금만 개조해도 되지만, 천연 가스를 사용하려면 엔진을 많이 개조해야 한다. 더구나 그런 기체 통을 차에 장착하는 것은 기존의 단순한 연료통에 비해 훨씬 고도의 기술을 요구하는데, 여기에는 두 가지 방법이 있다. 하나는 기체를 액화하는 것으로 −190 °C를 유지할 수 있는 단열이 잘되는 통을 사용하는 것이고, 다른 하나는 기체를 대기압의 약 200배 정도로 압축해서 고압에 견디는 탱크에 저장하는 것이다.

천연 가스의 에너지 함량은 48 MJ/kg으로서 휘발유보다는 조금 높다. 하지만 휘발유처럼 천연 가스도 재생 가능한 에너지원은 **아니다**.

프로페인 Propane

프로페인은 액화 석유 가스**라는 이름으로 상용화되어 있으며, 실제로는 프로페인, 프로필렌, 뷰테인, 뷰틸렌의 혼합물이다. 천연 기체 처리 과정 및 원유 정제 과정의 부산물이다. 가장 널리 사용되고 있는 대체 연료이며, 미국의 거의 모든 주에 충전소가 있다.

프로페인을 연료로 하는 자동차의 배기 기체는 휘발유차보다는 현저히 낮으며 일산화 탄소는 30~90 %까지 감소된다는 실험 결과가 있다.

천연 가스와 마찬가지로 고압 탱크가 필요하다. 더구나 재생 가능한 연료는 아니다. 프로페인의 에너지 함량은 46 MJ/kg으로서 휘발유보다는 약간 높다.

전기 자동차 Electric Vehicles

2장이 시작되기 전 나온 〈관련 이야기〉 서론에서 20세기 초반에 운행했던 전기 자동차에 대해 논의한 적이 있다. 그 자동차들은 몇 가지 이유에서 1920년경에 사실상 사라졌다. 그중 하나는 20세기에는 원유 수급이 충분해서 휘발유차나 디젤차에 비해 굳이 전기 자동차를 사용해야 할 이유가 없었다.

1970년대 초반에, 중동으로부터의 원유 수급에 문제가 생기면서 주유소에서 연료 부족 사태가 일어났다. 그 당시에 전기 자동차에 대한 관심이 새롭게 생겼다. 새로운 전기 자동차를 시장에 내놓으려는 초기의 시도는 시보레 코베트의 전기 자동차 모델인 엘렉트로베트였다.

석유 파동이 약간 잠잠해지긴 했지만, 중동의 정치적 불안정은 원유 수급의 불확실성으로 전기 자동차에 대한 관심이 미미하나마 지속됐다. 1980년대 후반에, 제너럴모터스는 임팩트라고 하는 전기 자동차의 시제품을 개발했는데, 8초 만에 정지 상태에서 시속 60마일로 가속할 수 있었고 끌림 계수는 기존의 차보다 훨씬 작은 0.19에 불과했다. 임팩트는 1990년 미국 로스앤젤레스에서 열린 모터쇼에서 대단한 인기를 끌

** 한국에서는 LPG라고 한다: 역자 주

었다. 1990년대에 임팩트는 EV1이라는 모델로 출시됐다. 제너럴모터스는 2001년에 EV1 프로그램을 취소하고 모두 회수했다. 몇 대는 박물관에 있지만, 회수된 대부분의 차들은 압착 파쇄됐다.

전기 자동차의 두 가지 단점은 한 번 충전해서 갈 수 있는 거리가 70∼100마일밖에 되지 않고, 충전 시간이 몇 시간이나 걸린다는 것이다. 이런 약점에도 불구하고 새로운 전기차가 출시되고 있다. 그것은 2.8절에서 논의한 닛산 리프와 3.7초 만에 정지 상태에서 시속 60마일로 가속할 수 있는 고가의 전기 스포츠카인 테슬라 로드스터라는 차이다. 더구나 2.8절에서 이야기 한 시보레 볼트는 짧은 여행 정도를 할 수 있는 전기차이다. 그 자동차는 휘발유 엔진을 장착해서 방전되는 전지를 충전할 수 있게 됨으로써 제한된 주행 거리 문제와 충전 시간 문제를 해결함으로써 장거리 여행을 할 수 있게 됐다.

연습문제 |

◀ 객관식

1. 질량 m인 물체를 사무실 건물의 4층에서 떨어뜨린다고 하자. 이 물체가 인도와 부딪칠 때의 속력(충돌 속력)이 v라면, 몇 층에서 떨어뜨려야 충돌 속력이 두 배가 되는가? (a) 6층 (b) 8층 (c) 10층 (d) 12층 (e) 16층

2. 마찰이 없는 수평면 위에 놓인 물체를 속력 v에서 $2v$로 가속시키기 위해 외력이 일을 가한다고 하자. 이때 필요한 일은 다음 중 어느 것인가? (a) 속력 $v = 0$을 v로 가속시키기 위해 필요한 일과 동일 (b) 속력 $v = 0$을 v로 가속시키기 위해 필요한 일의 두 배 (c) 속력 $v = 0$을 v로 가속시키기 위해 필요한 일의 세 배 (d) 속력 $v = 0$을 v로 가속시키기 위해 필요한 일의 네 배 (e) 가속도를 모르므로 알 수 없다.

3. 외력이 입자에 한 알짜일이 영일 경우, 입자에 대한 설명으로 옳은 것은 어느 것인가? (a) 속도는 영이다. (b) 속도는 감소한다. (c) 속도는 변하지 않는다. (d) 속력은 변하지 않는다. (e) 더 많은 정보가 필요하다.

4. 총알 2의 질량은 총알 1 질량의 두 배이다. 두 총알 모두 같은 속력으로 발사된다고 할 때, 총알 1의 운동 에너지가 K라면 총알 2의 운동 에너지는 얼마인가? (a) $0.25K$ (b) $0.5K$ (c) $0.71K$ (d) K (e) $2K$

5. 단진자가 좌우로 진동할 때, 매달려 있는 물체에 작용하는 힘은 (a) 중력 (b) 줄의 장력 (c) 공기 저항이다. (i) 진자에 일을 하지 않는 힘은 어느 것인가? (ii) 진자가 움직이는 동안 진자에 항상 음의 일을 하는 힘은 어느 것인가?

6. 한 노동자가 바퀴 하나 달린 손수레를 평평한 땅 위에서 수평 방향으로 50 N의 힘으로 밀어서 5.0 m의 거리를 움직인다. 노동자가 미는 방향과 반대 방향으로 43 N의 마찰력이 작용한다면, 이때 노동자가 손수레에 한 일은 얼마인가? (a) 250 J (b) 215 J (c) 35 J (d) 10 J (e) 정답 없음

7. 그림 OQ6.7은 고정되어 있는 벽면에 매달려 있는 용수철이 평형 위치($x = 0$)에서 오른쪽으로 약간 늘어나 있고, 이 용수철의 다른 끝에 물체가 붙어 있다. 이때 물체에는 왼쪽으로 F_s의 힘이 작용하고 있다. (i) 이 물체는 용수철에 힘을 작용하고 있는가? 옳은 것을 모두 고르라. (a) 작용하고 있지 않다. (b) 왼쪽으로 작용하고 있다. (c) 오른쪽으로 작용하고 있다. (d) 힘을 작용하고 있으며, 이 힘의 크기는

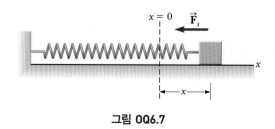

그림 OQ6.7

F_s보다 크다. (e) 힘을 작용하고 있으며, 이 힘의 크기는 F_s와 같다. (ii) 용수철은 벽면에 힘을 작용하고 있는가? 앞의 보기 (a)~(e)에서 옳은 것을 모두 고르라.

8. 어떤 입자의 속력이 두 배가 되면, 그 입자의 운동 에너지는 어떻게 되는가? (a) 네 배 증가 (b) 두 배 증가 (c) $\sqrt{2}$배 증가 (d) 변함없음 (e) 반으로 감소

9. 혹의 법칙을 만족하는 어떤 용수철이 외부 요인에 의해 늘어난다고 하자. 이때 용수철을 10 cm 늘이는 데 한 일은 4 J이다. 그러면 용수철을 추가로 10 cm 더 늘이기 위해 필요한 일은 얼마인가? (a) 2 J (b) 4 J (c) 8 J (d) 12 J (e) 16 J

10. 수평 테이블 위에서 매번 같은 속력으로 구르는 실험용 작은 수레가 있다. 수레가 테이블의 가장자리에서 모래가 깔린 곳으로 굴러가면 수레는 6 N의 평균 수평 방향의 힘을 모래에 작용하고 모래 위에서 6 cm를 이동한 뒤 정지한다. 수레가 모래가 아닌 자갈이 깔린 곳으로 9 N의 평균 수평 방향의 힘을 자갈에 작용하며 굴러간다면, 수레는 자갈 위에서 얼마나 멀리 굴러간 뒤 정지하는가? (a) 9 cm (b) 6 cm (c) 4 cm (d) 3 cm (e) 정답 없음

▶ 주관식

6.2 일정한 힘이 한 일

1. 그림 P6.1에서와 같이, 질량 $m = 2.50$ kg인 물체가 크기 $F = 16.0$ N이고 수평 방향과 각도 $\theta = 25.0°$를 이루는 일정한 힘을 받아, 마찰이 없는 책상의 수평면 위에서 $d = 2.20$ m 움직인다. 이때 (a) 외력이 물체에 한 일, (b) 책상에 의한 수직항력이 한 일, (c) 중력이 한 일, (d) 물체에 작용하는 알짜힘이 한 일을 구하라.

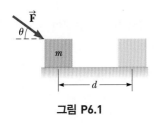

그림 P6.1

2. 3.35×10^{-5} kg의 빗방울이 중력과 공기 저항의 영향에 따라 일정한 속력으로 연직으로 떨어진다. 빗방울은 입자로 모형화한다. 이 빗방울이 100 m를 떨어진다고 할 때 (a) 중력이 빗방울에 한 일과 (b) 공기 저항이 빗방울에 한 일을 구하라.

3. 질량이 80.0 kg인 스파이더맨이 나뭇가지에 묶인 12.0 m의 줄 끝에 매달려 있다. 스파이더맨은 자신만이 아는 방법으로 줄을 좌우로 흔들 수 있는데, 줄이 연직 방향과 60.0°의 각도를 이룰 때 바위 턱에 도달할 수 있다. 이렇게 움직이는 동안 중력이 스파이더맨에게 한 일은 얼마인가?

4. 슈퍼마켓에서 한 구매자가 쇼핑 카트를 수평 아래 25°의 각도로 35 N의 힘으로 밀고 있다. 이 힘은 다양한 마찰력과 균형을 이루고 있으므로 쇼핑 카트는 일정한 속력으로 움직인다. (a) 구매자가 쇼핑 카트를 밀고 50.0 m의 통로에서 이동할 때 구매자가 쇼핑 카트에 한 일을 구하라. (b) 모든 힘이 쇼핑 카트에 한 알짜일은 얼마인가? 왜 그런가? (c) 구매자가 수평 방향으로 같은 힘을 유지하며 다음 통로에서 이동한다. 마찰력이 바뀌지 않으면, 구매자는 힘을 크게, 작게, 또는 같게 주어야 하는가? (d) 구매자가 쇼핑 카트에 한 일은 얼마인가?

6.3 두 벡터의 스칼라곱

5. 벡터 $\vec{\mathbf{A}}$의 크기는 5.00이고 벡터 $\vec{\mathbf{B}}$의 크기는 9.00이다. 두 벡터는 50.0°의 각도를 이루고 있다. $\vec{\mathbf{A}} \cdot \vec{\mathbf{B}}$를 구하라.

Note: 6번부터 8번까지의 문제에서, 계산은 보통 때와 마찬가지로 유효 숫자 세 자리까지 하라.

6. 힘 $\vec{\mathbf{F}} = (6\hat{\mathbf{i}} - 2\hat{\mathbf{j}})$ N이 변위 $\Delta\vec{\mathbf{r}} = (3\hat{\mathbf{i}} + \hat{\mathbf{j}})$ m를 따라 움직이는 입자에 작용한다. (a) 힘이 입자에 한 일과 (b) $\vec{\mathbf{F}}$와 $\Delta\vec{\mathbf{r}}$의 사이의 각도를 구하라.

7. 그림 P6.7에서 두 벡터의 스칼라곱을 구하라.

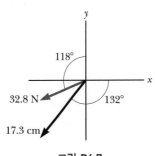

그림 P6.7

8. 벡터 $\vec{\mathbf{A}} = 3\hat{\mathbf{i}} + \hat{\mathbf{j}} - \hat{\mathbf{k}}$, $\vec{\mathbf{B}} = -\hat{\mathbf{i}} + 2\hat{\mathbf{j}} + 5\hat{\mathbf{k}}$, $\vec{\mathbf{C}} = 2\hat{\mathbf{j}} - 3\hat{\mathbf{k}}$일 때, $\vec{\mathbf{C}} \cdot (\vec{\mathbf{A}} - \vec{\mathbf{B}})$를 구하라.

9. $\vec{\mathbf{B}}$는 크기가 5.00 m이고 x축과 60.0°를 이룬다. $\vec{\mathbf{C}}$는 $\vec{\mathbf{A}}$와 크기가 같고 방향은 $\vec{\mathbf{A}}$에 비해 25.0°만큼 큰 각도를 이룬

다. $\vec{\mathbf{A}} \cdot \vec{\mathbf{B}} = 30.0 \text{ m}^2$이고 $\vec{\mathbf{B}} \cdot \vec{\mathbf{C}} = 35.0 \text{ m}^2$이라고 할 때, $\vec{\mathbf{A}}$ 의 크기와 방향을 구하라.

6.4 변하는 힘이 한 일

10. 그림 P6.10과 같이 힘이 입자에 작용하고 있다. 입자가 (a) $x = 0$부터 $x = 8.00 \text{ m}$까지, (b) $x = 8.00 \text{ m}$부터 $x = 10.0 \text{ m}$까지, (c) $x = 0$부터 $x = 10.0 \text{ m}$까지 움직이는 동안 힘이 입자에 한 일을 구하라.

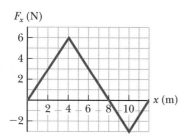

그림 P6.10

11. 그림 P6.11과 같이 어떤 입자가 위치에 따라 변하는 힘 F_x 를 받는다. 입자가 (a) $x = 0$에서부터 $x = 5.00 \text{ m}$까지, (b) $x = 5.00 \text{ m}$에서부터 $x = 10.0 \text{ m}$까지, (c) $x = 10.0 \text{ m}$에서부터 $x = 15.0 \text{ m}$까지 움직이는 동안 힘이 한 일을 계산하고, (d) $x = 0$에서부터 $x = 15.0 \text{ m}$까지 한 전체 일을 구하라.

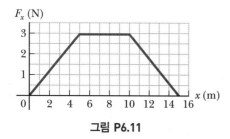

그림 P6.11

12. 입자에 작용하는 힘이 $F_x = (8x - 16)$이며, 여기서 힘 F의 단위는 N이고, x의 단위는 m이다. (a) 이 힘의 그래프를 $x = 0$에서 $x = 3.00 \text{ m}$까지 그려라. (b) 이 그래프로부터, 입자가 $x = 0$에서 $x = 3.00 \text{ m}$까지 이동할 경우 이 힘이 입자에 한 알짜일을 구하라.

13. 그림 P6.13과 같이 질량 m인 입자에 줄을 매어 마찰이 없는 반원통(반지름 R)의 꼭대기로 잡아당긴다. (a) 입자가 일정한 속력으로 움직인다고 가정하고, $F = mg\cos\theta$ 임을 보여라. *Note*: 입자가 일정한 속력으로 움직인다면 반원통의 접선 방향의 가속도 성분은 항상 영이 되어야 한다. (b) $W = \int \vec{\mathbf{F}} \cdot d\vec{\mathbf{r}}$ 을 적분해서 입자가 바닥에서부터 반원통의

꼭대기까지 일정한 속력으로 움직이는 동안 한 일을 구하라.

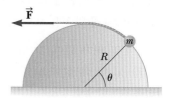

그림 P6.13

14. 용수철 상수가 1 200 N/m인 가벼운 용수철이 높은 곳에 매달려 있다. 이 용수철의 끝 부분에는 용수철 상수가 1 800 N/m인 가벼운 두 번째 용수철이 매달려 있다. 1.50 kg의 물체가 용수철의 끝에 매달려 정지하고 있다고 할 때 (a) 두 용수철의 늘어난 전체 길이는 얼마인가? (b) 이 계에서 두 용수철의 유효 용수철 상수는 얼마인가? 용수철은 직렬 연결되어 있다.

15. 물체가 x 방향으로 원점에서 $x = 5.00 \text{ m}$까지 이동하면서 힘 $\vec{\mathbf{F}} = (4x\hat{\mathbf{i}} + 3y\hat{\mathbf{j}})$를 받는다. 여기서 힘 F의 단위는 N이고, x와 y의 단위는 m이다. 이 힘이 물체에 한 일 $W = \int \vec{\mathbf{F}} \cdot d\vec{\mathbf{r}}$ 을 구하라.

6.5 운동 에너지와 일-운동 에너지 정리

16. 575 m/s로 날아오는 7.80 g의 총알을 슈퍼히어로가 맨손으로 붙잡았다. 이때 슈퍼히어로의 손은 총알의 속도 방향으로 5.50 cm 움직인 후 멈췄다. (a) 일과 에너지를 고려해서, 총알을 멈추게 한 평균력을 구하라. (b) 힘이 일정하다고 가정할 때, 총알이 손에 닿을 때부터 손이 멈출 때까지 걸린 시간을 구하라.

17. 0.600 kg의 입자가 점 Ⓐ에서 2.00 m/s의 속력을 가지고, 점 Ⓑ에서는 7.50 J의 운동 에너지를 가진다. (a) Ⓐ에서의 운동 에너지는 얼마인가? (b) Ⓑ에서의 속력은 얼마인가? (c) 입자가 Ⓐ에서 Ⓑ까지 움직이는 동안 외력이 입자에 한 알짜일은 얼마인가?

18. 그림 P6.11에서처럼 4.00 kg의 입자가 위치에 따라 변하는 알짜힘을 받고 있다. 이 물체는 $x = 0$에서 정지 상태로부터 출발한다. (a) $x = 5.00 \text{ m}$, (b) $x = 10.0 \text{ m}$, (c) $x = 15.0 \text{ m}$에서 속도는 각각 얼마인가?

19. 2 100 kg짜리 말뚝박는 기계로 I빔을 땅에 박으려고 한다. 빔의 머리를 때리기에 앞서 해머는 5.00 m를 낙하하고, 빔을 땅속으로 12.0 cm 박은 후 멈추게 된다. 에너지를 고려해서 해머가 정지할 때까지 빔이 해머에 작용하는 평균

력을 구하라.

20. 한 노동자가 35.0 kg의 나무상자를 일정한 속력으로 나무 바닥을 따라 밀어 12.0 m의 거리를 움직였다. 이때 나무상자에 일정한 수평력 F를 가해서 한 일은 350 J이다. 이때 (a) F의 값을 구하라. (b) 노동자가 F보다 큰 힘을 가한다면, 나무상자의 다음 움직임은 어떻게 되는가? (c) 또 F보다 작은 힘을 가한다면 어떻게 되는가?

6.6 계의 위치 에너지

21. 0.20 kg의 돌이 우물의 맨 위쪽에서 1.3 m 위에 고정되어 있다가 우물 안으로 떨어진다. 우물의 깊이는 5.0 m이다. 우물의 맨 위쪽에 돌이 있는 위치를 기준으로 해서, (a) 돌이 떨어지기 전과 (b) 돌이 우물 바닥에 도달하는 순간에서의 돌–지구 계의 중력 위치 에너지를 구하라. (c) 돌이 떨어지기 시작할 때부터 우물 바닥에 도달하기까지 돌–지구 계의 중력 위치 에너지는 얼마나 변하는가?

22. 무게 400 N인 어린이가 길이 2.00 m인 한 쌍의 밧줄에 매달려서 앞뒤로 흔들리고 있다. 어린이가 가장 최하점에 있을 때를 기준으로 해서 (a) 밧줄이 수평일 때, (b) 밧줄이 연직과 30.0°의 각도를 이룰 때, (c) 어린이가 원호의 맨 아래에 있을 때의 어린이–지구 계의 중력 위치 에너지를 구하라.

6.7 보존력과 비보존력

23. 4.00 kg의 입자가 원점으로부터 위치 ⓒ로 이동한다. ⓒ의 좌표는 $x = 5.00$ m이고 $y = 5.00$ m이다(그림 P6.23). 입자에 작용하는 힘 중 하나는 $-y$ 방향으로 작용하는 중력이다. 식 6.3을 이용해서, 입자가 O에서 ⓒ까지 (a) 보라색 경로, (b) 빨간색 경로, (c) 파란색 경로를 따라 이동하는 동안, 중력이 입자에 한 일을 계산하라. 이들 결과는 모두 같아야 한다. 왜 그럴까?

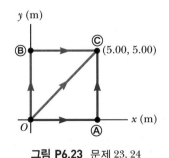

그림 P6.23 문제 23, 24

24. (a) 물체에 일정한 힘이 작용한다고 가정하자. 이 힘은 시

간, 물체의 위치 또는 속도와 무관하다. 힘이 한 일에 대한 일반적인 다음 정의로부터 출발해서 이 힘은 보존됨을 보여라.

$$W = \int_i^f \vec{\mathbf{F}} \cdot d\vec{\mathbf{r}}$$

(b) 그림 P6.23에서 원점 O로부터 ⓒ로 움직이는 입자에 $\vec{\mathbf{F}} = (3\hat{\mathbf{i}} + 4\hat{\mathbf{j}})$ N의 힘이 작용하는 특별한 경우를 가정해 보자. 그림에서 보인 세 가지 경로를 따라 입자가 움직이는 경우, $\vec{\mathbf{F}}$가 입자에 한 일을 계산하고, 세 가지 경로를 따라서 한 일이 모두 같음을 보여라.

6.8 보존력과 위치 에너지의 관계

25. 거리 r만큼 떨어진 두 입자계의 위치 에너지가 $U(r) = A/r$라고 한다. 여기서 A는 상수이다. 한 입자가 다른 입자에 작용하는 중심력 $\vec{\mathbf{F}}_r$을 구하라.

26. 이차원 힘이 작용하는 경우, 계의 위치 에너지 함수가 $U = 3x^3y - 7x$로 주어진다. 점 (x, y)에서 작용하는 힘을 구하라.

6.9 중력과 전기력의 위치 에너지

27. 질량 100 kg인 인공위성의 궤도는 2.00×10^6 m이다. (a) 인공위성–지구 계의 위치 에너지는 얼마인가? (b) 위성에 대해 지구가 작용하는 중력의 크기는 얼마인가? (c) 인공위성이 지구에 작용하는 힘은 얼마인가?

28. 지표면에서 총알 하나가 10.0 km/s의 속력으로 직각으로 위로 발사됐다. 얼마의 높이까지 상승하는가? 공기 저항은 무시한다.

6.10 연결 주제: 연료의 위치 에너지

Note: 일률은 7.6절에서 정의할 예정이며, 이는 에너지 전달률을 나타낸다. 단위는 와트(W)이고 J/s와 같으므로, 킬로와트시(kwh)는 에너지의 단위이다.

29. 자동차에 공급되는 에너지를 고려할 때 에너지원의 단위 질량당 에너지가 중요한 변수이다. 본문에서 설명한 대로 연소열 또는 단위 질량당 저장된 에너지는 휘발유, 에탄올, 디젤, 식용유, 메테인, 프로페인에 대해 거의 유사하다. 넓은 관점으로 휘발유, 납–산 전지, 수소, 건초 등에 대해 질량당 에너지(J/kg)를 비교하라. 네 가지 예에서 에너지 밀도가 증가하는 순서대로 분류하고, 각 물질과 그 다음 순서의 물질 간의 증가 인자를 말하라. 수소는 142 MJ/kg의 연소열을 가지고 있다. 나무, 건초, 일반적인 건조 야채 물질

은 이 변수가 17 MJ/kg이다. 완전 충전된 16.0 kg의 납-산 전지는 한 시간에 1200 W의 일률을 낼 수 있다.

추가문제

30. (a) $x = 0$에 있는 한 입자로 되어 있는 어떤 계의 위치 에너지를 $U = 5$라 놓고 이 계의 위치 에너지를 입자의 위치 x의 함수로 구하라. 입자에 작용하는 힘은 $(8e^{-2x})\hat{\mathbf{i}}$이다. (b) 이 힘이 보존력인지 비보존력인지를 이유와 함께 설명하라.

31. 그림 P6.31에서와 같이 경사각이 $\theta = 20.0°$인 경사면 위에 힘상수가 $k = 500$ N/m인 용수철이 경사면에 평행하게 맨 밑에 고정되어 있다. 질량이 $m = 2.50$ kg인 물체가 용수철 끝에서 경사면을 따라 $d = 0.300$ m 되는 곳에 놓여 있다. 이 위치에서 용수철을 향해 $v = 0.750$ m/s의 속력으로 물체를 발사했다. 이 물체가 용수철을 압축한 후 순간적으로 정지할 때까지 용수철이 압축되는 거리는 얼마인가?

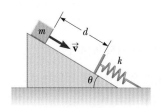

그림 P6.31

32. 야구장의 외야수가 0.150 kg의 야구공을 40.0 m/s의 속력으로 수평과 30.0°의 처음 각도로 던진다. 그 야구공이 가장 높은 곳을 지날 때의 운동 에너지는 얼마인가?

33. 가벼운 용수철이 압축되지 않았을 때의 길이가 15.5 cm이다. 용수철 상수는 4.30 N/m이고 훅의 법칙을 따른다. 용수철의 한쪽 끝은 연직축에 고정되어 있고, 다른 끝은 수평면에서 마찰 없이 움직일 수 있는 질량 m인 퍽에 연결되어 있다. 퍽은 1.30 s의 주기로 원운동을 할 수 있게 되어 있다. (a) 용수철이 늘어나는 길이 x를 질량 m의 함수로 나타내라. 질량이 (b) $m = 0.0700$ kg, (c) $m = m = 0.140$ kg, (d) $m = 0.180$ kg, (e) $m = 0.190$ kg인 경우 x를 구하라. (f) 질량 m에 따라서 변하는 x의 변화를 그려라.

34. 그림 P6.34와 같이 일정한 두 힘이 xy 평면에서 움직이는 질량 $m = 0.500$ kg인 물체에 작용한다. 힘 $\vec{\mathbf{F}}_1$은 35.0°의 방향으로 25.0 N이고, $\vec{\mathbf{F}}_2$은 150.0°의 방향으로 42.0 N이다. 시간 $t = 0$에서 물체는 원점에서 $(4.00\,\hat{\mathbf{i}} + 2.50\,\hat{\mathbf{j}})$ m/s의 속도로 움직인다. (a) 두 힘을 단위 벡터를 이용해서 나타내라. (b) 물체에 작용하는 전체 힘을 구하라. (c) 물체의 가속도를 구하라. 시간이 $t = 3.00$ s인 순간에 (d) 물체의 속도, (e) 위치, (f) $\frac{1}{2}mv_f^2$을 이용한 운동 에너지, (g) $\frac{1}{2}mv_i^2 + \sum \vec{\mathbf{F}} \cdot \Delta\vec{\mathbf{r}}$을 사용한 운동 에너지를 구하라. (f)와 (g)의 답을 비교해서 어떤 결론을 내릴 수 있는지 말하라.

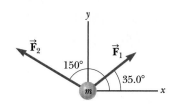

그림 P6.34

에너지의 보존 Conservation of Energy

© Vstock LLC/VStock

6 장에서 하나의 계에 에너지를 저장하는 세 가지 방법을 소개했다. 이들은 계의 구성 요소의 운동과 관련된 운동 에너지, 배열과 관련된 위치 에너지 그리고 온도와 관련된 내부 에너지이다.

이 장에서는 두 종류의 계, 즉 **비고립계**와 **고립계**에 대한 물리적인 상황을 앞의 에너지 개념 접근 방식을 이용해서 분석해 보자. 비고립계에서는 에너지가 계의 경계를 넘을 수 있기 때문에 결과적으로 비고립계의 전체 에너지가 변한다. 이 에너지 변화를 분석해서 **에너지 보존**이라는 매우 중요한 원리를 얻는다. 에너지 보존 원리는 물리학을 넘어서 생체, 기술적 시스템 및 공학적인 상황 등에 광범위하게 적용되고 있다.

고립계에서는 에너지가 계의 경계를 넘을 수 없다. 따라서 고립계의 전체 에너지는 일정하다. 고립계 내부에 어떤 비보존력도 작용하고 있지 않은 (다시 말해 보존력만 작용하는) 상황이라면, **역학적 에너지의 보존**을 적용해서 많은 문제를 쉽게 풀 수 있다.

비보존력이 작용해서 역학적 에너지가 내부 에너지로 변환되는 상황은 특별하게 다뤄야 한다. 이런 형태의 문제들에 대해 알아보고자 한다.

이 장의 마지막에서는 에너지가 하나의 계를 넘을 때 시간에 대한 비율이 다양함을 다룰 것이다. 이런 에너지 전달 비율은 **일률**로 기술한다.

> 아버지와 아들이 물미끄럼틀에서 위치 에너지가 운동 에너지로 변환되는 것을 즐기고 있다. 이 장에서 공부할 방법으로 이와 같은 과정들을 분석할 수 있다.

❮ **7.1** | 분석 모형: 비고립계 (에너지)
Analysis Model: Nonisolated System (Energy)

앞 장에서 이미 배웠듯이 입자로 모형화한 물체에 여러 힘이 작용할 때 입자의 운동 에너지가 변한다. 물체를 계로 선택하면 이런 간단한 상황이 **비고립계**의 첫 번째 예이다. 이 예에서 계와 환경이 서로 작용하는 시간 동안 에너지는 계의 경계를 넘는 것을 알 수 있다. 이런 예는 많은 물리 문제에 흔히 나타난다. 계가 환경과 어떤 작용도 하지 않을 때는 그 계는 고립되어 있는 것이다. 7.2절에서 고립계를 다룰 것이다.

6장에서 다룬 일−운동 에너지 정리는 비고립계에 에너지 식을 적용한 첫 번째 예이다. 이 정리의 경우에서는 계와 주위 환경 사이의 상호 작용은 외력이 한 일이고, 이에 따라 계 내부의 변화되는 양은 운동 에너지가 된다.

지금까지 계에 에너지를 전달할 때 일에 의한 한 가지 방법만 고려해 왔다. 이제 계의 내부 또는 외부로 에너지를 전달하는 몇 가지 다른 방법을 논의해 보자. 각 방법에 대한 자세한 내용은 다른 장에서 다룰 것이다. 에너지 전달 과정들을 그림 7.1에 나타냈고, 각각에 대한 간단한 설명은 다음과 같다.

일(work) : 6장에서 살펴본 바와 같이 계에 작용하는 힘과 힘의 작용점의 변위에 의해 에너지가 전달되는 방법이다 (그림 7.1a).

역학적 파동(mechanical waves, 13∼14장) : 공기나 다른 매질을 통해 교란

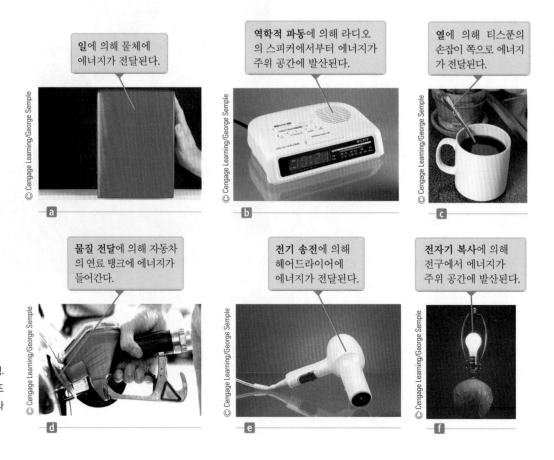

일에 의해 물체에 에너지가 전달된다.

역학적 파동에 의해 라디오의 스피커에서부터 에너지가 주위 공간에 발산된다.

열에 의해 티스푼의 손잡이 쪽으로 에너지가 전달된다.

물질 전달에 의해 자동차의 연료 탱크에 에너지가 들어간다.

전기 송전에 의해 헤어드라이어에 에너지가 전달된다.

전자기 복사에 의해 전구에서 에너지가 주위 공간에 발산된다.

그림 7.1 에너지 전달 과정. 각각의 경우, 에너지가 내부 또는 외부로 전달되는 계를 나타낸다.

(disturbance)함으로써 에너지를 전달하는 방법이다. 음파의 경우 라디오의 확성기에서 나온 소리가 공기를 통해 여러분의 귀로 에너지를 전달한다(그림 7.1b). 다른 역학적 파동의 예로는 지진파와 해양파가 있다.

열(heat, 17장) : 계와 주위 환경 사이의 온도 차이에 의해 에너지를 전달하는 메커니즘이다. 예를 들어 금속 티스푼이 커피잔에 담긴 뜨거운 커피 속에 잠겨 있는 상황을 고려해 보자. 밖에 나와 있는 손잡이 부분을 계로 선택하면, 잠긴 부분과 커피는 주위 환경이다. 티스푼의 손잡이는 점점 뜨거워지는데, 이는 티스푼의 잠겨 있는 부분에서 빠르게 움직이고 있는 전자와 원자들이 보다 손잡이와 가까운 이웃의 느린 전자와 원자들과 충돌하기 때문이다(그림 7.1c). 이 과정에 의해 이웃의 느린 전자와 원자들은 빨라지게 되고, 이들은 인근의 또 다른 보다 느린 입자 그룹과 충돌한다. 따라서 이런 연속적인 과정에 의한 에너지 전달을 통해 티스푼 손잡이의 내부 에너지가 증가하게 된다.

물질 전달(matter transfer, 17장) : 물질을 물리적으로 계의 경계를 넘게 해서 물질과 함께 직접적으로 에너지를 전달하는 방법이다. 휘발유를 자동차 연료통에 주입(그림 7.1d)하는 것과 벽난로로부터 뜨거운 공기를 실내에 순환시키는 **대류** 현상을 예로 들 수 있다.

전기 송전(electrical transmission, 21장) : 전류를 매개로 해서 계 내부로 또는 계로부터 외부로 에너지를 전달하는 방법이다. 이것이 헤어드라이어(그림 7.1e), 오디오 시스템 또는 여러 다른 전기용품에 에너지를 전달하는 방식이다.

전자기 복사(electromagnetic radiation, 24장) : 빛(그림 7.1f), 마이크로파 그리고 라디오파와 같은 전자기파를 매개로 해서 계의 경계를 넘어 에너지를 전달하는 방법이다. 전자레인지에서 감자를 굽는 것과 태양의 빛 에너지가 우주 공간을 통해 지구에 전달되는 것들이 이런 예이다.[1]

에너지 접근법의 핵심은 에너지는 생성되지도 않고 소멸되지도 않아 항상 **보존**된다는 점이다. 이 점은 헤아릴 수 없는 많은 실험으로 입증되어 왔고, 이것을 위배하는 것을 보여 주는 어떤 실험의 결과도 없었다. 그러므로 **계의 전체 에너지가 변한다면, 그 이유는 오직 앞에서 나열한 에너지 전달 방법 중 하나와 같은 에너지 전달 방식으로 에너지가 계의 경계를 넘기 때문이다.**

에너지는 물리학에서 보존되는 양 중의 하나이다. 다음 여러 장에서 또 다른 보존되는 양들을 공부할 것이다. 보존 원리를 따르지 않는 물리적인 양들은 많다. 예를 들어 힘 보존의 원리 또는 속도 보존의 원리는 없다. 마찬가지로 일상생활과 같은 물리적인 양 이외의 영역에서, 어떤 양은 보존되고 어떤 것들은 보존되지 않는다. 예를 들어 여러분의 은행 계좌에 있는 돈은 보존될 수 있는 양이다. 계좌의 잔고가 변하는 유일한 방법은 돈이 입금 또는 출금이 이루어지는 경우이다. 이때 은행 계좌가 하나의

---

[1] 전자기 복사와 장힘에 의한 일은 주위 환경의 경계에 있는 물질 분자들의 매개 없이 계의 경계를 넘어 에너지를 전달하는 방식이다. 그러므로 행성과 같이 진공으로 둘러싸여 있는 계가 환경과 에너지를 주고받을 수 있는 에너지 전달 방법은 이 두 가지뿐이다.

<aside>
오류 피하기 | 7.1

열은 에너지의 형태가 아니다 열이란 단어는 흔히 학문적인 정의와는 달리 사용되는 단어 중 하나이다. 열은 저장된 에너지의 형태가 **아니라** 에너지를 **전달하는** 방법이다. 그러므로, '열 함량', '여름의 열', '도망간 열' 같은 말은 열이란 물리적 정의와 일치하지 않게 사용하는 예이다. 17장 참조
</aside>

계에 해당한다. 반면에 어떤 나라의 인구는 보존되지 않으며, 여기서 나라가 하나의 계에 해당한다. 실제로 사람이 계의 경계를 넘어 전체 인구가 변할 수 있으며, 또한 사망 또는 출생에 의해서도 인구는 변할 수 있다. 사람이 계의 경계를 넘지 않더라도, 사망과 출생에 의해 계에 있는 인구수가 변할 것이다. 에너지의 개념에는 사망 또는 출생에 해당하는 것이 없다. 이 일반적인 **에너지 보존**(conservation of energy)의 원리를 수학적으로 표현한 **에너지 보존 식**(conservation of energy equation)은 다음과 같다.

▶ 에너지 보존

$$\Delta E_{\text{system}} = \sum T \qquad\qquad 7.1$$

여기서 E_{system}은 계의 전체 에너지로서 계에 저장할 수 있는 모든 에너지(운동 에너지, 위치 에너지 그리고 내부 에너지)를 나타내고, T는 어떤 **전달** 메커니즘을 거치면서 계의 경계를 넘어 전달되는 에너지양이다. 전달 메커니즘 중 두 개는 잘 정립된 기호 표시가 있다. 6장에서 논의한 대로 일은 $T_{\text{work}} = W$로, 17장에서 정의하게 될 열은 $T_{\text{heat}} = Q$로 표시한다. (이제 일에 대해 익숙해졌으므로, 간단한 기호 W가 계에 작용한 외부 일 W_{ext}를 나타낸다고 놓음으로써, 이들 식을 간단히 표현할 수 있다. 내부 일의 경우, W와 구분하기 위해 항상 W_{int}를 사용할 예정이다.) 나머지 네 개의 전달 과정은 별도의 정립된 기호가 없으므로, 편의상 T_{MW}(역학적 파동), T_{MT}(물질 전달), T_{ET}(전기 송전), T_{ER}(전자기 복사)로 표시하도록 하자.

식 7.1을 완전히 전개하면 다음과 같다.

$$\Delta K + \Delta U + \Delta E_{\text{int}} = W + Q + T_{\text{MW}} + T_{\text{MT}} + T_{\text{ET}} + T_{\text{ER}} \qquad 7.2$$

이것은 **비고립계**(nonisolated system) 에너지 분석 모형의 주요한 수학적인 표현이다(이후의 장들에서 선운동량과 각운동량을 포함한 여러 비고립계 모형을 배우게 될 것이다). 대부분의 경우 여러 항들이 영이 되기 때문에 식 7.2는 보다 간단한 형태가 된다. 만일 주어진 계에 대해 에너지 보존 식의 우변의 모든 항들이 영인 경우, 계는 **고립계**이고 다음 절에서 다룰 것이다.

에너지 보존 식은 여러분의 은행 계좌 잔고 명세서보다 이론적으로 더 복잡하지 않다. 여러분의 계좌가 계라고 하면, 한 달 동안의 계좌 잔고의 변화는 모든 이체(입금, 출금, 수수료, 이자)들의 합이다. 여러분은 에너지를 **자연의 통화**라고 생각하면 도움이 될 것이다.

비고립계에 하나의 힘이 작용하고 힘의 작용점이 움직여서 변위가 일어났다고 가정하자. 그리고 힘은 오직 속력에만 영향을 끼쳤다고 가정하자. 이 경우 유용한 에너지 전달 과정은 일이고(그 결과 식 7.2의 우변에는 오직 W만 남게 된다), 계의 에너지에는 운동 에너지의 변화만 있게 된다(그 결과 ΔE_{system}에는 ΔK만 남게 된다). 따라서 식 7.2를 정리하면 다음과 같다.

$$\Delta K = W$$

이것이 바로 일–운동 에너지 정리이다. 이 정리는 보다 일반적인 에너지 보존 원리의 특수한 경우이다. 앞으로 여러 장에서 다른 특수한 경우를 더 보게 될 것이다.

▶ **퀴즈 7.1** 다음에 주어진 계에서 어떤 에너지 전달 방법으로 에너지가 들어오고 나가게 되는가? **(a)** 텔레비전 수상기 **(b)** 등유를 연료로 하는 잔디깎기용 차 **(c)** 수동 연필깎이

▶ **퀴즈 7.2** 마찰이 있는 표면 위에 미끄러지는 물체를 생각해 보자. 미끄러질 때 나는 소리는 무시한다. **(i)** 계가 **물체**인 경우, **(ii)** 계가 **표면**인 경우 및 **(iii)** 계가 **물체와 표면**으로 구성되어 있을 경우, 각각에 대해 다음의 보기 (a)~(c) 중에서 계의 상태를 선택하라. **(a)** 고립계 **(b)** 비고립계 **(c)** 결정할 수 없음

7.2 | 분석 모형: 고립계 (에너지) Analysis Model: Isolated System (Energy)

이 절에서는 많은 물리 문제들에서 공통적으로 나타나는 **고립계**(isolated system)에 대해 알아본다. 고립계에서는 계의 경계를 넘는 어떤 방식의 에너지 전달도 없다. 먼저 중력이 작용하는 상황을 고려해 보자. 앞 장의 그림 6.15의 책–지구 계를 생각해 보자. 책을 들면 계에 중력 위치 에너지가 저장된다. 이 에너지는 외력이 책을 들면서 계에 한 일, 즉 $W = \Delta U_g$를 이용해서 계산할 수 있다.

들어올렸던 책이 원래 위치로 되돌아올 때 중력이 **책에 한** 일에만 초점을 맞추어 보자(그림 7.2). 책이 y_i에서 y_f로 낙하할 때 중력이 책에 한 일*은 다음과 같다.

$$W_{\text{on book}} = (m\vec{\mathbf{g}}) \cdot \Delta\vec{\mathbf{r}} = (-mg\hat{\mathbf{j}}) \cdot [(y_f - y_i)\hat{\mathbf{j}}] = mgy_i - mgy_f \qquad \textbf{7.3}$$

6장의 일–운동 에너지 정리에 따르면, 책에 한 일은 책의 운동 에너지의 변화와 같다.

$$W_{\text{on book}} = \Delta K_{\text{book}}$$

책에 한 일에 대한 두 식을 다음과 같이 같게 놓을 수 있다.

$$\Delta K_{\text{book}} = mgy_i - mgy_f \qquad \textbf{7.4}$$

이제 위 식의 양변을 책과 지구로 구성된 **계**와 관련지어 보면 식 7.4의 우변은 다음과 같다.

$$mgy_i - mgy_f = -(mgy_f - mgy_i) = -\Delta U_g$$

여기서 $U_g = mgy$는 계의 중력 위치 에너지이다. 식 7.4의 좌변은 책이 계에서 유일하게 움직이는 부분이므로 $\Delta K_{\text{book}} = \Delta K$이고, 여기서 K는 계의 운동 에너지이다. 그러므로 식 7.4의 각 변을 책–지구 계에 해당하는 양으로 대치하면 다음과 같다.

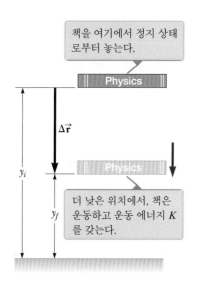

그림 7.2 책을 정지 상태에서 놓으면 중력에 의해 책이 낙하하고 중력은 책에 일을 한다.

---

* 여기서부터 식 7.4까지는 책만을 계로 본 것이다: 역자 주

$$\Delta K = -\Delta U_g \qquad\qquad \text{7.5}$$

이 식을 변화시켜 역학 문제를 풀 때 매우 중요한 일반적인 결과를 얻을 수 있다. 우선 위치 에너지 변화를 다음과 같이 이 식의 좌변으로 옮긴다.

$$\Delta K + \Delta U_g = 0$$

좌변은 계에 저장된 에너지 변화의 합을 나타낸다. 우변은 책−지구 계가 주위로부터 **고립**되어 있어 계의 경계를 넘는 어떤 에너지 전달도 없으므로 영이다. 앞의 식을 중력 위치 에너지가 있는 하나의 중력계에서 유도했지만, 다른 형태의 위치 에너지를 갖는 계에서도 유도할 수 있다. 그러므로 한 고립계에 대해 다음과 같은 식이 성립한다.

$$\Delta K + \Delta U = 0 \qquad\qquad \text{7.6}$$

6장에서 계의 역학적 에너지를 운동 에너지와 위치 에너지의 합이라 정의했다.

▶ 계의 역학적 에너지

$$\boxed{E_{\text{mech}} \equiv K + U} \qquad\qquad \text{7.7}$$

여기서 U는 **모든** 형태의 위치 에너지를 포함한 것이다. 지금 고려하고 있는 계가 고립계이므로, 식 7.6과 7.7에서 역학적 에너지가 보존됨을 알 수 있다.

▶ 비보존력이 작용하지 않는 고립계의 역학적 에너지는 보존된다

$$\boxed{\Delta E_{\text{mech}} = 0} \qquad\qquad \text{7.8}$$

식 7.8은 계에 비보존력이 작용하지 않는 고립계에 대한 **역학적 에너지의 보존**(conservation of mechanical energy)을 표현한 식이다. 고립계에서는 역학적 에너지가 보존되어, 운동 에너지와 위치 에너지의 합은 항상 일정하다.

계 내부에서 작용하는 비보존력이 있다면, 6.7절에서 논의했듯이 이 힘에 의해 역학적 에너지는 내부 에너지로 변환된다. 고립계 내부에서 작용하는 비보존력이 있다면, 역학적 에너지는 보존되지 않지만 계의 전체 에너지는 보존된다. 이 경우 계의 에너지 보존은 다음과 같이 표현된다.

▶ 고립계의 전체 에너지는 보존된다

$$\boxed{\Delta E_{\text{system}} = 0} \qquad\qquad \text{7.9}$$

여기서 E_{system}은 운동, 위치 및 내부 에너지 모두를 포함한 것이다. 이 식은 **고립계**(isolated system) 모형에 대한 가장 일반적인 에너지 보존을 기술한 것이다. 이는 식 7.2에서 우변이 모두 영인 식과 같다.

식 7.6의 에너지 변화를 자세히 풀어 쓰면 다음과 같다.

> **오류 피하기 | 7.2**
>
> **식 7.10의 조건** 식 7.10은 보존력이 작용하는 계에 대해서만 성립한다. 비보존력의 경우는 7.4절과 7.5절에서 배운다.

$$(K_f - K_i) + (U_f - U_i) = 0$$

$$\boxed{K_f + U_f = K_i + U_i} \qquad\qquad \text{7.10}$$

중력에 의해 낙하하는 책의 경우 식 7.10은 다음과 같다.

$$\frac{1}{2}mv_f^2 + mgy_f = \frac{1}{2}mv_i^2 + mgy_i$$

책이 지구로 낙하하면서, 책–지구 계는 위치 에너지를 잃고 운동 에너지를 얻는다. 이때 두 종류의 에너지의 합인 전체 에너지는 떨어지는 매순간 항상 일정하다.

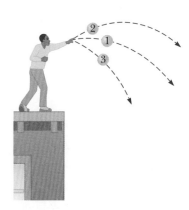

퀴즈 7.3 질량 m인 돌이 높이 h에서 지면으로 떨어진다. 질량이 $2m$인 두 번째 돌이 같은 높이에서 떨어진다. 두 번째 돌이 지면에 도달하는 순간 운동 에너지는 얼마인가? **(a)** 첫 번째 돌의 두 배 **(b)** 첫 번째 돌의 네 배 **(c)** 첫 번째 돌과 같음 **(d)** 첫 번째 돌의 절반 **(e)** 결정할 수 없음

퀴즈 7.4 세 개의 똑같은 공을 같은 처음 속력으로 건물의 옥상에서 던졌다. 그림 7.3에서와 같이 첫 번째 공은 수평으로, 두 번째 공은 수평보다 위인 각도로, 세 번째 공은 수평보다 아래인 같은 각도로 던졌다. 공기 저항을 무시하고 각각의 공이 지면에 도달할 때 공의 속력을 순서대로 나열하라.

그림 7.3 (퀴즈 7.4) 세 개의 똑같은 공을 같은 처음 속력으로 건물의 옥상에서 던진다.

예제 7.1 | 자유 낙하하는 공

그림 7.4와 같이 질량 m인 공을 지면에서 높이 h인 곳에서 떨어뜨린다.

(A) 공기 저항을 무시하고 지면에서 높이 y에 도달할 때 공의 속력을 구하라.

풀이

개념화 그림 7.4와 일상생활의 경험을 바탕으로 낙하하는 물체의 상황을 정의한다. 2장에서 공부한 방법으로 이 문제를 쉽게 풀 수 있지만, 에너지 방법으로 풀어보자.

분류 계는 공과 지구로 구성되어 있는 것으로 정의한다. 공기의 저항이 없고 계를 구성하고 있는 물체와 환경 사이에 상호 작용이 없으므로, 계는 고립되어 있고 우리는 고립계 모형을 사용한다. 계를 구성하고 있는 물체 간에 작용하는 힘은 중력뿐이고, 이 힘은 보존력이다.

분석 공–지구 계는 고립되어 있고 계의 내부에 어떤 비보존력도 없으므로 역학적 에너지 보존 원리를 적용한다. 공을 놓은 순간, 공의 운동 에너지는 $K_i = 0$이고 중력 위치 에너지는 $U_{gi} = mgh$이다. 공이 지면에서 높이 y인 곳에 도달하는 순간에, 공의 운동 에너지는 $K_f = \frac{1}{2}mv_f^2$이고 중력 위치 에너지는 $U_{gf} = mgy$이다.
식 7.10을 적용한다.

$$K_f + U_{gf} = K_i + U_{gi}$$

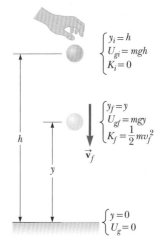

그림 7.4 (예제 7.1) 공을 지면에서 높이 h인 곳에서 떨어뜨린다. 이 높이에서 공–지구 계의 처음 전체 에너지는 중력 위치 에너지 mgh이다. 임의의 높이 y에서 전체 에너지는 운동 에너지와 중력 위치 에너지의 합이다.

$$\frac{1}{2}mv_f^2 + mgy = 0 + mgh$$

v_f에 대해 푼다.

$$v_f^2 = 2g(h - y) \quad \rightarrow \quad v_f = \sqrt{2g(h - y)}$$

속력은 항상 양(+)이다. 공의 속도를 구하려면, 속도의 y 성분이 아래 방향을 향하고 있으므로 음의 제곱근을 택해야 한다.

(B) 공이 처음 높이 h에서 이미 위 방향의 처음 속력 v_i를 가지고 있을 경우, 높이 y에 도달할 때 공의 속력을 구하라.

풀이

분석 이 경우에는 처음 에너지에 운동 에너지 $\frac{1}{2}mv_i^2$을 포함시켜야 한다.
식 7.10을 적용한다.

$$\frac{1}{2}mv_f^2 + mgy = \frac{1}{2}mv_i^2 + mgh$$

v_f에 대해 푼다.

$$v_f^2 = v_i^2 + 2g(h-y) \quad \rightarrow \quad \boxed{v_f = \sqrt{v_i^2 + 2g(h-y)}}$$

결론 이 나중 속력의 결과는 자유 낙하하는 물체에 대한 등가속도 입자 모형으로 얻은 식, $v_{yf}^2 = v_{yi}^2 - 2g(y_f - y_i)$와 일치한다. 여기서 $y_i = h$이다. 더욱이 이 결과는 처음 속도가 수평 방향과 어떤 각도를 이루는 경우에도 성립하는데(퀴즈 7.4), 그 이유는 (1) 운동 에너지는 스칼라량이어서 속도의 크기에만 의존하고, (2) 계의 중력 에너지의 변화량은 연직 방향의 공의 위치 변화에만 의존하기 때문이다.

문제 (B)에서 처음 속도 $\vec{v}_i$가 아래 방향일 경우는 어떻게 되는가? 이런 처음 속도의 방향의 변화가 높이 y에 도달할 때의 공의 속력에 영향을 주는가?

답 처음에 위로 던질 때보다 아래로 던질 때, 높이 y에서 공의 속력이 더 커질 것이라고 주장하는 오류를 범할 수 있다. 그러나 에너지 보존은 스칼라량인 운동 에너지와 위치 에너지에 의존한다. 그러므로 처음 속도 벡터의 방향은 나중 속력에 아무런 영향을 주지 못한다.

◣ 예제 7.2 | 배우의 무대 입장

연극 공연 중 무대 위로 날아서 등장하는 배우를 지탱할 수 있는 무대 장치를 설계한다고 하자. 배우의 질량은 65 kg이다. 그림 7.5a와 같이 배우 몸을 지탱해주는 멜빵 장치와 130 kg의 모래주머니가 가벼운 철사 줄로 연결되어 마찰이 없는 두 도르래 위를 움직이도록 한다. 멜빵 장치와 가장 가까운 도르래 사이의 철사 줄의 길이가 3.0 m가 되도록 하고 무대 커튼의 뒤에 있는 도르래가 안 보이도록 한다. 배우가 공중에서부터 무대 바닥으로 줄에 매달려 날아와 사뿐히 착지하도록 하기 위해서는 모래주머니가 절대 바닥에서 들리면 안 된다. 처음에 철사 줄이 무대 바닥에 수직인 방향과 이룬 각도를 θ라 하자. 모래주머니가 들리지 않기 위한 최대 각도를 구하라.

풀이

개념화 이 문제를 풀기 위해서는 여러 개념을 이용해야만 한다. 배우가 회전하면서 바닥으로 접근할 때 어떤 일이 일어나는지를 상상해 보자. 바닥 위치에서는 줄이 연직으로 서 있게 되어 배우의 무게와 위 방향의 구심력을 지탱해야만 한다. 그네를 타는 동안 이 위치에서 줄의 장력이 가장 커져 모래주머니가 바닥에서 들릴 가능성이 가장 크다.

분류 배우가 처음 위치에서부터 가장 낮은 위치로 이동하는 것을 고려해서 계가 배우와 지구로 이루어진 것으로 가정한다. 공기 저항을 무시하면 배우에게 작용하는 비보존력은 없다. 주위에 있는 줄과 계 사이의 작용 때문에 계가 비고립계인 것으로 간주할 오류를 범할 수 있다. 그러나 줄이 배우에게 작용하는 힘은 항상 배우의 모든 변위 요소에 수직이어서 일을 하지 않는다. 그러므로 계의 경계를 넘는 에너지 전달이

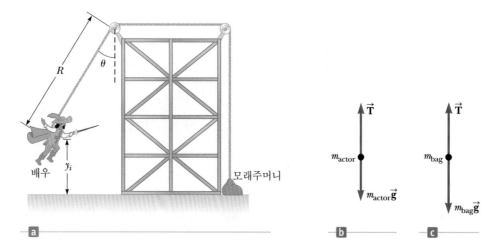

그림 7.5 (예제 7.2) (a) 배우가 줄에 매달려 날아와 사뿐히 착지하면서 입장하는 무대 장치 (b) 원의 궤적 중 가장 낮은 위치에 있는 순간에서의 배우에 대한 자유 물체 도표 (c) 무대 바닥에 의한 수직항력이 영인 순간에서의 모래주머니에 대한 자유 물체 도표

없다는 점에서 계는 고립계이다.

분석 먼저 배우가 무대 바닥에 도달할 때의 속력을 구한다. 이때 배우의 운동이 원의 경로를 가지므로, 반지름을 R이라 하고 R과 처음 각도 θ의 함수로 속력을 구한다.

고립계 모형으로부터, 배우–지구 계에 역학적 에너지 보존의 원리를 적용한다.

$$K_f + U_f = K_i + U_i$$

무대 바닥 위에서부터 배우의 높이를 y_i, 착지 바로 전의 순간 속력을 v_f라 하자(배우는 정지 상태에서 출발했기 때문에 $K_i = 0$이고, 배우가 바닥에 있는 상태의 중력 위치 에너지를 영이라 정의했다는 점에 유의하자).

$$(1) \qquad \frac{1}{2} m_{\text{actor}} v_f^2 + 0 = 0 + m_{\text{actor}} g y_i$$

그림 7.5a에서 $y_f = 0$임에 착안하면, $y_i = R - R\cos\theta = R(1 - \cos\theta)$이다. 이 기하학적 관계식을 식 (1)에 적용해서 v_f^2에 대해 푼다.

$$(2) \qquad v_f^2 = 2gR(1 - \cos\theta)$$

분류 다음으로 배우가 가장 낮은 위치에 있는 순간에 초점을 맞춰 보자. 이 순간에 줄의 장력은 모래주머니에 작용하는 힘으로 전달되므로, 배우는 알짜힘을 받고 있는 하나의 입자로 모형화할 수 있다. 배우는 원호를 따라 운동하므로 원운동의 바닥에서 위로 향하는 구심 가속도가 있고, 크기는 v_f^2/R의 힘을 받는다.

분석 배우의 이동 경로 중 바닥 위치에 있을 때, 그림 7.5b의 자유 물체 도표를 이용해서, 배우에 알짜힘이 작용하는 입자 모형으로부터 뉴턴의 제2법칙을 적용한다.

$$\sum F_y = T - m_{\text{actor}} g = m_{\text{actor}} \frac{v_f^2}{R}$$

$$(3) \qquad T = m_{\text{actor}} g + m_{\text{actor}} \frac{v_f^2}{R}$$

분류 끝으로 모래주머니는 중력보다 위 방향으로 작용하는 줄에 의한 장력이 커지게 되는 순간 들리게 되고 이때의 수직항력은 영이다. 그러나 모래주머니가 들리는 것은 우리가 원하는 상황이 **아니다**. 모래주머니는 정지한 상태를 유지해야만 하므로, 모래주머니를 평형 상태에 있는 입자로 가정한다.

분석 식 (3)으로 주어지는 힘의 크기 T는 줄을 통해 모래주머니에 전달된다. 줄에 작용하는 장력이 점점 커지는 상황에서 모래주머니가 들어올려지기 직전의 정지 상태에 놓여 있다고 가정하면, 그 순간의 수직항력은 영이고, 그림 7.5c에서처럼 평형 상태의 입자 모형에 의해 $T = m_{\text{bag}} g$이다.

이 조건과 식 (2)를 식 (3)에 대입한다.

$$m_{\text{bag}} g = m_{\text{actor}} g + m_{\text{actor}} \frac{2gR(1 - \cos\theta)}{R}$$

$\cos\theta$에 대해 풀고 주어진 값들을 대입한다.

$$\cos\theta = \frac{3 m_{\text{actor}} - m_{\text{bag}}}{2 m_{\text{actor}}} = \frac{3(65\,\text{kg}) - 130\,\text{kg}}{2(65\,\text{kg})} = 0.50$$

$$\theta = 60°$$

결론 이 문제에서는 이제까지 학습한 서로 다른 두 분야의 여러 기법을 다 사용해야 했다. 그리고 배우의 멜빵 장치와 좌측 도르래 사이의 줄의 길이 R은 최종 식에 나타나지 않는다. 그러므로 각도 θ는 R에 의존하지 않는다.

◀ 예제 7.3 | **용수철 공기총**

용수철 공기총의 작동 원리는 방아쇠를 당겨 용수철이 튕겨 나가도록 하는 구조이다(그림 7.6a). 이 용수철을 $y_Ⓐ$만큼 압축해서 방아쇠를 당긴다. 질량 m의 총알은 연직으로 발사되어, 용수철을 떠나는 위치부터 최대 높이 $y_Ⓒ$까지 올라간다. 그림 7.6b에서 $y_Ⓑ = 0$이다. 여기서 $m = 35.0\,\text{g}$, $y_Ⓐ = -0.120\,\text{m}$, $y_Ⓒ = 20.0\,\text{m}$ 라고 하자.

(A) 모든 저항력을 무시하고 용수철 상수를 구하라.

풀이

개념화 그림 7.6의 (a)와 (b)에서 묘사되어 있는 것을 머릿속에 그려 보자. 처음 정지한 총알이 용수철에 의해 밀리면서 속력이 커져 용수철을 이탈하고 올라간다. 그리고 총알은

아래 방향으로 당기는 중력에 의해 점점 감속하게 된다.

분류 계는 총알, 용수철 및 지구로 구성된 것으로 정의하자. 총알에 대한 공기의 저항과 총열의 마찰력은 무시하고, 계를 어떤 비보존력도 작용하지 않는 고립계로 가정한다.

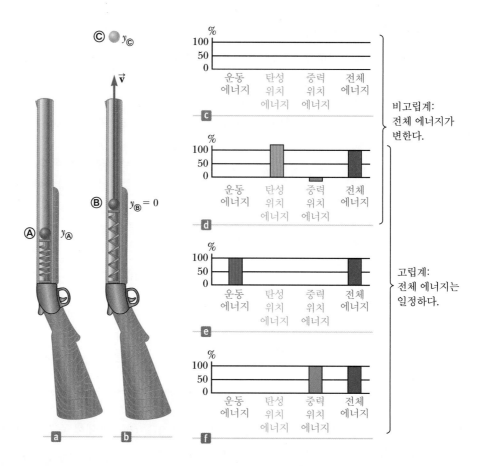

그림 7.6 (예제 7.3) 용수철 공기총. (a) 발사 전 상태 (b) 용수철이 평형 위치까지 이완된 상태 (c) 총알을 장전하기 전의 총−총알−지구 계에 대한 에너지 막대 그래프. 계의 에너지는 영이 다. (d) 외부에서 계에 일을 해서 용수철을 아래로 밀어 총을 장전한다. 따라서 이 과정 동안 계는 고립되어 있지 않다. 총을 장전한 후, 용수철에는 탄성 위치 에너지가 저장되고 총알은 지점 ⓑ 아래에 있으므로 계의 중력 위치 에너지는 낮아진다. (e) 총알이 지점 ⓑ 를 지나가면서, 고립계의 에너지는 모두 운동 에너지이다. (f) 총알이 지점 ⓒ에 도달하면, 고립계의 에너지는 모두 중력 위치 에너지이다.

분석 총알이 정지한 상태에서 발사되므로 처음 운동 에너지는 영이다. 총알이 용수철을 떠나는 순간 계의 배열 상태를 계의 중력 위치 에너지가 영이 되는 기준 위치로 택한다. 이때 탄성 위치 에너지 또한 영이다.

총을 발사하면 총알은 최대 높이 $y_ⓒ$까지 올라간다. 최대 높이에서 총알의 나중 운동 에너지는 영이다.

고립계 모형으로부터, 지점 ⓐ와 ⓒ에서 계에 대한 역학적 에너지 보존 식을 쓴다.

$$K_ⓒ + U_{gⓒ} + U_{sⓒ} = K_ⓐ + U_{gⓐ} + U_{sⓐ}$$

각각의 에너지를 대입한다.

$$0 + mgy_ⓒ + 0 = 0 + mgy_ⓐ + \frac{1}{2}kx^2$$

k에 대해 푼다.

$$k = \frac{2mg(y_ⓒ - y_ⓐ)}{x^2}$$

주어진 값들을 대입한다.

$$k = \frac{2(0.0350\,\text{kg})(9.80\,\text{m/s}^2)[20.0\,\text{m} - (-0.120\,\text{m})]}{(0.120\,\text{m})^2}$$

$$= 958\,\text{N/m}$$

(B) 그림 7.6b와 같이 용수철의 평형 위치 ⓑ를 지날 때 총알의 속력을 구하라.

풀이

분석 총알이 용수철의 평형 위치를 지나는 순간, 계의 에너지는 오직 총알의 운동 에너지 $\frac{1}{2}mv_ⓑ^2$뿐이다. 이런 계의 배열 상태에서 두 위치 에너지는 모두 영이다.

지점 ⓐ와 ⓑ의 계에 대한 역학적 에너지 보존 식을 쓴다.

$$K_ⓑ + U_{gⓑ} + U_{sⓑ} = K_ⓐ + U_{gⓐ} + U_{sⓐ}$$

각각의 에너지에 적합한 항을 대입한다.

$$\frac{1}{2}mv_ⓑ^2 + 0 + 0 = 0 + mgy_ⓐ + \frac{1}{2}kx^2$$

$v_ⓑ$에 대해 푼다.

$$v_ⓑ = \sqrt{\frac{kx^2}{m} + 2gy_ⓐ}$$

주어진 값들을 대입한다.

$$v_\text{®} = \sqrt{\frac{(958\,\text{N/m})(0.120\,\text{m})^2}{(0.0350\,\text{kg})} + 2(9.80\,\text{m/s}^2)(-0.120\,\text{m})}$$

$$= \boxed{19.8\ \text{m/s}}$$

결론 이 예제는 처음으로 다른 두 형태의 위치 에너지를 포

함시켜야만 하는 경우에 해당한다. (A)에서 우리는 지점 Ⓐ 와 Ⓒ 사이에 있는 총알의 속력을 고려할 필요가 전혀 없었다. 운동 에너지와 위치 에너지의 변화는 처음과 나중 값들에만 의존하며, 배열 상태 사이에서 어떤 일이 일어나는지와는 무관하다.

7.3 | 분석 모형: 정상 상태의 비고립계 (에너지)
Analysis Model: Nonisolated System in Steady State (Energy)

지금까지 계에 대한 두 가지 접근법을 살펴봤다. 비고립계에서는 계의 경계를 통과하는 에너지 흐름 때문에 계에 저장된 에너지가 변했다. 따라서 에너지 보존 식의 양변에 영이 아닌 항이 생긴다. 즉 $\Delta E_\text{system} = \sum T$이다. 고립계의 경우는 경계를 통과하는 에너지 흐름은 없으므로, 이 식의 우변은 영이다. 즉 $\Delta E_\text{system} = 0$이다.

우리가 아직 언급하지 않은 또 하나의 가능성이 있다. 에너지 보존 식의 우변에 영이 아닌 항이 있어도 계 에너지가 변하지 않을 수 있다($0 = \sum T$). 이 상황은 에너지가 계에 들어오는 비율이 계를 떠나는 비율과 같다면 일어날 수 있다. 이런 경우 계는 둘 이상의 경쟁하는 에너지가 전달되고 있는 정상 상태에 있으며, 이는 **정상 상태의 비고립계**(nonisolated system in steady state) 분석 모형으로 설명한다. 환경과 상호 작용하기 때문에 비고립계이다. 하지만 계의 에너지가 일정하기 때문에 계는 정상 상태에 있다.

우리는 이런 형태의 상황 몇 가지 예를 규명할 수 있다. 첫째, 비고립계로서 여러분의 집을 고려해 보자. 이상적으로 여러분은 가족들이 편안하게 지내도록 집의 온도를 일정하게 유지하고자 할 것이다. 따라서 여러분은 집의 내부 에너지를 고정시키고자 할 것이다.

그림 7.7에서처럼 집의 에너지 흐름 메커니즘은 다양하다. 태양 전자기파는 벽과 지붕에서 흡수되고 창문을 통해 집 안으로 들어간다. 에너지는 전기 기구를 작동시키기 위해 지상 또는 지하의 전선을 통해 전송되어 들어간다. 벽이나 창문, 문의 틈새를 통해 따뜻하거나 차가운 공기가 들어가거나 빠져 나가는데, 이는 물질 전달에 의해 계의 경계를 통과하는 에너지가 운반되기 때문이다. 또한 천연가스로 기기가 작동되면 물질 전달이 일어날 수 있는데 이는 가스로도 에너지가 전달되기 때문이다. 열에 의한 에너지 전달은 집의 내부와 외부 간의 온도 차이 때문에 벽, 창문, 바닥, 지붕을 통해 일어난다. 따라서 에너지 전달의 형태는 다양하며 집의 에너지는 이상적인 경우 일정하다. 실제로 집은 24시간 주기로 작은 온도 변화가 생기기 때문에 **준정상 상태**에 있다. 하지만 이상적 상황을 상상할 수 있고 이 상황은 정상 상태 모형의 비고립계와 잘 들어맞는다.

두 번째 예로, 지구와 지구의 대기를 계로 고려하자. 계는 진공 상태의 우주 공간에

그림 7.7 에너지는 여러 메커니즘을 통해 집으로 들어오거나 나간다. 집은 정상 상태의 비고립계로 모형화할 수 있다.

송전

창을 통한 태양 복사

지붕과 벽에서의 태양 복사

벽, 지붕, 바닥, 창을 통해 에너지가 출입한다.

벽, 창, 문의 틈새에서의 물질 전달

지하 가스 배관을 통한 물질 전달

표 7.1 | 여러 가지 활동을 할 때 한 시간 동안 방출되는 에너지

활 동	한 시간 동안 방출되는 에너지 (MJ)
잠자기	0.27
의자에 앉아 쉬기	0.42
가만히 서 있기	0.44
옷을 입기	0.49
타이핑하기	0.59
평지에서 걷기 (시속 2.6마일)	0.84
집에서 페인트칠하기	1.00
평지에서 자전거 타기 (시속 5.5마일)	1.27
눈 치우기	2.01
수영하기	2.09
가볍게 뛰기 (시속 5.3마일)	2.39
노 젓기(분당 20회)	3.47
계단 오르기	4.60

있고, 에너지 전달이 가능한 유일한 형태는 계와 환경의 외부 분자 간의 접촉 없이 진행되는 과정과 관련되어 있다. 주석 1에서 설명한 바와 같이, 분자들의 접촉에 의존하지 않는 전달은 오직 두 종류로 장힘과 전자기 복사에 의한 일이다. 지구-대기 계는 전자기파 복사에 의해 우주의 나머지와 에너지를 교환한다(장힘에 의한 일과 우주선 입자와 계로 들어오는 운석과 계를 떠나는 우주선에 의한 질량 전달은 무시한다). 주요한 입력 복사는 태양으로부터 온다. 그리고 출력 복사는 주로 지표와 대기권으로부터 방출된 적외선 복사이다. 이상적인 경우 이 전달은 균형을 이뤄 지구가 일정한 온도를 유지할 수 있다. 하지만 실제로는 에너지 전달은 균형이 **정확히** 맞는 것은 아니다. 그래서 지구는 준정상 상태에 있다. 온도를 측정해 보면 변화하고 있음을 알 수 있다. 온도 변화는 아주 점진적이며 현재 양의 방향(상승)으로 나타나고 있다. 이 변화는 지구 온난화란 사회적 문제의 핵심이다〈관련 이야기 5 참조〉.

며칠의 시간 간격을 생각하면, 인체도 또 다른 정상 상태의 비고립계의 모형으로 간주할 수 있다. 몸이 시간 간격의 처음과 끝에 정지해 있다면 운동 에너지의 변화가 없다. 이 기간 동안 큰 체중의 증가나 감소가 없다고 가정하고 위 속의 음식과 지방으로 몸에 저장된 위치 에너지는 평균적으로 일정하다. 이 기간 동안 열이 나지 않았다면 몸의 내부 에너지는 일정하다. 따라서 계의 에너지 변화는 영이다. 이 기간 동안 에너지 전달 방법은 일(움직일 물체에 가한 힘)과 열(주위 공기에 비해 따뜻한 여러분의 몸), 물질 전달(호흡, 식사), 역학적 파동(말하고 듣기), 전자기파(보고, 피부로부터 흡수하고 방출한 복사) 등을 포함하고 있다. 표 7.1은 한 시간 동안 활동하는 동안 모든 방법에 의해 몸에서 빠져나가는 에너지의 양을 보여 준다.

7.4 | 운동 마찰이 포함되어 있는 상황 Situations Involving Kinetic Friction

그림 6.18a에서 표면이 거친 책상 위에서 마찰력에 의해 감속되면서 오른쪽으로 움직이는 책을 고려해 보자. 힘과 변위가 존재하므로 마찰력은 일을 한다. 일을 표현한 식에 **힘의 작용점**의 변위가 포함되어 있음에 유의하자. 그림 7.8a는 책과 표면 사이의 마찰력에 대한 간단한 모형을 보여 준다. 책과 표면 사이의 전체 마찰력을, 두 개의 똑같은 톱니 모양 돌출부가 점 결합되어 발생하는 미시적인 힘의 합으로 생각한다.[2] 표면에 있는 위 방향의 돌출부와 책의 아래 방향 돌출부가 한 곳에서 접합되어 있다. 이 미시적인 마찰력은 접합점에 작용한다. 그림 7.8b와 같이 책이 오른쪽으로 짧은 거리 d만큼 움직인다고 생각해 보자. 두 돌출부가 동일한 것으로 모형화했기 때문에, 돌출부의 접합점은 오른쪽으로 $d/2$만큼 움직인다. 따라서 마찰력의 작용점의 변위는 $d/2$인 반면, 책의 변위는 d가 된다!

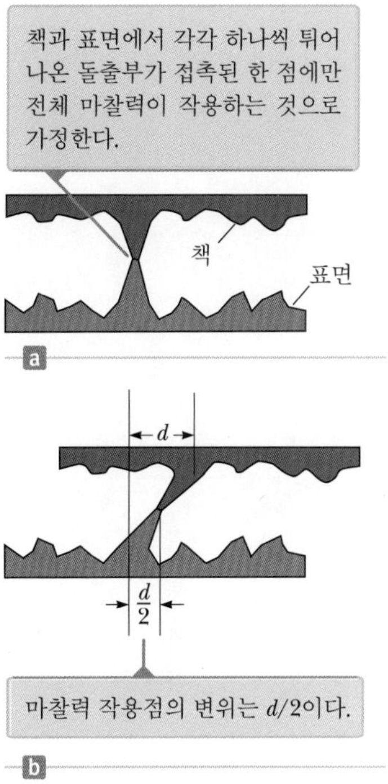

실제 상황에서는 표면 위를 미끄러지고 있는 물체의 접촉면 전체 넓이에 마찰력이 분포되어 있기 때문에, 힘은 한 점에 모여 있지 않다. 더욱이 각각의 접합점이 문드러지면서 여러 접합점의 위치마다 마찰력의 크기가 계속 변하기 때문에, 표면과 책은 국소적으로 계속 변형되어 마찰력의 작용점의 변위가 책의 변위와 전혀 일치하지 않게 된다. 사실상 미시적인 마찰력의 작용점의 변위를 계산할 수 없고, 따라서 마찰력이 한 일도 계산할 수 없다.

일-운동 에너지 정리는 입자로 모형화가 가능한 입자나 물체에 대해 유효하다. 그러나 마찰력이 존재할 때는 마찰력이 한 일을 계산할 수 없다. 이런 상황에서는 일-운동 에너지 정리는 계에 유효하지 않더라도, 뉴턴의 제2법칙은 여전히 유효하다. 표면 위에서 미끄러지는 책처럼 변형이 없는 물체의 경우는 비교적 쉽게 다룰 수 있다.[3]

마찰력을 포함한 힘들이 책에 작용하는 상황에 대한 논의를 시작할 때, 식 6.17을 유도하는 과정과 비슷한 방식을 따를 수 있다. 마찰력 외의 다른 힘들에 대해 식 6.8을 써보자.

$$\sum W_{\text{other forces}} = \int \left(\sum \vec{\mathbf{F}}_{\text{other forces}} \right) \cdot d\vec{\mathbf{r}} \qquad \text{7.11}$$

이 식에서 $d\vec{\mathbf{r}}$은 물체의 변위이다. 마찰력을 제외한 힘들이 물체를 변형시키지 않는다고 가정하면, 물체의 변위는 이 힘들의 작용점의 변위와 같다. 식 7.11의 양변에 운동 마찰력과 변위의 스칼라곱을 적분한 것을 더해 보자. 이렇게 하는 데 있어서, 우리는 이 양을 일이라고 정의하지 않는다. 단지 수학적으로 계산할 수 있는 양일 뿐이며, 이는 다음과 같이 사용하는 데 유용한 것임을 보여 준다.

책과 표면에서 각각 하나씩 튀어 나온 돌출부가 접촉된 한 점에만 전체 마찰력이 작용하는 것으로 가정한다.

마찰력 작용점의 변위는 $d/2$이다.

그림 7.8 (a) 책과 표면 사이에 있는 마찰에 대한 간단한 모형 (b) 책이 오른쪽으로 거리 d만큼 이동한다.

---

[2] 그림 7.8과 관련된 논의는 마찰력에 대한 B. A. Sherwood와 W. H. Bernard의 논문에 실린 내용을 인용한 것이다. 인용한 논문과 참고문헌은 다음과 같다. "Work and heat transfer in the presence of sliding friction," *American Journal of Physics*, 52:1001, 1984.

[3] 책의 전체 형태가 똑같이 유지되고 있다는 점에서 책을 변형이 되지 않는 물체로 간주한다. 그러나 미시적으로는 표면 위를 미끄러지는 동안 책의 표면에 변형이 발생한다.

$$\sum W_{\text{other forces}} + \int \vec{\mathbf{f}}_k \cdot d\vec{\mathbf{r}} = \int \left(\sum \vec{\mathbf{F}}_{\text{other forces}}\right) \cdot d\vec{\mathbf{r}} + \int \vec{\mathbf{f}}_k \cdot d\vec{\mathbf{r}}$$
$$= \int \left(\sum \vec{\mathbf{F}}_{\text{other forces}} + \vec{\mathbf{f}}_k\right) \cdot d\vec{\mathbf{r}}$$

우변의 피적분 함수는 알짜힘 $\sum \vec{\mathbf{F}}$이므로 다음이 성립한다.

$$\sum W_{\text{other forces}} + \int \vec{\mathbf{f}}_k \cdot d\vec{\mathbf{r}} = \int \sum \vec{\mathbf{F}} \cdot d\vec{\mathbf{r}}$$

뉴턴의 제2법칙 $\sum \vec{\mathbf{F}} = m\vec{\mathbf{a}}$를 대입하면 다음과 같다.

$$\sum W_{\text{other forces}} + \int \vec{\mathbf{f}}_k \cdot d\vec{\mathbf{r}} = \int m\vec{\mathbf{a}} \cdot d\vec{\mathbf{r}} \qquad \text{7.12}$$
$$= \int m \frac{d\vec{\mathbf{v}}}{dt} \cdot d\vec{\mathbf{r}} = \int_{t_i}^{t_f} m \frac{d\vec{\mathbf{v}}}{dt} \cdot \vec{\mathbf{v}} \, dt$$

여기서 $d\vec{\mathbf{r}}$을 $\vec{\mathbf{v}} \, dt$로 쓸 때 식 3.3을 사용했다. 스칼라곱은 미분의 곱의 법칙을 따르므로 (부록 B.6 식 B.30 참조), $\vec{\mathbf{v}}$와 자신과의 스칼라곱의 미분은 다음과 같이 주어진다.

$$\frac{d}{dt}(\vec{\mathbf{v}} \cdot \vec{\mathbf{v}}) = \frac{d\vec{\mathbf{v}}}{dt} \cdot \vec{\mathbf{v}} + \vec{\mathbf{v}} \cdot \frac{d\vec{\mathbf{v}}}{dt} = 2 \frac{d\vec{\mathbf{v}}}{dt} \cdot \vec{\mathbf{v}}$$

여기서 마지막 식을 얻을 때 스칼라곱의 교환 법칙을 사용했다. 따라서 다음과 같이 쓸 수 있다.

$$\frac{d\vec{\mathbf{v}}}{dt} \cdot \vec{\mathbf{v}} = \frac{1}{2} \frac{d}{dt}(\vec{\mathbf{v}} \cdot \vec{\mathbf{v}}) = \frac{1}{2} \frac{dv^2}{dt}$$

이 결과를 식 7.12에 대입하면 다음을 얻는다.

$$\sum W_{\text{other forces}} + \int \vec{\mathbf{f}}_k \cdot d\vec{\mathbf{r}} = \int_{t_i}^{t_f} m\left(\frac{1}{2} \frac{dv^2}{dt}\right) dt$$
$$= \frac{1}{2} m \int_{v_i}^{v_f} d(v^2) = \frac{1}{2} mv_f^2 - \frac{1}{2} mv_i^2 = \Delta K$$

이 식의 좌변을 살펴보면 관성틀인 표면에서 볼 때, 물체의 경로에 있는 모든 변위 요소 $d\vec{\mathbf{r}}$에 대해 $\vec{\mathbf{f}}_k$와 $d\vec{\mathbf{r}}$은 반대 방향이다. 그래서 $\vec{\mathbf{f}}_k \cdot d\vec{\mathbf{r}} = -f_k \, dr$이므로 위 식은 다음과 같이 된다.

$$\sum W_{\text{other forces}} - \int f_k \, dr = \Delta K$$

마찰에 대한 모형에서 운동 마찰력의 크기가 일정하므로 f_k는 적분 기호 밖으로 내보낼 수 있다. 남은 적분 $\int dr$은 경로를 따라 길이 요소의 단순한 합인 전체 경로 길이 d이다. 그러므로

$$\sum W_{\text{other forces}} - f_k d = \Delta K \qquad \text{7.13}$$

또는

$$K_f = K_i - f_k d + \sum W_{\text{other forces}} \qquad \text{7.14}$$

이다. 식 7.13은 물체에 마찰력이 작용할 때 사용할 수 있다. 운동 에너지의 변화는 마찰력을 제외한 모든 힘들이 한 일에서 마찰력이 한 일과 관련이 있는 $f_k d$ 항을 뺀

것과 같다.**

미끄러지는 책의 상황을 다시 고려해서, 마찰력만의 영향으로 감속하는 책과 표면으로 구성된 더 큰 계를 생각해 보자. 계와 환경 사이에 상호 작용이 없으므로 일이 계의 경계를 넘지는 않는다. 책이 미끄러질 때 나는 불가피한 소리를 무시하면, 계의 경계를 넘는 어떤 형태의 에너지 전달도 없다! 이 경우 식 7.2는 다음과 같다.

$$\Delta E_{\text{system}} = \Delta K + \Delta E_{\text{int}} = 0$$

책−표면으로 구성된 계에서 계의 운동 에너지의 변화는 유일하게 움직이는 부분인 책만의 운동 에너지의 변화와 같다. 그러므로 이것과 식 7.13을 결합하면 다음을 얻는다.

$$-f_k d + \Delta E_{\text{int}} = 0$$

$$\boxed{\Delta E_{\text{int}} = f_k d} \qquad \qquad 7.15$$

▶ 일정한 마찰력에 의한 계의 내부 에너지 변화

따라서 계의 내부 에너지 증가는 마찰력과 책이 이동한 경로의 길이와의 곱이다. 요약하면, 마찰력은 계의 내부에 있는 운동 에너지를 내부 에너지로 변환시킨다. 이때 계의 내부 에너지 증가량은 운동 에너지의 감소량과 같다. 식 7.15를 이용하면, 식 7.13은 다음과 같이 쓸 수 있다.

$$\sum W_{\text{other forces}} = W = \Delta K + \Delta E_{\text{int}}$$

이는 식 7.2의 축소된 형태이며 비보존력이 작용하는 계에 대한 비고립계 모형을 나타낸다.

◤ **퀴즈 7.5** 65 mi/h의 속력으로 고속도로를 주행하는 차가 있다. 차는 운동 에너지를 가지고 있다. 병목 현상 때문에 갑자기 브레이크를 밟는다고 하자. 운동 에너지는 어떻게 되는가? (**a**) 도로의 내부 에너지로 모두 변환된다. (**b**) 바퀴의 내부 에너지로 모두 변환된다. (**c**) 일부는 내부 에너지로 나머지는 역학적 파동으로 변환된다. (**d**) 자동차로부터 여러 형태의 에너지로 모두 변환되어 발산된다.

▶ 생각하는 물리 7.1

처음 속력 v로 달리는 자동차가 브레이크를 밟은 후 거리 d만큼 미끄러지다가 정지한다. 브레이크를 밟는 순간의 차의 속력이 $2v$라면 미끄러지는 거리는 얼마인가?

추론 자동차와 길바닥 사이의 운동 마찰력이 두 속력 모두의 경우 일정하다고 가정하자. 식 7.14에 따르면, 마찰력과 움직인 거리 d의 곱은 ($K_f = 0$이고 다른 힘이 한 일이 없기 때문에) 자동차의 처음 운동 에너지와 같다. 속력이 두 배가 되면, 운동 에너지는 네 배가 된다. 주어진 마찰력에 대해, 처음 속력이 두 배가 되면 이동 거리는 네 배가 되므로 자동차가 미끄러지는 거리는 $4d$가 된다. 이 결과는 예제 5.1의 (B)에 있는 것과 일치한다. 다만 여기서는 힘의 방법을 이용한 것이 아니라 에너지 방법을 이용해서 구한 것이다. ◀

** 흔히 $-f_k d$를 운동 마찰력이 한 일이라고 부르는데, 그렇게 정의할 경우 바로 일반적인 의미의 일−운동 에너지 정리에 의해 식 7.13을 얻을 수 있다: 역자 주

예제 7.4 | 거친 표면 위에서 물체 끌기

수평한 표면 위에서 처음에 정지하고 있는 6.0 kg의 물체를 크기가 일정한 12 N인 수평 방향의 힘으로 오른쪽으로 당긴다고 가정하자.

(A) 물체가 접촉한 표면의 운동 마찰 계수가 0.15일 때 3.0 m 이동된 후 물체의 속력을 구하라.

풀이

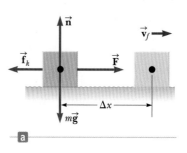

개념화 이 예제는 예제 6.6에 마찰력을 추가한 것이다. 거친 표면에서는 물체에 작용하는 힘의 방향과 반대 방향으로 마찰력이 작용한다. 그 결과 속력은 예제 6.6에서 구한 값보다 작아질 것으로 예상된다.

분류 어떤 힘이 물체를 끌고, 표면이 거친 것을 고려해서 물체-표면 계를 비보존력이 작용하고 있는 비고립계로 가정한다.

분석 그림 7.9a는 이런 계의 상황을 보여 준다. 수직항력이나 중력 어느 힘도 계에 일을 하지 않는다. 왜냐하면 작용점들이 수평으로 변위되기 때문이다.

예제 6.6에서와 같이 힘이 계에 한 일을 구한다.

$$\sum W_{\text{other forces}} = W_F = F\,\Delta x$$

물체를 연직 방향에 대해서 평형 상태에 있는 입자로 가정한다.

$$\sum F_y = 0 \quad \rightarrow \quad n - mg = 0 \quad \rightarrow \quad n = mg$$

마찰력의 크기를 구한다.

$$f_k = \mu_k n = \mu_k mg = (0.15)(6.0\,\text{kg})(9.80\,\text{m/s}^2)$$
$$= 8.82\,\text{N}$$

식 7.14로부터 물체의 나중 속력을 구한다.

$$\frac{1}{2}mv_f^2 = \frac{1}{2}mv_i^2 - f_k d + W_F$$

$$v_f = \sqrt{v_i^2 + \frac{2}{m}(-f_k d + F\,\Delta x)}$$

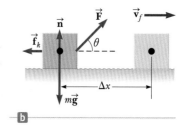

그림 7.9 (예제 7.4) (a) 수평 방향의 일정한 힘으로 물체를 오른쪽으로 당긴다. (b) 수평 방향에 대해 각도 θ인 방향으로 힘이 작용한다.

주어진 값들을 대입한다.

$$v_f = \sqrt{0 + \frac{2}{6.0\,\text{kg}}\left[-(8.82\,\text{N})(3.0\,\text{m}) + (12\,\text{N})(3.0\,\text{m})\right]}$$

$$= \boxed{1.8\,\text{m/s}}$$

결론 예상대로 이 값은 마찰이 없는 표면에서 미끄러지는 예제 6.6의 값 3.5 m/s보다 작다. 예제 6.6에서의 물체와 이 예제에서의 물체의 운동 에너지 차이는 이 예제에서 물체-표면 계의 내부 에너지 증가와 같다.

(B) 그림 7.9b와 같이 힘 $\vec{F}$가 수평면에 대해 각도 θ를 이루면서 물체를 오른쪽으로 3.0 m 끈다고 가정하자. 이때 물체의 최대 속력에 이르게 하는 힘의 각도를 구하라.

풀이

개념화 힘이 각도 $\theta = 0$으로 작용할 때 최대 속력을 낼 것으로 추측할 수 있다. 힘이 물체의 운동 방향, 즉 표면과 평행한 수평 방향으로 최대가 되기 때문이다. 그러나 영이 아닌 임의의 각도를 고려해 보자. 힘의 수평 방향 성분은 비록 줄어들지만 생겨난 연직 방향 성분은 수직항력을 작게 만들어 마찰력을 감소시킨다. 따라서 $\theta = 0$이 아닌 어떤 각도로 끌 때 물체의 속력이 최대가 될 수 있다.

분류 (A)에서와 같이 물체-표면 계를 비보존력이 작용하고 있는 비고립계로 모형화한다.

분석 물체가 직선 경로를 따라 이동하므로 $\Delta x = d$임을 고려해서 외부에서 작용한 힘이 한 일을 구한다.

$$\sum W_{\text{other forces}} = W_F = F\,\Delta x \cos\theta = F d \cos\theta$$

연직 방향에 대해 물체를 평형 상태에 있는 입자로 가정한다.

$$\sum F_y = n + F\sin\theta - mg = 0$$

n에 대해 푼다.

$$n = mg - F\sin\theta$$

식 7.14를 이용해서 이 상황에서의 나중 운동 에너지를 구한다.

$$K_f = K_i - f_k d + W_F$$
$$= 0 - \mu_k nd + Fd\cos\theta$$
$$= -\mu_k(mg - F\sin\theta)d + Fd\cos\theta$$

속력을 최대로 하려면 나중 운동 에너지를 최대로 해야 한다. 따라서 K_f를 θ에 대해 미분하고 그 결과를 영으로 놓는다.

$$\frac{dK_f}{d\theta} = -\mu_k(0 - F\cos\theta)d - Fd\sin\theta = 0$$

$$\mu_k \cos\theta - \sin\theta = 0$$
$$\tan\theta = \mu_k$$

$\mu_k = 0.15$일 때의 θ를 구한다.

$$\theta = \tan^{-1}(\mu_k) = \tan^{-1}(0.15) = \boxed{8.5°}$$

결론 실제로 물체가 최대 속력을 갖도록 하는 힘의 각도가 $\theta = 0$이 아닌 것에 주의하자. 그리고 각도가 8.5°보다 커질 때에는, 줄어드는 마찰력의 크기에 비해 작용하는 힘의 수평 방향의 성분이 더 크게 줄어들어, 물체의 속력은 최댓값보다 작아지기 시작한다.

예제 7.5 | 물체–용수철 계

그림 7.10과 같이 질량이 1.6 kg인 물체가 용수철 상수 1 000 N/m 인 수평 방향의 용수철에 연결되어 있다. 용수철을 2.0 cm만큼 압축한 뒤 정지 상태로부터 놓는다.

(A) 표면의 마찰력이 없을 경우 물체가 평형 위치 $x = 0$을 통과할 때의 속력을 구하라.

풀이

개념화 이 상황은 이전에 논의된 적이 있어, 물체가 용수철에 의해 오른쪽으로 밀리면서 $x = 0$에서 어떤 속력을 갖고 이동하는 것을 쉽게 그려볼 수 있다.

분류 계를 물체 하나만 있는 비고립계로 가정한다.

분석 이 경우 물체는 $x_i = -2.0$ cm 에서 $v_i = 0$으로 이동하기 시작하며, $x_f = 0$에서의 속력 v_f를 구하려고 한다.

식 6.11을 이용해서 $x_{max} = x_i$라 두고 용수철이 계에 한 일을 구한다.

$$\sum W_{\text{other forces}} = W_s = \frac{1}{2}kx_{max}^2$$

물체에 일을 하므로 물체의 속력이 변한다. 에너지 보존 식인 식 7.2는 일–운동 에너지 정리로 간단하게 줄어든다. 이 정리를 이용해서 $x = 0$에서의 속력을 구한다.

$$W_s = \frac{1}{2}mv_f^2 - \frac{1}{2}mv_i^2$$
$$v_f = \sqrt{v_i^2 + \frac{2}{m}W_s}$$
$$= \sqrt{v_i^2 + \frac{2}{m}\left(\frac{1}{2}kx_{max}^2\right)}$$

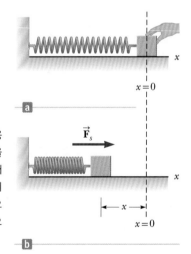

그림 7.10 (예제 7.5) (a) 용수철에 매달린 물체가 외력을 받아 처음 위치 $x = 0$으로부터 안쪽으로 밀린다. (b) 위치 x에서 물체를 정지 상태에서 놓으면 용수철은 물체를 오른쪽으로 밀어낸다.

$$v_f = \sqrt{0 + \frac{2}{1.6\,\text{kg}}\left[\frac{1}{2}(1000\,\text{N/m})(0.020\text{m})^2\right]}$$
$$= \boxed{0.50\,\text{m/s}}$$

결론 이 문제는 6장에서 풀어볼 수도 있었으나, 여기서 다루는 이유는 이 장에서 배운 에너지 방법으로 푼 다음 (B)와 비교해 보기 위해서이다.

(B) 물체를 놓는 순간부터 운동에 저항하는 일정한 마찰력 4.0 N이 작용할 경우 물체가 평형 위치를 통과할 때의 속력을 구하라.

풀이

개념화 답은 마찰력이 물체의 운동을 방해하므로 위의 (A) 의 속력보다 작아야만 한다.

분류 물체와 표면으로 이루어진 계로 모형화한다. 용수철이 일을 하기 때문에 계는 비고립계이다. 또 계의 내부에는 물체와 표면 사이에 작용하는 비보존력인 마찰력이 있다.

분석 식 7.14를 쓴다.

(1) $$K_f = K_i - f_k d + W_s$$

주어진 값들을 대입한다.

$$K_f = 0 - (4.0 \text{ N})(0.020 \text{ m}) + \frac{1}{2}(1000 \text{ N/m})(0.020 \text{ m})^2$$
$$= 0.12 \text{ J}$$

운동 에너지의 정의를 쓴다.

$$K_f = \frac{1}{2} m v_f^2$$

v_f에 대해 풀고 주어진 값들을 대입한다.

$$v_f = \sqrt{\frac{2K_f}{m}} = \sqrt{\frac{2(0.12 \text{ J})}{1.6 \text{ kg}}} = \boxed{0.39 \text{ m/s}}$$

결론 예상대로 이 속력은 마찰력이 없는 (A) 경우의 0.50 m/s 보다 작다.

문제 마찰력이 10.0 N으로 증가한다면 물체의 속력은 얼마인가? $x = 0$에서 물체의 속력은 얼마인가?

답 이 경우 물체가 $x = 0$까지 이동할 때 $f_k d$의 값은 다음과 같다.

$$f_k d = (10.0 \text{ N})(0.020 \text{ m}) = 0.20 \text{ J}$$

이것은 마찰력이 없을 때의 운동 에너지 크기와 같다(각자 증명해 보라!). 그러므로 물체가 $x = 0$에 도달할 때 전체 운동 에너지가 마찰에 의해 내부 에너지로 변환되어 속력 $v = 0$이 된다.

이런 상황에서는 (B)에서와 마찬가지로 $x = 0$이 아닌 다른 위치에서 물체의 속력이 최대가 된다. 이들 위치는 각자 구해 보자.

7.5 | 비보존력에 의한 역학적 에너지의 변화
Changes in Mechanical Energy for Nonconservative Forces

앞 절에서 다룬 표면 위에서 미끄러지는 책을 생각해 보자. 책이 거리 d만큼 이동하는 동안 책에 작용하면서 일을 하는 힘은 운동 마찰력뿐이다. 식 7.13에서 기술하였듯이, 이 힘이 책의 운동 에너지에 $-f_k d$만큼의 변화를 일으킨 것이다.

이제 책도 계의 일부로 포함해서 위치 에너지의 변화도 존재하는 계를 생각해 보자. 이 경우 $-f_k d$는 운동 마찰력에 의한 역학적 에너지의 변화량이 된다. 예를 들어 책이 마찰이 있는 경사면 위를 따라 이동한다면, 책-지구 계의 운동 에너지뿐만 아니라 위치 에너지 모두에 변화가 생긴다. 결과적으로 다음을 얻는다.

$$\Delta E_{\text{mech}} = \Delta K + \Delta U_g = -f_k d$$

이 식을 일반화하면 고립계에서 비보존력인 마찰력이 작용할 때는 다음과 같이 놓을 수 있다.

▶ 마찰에 의한 계 내의 역학적 에너지 변화

$$\Delta E_{\text{mech}} = \Delta K + \Delta U = -f_k d$$
7.16

여기서 ΔU는 모든 형태의 위치 에너지의 변화량이다. 마찰력이 영이면, 식 7.16은 마찰력이 없을 때의 식 7.10으로 되는 것을 확인할 수 있다.

비고립계 안에서 다른 비보존력이 작용하고 계에 작용하는 외부 영향이 일의 형태로 주어진다고 하면, 식 7.13은 다음과 같이 일반화할 수 있다.

$$\Delta E_{\text{mech}} = -f_k d + \sum W_{\text{other forces}} \qquad 7.17$$

식 7.7과 7.15를 이용하면 식 7.17은 다음과 같이 쓸 수 있다.

$$\sum W_{\text{other forces}} = W = \Delta K + \Delta U + \Delta E_{\text{int}}$$

식 7.2의 이렇게 축약된 형태는 다음과 같은 계의 비고립계 모형을 나타낸다. 이 계는 위치 에너지를 가지며 이 계 내부에는 비보존력이 작용한다. 실제로 문제를 풀 때, 식 7.15나 식 7.17과 같은 식들을 사용할 필요는 없다. 단순히 식 7.2를 사용하며 식에서 물리적인 상황에 해당하는 항들만을 적용하면 된다. 이런 방법은 예제 7.8을 통해 이해하기 바란다.

예제 7.6 | 경사면을 따라 미끄러져 내려오는 나무상자

질량 3.00 kg인 물건을 담은 나무상자가 경사면을 따라 미끄러져 내려온다. 그림 7.11과 같이 경사면의 길이는 1.00 m이고 경사각은 30.0°이다. 나무상자는 경사면의 상단에서 정지 상태에서부터 움직이기 시작해서 5.00 N 크기의 마찰력을 계속 받으며 내려온다. 경사면을 내려온 후에도 수평인 지면 바닥을 따라 짧은 거리만큼 움직이다가 멈춘다.

(A) 에너지 방법을 이용해서 경사면 아래 끝에서 나무상자의 속력을 구하라.

풀이

개념화 그림 7.11과 같이 경사면의 표면을 따라 미끄러져 내려오는 나무상자를 상상해 보자. 마찰력이 클수록 나무상자는 더 천천히 미끄러져 내려올 것이다.

분류 나무상자, 경사면 그리고 지구로 이루어진 계로 가정한다. 계는 비보존력이 작용하는 고립계로 분류된다.

분석 처음에 경사면의 위쪽 끝에서 나무상자가 정지($v_i = 0$)하고 있으므로, 운동 에너지는 영이다. 나무상자의 나중 위치에서 계의 중력 위치 에너지가 영이 되도록 경사면의 아래

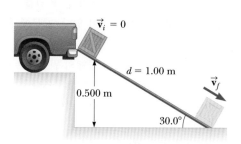

그림 7.11 (예제 7.6) 물건을 담은 나무상자가 중력의 영향으로 경사면을 따라 미끄러져 내려온다. 내려오는 동안 계의 중력 위치 에너지가 감소하고 운동 에너지가 증가한다.

끝을 좌표의 기준으로 삼아, 위 방향을 양으로 해서 y축을 정한다. 그러면 나무상자의 처음 위치는 $y_i = 0.500 \text{ m}$가 된다. 나무상자가 경사면의 위쪽 끝에 있을 때 전체 역학적 에너지의 식을 쓴다.

$$E_i = K_i + U_i = 0 + U_i = mgy_i$$

나중의 전체 역학적 에너지의 식을 쓴다.

$$E_f = K_f + U_f = \frac{1}{2}mv_f^2 + 0 = \frac{1}{2}mv_f^2$$

식 7.16을 적용한다.

$$\Delta E_{\text{mech}} = E_f - E_i = \frac{1}{2}mv_f^2 - mgy_i = -f_k d$$

v_f에 대해 푼다.

$$(1) \qquad v_f = \sqrt{\frac{2}{m}(mgy_i - f_k d)}$$

주어진 값들을 대입한다.

$$v_f = \sqrt{\frac{2}{3.00\,\text{kg}}[(3.00\,\text{kg})(9.80\,\text{m/s}^2)(0.500\,\text{m})-(5.00\,\text{N})(1.00\,\text{m})]}$$

$$= 2.54\,\text{m/s}$$

(B) 나무상자가 경사면을 내려온 후에도 수평인 지면 바닥을 따라 크기가 5.00 N인 마찰력을 받는다면, 나무상자는 얼마만큼 이동하는가?

풀이

분석 (A)와 똑같은 방법으로 푼다. 그러나 이 경우에서는 계의 위치 에너지가 일정하게 유지되기 때문에, 계의 역학적 에너지에는 운동 에너지만 있다는 것을 고려해야 한다.

경사면의 아래 끝을 떠날 때 계의 처음 역학적 에너지의 식을 쓴다.

$$E_i = K_i = \frac{1}{2} m v_i^2$$

$E_f = 0$을 식 7.16에 적용한다.

$$E_f - E_i = 0 - \frac{1}{2} m v_i^2 = -f_k d \quad \rightarrow \quad \frac{1}{2} m v_i^2 = f_k d$$

거리 d에 대해 풀고 주어진 값들을 대입한다.

$$d = \frac{m v_i^2}{2 f_k} = \frac{(3.00 \text{ kg})(2.54 \text{ m/s})^2}{2(5.00 \text{ N})} = \boxed{1.94 \text{ m}}$$

결론 경사면 아래 끝을 지날 때의 나무상자의 속력을 경사면에 마찰이 없을 때의 속력과 비교해서 마찰력의 영향을 알아볼 수도 있다. 또한 비보존력인 마찰력에 의해 나무상자가 경사면을 미끄러져 내려올 때 증가된 내부 에너지는 $f_k d =$ (5.00 N)(1.00 m) = 5.00 J이다. 이 에너지는 나무상자와 지면에 나누어져서 두 물체를 약간 뜨겁게 만든다.

또한 상자가 수평 지면을 미끄러질 때 마찰이 없다면 이동 거리 d는 무한대가 되는 것을 알 수 있다. 여러분이 개념화한 상황과 일치하는가?

문제 세심한 작업자가 경사면의 아래 끝에 도달할 때 나무상자의 속력이 너무 커서 상자에 실린 내용물이 손상되는 것을 걱정해서, 길이가 긴 경사면으로 교체한다고 하자. 새 경사면의 지면과의 각도는 25.0°라고 하자. 새로운 긴 경사면을 쓰면 상자가 지면에 도달할 때의 속력이 줄어드는가?

답 경사면의 길이가 더 길어졌으므로 마찰력이 더 긴 거리에 걸쳐 작용해서, 더 많은 역학적 에너지를 내부 에너지로 변환시킨다. 그 결과 상자의 운동 에너지가 줄어들어 상자가 지면에 도달할 때 상자의 속력이 줄어들 것으로 예상할 수 있다.

새 경사면의 길이 d를 구한다.

$$\sin 25.0° = \frac{0.500 \text{ m}}{d} \quad \rightarrow \quad d = \frac{0.500 \text{ m}}{\sin 25.0°} = 1.18 \text{ m}$$

(A)의 마지막 식 (1)로부터 v_f를 구한다.

$$v_f = \sqrt{\frac{2}{3.00 \text{ kg}} [(3.00 \text{ kg})(9.80 \text{ m/s}^2)(0.500 \text{ m}) - (5.00 \text{ N})(1.18 \text{ m})]}$$
$$= 2.42 \text{ m/s}$$

나중 속력은 더 높은 각도의 경사면일 때의 속력보다 확실히 작다.

예제 7.7 | 물체-용수철 충돌

그림 7.12와 같이 질량이 0.80 kg인 물체가 처음 속력 $v_Ⓐ = 1.2$ m/s로 오른쪽으로 움직여 용수철과 충돌한다. 용수철의 질량은 무시하며 용수철 상수는 $k = 50$ N/m이다.

(A) 표면에 마찰이 없다고 가정하고 충돌 후 용수철의 최대 압축 길이를 계산하라.

풀이

개념화 그림 7.12에 있는 여러 그림은 문제 상황에서 물체의 거동을 상상하는 데 도움을 준다. 모든 운동은 수평면 내에서 일어나므로 중력 위치 에너지를 고려할 필요는 없다.

분류 계가 물체와 용수철로 이루어진 것으로 가정하자. 물체-용수철 계는 비보존력이 작용하지 않는 고립계이다.

분석 물체는 충돌 전 위치 Ⓐ에 있을 때 운동 에너지를 가지고 있고, 용수철은 압축되지 않은 상태이므로 계에 저장된 탄성 위치 에너지는 영이다. 그러므로 충돌 전의 전체 역학적 에너지는 $\frac{1}{2} m v_Ⓐ^2$이다. 충돌 후 물체가 Ⓒ에 있을 때, 물체는 정지하고 용수철은 최대한 압축되어 있다. 때문에 운동 에너지가 영이지만 계에 저장된 탄성 위치 에너지는 최댓값인 $\frac{1}{2} k x^2 = \frac{1}{2} k x_{max}^2$을 갖는다. 여기서 물체의 원점 $x = 0$은 용수철의 평형점을, 최대 변위 x_{max}는 용수철이 최대로 압축된 점 $x_Ⓒ$를 선택했다. 고립계 내에서 비보존력이 작용하지 않으므로 계의 전체 역학적 에너지는 보존된다.

역학적 에너지 보존 식을 쓴다.

$$K_Ⓒ + U_{sⒸ} = K_Ⓐ + U_{sⒶ}$$

$$0 + \frac{1}{2}kx_{\text{max}}^2 = \frac{1}{2}mv_\text{Ⓐ}^2 + 0$$

x_{max}에 대해 풀고 값을 구한다.

$$x_{\text{max}} = \sqrt{\frac{m}{k}}\,v_\text{Ⓐ} = \sqrt{\frac{0.80\ \text{kg}}{50\ \text{N/m}}}\,(1.2\ \text{m/s}) = \boxed{0.15\ \text{m}}$$

(B) 표면과 물체 사이에 마찰 계수 $\mu_k = 0.50$인 일정한 운동 마찰력이 작용한다고 가정하자. 용수철과 충돌하는 순간에 물체의 속력이 $v_\text{Ⓐ} = 1.2\ \text{m/s}$이면, 용수철의 최대 압축 길이 $x_\text{Ⓒ}$는 얼마인가?

풀이

개념화 마찰력에 의해 운동 에너지의 일부가 물체와 표면의 내부 에너지로 변환되기 때문에, 용수철의 압축 길이는 (A)에서보다 작아질 것으로 예상된다.

분류 물체, 표면 그리고 용수철로 구성된 계로 모형화한다. 계는 비보존력이 있는 고립계이다.

분석 이 경우 마찰력이 물체에 작용하므로 계의 역학적 에너지 $E_{\text{mech}} = K + U_s$는 보존되지 **않는다**. 연직 방향에 대해 평형 상태에 있는 입자 모형으로부터 $n = mg$를 얻는다.

마찰력의 크기를 구한다.

$$f_k = \mu_k n = \mu_k mg$$

물체가 $x = 0$에서부터 $x_\text{Ⓒ}$까지 움직이는 동안 마찰력에 의한 계의 역학적 에너지의 변화를 쓴다.

$$\Delta E_{\text{mech}} = -f_k x_\text{Ⓒ}$$

처음과 나중 에너지를 대입한다.

$$\Delta E_{\text{mech}} = E_f - E_i = \left(0 + \frac{1}{2}kx_\text{Ⓒ}^2\right) - \left(\frac{1}{2}mv_\text{Ⓐ}^2 + 0\right)$$
$$= -f_k x_\text{Ⓒ}$$
$$\frac{1}{2}kx_\text{Ⓒ}^2 - \frac{1}{2}mv_\text{Ⓐ}^2 = -\mu_k mg x_\text{Ⓒ}$$

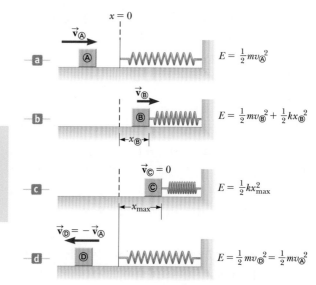

그림 7.12 (예제 7.7) 물체가 마찰이 없는 수평면 위를 미끄러져 움직이다가 가벼운 용수철과 충돌한다. (a) 처음 전체 역학적 에너지는 운동 에너지뿐이다. (b) 역학적 에너지는 물체의 운동 에너지와 용수철에 저장된 탄성 위치 에너지의 합이다. (c) 에너지는 전부 탄성 위치 에너지로 변환된다. (d) 이 에너지는 물체의 처음 운동 에너지로 다시 변환된다. 따라서 전 운동 과정 동안, 계의 전체 에너지는 일정하게 유지된다.

주어진 값들을 대입한다.

$$\frac{1}{2}(50)x_\text{Ⓒ}^2 - \frac{1}{2}(0.80)(1.2)^2 = -(0.50)(0.80)(9.80)x_\text{Ⓒ}$$
$$25x_\text{Ⓒ}^2 + 3.9x_\text{Ⓒ} - 0.58 = 0$$

$x_\text{Ⓒ}$에 대한 이차 방정식을 풀면, $x_\text{Ⓒ} = 0.093\ \text{m}$와 $x_\text{Ⓒ} = -0.25\ \text{m}$이다. 물리적으로 의미가 있는 해는 $x_\text{Ⓒ} = \boxed{0.093\ \text{m}}$이다.

결론 이 상황에서 음수인 해는 적용되지 않는다. 물체가 정지할 때까지 오른쪽(양의 x 방향)으로 움직이기 때문이다. 예상대로 0.093 m는 마찰이 없는 경우의 (A)에서 얻은 값보다 작다.

예제 7.8 | 연결된 물체의 운동

그림 7.13과 같이 두 물체가 가벼운 줄의 양 끝에 연결되어 마찰이 없는 도르래에 걸쳐 있다. 수평면 위에 놓여 있는 질량 m_1인 물체는 또한 용수철 상수 k인 용수철에 연결되어 있다. 용수철이 평형일 때, 물체 m_1과 매달려 있는 질량 m_2인 물체를 정지 상태에서 놓는다. 물체 m_2가 정지하기 전까지 거리 h만큼 떨어질 때, 물체 m_1과 수평면 사이의 운동 마찰 계수를 계산하라.

풀이

개념화 문제의 설명에서 **정지**라는 핵심어가 두 번 나타난다.

정지 상태에서는 계의 운동 에너지가 영이 되기 때문에, 계의 처음과 나중 상태를 대표하는 좋은 후보가 된다.

분류 이 상황에서는 계를 두 개의 물체, 용수철, 표면 그리고 지구로 구성된 계로 모형화한다. 계는 비보존력이 있는 고립계이다. 또한 미끄러지는 물체를 연직 방향에 대해 평형 상태에 있는 입자로 모형화하면 $n = m_1 g$를 얻는다.

분석 두 가지 위치 에너지, 즉 중력 위치 에너지와 탄성 위치 에너지가 필요하다. $\Delta U_g = U_{gf} - U_{gi}$는 계의 중력 위치 에너지의 변화이고, $\Delta U_s = U_{sf} - U_{si}$는 계의 탄성 위치 에너지의 변화이다. 중력 위치 에너지의 변화는 떨어지는 물체에만 관련이 있다. 수평으로 미끄러지는 물체의 연직 좌표는 변하지 않기 때문이다. 계의 처음과 나중 운동 에너지가 영이므로 $\Delta K = 0$이다.

이 예제의 경우 식 7.2로부터 시작해서 이런 접근이 실제로 맞는 것인지 살펴보자. 계는 고립되어 있으므로, 식 7.2의 우변 전체는 영이다. 이 문제에서 주어진 물리적인 상황에 기초해서, 운동 에너지, 위치 에너지 그리고 계 안에 있는 내부 에너지가 변할 것임을 짐작할 수 있다. 식 7.2의 간단한 형태를 쓴다.

$$\Delta K + \Delta U + \Delta E_{\text{int}} = 0$$

이 식에 $\Delta K = 0$과 두 가지 형태의 위치 에너지를 접목시킨다.

(1) $$\Delta U_g + \Delta U_s + \Delta E_{\text{int}} = 0$$

매달린 물체가 h만큼 떨어지면 수평으로 운동하는 물체도 같은 거리 h만큼 오른쪽으로 이동하는 것에 유의하면서, 식 7.15를 이용해서 수평으로 미끄러지는 물체와 표면 사이의 마찰에 의한 계의 내부 에너지의 변화를 구한다.

(2) $$\Delta E_{\text{int}} = f_k h = (\mu_k n)h = \mu_k m_1 g h$$

매달린 물체가 최저점에 있을 때를 계의 중력 위치 에너지가 영이 되도록 선택해서, 계의 중력 위치 에너지의 변화를 구한다.

(3) $$\Delta U_g = U_{gf} - U_{gi} = 0 - m_2 g h$$

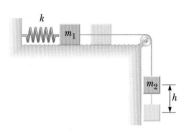

그림 7.13 (예제 7.8) 매달려 있는 물체가 최고점에서 최저점으로 움직이는 동안, 계의 중력 위치 에너지는 감소하지만, 용수철에 저장되는 탄성 위치 에너지는 증가한다. 수평면 위에서 미끄러지는 물체와 표면 사이의 마찰 때문에 약간의 역학적 에너지는 내부 에너지로 변환된다.

계의 탄성 위치 에너지의 변화를 구한다.

(4) $$\Delta U_s = U_{sf} - U_{si} = \frac{1}{2} k h^2 - 0$$

식 (1)에 식 (2), (3) 및 (4)를 대입한다.

$$-m_2 g h + \frac{1}{2} k h^2 + \mu_k m_1 g h = 0$$

μ_k에 대해 푼다.

$$\mu_k = \frac{m_2 g - \frac{1}{2} k h}{m_1 g}$$

결론 이 장치는 실제로 물체와 어떤 표면 사이의 운동 마찰 계수를 측정하는 방법 중 하나이다. 어떤 형태의 문제에 어떤 에너지 식을 이와 같은 방법으로 적용해서 푸는지 기억할 필요는 없다. 여러분은 항상 식 7.2로부터 시작해서 물리적인 상황에 맞춰 이 식을 활용할 수 있다. 이 과정에서 운동 에너지 항이나 기타 항들을 없앨 수 있고, 때로는 이 예제에서처럼 우변에 있는 모든 항을 소거할 수도 있다. 이 예제에서 두 가지 형태의 위치 에너지로 ΔU를 다시 쓰는 것처럼 항들을 늘릴 경우도 있을 수 있다.

▶ 생각하는 물리 7.2

그림 7.14에 있는 에너지 막대 도표는 예제 7.8에서 설명하고 그림 7.13에 나타낸 계의 운동에서 세 순간의 에너지 값을 보여 주고 있다. 각 막대 도표를 보고 그 도표에 해당하는 계의 상황을 확인해 보자.

추론 그림 7.14a에서는 계에 운동 에너지가 없다. 그러므로 계에서 움직이는 것은 아무것도 없다. 막대 도표는 계에

는 중력 위치 에너지만 있고 내부 에너지는 아직 없음을 나타낸다. 이는 그림 7.13에서 진한 색의 물체의 경우에 해당하는 것이고 계가 운동하기 시작한 직후의 순간을 나타낸다. 그림 7.14b에서 계는 네 가지 형태의 에너지를 갖고 있다. 중력 위치 에너지 막대의 높이가 50 %라는 것은 줄에 매달린 물체가 그림 7.14a에 해당하는 위치와 $y = 0$으로 정의된

위치의 중간점에 있음을 나타낸다. 그러므로 이 배열에서 매달린 물체는 그림 7.13의 진한 색 물체와 연한 색 물체 사이에 있다. 이 계에서 물체가 움직이므로 운동 에너지는 증가하고, 용수철이 늘어나므로 탄성 위치 에너지도 증가하며, 질량 m_1과 표면 사이의 마찰 때문에 내부 에너지도 증가한다.

그림 7.14c에서 중력 위치 에너지 막대의 높이는 영이다. 이는 매달린 물체가 $y = 0$의 위치에 있음을 의미한다. 또한 운동 에너지 막대의 높이도 영인데, 이는 물체의 운동이 순간적으로 정지해 있음을 의미한다. 그러므로 계의 배열은 그림 7.13에서 연한 색으로 나타낸 물체의 경우에 해당한다. 탄성 위치 에너지의 막대가 높은 것은 용수철이 최대한으로 늘어났기 때문이다. 질량 m_1인 물체는 표면을 계속 미끄러져 가기 때문에 내부 에너지 막대의 높이가 그림 7.14b에서보다는 높다. ◀

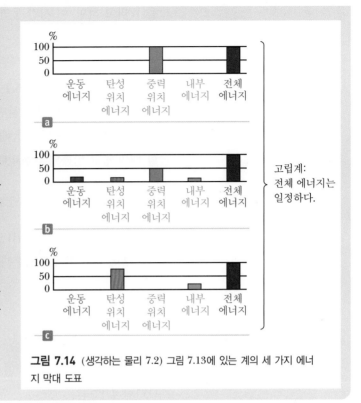

고립계: 전체 에너지는 일정하다.

그림 7.14 (생각하는 물리 7.2) 그림 7.13에 있는 계의 세 가지 에너지 막대 도표

7.6 | 일률 Power

경사면을 이용해서 트럭 안으로 냉장고를 올려놓는 상황을 포함하고 있는 생각하는 물리 6.1을 다시 생각해 보자. 경사면의 길이에 상관없이 하는 일은 똑같다는 것을 모르고, 작업자가 완만히 올릴 수 있는 긴 경사면을 설치한다고 가정하자.*** 길이가 짧은 경사면을 사용한 다른 작업자와 같은 양의 일을 함에도 불구하고, 냉장고를 더 먼 거리로 이동시켜야 하므로 일을 하는 시간이 더 걸린다. 두 경사면에서 한 일의 양은 같지만 작업을 하는 데 **무엇인가** 다른 것이 있다. 그것은 바로 일을 하는 동안에 걸린 **시간 간격**이다.

에너지 전달의 시간에 대한 비율을 **순간 일률**(instantaneous power) P라 하고 다음과 같이 정의한다.

$$P \equiv \frac{dE}{dt}$$

7.18   ▶ 일률의 정의

여기서 일에 의한 에너지 전달에만 초점을 맞추어 논의하겠지만, 7.1절에서 논의한 다른 에너지 전달 수단들에 대해서도 일률의 정의를 똑같이 적용할 수 있다는 것을 명심하자. 외력이 작용하는 시간 Δt 동안에 물체(입자로 모형화할 수 있다)에 한 일

*** 마찰이 있는 경우, 긴 경사면을 사용하면 보다 많은 일을 해야 한다: 역자 주

을 W라고 하면, 이 시간 동안의 **평균 일률**(average power)은 다음과 같다.

$$P_{avg} = \frac{W}{\Delta t}$$

그러므로 생각하는 물리 6.1에서 살펴본 두 경사면을 이용해서 냉장고를 올릴 때 한 일은 같지만 길이가 긴 경사면을 쓸 때 일률이 작다.

속도와 가속도를 정의할 때 적용한 방식과 유사하게, 순간 일률은 Δt가 영에 접근할 때의 평균 일률의 극한이다.

$$P = \lim_{\Delta t \to 0} \frac{W}{\Delta t} = \frac{dW}{dt}$$

여기서 매우 작은 일을 dW로 표시했다. 식 6.3으로부터 $dW = \vec{\mathbf{F}} \cdot d\vec{\mathbf{r}}$로 주어진다. 그러므로 순간 일률은 다음과 같이 쓸 수 있다.

$$P = \frac{dW}{dt} = \vec{\mathbf{F}} \cdot \frac{d\vec{\mathbf{r}}}{dt} = \vec{\mathbf{F}} \cdot \vec{\mathbf{v}} \qquad \qquad \textbf{7.19}$$

여기서 $\vec{\mathbf{v}} = d\vec{\mathbf{r}}/dt$이다.

일률의 SI 단위는 줄/초 (J/s)이고, 와트(James Watt)의 업적을 기리기 위해 **와트** (W)라고 한다.

▶ 와트

$$1\,\text{W} = 1\,\text{J/s} = 1\,\text{kg} \cdot \text{m}^2/\text{s}^3$$

미국 관습 단위계에서 일률의 단위는 **마력**(horsepower, hp)이다.

$$1\,\text{hp} = 746\,\text{W}$$

에너지(또는 일)의 단위를 일률의 단위로 표시할 수도 있다. **1킬로와트시**(kWh)는 $1\,\text{kW} = 1\,000\,\text{J/s}$인 일정한 일률로 한 시간 동안 전달된 에너지양으로 다음과 같이 나타낼 수 있다.

$$1\,\text{kWh} = (10^3\,\text{W})(3\,600\,\text{s}) = 3.60 \times 10^6\,\text{J}$$

1킬로와트시는 일률의 단위가 아닌 에너지 단위이다. 가정에서 전기료를 지불할 때 송전선을 통해 주어진 기간 동안 가정으로 공급된 에너지를 구매한 것이며, 그렇기 때문에 전기료 고지서를 받아보면 사용량이 kWh 단위로 표시되어 있다. 한 달 동안에 900 kWh의 전기 에너지를 사용했고 1킬로와트시당 100원 가격으로 청구된 전기료 고지서를 예를 들어보자. 소비한 에너지에 해당하는 지불해야 할 전기료는 90 000원이 된다. 또 다른 예로서 전구의 일률을 100 W라고 가정하자. 1.00시간 사용하면 송전선을 통해 전달된 에너지의 양은 (0.100 kW)(1.00 h) = 0.100 kWh = 3.60 × 10^5 J이다.

오류 피하기 | 7.3

W, W와 와트 와트의 기호 W와 일에 대한 이탤릭 기호 W를 혼동하지 말라. 와트는 에너지 전달 비율을 표시한다는 것을 기억하자. 그래서 일률은 'watts per second'가 아니다. 와트는 'joule per second'와 같다.

◀ **예제 7.9 | 승강기용 전동기의 일률**

전동기가 질량 1 600 kg인 승강기(그림 7.15a)와 전체 질량이 200 kg인 승객을 나르고 있다. 일정한 마찰력 4 000 N이 작용해서 승강기의 운동을 느리게 하고 있다.

(A) 승객을 실은 승강기를 일정한 속력 3.00 m/s로 올리려면 전동기는 얼마의 일률로 일을 해야 하는가?

풀이

개념화 전동기는 승강기를 위로 올리는 데 필요한 크기 T인 힘을 공급해야만 한다.

분류 마찰력 때문에 승강기를 올리는 힘(또는 일률)은 더 필요하다. 승강기의 속력이 일정하므로 $a = 0$이다. 승강기를 평형 상태에 있는 입자로 가정한다.

분석 그림 7.15b의 자유 물체 도표에 나타낸 것 같이 위 방향을 +y축으로 가정하자. 승객을 포함한 승강기의 **전체** 질량 M은 1 800 kg이다.

평형 상태의 입자 모형을 이용해서, 승강기에 뉴턴의 제2법칙을 적용한다.

$$\sum F_y = T - f - Mg = 0$$

T에 대해 푼다.

$$T = f + Mg$$

$\vec{T}$가 $\vec{v}$와 같은 방향인 것을 고려하여 식 7.19를 적용해서 일률을 구한다.

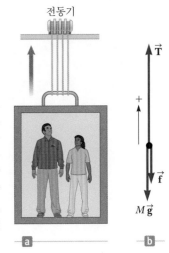

그림 7.15 (예제 7.9) (a) 전동기가 힘 $\vec{T}$로 승강기를 위로 끌어올린다. 이 힘의 크기는 승강기와 전동기 사이를 연결하는 줄의 장력 T이다. 승강기에 작용하는 아래 방향의 힘은 마찰력 $\vec{f}$와 중력 $\vec{F}_g = M\vec{g}$이다. (b) 승강기에 대한 자유 물체 도표

$$P = \vec{T} \cdot \vec{v} = Tv = (f + Mg)\,v$$

주어진 값들을 대입한다.

$$P = \left[(4\,000\,\text{N}) + (1\,800\,\text{kg})(9.80\,\text{m/s}^2)\right](3.00\,\text{m/s})$$
$$= 6.49 \times 10^4\,\text{W}$$

(B) 승강기를 1.00 m/s²의 가속도로 올리도록 설계됐다면 승강기의 속력이 v인 순간 전동기의 일률은 얼마인가?

풀이

개념화 이 경우에 전동기는 승강기의 속력을 증가시키며 위로 올리기 위한 크기 T인 힘을 공급해야만 한다. 전동기가 승강기를 가속시키는 부가적인 일을 하기 때문에, (A)의 경우보다 더 큰 일률이 필요할 것으로 예상된다.

분류 이 경우에는 승강기가 가속하고 있으므로 승강기를 알짜힘을 받고 있는 입자로 가정한다.

분석 알짜힘을 받고 있는 입자 모형을 이용해서, 승강기에 뉴턴의 제2법칙을 적용한다.

$$\sum F_y = T - f - Mg = Ma$$

T에 대해 푼다.

$$T = M(a + g) + f$$

식 7.19를 이용해서 일률을 구한다.

$$P = Tv = [M(a + g) + f]v$$

주어진 값들을 대입한다.

$$P = \left[(1\,800\,\text{kg})(1.00\,\text{m/s}^2 + 9.80\,\text{m/s}^2) + 4\,000\,\text{N}\right]v$$
$$= (2.34 \times 10^4)v$$

여기서 v는 m/s로 표시된 승강기의 순간 속력이고 P의 단위는 와트이다.

결론 $v = 3.00$ m/s일 때의 일률을 구해 (A)와 비교하자.

$$P = (2.34 \times 10^4\,\text{N})(3.00\,\text{m/s}) = 7.02 \times 10^4\,\text{W}$$

예상대로 (A)의 값보다 더 크다.

▶ **7.7** | 연결 주제: 자동차의 마력
Context Connection: Horsepower Ratings of Automobiles

4.8절에서 논의한 바와 같이 자동차는 뉴턴의 제3법칙 때문에 움직인다. 엔진은 바퀴와 도로면 사이의 마찰력에 의해 지구를 자동차 뒤로 밀게 하도록 바퀴를 회전시킨다. 뉴턴의 제3법칙에 따르면, 지구는 바퀴가 지구를 미는 방향과 반대 방향으로 바퀴를 밀어서 자동차가 앞으로 나아가게 한다. 지구가 자동차보다는 훨씬 질량이 크므로, 자동차가 앞으로 나아가는 동안 지구는 정지해 있다.

이런 원리는 사람이 걸어가는 것에 대해서도 똑같이 적용된다. 발이 지면에 닿아 있는 동안 다리는 뒤로 힘을 작용하는 것에 의해 사람은 지면 위에서 뒤로 향하는 마찰력을 작용한다. 뉴턴의 제3법칙에 따라 지면은 사람에게 앞으로 향하는 마찰력을 작용해서 사람의 몸이 앞으로 나아가게 한다.

도로가 자동차에 작용하는 마찰력 $\vec{f}$의 세기는 바퀴를 회전시키기 위해 전달되는 에너지의 비율과 관련이 있다. 이런 에너지의 비율을 엔진의 일률이라고 한다.

$$P_{avg} = \frac{\Delta E}{\Delta t} = \frac{f\Delta x}{\Delta t} = fv \quad \rightarrow \quad P \leftrightarrow f$$

여기서 기호 ↔는 정확한 비례 관계가 아닐 수 있는 변수 사이의 관계를 나타낸다. 다시 말해 자동차를 움직이게 하는 힘의 크기는 뉴턴의 제2법칙으로 주어지는 자동차의 가속도와 관계가 있다.

$$f = ma \quad \rightarrow \quad f \propto a$$

결국, 자동차 엔진의 출력과 자동차가 낼 수 있는 가속도는 다음과 같은 매우 밀접한 관계가 있어야만 한다.

$$P \leftrightarrow a$$

이런 관계가 실제 데이터로도 나타나는지 알아보자. 자동차의 경우, 일률에 관한 통상의 단위는 7.6절에서 정의한 **마력(hp)**이다. 이전 장에서 이미 배운 것이지만, 표 7.2에 휘발유 엔진 자동차들에 대한 데이터가 주어져 있다. 세 번째 열은 각 차량의

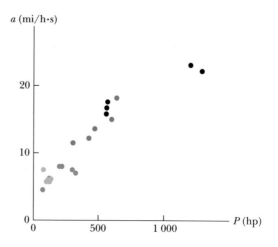

그림 7.16 대체 연료 자동차(초록색), 보통 자동차(파란색), 가격 대비 성능이 좋은 자동차(빨간색), 매우 비싼 자동차(검정색)에 대한 마력 수에 따른 가속도

표 7.2 | **여러 자동차의 마력 수와 가속도**

모 델	평균 가속도 (mi/h·s)	마력 (hp)	가속도 대비 마력 수 (hp/mi/h·s)
매우 비싼 자동차			
부가티 베이론 16.4 슈퍼 스포츠	23.1	1200	52
람보르기니 LP 570-4 슈퍼레게라	17.6	570	32
렉서스 LFA	15.8	560	35
메르세데스 벤츠 SLS AMG	16.7	563	34
셸비 슈퍼카 얼티머트 에어로	22.2	1287	58
평 균	**19.1**	**836**	**42.3**
가격 대비 성능이 좋은 자동차			
시보레 코베트 ZR1	18.2	638	35
닷지 바이퍼 SRT10	15.0	600	40
재규어 XJL 슈퍼챠지드	13.6	470	35
어큐라 TL SH-AWD	11.5	305	27
닷지 챌린저 SRT8	12.2	425	35
평 균	**14.1**	**488**	**34.2**
보통 자동차			
뷰익 리갈 CXL 터보	8.0	220	28
시보레 타호 1500 LS (SUV)	7.0	326	47
포드 피에스타 SES	6.2	120	19
허머 H3 (SUV)	7.5	300	40
현대 소나타 SE	8.0	200	25
스마트 포투	4.5	70	16
평 균	**6.9**	**206**	**29.0**
대체 연료 자동차			
시보레 볼트 (하이브리드)	7.5	74	10
닛산 리프 (전기)	6.0	110	18
혼다 CR-Z (하이브리드)	5.7	122	21
혼다 인사이트 (하이브리드)	5.7	98	17
토요타 프리우스 (하이브리드)	6.1	134	22
평 균	**6.2**	**108**	**17.8**

공식 마력 값이 주어져 있다. 그림 7.16은 차의 마력 수에 따른 가속도의 값을 그려본 것이다. 이 그래프를 보면, 가속도와 마력 사이에는 분명한 상관관계가 있음을 알 수 있다. 마력 수가 증가할수록 최대 가능 가속도 값도 증가한다. 가장 오른쪽에 있는 두 개의 검정색 점은 다른 데이터 점들로 연결한 선보다는 아래에 놓여 있다. 이들 두 점은 부가티 베이론 16.4 슈퍼 스포츠와 셸비 슈퍼카 얼티머트 에어로이다. 이들은 마력 수가 엄청 큰 차로서 1 200 hp 또는 그 이상의 경주용 차량급이다. 이 그래프에 따르면 다른 보통의 차량에 비해 마력 수가 크게 증가해도 가속도는 비교적 단조롭게 증가한다. 이런 특성은 그림 2.16의 것과 비슷하다. 그것은 가속도를 조금이라도 올리려면 제작비는 엄청나게 증가한다는 것이다. 마력 수를 크게 하거나 돈을 많이 들여서 얻을 수 있는 가속도의 값은 상한이 있다.

연습문제 |

객관식

1. 무거운 물체를 이용한 말뚝 박는 기계로 반복해서 땅에 말뚝을 박는다. 말뚝은 매번 같은 높이에서 떨어지는 무거운 물체에 의해 박힌다고 가정한다. 떨어지는 물체의 무게가 두 배로 된다면, 기계-지구 계의 에너지는 몇 배 변하는가? (a) 1/2 (b) 1; 에너지는 같다. (c) 2 (d) 4

2. 자동차가 미끄러지면서 멈추는 실험을 하기 위해, 두 물체를 이용해서 네 번 실험을 한다. 두 물체의 질량은 같지만 책상과 운동 마찰 계수는 각각 $\mu_k = 0.2$와 0.8이다. 수평 책상에서 각각의 물체를 $v_i = 1\,\mathrm{m/s}$와 $v_i = 2\,\mathrm{m/s}$의 속력으로 발사시키면 미끄러지면서 멈추게 된다. 이 과정이 처음 두 번의 측정이다. 다음의 두 측정은 앞의 과정을 반복하지만, 두 물체를 $v_i = 2\,\mathrm{m/s}$의 속력으로 발사시킨다. 이때 다음 네 가지 경우에 대해 미끄러져 멈출 때까지의 거리가 가장 큰 것부터 순서대로 나열하라. 만약 같은 거리를 미끄러진 경우는 동일한 순위로 둔다. (a) $v_i = 1\,\mathrm{m/s}$, $\mu_k = 0.2$ (b) $v_i = 1\,\mathrm{m/s}$, $\mu_k = 0.8$ (c) $v_i = 2\,\mathrm{m/s}$, $\mu_k = 0.2$ (d) $v_i = 2\,\mathrm{m/s}$, $\mu_k = 0.8$

3. 새총으로 돌멩이를 발사할 때 수평 방향 속력은 200 cm/s 이다. 같은 방법으로 콩을 발사할 때의 수평 방향 속력은 600 cm/s이다. 돌멩이에 대한 콩의 질량비를 구하라. (a) 1/9 (b) 1/3 (c) 1 (d) 3 (e) 9

4. 두 아이가 수영장과 이어진 미끄럼틀 상단에 있다. 작은 아이는 미끄럼틀을 타지 않고 바로 떨어지고, 큰 아이는 마찰력이 없는 미끄럼틀을 타고 동시에 떨어진다. (i) 물에 도달할 때, 작은 아이의 운동 에너지는 큰 아이의 운동 에너지에 비해 (a) 크다. (b) 작다. (c) 같다. (ii) 물에 도달할 때, 작은 아이의 속력은 큰 아이의 속력에 비해 (a) 빠르다. (b) 느리다. (c) 같다. (iii) 물로 떨어지는 동안, 작은 아이의 평균 가속도는 큰 아이의 평균 가속도에 비해 (a) 크다. (b) 작다. (c) 같다.

5. 다음 질문에 '예' 또는 '아니오'로 답하라. (a) 물체-지구 계는 중력 위치 에너지 없이 운동 에너지만 가질 수 있을까? (b) 운동 에너지 없이 위치 에너지만 가질 수 있을까? (c) 같은 순간에 두 형태의 에너지를 모두 가질 수 있는가? (d) 어떤 것도 가질 수 없는가?

6. 점토로 만든 공이 딱딱한 바닥으로 자유 낙하한다. 이것은 되튐이 없이 매우 빠르게 바닥에 도달해서 멈췄다. 공이 떨어지는 동안 있었던 공-지구계의 에너지는 어떻게 되는가? (a) 에너지는 아래로 떨어지는 운동에 사용됐다. (b) 위치 에너지로 변환됐다. (c) 공에 열로 전달됐다. (d) 에너지는 공과 마루(그리고 벽)에 보이지 않는 분자의 운동 에너지로 존재한다. (e) 대부분은 소리로 갔다.

7. 각도 θ로 경사진 에어 트랙 위에 질량 m의 글라이더가 있다. 글라이더를 경사면 위쪽으로 밀어 거리 d만큼 이동하면서 속력이 줄어 멈추고, 다시 처음 위치로 되돌아오는 실험을 한다. 이번에는 동일한 글라이더를 첫 번째 글라이더 위에 올려놓고, 앞의 실험을 같은 방법으로 반복한다. 에어 트랙의 공기 흐름은 두 글라이더를 띄울 만큼 충분하여 트랙과 글라이더 사이의 마찰력은 무시할 수 있다. 첫 번째 글라이더와 두 번째 글라이더 사이의 정지 마찰로 인해 두 글라이더가 움직이는 동안 서로 붙어 있다. 두 글라이더 사이의 정지 마찰 계수는 μ_s이다. 두 글라이더가 붙어 있는 것으로 실험할 때, 트랙을 올라갔다 내려오는 두 글라이더-지구 계의 역학적 에너지는 얼마나 변하는가? (a) $-2\mu_s mg$ (b) $-2mgd\cos\theta$ (c) $-2\mu_s mgd\cos\theta$ (d) 0 (e) $+2\mu_s mgd\cos\theta$

8. 운동 선수가 연직 방향으로 8.5 m/s의 속도로 트램펄린에서 뛰어오른다. 선수가 도달하는 최대 높이는 얼마인가? (a) 13 m (b) 2.3 m (c) 3.7 m (d) 0.27 m (e) 선수의 몸무게가 주어지지 않았으므로 답을 구할 수 없다.

9. 높이가 325 m인 꼭대기를 95.0분 걸려 올라가는 질량이 70.0 kg인 산악인의 평균 일률은 얼마인가? (a) 39.1 W (b) 54.6 W (c) 25.5 W (d) 67.0 W (e) 88.4 W

주관식

7.1 분석 모형: 비고립계 (에너지)

1. 다음에 나열된 계에 대해 주어진 시간 동안에 발생한 여러 가지 에너지 전달에 알맞게 에너지 보존 식 7.2를 구체적으로 표현하라. (a) 전원을 켠 후 5 s 동안 가열된 토스터기의 열선 (b) 주유소에서 연료를 넣은 후 속력 v로 움직인 자동차 (c) 조용히 앉아 땅콩버터와 젤리를 바른 샌드위치

점심을 먹은 사람 (d) 일정한 온도가 유지되면서 5분 동안 따뜻한 햇볕을 받은 집

2. 질량 m인 공이 높이 h에서 지면으로 떨어진다. (a) 공과 지구 계에 대한 식 7.2를 적절하게 쓰고, 공이 바닥에 떨어지기 직전 공의 속력을 계산하라. (b) 공의 계에 대한 식 7.2를 적절하게 쓰고, 공이 지구에 떨어지기 직전 공의 속력을 계산하라.

7.2 분석 모형: 고립계 (에너지)

3. 그림 P7.3과 같이 곡선과 원 형태로 되어 있는 장치(loop-the-loop)에서 구슬이 마찰 없이 미끄러진다. 구슬을 높이 $h = 3.50R$에서 놓는다면, (a) 점 ⒶÃ에서 구슬의 속력은 얼마인가? (b) 구슬의 질량이 5.00 g일 때, 점 ⒶÃ에서 구슬에 작용하는 수직항력은 얼마인가?

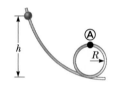

그림 P7.3

4. 질량이 5.00 kg인 물체를 점 ⒶÃ에서 놓으면, 물체는 그림 P7.4에서 보는 바와 같이 마찰이 없는 트랙을 따라 미끄러진다. (a) 점 ⒷB와 ⒸC에서 물체의 속력을 결정하라. (b) 점 ⒶÃ에서 ⒸC까지 움직이는 동안 중력이 물체에 한 알짜일을 구하라.

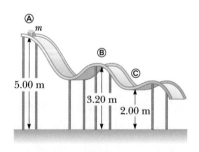

그림 P7.4

5. 그림 P7.5와 같이 두 물체가 가볍고 마찰이 없는 도르래를 통해 가벼운 줄로 연결되어 있다. 질량 $m_1 = 5.00$ kg인 물체를 책상으로부터 높이 $h = 4.00$ m에서 정지 상태로부터 놓는다. 고립계 모형을 이용해서, (a) 5.00 kg인 물체가 책상에 도달하는 순간에 $m_2 = 3.00$ kg인 물체의 속력을 구하라. (b) 3.00 kg인 물체가 책상으로부터 올라갈 수 있는 최

고 높이를 구하라.

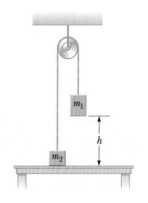

그림 P7.5 문제 5, 6

6. 그림 P7.5와 같이 두 물체가 가볍고 마찰이 없는 도르래를 통해 가벼운 줄로 연결되어 있다. 질량 m_1인 물체를 책상으로부터 높이가 h인 곳에서 정지 상태로부터 놓는다. 고립계 모형을 이용해서, (a) m_1이 책상에 도달하는 순간에 m_2의 속력을 결정하라. (b) m_2가 책상으로부터 올라갈 수 있는 최대 높이를 구하라.

7. 그림 P7.7의 계는 가볍고 늘어나지 않는 줄, 가볍고 마찰이 없는 도르래, 질량이 같은 두 물체로 구성되어 있다. 물체 B가 도르래 하나에 연결되어 있음에 주목하자. 이 계는 처음에 정지하고 있고 두 물체는 지면으로부터 같은 높이에 있다. 그 후 두 물체를 놓는다. 물체의 연직 거리가 h인 순간에 물체 A의 속력을 구하라.

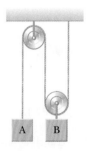

그림 P7.7

8. 가벼운 강체 막대의 길이가 77.0 cm이다. 이 막대기의 꼭대기는 마찰이 없는 수평 회전축에 대해 회전할 수 있도록 되어 있다. 막대의 아래쪽에는 작고 무거운 공을 매달아 막대가 연직으로 놓여 정지 상태에 있다. 공을 갑자기 때려 수평 성분의 속도를 갖게 해서 공을 원 궤도로 돌린다고 하자. 이때 공이 원 궤도의 꼭대기에 도달하는 데 필요한 바닥에서의 최소 속력을 구하라.

7.4 운동 마찰이 포함되어 있는 상황

9. 질량이 10.0 kg인 짐바구니를 거친 경사면 위쪽으로 처음 속력 1.50 m/s로 끌고 있다. 끄는 힘은 경사면과 평행하고 크기는 100 N이다. 경사면은 수평면과 20.0°의 각도를 이룬다. 운동 마찰 계수는 0.400이고 짐바구니는 5.00 m 이동한다. 이때 (a) 중력이 짐바구니에 한 일은 얼마인가? (b) 마찰에 의한 짐바구니-경사면 계의 증가한 내부 에너지를 구하라. (c) 100 N의 힘이 짐바구니에 한 일은 얼마인가? (d) 짐바구니의 운동 에너지는 얼마나 변하는가? (e) 5.00 m 이동한 짐바구니의 속력은 얼마인가?

10. 얼어붙은 연못 위에서 질량 m인 썰매를 발로 찬다. 이로 인한 썰매의 처음 속력은 2.00 m/s이고, 썰매와 얼음 사이의 운동 마찰 계수는 0.100이다. 에너지를 고려해서 썰매가 정지할 때까지 이동한 거리를 구하라.

11. 얼어붙은 연못 위에서 질량 m인 썰매를 발로 찬다. 이로 인한 썰매의 처음 속력은 v이고, 썰매와 얼음 사이의 운동 마찰 계수는 μ_k이다. 에너지를 고려해서 썰매가 정지할 때까지 이동한 거리를 구하라.

12. 그림 P7.12와 같이 질량 m = 2.00 kg인 물체가 힘상수가 k = 500 N/m인 용수철에 연결되어 있다. 물체를 평형 위치에서 오른쪽으로 x_i = 5.00 cm만큼 당긴 후, 정지 상태로부터 놓는다. 이때 (a) 수평면이 마찰이 없는 경우와 (b) 물체와 표면 사이의 마찰 계수가 μ_k = 0.350인 경우 물체가 평형 위치를 지날 때의 속력을 구하라.

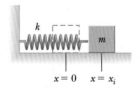

그림 P7.12

13. 처음에 정지하고 있는 질량 40.0 kg인 상자가 수평 방향으로 일정한 130 N의 힘을 받아 거친 수평 바닥에서 5.00 m 이동한다. 상자와 바닥 사이의 마찰 계수가 0.300일 때, (a) 수평 방향의 힘이 한 일, (b) 마찰력으로 인한 상자-바닥 계의 내부 에너지의 증가, (c) 수직항력이 한 일, (d) 중력이 한 일, (e) 상자의 운동 에너지의 변화, (f) 상자의 나중 속력을 구하라.

7.5 비보존력에 의한 역학적 에너지의 변화

14. 질량이 80.0 kg인 스카이다이버가 고도 1 000 m에서 열기구 풍선으로부터 뛰어내려 고도 200 m에서 낙하산을 펼친다. (a) 스카이다이버에 작용하는 전체 저항력은 낙하산을 펼치지 않을 때 50.0 N이고, 낙하산을 펼칠 때 3 600 N으로 일정하다고 가정하면, 스카이다이버가 지면에 도달할 때의 속력을 구하라. (b) 여러분은 스카이다이버가 부상을 입을 것이라고 생각하는가? 설명하라. (c) 지면에 도달할 때 스카이다이버의 속력이 5.00 m/s가 되게 하려면, 낙하산을 몇 미터 높이에서 펼쳐야 하는가? (d) 전체 저항력이 일정하다고 한 가정이 현실적인가? 설명하라.

15. 휠체어에 탄 소년(전체 질량 47.0 kg)이 1.40 m/s의 속력으로 높이가 2.60 m, 길이가 12.4 m인 경사면 꼭대기로부터 내려오고 있다. 경사면 바닥에서 소년의 속력은 6.20 m/s이다. 공기 저항과 구름 저항은 41.0 N으로 일정하다고 가정한다. 경사면을 내려오는 동안 소년이 휠체어 바퀴를 밀면서 한 일을 구하라.

16. 그림 P7.16과 같이 5.00 kg의 물체가 경사면에서 처음 속력 v_i = 8.00 m/s로 위 방향으로 이동한다. 물체는 경사면을 따라 d = 3.00 m 이동한 후 멈춘다. 경사면의 경사각은 수평에 대해 θ = 30.0°이다. 이 운동에 대해 (a) 물체의 운동 에너지의 변화량, (b) 물체-지구 계의 위치 에너지의 변화량, (c) 물체에 작용한 마찰력(상수로 가정), (d) 운동 마찰 계수를 구하라.

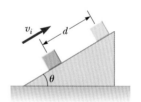

그림 P7.16

17. 그림 P7.17에서 m_1 = 3.00 kg의 물체와 표면 사이의 운동 마찰 계수 μ_k = 0.400이다. 줄로 연결된 물체와 공이 정지 상태에서 출발한다. 공이 h = 1.50 m 떨어졌을 때, m_2 = 5.00 kg의 속력은 얼마인가? 줄과 도르래 사이의 마찰과 도르래의 질량은 무시한다.

그림 P7.17

18. 60.0° 기울어진 경사면에서 질량이 200 g인 물체를 힘상수가 1.40 kN/m인 용수철에 대해 10.0 cm 압축한다. 에너지를 고려해서 (a) 경사로가 물체에 마찰력을 작용하지 않는다면, 이 물체가 멈출 때까지 처음 위치로부터 얼마나 올라가는지 구하라. (b) 운동 마찰 계수가 0.400이라면, 물체가 멈출 때까지 처음 위치로부터 얼마나 올라가는지 구하라.

19. 5.30 g인 고무공을 용수철을 이용해서 수평으로 발사하는 장난감 대포가 있다. 용수철의 힘상수는 8.00 N/m이고 발사 전에 5.00 cm만큼 압축되어 있다. 발사된 고무공은 길이 15.0 cm인 수평 포신을 따라 움직이고, 포신은 고무공에 0.0320 N의 일정한 마찰력을 작용한다. (a) 고무공이 대포의 포신을 떠날 때의 속력은 얼마인가? (b) 어떤 위치에서 공의 속력이 최대가 되는가? (c) 최대 속력은 얼마인가?

20. 1.50 kg인 물체가 연직 방향으로 놓여 있는 평형 상태의 용수철로부터 위로 1.20 m 떨어져 있다. 용수철의 힘상수는 320 N/m이다. 물체를 놓아 떨어뜨린다면 (a) 용수철의 압축된 길이는 얼마인가? (b) 물체가 떨어지는 동안 0.700 N의 일정한 공기 저항력이 있다고 가정해서 문제 (a)를 다시 풀라. (c) 달의 표면에서 똑같은 실험을 하면 용수철은 얼마만큼 압축되는가? 달에서의 중력 가속도는 $g = 1.63 \text{ m/s}^2$이고 공기 저항은 무시한다.

7.6 일률

21. 어떤 구형 자동차는 속력을 0에서 v로 올리는 데 Δt의 시간이 걸린다. 조금 더 힘 있는 신형 스포츠카는 속력을 0에서 $2v$로 올리는 데 동일한 시간이 걸린다. 엔진으로부터 나오는 에너지가 모두 자동차의 운동 에너지로 쓰인다고 가정할 때, 두 자동차의 일률을 비교하라.

22. 820 N인 해병대원이 기본 훈련 중에 길이 12.0 m의 연직으로 매달린 밧줄을 8.00 s 동안 일정한 속력으로 올라간다. 그가 한 일률은 얼마인가?

23. 120 Wh의 에너지를 공급할 수 있는 전지를 장착한 전기 스쿠터가 있다. 마찰력과 다른 손실들이 에너지 사용량의 60.0 %를 차지한다면, 경사가 급한 지형에서 운행할 때 운전자가 올라갈 수 있는 높이의 변화는 얼마인가? 운전자와 스쿠터를 합친 무게는 890 N이다.

24. 비구름이 1.75 km의 고도에서 3.20×10^7 kg의 수증기를 포함하고 있다. 2.70 kW의 펌프를 이용해서, 지표면으로부터 구름의 고도로 구름이 포함하고 있는 물의 양만큼 끌어 올리는 데 드는 시간은 얼마인가?

25. 자동차가 일정한 속력으로 도로를 달릴 때, 엔진이 공급한 대부분의 일률은 공기와 도로가 자동차에 작용하는 마찰력에 의해 변환되는 에너지를 보상하는 데 사용된다. 엔진이 공급한 일률이 175마력일 때, 자동차가 29 m/s로 달릴 때 자동차에 작용하는 전체 마찰력을 추정하라. 1마력은 746 W이다.

26. 모형 전기 기차가 정지 상태에서 0.620 m/s로 가속하는 데 21.0 ms가 걸린다. 모형 기차의 전체 질량은 875 g이다. 이때 (a) 가속하는 동안 금속 레일로부터 송전에 의해 기차로 전달되는 최소 일률(또는 '전력'이라고도 함)을 구하라. (b) 왜 이것이 최소 일률일까?

27. 자동차가 일반적인 고속도로에서의 제한 속력까지 속력을 올리는 데 엔진이 기여하는 일률의 크기가 어느 정도인지 추정하라. 크기의 정도를 추정할 때, 데이터로 이용하는 물리적인 양들과 이들을 측정하거나 추정한 값들에 대해 설명하라. 자동차의 질량은 일반적으로 사용 설명서에 있다.

28. 650 kg인 승강기가 정지 상태로부터 출발한다. 승강기는 3.00 s 동안 1.75 m/s의 일정한 운행 속력에 도달할 때까지 등가속도 운동을 한다. (a) 이 시간 동안 승강기 모터의 평균 일률은 얼마인가? (b) 승강기가 일정한 운행 속력으로 움직이고 있을 때, 모터의 일률과 (a)의 일률을 비교하라.

7.7 연결 주제: 자동차의 마력

29. 어떤 자동차 엔진은 27.0 m/s(≈ 60 mi/h)의 등속력으로 움직이는 바퀴에 2.24×10^4 W(30.0 hp)를 전달한다. 그 속력에서 자동차에 작용하는 저항력은 얼마인가?

추가문제

30. 질량 $m = 200$ g인 작은 물체를 반지름 $R = 30.0$ cm인 마찰이 없는 반구 모형을 Ⓐ 지점에서 놓는다(그림 P7.30). 이때 (a) Ⓐ 지점에 대한 Ⓑ 지점에서 물체–지구 계 중력

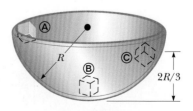

그림 P7.30

위치 에너지, (b) Ⓑ 지점에서 물체의 운동 에너지, (c) Ⓑ 지점에서의 물체의 속력, (d) 물체가 Ⓒ 지점에 있을 때 물체의 운동 에너지와 위치 에너지를 계산하라.

31. 그림 P7.31에서 보듯이 소년이 마찰이 없는 미끄럼틀을 정지 상태에서 출발해서 미끄러져 내려온다. 미끄럼틀의 바닥은 지면으로부터 h인 높이에 있다. 그림에서와 같이 소년은 미끄럼틀 바닥에 도달 후, 수평 방향으로 거리 d만큼 떨어진 지면에 떨어진다. 에너지 방법을 이용해서, 지면으로부터 소년의 처음 높이 H를 h와 d로 나타내라.

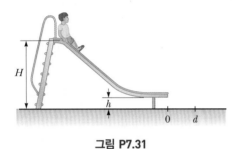

그림 P7.31

32. 여러분이 계단을 오를 때 여러분의 일률의 크기 정도를 구하라. 여러분의 답에서 데이터로 선택한 것을 말하고 측정하거나 추정한 것들의 값을 말하라. 여러분의 최고 일률 또는 지속 가능 일률을 고려했는가?

33. 그림 P7.33에서 10.0 kg의 블록이 점 Ⓐ로부터 놓였다. 이 트랙은 길이 6.00 m인 Ⓑ에서 Ⓒ를 제외하고는 마찰이 없다. 블록은 트랙을 내려와서 용수철 상수 2 250 N/m인 용수철에 부딪치고 순간 정지하기까지 평형점으로부터 0.300 m를 압축한다. 블록과 Ⓑ와 Ⓒ 간의 거친 면 사이의 운동 마찰 계수를 결정하라.

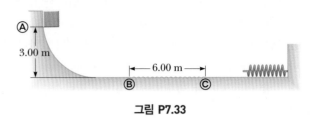

그림 P7.33

34. 질량 0.500 kg의 블록이, 용수철이 x만큼 압축될 때까지 질량을 무시할 만한 수평의 용수철에 대해 밀린다(그림 P7.34). 용수철의 힘상수는 450 N/m이다. 블록이 놓였을 때 블록은 마찰이 없는 수평면을 움직여 반지름 $R = 1.00$ m의 원형 트랙의 최저점 점 Ⓐ까지 간다. 최저점에서 블록의 속력은 $v_Ⓐ = 12.0$ m/s이고, 블록은 트랙을 따라 미끄러지는 동안 7.00 N의 평균 마찰력을 경험한다. (a) x는 얼마인가? (b) 트랙의 최고점에서 블록에서 기대할 수 있는 속력은 얼마인가? (c) 블록은 실제로 트랙의 최고점에 도달할 수 있는가, 아니면 최고점에 도달하기 전에 떨어지는가?

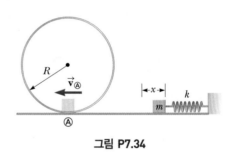

그림 P7.34

현재와 미래의 가능성
Present and Future Possibilities

지금까지 고전 역학의 기본적인 원리들을 공부했다. 이제 앞서 〈관련 이야기〉에서 다룬 **대체 연료 자동차**에 관한 핵심 질문으로 되돌아가 보자.

> 공해 배출을 줄이면서 휘발유를 대체할 수 있는 에너지원으로는 어떤 것이 있는가?

현재 가용 가능한 것 – 하이브리드 전기 자동차

Available Now — The Hybrid Electric Vehicle

6.11절에서 논의한 바와 같이, 현재 일부에서 순수 전기 자동차를 이용하고 있지만 주행 거리가 짧고 충전 시간이 길다는 단점이 있다. 현재 판매되고 있으며 소비자들의 관심을 끌고 있는 자동차는 **하이브리드 전기 자동차**(hybrid electric vehicle)이다. 하이브리드 자동차는 가솔린 엔진과 전기 모터를 결합한 것으로서 연료 효율은 높이고 배기량은 줄인다. 현재 판매되고 있는 모델로서 처음부터 하이브리드 자동차로 설계된 토요타 프리우스와 혼다 인사이트가 있다. 이에 비해 기존의 휘발유차를 하이브리드로 구동할 수 있게 개조한 것도 있다.

하이브리드 자동차에는 두 가지 방식이 있는데, **직렬식 하이브리드**(series hybrid)와 **병렬식 하이브리드**(parallel hybrid)이다. 시보레 볼트(그림 1)와 같은 저속으로 운행하는 직렬식 하이브리드에서 가솔린 엔진은 자동차가 구동하기 위한 동력을 직접 전달하지 않는다. 엔진은 발전기를 돌리고 발전기는 배터리를 충전하거나 전기 모터를 돌린다. 전기 모터만 자동차를 구동하는 동력으로 작용한다.

병렬식 하이브리드의 경우 엔진과 모터가 동력 전달 장치에 연결되어 있어서 어느 것이든지 자동차를 구동시킬 수 있다. 혼다 인사이트는 병렬식 하이브리드 자동차이다. 엔진과 모터 둘 다 동력을 전달하며 자동차가 움직이는 동안 엔진은 계속 작동한다. 이런 하이브리드의 개발 목표는 연비를 극대화하는 것으로서 이미 수차례의 설계를 통해서 이루어졌다. 인사이트는 엔진이 작기 때문에 기존의 가솔린 동력 자동차보다 배기량이 적다. 그러나 엔진이 모든 속력에서 작동하기 때문에 배기량이 토요타 프리우스보다 적은 것은 아니다.

© 한국지엠

그림 1 시보레 볼트

그림 2 제3세대 토요타 프리우스

그림 2는 제3세대 토요타 프리우스로서 직렬 4기통 방식이다. 고속에서는 바퀴에 전달되는 동력이 가솔린 엔진과 전기 모터 모두에서 온다. 그러나 이 자동차는 직렬식 하이브리드의 특성도 가지고 있어서 자동차가 정지 상태에서 약 15 mi/h(24 km/h)가 될 때까지는 전기 모터만으로 가속한다. 가속하는 동안 엔진은 작동하지 않아서 가솔린이 사용되지 않기 때문에 배기가 없다. 그 결과 머플러에서 방출되는 평균 배기량은 인사이트보다 적다. 시보레 볼트는 배기량이 가장 적은데, 그 이유는 발전과 충전을 반복하는 단거리 주행에서 가솔린 엔진이 전혀 작동하지 않을 수 있기 때문이다.

하이브리드 자동차가 제동이 걸리면, 모터는 발전기로 작동해서 자동차의 운동 에너지의 일부는 자동차 배터리의 전기 위치 에너지로 변환된다. 보통 자동차에서는 제동 시의 운동 에너지가 브레이크와 도로에서의 내부 에너지로 변환되기 때문에 다시 충전할 수 없다.

하이브리드 자동차에서의 가솔린 연비는 대략 40~50 mi/gal(17~21 km/L) 정도이며, 보통 가솔린 엔진보다 배기량이 현저히 적다. 하이브리드 자동차는 순수 전기 자동차와 달리 외부에서 충전할 필요가 없다. 전기 모터를 구동하는 배터리는 가솔린 엔진이 작동하는 동안 충전된다. 결국, 하이브리드 자동차는 순수 전기 자동차처럼 전기 모터를 가지고 있지만, 보통 자동차처럼 주유소에서 간단히 휘발유만 넣으면 된다.

엄밀하게 말해서 하이브리드 자동차는 대체 연료 자동차가 아니다. 왜냐하면 보통 자동차와 같은 가솔린을 사용하기 때문이다. 하지만 하이브리드 자동차는 배기량이 아주 적고 효율이 높은 자동차로 발전하는 단계의 자동차이며, 높은 연비로 원유 소비를 줄일 수 있다.

미래-연료 전지 자동차 In the Future—The Fuel Cell Vehicle

내연 기관에서 연료의 화학 에너지는 점화 플러그로 시작된 폭발 행정 동안 내부 에너지로 변환된다. 이 결과 팽창된 기체는 피스톤에 일을 하고 에너지를 자동차의 바퀴에 전달한다. **연료 전지**(fuel cell)는 연료 에너지를 내부 에너지로 변환하지 않는다. 연료(수소)는 산화되고 에너지는 전기 전도에 의해 연료 전지를 떠난다. 전기모터에 필요한 에너지는 자동차를 구동한다.

그림 3 투싼 ix Fuel Cell의 수소 충전 주입구

이런 형태의 자동차는 장점이 많다. 유해한 배기 가스를 배출하는 내연 기관이 없기 때문에 배기가 없는 자동차이다. 자동차를 구동할 에너지 외에 유일한 부산물은 내부 에너지와 물이다. 연료는 수소이며 우주에서 가장 풍부한 원소이다. 연료 전지의 효율은 내연 기관의 효율보다 훨씬 높고 연료의 위치 에너지도 더 많이 얻을 수 있다.

이 모든 것이 좋은 소식이다. 한국 정부에서는 수소 자동차 구입 시 정부보조금을 확대 지원할 계획이며 수소충전소도 2020년까지 70여 곳으로 늘리고 수소충전소 운영비뿐만 아니라 시설용량 증설에 필요한 비용도 지원하는 방안을 추진 중이다(그림 3). 연료 전지 자동차가 상용화되기까지는 많은 세월이 걸릴 것이다. 이 기간 동안 연료 전지는 극한 기후하에서도 완벽하게 작동하도록 개선되어야 하며,

제조 기반 시설은 수소를 공급할 준비가 되어야 한다. 그리고 연료 기반 시설은 개개의 자동차에 수소를 전달할 수 있도록 안정적으로 설립되어야 한다.

문제

1. 기존의 자동차가 제동을 걸어 정지할 때 그것의 모든(100 %) 운동 에너지는 내부 에너지로 변환된다. 이 에너지의 어떤 것도 자동차를 다시 움직이는 데 사용할 수 없다. 1 300 kg의 질량을 가진 하이브리드 전기 자동차가 22.0 m/s로 움직이고 있다. (a) 자동차의 운동 에너지를 계산하라. (b) 이 자동차는 회생 제동 장치를 이용해서 적색 신호 시 정지하게 된다. 모터−발전기는 자동차 운동 에너지의 70 %를 전기 전도를 통해 배터리로 전환한다고 가정하자. 나머지 30 %는 내부 에너지로 변한다. 배터리로 충전된 에너지양을 계산하라. (c) 배터리는 화학적으로 저장된 에너지의 85.0 %를 되돌릴 수 있다고 가정하고 이 에너지양을 계산하라. (d) 청색 신호로 바뀔 때 자동차의 모터−발전기는 배터리로부터 온 에너지의 68.0 %를 자동차의 운동 에너지로 변환한다. 이 에너지양을 계산하라. (e) 다른 에너지의 입력 없이 자동차가 움직일 때 속력을 계산하라. (f) 제동과 출발 과정의 전체 효율을 계산하라. (g) 생성된 알짜 내부 에너지양을 계산하라.

2. 기존의 자동차와 하이브리드 전기 자동차에 있어서 가솔린 엔진은 공기와 도로의 저항을 이겨내고 자동차를 앞으로 미는 자동차가 사용하는 근본적 에너지원이다. 도시 교통에서 기존의 가솔린 엔진은 넓은 영역의 엔진 회전율이 요구되며 연료 입력으로 작동한다. 그러므로 넓은 영역의 타코미터(자동차의 샤프트, 디스크 등의 속력을 측정하는 장치) 설정과 스로틀 설정에서 동작해야 한다. 따라서 항상 최대 효율로 작동할 수가 없다. 한편 하이브리드 전기 자동차는 가솔린 엔진이 작동 중일 때는 최고 효율로 동작할 수 있다. 단순 모형으로 이런 차이를 수치로 보일 수 있다. 두 자동차 모두 같은 약국을 가는 데 유용한 일이 66.0 MJ이라고 하자. 기존의 자동차가 유용한 일 33.0 MJ을 할 때의 효율이 7.00 %이고 나머지 유용한 일 33.0 MJ을 할 때의 효율이 30 %라고 생각하자. 하이브리드 자동차는 항상 30.0 %의 효율로 움직인다고 하자. (a) 각 자동차에 필요한 에너지 입력과 (b) 각 자동차의 전체 효율을 계산하라.

화성 탐사 임무 Mission to Mars

이번 〈관련 이야기〉에는 지구로부터 화성으로 우주선을 보내는 데 필요한 물리학을 조사해 보고자 한다. 두 행성이 수백만 킬로미터 떨어져서 움직이지 않는다면 어려운 계획일 것이다. 하지만 우리는 움직이는 물체(지구)로부터 물체를 발사하고, 움직이는 표적(화성)을 향해 우주선을 발사함을 기억해야 한다. 더불어 우주선의 운동은 지구, 태양, 화성뿐만 아니라 근방의 무거운 물체로부터의 중력에 영향을 받는다. 이런 표면적인 어려움에도 불구하고, 우리는 물리학의 원리를 이용해서 성공적인 임무를 계획할 수 있다.

1970년대의 바이킹 프로젝트의 일환으로 화성에 우주선을 보내 화성 토양에서 생명체의 흔적을 조사했다. 이 테스트는 생명체 존재에 대해 결론을 내리지 못했다.

미국은 1990년대에 화성 표면의 정밀 탐사를 위해 설계된 화성전역탐사선(Mars Global Surveyor)와 화성에 착륙해서 바위와 토양을 분석하기 위한 이동 로봇을 배치한 마스패스파인더(Mars Pathfinder)로 화성 탐사를 했다. 모든 탐사가 성공적인 것은 아니었다. 1999년에 화성극지착륙선(Mars Polar Lander)는 극지방 근방의 얼음과 물을 찾기 위해 발사되었으나 화성 대기권을 통과할 때 마지막 데이터를 보낸 후 연락이 끊겼다. 1999년에는 우주선 제작사와 탐사 제어팀 간의 통신 에러로 인해 화성기후탐사선도 실종됐다.

2003년 후반과 2004년 초 미항공우주국(NASA), 유럽항공우주국(ESA), 일본우주개발사업단(JAXA)에서는 화성에 우주선을 보냈다. 일본의 계획은 움직이지 않는 밸브와 전기회로 문제들이 임계 중간 궤도 수정에 영향을 미쳐 **노조미**라는 이름의 화성 궤도에 가려는 우주선은 작동 불능에 이르렀

그림 1 화성 탐사차 스피릿(Spirit)을 캘리포니아 패사데나의 제트추진연구소 청정실에서 테스트하고 있다.

NASA/JPL

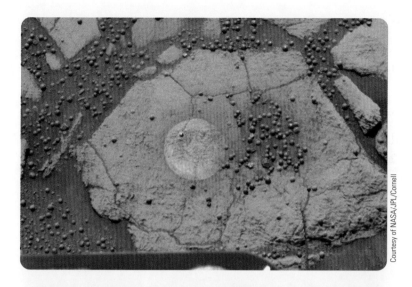

Courtesy of NASA/JPL/Cornell

그림 2 화성 탐사차 오퍼튜니티에서 보내온 이 사진에 보이는 것은 '딸기 용기(Berry Bowl)'라 불리는 암석이다. '딸기'는 적철광을 포함하는 둥근 작은 알갱이로, 과학자들은 화성 표면의 초기 물의 존재를 확인하는 데 이를 이용했다. 암석의 둥근 부분은 탐사차의 암석 연마 장치를 이용해서 먼지층을 제거한 결과이다. 이런 방법으로 탐사차의 질량 분석기에 의한 분광 해석을 위해 암석의 표면을 깨끗하게 했다.

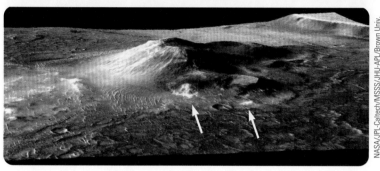

NASA/JPL-Caltech/MSSS/JHU-APL/Brown Univ.

그림 3 화성에 있는 이 화산 원뿔은 남쪽 측면과 그 근처의 지역에 함수 미네랄을 매장하고 있다. 화살표로 표시된 부분이 가장 많이 매장하고 있는 곳이며 원뿔 왼쪽의 빛나는 부분 전체가 함수 미네랄 매장 지역이다.

다. 2003년 12월 14일 화성 상공 1 000 km를 지난 후 화성을 떠나 태양 주위를 돌고 있다.

유럽의 노력인 마스 익스프레스(Mars Express)는 화성 주위 궤도로 성공적으로 발사됐다. 착륙선 비글(Beagle) 2호가 표면으로 하강했지만, 불행히도 착륙선으로부터 송출한 신호는 감지되지 못했고, 행방 불명으로 추측된다.

미항공우주국의 노력은 세 탐사계획 중 가장 성공적이었는데, 2004년 1월 4일 **스피릿** 탐사차(Spirit rover)가 화성 표면에 성공적으로 착륙했다. 스피릿의 쌍둥이인 **오퍼튜니티**(Opportunity) 또한 2004년 1월 24일 **스피릿**의 착륙 지점 행성의 정반대인 지점에 착륙했다. 놀랍게도 오퍼튜니티는 분화구 내에 착륙해서 과학자들에게 충돌 분화구를 연구할 기회를 제공했다. 컴퓨터의 사소한 결함을 제외하고 성공적으로 수리한 두 탐사차는 기능이 월등히 좋아져 표면에 예전에 존재했을 물의 증거뿐만 아니라 화성 표면의 고화질의 사진을 보내 왔다.

가장 최근인 2010년에 NASA가 수행한 화성정찰위성(Mars Reconnai-ssance Orbiter)는 화산 원뿔이 그 측면

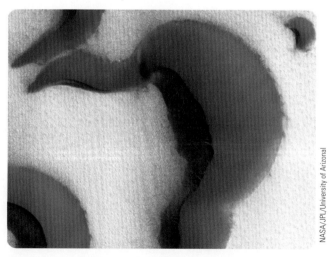

NASA/JPL/University of Arizona

그림 4 이 고해상도 하이라이즈 영상은 화성 북극 부근의 표면 얼음 지역을 나타내고 있다.

열수 미네랄을 매장하고 있음을 밝혀냈다. 연구원들에 의하면 미네랄 중 하나는 함수 실리카임을 확인했고, 어떤 곳에서는 화성에 미생물이 존재할 것이라는 새로운 결과도 암시했다. 하이라이즈(HiRISE)라고 하는 고해상도 영상 과학 실

험의 일부로서 탐사선에 장착된 카메라를 이용해서 화성의 북극 부근에 관한 정밀한 사진도 얻었다. 사진을 보면, 표면에 아주 작은 얼음 지역이 있는데, 그 구조는 계절의 변화에 따라 팽창하거나 압축되는 전형적인 영구 동토층이다.

많은 사람들이 화성 식민지 건설을 꿈꾸었다. 이 꿈은 먼 미래의 일이다. 우리는 지금도 화성에 대해 배우고 있으며 이제 이 행성을 향한 작은 여행을 시작했을 뿐이다. 비록 여러 탐사를 통해 배우고 있지만, 화성 여행은 아직 일상생활에 흔히 일어나는 것이 아니다. 이런 맥락에서 다음의 핵심 질문을 던진다.

> 어떻게 하면 지구에서 화성으로 우주선을 성공적으로 보낼 수 있을까?

운동량과 충돌 Momentum and Collisions

옆 사진에서와 같이 두 자동차가 충돌할 때 일어나는 일을 생각하자. 두 자동차는 충돌로 인해 대단히 큰 속도에서 정지 상태로 운동이 변한다. 각각의 자동차는 아주 짧은 시간 동안에 큰 속도 변화를 일으키므로 자동차에 작용하는 평균 힘은 크다. 뉴턴의 제3법칙에 의해 각각의 자동차는 같은 크기의 힘을 받는다. 뉴턴의 제2법칙에 의해, 자동차의 운동에 미치는 이들 힘의 결과는 자동차의 질량에 의존한다.

이 장의 주요 목적은 이런 운동들을 이해하고 분석하는 것이다. 첫 단계로 운동하는 물체를 설명하는 용어인 **운동량** 개념을 소개한다. 운동량 개념은 새로운 보존 법칙으로 이어지며, 고립계와 비고립계에 대한 운동량의 새로운 분석 모형을 알아볼 수 있다. 이 보존 법칙은 특히 물체 사이의 충돌을 다루는 문제에 유용하다.

> 운동량의 개념을 이용하면 자동차가 충돌할 때 포함된 힘에 관한 정보가 없어도 그 충돌을 분석할 수 있다. 이런 분석으로 충돌 전의 자동차의 상대 속도를 알 수 있으며, 기술자들이 좀 더 안전한 차를 설계하는 데 도움을 준다.

◤ 8.1 | 선운동량 Linear Momentum

앞의 두 장에서 뉴턴의 법칙으로 해석하기 어려운 현상을 다뤘다. 이런 현상을 포함하는 문제는 에너지 보존의 법칙이라는 보존 원리를 적용해서 풀 수 있었다. 여기서는 다른 상황을 생각해 보고 이제까지 공부한 모형으로 이를 풀 수 있는지 살펴보자.

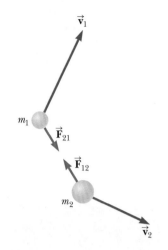

그림 8.1 두 입자가 서로 상호 작용한다. 뉴턴의 제3법칙에 따라 $\vec{\mathbf{F}}_{12} = -\vec{\mathbf{F}}_{21}$이다.

60 kg인 궁수가 마찰이 없는 빙판에 서서 0.030 kg의 화살을 수평 방향으로 85 m/s로 쏜다. 궁수는 화살을 쏜 후 빙판에서 얼마의 속도로 움직이는가?

뉴턴의 제3법칙에 따라 활과 화살 사이에 서로 주고받는 힘은 크기가 같고 방향이 반대이기 때문에, 그 결과 궁수는 빙판에서 뒤쪽 방향으로 문제에서 물어본 속력으로 미끄러진다. 그러나 이때 궁수가 미끄러지는 속력을 등가속도 운동하는 입자와 같은 운동 모형으로 결정할 수 없다. 왜냐하면 궁수의 가속도에 대한 정보가 하나도 없기 때문이다. 우리는 알짜힘을 받는 입자와 같은 힘 모형들을 사용할 수 없다. 역시 힘에 대해 아는 것이 하나도 없기 때문이다. 활시위를 뒤로 잡아당길 때 한 일 또는 팽팽해진 활시위에 저장된 계의 탄성 위치 에너지에 대해 아무것도 모르기 때문에, 에너지 모형도 도움이 되지 않는다.

지금까지 배운 모형들을 이용해서 궁수 문제를 푸는 것은 어렵지만, **선운동량**이라는 새로운 물리량을 도입하면 아주 쉽게 풀 수 있다. 새 물리량을 도입하기 위해, 그림 8.1과 같이 질량이 m_1, m_2인 두 입자가 속도 $\vec{\mathbf{v}}_1$, $\vec{\mathbf{v}}_2$로 동시에 움직이는 고립계를 생각하자. 계는 고립되어 있으므로 한 입자에 작용하는 유일한 힘은 다른 입자로부터 오는 힘이며, 이 상황은 뉴턴의 법칙을 적용할 수 있는 상황으로 분류할 수 있다. 만일 입자 1로부터 힘이(예를 들면 중력) 입자 2에 작용한다면, 입자 2가 입자 1에 작용하는 크기가 같고 방향이 반대인 두 번째 힘이 있어야 한다. 즉 이들 힘은 뉴턴의 제3법칙인 작용-반작용 쌍인 $\vec{\mathbf{F}}_{12} = -\vec{\mathbf{F}}_{21}$을 형성한다. 그러므로 이 조건은 다음과 같이 두 입자계에 대한 식으로 표현할 수 있다.

$$\vec{\mathbf{F}}_{21} + \vec{\mathbf{F}}_{12} = 0$$

뉴턴의 제2법칙을 이용해서 이 상황을 분석해 보자. 그림 8.1에 보인 그 순간에, 상호 작용하는 입자들은 힘에 반응해서 가속된다. 그러므로 각 입자에 작용하는 힘을 $m\vec{\mathbf{a}}$로 대체하면 다음과 같이 된다.

$$m_1\vec{\mathbf{a}}_1 + m_2\vec{\mathbf{a}}_2 = 0$$

이제 가속도를 식 3.5에서 정의한 것으로 대체하면 다음을 얻는다.

$$m_1\frac{d\vec{\mathbf{v}}_1}{dt} + m_2\frac{d\vec{\mathbf{v}}_2}{dt} = 0$$

질량 m_1과 m_2가 일정하면, 이들을 미분 연산 안으로 가져갈 수 있다.

$$\frac{d(m_1\vec{\mathbf{v}}_1)}{dt} + \frac{d(m_2\vec{\mathbf{v}}_2)}{dt} = 0$$

$$\frac{d}{dt}(m_1\vec{\mathbf{v}}_1 + m_2\vec{\mathbf{v}}_2) = 0 \qquad\qquad 8.1$$

합 $m_1\vec{\mathbf{v}}_1 + m_2\vec{\mathbf{v}}_2$의 시간에 대한 도함수가 영이므로, 이 합은 일정해야 한다. 이 논의로부터 고립된 입자계에서 각 입자에 대한 이들의 합이 보존된다는 면에서 입자에 대한 $m\vec{\mathbf{v}}$가 중요함을 알 수 있다. 이 양을 **선운동량**이라고 한다.

> 속도 $\vec{\mathbf{v}}$로 움직이는 질량 m인 입자나 또는 물체의 **선운동량**(linear momentum) $\vec{\mathbf{p}}$는 질량
> 과 속도의 곱으로 정의된다.[1]
>
> $$\vec{\mathbf{p}} \equiv m\vec{\mathbf{v}}$$ 8.2

▶ 입자의 선운동량 정의

이렇게 정의된 선운동량은 스칼라양 m과 벡터양 $\vec{\mathbf{v}}$를 곱한 것이므로 벡터양이다. 이 벡터의 방향은 $\vec{\mathbf{v}}$ 방향이고 차원은 ML/T이다. 선운동량 또는 **운동량**의 SI 단위는 $kg \cdot m/s$이다.

삼차원 공간에서 입자가 임의 방향으로 운동하면, $\vec{\mathbf{p}}$는 세 개의 성분을 갖는다. 따라서, 식 8.2는 세 개의 성분 식으로 표현된다.

$$p_x = mv_x, \quad p_y = mv_y, \quad p_z = mv_z$$ 8.3

정의로부터 알 수 있듯이, 운동량 개념은 같은 속도로 운동하는 질량이 다른 물체 사이의 양적 차이를 알려 준다. 예를 들면 2 m/s로 운동하는 트럭의 운동량은 같은 속력인 탁구공보다 훨씬 크다. 뉴턴은 질량과 속도의 곱 $m\vec{\mathbf{v}}$를 **운동의 양**이라 불렀는 데, 아마도 이는 움직임을 뜻하는 라틴어인 운동량이라는 단어보다 좀 더 의미를 잘 나타내고 있다.

◀ **퀴즈 8.1** 같은 운동 에너지를 갖는 두 물체의 운동량 크기를 비교하라. (a) $p_1 < p_2$ (b) $p_1 = p_2$ (c) $p_1 > p_2$ (d) 답을 말할 수 있는 충분한 정보가 없다.

◀ **퀴즈 8.2** 물리 선생님이 여러분에게 어떤 속력으로 야구공을 던졌다. 그 다음 선생님이 질량이 10배로 큰 마법의 공을 던지려 한다. 여러분이 마법의 공을 (a) 야구공과 같은 속 력으로, (b) 같은 운동량으로, (c) 같은 운동 에너지로 던질 수 있다면, 마법의 공을 붙잡 기가 가장 쉬운 경우부터 순서대로 나열하라.

운동하는 물체에 관한 입자 모형을 생각하자. 운동에 관한 뉴턴의 제2법칙을 이용 하면 입자의 선운동량을 입자에 작용하는 알짜힘과 연관시킬 수 있다. 4장에서 뉴턴 의 제2법칙이 $\sum\vec{\mathbf{F}} = m\vec{\mathbf{a}}$와 같음을 배웠다. 그러나 이 형태는 입자의 질량이 일정한 경우에만 적용된다. 질량이 시간에 따라 변하는 경우, 뉴턴의 제2법칙의 다른 기술을 이용해야 한다. **입자 운동량의 시간 변화율은 입자에 작용하는 알짜힘과 같다.** 즉 다음 과 같다.

$$\sum\vec{\mathbf{F}} = \frac{d\vec{\mathbf{p}}}{dt}$$ 8.4

▶ 입자에 대한 뉴턴의 제2법칙

만일 입자의 질량이 일정하면, 이 식은 뉴턴의 제2 법칙에 관한 앞에서의 식과 동일

---

[1] 이 표현은 비상대론적이며, $v \ll c$인 경우 성립한다. 여기서 c는 빛의 속력이다. 다음 장에서 고속 입자에 관한 운동량을 다룰 것이다.

하다. 즉 다음과 같다.

$$\sum \vec{\mathbf{F}} = \frac{d\vec{\mathbf{p}}}{dt} = \frac{d(m\vec{\mathbf{v}})}{dt} = m\frac{d\vec{\mathbf{v}}}{dt} = m\vec{\mathbf{a}}$$

질량이 변하는 입자를 생각하기는 어렵지만 여러 가지 물체들을 고려하면 많은 예가 있다. 그중 연료를 소모하면서 추진되는 로켓, 언덕을 굴러 내려오는 몸집이 불어나는 눈덩이와 빗속을 달리는 트럭의 방수된 짐칸에 모이는 물 등이 그 예이다.

식 8.4에서 물체에 대한 알짜힘이 영이면, 운동량의 시간 미분은 영이고, 따라서 물체의 운동량은 일정해야 한다. 이 결과는 입자가 평형 상태에 있는 경우 운동량으로 표현한 것과 매우 비슷하다. 물론 물체가 **고립되어 있다면**(즉 주위 환경과 상호 작용이 없으면), 작용하는 힘이 없으며, $\vec{\mathbf{p}}$는 변하지 않게 된다. 이것이 뉴턴의 제1법칙이다.

◤ **8.2** | 분석 모형: 고립계 (운동량)
Analysis Model: Isolated System (Momentum)

운동량의 정의를 이용하면 식 8.1은 다음과 같이 쓸 수 있다.

$$\frac{d}{dt}(\vec{\mathbf{p}}_1 + \vec{\mathbf{p}}_2) = 0$$

이 식에서 전체 운동량 $\vec{\mathbf{p}}_{\text{tot}} = \vec{\mathbf{p}}_1 + \vec{\mathbf{p}}_2$의 시간에 대한 도함수가 **영**이므로, **전체** 운동량 $\vec{\mathbf{p}}_{\text{tot}}$는 일정해야 한다.

▶ 고립계에 대한 운동량 보존

$$\boxed{\vec{\mathbf{p}}_{\text{tot}} = \text{일정}} \qquad 8.5$$

또는 다음과 같다.

$$\boxed{\vec{\mathbf{p}}_{1i} + \vec{\mathbf{p}}_{2i} = \vec{\mathbf{p}}_{1f} + \vec{\mathbf{p}}_{2f}} \qquad 8.6$$

여기서 $\vec{\mathbf{p}}_{1i}$와 $\vec{\mathbf{p}}_{2i}$는 입자가 상호 작용하는 동안 두 입자의 처음 운동량이고, $\vec{\mathbf{p}}_{1f}$와 $\vec{\mathbf{p}}_{2f}$는 나중 운동량이다. 식 8.6을 성분으로 나타내면, 고립계에서 운동량의 x, y, z 방향에 따른 성분들이 각각 **독립적으로 보존**됨을 말한다. 즉 다음과 같다.

$$\sum_{\text{system}} p_{ix} = \sum_{\text{system}} p_{fx}, \quad \sum_{\text{system}} p_{iy} = \sum_{\text{system}} p_{fy}, \quad \sum_{\text{system}} p_{iz} = \sum_{\text{system}} p_{fz} \qquad 8.7$$

식 8.6은 새로운 분석 모형, **고립계 (운동량)**의 수학적인 표현이다. 8.7절에서 보이겠지만, 이는 많은 입자로 이루어진 고립계로 확장시킬 수 있다. 우리는 7장에서 고립계 모형의 에너지를 공부했으며, 이제 운동량을 공부하고 있다. 일반적으로 식 8.6은 다음과 같이 기술할 수 있다.

> 고립계에 있는 두 입자 또는 더 많은 입자가 상호 작용할 때, 이들 계의 전체 운동량은 항상 일정하게 유지된다.

오류 피하기 | 8.1

고립계의 운동량은 보존된다 고립계의 운동량이 보존되더라도, 고립계 안에 있는 한 입자의 운동량은 일반적으로 보존되지 않는다. 왜냐하면 계 내의 다른 입자들과 상호 작용할 수 있기 때문이다. 한 입자에 운동량 보존을 적용하면 안 된다.

계의 구성 물질 간에 작용하는 힘의 성질에 관해서는 언급하지 않았음에 주목하라. 다만 힘은 계의 **내부**에 있어야 한다는 점이 요구된다. 그러므로 **힘이 비보존적일지라도** 운동량은 내부 힘의 성질에 관계없이 고립계에 대해 보존된다.

예제 8.1 | 지구의 운동 에너지를 실제로 무시할 수 있는가?

6.6절에서 지구와 낙하하는 공으로 구성된 계의 에너지를 생각할 때 지구의 운동 에너지는 무시할 수 있다고 주장했다. 이 주장을 증명하라.

풀이

개념화 지표면으로 공이 떨어진다고 상상하자. 여러분의 입장에서 보면 공은 지구가 정지 상태로 있는 동안 떨어진다. 그러나 뉴턴의 제3법칙에 의하면 공이 떨어지는 동안 지구는 위쪽 방향의 힘과 가속도를 받는다. 아래 계산에서 이 운동은 매우 작아서 무시할 수 있음을 보일 것이다.

분류 공과 지구로 계를 정의한다. 외부 세계에서 계에 작용하는 힘들이 없다고 가정한다. 고립계 모형의 운동량을 사용하자.

분석 지구와 공의 운동 에너지의 비율을 계산함으로써 이 주장을 증명할 것이다. 여기서 v_E와 v_b는 공이 어떤 거리 동안 떨어진 후의 지구와 공의 속력이다.

운동 에너지의 정의를 이용하면 공의 운동 에너지에 대한 지구의 운동 에너지 비는 다음과 같다.

$$(1) \qquad \frac{K_E}{K_b} = \frac{\frac{1}{2} m_E v_E^2}{\frac{1}{2} m_b v_b^2} = \left(\frac{m_E}{m_b} \right)\left(\frac{v_E}{v_b} \right)^2$$

고립계(운동량) 모형을 적용한다. 계의 처음 운동량이 영이므로, 나중 운동량도 영으로 놓는다.

$$p_i = p_f \quad \rightarrow \quad 0 = m_b v_b + m_E v_E$$

속력의 비에 대해 방정식을 푼다.

$$\frac{v_E}{v_b} = -\frac{m_b}{m_E}$$

식 (1)에 v_E / v_b에 대한 식을 대입한다.

$$\frac{K_E}{K_b} = \left(\frac{m_E}{m_b} \right)\left(-\frac{m_b}{m_E} \right)^2 = \frac{m_b}{m_E}$$

질량의 어림수를 대입한다.

$$\frac{K_E}{K_b} = \frac{m_b}{m_E} \sim \frac{1\,\text{kg}}{10^{25}\,\text{kg}} \sim 10^{-25}$$

결론 지구의 운동 에너지는 공의 운동 에너지에 비해 매우 작다. 그래서 우리는 계의 운동 에너지에서 지구의 운동 에너지를 무시하는 이유를 증명했다.

예제 8.2 | 활 쏘는 사람

8.1절의 앞부분에서 설정한 상황을 고려해 보자. 60 kg인 궁수가 마찰이 없는 빙판에 서서 0.030 kg의 화살을 수평 방향으로 85 m/s로 쏘았다(그림 8.2). 화살을 쏜 후에 반대 방향으로 궁수가 얼마의 속도로 빙판에서 미끄러지는가?

풀이

개념화 여러분은 이 문제를 8.1절의 앞부분에 소개할 때 벌써 개념화했다. 화살은 한 방향으로 날아가고 궁수는 반대 방향으로 반동한다.

분류 8.1절에서 논의한 바와 같이 이 문제는 운동, 힘 또는 에너지 모형으로 풀 수 없다. 그러나 운동량을 이용하면 이 문제를 쉽게 풀 수 있다.

여기서 계는 궁수(활 포함)와 화살로 구성되어 있다. 이 계는 중력과 빙판으로부터 수직항력이 계에 작용하고 있기 때문에 고립계가 아니다. 그러나 이 힘들은 연직 방향이고 계의 운동 방향에 수직으로 작용한다. 그러므로 수평 방향으로는 외력이 존재하지 않는 고립계로 생각할 수 있다. 그리고 이 방향에서 운동량 성분에 관해서도 고립계로 생각할 수 있다.

분석 화살이 발사되기 전에 계의 어떤 것도 움직이지 않기 때문에 계의 전체 수평 성분 운동량은 영이다. 그러므로 화살이 발사된 후에 계의 전체 수평 운동량은 영이 되어야 한다.

그림 8.2 (예제 8.2) 궁수가 오른쪽으로 수평하게 화살을 쏜다. 궁수는 마찰이 없는 빙판에 서 있기 때문에 왼쪽으로 미끄러지기 시작할 것이다.

화살이 발사되는 방향을 $+x$ 방향이라 하자. 여기서 궁수는 입자 1로, 화살은 입자 2로 취급할 때 $m_1 = 60\,\text{kg}$, $m_2 = 0.030\,\text{kg}$, $\vec{\mathbf{v}}_{2f} = 85\,\hat{\mathbf{i}}\,\text{m/s}$이다.
고립계(운동량) 모형을 이용하고, 계의 나중 운동량을 처음과 같은 영으로 놓는다.

$$m_1 \vec{\mathbf{v}}_{1f} + m_2 \vec{\mathbf{v}}_{2f} = 0$$

$\vec{\mathbf{v}}_{1f}$에 대해 이 식을 풀고 주어진 값들을 대입한다.

$$\vec{\mathbf{v}}_{1f} = -\frac{m_2}{m_1}\vec{\mathbf{v}}_{2f} = -\left(\frac{0.030\,\text{kg}}{60\,\text{kg}}\right)(85\,\hat{\mathbf{i}}\,\text{m/s}) = \boxed{-0.042\hat{\mathbf{i}}\,\text{m/s}}$$

결론 $\vec{\mathbf{v}}_{1f}$의 음(−) 부호는 화살이 발사된 후에 궁수가 그림 8.2에서 왼쪽으로 움직이는 것을 표현한다. 뉴턴의 제3법칙에 따라 화살이 날아가는 방향과 반대 방향인 왼쪽으로 움직인다는 것이다. 궁수는 화살에 비해 훨씬 더 질량이 크므로, 궁수의 속도와 가속도는 화살에 비해 훨씬 작다. 이 문제는 매우 간단한 것처럼 보이지만, 운동, 힘 또는 에너지에 기초한 모형으로는 풀 수 없다. 새로운 운동량 모형은 단순해 보일 뿐만 아니라 실제로도 단순하다.

문제 만일 화살을 수평선상에서 각도 θ인 방향으로 쏘았다면 궁수의 반동 속도는 어떻게 되는가?

답 화살의 속도 성분은 x 방향으로만 작용하기 때문에 반동 속도의 크기는 감소한다. x 방향에서 운동량 보존은 다음과 같다.

$$m_1 v_{1f} + m_2 v_{2f}\cos\theta = 0$$

여기서

$$v_{1f} = -\frac{m_2}{m_1}v_{2f}\cos\theta$$

이다. $\theta = 0$이면 $\cos\theta = 1$이므로 화살을 수평으로 쏘았을 때, 궁수의 나중 속도는 이 값으로 그 크기가 감소한다. θ가 영이 아닌 값에 대해서 $\cos\theta$는 1보다 작은 값을 가지므로, 반동 속력은 $\theta = 0$일 때보다 작은 값을 갖는다. 만일 $\theta = 90°$이면 $\cos\theta = 0$이고, $v_{1f} = 0$이므로 반동 속도는 없다. 이 경우 궁수는 화살을 쏘면 아래 방향으로 빙판을 밀게 된다.

◀ **예제 8.3** | **정지해 있는 카온의 붕괴**

중성 카온(K⁰)이라고 하는 핵입자는 그림 8.3에서처럼 반대 부호로 대전된 **파이온(π⁺와 π⁻)**이라고 하는 입자쌍으로 붕괴한다. 카온이 처음에 정지해 있다고 가정하고, 두 파이온은 크기가 같고 방향이 다른 운동량을 가져야 함을 증명하라.

풀이

개념화 그림 8.3을 잘 살펴보고 정지해 있는 카온이 붕괴하면서 두 개의 입자로 나뉘어 움직인다고 상상해 본다. 그림 8.2와 8.3을 비교하면서 화살과 궁수를 각각의 파이온과 연관시켜 본다.

분류 카온은 주변과 상호 작용하지 않으므로, 이를 고립계로 모형화한다. 붕괴 후의 계는 두 파이온으로 되어 있다.

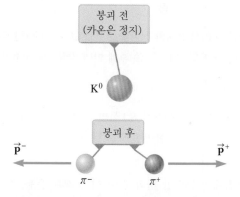

그림 8.3 (예제 8.3) 정지해 있는 카온이 붕괴되어 반대 부호로 대전된 한 쌍의 파이온이 된다. 두 파이온은 크기가 같고 방향이 반대인 운동량으로 서로 반대 방향으로 움직인다.

분석 그림 8.3에 나타난 카온에 대한 붕괴식을 쓴다.

$$K^0 \rightarrow \pi^+ + \pi^-$$

$\vec{\mathbf{p}}^+$를 붕괴 후의 π^+의 운동량, $\vec{\mathbf{p}}^-$를 붕괴 후의 π^-의 운동량이라 한 다음, 두 파이온으로 된 고립계의 나중 운동량 $\vec{\mathbf{p}}_f$에 대한 식을 구한다.

$$\vec{\mathbf{p}}_f = \vec{\mathbf{p}}^+ + \vec{\mathbf{p}}^-$$

카온은 붕괴 전에 정지해 있었으므로 계의 처음 운동량은 $\vec{\mathbf{p}}_i = 0$이다. 더구나 고립계의 운동량은 보존되므로 $\vec{\mathbf{p}}_i = \vec{\mathbf{p}}_f = 0$이다.

이 결과를 이전의 식에 포함시키면 다음과 같이 된다.

$$0 = \vec{\mathbf{p}}^+ + \vec{\mathbf{p}}^- \rightarrow \vec{\mathbf{p}}^+ = -\vec{\mathbf{p}}^-$$

결론 그러므로 파이온의 운동량 벡터는 크기가 같고 방향이 반대임을 알 수 있다.

8.3 | 분석 모형: 비고립계 (운동량)
Analysis Model: Nonisolated System (Momentum)

식 8.4에 기술한 바와 같이, 알짜힘을 입자에 작용시키면 입자의 운동량은 변한다. 입자에 알짜힘 $\sum \vec{\mathbf{F}}$가 작용하고, 이 힘이 시간에 따라 변한다고 가정해 보자. 식 8.4에 의하면 다음과 같다.

$$d\vec{\mathbf{p}} = \sum \vec{\mathbf{F}} dt \qquad \qquad \textbf{8.8}$$

이 식을 적분하면 시간 간격 $\Delta t = t_f - t_i$ 동안의 입자의 운동량을 구할 수 있다. 식 8.8을 적분하면 다음과 같다.

$$\Delta \vec{\mathbf{p}} = \vec{\mathbf{p}}_f - \vec{\mathbf{p}}_i = \int_{t_i}^{t_f} \sum \vec{\mathbf{F}} dt \qquad \qquad \textbf{8.9}$$

힘이 입자에 작용하는 시간 간격 동안의 적분을 힘의 **충격량**(impulse)이라고 한다. 알짜힘 $\sum \vec{\mathbf{F}}$의 충격량은 벡터이며 다음과 같이 정의한다.

$$\vec{\mathbf{I}} \equiv \int_{t_i}^{t_f} \sum \vec{\mathbf{F}} dt \qquad \qquad \textbf{8.10}$$

▶ 알짜힘의 충격량

이 정의로부터 충격량 $\vec{\mathbf{I}}$는 그림 8.4a에 표시된 것과 같이 힘-시간 곡선 아래의 넓이와 같은 크기를 갖는 벡터양임을 알 수 있다. 이 그림에서 힘이 일반적인 방법으로 시간에 따라 변하고, 시간 간격 $\Delta t = t_f - t_i$ 사이에서 작용한다고 가정했다. 충격량 벡터의 방향은 운동량 변화의 방향과 같다. 충격량은 운동량과 같은 차원이다. 즉 ML/T의 차원을 갖는다. 충격량은 입자 자체의 성질이 **아니고**, 외력이 입자의 운동량을 변화시키는 정도를 나타내는 양이다.

식 8.9와 8.10을 결합하면 **충격량-운동량 정리**(impulse-momentum theorem)로 알려진 중요한 식을 얻게 된다.

입자의 운동량의 변화는 입자에 작용하는 알짜힘의 충격량과 같다.

$$\Delta \vec{\mathbf{p}} = \vec{\mathbf{I}} \qquad \qquad \textbf{8.11}$$

▶ 입자의 충격량-운동량 정리

이 정리는 뉴턴의 제2법칙과 동등하다. 입자에 충격량을 가했다는 말은 외부의 인자에 의해 입자에 운동량이 전달됐음을 의미한다. 식 8.11은 식 7.1과 이를 자세히 나타낸 식 7.2의 에너지 보존 식과 동일한 구조를 가진다. 식 8.11은 **운동량 보존**(conservation of momentum)의 원리를 가장 일반적으로 나타낸 표현이고 이를 **운동량 보존 식**(conservation of momentum equation)이라고 한다. 운동량을 사용한 물체의 운동 기술의 경우 비고립계보다 고립계의 문제에서 더 많이 나타난다. 그러므로 실제는 특별한 경우인 식 8.6을 종종 운동량 보존 식이라고 한다.

식 8.11의 좌변은 계(여기서는 입자 하나)의 운동량 변화를 나타내고, 우변은 계에 작용하는 알짜힘으로 인해 얼마나 많은 운동량이 계의 경계를 지나가는지에 대한 척도이다. 식 8.11은 새로운 분석 모형인 **비고립계(운동량)** 모형의 수학적인 표현이다. 이 식이 식 7.1과 형태가 비슷하지만, 문제에 적용하는 데에는 몇 가지 차이점이 있다. 첫째, 식 8.11은 벡터인 반면에 식 7.1은 스칼라이다. 따라서 식 8.11에서는 방향이 중요하다. 둘째, 운동량에는 하나의 형태만이 있으므로 계에 운동량을 저장하는 방법으로 한 가지만 있게 된다. 이와 대조적으로 식 7.2에서 본 것처럼 계에 에너지를 저장하는 방법은 운동 에너지, 위치 에너지 그리고 내부 에너지로 세 가지가 있다. 셋째, 힘을 계에 적절한 시간 동안 작용하는 것이 운동량을 계에 전달하는 유일한 방법이다. 그런데 식 7.2는 에너지를 계에 전달하는 여섯 가지 방법이 있음을 보여 주고 있다. 그러나 식 7.2와 유사하게 식 8.11을 더 자세하게 표현하는 방법은 없다.

알짜힘은 그림 8.4a와 같이 일반적으로 시간에 따라 변하기 때문에 시간에 대한 평균 알짜힘 $(\sum \vec{\mathbf{F}})_{\text{avg}}$를 정의하는 것이 편리하며, 이것은 다음과 같다.

$$(\sum \vec{\mathbf{F}})_{\text{avg}} \equiv \frac{1}{\Delta t} \int_{t_i}^{t_f} \sum \vec{\mathbf{F}} \, dt \qquad 8.12$$

여기서 $\Delta t = t_f - t_i$이다. 따라서 식 8.10을 다음과 같이 표현할 수 있다.

$$\vec{\mathbf{I}} = (\sum \vec{\mathbf{F}})_{\text{avg}} \Delta t \qquad 8.13$$

그림 8.4b에서 기술한 평균 알짜힘이 시간 간격 Δt 동안 입자에 작용한 충격량이 실제로 이 기간 동안 시간에 따라 변하는 알짜힘이 작용한 것과 동일하다고 볼 수 있다.

원리적으로 $\sum \vec{\mathbf{F}}$가 시간의 함수라면 충격량은 식 8.10으로 계산할 수 있다. 이 계산은 입자에 작용하는 알짜힘이 일정하면 간단히 될 수 있다. 이 경우 시간 간격에 대한 $(\sum \vec{\mathbf{F}})_{\text{avg}}$는 이 시간 동안에 일정한 $\sum \vec{\mathbf{F}}$와 같으므로 식 8.13은 다음과 같이 된다.

$$\vec{\mathbf{I}} = \sum \vec{\mathbf{F}} \Delta t \qquad 8.14$$

많은 물리적 상황에서 **충격량 근사**(impulse approximation)라는 것을 이용한다. 입자에 작용하는 힘은 짧은 시간 동안 작용하지만 다른 어떤 힘보다도 대단히 크다고 가정하며, 이 간단한 모형에서 다른 힘의 효과는 짧은 시간 동안의 큰 힘에 비해 작아서 무시할 수 있다. 이 근사는 매우 짧은 시간 동안에 일어나는 충돌을 다루는 데 특

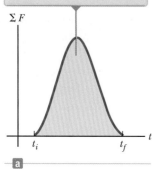

힘이 입자에 전달한 충격량은 힘-시간 곡선 아래의 넓이이다.

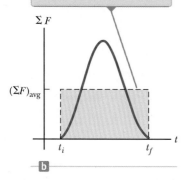

시간-평균 알짜힘은 (a)에서 기술한 시간에 따라 변하는 힘과 같은 충격량을 입자에 준다.

그림 8.4 (a) 입자에 작용하는 알짜힘은 시간에 따라 변할 수 있다. (b) 일정한 힘 $(\sum F)_{\text{avg}}$(수평 점선)은 직사각형의 넓이 $(\sum F)_{\text{avg}} \Delta t$가 (a)에서 곡선 아래의 넓이와 같도록 선택한 것이다.

히 유용하다. 이런 근사를 사용할 때는 **충격력**이 매우 클 때이다. 예를 들면 야구 방망이로 야구공을 때리면 충돌 시간은 약 0.01 s이며, 이 시간 동안 공에 가해진 방망이의 평균힘은 대략 수천 N이다. 이 평균힘은 중력보다 대단히 크므로 충돌 시 중력과 연관된 속도 변화는 무시한다. 여기서 $\vec{\mathbf{p}}_i$와 $\vec{\mathbf{p}}_f$는 충돌 직전과 직후 각각의 운동량을 나타낸다는 것을 인식하는 것이 중요하다. 그러므로 충격량 근사를 사용하는 상황에서 충돌 시 일어나는 입자의 이동 거리는 매우 적다.

충격량의 개념은 자동차 사고 시 탑승자를 정지시키는 에어백의 가치를 이해하게 한다(그림 8.5). 탑승자는 차에 에어백이 있든 없든 간에 동일한 운동량 변화를 경험하므로 충돌 시 동일한 충격량을 받는다. 그러나 에어백은 운전자가 보다 긴 시간 동안 운동량 변화를 받도록 하여 최대 크기 힘을 줄이고, 부상을 피할 수 있게 한다. 에어백이 없으면 운전자 머리는 앞으로 움직여 짧은 시간에 운전대나 앞창에 부딪힌다. 이 경우 운동량 변화는 같으므로, 짧은 시간 동안에 대단히 큰 힘이 작용해서 중상을 입게 된다. 이런 부상은 뇌에 연결된 척수 신경 손상을 가져온다.

BIO **에어백의 부상 감소 효과**

퀴즈 8.3 두 물체가 마찰이 없는 표면에 정지해 있다. 물체 1은 물체 2보다 질량이 더 크다. **(i)** 일정한 힘이 물체 1에 작용할 때, 물체 1은 직선 거리 d만큼 가속 운동한다. 물체 1에 작용한 힘을 제거해서 물체 2에 작용시키면 순간적으로 물체 2가 같은 거리 d만큼 가속 운동한다. 이때 다음 중 어떤 것이 참인가? (a) $p_1 < p_2$ (b) $p_1 = p_2$ (c) $p_1 > p_2$ (d) $K_1 < K_2$ (e) $K_1 = K_2$ (f) $K_1 > K_2$. **(ii)** 힘이 물체 1에 작용할 때 시간 간격 Δt 동안 가속된다. 물체 1에서 힘을 제거하고 물체 2에 힘을 작용한다. 물체 2가 같은 시간 간격 Δt 동안 가속된 후에는 앞의 보기 중 어떤 것이 참인가?

그림 8.5 실험용 마네킹이 차 안에서 에어백에 의해 정지된다.

예제 8.4 | 범퍼가 얼마나 좋은가

자동차 충돌 실험에서 질량 1 500 kg인 자동차가 그림 8.6과 같이 벽과 충돌한다. 충돌 전, 후 자동차의 속도는 각각 $\vec{\mathbf{v}}_i = -15.0\,\hat{\mathbf{i}}$ m/s와 $\vec{\mathbf{v}}_f = 2.60\,\hat{\mathbf{i}}$ m/s이다. 충돌이 0.150 s 동안에 일어난다면, 이때 충돌에 의한 충격량과 자동차에 가해지는 평균 힘은 얼마인가?

풀이

개념화 충돌 시간은 짧다. 그래서 자동차는 매우 빠르게 정지 상태에 도달한 후에 감소된 속력으로 반대 방향으로 움직이는 것을 상상할 수 있다.

분류 충돌할 때 벽이 자동차에 작용하는 알짜힘과 지면으로부터의 마찰은 다른 힘(예를 들어 공기 저항력)에 비해 아주 크다고 가정하자. 특히 도로가 자동차에 작용하는 중력이나 수직항력은 운동 방향에 수직으로 작용하기 때문에, 수평 성분의 운동량에는 아무런 영향을 주지 못한다. 그러므로 우리는 수평 방향 운동에서 충격량 근사를 적용할 수 있는 문제로 분류한다. 또한

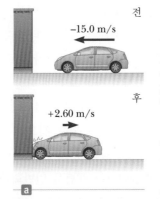

그림 8.6 (예제 8.4) (a) 자동차 운동량은 벽과 충돌의 결과로 인해 변한다. (b) 충돌 실험에서 자동차의 처음 운동 에너지 대부분이 자동차를 파괴시키는 에너지로 변환된다.

주위로부터 충격량에 의해 자동차의 운동량이 변함을 볼 수

있다. 따라서 비고립계(운동량) 모형을 적용할 수 있다.

분석 자동차의 처음과 나중 운동량을 계산한다.

$$\vec{\mathbf{p}}_i = m\vec{\mathbf{v}}_i = (1\,500\text{ kg})(-15.0\,\hat{\mathbf{i}}\text{ m/s})$$
$$= -2.25 \times 10^4\,\hat{\mathbf{i}}\text{ kg}\cdot\text{m/s}$$

$$\vec{\mathbf{p}}_f = m\vec{\mathbf{v}}_f = (1\,500\text{ kg})(2.60\,\hat{\mathbf{i}}\text{ m/s})$$
$$= 0.39 \times 10^4\,\hat{\mathbf{i}}\text{ kg}\cdot\text{m/s}$$

식 8.11을 이용해서 충격량을 구한다.

$$\vec{\mathbf{I}} = \Delta\vec{\mathbf{p}} = \vec{\mathbf{p}}_f - \vec{\mathbf{p}}_i$$
$$= 0.39 \times 10^4\,\hat{\mathbf{i}}\text{ kg}\cdot\text{m/s} - (-2.25 \times 10^4\,\hat{\mathbf{i}}\text{ kg}\cdot\text{m/s})$$
$$= 2.64 \times 10^4\,\hat{\mathbf{i}}\text{ kg}\cdot\text{m/s}$$

식 8.13을 이용해서 자동차에 가한 평균 힘을 계산한다.

$$(\textstyle\sum\vec{\mathbf{F}})_{\text{avg}} = \frac{\vec{\mathbf{I}}}{\Delta t} = \frac{2.64 \times 10^4\,\hat{\mathbf{i}}\text{ kg}\cdot\text{m/s}}{0.150\text{ s}} = 1.76 \times 10^5\,\hat{\mathbf{i}}\text{ N}$$

결론 앞에서 얻은 알짜힘은 자동차의 앞부분이 충돌에 의해 구겨짐에 따라 벽으로부터 자동차에 작용하는 수직항력과 바퀴와 지면 사이의 마찰력의 조합에 의한 것이다. 충돌이 일어나는 동안 브레이크가 작동하지 않고 구겨지는 금속이 바퀴의 자유로운 회전에 방해를 주지 않는다면, 자유롭게 회전하는 바퀴 때문에 마찰력은 비교적 작을 것이다. 예제에서 두

속도의 부호가 반대임에 유의하자. 만일 처음과 나중 속도가 부호가 같다면 어떤 상황을 나타내는가?

문제 자동차가 벽으로부터 튕겨 나가지 않는다면 어떤 일이 일어날까? 자동차의 나중 속도가 영이고 충돌이 그대로 0.150 s 동안 일어난다면, 자동차에 가한 알짜힘이 원래의 경우와 비교해서 큰 힘인지 작은 힘인지를 판별하라.

답 자동차가 튕겨 나가는 원래의 상황에서 벽이 자동차에 가한 힘은 두 가지 작용을 한다. (1) 자동차를 멈추게 한다. (2) 충돌 후에 2.60 m/s의 속력으로 자동차를 벽에서부터 멀어지게 한다. 만일 자동차가 튕겨 나가지 않는다면, 알짜힘은 자동차를 멈추는 첫 단계에만 작용한다. 그러므로 더 작은 힘이 가해진다.

수학적으로 자동차가 튕겨 나가지 않을 때, 충격량은 다음과 같다.

$$\vec{\mathbf{I}} = \Delta\vec{\mathbf{p}} = \vec{\mathbf{p}}_f - \vec{\mathbf{p}}_i = 0 - (-2.25 \times 10^4\,\hat{\mathbf{i}}\text{ kg}\cdot\text{m/s})$$
$$= 2.25 \times 10^4\,\hat{\mathbf{i}}\text{ kg}\cdot\text{m/s}$$

벽이 자동차에 가한 평균 알짜힘은 다음과 같다.

$$(\textstyle\sum\vec{\mathbf{F}})_{\text{avg}} = \frac{\vec{\mathbf{I}}}{\Delta t} = \frac{2.25 \times 10^4\,\hat{\mathbf{i}}\text{ kg}\cdot\text{m/s}}{0.150\text{ s}}$$
$$= 1.50 \times 10^5\,\hat{\mathbf{i}}\text{ N}$$

이 값은 앞 예제의 경우에 비해 작다.

8.4 | 일차원 충돌 Collisions in One Dimension

이 절에서는 운동량 보존의 법칙을 이용해서 두 물체의 충돌을 기술한다. 여기서 **충돌**(collision)이라는 용어는 두 입자가 짧은 시간 동안 작용해서 서로에게 힘으로 상호 작용하는 경우를 나타낸다. 충돌에 의한 힘은 다른 어떤 외력보다 매우 크다고 가정하므로 충격량 근사라 부르는 간단한 모형을 이용한다. 충돌 문제에서 일반적인 목적은 계의 처음 조건에 나중 조건을 연관시키는 것이다.

충돌은 그림 8.7a에서 보는 바와 같이 두 물체 사이의 물리적 접촉의 결과이다. 이것은 보통 관측되는 것으로 두 개의 거시적 물체의 충돌인 당구공의 충돌이나 야구 방망이와 공의 충돌이다.

충돌이라는 개념을 일반화하는 것은 미시적인 규모의 '접촉'에 관한 정의가 미약하기 때문이다. 거시적인 충돌과 미시적인 충돌 사이의 구분을 알아보기 위해서 그림 8.7b와 같이 양성자와 알파 입자(헬륨 원자핵)의 충돌을 생각하자. 두 입자는 양으로

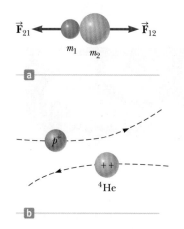

그림 8.7 (a) 직접 접촉에 의한 두 물체의 충돌 (b) 직접 접촉하지 않은 대전 입자 사이의 '충돌'

대전됐으므로 서로 밀어낸다. 충돌이 일어나지만 충돌 입자들은 결코 '접촉'하지는 않는다.

질량이 m_1과 m_2인 두 입자가 충돌할 때 그림 8.4에서 보는 바와 같이 충돌힘은 시간에 따라 복잡하게 변한다. 이 결과 이 상황을 뉴턴의 제2법칙으로 분석하기는 대단히 복잡하다. 그러나 운동량 개념은 6장과 7장의 에너지 개념과 비슷해서 고립계를 포함한 문제들을 훨씬 쉬운 방법으로 해결하게 한다.

식 8.5에 의하면 고립계의 운동량은 충돌과 같은 상호 작용하는 경우에 보존된다. 그러나 계의 운동 에너지는 일반적으로 충돌에서 보존되지 **않는다**. 계의 운동 에너지가 보존되지 않는 것(운동량은 보존되지만)을 **비탄성 충돌**(inelastic collision)이라 정의한다. 단단한 표면과 고무공의 충돌은 비탄성 충돌이며, 공의 운동 에너지 일부가 표면과 충돌시 변형되어 내부 에너지로 변환되기 때문이다.

비탄성 충돌의 실제 예로는 녹내장의 진단을 들 수 있는데, 이 병은 안압을 높여서 망막 세포를 손상시켜 시력을 잃게 한다. 이 병을 진단할 때 의료 종사자들은 눈 안의 압력 측정을 위해 **토노미터**(tonometer)라는 장비를 쓴다. 이 장치는 눈의 바깥면에 일순간에 센 바람을 불어넣어 반사되는 공기 펄스의 속력을 측정한다. 정상압에 있으면, 눈은 약간의 스펀지가 되어 비탄성 충돌 후의 저속 펄스가 감지된다. 안압이 증가하면 바깥면이 경직되어 반사 펄스의 속력이 증가된다. 따라서 반사하는 공기다발의 속력을 이용해서 눈 안의 압력을 측정한다.

두 물체가 충돌 후 서로 붙어버리면 처음 운동 에너지가 최대로 변환된다. 이것을 **완전 비탄성 충돌**(perfectly inelastic collision)이라 한다. 예를 들면 두 자동차가 충돌해서 붙어 같은 속력으로 움직이면 완전 비탄성 충돌을 하는 것이다. 운석이 지구와 충돌해서 땅에 묻히는 것은 완전 비탄성 충돌이다.

탄성 충돌(elastic collision)은 계의 운동 에너지가 보존되는(운동량뿐만 아니라) 것으로 정의한다. 거시계에서 실제 충돌은 당구공의 충돌처럼 탄성 충돌이라 해도 단지 근사적이다. 약간의 운동 에너지가 전환되어 역학적 파동인 소리로 되기 때문이다. 당구 게임이 완전 탄성인 경우를 상상해 보자. 득점은 소리 없이 이루어질 것이다. 진짜 완전 탄성 충돌은 원자와 원자 세계 입자에서 일어난다. 탄성 충돌과 완전 비탄성 충돌은 **한정**된 경우에서 볼 수 있다. 수많은 충돌들이 입자 사이에서 일어난다.

이 절의 나머지 부분에서는 일차원 충돌과 두 개의 극한 경우를 다룬다. 이들 두 가지 충돌 유형의 중요한 차이는 모든 경우 계의 운동량이 보존되지만 탄성 충돌만 운동 에너지가 보존된다는 점이다. 일차원 충돌을 해석할 때 2장과 같이 벡터 부호는 없이 속도 방향을 양과 음의 부호로 나타낸다.

> **오류 피하기 | 8.2**
>
> **비탄성 충돌** 일반적으로 비탄성 충돌은 추가적인 정보가 없으면 분석이 어렵다. 이런 정보가 부족하면 방정식보다 미지수가 더 많이 수식에 나타나게 된다.

완전 비탄성 충돌 Perfectly Inelastic Collisions

그림 8.8과 같이 처음 속도가 v_{1i}와 v_{2i}이며, 직선 운동을 하는 질량 m_1과 m_2인 두 물체를 생각하자. 두 물체가 정면 충돌 후 서로 달라붙어 속도 v_f를 가진다면 충돌은 완전 비탄성이다. 충돌 전 두 물체의 고립계의 전체 운동량과 충돌 후 합쳐진 물체의 전

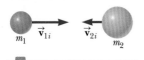

충돌 전, 입자들이 독립적으로 움직인다.

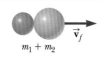

충돌 후, 입자들이 함께 움직인다.

그림 8.8 두 입자 사이의 완전 비탄성 정면 충돌

오류 피하기 | 8.3

충돌에서 운동량과 운동 에너지 고립계의 선운동량은 **모든** 충돌에서 보존된다. 고립계의 운동 에너지는 **탄성 충돌**에서만 보존된다. 운동 에너지는 여러 형태의 에너지로 변하거나 계 밖으로 빠져나갈 수 있지만(즉 충돌 시 계의 에너지는 고립되지 않지만), 선운동량은 한 가지 형태로만 존재하기 때문에 이런 기술이 성립한다.

충돌 전, 입자들이 독립적으로 움직인다.

충돌 후, 입자들이 새로운 속도를 갖고 독립적으로 계속 움직인다.

그림 8.9 두 입자 사이의 탄성 정면 충돌

체 운동량은 같으므로 다음과 같은 식을 얻게 된다.

$$m_1 v_{1i} + m_2 v_{2i} = (m_1 + m_2) v_f \tag{8.15}$$

$$v_f = \frac{m_1 v_{1i} + m_2 v_{2i}}{m_1 + m_2} \tag{8.16}$$

그러므로 두 물체의 처음 속도를 알면, 이를 이용해서 나중 속도를 구할 수 있다.

탄성 충돌 Elastic Collisions

이제 일차원 탄성 정면 충돌하는 두 물체를 생각하자(그림 8.9). 이 충돌에서 운동량과 운동 에너지는 보존되므로, 다음과 같이 쓸 수 있다.[2]

$$m_1 v_{1i} + m_2 v_{2i} = m_1 v_{1f} + m_2 v_{2f} \tag{8.17}$$

$$\frac{1}{2} m_1 v_{1i}^2 + \frac{1}{2} m_2 v_{2i}^2 = \frac{1}{2} m_1 v_{1f}^2 + \frac{1}{2} m_2 v_{2f}^2 \tag{8.18}$$

탄성 충돌을 포함하는 일반적인 문제의 경우, 두 개의 미지수(v_{1f}와 v_{2f})가 있게 되는데, 식 8.17과 8.18을 연립으로 풀면 이들을 구할 수 있다. 식 8.18을 수학적으로 정리하면 이 과정은 간단히 된다. 식 8.18에서 $\frac{1}{2}$을 소거하고 다시 쓰면 다음과 같다.

$$m_1 (v_{1i}^2 - v_{1f}^2) = m_2 (v_{2f}^2 - v_{2i}^2)$$

여기서 m_1을 포함한 항을 식의 한쪽으로, m_2를 포함한 항을 다른 쪽으로 모았다. 그 다음 양변을 인수분해하면 다음과 같다.

$$m_1 (v_{1i} - v_{1f})(v_{1i} + v_{1f}) = m_2 (v_{2f} - v_{2i})(v_{2f} + v_{2i}) \tag{8.19}$$

이제 운동량 보존 식(식 8.17)을 m_1과 m_2를 포함하는 항으로 분리하면 다음을 얻는다.

$$m_1 (v_{1i} - v_{1f}) = m_2 (v_{2f} - v_{2i}) \tag{8.20}$$

식 8.19를 식 8.20으로 나누어 마지막 결과를 구한다.

$$v_{1i} + v_{1f} = v_{2f} + v_{2i}$$

그런 다음 식의 양편에 처음값과 나중값을 모은다.

$$v_{1i} - v_{2i} = -(v_{1f} - v_{2f}) \tag{8.21}$$

이 식은 운동량 보존 조건인 식 8.17을 이용한 것이며, 두 물체 간의 일차원 탄성 충돌을 다루는 문제를 풀 수 있다. 식 8.21에 따르면, 충돌 전 두 물체의 상대 속도[3]

---

[2] 계의 운동 에너지는 두 입자의 운동 에너지의 합임을 주목하자. 낙하하는 물체와 지구를 포함하는 7장의 에너지 보존에 관한 예제에서 지구의 운동 에너지는 대단히 작아서 무시했다. 그러므로 **계**의 운동 에너지는 낙하 **물체**의 운동 에너지와 같다. 이것은 특별한 경우로서 물체 중 하나의 질량(지구)이 대단히 커서 그 운동 에너지는 오차 범위에서 무시되는 것이다. 그러나 30장과 31장에서 보게 되는 문제들과 붕괴하는 입자에서는 계의 **모든** 입자들의 운동 에너지를 포함시켜야 한다.

[3] 3.6절 상대 속도를 복습한다.

$v_{1i} - v_{2i}$는 충돌 후 상대 속도의 음의 값 $-(v_{1f} - v_{2f})$와 같다. 즉 충돌 후 상대 속력은 변하지 않는다.

두 물체의 질량과 처음 속도를 모두 알고 있다고 하자. 그러면 두 개의 미지수가 있기 때문에, 식 8.17과 8.21을 이용하면 충돌 후의 속도들을 충돌 전의 속도들로 구할 수 있다.

$$v_{1f} = \left(\frac{m_1 - m_2}{m_1 + m_2}\right)v_{1i} + \left(\frac{2m_2}{m_1 + m_2}\right)v_{2i} \qquad \textbf{8.22}$$

$$v_{2f} = \left(\frac{2m_1}{m_1 + m_2}\right)v_{1i} + \left(\frac{m_2 - m_1}{m_1 + m_2}\right)v_{2i} \qquad \textbf{8.23}$$

식 8.22와 8.23에서 속도 v_{1i}와 v_{2i}의 값에 올바른 부호를 사용하는 것이 중요하다. 예를 들면 m_2가 처음에 왼쪽으로 운동하면 그림 8.9a에서 v_2는 음이다.

몇 가지 특별한 경우를 생각해 보자. 만일 $m_1 = m_2$이면, 식 8.22와 8.23에 의해 $v_{1f} = v_{2i}$이고 $v_{2f} = v_{1i}$이다. 즉 같은 질량인 경우 물체들의 속도가 서로 바뀐다. 이 현상은 당구공이 회전 없이 정면 충돌할 때 보이는 것과 비슷하다. 처음에 움직이던 당구공은 정지하고, 정지해 있던 당구공은 움직이던 당구공과 거의 같은 속력으로 충돌 위치에서 멀어진다.

만일 m_2가 처음에 정지해 있다면, $v_{2i} = 0$이고 식 8.22와 8.23은 다음과 같이 된다.

$$v_{1f} = \left(\frac{m_1 - m_2}{m_1 + m_2}\right)v_{1i} \qquad \textbf{8.24}$$

$$v_{2f} = \left(\frac{2m_1}{m_1 + m_2}\right)v_{1i} \qquad \textbf{8.25}$$

▶ 일차원 탄성 충돌: 입자 2는 처음에 정지 상태

m_1이 m_2에 비해 매우 크면 식 8.24와 8.25로부터 $v_{1f} \approx v_{1i}$와 $v_{2f} \approx 2v_{1i}$이다. 즉 매우 무거운 물체가 처음에 정지해 있는 매우 가벼운 물체와 정면 충돌하면, 충돌 후 무거운 물체는 변함없이 운동을 계속하지만 가벼운 물체는 무거운 물체의 약 두 배 속도로 다시 튕겨 나간다. 예를 들면 우라늄 같은 무거운 원자가 운동해서 수소 같은 가벼운 정지 상태의 원자와 충돌하는 것과 같다.

m_1보다 m_2가 매우 크고, m_2가 처음에 정지해 있으면, 식 8.24와 8.25에서 $v_{1f} \approx -v_{1i}$이고 $v_{2f} \approx 0$이 된다. 즉 아주 가벼운 물체가 처음에 정지해 있는 매우 무거운 물체와 정면 충돌하면, 가벼운 물체의 속도는 반대 방향으로 되고, 무거운 물체는 거의 움직이지 않는다. 예를 들면 구슬이 볼링공을 때릴 때 일어나는 현상과 같다.

▰ **퀴즈 8.4** 탁구공을 정지하고 있는 볼링공을 향해 던진다. 탁구공은 일차원 탄성 충돌 후 같은 선상에서 반대 방향으로 튕겨 나간다. 충돌 후에 볼링공과 비교할 때, 탁구공에 대해 말한 것으로 옳은 것은 어느 것인가? (**a**) 운동량 크기는 더 크고, 운동 에너지는 더 많다. (**b**) 운동량 크기는 더 작고 운동 에너지는 더 많다. (**c**) 운동량 크기는 더 크고, 운동 에너지는 더 적다. (**d**) 운동량 크기는 더 작고, 운동 에너지는 더 적다. (**e**) 운동량 크기와 운동 에너지는 각각 볼링공의 그것들과 같다.

> **오류 피하기 | 8.4**
>
> **일반적인 식에 주목한다** 식 8.21을 유도하는 데 얼마간의 노력을 들였지만 두 물체 사이의 일차원 탄성 충돌이라고 하는 아주 **특별한** 경우에만 적용됨을 기억해야 한다. **일반적** 개념은 고립계에 대한 운동량 보존(그리고 충돌이 탄성적이면 운동 에너지가 보존)이다.

예제 8.5 | 완전 비탄성 충돌에서 운동 에너지

완전 비탄성 충돌에서 처음 운동 에너지 중 최대의 에너지가 다른 형태로 변환된다고 주장한다. 이런 주장을 두 입자 일차원 충돌 문제에서 수학적으로 증명하라.

풀이

개념화 변환되는 운동 에너지가 최대라고 가정하면, 충돌은 완전 비탄성 충돌임을 증명한다.

분류 두 입자계는 고립계이고 또한 충돌은 일차원 충돌로 분류한다.

분석 충돌 후의 나중 운동 에너지를 충돌 전의 처음 운동 에너지의 비율로 나타내는 식을 구한다.

$$f = \frac{K_f}{K_i} = \frac{\frac{1}{2}m_1 v_{1f}^2 + \frac{1}{2}m_2 v_{2f}^2}{\frac{1}{2}m_1 v_{1i}^2 + \frac{1}{2}m_2 v_{2i}^2} = \frac{m_1 v_{1f}^2 + m_2 v_{2f}^2}{m_1 v_{1i}^2 + m_2 v_{2i}^2}$$

에너지 모두가 다른 형태로 변환된다는 것은 위 식에서 f가 **최소**가 되는 것에 해당한다. 주어진 처음 조건에 대해, 나중 속도 v_{1f}와 v_{2f}가 변수임을 생각한다. v_{1f}에 대한 f의 도함수를 구해서 그 결과를 영으로 놓는다.

$$\frac{df}{dv_{1f}} = \frac{d}{dv_{1f}}\left(\frac{m_1 v_{1f}^2 + m_2 v_{2f}^2}{m_1 v_{1i}^2 + m_2 v_{2i}^2}\right)$$

$$= \frac{2m_1 v_{1f} + 2m_2 v_{2f}\dfrac{dv_{2f}}{dv_{1f}}}{m_1 v_{1i}^2 + m_2 v_{2i}^2} = 0$$

$$\rightarrow (1) \qquad m_1 v_{1f} + m_2 v_{2f}\frac{dv_{2f}}{dv_{1f}} = 0$$

식 (1)에 있는 도함수의 값을 구하기 위해 운동량 보존의 조건을 이용한다. 식 8.17을 v_{1f}에 대해 미분하면 다음과 같다.

$$\frac{d}{dv_{1f}}(m_1 v_{1i} + m_2 v_{2i}) = \frac{d}{dv_{1f}}(m_1 v_{1f} + m_2 v_{2f})$$

$$\rightarrow \quad 0 = m_1 + m_2 \frac{dv_{2f}}{dv_{1f}} \rightarrow \frac{dv_{2f}}{dv_{1f}} = -\frac{m_1}{m_2}$$

위 식에서 구한 도함수에 대한 식을 (1)에 대입한다.

$$m_1 v_{1f} - m_2 v_{2f}\frac{m_1}{m_2} = 0 \rightarrow v_{1f} = v_{2f}$$

결론 충돌 후 입자들의 속도가 같으면, 입자들은 서로 붙은 상태가 되는 것이므로 완전 비탄성 충돌이 된다. 따라서 운동 에너지 중 최대의 에너지가 다른 형태로 변환되는 경우는 완전 비탄성 충돌이다.

예제 8.6 | 자동차 충돌 사고

신호등 앞에 정지해 있던 질량 1 800 kg인 대형차를 뒤에서 질량 900 kg인 차가 들이받았다. 두 자동차는 엉겨붙어서 처음 움직이던 자동차와 같은 방향으로 움직였다. 만일 소형차가 충돌 전에 20.0 m/s로 움직였다면, 충돌 후에 엉겨붙은 자동차들의 속도를 구하라.

풀이

개념화 이 충돌은 쉽게 그려진다. 충돌 후에 두 자동차는 처음 움직이던 자동차와 같은 방향으로 움직이는 것을 예상할 수 있다. 처음 움직이던 자동차는 정지하고 있던 자동차의 질량의 절반이므로, 두 자동차의 나중 속력은 상대적으로 작다고 예상한다.

분류 두 자동차로 이루어진 계를 수평 방향에서 운동량은 고립된 것으로 하고 짧은 충돌 시간 동안 충격량 근사를 적용한다. 엉겨붙었으므로 충돌은 완전 비탄성으로 분류한다.

분석 대형차는 처음에 정지했으므로 충돌 전 계의 전체 운동량의 크기는 소형차의 운동량 크기와 같다.

계의 처음 운동량을 나중 운동량과 같다고 놓는다.

$$p_i = p_f \rightarrow m_1 v_i = (m_1 + m_2)v_f$$

v_f에 대해 풀고 주어진 값들을 대입한다.

$$v_f = \frac{m_1 v_i}{m_1 + m_2} = \frac{(900\ \text{kg})(20.0\ \text{m/s})}{900\ \text{kg} + 1\,800\ \text{kg}} = \boxed{6.67\ \text{m/s}}$$

결론 나중 속도는 양(+)이므로, 예상대로 붙은 두 자동차의 나중 속도의 방향은 처음 움직이던 자동차의 방향과 같다. 붙은 두 자동차의 속력은 움직이던 차의 처음 속력보다 훨씬 작다.

문제 자동차의 질량을 반대로 가정하자. 정지 상태의 900 kg 자동차를 움직이는 1 800 kg 자동차가 들이받았다면 나중 속력은 앞의 것과 같은가?

답 만일 처음 움직이던 자동차가 질량이 더 큰 자동차라면, 직관적으로 엉겨붙은 자동차의 나중 속력은 6.67 m/s보다 크다고 추측할 수 있다. 수학적으로 처음에 움직이던 자동차가 질량이 더 크다면 계는 더 큰 운동량을 갖기 때문이다. 새

로운 나중 속도를 계산하면 다음과 같다.

$$v_f = \frac{m_1 v_i}{m_1 + m_2} = \frac{(1\,800\,\text{kg})(20.0\,\text{m/s})}{1\,800\,\text{kg} + 900\,\text{kg}} = 13.3\,\text{m/s}$$

이것은 앞에서 구한 나중 속력보다 두 배 정도 크다.

예제 8.7 │ 충돌에 의한 중성자 감속

원자로에서 $^{235}_{92}\text{U}$ 원자들이 **핵분열** 과정을 거쳐 중성자가 생성된다. 약 10^7 m/s의 속력으로 움직이는 중성자들은 다른 분열에 가담하기 전에 10^3 m/s 정도의 속력으로 감속되어야만 한다. 이런 중성자를 감속시키는 방법은 **감속재**라고 하는 고체나 액체로 된 재료 속으로 통과시키는 것이다. 이런 감속 과정은 탄성 충돌을 거친다. 중수소(중수, 즉 D_2O에 있는)와 같은 가벼운 핵을 포함하는 감속재와 탄성 충돌을 하게 되면 중성자가 운동 에너지의 대부분을 잃게 됨을 증명하라.

풀이

개념화 한 개의 중성자가 감속재 재료를 통과하면서 반복적으로 핵과 충돌한다고 생각해 보자. 충돌을 할 때마다 중성자의 운동 에너지는 감소될 것이고 결국에는 원하는 속력인 10^3 m/s로 감속될 것이다.

분류 중성자와 감속재 속의 핵을 고립계로 보고 고립계 모형에 대한 운동량 관련 식을 사용한다. 처음에 정지해 있는 질량이 m_m인 감속재 핵과 질량이 m_n이고 처음 속력이 v_{ni}인 중성자가 정면 충돌을 한다고 가정하자. 탄성 충돌이므로 이 계의 운동량과 에너지는 보존된다. 따라서 식 8.24와 8.25를 이두 입자의 일차원 충돌에 적용할 수 있다.

분석 중성자의 처음 운동 에너지에 대한 식을 쓴다.

$$K_{ni} = \frac{1}{2} m_n v_{ni}^2$$

식 8.24를 이용해서 중성자의 나중 운동 에너지에 대한 식을 구한다.

$$K_{nf} = \frac{1}{2} m_n v_{nf}^2 = \frac{1}{2} m_n \left(\frac{m_n - m_m}{m_n + m_m} \right)^2 v_{ni}^2$$

처음 운동 에너지에 대한 충돌 후에 중성자가 가지는 나중 운동 에너지의 비를 구한다.

$$(1)\quad f_n = \frac{K_{nf}}{K_{ni}} = \frac{\frac{1}{2} m_n \left(\dfrac{m_n - m_m}{m_n + m_m} \right)^2 v_{ni}^2}{\frac{1}{2} m_n v_{ni}^2} = \left(\frac{m_n - m_m}{m_n + m_m} \right)^2$$

식 8.25를 이용해서 충돌 후 감속재 핵이 가지는 운동 에너지에 대한 식을 구한다.

$$(2)\quad K_{mf} = \frac{1}{2} m_m v_{mf}^2 = \frac{2 m_n^2 m_m}{(m_n + m_m)^2} v_{ni}^2$$

식 (2)를 이용해서 감속재 핵에 전달된 전체 운동 에너지에 대한 식을 구한다.

$$(3)\quad f_{trans} = \frac{K_{mf}}{K_{ni}} = \frac{\dfrac{2 m_n^2 m_m}{(m_n + m_m)^2} v_{ni}^2}{\frac{1}{2} m_n v_{ni}^2} = \frac{4 m_n m_m}{(m_n + m_m)^2}$$

결론 $m_m \approx m_n$이면, $f_{trans} \approx 1 = 100\,\%$임을 알 수 있다. 계의 운동 에너지가 보존되므로 $f_n + f_m = 1$이라는 조건, 즉 $f_m = 1 - f_n$을 이용하면 식 (1)로부터 (3)을 얻을 수도 있다.

$\text{D}_2\text{O}(m_m = 2 m_n)$에 있는 중수소 핵이 중성자와 충돌하는 경우, $f_n = 1/9$이고, $f_{trans} = 8/9$이다. 즉 중성자 에너지의 89 %가 중수소 핵으로 전달된다. 실제로는 정면 충돌이 잘 일어나지 않기 때문에 감속재의 효율은 더 낮다.

예제 8.8 │ 용수철이 개입된 두 물체의 충돌

마찰이 없는 수평면에서 오른쪽으로 4.00 m/s의 속력으로 움직이는 질량 $m_1 = 1.60$ kg인 물체 1이 왼쪽으로 2.50 m/s의 속력으로 움직이는 용수철이 달린 질량 $m_2 = 2.10$ kg인 물체 2와 충돌한다(그림 8.10a). 용수철 상수는 600 N/m이다.

(A) 충돌 후 두 물체의 속도를 구하라.

풀이

개념화 그림 8.10a를 잘 살펴보면, 충돌이 일어나는 과정을 머릿속에 그릴 수 있다. 그림 8.10b는 충돌 중 용수철이 압축되어 있는 순간을 나타내고 있다. 결국, 물체 1과 용수철은 다시 분리되고 그 계는 다시 그림 8.10a처럼 되돌아가지만 두 물체의 속도 벡터는 달라진다.

분류 용수철 힘이 보존력이기 때문에 두 물체와 용수철로 된 계의 운동 에너지는 용수철이 압축되는 동안 내부 에너지로 전환되지 않는다. 물체가 용수철과 부딪칠 때 일어나는 소리 등을 무시한다면, 이 충돌 문제를 탄성 충돌로 분류할 수 있고 이 계는 에너지와 운동량 모두에 대해 고립된 계로 볼 수 있다.

분석 계의 운동량이 보존되기 때문에 식 8.17을 적용한다.

$$(1) \qquad m_1 v_{1i} + m_2 v_{2i} = m_1 v_{1f} + m_2 v_{2f}$$

충돌이 탄성 충돌이므로 식 8.21을 적용한다.

$$(2) \qquad v_{1i} - v_{2i} = -(v_{1f} - v_{2f})$$

식 (2)에 m_1을 곱한다.

$$(3) \qquad m_1 v_{1i} - m_1 v_{2i} = -m_1 v_{1f} + m_1 v_{2f}$$

식 (1)과 (3)을 더한다.

$$2m_1 v_{1i} + (m_2 - m_1)v_{2i} = (m_1 + m_2)v_{2f}$$

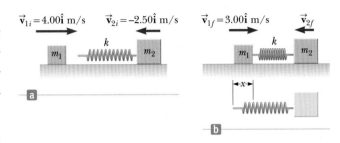

그림 8.10 (예제 8.8) 물체가 용수철이 달려 있는 다른 움직이는 물체와 충돌한다.

v_{2f}에 대해 푼다.

$$v_{2f} = \frac{2m_1 v_{1i} + (m_2 - m_1)v_{2i}}{m_1 + m_2}$$

주어진 값들을 대입한다.

$$v_{2f} = \frac{2(1.60\text{ kg})(4.00\text{ m/s}) + (2.10\text{ kg} - 1.60\text{ kg})(-2.50\text{ m/s})}{1.60\text{ kg} + 2.10\text{ kg}}$$

$$= 3.12\text{ m/s}$$

식 (2)를 풀어서 v_{1f}를 구한 다음, 값들을 대입한다.

$$v_{1f} = v_{2f} - v_{1i} + v_{2i}$$

$$= 3.12\text{ m/s} - 4.00\text{ m/s} + (-2.50\text{ m/s})$$

$$= -3.38\text{ m/s}$$

(B) 충돌 도중 물체 1이 그림 8.10b에서와 같이 오른쪽으로 속도 +3.00 m/s로 움직이는 순간 물체 2의 속도를 구하라.

풀이

개념화 이번에는 그림 8.10b를 잘 살펴보자. 이 그림은 고려하고 있는 순간의 계의 나중 배열을 나타내고 있다.

분류 두 물체와 용수철로 된 계의 운동량과 역학적 에너지가 충돌 **동안**에 보존된다. 그러나 운동 에너지가 보존되지는 않으므로 상대 속력은 변한다. 물체 1이 +3.00 m/s의 속도일 때를 나중 순간으로 정하자.

분석 식 8.17을 적용한다.

$$m_1 v_{1i} + m_1 v_{2i} = m_1 v_{1f} + m_1 v_{2f}$$

v_{2f}에 대해 푼다.

$$v_{2f} = \frac{m_1 v_{1i} + m_2 v_{2i} - m_1 v_{1f}}{m_2}$$

주어진 값들을 대입한다.

$$v_{2f} = \frac{(1.60\text{ kg})(4.00\text{ m/s}) + (2.10\text{ kg})(-2.50\text{ m/s}) - (1.60\text{ kg})(3.00\text{ m/s})}{2.10\text{ kg}}$$

$$= -1.74\text{ m/s}$$

결론 v_{2f}가 음으로 나오는 것은 고려하고 있는 순간에 물체 2가 왼쪽으로 움직이고 있다는 뜻이다.

(C) 그 순간 용수철이 압축된 거리를 구하라.

풀이

개념화 다시 한 번 그림 8.10b에 있는 계의 배열에 대해 고려하자.

분류 용수철과 두 물체 계에 대해 마찰력이나 다른 비보존력이 그 계 안에 없다. 따라서 계를 비보존력이 작용하지 않아서 에너지가 고립된 계로 분류할 수 있다. 이 계는 운동량에 관해서도 여전히 고립된 계이다.

분석 물체 1이 용수철에 닿기 직전의 상황을 계의 처음 상태로 보고 물체 1이 오른쪽으로 3.00 m/s의 속도로 움직이는 순간을 나중 상태로 정한다.

계에 대해 역학적 에너지의 보존을 사용한다.

$$K_i + U_i = K_f + U_f$$

계에 있는 두 물체는 운동 에너지를 갖고 있고, 위치 에너지는 탄성 위치 에너지임을 고려해서 에너지를 계산한다.

$$\frac{1}{2} m_1 v_{1i}^2 + \frac{1}{2} m_2 v_{2i}^2 + 0 = \frac{1}{2} m_1 v_{1f}^2 + \frac{1}{2} m_2 v_{2f}^2 + \frac{1}{2} kx^2$$

알고 있는 값과 (B)의 결과를 대입한다.

$$\frac{1}{2}(1.60 \text{ kg})(4.00 \text{ m/s})^2 + \frac{1}{2}(2.10 \text{ kg})(2.50 \text{ m/s})^2 + 0$$

$$= \frac{1}{2}(1.60 \text{ kg})(3.00 \text{ m/s})^2 + \frac{1}{2}(2.10 \text{ kg})(1.74 \text{ m/s})^2$$

$$+ \frac{1}{2}(600 \text{ N/m})x^2$$

x에 대해 푼다.

$$x = \boxed{0.173 \text{ m}}$$

결론 이 답은 용수철이 압축될 수 있는 최대 거리는 아니다. 왜냐하면 두 물체는 그림 8.10b에서와 같은 순간에도 서로를 향해 움직이고 있기 때문이다. 용수철이 압축되는 최대 길이를 구할 수 있는가?

8.5 | 이차원 충돌 Collisions in Two Dimensions

8.1절에서 계가 고립되어 있을 때(예를 들어 계에 작용하는 외력이 없을 때) 계의 전체 운동량이 보존되는 것을 봤다. 삼차원 공간에서 두 입자의 충돌에 대한 운동량 보존의 원리는 각 방향에서 전체 운동량이 보존되는 것을 의미한다. 충돌들 중 평면에서 일어나는 충돌도 흔하고 중요하다. 우리의 관심을 평면에서 일어나는 두 물체 사이의 단 한 번의 이차원 충돌로 제한하자. 이런 충돌에 대해 운동량 보존에 관한 두 성분의 식을 얻는다.

$$m_1 v_{1ix} + m_2 v_{2ix} = m_1 v_{1fx} + m_2 v_{2fx}$$

$$m_1 v_{1iy} + m_2 v_{2iy} = m_1 v_{1fy} + m_2 v_{2fy}$$

이들 일반식에는 세 종류의 아래 첨자가 있는데, (1) 물체 표시, (2) 처음과 나중값, (3) x, y방향의 속도 성분이다.

그림 8.11과 같이 질량 m_1인 물체가 처음에 정지해 있는 물체 m_2와 충돌하는 이차원 문제를 생각하자. 충돌 후 m_1은 수평에 대해 각도 θ의 방향으로 움직이고, m_2는 수평에 대해 각도 ϕ의 방향으로 움직인다. 이런 충돌을 **스침 충돌**이라 한다. 성분별로 운동량 보존의 법칙을 적용하고, 계의 운동량의 처음 y 성분을 영으로 놓으면 다음과 같다.

$$x \text{ 성분:} \quad m_1 v_{1i} + 0 = m_1 v_{1f} \cos\theta + m_2 v_{2f} \cos\phi \qquad \textbf{8.26}$$

$$y \text{ 성분:} \quad 0 + 0 = m_1 v_{1f} \sin\theta - m_2 v_{2f} \sin\phi \qquad \textbf{8.27}$$

충돌이 탄성 충돌이면 운동 에너지의 보존에 관한 세 번째 식을 다음과 같이 쓸 수 있다.

$$\frac{1}{2} m_1 v_{1i}^2 = \frac{1}{2} m_1 v_{1f}^2 + \frac{1}{2} m_2 v_{2f}^2 \qquad \textbf{8.28}$$

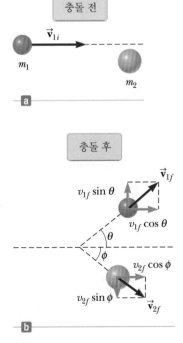

그림 8.11 두 입자 사이 스침 충돌

처음 속도 v_{1i}와 질량들을 알면 네 개의 미지수 $(v_{1f}, v_{2f}, \theta, \phi)$가 남는다. 그런데 보존 원리가 주는 식이 세 개뿐이므로, 네 개 중 남은 한 개는 충돌 후 측정값으로 주어져야 한다.

충돌이 비탄성 충돌이면 운동 에너지는 보존되지 않으며 식 8.28은 사용할 수 없다.

▶ 예제 8.9 | 양성자-양성자 충돌

어떤 양성자가 정지해 있는 다른 양성자와 탄성 충돌을 한다. 입사 양성자는 처음 속력이 3.50×10^5 m/s이고 그림 8.11에서처럼 표적 양성자와 스침 충돌을 한다. (아주 가까이 접근했을 때, 양성자들은 서로 간에 정전기적인 척력을 작용한다.) 충돌 후, 입사 양성자는 원래 운동 방향에서 37.0°만큼 빗겨나가고, 표적 양성자는 입사축에 대해 아래로 각도 ϕ만큼 휘어져 나간다. 두 양성자의 나중 속력과 각도 ϕ를 구하라.

풀이

개념화 이 충돌의 상황은 그림 8.11에 나와 있는 것과 같으며, 그림을 보면 이 계의 상황을 이해하는 데 도움이 될 것이다. 여기서는 처음에 입사하는 양성자의 속도 벡터의 방향을 x축으로 정한다.

분류 두 양성자는 고립계를 형성한다. 계의 운동량과 에너지는 이 스침 탄성 충돌에서도 보존된다.

분석 이차원 탄성 충돌에 대한 운동량과 에너지 모두에 고립계 모형을 이용해서 식 8.26에서 8.28까지의 식을 적용한다.

$$(1) \qquad v_{1f} \cos\theta + v_{2f} \cos\phi = v_{1i}$$

$$(2) \qquad v_{1f} \sin\theta - v_{2f} \sin\phi = 0$$

$$(3) \qquad v_{1f}^2 + v_{2f}^2 = v_{1i}^2$$

식 (1)과 (2)를 다시 정리한다.

$$v_{2f} \cos\phi = v_{1i} - v_{1f} \cos\theta$$
$$v_{2f} \sin\phi = v_{1f} \sin\theta$$

두 식의 양변을 각각 제곱하고 서로 더한다.

$$v_{2f}^2 \cos^2\phi + v_{2f}^2 \sin^2\phi$$
$$= v_{1i}^2 - 2v_{1i} v_{1f} \cos\theta + v_{1f}^2 \cos^2\theta + v_{1f}^2 \sin^2\theta$$

사인 제곱과 코사인 제곱의 합은 1임을 적용한다.

$$(4) \qquad v_{2f}^2 = v_{1i}^2 - 2v_{1i} v_{1f} \cos\theta + v_{1f}^2$$

식 (4)를 (3)에 대입한다.

$$v_{1f}^2 + (v_{1i}^2 - 2v_{1i} v_{1f} \cos\theta + v_{1f}^2) = v_{1i}^2$$

$$(5) \qquad v_{1f}^2 - v_{1i} v_{1f} \cos\theta = 0$$

식 (5)의 해 중 하나는 $v_{1f} = 0$이다. 이는 정면 충돌에 해당하는 것으로서 일차원에서 입사 입자가 정지하고 표적 양성자가 입사 입자의 처음 속력과 같은 속력 같은 방향으로 운동하는 것을 나타낸다. 따라서 이 해는 여기서 원하는 해가 아니다.

식 (5)의 양변을 v_{1f}로 나누고 v_{1f}에 대해 푼다.

$$v_{1f} = v_{1i} \cos\theta = (3.50 \times 10^5 \text{ m/s}) \cos 37.0°$$

$$= \boxed{2.80 \times 10^5 \text{ m/s}}$$

식 (3)을 이용해서 v_{2f}를 구한다.

$$v_{2f} = \sqrt{v_{1i}^2 - v_{1f}^2}$$
$$= \sqrt{(3.50 \times 10^5 \text{ m/s})^2 - (2.80 \times 10^5 \text{ m/s})^2}$$
$$= \boxed{2.11 \times 10^5 \text{ m/s}}$$

식 (2)를 이용해서 ϕ를 구한다.

$$(2) \qquad \phi = \sin^{-1}\left(\frac{v_{1f} \sin\theta}{v_{2f}}\right)$$
$$= \sin^{-1}\left[\frac{(2.80 \times 10^5 \text{ m/s}) \sin 37.0°}{(2.11 \times 10^5 \text{ m/s})}\right]$$
$$= \boxed{53.0°}$$

결론 $\theta + \phi = 90°$가 되는 것은 매우 재미있는 일이다. 이 결과는 우연한 것이 아니다. 질량이 같은 두 물체 중 하나가 정지해 있는 상태에서 스침 탄성 충돌을 하면 충돌 후 나중 속도 벡터들은 서로 직각을 이룬다.

그림 8.12에서와 같이 1 500 kg인 승용차가 25.0 m/s의 속력으로 동쪽으로 달리다가 북쪽으로 20.0m/s의 속력으로 달리는 2 500 kg인 트럭과 교차로에서 충돌했다. 충돌 후 두 자동차의 속도의 크기와 방향을 구하라. 두 자동차는 충돌 후에 서로 붙어 있다고 가정한다.

풀이

개념화 그림 8.12는 충돌 전, 후에 대한 상황을 개념화하는 것을 도와준다. 동쪽을 +x축 방향, 북쪽을 +y축 방향으로 선택한다.

분류 시간 간격을 정의할 때 충돌 직전과 충돌 직후의 순간들을 고려하기 때문에, 마찰력이 자동차 바퀴에 작용하는 작은 효과는 무시한다. 그리고 두 자동차는 운동량 고립계로 간주한다. 역시 자동차의 크기는 무시하고 자동차를 입자로 간주한다. 두 자동차가 충돌 후에 함께 붙어 있으므로 완전 비탄성 충돌이다.

분석 충돌 전에 x 방향의 운동량을 가지는 유일한 물체는 승용차이다. 그러므로 x 방향에서 계(승용차와 트럭)의 전체 처음 운동량의 크기는 단지 승용차의 운동량이다. 마찬가지로 y 방향에서 계의 전체 처음 운동량은 트럭의 운동량이다.

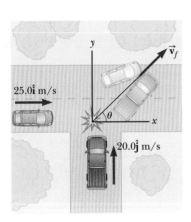

25.0î m/s

20.0ĵ m/s

그림 8.12 (예제 8.10) 동쪽을 향하는 승용차와 북쪽을 향하는 트럭이 충돌하고 있다.

충돌 후 잔해물이 x축에 대해 각도 θ와 속력 v_f로 움직인다고 가정하자.

x 방향의 처음과 나중 운동량을 같게 놓는다.

$$\sum p_{xi} = \sum p_{xf} \rightarrow \quad (1)\ m_1 v_{1i} = (m_1 + m_2) v_f \cos\theta$$

y 방향의 처음과 나중 운동량을 같게 놓는다.

$$\sum p_{yi} = \sum p_{yf} \rightarrow \quad (2)\ m_2 v_{2i} = (m_1 + m_2) v_f \sin\theta$$

식 (2)를 식 (1)로 나눈다.

$$\frac{m_2 v_{2i}}{m_1 v_{1i}} = \frac{\sin\theta}{\cos\theta} = \tan\theta$$

θ에 대해 풀고 주어진 값들을 대입한다.

$$\theta = \tan^{-1}\left(\frac{m_2 v_{2i}}{m_1 v_{1i}}\right) = \tan^{-1}\left[\frac{(2\ 500\ \text{kg})(20.0\ \text{m/s})}{(1\ 500\ \text{kg})(25.0\ \text{m/s})}\right]$$

$$= \boxed{53.1°}$$

v_f 값을 구하기 위해 식 (2)를 사용하고 주어진 값들을 대입한다.

$$v_f = \frac{m_2 v_{2i}}{(m_1 + m_2)\sin\theta} = \frac{(2\ 500\ \text{kg})(20.0\ \text{m/s})}{(1\ 500\ \text{kg} + 2\ 500\ \text{kg})\sin 53.1°}$$

$$= \boxed{15.6\ \text{m/s}}$$

결론 각도 θ는 그림 8.12와 정성적으로 일치한다는 것에 주목하자. 역시 결합된 자동차의 나중 속력이 두 자동차의 처음 속력보다 작다는 것에 주목하자. 이 결과는 비탄성 충돌로 인하여 계의 운동 에너지가 감소한다는 것과 일치한다. 충돌 전의 각 자동차의 운동량 벡터와 충돌 후의 결합된 두 자동차의 운동량 벡터를 그려보면 이해하는 데 도움이 될 것이다.

8.6 | 질량 중심 The Center of Mass

이 절에서는 계의 **질량 중심**(center of mass)이라는 매우 특별한 점으로 입자계의 전반적인 운동을 기술한다. 이런 관점은 입자 모형에 대한 확신을 주는데, 왜냐하면 계의 모든 질량이 이 점에 모여 있고 모든 외력이 이곳에 작용하는 것처럼 질량 중심

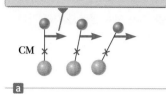

힘이 질량 중심 위에 작용하면 계는 시계 방향으로 회전하게 된다.

CM

a

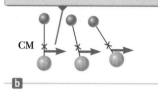

힘이 질량 중심 아래에 작용하면 계는 반시계 방향으로 회전하게 된다.

CM

b

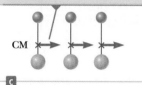

힘이 질량 중심에 작용하면 계는 회전하지 않고 힘의 방향으로 움직인다.

CM

c

그림 8.13 질량이 다른 두 입자가 가볍고 단단한 막대로 연결되어 있는 계에 힘을 작용한다.

이 가속되는 것을 보게 되기 때문이다.

가벼운 강체 막대로 연결된 한 쌍의 입자를 생각하자(그림 8.13). 그림과 같이 질량 중심은 막대 위에 있고, 큰 질량 쪽으로 가까이 있는데 그 이유는 다음과 같다. 어떤 힘이 질량 중심이 있는 막대의 한 점에 작용하면 공간에 전달되듯이(그림 8.13a) 계는 시계 방향으로 회전한다. 힘이 정확하게 질량 중심에 작용하면, 계는 한 입자처럼(그림 8.13c) 회전 없이 $\vec{\mathbf{F}}$의 방향으로 운동한다. 그러므로 이론에서의 질량 중심은 실험과 맞게 위치한다.

그림 8.13c의 운동을 분석하면, 계는 모든 질량이 질량 중심에 있는 것처럼 운동하는 것을 알 수 있다. 더욱이 계에 대한 알짜 외력이 $\sum\vec{\mathbf{F}}$이고, 계의 전체 질량이 M이면 질량 중심은 $\vec{\mathbf{a}} = \sum\vec{\mathbf{F}}/M$인 가속도로 운동한다. 즉 계는 마치 전체 외력이 질량 중심에 위치한 질량 M인 하나의 질량에 작용하는 것처럼 운동한다. 따라서 입자 모형은 크기가 있는 물체에도 적합하다. 지금까지 크기가 있는 물체의 회전 효과는 무시했으며, 힘은 회전을 일으키지 않는 곳에 작용한다고 가정했다. 회전 운동에 대해서는 10장에서 배울 예정이다. 이때는 힘이 질량 중심 이외의 곳에 작용한다.

계의 질량 중심 위치는 계의 질량의 **평균 위치**로 기술할 수 있다. 이 경우 질량 중심의 x 좌표는 다음과 같다.

$$x_{\text{CM}} = \frac{m_1 x_1 + m_2 x_2}{m_1 + m_2} \qquad \text{8.29}$$

예를 들면 $x_1 = 0$, $x_2 = d$이고 $m_2 = 2m_1$이면 $x_{\text{CM}} = \frac{2}{3}d$이다. 즉 질량 중심은 질량이 더 큰 입자에 가까이 있다. 두 입자의 질량이 같으면 질량 중심은 입자 사이의 중간에 놓인다.

이런 질량 중심의 개념을 삼차원 다입자계로 확장할 수 있다. n개 입자로 이루어진 질량 중심의 x 좌표는 다음과 같이 정의한다.

$$x_{\text{CM}} \equiv \frac{m_1 x_1 + m_2 x_2 + m_3 x_3 + \cdots + m_n x_n}{m_1 + m_2 + m_3 + \cdots + m_n} = \frac{\sum_i m_i x_i}{\sum_i m_i} = \frac{\sum_i m_i x_i}{M} \qquad \text{8.30}$$

여기서 x_i는 i 번째 입자의 x좌표이며, M은 계의 **전체 질량**이다. 질량 중심의 y와 z 좌표도 다음과 같이 같은 방법으로 정의된다.

$$y_{\text{CM}} \equiv \frac{\sum_i m_i y_i}{M} \qquad \text{그리고} \qquad z_{\text{CM}} \equiv \frac{\sum_i m_i z_i}{M} \qquad \text{8.31}$$

질량 중심은 위치 벡터 $\vec{\mathbf{r}}_{\text{CM}}$으로 나타낼 수 있다. 이 벡터의 직각 좌표는 식 8.30과 8.31에 정의된 $x_{\text{CM}}, y_{\text{CM}}, z_{\text{CM}}$이다. 그러므로

$$\vec{\mathbf{r}}_{\text{CM}} = x_{\text{CM}}\hat{\mathbf{i}} + y_{\text{CM}}\hat{\mathbf{j}} + z_{\text{CM}}\hat{\mathbf{k}} = \frac{\sum_i m_i x_i \hat{\mathbf{i}} + \sum_i m_i y_i \hat{\mathbf{j}} + \sum_i m_i z_i \hat{\mathbf{k}}}{M}$$

$$\boxed{\vec{\mathbf{r}}_{\text{CM}} = \frac{\sum_i m_i \vec{\mathbf{r}}_i}{M}} \qquad \text{8.32}$$

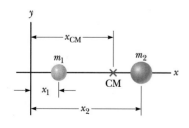

그림 8.14 질량이 다른 두 입자의 질량 중심은 x축의 x_{CM}에 위치한다. 이 점은 두 입자 사이에 있으며, 질량이 큰 입자에 가깝다.

여기서 $\vec{\mathbf{r}}_i$는 i 번째 입자의 위치 벡터이며 다음과 같이 정의한다.

$$\vec{\mathbf{r}}_i \equiv x_i\hat{\mathbf{i}} + y_i\hat{\mathbf{j}} + z_i\hat{\mathbf{k}}$$

식 8.32는 비교적 적은 수로 이루어진 입자들의 질량 중심을 구하는 데 유용하다. 질량이 **연속적으로** 분포하고 있는 크기가 있는 물체의 경우는 어떻게 질량 중심을 구할 수 있는가? 크기가 있는 물체의 질량 중심 위치는 입자계의 질량 중심 위치를 찾는 것보다 더 힘들지만 기본적인 개념은 같다. 크기가 있는 물체는 많은 요소(그림 8.15)로 구성된 계의 모형을 생각할 수 있다. 각 요소는 질량이 Δm_i인 입자이며, 좌표는 x_i, y_i, z_i이다. 입자 간격은 대단히 작아서 연속 질량 분포를 한 물체의 모형으로 아주 적합하다. 물체를 입자들의 x 좌표의 질량 중심으로 기술하며, 이에 따른 물체의 대략적인 질량 중심은 다음과 같다.

$$x_{CM} \approx \frac{\sum_i x_i \Delta m_i}{M}$$

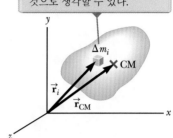

크기가 있는 물체는 작은 질량 요소 Δm_i들이 분포되어 있는 것으로 생각할 수 있다.

그림 8.15 질량 중심은 좌표가 x_{CM}, y_{CM}, z_{CM}인 위치 벡터 $\vec{\mathbf{r}}_{CM}$에 있다.

y_{CM}과 z_{CM}도 같은 형태로 주어진다. 요소의 수를 무한대로 하면(이 결과 요소의 크기와 질량은 영으로 접근한다), 모형은 연속적인 질량 분포와 구분할 수 없게 되고, 이런 극한에서 합을 적분으로 바꾸고 Δm_i을 미분 요소 dm으로 바꾸면 다음과 같이 된다.

$$x_{CM} = \lim_{\Delta m_i \to 0} \frac{\sum_i x_i \Delta m_i}{M} = \frac{1}{M}\int x\, dm \qquad 8.33$$

여기서 적분은 x 방향의 물체 길이에 대한 것이다. 마찬가지로 y_{CM}과 z_{CM}도 다음과 같이 구한다.

$$y_{CM} = \frac{1}{M}\int y\, dm \quad \text{그리고} \quad z_{CM} = \frac{1}{M}\int z\, dm \qquad 8.34$$

크기가 있는 물체의 질량 중심의 위치 벡터는 다음과 같이 표현할 수 있다.

$$\vec{\mathbf{r}}_{CM} = \frac{1}{M}\int \vec{\mathbf{r}}\, dm \qquad 8.35$$

▶ 연속적인 질량 분포의 질량 중심

이것은 식 8.33과 8.34에서의 세 개의 표현과 동일하다.

질량이 균일하고 대칭적인 물체의 예를 들면, 균일한 막대의 질량 중심은 막대 양 끝으로부터 같은 거리인 중간 지점에 있다. 균일한 구나 균일한 정육면체의 질량 중심은 기하학적 중심에 있어야 한다.

계의 질량 중심과 중력 중심은 우리들을 가끔 혼란스럽게 한다. 계의 각 부분에는 중력이 작용한다. 이 모든 힘의 알짜 효과는 **무게 중심**(center of gravity)이라는 특별한 점에 한 개의 힘 $M\vec{\mathbf{g}}$가 작용하는 효과와 같다. 무게 중심은 물체의 모든 부분에 작용하는 중력들의 평균적인 위치이다. $\vec{\mathbf{g}}$가 계의 모든 부분에서 균일하면 무게 중심은 질량 중심과 일치한다. 계에 대한 중력장이 균일하지 않으면 무게 중심과 질량 중심은 다르다. 대부분의 경우 적절한 크기의 물체나 계에서는 두 점이 일치한다고 생각할 수 있다.

렌치를 두 개의 다른 점, 즉 먼저 점 A와 그 다음 점 C에 걸어 자유롭게 매단다.

두 개의 연직선 AB와 CD의 교차점이 질량 중심이다.

그림 8.16 렌치의 질량 중심을 결정하기 위한 실험적 방법

렌치와 같이 모양이 불규칙한 물체의 무게 중심을 실질적으로 구할 수 있는데, 다른 두 곳을 매달아 봄으로써 구할 수 있다(그림 8.16). 이런 크기의 물체는 실제로 물체 전체에 걸쳐 중력장 변화가 없으므로 질량 중심도 이런 방법으로 찾는다. 렌치를 점 A에 걸어 매달아 렌치가 평형 상태일 때 연직선 AB를 긋는다(연직선은 납이 달린 줄을 이용해서 확인할 수 있다). 그 다음에는 점 C에 매달아 두 번째 연직선 CD를 긋는다. 질량 중심은 이 두 선의 교차점과 일치한다. 실제로 렌치가 어느 점에서나 자유롭게 매달리면 이 점을 통과하는 모든 연직선은 질량 중심을 통과할 것이다.

▌ **퀴즈 8.5** 밀도가 균일한 야구 방망이를 그림 8.17과 같이 질량 중심의 위치에서 잘랐다. 어떤 조각의 질량이 더 작은가? (**a**) 오른쪽 조각 (**b**) 왼쪽 조각 (**c**) 두 조각의 질량은 같다. (**d**) 결정할 수 없다.

그림 8.17 (퀴즈 8.5) 질량 중심의 위치에서 자른 야구 방망이

▌ **예제 8.11 | 세 입자의 질량 중심**

계는 그림 8.18과 같이 위치하는 세 입자로 이루어져 있다. 계의 질량 중심을 구하라. 입자의 질량은 $m_1 = m_2 = 1.0 \text{ kg}$, $m_3 = 2.0 \text{ kg}$이다.

풀이

개념화 그림 8.18은 세 개의 질량을 보여 준다. 직관적으로 질량 중심은 그림에서 보이는 것과 같이 파란색의 입자와 황갈색 입자 쌍 사이의 어떤 지점에 위치한다고 말할 수 있다.

분류 이 장에서 기술한 질량 중심에 대한 식을 사용할 것이기 때문에 예제를 대입 문제로 분류한다.

질량 중심의 좌표에 대한 정의 식을 이용하고 $z_{CM} = 0$임에 주목하자.

$$x_{CM} = \frac{1}{M} \sum_i m_i x_i = \frac{m_1 x_1 + m_2 x_2 + m_3 x_3}{m_1 + m_2 + m_3}$$

$$= \frac{(1.0 \text{ kg})(1.0 \text{ m}) + (1.0 \text{ kg})(2.0 \text{ m}) + (2.0 \text{ kg})(0)}{1.0 \text{ kg} + 1.0 \text{ kg} + 2.0 \text{ kg}}$$

$$= \frac{3.0 \text{ kg} \cdot \text{m}}{4.0 \text{ kg}} = 0.75 \text{ m}$$

$$y_{CM} = \frac{1}{M} \sum_i m_i y_i = \frac{m_1 y_1 + m_2 y_2 + m_3 y_3}{m_1 + m_2 + m_3}$$

$$= \frac{(1.0 \text{ kg})(0) + (1.0 \text{ kg})(0) + (2.0 \text{ kg})(2.0 \text{ m})}{4.0 \text{ kg}}$$

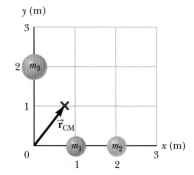

그림 8.18 (예제 8.11) 두 입자는 x축 위에, 그리고 한 입자는 y축 위에 위치한다. 벡터는 계의 질량 중심의 위치를 나타낸다.

$$= \frac{4.0 \text{ kg} \cdot \text{m}}{4.0 \text{ kg}} = 1.0 \text{ m}$$

질량 중심의 위치 벡터를 쓴다.

$$\vec{\mathbf{r}}_{CM} \equiv x_{CM} \hat{\mathbf{i}} + y_{CM} \hat{\mathbf{j}} = \boxed{(0.75 \hat{\mathbf{i}} + 1.0 \hat{\mathbf{j}}) \text{ m}}$$

◤ **예제 8.12 | 막대의 질량 중심**

(A) 질량이 M이고, 길이가 L인 막대의 질량 중심은 양끝 사이의 중간에 있음을 보여라. 단, 막대의 단위 길이당 질량이 균일하다고 가정한다.

풀이

개념화 막대는 그림 8.19와 같이 x축 위에 놓여 있어서 $y_{CM} = z_{CM} = 0$이다.

분류 식 8.33에서 막대를 작은 조각들로 나누어 적분하기 때문에 예제를 분석 문제로 분류한다.

분석 균일한 막대의 단위 길이당 질량(**선질량 밀도**)은 $\lambda = M/L$이다. 만일 막대를 길이가 dx인 조각으로 나눈다면, 각 조각의 질량은 $dm = \lambda dx$이다.

x_{CM}에 대한 표현을 얻기 위해 식 8.33을 사용한다.

$$x_{CM} = \frac{1}{M} \int x\, dm = \frac{1}{M} \int_0^L x\lambda\, dx = \frac{\lambda}{M} \frac{x^2}{2} \Big|_0^L = \frac{\lambda L^2}{2M}$$

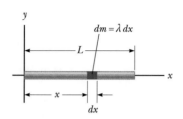

그림 8.19 (예제 8.12) 균일한 막대의 질량 중심을 찾기 위한 기하학적인 표현

$\lambda = M/L$을 대입한다.

$$x_{CM} = \frac{L^2}{2M}\left(\frac{M}{L}\right) = \boxed{\frac{1}{2}L}$$

이 막대의 대칭성을 논의해도 같은 결과를 얻는다.

(B) 만일 막대가 **균일하지 않아서** 단위 길이당 질량이 $\lambda = \alpha x$ (α는 상수)로 변할 때, 질량 중심의 x 좌표를 L값으로 구하라.

풀이

개념화 단위 길이당 질량이 일정하지 않고 x에 비례하기 때문에, 오른쪽에 있는 막대의 조각들은 막대의 왼쪽 끝 가까이 있는 조각들보다 더 무겁다.

분류 이 문제는 선질량 밀도가 일정하지 않은 경우이지만 (A)와 비슷하게 분류한다.

분석 이 경우 식 8.33에서 dm을 λdx로 치환한다. 여기에서 $\lambda = \alpha x$이다.

식 8.33을 이용해서 x_{CM}에 대한 식으로 만든다.

$$x_{CM} = \frac{1}{M} \int x\, dm = \frac{1}{M} \int_0^L x\lambda\, dx = \frac{1}{M} \int_0^L x\, \alpha x\, dx$$

$$= \frac{\alpha}{M} \int_0^L x^2\, dx = \frac{\alpha L^3}{3M}$$

막대의 전체 질량을 구한다.

$$M = \int dm = \int_0^L \lambda\, dx = \int_0^L \alpha x\, dx = \frac{\alpha L^2}{2}$$

M을 x_{CM}에 대한 식에 대입한다.

$$x_{CM} = \frac{\alpha L^3}{3\alpha L^2/2} = \boxed{\frac{2}{3}L}$$

결론 (B)에서의 질량 중심은 (A)에서의 질량 중심보다 더 오른쪽에 치우쳐 있다. 이 결과는 (B)에서 막대의 조각들이 오른쪽 끝에 가까울수록 더 큰 질량을 가지기 때문이다.

◤ **8.7 | 입자계 운동** Motion of a System of Particles

식 8.32로 주어진 위치 벡터 $\vec{r}_{CM}$을 시간에 대해 미분함으로써 질량 중심 개념의 물리적 중요성과 활용도를 이해할 수 있다. M이 일정하다면, 즉 입자들이 계로 들어가거나 나오지 않는다면, 계의 **질량 중심의 속도**(velocity of the center of mass)를 다음과 같이 얻을 수 있다.

▶ 입자계의 질량 중심의 속도

$$\vec{\mathbf{v}}_{CM} = \frac{d\vec{\mathbf{r}}_{CM}}{dt} = \frac{1}{M}\sum_i m_i \frac{d\vec{\mathbf{r}}_i}{dt} = \frac{1}{M}\sum_i m_i \vec{\mathbf{v}}_i \qquad 8.36$$

여기서 $\vec{\mathbf{v}}_i$는 i 번째 입자의 속도이다. 식 8.36을 다시 정리하면 다음과 같이 쓸 수 있다.

$$M\vec{\mathbf{v}}_{CM} = \sum_i m_i \vec{\mathbf{v}}_i = \sum_i \vec{\mathbf{p}}_i = \vec{\mathbf{p}}_{tot} \qquad 8.37$$

이 결과는 계의 전체 운동량은 전체 질량에 질량 중심의 속도를 곱한 것과 같음을 보여 준다. 다시 말해서 계의 전체 운동량은 질량 M인 단일 입자가 속도 $\vec{\mathbf{v}}_{CM}$으로 움직이는 운동량과 같다. 이것이 입자 모형이다.

만일 식 8.36을 시간에 대해 미분하면, 계의 **질량 중심의 가속도**(acceleration of the center of mass)를 구할 수 있다.

▶ 입자계의 질량 중심의 가속도

$$\vec{\mathbf{a}}_{CM} = \frac{d\vec{\mathbf{v}}_{CM}}{dt} = \frac{1}{M}\sum_i m_i \frac{d\vec{\mathbf{v}}_i}{dt} = \frac{1}{M}\sum_i m_i \vec{\mathbf{a}}_i \qquad 8.38$$

이 식을 다시 정리해서 뉴턴의 제2법칙을 이용하면 다음을 얻는다.

$$M\vec{\mathbf{a}}_{CM} = \sum_i m_i \vec{\mathbf{a}}_i = \sum_i \vec{\mathbf{F}}_i \qquad 8.39$$

여기서 $\vec{\mathbf{F}}_i$는 i 번째 입자에 작용하는 힘이다.

계의 어떤 입자에 작용하는 힘은 외력과 내력을 둘 다 포함할 수 있다. 그러나 뉴턴의 제3법칙에 의하면, 입자 1이 입자 2에 작용하는 힘은 입자 2가 입자 1에 작용하는 힘과 크기가 같고 방향이 반대이다. 따라서 식 8.39에 있는 모든 내력을 더할 때, 이들은 쌍으로 서로 상쇄되어 계에 작용하는 알짜힘은 단지 외력에 의한 것 뿐이다. 그러므로 식 8.39는 다음과 같이 쓸 수 있다.

▶ 입자계에 대한 뉴턴의 제2법칙

$$\sum \vec{\mathbf{F}}_{ext} = M\vec{\mathbf{a}}_{CM} = \frac{d\vec{\mathbf{p}}_{tot}}{dt} \qquad 8.40$$

즉 입자계에 작용하는 알짜 외력은 계의 전체 질량에 질량 중심의 가속도 또는 계의 운동량의 시간 변화율을 곱한 것과 같다. 식 8.40과 단일 입자에 대한 뉴턴의 제2법칙과 비교하면, 우리가 여러 장에서 사용한 입자 모형이 질량 중심으로 기술될 수 있음을 알 수 있다.

> 알짜 외력을 받아 운동하는 전체 질량 M인 계의 질량 중심의 궤적은 같은 힘을 받는 질량 M인 입자 한 개의 궤적과 같다.

식 8.40을 유한한 시간 간격에서 적분하자.

$$\int \sum \vec{\mathbf{F}}_{ext}\, dt = \int M\vec{\mathbf{a}}_{CM}\, dt = \int M\frac{d\vec{\mathbf{v}}_{CM}}{dt}\, dt = M\int d\vec{\mathbf{v}}_{CM} = M\Delta\vec{\mathbf{v}}_{CM}$$

이 식은 다음과 같이 쓸 수 있다.

▶ 입자계에 대한 충격량–운동량 정리

$$\boxed{\Delta\vec{\mathbf{p}}_{tot} = \vec{\mathbf{I}}} \qquad 8.41$$

렌치의 질량 중심(흰점)은 직선 운동하며, 렌치는 이 점을 중심으로 회전한다.

흰점 사이의 거리가 감소하는 것에 주목하자.

그림 8.20 수평면에서 운동하는 렌치를 위에서 본 연속 사진. 사진에서 렌치는 왼쪽에서 오른쪽으로 움직이며, 렌치와 표면 사이의 마찰 때문에 운동이 느려진다.

여기서 $\vec{\mathbf{I}}$는 외력이 계에 전달한 충격량이며 $\vec{\mathbf{p}}_{tot}$는 계의 운동량이다. 식 8.41은 입자에 대한 충격량–운동량 정리(식 8.11)를 입자계에 일반화한 것이다. 이는 또한 다입자계에 대한 고립계(운동량) 모형의 수학적인 표현이기도 하다.

외력이 없으면 질량 중심은 그림 8.20에서 보이는 바와 같이 병진 운동과 회전 운동하는 렌치처럼 등속도로 운동한다. 알짜힘이 렌치와 같이 크기가 있는 물체의 질량 중심에 직선을 따라 작용하면 물체는 회전하지 않고 가속된다. 알짜힘이 질량 중심에 작용하지 않으면 물체는 병진 운동에 더해 회전도 한다. 질량 중심의 가속도는 식 8.40으로 나타낸 것과 같은 경우가 된다.

마지막으로 알짜 외력이 영이면, 식 8.40으로부터

$$\frac{d\vec{\mathbf{p}}_{tot}}{dt} = M\vec{\mathbf{a}}_{CM} = 0$$

이 되고, 따라서

$$\vec{\mathbf{p}}_{tot} = M\vec{\mathbf{v}}_{CM} = \text{일정} \qquad (\text{이때 } \sum \vec{\mathbf{F}}_{ext} = 0) \qquad \text{8.42}$$

이다. 즉 입자계에 작용하는 외력이 없으면 입자계의 전체 선운동량은 일정하다. 따라서 **고립된** 입자계에 대해서 전체 운동량은 보존된다. 그러므로 8.1절에서 두 입자계에 관해 유도한 운동량 보존의 법칙은 다입자계로 일반화된다.

> ▶ **생각하는 물리 8.1**
>
> 한 소년이 정지한 보트의 한쪽 끝에서 선창에서 떨어진 보트의 반대편을 향해 걷는다 (그림 8.21). 보트는 움직이는가?
>
> **추론** 그렇다. 보트는 선창을 향해 움직인다. 보트와 물 사이의 마찰을 무시하면 소년과 보트로 구성된 계에 관한 수평력은 작용하지 않는다. 그러므로 계의 질량 중심은 선창(또는 어느 정지된 점)에 대해 고정되어 있다. 소년이 움직여 선창에서 멀어지면 보트는 선창 쪽으로 이동해서 계의 질량 중심은 이 기준점에 대해 고정되도록 한다. ◀

그림 8.21 (생각하는 물리 8.1) 한 소년이 보트 안에서 걷고 있다. 보트에 어떤 일이 일어날까?

> **퀴즈 8.6** 유람선이 물에서 일정한 속력으로 움직이고 있다. 승객들은 다음 목적지에 도착하기를 열망하고 있다. 그래서 그들은 배 앞쪽에 모여서 유람선의 속력을 높이고자 배 뒤쪽을 향해 함께 뛰어가기로 결정했다. **(i)** 그들이 배 뒤쪽으로 뛰어가는 동안 배의 속력은 어떻게 되는가? (a) 전보다 빨라진다. (b) 변화 없다. (c) 전보다 느려진다. (d) 결정할 수 없다. **(ii)** 승객들은 배 뒤쪽에 도착한 후, 달리기를 멈추었다. 그들이 달리기를 멈춘 후에 배의 속력은 어떻게 되는가? (a) 달리기를 시작하기 전보다 높다. (b) 달리기를 시작하기 전과 변화가 없다. (c) 달리기를 시작하기 전보다 느려진다. (d) 결정할 수 없다.

예제 8.13 | 로켓의 폭발

로켓이 연직으로 발사되어 고도 1 000 m, 속력 $v_i = 300$ m/s에 도달했을 때 폭발해서 질량이 같은 세 조각으로 쪼개졌다. 폭발 후 한 조각은 $v_1 = 450$ m/s의 속력으로 위쪽으로 움직이고, 다른 한 조각은 폭발 후 동쪽으로 $v_2 = 240$ m/s의 속력으로 움직인다면, 폭발 직후 세 번째 조각의 속도를 구하라.

풀이

개념화 첫 번째 파편은 위쪽으로 향하고, 두 번째 파편은 동쪽을 향해 수평으로 움직이는 폭발을 상상하자. 세 번째 조각이 움직이는 방향에 관해 드는 직관적인 생각은 무엇인가?

분류 예제는 폭발 후에 두 파편이 수직 방향으로 움직일 뿐만 아니라 세 번째 파편도 다른 두 파편의 속도 벡터에 의해 만들어지는 평면에서 임의의 방향으로 움직이기 때문에 이차원 문제이다. 폭발하는 시간 간격이 매우 짧다고 가정하고, 중력과 공기 저항을 무시하는 충격량 근사를 이용할 수 있다. 폭발의 힘들이 계(로켓)의 내부에 있기 때문에, 계를 운동량에 관해서는 고립계로 모형화한다. 따라서 폭발 직전 로켓의 전체 운동량 $\vec{\mathbf{p}}_i$는 폭발 직후 파편들의 전체 운동량 $\vec{\mathbf{p}}_f$와 같아야 한다.

분석 세 파편의 질량이 같으므로 각 파편의 질량은 $M/3$이다. 여기서 M은 로켓의 전체 질량이다. $\vec{\mathbf{v}}_3$은 세 번째 파편의 모르는 속도를 나타낸다고 하자.

고립계(운동량) 모형을 이용해서, 계의 처음과 나중 운동량을 같다고 놓고 운동량을 질량과 속도로 나타낸다.

$$\vec{\mathbf{p}}_i = \vec{\mathbf{p}}_f \quad \rightarrow \quad M\vec{\mathbf{v}}_i = \frac{M}{3}\vec{\mathbf{v}}_1 + \frac{M}{3}\vec{\mathbf{v}}_2 + \frac{M}{3}\vec{\mathbf{v}}_3$$

$\vec{\mathbf{v}}_3$에 대해 푼다.

$$\vec{\mathbf{v}}_3 = 3\,\vec{\mathbf{v}}_i - \vec{\mathbf{v}}_1 - \vec{\mathbf{v}}_2$$

주어진 값들을 대입한다.

$$\vec{\mathbf{v}}_3 = 3(300\,\hat{\mathbf{j}}\,\text{m/s}) - (450\,\hat{\mathbf{j}}\,\text{m/s}) - (240\,\hat{\mathbf{i}}\,\text{m/s})$$
$$= (-240\,\hat{\mathbf{i}} + 450\,\hat{\mathbf{j}})\,\text{m/s}$$

결론 이 사건은 완전 비탄성 충돌의 역이다. 충돌 전에 한 개의 물체가 충돌 후에 세 개의 물체가 됐다. 이 사건이 일어나는 영상을 거꾸로 돌린다고 상상하자. 세 개의 물체가 합쳐져서 한 개의 물체가 된다. 완전 비탄성 충돌에서 계의 운동 에너지는 감소한다. 만일 이 예제에서 사건 전후에 운동 에너지를 계산한다면 계의 운동 에너지가 증가하는 것을 발견할 것이다(시도해 보라). 운동 에너지는 로켓을 폭발하는 데 쓰인 연료 속에 저장된 화학적 위치 에너지를 소모해서 증가했다.

8.8 | 연결 주제: 로켓 추진 Context Connection: Rocket Propulsion

화성을 여행하려면 로켓 엔진을 점화해서 우주선을 조정해야 한다. 〈관련 이야기 1〉의 자동차와 같이 처음에 자동차가 추진될 때 운동의 추진력은 도로가 자동차에 작용하는 마찰력이다. 그러나 우주에서 운동하는 로켓은 '밀어낼' 도로가 없다. 그러므로 로켓 추진의 근원이 다르다. 로켓 가동은 계에 적용하는 운동량 보존의 법칙에 의존한다. 여기서 계는 로켓과 추진 연료를 합한 것이다.

로켓 추진은 예제 8.2에서 언급한 얼음 위 궁수를 생각하면 이해할 수 있다. 화살이 활에서 발사되면 크기가 같고 방향이 반대인 운동량을 갖게 된다. 더 많은 화살을 쏘면 궁수는 더 빨리 움직이므로 많은 화살을 쏘면 궁수는 큰 속도를 얻을 수 있다.

비슷한 방법으로 로켓이 빈 우주 공간에서 운동하므로 질량의 일부가 분사 기체의 형태로 배출될 때 운동량이 변한다. 분사되는 기체는 운동량을 얻으므로 로켓은 반대 방향으로 보상 운동량을 받게 된다. 그러므로 로켓은 결과적으로 분사 기체로부터 '밀기' 작용, 즉 추진력의 결과로 가속된다. 로켓은 역비탄성 충돌의 대표적인 예이다. 즉 운동량은 보존되지만 계의 운동 에너지는(로켓 연료에 저장된 에너지를 소모해서) **증가**한다.

어떤 시간 t에서 로켓과 연료를 합한 운동량 크기가 $(M + \Delta m)v$라고 가정하자(그림 8.22a). 짧은 시간 간격 Δt 동안 로켓은 연료 질량 Δm을 분사하며 속도가 $v + \Delta v$로 증가한다(그림 8.22b). 연료가 **로켓에 대한** 상대 속도 $\vec{v}_e$로 분사되면, 3.6절에서 상대 속도를 논의한 바에 따라서 정지 기준틀에 대한 연료의 속력은 $v - v_e$이다. 그러므로 나중 전체 운동량과 계의 처음 전체 운동량이 같다고 놓으면 다음과 같이 된다.

$$(M + \Delta m)v = M(v + \Delta v) + \Delta m(v - v_e)$$

이 식을 간단히 하면 다음과 같다.

$$M \Delta v = \Delta m(v_e)$$

이제 Δt를 영의 극한으로 취하면 $\Delta v \rightarrow dv$와 $\Delta m \rightarrow dm$이 된다. 더욱이 분사 질량의 증가량 dm은 로켓 질량의 감소와 같으므로 $dm = -dM$이다. 음의 부호는 dM이 질량의 감소를 나타내므로 식에 도입됐음을 주목하자. 이 사실을 이용하면 다음을 얻는다.

$$M \, dv = -v_e \, dM \qquad\qquad 8.43$$

이 식을 적분하고 로켓과 연료를 합한 처음 질량을 M_i, 로켓과 남은 연료를 합한 나중 질량을 M_f라고 하면 다음을 얻는다.

$$\int_{v_i}^{v_f} dv = -v_e \int_{M_i}^{M_f} \frac{dM}{M}$$

$$v_f - v_i = v_e \ln\left(\frac{M_i}{M_f}\right) \qquad\qquad 8.44 \qquad \blacktriangleright \text{로켓 추진에서의 속도 변화}$$

이것이 로켓 추진에 관한 기본 식이다. 이것은 속력 증가는 배기 속력 v_e에 비례함을 말해 준다. 따라서 배기 속력이 매우 커야 한다.

로켓의 **추진력**(thrust)은 분사하는 배기 기체가 로켓에 작용하는 힘이다. 식 8.43으로부터 추진력에 대한 식을 다음과 같이 구할 수 있다.

$$\text{추진력} = Ma = M\frac{dv}{dt} = \left| v_e \frac{dM}{dt} \right| \qquad\qquad 8.45 \qquad \blacktriangleright \text{로켓의 추진력}$$

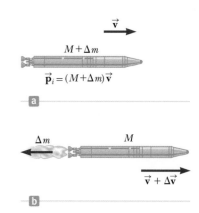

그림 8.22 로켓의 추진. (a) 시간 t일 때 로켓과 모든 연료의 처음 질량은 $M + \Delta m$이고 속력은 v이다. (b) 시간 $t + \Delta t$일 때 로켓의 질량은 M으로 감소하고 Δm만큼의 연료가 분사된다. 이때 로켓의 속력은 Δv만큼 증가한다.

여기서 배기 속력이 증가할수록, 그리고 질량 변화율(연소율)이 증가할수록 추진력이 증가함을 알 수 있다.

이제 화성까지 여행하는 데 필요한 연료량을 정할 수 있다. 연료의 필요 조건은 현재의 기술력으로 잘 극복하고 있으며, 화성까지의 여러 번의 임무가 이미 수행된 것이 그 증거이다. 그러나 **행성**보다 다른 **별**들을 방문하라고 하면 어떤가? 이 질문은 새로운 많은 기술력 도전을 받게 되는데 다음 장에서 탐구할 상대론적 효과도 고려할 필요성이 있다.

> ### ▶ 생각하는 물리 8.2
>
> 고더드(Robert Goddard)가 로켓 추진 운반체의 가능성을 제안했을 때 〈뉴욕타임스〉는 지구 대기 안에서 이런 운반체가 유용하고 성공할 것이라는 데 동의했다("타임스의 토픽" 뉴욕타임스, 1920년 1월 13일, p. 12). 그러나 〈타임스〉는 진공 상태의 우주에서 이런 로켓을 이용하는 발상에 반대했다. "연료를 폭발시켜 내보내는 이 비행은 가속되거나 지속될 수 없다. 그것이 날 수 있다는 주장은 역학의 기본 법칙을 부정하는 것이며, 아인슈타인 박사와 그 몇몇의 추종자들만이 그럴 수 있을런지··· 클라크 대학의 석좌 교수이며, 스미스소니언의 지원을 받는 고더드 교수는 작용과 반작용을 모를 뿐 아니라, 반작용이 일어나려면 진공이 아닌 다른 어떤 것이 필요하다는 것을 모르고 있다. ─ 이것은 말도 안 된다. 고등학교에서도 배우는 것을 모르는 듯하다."고 주장했다. 이 문제의 필자는 무엇을 간과했는가?
>
> **추론** 이 기사를 쓴 기자는 분출되는 기체가 뭔가를 밀어냄으로써 로켓이 앞으로 추진된다는 흔한 오해를 했다. 그의 말대로라면 빈 우주 공간에서 로켓이 점화되어 추진될 수 없는 것이다.
>
> 기체는 어떤 것을 밀어낼 필요가 없다. 로켓을 앞으로 미는 것은 기체를 분출하는 행위 그 자체이다. 이 점을 뉴턴의 제3법칙으로부터 설명할 수 있다. 로켓이 기체를 뒤로 민 결과 기체는 로켓을 앞으로 민다. 또한 이것을 운동량 보존으로 설명할 수 있다. 기체가 한 방향으로 운동량을 얻으면, 로켓은 반대 방향으로 운동량을 얻어야만 로켓-기체 계의 원래 운동량이 보존된다.
>
> 〈뉴욕타임스〉는 49년 후 **아폴로 11호**의 우주인들이 달에 가고 있을 때 정정기사를 실었다("정정" 뉴욕타임스, 1969년 7월 17일 p. 43). 한 페이지에 두 개의 다른 기사가 실렸는데 제목은 "우주 여행의 기본 원리"와 "우주선은 오징어처럼 뿜어서 움직인다."였으며, 다음 기사들도 있었다. "〈뉴욕타임스〉의 편집인들은 로켓이 진공에서 작동한다는 생각을 부정하고 고더드의 발상을 비평한 바 있다. 실험과 연구가 진행되면서 17세기 뉴턴의 발견을 확인했다. 이제는 로켓이 대기권에서 뿐 아니라 진공에서도 작동할 수 있음을 확고히 해주었다. 〈타임스〉는 실수를 사과한다." ◀

예제 8.14 | 우주 공간의 로켓

우주 공간에서 로켓이 지구에 대해 3.0×10^3 m/s의 속력으로 멀어지고 있다. 엔진을 가동해서 로켓의 운동과 반대 방향으로 로켓에 대해 5.0×10^3 m/s의 상대 속력으로 연료를 분사한다.

(A) 로켓의 질량이 점화하기 전 질량의 반으로 줄 때, 지구에 대한 로켓의 속력은 얼마인가?

풀이

개념화 그림 8.22는 이 문제에서의 상황을 보여 주고 있다. 이 절의 논의와 공상 과학 영화의 장면으로부터, 엔진이 작동함에 따라 로켓이 더 빠른 속력으로 가속되는 것을 쉽게 상상할 수 있다.

분류 예제는 이 절에서 유도된 식에 주어진 값을 대입하는 문제이다.

식 8.44를 나중 속력에 대해 풀고 주어진 값들을 대입해서 푼다.

$$v_f = v_i + v_e \ln\left(\frac{M_i}{M_f}\right)$$
$$= 3.0 \times 10^3 \text{ m/s} + (5.0 \times 10^3 \text{ m/s}) \ln\left(\frac{M_i}{0.5 M_i}\right)$$
$$= 6.5 \times 10^3 \text{m/s}$$

(B) 만일 로켓이 50 kg/s의 비율로 연료를 연소하면 로켓에 작용하는 추진력은 얼마인가?

풀이

식 8.45와 (A)의 결과를 이용한다. $dM/dt = 50$ kg/s이다.

$$\text{추진력} = \left| v_e \frac{dM}{dt} \right| = (5.0 \times 10^3 \text{ m/s})(50 \text{ kg/s})$$
$$= 2.5 \times 10^5 \text{ N}$$

연습문제 |

객관식

1. 6 m/s의 속력으로 오른쪽으로 움직이는 5 kg의 카트가 콘크리트 벽과 충돌한 후 2 m/s의 속력으로 되튀어 나온다. 카트의 운동량 변화는 얼마인가? (a) 0 (b) 40 kg·m/s (c) −40 kg·m/s (d) −30 kg·m/s (e) −10 kg·m/s

2. 질량이 같은 두 개의 당구공이 정면으로 탄성 충돌한다. 충돌 전에 빨간 공은 오른쪽으로 속력 v로 움직이고 파란 공은 속력 $3v$로 왼쪽으로 움직인다. 충돌 후 두 공의 속력에 대한 설명으로 옳은 것은? 회전의 효과는 무시한다. (a) 빨간 공은 왼쪽으로 속력 v로 움직이는 반면에, 파란 공은 오른쪽으로 속력 $3v$로 움직인다. (b) 빨간 공은 왼쪽으로 속력 v로 움직이는 반면에, 파란 공은 왼쪽으로 속력 $2v$로 계속해서 움직인다. (c) 빨간 공은 왼쪽으로 속력 $3v$로 움직이는 반면에, 파란 공은 오른쪽으로 속력 v로 움직인다. (d) 충돌에서 운동량이 보존되지 않기 때문에 두 공의 나

중 속도는 결정할 수 없다. (e) 각 공의 질량을 알지 못하면 두 공의 나중 속도를 결정할 수 없다.

3. 4 m/s의 속력으로 오른쪽으로 움직이는 2 kg의 물체가 정지하고 있는 1 kg의 물체와 정면으로 탄성 충돌한다. 충돌 후에 1 kg의 속도는 (a) 4 m/s보다 크다. (b) 4 m/s보다 작다. (c) 4 m/s이다. (d) 영이다. (e) 주어진 정보로는 답을 구할 수 없다.

4. 어떤 선수에게 57.0 g의 테니스공이 21.0 m/s로 똑바로 날아오고 있다. 이 선수가 공이 날아오는 방향의 반대 방향으로 25.0 m/s로 발리를 했다. 이때 공이 라켓에 0.060 s 동안 머물러 있었다면, 공에 작용한 평균 힘은 얼마인가? (a) 22.6 N (b) 32.5 N (c) 43.7 N (d) 72.1 N (e) 102 N

5. 질량 m인 승용차가 속력 v로 달려오다가 교차로 중앙에 정지해 있는 질량 $2m$인 트럭의 후미를 들이받는다. 만일 이 충돌이 완전 비탄성 충돌이라면, 승용차와 트럭이 합쳐져

서 움직이는 속력은 얼마인가? (a) v (b) $v/2$ (c) $v/3$ (d) $2v$ (e) 정답 없음

6. 만일 두 입자의 운동 에너지가 같다면 운동량도 같은가? (a) 예, 항상 (b) 아니오, 절대 (c) 예, 두 입자의 질량이 같을 때만 (d) 예, 두 입자의 질량과 운동 방향이 같을 때만 (e) 예, 두 입자가 평행선을 따라 움직일 동안만

7. 육중한 트랙터가 시골길을 굴러 내려가고 있다. 소형 스포츠카가 뒤에서 트랙터로 달려가서 충돌한다. 이 충돌을 완전 비탄성 충돌로 취급한다. (i) 트랙터와 스포츠카 중 어느 것이 운동량 크기 변화가 더 큰가? (a) 스포츠카 (b) 트랙터 (c) 둘 다 같은 크기 (d) 둘 중 하나 (ii) 트랙터와 스포츠카 중 어느 것이 운동 에너지 변화가 더 큰가? (a) 스포츠카 (b) 트랙터 (c) 둘 다 같은 크기 (d) 둘 중 하나

8. 질량이 서로 다른 두 입자가 정지 상태에서 출발한다. 두 입자가 같은 거리를 움직이는 동안 동일한 알짜힘이 작용한다. 두 입자의 나중 운동량 크기를 비교한 설명으로 옳은 것은 어느 것인가? (a) 질량이 큰 입자의 운동량이 더 크다. (b) 질량이 작은 입자의 운동량이 더 크다. (c) 두 입자의 운동량은 같다. (d) 둘 중에 어느 입자든 더 큰 운동량을 가져야 한다.

9. 10.0 g의 총알이 수평면 위에 정지하고 있는 200 g의 나무토막으로 발사된다. 충돌 후에 나무토막은 8.00 m 미끄러진 후에 정지한다. 만일 나무토막과 수평면 사이의 마찰 계수가 0.400이라면, 충돌 전 총알의 속력은 얼마인가? (a) 106 m/s (b) 166 m/s (c) 226 m/s (d) 286 m/s (e) 정답 없음

10. 질량이 서로 다른 두 입자가 정지 상태에서 출발한다. 두 입자가 같은 거리를 움직이는 동안 동일한 알짜힘이 작용한다. 두 입자의 나중 운동 에너지를 비교한 설명으로 옳은 것은 어느 것인가? (a) 질량이 큰 입자의 운동 에너지가 더 크다. (b) 질량이 작은 입자의 운동 에너지가 더 크다. (c) 두 입자의 운동 에너지는 같다. (d) 둘 중에 어느 입자든 더 큰 운동 에너지를 가져야 한다.

주관식

8.1 선운동량
8.2 분석 모형: 고립계 (운동량)

1. 3.00 kg인 입자의 속도가 $(3.00\hat{\mathbf{i}} - 4.00\hat{\mathbf{j}})$ m/s이다. (a) 운동량의 x 및 y성분을 구하라. (b) 운동량의 크기와 방향을 구하라.

2. 심장학과 운동생리학에서 인간의 심장이 한 번 뛸 때 뿜는 혈액의 질량을 알아야 하는 경우가 있다. 이에 관한 정보는 **심탄동계**로 얻을 수 있다. 이 장치는 다음과 같이 작용한다. 인체가 얇은 공기층 위에 떠 있는 수평 받침대 위에 놓여 있다. 받침대의 마찰은 무시한다. 처음에 계의 운동량은 영이다. 심장이 뛰면 질량 m의 혈액이 대동맥에 속력 v로 방출되고, 인체와 받침대는 반대 방향으로 속력 V로 움직인다. 혈액 속도는 독립적으로 정할 수 있다(예: 초음파의 도플러 효과의 관측). 한 번의 박동에 50.0 cm/s로 가정하자. 인체와 받침대를 합한 질량은 54.0 kg이다. 받침대는 한 번의 심장 박동에서 0.160 s 동안에 6.00×10^{-5} m 이동한다. 심장을 출발하는 혈액 질량을 계산하라. 혈액의 질량은 사람의 질량에 비해 무시할 수 있다고 가정한다(이 간단한 예는 심탄동계의 원리를 설명하지만 실제로는 좀 더 정교한 심장 기능 모형을 이용한다).

3. 질량 m인 입자가 운동량 크기 p로 움직인다. (a) 입자의 운동 에너지가 $K = p^2/2m$임을 보여라. (b) 입자의 운동량 크기를 운동 에너지 K와 질량 m으로 표현하라.

4. 45.0 kg의 소녀가 150 kg의 널빤지 위에 서 있다. 소녀와 널빤지는 평평하고 마찰이 없는 호수 빙판 위에 정지해 있다. 소녀가 널빤지에 대해 $1.50\hat{\mathbf{i}}$ m/s의 등속도로 널빤지를 따라 걷기 시작한다. (a) 빙판에 대한 널빤지의 속도와 (b) 빙판에 대한 소녀의 속도를 구하라.

5. 질량이 m과 $3m$인 두 물체가 마찰이 없는 수평면 위에 놓여 있다. 가벼운 용수철이 무거운 물체에 붙어 있고, 이들 물체를 서로 밀어서 용수철을 압축시켰다가 놓는다(그림 P8.5). 처음에 두 물체를 붙들고 있던 줄이 불에 타서 질량 $3m$의 물체가 2.00 m/s의 속력으로 오른쪽으로 움직인다. (a) 질량 m인 물체의 속도는 얼마인가? (b) $m = 0.350$ kg이라면, 이 계가 원래 가지고 있는 탄성 위치 에너지를 구하라. (c) 원래 가지고 있는 에너지는 용수철과 줄 중에 어느 것이 가지고 있는가? (d) (c)에 대한 답을 설명하라.

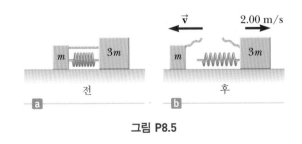

그림 P8.5

(e) 서로 분리되는 과정에서 계의 운동량은 보존되는가?
(f) 큰 힘이 작용함을 고려해서, (g) 처음에는 운동이 없다가 나중에 큰 운동이 일어남을 고려해서 (e)의 답이 어떻게 가능한지를 설명하라.

8.3 분석 모형: 비고립계 (운동량)

6. 그림 P8.6과 같이 3.00 kg의 쇠공이 10.0 m/s의 속력으로 벽면과 $\theta = 60.0°$의 각도로 부딪힌 후에 같은 속력, 같은 각도로 튀어나온다. 0.200 s 동안 공과 벽이 접촉한다면, 벽이 공에 작용한 평균력은 얼마인가?

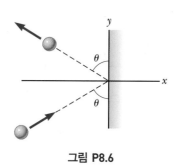

그림 P8.6

7. 방망이로 야구공을 칠 때 나타나는 힘-시간 곡선이 그림 P8.7과 같다. 이 곡선으로부터 (a) 공에 전달되는 충격량의 크기와 (b) 공에 작용한 평균력을 구하라.

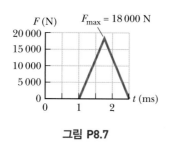

그림 P8.7

8. 정원 호스를 그림 P8.8과 같이 잡고 있다. 호스는 처음에 흐르지 않는 물로 차 있다. 물이 흐르기 시작해서 25.0 m/s의 속력으로 0.600 kg/s 비율로 배출될 때 노즐을 붙잡고 있기 위해 추가로 필요한 힘은 얼마인가?

그림 P8.8

9. 테니스 선수가 수평으로 날아오는 50.0 m/s의 공 (0.060 0 kg)을 다시 반대 방향으로 40.0 m/s의 속력으로 되받아친다. (a) 테니스 라켓이 공에 전달하는 충격량은 얼마인가? (b) 라켓이 공에 한 일은 얼마인가?

8.4 일차원 충돌

10. 질량이 2.50×10^4 kg인 철도차량이 4.00 m/s 속력으로 움직인다. 이 차량이 2.00 m/s로 움직이는 다른 열차와 충돌한 뒤 붙어서 운동한다. 충돌 전 열차는 처음 차량과 동일한 차량 세 대가 연결되어 있다. (a) 충돌 후 차량 네 대의 속력은 얼마인가? (b) 충돌 시 잃은 역학적 에너지는 얼마인가?

11. 12.0 g의 끈적이는 찰흙 덩어리를 수평면에 정지하고 있는 100 g의 나무토막을 향해 수평으로 던졌다. 찰흙 덩어리는 나무토막에 들러붙게 되며, 충돌 후에 나무토막은 7.50 m를 미끄러진다. 나무토막과 운동면 사이의 마찰 계수가 0.650이라면, 충돌 직전 찰흙 덩어리의 속력은 얼마인가?

12. 그림 P8.12에서와 같이 질량 m이고 속력 v인 총알이 질량 M인 단진자 추를 관통해서 지나간다. 관통 후 총알의 속력은 $v/2$이다. 단진자의 추는 길이 ℓ이고 질량을 무시할 수 있는 딱딱한 막대기(줄이 **아님**)에 붙어 있다. 단진자의 추가 연직면에서 간신히 원운동을 할 수 있을 속력 v의 최솟값은 얼마인가?

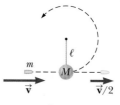

그림 P8.12

13. 핵반응로에서 중성자가 처음에 정지해 있는 탄소 원자핵과 정면 탄성 충돌을 한다. (a) 중성자의 운동 에너지 중 탄소핵의 운동 에너지로 전환되는 비율은 얼마인가? (b) 중성자의 처음 운동 에너지가 1.60×10^{-13} J일 때, 충돌 후 중성자의 나중 운동 에너지와 탄소핵의 운동 에너지를 구하라(탄소핵의 질량은 중성자 질량의 약 12.0배이다).

14. 질량 m_t인 테니스공이 그림 P8.14에서와 같이 질량 m_b인 농구공에 꼭 붙어 있다. 이들 공의 중심은 연직선 상에 위치한다. 붙어 있는 두 공은 높이 h에서 같은 순간에, 정지 상태로부터 자유 낙하해서 농구공의 아랫부분이 바닥과 충돌한다. 이 충돌이 탄성 충돌이어서, 농구공은 순간적으로

입사 속도의 반대로 되튄다고 가정한다. 이때 테니스공은 두 공이 떨어지는 동안 약간 분리되어 아래쪽으로 움직이다가 두 공이 탄성 충돌한다. (a) 테니스공이 되튀는 높이가 얼마인가? (b) 두 공을 h보다 더 높은 지점에서 낙하시킨다면 (a)에서 높이는 어떻게 되는가? 에너지 보존을 위배하는 것같이 보이는가?

그림 P8.14

8.5 이차원 충돌

15. 처음 속도가 $5.00\hat{\mathbf{i}}$ m/s인 질량 3.00 kg의 물체가 처음 속도 $-3.00\hat{\mathbf{j}}$ m/s인 질량 2.00 kg의 물체와 충돌해서 붙었다. 합쳐진 물체의 나중 속도를 구하라.

16. 질량이 같은 두 개의 셔플보드 원반이 있다. 하나는 주황색이고, 다른 하나는 노란색으로 두 원반은 탄성 스침 충돌을 한다. 처음에 정지해 있는 노란색 원반에 주황색 원반이 5.00 m/s의 속력으로 충돌한다. 충돌 후에 주황색 원반은 처음 운동 방향에 대해 37.0°의 방향으로 움직인다. 충돌 후에 두 원반의 속도가 서로 수직이라면, 각 원반의 나중 속력은 얼마인가?

17. 5.00 m/s로 운동하는 당구공이 질량이 동일한 정지해 있는 공을 때린다. 충돌 후 처음 공은 4.33 m/s이며, 처음 운동선과 30.0°의 각도로 운동한다. 탄성 충돌이라 가정하고 (마찰과 회전 운동을 무시), 맞은 공의 속도를 구하라.

18. 질량이 같은 두 자동차가 교차로에서 서로 다가오고 있다. 한 자동차는 동쪽을 향해 13.0 m/s의 속력으로, 다른 자동차는 북쪽을 향해 v_{2i}의 속력으로 달려가고 있다. 각 운전자는 서로를 보지 못하고 있다. 교차로에서 두 자동차가 충돌 후에 동북 55.0° 방향으로 함께 붙어서 이동한다. 두 도로에 대한 제한 속력이 35 mi/h이다. 충돌이 일어났을 때 북쪽으로 달리던 운전자가 제한 속력 내에서 달렸다고 주장한다. 이 주장이 사실인가를 판단해 보라.

19. 정지해 있는 질량 17.0×10^{-27} kg인 불안정한 원자핵이 세 개의 입자로 나누어졌다. 입자 중 하나는 질량이 5.00×10^{-27} kg이고, 6.00×10^6 m/s의 속력으로 y축을 따라 운동

한다. 다른 하나는 질량이 8.40×10^{-27} kg이고, 4.00×10^6 m/s의 속력으로 x축을 따라 운동한다. (a) 세 번째 입자의 속도와, (b) 이 과정에서 전체 운동 에너지 증가를 구하라.

8.6 질량 중심

20. 그림 P8.20과 같은 모양의 균일한 철판 조각이 있다. 판의 질량 중심의 x와 y 좌표를 구하라.

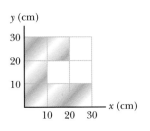

그림 P8.20

21. 네 개의 물체가 다음과 같이 y축을 따라 위치하고 있다. 2.00 kg의 물체는 +3.00 m에, 3.00 kg의 물체는 +2.50 m에, 2.50 kg의 물체는 원점에, 4.00kg의 물체는 −0.500 m에 위치한다. 이 물체들의 질량 중심을 구하라.

22. 길이 30.0 cm인 막대의 선 밀도(단위 길이당 질량)는 다음과 같다.

$$\lambda = 50.0 + 20.0\,x$$

여기서 x는 한쪽 끝에서부터의 거리이며, 단위는 m이고 λ의 단위는 g/m이다. (a) 막대의 전체 질량은 얼마인가? (b) $x = 0$인 막대 끝에서부터 질량 중심의 위치는 어디인가?

8.7 입자계 운동

23. 2.00 kg인 입자의 속도는 $(2.00\hat{\mathbf{i}} - 3.00\hat{\mathbf{j}})$ m/s이고, 3.00 kg인 입자의 속도는 $(1.00\hat{\mathbf{i}} + 6.00\hat{\mathbf{j}})$ m/s이다. 계의 (a) 질량 중심의 속도, (b) 전체 운동량을 구하라.

24. 로미오(77.0 kg)가 잔잔한 호수에 정지해 있는 보트 뒤쪽에서 줄리엣(55.0 kg)을 위해 기타를 연주하고 있다. 로미오는 배 앞쪽에 있는 줄리엣으로부터 2.70 m 떨어져 있다. 세레나데를 연주한 후 줄리엣은 로미오의 뺨에 키스하기 위해 조심스럽게 배 뒤쪽(호수에서 멀어지는 쪽)으로 움직인다. 호숫가를 향하고 있는 80.0 kg 보트는 호숫가를 향해 얼마나 움직이는가?

8.8 연결 주제: 로켓 추진

25. 평균 추진력이 5.26 N인 로켓 엔진 모형이 있다. 엔진의 처음 질량은 12.7 g의 연료를 포함해서 25.5 g이다. 연료가 타는 시간은 1.90 s이다. (a) 엔진의 평균 배기 속도는 얼마인가? (b) 엔진이 53.5 g의 로켓 본체에 탑재되어 있다. 우주에서 유영 중인 우주인에 의해 로켓이 정지 상태에서 발사된다면, 로켓의 나중 속도는 얼마인가? 연료는 일정한 비율로 탄다고 가정하자.

26. 우주 공간에서 사용하는 로켓은 3.00톤의 전체 적재물(화물과 로켓의 구조물 그리고 엔진)을 10 000 m/s의 속력으로 밀어 올릴 수 있어야 한다. (a) 2 000 m/s의 배기 속력을 내도록 설계된 엔진과 연료를 가지고 있다. 얼마나 많은 연료와 산화제가 필요한가? (b) 만일 다른 연료와 엔진으로 설계된 우주선이 5 000 m/s의 배기 속력을 낼 수 있다면, 같은 일을 하는 데 얼마나 많은 연료와 산화제가 필요한가? 이 배기 속력은 (a)의 속력에 비하여 2.50배 크다. 왜 필요한 연료 질량이 단순히 2.50분의 1이 아닌지 설명하라.

27. 새턴 V 우주선은 1.50×10^4 kg/s의 비율로 연료와 산화제를 소모해서 2.60×10^3 m/s의 배기 속력을 얻는다. (a) 이 엔진에 의해 얻어지는 추진력을 구하라. (b) 우주선의 처음 질량을 3.00×10^6 kg으로 하고, 우주선이 지구에 있는 발사대에서 이륙할 때의 가속도를 구하라.

28. 궤도 운동하는 우주선은 '제로$-g$'라기보다 '마이크로 중력' 환경을 탑승자와 선내 실험실에 만들어 준다. 우주인들은 장비와 다른 우주인의 운동, 그리고 배출 물질 때문에 약간의 흔들림을 경험한다. 3 500 kg의 우주선이 유압 제어 장치에서의 누출 때문에 $2.50\ \mu g = 2.45 \times 10^{-5}$ m/s²의 가속도를 받는다고 가정하자. 액체는 우주선에 대해서 우주 진공 속으로 70.0 m/s의 속력으로 나간다. 누출이 멈추지 않으면 1.00 h 동안 얼마의 액체를 잃는가?

추가문제

29. 질량 m인 총알이 높이 h인 마찰 없는 탁자 끝에 놓여 있는 질량 M인 정지 상태의 나무토막으로 발사된다(그림 P8.29).

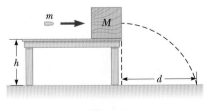

그림 P8.29

총알은 나무토막에 박히고, 충돌 후에 나무토막은 탁자로부터 거리 d인 곳에 떨어진다. 총알의 처음 속력을 구하라.

30. 1.25 kg의 나무토막이 그림 P8.30과 같이 큰 구멍이 있는 탁자 위에 놓여 있다. 처음 속도 v_i인 5.00 g의 총알이 나무토막의 바닥에서 위쪽으로 발사되고, 충돌 후에 나무토막은 부서지지 않는다. 총알이 박힌 나무토막은 최대 높이 22.0 cm만큼 튀어 오른다. (a) 이 장에서 배운 개념을 이용해서 총알의 처음 속도를 어떻게 구할 수 있는지 설명하라. (b) 설명한 내용으로부터 총알의 처음 속도를 계산하라.

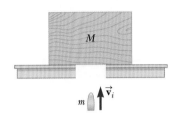

그림 P8.30

31. 힘상수가 3.85 N/m인 가벼운 용수철이 왼쪽에 있는 0.250 kg의 물체와 오른쪽에 있는 0.500 kg의 물체 사이에 끼어 8.00 cm만큼 압축됐다. 두 물체는 수평면 위에서 정지해 있다. 두 물체를 동시에 놓아서 용수철이 두 물체를 밀어내게 한다. 각 물체와 표면 바닥 사이의 운동 마찰 계수가 (a) 0, (b) 0.100, (c) 0.462일 때 각 물체가 가질 수 있는 최대 속도를 구하라. 어느 경우에나 정지 마찰 계수는 운동 마찰 계수보다 크다고 가정한다.

32. 정글 속에서 질량이 m인 남자가 가만히 있는 나뭇가지에 걸쳐 있는 넝쿨 줄에 매달려 그네를 타고 있다. 같은 곳에 매달린 길이가 같은 두 번째 넝쿨 줄에는 질량이 M인 고릴라 남자와 반대 방향으로 그네를 타고 있다. 남자와 고릴라가 같은 순간에 정지 상태로부터 출발할 때 두 줄은 수평이었다. 사나이와 고릴라는 그네의 가장 낮은 위치에서 만나게 된다. 둘은 줄이 끊어질까봐 걱정이 되어 서로 꼭 붙잡는다. 이런 상태에서 그네 줄은 연직과 35.0° 더 올라간다. 질량비 m/M을 구하라.

33. 질량이 m과 $3m$인 두 입자가 x축을 따라 같은 속력 v_i로 서로를 향해 움직이고 있다. 질량 m인 입자는 왼쪽으로 가고 $3m$인 입자는 오른쪽으로 간다. 두 입자는 정면 탄성 충돌 후 같은 선상에서 되튀어 나간다. 각 입자의 나중 속력을 구하라.

상대성 이론 Relativity

Emily Serway

거장의 어깨 위에서. 워싱턴 D.C.의 아인슈타인 기념관에서 이 책 저자의 아들인 데이비드 서웨이가 아인슈타인의 팔에서 뛰어놀고 있는 자신의 아이들인 나탄과 케이틀린을 바라보고 있다. 상대론을 발표한 아인슈타인은 아이들을 매우 좋아한 것으로 알려져 있다.

일상생활에서 경험하고 관찰하는 물체의 운동은 진공에서 빛의 속력인 $c = 3.00 \times 10^8$ m/s보다 훨씬 느리다. 뉴턴 역학에 기초한 분석 모형과 물리적인 양의 정의와 공간과 시간에 대한 초창기 개념은 이런 물체들의 운동을 기술하기 위해 체계화됐고, 이런 체계화는 앞의 장들에서 봐왔던 것처럼 느린 속력에서 일어나는 광범위한 현상들을 기술하는 데 매우 성공적이었다. 그러나 뉴턴 역학은 빛의 속력에 가깝게 운동하는 물체의 운동을 적절히 기술하는 데는 실패했다. 전자나 다른 입자들을 매우 빠른 속력으로 가속시킴으로써 뉴턴 이론의 예측을 실험적으로 검증할 수 있다. 예를 들어 전자를 $0.99c$의 속력으로 가속시킬 수 있다. 뉴턴 역학의 운동 에너지 정의에 의하면, 전자의 운동 에너지를 네 배 증가시키면 전자의 속력은 두 배인 $1.98c$가 되어야 한다. 그러나 상대론적인 계산에 의하면, 전자의 속력은 우주에 있는 다른 입자의 속력과 마찬가지로 빛의 속력보다 작다. 빛의 속력은 속력의 상한선이므로, 결국 뉴턴 역학은 현대 물리학의 이론적 예측 및 실험 결과들과 모순되며, 빛의 속력보다 훨씬 느린 속력으로 움직이는 물체에 대해서만 적용된다. 뉴턴 역학은 빠른 속력으로 움직이는 물체에 대해 이루어진 실험 결과를 정확하게 예측하지 못하기 때문에, 이런 물체에 적용될 수 있는 새로운 이론이 필요했다.

아인슈타인은 26세 때인 1905년에 이 장의 주 내용인 **특수 상대성 이론**을 발표했다. 아인슈타인은 과학의 여러 다른 분야에 중요한 기여를 했지만, 그중에서도 특수 상대성 이론은 20세기의 가장 위대한 지적인 업적 중의 하나에 해당한다. 특수 상대성 이론 덕분에 정지 상태에서부터 빛의 속력에 이르는 전 범위에 걸쳐 운동하는 물체에 대한 실험적 관측을 올바르게 예측할 수 있게 됐다. 이 장에서는 특수 상대성 이론에 대한 서론과 더불어 몇 가지 결과에 대한 중요성을 알아본다.

◀ **9.1** │ 갈릴레이의 상대성 원리 The Principle of Galilean Relativity

느린 속력에 대한 상대성 개념부터 시작하자. 이런 내용은 상대 속도에 대해 언급했던 3.6절에서 이미 다뤘다. 그때 관측자의 중요성에 대해 논의했다. 마찬가지로 여기에서도 한 관측자의 측정과 다른 관측자의 측정을 표현해 주는 식을 유도할 것이다. 이런 과정은 우리가 알고 있는 시공간의 관점에서 볼 때, 상당히 예기치 않은 그리고 놀라운 결과를 이끌어 낸다.

앞서 언급한 바와 같이, 물리적 사건을 기술하려면 기준틀을 도입해야 한다. 4장에서 힘이 작용하지 않아 물체의 가속도가 영으로 측정되는 기준틀을 관성 기준틀이라고 했다. 또한 관성 기준틀에 대해 등속도로 움직이는 모든 틀 역시 관성 기준틀이다. 등속도로 움직이는 자동차 안에서 수행한 실험 결과를 예측하는 법칙은 자동차 운전자와 길가에 있는 사람에 대해 동일하다. 이런 결과를 **갈릴레이의 상대성 원리** (principle of Galilean relativity)라고 한다.

▶ 갈릴레이의 상대성 원리 | 모든 관성 기준틀에서 역학의 법칙은 동일해야 한다.

다음은 서로 다른 관성 기준틀에서 역학 법칙의 동등성을 보여 주는 예이다. 그림 9.1a에서처럼 등속도로 움직이는 트럭을 생각하자. 트럭에 탄 사람이 공중으로 똑바로 공을 던지면(공기 저항을 무시하면), 그 사람은 연직 방향으로 움직이는 공을 관측할 것이다. 그 공의 운동은 지상에 정지해 있는 사람이 공을 바로 위로 던졌을 때 보게 되는 운동과 정확하게 일치한다. 2장의 운동학 식에 의하면 트럭이 정지해 있든, 등속도 운동을 하든 같은 결과를 나타낸다. 이제 지상에 정지해 있는 관측자가 관측한 트럭 안에서의 던져진 공을 생각해 보자. 이 관측자는 그림 9.1b에서처럼 포물선 경로를 보게 된다. 게다가 그 공의 속도의 수평 성분은 트럭의 속력과 같다. 두 관측자가 보는 공의 속도와 경로가 다르기는 하지만, 그들은 공에 같은 힘이 작용되고 있다고 보며, 에너지 보존과 운동량 보존과 같은 고전 원리뿐만 아니라 뉴턴의 법칙이 성립된다. 측정 결과는 다르지만 그 측정들은 동일한 법칙을 만족한다. 두 관측 사이의 모든 차이는 서로에 대한 기준틀의 상대 운동에 기인한다.

사건(event)이라 부르는 어떤 물리 현상이 일어난다고 하자. 관측자는 사건이 발생한 위치와 시간을 좌표 (x, y, z, t)로 표현할 수 있다. 이 좌표를 한 관성 기준틀로부터

달리는 트럭에 있는 관측자는 위로 던진 공이 연직선 상에서 움직이는 것으로 관측한다.

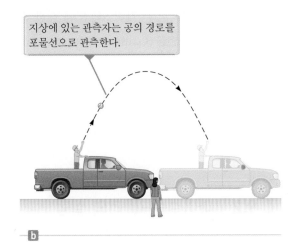

지상에 있는 관측자는 공의 경로를 포물선으로 관측한다.

a

b

그림 9.1 던진 공의 경로를 보고 있는 두 관측자는 서로 다른 결과를 얻게 된다.

이 관성 기준틀에 대해 등속도로 상대 운동을 하는 다른 관성 기준틀로 변환시키고자 한다. 이렇게 하면 두 관측자 사이의 측정 관계를 표현할 수 있다.

두 관성틀 S와 S′을 생각하자(그림 9.2). 기준틀 S′은 공통 좌표축인 x와 $x′$축을 따라서 기준틀 S에 대해 등속도 $\vec{v}$로 움직인다. 여기서 $\vec{v}$는 S에 대해 측정한 것이다. 시간 $t = 0$일 때 S와 S′의 원점은 같다고 가정하자. 그러므로 시간 t에서 기준틀 S′의 원점은 S의 원점 오른쪽으로 거리 vt인 곳에 있다. 사건이 시간 t일 때 점 P에서 일어난다. S에 있는 관측자가 본 사건의 시공 좌표는 (x, y, z, t)이고, S′에 있는 관측자가 본 같은 사건에 대한 시공 좌표는 $(x′, y′, z′, t′)$이다. 그림 9.2에서 볼 수 있듯이 간단한 기하학적인 계산 결과에 의해 공간 좌표들은 다음과 같은 식을 만족한다.

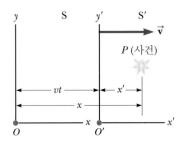

그림 9.2 점 P와 시간 t에서 일어난 사건. 이 사건은 관성틀 S에 있는 관측자 O와 S에 대해 속도 $\vec{v}$로 움직이는 S′에 있는 관측자 $O′$에 의해 관측된다.

$$x′ = x - vt, \quad y′ = y, \quad z′ = z \qquad \textbf{9.1}$$

시간은 두 관성틀에 대해 동일하다고 가정한다. 즉 고전 역학의 토대에서 모든 시계는 속도와 관계없이 똑같이 작동한다. 그러므로 사건이 일어난 시간은 S에 있는 관측자와 S′에 있는 관측자에 대해 동일하다. 즉

$$t′ = t \qquad \textbf{9.2}$$

식 9.1과 9.2를 **갈릴레이 좌표 변환**(Galilean transformation of coordinates)이라 한다.

이제 관측자 S가 측정할 때, 입자가 시간 간격 dt 동안 변위 dx만큼 움직인다고 하자. 관측자 S′이 측정한 이에 대한 변위 $dx′$은 식 9.1의 첫 번째 식으로부터 $dx′ = dx - v\,dt$ 이다. $dt = dt′$ (식 9.2)이므로

$$\frac{dx′}{dt′} = \frac{dx}{dt} - v$$

또는

$$u′_x = u_x - v \qquad \textbf{9.3}$$

> **오류 피하기 | 9.1**
>
> **기준틀 S와 S′ 사이의 관계** 이 장에 나오는 수식 중 대부분은 기준틀 S와 S′ 사이의 특정한 관계가 있는 경우에만 성립한다. 원점이 다른 경우를 제외하고는 x와 $x′$축은 겹쳐 있다. y와 $y′$축(z와 $z′$축도)은 평행하지만 S′의 원점이 S에 대해 시간에 따라 변하기 때문에 두 축은 처음 한 순간에만 같은 점이 된다. 두 좌표계의 원점이 일치하는 순간을 $t = 0$으로 놓는다. 기준틀 S′이 S에 대해 $+x$ 방향으로 움직이면 v는 양(+)이 되고 그렇지 않으면 음(−)이 된다.

이다. 여기서 u_x와 u'_x은 각각 S와 S′에 대한 순간적인 입자 속도의 x 성분이다.[1] 이 식을 **갈릴레이 속도 변환**(Galilean velocity transformation)이라 하는데, 이런 결과를 우리는 일상적으로 사용하고 있으며, 이는 시간과 공간에 대한 우리의 직관과도 잘 일치한다. 이 식은 앞서 일차원에 대한 상대 속도에서 기술했던 3.6절의 식 3.22와 같은 식이다. 그러나 이 식을 빠른 속력으로 움직이는 물체에 적용하게 되면 심각한 모순이 나타나게 됨을 알게 될 것이다.

◀ **9.2** | 마이컬슨–몰리의 실험 The Michelson-Morley Experiment

앞 절에서 설명한 트럭에서의 공 던지기 실험과 유사한 여러 가지 실험에 의하면 고전 역학의 법칙은 모든 관성 기준틀에서 동일하다. 그러나 유사한 연구를 물리학의 다른 분야에서 수행하면 그 결과는 다르게 나온다. 특히 전자기 법칙들은 이용되는 기준틀에 따라 달라진다. 이런 법칙들이 틀렸다고 할 수도 있을 것이다. 그러나 이들 법칙은 실험 결과와 완전히 일치하므로, 틀렸다고 받아들이기는 어렵다. 마이컬슨–몰리의 실험은 이런 딜레마를 해결하고자 하는 여러 시도 중의 하나였다.

이 실험은 초기 물리학자들의 빛의 전파에 대한 잘못된 개념으로부터 기인했다. 수면파나 음파와 같은 역학적인 파동에 대한 성질은 잘 알려져 있었다. 13장에서 설명했던 것처럼 이런 파동들은 전달되기 위해 모두 **매질**을 필요로 한다. 음향 기기로부터 나오는 소리에 대한 매질은 공기이며, 파도에 대한 매질은 수면이다. 19세기의 물리학자들은 전자기파인 빛도 역시, 전파되기 위해서는 매질이 필요하다는 데 동의하고 있었다. 이런 매질은 모든 공간을 가득 메우고 있다고 생각했고, 이름을 **발광성 에테르**(luminiferous ether)라고 불렀다. 에테르는 **절대 기준틀**(absolute frame of reference)에 대한 정의를 명확히 해주었는데, 빛의 속력은 이 기준틀에서 c이다.

에테르의 존재를 확인하려는 가장 유명한 실험이 1887년 마이컬슨(A. A. Michelson, 1852~1931)과 몰리(E. W. Morley, 1838~1923)에 의해 수행됐다. 목적은 에테르에 대한 지구의 속력을 측정하려는 것이었다. 사용한 실험 도구는 그림 9.3에서 보는 것과 같은 **간섭계**라는 장치였다.

왼쪽에 있는 광원으로부터 나온 빛은 반도금된 거울인 빔 분할기(beam splitter) M_0에 도달해서, 일부는 투과해서 거울 M_2로, 나머지는 반사되어 위에 있는 거울 M_1으로 향한다. 두 거울은 빔 분할기로부터 같은 거리에 놓여 있다. 이 두 빛들은 각각 거울에서 반사된 후, 다시 빔 분할기로 되돌아와 아래쪽에 있는 관측자로 향한다.

간섭계의 한 팔(그림 9.3의 팔 2)이 공간을 운동하는 지구의 속도 $\vec{v}$의 방향, 그러므로 에테르를 뚫고 지나가는 방향을 따라 정렬되어 있다고 하자. 지구의 운동 방향과 반대 방향으로 불어오는 '에테르 바람' 때문에 지구에 있는 관측자가 측정한 빛

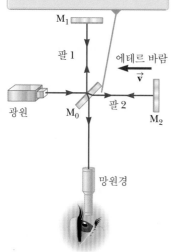

에테르 바람 이론에 따르면 빛이 거울 M_2에 접근할 때 빛의 속력은 $c-v$이고 반사 후에는 $c+v$가 되어야 한다.

그림 9.3 마이컬슨 간섭계. 에테르 이론에 의하면 빛이 빔 분할기를 거쳐 거울 M_1에서 반사되어 되돌아오는 시간과 M_2에 반사되어 되돌아오는 시간은 달라야 한다. 이 간섭계는 이런 시간의 차이를 검출할 수 있을 정도로 충분히 민감하다.

---

[1] S에 대한 S′의 속력을 표현하는 데 v를 사용한다. 그리고 혼동을 피하기 위해 물체 또는 입자에 대한 속력을 u로 나타낸다.

의 속력은 거울 M_2로 향할 때는 $c - v$, 그리고 반사된 후에는 $c + v$가 되어야 한다.

다른 팔(팔 1)은 에테르 바람에 수직으로 놓여 있다. 빛이 이 방향으로 진행하기 위해서는 벡터 $\vec{c}$의 방향이 에테르 바람의 '상류 쪽으로' 향해야 한다. 그러면 $\vec{c}$와 $\vec{v}$의 벡터합에 의해 에테르 바람에 수직인 방향 쪽으로의 빛의 속력은 $\sqrt{c^2 - v^2}$이 된다. 이것은 흐르는 강을 건너는 배의 상황인 예제 3.6과 유사하다. 마이컬슨-몰리의 실험에서 빛은 배에, 그리고 에테르 바람은 강에 해당한다.

빛은 서로 다른 속력으로 수직인 방향을 진행하므로, 빔 분할기를 동시에 떠나는 빛은 다른 시간에 되돌아온다. 간섭계는 이 시간 차이를 검출할 수 있도록 고안되어 있다. 그러나 실험은 아무런 시간 차이도 보이지 않았기 때문에 실패로 끝났다. 마이컬슨-몰리의 실험을 다른 많은 연구가들이 조건과 장소를 바꿔 가며 반복적으로 실시했지만, 그 결과는 항상 똑같았다. 즉 **예측된 크기의 시간 차이는 전혀 관측되지 않았다.**[2]

마이컬슨-몰리의 실험의 부정적인 결과는 에테르 가정과 모순될 뿐만 아니라 에테르 기준틀에 대한 지구의 절대 속도를 측정하는 것이 불가능하다는 것을 의미했다. 이론적인 관점에서 절대 기준틀을 찾는 것은 불가능했다. 그러나 다음 절에서 설명하는 바와 같이, 아인슈타인은 이 부정적인 결과에 대해 다른 해석을 내리는 가설을 제안했다. 이후 빛의 본질에 대한 더 많은 사실들이 알려지면서, 우주 공간에 널리 퍼져 있다고 믿었던 에테르는 불필요한 낡은 개념이 되어버렸다. 현재, 빛은 매질이 필요 없는 전자기파로 받아들여지고 있다. 그 결과, 빛이 지나가며 통과하는 에테르에 대한 개념은 불필요하게 됐다.

마이컬슨-몰리의 실험에 대한 현대적인 해석에 의하면 에테르 바람의 속도에 대한 상한값은 약 $5\,\text{cm/s} = 0.05\,\text{m/s}$이다. 태양 주위를 공전하는 지구의 속력 $2.97 \times 10^4\,\text{m/s}$는 이 값에 비해 무려 3백만 배나 된다. 이런 결과는 지구의 운동이 측정된 빛의 속력에 영향을 미치지 않는다는 것을 보여 준다.

마이컬슨

Albert A. Michelson, 1852~1931

마이컬슨은 후에 폴란드의 일부가 된 프러시아의 한 도시에서 태어났다. 어린 시절 미국으로 이주해서 빛의 속력을 정확하게 측정하기 위해 일생 동안 노력했다. 1907년 광학과 관련된 업적으로 미국인으로서는 최초로 노벨상을 수상했다. 1887년 몰리와 함께 수행한 실험은 에테르에 대한 지구의 절대 속도를 측정할 수 없음을 보인 그의 가장 유명한 실험이었다.

9.3 | **아인슈타인의 상대성 원리** Einstein's Principle of Relativity

앞 절에서 에테르와 지구 사이의 상대 속력을 측정하려는 시도는 모두 실패로 끝났음에 주목했다. 아인슈타인은 이런 난제를 풀고 동시에 시간과 공간에 대한 개념을 송두리째 바꿔 놓은 이론을 제안했다.[3] 아인슈타인의 상대성 이론은 다음과 같은 두

---

[2] 지상에 있는 관측자의 입장에서 보면, 1년에 걸친 지구의 속력과 운동 방향의 변화가 에테르 바람의 이동으로 보일 수 있다. 에테르에 대한 지구의 속력이 어느 순간 영이라 할지라도, 6개월 후의 지구의 속력은 에테르에 대해 영이 아닐 것이므로, 그 결과 분명한 시간 차이가 관측되어야만 한다. 그런데도 아직 무늬 이동이 관측되지 않았다.

[3] A. Einstein, "On the Electrodynamics of Moving Bodies", *Ann. Physik* **17**:891, 1905. 이 논문의 영문판이나 아인슈타인의 다른 문헌을 보려면 H. Lorentz, A. Einstein, H. Minkowski 및 H. Weyl이 쓴 *The Principle of Relativity* (New York: Dover, 1958)를 참고한다.

© Book's Hill

아인슈타인
Albert Einstein, 1879~1955
독일과 미국에서 활동한 물리학자

역사적으로 가장 위대한 물리학자 중 한 명인 아인슈타인은 독일의 울름에서 태어났다. 26세가 되던 1905년에 물리학에 혁명을 일으킨 네 편의 논문을 발표했다. 그 중 두 편은 그의 가장 중요한 업적인 특수 상대성 이론에 관한 것이었다.

1916년에 아인슈타인은 일반 상대성 이론에 관한 논문을 발표했다. 이 이론의 가장 극적인 예측은 중력장에 의해 휘어지는 별빛의 각도에 대한 것이었다. 1919년의 일식 때 천문학자들이 측정한 별빛의 휘어짐은 아인슈타인의 예측을 적중시켰으며, 그로 인해 그는 일약 세계적인 유명 인사가 됐다.

과학 혁명을 일으킨 공로에도 불구하고, 그는 1920년대에 발전된 양자 역학에 크게 혼란스러워 했다. 특히 그는 양자 역학의 중심 사상인 자연에서 일어나는 사건에 대한 확률론적 견해를 도저히 받아들일 수 없었다. 인생의 나머지 수십 년 동안 중력과 전자기학을 결합한 통일장 이론에 대한 연구에 몰두했으나 실패에 그치고 말았다.

가설에 근거를 두었다.

1. **상대성 원리**: 모든 물리 법칙은 모든 관성 기준틀에서 동일하다.
2. **빛 속력의 일정성**: 진공 중의 빛의 속력은 모든 관성 기준틀에서 관측자나 광원의 속도에 관계없이 일정한 값을 갖는다.

이 가설들은 등속도로 움직이는 관측자에게 적용되는 상대성 이론인 **특수 상대성 이론**(special relativity)의 기반이 된다. 가설 1은 **모든** 물리 법칙 – 역학, 전자기학, 광학, 열역학 등 – 이 서로에 대해 등속도로 움직이는 모든 기준틀에서 동일함을 의미한다. 이 가설은 역학 법칙만을 다루는 뉴턴의 상대성 원리를 포괄하는 일반적인 원리이다. 실험적인 관점에 의하면 아인슈타인의 상대성 원리는 정지한 실험실에서 수행한 어떤 종류의 실험도 그 실험실에 대해 등속도로 움직이는 실험실에서 수행된 실험과 동일한 실험 법칙을 따른다는 것을 의미한다. 그러므로 선호되는 관성 기준틀은 존재하지 않으며, 절대 운동을 측정하는 것은 불가능하다.

빛의 속력이 일정하다는 원리인 가설 2는 가설 1에 기초한 것이다. 즉 빛의 속력이 모든 관성 기준틀에서 같지 않다면, 관성 기준틀들과 빛의 속력이 c인 선호되는 절대 기준틀을 실험적으로 구별할 수 있게 된다. 또한 가설 2는 에테르의 존재를 부인함으로써, 그리고 빛은 언제나 모든 관성 기준틀에 있는 관측자에 대해 속력 c로 움직인다는 과감한 주장을 함으로써 에테르의 속력을 측정해야 하는 문제점을 해결했다.

▌**9.4** | **특수 상대성 이론의 결과** Consequences of Special Relativity

특수 상대성 이론의 가설을 받아들이면 빛의 속력을 측정할 때 상대 운동은 중요하지 않다는 결론을 내려야 한다. 동시에 시간과 공간에 대한 우리의 일상적인 개념을 변경시켜야 하며, 이제 곧 알게 되겠지만 매우 예기치 않은 몇 가지 결론을 받아들일 준비가 되어 있어야 한다.

동시성과 시간의 상대성 Simultaneity and the Relativity of Time

뉴턴 역학의 기본적인 전제는 모든 관측자에게 똑같은 보편적인 시간 척도가 존재한다는 것이다. 사실 뉴턴은 "절대적이며 사실적이며 수학적인 시간은 스스로 자신만의 본질을 가지고 어떤 것과도 무관하게 똑같이 흐른다"라고 기술했다. 뉴턴과 그의 후학들은 동시성의 개념을 당연한 것으로 받아들였다. 아인슈타인은 한 관측자에게서 동시에 일어난 두 사건이 모든 관측자에게서도 동시에 일어난다는 개념을 부정했다. 아인슈타인에 의하면 시간 측정은 측정이 이루어지는 기준틀에 의존한다.

아인슈타인은 이 점을 설명하려고 다음과 같은 사고 실험(thought experiment)을 제시했다. 기차 한 대가 등속도로 움직이고 있고, 그림 9.4a에서와 같이 기차의 양 끝에 번개가 떨어져 기차와 땅에 자국을 남긴다고 하자. 기차에 난 자국을 A'과 B'이

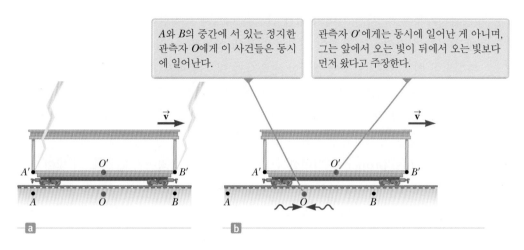

A와 B의 중간에 서 있는 정지한 관측자 O에게 이 사건들은 동시에 일어난다.

관측자 O′에게는 동시에 일어난 게 아니며, 그는 앞에서 오는 빛이 뒤에서 오는 빛보다 먼저 왔다고 주장한다.

그림 9.4 (a) 두 개의 번갯불이 기차의 앞과 뒤에 떨어진다. (b) B′에서 왼쪽으로 진행하는 빛은 이미 O′을 지나쳤으나, A′에서 오른쪽으로 진행하는 빛은 아직 O′에 도달하지 않았다.

라 하고, 땅에 난 자국을 A와 B라고 하자. 기차 안에 있는 관측자 O′은 A′과 B′의 중간에 있고, 지상에 있는 관측자 O는 A와 B의 중간에 있다. 각 관측자가 기록하는 사건은 기차에 번개가 떨어지는 순간이다.

그림 9.4b에서 보는 바와 같이 두 번개 신호는 관측자 O에게 동시에 도달한다. 그 결과 O는 A와 B에서 사건들이 동시에 일어났다고 결론짓는다. 이제 기차 안에 있는 관측자 O′이 똑같은 사건을 봤다고 하자. 그림 9.4의 선로에 대해 정지해 있는 관측자에게는 번개가 A′이 A를, O′이 O를, 그리고 B′이 B를 지날 때 치는 것으로 보인다. 번개가 관측자 O에 도달하는 순간, 관측자 O′은 그림 9.4b에서처럼 움직인다. 그러므로 B′에서 나온 신호는 A′에서 나온 신호보다 먼저 O′에 도달한다. 아인슈타인에 따르면, 관측자 O′이 측정한 빛의 속력은 관측자 O가 측정한 빛의 속력과 같아야 한다. 그러므로 관측자 O′은 번개가 기차의 앞쪽에 먼저 떨어지고, 나중에 기차의 뒤쪽에 떨어진다고 결론을 내린다. 이런 사고 실험은 관측자 O에게 동시에 일어난 두 사건이 관측자 O′에게는 동시에 일어나지 않는다는 것을 분명히 입증해 주고 있다. 일반적으로 한 기준틀에서 두 사건이 동시에 관측된다고 하더라도 이에 대해 상대적으로 움직이고 있는 다른 기준틀에서 보면 동시에 일어나지 않는다. 즉 동시성은 절대적인 개념이 아니라 관측자의 운동 상태에 의존한다.

아인슈타인의 사고 실험은 두 사건의 동시성에 대한 견해가 두 관측자에 대해 일치하지 않고 있다는 것을 입증한다. 그러나 이런 불일치는 관측자에게 전달되는 빛의 전송 시간에 기인하는 것이다. 따라서 보다 심오한 상대성에 대한 의미를 입증해 주는 것은 아니다. 상대성 이론에 의하면 빠른 속력의 상황을 상대론적으로 해석할 때는 **전송 시간을 생각하지 않더라도 동시성은 상대적이다.** 사실상 여기서 언급되는 모든 상대론적 효과에서는 관측자에게 도달하는 빛의 전송 시간 때문에 야기되는 차이는 무시할 것이다.

오류 피하기 | 9.2

누가 옳은가? 이 시점에서 여러분은 그림 9.4에 있는 두 사건에 대해 어느 관측자가 옳은지 궁금해 할지 모른다. **둘 다 옳다.** 왜냐하면 상대성 원리는 **어떤 관성계도 선호되지 않는다고** 제시해 주고 있기 때문이다. 두 관측자가 다른 결론을 내리지만 둘 다 자신의 기준틀 안에서는 옳다. 왜냐하면 동시성의 개념은 절대적인 것이 아니기 때문이다. 실제로 상대론의 중요한 점은 균일하게 움직이는 모든 기준틀이 사건을 묘사하고 물리를 연구하는 데 이용될 수 있다는 점이다.

시간 팽창 Time Dilation

앞 절에서 본 바에 의하면 빛의 전송 시간과 무관하게 서로 다른 관성 기준틀에 있는 관측자들은 두 사건 사이의 시간 간격을 다르게 측정한다. 이런 사실은 그림 9.5a에서와 같이 속력 v로 움직이는 차량을 통해 살펴볼 수 있다. 거울이 기차의 천장에 부착되어 있고, 이 기준틀에 정지한 관측자 O'이 거울에서 거리 d만큼 떨어진 곳에서 손전등을 붙잡고 있다. 어느 순간 손전등을 켜서 빛이 거울 쪽으로 향하도록 방출시킨다(사건 1). 잠시 후, 빛은 거울에서 반사되어 손전등으로 되돌아온다(사건 2). 관측자 O'은 같은 장소에서 발생되는 두 사건 사이의 시간 간격 Δt_p를 시계로 측정한다 (아래 첨자 p는 'proper'를 의미한다). 빛은 속력 c로 움직이기 때문에, 이 빛이 O'으로부터 거울까지 갔다가 다시 O'으로 되돌아오는 데 걸리는 시간은 2장에서 논의한 것처럼, 빛을 일정한 속력으로 움직이는 입자처럼 취급함으로써 다음과 같이 구할 수 있다.

$$\Delta t_p = \frac{2d}{c} \qquad\qquad \textbf{9.4}$$

이 시간 간격 Δt_p는 O'이 측정한 시간으로, O'에 대해 두 사건은 같은 위치에서 일어난다.

이제 그림 9.5b에서처럼 지면에 있는 두 번째 기준틀에 대해 정지해 있는 관측자 O가 보는 동일한 사건을 고려하자. 이 관측자 O에 의하면, 거울과 손전등은 속력 v로 오른쪽으로 움직이고 있다. O가 보는 사건은 기하학적으로 완전히 다르게 나타난다. 손전등으로부터 나온 빛이 거울에 도착할 때까지 거울은 오른쪽으로 $v\Delta t/2$만큼 움직인다. 여기서 Δt는 빛이 손전등으로부터 나와 거울에 반사되어 다시 손전등으로 되돌아오는 데 걸리는 시간을 관측자 O가 측정한 시간 간격이다. 다시 말해 관측자 O는 기차의 운동에 의해 빛이 거울에 부딪히도록 되어 있다면, 빛은 연직축에 대해 어떤 각을 이루며 손전등을 떠나야 한다고 결론을 내린다. 그림 9.5a와 9.5b를 비교해 보면, O'에서 관측했을 때보다 O에서 관측했을 때가 빛은 더 긴 거리를 진행한다.

특수 상대성 이론의 가설 2에 의하면, 두 관측자가 측정한 빛의 속력은 모두 c이어

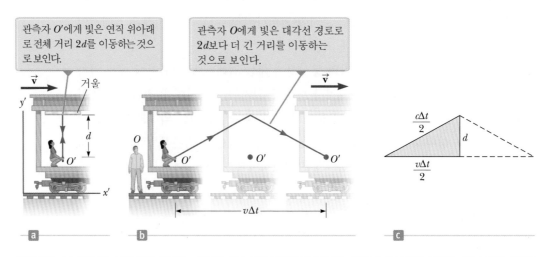

그림 9.5 (a) 움직이는 기차 안에 거울이 고정되어 있고 기차 안에서 정지해 있는 관측자 O'이 빛을 보낸다. (b) 기차가 진행하는 방향으로 서 있는 정지한 관측자 O에 대해 거울과 O'은 v의 속력으로 움직인다. (c) Δt와 Δt_p 사이의 관계를 계산하기 위한 직각삼각형

야 한다. 빛은 기준틀 O에서 같은 속력으로 더 먼 거리를 진행하기 때문에 O가 측정한 시간 간격 Δt는 O'이 측정한 시간 간격 Δt_p보다 더 길다. 두 시간 간격 Δt와 Δt_p 사이의 관계를 구하기 위해, 그림 9.5c의 직각삼각형을 이용하면 편리하다. 피타고라스 정리로부터 다음을 얻는다.

$$\left(\frac{c\Delta t}{2}\right)^2 = \left(\frac{v\Delta t}{2}\right)^2 + d^2$$

이 식을 Δt에 대해 풀면 다음과 같다.

$$\Delta t = \frac{2d}{\sqrt{c^2 - v^2}} = \frac{2d}{c\sqrt{1 - \dfrac{v^2}{c^2}}} \qquad\qquad 9.5$$

$\Delta t_p = 2d/c$ 이므로, 위 식은 다음과 같이 표현할 수 있다.

$$\Delta t = \frac{\Delta t_p}{\sqrt{1 - \dfrac{v^2}{c^2}}} = \gamma\,\Delta t_p \qquad\qquad 9.6$$

여기서 $\gamma = (1 - v^2/c^2)^{-1/2}$이다. 이 결과에 따르면 O가 측정한 시간 간격 Δt는 O'이 측정한 시간 간격 Δt_p보다 더 길다. 이는 언제나 γ가 1보다 크기 때문이다. 즉 $\Delta t > \Delta t_p$이다. 이런 효과를 **시간 팽창**(time dilation)이라 한다.

인자 γ를 생각하면 이런 시간 팽창은 일상생활에서 관측되지 않음을 알 수 있다. 이 값은 표 9.1에서와 같이 매우 빠른 속력에서만 1에서 크게 벗어난다. 예를 들어 속력이 $0.1c$일 때 γ의 값은 1.005이다. 즉 빛의 속력의 1/10에서의 시간 팽창은 단지 0.5%에 불과하다. 우리가 일상적으로 경험하는 속력은 이보다 훨씬 느리기 때문에 보통 상황에서는 시간 팽창을 경험할 수 없다.

식 9.6의 시간 간격 Δt_p를 **고유 시간 간격**(proper time interval)이라 한다. 일반적으로 이 고유 시간 간격은 **공간상의 같은 위치에서 일어나는 두 사건을 본 관측자가 측정한 두 사건 사이의 시간 간격으로 정의한다.** 앞의 예에서는 관측자 O'이 측정한 시간 간격이 고유 시간 간격이다. 식 9.6이 적용되기 위해서는 두 사건이 같은 장소에서 발생하는 **어떤** 관성 기준틀이 있어야 한다. 그러므로 예를 들면 이 절의 앞부분에서 설명한 번개 치는 현상과 관련된 예에서의 두 관측자들에 의한 측정에 대해서는 적용될 수 없다. 왜냐하면 번개는 두 관측자 모두에 대해 다른 위치에서 발생했기 때문이다.

여러분에 대해 움직이고 있는 시계가 있다면, 그 움직이는 시계가 내는 똑딱거림 사이의 시간 간격은 여러분에 대해 정지해 있는 동일한 시계가 내는 똑딱거림 사이의 시간 간격보다 길게 측정된다. 그러므로 움직이는 시계는 여러분의 기준틀에 있는 시계보다 인자 γ만큼 느리게 간다고 말할 수 있다. 이 점은 이미 설명한 빛 시계에서뿐만 아니라 기계식 시계에 대해서도 성립한다. 화학적, 생물학적 현상을 포함한 모든 물리적 과정이 시계에 대해 움직이는 기준틀에서 일어날 때, 느리게 측정된다고 말함으로써 이 결과를 일반화할 수 있다. 예를 들어 우주 공간에서 움직이는 우주비행사

표 9.1 | 속력에 따른 γ의 근삿값

v/c	γ
0	1
0.001 0	1.000 000 5
0.010	1.000 05
0.10	1.005
0.20	1.021
0.30	1.048
0.40	1.091
0.50	1.155
0.60	1.250
0.70	1.400
0.80	1.667
0.90	2.294
0.92	2.552
0.94	2.931
0.96	3.571
0.98	5.025
0.99	7.089
0.995	10.01
0.999	22.37

그림 9.6 지구에 있는 관측자가 본 뮤온
의 진행

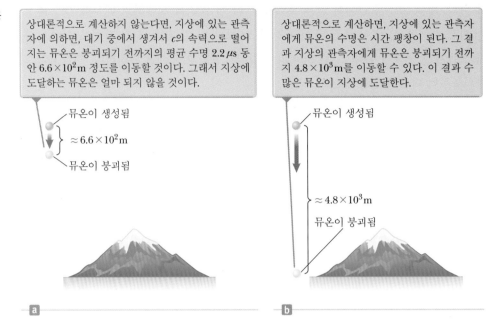

상대론적으로 계산하지 않는다면, 지상에 있는 관측자에 의하면, 대기 중에서 생겨서 c의 속력으로 떨어지는 뮤온은 붕괴되기 전까지의 평균 수명 2.2 μs 동안 6.6×10^2 m 정도를 이동할 것이다. 그래서 지상에 도달하는 뮤온은 얼마 되지 않을 것이다.

상대론적으로 계산하면, 지상에 있는 관측자에게 뮤온의 수명은 시간 팽창이 된다. 그 결과 지상의 관측자에게 뮤온은 붕괴되기 전까지 4.8×10^3 m를 이동할 수 있다. 이 결과 수많은 뮤온이 지상에 도달한다.

뮤온이 생성됨

$\approx 6.6 \times 10^2$ m

뮤온이 붕괴됨

뮤온이 생성됨

$\approx 4.8 \times 10^3$ m

뮤온이 붕괴됨

a

b

의 심장 박동은 우주선 안에 있는 시계로는 제대로 측정될 것이다. 우주비행사의 심장 박동과 시계는 지구에 있는 시계에 대해 느리게 관측될 것이다(우주비행사는 우주선에서 느리게 가는 인생을 자각하지 못 하겠지만).

시간 팽창은 입증될 수 있는 현상이다. 시간 팽창에 대한 효과를 관측할 수 있고, 또한 역사적으로 상대성 이론의 예측을 확신시켜 준 한 가지 예를 살펴보기로 한다. 뮤온 입자는 불안정한 소립자로서 전하는 전자와 같지만 질량은 전자보다 207배 무겁다. 30장과 31장에서 공부하겠지만, 이들은 전자와 중성미자로 붕괴한다. 뮤온은 대기 중 높은 곳에서 우주선을 흡수함으로써 생길 수 있다. 실험실에서 정지해 있는 뮤온의 수명은 고유 시간 간격 $\Delta t_p = 2.2$ μs로 측정된다. 대기 중에서 뮤온의 속력이 거의 빛의 속력과 같다면, 이 입자는 붕괴하기 전에 단지 $(3.0 \times 10^8$ m/s$)$ $(2.2 \times 10^{-6}$ s$) \approx 6.6 \times 10^2$ m밖에 진행할 수 없다(그림 9.6a). 그러므로 뮤온은 자신이 만들어진 대기의 상층부로부터 지면까지 도달할 수가 없게 된다. 그럼에도 불구하고 관측 결과에 의하면 수많은 뮤온 입자가 지표에 도달한다. 이런 현상은 시간 팽창 효과에 의해 설명될 수 있다. 지상에 있는 관측자가 측정했을 때, 뮤온 입자의 연장 수명은 $\gamma \Delta t_p$이다. 예를 들어 $v = 0.99c$라면 $\gamma \approx 7.1$이 되어 $\gamma \Delta t_p \approx 16$ μs이다. 그러므로 이 시간 간격 동안 지상에 있는 관측자가 측정한 뮤온이 진행한 평균 거리는 그림 9.6b에서와 같이 거의 $(3.0 \times 10^8$ m/s$)(16 \times 10^{-6}$ s$) \approx 4.8 \times 10^3$ m가 된다.

하펠레(J. C. Hafele)와 키팅(R. E. Keating)의 실험 결과로부터 시간 팽창에 대한 직접적인 확증을 얻을 수 있다.[4] 이 실험에서는 매우 안정적인 세슘 원자시계가 이용

---

[4] J. C. Hafele and R. E. Keating, "Around the World Atomic Clocks: Relativistic Time Gains Observed", *Science*, July 14, 1972, P. 168.

됐다. 제트기에 탑재된 네 개의 원자시계에 의한 시간 간격과 미국 해군천문대에 있는 기준 시계에 의한 시간 간격이 비교됐다. 이 결과를 이론과 비교하기 위해서는 지구의 회전과 제트기 사이의 상대 운동 등의 요소가 고려되어야 하는데, 결과는 특수 상대성 이론의 결과와 매우 잘 일치했다. 논문에서 하펠레와 키팅은 다음과 같이 기술했다. "미국 해군천문대의 원자시계에 대해 제트기의 시계는 동쪽으로 이동하는 동안에는 59 ± 10 ns만큼 천천히 가고, 서쪽으로 갈 때는 273 ± 7 ns만큼 빨리 갔다."

최근의 실험에서, 조우(Chou), 흄(Hume), 로젠밴드(Rosenband), 그리고 와인랜드(Wineland)[5]는 10 m/s의 느린 속력에서 시간 팽창을 실험적으로 보였다. 이들이 수행한 실험 중에는 24장에서 설명할 가두어진 이온의 레이저 냉각이 있다.

▸ **퀴즈 9.1** 그림 9.5에 있는 기차 내의 관측자 O'이 손전등을 기차의 벽으로 향하게 한 다음 스위치를 껐다 켜면서 기차의 벽에 빛 펄스를 보낸다고 하자. O'과 O가 빛이 손전등을 떠나서 기차의 벽에 도달할 때까지 걸리는 시간 간격을 측정한다. 이 두 사건 사이의 고유 시간을 측정한 관측자는 누구인가? **(a)** O' **(b)** O **(c)** 둘 다 **(d)** 둘 다 아님

▸ **퀴즈 9.2** 우주선 안의 승무원이 두 시간짜리 영화를 감상한다. 우주선은 우주 공간을 매우 빠르게 움직이고 있다. 지상의 관측자가 고성능 망원경으로 우주선 안에서 상영되는 영화를 본다면 **(a)** 두 시간보다 더 걸린다. **(b)** 두 시간보다 덜 걸린다. **(c)** 두 시간 걸린다.

쌍둥이 역설 The Twin Paradox

시간 팽창의 흥미로운 결과 중 하나로 쌍둥이 역설이 있다(그림 9.7). 속수와 지수라는 이름의 쌍둥이가 관련된 실험을 생각해 보자. 이들이 20살 때, 모험심이 강한 속수는 지구로부터 20광년 떨어져 있는 행성 X로 여행을 떠난다[1광년(ly)은 빛이 1년 동안 진행하는 거리로서 9.46×10^{15} m와 같다]. 더구나 속수가 탄 우주선은 집에 남

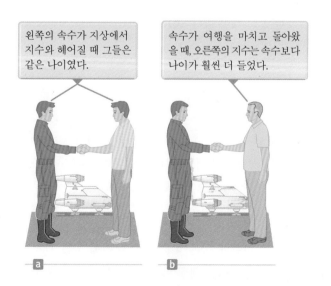

왼쪽의 속수가 지상에서 지수와 헤어질 때 그들은 같은 나이였다.

속수가 여행을 마치고 돌아왔을 때, 오른쪽의 지수는 속수보다 나이가 훨씬 더 들었다.

그림 9.7 쌍둥이 역설. 속수가 20광년 떨어진 별로 여행을 하고 지구로 돌아온다.

[5] C. Chou, D. Hume, T. Rosenband, and D. Wineland, "Optical Clocks and Relativity," *Science*, September 24, 2010, p. 1630.

아 있는 쌍둥이 동생 지수의 관성틀에 대해 0.95c까지의 속력을 낼 수 있다. 행성 X에 도착한 후, 속수는 집 생각이 나서 곧바로 같은 속력 0.95c로 지구로 되돌아온다. 그가 되돌아와서 보니 속수는 13년밖에 안 지났는데, 지수가 벌써 42년이 지나 62세가 됐다는 사실에 충격을 받았다.

이 시점에서 자연스럽게 다음과 같은 의문이 나온다. 즉 쌍둥이 중 누가 여행자였는가? 이 실험 결과, 누가 실제로 더 젊은가? 지수의 기준틀에서 보면, 그의 형 속수가 고속으로 여행하고 돌아오는 동안 지수는 정지해 있었다. 그러나 속수의 기준틀에서 보면 자기는 정지해 있고, 지수가 있는 지구가 자기로부터 고속으로 멀어졌다가 되돌아온 것이다. 이것은 관측자의 겉보기 대칭성에 의한 겉보기 모순이다. 실제로 나이가 더 든 사람을 누구인가?

이 문제는 실제로 대칭적인 상황이 아니다. 이런 겉보기 모순을 해결하기 위해서는, 특수 상대성 이론이 서로에 대해 움직이는 관성 기준틀에 대한 측정을 기술하고 있다는 점을 상기해야 한다. 우주를 여행한 속수는 여행을 하는 동안 가속도와 감속도를 경험하게 되고, 그 결과 그의 속력은 언제나 일정한 것이 아니다. 결국, 그는 언제나 관성 기준틀에 있던 것이 아니었다. 그러므로 관성 기준틀에 있는 지수만이 특수 상대성 이론에 근거한 올바른 예측을 할 수 있으므로 모순이 되지 않는다. 지수에게 1년이 흐르는 동안, 속수에게는 채 4개월도 흐르지 않는다.

지수만이 속수의 여행에 대한 시간 팽창 식을 적용할 수 있다. 그러므로 지수는 속수가 42살이 아닌 $(1 - v^2/c^2)^{1/2}$(42살) =13살 더 먹었음을 알게 된다. 두 쌍둥이에 따르면, 속수에게 있어서는 행성 X까지 가는 데 6.5년, 돌아오는 데 6.5년, 합 13년이 흐른다.

> **퀴즈 9.3** 우주인이 우주 공간을 여행하는 시간만큼 돈을 받는다고 가정하자. 빛의 속력에 가깝게 우주 여행을 하고 온다면, 그 우주인이 보다 유리하게 돈을 받으려면 여행 시간을 **(a)** 지구 시계를 기준으로 해야 한다. **(b)** 우주선 안 시계를 기준으로 해야 한다. **(c)** 아무거나 상관없다.

생각하는 물리 9.1

어떤 학생이 다음과 같은 내용으로 시간 팽창에 대해 설명한다고 하자. 만일 내가 12시에 거의 빛의 속력으로 달려서 시계로부터 멀어지면, 12시 1분을 나타내는 시계에서 나오는 빛은 결코 나에게 도달할 수 없으므로 시간의 변화를 인식하지 못할 것이다. 이 주장에 대한 오류를 찾으라.

추론 이 주장에 함축되어 있는 바는 멀어져 가는 사람에 대한 빛의 속력이 거의 **영**이라는 것이다. 왜냐하면 "... 빛은 결코 나에게 도달할 수 없으므로..."라고 했기 때문이다. 이런 점은 상대 속도란 단순히 빛의 속력에서 멀어져 가는 사람의 속력을 **빼는** 것이다라는 갈릴레이 상대성 이론이다. 특수 상대성 이론의 기본적인 가설 중 하나는, **광원으로부터 빛의 속력으로 멀어져 가고 있는 관측자를 포함한** 모든 관측자들에게 대해 빛의 속력은 동일하다는 것이다. 따라서 12시 1분에 나온 빛은, 멀어져 가고 있는 관측자를 포함한 모든 관측자들에게 빛의 속력으로 움직일 것이다. ◄

◀ 예제 9.1 | 진자의 주기는 얼마인가?

진자의 기준틀에서 측정한 진자의 주기가 3.00 s이다. 진자에 대해 0.960c로 움직이는 관측자가 측정한 진자의 주기는 얼마인가?

풀이

개념화 이 문제를 잘 파악하기 위해 기준틀을 바꿔 보자. 관측자가 0.960c로 움직이는 대신에, 관측자가 정지해 있고 진자가 0.960c로 관측자 앞을 지나간다고 하자. 그러면 진자는 관측자에 대해 고속으로 움직이는 시계의 예와 같다.

분류 개념화 단계에서 이야기한 것을 참고해서 이 문제의 범위를 시간 팽창을 포함하는 것으로 설정할 수 있다.

분석 진자의 정지 기준틀에서 측정한 고유 시간 간격은 $\Delta t_p =$ 3.00 s이다.

식 9.6을 이용해서 시간 팽창을 구한다.

$$\Delta t = \gamma \Delta t_p = \frac{1}{\sqrt{1 - \frac{(0.960c)^2}{c^2}}} \Delta t_p = \frac{1}{\sqrt{1 - 0.9216}} \Delta t_p$$

$$= 3.57(3.00 \text{ s}) = \boxed{10.7 \text{ s}}$$

결론 결과에 따르면 움직이는 진자는 정지해 있는 진자보다 한 주기를 왕복하는 데 시간이 더 걸린다는 것을 알 수 있다.

주기는 $\gamma = 3.57$만큼 증가된다.

문제 관측자의 속력을 4.00 % 증가하면, 팽창된 시간 간격도 4.00 % 증가하는가?

답 표 9.1에서처럼 v의 함수로 나타낸 γ는 매우 비선형적이기 때문에, 시간 팽창 Δt는 4.00 % 증가하지 않을 것으로 추측할 수 있다.

v가 4.00 % 증가하는 경우의 새로운 속력을 구한다.

$$v_{\text{new}} = (1.040\,0)(0.960c) = 0.998\,4c$$

시간 팽창을 다시 계산한다.

$$\Delta t = \gamma \Delta t_p = \frac{1}{\sqrt{1 - \frac{(0.998\,4c)^2}{c^2}}} \Delta t_p = \frac{1}{\sqrt{1 - 0.996\,8}} \Delta t_p$$

$$= 17.68(3.00 \text{ s}) = 53.1 \text{ s}$$

즉 속력이 4.00 % 증가하면 시간 팽창은 400 % 이상 일어난다.

길이 수축 Length Contraction

두 점 사이의 측정된 거리는 기준틀에 따라 달라진다. 물체의 **고유 길이**(proper length)란 **물체에 대해 정지해 있는 사람이 측정한 물체의 길이**이다. 물체에 대해 움직이고 있는 기준틀에서 측정한 물체의 길이는 항상 고유 길이보다 작다. 이런 효과를 **길이 수축**(length contraction)이라 한다. 이런 효과를 어떤 물체에 대한 사고적 표현으로 나타냈지만, 물체가 필요한 것은 아니다. 관측자가 측정한 두 점 사이의 거리는 그 두 점에 대해 상대적으로 움직이는 속도의 방향을 따라서 수축된다.

한 별에서 다른 별로 속력 v로 움직이는 우주선을 생각해 보자. 두 사건, 즉 (1) 첫 번째 별에서 우주선 출발과 (2) 두 번째 별로 우주선 도착을 생각하자. 두 관측자가 있는데, 한 사람은 지구에, 또 한 사람은 우주선에 있다. 지구에서 정지하고 있는 관측자(또한, 두 별에 대해서도 정지하고 있는)가 측정한 두 별 사이의 고유 거리를 L_p라 하자. 이 관측자에 의하면, 우주선이 여행을 마치는 데 걸리는 시간은 $\Delta t = L_p / v$가 된다. 우주선에 탑승하고 있는 관측자가 측정한 두 별 사이의 거리는 얼마일까? 우주선에 있는 관측자의 기준틀에서 보면, 두 사건은 같은 위치에서 발생하므로 고유 시간 간격을 측정한다. 그러므로 시간 팽창 때문에 두 별 사이를 여행하는 데 걸리는 시간 간격은 지구에 있는 관측자가 측정한 시간 간격보다 짧다. 시간 팽창 식을 이용하면 두 사건 사이의 고유 시간 간격은 $\Delta t_p = \Delta t/\gamma$이다. 우주 여행자는 자신은 정지해 있고, 목적지인 별이 속력 v로 자신의 우주선을 향해서 다가온다고 주장한다. 우주 여행자는 시간 간격 $\Delta t_p < \Delta t$에 별에 도달하므로, 결국 우주 여행자는 두 별 사이의 거리 L이 L_p보다 짧다고 결론짓는다. 우주 여행자가 측정한 거리는 다음과 같다.

$$L = v\Delta t_p = v\frac{\Delta t}{\gamma}$$

$L_p = v\Delta t$이므로 다음을 알 수 있다.

$$L = \frac{L_p}{\gamma} = L_p\sqrt{1 - \frac{v^2}{c^2}} \qquad 9.7$$

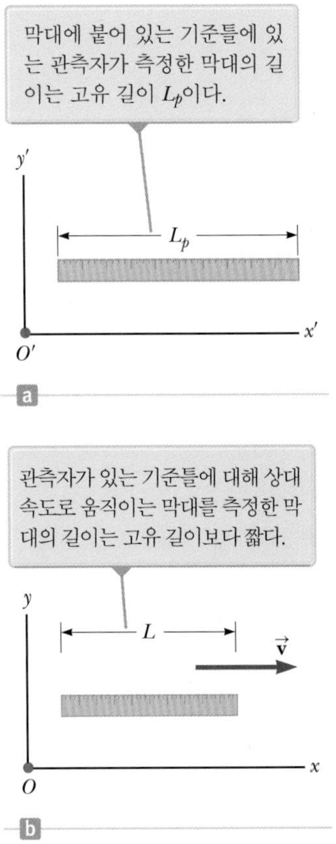

$(1 - v^2/c^2)^{1/2}$은 1보다 작으므로, 우주 여행자는 고유 길이보다 짧은 거리를 측정한다. 그러므로 공간의 두 점에 대해 움직이는 관측자는 그 두 점에 대해 정지해 있는 관측자가 측정한 길이 L_p(고유 길이)보다 짧은 길이 L을 측정한다.

길이 수축은 운동 방향을 따라서만 일어난다는 점을 주목하자. 예를 들어 그림 9.8에서처럼 지구에 정지해 있는 관측자를 속력 v로 지나가는 막대를 생각해 보자. 그림 9.8a에서처럼 막대에 붙어 있는 관측자가 측정한 막대의 길이가 고유 길이 L_p이다. 지구 관측자가 측정한 막대의 길이 L은 $(1 - v^2/c^2)^{1/2}$만큼 L_p보다 짧다. 그러나 너비는 같다. 또한 길이 수축은 대칭 효과이다. 만일 이 막대가 지구에 정지해 있다면, 움직이는 기준틀에 있는 관측자는 또한 $(1 - v^2/c^2)^{1/2}$만큼 짧아진 길이를 측정하게 된다.

고유 길이와 고유 시간 간격을 정의하는 방법이 다르다는 데 주목하자. 고유 길이는 길이의 양 끝점에 대해 정지해 있는 관측자가 측정한 길이이다. 반면 고유 시간 간격은 같은 위치에서 두 사건을 관측한 관측자가 측정한 시간이다. 흔히 고유 시간 간격과 고유 길이는 서로 다른 기준틀에서 측정된다. 예를 들어 거의 빛의 속력으로 움직이면서 붕괴하는 뮤온의 문제로 돌아가 보자. 고유 수명을 측정하는 것은 뮤온 기준틀에 있는 관측자이며, 고유 거리(그림 9.6에 있는 생성에서부터 붕괴될 때까지의 거리)를 측정하는 것은 지구에 있는 관측자이다. 뮤온의 기준틀에서는 어떤 시간 팽창도 일어나지 않지만, 여행 거리는 짧은 것으로 측정된다. 지구에 있는 관측자에게서는 시간 팽창이 일어나는 것으로 측정되나 여행 거리는 고유 길이로 측정된다. 그러므로 뮤온에 대한 계산을 두 기준틀에서 수행할 때, 한 계에서의 결과는 다른 계에서의 결과와 같아진다. 따라서 상대론적 계산을 하지 않은 상태에서 예측된 것보다 더 많은 뮤온이 지표에 도달하는 것이다.

막대에 붙어 있는 기준틀에 있는 관측자가 측정한 막대의 길이는 고유 길이 L_p이다.

관측자가 있는 기준틀에 대해 상대 속도로 움직이는 막대를 측정한 막대의 길이는 고유 길이보다 짧다.

그림 9.8 두 관측자가 막대의 길이를 측정한다.

> **퀴즈 9.4** 우주 여행을 하기 위해 짐을 싼다고 하자. $0.99c$의 속력으로 여행할 것이기 때문에 길이 수축이 일어나서 몸이 가늘어질 것이므로 옷을 작은 것으로 사야 할 것이다. 또한 키도 작아질 것이므로 객실도 작은 데를 예약해서 돈을 절약할 수도 있다. 어떤 게 맞는가? **(a)** 작은 옷을 산다. **(b)** 작은 객실을 예약한다. **(c)** 둘 다 아니다. **(d)** 둘 다 맞다.

예제 9.2 | 시리우스 별로의 여행

한 우주인이 지구로부터 8 ly 떨어진 시리우스 별로 우주 여행을 떠났다. 우주인은 가는 데 6년이 걸릴 것으로 측정했다. 우주선이 $0.8c$ 의 일정한 속력으로 간다면, 어떻게 8 ly의 거리가 우주인이 측정한 6년으로 맞춰질 수 있는가?

풀이

개념화 지상에 있는 관측자가 측정할 때, 빛이 지구에서 시리우스 별까지 가는 데 걸리는 시간은 8년이다. 그러나 여행하는 우주인은 자신이 측정한 시간 6년이면 시리우스 별에 도달한다. 우주인이 빛보다 빠르다는 뜻인가?

분류 우주인은 자신에 대해 움직이고 있는 지구와 별 사이의 공간 거리를 측정하기 때문에, 예제를 길이 수축 문제로 분류한다. 또한 우주인을 등속 운동하는 입자로 모형화한다.

분석 8광년이라는 거리는 지구에 있는 관측자가 거의 정지해 있는 지구와 시리우스 별을 볼 때, 지구와 시리우스 별 사이의 고유 길이이다.

식 9.7을 써서 우주인이 측정한 수축된 길이를 계산한다.

$$L = \frac{8 \text{ ly}}{\gamma} = (8 \text{ ly})\sqrt{1 - \frac{v^2}{c^2}} = (8 \text{ ly})\sqrt{1 - \frac{(0.8c)^2}{c^2}} = 5 \text{ ly}$$

등속 운동하는 입자 모형을 이용해서 우주인의 시계로 여행 시간을 구한다.

$$\Delta t = \frac{L}{v} = \frac{5 \text{ ly}}{0.8c} = \frac{5 \text{ ly}}{0.8(1 \text{ ly/yr})} = 6 \text{ yr}$$

결론 빛의 속력으로 $c = 1$ ly/yr을 이용했다. 우주인이 여행하는 데 걸리는 시간은 8년보다 짧은데, 그 이유는 지구와 시리우스 별 사이의 거리가 짧게 측정되기 때문이다.

문제 지상의 관제소에 있는 기술자가 매우 성능이 좋은 망원경으로 이 우주 여행을 관측하면 어떻게 되는가? 우주인이 시리우스 별에 도착했을 때를 관제소의 기술자가 보게 되는 시간은 언제인가?

답 기술자가 측정하는 우주인이 별에 도착하는 시간 간격은 다음과 같다.

$$\Delta t = \frac{L_p}{v} = \frac{8 \text{ ly}}{0.8c} = 10 \text{ yr}$$

기술자가 도착 순간을 보기 위해서는 도착 장면을 비추는 빛이 지구로 돌아와서 망원경 속으로 들어와야 한다. 이렇게 걸리는 시간 간격은 다음과 같다.

$$\Delta t = \frac{L_p}{v} = \frac{8 \text{ ly}}{c} = 8 \text{ yr}$$

그러므로 기술자는 10 yr + 8 yr = 18 yr 후에 도착 사실을 알게 될 것이다. 그러나 만일 우주인이 곧바로 지구를 향해 되돌아온다면, 기술자가 측정하는 지구에의 도착 시간은 지구를 떠난 지 20년 후이므로, 우주인이 시리우스 별에 도착한 사실을 알게 된 후 2년밖에 지나지 않는다. 더구나 우주인은 단지 12년만 늙었을 것이다.

예제 9.3 | 매우 빠르게 돌진하기

지상에 있는 관측자가 고도 4 350 km에서 지구를 향해 $0.970c$의 속력으로 돌진하는 우주선을 보고 있다.

(A) 우주선의 선장이 측정한 우주선에서 지구까지의 거리는 얼마인가?

풀이

개념화 여러분이 우주선 기준틀에 있는 선장이라고 생각하고, 지구가 여러분을 향해 $0.970c$의 속력으로 달려오고 있다고 생각하자. 우주선과 지구 사이의 거리는 수축될 것이다.

분류 관측자(선장)와 공간에서 움직이는 길이(지구-우주선 간 거리)에 관한 것이므로, 이 예제는 길이의 수축 문제로 분류할 수 있다. 고유 길이는 지구에 있는 관측자가 측정한 4 350 km이다.

분석 식 9.7을 이용해서 수축된 길이를 구한다. 길이는 우주선의 선장이 측정한 지표면으로부터의 우주선의 고도이다.

$$L = L_p\sqrt{1 - v^2/c^2} = (4\,350 \text{ km})\sqrt{1 - (0.970c)^2/c^2}$$
$$= 1.06 \times 10^3 \text{ km}$$

(B) 감속하기 위해 감속 엔진을 잠시 동안 켜 둔 후, 선장은 우주선의 고도를 267 km로 측정하는 반면, 지상에 있는 관측자는 625 km로 측정한다. 이때 순간에 우주선의 속력은 얼마인가?

풀이

분석 길이의 수축에 관한 식 9.7을 이용한다.

$$L = L_p\sqrt{1 - v^2/c^2}$$

이 식의 양변을 제곱한 후 v에 대해 푼다.

$$L^2 = L_p^2(1 - v^2/c^2) \rightarrow 1 - v^2/c^2 = \left(\frac{L}{L_p}\right)^2$$

$$v = c\sqrt{1 - (L/L_p)^2} = c\sqrt{1 - (267\,\text{km}/625\,\text{km})^2}$$

$$v = \boxed{0.904c}$$

결론 여기서 구한 답은 기대한 값과 일치한다. (A)에서의 길이는 고유 길이보다 짧다. 이는 길이가 수축된다는 것으로부터 예상된 것이다. (B)에서 계산된 속력은 원래 속력보다 느리며 그것은 우주선의 선장이 우주선을 감속시키기 위해 감속 엔진을 켰다는 사실과 일치한다.

9.5 | 로렌츠 변환식 The Lorentz Transformation Equations

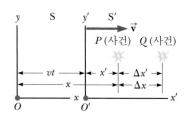

그림 9.9 점 P와 Q에서 일어난 사건들을 기준틀 S에서 정지해 있는 관측자와 오른쪽으로 속력 v로 움직이는 기준틀 S′에 있는 다른 관측자가 측정하고 있다.

그림 9.9에서처럼 어떤 점 P에서 일어난 한 사건을 기준틀 S에 정지해 있는 관측자와 그 계에 대해 속력 v로 오른쪽으로 움직이는 기준틀 S′에 있는 관측자가 측정한다고 하자. S계에 있는 관측자는 시공 좌표 (x, y, z, t)를 써서 그 사건을 표현하고, S′계에 있는 관측자는 같은 사건을 좌표 (x', y', z', t')을 써서 나타낼 것이다. 그림 9.9에서처럼 P와 Q에서 두 사건이 일어난다면, 식 9.1로부터 $\Delta x = \Delta x'$, 즉 사건이 일어난 공간상의 두 점 간의 거리는 관측자의 운동과는 무관할 것이다. 이것은 길이의 수축 개념과는 모순이 되기 때문에, v가 빛의 속력에 접근할 때 갈릴레이 변환은 성립하지 않는다. 이 절에서 우리는 모든 속력 범위 $0 \leq v < c$에 적용될 수 있는 올바른 변환식을 말하고자 한다.

모든 속력에 대해 성립하고 S에서 S′으로 좌표를 변환할 수 있는 식을 **로렌츠 변환식** (Lorentz transformation equation)이라고 하며, 그 식은 다음과 같다.

▶ **S→S′에 대한 로렌츠 변환**

$$x' = \gamma(x - vt), \quad y' = y, \quad z' = z, \quad t' = \gamma\left(t - \frac{v}{c^2}x\right) \qquad 9.8$$

이들 변환식은 로렌츠(Hendrik A. Lorentz, 1853~1928)가 1890년에 전자기학과 관련해서 만든 것이다. 그러나 그 물리적 의미를 알아내고 상대성 이론의 틀 안에서 해석을 내리는 용감한 단계를 취한 사람은 아인슈타인이었다.

관측자 O'이 관측한 사건에 대한 시간인 t'의 값은 관측자 O가 측정한 시간 t와 좌표 x에 따라 달라진다. 그러므로 상대론에서 공간과 시간이란 별개의 개념이 아니라 서로 밀접하게 얽혀 있는 개념이다. 이를 **시공간**(space-time)이라 한다. $t = t'$인 갈릴레이 변환에 대해서는 이런 개념이 성립하지 않는다.

기준틀 S′에서의 좌표를 기준틀 S에서의 좌표로 변환하고자 한다면, 식 9.8에서 v 대신 $-v$를 대입하고 프라임(′)이 붙은 좌표와 붙지 않은 좌표를 서로 바꾸면 된다.

$$x = \gamma(x' + vt'), \quad y = y', \quad z = z', \quad t = \gamma\left(t' + \frac{v}{c^2}x'\right) \qquad 9.9$$

▶ S′→S에 대한 역 로렌츠 변환

$v \ll c$일 때, 로렌츠 변환은 갈릴레이 변환으로 된다. 이를 확인해 보자. 즉 $v \ll c$이면 $v^2/c^2 \ll 1$이고, 따라서 γ가 1로 접근하므로 식 9.8은 다음과 같이 식 9.1과 9.2로 된다.

$$x' = x - vt, \quad y' = y, \quad z' = z, \quad t' = t$$

로렌츠 속도 변환 Lorentz Velocity Transformation

이제 갈릴레이 속도 변환인 식 9.3에 대응하는 **로렌츠 속도 변환**(Lorentz velocity transformation)을 유도해 보자. S′은 공통축 x와 x'을 따라 기준틀 S′에 대해 속력 v로 움직이는 기준틀이다. S′에서 측정할 때 어떤 물체의 순간 속도 성분을 u'_x이라 하면 다음을 얻는다.

$$u'_x = \frac{dx'}{dt'} \qquad 9.10$$

식 9.8에서 다음을 알 수 있다.

$$dx' = \gamma(dx - v\,dt), \qquad dt' = \gamma\left(dt - \frac{v}{c^2}dx\right)$$

이 값을 식 9.10에 대입하면 다음을 얻는다.

$$u'_x = \frac{dx'}{dt'} = \frac{dx - v\,dt}{dt - \frac{v}{c^2}dx} = \frac{\frac{dx}{dt} - v}{1 - \frac{v}{c^2}\frac{dx}{dt}}$$

그러나 dx/dt는 S에 있는 관측자가 측정한 물체의 속도 성분 u_x이므로, 이 식은 다음과 같다.

$$u'_x = \frac{u_x - v}{1 - \frac{u_x v}{c^2}} \qquad 9.11$$

▶ S→S′에 대한 로렌츠 속도 변환

마찬가지로 이 물체가 y축과 z축 방향의 속도 성분을 갖는다면, S′에 있는 관측자가 측정한 성분들은 다음과 같다.

$$u'_y = \frac{u_y}{\gamma\left(1 - \frac{u_x v}{c^2}\right)}, \qquad u'_z = \frac{u_z}{\gamma\left(1 - \frac{u_x v}{c^2}\right)} \qquad 9.12$$

u_x 또는 v가 c보다 훨씬 작을 때(비상대론적인 경우), 식 9.11의 분모는 1에 접근하므로 $u'_x \approx u_x - v$가 되는데, 이것은 갈릴레이 속도 변환에 해당한다. 또 다른 극한 경우인 $u_x = c$일 때 식 9.11은 다음과 같이 된다.

오류 피하기 | 9.3

관측자들이 동의할 수 있는 것은 무엇인가? 두 관측자 O와 O'의 측정 결과가 서로 **일치하지 않는** 다음과 같은 경우를 보아왔다. (1) 한 기준틀의 같은 위치에서 일어난 두 사건 간의 시간 간격, (2) 한 기준틀에서 길이가 고정된 두 점 간의 거리, (3) 움직이는 입자의 속도 성분, (4) 두 기준틀의 서로 다른 위치에서 일어난 두 사건이 동시인가 아닌가. 두 관측자가 **동의할 수 있는** 것은 다음과 같은 것들이다. (1) 서로에 대해 움직이는 상대 속력 v, (2) 빛의 속력 c, (3) 어떤 기준틀에서 같은 위치와 같은 시간에 일어나는 두 사건의 동시성.

$$u'_x = \frac{c - v}{1 - \dfrac{cv}{c^2}} = \frac{c\left(1 - \dfrac{v}{c}\right)}{1 - \dfrac{v}{c}} = c$$

이 결과로부터 S의 관측자가 c로 측정한 어떤 속력도 S′의 관측자에게도 c로 측정된다는 것을 알 수 있다. 즉 S와 S′의 상대 운동과는 무관하다. 이 결과는 모든 관성 기준틀에 대해 빛의 속력이 c이어야 한다는 아인슈타인의 두 번째 가설과 일치한다.

u_x를 u'_x의 항으로 구하려면 식 9.11에서 v 대신 $-v$를 대입하고 u_x와 u'_x을 다음과 같이 맞바꾸면 된다.

▶ S′→S에 대한 역 로렌츠 속도 변환

$$u_x = \frac{u'_x + v}{1 + \dfrac{u'_x v}{c^2}} \qquad\qquad \textbf{9.13}$$

◤ **퀴즈 9.5** 속도 제한이 없는 도로에서 상대론적인 속력으로 운전한다고 하자. (i) 지상에 정면으로 서 있는 도로 보수원이 경고등을 켜서 그 빛이 자신과 수직으로 위를 향해 비추었다. 운전자가 그 빛을 본다면, 빛의 속력의 수직 성분의 크기는 (a) c와 같다. (b) c보다 크다. (c) c보다 작다. (ii) 도로 보수원이 경고등을 수직이 아닌 수평으로 운전자를 향해 비춘다면, 운전자가 관측하는 그 빛의 속력의 수평 성분의 크기는 (d) c와 같다. (e) c보다 크다. (f) c보다 작다.

◤ **예제 9.4 | 두 우주선의 상대 속도**

두 우주선 A와 B가 그림 9.10에서처럼 서로 마주보고 움직인다. 지상에 있는 관측자가 측정한 우주선 A의 속력은 $0.750c$, B의 속력은 $0.850c$이다. 우주선 A에 있는 우주인이 측정한 우주선 B의 속도를 구하라.

풀이

개념화 두 관측자가 있는데, 지상에 있는 관측자(O)와 우주선 A에 있는 관측자(O')이다. 사건이란 우주선 B의 운동이다.

분류 문제가 관측된 속도를 구하는 것이기 때문에 이 문제는 로렌츠 속도 변환식이 필요한 문제이다.

분석 기준틀 S에 정지해 있는 지상의 관측자는 각 우주선마다 하나씩 두 가지 측정을 하게 된다. 우주선 A에 있는 우주인이 우주선 B의 속도를 측정하고자 하는 것이므로 $u_x = -0.850c$이다. 우주선 A의 속도는 지상에 정지해 있는 관측자에 대한 우주선 A(기준틀 S′)에서 정지해 있는 관측자의 속도이므로 $v = 0.750c$이다.

식 9.11을 써서 우주선 B의 우주선 A에 대한 속도 u'_x을 구한다.

$$u'_x = \frac{u_x - v}{1 - \dfrac{u_x v}{c^2}} = \frac{-0.850c - 0.750c}{1 - \dfrac{(-0.850c)(0.750c)}{c^2}}$$

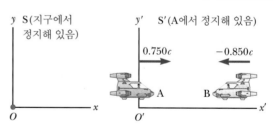

그림 9.10 (예제 9.4) 두 우주선 A와 B가 마주보고 움직이고 있다. 우주선 A에 대한 B의 속력은 c보다 작으며, 상대론적인 속도 변환식으로부터 구한다.

$$= \boxed{-0.977c}$$

결론 여기서 음의 부호는 우주선 B가 우주선 A에 있는 우주인이 관측했을 때 $-x$방향으로 향함을 나타낸다. 이것은 그림 9.10에서 예상한 것과 같은 것인가? 우선 속력은 c보다 작다. 즉 한 기준틀에서 c보다 작은 속력의 물체는 다른 어떤 기준틀에서도 그 속력이 c보다 작아야 한다(만일 이 예제에 갈릴레이 속도 변환식을 이용한다면 $u'_x = u_x - v = -0.850c$ $- 0.750c = -1.60c$ 라는 불가능한 값이 나온다. 갈릴레이 변환식은 상대론적인 경우에는 적용할 수가 없다).

문제 두 우주선이 서로 지나칠 때 이들의 상대 속력은 얼마인가?

답 식 9.11을 써서 계산하면 두 우주선의 속도만 포함되고 위치와는 무관하게 된다. 두 우주선이 서로 지나친 후에는 같은 속도를 가지기 때문에, 우주선 A에 있는 우주인이 측정한 우주선 B의 속도는 $-0.977c$로 서로 같다. 차이가 있다면, 지나치기 전에는 B가 A에 접근했지만 지나친 후에는 멀어져 간다는 것뿐이다.

◀ 예제 9.5 | 상대론적인 속력으로 경주하는 오토바이 폭주족

오토바이 폭주족인 데이비드와 에밀리가 그림 9.11에서처럼 직교하는 교차로에서 상대론적인 속력으로 경주하고 있다. 데이비드가 그의 어깨너머로 볼 때 에밀리는 얼마나 빨리 멀어져 가고 있는가?

풀이

개념화 그림 9.11에서 두 관측자는 데이비드와 경찰관이다. 사건은 에밀리의 운동이다. 그림 9.11은 기준틀 S에 정지해 있는 경찰관이 본 상황을 나타낸 그림이다. 기준틀 S′은 데이비드를 따라서 움직인다.

분류 문제에서 관측된 속력을 구하라고 했으므로 이 문제는 로렌츠 속도 변환을 필요로 하는 문제로 보면 된다. 운동은 이차원에서 일어나고 있다.

분석 경찰관이 측정한 데이비드와 에밀리의 속도 성분은 다음과 같다.

데이비드의 속도 : $v_x = v = 0.75c$ $v_y = 0$

에밀리의 속도 : $u_x = 0$ $u_y = -0.90c$

식 9.11과 9.12를 이용해서 데이비드가 측정한 에밀리의 속력 u'_x과 u'_y을 계산한다.

$$u'_x = \frac{u_x - v}{1 - \dfrac{u_x v}{c^2}} = \frac{0 - 0.75c}{1 - \dfrac{(0)(0.75c)}{c^2}} = -0.75c$$

$$u'_y = \frac{u_y}{\gamma\left(1 - \dfrac{u_x v}{c^2}\right)} = \frac{\sqrt{1 - \dfrac{(0.75c)^2}{c^2}}\,(-0.90c)}{1 - \dfrac{(0)(0.75c)}{c^2}} = -0.60c$$

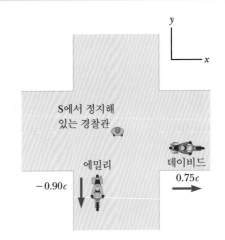

그림 9.11 (예제 9.5) 데이비드는 경찰관에 대해 $0.75c$의 속력으로 동쪽으로 질주하고, 에밀리는 $0.90c$의 속력으로 남쪽으로 질주한다.

피타고라스 정리를 이용해서 데이비드가 측정한 에밀리의 속력을 구한다.

$$u' = \sqrt{(u'_x)^2 + (u'_y)^2} = \sqrt{(-0.75c)^2 + (-0.60c)^2}$$
$$= \boxed{0.96c}$$

결론 이 속력은 특수 상대성 이론이 요구하는 바와 같이 c보다 느리다.

◀9.6 | 상대론적 운동량과 뉴턴 법칙의 상대론적 형태
Relativistic Momentum and the Relativistic Form of Newton's Laws

특수 상대성 이론의 틀 안에서 입자의 운동을 적절히 기술하기 위해서는 갈릴레이

오류 피하기 | 9.4

'상대론적인 질량'에서 주의할 점
이전에는 상대론을 다룰 때, 입자의 질량이 속력에 따라 증가한다는 모형을 이용해서 빠른 속력에 대한 운동량 보존 원리를 설명한 경우가 있었다. 여러분은 아직도 다른 책에서 '상대론적인 질량'에 대한 개념을 접할 수 있을지 모른다. 이런 개념은 더 이상 폭넓게 받아들여지지 않고 있음에 주의하자. 오늘날 질량은 속력과 무관한 **불변**의 것으로 생각되고 있다. 모든 기준틀에서 물체의 질량이란 그 물체에 대해 정지해 있는 관측자가 측정한 질량을 말한다.

변환이 로렌츠 변환으로 대체되어야 함을 알았다. 물리 법칙은 로렌츠 변환 후에도 변하지 않아야 하므로 뉴턴의 법칙, 운동량 및 에너지에 대한 정의를 로렌츠 변환과 상대성 원리가 적용될 수 있도록 일반화되어야 한다. 이들 일반화된 정의들은 $v \ll c$ 또는 $u \ll c$인 경우, 고전적(비상대론적)인 식이 되어야 한다(앞에서와 같이, 다른 기준틀에 대한 한 기준틀의 속력을 나타내는 데 v를, 그리고 입자의 속력을 나타내는 데 u를 사용한다).

먼저 고립된 입자계의 전체 운동량은 보존된다는 것을 상기하자. 두 입자의 충돌이 기준틀 S에서 일어난다고 하고 그 틀에서 측정한 운동량이 보존된다고 하자. 로렌츠 속도 변환과 뉴턴의 운동량 정의인 $\vec{\mathbf{p}} = m\vec{\mathbf{u}}$를 이용해서 두 번째 기준틀 S′에서 속도를 계산하면, 계의 운동량이 보존되지 **않는** 것으로 측정된다. 이는 아인슈타인의 가설 중 하나인 물리 법칙이 모든 관성 기준틀에서 똑같다는 가설에 위배된다. 그러므로 로렌츠 변환이 옳다고 가정하면, 운동량의 정의를 수정해야 한다.

운동량 보존의 원리가 성립하는 질량 m인 입자의 상대론적 운동량의 식은 다음과 같다.

▶ 상대론적 운동량의 정의

$$\vec{\mathbf{p}} \equiv \frac{m\vec{\mathbf{u}}}{\sqrt{1 - \dfrac{u^2}{c^2}}} \qquad\qquad 9.14$$

여기서 $\vec{\mathbf{u}}$는 입자의 속도이다. u가 c보다 매우 작으면 식 9.14의 분모는 1로 접근하므로 따라서 $\vec{\mathbf{p}}$는 $m\vec{\mathbf{u}}$에 접근한다. 그러므로 $\vec{\mathbf{p}}$에 대한 상대론적인 식은 u가 c에 비해 작으면 고전적인 식으로 된다. 식 9.14는 종종 간략한 형태로 다음과 같이 나타낸다.

$$\vec{\mathbf{p}} = \gamma m\vec{\mathbf{u}} \qquad\qquad 9.15$$

여기서 γ는 앞서 정의됐다.[6]

운동량이 $\vec{\mathbf{p}}$인 입자에 작용하는 상대론적인 힘 $\vec{\mathbf{F}}$는 다음과 같이 정의된다.

$$\vec{\mathbf{F}} \equiv \frac{d\vec{\mathbf{p}}}{dt} \qquad\qquad 9.16$$

여기서 $\vec{\mathbf{p}}$는 식 9.14로 주어진다. 이 식은 느린 속력에서 고전 역학의 식으로 돌아가고, 고립계($\sum \vec{\mathbf{F}}_{\text{ext}} = 0$)에 대해 상대론적이나 고전적으로 운동량 보존과 일치하므로 합리적인 식이다.

상대론적인 조건하에서 일정한 힘을 받는다면, 입자의 가속도 $\vec{\mathbf{a}}$는 감소한다. 이 경우 $a \propto (1 - u^2/c^2)^{3/2}$이다. 이 비례식으로부터 입자의 속력이 c에 접근하면 유한한 힘에 의한 가속도는 영에 접근함을 알 수 있다. 그러므로 어떤 입자를 정지 상태로부터 $u \geq c$의 속력으로 가속시키는 것은 불가능하다.

---

[6] 앞서 γ는 두 계 사이의 상대 속력 v에 의해 정의됐다. $(1 - u^2/c^2)^{-1/2}$에 대해서도 같은 기호가 이용됐다. 여기서 u는 입자의 속력이다.

그러므로 c는 모든 입자의 속력에 대한 극한값이다. 실제로 모든 **물질**이나 **에너지** 및 **정보**들은 공간에서 c보다 빠르게 전달될 수 없다는 것은 증명할 수 있다. 예제 9.4 에서의 두 우주선과 예제 9.5에서 두 오토바이의 상대 속력은 모두 c보다 작다. 만일 갈릴레이 변환으로 이 문제를 푼다면, 두 경우 모두 c보다 커진다.

예제 9.6 | 전자의 선운동량

질량이 9.11×10^{-31} kg인 전자가 속력 $0.750c$로 움직이고 있다. 상대론적 운동량의 크기를 구하고 고전적인 식으로 계산한 값과 비교해 보라.

풀이

개념화 매우 빠르게 움직이는 전자를 생각해 보자. 운동하는 전자는 운동량을 가지고 있지만, 상대론적인 속력으로 운동하는 경우 이 운동량의 크기는 $p = mu$가 아니다.

분류 예제를 상대론적인 식에 속력을 대입하는 문제로 분류한다.

식 9.14에 $u = 0.750c$를 대입해서 운동량을 구한다.

$$p = \frac{m_e u}{\sqrt{1 - \dfrac{u^2}{c^2}}}$$

$$p = \frac{(9.11 \times 10^{-31}\,\text{kg})(0.750)(3.00 \times 10^8\,\text{m/s})}{\sqrt{1 - \dfrac{(0.750c)^2}{c^2}}}$$

$$= 3.10 \times 10^{-22}\,\text{kg} \cdot \text{m/s}$$

고전적인 식(사용하면 안 되지만)은 $p_{classical} = m_e u = 2.05 \times 10^{-22}\,\text{kg} \cdot \text{m/s}$가 된다. 따라서 올바른 상대론적인 결과는 고전적인 결과보다 50 %나 값이 크다.

9.7 | 상대론적 에너지 Relativistic Energy

상대성 원리에 부합하기 위해 운동량의 정의를 일반화할 필요가 있음을 보였다. 이는 운동 에너지의 형태도 수정되어야 함을 의미한다.

일–운동 에너지 정리의 상대론적인 형태를 유도하기 위해 처음에 정지해 있는 입자에 작용한 크기가 F인 힘이 한 일의 정의로부터 시작하자. 6장에서 언급했던 것처럼, 적절히 단순한 상황에서 입자에 작용한 알짜힘이 한 일은 입자의 운동 에너지 변화와 같다는 일–운동 에너지 정리를 상기하자. 처음 운동 에너지는 영이므로 입자를 정지 상태로부터 가속시키는 데 한 일은 다음과 같이 입자의 상대론적 운동 에너지 K와 같다고 결론지을 수 있다.

$$W = \Delta K = K - 0 = K = \int_{x_1}^{x_2} F \, dx = \int_{x_1}^{x_2} \frac{dp}{dt} \, dx \qquad \textbf{9.17}$$

여기서 계산을 간단히 하기 위해 힘과 변위 벡터는 x축을 따르는 특별한 경우만을 고려했다. 이 적분을 하고 상대론적인 운동 에너지를 u의 함수로 표현하기 위해 우선 식 9.14를 이용해서 dp/dt를 계산한다.

$$\frac{dp}{dt} = \frac{d}{dt} \frac{mu}{\sqrt{1 - \frac{u^2}{c^2}}} = \frac{m(du/dt)}{\left(1 - \frac{u^2}{c^2}\right)^{3/2}}$$

이 식을 dp/dt에 대입하고 $dx = u\,dt$를 식 9.17에 대입하면 다음과 같다.

$$K = \int_0^t \frac{m(du/dt)u\,dt}{\left(1 - \frac{u^2}{c^2}\right)^{3/2}} = m \int_0^u \frac{u}{\left(1 - \frac{u^2}{c^2}\right)^{3/2}}\,du$$

이를 적분하면 다음과 같음을 알 수 있다.

▶ 상대론적 운동 에너지

$$K = \frac{mc^2}{\sqrt{1 - \frac{u^2}{c^2}}} - mc^2 = \gamma mc^2 - mc^2 = (\gamma - 1)mc^2 \qquad 9.18$$

$u/c \ll 1$인 느린 속력에서 식 9.18은 고전적인 식인 $K = \frac{1}{2}mu^2$이 되어야 한다. 이는 이항 전개 $(1 - x^2)^{-1/2} \approx 1 + \frac{1}{2}x^2 + \cdots (x \ll 1)$을 이용하면 증명할 수 있다. 여기서 x의 고차항은 그 값이 매우 작으므로 무시한다. 그러면 $x = u/c$이고, 따라서 다음과 같다.

$$\gamma = \frac{1}{\sqrt{1 - \frac{u^2}{c^2}}} = \left(1 - \frac{u^2}{c^2}\right)^{-1/2} \approx 1 + \frac{1}{2}\frac{u^2}{c^2} + \cdots$$

이 식을 식 9.18에 대입하면 다음을 얻는다.

$$K \approx \left(1 + \frac{1}{2}\frac{u^2}{c^2} + \cdots\right)mc^2 - mc^2 = \frac{1}{2}mu^2$$

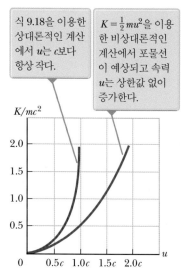

식 9.18을 이용한 상대론적인 계산에서 u는 c보다 항상 작다.

$K = \frac{1}{2}mu^2$을 이용한 비상대론적인 계산에서 포물선이 예상되고 속력 u는 상한값 없이 증가한다.

그림 9.12 운동하는 입자의 상대론적 및 비상대론적 운동 에너지를 비교하는 그래프. 에너지들은 속력 u의 함수로 그려져 있다.

이 식은 고전적인 결과와 일치한다. 그림 9.12에서 K에 대한 비상대론적인 표현(파란색 곡선)과 상대론적인 표현(갈색 곡선)을 속력-운동 에너지 관계로 비교했다. 느린 속력에서 두 곡선은 일치하지만 빠른 속력에서는 일치하지 않는다. 고전적인 식에서는 충분한 에너지가 입자에 주어지면 c보다 큰 속력으로 가속될 수 있게 되므로 상대론에 위배됨을 알 수 있다. 상대론적인 경우에는 운동 에너지에 관계없이 입자의 속력이 c를 넘어설 수 없다. 이는 실험적인 결과와 일치한다. 물체의 속력이 빛의 속력의 1/10보다 작을 때, 고전적인 운동 에너지는 (모든 속력에서 실험적으로 증명된) 상대론적인 식과 1 %도 차이가 나지 않는다. 그러므로 실질적인 계산을 할 경우 물체의 속력이 $0.1c$보다 작으면 고전적인 표현을 쓰는 것도 타당하다.

식 9.18에서 상수항 mc^2은 입자의 속력과 무관하며, 이를 그 입자의 **정지 에너지**(rest energy) E_R이라 한다. 즉 다음과 같다.

▶ 정지 에너지

$$E_R = mc^2 \qquad 9.19$$

식 9.18의 항 γmc^2은 입자의 속력에 의존하며 운동 에너지와 정지 에너지의 합이다. γmc^2을 **전체 에너지**(total energy) E로 정의한다. 즉 전체 에너지 = 운동 에너지 +

정지 에너지이다.

$$E = \gamma mc^2 = K + mc^2 = K + E_R \qquad 9.20$$

또는 γ를 대입하면 다음과 같다.

$$E = \frac{mc^2}{\sqrt{1 - \dfrac{u^2}{c^2}}} \qquad 9.21$$

▶ 상대론적인 입자의 전체 에너지

식 $E_R = mc^2$은 **질량이 에너지의 한 형태**임을 보여 주는 식이다. 이 식은 또한 작은 질량이라도 엄청난 에너지에 해당함을 나타내는데, 이것은 핵물리학과 소립자 물리학에서 기본적인 개념이 된다.

많은 경우, 한 입자의 속력을 측정하기보다는 운동량이나 에너지가 측정된다. 그러므로 전체 에너지 E가 상대론적인 운동량 p에 관련된 식을 이용하는 것이 좋다. 이런 식은 바로 $E = \gamma mc^2$과 $p = \gamma mu$를 이용해서 만들 수 있다. 이 식들의 양변을 제곱하여 서로 빼서 u를 소거하면, 결과는 다음과 같다.

$$E^2 = p^2 c^2 + (mc^2)^2 \qquad 9.22$$

▶ 상대론적인 입자의 에너지-운동량 관계

입자가 정지해 있을 때는 $p = 0$이므로 $E = E_R = mc^2$이 된다.

광자(질량이 없고, 전하도 없는 빛 알갱이)와 같이 질량이 영인 입자의 경우는 식 9.22에서 $m = 0$이라 놓으면 다음과 같이 된다.

$$E = pc \qquad 9.23$$

이 식은 항상 빛의 속력으로 움직이는 광자에 대해 에너지와 운동량을 관련시키는 정확한 표현이다.

전자나 다른 아원자 입자를 다룰 때는 주로 이 입자들이 전위차에 의해 가속된 에너지를 갖기 때문에 에너지를 **전자볼트**(eV)로 표시하는 것이 편리하다. 전자볼트와 표준으로 사용하는 에너지 단위 사이의 관계는 다음과 같다.

$$1 \text{ eV} = 1.602 \times 10^{-19} \text{ J}$$

예를 들어 전자 하나의 질량은 9.11×10^{-31} kg이므로, 전자의 정지 에너지는 다음과 같다.

$$E_R = m_e c^2 = (9.11 \times 10^{-31} \text{ kg})(3.00 \times 10^8 \text{ m/s})^2 = 8.20 \times 10^{-14} \text{ J}$$

이를 전자볼트로 바꾸면 다음을 얻는다.

$$E_R = m_e c^2 = (8.20 \times 10^{-14} \text{ J})\left(\frac{1 \text{ eV}}{1.602 \times 10^{-19} \text{ J}}\right) = 0.511 \text{ MeV}$$

◀ **퀴즈 9.6** 입자의 정지 에너지와 전체 에너지가 각각 입자 1은 E와 $2E$, 입자 2는 E와 $3E$, 입자 3은 $2E$와 $4E$이다. 이 값들로부터 (**a**) 질량, (**b**) 운동 에너지, (**c**) 속력이 가장 큰 값부터 순서대로 나열하라.

예제 9.7 | 매우 빠른 양성자의 에너지

(A) 양성자의 정지 에너지를 전자볼트 단위로 구하라.

풀이

개념화 양성자는 움직이지 않더라도 질량에 따른 정지 에너지를 갖고 있다. 그러나 움직이면, 양성자는 정지 에너지와 운동 에너지의 합으로 주어지는 에너지를 갖는다.

분류 '정지 에너지'라는 말은 이 문제를 고전적으로 접근하기보다는 상대론적으로 접근해야 함을 의미한다.

분석 식 9.19를 써서 정지 에너지를 구한다.

$$E_R = m_p c^2 = (1.673 \times 10^{-27}\,\text{kg})(2.998 \times 10^8\,\text{m/s})^2$$

$$= (1.504 \times 10^{-10}\,\text{J})\left(\frac{1.00\,\text{eV}}{1.602 \times 10^{-19}\,\text{J}}\right)$$

$$= \boxed{938\,\text{MeV}}$$

(B) 양성자의 전체 에너지가 정지 에너지의 세 배일 때, 양성자의 속력은 얼마인가?

풀이

식 9.21을 써서 양성자의 정지 에너지와 전체 에너지를 관계 짓는다.

$$E = 3m_p c^2 = \frac{m_p c^2}{\sqrt{1 - \dfrac{u^2}{c^2}}} \rightarrow 3 = \frac{1}{\sqrt{1 - \dfrac{u^2}{c^2}}}$$

이것을 u에 대해 푼다.

$$1 - \frac{u^2}{c^2} = \frac{1}{9} \rightarrow \frac{u^2}{c^2} = \frac{8}{9}$$

$$u = \frac{\sqrt{8}}{3}c = 0.943c = \boxed{2.83 \times 10^8\,\text{m/s}}$$

(C) 양성자의 운동 에너지를 전자볼트 단위로 구하라.

풀이

식 9.20을 이용해서 양성자의 운동 에너지를 전자볼트 단위로 구한다.

$$K = E - m_p c^2 = 3m_p c^2 - m_p c^2 = 2m_p c^2$$

$$= 2(938\,\text{MeV}) = \boxed{1.88 \times 10^3\,\text{MeV}}$$

(D) 양성자의 운동량은 얼마인가?

풀이

식 9.22를 이용해서 운동량을 계산한다.

$$E^2 = p^2 c^2 + (m_p c^2)^2 = (3m_p c^2)^2$$

$$p^2 c^2 = 9(m_p c^2)^2 - (m_p c^2)^2 = 8(m_p c^2)^2$$

$$p = \sqrt{8}\,\frac{m_p c^2}{c} = \sqrt{8}\,\frac{938\,\text{MeV}}{c} = \boxed{2.65 \times 10^3\,\text{MeV}/c}$$

결론 (D)에서 양성자의 운동량은 MeV/c로 주어졌다. 이 단위는 입자 물리학에서 흔히 사용하는 단위이다. 필요하다면 이 예제를 고전적인 식을 이용해서 풀어 볼 수도 있다.

9.8 | 질량과 에너지 Mass and Energy

식 9.20인 $E = \gamma mc^2$은 입자의 전체 에너지를 나타내는데, 이는 입자가 정지($\gamma = 1$)해 있더라도 질량 때문에 엄청난 에너지를 가지고 있다는 것을 암시하고 있다. 이 질량과 에너지의 등가성을 증명할 가장 명확한 실험은 질량이 운동 에너지로 변환되는 현상이 일어나는 핵물리학과 소립자 물리학에서의 실험이다. 그러므로 상대론적인 상황에서 이 등가성 때문에 7장에서 배운 에너지 보존의 원리가 여기서는 사용될 수가 없다. 에너지 저장의 다른 형태로서 정지 에너지를 포함시켜야 한다.

이런 개념은 원자 및 핵반응에서 매우 중요한데, 거기서는 처음 질량의 비교적 많은 부분이 에너지로 변환된다. 예를 들어 보통의 핵반응로에서 우라늄 핵은 **분열**되면서 상당한 운동 에너지를 가지는 여러 개의 가벼운 조각들로 쪼개진다. 원자력 발전소의 연료로 사용되는 ^{235}U의 경우, 분열 조각들은 두 개의 가벼운 핵과 몇 개의 중성자이다. 분열 조각들의 전체 질량은 ^{235}U의 질량보다 Δm만큼 작다. 이 질량차 때문에 생기는 에너지 Δmc^2은 분열 조각들의 전체 운동 에너지와 똑같다. 이 분열 조각들이 물속으로 움직이면서 물이 흡수한 에너지는 물의 내부 에너지를 증가시킨다. 이 내부 에너지가 발전기의 터빈을 돌리기 위한 증기를 만드는 데 사용된다.

다음으로 두 개의 중수소 원자가 결합해서 하나의 헬륨 원자가 되는 기본적인 **융합** 반응을 살펴보자. 두 개의 중수소 원자로부터 하나의 헬륨 원자가 만들어질 때 생기는 질량 감소는 $\Delta m = 4.25 \times 10^{-29}$ kg이다. 그러므로 하나의 융합 반응에서 나오는 에너지는 $\Delta mc^2 = 3.83 \times 10^{-12}$ J $= 23.9$ MeV이다. 이 결과의 크기를 가늠해 보자. 단지 1 g의 중수소가 헬륨으로 바뀐다면 방출되는 에너지는 10^{12} J 정도의 크기를 갖는다. 미국에서 2012년의 전기 에너지 값으로 따진다면 이것은 대략 32 000달러나 된다.

예제 9.8 | 방사능 붕괴에서의 질량 변화

^{216}Po 핵은 불안정해서 방사능 붕괴를 한다(30장 참조). 이 원자는 헬륨 핵 ^{4}He인 한 개의 알파 입자를 방출해서 ^{212}Pb로 붕괴된다. 여기에 연관된 질량들은 $m_i = m(^{216}\text{Po}) = 216.001\,915$ u와 $m_f = m(^{212}\text{Pb}) + m(^4\text{He}) = 211.991\,898$ u $+ 4.002\,603$ u이다. 단위 u는 **원자 질량 단위**로서 1 u $= 1.660 \times 10^{-27}$ kg이다.

(A) 붕괴에서 계의 질량 변화를 구하라.

풀이

개념화 처음에 이 계는 ^{216}Po 핵이다. 붕괴하는 동안에 계의 질량이 감소해서 알파 입자의 운동 에너지와 붕괴 후에 ^{212}Pb의 핵으로 변환된다.

분류 이 절에서 논의한 개념을 이용하므로, 이 예제를 대입

문제로 분류한다.

문제에 주어진 질량 값을 이용해서 질량 변화를 계산한다.

$$\Delta m = 216.001\,915\,\text{u} - (211.991\,898\,\text{u} + 4.002\,603\,\text{u})$$

$$= 0.007\,414\,\text{u} = \boxed{1.23 \times 10^{-29}\,\text{kg}}$$

(B) 이 질량 변화가 나타내는 에너지를 구하라.

풀이

식 9.19를 이용해서 질량 변화에 따른 에너지를 구한다.

$$E = \Delta mc^2 = (1.23 \times 10^{-29}\,\text{kg})(3.00 \times 10^8\,\text{m/s})^2$$

$$= 1.11 \times 10^{-12}\,\text{J} = \boxed{6.92\,\text{MeV}}$$

◤ **9.9** | 연결 주제: 화성에서 별까지 Context Connection: From Mars to the Stars

이 장에서는 빠르게 움직일 때 나타나는 이상한 효과에 대해 알아봤다. 화성으로 여행을 할 경우 이런 효과를 생각해야 할 필요가 있을까?

이 질문에 답하기 위해 지구에서 화성까지 여행하는 데 필요한 전형적인 우주선의 속력을 생각해 보자. 속력은 약 10^4 m/s로, 이에 대한 γ를 계산하면 다음과 같다.

$$\gamma = \frac{1}{\sqrt{1 - \dfrac{u^2}{c^2}}} = \frac{1}{\sqrt{1 - \dfrac{(10^4 \text{ m/s})^2}{(3.00 \times 10^8 \text{ m/s})^2}}} = 1.000\,000\,000\,6$$

이 계산에서 유효 숫자의 규칙은 완전히 무시한 채, 소수점 이하 처음으로 나타나는 0이 아닌 숫자까지 나타냈다.

이 결과로부터 화성까지 여행하는 데 있어서는 상대론적인 고찰이 중요하지 않음을 분명히 알 수 있다. 그러나 보다 먼 우주로의 여행에 대해서는 어떨까? 어떤 별로의 여행을 생각해 보자. 그 거리는 상당히 멀다. 지구로부터 가장 가까운 별까지의 거리는 약 4.2광년이다. 지구에서 화성까지의 거리는 가장 멀 때가 4.0×10^{-5}광년이다. 두 거리는 10만 배 정도 차이가 난다. 가장 가까운 별에 도달하는 데조차 매우 오랜 시간이 걸린다. 예를 들어 전 여행 기간 동안 태양으로부터의 탈출 속력을 유지한다고 해도 30 000년이 걸린다. 이 기간 동안 지구를 떠난 사람이 그 별에 도착하기를 바란다는 것은 불가능한 일이다.

상대성 원리를 이용하면 매우 빠른 속력으로 여행을 함으로써 이 여행 시간을 줄일 수 있다. 우주선이 $0.99c$의 속력으로 일정하게 움직인다고 하자. 그러면 지구에 있는 관측자가 측정한 여행 시간은 다음과 같다.

$$\Delta t = \frac{L_p}{u} = \frac{4.2 \text{ ly}}{0.99(1.0 \text{ ly/yr})} = 4.2 \text{ yr}$$

여기서 지구와 목적지 별 사이의 거리가 고유 거리 L_p이다.

우주선의 탑승자가 볼 때는 지구와 목적지 별이 모두 움직이고 있으므로 그 거리는 지구에 있는 관측자가 측정한 것보다 더 짧은 것으로 측정된다. 길이 수축을 이용하면 우주인이 측정한 지구로부터 목적지 별까지의 거리를 다음과 같이 계산할 수 있다.

$$L = \frac{L_p}{\gamma} = L_p\sqrt{1 - \frac{u^2}{c^2}} = (4.2 \text{ ly})\sqrt{1 - \frac{(0.99c)^2}{c^2}} = 0.59 \text{ ly}$$

그러면 별까지 도달하는 데 걸리는 시간은 다음과 같다.

$$\Delta t = \frac{L}{u} = \frac{0.59 \text{ ly}}{0.99(1.0 \text{ ly/yr})} = 0.60 \text{ yr}$$

분명히 여행 시간이 줄었다.

그러나 이 각본에는 세 가지 중요한 문제점이 있다. 첫째는 $0.99c$의 속력을 낼 수 있는 우주선을 제작하는 것과 관련된 기술적인 문제이다. 두 번째는 우주 공간을 빛의 속력에 가까운 속력으로 여행하면서 맞닥뜨리는 소행성이나 유성체 및 그 밖의 물질에 대한 경보 시스템을 설계하는 것이다. 작은 돌조각이라 해도 $0.99c$의 속력으로 부딪치면 엄청난 결과가 초래된다. 세 번째 문제는 이 장의 앞부분에 서술했던 쌍둥이 역설과 관련된 문제이다. 별까지 여행하는 동안 지구에서는 4.2년이 흐른다. 여행자가 지구로 돌아온다면 또 다시 4.2년이 흐른다. 그러므로 여행자에게는 불과 2(0.6년) = 1.2년만 흐르겠지만, 지구에서는 8.4년이 흐른다. 가까이에 있는 별보다 훨씬 더 멀리 있는 별의 경우, 이런 효과는 여행자가 돌아왔을 때 지구에서 이륙을 도운 사람들이 더 이상 살아 있지 않은 결과를 낳는다. 별로의 여행은 엄청난 도전이 될 것이다.

BIO 사람의 가속도 한계

$0.99c$의 속력으로 별까지 여행하려면 생물학적으로 고려할 사항이 있기 마련이다. 이런 속력에 도달하기 위해서는, $0.99c$의 속력에 도달하는 데 걸리는 시간이 그 속력으로 여행하는 시간에 비해 훨씬 짧아야 하기 때문에 엄청난 가속도가 필요하다. 그러나 인간의 몸은 가속도를 견디는 데 한계가 있다. 예를 들어 2장에서 공부한 내용으로 이해할 수 있는데, 어떤 공군 장교는 고속의 로켓 썰매가 정지할 때까지 매우 짧은 시간 동안 $20g$의 가속도를 견뎌야 한다. 다른 실험에서는 매우 짧은 시간 동안 $46g$까지의 가속도에서도 살아남는다. 앞으로 하게 될 우주 여행에서 우주선 속에 있는 사람들은 **지속적으로 유지**되는 매우 큰 가속도를 견뎌야 한다.

우주선 내에 있는 사람들이 머리를 가속되는 방향으로 향하게 둔다면, 중력이 증가한 것처럼 피가 다리 쪽으로 쏠릴 것이다. 이런 현상은 $5g$ 정도의 낮은 가속도에서도 의식을 잃게 하는 원인이 된다. 반대로 다리가 앞으로 가는 자세로 있다면 견딜 수 있는 가속도 한계는 더 낮아진다. $2g$에서 $3g$ 정도의 가속도는 피가 머리에 쏠리게 하여 눈 속의 모세 혈관이 터지게 된다.

가속도가 지속되면 매우 심각한 증상을 일으키는 원인이 된다. 가속도가 약 $10g$ 이상이 되면 사망에 이르기까지 한다. 비행사들은 특수 설계된 비행복을 입으며 $9g$까지의 가속도를 견딜 수 있는 근육 훈련을 한다. 그러나 우주 여행자들이 $0.99c$까지 가속되는 동안 부상을 당하지 않기 위해서는 더 많은 기술적인 진보가 이루어져야 한다.

연습문제 |

객관식

1. **(i)** 전자가 가질 수 있는 속력의 상한이 있는가? (a) 예, 빛의 속력 c이다. (b) 예, 그러나 다른 값이다. (c) 아니오 **(ii)** 전자의 운동량 크기에는 상한이 있는가? (a) 예, $m_e c$이다. (b) 예, 그러나 다른 값이다. (c) 아니오 **(iii)** 전자의 운동에너지에 상한이 있는가? (a) 예, $m_e c^2$이다. (b) 예,

$1/2\, m_e c^2$이다. (c) 예, 그러나 다른 값이다. (d) 아니오

2. 정지해 있는 어떤 정육면체의 부피를 측정한 값이 V_0이다. 같은 정육면체가 관측자 옆을 그 한 변에 평행하게 지나칠 때 정지한 관측자가 부피를 측정한다. 정육면체의 속력은 $0.980c$이며, 따라서 $\gamma \approx 5$이다. 정지해 있는 관측자가 측정한 부피에 가장 가까운 값은 얼마인가? (a) $V_0/25$ (b) $V_0/5$

(c) V_0 (d) $5V_0$ (e) $25V_0$

3. 다음 중 특수 상대성 이론의 기본 가정은 어느 것인가? 정답은 하나 이상일 수 있다. (a) 빛은 에테르라고 하는 물질을 통과해서 지나간다. (b) 빛의 속력은 측정되는 관성 기준틀에 따라 달라진다. (c) 물리학의 법칙은 그 법칙이 사용되는 관성 기준틀에 따라 다르다. (d) 물리학의 법칙은 모든 관성 기준틀에서 같다. (e) 빛의 속력은 그것이 측정되는 관성 기준틀과 무관하다.

4. 어떤 우주선이 지구를 뒤로하고 등속도로 매우 빨리 나아간다. 지상에 있는 관측자가 측정한 바에 의하면 우주선 안에 있는 멀쩡한 시계가 똑같은 지상의 시계에 비해 1/3의 비율로 똑딱거린다. 그렇다면 우주선 안에 있는 관측자는 지상에 있는 시계가 어떻게 똑딱거린다고 측정하는가? (a) 그가 갖고 있는 시계보다 세 배 이상 빠르게 똑딱거린다. (b) 그의 시계보다 세 배 빠르게 똑딱거린다. (c) 똑같이 똑딱거린다. (d) 그의 시계의 1/3의 속도로 느리게 똑딱거린다. (e) 그의 시계의 1/3의 속도보다 느리게 똑딱거린다.

5. 지상에 정지해 있는 관측자에 대해 어떤 자동차가 속력 v로 멀어지면서 고속도로를 달려감에 따라, 자동차의 전조등에서 나오는 빛의 속력을 측정한 것으로 옳은 설명은 다음 중 어느 것인가? 정답은 하나 이상일 수 있다. (a) 지상에 있는 관측자가 측정한 빛의 속력은 $c + v$이다. (b) 운전자가 관측한 빛의 속력은 c이다. (c) 지상에 있는 관측자가 측정한 빛의 속력은 c이다. (d) 운전자가 관측한 빛의 속력은 $c - v$이다. (e) 지상에 있는 관측자가 측정한 빛의 속력은 $c - v$이다.

6. (a) 광자, (b) 양성자, (c) 전자의 전체 에너지 E가 모두 같다고 하자. 각 입자의 운동량의 크기를 큰 것부터 순서대로 나열하라.

7. 어떤 우주인이 외계에 있는 우주선을 타고 직선으로 여행하고 있다. 우주선의 속력은 $0.500c$이다. 우주인이 겪게 되는 현상은 다음 중 어느 것인가? (a) 무거워짐을 느낀다. (b) 숨쉬기가 힘들어진다. (c) 맥박이 변한다. (d) 그가 타고 있는 우주선의 어떤 부분의 크기가 짧아질 것이다. (e) 정답 없음

8. 구 모양으로 만든 우주선이 지상에 있는 관측자 옆을 $0.500c$의 속력으로 지나친다. 그 우주선이 지나가면서 관측자가 보게 되는 구는 어떤 모양인가? (a) 구 (b) 운동 방향으로 길쭉하게 늘어난 모양 (c) 운동 방향으로 납작한 등근 베개 모양 (d) 운동 방향으로 뾰족한 원뿔 모양

9. 똑같은 두 개의 시계를 옆에 두고 동기화시킨다. 하나는 지상에 남겨두고, 다른 하나는 동쪽으로 매우 빠르게 움직이는 지구 궤도 상에 놓는다. (i) 지상에 있는 관측자가 측정한 바에 의하면, 궤도 운동하는 시계는 (a) 지상에 있는 시계보다 빨리 간다. (b) 지상에 있는 시계와 같이 간다. (c) 느리게 간다. (ii) 궤도 운동하는 시계가 원래의 위치로 되돌아 와서 지상에 남아 있던 시계 곁에 와서 정지해 있다. 그 다음에 일어날 사건으로 옳은 설명은 어느 것인가? (a) 그 시계는 지상에 있던 시계보다 시간이 점점 더 뒤처진다. (b) 일정한 양만큼만 뒤처진다. (c) 지상에 있던 시계와 똑같이 간다. (d) 지상에 있던 시계보다 일정한 양만큼 앞서 간다. (e) 지상에 있던 시계보다 시간이 점점 더 앞서간다.

10. 멀리 있는 천체(퀘이사, 준항성: 역자 주)가 빛의 속력의 반으로 우리로부터 멀어져 가고 있다. 지상의 관측자가 측정한 이 퀘이사로부터 오는 빛의 속력은 얼마인가? (a) c보다 크다. (b) c이다. (c) $c/2$에서 c 사이이다. (d) $c/2$이다. (e) 0에서 $c/2$ 사이이다.

▶ 주관식

9.1 갈릴레이의 상대성 원리

1. 실험실 기준틀에 있는 어떤 관측자가 뉴턴의 제2법칙이 성립함을 알고 있다. 빛의 속력에 비해 매우 느린 속력으로 움직이는 어떤 기준틀에 대해서도, 힘과 질량은 각각 똑같이 측정된다고 가정하자. (a) 빛의 속력에 비해 매우 느리게 일정한 속력으로 실험실 기준틀에 대해 움직이는 관측자에 대해서도 뉴턴의 제2법칙은 성립함을 증명하라. (b) 뉴턴의 제2법칙은 등가속도로 실험실 기준틀을 지나치는 기준틀에서는 성립하지 **않음**을 증명하라.

2. 질량이 2 000 kg인 자동차가 20.0 m/s의 속력으로 달리다가 신호대기 중인 정지해 있는 1 500 kg의 자동차와 충돌하여 붙어버린다. 자동차의 이동 방향으로 10.0 m/s의 속력으로 이동하는 기준틀에서 운동량이 보존됨을 증명하라.

9.2 마이컬슨–몰리의 실험
9.3 아인슈타인의 상대성 원리
9.4 특수 상대성 이론의 결과

3. 지구에 있는 천문학자가 남쪽 하늘에서 $0.800c$의 속력으로

지구에 접근하고 있는 유성체를 보고 있다. 발견 당시, 이 유성체는 지구로부터 20.0 ly 떨어져 있다. (a) 지구에 있는 천문학자가 측정한 유성체가 지구에 도달하는 데 걸리는 시간, (b) 유성체에 있는 여행자가 측정한 여행 시간, (c) 여행자가 측정한 지구까지의 거리를 구하라.

4. 항성 간 우주 탐사선이 지구로부터 발사된다. 짧은 가속 시간이 흐른 후, 빛의 속력의 70.0 %로 일정하게 움직인다. 데이터 전송기는 핵발전 건전지에 의해 지속적으로 에너지를 공급받고 있다. 정지 기준틀에서 측정하면 그 건전지의 수명은 15.0년이다. (a) 지상 관측소에서 측정할 때의 건전지의 수명은? (b) 지상 관측소에서 측정할 때, 건전지의 수명이 다 됐다면 탐사선은 지구로부터 얼마나 멀리 떨어져 있는가? (c) 탐사선에 탑재된 주행 기록계로 측정할 때, 건전지 수명이 다 됐다면 탐사선은 지구로부터 얼마나 멀리 떨어져 있는가? (d) 발사 후, 총 얼마의 시간 간격 동안 지상 관측소는 탐사선으로부터 데이터를 받는가?

5. 여러분의 친구가 빠른 속력으로 여러분 옆을 지나간다. 그는 여러분에게 자신의 우주선은 20.0 m인데, 동일하게 만들어진 여러분의 우주선은 19.0 m라고 말한다. 여러분이 관측한 입장에서 (a) 여러분의 우주선의 길이는 얼마인가? (b) 여러분 친구의 우주선의 길이는 얼마인가? (c) 여러분 친구의 우주선의 속력은 얼마인가?

6. v값이 얼마일 때 $\gamma = 1.010\,0$이 되는가? 이 속력보다 느린 속력에서 시간 팽창과 길이 수축의 영향은 1 % 이내임을 확인하라.

7. 길이가 0.500 m 수축되게 측정하려면, 1미터 막대자가 움직이는 속력은 얼마이어야 하는가?

8. 지구 대기권의 상층부에서 형성된 뮤온이 지구 표면에 도달할 때 전자, 중성미자, 반중성미자로 붕괴($\mu^- \rightarrow e^- + \nu + \bar{\nu}$)되기 전에 4.60 km의 거리를 $v = 0.990c$로 들어오는 것이 지상에 있는 관측자에 의해 관측됐다. (a) 뮤온의 기준틀에서 측정할 때 뮤온의 수명은 얼마인가? (b) 뮤온의 기준틀에서 측정할 때 지구가 이동하는 거리는 얼마인가?

9. 원자시계가 지구에 있는 동일한 시계로 측정했더니 1 000 km/h의 속력으로 1.00시간 동안 움직였다. 지구에 있는 시계와 비교했을 때 이 시간 간격 동안 움직이는 시계는 몇 나노초 느려졌는가?

10. 두 쌍둥이 속수와 지수가 지구로부터 행성 X로 이동하기로 했다. 지구와 행성 X 각각에 대해 정지해 있는 기준틀끼

리는 20.0 ly 떨어져 있다. 같은 나이의 두 쌍둥이는 같은 순간에 서로 다른 우주선에서 출발한다. 속수의 우주선은 0.950c로 지수의 우주선은 0.750c로 일정하게 날아간다. (a) 지수의 우주선이 행성 X에 도착한 후 쌍둥이 간의 나이 차이를 계산하라. (b) 누가 더 늙었는가?

11. 고유 길이가 300 m인 우주선이 지구의 관측자를 지나가는 데 0.750 μs 걸렸다. 지구의 관측자가 측정한 우주선의 속력은 얼마인가?

12. 고유 길이가 L_p인 우주선이 지상에 있는 관측자 옆을 지나친다. 관측자에 의하면 우주선이 어떤 기준점을 지나가는 데 Δt의 시간이 걸린다. 지상에 있는 관측자가 측정한 우주선의 속력을 구하라.

13. 관측자에 대해서 정지해 있는 시계보다 1/2배 느리게 가는 것으로 관측되는 시계가 움직이는 속력은 얼마인가?

14. 그림 P9.14에서처럼 움직이는 막대의 길이가 $\ell = 2.00$ m이고 움직이는 방향과 이루는 각도가 $\theta = 30.0°$ 되는 것으로 관측된다. 이 막대의 속력은 0.995c이다. (a) 막대의 고유 길이는 얼마인가? (b) 고유틀에서 기울어진 방향은 몇 도인가?

운동의 방향

그림 P9.14

9.5 로렌츠 변환식

15. 적색등은 위치 $x_R = 3.00$ m에서 시간 $t_R = 1.00 \times 10^{-9}$ s일 때 켜지고, 청색등은 위치 $x_B = 5.00$ m에서 시간 $t_B = 9.00 \times 10^{-9}$ s일 때 켜진다. 이들은 모두 S 기준틀에서 켜진 것이다. 기준틀 S′은 $t = t' = 0$에서 S와 같은 원점에서 출발해서 오른쪽으로 일정한 속력으로 움직인다. 두 등은 S′에서는 같은 장소에서 켜진 것으로 관측된다. (a) S와 S′ 사이의 상대 속력을 구하라. (b) 기준틀 S′에서 두 등의 위치를 구하라. (c) 기준틀 S′에서 적색등이 켜지는 것을 보게 되는 시간은 언제인가?

16. 샤논은 두 등이 같은 위치에서 3.00 μs 간격으로 깜빡거림을 관측한다. 그러나 킴미는 두 등이 9.00 μs 간격으로 깜빡거림을 관측한다. (a) 샤논에 대해 킴미는 얼마나 빠르게

움직이고 있는가? (b) 킴미가 관측한 우주 공간에 있는 두 등 사이의 거리는 얼마인가?

17. 적우주선이 지구로부터 $v = 0.800c$의 속력으로 멀어지고 있다(그림 P9.17). 은하계를 순찰하는 우주선이 지구에 대해 $u = 0.900c$로 쫓아가고 있다. 지상에 있는 관측자가 측정한 순찰차는 상대 속력 0.100c로 적우주선을 따라잡으려고 한다. 순찰 우주선의 승무원이 볼 때 적우주선을 따라잡기 위한 순찰 우주선의 속력은 얼마인가?

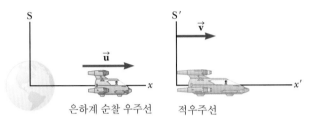

그림 P9.17

18. 그림 P9.18은 은하 M87(왼쪽 아래)에서 분출되는 분출물(오른쪽 위)의 모습을 보여 주는 사진이다. 이런 분출물들은 은하계의 중심에 초거대질량의 블랙홀이 존재한다는 증거로 믿어지고 있는 것이다. 은하의 중심으로부터 두 분출물이 서로 반대 방향으로 분출된다고 가정하자. 각 분출물들의 속력은 은하계의 중심에 대해 0.750c이다. 한 분출물에 대한 다른 분출물의 속력을 구하라.

그림 P9.18

9.6 상대론적 운동량과 뉴턴 법칙의 상대론적 형태

19. 어떤 길의 제한 속력은 90.0 km/h이다. 범칙금이 제한 속력으로 주행 중인 자동차의 운동량을 초과하는 운동량에 비례하여 부과된다고 하자. 190 km/h(즉 제한 속력을 100 km/h 초과)로 달리면 범칙금은 80.0달러이다. 그러면 (a) 1 090 km/h와 (b) 1 000 000 090 km/h로 달릴 때의 범칙금은 얼마인가?

20. 어떤 골프공이 90.0 m/s의 속력으로 날아간다. 이 경우 상대론적인 운동량 p와 고전적인 운동량 mu와의 차이는 몇 %인가? 즉 비율 $(p - mu)/mu$를 구하라.

21. (a) 0.0100c, (b) 0.500c, (c) 0.900c의 속력으로 움직이는 전자의 운동량을 계산하라.

22. 정지해 있는 불안정한 입자가 순간적으로 분열해서 질량이 다른 두 조각으로 쪼개진다. 첫 번째 조각의 질량은 2.50×10^{-28} kg이고 두 번째 조각의 질량은 1.67×10^{-27} kg이다. 분열 후 가벼운 조각의 속력이 0.893c라면 무거운 조각의 속력은 얼마인가?

9.7 상대론적 에너지

23. 전자가 정지해 있을 때보다 5배나 더 큰 운동 에너지를 가지고 있다. (a) 전체 에너지와 (b) 속력을 구하라.

24. 전자를 (a) 0.500c에서 0.900c까지, 그리고 (b) 0.900c에서 0.990c까지 가속시키는 데 드는 에너지를 구하라.

25. 전자의 정지 에너지는 0.511 MeV이고, 양성자의 정지 에너지는 938 MeV이다. 두 입자가 모두 2.00 MeV의 운동 에너지를 갖는다고 하자. (a) 전자의 속력은? (b) 양성자의 속력은? (c) 전자의 속력은 양성자의 속력보다 얼마나 빠른가? (d) 두 입자의 운동 에너지가 2 000 MeV일 때, 위의 계산을 반복하라.

26. 식 $E = \gamma mc^2$과 $p = \gamma mu$를 써서 에너지–운동량 관계식인 식 9.22의 $E^2 = p^2 c^2 + (mc^2)^2$을 보여라.

9.8 질량과 에너지

27. 태양에서 나오는 빛의 출력이 3.85×10^{26} W라면, 태양에서 초당 에너지로 변환되는 질량은 얼마인가?

28. 원자력 발전소에서 연료봉은 3년마다 교환한다. 최대 발전 능력이 1.00 GW인 발전소에서 3.00년 동안 최대 발전 능력의 80.0 %로 발전한다면, 연료의 질량 손실은 얼마인가?

9.9 연결 주제: 화성에서 별까지

29. 우주비행사가 안드로메다 은하를 가고 싶어 우주선 기준틀로 30.0년에 걸친 편도 여행을 한다. 안드로메다 은하까지의 거리는 2.00×10^6 ly이고, 우주선의 속력은 일정하다. (a) 지구에 대한 상대 속력은 얼마로 해야 하나? (b) 1 000톤 우주선의 운동 에너지는 얼마인가? (c) 전기회사로부터 소비자가 0.110달러/kWh로 이 에너지를 구입한다면

비용은 얼마인가?

추가문제

30. 태양 내부에서 일어나는 핵융합 반응은 $4\,^1\mathrm{H} \to\,^4\mathrm{He} + E$ 로 나타낼 수 있다. 수소 원자 각각의 정지 에너지는 938.78 MeV이고, $^4\mathrm{He}$ 원자의 정지 에너지는 728.4 MeV 이다. 다른 형태의 에너지로 변환되는 처음 질량의 비율을 계산하라.

31. 가장 높은 에너지를 갖는 우주선(cosmic ray)은 10^{13} MeV 정도의 운동 에너지를 갖는 양성자이다. (a) 양성자의 기준 틀에서 측정했을 때, 양성자 한 개가 지름이 $\sim 10^5$ ly인 은 하계를 가로지르는 데 걸리는 시간은 얼마인가? (b) 양성 자의 입장에서 볼 때, 양성자가 은하계를 가로지르는 거리 는 얼마인가?

32. 고유 길이가 100 m인 초고속 열차가 0.950 c의 속력으로 고유 길이가 50.0 m인 터널을 통과한다. 철로 옆에 있는 관측자가 볼 때 그 기차는 터널 속에 완전히 들어 있을 수 있는가? 있다면, 기차의 양 끝은 터널의 양 끝보다 얼마나 짧은가?

33. 전하 q인 입자가 균일한 전기장 $\vec{\mathbf{E}}$ 내에서 속력 u로 직선을 따라 운동한다. 이 전하에 작용하는 전기력은 $q\vec{\mathbf{E}}$이다. 입 자의 속도와 전기장은 모두 x 방향이다. (a) 입자의 x 방향 가속도가 다음과 같음을 보여라.

$$a = \frac{du}{dt} = \frac{qE}{m}\left(1 - \frac{u^2}{c^2}\right)^{3/2}$$

(b) 가속도가 속력에 의존하는 것의 중요성에 대해 논하라. (c) 입자가 $t = 0$일 때, $x = 0$에서 정지 상태로부터 출발한 다면, 시간 t에서 입자의 속력과 위치를 구하는 과정은 어 떻게 되는가?

34. 감마선(고에너지 광자)은 무거운 핵 속의 전기장으로 들어 갈 때 전자(e^-)와 양전자(e^+)를 생성한다. 즉 $\gamma \to e^+ + e^-$ 이다. 이 반응이 일어나기 위해 필요한 감마선의 최소 에너 지는 얼마인가?

회전 운동 Rotational Motion

Courtesy Tourism Malaysia

바퀴와 같이 크기가 있는 물체가 한 축에 대해 회전할 때, 물체를 하나의 입자로 모형화해서 그 운동을 분석할 수 없다. 왜냐하면 임의로 주어진 시간에 대해 물체의 각 부분이 다른 속력과 다른 운동 방향을 갖고 있기 때문이다. 그러나 크기가 있는 물체를 움직이는 입자의 **모임**으로 취급해서 이 운동을 분석할 수 있다.

회전하는 물체를 다룰 때 그 물체를 강체라고 가정하면 분석이 아주 간단해진다. **강체**(rigid object)는 변형되지 않는 물체를 말한다. 즉 그 물체를 이루고 있는 모든 입자 사이의 상대 위치가 변하지 않음을 뜻한다. 사실 모든 물체는 어느 정도의 변형이 있으나, 강체 모형은 그 변형이 무시될 수 있을 만큼 작을 때 유용하다.

> 말레이시아에는 질량이 5 kg까지 나가는 팽이를 돌리는 놀이가 있다. 숙련된 사람은 멈추기까지 팽이를 한두 시간 동안 돌릴 수 있다. 이 장에서는 이런 팽이와 같은 물체의 회전 운동에 대해 공부하고자 한다.

▌ **10.1** ┃ 각위치, 각속력, 각가속도 Angular Position, Speed, and Acceleration

2장에서 공부할 때, 병진 운동은 **위치**, **속도** 그리고 **가속도**를 정의하는 것으로부터 시작했다. 예를 들어 우리는 일차원 공간에 있는 입자를 위치 변수 x로 나타냈다. 이 장에서는 이전에 배웠던 **병진** 운동 변수를 이와 유사한 **회전** 변수를 이용해서 나타낼 것이다.

그림 10.1은 회전하는 콤팩트디스크(CD)를 위에서 본 모습을 보여 준다. CD는 종이면에 수직이고 디스크의 중심 O를 지나는 고정축 주위로 회전하고 있다. P에 있는 하나의 입자는 원점에서 일정한 거리 r만큼 떨어져 반지름 r인 원을 따라서 회전한다 (사실 디스크 상의 **모든** 입자들은 O를 중심으로 원운동을 하고 있다). 이때 P의 위치는 극좌표 (r, θ)로 표현하는 것이 편리하다. 여기서 r은 원점으로부터 P까지 거리를 나타내고, θ는 그림 10.1a에 보인 기준선에서 **반시계 방향**으로 측정한다. 이 표현에서 각도 θ는 r이 일정하게 유지된 상태에서 시간에 따라 변한다. 입자가 기준선 $(\theta = 0)$에서 출발해서 원을 따라 움직일 때, 그림 10.1b처럼 길이 s의 원호를 그린다. 이 원호의 길이 s와 각도 θ의 관계는 다음 식으로 나타낼 수 있다.

$$s = r\theta \qquad \text{10.1a}$$

$$\theta = \frac{s}{r} \qquad \text{10.1b}$$

θ는 호의 길이와 원의 반지름의 비이기 때문에, 단위가 없는 순수한 수(pure number)이다. 보통 θ에 인위적인 단위 **라디안**(rad)을 부여하며, 1라디안은 호의 길이가 호의 반지름과 같을 때의 각이다. 원둘레의 길이가 $2\pi r$이기 때문에, 식 10.1b로부터 $360°$는 $(2\pi r/r)\,\text{rad} = 2\pi\,\text{rad}$임을 알 수 있다(또한 $2\pi\,\text{rad}$이 한 번의 회전에 해당함을 기억하라). 따라서 $1\,\text{rad} = 360°/2\pi \approx 57.3°$이다. 도(degree)로 표현된 각도를 라디안으로 바꿀 때 $\pi\,\text{rad} = 180°$를 이용하면 다음과 같이 된다.

$$\theta(\text{rad}) = \frac{\pi}{180°}\,\theta\,(\text{deg})$$

예를 들면 $60°$는 $\pi/3\,\text{rad}$이고 $45°$는 $\pi/4\,\text{rad}$이다.

이 장에서는 강체의 운동을 다루도록 하겠다. 실제 물체를 강체로 근사시켜 단순화한 모형을 **강체 모형**(rigid object model)이라 한다. 앞에서 입자 모형에서 했던 것처럼, 이 단순화한 모형에 기초해서 여러 분석 모형을 다루도록 하겠다.

그림 10.1에서 디스크는 강체이기 때문에, P에 있는 이 입자가 기준선으로부터 원을 따라 움직일 때 강체에 속한 모든 다른 입자들도 같은 각도 θ만큼 회전한다. 따라서 개개의 입자는 물론이고, 전체 강체에 각도 θ를 부여할 수 있으므로, 회전하는 강체의 각위치를 정의할 수 있다. O와 물체의 한 점을 잇는 지름 방향 선을 정한다. 강체의 **각위치**(angular position)는 이 물체상의 지름 방향 선과 공간상의 고정된 기준선(보통 x축으로 한다)이 이루는 각도 θ로 정한다. 이것은 병진 운동에서 원점$(x = 0)$을 기준으로 해서, 좌표 x로 물체의 위치를 정하는 것과 같다. 따라서 병진 운동에서 위치 x의 역할을 회전 운동에서 각도 θ가 한다.

▶ 라디안

디스크의 각위치를 표시하기 위한 고정된 기준선을 택한다. P에 있는 입자는 O에 있는 회전축으로부터 거리 r만큼 떨어져 있다.

디스크가 회전하면 P에 있는 입자는 반지름 r인 원 경로로 길이가 s인 원호를 그리며 움직인다.

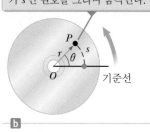

그림 10.1 종이면에 수직이고 O를 관통하는 고정축에 대해 회전하고 있는 CD

그림 10.2에 표시된 것처럼 강체의 한 입자가 시간 간격 Δt 동안 위치 ⓐ에서 ⓑ로 이동할 때, 강체에 고정된 기준선은 각도 $\Delta\theta = \theta_f - \theta_i$만큼 돌아간다. 이 $\Delta\theta$를 강체의 **각변위**(angular displacement)로 정의한다.

$$\Delta\theta \equiv \theta_f - \theta_i$$

이 각변위가 일어나는 시간에 대한 비율은 다를 수 있다. 강체가 빠르게 돌면 이 변위는 짧은 시간 간격 동안에 일어난다. 천천히 돌 때는 같은 변위가 더 긴 시간 간격 동안에 일어난다. 이렇게 다른 회전 비율을 정량화하기 위해서, 강체의 각변위를 그 변위가 일어나는 시간 간격 Δt로 나눈 비율을 **평균 각속도**(average angular speed) ω_{avg}(그리스 문자 오메가)로 정의한다.

$$\omega_{\mathrm{avg}} \equiv \frac{\theta_f - \theta_i}{t_f - t_i} = \frac{\Delta\theta}{\Delta t} \qquad \text{10.2}$$

순간 병진 속도와 마찬가지로 **순간 각속도**(instantaneous angular speed) ω는 Δt가 영에 접근할 때 평균 각속도의 극한으로 정의한다.

$$\omega \equiv \lim_{\Delta t \to 0} \frac{\Delta\theta}{\Delta t} = \frac{d\theta}{dt} \qquad \text{10.3}$$

각속도의 단위는 rad/s이지만, 라디안은 차원이 없는 단위이므로 s^{-1}로 쓸 수 있다. θ가 증가할 때(그림 10.2에서 반시계 방향으로 움직임) ω는 양(+)이고, θ가 감소할 때(그림 10.2에서 시계 방향으로 움직임) 음(−)이다. 일반적으로 각속도의 크기를 각속력이라 한다.

만약 물체의 순간 각속도가 시간 간격 Δt 동안에 ω_i에서 ω_f로 변한다면 그 물체는 각가속도를 가진다. 회전하는 강체의 **평균 각가속도**(average angular acceleration) α_{avg}(그리스 문자 알파)는 강체의 각속도 변화와 그 변화가 일어나는 데 소요된 시간 간격 Δt의 비율로 정의한다.

$$\alpha_{\mathrm{avg}} \equiv \frac{\omega_f - \omega_i}{t_f - t_i} = \frac{\Delta\omega}{\Delta t} \qquad \text{10.4}$$

순간 병진 가속도의 경우와 마찬가지로 **순간 각가속도**(instantaneous angular acceleration)는 Δt가 영에 접근할 때 평균 각가속도의 극한으로 정의한다.

$$\alpha \equiv \lim_{\Delta t \to 0} \frac{\Delta\omega}{\Delta t} = \frac{d\omega}{dt} \qquad \text{10.5}$$

각가속도의 단위는 rad/s^2 또는 간단히 s^{-2}이다. 반시계 방향으로 회전하는 강체가 빨라지거나 시계 방향으로 회전하는 강체가 느려질 때 α는 양(+)의 값을 갖는다.

강체가 **고정축**에 대해 회전할 때, 물체 위의 모든 입자는 주어진 시간 간격 동안에 그 축에 대해 같은 각도만큼 회전하고 같은 각속도와 같은 각가속도를 갖는다. 즉 θ, ω와 α는 물체의 각 구성 입자뿐만 아니라 전체 강체의 회전 운동을 규정한다.

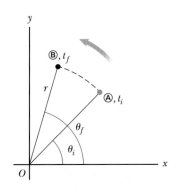

그림 10.2 회전하는 강체의 한 입자가 점 ⓐ에서 ⓑ로 원호를 따라 움직인다. 시간 간격 $\Delta t = t_f - t_i$ 동안에 길이 r의 지름 방향 선은 각도 $\Delta\theta = \theta_f - \theta_i$만큼 움직인다.

▶ 평균 각속도

▶ 순간 각속도

▶ 평균 각가속도

▶ 순간 각가속도

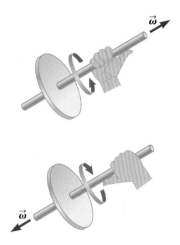

그림 10.3 각속도 벡터의 방향을 정하기 위한 오른손 법칙

회전 운동의 각위치(θ), 각속도(ω), 각가속도(α)는 2장에서 언급한 일차원 운동의 위치(x), 속도(v), 가속도(a)와 유사하다. 변수 θ, ω, α의 차원은 변수 x, v, a의 차원과 비교해서 길이 단위만큼 다르다(10.3절 참조).

우리는 각속도와 각가속도의 방향에 대해서는 아직까지 설명하지 않았다. 엄밀히 말해서 ω와 α의 크기는 각속도와 각가속도 벡터[1] $\vec{\omega}$와 $\vec{\alpha}$의 크기이다. 그러나 우리는 고정축에 대한 회전을 고려하고 있으므로 벡터 기호를 이용하지 않고, 이미 식 10.3에 설명한 대로 양(+)의 부호와 음(−)의 부호를 ω와 α에 포함해서 벡터 방향을 표시한다. 고정축에 대한 회전에서는 회전축의 방향이 회전 운동의 방향을 정하게 되며, 따라서 $\vec{\omega}$의 방향은 이 축 방향에 놓이게 된다. 그림 10.2에서처럼 입자가 xy 평면에서 회전하면, 각속도 $\vec{\omega}$의 방향은 반시계 방향으로 회전할 때 그림이 있는 평면으로부터 **나오는** 방향이고, 시계 방향으로 회전할 때는 평면으로 **들어가는** 방향이다. 이 방향을 기억하려면 그림 10.3에 표시된 것처럼 **오른손 법칙**(right-hand rule)을 이용하면 편리하다. 오른손의 네 손가락을 회전 방향으로 감아쥘 때, 엄지손가락은 벡터 $\vec{\omega}$의 방향을 가리킨다. $\vec{\alpha}$의 방향은 $d\vec{\omega}/dt$의 정의로부터 정해진다. 고정축에 대한 회전의 경우, $\vec{\alpha}$는 각속력이 시간에 따라 증가하면 $\vec{\omega}$와 같은 방향이고, 각속력이 시간에 따라 감소하면 $\vec{\omega}$와 반대 방향이다.

▌**퀴즈 10.1** 강체가 고정축 주위로 반시계 방향으로 회전하고 있다. 다음 보기의 각 쌍은 강체의 처음 각위치와 나중 각위치를 나타낸 것이다. (a) 3 rad, 6 rad (b) −1 rad, 1 rad (c) 1 rad, 5 rad (i) 강체가 180°보다 더 회전한 경우에 해당하는 것은 어느 것인가? (ii) 1 s 동안 각각 쌍에 각위치의 변화가 일어났다고 하자. 평균 각속도가 가장 작은 경우는 어느 것인가?

10.2 │ 분석 모형: 각가속도가 일정한 강체
Analysis Model: Rigid Object Under Constant Angular Acceleration

고정축을 중심으로 강체가 회전하고 각가속도가 일정한 경우를 고려해 보자. 이 경우 **각가속도가 일정한 강체**(rigid object under constant angular acceleration)라고 하는 회전 운동에 대한 새로운 분석 모형을 만든다. 이 모형은 등가속도 운동의 경우와 유사하다. 이 절에서 이 모형에 대한 운동학적 관계를 유도해 보자. 식 10.5를 $d\omega = \alpha\,dt$로 쓰고 $t_i = 0$에서 $t_f = t$까지 적분하면 다음을 얻는다.

$$\omega_f = \omega_i + \alpha t \quad (\alpha\text{는 일정})$$ 10.6

여기서 ω_i는 시간 $t = 0$에서의 강체의 각속도이다. 식 10.6으로부터 임의의 시간 t

---

[1] 여기서 분명하게 보이진 않았지만, 순간 각속도와 순간 각가속도는 벡터인 반면에 대응되는 평균값은 벡터가 아니다. 왜냐하면 유한한 회전의 경우 각변위를 벡터처럼 더할 수 없기 때문이다.

표 10.1 | 가속도가 일정한 회전 운동과 병진 운동의 운동학 식

각가속도가 일정한 강체	등가속도 입자
$\omega_f = \omega_i + \alpha t$	$v_f = v_i + at$
$\theta_f = \theta_i + \omega_i t + \frac{1}{2}\alpha t^2$	$x_f = x_i + v_i t + \frac{1}{2}at^2$
$\omega_f^2 = \omega_i^2 + 2\alpha(\theta_f - \theta_i)$	$v_f^2 = v_i^2 + 2a(x_f - x_i)$
$\theta_f = \theta_i + \frac{1}{2}(\omega_i + \omega_f)t$	$x_f = x_i + \frac{1}{2}(v_i + v_f)t$

> **오류 피하기 | 10.3**
>
> 병진 운동에서의 식과 똑같은가? 식 10.6에서 10.9까지 및 표 10.1은 회전 운동학 공식이 마치 병진 운동학에서의 식과 같은 것처럼 암시하고 있다. 그것은 거의 사실이지만 다음의 두 가지 중요한 차이가 있다. (1) 회전 운동학에서는 회전축을 지정해야 한다(오류 피하기 10.1에서 이야기했음). (2) 회전 운동에서 물체는 반복해서 원래 방향으로 돌아올 수 있다. 따라서 강체의 회전수에 의문을 가져야 한다. 이들 개념은 병진 운동과 유사성이 없다.

이후의 각속도 ω_f를 얻을 수 있다. 식 10.6을 10.3에 대입하고 한 번 더 적분하면 다음의 식을 얻는다.

$$\theta_f = \theta_i + \omega_i t + \frac{1}{2}\alpha t^2 \qquad (\alpha \text{는 일정}) \qquad \textbf{10.7}$$

여기서 θ_i는 시간 $t = 0$에서의 강체의 각위치이다. 식 10.7로부터 임의의 시간 t 이후의 각위치 θ_f를 얻을 수 있다. 식 10.6과 10.7에서 t를 소거하면 다음의 식을 얻는다.

$$\omega_f^2 = \omega_i^2 + 2\alpha(\theta_f - \theta_i) \qquad (\alpha \text{는 일정}) \qquad \textbf{10.8}$$

이 식으로부터 임의의 각위치 값 θ_f에 대응하는 강체의 각속도 ω_f를 얻을 수 있다. 식 10.6과 10.7에서 α를 소거하면 다음의 관계식을 얻는다.

$$\theta_f = \theta_i + \frac{1}{2}(\omega_i + \omega_f)t \qquad (\alpha \text{는 일정}) \qquad \textbf{10.9}$$

일정한 각가속도로 회전하는 강체에 대한 이런 운동학 식들은 등가속도 운동하는 입자에 대한 식들과 수학적으로 같은 형태를 갖는다 (2장 참고). 이것들은 병진 운동의 식에서 $x \to \theta$, $v \to \omega$, $a \to \alpha$로 치환해서 얻을 수 있다. 표 10.1은 회전 운동과 병진 운동의 운동학 식을 비교한 것이다.

◤ **퀴즈 10.2** 퀴즈 10.1에서 다른 강체에 대한 각위치의 쌍들을 다시 생각해 보자. 모든 세 쌍의 경우에 대해 처음 각위치에서 정지 상태에 있다가 반시계 방향으로 일정한 각가속도로 회전해서 나중 각위치에서 동일한 각속도를 가진다면, 이들 중 각가속도가 가장 큰 것은 어느 경우인가?

◤ **예제 10.1 | 회전 바퀴**

바퀴가 3.50 rad/s^2의 일정한 각가속도로 회전하고 있다.

(A) $t = 0$에서 바퀴의 각속력이 2.00 rad/s일 때, 2.00 s 동안 바퀴가 회전한 각변위를 구하라.

풀이

개념화 그림 10.1과 같이 CD가 일정한 비율로 각속력이 빨라지면서 회전하고 있다고 가정하자. CD가 2.00 rad/s로 회전하는 순간 초시계를 작동시켰다고 하자. 이런 상상이 이 예

제의 바퀴 운동에 대한 모형이다.

분류 '일정한 각가속도'라는 말은 일정한 각가속도로 회전하는 강체의 모형을 사용할 수 있음을 뜻한다.

분석 식 10.7을 정리해서 물체의 각변위를 표시한다.

$$\Delta\theta = \theta_f - \theta_i = \omega_i t + \frac{1}{2}\alpha t^2$$

알고 있는 값을 대입해서 $t = 2.00$ s일 때의 각변위를 구한다.

$$\Delta\theta = (2.00 \text{ rad/s})(2.00 \text{ s}) + \frac{1}{2}(3.50 \text{ rad/s}^2)(2.00 \text{ s})^2$$

$$= \boxed{11.0 \text{ rad}} = (11.0 \text{ rad})(180°/\pi \text{ rad}) = \boxed{630°}$$

(B) 이 시간 간격 동안에 바퀴는 몇 바퀴 회전하는가?

풀이
(A)에서 알아낸 각변위에 회전수로 바꿔주는 바꿈 인수를 곱한다.

$$\Delta\theta = 630°\left(\frac{1 \text{ rev}}{360°}\right) = \boxed{1.75 \text{ rev}}$$

(C) $t = 2.00$ s에서 바퀴의 각속도를 구하라.

풀이
식 10.6을 이용해서 $t = 2.00$ s에서의 각속도를 구한다.

$$\omega_f = \omega_i + \alpha t = 2.00 \text{ rad/s} + (3.50 \text{ rad/s}^2)(2.00 \text{ s})$$

$$= \boxed{9.00 \text{ rad/s}}$$

결론 식 10.8과 (A)의 결과를 이용해서 같은 답을 얻을 수 있다. (직접 해보기 바란다.)

문제 3.50 m/s²의 등가속도로 직선 상에서 움직이는 한 입자가 있다. $t = 0$에서 입자의 속도가 2.00 m/s라면 2.00 s 동안 이동한 변위는 얼마인가? $t = 2.00$ s에서 입자의 속도를 구하라.

답 원래 문제 (A)와 (C)의 형태와 유사한 병진 운동에 대한 문제이다. 수학적으로 풀어보면 정확하게 같은 형태이다. 변

위는 다음과 같다.

$$\Delta x = x_f - x_i = v_i t + \frac{1}{2}at^2$$

$$= (2.00 \text{ m/s})(2.00 \text{ s}) + \frac{1}{2}(3.50 \text{ m/s}^2)(2.00 \text{ s})^2$$

$$= \boxed{11.0 \text{ m}}$$

속도는 다음과 같다.

$$v_f = v_i + at = 2.00 \text{ m/s} + (3.50 \text{ m/s}^2)(2.00 \text{ s})$$

$$= \boxed{9.00 \text{ m/s}}$$

이 병진 운동에는 회전 운동과 같은 반복성이 없기 때문에 (B)에 해당하는 유형은 없다.

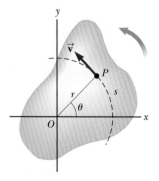

그림 10.4 강체가 O를 통과하는 고정축에 대해 회전할 때, 점 P는 반지름이 r인 원의 경로에 접하는 접선 속도 $\vec{v}$를 갖는다.

10.3 │ 회전 운동과 병진 운동의 물리량 관계
Relations Between Rotational and Translational Quantities

이 절에서는 회전 강체의 각속력 및 각가속도와 강체 내의 한 점의 병진 속력 및 병진 가속도 사이의 관계식을 유도하자. 여기서 염두에 두어야 하는 것은 그림 10.4와 같이 강체가 고정축에 대해 회전할 때 강체의 **모든** 입자들이 회전축을 중심으로 원운동을 한다는 점이다.

그림 10.4의 점 P는 반지름 r인 원을 따라 움직이기 때문에, 병진 속도 벡터 $\vec{v}$는 항상 원둘레의 접선 방향이므로 **접선 속도**(tangential velocity)라고 한다. 입자의 접선 속도의 크기는 **접선 속력**(tangential speed) $v = ds/dt$로 정의된다. 여기서 s는 입

자가 원둘레 상에서 움직인 거리이다. 편의상 반시계 방향의 회전을 고려한다. $s = r\theta$ (식 10.1a)와 r이 상수라는 사실을 이용해서, 다음 식을 얻을 수 있다.

$$v = \frac{ds}{dt} = r\frac{d\theta}{dt}$$

$$\boxed{v = r\omega} \qquad\qquad\qquad 10.10$$

즉 회전하는 강체에 있는 한 점의 접선 속력은 회전축으로부터 그 점까지의 수직 거리에 각속력을 곱한 것과 같다. 그러므로 강체 내의 모든 점의 **각속력**은 같아도, r이 각 점마다 다르기 때문에 **접선 속력**은 같지 않다. 직관적으로 알고 있듯이, 식 10.10은 회전체 내에 있는 한 점의 접선 속력이 회전 중심에서 멀어질수록 커진다는 사실을 보인다. 예를 들면 골프채를 휘두를 때 바깥쪽 끝이 손잡이 부분보다 빠르게 움직인다.

점 P의 접선 가속도와 회전하는 강체의 각가속도 사이의 관계는 v를 시간으로 미분해서 얻을 수 있다.

$$a_t = \frac{dv}{dt} = r\frac{d\omega}{dt}$$

$$\boxed{a_t = r\alpha} \qquad\qquad\qquad 10.11$$

즉 회전 강체에 있는 한 점의 병진 가속도의 접선 성분은 회전축으로부터 그 점까지의 수직 거리에 각가속도를 곱한 값과 같다.

3장에서 원형 경로를 따라 회전하고 있는 입자는 크기가 v^2/r이고, 회전 중심을 향하는 구심 가속도 a_r를 갖는다는 것을 알았다 (그림 10.5). $v = r\omega$이므로, 이 점에서 구심 가속도는 각속력을 이용해서 다음과 같이 쓸 수 있다.

$$\boxed{a_c = \frac{v^2}{r} = r\omega^2} \qquad\qquad\qquad 10.12$$

이 점에서의 전체 가속도 벡터는 $\vec{a} = \vec{a}_t + \vec{a}_r$이며, 여기서 $\vec{a}_r$의 크기는 구심 가속도 a_c이다. 가속도 $\vec{a}$는 지름 성분과 접선 성분을 갖는 벡터이기 때문에, 회전 강체에 있는 점 P에서의 가속도 $\vec{a}$의 크기는 다음과 같다.

$$a = \sqrt{a_t^2 + a_r^2} = \sqrt{r^2\alpha^2 + r^2\omega^4} = r\sqrt{\alpha^2 + \omega^4} \qquad\qquad 10.13$$

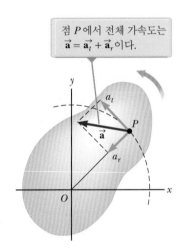

점 P에서 전체 가속도는 $\vec{a} = \vec{a}_t + \vec{a}_r$이다.

그림 10.5 강체가 O를 통과하는 고정축을 중심으로 회전할 때, 점 P는 병진 가속도의 접선 성분 a_t와 지름 성분 a_r을 갖는다.

▶ **퀴즈 10.3** 알렉스와 브라이언이 회전목마를 타고 있다. 알렉스는 원형 무대의 바깥쪽에 있는 목마를 타고 있는데, 안쪽 목마를 타고 있는 브라이언에 비해 중심에서 두 배 떨어져 있다. **(i)** 회전목마가 일정한 각속력으로 돌고 있다면 알렉스의 각속력은 얼마인가? (a) 브라이언의 두 배 (b) 브라이언과 같음 (c) 브라이언의 절반 (d) 알 수 없다. **(ii)** 회전목마가 일정한 각속력으로 돌고 있다면, 알렉스의 접선 속력을 앞의 보기에서 고르라.

▶ **생각하는 물리 10.1**

축음기(LP)가 일정한 **각속력**으로 회전하고 있다. 콤팩트디스크(CD)는 표면에 일정한 **접선 속력**으로 레이저가 지나가도록 회전한다. LP의 정보를 담고 있는 원형 홈 두 개를 고려하자. 하나는 안쪽 가장자리 근처에, 하나는 바깥쪽 가장자리 근처에 있다. 바깥쪽의 홈이 1.8 s만큼의 음악 정보를 담고 있다고 가정하자. 그렇다면 안쪽 홈도 1.8 s만큼의 음악 정보를 담고 있을까? 또한 CD의 경우, 안쪽과 바깥쪽 '홈'이 똑같은 시간의 음악 정보를 가질까?

추론 LP판에서 안쪽과 바깥쪽 홈은 같은 시간 간격으로 회전한다. 그러므로 각 홈은 레코드 위 어디서든 같은 시간 간격의 정보를 가진다. 물론, 안쪽 홈에서 같은 양의 정보가 작은 길이에 압축되어 있어야 한다. CD에 있어서 일정한 접선 속력은 압축이 일어나지 않음을 의미한다. 정보를 표시하는 디지털 홈은 표면 위의 어디서든 균일하게 퍼져 있다. 그러므로 둘레가 더 긴 바깥 '홈'에 더 많은 정보가 들어 있고 결과적으로 안쪽 '홈'보다 긴 시간 동안 음악이 나온다. ◀

▶ **생각하는 물리 10.2**

유럽우주기관(ESA)의 발사 장치는 유럽에 있지 않고 남미에 있다. 왜 그런가?

추론 위성을 지구 궤도에 올려놓으려면 위성은 큰 접선 속력을 가져야 하는데, 이것이 로켓 추진계의 중요한 임무이다. 추진계의 부담을 덜어줄 수 있다면, 이는 환영할 만한 기여가 된다. 지표면은 지구의 자전에 의해서 동쪽으로 이미 빠르게 이동하고 있다. 그러므로 로켓이 동쪽으로 발사된다면 지구 자전은 추진계가 필요로하는 처음 접선 속력을 제공하게 된다. 만약 로켓이 상대적으로 위도가 높은 유럽에서 발사된다면 자전축과 유럽과의 거리가 상대적으로 작기 때문에 지구의 자전에 의한 도움을 적게 받을 것이다. 발사의 최적의 위치는 지구 표면 중에서 자전축과의 거리가 가장 먼 적도이다. 이 위치가 지구 자전에 의한 가장 큰 접선 속력을 내게 한다. ESA는 적도에서 북쪽으로 얼마 떨어지지 않은 프랑스령 기아나(Guiana)에서 발사함으로써 이 이점을 활용한다.

이 지역의 두 번째 이점은 동쪽으로 발사하면 우주선이 해수면 위로 날아간다는 점이다. 사고가 날 경우 유럽에서 발사된 경우 인구 밀집 지역으로 잔해가 떨어질 수 있지만 이 지역에서 발사하면 물속으로 떨어진다. 비슷한 경우로, 미국에서는 기후 조건이 좋은 캘리포니아보다는 플로리다에서 우주선을 발사한다. ◀

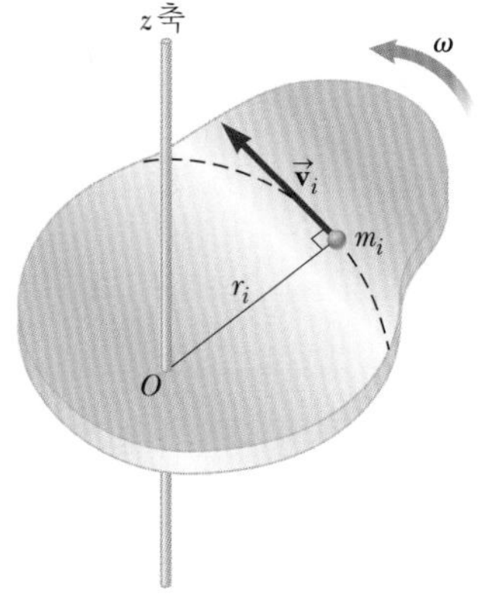

그림 10.6 강체가 z축을 중심으로 ω로 회전하고 있다. 질량 m_i인 입자의 운동 에너지는 $\frac{1}{2}m_i v_i^2$이다. 이 물체의 전체 운동 에너지를 회전 운동 에너지라고 한다.

◀ **10.4** | 회전 운동 에너지 Rotational Kinetic Energy

강체를 작은 입자들의 집합으로 생각하고, 이 강체가 고정된 z축을 중심으로 각속력 ω로 회전한다고 가정하자. 그림 10.6은 회전체와 회전축으로부터 r_i만큼 떨어진 곳에 위치한 한 입자를 보여 주고 있다. i 번째 입자의 질량을 m_i 그리고 접선 속력을

v_i라 하면, 이 입자의 운동 에너지는 다음과 같다.

$$K_i = \frac{1}{2} m_i v_i^2$$

강체 내의 모든 입자들은 같은 각속력 ω를 갖지만, 이들 각각의 접선 속력은 식 10.10과 같이 회전축으로부터의 거리 r_i에 의존한다. 회전 강체의 **전체** 운동 에너지는 각 입자의 운동 에너지의 합이다.

$$K_R = \sum_i K_i = \sum_i \frac{1}{2} m_i v_i^2 = \frac{1}{2} \sum_i m_i r_i^2 \omega^2$$

이 식을 다시 쓰면 다음과 같다.

$$K_R = \frac{1}{2} \left(\sum_i m_i r_i^2 \right) \omega^2 \qquad \text{10.14}$$

여기서 ω^2은 모든 입자에 대해 동일하므로 괄호 밖으로 빼냈다. 괄호 안의 양을 다음과 같이 강체의 **관성 모멘트**(moment of inertia) I로 정의한다.

$$I \equiv \sum_i m_i r_i^2 \qquad \text{10.15} \qquad \blacktriangleright \text{관성 모멘트}$$

이 정의로부터[2] 관성 모멘트가 ML^2의 차원을 가짐을 알 수 있다 (SI 단위계에서는 $\mathrm{kg \cdot m^2}$). 이를 이용해서 식 10.14를 다시 쓰면 다음과 같다.

$$K_R = \frac{1}{2} I \omega^2 \qquad \text{10.16} \qquad \blacktriangleright \text{회전 운동 에너지}$$

관성 모멘트는 물체의 각속력 변화에 저항하는 정도이다. 그러므로 병진 운동에서 질량의 역할처럼 관성 모멘트는 회전 운동에서 동일한 역할을 한다. 관성 모멘트는 강체의 질량뿐만 아니라 또한 회전축에 대해 질량이 어떻게 분포하는지에 의존한다.

식 10.16에서 $\frac{1}{2} I \omega^2$을 **회전 운동 에너지**(rotational kinetic energy)라고 하지만, 새로운 형태의 에너지는 아니다. 강체를 이루는 입자들 각각의 운동 에너지의 합으로부터 유도하므로 일반적인 운동 에너지이다. 그러나 지금까지 공간에서 병진 운동과 관련된 운동 에너지를 고려했기 때문에, 운동 에너지에 대한 새로운 역할이 주어진다. 식 7.2에 나타난 에너지 보존이라는 측면에서 살펴보면, 운동 에너지는 병진 운동 에너지와 회전 운동 에너지 변화의 합으로 주어짐을 알아야 한다. 그러므로 계 모형에서 에너지를 분석할 때 회전 운동 에너지의 가능성을 반드시 고려해야 한다.

불연속적인 입자계의 관성 모멘트는 식 10.15를 이용해서 직접 계산할 수 있다. 연속적인 강체의 관성 모멘트는 그 물체가 각각 질량 Δm_i인, 수많은 작은 부피 요소들로 이루어졌다고 가정해서 구할 수 있다. 식 $I = \sum_i r_i^2 \Delta m_i$를 이용하고, 이 합에 대해 $\Delta m_i \rightarrow 0$의 극한을 구한다. 이 극한에서 합은 물체의 부피에 대한 적분이 된다.

> **오류 피하기 | 10.4**
>
> **관성 모멘트는 회전축에 따라 다르다**
> 관성 모멘트는 질량과 유사성을 가지지만 중요한 다른 점이 있다. 질량은 물체의 고유한 성질이며, 단일 값을 가진다. 물체의 관성 모멘트는 회전축의 선택에 의존한다. 그러므로 물체는 단일한 관성 모멘트값을 가지지 않는다. 물체의 질량 중심을 지나는 축에 대해 계산된 경우 관성 모멘트 값이 가장 작다.

---

[2] 토목 공학자들은 하중을 받는 보와 같은 구조물에 대해 탄성(강도)의 특징을 알아내는 데 관성 모멘트를 이용한다. 그러므로 이것은 실제 회전이 일어나지 않는 상황에서도 종종 유용하게 쓰인다.

▶ 강체의 관성 모멘트

$$I = \lim_{\Delta m_i \to 0} \sum_i r_i^2 \, \Delta m_i = \int r^2 \, dm \qquad \textbf{10.17}$$

일반적으로 관성 모멘트를 계산할 때, 질량 요소보다는 부피 요소를 이용해서 계산하는 것이 쉽기 때문에, 식 1.1의 $\rho = m/V$을 이용해서 바꿀 수 있다. 여기서 ρ는 물체의 밀도이고, V는 부피이다. 이 식으로부터 작은 요소의 질량은 $dm = \rho \, dV$가 된다. 이것을 식 10.17에 대입해서 다음을 얻는다.

$$I = \int \rho r^2 \, dV \qquad \textbf{10.18}$$

물체가 균일하면 ρ는 물체 전체에 대해 일정하므로, 주어진 기하학적 형태에 대해 그 적분 값을 계산할 수 있다. ρ가 물체 전체에 대해 일정하지 않으면 위치의 변화를 알아야 적분할 수 있다.

대칭 물체에 대해, 관성 모멘트는 물체의 질량과 물체의 하나 또는 그 이상의 차원으로 표현할 수 있다. 표 10.2는 여러 가지 일반적인 대칭 물체의 관성 모멘트를 나타낸 것이다.

표 10.2 | 여러 가지 모양의 균일한 강체의 관성 모멘트

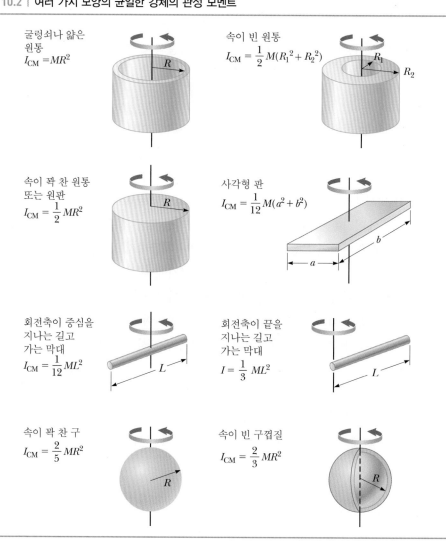

굴렁쇠나 얇은 원통
$I_{CM} = MR^2$

속이 빈 원통
$I_{CM} = \frac{1}{2} M(R_1^2 + R_2^2)$

속이 꽉 찬 원통 또는 원판
$I_{CM} = \frac{1}{2} MR^2$

사각형 판
$I_{CM} = \frac{1}{12} M(a^2 + b^2)$

회전축이 중심을 지나는 길고 가는 막대
$I_{CM} = \frac{1}{12} ML^2$

회전축이 끝을 지나는 길고 가는 막대
$I = \frac{1}{3} ML^2$

속이 꽉 찬 구
$I_{CM} = \frac{2}{5} MR^2$

속이 빈 구껍질
$I_{CM} = \frac{2}{3} MR^2$

▎**퀴즈 10.4** 반지름, 질량, 길이가 같은 속이 빈 원통과 속이 찬 원통이 있다. 둘 다 각각의 긴 중심축에 대해 같은 각속력으로 돌고 있다. 회전 운동 에너지가 더 큰 것은 어느 것인가? (**a**) 속이 빈 원통 (**b**) 속이 찬 원통 (**c**) 회전 운동 에너지는 같다. (**d**) 결정할 수 없다.

▎**예제 10.2 | 산소 분자**

이원자 산소 분자 O_2를 살펴보자. 이 산소 분자가 xy 평면에서 그 분자의 길이에 수직이고 중심을 지나는 z축을 중심으로 회전하고 있다. 산소 원자 한 개의 질량은 2.66×10^{-26} kg이고 상온에서 두 산소 원자 간의 평균 거리는 $d = 1.21 \times 10^{-10}$ m이다.

(**A**) z축에 대한 분자의 관성 모멘트를 구하라.

풀이

개념화 표 10.2의 왼쪽에 있는 중심을 지나는 가느다란 막대를 생각해 보자. 그 막대의 양 끝에 같은 모양의 작은 구가 놓여 있다고 생각하고 막대의 질량은 무한히 작다고 가정한다. 이런 방식으로 가상적인 생각을 하면 산소 분자에 대한 거시적인 모형을 그릴 수 있다.

분류 분자를 두 입자(두 개의 산소 원자)로 된 회전하는 강체라고 하자. 그러면 이 절에서 나온 식으로부터 원하는 결과를 계산할 수 있으므로 예제를 대입 문제로 분류한다.

z축으로부터 각 입자까지의 거리는 $d/2$이다. z축에 대한 관성 모멘트를 구한다.

$$I = \sum_i m_i r_i^2 = m\left(\frac{d}{2}\right)^2 + m\left(\frac{d}{2}\right)^2 = \frac{md^2}{2}$$

$$= \frac{(2.66 \times 10^{-26}\,\text{kg})(1.21 \times 10^{-10}\,\text{m})^2}{2}$$

$$= 1.95 \times 10^{-46}\,\text{kg} \cdot \text{m}^2$$

(**B**) 분자의 전형적인 각속력은 4.60×10^{12} rad/s이다. 산소 분자가 z축에 대해 이런 각속력으로 회전한다면, 회전 운동 에너지는 얼마인가?

풀이

식 10.16을 이용해서 회전 운동 에너지를 구한다.

$$K_R = \frac{1}{2}I\omega^2$$

$$= \frac{1}{2}(1.95 \times 10^{-46}\,\text{kg} \cdot \text{m}^2)(4.60 \times 10^{12}\,\text{rad/s})^2$$

$$= 2.06 \times 10^{-21}\,\text{J}$$

▎**예제 10.3 | 회전하는 네 개의 물체**

그림 10.7과 같이 네 개의 작은 구가 xy 평면에서 질량을 무시할 수 있는 지휘봉 모양의 두 막대기 끝에 달려 있다. 구의 반지름은 막대기의 크기에 비해 아주 작다고 가정한다.

(**A**) 그림 10.7a와 같이 계가 y축을 중심으로 각속력 ω로 회전할 때, 이 축에 대한 계의 관성 모멘트와 회전 운동 에너지를 구하라.

풀이

개념화 그림 10.7은 구로 구성된 계를 개념화하고, 또 그것이 어떻게 회전하는지를 보여 주는 설명이다.

분류 이 절에서 논의한 정의를 직접적으로 적용하기 때문에 예제는 대입 문제이다.

식 10.15를 계에 적용한다.

$$I_y = \sum_i m_i r_i^2 = Ma^2 + Ma^2 = 2Ma^2$$

식 10.16을 이용해서 회전 운동 에너지를 구한다.

$$K_R = \frac{1}{2}I_y\omega^2 = \frac{1}{2}(2Ma^2)\omega^2 = Ma^2\omega^2$$

이 결과식에서 두 구의 질량 m이 포함되지 않은 이유는, 두 구의 반지름을 무시할 수 있으므로 회전축에 대한 운동은 없다고 보고, 회전 운동 에너지를 무시하기 때문이다. 같은 논리에 따라 x축에 대한 관성 모멘트는 $I_x = 2mb^2$이고, 그 축에 대한 회전 운동 에너지는 $K_R = mb^2\omega^2$이라는 것을 알 수 있다.

(B) 그림 10.7b와 같이 이 계가 O를 관통하는 축(z축)을 중심으로 xy 평면에서 회전한다고 가정하자. 이 축에 대한 관성 모멘트와 회전 운동 에너지를 구하라.

풀이

식 10.15를 새로운 회전축에 적용한다.

$$I_z = \sum_i m_i r_i^2 = Ma^2 + Ma^2 + mb^2 + mb^2$$
$$= 2Ma^2 + 2mb^2$$

식 10.16을 이용해서 회전 운동 에너지를 계산한다.

$$K_R = \frac{1}{2} I_z \omega^2 = \frac{1}{2}(2Ma^2 + 2mb^2)\omega^2$$
$$= (Ma^2 + mb^2)\omega^2$$

(A)와 (B)에 대한 결과를 비교하면, 주어진 각속력에 대해 관성 모멘트와 회전 운동 에너지가 회전축에 따라 달라짐을 알 수 있다. (B)의 경우 네 개의 질량이 모두 xy 평면에서 회전하기 때문에, 결과식이 네 개의 질량과 거리가 포함될 것으로 예상된다. 일-운동 에너지 정리에 따르면, (A)의 회전 운동 에너지가 (B)에서보다 더 작은 것은 z축을 중심으로 회전

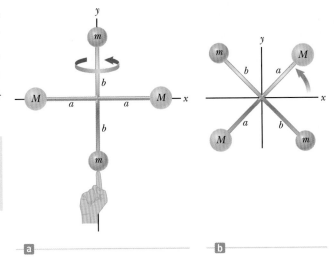

그림 10.7 (예제 10.3) 끝에 구가 달린 십자 모양 지휘봉. (a) y축을 중심으로 회전하는 지휘봉 (b) z축을 중심으로 회전하는 지휘봉

시키는 것보다는 y축을 중심으로 회전시키는 데 더 적은 일이 필요하다는 것을 의미한다.

문제 질량 M이 m보다 아주 큰 경우는 어떻게 되는가? (A)와 (B)의 답은 어떻게 비교할 수 있는가?

답 만약 $M \gg m$이면, m은 무시할 수 있고 (B)에서 관성 모멘트와 회전 운동 에너지는 다음과 같이 된다.

$$I_z = 2Ma^2, \qquad K_R = Ma^2\omega^2$$

이 결과는 (A)의 답과 같다. 그림 10.7에 있는 두 주황색 구의 질량 m을 무시하면, 이 구들은 그림에서 제거되고 y축이나 z축에 대한 회전은 동등하다.

예제 10.4 | 균일한 강체 막대

그림 10.8과 같이 길이가 L이고, 질량이 M인 균일한 강체 막대가 있다. 막대에 수직이고 질량 중심을 지나는 축(y'축)에 대한 관성 모멘트를 구하라.

풀이

개념화 그림 10.8에 있는 막대를 손가락을 이용해서 중간점을 중심으로 돌린다고 상상해 보라. 휴대용 막대자가 있으면 이를 돌려서 얇은 막대의 회전을 시험해 보고, 회전을 시작시키려고 할 때의 저항을 느껴보자.

분류 예제는 식 10.17에 있는 관성 모멘트의 정의를 적용하는 대입 문제이다. 보통 적분 문제처럼 하나의 변수를 가진 피적분 함수가 되게 해야 한다.

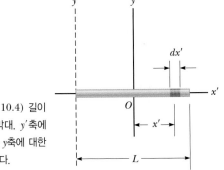

그림 10.8 (예제 10.4) 길이 L인 균일한 강체 막대. y'축에 대한 관성 모멘트는 y축에 대한 관성 모멘트보다 작다.

그림 10.8에서 색칠한 길이 요소 dx'은 단위 길이당 질량 λ에 dx'을 곱한 값과 같은 질량 dm을 가진다.

dm을 dx'으로 표현한다.

$$dm = \lambda \, dx' = \frac{M}{L} \, dx'$$

이것을 $r^2 = (x')^2$과 함께 식 10.17에 대입한다.

$$I_y = \int r^2 \, dm = \int_{-L/2}^{L/2} (x')^2 \frac{M}{L} \, dx' = \frac{M}{L} \int_{-L/2}^{L/2} (x')^2 \, dx'$$

$$= \frac{M}{L} \left[\frac{(x')^3}{3} \right]_{-L/2}^{L/2} = \boxed{\frac{1}{12} ML^2}$$

이 결과를 표 10.2에서 확인해 보자. 그림 10.8에서 막대의 끝을 지나는 y축에 대한 관성 모멘트를 계산해 보라.

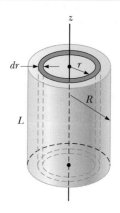

그림 10.9 (예제 10.5) 속이 찬 균일한 원통의 z축에 대한 I 계산

> ### 예제 10.5 | 속이 찬 균일한 원통
>
> 반지름은 R, 질량이 M, 길이가 L인 속이 찬 균일한 원통이 있다. 중심축(그림 10.9에서 z축)에 대한 관성 모멘트를 구하라.

풀이

개념화 속이 언 주스 캔을 중심축을 중심으로 돌린다고 생각해 보자. 야채 스프 캔을 회전시키지 마라. 그것은 강체가 아니다. 액체는 금속 캔에 대해 움직일 수 있다.

분류 예제는 관성 모멘트의 정의를 이용하는 대입 문제이다. 예제 10.4와 마찬가지로 적분 변수가 하나인 문제로 단순화한다.

원통을 반지름 r, 두께 dr이고 그림 10.9에서 보는 것처럼 길이 L인 여러 겹의 원통형 껍질로 나누어 생각하면 이해하기 쉽다. 원통의 밀도는 ρ이다. 각 껍질의 부피 dV는 단면의 넓이와 길이의 곱이므로 $dV = L \, dA = L(2\pi r) \, dr$이다.

dm을 dr로 표현한다.

$$dm = \rho \, dV = \rho L (2\pi r) \, dr$$

이것을 식 10.17에 대입한다.

$$I_z = \int r^2 \, dm = \int r^2 [\rho L (2\pi r) \, dr] = 2\pi \rho L \int_0^R r^3 \, dr$$

$$= \frac{1}{2} \pi \rho L R^4$$

원통의 전체 부피 $\pi R^2 L$을 이용해 밀도를 나타낸다.

$$\rho = \frac{M}{V} = \frac{M}{\pi R^2 L}$$

이 값을 I_z에 대한 식에 대입한다.

$$I_z = \frac{1}{2} \pi \left(\frac{M}{\pi R^2 L} \right) L R^4$$

$$= \boxed{\frac{1}{2} MR^2}$$

이 결과를 표 10.2에서 확인해 보자.

문제 그림 10.9에서 원통의 질량 M과 반지름 R은 그대로 두고, 길이만 $2L$로 늘리면 어떻게 되는가? 원통의 관성 모멘트는 어떻게 변하는가?

답 위의 결과에서 원통의 관성 모멘트는 원통의 길이 L과 무관함에 주목하자. 질량과 반지름이 똑같은 긴 원통 또는 납작한 원판의 관성 모멘트는 같다. 따라서 질량이 그대로라면 원통의 관성 모멘트는 길이의 변화에 영향을 받지 않는다.

10.5 | 토크와 벡터곱 Torque and the Vector Product

회전 중심점이 있는 강체에 알짜힘이 작용하고 힘의 작용선[3]이 회전 중심점을 지나지 않으면, 물체는 그 축에 대해 회전하려 한다. 예를 들어 문을 밀 때 그 문은 경첩을 지나는 축에 대해 회전한다. 어떤 축에 대해 힘이 물체를 회전시키려는 경향을 **토크**

---

[3] 힘의 작용선은 힘을 두 방향으로 무한대로 확장한 동일 선상의 가상선이다.

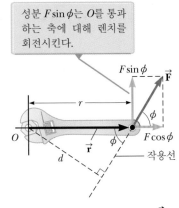

성분 $F\sin\phi$는 O를 통과하는 축에 대해 렌치를 회전시킨다.

그림 10.10 볼트를 풀기 위해 힘 $\vec{F}$가 렌치에 작용한다. 힘의 크기가 증가하고 모멘트 팔 d가 길어질수록, O를 지나는 축에 대한 회전 능률이 커진다.

오류 피하기 | 10.5

토크는 축의 선택에 의존한다 관성 모멘트와 같이, 물체에 작용하는 토크의 값은 어떤 회전축을 택하느냐에 따라 달라진다.

(torque)라 하고 벡터를 써서 기술한다. 토크는 회전 운동의 변화를 야기하고 병진 운동에서 변화를 야기하는 힘과 비슷하다. 그림 10.10에서 O를 지나는 축에 대해 회전하는 렌치를 생각해 보자. 외력 $\vec{F}$가 힘의 작용점에 위치한 위치 벡터 $\vec{r}$에 대해 각도 ϕ를 이루며 작용하고 있다. 힘 $\vec{F}$에 의한 토크 τ를 정의하면 다음 식과 같다.[4]

$$\tau \equiv rF\sin\phi \qquad\qquad 10.19$$

토크의 SI 단위는 뉴턴 · 미터(N · m)이다.[5]

토크는 거리 r이 결정될 수 있는 기준축이 주어질 때만 정의된다는 것을 인지하는 것이 매우 중요하다. 식 10.18은 두 가지 다른 방법으로 설명할 수 있다. 그림 10.10에서 힘 성분을 살펴보면, $\vec{r}$과 평행한 성분 $F\cos\phi$는 회전 중심점에 대해 렌치의 회전을 일으킬 수 없다. 왜냐하면 그것의 작용선이 회전 중심점의 오른쪽으로 지나기 때문이다. 유사하게 경첩을 향해 밀어서는 문을 열 수 없다! 그러므로 수직 성분 $F\sin\phi$가 회전 중심점에 대해 렌치의 회전을 일으킨다. 이 경우에, 식 10.18을 다음과 같이 쓸 수 있다.

$$\tau = r(F\sin\phi)$$

그래서 토크는 작용점까지 힘의 거리와 힘의 수직 성분의 곱이다. 어떤 문제에서 이 방법은 토크의 계산을 설명하기 위한 가장 쉬운 방법이다.

식 10.19를 설명하기 위한 두 번째 방법은 거리 r에 대한 사인 함수로 관계지어서 다음 식과 같이 나타낼 수 있다.

$$\tau = F(r\sin\phi) = Fd$$

크기 $d = r\sin\phi$를 힘 $\vec{F}$의 **모멘트 팔**[(moment arm, 또는 **지렛대 팔**(lever arm)] 이라고 한다. 이것은 회전축으로부터 $\vec{F}$의 작용선까지의 수직 거리를 나타낸다. 어떤 문제는 이렇게 접근해서 토크를 계산하는 것이 힘을 성분으로 분해하는 것보다 더 쉽다.

그림 10.11과 같이 강체에 두 개 이상의 힘이 작용할 때는 각각 O를 지나는 축에 대해 회전을 일으키려고 한다. 이 예에서는 물체가 처음에 정지해 있었다면, $\vec{F}_2$는 물체를 시계 방향으로, $\vec{F}_1$은 반시계 방향으로 돌리려고 한다. 만약 돌리려 하는 힘의 경향이 반시계 방향이면 힘에 의한 토크의 부호는 양(+)이고, 시계 방향이면 음(−)으로 정한다. 예를 들어 그림 10.11의 경우 힘 $\vec{F}_1$에 의한 토크는 **양수**로 $+F_1 d_1$이며, $\vec{F}_2$에 의한 토크는 **음수**로 $-F_2 d_2$가 된다. 따라서 O를 통과하는 축에 대해 강체에 작용하는 **알짜** 토크는 다음과 같다.

$$\tau_{net} = \tau_1 + \tau_2 = F_1 d_1 - F_2 d_2$$

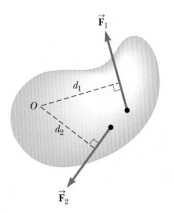

그림 10.11 O를 지나는 축에 대해 힘 $\vec{F}_1$은 반시계 방향으로 물체를 돌리려고 하고, 힘 $\vec{F}_2$는 시계 방향으로 돌리려고 한다.

---

[4] 일반적으로 토크는 벡터이다. 고정축에 대한 회전에 있어서, 이탤릭과 볼드체가 아닌 표기를 할 것이고 10.1절에서 각속력과 각가속도에 대해 양 또는 음의 부호로 방향을 나타낸 것처럼 쓸 것이다. 토크의 벡터 성질은 간단하게 다룰 것이다.

[5] 6장에서 일을 정의할 때 뉴턴과 미터 단위의 곱임을 알았고, 이 곱을 **줄**(joule)이라고 했다. 줄은 에너지를 언급할 때 쓰이는 단위이기 때문에 여기서 이 단위를 사용할 수 없다. 토크의 단위는 뉴턴 · 미터(N · m)이다.

토크의 정의로부터, 회전하려는 경향은 $\vec{F}$가 증가하거나 d가 증가할 때 증가한다. 예를 들어 문을 여닫을 때 경첩에 가까운 지점을 밀기보다 손잡이를 밀어 문의 회전을 더 쉽게 할 수 있다는 것을 알 수 있다. 토크와 힘을 혼동해서는 안 된다. 토크는 힘에 **의존**하지만, 또한 **힘이 어디에 작용**하는가에도 의존한다.

지금까지 τ는 양 또는 음의 값으로 정했지만 토크의 실제 벡터적인 측면은 논의하지 않았다. 벡터 위치 $\vec{r}$에 위치한 입자에 작용하는 힘 $\vec{F}$를 생각해 보자(그림 10.12). 원점을 지나는 축에 대해 이 힘에 의한 토크의 **크기**는 $|rF\sin\phi|$이고, 이때 ϕ는 $\vec{r}$과 $\vec{F}$ 사이의 각이다. $\vec{F}$에 의해 나타나는 회전축은 $\vec{r}$과 $\vec{F}$가 이루는 평면에 수직이다. 그림 10.12에서, 힘이 xy 평면에 작용한다면, 토크는 z축에 평행한 벡터로 표현될 것이다. 그림 10.12에서 힘은 z축을 아래쪽으로 내려 보았을 때, 반시계 방향으로 물체를 회전시키려는 토크를 만들어 낸다. 벡터 $\vec{\tau}$의 토크 방향은 $+z$ 방향(즉 여러분의 눈을 향해 나오는 방향)이다. 그림 10.12에서 $\vec{F}$의 방향이 반대가 되면, $\vec{\tau}$는 $-z$ 방향이 된다. 이를 이용해서, 토크 벡터는 $\vec{r}$과 $\vec{F}$에 대한 **벡터곱**(vector product) 또는 **크로스곱**(cross product)으로 정의할 수 있다.

$$\vec{\tau} \equiv \vec{r} \times \vec{F} \qquad 10.20$$

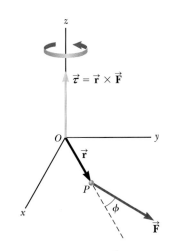

그림 10.12 토크 벡터 $\vec{\tau}$는 위치 벡터 $\vec{r}$과 작용력 벡터 $\vec{F}$가 이루는 평면에 수직인 방향을 향한다.

▶ 벡터곱을 이용한 토크의 정의

1.8절에서 언급했던 바와 같이, 벡터곱의 전형적인 정의를 살펴보자. 두 벡터 $\vec{A}$와 $\vec{B}$가 있다면, 벡터곱 $\vec{A} \times \vec{B}$는 크기가 $AB\sin\theta$인 제3의 벡터 $\vec{C}$로 정의된다. 여기서 θ는 $\vec{A}$와 $\vec{B}$ 사이의 각이다.

$$\vec{C} = \vec{A} \times \vec{B} \qquad 10.21$$

$$C = |\vec{C}| \equiv AB\sin\theta \qquad 10.22$$

$AB\sin\theta$는 그림 10.13에 나타낸 것처럼 $\vec{A}$와 $\vec{B}$로 만들어진 평행사변형의 넓이와 같다. $\vec{A} \times \vec{B}$의 **방향**은 $\vec{A}$와 $\vec{B}$가 만드는 평면에 수직이고, 이 방향을 결정하는 가장 좋은 방법은 그림 10.13과 같이 오른손 법칙을 이용하는 것이다. 오른손의 네 손가락을 $\vec{A}$를 향하게 한 뒤 각도 θ를 지나 $\vec{B}$로 향하게 감아준다. 바로 선 엄지손가락의 방향이 $\vec{A} \times \vec{B}$의 방향이다. 기호 때문에 $\vec{A} \times \vec{B}$는 종종 '$\vec{A}$ 크로스 $\vec{B}$'라고 읽으며, 이 때문에 **크로스곱**이라고도 한다.

정의로부터 다음과 같은 벡터곱의 성질을 알 수 있다.

- 스칼라곱과 달리, 벡터곱은 다음과 같이 교환 법칙이 성립하지 않는다.

$$\vec{A} \times \vec{B} = -\vec{B} \times \vec{A} \qquad 10.23$$

그러므로 벡터곱에서 벡터의 순서를 바꾸면 반드시 부호도 바꿔야 한다. 오른손 법칙을 이용해서 이 관계를 쉽게 확인할 수 있다(그림 10.13 참조).

- $\vec{A}$와 $\vec{B}$가 평행($\theta = 0°$ 또는 $180°$)이면, $\vec{A} \times \vec{B} = 0$이다. 따라서 $\vec{A} \times \vec{A} = 0$이다.
- $\vec{A}$와 $\vec{B}$가 수직이면, $|\vec{A} \times \vec{B}| = AB$이다.
- 벡터곱은 다음과 같이 분배 법칙을 만족한다.

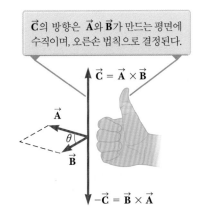

$\vec{C}$의 방향은 $\vec{A}$와 $\vec{B}$가 만드는 평면에 수직이며, 오른손 법칙으로 결정된다.

그림 10.13 벡터곱 $\vec{A} \times \vec{B}$는 평행사변형의 넓이와 같은 $AB\sin\theta$의 크기를 갖는 제3의 벡터 $\vec{C}$이다.

$$\vec{A} \times (\vec{B} + \vec{C}) = \vec{A} \times \vec{B} + \vec{A} \times \vec{C} \qquad \text{10.24}$$

- t와 같은 변수에 대한 벡터곱의 미분은 다음과 같다.

$$\frac{d}{dt}(\vec{A} \times \vec{B}) = \frac{d\vec{A}}{dt} \times \vec{B} + \vec{A} \times \frac{d\vec{B}}{dt} \qquad \text{10.25}$$

여기서 식 10.23을 고려할 때, $\vec{A}$와 $\vec{B}$의 곱하는 순서를 유지하는 것이 중요하다.

식 10.21과 10.22 그리고 단위 벡터의 정의로부터 직각 좌표계의 단위 벡터 $\hat{i}$, $\hat{j}$, $\hat{k}$가 다음 관계식을 만족함을 보이는 것은 연습문제로 남긴다.

$$\begin{aligned}
\hat{i} \times \hat{i} &= \hat{j} \times \hat{j} = \hat{k} \times \hat{k} = 0 \\
\hat{i} \times \hat{j} &= -\hat{j} \times \hat{i} = \hat{k} \\
\hat{j} \times \hat{k} &= -\hat{k} \times \hat{j} = \hat{i} \\
\hat{k} \times \hat{i} &= -\hat{i} \times \hat{k} = \hat{j}
\end{aligned} \qquad \text{10.26}$$

부호는 교환할 수 있다. 예를 들면 $\hat{i} \times (-\hat{j}) = -\hat{i} \times \hat{j} = -\hat{k}$이다.

▶ **퀴즈 10.5** **(i)** 판자에 아주 단단히 박힌 나사못을 드라이버를 써서 풀려고 하다 실패했다면 어떤 손잡이로 된 드라이버를 사용해야 하는가? (a) 더 긴 손잡이 (b) 더 굵은 손잡이. **(ii)** 철판에 아주 단단히 박힌 볼트를 렌치를 써서 풀려고 하다 실패했다면 어떤 손잡이로 된 렌치를 사용해야 하는가? (a) 더 긴 손잡이 (b) 더 굵은 손잡이

▶ **예제 10.6 | 원통에 작용하는 알짜 토크**

그림 10.14와 같이 큰 원통에서 가운데 부분이 튀어나온 2단 원통이 있다. 원통은 그림에서 보이듯이 중심 z축에 대해 자유롭게 회전하고 있다. 반지름 R_1인 원통에 감긴 밧줄에는 원통의 오른쪽 방향으로 $\vec{T}_1$의 힘이 작용하고, 반지름 R_2의 원통에 감긴 밧줄에는 원통의 아래쪽 방향으로 힘 $\vec{T}_2$가 작용한다.

(A) 회전축(그림 10.14에서 z축)에 대해 원통에 작용하는 알짜 토크를 구하라.

풀이

개념화 그림 10.14에 있는 원통이 기계 속의 굴대(shaft)라고 생각해 보자. 힘 $\vec{T}_2$는 드럼을 감고 있는 벨트에 의해 가해지는 힘이라 하고, 힘 $\vec{T}_1$은 큰 원통 표면에서의 마찰 브레이크에 의한 힘이라고 하자.

분류 예제는 식 10.19를 이용해서 알짜 토크를 계산하는 대입 문제이다.

회전축에 대해 $\vec{T}_1$에 의한 토크는 $-R_1 T_1$이다(토크가 시계 방향 회전을 일으키려 하고 있기 때문에 부호는 음이다). $\vec{T}_2$에 의한 토크는 $+R_2 T_2$이다(토크가 반시계 방향 회전을 일으키려 하고 있기 때문에 부호는 양이다).

회전축에 대한 알짜 토크를 계산한다.

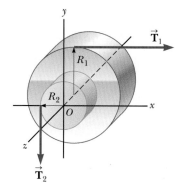

그림 10.14 (예제 10.6) 속이 찬 원통이 O를 통과하는 z축을 중심으로 회전한다. $\vec{T}_1$의 모멘트 팔은 R_1이고, $\vec{T}_2$의 모멘트 팔은 R_2이다.

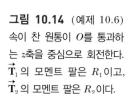

$$\sum \tau = \tau_1 + \tau_2 = \boxed{R_2 T_2 - R_1 T_1}$$

두 힘의 크기가 같을 때를 생각해서 검증할 수 있다. 정지 상

태에서 같은 크기의 힘이 가해지면, 알짜 토크는 $R_1 > R_2$이 기 때문에 음이다. 따라서 $\vec{T}_2$보다 $\vec{T}_1$에 의한 토크가 더 크기

때문에 원통은 시계 방향으로 회전한다.

(B) $T_1 = 5.0$ N, $R_1 = 1.0$ m, $T_2 = 15$ N, $R_2 = 0.50$ m 라고 하자. 회전축에 대한 알짜 토크를 구하라. 그리고 정지 상태에서 시작했다면 어느 방향으로 원통이 회전하는가?

풀이

주어진 값들을 대입한다.

$$\sum \tau = (0.50 \text{ m})(15 \text{ N}) - (1.0 \text{ m})(5.0 \text{ N}) = \boxed{2.5 \text{ N} \cdot \text{m}}$$

토크가 양(+)이므로 원통은 반시계 방향으로 돌기 시작한다.

예제 10.7 | 벡터곱

xy 평면에 놓인 두 벡터 $\vec{A} = 2\hat{i} + 3\hat{j}$와 $\vec{B} = -\hat{i} + 2\hat{j}$가 있다. $\vec{A} \times \vec{B}$를 계산하고, $\vec{A} \times \vec{B} = -\vec{B} \times \vec{A}$임을 보여라.

풀이

개념화 단위 벡터로 표현하는 방법을 이용해서 공간에서 벡터가 가리키는 방향을 생각해 보자. 이 벡터들에 대해 그림 10.13과 같은 평행사변형을 만들어 구한다.

분류 이 절에서 논의된 벡터곱의 정의를 이용하기 때문에, 예제를 대입 문제로 분류한다.

두 벡터의 벡터곱을 쓴다.

$$\vec{A} \times \vec{B} = (2\hat{i} + 3\hat{j}) \times (-\hat{i} + 2\hat{j})$$

곱셈을 연산한다.

$$\vec{A} \times \vec{B} = 2\hat{i} \times (-\hat{i}) + 2\hat{i} \times 2\hat{j} + 3\hat{j} \times (-\hat{i}) + 3\hat{j} \times 2\hat{j}$$

식 10.26을 이용해서 계산한다.

$$\vec{A} \times \vec{B} = 0 + 4\hat{k} + 3\hat{k} + 0 = \boxed{7\hat{k}}$$

$\vec{B} \times \vec{A}$를 구해 $\vec{A} \times \vec{B} = -\vec{B} \times \vec{A}$임을 증명한다.

$$\vec{B} \times \vec{A} = (-\hat{i} + 2\hat{j}) \times (2\hat{i} + 3\hat{j})$$

곱셈을 연산한다.

$$\vec{B} \times \vec{A} = (-\hat{i}) \times 2\hat{i} + (-\hat{i}) \times 3\hat{j} + 2\hat{j} \times 2\hat{i} + 2\hat{j} \times 3\hat{j}$$

식 10.26을 이용해서 계산한다.

$$\vec{B} \times \vec{A} = 0 - 3\hat{k} - 4\hat{k} + 0 = \boxed{-7\hat{k}}$$

그러므로 $\vec{A} \times \vec{B} = -\vec{B} \times \vec{A}$이다.

10.6 | 분석 모형: 평형 상태의 강체
Analysis Model: Rigid Object in Equilibrium

앞에서 강체를 정의했고 강체의 회전 운동에 변화를 일으키는 토크에 대해 논의했다. 이번에는 힘을 받는 입자의 분석 모형과 비슷하게 토크를 받는 강체에 대한 분석 모형을 만들 수 있다. 작용하는 토크가 균형을 이루고 있는 강체를 고려하여, 이로부터 **평형 상태의 강체**(rigid object in equilibrium)라 부르는 분석 모형을 살펴보겠다.

그림 10.15a에 나타낸 것과 같이 물체에 작용하는 크기가 같고 방향이 반대인 두 힘을 생각하자. 오른쪽 방향의 힘은 O를 지나는 수직축에 대해 시계 방향으로 회전시키려는 경향이 있지만, 왼쪽 방향의 힘은 그 축에 대해 반시계 방향으로 회전시키려는 경향이 있다. 힘의 크기가 같고 O로부터 같은 크기의 수직 거리에 힘이 작용하

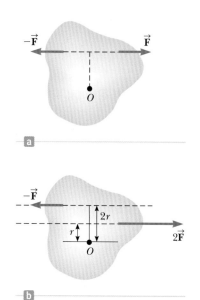

그림 10.15 (a) 물체에 크기가 같고 방향이 반대인 두 힘이 작용한다. 또한 힘이 동일한 작용선에서 작용하기 때문에 알짜 토크는 영이고 물체는 평형 상태에 있다. (b) O에 대해 알짜 토크가 영인 물체에 작용하는 두 힘의 또 다른 경우이다(그러나 알짜힘은 영이 **아니다**).

기 때문에, 이들의 토크의 크기는 같다. 따라서 강체에 작용하는 알짜 토크는 영이다. 그림 10.15b에 나타난 상황은 O에 대해 알짜 토크가 영이 되는 또 다른 경우(반면 물체에 작용하는 알짜**힘**은 영이 아니다)이고, 우리는 더 많은 경우로 나눌 수 있다.

회전 운동에서 알짜 토크와 변형이 없다면 강체의 회전 운동은 원래 상태를 유지한다. 이 상태를 4장에서 논의한 병진 평형과 유사하게 평형 상태에 있다고 한다.

물체의 완벽한 평형을 위한 두 가지 조건은 아래와 같다.

- 알짜 외력은 영이어야 한다.

$$\sum \vec{F}_{ext} = 0 \qquad \textbf{10.27}$$

- 알짜 외부 토크는 **임의의** 축에 대해서도 영이어야 한다.

$$\sum \vec{\tau}_{ext} = 0 \qquad \textbf{10.28}$$

첫 번째 조건은 병진 평형 상태이다. 두 번째 조건은 회전 평형 상태이다. **정적 평형**(static equilibrium)의 특별한 경우, 병진 속력과 각속력을 갖지 않는다(즉 $v_{CM} = 0$과 $\omega = 0$).

일반적으로 식 10.27과 10.28의 두 벡터식은 여섯 개의 스칼라식을 가진다. 두 평형 조건에서 x, y, z 성분에 대응하는 식이 세 개씩 나온다. 따라서 여러 힘이 제각각의 방향으로 작용하는 복잡한 계에서는 다수의 미지수를 포함하는 방정식의 집합을 풀어야 한다. 여기서는 작용하는 모든 힘이 xy 평면에만 놓이도록 제한한다(힘들의 벡터 표현이 같은 평면 위에 있을 때 **동일 평면**이라고 한다). 그러면 단 세 개의 스칼라식만 다루면 된다. 이들 중 둘은 x와 y 방향에서의 힘의 평형에서 나온다. 세 번째 식은 토크식에서 나온다. 다시 말하면 xy 평면상의 **임의의** 점을 지나는 수직축에 관한 알짜 토크는 영이어야 한다. 따라서 평형에 관한 두 조건에서 다음 식이 나온다.

$$\sum F_x = 0, \quad \sum F_y = 0, \quad \sum \tau_z = 0 \qquad \textbf{10.29}$$

여기서 토크 축의 위치는 어디라도 상관없다. 평형 상태의 강체 모형이 적절하고 강체에 작용하는 힘들이 xy 평면에 있는 경우를 다룰 때 이들 식을 사용한다.

정적 평형 문제를 풀려면 물체에 작용하는 모든 외력을 알아야 한다. 여기서 실수가 있으면 부정확한 해석에 이르게 된다.

┃ 예제 10.8 ┃ 수평 막대 위에 서 있기

길이가 $\ell = 8.00 \text{ m}$이고 무게가 $W_b = 200 \text{ N}$인 균일한 수평 막대가 벽에 경첩으로 연결되어 있다. 막대의 한쪽 끝은 줄에 연결되어 있으며 줄과 막대는 $\phi = 53.0°$의 각을 이루고 있다(그림 10.16a). 무게가 $W_p = 600 \text{ N}$인 사람이 벽으로부터 $d = 2.00 \text{ m}$ 떨어진 곳에 서 있다. 줄의 장력과 벽이 막대에 작용하는 힘의 크기와 방향을 구하라.

풀이

개념화 그림 10.16a에 나타낸 사람이 막대 위에서 걸어 나간

다고 생각해 보자. 벽에서 멀어질수록, 그가 경첩에 작용하는 토크는 커지고 줄에 작용하는 장력은 이 토크를 견뎌야만 한다.

분류 계가 정지해 있으므로 막대를 평형 상태의 강체로 분류한다.

분석 막대에 작용하는 모든 외력을 확인하면 다음과 같다. 200 N의 중력, 줄이 작용하는 힘 $\vec{T}$, 벽이 경첩에 작용하는 힘 $\vec{R}$, 사람이 막대에 작용하는 힘 600 N이다. 이 힘들은 그림 10.16b의 막대 위에 표기되어 있다. 힘의 방향을 정할 때, 그 힘이 갑자기 제거된다면 무슨 일이 일어날지를 생각해 보면 도움이 된다. 예를 들어 벽이 갑자기 없어진다고 상상해 보자. 막대의 왼쪽은 왼쪽으로 움직이면서 아래로 떨어질 것이다. 이런 가상은 벽이 막대를 위로 받칠 뿐 아니라 막대가 왼쪽으로 움직이지 못하게 하기도 한다는 것을 말하고 있다. 그러므로 그림 10.16에서와 같이 벡터 $\vec{R}$을 그림에 나타낸 방향으로 그린다. 그림 10.16c는 $\vec{T}$와 $\vec{R}$의 수평 성분과 수직 성분을 나타내고 있다.

막대에 작용하는 힘에 대한 식을 식 10.27에 대입한다.

(1) $\sum F_x = R\cos\theta - T\cos\phi = 0$

(2) $\sum F_y = R\sin\theta + T\sin\phi - W_p - W_b = 0$

여기서 오른쪽으로 향하는 것과 위로 향하는 것을 양(+)의 방향으로 선택했다. R, T, θ는 모두 미지수이므로, 이들 식만으로는 해를 구할 수 없다(미지수를 풀기 위해서는 미지수의 개수와 연립 방정식의 수가 같아야 한다).

이제 회전 평형에 대한 조건을 적용하자. 토크 식을 위해 선택한 편리한 축은 경첩을 지나는 축이다. 그 축이 편리한 이유는 힘 $\vec{R}$과 $\vec{T}$의 수평 성분이 모두 모멘트 팔의 길이가 영이라는 것이다. 따라서 그 힘들은 경첩을 지나는 축에 대해 토크를 일으키지 않는다.

막대에 작용하는 토크에 대한 식을 식 10.28에 대입한다.

$$\sum \tau_z = (T\sin\phi)(\ell) - W_p d - W_b\left(\frac{\ell}{2}\right) = 0$$

회전축을 잘 택했기 때문에 이 식이 포함하는 미지수는 T뿐이다. T에 대해 풀고 미지수를 대입한다.

$$T = \frac{W_p d + W_b(\ell/2)}{\ell\sin\phi}$$

$$= \frac{(600\ \text{N})(2.00\ \text{m}) + (200\ \text{N})(4.00\ \text{m})}{(8.00\ \text{m})\sin 53.0°}$$

$$= \boxed{313\ \text{N}}$$

식 (1)과 (2)를 정리한 후 서로 나눈다.

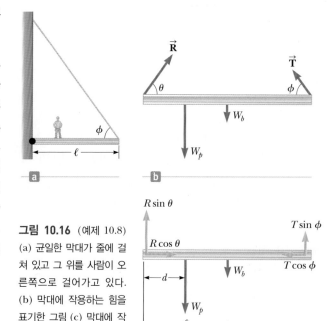

그림 10.16 (예제 10.8) (a) 균일한 막대가 줄에 걸쳐 있고 그 위를 사람이 오른쪽으로 걸어가고 있다. (b) 막대에 작용하는 힘을 표기한 그림 (c) 막대에 작용하는 힘 중 $\vec{R}$과 $\vec{T}$를 성분별로 표기한 그림

$$\frac{R\sin\theta}{R\cos\theta} = \tan\theta = \frac{W_p + W_b - T\sin\phi}{T\cos\phi}$$

θ에 대해 풀고 주어진 값들을 대입한다.

$$\theta = \tan^{-1}\left(\frac{W_p + W_b - T\sin\phi}{T\cos\phi}\right)$$

$$= \tan^{-1}\left[\frac{600\ \text{N} + 200\ \text{N} - (313\ \text{N})\sin 53.0°}{(313\ \text{N})\cos 53.0°}\right]$$

$$= \boxed{71.1°}$$

식 (1)을 R에 대해 풀고 주어진 값들을 대입한다.

$$R = \frac{T\cos\phi}{\cos\theta} = \frac{(313\ \text{N})\cos 53.0°}{\cos 71.1°} = \boxed{581\ \text{N}}$$

결론 각도 θ가 양(+)으로 나온 것은 예측한 $\vec{R}$의 방향이 정확하다는 것을 나타낸다.

토크의 식에서 다른 축을 택한다면 풀이 과정의 식은 다를 수 있으나 답은 같을 것이다. 예를 들어 축을 막대의 질량 중심을 지나는 축으로 정한다면, 토크를 나타내는 식에는 T와 R이 포함될 것이다. 그 식은 식 (1)과 (2)와 얽히게 되지만, 여전히 미지수에 대해서는 같은 결과가 얻어질 것이다. 한번 시도해 보라.

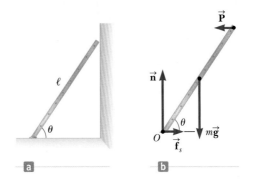

▌**예제 10.9 | 벽에 기대놓은 사다리**

매끈한 수직 벽에 길이 ℓ인 균일한 사다리를 기대 세웠다. 그림 10.17a와 같이 사다리의 질량이 m이고, 사다리와 지면 사이의 정지 마찰 계수가 $\mu_s = 0.40$이라고 할 때, 사다리가 미끄러지지 않을 최소 각도 θ_{min}을 구하라.

풀이

개념화 우리가 사다리를 타고 올라가는 경우를 생각해 보자. 사다리 밑과 바닥 면 사이에 마찰이 큰 경우가 좋은가, 작은 경우가 좋은가? 만약 마찰력이 영이라면 사다리가 서 있을 수 있는가? 막대자를 연직인 벽면에 기대어 세워 보고 결과를 유추해 보라. 어떤 각도에서 자가 미끄러지고, 어떤 각도에서 미끄러지지 않고 서 있는가?

분류 사다리가 미끄러지지 않고 정지해 있어야 하므로 사다리를 평형 상태에 놓여 있는 강체로 모형화한다.

분석 그림 10.17b는 사다리에 작용하는 모든 외력을 표시한 도표이다. 지면에서 사다리를 받치는 힘은 수직항력 $\vec{\mathbf{n}}$과 정지 마찰력 $\vec{\mathbf{f}}_s$의 벡터합이다. 벽에서는 마찰이 없으므로 벽이 사다리를 미는 힘 $\vec{\mathbf{P}}$는 수평으로 작용한다.

사다리에 평형에 대한 제1조건을 적용한다.

(1) $$\sum F_x = f_s - P = 0$$

(2) $$\sum F_y = n - mg = 0$$

식 (1)을 P에 대해 푼다.

(3) $$P = f_s$$

식 (2)를 n에 대해 푼다.

(4) $$n = mg$$

사다리가 미끄러지기 직전의 상태에 있을 때, 마찰력은 최대인 $f_{s,max} = \mu_s n$이 되어야 한다. 이 식을 위의 식 (3)과 (4)와 결합시킨다.

그림 10.17 (예제 10.9) (a) 매끈한 벽에 기대 서 있는 균일한 사다리. 지면은 거칠거칠하다. (b) 사다리에 작용하는 여러 힘

(5) $$P = f_{s,max} = \mu_s n = \mu_s mg$$

사다리에 평형에 대한 제2조건을 적용하고 그림에서 O를 지나는 축을 택해서 토크를 구한다.

$$\sum \tau_O = P\ell \sin\theta_{min} - mg\frac{\ell}{2}\cos\theta_{min} = 0$$

$\tan\theta_{min}$에 대해 풀고 식 (5)로부터 얻은 P를 대입한다.

$$\frac{\sin\theta_{min}}{\cos\theta_{min}} = \tan\theta_{min} = \frac{mg}{2P} = \frac{mg}{2\mu_s mg} = \frac{1}{2\mu_s}$$

각도 θ_{min}에 대해 푼다.

$$\theta_{min} = \tan^{-1}\left(\frac{1}{2\mu_s}\right) = \tan^{-1}\left[\frac{1}{2(0.40)}\right] = \boxed{51°}$$

결론 사다리가 미끄러지기 시작하는 각도는 마찰 계수에만 의존하고 사다리의 길이나 질량과 무관함에 주목한다.

▌**10.7 | 분석 모형: 알짜 토크를 받는 강체**
Analysis Model: Rigid Object Under a Net Torque

앞 절에서, 강체에서 알짜 토크가 영인 평형 상태를 배웠다. 강체에서 알짜 토크가 영이 아니라면 어떻게 될까? 병진 운동에 대한 뉴턴의 제2법칙과 유사하게, 강체의 각속도가 변화될 것이라고 예상할 수 있다. 알짜 토크는 강체의 각가속도를 야기할 것이다. 이 절에서는 새로운 분석 모형을 가지고 **알짜 토크를 받는 강체**(rigid object under a net torque)의 상황을 공부하고자 한다.

입자들의 집합으로 이루어진 회전하는 강체를 생각하자. 강체는 개개 입자가 위치한 곳에서 강체 위의 여러 위치에서 작용하는 힘들을 받을 것이다. 그래서 강체의 각 입자에 작용하는 힘들을 생각할 수 있다. 회전하는 물체의 회전축 주위로 이 힘들의 결과로 생기는 토크에 기인한 물체에 작용하는 알짜 토크를 계산하고자 한다. 작용력은 지름 성분과 접선 성분으로 표현할 수 있다. 작용력의 지름 성분은 작용선이 회전축을 지나기 때문에 토크를 발생시키지 않는다. 그러므로 단지 작용력의 접선 성분만이 토크를 만들어 낸다.

강체 내에서 아래 첨자 i로 표기되는 어느 주어진 입자에 대해서, 뉴턴의 제2법칙을 이용해서 입자의 접선 가속도를 설명할 수 있다.

$$F_{ti} = m_i a_{ti}$$

여기서 첨자 t는 접선 성분을 나타낸다. 회전축으로부터 입자까지의 거리 r_i를 앞의 식의 양변에 곱하면 다음과 같이 된다.

$$r_i F_{ti} = r_i m_i a_{ti}$$

식 10.11과 알고 있는 토크의 정의(이 경우에 $\tau = rF \sin\phi = rF_t$)를 이용하면 앞의 식은 다음과 같이 다시 쓸 수 있다.

$$\tau_i = m_i r_i^2 \alpha_i$$

이제 강체의 모든 입자에 작용하는 토크를 모두 더하면 다음과 같이 된다.

$$\sum_i \tau_i = \sum_i m_i r_i^2 \alpha_i$$

좌변은 강체의 모든 입자에 작용하는 알짜 토크이다. **내력**과 관련된 알짜 토크는 영이다. 이것을 이해하기 위해, 내력은 크기가 같고 입자쌍을 연결하는 선상에 놓여 있는 방향이 정반대인 힘이 있다는 뉴턴의 제3법칙을 도입하자. 각각의 작용-반작용력 쌍에 기인한 토크는 영이다. 모든 토크를 다 더하면, **알짜 내부 토크는 없다**. 그래서 좌변은 알짜 **외부** 토크로 한정된다.

우변에서 모든 입자는 동일한 각가속도 α를 가지는 강체 모형을 채택했다. 그러므로 이 식은 다음과 같이 나타낼 수 있다.

$$\sum \tau_{\text{ext}} = \left(\sum_i m_i r_i^2 \right) \alpha$$

여기서 토크와 각가속도는 개개 입자보다 전체 입자로서 강체와 관련된 양으로 취급했기 때문에 더 이상 첨자를 나타낼 필요가 없다. 괄호 안의 양은 관성 모멘트 I로 나타낼 수 있으므로 이 식의 최종 표현을 다음과 같다.

$$\boxed{\sum \tau_{\text{ext}} = I\alpha}$$ **10.30** ▶ 뉴턴의 제2법칙에 대한 회전형

즉 강체에 작용하는 알짜 토크는 각가속도에 비례하고, 비례 상수는 관성 모멘트이다. $\sum \tau_{\text{ext}} = I\alpha$는 입자계에 대한 뉴턴의 운동의 제2법칙 $\sum F_{\text{ext}} = Ma_{\text{CM}}$(식 8.40)와 동일한 형태를 갖는다.

퀴즈 10.6 전기 드릴의 스위치를 끄고 드릴의 마찰에 의해 날이 정지할 때까지 걸리는 시간이 Δt인 것을 알았다. 드릴의 회전부를 관성 모멘트가 두 배인 더 큰 드릴날로 교체했다. 더 큰 날이 처음에 같은 각속력으로 회전하고 있었다. 스위치를 끄자 앞의 경우와 같은 마찰 토크가 작용했다. 두 번째 날이 정지할 때까지 걸리는 시간을 구하라. **(a)** $4\Delta t$ **(b)** $2\Delta t$ **(c)** Δt **(d)** $0.5\Delta t$ **(e)** $0.25\Delta t$ **(f)** 결정할 수 없다.

예제 10.10 | 바퀴의 각가속도

반지름 R, 질량 M, 관성 모멘트 I인 바퀴가 그림 10.18처럼 마찰이 없는 수평축에 설치되어 있다. 바퀴에 감긴 가벼운 줄에 질량 m인 물체가 달려 있다. 바퀴를 놓으면, 물체는 아래 방향으로 가속하고 줄은 바퀴에서 풀리며, 바퀴는 각가속도를 갖고 회전한다. 바퀴의 각가속도, 물체의 병진 가속도, 줄에 걸린 장력을 구하라.

풀이

개념화 물체가 재래식 우물 속의 두레박이라고 생각하자. 두레박을 끌어올리도록 회전 손잡이가 달린 도르래에 줄이 감겨 있고, 그 끝에 두레박이 달려 있다. 두레박을 끌어올린 다음 줄을 가만히 놓으면, 줄이 원통에서 풀려나면서 두레박은 아래로 가속도 운동을 한다.

분류 여기서 두 개의 분석 모형을 적용한다. 물체는 알짜힘을 받는 입자로, 바퀴는 알짜 토크를 받는 강체로 취급한다.

분석 회전축에 대해 바퀴에 작용하는 토크의 크기는 $\tau = TR$이다. 여기서 T는 줄이 바퀴의 테에 작용하는 힘을 나타낸다(지구가 바퀴를 당기는 중력과 축이 바퀴에 작용하는 수직 방향 힘은 회전축을 통과하기 때문에 토크가 없다). 식 10.30을 쓴다.

$$\sum \tau_{\text{ext}} = I\alpha$$

α에 대해 풀고 알짜 토크를 대입한다.

(1) $$\alpha = \frac{\sum \tau_{\text{ext}}}{I} = \frac{TR}{I}$$

뉴턴의 제2법칙을 물체의 운동에 적용하고 아래쪽 운동 방향을 양(+)으로 한다.

$$\sum F_y = mg - T = ma$$

가속도 a에 대해 푼다.

(2) $$a = \frac{mg - T}{m}$$

식 (1)과 (2)에는 세 개의 미지수 α, a, T가 있다. 물체와 바퀴는 미끄러지지 않는 줄에 의해 연결되어 있으므로, 매달려 있는 물체의 병진 가속도는 바퀴 테 위의 한 점의 접선 가속도와 같다. 따라서 바퀴의 각가속도 α와 물체의 병진 가속도

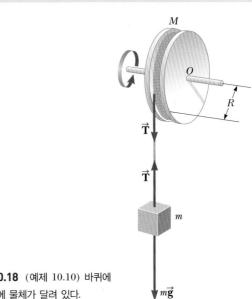

그림 10.18 (예제 10.10) 바퀴에 감긴 줄에 물체가 달려 있다.

의 관계는 $a = R\alpha$가 된다.
이 내용과 식 (1), (2)를 함께 이용한다.

(3) $$a = R\alpha = \frac{TR^2}{I} = \frac{mg - T}{m}$$

장력 T를 구한다.

(4) $$T = \frac{mg}{1 + (mR^2/I)}$$

식 (4)를 식 (2)에 대입하고 a를 구한다.

(5) $$a = \frac{g}{1 + (I/mR^2)}$$

식 (5)와 $a = R\alpha$를 이용해서 α를 구한다.

$$\alpha = \frac{a}{R} = \frac{g}{R + (I/mR)}$$

결론 몇 가지 극한 경우에서 계의 거동을 알아보면서 이 문제를 마무리한다.

문제 바퀴의 질량이 아주 커서 I가 매우 커지면 어떻게 되는가? 또한 물체의 가속도 a와 장력 T는 어떻게 되는가?

답 바퀴가 무한히 무거우면, 질량 m의 물체는 바퀴를 회전시키지 않고 줄에 그대로 매달려 있을 것이다.

수학적으로 $I \to \infty$의 극한을 택해서 보일 수 있다. 그러면 식 (5)는 다음과 같이 된다.

$$a = \frac{g}{1 + (I/mR^2)} \quad \to \quad 0$$

이것은 물체가 정지할 것이라는 예상과 일치한다. 또 식 (4)는 다음과 같이 된다.

$$T = \frac{mg}{1 + (mR^2/I)} \quad \to \quad mg$$

이것은 모순이 없다. 왜냐하면 정지 상태면 중력과 실의 장력이 평형을 이루고 있기 때문이다.

◤ **10.8** | 회전 운동에서의 에너지 고찰
Energy Considerations in Rotational Motion

병진 운동에서 에너지에 대한 개념을 알 수 있었고, 특별히 계의 운동을 해석하는 데 유용한 일-운동 에너지 정리라 불리는 에너지 보존 식을 유도했다. 에너지는 간단하게 회전 운동을 해석하는 데 유용한 개념이다. 에너지 보존 식으로부터, 고정축에 대한 물체의 회전의 경우, 외력이 물체에 한 일은 에너지가 다른 형태로 저장되지 않는 한 회전 운동 에너지의 변화와 같을 것이다. 이런 경우가 사실임을 알아보기 위해, 토크가 한 일에 대한 식을 찾는 것으로부터 시작할 것이다.

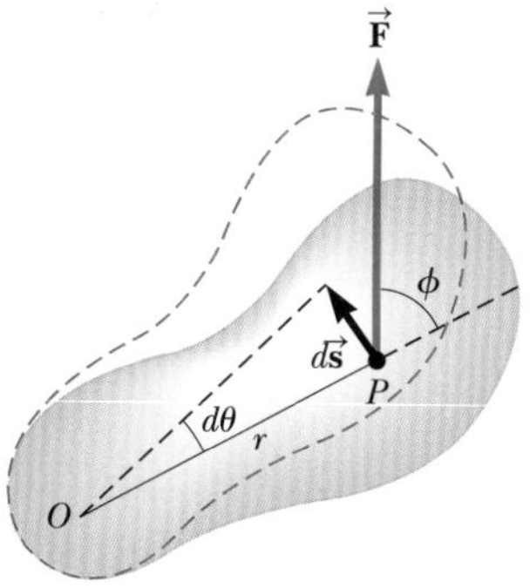

그림 10.19와 같이 점 O에 대해 회전하는 물체를 생각해 보자. 단일 외력 $\vec{F}$가 점 P에 작용하고 $d\vec{s}$를 힘의 작용점의 변위라 하자. 시간 간격 dt 동안 $\vec{F}$가 물체에 작용해서 작용점이 작은 거리 $ds = r\,d\theta$를 회전할 때 작용점에서 물체에 한 작은 일 dW는 다음과 같다.

$$dW = \vec{F} \cdot d\vec{s} = (F \sin\phi)\, r\, d\theta$$

여기서 $F \sin\phi$는 $\vec{F}$의 접선 성분 또는 변위 방향으로의 힘의 성분이다. 그림 10.19로부터 $\vec{F}$의 지름 성분은 힘의 작용점에서 변위에 수직이기 때문에 일을 하지 않는다는 점에 유의해야 한다.

원점에 대해 $\vec{F}$에 의한 토크의 크기가 $rF\sin\phi$로 정의되기 때문에, 작은 회전 동안 한 일은 다음과 같다.

$$dW = \tau\, d\theta \qquad\qquad \textbf{10.31}$$

토크와 각변위의 곱으로 표현된 이 식은 병진 운동에서 힘과 변위의 곱으로 나타난 일과 유사함을 알 수 있다.

이번에는 회전에 대한 뉴턴의 제2법칙 $\tau = I\alpha$를 이용해서 이 결과와 결합할 수 있다. 미적분의 연쇄 공식에 따라, 토크에 대한 식을 다음과 같이 쓸 수 있다.

그림 10.19 점 P에 외력 $\vec{F}$가 작용할 때, 강체가 점 O를 지나는 축을 중심으로 회전한다.

$$\tau = I\alpha = I\frac{d\omega}{dt} = I\frac{d\omega}{d\theta}\frac{d\theta}{dt} = I\frac{d\omega}{d\theta}\,\omega$$

이 식과 식 10.31의 $\tau = d\theta = dW$ 의 식을 써서 다시 정리하면 다음을 얻는다.

$$\tau\,d\theta = dW = I\omega\,d\omega$$

이 식을 적분해서 토크가 한 전체 일을 알 수 있다.

$$W = \int_{\theta_i}^{\theta_f} \tau\,d\theta = \int_{\omega_i}^{\omega_f} I\omega\,d\omega$$

▶ 순수 회전에 대한 일–운동 에너지 정리

$$W = \frac{1}{2}I\omega_f^2 - \frac{1}{2}I\omega_i^2 = \Delta K_R \qquad \text{10.32}$$

이 식은 병진 운동에 대한 일–운동 에너지 정리와 정확히 동일한 수학적 형태를 가진다. 식 10.32는 7장에서 논의한 비고립계(에너지) 모형의 한 형태이다. 강체 계에 한 일은 계의 경계를 넘어서 전달되는 에너지를 나타내는데, 이것은 물체의 회전 운동 에너지의 증가로 나타난다.

일반적으로 이 정리를 6장의 병진 운동의 일–운동 에너지 정리와 묶어 볼 수 있다. 따라서 외력이 물체에 한 일은 **전체** 운동 에너지(병진 운동 에너지와 회전 운동 에너지의 합)의 변화와 같다. 예를 들어 투수가 공을 던질 때, 투수의 손이 공에 한 일은 공간을 진행하는 공의 병진 운동 에너지와 공의 회전과 관련된 회전 운동 에너지의 합으로 나타난다.

일–운동 에너지 정리와 더불어, 다른 에너지 원리도 회전 운동에 적용할 수 있다. 예를 들어 회전체를 포함한 계가 고립되어 있고 계 내에 비보존력이 없다면, 다음 예제 10.11처럼 고립계 모형과 역학적 에너지의 보존 원리를 이용해서 이 계를 분석할 수 있다.

고정축에 대해 회전하는 물체가 $\vec{\mathbf{F}}$가 한 일률에 대해 알아보는 것으로 이 논의를 마치고자 한다. 이 일률은 식 10.31의 우변과 좌변을 dt로 나눔으로써 얻을 수 있다.

$$\frac{dW}{dt} = \tau\frac{d\theta}{dt} \qquad \text{10.33}$$

dW/dt는 힘이 전달한 순간 일률 P이다. $d\theta/dt = \omega$이므로 식 10.33은 다시 다음과 같이 쓸 수 있다.

▶ 회전하는 물체에 전달된 일률

$$P = \tau\omega \qquad \text{10.34}$$

이 식은 병진 운동의 경우에서 $P = Fv$와 비슷하다.

▌ **예제 10.11 | 회전하는 막대**

길이 L이고 질량 M인 균일한 막대가 한쪽 끝을 통과하는 마찰이 없는 회전 중심점을 중심으로 회전하고 있다(그림 10.20). 정지 상태에 있는 막대를 수평 위치에서 놓는다.

(A) 막대가 가장 낮은 위치에 도달할 때 각속력을 구하라.

풀이

개념화 그림 10.20을 보고 왼쪽 끝에 위치한 회전 중심점에 대해 아래로 1/4 바퀴만큼 회전했다고 생각해 보자.

분류 막대의 각가속도가 일정하지 않다. 따라서 이 경우 10.2절의 회전 운동 식은 사용할 수 없다. 막대의 계와 지구를 함께 비보존력이 작용하지 않는 고립계로 분류하고 역학적 에너지의 보존 원리를 사용한다.

분석 막대가 똑바로 아래로 늘어져 있을 때를 중력에 의한 위치 에너지의 기준으로 하고, 이때의 위치 에너지 값을 영으로 둔다. 막대가 수평 위치에 있을 때 회전 운동 에너지는 없고, 이때의 위치 에너지는 $MgL/2$가 된다. 막대의 질량 중심이 기준 배열에서의 질량 중심 위치보다 $L/2$ 만큼 높기 때문이다. 막대가 가장 낮은 위치에 도달할 때, 계의 에너지는 순전히 회전 운동 에너지 $\frac{1}{2}I\omega^2$이다. 여기서 I는 막대의 회전 중심점을 통과하는 축에 대한 관성 모멘트이다.

고립계(에너지) 모형을 이용해서 계에 대한 역학적 에너지 보존 식을 쓴다.

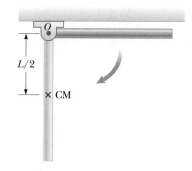

그림 10.20 (예제 10.11) 점 O를 회전 중심점으로 해서 균일한 막대가 중력의 영향에 의해 연직면에서 회전하고 있다.

$$K_f + U_f = K_i + U_i$$

각각의 에너지를 대입한다.

$$\frac{1}{2}I\omega^2 + 0 = 0 + \frac{1}{2}MgL$$

ω에 대해 풀고 막대에 대한 관성 모멘트 $I = \frac{1}{3}ML^2$(표 10.2 참조)을 사용한다.

$$\omega = \sqrt{\frac{MgL}{I}} = \sqrt{\frac{MgL}{\frac{1}{3}ML^2}} = \boxed{\sqrt{\frac{3g}{L}}}$$

(B) 연직 위치에 있는 경우, 질량 중심의 접선 속력과 막대의 가장 낮은 점의 접선 속력을 구하라.

풀이

식 10.10과 (A)의 결과를 사용한다.

$$v_{CM} = r\omega = \frac{L}{2}\omega = \boxed{\frac{1}{2}\sqrt{3gL}}$$

막대의 가장 낮은 지점에서의 r은 질량 중심 위치의 두 배이므로, 가장 낮은 지점에서의 접선 속력 역시 두 배가 된다.

$$v = 2v_{CM} = \boxed{\sqrt{3gL}}$$

결론 이 예제에서는 에너지 보존의 법칙을 적용함으로써, 가장 낮은 지점에서의 막대의 각속력과 같은 부가적인 정보를 얻을 수 있다. 어떤 각도에서든지 막대의 각속력을 구할 수 있다.

▌ **10.9 | 분석 모형: 비고립계 (각운동량)**
Analysis Model: Nonisolated System (Angular Momentum)

질량 중심의 운동이 없고 공간에서 회전하는 물체를 생각하자. 물체의 각 입자들은 원형 경로를 따라 움직이므로, 각 입자는 운동량이 없다. 물체는 전체 선운동량이 영이지만(이의 질량 중심은 공간에서 움직이지 않는다), 물체의 회전과 관련된 '운동의

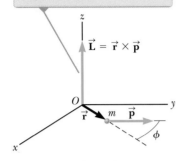

각운동량 $\vec{\mathbf{L}}$의 값은 $\vec{\mathbf{L}}$을 측정하는 원점에 따라 변하고 $\vec{\mathbf{r}}$과 $\vec{\mathbf{p}}$에 모두 수직인 벡터이다.

그림 10.21 위치 벡터 $\vec{\mathbf{r}}$에서 질량이 m이고 선운동량이 $\vec{\mathbf{p}}$인 입자의 각운동량 $\vec{\mathbf{L}}$은 $\vec{\mathbf{L}} = \vec{\mathbf{r}} \times \vec{\mathbf{p}}$로 주어진다.

오류 피하기 │ 10.6

회전이 없으면 각운동량은 영인가?
각운동량은 입자가 원형 경로를 움직이지 않더라도 정의할 수 있다. 입자가 직선 경로로 움직이더라도 입자는 경로부터 어떤 축에 대한 각운동량을 가질 수 있다.

양' 이 있다. 이것을 나타내는 물체의 **각운동량**(angular momentum)에 대해 이 절에서 살펴볼 것이다.

그림 10.21에서와 같이 질량 m인 입자가 위치 $\vec{\mathbf{r}}$에 놓여 있고, 운동량 $\vec{\mathbf{p}}$를 가지고 운동한다고 생각해 보자. 당분간 이 입자를 강체에 대한 입자로 고려하지 않을 것이다. 그것은 운동량 $\vec{\mathbf{p}}$를 가지고 움직이는 입자이다. 이 결과를 회전하는 강체에 적용하겠다. 원점 O에 대한 입자의 **순간 각운동량**(instantaneous angular momentum) $\vec{\mathbf{L}}$은 순간 위치 벡터 $\vec{\mathbf{r}}$과 순간 선운동량 $\vec{\mathbf{p}}$의 벡터곱으로 정의된다.

$$\vec{\mathbf{L}} \equiv \vec{\mathbf{r}} \times \vec{\mathbf{p}} \qquad\qquad 10.35$$

각운동량의 SI 단위는 $kg \cdot m^2/s$이다. $\vec{\mathbf{L}}$의 크기와 방향은 원점을 어디에 선택하느냐에 따라 달라짐에 주목하자. 오른손 법칙에 따라 $\vec{\mathbf{L}}$의 방향은 $\vec{\mathbf{r}}$과 $\vec{\mathbf{p}}$로 이루어진 평면에 수직임을 알 수 있다. 예를 들어 그림 10.21에서 $\vec{\mathbf{r}}$과 $\vec{\mathbf{p}}$는 xy 평면에 있으므로 $\vec{\mathbf{L}}$은 z 방향을 향한다. $\vec{\mathbf{p}} = m\vec{\mathbf{v}}$이므로, $\vec{\mathbf{L}}$의 크기는 다음과 같다.

$$L = mvr \sin\phi \qquad\qquad 10.36$$

여기서 ϕ는 $\vec{\mathbf{r}}$과 $\vec{\mathbf{p}}$ 사이의 각도이다. 이 식으로부터 $\vec{\mathbf{r}}$이 $\vec{\mathbf{p}}$와 평행($\phi = 0°$ 또는 $180°$)할 때, $\vec{\mathbf{L}}$은 영임을 알 수 있다. 다시 말하면 입자가 원점을 지나는 직선과 나란하게 움직이면, 입자는 원점에 대한 각운동량은 영이다. $\vec{\mathbf{r}}$이 $\vec{\mathbf{p}}$와 수직($\phi = 90°$)이면 $\vec{\mathbf{L}}$은 최댓값을 가지며 mvr이 된다. 이 경우 입자는 $\vec{\mathbf{r}}$과 $\vec{\mathbf{p}}$로 만들어진 평면에서 원점을 통과하는 축에 대해 각속력 $\omega = v/r$를 가지고 회전하는 바퀴(반지름 r)의 가장자리 테에 있는 것처럼 움직인다. 어떤 점으로부터 측정된 입자의 위치 벡터가 그 점에 대해 회전한다면, 그 점에 대한 입자의 각운동량은 영이 아니다.

병진 운동에 대해, 입자에 작용하는 알짜힘은 입자의 선운동량의 시간 변화율임을 이미 알고 있다(식 8.4). 이번에는 회전에 대한 상황에서도 유사하게 뉴턴의 제2법칙을 적용할 수 있음을 보이겠다. 즉 입자에 작용하는 알짜 토크는 입자의 각운동량의 시간 변화율과 같다. 입자에 작용하는 알짜 토크를 나타내면 다음과 같다.

$$\vec{\boldsymbol{\tau}} = \vec{\mathbf{r}} \times \vec{\mathbf{F}} = \vec{\mathbf{r}} \times \frac{d\vec{\mathbf{p}}}{dt} \qquad\qquad 10.37$$

여기서 $\vec{\mathbf{F}} = d\vec{\mathbf{p}}/dt$ (식 8.4)를 이용했다. 식 10.35를 시간에 대해 미분하고, 미분에 대한 곱셈 법칙을 적용하면(식 10.25) 다음과 같이 나타난다.

$$\frac{d\vec{\mathbf{L}}}{dt} = \frac{d}{dt}(\vec{\mathbf{r}} \times \vec{\mathbf{p}}) = \frac{d\vec{\mathbf{r}}}{dt} \times \vec{\mathbf{p}} + \vec{\mathbf{r}} \times \frac{d\vec{\mathbf{p}}}{dt}$$

10.5절에서 공부한 바와 같이 벡터곱이 교환 법칙을 만족하지 않기 때문에 벡터곱에서 순서를 지키는 것은 매우 중요하다. 앞의 식에서 우변의 첫 번째 항은 $\vec{\mathbf{v}} = d\vec{\mathbf{r}}/dt$이 $\vec{\mathbf{p}}$와 평행하기 때문에 영이다. 그러므로 다음과 같이 된다.

$$\frac{d\vec{\mathbf{L}}}{dt} = \vec{\mathbf{r}} \times \frac{d\vec{\mathbf{p}}}{dt}$$ 10.38

식 10.37과 10.38을 비교하면 다음 식을 얻는다.

$$\vec{\boldsymbol{\tau}} = \frac{d\vec{\mathbf{L}}}{dt}$$ 10.39   ▶ 입자에 작용하는 토크는 각운동량의 시간 변화율과 같다

이 결과는 뉴턴의 제2법칙 $\vec{\mathbf{F}} = d\vec{\mathbf{p}}/dt$의 회전 운동에 대한 대응식이다. 식 10.39는 입자에 작용하는 토크는 입자 각운동량의 시간 변화율과 같다는 것을 나타낸다. 식 10.39는 $\vec{\boldsymbol{\tau}}$와 $\vec{\mathbf{L}}$을 정의하는 데 사용한 축들이 **같은** 경우에만 성립하는 것에 주목하자. 또한 식 10.39는 입자에 작용하는 여러 힘이 작용할 때도 성립한다. 이 경우 $\vec{\boldsymbol{\tau}}$는 입자의 **알짜** 토크이다. 물론 각운동량뿐만 아니라 모든 토크를 계산할 때 동일한 원점을 이용해야 한다.

이들 개념을 입자계에 적용해 보자. 어떤 점에 대한 입자계의 전체 각운동량 $\vec{\mathbf{L}}$은 개별 입자의 각운동량의 벡터합으로 정의된다.

$$\vec{\mathbf{L}} = \vec{\mathbf{L}}_1 + \vec{\mathbf{L}}_2 + \cdots + \vec{\mathbf{L}}_n = \sum_i \vec{\mathbf{L}}_i$$

여기서 벡터합은 계 안에 있는 n개의 모든 입자에 대한 합이다.

입자들의 개별적 각운동량은 시간에 대해 변할 수 있기 때문에, 전체 각운동량 역시 시간의 함수가 될 수 있다. 사실 계의 전체 각운동량의 시간 변화율은 입자들 사이의 내력과 외부에서 작용한 외력을 포함한 **모든** 토크의 벡터합과 같다.

그러나 알짜 토크를 받는 강체의 논의에서 알 수 있었듯이 내부 토크들의 합은 영이다. 그래서 **오로지 외력에 의한** 알짜 토크가 계에 작용할 때만 계의 전체 각운동량이 시간에 따라 변한다고 말할 수 있다. 그러므로 다음과 같이 주어지게 된다.

$$\sum \vec{\boldsymbol{\tau}}_{\text{ext}} = \sum_i \frac{d\vec{\mathbf{L}}_i}{dt} = \frac{d}{dt} \sum_i \vec{\mathbf{L}}_i$$

$$\sum \vec{\boldsymbol{\tau}}_{\text{ext}} = \frac{d\vec{\mathbf{L}}_{\text{tot}}}{dt}$$ 10.40   ▶ 계에 작용하는 알짜 외부 토크는 계의 각운동량의 시간 변화율과 같다

즉 관성틀 내의 어떤 원점에 대해 계의 전체 각운동량의 시간 변화율은 그 원점에 대해 계에 작용하는 알짜 외부 토크와 같다. 식 10.40은 $\sum \vec{\mathbf{F}}_{\text{ext}} = d\vec{\mathbf{p}}_{\text{tot}}/dt$ (식 8.40)의 회전 운동을 하는 입자계에 대한 대응식임에 주목한다.

이 결과는 그들의 위치가 변하는(즉 강체가 아닌 물체) 입자계에 대해서도 확실히 들어맞는다. 이런 입자계의 각운동량의 논의에서, 결코 강체 조건을 사용하지 않았음을 주목해야 한다.

식 10.40은 **비고립계 모형의 각운동량**의 기본적인 식이다. 계의 각운동량은 계에 작용하는 알짜 토크로 나타나는 환경과의 상호 작용에 따라 변한다.

마지막으로 선운동량의 정의와 비슷한 형태인 각운동량의 표현을 얻을 수 있다. 어떤 축에 대해 회전하는 강체를 생각하자. 강체에서 질량 m_i의 각 입자는 접선 속력 v_i

표 10.3 | 회전 운동과 병진 운동에서의 식의 비교

	고정축에 대한 회전 운동	병진 운동
운동 에너지	$K_R = \frac{1}{2}I\omega^2$	$K = \frac{1}{2}mv^2$
평 형	$\sum\vec{\boldsymbol{\tau}}_{\text{ext}} = 0$	$\sum\vec{\mathbf{F}}_{\text{ext}} = 0$
뉴턴의 제2법칙	$\sum\tau_{\text{ext}} = I\alpha$	$\sum\vec{\mathbf{F}}_{\text{ext}} = m\vec{\mathbf{a}}$
비고립계	$\vec{\boldsymbol{\tau}}_{\text{ext}} = \frac{d\vec{\mathbf{L}}_{\text{tot}}}{dt}$	$\vec{\mathbf{F}}_{\text{ext}} = \frac{d\vec{\mathbf{p}}_{\text{tot}}}{dt}$
운동량	$L = I\omega$	$\vec{\mathbf{p}} = m\vec{\mathbf{v}}$
고립계	$\vec{\mathbf{L}}_i = \vec{\mathbf{L}}_f$	$\vec{\mathbf{p}}_i = \vec{\mathbf{p}}_f$
일 률	$P = \tau\omega$	$P = Fv$

Note: 벡터로 표현된 병진 운동 식은 벡터로 표현된 회전 운동과 비슷하다. 회전에서 다루는 전체 벡터 표현은 이 책의 범주를 벗어나기 때문에 어떤 회전 식은 벡터 형태를 취하지 않았다.

로 반지름 r_i인 원형 경로를 따라 움직인다. 따라서 강체의 전체 각운동량은 아래와 같이 나타난다.

$$L = \sum_i m_i v_i r_i$$

접선 속력은 반지름 거리와 각속력의 곱(식 10.10)으로 나타나므로 다음과 같이 나타낼 수 있다.

$$L = \sum_i m_i v_i r_i = \sum_i m_i (r_i\omega) r_i = \left(\sum_i m_i r_i^2\right)\omega$$

괄호 안의 항은 관성 모멘트이므로, 강체의 각운동량을 다시 쓰면 다음과 같다.

▶ 관성 모멘트 I를 가진 물체의 각운동량

$$L = I\omega \qquad \textbf{10.41}$$

이는 $p = mv$와 유사하다. 표 10.3은 표 10.1의 연속이고, 앞에서 나타난 회전 운동과 병진 운동의 유사성을 나타낸 것이다.

퀴즈 10.7 질량과 반지름이 같은 속이 찬 구와 속이 빈 구가 있다. 두 구가 같은 각속도로 회전할 때 각운동량이 더 큰 것은 다음 중 어느 것인가? **(a)** 속이 찬 구 **(b)** 속이 빈 구 **(c)** 두 구의 각운동량은 같다. **(d)** 결정할 수 없다.

예제 10.12 | 끈으로 연결된 두 물체

그림 10.22와 같이 질량 m_1인 구와 질량 m_2인 상자가 도르래를 통해 가벼운 끈으로 연결되어 있다. 도르래의 반지름은 R이고 테의 질량은 M이며, 도르래 살의 무게는 무시할 수 있다. 상자가 마찰이 없는 수평면에서 미끄러진다고 할 때, 각운동량과 토크의 개념을 이용해서 두 물체의 선가속도를 구하라.

풀이

개념화 물체가 움직이기 시작할 때, 상자는 왼쪽으로 운동하고 공은 아래 방향으로 운동하며, 도르래는 반시계 방향으로 회전한다. 이 경우 각운동량의 개념을 이용한다는 사실만 제외하면, 이 상황은 전에 풀었던 문제와 유사하다.

분류 상자와 구 그리고 도르래로 이루어진 계는 비고립계이

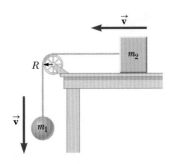

그림 10.22 (예제 10.12) 계를 놓아주면, 구는 아래로 움직이고 상자는 왼쪽으로 움직인다.

다. 구에 작용하는 중력이 외부 토크를 만들기 때문이다. 도르래의 회전축과 일치하는 축에 대한 토크와 각운동량을 구한다. 계의 각운동량은 병진 운동을 하는 두 물체(구와 상자)와 순수하게 회전 운동을 하는 하나의 물체(도르래)의 각운동량을 포함한다.

분석 구와 상자가 속력 v를 갖는 어떤 순간에, 구의 각운동량이 $m_1 vR$이고 상자의 각운동량은 $m_2 vR$이다. 그 순간 도르래 테의 모든 점 또한 속력 v로 움직이므로, 도르래의 각운동량은 MvR이다.

이제 도르래 축에 대해 계에 작용한 전체 외부 토크를 계산해 보자. 모멘트 팔이 영이므로, 회전축에 의해 도르래에 작용한 힘은 토크를 만들지 못한다. 게다가 상자에 작용하는 수직항력은 중력 $m_2\vec{g}$와 상쇄되므로, 이들 힘은 토크에 기여를 하지 않는다. 구에 작용하는 중력 $m_1\vec{g}$는 축에 대해 크기가 $m_1 gR$인 토크를 만든다. 여기서 R은 중력 $m_1\vec{g}$의 축에 대한 모멘트 팔이다. 이것이 도르래 축에 대한 전체 외부 토크이다. 즉 $\sum \tau_{\text{ext}} = m_1 gR$이다.

계의 전체 각운동량에 대한 식을 쓴다.

(1) $\quad L_{\text{tot}} = m_1 vR + m_2 vR + MvR = (m_1 + m_2 + M)vR$

이 식과 전체 외부 토크를 식 10.40에 대입한다.

$$\sum \tau_{\text{ext}} = \frac{dL_{\text{tot}}}{dt}$$

$$m_1 gR = \frac{d}{dt}\left[(m_1 + m_2 + M)vR\right]$$

(2) $\qquad m_1 gR = (m_1 + m_2 + M)R\frac{dv}{dt}$

$dv/dt = a$이므로, 식 (2)를 a에 대해 푼다.

(3) $\qquad a = \dfrac{m_1 g}{m_1 + m_2 + M}$

결론 축에 대한 알짜 토크를 구할 때, 계의 내력에 해당하는 줄이 물체들에 작용하는 힘들은 포함시키지 않았다. 그 대신 우리는 계를 전체적으로 분석했다. 오직 외부 토크만이 계의 각운동량 변화에 기여한다.

◤ 10.10 | 분석 모형: 고립계 (각운동량)
Analysis Model: Isolated System (Angular Momentum)

8장에서 계가 고립되어 있으면, 다시 말해서 계에 작용하는 알짜 외력이 영일 때 입자 계의 전체 선운동량은 일정한 값을 유지함을 보였다. 회전 운동도 이와 유사한 보존의 법칙이 있다.

> 계에 작용하는 알짜 외부 토크가 영일 때, 즉 계가 고립되어 있으면 계의 전체 각운동량은 크기와 방향 모두 일정하다.

▶ 각운동량 보존

이 명제를 **각운동량 보존**(conservation of angular momentum)의 원리라고 하며,[6] **고립계 모형의 각운동량**을 나타낸다. 이 원리는 식 10.40으로부터 바로 유도할 수 있다. 즉

---

[6] 가장 일반적인 각운동량 보존 식은 식 10.40이며, 이는 계가 환경과 어떻게 상호 작용하는지를 보여 준다.

팔과 다리가 몸 가까이에 있으면, 스케이터의 관성 모멘트는 작고 각속력은 크다.

Clive Rose/Getty Images/옐티비즉

회전을 끝내기 위해, 팔과 다리를 뻗어 관성 모멘트를 크게 한다.

Al Bello/Getty Images/옐티비즉

그림 10.23 2006 토리노 동계 올림픽 경기에서 러시아 금메달리스트 플류셴코 가 각운동량 보존으로 설명할 수 있는 테 크닉을 보여 준다.

$$\sum \vec{\tau}_{ext} = \frac{d\vec{L}_{tot}}{dt} = 0 \qquad \text{10.42}$$

이면

$$\boxed{\vec{L}_{tot} = \text{일정} \quad \text{또는} \quad \vec{L}_i = \vec{L}_f} \qquad \text{10.43}$$

가 된다. 많은 입자로 이루어진 고립계의 경우, 이 보존의 법칙은 $\vec{L}_{tot} = \sum \vec{L}_n =$ 일 정이다. 여기서 첨자 n은 계 내에서 n 번째 입자를 나타낸다.

고립된 회전계가 변형 가능하면, 계의 질량은 어떤 형태로든 재분포를 하게 되어 계의 관성 모멘트가 변하게 된다. 계의 각운동량의 크기 $L = I\omega$ (식 10.41)이므로, 각운동량 보존의 법칙에 따라 I와 ω의 곱은 일정하게 남아 있어야 한다. 따라서 고 립계에서 I가 변하면 ω도 변하게 된다. 이 경우 각운동량 보존의 법칙은 다음과 같이 표현된다.

$$I_i \omega_i = I_f \omega_f = \text{일정} \qquad \text{10.44}$$

이 식은 고정축에 대한 회전이나, 움직이는 계의 질량 중심을 지나는 축(축의 방향 은 변하지 않아야 한다)에 대한 회전에 대해 모두 성립한다. 이 식이 성립하기 위해서 중요한 것은 알짜 외부 토크가 영이어야 한다는 것이다.

각운동량 보존을 보여 주는 예는 많이 있다. 피겨 스케이터들이 공연의 마지막에 몸을 회전시키는 것을 본 적이 있을 것이다(그림 10.23). 스케이터는 팔과 다리를 몸 가까이로 끌어당김으로써 I를 감소시켜 각속력을 증가시킨다. (스케이터의 머리카락 을 보라!) 스케이트와 빙판 사이의 마찰을 무시하면, 어떤 알짜 외부 토크도 스케이터 에 작용하지 않는다. 회전을 멈추고자 할 때, 그의 손과 발을 몸으로부터 멀리하면 몸 의 관성 모멘트가 증가한다. 각운동량 보존의 원리에 의하면, 그의 각속력은 감소해 야 한다. 마찬가지로 다이버나 곡예사가 공중제비를 돌려고 할 때, 더 빠르게 돌기 위 해 팔과 다리를 자신의 몸 가까이로 끌어당긴다. 이 경우에 중력에 의한 외력은 사람 의 질량 중심에 작용하므로, 질량 중심을 지나는 축에 대해 토크가 작용하지 않는다. 따라서 질량 중심에 대한 각운동량은 보존되어야만 한다. 즉 $I_i \omega_i = I_f \omega_f$이다. 예를 들어 다이버들이 자신의 각속력을 두 배로 빠르게 하고 싶으면 자신의 관성 모멘트를 처음 값의 반으로 줄여야 한다.

식 10.43에서 고립계 모형의 세 번째 보존 법칙을 얻었다. 즉 고립계에서는 에너지, 선운동량 그리고 각운동량 모두가 일정하다고 말할 수 있다.

$$E_i = E_f \quad \text{(계의 경계를 넘어 에너지 전달이 없을 경우)}$$
$$\vec{p}_i = \vec{p}_f \quad \text{(계에 작용하는 알짜 외력이 영일 경우)}$$
$$\vec{L}_i = \vec{L}_f \quad \text{(계에 작용하는 알짜 외부 토크가 영일 경우)}$$

계는 이들 물리량 중 하나의 관점에서 고립될지도 모르나, 또 다른 관점에서는 아 니다. 계가 운동량이나 각운동량의 관점에서 고립되지 않으면, 이 계는 에너지의 관 점에서도 많은 경우에 고립되지 않을 것이다. 왜냐하면 계는 이 계에 작용하는 알짜

그림 10.24 황소자리에 있는 게성운. 이 성운은 서기 1054년에 발견된 초신성의 폭발 잔해물이다. 이것은 6 300 ly 떨어져 있고 지름이 약 6 ly이며 아직 팽창하고 있다.

힘이나 토크를 가지고 있으며, 알짜힘이나 토크는 계에 일을 할 것이기 때문이다. 그렇지만 우리는 에너지의 관점에서는 고립되지 않으나 운동량의 관점에서는 고립된 계들을 구분할 수 있다. 예를 들어 풍선을 양손에 들고 민다고 생각해 보자. 이 풍선(계)을 미는 데 일을 하므로, 계는 에너지의 관점에서는 고립되지 않지만, 계에 작용하는 알짜힘은 영이다. 그러므로 계는 운동량의 관점에서 고립되어 있다. 비슷한 예로 탄성이 있는 긴 금속 조각의 끝을 양손으로 잡고 비트는 경우를 들 수 있다. 금속(계)에 일을 할 때, 에너지는 탄성 위치 에너지로 비고립계에 저장되지만, 계에 작용하는 알짜 토크는 영이다. 그러므로 계는 각운동량의 관점에서 고립되어 있다. 다른 예는 거시적인 물체들의 충돌에서 볼 수 있는데, 이들 물체는 운동량의 관점에서는 고립계이나, 역학적 파동(음파)으로 계에서 에너지를 내보내기 때문에 에너지의 관점에서는 고립계를 나타낸다.

 큰 별이 자신의 연료를 모두 소진하고 폭발하는 초신성의 폭발이라고 하는 천문학의 한 흥미로운 예에서도 각운동량의 보존이 나타난다. 초신성의 폭발 후에 잔해물 중에서 가장 잘 연구된 것은 무질서한 가스 덩어리인 게성운(Crab Nebula)이다(그림 10.24). 초신성에서 질량의 한 부분이 우주 공간으로 떨어져 나가고 결국에는 새로운 별이나 행성으로 다시 압축된다. 일반적인 붕괴 후 **중성자별**(neutron star)이 된 것들 중 대부분은 매우 높은 밀도를 가지고 있다. 원래의 별이 지름 10^6 km 크기일 때의 질량을 고작 10 km의 지름의 크기에 다 담고 있다. 붕괴가 진행되는 동안 별의 관성 모멘트가 감소하고 그림 10.23의 스케이터와 비슷한 원리로 별의 각속력은 증가한다. 회전 주기가 밀리초~수초밖에 안 되는 매우 빠르게 회전하는 별이 1967년 첫 발견 이후로 700여 개 발견됐다. 태양보다도 더 무겁고 초당 몇 번을 회전하는 별인 중성자별들은 매우 인상적인 계이다.

 또한 지진이 일어날 때 각운동량의 보존이 지구의 자전에 주는 영향을 확인할 수 있다. 지진이 일어나면 지구의 질량 분포가 변하게 되고, 그 결과로 지구의 관성 모멘트가 변하게 된다. 회전하는 스케이터에서와 같이, 이 변화는 지구의 각속력을 변하게 한다. 2010년 2월 칠레에서 있었던 규모 8.8의 지진은 지구의 자전 주기를 1.3 μs 늦추었다. 마찬가지로 2011년 3월 일본 해안에서 있었던 규모 9.0의 지진은 1.8 μs 더 늦추었다.

▌ **퀴즈 10.8** 다이빙 선수가 다이빙 보드를 떠나 몸을 천천히 회전시킨다. 그녀가 팔과 다리를 당겨 몸을 동그랗게 한다. 그녀의 회전 운동 에너지는 어떻게 되는가? (**a**) 증가한다. (**b**) 감소한다. (**c**) 변화 없다. (**d**) 결정할 수 없다.

▌ **예제 10.13 | 마찰 없는 수평면 위에서 회전하는 퍽**

마찰 없는 수평 테이블 위에 질량이 m인 퍽이 줄에 연결되어 있고 그 줄의 다른 끝은 테이블 중심에 있는 구멍을 통해 아래로 늘어져 있다. 퍽은 회전 속력이 v_i일 때 반지름 R을 그리면서 원운동을 한다(그림 10.25).

(**A**) 테이블 밑으로 늘어진 줄을 당겨서 퍽의 회전 반지름이 r로 줄어들 때, 퍽의 나중 속력 v_f에 대한 식을 구하라.

풀이

개념화 원운동하는 그림 10.25의 퍽을 생각해 보자. 이제 줄을 아래로 당겨서 퍽이 좀 더 작은 반지름으로 원운동하는 경우를 생각해 보자. 퍽이 더 빠르게 운동할 것으로 예상하는가 아니면 더 느리게 운동할 것으로 예상하는가? 회전하는 스케이트 선수가 두 팔을 몸 쪽으로 모으면 어떤 일이 일어나는가?

분류 퍽을 하나의 계로 보자. 계는 고립계인가 아니면 고립되지 않은 계인가? 퍽에 작용하는 중력은 위로 향하는 항력과 크기가 같고 방향이 반대이므로 서로 상쇄되어 이들 힘에 의한 알짜 토크는 영이다. 줄이 퍽에 작용하는 힘 $\vec{\mathbf{F}}$와 퍽의 위치 벡터 $\vec{\mathbf{r}}$의 원점은 O이다. 그러므로 이 힘에 의한 회전 중심에 대한 토크는 $\vec{\boldsymbol{\tau}} = \vec{\mathbf{r}} \times \vec{\mathbf{F}} = 0$임을 알 수 있다. 퍽에는 세 힘이 작용하지만 그 힘들이 퍽에 작용하는 알짜 토크는 영이

다. 따라서 퍽은 각운동량에 관한한 고립계이다.

분석 고립계 모형으로부터, 처음 각운동량을 나중 각운동량과 같게 놓는다.

$$L = mv_i R = mv_f r$$

나중 속력에 대해 푼다.

$$v_f = \frac{v_i R}{r}$$

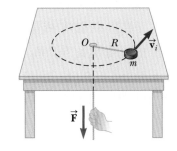

그림 10.25 (예제 10.13) 줄을 아래로 당기면 퍽의 속력은 변한다.

이 결과로부터 r가 감소함에 따라 속력 v가 증가함을 알 수 있다.

(**B**) 이 과정에서 퍽의 운동 에너지는 보존되지 않음을 증명하라.

풀이

처음 운동 에너지에 대한 나중 운동 에너지의 비를 구한다.

$$\frac{K_f}{K_i} = \frac{\frac{1}{2}mv_f^2}{\frac{1}{2}mv_i^2} = \frac{1}{v_i^2}\left(\frac{v_i R}{r}\right)^2 = \frac{R^2}{r^2}$$

이 비가 1이 아니므로 운동 에너지는 보존되지 않는다.

결론 $R > r$이므로 퍽의 운동 에너지는 증가했다. 이 증가에 해당하는 에너지는 줄을 당기는 사람이 한 일에 의해 퍽의 계에 들어간 것에 해당한다. 이 계가 각운동량에 관해 고립되어 있지만 에너지에 관해 고립된 것은 아니다.

◣ 예제 10.14 | **중성자별의 탄생**

어떤 별이 그 중심을 지나는 축에 대해 30일의 주기로 회전한다. 주기는 별의 적도 상의 한 점이 회전축에 대해 완전히 1회전하는 데 걸리는 시간이다. 별이 초신성 폭발을 한 후, 반지름이 1.0×10^4 km인 중심핵이 반지름이 3.0 km인 중성자별로 응축된다. 중성자별의 회전 주기를 구하라.

풀이

개념화 중성자별의 운동의 변화는 이전에 설명한 스케이트 선수의 운동과 비슷하지만, 방향이 반대이다. 별의 질량이 회전축에 가까이 모이게 됨에 따라 그 별은 더 빠르게 자전할 것으로 예상된다.

분류 별의 중심핵(stellar core)이 응축되는 동안, (1) 외부 토크의 작용이 없고 (2) 동일한 상대적인 질량 분포의 구 모양을 유지하며 (3) 질량이 일정하다고 가정한다. 별은 각운동량에 관해 고립계로 분류한다. 별의 질량 분포는 모르지만 그 분포가 대칭적이라고 가정했으므로 관성 모멘트는 kMR^2의 형태로 나타낼 수 있다. 여기서 k는 상수이다. (예를 들어 표 10.2에서 속이 찬 구의 경우 $k = \frac{2}{5}$이고 속이 빈 구의 경우 $k = \frac{2}{3}$이다.)

분석 주기를 T로 나타내고 T_i를 별의 처음 주기, T_f를 나중 주기라고 하자. 별의 각속력은 $\omega = 2\pi/T$이다.

식 10.44를 쓴다.

$$I_i \omega_i = I_f \omega_f$$

$\omega = 2\pi/T$를 이용해서 이 식의 처음 주기와 나중 주기를 대입한다.

$$I_i \left(\frac{2\pi}{T_i} \right) = I_f \left(\frac{2\pi}{T_f} \right)$$

위 식에 관성 모멘트를 대입한다.

$$kMR_i^2 \left(\frac{2\pi}{T_i} \right) = kMR_f^2 \left(\frac{2\pi}{T_f} \right)$$

별의 나중 주기에 대해 푼다.

$$T_f = \left(\frac{R_f}{R_i} \right)^2 T_i$$

주어진 값들을 대입한다.

$$T_f = \left(\frac{3.0 \text{ km}}{1.0 \times 10^4 \text{ km}} \right)^2 (30 \text{ days}) = 2.7 \times 10^{-6} \text{ days}$$

$$= \boxed{0.23 \text{ s}}$$

결론 예상대로 중성자별은 응축된 후 더 빨리 회전한다. 실제 매초 4회 정도로 매우 빠르게 돌고 있다.

◣ **10.11** | **강체의 굴림 운동** Rolling Motion of Rigid Objects

이 절에서는 평평한 표면을 따라 굴러가는 강체의 운동을 다룬다. 길 위를 달리는 자동차의 바퀴나 핀을 향해 굴러가는 볼링 공의 운동 등이 이런 예에 속한다. 그림 10.26과 같이 원통이 직선 경로를 따라 굴러간다고 가정하자. 질량 중심은 직선을 따라 움직이지만, 가장자리의 한 점은 **사이클로이드**(cycloid)라 하는 다소 복잡한 경로

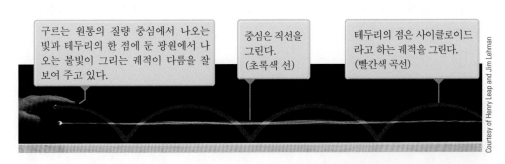

구르는 원통의 질량 중심에서 나오는 빛과 테두리의 한 점에 둔 광원에서 나오는 불빛이 그리는 궤적이 다름을 잘 보여 주고 있다.

중심은 직선을 그린다. (초록색 선)

테두리의 점은 사이클로이드 라고 하는 궤적을 그린다. (빨간색 곡선)

Courtesy of Henry Leap and Jim Lehman

그림 10.26 구르는 물체 위의 두 점은 서로 다른 궤적을 그린다.

를 따라 움직인다. 마찰을 가지고 표면을 굴러가는 반지름 R의 균일한 원통을 생각해 보자. 그 표면들은 서로에 대해 마찰력을 가해야 한다. 원통의 마찰력이 충분히 크다면, 원통은 미끄러짐 없이 굴러간다. 이런 경우에 면과 원통의 접점은 어떤 순간에 면에 대해 정지하고 있기 때문에 마찰력은 운동 마찰력이라기보다 정지 마찰력이다. 정지 마찰력은 변위가 없이 작용하므로, 원통에 일을 하지 않고 원통의 역학적 에너지를 감소시키지 않는다. 실제 구르는 물체에 있어서 표면의 굴곡이 어떤 굴림 저항을 만든다. 그러나 둘의 표면이 단단하다면 그것들은 매우 적게 변형되고 굴림 저항은 무시할 정도로 작다. 그래서 굴림 운동은 역학적 에너지가 보존되는 것으로 모형화할 수 있다. 바퀴는 위대한 발명품인 것이다!

원통이 각도 θ만큼 회전하는 동안 질량 중심은 $s = r\theta$의 거리를 움직인다. 따라서 순수 굴림 운동에 대한 질량 중심의 속력과 가속도는 다음과 같다.

▶ 구르는 물체에 대한 병진과 회전 변수들 사이의 관계

$$v_{CM} = \frac{ds}{dt} = R\frac{d\theta}{dt} = R\omega \qquad \text{10.45}$$

$$a_{CM} = \frac{dv_{CM}}{dt} = R\frac{d\omega}{dt} = R\alpha \qquad \text{10.46}$$

구르는 원통의 여러 지점에서의 병진 속도를 그림 10.27에 나타냈다. 각 점의 병진 속도가 그 점에서 접촉점에 이르는 직선에 수직임에 주목한다. 즉 어떤 순간이든지 미끄러짐이 없기 때문에 점 P는 표면에 대해 정지하고 있다.

질량이 M이고 관성 모멘트가 I인 구르는 물체의 **전체 운동 에너지**(total kinetic energy)는 질량 중심에 대한 회전 운동 에너지와 질량 중심의 병진 운동 에너지의 합으로 표현할 수 있다.

▶ 구르는 물체의 전체 운동 에너지

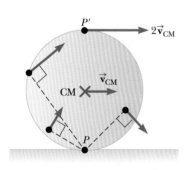

$$K = \frac{1}{2}I_{CM}\omega^2 + \frac{1}{2}Mv_{CM}{}^2 \qquad \text{10.47}$$

평행축 정리(parallel axis theorem)라는 유용한 이론을 이용하면 이 에너지를 물체의 질량 중심을 지나는 축과 평행한 임의의 축에 대한 관성 모멘트 I_p로 나타낼 수 있다. 이 정리는 다음과 같이 나타난다.

$$I_p = I_{CM} + MD^2 \qquad \text{10.48}$$

여기서 D는 질량 중심 축으로부터 평행한 축까지의 거리이고, M은 물체의 전체 질량이다. 구르는 물체와 표면 사이의 접촉점 P를 지나는 축에 대한 관성 모멘트를 이 정리를 이용해서 표현해 보자. 이 점에서 대칭인 물체의 질량 중심까지의 거리는 반지름이므로 다음과 같이 쓸 수 있다.

$$I_P = I_{CM} + MR^2$$

식 10.47에서 물체의 질량 중심 병진 속력을 각속력으로 나타내면 다음과 같다.

그림 **10.27** 구르는 물체의 모든 점은 순간 접촉점 P를 지나는 축에 대해 수직으로 움직인다. 물체의 질량 중심은 속도 $\vec{v}_{CM}$으로 움직이고 점 P'은 속도 $2\vec{v}_{CM}$으로 움직인다.

$$K = \frac{1}{2}I_{CM}\omega^2 + \frac{1}{2}MR^2\omega^2 = \frac{1}{2}(I_{CM} + MR^2)\omega^2 = \frac{1}{2}I_p\omega^2 \qquad \text{10.49}$$

따라서 구르는 물체의 운동 에너지는 접촉점 주위를 회전하는 물체의 순수 회전 운동 에너지와 같게 나타나는 것이다.

고립계 모형의 에너지를 이용해서 거친 경사면을 따라 굴러 내려가는 물체와 관련된 문제를 풀 수 있다. 이런 형태의 문제에 있어서, 물체–지구 계의 중력 위치 에너지의 감소는 물체의 회전과 병진 운동 에너지의 증가로 나타난다. 예를 들어 경사면의 꼭대기에서 정지 상태에서 놓인 후 미끄러짐 없이 굴러, 연직 높이 h만큼 내려가는 구를 고려하자. 가속되며 구르는 운동은 구와 경사면 사이에 마찰력이 있어 질량 중심에 대한 알짜 토크가 있어야 가능하다. 마찰이 있음에도 접촉점은 매순간 표면에 대해 정지하기 때문에 역학적 에너지 손실이 없다(반면에 구가 미끄러지면 구–경사면–지구 계의 역학적 에너지는 운동 마찰이라는 비보존력으로 인해 감소한다).

순수 굴림 운동에 대해 $v_{CM} = R\omega$를 이용해서, 식 10.47을 다음과 같이 표현할 수 있다.

$$K = \frac{1}{2}I_{CM}\left(\frac{v_{CM}}{R}\right)^2 + \frac{1}{2}Mv_{CM}^2$$

$$K = \frac{1}{2}\left(\frac{I_{CM}}{R^2} + M\right)v_{CM}^2 \qquad \textbf{10.50}$$

구와 지구 계에 대해, 구가 경사면 바닥에 있을 때를 중력 위치 에너지가 영이라고 정의하자. 그러면 역학적 에너지의 보존은 다음과 같이 쓸 수 있다.

$$K_f + U_f = K_i + U_i$$

$$\frac{1}{2}\left(\frac{I_{CM}}{R^2} + M\right)v_{CM}^2 + 0 = 0 + Mgh$$

$$v_{CM} = \left(\frac{2gh}{1 + (I_{CM}/MR^2)}\right)^{1/2} \qquad \textbf{10.51}$$

▶ **퀴즈 10.9** 두 상품 A, B를 경사면 꼭대기에 놓고 정지 상태에서 놓았다. (i), (ii), (iii)에서 상품 중 어느 것이 경사면의 바닥에 가장 빨리 도착하는가? **(i)** 공 A는 미끄러짐 없이 구르고 상자 B는 경사면의 마찰이 없는 부분으로 미끄러진다. **(ii)** 구 A는 구 B보다 질량이 두 배이고, 반지름도 두 배이다. 여기서 두 구는 미끄러짐 없이 구른다. **(iii)** 구 A는 구 B와 질량과 반지름이 같지만, A는 속이 찼고 B는 속이 비었다. 여기서 두 구는 미끄러짐 없이 구른다. 상품의 세 가지 경우에 대해 다음 보기에서 고르라. **(a)** A 상품, **(b)** B 상품, **(c)** 상품 A, B가 같은 시간에 도착, **(d)** 알 수 없다.

▶ **예제 10.15 | 경사면을 굴러 내려가는 구**

그림 10.28에 있는 속이 찬 구에 대해 경사면 바닥에서 질량 중심의 병진 속력과 병진 가속도의 크기를 구하라.

풀이

개념화 경사면을 따라 굴러 내려가는 구를 생각하자. 마찰 없는 경사면을 미끄러져 내려가는 책과 비교해 보자. 아마도

경사면에서 굴러 내려가는 물체에 대한 평소의 경험에 따라, 구가 책보다 빠르게 경사면을 내려간다고 할 것이다. 하지만 여러분은 **마찰 없는** 경사면을 미끄러져 내려가는 물체에 대

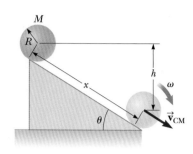

그림 **10.28** (예제 10.15) 구가 경사면을 따라 굴러서 내려가고 있다. 미끄러지지 않으면 구–지구 계의 역학적 에너지는 보존된다.

한 경험이 **없다**. 그러면 대체 어떤 물체가 바닥에 먼저 도착하는가?

분류 구와 지구를 비보존력이 작용하지 않는 고립계로 모형화한다. 이 모형으로 식 10.51을 얻었기 때문에, 이 경우 그 결과를 사용할 수 있다.

분석 식 10.51로부터 구의 질량 중심의 속력을 계산한다.

$$(1) \quad v_{CM} = \left[\frac{2gh}{1 + \left(\frac{2}{5}MR^2/MR^2\right)}\right]^{1/2} = \left(\frac{10}{7}gh\right)^{1/2}$$

이 결과는 물체가 회전 없이 경사면을 미끄러 내려갈 경우의 값 $\sqrt{2gh}$ 보다 작다 (식 10.51에서 $I_{CM} = 0$으로 하면 회전이 없는 경우를 얻는다).

질량 중심의 병진 가속도를 계산하기 위해, 구의 연직 변위와 경사면에서 이동 거리 x와의 관계 $h = x\sin\theta$를 이용한다.

위 관계를 식 (1)에 이용한다.

$$v_{CM}^2 = \frac{10}{7}gx\sin\theta$$

식 2.14를 정지 상태에서 출발해서 등가속도 운동해서 거리 x만큼 움직인 물체에 적용한다.

$$v_{CM}^2 = 2a_{CM}x$$

두 식이 같다고 놓아 a_{CM}을 구한다.

$$a_{CM} = \frac{5}{7}g\sin\theta$$

결론 질량 중심의 속력과 가속도는 구의 질량이나 반지름과 **무관**하다. 즉 속이 찬 균일한 구는 주어진 경사면에서 모두 같은 속력과 가속도 값을 갖는다. 대리석 공과 크리켓 공같이 서로 크기가 다른 두 공을 이용한 실험을 통해 이 말이 옳음을 검증한다.

속이 빈 구, 속이 찬 원통, 굴렁쇠 등에 대해 가속도 계산을 다시하면, 비슷한 결과를 얻으며 단지 $g\sin\theta$ 앞의 계수만 달라진다. v_{CM}과 a_{CM} 식에 나타나는 계수는 특정 물체의 질량 중심에 대한 관성 모멘트 값에 의해서만 달라진다. 모든 경우에 질량 중심의 가속도는 경사면에 마찰이 없고 굴림이 없는 경우의 값인 $g\sin\theta$보다 **작다**.

10.12 | 연결 주제: 선회하는 우주선
Context Connection: Turning the Spacecraft

8장의 〈연결 주제〉에서, 우주선이 로켓 엔진의 추진에 의해 빈 공간에서 어떻게 움직이는지에 대해 논의했다. 우주선이 빈 공간에서 어떻게 선회하는지에 대해 알아보자.

우주선의 궤도를 변경하기 위한 한 가지 방법은 질량 중심 주위로 토크가 발생하도록 우주선의 옆면에 수직으로 분사하는 작은 로켓 엔진을 다는 것이다. 이 토크는 우주선의 질량 중심 주위로 각가속도를 발생시키고, 그래서 각속력이 발생한다. 이 회전은 반대 방향의 측면에 설치된 로켓 엔진의 분출에 의해 원하는 최종 상태로 멈출 수 있다. 이런 방식은 바람직한 것이며, 대부분의 우주선은 측면에 설치된 로켓 엔진을 장착하고 있다. 이 기술의 바람직하지 않은 측면은 회전을 시작하거나 멈추기 위해 우주선에서 재생 불가능한 연료를 소비하는 것이다.

이런 상황에서 우주선에 작용하는 토크는 외부 토크가 아니므로 이것은 알짜 토크를 받는 강체 모형의 예가 아니다. 우주선에 작용하는 토크는 계의 구성 요소 사이의

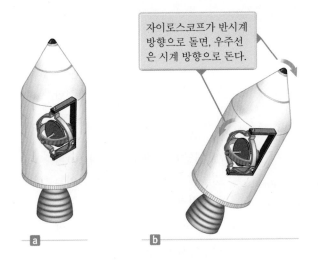

그림 10.29 (a) 우주선에 회전하지 않는 자이로스코프가 탑재되어 있다. (b) 자이로스코프가 돌면 계의 각운동량이 보존되도록 우주선은 다른 방향으로 선회하게 된다.

내력으로부터 나오는 것이다. 우주선은 배기 기체에 힘을 작용해서 기체가 외부로 배출되게 하며, 뉴턴의 제3법칙에 따라 기체가 우주선을 미는 힘을 작용한다. 그러므로 이는 각운동량에 관한 고립계 모형을 응용한 것이다. 배기 기체는 한 방향으로의 각운동량을 주고 우주선은 다른 방향으로 돌게 된다. 그것은 예제 8.2에서 논의한 궁사나 8.8절에서 논의한 로켓 추진과 비슷한 것이다.

기체 배출을 포함하지 않는 고립계 모형의 각운동량과 관계되는 또 다른 가능성에 대해 알아보자. 그림 10.31a와 같이 우주선 안에 회전하지 않는 자이로스코프를 설치했다고 가정하자. 이 경우, 질량 중심에 대한 우주선의 각운동량은 영이다. 자이로스코프가 회전한다고 하자. 우주선 계는 자이로스코프의 회전 때문에 영이 아닌 각운동량을 가질 것이다. 아직 이 계에 외부 토크는 작용하지 않으므로 고립계의 각운동량은 각운동량 보존의 법칙에 의해 영이 되어야 한다. 이 법칙은 우주선이 자이로스코프의 회전 방향과 반대 방향으로 회전해서 자이로스코프의 각운동량과 우주선의 각운동량이 상쇄될 때에만 성립한다. 그림 10.31b에 나타난 것처럼 자이로스코프를 회전시킨 결과 우주선이 회전하게 된다. 서로 수직인 세 개의 자이로스코프를 설치하면 우주 공간에서 어떤 방향으로든 회전할 수 있다.

이 효과가 우주선 **보이저 2호**의 비행 중에 원하지 않았던 효과를 일으켰다. 우주선에는 고속 회전하는 테이프가 장착된 녹음기가 설치되어 있었다. 녹음기가 작동하는 매 순간 테이프는 자이로스코프와 같은 작동을 해서, 우주선은 반대 방향으로 원하지 않던 회전을 했다. 이 때문에 우주비행관제소는 회전을 멈추기 위해서 측면을 향한 로켓 엔진을 작동시켜야만 했다.

연습문제 |

객관식

1. 다음 질문에 '예' 또는 '아니오'로 답하라. (a) 회전축을 표시하지 않고 강체에 작용하는 토크를 계산할 수 있는가? (b) 토크는 회전축의 위치에 무관한가?

2. 회전숫돌의 각속력이 4.00 s 동안에 4.00 rad/s에서 12.00 rad/s로 증가한다. 만약 각가속도가 일정하다면, 이 시간 동안 회전한 각도는 얼마인가? (a) 8.00 rad (b) 12.0 rad (c) 16.0 rad (d) 32.0 rad (e) 64.0 rad

3. 수직으로 놓인 텔레비전 화면을 바라보고 있는 여러분으로부터 오른쪽, 위쪽, 뒤쪽(화면에서 여러분을 향하는 방향)의 서로 수직인 세 방향을 고려해 보자. 이 세 방향의 단위 벡터를 각각 $\hat{\mathbf{r}}$, $\hat{\mathbf{u}}$, $\hat{\mathbf{t}}$라 하자. 이때 $(-3\hat{\mathbf{u}} \times 2\hat{\mathbf{t}})$를 고려하면, (i) 이 벡터의 크기는 얼마인가? (a) 6 (b) 3 (c) 2 (d) 0 (ii) 이 벡터의 방향은 어디인가? (a) 아래 (b) 뒤쪽 (c) 위 (d) 앞쪽 (e) 왼쪽

4. 벡터 $\vec{\mathbf{A}}$는 $-y$ 방향이고 벡터 $\vec{\mathbf{B}}$는 $-x$ 방향이다. (i) $\vec{\mathbf{A}} \times \vec{\mathbf{B}}$는 어느 방향인가? (a) 스칼라이므로 방향이 없다. (b) x (c) $-y$ (d) z (e) $-z$ (ii) $\vec{\mathbf{B}} \times \vec{\mathbf{A}}$는 어느 방향인가? 앞의 보기 (a)~(e)에서 고르라.

5. 그림 OQ10.5처럼 가벼운 강체 막대로 연결된 네 개의 입자가 있다. $a = b$이고 M은 m보다 크다고 하자. 회전축이 어느 좌표축일 때 이 계의 관성 모멘트가 (i) 최소 그리고 (ii) 최대가 되는가? (a) x축 (b) y축 (c) z축 (d) 관성 모멘트는 두 축에 대해 같은 작은 값을 갖는다. (e) 세 축에 대한 관성 모멘트는 다 같다.

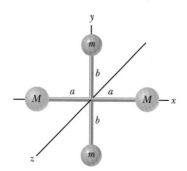

그림 OQ10.5

6. 그림 OQ10.6에 나타난 것처럼 고정되어 있고, 마찰이 없는 수평축에 설치된 원통 형태의 바퀴에 줄이 감겨 있다.

각가속도 크기가 더 큰 경우는 어느 것인가? (a) 50 N의 일정한 힘으로 줄을 아래 방향으로 당길 때 (b) 무게가 50 N인 물체를 줄에 매달았을 때 (c) (a)와 (b)의 경우 각가속도는 같다. (d) 어느 경우인지 정할 수 없다.

그림 OQ10.6

7. 돌고 있는 원판 위에 한 물체가 중심에서 r만큼 떨어져 있는 곳에 정지 마찰에 의해 붙어 있다. 이 물체에 대한 설명으로 틀린 것은 어느 것인가? (a) 각속력이 일정할 경우, 물체의 접선 속력은 일정하다. (b) 각속력이 일정할 경우, 물체는 가속되고 있지 않다. (c) 물체는 원판이 각가속도를 가졌을 때만 접선 가속도를 갖는다. (d) 원판이 각가속도를 갖는다면 물체는 구심 가속도와 접선 가속도를 갖는다. (e) 물체는 각속력이 영이 아닌 한 언제나 구심 가속도를 갖는다.

8. 일정한 알짜 토크가 어떤 물체에 가해진다. 다음 중 일정하지 않은 양은 어느 것인가? 여러 개 있으면 모두 고르라. (a) 각위치 (b) 각속도 (c) 각가속도 (d) 관성 모멘트 (e) 운동 에너지

9. 고정축을 중심으로 등각가속도 3 rad/s²로 바퀴가 회전하고 있다. 각기 다른 시각에서 각속도가 -2 rad/s, 0, 2 rad/s이다. 이 바퀴 테 위에 있는 한 점에 대해, 각 시각의 경우에 대해, 가속도의 접선 성분 크기와 지름 성분 크기를 생각해 보자. 다음 다섯 가지 양들을 가장 큰 것부터 순서대로 나열하라. (a) $\omega = -2$ rad/s일 때의 $|a_t|$ (b) $\omega = -2$ rad/s일 때의 $|a_r|$ (c) $\omega = 0$일 때의 $|a_r|$ (d) $\omega = 2$ rad/s일 때의 $|a_t|$ (e) $\omega = 2$ rad/s일 때의 $|a_r|$. 만일 두 값의 크기가 같으면 동일한 순위로 두어라. 만약 그 값이 영인 경우에는 그 사실을 순위와 함께 말하라.

10. 피겨 스케이트 선수가 양팔을 옆으로 편 채 회전을 시작한다. 이때 선수는 스케이트 끝으로 균형을 잡고 얼음과 마찰 없이 회전을 한다고 가정한다. 회전 도중 팔을 안쪽으로 오므려 관성 모멘트가 처음보다 1/2로 줄어든다. 이 과정에서 선수의 운동 에너지는 어떻게 변하는가? (a) 네 배 증가한다. (b) 두 배 증가한다. (c) 변하지 않는다. (d) 1/2 감소한다. (e) 1/4 감소한다.

주관식

10.1 각위치, 각속력, 각가속도

1. 물레가 정지 상태에서 일정한 각가속도로 돌기 시작해서 30.0 s 만에 1.00 rev/s의 각속력으로 돈다. (a) 평균 각가속도를 rad/s²의 단위로 구하라. (b) 같은 시간 동안 각가속도를 두 배로 하면 나중 각속력도 두 배가 되는가?

2. 어떤 시간 동안, 회전해서 열리는 문의 각위치가 $\theta = 5.00 + 10.0t + 2.00t^2$의 함수로 표현된다. 여기서 θ의 단위는 라디안, t의 단위는 s이다. 시간 (a) $t = 0$, (b) $t = 3.00$ s에 문의 각위치, 각속력, 각가속도를 구하라.

10.2 분석 모형: 각가속도 일정한 강체

3. 바퀴가 37.0회전을 하는 데 3.00 s 걸린다. 3.00 s 후 각속력이 98.0 rad/s에 도달한다. 이 바퀴의 등각가속도는 얼마인가?

4. 공작실 회전숫돌을 1.00×10^2 rev/min로 돌리고 있던 전기 모터가 꺼진다. 회전숫돌은 -2.00 rad/s²의 각가속도를 갖고 있다고 가정하자. (a) 회전숫돌이 정지할 때까지 걸리는 시간은 얼마인가? (b) (a)의 시간 동안 회전숫돌이 회전한 각도는 몇 라디안인가?

5. 세탁기의 통이 정지 상태에서 돌아가기 시작해서 8.00 s 동안 일정한 비율로 증가해서 5.00 rev/s의 회전에 도달했다. 이 상태에서 어떤 사람이 세탁기의 문을 열어서 안전 스위치가 꺼졌다. 통이 감속해서 12.0 s 후 멈췄다. 통이 돌아가는 동안 얼마나 많은 회전을 했는가?

10.3 회전 운동과 병진 운동의 물리량 관계

6. 연직면에 놓인 지름이 2.00 m인 바퀴가 중심축을 중심으로 4.00 rad/s²의 등각가속도로 회전하고 있다. 바퀴는 $t = 0$에서 회전하기 시작하고, 이때 바퀴 테 위의 한 점 P의 반지름 벡터가 수평축과 57.3°의 각도를 이룬다. $t = 2.00$ s에서 (a) 바퀴와 점 P의 각속력, (b) 접선 속력, (c) 전체 가속도, (d) 각위치를 구하라.

7. 자동차가 평평하고 원형인 트랙을 따라 움직인다. 정지 상태에서 출발한 후 일정하게 1.70 m/s²의 접선 가속도를 유지한다. 이것은 자동차가 전체 트랙의 1/4을 돌았을 때 트랙에서 미끄러지기 전까지 이루어진 것이다. 이 자료로부터 자동차와 트랙 사이의 정지 마찰 계수를 구하라.

8. 그림 P10.8에 있는 자전거는 지름 67.3 cm의 바퀴와 길이 17.5 cm의 페달이 달려 있다. 이 자전거를 탄 사람은 76.0 rev/min의 일정한 비율로 페달을 돌리고 있다. 체인이 지름 15.2 cm의 앞 사슬 톱니바퀴와 지름 7.00 cm의 뒤 사슬 톱니바퀴를 연결하고 있다. 이때 (a) 자전거 프레임에 대한 체인의 속력, (b) 자전거 바퀴의 각속력, (c) 길에 대한 자전거의 상대 속력을 계산하라. (d) 이 계산에 불필요한 자료가 있다면, 그것은 무엇인가?

그림 P10.8

10.4 회전 운동 에너지

9. 런던탑에 걸려 있는 시계 빅벤(Big Ben)의 시침은 질량이 60.0 kg, 길이가 2.70 m이고, 분침은 질량이 100 kg, 길이가 4.50 m이다. 회전축을 기준으로 두 침이 갖는 전체 회전 운동 에너지를 계산하라 (여기서 두 침을 한끝이 고정된 채로 회전하는 가늘고 긴 막대로 간주할 수 있다. 시침과 분침은 일정한 비율로 각기 12시간과 60분마다 1바퀴씩 회전하는 것으로 가정한다).

10. y축에 놓인 질량을 무시할 수 있는 강체 막대에 세 입자가 연결되어 있다(그림 P10.10). 이 계가 x축을 중심으로 2.00 rad/s의 각속력으로 회전한다. (a) x축을 중심으로 하는 관성 모멘트를 구하라. (b) 전체 회전 운동 에너지를 $\frac{1}{2}I\omega^2$으로부터 구하라. (c) 각 입자의 접선 속력을 구하라.

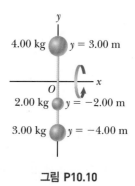

그림 P10.10

(d) 전체 운동 에너지를 $\sum \frac{1}{2} m_i v_i^2$로부터 구하라. (e) (b)와 (d)의 결과를 비교 설명하라.

11. 그림 P10.11의 계를 생각해 보자. 여기서 $m_1 = 20.0$ kg, $m_2 = 12.5$ kg, $R = 0.200$ m 그리고 도르래의 질량 $M = 5.00$ kg이다. 물체 m_1이 바닥에서 4.00 m 높이에서 정지 상태로부터 움직이기 시작할 때, 물체 m_2는 바닥에 놓여 있다. 도르래의 축은 마찰이 없다. 줄은 매우 가볍고, 늘어나지 않으며 도르래에서 미끄러지지 않는다. (a) m_1이 바닥에 도달할 때까지 걸리는 시간을 계산하라. (b) 도르래의 질량이 없을 경우 답은 어떻게 바뀌어야 하는가?

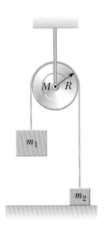

그림 P10.11

10.5 토크와 벡터곱

12. 그림 P10.12에서처럼 낚싯대가 수평과 20.0°의 각도를 이루고 있다. 만약 물고기가 수평면 아래로 37.0°의 각도를 이루는 $\vec{F} = 100$ N의 힘으로 낚싯줄을 당긴다면, 종이면에 수직이고 낚시꾼의 손을 지나는 축에 대해 물고기가 작용하는 토크는 얼마인가? 낚싯줄은 낚시꾼의 손에서 2.00 m에 위치해 있다.

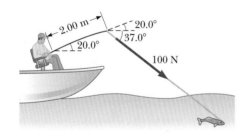

그림 P10.12

13. 두 벡터 $\vec{A} = -3\hat{i} + 7\hat{j} - 4\hat{k}$와 $\vec{B} = 6\hat{i} - 10\hat{j} + 9\hat{k}$가 있다. (a) $\cos^{-1}(\vec{A} \cdot \vec{B}/AB)$, (b) $\sin^{-1}(\vec{A} \cdot \vec{B}/AB)$를 계산하

라. (c) 둘 중 어느 것이 두 벡터 사이의 각도인가?

14. $\vec{M} = 2\hat{i} - 3\hat{j} + \hat{k}$이고 $\vec{N} = 4\hat{i} + 5\hat{j} - 2\hat{k}$일 때, 벡터곱 $\vec{M} \times \vec{N}$을 계산하라.

10.6 분석 모형: 평형 상태의 강체

15. 운동 생리학에서는 사람의 질량 중심을 구하는 것이 종종 중요하다. 이를 구하기 위해 그림 P10.15와 같은 자세를 이용했다고 하자. 이때 가볍고 얇은 널빤지가 두 저울 사이에 있고, 저울의 눈금은 각각 $F_{g1} = 380$ N, $F_{g2} = 320$ N을 가리키고 있다. 저울 사이의 거리가 1.65 m라 하면, 누워 있는 사람의 질량 중심은 발끝으로부터 얼마나 떨어져 있는가?

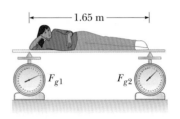

그림 P10.15

16. 질량 $m_b = 3.00$ kg, 길이 $\ell = 1.00$ m인 균일한 보가 그림 P10.16처럼 질량 $m_1 = 5.00$ kg, $m_2 = 15.0$ kg인 물체를 두 점에서 받치고 있다. 보는 두 삼각 기둥의 날카로운 모서리 위에 놓여 있다. 점 P는 무게 중심으로부터 오른쪽으로 거리 $d = 0.300$ m 떨어져 있다고 할 때 질량 m_2인 물체의 위치를 조절해서 점 O에서 수직항력이 영이 되도록 할 수 있는가? 그 이유를 설명하라.

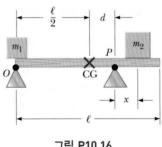

그림 P10.16

17. 질량 $m_1 = 3\,000$ kg인 크레인이 질량 $m_2 = 10\,000$ kg인 물체를 그림 P10.17과 같이 매달고 있다. 크레인은 마찰이 없는 핀에 의해 점 A에 연결되어 있고 점 B에서 부드럽게 지지되어 서 있다. (a) 점 A와 (b) B에서 작용하는 반작용력을 구하라.

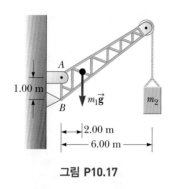

그림 P10.17

10.7 분석 모형: 알짜 토크를 받는 강체

10.8 회전 운동에서의 에너지 고찰

18. 전기 모터가 그림 P10.18과 같이 플라이휠을 돌리고 있다. 둘은 각각에 부착된 도르래와 이에 달린 벨트로 연결되어 있다. 플라이휠은 속이 찬 원반으로, 질량이 80.0 kg이고 반지름 $R = 0.625$ m이다. 플라이휠은 마찰이 없는 축에 대해 회전한다. 여기에 달린 도르래는 질량이 훨씬 작고 반지름 $r = 0.230$ m이다. 위쪽 팽팽한 벨트에 걸리는 장력 T_u는 135 N이고, 플라이휠은 반시계 방향으로 1.67 rad/s² 의 각가속도를 갖는다. 아래쪽 느슨한 벨트에 걸리는 장력을 구하라.

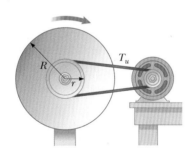

그림 P10.18

19. 작용력과 마찰력의 결합으로 고정축에 대해 회전하는 바퀴에 일정한 토크 36.0 N·m를 만들었다. 작용력은 6.00 s간 작용했고 바퀴의 각속력은 0에서 10.0 rad/s까지 증가했다. 작용력을 제거한 후 바퀴는 60.0 s 후에 멈췄다. (a) 바퀴의 관성 모멘트, (b) 마찰 토크의 크기, (b) 바퀴의 총 회전수를 구하라.

20. 그림 P10.20에서처럼 두 물체가 반지름 $r = 0.250$ m이고 관성 모멘트 I인 도르래 위로 질량을 무시할 수 있는 줄로 연결되어 있다. 마찰 없는 경사면 위의 물체는 $a = 2.00$ m/s²의 등가속도로 운동하고 있다. 이 정보로부터 도르래의 관성 모멘트의 값을 알고자 한다. (a) 물체들의 경우 어떤 분석 모형이 적합한가? (b) 도르래의 경우 어떤 분석 모

모형이 적합한가? (c) (a)의 분석 모형으로부터 장력 T_1을 구하라. (d) 같은 방식으로 T_2를 구하라. (e) (b)의 분석 모형으로부터 도르래의 관성 모멘트를 장력 T_1, T_2, 도르래 반지름 r과 가속도 a로 표현하라. (f) 도르래의 관성 모멘트 값을 구하라.

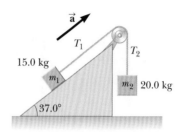

그림 P10.20

21. 질량 $m = 5.10$ kg인 물체가 반지름 $R = 0.250$ m, 질량 $M = 3.00$ kg인 실패에 감겨 있는 가벼운 실의 한끝에 매달려 있다. 실패는 속이 찬 원반이고, 그림 P10.21에 보인 것처럼 중심을 지나는 수평축에 대해 연직면 상에서 자유 유롭게 회전한다. 매달린 물체를 바닥으로부터 6.00 m 높이에서 놓을 때, (a) 실에 걸리는 장력, (b) 물체의 가속도, (c) 물체가 바닥에 도달할 때의 속력을 구하라. (d) (c)의 결과를 고립계(에너지) 모형을 이용해서 확인하라.

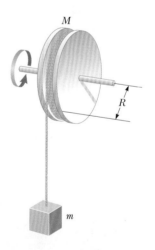

그림 P10.21

10.9 분석 모형: 비고립계 (각운동량)

10.10 분석 모형: 고립계 (각운동량)

22. 질량이 2.00 kg인 입자의 위치 벡터가 시간의 함수 $\vec{r} = (6.00\hat{i} + 5.00t\,\hat{j})$ m로 주어진다. 원점에 대한 각운동량을 시간의 함수로 구하라.

23. 관성 모멘트가 I_1인 한 원판이 마찰이 없는 연직축에 대해

각속력 ω_i로 회전하고 있다. 관성 모멘트가 I_2이며 처음에 회전하고 있지 않은 두 번째 원판이 첫 번째 원판으로 떨어진다(그림 P10.23). 원판 표면 사이의 마찰에 의해 두 원판은 결국에는 나중 각속력 ω_f로 회전한다. 이때 (a) ω_f를 계산하라. (b) 나중과 처음 회전 에너지의 비를 구하라.

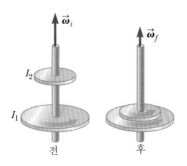

그림 P10.23

24. 질량이 0.400 kg인 입자가 질량이 0.100 kg인 미터자의 눈금이 100 cm인 곳에 붙어 있다. 미터자가 평평하고 마찰이 없는 수평 탁자 위에서 각속력 4.00 rad/s로 회전하고 있다. (a) 50.0 cm 눈금을 지나고 탁자에 수직인 축에 대해 회전할 경우와 (b) 0 cm 눈금을 지나고 탁자에 수직인 축에 대해 회전할 경우 계의 각운동량을 구하라.

25. 그림 P10.25a와 같이 질량이 $m_1 = 80.0$ g이고 반지름이 $r_1 = 4.00$ cm인 퍽이 공기 테이블을 따라 $v = 1.50$ m/s의 속력으로 미끄러진다. 이 퍽이 정지해 있는 반지름이 $r_2 = 6.00$ cm이고 질량이 $m_2 = 120$ g인 두 번째 퍽에 가장자리가 스치듯 충돌했다. 이들의 가장자리에 접착제가 입혀져 있기 때문에, 퍽들은 충돌 후 함께 붙어서 회전한다(그림 10.25b). (a) 질량 중심에 대한 계의 각운동량은 얼마인가? (b) 질량 중심에 대한 각속력은 얼마인가?

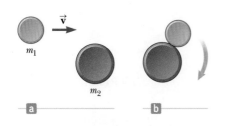

그림 P10.25

26. 어떤 학생이 일인용 회전의자에 질량이 각각 3.00 kg인 아령을 들고 앉아 있다(그림 P10.26). 그림 P10.26a처럼 학생이 양팔을 수평으로 벌릴 때, 회전축에서 아령까지의 거리는 1.00 m이고 각속력은 0.750 rad/s이다. 이때 학생과 의자를 합한 관성 모멘트가 3.00 kg·m²로 일정하다고

가정한다. 그림 P10.26b처럼 회전하는 도중에 학생이 팔을 안으로 오므려 회전축으로부터 아령 사이의 거리가 0.300 m가 되게 한다. 이때 (a) 새로운 각속력을 구하라. (b) 팔을 벌릴 때와 안으로 오므릴 때, 이 회전하는 계의 운동 에너지를 각각 구하라.

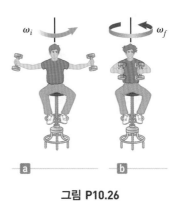

그림 P10.26

10.11 강체의 굴림 운동

27. 질량이 10.0 kg인 원통 형태의 물체가 미끄러짐 없이 수평면을 굴러가고 있다. 어느 순간 질량 중심의 속력이 10.0 m/s가 된다. 이때 (a) 질량 중심의 병진 운동 에너지, (b) 질량 중심에 대한 회전 운동 에너지, (c) 전체 운동 에너지를 구하라.

28. 진한 송이 스프가 담겨 있는 깡통은 질량이 215 g, 높이가 10.8 cm, 지름이 6.38 cm이다. 이 물체가 수평면에 대해 25.0° 기울어진 3.00 m 길이의 경사면의 꼭대기에 놓여 있다가 똑바르게 굴러내려 간다. 1.50 s 후 바닥에 도달한다. (a) 역학적 에너지가 보존된다고 할 때 깡통의 관성 모멘트를 계산하라. (b) 이 계산에 불필요한 자료가 있다면 그것은 무엇인가? (c) 왜 관성 모멘트를 원통 형태의 깡통에 대한 식 $I = \frac{1}{2}mr^2$로부터 계산할 수 없는가?

10.12 연결 주제: 선회하는 우주선

29. 빈 공간에 우주선이 있다. 자이로스코프 축에 대해 $I_g = 20.0$ kg·m²의 관성 모멘트를 가진 자이로스코프를 수송하고 있다. 동일 축 주위로 우주선의 관성 모멘트는 $I_s = 5.00 \times 10^5$ kg·m²이다. 처음에는 우주선도 자이로스코프도 회전하지 않는다. 자이로스코프는 무시할 만한 시간 주기에서 100 rad/s의 각속력으로 작동했다. 우주선의 상태가 30.0° 변했다면, 자이로스코프는 얼마나 작동됐는가?

추가문제

30. 길이가 *L*이고 질량이 *M*인 균일한 긴 막대의 한쪽 끝이 자유로이 회전할 수 있는 회전축으로 되어 있다. 회전 중심점은 마찰이 없다고 가정한다. 그림 P10.31에서처럼 막대를 연직으로 세워진 상태에서 놓는다. 막대가 수평이 되는 순간 (a) 각속력, (b) 각가속도의 크기, (c) 질량 중심 가속도의 *x* 성분과 *y* 성분, (d) 회전 중심점에서의 반작용력의 성분을 구하라.

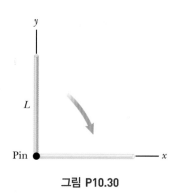

그림 P10.30

31. 각각 질량이 75.0 kg인 두 우주인이 질량을 무시할 수 있는 길이 10.0 m의 줄로 연결되어 있다(그림 P10.31). 그들은 우주에서 고립되어 있으며 질량 중심에 대해 5.00 m/s의 속력으로 돌고 있다. 우주인을 입자로 간주하고 (a) 두 우주인 계의 각운동량의 크기와 (b) 계의 회전 운동 에너지를 구하라. 한 우주인이 줄을 잡아 당겨서 둘 사이의 거리를 5.00 m로 줄였다. (c) 계의 새로운 각운동량은 얼마인가? (d) 우주인의 새로운 속력은 얼마인가? (e) 계의 새로운 회전 운동 에너지는 얼마인가? (f) 줄이 짧아지는 동안 우주인의 몸에 있는 화학적 위치 에너지는 계의 역학적 에너지로 얼마나 변환되는가?

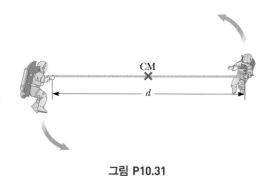

그림 P10.31

32. 그림 P10.32에서 줄을 감은 통의 반지름은 *R*이고, 관성 모멘트는 *I*이다. 통에 감긴 줄에 연결된 물체의 다른 끝은 용수철 상수가 *k*인 용수철에 연결되어 있다. 경사면이나 줄이 감긴 통은 마찰이 없다고 가정한다. 통을 반시계 방향으로 돌려서 줄을 감아 용수철이 평형 상태로부터 *d*만큼 늘어나게 한 다음 통을 놓는다. 용수철이 평형 위치를 지날 때의 줄을 감은 통의 각속력을 구하라.

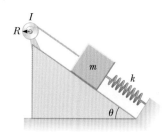

그림 P10.32

33. 질량이 *m*인 찰흙을 속도 $\vec{v}_i$로 반지름이 *R*이고 질량이 *M*인 속이 찬 회전 원통을 향해 던졌다(그림 P10.34). 원통은 질량 중심을 지나는 수평축에 고정되어 있다. 처음에 정지해 있던 원통은 회전축에 수직인 방향으로 날아오는 찰흙에 맞아 찰흙이 붙은 상태로 회전한다. 그림에서 *d* < *R*이다. (a) 찰흙이 원통의 표면에 맞은 직후 붙어서 같이 회전할 때의 각속력을 구하라. (b) 이 과정에서 찰흙-원통 계의 역학적 에너지는 일정한가? 답에 대해 설명해 보라. (c) 이 과정에서 찰흙-원통 계의 운동량은 일정한가? 답에 대해 설명해 보라.

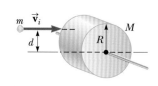

그림 P10.33

34. 질량이 *m*이고 반지름이 *r*인 속이 찬 구가 그림 P10.34에서처럼 미끄러지지 않고 트랙을 따라 굴러간다. 원형 트랙의 반지름 *R*은 구의 반지름 *r*에 비해 훨씬 크며, 구는 원형 트랙 안쪽에서 가장 낮은 곳으로부터 구의 가장 낮은 곳까지의 높이가 *h*인 곳에서 정지 상태로부터 출발한다. (a) 구가 원형 트랙을 완전히 돌기 위한 *h*의 최솟값은 얼마(*R*의 몇 배)인가? (b) *h* = 3*R*일 때 구가 점 *P*의 위치에 있는 순간 구에 작용하는 힘의 성분을 구하라.

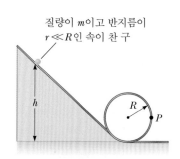

질량이 *m*이고 반지름이
r ≪ *R*인 속이 찬 구

그림 P10.34

중력, 궤도 운동 그리고 수소 원자

Gravity, Planetary Orbits, and the Hydrogen Atom

1장에서 모형화의 개념에 대해 소개하고 모형의 네 가지 분야인 기하학, 단순화, 분석 및 구조에 대해서 정의를 내렸다. 11장에서는 분석 모형을 일반적인 두 가지 구조 모형인 태양계와 같은 거대계의 구조 모형과 수소 원자와 같은 작은 계의 **구조 모형**에 대해 적용하고자 한다.

5장에서 논의한 자연에서의 기본적인 힘의 법칙 중 하나인 뉴턴의 만유인력 법칙으로 돌아가자. 이 법칙을 분석 모형과 함께 적용해서 행성, 달, 인공위성의 움직임을 이해할 수 있음을 보일 것이다.

끝으로 고전 물리학과 비고전 물리학이 혼합된 매우 흥미로운 보어의 수소 원자 모형에 대한 논의로 11장의 결론을 맺을 것이다. 이 모형의 복합적인 성격에도 불구하고 몇몇 예측은 수소 원자에 관한 실험적 측정과 일치하고 있다. 이는 28장에서 논의하게 될 **양자 물리학** 분야로 향하는 첫 번째 중요한 탐험이 될 것이다.

2005년 허블 망원경으로 찍은 M51, 소용돌이(나선형) 은하의 영상이다. 나선형 M51 은하의 팔들은 수소 기체를 압축해서 새로운 성단을 생성한다. 천문학자들은 이 은하가 한쪽 팔 끝에서 작고 노란 은하 NGC 5195와 가깝게 만나고 있기 때문에 팔들이 두드러진 것으로 생각하고 있다.

NASA, Hubble Heritage Team, (STScI/AURA), ESA, S. Beckwith (STScI). Additional Processing: Robert Gendler

11.1 | 뉴턴의 만유인력 법칙에 대한 재음미
Newton's Law of Universal Gravitation Revisited

1687년 이전까지 달과 행성의 운동에 대한 수많은 관측 자료가 쌓였음에도 불구하고, 이들 운동과 연관된 힘을 분명하게 이해할 수는 없었다. 그러나 그해에 뉴턴은 하늘의 비밀을 푸는 열쇠를 제공했다. 뉴턴은 제1법칙인 관성의 법칙에 의거해 달에 어떤 알짜힘이 작용하고 있음을 알게 됐다. 만약 그런 힘이 없다면, 달이 거의 원형에 가까운 궤도를 그리기보다는 직선 경로를 따라 운동할 것이기 때문이다. 뉴턴은 달과 지구 사이의 이 힘이 인력이라고 추론했다. 그는 지구와 달 사이의 인력과 태양과 행성 사이의 인력에 관련된 힘이 이런 계에만 나타나는 특정한 것이 아니라, 모든 물체 간에 일반적이고 보편적인 인력이라는 것을 깨달았다.

5장에서 우주에 존재하는 모든 입자는 다른 입자와 두 입자의 질량의 곱에 비례하고 이들 사이 거리의 제곱에 반비례하는 인력이 작용한다는 것을 설명한 바 있다. 질량 m_1과 m_2인 두 입자가 거리 r만큼 떨어져 있다면 이들 사이에 작용하는 인력의 크기는 다음과 같다.

$$F_g = G\frac{m_1 m_2}{r^2} \qquad \text{11.1}$$

여기서 G는 **만유인력 상수**(universal gravitational constant)이고, 그 값은 SI 단위로 나타내면 다음과 같다.

$$G = 6.674 \times 10^{-11}\,\text{N} \cdot \text{m}^2/\text{kg}^2 \qquad \text{11.2}$$

식 11.1로 주어진 힘의 법칙은 **역제곱 법칙**(inverse-square law)으로 불리는데, 힘의 크기가 두 입자 사이 거리의 제곱에 반비례하기 때문이다. 이 인력을 그림 11.1에서와 같이, 질량 m_1에서 m_2로 향하는 단위 벡터 $\hat{\mathbf{r}}_{12}$를 사용해서 벡터 형태로 표현할 수 있다. m_1이 m_2에 작용하는 힘은 다음과 같다.

$$\vec{\mathbf{F}}_{12} = -G\frac{m_1 m_2}{r^2}\hat{\mathbf{r}}_{12} \qquad \text{11.3}$$

여기서 음(−)의 부호는 입자 2가 입자 1의 방향으로 끌림을 나타낸다. 마찬가지로 뉴턴의 제3법칙에 따라 m_2가 m_1에 작용하는 힘 $\vec{\mathbf{F}}_{21}$은 $\vec{\mathbf{F}}_{12}$와 크기는 같고 방향은 반대이다. 즉 이 두 힘은 작용-반작용 쌍을 이루며, $\vec{\mathbf{F}}_{21} = -\vec{\mathbf{F}}_{12}$이다.

뉴턴은 유한한 크기의 구 대칭인 질량 분포가 그 밖에 놓인 입자에 작용하는 중력은 마치 분포하고 있는 질량 전체가 그 분포의 중심에 놓여 있다고 가정했을 때와 같음을 보였다. 예를 들어 지표면 근처에 있는 질량 m인 입자에 지구가 작용하는 힘의 크기는 다음과 같다.

$$F_g = G\frac{M_E m}{R_E^{\,2}}$$

여기서 M_E는 지구의 질량이고 R_E는 지구의 반지름이다. 이 힘은 지구의 중심을 향한다.

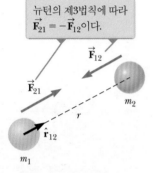

그림 11.1 두 입자 사이에 작용하는 중력은 서로 잡아당기는 힘이다. 단위 벡터 $\hat{\mathbf{r}}_{12}$는 입자 1에서 입자 2로 향한다.

뉴턴의 제3법칙에 따라 $\vec{\mathbf{F}}_{21} = -\vec{\mathbf{F}}_{12}$이다.

오류 피하기 | 11.1

g와 G의 구분 g는 행성 근처에서 자유 낙하 가속도의 크기를 나타낸다. 지표면에서 g의 평균값은 $9.80\,\text{m/s}^2$이다. 반면에 G는 우주의 모든 곳에서 같은 값을 가지는 보편 상수이다.

만유인력 상수의 측정 Measurement of the Gravitational Constant

만유인력 상수 G는 1798년 캐번디시 경이 수행한 중요한 실험 결과를 바탕으로 19세기 말이 되어서야 처음으로 값을 얻었다. 뉴턴의 만유인력의 법칙은 식 11.1의 형태로 표현되지 않았고, 뉴턴은 만유인력 상수 G에 대해 언급하지도 않았다. 사실 캐번디시 시대까지도 힘의 단위는 당시의 단위계에 포함되지 않았으며 캐번디시의 목적은 지구의 밀도를 측정하는 것이었다. 100년이 지나서야 후대의 과학자들은 그의 결과물을 이용해서 만유인력 상수 G값을 측정했다.

실험 장치는 그림 11.2와 같이 가는 실에 매달린 가벼운 수평 막대의 끝에 고정되어 있는 질량이 m인 두 개의 작은 구로 이루어져 있다. 질량이 M인 두 개의 큰 구를 작은 구 근처에 놓으면 큰 구와 작은 구 사이에 인력이 작용해서 막대는 회전하고 가는 실은 꼬이게 된다. 실험 장치가 그림 11.2와 같이 배열되어 있는 것을 위에서 보면 막대는 시계 방향으로 회전하는 것으로 보인다. 막대의 회전 각도는 가는 실에 붙어 있는 거울에서 반사된 빛으로 측정할 수 있다. 이 실험은 질량이 다른 구를 사용하기도 하고 구 사이의 거리도 바꿔가며 주의 깊게 실험을 반복 수행해야 한다.

만유인력 상수 G가 기본 전하 e나 전자 질량 m_e와 같은 다른 기본 상수보다도 훨씬 덜 알려지고 불확정도도 수천 배 이상 높다는 것은 매우 흥미로운 사실이다. 만유인력 상수 G에 대한 최근 몇몇 측정값은 과거의 측정값과 현저하게 다르며 심지어 각 측정값은 너무나 큰 편차를 보이고 있다. 상수 G값을 정확하게 측정하는 실험이 아직까지도 활발하게 연구되고 있다. 2006년 실험에서는 정지한 물체가 두 번째 물체로 근처에 왔을 때의 무게 변화를 측정했는데, 그 결과 상수 G값이 $6.674\ 3 \times 10^{-11}$ $\mathrm{m^3/kg \cdot s^2}$이고, 불확정도가 $\pm0.001\ 5\ \%$였다. 2007년 원자 간섭계를 기반으로 한 중력 그래디언트 측정기 실험에서 측정된 상수 G값은 $6.693 \times 10^{-11}\ \mathrm{m^3/kg \cdot s^2}$이고, 불확정도가 $\pm0.3\ \%$였다. 2006년도 실험 결과는 2007년도 결과의 상대적으로 큰 불확정도의 범위에 겨우 포함되어 있다.

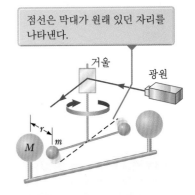

점선은 막대가 원래 있던 자리를 나타낸다.

그림 11.2 캐번디시 실험 장치의 개략도. 질량 m인 작은 구가 질량 M인 큰 구에 끌리므로 막대는 조금(작은 각을) 회전한다. 회전 장치에 붙은 거울에서 반사된 빛을 가지고 회전각을 측정한다(실제로 거울 위의 실 길이는 아래에 있는 것보다 훨씬 길다).

▸ **퀴즈 11.1** 질량이 같은 두 개의 위성을 가지고 있는 행성이 있다. 위성 1은 반지름 r인 원 궤도를 돌고 위성 2는 반지름 $2r$인 원 궤도를 돈다. 행성이 위성 2에 작용하는 힘의 크기는 얼마인가? **(a)** 위성 1이 받는 힘의 네 배 **(b)** 위성 1이 받는 힘의 두 배 **(c)** 위성 1이 받는 힘과 같다. **(d)** 위성 1이 받는 힘의 1/2 **(e)** 위성 1이 받는 힘의 1/4

중력장 The Gravitational Field

뉴턴이 중력 이론을 처음 발표했을 때, 그 시대 사람들은 두 물체 사이 공간에 어떤 일도 일어나지 않으면서 한 물체가 다른 물체에 힘을 작용할 수 있다는 개념을 이해하기 힘들었으며, 질량을 가진 두 물체가 서로 접촉하지 않고서도 상호 작용할 수 있는가에 대한 의문을 제기했다. 뉴턴은 그 의문에 대해 답할 수는 없었지만, 그의 이론은 행성의 운동을 만족스럽게 설명할 수 있다는 점에서 성공적으로 간주됐다.

▶ **중력장**

중력에 대한 다른 표현으로서 중력 상호 작용이 **장**을 통한 두 단계 과정을 통해 일어난다고 생각하는 것이다. 첫 번째 단계로서 한 물체(**원천 질량**)가 **중력장**(gravitational field) $\vec{g}$를 그 주위에 만든다. 다음 단계로 질량 m을 가진 두 번째 물체(**시험 질량**)가 그 중력장 내에 있게 되면 힘 $\vec{F}_g = m\vec{g}$를 받게 된다. 다시 말하면 첫 번째 질량이 두 번째 질량에 직접 힘을 작용하기보다는 **중력장**이 힘을 작용한다고 보는 것이다.

중력장은 다음과 같이 정의된다.

$$\vec{g} \equiv \frac{\vec{F}_g}{m} \qquad \qquad 11.4$$

즉 공간의 한 지점에서 중력장은 시험 질량 m이 받는 중력을 질량으로 나눈 값과 같다. 결과적으로 공간의 한 지점에서 $\vec{g}$ 값을 알고 있다면 질량 m인 물체는 $\vec{F}_g = m\vec{g}$ 만큼의 중력을 받게 된다. 나중에 전자기장 내의 입자 모형을 공부하게 될 것이며, 이 모형은 중력의 경우보다 더 큰 역할을 한다.

한 예로서 지표면 근처에 질량 m의 물체가 있으면, 물체에 작용하는 중력은 지구 중심을 향하며 크기는 mg가 된다. 따라서 물체에 작용하는 중력이 $GM_E m/r^2$ (M_E는 지구 질량)이므로, 지구 중심으로부터 거리 r에서의 중력장 $\vec{g}$는 다음과 같다.

$$\vec{g} = \frac{\vec{F}_g}{m} = -\frac{GM_E}{r^2}\hat{r} \qquad \qquad 11.5$$

여기서 $\hat{r}$은 지구로부터 지름 방향으로 나가는 단위 벡터이고, 음(−)의 부호는 중력장이 그림 11.3a에서와 같이 지구 중심을 향하는 것을 의미한다. 중력장 벡터는 구형 물체 외부의 지점들에서 크기와 방향이 다양하게 변함을 볼 수 있다. 그림 11.3b에 나타낸 바와 같이 지표면 근처의 작은 영역에서 $\vec{g}$는 거의 일정하며 아래 방향을 향한다. 식 11.5는 지구가 구형이고 자전의 영향을 무시할 경우, 지표면의 모든 점에서 성립한다. 지표면($r = R_E$)에서 $\vec{g}$의 크기는 9.80 m/s^2이다.

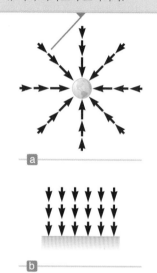

중력장 벡터의 방향은 어떤 입자가 그 장 내에 있을 때 받게 되는 가속도의 방향이다. 어떤 점에서든지 장 벡터의 크기는 그 지점에서 자유 낙하 가속도의 크기이다.

a

b

그림 11.3 (a) 지구와 같이 균일한 구형 물체 주변에서 중력장 벡터는 방향과 크기가 변한다. (b) 지표면 근처의 작은 영역에서 중력장 벡터는 일정하다. 즉 크기와 방향이 같다.

예제 11.1 | 지구의 밀도

알려진 지구의 반지름과 지표면에서의 $g = 9.80 \text{ m/s}^2$를 이용해 지구의 평균 밀도를 구하라.

풀이

개념화 지구를 완전한 구라고 가정하자. 지구를 구성하는 물질의 밀도는 다양하지만, 문제를 간단히 하기 위해서 지구 전체가 균일한 밀도의 물질로 되어 있다고 가정한다. 구하는 값은 지구의 평균 밀도이다.

분류 이 예제도 비교적 간단한 대입 문제이다.

식 11.5를 지구 질량에 대해 푼다.

$$M_E = \frac{gR_E^2}{G}$$

질량을 밀도의 식 1.1에 대입한다.

$$\rho_E = \frac{M_E}{V_E} = \frac{(gR_E^2/G)}{\frac{4}{3}\pi R_E^3} = \frac{3}{4}\frac{g}{\pi GR_E}$$

$$= \frac{3}{4}\frac{9.80 \text{ m/s}^2}{\pi(6.67 \times 10^{-11} \text{N} \cdot \text{m}^2/\text{kg}^2)(6.37 \times 10^6 \text{ m})}$$

$$= 5.51 \times 10^3 \text{ kg/m}^3$$

문제 지표면에서 보통 화강암의 밀도가 $2.75 \times 10^3 \text{ kg/m}^3$ 라면, 지구 내부에서 물질의 밀도는 어떻게 유추할 수 있는가?

답 화강암의 밀도가 지구 전체의 평균 밀도의 반 정도밖에 되지 않으므로 지구의 내부 핵에서는 밀도가 평균 밀도보다 훨씬 크다고 결론지을 수 있다. 캐번디시의 간단한 실험(책상 위에서 G를 측정하는 것)과 간단한 자유 낙하 가속도 g값을 측정해 지구의 내부 핵 속의 정보를 유추할 수 있다는 것은 대단히 놀라운 일이다.

11.2 | 구조 모형 Structural Model

1장에서, 네 종류의 물리적 모형에 대해 논의할 것을 언급한 바 있다. 그중 네 번째가 **구조 모형**(structural model)이다. 물리적 계의 크기가 우리가 볼 수 있는 거시적인 세계보다 훨씬 크거나 훨씬 작은 경우, 그 거동을 이해하기 위해서는 이론적 구조 모형이 필요하다.

이와 같은 구조 모형 중 가장 먼저 탐구되기 시작한 것 중 하나는 우주에서 지구의 위치에 대한 것이었다. 행성, 항성 등과 같은 천체의 운동을 수천 년 동안 관측해 오고 있다. 하늘에 있는 천체들이 지구를 중심으로 움직이고 있는 것처럼 보이므로, 옛날 사람들은 지구가 우주의 중심이라고 믿었다. 이와 같은 우주 구조 모형을 **지구 중심 모형**이라고 불렀는데, A.D. 2세기 그리스의 천문학자 프톨레마이오스(Claudius Ptolemy)에 의해 제안됐으며, 그 후 1400년 동안 받아들여졌다. 그런데 1543년 폴란드의 천문학자 코페르니쿠스(Nicolaus Copernicus, 1473~1543)가 지구가 태양계의 일부분일 뿐이라는 새로운 구조 모형(**태양 중심 모형**)을 제안했는데, 지구와 주위의 다른 행성들은 태양 주위를 원운동한다는 것이었다.

일반적으로 구조 모형은 다음 사항들을 포함한다.

1. **계를 이루는 구성 요소에 대한 서술:** 태양 중심 모형의 경우 구성 요소는 행성과 태양이 된다.

2. **계의 구성 요소의 상대적 위치 및 그들 간의 상호 작용에 대한 서술:** 태양 중심 모형의 경우는 행성이 태양 주위를 궤도 운동하며 그들 간에는 중력이 작용한다.

3. **시간이 지남에 따라 계가 어떻게 변하는가에 대한 서술:** 태양 중심 모형에서는 행성이 일정한 주기로 태양 주위를 공전함을 가정하고 있다.

4. **구조 모형을 이용한 예측과 실제 관측 결과의 비교 서술, 그리고 가능하다면 아직 관측된 바 없는 새로운 효과에 대한 예측:** 태양 중심 모형에서는 지구 상에서 관측된 화성의 운동에 대한 예측이 과거와 현재의 관측 결과와 일치한다. 지구 중심 모형 역시 관측과 예상 결과가 일치하고 있는데, 행성이 다른 원 궤도와 중첩된 원 궤도를 도는 아주 복잡한 구조 모형에 의해 설명할 수 있다. 1970년대에 실현되기 오래전, 뉴턴의 만유인력의 법칙을 따르는 태양 중심 모형은 지구에서 화성으로 우주 비행선을 보낼 수 있다고 예측했다.

▶ **구조 모형 특징**

11.3절과 11.4절에서 태양계의 태양 중심 모형에 대한 몇 가지 세부 내용과 위에서 언급한 구조 모형에 대해, 11.5절에서는 수소 원자의 구조 모형에 대해 설명할 것이다. 앞에서 설명한 구조 모형의 구성 요소는 이 책의 여러 곳에서 사용될 것이다.

▌**11.3** | 케플러의 법칙 Kepler's Laws

케플러
Johannes Kepler, 1571~1630
독일의 천문학자

케플러는 브라헤의 정밀한 관측을 바탕으로 행성 운동 법칙을 발견한 것으로 유명하다.

덴마크의 천문학자 브라헤(Tycho Brahe, 1546~1601)는 20년 넘게 정밀한 천문 관측을 수행해서 현재 도입되고 있는 태양계 모형에 대한 기초를 제공했다. 당시에는 망원경이 발명되지 않았음에도 불구하고, 육분의와 나침반만을 가지고 행성들과 777개의 별들을 정밀하게 관측을 했다는 것은 흥미있는 일이다.

브라헤의 조수였던 독일의 천문학자 케플러(Johannes Kepler)는 브라헤의 천문학 자료를 받아서 행성의 운동을 설명할 수 있는 수학적 모형을 추론하기 위해 약 16년이나 보냈다. 힘든 계산 끝에, 그는 태양 둘레를 공전하는 화성에 대한 브라헤의 정밀한 자료로부터 해답을 얻게 됐다. 케플러의 분석은 태양을 중심으로 한 원 궤도의 개념을 버려야 한다는 것을 보였다. 그는 화성의 궤도는 한 초점에 태양이 위치한 **타원**에 의해서 정확하게 기술되어야 한다는 것을 마침내 발견했다. 그 후 그는 모든 행성의 운동을 포함시키기 위해 이 분석 방법을 일반화했으며, 그 결과는 **케플러의 행성 운동 법칙**(Kepler's laws of planetary motion)이라고 알려진 세 개의 법칙으로 요약됐다. 각각의 법칙은 다음에 설명된다.

뉴턴은 이들 법칙이 두 물체 사이에 존재하는 중력의 결과라는 것을 증명했다. 뉴턴의 만유인력 법칙과 뉴턴의 운동 법칙은 행성과 위성의 운동에 대해서 완전한 수학적 풀이의 기초를 제공한다.

케플러의 제1법칙 Kepler's First Law

케플러의 제1법칙에 따르면 원운동은 매우 특별한 경우이고 일반적인 행성 운동은 타원 궤도를 형성한다.[1]

▶ 케플러의 제1법칙

> 모든 행성들은 태양을 한 초점으로 하는 타원 궤도를 따라서 이동한다.

그림 11.4는 행성의 타원 궤도를 나타내는 타원형 그림을 보여 준다.[2] 수학적으로 타원은 두 점 F_1과 F_2를 **초점**(focus)으로 잡고 이 초점으로부터의 거리 r_1과 r_2

---

[1] 질량 m의 물체가 질량 M인 물체 주위를 궤도 운동하고 있는($M \gg m$), 간단한 모형을 선택하자. 이런 식으로 질량 M인 물체가 정지해 있도록 모형화할 수 있다. 그런데 실제로는 그렇지 않으며 M과 m은 두 물체의 질량 중심 주위를 운동하게 된다. 이런 현상을 이용해서 다른 항성 주위를 돌고 있는 행성을 간접적으로 관측할 수 있다. 항성과 행성이 그 질량 중심 주위를 회전할 때, 항성이 진동하는 것을 관측하게 된다.

[2] 행성 주위의 달과 행성 궤도 근처에 존재하게 되는 다른 행성들에 의해 실제 궤도는 약간 다르게 나타난다. 여기서는 이런 것들을 무시하고 행성이 타원 궤도를 그리는 단순화한 모형을 따른다.

의 합이 일정한 점들을 모아 놓은 곡선이다. 타원 위의 두 점을 지나며 중심을 지나는 가장 긴 길이를 **장축**(major axis)의 길이라 하고(타원의 두 초점을 지남), 이 길이는 $2a$이다. 그림 11.4에서 장축은 x축 상에 있다. 길이 a를 **긴 반지름**(semimajor axis)이라고 한다. 마찬가지로 타원 위의 두 점을 지나며 중심을 지나는 가장 짧은 길이 $2b$를 **단축**(minor axis)의 길이라 하고, 길이 b를 **짧은 반지름**(semiminor axis)이라고 한다. 두 초점은 각각 중심으로부터 c의 거리에 있고 여기서 $a^2 = b^2 + c^2$이다. 태양 주위를 도는 행성의 타원 궤도에서 태양은 타원 궤도의 한 초점에 위치하고 다른 초점에는 아무것도 없다.

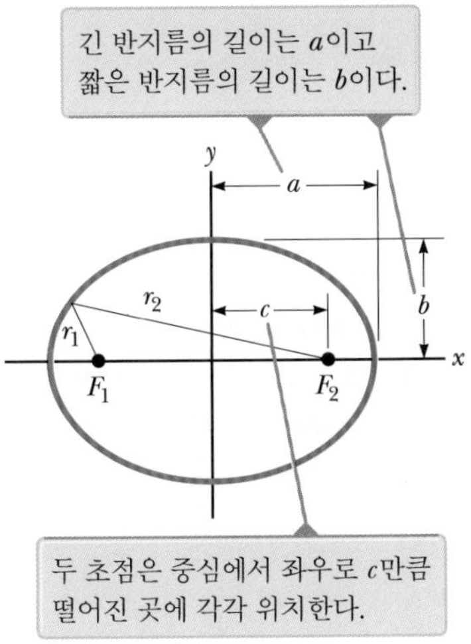

타원의 **이심률**(eccentricity)은 $e \equiv c/a$로 정의하고 이것은 타원의 모양을 결정한다. 원은 $c = 0$이고 이심률이 영이다. 그림 11.4에서처럼 a에 비해 b가 작으면 타원은 x축 방향 쪽에 비해 y축 방향 쪽이 짧아진다. b가 작아짐에 따라 c는 증가하면서 e도 증가한다. 따라서 이심률이 크면 길고 가는 타원이 된다. 타원의 이심률의 범위는 $0 < e < 1$이다.

태양계 내에 행성 궤도의 이심률은 다양하다. 지구 궤도의 이심률은 0.017인데, 이것은 거의 원 궤도이다. 이와 달리 수성 궤도의 이심률은 0.21로 여덟 개 행성 중 가장 크다. 그림 11.5a는 수성 궤도와 이심률이 같은 타원을 보여 준다. 그렇지만 이심률이 가장 큰 수성 궤도와 같은 타원도 원 궤도와 구분하기가 힘들 정도이고, 이는 케플러의 제1법칙이 대단히 위대한 업적임을 보여 준다. 핼리 혜성 궤도의 이심률은 0.97로서 그림 11.5b에서처럼 장축이 단축에 비해 대단히 긴 타원이다. 따라서 핼리 혜성은 76년 주기 중 대부분을 태양에서 멀리 떨어져 있고 지구에서 보이지 않는다. 핼리 혜성은 태양과 근접한 궤도에 있을 때만 눈으로 볼 수 있다.

그림 11.4에서처럼 태양이 초점 중 하나인 F_2에 위치해 있는 타원 궤도를 도는 행성을 생각해 보자. 행성이 그림에서 왼쪽 끝에 있을 때 행성과 태양의 거리는 $a + c$가 된다. 이 지점을 **원일점**이라 하며, 이 점에 위치할 때 행성은 태양으로부터 가장 먼 거리에 있다(지구 주위를 공전하는 물체에 대해서는 **원지점**이라고 한다). 반대로 행성이 타원에서 가장 오른쪽에 있으면 행성과 태양의 거리는 $a - c$로서, 이 점을 **근일점**(지구 주위를 공전하는 물체에 대해서는 **근지점**)이라고 하며 태양으로부터 가장

긴 반지름의 길이는 a이고 짧은 반지름의 길이는 b이다.

두 초점은 중심에서 좌우로 c만큼 떨어진 곳에 각각 위치한다.

그림 11.4 타원형 그림

태양은 타원의 한 초점에 위치해 있다. 다른 초점(파란색 점)이나 중심(검정색 점)에는 아무것도 있지 않다.

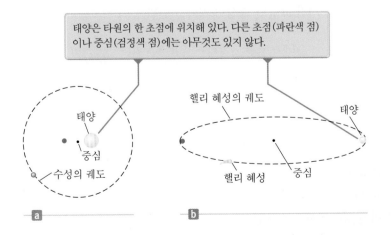

그림 11.5 (a) 수성 궤도의 모양. 수성 궤도는 태양계의 여덟 행성 중에서 이심률이 가장 크다($e = 0.21$). (b) 핼리 혜성의 궤도 모양. 혜성과 태양은 잘 보이게 하기 위해 실제보다 크게 나타냈다.

가까운 거리에 있다.

케플러의 제1법칙은 중력이 거리의 제곱에 반비례하는 성질의 직접적인 결과이다. 우리는 중력의 중심에 **속박**되어 원 또는 타원 궤도를 그리는 물체들을 알아봤다. 이런 물체에는 행성 주위의 달뿐만 아니라 태양 주위를 주기적으로 운행하는 행성, 소행성 그리고 혜성이 포함된다. 또한 우주 먼 곳에서 와서 태양 근처까지 왔다가 다시 사라져 돌아오지 않는, 태양에 **속박되지 않은** 유성체도 있다. 이런 물체와 태양 사이의 중력도 거리의 제곱에 반비례하며, 포물선($e = 1$) 또는 쌍곡선($e > 1$) 등의 궤도 곡선을 그린다.

> **오류 피하기 | 11.2**
> **태양은 어디 있는가?** 태양은 그 행성이 그리는 타원 궤도의 중심이 아니라 그 한 초점에 위치한다.

케플러의 제2법칙 Kepler's Second Law

이번에는 케플러의 제2법칙을 살펴보자.

▶ 케플러의 제2법칙

> 태양과 행성을 잇는 반지름 벡터는 같은 시간 동안 같은 넓이를 쓸고 지나간다.

이 법칙은 다음과 같이 고립계에 대한 각운동량 보존의 결과로 설명할 수 있다. 그림 11.6a와 같이 질량 M_p인 행성이 타원 궤도로 태양 주위를 돌고 있다고 가정하자. 행성을 하나의 계로 생각하자. 태양이 행성에 비해 훨씬 더 큰 질량을 가지고 있으며, 태양은 움직이지 않는다고 가정한다. 태양이 행성에 작용하는 중력은 중심력이며, 태양을 향하는 반지름 벡터 방향을 지킨다. 그러므로 이 중심력이 행성에 작용하는 토크는, $\vec{\mathbf{F}}_g$가 $\vec{\mathbf{r}}$에 평행이므로 영이다. 즉 다음과 같다.

$$\vec{\boldsymbol{\tau}}_{\text{ext}} \equiv \vec{\mathbf{r}} \times \vec{\mathbf{F}}_g = \vec{\mathbf{r}} \times F_g(r)\,\hat{\mathbf{r}} = 0$$

계에 작용하는 외부 알짜 토크는 계의 각운동량의 시간에 대한 변화율, 즉 $\vec{\boldsymbol{\tau}} = d\vec{\mathbf{L}}/dt$와 같다. 따라서 행성의 경우 $\vec{\boldsymbol{\tau}}_{\text{ext}} = 0$이므로 행성의 각운동량 $\vec{\mathbf{L}}$은 운동 상수이다.

$$\vec{\mathbf{L}} = \vec{\mathbf{r}} \times \vec{\mathbf{p}} = M_p \vec{\mathbf{r}} \times \vec{\mathbf{v}} = \text{상수}$$

이 사실을 기하학적인 결과로 바꿔보자. 그림 11.6b에서 반지름 벡터 $\vec{\mathbf{r}}$은 시간 dt 동안 넓이 dA를 쓸고 지나가는데, 이 넓이는 벡터 $\vec{\mathbf{r}}$과 $d\vec{\mathbf{r}}$이 만든 평행사변형의 넓이 $|\vec{\mathbf{r}} \times d\vec{\mathbf{r}}|$의 반이다. 시간 dt 동안 행성이 지나간 변위는 $d\vec{\mathbf{r}} = \vec{\mathbf{v}}\,dt$이므로 다음을 얻는다.

$$dA = \frac{1}{2}|\vec{\mathbf{r}} \times d\vec{\mathbf{r}}| = \frac{1}{2}|\vec{\mathbf{r}} \times \vec{\mathbf{v}}\,dt| = \frac{L}{2M_p}\,dt$$

$$\frac{dA}{dt} = \frac{L}{2M_p} = \text{상수} \tag{11.6}$$

L과 M_p는 모두 상수이다. 따라서 태양과 행성을 잇는 반지름 벡터는 같은 시간 동안에 같은 넓이를 쓸고 지나간다는 것을 보여 준다.

이 결론은 중력이 중심력이기 때문에, 즉 행성의 각운동량이 보존된다는 사실에 기인한다. 그러므로 이 법칙은 힘이 거리의 제곱에 반비례하든 아니든 간에, 힘이 중심력이면 어떤 상황에서도 적용된다.

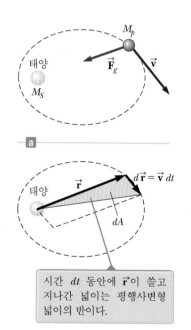

시간 dt 동안에 $\vec{\mathbf{r}}$이 쓸고 지나간 넓이는 평행사변형 넓이의 반이다.

그림 11.6 (a) 행성에 작용한 중력은 반지름 벡터를 따라 태양을 향한다. (b) 시간 dt 동안에 벡터 $\vec{\mathbf{r}}$과 $d\vec{\mathbf{r}} = \vec{\mathbf{v}}\,dt$는 평행사변형을 만든다.

> **생각하는 물리 11.1**
>
> 지구의 북반구에서는 여름보다 겨울에 지구가 태양에 더 가깝다. 7월과 1월은 모두 31일씩이다. 어느 달에 지구는 지구 궤도에서 더 긴 거리를 움직이는가?
>
> **추론** 지구는 태양 둘레를 약간 타원인 궤도로 돈다. 각운동량을 보존하기 위해서 지구는 태양과 가까울 때는 더 빨리 움직이고 지구와 멀리 떨어질 때는 더 천천히 움직인다. 1월일 때 지구가 태양과 더 가까우므로 더 빨리 운동해야 한다. 그러므로 지구는 7월보다 1월에 지구의 궤도에서 더 긴 거리를 움직이게 된다. ◄

케플러의 제3법칙 Kepler's Third Law

케플러의 제3법칙은 다음과 같다.

> 모든 행성의 궤도 주기의 제곱은 그 행성 궤도의 긴 반지름의 세제곱에 비례한다.

케플러의 제3법칙은 원 궤도에서 거리의 제곱에 반비례하는 힘의 법칙으로부터 예측할 수 있다. 그림 11.7과 같이 태양(질량 M_S) 주위를 원운동하는 질량 M_p인 행성을 생각해 보자. 행성이 원운동할 때 행성의 구심 가속도를 제공하는 것은 중력이다. 이때 행성은 등속 원운동을 하는 입자로 모형화할 수 있으며, 여기에 뉴턴의 만유인력의 법칙을 적용하면 다음과 같이 된다.

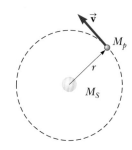

그림 11.7 태양 주위를 원운동하는 질량 M_p인 행성. 케플러의 제3법칙은 궤도 운동 주기와 반지름을 관련지어 준다. 수성을 제외한 모든 행성들의 궤도는 거의 원 궤도이다.

$$F_g = M_p a \quad \rightarrow \quad \frac{GM_S M_p}{r^2} = \frac{M_p v^2}{r}$$

또한 주기가 T라면 행성의 궤도 속력은 $2\pi r/T$이므로, 앞의 식은 다음과 같이 된다.

$$\frac{GM_S}{r^2} = \frac{(2\pi r/T)^2}{r}$$

$$T^2 = \left(\frac{4\pi^2}{GM_S}\right) r^3 = K_S r^3$$

여기서 K_S는 상수로서 다음과 같이 주어진다.

$$K_S = \frac{4\pi^2}{GM_S} = 2.97 \times 10^{-19} \, \text{s}^2/\text{m}^3$$

이 식은 타원 궤도인 경우에는 r을 긴 반지름 a로 (그림 11.4) 바꾸면 된다.

$$T^2 = \left(\frac{4\pi^2}{GM_S}\right) a^3 = K_S a^3$$

11.7   ▶ 케플러의 제3법칙

식 11.7이 케플러의 제3법칙이다. 원 궤도에서는 긴 반지름이 반지름이기 때문에, 식 11.7은 원이든 타원 궤도이든 성립한다. 비례 상수 K_S는 행성의 질량과 무관함에 유의하자. 그러므로 식 11.7은 어느 행성에나 적용된다. 만일 지구 주위를 도는 달 같은 위성의 궤도를 생각하면, 이 식에서 상수는 다른 값을 가지는데, 태양의 질량 대

표 11.1 | 유용한 행성 데이터

물 체	질량 (kg)	평균 반지름 (m)	공전 주기 (s)	태양으로부터 평균 거리 (m)	$\frac{T^2}{a^3}$ (s²/m³)
수 성	3.30×10^{23}	2.44×10^6	7.60×10^6	5.79×10^{10}	2.98×10^{-19}
금 성	4.87×10^{24}	6.05×10^6	1.94×10^7	1.08×10^{11}	2.99×10^{-19}
지 구	5.97×10^{24}	6.37×10^6	3.156×10^7	1.496×10^{11}	2.97×10^{-19}
화 성	6.42×10^{23}	3.39×10^6	5.94×10^7	2.28×10^{11}	2.98×10^{-19}
목 성	1.90×10^{27}	6.99×10^7	3.74×10^8	7.78×10^{11}	2.97×10^{-19}
토 성	5.68×10^{26}	5.82×10^7	9.29×10^8	1.43×10^{12}	2.95×10^{-19}
천왕성	8.68×10^{25}	2.54×10^7	2.65×10^9	2.87×10^{12}	2.97×10^{-19}
해왕성	1.02×10^{26}	2.46×10^7	5.18×10^9	4.50×10^{12}	2.94×10^{-19}
명왕성[a]	1.25×10^{22}	1.20×10^6	7.82×10^9	5.91×10^{12}	2.96×10^{-19}
달	7.35×10^{22}	1.74×10^6	–	–	–
태 양	1.989×10^{30}	6.96×10^8	–	–	–

[a] 2006년 8월에 국제 천문 협회는 명왕성을 행성 지위에서 박탈해서 다른 여덟 행성과 구분하는 정의를 내렸다. 명왕성은 현재 소행성 케레스처럼 왜소행성으로 정의한다.

신 지구의 질량을 대입하면 $K_E = 4\pi^2/GM_E$이 된다.

표 11.1은 태양계에서 행성 등에 대한 유용한 자료를 모아 놓은 것이다. 마지막 칸에서 T^2/a^3값이 일정함을 확인할 수 있다. 값들이 미세하게 차이가 나는 것은 행성의 주기와 긴 반지름의 측정값에 오차가 있기 때문이다.

최근 천문학자들은 태양계의 해왕성 궤도 바깥에서 수많은 천체들을 발견했다. 일반적으로 이런 천체들은 30 AU (해왕성 궤도의 반지름)에서 50 AU에 이르는 **카이퍼 띠**(Kuiper belt)를 형성하고 있다[AU는 지구 궤도 반지름을 말하는 **천문 단위** (astronomical unit)이다]. 현재의 관측에 따르면 이 공간에 지름이 100 km가 넘는 천체만 해도 적어도 70 000개가 된다. 첫 번째 카이퍼 띠 천체(Kuiper Belt Object, KBO)는 1930년에 발견되어 공식적인 행성으로 분류됐던 명왕성이다. 바루나 (Varuna, 2000년에 발견), 익사이온(Ixion, 2001년에 발견), 콰오아 (Quaoar, 2002년에 발견), 세드나(Sedna, 2003년에 발견), 하우메아(Haumea, 2004년에 발견), 오르쿠스(Orcus, 2004년에 발견) 그리고 마케마케(Makemake, 2005년에 발견) 등과 같이 지름이 1 000 km 정도 되는 행성들이 1992년 이후에 많이 발견됐다. KBO 중 하나인 2005년에 발견된 에리스(Eris)는 명왕성보다 훨씬 더 큰 것으로 생각된다. 다른 KBO들의 이름은 아직 없지만 발견된 날짜를 따서 2009 YE7, 2010 EK139 등으로 불린다.

이들 중 약 1 400개는 '명왕성족(Plutinos)'이라고 하는데, 그 이유는 해왕성이 태양을 세 번 도는 시간 동안, 명왕성처럼 명왕성족이 태양을 두 번 도는 공명 현상을 보이기 때문이다. 케플러 법칙의 현대적 응용은 현재 활발히 진행되고 있는 이 분야의 흥미로운 연구들에서 잘 보여 주고 있다.

퀴즈 11.2 어느 소행성이 태양 주위를 상당히 납작한 타원 궤도로 돌고 있다. 이 소행성의 공전 주기는 90일이다. 이 소행성과 지구와의 충돌 가능성에 대한 설명으로 옳은 것은 다음 중 어느 것인가? **(a)** 충돌의 위험은 전혀 없다. **(b)** 충돌의 가능성이 있다. **(c)** 충돌의 위험이 있는지를 판단할 정보가 부족하다.

▶ 생각하는 물리 11.2

딘 쿤츠(Dean Koontz)의 소설 《아이스바운드(Icebound, Bantam Books, 2000)》는 북극 근처에 떠다니는 빙하에 갇힌 한 과학자 집단에 대한 이야기이다. 과학자들이 가지고 있는 기계 중 하나는 '정지 궤도 극위성 통신의 도움'으로 자신의 위치를 알릴 수 있는 송신기이다. 극 궤도에 있는 인공위성이 과연 정지해 있을 수 있을까?

추론 정지 궤도 인공위성은 지표면의 한 곳 위에서 항상 고정되어 있는 것으로 보인다. 그렇기 때문에 TV 수신 접시와 같이 지표면에서 인공위성으로부터 신호를 받는 안테나는 정확하게 그 하늘을 향해 고정되어 있을 수 있는 것이다. 인공위성은 지구의 자전 주기와 같은 궤도 주기를 유지하도록 정확한 반경의 궤도를 가져야 한다. 이런 궤도를 갖는 인공위성은 관측자가 지구에 어디에 있든지 동-서 운동을 거의 보이지 않게 된다. 또 다른 요구 사항으로는 정지 궤도 인공위성은 **반드시 적도 위를 돌아야만 한다**. 그렇지 않으면, 이 인공위성은 한 주기를 회전할 때마다 북-남 진동을 하는 것처럼 보일 수 있기 때문이다. 그렇기 때문에 정지 궤도 인공위성은 지구의 극 궤도를 갖는 것이 불가능하다. 인공위성이 지구로부터 적정한 거리에 떨어져 있다고 해도, 북-남 방향으로 굉장히 빠르게 움직이는 것처럼 보여서 인공위성을 추적하려면 정확한 장비가 필요하다. 게다가 인공위성이 오랜 시간 동안 지평선 아래에 있으므로 위치를 찾아내지 못하게 될 것이다. ◀

▶ 예제 11.2 | 지구 정지 궤도 상에 있는 위성

그림 11.8과 같이 지표면으로부터 고도 h에서 지구 주위를 일정한 속력 v로 원운동하고 있는 질량 m인 위성이 있다.

(A) 위성의 속력을 G, h, R_E(지구의 반지름), M_E(지구의 질량)으로 나타내라.

풀이

개념화 중력하에서 지구 주위를 원 궤도로 도는 위성을 생각하라. 이 운동은 지구 주위를 도는 우주 왕복선, 허블 우주 망원경 등과 같은 물체의 운동과 비슷하다.

분류 위성은 구심 가속도를 가져야 한다. 따라서 이 위성을 등속 원운동을 하는 입자로 나타낼 수 있다.

분석 위성에 작용하는 유일한 외력은 중력으로서, 이 힘은 지구 중심을 향하며 위성이 원 궤도를 따라 돌게 한다. 알짜힘을 받고 등속 원운동을 하는 입자 모형을 위성에 적용한다.

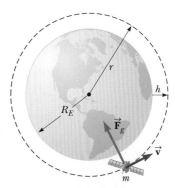

그림 11.8 (예제 11.2) 질량 m인 위성이 지구 주위의 반지름 r인 원 궤도를 일정한 속력 v로 돌고 있다. 위성에 작용하는 유일한 힘은 중력 $\vec{F}_g$이다.

$$F_g = ma \rightarrow G\frac{M_E m}{r^2} = m\left(\frac{v^2}{r}\right)$$

지구 중심에서 위성까지의 거리가 $r = R_E + h$라는 것을 이용해서 v를 구한다.

$$(1) \qquad v = \sqrt{\frac{GM_E}{r}} = \sqrt{\frac{GM_E}{R_E + h}}$$

(B) 위성이 지구 정지 궤도 상에 있다면(즉 지표면의 한 점 위에 고정되어 있는 것처럼 보인다면), 이 위성의 속력은 얼마인가?

풀이

지표면의 한 점 위에 머물러 있으려면, 위성의 주기가 24h = 86 400 s이고 위성의 궤도가 적도 바로 위에 위치해야 한다. 케플러의 제3법칙을 (식 11.7, $a = r$, $M_S \rightarrow M_E$로 바꿔) r에 대해 푼다.

$$r = \left(\frac{GM_E T^2}{4\pi^2}\right)^{1/3}$$

주어진 값들을 대입한다.

$$r = \left[\frac{(6.67 \times 10^{-11}\,\text{N} \cdot \text{m}^2/\text{kg}^2)(5.97 \times 10^{24}\,\text{kg})(86\,400\,\text{s})^2}{4\pi^2}\right]^{1/3}$$
$$= 4.22 \times 10^7\,\text{m}$$

식 (1)을 이용해 위성의 속력을 구한다.

$$v = \sqrt{\frac{(6.67 \times 10^{-11}\,\text{N} \cdot \text{m}^2/\text{kg}^2)(5.97 \times 10^{24}\,\text{kg})}{4.22 \times 10^7\,\text{m}}}$$
$$= 3.07 \times 10^3\,\text{m/s}$$

결론 여기서 구한 r값에 의하면 지표면에서 위성까지의 고도는 거의 36 000 km에 이른다. 그러므로 지구 정지 궤도 위성은 지구에서 안테나를 한 방향으로 고정시켜 놓으면 되는 장점이 있지만, 지구에서 위성까지 신호가 상당한 거리를 이동해야 하는 단점이 있다. 또한 지구 정지 궤도 위성은 너무 높은 고도에 있어 지표면을 광학적으로 관측하는 데 적합하지 않다.

문제 (A)에서와 같은 위성의 원운동이 지구보다 더 무겁지만 반지름은 같은 행성 표면 위의 고도 h 높이에서 이루어진다면, 위성은 지구 주위를 돌 때보다 더 빠른 속력으로 도는가 아니면 더 느린 속력으로 도는가?

답 행성의 질량이 더 커서 중력이 더 커지면 위성은 표면으로 떨어지지 않기 위해서 더욱 빠르게 움직여야 한다. 결론적으로 속력 v가 행성의 질량의 제곱근에 비례하므로, 행성의 질량이 증가하면 위성의 속력도 증가한다는 식 (1)의 예상과 일치한다.

◀ **11.4** 행성과 위성의 운동에서 에너지 관계
Energy Considerations in Planetary and Satellite Motion

이제까지는 궤도 운동을 힘과 각운동량의 관점에서 접근했다. 이제부터는 행성의 궤도 운동을 **에너지** 관점에서 살펴보자.

질량 m인 물체가 v의 속력으로 질량이 M인($M \gg m$) 무거운 물체 주위를 운동한다고 가정하자. 이 두 물체계는 태양 주위를 도는 행성이나 지구 주위를 도는 인공위성들이 이런 경우에 해당된다. 만약 M이 관성 기준틀에서 정지하고 있다고 가정하면 (왜냐하면 $M \gg m$이기 때문에), 이 두 물체계의 전체 역학적 에너지 E는 다음과 같이 질량 m인 물체의 운동 에너지와 계의 위치 에너지의 합이다.

$$E = K + U_g$$

6.9절의 중력 위치 에너지 U_g에 관한 식을 생각하면, 질량 m_1과 m_2가 거리 r만큼

떨어져 있는 입자 **어떤 입자 쌍**에 대해서는 다음과 같이 주어진다.

$$U_g = -\frac{Gm_1 m_2}{r}$$

$r \rightarrow \infty$일 때 $U_g \rightarrow 0$으로 정의했으므로 이 경우, m과 M인 계의 전체 에너지는 다음과 같다.

$$E = \frac{1}{2}mv^2 - \frac{GMm}{r} \qquad \textbf{11.8}$$

식 11.8은 E가 특정 거리 r에서 속도 v의 값에 따라서 양수, 음수 또는 영이 될 수 있음을 보여 준다. 그림 11.9에서처럼 r의 함수로 계의 위치 에너지와 전체 에너지를 나타낼 수 있다. 태양 주위를 공전하는 행성이나 지구 주위를 공전하는 인공위성은 11.3절에서 논의한 것과 같은 **속박된 계**(bound system)이다. 그림 11.9에서 이와 같은 계들은 음숫값을 가지는 전체 에너지 E로 표현된다. 전체 에너지 직선이 위치 에너지 곡선과 만나는 점을 되돌이점이라고 하는데, 두 속박된 물체 사이의 최대 거리 (r_{max})가 된다.

지구 주위를 단 한번 지나쳐 가는 유성의 경우는 속박된 계가 아니다. 그런 유성은 태양의 만유인력하에 있지만 속박되지는 않은 것이다. 따라서 그런 유성은 이론적으로 태양으로부터 무한히 멀어질 수 있으며, 그림 11.9에 나타난 것과 같이 전체 에너지가 양숫값을 가지게 되어 위치 에너지 곡선과 만나지 않으며, 따라서 모든 r값이 가능하게 된다.

지구와 태양과 같이 속박된 계에서는 $r \rightarrow \infty$때 $U_g \rightarrow 0$이 된다고 가정하면, 작은 질량 m인 물체가 큰 질량 $M(\gg m)$인 물체 주위를 원운동하는 계의 경우 $E < 0$이 된다 (그림 11.8). 뉴턴의 제2법칙을 원운동하는 질량 m인 물체에 적용하면 다음을 얻는다.

$$\sum F = ma \quad \rightarrow \quad \frac{GMm}{r^2} = \frac{mv^2}{r}$$

양변에 r을 곱하고 2로 나누면 다음을 얻는다.

$$\frac{1}{2}mv^2 = \frac{GMm}{2r} \qquad \textbf{11.9}$$

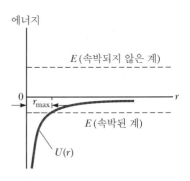

에너지

E (속박되지 않은 계)

0 r_{max} r

E (속박된 계)

$U(r)$

그림 11.9 아래쪽 전체 에너지 직선은 속박된 계를 나타내며, 만유인력하에 있는 두 물체 사이의 거리 r은 r_{max}를 넘지 못한다. 위쪽의 전체 에너지 직선은 만유인력하에 있지만 속박되지 않은 두 물체로 이루어진 계를 나타낸다. 이때 두 물체 사이의 거리 r은 어떤 값도 가질 수 있다.

수많은 인공위성이 지구 궤도에 놓여 있다. 그림에서 낮은 지구 궤도에 있는 수많은 위성을 볼 수 있다. 위성은 주로 이 우주 공간에 밀집되어 있다. 2009년에 미국의 상업 위성 이리듐(Iridium)과 러시아의 수명을 다한 위성 코스모스(Kosmos)가 충돌해 산산조각이 나고 말았다. (그림에서 보이는 잔해 영역은 실제 정보를 바탕으로 아티스트의 감상을 그린 것이다. 그러나 그림에서 잔해의 크기는 눈으로 볼 수 있을 만큼 굉장히 과장되어 있다.)

이 식을 식 11.8에 대입하면 다음을 얻는다.

$$E = \frac{GMm}{2r} - \frac{GMm}{r}$$

$$E = -\frac{GMm}{2r} \quad \text{(원 궤도)} \qquad \textbf{11.10}$$

이 결과는 원 궤도의 경우는 전체 에너지가 음이 됨을 보여 준다. 더욱이 식 11.9는 원 궤도에서 물체의 운동 에너지는 양이고 위치 에너지(위치 에너지가 무한대에서 영이면) 크기의 반과 같다는 것도 알 수 있다.

전체 에너지는 타원 궤도인 경우도 음이 된다. 타원 궤도에 대한 E의 식은 식 11.10에서 r을 긴 반지름 a로 바꾼 것과 같아진다.

▶ 행성-항성계의 전체 에너지

$$E = -\frac{GMm}{2a} \quad \text{(타원 궤도)} \qquad \textbf{11.11}$$

그러므로 앞에서 설명한 각운동량 보존과 함께 에너지 보존을 같이 묶어서 다음과 같이 말할 수 있다. 즉 중력장하에 속박 궤도를 갖는 두 물체로 이루어진 계에서 전체 에너지와 전체 각운동량은 일정하다.

퀴즈 11.3 혜성이 태양 주위를 타원 궤도로 돈다. 다음 값이 최대가 되는 곳은 이 궤도의 원일점과 근일점 중 어느 곳인가? (**a**) 혜성의 속력 (**b**) 혜성-태양 계의 위치 에너지 (**c**) 혜성의 운동 에너지 (**d**) 혜성-태양 계의 전체 에너지

예제 11.3 | 위성의 궤도 수정

우주 왕복선이 지표면에서 고도 280 km의 상공 궤도를 돌다가 470 kg인 통신 위성을 분리시킨다. 위성에 장착된 로켓 엔진이 위성을 지구 정지 궤도까지 올려 놓는다. 엔진은 얼마만큼의 에너지를 소모하는가?

풀이

개념화 고도 280 km는 예제 11.2에서 언급한 지구 정지 궤도인 36 000 km보다 훨씬 낮다. 그러므로 훨씬 높은 위치에 위성을 올려 놓으려면 에너지가 필요하다.

분류 이 예제는 대입 문제이다.

위성이 왕복선에 실려 있을 때의 처음 궤도 반지름을 구한다.

$$r_i = R_E + 280\text{ km} = 6.65 \times 10^6\text{ m}$$

식 11.10을 이용해서 위성이 처음과 나중 궤도에 있을 때 위성-지구 계의 에너지 차이를 구한다.

$$\Delta E = E_f - E_i = -\frac{GM_E m}{2r_f} - \left(-\frac{GM_E m}{2r_i}\right)$$

$$= -\frac{GM_E m}{2}\left(\frac{1}{r_f} - \frac{1}{r_i}\right)$$

예제 11.2에서의 $r_f = 4.22 \times 10^7$ m와 주어진 값들을 대입한다.

$$\Delta E = -\frac{(6.67\times10^{-11}\text{ N}\cdot\text{m}^2/\text{kg}^2)(5.97\times10^{24}\text{ kg})(470\text{ kg})}{2}$$

$$\times\left(\frac{1}{4.22\times10^7\text{ m}} - \frac{1}{6.65\times10^6\text{ m}}\right)$$

$$= 1.19\times10^{10}\text{ J}$$

이 값은 휘발유 89갤런에 해당하는 에너지이다. 여기서는 다루지 않았지만 NASA의 과학자들은 위성이 연료를 태우면서 분사할 때 위성의 질량 변화를 함께 생각해야 한다. 이런 질량 변화를 고려하면 엔진이 소모하는 에너지는 더 많아지는가, 더 적어지는가?

탈출 속력 Escape Speed

그림 11.10과 같이 질량 m인 물체가 처음 속력 v_i로 지표면으로부터 연직 위 방향으로 발사된다고 하자. 우리는 에너지 관계를 고려해서 지구의 중력장으로부터 그 물체가 탈출하는 데 필요한 처음 속력의 최솟값을 알아낼 수 있다. 식 11.8은 지구 중심으로부터의 거리와 속력을 안다면, 어떤 점에서든지 물체–지구 계의 전체 에너지를 얻게 한다. 지표면에서는 $v_i = v$이고 $r_i = R_E$이다. 물체가 최고 높이에 도달하면 $v_f = 0$이고 $r_f = r_{max}$가 된다. 고립된 물체–지구 계의 전체 에너지는 일정하므로, 이 조건들을 식 11.8에 대입하면 다음을 얻는다.

$$\frac{1}{2}mv_i^2 - \frac{GM_E m}{R_E} = -\frac{GM_E m}{r_{max}}$$

v_i^2을 구하면 다음과 같다.

$$v_i^2 = 2GM_E\left(\frac{1}{R_E} - \frac{1}{r_{max}}\right) \qquad \textbf{11.12}$$

최고 높이 $h = r_{max} - R_E$가 주어지면, 이 식으로 처음 속력을 구할 수 있다.

이제 지구로부터 무한히 멀어지기 위해 지표면에서 물체가 가져야 하는 최소한의 속력인 **탈출 속력**(escape speed)을 계산할 수 있다. 이 최소 속력으로 출발하면 물체는 지구로부터 점점 멀어지면서 속력은 영에 접근하게 된다. 식 11.12에서 $r_{max} \to \infty$로 놓고 $v_i = v_{esc}$라 하면 다음을 얻는다.

$$v_{esc} = \sqrt{\frac{2GM_E}{R_E}} \qquad \textbf{11.13}$$

여기서 v_{esc}는 물체의 질량과 무관하다. 예를 들어 우주선의 탈출 속력은 분자의 탈출 속력과 같다. 또한 속도의 방향과도 상관이 없으며 여기서 공기의 저항은 무시됐다.

식 11.12와 11.13은 어떤 행성에서 발사된 물체에도 적용할 수 있음에 주목하자. 즉 일반적으로 질량이 M이고 반지름이 R인 행성으로부터의 탈출 속력은 다음과 같다.

$$\boxed{v_{esc} = \sqrt{\frac{2GM}{R}}} \qquad \textbf{11.14}$$

표 11.2에 행성과 달, 그리고 태양으로부터의 탈출 속력이 있는데, 달에서의 탈출 속력은 2.3 km/s이고 태양에서의 탈출 속력은 618 km/s이며, 행성들의 탈출 속력은 그 사이에서 다양한 값을 갖는다. 이 결과들과 16장에서 공부할 기체의 운동론을 이용해서, 우주에는 매우 많이 존재하는 수소가 우리 지구의 대기에는 왜 적은지에 대한 이유를 설명할 수 있다. 차차 알게 되겠지만, 한 기체 분자는 그 기체의 온도에 의존하는 평균 운동 에너지를 갖는다. 대기 중의 수소나 헬륨과 같이 가벼운 분자들은 무거운 분자들보다 탈출 속력에 더 가까운 병진 속력을 갖는다. 따라서 가벼운 분자들이 행성으로부터 탈출할 기회가 많아져 우주로 확산된다. 또한 마찬가지 이유로, 지구의 대기가 왜 수소나 헬륨 같은 기체가 아닌 산소나 질소처럼 무거운 분자들로

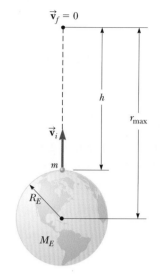

그림 11.10 질량 m인 물체가 지표면에서 연직 위 방향으로 처음 속력 v_i로 발사되어 최고 높이 $h = r_{max} - R_E$까지 올라간다.

표 11.2 | 행성과 달, 태양 표면에서의 탈출 속력

행 성	v_{esc}(km/s)
수 성	4.3
금 성	10.3
지 구	11.2
화 성	5.0
목 성	60
토 성	36
천왕성	22
해왕성	24
달	2.3
태 양	618

오류 피하기 | 11.3

여러분은 실제로 탈출할 수 없다
식 11.13으로부터 지구에서의 '탈출 속력'을 알 수 있지만, 중력은 그 범위가 무한대에 미치므로 지구 중력의 영향으로부터 완전히 벗어나는 것은 불가능하다. 지구로부터 아무리 멀리 떨어져 있더라도 항상 어느 정도의 지구 중력을 느끼게 된다.

구성되어 있는지를 설명할 수 있다. 이와는 다르게 목성에서 탈출 속력(60 km/s)은 아주 크기 때문에 대기 중의 대부분이 수소로 이루어져 있다.

예제 11.4 | 로켓의 탈출 속력

5 000 kg인 우주선이 지구로부터 무한히 멀어지기 위한 탈출 속력과 지표면에서 필요한 우주선의 운동 에너지를 구하라.

풀이

개념화 우주선이 지표면을 떠나 지구로부터 점점 멀어지면서 속력이 점점 느려지는 경우를 생각하자. 그렇지만 우주선이 중간에 다시 돌아서 지구로 떨어지지 않도록 우주선의 속력은 중간에 절대로 영이 되지 않아야 한다.

분류 이 예제는 대입 문제이다.

식 11.13을 이용해서 탈출 속력을 구한다.

$$v_{esc} = \sqrt{\frac{2GM_E}{R_E}}$$

$$= \sqrt{\frac{2\,(6.67 \times 10^{-11}\,\mathrm{N \cdot m^2/kg^2})(5.97 \times 10^{24}\,\mathrm{kg})}{6.37 \times 10^6\,\mathrm{m}}}$$

$$= 1.12 \times 10^4\,\mathrm{m/s}$$

식 6.16으로부터 우주선의 운동 에너지를 계산한다.

$$K = \frac{1}{2}mv_{esc}^2 = \frac{1}{2}\,(5.00 \times 10^3\,\mathrm{kg})(1.12 \times 10^4\,\mathrm{m/s})^2$$

$$= 3.13 \times 10^{11}\,\mathrm{J}$$

계산한 탈출 속력은 약 25 000 mi/h이다. 우주선이 필요한 운동 에너지는 휘발유 2 300갤런을 태워서 얻는 에너지와 같다.

블랙홀 Black Holes

10장에서 매우 무거운 별이 대폭발을 하는 초신성에 대해서 간단히 설명했다. 이런 별의 중심 핵에 남아 있는 물질은 붕괴를 계속하며, 그 중심 핵의 최후의 운명은 자신의 질량에 달려 있다. 만약 중심 핵의 질량이 태양 질량의 1.4배보다 작으면 그것은 점점 냉각되고, 최후에는 백색 왜성이 되어 자신의 생을 마감한다. 그러나 중심 핵의 질량이 태양 질량의 1.4배보다 크면, 그 별은 중력 때문에 더욱 수축되어 남는 것이 바로 10장에서 설명한 중성자별인데, 이 경우 별의 질량은 반지름이 약 10 km 정도로 압축된다(지구에서 이 물질로 찻숟갈 하나 정도의 분량 무게는 약 50억 톤 정도가 될 것이다).

별의 중심 핵이 태양에 비해 세 배 이상 큰 질량을 가지게 되면, 더욱더 특별한 별의 죽음이 일어날 수 있다. 이런 별은 보통 **블랙홀**(black hole)이라고 하는 공간에서 아주 작은 물체가 될 때까지 계속 붕괴될 수 있다. 사실 블랙홀은 자신의 중력으로 인해 붕괴된 별의 잔재이다. 우주선 같은 물체가 블랙홀 근처로 접근하면 엄청나게 강한 중력으로 인해 영원히 빠져나올 수 없게 된다.

공 모양의 물체로부터의 탈출 속력은 물체의 질량과 반지름에 의존한다. 블랙홀은 별이 아주 작은 크기의 공 형태로 질량이 밀집되어 있기 때문에 이 경우 탈출 속력은 매우 크다. 탈출 속력이 빛의 속력인 c를 능가하게 되면, 물체로부터의 (가시광선 등과 같은) 복사(radiation)는 탈출할 수 없게 되어, 물체는 검게 보인다. 이런 이유로 '**블랙홀**'이라는 이름이 붙게 됐다. 탈출 속력이 c가 되는 임계 반지름 R_S를 **슈바르츠실트 반지름**(Schwarzschild radius)이라고 한다(그림 11.11). 블랙홀을 둘러싼 이 반지름을 가지는 가상의 구의 표면을 **사건 지평선**(event horizon)이라고 한다. 이것은 블랙홀로 접근했다가 탈출하기를 기대할 수 있는 극한 구역이다.

비록 빛이 블랙홀로부터 빠져나오지 못해도 블랙홀 근처에서 일어난 사건의 빛은 볼 수 있다. 예를 들면 하나의 보통 별과 하나의 블랙홀로 이루어진 쌍성(binary star) 계가 가능한데, 별로부터 물질이 블랙홀로 잡아당겨지며, 이때 블랙홀 주위에 **응축 원반**(accretion disk)이 형성된다. 응축 원반 내에서의 입자 사이의 마찰력은 역학적 에너지를 열에너지로 전환시켜 물질의 온도를 상승시킨다. 이와 같이 고온의 물질은 X선 영역에 이르는 복사선을 방출하게 되며 이것으로 블랙홀의 존재를 탐지하게 된다.

그림 11.12는 솜브레로(Sombrero) 은하로 알려진 M107에 대한 허블 우주 망원경 사진이다. 과학자들은 은하 중심에 태양보다 수백만 배 무거운 것이 있지 않으면 이들 별의 공전 속력이 유지될 수 없음을 보였다. 이는 은하의 중심에 초대형 블랙홀이 존재한다는 강력한 증거이다.

블랙홀은 **중력파**(중력계 내 변화에 따른 시공간의 일그러짐)를 찾는 사람들에게 큰 흥미를 준다. 이런 일그러짐은 블랙홀로 빨려들어 가는 별, 블랙홀과 뚜렷한 짝을 이루는 쌍성, 은하 중심에 위치하는 질량이 매우 큰 블랙홀에 의해 발생할 수 있다. 중력파 감지 장치로서 레이저 간섭 중력파 관측소(Laser Interferometer Gravitational Wave Observatory, LIGO)가 미국 내에 건설되어 시험 중에 있으며, 이 장치를 이용해서 중력파를 발견할 것으로 기대가 크다.

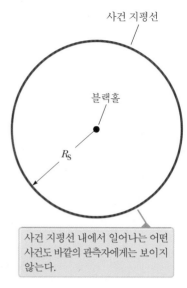

사건 지평선

블랙홀

R_S

사건 지평선 내에서 일어나는 어떤 사건도 바깥의 관측자에게는 보이지 않는다.

그림 11.11 블랙홀. 거리 R_S는 슈바르츠실트 반지름과 같다.

11.5 | 원자 스펙트럼과 수소에 대한 보어 이론
Atomic Spectra and the Bohr Theory of Hydrogen

앞의 절들에서는 태양계 같은 큰 규모의 계에 대한 구조적 모형에 대해 설명했다.

R. Kennicutt (Steward Obs.) et al., SSC, JPL, Caltech, NASA

그림 11.12 그림은 M107 은하를 허블 우주 망원경으로 찍은 사진이다. 이 은하에는 8 000억 개의 별이 포함되어 있고 지구로부터 280만 ly 떨어져 있다. 과학자들은 이 은하의 중심에 굉장히 큰 블랙홀이 있다고 믿고 있다.

여기에서는 같은 식의 기술 방법이 매우 작은 규모의 계인 수소 원자에 대한 실험적 관측 결과를 설명하는 데 이용될 수 있다는 것을 보이고자 한다.

화학에서 배웠으리라 짐작되는 수소 원자는 가장 간단한 원자계로 알려져 있다. 수소 원자에 대해서 배운 바(즉 하나의 양성자와 하나의 전자로 구성되어 있다는 것)를 He^+와 Li^{2+}와 같이 하나의 전자를 갖는 다른 이온들로 확장할 수 있다. 더구나 수소 원자에 내포된 물리학을 이해하면 더 복잡한 원자들과 원소의 주기율표를 기술하는 데 사용할 수 있다.

이 절에서는 1910년대 수소 원자 구조 모형의 변화에 대해 논의하고자 한다. 1910년대 초 구조 모형은 11.2절에 명시된 형식을 따르는 다음과 같은 구성 요소가 있었다.

1. **계를 이루는 구성 성분에 대한 서술:** 수소 원자 모형에서는 물리적 구성 성분은 전자와 양전하 분포이다.

2. **계의 구성 요소의 상대적 위치 및 그들 간의 상호 작용에 대한 서술:** 이 시기 수소 원자 모형은 29장에서 다룰 러더퍼드 모형이다. 이 모형에서는 **핵**이라고 불리는 작은 구 안에 양전하가 집중되어 있다. 전자는 이 양전하의 바깥쪽 궤도를 그리며 공전하고 있다. 양전하의 입자적 성질과 **양성자**라는 용어가 아직 이해되지 않던 시절이었기 때문에, 핵을 양성자라고 부르지는 않겠다. 전자와 핵의 상호 작용은 전기력이다.

3. **시간이 지남에 따라 계가 어떻게 변하는가에 대한 서술:** 20세기 초반의 수소 원자 모형에서는 계의 시간에 따른 변화는 불명확했고 정확히 이해되지 않았다.

4. **구조 모형을 이용한 예측과 실제 관측 결과의 비교 서술, 그리고 가능하다면 아직 관측된 바 없는 새로운 효과에 대한 예측:** 러더퍼드 모형은 실험적으로 관측된 수소에서 보인 스펙트럼선에 대해 제대로 설명을 하지 못했다. 29장에서도 설명하겠지만 이 모형은 현실과 정반대로 원자가 불안정하다고 예측했다.

원자계에 대한 조사는 원자로부터 방출되는 **전자기파**를 관측함으로써 이루어질 수 있는데, 인간의 눈은 가시광선이라고 불리는 전자기파를 인식할 수 있다. 공간으로 전파되는 파동은 입자, 계 및 강체의 경우에 분석했던 것처럼, 네 가지 단순한 분석 모형 중의 하나일 것이다. 한 예로 파도를 생각해 보자. 이는 해면의 요동을 나타내며 해변을 향해 이동한다. 주기적인 파동의 일반적인 형태로서 그림 11.13에 나타낸 사인형 파동을 들 수 있다. 이 그림이 전자기파를 나타낼 경우, y축은 전기장의 크기를 나타내게 되며 x축은 파동의 진행 방향에서의 위치를 나타내게 된다(전기장은 19장에서 공부할 예정이다). 인접하는 두 마루 사이의 거리를 **파장**(wavelength) λ라고 한다. 파동이 오른쪽으로 속력 v로 진행할 때 파동의 한 점은 주기 T 동안에 한 파장만큼 진행하게 되어 파동의 속력은 $v = \lambda/T$로 나타낼 수 있다. 주기의 역수 $1/T$은 파동의 **진동수**(frequency) f라고 하며 1초 동안 몇 번의 주기가 발생했는지를 나타낸다. 따라서 파동의 속력은 종종 $v = \lambda f$로 표현되며 전자기파는 빛의 속력 c로 진행

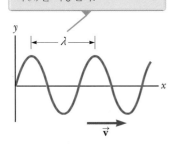

파동의 어느 한 점이 파동의 주기와 같은 시간 동안에 한 파장의 거리(λ)를 이동한다.

그림 11.13 속력 v로 오른쪽으로 진행하는 사인형 파동

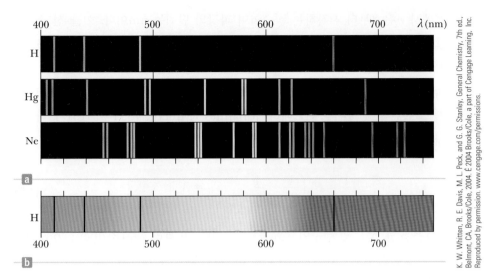

K. W. Whitten, R. E. Davis, M. L. Peck, and G. G. Stanley, General Chemistry, 7th ed., Belmont, CA, Brooks/Cole, 2004. £ 2004 Brooks/Cole, a part of Cengage Learning, Inc. Reproduced by permission. www.cengage.com/permissions.

그림 11.14 가시광선 스펙트럼. (a) 수소, 수은, 네온 원소들의 가시 영역에서의 방출에 의해 생성된 선 스펙트럼 (b) 수소의 흡수 스펙트럼. 검은 흡수 스펙트럼선들은 (a)에 보인 수소의 방출선의 파장과 같은 파장에서 일어난다.

하므로 다음과 같은 관계식을 얻는다.

$$c = \lambda f \qquad \text{11.15}$$

▶ 파동의 파장, 진동수와 그 속력과의 관계

　진공으로 된 유리관이 수소(또는 다른 기체)로 채워져 있는 경우를 생각하자. 기체를 통해 전류가 흐를 수 있을 만큼의 큰 전압을 유리관 양쪽의 금속 전극 사이에 걸면, 기체의 특성에 따른 색을 가진 빛이 관에서 방출된다(이것이 네온사인의 동작 원리이다). 방출된 빛을 분광기로 분석하면 일련의 불연속적인 **스펙트럼 선**(spectral lines)들이 관측되는데, 각각의 선은 다른 빛의 파장을 가지므로 각각 다른 색을 띠게 된다. 이런 스펙트럼들을 일반적으로 **방출 스펙트럼**(emission spectrum)이라고 한다. 하나의 주어진 스펙트럼에 포함된 파장들은 빛을 방출하는 원자의 특성이다. 그림 11.14는 여러 원소의 스펙트럼 모습이다. 가로축은 파장을 나타내지만 세로축은 나타내는 바가 없다. 어떤 두 개의 원소도 같은 선 스펙트럼을 방출하지 않기 때문에, 물질 내에 존재하는 원소를 판별하는 놀랍고도 신뢰성이 있는 기술에 이 현상이 이용된다.

　특정 파장의 빛을 방출하는 현상과 함께 원소는 특정 파장의 빛을 흡수할 수 있다. 이것을 **흡수 스펙트럼**(absorption spectrum)이라 하는데, 분석하고자 하는 원소의 증기 속을 모든 파장을 포함하고 있는 빛을 통과시킴으로써 얻을 수 있다. 흡수 스펙트럼은 연속 스펙트럼 위에 겹쳐 놓은 일련의 어두운 선들로 되어 있다(그림 11.14b).

　그림 11.15에 보인 수소의 방출 스펙트럼은 파장이 각각 656.3 nm, 486.1 nm, 434.1 nm, 410.2 nm에서 두드러지게 눈에 띄는 선들이 나타난다. 1885년에 발머(Johann Balmer, 1825~1898)가 이들 네 개의 선들과 눈에 보이지 않는 선들의 파장을 발견했는데, 이들 선을 간단히 실험식으로 다음과 같이 나타낼 수 있었다.

$$\lambda = 364.56 \frac{n^2}{n^2 - 4} \qquad n = 3, 4, 5, \ldots$$

색으로 나타낸 선들은 가시광선 영역이다.

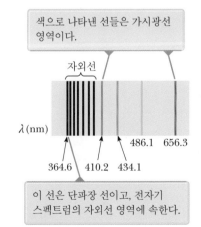

이 선은 단파장 선이고, 전자기 스펙트럼의 자외선 영역에 속한다.

그림 11.15 수소 원자에 대한 발머 계열의 스펙트럼 선으로서, 나노미터 파장으로 표시된 여러 개의 선을 보여 주고 있다. (가로 파장 축은 실제 크기와 다름.)

위 식에서 n은 3부터 시작하는 정수이며 파장의 단위는 nm이다. 이들 선 스펙트럼을 **발머 계열**(Balmer series)이라 한다. 발머 계열의 첫 번째($n=3$) 선은 656.3 nm, 두 번째($n=4$) 선은 486.1 nm에 해당한다. 이 식은 이론적 근거 없이 단순히 파장을 정확히 맞출 뿐이었다. 따라서 이 식은 결과를 맞추기 위한 경험적 식에 불과한 것이었다. 그로부터 몇 년 후 뤼드베리(Johannes Rydberg, 1854~1919)가 다음과 같은 식으로 발전시켰다.

▶ **뤼드베리 식**

$$\frac{1}{\lambda} = R_{\mathrm{H}}\left(\frac{1}{2^2} - \frac{1}{n^2}\right) \qquad n = 3,\ 4,\ 5,\ \ldots$$

11.16

여기서 n은 3, 4, 5, …인 정수이고 R_{H}는 상수인데 **뤼드베리 상수**(Rydberg constant)라고 하며 그 값은 $R_{\mathrm{H}} = 1.097\ 373\ 2 \times 10^7\ \mathrm{m}^{-1}$이다. 식 11.16은 어떤 이론적 모형에 근거하기보다는 발머 식의 변형일 뿐이지만, 다음에 기술되는 수소 원자의 이론적 모형에 근거한 예측과 직접 비교할 수 있다.

20세기 초에 과학자들은 고전 물리학으로는 원자의 특성 스펙트럼을 설명할 수 없다는 것을 알고 혼란스러워 했다. 왜 원소의 원자는 특정 파장만을 복사 방출하는 것인지, 그리고 왜 방출 스펙트럼은 불연속적인 선으로 나타나는지, 더욱이 원자는 자신이 방출한 파장만을 흡수하는지 등 많은 문제에 대해 이해를 잘하지 못했다. 1913년에 보어는 일반적으로 널리 받아들여지고 있는 원자의 스펙트럼을 설명할 수 있는 이론을 제공했다. 가장 간단한 원자인 수소를 가지고, 보어는 **보어의 수소 원자 이론**(Bohr theory of the hydrogen atom)이라 하는 원자의 구조라고 생각되는 모형을 설명했다. 수소 원자에 대한 그의 모형은 고전 물리의 틀 안에서는 옳다고 주장할 수 없는 혁명적인 가정들을 포함하고 있다. 수소 원자에 적용하는 보어의 구조 모형에서 기본적인 가정은 다음과 같다.

1. **계를 이루는 구성 요소에 대한 서술:** 수소 원자 모형에서 물리적 구성 성분은 러더퍼드의 모형에서 이야기했듯이 전자와 양전하 분포이다.

2. **계의 구성 요소의 상대적 위치 및 그들 간의 상호 작용에 대한 서술:** 그림 11.16에서처럼 전자는 전기 인력의 영향을 받아 핵 주위를 원 궤도를 그리며 공전하고 있다. 이런 개념은 또다시 러더퍼드 모형과 일치함을 보여 준다.

3. **시간이 지남에 따라 계가 어떻게 변하는가에 대한 서술:** 여기서부터 러더퍼드 모형으로부터 보어 모형이 갈라진다. 이 이론에 대한 세 가지 중요한 부분에 대해 논의하고자 한다.

   (a) 보어 모형은 특정 전자 궤도만이 안정하며, 그 궤도에서만 전자를 찾을 수 있다고 주장하고 있다. 이 궤도에서 수소 원자는 복사 형태로 에너지를 방출하지 않는다. 그러므로 원자의 전체 에너지는 일정하며, 전자의 운동을 설명하기 위해 고전 역학을 사용할 수 있다. 특정 궤도에 대한 이런 제한은 고전 물리와는 다른 개념이다. 24장에서도 보겠지만, 전자가 가속될 경우 전자기 복

사 에너지를 방출한다. 그러므로 에너지 보존 식에 따르면, 원자로부터 에너지 방출은 원자 에너지 감소로 이어져야 한다. 보어의 가설에 따르면 이와 같은 에너지 방출은 발생하지 않는다.

(b) 안정한 전자 궤도의 크기는 전자의 궤도 각운동량에 주어진 조건에 의해 결정된다. 허용 궤도는 핵에 대한 전자의 각운동량이 $\hbar \equiv \frac{h}{2\pi}$의 정수배인 것들이다.

$$m_e vr = n\hbar \qquad n = 1, 2, 3, \ldots \qquad \textbf{11.17}$$

여기서 h는 **플랑크 상수**(Planck's constant)이다($h = 6.63 \times 10^{-34}$ J·s; 현대 물리를 공부하는 과정에서 플랑크 상수를 많이 접하게 될 것이다). 이 새로운 개념은 지금까지 개발된 모형과는 전혀 관련이 없다.

그러나 다음 장들에서 소개할 모형과 연관될 수 있으며, 그때 이 개념이 어떻게 예측되는지를 보기 위해 다시 이 개념으로 돌아올 것이다. 미시적인 입자의 거동을 기술하는 **양자 역학**(quantum mechanics)을 공부하는 데 맨 처음 소개되는 개념이 될 것이다. 이 궤도 반지름은 **양자화**되어 있다.

(c) 전자가 에너지가 높은 처음 상태에서 낮은 상태로 전이할 때, 수소 원자에서 복사 형태로 에너지를 방출한다. 이 전이는 시각화할 수 없으며 고전적으로 취급할 수 없다. 특히 전이할 때 방출되는 복사의 진동수 f는 원자의 에너지 변화와 관련되어 있다. 방출된 복사의 진동수는 다음과 같다.

$$E_i - E_f = hf \qquad \textbf{11.18}$$

여기서 E_i는 처음 상태의 에너지이고 E_f는 나중 상태의 에너지이며, $E_i > E_f$이다. 전이가 일어날 때만 에너지가 방출된다는 개념은 고전적이 아니다. 그러나 이런 개념을 가지고 생각해 본다면 식 11.18은 에너지의 보존 식 $\Delta E = \sum T \rightarrow E_f - E_i = -hf$으로 단순화할 수 있다. 왼쪽은 계(원자)의 에너지 변화, 그리고 오른쪽은 전자기 복사의 형태로 계로부터 방출된 에너지를 나타내고 있다.

4. **구조 모형을 이용한 예측과 실제 관측 결과에 대한 비교 서술, 그리고 가능하다면 아직 관측된 바 없는 새로운 효과에 대한 예측:** 다음 논의에서 구조 모형으로부터 어떻게 예측할 수 있고 실험 결과와 일치하는지 보게 될 것이다.

그림 11.16에 보인 계의 전기 위치 에너지는 식 6.35의 $U_e = -k_e e^2/r$으로 주어지는데, k_e는 쿨롱 상수이고 e는 전자의 전하 크기, r은 전자와 핵 사이의 거리이다. 그러므로 이 원자의 전체 에너지를 운동 에너지와 위치 에너지의 합으로 표현하면 다음과 같다.

$$E = K + U_e = \frac{1}{2} m_e v^2 - k_e \frac{e^2}{r} \qquad \textbf{11.19}$$

구조 모형의 가정 3(a)에 의하면, 계의 에너지는 일정하게 유지된다. 구조 모형은

보어

Niels Bohr, 1885~1962

보어는 덴마크의 물리학자로 초기 양자 역학 발전에 적극적으로 참여했으며 양자 역학의 철학적 기틀을 제공했다. 1920년대부터 1930년대까지 코펜하겐에 있는 고등연구소 소장을 역임했다. 이 연구소는 세계적으로 유명한 많은 물리학자들이 모여 토론을 하며 서로의 생각을 교환한 매우 매력적인 장소였다. 보어는 1922년에 원자의 구조와 원자로부터 방출된 복사에 대한 연구로 노벨 물리학상을 받았다.

궤도를 도는 전자는 불연속적인 반지름을 갖는 특정 궤도에서만 존재하도록 허용된다.

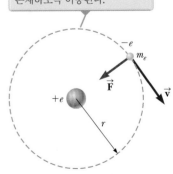

그림 11.16 보어의 수소 원자 모형을 나타낸 그림

주어진 궤도에서 전자기 복사를 허용하지 않기 때문에 계는 고립되어 있다.

뉴턴의 제2법칙을 이 계에 적용하면 전자에 대한 쿨롱 인력의 크기 $k_e e^2/r^2$(식 5.12)은 구심 가속도 $a_c = v^2/r$에 전자의 질량을 곱한 양과 같아야 한다. 즉 다음과 같다.

$$\frac{k_e e^2}{r^2} = \frac{m_e v^2}{r}$$

이 식으로부터 전자의 운동 에너지는 다음과 같이 주어지게 된다.

$$K = \frac{1}{2} m_e v^2 = \frac{k_e e^2}{2r} \qquad \text{11.20}$$

K값을 식 11.19에 대입하면 수소 원자의 전체 에너지는 다음과 같이 주어지게 된다.

▶ 수소 원자의 전체 에너지

$$E = -\frac{k_e e^2}{2r} \qquad \text{11.21}$$

전체 에너지가 음[3]으로 나타나는데, 이것은 속박되어 있는 전자–양성자 계를 의미한다. 이것은 원자에서 전자와 양성자를 무한히 멀리 떼어내어 전체 에너지를 영[4]으로 만들기 위해서는 $k_e e^2/2r$만큼의 에너지를 더해 주어야 한다. 허용 궤도의 반지름 r은 v를 구조 모형의 가정 3(b)로부터 식 11.17에서 구한 후 식 11.20에 대입해서 다음과 같이 구할 수 있다.

▶ 수소에서 보어 궤도의 반지름

$$r_n = \frac{n^2 \hbar^2}{m_e k_e e^2} \qquad n = 1, 2, 3, \ldots \qquad \text{11.22}$$

이 결과는 전자 궤도 반지름이 불연속적인 값을 갖는다는 것을 보여 준다. 정수 n은 **양자수**(quantum number)라고 하는데, 주어진 원자계에서 특정한 허용 **양자 상태**(quantum state)를 나타낸다.

$n = 1$일 때 궤도의 반지름은 가장 작은데, 이를 **보어 반지름**(Bohr radius) a_0라고 하며 그 값은 다음과 같다.

▶ 보어 반지름

$$a_0 = \frac{\hbar^2}{m_e k_e e^2} = 0.052\,9 \text{ nm} \qquad \text{11.23}$$

그림 11.17에 처음 세 개의 보어 궤도를 나타냈다.

궤도 반지름의 양자화는 수소 원자의 에너지 양자화로 이어지는데, $r_n = n^2 a_0$를 식 11.21에 대입해서 구할 수 있다. 수소 원자의 허용 에너지는 다음과 같다.

$$E_n = -\frac{k_e e^2}{2a_0}\left(\frac{1}{n^2}\right) \qquad n = 1, 2, 3, \ldots \qquad \text{11.24}$$

각각의 값들을 식 11.24에 대입하면 다음을 얻을 수 있다(9.7절에서 1 eV = 1.60

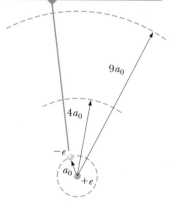

전자가 가장 낮은 에너지 궤도에 있는 그림이지만, 허용 궤도 어디에든지 있을 수 있다.

$9a_0$

$4a_0$

a_0

$-e$

$+e$

그림 11.17 보어의 수소 원자 모형에서 예상한 처음 세 궤도

---

[3] 이 식을 중력계에 대한 식 11.10과 비교해 보자.

[4] 이런 과정을 원자의 **이온화**라 한다. 이론적으로 이온화는 전자와 양성자를 무한 거리로 떨어뜨려 놓는 것이다. 그러나 실제적으로 전자와 양성자는 많은 수의 다른 입자들을 주위에 두고 있다. 따라서 이온화는 전자와 양성자가 그들 간의 상호 작용보다 주위의 다른 입자들과의 상호 작용이 더 크게 될 정도로 충분히 떨어뜨려지게 되는 것을 의미한다.

$\times 10^{-19}$ J이다).

$$E_n = -\frac{13.606\,\text{eV}}{n^2} \qquad n = 1, 2, 3, \ldots \qquad \textbf{11.25}$$

▶ 수소 원자에서의 양자 상태의 에너지

$n = 1$일 때의 가장 낮은 양자 상태를 **바닥 상태**(ground state)라고 하며 에너지는 $E_1 = -13.606$ eV이다. 바닥 상태 바로 위의 상태인 **첫 번째 들뜬 상태**(first excited state)는 $n = 2$일 때인데, 에너지는 $E_2 = E_1/2^2 = -3.401$ eV이다. 그림 11.18은 **에너지 준위 도표**(energy level diagram)인데, 불연속적인 에너지 상태의 에너지와 그에 대응되는 양자수를 보여 주고 있다. 이 도표는 또 다른 유사 그래프 표현이다. 세로축은 에너지를 선형으로 나타낸 것이지만, 가로축은 의미하는 바가 없다. 수평 직선은 허용 에너지에 해당한다. 원자계는 선들로 나타낸 에너지 이외의 다른 에너지는 가질 수 없다. 세로축의 선들은 에너지를 방출하는 동안 상태들 사이의 전이를 나타낸다.

$n \to \infty$ (또는 $r \to \infty$)이고 $E \to 0$에 해당하는 가장 위에 있는 에너지 준위는 전자가 원자로부터 떨어져 있는 상태를 나타낸다.[5] 이 에너지 이상에서는 이온화된 원자의 연속적 에너지 상태들이 가능하다. 원자를 이온화하는 데 필요한 최소 에너지를 **이온화 에너지**(ionization energy)라고 한다. 그림 11.18에서 볼 수 있는 것과 같이, 보어의 구조 모형에 기초한 수소의 이온화 에너지는 13.6 eV이다. 이것은 이미 정밀하게 측정된 이온화 에너지 13.6 eV와 잘 일치하므로, 보어 이론의 또 다른 성과인 것이다.

그림 11.18은 구조 모형의 가정 3(c)에 근거한 원자에서 두 상태 간 다양한 전이를 보여 준다. 전이에 의해 원자의 에너지가 감소하게 되면, 그림 11.18에서와 같이 두 상태 간 에너지 차이만큼이 전자기파로 방출된다. $n = 2$ 상태로의 전이에 의해 나타나는 선들을 발머 계열이라 하는데, 그 파장들이 식 11.16(뤼드베리 식)에서의 예측과 일치한다. 그림 11.18은 또한 다른 스펙트럼 계열들(라이먼 계열과 파셴 계열)을 보이고 있는데 이들은 발머의 발견 후에 알려졌다.

식 11.18과 함께 식 11.24는 원자가 높은 에너지 상태에서 낮은 에너지 상태로 전이할 때 방출되는 빛의 진동수를 계산하는 데 사용할 수 있다.[6]

$$f = \frac{E_i - E_f}{h} = \frac{k_e e^2}{2a_0 h}\left(\frac{1}{n_f^2} - \frac{1}{n_i^2}\right) \qquad \textbf{11.26}$$

▶ 수소로부터 방출되는 빛의 진동수

뤼드베리 식은 파장을 기술하는데, $c = f\lambda$를 이용해서 진동수를 파장으로 바꿀 수 있다.

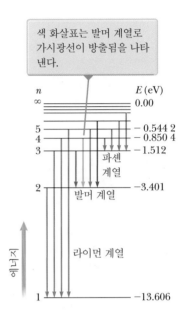

색 화살표는 발머 계열로 가시광선이 방출됨을 나타낸다.

그림 11.18 수소에 대한 에너지 준위 도표. 불연속적으로 허용된 에너지들은 세로축에 그려져 있다. 가로축에는 아무것도 그리지 않았으나 허용 전이를 더 많이 나타내기 위해서는 가로축을 더 확장해도 된다. 양자수는 준위선의 왼쪽에, 에너지 (eV)는 오른쪽에 써 놓았다.

---

[5] '전자를 원자로부터 제거한다'는 문구를 매우 일반적으로 사용하지만, 이는 전자와 핵을 서로 떨어뜨려놓는다는 의미라는 것을 알게 될 것이다.

[6] '전자가 전이한다'는 문구를 또한 일반적으로 사용하지만, 전자가 아니라 원자계의 에너지라는 것을 강조하기 위해 '원자가 전이한다'는 표현을 사용하겠다. 이러한 표현은 6장에서 중력 위치 에너지가 물체가 아니라 물체와 지구 계의 에너지라는 설명과 유사하다.

▶ 수소로부터 방출되는 빛의 파장

$$\frac{1}{\lambda} = \frac{f}{c} = \frac{k_e e^2}{2a_0 hc}\left(\frac{1}{n_f^2} - \frac{1}{n_i^2}\right)$$ 11.27

주목할 만한 사실은 **이론**적으로 얻어진 식 11.27에서 상수들로 구성된 $k_e e^2/2a_0 hc$ 값이 **실험**적으로 결정되는 뤼드베리 상수(식 11.16)와 같아진다는 것이다. 보어가 이들 두 식이 1 % 이내로 일치한다는 것을 보인 후에, 이와 같은 보어의 이론은 원자 구조를 밝힐 수 있는 훌륭한 업적으로 인정됐다.

위의 식에서 $n_f = 2$의 경우가 중요시된 이유는 $n_f = 2$ 상태로 전이되는 경우 방출되는 빛이 가시광선 영역에 있어서 관측이 용이했다는 것이다. 그림 11.18에서 볼 수 있듯이 $n_f = 1$은 자외선 영역, $n_f = 3$은 적외선 영역에 있어서 우리 눈에 보이지 않는다. 임의의 두 상태 간 전이에 대한 일반화된 뤼드베리 식은 다음과 같이 표현된다.

$$\frac{1}{\lambda} = R_H\left(\frac{1}{n_f^2} - \frac{1}{n_i^2}\right)$$ 11.28

이 식에서 다른 계열은 다른 n_f 값들에 대응하며, 한 계열 내에서의 다른 선들은 변화하는 n_i 값들에 대응한다.

보어는 즉시 수소에 대한 그의 모형을 전자가 한 개 빠져나간 다른 원소들로 확장했다. He^+, Li^{2+}, Be^{3+}와 같은 이온화된 원소들은 원자의 빈번한 충돌로 한 개 또는 여러 개의 전자를 완전히 떼어낼 수 있을 만큼의 에너지를 갖게 되는 뜨거운 별의 대기에 존재한다고 생각됐다. 보어는 수소 때문에 생긴 것이라고 볼 수 없는 이상한 스펙트럼 선들을 태양과 몇 개의 별에서 관측했는데, 그것들이 이온화된 He^+에 의한 것임을 그의 이론으로 정확하게 설명했다.

> **오류 피하기 | 11.4**
> **보어 모형은 위대하지만...** 보어 모형은 수소 스펙트럼에 대한 이온화 에너지와 일반적인 특성을 정확하게 예측했지만, 좀 더 복잡한 원자들의 스펙트럼이나 수소나 다른 단순한 원자들의 스펙트럼의 미묘하고 세세한 정보까지는 예측하지 못했다. 산란 실험에서 수소 원자의 전자는 핵 주위를 평평한 원 모양으로 돌지 않는다는 것을 보였다. 그 대신, 원자는 구의 모습을 띠고 있음을 나타내고 있다. 바닥 상태 원자의 각운동량은 $\hbar$가 아니라 영이다.

▌ **퀴즈 11.4** 수소 원자가 $n = 3$에서 $n = 2$의 준위로 전이를 한다. 그러고는 $n = 2$에서 $n = 1$의 준위로 전이한다. 가장 긴 파장의 광자를 방출하는 전이는 어떤 것인가? **(a)** 첫 번째 전이 **(b)** 두 번째 전이 **(c)** 두 경우 파장들이 같기 때문에 두 전이 모두 아니다.

▌ **예제 11.5 | 수소에서 전자의 전이**

수소 원자에 있는 전자가 $n = 2$인 에너지 준위에서 바닥 상태($n = 1$)로 전이했다. 이때 방출된 광자의 파장과 진동수를 구하라.

풀이

개념화 그림 11.16의 보어 모형에서와 같이 핵 주위를 도는 전자를 생각하자. 전자가 보다 낮은 정상 상태로 전이되면 특정 진동수를 가진 빛을 방출한다.

분류 이번 절에서 배운 식을 이용해 답을 구하는 것이므로 예제를 대입 문제로 분류한다.

식 11.28을 이용해서 $n_i = 2$와 $n_f = 1$을 대입해 파장을 구한다.

$$\frac{1}{\lambda} = R_H\left(\frac{1}{1^2} - \frac{1}{2^2}\right) = \frac{3R_H}{4}$$

$$\lambda = \frac{4}{3R_H} = \frac{4}{3\,(1.097 \times 10^7\,\text{m}^{-1})}$$

$$= 1.22 \times 10^{-7}\,\text{m} = \boxed{122\,\text{nm}}$$

식 11.15를 사용해서 광자의 진동수를 구한다.

$$f = \frac{c}{\lambda} = \frac{3.00 \times 10^8\,\text{m/s}}{1.22 \times 10^{-7}\,\text{m}} = \boxed{2.47 \times 10^{15}\,\text{Hz}}$$

11.6 | 연결 주제: 원 궤도에서 타원 궤도로의 변화
Context Connection: Changing from a Circular to an Elliptical Orbit

예제 11.2의 (A)에서 지구 주위를 원 궤도 운동하는 우주선에 관해 언급했다. 이 장에서의 케플러 법칙들에 관한 공부를 통해 우주선이 타원 궤도 운동을 할 수도 있다는 것을 알았다. 우주선이 어떻게 원에서 타원 궤도로 바꿀 수 있는지 알아보고 〈관련 이야기: 화성으로의 임무 수행〉에 대한 결론을 내리고자 한다.

우주선과 지구가 있는 상황을 생각해 보자. **궤도를 바꿀 때 사용한 우주선의 연료는 제외한다.** 주어진 궤도에서 우주선-지구 계의 역학적 에너지는 식 11.10과 같이 주어진다.

$$E = -\frac{GMm}{2r}$$

이 에너지는 우주선의 운동 에너지와 지구의 중력 위치 에너지의 합이다. 로켓 엔진이 점화되면 분사된 연료에 의한 추력이 위치 변화를 유발해서 우주선-지구 계에 대한 일을 하는 것으로 나타나게 된다. 그 결과 우주선-지구 계의 역학적 에너지는 증가하게 된다.

우주선은 증가된 새 에너지를 가지게 되지만 원래의 출발점을 포함하는 궤도 상에 있어야 한다. 우주선은 한번만에 더 큰 반지름을 가지는 높은 에너지의 원 궤도에 들어갈 수 없는데, 그 이유는 이 궤도가 원래의 출발점을 포함하지 않기 때문이다. 유일한 가능성은 궤도가 타원이 되는 것이다. 그림 11.19는 우주선이 원래의 원 궤도에서 새로운 타원 궤도로 이동하는 것을 보여 준다.

식 11.11은 타원 궤도에 있는 우주선-지구 계의 에너지를 나타낸다. 따라서 궤도의 새로운 에너지를 알면 타원 궤도의 긴 반지름을 알 수 있다. 역으로 타원 궤도의 긴 반지름을 알면 로켓 엔진에 의해 증가되어야 하는 에너지를 계산할 수 있다. 이로부터 로켓 엔진의 점화 시간을 알 수 있다.

더 많은 에너지가 로켓 엔진으로부터 공급될수록 우주선은 더 큰 긴 반지름을 갖는 궤도에 들어서게 된다. 엔진 점화 시간이 길어져서 우주선-지구 계의 전체 역학적 에너지가 양수값을 가지게 되면 어떻게 될까? 양(+)의 에너지는 **속박되지 않은** 계를 나타낸다. 따라서 이런 경우, 우주선은 지구로부터 **벗어나서** 지구로 귀환할 수 없게 되는 쌍곡선 궤도에 들어서게 된다.

화성으로 가기 위해서는 이와 같은 과정이 필수적이다. 고정된 지구 궤도를 벗어나기 위해서는 로켓 엔진이 점화되어야 한다. 이 시점부터는 우주선-지구 계보다는 우주선-태양 계로 생각을 옮겨야 한다. 이런 점에서 보면 지구 주위를 도는 우주선은 그림 11.20에서 보듯이 지구와 같이 태양 주위의 원 궤도에 놓여 있다고 생각할 수 있다. 지구 주위를 도는 여분의 운동에 기인해서 우주선의 궤도는 완전한 원은 아닌데, 그 효과는 태양 주위의 궤도 반지름과 비교하면 작다. 엔진 점화를 통해 지구를 벗어나게 되면, 태양에 대한 그 궤도는 원으로부터 태양을 한 초점으로 하는 타원 궤

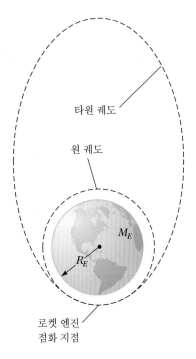

그림 11.19 지구 주위의 원 궤도에 있던 우주선이 엔진을 점화해서 타원 궤도로 들어간다.

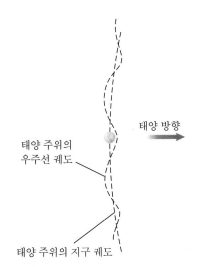

그림 11.20 지구 주위를 궤도 운동하는 우주선은 태양 주위를 원운동하는 것으로도 이해될 수 있다. 이때 지구에 대한 궤도 운동에 의해 원 궤도를 약간 벗어나게 된다.

도로 변하게 된다. 타원 궤도가 원일점 부근에서 화성 궤도와 겹치도록 긴 반지름을 만들어주면 된다. 〈관련 이야기 2 결론〉에서 이 과정을 자세히 살펴보겠다.

예제 11.6 | 얼마나 높이 올라갈 수 있나?

여러분이 지금 지표면으로부터 $h = 300$ km 떨어져서 원형 지구 궤도를 도는 우주 비행선에 타고 있다고 상상해 보자. 로켓 엔진을 점화한 결과, 우주 비행선–지구 계의 전체 에너지의 크기가 10.0 % 정도 감소한다. 새로운 타원 궤도에서 우주 비행선이 지표면으로부터 놓일 수 있는 최대 높이는 얼마인가?

풀이

개념화 그림 11.19는 문제의 상황을 나타내고 있다. 이 우주 비행선이 그림에서 가장 높은 지점에 위치할 때 지표면으로부터의 거리를 찾고자 한다. 전체 에너지의 값이 음수이기 때문에 크기의 감소가 에너지의 증가를 나타냄에 주목하자.

분류 이 문제에서는 분석 모형이 필요 없다. 식 11.11에 나타나 있는 궤도 에너지와 긴 반지름의 관계로부터 결과를 계산할 수 있다.

분석 원 궤도에는 식 11.10과 타원 궤도에는 식 11.11을 적용해서 두 궤도에 대한 에너지 비를 세운다.

$$\frac{E_{\text{elliptical}}}{E_{\text{circular}}} = \frac{\left(-\dfrac{GMm}{2a}\right)}{\left(-\dfrac{GMm}{2r}\right)} = \frac{r}{a} = f$$

전체 에너지의 크기가 10.0 % 정도 감소했기 때문에 이 에너지 비 f는 0.900과 동일하다. a를 r로 표현한다.

$$a = \frac{r}{f}$$

지표면에서 우주 비행선의 처음 높이와 지구 반지름으로 궤도 반지름을 나타낸다.

$$a = \frac{1}{f}(R_E + h)$$

지구의 중심으로부터 최대 거리는 우주 비행선이 $r_{\max} = 2a - r$로 주어진 원일점에 다다를 때이다. 이 최대 거리를 구한다.

$$r_{\max} = 2a - r = \frac{2}{f}(R_E + h) - (R_E + h)$$

$$= \left(\frac{2}{f} - 1\right)(R_E + h)$$

지표면으로부터 최대 높이를 구하기 위해 $r_{\max}$에서 지구 반지름을 뺀다.

$$(1) \qquad h_{\max} = \left(\frac{2}{f} - 1\right)(R_E + h) - R_E$$

주어진 값들을 대입한다.

$$h_{\max} = \left(\frac{2}{0.900} - 1\right)(6.37 \times 10^3 \text{ km} + 300 \text{ km})$$

$$- 6.37 \times 10^3 \text{ km}$$

$$= \boxed{1.78 \times 10^3 \text{ km}}$$

결론 지표면으로부터의 높이는 연료 소비에 따라 거의 여섯 배 정도 증가했다. 식 (1)에서 간단한 방법은 아니지만, $h_{\max}$는 f가 감소(보다 많은 연료 소비를 나타내는)함에 따라 증가함에 주목하자.

연습문제 |

객관식

1. 인공위성이 지구 주위를 일정한 속력으로 원운동하고 있다. 다음 중 옳은 것은 어느 것인가? (a) 인공위성에 아무런 힘도 작용하지 않는다. (b) 일정한 속력이므로 가속도는 없다. (c) 인공위성은 지구로부터 멀어지는 쪽으로 향하는 가속도를 가진다. (d) 인공위성은 지구 쪽 방향의 가속도를 가진다. (e) 중력장이 인공위성에 일을 한다.

2. 질량 m인 물체가 질량이 M이고 반지름이 R인 구형 행성 표면에 놓여 있다. 다음 중 행성으로부터의 탈출 속력에 영향을 미치지 않는 것은 어느 것인가? (a) M (b) m (c) 행성의 밀도 (d) R (e) 행성의 중력 가속도

3. 다음 중력의 크기가 큰 것부터 순서대로 나열하라. (a) 2 kg 물체에서 1 m 떨어진 3 kg 물체에 작용하는 힘 (b) 2 kg 물체에서 1 m 떨어진 9 kg 물체에 작용하는 힘 (c) 2 kg 물체에서 2 m 떨어진 9 kg 물체에 작용하는 힘 (d) 9 kg 물체에서 2 m 떨어진 2 kg 물체에 작용하는 힘 (e) 4 kg 물체에서 2 m 떨어진 4 kg 물체에 작용하는 힘

4. 지표면에서 우주인에게 작용하는 중력은 아래 방향으로 650 N이다. 우주인이 지구 주위를 도는 우주선 안에 있을 때, 우주인에게 작용하는 중력은 어떠한가? (a) 더 크다. (b) 같다. (c) 더 작다. (d) 매우 작지만 영은 아니다. (e) 영이다.

5. 인공위성이 지구 주위로 반지름 R의 원 궤도를 돌고 있다. 이 인공위성이 반지름 $4R$의 원 궤도로 옮겨간다고 가정하자. (i) 인공위성에 작용하는 힘은 어떻게 되는가? (a) 8배 (b) 4배 (c) 1/2배 (d) 1/8배 (e) 1/16배 (ii) 인공위성의 속력은 어떻게 되는가? 앞의 보기 (a) ~ (e)에서 고르라. (iii) 인공위성의 주기는 어떻게 되는가? 앞의 보기 (a) ~ (e)에서 고르라.

6. 다섯 개의 입자들로 이루어진 계가 있다. 이 계의 전체 중력 위치 에너지 식은 몇 개의 항으로 이루어지는가? (a) 4 (b) 5 (c) 10 (d) 20 (e) 25

7. (a) 바닥 상태에 있는 수소 원자는 13.6 eV보다 낮은 에너지의 광자를 흡수할 수 있는가? (b) 이 원자는 13.6 eV보다 높은 에너지의 광자를 흡수할 수 있는가?

8. (i) 다음 수소 원자에 대해 에너지를 가장 많이 얻는 전이로부터 가장 많이 에너지를 잃는 전이까지 순서대로 나열하고, 순위가 같은 경우가 있다면 나타내라.
(a) $n_i = 2; n_f = 5$; (b) $n_i = 5; n_f = 3$; (c) $n_i = 7; n_f = 4$; (d) $n_i = 4; n_f = 7$ (ii) 고립된 원자에 의해 방출되거나 흡수된 광자의 파장에 따라 (i)과 같이 가장 큰 파장에서 가장 작은 파장까지 순서대로 나열하라.

9. 목성에 속한 어떤 위성 A의 중력 가속도는 표면에서 2 m/s² 이다. 위성 B는 위성 A보다 질량과 반지름이 두 배 더 크다. 위성 B의 표면에서 중력 가속도는 얼마인가? 목성에 의한 중력 가속도는 무시한다. (a) 8 m/s² (b) 4 m/s² (c) 2 m/s² (d) 1 m/s² (e) 0.5 m/s²

10. 수소 원자의 에너지를 $-E$라고 하자. (i) 전자의 운동 에너지는 얼마인가? (a) $2E$ (b) E (c) 0 (d) $-E$ (e) $-2E$ (ii) 원자의 위치 에너지는 얼마인가? 앞의 보기 (a) ~ (e)에서 고르라.

▶ 주관식

11.1 뉴턴의 만유인력 법칙에 대한 재음미

1. 200 kg의 물체와 500 kg의 물체가 4.00 m 떨어져 있다. (a) 이 둘 사이의 한가운데에 놓인 50.0 kg의 물체에 이 두 물체가 작용하는 알짜 중력을 구하라. (b) 50.0 kg인 물체를 어디에 놓으면 (무한히 먼 곳 말고) 두 물체로부터 작용하는 알짜힘이 영이 되는가?

2. 질량이 40 000톤인 두 기선이 서로 100 m 떨어져서 평행하게 진행하고 있다. 두 배 사이의 만유인력에 의한 한 배에서 다른 배로 향하는 가속도는 얼마인가? 배는 입자로 취급한다.

3. 실험실에서 중력 상수 G를 측정하기 위해 사용하는 표준 캐번디시 장치는 1.50 kg짜리 큰 공이 질량 중심 간 거리가 4.50 cm로 떨어져 있는 15.0 g짜리 작은 공을 끌어당기는 형태로 되어 있다. 이들 공 사이에 작용하는 중력을 구하라. 단, 이때 공들은 중심에 질량이 집중되어 있는 입자로 취급한다.

4. 달 표면에서의 자유 낙하 가속도는 지표면의 1/6 정도이다. 달의 반지름이 지구의 0.250배라 가정하고 달과 지구의 평균 밀도비$((\rho_{Moon}/\rho_{Earth}))$를 구하라. (지구 반지름 $R_E = 6.37 \times 10^6$ m 임)

5. 일식이 일어나는 동안 달, 지구, 태양이 일직선 상에 놓이게 되며, 달이 지구와 태양 사이에 있게 된다. (a) 태양이 달에 작용하는 힘을 구하라. (b) 지구가 달에 작용하는 힘을 구하라. (c) 태양이 지구에 작용하는 힘을 구하라. (d) (a)와 (b)의 답을 비교하라. 왜 태양은 지구로부터 달을 강하게 잡아당기지 않는가?

6. 그림 P11.6a는 천왕성의 위성인 미란다(Miranda)를 보여준다. 이 위성은 반지름 242 km, 질량 6.68×10^{19} kg인 구로 모형화될 수 있다. (a) 위성 표면에서의 자유 낙하 가속도를 구하라. (b) 미란다 내에 5.00 km 높이의 절벽이 있는데 그림 P11.6a의 11시 방향 가장자리에 보이며 확대된 것을 그림 P11.6b에서 볼 수 있다. 극한 스포츠를 즐기는 사

람이 수평 방향으로 8.50 m/s의 속도로 절벽을 뛰어내릴 때, 그 사람이 공중에 떠 있는 시간을 구하라. (c) 그 사람은 수직 절벽의 바닥 지점으로부터 얼마나 멀리 떨어진 미란다의 얼음 표면에 도달하는가? (d) 그 사람이 표면에 도달할 때의 속도 벡터를 구하라.

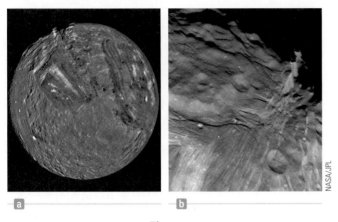

그림 P11.6

7. 질량이 $m_1 = 2.00\,\text{kg}$, $m_2 = 4.00\,\text{kg}$, $m_3 = 6.00\,\text{kg}$인 균일한 세 공이 그림 P11.7에서처럼 직각삼각형의 꼭짓점에 각각 놓여 있다. 이 공들이 우주의 다른 부분과는 고립되어 있다고 가정하면, 질량 m_2인 물체에 작용하는 중력은 얼마인가?

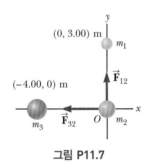

그림 P11.7

8. 길이가 100 m이고 질량이 1 000 kg인 긴 원통 모양의 우주선이 있다. 이 우주선이 태양의 100배 질량을 가진 블랙홀에 근접해 있다(그림 P11.8). 우주선의 선수(nose)는 블랙홀을 향하고 있으며 블랙홀 중심에서 10.0 km만큼 떨어져 있다. (a) 우주선에 작용하는 전체 힘을 결정하라. (b) 우주선 선수에서의 중력장과 선미에서의 중력장의 차이는 얼마인가? (이 가속도의 차이는 블랙홀에 접근할

그림 P11.8

수록 빠르게 커져 우주선 몸체는 매우 큰 장력을 받게 되어 결국에는 찢어진다.)

9. (a) 그림 P11.9에서처럼 질량이 같고 거리가 $2a$ 떨어져 있는 두 물체를 잇는 선을 수직으로 이등분하는 선 위의 한 점 P에서 중력장 벡터를 구하라. (b) $r \to 0$에 접근함에 따라 물리적으로 왜 중력장이 영으로 가는지 설명하라. (c) (a)에서의 답이 그렇게 된다는 것을 수학적으로 보여라. (d) $r \to \infty$에

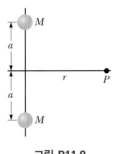

그림 P11.9

접근함에 따라 장의 크기가 물리적으로 왜 $2GM/r^2$으로 되는지 설명하라. (e) (a)에서의 답이 이런 극한에서 그렇게 된다는 것을 수학적으로 보여라.

10. 떨어지는 운석이 지표면으로부터 지구 반지름의 세 배만큼 떨어져 있다면, 지구의 중력에 의한 가속도는 얼마인가?

11.3 케플러의 법칙

11. 그림 P11.11처럼 두 행성 X와 Y가 한 별 주위에서 반시계의 원 궤도로 돌고 있다. 궤도 반지름의 비는 3:1이다. 어떤 한 순간에 두 행성은 그림 P11.11a처럼 별과 일직선 상에 놓여 있다. 5년이 지난 후 행성 X는 그림 P11.11b에서 보이는 것처럼 각변위가 90.0°이다. 이때 행성 Y의 각변위는 어떻게 되는가?

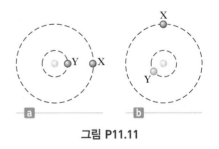

그림 P11.11

12. 지구의 정지 궤도 상에 있는 통신위성은 지구가 자전할 때 적도 상의 한 점의 수직 위치에 있다. (a) 위성 궤도의 반지름을 계산하라. (b) 위성은 북극 근처에 있는 송신기에서 나오는 라디오 신호를 북극 근처에 있는 수신기로 전달되는 것을 중계한다. 광속으로 전파하는 라디오파가 전달되는 데 걸리는 시간을 구하라.

13. 태양은 열핵융합 과정이 진행되면서 $3.64 \times 10^9\,\text{kg/s}$의 비율로 질량이 감소한다. 태양의 질량 감소로 인해 1년의 길이는 5 000년 동안 얼마나 변하는가? **도움말**: 지구는 원

운동한다고 가정한다. 지구-태양 계에 아무런 외부의 토크도 작용하지 않으므로 지구의 각운동량은 일정하다.

14. 목성의 위성인 이오(Io)는 공전 주기가 1.77일, 궤도 반지름이 4.22×10^5 km이다. 이 값을 이용해서 목성의 질량을 결정하라.

15. 플래스킷(Plaskett) 쌍성 계에 있는 두 별이 공통의 질량 중심에 대해 공전하고 있다. 이는 그림 P11.15에서와 같이 두 별의 질량이 서로 같음을 의미한다. 별의 공전 속력이 $|\vec{\mathbf{v}}| =$ 220 km/s이고, 공전 주기가 14.4일일 때, 각 별의 질량 M을 구하라(참고로 태양 질량은 1.99×10^{30} kg이다).

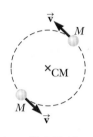

그림 P11.15

16. 태양의 중력이 갑자기 없어졌다고 가정하자. 뉴턴의 제1법칙에 의해 행성들은 그 원형에 가까운 궤도에서 벗어나 직선 운동을 하게 된다. 수성이 명왕성보다 태양에서 더 멀어질 수 있는가? 만약 그렇게 된다면 그렇게 되기까지 걸리는 시간을 구하라. 만약 그렇게 되지 않는다면 명왕성이 수성보다 항상 태양으로부터 멀리 있게 되는 이유를 기술하라.

17. 핼리 혜성(그림 P11.17)은 태양에서 0.570 AU까지 접근하며 75.6년의 주기로 궤도를 돌고 있다. 핼리 혜성은 태양으로부터 얼마나 멀리까지 가는가? (1 AU는 1.50×10^{11} m로 지구와 태양 간의 평균 거리인 천문 단위이다.)

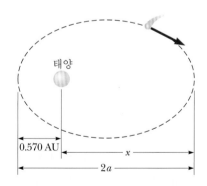

그림 P11.17 핼리 혜성의 타원 궤도
(궤도는 척도에 맞게 그리지 않았다.)

11.4 행성과 위성의 운동에서 에너지 관계

18. 지표면에서 2.00×10^4 m/s의 처음 속력으로 우주 탐사선을 발사한다. 지구로부터 아주 멀리 있을 때, 그 속력은 얼마인가? 대기와의 마찰과 지구의 자전은 무시한다.

19. 태양이 핵 연료를 다 소모한 후의 궁극적 운명은 **백색 왜성**

상태로의 붕괴라고 생각된다. 그 상태에서는 질량은 거의 비슷하지만 크기는 지구 정도가 될 것이다. 이때 (a) 백색 왜성의 평균 밀도, (b) 백색 왜성의 표면에서 자유 낙하 가속도 그리고 (c) 백색 왜성의 표면에서 1.00 kg의 물체가 갖는 중력 위치 에너지를 구하라.

20. '나무 높이 위성'은 행성의 표면 바로 위의 원 궤도를 따라서 움직인다. 공기의 저항은 없다고 간주할 때, 위성의 궤도 속력 v와 이 행성의 탈출 속력 v_{esc}와는 $v_{esc} = \sqrt{2}v$의 관계가 있음을 보여라.

21. 한 소행성이 지구와 충돌할 수 있는 궤도상에 있다. 한 우주인이 소행성에 착륙해서 소행성을 폭파시키기 위한 폭약을 파묻으려고 한다. 폭파된 대부분의 작은 파편은 지구를 비켜 지나갈 것이고 지구 대기로 들어오는 것은 아름다운 유성우를 보여줄 것이다. 우주인은 둥근 소행성의 밀도가 지구의 평균 밀도와 같다는 것을 알았다. 소행성을 완전히 분쇄시키기 위해 우주인은 폭약과 함께 소행성을 떠나는 데 필요한 로켓 연료와 산화제를 폭약과 같이 집어넣었다. 우주인이 단순히 수직 방향으로 뛰어오름으로써 소행성을 탈출하기 위한 소행성의 최대 반지름은? 지구 상에서 그 우주인은 0.500 m만큼 뛰어오를 수 있다.

22. (a) 우주선이 지표면으로부터 연직 방향으로 처음 속력 8.76 km/s로 발사된다. 탈출 속력은 11.2 km/s이다. 우주선이 도달할 수 있는 최대 높이는? (b) 운석이 지구를 향해 떨어지고 있다. 운석이 지표면으로부터 높이 2.51×10^7 m에 도달할 때 무시할 수 있는 속력으로 자유 낙하를 시작한다. 지표면에 도달하는 운석이 지구와 충돌할 때 가지는 속력을 구하라.

23. 질량이 1.20×10^{10} kg인 혜성이 태양 주위를 타원 궤도로 돈다. 혜성과 태양 사이의 거리는 0.500 AU에서부터 50.0 AU까지이다. (a) 궤도의 이심률은 얼마인가? (b) 주기는 얼마인가? (c) 원일점에서 혜성-태양 계의 위치 에너지는 얼마인가? 여기서 1 AU = 1천문 단위 = 지구와 태양 사이의 평균 거리 = 1.496×10^{11} m이다.

24. 어떤 물체를 지표면에서 고도 h인 곳에서 정지 상태에서 놓는다. (a) 지구 중심으로부터의 거리가 r이고 $R_E \leq r \leq R_E + h$일 때 물체의 속력이 다음과 같이 됨을 보여라.

$$v = \sqrt{2GM_E\left(\frac{1}{r} - \frac{1}{R_E + h}\right)}$$

(b) 놓여진 고도가 500 km라고 하자. 다음 적분을 계산해

서 물체가 놓여진 지점에서 지표면까지 떨어지는 시간을 구하라.

$$\Delta t = \int_i^f dt = -\int_i^f \frac{dr}{v}$$

물체가 반지름의 반대 방향으로 움직이기 때문에 음(−)의 부호로 나타나며 속력은 $v = -dr/dt$이다. 적분을 수치 해석적으로 하라.

25. 질량이 $200\,\mathrm{kg}$인 위성을 지표면 위에서 고도 $200\,\mathrm{km}$에 있는 지구 궤도에 올려놓는다. (a) 원 궤도라고 가정하고 위성이 궤도를 한 바퀴 도는 데 걸리는 시간은 얼마인가? (b) 위성의 속력은 얼마인가? (c) 지표면에서부터 출발한 위성을 궤도 위로 올려놓는 데 필요한 최소 에너지는 얼마인가? 공기의 저항은 무시하고 지구의 자전은 고려한다.

11.5 원자 스펙트럼과 수소에 대한 보어 이론

26. 바닥 상태에 있는 수소 원자에 대해 (a) 전자의 궤도 속력, (b) 전자의 운동 에너지, (c) 원자의 전기 위치 에너지를 계산하라.

27. (a) 바닥 상태와 (b) $n = 3$인 상태에 있는 수소 원자를 이온화하는 데 필요한 에너지는 얼마인가?

28. (a) 수소의 라이먼 계열에서 $94.96\,\mathrm{nm}$의 스펙트럼 선을 갖는 n_i값은 얼마인가? (b) 이 파장은 파셴 계열과 관계가 있는가? (c) 이 파장은 발머 계열과 관계가 있는가?

29. 수소 원자가 첫 번째 들뜬 상태에 있다 ($n = 2$). 이때 (a) 궤도의 반지름, (b) 전자의 선운동량, (c) 전자의 각운동량, (d) 전자의 운동 에너지, (e) 계의 위치 에너지, (f) 계의 전체 에너지를 계산하라.

11.6 연결 주제: 원 궤도에서 타원 궤도로의 변화

30. 우주선이 지구로부터의 긴 여행 끝에 화성에 접근 중이다. 우주선은 화성 중력의 영향으로 포물선 궤도를 그리고 있으며, 화성에 가장 근접할 경우 화성 표면으로부터 300 km의 거리에 있게 된다. 이 최근접점에서 엔진을 점화해서 우주선 속도를 줄임으로써 화성 표면 300 km 상공을 원궤도 운동하도록 하고자 한다. (a) 이와 같은 일을 가능하게 하기 위해 우주선 속력이 몇 % 감소되어야 하는가? (b) (a)에서 300 km가 아닌 600 km가 되면 답이 어떻게 변하겠는가? (*Note*: 포물선 궤도에 있는 우주선−화성 계의 에너지는 $E = 0$이다.)

추가문제

31. 질량이 M과 m인 두 별이 거리 d만큼 떨어져 있으며, 서로의 질량 중심에 대해 원 궤도로 회전하고 있다(그림 P11.31). 각 별의 주기가 아래 식과 같이 표현됨을 보여라.

$$T^2 = \frac{4\pi^2 d^3}{G(M+m)}$$

다음 순서를 따른다 : 각 별에 뉴턴의 제2법칙을 적용한다. 질량 중심 조건은 $Mr_2 = mr_1$이고, 여기서 $r_1 + r_2 = d$이다.

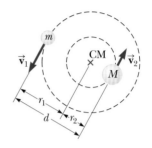

그림 P11.31

32. (a) 지표면 근처 연직 위치에서 자유 낙하 가속도 변화 비가 다음과 같음을 보여라.

$$\frac{dg}{dr} = -\frac{2GM_E}{R_E^3}$$

위치에 따른 변화의 비는 **기울기**이다.
(b) 지구 반지름에 비해서 h가 아주 작다면 연직 거리 h만큼 떨어진 두 점 사이의 자유 낙하 가속도 차이가 다음과 같음을 보여라.

$$|\Delta g| = \frac{2GM_E h}{R_E^3}$$

(c) 일반적인 2층 건물의 높이인 h가 $6.00\,\mathrm{m}$일 때, 이 차이를 계산하라.

33. 지구에서 태양까지의 최대 거리(원일점)가 $1.521 \times 10^{11}\,\mathrm{m}$이고 가장 가까이 접근할 때의 거리(근일점)가 $1.471 \times 10^{11}\,\mathrm{m}$이다. 근일점에서 지구 궤도의 속력이 $3.027 \times 10^4\,\mathrm{m/s}$일 때, 다음을 계산하라. (a) 원일점에서 지구 궤도 속력을 구하라. 지구−태양 계의 운동 에너지와 위치 에너지를 (b) 원일점에서, (c) 근일점에서 구하라. (d) 이 계의 전체 에너지는 일정한가? 설명하라. 달과 다른 행성의 영향은 무시한다.

34. 우주선이 지구 둘레로 원 궤도에 진입해서 지구를 한 시간에 한 바퀴 돌 수 있는가? 그 이유를 설명하라.

성공적인 임무 계획
A Successful Mission Plan

이제 고전 역학에 대한 탐구를 마쳤으니 화성 임무 상황에 대한 핵심 질문으로 되돌아가 보자.

> 어떻게 하면 지구에서 화성까지 우주선을 성공적으로 보낼 수 있을까?

우리가 이제 이해하고 있는 물리적 원리를 지구에서 화성으로의 여행에 적용시켜 보자.

좀 더 단순한 명제로 시작해서 한 우주선이 지구 주위를 원운동하고 있으며 여러분이 그 우주선 승객이라고 가정하자. 여러분이 우주선 진행 방향인 원 궤도 접선 방향으로 렌치를 살짝 던지게 되면 렌치는 어떤 궤도를 따를까?

단순한 모형을 채택해서 우주선이 렌치보다 훨씬 큰 질량을 가지고 있다고 하자. 렌치와 우주선으로 구성된 고립계에 대한 운동량의 보존으로부터 렌치가 던져지면 우주선은 약간 속력이 늦어진다. 그러나 렌치와 우주선의 큰 질량 차이 때문에 우주선 속력의 작은 변화는 무시될 수 있다. 이제 렌치는 원래의 근지점으로부터 새로운 궤도에 들어서게 되고, 렌치 – 지구 계는 렌치가 원 궤도 상에 있던 이전보다 더 큰 에너지를 갖게 된다. 궤도 에너지는 장축과 관련이 있기 때문에 렌치는 11장의 〈연결 주제〉에서 논의되고 그림 1에서 보듯이 타원 궤도에 들어서게 된다. 따라서 렌치 – 지구 계에 에너지를 공급함으로써 렌치의 궤도는 원 궤도에서 타원 궤도로 바뀌게 된다. 여러분이 계에 대해 일을 했기 때문에 그 에너지는 여러분이 원 궤도 접선 방향으로 렌치에 가한 힘에 의해 공급된다. 그 타원 궤도는 원 궤도보다 렌치를 지구로부터 더 멀리 떨어지게 한다. 여러분이 타고 있는 우주선보다 더 높은 원 궤도를 돌고 있는 제2의 우주선이 있다면 그림 2에서와 같이 여러분은 렌치를 집어던져 그 우주선으로 전달할 수 있다. 그런 일이 일어나려면 렌치의 타원 궤도는 더 높이 있는 제2의 우주선의 원 궤도와 교차해야 한다. 또한 렌치와 제2의 우주선은 같은 시간에 같은 장소에 도달해야 한다.

이런 시나리오는 우리가 계획한 지구에서 화성까지 가는 임무의 핵심이다. 지구 주위를 도는 두 우주선 간 렌치 전달보다는 태양 주위를 도는 두 행성 간에 우주선을 보내려고 한다. 렌치를 던짐으로써 렌치 – 지구 계에 운동 에너지가 더해지게 된다. 우주선 엔진을 점화함으로써 우주선 – 태양 계에 운동 에너지가 더해지게 된다.

앞의 예에서 렌치를 점점 더 세게 던지면 어떻게 될까? 렌치는 지구 주위의 점점 더 큰 타원 궤도 상에 놓이게 될 것이다. 발사 속도를 더 증가시키면 렌치는 지구에 대해 **쌍곡선**

렌치의 타원 궤도

우주선의 원 궤도

그림 1 우주선이 있는 원 궤도 접선 방향으로 던져진 렌치는 타원 궤도에 들어서게 된다.

그림 2 두 번째 우주선이 더 높은 원 궤도 상에 있으면, 렌치를 조심스럽게 던져 한 우주선에서 다른 우주선으로 전달할 수 있다.

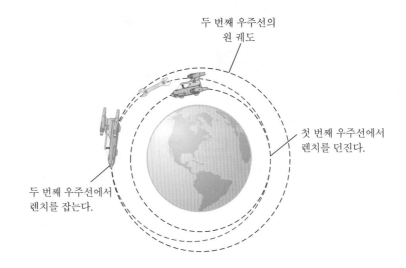

두 번째 우주선의 원 궤도

첫 번째 우주선에서 렌치를 던진다.

두 번째 우주선에서 렌치를 잡는다.

탈출 궤도에 놓일 수 있으며, 동시에 **태양** 주위의 **타원** 궤도에 놓일 수 있다. 지구에서 화성으로의 여행을 위해 이와 같은 시도를 할 것이다. 우리는 지구 주위의 원 **정지** 궤도에서 벗어나 태양 주위의 타원 **전이** 궤도로 옮겨갈 것이다. 그러면 우주선은 화성으로의 여행을 계속하게 될 것이고, 화성 주위에서는 새로운 정지 궤도에 들어갈 것이다.

이제는 여행에서 전이 궤도 부분을 살펴보도록 하자. 한 간단한 전이 궤도로서 **호만 전이**(Hohmann transfer)라는 것이 있는데, 이것이 그림 2에 보인 렌치 이동과 같은 형태이다. 호만 전이는 가장 적은 에너지가 소요되며 따라서 가장 적은 연료가 소모된다. 가장 낮은 에너지 전이에서 기대되듯 호만 전이에서의 전이 시간은 다른 궤도에 비해 길다. 일반적인 행성 간 전이가 간단하고 유용한 호만 전이에 대해 조사해 보자.

정지 궤도에서 우주선의 로켓 엔진이 점화되어 우주선이 근일점에서 태양 주위의 타원 궤도에 들어서고 원일점에서 행성과 만나게 된다. 따라서 우주선은 그림 3에서 보듯이 전이 과정 중 타원 궤도를 정확히 반 바퀴 돌게 된다.

이런 과정은 연료 소모가 처음과 끝에서만 필요하므로 에너지 효율이 좋다. 지구와 화성 주위의 정지 궤도 간 이동은 자유로이 이루어진다. 우주선은 태양 주위의 타원 궤도 상에 있으면서 단순히 케플러 법칙을 따르게 된다.

이런 과정에서 역학적 법칙을 어떻게 적용할 수 있는지 알기 위해 간단한 계산을 수행해 보자. 우주선이 지표면 위쪽에 있는 한 정지 궤도 상에 있다고 가정하자. 또한 우주선이 동시에 지구로 인해 그 궤도가 약간 요동하는 태양 주위의 궤도에 있다는 것도 주목하자. 따라서 태양 주위를 도는 지구의 접선 속력을 계산하면 그 결과는 태양 주위를 도는 우주선의 평균 속력이라 할 수 있다. 이런 속력은 균일한 원운동을 하고 있는 입자에 대한 뉴턴의 제2법칙을 적용해서 계산한다.

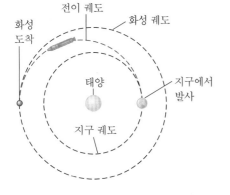

전이 궤도

화성 도착

화성 궤도

태양

지구에서 발사

지구 궤도

그림 3 지구에서 화성으로의 호만 전이 궤도. 그림 2에서 우주선 간 렌치 전달과 유사하지만 여기서는 행성 간에 우주선을 전달하고 있다.

$$F = ma \quad \rightarrow \quad G\frac{M_{Sun}m_{Earth}}{r^2} = m_{Earth}\frac{v^2}{r}$$

$$\rightarrow \quad v = \sqrt{\frac{GM_{Sun}}{r}} = \sqrt{\frac{(6.67 \times 10^{-11}\,\text{N} \cdot \text{m}^2/\text{kg}^2)(1.99 \times 10^{30}\,\text{kg})}{1.50 \times 10^{11}\,\text{m}}}$$

$$= 2.97 \times 10^4\,\text{m/s}$$

이 결과가 우주선의 원래 속력이며 전이 궤도로 우주선을 진입시키기 위해서는 Δv만큼 이 더 필요하다.

타원 전이 궤도의 장축 길이는 지구와 화성의 궤도 반지름을 더해서 얻는다(그림 3 참조).

$$\text{장축} = 2a = r_{\text{Earth}} + r_{\text{Mars}}$$
$$= 1.50 \times 10^{11}\,\text{m} + 2.28 \times 10^{11}\,\text{m} = 3.78 \times 10^{11}\,\text{m}$$

따라서

$$a = 1.89 \times 10^{11}\,\text{m}$$

이 값으로부터 여행 시간은 케플러의 제3법칙을 이용해서 얻으며 궤도 주기의 반이 된다.

$$\Delta t_{\text{travel}} = \frac{1}{2}T = \frac{1}{2}\sqrt{\frac{4\pi^2}{GM_{\text{Sun}}}a^3}$$
$$= \frac{1}{2}\sqrt{\frac{4\pi^2}{(6.67 \times 10^{-11}\,\text{N}\cdot\text{m}^2/\text{kg}^2)(1.99 \times 10^{30}\,\text{kg})}(1.89 \times 10^{11}\,\text{m})^3}$$
$$= 2.24 \times 10^7\,\text{s} = 0.710\text{년} = 259\text{일}$$

따라서 화성으로의 여행은 259일이 걸리게 된다. 또한 우주선이 도달할 때 행성이 그 위치에 있으려면 화성과 지구가 그들 궤도 상의 어디에 있어야 하는지도 결정할 수 있다.

화성의 공전 주기는 687일이다. 전이 기간 중 화성의 각변위 **변화**는 다음과 같다.

$$\Delta\theta_{\text{Mars}} = \frac{259\text{일}}{687\text{일}}(2\pi) = 2.37\,\text{rad} = 136°$$

따라서 우주선과 화성이 같은 시간에 같은 장소에 도달하기 위해서는 화성이 $180° - 136° = 44°$만큼 지구보다 앞설 때 우주선을 발사해야 한다. 이와 같은 기하학적 상황이 그림 4에 나타나 있다.

이것이 상대적으로 단순한 수학을 이용해서 우리가 화성 여행에 대해 가능한 자세히 기술할 수 있는 내용이다. 우리는 바람직한 경로, 여행에 걸리는 시간, 우주선 발사 시 화성의 위치를 알아냈다. 우주선 선장에게 또 하나 중요한 문제는 여행에 필요한 연료량에 대한 것이다. 이 문제는 우리를 전이 궤도에 올려 놓는 데 필요한 속력 변화와 관련되어 있다. 이런 유형의 계산에서는 에너지가 고려되며 문제 3에서 탐구될 것이다.

우주 여행에 관한 지금까지의 경험상, 화성으로 여행하는 데는 수많은 생물학적인 문제점이 있음이 지적됐다. 중력이 없으면, 중이는 더 이상 아래 방향을 인지할 수 없고, 근육은 더 이상 자세를 유지하는 데 필요하지 않게 된다. 이런 결과는 멀미를 유발하고 똑바로 또는 거꾸로 있는 것에 대한 착각을 일으킨다. 또한 중력이 없으면 신체 전체에 분포한 체액에서 이상 징후를 보이는데, 감기와 유사한 증상을 일으킨다. 우주 여행에서의 심각한 문제는 무중력 상태에서 신체의 동작에 있어서 매우 다른 요건으로 인해 근육의 퇴화와 **뼈** 밀도가 낮아지는 것이다. 뼈 손실은 우주에 있게 되면

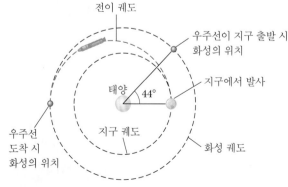

그림 4 화성이 궤도에서 지구보다 44° 앞설 때 우주선을 발사해야 한다.

10일 안에 발생한다. 칼슘과 인의 과도한 양이 신체에서 유실되기 때문인데, 요로 결석과 골절을 야기할 수 있다. 이런 문제들은 우주선의 축을 중심으로 원형 횡단면으로 우주선을 회전시켜서 해결할 수 있다. 그렇게 함으로써 우주 여행자들은 중력장과 동일한 구심 가속도를 받게 된다.

우주선의 회전으로 해결할 수 없는 어려움은 방사선이다. 지구의 대기권과 자기권 밖에 체류하는 우주 여행자들을 우주선과 다른 유형의 방사선에 노출된다. 방사선에 노출되면 암, 백내장, 그리고 면역 체계의 억제를 포함해서 여러 가지 나쁜 건강 상태에 이르게 할 수 있다. 현 시점에서 방호막이나 약제들이 이 영향을 피하기에 충분할지 어떤지는 확실하지 않다.

성공적인 화성 임무를 위해 고려 사항이 많이 제시되지는 않았지만 역학 법칙에 맞춰 지구에서 화성으로의 전이 궤도를 성공적으로 설계했다. 따라서 우리의 시도가 성공적임을 선언하면서 우리의 **화성 임무 상황**을 종결하고자 한다.

질문

1. 어떤 공상 과학 소설에서 지구의 쌍둥이 행성에 대해서 묘사하고 있다. 그 행성은 지구와 같은 궤도에 있으며 지구보다 정확히 180° 앞서 태양의 건너편에 존재하기 때문에 우리는 결코 그것을 볼 수 없다. 여러분이 지구 주위를 도는 우주선 안에 있다고 가정하고 우주선의 궤도를 수정해가며 이 행성에 어떻게 도달할 수 있는지 개념적으로 기술하라.

2. 여러분은 궤도를 돌고 있는 우주선 안에 있다. 또 하나의 우주선이 정확히 같은 궤도 상에 있으면서 여러분보다 1 km 앞서 같은 방향으로 원 궤도를 돌고 있다. 부주의로 인해 여러분의 우주선 식량은 바닥난 반면 다른 우주선에는 충분한 식량이 있다. 그 우주선의 선장이 여러분 우주선으로 샌드위치가 가득 든 소풍 바구니를 던지려고 한다. 어떻게 던져야 할지를 정성적으로 기술하라.

문제

1. 지구에서 금성으로의 호만 전이를 생각해 보자. (a) 전이에 걸리는 시간은 얼마인가? (b) 우주선이 금성을 향해 지구를 떠날 때 금성은 그 궤도에서 지구보다 앞에 있어야 할까 아니면 뒤에 있어야 할까? 금성이 몇도 앞이나 뒤에 있을까?

2. 여러분은 지표면 위 500 km에 위치한 원 궤도 상에 있는 우주 정거장 내에 있다. 여러분의 승객은 크고, 강하고, 지능이 있는 외계인이다. 여러분은 그녀에게 골프에 대해서 가르치려고 한다. 자석 신발을 신고 우주 정거장 표면에 서서 드라이브 시범을 보인다. 외계인이 골프공을 티 위에 올려 놓고 막강한 힘으로 공을 쳐서 우주 정거장의 순간 속도 벡터와 평행한 방향으로 상대 속력 Δv로 공을 보낸다. 여러분이 지구 궤도를 완전히 2.00바퀴 돈 후, 골프공도 같은 위치로 돌아온 것을 발견해서 공이 우주 정거장을 지나치려 할 때 손을 뻗어 그 공을 잡았다. 골프공의 상대 속력 Δv는 얼마인가?

3. 본문에서 설명한 지구에서 화성으로의 호만 전이 궤도를 한 우주선이 따르도록 그 엔진이 행해야 할 것이 무엇인지 조사하라. 우리가 궤도를 바꿀 때마다 우주선 속력을 변화시키기 위해 짧은 시간 동안의 로켓 엔진을 점화해야 한다. 우주 공간에는 브레이크란 없기 때문에 우주선 속력을 증가 또는 감소시키기 위해서 연료가 필요하다. 먼저 우주선과 행성 간 만유인력은 무시한다. (a) 우주선을 지구 거리에서 태양 주위를 원운동하는 궤도에서 화성으로의 전이 궤도로 옮기는 데 필요한 속력 변화를 계산하라. (b) 우주선을 전이 궤도로부터 화성 거리에서 태양 주위를 원운동하는 궤도로 옮기는 데 필요한 속력 변화를 계산하라. (c) 우주선을 지표면에서 태양 주위의 독립적인 궤도로 보내기 위한 속력 변화를 계산하라. 우주선을 지구 적도에서 동쪽을 향해 발사한다고 가정한다. (d) 우주선이 태양 궤도로부터 화성 표면으로 낙하하는 상황을 설정한다. 낙하의 마지막 무렵 화성 표면에 연착륙하는 데 필요한 속력 변화의 크기를 계산하라. 화성의 자전 주기는 24.6시간이다.

지 진 Earthquakes

2010년 아이티(Haiti)의 수도 포르토프랭스(Port-au-Prince)에서 일어난 규모 7.0의 지진은 사진에서 보듯이 심각한 피해를 입혔는데, 이와 같이 지진은 땅의 대규모 이동을 유발한다. 지금까지 기록된 가장 심각한 사고 중 하나는 2011년 3월 11일에 일본의 동해 연안에서 일어난 규모 9.0의 지진이다. 지진은 수천 명의 목숨을 앗아갔을 뿐 아니라 넓은 범위에 걸친 해일을 몰고 오며, 건물과 원전 설비에 중대한 피해를 입혔다.

일본에서는 비교적 자주 지진이 발생하고 있으나, 2011년에 있었던 지진은 매우 드문 경우였다. 규모 5.8의 지진이 2011년 8월에 미국 버지니아의 아팔라치아산 지역을 강타했다. 미국에서 동해 연안에서의 지진은 흔한 일이 아니다. 지진에서 오는 진동은 북으로는 캐나다의 퀘벡과 남으로는 조지아의 애틀랜타까지 전해졌다. 워싱턴(Washington, D.C.)에 있는 백악관과 의사당 건물에서 피해 방지 차원에서 대피하는 사태가 벌어졌지만, 진원지 주변의 마을은 경미한 피해만이 보도됐다. 국립 대성당, 워싱턴 기념탑, 스미스

그림 2 해양에서 발생하는 지진의 2차 피해는 해일이다. 2011년 3월 일본 지진에 의한 해일은 동해 연안에 심각한 피해를 주었다. 이 사진은 파열된 가스관에서 발생한 불과 물에 휩쓸린 집들을 보여 주고 있다.

소니언 캐슬 등 모두 건물 구조물의 구성 요소에 손상을 입었다.

심각한 지진의 피해를 입은 사람은 지진이 만들어 내는 공포스런 진동을 증언할 수 있다. 이 〈관련 이야기〉에서, 진동과 파동의 물리학에 관한 연구의 응용으로서의 지진에 초점을 맞추고자 한다.

지진은 지진의 **중심**, 즉 **진원지**라고 하는 한 지점에서 지구 내부 에너지가 방출되기 때문에 발생한다. 진원지로부터 지름 방향으로 지표면에 위치한 지점을 **진앙**이라고 한다. 진원지로부터 에너지가 표면에 도달하면, 그것은 지표면을 따라 퍼져 나간다.

지진은 일반적으로 **단층**을 따라 일어나는데, 단층은 지표면 아래 바위에 있는 갈라진 틈이나 균열이다. 단층 면 사이에 갑작스런 상대적인 이동이 있게 되면, 지진이 발생한다. 미국 지질조사소의 연구에서 지진의 규모와 근처 단층의 크기 사이에 직접적인 상관관계가 있음을 보였다. 게다가 이런

그림 1 2010년 1월 13일에 아이티의 포르토프랭스에서 일어난 규모 7.0의 지진이 일어난 다음날, 젊은 여성이 무너진 건물 잔해 위를 오르고 있다.

연구는 대규모 지진이 2분 동안 지속될 수 있음을 알려 준다.

우리는 진원으로부터 더 멀어질수록 지진으로 인한 피해의 위험이 줄어들 것이라고 생각할지도 모른다. 예를 들어 캔자스에 있는 구조물은 캘리포니아에서 일어난 지진의 피해를 입지 않는다. 그러나 지진에 근접한 지역에서는 거리에 따르는 위험의 감소는 생각과 다를 수도 있다. 예를 들어 두 개의 다른 지진이 근거리와 원거리에 미친 영향을 비교한 다음의 글을 살펴보자.

1985년 9월 19일 규모 7.9의 미초아칸(Michoacán) 지진에 관해서:[1]

> 지진이 멕시코시티의 서쪽 약 400 km에 위치한, 미초아칸 주에 속한 멕시코 연안을 뒤흔들었다. 연안 근처에서, 땅의 흔들림은 미미했고 피해가 거의 없었다. 지진파가 내륙으로 전달되면서 땅은 더 약하게 흔들렸고, 파동이 멕시코시티에서 100 km 지점에 이르렀을 때에는 흔들림이 거의 가라앉았다. 그렇지만 지진파는 멕시코시티에 심각한 요동을 만들었고, 일부 지역은 지진파가 지나간 후에도 몇 분 동안 흔들림이 계속됐다. 300채 정도의 건물이 붕괴됐고 2만 명 이상이 사망했다.

2011년 2월 22일, 뉴질랜드 크라이스트처치(Christchurch)에서 남동쪽 10 km 지점에서 규모 6.3의 지진이 발생했다. 지진이 강타할 때, 뉴욕 항공 방위군 소속 승무원들이 이 도시의 북서쪽 12 km 지점의 크라이스트처치 국제공항에 있었는데, 그들은 자신들이 안전하고 무탈하며 공항에는 물과 전기가 있음을 알려왔다.

한편 크라이스트처치에서 훨씬 더 먼 거리인 200 km 지점에서의 대조적인 상황을 고려해 보자:[2]

> 규모 6.3의 지진은 마운트 쿡 국립공원(Aoraki Mt Cook National Park)의 태즈먼 빙하(Tasman Glacier)에서 풀려난 30만 톤의 얼음을 흔들 만큼 충분히 강했다. 얼음이 이 산의 태즈먼 빙하 아래에 있는 터미널 레이크(Terminal Lake)에 떨어졌을 때, 3.5 m 높이의 파도가 2척의 여객선에 탑승한 승객을 덮쳤다.

이런 글들을 통해 거리 증가에 따라 위험이 감소할 것이라는 단순한 생각은 잘못된 것이라는 것이 명백해진다. 이런 글을 통해 진동과 파동의 물리학에서 지진에 의한 구조물의 피해 위험을 더 잘 분석하게 되길 바란다. 여기서 배운 내용이 24~27장까지 전자기파를 공부할 때에도 중요할 것이다. 이 〈관련 이야기〉에서 우리는 다음의 핵심 질문을 제시한다.

> 지진으로 인한 피해의 위험을 최소화하기 위해 어떤 장소를 선택해야 하고 구조물은 어떻게 지어야 할까?

---

[1] *American Scientist*, November–December, 1992, p. 566.
[2] *New Zealand Herald*, 22 February 2011

진 동 Oscillatory Motion

여러분은 용수철에 매달린 물체의 진동이나 진자의 운동 또는 현악기 줄의 진동과 같은 주기적인 운동에 매우 익숙할 것이다. 다른 많은 계들도 주기적인 거동을 한다. 예를 들면 고체 내에서 분자들이 진동하고 빛이나 레이더 또는 라디오파와 같은 전자기파는 진동하는 전기장과 자기장 벡터로 특성이 나타나고, 집에서 사용하는 교류 전기 회로에서는 전압과 전류가 시간에 따라 주기적으로 변한다. 이 장에서는 주기적인 운동을 하는 역학적인 계에 대해 공부한다.

우리는 입자에 미치는 알짜힘이 일정한 경우를 많이 경험했다. 이 경우, 입자의 가속도도 역시 일정하고, 따라서 2장에서의 운동학 식을 이용해서 입자의 운동을 기술할 수 있다. 만약 입자에 작용하는 힘이 시간에 대해 변한다면 가속도도 시간에 따라 변할 것이므로 이 운동학 식들은 사용할 수 없다.

입자에 작용하는 힘의 방향이 항상 평형 위치를 향하고 크기가 평형 위치에서 입자까지의 거리에 비례하는 경우에는 특별한 주기 운동이 생긴다. 이 장에서 이런 특별한 경우의 변하는 힘에 대해 공부를 하고자 한다. 이런 종류의 힘이 입자에 작용할 때, 입자는 **단조화 운동**을 하게 되고, 이는 많은 종류의 진동 문제에 대한 분석 모형으로 주어진다.

높은 건물에는 바람 때문에 생긴 흔들림을 줄이기 위해서 진동수가 맞추어진 감쇠기(tuned damper)를 건물 꼭대기 주변에 설치한다. 이 감쇠기는 건물의 흔들림을 줄이기 위해 건물과 같은 진동수로 진동하도록 컴퓨터로 제어할 수 있는 질량이 큰 물체로 구성되어 있다. 위 사진에 있는 730톤의 매달린 구는 한때 세계에서 가장 높은 건물이었던 타이페이 금융 센터(Taipei Financial Center) 건물의 진동수에 맞추어진 감쇠기의 일부분이다.

12.1 | 용수철에 매달린 물체의 운동 Motion of an Object Attached to a Spring

단조화 운동의 예로 그림 12.1과 같이 용수철 끝에 매달린 질량 m인 물체가 평평하고 마찰이 없는 수평면 위에서 자유롭게 운동하는 것을 들 수 있다. 용수철이 늘어나거나 압축되어 있지 않을 때, 물체는 계의 **평형 위치**(equilibrium position)에 있게 되며, 그 위치는 $x = 0$이다(그림 12.1b). 이와 같은 계는 평형 위치로부터 떨어지면 앞뒤로 진동한다는 것을 경험으로 안다.

물체의 위치가 x까지 변위될 때, 용수철이 **훅의 법칙**(Hooke's law, 6.4절 참조)에 의해 변위에 비례하는 힘을 물체에 작용하는 것을 상기하면, 그림 12.1에서 물체의 운동을 정성적으로 이해할 수 있다. 훅의 법칙은 다음과 같이 표현된다.

▶ 훅의 법칙

$$F_s = -kx \qquad\qquad 12.1$$

F_s를 **복원력**(restoring force)이라 한다. 이 힘은 항상 평형 위치를 향하며, 따라서 평형으로부터 물체의 변위와 **반대** 방향이다. 즉 그림 12.1a에서 물체가 $x = 0$의 오른쪽으로 변위될 때, 위치는 양(+)이고 복원력은 왼쪽으로 향한다. 그림 12.1c에서처럼 물체가 $x = 0$의 왼쪽으로 변위될 때, 위치는 음(−)이고 복원력은 오른쪽으로 향한다.

물체를 평형 위치로부터 변위시킨 후 놓으면, 이는 알짜힘을 받는 입자이므로 가속도를 갖게 된다. x 방향으로 작용하는 알짜힘에 관한 식 12.1과 물체의 운동에 관한 뉴턴의 제2법칙을 적용하면 다음을 얻는다.

$$-kx = ma_x$$
$$a_x = -\frac{k}{m}x \qquad\qquad 12.2$$

즉 물체의 가속도는 위치에 비례하고 평형 위치로부터 물체의 변위와 반대 방향으로 향한다. 이와 같이 운동하는 계를 **단조화 운동**(simple harmonic motion)이라 한다. 가속도가 항상 위치에 비례하고 평형 위치로부터의 변위와 반대 방향으로 향하면, 그 물체는 단조화 운동을 하게 된다.

오류 피하기 | 12.1

용수철의 방향 그림 12.1에서 **수평 방향**으로 놓여 있는 물체가 마찰 없는 면에서 운동한다. 다른 가능한 경우는 물체가 **연직 방향**으로 매달린 경우이다. 한 가지만 빼고 이 두 경우는 모두 같은 결과를 준다. 물체가 연직 방향의 용수철에 매달린 경우에는 그 무게 때문에 용수철이 늘어난다. 물체가 정지해서 매달린 곳을 $x = 0$이라 하면, 이 장에서 얻은 결과를 이 경우에도 적용할 수 있다.

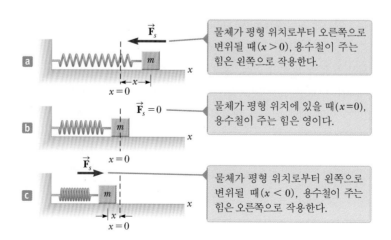

그림 12.1 마찰이 없는 수평면 위에서 움직이고 있는 용수철에 매달린 물체

그림 12.1과 같이 물체가 $x = A$에서 정지 상태로부터 놓이면, **처음** 가속도는 $-kA/m$이다. 물체가 평형 위치 $x = 0$을 통과할 때 가속도는 영이다. 이 순간에 가속도는 방향이 바뀌기 때문에 속력은 최대가 된다. 그 후 물체는 평형 위치의 왼쪽으로 양(+)의 가속도로 계속 움직여 $x = -A$에 도달한다. 6.4절과 6.6절에서 논의했듯이, 이때의 가속도는 $+kA/m$이며 속력은 다시 영이 된다. 물체는 최대 속력으로 $x = 0$인 지점을 다시 통과하고 난 다음 처음 위치에 되돌아옴으로써 완전하게 한 번 주기 운동을 하게 된다. 그러므로 물체는 되돌이점 $x = \pm A$ 사이에서 진동하게 된다. 마찰이 없을 경우 용수철에 의해 작용한 힘은 보존력이므로, 이 이상적인 운동은 영원히 계속 운동하게 된다. 실제 모든 계에서는 마찰력이 항상 존재하므로 영원히 진동하지는 않는다. 마찰이 있는 경우에 대해서는 12.6절에서 상세하게 다룬다.

퀴즈 12.1 용수철 끝에 매달려 있는 물체를 $x = A$ 위치로 당긴 후 정지 상태에서 놓는다. 한 번 왕복 운동하는 동안 물체가 움직인 전체 거리를 구하라. **(a)** $A/2$ **(b)** A **(c)** $2A$ **(d)** $4A$

12.2 | 분석 모형: 단조화 운동을 하고 있는 입자
Analysis Model: Particle in Simple Harmonic Motion

앞에서 언급한 운동은 주변에서 자주 일어나는 운동으로서 이 상황을 나타내기 위해 **단조화 운동을 하고 있는 입자**(particle in Simple Harmonic Motion) 모형으로 간주한다. 이 모형에 대한 수학적인 표현을 구하기 위해, 일반적으로 진동이 일어나는 축을 x축으로 한다. 이 장에서는 진동 방향을 나타내는 아래 첨자 x를 생략한다. $a = dv/dt = d^2x/dt^2$이므로, 식 12.2를 다음과 같이 나타낼 수 있다.

$$\frac{d^2x}{dt^2} = -\frac{k}{m}x \qquad 12.3$$

k/m를 기호 ω^2으로 나타내자(해를 보다 간단한 형태로 나타내기 위해 ω 대신 ω^2을 사용한다).

$$\omega^2 = \frac{k}{m} \qquad 12.4$$

그러면 식 12.3은 다음과 같이 나타낼 수 있다.

$$\frac{d^2x}{dt^2} = -\omega^2 x \qquad 12.5$$

식 12.5의 수학적인 해를 찾아보자. 즉 이차 미분 방정식을 만족하는 함수 $x(t)$를 구하는 것이다. 이것은 입자의 위치를 시간의 함수로 나타낸 수학적인 표현이다. 이차 미분이 원래 함수에 ω^2이 곱해져 있고 부호가 음(−)인 함수 $x(t)$를 찾는다. 삼각함수인 사인 및 코사인 함수가 이런 성질을 가지고 있으므로, 이들 둘 또는 하나를 사

오류 피하기 | 12.2

일정하지 않은 가속도 단조화 운동에서 입자의 가속도는 일정하지 않다. 식 12.3은 가속도가 위치 x에 대해 변하는 것을 보여 준다. 따라서 이 경우에 2장에서의 운동학 식들을 사용할 수는 없다.

▶ 단조화 운동을 하는 입자의 위치 대 시간

용해서 해를 나타낼 수 있다. 다음에 나타낸 코사인 함수가 미분 방정식의 해이다.

$$x(t) = A \cos(\omega t + \phi) \qquad \text{12.6}$$

여기서 A, ω와 ϕ는 상수이다. 식 12.6이 식 12.5를 만족한다는 것을 명백히 하기 위해 다음에 주목한다.

$$\frac{dx}{dt} = A \frac{d}{dt} \cos(\omega t + \phi) = -\omega A \sin(\omega t + \phi) \qquad \text{12.7}$$

$$\frac{d^2 x}{dt^2} = -\omega A \frac{d}{dt} \sin(\omega t + \phi) = -\omega^2 A \cos(\omega t + \phi) \qquad \text{12.8}$$

식 12.6을 12.8에 대입하면 $d^2 x/dt^2 = -\omega^2 x$이고, 식 12.5가 만족됨을 알 수 있다.

변수 A, ω와 ϕ는 운동 상수이다. 이 상수들의 물리적 의미를 알아보기 위해 그림 12.2a와 같이 x를 t의 함수로 그리는 것이 편리하다. 운동의 **진폭**(amplitude)이라 하는 A는 $+x$ 방향 또는 $-x$ 방향과 상관없이 입자 위치의 최댓값이다. 상수 ω는 **각진 동수**(angular frequency)라 하고 단위[1]는 rad/s이다. 이것은 진동이 얼마나 빨리 행해지는지의 척도이다. 단위 시간당 진동이 빠를수록 ω의 값은 더 크다. 식 12.4에서 알 수 있듯이 각진동수는 다음과 같다.

$$\omega = \sqrt{\frac{k}{m}} \qquad \text{12.9}$$

이때 각도 ϕ는 **위상 상수**(phase constant; 처음 위상각)라 하며, 진폭 A와 함께 $t = 0$에서 입자의 위치와 속도에 의해 결정된다. 만약 입자가 $t = 0$일 때 $x = A$의 최대 위치에 있다면 위상 상수 ϕ는 영이다. 이 운동에 대한 그래프 표현은 그림 12.2b에 나타나 있다. $(\omega t + \phi)$를 운동의 **위상**(phase)이라 한다. 함수 $x(t)$는 주기적이고, 그 값은 ωt가 2π rad 증가할 때마다 같은 값을 가진다.

식 12.1, 12.5와 12.6은 단조화 운동을 수학적으로 표현하는 데 기본적으로 사용된다. 입자에 작용하는 힘이 식 12.1과 같은 형태임을 알고 계의 상태를 분석한다면 운동이 단조화 운동임을 알 수 있고, 입자의 위치는 식 12.6을 이용해서 나타낼 수 있다. 어떤 계가 식 12.5처럼 미분 방정식으로 표현되면 운동은 단조화 진동자의 운동과 같다. 계를 분석한 후 입자의 위치가 식 12.6에 의해 기술된다는 것을 안다면, 입자가 단조화 운동을 한다는 것을 알 수 있다.

> **오류 피하기 | 12.3**
>
> 삼각형은 어디에 있는가? 식 12.6은 삼각형이 있든지 없든지 간에 사용할 수 있는 **수학적 함수**인 삼각 함수를 포함하고 있다. 이 경우 코사인 함수는 단조화 운동을 하고 있는 입자의 위치를 우연히도 정확히 표현하고 있다.

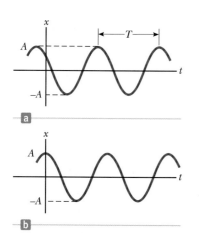

그림 12.2 (a) 단조화 운동을 하는 입자에 대한 $x - t$ 그래프. 이때 진폭은 A, 주기는 T(식 12.10에서 정의)이다. (b) $t = 0$일 때 $x = A$이고 $\phi = 0$인 특별한 경우의 $x - t$ 그래프

---

[1] 우리는 각도를 사용하는 삼각 함수 예들을 앞 장에서 많이 봤다. 사인과 코사인 같은 삼각 함수 인수들은 무명수(단위 없는 수)이어야 한다. 라디안은 길이의 비이기 때문에 무명수이다. 도(°)는 인위적인 '단위'이기 때문에 도(°)로 나타낸 각은 무명수이다. 그것은 길이의 측정과 무관하다. 식 12.6에서 삼각 함수의 위상은 단순한 숫자이어야 한다. 그러므로 t가 초를 나타내면 ω는 rad/s로 표현되어야만 한다. 마찬가지로 로그 함수와 지수 함수의 인자도 단순한 숫자이어야 한다.

퀴즈 12.2 식 12.6에 나타난 것과 같이 단조화 운동의 그래프 표현(그림 12.3)을 고려하자. 그래프에서 입자가 점 Ⓐ에 있을 때 입자의 위치와 속도에 대해 어떻게 말할 수 있는가? **(a)** 위치와 속도는 둘 다 양이다. **(b)** 위치와 속도 둘 다 음이다. **(c)** 위치는 양이고 속도는 영이다. **(d)** 위치는 음이고 속도는 영이다. **(e)** 위치는 양이고 속도는 음이다. **(f)** 위치는 음이고 속도는 양이다.

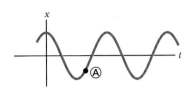

그림 12.3 (퀴즈 12.2) 단조화 운동을 하는 입자의 $x - t$ 그래프. 특정한 시간에 입자의 위치는 그래프에서 Ⓐ로 표시되어 있다.

퀴즈 12.3 그림 12.4는 단조화 운동을 하고 있는 입자를 나타내는 두 곡선을 보여 준다. 두 운동을 바르게 기술하는 것은 어느 것인가? 단조화 운동하는 입자 B의 **(a)** 각진동수와 진폭이 입자 A보다 크다. **(b)** 각진동수가 입자 A보다 크고, 진폭이 입자 A보다 작다. **(c)** 각진동수가 입자 A보다 작고, 진폭이 입자 A보다 크다. **(d)** 각진동수와 진폭이 입자 A보다 작다.

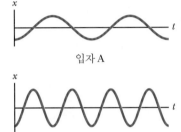

입자 A

입자 B

그림 12.4 (퀴즈 12.3) 단조화 운동을 하고 있는 두 입자의 $x - t$ 그래프. 이들 두 입자의 진폭과 주기는 다르다.

단조화 운동을 수학적으로 좀 더 자세하게 기술해 보자. 운동의 **주기**(period) T는 그림 12.2a와 같이 입자가 한 번의 완전한 반복 운동을 하는 데 걸리는 시간이다. 즉 시간 t에서 입자의 x와 v 값은 시간 $t + T$에서의 x와 v의 값과 같다. 위상이 시간 간격 T 동안 2π만큼 증가하기 때문에 다음과 같다.

$$[\omega(t + T) + \phi] - (\omega t + \phi) = 2\pi$$

그러므로 $\omega T = 2\pi$, 즉 다음과 같이 나타낼 수 있다.

$$T = \frac{2\pi}{\omega} \qquad \text{12.10}$$

주기의 역수를 운동의 **진동수**(frequency) f라 한다. 주기는 한 번 반복 운동하는 데 걸린 시간인 반면, 진동수는 입자가 단위 시간당 진동하는 횟수를 나타낸다.

$$f = \frac{1}{T} = \frac{\omega}{2\pi} \qquad \text{12.11}$$

f의 단위는 초당 반복 횟수인 **헤르츠**(Hz)이다. 식 12.11을 다시 정리하면 다음과 같다.

$$\omega = 2\pi f = \frac{2\pi}{T} \qquad \text{12.12}$$

> **오류 피하기 | 12.4**
>
> **진동수의 종류** 단조화 진동자에는 두 가지 진동수가 있다. 단순히 **진동수**라고 하는 f는 단위가 헤르츠이고, **각진동수** ω는 단위가 라디안/초이다. 주어진 문제에서 어느 진동수를 말하는지 명확히 구분하도록 주의한다. 식 12.11과 12.12는 두 진동수 사이의 관계를 보여 준다.

계의 특성을 결정하는 m과 k가 주어져 단조화 운동을 하고 있는 입자계의 운동 주기와 진동수를 식 12.9부터 12.11을 이용해서 나타내면 다음과 같다.

$$T = \frac{2\pi}{\omega} = 2\pi\sqrt{\frac{m}{k}} \qquad \text{12.13} \qquad \blacktriangleright \text{주기}$$

$$f = \frac{1}{T} = \frac{1}{2\pi}\sqrt{\frac{k}{m}} \qquad \text{12.14} \qquad \blacktriangleright \text{진동수}$$

즉 주기와 진동수는 단지 입자의 질량과 용수철의 힘상수에만 의존하고 A와 ϕ 같은 매개 변수에는 의존하지 않는다. 용수철이 뻣뻣할수록(즉 k값이 클수록) 진동수는 커지게 되고, 입자의 질량이 증가할수록 진동수가 작아진다는 것은 우리가 알고 있는 바와 같다.

단조화 운동을 하고 있는 입자의 속도와 가속도[2]를 식 12.7과 12.8로부터 얻을 수 있다.

▶ 단조화 운동을 하는 입자의 속도

$$v = \frac{dx}{dt} = -\omega A \sin(\omega t + \phi) \qquad \textbf{12.15}$$

▶ 단조화 운동을 하는 입자의 가속도

$$a = \frac{d^2 x}{dt^2} = -\omega^2 A \cos(\omega t + \phi) \qquad \textbf{12.16}$$

사인 함수와 코사인 함수가 +1과 −1 사이에서 변하기 때문에, 식 12.15로부터 속도 v의 극값은 $\pm\omega A$임을 알 수 있다. 같은 논리로 식 12.16으로부터 a의 극값은 $\pm\omega^2 A$임을 알 수 있다. 그러므로 속도와 가속도 크기의 **최댓값**은 다음과 같다.

$$v_{\max} = \omega A = \sqrt{\frac{k}{m}}\, A \qquad \textbf{12.17}$$

$$a_{\max} = \omega^2 A = \frac{k}{m} A \qquad \textbf{12.18}$$

그림 12.5a는 임의의 위상 상수값에 대한 위치 대 시간을 나타낸다. 시간에 대한 속도와 가속도 곡선들이 그림 12.5b와 12.5c에 나타나 있다. 이 그림은 속도의 위상이 변위의 위상과 $(\pi/2)$ rad(또는 90°)만큼 차이가 난다는 것을 보여 준다. 즉 x가 최대나 최소일 때 속도가 영이 된다. 같은 방식으로 x가 영일 때 속력은 최대가 된다. 또한 가속도의 위상이 변위의 위상과 π rad(또는 180°)만큼 차이가 나는 것에 주목하자. 예를 들어 x가 최대일 때 a는 반대 방향으로 최대 크기이다.

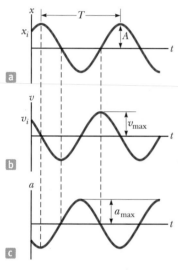

그림 12.5 단조화 운동의 그래프 표현. (a) 위치 대 시간 (b) 속도 대 시간 (c) 가속도 대 시간. 어느 시간에나 속도는 위치에 대해 90° 위상차가 있고, 가속도는 위치에 대해 180°의 위상차가 있음에 주목한다.

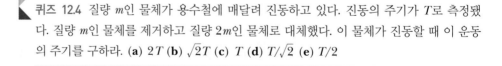

▶ **퀴즈 12.4** 질량 m인 물체가 용수철에 매달려 진동하고 있다. 진동의 주기가 T로 측정됐다. 질량 m인 물체를 제거하고 질량 $2m$인 물체로 대체했다. 이 물체가 진동할 때 이 운동의 주기를 구하라. (a) $2T$ (b) $\sqrt{2}T$ (c) T (d) $T/\sqrt{2}$ (e) $T/2$

식 12.6은 일반적으로 입자의 단조화 운동을 기술한다. 이제 운동 상수를 어떻게 계산하는지 알아보자. 각진동수 ω는 식 12.9를 이용해서 구한다. 상수 A와 ϕ는 처음 조건, 즉 $t = 0$에 있는 진동자의 상태로부터 결정된다.

그림 12.6과 같이 입자를 평형 위치로부터 변위 A만큼 당긴 후, $t = 0$인 정지 상태에서 놓으면 운동을 한다고 하자. 이때 $x(t)$와 $v(t)$의 해, 식 12.6과 12.15는 처음 조

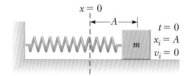

그림 12.6 $t = 0$에서 $x = A$인 정지 상태로부터 출발하는 물체-용수철 계

---

[2] 단조화 진동자의 운동이 일차원에서 일어나므로 속도를 v, 가속도를 a로 나타내고 2장에서와 같이 양(+) 또는 음(−)의 부호로 방향을 나타낸다.

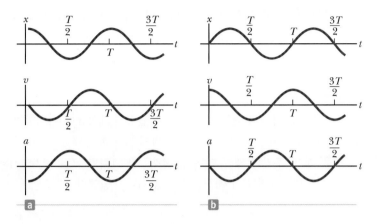

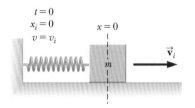

그림 12.8 물체-용수철 계가 운동을 하고 있는데, $t = 0$은 물체가 평형 위치 $x = 0$인 지점을 통과하는 시간으로 정하고, 이때 속력 v_i로 오른쪽으로 운동한다.

그림 12.7 (a) $t = 0$에서 $x(0) = A$이고 $v(0) = 0$인 처음 조건에서 그림 12.6에 있는 물체에 대한 위치, 속도, 가속도 대 시간 그래프 (b) $t = 0$에서 $x(0) = 0$이고 $v(0) = v_i$인 처음 조건에서 그림 12.8에 있는 물체에 대한 위치, 속도, 가속도 대 시간 그래프

건 $x(0) = A$와 $v(0) = 0$을 만족해야 한다.

$$x(0) = A\cos\phi = A$$

$$v(0) = -\omega A \sin\phi = 0$$

$\phi = 0$을 선택하면 $x = A\cos\omega t$가 이런 조건을 만족하는 해이다. 이 해를 확인하면, $\cos 0 = 1$이기 때문에 $x(0) = A$인 조건을 만족한다는 것에 주목하자.

일정한 조건하의 시간에 대한 물체의 위치, 속도 그리고 가속도가 그림 12.7a에 나타나 있다. 위치가 극값 $\pm A$를 가질 때, 가속도는 $\mp \omega^2 A$의 극값을 갖는다. 또한 $x = 0$에서 속도는 극값 $\pm \omega A$를 갖는다. 그러므로 정량적인 해가 이 계의 정성적인 기술과 일치한다.

또 다른 경우를 생각해 보자. 그림 12.8과 같이 계가 진동하고, 물체가 오른쪽으로 움직이며, 용수철이 늘어나지 않은 상태일 때의 위치를 통과하는 순간을 $t = 0$이라 하자. 이 경우에 $x(t)$와 $v(t)$에 대한 해는 처음 조건 $x(0) = 0$과 $v(0) = v_i$를 만족해야 한다.

$$x(0) = A\cos\phi = 0$$

$$v(0) = -\omega A \sin\phi = v_i$$

첫 번째 조건은 $\phi = \pm\pi/2$인 것을 말해 준다. 이 값을 두 번째 조건에 이용하면 $A = \mp v_i/\omega$임을 알 수 있다. 처음 속도가 양(+)의 값이고 진폭이 양(+)의 값이어야 하기 때문에 $\phi = -\pi/2$이어야 한다. 그러므로 해는 다음과 같다.

$$x = \frac{v_i}{\omega}\cos\left(\omega t - \frac{\pi}{2}\right)$$

위와 같이 $t = 0$인 순간을 선택했을 때, 시간에 대한 위치, 속도와 가속도에 대한 그래프는 그림 12.7b와 같다. 이들 곡선은 그림 12.7a에 나타난 것과 같으며 한 주기

의 1/4만큼 오른쪽으로 이동한 것과 같다. 이 이동은 수학적으로 위상 상수 $\phi = -\pi/2$로 표현된다. 이것은 한 주기에 대응하는 각도 2π의 1/4이다.

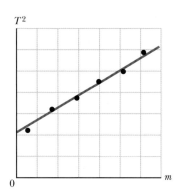

그림 12.9 (생각하는 물리 12.1) 물체-용수철 계에서 주기의 제곱 대 물체의 질량에 대한 실험 자료 그래프

> ### 생각하는 물리 12.1
>
> 우리는 용수철에 매달린 물체의 진동 주기가 물체 질량의 제곱근에 비례하는 것을 알고 있다(식 12.13). 따라서 여러 가지 질량의 물체를 용수철에 매달아 진동시키며 주기를 재는 실험을 해서, 주기의 제곱 대 질량 그래프를 그리면 그림 12.9에서와 같은 직선으로 나타날 것이다. 그러나 그 직선은 원점을 지나지 않는다. 왜 그럴까?
>
> **추론** 용수철 자체가 질량을 가지고 있기 때문에 그 직선은 원점을 지나지 않는다. 따라서 이 계에서의 운동 변화에 대한 저항은 용수철에 매달린 물체와 진동하는 용수철 부분의 질량이다. 그러나 용수철의 전체 질량이 같은 식으로 진동하지는 않는다. 물체에 매달린 용수철 부분은 물체와 같은 진폭으로 진동하지만 용수철의 고정된 부분은 전혀 진동하지 않는다. 원통형 용수철의 경우, 에너지 관계로부터 용수철의 진동에 의한 유효 질량 증가는 용수철 질량의 1/3이라는 것을 보일 수 있다. 주기의 제곱은 진동하는 질량 전체에 비례하나, 그림 12.9에 보인 그래프는 용수철에 매달린 물체만의 질량 대 주기의 제곱을 나타낸다. 주기의 제곱 대 전체 질량(용수철에 매달린 물체의 질량+용수철의 유효 진동 질량)의 그래프는 원점을 지날 것이다. ◀

예제 12.1 | 물체-용수철 계

질량이 200 g인 물체가 힘상수 5.00 N/m인 가벼운 용수철에 매달려 마찰없는 수평면 위에서 자유롭게 진동한다. 이 물체를 평형 위치에서 5.00 cm만큼 벗어나 그림 12.6과 같이 정지 상태에서 놓을 때

(A) 운동의 주기를 구하라.

풀이

개념화 그림 12.6을 보면서, 물체를 놓으면 단조화 운동을 하리라는 것을 상상해 보자.

분류 물체를 단조화 운동을 하는 입자로 모형화한다. 이 절에서 공부한 단조화 운동 모형의 입자에 대한 식으로부터 값을 구하는 것이므로, 예제를 대입 문제로 분류한다.

식 12.9를 이용해서 물체-용수철 계의 각진동수를 구한다.

$$\omega = \sqrt{\frac{k}{m}} = \sqrt{\frac{5.00 \text{ N/m}}{200 \times 10^{-3} \text{ kg}}} = 5.00 \text{ rad/s}$$

식 12.13을 이용해서 계의 주기를 구한다.

$$T = \frac{2\pi}{\omega} = \frac{2\pi}{5.00 \text{ rad/s}} = \boxed{1.26 \text{ s}}$$

(B) 물체의 최대 속력을 구하라.

풀이

식 12.17을 이용해서 $v_{\max}$를 구한다.

$$v_{\max} = \omega A = (5.00 \text{ rad/s})(5.00 \times 10^{-2} \text{ m}) = \boxed{0.250 \text{ m/s}}$$

(C) 물체의 최대 가속도를 구하라.

풀이

식 12.18을 이용해서 $a_{\max}$를 구한다.

$$a_{\max} = \omega^2 A = (5.00 \text{ rad/s})^2 (5.00 \times 10^{-2} \text{ m}) = \boxed{1.25 \text{ m/s}^2}$$

(D) 변위, 속도, 가속도를 시간의 함수로 나타내라 (SI 단위).

풀이

$t = 0$에서 $x = A$인 처음 조건으로부터 위상 상수를 구한다.

$$x(0) = A \cos \phi = A \rightarrow \phi = 0$$

식 12.6을 이용해서 $x(t)$에 대한 식을 쓴다.

$$x = A \cos(\omega t + \phi) = \boxed{0.050\,0 \cos 5.00t}$$

식 12.15를 이용해서 $v(t)$에 대한 식을 쓴다.

$$v = -\omega A \sin(\omega t + \phi) = \boxed{-0.250 \sin 5.00t}$$

식 12.16을 이용해서 $a(t)$에 대한 식을 쓴다.

$$a = -\omega^2 A \cos(\omega t + \phi) = \boxed{-1.25 \cos 5.00t}$$

예제 12.2 | 움푹 팬 곳을 주의하시오!

1 300 kg 질량의 자동차를 네 용수철이 지지하도록 설계되어 있다. 각 용수철의 힘상수는 20 000 N/m이다. 자동차를 타고 있는 두 사람의 몸무게를 합치면 160 kg이다. 자동차가 직진하다 움푹 팬 곳을 지나가면서 자동차가 연직으로 진동할 때 진동수를 구하라.

풀이

개념화 자동차에 탄 경험을 되살려 적용해 보자. 자동차에 앉으면 여러분의 몸무게가 용수철을 압축하므로 자동차는 좀 더 밑으로 움직인다. 앞쪽 범퍼를 눌렀다가 놓으면 차의 앞쪽이 몇 번 정도 진동할 것이다.

분류 자동차가 용수철 하나에만 지지된다고 가정하고, 자동차를 단조화 운동하는 입자라고 생각한다.

분석 먼저 네 용수철을 결합한 유효 용수철 상수를 결정한다. 용수철에 주어진 늘어난 길이 x에 대해, 자동차에 작용하는 합력은 각 용수철에서 나오는 힘의 합이다.

자동차에 작용한 전체 힘의 식을 구한다.

$$F_{\text{total}} = \sum (-kx) = -\left(\sum k\right)x$$

이 식에서 x는 네 용수철에 다 같은 값이 적용되기 때문에 합에서 바깥으로 빼냈다. 결합되어 있는 용수철의 유효 용수철 상수는 각각의 용수철 상수의 합과 같다.

유효 용수철 상수를 구한다.

$$k_{\text{eff}} = \sum k = 4 \times 20\,000 \text{ N/m} = 80\,000 \text{ N/m}$$

식 12.14를 이용해서 진동수를 구한다.

$$f = \frac{1}{2\pi}\sqrt{\frac{k_{\text{eff}}}{m}} = \frac{1}{2\pi}\sqrt{\frac{80\,000 \text{ N/m}}{1\,460 \text{ kg}}} = \boxed{1.18 \text{ Hz}}$$

결론 여기서 사용한 전체 질량은 자동차의 질량과 타고 있는 사람의 질량을 더한 질량이다. 왜냐하면 이것이 진동하는 전체 질량이기 때문이다. 또한 자동차의 위아래 움직임만을 살펴봤음에 주목한다. 자동차가 전후로 흔들려서 앞쪽이 올라가고 뒤쪽이 내려가는 동안 진동이 발생하면 진동수는 달라질 것이다.

문제 자동차를 길 한쪽에 세워 두 사람이 자동차에서 내렸다고 상상해 보자. 한 사람이 자동차를 밑으로 누르다 놓기를 반복하면 자동차가 연직으로 진동하게 된다. 진동수는 방금 계산한 값과 같은가?

답 자동차의 현가 장치는 동일하나 두 사람의 몸무게를 포함하고 있지 않기 때문에 진동하고 있는 질량은 훨씬 작다. 그러므로 진동수가 더 크다. 질량이 1 300 kg이라고 가정하고 새로운 진동수를 구한다.

$$f = \frac{1}{2\pi}\sqrt{\frac{k_{\text{eff}}}{m}} = \frac{1}{2\pi}\sqrt{\frac{80\,000 \text{ N/m}}{1\,300 \text{ kg}}} = 1.25 \text{ Hz}$$

예측대로 새로운 진동수 값이 좀 더 높다.

❰ **12.3** ❘ 단조화 진동자의 에너지 Energy of the Simple Harmonic Oscillator

그림 12.1에서 설명한 물체–용수철 계처럼, 입자가 단조화 운동하는 계의 역학적 에너지를 조사해 보자. 표면에 마찰이 없기 때문에, 계는 고립된 상태에 있고 전체 역학적 에너지는 일정하다는 것을 예상할 수 있다. 용수철의 질량을 고려하지 않으면, 계의 운동 에너지는 단지 물체의 운동 에너지와 같게 된다. 식 12.15를 이용해서 물체의 운동 에너지를 다음과 같이 나타낼 수 있다.

▶ 단조화 진동자의 운동 에너지

$$K = \frac{1}{2}mv^2 = \frac{1}{2}m\omega^2 A^2 \sin^2(\omega t + \phi) \qquad \textbf{12.19}$$

x만큼 늘어난 용수철에 저장된 탄성 위치 에너지는 $\frac{1}{2}kx^2$(식 6.22 참조)으로 주어진다. 식 12.6을 이용하면 다음을 얻는다.

▶ 단조화 진동자의 위치 에너지

$$U = \frac{1}{2}kx^2 = \frac{1}{2}kA^2 \cos^2(\omega t + \phi) \qquad \textbf{12.20}$$

K와 U는 **항상** 영 또는 양(+)의 값을 갖는다. $\omega^2 = k/m$이기 때문에, 단조화 진동자의 전체 역학적 에너지는 다음과 같이 나타낼 수 있다.

$$E = K + U = \frac{1}{2}kA^2[\sin^2(\omega t + \phi) + \cos^2(\omega t + \phi)]$$

그리고 $\sin^2\theta + \cos^2\theta = 1$이므로 괄호 안의 값은 1이 되고, 따라서 위의 식은 다음과 같다.

▶ 단조화 진동자의 전체 에너지

$$\boxed{E = \frac{1}{2}kA^2} \qquad \textbf{12.21}$$

즉 단조화 진동자의 전체 역학적 에너지는 일정하고 진폭의 제곱에 비례한다. 전체 역학적 에너지는 $x = \pm A$일 때 용수철에 저장된 최대 위치 에너지와 같다. 이 점에서 $v = 0$이고 운동 에너지는 영이다. 평형 위치에서 $x = 0$이므로 $U = 0$이고, 따라서 운동 에너지만 남게 되어 전체 에너지는 $\frac{1}{2}kA^2$이 된다.

시간에 대한 운동 에너지와 위치 에너지를 그림 12.10a에 나타냈다. 여기서 위상

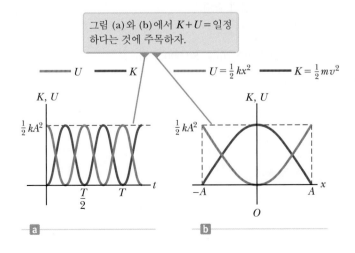

그림 12.10 (a) $\phi = 0$인 단조화 진동자에 대한 운동 에너지와 위치 에너지 대 시간 그래프 (b) 단조화 진동자에 대한 운동 에너지와 위치 에너지 대 변위 그래프

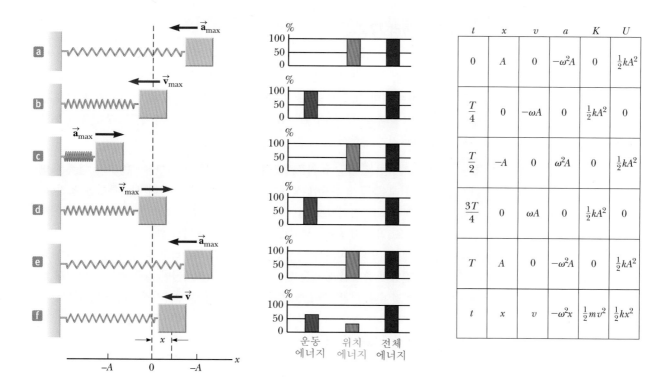

그림 12.11 (a)~(e) 물체-용수철 계가 단조화 운동을 하는 동안의 몇몇 경우들. 에너지 막대 그래프들은 각 위치에서 계의 에너지 분포를 보여 준다. 오른쪽 표에 있는 값들은 $t = 0$일 때 $x = A$이고 따라서 $x = A\cos\omega t$인 물체-용수철 계를 나타낸다. 이들 다섯 가지의 특별한 경우, 에너지의 한 형태는 영이다. (f) 임의의 한 위치에 있는 진동자. 이 계는 막대 그래프에 보인 것처럼 이 순간에 운동 에너지와 위치 에너지를 모두 갖고 있다.

상수는 $\phi = 0$이다. 운동 에너지와 위치 에너지의 합은 항상 계의 전체 에너지인 $\frac{1}{2}kA^2$과 같은 값이다.

물체의 위치 x에 따른 K와 U의 변화를 그림 12.10b에 나타냈다. 용수철에 저장된 위치 에너지와 물체의 운동 에너지 사이에서 에너지가 연속적으로 변환됨을 알 수 있다.

그림 12.11은 한 번의 완전한 운동 주기 동안 물체-용수철 계의 위치, 속도, 가속도, 운동 에너지 그리고 위치 에너지를 나타낸다. 지금까지 논의된 대부분의 개념은 이 중요한 그림에 포함되어 있다. 이 그림을 완전히 이해할 수 있도록 공부하기 바란다.

마지막으로 임의의 위치 x에서의 전체 에너지를 다음과 같이 나타내고, 임의의 위치에 있는 물체의 속도를 구할 수 있다.

$$E = K + U = \frac{1}{2}mv^2 + \frac{1}{2}kx^2 = \frac{1}{2}kA^2$$

$$v = \pm\sqrt{\frac{k}{m}(A^2 - x^2)} = \pm\omega\sqrt{A^2 - x^2}$$

12.22 ▶ 단조화 진동자의 위치에 따른 속도

이 결과는 다시 한 번 속력이 $x = 0$에서 최대이고, 되돌이점 $x = \pm A$에서 영이라는 사실을 보이고 있다.

여러분은 왜 단조화 진동자를 배우는 데 이렇게 많은 시간을 소비하는지 궁금해할

▶ **생각하는 물리 12.2**

한 물체가 수평 용수철에 매달려 마찰 없는 표면에서 진동하고 있다. 이 물체가 한 번 진동하는 동안 순간 접착제가 발린 똑같은 물체를 최대 변위 지점에 재빨리 놓는다. 진동하는 물체가 최대 변위 지점으로 돌아와서 순간 속도가 영일 때 접착제에 의해 두 물체가 붙어 그 이후로 같이 진동하게 된다. 이때 진동 주기가 변할까? 진폭이 변할까? 아니면 에너지가 변할까?

추론 주기는 진동하는 질량에 의존하므로 진동 주기는 변한다(식 12.13). 진폭은 변하지 않는다. 원래 물체가 정지한 상태에서 새로운 물체가 더해지는 특별한 조건(즉 원래의 진폭과 같도록 정의된 조건)이기 때문에 합해진 물체들은 역시 이 자리에서 멈춘다. 에너지도 역시 변하지 않는다. 최대 변위 지점에서 에너지는 모두 용수철에 저장된 위치 에너지인데, 이것은 힘상수와 진폭에만 의존하고 물체의 질량에는 관계하지 않는다. 질량이 증가한 물체는 원래의 진동보다 느리지만 같은 운동 에너지로 평형점을 통과할 것이다. 다른 해석 방법은 진동하는 계에 에너지가 어떻게 전달되는지 생각하는 것이다. 아무 일도 하지 않으므로 (다른 방법의 에너지 전달도 없으므로), 계의 에너지는 변하지 않는다. ◀

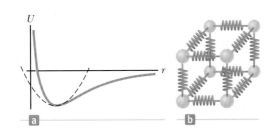

그림 12.12 (a) 분자 내에 있는 원자가 평형 위치로부터 너무 멀리 떨어지지 않은 상태에서 운동하면, 원자 간 위치 에너지 대 떨어진 거리의 그래프는 단조화 진동자의 위치 에너지 대 변위의 그래프와 비슷하다(검은 점선으로 된 곡선). (b) 고체 내 원자 간 힘에 대해 이웃하는 원자 사이에 용수철이 연결되어 있다고 간주할 수 있다.

지도 모른다. 이 단조화 진동자는 다양한 물리적 현상의 좋은 모형이기 때문에 많은 시간을 들여 배운다. 예를 들면 예제 6.9에서 언급한 레너드-존스 위치 에너지 함수를 떠올려 보자. 이 복잡한 함수는 원자들을 함께 묶는 힘을 기술한다. 그림 12.12a는 평형 위치로부터의 작은 변위에 대해, 이 함수의 위치 에너지 곡선은 근사적으로 포물선이고 이는 단조화 진동자에 대한 위치 에너지 함수를 나타낸다. 이와 같이 복잡한 원자 간 결합력을 그림 12.12b와 같이 작은 용수철에서 작용한 힘들로 간주할 수 있다.

이 장에서 제시된 개념들은 비록 물체-용수철 계와 원자들뿐만 아니라 번지 점프, 악기 연주 그리고 레이저에서 발생된 빛을 이해하는 데에도 적용할 수 있다. 이 교재를 공부하면서 단조화 진동자에 대한 더 많은 예들을 접하게 될 것이다.

◀ **예제 12.3 | 수평면 위에서의 진동**

질량이 0.500 kg인 물체가 힘상수 20.0 N/m의 가벼운 용수철에 매달려 마찰없는 수평 트랙 위에서 진동한다.

(A) 운동의 진폭이 3.00 cm일 때 물체의 최대 속력을 계산하라.

풀이

개념화 계는 그림 12.11에 있는 물체와 똑같이 진동한다. 따라서 이 그림을 연상한다.

분류 물체를 단조화 운동을 하는 입자로 모형화한다.

분석 식 12.21을 이용해서 진동자 계의 전체 에너지를 구하고, 이를 물체가 $x = 0$에 있을 때 계의 운동 에너지와 같게 놓는다.

$$E = \frac{1}{2} kA^2 = \frac{1}{2} mv_{\max}^2$$

최대 속력에 대해 풀고 주어진 값들을 대입한다.

$$v_{max} = \sqrt{\frac{k}{m}} A = \sqrt{\frac{20.0\ N/m}{0.500\ kg}} (0.030\ 0\ m) = \boxed{0.190\ m/s}$$

(B) 위치가 2.00 cm일 때 물체의 속도를 구하라.

풀이

식 12.22를 이용해서 속도를 계산한다.

$$v = \pm\sqrt{\frac{k}{m}(A^2 - x^2)}$$

$$= \pm\sqrt{\frac{20.0\ N/m}{0.500\ kg}\left[(0.030\ 0\ m)^2 - (0.020\ 0\ m)^2\right]}$$

$$= \boxed{\pm 0.141\ m/s}$$

양(+)과 음(−)의 부호는 물체가 오른쪽 또는 왼쪽으로 움직이는지를 나타낸다.

(C) 물체의 위치가 2.00 cm일 때 계의 운동 에너지와 위치 에너지를 계산하라.

풀이

(B)의 결과를 이용해서 $x = 0.0200\ m$에서의 운동 에너지를 계산한다.

$$K = \frac{1}{2}mv^2 = \frac{1}{2}(0.500\ kg)(0.141\ m/s)^2$$

$$= \boxed{5.00 \times 10^{-3}\ J}$$

$x = 0.020\ 0\ m$에서 탄성 위치 에너지를 계산한다.

$$U = \frac{1}{2}kx^2 = \frac{1}{2}(20.0\ N/m)(0.020\ 0\ m)^2$$

$$= \boxed{4.00 \times 10^{-3}\ J}$$

결론 (C)에서 운동 에너지와 위치 에너지의 합은 식 12.21로부터 구할 수 있는 전체 에너지 E와 같다. 이는 물체의 **어느** 지점에서든지 참이어야 한다.

문제 이 예제에서 물체를 $x = 3.00\ cm$에서 정지 상태로부터 놓아 운동을 할 수도 있었다. 이번에는 물체를 같은 위치에서, 그러나 $v = -0.100\ m/s$의 처음 속도로 놓으면 어떻게 될까? 새로운 진폭과 물체의 최대 속력은 얼마인가?

답 이 질문은 에너지 접근 방법을 적용할 수 있다.
먼저 $t = 0$에서 계의 전체 에너지를 계산한다.

$$E = \frac{1}{2}mv^2 + \frac{1}{2}kx^2$$

$$= \frac{1}{2}(0.500\ kg)(-0.100\ m/s)^2$$

$$\qquad + \frac{1}{2}(20.0\ N/m)(0.030\ 0\ m)^2$$

$$= 1.15 \times 10^{-2}\ J$$

이 전체 에너지를 물체가 운동의 끝 지점에 있을 때 계의 에너지와 같다고 놓는다.

$$E = \frac{1}{2}kA^2$$

진폭 A에 대해 푼다.

$$A = \sqrt{\frac{2E}{k}} = \sqrt{\frac{2(1.15 \times 10^{-2}\ J)}{20.0\ N/m}} = 0.033\ 9\ m$$

전체 에너지를 물체가 평행 위치에 있을 때 계의 운동 에너지와 같다고 놓는다.

$$E = \frac{1}{2}mv_{max}^2$$

최대 속력에 대해 푼다.

$$v_{max} = \sqrt{\frac{2E}{m}} = \sqrt{\frac{2(1.15 \times 10^{-2}\ J)}{0.500\ kg}} = 0.214\ m/s$$

$t = 0$에서 물체의 처음 속도가 영이 아니기 때문에, 진폭과 최대 속도는 앞에서의 값들보다 크다.

12.4 | 단진자 The Simple Pendulum

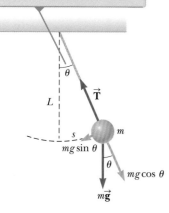

θ가 작을 때 단진자의 운동은 평형 위치($\theta = 0$) 주변에서의 단조화 운동으로 모형화할 수 있다.

그림 12.13 단진자

단진자(simple pendulum)는 주기 운동을 하는 또 다른 역학적인 계이다. 그림 12.13과 같이 길이가 L이고 위쪽 끝이 고정된 가벼운 줄에 매달린 입자로 되어 있는 단진자를 고려하자. 실제 상황에서, 물체의 크기가 줄의 길이에 비해 작으면 이 진자는 단진자로 모형화할 수 있어서 입자 모형을 사용한다. 물체를 옆으로 당겼다가 놓으면 진자는 가장 낮은 곳을 중심으로 진동하고, 이 지점이 평형 위치이다. 이 운동은 연직면 내에서 일어나고 중력 때문에 생긴다.

물체에 작용하는 힘은 줄을 따라 작용하는 힘 $\vec{\mathbf{T}}$와 중력 $m\vec{\mathbf{g}}$이다. 물체의 곡선 경도에 접하는 중력의 성분 $mg \sin \theta$는 가장 낮은 위치로부터 물체 변위의 반대 방향인 $\theta = 0$을 향한다. 그러므로 중력은 복원력이고 뉴턴의 제2법칙을 이용해서 접선 방향에 대한 운동 방정식을 쓰면 다음과 같다.

$$F_t = ma_t \quad \rightarrow \quad -mg \sin \theta = m \frac{d^2 s}{dt^2}$$

여기서 s는 그림 12.13에서의 원호를 따라 잰 위치이고, 음($-$)의 부호는 F_t가 평형 위치를 향해 작용한다는 것을 의미한다. $s = L\theta$(식 10.1a)이고 L은 상수이므로 이 식은 다음과 같이 된다.

$$\frac{d^2 \theta}{dt^2} = -\frac{g}{L} \sin \theta$$

각위치 θ에 대한 이 식은 완전히 식 12.5와 같지는 않지만 비슷한 수학적 형태를 가진다. 우변은 θ가 아니라 $\sin \theta$에 비례해서 이 식이 식 12.5의 형태와 다르므로 단조화 운동이 아니라고 결론내릴 수 있다. 그러나 θ가 작다고($10°$ 또는 0.2 rad보다 작다고) 가정하면, $\sin \theta \approx \theta$($\theta$의 단위: 라디안)인 **작은 각도 근사**(small angle approximation)라고 하는 단순 모형을 사용할 수 있다. 표 12.1은 각도를 도($°$)로 표시한 값과 라디안으로 표시한 값 및 사인값을 보여 준다. 각도가 $10°$보다 작으면, 라디안 단위의 각도나 사인값이 1.0 %보다 작은 정확도 내에서 같다. 따라서 각도가

표 12.1 | 각도와 그 각도의 사인값

각도 ($°$)	각도 (rad)	사인값	차이 (백분율)
$0°$	0.000 0	0.000 0	0.0 %
$1°$	0.017 5	0.017 5	0.0 %
$2°$	0.034 9	0.034 9	0.0 %
$3°$	0.052 4	0.052 3	0.0 %
$5°$	0.087 3	0.087 2	0.1 %
$10°$	0.174 5	0.173 6	0.5 %
$15°$	0.261 8	0.258 8	1.2 %
$20°$	0.349 1	0.342 0	2.1 %
$30°$	0.523 6	0.500 0	4.7 %

작을 경우 운동 방정식은 다음과 같이 된다.

$$\frac{d^2\theta}{dt^2} = -\frac{g}{L}\theta \qquad 12.23$$

이제 $\omega^2 = g/L$라 놓으면 식 12.5와 완전히 같은 수학적 형태를 갖는 식이 되고, 따라서 작은 진폭에서는 근사적으로 단조화 운동을 한다는 결론을 얻게 된다. 식 12.6에서의 해와 같이 $\theta = \theta_{max}\cos(\omega t + \phi)$로 쓸 수 있고, 여기서 θ_{max}는 **최대 각위치**이고 각진동수 ω는 다음과 같다.

$$\omega = \sqrt{\frac{g}{L}} \qquad 12.24$$

▶ 단진자의 각진동수

이 운동의 주기는 다음과 같다.

$$T = \frac{2\pi}{\omega} = 2\pi\sqrt{\frac{L}{g}} \qquad 12.25$$

▶ 단진자의 주기

작은 각도 범위에서 진동하는 단진자의 주기와 진동수는 줄의 길이와 중력 가속도에만 관계됨을 알 수 있다. 주기는 질량에 **무관**하므로, 같은 지점(g는 일정)에서 같은 길이의 **모든** 단진자는 같은 주기로 진동한다. 실험은 이 결론이 맞다는 것을 보여 준다.

이 논의에서 모형화 기술의 중요성에 대해 주목해 보기 바란다. 식 12.23은 단진자를 나타내는 **수학적** 표현이다. 이 표현은 용수철 위의 물체를 나타내는 식 12.5와 분명히 다른 두 계의 **물리적** 차이에도 불구하고 동일한 **수학적** 형태이다. 수학적인 표현 방식이 같기 때문에 물리적인 차이에도 불구하고, 식 12.24처럼 곧바로 진자의 각위치인 θ의 해를 구할 수 있고 각진동수 ω에 대한 값을 구할 수 있다. 이는 물리계에 수학적 모형을 세울 수 있기에 가능한 매우 유용한 기술이다.

> **오류 피하기 | 12.4**
> **진정한 단조화 운동이 아님** 어떤 각도에서나 진자는 진정한 단조화 운동을 하지는 **않는다**. 각도가 약 10°보다 작으면, 그 운동을 단조화 운동으로 **모형화**할 수 있을 뿐이다.

▶ **퀴즈 12.5** 큰 괘종 시계에서 시각이 정확하려면 진자 주기가 일정하게 유지되어야 한다. **(i)** 괘종 시계를 정확하게 맞춘 후 장난기 심한 어린이가 진자 막대를 타고 아래쪽으로 미끄러져 내려온다. 괘종 시계는 **(a)** 더 느리게 간다. **(b)** 더 빠르게 간다. **(c)** 정확하다. **(ii)** 괘종 시계를 해수면 위치에서 정확하게 맞춘 후 그 시계를 매우 높은 산꼭대기로 가져가면 괘종 시계는 **(a)** 더 느리게 간다. **(b)** 더 빠르게 간다. **(c)** 정확하다.

▶ **생각하는 물리 12.3**

두 개의 진동계를 설정한다. 단진자와 연직 용수철에 매달린 물체이다. 두 개의 진동자가 같은 주기를 갖도록 진자의 길이를 잘 조절한다. 이 두 진동자를 달로 가져간다. 그 둘은 여전히 서로 같은 주기를 가질까? 두 진동자를 궤도를 도는 우주선으로 가져가서 관찰하면 무슨 일이 벌어질까? (용수철은 잡아당기지 않아도 벌어진 상태여서 늘어나거나 줄어들 수 있다고 가정하자.)

추론 용수철에 매달린 물체의 주기는 물체의 질량과 용수철의 힘상수에 관계하는데 둘 다 변하지 않으므로 달에서도 같은 주기를 가질 것이다. 진자의 주기는 g에 관계하므로, 달에서의 진자의 주기는 지구에서와는 다를 것이다. 달에서의 g는 지구보다 작으므로 진자는 더 긴 주기로 진동할 것이다.

궤도를 도는 우주선에서, 물체– 용수철 계의 주기는 중력에 무관하기 때문에 지구에서와 같은 주기로 진동할 것이나, 진자는 전혀 진동하지 않을 것이다. '연직'이라고 정한 방향에 대해 옆으로 당겼다 놓으면, 그 자리에 머물 것이다. 지구 주위를 궤도 운동하는 우주선은 자유 낙하 중이기 때문에 유효 중력이 영이고 진자에 작용하는 복원력이 없다. ◀

예제 12.4 | 길이와 시간 사이의 관계

역사상 위대한 시계 제작자인 호이겐스(Christian Huygens, 1629~1695)는 길이의 국제 단위는 정확하게 주기가 1 s인 단진자의 길이로 정의될 수 있다고 제안했다. 그의 제안을 받아들이면 길이 단위가 얼마나 짧아지는가?

풀이

개념화 1 s에 정확히 한 번 왕복 운동하는 진자를 상상해 보라. 진동하는 물체에서 여러분의 경험을 바탕으로, 필요한 길이를 추정해 볼 수 있는가? 줄에 작은 물체를 매달고 1 s 진자를 만들어 보라.

분류 예제는 단진자를 포함하고 있으므로, 이를 이 절에서 공부한 개념의 응용으로 분류한다.

분석 길이에 대해 식 12.25를 풀고 주어진 값들을 대입한다.

$$L = \frac{T^2 g}{4\pi^2} = \frac{(1.00\text{ s})^2 (9.80\text{ m/s}^2)}{4\pi^2} = \boxed{0.248\text{ m}}$$

이 자의 길이는 현재 길이의 표준인 1 m의 $\frac{1}{4}$보다 조금 작다. 시간이 정확히 1 s로 정의되어 있기 때문에 유효 숫자의 개수는 g값의 정확도에 의존한다.

12.5 | 물리 진자 The Physical Pendulum

손가락에 옷걸이를 걸어 균형을 맞추고 있다고 상상해 보자. 다른 손으로 옷걸이를 건드려 조금이라도 각변위가 생기면 옷걸이는 진동한다. 매달린 물체에 대해 질량 중심을 통과하지 않는 고정축 주위로 진동하는 입자(질점)로 모형화할 수 없다면, 그 계를 단진자로 취급할 수 없다. 이 경우 그 계를 **물리 진자**(physical pendulum)라 한다.

그림 12.14와 같이 질량 중심에서 거리 d만큼 떨어진 점 O를 회전 중심점으로 하는 매달린 강체를 고려하자. 중력은 점 O를 지나는 축에 대해 토크(또는 돌림힘)가 생기도록 하며, 이 토크의 크기는 $mgd \sin\theta$이고 θ는 그림 12.14에 나타나 있다. 물체를 알짜 토크를 받는 강체로 모형화하고, 회전에서의 뉴턴의 제2법칙 $\sum \tau_{\text{ext}} = I\alpha$을 이용하자. 여기서 I는 O를 지나는 축에 대한 물체의 관성 모멘트이며 다음과 같은 결과를 얻는다.

$$-mgd \sin\theta = I \frac{d^2\theta}{dt^2}$$

음(−)의 부호는 그림에서 O에 대한 토크가 시계 방향(각도 θ를 줄이는 방향)으

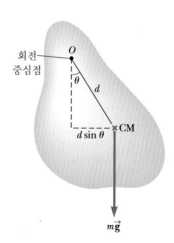

그림 12.14 점 O를 회전 중심점으로 하는 물리 진자

로 작용한다는 것을 나타낸다. 즉 중력은 복원 토크를 만든다. 여기서 각도 θ가 작다고 가정하면, $\sin\theta \approx \theta$이므로 운동 방정식은 다음과 같다.

$$\frac{d^2\theta}{dt^2} = -\left(\frac{mgd}{I}\right)\theta = -\omega^2\theta \qquad \textbf{12.26}$$

이 식은 식 12.5와 수학적으로 같은 형태이므로 운동은 단조화 운동이 된다. 즉 식 12.26의 해는 $\theta = \theta_{max}\cos(\omega t + \phi)$이며, 여기서 θ_{max}는 최대 각위치이다. 각진동수는

$$\omega = \sqrt{\frac{mgd}{I}}$$

이고, 주기는

$$T = \frac{2\pi}{\omega} = 2\pi\sqrt{\frac{I}{mgd}} \qquad \textbf{12.27} \qquad \blacktriangleright \text{물리 진자의 주기}$$

이다. 이 결과는 평면 강체의 관성 모멘트를 측정하기 위해 이용될 수 있다. 만일 질량 중심의 위치가 알려져 있어서 d값을 안다면, 관성 모멘트는 주기를 측정해서 얻을 수 있다. 마지막으로 식 12.27의 관성 모멘트가 $I = md^2$일 때, 즉 모든 질량이 질량 중심에 집중되어 있을 때 식 12.27은 단진자의 주기(식 12.25)가 된다는 것에 주목한다.

여기서 다시 한 번 단진자에 대한 논의에서와 같이, 모형화의 중요성에 대해서 주목해 보자. 식 12.26에 나타난 수학적 표현이 식 12.5에서의 표현과 동일하기 때문에 곧바로 물리 진자의 해에 대해 쓸 수 있었다.

◤ **퀴즈 12.6** 알렉스와 브라이언이 박물관에서 커다란 추(진자)가 흔들리는 것을 보고 있다. 알렉스가 말하기를, "내가 슬쩍 가서 추 윗부분에 껌을 붙이면 진자의 주기가 바뀔거야." 그 말에 브라이언, "그런다고 주기가 바뀌지는 않아. 진자의 주기는 질량과는 무관해." 라고 대답했다. 어느 학생이 옳은가? (**a**) 알렉스 (**b**) 브라이언

◤ **예제 12.5 | 흔들리는 막대**

질량이 M이고 길이가 L인 균일한 막대가 그림 12.15와 같이 한 끝이 고정되어 연직 평면에서 진동한다. 운동의 진폭이 작을 때 진동의 주기를 구하라.

풀이

개념화 한 끝을 중심으로 해서 좌우로 흔들리는 막대를 생각해 보자. 미터자 또는 나무 조각으로 시도해 본다.

분류 막대는 점 입자가 아니므로 이를 물리 진자로 분류한다.

분석 10장에서 한 끝을 통과하는 축에 대한 균일한 막대의 관성 모멘트는 $\frac{1}{3}ML^2$임을 알았다. 회전 중심점으로부터 질

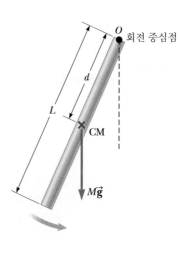

그림 12.15 (예제 12.5) 회전 중심점 주위로 진동하는 강체는 $d = \frac{L}{2}$인 물리 진자이다.

량 중심까지의 거리 d는 $\frac{L}{2}$이므로, 식 12.27을 이용하면 다음과 같이 된다.

$$T = 2\pi \sqrt{\frac{\frac{1}{3}ML^2}{Mg(L/2)}} = \boxed{2\pi \sqrt{\frac{2L}{3g}}}$$

결론 우주선이 달에 착륙했을 때, 달 표면을 걷는 우주인의 우주복에는 벨트가 달려 있었는데, 이 벨트가 물리 진자처럼 진동을 했다. 텔레비전에서 이 운동을 본 지구의 과학자는 달에서의 자유 낙하 가속도를 추정해 봤다. 과학자는 계산을 어떻게 했을까?

◀ **12.6** | 감쇠 진동 Damped Oscillations

지금까지 고려했던 진동 운동은 이상적인 계, 즉 선형 복원력의 작용하에 무한히 진동하는 계에 대한 것이었다. 그러나 실제의 경우는 마찰 또는 공기 저항 같은 비보존력이 존재해서 운동을 방해하므로, 계의 역학적 에너지는 시간이 지남에 따라 감소한다. 그 운동은 **감쇠 진동**(damped oscillation)으로 설명된다.

어떤 물체가 액체나 기체와 같은 물질 속에서 운동한다고 생각해 보자. 5장에서 논의한 바와 같이 물체에 작용하는 흔한 형태의 저항력은 물체의 속도에 비례하고, 매질에 대한 물체의 속도에 대해 반대 방향으로 작용한다. 이런 종류의 힘은 예를 들어 물체가 공기 중에서 천천히 진동할 때 자주 보인다. 저항력은 $\vec{R} = -b\vec{v}$ (b는 저항력의 강도에 관련된 상수)로 표현할 수 있고 계에 작용하는 복원력은 $-kx$이므로, 뉴턴의 제2법칙은 다음과 같이 쓸 수 있다.

$$\sum F_x = -kx - bv = ma_x$$

$$-kx - b\frac{dx}{dt} = m\frac{d^2x}{dt^2} \qquad 12.28$$

이 미분 방정식의 해는 여러분에게 아직은 익숙하지 않은 수학을 필요로 한다. 따라서 여기서는 증명 없이 간단히 언급하겠다. 계의 변수들이 저항력이 작아서 $b < \sqrt{4mk}$ 를 만족하면, 식 12.28의 해는 다음과 같은 형태가 된다.

$$x = (Ae^{-(b/2m)t})\cos(\omega t + \phi) \qquad 12.29$$

여기서 진동의 각진동수는 다음과 같다.

$$\omega = \sqrt{\frac{k}{m} - \left(\frac{b}{2m}\right)^2} \qquad 12.30$$

이 결과는 식 12.29를 식 12.28에 대입시킴으로써 검증할 수 있다. 감쇠 진동자의 각진동수는 다음 형태로 나타내는 것이 편리하다.

$$\omega = \sqrt{\omega_0^2 - \left(\frac{b}{2m}\right)^2}$$

여기서 $\omega_0 = \sqrt{k/m}$ 는 저항력이 없을 때(비감쇠 진동자)의 각진동수를 나타내는

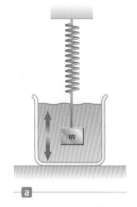

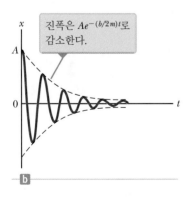

진폭은 $Ae^{-(b/2m)t}$로 감소한다.

그림 12.16 (a) 감쇠 진동자의 한 예로 용수철에 매달린 물체가 점성이 있는 액체에 잠겨 있다. (b) 감쇠 진동자의 변위 대 시간 그래프

자연 진동수(고유 진동수; natural frequency)[3]이다.

감쇠되는 계의 한 예를 그림 12.16a에 보였다. 용수철에 매달린 물체는 용수철의 힘과 액체의 저항력 두 가지를 받는다. 그림 12.16b는 저항력이 존재할 때 진동하는 물체에 대한 시간의 함수로서 감쇠 진동자의 변위를 나타낸다. 저항력이 작을 때 운동의 진동 특성은 보존되지만, 진폭은 시간에 따라서 지수적으로 줄어들며, 운동은 궁극적으로 측정이 안될 만큼 작아지게 된다. 이런 식으로 움직이는 계를 **감쇠 진동자**(damped oscillator)라고 한다. 그림 12.16b에서 진동 곡선의 **포락선**을 나타내는 검정색 선은 진동의 진폭이 시간에 따라 지수 함수적으로 감소함을 보여 주는데, 식 12.29에서 지수항을 나타낸다. 용수철 상수와 물체의 질량이 주어졌을 때, 보다 큰 저항력에 대해서는 진동이 매우 빨리 감쇠한다.

저항력의 크기가 $b/2m < \omega_0$일 때 계는 **저감쇠**(underdamped)라고 한다. 결과적으로 이 운동은 그림 12.17에 파란 곡선으로 나타나 있다. b의 값이 커질수록 진동의 진폭은 점점 더 빨리 감소하게 된다. b가 $b_c/2m = \omega_0$인 임계값 b_c에 도달할 때, 계는 진동하지 않고 **임계 감쇠**(critically damped)된다. 이 경우 어떤 비평형 위치로부터 정지 상태에서 놓으면, 계는 평형 위치로 접근하지만 평형 위치를 통과하지 못한다. 이 경우 시간에 따른 위치의 그래프는 그림 12.17에서 빨간 곡선이다.

매질의 점성이 매우 커서 저항력이 복원력보다 훨씬 크면, 즉 $b/2m > \omega_0$이면 계는 **과감쇠**(overdamped)된다. 이 경우에도 평형을 벗어난 계는 진동하지 못하고 단순히 평형 위치로 되돌아온다. 다만 감쇠가 커지면, 변위가 평형에 도달하는 데 걸리는 시간은 그림 12.17의 검은 곡선과 같이 길어진다. 임계 감쇠와 과감쇠인 계에 대해서는 각진동수 ω가 없고, 식 12.29에 나타난 해는 타당하지 않다.

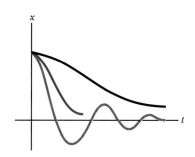

그림 12.17 감쇠 진동자에 대한 위치 대 시간 그래프. 저감쇠 진동자(파란색 곡선), 임계 감쇠 진동자(빨간색 곡선), 과감쇠 진동자(검정색 곡선).

▌ **12.7** | 연결 주제: 구조물의 공명
Context Connection: Resonance in Structures

주기적 구동력의 진동수가 진동자의 자연 진동수와 일치하면 진동계가 최대로 반응하는 **공명**(resonance) 현상이 일어난다. 지진이 발생했을 때 땅이 흔들리는 것과 땅에 지어진 구조물과의 상호 작용에 이것을 적용해 보자. 구조물은 진동자이다. 구조물의 강도와 질량과 구조 따위가 자연 진동수를 결정짓는다. 땅의 흔들림은 주기적 구동력으로 작용한다.

건물의 자연 진동수가 땅의 흔들림에 포함된 진동수와 일치하면 참혹한 결과가 일어난다. 이 경우, 건물의 공명 진동은 매우 큰 진폭을 만들 수 있어서, 건물의 붕괴까지도 일으킨다. 이 결과는 두 가지의 방법으로 피할 수 있다. 그 하나는, 건물의 자연 진동수가 지진의 진동수 범위를 벗어나도록 설계할 수 있다. (지진의 진동수는 통상 0 ~

---

[3] 실제로는 ω_0와 $f_0 = \omega_0/2\pi$ 모두를 자연 진동수라 한다. 논의의 내용을 살피면 어떤 진동수를 말하는지 도움을 얻을 수 있다.

그림 12.18 (a) 1940년에 소용돌이치는 바람이 타코마 협교에 비틀림 진동을 일으키고, 교량의 자연 진동수 중의 하나에 가까운 진동수로 진동하게 됐다. (b) 자연 진동수로 교량이 진동하게 되면 이 공명 조건에 의해 교량은 붕괴된다(현재 수학자와 물리학자들은 이에 대한 해석을 둘러싸고 연구에 매진하고 있다).

15 Hz이다.) 이런 건물은 구조물의 크기나 질량을 변화시키며 설계를 할 수 있다. 두 번째 방법은 건물에 충분한 감쇠 장치를 하는 것이다. 이 방법은 공명 진동수를 많이 바꾸지는 못하지만 자연 진동수에 대한 반응을 줄일 수는 있다. 이것은 또한 공명 진동수 폭을 넓혀서, 건물이 넓은 범위의 진동수에 반응하지만 어느 진동수에나 작은 진폭을 갖도록 한다.

이제 다리 구조물에서 공명 들뜸을 포함하는 두 가지 예에 대해 설명할 것이다. 구조적 공명의 한 예로 워싱턴 주에 있는 타코마 협교(Tacoma Narrows Bridge)가 1940년에 공명 진동으로 인해 무너진 일이 발생했다(그림 12.18). 그 당시 바람도 특별히 강하게 불지 않았지만, 다리를 지나는 바람의 소용돌이(난류)가 그 다리의 자연 진동수와 일치되는 진동수에서 만들어졌기 때문에 무너졌다. 이 다리를 지나가는 바람의 퍼덕임(강한 바람에 깃발이 펄럭이는 것과 유사)이 주기적인 구동력으로 작용했기 때문이다.

두 번째 예는 군인들이 다리를 건널 때에 대해 생각해 보자. 군인들은 다리를 건널 때 다리의 공명 때문에 발을 맞춰 걷지 않도록 명령받는다. 만약 군인들의 행진 발자국 진동수와 다리의 자연 진동수가 일치하게 되면, 다리에 공명 진동이 일어날 수 있다. 그 진폭이 충분히 크다면 다리가 실제로 무너질 수도 있다. 1831년 4월 14일, 영국의 브루턴(Broughton) 현수교를 군인들이 행진하며 지나다가 이런 상황이 발생했다. 사고 후 조사에서, 이 다리가 끊어진 이유가, 행진하는 병사들에 의한 공명 진동이 원인이라는 것이 밝혀졌다.

이 〈연결 주제〉의 주요 질문에 대한 대답의 첫째 증거를 공명이 제시한다. 건물이 지진의 진앙에서 멀어서 땅의 흔들림이 적었다고 생각해 보자. 흔드는 진동수가 건물의 자연 진동수와 일치하면, 땅과 건물 사이에 매우 효과적인 에너지 교류가 생긴다. 따라서 비교적 작은 흔들림에도 건물이 붕괴될 만큼 충분한 에너지를 땅이 공명에 의해 효과적으로 전달할 수 있다. 공명 응답을 줄이기 위해 구조물은 신중히 설계되어야 한다.

연습문제 |

객관식

1. 단진자의 주기는 2.5 s이다. **(i)** 단진자의 길이를 네 배로 하면 주기는 얼마인가? (a) 1.25 s (b) 1.77 s (c) 2.5 s (d) 3.54 s (e) 5 s **(ii)** 단진자의 길이는 같게 하고 매달린 질량을 네 배로 하면 주기는 어떻게 변하는지 앞의 보기에서 고르라.

2. 진폭 A로 단조화 운동을 하는 물체-용수철 계가 있다. 물체의 운동 에너지가 용수철에 저장된 위치 에너지의 두 배가 될 때, 물체 x의 위치는 얼마인가? (a) A (b) $\frac{1}{3} A$ (c) $\frac{1}{\sqrt{3}} A$ (d) 0 (e) 정답 없음

3. 작은 진폭으로 단진동 운동을 하는 단진자의 길이를 두 배로 하면 단진자의 진동수는 어떻게 되는가? (a) 두 배 증가한다. (b) $\sqrt{2}$배 증가한다. (c) $\frac{1}{2}$배 감소한다. (d) $\frac{1}{\sqrt{2}}$배 감소한다. (e) 같다.

4. 질량이 3.0×10^5 kg인 기차가 2.0 m/s로 달리다가 트랙 끝에서 용수철이 든 범퍼와 탄성 충돌했다. 범퍼의 용수철 상수가 2.0×10^6 N/m라면, 충돌하는 동안 용수철의 최대 압축 길이는 얼마인가? (a) 0.77 m (b) 0.58 m (c) 0.34 m (d) 1.07 m (e) 1.24 m

5. 질량이 0.40 kg인 물체가 용수철 상수가 8.0 N/m인 용수철에 매달려 단조화 운동을 하고 있다. 물체의 위치가 최대 변위인 0.10 m일 때 물체의 가속도 크기는 얼마인가? (a) 0 (b) 0.45 m/s² (c) 1.0 m/s² (d) 2.0 m/s² (e) 2.4 m/s²

6. 가벼운 용수철에 매달린 물체의 질량을 m에서 $9m$으로 바꾸면 단조화 진동하는 계의 진동수는 얼마로 변하는가? (a) $\frac{1}{9}$ (b) $\frac{1}{3}$ (c) 3.0 (d) 9.0 (e) 6.0

7. 진폭이 6.0 cm이고 마찰 없는 수평면 위에서 단진동 운동하는 물체-용수철 계의 에너지는 12 J이다. 물체의 질량을 두 배로 하고 단진동 운동의 진폭은 6.0 cm로 같게 할 경우 계의 에너지는 얼마인가? (a) 12 J (b) 24 J (c) 6 J (d) 48 J (e) 정답 없음

8. 연직으로 매달린 용수철 끝에 물체를 매달았다. 천천히 물체를 놓으면 용수철은 15.0 cm만큼 늘어난 후 평형 상태를 유지한다. 그리고 나서 물체를 처음 위치로 옮긴 다음 정지 상태에서 놓으면, 물체는 아래 방향으로 최대 몇 cm 움직이는가? (a) 7.5 cm (b) 15.0 cm (c) 30.0 cm (d) 60.0 cm (e) 질량과 용수철 상수 값이 주어지지 않으면 계산할 수 없다.

9. 단조화 진동자에 대한 다음 질문에 '예' 또는 '아니오'로 답하라. (a) 위치와 속도는 같은 부호인가? (b) 속도와 가속도는 같은 부호인가? (c) 위치와 가속도는 같은 부호인가?

10. 위쪽이 고정되어 있는 용수철 아래로 그림 OQ12.10a와 같이 물체가 매달려 있다. 진동하는 계의 진동수는 f이다. 처음 물체, 똑같은 두 번째 물체 그리고 용수철을 지구 근처를 돌고 있는 우주 왕복선에 가져와 두 물체를 용수철 양 끝에 매달았다. 그림 OQ12.10b와 같이 용수철 코일끼리 부딪치지 않을 정도로 압축시킨 후, 그림 OQ12.10c와 같이 우주 왕복선 객실 안에 떠 있는 동안 단조화 운동하도록 놓는다. 이 진동하는 계의 진동수는 얼마인가? (a) $\frac{f}{2}$ (b) $\frac{f}{\sqrt{2}}$ (c) f (d) $\sqrt{2} f$ (e) $2f$

그림 OQ12.10

주관식

12.1 용수철에 매달린 물체의 운동

1. 연직으로 놓인 용수철 위로 질량이 4.25 kg인 물체를 올려 놓았더니 용수철이 2.62 cm만큼 압축됐다. 이 용수철의 힘 상수를 구하라.

12.2 분석 모형: 단조화 운동을 하고 있는 입자

2. 임의의 시간 t에서 입자의 변위가 $x = 4.00 \cos(3.00\pi t + \pi)$로 주어진다. 여기서 x의 단위는 m이고 t의 단위는 s이다. 이 운동의 (a) 진동수, (b) 주기, (c) 진폭, (d) 위상 상수를 구하라. (e) $t = 0.250$ s에서 입자의 위치를 구하라.

3. 높이 4.00 m로부터 공이 떨어져 바닥과 탄성 충돌한다. 공기 저항에 의해 역학적 에너지를 잃지 않는다면, (a) 계속되는 운동이 주기적임을 보여라. (b) 주기를 구하라. (c) 이 운동이 단조화 운동인가? 결과를 설명하라.

4. 질량이 7.00 kg인 물체가 대들보와 연직으로 연결된 용수철의 밑 부분 끝에 매달려 있다. 물체가 연직 방향으로 주기 2.60 s로 진동한다. 용수철의 힘상수를 구하라.

5. x축을 따라 단조화 운동을 하는 입자가 $t = 0$에서 평형 위치인 원점에서 오른쪽으로 출발한다. 운동의 진폭은 2.00 cm이고 진동수는 1.50 Hz이다. (a) 시간의 함수로 입자의 위치에 대한 식을 구하라. (b) 입자의 최대 속력과 (c) 최대 속력을 가지게 되는 첫 번째 시간($t > 0$)을 구하라. (d) 입자가 갖는 양의 최대 가속도와 (e) 최대 가속도를 가지게 되는 첫 번째 시간($t > 0$)을 구하라. (f) 입자가 $t = 0$ s에서 1.00 s 사이에 움직인 전체 거리를 구하라.

6. 단조화 운동하는 물체의 처음 위치, 속도, 가속도가 각각 x_i, v_i, a_i이고, 각진동수는 ω이다. (a) 이 물체의 위치와 속도를 모든 시간에 대해 다음과 같이 쓸 수 있음을 보여라.

$$x(t) = x_i \cos \omega t + \left(\frac{v_i}{\omega}\right) \sin \omega t$$
$$v(t) = -x_i \omega \sin \omega t + v_i \cos \omega t$$

(b) 진폭을 A라 할 때 다음을 보여라.

$$v^2 - ax = v_i^2 - a_i x_i = \omega^2 A^2$$

7. 자동차 엔진의 피스톤이 단조화 운동을 한다. 이때 피스톤의 위치에 대한 식은 다음과 같다.

$$x = 5.00 \cos\left(2t + \frac{\pi}{6}\right)$$

여기서 x의 단위는 cm이고 t의 단위는 s이다. $t = 0$일 때 (a) 피스톤의 위치와 (b) 속도 그리고 (c) 가속도를 구하라. (d) 운동의 주기와 (e) 진폭을 구하라.

8. 힘상수가 8.00 N/m인 용수철에 매달린 0.500 kg의 물체가 10.0 cm의 진폭으로 진동한다. (a) 속력의 최댓값, (b) 가속도의 최댓값, 물체가 평형 위치로부터 6.00 cm에 있을 때, (c) 속력, (d) 가속도 그리고 (e) $x = 0$에서 $x = 8.00$ cm까지 물체가 움직이는 데 걸리는 시간을 구하라.

12.3 단조화 진동자의 에너지

9. 질량이 1 000 kg인 자동차가 안전 검사에서 벽돌로 만든 벽면을 향해 돌진한다. 범퍼는 힘상수가 5.00×10^6 N/m인

용수철처럼 거동해서 차가 정지할 때까지 3.16 cm 압축된다. 벽과 충돌하는 동안 역학적 에너지 손실이 전혀 없다고 가정하면, 충돌 전 차의 속력은 얼마인가?

10. 질량을 알지 못하는 물체가 용수철 상수 6.50 N/m인 용수철에 매달려 진폭 10.0 cm의 단조화 운동을 한다. 평형 위치와 끝점의 중간 지점에서 물체의 속력이 30.0 cm/s이다. (a) 물체의 질량을 구하라. (b) 주기를 구하라. (c) 물체의 최대 가속도를 구하라.

11. 수평으로 놓인 용수철에 질량 200 g의 물체가 부착된 상태에서 주기 0.250 s로 단조화 운동을 한다. 이 계의 전체 에너지는 2.00 J이다. 이 운동에서 (a) 용수철 힘상수와 (b) 진폭을 구하라.

12. 용수철 힘상수가 35.0 N/m인 용수철에 매달린 질량 50.0 g의 물체가 마찰이 없는 수평면 상에서 4.00 cm의 진폭으로 진동 운동하고 있다. (a) 이 계의 전체 에너지, (b) 물체가 1.00 cm 위치에 있을 때 물체의 속도를 구하라. 물체가 3.00 cm 위치에 있을 때, (c) 운동 에너지와 (d) 위치 에너지를 구하라.

13. 질량 2.00 kg의 물체가 마찰이 없는 수평면 상에 놓인 용수철에 매달려 있다. 용수철을 평형 위치(x축의 원점)로부터 0.200 m 당겨 정지 상태를 유지하는 데 20.0 N의 수평 방향 힘이 필요하다. 이 물체를 정지 상태에서 늘어난 길이에서 놓으면 단조화 운동을 하게 된다. 이때 (a) 용수철의 힘상수, (b) 운동의 진동수 그리고 (c) 물체의 최대 속력을 구하라. (d) 최대 속력은 어느 지점을 지날 때인가? (e) 물체의 최대 가속도를 구하라. (f) 최대 가속도는 어느 지점을 지날 때인가? (g) 진동하는 계의 전체 에너지를 구하라. 물체의 위치가 최대 변위의 $\frac{1}{3}$ 지점에 있을 때, 물체의 (h) 속력과 (i) 가속도를 구하라.

14. 단조화 운동을 하는 계의 진폭이 두 배가 됐다. (a) 전체 에너지의 변화를 계산하라. (b) 최대 속력의 변화를 계산하라. (c) 최대 가속도의 변화량을 계산하라. (d) 주기의 변화를 계산하라.

15. 한 입자가 진폭 3.00 cm로 단조화 운동을 한다. 속력이 최대 속력의 절반인 지점의 위치는 어디인가?

12.4 단진자

12.5 물리 진자

16. 평면 형태의 물리 진자가 0.450 Hz의 진동수로 단조화 운

동을 한다. 진자의 질량은 2.20 kg이며, 회전 중심점은 질량 중심으로부터 0.350 m 떨어져 있다. 회전 중심점에 대한 진자의 관성 모멘트를 구하라.

17. 평면 형태의 물리 진자가 f의 진동수로 단조화 운동을 한다. 진자의 질량은 m이며, 회전 중심점은 질량 중심으로부터 거리 d만큼 떨어져 있다. 회전 중심점에 대한 진자의 관성 모멘트를 구하라.

18. 질량 m인 입자가 반지름 R의 반구 형태의 그릇 내부에서 미끄러진다. 평형 위치로부터 작은 변위에 대해 입자가 길이 R의 단진자와 같은 각진동수로 단조화 운동을 한다는 것을 보여라. 즉 $\omega = \sqrt{g/R}$임을 보여라.

19. 그림 12.14의 물리 진자를 고려해 보자. (a) 질량 중심을 지나는 축(회전 중심점을 지나는 축에 평행함)에 대한 관성 모멘트를 I_{CM}이라 하자. 이 물리 진자의 주기가 다음과 같음을 보여라.

$$T = 2\pi \sqrt{\frac{I_{CM} + md^2}{mgd}}$$

여기서 d는 회전 중심점과 질량 중심 사이의 거리이다. (b) d가 $md^2 = I_{CM}$을 만족할 때, 주기가 최솟값이 됨을 보여라.

20. 질량이 0.250 kg이고 길이가 1.00 m인 단진자가 있다. 이 단진자를 평형 위치로부터 15.0° 각도의 위치에서 놓았다. 단조화 운동을 하고 있는 입자의 분석 모형을 이용해서, (a) 진자의 최대 속력, (b) 최대 각가속도, (c) 진자에 작용하는 최대 복원력을 구하라. (d) 앞 장에서 언급한 분석 모형을 이용해서 (a)에서 (c)까지를 구하라. (e) 구한 해를 비교하라.

12.6 감쇠 진동

21. $b^2 < 4mk$이면 식 12.29가 식 12.28의 해임을 보여라.

22. 길이 1.00 m의 단진자를 15.0°의 위치에서 놓는다. 1 000 s 후에 단진자의 각도가 마찰에 의해 5.50°로 감소된다. 이때 $\dfrac{b}{2m}$ 값은 얼마인가?

12.7 연결 주제: 구조물의 공명

23. 자전거나 오토바이를 타는 사람들은 도로의 돌출물, 특히 빨래판처럼 일정한 간격으로 울퉁불퉁한 곳을 조심하도록

배운다. 왜 빨래판 같은 돌출물이 위험할까? 오토바이는 여러 개의 용수철과 충격 흡수 장치가 달린 현가 장치를 갖췄지만, 하나의 용수철에 매달린 물체로 간단히 모형화할 수 있다. 덩치 큰 사람이 오토바이에 올라탈 때 얼마나 용수철이 압축되는지를 보고 이 용수철의 힘상수를 어림할 수 있다. 오토바이를 타고 고속으로 질주할 때, 특히 이 빨래판 같은 돌출물을 조심해야 한다. 위험한 빨래판 같은 돌출물의 간격은 어느 정도의 크기인가?

추가문제

24. 큰 물체 P가 진동수 $f = 1.50$ Hz로 마찰 없는 수평면에서 미끄러지면서 단조화 운동을 한다. 물체 B는 그림 P12.24에 나타난 것처럼 그 위에 정지해 있고 둘 사이의 정지 마찰 계수 $\mu_s = 0.600$이다. 물체 B가 미끄러지지 않는다면 계가 가질 수 있는 최대 진폭은 얼마인가?

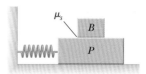

그림 P12.24

25. 중수소 분자(D_2)의 질량은 수소 분자(H_2)의 두 배이다. H_2 내부의 두 원자의 진동에서 진동수가 1.30×10^{14} Hz라면, D_2의 경우 이 진동수는 얼마인가? 두 분자의 원자 사이의 용수철 상수는 같다고 가정한다.

26. 질량이 0.500 kg인 입자가 힘상수가 50.0 N/m인 용수철에 연결되어 있다. $t = 0$인 순간에 입자는 최대 속력 20.0 m/s를 가지며 왼쪽으로 움직인다. (a) 위치를 시간의 함수로 나타내는 입자의 운동 방정식을 구하라. (b) 운동하는 동안 위치 에너지가 운동 에너지의 세 배가 되는 위치를 찾으라. (c) 입자가 $x = 0$인 위치에서 $x = 1.00$ m까지 움직이는 데 필요한 최소 시간을 구하라. (d) 같은 주기를 갖는 단진자의 길이를 구하라.

27. 그림 P12.27과 같이 힘상수가 각각 k_1과 k_2인 용수철에 질량이 m인 물체가 연결되어 있다. 용수철을 평형 위치로부터 변위시킨 후 놓으면 마찰이 없는 평면 위에서 운동한다. 두 경우에 물체가 다음과 같은 주기로 단조화 운동함을 보여라.

(a) $T = 2\pi \sqrt{\dfrac{m(k_1 + k_2)}{k_1 k_2}}$

(b) $T = 2\pi \sqrt{\dfrac{m}{k_1 + k_2}}$

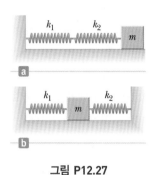

그림 P12.27

28. 힘상수 $k = 100 \, \text{N/m}$ 인 가벼운 용수철의 한쪽 끝은 연직 벽에 고정되어 있다. 가벼운 줄의 한쪽은 수평으로 놓인 용수철의 한쪽 끝에 연결되어 있다. 그림 P12.28에 보인 것처럼 가벼운 줄은 반지름이 $R = 2.00 \, \text{cm}$ 이고 질량이 M 인 속이 찬 원판 모양의 도르래에 의해 수평 방향에서 연직 방향으로 바뀐다. 도르래는 고정된 매끄러운 축에 대해 자유로이 회전할 수 있다. 연직 방향의 가벼운 줄에는 질량 $m = 200 \, \text{g}$ 의 물체가 매달려 있으며, 가벼운 줄은 도르래에서 미끄러지지 않는다. 물체를 아래 방향으로 조금 당긴 다음 놓는다. (a) 물체의 각진동수 ω 를 질량 M 으로 나타내라. (b) 물체가 가질 수 있는 최대 각진동수는 얼마인가? (c) 도르래의 반지름이 두 배인 $R = 4.00 \, \text{cm}$ 로 되면 물체가 가질 수 있는 최대 각진동수는 얼마인가?

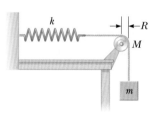

그림 P12.28

역학적 파동 Mechanical Waves

Stefano Cellai/AGE Fotostock

스위스의 발레(Valais)에서 세 사람이 알펜호른(기다란 나무 피리)을 연주하고 있다. 이 장에서는 이와 같이 큰 악기에서 나오는 음파의 거동을 공부한다.

대부분의 사람들은 어렸을 때 연못에 조약돌을 던져 파동을 만들어 본 경험이 있을 것이다. 연못에 조약돌을 던지면 교란(요동)이 생기고 그 지점을 중심으로 물결이 만들어져 퍼져 나가 결국 물가까지 다다르게 된다. 조약돌이 떨어진 주위의 나뭇잎을 주의 깊게 봤다면 나뭇잎은 단지 원래 위치에서 위아래, 좌우로만 움직일 뿐 조약돌을 던져서 만든 파문의 중심 방향이나 그 반대 방향으로 쓸려 가지 않음을 알 수 있을 것이다. 물에서 이 **교란**은 멀리 퍼져 나가지만 **물의 요소**(미세 부분)들은 매우 작은 거리에서 진동할 뿐이다. 이것이 파동 운동의 본질이다.

세상은 음파, 줄의 진동파, 지진파, 라디오파, X선 등 많은 종류의 파동으로 가득 차 있다. 파동은 대개 두 부류로 나눌 수 있다. 그중 한 부류는, 매질을 교란하고 그 매질을 통해 전달되는 **역학적 파동**(mechanical wave)이다. 역학적 파동의 예로는 물에서의 수면파, 공기를 매질로 하는 음파가 있다. **전자기파**(electromagnetic wave)는 9.2절에서 다룬 에테르의 부재에 관한 논의처럼, 파동이 전달되기 위한 매질을 필요로 하지 않는 특별한 경우인데, 빛과 라디오파는 이것의 친숙한 예이다. 이 장에서는 역학적 파동만 다루고, 전자기파는 24장에서 다루도록 한다.

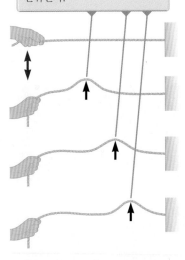

펄스가 줄을 따라 진행함에 따라, 줄의 새 요소는 평형 위치로부터 변위된다.

그림 13.1 팽팽한 줄의 한 끝을 손으로 잡고 위아래로 한 번 흔들면(빨간 화살표), 줄을 따라 펄스가 진행한다.

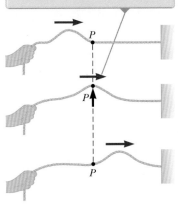

줄 위의 한 점 P의 변위 방향은 진행 방향(빨간 화살표)에 수직이다.

그림 13.2 팽팽한 줄을 따라 진행하는 횡파에 대한 특정한 줄 요소의 변위

13.1 | 파동의 전파 Propagation of a Disturbance

서론에서 언급한 파동 운동의 핵심은 **물질**의 전달이 없이도 공간을 통한 **파동**의 전달이다. 파동의 전파는 에너지의 전달을 의미한다. 따라서 파동을 에너지의 전달 방법으로도 볼 수 있다. 7.1절에서 논한 에너지 전달 방법에서 두 가지 항목이 파동과 관련이 있다. 역학적 파동과 전자기 복사이다. 이 파동들은 물질이 공간을 통해 운동함으로써 에너지가 전달되는 것과 대비된다.

모든 파동이 에너지를 운반하지만 매질을 통해 전파되는 에너지양과 에너지 전달 방식은 경우에 따라 다르다. 예를 들면 폭풍이 불 때 파도의 에너지는 음악 연주에 의한 음파의 에너지보다 훨씬 크다.

이 장에서 논의할 모든 역학적 파동은 (1) 파원(source of disturbance), (2) 매질 그리고 (3) 매질 내의 한 점과 서로 이웃한 점 사이의 물리적인 관계에 의해 결정된다. 이 마지막 필요 조건은 한 요소의 파동이 다음 요소의 파동을 만듦으로써 매질을 통해 전파되게 한다.

파동을 보여 주는 한 가지 방법은 그림 13.1처럼 기다란 끈의 한쪽을 벽에 고정시키고 팽팽하게 잡은 상태에서 다른 쪽을 한 번 흔들어주는 것이다. 이때 하나의 **펄스**(pulse)가 형성되어 유한한 속력을 가지고 오른쪽으로 줄을 따라서 이동한다. 손은 파원이고 줄은 펄스가 진행하는 매질이다. 그림 13.1은 펄스가 전해지는 과정을 차례로 보여 준다. 펄스의 모양은 줄을 따라서 이동하는 동안 거의 일정하다.

펄스가 진행함에 따라, 줄의 각 요소는 전파 방향에 수직인 방향으로 움직인다. 그림 13.2는 특정한 점 P에서의 운동을 예로 든 것이다. 전파되는 방향으로는 줄의 어느 부분도 이동하지 않았음에 주목하자. 이와 같이 매질의 요소가 전파되는 방향과 **수직인** 방향으로 움직이는 진행파 또는 펄스를 **횡파**(transverse wave)라 한다.

또 다른 종류의 역학적 파동인 **종파**(longitudinal wave)의 경우, 매질의 요소가 전파되는 방향에 **평행한** 변위를 갖는다. 예를 들어 공기 중 음파는 종파이다. 여기서 음파는 교란에 의해 생기는 압력이 높은 영역과 낮은 영역이 연속적으로 반복되며 특정한 속력으로 공기나 다른 물질을 통해 전파된다. 종파 펄스는 그림 13.3과 같이 당겨진 용수철에서 쉽게 만들 수 있다. 고정되지 않은 쪽 코일 몇 개가 좌우로 흔들린다. 이 움직임에 의해 코일의 압축된 모양으로 펄스가 용수철을 따라 진행한다.

지금까지 살펴본 진행하는 펄스의 그림 표현으로부터 이런 펄스 모형을 마음속으로 만들 수 있기 바란다. 이 펄스의 전파에 대한 수학적 표현을 만들어 보자. 그림

종파를 만들기 위해 손을 앞뒤로 한 번 흔든다.

펄스가 지나감에 따라, 용수철 코일의 변위는 전파되는 방향과 평행하다.

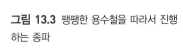

그림 13.3 팽팽한 용수철을 따라서 진행하는 종파

13.4와 같이 일정한 속력 v로 줄의 오른쪽으로 진행하는 펄스를 생각하자. 이 펄스는 x축을 따라 이동하고 위치 y로 줄의 횡변위를 나타낸다.

그림 13.4a는 $t = 0$에서 펄스의 모양과 위치를 나타낸다. 이때 펄스의 모양은 어떤 모양이든지 간에, 수학적인 함수 $y(x, 0) = f(x)$의 형태로 나타낼 수 있다. 이 함수는 시간 $t = 0$에서 각각의 x값에 대한 줄 요소의 수직 위치 y를 나타낸다. 펄스의 속력은 v이므로, t초 후에 펄스는 그림 13.4b와 같이 거리 vt만큼 오른쪽으로 진행한다. 여기서 펄스의 모양은 시간이 지남에 따라 변하지 않는다는 간단한 모형을 이용하자.[1] 그러면 그림 13.4a에서처럼, 시간 t일 때의 펄스 모양은 $t = 0$일 때의 것과 같다. 따라서 이 시간 t에서 수평 지점 x에서 줄의 요소 y값은 $t = 0$일 때 수평 지점 $x - vt$에서의 y값과 같다.

$$y(x, t) = y(x - vt, 0)$$

일반적으로 원점이 O인 정지 기준틀에서 측정할 때, 모든 x와 t에서의 위치 y는 다음과 같이 쓸 수 있다.

$$y(x, t) = f(x - vt) \quad \text{(오른쪽으로 진행하는 펄스)} \qquad \textbf{13.1}$$

펄스가 왼쪽으로 진행한다면, 줄 요소의 위치는 다음과 같다.

$$y(x, t) = f(x + vt) \quad \text{(왼쪽으로 진행하는 펄스)} \qquad \textbf{13.2}$$

이때 y는 두 변수 x와 t의 함수로서 **파동 함수**(wave function)라 한다. 이런 이유로 $y(x, t)$로 기술하며, 이를 'x와 t의 함수 y'라고 읽는다.

y의 의미를 이해하는 것이 중요하다. 그림 13.4에서 줄 위의 한 특별한 점 P를 생각해 보자. 펄스가 점 P를 지날 때 P의 y좌표는 증가해서 최대가 된 후 다시 영으로 감소한다. 따라서 파동 함수 $y(x, t)$는 임의의 시간 t에서 요소의 위치가 x일 때 점 P의 y좌표를 나타낸다. 더욱이 t를 고정하면(예를 들어 펄스의 스냅 사진을 찍는 것처럼), **파형**(waveform)이라고 하는 파동 함수 $y(x)$는 이 시간에서 펄스의 실제 형태를 나타내는 곡선으로 정의된다. 이 곡선은 이 시간에서 펄스의 기하학적인 모양을 나타낸다.

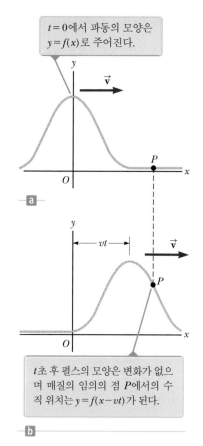

$t = 0$에서 파동의 모양은 $y = f(x)$로 주어진다.

ⓐ

t초 후 펄스의 모양은 변화가 없으며 매질의 임의의 점 P에서의 수직 위치는 $y = f(x - vt)$가 된다.

ⓑ

그림 13.4 속력 v로 오른쪽으로 진행하는 일차원 펄스

퀴즈 13.1 (**i**) 차표를 사기 위해 사람들이 일렬로 길게 서 있다가 맨 앞 사람이 떠나면 간격을 메꾸기 위해 사람들이 앞으로 다가감에 따라 펄스 운동이 일어난다. 각자가 앞으로 걸어감에 따라 간격이 줄을 따라 움직인다. 이 간격의 전파는 (a) 횡파인가 (b) 종파인가? (**ii**) 야구 경기의 파도타기에서 '파동'을 고려하자. 각자가 자신의 위치에 파동이 도달하면 일어나서 손을 위로 든다. 그 결과 경기장 전체에 펄스 운동이 발생한다. 이 파동은 (a) 횡파인가 (b) 종파인가?

---

[1] 실제로는 진행하는 동안 펄스의 모양이 점점 퍼지면서 바뀐다. 이 현상을 **분산**이라 하며, 많은 역학적 파동에서 항상 일어나지만 여기서는 이 현상을 무시하는 간단한 모형을 사용하기로 한다.

예제 13.1 | 오른쪽으로 움직이는 펄스

x축을 따라 오른쪽으로 움직이는 펄스의 파동 함수가 다음과 같다.

$$y(x,\ t) = \frac{2}{(x - 3.0t)^2 + 1}$$

여기서 x와 y의 단위는 cm이고 t의 단위는 s이다. $t = 0$, $t = 1.0\ \mathrm{s}$, $t = 2.0\ \mathrm{s}$에서 파동 함수 식을 구하라.

풀이

개념 그림 13.5a에서는 $t = 0$일 때 이 파동을 나타내는 펄스가 나타나 있다. 이 펄스가 오른쪽으로 이동해서 그림 13.5b와 13.5c에서 제시된 것처럼, 모양이 일정하다고 가정한다.

분류 예제는 펄스에 대한 수학적 표현을 보여 주는 비교적 간단한 분석 문제로 분류할 수 있다.

분석 파동 함수는 $y = f(x - vt)$의 형태이다. $y(x,\ t)$의 식을 살펴보고 식 13.1과 비교해 보면 파동의 속력 $v = 3.0$ cm/s이다. 또한 $x - 3.0t = 0$으로부터 y의 최댓값 $A = 2.0$ cm임을 알 수 있다.

$t = 0$에서의 파동 함수 식을 쓴다.

$$y(x,\ 0) = \frac{2}{x^2 + 1}$$

$t = 1.0\ \mathrm{s}$에서 파동 함수 식을 쓴다.

$$y(x,\ 1.0) = \frac{2}{(x - 3.0)^2 + 1}$$

$t = 2.0\ \mathrm{s}$에서 파동 함수 식을 쓴다.

$$y(x,\ 2.0) = \frac{2}{(x - 6.0)^2 + 1}$$

이 식을 이용해서 각각의 시간에 대해서 x와 y의 함수의 도표로 그린 것이 그림 13.5에서 세 가지 그림으로 나타나 있다.

결론 이 스냅 사진은 모양의 변형 없이 오른쪽으로 3.0 cm/s의 속력으로 이동하는 펄스를 보여 준다.

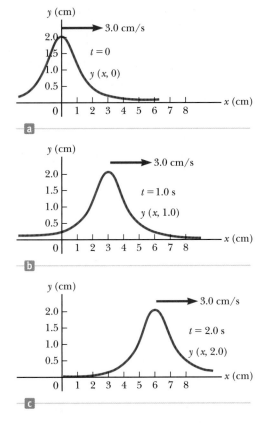

그림 13.5 (예제 13.1) 함수 $y(x,\ t) = 2/[(x - 3.0\ t)^2 + 1]$의 (a) $t = 0$, (b) $t = 1.0\ \mathrm{s}$, (c) $t = 2.0\ \mathrm{s}$에서의 그래프

문제 파동 함수가 다음과 같을 경우 모든 것들이 어떻게 바뀌나?

$$y(x,\ t) = \frac{4}{(x + 3.0\ t)^2 + 1}$$

답 이 식에서 분모에 $(-)$ 부호 대신 $(+)$ 부호가 있다. 새 식은 그림 13.5와 비슷한 펄스 모양이지만 왼쪽으로 진행한다. 새 식의 분자에는 2 대신 4가 있기 때문에, 그림 13.5의 것보다 최고점의 높이가 두 배인 펄스를 나타낸다.

13.2 | 분석 모형: 진행파 Analysis Model: Traveling Wave

이 절에서는 모양이 그림 13.6과 같은 중요한 파동 함수를 소개하고자 한다. 이런 곡선으로 나타내는 파동은 함수 $\sin \theta$의 곡선과 같아서 **사인형 파동**(sinusoidal wave)이라고 한다. 그림 13.1에서 밧줄의 끝을 단조화 운동으로 위아래로 흔들어서 사인형 파동을 얻을 수 있다.

사인형 파동은 연속적인 주기 파동의 가장 간단한 예로서, 더 복잡한 파동을 만들 때에 사용된다. 그림 13.6에서 갈색 곡선은 $t = 0$에서 진행하는 사인형 파동의 스냅 사진을 나타내고, 파란색 곡선은 t초 후 파동의 스냅 사진을 나타낸다. 가능한 두 가지 종류의 운동을 상상해 보라. 첫째로 그림 13.6의 완전한 파형이 오른쪽으로 이동하여 갈색 곡선이 오른쪽으로 이동하고, 결국 파란색 곡선의 위치에 도달하게 된다. 이런 이동이 **파동**의 운동이다. 만일 $x = 0$에 있는 매질의 한 요소에 초점을 맞춘다면, 각 요소는 y축을 따라서 단조화 운동을 하며 상하로 움직이는 것을 알 수 있다. 이런 이동이 **매질 요소**의 운동이다. 파동의 운동과 매질 요소의 운동 간의 차이를 아는 것은 중요하다.

이 교재의 앞 장들에서 세 가지 단순화시킨 모형(입자, 계, 강체)을 이용해서 몇 가지 분석 모형을 보였다. 여러 가지 파동을 소개함으로써 단순화된 새 **파동 모형**을 개발할 수 있고, 이로써 문제 풀이를 위해 활용할 수 있는 더 많은 분석 모형을 갖게 된다. 이상적인 입자는 크기가 영이다. 우리는 입자들을 조합해서 크기가 있는 물리적인 물체를 만들 수 있다. 따라서 입자를 기본 구성 요소로 볼 수 있다. 이상적인 파동은 하나의 진동수를 갖고 길이는 무한대인데, 말하자면 파동이 우주 전체에 걸쳐 놓여 있다는 뜻이다 (유한한 길이의 파동은 필연적으로 여러 개의 진동수가 합성되어야 한다).

아래에서 **진행파**(traveling wave)라는 분석 모형에 대한 특징과 수학적인 기술을 다루고, 이 모형을 이용해서 파동이 다른 파동이나 입자와의 상호 작용 없이 공간을 이동할 수 있음을 보일 것이다.

그림 13.7a에서 매질을 통해 진행하는 파동을 볼 수 있다. 그림 13.7b에서는 시간의 함수로서 한 매질 요소의 위치 그래프를 볼 수 있다. 그림 13.7a에서 기준 위치로부터 요소의 변위가 최고인 점을 파동의 **마루**(crest)라고 하고 최저인 점을 파동의 **골**(trough)이라 한다. 한 마루에서 다음 마루까지의 거리를 **파장**(wavelength) λ(그리스 문자 람다)라고 한다. 더 일반적으로 파장은 어떤 파동의 한 점과 같은 변위를 가지는 가장 인접한 점 사이의 거리이며, 그림 13.7a에서 볼 수 있다.

만일 공간의 주어진 점에서 두 이웃한 마루가 도착하는 시간을 잰다면, 파동의 **주기**(period) T를 측정하는 것이다. 일반적으로 그림 13.7b에 보인 것처럼 주기는 한 파장이 이동하는 데 걸리는 시간이다. 파동의 주기는 매질 요소의 단조화 진동의 주기와 같다.

주기의 역수는 **진동수**(frequency) f이다. 일반적으로 주기적인 파동의 진동수는 단위 시간당 주어진 점을 지나가는 마루의 수이다. 사인형 파동의 진동수는 주기의 역수이다.

$$f = \frac{1}{T}$$ 13.3

파동의 진동수는 매질 요소의 단조화 진동의 진동수와 같다. 진동수에 대한 가장 일반적인 단위는 12장에서 배운 s^{-1} 또는 **헤르츠**(Hz)이며, T의 단위는 초(s)이다.

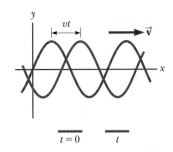

그림 13.6 속력 v로 오른쪽으로 진행하는 일차원 사인형 파동. 갈색 곡선은 $t = 0$에서의 파동의 상태를 나타내고, 파란색 곡선은 t초 후의 상태를 나타낸다.

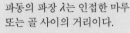

파동의 파장 λ는 인접한 마루 또는 골 사이의 거리이다.

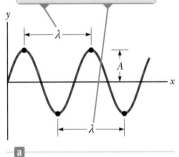

파동의 주기 T는 매질 요소가 한 번 진동하는 데 걸리는 시간 또는 파동이 한 파장을 진행하는 데 걸리는 시간이다.

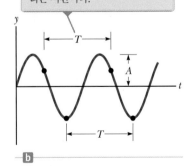

그림 13.7 (a) 사인형 파동의 스냅 사진 (b) 시간의 함수로 표시된 한 매질 요소의 위치

오류 피하기 | 13.1

그림 13.7a와 13.7b의 차이점은 무엇 인가? 그림 13.7a와 13.7b는 언뜻 보면 비슷해 보인다. 그림 13.7a와 13.7b의 형태는 동일하지만, 그림 13.7a는 수직 위치 대 수평 위치의 그래프이고, 그림 13.7b는 수직 위치 대 시간의 그래프를 나타내고 있다. 그림 13.7a는 파동에서 **일련의 매질 요소의 변위**를 나타내고 있는 그림으로 어떤 순간에의 모습이다. 그림 13.7b는 **매질 요소의 변위를 시간에 대한 함수**로 나타낸 그림이다. 두 그림이 다 식 13.1에 의해 그려지므로 두 그림이 동일한 모양인 것은 당연하다. 파동은 위치와 시간의 함수이다.

그림 13.7에 나타낸 것처럼 매질 요소의 평형으로부터의 최대 위치를 파동의 **진폭** (amplitude) A라고 한다.

파동은 매질의 성질에 의존하는 특정한 속력으로 전파된다. 예를 들면 음파의 속력은 20 °C의 공기 중에서 약 343 m/s이고, 매질이 고체인 경우에는 대부분 343 m/s 보다 더 빨라진다.

그림 13.7a에서 $t = 0$일 때의 파동의 위치를 보이는 사인형 파동을 고려해 보자. 파동은 사인형이므로 파동 함수를 이 순간에 $y(x, 0) = A \sin ax$로 나타낼 수 있다. 여기서 A는 진폭이고, a는 구할 상수이다. $x = 0$일 때 $y(0, 0) = A \sin a(0) = 0$이며 그림 13.7a와 일치한다. y가 영이 되는 x의 다음 값은 $x = \lambda/2$이다. 그러므로 다음과 같이 쓸 수 있다.

$$y\left(\frac{\lambda}{2}, 0\right) = A \sin\left(a\frac{\lambda}{2}\right) = 0$$

이 식이 성립하려면 $a\lambda/2 = \pi$ 또는 $a = 2\pi/\lambda$ 값을 가져야 한다. 그래서 사인형 파동이 통과하는 매질 요소들의 위치를 나타내는 함수는 다음과 같다.

$$y(x, 0) = A \sin\left(\frac{2\pi}{\lambda} x\right) \tag{13.4}$$

여기서 상수 A는 파동의 진폭이고, 상수 λ는 파장이다. 따라서 임의의 점에서 수직 변위는 x가 λ의 정수배만큼 증가할 때마다 같은 값이 된다. 식 13.1에서 설명한 것을 기초로 해서, 파동이 오른쪽으로 v의 속력으로 움직일 때, 시간 t 후의 파동 함수는 다음과 같다.

$$y(x, t) = A \sin\left[\frac{2\pi}{\lambda}(x - vt)\right] \tag{13.5}$$

파동이 왼쪽으로 진행하는 경우에는 식 13.1과 13.2에서 배운 바와 같이 $x - vt$가 $x + vt$로 바뀌게 됨에 주목한다.

정의에 따라 파동이 한 파장 λ를 이동하는 데 걸리는 시간을 주기 T라고 한다. 그러므로 파동의 속력, 파장 그리고 주기 사이의 관계식은 다음과 같다.

$$v = \frac{\Delta x}{\Delta t} = \frac{\lambda}{T} \tag{13.6}$$

v에 대한 이 식을 식 13.5에 대입하면 다음과 같이 된다.

$$y = A \sin\left[2\pi\left(\frac{x}{\lambda} - \frac{t}{T}\right)\right] \tag{13.7}$$

이 파동 함수의 식은 y의 **주기성**을 잘 보여 준다. 우리는 종종 $y(x, t)$보다는 y를 이용한다. 임의의 주어진 시간 t에서 y는 x, $x + \lambda$, $x + 2\lambda$ 등에서 **같은** 값을 갖는다. 더욱이 임의의 주어진 위치 x에서 y의 값은 시간 t, $t + T$, $t + 2T$ 등에서 같은 값을 갖는다.

새로운 두 가지 양을 정의해서 파동 함수를 간단한 형태로 바꿀 수 있다. 두 양은 **파**

수(wave number) k와 **각진동수**(angular frequency) ω로 다음과 같이 정의한다.

$$k \equiv \frac{2\pi}{\lambda}$$

13.8 ▶ 파수

$$\omega \equiv \frac{2\pi}{T} = 2\pi f$$

13.9 ▶ 각진동수

이 정의를 이용해서 식 13.7을 다음과 같이 다시 쓸 수 있다.

$$y = A \sin(kx - \omega t)$$

13.10 ▶ 사인형 파동의 파동 함수

식 13.3, 13.8, 13.9를 이용해서 원래 식 13.6으로 주어진 파동의 속력 v를 다음과 같이 나타낼 수 있다.

$$v = \frac{\omega}{k}$$

13.11

$$v = \lambda f$$

13.12 ▶ 사인형 파동의 속력

식 13.10에 주어진 파동 함수는 $x = 0$, $t = 0$에서 매질 요소의 위치 y가 영이라고 가정한 것이지만, 일반적으로 그럴 필요는 없다. 이런 경우, 일반적인 형태의 파동 함수는 다음과 같이 표현한다.

$$y = A \sin(kx - \omega t + \phi)$$

13.13 ▶ 사인형 파동의 일반적인 식

여기서 ϕ는 12장의 주기 운동에서 배운 **위상 상수**(phase constant)로서, 처음 조건에 의해 결정된다. 진행파 분석 모형의 수학적인 표현에서 주요한 식들은 식 13.3, 13.10, 13.12이다.

◀ **퀴즈 13.2** 진동수 f인 사인형 파동이 팽팽한 줄을 따라서 이동한다. 이 진동을 멈춘 다음 두 번째로 진동수 $2f$인 파동을 만든다. **(i)** 두 번째 파동의 속력은 얼마인가? (a) 첫 번째 파동의 두 배 (b) 첫 번째 파동의 절반 (c) 첫 번째 파동과 같음 (d) 알 수 없다. **(ii)** 동일한 상황에서 두 번째 파동의 파장에 대해 설명하라. **(iii)** 동일한 상황에서 두 번째 파동의 진폭에 대해 설명하라.

◀ **예제 13.2 | 진행하는 사인형 파동**

$+x$ 방향으로 진행하는 사인형 파동이 있다. 진폭이 15.0 cm, 파장이 40.0 cm, 진동수가 8.00 Hz이며, $t = 0$과 $x = 0$에서 매질 요소의 수직 위치는 그림 13.8과 같이 15.0 cm이다.

(A) 파수 k, 주기 T, 각진동수 ω 및 파동의 속력 v를 구하라.

풀이

개념 그림 13.8에 $t = 0$일 때의 파동이 나타나 있다. 파동이 모양을 그대로 유지하면서 오른쪽으로 이동한다고 상상해 보자.

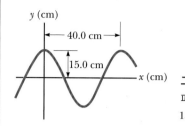

그림 13.8 (예제 13.2)
파장 $\lambda = 40.0$ cm, 진폭 $A = 15.0$ cm인 사인형 파동

분류 앞의 본문에서 설명하고 유도된 식들을 이용해서 변수를 구하는 것이므로, 이 예제를 대입 문제로 분류한다.
식 13.8로부터 파수를 계산한다.

$$k = \frac{2\pi}{\lambda} = \frac{2\pi \text{ rad}}{40.0 \text{ cm}} = \boxed{15.7 \text{ rad/m}}$$

식 13.3으로부터 파동의 주기를 계산한다.

$$T = \frac{1}{f} = \frac{1}{8.00 \text{ s}^{-1}} = \boxed{0.125 \text{ s}}$$

식 13.9로부터 파동의 각진동수를 계산한다.

$$\omega = 2\pi f = 2\pi(8.00 \text{ s}^{-1}) = \boxed{50.3 \text{ rad/s}}$$

식 13.12로부터 파동 속력을 계산한다.

$$v = \lambda f = (40.0 \text{ cm})(8.00 \text{ s}^{-1}) = \boxed{3.20 \text{ m/s}}$$

(B) 위상 상수 ϕ와 파동 함수를 구하라.

풀이

$A = 15.0$ cm, $y = 15.0$ cm, $x = 0$ 그리고 $t = 0$을 식 13.13에 대입한다.

$$15.0 = (15.0)\sin\phi \;\rightarrow\; \sin\phi = 1 \;\rightarrow\; \phi = \frac{\pi}{2} \text{ rad}$$

파동 함수를 쓴다.

$$y = A\sin\left(kx - \omega t + \frac{\pi}{2}\right) = A\cos(kx - \omega t)$$

A, k, ω의 SI 단위 값을 이 식에 대입한다.

$$y = \boxed{0.150\cos(15.7x - 50.3t)}$$

선형 파동 방정식 The Linear Wave Equation

그림 13.1에서 긴 줄을 위아래로 한 번 흔들어서 펄스를 만드는 방법을 보였다. 연속적인 펄스를 간단히 파동이라고 하고, 손으로 흔드는 대신 단조화 운동하는 진동자로 파동을 만들 수 있다. 그림 13.9는 한 주기 T의 1/4 간격마다의 순간적인 파형을 나타낸다. 진동자가 단조화 운동하므로 P와 같이 줄에서의 각 요소는 y 방향으로 단조화 운동을 한다. 그러므로 줄의 각 부분들을 진동자의 진동수와 같은 진동수를 갖는 단조화 진동자로 취급할 수 있다.[2] 비록 줄의 각 요소는 y 방향으로 진동하지만, 파동은 x 방향으로 속력 v로 전달된다. 물론 이것은 횡파의 정의에 부합한다.

만일 $t = 0$에서 줄의 모습이 그림 13.9a와 같다면, 파동 함수는 다음과 같이 쓸 수 있다.

$$y = A\sin(kx - \omega t)$$

이 식은 줄의 어떤 요소의 운동에도 적용할 수 있다. 점 P(또는 줄에서 어떤 다른 점)는 수직 운동을 하므로 x 좌표는 항상 상수로 남는다. 그러므로 줄 요소의 **횡속력**(transverse speed) v_y와 **횡가속도**(transverse acceleration) a_y는 다음과 같이 주어진다(파동 속력 v와 혼동하지 말라).

---

[2] 이 같은 운동 배열에서 줄의 각 요소들은 항상 수직선 상에서 진동한다고 가정한다. 만약 줄 요소가 수평 양쪽으로도 이동한다고 하면, 줄의 장력이 변화한다. 이 경우 해석은 매우 복잡해질 것이다.

$$v_y = \frac{dy}{dt}\Big]_{x=\text{constant}} = \frac{\partial y}{\partial t} = -\omega A \cos(kx - \omega t) \qquad \textbf{13.14}$$

$$a_y = \frac{dv_y}{dt}\Big]_{x=\text{constant}} = \frac{\partial v_y}{\partial t} = \frac{\partial^2 y}{\partial t^2} = -\omega^2 A \sin(kx - \omega t) \qquad \textbf{13.15}$$

위 식들에서는 y가 x와 t의 복합 함수이기 때문에 편미분을 포함하고 있다. 예를 들면 $\partial y/\partial t$는 x를 상수로 고정시킨 상태에서 t에 대해 미분한 것이다. 횡속력과 횡가속도의 최대 크기는 다음과 같다.

$$v_{y,\,\text{max}} = \omega A \qquad \textbf{13.16}$$

$$a_{y,\,\text{max}} = \omega^2 A \qquad \textbf{13.17}$$

또한 횡속력과 횡가속도의 크기는 동시에 최댓값을 가질 수 없다. 사실상 횡속력은 변위 $y = 0$일 때 최댓값(ωA)을 갖고, 횡가속도의 크기는 $y = \pm A$일 때 최댓값($\omega^2 A$)을 갖는다. 결국 식 13.16과 13.17은 단조화 운동의 식 12.17과 12.18에 대응되는 식이다.

> ◢ **퀴즈 13.3** 다른 변수는 고정시킨 후 파동의 진폭을 두 배로 했다. 그 결과 다음 중 옳은 것은 어느 것인가? (**a**) 파동의 속력이 변한다. (**b**) 파동의 진동수가 변한다. (**c**) 매질 요소가 갖는 최대 횡속력이 변한다. (**d**) (a) (b) (c) 모두 옳다. (**e**) (a) (b) (c) 모두 틀리다.

식 13.14와 13.15에서 시간에 대한 미분했듯이, 고정된 시간에서 파동 함수(식 13.10)의 위치에 대해 미분해 보자.

$$\frac{dy}{dx}\Big]_{t=\text{constant}} = \frac{\partial y}{\partial x} = kA \cos(kx - \omega t) \qquad \textbf{13.18}$$

$$\frac{d^2 y}{dx^2}\Big]_{t=\text{constant}} = \frac{\partial^2 y}{\partial x^2} = -k^2 A \sin(kx - \omega t) \qquad \textbf{13.19}$$

식 13.15와 13.19을 비교하면 다음을 알 수 있다.

$$A \sin(kx - \omega t) = -\frac{1}{k^2}\frac{\partial^2 y}{\partial x^2} = -\frac{1}{\omega^2}\frac{\partial^2 y}{\partial t^2} \;\rightarrow\; \frac{\partial^2 y}{\partial x^2} = \frac{k^2}{\omega^2}\frac{\partial^2 y}{\partial t^2}$$

식 13.11을 이용해서 다음과 같이 다시 쓸 수 있다.

$$\frac{\partial^2 y}{\partial x^2} = \frac{1}{v^2}\frac{\partial^2 y}{\partial t^2} \qquad \textbf{13.20}$$

▶ 선형 파동 방정식

이것은 **선형 파동 방정식**(linear wave equation)으로 알려져 있다. 어떤 상황을 분석해서 그 상황을 표현하는 어떤 함수가 이런 종류의 도함수들의 관계식을 가진다면, 파동 운동이 생기고 있는 것이다. 식 13.20은 진행파 모형을 나타내는 미분 방정식이다. 이 식의 해는 **선형 역학적 파동**(linear mechanical wave)을 묘사한다. 우리는 매질을 통해 진행하는 사인형 역학적 파동에서 선형 파동 방정식을 얻었지만, 이 파동

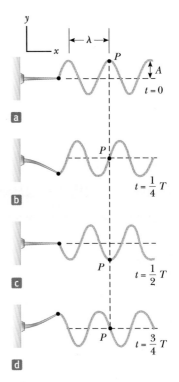

그림 13.9 줄에서 사인형 파동을 만드는 방법. 줄의 왼쪽 끝은 진동하는 진동자에 연결되어 있다. 네 개의 그림은 점 P가 수직 방향으로 단조화 운동하는 것을 보여 준다.

> **오류 피하기 | 13.2**
> **두 종류의 속력/속도** 줄을 따라 전파되는 파동의 속력 v와 줄 요소의 횡속도인 v_y와 혼동하지 말라. 속력 v는 균일한 매질에서 일정하지만 v_y는 사인형으로 변한다.

방정식은 보다 더 일반적이다. 이 선형 파동 방정식은 줄에서의 파동, 음파, 그리고 전자기파[3]를 성공적으로 묘사한다. 이에 더해, 우리가 공부한 사인형 파동이 식 13.20의 해이지만, 이 식의 일반해는 13.1절에서 논의한 $y(x, t) = f(x \pm vt)$인 형태의 모든 함수이다.

비선형파는 분석하기에 더욱 어렵지만, 현대의 연구 분야, 특히 광학에서 중요하다. 비선형 역학적 파동의 예로 파장에 비해 진폭이 작지 않은 경우를 들 수 있다.

예제 13.3 | 선형 파동 방정식의 해

예제 13.1에 나타낸 파동 함수가 선형 파동 방정식의 해임을 증명하라.

풀이

개념화 펄스를 나타내고 있는 그림 13.5를 다시 보자. 펄스가 세 그림에서 나타낸 것과 같이 오른쪽으로 움직인다고 하자.

분류 이것은 식별 가능한 파장이나 진동수를 가지고 있지 않은 단일 펄스의 움직임이므로 진행파 모형의 예는 아니다. 그러나 선형 파동 방정식은 파동이나 펄스의 두 경우 모두 적용할 수 있다.

분석 파동 방정식에 대한 식을 쓴다.

$$y(x, t) = \frac{2}{(x - 3.0t)^2 + 1}$$

x와 t에 대해 이 함수의 편미분을 구한다.

$$(1) \quad \frac{\partial^2 y}{\partial x^2} = \frac{12(x - 3.0t)^2 - 4.0}{[(x - 3.0t)^2 + 1]^3}$$

$$(2) \quad \frac{\partial^2 y}{\partial t^2} = \frac{108(x - 3.0t)^2 - 36}{[(x - 3.0t)^2 + 1]^3}$$
$$= 9.0 \frac{[12(x - 3.0t)^2 - 4.0]}{[(x - 3.0t)^2 + 1]^3}$$

식 (1)과 (2)를 이용해서 두 식 사이의 관계를 구한다.

$$\frac{\partial^2 y}{\partial x^2} = \frac{1}{9.0} \frac{\partial^2 y}{\partial t^2}$$

결론 이 결과와 식 13.20을 비교해 보면, 이 파동 함수는 펄스가 3.0 cm/s로 이동하는 선형 파동 방정식의 해임을 알 수 있다. 예제 13.1에서 이것이 실제로 펄스의 속력임을 이미 보인 바가 있다.

13.3 | 줄에서 횡파의 속력 The Speed of Transverse Wave on String

선형 역학적 파동의 한 가지 양상은 파동 속력이 파동이 진행하는 매질의 특성에 관계된다는 것이다. 진폭 A가 파장 λ에 비해 작은 경우의 파동은 선형 파동으로 잘 설명된다. 이 절에서는 팽팽한 줄을 따라 진행하는 횡파의 속력을 구할 것이다.

장력이 T인 팽팽한 줄을 따라 진행하는 펄스 속력의 식을 역학적 분석을 통해 유도해 보자. 그림 13.10a에 보인 바와 같이 지구에 대해 정지한 관성 기준틀에 대해 일정한 속력 v로 오른쪽으로 진행하는 펄스를 생각하자. 9장에서 살펴본 뉴턴의 법칙들은 모든 관성 기준틀에 대해서 유효하다는 것을 상기하자. 따라서 그림 13.10b와 같이 펄스와 같은 속력으로 움직이는 다른 관성 기준틀을 생각하면 이 펄스가 그 기준틀에 대해 정지한 것으로 보인다. 이 기준틀에서 펄스는 정지되어 있고 줄의 모든 요

---

[3] 24장에서 공부할 전자기파에서는 y는 전기장을 표현한다.

소가 펄스 모양을 따라 왼쪽으로 이동한다.

길이 Δs인 줄의 작은 요소는 그림 13.10a처럼 반지름 R인 원호를 이룬다. 그림 13.10b의 확대한 그림에서 보듯이 움직이는 기준틀에서 줄의 요소는 이 원호를 통해 속력 v로 왼쪽으로 운동한다. 호를 통과하는 동안 이 요소를 등속 원운동하는 하나의 입자로 모형화할 수 있다. 이 요소는 v^2/R의 구심 가속도를 가지는데, 이것을 일으키는 힘은 줄 요소의 양 끝에 작용하는 힘 $\vec{T}$의 성분이다. 그림 13.10b와 같이 힘 $\vec{T}$는 요소의 양 끝에 접선 방향으로 작용한다. $\vec{T}$의 수평 방향 성분은 상쇄되고, 수직 방향 성분 $T\sin\theta$는 호의 중심을 향한다. 따라서 요소에 작용하는 지름 방향 전체 힘의 크기는 $2T\sin\theta$이다. 요소가 작으므로 θ도 작고, 따라서 작은 각도 근사 $\sin\theta \approx \theta$를 사용할 수 있다. 그러므로 지름 방향 전체 힘의 크기는 다음과 같다.

$$F_r = 2T\sin\theta \approx 2T\theta$$

요소는 질량 $m = \mu\Delta s$를 갖고 있으며, 여기서 μ는 줄의 단위 길이당 질량이다. 이 요소는 호의 일부이고 중심에서의 각도는 2θ이므로, $\Delta s = R(2\theta)$이고, 따라서 다음과 같다.

$$m = \mu\Delta s = 2\mu R\theta$$

그러므로 이 요소에 뉴턴의 제2법칙을 적용하면, 운동의 지름 성분은 다음과 같다.

$$F_r = \frac{mv^2}{R} \quad \rightarrow \quad 2T\theta = \frac{2\mu R\theta v^2}{R} \quad \rightarrow \quad T = \mu v^2$$

v에 대해 풀면 다음을 얻는다.

$$v = \sqrt{\frac{T}{\mu}} \qquad\qquad \text{13.21}$$

위 식의 증명에서 펄스의 높이가 줄의 길이에 비해 작은 경우로 가정했다. 이 가정에 의해 $\sin\theta \approx \theta$로 근사할 수 있었으며, 더욱이 장력 T는 펄스의 영향을 받지 않는다고 가정했으므로 T는 줄의 모든 점에서 똑같다. 결국 이 증명은 펄스의 모양을 특정화하지 **않았기** 때문에, 그러므로 **어떤 모양**의 펄스도 모양의 변함없이 속력 $v = \sqrt{T/\mu}$로 줄을 따라 진행한다고 결론지을 수 있다.

퀴즈 13.4 팽팽한 줄의 한쪽 끝을 손으로 잡고 $t = 0$에서 위아래로 움직여 펄스를 만든다. 줄의 다른 쪽 끝은 멀리 벽에 고정되어 있다. 펄스가 시간 t일 때 벽에 도착한다. 다음에서 펄스가 벽까지 도달하는 데 걸리는 시간을 단축시키는 경우를 찾으라. 정답은 하나 이상일 수 있다. **(a)** 위아래 거리는 일정하게 유지하며 손이 짧은 시간 동안 움직일 때 **(b)** 위아래 거리는 일정하게 유지하며 손이 느리게 움직일 때 **(c)** 걸리는 시간은 일정하며 위아래 거리가 길 때 **(d)** 걸리는 시간은 일정하며 위아래 거리가 짧을 때 **(e)** 동일 장력으로 동일 거리를 움직이지만 무거운 줄일 때 **(f)** 동일 장력으로 동일 거리를 움직이지만 가벼운 줄일 때 **(g)** 줄의 선질량 밀도는 그대로이지만 장력이 작을 때 **(h)** 줄의 선질량 밀도는 그대로이지만 장력이 클 때

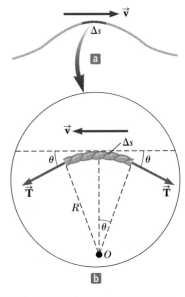

그림 13.10 (a) 지구의 기준틀에서, 펄스는 속력 v로 줄에서 오른쪽으로 움직인다. (b) 펄스와 함께 오른쪽으로 움직이는 기준틀에서, 길이 Δs의 작은 요소는 속력 v로 왼쪽으로 움직인다.

▶ **팽팽한 줄에서의 파동의 속력**

오류 피하기 | 13.3
다양한 T 13장에서 파동의 주기를 나타내는 기호 T와 13.21에서 장력을 나타낸 T를 혼동하지 말라. 어떤 물리량이 무엇을 뜻하는지는 식의 내용을 보면 구분할 수 있다. 알파벳만으로 모든 물리량의 변수를 하나에 대응시켜 유일하게 표현하기에는 역부족이다.

생각하는 물리 13.1

비밀 정보 요원이 건물 내에 갇혀 아래층에 있는 승강기 위에 있다. 그는 지붕에 있는 자신의 동료에게 승강기 케이블을 두드려 모스 신호를 전달하려고 한다. 두드려 전달하려는 신호가 위까지 올라가는 동안 신호의 전달 속도는 일정할까 아니면 증가하거나 감소할까? 한 번 신호를 보낸 후 1 s 후에 신호를 다시 보내면 동료 요원도 처음 신호를 받은 후 1 s 후에 신호를 받을까?

추론 승강기 케이블은 수직 줄로 모형화할 수 있다. 케이블의 파동 속력은 케이블의 장력의 함수이다. 파동이 위로 진행해갈수록 점점 더 장력이 커짐을 느낀다. 왜냐하면 위에 있는 줄은 승강기뿐만 아니라 그 밑에 있는 줄의 무게까지 더 지탱해야 하기 때문이다. 따라서 펄스의 속력은 위로 올라갈수록 점점 더 빨라진다. 그러나 각 펄스가 위까지 진행하는 데는 같은 시간이 걸리기 때문에 펄스의 주기는 변하지 않는다. 따라서 밑에서 1 s 간격으로 보내면 위에서 받는 신호도 1 s 간격으로 도달한다. ◀

예제 13.4 | 줄에서 펄스의 속력

그림 13.11에서 균일한 줄의 질량은 0.300 kg이고 길이는 6.00 m이다. 줄은 도르래를 통해 2.00 kg의 물체를 매달고 있다. 이 줄을 따라 진행하는 펄스의 속력을 구하라.

풀이

개념 그림 13.11에서 매달린 물체 때문에 수평 줄에 장력이 걸린다. 이 장력이 줄 위에서 오가는 파동의 속력을 결정한다.

분류 줄 내부의 장력을 구하기 위해 매달린 물체를 평형 상태의 입자로 모형화한다. 그러면 장력을 이용해서 식 13.21을 써서 줄에서의 파동 속력을 구할 수 있다.

분석 물체에 평형 상태의 입자 모형을 적용한다.

$$\sum F_y = T - m_{block}g = 0$$

줄에서의 장력에 대해 푼다.

$$T = m_{block}g$$

줄의 선질량 밀도 $\mu = m_{string}/\ell$과 식 13.21을 이용해서 파동의 속력을 구한다.

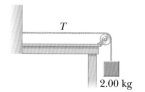

그림 13.11 (예제 13.4) 매달린 질량에 의해 줄의 장력 T가 유지된다. 줄을 따라 진행하는 파동의 속력은 $v = \sqrt{T/\mu}$이다.

$$v = \sqrt{\frac{T}{\mu}} = \sqrt{\frac{m_{block}g\ell}{m_{string}}}$$

파동의 속력을 계산한다.

$$v = \sqrt{\frac{(2.00\ \text{kg})(9.80\ \text{m}/\text{s}^2)(6.00\ \text{m})}{0.300\ \text{kg}}} = \boxed{19.8\,\text{m/s}}$$

결론 장력 계산에서 질량이 작은 줄의 질량을 무시했다. 엄밀히 말하면 줄은 결코 일직선이 될 수 없다. 따라서 장력은 균일하지 못하다.

예제 13.5 | 등산객 구조

질량이 80.0 kg인 등산객이 폭풍우를 만나 산봉우리에 고립됐다. 헬리콥터가 조난객의 머리 위에 머물면서 밧줄을 내려 구조하려고 한다. 밧줄 질량은 8.00 kg이고 길이는 15.0 m이다. 질량 70.0 kg인 삼각멜빵이 밧줄의 끝에 매달려 있다. 조난객이 멜빵을 붙잡고 헬리콥터는 위로 가속 운동을 한다. 공중에서 밧줄에 매달려 공포심을 느낀 조난객이 밧줄 위로 횡방향 펄스를 보내어 조종사에게 신호를 보내려 한다. 펄스가 밧줄 전체 길이를 지나가는 데 걸리는 시간이 0.250 s일 때, 헬리콥터의 가속도를 구하라. 줄에서의 장력은 균일하다고 가정한다.

풀이

개념 헬리콥터의 가속도가 밧줄에 미치는 영향을 고려한다.

위로 향하는 가속도가 크면 클수록 밧줄의 장력은 커진다. 더불어 장력이 커질수록 밧줄에서 펄스의 속력은 커질 것이다.

분류 예제는 줄에서의 펄스 속력 문제와 조난객과 멜빵을 합쳐 알짜힘이 작용하는 입자로 모형화하는 문제가 결합된 것으로 분류할 수 있다.

분석 조난객으로부터 헬리콥터까지 펄스가 이동하는 데 걸리는 시간을 이용해서 밧줄에서의 펄스 속력을 구한다.

$$v = \frac{\Delta x}{\Delta t} = \frac{15.0 \text{ m}}{0.250 \text{ s}} = 60.0 \text{ m/s}$$

밧줄에서의 장력을 구하기 위해서 식 13.21을 T에 대해 푼다.

$$v = \sqrt{\frac{T}{\mu}} \quad \rightarrow \quad T = \mu v^2$$

조난객과 멜빵을 알짜힘이 작용하는 하나의 입자로 모형화한다. 이때 질량 m인 입자의 가속도와 헬리콥터의 가속도는 같음에 주목하자.

$$\sum F = ma \quad \rightarrow \quad T - mg = ma$$

가속도에 대해 푼다.

$$a = \frac{T}{m} - g = \frac{\mu v^2}{m} - g = \frac{m_{\text{cable}} v^2}{\ell_{\text{cable}} m} - g$$

주어진 값들을 대입한다.

$$a = \frac{(8.00 \text{ kg})(60.0 \text{ m/s})^2}{(15.0 \text{ m})(150.0 \text{ kg})} - 9.80 \text{ m/s}^2$$

$$= 3.00 \text{ m/s}^2$$

결론 실제 밧줄은 장력뿐만 아니라 뻣뻣함(강도; 휘지 않는 성질)을 갖고 있다. 이 뻣뻣함 때문에 장력이 없다 해도 밧줄은 기본적으로 직선형을 유지하려고 한다. 예를 들면 피아노 줄이 용기 속에서는 구부러져 있다가도 밖으로 나오면 직선으로 뻗는 성질이 있는 것과 같다.

장력과 더불어 뻣뻣함은 복원력을 증가시키고, 이 결과 파동의 속력이 더 커진다. 따라서 실제 밧줄에서는, 이 문제에서 구한 답인 속력 60.0 m/s는 헬리콥터의 가속도가 구한 값보다 작은 가속도일 때의 속력 값이라 하겠다.

▌ **13.4** | **반사와 투과** Reflection and Transmission

진행파 모형은 파동이 진행하는 동안 다른 것과 상호 작용 없이 균일한 매질을 통해 지나가는 파동을 설명한다. 이제 진행파가 매질의 변화를 만나게 되면 어떤 영향이 생기는지 고려해 보자. 예를 들어 그림 13.12와 같이 한 끝이 벽에 고정되어 있는 줄을 따라 진행하는 펄스를 생각해 보자. 펄스가 벽에 접근하게 되면 매질의 급격한 변화가 생기게 되어, 그 결과 펄스는 **반사**(reflection)된다. 즉 펄스는 반대 방향으로 줄을 따라 이동하게 된다.

이때 반사된 펄스는 **뒤집힘**에 주목하자. 이것은 다음과 같이 설명할 수 있다. 펄스가 줄의 고정단에 도달하면 이 줄은 벽의 위 방향으로 힘을 가하게 된다. 뉴턴의 제3 법칙에 따라 벽은 크기가 같고 방향이 반대(아래 방향)인 반작용력을 줄에게 주어, 결과적으로 아래 방향의 힘으로 위상이 반대가 되는 반사 펄스가 형성된다.

그림 13.13과 같이, 줄의 한쪽 끝이 수직으로 자유롭게 움직이는 자유단에 펄스가 도달하는 경우를 생각해 보자. 자유단에는 질량을 무시할 수 있는 고리가 기둥과 마찰 없이 수직으로 움직일 수 있어서 장력이 유지된다. 이번에도 펄스는 반사되지만 뒤집히지 않는다. 펄스는 기둥에 도달하면, 자유단에 힘을 전달해서 고리를 위로 가속시킨다. 고리가 입사 펄스의 크기를 넘어간 다음에는 장력의 아래 방향 성분에 의해 원래의 위치로 되돌아온다. 이런 고리의 운동은 입사 펄스의 진폭과 같은 뒤집어지지 않은 반사 펄스를 만든다.

마지막으로 경계가 고정되지도 않고 자유롭지도 않은 중간 정도인 경우를 살펴보

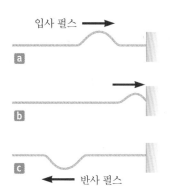

입사 펄스 →

반사 펄스 ←

그림 13.12 한 끝이 고정된 줄에서 진행하는 펄스의 반사. 반사 펄스의 위상은 반대가 되지만 모양은 변하지 않는다.

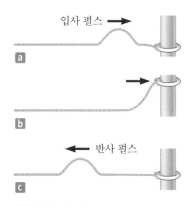

입사 펄스 →

반사 펄스 ←

그림 13.13 한 끝이 자유로운 줄에서 진행하는 펄스의 반사. 이 경우에 반사 펄스는 뒤집히지 않는다.

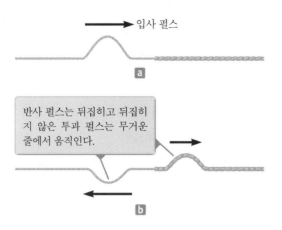

그림 13.14 (a) 가벼운 줄에서 무거운 줄로 오른쪽으로 진행하는 펄스 (b) 펄스가 경계에 도달한 후의 상황

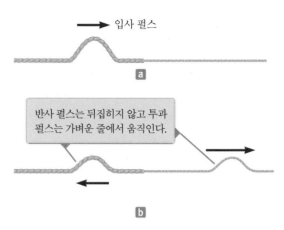

그림 13.15 (a) 무거운 줄에서 가벼운 줄로 오른쪽으로 진행하는 펄스 (b) 펄스가 경계에 도달한 후의 상황

자. 이 경우에 입사 펄스 에너지의 일부는 **투과**(transmission)되고 일부는 반사된다. 즉 에너지의 일부는 경계를 넘어 지나간다. 예를 들어 그림 13.14와 같이 가벼운 줄이 무거운 줄에 연결된 경우에 펄스가 가벼운 줄을 지나 경계면에 도달할 때, 펄스의 일부는 반사되어 뒤집히고 일부는 더 무거운 줄로 투과된다. 반사 펄스가 뒤집히는 것은 앞에서 설명한 경계가 고정된 경우와 같은 이유 때문이다.

반사 펄스는 입사 펄스보다 진폭이 작다. 13.5절에서 파동이 전달하는 에너지는 진폭과 관계가 있음을 보였다. 에너지 보존의 원리에 따르면, 펄스가 경계에서 반사 펄스와 투과 펄스로 나누어질 때, 두 펄스가 갖는 에너지의 전체 합은 입사 펄스의 에너지와 같아야 한다. 반사 펄스는 입사 펄스의 에너지 중에서 일부분만 포함하므로, 반사 펄스의 진폭은 줄어들어야 한다.

펄스가 무거운 줄을 진행해서 가벼운 줄과의 경계에 도달할 때도 그림 13.15와 같이 일부는 반사하고 일부는 투과한다. 그러나 이 경우에 반사 펄스는 뒤집히지 않는다.

어느 경우나 반사 펄스와 투과 펄스의 상대적인 진폭은 두 줄의 상대적인 밀도에 의존한다. 만일 줄이 경계에서 동일하다면 경계에서 끊어짐이 없고 반사도 일어나지 않는다.

식 13.21에 의하면, 줄에서 파동의 속력은 줄의 단위 길이당 질량이 증가함에 따라서 감소한다는 것을 알았다. 다시 말해서 파동은 장력이 일정한 줄인 경우에 가벼운 줄보다 무거운 줄에서 더 느리게 이동한다. 반사 파동인 경우는 다음과 같은 일반적인 규칙을 따른다. 파동 또는 펄스가 A에서 매질 B로 진행하고 $v_A > v_B$인 경우(B가 A보다 밀한 경우), 반사 파동 또는 펄스는 뒤집힌다. 파동 또는 펄스가 매질 A에서 매질 B로 진행하고 $v_A < v_B$인 경우(A가 B보다 더 밀한 경우), 반사 파동 또는 펄스는 뒤집히지 않는다.

13.5 | 줄에서 사인형 파동의 에너지 전달률
Rate of Energy Transfer by Sinusoidal Wave on String

매질을 통해 진행하는 파동은 에너지를 전달한다. 이것은 그림 13.16a와 같이 줄의 한 점에 물체를 매달고, 펄스를 줄에 보냄으로써 쉽게 설명할 수 있다. 그림 13.16b 와 같이 매달려 있는 물체에 펄스가 전달되면, 물체는 일시적으로 위로 올라간다. 이 과정에서 에너지가 물체에 전달되어, 물체−지구 계의 중력 위치 에너지 증가로 나타 난다. 이 절에서는 일차원 사인형 파동이 줄을 따라서 전달하는 에너지 전달률을 알 아본다.

그림 13.17에서처럼 사인형 파동이 줄을 따라 진행하는 경우에, 에너지원은 줄의 왼쪽 끝에서 외부에서 가해주는 일이다. 줄은 비고립계로 간주할 수 있다. 외부에서 줄의 끝에 일을 해주면 줄은 위아래로 움직이게 되고, 에너지가 줄의 계로 들어가 줄 의 길이를 따라 전파된다. 길이 요소가 dx, 질량 요소가 dm인 줄의 작은 요소를 생각 해 보자. 각 요소는 단조화 운동으로 위아래로 움직인다. 따라서 줄의 이 작은 요소를 y 방향으로 진동하는 단진자로 모형화할 수 있다. 작은 모든 요소들은 동일한 각진동 수 ω와 진폭 A를 갖는다. 움직이는 입자의 운동 에너지는 $K = \frac{1}{2}mv^2$이다. 이 식을 길이 요소가 dx이고 질량 요소가 dm인 물체에 적용하면, 위아래로 운동하는 이 요소 의 운동 에너지 dK는 다음과 같다.

$$dK = \frac{1}{2}(dm)v_y^2$$

여기서 v_y는 요소의 횡속력이다. 만일 μ가 줄의 단위 길이당 질량이라면, 길이 요소 dx인 물질의 질량 요소 dm은 $\mu\,dx$가 된다. 그러므로 줄의 한 요소의 운동 에너지는 다음과 같다.

$$dK = \frac{1}{2}(\mu\,dx)v_y^2 \qquad\qquad \textbf{13.22}$$

식 13.14를 이용해서 횡속력을 매질 요소의 단조화 진동의 일반적인 횡속력으로 대치하면 다음을 얻는다.

$$dK = \frac{1}{2}\mu\left[-\omega A\cos(kx - \omega t)\right]^2 dx$$
$$= \frac{1}{2}\mu\omega^2 A^2 \cos^2(kx - \omega t)\,dx$$

$t = 0$일 때의 파동에 대해, 주어진 요소의 운동 에너지는 다음과 같다.

$$dK = \frac{1}{2}\mu\omega^2 A^2 \cos^2 kx\,dx$$

이 식을 파동의 한 파장 내에서 줄의 모든 요소에 대해 적분하면, 한 파장 내의 전 체 운동 에너지 K_λ는 다음과 같다.

$$K_\lambda = \int dK = \int_0^\lambda \frac{1}{2}\mu\omega^2 A^2 \cos^2 kx\,dx = \frac{1}{2}\mu\omega^2 A^2 \int_0^\lambda \cos^2 kx\,dx$$

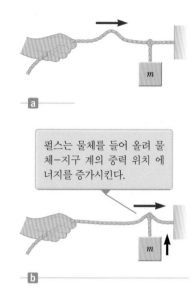

펄스는 물체를 들어 올려 물 체−지구 계의 중력 위치 에 너지를 증가시킨다.

그림 13.16 (a) 물체가 매달려 있는 줄 에서 오른쪽으로 에너지를 갖고 진행하는 펄스 (b) 펄스의 에너지가 줄에 매달려 있 는 물체에 도달한다.

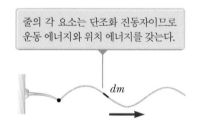

줄의 각 요소는 단조화 진동자이므로 운동 에너지와 위치 에너지를 갖는다.

그림 13.17 팽팽한 줄에서 x축 방향으 로 진행하는 사인형 파동

$$= \frac{1}{2}\mu\omega^2 A^2 \left[\frac{1}{2}x + \frac{1}{4k}\sin 2kx\right]_0^\lambda = \frac{1}{2}\mu\omega^2 A^2 \left[\frac{1}{2}\lambda\right] = \frac{1}{4}\mu\omega^2 A^2\lambda$$

운동 에너지 이외에, 줄의 각 요소는 평형 상태로부터의 변위와 이웃하는 성분으로부터의 복원력으로 인해서 위치 에너지를 갖는다. 한 파장 내에서 전체 위치 에너지 U_λ에 대해 마찬가지 방법으로 계산하면, 정확히 같은 결과를 얻는다.

$$U_\lambda = \frac{1}{4}\mu\omega^2 A^2\lambda$$

파동의 한 파장 내에서 전체 에너지는 위치 에너지와 운동 에너지의 합이므로 다음과 같다.

$$E_\lambda = U_\lambda + K_\lambda = \frac{1}{2}\mu\omega^2 A^2\lambda \qquad \textbf{13.23}$$

파동이 줄을 따라서 진행할 때, 이 에너지가 한 주기 동안 줄 위의 주어진 점을 지나간다. 그러므로 역학적 파동과 관련 있는 일률(P), 즉 에너지 전달률 T_{MW}는 다음과 같다.

$$P = \frac{T_{\text{MW}}}{\Delta t} = \frac{E_\lambda}{T} = \frac{\frac{1}{2}\mu\omega^2 A^2\lambda}{T} = \frac{1}{2}\mu\omega^2 A^2\left(\frac{\lambda}{T}\right)$$

▶ 파동의 일률

$$\boxed{P = \frac{1}{2}\mu\omega^2 A^2 v} \qquad \textbf{13.24}$$

이 식은 줄에서 사인형 파동에 의한 에너지 전달률이 (a) 진동수의 제곱, (b) 진폭의 제곱과 (c) 파동의 속력에 비례함을 보여 주고 있다. 사실 모든 사인형 파동의 에너지 전달률은 각진동수의 제곱과 진폭의 제곱에 비례한다.

▌ **퀴즈 13.5** 다음 중 줄을 따라 이동하는 파동이 전달하는 에너지 전달률을 증가시키기 위한 가장 효과적인 방법은 어느 것인가? (**a**) 선질량 밀도를 절반으로 줄인다. (**b**) 파장을 두 배로 늘린다. (**c**) 줄의 장력을 두 배로 늘린다. (**d**) 파동의 진폭을 두 배로 늘린다.

▌ **예제 13.6 | 진동하는 줄에 공급되는 일률**

단위 길이당 질량 $\mu = 5.00 \times 10^{-2}$ kg/m인 팽팽한 줄에 80.0 N의 장력이 작용하고 있다. 진동수가 60.0 Hz이고 진폭이 6.00 cm인 사인형 파동을 만들기 위해서, 줄에 공급해야 할 일률은 얼마인가?

풀이

개념 그림 13.9를 보며 진동 날이 어떤 비율로 줄에 에너지를 공급하는지 상기하자. 이 에너지가 줄을 따라서 오른쪽으로 전파된다.

분류 이 장에서 유도한 식을 이용해서 물리량을 구하는 문제이므로, 예제를 대입 문제로 분류한다.

식 13.24를 이용해서 일률을 계산한다.

$$P = \frac{1}{2}\mu\omega^2 A^2 v$$

식 13.9와 13.21을 이용해서 ω와 v를 대입한다.

$$P = \frac{1}{2}\mu(2\pi f)^2 A^2\left(\sqrt{\frac{T}{\mu}}\right) = 2\pi^2 f^2 A^2 \sqrt{\mu T}$$

주어진 값들을 대입한다.

$$P = 2\pi^2 (60.0\,\text{Hz})^2 (0.0600\,\text{m})^2 \sqrt{(0.0500\,\text{kg/m})(80.0\,\text{N})}$$

= 512 W

문제 만약 줄의 에너지 전달률이 1 000 W라면 어떤가? 다른 변수들이 동일하다면 진폭은 얼마이어야 하는가?

답 처음과 나중의 일률의 비율을 오직 진폭만 변화한다고 하여 구하면 다음과 같다.

$$\frac{P_{new}}{P_{old}} = \frac{\frac{1}{2}\mu\omega^2 A_{new}^2 v}{\frac{1}{2}\mu\omega^2 A_{old}^2 v} = \frac{A_{new}^2}{A_{old}^2}$$

나중 진폭에 대해 풀면 다음과 같다.

$$A_{new} = A_{old}\sqrt{\frac{P_{new}}{P_{old}}} = (6.00 \text{ cm})\sqrt{\frac{1\,000\text{ W}}{512\text{ W}}} = 8.39 \text{ cm}$$

⟨ **13.6** | 음파 Sound Wave

횡파에서 종파로 우리의 관심을 옮겨 보자. 13.1절에서 언급했듯이, 종파에서는 매질의 요소들이 파동 운동의 방향에 평행한 변위를 갖는다. 공기에서의 음파는 종파의 가장 중요한 예이다. 음파는 어느 매질에서든지 진행할 수 있지만 매질의 성질에 따라 그 속력이 달라진다. 표 13.1은 여러 매질 내에서의 음속을 나타내고 있다.

13.1절에서 줄(그림 13.1) 또는 용수철(그림 13.3)을 따라 진행하는 하나의 펄스를 가정해서 파동의 특성을 살펴보는 것으로 시작했다. 소리의 경우도 이와 비슷하게 시작해 보자. 그림 13.18과 같이 압축성 기체가 들어 있는 긴 관을 통해 이동하는 일차원 종파 펄스의 운동을 기술하자. 왼쪽 끝에 있는 피스톤은 기체를 압축해서 오른쪽으로 빠르게 이동시켜, 펄스를 생성시킬 수 있다. 피스톤이 움직이기 전에, 기체는 그림 13.18a에서 균일한 색으로 칠해진 부분처럼 교란되지 않은 안정한 상태이고 밀도도 균일하다. 피스톤을 그림 13.18b와 같이 오른쪽으로 밀면, 피스톤 바로 앞부분의 기체는 압축된다(다른 부분보다 더 진한 부분). 이 부분의 압력과 밀도는 피스톤을 움직이기 전보다 더 높다. 그림 13.18c와 같이 피스톤이 움직이다 멈추면, 기체 중의 압축된 부분은 오른쪽으로 계속 진행한다. 이는 속력 v로 관을 통해 진행하는 종

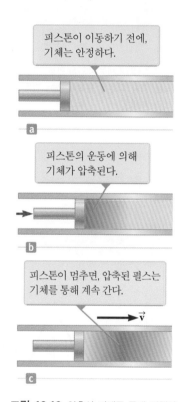

피스톤이 이동하기 전에, 기체는 안정하다.

a

피스톤의 운동에 의해 기체가 압축된다.

b

피스톤이 멈추면, 압축된 펄스는 기체를 통해 계속 간다.

$\vec{v}$

c

그림 13.18 압축성 기체를 통해 진행하는 종파의 운동. 압축 상태(진한 부분)는 피스톤을 움직여 만든다.

표 13.1 | **여러 매질 내의 음속**

매 질	v(m/s)	매 질	v(m/s)	매 질	v(m/s)
기 체		25 °C의 액 체		고 체 [a]	
수소 (0°C)	1 286	글리세롤	1 904	파이렉스 유리	5 640
헬륨 (0°C)	972	바닷물	1 533	철	5 950
공기 (20°C)	343	물	1 493	알루미늄	6 420
공기 (0°C)	331	수 은	1 450	놋 쇠	4 700
산소 (0°C)	317	등 유	1 324	구 리	5 010
		메틸알코올	1 143	금	3 240
		사염화탄소	926	루사이트	2 680
				납	1 960
				고 무	1 600

[a] 주어진 값은 큰 매질 내에서 종파의 전달 속력이다. 가는 막대에서 종파의 속력은 더 작아지고 큰 매질 내에서 횡파의 속력도 매우 작아진다.

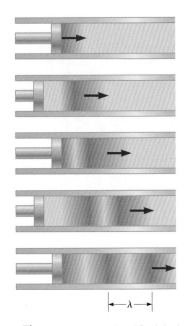

그림 13.19 기체로 채워진 관을 따라 전파하는 종파. 파원은 왼쪽에 있는 진동하는 피스톤이다.

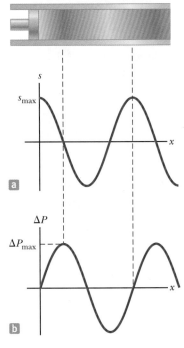

그림 13.20 사인형 종파의 (a) 변위 진폭 대 위치, (b) 압력 진폭 대 위치 그래프. 변위파는 압력파에 대해 90°의 위상차가 있다.

파 펄스에 해당한다.

일차원의 **주기적인** 음파는 그림 13.18에 있는 기체관에서 피스톤을 단조화 운동을 시킴으로써 만들 수 있다. 이 결과가 그림 13.19에 있다. 그림 13.19에서 진한 부분은 기체가 압축된 부분을 나타내며, 이 부분의 밀도와 압력은 평형값보다 크다. 압축된 부분은 피스톤이 관 내부로 밀려들어갈 때마다 생긴다. 압축된 **밀**(compression)한 부분은 관을 따라 이동하면서 앞부분을 연속적으로 압축한다. 피스톤을 뒤로 잡아당기면, 피스톤 앞부분의 기체는 팽창하고 이 영역의 압력과 밀도는 평형값 이하로 떨어진다(그림 13.19에서 밝게 나타낸 부분). 낮은 압력의 **소**(rarefaction)한 부분도 역시 관을 따라 이동하면서 압축 영역을 뒤따른다. 두 영역 모두 그 매질 내의 음속으로 이동한다.

피스톤이 사인형으로 진동함에 따라 밀한 부분과 소한 부분이 연속적으로 생성된다. 두 개의 연속적인 밀(또는 두 개의 연속적인 소)한 부분 사이의 거리는 음파의 파장 λ와 같다. 음파는 종파이므로, 밀과 소가 관을 따라 진행함에 따라 매질의 작은 요소는 파동이 진행하는 방향과 나란하게 단조화 운동을 한다. 만일 $s(x, t)$가 평형 위치에 대한 작은 요소의 변위라고 하면,[4] 이런 조화 위치 함수는 다음과 같이 나타낼 수 있다.

$$s(x, t) = s_{max} \cos(kx - \omega t) \qquad \textbf{13.25}$$

여기서 s_{max}는 평형 위치에 대한 최대 위치이고, 이를 때로는 **변위 진폭**(displacement amplitude)이라 부른다. 식 13.25는 **변위 파동**(displacement wave)을 나타내고, 여기서 k는 파수이고 ω는 피스톤의 각진동수이다. 기체의 평형 상태에 대한 압력 변화[5] ΔP도 사인형이고, 이는 다음으로 주어진다.

$$\Delta P = \Delta P_{max} \sin(kx - \omega t) \qquad \textbf{13.26}$$

압력 진폭(pressure amplitude) ΔP_{max}는 평형값에 대한 최대 압력 변화이고, 식 13.26은 **압력파**(pressure wave)를 나타낸다. 압력 진폭은 변위 진폭 s_{max}에 다음과 같이 비례한다.

$$\Delta P_{max} = \rho v \omega s_{max} \qquad \textbf{13.27}$$

여기서 ρ는 매질의 밀도, v는 파동 속력, ωs_{max}는 매질 요소의 최대 종방향 속력이다. 음파가 고막을 진동시켜 들리게 하는 것이 바로 이 압력 변화이다.

그러므로 음파는 변위파이기도 하고 압력파이기도 하다. 식 13.25와 13.26을 비교하면 압력파는 변위파에 대해 90°의 위상차를 가지고 있다. 그림 13.20에 이 함수들의 그래프를 보였다. 평형으로부터의 압력 변화는 변위가 영일 때 최대인 반면, 압력 변화가 영일 때의 변위는 최대임을 주목한다.

---

[4] 물질 요소들의 변위는 x 방향에 수직이 아니므로 $y(x, t)$ 대신에 여기서 $s(x, t)$를 사용한다.
[5] 15장에서 정식으로 압력에 대해 설명할 것이다. 기체에서 종파의 경우 각 압축 영역은 평균보다 높은 압력과 밀도의 영역이며, 팽창 영역은 평균보다 낮은 압력과 밀도 영역을 나타내고 있다.

그림 13.20은 종파의 두 그래프를 나타낸다. 하나는 매질 요소의 위치이고 다른 하나는 압력 변화이다. 그러나 이것이 종파의 그림 자체는 아니다. 횡파의 경우에는 진동과 전파 방향이 수직이고 x와 y축의 수직과 같으므로, 요소의 변위와 전파 방향이 수직이고 그래프가 같아 보인다. 종파의 경우에는 진동과 전파 방향이 수직이 아니므로, 그림으로 나타내면 그림 13.19와 같다.

음속은 또한 매질의 온도에 의존한다. 공기를 통해 이동하는 소리에 대해서 음속과 매질의 온도 사이의 연관성은 다음과 같다.

$$v = 331\sqrt{1 + \frac{T_C}{273}} \qquad \textbf{13.28}$$

여기서 v의 단위는 m/s이고, 331 m/s는 0 °C에서 공기 중의 음속이고, T_C는 공기의 섭씨 온도이다. 이 식에서 20 °C의 공기 중에서 음속은 근사적으로 343 m/s라는 것을 알 수 있다.

> ▶ **생각하는 물리 13.2**
>
> 음원인 번개가 몇 분의 1초 동안 때리는 데 반해, 천둥은 왜 "우르릉~"하며 꽤 오랫동안 울릴까? 번개는 애초에 천둥을 어떻게 만들까?
>
> **추론** 먼저 우리가 지표면에 있다고 생각하고 지표면에서의 반사는 무시하자. 번개가 칠 때는 이온화된 공기의 좁은 통로가 구름으로부터 땅으로 많은 양의 전류를 흐르게 한다(21장에서 전류에 대해 공부할 것이다). 전하가 흐르면서 이온화된 공기로 만들어진 통로의 온도가 갑자기 상승하게 된다. 갑자기 상승한 온도는 공기를 갑작스럽게 팽창하게 만들고, 그 작용이 너무나 갑작스럽고 강해서 공기에 막대한 교란을 발생시키는데, 이것이 천둥이다. 천둥소리가 우르릉하게 들리는 이유는 이온화된 공기의 통로가 구름에서 땅까지 아주 길게 늘어져 있으며, 통로 전체에서 거의 동시에 소리가 만들어지기 때문이다. 땅에 가까이서 발생된 소리는 제일 먼저 들리고, 차차 먼 거리의 통로 부분에서 발생된 소리가 들리게 된다. 만약 통로가 정확하게 직선이라면 큰 소리가 꾸준히 들리겠지만, 통로가 지그재그 형태로 되어 있어 소리의 크기가 구르듯이 변하게 된다. ◀

▌**13.7** | 도플러 효과 The Doppler Effect

고속도로에서 차가 경적을 울리며 접근해 올 때 들리는 소리는 차가 멀어질 때 들리는 소리에 비해 더 높게 들린다. 이는 오스트리아의 물리학자 도플러(Christian Johann Doppler, 1803~1853)의 이름을 딴 **도플러 효과**의 한 예이다.

소리에 대한 도플러 효과는 음원과 관측자 간의 상대 운동이 있을 때마다 경험한다. 음원이나 관측자의 운동이 상대방을 향하면 관측자는 음원의 원래 진동수보다 높은 진동수를 듣게 된다. 음원이나 관측자의 운동이 상대방으로부터 멀어지는 방향이면

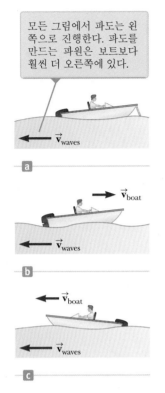

모든 그림에서 파도는 왼쪽으로 진행한다. 파도를 만드는 파원은 보트보다 훨씬 더 오른쪽에 있다.

그림 13.21 (a) 정지 상태인 보트를 향해 진행하는 파도 (b) 보트는 파원을 향해 진행한다. (c) 보트가 파원으로부터 멀어지는 방향으로 진행한다.

음원의 원래 진동수보다 낮은 진동수를 듣게 된다.

여기서는 음파에 대한 도플러 효과만을 다루겠지만, 어떤 종류의 파동에서나 이 효과는 나타난다. 전자기파의 도플러 효과는 경찰의 레이더가 자동차의 속력을 측정하는 데 사용된다. 이와 비슷한 경우로, 천문학자들은 별, 은하계 등의 천문학적 물체의 상대 운동을 결정할 때 이 효과를 이용한다. 1842년, 도플러는 별 두 개가 돌고 있는 쌍성계에서 발생하는 빛의 진동수가 이동하는 것을 처음으로 보고했다. 20세기 초반에, 은하계로부터 오는 빛에 대한 도플러 효과를 우주의 팽창에 대한 논의에 사용했는데, 이것은 나중에 31장에서 논할 대폭발(Big Bang)이론으로 이어졌다.

이런 겉보기 진동수 변화의 원인이 무엇인지 알기 위해, 파도의 주기가 $T = 2.0$ s인 고요한 바다에 정박해 있는 한 보트를 상상하자. 2.0 s마다 파도의 마루가 보트를 친다. 그림 13.21a와 같이 이때 파도는 왼쪽을 향해 진행한다. 만약 한 마루가 부딪칠 때를 $t = 0$으로 놓으면, 다음 마루가 부딪칠 때는 $t = 2.0$ s이고, 세 번째 파도가 부딪칠 때의 시간은 $t = 4.0$ s이다. 이런 관측으로부터 파도의 진동수가 $f = 1/T = 0.5$ Hz라는 결론을 내릴 수 있다. 그림 13.21b와 같이 엔진을 가동시켜 뱃머리가 파동 속도의 반대 방향을 향하게 해서 출발한다고 가정하자. 역시 마루가 보트의 앞부분에 도달할 때를 시간 $t = 0$으로 설정한다. 그러나 보트는 접근하는 다음 마루를 향해 진행하므로 첫 번째 마루가 부딪친 후 2.0 s 이내에 다시 부딪칠 것이다. 다른 말로 하면, 여러분이 관측한 주기는 보트가 정지할 때의 주기인 2.0 s보다 짧아진다는 것을 의미한다. $f = 1/T$이기 때문에 보트가 정지할 때의 진동수보다 더욱 높은 진동수를 관측할 것이다.

만약 그림 13.21c와 같이 보트를 되돌려서 파도의 진행 방향과 동일한 방향으로 진행한다면, 앞의 결과와 반대의 결과가 예상된다. 보트의 뒤를 마루가 부딪친 시간을 $t = 0$이라 하자. 파도로부터 멀어지는 방향으로 움직이므로 다음 마루가 우리를 뒤쫓는 시간은 2.0 s보다 더 많이 걸린다는 것을 관측할 수 있다. 그러므로 보트가 정지할 때의 진동수보다 낮은 진동수가 관측된다.

이런 효과는 보트와 파도 사이의 **상대** 속력이 보트의 속력과 진행 방향에 의존하기 때문에 발생한다. 그림 13.21b와 같이 보트가 오른쪽으로 움직인다면, 이 상대 속력은 실제 파도의 속력보다 더 빠르게 되며, 이로 인해 진동수의 증가를 관측하게 된다. 보트를 되돌려 왼쪽으로 움직인다면, 상대 속력은 느려지고 따라서 수면파의 진동수도 낮아진다.

지금부터 음파에 대한 상황으로 비교해 보자. 이 경우, 파도는 음파가 되고, 수면은 공기, 보트는 소리를 듣는 관측자로 대치된다. 관측자 O는 속력 v_O로 움직이고, 음원 S는 정지해 있다. 간단하게 하기 위해 공기도 정지해 있고 관측자는 음원을 향해 다가가고 있다고 가정하자.

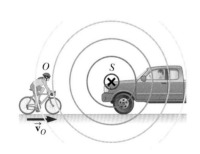

그림 13.22 관측자(O)는 정지하고 있는 트럭의 앞부분이 점 음원이 되는 S를 향해 v_O의 속력으로 진행하고 있다. 관측자는 음원의 진동수보다 더욱 큰 진동수 f'을 듣게 된다.

그림 13.22에서 원들은 음원에서 멀어지는 음파의 마루들을 이어 놓은 것이다. 따라서 이웃한 원 사이의 거리는 한 파장과 같다. 음원의 진동수를 f, 파장을 λ, 음속을 v라 하자. 정지한 관측자는 진동수 f를 관측할 것이다. 여기서 $f = v/\lambda$이고, 음원과

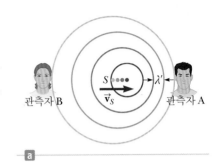

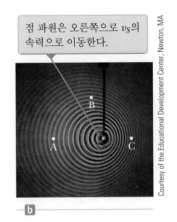

관측자 모두 정지하고 있어서 관측된 진동수는 음원의 원래 진동수와 같아야 한다. 그러나 관측자가 속력 v_O로 음원을 향해 움직이면, 관측자가 경험하는 음속의 상대 속력은 공기 중 음속보다 높다. 3.6절에서 논한 상대 속력을 이용해서, 소리가 관측자를 향해 v의 속력으로 움직이고 관측자는 소리를 향해 v_O의 속력으로 움직이면, 관측자가 측정한 소리의 상대 속력은 다음과 같다.

$$v' = v + v_O$$

관측자가 듣는 소리의 진동수는 다음과 같이 소리의 겉보기 속력에 기초한다.

$$f' = \frac{v'}{\lambda} = \frac{v + v_O}{\lambda} = \left(\frac{v + v_O}{v}\right) f \quad \text{(관측자가 음원을 향해 움직일 때)} \qquad \textbf{13.29}$$

이번에는 관측자는 정지해 있고 음원이 매질에 대해 v_S의 속력으로 움직이는 경우를 생각하자. 그림 13.23a에 이 상황을 보였다. 그림 13.23a와 같이 음원이 관측자 A를 향해 움직이면, 음원과 관측자 사이의 직선 방향에서 관측자가 듣는 파면 사이의 거리는 음원이 정지해 있을 경우의 거리보다 가깝게 관측된다. 그림 13.23b는 물 표면에서 진행하는 파동의 이런 효과를 보여 준다. 결과적으로 관측자 A에서 측정되는 새로운 파장 λ'은 음원의 파장 λ보다 짧아진다. 시간 T(주기) 동안 일어나는 한 번의 진동마다 음원은 거리 $v_S T = v_S/f$만큼 진행해서 파장은 이 거리만큼 **짧아**진다. 따라서 관측되는 파장은 $\lambda' = \lambda - v_S/f$이다. $\lambda = v/f$이므로 관측자 A가 듣는 진동수 f'은 다음과 같다.

$$f' = \frac{v}{\lambda'} = \left(\frac{v}{v - v_S}\right) f \quad \text{(음원이 관측자를 향해 움직일 때)} \qquad \textbf{13.30}$$

즉 음원이 관측자를 향해 이동할 때 진동수는 **증가**한다. 같은 방식으로, 음원이 정지한 관측자 B로부터 멀어지면, 식 13.30에서 v_S의 부호가 바뀌어 진동수가 낮아진다.

음원의 속력이 음속에 가까워지면 식 13.30에서 분모가 영에 가까워져서 진동수 f'이 무한대로 다가간다. 이런 경우에 음원이 이동하는 방향으로 파동이 음원을 벗어나지 못한다. 음원의 앞쪽에 이런 에너지의 집중이 **충격파**를 만든다. 이런 교란은 제트기가 음속과 같거나 더 빠르게 날 때 **폭발음**(sonic boom)을 만든다.

끝으로, 음원과 관측자 모두가 이동할 때 관측된 진동수에 대한 일반적인 관계식은 다음과 같다.

$$f' = \left(\frac{v + v_O}{v - v_S}\right) f \qquad \textbf{13.31}$$

위 식에서 v_O와 v_S에 대한 부호는 속도의 방향에 의존한다. 양(+)의 값은 관측자나 음원이 서로 **다가가는** 경우이고, 음(−)의 값은 서로 **멀어지는** 경우이다.

어느 도플러 효과 문제에서나 부호에 관계된 다음 규칙을 기억하자. 진동수를 관측할 때 '**다가가는**'이란 말은 진동수의 **증가**와 '**멀어지는**'이란 말은 진동수의 **감소**와 연관된다.

그림 13.23 (a) v_S의 속력으로 움직이는 음원 S가 정지하고 있는 관측자 B로부터는 멀어져 정지하고 있는 관측자 A를 향해서는 다가가고 있다. 이때 관측자 A는 증가된 진동수를 듣고, 관측자 B는 감소된 진동수를 듣는다. (b) 잔물결 통에서 관측된 물에서의 도플러 효과. 진동하는 파원은 오른쪽으로 이동한다. 사진에 있는 문자들은 퀴즈 13.6에서 사용한다.

점 파원은 오른쪽으로 v_S의 속력으로 이동한다.

Courtesy of the Educational Development Center, Newton, MA

▶ 일반적인 도플러 이동 식

오류 피하기 | 13.4

도플러 효과는 거리와 상관없다 도플러 효과에 대한 흔한 오해는 이것이 음원과 관측자 간의 거리에 관계된다는 것이다. 거리가 변하면 소리의 세기는 변하지만, 겉보기 **진동수**는 변하지 않는다. 도플러 효과는 음원과 관측자의 상대 속도에만 관계된다.

도플러 초음파 검사 Doppler Sonography BIO

도플러 효과는 수많은 의학 분야에서 다양한 연구 분야로 활용되는데, **도플러 초음파 검사**를 한 예로 들 수 있다. 도플러 초음파 검사는 비외과적인 진단술로서 동맥에서 혈류의 속력이나 혈류의 와류를 측정할 수 있다. 음파는 움직이는 혈액 세포로부터 반사되고, 세포의 속력에 따라 진동수가 변한다. 도플러 기기는 반사된 음파를 검출하고 진동수 정보를 혈류의 속력으로 변환하게 된다. 의사는 심혈관 영상을 통해 경동맥 질병이나 심장 판막 문제를 진단하게 된다. 일반적으로 진단용 초음파 검사기는 1~18 MHz 대역의 진동수를 이용한다. 높은 진동수(7~18 MHz) 대역의 초음파 장비는 근육, 힘줄, 가슴 및 신생아 뇌 등 인체 연조직에 대한 영상을 얻는 데 매우 효과적이다. 저주파 영역(1~6 MHz)은 간이나 신장 등 인체의 심층 영역의 조직을 관찰하는 데 이용하기 때문에, 높은 해상도는 기대할 수 없다.

▶ **퀴즈 13.6** 그림 13.23b에 있는 점 A, B, C에 수면파 검출기를 놓는다고 생각하자. 다음 중 옳은 것은 어느 것인가? **(a)** 파동 속력은 점 A에서 최고이다. **(b)** 파동 속력은 점 C에서 최고이다. **(c)** 검출된 파장은 점 B에서 가장 크다. **(d)** 검출된 파장은 점 C에서 가장 크다. **(e)** 검출된 진동수는 점 C에서 최고이다. **(f)** 검출된 진동수는 점 A에서 최고이다.

▶ **퀴즈 13.7** 기차역 플랫폼에 서서 역을 향해 등속도로 접근하는 기차 소리를 듣는다. 기차가 접근하는 중이라면 어떤 현상이 일어나는가? **(a)** 소리의 세기와 진동수 모두가 증가한다. **(b)** 소리의 세기와 진동수 모두가 감소한다. **(c)** 세기는 증가하고 진동수는 감소한다. **(d)** 세기는 감소하고 진동수는 증가한다. **(e)** 세기는 증가하고 진동수는 변화 없다. **(f)** 세기는 감소하고 진동수는 변화 없다.

▶ **예제 13.7 | 도플러 잠수함**

잠수함 A가 물속에서 8.00 m/s의 속력으로 움직이면서 진동수 1 400 Hz인 수중 음파를 방출하고 있다. 물속에서 음파의 속력은 1 533 m/s이다. 잠수함 B는 잠수함 A를 향해 속력 9.00 m/s로 움직이고 있다.

(A) 잠수함이 서로 접근하는 동안 잠수함 B에 타고 있는 관측자가 감지하는 진동수를 구하라.

풀이

개념화 비록 이 문제는 물속에서 이동하는 잠수함이 포함되어 있으나, 공기 중에서 이동하는 자동차에서 발생한 음을 이동하는 또 다른 자동차에서 듣는 것과 같은 도플러 효과가 일어난다.

분류 잠수함이 서로 이동하므로 이동하는 음원과 이동하는 관측자 모두가 포함된 도플러 효과로 문제를 분류한다.

분석 잠수함 B에 있는 관측자가 듣는 도플러 이동 진동수를 구하기 위해 식 13.31을 이용한다. 음원과 관측자 속력의 부호에 주의한다.

$$f' = \left(\frac{v + v_O}{v - v_S}\right) f$$

$$f' = \left[\frac{1\,533 \text{ m/s} + (+9.00 \text{ m/s})}{1\,533 \text{ m/s} - (+8.00 \text{ m/s})}\right](1\,400 \text{ Hz})$$

$$= \boxed{1\,416 \text{ Hz}}$$

(B) 두 잠수함은 서로 부딪히지 않고 간신히 지나간다. 잠수함이 서로 멀어질 때 잠수함 B에 타고 있는 관측자가 감지하는 진동수를 구하라.

풀이

잠수함 B에 있는 관측자가 듣는 도플러 이동 진동수를 구하기 위해 식 13.31을 이용한다. 다시 한 번 음원과 관측자 속력의 부호에 주의한다.

$$f' = \left(\frac{v + v_O}{v - v_S} \right) f$$

$$f' = \left[\frac{1\,533 \text{ m/s} + (-9.00 \text{ m/s})}{1\,533 \text{ m/s} - (-8.00 \text{ m/s})} \right] (1\,400 \text{ Hz})$$

$$= 1\,385 \text{ Hz}$$

잠수함이 서로 지나감에 따라 진동수가 1 416 Hz에서 1 385 Hz로 낮아짐에 주목한다. 이 효과는 자동차가 경적을 울리면서 여러분의 곁을 지나갈 때 듣는 진동수 낮아짐과 유사하다.

(C) 잠수함이 서로 접근하는 동안 잠수함 A에서 나온 음파 중 일부는 잠수함 B에서 반사되어 잠수함 A로 되돌아간다. 이 반사음을 잠수함 A의 관측자가 탐지한다면 진동수는 얼마인가?

풀이

(A)에서 구한 겉보기 진동수 1 416 Hz인 음파가 이동하는 잠수함 B로부터 반사되고, 이동하는 관측자에 의해 탐지된다. 그러므로 잠수함 A에서 탐지된 진동수는 다음과 같다.

$$f'' = \left(\frac{v + v_O}{v - v_S} \right) f'$$

$$= \left[\frac{1\,533 \text{ m/s} + (+8.00 \text{ m/s})}{1\,533 \text{ m/s} - (+9.00 \text{ m/s})} \right] (1\,416 \text{ Hz})$$

$$= 1\,432 \text{ Hz}$$

결론 경찰이 움직이는 차량의 속력을 측정할 때 이 기술을 이용한다. 순찰차로부터 마이크로파가 방출되고 움직이는 차량으로부터 반사된다. 반사된 마이크로파의 도플러 이동 진동수를 탐지해서 경찰관은 움직이는 차량의 속력을 결정할 수 있다.

◤**13.8** | 연결 주제: 지진파 Context Connection: Seismic Wave

지진이 일어날 때, 지진의 **초점**(focus) 또는 **진원**(hypocenter)에서 에너지가 갑작스럽게 방출된다. 이 진원으로부터 지름 방향 위쪽의 지표면의 한 점을 **진앙**(epicenter)이라 한다. 방출된 에너지는 **지진파**(seismic wave)의 형태로 진원으로부터 퍼져 나간다. 지진파는 우리가 이 장의 뒷부분에서 배운 음파와 역학적 교란이 매질을 통해 진행한다는 점에서 비슷하다.

이 장에서 역학적 파동이 횡파와 종파 두 종류로 나뉜다는 것을 설명했다. 공기를 통해 움직이는 역학적 파동의 경우에는 종파만 가능하다. 그러나 고체 구성 요소인 원자 사이의 강한 힘 때문에 고체를 통과하는 역학적 파동은 두 가지 다 가능하다. 따라서 지진파의 경우 에너지가 종파와 횡파의 형태로 진원으로부터 전파된다.

지진 연구에서 사용되는 용어로서, 지진계에 도착하는 순서에 따라 이 두 종류의 파동에 이름을 붙였다. 종파는 횡파보다 진행이 빠르므로 종파가 지진계에 먼저 도착하고, 그에 따라 **P파**(P wave)라고 부르는데, 여기서 P는 primary의 첫 글자이다. 느리게 진행하는 횡파가 그 다음 도착하고, 이것을 **S파**(secondary wave)라고 부른다.

종파가 횡파보다 빠르게 진행하는 이유를 살펴보자. 모든 역학적 파동의 속력은 다음과 같은 일반적인 형태를 따른다.

$$v = \sqrt{\frac{\text{탄성적인 특성}}{\text{관성적인 특성}}} \qquad \textbf{13.32}$$

줄을 따라 진행하는 파동은, 식 13.21에서 본 바와 같이

$$v = \sqrt{\frac{T}{\mu}}$$

인데, 여기서 탄성적인 특성은 줄의 장력이다. 줄의 요소가 평형으로 돌아오도록 하는 것은 장력이다. 여기서 관성적인 특성은 줄의 선질량 밀도이다.

고체 덩어리에서 진행하는 횡파에서, 탄성적인 특성은 물질의 **층밀리기 탄성률** S이다.[6] 층밀리기 탄성률은, 옆으로 미는 힘인 층밀리기 힘에 의한 고체의 찌끄러짐의 정도를 나타내는 변수이다. 예를 들면 책상 위에 책을 놓고 그 위에 손을 얹은 다음, 손을 제본의 수직 방향으로 밀면 책의 단면이 직사각형에서 평행사변형으로 변하는 찌그러짐이 생긴다. 손이 가한 힘에 대해 책이 어느 정도 찌그러졌는가 하는 것이 이 책의 층밀리기 탄성률에 관계된다. 고체에서 횡파(S파)의 속력은 다음과 같다.

$$v_S = \sqrt{\frac{S}{\rho}} \qquad \textbf{13.33}$$

여기서 ρ는 밀도이고, S는 물체의 층밀리기 탄성률이다.

기체나 액체에서의 종파에서, 식 13.32에서의 탄성적인 특성은 물질의 **부피 탄성률** B이다. 부피 탄성률은 표면을 균일하게 누르는 힘에 대해 물질의 부피가 얼마나 변하는가를 나타내는 변수이다. 기체에서 음속은 다음과 같이 주어진다.

$$v = \sqrt{\frac{B}{\rho}} \qquad \textbf{13.34}$$

여기서 B는 기체의 부피 탄성률이고 ρ는 기체의 밀도이다.

이제 고체를 통해 진행하는 종파를 생각하자. 파동이 물질을 통과하는 동안 물질은 압축되고, 따라서 파동 속력은 부피 탄성률에 관계된다. 파동이 진행하는 방향으로 물질이 압축되면 수직 방향으로도 변형된다(반쯤 분 풍선을 책상에 놓고 내리누르면 풍선이 책상면과 평행 방향으로도 퍼지는 것을 상상해 보자.) 결과는 물질의 층변형이다. 따라서 파동 속력은 부피 탄성률과 층밀리기 탄성률 둘 다에 관계된다! 엄밀한 분석을 통해 이 파동의 속력을 다음과 같이 나타낼 수 있다.

$$v_P = \sqrt{\frac{B + \frac{4}{3}S}{\rho}} \qquad \textbf{13.35}$$

---

[6] 여러 물질의 탄성 계수에 대한 상세한 정보는 R. A. Serway와 J. W. Jewett Jr.의 *Physics for Scientists and Engineers*, 8th ed. (Belmont, CA, Brooks-Cole: 2010)의 12.4절에 있다.

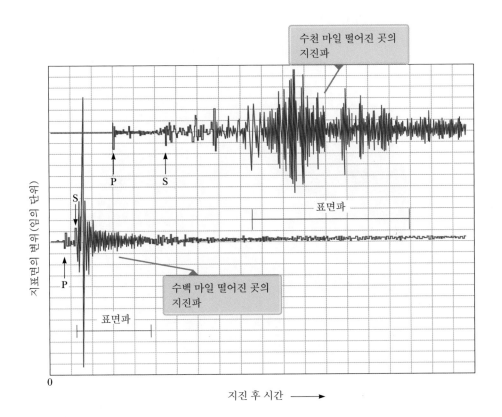

그림 13.24 시간 $t = 0$에서 지진이 발생했다. 두 지진계가 이 지진으로부터 도착한 지진파를 기록했다. 그림에서 아래는 진원지로부터 수백 마일 떨어진 곳의 지진파이며, 위는 진원지로부터 수천 마일 떨어진 곳의 지진파이다. 도착한 P파와 S파의 도착 시간 간격으로 진원지에서 지진 관측소까지의 거리를 측정할 수 있다.

이 식에서 얻는 P파의 속력이 식 13.33에 주어진 S파의 속력보다 크다는 것에 주목하자.

지진파의 속력은 통과하는 매질에 관계된다. P파의 전형적인 속력은 8 km/s이고 S파의 전형적인 속력은 5 km/s이다. 그림 13.24는 두 지진 관측소에서 S파가 확실하게 P파 후에 도착하는 것을 보여 주는 먼 곳의 지진의 지진계 기록이다.

P파와 S파는 지구 내부를 통해 진행한다. 이 파동들이 지표면에 도달하면, 다른 종류의 파동으로 지표를 따라 에너지를 전파한다. **레일리파**(Rayleigh wave)는 표면에서 매질 요소들의 운동이 횡적 변위와 종적 변위가 결합되어 있기 때문에 표면의 한 점에서 알짜 운동은 원이나 타원을 그리며 움직인다. 이 운동은 그림 13.25에 보인 바다 표면의 파도에서의 물 요소의 경로와 같다. **러브파**(Love wave)는 면에 평행하게 횡적으로 진동하는 표면 횡파이다. 따라서 러브파에서는 표면의 수직 변위가 발생하지 않는다.

S파와 P파가 지구 내부를 지나가는 것을 이용해서 지구 내부의 구조에 대한 정보를 얻을 수 있다. 지진이 일어났을 때 여러 장소에서 측정한 지진계의 기록들이 지구 내부에 P파는 통과하나 S파는 통과하지 못하는 부분이 있다는 것을 말해 준다. 이 특정한 부분이 액체의 성질을 가지고 있다는 모형을 사용하면 이 사실이 이해된다. 기체와 비슷하게 액체는 횡파를 전달하지 못한다. 따라서 횡파인 S파는 이 영역을 통과하지 못한다. 이 정보는 지구가 반지름 약 1.2×10^3 km와 3.5×10^3 km 사이에 액체 상태의 핵을 가지고 있다는 것을 말한다.

표면에서의 물 요소들은 거의 원형 경로로 움직이며, 각 요소들은 평형 위치에서 수평과 수직으로 변위된다.

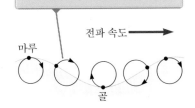

그림 13.25 수심이 깊은 물의 표면에서 파동이 진행할 때, 물 요소들의 운동은 횡적 변위와 종적 변위가 결합되어 있다.

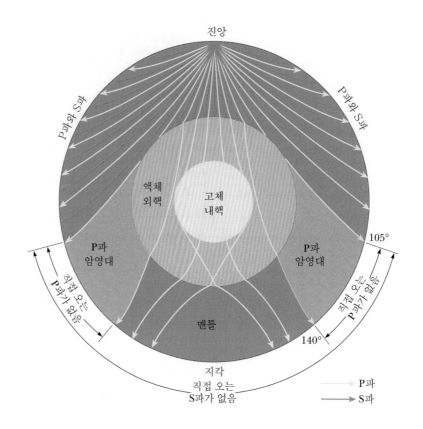

다른 방식으로 측정한 지진파를 분석해 보면, 지구는 내부에 고체 상태의 핵이 중심에 있고 암석으로 된 **맨틀**(mantle) 영역과 상대적으로 얇은 바깥층 **지각**(crust)으로 구성되어 있다. 그림 13.26에 이 내부 구조를 보였다. 의학에서 X선이나 초음파를 이용해서 인체 내부의 정보를 제공하는 것처럼 지진파를 이용해서 지구 내부의 정보를 얻을 수 있다.

P파와 S파는 지구 내부에 전파되며 여러 종류의 매질을 만난다. 매질의 성질이 바뀌는 각 경계에서 반사와 투과가 일어난다. 지진파가 지표면에 도달하면 작은 양의 에너지가 공기로 전이되어 낮은 진동수의 음파가 된다. 얼마간의 에너지는 레일리파와 러브파의 모양으로 지표를 따라 퍼진다. 나머지의 파동 에너지는 지구 내부로 반사되어 돌아간다. 결과적으로 지진파는 지구 전체의 여러 곳에서 지진계에 검출될 수 있다. 이에 더해 표면을 만날 때마다 비교적 큰 비율의 파동 에너지가 반사되므로 파동은 오랫동안 전파된다. 하나의 지진 발생 후 여러 시간 동안 지진파가 표면에 반사를 되풀이한 지진계 기록의 자료도 있다.

지진파 반사의 또 다른 예는 석유 탐사 기술에서 볼 수 있다. 무거운 트럭을 이용해서 진동을 일으키면, 작은 에너지의 지진파가 땅으로 전파된다. 표면 아래의 층간의 여러 경계에서 반사된 파동을 특수 마이크를 이용해서 검출한다. 이 층들의 구조를 컴퓨터로 그리면 석유가 매장되어 있을 법한 층을 찾을 수 있다.

연습문제 |

객관식

1. 음원이 일정한 진동수로 진동한다. 다음 경우들에서 관측된 진동수를 높은 것부터 순서대로 나열하라. 만일 두 진동수가 같으면 동일한 순위로 둔다. 언급되는 모든 운동의 속력은 25 m/s로 같다. (a) 음원과 관측자는 정지해 있다. (b) 음원이 정지한 관측자를 향해 움직인다. (c) 음원이 정지한 관측자로부터 멀어진다. (d) 관측자가 정지한 음원을 향해 움직인다. (e) 관측자가 정지한 음원으로부터 멀어진다.

2. 1.00 kHz의 음원이 음원으로부터 멀어지는 방향으로 30.0 m/s의 속력으로 이동하는 관측자를 향해 50.0 m/s의 속력으로 움직인다. 관측자가 듣는 겉보기 진동수는 얼마인가? (a) 796 Hz (b) 949 Hz (c) 1 000 Hz (d) 1 068 Hz (e) 1 273 Hz

3. 음파의 특성으로 맞게 설명된 것은 어느 것인가? (a) 횡파 (b) 종파 (c) 음원의 성질에 따라 횡파이거나 종파 (d) 에너지를 운반하지 않는 파동 (e) 한 장소에서 다른 곳으로 전파될 때 매질이 필요 없는 파동

4. 고무 호스를 팽팽하게 잡아당겼다가 튕기면 호스의 위아래로 진행하는 펄스를 볼 수 있다. (i) 만일 호스를 더 팽팽히 당긴다면 펄스의 속력은 어떻게 되는가? (a) 증가한다. (b) 감소한다. (c) 변함없다. (d) 예측할 수 없다. (ii) 만일 호스에 물을 채운다면 펄스의 속력은 어떻게 되는가? (a) 증가한다. (b) 감소한다. (c) 변함없다. (d) 예측할 수 없다.

5. 그림 OQ13.5에 보이는 기타의 모든 줄을 같은 장력으로 당기고 있다. 가장 굵은 베이스 줄 파동의 속력은 가는 줄 파동의 속력보다 (a) 빠르다. (b) 느리다. (c) 같다. (d) 정답 없음

© Maltaguy1/iStock

그림 OQ13.5

6. 다음 함수로 표시된 파동 (a)~(e)를 (i) 진폭, (ii) 파장, (iii) 진동수, (iv) 주기, (v) 속력에 따라 큰 것부터 순서대로 나열하라. 만일 두 파동의 물리량이 같으면 동일한 순위로 둔다. 모든 함수에서 x와 y의 단위는 m이고 t의 단위는 s이다. (a) $y = 4\sin(3x - 15t)$ (b) $y = 6\cos(3x + 15t - 2)$ (c) $y = 8\sin(2x + 15t)$ (d) $y = 8\cos(4x + 20t)$ (e) $y = 7\sin(6x - 24t)$

7. 음원에서 공기 중 음파의 파장을 1/2배로 줄인다고 할 때 (i) 진동수는 어떻게 되는가? (a) 네 배로 증가한다. (b) 두 배로 증가한다. (c) 변화 없다. (d) 두 배로 감소한다. (e) 예측할 수 없다. (ii) 속력은 어떻게 되는가? (i)의 보기에서 고르라.

8. 무거운 줄의 끝이 가벼운 줄의 끝과 연결되어 있고, 파동이 무거운 줄에서 가벼운 줄로 진행할 때, (i) 파동의 속력은 어떻게 되는가? (a) 증가한다. (b) 감소한다. (c) 변함없다. (d) 예측할 수 없다. (ii) 진동수는 어떻게 되는가? (a) 증가한다. (b) 감소한다. (c) 변함없다. (d) 예측할 수 없다. (iii) 파장은 어떻게 되는가? 앞의 보기에서 고르라.

9. 일정한 진동수로 진동하는 파원에서 일정한 장력을 받는 줄에 사인형 파동을 발생시키고 있다. 만일 줄에 가해지는 일률이 두 배가 된다면 진폭은 몇 배가 되는가? (a) 4배 (b) 2배 (c) $\sqrt{2}$배 (d) 0.707배 (e) 예측할 수 없다.

10. 다음 중 역학적 파동과 관계없는 것은 어느 것인가? (a) 교란에 의해 형성된다. (b) 완전한 사인형이다. (c) 에너지를 전달한다. (d) 전달을 위한 매질이 필요하다. (e) 파동의 속력은 진행하는 매질의 성질에 따라 결정된다.

주관식

13.1 파동의 전파

1. 줄을 따라 진행하는 횡파가 $t = 0$에서 다음과 같은 함수로 주어진다.

$$y = \frac{6.00}{x^2 + 3.00}$$

여기서 x와 y의 단위는 m이다. 파동이 $+x$ 방향으로 속력 4.50 m/s로 진행할 때, 이 펄스를 나타내는 함수 $y(x, t)$를 쓰라.

2. 마루에서 마루까지의 거리가 10.0 m인 파도의 파동 함수가 다음과 같다.

$$y(x, t) = 0.800 \sin [0.628(x - vt)]$$

여기서 x와 y의 단위는 m, t의 단위는 s이고 $v = 1.20\,\text{m/s}$ 이다. (a) $t = 0\,\text{s}$일 때 $y(x, t)$를 그려라. (b) $t = 2.00\,\text{s}$일 때 $y(x, t)$를 그려라. (c) 두 그래프 (a)와 (b)를 비교해서 공통점과 차이점을 설명하라. (d) 두 그래프 (a)와 (b) 사이에 파동은 어떻게 이동하는가?

13.2 분석 모형: 진행파

3. 팽팽한 줄 위를 진행하는 어떤 파동의 파동 함수가 (SI 단위로) 다음처럼 주어진다.

$$y(x, t) = 0.350 \sin\left(10\pi t - 3\pi x + \frac{\pi}{4}\right)$$

이때 (a) 파동의 속력과 진행 방향을 구하라. (b) $t = 0$, $x = 0.100$일 때 줄 요소의 연직 위치를 구하라. (c) 파장을 구하라. (d) 진동수를 구하라. (e) 줄 요소의 최대 횡속력을 구하라.

4. 줄에서의 사인형 횡파가 주기 $T = 25.0\,\text{ms}$를 갖고 속력 $30.0\,\text{m/s}$로 $-x$ 방향으로 진행하고 있다. $t = 0$일 때, $x = 0$에서 줄의 요소는 횡 방향 위치가 $2.00\,\text{cm}$이고 속력 $2.00\,\text{m/s}$로 아래로 진행할 때 (a) 파동의 진폭은 얼마인가? (b) 처음의 위상은 얼마인가? (c) 줄 요소의 최대 횡속력은 얼마인가? (d) 이 파동에 대한 파동 함수를 쓰라.

5. 그림 P13.5에 있는 줄이 진동수 $5.00\,\text{Hz}$로 구동된다. 운동의 진폭은 $A = 12.0\,\text{cm}$이고, 파동의 속력은 $v = 20.0\,\text{m/s}$이다. 또한 $x = 0$, $t = 0$일 때 $y = 0$이다. (a) 각진동수와 (b) 파수를 구하고, (c) 파동 함수에 대한 식을 쓰라. 줄의 요소에 대한 (d) 최대 횡속력과 (e) 최대 횡가속도를 계산하라.

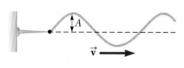

그림 P13.5

6. $-x$ 방향으로 (왼쪽으로) 진행하는 진폭이 $20.0\,\text{cm}$이고, 파장이 $35.0\,\text{cm}$, 진동수가 $12.0\,\text{Hz}$인 사인형 파동이 있다. $t = 0$, $x = 0$일 때 매질 요소의 횡 방향의 위치 $y = -3.00\,\text{cm}$이고, 이때 이 요소는 양의 속도를 갖는다. 이 파동의 파동 함수를 식으로 표현하려고 한다. (a) $t = 0$에서의 파동을 그려라. (b) 파장으로부터 파수 k를 구하라. (c) 진동수로부터 주기 T를 구하라. (d) 각진동수 ω를 구하라. (e)

파동 속력 v를 구하라. (f) $t = 0$에서의 정보를 이용해 위상 상수 ϕ를 구하라. (g) 파동 함수 $y(x, t)$의 식을 쓰라.

7. (a) 다음의 특성을 갖고 $-x$ 방향으로 진행하는 사인형 파동에 대한 x와 t의 함수 y를 쓰라(x와 y는 SI 단위). $A = 8.00\,\text{cm}$, $\lambda = 80.0\,\text{cm}$, $f = 3.00\,\text{Hz}$, $t = 0$일 때 $y(0, t) = 0$이다. (b) 앞의 (a)에서 $x = 10.0\,\text{cm}$일 때 $y(x, 0) = 0$이라면, 이 파동의 파동 함수 y를 구하라.

8. $y = 0.0200 \sin(kx - \omega t)$로 주어진 파동에서 $k = 2.11\,\text{rad/m}$, $\omega = 3.62\,\text{rad/s}$이다. x와 y의 단위는 m이고 t의 단위는 s이다. 이때 파동의 (a) 진폭, (b) 파장, (c) 진동수, (d) 속력을 구하라.

9. 어떤 줄이 진동수 $4.00\,\text{Hz}$로 진동함에 따라 파장 $60.0\,\text{cm}$인 횡파가 만들어진다. 줄을 따라 진행하는 파동의 속력을 구하라.

10. 줄을 따라 진행하는 횡파의 파동 함수가 다음과 같다.

$$y = 0.120 \sin\left(\frac{\pi}{8}x + 4\pi t\right)$$

여기서 x와 y의 단위는 m이고 t의 단위는 s이다. (a) 파동의 횡속도와 (b) $x = 1.60\,\text{m}$ 지점에 위치한 줄 요소가 $t = 0.200\,\text{s}$에 갖는 횡가속도, (c) 파장과 (d) 주기를 구하라. (e) 이 파동의 진행 속력은 얼마인가?

11. 밧줄을 따라 진행하는 사인형 파동이 있다. 진동자는 $30.0\,\text{s}$ 동안 40.0번 진동을 발생시킨다. 파동의 마루는 줄을 따라 $10.0\,\text{s}$ 동안 $425\,\text{cm}$를 진행한다. 이 파동의 파장을 구하라.

13.3 줄에서 횡파의 속력

12. 지름이 모두 $1.00\,\text{mm}$이고, 길이가 $30.0\,\text{m}$인 철선과 길이가 $20.0\,\text{m}$인 구리선이 끝과 끝이 연결되어 팽팽히 매어져 있고, $150\,\text{N}$의 장력이 작용하고 있다. 횡파가 두 도선의 전체 길이를 진행하는 데 걸리는 시간 간격을 구하라.

13. 단위 길이당 질량이 $5.00 \times 10^{-3}\,\text{kg/m}$인 피아노 줄에 $1\,350$ N의 장력이 작용할 때, 이 줄에서 진행하는 파동의 속력을 구하라.

14. 길이가 $4.00\,\text{m}$이고 질량이 $0.200\,\text{kg}$인 통신용 케이블이 있다. 팽팽한 케이블의 한쪽 끝을 잡아당겨 횡 방향의 펄스를 만든다. 이 펄스는 케이블을 따라서 시간 $0.800\,\text{s}$ 동안 4회 왕복한다. 케이블의 장력을 구하라.

15. 단위 길이당 질량이 $8.00\,\text{g/m}$인 가벼운 줄의 양쪽 끝이 줄

길이의 4분의 3만큼 떨어져 있는 두 벽의 양쪽에 고정되어 있다(그림 P13.15). 질량 m인 물체가 줄 중앙에 매달려 장력을 주고 있다. (a) 매달린 물체의 질량의 함수로 줄에서 횡파의 속력을 표현하는 식을 구하라. (b) 만약 파동 속력이 60.0 m/s이라면 줄에 매달린 질량은 얼마인가?

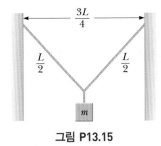

그림 P13.15

16. 6.00 N의 장력을 받고 있는 줄에서 횡파가 20.0 m/s의 속력으로 진행한다. 같은 줄에서 30.0 m/s의 파동 속력으로 진행하는 데 필요한 장력은 얼마인가?

17. 예제 13.4에서 논의된 그림 13.11의 기구를 이용해서 어떤 우주인이 달에서 파동의 운동을 연구한다. 그는 수평 방향으로 놓인 철사 줄에서 펄스가 운동하는 데 걸리는 시간 간격을 측정한다. 수평으로 놓인 철사 줄의 질량은 4.00 g이고 길이는 1.60 m이며, 한쪽 끝에 달린 도르래를 따라 늘어진 철사 줄에는 질량 3.00 kg의 물체가 매달려 있다. 펄스는 26.1 ms만에 철사 줄을 가로질러 지나갈 수 있는가? 그 이유를 설명하라.

13.4 반사와 투과

18. 기둥의 한쪽 끝에 고정된 줄에 진폭이 0.150 m인 연속 펄스를 보낸다. 펄스는 기둥에서 반사되고 진폭의 손실 없이 줄을 따라 되돌아온다. 같은 줄에 두 파동이 존재할 때 줄의 특정 요소의 알짜 변위는 그 점에서 각 파동의 변위의 합이다. (a) 줄이 기둥에 고정되어 있는 경우와 (b) 반사가 일어나는 끝이 자유롭게 위아래로 움직일 수 있는 경우, 두 펄스가 교차하는 줄의 한 점에서 요소의 알짜 변위는 얼마인가?

13.5 줄에서 사인형 파동의 에너지 전달률

19. 수평 방향으로 놓인 줄을 따라서 진폭이 A이고 각진동수가 ω인 파동이 진행할 때, 줄이 (끊어지지 않고) 전달하는 최대 일률은 P_0이다. 최대 일률을 높이기 위해 학생이 줄을 꼬아 만든 '두겹줄'을 매질로서 사용한다. 두겹줄에 작용하는 장력은 처음 한겹줄일 때 작용하는 장력과 동일하다고 가정하며, 또한 파동의 각진동수 역시 동일하다고 가정할 때, '두겹줄'을 따라서 전달되는 최대 일률을 구하라.

20. 매우 긴 줄이 파동을 운반한다. 줄의 일부분 6.00 m에는 네 개의 완전한 파장이 들어 있고, 그 질량은 180 g이다. 줄은 사인형으로 진동하는데, 진동수는 50.0 Hz이고 마루–골 변위가 15.0 cm이다. ('마루–골 변위'란 수직축 상으로 가장 높은 지점부터 가장 낮은 지점까지 거리이다.) (a) +x 방향으로 진행하는 이 파동에 대한 파동 함수를 쓰라. (b) 줄에 공급되는 일률은 얼마인가?

21. 선질량 밀도가 4.00×10^{-2} kg/m인 줄을 따라서 진폭이 5.00 cm인 사인형 파동이 전달되고 있다. 파원의 최대 일률은 300 W이고 줄의 장력은 100 N이다. 파원이 일으킬 수 있는 파동의 최대 진동수 f를 구하라.

22. 줄을 따라 진행하는 사인형 파동의 파동 함수가 다음과 같다.

$$y = 0.15 \sin(0.80x - 50t)$$

여기서 x와 y의 단위는 m이고 t의 단위는 s이다. 줄의 단위 길이당 질량은 12.0 g/m이다. 이때 (a) 파동의 속력, (b) 파장, (c) 진동수, (d) 파동의 에너지 전달률을 구하라.

13.6 음파

> **Note:** 특별히 표시하지 않는 한, 필요한 경우 다음 값들을 이용한다. 20 °C 공기의 평형 상태 밀도 $\rho = 1.20$ kg/m³, 20 °C의 공기 중에서 음속 $v = 343$ m/s, 압력 변화 ΔP는 대기압 1.013×10^5 N/m²(1 N/m² $= 1$ Pa)에 기준한 것이다. 여러 매질에서의 음속은 표 13.1을 참조한다.

23. 온도 25 °C인 바닷물에서 돌고래(그림 P13.23)는 150 m 밑의 대양 바닥으로 음파를 방출한다. 얼마나 시간이 흐른 뒤 메아리를 들을 수 있는가?

24. 번개가 치고 난 다음 16.2 s 후에 천둥소리를 들었다고 하자. 공기 중에서 빛의 속력은 3.00×10^8 m/s이다. (a) 관측자는 번개가 친 곳으로부터 얼마나 멀리 떨어져 있는가? (b) 빛의 속력 값은 답을 구하는 데 알 필요가 있는가? 설명하라.

그림 P13.23

25. 매질을 통과해서 이동하는 사인형 음파의 변위 파동 함수

가 다음과 같다.

$$s(x, t) = 2.00 \cos(15.7x - 858t)$$

여기서 s의 단위는 μm, x의 단위는 m, t의 단위는 s이다. 이때 이 파동의 (a) 진폭, (b) 파장, (c) 속력을 구하라. (d) 위치 $x = 0.0500$ m와 시간 $t = 3.00$ ms에서 매질 요소의 순간 변위를 평형 상태를 기준으로 결정하라. (e) 매질 요소의 진동 운동에서 최대 속력을 결정하라.

26. 압력 변화를 공기 중에서 사인형 음파에 적합한 위치와 시간의 함수의 식으로 쓰라. 음속은 343 m/s, $\lambda = 0.100$ m, $\Delta P_{max} = 0.200$ Pa로 가정한다.

13.7 도플러 효과

27. 교차로에서 구급차가 진동수 560 Hz로 사이렌을 울리며 다가오고 있다. 구급차가 지나간 후 관측된 진동수는 480 Hz이다. 이들 자료로부터 구급차의 속력을 결정하라.

28. 확성기를 장착한 물체가 용수철 상수 $k = 20.0$ N/m인 용수철에 연결되어 그림 P13.28과 같이 진동한다. 물체와 확성기의 전체 질량은 5.00 kg이며, 이들 운동의 진폭은 0.500 m이다. 확성기는 진동수 440 Hz인 음파를 방출한다. 이때 확성기 정면에 있는 사람이 듣는 최대 및 최소 진동수를 결정하라. 음속은 343 m/s로 가정한다.

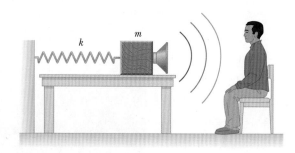

그림 P13.28

29. 한 운전자가 고속도로에서 북쪽을 향해 25.0 m/s의 속력으로 달린다. 경찰차가 2 500 Hz의 진동수로 사이렌을 울리면서 남쪽으로 40.0 m/s의 속력으로 다가온다. (a) 경찰차가 다가오는 동안 운전자가 듣는 진동수는 얼마인가? (b) 경찰차가 지나간 후 운전자가 듣는 진동수는 얼마인가? (c) 경찰차가 운전자 뒤에서 북쪽을 향해 달리는 경우 (a)와 (b)를 되풀이하라.

13.8 연결 주제: 지진파

30. 지진 관측소에서 S파와 P파의 지진파를 17.3 s의 시간 간격으로 받았다. 이 두 파동이 같은 경로로 왔으며 각각 4.50 km/s와 7.80 km/s의 속력이라면, 진원에서 지진기록계까지의 거리는 얼마인가?

추가문제

31. 질량이 0.450 kg인 블록이 질량이 0.003 20 kg인 줄의 한 끝에 매달려 있다. 다른 끝은 고정된 점에 연결되어 있다. 이 블록은 마찰 없는 책상 위에서 일정한 각속력으로 수평으로 원운동한다. 횡파가 줄을 따라 원의 중심에서 블록까지 전해지는 동안에, 블록은 어느 정도의 각도를 운동하는가?

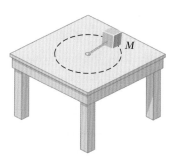

그림 P13.31

32. 질량 M인 물체가 그림 P13.32와 같이 수평면과 각도 θ로 기울어진 마찰 없는 면에 길이 L인 줄에 매달려 있으며, 이때 물체의 질량 M과 줄의 질량 m 사이에는 $m \ll M$인 관계에 있다. 줄의 한 끝에서 다른 끝까지 횡파가 진행하는 데 걸리는 시간 간격을 나타내는 식을 유도하라.

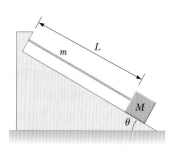

그림 P13.32

33. 선질량 밀도 μ인 줄을 통해 펄스의 움직임을 파동 함수로 나타내면 다음과 같다.

$$y = [A_0 e^{-bx}] \sin(kx - \omega t)$$

여기서 대괄호 안의 인자는 진폭을 나타내고 있다. (a) 점 x에서 이 파동이 운반하는 일률 $P(x)$는 얼마인가? (b) 원점에서 이 파동이 운반하는 일률 $P(0)$는 얼마인가? (c) $\dfrac{P(x)}{P(0)}$를 계산하라.

중첩과 정상파 Superposition and Standing Waves

13장에서 파동 모형을 소개했다. 파동은 입자와 매우 다르다는 것을 알았다. 이상적인 입자는 크기가 영이지만, 이상적인 파동은 파장이라고 하는 특정 크기를 가지고 있다. 파동과 입자의 또 다른 중요한 차이는 같은 매질 내의 한 지점에서 두 개 또는 그 이상의 파동이 결합할 수 있다는 것이다. 입자들을 결합시켜 크기가 있는 물체를 만들 수는 있지만 이때 입자들은 서로 다른 지점에 위치할 수밖에 없다. 반면에 두 개의 파동은 동시에 같은 위치에 존재할 수 있으며, 이 장에서는 이런 파동의 결합 효과를 탐구하고자 한다.

파동이 결합될 때, 경계 조건에 맞는 특정 허용 진동수만이 존재할 수 있다. 즉 진동수는 **양자화**되어 있다. 11장에서 양자화된 수소 원자의 에너지에 대해 배웠다. 양자화는 양자 역학의 핵심 개념으로 28장에서 정식으로 소개할 것이며, 경계 조건하의 파동으로 많은 양자 현상을 설명할 것이다. 이 장에서는 줄과 공기 관을 이용한 다양한 악기의 거동을 이해하는 데 양자화 개념을 이용한다.

Danny Moloshok / ASSOCIATED PRESS

블루스의 거장 킹(B. B. King)이 줄에서의 정상파를 이용하고 있다. 그는 지판의 프렛에 줄을 눌러 진동하는 기타 줄의 길이가 짧아지도록 해서 고음을 낸다.

◢ **14.1** │ 분석 모형: 파동의 간섭 Analysis Model : Waves in Interference

자연계의 다양한 흥미로운 파동 현상들은 한 개의 진행 파동만으로는 기술할 수 없다. 대신에 이 현상들은 여러 개 진행 파동의 결합으로 분석해야 한다. 서론에서 지적한 바와 같이, 파동은 공간의 **같은** 지점에서 결합시킬 수 있다는 관점에서 입자와는 분명한 차이를 보이고 있다. 이런 파동의 결합을 분석하기 위해서는 **중첩의 원리**(super-position principle)를 사용한다.

▶ 중첩의 원리

> 두 개 이상의 진행 파동이 매질을 통해 움직일 때, 임의의 한 점에서 합성 파동의 함숫값은 각 파동의 함숫값의 대수 합이다.

이런 중첩의 원리를 따르는 파동을 **선형 파동**이라 한다. 역학적인 파동의 경우, 일반적으로 선형 파동의 특징은 파장에 비해 훨씬 작은 진폭을 갖는다. 중첩의 원리가 만족되지 않는 파동을 **비선형 파동**이라 하며, 큰 진폭을 갖는 파동에서 가끔 관측된다. 이 교재에서는 선형 파동만을 다루기로 한다.

중첩의 원리의 한 가지 결과는 두 개의 진행 파동은 서로를 변화시키거나 파괴시키지 않고 서로를 통과해 간다는 것이다. 예를 들어 두 개의 돌을 던져 연못의 서로 다른 위치에 떨어지게 하면, 두 지점으로부터 퍼져 나가는 원형 표면 파동들은 서로를 파괴하지 않고 단순히 통과해 간다. 결과적으로 생긴 복잡한 무늬는 두 개의 퍼져 나가는 독립적인 원형 파동의 조합으로 볼 수 있다.

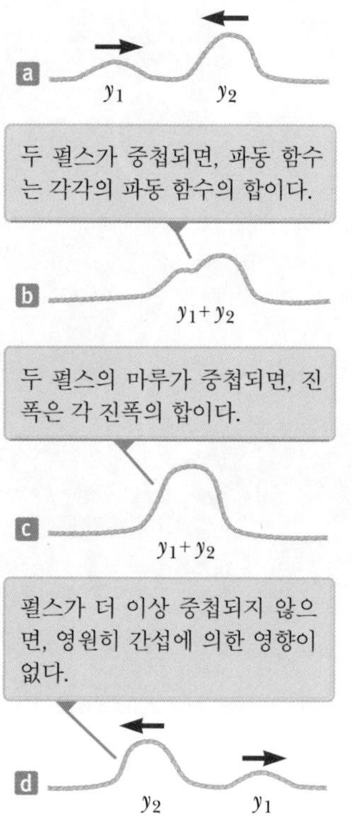

그림 14.1은 두 펄스의 중첩에 대한 모식도이다. 오른쪽으로 진행하는 펄스의 파동 함수는 y_1이고, 왼쪽으로 진행하는 펄스의 파동 함수는 y_2이다. 두 펄스는 속력은 같지만 모양이 다르고, 매질(줄) 요소의 변위는 두 펄스 모두 $+y$값을 갖는다. 그림 14.1b와 같이 두 파동이 중첩될 때, 합성 파동의 파동 함수는 $y_1 + y_2$로 주어진다. 그림 14.1c와 같이 펄스의 마루가 일치될 때, $y_1 + y_2$로 주어지는 합성 파동은 각각의 펄스보다 더 큰 진폭을 갖는다. 결국 두 펄스는 그림 14.1d와 같이 분리되어 각각 본래의 진행 방향으로 나아간다. 상호 작용 후에도 각각의 펄스 모양은 두 파동이 전혀 만나지 않았던 것처럼 변하지 않음에 유의하자.

개별 파동들이 공간의 한 영역에서 결합해서 합성 파동을 만드는 것을 **간섭**(interference)이라고 한다. 그림 14.1에 나타낸 두 펄스에 대해, 매질 요소

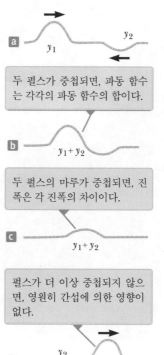

그림 14.1 보강 간섭. 팽팽한 줄에서 서로 반대 방향으로 진행하는 두 펄스가 중첩한다.

그림 14.2 상쇄 간섭. 하나는 양(+)이고 다른 하나는 음(−)인 두 펄스가 팽팽한 줄에서 서로 반대 방향으로 진행해서 중첩한다.

의 변위는 두 펄스 모두에서 +y값을 가진다. 그 결과 합성 펄스(각 펄스가 겹쳤을 때 만들어진)의 진폭은 각 펄스의 값보다 커진다. 두 펄스에 의해 야기된 변위가 서로 같은 방향이므로, 이들 중첩을 **보강 간섭**(constructive interference)이라고 한다.

▶ 보강 간섭

이제 그림 14.2와 같이 팽팽한 줄에서 서로 반대 방향으로 진행하는 두 펄스를 생각해 보자. 여기에서 한 펄스는 다른 펄스에 대해 반전되어 있다. 이 경우 펄스가 겹쳐지기 시작할 때, 합성 펄스는 $y_1 + y_2$로 주어지지만 함숫값 y_2는 음($-$)이다. 다시 두 펄스는 서로를 통과해 가지만, 두 펄스에 의해 야기된 변위가 서로 다른 방향이므로, 이들 중첩을 **상쇄 간섭**(destructive interference)이라고 한다.

▶ 상쇄 간섭

중첩의 원리는 **파동의 간섭**(waves in interference)을 분석하는 중요한 원리이다. 음향학과 광학 등 많은 분야에서 파동은 이 원리에 따라 결합하고 실제로 응용할 수 있는 흥미로운 현상들을 나타낸다.

◣ **퀴즈 14.1** 줄 위에서 모양이 같은 두 펄스가 서로 다른 방향으로 이동하는데, 하나는 줄의 요소 변위가 양($+$)이고 다른 하나는 음($-$)이다. 줄에서 두 펄스가 완전히 중첩되는 경우 어떤 일이 일어나는가? **(a)** 펄스와 관련된 에너지가 사라진다. **(b)** 줄이 움직이지 않는다. **(c)** 줄은 직선이 된다. **(d)** 펄스는 상쇄되고 다시 나타나지 않을 것이다.

사인형 파동의 중첩 Superposition of Sinusoidal Waves

선형 매질에서 서로 같은 방향으로 진행하는 두 사인형 파동에 중첩의 원리를 적용해 보자. 만일 두 파동이 오른쪽으로 진행하고 있으며, 진동수 및 파장과 진폭은 서로 같고 위상만 다르다면, 각각의 파동 함수는 다음과 같이 나타낼 수 있다.

$$y_1 = A\sin(kx - \omega t) \qquad y_2 = A\sin(kx - \omega t + \phi)$$

여기서 $k = 2\pi/\lambda$, $\omega = 2\pi f$, ϕ는 13.2절에서 논의한 대로 위상 상수이다. 따라서 합성 파동의 파동 함수 y는 다음과 같다.

$$y = y_1 + y_2 = A[\sin(kx - \omega t) + \sin(kx - \omega t + \phi)]$$

이 식을 간단히 하기 위해서, 삼각 함수의 항등식을 이용하면 다음과 같다.

$$\sin a + \sin b = 2\cos\left(\frac{a-b}{2}\right)\sin\left(\frac{a+b}{2}\right)$$

$a = kx - \omega t$, $b = kx - \omega t + \phi$라 놓으면, 합성 파동 함수 y는 다음과 같이 간단히 할 수 있다.

$$y = 2A\cos\left(\frac{\phi}{2}\right)\sin\left(kx - \omega t + \frac{\phi}{2}\right) \qquad \textbf{14.1}$$

▶ 진행하는 두 사인형 파동의 중첩

이 결과는 몇 가지 중요한 특성을 갖는다. 합성 파동 함수 y는 여전히 사인형이며, 원래 파동 함수에 나타났던 동일한 k값과 ω를 갖는 사인 함수를 합했기 때문에 각각

오류 피하기 | 14.1

파동은 정말 간섭하는가? 일반적인 쓰임에서, **간섭**이라는 단어는 사건으로부터 무언가 방해하기 위해서 여러 방법으로 매질에 영향을 미치는 것을 함축하고 있다. 예를 들어 미 풋볼에서 **패스 간섭**(pass interference)은 수비수가 리시버에 영향을 주어서 리시버가 공을 못 잡게 하는 것을 의미한다. 이 단어는 물리학에서는 매우 다르게 사용된다. 물리학에서 파동들은 서로 지나가면서 간섭하기는 하지만 어떤 형식으로도 영향을 주지 않는다. 물리학에서 간섭이라는 단어는 이 장에서 이미 언급됐듯이 결합의 개념과 유사하다.

그림 14.3 동일한 두 파동 y_1(파란색)과 y_2(초록색)가 중첩되어 합성 파동(갈색)을 만든다.

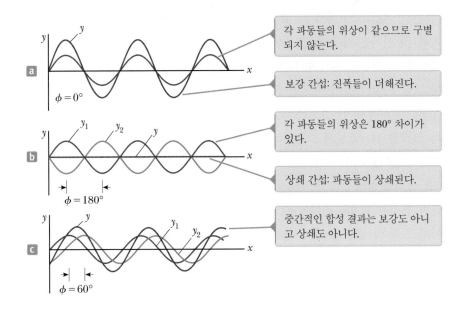

각 파동들의 위상이 같으므로 구별되지 않는다.

보강 간섭: 진폭들이 더해진다.

각 파동들의 위상은 180° 차이가 있다.

상쇄 간섭: 파동들이 상쇄된다.

중간적인 합성 결과는 보강도 아니고 상쇄도 아니다.

의 파동과 동일한 진동수와 파장을 갖는다. 합성 파동의 진폭은 $2A \cos(\phi/2)$이며 위상은 $\phi/2$이다. 만일 위상 상수 ϕ가 0이면, $\cos(\phi/2) = \cos(0) = 1$이고 합성 파동의 진폭은 $2A$로 각 파동 진폭의 두 배이다. 이 경우 두 파동의 마루는 공간에서 같은 위치에 있고 파동은 어디에서나 **같은 위상**에 있다고 말하고, 결과적으로 보강 간섭이 일어난다. 즉 그림 14.3a에서처럼 파동 y_1과 y_2는 결합해서 진폭 $2A$인 갈색 곡선 y가 된다. 그림 14.3a의 파란색 곡선처럼 각 파동들은 위상이 같기 때문에 서로 구별되지 않는다. 일반적으로 보강 간섭은 $\cos(\phi/2) = \pm1$일 때 발생한다. 예를 들어 $\phi = 0$, 2π, 4π, ... rad일 때이다. 즉 π의 짝수 배일 때이다.

ϕ가 π rad이거나 π의 **홀수** 배이면, $\cos(\phi/2) = \cos(\pi/2) = 0$이고, 한 파동의 마루는 다른 파동의 골과 같은 위치에서 발생한다(그림 14.3b). 따라서 상쇄 간섭의 결과로 합성 파동의 진폭은 그림 14.3b에서 갈색 직선으로 보인 것처럼 모든 곳에서 영이다. 마지막으로 위상 상수가 그림 14.3c와 같이 0이나 π rad의 정수배가 아닌 다른 값을 가지면, 합성 파동의 진폭은 0과 $2A$의 사이 값을 갖는다.

파동들의 파장이 같고 진폭이 같지 않은 일반적인 경우, 그 결과들은 다음 사항들을 제외하고 유사하다. 위상이 같은 경우 합성 파동의 진폭은 단일 파동 진폭의 두 배가 아니고 두 파동의 진폭의 합이다. 두 파동의 위상이 π rad 다른 경우, 그림 14.3b와 같이 파동들이 완전히 상쇄되지는 않는다. 합성 파동의 진폭은 개개 파동의 진폭의 차이다.

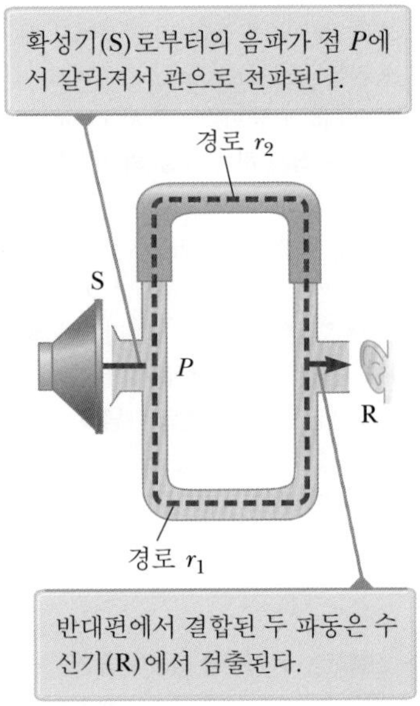

확성기(S)로부터의 음파가 점 P에서 갈라져서 관으로 전파된다.

경로 r_2

S

P

R

경로 r_1

반대편에서 결합된 두 파동은 수신기(R)에서 검출된다.

그림 14.4 음파의 간섭을 보여 주는 음향 장치. 위쪽 경로 r_2는 관의 윗부분을 밀어서 변화시킬 수 있다.

음파의 간섭 Interference of Sound Waves

음파의 간섭을 보여 주는 간단한 장치가 그림 14.4에 나타나 있다. 확성기 S로부터의 음파는 점 P에서 갈라져 T자 모양의 관으로 보내진다. 음파의 반은 한쪽으로 나머지 반은 반대 방향으로 진행한다. 즉 수신기 R에 도달하는 음파들은 서로 다른 두 경

로를 거치게 된다. 확성기에서 수신기까지의 거리를 **경로**(path length) r이라 한다. 아래쪽 경로 r_1은 고정되어 있으나, 위쪽 경로 r_2는 트롬본처럼 U자 모양의 관을 밀어서 변화시킬 수 있다. 경로차 $\Delta r = |r_2 - r_1|$이 영이거나 파장 λ의 정수배일 때(즉 $\Delta r = n\lambda$, 여기서 $n = 0, 1, 2, 3, \ldots$), 수신기에 도달되는 두 음파는 항상 위상이 같고, 그림 14.3a와 같이 보강 간섭을 한다. 이 경우 최대의 음파 세기가 수신기에서 검출된다. 만일 경로 r_2를 조절해서 $\Delta r = \lambda/2,\ 3\lambda/2,\ \ldots,\ n\lambda/2$($n$은 홀수)가 되도록 한다면, 두 음파의 위상차는 정확히 π rad(또는 180°)가 되어 수신기에서 서로 상쇄된다. 이 경우 상쇄 간섭이 일어나고 수신기에서는 아무런 음파도 검출되지 않는다. 이 간단한 실험은 같은 파원에서 발생된 두 파동이 서로 다른 경로를 거치면 위상차가 생길 수 있음을 설명한다. 이런 중요한 현상은 27장에서 광파의 간섭을 배울 때 매우 유용하다.

생각하는 물리 14.1

스테레오 확성기가 좌우 소리의 위상이 반대(180° 차)인 증폭기에 연결되어 있다면 한 확성기의 진동판이 바깥쪽으로 이동할 때 다른 확성기의 진동판은 안쪽으로 이동하게 된다. 이 결과로 낮은 음이 약해진다. 왜 높은 음을 제외하고 낮은 음에서만 이런 영향을 받는가? 참고로 일반적인 피아노 소리의 파장 범위는 최고 C일 때 0.082 m에서 최저 A일 때 13 m이다.

추론 여러분이 마주한 확성기의 정중앙을 보고 있다고 생각하자. 양쪽 각 확성기에서 나온 소리는 여러분에게 오기까지 같은 거리를 이동하게 된다. 그렇다면 이때 양쪽에서 나온 소리는 경로차에 의한 위상차는 없다. 결과적으로, 이 두 확성기의 정중앙에서는 간섭에 의해 모든 진동수의 소리가 사라져 버린다. 정중앙에서 약간 벗어나면 두 확성기와의 경로차에 의해 추가적인 위상차가 생기게 된다. 장파장인 저음의 낮은 진동수의 경우 경로차는 파장에 비해 아주 작아서 소리는 여전히 사라질 것이다. 고음의 단파장인 높은 진동수의 경우 머리를 약간 움직여 정중앙에서 조금만 벗어나도 경로차는 전체 파장에서 큰 비율(또는 심지어 파장의 몇 배)을 차지할 것이다. 그러므로 고음은 중앙에서 좀 벗어나면 보강 간섭 위치가 될 수 있다. 실제 두 귀 사이가 떨어져 있어서 두 귀가 동시에 상쇄 간섭의 위치에 있기 어려우므로 소리를 전혀 듣지 못하게 될 수는 없으며, 오히려 머리를 조금 움직이다 보면 최소한 귀 하나는 큰 소리를 듣게 된다. 그러나 머리의 크기는 저음의 파장보다 매우 작아서 저음은 확성기 앞의 넓은 영역에서 매우 약해진다. ◀

예제 14.1 | 같은 음원으로 구동되는 두 확성기

같은 진동자(그림 14.5)로 구동되는 한 쌍의 확성기가 서로 3.00 m 떨어져 있다. 청취자는 처음에 두 확성기를 잇는 선분의 중심으로부터 8.00 m 떨어진 점 O에 있다. 청취자가 점 O로부터 수직 방향으로 0.350 m인 점 P에 도달했을 때 음파 세기의 일차 극소를 들었다면, 진동자의 진동수는 얼마인가?

풀이

개념화 그림 14.4에서 음파는 관으로 들어가 반대편에서 결합하기 전에 다른 두 경로로 갈라져 **음향적으로** 분리된다. 예제에서 음을 내는 신호는 **전기적으로** 분리되고 다른 확성기로 보내진다. 확성기를 떠난 음파는 청취자 위치에서 재결합한다. 분리가 일어나는 방법의 차이에도 불구하고 그림 14.4에 대한 경로 차이의 논의를 여기에 적용할 수 있다.

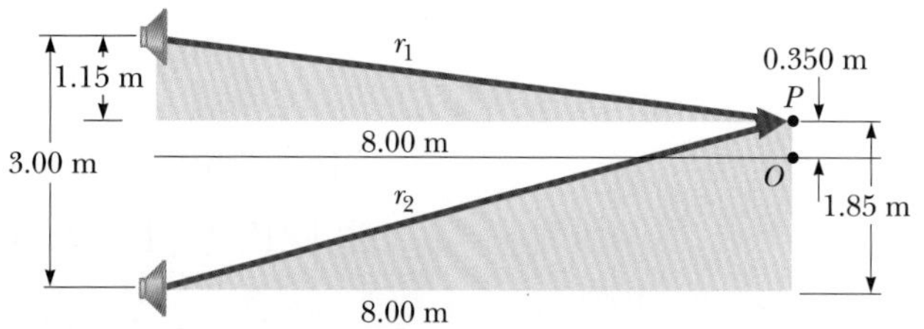

그림 14.5 (예제 14.1) 두 확성기가 점 P에 있는 청취자에게 음파를 방출한다.

분류 두 개의 분리된 음원에서 나온 음파가 결합하므로 파동의 간섭 분석 모형을 적용한다.

분석 그림 14.5에서 확성기의 물리적 배열을 볼 수 있다. 두 개의 색칠한 삼각형으로부터 각각의 경로를 계산할 수 있다. 청취자가 점 P에 도달할 때 일차 극소가 일어난다. 다시 말해서 이들의 경로차 Δr은 $\lambda/2$이다.

색칠한 삼각형으로부터 확성기에서 청취자까지의 거리를 구한다.

$$r_1 = \sqrt{(8.00\,\text{m})^2 + (1.15\,\text{m})^2} = 8.08\,\text{m},$$
$$r_2 = \sqrt{(8.00\,\text{m})^2 + (1.85\,\text{m})^2} = 8.21\,\text{m}$$

따라서 경로차는 $r_2 - r_1 = 0.13\,\text{m}$이다. 이 경로차는 일차 극소에 해당하는 $\lambda/2$와 같으므로, $\lambda = 0.26\,\text{m}$임을 알 수 있다.

식 13.12의 $v = \lambda f$를 이용해서 진동자의 진동수를 구한다. 여기서 공기 중의 음속 v는 343 m/s이다.

$$f = \frac{v}{\lambda} = \frac{343\,\text{m/s}}{0.26\,\text{m}} = \boxed{1.3\,\text{kHz}}$$

결론 예제에서 입체 음향 계에서 확성기 선이 정확하게 연결되어야 하는 이유를 이해할 수 있다. 한 확성기에서 양(+)의 선(빨간색)을 음(-)의 선(검정색)에 연결하고 다른 확성기는 제대로 연결하였을 경우, 확성기는 서로 '반대 위상(out of phase)'에 있다고 한다. 한 확성기 진동자가 밖으로 움직이면 다른 확성기 진동자는 안으로 움직인다. 생각하는 물리 14.1에서 설명한 바와 같이 결과적으로 그림 14.5에 있는 점 O에서 두 확성기에서 오는 음파는 서로 상쇄 간섭한다. 한 확성기에 의해 생긴 소(희박) 영역이 다른 확성기에 의한 밀(압축) 영역과 중첩된다. 왼쪽과 오른쪽의 입체 음향 신호가 일반적으로 같지 않기 때문에, 두 음은 아마도 완전히 상쇄되지 않더라도, 음질의 상당한 손실이 점 O에서 일어난다.

문제 확성기가 반대 위상으로 연결되어 있다면 그림 14.5의 점 P에서 어떤 일이 일어나는가?

답 이 경우 경로차 $\lambda/2$는 잘못 연결되어 발생한 위상차 $\lambda/2$와 결합해 점 P에서 λ의 경로차가 생긴다. 그 결과 파동은 같은 위상이 되고 점 P에서 **최대** 세기가 된다.

14.2 | 정상파 Standing Waves

그림 14.6 서로를 향해 음파를 방출하는 두 확성기. 두 음파가 겹쳐질 때, 서로 반대 방향으로 진행하는 동일한 파동은 결합해서 정상파를 형성한다.

예제 14.1에서 두 확성기에서 나오는 음파는 앞으로 진행하고, 확성기 앞면의 한 점에서의 간섭을 고려했다. 두 확성기를 마주보도록 돌려 놓고, 진폭과 진동수가 같은 음파를 방출한다고 가정한다. 이런 상황에서 동일한 두 파동은 그림 14.6과 같이 동일 매질에서 반대 방향으로 진행한다. 이들 파동은 간섭 모형에 따라 결합된다.

이런 상황은 동일한 매질에서 같은 진폭, 진동수 및 파장을 가지면서 서로 반대 방향으로 진행하는 두 사인형 횡파의 파동 함수를 고려해서 분석할 수 있다.

$$y_1 = A\sin(kx - \omega t), \qquad y_2 = A\sin(kx + \omega t)$$

여기서 y_1은 $+x$ 방향으로 진행하는 파동을 나타내고, y_2는 $-x$ 방향으로 진행하는 파동을 나타낸다. 중첩의 원리에 따라 두 함수를 합하면 합성 파동 함수 y를 얻을 수 있다.

$$y = y_1 + y_2 = A\sin(kx - \omega t) + A\sin(kx + \omega t)$$

삼각 함수의 항등식 $\sin(a \pm b) = \sin a \cos b \pm \cos a \sin b$를 쓰면, 앞의 식은 다음과 같이 간단히 할 수 있다.

$$y = (2A\sin kx)\cos \omega t \qquad \text{14.2}$$

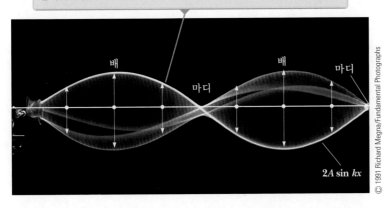

각 요소의 수직 진동 진폭은 그 수평 위치에 따라 다르다. 각 요소는 둘러싸고 있는 포락선 함수 $2A \sin kx$에 의한 한계 이내에서 진동한다.

배   배   마디   마디

$2A \sin kx$

© 1991 Richard Megna/Fundamental Photographs

그림 14.7 줄에서의 정상파에 대한 다중 섬광 사진. 줄의 각 요소들에 대한 평형점으로부터의 수직 변위는 $\cos \omega t$에 의존한다. 즉 모든 요소들은 하나의 진동수 ω로 진동한다.

이 함수는 $kx - \omega t$의 함수를 포함하지 않기 때문에 진행하는 파동의 표현이 아님에 주의하자. 식 14.2는 그림 14.7에서 보이는 것처럼 **정상파**(standing waves)의 파동 함수를 나타낸다. 정상파는 서로 반대 방향으로 진행하는 동일한 파동의 중첩으로 만들어지는 정지한 진동 모양이다. 수학적으로 이 식은 진행파에 대한 파동의 운동보다는 단조화 운동에 가까운 듯 보인다. 매질의 모든 요소는 같은 진동수 ω($\cos \omega t$ 인자에 따라)로 단조화 운동을 한다. 하지만 한 요소의 진동 진폭($2A \sin kx$)은 매질 내의 위치 x에 따라 달라진다. 이 결과로부터, 모든 요소에서의 단조화 운동은 ω의 진동수와 위치에 의존하는 $2A \sin kx$의 진폭을 가짐을 알 수 있다.

어떤 x 위치에서든 요소의 단조화 운동의 진폭은 $2A \sin kx$로 정해지기 때문에 단조화 운동의 **최대** 진폭은 $2A$가 됨을 알 수 있다. 이런 최대 진폭을 정상파의 진폭으로 정의한다. 최대 진폭은 $\sin kx = 1$의 조건을 만족하는

$$kx = \frac{\pi}{2}, \frac{3\pi}{2}, \frac{5\pi}{2}, \cdots$$

일 때 나타난다. $k = 2\pi / \lambda$이므로 **배**(antinode)라고 하는 최대 진폭의 위치는

$$x = \frac{\lambda}{4}, \frac{3\lambda}{4}, \frac{5\lambda}{4}, \cdots = \frac{n\lambda}{4} \quad n = 1, 3, 5, \cdots \qquad \textbf{14.3}$$ ▶ 배의 위치

로 주어진다. 인접한 배와 배 사이의 간격은 $\lambda/2$임에 주의하자.

비슷한 방법으로, $\sin kx = 0$ 또는 $kx = \pi, 2\pi, 3\pi, \cdots$를 만족하는 x에서 **최소** 진폭을 가지며 그 위치는 다음과 같이 주어진다.

$$x = 0, \frac{\lambda}{2}, \lambda, \frac{3\lambda}{2}, \cdots = \frac{n\lambda}{2} \quad n = 0, 1, 2, 3, \cdots \qquad \textbf{14.4}$$ ▶ 마디의 위치

이렇게 진폭이 영인 점들을 **마디**(node)라고 하며, 인접한 마디와 마디 사이의 간격은 $\lambda/2$이다. 한 마디와 인접한 배와의 간격은 $\lambda/4$이다. 여러 시점에서 서로 반대 방향으로 진행하는 두 파동에 의해 생성되는 정상파 모양을 그림 14.8에 나타냈다. 각 그림에서 위에 있는 것은 각각의 진행파를 나타내고 아래에 있는 것은 정상파 모양이

오류 피하기 | 14.2

세 가지 타입의 증폭기 개별적인 파동의 진폭인 A와 매질 요소의 단조화 운동의 진폭인 $2A \sin kx$를 잘 구별해야 한다. x가 매질 요소의 위치일 때 정상파의 매질 요소는 **포락선** 함수 $2A \sin kx$의 크기가 진폭이 되어 진동한다. 이 진동은 모든 요소가 같은 진폭과 같은 진동수로 요동치며 이동하는 사인형 파동과는 대조적이고 파동의 진폭 A는 단조화 진동의 진폭과 같다. 더욱이 **정상파의 진폭**을 $2A$라고 할 수 있다.

그림 14.8 여러 시간에서 서로 반대 방향으로 진행하는 진폭이 같은 두 파동에 의해 만들어지는 정상파의 모양. 합성 파동 y의 경우, 마디(N)는 변위가 영인 점들이고, 배(A)는 변위가 최대인 점들이다.

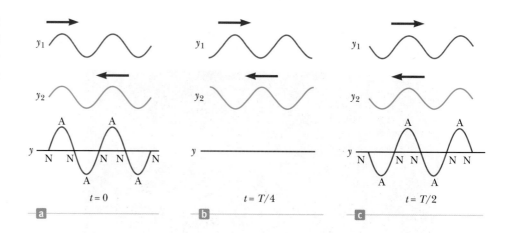

다. 정상파의 마디는 N, 배는 A로 나타냈다. 그림 14.8a와 같이 $t=0$일 때, 두 파동은 동일 위상이므로 진폭 $2A$를 가지는 파동 모양이 된다. 그림 14.8b와 같이 1/4주기 이후인 $t=T/4$일 때, 각 파동은 파장의 1/4만큼 이동(하나는 오른쪽으로 다른 하나는 왼쪽으로)한다. 이 시간에 진행파들은 180° 위상 차이가 난다. 평형 위치로부터 매질 요소의 각각의 변위는 모든 x에 대해 크기는 같고 방향이 반대가 되므로, 합성 파동은 모든 위치에서 변위가 영이다. 그림 14.8c와 같이 $t=T/2$에서 진행파들은 다시 위상이 같으며, $t=0$에 대해 반전된 파동 모양을 형성한다. 정상파에서 매질의 각 요소는 그림 14.8a와 14.8c에서 보인 극한 사이를 시간에 따라 진동한다.

▶ **퀴즈 14.2** 그림 14.8과 같이 줄에서의 정상파를 생각하자. 그림에서 줄의 요소들이 위 방향으로 이동하면 속도는 양(+)의 값으로 정의한다. **(i)** 줄의 모양이 그림 14.8a의 갈색 곡선인 순간에, 줄을 따라 진행하는 요소의 순간 속도는 얼마인가? (a) 모든 요소에 대해 영 (b) 모든 요소에 대해 양(+) (c) 모든 요소에 대해 음(−) (d) 요소의 위치에 따라 변함 **(ii)** 줄의 모양이 그림 14.8b의 갈색 곡선인 순간에, 줄을 따라 진행하는 요소의 순간 속도를 앞의 보기에서 고르라.

▶ **예제 14.2 | 정상파의 형성**

서로 반대 방향으로 진행하는 두 파동이 정상파를 만든다. 각각의 파동 함수는 다음과 같다.

$$y_1 = 4.0\sin(3.0x - 2.0t), \quad y_2 = 4.0\sin(3.0x + 2.0t)$$

여기서 x, y의 단위는 cm이고 t의 단위는 s이다.

(A) $x=2.3$ cm 에 위치한 매질 요소의 단조화 운동의 진폭을 구하라.

풀이

개념화 주어진 식으로 묘사된 파동들은 이동 방향을 제외하고 동일하다. 따라서 이 절에서 논의한 바와 같이 결합해서 정상파를 형성한다. 파동들을 그림 14.8에서 파란색과 초록

색 곡선으로 나타낼 수 있다.

분류 이 절에서 전개한 식에 값들을 대입할 것이다. 따라서 예제를 대입 문제로 분류한다.

파동에 대한 식으로부터, $A=4.0$ cm, $k=3.0$ rad/cm이고

$\omega = 2.0 \text{ rad/s}$ 이다. 식 14.2를 이용해서 정상파에 대한 식을 쓴다.

$$y = (2A \sin kx) \cos \omega t = 8.0 \sin 3.0x \cos 2.0t$$

위치 $x = 2.3$ cm 에서 요소의 단조화 운동 진폭을 그 위치에서의 코사인 함수의 계수의 크기를 계산해서 구한다.

$$y_{max} = (8.0 \text{ cm}) \sin 3.0x \big|_{x=2.3}$$

$$= (8.0 \text{ cm}) \sin(6.9 \text{ rad}) = \boxed{4.6 \text{ cm}}$$

(B) 줄의 한쪽 끝이 $x = 0$ 일 때 마디와 배의 위치를 구하라.

풀이

진행파의 파장을 구한다.

$$k = \frac{2\pi}{\lambda} = 3.0 \text{ rad/cm} \quad \rightarrow \quad \lambda = \frac{2\pi}{3.0} \text{ cm}$$

식 14.4를 이용해서 마디의 위치를 구한다.

$$x = n\frac{\lambda}{2} = \boxed{n\left(\frac{\pi}{3.0}\right) \text{cm}} \quad n = 0, 1, 2, 3, \ldots$$

식 14.3을 이용해서 배의 위치를 구한다.

$$x = n\frac{\lambda}{4} = \boxed{n\left(\frac{\pi}{6.0}\right) \text{cm}} \quad n = 1, 3, 5, 7, \ldots$$

14.3 | 분석 모형: 경계 조건하의 파동
Analysis Model: Waves Under Boundary Conditions

앞 절에서, 같은 매질 내에서 반대 방향으로 진행하는 파동들에 의해 만들어지는 정상파에 대해 논의했다. 줄에서 정상파를 만드는 한 방법은 입사하는 파동과 벽으로부터 반사된 파동을 결합하는 것이다. 그림 14.9a와 같이 **양쪽 끝이 고정**된 줄이 있다면, 양쪽 끝으로 입사하고 반사하는 파동의 연속적인 중첩으로 인해 줄에 정상파가 생긴다. 이런 물리계는 기타, 바이올린, 피아노와 같은 줄로 된 악기에서 소리가 나게 하는 모형이다. 줄은 **정규 모드**(normal mode)라 불리는 고유의 진동 모양을 가지며,

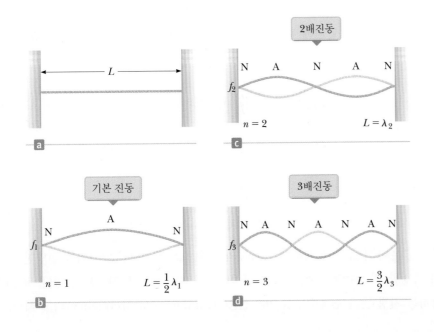

그림 14.9 (a) 양쪽 끝이 고정된 길이 L 의 줄. (b)~(d) 그림 14.9a에서 줄의 진동에 따른 조화열. 줄은 고정된 양 끝 사이에서 진동한다.

각각의 정규 모드는 쉽게 계산할 수 있는 특성 진동수를 가진다.

이는 중요한 분석 모형인 **경계 조건하의 파동**(wave under boundary conditions) 모형을 다루기 위한 첫 번째 논의이다. 경계 조건을 파동에 적용하면, 알갱이를 다루는 물리에서는 매우 흥미로운 거동을 보게 된다. 이런 거동 중 가장 두드러진 특징은 **양자화**(quantization)이며, 경계 조건을 만족하는 특정한 파동들만 허용된다는 것을 알 수 있다. 양자화의 개념은 11장에서 보어의 원자 모형에 대해 기술할 때 소개했었다. 보어의 원자 모형에서 각운동량은 양자화되어 있다. 29장에서 언급하겠지만, 이런 양자화는 경계 조건하에 있는 파동 모형을 적용한 결과이다.

팽팽한 줄의 정상파 형태에서, 양쪽 끝이 고정되어 있는 경계 조건 때문에 줄의 양 끝 부분은 마디가 되어야 한다. 나머지는 마디와 배가 1/4파장만큼 떨어져 있다는 조건을 넣어 구할 수 있다. 이 조건을 만족하는 가장 간단한 모양은 그림 14.9b와 같이 줄의 양 끝에 마디가 있고 그 중앙에 배가 있는 형태이다. 이 정규 모드에서 줄의 길이는 $\lambda/2$와 같다(인접한 마디와 마디 사이의 거리).

$$L = \frac{\lambda_1}{2} \quad \text{또는} \quad \lambda_1 = 2L$$

그림 14.9c와 같이 파장이 λ_2인 다음 정규 모드는 줄의 길이가 한 파장과 같을 때, 즉 $\lambda_2 = L$일 때 발생한다. 이 모드에서는 줄을 반으로 나누었을 때 줄의 왼쪽 부분과 오른쪽 부분이 서로 반대 방향으로 움직이는데, 이를 두 개의 **고리**가 발생했다고 말하기도 한다. 세 번째 정규 모드(그림 14.9d)는 줄의 길이가 $3\lambda/2$와 같을 때이므로 $\lambda_3 = 2L/3$로 표현된다. 일반적으로 양 끝이 고정된 길이 L인 줄에 대한 정규 모드는 다음과 같이 나타낼 수 있다.

▶ 정규 모드의 파장

$$\lambda_n = \frac{2L}{n} \qquad n = 1, 2, 3, \ldots \qquad \textbf{14.5}$$

여기서 n은 진동의 n 번째 모드를 나타낸다. 정규 모드와 관련된 자연 진동수(고유 진동수)는 $f = v/\lambda$의 관계식으로부터 얻을 수 있다. 여기서 파동 속력 v는 장력 T와 줄의 선질량 밀도 μ에 의해 결정되고 모든 진동수에 대해 동일하다. 식 14.5를 이용해서 정규 모드의 진동수는 다음과 같이 나타낼 수 있다.

▶ 파동 속력과 줄의 길이로 나타낸 정규 모드의 진동수

$$f_n = \frac{v}{\lambda_n} = \frac{n}{2L} v \qquad n = 1, 2, 3, \ldots \qquad \textbf{14.6}$$

$v = \sqrt{T/\mu}$ (식 13.21)이므로 팽팽한 줄에서의 자연 진동수는 다음과 같이 나타낼 수 있다.

▶ 줄의 장력과 선질량 밀도로 나타낸 정규 모드의 진동수

$$f_n = \frac{n}{2L} \sqrt{\frac{T}{\mu}} \qquad n = 1, 2, 3, \ldots \qquad \textbf{14.7}$$

식 14.7은 경계 조건 모형하에서 파동의 특징으로 언급됐던 양자화를 설명한다. 파동의 특정한 진동수만 경계 조건을 만족하므로 진동수는 양자화되어 있다. $n = 1$에 해당하는 가장 낮은 진동수 f_1을 **기본 진동수**(fundamental frequency)라고 하며, 다

음과 같이 주어진다.

$$f_1 = \frac{1}{2L}\sqrt{\frac{T}{\mu}}$$

14.8 ▶ 팽팽한 줄에서의 기본 진동수

나머지 정규 모드의 진동수는 기본 진동수의 정수배이다. 이와 같이 정수배 관계를 갖는 정규 모드의 진동수는 **조화열**(harmonic series)을 이루며, 이 정규 모드들을 **조화 모드**(harmonics)라고 한다. 기본 진동수 f_1은 첫 번째 조화 모드의 진동수이고, 진동수 $f_2 = 2f_1$은 두 번째 조화 모드의 진동수이며, 진동수 $f_n = nf_1$은 n 번째 조화 모드의 진동수이다. 드럼과 같은 다른 진동 계들도 정규 모드를 나타내지만, 그 진동수들은 기본 진동수의 정수배가 아니다. 따라서 이런 형태의 진동 계에서는 조화 모드란 말을 사용하지 않는다.

어떻게 줄에서 다양한 조화 모드가 만들어지는지 좀 더 조사해 보자. 만일 한 개의 조화 모드만 발생시키려면, 원하는 조화 모드에 해당하는 형태의 변형이 일어나도록 줄을 변형시켜야 한다. 줄을 놓게 되면 줄은 그 조화 모드의 진동수로 진동할 것이다. 하지만 이런 조작은 실행하기 어려우며, 악기의 줄을 튕기는 방법도 아니다. 만일 한 개의 조화 모드에 해당하는 변형이 아닌 형태로 줄을 변형시킨다면, 그 결과로 생긴 진동은 다양한 조화 모드를 포함한다. 이런 변형은 기타 줄을 튕기거나 첼로를 켜거나 피아노를 칠 때처럼 악기에서 발생한다. 줄의 변형이 사인형이 아니라면, 경계 조건을 만족하는 파동만이 줄에서 남는다. 이들 파동이 조화 모드이다.

음계를 정의하는 줄의 진동수는 기본 진동수이다. 진동수는 줄의 길이나 장력을 바꾸어 변화시킬 수 있다. 예를 들어 기타와 바이올린 줄의 장력은 조절나사 장치나 악기의 목에 있는 줄감개를 돌려서 변화시킬 수 있다. 식 14.7에 따라 장력이 증가할수록 정규 모드의 진동수는 증가한다. 일단 악기가 조율되면, 연주자는 악기의 목을 따라 손을 움직여 줄이 진동하는 부분의 길이를 바꿈으로써 진동수를 변화시킨다. 식 14.7과 같이 정규 모드 진동수는 줄의 길이에 반비례하므로, 줄의 길이가 짧아질수록 진동수는 증가한다.

같은 길이와 장력이지만 선질량 밀도 μ가 다른 몇 개의 줄을 생각해 보자. 줄은 서로 다른 파동 속력을 가질 것이고, 또한 서로 다른 기본 진동수를 가질 것이다. 선질량 밀도는 줄의 지름을 다르게 하거나 줄을 따라 질량을 더해 감음으로써 변화시킬 수 있다. 이 두 가지 경우는 기타에서 볼 수 있는데, 높은 진동수의 줄들은 지름을 변화시키고, 줄을 따라 철사를 감음으로써 더 낮은 진동수를 얻을 수 있다.

◤ **퀴즈 14.3** 양 끝이 고정된 줄에 정상파가 형성될 때의 설명으로 옳은 것은 어느 것인가? **(a)** 마디의 수는 배의 수와 같다. **(b)** 파장은 줄의 길이를 정수로 나눈 값과 같다. **(c)** 진동수는 마디 수와 기본 진동수의 곱과 같다. **(d)** 어떤 순간 줄의 모양은 줄의 중앙점에 대해 대칭이다.

예제 14.3 | C음을 쳐 보라!

피아노에서 중간 C줄의 기본 진동수는 262 Hz이며, 중간 C 위의 첫 번째 A줄의 기본 진동수는 440 Hz이다.

(A) C줄의 다음 두 조화 모드의 진동수를 계산하라.

풀이

개념화 진동하는 줄의 조화 모드는 기본 진동수의 정수배인 진동수를 가짐을 기억하자.

분류 예제의 첫 부분은 단순 대입 문제이다.

기본 진동수는 $f_1 = 262\,\text{Hz}$로 알려져 있으므로 정수를 곱해

다음 조화 모드의 진동수들을 구한다.

$$f_2 = 2f_1 = \boxed{524\,\text{Hz}}$$

$$f_3 = 3f_1 = \boxed{786\,\text{Hz}}$$

(B) 만약 A줄과 C줄이 같은 길이 L과 선질량 밀도 μ를 갖는다면, 두 줄의 장력 비는 얼마인가?

풀이

분류 이 부분은 (A)와 달리 분석 문제이다.

분석 두 줄의 기본 진동수들을 표현하기 위해 식 14.8을 이용한다.

$$f_{1A} = \frac{1}{2L}\sqrt{\frac{T_A}{\mu}}, \qquad f_{1C} = \frac{1}{2L}\sqrt{\frac{T_C}{\mu}}$$

첫째 식을 둘째 식으로 나누어 장력 비를 구한다.

$$\frac{f_{1A}}{f_{1C}} = \sqrt{\frac{T_A}{T_C}} \;\rightarrow\; \frac{T_A}{T_C} = \left(\frac{f_{1A}}{f_{1C}}\right)^2 = \left(\frac{440}{262}\right)^2 = \boxed{2.82}$$

결론 피아노 줄의 진동수들이 장력에 의해서만 결정된다면, 이 결과는 피아노에서 가장 낮은 줄과 가장 높은 줄의 장력 비가 엄청날 것임을 암시한다. 이런 큰 장력은 줄을 지지하기 위한 틀을 설계하기 어렵게 한다. 실제로는 줄의 길이와 단위

길이당 질량을 포함하는 부가적인 요소에 따라 피아노 줄의 진동수는 달라진다.

문제 실제 피아노 내부를 보면 (B)에서 사용한 가정은 일부만 사실임을 알 것이다. 줄의 길이는 모두 같지 않다. 주어진 음에 대해 줄의 밀도는 같을 수는 있지만, A줄의 길이는 단지 C줄의 길이의 64 %라고 가정하자. 이들의 장력 비는 얼마인가?

답 식 14.8을 다시 이용해서 진동수 비를 구한다.

$$\frac{f_{1A}}{f_{1C}} = \frac{L_C}{L_A}\sqrt{\frac{T_A}{T_C}} \;\rightarrow\; \frac{T_A}{T_C} = \left(\frac{L_A}{L_C}\right)^2\left(\frac{f_{1A}}{f_{1C}}\right)^2$$

$$\frac{T_A}{T_C} = (0.64)^2\left(\frac{440}{262}\right)^2 = 1.16$$

(B)에서 장력이 182 % 증가된 것에 비하면, 이 결과는 장력이 단지 16 % 증가됨을 나타낸다.

14.4 | 공기 관에서의 정상파 Standing Waves in Air Columns

지금까지 기타와 바이올린, 그리고 피아노 등의 줄을 사용하는 악기들에 대해 논의했다. 베이스나 목관 악기로 분류된 악기들은 어떨까? 이런 악기들은 공기 관을 사용해서 소리를 낸다. 경계 조건하의 파동 모형은 오르간의 관 또는 클라리넷 내부와 같은 공기 관에 있는 음파에 적용될 수 있다. 정상파는 서로 반대 방향으로 진행하는 종파 간의 간섭으로 발생한다.

공기 관의 끝에서 마디가 되는지 배가 되는지는 공기 관이 열려 있는가 닫혀 있는가에 따라 달라진다. 마치 줄의 끝이 고정되어 있을 때 마디가 되는 것처럼 공기 관의 끝이 닫혀 있을 때는 **변위 마디**(displacement node)가 된다. 더욱이 압력파는 변위파와 위상이 90° 어긋나기 때문에(13.6절), 닫힌 관의 끝은 **압력 배**(pressure

그림 14.10 정상 종파에서 공기 요소 움직임의 그림 표현. (a) 양쪽 끝이 열려 있는 관 (b) 한쪽 끝이 닫혀 있는 관

양쪽 끝이 열려 있는 관에서, 끝은 변위 배이고 조화열은 기본 진동수의 모두 정수배로 이루어진다.

한쪽 끝이 닫힌 관에서, 열린 끝은 변위 배이고 닫힌 끝은 마디이다. 조화열은 기본 진동수의 홀수 정수배로 이루어진다.

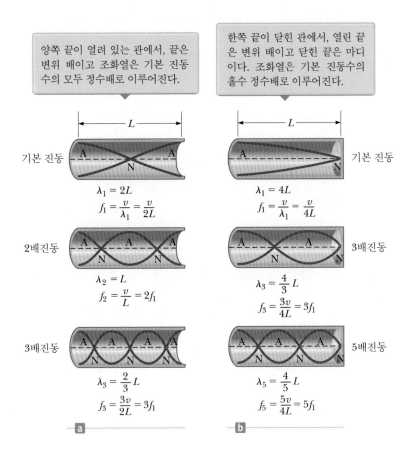

기본 진동

$$\lambda_1 = 2L$$
$$f_1 = \frac{v}{\lambda_1} = \frac{v}{2L}$$

기본 진동

$$\lambda_1 = 4L$$
$$f_1 = \frac{v}{\lambda_1} = \frac{v}{4L}$$

2배진동

$$\lambda_2 = L$$
$$f_2 = \frac{v}{L} = 2f_1$$

3배진동

$$\lambda_3 = \frac{4}{3}L$$
$$f_3 = \frac{3v}{4L} = 3f_1$$

3배진동

$$\lambda_3 = \frac{2}{3}L$$
$$f_3 = \frac{3v}{2L} = 3f_1$$

5배진동

$$\lambda_5 = \frac{4}{5}L$$
$$f_5 = \frac{5v}{4L} = 5f_1$$

a   **b**

오류 피하기 | 14.3

공기 중에서의 음파는 횡파가 아니다
종파 정상파는 그림 14.10과 같이 횡파로 그려질 수 있음을 상기하자. 세로 방향 변위는 전파 방향과 같기 때문에 그리기 어렵다. 그러므로 그림 14.10과 같이 중앙 위치에 있는 매질 요소의 수평 방향 위치를 세로축으로 한 그래프로 그리는 것이 해석하는 데 최적의 방법이다.

antinode)에 해당한다(즉 그곳에서 압력 변화가 최대이다). 반면에 관의 열린 끝은 근사적으로 **변위 배**(displacement antinode)이고 **압력 마디**(pressure node)이다.

관의 열린 끝에서는 매질의 변화가 없는데, 어떻게 파동이 반사될 수 있는지 의아할 것이다. 음파가 전파되는 관의 내부와 외부는 분명히 같은 공기이다. 하지만 음파는 압력파이고, 관의 내부에서는 관의 옆면에 의해 음파가 제한된다. 압축된 부분이 열린 관의 바깥으로 나오면 관의 구속 조건은 없어지고, 압축된 공기는 대기 중으로 자유로이 팽창할 수 있다. 따라서 관의 내부와 외부에서 매질의 **물성**이 바뀌지 않더라도 매질의 **특성**은 변한다. 특성의 변화는 반사를 일으키기에 충분하다.[1]

공기 관의 끝에서의 마디와 배에 대한 경계 조건을 알면 공기 관에서의 정규 모드를 결정할 수 있다. 경계 조건하의 고정된 줄에서 알게 된 것처럼, 공기 관에서 음파의 진동수도 양자화된 진동수를 갖는다.

양쪽 끝이 열린 관에서의 처음 세 개의 조화 모드를 그림 14.10a에 나타냈다. 양쪽 끝은 근사적으로 변위 배임에 주목하자. 기본 진동에서 정상파는 파장의 반인 서로 인접한 배 사이에 펼쳐 있다. 따라서 파장은 관의 길이의 두 배이고, 기본 진동수는

---

[1] 엄격히 말하면 공기 관의 열린 끝은 변위 배가 정확하게 아니다. 열린 끝에 도달한 압축은 끝을 훨씬 지날 때까지는 반사하지 않는다. 단면의 모양이 원이고 반지름 R인 관의 경우, 끝 보정은 대략 $0.6R$ 정도로 공기 관의 길이에 반드시 더해야 한다. 따라서 공기 관의 유효 길이는 관의 길이 L보다 길다. 이 장의 논의에서 끝 보정을 무시한다.

$f_1 = v/2L$이다. 그림 14.10a와 같이 더 높은 조화 모드의 진동수는 $2f_1$, $3f_1$, ... 등이다.

> 양쪽 끝이 열린 관에서, 진동의 자연 진동수는 기본 진동수의 정수배를 모두 포함하는 조화열을 이룬다.

모든 조화 모드가 존재하므로, 이들의 자연 진동수는 다음과 같이 표현할 수 있다.

▶ 양 끝이 열려 있는 관의 자연 진동수

$$f_n = n \frac{v}{2L} \qquad n = 1, 2, 3, ...$$ 　14.9

여기서 v는 공기에서의 음속이다.

만일 관의 한쪽 끝은 닫혀 있고, 다른 쪽 끝은 열려 있다면, 닫힌 끝은 변위 마디이고, 열린 끝은 변위 배이다(그림 14.10b). 이 경우, 기본 모드에 대한 파장은 관 길이의 네 배이다. 따라서 기본 진동수 $f_1 = v/4L$이고, 더 높은 조화 모드의 진동수는 $3f_1$, $5f_1$, ...이다.

> 한쪽 끝이 닫힌 관에서, 진동의 자연 진동수는 기본 진동수의 홀수 정수배만을 포함하는 조화열을 이룬다.

이 결과를 식으로 나타내면 다음과 같다.

▶ 한쪽 끝이 열려 있고 다른 쪽 끝이 닫혀 있는 관의 자연 진동수

$$f_n = n \frac{v}{4L} \qquad n = 1, 3, 5, ...$$ 　14.10

공기 관에서의 정상파는 관악기에서 내는 소리의 주요 원천이다. 목관악기에서 키를 누르면 관 옆의 구멍이 열린다. 이 구멍은 공기 관에서 진동의 끝으로 정의할 수 있다(구멍이 압력을 내뿜을 수 있는 열린 끝으로 작용하기 때문이다). 따라서 관은 효과적으로 짧아질 수 있고, 기본 진동수는 증가하게 된다. 금관악기에서 공기 관의 길이는 트롬본에서는 슬라이드로, 그리고 트럼펫에서는 밸브를 눌러 변화시킨다.

공기 관에 기초한 악기들은 일반적으로 **공명**에 의해 연주된다. 공기 관에서 다양한 진동수를 갖는 음파를 낼 수 있다. 공기 관은 조화 모드 중 양자화 조건에 맞는 진동수들에 큰 진폭의 진동으로 반응한다. 많은 목관악기에서 처음의 강한 음은 진동 리드(reed)에 의해 제공된다. 금관악기에서 이런 들뜸은 연주자의 입술의 진동에 의해 제공된다. 플루트에서 첫 음은 취구(부는 구멍) 가장자리를 통해 불면 된다. 이것은 목이 좁은 병의 입구 가장자리에서 불어서 소리내는 것과 유사하다. 열려 있는 병의 입구를 지나는 공기의 소리는 병의 내부 공간에서 공명되는 진동수를 포함해 다양한 진동수를 갖는다.

◤ **퀴즈 14.4** 양쪽 끝이 열린 관은 기본 진동수 f_{open}에서 공명한다. 한쪽을 막고 관이 공명되도록 만들면, 이때 기본 진동수는 f_{closed}이다. 다음 중 두 진동수의 관계를 바르게 나타낸 것은 어느 것인가? (**a**) $f_{closed} = f_{open}$ (**b**) $f_{closed} = \frac{1}{2} f_{open}$ (**c**) $f_{closed} = 2 f_{open}$ (**d**) $f_{closed} = \frac{3}{2} f_{open}$

퀴즈 14.5 미국 샌디에이고에 있는 발보아(Balboa) 공원에는 야외 오르간이 있다. 기온이 상승하면, 오르간 관의 기본 진동수는 **(a)** 같은 값이다. **(b)** 내려간다. **(c)** 올라간다. **(d)** 알 수 없다.

> **생각하는 물리 14.2**

나팔은 밸브(valve)도 키(key)도 슬라이드(slide)도 손가락 구멍(finger hole)도 없다. 어떻게 그것으로 연주를 할 수 있는가?

추론 나팔로 연주할 수 있는 기본 진동수의 조화 모드의 갯수에 제한이 있다. 나팔에는 밸브, 키, 슬라이드, 손가락 구멍에 의한 진동수의 조절이 없기 때문이다. 연주자는 나팔의 다른 조화 모드를 내기 위해 입술의 힘을 바꿔가며 음

을 조절한다. 나팔의 기본 연주 범위는 셋째, 넷째, 다섯째 그리고 여섯째 조화 모드 중의 하나이다. 예를 들어 기상나팔은 단지 D(294 Hz), G(392 Hz)와 B(490 Hz), 세 음으로만 연주하며 소등나팔은 위의 세 음과 한 옥타브 위의 D(588 Hz)로 연주한다. 참고로 위의 네 음의 진동수는 순서대로 기본 진동수 98 Hz의 3배, 4배, 5배, 6배이다. ◀

> **생각하는 물리 14.3**

오케스트라 공연에서 연주를 하기 전에 가벼운 연습으로 악기를 예열해 두지 않으면 실제 연주할 때 현악기는 저음을 내고 관악기는 고음을 내게 된다. 왜 그럴까?

추론 가벼운 연습을 미리 하지 않으면 실온에서 모든 악기의 연주를 시작하게 된다. 관악기가 연주되면 연주자의 날숨에 의해 온기를 머금게 될 것이다. 악기 안의 공기의 온도 증

가는 음속을 증가시켜 기본 진동수가 커진다. 결과적으로 관악기는 높은 음을 내게 된다. 현악기의 현 또한 활을 문지름에 따라 온도가 높아진다. 증가된 열이 열팽창을 일으켜 현의 장력을 감소시킨다(16장에서 열팽창에 대해 배울 것이다). 장력의 감소로 인해 줄에서의 음속이 느려지고 기본 진동수가 감소한다. 그러므로 현악기는 낮은 음을 내게 된다. ◀

> **예제 14.4 | 배수거(큰 하수관)에 부는 바람**

길이 1.23 m인 배수거 구획에서 바람이 열린 끝 부분을 가로질러 불 때 엄청난 소음이 난다.

(A) 배수거가 원통형이며 양쪽이 열려 있는 경우, 배수거의 처음 세 개의 조화 모드의 진동수를 구하라. 공기 중 음속은 $v = 343$ m/s이다.

풀이

개념화 관의 끝을 가로질러 부는 바람 소리는 많은 진동수를 포함하고 있으며, 배수거는 공기 기둥의 자연 진동수에 일치하게 진동하며 소리에 반응한다.

분류 예제는 비교적 단순한 대입 문제이다.

양쪽 끝이 열린 공기 관으로 모형화한 다음 배수거의 기본 진동의 진동수를 구한다.

$$f_1 = \frac{v}{2L} = \frac{343 \text{ m/s}}{2(1.23 \text{ m})} = \boxed{139 \text{ Hz}}$$

정수들을 곱해서 다음 조화 모드의 진동수를 구한다.

$$f_2 = 2 f_1 = \boxed{279 \text{ Hz}}$$

$$f_3 = 3 f_1 = \boxed{418 \text{ Hz}}$$

(B) 한쪽이 막혀 있는 경우 배수거의 처음 세개의 자연 진동수를 구하라.

풀이

한쪽 끝이 닫힌 공기 관으로 모형화한 다음 배수거의 기본 진동의 진동수를 구한다.

$$f_1 = \frac{v}{4L} = \frac{343 \text{ m/s}}{4(1.23 \text{ m})} = \boxed{69.7 \text{ Hz}}$$

홀수의 정수들을 곱해서 다음의 두 조화 모드를 구한다.

$$f_3 = 3f_1 = \boxed{209 \text{ Hz}}$$

$$f_5 = 5f_1 = \boxed{349 \text{ Hz}}$$

예제 14.5 | 소리굽쇠의 진동수 측정하기

공기 관에서의 공명을 설명하는 간단한 장치가 그림 14.11에 나타나 있다. 양쪽 끝이 열린 수직 관이 물에 일부 잠겨 있고, 미지의 진동수로 진동하는 소리굽쇠가 관의 위쪽 끝 근처에 있다. 공기 기둥의 길이 L은 관 속의 물을 연직으로 이동시켜 조절할 수 있다. 소리굽쇠에 의해 만들어진 음파는 L이 관의 공명 진동수 중 하나에 해당할 때 강해진다. 어떤 관에서 공명이 일어나는 최소 길이 L은 9.00 cm이다.

(A) 소리굽쇠의 진동수를 구하라.

풀이

개념화 이 문제가 앞의 예제와 어떻게 다른지 생각하자. 배수거에서 길이는 고정됐고, 공기 관에는 매우 많은 진동수가 혼재되어 있다. 이 예제에서 관은 소리굽쇠에서 나오는 하나의 진동수가 구동되고, 관의 길이를 조절해서 공명을 일으킨다.

분류 예제는 단순한 대입 문제이다. 비록 관의 밑부분이 열려 있지만 물이 들어와 물의 표면은 벽으로 작용한다. 그러므로 공기 관은 한쪽 끝이 닫힌 관으로 모형화할 수 있다. 길이 $L = 0.090\,0$ m인 경우 식 14.10을 이용해서 기본 진동

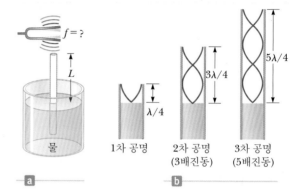

그림 14.11 (예제 14.5) (a) 한쪽 끝이 닫힌 관에서의 공명을 입증하기 위한 장치. 공기 관의 길이 L은 잠겨 있는 물의 높이를 연직으로 이동시켜 조절한다. (b) (a)에 보인 계에 대한 처음 세 개의 정규 모드

수를 구한다.

$$f_1 = \frac{v}{4L} = \frac{343 \text{ m/s}}{4(0.0900 \text{ m})} = \boxed{953 \text{ Hz}}$$

소리굽쇠가 공기 관을 이 진동수에 공명하도록 만들기 때문에, 이 진동수는 소리굽쇠의 진동수이다.

(B) 위의 공명 진동수 다음의 두 공명 조건에 대한 공기 관의 길이 L을 구하라.

풀이

식 13.12를 이용해서 소리굽쇠로부터 음파의 파장을 구한다.

$$\lambda = \frac{v}{f} = \frac{343 \text{ m/s}}{953 \text{ Hz}} = 0.360 \text{ m}$$

그림 14.11b로부터 2차 공명에 대한 공기 관의 길이는 $3\lambda/4$이다.

$$L = 3\lambda/4 = \boxed{0.270 \text{ m}}$$

그림 14.11b로부터 3차 공명에 대한 공기 관의 길이는 $5\lambda/4$이다.

$$L = 5\lambda/4 = \boxed{0.450 \text{ m}}$$

14.5 | 맥놀이: 시간적 간섭 Beats: Interference in Time

지금까지 다룬 간섭 현상은 동일한 진동수를 갖는 두 파동 이상의 중첩이었다. 매질 요소의 진동 진폭은 해당 요소의 공간적 위치에 따라 달라지므로, 이를 **공간적 간섭**이라고 한다. 줄이나 관에서의 정상파는 공간적 간섭의 일반적인 예이다.

이제 진동수가 약간 **다른** 두 파동이 중첩할 때 나타나는 다른 형태의 간섭을 고려해 보자. 이 경우 두 파동 A_1과 A_2가 중첩되는 점에서 관측하면, 이들의 위상은 주기적으로 일치하거나 어긋난다. 이를 **시간적 간섭**이라고 한다. 동일 위상의 파동이 결합할 때 진폭은 $A_1 + A_2$이고, 서로 다른 위상의 파동이 결합할 때 진폭은 $|A_1 - A_2|$가 된다. 이런 결합으로 진폭이 크게 또는 작게 변화하는데, 이것을 **맥놀이**(beats)라고 한다.

맥놀이는 모든 형태의 파동에서 일어나지만 특히 음파에서 두드러진다. 예를 들어 진동수가 약간 다른 두 소리굽쇠를 울리면, 주기적으로 진폭이 변하는 소리를 들을 수 있다.

초당 들리는 최대 진폭의 개수, 즉 **맥놀이 진동수**는 두 파동의 진동수 차이와 같다. 사람이 알아차릴 수 있는 최대 맥놀이 진동수는 대략 20 beats/s이다. 만일 맥놀이 진동수가 이 값을 넘어 가면, 맥놀이는 알아들을 수 없게 원래의 파동들과 섞여 버린다.

피아노 조율사는 이미 알고 있는 진동수의 기준음에 대해 피아노음을 맥놀이시켜 현악기를 조율한다. 조율사는 피아노음이 기준음과 같아질 때까지 줄의 장력을 조절한다.

맥놀이의 수학적 표현에 대해 알아보자. 동일한 진폭을 가지고, 서로 약간 다른 진동수 f_1과 f_2를 갖는 두 음파를 생각해 보자. $x = 0$의 고정점에서 각 파동과 관련된 매질 요소의 위치는 다음과 같이 나타낼 수 있다.

$$y_1 = A \cos 2\pi f_1 t, \qquad y_2 = A \cos 2\pi f_2 t$$

중첩의 원리를 이용하면, 이 점에서의 결과적인 위치는 다음과 같다.

$$y = y_1 + y_2 = A(\cos 2\pi f_1 t + \cos 2\pi f_2 t)$$

다음 식과 같은 삼각함수 정의에 의해 위 식을 정리하면 표현이 간결해진다.

$$\cos a + \cos b = 2 \cos \left(\frac{a-b}{2} \right) \cos \left(\frac{a+b}{2} \right)$$

$a = 2\pi f_1 t$, $b = 2\pi f_2 t$라 두면, 다음과 같은 식을 얻을 수 있다.

$$y = \left[2A \cos 2\pi \left(\frac{f_1 - f_2}{2} \right) t \right] \cos 2\pi \left(\frac{f_1 + f_2}{2} \right) t \qquad \textbf{14.11}$$

각각의 파동과 합성 파동을 그림 14.12에 나타냈다. 식 14.11의 계수로부터, 합성 파동은 평균 진동수 $(f_1 + f_2)/2$와 같은 유효 진동수를 가짐을 알 수 있고, 그 진폭은 다음과 같다.

그림 14.12 맥놀이는 진동수가 약간 다른 두 파동이 중첩할 때 나타난다. (a) 파란색과 초록색 곡선은 각각의 파동을 나타낸다. (b) 합성파는 시간에 따라 진동하는 진폭(점선)을 가진다.

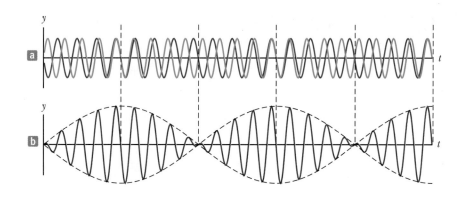

$$A_{x=0} = 2A \cos 2\pi \left(\frac{f_1 - f_2}{2} \right) t \qquad \text{14.12}$$

즉 합성 파동은 $(f_1 - f_2)/2$의 진동수를 가지며 **시간에 따라서 진폭이 변한다.** f_1이 f_2에 가까워질 때 이 진폭은 각각의 파동의 진동수와 비교해서 그림 14.12b의 합성 파동을 둘러싼 점선의 모양처럼 느려진다.

합성 파동의 최대 진폭은 다음 조건을 만족하면 언제든지 검출된다.

$$\cos 2\pi \left(\frac{f_1 - f_2}{2} \right) t = \pm 1$$

이것은 합성파의 한 주기당 두 번의 최대 진폭이 존재함을 의미한다. 그러므로 초당 맥놀이 수, 즉 맥놀이 진동수 f_b는 이 값의 두 배이다.

▶ 맥놀이 진동수

$$f_b = |f_1 - f_2| \qquad \text{14.13}$$

예를 들어 두 개의 소리굽쇠가 각각 438 Hz와 442 Hz의 진동수로 진동한다면, 합성 파동은 $(f_1 + f_2)/2 = 440$ Hz(음악에서 A음)의 진동수를 갖고, 맥놀이 진동수는 $|f_1 - f_2| = 4$ Hz이다. 즉 소리를 듣는 사람은 440 Hz의 음이 매초 네 번의 최대 세기를 갖는 것으로 듣게 된다.

◣ **퀴즈 14.6** 기준이 되는 소리굽쇠와 줄의 소리를 비교하면서 기타를 조율한다. 두 소리가 있을 때 5 Hz의 맥놀이 진동수를 인지했다. 기타 줄을 죄어서 맥놀이 진동수를 8 Hz로 올렸다. 기타를 소리굽쇠와 똑같이 조율하기 위해 어떻게 해야 하는가? (**a**) 계속해서 줄을 죈다. (**b**) 줄을 푼다. (**c**) 알 수 없다.

◤ **14.6** | 연결 주제: 배에 위치한 건축물
Context Connection: Building on Antinodes

정상파가 지진에 적용된 예로서, **퇴적층**에서 정상파의 효과를 고려해보자. 세계의 많은 주요 도시들은 지질 시대를 거치는 동안 퇴적물이 오목한 지형에 쌓여 형성된

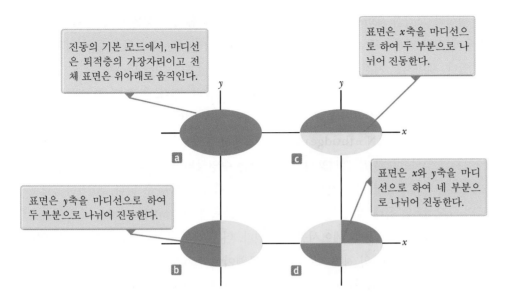

진동의 기본 모드에서, 마디선은 퇴적층의 가장자리이고 전체 표면은 위아래로 움직인다.

표면은 *x*축을 마디선으로 하여 두 부분으로 나뉘어 진동한다.

표면은 *y*축을 마디선으로 하여 두 부분으로 나뉘어 진동한다.

표면은 *x*와 *y*축을 마디선으로 하여 네 부분으로 나뉘어 진동한다.

그림 14.13 위에서 본 반타원체 모양의 퇴적층에서의 정상파 모드. 각각의 경우, 어떤 순간에 파란 부분이 종이면의 위쪽에 있다면, 노란 부분은 면의 종이면의 아래쪽에 있다.

퇴적분지에 위치하고 있다. 광활한 평지를 제공하는 이 지역들은 로스앤젤레스 분지처럼 종종 산으로 둘러싸여 있다. 건물을 짓기에 좋은 평평한 땅과 매력적인 풍경은 일찍이 정착자들의 이목을 끌었고, 오늘날의 도시가 이루어졌다.

만약 건축물 또는 구조물들의 자연 진동수가 아래쪽에 놓인 퇴적지의 공명 진동수와 같아진다면 지진에 의한 파괴는 극적으로 증가할 수 있다. 이 공명 진동수는 퇴적층의 경계면으로부터 반사된 지진파에 의해 형성된 삼차원 정상파와 관련이 있다.

이 정상파를 이해하기 위해 타원체를 반으로 자른 모양의 퇴적층을 가정해 보자. 가능한 네 가지 모양을 그림 14.13에 나타냈다. 타원의 장축은 *x*, 단축은 *y*로 표시했다. 그림 14.13a에서, 땅 표면 전체가 퇴적층 가장자리 주위의 마디선을 제외하고 위아래로(즉 종이면의 안과 밖으로) 움직인다.

그림 14.13b와 14.13c에서, 지표면의 절반은 평형 위치 위에, 나머지 반은 평형 위치 아래에 놓여 있고, 각각은 마디선의 양쪽에서 위아래로 진동한다. 마디선은 그림 14.13b에서는 *y*축이고 그림 14.13c에서는 *x*축이다. 그림 14.13d에서, 마디선들은 *x*와 *y*축이고 표면은 네 부분에서 진동하는데, 항상 두 부분은 평형 위치 위에 있고, 나머지 두 부분은 평형 위치 아래에 있다.

퇴적층에서 정상파 모양은 퇴적층의 경계 사이에서 수평으로 이동하는 지진파로부터 발생한다. 퇴적 분지에 세워진 구조물에 대해, 지진 피해의 정도는 퇴적지에서 이동하는 지진파의 간섭에 의해 생긴 정상파 모드들에 의존한다. 지표면 운동의 최대 영역[즉 배(antinode) 위치]에 세워진 구조물들은 흔들림이 심하지만, 마디 근처에 존재하는 구조물은 상대적으로 지표면 운동이 경미하게 나타날 것이다. 1985년 멕시코의 미초아칸(Michoacán) 지진, 그리고 캘리포니아에 있는 니미츠(Nimitz) 고속도로를 부분적으로 무너뜨린 1989년 로마 프리에타(Loma Prieta) 지진에서 부분적으로 붕괴가 일어난 것은 위에서 설명한 현상이 중요한 역할을 한 것으로 보인다.

비슷한 효과는 항구나 만과 같은 바다의 경계에서 발생한다. 그런 바다에서 나타나는 정상파 모양을 **세이시**(seiche)라고 한다. 이런 파동의 모양은 몇 분 주기(조수의 작용에 의한 진동으로 더 긴 주기로 중첩되는)로 나타나는 수위의 요동의 결과라 할 수 있다. 세이시는 지진, 쓰나미, 바람 또는 요란한 날씨에 의해 발생될 수 있다. 일정한 진동수로 욕조를 앞뒤로 흔들어서 세이시를 만들 수 있다. 물은 더 큰 진동수를 가지고 앞뒤로 요동칠 것이고 결국 바닥으로 물이 넘칠 것이다.

1994년 노스리지(Northridge) 지진이 발생하는 동안, 지표면의 흔들림으로 인한 세이시의 영향으로 서부 캘리포니아를 지나는 수영장의 물이 넘쳐 흘렀다. 지진은 진앙으로부터 매우 멀리 떨어진 곳에도 역시 세이시를 야기할 수 있다. 2010년 2월 27일의 규모 8.8의 칠레 지진은 루이지애나의 폰차트레인(Pontchartrain) 호수에 높이가 0.15 m인 측정 가능한 세이시를 야기했다. 더 극적인 예는 2011년 3월 11일 일본에서 발생한 규모 9.0의 지진으로 인해 노르웨이에서 가장 큰 피오르드(높은 절벽 사이에 깊숙이 들어간 협만)인 송네(Sogne) 피오르드에 1.8 m의 세이시를 야기했다.

지금까지 우리는 지진으로 인한 피해에서 정상파의 역할을 고려했다. ⟨관련 이야기 3 결론⟩에서는 ⟨관련 이야기 3⟩ 핵심 질문에 대한 대답을 충분히 배우기 위해 진동과 파동의 원리를 더 소개할 것이다.

연습문제 |

객관식

1. 같은 모양이지만 서로 뒤집힌 형태의 펄스가 줄 위에서 서로 반대로 이동하며 교차한다. 어느 특정 순간에 줄의 어느 점에서도 평형 위치로부터 변위가 나타나지 않고 있다. 이 순간 펄스에 의해 운반된 에너지는 어떻게 되는가? (a) 앞의 운동을 생성하는 데 사용됐다. (b) 모두 위치 에너지로 된다. (c) 모두 내부 에너지로 된다. (d) 모두 운동 에너지로 된다. (e) 한 펄스의 양의 에너지가 다른 펄스의 음의 에너지와 더해져 영이 된다.

2. 각각 진폭이 0.1 m인 일련의 펄스들이 한쪽 끝이 기둥에 묶여 있는 줄을 따라 전파한다. 이 펄스는 기둥에서 반사되고 진폭의 손실 없이 줄을 따라 되돌아 이동한다. (i) 이들 두 펄스가 교차되는 줄 위의 점에서 알짜 변위는 얼마인가? 줄이 기둥에 단단히 묶여 있다고 가정한다. (a) 0.4 m (b) 0.3 m (c) 0.2 m (d) 0.1 m (e) 0 (ii) 다음은 반사가 일어나는 끝 지점은 위아래로 자유롭게 이동할 수 있다고 가정한다. 이 경우 두 펄스가 교차되는 줄 위의 점에서 알

짜 변위는 얼마인가? (i)의 보기에서 고르라.

3. 그림 OQ14.3에 파장 0.8 m인 음파가 동일한 길이의 영역을 지나 재결합해서 보강 간섭하는데, 처음 경로 차는 $|r_2 - r_1| = 0.8$ m이다. 수신기에서 음파의 세기가 높은 곳부터 순서대로 나열하라. 관의 벽은 음파를 흡수하지 않는다고 가정한다. 세기가 같을 경우 동일한 순위로 둔다. (a) 이동 가능한 부분을 원래 위치로부터 0.1 m 밖으로 움직인다. (b) 추가로 0.1 m 더 움직인다. (c) 다시 한 번 0.1 m를

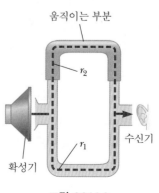

그림 OQ14.3

더 움직인다. (d) 다시 한 번 0.1 m를 더 움직인다.

4. 길이가 L이고 선질량 밀도가 μ인 줄에 장력 T가 가해진 상태에서 줄이 기본 진동수로 진동한다. (i) 다른 모든 것은 고정하고 줄의 길이를 두 배로 하면, 기본 진동수는 어떻게 되는가? (a) 두 배 커진다. (b) $\sqrt{2}$배 커진다. (c) 변화 없다. (d) $1/\sqrt{2}$배 커진다. (e) 1/2배 커진다. (ii) 다른 모든 것은 고정하고 선질량 밀도를 두 배로 하면, 기본 진동수는 어떻게 되는가? (i)의 보기에서 고르라. (iii) 다른 모든 것은 고정하고 장력을 두 배로 하면, 기본 진동수는 어떻게 되는가? (i)의 보기에서 고르라.

5. 한 소리굽쇠가 262 Hz의 진동수로 진동하고 있다. 이 소리굽쇠와 만돌린 줄이 동시에 소리를 내면 초당 네 개의 맥놀이가 들린다. 소리굽쇠 가지에 테이프를 붙인 다음, 만돌린 줄과 함께 소리를 내면 초당 다섯 개의 맥놀이가 들린다. 줄의 진동수는 얼마인가? (a) 257 Hz (b) 258 Hz (c) 262 Hz (d) 266 Hz (e) 267 Hz

6. 플루트의 길이는 58.0 cm이다. 공기 중의 음속이 343 m/s라면, 플루트의 기본 진동수는 얼마인가? 관의 한쪽 끝은 닫혀 있고 다른 한쪽은 열려 있다고 가정한다. (a) 148 Hz (b) 296 Hz (c) 444 Hz (d) 591 Hz (e) 정답 없음

7. 두 개의 같은 사인형 파동이 같은 방향으로 같은 매질 속에서 이동한다고 가정하자. 합성 파동의 진폭이 원래 파동보다 더 커지는 경우는 언제인가? (a) 모든 경우 (b) 위상차가 없는 경우 (c) 위상차가 90° 보다 적은 경우 (d) 위상차가 120° 보다 적은 경우 (e) 위상차가 180° 보다 적은 경우

8. 같은 길이의 기타 줄 여섯 개를 손가락을 사용하지 않고, 즉 어떤 프렛도 누르지 않고 연주한다고 가정하자. 여섯 개의 줄에서 똑같이 나타나는 물리량은 어느 것인가? 정답을 모두 고르라. (a) 기본 진동수 (b) 줄의 기본 파장 (c) 방출된 음의 기본 파장 (d) 줄을 통과하는 파동의 속력 (e) 방출된 음의 속력

9. 두 개의 소리굽쇠가 동시에 소리를 낼 때, 5 Hz의 맥놀이 진동수가 일어났다. 한 소리굽쇠의 진동수가 245 Hz라면, 다른 소리굽쇠의 진동수는 얼마인가? (a) 240 Hz (b) 242.5 Hz (c) 247.5 Hz (d) 250 Hz (e) 한 개 이상이 정답이다.

10. 마디가 세 개인 정상파가 양쪽 끝이 고정된 줄 위에 생기도록 했다. 파동의 진동수를 두 배로 하면, 얼마나 많은 배가 생기는가? (a) 2 (b) 3 (c) 4 (d) 5 (e) 6

▶ **주관식**

Note: 특별히 다른 언급이 없으면, 공기에서의 음속은 20.0 ℃에서의 값인 343 m/s로 가정한다. 다른 섭씨 온도 T_C에서 공기 중 음속은 다음과 같다.

$$v = 331\sqrt{1 + \frac{T_C}{273}}$$

여기서 v의 단위는 m/s이고 T_C의 단위는 ℃이다.

14.1 분석 모형: 파동의 간섭

1. 한 줄에서 이동하는 두 파동의 파동 함수가 다음과 같다.

$$y_1 = 3.0 \cos(4.0x - 1.6t), \quad y_2 = 4.0\sin(5.0x - 2.0t)$$

여기서 x와 y의 단위는 cm이고 t의 단위는 s이다. 다음 점들에서 합성 파동의 함수 $y_1 + y_2$를 구하라. (a) $x = 1.00$, $t = 1.00$ (b) $x = 1.00$, $t = 0.500$ (c) $x = 0.500$, $t = 0$. **Note:** 삼각 함수의 인수는 라디안 단위이다.

2. 줄에서 두 사인형 파동의 파동 함수가 다음과 같다.

$$y_1 = 2.00\sin(20.0x - 32.0t),$$
$$y_2 = 2.00\sin(25.0x - 40.0t)$$

여기서 x, y_1, y_2의 단위는 cm이고 t의 단위는 s이다. (a) 점 $x = 5.00$ cm와 $t = 2.00$ s에서 이들 두 파동 사이의 위상차는 얼마인가? (b) 시간 $t = 2.00$ s에서 위상이 $\pm\pi$ 차이가 나는 양의 x값 중 원점에 가장 가까운 값은 얼마인가? (그 위치에서 두 파동의 합은 영이다.)

3. 두 개의 똑같은 확성기가 2.00 m 떨어져 벽 위에 놓여 있다. 청취자는 벽으로부터 3.00 m 떨어져 한 확성기 바로 앞에 서 있다. 진동수가 300 Hz인 진동자에 의해 확성기가 구동되고 있다. (a) 두 확성기로부터 나오는 파동이 청취자에게 도달할 때, 이들 사이의 위상차를 라디안 단위로 나타내라. (b) 만약 청취자가 최소 세기의 소리를 들도록 진동자를 조절할 수 있다면, 그 진동수들 중 300 Hz에 가장 근접한 진동수는 얼마인가?

4. 팽팽한 줄을 따라 두 파동이 같은 방향으로 이동한다. 이들 파동은 90.0°의 위상차가 난다. 파동의 진폭은 각각 4.00 cm이다. 합성 파동의 진폭을 구하라.

5. 같은 줄에서 이동하는 다음과 같은 두 개의 펄스가 있다.

$$y_1 = \frac{5}{(3x - 4t)^2 + 2}, \quad y_2 = \frac{-5}{(3x + 4t - 6)^2 + 2}$$

(a) 각각의 펄스는 어느 방향으로 진행하는가? (b) 어느

순간에 모든 곳에서 두 개의 펄스가 상쇄되는가? (c) 어느 지점에서 두 펄스가 항상 상쇄되는가?

6. 두 사인형 진행파의 파동 함수가 다음과 같다.

$$y_1 = 5.00 \sin[\pi(4.00\,x - 1\,200t)],$$
$$y_2 = 5.00 \sin[\pi(4.00x - 1\,200t - 0.250)]$$

여기서 x, y_1, y_2의 단위는 m이고 t의 단위는 s이다. (a) 합성 파동의 함수 $y_1 + y_2$의 진폭을 구하라. (b) 합성 파동의 진동수를 구하라.

7. 소리굽쇠는 246 Hz의 진동수로 음파를 만들어 낸다. 복도를 따라 서로 반대 방향으로 진행하는 두 파동이 복도 끝의 벽에 반사되어 돌아온다. 복도의 길이는 47.0 m이고 소리굽쇠는 한쪽 끝에서 14.0 m에 위치해 있다. 반사파가 소리굽쇠에 도달할 때 반사파들 간의 위상차는 얼마인가? 공기 중 음속은 343 m/s이다.

14.2 정상파

8. 매질 내에서 결합되는 두 사인형 횡파의 파동 함수가 다음과 같다.

$$y_1 = 3.00 \sin\pi\,(x + 0.600t),$$
$$y_2 = 3.00 \sin\pi(x - 0.600t)$$

여기서 x, y_1, y_2의 단위는 cm이고 t의 단위는 s이다. (a) $x = 0.250$ cm, (b) $x = 0.500$ cm, (c) $x = 1.50$ cm에서 매질 요소의 최대 횡 위치를 구하라. (d) 배에 해당하는 세 개의 가장 작은 x값들을 구하라.

9. 반대 방향으로 이동하는 두 사인형 파동이 다음과 같은 파동 함수로 정상파를 형성하며 간섭한다.

$$y = 1.50 \sin(0.400x) \cos(200t)$$

여기서 x와 y의 단위는 m이고 t의 단위는 s이다. 이때 간섭 파동의 (a) 파장, (b) 진동수, (c) 속력을 구하라.

10. 긴 줄 위에 있는 위상차 ϕ인 두 파동이 결합해서 생성된 정상파가 다음과 같다.

$$y(x, t) = 2A \sin\left(kx + \frac{\phi}{2}\right) \cos\left(\omega t - \frac{\phi}{2}\right)$$

(a) 위상차 ϕ에도 불구하고, 마디 사이는 반 파장 떨어져 있는 것이 사실인가? 설명하라. (b) 마디는 ϕ가 영인 경우와 어떤 형태로든 달라지는가? 설명하라.

11. 두 개의 똑같은 확성기가 같은 진동자에 의해 800 Hz로 구동되고 있다. 두 확성기는 1.25 m 떨어져 서로 마주 보고

있다. 두 확성기를 연결한 선을 따라 음압 진폭이 극소가 될 것으로 예상되는 점들을 지정하라.

14.3 분석 모형: 경계 조건하의 파동

12. 길이가 30.0 cm이고 단위 길이당 질량이 9.00×10^{-3} kg/m인 줄을 20.0 N의 장력으로 당긴다. 이 줄 위에 정상파를 만들 수 있는 (a) 기본 진동수와 (b) 다음 세 개의 진동수를 구하라.

13. 길이가 3.00 m인 얇은 철사에 정상파 모양이 관측됐다. 이의 파동 함수는 다음과 같다.

$$y = 0.00200 \sin(\pi x) \cos(100\pi t)$$

여기서 x와 y의 단위는 m이고 t의 단위는 s이다. (a) 이 모양에서 몇 개의 고리가 나타나는가? (b) 철사의 기본 진동수는 얼마인가? (c) 만약 원래 진동수는 일정하게 유지하고 철사의 장력을 9배로 증가하면, 새로운 모양에서는 몇 개의 고리가 생기는가?

14. 길이가 L, 선질량 밀도가 μ이며 장력이 T인 줄이 기본 진동수로 진동하고 있다. 다른 것은 변함없이 (a) 길이만 두 배, (b) 선질량 밀도만 두 배로, (c) 장력만 두 배로 되면 기본 진동수는 각각 어떻게 변하는가?

15. 그림 P14.15처럼 질량 M인 구가 길이가 L인 가벼운 수평 막대 끝을 지나는 줄에 매달려 있다. 줄이 막대와 만드는 각도는 θ이다. 막대 위의 줄에서 정상파의 기본 진동수는 f이다. 줄에서 막대 위에 있는 부분의 질량을 주어진 기호를 이용해서 구하라.

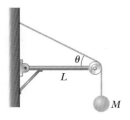

그림 P14.15

16. 첼로 A줄이 첫 번째 정규 모드인 220 Hz의 진동수로 진동한다. 진동 구간은 길이가 70.0 cm이고 질량이 1.20 g이다. (a) 줄에서의 장력을 구하라. (b) 줄이 세 부분으로 진동할 때 진동수를 구하라.

14.4 공기 관에서의 정상파

17. 파이프가 (a) 한쪽이 닫힌 경우와 (b) 양쪽이 열린 경우, 기본 진동수가 240 Hz로 되는 파이프의 길이를 계산하라.

18. 양쪽 끝이 열려 있는 길이가 L인 유리관이 진동수 $f = 680$ Hz인 오디오 확성기 근처에 있다. 확성기와 공명할 수 있는 관의 길이는 얼마인가?

19. 오르간 관에서 두 인접한 자연 진동수가 550 Hz와 650 Hz로 측정됐다. 이때 (a) 기본 진동수와 (b) 관의 길이를 계산하라.

20. 크기가 86.0 cm × 86.0 cm × 210 cm인 샤워실이 있다. 샤워실은 반대편이 마디인 닫힌 관으로 가정한다. 노래 소리의 진동수 범위는 130 Hz에서 2 000 Hz이고 음속은 355 m/s로 가정한다. 이 샤워실에서 노래를 할 경우, 공명에 의해 어떤 진동수의 음이 가장 풍부해지는가?

21. 열린 오르간 관의 기본 진동수는 중간 C(반음계에서 261.6 Hz)에 해당한다. 닫힌 오르간 관의 세 번째 공명이 이와 같은 진동수를 갖는다. (a) 열린 관과 (b) 닫힌 관의 길이를 구하라.

22. 강바닥에 길이가 2.00 km인 터널이 있다. (a) 어떤 진동수에서 터널 내에 있는 공기가 공명할 수 있는가? (b) 터널 내부에 있을 때 차량의 경적을 울리지 못하게 하는 규칙을 만드는 것이 좋은지 설명하라.

23. 특유의 울음소리를 내는 두루미의 기관은 길이가 5.00 ft이다. 새의 기관을 너비가 좁은 한쪽 끝이 닫힌 관이라 생각하면 기본 진동수는 얼마인가? 온도는 37 °C로 가정한다.

24. 유리관 속의 공기 기둥은 한쪽이 열려 있고 다른 쪽은 움직일 수 있는 피스톤에 의해 막혀 있다. 관 속의 공기는 실내 공기보다 따뜻하게 데워져 있고, 열린 쪽에 384 Hz의 소리굽쇠를 가까이 놓는다. 열린 끝으로부터 $d_1 = 22.8$ cm의 거리에 피스톤이 있을 때 공명음을 들었고, $d_2 = 68.3$ cm 거리에서 다시 공명음을 들었다. (a) 이 데이터로부터 음속을 구하라. (b) 다음 공명음이 들릴 때 피스톤의 위치는 열린 끝에서 얼마나 멀리 떨어져 있는가?

14.5 맥놀이: 시간적 간섭

25. 523 Hz에서 C음을 조율하는 동안, 피아노 조율사는 기준 진동자와 줄 사이에 2.00 beats/s의 맥놀이를 듣는다. (a) 줄에서 발생할 수 있는 진동수를 모두 구하라. (b) 줄을 약간 조이면, 그녀는 3.00 beats/s의 맥놀이를 듣는다. 이 경우 줄의 진동수는 얼마인가? (c) 피아노를 조율하기 위해서는 줄의 장력을 어느 정도 변화시켜야 하는가? 백분율(%)로 나타내라.

26. 피아노에서는 여러 개의 줄로 같은 음을 내서 조율할 수도 있다. 예를 들어 110 Hz의 음은 두 개의 줄에서 이 진동수를 만들 수 있다. 한 줄에서 정상 장력이 600 N에서 540 N으로 변한다면, 망치로 두 줄을 동시에 칠 때 들게 되는 맥놀이 진동수는 얼마인가?

27. 한 학생이 256 Hz로 진동하는 소리굽쇠를 가지고 1.33 m/s의 속력으로 벽을 향해 걷고 있다. (a) 그는 소리굽쇠와 메아리 사이에 어떤 맥놀이 진동수를 듣는가? (b) 5.00 Hz의 맥놀이 진동수를 들으려면 그는 얼마나 빨리 벽으로부터 멀어져야 하는가?

14.6 연결 주제: 배에 위치한 건축물

28. 펀디 만은 세계에서 조위차가 가장 크다. 바다 한가운데서와 만의 입구에서 달의 중력 변화와 지구의 자전이 물 표면에 주기가 12 h 24 min이고 진폭이 수 cm인 진동을 만든다고 가정한다. 만의 머리에서 진폭은 수 미터이다. 만의 길이가 210 km이고 깊이가 36.1 m로 일정하다고 가정한다. 긴 파장을 갖는 물결파의 속력 $v = \sqrt{gd}$이다. 이때 d는 물의 깊이이다. 조수가 정상파 공명에 의해 증폭된다는 주장에 대해 논하라.

추가문제

29. 고진동수 소리는 와인 잔에서 정상파 진동을 일으키기 위해 사용될 수 있다. 와인 잔의 정상파는 20.0 cm 둘레에서 각각 네 개의 배와 마디를 가진다. 유리를 따라 횡파가 900 m/s로 움직인다면, 오페라 가수가 잔의 공명 진동수의 소리를 내어 유리를 부술 경우 그 진동수를 구하라.

30. 나일론 줄의 질량이 5.50 g이고 길이 $L = 86.0$ cm이다. 아래 끝은 바닥에 연결되어 있고 위 끝은 바퀴가 움직이는 궤도의 작은 홈을 통해 바퀴와 연결되어 있다(그림 P14.30). 바퀴의 질량은 줄의 질량에 비해 무시할 수 있고 궤도에서 마찰 없이 움직여서 실질적으로 줄의 윗부분은 자유롭고

그림 P14.30

움직임은 없다. 이 줄에 작은 진폭의 파동을 일으키며 줄의 장력은 1.30 N으로 일정하다. (a) 줄의 횡파의 속력을 구하라. (b) 줄의 진동은 정상파 상태이고 고정된 아래는 마디, 자유로운 맨 위는 배이다. 세 개의 정상 상태의 마디–배의 거리를 구하라. (c) 각 상태의 진동수를 구하라.

31. 두 파동의 파동 함수가 다음과 같다.

$$y_1(x, t) = 5.00 \sin(2.00x - 10.0t),$$
$$y_2(x, t) = 10.0 \cos(2.00x - 10.0t)$$

여기서 x, y_1, y_2의 단위는 m, t의 단위는 s이다. (a) 중첩으로부터 얻을 수 있는 파동은 단일 사인 함수로 나타낼 수 있음을 보여라. (b) 중첩된 사인파의 진폭과 위상각을 구하라.

32. 질량 m의 물체가 길이 L, 선질량 밀도 μ인 줄에 매달려 있다. 줄은 두 개의 가볍고 마찰이 없는 도르래에 감겨 거리 d 만큼 떨어져 있다(그림 P14.32a). (a) 줄의 장력을 구하라. (b) 도르래 사이의 줄이 그림 P14.32b처럼 정상파 형태의 진동을 만들기 위해서는 진동수가 얼마나 되어야 하는가?

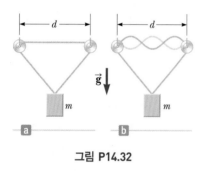

그림 P14.32

33. 질량 M인 물체가 매달려 있고 줄은 2배진동으로 진동하는 그림 P14.33a에 보인 기구를 생각하자. 왼쪽의 진동 날개는 일정한 진동수로 유지되어 있다. 바람이 오른쪽으로 불어 매달려 있는 물체에 수평력 $\vec{F}$를 작용한다. 매달려 있는 물체에 작용해서 줄이 그림 14.33b에 나타낸 것처럼 기본 진동으로 진동하기 위해 바람이 가해야 할 힘의 크기는 얼마인가?

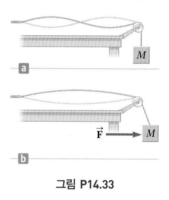

그림 P14.33

위험의 최소화
Minimizing the Risk

우리는 진동과 파동 물리에 대해 탐구했다. 〈관련 이야기 3 지진〉에 대한 핵심 질문으로 되돌아가 보자.

> 지진으로 인한 피해의 위험을 최소화하기 위해 어떤 장소를 선택해야 하고 구조물은 어떻게 지어야 할까?

이 질문에 대한 답을 얻고 더 명확하게 이해하기 위해 물리적 원리를 이용하고 위치 선택과 구조물의 설계를 위해 물리적 원리를 적용할 것이다.

단조화 진동의 논의에서, 우리는 공명에 대해서 배웠다. 공명은 지진 안정성과 관련해서 건물을 설계할 때 가장 중요하게 고려해야 하는 것 중의 하나이다. 지진의 영향하에 있는 지역에서 구조물 설계자는 지표면의 흔들림에 의한 진동에 대한 공명을 주의 깊게 살펴야 한다. 건물의 공명 진동수가 지진의 자연 진동수와 일치하지 않도록 설계되어야 한

그림 1 캘리포니아 주 오클랜드의 2층으로 된 니미츠 고속도로의 일부가 1989년의 로마 프리에타 지진에 의해 붕괴됐다.

다. 더 나아가, 구조물의 세부 사항에는 공명 진동의 진폭이 구조물을 파괴하지 못하도록 충분한 감쇠를 포함해야 한다.

공명은 구조 설계에서 중요한 고려 대상이다. 앞서의 주요 질문에서 언급한 구조물의 **위치**는 어떠한가? 13장에서, 파동의 전파에서 매질의 역할을 논의했다. 지표면을 가로질러 움직이는 지진파에 대해, 표면 위의 토양이 매질 역할을 한다. 토양은 한 위치에서 또 다른 곳까지 다양하게 변하기 때문에, 지진파의 속력은 위치마다 변할 것이다. 특히 위험한 상황은 무른 토양이나 진흙 위에 세워진 구조물이다. 이들 매질의 형태에서, 입자 간 힘들은 화강암과 같은 단단한 토대의 경우에 비해 훨씬 더 약하다. 결과적으로, 파동의 속력은 기반암보다 무른 토양에서 더 작다.

파동의 에너지 전달률에 대한 표현식인 식 13.24를 고려하자. 이 식은 줄에서의 파동에 의해 유도되지만, 진폭의 제곱과 속력에 비례한다는 것은 일반적인 것이다. 에너지 보존에 의해, 파동의 에너지 전달률은 매질에 관계없이 일정해야 한다. 그래서 식 13.24에 따르면, 바위로부터 무른 토양으로 움직이는 지진파의 경우처럼 파동 속력이 감소한다면, 진폭은 증가해야 한다. 결과적으로, 무른 땅 위에 세워진 구조물의 흔들림은 고체 기반암에 세워진 구조물의 흔들림보다 더 큰 크기를 가진다.

이런 인자는 1989년에 샌프란시스코 인근에서 발생한 로마 프리에타 지진으로 인해 니미츠 고속도로가 붕괴되는 원인이 됐다. 그림 1은 지진으로 인해 붕괴된 고속도로를 나타낸 것이다. 진흙 위에 세워진 고속도로 부분은 붕괴됐지만, 기반암 위에 세워진 부분은 남아 있다. 진흙 위에 세워진 부분의 진동 진폭은 다른 부분의 진폭보다 다섯 배나 더 컸다.

무른 토양 위의 구조물에 대한 또 다른 위험은 토양의 **액화**(liquefaction) 가능성이다. 토양이 흔들리면, 토양 성분들은 움직일 수 있고, 토양은 고체보다는 액체와 같이 작용하려는 경향이 있다. 지진이 발발하면 토양 안으로 구조물이 침몰할 수도 있다. 액화 현상이 구조물의 기초에 균일하게 일어나지 않는다면, 그림 2의 일본 경찰서의 경우에 보는 것처럼 구조물이 기울어질 수 있다. 어떤 경우에는 1964년 일본에서 일어난 지진에서처럼 아파트 건물들이 완전히 전복될 수 있다. 또한 지진 진동이 구조물에 피해를 줄 정도로 강력하지 않더라도, 기울어진 상태의 구조물은 그 효용성이 없다.

14.8절에서 논의한 것에 따르면, 지진 정상파가 생길 수 있는 곳에 건물을 세우거나 이미 서 있는 건축 구조물은 위험하다. 그런 구조는 1985년 미초아칸 지진에서 인자로 작용했다. 멕시코 도시 아래 기반암의 형태가 정상파를 만들었고, 배에 위치한 건물에 심각한 피해를 입혔다.

요약하면 지진 위험으로부터 손상을 최소화하기 위해서는, 건축가와 엔지니어는 파괴적인 공명을 막아야 하고, 무른 토양 위에 건축물을 짓는 것은 피해야 하며, 가능한 정상파 형태를 알기 위해서 지하 암석 구성에 주목해서 건물을 설계해야 한다. 지진 피해를 줄이는 또 다른 방법은 지면으로부터 오는 지진 영향을 줄이는 **지진 격리 시스템**(seismic isolation)을 사용해서 건물을 세우는 것이다. 이 방법은 건물의 진동을 감쇠시키기 위한 내구성이 강한 베어링을 가진 **격리 감쇠기**(isolation damper) 위에 구조물을 결합하는 것이다. 그 결과 진동 진폭이 줄어든다. 그림

그림 2 2011년 3월 일본 지진 발생 동안 토양의 액화로 인해 한쪽으로 기울어진 경찰서

3은 뉴질랜드 크라이스트처치 지역에서 발생한 지진이 감쇠기가 없었던 건물에 끼친 결말을 보여 준다. 캘리포니아(로스앤젤리스 시청, 샌프란시스코 시청, 오클랜드 시청)뿐만 아니라 뉴질랜드 의회 건물 같은 세계 다른 지역의 더 오래된 많은 건물에 감쇠기를 설치했다. 또 다른 수단으로는 12장 도입부 사진에서 본 동조 감쇠기, 전단(층밀리기) 트러스, 외부 지주 등이 있다.

여기서 우리는 지진 발생 시 건물 내에서 안전에 대한 다른 많은 고려 사항을 전달하지는 않았으나 진동과 파동의 많은 개념을 응용해서 구조물을 세울 위치, 구조 설계를 하는 데 논리적으로 선택이 이루어져야 함을 이해하고자 했다.

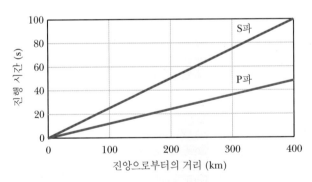

그림 3 2011년 2월 22일 뉴질랜드의 크라이스트처치 지역에서 발생한 진도 6.3의 지진 후 훼손된 차고 건물. 이 차고는 건물을 바닥으로부터 격리시키는 격리 감쇠기를 설치하지 않았다.

문제

1. 지진파는 어느 점(진앙)으로부터 지표면으로 퍼져 나가기 때문에, 파동의 세기는 거리에 반비례해서 감소한다. 즉 파동의 세기는 $1/r$에 비례하며, 여기서 r은 진앙에서 관측점까지의 거리이다. 진동자의 진동 에너지는 진동 진폭의 제곱에 비례한다. 진앙으로부터 10 km의 거리에서 5.0 cm의 진폭을 가지고 지면을 흔드는 특정한 지진을 가정하자. 매질이 균일하다면, 진앙으로부터 20 km 떨어진 지점에서 지면을 흔드는 진폭은 얼마인가?

2. 이 교재에서 언급했듯이, 1989년의 로마 프리에타 지진에 의한 진동 진폭은 기반암 영역에서보다 진흙 영역이 다섯 배나 더 컸다. 이 정보로부터, 기반암으로부터 진흙으로 진행해서 움직이는 파동의 속력은 변함을 알 수 있다. 지진파의 속력이 변하는 인자를 구하라. 어떤 반사파 에너지도 무시하고, 두 매질 사이의 밀도 변화도 무시한다.

3. 그림 4는 도달 거리의 함수로서 지진이 발생한 진앙으로부터 P파와 S파의 도달 시간을 그래프로 나타낸 것이다(지진계 사용). 아래 표에서 세 개의 지진계로부터 하룻동안 측정한 P파의 도달 시간을 나타낸다. 마지막 열에서, 세 개의 지진계로부터 하룻동안 측정한 S파의 도달 시간을 계산해서 빈 칸을 채우라.

그림 4 P파와 S파에 대한 진행 시간과 진앙으로부터의 거리에 대한 그래프

지진계 장소	진앙으로부터의 거리 (km)	P파 도달 시간	S파 도달 시간
#1	200	15:46:06	
#2	160	15:46:01	
#3	105	15:45:54	

심장마비 Heart Attacks

보통 일생 동안 인간의 심장은 멈추지 않고 30억 번 이상을 고동치며 100만 배럴 이상의 피를 온몸으로 내보낸다(1배럴은 42갤런 또는 159리터이다). 하지만 이 생명의 리듬은 때때로 전 세계적으로 주요 사망 원인 중 하나인 심장마비(의학적으로는 **심근경색**으로 알려짐)에 의해 중단된다. 심장마비는 심장으로 흐르는 혈액이 방해를 받을 때 발생하며, 자주 이 중요한 기관의 영구적 훼손으로 이어진다. **심혈관 질환(CVD)**이라는 의학 용어는 심장과 혈관에 영향을 주는 질환을 지칭한다. 그림 1은 몇몇 선진국의 35~74세

연령의 남성 10만 명당 연간 사망자 수와 심혈관 질환으로 인한 사망률을 보여 준다. CVD로 인한 사망률은 프랑스가 19.7 %로 가장 낮고 러시아가 48 %로 가장 높다. 심혈관 질환은 매년 미국의 35~74세 남성 사망률의 31 %에 달한다. 같은 연령층에 해당하는 여성의 비율은 25 %이다.

인간 **심혈관계**, 즉 **순환계**는 지난 수천 년간 과학적 관심사였다. 기원전 16세기에 작성한 에버스 파피루스에는 심장과 동맥의 관계가 제시되어 있다. 2세기에는 백내장 수술로 유명한 뛰어난 그리스의 의사인 갈렌은 동맥과 정맥이 혈액을

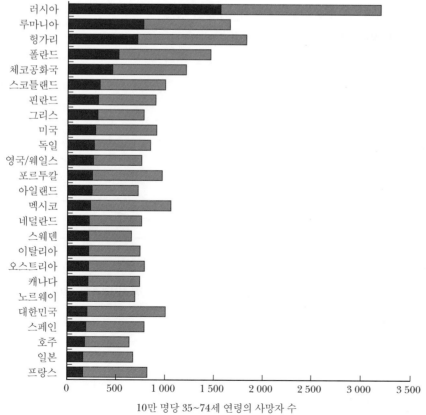

그림 1 몇몇 국가의 심혈관 질환으로 인한 남성 10만 명당 연간 사망자 수(빨간색)와 모든 원인에 의한 사망자 수(회색). 러시아에서는 다른 사망 원인보다 심혈관 질환에 의한 비율이 가장 높다.

10만 명당 35~74세 연령의 사망자 수

■ 심혈관 질환에 의한 사망
■ 모든 원인에 의한 사망

운반함을 밝혀냈다. 13세기에는 아랍의 의사인 이븐 알−나피스는 우심실의 혈액은 허파를 거쳐 좌심실로 옮겨진다는 혈액의 소순환(폐순환)을 주장했다. 선행자들의 연구를 바탕으로 윌리엄 하비는 순환계의 발견과 완벽에 가까운 그 특징을 1628년에 발표해서 명성을 얻었을 뿐 아니라 심장이 몸 전체의 혈액 순환을 담당하고 있음을 인식했다. 하비는 세포 대사에 의해 이산화 탄소를 버리고 산소를 받는 혈액의

폐순환과 산소를 받은 혈액이 주요 장기에 전달되는 체순환을 정확히 설명했다(그림 2).

심실을 통해 산소를 실은 혈액을 퍼내는 동안 심장은 자신에게 산소를 공급하기 위해 심장 표면 주변의 혈관 및 모세혈관 조직에 의존한다. 심장은 신체에서 간(20 %), 뇌(18 %) 다음 세 번째로 산소를 많이 소모한다(총 산소 흡수의 12 % 가량). 그림 3은 심장 표면과 심장에 산소를 공급하는

그림 2 인간의 순환계는 두 가지 독립적인 고리로 구성되어 있다. 폐순환계에서는 심장과 폐 사이에서 혈액을 교환한다. 체순환계에서는 심장과 신체의 다른 기관 사이에서 혈액을 교환한다(셔우드 저, 기초 신체 생리학, 4판, 2012, Brooks/Cole, 그림 9.1, 230쪽).

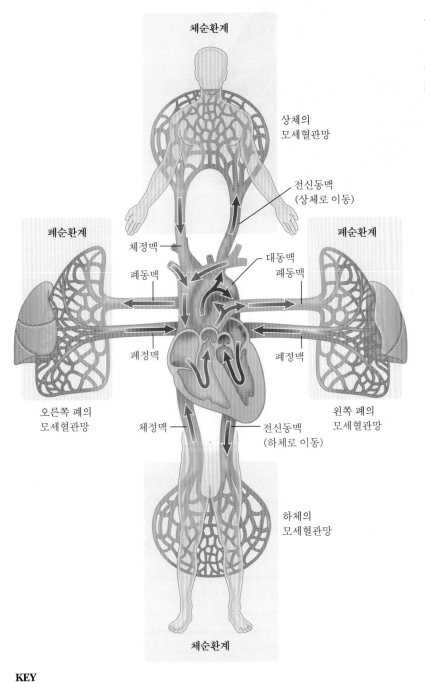

체순환계

상체의
모세혈관망

전신동맥
(상체로 이동)

폐순환계

체정맥

폐동맥

대동맥
폐동맥

폐순환계

폐정맥

폐정맥

오른쪽 폐의
모세혈관망

체정맥

전신동맥
(하체로 이동)

왼쪽 폐의
모세혈관망

하체의
모세혈관망

체순환계

KEY

■ = O_2가 풍부한 혈액   ■ = O_2가 결핍된 혈액

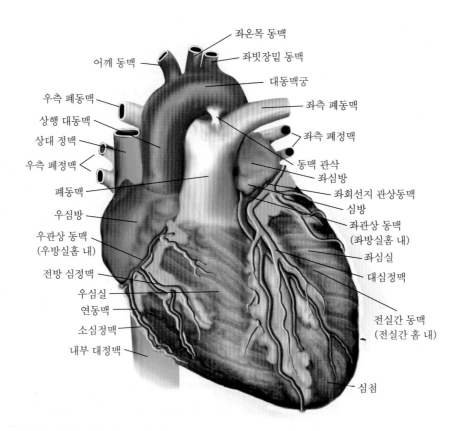

좌온목 동맥
좌빗장밑 동맥
어깨 동맥
대동맥궁
우측 폐동맥
좌측 폐동맥
상행 대동맥
상대 정맥
좌측 폐정맥
우측 폐정맥
동맥 관삭
좌심방
폐동맥
좌회선지 관상동맥
우심방
심방
우관상 동맥
(우방실홈 내)
좌관상 동맥
(좌방실홈 내)
전방 심정맥
좌심실
우심실
대심정맥
연동맥
소심정맥
전실간 동맥
(전실간 홈 내)
내부 대정맥
심점

그림 3 사람의 심장. 이 그림에서 심장 자체에 혈액을 공급하는 혈관계뿐 아니라 신체의 다른 부분에 혈액을 전달하는 주요 혈관 절을 볼 수 있다(심허파 해부와 생리학: 호흡기 치료의 필수, 5판, 2008, Delmar, 그림 5-2A, 189쪽).

혈관 조직을 나타낸다.

우리는 정상적인 작동을 위해 유체 흐름에 의존하는 몇몇 체계를 알 수 있다. 예를 들어 수도관이 파열되면 싱크대, 샤워기, 세탁기에 물을 공급하는 데 영향을 미친다. 자동차 브레이크 시스템의 유압 선이 파열되면 브레이크는 작동하지 않는다. 비슷하게 심장으로 흘러가는 혈액에 영향을 주는 혈관에 결함이 생기면 심장마비를 포함해 의학적으로 위험한 상태를 종종 발생시킨다.

심장마비는 급작하게 발생하지만 대부분의 경우 수년 동안 동맥 내 플라크가 쌓인 결과이다. 심장마비가 일어나는 동안 심장의 동맥 그물망 안에 생긴 플라크가 떨어져 나와 파열하면서 혈전을 만들거나 심장으로 가야할 일정 혈액을 공급하지 못하게 되어 산소가 부족해진다. 산소 부족이 너무 오래 지속되면 영향을 받은 부분의 심장 조직은 죽게 되어

영구적인 심장 손상으로 이어진다.

환자가 심장마비에서 살아남았다 하더라도 이런 사건은 삶을 바꾸어 놓는다. 삶의 방식을 바꾸어 매일 정기적으로 운동을 하고, 식습관을 개선하고, 금연하고 다양한 약물 치료를 병행해서 이후 심장마비 위험을 낮출 필요가 있다. 더불어 세심한 혈압 관리가 필요하다. 다시 한 번 순환계 내 유체 흐름의 중요성을 강조한다.

이번 〈관련 이야기〉에서 순환계를 소개하고 인간 삶에서의 심장마비와 심장 질환의 충격을 살펴봤으므로, 이제 유체 물리학을 연구해 볼 것이다. 우리는 다음 핵심 질문에 대한 학습을 위해 물리적 원리를 적용할 것이다.

> 심장마비를 예방하기 위해 물리의 원리를 의학에 어떻게 적용할 수 있을까?

유체 역학 Fluid Mechanics

물고기가 먹이를 찾아서 암초 주위로 모여들고 있다. 앞에 있는 노란색 나비고기는 물속에서 어떻게 위아래로 움직일 수 있을까? 이 장에서 답을 찾아보도록 하자.

물질은 보통 기체, 액체, 고체의 세 가지 상태로 분류된다. 일상적인 경험에 의하면 고체는 단단하고 일정한 모양을 갖고 있다. 벽돌 같은 것은 모양과 크기가 거의 일정하게 오랫동안 유지된다. 그러나 액체는 어떤 부피를 갖기는 하지만 모양은 정해져 있지 않다. 예를 들어 컵 속에 들어 있는 물은 부피가 정해지지만 특정한 모양은 없다. 용기에 담지 않은 기체는 부피가 정해져 있지도 않고 모양도 없다. 예를 들어 가정에 들어오는 도시가스가 샌다면 새어 나가는 기체는 주변으로 계속 퍼져 나간다. 이런 정의는 물질의 상태를 구분 짓는 데는 도움이 되지만 어딘가 좀 인위적이기도 하다. 예를 들면 아스팔트나 유리 및 플라스틱 같은 것은 보통 때는 고체로 간주되지만 긴 시간 동안 관찰하면 액체처럼 흐르는 경향이 있다. 마찬가지로 대부분의 물질들은 온도나 압력에 따라 고체, 액체, 기체 (또는 이들의 혼합) 상태가 될 수 있다. 일반적으로 어떤 물질에 외력이 작용해서 형태를 변화시키는 데 걸리는 시간에 따라 물질은 고체, 액체 또는 기체로 결정할 수 있다.

유체는 제멋대로 배열된 분자들의 집합체로서, 분자들 간의 매우 약한 응집력과 용기 벽이 작용하는 힘에 의해 유체 상태가 유지된다. 액체와 기체를 유체라 한다. 여기서 다루고자 하는 유체 역학에서는 유체 속에 잠긴 물체에 작용하는 부력이나 야구에서의 커브공 같은 효과를 설명하는 데 특별히 새로운 물리학의 원리까지 필요로 하지 않음을 알게 될 것이다. 이 장에서는 우리가 잘 알고 있는 몇 가지 분석 모형을 유체를 다루는 물리에 적용할 것이다.

Ed Robinson/Pacific Stock/Photolibrary

▌ **15.1** | **압력** Pressure

유체의 물성을 이해하기 위해 첫 번째로 할 일은 유체를 묘사하기 위한 새로운 물리량을 정의하는 것이다. 어떤 물체의 표면에 힘을 가한다고 생각해 보자. 그 힘은 표면에 수직인 성분과 수평인 성분을 가지고 있다. 그 물체가 테이블 위에 정지해 있는 고체라면 물체에 수직으로 작용하는 힘은 물체를 세게 누르는 정도에 따라 납작해 질 수도 있다. 물체가 테이블 위에서 미끄러지지 않는다고 가정하면 표면에 평행하게 작용하는 힘은 물체를 찌그러지게 할 수 있다. 예를 들어 이 물리책을 책상 위에 놓고 손가락으로 책의 앞표지 부분을 표면에 평행하게 밀면 책의 종이들이 아랫부분은 그대로 있고 윗부분이 밀리는 층밀리기를 하게 된다. 이때 책의 단면은 직사각형에서 평행사변형 모양으로 바뀐다. 표면에 평행하게 작용하는 이런 종류의 힘을 **층밀리기힘**(또는 전단력)이라고 한다.

좀 더 단순하게 다루기 위해 유체가 점성이 없다고 가정하자. 점성이 없다는 말은 유체 층 사이에 마찰이 없다는 뜻이다. 비점성 유체와 정지 유체는 층밀리기힘에 대해 버티지를 못한다. 즉 물 표면에 손을 대고 표면에 평행한 힘을 가한다고 생각해 보자. 손은 그냥 미끄러질 것이다. 따라서 책을 밀듯이 물을 밀지는 못한다. 이런 현상은 유체 내의 원자 사이의 힘이 원자들을 서로 묶어 둘 만큼 충분히 크지 못하기 때문이다. 따라서 유체 역학에서는 10장에서 배운 강체에서와 같은 물리 법칙을 적용할 수가 없다. 왜냐하면 유체에 층밀리기힘을 작용하면 유체의 분자들이 서로 간에 멀리 미끄러져 버리기 때문이다.

그러므로 유체에 작용할 수 있는 힘은 유체 표면에 수직인 힘뿐이다. 예를 들면 그림 15.1에서와 같이 유체가 물체에 작용하는 힘은 물체의 표면 어느 곳에서나 표면에 수직이다.

유체가 표면에 작용하는 힘은 유체 분자들이 표면에 충돌하기 때문이다. 유체 분자들이 물체의 표면에 충돌할 때마다 분자들의 속도 벡터가 반대로 바뀌면서 충격량-운동량 정리와 뉴턴의 제3법칙에 따라 표면에 힘을 가하는 것이다. 짧은 시간 동안에 일어나는 이런 충격에 의한 힘들이 많이 모여서 표면에 작용하는 힘은 일정한 크기의 매우 큰 힘이 된다. 이 힘이 표면의 넓이 전체에 작용해서 **압력**이라고 하는 새로운 물리량으로 나타난다.

유체 내의 특정한 점에서의 압력은 그림 15.2에 나타낸 것과 같은 장치로 측정할 수 있다. 이 장치는 원통 속에 가벼운 용수철을 연결한 피스톤을 넣고 그 안의 공기를 완전히 빼내어 만든 것이다. 이 장치를 유체 속에 넣으면 유체는 피스톤을 눌러서 그 안의 용수철의 탄성력과 평형을 이룰 때까지 압축하게 된다. 유체가 용수철을 누르는 힘은 이미 조율해 놓은 용수철을 이용해서 측정할 수 있다.

F를 유체가 피스톤에 작용하는 힘이라 하고 A를 피스톤의 단면의 넓이라고 하면, 이 장치가 유체 속에 잠긴 높이에서 유체의 **압력**(pressure) P는 다음과 같이 피스톤의 넓이에 대한 힘의 비로 정의된다.

> 물체의 표면 어느 곳에서도 유체가 작용하는 힘은 물체의 표면에 수직으로 작용한다.

그림 15.1 유체 속에 잠긴 물체에 유체가 작용하는 힘(물체의 앞면과 뒷면에 작용하는 힘은 표시하지 않았다.)

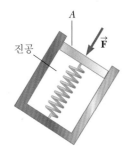

그림 15.2 유체 속에서의 압력을 재는 간단한 장치

$$P \equiv \frac{F}{A}$$ **15.1**   ▶ 압력의 정의

그림 15.2의 장치와 관련해서 압력을 정의했지만 그런 정의는 일반적인 것이다. 압력은 단위 넓이당 힘이기 때문에 SI 단위계에서 그 단위는 N/m^2이다. 압력에 관한 SI 단위계의 또 다른 이름은 **파스칼**(Pa)이다. 즉 다음과 같다.

$$1\,Pa \equiv 1\,N/m^2$$ **15.2**   ▶ 파스칼

힘과 압력이 완전히 다른 양이라는 점에 유의해야 한다. 아주 작은 힘이라도 그 힘이 작용하는 넓이를 매우 작게 하면 압력은 엄청나게 커진다. 그런 경우가 피하주사용 바늘이다. 바늘 끝 단면의 넓이는 매우 작아서 바늘에 작은 힘만 가해도 피부를 뚫고 들어가기에 충분히 큰 압력이 된다. 반면에 힘이 작용하는 넓이를 매우 크게 해서 압력을 아주 작게 만들 수 있다. 그런 것이 바로 설피의 원리이다. 사람들이 눈이 많이 쌓인 곳을 걸으려 하면 발이 빠지기 쉬운데, 설피를 신발 밑에 부착하고 눈 위를 걸으면 잘 빠지지 않는다. 그 이유는 설피의 넓이가 넓어서 사람의 몸무게에 의해 눈에 작용하는 압력이 설피를 안 신었을 때보다는 훨씬 작아지기 때문이다. 눈에 작용하는 압력이 작으면 눈의 표면이 덜 부서져서 잘 빠지지 않을 것이다(그림 15.3).

대기는 지표면과 지표 위에 있는 모든 물체에 압력을 작용한다. 이런 압력으로 흡입 컵, 음료수용 빨대, 진공 청소기 등 여러 장치가 작동하게 되는 것이다. 이 장의 맨 뒷부분에서 다루는 문제나 계산에서 대기압의 크기로 다음 값을 사용한다.

$$P_0 = 1.00\,atm \approx 1.013 \times 10^5\,Pa$$ **15.3**

대기압보다 높은 압력은 **초고압 의료** 또는 **초고압 산소 치료**(HBOT)에서 사용된다. 이는 다이빙 사고와 관련된 감압증이나 공기 색전증과 같은 질병을 치료하기 위해 개발됐다. 요즘은 더 넓은 영역의 의료 상황에서 사용되고 있다.

초고압 산소 치료를 받기 위해 환자는 특수 챔버(기압 조절실)에 누워야 한다. 최신 챔버는 투명해서 환자는 치료를 받는 동안 밖에 있는 치료사를 볼 수 있다. 환자는 책을 읽고, 음악을 듣고 영화를 볼 수 있으며, 간단히 휴식을 취할 수도 있다. 챔버 안의 압력은 천천히 증가되어 대기압의 세 배까지 올라갈 수 있다. 환자는 치료사가 정한 시간 동안 증가된 압력을 경험하게 되고 그 다음에 압력이 감소된다. 전체 치료 시간은 한 시간에서 두 시간까지 걸릴 수 있다.

많은 암 환자가 방사선 치료를 받는다. 골반 부근에 조사된 방사선은 **방사선성 방광염**의 원인이 되어 방사선 치료 후 수년 안에 방광염이 발병하기도 한다. 1985년 이후 초고압 산소 치료는 이런 증상을 다루는 데 사용되어 오고 있다. 치료는 새로운 **신생 혈관**의 성장을 촉진한다. 이 성장은 방사선으로 인한 혈관의 변화를 되돌려서 방사선에 의한 방광의 손상을 치료한다.

초고압 산소 치료가 사용되는 다른 영역은 당뇨병 및 절단에 관련된 것과 같은 문제가 있는 부상이다. 증가된 압력은 부상 부위에 조직의 산화를 도와서 손상된 조직

Kapu/Shutterstock.com

그림 15.3 눈이 많이 오는 지방에서 신는 설피는 넓이가 넓어서 몸무게가 눈에 작용하는 압력을 감소시키기 때문에 발이 눈에 빠지지 않는다.

에서 신생 혈관의 성장을 자극한다. 압력의 증가는 부상 부위에서 여러 가지 형태의 박테리아를 죽이는 데도 유용하다는 것이 증명됐다.

퀴즈 15.1 만일 어떤 사람의 뒤에 서 있다가 그 사람이 실수로 뒤로 물러서면서 신발 뒷굽으로 여러분의 발을 밟았다고 하자. 그 사람이 **(a)** 운동화를 신고 있는 큰 남자 프로 농구 선수인 경우와 **(b)** 뾰족한 굽으로 된 구두를 신고 있는 작은 여자인 경우 중 어느 경우가 덜 아플까?

생각하는 물리 15.1

유리창 같은 표면에 무엇을 부착할 경우 흡입 컵을 사용한다. 우주인들이 궤도 비행을 하고 있는 우주선 외부 표면을 부착하기 위해 이런 흡입 컵을 사용하지 않는다. 그 이유는 무엇인가?

추론 흡입 컵은 그것을 어떤 표면에 대고 가운데를 누르면 그 안의 공기가 틈 사이로 빠져나가게 만든 장치이다. 흡입 컵을 눌렀다가 놓으면, 용수철과 같이 원래 상태로 되돌아오면서, 흡입 컵 내에 갇혀 있던 공기가 팽창하게 된다. 이런 팽창은 흡입 컵 안의 압력을 낮아지게 한다. 따라서 흡반 밖의 대기압과 안의 낮은 압력 간의 차이가 흡반을 표면에 붙어 있게 하는 힘을 제공한다. 지구 주변의 궤도를 도는 우주인들의 경우 우주선 밖에는 공기가 거의 없기 때문에 우주선 밖에서 흡입 컵을 표면에 대고 눌러도 흡입 컵이 표면에 붙어 있게 할 압력 차이가 생기지 않는다. ◀

표 15.1 | 표준 상태(0 °C, 대기압)에서 여러 가지 물질의 밀도

물 질	ρ (kg/m^3)
공 기	1.29
공기(20 °C, 대기압)	1.20
알루미늄	2.70×10^3
벤 젠	0.879×10^3
황 동	8.4×10^3
구 리	8.92×10^3
에틸알코올	0.806×10^3
순수한 물	1.00×10^3
글리세린	1.26×10^3
금	19.3×10^3
헬륨 기체	1.79×10^{-1}
수소 기체	8.99×10^{-2}
얼 음	0.917×10^3
철	7.86×10^3
납	11.3×10^3
수 은	13.6×10^3
질소 기체	1.25
떡갈나무	0.710×10^3
오스뮴	22.6×10^3
산소 기체	1.43
소나무	0.373×10^3
백 금	21.4×10^3
바닷물	1.03×10^3
은	10.5×10^3
주 석	7.30×10^3
우라늄	19.1×10^3

15.2 | 깊이에 따른 압력의 변화 Variation of Pressure with Depth

유체 역학에서는 물질의 밀도가 매우 중요하다. 물질의 밀도는 단위 부피당 질량으로 식 1.1에 정의되어 있다. 표 15.1에 여러 가지 물질의 밀도를 정리해 놓았다. 이들 밀도의 값들은 온도에 따라 약간씩 값이 변하는데, 그 이유는 물질의 부피가 온도에 따라 변하기 때문이다(16장에서 공부하게 됨). 표준 상태(0 °C, 1기압)에서 기체의 밀도는 고체나 액체 밀도의 약 1/1 000 정도이다. 이런 차이는 표준 상태에서 기체 내 분자 간의 평균 간격이 고체나 액체의 경우보다 세 방향에서 모두 열 배 이상 크기 때문이다.

다이빙하는 사람들은 바다나 호수의 압력이 깊이 들어갈수록 증가한다는 것을 잘 알고 있다. 마찬가지로 대기압은 고도가 증가할수록 감소한다. 이런 이유 때문에 높은 고도로 비행하는 대부분의 비행기들은 승객들에게 충분한 산소를 공급하기 위해 비행기 기내의 압력을 높여 주어야 한다.

이제 액체 내의 압력이 깊이에 따라 어떻게 변하는지를 수식으로 나타내 보자. 그림 15.4에서처럼 밀도가 ρ인 정지해 있는 액체를 살펴보자. 단면의 넓이가 A이고 깊이가 d에서 $d + h$까지인 가상의 원통 안에 담겨 있는 액체를 생각해 보자. 액체는 평형 상태에 있고 정지해 있다. 평형 상태의 입자 모형에 의하면 그 부분에 작용하는 알짜힘은 영이어야 한다. 액체에 작용하는 힘들을 압력과 관련해서 살펴보자.

이 원통 외부의 액체는 그 원통의 모든 점에 수직으로 힘을 작용한다. 그림 15.4에서 이 부분의 둘레에서는 좌우 앞뒤에 작용하는 압력으로 인한 수평 방향의 힘들이 서로 크기가 같고 방향이 반대가 되어 합이 영이 된다. 하지만 윗부분과 아랫부분에 작용하는 압력에 의한 힘들은 방향이 반대이지만 크기가 다르다. 바닥에서는 압력이 P이고 위에서는 P_0이다. 따라서 식 15.1에 의해 이 부분의 바닥에서 위 방향으로 액체가 작용하는 힘의 크기는 PA이고 위에서 아래로 작용하는 힘의 크기는 $P_0 A$이다. 또한 이 부분에는 중력, 즉 무게가 작용한다. 이 부분이 평형 상태에 있으므로 연직 방향으로의 알짜힘의 합은 다음과 같이 영이어야 한다.

$$\sum F_y = 0 \quad \rightarrow \quad PA - P_0 A - Mg = 0$$

이 부분의 액체의 질량은 $M = \rho V = \rho Ah$이므로 이 부분의 액체에 작용하는 중력의 크기는 $Mg = \rho gAh$이다. 따라서

$$PA = P_0 A + \rho gAh$$

즉

$$P = P_0 + \rho gh \qquad \textbf{15.4}$$

가 된다.

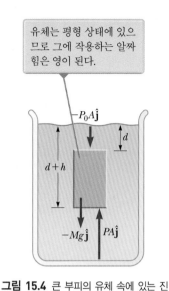

유체는 평형 상태에 있으므로 그에 작용하는 알짜힘은 영이 된다.

그림 15.4 큰 부피의 유체 속에 있는 진한 부분의 유체를 생각한다.

▶ 액체 내 깊이에 따른 압력의 변화

원통의 위 표면을 대기에 노출된 $d = 0$인 지점이라 하면 그곳의 압력은 대기압 P_0이다. 식 15.4는 액체 내의 압력이 액체 내의 깊이 h에만 의존함을 나타낸다. 따라서 압력은 용기의 모양에 관계없이 같은 깊이 내의 모든 점에서 같다.

식 15.4를 보면 위 표면에서의 압력의 증가는 액체 내의 모든 점에 전달되어야만 한다. 이런 점을 프랑스의 과학자 파스칼(Blaise Pascal, 1623~1662)이 알아내 이를 **파스칼의 법칙**(Pascal's law)이라고 한다.

> 밀폐된 유체에 작용하는 압력의 변화는 유체 내의 모든 점과 용기의 벽에 그대로 전달된다.

▶ 파스칼의 법칙

치약을 짤 때 치약 튜브의 한 부분을 누르면 치약이 나오는데, 이 원리가 바로 파스칼의 법칙이다. 치약 튜브의 한 부분의 압력의 증가가 다른 모든 곳의 압력의 증가로 나타나서 구멍을 통해 치약이 나오는 것이다.

파스칼의 법칙의 중요한 응용 중 하나는 그림 15.5에 나타낸 유압 프레스이다. 작은 힘 $\vec{F}_1$이 단면의 넓이가 A_1인 작은 피스톤에 작용하면 압력이 액체 내 모든 곳에 전달되어 큰 힘 $\vec{F}_2$가 단면의 넓이가 A_2인 피스톤이 있는 부분에 작용하게 된다. 두 피스톤에서 압력이 같기 때문에 $P = F_1/A_1 = F_2/A_2$임을 알 수 있다. 따라서 F_2의 크기는 F_1보다 A_2/A_1배 크다. 유압 브레이크, 자동차 리프트, 유압 잭, 지게차 등이 이 원리를 응용한 것이다.

그림 15.5 유압 프레스의 개략도

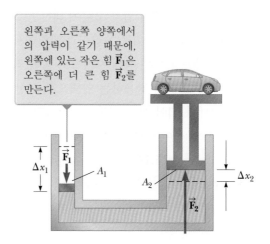

왼쪽과 오른쪽 양쪽에서의 압력이 같기 때문에, 왼쪽에 있는 작은 힘 $\vec{F}_1$은 오른쪽에 더 큰 힘 $\vec{F}_2$를 만든다.

> **퀴즈 15.2** 물이 가득 찬 유리잔 바닥에서의 압력은 P이다 (물의 밀도는 $\rho = 1\,000 \text{ kg/m}^3$이다). 물을 비우고 유리잔을 에틸알코올($\rho = 806 \text{ kg/m}^3$)로 채웠다. 유리잔 바닥에서의 압력은 어떻게 되는가? **(a)** P보다 작다. **(b)** P와 같다. **(c)** P보다 크다. **(d)** 알 수 없다.

> ### 생각하는 물리 15.2   BIO 혈압 측정
>
> 혈압은 팔 위쪽에 혈압계의 커프(cuff)를 감아서 측정한다. 이 커프를 서 있는 사람의 종아리에 감아서 측정한다고 하면 팔에 감아서 측정한 결과와 같은가?
>
> **추론** 종아리에 감아서 잰 혈압이 팔에 감아서 잰 혈압보다 크게 나올 것이다. 인체 내의 혈관을 혈액이 가득 들어 있는 용기로 간주하면 액체 내의 압력이 깊이에 따라 증가하기 때문에 종아리 부분의 압력이 크다.
>
> 혈압은 통상 팔 부분에서 측정하는데, 그 이유는 팔 부분의 높이가 심장 부분의 높이와 같기 때문이다. 종아리 부분의 혈압을 표준으로 채택한다면 사람의 키에 따라 혈압값을 조정해 주어야 한다. 또한 누워 있는 상태에서 혈압을 측정하면 다르게 나올 것이다. ◀

예제 15.1 | 자동차 리프트

자동차 정비 공장에서 사용하는 리프트(그림 15.5)는 대부분 압축 공기를 사용한다. 단면의 반지름이 5.00 cm인 원형 피스톤으로 압축 공기를 밀어 넣어 반지름이 15.0 cm인 두 번째 피스톤에 압력을 전달한다.

(A) 무게가 13 300 N인 차를 들어올리기 위해 압축 공기가 가해야 할 힘은 얼마인가?

풀이

개념화 파스칼의 법칙에 관한 설명을 복습하고 자동차 리프트가 어떻게 작동하는지 이해한다.

분류 예제는 대입 문제이다.

$F_1/A_1 = F_2/A_2$를 F_1에 대해 푼다.

$$F_1 = \left(\frac{A_1}{A_2}\right) F_2 = \frac{\pi (5.00 \times 10^{-2} \text{ m})^2}{\pi (15.0 \times 10^{-2} \text{ m})^2}(1.33 \times 10^4 \text{ N})$$

$$= 1.48 \times 10^3 \text{ N}$$

(B) 이런 크기의 힘을 작용하기 위해 공기의 압력은 얼마로 해야 하는가?

풀이

식 15.1을 이용해서 이 힘을 얻기 위한 공기압을 계산한다.

$$P = \frac{F_1}{A_1} = \frac{1.48 \times 10^3 \text{ N}}{\pi (5.00 \times 10^{-2} \text{ m})^2}$$

$$= 1.88 \times 10^5 \text{ Pa}$$

이 압력은 대략 대기압의 두 배이다.

(C) 리프트를 비고립계로 간주하고 입구에서 공급된 에너지가 출구에서 일한 에너지와 같음을 보여라.

풀이

입구와 출구에서의 에너지는 피스톤이 움직이면서 힘이 한 일이다. 그 일을 구하려면, 입구와 출구에서 힘이 작용하는 거리를 알아야 한다. 액체는 비압축성이기 때문에 입구에서의 피스톤이 밀고 들어간 부피는 출구에서 피스톤이 밀려나온 부피와 같아야 한다. 원통 내에서 힘이 일으킨 변위는 각각 Δx_1과 Δx_2이다(그림 15.5 참조).

피스톤이 이동한 부피를 같다고 놓는다.

$$V_1 = V_2 \quad \rightarrow \quad A_1 \Delta x_1 = A_2 \Delta x_2$$

$$\frac{A_1}{A_2} = \frac{\Delta x_2}{\Delta x_1}$$

입구에서의 일과 출구에서의 일의 비를 구한다.

$$\frac{W_1}{W_2} = \frac{F_1 \Delta x_1}{F_2 \Delta x_2} = \left(\frac{F_1}{F_2} \right) \left(\frac{\Delta x_1}{\Delta x_2} \right) = \left(\frac{A_1}{A_2} \right) \left(\frac{A_2}{A_1} \right) = 1$$

이것으로부터 입구에서의 일과 출구에서의 일이 같음을 알 수 있으며, 에너지 보존 법칙을 따라야 하는 것이다.

예제 15.2 | 댐에 작용하는 힘

너비가 w인 댐 뒤에 물이 높이 H만큼 차 있다(그림 15.6). 물이 댐에 작용하는 전체 힘을 구하라.

풀이

개념화 압력은 깊이에 따라 변하기 때문에 넓이와 압력을 곱하는 단순한 계산으로 힘을 구할 수 없다. 물속에서 압력은 깊어질수록 커지므로 댐의 이웃하는 지점에 작용하는 힘도 깊어질수록 커진다.

분류 깊이에 따라 압력이 변하기 때문에 이 예제를 풀기 위해서는 적분을 사용해야 한다. 그래서 예제를 분석 문제로 분류한다.

분석 연직 y축을 도입하고 댐의 바닥을 $y = 0$로 놓는다. 댐의 면을 그림 15.6의 빨간색 띠처럼 바닥으로부터 위로 거리 y에 위치한 좁은 수평 띠들로 나눈다. 각 띠에 작용하는 압력은 물에 의해서만 생긴다. 왜냐하면 대기압은 댐의 양쪽에 모두 작용하고 있기 때문이다.

식 15.4를 이용해서 깊이 h에서 물에 의한 압력을 계산한다.

$$P = \rho g h = \rho g (H - y)$$

식 15.1을 이용해서 넓이가 $dA = w \, dy$인 색칠된 띠에 작용하는 힘을 구한다.

$$dF = P \, dA = \rho g (H - y) w \, dy$$

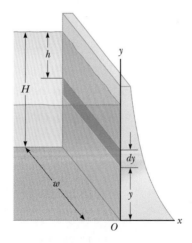

그림 15.6 (예제 15.2)
물이 댐에 작용하는 힘

댐에 작용하는 전체 힘을 구하기 위해 적분한다.

$$F = \int P \, dA = \int_0^H \rho g (H - y) w \, dy = \frac{1}{2} \rho g w H^2$$

결론 그림 15.6은 댐의 두께는 깊이에 따라 두꺼워지는 것을 보여 준다. 이런 설계는 더 깊은 곳에서 댐에 작용하는 물에 의한 힘이 더 커지는 것을 고려한 것이다.

문제 미적분학을 사용하지 않고 이 힘은 어떻게 구해야 하는가?

그 값을 결정할 수 있을까?

답 압력이 깊이에 따라 선형적으로 변한다는 것을 식 15.4로부터 알고 있다. 그러므로 댐 면의 물 때문에 생기는 평균 압력은 수면에서의 압력과 바닥에서의 압력의 평균이 된다.

$$P_{avg} = \frac{P_{top} + P_{bottom}}{2} = \frac{0 + \rho gH}{2} = \frac{1}{2}\rho gH$$

댐에 작용하는 전체 힘은 평균 압력과 댐 면의 넓이를 곱한 것과 같다.

$$F = P_{avg} A = \left(\frac{1}{2}\rho gH\right)(Hw) = \frac{1}{2}\rho gwH^2$$

이는 미적분학을 이용해서 얻은 결과와 같다.

▌**15.3** │ 압력의 측정 Pressure Measurements

텔레비전에서 일기예보를 할 때 **대기압**의 값을 알려준다. 대기압은 대기의 현재 압력이며 식 15.3으로 주어지는 표준값에서 조금씩 변한다. 이런 압력은 어떻게 측정되는 것일까?

대기압을 측정하기 위한 장치로 토리첼리(Evangelista Torricelli, 1608~1647)가 발명한 기압계가 있다. 한쪽 끝이 막힌 긴 유리관에 수은을 가득 채우고 막힌 쪽이 위로 가게 수은 그릇에 세운다(그림 15.7a). 그렇게 되면 관 속의 수은이 조금 밑으로 내려오면서 위의 막힌 부분에 진공이 생기게 된다. 그 진공 부분에서의 압력은 영이라고 할 수 있으므로, 그림 15.7a에서 수은주에 의한 점 A에서의 압력은 대기압에 의한 점 B에서의 압력과 같아야 한다. 그렇지 않다면 알짜힘이 수은을 한 점에서 다른 점으로 밀어 두 점 간에 평형을 이룰 것이다. 따라서 그곳에서의 압력은 $P_0 = \rho_{Hg}gh$가 된다. 여기서 ρ_{Hg}는 수은의 밀도이고 h는 수은주의 높이이다. 대기압이 변하면 수은 기둥의 높이가 변하기 때문에 그 높이로서 대기압을 측정하도록 눈금을 매기면 된다. 1기압일 때 수은주의 높이를 계산해 보자. 1기압은 $P_0 = 1\,atm = 1.013 \times 10^5\,Pa$이므로 다음과 같이 된다.

$$P_0 = \rho_{Hg}gh \rightarrow h = \frac{P_0}{\rho_{Hg}g} = \frac{1.013 \times 10^5\,Pa}{(13.6 \times 10^3\,kg/m^3)(9.80\,m/s^2)} = 0.760\,m$$

이런 방법으로 계산한 것을 기초로 해서 1기압을 0 ℃에서의 수은주의 높이 0.760 0 m로 정의한다.

그림 15.7b에 나와 있는 열린 관 압력계는 용기 속에 담긴 기체의 압력을 측정하는 장치이다. 액체가 채워져 있는 U자 모양의 한쪽 끝은 개방되어 대기와 접촉하고 있고 다른 끝은 압력 P를 모르는 어떤 계에 연결되어 있다. 이 그림에서 점 A와 점 B의 압력은 같아야만 한다(그렇지 않으면 구부러진 관 속의 액체가 알짜힘을 받게 되어 움직이게 될 것이다). 측정하고자 하는 압력은 점 A에서의 기체의 압력이므로 미지의 압력 P를 점 B에서의 압력과 같게 놓으면 $P = P_0 + \rho gh$가 됨을 알 수 있다. 압력의 차이 $P - P_0$가 ρgh와 같으므로 압력 P를 **절대 압력**(absolute pressure)이라 하고 압력차 $P - P_0$를 **계기 압력**(gauge pressure)이라 한다. 예를 들어 우리가 흔히 측

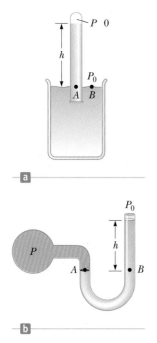

그림 15.7 압력을 측정하기 위한 두 장치. (a) 수은 기압계 (b) 열린 관 압력계

정하는 자전거나 자동차 바퀴의 압력은 계기 압력이다.

15.4 | 부력과 아르키메데스의 원리
Buoyant Forces and Archimedes's Principle

아르키메데스
Archimedes, BC 287~212
그리스의 수학자, 물리학자, 공학자

그림 15.8a와 같이 비치볼을 물속으로 밀어 넣어본 적이 있는가? 그렇게 하기가 매우 어려운데, 왜냐하면 비치볼에는 물에 의해서 위로 떠오르려는 큰 힘이 작용하기 때문이다. 유체에 잠긴 물체에 작용해서 위로 떠오르는 힘을 **부력**(buoyant force)이라고 한다. 몇 가지 논리적 사고를 하면 부력의 크기를 결정할 수 있다. 우선 그림 15.8b에서 보듯이 물 아래에 비치볼 크기의 가상의 구가 있다고 생각해 보자. 이 가상의 구는 평형 상태에 있기 때문에, 중력에 의한 아래 방향의 힘을 상쇄시켜주는 위 방향의 힘이 있어야만 한다. 이 위 방향의 힘이 바로 부력이다. 그리고 부력의 크기는 가상의 구를 채우고 있는 물의 무게와 같다. 이런 부력은 가상의 구 주위를 둘러싸고 있는 유체가 가상의 구에 힘을 작용하기 때문에 생겨난다.

이제 가상의 구를 실제의 비치볼로 바꿔 생각해 보자. 비치볼을 둘러싼 유체가 작용하는 알짜힘은 앞에서의 가상의 구에 주변 유체가 작용하는 힘과 같다. 따라서 **어떤 물체에 작용하는 부력은 그 물체에 의해 밀려난 유체의 무게와 같다.** 이것이 **아르키메데스의 원리**(Archimedes's principle)이다.

결국 물속에 잠긴 비치볼에 작용하는 부력은 비치볼 크기의 물의 무게와 같으며 비치볼의 무게보다 훨씬 크다. 따라서 위 방향의 큰 알짜힘이 존재하게 되고, 비치볼을 물속에 집어넣기가 아주 힘들게 된다. 아르키메데스의 원리는 물체가 무엇으로 만들어졌는지에는 상관없음에 주목하자. 부력은 유체에 의해 작용하는 힘이므로 물체의 구성 성분은 고려할 사항이 아니다.

부력의 발생 원리를 보다 잘 이해하기 위해서, 그림 15.9와 같이 유체 속에 잠긴 딱딱한 물질의 육면체를 생각해 보자. 식 15.4에 따르면, 육면체 밑면의 압력 P_{bot}은 윗면에 작용하는 압력 P_{top}보다 $\rho_{fluid}gh$만큼 크다. 여기서 ρ_{fluid}는 유체의 밀도이고, h는 육면체의 높이이다. 육면체 밑면의 압력은 **위로** 향하는 힘을 만드는데, 이는 $P_{bot}A$와

아르키메데스는 고대에서 가장 위대한 과학자 중 한 명일 것이다. 원의 둘레와 지름의 비를 가장 처음 정확하게 계산했고, 또한 구, 원통을 비롯한 여러 기하학적 도형의 부피와 겉넓이를 계산하는 방법도 알아냈다. 부력의 원리를 발견한 것으로 유명한 그는 뛰어난 발명가이기도 했다. 그의 발명품 중 오늘날에도 사용되는 것으로 아르키메데스의 나사를 들 수 있는데, 회전하는 나선형 코일이 들어 있는 관을 기울인 형태로 배의 선창으로부터 물을 끌어올리는 데 사용됐다. 그는 또한 투석기를 발명했고, 지레, 도르래, 추를 이용해서 무거운 물체를 들어올리는 장치도 발명했다. 이런 발명품들은 9년 동안 로마의 공격으로부터 그가 살던 도시 시라큐스를 성공적으로 방어하는 데 사용됐다.

육면체에 작용하는 부력은 유체가 윗면과 아랫면에 작용하는 힘의 합력이다.

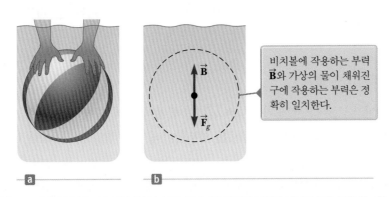

비치볼에 작용하는 부력 $\vec{B}$와 가상의 물이 채워진 구에 작용하는 부력은 정확히 일치한다.

그림 15.8 (a) 비치볼을 물속으로 넣기 위해 누르고 있다. (b) 비치볼 크기의 가상의 구에 작용하는 힘

그림 15.9 잠긴 육면체에 작용하는 외력은 중력 $\vec{F}_g$와 부력 $\vec{B}$이다.

오류 피하기 | 15.2

유체에 의한 부력 부력은 유체가 작용하는 힘임을 기억하자. 그것은 잠긴 물체의 성질과는 무관하다. 단지 그 물체가 밀어낸 액체의 양에만 관계된다. 따라서 밀도는 다르나 부피가 같은 여러 가지 물체가 유체에 잠겨 있다면 모두 같은 크기의 부력을 받는다. 떠 있느냐 가라앉느냐 하는 문제는 부력과 중력 사이의 관계에 의해 결정된다.

같다. 이때 A는 육면체 밑면의 넓이이다. 육면체 윗면의 압력은 **아래로** 향하는 힘을 만드는데, 이는 $P_{top}A$와 같다. 이 두 가지 힘에 의해 나타나는 것이 부력 $\vec{\mathbf{B}}$이며, 크기는 다음과 같이 나타낼 수 있다.

$$B = (P_{bot} - P_{top})A = (\rho_{fluid}gh)A$$

$$\boxed{B = \rho_{fluid}gV_{disp}}$$

15.5

여기서 $V_{disp} = Ah$는 육면체에 의해 밀려난 유체의 부피이다. $\rho_{fluid}V_{disp}$는 물체에 의해 밀려난 유체의 질량과 같으므로 다음과 같다.

$$B = Mg$$

여기서 Mg는 육면체에 의해 밀려난 유체의 무게이다. 이 결과는 비치볼을 가지고 논의한 것을 토대로 앞에서 처음에 말한 아르키메데스의 원리와 일치한다.

새로운 예를 들기 전에 완전히 잠긴 물체에 작용하는 부력과 떠 있는 물체에 작용하는 부력을 따로따로 비교해 보는 것이 좋을 듯하다.

경우 I: 완전히 잠긴 물체

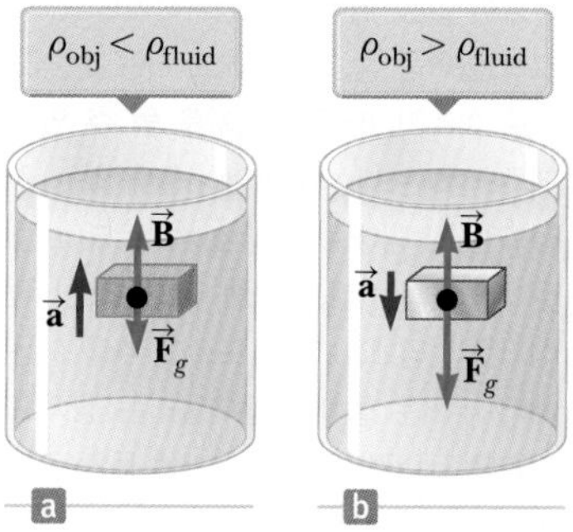

밀도 ρ_{fluid}인 유체 속에 물체가 완전히 잠기면, 밀려난 유체의 부피 V_{disp}는 물체의 부피 V_{obj}와 같으므로, 식 15.5로부터 위로 향하는 부력의 크기는 $B = \rho_{fluid}gV_{obj}$이다. 만일 물체의 질량이 M이고 밀도가 ρ_{obj}이면, 물체의 무게는 $F_g = Mg = \rho_{obj}gV_{obj}$이며, 물체에 작용하는 알짜힘은 $B - F_g = (\rho_{fluid} - \rho_{obj})gV_{obj}$이다. 따라서 물체의 밀도가 유체의 밀도보다 작으면 아래 방향의 중력이 부력보다 작게 되고, 고정되지 않은 물체는 위로 가속될 것이다(그림 15.10a). 만일 물체의 밀도가 유체의 밀도보다 크면 위 방향의 부력이 아래 방향의 중력보다 작게 되고, 고정되지 않은 물체는 가라앉을 것이다(그림 15.10b). 만일 물체의 밀도가 유체의 밀도와 같은 경우는 물체에 작용하는 알짜힘은 영이 되고, 물체는 평형 상태에 있게 된다. 따라서 유체 속에 잠겨 있는 물체의 운동 방향은 물체와 유체의 밀도에 의해서만 결정된다.

이와 같은 현상은 대기 중 공기와 같은 기체 속에 있는 물체에 대해서도 나타난다[1]. 헬륨 기체를 넣은 풍선에서처럼 물체의 밀도가 공기의 밀도보다 작다면 그 물체는 위로 뜬다. 그러나 바위와 같이 공기보다 큰 밀도를 갖는 물체는 바닥으로 떨어진다.

경우 II: 떠 있는 물체

이제 부피가 V_{obj}이고 밀도가 $\rho_{obj} < \rho_{fluid}$인 물체가 유체 위에 떠서 평형 상태를 유지하고 있다고 생각해 보자. 즉 물체는 **일부**만이 물속에 잠겨 있다(그림 15.11). 이

$\rho_{obj} < \rho_{fluid}$ $\rho_{obj} > \rho_{fluid}$

그림 15.10 (a) 완전히 잠긴 물체는 유체보다 밀도가 작으면 위 방향의 알짜힘을 받게 되어, 가만히 놓으면 표면으로 떠오른다. (b) 완전히 잠긴 물체의 밀도가 유체의 밀도보다 크면 아래 방향의 알짜힘을 받아 물체는 가라앉는다.

---

[1] 일반적인 특징은 어느 경우나 다 같으나 대기 중에서는 고도에 따라 공기의 밀도가 변하기 때문에 부력이 변한다.

경우 위 방향의 부력은 아래 방향의 중력과 균형을 이룬다. 물체에 의해 밀려난 유체의 부피가 V_{disp}이면(유체면 아래에 잠긴 물체의 부피와 같다), 부력의 크기는 $B = \rho_{\text{fluid}} g V_{\text{disp}}$이다. 물체의 무게가 $F_g = Mg = \rho_{\text{obj}} g V_{\text{obj}}$이고 $F_g = B$이므로, $\rho_{\text{fluid}} g V_{\text{disp}} = \rho_{\text{obj}} g V_{\text{obj}}$, 즉

$$\frac{V_{\text{disp}}}{V_{\text{obj}}} = \frac{\rho_{\text{obj}}}{\rho_{\text{fluid}}} \qquad \textbf{15.6}$$

임을 알 수 있다. 그러므로 물체가 액체 속에 잠긴 부분의 부피의 비는 액체의 밀도에 대한 물체의 밀도의 비와 같다.

위의 두 경우의 예를 살펴보자. 정상적인 조건하에서 이 장의 도입부에서 보인 물고기의 평균 밀도는 물의 밀도보다 조금은 크다. 이런 경우는 물고기가 아래로 작용하는 무게를 상쇄시키는 장치가 없다면 물고기가 바닥에 가라앉게 된다. 물고기는 몸속에 공기가 들어 있는 부레가 있으며 부레의 크기를 적절히 조절하는 능력이 있다. 크기를 키우면 밀어내는 물의 양이 늘어나 부력이 증가한다. 이런 식으로 물고기는 얕은 데서부터 깊은 곳까지 돌아다닐 수 있다. 이것은 물고기가 물속에 완전히 잠기는 경우이므로 경우 I에 해당한다.

경우 II의 예로서 대형 화물선의 경우를 살펴보자. 배가 정지해 있을 때 물 때문에 위로 향하는 부력은 배의 무게와 같아야 배가 평형 상태에 있게 된다. 배의 부피의 일부만이 물속에 잠겨 있으므로 배가 무거운 화물을 많이 싣는다면 물속으로 더 내려갈 것이다. 화물 때문에 증가된 배의 무게는 배가 물 표면 아래로 더 내려가서 잠긴 부분의 부피의 증가에 의한 부력과 평형을 이루게 된다.

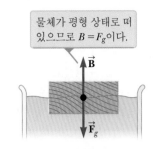

물체가 평형 상태로 떠 있으므로 $B = F_g$이다.

그림 15.11 유체 표면에 떠 있는 물체에 작용하는 외력은 중력 $\vec{F}_g$와 부력 $\vec{B}$이다.

더운 공기를 넣은 열기구가 공중에 떠 있는 것은 그 속에 들어 있는 공기의 온도가 높기 때문이다. 주변의 공기가 열기구에 작용하는 부력은 열기구의 무게와 같아서 열기구에 작용하는 알짜힘이 영이 되기 때문이다.

▶ **퀴즈 15.3** 사과 하나를 물그릇의 표면 아래로 거의 다 잠기도록 누르고 있다. 그 사과를 더 눌러서 물속 깊은 곳에 내려가게 한다고 하자. 사과를 깊은 곳으로 밀어넣기 위해 필요한 힘은 표면 가까이에 있도록 누를 때의 힘보다 (**a**) 크다. (**b**) 같다. (**c**) 작다. (**d**) 알 수 없다.

▶ **퀴즈 15.4** 배가 난파되어서 바다 한가운데 뗏목 위에 있다고 하자. 뗏목 위에 실려 있는 짐 중에는 배가 가라앉기 전에 찾아낸 금으로 가득 채워진 보물 상자가 있고, 뗏목은 간신히 떠 있다고 하자. 물 위에서 가능한 높이 떠 있으려면 (**a**) 보물 상자를 뗏목 위에 놓아야 한다. (**b**) 보물 상자를 뗏목 바로 아래에 고정시켜야 한다. (**c**) 보물 상자에 줄을 달아 물속에 매달아 두어야 한다(보물 상자를 던져 버리는 것은 고려하지 않는다고 하자).

▶ **생각하는 물리 15.3**

꽃을 배달하는 사람이 꽃바구니를 가정에 배달한다. 그 꽃바구니 속에 헬륨을 넣은 풍선도 들어 있었는데, 갑자기 끈이 느슨해지면서 풍선이 하늘로 올라가기 시작한다. 그 순간 그 꽃 배달부는 꽃바구니를 땅에 떨어뜨리게 된다. 꽃바구니가 떨어지면서 꽃바구니-지구 계는 역학적 에너지의 보존 법칙에 따라 운동 에너지가 증가하고 위치 에너지가 감소한다. 그러나 풍선-지구 계는 위치 에너지와 운동 에너지 **모두** 증가한다. 이것은 역학적 에너지의 보존 법칙을 따르는 것인가? 그렇지 않다면 증가하는 에너지는 어디서 오는 것인가?

추론   꽃바구니와 지구 계의 경우 꽃바구니의 운동에 공기의 저항을 무시하면 별 문제가 없다. 따라서 꽃바구니-지구 계는 고립계 모형으로 간주할 수 있어서 역학적 에너지가 보존된다. 그러나 풍선-지구 계는 공기에 의한 부력이 풍선을 위로 가게 하므로 공기의 영향을 무시할 수 없다. 따라서 풍선-지구 계는 비고립계 모형으로 분석한다. 공기의 부력은 계의 경계를 넘어서 일을 하며, 그 일은 계의 운동 에너지와 중력 위치 에너지 모두의 증가를 가져온다. ◄

예제 15.3 | 유레카(Eureka!)

왕으로부터 왕관이 순금인지를 판별해 달라는 요청을 받은 아르키메데스는 이 문제를 해결하기 위해 그림 15.12와 같이 왕관의 무게를 공기 중과 물속에서 측정했다. 이때 공기 중에서는 7.84 N이었고, 물속에서는 6.84 N이었다고 하자. 아르키메데스는 왕에게 어떻게 대답했을까?

풀이

개념화   그림 15.12를 보면 어떤 일이 일어나는지를 상상하는 데 도움이 된다. 부력 때문에 용수철저울의 측정값이 그림 15.12b의 경우에 그림 15.12a보다 작다.

분류   이 문제는 이전에 논의한 경우 I에 해당된다. 왜냐하면 왕관이 물속에 완전히 잠겨 있기 때문이다. 용수철저울의 측정값은 왕관에 작용하는 한 힘의 크기에 해당되고, 왕관은 정지 상태에 있다. 따라서 왕관을 평형 상태에 있는 입자로 분류할 수 있다.

분석   왕관이 공기 중에 매달려 있을 때, 저울은 왕관의 실제 무게인 $T_1 = F_g$를 나타낸다(공기에 의한 작은 부력은 무시한다). 왕관이 물속에 잠겨 있을 때, 저울은 부력에 의해 줄어든 **겉보기** 무게인 $T_2 = F_g - B$를 나타낸다.

물속에 있는 왕관에 대해 힘의 평형 상태의 입자 모형을 적용한다.

$$\sum F = B + T_2 - F_g = 0$$

이를 B에 대해 풀어 주어진 값들을 대입한다.

$$B = F_g - T_2 = 7.84 \text{ N} - 6.84 \text{ N} = 1.00 \text{ N}$$

부력은 왕관에 의해 밀려난 물의 무게와 같으므로, $B = \rho_w g V_{\text{disp}}$이며, 여기서 V_{disp}는 밀려난 물의 부피이고, ρ_w는 물의 밀도이다. 또한 왕관은 물속에 완전히 잠겨 있으므로, 왕관의 부피 V_c는 밀려난 물의 부피와 같다. 즉 $B = \rho_w g V_c$이다. 식 1.1로부터 왕관의 밀도를 구한다.

$$\rho_c = \frac{m_c}{V_c} = \frac{m_c g}{V_c g} = \frac{m_c g}{(B/\rho_w)} = \frac{m_c g \rho_w}{B}$$

주어진 값들을 대입한다.

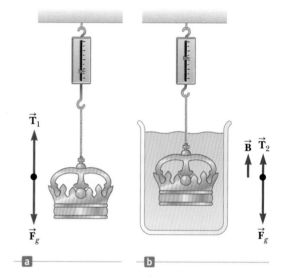

그림 15.12 (예제 15.3) (a) 왕관을 공기 중에서 용수철저울에 매달면 $T_1 = F_g$이므로 왕관의 실제 무게가 측정된다(공기에 의한 부력은 무시할 만큼 작다). (b) 왕관을 물속에 넣으면 부력 $\vec{B}$ 때문에 용수철저울의 측정값이 감소한다. 즉 $T_2 = F_g - B$이다.

$$\rho_c = \frac{(7.84 \text{ N})(1\,000 \text{ kg/m}^3)}{(1.00 \text{ N})} = 7.84 \times 10^3 \text{ kg/m}^3$$

결론   표 15.1에서 금의 밀도는 $19.3 \times 10^3 \text{ kg/m}^3$이다. 따라서 아르키메데스는 왕이 속임수에 당했다고 이야기했을 것이다. 왕관은 속이 비어 있거나, 순금으로 만들어지지 않았을 것이다.

문제   같은 무게의 왕관이 순금으로 만들어졌고 속이 비어 있지 않다면, 물속에 넣었을 때 무게는 얼마인가?

답   왕관에 작용하는 부력을 구한다.

$$B = \rho_w g V_w = \rho_w g V_c = \rho_w g \left(\frac{m_c}{\rho_c} \right) = \rho_w \left(\frac{m_c g}{\rho_c} \right)$$

주어진 값들을 대입한다.

$$B = (1.00 \times 10^3 \text{ kg/m}^3) \frac{7.84 \text{ N}}{19.3 \times 10^3 \text{ kg/m}^3} = 0.406 \text{ N}$$

용수철저울에 나타나는 무게는 다음과 같다.

$$T_2 = F_g - B = 7.84 \text{ N} - 0.406 \text{ N} = 7.43 \text{ N}$$

> ### 예제 15.4 | 물로 줄의 진동 바꾸기
>
> 그림 15.13a와 같이, 수평인 줄의 한 끝이 진동 날에 연결되어 있고 반대편은 도르래에 걸쳐 있다. 줄의 끝에는 질량 2.00 kg의 구가 매달려 있다. 줄은 2배진동으로 진동하고 있다. 이제 물이 담긴 용기를 아래에서 들어올려 구가 완전히 잠기도록 한다. 이때 줄은 그림 15.13b와 같이 5배진동으로 진동하게 된다. 구의 반지름을 구하라.

풀이

개념화 구가 물에 잠기는 경우 어떤 일이 일어나는지 추측해 보자. 부력이 구의 위 방향으로 작용해서, 줄의 장력이 감소한다. 장력의 변화는 줄에서 파동의 속력을 변화시키고, 따라서 파동의 파장이 변화된다. 이런 변화된 파장이 줄의 진동을 2배진동에서 5배진동으로 변화시킨다.

분류 매달린 구는 평형 상태에 있는 입자로 모형화할 수 있다. 이것에 작용하는 힘 중 하나는 물로부터의 부력이다. 또한 줄에 경계 조건하의 파동 모형을 적용할 수 있다.

분석 그림 15.13a에 있는 구에 평형 상태에 있는 입자 모형을 적용한다. 구는 공기 중에 매달려 있고 줄의 장력은 T_1로 간주한다.

$$\sum F = T_1 - mg = 0$$
$$T_1 = mg$$

그림 15.13b에 있는 구에 평형 상태에 있는 입자 모형을 적용한다. 구는 물속에 잠겨 있고 줄의 장력은 T_2로 간주한다.

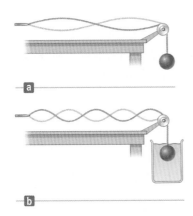

그림 15.13 (예제 15.4) (a) 구가 공기 중에 매달려 있을 때, 줄은 2배 진동으로 진동한다. (b) 구가 물에 잠기면, 줄은 5배진동으로 진동한다.

$$T_2 + B - mg = 0$$
$$(1) \qquad B = mg - T_2$$

구하려는 구의 반지름은 부력 B에 대한 식에 나타날 것이다. 계속하기 전에 정상파에 대한 정보로부터 T_2를 계산해야 한다. 줄에서의 정상파 진동수에 대한 식 14.7을 두 번 쓴다. 하나는 구가 물에 잠기기 전이고 다른 하나는 잠긴 후이다. 진동수 f는 이들 경우에 모두 같다. 그 이유는 진동 날에 의해서 결정되기 때문이다. 나아가 줄의 진동 부분의 길이 L과 선질량 밀도 μ는 양쪽 모두 같다. 이 식들을 나눈다.

$$f = \frac{n_1}{2L}\sqrt{\frac{T_1}{\mu}} \qquad \longrightarrow \qquad 1 = \frac{n_1}{n_2}\sqrt{\frac{T_1}{T_2}}$$
$$f = \frac{n_2}{2L}\sqrt{\frac{T_2}{\mu}}$$

T_2를 구한다.

$$T_2 = \left(\frac{n_1}{n_2}\right)^2 T_1 = \left(\frac{n_1}{n_2}\right)^2 mg$$

이 결과를 식 (1)에 대입한다.

$$(2) \qquad B = mg - \left(\frac{n_1}{n_2}\right)^2 mg = mg\left[1 - \left(\frac{n_1}{n_2}\right)^2\right]$$

식 15.5를 이용해서 구의 반지름으로 부력을 표현한다.

$$B = \rho_{\text{water}} g V_{\text{sphere}} = \rho_{\text{water}} g \left(\frac{4}{3}\pi r^3\right)$$

구의 반지름에 대해 풀고 식 (2)를 대입한다.

$$r = \left(\frac{3B}{4\pi\rho_{\text{water}}\, g}\right)^{1/3} = \left\{\frac{3m}{4\pi\rho_{\text{water}}}\left[1 - \left(\frac{n_1}{n_2}\right)^2\right]\right\}^{1/3}$$

주어진 값들을 대입한다.

$$r = \left\{\left(\frac{3(2.00\,\text{kg})}{4\pi(1000\,\text{kg/m}^3)}\right)\left[1 - \left(\frac{2}{5}\right)^2\right]\right\}^{1/3}$$

$$= 0.0737\,\text{m} = \boxed{7.37\,\text{cm}}$$

결론 단지 특정한 구의 반지름들만이 배진동으로 줄을 진동할 수 있게 함에 주의하자. 줄 위의 파동 속력은 줄의 길이가 반파장의 정수배가 되는 값으로 변화되어야 한다. 이런 제한은 11장과 14장에서 소개했던 **양자화**의 특성이다. 줄을 배진동으로 진동하게 하는 구의 반지름은 **양자화**되어 있다.

◤ **15.5** | 유체 동역학 Fluid Dynamics

지금까지 유체에 관해 공부한 것은 정지해 있는 유체에 관한 것으로 이것을 **유체 정역학**(fluid statics)이라 한다. 이제는 운동하는 유체에 관한 **유체 동역학**(fluid dynamics)에 관해 공부해 보자. 유체 입자 하나하나의 운동을 모두 시간의 함수로 나타내는 것은 많은 수식을 사용하게 되므로 여기서는 유체 전체의 성질을 묘사해 보기로 하자.

흐름의 특성 Flow Characteristics

유체가 운동하는 형태는 두 가지가 있는데 그중 하나는 흐름이라고 하는 것이다. 유체의 각 입자가 매끄러운 경로를 따르면서 서로 다른 입자의 경로가 그림 15.14에서처럼 교차되지 않는 흐름을 **정상류**(steady flow) 또는 **층흐름**(laminar flow)이라고 한다. 따라서 정상류에서 유체의 임의 점에서의 속도는 시간에 따라 일정하다.

그런데 어떤 임계 속도 이상에서는 유체의 흐름이 **난류**(turbulent flow)가 되기도 한다. 난류는 그림 15.15에서처럼 아주 작은 소용돌이 영역으로 특징지어지는 불규칙한 흐름이다. 예를 들어 강물이 흐르다가 바위나 다른 장애물을 만날 때 강물의 흐름이 흰 거품을 내면서 엉기는 경우가 있다.

점성(viscosity)이라는 말은 유체 내의 내부 마찰의 정도를 나타내기 위해 흔히 사용하는 말이다. 내부 마찰 또는 점성력은 이웃하는 유체의 두 층이 서로 상대 운동할 때의 저항과 관련이 있다. 점성은 비보존력을 나타내므로 유체의 이웃하는 두 층이 서로 미끄러질 때 운동 에너지의 일부가 내부 에너지로 전환된다. 이것은 거친 수평면 위에서 어떤 물체가 미끄러질 때 운동 에너지가 내부 에너지로 변환을 하게 되는 원리와 유사한 것이다.

실제 유체의 운동은 매우 복잡하며 아직도 완전히 이해되어 있지 않기 때문에 여기서는 단순화된 모형만을 다루기로 하자. 움직이는 실제 유체의 많은 특징은 이상 유체의 운동만을 고려해도 이해할 수 있다. 단순화한 모형에서는 다음과 같은 네 가지 가정을 하기로 하자.

1. **비점성 유체** 비점성 유체에서 유체 내부의 마찰은 무시된다. 유체 속을 운동하

그림 15.14 풍동 실험실 안에 있는 자동차에 나타나는 정상류의 모습. 공기 흐름 속의 유선 모양은 연기 입자를 사용해서 눈에 보이게 할 수 있다.

그림 15.15 담배 연기의 뜨거운 기체는 연기 입자들 때문에 눈에 보인다. 연기는 처음에는 아랫부분에서 층흐름을 이루지만 나중에 윗부분에서는 난류 상태가 된다.

는 물체는 점성력을 받지 않는다.

2. **비압축성 유체** 유체의 밀도가 유체에 작용하는 압력에 관계없이 일정하다.

3. **정상 흐름** 정상 흐름에서는 유체의 각 점에서의 속도는 시간이 지나도 항상 일정하다.

4. **비회전성 흐름** 유체가 임의의 점에 대해 각운동량을 갖지 않으면 그 유체의 흐름은 비회전성이다. 조그만 팔랑개비를 유체 내의 어느 곳에 놓아도 그 팔랑개비가 질량 중심축에 대해 회전하지 않으면 그 흐름은 비회전성이다. (만일 팔랑개비가 돌고 있다면, 난류가 존재하는 경우와 같으며 그 흐름은 회전하는 흐름이 될 것이다.)

앞의 두 가정은 이상 유체의 성질이며, 나중 두 가정은 유체가 흐르는 방법에 관한 표현이다.

15.6 | 유선과 연속 방정식 Streamlines and the Continuity Equation for Fluids

정원에 물을 뿌리려고 하는데 호스가 너무 짧을 때, 물을 멀리 나가게 하는 데는 두 가지 방법이 있다. 하나는 호스 끝에 가는 구멍이 나 있는 분사기를 다는 것이고, 분사기가 없다면 호스 끝을 손가락으로 눌러가며 호스 구멍의 크기를 조절해서 물을 멀리 보내는 것이다. 어떻게 이런 방법으로 물을 더 빠른 속력으로 더 멀리 보낼 수 있는가? 이에 대한 답을 이 절에서 알아보도록 하자.

정상류에서 유체 입자가 흘러가는 경로를 **유선**(streamline)이라고 한다. 입자의 속도는 그림 15.16과 같이 항상 유선에 접선 방향이고, 유선은 **흐름관**을 따라 만들어진다. 유체 입자들은 이 관의 안쪽이나 바깥쪽으로 흐를 수 없다. 왜냐하면 그렇게 할 경우 유선은 서로 교차되기 때문이다.

그림 15.17과 같이 크기가 일정하지 않은 관으로 흘러가는 이상 유체를 생각해 보자. 관 내의 유체 일부분에 집중하도록 하자. 그림 15.17a는 지점 1과 2 사이의 회색 부분과 지점 1 왼쪽의 짧은 파란색 부분으로 구성된 유체를 보여 주고 있다. 이 시간에 짧은 파란색 부분의 유체는 v_1의 속력으로 넓이 A_1인 단면을 흘러간다. Δt의 시간 동안 길이 Δx_1인 파란색 부분의 작은 유체는 지점 1을 지나간다. 같은 시간 동안에 관의 반대편에서 유체가 지점 2를 지나간다. 그림 15.17b는 Δt 시간 후의 상황을 보여 주고 있다. 오른쪽 끝의 파란색 부분은 v_2의 속력으로 A_2의 넓이를 통해 지점 2를 지나온 유체를 나타낸다.

그림 15.17a에서 파란색 부분 안에 있는 유체의 질량은 $m_1 = \rho A_1 \Delta x_1 = \rho A_1 v_1 \Delta t$이다. 여기서 ρ는 이상 유체의 (변하지 않는) 밀도이다. 같은 방법으로 그림 15.17b에서 파란색 부분 안에 있는 유체의 질량은 $m_2 = \rho A_2 \Delta x_2 = \rho A_2 v_2 \Delta t$이다. 그러나 유체가 비압축성이고 흐름이 정상류이기 때문에, Δt 시간 동안 지점 1을 통과한 유체의 질량과 같은 시간 동안 지점 2를 통과한 유체의 질량은 같아야만 한다. 즉

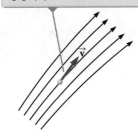

입자의 속도는 진행하는 경로의 모든 지점에서 유선의 접선 방향이다.

그림 15.16 층흐름 속의 입자는 유선을 따라 이동한다.

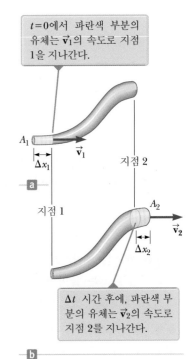

$t=0$에서 파란색 부분의 유체는 $\vec{v}_1$의 속도로 지점 1을 지나간다.

Δt 시간 후에, 파란색 부분의 유체는 $\vec{v}_2$의 속도로 지점 2를 지나간다.

그림 15.17 단면의 넓이가 일정하지 않은 관에서 유체의 층흐름. (a) $t=0$에서, 왼쪽에 있는 작은 파란색 부분의 유체는 넓이 A_1을 통과해서 지나간다. (b) Δt 시간 후에, 파란색 부분은 넓이 A_2를 통과해서 지나온 유체이다.

$$m_1 = m_2, \text{ 또는 } \rho A_1 v_1 \Delta t = \rho A_2 v_2 \Delta t \text{ 이며, 이는 다음을 의미한다.}$$

$$A_1 v_1 = A_2 v_2 = \text{일정} \qquad \textbf{15.7}$$

이 식을 **유체의 연속 방정식**(continuity equation for fluids)이라고 한다. 이는 비압축성 유체의 경우, 관의 모든 지점에서 유체의 속력과 단면의 넓이의 곱은 일정하다는 것을 의미한다. 식 15.7에 따르면, 관이 좁은 곳(단면의 넓이 A가 작은 곳)에서 유체의 속력은 빠르고, 넓은 곳(단면의 넓이 A가 큰 곳)에서 느림을 알 수 있다. 부피/시간의 차원을 갖는 곱 Av를 **부피 선속**(volume flux, 부피 다발) 또는 **흐름률**이라 한다. Av가 일정하다는 조건은 유체가 중간에서 새나가지 않는다고 가정할 때, 동일한 시간 동안 관 한쪽을 통해 흘러 들어오는 유체의 양과 흘러 나가는 유체의 양이 같다는 것이다.

그림 15.18 손가락으로 호스의 입구를 좁히면 뿜어져 나오는 물의 속력은 점점 증가한다.

그림 15.18과 같이 정원에 물을 뿌릴 때 손가락으로 호스의 입구를 막아 실제로 연속 방정식을 확인해 볼 수 있다. 손가락으로 호스의 입구를 일부 막으면, 물이 나오는 단면의 넓이가 작아진다. 그러면 결과적으로 물이 나오는 속력이 증가해서 더 멀리 물을 뿌릴 수가 있다.

▶ **퀴즈 15.5** 음료수 빨대 두 개를 서로 이어서 새지 않도록 테이프로 잘 붙여 보자. 두 빨대의 지름이 서로 달라서 각각 3 mm와 5 mm이다. 이런 빨대로 음료수를 마실 때 빨대의 어느 부분의 유속이 빠른가? (**a**) 어느 쪽이든 입에 댄 쪽이 빠르다. (**b**) 지름이 3 mm인 쪽이 빠르다. (**c**) 지름이 5 mm인 쪽이 빠르다. (**d**) 아무 곳이나 상관없이 속력은 같다.

▶ **예제 15.5 | 정원에 물주기**

정원사가 지름이 2.50 cm인 호스를 이용해서 30.0 L의 양동이에 물을 채운다. 정원사가 양동이를 다 채우는 데 1.00분이 걸렸다. 이제 단면의 넓이가 0.500 cm²인 노즐을 호스에 연결해서, 지상 1.00 m 높이에서 수평으로 물을 뿌린다면, 물은 수평으로 얼마나 멀리 날아가는가?

풀이

개념화 호스나 파이프로 물을 뿌리던 경험을 떠올려 보자. 호스에서 나오는 물이 빠르면 빠를수록 물은 더 멀리 날아가 땅에 떨어지게 된다.

분류 물이 호스를 빠져나간 후에는 자유 낙하 상태에 있게 된다. 따라서 물의 한 부분을 포물체로 볼 수 있다. 그 부분은 연직 방향으로는 (중력에 의한) 등가속도로 운동하고, 수평 방향으로는 등속 운동을 하는 입자로 모형화할 수 있다. 그 부분이 수평 방향으로 날아가는 거리는 발사되는 속력에 따라 결정된다. 예제는 호스의 단면의 넓이가 변하는 것을 포함하므로, 유체의 연속 방정식을 이용하는 문제로 분류할 수 있다.

분석 먼저 양동이에 물을 채우는 것에 관한 정보로부터 물의 속력을 알아내자.

호스의 단면의 넓이를 구한다.

$$A = \pi r^2 = \pi \frac{d^2}{4} = \pi \left[\frac{(2.50 \text{ cm})^2}{4} \right] = 4.91 \text{ cm}^2$$

부피 흐름률을 계산한다.

$$Av_1 = 30.0 \text{ L/min} = \frac{30.0 \times 10^3 \text{ cm}^3}{60.0 \text{ s}} = 500 \text{ cm}^3/\text{s}$$

호스에서 물의 속력에 대해 푼다.

$$v_1 = \frac{500 \text{ cm}^3/\text{s}}{A} = \frac{500 \text{ cm}^3/\text{s}}{4.91 \text{ cm}^2} = 102 \text{ cm/s} = 1.02 \text{ m/s}$$

이 속력을 v_1이라고 나타냈는데, 이는 호스 내부를 위치 1로 생각하기 때문이다. 노즐의 바로 바깥쪽 공기를 위치 2로 생각한다. 물이 노즐을 빠져나가는 속력 $v_2 = v_{xi}$를 찾아야 한다. 아래 첨자 i는 물의 처음 속도라는 것을 의미하고, 아래 첨자 x는 처음 속도 벡터가 수평 방향이라는 것을 의미한다. 유체의 연속 방정식을 풀어 v_2를 나타낸다.

$$v_2 = v_{xi} = \frac{A_1}{A_2} v_1$$

주어진 값들을 대입한다.

$$v_{xi} = \frac{4.91 \text{ cm}^2}{0.500 \text{ cm}^2}(1.02 \text{ m/s}) = 10.0 \text{ m/s}$$

이제 유체에 대해서는 생각하지 말고, 포물체 운동에 대해 생각해 보자. 연직 방향으로는 물이 정지 상태에서 출발해서 1.00 m의 연직 거리를 낙하한다.

식 2.13을 이용하고 물을 등가속도 운동을 하는 입자로 취급해서 연직 방향의 위치를 나타낸다.

$$y_f = y_i + v_{yi}t - \frac{1}{2}gt^2$$

주어진 값들을 대입한다.

$$-1.00 \text{ m} = 0 + 0 - \frac{1}{2}(9.80 \text{ m/s}^2)t^2$$

물이 땅에 떨어지는 데 걸리는 시간을 계산한다.

$$t = \sqrt{\frac{2(1.00 \text{ m})}{9.80 \text{ m/s}^2}} = 0.452 \text{ s}$$

식 2.5를 사용하고 물을 등속 운동을 하는 입자로 생각해서 이 시간에서의 수평 방향 위치를 구한다.

$$x_f = x_i + v_{xi}t = 0 + (10.0 \text{ m/s})(0.452 \text{ s}) = \boxed{4.52 \text{ m}}$$

결론 물이 땅에 떨어지는 데 걸리는 시간은 물의 속력이 변하더라도 변하지 않는다. 물을 뿜어내는 속력을 증가시키면 물은 더 멀리 날아가 떨어지게 되지만, 땅에 떨어지는 데 걸리는 시간은 변함이 없다.

15.7 | 베르누이 방정식 Bernoulli's Equation

여러분은 고속도로에서 승용차를 타고 갈 때, 큰 트럭이 빠른 속력으로 옆을 지나가는 경우, 승용차가 트럭 쪽으로 빨려드는 듯한 무서운 느낌을 받은 적이 있을 것이다. 이 절에서는 이런 효과의 원인에 대해 살펴보고자 한다.

유체가 어떤 영역을 통과하는 동안 속력이 변하거나 지표로부터의 고도가 변하게 되면, 유체의 압력 또한 이런 변화에 따라서 같이 변하게 된다. 유체의 속력과 압력 그리고 고도 사이의 관계는 1738년 스위스 물리학자 베르누이(Daniel Bernoulli)에 의해 처음으로 유도됐다. 그림 15.19에 보인 바와 같이 균일하지 않은 관을 통해 시간 Δt 동안 이동하는 이상 유체의 한 부분을 생각해 보자. 이 그림은 연속 방정식을 유도하는 데 사용한 그림 15.17과 매우 유사하다. 두 부분을 추가했는데, 바깥쪽 끝의 파란색 유체 부분에 작용하는 힘과 기준 위치 $y = 0$에 대한 이들 부분의 높이이다.

유체가 그림 15.19a에 있는 파란색 부분의 왼쪽에 작용하는 힘의 크기는 $P_1 A_1$이다. 이 힘이 Δt 시간 동안 이 부분에 한 일은 $W_1 = F_1 \Delta x_1 = P_1 A_1 \Delta x_1 = P_1 V$이며, 여기서 V는 그림 15.19a에서 지점 1을 지나는 파란색 유체 부분의 부피이다. 동일한 방법으로 같은 시간 간격 Δt 동안 유체가 오른쪽 부분에 한 일은 $W_2 = -P_2 A_2 \Delta x_2 = -P_2 V$이다. 여기서 V는 그림 15.19b에서 지점 2를 지나는 파란색 부분의 유체 부피이다 (유체가 비압축성이므로 그림 15.19a와 15.19b에서 파란색 유체 부분의 부피는 같다). 이 일이 음의 값인 것은 유체 부분에 작용하는 힘은 왼쪽 방향이고, 힘의 작용

베르누이
Daniel Bernoulli, 1700~1782
스위스의 물리학자

베르누이는 유체 역학에 관한 많은 발견을 했다. 베르누이의 가장 유명한 저서로 1738년에 발표된 《유체 역학Hydrodynamica》이 있다. 여기에 평형, 압력 및 유체의 속력에 대한 실험 및 이론 연구를 실었다. 그는 유체의 속력이 증가함에 따라 압력이 감소함을 증명했다. 이는 베르누이의 원리라고 불리는데, 화학 실험실에서 물이 빨리 흐르는 관에 용기를 연결해서 진공을 만드는 데 이용됐다.

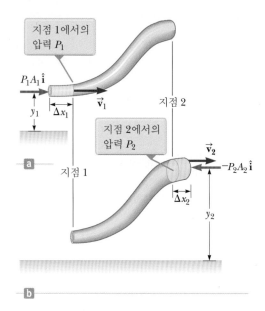

지점 1에서의 압력 P_1

$P_1A_1\hat{\mathbf{i}}$

$\vec{\mathbf{v}}_1$

지점 2

y_1

Δx_1

지점 2에서의 압력 P_2

$\vec{\mathbf{v}}_2$

$-P_2A_2\hat{\mathbf{i}}$

지점 1

Δx_2

y_2

a

b

그림 15.19 유체가 유선을 따라 좁은 관에서 흐른다. (a) $t = 0$에서 유체의 부분. 파란색 유체의 작은 부분은 기준 위치로부터 높이 y_1에 있다. (b) Δt 시간 후에 전체 부분은 오른쪽으로 이동했다. 유체의 파란색 부분은 높이 y_2에 있다.

점의 변위는 오른쪽 방향이기 때문이다. 따라서 Δt 시간 동안 이들 힘이 유체에 한 알짜일은 다음과 같다.

$$W = (P_1 - P_2)V$$

이 일의 일부는 유체의 운동 에너지를 변화시키고, 남은 일부는 유체-지구 계의 중력 위치 에너지를 변화시킨다. 정상류를 가정했으므로, 회색 부분의 운동 에너지 K_{gray}는 그림 15.19의 양쪽 부분에서 같다. 따라서 유체의 운동 에너지 변화는 다음과 같다.

$$\Delta K = \left(\frac{1}{2}\,mv_2^2 + K_{\text{gray}}\right) - \left(\frac{1}{2}\,mv_1^2 + K_{\text{gray}}\right) = \frac{1}{2}\,mv_2^2 - \frac{1}{2}\,mv_1^2$$

여기서 m은 그림 15.19의 양쪽 부분에서 파란색 유체 부분의 질량이다 (두 영역의 부피가 같으므로 질량도 같다).

유체-지구 계의 중력 위치 에너지를 생각하면, 회색 영역의 중력 위치 에너지 U_{gray}는 이 시간 동안 마찬가지로 변하지 않는다. 따라서 중력 위치 에너지의 변화는 다음과 같다.

$$\Delta U = (mgy_2 + U_{\text{gray}}) - (mgy_1 + U_{\text{gray}}) = mgy_2 - mgy_1$$

식 7.2로부터 그림에 보인 유체 바깥의 유체가 계에 한 전체 일은 계의 역학적 에너지의 변화와 같으므로, $W = \Delta K + \Delta U$이다. 앞에서 구한 식들을 대입하면 다음을 얻는다.

$$(P_1 - P_2)V = \frac{1}{2}\,mv_2^2 - \frac{1}{2}\,mv_1^2 + mgy_2 - mgy_1 \qquad \textbf{15.8}$$

각 항을 V로 나누고 $\rho = m/V$을 이용하면, 이 식은 다음과 같이 된다.

$$P_1 - P_2 = \frac{1}{2}\,\rho v_2^2 - \frac{1}{2}\,\rho v_1^2 + \rho gy_2 - \rho gy_1$$

다시 정리하면 다음을 얻는다.

$$P_1 + \frac{1}{2}\,\rho v_1^2 + \rho gy_1 = P_2 + \frac{1}{2}\,\rho v_2^2 + \rho gy_2 \qquad \textbf{15.9}$$

이 식이 이상 유체에 적용되는 **베르누이 방정식**(Bernoulli's equation)이다. 이 식을 때때로 다음과 같이 나타내기도 한다.

$$P + \frac{1}{2}\,\rho v^2 + \rho gy = \text{일정} \qquad \textbf{15.10}$$

베르누이 방정식의 의미는 압력 P, 단위 질량당 운동 에너지 $\frac{1}{2}\rho v^2$ 및 단위 질량당 위치 에너지 ρgy의 합은 유선 내의 모든 점에서 같은 값을 가진다는 것이다.

유체가 정지해 있을 때는, $v_1 = v_2 = 0$이며 식 15.9는 다음과 같이 된다.

$$P_1 - P_2 = \rho g(y_2 - y_1) = \rho gh$$

이는 식 15.4와 같은 결과이다.

식 15.10은 비압축성 유체에 대해서 성립하지만, 속력과 압력 사이의 관계는 기체에 대해서도 성립한다. 즉 속력이 커질수록 압력이 감소한다. 이런 **베르누이 효과**로 앞에서 언급했던 고속도로에서의 트럭과 관련된 현상을 설명할 수 있다. 공기가 트럭과 여러분의 차 사이를 통과할 때에는 상대적으로 좁은 영역을 지나가야 하는데, 연속 방정식에 따르면 공기의 속력이 커지게 된다. 한편 여러분 차의 반대쪽에서는 공기의 속력이 상대적으로 느린데, 베르누이 효과에 따르면 빠른 속력의 공기는 여러분 차에 느린 속력의 공기보다 작은 크기의 압력을 가하게 된다. 따라서 여러분의 차를 트럭 쪽으로 밀어주는 알짜힘이 존재하게 된다.

> **퀴즈 15.6** 두 개의 헬륨 풍선이 탁자에 고정된 실에 연결되어 나란히 떠 있다. 두 풍선은 1~2 cm 정도의 간격을 두고 떨어져 있다. 그 사이로 바람을 불어넣는 경우 풍선은 어떻게 되는가? (**a**) 서로 가까이 끌린다. (**b**) 서로에게서 멀어진다. (**c**) 아무런 변화가 없다.

예제 15.6 | 유람선의 침몰

스킨 스쿠버가 작살 총을 가지고 사냥을 하고 있다. 사고로 총을 쏴서 작살이 유람선의 옆면에 구멍을 냈다. 구멍은 수면으로부터 아래로 10.0 m에 생겼다. 구멍을 통해 유람선 안으로 들어가는 물의 속력은 얼마인가?

풀이

개념화 구멍을 통해 안으로 들어오는 물의 흐름을 생각한다. 구멍이 수면 아래 더 깊은 곳에 있을수록 압력은 더 커지므로 들어오는 물의 속력은 더 커진다.

분류 베르누이 방정식으로부터 직접적으로 결과를 계산할 것이므로, 이것은 단순 대입 문제이다.

배 밖의 수면을 점 2로 하고 그 점을 $y = 0$으로 놓는다. 이 점에서 물은 정지해 있으므로 속력은 $v_2 = 0$이다. 물의 속력을 계산하기 원하는 점인 배의 내부에 있는 구멍의 안쪽을 점

1로 표시한다. 이 점은 수면 아래 깊이 $y = -h = -10.0$ m에 있다. 이들 두 점에서 베르누이 방정식을 사용한다. 두 점에서 물의 압력은 대기압이므로 $P_1 = P_2 = P_0$가 된다.

이런 논의에 근거해서 들어오는 물의 속력 v_1을 구하기 위해 베르누이 방정식을 풀어서 값을 구한다.

$$P_0 + \frac{1}{2}\rho(0)^2 + \rho h(0) = P_0 + \frac{1}{2}\rho v_1^2 + \rho g(-h) \rightarrow$$

$$v_1 = \sqrt{2gh} = \sqrt{2(9.80 \text{ m/s}^2)(10.0 \text{ m})} = \boxed{14 \text{ m/s}}$$

예제 15.7 | 토리첼리의 법칙

밀도 ρ인 액체가 담긴 통의 한 면에 바닥으로부터 y_1인 곳에 작은 구멍이 나 있다. 그림 15.20과 같이 구멍의 지름은 통의 지름에 비해 매우 작다. 액체 위의 공기의 압력은 P로 일정하게 유지된다. 구멍으로부터 h의 높이에 액체면이 있을 때, 이 구멍을 통해 흘러나오는 액체의 속력을 구하라.

풀이

개념화 통이 소화기라고 상상해 보자. 구멍이 열릴 때, 액체는 특정 속력으로 흘러나온다. 액체 윗부분의 압력 P가 증가하면, 액체는 더 빠른 속력으로 흘러나온다. 압력 P가 지나치

게 낮아진다면, 액체는 낮은 속력으로 흘러나올 것이고 소화기를 교체해야 할 것이다.

분류 그림 15.20을 보면 두 곳의 압력을 알고 한 곳의 속력을 안다. 이로부터 다른 한 곳의 속력을 알아내고자 한다. 따

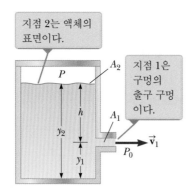

지점 2는 액체의 표면이다.

지점 1은 구멍의 출구 구멍이다.

그림 15.20 (예제 15.7) 통에 있는 구멍에서 유체가 속력 v_1로 나오고 있다.

라서 예제는 베르누이의 방정식을 적용할 수 있는 문제로 분류할 수 있다.

분석 $A_2 \gg A_1$이므로 액체는 윗부분에서 거의 정지해 있고, 그곳의 압력은 P이다. 구멍에서의 압력 P_1은 대기압 P_0과 같다. 베르누이 방정식을 지점 1과 2에 적용한다.

$$P_0 + \frac{1}{2}\rho v_1^2 + \rho g y_1 = P + \rho g y_2$$

$y_2 - y_1 = h$이므로 v_1에 대해 풀면 다음과 같다.

$$v_1 = \sqrt{\frac{2(P - P_0)}{\rho} + 2gh}$$

결론 압력 P가 P_0보다 매우 크다면 (따라서 $2gh$는 무시할 수 있음), 유출 속력은 P에만 의존한다. 통의 뚜껑이 없이 대기와 접하고 있다면 $P = P_0$이고 예제 15.6에서와 같이 $v_1 = \sqrt{2gh}$이다. 바꿔 말하면 뚜껑이 없는 통에 담겨 있는 액체가 액체 표면으로부터 h만큼의 아래쪽에 위치한 구멍을 통해 나오는 경우 유출 속력은 높이 h에서 자유 낙하하는 물체의 속력과 같다. 이것을 **토리첼리의 법칙**(Torricelli's law)이라 한다.

문제 구멍의 높이를 조절할 수 있다면 어떨까? 통은 위쪽이 열려 있는 상태로 탁자 위에 놓여 있다고 하자. 구멍의 높이를 얼마로 하면 흘러나오는 물이 통으로부터 가장 멀리까지 날아가 탁자 위에 떨어지게 되는가?

답 이 구멍에서 나오는 물줄기를 포물체로 모형화한다. 물줄기가 임의의 위치 y_1에 있는 구멍으로부터 탁자에 떨어지는 데 걸리는 시간을 구한다.

$$y_f = y_i + v_{yi}t - \frac{1}{2}gt^2 \quad \rightarrow \quad 0 = y_1 + 0 - \frac{1}{2}gt^2$$

$$t = \sqrt{\frac{2y_1}{g}}$$

물줄기가 이 시간 동안 수평 방향으로 날아간 거리를 구한다.

$$x_f = x_i + v_{xi}t = 0 + \sqrt{2g(y_2 - y_1)}\sqrt{\frac{2y_1}{g}}$$

$$= 2\sqrt{(y_2 y_1 - y_1^2)}$$

수평 거리의 최댓값을 구하기 위해 x_f를 y_1로 미분한 값이 영이 되는 곳을 찾는다.

$$\frac{dx_f}{dy_1} = \frac{1}{2}(2)(y_2 y_1 - y_1^2)^{-1/2}(y_2 - 2y_1) = 0$$

y_1에 대해 푼다.

$$y_1 = \frac{1}{2}y_2$$

따라서 수평으로 물이 날아가는 거리를 최대로 하려면 구멍을 통의 바닥과 수면의 중간 위치에 놓아야 한다. 이보다 아래쪽에서는, 물이 나오는 속력은 더 빠르지만 바닥에 더 짧은 시간 내에 떨어지기 때문에 날아가는 거리가 줄어든다. 반대로 중간보다 더 위쪽에 구멍이 있으면, 물이 날아가는 시간은 더 길지만 흘러나오는 속력이 줄어들게 된다.

▌15.8 │ 연결 주제: 혈액의 난류 흐름
Context Connection: Turbulent Flow of Blood

유체는 인체 내에서 영양분 및 다른 물질을 수송하는 데 중요한 역할을 한다. 순환 기관은 영양분을 세포로 수송하고 노폐물을 제거한다. 호흡 기관은 세포가 영양분을 소비하는 데 필요한 산소를 공급하고 이 과정에서 생성된 이산화탄소를 제거한다. 그리고 소화 기관은 음식을 섭취하고 몸으로부터 노폐물을 제거한다. 이들 각 기관은 독특한 특성을 가진 복잡한 유체 역학적 기관임을 보여 준다.

심장 박동에 따라서 우리 몸속의 혈액은 혈액 순환계를 구성하는 동맥, 정맥 그리고 방대한 모세혈관 망을 따라 흐른다. 동맥의 곧고 건강한 부분을 흐르는 혈액은 그 흐름을 15.5절에서 설명한 것처럼 **층흐름**으로 모형화할 수 있어서 분석하기 쉽다. 그러나 이런 간단한 모형은 적어도 두 가지 이유 때문에 부정확할 수 있다. 첫 번째, 혈액의 흐름은 심장 박동이 동맥에서 시간에 따라 변하는 압력차를 일으키기 때문에 정상 흐름이 아니다. 두 번째, 흐르는 혈액과 동맥의 혈관 벽 그리고 작은 혈관과의 상호 작용으로 난류가 생성되기 때문이다.

혈액은 1 L에 지름이 6~8 μm인 적혈구 세포를 4×10^{12}~6×10^{12}개 정도를 가지고 있다. 이 세포들은 충분히 커서 원반 모양 세포의 양쪽은 주변의 유체로부터 다른 힘을 받는다. 세포에 작용하는 알짜 토크는 세포를 회전시켜 유체에 난류를 만들고, 혈액의 속도가 증가하면서 혈관의 벽과 중심 사이에 속도의 차이가 더 커진다. 더 커진 속도 차는 혈액을 뒤섞고 적혈구 세포를 더 빠르게 회전시켜 더 큰 난류를 만든다.

흐르는 혈액은 혈관의 벽 표면을 이루는 세포들과 화학적으로 상호 작용한다. 심장과 혈관의 내부 표면은 세포와 혈관 벽 사이의 마찰을 줄이기 위해 한 층 두께의 **내피세포**로 덮여 있다. 이 세포들은 혈액으로부터 미네랄을 흡수하고 백혈구 세포가 혈관으로 출입하는 통로가 되기도 하며 혈전의 형성에 중요한 역할을 한다. 층흐름에서 럭비공 모양의 내피 세포는 혈액 흐름 방향을 따라 정렬되어 있다. 혈관은 주변의 온도 변화 같은 환경 요인 때문에 지속적으로 팽창과 수축을 한다. 선천적 혈관 결함, 혈관 수축을 조절하는 신경의 장애 그리고 약물 등이 혈관을 수축시키는 원인이 된다. 유체의 연속 방정식(식 15.7)에 따라 이 수축은 혈액의 흐름 속도를 증가시킨다. 혈액의 흐름이 빨라지고 더 많은 난류가 발생될 때 내피 세포는 모양이 둥글어지고 정상보다 더 빠르게 분열된다. 내피 세포의 분열은 혈관의 코팅에 틈을 발생시키고 혈소판과 콜레스테롤을 운반하는 지질 단백질이 혈관 벽에 달라붙게 되어 플라크가 혈관 벽에 형성되기 시작한다. 혈관의 매끄러운 벽은 거칠어지고, 거친 부분으로 인해 혈액의 흐름은 더욱더 방해받아 결국 더 많은 플라크가 생기게 된다. 플라크가 혈관에 쌓이면서 흐름 통로는 더 줄어들어 흐름 속도는 빨라지고 더 많은 수의 내피 세포가 영향을 받는다(그림 15.21).

동맥 경화증이라 부르는 점진적인 플라크의 축적은 플라크가 불안정해지고 파열되면 치명적이 될 수 있다. 이 경우에 혈액은 플라크 기둥 조직 끝에 있는 콜라겐에 노출된다. 이 노출은 혈액이 파열 지점에서 응고하는 원인이 되어 **혈전**을 형성한다. 혈전은 계속 커져 결국 혈관을 완전히 막게 된다.

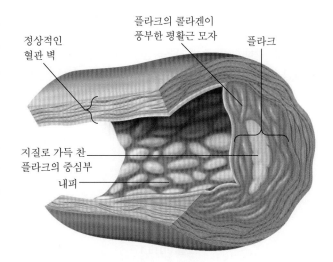

정상적인 혈관 벽

플라크의 콜라겐이 풍부한 평활근 모자

플라크

지질로 가득 찬 플라크의 중심부

내피

그림 15.21 관상 동맥의 단면도에서 왼쪽은 정상이다. 오른쪽은 동맥 경화증이 플라크의 성장을 가져와서 혈관의 내부가 불룩해지고 이것이 혈액의 흐름에 영향을 주고 있다. (Sherwood, *Fundarmentals of Human Physiology*, 4th ed., 2012, Brooks/Cole, top half of Fig. 9-24, p.253, © 2012 Brooks/Cole, a part of Cengage Learning, Inc. Reproduced by permission. www.cengage.com/permissions.)

다른 한편 혈전은 플라크 지점으로부터 떨어져 나와 혈액을 따라 흐르다가 하류의 더 작은 혈관을 막기도 한다. 팔, 다리 또는 골반 등에서 혈관이 막히면 저림, 통증 그리고 **괴저** 같은 증상이 유발된다. 그러나 관상 동맥 혈관이 막히면 심할 경우 심장마비가 유발될 수 있으며, 경동맥이 막히면 뇌졸중이 올 수도 있다. 심장마비가 일어나는 동안에 심장 근육의 피해 정도는 막힘의 위치에 따라 다르다. 좌측 관상 동맥은 (〈관련 이야기 4〉의 그림 3 참조) 심장 조직에 85 % 혈액을 공급하므로 폐정맥 근처 심장 위의 높은 지점에서 혈관이 막히면 큰 손상을 일으킬 수 있다.

이 〈연결 주제〉에서 우리는 난류 흐름의 역할을 알아봤고 심혈관 플라크 형성 과정을 명확히 설명하기 위해 유체에 대한 연속 방정식을 사용했다. 다음 〈관련 이야기 4 결론〉에서 우리는 베르누이 원리를 심혈관계 질환과 심장마비의 진단과 예방에 적용하는 것을 알아볼 것이다.

연습문제 |

객관식

1. 그림 OQ15.1과 같이 물 위에 나무토막이 떠 있고 나무토막 아래에는 금속 물질이 줄에 연결되어 늘어진 채로 잠겨 있다. 이 상태가 유지되고 있을 때의 설명으로 옳은 것은 어느 것인가? (a) 금속 물질에 작용하는 부력은 금속 물질의 무게와 같다. (b) 나무토막에 작용하는 부력은 나무토막의 무게와 같다. (c) 줄에 작용하는 장력은 금속 물질의 무게와 같다. (d) 줄에 작용하는 장력은 금속 물질의 무게보다 작다. (e) 나무토막에 작용하는 부력은 나무토막이 밀어낸 물의 무게와 같다.

그림 OQ15.1

2. 그림 OQ15.2는 두 댐을 위에서 본 모습이다. 두 댐의 너비와 높이는 같으며, 단지 다른 점은 왼쪽 댐은 넓은 호수를 막은 것이고 오른쪽 댐은 좁은 강을 막은 것이다. 지금 두 댐이 같은 깊이의 물을 담고 있다고 할 때, 어떤 댐이 더 튼튼하게 만들어져 있어야 하는가? (a) 왼쪽 (b) 오른쪽 (c) 둘 다 같은 정도 (d) 예측할 수 없다.

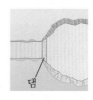

그림 OQ15.2

3. 공기로 가득 채운 비치볼을 수영장의 1 m 깊이까지 밀어 넣은 후, 가만히 놓았다. 비치볼의 크기는 변하지 않는다고 할 때 다음 중 옳은 것을 모두 고르라. (a) 비치볼이 떠오름에 따라 부력이 증가한다. (b) 비치볼을 놓을 때 부력이 중력보다 크므로 비치볼은 위쪽으로 가속된다. (c) 비치볼이 수면에 접근함에 따라 부력은 감소한다. (d) 비치볼에 작용하는 부력은 비치볼의 무게와 같으며 비치볼이 떠오르는 동안 일정하다. (e) 비치볼이 물에 잠겨 있는 동안의 부력은 비치볼의 부피만큼을 채울 물의 무게와 같다.

4. 같은 크기의 쇠공과 납공이 각각 줄에 매달려 물이 담긴 그릇에 잠겨 있다. 두 공이 모두 바닥에 닿지 않은 채로 잠겨 있다고 할 때, 다음 중 옳은 것을 모두 고르라(단, 납의 밀도는 쇠의 밀도보다 크다). (a) 두 금속 공에 작용하는 부력은 같다. (b) 납의 밀도가 높은 관계로 납공에 작용하는 부력이 쇠공의 부력보다 크다. (c) 납공이 연결된 줄에 작용하는 장력이 쇠공이 연결된 줄의 장력보다 크다. (d) 납

공이 더 많은 물을 밀어냈으므로 쇠공에 작용하는 부력이 납공에 작용하는 부력보다 크다. (e) 정답 없음

5. 이상 유체가 길이 방향에 따라 반지름이 변하는 수평 방향의 관을 따라 흐르고 있다. 관의 여러 위치에서 단위 부피당 운동 에너지와 압력의 합을 측정한다고 할 때 다음 중 옳은 것은 어느 것인가? (a) 관의 단면이 증가함에 따라 측정값은 감소한다. (b) 관의 단면이 증가함에 따라 측정값도 증가한다. (c) 관의 단면이 감소함에 따라 측정값은 증가한다. (d) 관이 단면이 감소함에 따라 측정값도 감소한다. (e) 관의 단면 증감과 상관없다.

6. 그림 OQ15.6과 같이 서로 다른 모양을 한 세 개의 그릇에 같은 높이만큼의 물이 채워져 있다. 세 그릇의 바닥 넓이는 같다고 할 때 다음 중 옳은 것을 모두 고르라. (a) 그릇 A의 표면이 가장 넓으므로 표면의 압력은 A가 가장 높다. (b) 그릇 A가 가장 많은 물을 담고 있으므로 바닥의 압력은 A가 가장 높다. (c) 각 그릇 바닥에서의 압력은 모두 같다. (d) 각 그릇 바닥에서의 압력은 같지 않다. (e) 주어진 깊이에서 그릇 A의 경사가 가장 급하므로 옆면에 작용하는 압력은 A가 가장 크다.

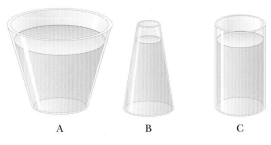

그림 OQ15.6

7. 나무토막에 작은 쇳덩이가 매달려 있다. 이 쇳덩이를 나무토막 위에 얹은 상태에서 물통에 넣었더니 나무토막의 절반이 물에 잠긴다. 이번에는 나무토막을 뒤집어 쇳덩이가 물에 잠기게 한다. 이때 (i) 나무토막이 물에 잠기는 양은 쇳덩이가 나무토막 위에 있을 때에 비해 (a) 증가한다. (b) 감소한다. (c) 변화 없다. (ii) 물통의 수위는 (a) 증가한다. (b) 감소한다. (c) 변화 없다.

8. 얇은 플라스틱 재질의 비치볼을 공기 중에서 부풀린 후 수영장 바닥까지 가지고 내려갔다. 비치볼이 늘어나는 재질은 아니라고 가정할 때, 완전히 잠겨 바닥까지 내려가는 동안 비치볼에 작용하는 부력은 어떻게 되는가? (a) 증가한다. (b) 일정하다. (c) 감소한다. (d) 결정할 수 없다.

9. 지구 온난화의 예상되는 문제 중 극지방의 얼음이 녹아 해수면이 상승하는 것이 있다. 다음 중 어떤 경우가 더 문제가 되는가? (a) 대부분의 얼음이 물 위에 떠 있는 북극 지방의 얼음이 녹는 경우 (b) 대부분의 얼음이 육지에 있는 남극 지방의 얼음이 녹는 경우 (c) 얼음이 녹을 경우 남북극이 미치는 영향은 같다. (d) 극지방의 얼음이 녹는 것과는 무관하다.

10. 일정한 유체 흐름율을 갖는 급수 장치에 호스를 연결한 후 물이 연직으로 뿜어져 올라가는 높이를 측정한다. 이 호스 끝에 물이 뿜어져 나오는 출구의 넓이를 조절할 수 있는 노즐을 연결해서 현재 연직 분사 높이의 네 배를 얻고자 한다. 어떻게 하면 되는가? (a) 노즐을 조절해서 뿜어져 나오는 출구의 넓이를 1/16로 줄인다. (b) 노즐을 조절해서 뿜어져 나오는 출구의 넓이를 1/8로 줄인다. (c) 노즐을 조절해서 뿜어져 나오는 출구의 넓이를 1/4로 줄인다. (d) 노즐을 조절해서 뿜어져 나오는 출구의 넓이를 1/2로 줄인다. (e) 노즐을 조절해서 연직 분사 높이를 증가시키는 것은 불가능하다.

▶ 주관식

15.1 압력

1. 자동차의 네 바퀴를 계기 압력이 200 kPa이 되게 공기를 주입했다. 각 바퀴가 지면과 접촉한 넓이는 0.024 0 m²이다. 자동차의 무게는 얼마인가?

2. 하이힐을 신은 질량이 50.0 kg인 여성이 부엌에 비닐이 깔린 집에 초대됐다. 구두 뒤축의 반지름이 0.500 cm이다. (a) 한쪽 발뒤꿈치로만 서서 균형을 유지하고 있을 때, 이 여성이 바닥에 작용하는 압력을 구하라. (b) 이 경우 집 주인이 신경을 쓸까? 설명하라.

3. 지구 대기의 전체 질량을 추정해 보자. (단, 지구의 반지름은 6.37×10^6 m이며 지표면에서의 대기압은 1.013×10^5 Pa이다.)

15.2 깊이에 따른 압력의 변화

4. 그림 P15.4의 압력 게이지의 용수철의 용수철 상수는 1 250 N/m이며 피스톤의 지름은 1.20 cm이다. 이 게이지를 호수에 넣었더니 0.750 cm가 압축된다면 이때 물의 깊이는 얼마인가?

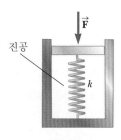

그림 P15.4

5. 다음 그림 P15.5와 같은 유압식 리프트의 작은 피스톤의 단면의 넓이는 $3.00 \ cm^2$이고 큰 피스톤의 단면의 넓이는 $200 \ cm^2$이다. 큰 피스톤에 올라 있는 $F_g = 15.0 \ kN$의 자동차를 밀어 올리기 위해 작은 피스톤에 가해야 하는 힘 F_1의 크기는 얼마인가?

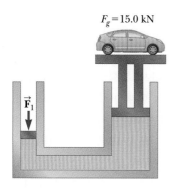

$F_g = 15.0 \ kN$

$\vec{F}_1$

그림 P15.5

6. 크기가 $30.0 \ m \times 10.0 \ m$이고 바닥이 평평한 수영장이 있다. 이 수영장에 깊이 $2.00 \ m$의 맑은 물을 채울 때, 물에 의해 (a) 바닥 (b) 양 끝 면 그리고 (c) 양 측면에 작용하는 힘은 각각 얼마인가?

7. 새로 짓는 집에 지하실을 만들기 위해 땅속에 연직 벽면의 깊이가 $2.40 \ m$인 큰 구덩이를 파고 너비가 $9.60 \ m$ 되는 콘크리트벽을 도로에 가까운 쪽에 만들었다. 콘크리트벽과 땅과의 간격은 $0.183 \ m$이다. 장마철이 되어 비가 많이 오자 도로의 하수구 물이 콘크리트벽 앞 공간에 흘러들어 왔으나 지하실 쪽으로 넘쳐 들어오지는 않았다. 콘크리트벽 앞 공간에 채워진 물에는 진흙이 섞이지 않았다고 가정하고 물이 벽에 작용하는 힘을 구하라. 그 안에 채워진 물의 전체 무게는 $2.40 \ m \times 9.60 \ m \times 0.183 \ m \times 1\,000 \ kg/m^3 \times 9.80 \ m/s^2 = 41.3 \ kN$이다. 답을 이 값과 비교하라.

8. 몸무게가 $80.0 \ kg$인 학생이 흡반을 이용해서 천장에 매달리려면 흡반(완전히 배기된)과 천장의 접촉 넓이는 얼마여야 하는가?

9. 그림 P15.9에서 슈퍼맨은 길이 $\ell = 12.0 \ m$의 빨대를 이용해서 그릇에 담겨 있는 차가운 물을 마시려 하고 있다. 빨대는 충분히 강해서 찌그러지지 않는다고 할 때, 슈퍼맨이 최대의 강도로 빨아 올리면 물을 마실 수 있는가? 그 이유를 설명하라.

ℓ

그림 P15.9

10. 그림 P15.10에서 피스톤 ①의 지름은 $0.250 \ in$이고 피스톤 ②의 지름은 $1.50 \ in$이다. 마찰이 없다고 가정하고 $500 \ lb$의 무게를 들어올리는 데 필요한 힘 F의 크기를 구하라.

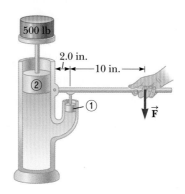

500 lb

2.0 in.

10 in.

② ① $\vec{F}$

그림 P15.10

15.3 압력의 측정

11. 그림 P15.11a와 같은 U자관에 수은을 부어 넣었다. U자관의 왼쪽 관의 단면의 넓이 $A_1 = 10.0 \ cm^2$, 오른쪽 관의 단면의 넓이 $A_2 = 5.00 \ cm^2$이다. 이때 오른쪽 관에 $100 \ g$의 물을 부어 넣었더니 그림 P15.11b와 같이 왼쪽 수은의 높이가 약간 올라갔다. (a) 오른쪽에 부어 넣은 물기둥의 높이는 얼마인가? (b) 수은의 밀도를 $13.6 \ g/cm^3$라고 할 때, 왼쪽 관에서 올라간 수은의 높이 h는 얼마인가?

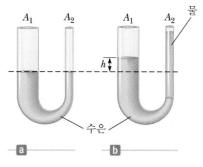

A_1 A_2 A_1 A_2 물

h

수은

ⓐ ⓑ

그림 P15.11

12. 파스칼은 붉은 보르도 포도주를 이용해서 토리첼리 압력계를 만들었다(그림 P15.12). 포도주의 밀도는 $984 \ kg/m^3$이다. (a) 표준 대기압에서 포도주 기둥의 높이 h는 얼마나 되는가? (b) 관의 맨 위에 수은의 경우와 같이 좋은 진공이 형성되는가?

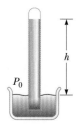

h

P_0

그림 P15.12

13. 뒤뜰에 지름 $6.00 \ m$이고 $1.50 \ m$의 깊이로 물이 채워진 간이 수영장이 있다. (a) 수영장 바닥의 절대 압력은 얼마인가? (b) 두 사람이 수영장에 들어가서 움직이지 않고 둥둥

떠 있다. 두 사람의 질량의 합이 150 kg이라고 할 때, 수영장 바닥의 압력은 얼마나 증가하는가?

14. 평상시의 대기압은 1.013×10^5 Pa이다. 폭풍이 다가옴에 따라 수은 기압계의 높이가 정상적인 위치에서 20.0 mm만큼 낮아진다. 이때의 대기압을 구하라.

15.4 부력과 아르키메데스의 원리

15. 탁구공의 지름은 3.80 cm이고 평균 밀도는 0.084 0 g/cm³이다. 탁구공을 물속에 완전히 잠기게 하려면 얼마의 힘이 필요한가?

16. 어떤 물체에 작용하는 중력을 측정했더니 5.00 N이었다. 이 물체를 용수철 저울에 매단 후 그림 P15.16과 같이 물속에 담갔더니 용수철 저울의 눈금이 3.50 N을 가리켰다. 이 물체의 밀도를 구하라.

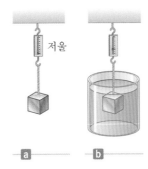

저울

그림 P15.16 문제 16, 17

17. 질량이 10.0 kg이고 크기가 12.0 cm × 10.0 cm × 10.0 cm인 금속 물체가 그림 P15.16b와 같이 저울에 매달려 물속에 잠겨 있다. 물체의 높이가 12.0 cm라고 하고, 물체의 윗면은 수면으로부터 5.00 cm 아래에 위치한다. (a) 물체의 윗면과 아랫면에 작용하는 힘의 크기를 구하라. (b) 저울의 눈금을 구하라. (c) 윗면과 아랫면에 작용하는 힘의 차이가 부력과 같음을 보여라.

18. 한 변의 길이가 20.0 cm이고 밀도가 650 kg/m³인 정육면체 나무토막이 물에 떠 있다. (a) 나무토막의 위 표면에서 수면까지의 거리는 얼마인가? (b) 위 표면과 수면이 같게 하려면 나무토막 위에 납을 얼마나 올려놓아야 하는가?

19. 어떤 플라스틱 공이 물 위에 떠 있을 경우 50.0 %가 잠긴 상태를 유지한다. 같은 공을 글리세린 위에 띄우면 40.0 %만이 잠긴다. 이때 (a) 글리세린의 밀도와 (b) 공의 밀도를 구하라.

20. 수십 년 전까지는 아파토사우루스나 브라키오사우루스 같은 거대한 초식 공룡들은 습관적으로 호수 바닥을 걸어 다니며 긴 목을 수면 위로 내 놓고 숨을 쉬었다고 여겨져 왔다. 브라키오사우루스는 콧구멍이 머리 위에 있다. 그런데 1977년에 슈미트-닐젠(Knut Schmidt-Nielsen)은 그런 동물들에게 숨쉬는 일이란 엄청나게 큰 에너지가 필요하다는 점을 지적했다. 간단하게 생각해 보자. 절대 압력 2기압에서 밀도가 2.40 kg/m³인 민물 호수의 표면에 있는 10.0 L의 공기를 고려해 보자. 그 공기를 수심 10.3 m까지 내려 보내는 데 필요한 일을 계산하라. 이때 온도, 부피, 압력은 일정하게 유지된다고 가정한다. 그런데 이런 깊이로 공기를 들이마시는 데 드는 에너지는 그 공기로 얻을 수 있는 신진대사에 의한 에너지보다 크다.

15.5 유체 동역학
15.6 유선과 연속 방정식
15.7 베르누이 방정식

21. 지름이 10.0 cm인 수평관의 지름이 5.00 cm로 서서히 가늘어져 있다. 굵은 쪽 물의 압력이 8.00×10^4 Pa이고 가는 쪽의 압력이 6.00×10^4 Pa이라면 이 관을 통하는 물의 유속은 얼마인가?

22. 뚜껑이 없는 매우 넓고 큰 물통이 있다. 물은 바닥에서 높이 h_0까지 채워져 있고 그보다 낮은 높이 h인 곳에 구멍이나 있다(그림 P15.22). 구멍을 통해 나오는 물줄기가 지면에 도달하는 수평 거리에 대한 식을 구하라.

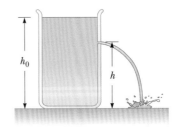

h_0 h

그림 P15.22

23. 뚜껑이 없는 비상용 물탱크의 바닥에 지름 6.60 cm의 호스가 연결되어 있다. 이 호스의 끝에는 지름 2.20 cm의 노즐이 끼워져 있는데, 비상시가 아닌 경우에는 노즐 구멍을 고무마개로 막아두게 되어 있다. 물탱크의 수위는 항상 노즐에서부터 7.50 m 높이로 유지된다고 가정한다. 이때 (a) 노즐에 끼워진 고무마개의 마찰력은 얼마인가? (b) 고무마개를 빼면 2시간 동안 얼마만큼의 물이 흘러나오는가? (c) 물이 뿜어져 나오기 전 노즐 바로 뒤에서의 물의 계기 압력을 계산하라.

24. 뚜껑이 없는 거대한 수조에 물이 채워져 수면으로부터 16.0 m 아래의 작은 구멍으로 물이 2.50×10^{-3} m³/min 의 비율로 새어 나오고 있다. (a) 구멍으로 부터 새어 나오는 물의 속력을 구하라. (b) 구멍의 크기를 구하라.

25. 콜로라도 강에서 물을 펌프로 퍼 올려서 협곡 주변에 있는 그랜드캐니언 마을에 공급한다. 강의 고도는 564 m이고 마을의 고도는 2 096 m이다. 지름이 15.0 cm인 관 하나를 이용해서 강 바로 옆에 있는 펌프 한 대로 물을 퍼 올린다고 하자. (a) 물을 마을까지 보내려한다면 물을 퍼 올리는 곳에서의 최소 압력은 얼마인가? (b) 하루에 4 500 m³의 물을 퍼 올린다면 관 속을 흐르는 물의 속력은 얼마인가? *Note*: 이 정도의 고도 범위 내에서 자유 낙하 가속도와 공기의 밀도가 일정하다고 가정할 수 있다. 여기서 계산되는 압력은 보통의 관을 이용하기에는 너무 크다. 실제로는 그런 높이로 물을 퍼 올리려면 짧은 관과 여러 대의 펌프를 이용해서 단계적으로 퍼 올려야 한다.

26. 그림 P15.26은 부엌의 수도꼭지에서 정상류 형태로 나오는 물을 보여 준다. 수도꼭지 출구에서 물줄기의 지름은 0.960 cm이다. 이 물로 125 cm³의 용기를 16.3 s에 채울 수 있다. 수도꼭지로부터 13.0 cm 아래에서 물줄기의 지름을 구하라.

© Cengage Learning/George Semple

그림 P15.26

27. 비행기가 고도 10 km 상공에서 비행하고 있다. 비행기 외부의 대기압은 0.287 atm이며 객실 내부는 1.00 atm이고 온도는 20 °C이다. 객실 내의 한쪽 유리창 구석에 아주 작은 구멍이 있어서 공기가 새어 나가기 시작한다. 공기를 이상 유체로 간주하고 이 구멍을 빠져나가는 공기 흐름의 속력을 구하라.

15.8 연결 주제: 혈액의 난류 흐름

28. 유체의 흐름에서 난류를 예상하는 데 이용할 수 있는 매개변수를 **레이놀즈의 수**라고 한다. 관에서 유체가 흐를 때 레이놀즈의 수는 다음과 같이 차원이 없는 양으로 정의한다.

$$\mathrm{Re} = \frac{\rho v d}{\mu}$$

여기서 ρ는 유체의 밀도, v는 속력, d는 관의 안지름, μ는 유체의 점성도를 나타낸다. 점성도는 흐르는 액체의 내부 저항을 수량화한 것으로 단위는 Pa·s이다. 흐름의 종류에 대한 기준은 다음과 같다.

• Re < 2 300이면 흐름은 층흐름이다.
• 2 300 < Re < 4 000이면 흐름은 층흐름과 난류의 전이 영역에 있다.
• Re > 4 000이면 흐름은 난류이다.

(a) 혈액을 밀도가 1.06×10^3 kg/m³이고 점성도가 3.00×10^{-3} Pa·s인 순수한 액체로 모형화한다. 즉 적혈구가 포함된 사실은 무시한다. 반지름이 1.50 cm인 큰 동맥에서 0.0670 m/s의 속력으로 흐른다고 가정하자. 이 흐름이 층흐름임을 보여라. (b) 동맥이 반지름이 매우 작은 **단일** 모세혈관에서 끝난다고 생각하자. 흐름이 난류가 되기 위해서는 모세혈관의 반지름이 얼마가 되어야 하는가? (c) 실제 모세혈관의 반지름은 (b)에서 구한 값보다 훨씬 작아 약 5~10 μm 정도이다. 실제 모세혈관에서 흐름이 난류가 되지 않는 이유는 무엇인가?

추가문제

29. 물체 무게의 참값은 부력이 없는 진공 중에서 측정할 수 있다. 공기 중에서 측정값은 부력 때문에 방해를 받는다. 밀도가 ρ인 평형추를 이용하는 양팔 저울로 공기 중에서 부피가 V인 물체의 무게를 쟀다. 공기의 밀도가 ρ_{air}이고 저울이 무게를 F_g'으로 읽으면 무게의 참값 F_g가 다음과 같음을 보여라.

$$F_g = F_g' + \left(V - \frac{F_g'}{\rho g} \right) \rho_{air} g$$

30. 구리로 만들어진 원통이 무시할 수 있는 질량을 가진 철사에 매달려 있다. 철사의 위쪽 끝은 고정되어 있다. 철사를 때리면 300 Hz의 기본 진동수를 갖는 소리를 낸다. 이어서 구리 원통의 부피의 반이 수면 아래에 잠기도록 한다. 이때 새로운 기본 진동수를 구하라.

31. 예제 15.2에서 공부하고 그림 15.6에서 본 댐을 참고해서 (a) O를 지나는 수평축에 대해 댐 뒤에 있는 물이 작용하는 전체 토크가 $\frac{1}{6}\rho g w H^3$임을 보여라. (b) 물이 작용하는 전체 힘의 유효 작용선이 O 위쪽 $\frac{1}{3}H$ 거리에 있음을 보여라.

심혈관계 질환의 감지와 심장마비의 예방
Detecting Atherosclerosis and Preventing Heart Attacks

유체 물리를 공부했으므로 여기의 〈관련 이야기 4 심장마비〉에 대한 핵심 질문으로 되돌아가 보자.

심장마비를 예방하기 위해 물리의 원리를 의학에 어떻게 적용할 수 있을까?

유체 역학에서 이해한 것을 심혈관계 질환과 심장마비의 원인을 연구하는 데 적용할 것이다.

전통적으로 심혈관계 질환과 심장마비의 예방과 치료는 식이 요법과 병행하는 운동, 콜레스테롤을 줄이고 고혈압을 예방하는 데 목적을 두는 건강 다이어트, 금연, 스트레스 줄이기 그리고 환자의 콜레스테롤과 혈압을 줄이고 혈전 형성을 막기 위한 약물치료 등에 초점이 맞추어져 왔다. 심한 경우에는, 좁아진 동맥을 넓히는 방법인 **혈관 확장술**이나 동맥이 열려 있는 상태를 유지하도록 하는 기구인 **스텐트**를 삽입하는 방법을 사용하기도 한다. 이 방법의 과정을 그림 1에서 보이는데, 풍선을 이용해서 좁아진 동맥을 열고 스텐트를 삽입한다.

심혈관계 질환의(15.9절) 원인은 아직 알려지지 않았지만 유체 역학은 이 조건을 특징지어 주는 동맥 경화나 플라크 축적의 결과를 초래하는 많은 요인을 밝히는 데 도움을 준다. 15.9절에서 설명한 것처럼, 최근 연구는 난류 흐름으로 인한 동맥 혈관 벽을 감싸고 있는 내피 세포의 반응과 좁아진 혈관 안의 플라크 축적에 초점을 두고 있다.

우리는 동맥이 수축하는 **협착증**을 조금 더 자세히 설명하고자 한다. 건강한 혈관을 흐르는 혈액은 층흐름이고 이 상황에서는 플라크가 쌓이지 않는다. 수축된 동맥에서 상황은 매우 다르다. 심하게 좁아진 경우에 동맥의 단면의 넓이는 75 % 줄어들어 원래 넓이의 사분의 일이 될 수가 있다. 유체의 연속 방정식(식 15.7)으로부터, $A_2 = \frac{1}{4}A_1$이므로 다음을 얻는다.

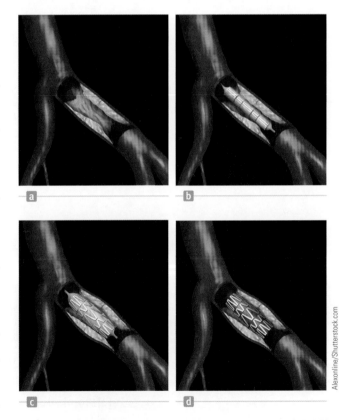

그림 1 혈관에서 혈액의 흐름을 높이기 위한 스텐트 삽입술. (a) 동맥에 혈액의 흐름을 방해하는 플라크가 쌓인다. (b) 풍선을 장착한 접힌 스텐트 도관을 동맥 안으로 삽입해서 플라크가 있는 곳에 위치한다. (c) 스텐트와 혈관 벽을 넓히기 위해 풍선을 부풀린다. (d) 풍선에서 바람을 빼고 도관을 제거한다. 스텐트는 동맥이 열려 있도록 유지한다.

$$A_1 v_1 = \left(\frac{1}{4} A_1\right) v_2 \quad \rightarrow \quad v_2 = 4v_1 \qquad \textbf{1}$$

혈액은 동맥의 좁아진 곳에서 네 배 더 빨라진다. 그림 15.15에서 보이는 상황처럼 유체의 속력이 올라가면서 유체의 흐름은 난류가 되고 협착증 부위의 바로 아랫부분의 혈액 흐름은 소용돌이가 있는 지역이 생긴다. 15.9절에서 설명한 것처럼 이 난류는 더 많은 문제들을 야기할 수 있다.

정상 흐름을 가정하면 혈관의 좁아진 부분 2에서 압력과 열린 부분 1에서 압력 사이의 관계식을 동맥의 수평 부분에 베르누이 방정식(식 15.9)을 적용해서 얻을 수 있다.

$$P_1 + \frac{1}{2}\rho v_1^2 = P_2 + \frac{1}{2}\rho v_2^2$$

두 지점 사이의 압력 차에 대해서 풀면 다음을 얻는다.

$$\Delta P = P_2 - P_1 = \frac{1}{2}\rho v_1^2 - \frac{1}{2}\rho v_2^2 = \frac{1}{2}\rho(v_1^2 - v_2^2)$$

식 1의 v_2를 대입하면 압력차는 다음과 같이 쓸 수 있다.

$$\Delta P = \frac{1}{2}\rho[v_1^2 - (4v_1)^2] = -\frac{15}{2}\rho v_1^2 \qquad \textbf{2}$$

심장의 평균 **수축기** 혈압(심장이 수축하고 있는 동안의 압력)은 120 mmHg 또는 15.7 kPa이다(이것은 혈관의 절대 압력이 아니라 게이지 압력임). 평균적으로 혈액($\rho = 1.05 \times 10^3$ kg/m³)은 $v_1 = 0.40$ m/s로 흐른다. 식 2에서 압력차를 수치적으로 계산하면 다음과 같다.

$$\Delta P = -\frac{15}{2}(1.05 \times 10^3 \text{ kg/m}^3)(0.40 \text{ m/s})^2$$

$$= -1.3 \times 10^3 \text{ Pa}$$

이 결과를 처음 압력과 비교하면 다음과 같이 된다.

$$\frac{\Delta P}{P_0} = \frac{-1.3 \times 10^3 \text{ Pa}}{15.7 \times 10^3 \text{ Pa}} = -8.0\,\%$$

이 8 %의 압력 저하로 인해서 혈관 밖의 조직과 수축된 부분 사이의 압력차가 혈관을 막아 혈액의 흐름을 일시 중단될 수 있다. 이 지점에서 혈액의 속력이 영이 되고 압력이 다시 높아져서 혈관은 다시 열리게 된다. 혈액이 좁아진 동맥을 통해 급하게 흐르면서 내부 압력은 떨어지고 다시 동맥은 닫힌다. 이런 현상을 **혈관 떨림**이라 한다. 이 떨림은 청진기를 대면 들을 수 있으며 진행된 경화성 질병의 신호로 여길 수 있다. 나아가 계속된 동맥의 개폐로 혈액의 난류와 그 부작용은 점점 심해진다. 그러므로 혈관 떨림은 매우 심각하게 받아들여져야 하고 심장마비를 피하기 위해서 건강 관리가 필요하다는 강한 신호로 인식되어야 한다.

동맥이 수축된 곳의 하류에서 일어나는 난류 흐름과 플라크 축적 사이의 관계는 동맥경화증과 심혈관 질환에 대한 물리적, 생화학적 원인을 찾아내기 위한 의학, 물리학 그리고 공학의 공동 연구들에서 밝혀지고 있다. 이 연구들에서는 방사능 물질인 인듐-111로 표지된 혈소판이 첨가된 동물의 혈액을 여러 가지 기하학적 모양으로 수축된 흐름관에 순환시킨다. 혈소판이 쌓인 부위와 양은 방사성 혈소판이 방사하는 감마선을 측정하는 장치

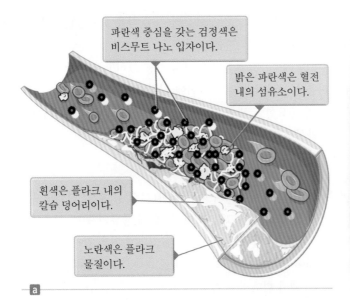

그림 2 (a) 경화성 플라크와 칼슘 덩어리를 가진 혈관은 혈전을 성장시킨다. 전형적인 CT 영상은 혈전과 플라크 내의 칼슘을 구분하지 못하고 치료해야 할 혈전이 있는지가 불분명하다. 이 구별을 위해서 비스무트 나노 입자를 섬유소라 부르는 혈전 내의 단백질을 목표로 한다. (b) 분광 CT 영상은 섬유소에 부착된 나노 입자를 노란색으로 보여 준다. 이로써 흰색으로 보이는 플라크 내의 칼슘과 구별된다. (Prof. Dipanjan Pan, Dr. Ewald Roessl, Dr. Jens-Peter Schlomka, Prof. Shelton D. Caruthers, Dr. Angana Senpan, Mike J. Scott, John S. Allen, Huiying Zhang, Grace Hu, Prof. Patrick J. Gaffney, Prof. Eric T. Choi, Prof. Volker Rasche, Prof. Samuel A. Wickline, Roland Proksa, Prof. Gregory M. Lanza: Computed Tomography in Color: NanoK-Enhanced Spectral CT Molecular Imaging. Angewandte Chemie International Edition. 2010. Volume 49. Issue 50. 9635-9639. Copyright Wiley-VCH Verlag GmbH & Co. KGaA. Reproduced with permission.)

를 사용해서 기록한다(24장과 30장에서 감마선을 공부할 것이다). 이것은 연구자들이 혈소판이 최대로 쌓이는 부위와 동맥의 혈액 흐름의 연관성을 결정하도록 해 준다.[1] 유사한 연구에서 인공심장 밸브 위의 플라크 축적을 조사하고 플라크 축적이 쉽지 않은 더 좋은 유체 역학적 밸브를 설계하기 위해 유체 역학을 사용해 왔다.

최근에, 연구자들은 혈액 흐름에서 형성되는 플라크 입자에 스스로 달라붙는 방사성 나노 입자를 사용하기 시작하면서 기존 기술보다 플라크 형성을 더 일찍 검지할 수 있게 됐다(그림 2). 인간의 심혈관계의 복잡한 기하학적 구조에서의 혈액의 흐름은 나노 입자의 흐름을 자기 공명 영상(MRI)을 이용해서 추적함으로써 전례 없이 자세하게 살필 수 있게 되었다(〈관련 이야기 7〉에서 MRI를 더 자세히 설명할 것이다). 나노 입자를 성체 줄기 세포와 결합하고 나노 입자에 레이저 광을 조사해서 돼지 심장에 있는 동맥 플라크를 태워버릴 수 있다.[2]

동시에 계산 속력의 향상과 메모리 용량이 진보함에 따라 혈관 내에서 일어나는 복잡한 유체 작용을 모사하는 계산 유체 역학 모형이 가능해졌다(그림 3). 컴퓨터 모형의 장점은 매우 복잡한 기하학적 구조를

그림 3 수축된 (왼쪽) 동맥과 건강한 (오른쪽) 동맥을 통해 흐르는 혈액의 계산 유체 동역학(CFD) 모사(Ding., S., Tu., J. and Cheung., C 2007, "Geometric model generation for CFD simulation of blood and air flow," p. 1335–1338 in Proceedings of the 1st International Conference on Bioinformatics and Biomedical Engineering, Wuhan, China, 6–8 July 2007.)

---

[1] Schoephoerster, R. T., et al., "Effects of local geometry and fluid dynamics on regional platelet deposition on artificial surfaces," *Arterioscler. Thromb. Vasc. Biol.*, 1993, 13, 1806–1813.

[2] American Heart Association. "Nanoparticles plus adult stem cells demolish plaque, study finds." *Science Daily* 21 July 2010.

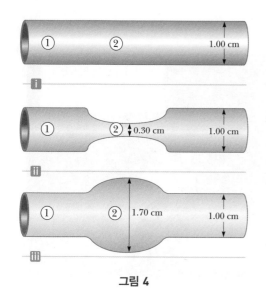

그림 4

조사할 수 있으므로 궁극적으로 심장으로부터 가장 작은 모세혈관까지 전체 인간의 심혈관계를 모사하게 되리라는 것이다.

인체에 유체 역학의 적용, 자기 공명 영상의 사용 그리고 심혈관계를 탐구할 때 레이저의 사용은 물리학과 의학 사이에 긴밀한 협력 관계를 형성했다. 이 공동 연구는 이미 중요한 결과를 도출했으며 수년 안에 의학에서 중요한 진보를 이끌 것이 확실하다.

문제

1. BIO 건강한 혈관(그림 4, 위), 수축된 혈관(그림 4, 중간) 그리고 동맥류(풍선 같이 부푼 곳) 혈관(그림 4, 아래)의 세 종류의 동맥 구조를 그림 4에서 보여 준다. 세 혈관의 점 1에서 혈액의 속력은 같다. (a) 세 혈관 중에 어느 것이 점 2에서 혈액이 더 빠른 속력으로 흐를까? (b) 혈관 (i)과 (ii)의 점 2에서 혈액의 속력 비는 얼마인가?

2. BIO 물리학에서 다음과 같은 형식의 방정식으로 기술되는 상황들이 많다.

$$(1) \qquad (구동 \ 영향력) = (저항)(영향력의 \ 결과)$$

많은 경우에 구동 영향력은 공간에서 다른 위치에 있는 한 변수의 다른 두 값 사이의 차로 표현된다. 예를 들면 열역학을 공부할 때 단면의 넓이가 A이고 길이가 L인 물체에서 열에 의한 에너지 전달률 P는 물체의 양쪽 끝 사이의 온도차 ΔT와 관련 있다는 것을 안다.

$$(2) \qquad \Delta T = \left(\frac{L}{kA}\right)P$$

여기서 k는 물체의 **열전도도**이다(17.10절 참조). 온도차 ΔT는 구동 영향력에 해당된다. 구동 영향력의 결과는 에너지 전달률 P에 해당된다. L/kA는 열 에너지 전달에 대한 저항을 나타낸다. 비율 L/k는 집과 건물에서 열 단열을 위해 사용되는 물질에 대한 **R값**(열 저항을 표시함)이라 부른다.

전기를 공부할 때 물질의 양 끝 사이의 다음과 같은 **전위차** ΔV는 물질에서 **전류** I를 만드는 구동 영향력이다.

$$(3) \qquad \Delta V = \left(\frac{\ell}{\sigma A}\right)I$$

전류는 전기 전도도(21.2절 참조)를 갖는 길이가 ℓ이고 단면의 넓이가 A인 한 조각의 물질에 존재한다. 괄호 안의 조합은 영향력에 대한 저항을 나타낸다. 이 경우에 이 것을 **전기 저항**이라 한다.

동맥 안의 혈액 흐름을 생각해 보자. 이 흐름을 구동하는 것은 무엇인가? 흐름의 저항은 무엇인가? 물의 흐름이 관을 따라 생긴 압력차 때문에 구동되는 것처럼 혈액의 흐름은 동맥을 따라 생긴 압력차 ΔP에 의해 구동된다. 다음 식은 관에서 어떤 액체가 흐르는 것을 기술한다.

$$(4) \qquad \Delta P = \left(8\pi\mu\frac{L}{A}\right)v$$

여기서 유체의 속력 v는 압력차의 결과이고 저항은 유체의 **점성도** μ와 관계가 있다. 점성도는 흐르는 액체의 내부 저항의 정도로 단위는 $Pa \cdot s$이다. 예를 들면 꿀은 물보다 점성도가 더 큰 액체이다. 땅콩버터는 매우 점성도가 큰 액체이다. 식 (4)는 식 (2)와 식 (3)과 놀랄 만큼 닮았다는 것을 기억하자.

폐동맥은 심장으로부터 폐로 헤모글로빈이 감소한 혈액을 운반한다(심장마비 관련 이야기 서론 중 그림 2 참조). 폐정맥의 길이는 9.00 cm이고 반지름은 3.00 mm이다. 400 Pa의 압력차가 정맥의 길이를 따라 양쪽 끝 사이에 존재한다. (a) 혈액의 점성도가 $3.00 \times 10^{-3} \, Pa \cdot s$일 때 이 혈관을 통해 흐르는 혈액의 속력을 구하라. (b) 혈액은 단순한 액체가 아니다. 그것은 다른 세포뿐만 아니라 혈액 세포도 포함하고 있다. 혈액 부피 중 적혈구가 차지하는 백분율을 **적혈구 용적률**이라 한다. 예를 들면 **적혈구 증가증** 같은 어떤 질병은 증가된 적혈구 수준이 특징이다. 적혈구 세포의 증가된 백분율은 혈액의 점성도를 증가시킬 수 있다. 증가된 적혈구 수준을 갖는 환자가 (a)에서 혈액의 점성도의 1.80배의 점성도를 갖는다고 가정한다. 같은 혈액 속력을 주기 위해서는 폐동맥의 길이를 가로질러 얼마의 압력차가 필요한가?

그림 5

3. BIO 인간의 뇌와 척추는 뇌척수액에 잠겨 있다. 유체는 뇌와 척추 통로 사이에 보통은 연속적으로 있고 일반적인 대기압보다 100~200 mmH_2O 큰 압력을 작용한다. 의료계에서 척수 유체를 포함한 인체 내의 유체는 일반적으로 물과 같은 밀도를 가지고 있기 때문에 압력의 단위를 mmH_2O로 사용한다. 척수의 압력은 그림 5에서 설명하는 것처럼 **요추 천자**를 이용해서 측정한다. 빈 관을 척추 속으로 삽입해서 유체가 올라가는 높이를 측정한다. 유체가 160 mm 높이까지 올라가면 게이지 압력을 160 mmH_2O로 쓴다. (a) 이 압력을 Pa, atm, mmH_2O 단위로 표현하라. (b) 척수 유체의 흐름을 막거나 방해하는 어떤 조건을 **퀘컨스테트 검사**(Queckenstedt's test)로 검사한다. 이 과정에서 환자 목에 있는 정맥을 눌러서 뇌의 혈압을 높이고 높아진 압력은 척수의 유체로 전달된다. 요추 천자에서 유체의 높이가 환자 척수의 조건에 대한 진료 기구로 어떻게 사용될 수 있는지 설명하라.

4. BIO 피하 주사기는 물의 밀도와 같은 약물을 담고 있다(그림 6). 주사기의 몸통은 단면의 넓이가 $A = 2.50 \times 10^{-5} \, m^2$이고 주사 바늘의 단면의 넓이는 $a = 1.00 \times 10^{-8} \, m^2$이다. 피스톤에 작용하는 힘이 없을 때 모든 곳에서 압력은 1기압이다. 크기가 2.00 N인 힘 $\vec{F}$가 피스톤에 작용해서 주사 바늘로부터 수평으로 약이 분출된다. 주사 바늘 끝을 떠날 때 약물의 속력을 구하라.

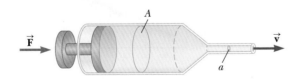

그림 6

지구 온난화 Global Warming

지구의 온도가 올라가면서 극지방의 빙하가 녹아내려서 작물에 영향을 주는 등의 부수적인 효과들에 관한 많은 과학적 연구들이 진행됐다. 지난 수십 년간 수집된 자료를 분석한 결과면, 지구의 온도가 현저하게 증가하고 있음은 사실로 드러났다. 이 행성의 생명체는 생존에 필요한 지구의 온도를 좁은 범위 내로 유지하기 위한 아주 민감한 균형을 이루어가야 한다. 그런 온도는 어떻게 결정하는가? 온도를 일정하게 유지하기 위한 균형에 필요한 요인은 무엇인가? 만일 지구의 올바른 온도를 예측하기 위한 적절한 구조적인 모형을 강구할 수 있다면, 그 모형을 사용해서 변수들을 바꿔 가면서 온도 변화를 예측할 수 있을 것이다.

사람들은 대부분 물체의 온도에 대해 직관적인 감각을 가지고 있으며, 그 물체가 작은 한(또한 불에 타거나 다른 급속한 과정이 일어나고 있지 않는 한) 어떤 물체의 다른 점들 간에 현저한 온도 변화가 일어나지는 않는다. 그러나 지구 같이 아주 큰 물체의 경우는 어떤가? 지구 전체가 같은 온도일 수는 없다. 캐나다가 겨울일 때 오스트레일리아는 여름이다. 극지방의 얼음은 열대 지방의 온도와 분명히 다르다. 바다와 같은 매우 큰 양의 물에서도 온도 차이가 난다. 그림 1에서와 같이 캘리포니아의 팜스프링 지역의 내부와 그 부근에서처럼 지역적인 곳에서도 고도에 따라 온도 변화가 있다. 따라서 우리가 지구의 온도를 이야기할 때 표면 전체의 모든 변화를 고려한 **평균** 표면 온도로 간주한다. 그것이 바로 우리가 대기의 구조적인 모형을 세워서 계산하고자 하는 평균 온도이며, 그 계산에 의한 예측 온도를 측정된 표면 온도와 비교하고자 하는 것이다.

지구의 표면 온도를 결정하는 주된 요인은 대기의 존재이다. 대기는 우리가 살아가는 데 필요한 산소를 공급하는 지표 위의 (지구의 반지름에 비해) 비교적 얇은 기체층이다. 살아 숨쉬기 위한 이 중요한 요인 외에도 대기는 평균 온도

그림 1 지구 상의 어떤 지역이라도 고도에 따른 온도 변화가 있다. 이 그림에 나타나 있는 캘리포니아의 팜스프링에서, 시내에서는 야자수가 자라지만 가까이 있는 산에는 눈이 있다.

를 결정하는 에너지를 균형잡히게 하는 주된 역할을 한다. 이 절을 읽어가면서 기체의 물리에 초점을 맞추고 우리가 배운 원리들을 대기에 적용하고자 한다.

지구 온난화 문제에서 중요한 것은 대기 중에 이산화탄소

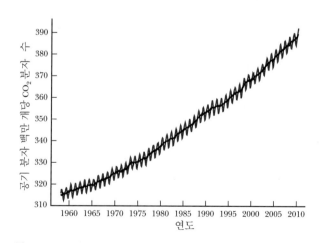

그림 2 시간에 따라 대기 중 이산화탄소의 농도를 건조한 공기의 백만분의 일(ppm)로 나타낸 그래프. 이 자료는 하와이의 마우나 로아 관측소에서 수집한 것이다. 연도별 변화(**갈색 곡선**)는 계절에 따라 다른데 그 이유는 농작물이 공기 중의 이산화탄소를 흡수하기 때문이다. 과학자들이 관심을 갖고 있는 것은 평균 농도(**검정색 곡선**)가 계속 서서히 증가한다는 사실이다.

Courtesy of NASA

그림 3 〈관련 이야기 5〉에서는 지구의 에너지 균형 문제를 다루고 있다. 지구는 매우 큰 비고립계로서 주위 환경과의 상호 작용은 전자기 복사에 의한 방법밖에 없다.

가 쌓이는 것이다. 이산화탄소는 에너지를 흡수해서 대기의 온도를 높이는 역할을 한다. 그림 2에서 본 바와 같이 대기 중 이산화탄소량은 20세기 중반부터 지속적으로 증가해 왔다. 모든 과학자들이 그런 변화가 곧 지구의 온도 증가를 나타낸다는 해석에는 동의하지 않지만, 이 그래프에 의하면 대기가 엄청난 변화를 겪고 있음은 명백하다.

정부간기후변화위원회(IPCC)는 지구 온난화와 관련된 유용한 정보와 기후 변화와 관련 있는 연관 효과를 평가하는 과학 기구이다. 이 기구는 1988년 세계기상기구(WMO)와 유엔환경계획(UNEP)이 공동으로 설립한 유엔 산하 국제 협의체이다. IPCC는 가장 최근인 2007년에 기후 변화에 대한 네 개의 평가 보고서를 발간했다. 다섯 번째 보고서는 2014년에 공개하기로 계획이 되어 있다. 2007년 보고서에서 과학자들은 지구의 온도 상승은 인류가 대기에 방출한 이산화탄소 같은 온실 기체에 기인할 확률이 90 % 이상일 것이라는 결론을 내렸다. 보고서는 21세기에 지구의 온도는 $1 \sim 6\,°C$ 정도 더 올라갈 것이고 해수면은 $18 \sim 59\,cm$ 정도 상승하고 혹서, 가뭄, 태풍 그리고 폭우 등을 포함하는 극한 날씨의 가능성을 매우 높게 예상하고 있다.

이런 과학적인 관점 외에도 지구 온난화는 여러 면에서 사회적인 논의의 대상이기도 하다. 지구 온난화는 세계적인 문제이기 때문에 이산화탄소가 관련된 문제는 국제 정치나 경제 문제 등과 밀접한 관계가 있게 된다. 정책을 바꾸는 것은 문제를 해결하기 위한 엄청난 재원을 필요로 한다. 또한 지구 온난화 문제는 기술적인 측면도 있어서, 온도의 증가를 느리게 하거나 거꾸로 하기 위한 제조, 수송, 에너지 공급 등에서의 새로운 방법이 강구되어야만 한다. 여기서는 지구 온난화와 관련된 다음과 같은 핵심 질문을 해서 우리의 관심사인 물리적인 관점만 살펴보기로 하자.

> 지표면의 평균 온도를 예측할 수 있는 대기의 구조 모형을 만들 수 있을까?

온도와 기체 운동론
Temperature and the Kinetic Theory of Gases

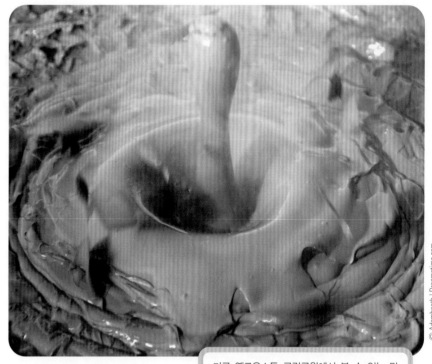

© Adambooth | Dreamstime.com

지금까지는 야구공, 로켓, 행성 등과 같이 넓은 범위의 다양한 운동 현상을 설명하는 뉴턴 역학에 주로 초점을 맞춰 왔다. 이 뉴턴 역학의 원리는 진동계, 매질을 통과하는 역학적 파동의 전파, 정지해 있거나 운동 중인 유체의 성질 등을 연구하는 데에 적용했다. 6장에서 온도와 내부 에너지 개념을 도입했는데, 이제 이 개념들을 확장해서 계와 주위 환경 사이의 에너지 이동과 그에

미국 옐로우스톤 국립공원에서 볼 수 있는 많은 머드 포트 중 하나에서 기포가 불쑥 튀어나오는 순간을 포착한 모습이다. 머드 포트는 부글부글 끓는 뜨거운 진흙 웅덩이로서, 지표면 아래에 높은 온도가 존재함을 보이고 있다.

따른 온도와 상태의 변화 등을 다루는 **열역학**(thermodynamics) 분야에 초점을 맞출 것이다. 앞으로 알게 되겠지만, 열역학으로서 물질의 거시적인 성질과 원자나 분자 역학 사이의 상관 관계를 설명할 것이다.

　냉장고가 어떻게 차가워지는지, 자동차 엔진에서 어떤 형태의 변환이 일어나는지, 자전거 펌프로 바퀴에 공기를 주입하면 왜 따뜻해지는지, 이런 의문에 대해 여러분은 놀라워한 적이 있는가? 열역학 법칙은 이런 질문에 대한 답을 제공해 준다. 일반적으로 열역학은 고체, 액체, 기체 등 물질의 상태 사이의 물리적 또는 화학적인 변환에 대해서 다룬다.

　이 장에서는 두 가지 관점으로 접근해서 이상 기체에 대해 논의할 것이다. 첫째는 이상 기체를 거시적인 관점에서 다룰 것이다. 여기서는 기체의 압력, 부피, 온도 등 거시적인 물리량 사이의 관계에 대해 관심을 가질 것이다. 둘째는 이상 기체를 미시적(분자적)인 관점에서 다룰 것이며, 기체를 입자들의 모임으로 취급하는 구조 모형을 이용할 것이다. 후자

의 접근 방식은 원자 수준의 행동이 압력이나 온도와 같은 거시적인 성질에 어떻게 영향을 미치는지 알려 줄 것이다.

◤ 16.1 | 온도와 열역학 제0법칙
Temperature and the Zeroth Law of Thermodynamics

어떤 물체를 만질 때 느끼게 되는 뜨겁고 차가운 정도를 대개 온도 개념과 연관시킨다. 우리가 뜨겁거나 차갑게 느끼는 감각으로 온도를 정성적으로 파악한다. 그러나 우리의 감각은 이따금 그릇된 정보를 제공하기도 한다. 예를 들어 여러분이 한쪽은 타일 바닥에 다른 쪽은 카펫 바닥에 발을 딛고 서 있다면, 두 바닥의 온도가 같더라도 타일 바닥이 카펫 바닥보다 더 차갑게 느껴질 것이다. 이것은 여러분의 발로부터 타일로의 에너지(열에 의한) 전달이 카펫 경우보다 더 빠르기 때문이다. 여러분의 발바닥 피부는 물체의 온도보다 에너지 전달률(일률)에 더 민감하다. 물론 여러분의 발과 물체 사이의 온도차가 클수록 에너지 전달이 빨라지므로 여러분의 촉각과 온도는 어떻게든 연관되어 있다. 최근 연구 결과에 의하면 피부에서 온도 감지 부분은 피부 말단의 감지 뉴런에 있는 **TRPV3** 단백질과 관련이 있음이 알려졌다. 우리에게 필요한 것은, 상대적인 물체의 '뜨거움'이나 '차가움'에 대해 판정을 내릴, 믿을 수 있고 재현 가능한 방법, 즉 오로지 물체의 온도만 연관된 방법을 확립하는 일이다. 그동안 여러 과학자들이 물체의 온도를 정량적으로 측정할 수 있는 다양한 온도계를 개발했다.

우리는 처음 온도가 다른 두 물체를 서로 접촉시키면 결국 어떤 중간 온도에 도달하는 것을 잘 알고 있다. 예를 들어 냉온 분리형 수도꼭지로부터 뜨거운 물과 차가운 물을 욕조에 받아 섞으면 혼합된 물은 처음 두 물의 온도 사이의 평형 온도에 도달하게 된다. 마찬가지로 뜨거운 커피에 넣은 얼음 조각은 점차 녹아 커피의 온도를 낮춘다.

이런 친숙한 예를 통해 온도의 과학적 개념을 확립하고자 한다. 두 물체가 서로 단열된 용기 속에 들어 있어 고립계를 이루고 있다고 하자. 두 물체의 온도가 서로 다르면 두 물체 사이에 열 또는 전자기 복사 형태의 에너지 교환이 일어날 수 있다. 이런 식의 에너지 교환이 가능한 두 물체는 **열접촉**(thermal contact)을 하고 있다고 한다. 앞서 보기와 같이 한쪽은 따뜻해지고 다른 쪽은 차가워져서 두 물체의 온도는 결국 같아지게 된다. **열평형**(thermal equilibrium)이란 열접촉하고 있는 두 물체 사이에 더 이상 에너지 교환이 일어나지 않는 상태를 말한다.

이런 개념을 이용해서 온도의 공식적인 정의를 내릴 수 있다. 서로 열접촉하지 않고 있는 두 물체 A와 B, 그리고 눈금을 읽어 물체의 온도를 측정하는 **온도계**(thermometer)라고 하는 제3의 물체 C라고 하자. 두 물체 A와 B를 서로 열접촉시킬 경우, 열평형에 이르게 되는지 아닌지를 결정하려고 한다. 먼저 그림 16.1a에서 보인 것처럼 온도계(C)를 물체 A와 열접촉시키고 A의 온도 수치를 기록한다. 다음

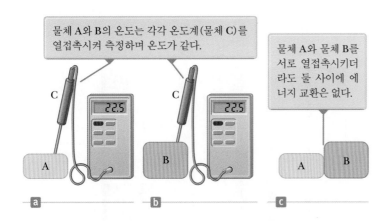

그림 16.1 열역학 제0법칙

온도계(C)를 물체 B와 열접촉시키고 B의 온도 수치를 기록한다(그림 16.1b). 두 수치가 같다면 A와 B는 서로 열평형 상태에 놓여 있게 된다. 그림 16.1c에서처럼 두 물체 A, B를 열접촉시키더라도 둘 사이에는 에너지 전달이 없다.

우리는 이 결과를 **열역학 제0법칙**(zeroth law of thermodynamics)으로 다음과 같이 요약할 수 있다.

> 두 물체 A와 B가 제3의 물체 C와 각각 열평형 상태에 있으면, A와 B는 서로 열평형 상태에 있다.

▶ 열역학 제0법칙

이 표현은 아주 기본적인 것이라고 여겨질지라도, 온도의 개념을 정의하는 데 사용되고, 실험적으로 쉽게 증명되므로 아주 중요하다. 온도를 어떤 물체가 다른 물체와 열평형 상태에 놓여 있는지 아닌지 판정해 주는 새로운 상태 변수(성질)로 생각할 수 있다. 서로 열평형 상태에 놓여 있는 두 물체는 같은 온도이다.

◤ **16.2** | **온도계와 온도 눈금** Thermometers and Temperature Scales

열역학 제0법칙을 논의하면서 온도계를 언급했다. 온도계는 그것과 열평형을 이루고 있는 어떤 물체나 계의 온도를 측정하는 데 사용하는 기구이다. 온도계는 모두 온도 변화에 따라 변하는 어떤 물리적인 성질을 이용한다. 몇 가지 예를 들어보면 (1) 액체의 부피, (2) 고체의 길이, (3) 부피가 일정할 때 기체의 압력, (4) 압력이 일정할 때 기체의 부피, (5) 도체의 전기 저항, (6) 뜨거운 물체의 색깔 등이다.

일상생활에서 사용하는 일반적인 온도계는 수은이나 알코올 같은 액체로 구성되어 있고 온도가 올라가면 모세관 속의 액체의 부피도 팽창하게 된다(그림 16.2). 이 경우 변하게 되는 물리적 성질은 액체의 부피이다. 모세관의 단면의 넓이가 균일하므로 액체의 부피 변화는 관을 따라 선형적인 길이의 변화에 대응된다. 그러면 온도의 높낮이를 액체 기둥의 길이에 비례해서 정의할 수 있다.

온도계를 (일정한 온도로 유지되는) 어떤 환경 속에 놓아 열접촉을 시키고 그때의

그림 16.2 온도를 올리기 전후의 수은 온도계

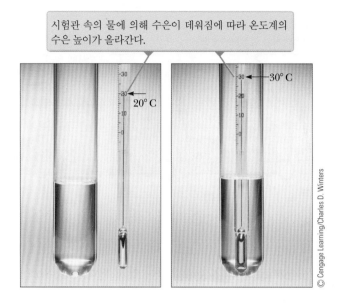

시험관 속의 물에 의해 수은이 데워짐에 따라 온도계의 수은 높이가 올라간다.

20°C

30°C

© Cengage Learning/Charles D. Winters

온도를 나타내는 (온도계의) 액체 기둥의 끝점에 표시를 해서 온도계의 눈금을 매길 수 있다. 환경 중 하나가 대기압하에서 물과 얼음이 서로 열평형을 이루고 있는 혼합물 상태이다. 일단 우리가 선택한 환경에 대응되는 온도에 대해 액체 기둥의 끝점에 표시를 하고 나면, 그 다음 여러 가지 온도를 나타내는 수치들 사이의 눈금을 정의할 필요가 있다. 그중 하나가 **섭씨 온도 눈금**(Celsius temperature scale)이다. 섭씨 눈금에서는 물과 얼음이 공존하는 상태에 대응되는 온도를 섭씨 영도라고 정의하고 0 °C라고 표기한다. 이 온도를 물의 **얼음점**(ice point), 또는 물의 **어는점**(응고점, freezing point)이라고 한다. 자주 사용되는 또 다른 환경은 대기압하에서 물과 수증기가 서로 열평형을 이루고 있는 혼합물 상태이다. 섭씨 눈금에서는 이 온도를 100 °C로 정의하고 물의 **증기점**(steam point), 또는 물의 **끓는점**(boiling point)이라고 한다. 온도계의 액체 기둥 끝점에 위의 두 기준 온도를 표시한 뒤, 두 표시점 사이를 100등분해서 그 한 눈금 간격을 1 °C의 온도 변화라고 약속한다.

이런 방법으로 눈금을 매긴 온도계는 아주 정밀한 측정이 필요한 경우에는 문제가 생긴다. 예를 들어 물의 어는점과 끓는점에서 눈금을 매긴 알코올 온도계와 수은 온도계는 바로 그 온도점에서만 눈금이 정확히 일치한다. 수은과 알코올은 열팽창 성질이 서로 다르므로(열팽창은 온도에 완벽하게 선형적으로 비례하지는 않는다) 한쪽이 어떤 온도를 가리키면 다른 쪽은 약간 다른 온도를 가리키게 된다. 이렇듯 온도계가 다를 때 생기는 눈금 수치의 불일치는 눈금을 매긴 온도로부터 멀리 떨어진 온도일수록 더욱 커지게 된다.

등적 기체 온도계와 켈빈 눈금 The Constant-Volume Gas Thermometer and the Kelvin Scale

수은 온도계와 같은 실용적인 기구를 사용해서 온도를 쉽게 측정할 수 있다 하더라도 이는 온도를 근본적으로 정의하는 방법이 아니다. **기체 온도계**(gas thermometer)

만이 유일하게 온도를 정의하는 방법을 제공하며, 온도와 내부 에너지 개념을 직접적으로 연결시킨다. 기체 온도계에서 온도의 수치는 온도계에 사용된 물질과는 거의 무관하다. 기체 온도계의 한 종류인 등적 기체 온도계를 그림 16.3에 나타냈다. 이 장치에서는 기체의 부피는 고정되어 있고 온도 변화에 따라 압력이 변하게 된다.

등적 기체 온도계가 처음 개발됐을 때에는 물의 어는점과 끓는점을 사용해서 다음과 같이 눈금을 매겼다(지금은 눈금 매기기 절차가 다른데 이는 뒤에서 설명할 것이다). 기체가 든 플라스크를 온도 측정 대상인 얼음물 수조 속에 넣고 수은 용기 B를 올리거나 내려서 갇힌 기체의 부피가 어떤 값에 이르면, 눈금자의 0점에 오게 한다. 이때 수은 용기 B와 수은주 A 사이의 높이 차 h는 식 15.4에 따라 0 °C일 때의 압력값을 나타낸다. 다음, 플라스크를 끓는물 수조 속에 넣고 (그러면 얼음물일 때에 비해 갇힌 기체의 부피가 늘어나게 되고 수은주 A의 위치가 자의 0점에서 약간 내려가게 될 것이다.) 수은 용기 B를 다시 조절해서 수은주 A의 높이가 다시금 자의 0점에 오도록 하면 갇힌 기체의 부피가 항상 일정함을 보장할 수 있다(그래서 '등적'이라고 한다). 이 과정에서 (수은 용기 B의 높이도 얼음물일 때와 비교해서 변하게 되고) 새롭게 측정된 h값은 100 °C에서의 압력값을 나타낸다. 이 압력과 온도값들이 그림 16.4의 그래프에 두 점으로 나타나 있다. 기체의 압력이 온도에 선형적으로 비례해서 변한다는(이는 16.4절에서 보다 상세히 논의할 것이다) 실험적 관찰에 근거해서 두 점 사이에 직선을 긋는다. 이 두 점을 연결한 직선은 미지의 온도를 측정하는 눈금 매김 선으로 사용된다. 어떤 물체의 온도를 측정하고 싶으면 기체가 담긴 플라스크를 그 물체와 열접촉시키고, 수은 용기 B의 높이를 조절해서 수은주 A의 높이가 자의 0점에 오도록 한다. 이때 수정된 수은 용기 B의 기둥 높이가 그때의 기체 압력값을 말해주고, 다음 눈금 매김 선으로부터 그 압력값에 대응되는 물체의 온도값을 얻을 수 있다.

서로 다른 기체를 사용하는 여러 가지 기체 온도계로 온도를 측정한다고 가정해 보자. 실험의 결과를 보면, 기체의 압력이 낮고 온도가 기체의 액화점보다 훨씬 높은 경우에는, 측정 온도가 기체의 종류에 크게 의존하지 않는다는 것을 알 수 있다.

이번에는 0 °C에서의 시작 기준 압력을 다르게 해서 온도 측정 실험을 해 보자. 기체의 압력이 충분히 낮은 한, 역시 직선의 눈금 매김 선을 얻을 수 있다. 그림 16.5에 서로 다른 세 가지 시작 압력에 대한 실험 결과(실선)를 나타냈다.

그림 16.5에서 0 °C 이하의 온도 영역까지 그래프선을 연장하면 놀라운 결과를 발견하게 된다. 모든 경우에, 즉 기체의 종류에 관계없이, 또 시작 압력에 상관없이, **외삽법으로 연장시킨 그래프선은 압력이 영이 될 때 한 점으로 모여 일치하며, 이때 온도값은 −273.15 °C이다.** 이 특별한 온도값은 온도계에 사용된 물질에 의존하지 않으므로 보편적인 중요성을 지니고 있다. 게다가 가능한 가장 낮은 압력은 $P = 0$이므로(이는 완벽한 진공일 수 있음), 이 온도는 물리적 과정의 하한(아래 경계)을 나타내는 것으로 여겨진다. 그래서 이 온도를 **절대 영도**(absolute zero)로 정의한다. 절대 영도 근방의 온도에서는, 21장에서 공부하게 될 **초전도** 현상 같은 흥미로운 결과가 나타난다.

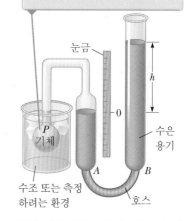

플라스크 안의 기체의 부피는 수은 용기 B를 올리거나 내려서 수은주 A의 높이를 일정하게 조절함으로써 일정하게 유지된다.

그림 16.3 등적 기체 온도계는 물속에 잠겨 있는 플라스크 안에 들어 있는 기체의 압력을 측정한다.

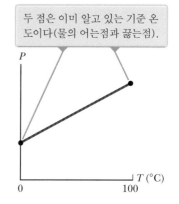

두 점은 이미 알고 있는 기준 온도이다(물의 어는점과 끓는점).

그림 16.4 등적 기체 온도계로 측정한 결과로 얻어낸 전형적인 압력 대 온도 그래프

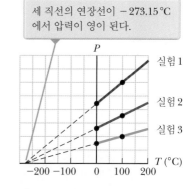

세 직선의 연장선이 −273.15 °C에서 압력이 영이 된다.

그림 16.5 등적 기체 온도계에서 각기 다른 압력하에서 실험한 압력 대 온도 그래프

이 중요한 온도는 −273.15 °C를 영점으로 하는 **켈빈 온도 눈금**(Kelvin temperature scale)의 기본이 됐다. 켈빈 온도의 눈금 간격의 크기는 섭씨 온도의 눈금 간격의 크기와 동일하다. 그러므로 켈빈 온도와 섭씨 온도는 다음 식에 따라 변환할 수 있다.

$$T_C = T - 273.15 \qquad\qquad \textbf{16.1}$$

여기서 T_C는 섭씨 온도이고 T는 켈빈 온도[**절대 온도**(absolute temperature)라고도 한다]이다. 두 가지 온도 사이의 주된 차이점은 영점인 눈금의 위치가 다르다는 것이다. 섭씨 눈금의 영점은 임의적이다. 섭씨 온도는 물이라는 한 가지 물질에만 연관된 성질에 의존한다. 반면에 켈빈 눈금의 영점은 모든 물질에 연관된 행동 특성이므로 임의적이지 않다. 따라서 어떤 식이 온도를 변수로 포함할 때에는 반드시 절대 온도를 사용해야 한다. 마찬가지로 온도끼리의 비율도 켈빈 온도로 표시해야 의미가 있게 된다.

식 16.1은 섭씨 온도 T_C가 절대 온도 T로부터 273.15 °C 이동됐음을 보여 준다. 두 온도 눈금의 크기가 같으므로 5 °C의 온도차는 5 K의 온도차와 같다. 두 온도 눈금은 영점의 선택에서만 다르다. 그러므로 어는점(273.15 K)은 0.00 °C에 대응되고 끓는점(373.15 K)은 100.00 °C와 동등하다.

초기의 기체 온도계는 방금 기술한 절차에 따라 물의 어는점과 끓는점을 사용했다. 그러나 이 점들은 실험적으로 다시 되풀이하기가 어렵다. 이런 이유로 1954년 국제 도량형국에서 새롭게 선정한 두 기준점을 바탕으로 한 새로운 절차가 채택됐다. 첫 번째 점은 절대 영도이고, 두 번째 점은 **물의 삼중점**(triple point of water)이다. 물의 삼중점이란 물, 수증기, 얼음이 평형을 이루면서 공존하는 유일한 온도와 압력에 대응되는 지점이다. 물의 삼중점은 편리하고 재현할 수 있는 켈빈 온도 눈금의 기준점으로 온도 0.01 °C, 압력 4.58 mmHg일 때 나타난다. 켈빈 눈금으로 물의 삼중점은 273.16 K이다. 온도의 SI 단위로서 **켈빈은 물의 삼중점 온도의 1/273.16으로 정의된다.**

그림 16.6은 여러 가지 물리적 과정과 조건에 대응되는 켈빈 온도를 보여 준다. 실험실에서 절대 영도에 아주 가까이 근접한 상태를 만들어냈지만, 절대 영도에는 결코 도달하지 못하고 있다.

온도가 0 K에 도달하면 기체는 어떻게 될까? 그림 16.5에서 보듯이(기체의 액화나 응고는 무시하고) 용기벽에 작용하는 기체의 압력은 영이 된다. 16.5절에서 기체의 압력은 기체를 이루는 분자의 운동 에너지에 비례함을 알게 될 것이다. 그러므로 고전 물리학에 따르면 기체의 운동 에너지도 영이 되어 기체 구성 성분의 운동이 완전히 멈추게 된다. 그래서 기체 분자는 용기 바닥에 가라앉아 머물 것이다. 28장에서 논의할 양자론에 따르면 이 내용은 수정되어야 한다. 절대 영도와 같이 낮은 온도에서도 남아 있는 에너지가 있을 수 있다. 이를 **영점 에너지**라고 한다.

화씨 눈금 The Fahrenheit Scale

미국에서 일상적으로 가장 흔히 사용하는 온도 눈금은 **화씨 눈금**(Fahrenheit scale)

오류 피하기 | 16.1

도의 문제(a matter of degree) 켈빈 눈금에서 온도의 표기를 할 때 도(°) 부호를 사용하지 않음에 주목한다. 켈빈 온도 단위는 단순히 켈빈(kelvin, K)이지 도켈빈(degrees kelvin)이 아니다.

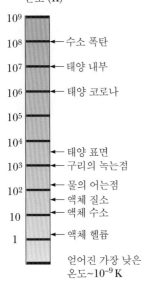

온도 눈금이 로그 눈금으로 되어 있다.

온도 (K)

10^9
10^8 ← 수소 폭탄
10^7 ← 태양 내부
10^6 ← 태양 코로나
10^5
10^4 ← 태양 표면
10^3 ← 구리의 녹는점
10^2 ← 물의 어는점
10 ← 액체 질소 / 액체 수소
1 ← 액체 헬륨

얼어진 가장 낮은 온도~10^{-9} K

그림 16.6 여러 가지 물리적 과정이 나타나는 절대 온도

이다. 이 눈금에서는 어는점 온도가 32 °F, 끓는점 온도가 212 °F이다. 섭씨 온도와 화씨 온도 눈금 사이의 관계는 다음과 같다.

$$T_F = \frac{9}{5}T_C + 32\,°F \qquad 16.2$$

식 16.2는 섭씨 눈금과 화씨 눈금에서 온도의 변화량 사이의 관계를 알아내는 데 이용되기도 한다. 섭씨 온도 변화를 ΔT_C, 화씨 온도 변화를 ΔT_F로 나타내면 다음의 관계식이 만족됨을 각자 확인해 보라.

$$\Delta T_F = \frac{9}{5}\Delta T_C \qquad 16.3$$

퀴즈 16.1 다음 짝지어진 물질 중 한쪽이 다른 쪽보다 두 배 뜨거운 짝은 어느 것인가? **(a)** 100 °C의 끓는 물, 50 °C의 물 한 잔 **(b)** 100 °C의 끓는 물, −50 °C의 냉동 메테인 **(c)** −20 °C의 얼음 조각, 서커스에서 불을 뿜는 사람이 내뿜는 233 °C의 불꽃 **(d)** 정답 없음

▶ 생각하는 물리 16.1

한 무리의 미래 우주 비행사들이 생명체가 살고 있는 어떤 행성에 착륙한다. 우주 비행사들은 외계인들과 온도 눈금에 대해 대화를 시작한다. 이 행성의 주민들은 물의 어는점과 끓는점을 기준으로 하고, 그 사이를 100등분한 온도 눈금을 사용하고 있음이 판명된다. 이 행성에서의 두 온도가 지구에서의 온도와 같은가? 외계인들의 온도 눈금 간격의 크기(1°)가 우리 지구의 것과 같은가? 외계인들도 우리의 켈빈 온도 눈금과 비슷한 온도 눈금을 고안했다. 그들의 절대 영도는 우리의 것과 같은가?

추론 물의 어는점과 끓는점에 대한 0 °C와 100 °C의 값은 대기압하에서 정의된다. 지구 외의 다른 행성의 대기압이 지구의 대기압과 똑같지는 않을 것이다. 그러므로 외계인의 행성에서는 지구와 다른 온도에서 물이 얼고 끓을 수 있다. 외계인들은 이 온도를 0°, 100°라고 부를 것이며, 우리의 0 °C, 100 °C와 다를 것이다. 따라서 외계인들의 도(°, degree)는 우리의 섭씨도(°C, Celcius degree)와 크기가 같지 않을 것이다 (그들의 대기압이 우리와 같지 않는 한). 반면에 켈빈 눈금의 '외계인 영역'에서의 절대 영도는 우리의 것과 같을 것이다. 왜냐하면 절대 영도는 어떤 특정한 물질이나 대기압 등과 연관된 것이라기보다 자연적이고 보편적인 정의에 기초를 두고 있기 때문이다. ◀

▶ 예제 16.1 | 온도 변환

어느 날의 기온이 50 °F이다. 이것을 섭씨 온도와 켈빈 온도로 바꾸라.

풀이

개념화 미국에서는 50 °F라는 온도가 잘 이해되지만, 전 세계 여러 나라에서는 이 온도가 의미 없을 수 있다. 그 이유는 섭씨 온도계를 사용하기 때문이다.

분류 이는 간단한 대입 문제이다.

식 16.2에 주어진 온도를 대입한다.

$$T_C = \frac{5}{9}(T_F - 32) = \frac{5}{9}(50 - 32) = \boxed{10\,℃}$$

식 16.1을 이용해서 켈빈 온도를 구한다.

$$T = T_C + 273.15 = 10\,℃ + 273.15 = \boxed{283\,K}$$

날씨와 관련하여 알고 있으면 편리한 몇 가지 온도 변환

물의 어는점 0 ℃ = 32 ℉

시원한 온도 10 ℃ = 50 ℉

실내 온도 20 ℃ = 68 ℉

따뜻한 온도 30 ℃ = 86 ℉

더운 온도 40 ℃ = 104 ℉

▌**16.3** │ 고체와 액체의 열팽창 Thermal Expansion of Solids and Liquids

지금까지 공부한 액체 온도계는 대부분의 물질이 온도가 올라가면 부피가 늘어난다는 가장 잘 알려진 변화를 이용한 것이다. **열팽창**(thermal expansion)이라고 알려진 이 현상은 많은 응용에서 중요한 역할을 한다. 예를 들어 각종 건물, 콘크리트 고속도로, 철길, 다리(교량) 등의 구조물에는 온도 변화에 따른 크기 변화를 보정하기 위해 반드시 열팽창 이음매를 포함시켜야 한다(그림 16.7).

물체의 전체적인 열팽창은 물체를 구성하는 원자나 분자 사이의 평균 거리가 변하기 때문에 일어난다. 이 개념을 이해하기 위해, 고체 내의 원자들이 어떻게 행동하는가 고려해 보자. 이 원자들은 원래 고정된 평형 위치에 놓여 있다. 만약 원자 하나를 당겨 자신의 원래 위치로부터 멀어지게 한다면, 복원력이 그 원자를 제자리로 되돌리게 한다. 고체를 구성하는 원자들은 이웃 원자들과 용수철로 연결되어, 평형 위치에 있는 입자들이라고 상상하는 구조 모형으로 생각할 수 있다(그림 16.8). 한 원자를 평형 위치로부터 잡아당길 경우 용수철의 변형이 복원력을 제공한다. 이 원자를 가만히 놓으면 진동을 할 것이고, 우리는 이 운동을 분석하는 데 단조화 운동 모형을 적용할 수 있다. 이런 유형의 원자 수준의 구조 모형으로부터 물질의 수많은 거시적 성질

다리 상판에 도로와 구분되는 열팽창 이음매가 없으면 아주 더운 날에는 팽창해서 도로의 표면이 뒤틀리게 되고, 아주 추운 날에는 수축되어 도로의 표면이 갈라지게 될 것이다.

긴 세로 방향의 이음매에 부드러운 물질이 채워져 있다. 그래서 벽돌의 온도가 변하면 비교적 자유로이 팽창과 수축을 할 수 있게 된다.

그림 16.7 (a) 다리와 (b) 벽에서의 열팽창 이음매

들을 이해할 수 있다.

6장에서 우리는 내부 에너지의 개념을 도입했고, 이것이 계의 온도와 연관되어 있다는 것을 보였다. 고체의 내부 에너지는 고체를 이루는 원자들이 평형 위치로부터 진동할 때 나타나는 (미시적인) 운동 에너지와 위치 에너지 등과 연관되어 있다. 실온에서 원자들은 10^{-11} m의 진폭으로 진동하며, 이때 원자 간 평균 거리는 10^{-10} m 정도이다. 고체의 온도가 올라감에 따라 원자 간 평균 거리가 증가하게 된다. 온도 상승에 따른 원자 간 평균 거리의 증가(그에 따른 열팽창)는 단조화 운동 모형이 붕괴된 결과이다. 6장의 그림 6.23a에 이상적인 단조화 진동자의 위치 에너지 곡선을 나타낸다. 고체 내 원자의 위치 에너지 곡선은 이것과 똑같지는 않으나 비슷하다. 고체일 경우, 곡선은 평형 위치에 대해 약간 비대칭인데, 열팽창이 일어나는 이유가 바로 이 비대칭성 때문이다.

물체의 열팽창이 처음 크기에 비해 충분히 작은 경우, 물체의 크기 변화는 근사적으로 온도 변화에 선형적으로 비례하며, 대부분의 상황에서 이런 단순화한 모형을 적용할 수 있다. 어떤 기준 온도에서 물체의 처음 길이를 L_i라고 하자. 온도 변화 ΔT에 따른 길이 변화를 ΔL이라 하면, ΔT가 충분히 작을 때 ΔL은 ΔT와 L_i에 비례한다는 것이 실험적인 결과이다.

$$\Delta L = \alpha L_i \Delta T \qquad \text{16.4}$$

또는
$$L_f - L_i = \alpha L_i (T_f - T_i) \qquad \text{16.5}$$

여기서 L_f는 나중 길이, T_f는 나중 온도, 비례상수 α는 주어진 물질의 **평균 선팽창 계수**(average coefficient of linear expansion)이고, 단위는 섭씨도의 역수 $(\text{°C})^{-1}$이다.

이해하기 쉽게 말해서 열팽창의 결과는 어떤 물체의 확대 사진처럼 생각하면 된다. 예를 들면 그림 16.9와 같이 금속 고리를 가열하면, 고리 구멍의 반지름을 포함한 모든 방향으로의 크기가 식 16.4에 따라 증가한다. 물체의 길이가 온도의 변화에 따라 변하므로, 물체의 부피와 겉넓이도 따라서 변한다. 한 변의 처음 길이가 L_i이고 처음 부피가 $V_i = L_i^3$인 정육면체를 고려해 보자. 온도가 상승함에 따라, 각 변의 길이가 다음처럼 늘어나게 된다.

$$L_f = L_i + \alpha L_i \Delta T$$

나중 부피는 $V_f = L_f^3$이므로 다음과 같다.

$$L_f^3 = (L_i + \alpha L_i \Delta T)^3 = L_i^3 + 3\alpha L_i^3 \Delta T + 3\alpha^2 L_i^3 (\Delta T)^2 + \alpha^3 L_i^3 (\Delta T)^3$$

이 전개식에서 마지막 두 항은 $\alpha \Delta T$의 제곱과 세제곱이다. $\alpha \Delta T$가 1보다 매우 작은 수이므로 거듭제곱을 하면 더욱 작아지므로, 이 두 항을 무시하고 다음의 간단한 식을 얻을 수 있다.

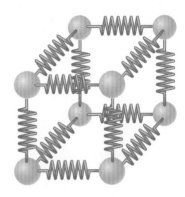

그림 16.8 고체 내의 원자 배열에 대한 구조 모형. 원자(공 모양)들은 (원자 사이 힘의 탄성적인 성질을 반영하는) 용수철에 의해 서로 연결되어 있다고 상상할 수 있다.

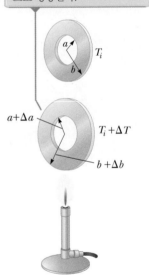

금속 고리가 가열되면, 구멍의 반지름을 포함해서 모든 방향으로 팽창한다.

그림 16.9 밀도가 균일한 금속 고리의 열팽창. (그림에서는 열팽창이 조금 과장되어 있다.)

오류 피하기 | 16.2

구멍은 더 커질까, 더 작아질까? 물체의 온도가 올라갈 때, 모든 방향으로 길이가 늘어난다. 그림 16.9에 보인 바와 같이, 물체 내의 어떤 구멍도 마치 그 구멍에 같은 물질이 채워져 있는 것처럼 팽창하게 된다. 열팽창의 개념은 사진 확대와 흡사하다고 마음에 새겨 두도록 하라.

표 16.1 | 실온에서 여러 가지 물질의 평균 팽창 계수

물 질	평균 선팽창 계수(α)($^{\circ}C^{-1}$)	물 질	평균 부피 팽창 계수(β)($^{\circ}C^{-1}$)
알루미늄	24×10^{-6}	아세톤	1.5×10^{-4}
황동과 청동	19×10^{-6}	에틸 알코올	1.12×10^{-4}
콘크리트	12×10^{-6}	벤 젠	1.24×10^{-4}
구 리	17×10^{-6}	휘발유	9.6×10^{-4}
보통 유리	9×10^{-6}	글리세린	4.85×10^{-4}
파이렉스 유리	3.2×10^{-6}	수 은	1.82×10^{-4}
불변강(Ni–Fe 합금)	0.9×10^{-6}	송 진	9.0×10^{-4}
납	29×10^{-6}	0 °C의 공기[a]	3.67×10^{-3}
강 철	11×10^{-6}	헬 륨[a]	3.665×10^{-3}

[a] 기체는 어떤 과정을 거치느냐에 따라 다르게 팽창하기 때문에 특정한 부피 팽창 계수 값이 없다. 이 표에 제시한 값들은 일정한 압력하에서 팽창한다고 가정하고 주어져 있다.

열팽창. 7월 어느 날, 미국 뉴저지(New Jersey) 주 애즈베리 공원(Asbury park) 에 있는 철길이 폭염으로 휘어 버렸다.

$$V_f = L_f^3 = L_i^3 + 3\alpha L_i^3 \Delta T = V_i + 3\alpha V_i \Delta T$$

또는
$$\Delta V = V_f - V_i = \beta V_i \Delta T \qquad \textbf{16.6}$$

여기서 $\beta = 3\alpha$이다. β는 **평균 부피 팽창 계수**(average coefficient of volume expansion)라고 한다. 우리는 이 식을 유도하기 위해 정육면체를 고려했지만, 식 16.6은 평균 선팽창 계수가 모든 방향에 대해 같은 한, 어떤 모양의 물체에 대해서도 동일하다.

이와 비슷한 방법으로, 온도 상승에 따른 물체의 **넓이 증가**는 다음과 같음을 알 수 있다.

$$\Delta A = \gamma A_i \Delta T \qquad \textbf{16.7}$$

여기서 γ는 **평균 넓이 팽창 계수**(average coefficient of area expansion)이고 $\gamma = 2\alpha$이다.

표 16.1에 여러 가지 물질에 대한 평균 선팽창 계수 값을 나타냈다. 표에 열거한 물질들에 대해서는 α가 양(+)이고, 온도를 높이면 길이가 늘어나는 것을 뜻한다. 그러나 다른 경우도 있다. 예를 들어 방해석(calcite, $CaCO_3$) 같은 물질은 온도를 높였을 때, 어떤 한 방향으로는 팽창해서 α가 양(+)이지만, 다른 방향으로는 수축되어 α가 음(−)이 된다.

◤ **퀴즈 16.2** 두 개의 구가 같은 금속으로 이루어져 있고, 반지름이 같다. 그러나 한 개는 속이 비어 있고 다른 하나는 속이 가득 차 있다. 이들의 온도를 동일하게 상승시켰을 때, 어느 구가 더 팽창하는가? **(a)** 속이 가득 찬 금속 구가 더 팽창한다. **(b)** 속이 빈 금속 구가 더 팽창한다. **(c)** 둘은 같은 정도로 팽창한다. **(d)** 주어진 정보로는 판단할 수 없다.

> **생각하는 물리 16.2**

집주인이 천장에 페인트칠을 하다가 페인트솔로부터 페인트 한 방울을 달아오른 백열전구 위로 떨어뜨렸다. 전구가 깨졌다. 그 이유는 무엇일까?

추론 백열전구의 유리 껍질 안쪽 면은 매우 뜨거운 필라멘트로부터 방출되는 전자기 복사 에너지를 받게 된다. 게다가 전구는 기체를 담고 있으므로, 유리 껍질은 필라멘트 근처의 뜨거운 기체로부터 차가운 유리 쪽으로의 물질 이동(전구 내 기체 대류)에 의해 또 에너지를 전달받게 된다. 그래서 전구는 매우 뜨거워진다. 상대적으로 차가운 페인트 방울이 뜨거운 유리 표면 위에 떨어지면, 그 부분이 주위보다 갑자기 차가워지며, 이 부분의 수축이 열변형력을 일으키게 되어 유리는 마침내 깨진다. ◀

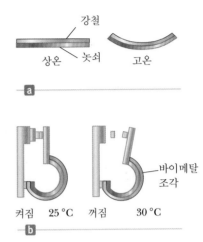

표 16.1에서 보듯이 각각의 물질은 제각기 고유한 팽창 계수가 있다. 예를 들어 놋쇠 막대와 강철 막대를 동일한 처음 온도로부터 같은 양만큼 온도를 올리면, 놋쇠 막대의 팽창 계수가 강철 막대보다 더 크기 때문에 더 많이 늘어나게 된다. 이 원리를 이용한 바이메탈이라 불리는 간단한 기구는 가정용 보일러시스템의 자동 온도 조절 장치 같은 실용 장치 속에 들어 있다. 바이메탈은 종류가 다른 두 금속을 얇고 가느다란 긴 조각 모양으로 단단히 접착시킨 것이다. 그림 16.10에서처럼 바이메탈의 온도가 올라가면 두 금속은 다른 크기로 늘어나 구부러지게 된다.

그림 16.10 (a) 바이메탈은 두 금속의 팽창 계수가 다르기 때문에 온도가 변하면 구부러진다. (b) 자동 온도 조절 장치에 사용되는 바이메탈은 전기 회로를 연결하거나 끊는 역할을 한다.

> **예제 16.2 | 열팽창에 의한 전기합선**

어떤 전자 기기가 잘못 설계되어 그림 16.11과 같이 서로 다른 쪽에 달려 있는 볼트가 안쪽에서 거의 맞닿게 됐다. 강철 볼트와 놋쇠 볼트는 각기 다른 전위에 놓여 있어 서로 닿을 경우, 단락(합선) 회로가 형성되어 기기가 손상을 입게 된다(전위에 대해서는 20장에서 알아보기로 한다). 처음에 27 ℃일 때 두 볼트 사이의 간격이 5.0 μm였다면, 두 볼트가 접촉하게 되는 온도는 몇 도인가? 두 벽 사이의 거리는 온도에 영향을 받지 않는다고 가정한다.

풀이

개념화 온도가 오름에 따라 두 볼트의 끝이 틈을 좁혀가는 방향으로 팽창한다고 생각해 보자.

분류 이것을 열팽창 문제로 분류할 수 있다. 여기서 두 볼트의 길이 변화의 **합**은 온도가 변하기 전 두 볼트 사이의 간격과 같아야 한다고 놓고 푼다.

분석 길이 변화의 합이 두 볼트 사이의 간격과 같다고 놓는다.

$$\Delta L_{br} + \Delta L_{st} = \alpha_{br} L_{i, br} \Delta T + \alpha_{st} L_{i, st} \Delta T$$
$$= 5.0 \times 10^{-6}\ m$$

ΔT에 관해 푼다.

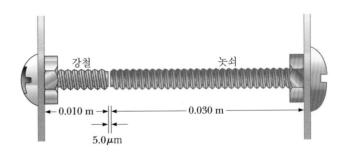

그림 16.11 (예제 16.2) 어떤 전자 기기의 다른 부분에 달려 있는 두 볼트가 27 ℃일 때 거의 서로에 닿을 정도 거리에 놓여 있다. 온도가 올라감에 따라 두 볼트는 서로를 향해 팽창한다.

$$\Delta T = \frac{5.0 \times 10^{-6}\ m}{\alpha_{br} L_{i, br} + \alpha_{st} L_{i, st}}$$
$$= \frac{5.0 \times 10^{-6}\ m}{[19 \times 10^{-6}\ (\text{℃})^{-1}](0.030\,m) + [11 \times 10^{-6}\ (\text{℃})^{-1}](0.010\,m)}$$
$$= 7.4\ \text{℃}$$

두 볼트가 접촉하는 곳의 온도를 구한다.

$$T = 27\,°\text{C} + 7.4\,°\text{C} = \boxed{34\,°\text{C}}$$

결론 이 온도는 더운 여름날 오랜 기간 동안 건물에서 냉방 시설이 작동하지 않을 경우 도달할 만하다.

물의 특이한 성질 The Unusual Behavior of Water

액체는 일반적으로 온도가 높아지면 부피가 증가하며, 액체의 평균 부피 팽창 계수는 보통 고체보다 10배 정도 크다. 그러나 그림 16.12의 온도에 따른 밀도 그래프에서 알 수 있듯이 작은 온도 범위 내에서 물은 예외적이다. 온도가 0 °C에서 4 °C로 올라갈 때, 물의 부피는 오히려 줄어들고 밀도는 증가한다. 4 °C를 넘어서면 온도 상승에 따라 다른 액체와 마찬가지로 물은 예상대로 팽창한다. 물의 밀도는 4 °C에서 최 댓값 1 000 kg/m³에 도달한다.

이런 물의 이례적인 열팽창 특성을 이용하면, 연못의 물이 왜 표면부터 얼기 시작하는지 설명할 수 있다. 예를 들어 대기의 온도가 7 °C에서 6 °C로 떨어지면, 연못 표면의 물은 차가워지고 부피도 줄어든다. 따라서 표면의 물은 아직 차가워지지 않아 부피가 줄어들지 않은 아래의 물보다 더 큰 밀도를 갖게 된다. 그 결과로 표면의 물은 가라앉고 좀 더 따뜻한 아래의 물은 강제적으로 표면으로 올라와 차가워지게 된다. 이 과정을 솟아오름(upwelling)이라고 한다. 그러나 대기의 온도가 4 °C에서 0 °C 사이가 되면, 표면의 물의 온도는 내려가 차가워지지만, 반면에 부피는 늘어나게 되고 아래쪽 물보다 밀도가 작아지게 된다. 그러면 더 이상의 가라앉는 과정이 중단되고 결국 0 °C에 먼저 도달한 표면의 물부터 얼게 된다. 일단 물이 얼게 되면 위쪽 얼음의 밀도가 아래쪽 물의 밀도보다 작기 때문에 얼음은 계속 표면에 머물게 된다. 표면에서는 계속 얼음이 만들어져 얼음층이 두꺼워질 것이며, 연못 바닥 근방의 물은 4 °C에 머물러 있게 된다. 만약 위와 같은 현상이 일어나지 않는다면 물고기나 다른 해양 생물체가 겨울 동안 살아남지 못할 것이다.

솟아오름과 섞임 과정이 없어 생기는 위험을 예로, 1984년 8월 모나운(Monoun)

BIO 겨울철 물고기의 생존

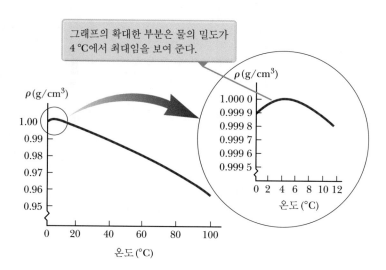

그래프의 확대한 부분은 물의 밀도가 4 °C에서 최대임을 보여 준다.

그림 16.12 대기압하에서 물의 온도 변화에 따른 밀도 변화

그림 16.13 (a) 이산화탄소의 폭발적인 유출 이후, 카메룬의 니오스 호수. (b) 이산화탄소는 여기에 보인 소떼들처럼 동물과 사람 모두의 죽음을 초래했다.

호수와 1986년 8월 니오스(Nyos) 호수에서 일어난 갑작스럽고 치명적인 이산화탄소의 방출 사건이 있다(그림 16.13). 두 호수는 아프리카 카메룬의 열대 우림 지역에 위치하고 있다. 두 사건에서 1 700명이 넘는 원주민들이 목숨을 잃었다.

미국과 같은 온대 지방에 위치한 호수에서는 하루 동안에도 또한 1년 동안에도 현격한 온도의 변화가 일어난다. 예를 들어 저녁이 되어 해가 지면 호수 표면의 물의 온도가 내려가게 되고 가라앉는 과정을 통해 상층의 물과 하층의 물을 서로 섞이게 된다.

모나운 호수와 니오스 호수에서 재앙이 일어난 주된 이유는 이런 섞임 과정이 다음의 두 가지 요인 때문에 정상적으로 일어나지 않았다. 첫째는, 호수가 대단히 깊어 긴 수직 거리에 분포된 여러 물 층들 사이의 섞임이 매우 힘들다는 점이다. 호수가 깊기 때문에 호수 바닥의 압력이 아주 높아서 호수 속 군데군데 바위나 깊은 샘으로부터 나온 많은 양의 이산화탄소가 물에 녹는다. 둘째는, 두 호수 모두 열대 우림 지역에 위치하고 있어 온대 지방에 비해 기온의 변화가 매우 적으므로 호수 속 물의 층 간의 섞임을 일으키는 구동력도 거의 없다. 호수 바닥 근처의 물은 긴 시간 동안 그곳에 머물게 되고 엄청난 양의 용해된 이산화탄소를 모으게 된다. 섞임 과정이 없이는, 이들 이산화탄소는 호수 표면으로 올라가 안전하게 방출될 수가 없고, 호수 바닥 부근에 단순히 계속 농축될 뿐이다.

위에 묘사된 상황은 폭발에 이를 수 있다. 만약 이산화탄소를 포함한 물이 압력이 훨씬 낮은 표면으로 올라오게 되면, 기체는 팽창해서 물로부터 급속히 빠져나온다. 일단 이산화탄소가 물로부터 빠져나오면서 기포가 발생하고, 이것이 물의 계층 간의 섞임을 더욱 활발하게 한다.

호수 표면의 물의 온도가 내려간다고 하자. 표면의 물의 밀도가 높아져 가라앉게 되고 이는 아마도 방금 기술한 이산화탄소의 방출을 폭발적으로 일으키게 하는 방아쇠 역할을 할 것이다. 카메룬의 몬순 시기는 8월이다. 장마 구름이 햇빛을 차단해서 호수 표면의 물의 온도가 내려가고 8월에 일어난 재앙의 원인이 되었을 것이다. 카메룬의 기상 관측 자료에 따르면, 1980년대 중엽 보통 때보다 더 낮은 온도와 더 많은

BIO **이산화탄소의 폭발적인 방출에 의한 질식**

비가 온 것으로 되어 있다. 그 결과 호수 표면의 물의 온도가 낮아져 1984년과 1986년의 사고를 유발했을 것이다. 이산화탄소의 급작스런 방출의 정확한 원인은 아직 명확히 알려져 있지 않으며, 연구 과제로 남아 있다.

마지막으로, 일단 이산화탄소가 호수로부터 방출되면, 이산화탄소는 공기보다 밀도가 크기 때문에 호수 주변 땅 위에 퍼져 머물게 되고, 따라서 사람이나 동물들을 질식시켜 죽음에 이르게 했을 것이다.

▌**16.4** │ 이상 기체의 거시적 기술 Macroscopic Description of an Ideal Gas

많은 열과정에서 기체의 성질은 아주 중요하다. 매일의 날씨 변화도 기체의 거동에 의해 결정되는 전형적인 예 중 하나이다.

기체를 용기에 주입시키면 팽창해서 용기에 균일하게 가득 찬다. 여기서 기체의 부피와 압력은 고정되어 있지 않다. 기체의 부피는 용기의 부피와 같고, 기체의 압력은 용기의 크기에 의존한다. 이 절에서 우리는 부피가 V인 용기 속에 갇혀 있고, 압력이 P, 온도가 T인 기체의 성질에 관심을 가질 것이다. 부피, 압력, 온도 세 물리량이 서로 어떻게 연관되어 있는지 알 수 있다면 유익할 것이다. 이 물리량 사이의 관계식을 **상태 방정식**(equation of state)이라고 하며 일반적으로 복잡한 편이다. 그러나 기체가 매우 낮은 압력(또는 낮은 밀도)으로 유지된다면, 상태 방정식은 상대적으로 간단한 꼴이 된다는 사실을 실험적으로 알 수 있다. 이런 낮은 밀도의 기체를 **이상 기체**(ideal gas)라고 한다. 실온과 대기압에서 대부분의 기체는 근사적으로 이상 기체처럼 거동한다. **이상 기체 모형**(ideal gas model)은 단순화한 모형으로서 앞으로 이를 사용하고자 한다. 이 모형에서 이상 기체란 (1) 무질서하게(마구잡이로) 움직이고, (2) 서로 장거리 상호 작용을 하지 않는 원자나 분자의 모임이고, (3) 크기가 너무 작아 용기의 부피에 비해 기체 자신의 부피는 무시해도 좋은 경우를 말한다.

주어진 부피 속의 기체의 양을 몰수를 사용해서 표현하면 편리하다. 어떤 물질 1몰(mole)은 **아보가드로수**(Avogadro's number) $N_A = 6.022 \times 10^{23}$만큼의 분자를 담고 있는 물질의 질량이다. 어떤 물질의 몰수 n과 질량 m 사이의 관계는 다음과 같다.

$$n = \frac{m}{M} \qquad\qquad \textbf{16.8}$$

여기서 M은 물질의 **몰질량**(molar mass)이며 보통은 몰당그램(g/mol)으로 표시한다. 예를 들어 산소 분자(O_2)의 몰질량은 32.0 g/mol이다. 즉 산소 1몰은 32.0 g이다. 분자 하나의 질량 m_0은 몰질량을 분자의 수, 즉 아보가드로수로 나눈 것이다. 산소인 경우는 다음과 같다.

$$m_0 = \frac{M}{N_A} = \frac{32.0 \times 10^{-3}\,\text{kg/mol}}{6.02 \times 10^{23}\,\text{molecule/mol}} = 5.32 \times 10^{-26}\,\text{kg/molecule}$$

이제 그림 16.14와 같이 피스톤으로 부피가 조절되는 원통 속에 이상 기체가 들어

그림 16.14 피스톤의 움직임에 따라 부피가 변하는 원통 속의 이상 기체

있다고 생각해 보자. 여기서 원통이 완벽하게 밀폐되어 있다고 가정하면, 원통 속의 기체의 질량 또는 몰수는 일정하게 유지된다. 이런 조건에서 수행된 여러 가지 실험 결과에서 다음과 같은 정보를 얻을 수 있다.

- 기체의 온도가 일정할 때, 압력은 부피에 반비례한다 (보일의 법칙).
- 기체의 압력이 일정할 때, 부피는 온도에 정비례한다 (샤를의 법칙).
- 기체의 부피가 일정할 때, 압력은 온도에 정비례한다 (게이-뤼삭의 법칙).

위 관찰 결과들을 **이상 기체 법칙**(ideal gas law)으로 알려진 다음의 상태 방정식으로 요약할 수 있다.

$$PV = nRT \qquad \text{16.9}$$

▶ 이상 기체 법칙

여기서 R은 특정한 기체에 대해 실험을 통해 결정되는 상수이고, T는 켈빈 단위로 표시된 절대 온도이다. 여러 종류의 기체에 대해 실험을 해보면 압력이 영에 가까워질 때 PV/nT도 모든 기체에 대해 동일한 값의 R에 가까워짐을 알 수 있다. 이런 이유로 R을 **보편 기체 상수**(universal gas constant)라고 한다. SI 단위로 R은 다음의 값을 갖는다. 여기서 압력은 파스칼(Pa), 부피는 세제곱미터(m^3), 온도는 켈빈(K) 단위로 표기한다.

$$R = 8.314 \text{ J/mol} \cdot \text{K} \qquad \text{16.10}$$

▶ 보편 기체 상수

압력을 대기압으로, 부피를 리터($1L = 10^3 \text{ cm}^3 = 10^{-3} \text{ m}^3$)로 표현하면 R값은 다음과 같다.

$$R = 0.0821 \text{ L} \cdot \text{atm/mol} \cdot \text{K}$$

위의 R값과 식 16.9를 이용해서, 대기압하에 있고, 온도가 0 °C(273 K)인 기체 1 몰의 부피는 기체의 종류에 관계없이 22.4 L임을 알 수 있다.

이상 기체 법칙은 몰수 n보다 기체 분자의 전체 수 N을 사용해 표현하기도 한다. 기체 분자의 전체 수(N)는 몰수(n)와 아보가드로수(N_A)의 곱이므로 식 16.9를 다음과 같이 쓸 수 있다.

$$PV = nRT = \frac{N}{N_A}RT$$
$$PV = Nk_B T \qquad \text{16.11}$$

여기서 k_B는 **볼츠만 상수**(Boltzmann's constant)이고, 다음 값을 갖는다.

$$k_B = \frac{R}{N_A} = 1.38 \times 10^{-23} \text{ J/K} \qquad \text{16.12}$$

▶ 볼츠만 상수

> **오류 피하기 | 16.3**
>
> **너무나 많은 k가 존재한다** 물리학에서는 아주 다양한 상황에서 문자 k가 사용된다. 앞서 이미 두 가지 사용 예, 즉 용수철의 힘상수(12장)와 역학적 파동의 파수(13장)를 봤다. 또한 5장에서도 쿨롱 상수 k_e를 봤다. 볼츠만 상수는 또 다른 상수이고, 17장에서 열전도도로서 k를 또 만나게 될 것이다. 이런 혼란을 피하기 위해, 볼츠만 상수에 첨자를 붙여 잘 알아보게 할 것이다. 이 책에서는 볼츠만 상수를 k_B로 나타내지만, 다른 책에서는 단순히 k로 나타내기도 한다.

◢ **퀴즈 16.3** 짐을 꾸릴 때 충격 완화용으로 사용되는 재료는 아주 얇은 플라스틱을 서로 포 갠 후, 공기를 가두어서 만든다. 이 재료는 어떤 날씨에 재료를 옮길 때 내용물을 보호하는 데 더 효과적인가? **(a)** 더운 날 **(b)** 추운 날 **(c)** 날씨와 무관

> **퀴즈 16.4** 겨울날, 난방기를 켜면 집안의 기온이 올라간다. 집의 공기가 정상적 범위 내에서 새어 나가고 들어온다고 가정하자. 더 따뜻해진 상태에서 집안 공기의 몰수는 **(a)** 전보다 커진다. **(b)** 전보다 작아진다. **(c)** 전과 같다.

예제 16.3 | 스프레이 캔 데우기

스프레이 캔에 기체가 들어 있다. 캔 내부의 압력은 대기압의 두 배(202 kPa)이고, 부피는 125.00 cm³이며 온도는 22 °C이다. 이 캔을 불 속에 던져 넣는다. (주의: 이 실험은 매우 위험하므로 실제로 하지는 말라.) 캔 내부 기체의 온도가 195 °C에 도달할 때, 캔 내부의 압력을 구하라. 여기서 부피의 변화는 무시한다.

풀이

개념화 직관적으로 온도가 증가함에 따라 용기 내부의 기체 압력이 증가할 것으로 기대한다.

분류 캔 내부의 기체를 이상 기체로 가정하고 이상 기체 법칙을 이용해서 새로운 압력을 구한다.

분석 식 16.9를 다시 정리한다.

$$(1) \qquad \frac{PV}{T} = nR$$

압축 과정에서 공기가 빠져나가지 않으므로 nR은 일정하게 유지된다. 따라서 식 (1)의 좌변의 처음 값이 나중 값과 같다고 놓는다.

$$(2) \qquad \frac{P_i V_i}{T_i} = \frac{P_f V_f}{T_f}$$

기체의 처음 부피와 나중 부피가 같다고 가정하므로, 양변의 부피를 소거한다.

$$(3) \qquad \frac{P_i}{T_i} = \frac{P_f}{T_f}$$

P_f에 대해 푼다.

$$P_f = \left(\frac{T_f}{T_i}\right) P_i = \left(\frac{468 \,\text{K}}{295 \,\text{K}}\right)(202 \,\text{kPa}) = \boxed{320 \,\text{kPa}}$$

결론 온도가 높을수록 갇혀 있는 기체가 작용하는 압력은 더 높아진다. 압력이 계속 높아지면 당연히 캔이 폭발할 것이다. 이런 가능성 때문에 어떤 스프레이 캔이라도 불에 던져서는 안 된다.

문제 온도가 올라감에 따라 열팽창으로 인해 강철 스프레이 캔의 부피가 변한다고 하자. 이것이 나중 압력을 크게 변화시키는가?

답 강철의 열팽창 계수는 매우 작기 때문에 나중 압력에 큰 변화는 주지 못한다.

식 16.6과 표 16.1로부터 강철의 α를 이용해서 캔의 부피 변화를 구한다.

$$\begin{aligned}
\Delta V &= \beta V_i \Delta T = 3\alpha V_i \Delta T \\
&= 3 \left[11 \times 10^{-6} (°\text{C})^{-1}\right](125.00 \,\text{cm}^3)(173 \,°\text{C}) \\
&= 0.71 \,\text{cm}^3
\end{aligned}$$

식 (2)를 다시 이용해서 나중 압력에 대한 식을 구한다.

$$P_f = \left(\frac{T_f}{T_i}\right)\left(\frac{V_i}{V_f}\right) P_i$$

이 결과는 식 (3)과 비교할 때, (V_i/V_f)만 빼고 다 같다. (V_i/V_f) 값을 구한다.

$$\frac{V_i}{V_f} = \frac{125.00 \,\text{cm}^3}{(125.00 \,\text{cm}^3 + 0.71 \,\text{cm}^3)} = 0.994 = 99.4 \,\%$$

따라서 나중 압력의 값은 열팽창을 무시하고 계산한 값과 0.6 %밖에 차이가 나지 않는다. 처음에 열팽창을 무시하고 구한 압력에 99.4 %를 구하면, 열팽창을 포함한 나중 압력은 318 kPa이 된다.

16.5 | 기체 운동론 The Kinetic Theory of Gases

앞 절에서 압력, 부피, 몰수, 온도와 같은 거시적인 변수를 이용해서 이상 기체의 성질을 논의했다. **거시적인** 관점에서 이상 기체 모형을 수학적으로 표현한 것이 이상 기체 법칙이다. 이 절에서는 이상 기체 모형의 **미시적인** 관점을 고려해 보고자 한다. 여기서 거시적인 성질들이 원자 수준의 현상에 기초를 두고 이해될 수 있다는 사실을 알게 될 것이다.

이상 기체 모형을 이용해서 용기 속에 담긴 기체에 대한 구조 모형을 세울 것이다. 이 모형에 의해 만들어진 수학적인 구조와 예측은 **기체 운동론**(kinetic theory of gases)으로 알려진 내용을 구성하고 있다. 이 이론에서 이상 기체의 압력과 온도를 미시적인 변수들로 설명하고자 한다. 이 구조 모형은 다음 가정(구성 요소)들을 바탕으로 한다.

1. **계를 이루는 구성 요소에 대한 서술**: 기체는 한 변의 길이가 d인 정육면체 용기 내에 있는 수많은 동일한 분자들로 구성된다. 기체 내의 분자수는 아주 많고, 분자 사이의 평균 거리는 분자 자신의 크기에 비해 훨씬 크다. 즉 분자들은 용기 내에서 무시할 정도의 아주 작은 부피를 차지하고 있다. 이 가정은 분자를 점으로 생각하는 이상 기체 모형과 일치한다.

2. **계의 구성 요소의 상대적 위치 및 그들 간의 상호 작용에 대한 서술**: 기체 분자는 용기 내에서 균일하게 분포하고 있고 다음과 같이 거동한다.

   (a) 기체 분자는 뉴턴의 운동 법칙을 따르지만, 전체적으로 분자 운동은 등방성이다. 등방성 운동이란 어떤 방향으로든 모든 가능한 크기의 속력으로 운동할 수 있음을 뜻한다.

   (b) 기체 분자는 서로 탄성 충돌을 하는 동안에만 단거리 힘을 주고받는다. 이 가정은 분자 간에 서로 장거리 힘이 작용하지 않는다는 이상 기체 모형과 일치한다.

   (c) 분자는 용기의 벽과 탄성 충돌을 한다.

3. **시간이 지남에 따라 계가 어떻게 변하는가에 대한 서술**: 계는 시간이 흐름에 따라 정상 상태에 도달하는데, 이때 기체의 거시적인 상태(부피, 온도, 압력 등)는 일정하게 유지되며, 기체 분자 개개의 속도는 끊임없이 변한다.

4. **구조 모형을 이용한 예측과 실제 관측 결과에 대한 비교 서술, 그리고 가능하다면 아직 관측된 바 없는 새로운 효과에 대한 예측**: 우리의 구조 모형은 거시적인 측정과 미시적인 거동과 관련짓는 어떤 특별한 예측을 해야만 한다. 특히 압력과 온도가 기체 분자와 연관된 미시적인 변수와 어떻게 관련되는지를 예측하고자 한다.

보통 이상 기체를 단원자로 구성된 기체로 생각하지만, 낮은 압력에서는 여러 원자들로 구성된 분자 기체도 이상 기체 모형에 근사적으로 잘 들어맞는다. 분자 구조에 의한 효과는 여기에서 다루는 운동에는 아무런 영향을 주지 않는다. 그러므로 다음의 논의의 전개 결과는 단원자 기체뿐만 아니라 분자 기체에도 잘 적용될 수 있다.

© Book's Hill

볼츠만
Ludwig Boltzmann, 1844~1906
오스트리아의 물리학자

볼츠만은 기체 운동론, 전자기학, 열역학 분야에 많은 공헌을 했다. 운동론에 관한 선구자적 업적으로 물리학에서 통계 역학이라는 분야가 만들어졌다.

이상 기체 압력의 분자적 해석 Molecular Interpretation of the Pressure of an Ideal Gas

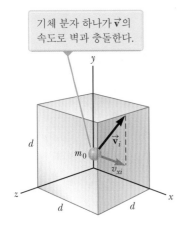

기체 분자 하나가 $\vec{v}$의 속도로 벽과 충돌한다.

그림 16.15 한 변의 길이가 d인 정육면체 용기에 이상 기체가 들어 있다.

이제 운동론을 적용해서, 부피가 V인 용기 내에 N개의 분자들로 이루어진 이상 기체의 압력에 대한 식을 미시적인 양들로 유도해 보자. 구조 모형에서 설명한 대로, 용기는 한 변의 길이가 d인 정육면체라고 하자(그림 16.15). 그림 16.16처럼 x 방향의 속도 성분이 v_{xi}로 운동하는 질량 m_0인 분자 하나에 초점을 맞추자(여기서 아래 첨자 i는 처음 값이 아니라 i 번째 분자임을 뜻한다. 모든 분자에 의한 효과는 곧 알게 될 것이다). 구조 모형 구성 요소 2(c)에서 가정한 것처럼 분자가 벽과 탄성 충돌을 하면, 분자의 질량에 비해 벽의 질량이 상당히 크므로 벽에 수직인 속도 성분은 정반대가 된다. 충돌 전 분자의 운동량 성분 p_{xi}는 $m_0 v_{xi}$이고 충돌 후는 $-m_0 v_{xi}$이므로, 분자의 x 방향의 운동량 변화는 다음과 같다.

$$\Delta p_{xi} = -m_0 v_{xi} - (m_0 v_{xi}) = -2m_0 v_{xi}$$

충격량–운동량 정리(식 8.11)를 적용하면 다음 식이 성립된다.

$$\overline{F}_{i,\text{on molecule}}\, \Delta t_{\text{collision}} = \Delta p_{xi} = -2m_0 v_{xi}$$

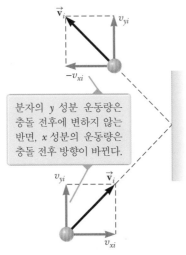

분자의 y 성분 운동량은 충돌 전후에 변하지 않는 반면, x 성분의 운동량은 충돌 전후 방향이 바뀐다.

그림 16.16 용기 벽과 탄성 충돌하는 분자. 이 그림에서 분자는 xy 평면에서 움직인다고 가정한다.

여기서 $\overline{F}_{i,\text{on molecule}}$은[1] 충돌이 일어나는 동안 벽이 i 번째 분자에 작용하는 평균력의 벽에 대한 수직 성분이고, $\Delta t_{\text{collision}}$은 충돌이 지속되는 시간이다. 분자가 벽과 첫 번째 충돌을 한 후 똑같은 벽과 다시 두 번째 충돌을 하기 위해서는 x 방향으로 $2d$ 거리를 이동해야 한다(용기인 정육면체 내부를 왕복해야 하므로). 따라서 두 충돌 사이의 시간 간격은 다음과 같다.

$$\Delta t = \frac{2d}{v_{xi}}$$

분자가 벽과 충돌할 때 분자의 운동량을 변화시키는 힘은 오직 충돌 중에만 분자에 작용하지만, 분자가 정육면체 용기 내부를 왕복하는 시간 동안에 분자에 작용하는 평균력을 구할 수 있다. 이 왕복 시간 동안 어느 한 순간에 충돌이 일어나므로, 충돌 순간 전후의 운동량 변화는 분자가 왕복 운동하는 동안의 운동량 변화와 같다. 따라서 $\overline{F}_i$를 분자가 정육면체 용기 내부를 왕복 운동하는 시간 동안의 평균력의 성분이라 하면 충격량–운동량 정리를 다음과 같이 표현할 수 있다.

$$\overline{F}_i \Delta t = -2m_0 v_{xi}$$

분자가 용기 내부를 한 번 왕복 운동을 하는 시간 동안 단 한 번의 충돌이 일어나므로, 긴 시간 동안 분자에 작용하는 힘은 Δt의 배수가 되는 시간 동안의 평균력이다. Δt를 충격량–운동량 식에 대입해서 벽이 분자에 작용한 긴 시간 동안의 평균력을 얻을 수 있다.

---

[1] 변수에 여러 가지 아래 첨자를 사용함으로써 발생할 수 있는 혼동을 피하기 위해 아래 첨자 'avg' 대신 평균력을 $\overline{F}$로 쓴 것처럼, 변수의 평균값은 변수 위에 선을 그어 표시하기로 하자.

$$\overline{F}_i = \frac{-2m_0 v_{xi}}{\Delta t} = \frac{-2m_0 v_{xi}^2}{2d} = \frac{-m_0 v_{xi}^2}{d}$$

이제 뉴턴의 제3법칙에 따라 분자가 벽에 작용하는 힘의 성분은 위의 힘과 크기는 같고 방향은 반대이다.

$$\overline{F}_{i,\,on\,wall} = -\overline{F} = -\left(\frac{-m_0 v_{xi}^2}{d}\right) = \frac{m_0 v_{xi}^2}{d}$$

기체가 벽에 작용한 전체 평균력의 크기 $\overline{F}$는 각 분자가 벽에 작용한 평균력을 모두 더한 것과 같다. 위 식을 모든 분자에 대해 더하면 다음과 같다.

$$\overline{F} = \sum_{i=1}^{N} \frac{m_0 v_{xi}^2}{d} = \frac{m_0}{d} \sum_{i=1}^{N} v_{xi}^2$$

여기서 용기의 길이와 질량 m_0를 합의 기호 밖으로 뽑아냈다. 왜냐하면 구조 모형 구성 요소 1에 따라 모든 분자는 동일하기 때문이다. 이제 분자수가 많다는 조건을 적용하자. 분자수가 적다면, 분자가 벽에 충돌하는 순간 동안 벽에 작용하는 힘은 영이 아니지만 분자가 벽에 충돌하지 않는 동안은 벽에 미치는 힘이 영일 것이므로, 벽에 미치는 실제 힘이 시간에 따라 변하게 될 것이다. 그러나 아보가드로수와 같이 매우 많은 수의 분자가 있다면, 시간에 따른 힘의 변화를 무시할 수 있으므로 평균력이 **임의의** 어떤 시간 동안에도 앞에서 구한 것과 같게 될 것이다. 따라서 분자 충돌에 의해 다음과 같은 **일정한** 힘 F가 벽에 작용하게 되며 그 크기는 다음과 같다.

$$F = \frac{m_0}{d} \sum_{i=1}^{N} v_{xi}^2$$

보통 어떤 집합의 평균값이란 집합 내의 모든 원소값을 더해서 그 집합의 원소 수로 나눈 값이므로, N개 분자의 x 성분 속도의 제곱에 대한 평균값은 다음과 같다.

$$\overline{v_x^2} = \frac{\sum_{i=1}^{N} v_{xi}^2}{N}$$

이 식의 분자는 앞 식의 우변에 포함되어 있다. 앞의 두 식을 결합하면 벽에 작용하는 전체 힘은 다음과 같이 쓸 수 있다.

$$F = \frac{m_0}{d} N \overline{v_x^2}$$

이제 한 분자의 속도 성분 v_{xi}, v_{yi}, v_{zi}에 대해 다시 살펴보자. 피타고라스의 정리에 따라 분자 속력의 제곱은 속도 성분의 제곱과 다음 관계가 성립한다.

$$v_i^2 = v_{xi}^2 + v_{yi}^2 + v_{zi}^2$$

위 식 양변에 대해 평균을 구하면(입자를 모두 더한 뒤 N으로 나누면) 용기 내의 모든 분자에 대한 v^2 성분의 평균값은 v_x^2, v_y^2, v_z^2의 평균값과 다음 식처럼 연관되어 있다.

$$\overline{v^2} = \overline{v_x^2} + \overline{v_y^2} + \overline{v_z^2}$$

구조 모형 구성 요소 2(a)를 적용하면, 분자의 운동이 완전히 등방성이므로, 특별히 선택된 우선적인 방향은 없고 모든 방향이 동등하다. 따라서 각 방향 성분의 평균값은 다음과 같이 모두 서로 같다.

$$\overline{v_x^2} = \overline{v_y^2} = \overline{v_z^2}$$

그러므로 다음처럼 쓸 수 있다.

$$\overline{v^2} = 3\overline{v_x^2}$$

따라서 벽에 작용하는 전체 힘은 다음과 같다.

$$F = \frac{m_0}{d}N\left(\frac{1}{3}\overline{v^2}\right) = \frac{N}{3}\left(\frac{m_0\overline{v^2}}{d}\right)$$

이 식으로부터 용기벽에 작용하는 압력은 이 힘을 벽의 넓이로 나눠 구할 수 있다.

$$P = \frac{F}{A} = \frac{F}{d^2} = \frac{1}{3}\frac{N}{d^3}(m_0\overline{v^2}) = \frac{1}{3}\left(\frac{N}{V}\right)(m_0\overline{v^2})$$

▶ 이상 기체의 압력

$$P = \frac{2}{3}\left(\frac{N}{V}\right)\left(\frac{1}{2}m_0\overline{v^2}\right) \qquad\qquad\qquad \textbf{16.13}$$

이 결과식에 따르면, 압력은 (1) 단위 부피당 기체 분자수와 (2) 분자의 평균 병진 운동 에너지 $\frac{1}{2}m_0\overline{v^2}$에 비례한다. 이런 이상 기체의 구조 모형을 통해, 압력이라는 거시적인 물리량이 분자의 병진 운동 에너지의 평균이라는 미시적인 물리량과 연관되어 있다는 중요한 결과를 얻는다. 결국 원자 세계와 거시적인 세계의 중요한 연결 고리를 알게 됐다.

이 구조 모형으로부터 얻은 결과가 실제와는 어떤지 비교해 보자. 식 16.13은 이미 친숙하게 알고 있는 압력에 대한 몇 가지 특성을 보여 주고 있다. 용기 내의 압력을 증가시키는 방법 중 하나는, 바퀴에 공기를 주입하는 경우와 같이, 용기 내의 단위 부피당 분자수(N/V)를 증가시키는 것이다. 또 한 가지는 바퀴 내부 공기 분자의 평균 병진 운동 에너지를 증가시킴으로써 바퀴 내부의 공기압을 증가시키는 방법이다. 분자의 평균 병진 운동 에너지를 증가시키기 위해서는, 곧 알게 되겠지만, 바퀴 안의 기체의 온도를 올리면 된다. 그러므로 긴 주행으로 바퀴가 더워지면 바퀴 내부의 공기압이 증가하게 된다. 바퀴가 노면을 따라 움직이면서 형태가 구부러지고 펴지면서 바퀴에 일을 하게 된다. 이 일이 고무의 내부 에너지를 증가시킴에 따라, 고무의 온도가 증가하면서 바퀴 내부의 공기로 열의 형태로 에너지가 전달된다. 전달된 에너지는 바퀴 내부 공기 분자의 평균 병진 운동 에너지를 증가시키고, 이는 공기압의 증가로 나타나게 된다.

이상 기체의 온도에 대한 분자적 해석
Molecular Interpretation of the Temperature of an Ideal Gas

우리는 압력을 분자의 평균 운동 에너지와 연관시켰다. 이제 온도를 기체의 미시적인 설명과 연관시켜 보자. 식 16.13을 다음과 같이 표현함으로써 온도의 의미를 더 잘 이해할 수 있다.

$$PV = \frac{2}{3} N \left(\frac{1}{2} m_0 \overline{v^2} \right)$$

이 식을 이상 기체의 상태 방정식과 비교해 보자.

$$PV = Nk_{\mathrm{B}}T$$

위 두 식의 좌변이 같으므로 우변끼리도 같게 두면 구조 모형으로부터 온도에 대해 예측을 할 수 있다.

$$T = \frac{2}{3k_{\mathrm{B}}} \left(\frac{1}{2} m_0 \overline{v^2} \right) \qquad \text{16.14}$$

▶ 온도는 평균 운동 에너지에 비례한다

이 식은 기체의 온도가 분자의 평균 병진 운동 에너지를 나타내는 직접적인 척도임을 말해 준다. 따라서 기체의 온도가 올라가면 기체 분자는 더 큰 평균 운동 에너지를 갖고 운동하게 된다.

식 16.14를 다시 정리해서 분자의 평균 병진 운동 에너지와 온도를 다음과 같이 연관시킬 수 있다.

$$\boxed{\frac{1}{2} m_0 \overline{v^2} = \frac{3}{2} k_{\mathrm{B}} T} \qquad \text{16.15}$$

▶ 분자당 평균 운동 에너지

즉 분자당 평균 병진 운동 에너지는 $\frac{3}{2} k_{\mathrm{B}} T$ 이다. 그런데 $\overline{v_x^2} = \frac{1}{3} \overline{v^2}$ 이므로 다음을 얻는다.

$$\frac{1}{2} m_0 \overline{v_x^2} = \frac{1}{2} k_B T \qquad \text{16.16}$$

마찬가지로 y와 z 성분에 대해서도 다음을 얻게 된다.

$$\frac{1}{2} m_0 \overline{v_y^2} = \frac{1}{2} k_B T \quad \text{그리고} \quad \frac{1}{2} m_0 \overline{v_z^2} = \frac{1}{2} k_B T$$

따라서 기체의 병진 운동에서 각각의 자유도는 분자당 $\frac{1}{2} k_{\mathrm{B}} T$ 만큼 같은 에너지를 갖게 된다(일반적으로 **자유도**는 분자가 독립적으로 에너지를 가질 수 있는 방법의 수를 일컫는 것이다). 이 결과를 일반화한 것을 **에너지 등분배 정리**(theorem of equipartition of energy)라고 하며, 다음과 같다.

각각의 자유도가 계에 기여하는 에너지의 양은 $\frac{1}{2} k_{\mathrm{B}} T$ 만큼씩이며, 자유도는 병진 운동에 의한 것뿐만 아니라 분자의 진동 운동과 회전 운동에 의한 것도 포함된다.

▶ 에너지 등분배 정리

N개의 분자로 된 기체의 전체 병진 운동 에너지는 분자 하나당 평균 병진 운동 에

너지에 분자수 N을 곱한 것과 같으므로 식 16.15로부터 다음 결과를 얻는다.

▶ N개 분자의 전체 운동 에너지

$$E_{\text{tot}} = N\left(\frac{1}{2}m_0\overline{v^2}\right) = \frac{3}{2}Nk_\text{B}T = \frac{3}{2}nRT \qquad \qquad \textbf{16.17}$$

여기서 $k_\text{B} = R/N_\text{A}$는 볼츠만 상수이고 $n = N/N_\text{A}$은 기체의 몰수이다. 이 결과로부터 계의 전체 병진 운동 에너지는 계의 절대 온도에 비례하고 온도에만 의존함을 알 수 있다.

단원자 기체인 경우, 계가 가질 수 있는 유일한 에너지는 병진 에너지이므로, 식 **16.17**은 **단원자 기체의 내부 에너지**(internal energy for a monatomic gas)에 대해 다음 결과를 준다.

$$E_{\text{int}} = \frac{3}{2}nRT \qquad \text{(단원자 기체)} \qquad \textbf{16.18}$$

이 식은 6장에서 계의 내부 에너지가 온도와 연관되어 있다는 주장을 수학적으로 정당화시켜 준다. 이원자 또는 다원자 분자인 경우, 분자의 진동, 회전 등을 통해 에너지를 저장할 수 있는 부가적인 가능성이 있지만, E_{int}가 T에 비례한다는 사실은 변하지 않는다.

$\overline{v^2}$의 제곱근을 분자의 **제곱−평균−제곱근 속력**[root-mean-square (rms) speed]이라고 한다. 식 16.15로부터 rms 속력은 다음과 같이 구할 수 있다.

▶ 제곱−평균−제곱근 속력

$$v_{\text{rms}} = \sqrt{\overline{v^2}} = \sqrt{\frac{3k_\text{B}T}{m_0}} = \sqrt{\frac{3RT}{M}} \qquad \qquad \textbf{16.19}$$

여기서 M은 몰질량(kg/mol)으로 mN_A와 같다. 이 식에 따르면, 어떤 주어진 온도에서, 가벼운 분자가 무거운 분자보다 평균적으로 더 빠르게 움직인다는 것을 알 수 있다. 예를 들어 몰질량이 2.0×10^{-3} kg/mol인 수소 분자는 몰질량이 32×10^{-3} kg/mol인 산소 분자보다 네 배 더 빨리 운동한다. 실온(≈ 300 K)에서 수소의 rms 속력을 계산해 보면 다음과 같다.

$$v_{\text{rms}} = \sqrt{\frac{3RT}{M}} = \sqrt{\frac{3(8.31\ \text{J/mol·K})(300\ \text{K})}{2.0 \times 10^{-3}\ \text{kg/mol}}} = 1.9 \times 10^3\ \text{m/s}$$

이 값은 11장에서 계산해 본 지구 탈출 속력의 약 17 %이다. 이 값은 평균값이기 때문에, 많은 수의 분자가 평균값보다 더 큰 실제 속력을 지니게 되고 지구 대기권 밖으로 탈출할 수 있게 된다. 지금은 수소 기체 분자들이 우주 속으로 빠져나가서 지구 대기권에는 거의 남아 있지 않다.

표 16.2는 20 °C에서 여러 분자의 rms 속력을 나타낸 것이다.

표 16.2 | 여러 분자의 rms 속력

기 체	몰질량 (g/mol)	20 °C에서 v_{rms} (m/s)
H_2	2.02	1 902
He	4.00	1 352
H_2O	18.0	637
Ne	20.2	602
N_2 또는 CO	28.0	511
NO	30.0	494
O_2	32.0	478
CO_2	44.0	408
SO_2	64.1	338

▌ **퀴즈 16.5** 온도와 압력이 같은 두 용기에 같은 종류의 이상 기체가 들어 있다고 하자. 용기 B의 부피가 용기 A보다 두 배 크다고 할 때 **(i)** 용기 B에 있는 기체의 분자당 평균 운동 에너지는? (a) 용기 A의 두 배이다. (b) 용기 A와 같다. (c) 용기 A의 절반이다. (d) 알 수 없다. **(ii)** 용기 B에 있는 기체의 내부 에너지는? 앞의 보기에서 고르라.

예제 16.4 | 헬륨 용기

부피가 $0.300 \, m^3$인 용기에 $20.0 \, ^\circ C$ 헬륨 기체 2.00몰을 채우려고 한다. 헬륨을 이상 기체로 가정할 때 다음을 구하라.

(A) 기체 분자의 전체 병진 운동 에너지를 구하라.

풀이

개념화 기체를 미시적 모형으로 적용해서 온도 상승에 따라 분자가 용기 안에서 더 빠르게 움직이는 것을 볼 수 있다고 상상한다. 기체가 단원자이기 때문에, 분자의 전체 병진 운동 에너지는 기체의 내부 에너지이다.

분류 이 예제는 앞의 논의 과정에서 얻은 식의 변수에 값을

대입하면 답을 구할 수 있는 대입 문제이다.

식 16.18에 $n = 2.00$몰과 $T = 293 K$를 대입한다.

$$E_{int} = \frac{3}{2} nRT = \frac{3}{2}(2.00 \, mol)(8.31 \, J/mol \cdot K)(293 \, K)$$
$$= 7.30 \times 10^3 \, J$$

(B) 분자당 평균 운동 에너지를 구하라.

풀이

식 16.15를 이용한다.

$$\frac{1}{2} m_0 \overline{v^2} = \frac{3}{2} k_B T = \frac{3}{2}(1.38 \times 10^{-23} \, J/K)(293 \, K)$$
$$= 6.07 \times 10^{-21} \, J$$

문제 온도가 $20.0 \, ^\circ C$에서 $40.0 \, ^\circ C$로 상승할 때 40.0이 20.0의

두 배이므로 기체 분자의 병진 운동 에너지는 $40.0 \, ^\circ C$에서 $20.0 \, ^\circ C$보다 두 배가 되는가?

답 전체 병진 운동 에너지는 온도에 의존한다. 온도는 섭씨가 아니라 절대 온도로 나타내야 하므로 $40.0/20.0$의 비는 적절하지 **않다**. 섭씨 온도를 절대 온도로 변환하면 $20.0 \, ^\circ C$는 $293 \, K$이고 $40.0 \, ^\circ C$는 $313 \, K$이므로, 전체 병진 운동 에너지는 $313 \, K/293 \, K = 1.07$배만큼 상승한다.

16.6 | 연결 주제: 대기의 기온 감률
Context Connection: The Atmospheric Lapse Rate

　기체의 온도를 말할 때 기체의 모든 부분에 대해 동일한 온도임을 가정해서 논의해 왔다. 부피가 작은 기체에 대해서는 이 가정이 비교적 잘 맞는다. 그러나 지구 대기와 같은 **대단히 큰** 기체에 대해서는 어떨까? 이 경우에는 기체 전체에 걸쳐 균일한 온도라는 가정이 더 이상 타당하지 않음이 명백하다. 미국 로스앤젤레스가 더운 여름날일 때 오스트레일리아의 멜버른은 추운 겨울날이다. 대기의 각 부분은 분명 온도가 다르다.

　지표면에서 기온에 대한 전세계적인 평균을 고려해 봄으로써 〈관련 이야기 5 지구 온난화〉에서 논의한 것처럼 이 문제를 면밀히 검토할 수 있다. 대기의 온도 변화는 지역뿐 아니라 **고도**에 따라서도 다르게 나타난다. 우리가 여기서 조사하려는 것이 바로 고도에 따른 온도 변화에 관한 것이다.

　그림 16.17은 미국의 여섯 개의 주에서 고도에 따른 1월의 평균 기온 그래프이다. 이 데이터들은 지표면에서 얻은 값들이지만, 해수면 또는 산 위 등과 같이 고도를 달리하면서 측정한 것이다. 여섯 개의 주 모두에서 데이터 점들이 고도 이외의 다른 요소에 의해 흩어져 있지만, 고도가 높아질수록 기온이 내려감을 분명히 확인할 수 있

다. 물론 산꼭대기에 눈이 덮인 것을 보면 이것이 사실임을 쉽게 알 수 있다.

고도가 높아짐에 따라 온도가 왜 내려가는지 개념적으로 논의할 수 있다. 산등성이를 따라 올라가는 공기 덩어리를 상상해 보자. 공기 덩어리가 높이 올라갈수록 주위 공기로부터 받는 압력이 줄어들게 된다. 공기 덩어리 내부와 외부 사이의 압력차는 공기 덩어리를 팽창시킨다. 공기 덩어리는 주위 공기를 밀어내며 외부에 일을 하게 된다. 계(공기 덩어리)가 외부 환경에 일을 하기 때문에, 공기 덩어리의 내부 에너지는 줄어들게 된다. 내부 에너지의 감소는 공기 덩어리의 온도가 내려가는 것으로 나타난다.

이 과정이 정반대인 경우, 즉 공기 덩어리가 산을 따라 낮은 곳으로 내려오게 되면, 공기 덩어리에 일이 행해지고 공기 덩어리의 내부 에너지가 증가하면서 따뜻해진다. 이 상황은 산타아나 바람이 로스앤젤레스 분지로 불어올 때 일어나는 조건이다. 이 경우 공기가 산 위에서 산 아래 분지로 내려오면서 덥고 메마른 바람이 된다. 로키 산맥의 **치누크**, 스위스 알프스 산맥의 **푄** 등과 같이, 비슷한 상황이 다른 지역에서는 다른 이름으로 알려져 있다.

그림 16.17에서 같은 색의 데이터를 최적선으로 나타내보면, 여섯 개 직선의 기울기가 비교적 비슷하게 일치하는 것을 볼 수 있다. 이 덕분에 **대기 기온 감률**(atmospheric lapse rate)이라고 하는 고도에 따른 온도 하강이 지표면의 여러 지역에 걸쳐 비슷하게 나타나고, 이로써 전 지표면에 대한 평균 기온 감률을 정의할 수 있다.

실제로 이것은 사실이며, 전 지구의 평균 기온 감률이 약 −6.5 °C/km임을 발견할 수 있다. 그림 16.17의 데이터가 미국 내의 몇 개 지역과 도달할 수 있는 고도에 한정되어 있기는 하지만, 이 데이터의 평균 기온 감률 −6.2 °C/km는 지구의 평균값과 비슷하다.

날씨 변화가 일어나고 비행기가 날 수 있는 대기의 제일 낮은 부분인 **대류권**(troposphere)에서만 온도가 고도에 따라 선형적으로 감소한다. **권계면**(tropopause)이라고 하는 가상적인 경계면 위에 존재하는 **성층권**(stratosphere) 내에서는 고도에 따라

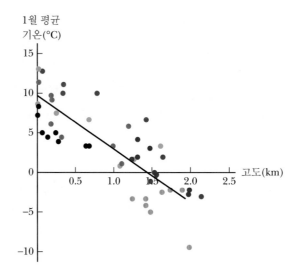

그림 16.17 미국 여섯 개 주 각각 여덟 곳의 위치에서 측정한 1월 평균 기온의 고도에 따른 변화: 애리조나(빨간색), 캘리포니아(초록색), 콜로라도(주황색), 뉴멕시코(자주색), 노스캐롤라이나(검정색), 텍사스(파란색). 여기서 검정색으로 나타낸 최적선의 기울기는 −6.2 °C/km이다. 자료 제공: www.noaa.gov(미국 통상성/국립대양대기행정부, 물질과학부)

온도가 비교적 일정하다.

대류권 내에서의 고도에 따른 온도 하강은 대기에 대한 구조 모형의 한 요소로서 지구의 표면 온도를 예측할 수 있다. 성층권의 온도와 권계면의 높이를 알면 기온 감률을 이용해서 지표면까지 외삽법을 통해 그 지표면의 온도를 알아낼 수 있다. 기온 감률과 권계면의 높이는 측정이 가능하다. 성층권의 온도를 알아내기 위해 지구 대기 속의 에너지 교환에 대해 좀 더 많은 것을 알 필요가 있고 다음 장에서 이를 알아볼 예정이다.

연습문제 |

객관식

1. 온도를 올렸을 때 온도계의 유리가 내부의 액체보다 더 팽창하면 어떤 일이 생기는가? (a) 온도계가 부서진다. (b) 이 온도계는 상온 아래에서만 사용할 수 있다. (c) 온도계 맨 위의 둥근 부분만 잡고 있어야 할 것이다. (d) 온도계의 눈금이 역전되어 둥근 부분 가까운 쪽이 높은 온도 값이 될 것이다. (e) 눈금이 등 간격으로 배열되지 않을 것이다.

2. 화씨 162℉는 절대 온도로 얼마인가? (a) 373 K (b) 288 K (c) 345 K (d) 201 K (e) 308 K

3. 어떤 기체의 온도가 200 K이다. 이 기체 속 분자들의 rms 속력을 두 배로 증가시키려면, 온도를 몇 K로 올려야 하는가? (a) 283 K (b) 400 K (c) 566 K (d) 800 K (e) 1 130 K

4. 어떤 기체가 25.0 ℃, 5.00×10^6 Pa에서 팽창해서 원래 부피의 세 배, 1.07×10^6 Pa인 상태가 됐다. 나중 온도는 얼마인가? (a) 450 K (b) 233 K (c) 212 K (d) 191 K (e) 115 K

5. 구리의 평균 선팽창 계수는 $17 \times 10^{-6} (℃)^{-1}$이다. 자유의 여신상의 높이는 25 ℃의 여름 아침에는 93 m이다. 여신상을 감싸고 있는 구리판은 열팽창 이음매(열에 의한 팽창이나 수축을 흡수하는 이음매) 없이 가장자리끼리 접합되어 있고, 더운 낮에도 구리판은 뒤틀리거나 골격에 붙지 않는다고 가정하자. 여신상의 높이는 얼마 정도 증가하는가? (a) 0.1 mm (b) 1 mm (c) 1 cm (d) 10 cm (e) 1 m

6. 압력이 일정하게 유지되는 어떤 이상 기체가 있다. 이 기체의 온도가 200 K에서 600 K로 증가하면, 이 분자들의 rms 속력은 어떻게 되는가? (a) 세 배로 증가한다. (b) 일정하게 유지된다. (c) 원래 속력의 1/3이 된다. (d) 원래 속력의 $\sqrt{3}$ 배가 된다. (e) 여섯 배 증가한다.

7. 이상 기체의 온도가 네 배가 되는 동안 부피는 두 배가 된다. 압력은 (a) 일정하다. (b) 1/2로 감소한다. (c) 1/4로 감소한다. (d) 두 배 증가한다. (e) 네 배 증가한다.

8. 다음 중 기체의 운동론을 유도할 때 없었던 가정은 어느 것인가? (a) 분자의 수는 매우 많다. (b) 분자들은 뉴턴의 운동 법칙을 따른다. (c) 분자들 사이의 힘은 먼 거리에서도 작용한다. (d) 기체는 순수한 물질이다. (e) 분자들 사이의 간격은 그 크기에 비해 매우 크다.

9. 금속판에 구멍이 뚫려 있다. 금속의 온도를 높이면 구멍의 지름은 어떻게 되는가? (a) 감소한다. (b) 증가한다. (c) 일정하다. (d) 금속의 처음 온도에 따라 다르다. (e) 정답 없음

10. 원통에 달려 있는 피스톤이 절대 압력 4.0 atm, 부피 0.50 m^3의 산소를 가두고 있다. 피스톤을 바깥으로 잡아당겨 압력이 1.0 atm으로 낮아질 때까지 부피를 증가시킨다. 온도가 일정하다면 산소 기체의 새 부피는 얼마인가? (a) 1.0 m^3 (b) 1.5 m^3 (c) 2.0 m^3 (d) 0.12 m^3 (e) 2.5 m^3

주관식

16.2 온도계와 온도 눈금

1. 교육용 등적 기체 온도계가 드라이아이스의 끓는점 (-78.5 ℃)과 에틸알코올의 끓는점(78.0 ℃)을 이용해서 눈금을

매긴다. 이때 압력은 각각 0.900 atm과 1.635 atm이다. (a) 눈금 매김으로 얻은 절대 영도의 값은 섭씨 온도로는 얼마인가? (b) 물의 어는점에서 압력은 얼마인가? (c) 물의 끓는점에서 압력은 얼마인가? *Note*: 선형 관계식 $P = A + BT$를 이용한다. 여기서 A, B는 상수이다.

2. 대기압하에서 액체 질소의 끓는점은 $-195.81\,^{\circ}\text{C}$이다. 이 온도를 (a) 화씨 온도와 (b) 절대 온도로 표현하라.

16.3 고체와 액체의 열팽창

Note: 이 절의 문제에서 필요에 따라 표 16.1을 활용한다.

3. 트랜스-알래스카(Trans-Alaska) 송유관은 길이가 1 300 km이고, 프루도 만(Prudhoe Bay)에서 밸디즈(Valdez)항까지 이어져 있다. 이 송유관은 $-73\,^{\circ}\text{C}$에서 $+35\,^{\circ}\text{C}$까지의 온도 변화를 겪는다. 이 온도 변화로 강철 송유관이 얼마나 팽창하게 되는가? 이 팽창을 어떻게 상쇄시킬 수 있는가?

4. 매년 수천 명의 어린이들이 뜨거운 (수도꼭지) 물에 심하게 데고 있다. 그림 P16.4는 이런 사고를 미연에 방지하기 위해 화상 방지용으로 수도꼭지에 부착하는 장치의 단면도를 보여 준다. 장치 속에는 아주 큰 열팽창 계수의 물질로 만들어진 용수철이 플런저(plunger)의 움직임을 제어한다. 물의 온도가 미리 맞춰 놓은 안전한 값을 넘어서면 용수철이 팽창

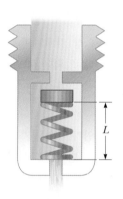

그림 P16.4

해서 플런저가 움직여 물의 흐름을 차단하게 된다. 용수철이 뜨거운 물의 영향을 받지 않은 처음 길이를 2.40 cm, 용수철의 선팽창 계수를 $22.0 \times 10^{-6}\,(^{\circ}\text{C})^{-1}$라고 가정하고, 물의 온도가 $30.0\,^{\circ}\text{C}$ 상승할 때 용수철의 길이는 얼마나 증가하는가? (길이의 증가가 너무 작다는 것을 발견하게 될 것이다. 예견된 온도 변화에 대해 밸브 여닫이의 기능에 보다 큰 변동을 주기 위해 실제 장치는 더 복잡한 구조로 되어 있다).

5. 얇은 황동 고리의 안지름은 $20.0\,^{\circ}\text{C}$에서 10.00 cm이다. 속이 찬 고체 알루미늄 원통의 지름은 $20.0\,^{\circ}\text{C}$에서 10.02 cm이다. 두 금속의 평균 선팽창 계수는 일정하다고 가정하자. 두 금속을 함께 냉각시킨다면 황동 고리가 고체 알루미늄 원통 한쪽 끝으로 미끄러져 들어갈 수 있는가? 그 이유를

설명하라.

6. $0\,^{\circ}\text{C}$에서 질량이 20.0 kg이고 밀도가 $11.3 \times 10^3\,\text{kg/m}^3$인 납 시편에 대해 (a) $90.0\,^{\circ}\text{C}$에서 납의 밀도는 얼마인가? (b) $90.0\,^{\circ}\text{C}$에서 납 시편의 질량은 얼마인가?

7. 어떤 레이저의 활성 요소는 지름이 1.50 cm이고 길이가 30.0 cm인 유리봉으로 되어 있다. 유리의 평균 선팽창 계수를 $9.00 \times 10^{-6}\,(^{\circ}\text{C})^{-1}$로 가정하자. 유리봉의 온도를 $65.0\,^{\circ}\text{C}$ 더 높이면, 유리봉의 (a) 길이, (b) 지름, (c) 부피는 얼마나 늘어나는가?

8. $20.0\,^{\circ}\text{C}$에서 속이 빈 알루미늄 원통의 깊이는 20.0 cm, 용량은 2.000 L이다. 원통 속에 송진을 가득 채워 $80.0\,^{\circ}\text{C}$까지 서서히 가열한다. (a) 얼마만큼 송진이 넘쳐 흐르는가? (b) $80.0\,^{\circ}\text{C}$에서 원통에 남아 있는 송진의 부피는 얼마인가? (c) 이 송진의 양과 함께 원통을 다시 $20.0\,^{\circ}\text{C}$까지 식히면 송진의 표면이 원통의 테두리로부터 얼마나 내려가는가?

9. 구리판에 한 변이 8.00 cm인 정사각형 구멍을 냈다. (a) 구리판의 온도가 50.0 K 상승할 때 이 구멍의 넓이 변화를 계산하라. (b) 이 변화는 구멍을 둘러싼 넓이를 증가시키는가, 아니면 감소시키는가?

16.4 이상 기체의 거시적 기술

10. 요리사가 2.00 L의 압력 밥솥에 9.00 g의 물을 붓고 $500\,^{\circ}\text{C}$로 가열한다. 용기 내의 압력은 얼마인가?

11. 결혼식 날 받은 금반지(질량 3.80 g)의 질량이 50년 뒤 3.35 g으로 변한다. 평균적으로 초당 몇 개의 금 원자가 반지로부터 벗겨져 나갔는가? 금의 몰질량은 197 g/mol이다.

12. 온도 $20.0\,^{\circ}\text{C}$, 압력 9.00 atm인 기체가 8.00 L의 용기에 들어 있다. (a) 용기 내의 기체 몰수를 구하라. (b) 용기 내에 있는 분자의 수를 구하라.

13. $10.0\,^{\circ}\text{C}$, 보통의 대기압에서 자동차 바퀴에 공기를 넣는다. 이 과정에서 공기는 원래 부피의 28.0 %까지 압축되고 온도는 $40.0\,^{\circ}\text{C}$까지 올라간다. (a) 바퀴의 절대 압력은 얼마인가? (b) 자동차를 고속 주행하고 나니, 바퀴의 공기 온도는 $85.0\,^{\circ}\text{C}$까지 상승하고 내부 부피는 2.00 % 증가했다. 이때 바퀴의 절대 압력은 얼마인가?

14. 첨단 진공 장비로 1.00×10^{-9} Pa의 낮은 압력을 만들 수 있다. $27.0\,^{\circ}\text{C}$의 온도와 이 압력에서 $1.00\,\text{m}^3$의 용기 내에 있는 분자의 수를 계산하라.

15. 공기가 내부에 없을 때 질량이 200 kg인 열기구가 있다. 열기구 풍선 외부 공기의 온도는 10.0 °C이고, 압력은 101 kPa이다. 그리고 풍선의 부피는 400 m³이다. 이 풍선을 띄우기 위해서 풍선 안의 공기를 몇 도로 가열해야 하는가? (10.0 °C에서 공기 밀도는 1.244 kg/m³이다.)

16. 새가 물고기를 잡기 위해 바다 표면으로부터 잠수하는 깊이를 재기 위해, 어떤 과학자가 켈빈 경(Lord Kelvin)이 최초로 창안한 방법을 이용했다. 그는 플라스틱관의 내벽에 설탕 가루를 바르고 한쪽 끝을 밀봉했다. 그는 밤중에 둥지에서 새를 찾아내 새의 등 쪽에 관을 부착했다. 그는 다음 날 밤에 같은 새를 잡아 관을 제거했다. 한 번의 실험에서 관의 길이가 6.50 cm, 물이 관 속으로 들어와 설탕 가루가 씻겨나간 길이가 관의 열린 끝으로부터 2.70 cm라고 하자. 관 속의 공기가 일정한 온도에 머물러 있다고 가정하고, 새가 잠수한 최대 깊이를 구하라.

17. 부피가 V인 방 속에 몰질량이 M(g/mol)인 기체가 들어 있다. 공기압은 P_0로 일정하게 유지된다고 가정하고, 방의 온도가 T_1에서 T_2로 올라갈 때, 방 밖으로 빠져나간 공기의 질량을 구하라.

18. 1.00 L의 콜라 속에 6.50 g의 이산화탄소가 용해되어 있다. 이산화탄소가 증발해서 1.00 atm, 20.0 °C에서 원통 속에 갇혀 있다면, 기체가 차지한 부피는 얼마인가?

19. 크기가 10.0 m × 20.0 m × 30.0 m인 한 강당이 있다. 20.0 °C, 101 kPa(1.00 atm)의 압력에서 이 강당을 공기로 모두 채울 경우 공기 분자의 수를 구하라.

20. 용기에 부착된 압력계는 내부 압력과 외부 압력의 차이인 계기 압력을 나타낸다. 용기가 산소(O_2)로 가득 차 있을 때, 40.0 atm의 압력에서 용기에는 12.0 kg의 산소가 있다. 용기에서 일부 산소를 빼내 압력이 25.0 atm이 될 때, 용기로부터 빼낸 산소의 질량을 구하라. 단, 탱크의 온도는 일정하다고 가정한다.

16.5 기체 운동론

21. 부피가 $4.00 \times 10^3 \, \text{cm}^3$인 구형 풍선에 헬륨 기체를 $1.20 \times 10^5 \, \text{Pa}$의 압력으로 채운다. 헬륨 원자들의 평균 운동 에너지가 $3.60 \times 10^{-22} \, \text{J}$이라면, 풍선 안에는 헬륨 기체 몇 몰이 들어 있는가?

22. 부피가 V인 구형 풍선에 담긴 헬륨의 압력이 P이다. 헬륨 원자들의 평균 운동 에너지가 $\overline{K}$이라면, 풍선 안에는 헬륨 기체 몇 몰이 들어 있는가?

23. 우박 500개가 30.0 s 동안 넓이가 0.600 m²인 창문에 45.0°의 각도로 부딪친다. 우박 한 개의 질량은 5.00 g이고, 속력은 8.00 m/s이다. 탄성 충돌이라 가정하고, 이 시간 동안 창문에 작용하는 (a) 평균 힘과 (b) 평균 압력을 구하라.

24. 원통형 용기 속에 헬륨과 아르곤의 혼합 기체가 150 °C에서 평형 상태를 유지하고 있다. (a) 각 기체 분자의 평균 운동 에너지는 얼마인가? (b) 각 기체 분자의 rms 속력은 얼마인가?

25. 2.00몰의 산소 기체가 8.00 atm의 압력에서 5.00 L인 용기에 갇혀 있다. 이런 상태에 있는 산소 분자들의 평균 병진 운동 에너지를 구하라.

26. 1.00 s 동안에 5.00×10^{23}개의 질소 분자들이 넓이가 8.00 cm²인 벽에 충돌한다. 분자들의 속력은 300 m/s이고 벽에는 정면으로 탄성 충돌한다. 벽에 가하는 압력은 얼마인가? (단, 질소 분자 한 개의 질량은 $4.65 \times 10^{-26} \, \text{kg}$이다.)

16.6 연결 주제: 대기의 기온 감률

27. 대기 중 마른 공기(수증기 없음)에 대한 이론적인 기온 감률은 다음 식으로 주어진다.

$$\frac{dT}{dy} = -\frac{\gamma - 1}{\gamma} \frac{gM}{R}$$

여기서 g는 중력 가속도, M은 대기 중 균일한 이상 기체의 몰질량, R은 기체 상수, γ는 17장에서 배우게 될 몰비열비이다. (a) $\gamma = 1.40$, 공기의 유효 몰질량값으로 28.9 g/mol을 이용해서 지구에서의 이론적인 기온 감률을 계산하라. (b) 왜 이 이론값이 본문에 주어진 −6.5 °C/km 값과 다른가? (c) 화성의 대기는 거의 대부분 마른 이산화탄소이므로 몰질량이 44.0 g/mol, 몰비열비가 $\gamma = 1.30$이다. 화성의 질량은 $6.42 \times 10^{23} \, \text{kg}$, 반지름은 $3.37 \times 10^6 \, \text{m}$이다. 화성의 대류권에 대한 기온 감률은 얼마인가? (d) 화성의 전형적인 대기의 온도는 −40.0 °C이다. (c)에서 계산한 기온 감률을 이용해서 온도가 −60.0 °C인 화성의 대류권의 높이를 구하라. (e) 1969년 **마리너**(Mariner) 호로부터 보내온 자료는 화성 대류권의 기온 감률이 약 −1.5 °C/km였다. 1976년 **바이킹**(Viking)호는 약 −2.0 °C/km의 측정값을 보내왔다. 화성 대기 속의 **먼지** 때문에, 이 값들은 (c)에서 계산한 이론값과 어긋난다. 먼지가 기온 감률에 어떤 영향을 미치는가? 마리너호와 바이킹호 중 어느 쪽이 더 먼지가 많은 조건에서 임무를 수행했는가?

추가문제

28. 20.0 °C에서 황동 추가 달린 시계의 주기는 1.000 s이다. 온도가 30.0 °C로 상승할 경우, (a) 주기는 얼마나 변하는가? (b) 일주일 동안 시계는 얼마나 빨라지거나 느려지는가?

29. 1기압보다 훨씬 높은 압력에서 산소는 폐 세포에 유독하다. 심해 잠수부가 산소(O_2)와 헬륨(He)의 혼합 기체를 흡입한다고 가정할 때, 50.0 m의 바다 깊이에서는 산소에 대한 헬륨의 무게비가 얼마여야 하는가?

30. (a) 부피 V를 차지하는 이상 기체의 밀도가 $\rho = PM/RT$ 임을 보여라. 여기서 M은 몰질량이다. (b) 대기압, 20.0 °C에서 산소 기체의 밀도를 구하라.

열적 과정에서의 에너지: 열역학 제1법칙
Energy in Thermal Processes: The First Law of Thermodynamics

© iStockphoto.com/KingWu

미국 워싱턴 주 벨링햄 근처에 있는 베이커 산의 모습에서 물의 세 가지 상태를 볼 수 있다. 호수에는 액체인 물, 땅 위에는 고체 물인 눈이 있다. 하늘의 구름은 공기 중의 수증기로부터 응집된 물방울로 이루어져 있다. 물질의 상전이는 에너지의 전달에 의해 일어난다.

6장과 7장에서 역학에서 에너지와 열역학에서 에너지의 관계를 소개했다. 우리는 마찰과 같은 비보존력이 작용하는 경우에 역학적 에너지가 내부 에너지로 변환되는 것에 대해 논의했다. 또한 16장에서는 내부 에너지와 온도 사이의 관계에 대해 추가적인 개념들을 논의했다. 이 장에서는 위의 논의를 확장시켜 열적 과정에서의 에너지에 대해 완벽하게 다루고자 한다.

1850년경까지는 열역학과 역학은 서로 뚜렷이 구별되는 과학의 두 영역으로 여겨졌으며, 에너지 보존의 법칙은 어떤 종류의 역학계만을 기술하는 것처럼 보였다. 19세기 중엽 영국 물리학자 줄(James Joule, 1818~1889)을 비롯한 몇몇 사람들은 실험에서 에너지가 일로서 또 열로서 계에 들어오거나 계로부터 나갈 수 있다는 것을 보였다. 6장에서 논의한 바와 같이, 오늘날 내부 에너지는 역학적 에너지로 변환될 수 있는, 또 거꾸로도 가능한(즉 역학적 에너지가 내부 에너지로 변환될 수 있는), 에너지의 한 형태로 취급된다. 일단 에너지란 개념이 확장되어 내부 에너지까지 포함하게 되면, 에너지 보존의 법칙은 자연의 보편적인 법칙으로 떠오른다.

이 장에서 우리는 열의 개념을 발전시키고, 일의 개념을 열적 과정까지 확장하고, 열역학 제1법칙을 도입해서 몇 가지 중요한 응용도 논의할 것이다.

줄

James Prescott Joule, 1818~1889
영국의 물리학자

줄은 돌턴(John Dalton)으로부터 수학, 철학, 화학 분야에 대한 정규 교육을 어느 정도 받았지만 대부분은 독학을 했다. 줄의 연구로부터 에너지 보존의 원리가 확립됐다. 그는 열의 전기적, 역학적, 화학적 효과에 대한 정량적 관계를 연구한 결과로부터 1843년에 단위 열 에너지를 내기 위한 일의 양, 소위 열의 일당량의 관계식을 이끌어냈다.

오류 피하기 | 17.1

열, 온도, 내부 에너지는 모두 서로 다르다. 여러분이 신문을 읽을 때나 라디오를 들을 때, **열**이란 단어를 포함하는 문장 중에서 잘못 사용된 경우를 주목해서 올바른 단어로 대치시켜 보라. "트럭이 브레이크를 밟아 정지하면서 마찰에 의해 많은 열이 발생했다", "더운 여름날의 열이…" 등이 예시이다.

◀ **17.1** | 열과 내부 에너지 Heat and Internal Energy

일상용어에서 내부 에너지와 열의 개념은 서로 뒤바꿔 사용하는 경우가 흔할 정도로 혼란이 생기므로 명확히 구별하는 것이 필요하다. 여러분은 다음 내용을 주의 깊게 읽고 위의 두 용어를 올바르게 사용하려고 애써야 한다. 두 용어는 아주 다른 의미를 지니고 있어 서로 바꿔 쓸 수 없기 때문이다.

우리는 6장에서 내부 에너지를 처음으로 도입했고, 여기서 공식적으로 정의한다.

> **내부 에너지**(internal energy) E_{int}는 계에 대해 정지 기준틀에서 볼 때 계를 이루는 미시적인 구성 요소(원자나 분자)와 연관된 에너지이다. 내부 에너지는 계를 이루는 원자나 분자의 무질서한 병진 운동, 회전 운동, 진동 운동 등과 연관된 운동 에너지 및 위치 에너지뿐만 아니라 분자 간 위치 에너지도 포함하고 있다.

16장에서, 단원자 이상 기체의 내부 에너지는 원자의 병진 운동과 연관된다는 것을 알았다. 이 특별한 경우에, 내부 에너지는 단순히 원자의 전체 병진 운동 에너지와 같다. 기체의 온도가 올라가면 원자의 운동 에너지가 증가하고, 따라서 기체의 내부 에너지도 증가한다. 보다 복잡한 이원자 또는 다원자 기체의 경우, 내부 에너지는 회전 운동 에너지, 분자 진동에 의한 운동 및 위치 에너지 등 다른 형태의 분자 에너지를 포함하게 된다.

7장에서 열은 에너지 전달의 한 가능한 수단으로 소개했는데, 여기서 공식적인 정의를 하겠다.

> **열**(heat)은 계와 환경 사이의 온도 차이 때문에 일어나는 에너지 전달 메커니즘이다. 열은 또한 이 메커니즘에 의해 전달된 에너지양 Q이다.

그림 17.1은 가스 불꽃과 접촉하고 있는 물이 담긴 냄비를 보여 준다. 불꽃 속의 뜨거운 기체로부터 열 에너지가 물속으로 들어가고, 그 결과로 물의 내부 에너지는 증가한다. 시간이 흐를수록 물은 더 많은 열을 갖게 된다고 말하는 것은 **틀린** 것이다.

열이란 단어를 더욱 명확히 사용하기 위해 일과 에너지 사이를 구별해 보자. 계에 한 일 또는 계가 한 일이란 계와 주위 환경 사이에 전달된 에너지양을 측정한 수치이며, 반면에 계의 역학적 에너지(운동 또는 위치)는 계의 운동이나 좌푯값에 대한 결과물이다. 이와 같이 어떤 사람이 계에 일을 할 때, 에너지가 사람으로부터 계로 전달된다. 어떤 계의 일 그 자체만 논의하는 것은 아무런 의미가 없다. 어떤 과정이 일어나서 계로 또는 계로부터 에너지가 전달될 때에만 계에 한 일 또는 계가 한 일이라고 표현할 수 있다. 마찬가지로 **열**이란 용어를 사용하는 것도 온도 차이의 결과로 에너지가 전달되지 않으면 아무런 의미가 없다.

그림 17.1 가스 불꽃에 의해 냄비 속의 물이 끓는다. 냄비 바닥을 통해 열 에너지가 물속으로 들어간다.

열의 단위 Units of Heat

열역학이 발달하기 시작한 초기에는, 과학자들이 열역학과 역학 사이의 관계를 인식하기 전이었는데, 물체 내에 일어난 온도 변화에 따라 열을 정의하고, 하나의 독립된 에너지 단위인 칼로리(calorie)를 열의 단위로 썼다. **칼로리**(cal)는 물 1 g의 온도를 14.5 °C에서 15.5 °C까지 올리는 데 필요한 에너지 전달의 양[1]이라고 정의한다. [대문자 C로 시작하는 '칼로리(Cal)'는 음식물의 에너지 함량을 기술하는 데 쓰이는데, 실제는 킬로칼로리(kcal)이다.] 마찬가지로 미국 관습 단위계에서 열의 단위는 **영국 열량 단위**(British thermal unit, Btu)인데, 물 1 lb의 온도를 63 °F에서 64 °F까지 올리는 데 필요한 에너지 전달의 양으로 정의한다.

1948년에 (일과 마찬가지로) 열은 에너지 전달의 척도이므로 국제단위(SI)는 줄(J)이 되어야 한다는 데 과학자들이 모두 동의했다. 지금은 칼로리를 정확히 4.186 J로 정의한다.

$$1 \text{ cal} \equiv 4.186 \text{ J} \qquad \textbf{17.1}$$

▶ 열의 일당량

이 정의는 물을 가열하는 것과 상관없음을 주목하자. 칼로리는 일반적인 에너지 단위이다. 예를 들어 6장에서 물체의 운동 에너지의 단위로 사용할 수도 있었다. 우리는 역사적인 이유로 여기서 칼로리를 소개했지만, 앞으로는 에너지 단위로 거의 사용하지 않을 것이다. 식 17.1의 정의를 **열의 일당량**(mechanical equivalent of heat)이라고 한다.

예제 17.1 │ 힘들게 체중 줄이는 방법 `BIO`

어떤 학생이 2 000 Cal의 저녁을 먹는다. 이 학생이 같은 양의 일을 하기 위해 체육관에서 질량 50.0 kg의 역기를 들어올린다고 하자. 2 000 Cal의 에너지를 소모하기 위해서 역기를 몇 번 들어야 하는가? 매번 역기를 2.00 m 높이로 들어올리며, 바닥에 역기를 내릴 때는 일을 하지 않는다고 가정한다.

풀이

개념화 학생이 역기를 들어올릴 때는 역기와 지구에 대해 일을 하게 되어 에너지가 그의 몸을 떠난다. 이 학생이 해야 할 일의 총량은 2 000 Cal이다.

분류 역기와 지구로 구성된 계를 비고립계로 모형화한다.

분석 식 7.2의 에너지 보존식을 역기와 지구 계에 대한 적당한 표현으로 바꾼다.

$$(1) \qquad \Delta U_{\text{total}} = W_{\text{total}}$$

역기를 한 번 들어올린 후, 계의 중력 위치 에너지의 변화를 나타낸다.

$$\Delta U = mgh$$

역기를 n번 들어올리는 경우 일로서 계로 전달되어야만 하는 전체 에너지를 표현한다. 이때 역기를 내릴 때 얻는 에너지는 무시한다.

$$(2) \qquad \Delta U_{\text{total}} = nmgh$$

식 (1)에 식 (2)를 대입한다.

$$nmgh = W_{\text{total}}$$

---

[1] 원래 칼로리는 처음 온도가 얼마이든 상관없이 물 1 g의 온도를 1 °C 올리는 데 필요한 열량으로 정의했다. 그러나 세밀히 측정해 보면, 온도를 1 °C 올리는 데 필요한 에너지는 처음 온도에 따라 약간 달라짐을 알 수 있다. 따라서 보다 정밀한 정의가 나오게 됐다.

n에 대해 푼다.

$$n = \frac{W_{total}}{mgh}$$

$$= \frac{(2\ 000\ \text{Cal})}{(50.0\ \text{kg})(9.80\ \text{m/s}^2)(2.00\ \text{m})} \left(\frac{1.00 \times 10^3\ \text{cal}}{\text{Cal}}\right)\left(\frac{4.186\ \text{J}}{1\ \text{cal}}\right)$$

$$= 8.54 \times 10^3\ \text{번}$$

결론 만약 학생이 컨디션이 좋아서 5초마다 역기를 들어올

린다면, 12시간이 걸릴 것이다. 이 학생은 다이어트를 하는 것이 훨씬 쉬울 것이다.

사실상 인체는 100 %의 효율을 내지 못한다. 저녁 식사에서 몸에 전달된 모든 에너지가 역기 운동에 의한 일로 전부 전환되지 않는다. 에너지의 일부는 심장 박동 및 다른 일을 하는 데 소모된다. 그러므로 2 000 Cal를 소모하기 위해서는, 체내의 다른 에너지 소모를 고려할 때 역기 운동은 12시간 미만으로 해도 된다.

17.2 | 비열 Specific Heat

칼로리의 정의는 한 특정한 물질(물) 1 g의 온도를 1 °C 올리는 데 필요한 에너지의 양이 4.186 J임을 말해 준다. 1 kg의 물의 온도를 1 °C 올리기 위해서는 주위 환경으로부터 물로 4 186 J의 에너지 전달이 필요하다. 어떤 물질 1 kg의 온도를 1 °C 올리는 데 필요한 에너지의 양은 물질마다 다르다. 예를 들어 구리 1 kg의 온도를 1 °C 상승시키는 데는 387 J이 필요한데, 이는 물보다 대단히 적다. 모든 물질은 단위 질량당 1 °C 온도 상승에 고유한 값의 에너지가 요구된다.

질량 m인 물질에 에너지 Q가 전달되어 물질의 온도가 ΔT만큼 변한다고 하자. 그 물질의 **비열**(specific heat) c는 다음과 같이 정의된다.

> **오류 피하기 | 17.2**
> **전문 용어 선택의 비애** 비열이란 이름은 열역학과 역학이 서로 독립적으로 발달했던 시절의 불행한 잔류물이다. 더 나은 이름으로 **비에너지 전달**이 바람직하겠으나, 원래 이름이 너무나 견고히 뿌리를 박고 있어 대치하기가 불가능하다.

$$c \equiv \frac{Q}{m\,\Delta T} \qquad \text{17.2}$$

비열의 단위는 J/kg·°C이다. 표 17.1은 여러 물질의 비열을 나타낸다. 칼로리의 정의로부터 물의 비열은 4 186 J/kg·°C이다.

이 정의로부터 질량 m인 계와 주위 사이에 온도 변화 ΔT에 의해 전달된 에너지 Q는 다음과 같이 표현된다.

$$Q = mc\Delta T \qquad \text{17.3}$$

예를 들어 0.500 kg의 물을 3.00 °C 상승시키는 데 필요한 에너지는 $Q = (0.500\ \text{kg})$ $(4\ 186\ \text{J/kg·°C})(3.00\ °C) = 6.28 \times 10^3$ J이다. 온도를 올릴 때 ΔT와 Q는 양의 값이 되며 이는 계에 에너지가 **흘러들어옴**을 의미한다. 온도를 낮출 때 ΔT와 Q가 음이 되고, 계로부터 에너지가 **흘러나감**을 의미한다. 이런 관습적인 부호의 약속은 식 7.2의 에너지 보존식에 대한 논의와 일치한다.

표 17.1에서 물은 다른 대부분의 보통 물질에 비해 큰 비열을 갖고 있음을 알 수 있다. (수소와 헬륨의 비열은 더 큰 값이다.) 물의 비열이 크기 때문에 물이 많은 지역(큰 호수나 바다 주위)에서는 온화한 온도가 나타난다. 겨울 동안 물의 온도가 내려감에 따라, 물은 공기 중으로 에너지를 전달하게 되고, 바람이 육지 쪽으로 불 때 공

표 17.1 | 25 °C, 대기압에서 물질의 비열

물 질	비열 c		물 질	비열 c	
	J/kg·°C	cal/g·°C		J/kg·°C	cal/g·°C
기본적인(단원자) 고체			**다른 고체**		
알루미늄	900	0.215	황동(놋쇠)	380	0.092
베릴륨	1 830	0.436	유 리	837	0.200
카드뮴	230	0.055	얼음(−5 °C)	2 090	0.50
구 리	387	0.092 4	대리석	860	0.21
저마늄	322	0.077	나 무	1 700	0.41
금	129	0.030 8	**액 체**		
철	448	0.107	에틸알코올	2 400	0.58
납	128	0.030 5	수 은	140	0.033
규소(실리콘)	703	0.168	물(15 °C)	4 186	1.00
은	234	0.056	**기 체**		
			수증기(100 °C)	2 010	0.48

기 중 에너지는 육지 쪽으로 전달된다. 예를 들어 미국 서쪽 연안 지역에서는 바다에서 육지 쪽으로 주로 바람이 부는데, 태평양이 식으며 방출된 에너지가 연안 지역을 다른 지역보다 더 따뜻하게 한다. 따라서 태평양 연안 주에서는 바람이 에너지를 육지 쪽으로 옮겨 날라다 주지 않는 동부 연안 주에서보다 더 따뜻한 겨울을 나게 된다.

물의 비열이 모래의 비열보다 크다는 사실이 해변 공기의 흐름의 양식을 잘 설명해 준다. 낮 동안, 태양은 해변과 바닷물에 거의 같은 양의 에너지를 공급하지만, 모래의 작은 비열 탓에 해변이 바닷물보다 더 높은 온도에 도달한다. 그 결과, 모래 위의 공기는 물 위의 공기보다 온도가 높아진다. 밀도가 큰 찬 공기는 (아르키메데스의 원리에 의해) 밀도가 작은 더운 공기를 밀어올리고, 낮 동안에는 바다로부터 육지로 산들바람이 불게 된다. 밤 동안에는, 모래가 물보다 더 빨리 식게 되고, 이제는 따뜻한 공기가 물 위에 있으므로 순환 양식이 반대 방향이 된다. 이런 산들바람은 뱃사람들에게 잘 알려져 있다.

▸ **퀴즈 17.1** 각각 1 kg인 철, 유리, 물이 10 °C에 놓여 있다. **(a)** 각 물질에 100 J의 에너지를 공급할 경우, 온도가 가장 큰 것부터 순서대로 나열하라. **(b)** 각 물질의 온도를 20.0 °C 더 올릴 경우, 전달되는 열 에너지가 가장 큰 것부터 순서대로 나열하라.

열량 측정법 Calorimetry

고체나 액체의 비열을 측정하는 한 가지 방법은, 측정 대상인 물질의 온도를 어느 값까지 올린 뒤, 질량과 온도를 알고 있는 물이 담겨 있는 용기에 물질을 넣어 평형에 도달할 때 물과 물질이 혼합된 온도를 측정하는 것이다. 분석 대상인 계를 물질과 물로 정하자. 만약 용기가 훌륭한 단열체여서 에너지가 열이나 다른 수단으로 빠져나가

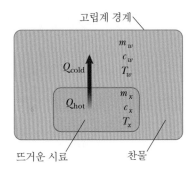

그림 17.2 열량 측정법 실험에서, 비열을 모르는 뜨거운 시료가 주위 환경으로부터 계를 고립시킨 용기 내의 찬물에 있다.

오류 피하기 | 17.3

음의 부호를 기억하라 식 17.4에 음(−)의 부호를 포함시키는 것은 **매우 중요하다.** 식 안의 음의 부호는 에너지 전달에 관한 우리의 부호 규약과 일관성을 유지하기 위해 필요하다. 에너지 전달 Q_{hot}은 뜨거운 물체로부터 에너지가 떠나가므로 음이다. 식 안의 음의 부호는 우변이 양수가 됨을 확실히 해주며, 차가운 물체 속으로 에너지가 들어오므로 양수인 좌변과 부호를 일치시켜 준다.

오류 피하기 | 17.4

섭씨 대 켈빈 T가 나타나는 식 안에서는(예를 들어 이상 기체 법칙) 켈빈 온도가 **반드시** 사용되어야 한다. ΔT를 포함하는 식에서는 켈빈과 섭씨 두 온도 척도에서 온도 변화량이 같기 때문에 열계량법 식과 같이, 섭씨 온도를 사용하는 것이 **가능하다.** 그러나 T 또는 ΔT를 포함하는 모든 식에서 일관되게 켈빈 온도를 사용하는 것이 **가장 안전하다.**

지 않는다면 우리는 고립계 모형을 쓸 수 있다. 위의 성질을 가진 계기를 **열량계**(calorimeter)라고 하며, 이를 이용해서 얻은 자료를 분석하는 것을 **열량 측정법**(calorimetry)이라고 한다. 그림 17.2는 찬물 속에 있는 뜨거운 시료로 이루어진 계의 고온 부분에서 저온 부분으로 열 에너지가 전달되는 것을 보여 준다.

위 고립계에 대한 에너지 보존의 원리는 (비열을 모르는) 뜨거운 물체로부터 빠져나간 열 에너지와 찬 물 속으로 들어온 열 에너지가 같아야 됨을 요구한다.[2]

$$Q_{cold} = -Q_{hot} \qquad\qquad 17.4$$

비열이 얼마인지 결정하려는 물질의 질량이 m_x, 비열이 c_x, 처음 온도가 T_x라고 하자. m_w, c_w, T_w는 물의 대응되는 값들이다. 물질과 물을 혼합한 뒤 평형에 도달한 나중 온도는 T이다. 식 17.3으로부터 물이 얻게 되는 에너지는 $m_w c_w (T - T_w)$이고 비열을 모르는 물질의 열전달에 의한 에너지 변화는 $m_x c_x (T - T_x)$이다. 이 값들을 식 17.4에 대입하면 다음과 같다.

$$m_w c_w (T - T_w) = -m_x c_x (T - T_x)$$

c_x에 대해 풀면, 물질의 비열 c_x를 구할 수 있다.

> ▶ **생각하는 물리 17.1**
>
> 식 $Q = mc\Delta T$는 질량 m, 비열 c인 물체에 전달된 열 에너지 Q와 그에 따른 온도 변화 ΔT 사이의 관계를 나타낸다. 실제, 식 좌변의 에너지 전달은 열에 의해서가 아니라 다른 수단에 의해서 생성되는 경우가 많다. 열이 아닌 다른 에너지 전달 과정에 의한 물체의 온도 변화를 계산하는 데 이 식이 사용될 수 있는 몇 가지 보기를 들어 보라.
>
> **추론** 다음은 몇 가지 가능한 보기이다.
>
> 토스터의 전원을 켠 뒤 처음 몇 초 동안은 코일의 온도가 올라간다. 여기서 전달 메커니즘은 전력선을 통한 에너지의 **전기적 전송**이다.
>
> 전자레인지 속에서 마이크로파를 흡수함으로써 고구마의 온도는 올라간다. 이 경우 에너지 전달 메커니즘은 **전자기 복사**, 마이크로파에 의한 것이다.
>
> 목수가 날이 무뎌진 드릴을 사용해서 나무에 구멍을 뚫으려고 한다. 구멍이 그다지 깊게 파이지 못하고 드릴 날(bit)이 따뜻해진다. 이 경우 온도의 상승은 나무가 날에 한 **일**에 의한 것이다.
>
> 다른 많은 경우와 마찬가지로 위의 경우도 식 좌변의 Q는 열량의 측정값이 아니라 다른 수단에 의해 전달된 또는 변환된 에너지를 나타낸다. 비록 열이 포함되어 있지 않지만 이 식은 온도 변화를 계산하는 데 여전히 쓰일 수 있다. ◀

---

[2] 정밀한 측정을 하려면 용기의 온도가 변하므로 그것까지 포함시켜야 한다. 그렇게 하려면 용기의 질량과 비열을 미리 알아야 한다. 만약 물의 질량이 용기의 질량에 비해 크다면, 우리는 용기가 얻는 에너지를 무시할 수 있는 단순화 모형을 채택할 수 있다.

0.050 0 kg의 금속 덩어리를 200.0 °C로 가열했다가 처음 온도가 20.0 °C인 0.400 kg의 물 열량계 속에 담갔다. 금속 덩어리가 담긴 물의 온도는 22.4 °C로 상승됐다. 금속 덩어리의 비열을 구하라.

풀이

개념화 그림 17.2의 고립계에서 일어나는 과정을 생각해 보면, 뜨거운 금속 덩어리에서 에너지가 떠나서 차가운 물에 들어간다. 그래서 금속 덩어리는 식고 물은 따뜻해진다. 둘 다 동일한 온도에 도달하면 에너지 전달은 멈추게 된다.

분류 이 절에서 배운 식으로 푸는 문제이므로 예제를 대입 문제로 분류한다.

식 17.3을 이용해서 식 17.4의 양변을 계산한다.

$$m_w c_w (T_f - T_w) = -m_x c_x (T_f - T_x)$$

c_x에 대해 푼다.

$$c_x = \frac{m_w c_w (T_f - T_w)}{m_x (T_x - T_f)}$$

주어진 값들을 대입한다.

$$c_x = \frac{(0.400 \text{ kg})(4\,186 \text{ J/kg} \cdot °\text{C})(22.4 \text{ °C} - 20.0 \text{ °C})}{(0.050\,0 \text{ kg})(200.0 \text{ °C} - 22.4 \text{ °C})}$$

$$= 453 \text{ J/kg} \cdot °\text{C}$$

금속 덩어리의 비열은 표 17.1에서 주어진 철의 비열과 비슷하다. 금속 덩어리의 처음 온도는 물의 기화 온도보다 높다. 그러므로 금속 덩어리를 물에 담글 때 물의 일부분은 증발할 것이다. 그러나 계는 닫혀 있으므로 수증기가 빠져나갈 수 없고, 나중 온도가 물의 끓는점보다 낮으므로, 수증기는 물로 응축된다고 가정한다.

문제 어떤 물질의 비열을 알기 위해 실험실에서 이와 같은 방법으로 실험을 한다고 가정하자. 비열 c_x의 전반적인 불확정도를 줄이기 원한다. 이 예제의 주어진 데이터 중에서 불확정도를 줄이기 위한 가장 효과적인 방법으로 어느 값을 바꾸면 되는가?

답 가장 큰 실험적 불확정도는 물에 대한 2.4 °C 온도의 작은 차이와 관련된다. 예를 들어 부록 B.8에 불확정도의 전파에 관한 규칙을 이용하면, T_f와 T_w에서의 각각 0.1 °C의 불확정도는 그 차이에 있어서 8 %의 불확정도를 가져온다. 그러므로 온도의 차이를 크게 하기 위한 가장 좋은 방법은 **물의 양을 줄이는 것**이다.

17.3 | 숨은열 Latent Heat

앞 절에서 공부했듯이, 물질은 일반적으로 그 물질과 주위 환경 사이에 에너지 교환이 일어날 때 온도의 변화가 발생한다. 그러나 어떤 경우에는 에너지 교환이 일어나더라도 온도의 변화가 없기도 한다. 이런 경우가 바로 물질의 물리적 상이 한 형태에서 다른 형태로 바뀌는 변화, 즉 **상변화**(phase change)이다. 흔히 보는 상변화로는 고체에서 액체로(융해), 액체에서 기체로(기화)의 변화가 있다. 또 다른 상변화로서 고체의 결정 구조 변화가 있다. 이런 모든 상변화에는 온도의 변화 없이 내부 에너지의 변화가 수반된다. 예를 들면 기화에서 내부 에너지의 증가는 액체 상태의 분자 간의 결합을 깨는 것을 의미한다. 분자 간의 결합이 끊어진다는 것은 분자들이 기체 상태에서는 서로 더 멀어지게 되어 분자 간 위치 에너지가 더 증가하는 것을 나타낸다.

예상되는 바와 같이 물질이 다르면 내부 분자 배열도 다르기 때문에, 상변화가 일어날 때 필요한 에너지양도 각각 다르다. 물론 상변화가 일어나는 동안에 전달되는 에너지양은 물질의 양에도 의존한다(얼음 한 조각을 녹이는 것이 얼어 있는 호수를 녹이는 것보다 에너지가 적게 든다). 어떤 물질의 두 가지 상태를 논의할 때, 더 높은 온도에서 존재하는 물질을 의미할 경우 **높은 상 물질**이라는 용어를 사용할 것이다. 그러므로 예를 들어 물과 얼음을 논의하는 경우에는 물이 높은 상 물질인 반면에, 물과 증기를 논의하는 경우에는 증기가 높은 상 물질이다. 물과 얼음같이 두 상태가 평형을 이루고 있는 계를 생각해 보자. 이 계에서 높은 상 물질인 물의 처음 질량이 m_i이다. 이제 에너지 Q가 계에 들어간다고 하자. 그 결과 얼음의 일부가 녹으므로 물의 나중 질량은 m_f이다. 따라서 새로운 물의 양과 같은 녹은 얼음의 양은 $\Delta m = m_f - m_i$이다. 이 상변화에 대한 **숨은열**(잠열; latent heat)은 다음과 같이 정의된다.

$$L \equiv \frac{Q}{\Delta m} \qquad\qquad 17.5$$

이 변수는 에너지를 더하거나 빼더라도 온도의 변화를 일으키지 않기 때문에 숨은 열이라고 한다. 숨은열 L은 물질의 고유한 특성이며 어떤 상변화인가에 따라서 다르다. 낮은 상 물질의 전체 양이 상변화를 한다면, 높은 상 물질로의 질량 변화 Δm은 낮은 상 물질의 처음 질량과 같다. 예를 들어 접시 위에 있는 질량 m의 얼음 덩어리가 완전히 녹으면, 물의 질량 변화는 $m_f - 0 = m$이다. 이 질량 변화는 새로운 물의 질량이고 또한 얼음 덩어리의 처음 질량과 같다.

숨은열의 정의로부터, 그리고 열을 에너지 전달 메커니즘으로 할 때, 순수한 물질의 상태를 바꾸기 위해 필요한 에너지는 다음과 같다.

▶ 상변화 동안 물질에 전달된 에너지

$$\boxed{Q = L\,\Delta m} \qquad\qquad 17.6$$

여기서 Δm은 높은 상 물질의 질량 변화이다.

융해열(latent heat of fusion) L_f는 고체에서 액체로 상태가 변할 때 사용하는 용어이고, **기화열**(latent heat of vaporization) L_v는 액체에서 기체로 상태가 변할 때 사용하는 용어이다.[3] 표 17.2에 여러 가지 물질의 숨은열을 보여 준다. 에너지가 계로 들어가면 융해 또는 기화가 일어나, 높은 상 물질의 양이 증가하므로 Δm은 양(+)이고 Q도 양(+)이다. 이는 우리가 약속한 부호와 일치한다. 에너지가 계로부터 나오면 액화 또는 응고가 일어나, 높은 상 물질의 양이 감소하므로 Δm은 음(−)이고 Q도 음(−)이다. 역시 이는 우리가 약속한 부호와 일치한다. 식 17.6에서 Δm은 항상 높은 상 물질을 기준으로 하고 있음을 기억하자.

상변화에서 숨은열의 역할을 이해하기 위해서 −30.0 °C에서 1.00 g의 얼음 덩어리를 120.0 °C의 수증기로 변환시키는 데 필요한 에너지를 고려해 보자. 그림 17.3은 얼음에 에너지를 점차적으로 공급해 주면서 얻은 실험 결과이다. 결과는 얼음 덩어리 계의 온도와 계에 공급한 에너지와의 그래프를 보여 주고 있다. A에서 E까지 나누어진 갈색 곡선의 구간을 구간별로 각각 살펴보자.

---

[3] 기체가 냉각될 때 **응집되어서** 액체 상태로 돌아온다. 단위 질량당 방출하는 에너지는 응축열로서 기화열과 같은 값이다. 마찬가지로 액체가 냉각되면 고체로 응고되는데, 이때 **응고열**은 융해열과 값이 같다.

오류 피하기 | 17.5

부호에 주의한다 학생들이 열량계 관계식을 응용할 때 부호에서 실수가 종종 일어난다. 상변화에 대한 식 17.6에 있는 Δm은 항상 높은 상 물질의 질량 변화이다. 식 17.3에서 ΔT는 **항상** 나중 온도에서 처음 온도를 뺀 값임을 명심해야 한다. 그리고 식 17.4의 우변은 **항상** 음의 부호를 포함시켜야 한다.

표 17.2 | 융해열과 기화열

물 질	녹는점 (°C)	융해열 (J/kg)	끓는점 (°C)	기화열 (J/kg)
헬 륨[a]	−272.2	5.23×10^3	−268.93	2.09×10^4
산 소	−218.79	1.38×10^4	−182.97	2.13×10^5
질 소	−209.97	2.55×10^4	−195.81	2.01×10^5
에틸알코올	−114	1.04×10^5	78	8.54×10^5
물	0.00	3.33×10^5	100.00	2.26×10^6
황	119	3.81×10^4	444.60	3.26×10^5
납	327.3	2.45×10^4	1 750	8.70×10^5
알루미늄	660	3.97×10^5	2 450	1.14×10^7
은	960.80	8.82×10^4	2 193	2.33×10^6
금	1 063.00	6.44×10^4	2 660	1.58×10^6
구 리	1 083	1.34×10^5	1 187	5.06×10^6

[a] 헬륨은 대기압에서 고체가 되지 않는다. 따라서 이의 녹는점은 2.5 MPa 압력에서의 값이다.

A 구간 이 부분에서 얼음의 온도가 −30.0 °C에서 0.0 °C로 변한다. 식 17.3은 에너지가 더해지면 온도는 에너지에 비례해서 높아지는 것을 보여 준다. 그러므로 실험 결과는 그래프에서 직선이 된다. 얼음의 비열이 2 090 J/kg·°C이므로, 공급한 에너지의 양은 식 17.3을 이용해서 구할 수 있다.

$$Q = m_i c_i \Delta T = (1.00 \times 10^{-3}\,\text{kg})(2\,090\,\text{J/kg}\cdot°C)(30.0\,°C) = 62.7\,\text{J}$$

B 구간 얼음이 0.0 °C에 도달하면, 이 온도에서는 얼음이 모두 녹을 때까지 에너지가 더해지더라도 얼음-물의 혼합물이 함께 존재한다. 0.0 °C에서 얼음 1.00 g을 녹이는 데 필요한 에너지는 식 17.6으로부터 구할 수 있다.

$$Q = L_f \Delta m_w = L_f m_i = (3.33 \times 10^5\,\text{J/kg})(1.00 \times 10^{-3}\,\text{kg}) = 333\,\text{J}$$

이 곳에서 그림 17.3의 에너지 축에 표시한 396 J(= 62.7 J + 333 J)로 이동한다.

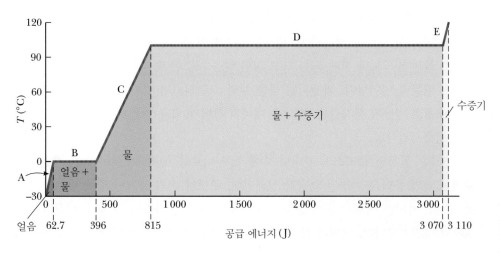

그림 17.3 처음에 −30.0 °C에 있는 얼음 1.00 g을 120.0 °C의 수증기로 변화시킬 때, 온도와 공급 에너지와의 관계

C 구간 0.0 °C와 100.0 °C 사이에서는 별 특별한 것이 없다. 이 영역에서는 상변화가 일어나지 않고 물에 더해진 에너지는 물의 온도를 상승시키는 데 사용된다. 0.0 °C에서 100.0 °C까지 온도를 상승시키는 데 필요한 에너지의 양은 다음과 같다.

$$Q = m_w c_w \Delta T = (1.00 \times 10^{-3} \text{ kg})(4.19 \times 10^3 \text{ J/kg} \cdot \text{°C})(100.0 \text{ °C}) = 419 \text{ J}$$

D 구간 100.0 °C에서 물이 수증기로 변하는 또 다른 상변화가 일어난다. B 구간과 마찬가지로 에너지가 공급되더라도 물이 모두 수증기로 변할 때까지 물-증기가 함께 존재한다. 100.0 °C에서 물 1.00 g을 수증기로 변화시키는 데 필요한 에너지는 다음과 같다.

$$Q = L_v \Delta m_s = L_v m_w = (2.26 \times 10^6 \text{ J/kg})(1.00 \times 10^{-3} \text{ kg}) = 2.26 \times 10^3 \text{ J}$$

E 구간 A와 C 구간에서처럼 이 구간에서도 상변화가 없다. 따라서 공급된 모든 에너지는 수증기의 온도를 올리는 데 사용된다. 수증기의 온도를 100.0 °C에서 120.0 °C까지 올리는 데 필요한 에너지는 다음과 같다.

$$Q = m_s c_s \Delta T = (1.00 \times 10^{-3} \text{ kg})(2.01 \times 10^3 \text{ J/kg} \cdot \text{°C})(20.0 \text{ °C}) = 40.2 \text{ J}$$

1 g의 얼음을 −30.0 °C에서 120.0 °C의 수증기로 변화시킬 때, 공급해야 할 전체 에너지양은 곡선의 다섯 구간의 결과를 합한 3.11 × 10³ J이다. 역과정으로 120.0 °C에서 1 g의 수증기를 −30.0 °C의 얼음으로 냉각시키려면, 3.11 × 10³ J의 에너지를 제거해야만 한다.

그림 17.3에서 물에서 수증기로 기화하는 데 비교적 많은 양의 에너지가 필요함에 주목하자. 이것의 역과정을 상상해 보자. 수증기로부터 물로 응집되는 데 많은 양의 에너지가 방출된다. 이것이 바로 100 °C의 물보다 100 °C의 수증기에 피부가 닿으면 화상을 더 심하게 입는 이유이다. 수증기로부터 매우 많은 양의 에너지가 피부에 닿아서 물로 응집되는 동안 온도는 계속 100 °C가 유지된다. 역으로 여러분의 피부가 100 °C의 물에 닿으면, 물에서 피부로 에너지가 전달되면서 물의 온도는 바로 낮아진다.

매우 깨끗한 그릇에 고요한 상태로 담겨 있는 물의 온도가 0 °C보다 낮아져도 얼음으로 얼지 않고 물로서 그냥 유지되는데, 이 현상을 **과냉각**(supercooling)이라고 한다. 16.3절에서 설명한 것처럼 이 현상은 분자들이 좀 떨어지도록 움직이고, 얼음의 밀도가 물의 밀도보다 작게 되는 크고 열린 얼음 구조를 형성하는데, 물에 교란이 필요하기 때문에 일어난다. 과냉각된 물을 살짝 교란시키면 갑자기 얼게 된다. 따라서 얼음 구조로 결합된 분자들은 더 낮은 에너지 상태가 되고 방출된 에너지는 온도를 0 °C로 상승시킨다.

손난로는 밀봉된 플라스틱 주머니 속에 액체 나트륨 아세테이트를 넣은 제품이다. 주머니 속의 용액은 안정된 과냉각 상태인데, 주머니 속의 조그만 금속 단추를 손으로 '똑딱' 거리면 액체는 굳어 고체가 되면서 온도가 올라간다. 바로 과냉각된 물의 경우와 마찬가지이다. 그러나 이 경우에는 액체가 응고되는 온도가 체온보다 높기 때문에 난로 주머니는 따뜻하게 느껴진다. 이 손난로를 다시 사용하기 위해서는 고체가 다 녹을 때까지 끓여야 된다. 액체 상태가 된 다음 용액을 가만히 식히면 응고되는 온도보다 낮은 온도에서 과냉각 상태가 된다.

마찬가지로 **과가열**(superheating)도 만들어질 수 있다. 예를 들면 매우 깨끗한 컵에 깨끗한 물을 담아 전자레인지에 넣고 가열을 하면, 끓지 않고 100 °C보다 높은 온도까지 상승시킬 수 있다. 왜냐하면 물에서 증기 거품이 형성되려면 핵 형성 씨앗(nucleation site) 역할로서 컵에 긁힘이 있거나 물에 어떤 종류이든 불순물이 있어야 하기 때문이다. 컵을 전자레인지에서 꺼내게 되면 과가열된 물은 갑자기 폭발적인 거품을 형성하고 뜨거운 물이 컵 위로 치솟게 된다.

상변화와 관련된 대표적인 우스갯소리는 순수 갈륨으로 숟가락을 만드는 것이다. 갈륨의 녹는점은 29.8 °C이다. 그러므로 숟가락으로 뜨거운 차를 젓는다면, 물속에 잠긴 숟가락 부분은 액체 상태로 변하게 되어 컵 밑바닥으로 가라앉을 것이다. 숟가락을 집거나 숟가락으로 차를 저으려면 동작이 빨라야 한다. 왜냐하면 갈륨의 녹는점이 정상 체온보다 낮아서 숟가락이 손안에서 녹아내릴 것이기 때문이다!

▎**퀴즈 17.2** 앞서 공부한 얼음 덩어리에 에너지를 공급하는 동일한 과정을 다시 살펴보자. 이번에는 공급하는 에너지의 함수로 계의 내부 에너지를 그래프로 그린다면 어떤 모양이 되는가?

▎**퀴즈 17.3** 그림 17.3에서 A, C, E 구간의 기울기를 계산하라. 기울기가 가장 완만한 것부터 가장 가파른 것까지 순서대로 나열하고 그 이유를 설명하라.

▎**예제 17.3 | 수증기의 응축**

100 g의 유리 용기에 담겨 있는 200 g의 물을 20.0 °C에서 50.0 °C까지 데우는 데 필요한 130 °C인 수증기 질량을 구하라.

풀이

개념화 단열된 용기에 물과 수증기를 함께 담아두었다고 하자. 이 계는 마지막에 50.0 °C의 물로 남게 되는 경우이다.

분류 이 상황에 대해 개념을 이해하고, 상변화가 일어나는 경우의 열량 측정법으로 분류한다.

분석 식 17.4를 쓰고 열량 측정 과정을 서술한다.

$$\text{(1)} \qquad Q_{\text{cold}} = -Q_{\text{hot}}$$

수증기는 세 단계로 변화한다. 첫째로 온도가 100 °C로 감소되고, 그 이후 액체의 물로 응집되고, 마지막으로 50.0 °C의 물로 온도가 감소한다. 첫 번째 단계에서 미지의 수증기 질량 m_s를 사용해서 에너지 전달을 구한다.

$$Q_1 = m_s c_s \Delta T_s$$

두 번째 단계에서 에너지 전달을 구한다.

$$Q_2 = L_v \Delta m_s = L_v(0 - m_s) = -m_s L_v$$

세 번째 단계에서 에너지 전달을 구한다.

$$Q_3 = m_s c_w \Delta T_{\text{hot water}}$$

이 세 단계에서 전달된 에너지를 더한다.

$$\text{(2)} \quad Q_{\text{hot}} = Q_1 + Q_2 + Q_3 = m_s(c_s \Delta T_s - L_v + c_w \Delta T_{\text{hot water}})$$

20.0 °C 물과 유리는 50.0 °C로 온도가 상승하는 한 과정만 고려하면 된다. 이 과정에서 에너지 전달을 구한다.

$$\text{(3)} \qquad Q_{\text{cold}} = m_w c_w \Delta T_{\text{cold water}} + m_g c_g \Delta T_{\text{glass}}$$

식 (2)와 (3)을 식 (1)에 대입한다.

$$m_w c_w \Delta T_{\text{cold water}} + m_g c_g \Delta T_{\text{glass}}$$
$$= -m_s(c_s \Delta T_s - L_v + c_w \Delta T_{\text{hot water}})$$

m_s에 대해 푼다.

$$m_s = -\frac{m_w c_w \Delta T_{\text{cold water}} + m_g c_g \Delta T_{\text{glass}}}{c_s \Delta T_s - L_v + c_w \Delta T_{\text{hot water}}}$$

주어진 값들을 대입한다.

$$m_s = -\frac{\begin{bmatrix}(0.200\text{kg})(4\,186\,\text{J/kg}\cdot{}^\circ\text{C})(50.0{}^\circ\text{C}-20.0{}^\circ\text{C}) \\ +(0.100\text{kg})(837\,\text{J/kg}\cdot{}^\circ\text{C})(50.0{}^\circ\text{C}-20.0{}^\circ\text{C})\end{bmatrix}}{\begin{bmatrix}(2\,010\,\text{J/kg}\cdot{}^\circ\text{C})(100{}^\circ\text{C}-130{}^\circ\text{C})-(2.26\times10^6\,\text{J/kg}) \\ +(4\,186\,\text{J/kg}\cdot{}^\circ\text{C})(50.0{}^\circ\text{C}-100{}^\circ\text{C})\end{bmatrix}}$$

$$= 1.09 \times 10^{-2}\,\text{kg} = \boxed{10.9\,\text{g}}$$

문제 계의 나중 상태가 100 °C 물이라면, 수증기가 더 많이 또는 더 적게 필요한가?

답 물과 유리잔의 온도를 50.0 °C 대신에 100 °C로 상승시키기 위해서 더 많은 양의 수증기가 필요하다. 풀이에 주요한 변화가 두 가지 있다. 첫째 Q_3에서 증기에서 응집된 물은 100 °C 이하로 내려가지 않는다. 둘째 Q_{cold}에서 온도 변화는 30.0 °C가 아니라 80.0 °C가 될 것이다. 실제로 필요한 수증기가 31.8 g임을 보인다.

🔲 **17.4** | **열역학적 과정에서의 일** Work in Thermodynamic Processes

▶ 상태 변수

열역학을 거시적인 관점으로 접근할 때에는, 계의 **상태**를 압력, 부피, 온도, 그리고 내부 에너지 등과 같은 양으로 묘사한다. 이런 양들은 **상태 변수**(state variables) 범주에 속한다. 계의 어떤 주어진 조건에 대해서도 상태 변수의 값을 확인할 수 있다. 그러나 계의 거시적인 상태는 계가 내적인 열평형에 놓여 있을 때에만 기술할 수 있음에 주목하자. 용기 내의 기체인 경우, 내적으로 열평형을 이루려면 기체의 모든 부분의 압력과 온도가 같아야 한다. 예를 들어 기체의 한 부분이 다른 부분과 온도가 다르다면, 이상 기체 법칙에 적용하는 전체 기체에 대한 유일한 온도를 정할 수 없다.

▶ 전달 변수

에너지를 포함하는 상황에서 변수의 두 번째 범주는 **전달 변수**(transfer variables)이다. 이 변수는 에너지가 계의 경계를 통해 전달되는 과정이 일어날 때에만 의미가 있다. 경계를 통한 에너지 전달은 계의 변화를 나타내므로 전달 변수는 계의 주어진 상태와 연관된 게 아니라 계의 상태의 **변화**와 연관되어 있다. 앞 절에서 우리는 열을 전달 변수로 취급했다. 계의 주어진 상태에서는 열은 아무런 의미가 없다. 에너지가 경계를 통해 열의 형태로 이동해서 결과적으로 계의 변화가 초래될 때에만 열에 값을 부여할 수 있다. 상태 변수는 내적 열평형에 놓여 있는 계의 특성이다. 반면에 전달 변수는 계와 외부 환경 사이에 에너지가 전달되는 과정의 특성이다.

우리는 이 개념을 이전에 봤지만 상태 변수와 전달 변수라는 표현을 쓰지 않았다. 에너지 보존식 $\Delta E_{\text{system}} = \sum T$에서, 우변의 항을 전달 변수로 볼 수 있다(일, 열, 역학적 파동, 물질 전달, 전자기 복사, 전기적 전송 등). 에너지 보존 식의 좌변은 상태 변수의 **변화**를 나타낸다(운동 에너지, 위치 에너지, 내부 에너지 등). 기체에 대해서는 추가로 압력, 부피, 온도 등을 상태 변수로 나타낼 수 있다.

이 절에서 열역학계에서 중요한 또 하나의 전달 변수인 일에 대해 공부할 것이다. 입자에 한 일에 대해서 6장에서 폭넓게 다뤘고, 여기서는 변형 가능한 계인 기체에 한 일에 대해서 살펴볼 것이다. 마찰이 없고 움직일 수 있는, 단면의 넓이가 A인 피스톤이 달려 있는 원통 내에 갇혀 열평형에 놓여 있는 기체를 생각하자(그림 17.4). 기체는 부피 V를 차지하고 원통 내벽과 피스톤에 균일한 압력 P를 작용한다. 이제 우리는 기체가 준정적 과정에서 압축된다는 단순화 모형을 채택하자. **준정적 과정** (quasi-static process)이란, 매우 느리게 진행되어 매 순간순간 계가 거의 열평형에 놓여 있다고 간주할 수 있는 열역학적 과정의 일종이다. 외력 $\vec{\mathbf{F}}_{ext}$ 을 받아 피스톤이 안쪽으로 밀리면, 기체에 작용하는 힘의 작용점(피스톤의 바닥)은 변위 $d\vec{\mathbf{r}} = dy\hat{\mathbf{j}}$ 만큼 이동한다(그림 17.4b). 따라서 기체에 한 일은 6장에서의 일의 정의에 따라 다음과 같다.

$$dW = \vec{\mathbf{F}}_{ext} \cdot d\vec{\mathbf{r}} = \vec{\mathbf{F}}_{ext} \cdot dy\hat{\mathbf{j}}$$

압축 과정 동안 피스톤은 줄곧 평형에 놓여 있으므로, 외력은 기체가 피스톤에 작용하는 힘과 크기는 같고 방향은 반대이다.

$$\vec{\mathbf{F}}_{ext} = -\vec{\mathbf{F}}_{gas} = -PA\hat{\mathbf{j}}$$

여기서 기체가 작용하는 힘의 크기를 PA와 같다고 놓았다. 따라서 외력이 한 일은 다음과 같이 표현된다.

$$dW = -PA\hat{\mathbf{j}} \cdot dy\hat{\mathbf{j}} = -PA\,dy$$

$A\,dy$가 기체의 부피 변화 dV와 같으므로 기체에 한 일은 다음과 같다.

$$dW = -P\,dV$$

기체가 압축되면 dV는 음($-$)이고 기체에 한 일은 양($+$)이 된다. 기체가 팽창하면 dV는 양($+$)이고 기체에 한 일은 음($-$)이 되지만, 부피가 일정할 때 기체에 한 일은 영이다. 기체의 부피가 V_i에서 V_f로 변할 때, 기체에 한 전체 **일**(work)은 다음과 같다.

$$W = -\int_{V_i}^{V_f} P\,dV \qquad\qquad 17.7$$

▶ 기체에 한 일

적분값을 구하려면 팽창 과정을 통해 압력이 어떻게 변하는가를 알아야 한다.

일반적으로 기체가 처음 상태에서 나중 상태로 가는 과정 동안, 압력은 일정하지 않고 부피나 온도에 의존한다. 과정의 매 단계마다 압력과 부피의 관계가 알려져 있다면, 각 단계에서 기체의 상태는 열역학에서 매우 중요한 **PV 도표**(PV diagram)의 그래프로 표현할 수 있다. 이런 유형의 도표로부터 기체에서 진행되는 과정을 한눈에 알 수 있다. 이런 그래프 표현에서 곡선은 처음 상태와 나중 상태 사이를 이은 **경로**이다.

식 17.7의 적분에서 적분값을 곡선 아래 넓이라고 부르기로 하면 (음일 때도) PV 도표의 중요한 쓰임새를 확인할 수 있다.

> 기체의 처음 상태로부터 나중 상태까지 일어나는 준정적 과정에서 기체에 한 일은 PV 도표에서 처음 상태와 나중 상태 사이 곡선 아래의 넓이의 음의 값이다.

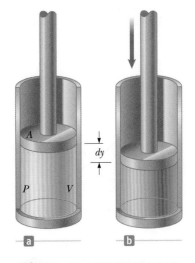

그림 17.4 기체가 담긴 원통에서 피스톤이 압력 P로 아래로 누를 때 기체에 한 일. 이때 기체는 압축된다.

기체에 한 일은 PV 곡선 아래 넓이의 음의 값과 같다. 여기서 부피는 감소하므로 넓이는 음이어서, 양(+)의 일을 하게 된다.

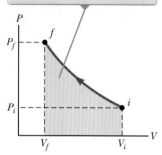

그림 17.5 기체가 상태 i에서 상태 f로 준정적으로(천천히) 압축되는 과정이다. 외력은 압축하기 위해 기체에 양(+)의 일을 해야만 한다.

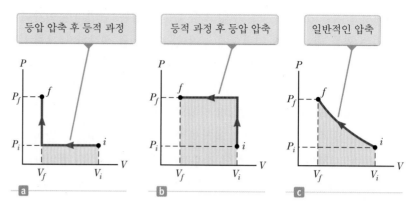

등압 압축 후 등적 과정   등적 과정 후 등압 압축   일반적인 압축

그림 17.6 처음 상태에서 나중 상태로 가는 동안 기체에 한 일은 두 상태 사이의 경로에 따라 달라진다.

그림 17.5에 암시된 것처럼, 원통 내의 기체를 압축하는 과정에 대해, 기체에 한 일은 처음 상태와 나중 상태의 경로에 따라 달라진다. 이 중요한 점을 설명하기 위해 i와 f를 연결하는 몇 가지의 경로를 고려해 보자(그림 17.6). 그림 17.6a에 나타낸 과정에서는, 기체가 먼저 일정한 압력 P_i하에서 부피가 V_i에서 V_f로 감소하고, 다음 일정한 부피 V_f하에서 압력이 P_i에서 P_f로 증가한다. 이 경로를 따라 기체에 한 일은 $-P_i(V_f - V_i)$이다. 그림 17.6b에서는 일정한 부피 V_i하에서 기체의 압력이 P_i에서 P_f로 증가하고 일정한 압력 P_f하에서 부피가 V_i에서 V_f로 감소한다. 이 경로를 따라 기체에 한 일은 $-P_f(V_f - V_i)$이고, 그림 17.6a에서보다 더 큰 힘으로 같은 거리를 피스톤이 이동하므로 그림 17.6a에서보다 더 크다. 마지막으로 그림 17.6c에 묘사된 과정에서는 P와 V가 함께 연속적으로 변하고 기체에 한 일은 처음 두 과정에서 얻은 값의 중간 정도가 될 것이다.

마찬가지로 열로서 계에 출입하는 에너지 전달 Q도 경로에 따라 달라진다. 그림 17.7에 있는 상황을 고려함으로써 이것을 증명할 수 있다. 각각의 경우 모두 처음에는 부피, 온도, 압력이 같은 이상 기체라고 가정하자. 그림 17.7a에서의 기체로 채워진 구역의 바닥은 에너지 저장고와 접촉하고 있고, 나머지 외부는 모두 단열되어 있다. **에너지 저장고**란 유한한 에너지 출입에도 온도가 변하지 않는 에너지 공급처이다. 피스톤을 처음 위치에 위치하도록 손으로 약간 누르고 있다가, 천천히 놓으면 그림 17.7b에서처럼 피스톤이 나중 위치로 올라온다. 피스톤이 위로 올라왔으므로 기체는 피스톤에 일을 한 것이다. 나중 부피 V_f로 팽창하는 동안, 에너지 저장고로부터 충분한 열 에너지가 기체로 전달되어 일정한 온도 T_i를 유지하게 된다.

이제 그림 17.7c의 완전히 단열된 계에 대해 생각해 보자. 분리막이 터지면 기체는 진공 속으로 급격히 팽창해서 부피 V_f와 압력 P_f에 이른다. 기체의 나중 상태가 그림 17.7d에 있다. 이 경우 기체는 힘을 작용하지 않기 때문에 기체는 일을 하지 않는다. 진공으로 팽창하는 데 힘이 필요하지 않다. 또한 단열된 벽이므로 열 에너지가 전달되지는 않는다.

17.6절에서 논의할 것이지만, 실험에 의하면 그림 17.7c와 17.7d에 보인 과정에서 이상 기체의 온도는 변하지 않는다. 따라서 그림 17.7a와 17.7b의 처음과 나중의 이

그림 17.7 원통 내의 기체. (a) 기체가 에너지 저장고와 접촉하고 있다. 원통의 벽은 완전히 고립되어 있지만, 에너지 저장고와 접하고 있는 바닥은 전도가 된다. (b) 기체는 더 큰 부피로 천천히 팽창한다. (c) 부피의 반에는 기체가 들어 있고, 나머지 반은 진공이다. 원통 전체는 완전히 고립되어 있다. (d) 기체가 더 큰 부피로 자유롭게 팽창한다.

상 기체는 그림 17.7c와 17.7d에서 처음과 나중의 이상 기체와 상태는 같지만 경로는 다르다. 첫 번째 경우 기체는 피스톤에 일을 하고 열 에너지가 기체로 서서히 전달된다. 두 번째 경우에서는 열 에너지가 전달되지 않고 한 일도 영이다. 따라서 일처럼 열 에너지 전달도 계의 처음과 나중 그리고 중간 상태에 따라 달라진다. 다시 말해서 열과 일은 경로에 따라 달라지므로, 어느 것도 열역학적 과정에서의 처음 상태와 나중 상태로만 결정되지 않는다.

예제 17.4 | 과정 비교하기

이상 기체가 두 과정을 통해 $P_i = 0.200 \times 10^5$ Pa, $V_i = 10.0$ m³에서 $P_f = 1.00 \times 10^5$ Pa, $V_f = 2.00$ m³로 된다. 그림 17.6c의 과정 1에서는 온도가 일정하게 유지되며, 그림 17.6a의 과정 2에서는 압력이 일정하게 유지되다가 부피가 일정하게 유지된다. 첫 번째 과정에서 기체에 한 일 W_1과 두 번째 과정에서 한 일 W_2 사이의 비를 구하라.

풀이

개념화 그림 17.6a(과정 2)에서, 변위는 처음 압력과 같은 일정한 압력하에서 일어난다. 그림 17.6c(과정 1)에서는 피스톤이 안쪽으로 움직임에 따라 압력이 증가하는 쪽으로 변위가 일어난다. 결론적으로 말하자면, 과정 1 동안 피스톤을 미는 힘은 피스톤이 안쪽으로 움직일수록 더 커지게 된다. 따라서 일은 과정 2에서보다 과정 1에서 더 커짐을 예측할 수 있다.

분류 과정 1을 등온에서 일어나는 과정으로 간주할 수 있다. 또한 과정 2를 등압에서 일어나는 과정과 등적에서 일어나는 과정의 결합으로 간주할 수 있다. 17.6절에서, 이런 유형의 과정에 대한 이름을 소개할 것이다.

분석 과정 1에 대해, 이상 기체 법칙을 적용해서 압력을 부피의 함수로 표현한다.

$$P = \frac{nRT}{V}$$

과정 2에 대해, 일정한 부피를 갖는 부분에서는 한 일이 없다. 그 이유는 피스톤이 움직이지 않기 때문이다. 과정 2의 첫 번째 부분 동안에는 압력이 $P = P_i$으로 일정하다. 이런 결과들을 이용해서 두 과정에서 한 일의 비를 구한다.

$$\frac{W_1}{W_2} = \frac{-\int_{\text{process 1}} P \, dV}{-\int_{\text{process 2}} P \, dV} = \frac{\int_{V_i}^{V_f} \frac{nRT}{V} \, dV}{\int_{V_i}^{V_f} P_i \, dV} = \frac{nRT \int_{V_i}^{V_f} \frac{dV}{V}}{P_i \int_{V_i}^{V_f} dV}$$

$$= \frac{nRT \ln\left(\frac{V_f}{V_i}\right)}{P_i(V_f - V_i)} = \frac{P_i V_i \ln\left(\frac{V_f}{V_i}\right)}{P_i(V_f - V_i)} = \frac{V_i \ln\left(\frac{V_f}{V_i}\right)}{V_f - V_i}$$

처음과 나중의 기체 부피를 대입한다.

$$\frac{W_1}{W_2} = \frac{(10.0 \text{ m}^3) \ln\left(\frac{2.00 \text{ m}^3}{10.0 \text{ m}^3}\right)}{(2.00 \text{ m}^3 - 10.0 \text{ m}^3)} = \boxed{2.01}$$

결론 예측대로 과정 1에서 한 일이 약 2배만큼 더 크다. 과정 1에서 한 일을 그림 17.6b에 보인 과정 3에서 한 일과 비교하면 어떻게 될까?

17.5 | 열역학 제1법칙 The First Law of Thermodynamics

우리는 7장에서 에너지 보존 식인 식 7.2에 대해 논의했다. 이 일반적인 원리의 특별한 경우로 계에 일어나는 유일한 에너지 변화가 내부 에너지 변화(ΔE_{int})이고, 에너지 전달 메커니즘은 열 Q와 일 W뿐인 경우를 고려해 보자. 이 경우 열역학에서 많은 문제를 분석하는 데 사용될 수 있는 유용한 식을 얻게 된다.

열역학 제1법칙(first law of thermodynamics)은 에너지 보존 식의 특별한 경우로서 다음과 같이 표현한다.

▶ 열역학 제1법칙

$$\Delta E_{\text{int}} = Q + W \qquad \text{17.8}$$

이 식은 계의 내부 에너지 변화가 계의 경계를 통해 열로서 전달된 에너지와 일로서 전달된 에너지의 합과 같다는 것을 말해 준다.

그림 17.8은 제1법칙과 일치하는 에너지 전달과 원통 내 기체의 내부 에너지 변화를 보여 준다. 식 17.8은 고려해야 할 에너지가 내부 에너지, 열, 일 세 가지뿐인 다양한 문제들에 적용된다. 곧 몇 가지 예를 들어볼 것이다. 어떤 문제는 제1법칙의 조건에 맞지 않는다. 예를 들어 토스터기 내 코일의 내부 에너지는 열이나 일에 의해서라기보다 전기 전송에 의해 증가된다. 제1법칙은 에너지 보존 식의 한 특별한 경우이고, 에너지 보존 식은 넓은 범위의 가능한 상황들을 모두 다룰 수 있는, 보다 더 일반적인 식이라는 사실을 염두에 두어야 한다.

적은 양의 열 에너지 dQ가 계에 전달되고 적은 양의 일 dW를 계에 하는 식으로 계의 상태가 미세한 변화를 겪을 때, 계의 내부 에너지 또한 적은 양 dE_{int}만큼 변하게 된다. 이와 같이 매우 작은 과정에 대해서 제1법칙은 다음과 같이 표현될 수 있다.[4]

$$dE_{\text{int}} = dQ + dW \qquad \text{17.9}$$

> **오류 피하기 | 17.6**
>
> **다른 부호 약속** 부호에 대한 두 가지 관습이 있다. 몇몇 다른 물리학 교재나 공학 교재에서는 제1법칙을 $\Delta E_{\text{int}} = Q - W$ 식처럼 열(Q)과 일(W) 사이에 [양($+$)의 부호 대신에] 음($-$)의 부호를 넣어 표현한다. 우리의 논의에서는 (외부로부터) 기체에 일이 행해질 때 양의 일로 정의하는 반면에, 이들 책에서는 기체가 일을 할 때 양의 일로 정의하기 때문에 부호가 바뀐 것이다. 식 17.7에 해당되는 식이 $W = \int_{V_i}^{V_f} P \, dV$이며, 기체가 양의 일을 한다면 에너지는 계를 떠나고 제1법칙에 음의 부호가 나타나게 된다. 화학 또는 공학 과정 공부를 하거나 다른 물리 교재로 공부할 경우 제1법칙에 어떤 부호 약속이 사용되는지 반드시 확인해야 한다.

---

[4] dE_{int}가 미분량이지만, Q와 W는 상태 변수가 아니므로 dQ와 dW는 미분량이 아님을 유의해야 된다. 이 점에 대해서 더 상세한 논의는 다음을 참조하라. R. P. Bauman, 현대열역학과 통계역학 (*Modern Thermodynamics and Statistical Mechanics*) (New York, Macmillan, 1992).

미시적인 척도에서 열과 일의 결과 사이의 실질적인 구별은 없다. 각각은 계의 내부 에너지 변화를 초래할 수 있다. 거시적인 물리량 Q와 W는 계의 성질이 **아니지만**, 열역학 제1법칙을 통해 정상 상태인 계의 내부 에너지 변화와 연관되어 있다. 일단 과정 또는 경로가 정의되면, Q와 W는 계산될 수 있거나 측정될 수 있고, 내부 에너지 변화는 제1법칙으로부터 얻을 수 있다.

▶ **퀴즈 17.4** 다음 표에서 Q, W, ΔE_{int}에 대한 올바른 부호(−, + 또는 0)를 적으라. 각각의 경우 계는 동일한 것으로 간주한다.

상 황	계	Q	W	ΔE_{int}
(a) 자전거 바퀴에 펌프로 급속히 공기를 주입할 때	펌프 속의 공기			
(b) 뜨거운 난로 위에 놓인 상온의 냄비	냄비 속의 물			
(c) 풍선에서 공기가 급속히 빠지고 있을 때	풍선 속에 남아 있는 원래 공기			

▶ **생각하는 물리 17.2**

1970년대 말, 겨울에 꽤 추운 뉴저지 주 애틀랜틱시티(Atlantic City)에 카지노 도박이 허용됐다. 매우 추운 1월 중순경에도 에어컨이 가동되도록 카지노의 에너지 설비 계획이 짜여 있다. 왜일까?

추론 카지노 내의 공기가 제1법칙을 적용할 대상인 기체라고 생각하고, 에어컨 가동이나 환기 등이 전혀 없어 공기가 실내에 단순히 머물러 있는 단순화 모형을 상상하자. 기체에 한 일은 없으므로 전달되는 열 에너지에만 초점을 맞추자. 카지노 내에는 아주 많은 사람들이 있고, 많은 이들이 활동적이고(주사위를 던지거나, 환호성을 지르거나 등등), 또 많은 이들이 (축하, 실망, 좌절, 당황, 공포 등으로) 흥분 상태에 있다. 그 결과 이 많은 사람들의 몸으로부터 공기 중으로 열 에너지 흐름이 아주 크게 일어난다. 이 에너지는 카지노 내 공기의 내부 에너지 증가를 유발한다. 카지노 내 흥분한 수많은 사람들(거기다가 수많은 기계들과 백열전구 불빛) 등으로, 기체의 온도는 매우 높은 값으로 빠르게 올라간다. 온도를 쾌적한 수준으로 유지하기 위해서는 에너지 입력을 상쇄시킬 카지노 밖으로의 에너지 전달이 필요하다. 계산을 해 보면 심지어 1월의 10 °F(−12.2 °C)의 낮은 기온에서도 카지노 벽을 통해 열 에너지가 자연적으로 빠져나가는 게 충분하지 못하다는 것을 알 수 있고, 따라서 1년 내내 거의 연속적으로 에어컨을 가동해야만 한다. ◀

17.6 | 열역학 제1법칙의 응용
Some Applications of the First Law of Thermodynamics

그림 17.8 열역학 제1법칙은 계의 내부 에너지 E_{int}의 변화는 계에 열로서 전달되는 알짜 에너지 Q와 한 일 W의 합과 같음을 의미한다. 이 그림의 경우 기체의 내부 에너지는 증가한다.

오류 피하기 | 17.7

열역학 제1법칙 이 책에서 에너지에 대한 접근에서 볼 때 열역학 제1법칙은 식 7.2의 특별한 경우이다. 어떤 물리학자들은 제1법칙은 식 7.2와 동등하게 에너지 보존에 대한 일반적인 식이라고 주장한다. 이런 접근에서, 제1법칙은 아무런 물질 전달이 일어나지 않는 닫힌계에 적용되고, 열은 전자기파 방출을 포함하고, 일은 전기 수송(전기적 일)과 역학적 파동(분자의 일)을 포함한 것으로 이해된다. 다른 물리학 책을 읽더라도 열역학 제1법칙을 접할 때 이 내용을 명심하도록 하라.

특정한 계에 열역학 제1법칙을 적용하기 위해, 몇 가지 흔한 열역학적 과정을 정의하는 것이 유용하다. 우리는 네 가지 특별한 과정을 실제 과정의 근사로 보는 단순화 모형을 사용할 것이다. 다음 각 과정에 대해, 그림 17.8의 기체에 이 과정이 일어난다고 마음속으로 상상하기로 하자.

단열 과정(adiabatic process)에서는 열 에너지가 계에 들어오거나 계로부터 빠져나가지 않는다. 즉 $Q = 0$이다. 그림 17.8에서 피스톤의 표면과 원통 내벽이 완벽한 단열체로 되어 있어 열 에너지 전달이 일어나지 않는다고 상상하자(단열 과정을 이룰 수 있는 또 다른 방법은, 열 에너지 전달은 비교적 천천히 일어나는 경향이 있으므로 과정을 매우 급격히 수행하는 것이다). 이 경우에 제1법칙을 적용하면 다음을 알 수 있다.

$$\Delta E_{int} = W \qquad\qquad 17.10$$

이 결과로부터 기체가 단열 압축할 때, W와 ΔE_{int} 모두 양(+)임을 알 수 있다. 기체에 일을 하고, 이는 계로의 에너지 전달을 나타내며 계의 내부 에너지는 증가한다. 거꾸로 기체가 단열 팽창할 때, 기체는 외부에 일을 하고 [음(−)의 일], 내부 에너지 변화 ΔE_{int}도 음(−)이어서 내부 에너지는 감소한다.

단열 과정은 실제 공학에서 매우 중요하다. 내연 기관 속의 뜨거운 기체의 팽창, 냉각 시스템에서 기체의 액화, 디젤 기관의 압축 행정 등 일상적인 응용이 많다. 17.8절에서 단열 과정에 대해 상세히 공부할 것이다.

그림 17.7c와 17.7d에 나타낸 **자유 팽창**(free expansion)은 기체에 일을 하지 않는 유일한 단열 과정이다. $Q = 0$이고 $W = 0$이므로 제1법칙으로부터 이 과정에서는 $\Delta E_{int} = 0$임을 알 수 있다. 즉 자유 팽창에서 기체의 처음과 나중 내부 에너지는 같다. 16장에서 본 바와 같이, 이상 기체의 내부 에너지는 온도에만 의존한다. 그래서 단열 자유 팽창 동안 온도의 변화는 없다고 기대할 수 있고, 낮은 압력의 기체에 대해서는 실제 실험과도 일치한다. 높은 압력의 실제 기체에 대한 실험에서 기체 분자 사이의 상호 작용 때문에 팽창 후 온도가 약간 올라가거나 내려가는 것을 볼 수 있다.

일정한 압력하에서 일어나는 과정은 **등압 과정**(isobaric process)이다. 그림 17.8에서 피스톤이 완벽하게 자유로이 움직일 수 있다면, 원통 내 기체의 압력은 대기압과 피스톤의 무게에만 의존할 것이다. 그러므로 피스톤은 평형 상태하의 입자로 모형화할 수 있다. 이런 과정이 일어날 때, 기체에 한 일은 일정한 압력과 부피의 변화를 곱한 것의 음의 값인 $-P(V_f - V_i)$이다. 그림 17.6a 과정의 첫 번째 부분이나 그림 17.6b 과정의 두 번째 부분에서 확인할 수 있듯이 PV 도표에서 등압 과정은 수평선으로 나타난다.

일정한 부피하에서 일어나는 과정은 **등적 과정**(isovolumetric process)이다. 그림

17.8에서 피스톤을 고정시켜 움직이지 못하게 하면 등적 과정이 일어난다. 이 과정에서는 부피가 변하지 않으므로 한 일은 영이다. 제1법칙으로부터 등적 과정에 대해 다음을 얻는다.

$$\Delta E_{\text{int}} = Q \qquad\qquad\text{17.11}$$

이 식은 일정한 부피하에서 계에 열 에너지가 더해지면, 모든 에너지는 계의 내부 에너지 증가로 바뀌고 계로 들어오거나 계를 떠나는 일은 아무것도 없음을 말해 준다. 예를 들어 불 속에 분무기 통을 던져 넣으면, 통의 금속벽을 통해 열 에너지가 계(통 속의 기체)로 들어간다. 결과적으로 기체의 온도와 압력이 올라가 통이 폭발하게 된다. 그림 17.6a 과정의 두 번째 부분과 그림 17.6b 과정의 첫 번째 부분에서처럼 도표에서 등적 과정은 수직선으로 나타난다.

일정한 온도하에서 일어나는 과정은 **등온 과정**(isothermal process)이다. 이상 기체의 내부 에너지는 온도만의 함수이므로, 이상 기체의 등온 과정에서 내부 에너지는 변하지 않는다. 즉 $\Delta E_{\text{int}} = 0$이다. 제1법칙을 등온 과정에 적용하면 다음을 얻는다.

$$Q = -W$$

일로서 기체에 들어온 에너지는 열로서 기체를 떠나므로, 등온 과정에서 내부 에너지는 변화가 없다. 그림 17.9에서처럼 등온 과정은 PV 도표에서 곡선으로 나타난다. 그림 17.9에서 등온 과정의 경로는 파란 곡선을 따라간다. 이 곡선은 **등온선**(isotherm)으로 도표에서 같은 온도를 갖는 점들을 이어 그린 곡선이다. 등온 과정에서 이상 기체에 한 일을 예제 17.4에서 계산해 봤다.

$$W = -nRT \ln\left(\frac{V_f}{V_i}\right) \quad \text{(등온 과정)} \qquad\qquad\text{17.12}$$

등온 과정은 7.3절에서 논의한 정상 상태에 있는 비고립계 모형으로서 분석할 수 있다. 계의 경계를 통해 에너지 전달은 있지만, 계의 내부 에너지는 변화가 없다. 단열 과정, 등압 과정, 등적 과정은 비고립계 모형의 예이다.

다음으로 비고립계가 밟게 되는 **순환 과정**(cyclic process), 즉 한 상태에서 시작해서 다시 제자리로 되돌아오는 과정을 생각하자. 이 경우 계의 내부 에너지는 상태 변수이고, 처음과 나중 상태가 동일하기 때문에 내부 에너지의 변화는 영이다. 그러므로 계에 더해진 열 에너지는 한 순환 과정 동안 계에 한 일의 음(−)의 값과 같다. 즉 한 순환 과정에서는 다음과 같다.

$$\Delta E_{\text{int}} = 0 \quad\text{그리고}\quad Q = -W$$

한 순환 과정당 한 알짜일은 PV 도표에서 과정을 나타내는 경로에 의해 둘러싸인 넓이와 같다. 18장에서 보게 되듯이, 순환 과정은 **열기관**(heat engine)에 대한 열역학을 기술하는 데 매우 중요하다. 열기관은 계에 더해진 열 에너지의 일부를 역학적인 일로 뽑아내는 열적 장치를 일컫는다.

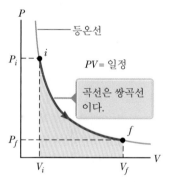

그림 17.9 처음 상태에서 나중 상태로 등온 팽창하는 이상 기체의 PV 도표

▶ **퀴즈 17.5** 그림 17.10에서 각 경로가 등온, 등압, 등적 및 단열 과정 중 어떤 과정에 해당하는지 결정하라. 경로 *B*에서 $Q = 0$이다. 파란색 곡선은 등온선이다.

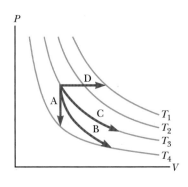

그림 17.10 (퀴즈 17.5) 경로 A, B, C, D가 어떤 경로인지 알아보라.

예제 17.5 | 얼음물 통 속의 원통

그림 17.11a의 원통은 열전도성 벽으로 되어 있고 얼음물 통 속에 잠겨 있다. 원통 내의 기체는 세 가지 과정을 밟는다. (1) 피스톤을 급격히 아래로 눌러 원통 내의 기체를 압축한다. (2) 기체의 온도가 얼음물 통의 온도와 같아질 때 피스톤은 앞 과정의 나중 위치가 된다. (3) 피스톤은 매우 느리게 원래의 위치로 돌아오게 된다.

순환 과정 동안 기체에 한 일이 500 J이다. 순환 과정 동안 얼음물 통 속에서 녹은 얼음의 질량은 얼마인가?

풀이

개념화 그림 17.11a의 피스톤 손잡이를 꼭 잡고 급속히 아래쪽으로 민다고 상상해 보자. 기체에 대해 일을 하고 있으므로, 이런 작업은 기체의 온도를 올려주는 요인이 될 것이다. 다음, 과정 2에서는 피스톤의 위치를 고정함으로써 뜨거운 기체에서 차가운 얼음물로의 열 에너지 흐름을 상상해 보자. 과정 3에서는 피스톤을 천천히 올림으로써 기체의 온도는 정상적으로 차가워진다. 그러나 얼음물로부터 기체로 에너지가 흘러 온도가 일정하게 유지된다.

분류 과정 1이 빠르게 일어나기 때문에 단열 압축으로 모형화할 수 있다. 과정 2에서는 피스톤이 고정되어 있음으로 등적 과정으로 분류된다. 아주 느린 과정 3에서는 기체와 얼음물 통이 전 과정을 걸쳐 열평형 상태를 유지하는 것으로 근사할 수 있으므로 등온 과정으로 간주한다. 그림 17.11b는 문제를 다루는 데 도움이 되는 전체 순환 과정에 대한 *PV* 도표이다.

분석 전체 순환 과정에 대해 기체의 내부 에너지 변화는 영이다. 그러므로 열역학 제1법칙으로부터 열 에너지 전달은 기체에 한 일의 음(−)의 값과 같아야 하므로, $Q = -W = -500$ J이다. 이 식은 한 순환 과정 동안 열 에너지가 기체 계를 떠나 얼음물 통으로 들어가(즉 $Q_{ice} = +500$ J), 얼음의 일부가 녹게 됨을 보인다.

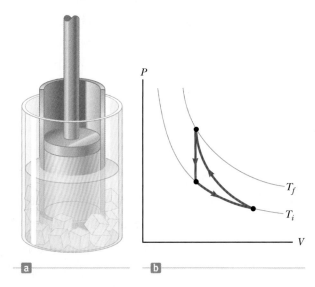

그림 17.11 (예제 17.5) (a) 얼음물 통에 잠긴 이상 기체가 담긴 원통의 단면 모습 (b) 설명한 순환 과정에 대한 *PV* 도표

식 17.6을 이용해서 녹은 얼음의 양을 구한다.

$$Q_{ice} = L_f \Delta m$$

$$\Delta m = \frac{Q_{ice}}{L_f} = \frac{500 \text{ J}}{3.33 \times 10^5 \text{ J/kg}} = 1.5 \times 10^{-3} \text{ kg}$$

$$= \boxed{1.50 \text{ g}}$$

결론 식 17.6에 제시된 Δm의 해석에 근거해서 Δm은 새로이 생겨난 물의 양이다. 이것은 물론 녹은 얼음의 양과 같다. 원통과 얼음물 통을 하나의 계로 보면, 이것은 비고립계이다. 즉 피스톤을 밀기 위해 한 일은 계의 내부 에너지 증가로 나타나고, 얼음의 일부가 녹는 것으로 나타난다. 기체만 계로 보면, 계는 순환 과정 동안 비고립계이다. 순환 과정 동안 열로서 기체를 떠나는 평균 에너지 비율은 일로서 기체에 들어오는 평균 에너지 비율과 같다. 기체의 내부 에너지는 완전한 순환 과정 동안 증가되지 않는다.

예제 17.6 | 잠수하는 술잔

빈 술잔이 물표면 바로 위로 거꾸로 뒤집힌 채 떠 있다. 스쿠버다이버가 조심스럽게 잔을 쥐고, 뒤집힌 상태를 유지하며 공기를 잔 속에 가둬 수심 10.3 m까지 가져갔다. 내려가는 동안 물의 온도는 285 K로 고정되어 있다고 가정한다.

(A) 수심 10.3 m에서, 잔의 부피 중 공기로 채워진 부분의 비율은 얼마인가?

풀이

개념화 물속으로 들어가기 직전까지 잔을 들고 있다고 상상한다. 이때 잔 속의 기체 압력은 대기압이다. 잔의 열린 부분이 물속으로 들어오면서 이 공기가 갇히게 된다. 잔이 물속 더 낮은 위치로 내려가면서, 물의 압력이 증가한다. 물의 압력이 증가함에 따라 잔 속에 갇힌 공기는 압축되고 물이 점차 잔의 열린 끝으로 들어오게 된다.

분류 이 문제를 두 가지 방법으로 나눈다. 첫째는 15장에서 배운 유체 내 깊이에 따른 압력의 변화에 대한 이해를 응용할 필요가 있다. 둘째는 물의 온도를 일정하게 고정했기 때문에, 잔에 들어 있는 기체도 같은 온도가 유지되므로 등온 과정으로 구분한다.

분석 수심 10.3 m의 깊이에서 물과 잔 속의 공기 압력을 구한다.

$$P = P_{atm} + \rho g h = 1.013 \times 10^5 \text{ Pa} +$$
$$(1\,000 \text{ kg/m}^3)(9.80 \text{ m/s}^2)(10.3 \text{ m})$$
$$= 2.02 \times 10^5 \text{ Pa}$$

이상 기체 법칙으로부터 등온 과정의 처음과 나중 상태에 대한 잔 속 공기의 부피 비를 계산한다.

$$P_i V_i = P_f V_f \rightarrow \frac{V_f}{V_i} = \frac{P_i}{P_f} = \frac{1.013 \times 10^5 \text{ Pa}}{2.02 \times 10^5 \text{ Pa}}$$
$$= \boxed{0.500}$$

(B) 잔 속에 갇혀 있는 공기는 0.020 0 mol이다. 잠수 과정 동안 잔 속에 갇혀 있는 공기 계의 경계면을 통해 열 에너지는 얼마나 이동하는가?

풀이

분석 등온 과정이기 때문에 열역학 제1법칙으로부터 $\Delta E_{int} = 0$이고, 열에 의한 에너지 흐름은 기체에 한 일의 음의 값과 같다.

이런 사실과 식 17.12로부터 열을 계산한다.

$$Q = -W = nRT \ln\left(\frac{V_f}{V_i}\right)$$
$$= (0.020\,0 \text{ mol})(8.314 \text{ J/mol} \cdot \text{K})(285 \text{ K}) \ln(0.500)$$
$$= \boxed{-32.8 \text{ J}}$$

결론 Q가 음의 값이므로 열에 의해 에너지가 공기로부터 나왔다는 점에 주목한다. 공기가 압축되면서, 주변을 둘러싼 물이 공기에 일을 하므로, 공기의 온도가 올라가려는 경향이 있다. 공기의 온도가 올라가자마자 갇힌 공기와 둘러싸인 물 사이의 온도차로 인해 열에 의해 에너지 전달이 일어난다. 공기로부터 나오는 에너지 전달이 결국 공기의 온도와 물의 온도를 같아지게 한다.

▌**17.7** | 이상 기체의 몰비열 Molar Specific Heats of Ideal Gases

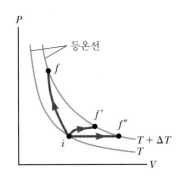

그림 17.12 이상 기체가 온도 T인 등온선에서 세 가지 다른 경로를 따라 온도 $T + \Delta T$인 등온선으로 이동하는 경우

17.2절에서 질량 m인 물질의 온도를 ΔT만큼 변화시키는 데 필요한 에너지를 고려해 봤다. 이 절에서는 이상 기체에 대해 주의를 집중하고, 질량 대신에 몰수 n을 이용해서 기체의 양을 측정할 것이다. 여기서 열역학과 역학 사이의 새롭고 중요한 관계를 발견하게 될 것이다.

n몰의 기체의 온도를 T_i에서 T_f까지 올리는 데 필요한 열에 의한 에너지 전달량은 처음과 나중 상태 사이에 택해진 경로에 따라 달라진다. 이 개념을 이해하기 위해, 온도의 변화가 모두 $\Delta T = T_f - T_i$로 동일한 몇 가지 과정을 거치는 이상 기체를 생각해 보자. 그림 17.12에서처럼 온도 변화를 일으키기 위해 한 등온선에서 다른 등온선으로 가는 경로는 무수히 많다. 모든 경로에 대해 ΔT는 같으므로, 내부 에너지 변화 ΔE_{int}도 모든 경로에 대해 같다. 제1법칙에서 $Q = \Delta E_{\text{int}} - W$인데, 각 경로마다 W(곡선 아래 넓이의 음의 값)가 다르므로 각 경로에 대해 Q는 다르다. 이와 같이 기체의 경우 온도의 주어진 변화를 일으키는 데 필요한 열은 유일한 값을 가질 수 없다.

17.6절에 나오는 두 가지 과정(등적 과정과 등압 과정)에 대한 비열을 정의함으로써 이런 문제의 복잡성을 단순화시킬 수 있다. 기체의 양을 몰(mol)로 측정할 수 있도록 식 17.3을 수정해서, 이들 과정과 관련된 **몰비열**(molar specific heats)을 다음과 같이 정의한다.

$$Q = nC_V\Delta T \qquad \text{(일정 부피)} \qquad \text{17.13}$$

$$Q = nC_P\Delta T \qquad \text{(일정 압력)} \qquad \text{17.14}$$

여기서 C_V는 **등적 몰비열**(molar specific heat at constant volume)이고, C_P는 **등압 몰비열**(molar specific heat at constant pressure)이다.

16장에서 단원자 기체의 온도는 기체 분자의 평균 병진 운동 에너지의 척도임을 알았다. 이것에 비춰, 헬륨, 네온, 아르곤 등과 같은 단원자 이상 기체(즉 분자 하나당 원자 하나를 담고 있는 기체)의 가장 간단한 경우부터 고려해 보자. 고정된 부피의 용기 내의 단원자 기체에 에너지가 더해지면(예를 들어 열로서), 더해진 에너지는 모두 원자의 병진 운동 에너지를 증가시키는 데 쓰인다. 그림 17.13에 i에서 f로 가는 일정한 부피하의 과정이 묘사되어 있다. 여기서 ΔT는 두 등온선 사이의 온도 차이다. 식 16.18로부터 N개(또는 n몰)의 단원자 이상 기체 분자의 전체 내부 에너지 E_{int}는 다음과 같다.

$$E_{\text{int}} = \frac{3}{2}nRT \qquad \text{17.15}$$

일정한 부피하에서 계에 열 에너지가 전달되면, 계에 한 일은 영이다. 즉 등적 과정에 대해서는 $W = -\int P\,dV = 0$이다. 그러므로 열역학 제1법칙과 식 17.15로부터 다음을 알 수 있다.

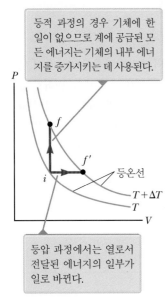

등적 과정의 경우 기체에 한 일이 없으므로 계에 공급된 모든 에너지는 기체의 내부 에너지를 증가시키는 데 사용된다.

등압 과정에서는 열로서 전달된 에너지의 일부가 일로 바뀐다.

그림 17.13 열이 이상 기체에 전달되는 두 가지 방법

$$Q = \Delta E_{\text{int}} = \frac{3}{2}nR\Delta T \qquad \text{17.16}$$

식 17.13에 주어진 Q값을 식 17.16에 대입하면 다음을 얻는다.

$$nC_V \Delta T = \frac{3}{2}nR\Delta T$$

$$C_V = \frac{3}{2}R = 12.5 \text{ J/mol}\cdot\text{K} \qquad \text{17.17}$$

이 식은 기체의 종류에 관계없이 모든 단원자 기체에 대해 $C_V = \frac{3}{2}R$임을 의미한다. 이는 원자가 단거리 힘에 의해서만 서로 상호 작용한다는 운동론의 구조 모형에 근거를 두고 있다. 표 17.3의 세 번째 열(column)은 이 예측이 단원자 기체의 몰비열에 대한 측정값과 매우 잘 일치함을 보여 준다. 반면에 이원자 또는 다원자 기체에 대해서는 실험과 예측이 일치하지 않음을 보여 준다. 이런 유형의 기체에 대해 곧 다루게 될 것이다.

등적 과정으로 변하는 이상 기체에 한 일은 영이므로, 열로서 전달된 에너지는 기체의 내부 에너지 변화와 같다. 그래서 내부 에너지 변화는 다음과 같이 표현된다.

$$\Delta E_{\text{int}} = nC_V \Delta T \qquad \text{17.18}$$

내부 에너지는 상태 함수이므로, 내부 에너지 변화는 처음과 나중 상태 사이에 밟게 되는 과정에 의존하지 않는다. 이와 같이 식 17.18은 등적 과정뿐만 아니라, 온도 변화가 ΔT인 **모든** 과정에 대해서도 이상 기체의 내부 에너지 변화를 나타낸다. 더욱이 단원자 기체뿐만 아니라, 이원자 또는 다원자 기체에 대해서도 이 결론은 사실이다.

매우 작은 변화인 경우에는 식 17.18을 사용해서 등적 몰비열을 다음과 같이 표현할 수 있다.

$$C_V = \frac{1}{n}\frac{dE_{\text{int}}}{dT} \qquad \text{17.19}$$

그림 17.13에서 기체가 일정한 압력 경로 $i \to f'$을 따라 과정을 밟는다고 하자. 이 경로를 따라 온도는 역시 ΔT만큼 증가한다. 이 과정에서 열로서 전달된 에너지는 $Q = nC_P \Delta T$이다. 이 과정에서는 부피가 변하므로, 기체에 한 일은 $W = -P\Delta V$이다. 이 과정에 제1법칙을 적용하면 다음과 같다.

$$\Delta E_{\text{int}} = Q + W = nC_P \Delta T + (-P\Delta V) \qquad \text{17.20}$$

내부 에너지 E_{int}는 이상 기체의 온도에만 의존하고 ΔT가 두 과정에 대해 동일하므로, $i \to f$ 과정에서의 내부 에너지 변화는 $i \to f'$ 과정에서의 내부 에너지 변화와 같다. $PV = nRT$이므로, 등압 과정에 대해 $P\Delta V = nR\Delta T$이다. $P\Delta V$에 대한 이 값을 식 17.20에 대입하면 $\Delta E_{\text{int}} = nC_V \Delta T$(식 17.18)와 더불어 다음의 결과를 얻는다.

$$nC_V \Delta T = nC_P \Delta T - nR\Delta T \rightarrow \boxed{C_P - C_V = R} \qquad \text{17.21}$$

▶ 몰비열 사이의 관계

이 식은 **모든** 이상 기체에 대해서도 적용된다. 이 식은 이상 기체의 등압 몰비열이

표 17.3 | 여러 기체의 몰비열			
몰비열[a] (J/mol·K)			
기체	C_P	C_V	$C_P - C_V$	$\gamma = C_P/C_V$

기체	C_P	C_V	C_P-C_V	$\gamma = C_P/C_V$
단원자 기체				
He	20.8	12.5	8.33	1.67
Ar	20.8	12.5	8.33	1.67
Ne	20.8	12.7	8.12	1.64
Kr	20.8	12.3	8.49	1.69
이원자 기체				
H_2	28.8	20.4	8.33	1.41
N_2	29.1	20.8	8.33	1.40
O_2	29.4	21.1	8.33	1.40
CO	29.3	21.0	8.33	1.40
Cl_2	34.7	25.7	8.96	1.35
다원자 기체				
CO_2	37.0	28.5	8.50	1.30
SO_2	40.4	31.4	9.00	1.29
H_2O	35.4	27.0	8.37	1.30
CH_4	35.5	27.1	8.41	1.31

[a] 물(수증기)을 제외한 모든 값들은 300 K에서 측정한 것이다.

등적 몰비열보다 보편 기체 상수 R만큼 더 크다는 것을 보여 준다. 표 17.3의 네 번째 열에 보인 것처럼, 이 결과는 분자 내 원자의 수와 관계없이 실제 기체에 대해 잘 일치한다.

단원자 이상 기체에 대해 $C_V = \frac{3}{2}R$이므로, 식 17.21로 단원자 기체의 등압 몰비열이 $C_P = \frac{5}{2}R = 20.8 \text{ J/mol·K}$임을 예측할 수 있다. 표 17.3의 두 번째 열은 단원자 기체에 대해서 이 예측의 타당성을 보여 준다.

몰비열 비는 차원이 없는 양이고 γ로 표시한다.

$$\gamma = \frac{C_P}{C_V} \qquad \qquad \textbf{17.22}$$

단원자 기체의 경우 이 비는 다음의 값을 갖는다.

$$\gamma = \frac{C_P}{C_V} = \frac{\frac{5}{2}R}{\frac{3}{2}R} = \frac{5}{3} = 1.67$$

표 17.3의 마지막 열은 단원자 기체에 대해서 γ의 예측된 값과 실험적으로 측정된 값이 잘 일치함을 보여 준다.

◤ **퀴즈 17.6** (i) 그림 17.13에서 이상 기체가 $i \rightarrow f$ 과정을 거칠 때 이상 기체의 내부 에너지는 어떻게 변하는가? (a) E_{int} 증가 (b) E_{int} 감소 (c) E_{int} 변화 없음 (d) E_{int}의 변화를 알기에는 정보 부족 (ii) 그림 17.13에서 $T + \Delta T$로 표시된 등온선을 따라 이상 기체가 $f \rightarrow f'$ 과정을 거칠 때 내부 에너지는 어떻게 변하는지 앞의 보기에서 고르라.

◤ **예제 17.7** | **헬륨 용기의 가열**

3.00몰의 헬륨 기체가 온도가 300 K인 용기에 담겨 있다.

(A) 헬륨 기체를 등적 과정으로 500 K까지 온도를 올리는 데 필요한 열을 구하라.

풀이

개념화 그림 17.8과 같이 피스톤과 원통으로 구성된 장치로 열역학적 과정을 작동시킨다고 생각한다. 기체의 부피를 일정하게 유지하기 위해서 피스톤이 고정된 위치에 있다고 생각한다.

분류 앞의 논의에 따른 결과로부터 식에 주어진 값들을 대입하면 답을 구할 수 있으므로, 예제는 대입 문제이다.

식 17.13을 이용해서 에너지 전달을 구한다.

$$Q_1 = nC_V \Delta T$$

주어진 값들을 대입한다.

$$Q_1 = (3.00 \text{ mol})(12.5 \text{ J/mol·K})(500 \text{ K} - 300 \text{ K})$$

$$= 7.50 \times 10^3 \text{ J}$$

(B) 등압 과정으로 헬륨 기체를 500 K까지 온도를 올리는 데 필요한 열을 구하라.

풀이

식 17.14를 이용해서 에너지 전달을 구한다.

$$Q_2 = nC_P \Delta T$$

주어진 값들을 대입한다.

$$Q_2 = (3.00 \text{ mol})(20.8 \text{ J/mol} \cdot \text{K})(500 \text{ K} - 300 \text{ K})$$

$$= 12.5 \times 10^3 \text{ J}$$

이 값은 등압 과정 동안 피스톤을 올리기 위해 기체가 일을 함으로써 기체 밖으로 에너지의 전달이 있기 때문에 Q_1 값보다 크다.

17.8 | 이상 기체의 단열 과정 Adiabatic Processes for an Ideal Gas

17.6절에서 이상 기체에 대해서 흥미로운, 특별한 네 가지 과정을 살펴봤다. 그중 세 가지는 하나의 상태 변수가 변하지 않고 일정하게 유지됐다. 등압 과정에서는 $P =$ 일정, 등적 과정에서는 $V =$ 일정, 등온 과정에서는 $T =$ 일정. 단열 과정은 어떠한가? 이 과정에서도 불변인 어떤 양이 있는가? 여러분이 알다시피, 단열 과정이란 계와 주위 환경 사이에 전달된 열이 없는 과정이다. 실제로는 완벽한 열절연체 같은 것은 있을 수 없으므로, 지구 상에서 진정한 단열 과정은 일어날 수 없다. 그러나 몇몇 과정은 거의 단열에 가깝다. 예를 들어 기체가 매우 급속히 압축된다면 (또는 팽창한다면), 계로 들어오는 (또는 계로부터 빠져나가는) 열 흐름은 거의 없게 되고 이 과정은 거의 단열 과정에 가깝게 된다.

이상 기체가 준정적 단열 팽창을 한다고 하자. 이상 기체 법칙 속에 나오는 세 변수 P, V, T 모두가 단열 과정 동안 변한다는 것을 알 수 있다. 하지만 과정 동안 매 순간마다 이상 기체 법칙 $PV = nRT$는 세 변수 사이의 올바른 관계를 묘사한다. 이 과정에서 세 변수 중 어느 하나가 일정하지 않지만, 이들 변수의 어떤 **조합**이 일정함을 알 수 있다. 다음의 논의에서 이 관계를 유도해 보자.

단열 원통 내의 기체가 단열 팽창한다고 상상해 보자($Q = 0$). 부피의 작은 변화를 dV, 온도의 작은 변화를 dT라고 하자. 기체에 한 일은 $-P dV$이다. 내부 에너지 변화는 식 17.18의 미분꼴에 의해 $dE_{\text{int}} = nC_V dT$로 주어진다. 그러므로 열역학 제1법칙은 다음과 같이 된다.

$$dE_{\text{int}} = dQ + dW \quad \rightarrow \quad nC_V dT = 0 - P dV \qquad \textbf{17.23}$$

이상 기체의 상태 방정식 $PV = nRT$에 미분을 취하면 다음과 같이 된다.

$$P dV + V dP = nR dT$$

이 두 식으로부터 $n dT$를 소거하면 다음과 같이 된다.

$$P dV + V dP = -\frac{R}{C_V} P dV$$

식 17.21로부터 $R = C_P - C_V$를 대입하고 PV로 나누면 다음을 얻는다.

$$\frac{dV}{V} + \frac{dP}{P} = -\left(\frac{C_P - C_V}{C_V}\right)\frac{dV}{V} = (1 - \gamma)\frac{dV}{V}$$

$$\frac{dP}{P} + \gamma \frac{dV}{V} = 0$$

이 식을 적분하면 다음을 얻는다.

$$\ln P + \gamma \ln V = 일정$$

정리해서 다시 쓰면 다음 결과를 얻게 된다.

▶ 이상 기체의 단열 과정에서 압력과
부피 사이의 관계

$$\boxed{PV^{\gamma} = 일정} \qquad\qquad\qquad\text{17.24}$$

그림 17.14에 단열 팽창에 대한 PV 도표가 그려져 있다. $\gamma > 1$이므로 단열 팽창 곡선($PV^{\gamma} = $ 일정)이 등온 팽창 곡선($PV = $ 일정)보다 더 가파르다. 식 17.24에서 단열 팽창하는 동안 ΔE_{int}가 음($-$)의 값이므로 ΔT 또한 음($-$)의 값이다. 따라서 단열 팽창하는 동안 기체는 냉각된다. 식 17.24는 처음과 나중 상태 값에 의해 다음과 같이 표현할 수 있다.

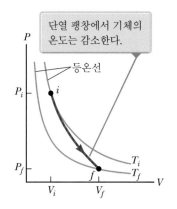

단열 팽창에서 기체의
온도는 감소한다.

등온선

그림 17.14 이상 기체의 단열 팽창에 대한 PV 도표

$$P_i V_i^{\gamma} = P_f V_f^{\gamma} \qquad\qquad\qquad\text{17.25}$$

이상 기체 법칙을 이용해서 식 17.24는 다음과 같이 달리 표현할 수도 있다.

$$\boxed{TV^{\gamma-1} = 일정} \qquad\qquad\qquad\text{17.26}$$

식 17.24로부터 단열 과정 동안 기체에 한 일이 다음과 같음을 보일 수 있다.

$$W = \left(\frac{1}{\gamma - 1}\right)(P_f V_f - P_i V_i) \qquad\qquad\text{17.27}$$

예제 17.8 | 원통형 디젤 기관

원통형 디젤 기관 내에 처음 1.00 atm, 20.0 °C 공기를 800.0 cm³의 부피에서 60.0 cm³의 부피로 압축한다. 공기를 $\gamma = 1.40$인 이상 기체로 가정하고 압축이 단열 과정으로 일어난다고 할 때, 공기가 압축된 후 온도와 압력을 구하라.

풀이

개념화 기체를 더 작은 부피로 압축하면 어떻게 되는지 생각해 보자. 그림 17.14의 역과정과 앞에서 살펴본 바에 의해 압력과 온도가 모두 상승한다는 것을 알 수 있다.

분류 예제를 단열 과정과 관련한 문제로 분류한다.

분석 식 17.25를 이용해서 나중 압력을 구한다.

$$P_f = P_i \left(\frac{V_i}{V_f}\right)^{\gamma} = (1.00\ \text{atm})\left(\frac{800.0\ \text{cm}^3}{60.0\ \text{cm}^3}\right)^{1.40}$$

$$= \boxed{37.6\ \text{atm}}$$

이상 기체의 법칙을 이용해서 나중 온도를 구한다.

$$\frac{P_i V_i}{T_i} = \frac{P_f V_f}{T_f}$$

$$T_f = \frac{P_f V_f}{P_i V_i} T_i = \frac{(37.6\ \text{atm})(60.0\ \text{cm}^3)}{(1.00\ \text{atm})(800.0\ \text{cm}^3)}(293\ \text{K})$$

$$= 826\ \text{K} = \boxed{553\ ^\circ\text{C}}$$

결론 기체의 온도가 826 K/293 K = 2.82배 정도 증가한다는 것을 알 수 있다. 압축비가 높은 디젤 기관에서는 점화 플러그 없이도 연료의 온도가 연료를 연소시키기 위한 온도까지 올라가게 된다.

17.9 | 몰비열과 에너지 등분배
Molar Specific Heats and the Equipartition of Energy

운동론에 근거를 둔 몰비열에 대한 예측이 단원자 기체의 거동과는 잘 일치하지만, 복합 기체*의 거동과는 일치하지 않음을 알았다(표 17.3). 단원자 기체와 복합 기체 사이의 C_V와 C_P의 차이를 설명하기 위해, 16장에서 다룬 운동론의 구조 모형을 확장시켜 비열의 기원에 대해 탐구해 보자. 16.5절에서 단원자 기체의 내부 에너지에 대한 유일한 기여는 기체 분자의 병진 운동 에너지임을 설명했다. 또 에너지 등분배 정리는, 평형 상태에서 분자 하나당 각 자유도마다 평균적으로 에너지가 $\frac{1}{2}k_B T$씩 등분배되어 내부 에너지에 기여된다는 내용임을 설명했다. 단원자 기체는 세 개의 자유도를 갖고 있고, 각 자유도는 병진 운동의 세 개의 독립된 방향과 연관되어 있다.

복합 기체에 대해서는 병진 운동 외에 다른 유형의 운동이 존재한다. 이원자 또는 다원자 기체의 내부 에너지는 분자의 병진 운동뿐만 아니라 진동 운동과 회전 운동으로부터 기여된 부분도 포함하고 있다. 내부 구조를 갖고 있어 일어나는 기체 분자의 회전이나 진동 운동은 분자 간의 충돌에 의해 활성화될 수 있으므로 분자의 병진 운동과 연관되어 있다. 물리학의 한 분야인 **통계 역학**에서는, 위의 첨가된 자유도의 각각에 대한 평균 에너지가 병진 운동에 대한 평균 에너지와 동일하고, 기체의 내부 에너지를 결정하는 일은 단순히 자유도의 수를 헤아리는 일임을 보여 주고 있다. 실험 데이터를 완벽하게 설명하기 위해서는 양자 물리학의 몇 가지 개념을 이용해서 이 모형을 수정해야 하지만, 이 과정은 대체적으로 잘 맞아 들어간다.

아령 모양의 분자 구조로 모형화할 수 있는 이원자 기체를 고려해서(그림 17.15) 10장에서 공부한 개념을 적용시켜 보자. 이 모형에서 분자의 질량 중심이 x, y, z 방향으로 병진 운동할 수 있다(그림 17.15a). 이 운동의 경우, 분자는 단원자 기체에서의 원자처럼 입자같이 운동한다. 또한 분자를 강체로 생각하면, 분자는 서로 수직인 세 축에 대해 회전할 수 있다(그림 17.15b). y축에 대한 관성 모멘트와 회전 에너지 $\frac{1}{2}Iw^2$은 x와 z축에 비해 무시할 수 있으므로, y축을 중심으로 한 회전은 고려하지 않아도 좋다. 따라서 다섯 개(병진 운동에 연관된 것이 세 개, 회전 운동에 연관된 것이 두 개)의 자유도가 남게 된다. 각 자유도는 평균해서 분자당 $\frac{1}{2}k_B T$의 에너지를 기여하므로 N개 분자로 이루어진 이원자 기체의 전체 내부 에너지는 병진 운동과 회전 운동 둘 다 고려해서 다음과 같음을 알 수 있다.

$$E_{\text{int}} = 3N\left(\frac{1}{2}k_B T\right) + 2N\left(\frac{1}{2}k_B T\right) = \frac{5}{2}Nk_B T = \frac{5}{2}nRT$$

이 결과와 식 17.19를 이용해서 등적 몰비열을 예측할 수 있다.

$$C_V = \frac{1}{n}\frac{dE_{\text{int}}}{dT} = \frac{1}{n}\frac{d}{dT}\left(\frac{5}{2}nRT\right) = \frac{5}{2}R = 20.8 \text{ J/mol·K} \qquad \textbf{17.28}$$

---

* 이원자 또는 다원자 기체를 통틀어 일컫는 말: 역자 주

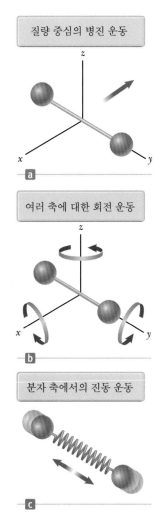

질량 중심의 병진 운동

여러 축에 대한 회전 운동

분자 축에서의 진동 운동

그림 17.15 이원자 분자의 운동

식 17.21과 식 17.22로부터 다음 결과를 얻을 수 있다.

$$C_P = C_V + R = \frac{7}{2}R \tag{17.29}$$

$$\gamma = \frac{C_P}{C_V} = \frac{\frac{7}{2}R}{\frac{5}{2}R} = \frac{7}{5} = 1.40 \tag{17.30}$$

이제 분자의 진동을 모형에 포함시키자. 두 원자가 가상의 용수철로 연결된 이원자 분자에 대한 구조 모형(그림 17.15c)을 이용하고 12장에서의 단조화 운동 입자 모형의 개념을 적용한다. 진동 운동은 분자 사이를 잇는 축을 따라 진동하는 것과 연관해서 두 가지 유형의 에너지, 즉 원자의 운동 에너지와 모형 용수철의 위치 에너지를 가진다. 이 두 개의 자유도가 더해져서 이원자 분자의 자유도는 병진, 회전, 진동에 대해 모두 일곱 개가 자유도가 된다. 각 자유도는 분자당 $\frac{1}{2}k_B T$의 에너지를 기여하므로, N개의 분자로 구성되어 있는 이원자 기체의 모든 유형의 운동을 다 고려한 전체 내부 에너지는 다음과 같다.

$$E_{\text{int}} = 3N\left(\frac{1}{2}k_B T\right) + 2N\left(\frac{1}{2}k_B T\right) + 2N\left(\frac{1}{2}k_B T\right) = \frac{7}{2}Nk_B T = \frac{7}{2}nRT$$

따라서 등적 몰비열은 다음과 같다고 예측할 수 있다.

$$C_V = \frac{1}{n}\frac{dE_{\text{int}}}{dT} = \frac{1}{n}\frac{d}{dT}\left(\frac{7}{2}nRT\right) = \frac{7}{2}R = 29.1\ \text{J/mol}\cdot\text{K} \tag{17.31}$$

식 17.21과 식 17.22로부터 다음을 알 수 있다.

$$C_P = C_V + R = \frac{9}{2}R \tag{17.32}$$

$$\gamma = \frac{C_P}{C_V} = \frac{\frac{9}{2}R}{\frac{7}{2}R} = \frac{9}{7} = 1.29 \tag{17.33}$$

우리의 예측과 표 17.3의 이원자 기체에 해당하는 부분과 비교해 보면 재미난 결과를 발견하게 된다. 처음 네 기체, 즉 수소, 질소, 산소, 일산화탄소에 대해서는, C_V의 값이 회전은 포함하지만 진동은 제외된 식 17.28에 의해 예측된 C_V값과 거의 일치한다. 다섯 번째 기체인 염소의 값은 회전만을 포함하는 예측과 회전과 진동을 모두 포함하는 예측 사이의 값이다. 이원자 분자의 운동에 대한 가장 완벽한 모형에 근거를 두고 있는 식 17.31과 일치하는 이원자 기체는 하나도 없다!

이원자 기체의 몰비열을 예측하는 데 우리의 모형이 실패한 듯이 보인다. 그러나 표 17.3에서처럼 하나의 온도에서 측정을 할 것이 아니라, 넓은 온도 영역에 대해 몰비열을 측정하면, 우리의 모형이 성공적이라고 주장할 수도 있다. 그림 17.16은 온도의 함수로서 수소의 몰비열의 측정값을 보여 준다. 측정 곡선에 세 군데의 평평한 부분이 나타나는데, 놀랍게도 식 17.17, 17.28, 17.31에서 예측한 몰비열 값에 해당된

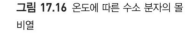

그림 17.16 온도에 따른 수소 분자의 몰비열

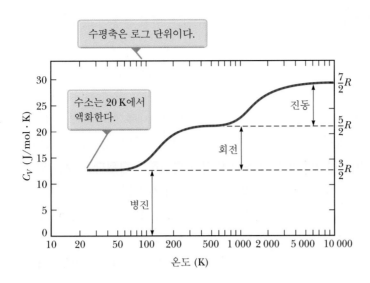

다! 낮은 온도에서는 이원자 수소 기체는 단원자 기체처럼 행동한다. 온도가 실온 부근으로 상승하면, 수소의 몰비열은 회전 운동을 포함하고 진동은 포함하지 않는 이원자 기체에 해당하는 값으로 상승한다. 높은 온도에서는 몰비열은 모든 유형의 운동을 모두 포함한 모형과 일치한다.

이 신비로운 거동에 대한 이유를 본격적으로 검토하기 전에, 다원자 기체에 대해 간단히 언급해 보자. 세 개 이상의 원자를 가진 분자에 대해서 자유도의 수는 이원자 기체보다 더 많고 진동은 더욱 복잡할 수 있다. 이런 점을 고려해 볼 때, 몰비열은 더 큰 값이 될 것이고 정성적으로는 실험과 일치한다. 표 17.3에서 다원자 기체의 몰비열이 이원자 기체의 몰비열보다 더 큰 값임을 볼 수 있다. 분자가 가질 수 있는 자유도의 수가 많을수록 에너지를 저장할 수 있는 방법의 수도 더 많아져 결과적으로 보다 큰 몰비열값을 나타낼 것이다.

에너지 양자화에 대한 개관 A Hint of Energy Quantization

지금까지 몰비열에 대한 우리의 모형은 순전히 고전적 개념에 근거를 두어 왔다. 그림 17.16을 보면 이원자 기체에 대한 몰비열 값은 단지 높은 온도에서만 예측과 일치한다. 이 이유와 그림 17.16에서 평평한 영역이 존재하는 이유를 설명하기 위해, 우리는 고전 물리를 넘어서 약간의 양자 물리를 모형에 도입해야 한다. 11.5절에서 수소 원자에 대한 에너지 양자화를 논의했다. 어떤 에너지값만이 계에 허용되고 이 허용된 에너지값을 보여 주기 위해 에너지 준위 도표를 그릴 수 있다. 양자 물리학은 분자의 회전 또는 진동 에너지는 양자화되어 있다는 것을 말해 준다. 그림 17.17은 이원자 분자의 회전 및 진동 양자 상태에 대한 에너지 준위 도표를 나타낸다. 진동 상태는 회전 상태보다 더 큰 에너지 간격으로 분리되어 있음에 주목하자.

낮은 온도에서는, 한 기체 분자가 그 이웃과의 충돌에서 얻을 수 있는 에너지가 일반적으로 충분치 못해, 분자를 회전이나 진동의 첫 번째 들뜬 상태까지 올릴 수 없다. 모든 분자가 회전 및 진동의 바닥 상태에 머물러 있다. 따라서 낮은 온도에서 분자의

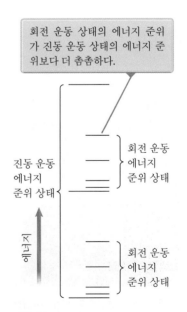

그림 17.17 이원자 기체의 진동 및 회전 운동 상태에 대한 에너지 준위 도표

평균 에너지에 기여할 수 있는 유일한 수단은 병진 운동이고, 비열은 식 17.17에 의해 예측된 바와 같다.

온도 상승에 따라 분자의 평균 에너지는 상승하며, 분자 사이의 충돌에 의해 분자가 첫 번째 들뜬 회전 상태로 들뜰 수 있는 에너지를 갖게 된다. 온도가 더 올라가면 더 많은 분자가 들뜬 상태가 될 수 있고, 분자의 내부 에너지에 회전 운동 에너지가 포함되어 몰비열이 상승하게 된다. 그림 17.16을 보면, 상온은 두 번째 평평한 영역에 해당하며 몰비열에 회전 운동 에너지가 완전히 포함된다는 것을 알 수 있다. 따라서 이 온도에서 몰비열이 식 17.28의 계산 값과 같아진다.

진동 상태는 회전 상태보다 에너지 간격이 훨씬 넓으므로, 실온에서 진동이 기여하는 바는 전혀 없다. 분자는 바닥 진동 상태에 머물러 있다. 분자를 첫 번째 들뜬 진동 상태로 올리기 위해서는 온도가 더욱 높아야 한다. 그림 17.16에서 보듯이 1 000 K 과 10 000 K 사이에서 일어난다. 그림의 오른쪽 영역의 약 10 000 K 온도에서 진동이 완전히 내부 에너지에 기여를 하게 되고, 몰비열은 식 17.31에 의해 예측된 값을 갖는다.

이 구조 모형의 예측은 에너지 등분배 정리를 지지하고 있다. 더구나 양자 물리학으로부터 에너지 양자화 개념을 모형 속에 포함시켰더니, 그림 17.16을 완전하게 이해할 수 있었다. 이 멋진 예는 모형화 접근법의 강력함을 보여 준다.

◣ **17.10** | **열적 과정에서의 에너지 전달 메커니즘**
Energy Transfer Mechanisms in Thermal Processes

7장에서 에너지에 대한 연속 식($\Delta E_{\text{system}} = \Sigma T$)을 물리적 과정에서 에너지를 고찰하는 데 보편적으로 접근할 수 있는 하나의 원리로서 소개했다. 이 장 앞 부분에서 연속 식 우변에 해당되는 두 항, 즉 일과 열을 논의했다. 이 절에서는 열과 온도 변화와 연관된 두 가지 다른 에너지 전달 방법인 대류(물질 전달의 한 형태)와 전자기 복사에 대해 보다 더 상세하게 고려할 것이다.

전도 Conduction

열에 의해 에너지가 전달되는 과정을 **전도**(conduction) 또는 **열전도**(thermal conduction)라고 한다. 이 과정에서의 전달 메커니즘은 원자 규모에서 덜 활동적인 분자가 더 활동적인 분자와 충돌함으로써 얻게 되는 분자 간 운동 에너지의 교환으로 볼 수 있다. 예를 들어 긴 금속 막대의 한쪽 끝을 잡고 다른 쪽 끝을 불 속에 집어넣으면 손 안의 막대의 온도가 이내 올라감을 느낄 수 있다. 에너지가 전도를 통해 손에 도달한다. 어떻게 전도가 일어나는지 이해하려면, 금속 내 원자들에게 무슨 일이 일어나고 있는지 조사하면 된다. 원래 막대를 불 속에 집어넣기 전에는 금속 내 원자들이 평형 위치를 중심으로 진동하고 있었다. 불길이 막대에 에너지를 제공하면서 불길

노천탕 주변에 눈이 녹아 없어진 부분은 온천수로부터 열이 더 빠르게 전도되었음을 보여준다.

가까이 있는 원자들은 점점 더 큰 진폭으로 진동하기 시작한다. 이 원자들은 차례로 이웃 원자들과 충돌하면서 에너지의 일부를 전달하게 된다. 이렇게 해서 불길로부터 훨씬 멀리 있는 원자들도 점차적으로 진동의 진폭이 증가하고 마침내 손 가까이 있는 원자들도 영향을 받게 된다. 이렇게 진폭이 증가된 진동은 금속 온도의 증가를 나타낸다(그리고 어쩌면 손을 델지도 모른다).

물질을 통한 에너지 전달이 원자들의 진동에 의한 것이라고 부분적으로 설명할 수는 있지만, 전도율은 물질의 성질에 따라 달라진다. 예를 들어 한쪽 끝이 불 속에 있어도 석면 조각을 계속 붙잡고 있을 수 있는데, 이는 석면을 통해 거의 에너지가 전달되지 않음을 의미한다. 일반적으로 금속은 좋은 열전도체인데, 이는 금속이 그 내부에 자유로이 움직일 수 있는 수많은 자유 전자를 가지고 있고, 자유 전자가 한 영역에서 다른 영역으로 에너지를 전달할 수 있기 때문이다. 구리와 같은 좋은 열전도체에서는 이처럼 원자들의 진동뿐만 아니라 자유 전자의 운동을 통해서도 전도가 일어난다. 석면, 코르크, 종이, 유리섬유와 같은 물질들은 빈약한 열전도체이며, 기체도 분자간 거리가 아주 멀기 때문에 역시 마찬가지로 나쁜 열전도체이다.

전도는 전도 매질의 두 부분 사이에 온도차가 있을 때만 일어난다. 이 온도차는 에너지의 흐름을 일으킨다. 두께가 Δx, 단면의 넓이가 A, 반대편 두 면이 서로 다른 온도 T_c와 $T_h (T_h > T_c)$ 상태인 두꺼운 널빤지를 생각해 보자. 널빤지는 높은 온도 영역으로부터 낮은 온도영역으로 열전도에 의해서 에너지가 전달된다(그림 17.18). 열에너지 전달률 $P = Q/\Delta t$는 널빤지의 단면 넓이와 온도 차이에 비례하고 널빤지의 두께에 반비례한다.

$$P = \frac{Q}{\Delta t} \propto A \frac{\Delta T}{\Delta x}$$

Q의 단위가 J이고 Δt의 단위가 s이면, P의 단위는 와트(W)이다. P는 **일률**인데, 열에 의해 전달되는 에너지의 시간 비율이다. 두께가 dx이고 온도차가 dT인 얇은 판에 대한 **전도의 법칙**(law of conduction)은 다음과 같이 쓸 수 있다.

$$P = kA \left| \frac{dT}{dx} \right|$$

17.34   ▶ 전도의 법칙

여기서 비례 상수 k는 물질의 **열전도도**(thermal conductivity)이고 dT/dx는 **온도 기울기**(temperature gradient) (위치에 따른 온도 변화)이다. 16장 시작 부분의 논의에서, 타일 바닥이 카펫 바닥보다 더 시원하게 느껴지는 이유는 타일의 열전도도가 카펫의 열전도도보다 더 크기 때문이라는 것을 이제 알 수 있다.

그림 17.19에서처럼 길이가 L인 길고 균일한 막대가 단열이 되어 있어, 막대의 표면을 통해 열 에너지가 탈출할 수 없고, 온도가 T_c와 T_h인 두 열저장고와 각각 접촉하고 있는 막대의 양끝을 통해서만 에너지가 드나들 수 있다고 가정해 보자. 정상 상태에 도달하면, 막대를 따라 어떤 지점도 온도가 시간에 대해 일정할 것이다. 이 경우 온도 기울기는 막대를 따라 어느 곳이든 동일하며 다음과 같다.

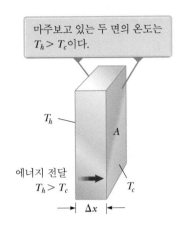

마주보고 있는 두 면의 온도는 $T_h > T_c$이다.

에너지 전달
$T_h > T_c$

그림 17.18 단면의 넓이가 A이고 두께가 Δx인 도체판을 통한 열전달

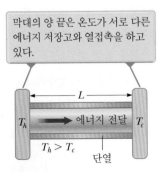

막대의 양 끝은 온도가 서로 다른 에너지 저장고와 열접촉을 하고 있다.

T_h 에너지 전달 T_c

$T_h > T_c$ 단열

그림 17.19 길이가 L인 균일한 단열 막대를 통한 에너지 전도

표 17.4 열전도도

물 질	열전도도(W/m · °C)
금속 (25 °C에서)	
알루미늄	238
구 리	397
금	314
철	79.5
납	34.7
은	427
비금속 (근삿값)	
석 면	0.08
콘크리트	0.8
다이아몬드	2 300
유 리	0.8
얼 음	2
고 무	0.2
물	0.6
나 무	0.08
기체 (20 °C에서)	
공 기	0.023 4
헬 륨	0.138
수 소	0.172
질 소	0.023 4
산 소	0.023 8

$$\left|\frac{dT}{dx}\right| = \frac{T_h - T_c}{L}$$

따라서 열에 의한 에너지 전달률은 다음과 같다.

$$P = kA\frac{(T_h - T_c)}{L} \qquad \text{17.35}$$

좋은 열전도체는 열전도도가 큰 값이고, 좋은 열절연체는 열전도도가 작은 값이다. 표 17.4에 여러 가지 물질에 대한 열전도도 값을 열거해 놓았다.

▶ 퀴즈 17.7 길이와 지름이 같지만 다른 물질로 만들어진 두 막대가 있다. 이 막대들은 온도가 다른 두 영역을 연결해서 막대를 통해 열을 전달하는 데 사용된다. 두 막대를 그림 17.20a에서처럼 직렬로 연결하거나 그림 17.20b와 같이 병렬로 연결할 수 있다. 어떤 경우에 열 에너지 전달률이 더 큰가? (a) 막대가 직렬로 연결된 경우 에너지 전달률이 더 크다. (b) 병렬로 연결된 경우 에너지 전달률이 더 크다. (c) 두 경우 동일하다.

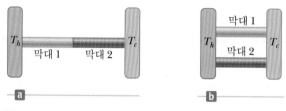

그림 17.20 (퀴즈 17.7) 어떤 경우에 에너지 전달률이 더 큰가?

▶ 예제 17.9 | 열이 새는 창문

넓이가 2.0 m²인 창문에 두께가 4.0 mm인 유리를 끼운다. 창문은 집의 벽면에 위치하고 집 밖은 10 °C이고 집 안은 25 °C이다.

(A) 1.0시간 동안 열로서 창문을 통한 에너지 전달은 얼마인가?

풀이

개념화 집에는 여러 개의 창문이 있다. 추운 겨울에 창문 유리에 손을 대면 유리가 방 안의 온도보다 낮음을 느낄 것이다. 유리의 바깥쪽 면은 더욱 차가울 것이므로 열 에너지는 유리를 통해 전달된다.

분류 이 문제는 7장에서 일률의 정의뿐만 아니라 열전도가 관련된 것으로 분류한다.

분석 식 17.35를 이용해서 열 에너지 전달률을 구한다.

$$P = kA\frac{(T_h - T_c)}{L}$$

주어진 값들과 표 17.4에서의 유리에 대한 k값을 대입한다.

$$P = (0.8 \text{ W/m} \cdot °C)(2.0 \text{ m}^2)\frac{(25 °C - 10 °C)}{4.0 \times 10^{-3} \text{ m}}$$
$$= 6 \times 10^3 \text{ W}$$

일률은 에너지 전달률이라는 정의로부터 이 비율로 1.0시간 동안 전달된 에너지를 구한다.

$$Q = P\Delta t = (6 \times 10^3 \text{ W})(3.6 \times 10^3 \text{ s})$$
$$= 2 \times 10^7 \text{ J}$$

(B) 전기 에너지 비용이 12 ¢/kWh라면 문제 (A)의 에너지 전달을 전기 난방으로 대체하려면 비용은 얼마나 드는가?

풀이

문제 (A)의 답을 킬로와트시(kWh) 단위로 변환한다.

$$Q = P\Delta t = (6 \times 10^3 \text{ W})(1.0 \text{ h}) = 6 \times 10^3 \text{ Wh} = 6 \text{ kWh}$$

따라서 창문을 통해 전달된 에너지를 대체하기 위해 필요한 비용은 $(6 \text{ kWh})(12 ¢/\text{kWh}) \approx \boxed{72 ¢}$ 이다.

결론 집 안의 각 창문이 매 시간 이 비용을 지불한다면, 전기 요금이 엄청나게 많아질 것이다! 예를 들어 이런 창문이 10개 있다면, 한 달 동안 청구서 금액이 5 000달러를 넘을 것이다. 실제 전기 요금 청구서 금액은 이렇게 많지 않으므로 뭔가 잘못된 게 있는 듯하다. 실제로는 창문 양쪽 표면에 얇은 공기층이 형성되어 붙어 있다. 이 공기가 유리의 절연 효과에 더해 추가적인 절연 효과를 제공한다. 표 17.4에서 알 수 있듯이, 공기는 유리보다 아주 형편없는 열전도체이고, 따라서 창문에서 대부분의 절연은 유리가 아니라 공기에 의해 이루어진다!

대류 Convection

불길 위에 손을 올려 놓으면 손이 따뜻해지는 것을 경험한 적이 있을 것이다. 이 경우 불길 바로 위의 공기는 가열되어 팽창하게 된다. 그 결과 공기의 밀도는 감소하고 공기는 상승하게 된다. 이 따뜻해진 공기가 흘러가면서 열 에너지를 손에 전달하게 된다. 에너지가 공기와 함께 이동하므로 불길로부터 손으로의 에너지의 전달은 물질 전달에 의한 것이다. 유체의 이동에 의한 에너지 전달 과정을 **대류**(convection)라고 한다. 불길 주위의 공기처럼, 밀도 차로 인해 이동이 일어나는 것을, **자연 대류**(natural convection)라고 한다. 어떤 공기나 물의 가열 장치처럼, 송풍기나 펌프로 강제로 유체를 이동시킬 때, 이 과정을 **강제 대류**(forced convection)라고 한다.

해변에서 공기 흐름의 순환 형태는 자연에서 일어나는 대류의 한 예이다(17.2절). 호수 표면의 물이 차가워지면서 아래로 가라앉아 물이 섞이게 되고 결국 호수 표면에서 물이 어는 것도 대류의 또 다른 예이다(16.3절).

만일 대류 흐름이 없다면, 물을 끓이는 것이 매우 힘들 것이다. 주전자 속의 물이 가열될 때, 아래층 물이 먼저 따뜻해진다. 이 부분은 팽창해서 밀도가 낮아져 위쪽으로 상승하게 된다. 동시에 위쪽의 밀도가 높고 차가운 물은 주전자 바닥으로 내려와 가열된다.

동일한 과정이 태양 표면 가까이에서도 일어난다. 그림 17.21은 태양 표면의 근접 촬영 모습이다. 보이는 과립상(알갱이 모양)은 **대류 세포**(convection cell) 때문에 나타난 것이다. 냄비 속의 끓는 물 표면의 중앙으로 뜨거운 물이 솟아오르는 것처럼, 세포의 밝은 중심은 뜨거운 기체가 표면으로 상승하는 부분이다. 기체가 식으면서 세포의 가장자리를 따라 다시 아래로 가라앉게 되고, 각 세포 둘레에 어두운 윤곽을 형성한다. 가라앉는 기체는 세포 중앙의 기체보다 덜 뜨겁기 때문에 어둡게 보인다. 비록 가라앉는 기체가 막대한 양의 복사를 내 놓지만, 그림 17.21의 사진을 찍는 데 사용된 필터를 통해 볼 때, 보다 따뜻한 세포의 중심보다는 상대적으로 어둡게 보이는 것이다.

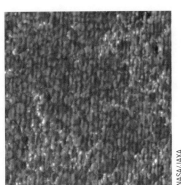

그림 17.21 태양의 표면은 대류에 의해 표면으로 에너지를 운반하는 개개의 **대류 세포**에 의해 **과립상**을 나타내고 있다.

NASA/JAXA

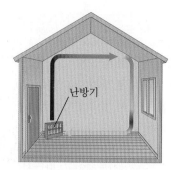

그림 17.22 난방기로 가열한 방에 대류의 흐름이 형성되는 모양

방을 난방할 때도 대류가 일어난다. 난방기가 방의 낮은 영역에 있는 공기를 열에 의해 따뜻하게 하면, 따뜻해진 공기는 팽창해서 낮은 밀도 탓에 천장으로 올라가고 그림 17.22에 보인 공기 흐름 양식이 지속적으로 형성된다.

복사 Radiation

온도 변화와 연관된 또 다른 에너지 전달 방법이 **전자기 복사**(electromagnetic radiation)이다. 모든 물체는 끊임없이 전자기파 형태로 에너지를 복사한다. 24장에서 보게 되듯이, 전자기 복사는 전하가 가속도 운동을 할 때 발생한다. 온도에 대한 논의에서, 온도는 끊임없이 방향을 바꾸고 따라서 가속이 되는 분자들의 마구잡이 운동에 대응된다는 것을 알고 있다. 분자는 전하를 포함하고 있으므로 전하 또한 가속된다. 따라서 어느 물체도 분자들의 열운동에 기인하는 전자기 복사를 방출한다. 이 복사를 **열복사**(thermal radiation)라고 한다.

전자기 복사를 통해, 태양으로부터 매초 약 1 370 J의 에너지가 지구 대기권 상층부의 단위 넓이(1 m²)에 도달하고 있다. 이 에너지의 일부는 반사되어 우주 공간으로 다시 되돌아가고 다른 일부는 대기에 의해 흡수되지만, 충분한 양이 매일 지표면에 도달해서, 만약 그 에너지를 붙잡아 효율적으로 이용한다면, 인류가 필요로 하는 에너지의 수백 배 이상에 달하는 풍부한 양이다. 세계적으로 태양 에너지 주택이 급증하는 것은 이런 막대한 에너지를 이용하려는 시도의 한 예이다.

물체가 그 표면으로부터 열복사에 의해 에너지를 방출하는 비율은 물체의 표면 절대 온도의 네 제곱에 비례한다. **슈테판의 법칙**(Stefan's law)으로 알려진 이 원리는 다음 식과 같이 표현된다.

▶ 슈테판의 법칙

$$P = \sigma A e T^4 \qquad \text{17.36}$$

여기서 P는 물체의 표면에서 방출되는 와트(W) 단위의 일률이고, σ는 **슈테판-볼츠만 상수**(Stefan-Boltzmann constant)로서 $5.669\,6 \times 10^{-8}$ W/m²·K⁴이며, A는 m² 단위의 물체 겉넓이이고 e는 **방출률**(emissivity)이라고 하는 상수이며, T는 켈빈 단위의 물체의 표면 온도이다. e의 값은 물체 표면의 성질에 따라 달라지며 0과 1 사이의 값을 갖는다. 표면의 방출률은 표면의 흡수율과 같다. 흡수율은 물체 표면으로 들어오는 복사 중에서 표면이 흡수하는 비율을 말한다.

물체는 전자기 복사를 방출함과 동시에 주위 환경으로부터 전자기 복사를 흡수하기도 한다. 만약 후자의 과정이 일어나지 않는다면, 물체는 지속적으로 에너지를 방출하기만 해서 온도가 결국에는 저절로 절대 영도로 내려가 버릴 것이다. 물체의 온도가 T, 주위 환경의 온도가 T_0라면, 복사의 결과로 물체의 알짜 에너지 변화율은 다음과 같다.

$$P_{\text{net}} = \sigma A e (T^4 - T_0^4) \qquad \text{17.37}$$

물체가 주위 환경과 평형을 이루면, 물체는 동일한 비율로 에너지를 방출하거나 흡수해서 물체의 온도는 일정하게 머물러 있을 것이며, 이는 정상 상태 모형의 비고립계에 해당된다. 물체가 주위보다 더 뜨거우면 물체는 흡수하는 에너지보다 더 많은 에너지를 방출하여 식게 될 것이며, 이는 비고립계 모형에 해당된다.

이번 절에서 논의한 에너지 전달 방법은 **항상성**의 복잡한 과정의 일부인 인간의 **체온 조절**에서 중요하다. 항상성은 외부 영향에 대응해서 내부 환경의 안정성을 유지하려는 인체의 능력을 나타낸다. 공기가 매우 따뜻하지 않는 한 인체는 일반적으로 대기보다 더 따뜻하므로 에너지는 열전도에 의해 피부를 통해 몸 밖으로 이동한다. 공기는 비교적 열전도가 낮기 때문에 주변 공기 속으로의 전도는 몸을 차갑게 하기에 아주 효율적인 과정이 아니다. 물은 보다 더 좋은 열전도체이므로 공기와 온도가 같은 수영장으로 뛰어들면 피부로부터 물 쪽으로 열전도율이 증가하기 때문에 물이 차갑게 느껴지게 된다. 그 온도 때문에 몸도 전자기 복사에 의해 피부로부터 에너지를 전달한다. 인체가 태양이나 다른 따뜻한 주변의 복사 에너지원에 노출되면 같은 방법으로 에너지를 받게 된다. 따뜻한 숨을 내쉴 때에도 대류에 의해 에너지는 몸을 떠난다. 대류는 피부로부터의 전도에 의해 따뜻해진 공기를 멀리 보내 버리는 것에도 관여한다.

BIO 인간의 체온 조절

체온 조절을 담당하는 기관은 뇌의 **시상하부**이다. 시상하부는 배고픔, 목마름, 졸림과 같이 다른 신체 기능도 조절하기 때문에 매우 복잡한 영역이다. 시상하부는 체온을 조절하기 위해 몇 가지 활성 메커니즘을 촉구할 수 있다.

BIO 시상하부

더운 조건에서 체온을 유지하기 위한 한 가지 중요한 메커니즘은 **땀 흘리기**이다. 피하 조직에 있는 땀샘에서 땀을 분비해서 피부 표면으로 흐르게 한다. 땀이 증발함에 따라 피부를 시원하게 한다. 체육 활동을 하는 동안에 땀의 증발은 몸을 식히는 주된 요인이 된다. 습한 기후는 공기 속으로의 증발률을 낮추기 때문에 불쾌하다.

BIO 체온을 낮추는 메커니즘

그 외 다른 메커니즘도 더운 기후에서 몸을 식히는 데 역시 도움이 된다. 피부 아래 **입모근**은 이완되어 피부 위로 털이 평평하게 놓이게 한다. 이런 방법으로 털은 피부 가까이를 지나가는 공기를 방해하지 않기 때문에 따뜻한 공기와 증발된 땀을 멀리 보낼 수 있다. 소동맥 내의 다른 여러 근육들은 이완되어 **혈관 확장**을 유발해서, 혈액이 피부 내 모세혈관으로 이동하도록 한다. 피부 표면으로가 따뜻한 혈액이 올라오면 혈액에서 피부를 통해 보다 차가운 주변 공기 쪽으로 열전도 비율을 증가시킨다.

차가운 기후에서 이들 메커니즘은 반대로 된다. 피부의 털은 단열재로 거동하기 위해 피부 표면의 공기를 포획하면서 꼿꼿이 선다. 입모근이 수축해서 '소름'이 돋는 것이다. **혈관 수축**이 일어나서 혈액이 피부로부터 물러나 몸의 따뜻한 중심부에 더 가까워진다.

BIO 체온을 올리는 메커니즘

매우 차가운 기후에서 부가적인 메커니즘은 이전의 식사로부터 얻은 위치 에너지가 몸속의 내부 에너지로의 변환되는 것을 도와주는 것이다. 이 메커니즘은 골격 근육의 긴장 정도에 관련된다. 필요할 때 시상하부는 골격 근육의 탄력(근육 내 장력의 일정 수준)을 증가시키도록 신호를 보낸다. 근육 세포 내에서 일어나는 화학 작용은 발열성이기 때문에 근육에서의 증가된 신진대사 활동은 신체 내 내부 에너지원으로 작용한다. 만일 이런 내부 에너지원이 충분하지 않으면 오한이 일어나는데, 이때 골격 근육은 진동수 10~20 Hz의 규칙적인 수축을 겪게 된다. 근육 세포 내 높은 비율의 발열성 화학 작용은 피부로부터 차가운 공기 쪽으로 높은 비율의 에너지 이동에 대한 균형을 유지하도록 한다.

▶ **생각하는 물리 17.3**

불 앞에 눈을 감고 앉아 있으면, 눈꺼풀이 꽤 따뜻해짐을 느낄 수 있다. 만약 안경을 쓰고 불 앞에 앉아 같은 행동을 반복하면, 아까보다 눈꺼풀이 그다지 따뜻하다고 느끼지 못할 것이다. 이유는?

추론 따뜻함을 느끼게 되는 주된 이유는 불로부터의 전자기 복사 때문이다. 이 복사의 많은 부분이 전자기 스펙트럼

의 적외선 영역에 속해 있다(24장에서 전자기 스펙트럼에 대해 상세히 공부할 것이다). 사람의 눈꺼풀은 적외선 복사에 특히 민감하다. 반면에 유리는 적외선을 잘 투과시키지 못한다. 따라서 안경을 쓰면, 안경알의 유리가 눈꺼풀에 도달하는 복사의 많은 부분을 차단시키고 눈꺼풀은 안경을 쓰지 않았을 때에 비해 선선하게 느끼게 된다. ◀

▶ **생각하는 물리 17.4**

아주 오랫동안 사용한 전구를 살펴보면, 전구 안 쪽에 까만 부분이 생긴다. 이는 전구 꼭대기에 위치하고 있다. 까만 부분이 생기는 원인은 무엇이며, 왜 꼭대기에 위치하고 있는 것일까?

추론 까만 부분은 전구의 필라멘트로부터 증발된 텅스텐으로 유리 안 쪽에 모이게 된 것이다. 많은 전구가 내부에서

대류가 일어날 수 있도록 기체를 담고 있다. 필라멘트 부근의 기체는 매우 뜨거워져 팽창하게 되고 아르키메데스의 원리에 따라 위쪽으로 떠오르게 된다. 기체가 위로 떠오르며 증발된 텅스텐을 함께 운반해서 전구 꼭대기의 안 쪽 표면에 모이게 한 것이다. ◀

▶ **17.11** | 연결 주제: 지구의 에너지 균형
Context Connection: Energy Balance for the Earth

17.10절에서 지구에 대해 복사에 의한 에너지 전달에 관해 논의한 것을 자세히 조사해 보자. 그러면 지구의 온도를 일차적으로 계산하는 것이 된다.

앞서 언급한 바와 같이, 전자기 복사에 의해 에너지가 태양으로부터 지구에 도달한다.[5] 식 17.36, 슈테판의 법칙에 따라 이 에너지는 지표면에 흡수되고 우주 공간 속으로 재복사된다. 복사에 의해 유일하게 변할 수 있는 계의 에너지 형태는 내부 에너지이다. 짧은 시간 동안 지구의 온도 변화는 너무나 작아 지구의 내부 에너지 변화가 거의 영이라고 가정하자. 이 가정으로부터 에너지 보존 식인 식 7.2가 다음과 같이 귀착됨을 알 수 있다.

---

[5] 에너지 중 일부는 지구 내부로부터 표면에 도달한다. 이 에너지원은 지하 깊은 곳으로부터 나오는 방사성 붕괴에 의한 것이다(30장). 이 에너지는 태양으로부터의 전자기 복사에 의한 에너지보다 아주 적기 때문에 무시할 수 있다.

$$0 = T_{ER}$$

전자기 복사에 의해 두 가지 에너지 전달 메커니즘이 일어나므로 이 식을 다음과 같이 쓸 수 있다.

$$0 = T_{ER}(\text{in}) + T_{ER}(\text{out}) \quad \rightarrow \quad T_{ER}(\text{in}) = -T_{ER}(\text{out}) \qquad \textbf{17.38}$$

여기서 '안(in)'과 '밖(out)'은 지구 계의 경계를 가로질러 일어나는 에너지 전달의 방향을 의미한다. 계로 들어오는 에너지는 태양으로부터 오는 것이고, 계로부터 나가는 에너지는 지표면으로부터 방출되는 열복사에 의한 것이다. 그림 17.23은 이런 에너지 교환을 나타낸다. 태양으로부터는 오직 한 방향에서 에너지가 오지만 지표면으로부터는 모든 방향으로 에너지가 나간다. 이런 차이점이 평형 온도 계산을 하는 데 있어서 매우 중요하다.

17.10절에서 언급했듯이, 태양으로부터 오는 단위 넓이당 에너지 전달률은 지구 대기권 꼭대기에서 약 $1\,370 \text{ W/m}^2$이다. 단위 넓이당 에너지 전달률을 **세기**(또는 강도, intensity)라고 부르며, 대기권 꼭대기에서 측정한 태양으로부터의 복사 세기를 **태양 상수**(solar constant) I_S라고 하며 $I_S = 1\,370 \text{ W/m}^2$이다. 이 에너지의 많은 부분이 가시광선 영역에 속해 있고 대기는 가시광선에 대해 투명하다. 그러나 지표면으로부터 방출되는 복사는 가시광선 영역이 아니다. 지표면과 같은 온도를 가진 물체에서 방출되는 복사는 적외선 영역에서 최대가 되며, 약 $10 \ \mu\text{m}$의 파장에서 최대 세기임을 의미한다. 전형적인 집 안 온도의 물체는 적외선 영역의 파장 분포를 갖고 있어 육안으로 그 복사를 볼 수 없다. 물체가 집안의 평상 온도를 넘어 더 뜨거워져야 눈에 띄는 복사를 방출한다. 집안의 전기 난로가 한 가지 보기이다. 난로가 꺼졌을 때에는 거의 대부분 적외선 영역에서 적은 양의 복사를 방출한다. 난로를 최대로 켤 때 크게 높아진 온도가 대부분 가시광선 영역의 복사를 방출하게 한다. 그 결과 난로는 빨갛게

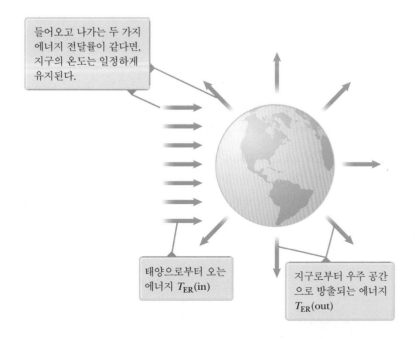

들어오고 나가는 두 가지 에너지 전달률이 같다면, 지구의 온도는 일정하게 유지된다.

태양으로부터 오는 에너지 $T_{ER}(\text{in})$

지구로부터 우주 공간으로 방출되는 에너지 $T_{ER}(\text{out})$

그림 17.23 지구의 전자기 복사에 의한 에너지 교환. 태양은 도형의 왼편 멀리 있어 보이지 않는다.

달아 올라 **적열** 상태가 된다.

식 17.38을 에너지 전달이 일어나는 시간 간격 Δt로 나누면 다음을 얻는다.

$$P_{ER}(\text{in}) = -P_{ER}(\text{out}) \tag{17.39}$$

지구 대기권 꼭대기에서의 에너지 전달률을 태양 상수 I_S로 표현할 수 있다.

$$P_{ER}(\text{in}) = I_S A_c$$

여기서 A_c는 원형 지구의 단면의 넓이이다. 대기권 꼭대기에 도달하는 복사가 모두 땅에 도달하는 것은 아니다. 일부분은 구름과 땅으로부터 반사되어 우주 공간으로 다시 되돌아간다. 지구의 경우 약 30 %가 반사되고 입사 복사의 70 %만이 지표면에 도달한다. 이 사실을 적용해서 입력 일률을 수정하면 다음과 같다.

$$P_{ER}(\text{in}) = (0.700) I_S A_c$$

지구를 $e = 1$인 완벽한 방출체라고 가정하고 슈테판의 법칙을 이용해서 출력 일률을 표현하면 다음과 같다.

$$P_{ER}(\text{out}) = -\sigma A T^4$$

이 식에서 A는 지구의 겉넓이, T는 표면의 온도이고, 음$(-)$의 부호는 에너지가 지구를 떠남을 가리킨다. 입력과 출력 일률에 대한 표현을 식 17.39에 대입하면 다음을 얻는다.

$$(0.700) I_S A_c = -(-\sigma A T^4)$$

지표면 온도에 대해 풀어보면 다음을 얻는다.

$$T = \left(\frac{(0.700) I_S A_c}{\sigma A}\right)^{1/4}$$

주어진 값들을 대입하면 다음의 결과를 얻게 된다.

$$T = \left(\frac{(0.700)(1\,370\,\text{W/m}^2)(\pi R_E^2)}{(5.67 \times 10^{-8}\,\text{W/m}^2 \cdot \text{K}^4)(4\pi R_E^2)}\right)^{1/4} = 255\,\text{K} \tag{17.40}$$

지표면의 평균 온도를 실제 측정해 보면 288 K인데 계산된 온도보다 약 33 K 정도 더 높다. 이 차이는 우리의 분석에서 중요한 요소가 빠졌음을 암시한다. 태양으로부터의 에너지가 지구 계에 '붙잡혀(trapped)' 추가적으로 지구의 온도를 올리는 결과를 낳게 되는 대기의 열역학적 효과가 바로 중요한 인자이다. 이 효과를 계산하기 위해, 대기의 공기에 대해 기체의 열역학 원리를 우리의 모형에 포함시켜야 한다. 이 문제의 자세한 내용은 〈관련 이야기 결론〉에서 알아볼 예정이다.

연습문제 |

객관식

1. 히터로부터 나오는 모든 에너지가 얼음으로 흡수된다고 가정할 때, $-20.0\,°C$에서 얼음 $1.00\,kg$을 녹이기 위해서는 $1\,000\,W$ 전력의 히터를 얼마 동안 가동해야 하는가? (a) $4.18\,s$ (b) $41.8\,s$ (c) $5.55\,min$ (d) $6.25\,min$ (e) $38.4\,min$

2. 베릴륨의 비열은 물(H_2O)의 $1/2$이다. 다음의 경우에 필요한 에너지의 양을 가장 큰 것부터 순서대로 나열하라. 필요한 에너지가 같으면 동일한 순위로 두어라. (a) $20\,°C$에서 $26\,°C$까지 물 $1\,kg$의 온도를 올릴 때 (b) $20\,°C$에서 $23\,°C$까지 물 $2\,kg$의 온도를 올릴 때 (c) $1\,°C$에서 $4\,°C$까지 물 $2\,kg$의 온도를 올릴 때 (d) $-1\,°C$에서 $2\,°C$까지 베릴륨 $2\,kg$의 온도를 올릴 때 (e) $-1\,°C$에서 $2\,°C$까지 물 $2\,kg$의 온도를 올릴 때

3. 상당한 양의 에너지를 얼음에 가했더니, $-10\,°C$에서 $-5\,°C$까지 온도가 올라갔다. 더 많은 양의 에너지를 동일한 질량의 물에 가했더니, $15\,°C$에서 $20\,°C$까지 온도가 올라갔다. 이런 결과로 어떤 결론을 내릴 수 있는가? (a) 얼음의 융해열을 넘어서는 에너지가 유입되어야 한다. (b) 얼음의 융해열은 계에 약간의 에너지를 전달한다. (c) 얼음의 비열은 물의 비열보다 낮다. (d) 얼음의 비열은 물의 비열보다 높다. (e) 좀 더 정보가 있어야 결론지을 수 있다.

4. 등압 과정에 있는 기체에 대한 설명으로 옳은 것은 어느 것인가? (a) 기체의 온도는 변화가 없다. (b) 기체에 한 일은 양일 수도 음일 수도 있다. (c) 기체로 전달되는 열이 없고, 기체로부터 전달되는 열도 없다. (d) 기체의 부피는 일정하다. (e) 기체의 압력이 일정하게 감소한다.

5. 여러분이 물이 들어 있는 열량계를 사용해 원래의 뜨거운 금속 시료의 비열을 측정한다고 가정하자. 하지만 이 열량계가 완벽하게 단열을 하지 못해, 열량계 내부 물질(물)과 방 사이에 열에 의한 에너지 교환이 이루어질 수 있다. 가장 정확한 금속의 비열 값을 얻기 위해, 열량계의 처음 물의 온도를 어떻게 해야 하는가? (a) 실온보다 약간 낮게 (b) 실온과 같게 (c) 실온보다 약간 더 높게 (d) 처음 온도와는 무관하다.

6. 물질 A의 비열은 물질 B보다 크다. 시료 A, B의 처음 온도는 같고, 이후 같은 양의 에너지를 양쪽에 더한다. 녹거나 기화하지 않는다고 가정한다면, 물질 A의 나중 온도 T_A와 물질 B의 나중 온도 T_B에 대해 어떻게 결론지을 수 있는가? (a) $T_A > T_B$ (b) $T_A < T_B$ (c) $T_A = T_B$ (d) 더 많은 정보가 필요하다.

7. 납 $5.00\,kg$을 $20.0\,°C$에서 녹는점인 $327\,°C$까지 온도를 상승시킬 때 필요한 에너지양은 얼마인가? 납의 비열은 $128\,J/kg \cdot °C$이다. (a) $4.04 \times 10^5\,J$ (b) $1.07 \times 10^5\,J$ (c) $8.15 \times 10^4\,J$ (d) $2.13 \times 10^4\,J$ (e) $1.96 \times 10^5\,J$

8. 처음 온도가 $95.0\,°C$인 $100\,g$의 구리 조각을 $280\,g$의 알루미늄 캔에 담긴 물 $200\,g$에 떨어뜨렸다. 물과 캔의 처음 온도가 $15.0\,°C$일 때 계의 나중 온도를 구하라. (단, 구리와 알루미늄의 비열은 각각 $0.092\,cal/g \cdot °C$, $0.215\,cal/g \cdot °C$이다.) (a) $16\,°C$ (b) $18\,°C$ (c) $24\,°C$ (d) $26\,°C$ (e) 정답 없음

9. 이상 기체가 몇몇 과정을 거쳐 처음 부피의 반으로 압축된다. 다음 중 이상 기체에 가장 큰 일을 한 과정은 어느 것인가? (a) 등온 과정 (b) 단열 과정 (c) 등압 과정 (d) 한 일은 과정과 무관하다.

10. 에틸알코올의 비열은 물의 약 $1/2$이다. 분리된 용기 내에 있는 같은 질량의 액체 알코올과 물의 시료 속으로 동일한 양의 열 에너지가 전달된다고 가정하자. 물이 $25\,°C$로 상승한다면, 알코올의 온도는 얼마나 상승하는가? (a) $12\,°C$ (b) $25\,°C$ (c) $50\,°C$ (d) 에너지 전달 비율에 따라 다르다. (e) 온도는 상승하지 않는다.

주관식

17.1 열과 내부 에너지

1. 줄(James Joule)은 영국에서 스위스로 신혼여행을 갔다. 폭포에서 떨어지는 물의 온도 증가를 측정함으로써 역학적 에너지와 내부 에너지 사이의 상호 전환성에 대한 그의 생각을 증명하려고 시도했다. 프랑스 알프스의 샤모니(Chamonix) 근처의 폭포(낙하 거리가 $120\,m$)에 대해, 줄이 기대한 최대 온도 상승은 얼마인가? 그는 이 측정에 성공하지 못했다. 한편으로는 낙하하는 물이 증발로 식었기 때문이고 다른 한편으로는 그의 온도계가 충분히 민감하지 못했기 때문이다.

2. 55.0 kg의 여자가 그녀의 식단을 어기고 아침식사로 540 Cal(540 kcal) 젤리 도넛 하나를 먹었다. (a) 젤리 도넛 한 개의 열량은 에너지로 몇 J인가? (b) 한 개의 젤리 도넛의 음식 에너지를 여자–지구 계의 중력 위치 에너지로 바꾸려면 얼마나 많은 계단을 올라야 하는가? 계단 하나의 높이는 15.0 cm라고 가정한다. (c) 사람의 몸이 화학적 에너지를 역학적 에너지로 변환하는 데 25.0 %의 효율을 갖는다면, 그녀의 아침식사에 해당하는 에너지를 소모하려면 얼마나 많은 계단을 올라야 하는가?

17.2 비열

3. 은 막대가 1.23 kJ의 열을 흡수하면 온도가 10.0 ℃ 상승한다. 은 막대의 질량이 525 g일 때 은의 비열을 구하라.

4. 처음 온도가 25.0 ℃인 구리 시료 50.0 g에 1 200 J의 열 에너지를 더하면, 구리의 나중 온도는 얼마인가?

5. 20.0 ℃에 있는 0.250 kg의 물과 26.0 ℃에 있는 0.400 kg의 알루미늄과 100 ℃에 있는 0.100 kg의 구리를 단열 용기 내에 함께 담아서 열평형이 이루어진다. 용기에 전달되거나 나오는 에너지를 무시할 때 혼합계의 나중 온도를 구하라.

6. 600 ℃, 1.50 kg의 편자를 25.0 ℃, 20.0 kg의 물통에 떨어뜨린다. 물–편자 계의 나중 온도를 구하라. 용기의 열용량은 무시하고 물이 끓어 증발하는 양은 무시할 정도라고 가정한다.

17.3 숨은열

7. 단열 용기 내에 있는 0 ℃의 얼음 250 g에 18.0 ℃의 물 600 g을 붓는다. (a) 계의 나중 온도를 구하라. (b) 계가 평형 상태에 도달할 때 남아 있는 얼음의 양은 얼마인가?

8. 30.0 ℃에서 3.00 g의 납 총알이 240 m/s의 속력으로 날아가다가 0 ℃의 얼음 덩어리에 박힌다. 녹은 얼음의 양은 얼마인가?

9. −10.0 ℃, 40.0 g의 얼음이 110 ℃, 수증기로 되기 위해 필요한 에너지는 얼마인가?

17.4 열역학적 과정에서의 일

10. 이상 기체가 그림 P17.10과 같이 $P = \alpha V^2$을 만족하면서 준정적 과정을 거쳐 처음 부피 1.00 m³에서 두 배로 팽창한다. 여기서 $\alpha = 5.00 \text{ atm/m}^6$이다. 이 과정에서 팽창하는 기체에 한 일은 얼마인가?

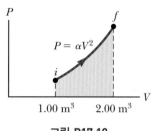

그림 P17.10

11. 피스톤으로 부피가 조절되는 원통에 이상 기체가 들어 있다. 피스톤의 질량은 8 000 g이고 넓이는 5.00 cm²이다. 피스톤을 위아래로 자유롭게 움직여 기체의 압력을 일정하게 유지한다. 0.200몰의 기체를 20.0 ℃에서 300 ℃로 올리는 데 기체에 한 일은 얼마인가?

12. (a) 그림 P17.12에서 점 i에서 f로 팽창하는 기체에 한 일을 구하라. (b) 만약 같은 경로로 f에서 i로 압축한다면 기체에 한 일은 얼마인가?

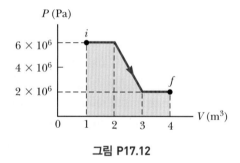

그림 P17.12

17.5 열역학 제1법칙

13. 이상 기체 시료가 그림 P17.13과 같이 순환 과정을 겪는다. A에서 B까지의 과정은 단열 과정이고, B에서 C까지의 과정은 100 kJ의 열이 계로 들어가는 등압 과정이다. C에서 D까지 등온 과정이고, D에서 A까지의 과정은 150 kJ의 열이 계로부터 나오는 등압 과정이다. 내부 에너지 차이 $E_{int, B} - E_{int, A}$를 구하라.

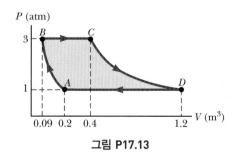

그림 P17.13

14. 그림 P17.14에 있는 순환 과정을 생각해 보자. BC 과정 동

안 Q는 음이고, CA 과정에서 ΔE_{int}는 음이면, 각 과정에 연관된 Q, W, ΔE_{int}의 부호는 무엇인가?

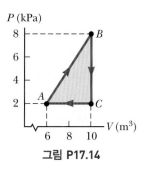

그림 P17.14

17.6 열역학 제1법칙의 응용

15. 처음에 300 K인 이상 기체가 2.50 kPa에서 등압 팽창을 한다. 부피가 $1.00\,\text{m}^3$에서 $3.00\,\text{m}^3$으로 증가하고 기체에 12.5 kJ의 열이 전달될 때 (a) 내부 에너지의 변화와 (b) 나중 온도는 얼마인가?

16. (a) 100 °C, 1.00몰의 물이 끓어서 1.00 atm에서 100 °C, 1몰의 수증기로 될 때 수증기에 한 일은 얼마인가? 수증기는 이상 기체처럼 행동한다고 가정한다. (b) 물이 기화될 때 물-수증기 계의 내부 에너지 변화는 얼마인가?

17. 그림 P17.17과 같이 처음 상태가 P_i, V_i, T_i인 이상 기체가 순환 과정에 있다. (a) 한 순환 과정 동안 기체에 한 알짜 일을 구하라. (b) 한 순환 과정 동안 계에 더해진 알짜 열은 얼마인가?

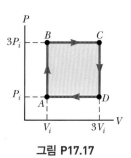

그림 P17.17

18. 처음에 300 K이고 0.400 atm인 2.00몰의 헬륨 기체를 등온 과정을 거쳐 1.20 atm으로 압축했다. 헬륨을 이상 기체라고 할 때 (a) 기체의 나중 부피, (b) 기체에 한 일, (c) 열에 의해 전달된 에너지를 구하라.

17.7 이상 기체의 몰비열

Note: 문제를 풀 때 표 17.3에 주어진 여러 기체에 대한 자료를 활용하라. 여기서 단원자 이상 기체의 몰비열은 각각 $C_V = \frac{3}{2}R$과 $C_P = \frac{5}{2}R$이며, 이원자 이상 기체의 몰비열은 각각 $C_V = \frac{5}{2}R$과 $C_P = \frac{7}{2}R$이다.

19. 수소 기체 1.00몰을 등압 과정을 통해 300 K에서 420 K로 올린다. 이때 (a) 기체에 전달되는 열, (b) 기체의 내부 에너지 증가량, (c) 기체에 한 일을 구하라.

20. 처음에 300 K에 있는 단원자 이상 기체 1.00몰에 등적 과정을 통해 209 J의 열을 전달한다. 이때 (a) 기체에 한 일, (b) 기체의 내부 에너지 증가량, (c) 기체의 나중 온도는 얼마인가?

21. 어떤 이원자 이상 기체의 압력과 부피가 각각 P와 V이다. 이 기체를 데웠더니 압력은 세 배로, 부피는 두 배로 증가했다. 이때 처음에는 일정한 압력에서 데우고, 두 번째는 일정한 부피에서 데웠다. 기체에 전달되는 열의 양을 구하라.

17.8 이상 기체의 단열 과정

22. 2.00몰의 이원자 이상 기체가 처음 압력 5.00 atm, 부피 12.0 L부터 서서히 단열 과정을 거쳐 30.0 L까지 팽창한다. (a) 기체의 나중 압력은 얼마인가? (b) 처음과 나중 온도는 얼마인가? 이 과정에서 (c) Q, (d) ΔE_{int}, (e) W를 구하라.

23. 어떤 가솔린 엔진에서 압축 과정 동안 압력이 1.00 atm에서 20.0 atm으로 증가한다. 이 과정이 단열 과정이고 공기-연료 혼합 기체는 이원자 이상 기체라고 가정할 때 (a) 부피의 변화와 (b) 온도의 변화는 각각 몇 배인가? 처음에 0.016 0몰의 기체가 27.0 °C에서 압축이 시작된다고 가정할 때, 이 과정에서 (c) Q, (d) ΔE_{int}, (e) W를 구하라.

24. 비열비가 γ인 이상 기체가 원통에서 다음과 같은 순환 과정을 거친다. 처음에 기체는 P_i, V_i, T_i에 있다. 먼저 기체는 등적 과정을 거쳐 압력이 세 배로 된 다음, 단열 팽창을 거쳐 처음의 압력으로 팽창한 후, 마지막으로 등압 과정을 거쳐 처음의 부피로 압축된다. (a) 이 순환 과정에 대한 PV 도표를 그려라. (b) 단열 팽창이 끝날 때 기체의 부피를 구하라. (c) 단열 팽창이 시작될 때 기체의 온도와 (d) 이 순환 과정이 끝날 때의 온도를 구하라. (e) 이 순환 과정 동안 기체에 한 알짜일은 얼마인가?

17.9 몰비열과 에너지 등분배

25. 그림 P17.25는 회전 운동하는 이원자 염소 분자(Cl_2)의 모형이다. 두 염소 원자가 서로 2.00×10^{-10} m 떨어져서 질량 중심에 대해 각속력 $\omega = 2.00 \times 10^{12}$ rad/s로 회전한다. 염소 분자(Cl_2) 하나의 회전 운동 에너지는 얼마인가? (단, 염소 분자의 몰질량은 70.0 g/mol이다.)

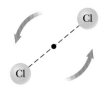

그림 P17.25

26. 어떤 분자의 자유도가 f이다. 이런 분자들로 이루어진 이상 기체가 다음과 같은 성질을 갖고 있음을 보여라. (a) 기체의 전체 내부 에너지는 $fnRT/2$이다. (b) 등적 몰비열은 $fR/2$이다. (c) 등압 몰비열은 $(f+2)R/2$이다. (d) 비열비는 $\gamma = C_P/C_V = (f+2)/f$이다.

17.10 열적 과정에서의 에너지 전달 메커니즘

27. 길이와 단면의 넓이가 같은 금 (Au) 막대와 은(Ag) 막대가 열접 촉을 하고 있다(그림 P17.27). 복 합 막대의 한 끝은 80.0 °C이고 반 대편 끝은 30.0 °C이다. 에너지 전 달이 정상 상태에 도달할 때 두 금 속 막대의 접합부에서의 온도를 구하라.

그림 P17.27

28. 태양의 표면 온도는 약 5 800 K이고, 태양의 반지름은 6.96 $\times 10^8$ m이다. 초당 태양에 의해 방출되는 에너지 총량을 구하라. 태양의 방출률은 0.986이라고 하자.

17.11 연결 주제: 지구의 에너지 균형

29. 태양으로부터 떨어진 우리의 위치에서 태양 복사의 세기는 1 370 W/m²이다. 지구 온도는 대기의 **온실 효과**의 영향을 받는다. 이 현상은 표면에서 방출된 적외선 흡수 효과로 인해 공기가 없는 곳에서보다 더 높은 지표면 온도를 만드는 것을 말한다. 비교를 하기 위해, 태양으로부터 지구와 같은 거리만큼 떨어진 곳에 대기가 없는 반지름 r인 구형 물체를 생각해 보자. 물체의 방출률은 모든 종류의 전자기파에 대해 동일하고 물체의 온도는 전 표면에 걸쳐 균일하다고 가정한다. (a) 태양 빛을 흡수하는 사영 넓이는 πr^2이고, 방출하는 겉넓이는 $4\pi r^2$임을 설명하라. (b) 이의 정상 상태 온도를 계산하라. 이것은 차가운가?

추가문제

30. 길이가 0.500 m이고 단면의 넓이가 2.50 cm²인 알루미늄

막대를 4.20 K인 액체 헬륨이 들어 있는 단열 용기에 넣는다. 막대의 처음 온도는 300 K이다. (a) 막대의 1/2이 액체 헬륨에 담겨 있다면, 담긴 부분이 4.20 K까지 냉각될 때까지 증발되는 헬륨의 양은 몇 리터인가? 막대의 윗부분은 냉각되지 않는다고 가정한다. (b) 막대 위쪽 끝부분의 원형 표면이 300 K이라면 다른 한쪽이 4.20 K까지 도달한 후, 액체 헬륨의 증발 비율은 대략 초당 몇 리터인가? (알루미늄은 4.20 K에서 3 100 W/m·K의 열전도를 갖는다. 온도의 변화를 무시한다. 액체 헬륨의 밀도는 125 kg/m³이다.)

31. 무게가 75.0 kg인 크로스컨트리 선수가 눈 위를 지나가고 있다(그림 P17.31). 스키와 눈 사이의 마찰 계수는 0.200이다. 스키 아래쪽 모든 눈의 온도는 0 °C이고, 마찰로 인해 생성된 모든 내부 에너지는 녹을 때까지 스키에 붙어 있는 눈에 전달된다고 가정한다. 이것은 스키로 하여금 눈을 녹게 만든다. 1.0 kg의 눈을 녹이려면 얼마나 가야 하는가?

그림 P17.31

32. 온도가 0 °C인 연못의 물 표면에 두께 4.00 cm인 얼음 층이 덮여 있다. 공기의 온도가 −10.0 °C로 일정하게 유지된다면, 얼음 층이 8.00 cm까지 어는 데 걸리는 시간은 얼마인가? **도움말:** 다음과 같은 형태의 식 17.34를 이용한다.

$$\frac{dQ}{dt} = kA\frac{\Delta T}{x}$$

또한 물에서 나와서 두께가 x인 얼음을 통과하는 작은 에너지 dQ는 두께 dx의 얼음을 냉각시키는 데 필요한 양이다. 그러므로 $dQ = L_f \rho A\, dx$이고, 여기서 ρ는 얼음의 밀도, A는 넓이, L_f는 물의 융해열이다.

열기관, 엔트로피 및 열역학 제2법칙

Heat Engines, Entropy, and the Second Law of Thermodynamics

© SSPL/The Image Works

17장에서 공부한 열역학 제1법칙과 더 일반적인 에너지 보존의 식(식 7.2)은 에너지 보존 원리를 나타낸다. 이 원리는 일어날 수 있는 에너지 변환의 종류에 제한을 두지 않는다. 그러나 실제로는 어떤 특정 종류의 에너지 변환만 관측된다. 다음 예는 에너지 보존 원리만 만족하려면 어떤 방향으로도 진행할 수 있는 과정이지만 실제로는 어떤 특정 방향으로만 진행한다.

1. 서로 다른 온도의 두 물체가 서로 열접촉되어 있을 때 열에 의한 알짜 에너지 전달은 항상 뜨거운 물체에서 차가운 물체로만 일어나고, 차가운 물체에서 뜨거운 물체로의 열 전달은 결코 일어나지 않는다.

2. 바닥에 떨어진 공은 몇 번 튀어 오르다가 결국 정지하게 되는데, 처음의 중력 위치 에너지는 공과 바닥의 내부 에너지로 변환된다. 그러나 바닥에 있던 공은 절대로 바닥의 내부 에너지를 얻어서 저절로 튀어 오르지 못한다.

3. 산소와 질소가 얇은 막으로 나뉜 용기 내의 두 공간에 분리되어 있다가 그 막에 구멍을 내면 산소와 질소 분자는 서로 섞인다. 산소와 질소는 서로 섞여 있다가 스스로 분리되어 용기의 서로 다른 쪽으로 가지는 않는다.

이런 상황은 모두 **비가역 과정**의 예시이다. 즉 자발적으로는 오로지 한쪽 방향으로만 일

19세기 초의 스털링(Stirling) 엔진. 외부 연소 장치를 통해 아래쪽 원통 내의 공기가 가열된다. 가열된 공기는 팽창하고 피스톤을 밀어 움직이게 한다. 그 후 공기는 냉각되고, 순환 과정은 다시 시작된다. 이는 이번 장에서 공부할 열기관의 한 예이다.

켈빈 경
Lord Kelvin, 1824~1907
영국의 물리학자이자 수학자

벨파스트에서 윌리엄 톰슨(William Thomson)이라는 이름으로 태어남. 켈빈 은 절대 온도 눈금의 사용을 제안한 최초 의 인물이다. 켈빈 온도 눈금은 그를 기리 기 위해 붙인 이름이다. 열역학에서 켈빈 의 업적은, 에너지가 차가운 물체에서 뜨 거운 물체로 자발적으로 이동할 수 없다 는 생각을 이끌어 낸 것이다.

어나는 과정이다. 이 장에서 우리는 새로운 기본 원리를 탐구하는데, 이를 통해 왜 이 과정들이 오직 한쪽 방향으로만 일어나는지를 이해할 수 있다.[1] 이 장의 주제인 열역학 제2법칙으로 자연 에서 어떤 과정이 일어나고, 일어나지 않는지 살펴보자.

18.1 | 열기관과 열역학 제2법칙
Heat Engines and the Second Law of Thermodynamics

열역학 제2법칙을 이해하는 데 매우 유용한 장치 중 하나가 바로 열기관이다. **열기 관**(heat engine)이란 열의 형태로 에너지[2]를 흡수해서 에너지의 일부를 일의 형태로 내보내는 순환 과정을 통해 작동하는 장치이다. 예를 들면 전기를 생산하는 발전소에 서는 석탄이나 어떤 다른 연료를 태워 그 결과로 생긴 내부 에너지를 사용해서 물을 수증기로 변환한다. 이 수증기가 터빈의 날개를 돌리고, 마지막으로 터빈의 회전에 의한 역학적 에너지가 발전기를 돌린다. 또 다른 열기관인 자동차의 내연 기관에서는 연료가 실린더 안으로 주입되어 그 에너지의 일부가 역학적 에너지로 변환되는 것처 럼, 에너지가 물질 전달에 의해 열기관으로 들어간다.

일반적으로 열기관 속의 작동 물질은 (1) 고온 에너지 저장고에서 열 에너지를 흡 수해서, (2) 기관이 일을 하고, (3) 저온 에너지 저장고로 열 에너지를 내보내는 순환 과정[3]을 거치면서 작동한다. 이때 나오는 에너지를 종종 버려진 에너지, 배출 에너지, 또는 열 공해라고 한다. 예를 들어 물을 작동 물질로 사용하는 증기기관의 동작을 살 펴보자. 이 기관에서 물은 순환 과정을 통해 운반되는데, 이 과정에서 물은 먼저 보일 러 속에서 수증기로 증발된 다음 피스톤을 밀며 팽창한다. 이 수증기는 냉각수에 의 해 응축된 후, 보일러 속으로 들어가서 순환 과정이 되풀이된다.

열기관을 그림 18.1처럼 그림으로 나타내면 이해가 빠를 것이다. 열기관은 고온 저 장고에서 에너지 $|Q_h|$를 흡수한다. 앞으로 열기관에 대해 이야기할 때 모든 열로서 전 달되는 에너지 값을 절댓값으로 나타내고, 전달되는 방향은 양(+) 또는 음(−)의 부 호로 나타내기로 하자. 기관은 일 W_{eng}를 하고(즉 **음**의 일 $W = -W_{eng}$를 기관에 한 다), 에너지 $|Q_c|$를 저온 저장고로 내보낸다. 작동 물질이 순환 과정을 따라 순환하므 로, 작동 물질의 처음과 나중 내부 에너지는 같다. 즉 $\Delta E_{int} = 0$이다. 열기관은 정상 상태에서 비고립계로 모형화할 수 있으므로, 제1법칙으로부터 다음을 얻는다.

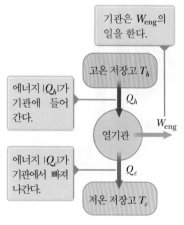

기관은 W_{eng}의 일을 한다.

고온 저장고 T_h

에너지 $|Q_h|$가 기관에 들어 간다.

Q_h

W_{eng}

열기관

에너지 $|Q_c|$가 기관에서 빠져 나간다.

Q_c

저온 저장고 T_c

그림 18.1 열기관의 개략도

---

[1] 이 장에서 알게 되듯이, 더 적절히 말하자면, 일련의 사건이 시간을 거스르는 쪽으로 일어날 확률은 매우 작다. 이런 관점에서, 사건이 어느 한쪽 방향으로 일어날 확률은 반대쪽 방향보다 엄청나게 크다.

[2] 여기서는 열기관으로 들어가는 에너지를 열이라고 할 것이다. 그러나 열기관 모형에서 에너지를 전달하 는 다른 방법이 없는 것은 아니다. 예를 들어 18.9절에서 보이겠지만 지구의 대기를 열기관으로 모형화 할 수 있다. 이 경우 지구의 대기로 들어가는 입력 에너지는 태양으로부터 나오는 전자기 복사 에너지가 된다. 대기 열기관의 출력은 대기에서 바람을 일으키는 원인이 된다.

[3] 순환 과정이라는 측면에서 보면, 자동차 기관은 엄격히 말해 열기관이 아니다. 왜냐하면 그 물질(공기- 연료 혼합물)은 단지 한 순환만을 거친 다음 배출 체계를 통해 배출되기 때문이다.

$$\Delta E_{int} = 0 = Q + W \quad \rightarrow \quad Q_{net} = -W = W_{eng}$$

열기관이 한 알짜일 W_{eng}는 열기관이 흡수한 알짜 에너지와 같다는 것을 알 수 있다. 그림 18.1에서 보듯이, $Q_{net} = |Q_h| - |Q_c|$가 성립한다. 그러므로 다음과 같다.

$$W_{eng} = |Q_h| - |Q_c| \qquad \text{18.1}$$

작동 물질이 기체라면, 한 순환 과정 동안 기관이 한 알짜일은 PV 도표에서 그 과정을 나타내는 곡선으로 둘러싸인 넓이이다. 임의의 순환 과정에 대한 넓이를 그림 18.2에 나타냈다.

열기관의 **열효율**(thermal efficiency) e는 한 순환 과정 동안 기관이 한 일을 기관이 고온에서 한 순환 과정 동안 흡수한 에너지로 나눈 값이다. 즉 다음과 같다.

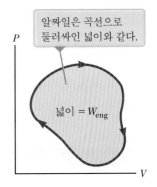

그림 18.2 임의의 순환 과정에 대한 PV 도표

$$e = \frac{W_{eng}}{|Q_h|} = \frac{|Q_h| - |Q_c|}{|Q_h|} = 1 - \frac{|Q_c|}{|Q_h|} \qquad \text{18.2}$$

효율이란 얻은 값(일로서 에너지 전달)을 공급한 값(고온 저장고로부터 에너지 전달)으로 나눈 것으로 생각할 수 있다. 식 18.2는 $Q_c = 0$인 경우, 즉 저온 저장고로 내보내는 에너지가 전혀 없을 때, 열기관 효율이 100 %($e = 1$)임을 나타낸다. 다시 말해서 완벽한 효율을 갖는 열기관이라면 흡수한 열을 모두 역학적인 일로 방출해야 한다.

열역학 제2법칙에 대한 켈빈-플랑크 표현(Kelvin-Planck statement of the second law of thermodynamics)은 다음과 같다.

> 저장고에서 열 에너지를 흡수해서 한 순환 과정 동안 작동하면서 그 에너지를 남김없이 모두 일로 바꾸는 열기관을 만드는 것은 불가능하다.

이런 형태의 열역학 제2법칙의 본질은 효율 100 %로 작동하는 그림 18.3에 있는 것과 같은 기관을 제작하는 것은 이론적으로 불가능하다는 동것이다. 모든 기관은 얼마간의 에너지 Q_c를 주위 환경으로 내보내야 한다.

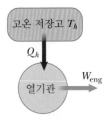

그림 18.3 고온 저장고에서 에너지를 흡수해서 전부 일을 하는 열기관의 개략도. 이런 완전한 열기관을 만드는 것은 불가능하다.

▶ **퀴즈 18.1** 어떤 열기관에 공급되는 에너지가 그 기관이 한 일보다 세 배 크다. **(i)** 열효율은 얼마인가? (a) 3.00 (b) 1.00 (c) 0.333 (d) 알 수 없다. **(ii)** 공급된 에너지에서 어느 정도의 비율이 저온 저장고로 방출되는가? (a) 0.333 (b) 0.667 (c) 1.00 (d) 알 수 없다.

▶ **예제 18.1 | 열기관의 효율**

어떤 열기관이 고온 저장고에서 2.00×10^3 J의 에너지를 흡수해서 한 순환 과정 동안 1.50×10^3 J의 에너지를 저온 저장고로 방출한다.

(A) 열기관의 효율을 구하라.

풀이

개념화 그림 18.1을 참조해서 개념을 잡는다. 고온 저장고에서 기관으로 들어가는 에너지와 이 에너지의 일부분이 일로 바뀌고, 나머지의 에너지가 저온 저장고로 방출된다는 것을 생각한다.

분류 이 예제는 이 절에서 소개된 식을 이용해서 값을 계산하는 문제이므로 대입 문제로 분류한다.

열기관의 효율을 식 18.2에서 구한다.

$$e = 1 - \frac{|Q_c|}{|Q_h|} = 1 - \frac{1.50 \times 10^3 \, \text{J}}{2.00 \times 10^3 \, \text{J}} = \boxed{0.250 \ \text{또는} \ 25.0\,\%}$$

(B) 한 순환 과정 동안 열기관이 한 일을 구하라.

풀이

기관이 한 일은 입력 에너지와 출력 에너지의 차이이다.

$$W_{\text{eng}} = |Q_h| - |Q_c| = 2.00 \times 10^3 \, \text{J} - 1.50 \times 10^3 \, \text{J}$$
$$= \boxed{5.0 \times 10^2 \, \text{J}}$$

문제 열기관의 일률이 얼마인가라는 질문을 받는다고 가정하자. 질문에 답할 충분한 정보가 있는가?

답 아니오, 충분한 정보가 없다. 열기관의 일률은 단위 시간당 열기관이 한 일이다. 여기서는 한 순환 과정 동안 한 일은 알지만 한 순환 과정에 소요된 시간은 모르고 있다. 그러나 열기관이 2 000 rpm(분당 회전수)으로 작동한다고 말한다면, 열기관의 한 순환 과정에 소요되는 시간인 회전 주기 T를 알 수 있다. 열기관의 한 순환 과정이 일 회전만에 이루어진다고 가정하면, 이때의 일률은 다음과 같다.

$$P = \frac{W_{\text{eng}}}{T} = \frac{5.0 \times 10^2 \, \text{J}}{\left(\frac{1}{2\,000}\,\text{min}\right)} \left(\frac{1 \, \text{min}}{60 \, \text{s}}\right) = 1.7 \times 10^4 \, \text{W}$$

▌**18.2** | 가역 및 비가역 과정 Reversible and Irreversible Processes

기체는 피스톤 위로 모래가 떨어질 때마다 아주 조금씩 압축된다.

에너지 저장고

그림 18.4 가역 등온 과정에서 기체를 압축하는 방법

다음 절에서는 효율이 가장 높은 이론적인 열기관에 대해서 살펴볼 것이다. 이런 열기관의 특징을 이해하기 위해서는 가역 및 비가역 과정의 의미를 알아야만 한다. **가역**(reversible) 과정에서, 과정 중에 있는 계는 같은 경로를 따라 처음 조건으로 되돌아갈 수 있고, 이 경로의 모든 점에서 평형 상태에 있다. 이런 조건을 만족하지 않는 과정이 **비가역**(irreversible) 과정이다.

자연에서 일어나는 대부분의 과정은 비가역적이라고 알려져 있다. 가역 과정은 이상적인 것이다. 이 장의 도입부에서 설명한 세 과정은 비가역적이며, 그것들은 오로지 한 방향으로만 진행한다는 것을 알 수 있다. 17.6절에서 설명한 기체의 자유 팽창은 비가역적이다. 용기에서 얇은 막을 제거할 때, 기체는 비어 있는 쪽으로 급속히 들어가며 주위 환경은 변화가 없다. 아무리 오랫동안 지켜보고 있어도, 용기 전체에 퍼져 있는 기체가 스스로 처음에 있던 공간으로 급속히 되돌아 들어가는 것을 결코 볼 수 없을 것이다. 그것이 일어나도록 우리가 할 수 있는 유일한 방법은 기체와 상호 작용을 하는 것이며, 아마도 피스톤을 안쪽으로 밀어주는 것일텐데, 그러나 그런 방법의 결과로 주위 환경이 얼마간 변화될 것이다.

만일 실제 과정들이 매우 느리게 일어나서 계가 항상 거의 평형 상태에 있다면, 이런 과정은 가역 과정으로 모형화할 수 있다. 예를 들어 그림 18.4에서처럼 마찰이 없는 피스톤 위에 모래를 매우 천천히 떨어뜨려서 기체를 압축한다고 하자. 이 등온 압

축 동안 기체의 압력, 부피, 온도는 잘 정의된다. 모래가 떨어질 때마다 미세한 변화가 일어나 새로운 평형 상태에 이르게 되며, 모래를 아주 천천히 제거해가며 이 과정을 거꾸로 할 수도 있다.

18.3 | 카르노 기관 The Carnot Engine

1824년에 프랑스의 공학자 카르노(Sadi Carnot)는 **카르노 기관**(Carnot engine)이라고 하는 이상적인 기관을 제안했는데, 실용적인 견지나 이론적인 견지에서 모두 매우 중요하다. 그는 두 에너지 저장고 사이에서 이상적인 가역 순환 과정—**카르노 순환 과정**(Carnot cycle)이라고 함—으로 작동하는 열기관이 가장 효율이 좋은 기관임을 증명했다. 이런 이상적인 기관은 다른 모든 기관의 효율에 상한값을 설정한다. 즉 카르노 순환 과정 동안 작동 물질이 한 알짜일은 고온에서 작동 물질에 공급된 에너지로 할 수 있는 최대의 일이다.

카르노 순환 과정을 살펴보기 위해 기관 내의 작동 물질이 한쪽 끝에 조절할 수 있는 피스톤이 달린 원통 안에 갇힌 이상 기체라고 가정하자. 원통의 벽과 피스톤은 단열재라고 하자. 카르노 순환 과정의 네 단계가 그림 18.5에 주어져 있으며, 이 순환 과정의 PV 도표를 그림 18.6에 나타냈다. 카르노 순환 과정은 두 단계의 단열 과정과 두 단계의 등온 과정으로 이루어져 있으며 모두 가역 과정이다.

1. 과정 $A \rightarrow B$(그림 18.5a)는 온도 T_h에서 등온 팽창한다. 기체는 온도 T_h의 에너지 저장고와 열접촉되어 있다. 팽창 과정에서 기체는 저장고로부터 에너지 $|Q_h|$를 흡수해서 피스톤을 밀어올리면서 일 W_{AB}를 한다.

2. 과정 $B \rightarrow C$(그림 18.5b)에서 원통의 바닥은 단열재인 벽으로 바뀌고 기체는 단열 팽창한다. 즉 열 에너지가 계에서 나가거나 계로 들어오지 못한다. 팽창 중에 기체의 온도는 T_h에서 T_c로 낮아지고 피스톤을 밀어올리면서 일 W_{BC}를 한다.

3. 과정 $C \rightarrow D$(그림 18.5c)에서 기체는 온도 T_c인 에너지 저장고와 열접촉되어 있고 온도 T_c에서 등온 압축된다. 이 과정 동안, 기체는 에너지 $|Q_c|$를 저장고에 내보내며 피스톤이 기체에 한 일은 W_{CD}가 된다.

4. 마지막 과정 $D \rightarrow A$(그림 18.5d)에서 원통의 바닥은 단열재인 벽으로 바뀌고 기체는 단열 압축된다. 기체의 온도는 T_h로 올라가고, 피스톤이 기체에 한 일은 W_{DA}가 된다.

카르노는 이 순환 과정에 대해 다음 식이 성립됨을 보였다.

$$\frac{|Q_c|}{|Q_h|} = \frac{T_c}{T_h} \qquad \text{18.3}$$

따라서 식 18.2를 이용하면, 카르노 기관의 열효율은 다음과 같다.

오류 피하기 | 18.2
카르노 기관을 찾아다니지 말 것 카르노 기관은 이상적인 것으로, 따라서 카르노 기관을 상업적 용도로 개발할 수 있다고 기대해서는 안 된다. 카르노 기관은 단지 이론적인 고려를 위해 공부한다.

© Book's Hill

카르노
Sadi Carnot, 1796~1832
프랑스의 공학자

카르노는 최초로 일과 열의 정량적 관계를 증명한 사람이다. 1824년에 논문 〈동력으로서의 열과 열기관에 대한 고찰(Reflections on the Motive Power of Heat)〉을 발표해서 증기기관의 산업적, 정치적, 경제적 중요성을 일깨웠다. 거기에서 그는 일을 '어떤 높이만큼 들어 올리는 무게'로 정의했다.

그림 18.5 카르노 순환 과정. *A, B, C, D*
는 그림 18.6에 보인 기체의 상태를 나타
낸다. 피스톤에 있는 화살표는 각 과정 동
안에 피스톤의 운동 방향을 나타낸다.

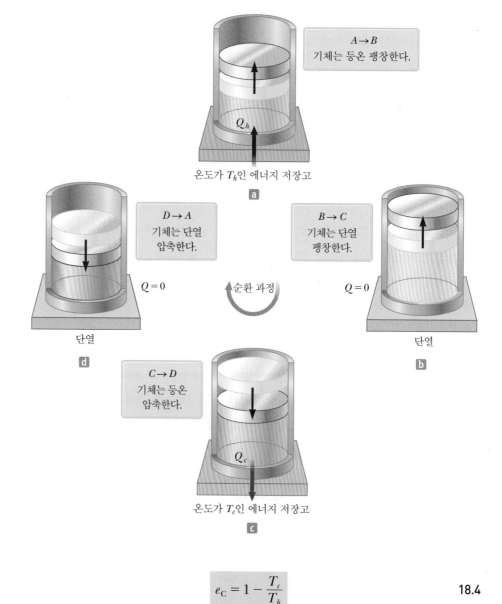

$A \rightarrow B$
기체는 등온 팽창한다.

온도가 T_h인 에너지 저장고

a

$D \rightarrow A$
기체는 단열
압축한다.

$Q = 0$

단열

d

순환 과정

$B \rightarrow C$
기체는 단열
팽창한다.

$Q = 0$

단열

b

$C \rightarrow D$
기체는 등온
압축한다.

온도가 T_c인 에너지 저장고

c

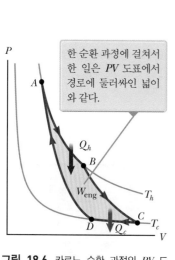

한 순환 과정에 걸쳐서
한 일은 *PV* 도표에서
경로에 둘러싸인 넓이
와 같다.

그림 18.6 카르노 순환 과정의 *PV* 도
표. 기관이 한 알짜일 W_{eng}는 한 순환 과
정 동안 카르노 기관으로 전달된 알짜 에
너지 $|Q_h| - |Q_c|$이다.

$$e_C = 1 - \frac{T_c}{T_h} \qquad\qquad 18.4$$

이 결과로부터 일정한 두 온도 사이에서 작동하는 모든 카르노 기관의 열효율은 같음을 알 수 있다.

식 18.4는 두 에너지 저장고 사이에서 카르노 순환 과정으로 작동하는 모든 작동 물질에 대해 적용할 수 있다. 이 결과에 따르면 예상하는 바와 같이 $T_c = T_h$일 때 효율이 영이다. T_c가 낮아지고 T_h가 높아질수록 효율이 증가한다. 그러나 효율이 최대인 1(100 %)이 되려면 $T_c = 0\,K$일 때뿐이다. 절대 영도[4]에 도달하는 것은 불가능하며, 따라서 이런 저장고는 존재할 수 없다. 그러므로 최대 효율은 항상 1보다 작다. 대부분 실용적인 경우에, 저온 저장고의 온도는 실온에 가까운 약 300 K 정도이다. 따라서 사람들은 보통 고온 저장고의 온도를 올림으로써 효율을 높이려고 노력한다. 실제의

---

[4] 절대 영도에 도달할 수 없음은 **열역학 제3법칙**으로 알려져 있다. 물질의 온도를 절대 영도로 낮추기 위해서는 무한대의 에너지가 필요하다.

모든 기관은 카르노 기관보다 효율이 낮은데, 그 이유는 모든 기관에서 한 순환 과정이 짧은 시간 동안에 비가역적으로 일어나기 때문이다.[5] 이 이론적 한계에 덧붙여, 실제 기관은 마찰을 포함하는 현실적 어려움에서 벗어날 수 없는데, 이로써 효율이 더욱 낮아진다.

▶ **퀴즈 18.2** 온도 차가 300 K인 저장고 사이에서 세 기관이 작동한다. 저장고 온도는 각각 다음과 같다. 즉 기관 A: $T_h = 1\,000$ K, $T_c = 700$ K; 기관 B: $T_h = 800$ K, $T_c = 500$ K; 기관 C: $T_h = 600$ K, $T_c = 300$ K이다. 이론적인 효율이 높은 기관부터 순서대로 나열하라.

▶ **예제 18.2 | 증기기관**

어떤 증기기관은 500 K에서 작동하는 보일러를 가지고 있다. 연료를 태운 에너지가 물을 수증기로 변화시키고 이 수증기가 피스톤을 움직인다. 저온 저장고의 온도는 외부 공기의 온도이고 대략 300 K이다. 이 증기기관의 최대 열효율을 구하라.

풀이

개념화 그림 18.5에서처럼 증기기관에서 피스톤을 미는 기체는 증기이다. 실제 증기기관은 카르노 순환 과정으로 작동하지 않지만, 가능한 최대 효율을 구하기 위해 카르노 증기기관으로 상상해 보자.

분류 식 18.4를 이용하면 효율을 계산할 수 있으므로, 예제를 대입 문제로 분류한다.

식 18.4에 저장고의 온도를 대입한다.

$$e_C = 1 - \frac{T_c}{T_h} = 1 - \frac{300\ \text{K}}{500\ \text{K}} = \boxed{0.400} \text{ 또는 } \boxed{40.0\ \%}$$

이것은 열기관이 가질 수 있는 **이론적인** 최대 효율이다. 실제로는 이보다 훨씬 작다.

문제 이 기관의 이론적 효율을 증가시키고 싶다면 T_h를 증가시켜서 ΔT를 증가시키거나 T_c를 낮추어서 같은 양만큼 ΔT를 증가시킬 수 있다. 어느 것이 더 효과적인가?

답 ΔT가 같은 값이면 작은 온도에 작용할 경우 더 큰 효과가 나타날 것이므로 T_c를 ΔT만큼 낮추는 것이 효율이 크게 변할 것으로 예측된다. 이것을 수치적으로 구해서 확인해 보자. 먼저 T_h를 50 K 증가시키면 $T_h = 550$ K이 되어 다음과 같은 최대 효율을 얻는다.

$$e_C = 1 - \frac{T_c}{T_h} = 1 - \frac{300\ \text{K}}{550\ \text{K}} = 0.455$$

그러나 T_c를 50 K 감소시키면 $T_c = 250$ K이 되어 최대 효율은 다음과 같다.

$$e_C = 1 - \frac{T_c}{T_h} = 1 - \frac{250\ \text{K}}{500\ \text{K}} = 0.500$$

T_c를 낮추는 것이 분명히 **수학적으로는** 더 효과적이지만, 어떤 때는 T_h를 높이는 것이 **실제적으로** 더 현실성이 있다.

---

[5] 카르노 순환 과정이 가역 과정이 되기 위해서는 그 과정이 무한히 느리게 일어나야 한다. 그러므로 카르노 기관이 가장 효율적인 기관일 수 있으나 그런 경우 출력은 영이 된다. 왜냐하면 한 순환 과정이 수행되는 데 무한히 긴 시간을 필요로 하기 때문이다. 실제 기관의 경우는 한 순환 과정에 소요되는 시간이 매우 짧기 때문에, 작동 물질은 고온 저장고의 온도보다 약간 낮은 온도와 저온 저장고의 온도보다 약간 높은 온도 사이에서 작동한다. 이런 좁은 온도 범위에서 카르노 순환 과정으로 작동하는 기관을 커즌(F. L. Curzon)과 알보른(B. Ahlborn)(*Am. J. Phys.*, 43(1), 22, 1975)이 분석했다. 그들은 최대 출력에서의 효율이 저장고 간의 온도 T_c와 T_h에만 의존하며 $e_{C-A} = 1 - (T_c/T_h)^{1/2}$로 주어짐을 알아냈다. 커즌-알보른(Curzon-Ahlborn) 효율 e_{C-A}는 카르노 효율보다 실제 기관의 효율에 좀 더 가까운 값을 나타낸다.

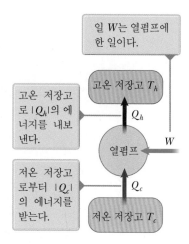

일 W는 열펌프에 한 일이다.

고온 저장고로 $|Q_h|$의 에너지를 내보낸다.

저온 저장고로부터 $|Q_c|$의 에너지를 받는다.

그림 18.7 열펌프의 개략도. 냉장고도 같은 방법으로 작동한다.

18.4 | 열펌프와 냉장고 Heat Pumps and Refrigerators

열기관에서 에너지의 전달 방향은 고온 저장고에서 저온 저장고로 향하는 자연스러운 방향이다. 이때 열기관은 고온 저장고에서 받은 에너지를 처리해서 유용한 일을 하게 하는 역할을 한다. 이제 저온 저장고에서 고온 저장고로 에너지를 전달하려면 어떻게 해야 할까? 이는 자연스러운 에너지 전달 방향이 아니기 때문에, 이런 과정을 수행하기 위해서는 에너지를 어느 정도 장치에 공급해야만 한다. 이런 일을 하는 장치에는 **열펌프**(heat pump)와 **냉장고**(refrigerator)가 있다.

그림 18.7은 열펌프에 대한 도식적 표현이다. 저온 저장고의 온도는 T_c, 고온 저장고의 온도는 T_h, 그리고 열펌프가 흡수한 에너지는 $|Q_c|$이다. 일[6] W로 모형화한 에너지가 계 안으로 전달되며, 펌프 밖으로 전달된 에너지는 $|Q_h|$이다.

가정용 냉방에 이용된 열펌프가 **에어컨**인데, 지금은 난방용으로도 활용되고 있다. 난방 방식에서는 순환하는 냉각 유체가 바깥 공기(저온 저장고)로부터 에너지를 흡수해서 내부 구조물(고온 저장고)로 에너지를 내놓는다. 유체가 실외기의 코일 모양 파이프를 통과할 때에는 보통 낮은 압력의 기체 형태로 존재하며, 여기서 기체는 공기나 땅으로부터 열로서 에너지를 흡수한다. 이 기체는 그런 다음 뜨겁고 높은 압력의 기체로 압축되어 실내기로 들어가고, 거기서 액체로 응축되면서 축적된 에너지를 내놓는다. 에어컨은 단순히, '실외기'와 '실내기'를 맞바꾸어 놓은, 거꾸로 설치한 열펌프이다. 집의 내부는 저온 저장고이며 바깥 공기는 고온 저장고이다.

열펌프의 효율성은 **성능 계수 COP**(coefficient of performance)라는 값으로 나타낸다. 난방 방식에서 성능 계수 COP는 고온 저장고로 전달된 열 에너지 대 그 에너지를 전달하는 데 필요한 일의 비율로 정의된다.

$$\text{COP (열펌프)} \equiv \frac{\text{고온에서 전달된 에너지}}{\text{열펌프에 한 일}} \qquad \textbf{18.5}$$

$$= \frac{|Q_h|}{W}$$

예를 들어 바깥 온도가 $-4\ ^\circ\text{C}(25\ ^\circ\text{F})$ 이상이라면, 전형적인 열펌프의 성능 계수 COP는 약 4이다. 즉 집 안으로 전달된 에너지는 열펌프에서 압축기가 한 일의 약 네 배 이상이다. 그렇지만 외부 온도가 감소하면서 열펌프가 공기로부터 충분한 에너지를 뽑아내는 것은 더욱 어려워지며, 따라서 성능 계수 COP는 떨어진다.

거꾸로 작동하는 카르노 순환 열기관은 이상적 열펌프를 구성하는데, 주어진 두 온도 사이에서 작동하는 열기관 중 가장 높은 성능 계수 COP를 가진다. 그 최대 성능 계수는 다음과 같다.

---

[6] 전통적 표기법은 일로서 전달된 입력 에너지를 모형화하는 것인데, 그렇더라도 대부분의 열펌프는 전기로 작동하므로, 따라서 **장치계 안으로의** 더 적절한 전달 메커니즘은 **전기적 전송**이다. 만약 열펌프의 냉각 유체를 계로 정한다면, 에너지는 피스톤이 한 일에 의해 유체로 전달되는데, 피스톤은 전기적으로 작동하는 압축기에 붙어 있다.

$$\text{COP}_C(\text{열펌프}) = \frac{T_h}{T_h - T_c}$$

난방에서 열펌프는 비교적 새로운 제품이지만, 냉장고는 수십 년 동안 가정에서 표준 가전 제품이 되어 왔다. 냉장고는 음식 저장 칸으로부터 따뜻한 바깥 공기로 에너지를 내보냄으로써 내부를 식힌다. 냉장고가 작동하는 동안, 내부로부터 에너지 $|Q_c|$가 제거되며, 그 과정에서 그에 딸린 전동기가 냉각 유체에 W의 일을 한다. 냉장고 또는 냉각 순환하는 열펌프의 성능 계수 COP는 다음과 같다.

$$\text{COP}(\text{냉장고}) = \frac{|Q_c|}{W} \qquad \textbf{18.6}$$

효율적인 냉장고란 가장 적은 양의 일로 저온 저장고로부터 최대의 에너지를 제거하는 것이다. 그러므로 좋은 냉장고의 성능 계수는 높은데, 전형적으로 5 또는 6이다.

가능한 가장 높은 COP는 다시금, 작동 물질이 카르노 열기관 순환 과정의 반대로 이동하는 냉장고의 성능 계수이다.

$$\text{COP}_C(\text{냉장고}) = \frac{T_c}{T_h - T_c}$$

두 저장고의 온도 차이가 영에 가까워질 때, 카르노 열펌프의 이론적 성능 계수는 무한대로 접근한다. 실제로는 냉각 코일의 낮은 온도와 압축기에서의 높은 온도 때문에 COP는 10 아래의 값으로 제한된다.

▶ **퀴즈 18.3** 전열기에 공급되는 에너지는 100 %의 효율로 내부 에너지로 바뀐다. 전열기를 COP가 4.00인 전기 열펌프로 대치한다고 할 때, 가정의 난방비는 얼마의 비율로 변하는가? 열펌프를 작동하는 전동기의 효율은 100 %라고 가정한다. (**a**) 4.00 (**b**) 2.00 (**c**) 0.500 (**d**) 0.250

▶ **생각하는 물리 18.1**

찌는 듯한 여름날인데 에어컨이 작동하지 않는다. 부엌에는 작동하고 있는 냉장고와 얼음이 가득 들어 있는 얼음 상자가 있다. 실내를 보다 효과적으로 식히려면 둘 중 어느 쪽을 열어 놓아야 하는가?

추론 냉장고에 대한 고온 저장고는 부엌 안의 공기이다. 냉장고 문을 열어 놓으면, 에너지는 부엌 안 공기로부터 뽑혀 나와 냉장계를 거쳐 바로 그 공기로 되돌아간다. 그 결과 부엌은 점점 더 **따뜻**해질 터인데, 왜냐하면 냉장계를 작동시키기 위해 전기 에너지가 들어와 더해지기 때문이다. 얼음 상자를 열어 놓는다면, 공기 속 에너지는 얼음으로 들어가, 온도를 높이고 얼음을 녹일 것이다. 공기로부터의 에너지 전달은 공기의 온도를 떨어뜨릴 것이다. 그러므로 얼음 상자를 열어 놓는 것이 효과적일 것이다. ◀

▌**18.5** | **제2법칙의 다른 표현** An Alternative Statement of the Second Law

뜨거운 피자 조각을 식히기 위해 얼음 덩어리 위에 올려 놓는다고 가정하자. 이는 확실하게 성공할 것이다. 왜냐하면 모든 유사한 상황에서 에너지 전달은 항상 뜨거운 물체에서 차가운 물체로 일어나기 때문이다. 그런데 열역학 제1법칙 중 어떤 내용도 이 에너지 전달이 반대 방향으로 진행될 수 없다고 말하지 않는다. (뜨거운 피자 조각을 얼음 위에 놓았는데 피자가 점점 더 뜨거워진다면 얼마나 당황하겠는가!) 이렇듯 자연 현상의 방향을 결정하는 것이 제2법칙이다.

영화 필름을 거꾸로 돌려 본다면 불가능한 일련의 사건을 만들어 볼 수 있는데, 예를 들면 어떤 사람이 수영장 밖으로 솟구쳐 올라와 다이빙 발판 위에 되돌아와 서 있는 것이라든가, 사과가 땅바닥으로부터 올라와 나뭇가지에 달라붙는 것이라든가, 또는 주전자의 뜨거운 물이 활활 타오르는 불길 위에 머물러 있는데도 점점 더 차가워지는 것 등이다. 시간에 거스르는 방향인 사건이 일어나기는 불가능한데, 왜냐하면 이는 열역학 제2법칙에 어긋나기 때문이다. 실제 과정은 우리가 알고 있는 방향으로 진행한다.

제2법칙은 몇 가지 다른 방법으로 표현될 수 있지만, 이런 모든 표현은 동일하다는 것을 보일 수 있다. 어느 형태를 사용할지는 여러분이 마음에 두고 있는 적용 대상에 달려 있다. 예를 들어 피자와 얼음 사이의 에너지 전달에 대해 관심을 둔다면, **제2법칙에 대한 클라우지우스 표현**(Clausius statement of the second law)을 사용하는 것이다.

▶ **열역학 제2법칙; 클라우지우스 표현**

> 열 에너지는 차가운 물체에서 뜨거운 물체로 자발적으로 흐르지 않는다.

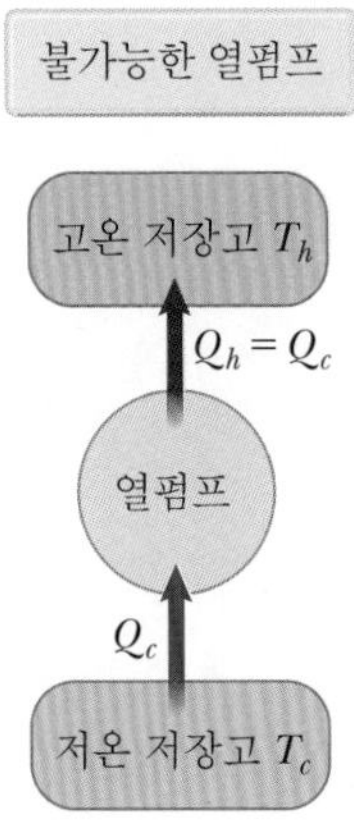

그림 18.8에서 보는 열펌프는 제2법칙에 대한 이 표현을 어기고 있다. 일을 해주지도 않았는데 에너지가 저온 저장고에서 고온 저장고로 전달되고 있는 것이다. 처음 언뜻 보기에는, 제2법칙에 대한 이 표현이 18.1절의 것과 근본적으로 다른 것처럼 보이지만, 그 둘은 사실 모든 점에서 동일하다. 이것을 여기서 증명하지는 않겠지만, 제2법칙에 대한 두 표현 중 어느 하나가 거짓이라면, 다른 쪽도 거짓이라는 것을 보일 수 있다.

그림 18.8 실현이 불가능한 열펌프 또는 냉장고의 개략도. 이것은 일로서 에너지 공급을 받지 않고도 저온 저장고에 있는 에너지를 받아서 똑같은 양의 에너지를 고온 저장고로 보내는 것이다.

▌**18.6** | **엔트로피** Entropy

열역학 제0법칙은 온도의 개념에 관한 것이고, 제1법칙은 내부 에너지의 개념에 관한 것이다. 온도와 내부 에너지는 모두 상태 변수이다. 즉 이것은 계의 열역학 상태를 나타내기 위해 사용될 수 있다. 또 다른 상태 변수로는―이것은 열역학 제2법칙에 관련된 것으로서―**엔트로피**(entropy) S가 있다. 이 절에서는 1865년에 독일의 물리학자 클라우지우스(Rudolf Clausius, 1822~1888)가 처음으로 정의한 대로 거시적인 척도에서의 엔트로피를 정의한다.

카르노 기관을 묘사한 식 18.3을 다음과 같이 다시 쓸 수 있다.

$$\frac{|Q_c|}{T_c} = \frac{|Q_h|}{T_h}$$

그러므로 카르노 순환 과정에서 열의 형태로 에너지 전달이 일어나는 과정의 (일정한) 온도에 대한 에너지 전달의 비율은 두 등온 과정에서 동일하다. 이런 논의를 보다 일반적인 열적 과정에 관해 일반화하기 위해 절댓값 기호를 없애고 원래 부호를 되살려 보자. 여기서 Q_c는 기체계를 떠나는 에너지를 나타내므로 음수이다. 그러므로 등식을 유지하기 위해 다음과 같이 음의 부호를 명시적으로 쓸 필요가 있다.

$$-\frac{Q_c}{T_c} = \frac{Q_h}{T_h}$$

또한 이 식은 다음과 같이 쓸 수 있다.

$$\frac{Q_h}{T_h} + \frac{Q_c}{T_c} = 0 \quad \rightarrow \quad \sum \frac{Q}{T} = 0 \qquad \textbf{18.7}$$

이 식을 만들어 내는 데 있어서 특정 카르노 순환 과정을 언급하지 않았으므로, 이 식은 모든 카르노 순환 과정에 대해 성립해야 한다. 더욱이 일반적인 가역 순환 과정을 일련의 카르노 순환 과정으로 어림잡음으로써, 이 식이 **어떤** 가역 순환 과정에 대해서도 성립한다는 것을 보일 수 있는데, 이것은 비율 Q/T가 어떤 특별한 중요성을 띠고 있다는 것을 암시한다. 다음의 논의에서 언급하듯이, 이것은 정말 중요한 의미를 갖는다.

두 평형 상태 사이에서 매우 짧은 과정을 거치는 계를 생각해 보자. 이 계가 두 상태 사이를 잇는 가역 경로를 따라갈 때, 계로의 열 전달이 dQ_r이라면, **엔트로피 변화**(change in entropy)를 실제 따라간 경로에 상관없이 가역 경로를 거치며 전달된 열을 계의 절대 온도로 나눈 값으로 정의한다.

$$\boxed{dS = \frac{dQ_r}{T}} \qquad \textbf{18.8}$$

▶ 매우 짧은 과정에 대한 엔트로피 변화

기호 dQ_r에 붙어 있는 아래 첨자 r은 열이 가역 경로를 따라 결정되어야 한다는 것을 상기시키는 것인데, 실제로 계가 어떤 비가역 과정을 거치더라도 그렇게 해야 한다. 그러므로 어떤 비가역 과정의 엔트로피 변화를 계산하기 위해, 비가역 과정과 동일한 처음 및 나중 상태를 가진 가역 과정으로 비가역 과정을 대체해서 모형화해야 한다. 이 경우 이 모형은 실제 과정에 전혀 근접하지 않을 수 있지만, 엔트로피는 상태 변수이며 엔트로피 변화는 오직 처음과 나중 상태에만 의존하기 때문에 이는 관심사가 아니다. 유일하게 필요한 것은, 이 모형 과정이 처음 및 나중 상태를 가역적으로 연결해야 한다는 것이다.

계가 에너지를 흡수할 때, dQ_r은 양이며 따라서 엔트로피는 증가한다. 계가 에너지를 내보낼 때, dQ_r은 음이며 엔트로피는 감소한다. 식 18.8은 엔트로피가 아니라 엔트로피 **변화**를 정의한 것임에 유의하자. 따라서 어떤 과정을 설명하는 데에 의미 있는

> **오류 피하기 | 18.3**
> **엔트로피는 추상적이다** 엔트로피는 물리학에서 가장 추상적인 개념 중 하나이며, 그래서 이 절과 다음 절에서 매우 조심스러운 논의가 따를 것이다. 에너지와 엔트로피를 혼동하지 않도록 유의하자. 이름은 비슷하지만 이 둘은 아주 다르다.

그림 18.9 두 주사위를 던질 경우, 서로 다른 두 가지 미시 상태. 이들은 값이 (a) 4와 (b) 6인 두 거시 상태에 대응한다.

그림 18.10 두 주사위의 거시 상태 값이 (a) 7과 (b) 2일 때 가능한 미시 상태. 7의 거시 상태가 더 확률이 큰데, 왜냐하면 그것을 얻는 방법의 수가 더 많기 때문이다. 2보다 7에 더 많은 미시 상태가 결부되어 있다.

것은 엔트로피 **변화**이다.

식 18.8은 엔트로피 변화에 대한 수학적인 표현이지만, 엔트로피가 무엇을 의미하는지에 대해서는 제대로 이해할 수 없다. 이 절과 다음 몇몇 절에서 엔트로피의 다양한 모습을 탐구할 예정이며, 이로부터 엔트로피에 대한 개념적 이해를 얻을 수 있다.

엔트로피의 근원은 열역학에서 찾아볼 수 있지만, **통계 역학** 분야가 발전하면서 중요성이 엄청나게 커졌는데, 왜냐하면 이 분석법이 엔트로피를 해석하는 대체적 방법을 제공했기 때문이다. 통계 역학에서는 많은 원자와 분자의 통계적인 거동으로 물질의 거동을 설명한다. 16장에서 공부한 기체 운동론은 통계 역학적 접근법에 대한 매우 좋은 예이다. 이 논법의 주요한 결과로서 그 원리는, 고립계는 무질서로 가려는 경향이 있으며 엔트로피는 이 무질서의 척도라는 것이다.

이 개념을 이해하기 위해, 한 계에 대한 **미시 상태**(microstates)와 **거시 상태**(macrostates) 사이의 구분을 지어보자. 이를 위해 열역학과는 거리가 먼 예로, 카지노의 크랩스 게임(주사위 두 개로 하는 게임) 탁자에서 주사위 던지기를 들 수 있다. 두 주사위에 대해, 하나의 **미시 상태**는 위를 향하는 주사위 면 위 숫자의 특수 조합이다. 예를 들어 1-3과 2-4는 서로 다른 두 가지 미시 상태이다(그림 18.9). **거시 상태**는 숫자들의 합이다. 그러므로 그림 18.9에 있는 두 예의 거시 상태는 4와 6이다. 바로 여기에, 엔트로피를 이해하는 데 필요한 중심 개념이 있다. 어떤 주어진 거시 상태와 결부된 미시 상태의 수는 모든 거시 상태에 대해 같지 않으며, 가장 확률이 큰 거시 상태는 가능한 미시 상태가 가장 많은 상태이다. 주사위 한 짝에 대해 7의 거시 상태는 여섯 개의 가능한 미시 상태를 가지고 있다. 1-6, 2-5, 3-4, 4-3, 5-2, 6-1(그림 18.10a). 2의 거시 상태에 대해서는 가능한 미시 상태가 오로지 하나만 있을 뿐이다. 즉 1-1(그림 18.10b)이다. 그러므로 7의 거시 상태는 2의 거시 상태에 비해 여섯 배나 많은 미시 상태를 가지고 있으며, 따라서 일어날 확률도 여섯 배이다. 사실 7의 거시 상태는 두 주사위에 대해 가장 확률이 큰 거시 상태이다. 크랩스 게임은 여러 가지 거시 상태에 대한 확률을 중심으로 형성된다.

낮은 확률의 거시 상태 2를 생각해 보자. 이를 얻는 **유일한** 방법은 각 주사위가 숫자 1을 보이는 것이다. 이 거시 상태를 일컬어 높은 정도의 **질서**를 가지고 있다고 한다. 이 거시 상태가 존재하기 위해서는 반드시 각 주사위의 숫자가 1이어야 한다. 7의 거시 상태에 대한 가능한 미시 상태를 고려할 때에는, 가능한 경우가 여섯 가지이다. 이 거시 상태는 더 **무질서**한데, 왜냐하면 여러 가지 미시 상태가 결과적으로 동일한 거시 상태를 갖기 때문이다. 이와 같이 결론적으로 높은 확률의 거시 상태는 무질서한 거시 상태이며 낮은 확률의 거시 상태는 질서 있는 거시 상태이다.

더욱 물리적인 예로서, 방 안의 공기 분자를 생각해 보자. 두 가지 가능한 거시 상태를 비교해 보자. 거시 상태 1은 산소와 질소 분자가 방 전체에 골고루 섞여 있는 상태이다. 거시 상태 2는 산소 분자는 방 앞쪽 반에 있고 질소 분자는 방 뒤쪽 반에 있는 상태이다. 일상적인 경험에 비춰볼 때, 거시 상태 2가 존재할 확률은 **극도로** 낮다. 다른 한편, 거시 상태 1은 정상적으로 기대할 수 있다. 이 경험을 미시 상태와 관련지어

보자. 여기서 이들 미시 상태는 각 유형의 분자들의 가능한 위치에 해당한다. 거시 상태 2가 존재하려면, 산소 분자는 모두 방의 한쪽에, 질소 분자는 모두 다른 쪽에 있어야 할 텐데, 이것은 매우 정렬되어 있고 확률이 낮은 상황이다. 이것이 일어날 확률은 매우 작다. 거시 상태 1이 존재하기 위해서는 두 유형의 분자들이 단지 방 안에 골고루 분포되어 있기만 하면 되는데, 이는 매우 낮은 수준의 질서이며 확률이 높은 상황이다. 그러므로 일반적으로 알고 있는 바와 같이 섞인 상태는 분리된 상태보다 확률이 훨씬 높다.

이제 고립계는 무질서로 가는 경향이 있다는 개념을 고찰해 보자. 무질서로 향하는 이 경향의 원인은 쉽게 알 수 있다. 그 계의 모든 미시 상태의 확률은 동일하다고 가정하자. 그러나 미시 상태와 결부된 가능한 거시 상태를 조사할 때, 정렬된 거시 상태와 결부된 몇 개 안 되는 미시 상태보다, 무질서한 거시 상태와 결부된 미시 상태가 훨씬 더 많다. 각 미시 상태의 확률은 동일하므로, 실제 거시 상태는 매우 무질서한 거시 상태일 것인데, 그것은 단지 더 많은 미시 상태가 존재하기 때문이다.

물리계에서는 예로 든 주사위 짝에서와 같이, 두 물체의 미시 상태에 관해서는 이야기하지 않으며 아보가드로수 정도의 크기를 갖는 수에 대해 이야기한다. 아보가드로수의 주사위를 던진다고 상상한다면, 크랩스 게임은 무의미할 것이다. 위로 향한 주사위 면의 숫자를 모두 더해야만 그 결과를 제대로 예견할 수 있을텐데, 왜냐하면 우리는 엄청난 수의 주사위들의 통계를 다루고 있기 때문이다. (주사위 면의 숫자를 1초에 한 번씩 더한다면, 한 번 던진 결과에 대한 표를 작성하는 데 1경 9000조 년 이상이 필요할 것이다!) 우리는 아보가드로수의 분자를 다루는 이런 종류의 통계에 직면한다. 이런 계의 거시 상태는 잘 예측될 수 있다. 어떤 계가 확률이 매우 낮은 상태에서 출발하더라도(예: 질소와 산소 분자가 방 안에서 어떤 막으로 나뉘어 있는데, 그 막에 구멍을 냄), 그 계는 확률이 높은 상태로 급속히 변한다(분자들은 급속히 방 전체에 골고루 섞인다).

이제 이것을 물리적 과정에 대한 하나의 일반 원리로 제시할 수 있다. 모든 물리 과정은 계와 주위 환경에 대한 거시 상태 중 확률이 더 높은 상태로 가려는 경향이 있다. 확률이 더 높은 거시 상태는 항상 더 무질서한 상태이다.

▶ **퀴즈 18.4** **(a)** 놀이 카드 한 벌에서 무작위로 카드 네 장을 뽑아, 결국 2점짜리 네 장을 갖는 거시 상태가 됐다고 가정하자. 이 거시 상태와 결부된 미시 상태의 수는 몇 개인가? **(b)** 카드 두 장을 뽑아 결국에 에이스 두 장을 갖는 거시 상태가 됐다고 가정하자. 이 거시 상태와 결부된 미시 상태의 수는 몇 개인가?

이 모든 것은 주사위와 상태들이 엔트로피와 무슨 관계가 있다고 말하고 있는가? 이 물음에 대답하기 위해, 엔트로피가 어떤 상태의 무질서의 척도임을 보일 수 있다. 그런 다음, 이 개념을 이용해서 열역학 제2법칙에 대해 새롭게 서술할 것이다.

앞에서 봤듯이, 거시적인 개념인 열과 온도를 이용해서 엔트로피 변화를 정의할 수 있다. 엔트로피는 또한 분자 운동의 통계적인 분석을 통해 미시적인 관점에서 취급할 수 있다. 어떤 주어진 거시 상태와 결부된 미시 상태의 수와 엔트로피 사이를 연결지어 다음과 같이 표현할 수 있다.[7]

▶ 엔트로피 (미시적 정의)

$$S \equiv k_\text{B} \ln W$$

18.9

여기서 W는 엔트로피가 S인 거시 상태와 결부된 미시 상태의 수이다.

더 큰 확률의 거시 상태는 더 많은 수의 미시 상태를 가지고 있으며, 더 많은 수의 미시 상태는 더 큰 무질서와 결부되어 있기 때문에, 식 18.9는 엔트로피가 미시적 무질서의 척도라고 말하고 있다.

▶ 생각하는 물리 18.2

여러분에게 공깃돌 100개가 들어 있는 자루가 있다고 하자. 그 공깃돌 중 50개는 빨간색이고 50개는 초록색이다. 다음 규칙에 따라 여러분은 자루에서 공깃돌 네 개를 꺼낸다. 공깃돌 하나를 꺼내 색깔을 기록한 다음, 도로 주머니에 넣는다. 그 주머니를 흔든 다음, 또 하나의 공깃돌을 빼낸다. 네 개의 공깃돌을 꺼내고 도로 넣을 때까지, 이 과정을 계속한다. 이런 사건에 대해 가능한 거시 상태는 무엇인가? 가장 확률이 높은 거시 상태는 무엇인가? 가장 확률이 낮은 거시 상태는 무엇인가?

추론 각 공깃돌을 다음 공깃돌을 꺼내기 전에 주머니에 되돌려 놓기 때문에, 그리고 그 주머니를 흔들기 때문에, 빨간 공깃돌을 꺼낼 확률은 항상 초록 공깃돌을 꺼낼 확률과 같다. 가능한 모든 미시 상태와 거시 상태를 표 18.1에서 볼 수 있다. 이 표에서 보는 바와 같이, 빨간 공깃돌 네 개의 거시 상태를 꺼내는 방법은 오직 하나뿐이며, 따라서 오직 하나의 미시 상태가 있을 뿐이다. 그러나 초록 공깃돌 하나와 빨간 공깃돌 세 개인 거시 상태에 해당하는 가능한 미시 상태는 네 개, 초록 공깃돌 두 개와 빨간 공깃돌 두 개에 해당하는 미시 상태는 여섯 개, 초록 공깃돌 세 개와 빨간 공깃돌 한 개에 해당하는 미시 상태는 네 개, 초록 공깃돌 네 개에 해당하는 미시 상태는 한 개가 있다. 가장 확률이 높고 가장 무질서한 거시 상태는—빨간 공깃돌 두 개와 초록 공깃돌 두 개—가장 많은 미시 상태에 해당한다. 가장 확률이 낮고 가장 질서 있는 거시 상태는—빨간 공깃돌 네 개 또는 초록 공깃돌 네 개—가장 적은 미시 상태에 해당한다. ◀

표 18.1 | 주머니에서 공깃돌 네 개를 꺼낼 때 가능한 결과

거시 상태	가능한 미시 상태	전체 미시 상태 수
모두 R	RRRR	1
1G, 3R	RRRG, RRGR, RGRR, GRRR	4
2G, 2R	RRGG, RGRG, GRRG, RGGR, GRGR, GGRR	6
3G, 1R	GGGR, GGRG, GRGG, RGGG	4
모두 G	GGGG	1

◀ **18.7** | 엔트로피와 열역학 제2법칙
Entropy and the Second Law of Thermodynamics

엔트로피가 무질서의 척도이며 물리계가 무질서한 거시 상태로 가는 경향이 있기 때문에, **열역학 제2법칙을 엔트로피로 표현**하는 또 다른 방법이 있다.

---

[7] 유도 과정은 다음을 참고한다. Chapter 22 of R. A. Serway and J. W. Jewett Jr., *Physics for Scientists and Engineers*, 8th ed. (Belmont, CA: Brooks-Cole, 2010).

우주의 엔트로피는 모든 실제 과정에서 증가한다.

▶ 열역학 제2법칙; 엔트로피 표현

어떤 유한한 과정에서의 엔트로피 변화를 계산하기 위해, 일반적으로 T가 일정하지 않음을 알아야 한다. 계의 온도가 T일 때 가역적으로 전달된 열 에너지가 dQ_r라면, 처음 상태와 나중 상태 사이의 임의의 가역 과정에서 엔트로피 변화는 다음과 같다.

$$\Delta S = \int_i^f dS = \int_i^f \frac{dQ_r}{T} \quad \text{(가역 과정)} \qquad \textbf{18.10}$$

▶ 유한한 과정에서의 엔트로피 변화

계의 엔트로피 변화는 오로지 처음 및 나중의 평형 상태의 특성에만 의존하는데, 왜냐하면 엔트로피는 내부 에너지처럼 상태 변수이기 때문이며, 이는 무질서에 대한 엔트로피의 관계와도 모순이 없다. 어떤 계의 한 거시 상태에 대해 무질서한 정도가 존재하고, 그것은 W(식 18.9)로 측정되며 이것은 거시 상태에 해당하는 미시 상태의 수이다. 이 수는 계가 한 상태에서 다른 상태로 갈 때의 경로에 의존하지 않는다.

어떤 가역 단열 과정의 경우, 계와 주위 환경 사이에 열 에너지 전달은 없으며, 따라서 $\Delta S = 0$이다. 엔트로피 변화가 없기 때문에, 이런 과정은 종종 **등엔트로피 과정**(isentropic process)으로 언급된다.

온도 T_c와 T_h 사이에서 작동하는 카르노 기관에서의 엔트로피 변화를 생각해 보자. 식 18.7은 카르노 순환 과정에 대해 다음이 성립함을 보인다.

$$\Delta S = 0$$

이제 어떤 계가 임의의 가역 순환 과정으로 작동한다고 하자. 엔트로피는 상태 변수이기 때문에—따라서 평형 상태의 성질에만 의존하므로—**모든** 가역 순환 과정에 대해서도 $\Delta S = 0$이라고 할 수 있다. 일반적으로 이런 조건을 수학적인 식으로 나타내면 다음과 같다.

$$\oint \frac{dQ_r}{T} = 0 \qquad \textbf{18.11}$$

여기서 적분 기호 $\oint$는 **닫힌** 경로를 따라 적분함을 나타낸다.

▌ **퀴즈 18.5** 다음 중 가역 단열 과정을 거치는 어떤 계의 엔트로피 변화에 대해 참인 것을 고르라. **(a)** $\Delta S < 0$ **(b)** $\Delta S = 0$ **(c)** $\Delta S > 0$

▌ **퀴즈 18.6** 어떤 이상 기체의 온도가 처음 T_i에서 더 높은 나중 온도 T_f로 되는데, PV 도표에서 동일한 점에서 출발해서 서로 다른 두 가역 경로를 따라 진행한다고 하자. 경로 A에서는 압력이 일정하고, 경로 B에서는 부피가 일정하다. 이 두 경로에 대해 기체의 엔트로피 변화는 어떤 관계를 가지는가? **(a)** $\Delta S_A > \Delta S_B$ **(b)** $\Delta S_A = \Delta S_B$ **(c)** $\Delta S_A < \Delta S_B$

종종 발생하는 한 가지 논제는 열역학 제2법칙과 인류 진화 간의 관계에 대한 것이다. 인체는 단순 유기체로부터 진화 과정을 통해 생겨난 고도로 조직화된 체계이다. 일부 사람들은 지구 상에서의 인류 진화와 결부된 질서의 증가가 열역학 제2법칙에 모순된다고 주장한다.

BIO **열역학 제2법칙과 진화**

이런 주장을 반박할 한 가지 주장은, 전체 계가 열역학 제2법칙을 따르는 한, 국소적인 질서 증가는 열역학 제2법칙에 위배되지 않는다는 것이다. 전체 계에 대한 질서를 언급하기 위해서는 계 내부의 **모든** 에너지를 파악하고 있어야만 한다. 예를 들어 질서 정연한 육각형 눈송이는 공기 중에서 무작위로 움직이는 물 분자로부터 자발적으로 형성된다. 이는 국소적인 질서의 증가이지만, 우주에 대한 질서의 증가를 나타내지는 않는다. 물이 얼어 눈송이가 될 때, 에너지는 어느 물로부터 공기 중으로 방출된다. 이 에너지는 어디로 갔을까? 내부 에너지가 그런 경향이 있듯이, 이 에너지가 퍼져 나가리라는 사실은 무질서의 증가를 나타낸다. 이 에너지를 정확히 추적하기는 불가능하지만, 이 에너지와 다른 눈송이로부터의 에너지는 눈송이의 질서에 대응되는 무질서를 어딘가에 발생시킬 것이다.

진화의 논쟁에서 또 하나 놓친 것은, 지구는 고립계가 아니기에 지구의 엔트로피가 항상 저절로 증가하지는 않는다. 지구는 비고립계이므로 지구와 환경을 고려해야만 한다. 막대한 양의 에너지가 태양으로부터 지구에 지속적으로 도달하고 있기 때문에 지구 상에서는 종종 엔트로피가 자발적으로 감소한다.

에너지가 계로 유입될 때는 언제든지 질서의 증가가 가능하다. 바닥에 무작위로 놓여 있는 아이들의 장난감 블록 집합을 상상해 보자. 블록이 고립계라면 블록은 스스로 질서 정연한 무더기를 형성하지 못한다. 이제 고립계라는 필요 조건을 풀어보자. 한 사람을 계의 경계 너머로 들여 보내, 블록을 쌓도록 한다. 사람이 블록에 한 일에 의해 에너지가 계로 유입되었고, 계는 이전보다 잘 정돈되었다.

진화 과정은 보다 상위의, 보다 복잡한 규모에서 일어나는 눈송이 형성이나 블록 쌓기의 한 형태이다. 태양으로부터 지구에 유입되는 막대한 양의 에너지 때문에 국소적인 질서 증가(예를 들어 인류 진화)는 열역학 제2법칙에 위배되지 않고 발생할 수 있다. 태양에서의 핵융합 과정으로 나타나는 무질서의 증가와 우주로의 막대한 에너지 방출은 진화하면서 감소될 수 있는 것보다 훨씬 더 빠른 비율로 우주의 엔트로피를 증가시킨다.

열역학 제2법칙은 작고 뜨거운 것(빅뱅)이 크고 차가운 것(현재 우주)이 될 것을 예견한다. 엄청난 수의 은하를 포함하며 팽창하는 우주 중에서 겨우 한 은하 안에 있는 아주 작은 행성에서의 조직화된 생명체 진화를 생각해 볼 때, 열역학 제2법칙은 위배될 위험성이 전혀 없다.

> ### 생각하는 물리 18.3

어떤 상자 안에 기체 분자 다섯 개가 있는데, 상자 전체에 퍼져 있다. 어떤 순간에, 다섯 개 모두가 상자의 한쪽 반에 있는데, 이는 매우 고도로 질서 있는 상황이다. 이 상황은 열역학 제2법칙을 어기고 있는가? 제2법칙은 이 계에 대해서도 유효한가?

추론 엄격히 말해서, 이 상황은 열역학 제2법칙을 어기고 있다. 그러나 두 번째 물음에 답하자면, 제2법칙은 작은 수의 입자에 대해서는 유효하지 않다. 제2법칙은 엄청난 수의 입자에 바탕을 두고 있으며, 이때 무질서한 상태가 질서 있는 상태보다 천문학적으로 더 높은 확률을 가지고 있다. 거시 세계는 이런 거대한 수의 입자로 이루어져 있기 때문에 제2법칙은 유효한데, 이는 실제 과정이 질서에서 무질서로 진행하는 것과 같다. 다섯 개의 분자계에서 제2법칙의 일반 적인 개념은 다음과 같은 점에서 유효하다. 질서 있는 상태보다 무질서한 상태가 더 많지만 질서 있는 상태의 확률이 비교적 높게 되는 경우가 종종 있다. ◀

┃ 예제 18.3 | 녹는 과정에서 엔트로피 변화

융해열이 L_f인 어떤 고체가 온도 T_m에서 녹는다. 이 물질의 질량 m이 녹을 때 엔트로피의 변화를 구하라.

풀이

개념화 이 물질을 따뜻한 곳에 놓아서 에너지가 열의 형태로 물질로 들어간다고 생각해 보자. 이 과정은 차가운 곳에 이 물질을 놓아서 이 물질로부터 열 에너지가 빠져나갈 수 있기 때문에 가역 과정이다. 녹는 물질의 질량 m은 Δm과 같으며, 이는 높은 상(액체) 물질의 질량 변화이다.

분류 어떤 물질이 녹는 것은 일정한 온도에서 일어나므로, 이 과정은 등온 과정이다.

분석 온도가 일정하다는 것을 명심하고 식 17.6과 18.10을 이용한다.

$$\Delta S = \int \frac{dQ_r}{T} = \frac{1}{T_m} \int dQ_r = \frac{Q_r}{T_m} = \frac{L_f \Delta m}{T_m} = \boxed{\frac{L_f m}{T_m}}$$

결론 Δm이 양(+)이므로 ΔS는 양의 값인데, 이것은 에너지가 얼음에 공급된다는 것을 나타낸다.

문제 식 18.10을 얻지 못해서 엔트로피 변화를 구할 수 없다고 가정해 보자. 엔트로피의 통계 역학적인 표현만 가지고 어떻게 엔트로피 변화가 양(+)의 값을 가져야만 한다고 주장할 수 있는가?

답 분자는 고체 상태에 있을 때보다 액체 상태에 있을 때 훨씬 더 무질서해지기 때문에, 고체가 녹을 때 엔트로피는 증가한다. ΔS의 값이 양이라고 하는 것은 그 물체가 액체 상태에서 자발적으로 에너지를 외부로 내보내 얼지 않는다는 것을 의미한다. 왜냐하면 자발적으로 언다면, 자발적으로 질서도가 증가해서 엔트로피가 감소하는 것을 의미하기 때문이다.

┃ **18.8** | 비가역 과정에서의 엔트로피 변화
Entropy Changes in Irreversible Processes

이제까지 처음과 나중의 평형 상태를 잇는 가역 경로에 대한 정보를 이용해서, 엔트로피 변화를 계산해 왔다. 다음과 같은 방법으로 비가역 과정에 대한 엔트로피 변화를 계산할 수 있는데, 그것은 주어진 것과 동일한 두 평형 상태 사이에 가역 과정을 (또는 일련의 가역 과정을) 가정하고 그 가역 과정에 대해 $\int dQ_r/T$을 계산하는 것이다. 즉 두 평형 상태 사이의 비가역 과정에서, 실제 전달된 에너지 Q와 이 두 상태 사이에 가역 과정을 가정했을 때, 열의 형태로 전달된 에너지인 Q_r 사이를 구분하는 것이 매우 중요하다. 엔트로피 변화는 Q_r에 의해 결정된다. 예를 들면 앞으로 보겠지만, 만약 어떤 이상 기체가 진공 속으로 단열 팽창한다면, $Q = 0$이지만 $\Delta S \neq 0$인데, 왜냐하면 $Q_r \neq 0$이기 때문이다. 두 상태 사이에 이와 동일한 가역 경로는 가역 등온 팽창이며, 그 결과는 $\Delta S > 0$이다.

앞 절의 열역학 제2법칙의 표현에서 우주 전체의 엔트로피가 증가함을 설명했다.

또한 우주의 부분부분에 대한 열역학 제2법칙을 살펴볼 수 있다. 먼저 고립계를 고려하자. 변하는 고립계의 엔트로피는 감소할 수 없음을 알게 된다. 만약 그 과정이 대부분의 실제 과정에서와 같이 계 내에서 비가역적이라면 계의 엔트로피는 증가한다. 다른 한편, 가역 단열 과정에서 고립계의 전체 엔트로피는 일정하게 유지된다.

주위와 고립되어 있지 않고 상호 작용하는 물체를 다룰 때에는, 계와 주위 환경의 엔트로피 변화를 동시에 고려해야 한다. 두 물체가 어떤 비가역 과정에서 상호 작용할 때, 우주의 한 부분의 엔트로피 증가는 나머지 부분의 엔트로피 감소보다 크다. 따라서 우주의 엔트로피 변화는 비가역 과정에서는 영보다 크고 가역 과정에서는 영이라고 결론을 내릴 수 있다. 궁극적으로 우주의 엔트로피는 어떤 최댓값에 도달할 것이다. 이 점에서 우주의 온도와 밀도는 균일한 상태에 있게 된다. 완전히 무질서한 상태는 일을 하기 위한 에너지가 없음을 의미하므로 모든 물리, 화학, 생물학적인 과정들은 이때 중지될 것이다. 이런 암울한 상황을 우주의 열죽음이라고 한다.

▶ **퀴즈 18.7 참 또는 거짓:** 단열 과정에서 $Q = 0$이므로 엔트로피의 변화는 영이다.

▶ **생각하는 물리 18.4**

제2법칙의 엔트로피 표현에 따르면, 우주의 엔트로피는 비가역 과정에서 증가한다. 이 표현은 제2법칙에 대한 켈빈–플랑크 및 클라우지우스 표현과 상당히 달라 보인다. 이 두 표현을 제2법칙에 대한 엔트로피 해석과 일관성 있게 만들 수 있는가?

추론 이들 세 표현은 일치한다. 켈빈–플랑크 표현에서, 저장고 안의 에너지는 분자의 마구잡이 운동에 의한 무질서한 내부 에너지이다. 피스톤을 밀어 위치 변화를 주는 것과 같은 일을 하면 질서 있는 에너지가 초래된다. 이 경우, 피스톤의 모든 분자의 운동은 같은 방향을 향하고 있다. 열기관이 열 에너지를 흡수해서 동일한 양의 일을 한다면, 이는 무질서를 질서로 변환시킨 꼴이며, 엔트로피 표현에 어긋난다. 클라우지우스 표현은 높은 온도의 뜨거운 물체와 낮은 온도의 차가운 물체로 이루어진 질서 있는 계로부터 출발한다. 이 온도의 분리는 질서의 한 예이다. 에너지가 자발적으로 차가운 물체에서 뜨거운 물체로 전달되어 두 온도차가 한층 더 벌어지는 것은 질서의 증가이며, 이는 엔트로피 표현에 어긋난다. ◀

기체를 진공과 분리하는 막이 찢어지면, 기체는 전체 부피로 비가역적으로 자유롭게 팽창할 것이다.

단열벽

진공

분리막

부피 V_i에 있는 온도가 T_i인 기체

그림 18.11 기체의 단열 자유 팽창. 용기는 주위 환경과 열적으로 단열되어 있다. 따라서 $Q = 0$이다.

자유 팽창에서 엔트로피 변화 Entropy Changes in a Free Expansion

단열 용기 안의 이상 기체가 처음에 부피 V_i를 차지하고 있다(그림 18.11). 진공 영역으로부터 기체를 분리하는 막이 찢어지면 기체가 부피 V_f로 (비가역적으로) 팽창한다. 기체와 우주의 엔트로피 변화를 알아보자.

이 과정은 가역적이지도 않고 준정적도 아니다. 기체에 한 일은 영이며, 단열벽으로 되어 있기 때문에, 팽창하는 동안 열 에너지 전달은 없다. 즉 $W = 0$이고 $Q = 0$이다.

제1법칙으로부터 내부 에너지 변화 ΔE_{int}는 0임을 알 수 있다. 그러므로 $E_{int,i} = E_{int,f}$이다. 기체가 이상 기체이기 때문에, E_{int}는 오직 온도에만 의존하며, 그래서 $T_i = T_f$라고 결론짓는다.

식 18.10을 적용하려면 Q_r을 알아야 한다. 즉 처음과 나중 상태가 같은 등가 가역 경로를 찾아야 한다. 간단한 예는 기체가 천천히 피스톤을 미는 등온 가역 팽창이다. 이 과정에서 T가 일정하기 때문에 식 18.10으로부터 다음을 얻을 수 있다.

$$\Delta S = \int \frac{dQ_r}{T} = \frac{1}{T} \int_i^f dQ_r$$

등온 과정을 고찰하고 있기 때문에, $\Delta E_{int} = 0$이며, 따라서 열역학 제1법칙으로부터 알 수 있는 것은, 들어온 열 에너지는 기체에 한 일의 음의 값, 즉 $dQ_r = -dW = P\,dV$와 같다. 이 결과를 이용해서 다음을 알 수 있다.

$$\Delta S = \frac{1}{T} \int dQ_r = \frac{1}{T} \int P\,dV = \frac{1}{T} \int \frac{nRT}{V} dV = nR \int_{V_i}^{V_f} \frac{dV}{V}$$

$$\Delta S = nR \ln\left(\frac{V_f}{V_i}\right) \qquad\qquad \textbf{18.12}$$

$V_f > V_i$이기 때문에, ΔS가 양이 됨을 알 수 있으며, 따라서 엔트로피와 기체(그리고 우주)의 무질서는 모두 비가역 단열 팽창의 결과로 증가한다.

▌예제 18.4 | 단열 자유 팽창: 다시 보기

엔트로피의 계산에 대한 거시적인 그리고 미시적인 접근법이 이상 기체의 단열 자유 팽창에 대해 같은 결론을 이끌어 낸다는 것을 증명해 보자. 이상 기체가 처음 부피의 네 배로 팽창한다고 가정한다. 이 과정에서 이미 봤듯이 처음 온도와 나중 온도는 같다.

(A) 거시적인 접근법을 이용해서 기체의 엔트로피 변화를 구하라.

풀이

개념화 단열 자유 팽창 이전의 계를 나타내는 그림 18.11로 되돌아가 보자. 막이 찢어져서 기체가 진공 영역으로 움직여 들어간다고 생각해 보자. 이 과정은 비가역 과정이다.

분류 이 비가역 과정은 똑같은 처음 상태와 나중 상태를 가진 가역적인 등온 과정으로 대치될 수 있다. 이 접근법은 거시적이며 따라서 부피 V와 같은 열역학적인 변수를 사용한다.

분석 식 18.12를 이용해서 엔트로피 변화를 구한다.

$$\Delta S = nR \ln\left(\frac{V_f}{V_i}\right) = nR \ln\left(\frac{4V_i}{V_i}\right) = \boxed{nR \ln 4}$$

(B) 통계적인 접근법을 이용해서 기체의 엔트로피 변화를 계산하고, 그 결과가 (A)에서 얻은 답과 일치함을 보여라.

풀이

분류 이 접근법은 미시적이므로 각 분자에 관련된 변수를 사용한다.

분석 처음 부피 V_i에 있는 단일 분자에서 가능한 미시적인 상태의 수는 $w_i = V_i/V_m$이다. 여기서 V_m은 그 분자가 차지하고 있는 미시적인 부피이다. 이것을 이용해서 N개의 분자에 대해 가능한 미시적인 상태의 수를 구한다.

$$W_i = w_i^N = \left(\frac{V_i}{V_m}\right)^N$$

N개의 분자에 대해 나중 부피 $V_f = 4V_i$ 안에 있는 가능한

미시적인 상태의 수를 구한다.

$$W_f = \left(\frac{V_f}{V_m}\right)^N = \left(\frac{4V_i}{V_m}\right)^N$$

식 18.9를 이용해서 엔트로피 변화를 구한다.

$$\Delta S = k_B \ln W_f - k_B \ln W_i = k_B \ln\left(\frac{W_f}{W_i}\right)$$
$$= k_B \ln\left(\frac{4V_i}{V_i}\right)^N = k_B \ln(4^N) = N k_B \ln 4 = \boxed{nR \ln 4}$$

결론 이 결과는 거시적인 변수를 다룬 (A)의 결과와 일치한다.

문제 (A)에서 처음 상태와 나중 상태를 연결하는 가역 등온 과정에 근거해서 식 18.12를 이용했다. 다른 가역 과정을 택해도 같은 결론을 얻을 수 있는가?

답 똑같은 결론에 도달해야 한다. 왜냐하면 엔트로피는 상태 변수이기 때문이다. 예를 들면 그림 18.12에서 두 단계로 이루어진 과정을 생각해 보자. 온도가 T_1에서 T_2로 내려가면서 부피는 V_i에서 $4V_i$가 되는 가역 단열 팽창($A \to B$)과 기체가 다시 처음 온도 T_1이 되는 가역 등적 과정($B \to C$)을 생각해 보자. 가역 단열 과정 동안에 $Q_r = 0$이므로 $\Delta S = 0$이다. 가역 등적 과정($B \to C$)에 식 18.10을 이용한다.

$$\Delta S = \int_i^f \frac{dQ_r}{T} = \int_{T_2}^{T_1} \frac{nC_V \, dT}{T} = nC_V \ln\left(\frac{T_1}{T_2}\right)$$

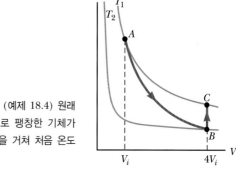

그림 18.12 (예제 18.4) 원래 부피의 네 배로 팽창한 기체가 두 단계 과정을 거쳐 처음 온도로 돌아간다.

단열 과정에 대한 식 17.26으로부터 온도 T_1에 대한 T_2의 비를 구한다.

$$\frac{T_1}{T_2} = \left(\frac{4V_i}{V_i}\right)^{\gamma-1} = (4)^{\gamma-1}$$

이 결과를 위의 식에 대입해서 ΔS를 구한다.

$$\Delta S = nC_V \ln(4)^{\gamma-1} = nC_V(\gamma - 1)\ln 4$$
$$= nC_V\left(\frac{C_P}{C_V} - 1\right)\ln 4 = n(C_P - C_V)\ln 4$$
$$= nR \ln 4$$

이와 같이 엔트로피 변화에 대해 정확히 일치하는 결과를 얻었다.

18.9 | 연결 주제: 열기관으로서의 대기
Context Connection: The Atmosphere as a Heat Engine

17장에서 지구 온도를 예견했는데, 그것은 태양으로부터 들어오는 가시광선 복사와 지구를 벗어나 밖으로 나가는 적외선 복사 사이의 에너지 균형 개념에 바탕을 두고 있다. 이 모형에 따른 지구 온도는 측정한 온도보다 훨씬 낮다. 이 불일치는 우리의 모형에 대기 효과가 포함되지 않았기 때문에 생긴 것이다. 이 절에서는 이들 효과를 얼마간 도입해서, 대기를 하나의 열기관으로 모형화할 수 있음을 보일 것이다. 〈관련 이야기 5 결론〉에서, 열역학 장들에서 배운 개념을 이용해서 지구의 올바른 온도를 예측하는 데 더욱 성공적인 모형을 만들 것이다.

태양으로부터 오는 복사에 의해 대기로 들어오는 에너지에 무슨 일이 일어나는가? 입력 에너지가 어떤 다양한 과정을 거치는가를 보임으로써, 그림 18.13은 이 물음에 대해 답하는 것을 도와준다. 입력 에너지를 100 %로 가정한다면, 17장에서 언급한 바와 같이, 그중 30 %는 반사되어 우주 공간으로 돌아간다. 이 30 % 중 공기 분자들로부터 산란되어 돌아가는 것이 6 %, 구름에서 반사되는 것이 20 %, 그리고 지구 표면에서 반사되는 것이 4 %이다. 나머지 70 %는 공기 또는 지표면에서 흡수된다. 표면에 도달하기 전에, 원래 복사의 20 %는 공기 중에서 흡수된다. 4 %는 구름에 의해, 그리고 16 %는 물, 먼지 알갱이 및 대기 중 오존에 의해 흡수된다. 대기권으로 입사하는 원래의 복사 중 50 %를 땅이 흡수한다.

땅은 지상으로 복사선을 방출하며 몇몇 과정을 거쳐 에너지를 대기로 전달한다. 처음 입사한 에너지 100 % 중, 6 %는 단순히 대기를 통과해서 우주 공간으로 되돌아간다(그림 18.13에서 오른쪽). 게다가 처음 들어온 에너지의 14 %는 땅으로부터 복사 형태로 방출된 후 물과 이산화탄소 분자에 의해 흡수된다. 표면에서 더워진 공기는 대류에 의해 위로 올라가는데, 이때 처음 에너지의 6 %를 대기 속으로 옮긴다. 물순환의 결과로 처음 에너지의 24 %는 수증기 형태로 위로 이동하다가, 수증기가 물로 응축되면 대기 속으로 방출된다.

이런 과정의 결과로 처음 에너지의 전체 64 %가 대기 중으로 흡수되며, 지표면으로부터 나온 다른 6 %는 우주 공간으로 되돌아간다. 대기는 정상 상태에 있기 때문에, 이 64 % 또한 대기로부터 우주 공간 속으로 방출된다. 이 방출은 두 유형으로 나뉜다. 첫째는 대기 중 분자로부터 나오는 적외선 복사인데, 이 분자에 속하는 것은 공기 중에 있는 수증기, 이산화탄소, 질소 및 산소 분자이며, 이 복사에 의한 에너지 방출은 처음 에너지의 38 %에 해당한다. 나머지 26 %의 방출은 구름으로부터 나오는 적외선 복사에 의한 것이다.

그림 18.13은 모든 에너지를 설명한다. 들어간 에너지 양은 나오는 에너지 양과 같으며, 그것은 17장의 〈연결 주제〉에서 사용한 전제이다. 그렇지만 앞 장에서 논의한

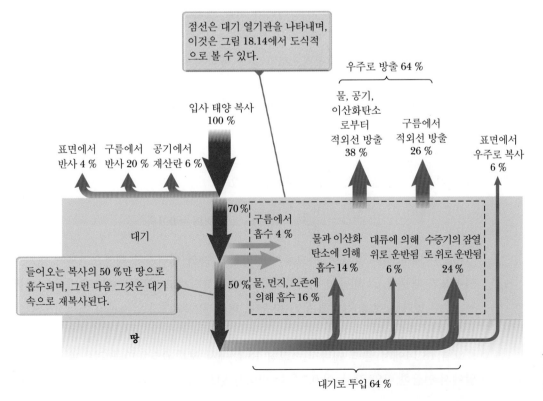

그림 18.13 태양으로부터 대기로 들어오는 에너지는 몇 가지 성분으로 나뉜다.

그림 18.14 열기관으로서 대기에 대한 개략적인 표현

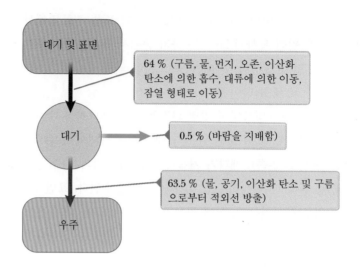

것과 다른 주요점은 대기에 의한 에너지 흡수 개념이다. 흡수 때문에 대기 중에서 열역학 과정이 일어나서, 지표면의 온도가 올라가는데, 이것은 17장에서 결정한 값보다 높다. 〈관련 이야기 5 결론〉에서 이 과정과 대기의 온도 윤곽에 관해 더 많은 것을 탐구할 것이다.

이 장을 마감하면서, 그림 18.13에 포함되지 않은 또 다른 과정에 대해 논의하자. 이 그림에서 서술된 여러 과정의 결과로 인해, 공기에 적은 양의 일을 하게 되며, 이것은 대기 곳곳에서 부는 바람의 운동 에너지로 나타난다.

처음 태양 에너지 양의 약 0.5 %가 곳곳에서 부는 바람의 운동 에너지로 변환된다. 바람을 만들어 내는 이 과정은 그림 18.13에서 보는 에너지 균형을 변화시키지 않는다. 바람의 운동 에너지는 공기 덩어리가 서로 스쳐 가면서 내부 에너지로 변환된다. 이 내부 에너지로 말미암아 대기가 우주 공간으로 방출하는 적외선 복사가 증가하며, 따라서 그 0.5 %는 단지 잠정적으로만 운동 에너지 형태로 있다가 적외선 복사로 방출되는 것이다.

대기를 하나의 열기관으로 모형화할 수 있는데, 이것은 그림 18.13에서 점선으로 표시되어 있다. 이 열기관에 대한 개략적인 그림을 그림 18.14에서 볼 수 있다. 고온 저장고는 지표면과 대기이며, 저온 저장고는 빈 우주 공간이다. 식 18.2를 이용해서 대기 기관의 효율을 다음과 같이 계산할 수 있다.

$$e = \frac{W_{\text{eng}}}{|Q_h|} = \frac{0.5\,\%}{64\,\%} = 0.008 = 0.8\,\%$$

이것은 매우 낮은 효율이다. 그렇지만 엄청난 양의 에너지가 태양으로부터 대기로 들어오기 때문에, 그 비율이 미미하더라도 아주 복잡하고 강력한 체계의 바람을 만들어 낼 수 있다는 것을 기억해 두기 바란다. 허리케인은 대기 열기관의 에너지 출력을 보여 주는 좋은 예이다.

그림 18.14에서 출력 에너지는 그림 18.13에서 보다 0.5 %만큼 적음에 주목하자. 앞에서 언급한 바와 같이, 이 0.5 %는 바람을 일으킴으로써 대기로 전달되고, 결국 대

기 중 내부 에너지로 변환되는데, 이는 마찰에 의한 것이며, 그런 다음 열 복사 형태로 우주 공간으로 복사된다. 그림에서 열기관과 대기 중 바람을 분리할 수 없는데, 이것은 대기가 열기관이며 바람은 그 대기 중에서 만들어지기 때문이다!

이제 지구 온도에 대한 퍼즐을 맞추기 위해 필요한 모든 조각을 가지고 있다. 〈관련 이야기 5 결론〉에서 이 주제를 논할 것이다.

연습문제 |

객관식

1. 냉장고가 115 kJ의 에너지를 내부로부터 전달하는 동안 18.0 kJ의 일을 한다. 이때 성능 계수는 얼마인가? (a) 3.40 (b) 2.80 (c) 8.90 (d) 6.40 (e) 5.20

2. 소형 에어컨을 단열이 잘된 아파트의 책상 위에 놓고 작동시킨다. 아파트의 평균 온도는 어떻게 되는가? (a) 증가한다. (b) 감소한다. (c) 일정하다. (d) 웜업(warm up) 때까지 증가한 후 감소한다. (e) 아파트의 처음 온도에 따라 다르다.

3. 기관이 37.0 kJ을 저온 저장고로 방출하는 동안 15.0 kJ의 일을 한다. 이 기관의 효율은 얼마인가? (a) 0.150 (b) 0.288 (c) 0.333 (d) 0.450 (e) 1.20

4. 증기 터빈이 보일러 온도 450 K와 배기 온도가 300 K에서 작동한다. 이 계의 이론적인 최대 효율은 얼마인가? (a) 0.240 (b) 0.500 (c) 0.333 (d) 0.667 (e) 0.150

5. 다음과 같은 알짜 에너지 입력과 출력에 의해 완전히 나타낼 수 있는 순환 기관을 고려하자. 각각의 경우 나열한 에너지 전달만이 유일하게 일어난다. 각각의 과정을 (a) 가능, (b) 열역학 제1법칙에 의하면 불가능, (c) 열역학 제2법칙에 의하면 불가능, (d) 열역학 제1법칙과 제2법칙 모두에 의하면 불가능으로 분류하라. (i) 입력이 5 J의 일이고 출력이 4 J의 일 (ii) 입력이 5 J의 일이고 출력이 열의 형태로 전달된 5 J의 에너지 (iii) 입력이 송전에 의해 전달된 5 J의 일이고 출력이 6 J의 일 (iv) 입력이 열의 형태로 전달된 5 J의 에너지이고 출력이 열의 형태로 전달된 5 J의 에너지 (v) 입력이 열의 형태로 전달된 5 J의 에너지이고 출력이 5 J의 일 (vi) 입력이 열의 형태로 전달된 5 J의 에너지이고 출력이 3 J의 일과 열의 형태로 전달된 2 J의 에너지 합

6. 이상 기체 시료가 상온에 있다고 가정하자. 이 시료의 엔트로피를 필연적으로 증가시키는 작용은 무엇인가? (a) 시료에 열 에너지 전달 (b) 시료에 열의 형태로 비가역적인 에너지 전달 (c) 시료에 일을 함 (d) 다른 변수는 감소시키지 않은 채 시료의 온도나 부피를 증가시킴 (e) 정답 없음

7. 계의 엔트로피 변화가 −8 J/K인 열역학 과정이 일어난다. 열역학 제2법칙에 의하면, 주위 환경의 엔트로피 변화는 (a) +8 J/K 또는 이보다 작아야 한다. (b) +8 J/K와 0 사이이어야 한다. (c) +8 J/K이어야 한다. (d) +8 J/K 또는 그 이상이어야 한다. (e) 0이어야 한다.

8. 단원자 이상 기체가 피스톤이 달린 원통 안에 있다. 이의 상태는 그림 OQ18.8의 PV 도표에 점으로 나타낸다. A에서 E까지의 화살표는 기체가 변해가는 등압, 등온, 단열, 등적 과정을 나타낸다. D를 제외한 각 과정에서 부피는 두 배 또는 절반으로 변한다. 이 다섯 과정 모두 가역적이다. 기체의 엔트로피 변화를 가장 큰 양수부터 순서대로 나열하라. 값이 같으면 동일한 순위로 둔다.

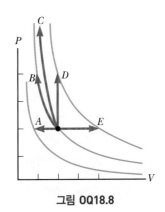

그림 OQ18.8

9. 다음 중 열역학 제2법칙에 대한 표현이 아닌 것은 어느 것인가? (a) 순환 과정에서 저장고의 에너지를 흡수해서 전부 일을 하는 데 이용하는 열기관은 없다. (b) 두 에너지 저장고 사이에서 작동하는 실제 기관은 같은 두 에너지 저장고 사이에서 작동하는 카르노 기관보다 효율이 더 좋을 수 없다. (c) 계의 상태가 변해갈 때, 내부 에너지의 변화는 계에 전달된 열과 계에 한 일의 합이다. (d) 우주의 엔트로피는 모든 자연 과정에서 증가한다. (e) 열은 차가운 물체에서 뜨거운 물체로 자발적으로 전달되지 않는다.

10. 열역학 제2법칙에 따르면 냉장고의 성능 계수는 어떠해야 하는가? (a) 1보다 작다. (b) 1보다 작거나 같다. (c) 1보다 크거나 같다. (d) 유한하다. (e) 0보다 크다.

▶ 주관식

18.1 열기관과 열역학 제2법칙

1. 어떤 열기관이 한 순환 과정 동안 고온 저장고에서 360 J의 열을 받아 25.0 J의 일을 한다. (a) 기관의 효율과 (b) 한 순환 과정 동안 저온 저장고로 방출되는 에너지를 구하라.

2. 어떤 열기관이 녹은 알루미늄(660 °C)이 담긴 도가니와 고체 수은(−38.9 °C)의 두 에너지 저장고에 연결되어 있다. 이 기관은 한 순환 과정 동안 1.00 g의 알루미늄을 응고시키고 15.0 g의 수은을 녹인다. 알루미늄의 융해열은 3.97×10^5 J/kg이고, 수은의 융해열은 1.18×10^4 J/kg이다. 이 기관의 효율은 얼마인가?

3. 어떤 열기관의 허용 출력이 5.00 kW이고 효율이 25.0 %이다. 이 기관은 한 순환 과정 동안 8.00×10^3 J의 열을 방출한다. (a) 한 순환 과정 동안 기관이 흡수한 에너지와 (b) 한 순환 과정 동안 걸리는 시간을 구하라.

18.2 가역 및 비가역 과정

18.3 카르노 기관

4. 첫 번째 열기관의 방출열이 두 번째 열기관의 입력 에너지로 공급되는 두 기관 장치를 만든다고 하자. 두 기관은 직렬로 작동한다고 한다. 두 기관의 효율을 각각 e_1과 e_2라고 하자. (a) 두 기관이 한 전체 일을 첫 번째 기관으로 흡수된 열 에너지로 나눈 값으로 정의된, 이 두 기관 장치의 전체 효율이 다음과 같이 주어짐을 보여라.

$$e = e_1 + e_2 - e_1 e_2$$

다음의 질문 (b)부터 (e)에서 두 기관을 카르노 기관이라고 가정하자. 기관 1은 온도 T_h와 T_i 사이에서 작동하고 기관 2에 있는 기체의 온도는 T_i와 T_c 사이에서 변한다. (b) 결합된 기관의 효율을 온도로 표현하라. (c) 하나보다 두 개의 기관을 사용함으로써 알짜 효율을 개선시킬 수 있는가? (d) 직렬로 연결된 두 기관이 각각 같은 일을 하려면 중간 온도 T_i는 어떤 값을 가져야 하는가? (e) 직렬로 연결된 두 기관이 각각 같은 효율을 가지려면 중간 온도 T_i는 어떤 값을 가져야 하는가?

5. 현재까지 만들어진 가장 효율이 높은 열기관은 미국의 오하이오 강 계곡에 있는 석탄을 태우는 증기 터빈인데, 430~1 870 °C 사이에서 작동한다. (a) 이론적인 최대 효율은 얼마인가? (b) 이 기관의 실제 효율은 42.0 %이다. 이 기관이 초당 고온 저장고로부터 1.40×10^5 J의 에너지를 흡수한다면, 이 기관이 전달하는 역학적인 일률은 얼마인가?

6. 어떤 발전소가 여름에 32.0 %의 효율로 작동하는데, 이때 냉각을 위해 사용한 바닷물의 온도는 20.0 °C이다. 발전소는 350 °C의 수증기를 이용해서 터빈을 돌린다. 발전소의 효율이 이상적 효율과 같은 비율로 변한다면, 바닷물의 온도가 10.0 °C인 겨울에 발전소의 효율은 얼마인가?

7. 이상 기체가 어떤 카르노 순환 과정에서 사용된다. 250 °C에서 등온 팽창하고, 50.0 °C에서 등온 압축한다. 이 기체는 등온 팽창하는 동안 1.20×10^3 J의 에너지를 고온 저장고에서 받는다. (a) 한 순환 과정 동안 저온 저장고로 방출된 에너지와 (b) 한 순환 과정 동안 기체가 한 알짜일을 구하라.

8. 아르곤이 압력이 1.50 MPa이고 온도가 800 °C인 터빈 속으로 80.0 kg/min의 비율로 들어간다. 이 기체가 터빈의 날개를 밀 때, 단열 팽창하고 300 kPa의 압력으로 배기된다. (a) 배기되는 아르곤의 온도를 계산하라. (b) 회전하는 터빈의 (최대) 일률을 계산하라. (c) 이 터빈은 닫힌 순환 과정인 기체 터빈 기관 모형의 한 부분이다. 이 기관의 최대 효율을 계산하라.

18.4 열펌프와 냉장고

9. 에너지를 외부 온도 −3.00 °C에서 실내 온도 22.0 °C로 가져오는 열펌프의 최대 성능 계수는 얼마인가? *Note*: 열펌프를 작동하는 데 한 일이 집을 따뜻하게 할 수도 있다.

10. 1993년에 미국 정부는 미국에서 판매되는 모든 실내 에어

컨의 에너지 효율비(energy efficiency ratio, EER)가 10 이상이어야 한다는 제안을 법제화했다. 에너지 효율비 EER은, Btu/h(1 Btu = 1 055 J) 단위로 잰 에어컨의 냉각 용량을, W 단위로 나타낸 에어컨의 요구 전력으로 나눈 비로 정의된다. (a) 변환식 1 Btu = 1 055 J을 이용해서, EER 값 10.0을 무차원 형태로 변환하라. (b) 이 무차원량에 대해 어떤 적절한 이름을 붙일 수 있는가? (c) 1970년대에는 실내 에어컨의 EER 값은 통상 5 이하였다. EER 값이 각각 5.00 및 10.0이고 냉각 능력은 똑같이 10 000 Btu/h인 두 에어컨에 대한 작동 비용을 비교하라. 각 에어컨은 전기료가 kWh당 17.0 센트인 도시에서, 여름에 1 500시간 동안 작동한다고 가정한다.

11. −3.00 °C ∼ +27.0 °C에서 카르노 효율로 작동하는 냉장고의 성능 계수를 구하라.

12. 효율이 35.0 %인 카르노 열기관(그림 18.1)이 반대로 작동해서 냉장고(그림 18.7)가 된다면, 냉장고의 성능 계수는 얼마가 되는가?

13. 이상적인 냉장고나 이상적인 열펌프는 반대로 작동하는 카르노 기관과 같다. 즉 저온 저장고에서 에너지 $|Q_c|$를 받아 $|Q_h|$의 에너지를 고온 저장고로 내보낸다. (a) 이런 냉장고나 열펌프를 작동시키기 위해 해야 할 일이 다음과 같음을 보여라.

$$W = \frac{T_h - T_c}{T_c} |Q_c|$$

(b) 이상적인 냉장고의 성능 계수(COP)가 다음과 같음을 보여라.

$$\text{COP} = \frac{T_c}{T_h - T_c}$$

14. 어떤 냉장고의 성능 계수는 5.00이다. 한 순환 과정 동안 저온 저장고로부터 120 J의 에너지를 받는다. (a) 한 순환 과정 동안 필요한 일과 (b) 고온 저장고로 방출되는 에너지를 구하라.

15. 그림 P18.15에서 보는 가열을 위한 열펌프는 본질적으로 에어컨인데, 반대 방향으로 설치한 것이다. 이것은 차가운 바깥 공기로부터 에너지를 빼내어 따뜻한 방 안으로 보낸다. 방으로 실제 들어가는 에너지를 장치에 딸린 전동기가 한 일로 나눈 비율이, 이론적 최대 비율의 10.0 %라고 가정하자. 실내 온도가 20.0 °C이고 바깥 온도가 −5.00 °C일 때, 이 전동기가 한 일 1 J 당 방으로 들어가는 에너지를 구하라.

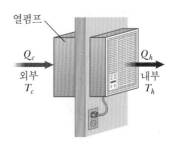

열펌프
Q_c
외부
T_c
Q_h
내부
T_h

그림 P18.15

16. 이상적인 카르노 냉장고가 4.00 K의 헬륨에서 1.00 J의 에너지를 뽑아 293 K의 실내 공기 중으로 보내는 데 필요한 일을 구하라.

18.6 엔트로피

18.7 엔트로피와 열역학 제2법칙

17. 알루미늄 막대가 725 K인 고온 저장고와 310 K인 저온 저장고 사이에 연결되어 있다. 2.50 kJ의 에너지가 열의 형태로 고온 저장고에서 저온 저장고로 전달된다. 이 비가역 과정에서 (a) 고온 저장고, (b) 저온 저장고 그리고 (c) 우주의 엔트로피 변화를 계산하라. 알루미늄 막대의 엔트로피 변화는 무시한다.

18. 250 g의 물을 20.0 °C에서 80.0 °C까지 천천히 데웠을 때, 엔트로피 변화를 계산하라. (도움말: $dQ = mcdT$임에 주목한다.)

19. (a) 다음과 같은 일을 하기 위해 표 18.1과 같은 표를 만들라. 네 개의 동전을 동시에 던져서 윗면과 아랫면이 나오는 결과를 기록한다. 예를 들어 HHTH와 HTHH는 세 개의 윗면(H)과 하나의 아랫면(T)이 나오는 두 가지 가능한 방법이다. (b) 이 표를 근거로 하면, 동전을 던졌을 때 가장 많이 나오는 것(가장 높은 확률을 가지는 결과)은 어떤 것인가? 엔트로피의 관점에서 (c) 가장 질서 있는 거시적인 상태와 (d) 가장 무질서한 거시적인 상태는 어떤 것인가?

20. 다음 과정을 이용해서 표 18.1과 같은 표를 만들라. (a) 네 개의 구슬 대신 세 개의 구슬을 꺼내는 경우 (b) 네 개의 구슬 대신 다섯 개의 구슬을 꺼내는 경우

21. 산딸기 젤리를 만드는데, 산딸기 주스 900 g에 설탕 930 g을 섞는다. 이 혼합물을 실내 온도 23.0 °C에서 출발해서, 난로 위에서 천천히 220 °F까지 가열한다. 그런 다음 이것을 가열된 항아리들에 쏟아 붓고 식힌다. 주스의 비열은 물과 동일하다고 가정한다. 설탕의 비열은 0.299 cal/g·°C이

다. 가열 과정을 생각하라. (a) 다음 중 이 과정을 설명하는
것은 어느 것인가? 단열, 등압, 등온, 등적, 순환, 가역, 등엔
트로피. (b) 혼합물이 흡수하는 에너지는 얼마인가? (c) 젤
리가 가열될 때, 그것의 최소 엔트로피 변화는 얼마인가?

22. 얼음 그릇에 0 °C인 물 500 g이 있다. 물이 0 °C에서 천천
히 얼음으로 모두 변할 때 엔트로피 변화를 계산하라.

23. 두 개의 주사위를 던져서 (a) 12와 (b) 7을 얻는 전체 방법
의 수를 구하라.

18.8 비가역 과정에서의 엔트로피 변화

24. 2.00 L 용기의 중앙에 분리막이 있어서 그림 P18.24에서
보는 바와 같이, 동일한 두 부분으로 나눈다. 왼쪽에는 H_2
기체가, 오른쪽에는 O_2 기체가 있다. 양쪽 기체 모두 실내
온도와 대기 압력에 있다. 분리막을 치워 두 기체가 섞이도
록 한다. 이 계의 엔트로피는 얼마나 증가하는가?

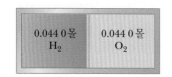

| 0.044 0 몰 H_2 | 0.044 0 몰 O_2 |

그림 P18.24

25. 태양의 표면 온도가 약 5 800 K이고 지구의 표면 온도가
약 290 K이다. 태양에서 지구로 복사에 의해 1.00×10^3 J
의 에너지가 전달될 때, 우주의 엔트로피 변화는 얼마인가?

26. 1 500 kg의 차가 20.0 m/s로 움직이고 있다. 운전자가 제
동기를 걸어 멈춘다. 제동기는 식어서 주위 공기의 온도로
내려가는데, 이 공기는 거의 일정하게 20.0 °C이다. 총 엔
트로피 변화는 얼마인가?

27. 여러분은 지금 개인적으로 우주의 엔트로피를 얼마나 빨리
올리고 있는가? 크기의 정도로 계산하되, 어떤 양을 데이터
로 선택하는지와 이들에 대한 측정 또는 추산한 값을 기술
하라.

28. 그림 P18.28의 왼쪽 용기 속에 H_2 기체 1.00몰이 들어 있
다. 왼쪽과 오른쪽 용기의 부피는 같으며 오른쪽은 진공이
다. 가운데 있는 밸브를 열면 왼쪽의 기체들이 오른쪽으로
흘러들어 간다. (a) 이 기체의 엔트로피 변화는 얼마인가?
(b) 기체의 온도가 변하는가? 용기가 아주 커서 수소는 이
상 기체처럼 거동한다고 가정한다.

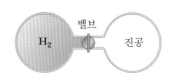

그림 P18.28

18.9 연결 주제: 열기관으로서의 대기

29. (a) 허리케인 속에서 움직이는 공기의 운동 에너지를 구하
라. 이 허리케인을 하나의 원반으로 모형화하는데, 지름이
600 km이고 두께가 11 km이며, 바람이 부는 속력은 일정
하게 60 km/h이다. (b) 지름 600 km인 원형 넓이에 직각
으로 내리쬐는 세기 1 000 W/m²의 햇빛을 생각하자. 햇빛
이 얼마의 시간 동안 에너지를 넘겨야 (a)에서 계산한 양
이 되는가?

추가문제

30. 한 생물학 실험실이 외부 대기로 환기되는 냉방기에 의해
7.00 °C의 온도로 유지되고 있다. 전형적인 여름 날, 외부
온도는 27.0 °C이고, 냉방 시스템은 10.0 kW의 비율로 에
너지를 외부에 방출한다. 냉방 시스템을 40 %의 성능 계수
를 갖는 이상적인 카르노 장치로 모형화한다. (a) 냉방기가
실험실로부터 제거하는 에너지 비율은 얼마인가? (b) 행해
야 할 일의 일률을 계산하라. (c) 1.00시간 동안 냉방기에
의해 발생되는 우주의 엔트로피 변화를 구하라. (d) 외부
온도가 32.0 °C로 올라가면 어떻게 되는가? 냉방기 성능
계수의 변화 분율을 구하라.

31. 70.0 kg의 운동선수가 16.0 oz(454 g)의 냉각수를 마신다.
(a) 섭취한 물에 따른 몸의 온도 변화를 무시하고 (몸은
98.6 °F를 유지하는 저장고로 간주하고) 전체 계의 엔트로
피 증가를 구하라. (b) 몸 전체의 평균 비열은 물과 같고,
물을 마셔 몸이 식는다고 가정하면 어떻게 될까? 다른 열
의 형태로의 에너지 전달이나 신진 대사에 의한 에너지 방
출은 무시하고, 처음 온도 98.6 °F인 운동선수가 물을 마신
다음의 온도를 구하라. (c) 이런 가정하에 전체 계의 엔트
로피 증가는 얼마인가? (d) (a)에서 얻은 결과와 비교 서
술하라.

32. 나이아가라 폭포에서는 초당 5.00×10^3 m³의 물이 50.0 m
아래로 떨어진다. 매초 폭포수에 의한 우주 엔트로피의 증
가는 얼마인가? 폭포 주변의 질량은 매우 커서 주변과 물
의 온도는 거의 20.0 °C로 일정하다고 가정한다. 또한 증발
되는 물의 양은 무시할 수 있다고 가정한다.

지표면 온도의 예측

Predicting the Earth's Surface Temperature

이제 열역학 원리를 공부했으므로, **지구 온난화**에 관한 〈관련 이야기〉의 핵심 질문으로 되돌아가 보자.

> 지표면의 평균 온도를 예측할 수 있는 대기의 구조 모형을 만들 수 있을까?

17장에서 온도에 영향을 주는 몇 가지 요인을 ― 태양으로부터 받아들이는 에너지와 지표면에서 열복사로 내보내는 에너지― 설명했다. 18장에서 여러 가지 분자를 이용해서, 대기가 복사 에너지를 흡수하는 역할을 소개했다. 다음의 논의에서는 대기로 말미암아 17장에서 수행한 온도 계산이 어떻게 수정되는가인데, 결국 이것은 관측과 일치하는 온도를 예측하는 구조 모형을 이끌 수 있다.

대기 모형화 Modeling the Atmosphere

먼저 17장에서 구한 온도 255 K는 타당한가? 만약 그렇다면, 그것은 무엇을 나타내는지 알아보자. 첫 번째 질문에 대한 대답은 예이다. 에너지 균형 개념은 매우 타당하고, 하나의 계로서 지구는 에너지를 흡수하는 것과 동일한 비율로 에너지를 방출해야 한다. 온도 255 K는 대기를 떠나는 복사를 나타내는 것이다. 대기권 밖에 있는 우주 여행자가 지구로부터 나오는 복사의 온도를 잰다면, 그는 이 복사를 나타내는 온도는 정말 255 K이라

위층은 성층권인데, 거기에서 온도는 일정하다고 모형화한다.

대류권 계면

아래층은 대류권인데, 거기에서 온도는 대류권 계면에서 땅까지 선형적으로 증가한다.

그림 1 대기의 구조 모형에서, 대기를 두 층으로 나누어 생각한다.

고 할 것이다. 그렇지만 이 온도는 대기의 **위**를 떠나는 복사와 관련된 온도이다. 이것은 지표면에서의 온도는 아니다.

이미 언급한 바와 같이, 대기는 태양에서 오는 가시광선에 대해서는 거의 투명지만, 지표면에서 방출되는 적외선에 대해서는 그렇지 않다. 하나의 모형을 세워보자. 이 모형에서는, 약 5 μm보다 작은 파장을 가진 모든 복사는 대기를 통과한다고 가정한다. 따라서 (반사되는 30 %를 제외하고) 태양으로부터 들어오는 거의 모든 복사는 지표면에 도달한다. 또한 약 5 μm 이상의 모든 복사는(이는 **적외선** 복사이며 지표면에서 방출되는 것을 포함한다) 대기에 의해 흡수된다고 가정하자.

모형에서(그림 1) 대기를 두 층으로 나눈다. 대기의 아랫부분은 **대류권**이다. 이 층에서 공기 밀도는 상대적으로 높아서 공기 분자가 지표면에서 나오는 적외선 복사를 흡수할 확률이 크다. 이 흡수로 말미암아 지표면 가까이에 있는 공기 덩어리가 덥혀진 다음 위로 올라간다. 공기 덩어리는 올라가면서 팽창하고, 온도가 떨어진다. 그러므로 대류권이란 대류하는 구역이며, 그 안에서 온도는 기온 감률에 의해 높이에 따라 감소하는데, 이는 16.7절에서 설명한 바와 같다. 이것은 또한, 우리에게 친숙한 날씨가 발생하는 대기 구역이기도 하다. 대류권 위에는 **성층권**이 있다. 이 층에서 공기 밀도는 상대적으로 낮아서 적외선 복사가 흡수될 확률이 작다. 결과적으로 적외선 복사는 거의 흡수되지 않고 통과해서 우주 공간으로 나가기 쉽다. 이와 같이 흡수가 없기 때문에, 성층권의 온도는 높이에 따라 대략 일정하게 머물러 있다. 이 두 층 사이에 **대류권 계면**이 있는데, 이것은 지표면에서 약 11 km에 있다.[1] 실제 대류권 계면은 하나의 얇은 영역인데, 그 안에서 주된 에너지 전달 메커니즘이 대류에서 복사로 연속적으로 변한다. 이 모형에서는, 대류권 계면이 날카로운 경계를 이룬다고 가정한다.

첫 번째 해야 할 일은 성층권의 온도를 알아내는 것인데, 이것은 일정하다고 가정한다. 다시 슈테판의 법칙에 근거해서, 성층권 안으로 들어가고 밖으로 나가는 에너지 전달을 생각하는데, 이는 그림 2에 나타낸 바와 같다. 대류권에서 나오는 복사는(대류권의 유효 평균 온도가 $T_t = 255$ K라고 하면, 성층권을 통해서 바깥 우주 공간 관측자로 가는 복사와 관련된 온도가 바로 이 온도이다) 성층권을 통과하는데, 비율 a_s만큼 흡수된다. 온도 T_s인 성층권은 위아래로 복사하는데, 방출률은 e_s이다. 따라서 성층권은 정상 상태에 있기 때문에, 성층권에 대한 일률 균형식은 다음과 같다.

$$P_{\text{ER}}(\text{in}) = -P_{\text{ER}}(\text{out})$$

$$a_s \sigma A T_t^4 = 2 e_s \sigma A T_s^4$$

여기서 인수 2가 나타나는 이유는 성층권의 복사가 위와 아랫면에서 방출되기 때문이다. 다음과 같이 성층권 온도에 대한 값을 얻을 수 있다.

$$T_s = \left(\frac{a_s \sigma T_t^4}{2 e_s \sigma} \right)^{1/4} = \left(\frac{a_s}{2 e_s} \right)^{1/4} T_t = \left(\frac{1}{2} \right)^{1/4} (255 \text{ K}) = 214 \text{ K}$$

여기서 성층권의 흡수율과 방출률의 수치가 같다는 것을 이용했다.

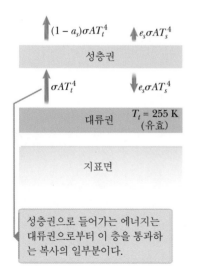

성층권으로 들어가는 에너지는 대류권으로부터 이 층을 통과하는 복사의 일부분이다.

그림 2 넓이 A인 성층권 일부를 위 아래로 열복사를 방출하는 물체로 모형화한다.

---

[1] 여기서 가정한 대류권 높이 11 km는 구조 모형에서 단순화한 모형이다. 실제 대류권 높이는 위도와 계절에 따라 변한다. 다양한 위도와 연중 다른 시기에 따라, 대류권의 높이는 8 km 이하에서 17 km 이상까지 변할 수 있다. 11 km 높이는 일 년 전체에 걸쳐서 모든 위도에 대한 합리적인 평균값이다.

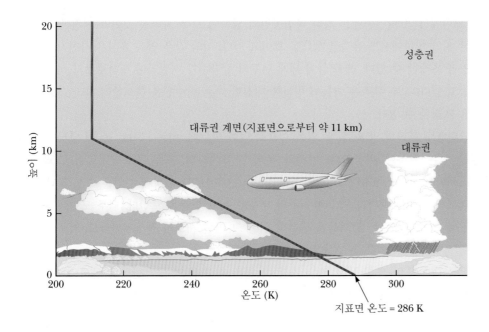

그림 3 대기 모형에서 고도에 따른 온도 변화에 대한 그래프 표현. 예측된 표면 온도는 측정값과 1 % 이내에서 일치한다.

이제 우리는 성층권의 온도, 대류권 계면의 높이, 그리고 온도 감률을 모두 알고 있다. 온도 감률을 이용해서, 성층권 온도와 동일한 대류권 계면의 온도로부터 지표면 온도까지 외삽법으로 계산해 보자.

만약 대류권 계면이 지표면에서 11 km 떨어져 있고 온도 감률이 −6.5 °C/km (16.6절 참조)라면, 지표면에서 대류권 계면까지의 알짜 온도 변화는 다음과 같다.

$$\Delta T = T_{\text{tropopause}} - T_{\text{surface}} = \left(\frac{\Delta T}{\Delta y}\right)\Delta y = (-6.5\,°C/km)(11\,km)$$
$$= -72\,°C = -72\,K$$

대류권 계면의 온도가 214 K이므로, 이제 지표면 온도가 다음과 같음을 알 수 있다.

$$\Delta T = T_{\text{tropopause}} - T_{\text{surface}}$$
$$-72\,K = 214\,K - T_{\text{surface}} \quad \rightarrow \quad T_{\text{surface}} = 286\,K$$

이것은 17장에서 논의한 평균 측정 온도 288 K과 1 % 이내에서 일치한다! 그림 3은 대류권 온도에 대한 도해적 표현을 (높이 대 온도) 보여 준다.

지표면에서 나오는 적외선 복사의 흡수는 대기 중 분자에 의존한다. 우리 사회의 산업화로 말미암아 물, 이산화탄소 및 메테인과 같은 공기 중 분자의 밀도가 변하고 있다. 결과적으로 에너지 균형을 깨뜨려 지구를 온도 변화의 위험에 내몰고 있다. 19세기 중기 이래로 기록된 어떤 자료에서 보면, 지난 150년 동안에 온도가 0.5에서 1.0 °C까지만큼 증가했다. 〈관련 이야기 5〉에서 언급한 바와 같이, 기후변화에관한정부간패널(IPCC)은 21세기에 온도가 1~6 °C 정도 상승할 수 있다고 예견했다.

온도 상승 효과의 확연한 증거는 지구를 둘러싼 빙하로부터, 그리고 남극 대륙과 그린란드를 뒤덮은 얼음 층으로부터의 얼음 유실에서 볼 수 있다. 그림 4는 몬태나 빙하 국립공원에 있는 스페리(sperry) 빙하의 전후 사진을 나타낸다. 1930년 사진에서 볼 수 있었던 얼음은 2008년 시점의 사진에서는 사라졌고, 빙하의 경계는 시야 너머로 후퇴했다. 일

그림 4 미국지질조사국의 반복촬영사업(USGS)은 지구 온난화에 의한 몬태나 빙하 국립 공원에 있는 빙하의 유실을 실증하기 위해 설계됐다. 스페리 빙하의 두 사진은 이런 유실의 예를 잘 보여 준다. (a) 1930년에 찍은 사진은 넓고 두꺼운 빙하를 보여 주고 있으며, (b) 2008년의 모습은 스페리 빙하가 완전히 사라졌음을 보여 주고 있다.

부 모형에서 2030년쯤에는 빙하 국립공원의 얼음이 모두 사라질 것이라 예견한다. 세계 다른 지역 빙하에서도 유사한 행태를 보이고 있다. 이와 같은 얼음 유실은 사회적으로 대재앙을 초래할 수 있다. 예를 들어 세계 인구의 상당수가 히말라야 빙하로부터 식수를 공급받고 있다. 식수 부족은 이들이 빙하를 대신할 다른 식수원을 물색함에 따라 사회적 격변을 초래할 수 있다.

그린란드 표면의 약 80 %는 얼음 층으로 덮여 있는데, 이는 크기로 볼 때 남극 대륙을 덮고 있는 얼음에 버금간다. 나사와 독일 항공센터의 공동 프로젝트로서, 그레이스 (Gravity Recovery and Climate Experiment, GRACE) 위성에서 얻은 측정 결과는 그린란드의 얼음이 해마다 약 200 km³의 비율로 녹고 있음을 보인다. 일부 모형에 의하면 지구 온난화에 이르는 효과들을 멈추기 위한 그 어떤 시도가 행해지더라도, 지구 온난화는 결국 그린란드 얼음 층 전체를 녹일 것으로 예견하고 있다.

남극 대륙의 98 %를 덮고 있는 가장 큰 얼음 층 또한 지구 온난화로 인해 녹아내리는 징후를 보이고 있다. 그레이스 위성은 해마다 100 km³ 이상의 비율로 녹고 있으며, 근년에 와서는 비율이 더욱 가속화되고 있음을 보인다. 최근 몇 해 라르센 B 빙붕의 붕괴와 같은 여러 가지 심각한 사건이 발생하고 있다. 12 000년 동안 안정적으로 유지해 오던 로드아일랜드 주 크기의 라르센 B 빙붕은 2002년에 3주 이내 만에 끝내 붕괴됐다.

빙하의 융해와 그린란드나 남극 대륙의 떠다니는 얼음 덩어리들은 추가적인 물을 바다에 흘러들게 하여 해수면의 점진적인 상승을 유발한다. 일부 측정 결과에서 20세기 동안 해수면이 평균 0.18 m~0.20 m 정도 상승했음을 보인다. 이런 상승률은 우리 현 사회에 기인해서 증가된 지구 온난화 효과들과 함께 증가할 것이다. 2007년 IPCC에서는 21세기에 해수면이 0.59 m까지 상승할 것으로 예견했다. 다양한 모형으로부터 얻는 계산 결과는 2100년경 해수면 상승 예측 값을 0.09 m에서 2.0 m까지로 주고 있다. 평균 예측 값은 약 0.5 m 정도 될 것으로 보인다.

몰디브는 인도양에 있는 섬나라이다. 그 나라의 경제는 관광에 매우 크게 의존하고 있다. 지리적으로 섬에서 가장 높은 자연 지점은 해발 2.3 m이다. (대규모 간척 사업으로 여러 지역의 지반을 수 m 높였다.) 몰디브 토지의 80 % 이상은 해발 1.0 m보다 낮다. 따라서 해수면이 0.5 m 상승하면 대부분의 토지가 수면에 잠기고 관광 산업은 극심하게 약화됨에 따라 몰디브에 엄청난 충격을 줄 것이다.

몰디브 정부는 섬이 물에 잠겨 국민이 난민이 될 것을 우려하고 있다. 이들 난민을 위해 인도, 스리랑카나 호주에 새로운 토지를 구하려는 계획이 제안됐다. 2009년 정부는 태양 전지판과 풍력 발전용 터빈 같은 재생 에너지원으로 전환함으로써 세계 최초의 탄소 중립 국가가 되고자 하는 10개년 계획을 발표했다. 이것이 세계 다른 나라로부터의 탄소 방출로 인한 해수면 상승을 막지는 못하겠지만, 다른 나라가 보다 적극적으로 재생 에너지원을 탐구하도록 하는 촉매 역할을 할지도 모른다.

장기적 전망은 아마도 절망적이다. 예를 들어 그린란드 얼음 층이 수백 년 동안 완전히 녹는다면 지구 해수면은 약 7 m까지 상승할 것이다. 이것은 처참한 결과이다. 그러나 지구 온난화 효과를 예측하는 모형은 매우 복잡하기에 명확한 예측을 내리기는 어렵다. 지구 온난화는 과학, 정치, 경제, 사회적 영향력과 얽혀 여전히 다루기 어려운 문제이다.

이 〈관련 이야기〉에서 설명한 모형은 지표면 온도를 예측하는 데 성공적이다. 만약 이 모형을 확장해서 더 많은 이산화탄소를 대기에 추가하면서 지표면 온도 변화를 예측해 보면, 그 예측이 더욱 정교한 모형과 일치하지 않음을 알게 된다. 대기는 매우 복잡한 실체이며, 대기 과학자들이 사용하는 모형은 여기서 공부한 것보다 훨씬 더 정교하다. 그렇지만 우리의 목적을 위해서는 지표면 온도에 대한 앞서의 예측은 충분히 성공적이다.

문제

1. 대기의 흡수에 관한 단순한 모형에 의하면, 앞으로 대기 중에 이산화탄소의 양이 두 배가 되면 대류권 계면의 고도가 11 km에서 약 13 km까지로 높아질 것이다. 성층권의 온도와 고도에 따른 온도 감률이 지금처럼 유지된다고 가정하고 표면 온도를 구하라. 여기서 구한 결과는 복합 모형을 사용해서 컴퓨터로 계산한 결과보다 훨씬 크다. 이런 차이가 단순 모형의 약점이다.

2. 금성의 성층권의 온도는 약 200 K이다. 대류권의 고도에 따른 온도 감률은 약 -8.8 °C/km이다. 금성의 표면에서 측정한 온도가 732 K일 때 금성의 대류권 계면의 고도를 구하라.

3. 또 다른 대기권 모형으로서 대기를 N개의 기체층으로 나누는 모형이 있다. 대기는 태양으로부터 오는 가시광선에 대해 투명하지만 행성이 방출하는 적외선에 대해서는 완전히 불투명하다고 가정한다. 각 대기층의 깊이를 하나의 **복사 두께**가 되게 하자. 즉 각 대기층에서 적외선을 흡수하는 확률이 정확히 100 %가 되는 두께를 대기층의 깊이라고 하자. 고도에 따라서 기체의 밀도가 변해 흡수 확률도 변하기 때문에 거리로 나타낸 각 대기층의 두께는 다르다. 각 대기층 내에서의 온도 T_i는 일정하다고 하자. 여기서 첨자 i는 맨 위층을 1로 하고 행성의 표면과 맞닿은 맨 아래층을 N으로 한다. 중간의 각 층은 층 위의 표면과 아래 표면으로부터 열복사를 방출하고 위층과 아래층으로부터 열복사를 흡수한다. 가장 아래층의 바닥 표면으로부터 행성 표면으로 온도 T_s의 복사가 방출되고 이 층은 행성으로부터 복사를 흡수한다. 가장 위층은 위 표면에서 대기가 없는 공간으로 복사를 방출하지만 적외선 복사를 흡수할 더 높은 층은 없다. (a) 지구는 태양으로부터 오는 복사의 70 %를 흡수하며 세기는 1 370 W/m²이다. 맨 위층의 온도 T_1은 255 K임을 증명하라. (b) 층이 N개인 대기의 경우 표면 온도가 $T_s = (N + 1)^{1/4} T_1$임을 증명하라. (c) 지구의 대류권과 성층권을 두 개의 층으로 된 계로 간주한다면 이런 모형에서 예측되는 표면 온도는 얼마인가? (d) 왜 이런 예측이 지구의 경우에는 잘 맞지 않는가? (e) 입사 복사선의 77 %를 반사하는 금성의 대기권의 경우 가장 위층의 온도 T_1을 구하라. (f) 금성의 표면 온도가 732 K이라면 금성의 대기의 층은 몇 개인가? (g) 대기를 설명하고자 하는 다층 모형이 지구에서보다 금성에서 더 잘 맞을 것이라고 생각하는가? 그렇다면 그 이유는 무엇인가?

표

표 A.1 | 바꿈 인수

길 이

	m	cm	km	in.	ft	mi
1 meter	1	10^2	10^{-3}	39.37	3.281	6.214×10^{-4}
1 centimeter	10^{-2}	1	10^{-5}	0.393 7	3.281×10^{-2}	6.214×10^{-6}
1 kilometer	10^3	10^5	1	3.937×10^4	3.281×10^3	0.621 4
1 inch	2.540×10^{-2}	2.540	2.540×10^{-5}	1	8.333×10^{-2}	1.578×10^{-5}
1 foot	0.304 8	30.48	3.048×10^{-4}	12	1	1.894×10^{-4}
1 mile	1 609	1.609×10^5	1.609	6.336×10^4	5 280	1

질 량

	kg	g	slug	u
1 kilogram	1	10^3	6.852×10^{-2}	6.024×10^{26}
1 gram	10^{-3}	1	6.852×10^{-5}	6.024×10^{23}
1 slug	14.59	1.459×10^4	1	8.789×10^{27}
1 atomic mass unit	1.660×10^{-27}	1.660×10^{-24}	1.137×10^{-28}	1

Note: 1 metric ton = 1 000 kg

시 간

	s	min	h	day	yr
1 second	1	1.667×10^{-2}	2.778×10^{-4}	1.157×10^{-5}	3.169×10^{-8}
1 minute	60	1	1.667×10^{-2}	6.994×10^{-4}	1.901×10^{-6}
1 hour	3 600	60	1	4.167×10^{-2}	1.141×10^{-4}
1 day	8.640×10^4	1 440	24	1	2.738×10^{-5}
1 year	3.156×10^7	5.259×10^5	8.766×10^3	365.2	1

속 력

	m/s	cm/s	ft/s	mi/h
1 meter/second	1	10^2	3.281	2.237
1 centimeter/second	10^{-2}	1	3.281×10^{-2}	2.237×10^{-2}
1 foot/second	0.304 8	30.48	1	0.681 8
1 mile/hour	0.447 0	44.70	1.467	1

Note: 1 mi/min = 60 mi/h = 88 ft/s

힘

	N	lb
1 newton	1	0.224 8
1 pound	4.448	1

표 A.1 | 바꿈 인수 (계속)

에너지, 에너지 전달

	J	ft · lb	eV
1 joule	1	0.737 6	6.242×10^{18}
1 ft · lb	1.356	1	8.464×10^{18}
1 eV	1.602×10^{-19}	1.182×10^{-19}	1
1 cal	4.186	3.087	2.613×10^{19}
1 Btu	1.055×10^{3}	7.779×10^{2}	6.585×10^{21}
1 kWh	3.600×10^{6}	2.655×10^{6}	2.247×10^{25}

	cal	Btu	kWh
1 joule	0.238 9	9.481×10^{-4}	2.778×10^{-7}
1 ft · lb	0.323 9	1.285×10^{-3}	3.766×10^{-7}
1 eV	3.827×10^{-20}	1.519×10^{-22}	4.450×10^{-26}
1 cal	1	3.968×10^{-3}	1.163×10^{-6}
1 Btu	2.520×10^{2}	1	2.930×10^{-4}
1 kWh	8.601×10^{5}	3.413×10^{2}	1

압 력

	Pa	atm
1 pascal	1	9.869×10^{-6}
1 atmosphere	1.013×10^{5}	1
1 centimeter mercury*	1.333×10^{3}	1.316×10^{-2}
1 pound/inch²	6.895×10^{3}	6.805×10^{-2}
1 pound/foot²	47.88	4.725×10^{-4}

	cmHg	lb/in.²	lb/ft²
1 pascal	7.501×10^{-4}	1.450×10^{-4}	2.089×10^{-2}
1 atmosphere	76	14.70	2.116×10^{3}
1 centimeter mercury*	1	0.194 3	27.85
1 pound/inch²	5.171	1	144
1 pound/foot²	3.591×10^{-2}	6.944×10^{-3}	1

* 0 ℃ 그리고 자유 낙하 가속도가 '표준값' 9.806 65 m/s²인 지역에서

표 A.2 | 물리량의 기호, 차원, 단위

물리량	일반 기호	단위*	차 원†	SI 단위계에 바탕을 둔 단위
가속도	$\vec{\mathbf{a}}$	m/s^2	L/T^2	m/s^2
물질의 양	n	MOLE		mol
각 도	θ, ϕ	radian (rad)	1	
각가속도	$\vec{\boldsymbol{\alpha}}$	rad/s^2	T^{-2}	s^{-2}
각주파수	ω	rad/s	T^{-1}	s^{-1}
각운동량	$\vec{\mathbf{L}}$	$kg \cdot m^2/s$	ML^2/T	$kg \cdot m^2/s$
각속도	$\vec{\boldsymbol{\omega}}$	rad/s	T^{-1}	s^{-1}
넓 이	A	m^2	L^2	m^2
원자수	Z			
전기용량	C	farad (F)	Q^2T^2/ML^2	$A^2 \cdot s^4/kg \cdot m^2$
전 하	q, Q, e	coulomb (C)	Q	$A \cdot s$
전하 밀도				
선전하 밀도	λ	C/m	Q/L	$A \cdot s/m$
표면 전하 밀도	σ	C/m^2	Q/L^2	$A \cdot s/m^2$
부피 전하 밀도	ρ	C/m^3	Q/L^3	$A \cdot s/m^3$
전도도	σ	$1/\Omega \cdot m$	Q^2T/ML^3	$A^2 \cdot s^3/kg \cdot m^3$
전 류	I	AMPERE	Q/T	A
전류 밀도	J	A/m^2	Q/TL^2	A/m^2
밀 도	ρ	kg/m^3	M/L^3	kg/m^3
유전 상수	κ			
전기 쌍극자 모멘트	$\vec{\mathbf{p}}$	$C \cdot m$	QL	$A \cdot s \cdot m$
전기장	$\vec{\mathbf{E}}$	V/m	ML/QT^2	$kg \cdot m/A \cdot s^3$
전기선속	Φ_E	$V \cdot m$	ML^3/QT^2	$kg \cdot m^3/A \cdot s^3$
기전력	ε	volt (V)	ML^2/QT^2	$kg \cdot m^2/A \cdot s^3$
에너지	E, U, K	joule (J)	ML^2/T^2	$kg \cdot m^2/s^2$
엔트로피	S	J/K	ML^2/T^2K	$kg \cdot m^2/s^2 \cdot K$
힘	$\vec{\mathbf{F}}$	newton (N)	ML/T^2	$kg \cdot m/s^2$
진동수	f	hertz (Hz)	T^{-1}	s^{-1}
열	Q	joule (J)	ML^2/T^2	$kg \cdot m^2/s^2$
유도 계수	L	henry (H)	ML^2/Q^2	$kg \cdot m^2/A^2 \cdot s^2$
길 이	ℓ, L	METER	L	m
변 위	$\Delta x, \Delta\vec{\mathbf{r}}$			
거 리	d, h			
위 치	$x, y, z, \vec{\mathbf{r}}$			
자기 쌍극자 모멘트	$\vec{\boldsymbol{\mu}}$	$N \cdot m/T$	QL^2/T	$A \cdot m^2$
자기장	$\vec{\mathbf{B}}$	tesla (T) $(=Wb/m^2)$	M/QT	$kg/A \cdot s^2$
자기선속(또는 자속)	Φ_B	weber (Wb)	ML^2/QT	$kg \cdot m^2/A \cdot s^2$
질 량	m, M	KILOGRAM	M	kg
몰비열	C	$J/mol \cdot K$		$kg \cdot m^2/s^2 \cdot mol \cdot K$
관성 모멘트	I	$kg \cdot m^2$	ML^2	$kg \cdot m^2$

표 A.2 | 물리량의 기호, 차원, 단위 (계속)

물리량	일반 기호	단위*	차 원†	SI 단위계에 바탕을 둔 단위
운동량	$\vec{p}$	kg·m/s	ML/T	kg·m/s
주 기	T	s	T	s
자유 공간 투과율	μ_0	N/A² (=H/m)	ML/Q²	kg·m/A²·s²
자유 공간 유전율	ϵ_0	C²/N·m² (=F/m)	Q²T²/ML³	A²·s⁴/kg·m³
전 위	V	volt (V) (=J/C)	ML²/QT²	kg·m²/A·s³
일 률	P	watt (W) (=J/s)	ML²/T³	kg·m²/s³
압 력	P	pascal (Pa) (=N/m²)	M/LT²	kg/m·s²
저 항	R	ohm (Ω) (=V/A)	ML²/Q²T	kg·m²/A²·s³
비 열	c	J/kg·K	L²/T²K	m²/s²·K
속 력	v	m/s	L/T	m/s
온 도	T	KELVIN	K	K
시 간	t	SECOND	T	s
토 크	$\vec{\tau}$	N·m	ML²/T²	kg·m²/s²
속 도	$\vec{v}$	m/s	L/T	m/s
부 피	V	m³	L³	m³
파 장	λ	m	L	m
일	W	joule (J) (=N·m)	ML²/T²	kg·m²/s²

* 기초 SI 단위들은 대문자로 표시했다.

† 기호 M, L, T 및 Q는 질량, 길이, 시간과 전하를 각각 의미한다.

표 A.3 | 동위 원소의 화학 및 핵 정보

원자 번호 Z	원 소	기 호	질량수 (*방사성을 나타냄) A	원자 질량 (u)	분포 백분율	반감기 (방사성인 경우) $T_{1/2}$
−1	electron	e−	0	0.000 549		
0	neutron	n	1*	1.008 665		614 s
1	hydrogen	¹H = p	1	1.007 825	99.988 5	
	[deuterium	²H = D]	2	2.014 102	0.011 5	
	[tritium	³H = T]	3*	3.016 049		12.33 yr
2	helium	He	3	3.016 029	0.000 137	
	[alpha particle	α = ⁴He]	4	4.002 603	99.999 863	
			6*	6.018 889		0.81 s
3	lithium	Li	6	6.015 123	7.5	
			7	7.016 005	92.5	
4	beryllium	Be	7*	7.016 930		53.3 d
			8*	8.005 305		10^{-17} s
			9	9.012 182	100	
5	boron	B	10	10.012 937	19.9	
			11	11.009 305	80.1	

표 A.3 | 동위 원소의 화학 및 핵 정보 (계속)

원자 번호 Z	원 소	기 호	질량수 (*방사성을 나타냄) A	원자 질량 (u)	분포 백분율	반감기 (방사성인 경우) $T_{1/2}$
6	carbon	C	11*	11.011 434		20.4 min
			12	12.000 000	98.93	
			13	13.003 355	1.07	
			14*	14.003 242		5 730 yr
7	nitrogen	N	13*	13.005 739		9.96 min
			14	14.003 074	99.632	
			15	15.000 109	0.368	
8	oxygen	O	14*	14.008 596		70.6 s
			15*	15.003 066		122 s
			16	15.994 915	99.757	
			17	16.999 132	0.038	
			18	17.999 161	0.205	
9	fluorine	F	18*	18.000 938		109.8 min
			19	18.998 403	100	
10	neon	Ne	20	19.992 440	90.48	
11	sodium	Na	23	22.989 769	100	
12	magnesium	Mg	23*	22.994 124		11.3 s
			24	23.985 042	78.99	
13	aluminum	Al	27	26.981 539	100	
14	silicon	Si	27*	26.986 705		4.2 s
15	phosphorus	P	30*	29.978 314		2.50 min
			31	30.973 762	100	
			32*	31.973 907		14.26 d
16	sulfur	S	32	31.972 071	94.93	
19	potassium	K	39	38.963 707	93.258 1	
			40*	39.963 998	0.011 7	1.28×10^9 yr
20	calcium	Ca	40	39.962 591	96.941	
			42	41.958 618	0.647	
			43	42.958 767	0.135	
25	manganese	Mn	55	54.938 045	100	
26	iron	Fe	56	55.934 938	91.754	
			57	56.935 394	2.119	
27	cobalt	Co	57*	56.936 291		272 d
			59	58.933 195	100	
			60*	59.933 817		5.27 yr
28	nickel	Ni	58	57.935 343	68.076 9	
			60	59.930 786	26.223 1	
29	copper	Cu	63	62.929 598	69.17	
			64*	63.929 764		12.7 h
			65	64.927 789	30.83	
30	zinc	Zn	64	63.929 142	48.63	

표 A.3 | 동위 원소의 화학 및 핵 정보 (계속)

원자 번호 Z	원 소	기 호	질량수 (*방사성을 나타냄) A	원자 질량 (u)	분포 백분율	반감기 (방사성인 경우) $T_{1/2}$
37	rubidium	Rb	87*	86.909 181	27.83	
38	strontium	Sr	87	86.908 877	7.00	
			88	87.905 612	82.58	
			90*	89.907 738		29.1 yr
41	niobium	Nb	93	92.906 378	100	
42	molybdenum	Mo	94	93.905 088	9.25	
44	ruthenium	Ru	98	97.905 287	1.87	
54	xenon	Xe	136*	135.907 219		2.4×10^{21} yr
55	cesium	Cs	137*	136.907 090		30 yr
56	barium	Ba	137	136.905 827	11.232	
58	cerium	Ce	140	139.905 439	88.450	
59	praseodymium	Pr	141	140.907 653	100	
60	neodymium	Nd	144*	143.910 087	23.8	2.3×10^{15} yr
61	promethium	Pm	145*	144.912 749		17.7 yr
79	gold	Au	197	196.966 569	100	
80	mercury	Hg	198	197.966 769	9.97	
			202	201.970 643	29.86	
82	lead	Pb	206	205.974 465	24.1	
			207	206.975 897	22.1	
			208	207.976 652	52.4	
			214*	213.999 805		26.8 min
83	bismuth	Bi	209	208.980 399	100	
84	polonium	Po	210*	209.982 874		138.38 d
			216*	216.001 915		0.145 s
			218*	218.008 973		3.10 min
86	radon	Rn	220*	220.011 394		55.6 s
			222*	222.017 578		3.823 d
88	radium	Ra	226*	226.025 410		1 600 yr
90	thorium	Th	232*	232.038 055	100	1.40×10^{10} yr
			234*	234.043 601		24.1 d
92	uranium	U	234*	234.040 952		2.45×10^{5} yr
			235*	235.043 930	0.720 0	7.04×10^{8} yr
			236*	236.045 568		2.34×10^{7} yr
			238*	238.050 788	99.274 5	4.47×10^{9} yr
93	neptunium	Np	236*	236.046 570		1.15×10^{5} yr
			237*	237.048 173		2.14×10^{6} yr
94	plutonium	Pu	239*	239.052 163		24 120 yr

Source: G. Audi, A. H. Wapstra, and C. Thibault, "The AME2003 Atomic Mass Evaluation," *Nuclear Physics A* **729**: 337–676, 2003.

자주 사용되는 수학

이 수학에 대한 부록은 연산과 방법을 간단히 복습할 수 있도록 했다. 이 교과목 이전에, 여러분은 기본적인 대수 계산법, 해석 기하학, 삼각 함수에 익숙해야 한다. 미적분학에 대해서는 자세히 다뤘으며, 물리적인 상황에 적용이 어려운 학생들에게 도움이 되도록 했다.

◤ B.1 | 과학적인 표기법

과학자들이 사용하는 많은 양의 크기가 종종 매우 크거나 매우 작다. 예를 들어 빛의 속력은 약 300 000 000 m/s이고, 글자 기역(ㄱ)을 도트 잉크로 찍는 데 약 0.000 000 001 kg이 필요하다. 이런 숫자를 읽고, 쓰고, 기억하는 것이 분명히 쉽지 않다. 이런 문제는 10의 지수를 사용해서 간단히 해결할 수 있다.

$$10^0 = 1$$
$$10^1 = 10$$
$$10^2 = 10 \times 10 = 100$$
$$10^3 = 10 \times 10 \times 10 = 1\,000$$
$$10^4 = 10 \times 10 \times 10 \times 10 = 10\,000$$
$$10^5 = 10 \times 10 \times 10 \times 10 \times 10 = 100\,000$$

0의 개수는 10의 **지수**(exponent)라고 부른다. 예를 들어 빛의 속력 300 000 000 m/s는 3.00×10^8 m/s로 표현할 수 있다. 이런 방법으로 1보다 작은 수를 다음과 같이 나타낼 수 있다.

$$10^{-1} = \frac{1}{10} = 0.1$$
$$10^{-2} = \frac{1}{10 \times 10} = 0.01$$
$$10^{-3} = \frac{1}{10 \times 10 \times 10} = 0.001$$
$$10^{-4} = \frac{1}{10 \times 10 \times 10 \times 10} = 0.000\,1$$
$$10^{-5} = \frac{1}{10 \times 10 \times 10 \times 10 \times 10} = 0.000\,01$$

이들 경우 숫자 1의 왼쪽에 있는 소수점까지의 개수는 (음)의 지수값과 같다. 10의 지수에 1과 10 사이의 수를 곱한 것을 **과학적인 표기법**(scientific notation)이라 한다. 예를 들어 5 943 000 000과 0.000 083 2의 과학적인 표기법은 각각 5.943×10^9과 8.32×10^{-5}이다.

과학적인 표기법으로 표현된 수를 곱할 때, 다음의 일반적인 규칙이 매우 유용하다.

$$10^n \times 10^m = 10^{n+m}$$

B.1

여기서 n과 m은 어떤 **임의의** 수일 수 있다(반드시 정수일 필요는 없음). 예를 들어 $10^2 \times 10^5$ $= 10^7$이다. 지수 중에 음수가 있어도 같은 규칙을 적용한다. 즉 $10^3 \times 10^{-8} = 10^{-5}$이다.

과학적인 표기법으로 표현할 수를 나눌 때, 다음에 주목하자.

$$\frac{10^n}{10^m} = 10^n \times 10^{-m} = 10^{n-m}$$ B.2

연습문제

앞에서 설명한 규칙을 이용해서, 다음 식에 대한 답을 증명하라.

1. $86\,400 = 8.64 \times 10^4$
2. $9\,816\,762.5 = 9.816\,762\,5 \times 10^6$
3. $0.000\,000\,039\,8 = 3.98 \times 10^{-8}$
4. $(4.0 \times 10^8)(9.0 \times 10^9) = 3.6 \times 10^{18}$
5. $(3.0 \times 10^7)(6.0 \times 10^{-12}) = 1.8 \times 10^{-4}$
6. $\dfrac{75 \times 10^{-11}}{5.0 \times 10^{-3}} = 1.5 \times 10^{-7}$
7. $\dfrac{(3 \times 10^6)(8 \times 10^{-2})}{(2 \times 10^{17})(6 \times 10^5)} = 2 \times 10^{-18}$

◣ **B.2** | 대수법

기본 규칙

대수 연산을 할 때, 산수의 법칙을 적용한다. x, y, z는 미지수를 나타낸다.
먼저 다음의 방정식을 고려하자.

$$8x = 32$$

x에 대해 풀고자 하면, 양변을 같은 수로 나누거나 곱할 수 있다. 이 경우 양변을 8로 나눈다.

$$\frac{8x}{8} = \frac{32}{8}$$
$$x = 4$$

이번에는 다음의 방정식을 고려하자.

$$x + 2 = 8$$

이 경우 양변에 같은 수를 더하거나 **뺄** 수 있다. 양변에서 2를 빼면 다음을 얻는다.

$$x + 2 - 2 = 8 - 2$$
$$x = 6$$

일반적으로 $x + a = b$이면 $x = b - a$이다.
이번에는 다음의 방정식을 고려하자.

$$\frac{x}{5} = 9$$

양변에 5를 곱해서 x를 구한다.

$$\left(\frac{x}{5}\right)(5) = 9 \times 5$$

$$x = 45$$

모든 경우에 좌변과 우변에 연산을 같이 해주어야 한다.

곱셈, 나눗셈, 덧셈, 나눗셈에 대한 다음의 규칙을 상기해 보자. 여기서 a, b, c, d는 상수이다.

	규 칙	예
곱 셈	$\left(\dfrac{a}{b}\right)\left(\dfrac{c}{d}\right) = \dfrac{ac}{bd}$	$\left(\dfrac{2}{3}\right)\left(\dfrac{4}{5}\right) = \dfrac{8}{15}$
나눗셈	$\dfrac{(a/b)}{(c/d)} = \dfrac{ad}{bc}$	$\dfrac{2/3}{4/5} = \dfrac{(2)(5)}{(4)(3)} = \dfrac{10}{12}$
덧 셈	$\dfrac{a}{b} \pm \dfrac{c}{d} = \dfrac{ad \pm bc}{bd}$	$\dfrac{2}{3} - \dfrac{4}{5} = \dfrac{(2)(5) - (4)(3)}{(3)(5)} = -\dfrac{2}{15}$

연습문제

다음의 방정식을 x에 대해 풀라.

답

1. $a = \dfrac{1}{1+x}$ 　　　　$x = \dfrac{1-a}{a}$

2. $3x - 5 = 13$ 　　　　$x = 6$

3. $ax - 5 = bx + 2$ 　　　　$x = \dfrac{7}{a-b}$

4. $\dfrac{5}{2x+6} = \dfrac{3}{4x+8}$ 　　　　$x = -\dfrac{11}{7}$

지 수

x에 대한 거듭제곱의 곱셈은 다음을 만족한다.

$$x^n x^m = x^{n+m} \qquad \text{B.3}$$

예를 들어 $x^2 x^4 = x^{2+4} = x^6$과 같이 한다.

x에 대한 거듭제곱의 나눗셈은 다음과 같이 한다.

$$\frac{x^n}{x^m} = x^{n-m} \qquad \text{B.4}$$

예를 들면 $x^8/x^2 = x^{8-2} = x^6$과 같이 한다.

$\frac{1}{3}$과 같은 분수로 거듭제곱하는 것은 다음과 같이 거듭제곱근을 구하는 것과 같다.

$$x^{1/n} = \sqrt[n]{x} \qquad \text{B.5}$$

예를 들어 $4^{1/3} = \sqrt[3]{4} = 1.587\,4$와 같은 것이다. (이런 종류의 계산에는 공학용 계산기가 유용하다.)

마지막으로 x^n의 m 거듭제곱은 다음과 같다.

$$(x^n)^m = x^{nm} \qquad \text{B.6}$$

표 B.1에 지수 법칙을 요약해 놓았다.

표 B.1 |

지수 법칙
$x^0 = 1$
$x^1 = x$
$x^n x^m = x^{n+m}$
$x^n/x^m = x^{n-m}$
$x^{1/n} = \sqrt[n]{x}$
$(x^n)^m = x^{nm}$

연습문제

다음 방정식을 증명하라.

1. $3^2 \times 3^3 = 243$
2. $x^5 x^{-8} = x^{-3}$
3. $x^{10}/x^{-5} = x^{15}$
4. $5^{1/3} = 1.709\,975$ (계산기를 사용한다.)
5. $60^{1/4} = 2.783\,158$ (계산기를 사용한다.)
6. $(x^4)^3 = x^{12}$

인수분해

다음은 식을 인수분해하는 데 유용한 공식이다.

$ax + ay + az = a(x + y + x)$	공통 인수
$a^2 + 2ab + b^2 = (a + b)^2$	완전제곱꼴
$a^2 - b^2 = (a + b)(a - b)$	제곱의 차

이차 방정식

이차 방정식의 일반적인 형태는 다음과 같다.

$$ax^2 + bx + c = 0 \qquad \text{B.7}$$

여기서 x는 미지수이고 a, b, c는 **계수**(coefficient)이다. 이 방정식은 근이 두 개이며, 다음과 같이 주어진다.

$$x = \frac{-b \pm \sqrt{b^2 - 4ac}}{2a} \qquad \text{B.8}$$

$b^2 \geq 4ac$ 이면 방정식은 실근을 갖는다.

⟨ 예제 B.1 ∣

방정식 $x^2 + 5x + 4 = 0$은 제곱근 항의 두 부호에 따라 다음과 같은 근을 갖는다.

$$x = \frac{-5 \pm \sqrt{5^2 - (4)(1)(4)}}{2(1)} = \frac{-5 \pm \sqrt{9}}{2} = \frac{-5 \pm 3}{2}$$

$$x_+ = \frac{-5 + 3}{2} = -1 \quad x_- = \frac{-5 - 3}{2} = -4$$

여기서 x_+는 제곱근 부호가 양수인 것에 해당하는 것이고, x_-는 음수인 것에 해당한다.

연습문제

다음 이차 방정식을 풀라.

답

1. $x^2 + 2x - 3 = 0$ $\qquad x_+ = 1$ $\qquad x_- = -3$

2. $2x^2 - 5x + 2 = 0$ $\qquad x_+ = 2$ $\qquad x_- = \dfrac{1}{2}$

3. $2x^2 - 4x + 9 = 0$ $\qquad x_+ = 1 + \sqrt{22}\,/2$ $\qquad x_- = 1 - \sqrt{22}\,/2$

선형 방정식

선형 방정식은 다음의 형태를 갖는다.

$$y = mx + b \qquad\qquad \text{B.9}$$

여기서 m과 b는 상수이다. 이 방정식은 그림 B.1에서 보는 바와 같이 직선을 타나낸다. 상수 b는 **y절편**(y-intercept)이고, 상수 m은 직선의 **기울기**(slope)를 나타낸다. 그림 B.1처럼 직선 위의 두 점 (x_1, y_1)과 (x_2, y_2)가 주어지면, 직선의 기울기는 다음과 같이 표현된다.

$$\text{기울기} = \frac{y_2 - y_1}{x_2 - x_1} = \frac{\Delta y}{\Delta x} \qquad\qquad \text{B.10}$$

세 가지 가능한 m과 b값에 대한 직선을 그림 B.2에 나타냈다.

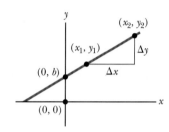

그림 B.1 xy좌표계에 그린 직선. 직선의 기울기는 Δy와 Δx의 비율이다.

연습문제

1. 다음의 직선 그래프를 그려라.

   (a) $y = 5x + 3$ (b) $y = -2x + 4$ (c) $y = -3x - 6$

2. 연습문제 1에서 설명한 직선의 기울기를 구하라.

   답 (a) 5 (b) -2 (c) -3

3. 다음에 주어진 좌표를 지나는 직선의 기울기를 구하라.

   (a) $(0, -4)$와 $(4, 2)$ (b) $(0, 0)$와 $(2, -5)$ (c) $(-5, 2)$와 $(4, -2)$

   답 (a) $\frac{3}{2}$ (b) $-\frac{5}{2}$ (c) $-\frac{4}{9}$

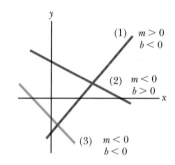

그림 B.2 갈색선은 기울기가 양이고 y절편은 음이다. 파란선은 기울기가 음이고 y절편이 양이다. 초록색선은 기울기가 음이고 y절편이 음이다.

일차 연립 방정식 풀기

미지수가 x, y인 방정식 $3x + 5y = 15$를 고려하자. 이런 방정식의 해는 하나가 아니다. 예를 들어 $(x = 0,\ y = 3)$, $(x = 5,\ y = 0)$, $(x = 2,\ y = \frac{9}{5})$는 모두 이 방정식의 해이다.

문제에 두 개의 미지수가 있으면, **두 개**의 방정식이 주어질 때에만 해가 하나 존재한다. 일반적으로 n개의 미지수가 있는 문제에서, 해가 존재하려면 n개의 방정식이 필요하다.

어떤 경우에는 두 가지 정보가 (1) 하나의 식과 (2) 해에 대한 하나의 조건일 수 있다. 예를 들어 $m = 3n$과, m과 n은 가장 작은 가능한 자연수여야 한다는 조건이 주어졌다고 하자. 그러면 하나의 식으로 하나의 해만 갖게 할 수는 없지만, 추가 조건 때문에 $n = 1$이고 $m = 3$이 된다.

예제 B.2

다음 연립 방정식을 풀라.

$$(1)\ 5x + y = -8$$
$$(2)\ 2x - 2y = 4$$

풀이

식 (2)로부터 $x = y + 2$이다. 이 방정식을 식 (1)에 대입한다.

$$5(y + 2) + y = -8$$
$$6y = -18$$
$$y = \boxed{-3}$$
$$x = y + 2 = \boxed{-1}$$

다른 풀이 법 식 (1)에 2를 곱하여 식 (2)와 더하면 다음을 구할 수 있다.

$$10x + 2y = -16$$
$$\underline{2x - 2 = 4}$$
$$12x = -12$$
$$x = \boxed{-1}$$
$$y = x - 2 = \boxed{-3}$$

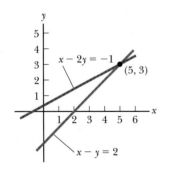

그림 B.3 두 일차 방정식에 대해 그래프를 이용해서 구한 해

또한 미지수 두 개를 포함하고 있는 두 개의 선형 방정식은 그래프 방법을 이용해서 풀 수 있다. 두 방정식에 해당하는 직선을 일반적인 좌표계에 그렸을 때, 두 직선의 교점이 해를 나타낸다. 예를 들어 다음의 두 방정식을 고려하자.

$$x - y = 2$$
$$x - 2y = -1$$

이들 방정식을 그림 B.3에 그렸다. 두 직선의 교점은 이 방정식의 해인 $x = 5$와 $y = 3$이다. 이 해를 앞에서 설명한 해석학적 방법으로 확인해 보기 바란다.

연습문제

다음의 이원 일차 연립 방정식을 풀라.

답

1. $x + y = 8$ $x = 5, y = 3$
   $x - y = 2$

2. $98 - T = 10a$ $T = 65, a = 3.27$
   $T - 49 = 5a$

3. $6x + 2y = 6$ $x = 2, y = -3$
   $8x - 4y = 28$

로그

x가 a의 지수 함수라고 가정하자.

$$x = a^y \tag{B.11}$$

숫자 a는 **밑**(base)이라고 부른다. 밑 a에 대한 x의 **로그값**은 $x = a^y$와 같다.

$$y = \log_a x \tag{B.12}$$

역으로 y의 로그의 역은 x가 된다.

$$x = \text{antilog}_a y \tag{B.13}$$

실제로 두 가지 밑을 가장 많이 사용한다. 상용 로그에서 사용하는 밑 10과 오일러 상수 또는 자연 로그의 밑 $e = 2.718\,282$가 그것이다. 상용 로그는 다음과 같이 사용한다.

상용 로그

$$y = \log_{10} x \quad (\text{또는 } x = 10^y) \tag{B.14}$$

자연 로그

$$y = \ln x \quad (\text{또는 } x = e^y) \tag{B.15}$$

예를 들어 $\log_{10} 52 = 1.716$이면, $\text{antilog}_{10} 1.716 = 10^{1.716} = 52$이다. 마찬가지로 $\ln 52 = 3.951$이면 $\text{antiln}\,3.951 = e^{3.951} = 52$이다.

일반적으로 밑이 10인 수와 밑이 e인 수를 다음과 같이 변환할 수 있다.

$$\ln x = (2.302\,585) \log_{10} x \tag{B.16}$$

마지막으로 로그에서 유용한 성질은 다음과 같다.

$$
\left.
\begin{array}{l}
\log(ab) = \log a + \log b \\
\log(a/b) = \log a - \log b \\
\log(a^n) = n \log a
\end{array}
\right\} \text{어떤 밑이든지 성립}
$$
$$\ln e = 1$$
$$\ln e^a = a$$
$$\ln\left(\frac{1}{a}\right) = -\ln a$$

▌ **B.3** | 기하학

좌표 (x_1, y_1)과 (x_2, y_2) 사이의 **거리**(distance) d는 다음과 같다.

$$d = \sqrt{(x_2 - x_1)^2 + (y_2 - y_1)^2} \tag{B.17}$$

그림 B.4와 같이 두 변이 서로 수직이면, 두 변 사이의 각도는 같다.

호도법: 호의 길이 s는 각도 θ(라디안)가 일정할 때 반지름 r에 비례한다.

$$
\begin{aligned}
s &= r\theta \\
\theta &= \frac{s}{r}
\end{aligned}
\tag{B.18}
$$

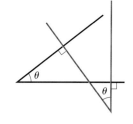

그림 B.4 두 변이 서로 수직이기 때문에 각도는 서로 같다.

그림 B.5 라디안으로 나타낸 각도 θ는 호의 길이 s와 원의 반지름 r의 비이다.

표 B.2 | 여러 기하학적 형태에 대한 값

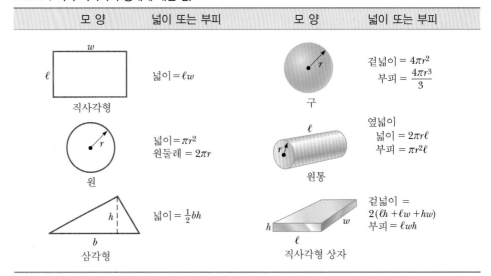

모 양	넓이 또는 부피	모 양	넓이 또는 부피
직사각형	넓이 $= \ell w$	구	겉넓이 $= 4\pi r^2$ 부피 $= \dfrac{4\pi r^3}{3}$
원	넓이 $= \pi r^2$ 원둘레 $= 2\pi r$	원통	옆넓이 넓이 $= 2\pi r\ell$ 부피 $= \pi r^2 \ell$
삼각형	넓이 $= \frac{1}{2}bh$	직사각형 상자	겉넓이 $=$ $2(\ell h + \ell w + hw)$ 부피 $= \ell wh$

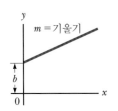

그림 B.6 기울기가 m이고 y절편이 b인 직선

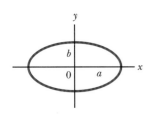

그림 B.7 긴 반지름이 a이고 짧은 반지름이 b인 타원

표 B.2는 이 교재에서 사용한 여러 모양의 **넓이**(area)와 **부피**(volume)를 보여 준다. **직선**(straight line)의 방정식(그림 B.6)은 다음과 같다.

$$y = mx + b \tag{B.19}$$

여기서 b는 y절편이고 m은 직선의 기울기이다.

중심이 원점에 있고 반지름이 R인 **원**(circle)의 방정식은 다음과 같다.

$$x^2 + y^2 = R^2 \tag{B.20}$$

중심이 원점에 있는 **타원**(ellipse)의 방정식(그림 B.7)은 다음과 같다.

$$\frac{x^2}{a^2} + \frac{y^2}{b^2} = 1 \tag{B.21}$$

여기서 a는 긴 반지름이고 b는 짧은 반지름이다.

꼭짓점이 $y = b$에 있는 **포물선**(parabola)의 방정식(그림 B.8)은 다음과 같다.

$$y = ax^2 + b \tag{B.22}$$

쌍곡선(hyperbola)의 방정식(그림 B.9)은 다음과 같다.

$$xy = 상수 \tag{B.23}$$

그림 B.8 꼭짓점이 $y = b$인 포물선

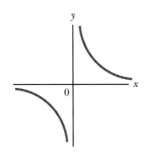

그림 B.9 쌍곡선

B.4 | 삼각 함수

직각삼각형의 특수한 성질에 기초한 수학을 삼각 함수라고 한다. 그림 B.10에서의 직각삼각형을 고려하자. 여기서 변 a는 각도 θ의 반대쪽에 있고, 변 b는 각도 θ에 인접해 있고, 변 c는 빗변이다. 이런 삼각형에서 정의된 세 가지 기본적인 삼각 함수는 사인(sin), 코사인(cos), 탄

젠트(tan)이다. 이들 함수를 각도 θ로 다음과 같이 정의한다.

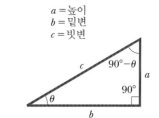

$$\sin \theta = \frac{\text{높이}}{\text{빗변}} = \frac{a}{c}$$

B.24

$$\cos \theta = \frac{\text{밑변}}{\text{빗변}} = \frac{b}{c}$$

B.25

$$\tan \theta = \frac{\text{높이}}{\text{밑변}} = \frac{a}{b}$$

B.26

그림 B.10 삼각 함수의 기본 함수를 정의하는 데 사용한 직각삼각형

피타고라스 정리에 따르면 직각삼각형의 경우 다음이 성립한다.

$$c^2 = a^2 + b^2$$

B.27

삼각 함수의 정의와 피타고라스 정리로부터 다음이 성립한다.

$$\sin^2 \theta + \cos^2 \theta = 1$$

$$\tan \theta = \frac{\sin \theta}{\cos \theta}$$

코시컨트, 시컨트, 코탄젠트는 다음과 같이 정의된다.

$$\csc \theta = \frac{1}{\sin \theta} \qquad \sec \theta = \frac{1}{\cos \theta} \qquad \cot \theta = \frac{1}{\tan \theta}$$

다음 관계식은 그림 B.10에 있는 직각삼각형으로부터 직접 유도된다.

$$\sin \theta = \cos (90° - \theta)$$
$$\cos \theta = \sin (90° - \theta)$$
$$\cot \theta = \tan (90° - \theta)$$

삼각 함수의 몇 가지 성질:

$$\sin (-\theta) = -\sin \theta$$
$$\cos (-\theta) = \cos \theta$$
$$\tan (-\theta) = -\tan \theta$$

다음의 관계식은 그림 B.11에 있는 **어떤** 삼각형에도 적용된다.

$$\alpha + \beta + \gamma = 180°$$

코사인 법칙 $\begin{cases} a^2 = b^2 + c^2 - 2bc \cos \alpha \\ b^2 = a^2 + c^2 - 2ac \cos \beta \\ c^2 = a^2 + b^2 - 2ab \cos \gamma \end{cases}$

사인 법칙 $\dfrac{a}{\sin \alpha} = \dfrac{b}{\sin \beta} = \dfrac{c}{\sin \gamma}$

표 B.3에 삼각 함수의 여러 관계식을 실어 놓았다.

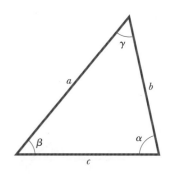

그림 B.11 임의의 삼각형

표 B.3 |

삼각 함수의 여러 관계식

$$\sin^2\theta + \cos^2\theta = 1 \qquad\qquad \csc^2\theta = 1 + \cot^2\theta$$

$$\sec^2\theta = 1 + \tan^2\theta \qquad\qquad \sin^2\frac{\theta}{2} = \tfrac{1}{2}(1 - \cos\theta)$$

$$\sin 2\theta = 2\sin\theta\cos\theta \qquad\qquad \cos^2\frac{\theta}{2} = \tfrac{1}{2}(1 + \cos\theta)$$

$$\cos 2\theta = \cos^2\theta - \sin^2\theta \qquad\qquad 1 - \cos\theta = 2\sin^2\frac{\theta}{2}$$

$$\tan 2\theta = \frac{2\tan\theta}{1 - \tan^2\theta} \qquad\qquad \tan\frac{\theta}{2} = \sqrt{\frac{1 - \cos\theta}{1 + \cos\theta}}$$

$$\sin(A \pm B) = \sin A\cos B \pm \cos A\sin B$$
$$\cos(A \pm B) = \cos A\cos B \mp \sin A\sin B$$
$$\sin A \pm \sin B = 2\sin\left[\tfrac{1}{2}(A \pm B)\right]\cos\left[\tfrac{1}{2}(A \mp B)\right]$$
$$\cos A + \cos B = 2\cos\left[\tfrac{1}{2}(A + B)\right]\cos\left[\tfrac{1}{2}(A - B)\right]$$
$$\cos A - \cos B = 2\sin\left[\tfrac{1}{2}(A + B)\right]\sin\left[\tfrac{1}{2}(B - A)\right]$$

예제 B.3 |

그림 B.12에 있는 직각삼각형을 고려하자. 여기서 $a = 2.00$, $b = 5.00$ 이고 c는 미지수이다. 피타고라스 정리로부터 다음을 얻는다.

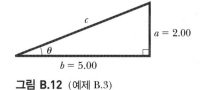

그림 B.12 (예제 B.3)

$$c^2 = a^2 + b^2 = 2.00^2 + 5.00^2 = 4.00 + 25.0 = 29.0$$
$$c = \sqrt{29.0} = \boxed{5.39}$$

각도 θ를 구하기 위해 다음을 주목하라.

$$\tan\theta = \frac{a}{b} = \frac{2.00}{5.00} = 0.400$$

계산기를 이용해서 다음을 구한다.

$$\theta = \tan^{-1}(0.400) = \boxed{21.8°}$$

여기서 $\tan^{-1}(0.400)$는 '탄젠트 값이 0.400'일 때의 각도를 나타내는 기호이며, 때때로 $\arctan(0.400)$으로 표기하기도 한다.

연습문제

그림 B.13 (연습문제 1)

1. 그림 B.13에서 (a) 높이, (b) 밑변, (c) $\cos\theta$, (d) $\sin\phi$, (e) $\tan\phi$를 구하라.

   답 (a) 3 (b) 3 (c) $\frac{4}{5}$ (d) $\frac{4}{5}$ (e) $\frac{4}{3}$

2. 어떤 직각삼각형에서 서로 수직인 두 변의 길이가 각각 5.00 m와 7.00 m일 때, 빗변의 길이는 얼마인가?

   답 8.60 m

3. 어떤 직각삼각형에서 빗변의 길이가 3.0 m이고 한 각도는 30°이다. (a) 높이는 얼마인가?

(b) 밑변은 얼마인가?

답 (a) 1.5 m   (b) 2.6 m

◤ B.5 | 급수 전개

$$(a + b)^n = a^n + \frac{n}{1!} a^{n-1}b + \frac{n(n-1)}{2!} a^{n-2}b^2 + \cdots$$

$$(1 + x)^n = 1 + nx + \frac{n(n-1)}{2!} x^2 + \cdots$$

$$e^x = 1 + x + \frac{x^2}{2!} + \frac{x^3}{3!} + \cdots$$

$$\ln (1 \pm x) = \pm x - \tfrac{1}{2}x^2 \pm \tfrac{1}{3}x^3 - \cdots$$

$$\left.\begin{array}{l} \sin x = x - \dfrac{x^3}{3!} + \dfrac{x^5}{5!} - \cdots \\[2mm] \cos x = 1 - \dfrac{x^2}{2!} + \dfrac{x^4}{4!} - \cdots \\[2mm] \tan x = x + \dfrac{x^3}{3} + \dfrac{2x^5}{15} + \cdots \quad |x| < \dfrac{\pi}{2} \end{array}\right\} \; x\text{는 라디안 단위}$$

$x \ll 1$인 경우 다음의 근사식을 사용할 수 있다.[1]

$$(1 + x)^n \approx 1 + nx \qquad \sin x \approx x$$

$$e^x \approx 1 + x \qquad\qquad \cos x \approx 1$$

$$\ln (1 \pm x) \approx \pm x \qquad \tan x \approx x$$

◤ B.6 | 미 분

과학의 여러 분야에서 물리적인 현상을 설명하기 위해 뉴턴이 만들어 낸 수학의 기본적인 도구를 사용하는 것이 때때로 필요하다. 미적분의 사용은 뉴턴 역학, 전기와 자기에서 다양한 문제를 푸는 데 기본이다. 여기에서는 간단하고 중요한 성질을 설명하겠다.

함수(function)는 한 변수와 또 다른 변수 사이의 관계로 정의된다(예, 시간에 따른 좌표). 한 변수를 y라 하고(종속 변수) 또 다른 변수를 x라 하자(독립 변수). 그리고 다음과 같은 함수를 생각해 보자.

$$y(x) = ax^3 + bx^2 + cx + d$$

a, b, c, d가 상수이면, 임의의 값 x에 대해 y를 계산할 수 있다. 일반적으로 y가 x에 대해 '부드럽게' 변하는 함수를 다룬다.

x에 대한 y의 **도함수**(derivative)는 Δx가 0으로 접근할 때 x-y 곡선 위의 두 점 사이에 그린

---

[1] 함수 $\sin x$, $\cos x$, $\tan x$에 대한 근사는 $x \le 0.1$ rad 인 경우에 해당한다.

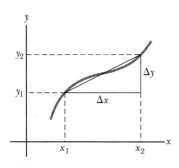

그림 B.14 곡선의 임의의 점에서 미분을 정의하기 위해 길이 Δx와 Δy를 사용한다.

표 B.4 |

여러 함수의 도함수

$$\frac{d}{dx}(a) = 0$$

$$\frac{d}{dx}(ax^n) = nax^{n-1}$$

$$\frac{d}{dx}(e^{ax}) = ae^{ax}$$

$$\frac{d}{dx}(\sin ax) = a\cos ax$$

$$\frac{d}{dx}(\cos ax) = -a\sin ax$$

$$\frac{d}{dx}(\tan ax) = a\sec^2 ax$$

$$\frac{d}{dx}(\cot ax) = -a\csc^2 ax$$

$$\frac{d}{dx}(\sec x) = \tan x \sec x$$

$$\frac{d}{dx}(\csc x) = -\cot x \csc x$$

$$\frac{d}{dx}(\ln ax) = \frac{1}{x}$$

$$\frac{d}{dx}(\sin^{-1} ax) = \frac{a}{\sqrt{1 - a^2 x^2}}$$

$$\frac{d}{dx}(\cos^{-1} ax) = \frac{-a}{\sqrt{1 - a^2 x^2}}$$

$$\frac{d}{dx}(\tan^{-1} ax) = \frac{a}{1 + a^2 x^2}$$

Note: a와 n은 상수이다.

직선의 기울기의 극한값으로 정의한다. 수학적으로는 이 정의를 다음과 같이 쓴다.

$$\frac{dy}{dx} = \lim_{\Delta x \to 0} \frac{\Delta y}{\Delta x} = \lim_{\Delta x \to 0} \frac{y(x + \Delta x) - y(x)}{\Delta x} \qquad \text{B.28}$$

여기서 $\Delta x = x_2 - x_1$이고 $\Delta y = y_2 - y_1$로 정의한 양이다(그림 B.14). dy/dx는 dy를 dx로 나눈다는 의미가 아니라 식 B.28의 정의에 의한 도함수를 구하는 극한 과정을 나타내는 기호이다.

a가 상수이고 n이 양 또는 음의 정수 또는 분수일 때 함수 $y(x) = ax^n$의 도함수는 다음과 같다.

$$\frac{dy}{dx} = nax^{n-1} \qquad \text{B.29}$$

$y(x)$가 x의 급수이거나 대수 함수이면 급수의 각 항에 식 B.29를 적용하고 $d(\text{상수})/dx = 0$으로 한다.

도함수의 성질

A. 두 함수의 곱 도함수 함수 $f(x)$가 두 함수 $g(x)$와 $h(x)$의 곱으로 주어질 때 $f(x)$의 도함수는 다음과 같이 구한다.

$$\frac{d}{dx} f(x) = \frac{d}{dx}[g(x)h(x)] = g\frac{dh}{dx} + h\frac{dg}{dx} \qquad \text{B.30}$$

B. 두 함수의 합의 도함수 함수 $f(x)$가 두 함수의 합이면 도함수는 각 함수의 도함수를 더한 것과 같다.

$$\frac{d}{dx} f(x) = \frac{d}{dx}[g(x) + h(x)] = \frac{dg}{dx} + \frac{dh}{dx} \qquad \text{B.31}$$

C. 도함수의 연쇄법칙 $y = f(x)$, $x = g(z)$라 할 때 dy/dz는 두 도함수의 곱으로 구한다.

$$\frac{dy}{dz} = \frac{dy}{dx}\frac{dx}{dz} \qquad \text{B.32}$$

D. 이차 도함수 y의 x에 대한 이차 도함수는 도함수 dy/dx의 도함수로 정의한다(즉 도함수의 도함수). 그리고 다음과 같이 표기한다.

$$\frac{d^2 y}{dx^2} = \frac{d}{dx}\left(\frac{dy}{dx}\right) \qquad \text{B.33}$$

많이 사용되는 함수의 도함수를 표 B.4에 나열했다.

◤ **예제 B.4** |

$y(x)$가 다음과 같이 주어진다.

$$y(x) = ax^3 + bx + c$$

여기서 a와 b는 상수일 때, 다음과 같이 된다.

$$y(x + \Delta x) = a(x + \Delta x)^3 + b(x + \Delta x) + c$$

$$= a(x^3 + 3x^2 \Delta x + 3x \Delta x^2 + \Delta x^3) + b(x + \Delta x) + c$$

그러므로

$$\Delta y = y(x + \Delta x) - y(x) = a(3x^2 \Delta x + 3x \Delta x^2 + \Delta x^3) + b \Delta x$$

이를 식 B.28에 대입하면 다음을 얻는다.

$$\frac{dy}{dx} = \lim_{\Delta x \to 0} \frac{\Delta y}{\Delta x} = \lim_{\Delta x \to 0}[3ax^2 + 3ax\Delta x + a\Delta x^2] + b$$

$$\frac{dy}{dx} = 3ax^2 + b$$

예제 B.5 |

다음 식의 도함수를 구하라.

$$y(x) = 8x^5 + 4x^3 + 2x + 7$$

풀이

식 B.29를 각 항에 적용하면 다음을 얻는다.

$$\frac{dy}{dx} = 8(5)x^4 + 4(3)x^2 + 2(1)x^0 + 0$$

$$\frac{dt}{dx} = 40x^4 + 12x^2 + 2$$

예제 B.6 |

$y(x) = x^3/(x + 1)^2$ 의 x 에 대한 도함수를 구하라.

풀이

이 함수를 $y(x) = x^3(x + 1)^{-2}$와 같이 쓰고 식 B.30을 적용한다.

$$\frac{dy}{dx} = (x + 1)^{-2} \frac{d}{dx}(x^3) + x^3 \frac{d}{dx}(x + 1)^{-2}$$

$$= (x + 1)^{-2} 3x^2 + x^3(-2)(x + 1)^{-3}$$

$$\frac{dy}{dx} = \frac{3x^2}{(x + 1)^2} - \frac{2x^3}{(x + 1)^3} = \frac{x^2(x + 3)}{(x + 1)^3}$$

예제 B.7 |

두 함수를 나눈 함수에 대한 도함수 공식을 식 B.30으로부터 얻을 수 있다. 다음을 보여라.

$$\frac{d}{dx}\left[\frac{g(x)}{h(x)}\right] = \frac{h\dfrac{dg}{dx} - g\dfrac{dh}{dx}}{h^2}$$

풀이

나누기를 gh^{-1}와 같이 나타낼 수 있으므로 식 B.29와 B.30을 적용한다.

$$\frac{d}{dx}\left(\frac{g}{h}\right) = \frac{d}{dx}\left(gh^{-1}\right) = g\frac{d}{dx}\left(h^{-1}\right) + h^{-1}\frac{d}{dx}\left(g\right)$$

$$= -gh^{-2}\frac{dh}{dx} + h^{-1}\frac{dg}{dx} = \frac{h\dfrac{dg}{dx} - g\dfrac{dh}{dx}}{h^2}$$

◤ **B.7** | 적 분

적분을 미분의 역 과정으로 생각한다. 예를 들어 다음의 식을 고려하자.

$$f(x) = \frac{dy}{dx} = 3ax^2 + b \qquad \text{B.34}$$

이는 예제 B.4에서 다음 함수를 미분한 것이다.

$$y(x) = ax^3 + bx + c$$

식 B.34를 $dy = f(x)dx = (3ax^2 + b)\,dx$로 쓸 수 있고, 모든 x에 대해 '더해서' $y(x)$를 구할 수 있다. 수학적으로, 이 역 과정을 다음과 같이 쓴다.

$$y(x) = \int f(x)\,dx$$

식 B.34로 주어진 함수 $f(x)$에 대해 다음을 얻는다.

$$y(x) = \int (3ax^2 + b)\,dx = ax^3 + bx + c$$

여기서 c는 적분 상수이다. 적분값이 c의 선택에 의존하기 때문에, 이런 적분 형태를 **부정 적분**이라고 한다.

일반적으로 **부정 적분**(indefinite integral) $I(x)$는 다음과 같이 정의된다.

$$I(x) = \int f(x)\,dx \qquad \text{B.35}$$

여기서 $f(x)$를 **피적분 함수**라 하고, $f(x) = dI(x)/dx$이다.

연속 함수 $f(x)$에 대해 적분은 곡선 $f(x)$와 그림 B.15와 같이 x축의 두 점 x_1, x_2로 둘러싸인 넓이로 나타낼 수도 있다.

그림 B.15의 파란색 영역의 넓이는 대략 $f(x_i)\Delta x_i$이며 x_1와 x_2 사이의 이런 모든 넓이를 더하고 이 합을 $\Delta x_i \to 0$의 극한을 취하면 $f(x)$와 x_1과 x_2 사이의 x축에 둘러싸인 실제 넓이를 얻게 된다.

$$\text{넓이} = \lim_{\Delta x_i \to 0} \sum_i f(x_i)\Delta x_i = \int_{x_1}^{x_2} f(x)\,dx \qquad \text{B.36}$$

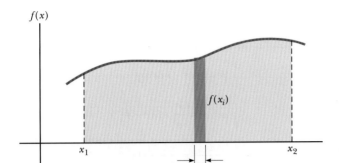

식 B.36으로 정의된 적분 형태를 **정적분**(definite integral)이라고 한다.

다음은 일반적 적분 공식이다.

$$\int x^n \, dx = \frac{x^{n+1}}{n+1} + c \quad (n \neq -1)$$ **B.37**

이 결과는 당연하다. 왜냐하면 우변을 x에 대해 미분하면 바로 $f(x) = x^n$이 되기 때문이다. 적분 구간이 정해지면 이 적분은 **정적분**이 되고 다음과 같이 쓴다.

$$\int_{x_1}^{x_2} x^n \, dx = \frac{x^{n+1}}{n+1}\bigg|_{x_1}^{x_2} = \frac{x_2^{n+1} - x_1^{n+1}}{n+1} \quad (n \neq -1)$$ **B.38**

◀ **예 제** |

1. $\displaystyle\int_0^a x^2 \, dx = \frac{x^3}{3}\bigg]_0^a = \frac{a^3}{3}$

3. $\displaystyle\int_3^5 x \, dx = \frac{x^2}{2}\bigg]_3^5 = \frac{5^2 - 3^2}{2} = 8$

2. $\displaystyle\int_0^b x^{3/2} dx = \frac{x^{5/2}}{5/2}\bigg]_0^b = \frac{2}{5}b^{5/2}$

부분 적분

때때로 적분값을 구하기 위해 **부분 적분**을 적용하는 것이 유용하다. 이 방법은 다음의 성질을 이용한다.

$$\int u \, dv = uv - \int v \, du$$ **B.39**

여기서 u의 v는 복잡한 적분을 단순하게 하기 위해 **적절하게** 선택한다. 다음의 함수를 고려하자.

$$I(x) = \int x^2 e^x \, dx$$

이는 두 번 부분 적분을 해서 계산할 수 있다. 먼저 $u = x^2$, $v = e^x$로 놓으면 다음을 얻는다.

표 B.5 |

부정 적분 (각 적분에 임의의 상수가 더해져야 한다.)

$$\int x^n\,dx = \frac{x^{n+1}}{n+1} \quad (n \neq 1인\ 경우)$$

$$\int \frac{dx}{x} = \int x^{-1}\,dx = \ln x$$

$$\int \frac{dx}{a+bx} = \frac{1}{b}\ln(a+bx)$$

$$\int \frac{x\,dx}{a+bx} = \frac{x}{b} - \frac{a}{b^2}\ln(a+bx)$$

$$\int \frac{dx}{x(x+a)} = -\frac{1}{a}\ln\frac{x+a}{x}$$

$$\int \frac{dx}{(a+bx)^2} = -\frac{1}{b(a+bx)}$$

$$\int \frac{dx}{a^2+x^2} = \frac{1}{a}\tan^{-1}\frac{x}{a}$$

$$\int \frac{dx}{a^2-x^2} = \frac{1}{2a}\ln\frac{a+x}{a-x} \quad (a^2-x^2>0)$$

$$\int \frac{dx}{x^2-a^2} = \frac{1}{2a}\ln\frac{x-a}{x+a} \quad (x^2-a^2>0)$$

$$\int \frac{x\,dx}{a^2\pm x^2} = \pm\tfrac{1}{2}\ln(a^2\pm x^2)$$

$$\int \frac{dx}{\sqrt{a^2-x^2}} = \sin^{-1}\frac{x}{a} = -\cos^{-1}\frac{x}{a} \quad (a^2-x^2>0)$$

$$\int \frac{dx}{\sqrt{x^2+a^2}} = \ln(x+\sqrt{x^2\pm a^2})$$

$$\int \frac{x\,dx}{\sqrt{a^2-x^2}} = -\sqrt{a^2-x^2}$$

$$\int \frac{x\,dx}{\sqrt{x^2\pm a^2}} = \sqrt{x^2\pm a^2}$$

$$\int \sqrt{a^2-x^2}\,dx = \tfrac{1}{2}\left(x\sqrt{a^2-x^2} + a^2\sin^{-1}\frac{x}{|a|}\right)$$

$$\int x\sqrt{a^2-x^2}\,dx = -\tfrac{1}{3}(a^2-x^2)^{3/2}$$

$$\int \sqrt{x^2\pm a^2}\,dx = \tfrac{1}{2}\left[x\sqrt{x^2\pm a^2} \pm a^2\ln(x+\sqrt{x^2\pm a^2})\right]$$

$$\int x(\sqrt{x^2\pm a^2})\,dx = \tfrac{1}{3}(x^2\pm a^2)^{3/2}$$

$$\int e^{ax}\,dx = \frac{1}{a}e^{ax}$$

$$\int \ln ax\,dx = (x\ln ax) - x$$

$$\int xe^{ax}\,dx = \frac{e^{ax}}{a^2}\,(ax-1)$$

$$\int \frac{dx}{a+be^{cx}} = \frac{x}{a} - \frac{1}{ac}\ln(a+be^{cx})$$

$$\int \sin ax\,dx = -\frac{1}{a}\cos ax$$

$$\int \cos ax\,dx = \frac{1}{a}\sin ax$$

$$\int \tan ax\,dx = -\frac{1}{a}\ln(\cos ax) = \frac{1}{a}\ln(\sec ax)$$

$$\int \cot ax\,dx = \frac{1}{a}\ln(\sin ax)$$

$$\int \sec ax\,dx = \frac{1}{a}\ln(\sec ax+\tan ax) = \frac{1}{a}\ln\left[\tan\left(\frac{ax}{2}+\frac{\pi}{4}\right)\right]$$

$$\int \csc ax\,dx = \frac{1}{a}\ln(\csc ax-\cot ax) = \frac{1}{a}\ln\left(\tan\frac{ax}{2}\right)$$

$$\int \sin^2 ax\,dx = \frac{x}{2} - \frac{\sin 2ax}{4a}$$

$$\int \cos^2 ax\,dx = \frac{x}{2} + \frac{\sin 2ax}{4a}$$

$$\int \frac{dx}{\sin^2 ax} = -\frac{1}{a}\cot ax$$

$$\int \frac{dx}{\cos^2 ax} = \frac{1}{a}\tan ax$$

$$\int \tan^2 ax\,dx = \frac{1}{a}(\tan ax) - x$$

$$\int \cot^2 ax\,dx = -\frac{1}{a}(\cot ax) - x$$

$$\int \sin^{-1} ax\,dx = x(\sin^{-1} ax) + \frac{\sqrt{1-a^2x^2}}{a}$$

$$\int \cos^{-1} ax\,dx = x(\cos^{-1} ax) - \frac{\sqrt{1-a^2x^2}}{a}$$

$$\int \frac{dx}{(x^2+a^2)^{3/2}} = \frac{x}{a^2\sqrt{x^2+a^2}}$$

$$\int \frac{x\,dx}{(x^2+a^2)^{3/2}} = -\frac{1}{\sqrt{x^2+a^2}}$$

표 B.6 |

가우스의 확률 적분과 여러 정적분

$$\int_0^\infty x^n e^{-ax}\, dx = \frac{n!}{a^{n+1}}$$

$$I_0 = \int_0^\infty e^{-ax^2} dx = \frac{1}{2}\sqrt{\frac{\pi}{a}} \quad \text{(가우스의 확률 적분)}$$

$$I_1 = \int_0^\infty x e^{-ax^2}\, dx = \frac{1}{2a}$$

$$I_2 = \int_0^\infty x^2 e^{-ax^2} dx = -\frac{dI_0}{da} = \frac{1}{4}\sqrt{\frac{\pi}{a^3}}$$

$$I_3 = \int_0^\infty x^3 e^{-ax^2} dx = -\frac{dI_1}{da} = \frac{1}{2a^2}$$

$$I_4 = \int_0^\infty x^4 e^{-ax^2} dx = \frac{d^2 I_0}{da^2} = \frac{3}{8}\sqrt{\frac{\pi}{a^5}}$$

$$I_5 = \int_0^\infty x^5 e^{-ax^2} dx = \frac{d^2 I_1}{da^2} = \frac{1}{a^3}$$

$$\vdots$$

$$I_{2n} = (-1)^n \frac{d^n}{da^n} I_0$$

$$I_{2n+1} = (-1)^n \frac{d^n}{da^n} I_1$$

$$\int x^2 e^x\, dx = \int x^2\, d(e^x) = x^2 e^x - 2\int e^x x\, dx + c_1$$

이제 $u = x$, $v = e^x$로 놓으면 다음을 얻는다.

$$\int x^2 e^x\, dx = x^2 e^x - 2x e^x + 2\int e^x\, dx + c_1$$

또는

$$\int x^2 e^x\, dx = x^2 e^x - 2x e^x + 2 e^x + c_2$$

전미분

기억해야 할 또 다른 방법으로 **전미분**이 있다. 전미분은 적분 함수의 독립 변수로 나타낸 미분이 함수의 미분이 되도록 변수 변화를 찾는 것이다. 예를 들어 다음 적분을 고려해 보자.

$$I(x) = \int \cos^2 x \, \sin x \, dx$$

이 적분은 $d(\cos x) = -\sin x\, dx$로 쓰면 쉽게 계산할 수 있다. 그러면 적분은 다음과 같이 된다.

$$\int \cos^2 x \ \sin x \ dx = - \int \cos^2 x \ d(\cos x)$$

변수를 $y = \cos x$ 로 바꾸면 다음을 구할 수 있다.

$$\int \cos^2 x \sin x \ dx = - \int y^2 \ dy = -\frac{y^3}{3} + c = -\frac{\cos^3 x}{3} + c$$

표 B.5에 유용한 부정적분을 나열했다. 표 B.6은 가우스의 확률 적분과 여러 정적분을 나열했다.

◤ B.8 │ 불확정도의 전파

실험실 실험에서 공통적인 사항은 자료를 얻기 위해 측정하는 것이다. 이들 측정은 여러 장치를 이용해서 얻은 길이, 시간, 간격, 온도, 전압 등의 여러 형태이다. 측정과 장비의 질에 무관하게 **물리적인 측정에는 항상 이와 연관된 불확정도가 있다.** 이런 불확정도는 측정과 관련된 불확정도와 측정하는 계의 불확정도와 모두 연관되어 있다. 전자의 예는 미터자 위의 선 사이에서 길이 측정의 위치를 정확히 결정하는 것이 불가능하다는 것이다. 측정하는 계와 관련된 불확정도의 한 예는 물 안의 온도 변화인데, 그래서 물에 대한 하나의 온도를 결정하는 것이 어렵다.

불확정도는 두 가지 방법으로 표현할 수 있다. **절대 불확정도**(absolute uncertainty)는 측정과 같은 단위로 표현한 불확정도를 의미한다. 따라서 컴퓨터 디스크 라벨의 길이는 (5.5 ± 0.1) cm로 표현할 수 있다. 측정 값이 1.0 cm라면, ± 0.1 cm의 불확정도는 크지만, 측정 값이 100 m라면 이 불확정도는 작은 것이다. 불확정도를 더 의미 있게 하기 위해 **소수 불확정도**(fractional uncertainty) 또는 **퍼센트 불확정도**(percent uncertainty)를 사용한다. 이 경우 불확정도는 실제 측정값으로 나눈 것이다. 따라서 컴퓨터 디스크 라벨의 길이는 다음과 같이 표현할 수 있다.

$$\ell = 5.5 \ \mathrm{cm} \ \pm \ \frac{0.1 \ \mathrm{cm}}{5.5 \ \mathrm{cm}} = 5.5 \ \mathrm{cm} \ \pm \ 0.018 \quad \text{(소수 불확정도)}$$

또는
$$\ell = 5.5 \ \mathrm{cm} \ \pm \ 1.8 \ \% \quad \text{(퍼센트 불확정도)}$$

계산에서 측정들을 조합하면, 최종 결과에서 퍼센트 불확정도는 일반적으로 각각의 측정에서의 불확정도보다 크다. 이를 **불확정도의 전파**(propagation of uncertainty)라고 하며, 실험 물리에서 중요한 것 중의 하나이다.

계산한 결과에서 불확정도를 합리적으로 추정해볼 수 있는 몇 가지 간단한 규칙이 있다.

곱셈과 나눗셈: 불확정도를 가진 측정들을 서로 곱하거나 나눌 때, 각각의 **퍼센트 불확정도**를 더하여 최종 퍼센트 불확정도를 얻는다.

예: 직사각형 판의 넓이

$$A = \ell w = (5.5 \ \mathrm{cm} \ \pm \ 1.8 \ \%) \times (6.4 \ \mathrm{cm} \ \pm \ 1.6 \ \%)$$
$$= 35 \ \mathrm{cm}^2 \ \pm \ 3.4 \ \% = (35 \ \pm \ 1) \ \mathrm{cm}^2$$

덧셈과 뺄셈: 불확정도를 가진 측정들을 서로 더하거나 뺄 때, 각각의 불확정도 절댓값을 더

하여 **최종 불확정도**를 얻는다.

예: 온도의 변화

$$\Delta T = T_2 - T_1 = (99.2 \pm 1.5)\,°C - (27.6 \pm 1.5)\,°C$$

$$= (71.6 \pm 3.0)\,°C = 71.6\,°C \pm 4.2\,\%$$

거듭제곱: 측정값을 거듭제곱할 때, 퍼센트 불확정도는 측정값의 퍼센트 불확정도에 거듭제곱 수만큼 곱하면 된다.

예: 구의 부피

$$V = \tfrac{4}{3}\pi r^3 = \tfrac{4}{3}\pi(6.20\,cm \pm 2.0\,\%)^3 = 998\,cm^3 \pm 6.0\,\%$$

$$= (998 \pm 60)\,cm^3$$

복잡한 계산의 경우, 많은 불확정도를 서로 더하면 최종 결과의 불확정도가 매우 커질 수 있다. 실험은 계산이 가능한 한 단순하게 되도록 설계해야 한다.

불확정도는 계산에서 항상 누적되므로 특히 측정값이 거의 비슷한 경우에는 측정값을 뺄셈하는 실험은 가능하면 피해야 한다. 그런 경우 측정값을 뺀 값이 불확정도보다 훨씬 작아질 수가 있다.

원소의 주기율표

I족	II족				전이 원소			
H 1 1.007 9 1*s*								
Li 3 6.941 2*s*¹	**Be** 4 9.012 2 2*s*²							
Na 11 22.990 3*s*¹	**Mg** 12 24.305 3*s*²							
K 19 39.098 4*s*¹	**Ca** 20 40.078 4*s*²	**Sc** 21 44.956 3*d*¹4*s*²	**Ti** 22 47.867 3*d*²4*s*²	**V** 23 50.942 3*d*³4*s*²	**Cr** 24 51.996 3*d*⁵4*s*¹	**Mn** 25 54.938 3*d*⁵4*s*²	**Fe** 26 55.845 3*d*⁶4*s*²	**Co** 27 58.933 3*d*⁷4*s*²
Rb 37 85.468 5*s*¹	**Sr** 38 87.62 5*s*²	**Y** 39 88.906 4*d*¹5*s*²	**Zr** 40 91.224 4*d*²5*s*²	**Nb** 41 92.906 4*d*⁴5*s*¹	**Mo** 42 95.94 4*d*⁵5*s*¹	**Tc** 43 (98) 4*d*⁵5*s*²	**Ru** 44 101.07 4*d*⁷5*s*¹	**Rh** 45 102.91 4*d*⁸5*s*¹
Cs 55 132.91 6*s*¹	**Ba** 56 137.33 6*s*²	57–71*	**Hf** 72 178.49 5*d*²6*s*²	**Ta** 73 180.95 5*d*³6*s*²	**W** 74 183.84 5*d*⁴6*s*²	**Re** 75 186.21 5*d*⁵6*s*²	**Os** 76 190.23 5*d*⁶6*s*²	**Ir** 77 192.2 5*d*⁷6*s*²
Fr 87 (223) 7*s*¹	**Ra** 88 (226) 7*s*²	89–103**	**Rf** 104 (261) 6*d*²7*s*²	**Db** 105 (262) 6*d*³7*s*²	**Sg** 106 (266)	**Bh** 107 (264)	**Hs** 108 (277)	**Mt** 109 (268)

기호 — **Ca** 20 — 원자 번호
원자 질량† — 40.078
4*s*² — 전자 배치

*Lanthanide 계열

La 57 138.91 5*d*¹6*s*²	**Ce** 58 140.12 5*d*¹4*f*¹6*s*²	**Pr** 59 140.91 4*f*³6*s*²	**Nd** 60 144.24 4*f*⁴6*s*²	**Pm** 61 (145) 4*f*⁵6*s*²	**Sm** 62 150.36 4*f*⁶6*s*²
Ac 89 (227) 6*d*¹7*s*²	**Th** 90 232.04 6*d*²7*s*²	**Pa** 91 231.04 5*f*²6*d*¹7*s*²	**U** 92 238.03 5*f*³6*d*¹7*s*²	**Np** 93 (237) 5*f*⁴6*d*¹7*s*²	**Pu** 94 (244) 5*f*⁶7*s*²

**Actinide 계열

Note: 주어진 원자량값은 자연에 존재하는 동위원소의 비율을 고려해서 평균한 값이다.
†불안정한 원소에 대해서는, 가장 안정된 동위원소의 원자량을 괄호 안에 표시했다.
††원소 111, 112, 114는 아직 이름이 붙여지지 않았다.
Note: 각 원소에 대한 자세한 사항은 *physics.nist.gov/PhysRefData/Elements/per_text.html*에서 찾아볼 수 있다.

		III족	IV족	V족	VI족	VII족	0족
						H 1 1.007 9 $1s^1$	**He** 2 4.002 6 $1s^2$
		B 5 10.811 $2p^1$	**C** 6 12.011 $2p^2$	**N** 7 14.007 $2p^3$	**O** 8 15.999 $2p^4$	**F** 9 18.998 $2p^5$	**Ne** 10 20.180 $2p^6$
		Al 13 26.982 $3p^1$	**Si** 14 28.086 $3p^2$	**P** 15 30.974 $3p^3$	**S** 16 32.066 $3p^4$	**Cl** 17 35.453 $3p^5$	**Ar** 18 39.948 $3p^6$
Ni 28 58.693 $3d^84s^2$	**Cu** 29 63.546 $3d^{10}4s^1$	**Zn** 30 65.41 $3d^{10}4s^2$	**Ga** 31 69.723 $4p^1$	**Ge** 32 72.64 $4p^2$	**As** 33 74.922 $4p^3$	**Se** 34 78.96 $4p^4$	**Br** 35 79.904 $4p^5$	**Kr** 36 83.80 $4p^6$
Pd 46 106.42 $4d^{10}$	**Ag** 47 107.87 $4d^{10}5s^1$	**Cd** 48 112.41 $4d^{10}5s^2$	**In** 49 114.82 $5p^1$	**Sn** 50 118.71 $5p^2$	**Sb** 51 121.76 $5p^3$	**Te** 52 127.60 $5p^4$	**I** 53 126.90 $5p^5$	**Xe** 54 131.29 $5p^6$
Pt 78 195.08 $5d^96s^1$	**Au** 79 196.97 $5d^{10}6s^1$	**Hg** 80 200.59 $5d^{10}6s^2$	**Tl** 81 204.38 $6p^1$	**Pb** 82 207.2 $6p^2$	**Bi** 83 208.98 $6p^3$	**Po** 84 (209) $6p^4$	**At** 85 (210) $6p^5$	**Rn** 86 (222) $6p^6$
Ds 110 (271)	**Rg** 111 (272)	112 (285)		114†† (289)		116†† (292)		

Eu 63 151.96 $4f^76s^2$	**Gd** 64 157.25 $4f^75d^16s^2$	**Tb** 65 158.93 $4f^85d^16s^2$	**Dy** 66 162.50 $4f^{10}6s^2$	**Ho** 67 164.93 $4f^{11}6s^2$	**Er** 68 167.26 $4f^{12}6s^2$	**Tm** 69 168.93 $4f^{13}6s^2$	**Yb** 70 173.04 $4f^{14}6s^2$	**Lu** 71 174.97 $4f^{14}5d^16s^2$
Am 95 (243) $5f^77s^2$	**Cm** 96 (247) $5f^76d^17s^2$	**Bk** 97 (247) $5f^86d^17s^2$	**Cf** 98 (251) $5f^{10}7s^2$	**Es** 99 (252) $5f^{11}7s^2$	**Fm** 100 (257) $5f^{12}7s^2$	**Md** 101 (258) $5f^{13}7s^2$	**No** 102 (259) $5f^{14}7s^2$	**Lr** 103 (262) $5f^{14}6d^17s^2$

SI 단위

표 D.1 | 기본 단위

기본량	기본 단위	
	명 칭	단 위
길 이	미 터	m
질 량	킬로그램	kg
시 간	초	s
전 류	암페어	A
온 도	켈 빈	K
물질의 양	몰	mol
광 도	칸델라	cd

표 D.2 | 유도 단위

양	명 칭	단 위	기본 단위 표현	유도 단위 표현
평면각	라디안	rad	m/m	
진동수	헤르츠	Hz	s^{-1}	
힘	뉴 턴	N	$kg \cdot m/s^2$	J/m
압 력	파스칼	Pa	$kg/m \cdot s^2$	N/m^2
에너지	줄	J	$kg \cdot m^2/s^2$	$N \cdot m$
일 률	와 트	W	$kg \cdot m^2/s^3$	J/s
전 하	쿨 롬	C	$A \cdot s$	
전 위	볼 트	V	$kg \cdot m^2/A \cdot s^3$	W/A
전기용량	패 럿	F	$A^2 \cdot s^4/kg \cdot m^2$	C/V
전기 저항	옴	Ω	$kg \cdot m^2/A^2 \cdot s^3$	V/A
자기선속	웨 버	Wb	$kg \cdot m^2/A \cdot s^2$	$V \cdot s$
자기장	테슬라	T	$kg/A \cdot s^2$	
유도 계수	헨 리	H	$kg \cdot m^2/A^2 \cdot s^2$	$T \cdot m^2/A$

물리량 그림 표현과 주요 물리 상수

역학과 열역학

변위와 위치 벡터

변위와 위치 성분 벡터

선속도($\vec{\mathbf{v}}$)와 각속도 벡터($\vec{\omega}$)

속도 성분 벡터

힘 벡터($\vec{\mathbf{F}}$)
힘 성분 벡터

가속도 벡터($\vec{\mathbf{a}}$)
가속도 성분 벡터

에너지 전달 화살

W_{eng}

Q_c

Q_h

과정 화살

선운동량($\vec{\mathbf{p}}$)과
각운동량($\vec{\mathbf{L}}$) 벡터

선운동량과 각운동량
성분 벡터

토크 벡터($\vec{\tau}$)
토크 성분 벡터

선운동 또는
회전 운동 방향

회전 화살

확대 화살

용수철

도르래

전기와 자기

전기장
전기장 벡터
전기장 성분 벡터

자기장
자기장 벡터
자기장 성분 벡터

양전하

음전하

저항기

전지와 DC 전원

스위치

축전기

인덕터(코일)

전압계

전류계

AC 전원

전 구

접 지

전 류

빛과 광학

광 선

초점 광선

중앙 광선

수렴 렌즈

발산 렌즈

거 울

곡면 거울

물 체

상

A.29

표 E.1 | 주요 물리 상수

양	기 호	값[a]
원자 질량 단위	u	$1.660\ 538\ 782\ (83) \times 10^{-27}$ kg $931.494\ 028\ (23)$ MeV/c^2
아보가드로수	N_A	$6.022\ 141\ 79\ (30) \times 10^{23}$ particles/mol
보어 마그네톤	$\mu_B = \dfrac{e\hbar}{2m_e}$	$9.274\ 009\ 15\ (23) \times 10^{-24}$ J/T
보어 반지름	$a_0 = \dfrac{\hbar^2}{m_e e^2 k_e}$	$5.291\ 772\ 085\ 9\ (36) \times 10^{-11}$ m
볼츠만 상수	$k_B = \dfrac{R}{N_A}$	$1.380\ 650\ 4\ (24) \times 10^{-23}$ J/K
콤프턴 파장	$\lambda_C = \dfrac{h}{m_e c}$	$2.426\ 310\ 217\ 5\ (33) \times 10^{-12}$ m
쿨롱 상수	$k_e = \dfrac{1}{4\pi\epsilon_0}$	$8.987\ 551\ 788 \ldots \times 10^9$ N·m²/C² (exact)
중양자 질량	m_d	$3.343\ 583\ 20\ (17) \times 10^{-27}$ kg $2.013\ 553\ 212\ 724\ (78)$ u
전자 질량	m_e	$9.109\ 382\ 15\ (45) \times 10^{-31}$ kg $5.485\ 799\ 094\ 3\ (23) \times 10^{-4}$ u $0.510\ 998\ 910\ (13)$ MeV/c^2
전자볼트	eV	$1.602\ 176\ 487\ (40) \times 10^{-19}$ J
기본 전하	e	$1.602\ 176\ 487\ (40) \times 10^{-19}$ C
기체 상수	R	$8.314\ 472\ (15)$ J/mol·K
중력 상수	G	$6.674\ 28\ (67) \times 10^{-11}$ N·m²/kg²
중성자 질량	m_n	$1.674\ 927\ 211\ (84) \times 10^{-27}$ kg $1.008\ 664\ 915\ 97\ (43)$ u $939.565\ 346\ (23)$ MeV/c^2
핵 마그네톤	$\mu_n = \dfrac{e\hbar}{2m_p}$	$5.050\ 783\ 24\ (13) \times 10^{-27}$ J/T
자유 공간의 투자율	μ_0	$4\pi \times 10^{-7}$ T·m/A (exact)
자유 공간의 유전율	$\epsilon_0 = \dfrac{1}{\mu_0 c^2}$	$8.854\ 187\ 817 \ldots \times 10^{-12}$ C²/N·m² (exact)
플랑크 상수	h	$6.626\ 068\ 96\ (33) \times 10^{-34}$ J·s
	$\hbar = \dfrac{h}{2\pi}$	$1.054\ 571\ 628\ (53) \times 10^{-34}$ J·s
양성자 질량	m_p	$1.672\ 621\ 637\ (83) \times 10^{-27}$ kg $1.007\ 276\ 466\ 77\ (10)$ u $938.272\ 013\ (23)$ MeV/c^2
뤼드베리 상수	R_H	$1.097\ 373\ 156\ 852\ 7\ (73) \times 10^7$ m⁻¹
진공에서 빛의 속력	c	$2.997\ 924\ 58 \times 10^8$ m/s (exact)

Note: 이들 상수는 2006년에 CODATA가 추천한 값들이다. 이 값들은 여러 측정값들을 최소 제곱으로 얻은 것에 기초하고 있다. 더 자세한 목록은 다음을 참고하라. P. J. Mohr, B. N. Taylor, and D. B. Newell, "CODATA Recommended Values of the Fundamental Physical Constants: 2006." *Rev. Mod. Phys.* **80**: 2, 633~730, 2008.

[a]괄호 안의 수는 마지막 두 자리의 불확정도를 나타낸다.

표 E.2 | 태양계 자료

물 체	질량 (kg)	평균 반지름 (m)	주기 (s)	태양으로부터의 평균 거리 (m)
수 성	3.30×10^{23}	2.44×10^{6}	7.60×10^{6}	5.79×10^{10}
금 성	4.87×10^{24}	6.05×10^{6}	1.94×10^{7}	1.08×10^{11}
지 구	5.97×10^{24}	6.37×10^{6}	3.156×10^{7}	1.496×10^{11}
화 성	6.42×10^{23}	3.39×10^{6}	5.94×10^{7}	2.28×10^{11}
목 성	1.90×10^{27}	6.99×10^{7}	3.74×10^{8}	7.78×10^{11}
토 성	5.68×10^{26}	5.82×10^{7}	9.29×10^{8}	1.43×10^{12}
천왕성	8.68×10^{25}	2.54×10^{7}	2.65×10^{9}	2.87×10^{12}
해왕성	1.02×10^{26}	2.46×10^{7}	5.18×10^{9}	4.50×10^{12}
명왕성[a]	1.25×10^{22}	1.20×10^{6}	7.82×10^{9}	5.91×10^{12}
달	7.35×10^{22}	1.74×10^{6}	—	—
해	1.989×10^{30}	6.96×10^{8}	—	—

[a]2006년 8월, 국제 천문 연맹은 명왕성을 다른 여덟 개의 행성과 분리해서 행성의 정의를 다시 했다. 명왕성은 이제 '왜소행성'으로 정의하고 있다.

표 E.3 | 자주 사용되는 물리 자료

지구–달 평균 거리	3.84×10^{8} m
지구–태양 평균 거리	1.496×10^{11} m
지구 평균 반지름	6.37×10^{6} m
공기 밀도 (20 ℃, 1 atm)	1.20 kg/m³
공기 밀도 (0 ℃, 1 atm)	1.29 kg/m³
물의 밀도 (20 ℃, 1 atm)	1.00×10^{3} kg/m³
자유 낙하 가속도	9.80 m/s²
지구 질량	5.97×10^{24} kg
달 질량	7.35×10^{22} kg
태양 질량	1.99×10^{30} kg
표준 대기압	1.013×10^{5} Pa

Note: 이 값들은 이 교재에서 사용하는 값이다.

표 E.4 | 10의 지수를 나타내는 접두사

지 수	접두사	약 자	지 수	접두사	약 자
10^{-24}	yocto	y	10^{1}	deka	da
10^{-21}	zepto	z	10^{2}	hecto	h
10^{-18}	atto	a	10^{3}	kilo	k
10^{-15}	femto	f	10^{6}	mega	M
10^{-12}	pico	p	10^{9}	giga	G
10^{-9}	nano	n	10^{12}	tera	T
10^{-6}	micro	μ	10^{15}	peta	P
10^{-3}	milli	m	10^{18}	exa	E
10^{-2}	centi	c	10^{21}	zetta	Z
10^{-1}	deci	d	10^{24}	yotta	Y

표 E.5 | 표준 약어와 단위

기 호	단 위	기 호	단 위
A	암페어	K	켈 빈
u	원자 질량 단위	kg	킬로그램
atm	대기압	kmol	킬로몰
Btu	영국 열 단위	L	리 터
C	쿨 롬	lb	파운드
°C	섭씨 온도	ly	광 년
cal	칼로리	m	미 터
d	일	min	분
eV	전자볼트	mol	몰
°F	화씨 온도	N	뉴 턴
F	패 럿	Pa	파스칼
ft	피 트	rad	라디안
G	가우스	rev	회 전
g	그 램	s	초
H	헨 리	T	테슬라
h	시	V	볼 트
hp	마 력	W	와 트
Hz	헤르츠	Wb	웨 버
in.	인 치	yr	연
J	줄	Ω	옴

표 E.6 | 수학 기호와 의미

기 호	의 미
$=$	같 음
$\equiv$	정의함
$\neq$	같지 않음
$\propto$	비례함
$\sim$	크기 정도
$>$	~보다 크다
$<$	~보다 작다
$\gg (\ll)$	매우 크거나(작은)
$\approx$	대략적으로 같음
Δx	x의 변화
$\sum\limits_{i=1}^{N} x_i$	$i=1$부터 $i=N$까지의 합
$|x|$	x의 절댓값
$\Delta x \rightarrow 0$	Δx가 영에 접근
$\dfrac{dx}{dt}$	x의 t에 대한 미분
$\dfrac{\partial x}{\partial t}$	x의 t에 대한 편미분
$\displaystyle\int$	적 분

표 E.7 | 바꿈 인수

길 이

1 in. = 2.54 cm (exact)

1 m = 39.37 in. = 3.281 ft

1 ft = 0.304 8 m

12 in. = 1 ft

3 ft = 1 yd

1 yd = 0.914 4 m

1 km = 0.621 mi

1 mi = 1.609 km

1 mi = 5 280 ft

$1\ \mu m = 10^{-6}\ m = 10^{3}\ nm$

$1\ light{-}year = 9.461\times10^{15}\ m$

넓 이

$1\ m^{2} = 10^{4}\ cm^{2} = 10.76\ ft^{2}$

$1\ ft^{2} = 0.092\ 9\ m^{2} = 144\ in.^{2}$

$1\ in.^{2} = 6.452\ cm^{2}$

부 피

$1\ m^{3} = 10^{6}\ cm^{3} = 6.102\times10^{4}\ in.^{3}$

$1\ ft^{3} = 1\ 728\ in.^{3} = 2.83\times10^{-2}\ m^{3}$

$1\ L = 1\ 000\ cm^{3} = 1.057\ 6\ qt = 0.035\ 3\ ft^{3}$

$1\ ft^{3} = 7.481\ gal = 28.32\ L = 2.832\times10^{-2}\ m^{3}$

$1\ gal = 3.786\ L = 231\ in.^{3}$

질 량

1 000 kg = 1 t (metric ton)

1 slug = 14.59 kg

$1\ u = 1.66 = 10^{-27}\ kg = 931.5\ MeV/c^{2}$

힘

1 N = 0.224 8 lb

1 lb = 4.448 N

속 도

1 mi/h = 1.47 ft/s = 0.447 m/s = 1.61 km/h

1 m/s = 100 cm/s = 3.281 ft/s

1 mi/min = 60 mi/h = 88 ft/s

가속도

$1\ m/s^{2} = 3.28\ ft/s^{2} = 100\ cm/s^{2}$

$1\ ft/s^{2} = 0.304\ 8\ m/s^{2} = 30.48\ cm/s^{2}$

압 력

$1\ bar = 10^{5}\ N/m^{2} = 14.50\ lb/in.^{2}$

1 atm = 760 mm Hg = 76.0 cm Hg

$1\ atm = 14.7\ lb/in.^{2} = 1.013\times10^{5}\ N/m^{2}$

$1\ Pa = 1\ N/m^{2} = 1.45\times10^{-4}\ lb/in.^{2}$

시 간

$1\ yr = 365\ days = 3.16\times10^{7}\ s$

$1\ day = 24\ h = 1.44\times10^{3}\ min = 8.64\times10^{4}\ s$

에너지

1 J = 0.738 ft·lb

1 cal = 4.186 J

$1\ Btu = 252\ cal = 1.054\times10^{3}\ J$

$1\ eV = 1.602\times10^{-19}\ J$

$1\ kWh = 3.60\times10^{6}\ J$

일 률

1 hp = 550 ft·lb/s = 0.746 kW

1 W = 1 J/s = 0.738 ft·lb/s

1 Btu/h = 0.293 W

유용한 어림값

$1\ m \approx 1\ yd$

$1\ kg \approx 2\ lb$

$1\ N \approx \frac{1}{4}\ lb$

$1\ L \approx \frac{1}{4}\ gal$

$1\ m/s \approx 2\ mi/h$

$1\ yr \approx \pi \times 10^{7}\ s$

$60\ mi/h \approx 100\ ft/s$

$1\ km \approx \frac{1}{2}\ mi$

Note: 더 많은 정보는 부록 A의 표 A.1을 참조하라.

표 E.8 | 그리스 알파벳

Alpha	A	α	Iota	I	ι	Rho	P	ρ
Beta	B	β	Kappa	K	κ	Sigma	Σ	σ
Gamma	Γ	γ	Lambda	Λ	λ	Tau	T	τ
Delta	Δ	δ	Mu	M	μ	Upsilon	Υ	υ
Epsilon	E	ϵ	Nu	N	ν	Phi	Φ	φ
Zeta	Z	ζ	Xi	Ξ	ξ	Chi	X	χ
Eta	H	η	Omicron	O	o	Psi	Ψ	ψ
Theta	Θ	θ	Pi	Π	π	Omega	Ω	ω

퀴즈 및 주관식 연습문제 해답

1장

【퀴즈】

1. False.
2. (b)
3. Scalars: (a), (d), (e). Vectors: (b), (c).
4. (c)
5. (a)
6. (b)
7. (b)
8. (d)

【주관식】

1. 23 kg
2. $\dfrac{4\pi\rho(r_2^3 - r_1^3)}{3}$
3. (b) only
4. (a) and (f); (b) and (d); (c) and (e)
5. 151 μm
6. (a) 7.14×10^{-2} gal/s (b) 2.70×10^{-4} m^3/s (c) 1.03 h
7. 9.19 nm/s
8. ~10^6 balls in a room 4 m by 4 m by 3 m
9. 10^7 rev
10. ~ 10^2 piano tuners
11. 288°; 108°
12. (a) 3 (b) 4 (c) 3 (d) 2
13. 5.2 m^3, 3 %
14. ± 3.46
15. 31 556 926.0 s
16. $(-2.75, -4.76)$ m
17. (a) 2.24 m (b) 2.24 m at 26.6°
18. See graphs in P1.18, and (a) 5.2 m at 60°; (b) 3.0 m at 330°; (c) 3.0 m at 150°; (d) 5.2 at 300°
19. approximately 420 ft at $-3°$
20. 196 cm at 345°
21. 47.2 units at 122°
22. (a) $45.5\hat{\mathbf{i}} + 27.1\hat{\mathbf{j}}$; (b) 56.4, 28.7°
23. (a) $a = 5.00$ and $b = 7.00$ (b) For vectors to be equal, all their components must be equal. A vector equation contains more information than a scalar equation.
24. 240 m at 237°
25. (b) 18.3 b; 12.4 b at 233° counter clockwise from east
26. 70.0 m
27. 10^{11} stars
28. $V = 0.579t + (1.19 \times 10^{-9})t^2$
29. 0.449 %
30. (a) 185 N at 77.8° from the positive x axis
    (b) $(-39.3\hat{\mathbf{i}} - 181\hat{\mathbf{j}})$ N

2장

【퀴즈】

1. (c)
2. (b)
3. (a)-(e), (b)-(d), (c)-(f)
4. (b)
5. (c)
6. (e)

【주관식】

1. (a) 5 m/s (b) 1.2 m/s (c) -2.5 m/s (d) -3.3 m/s (e) 0
2. (a) 2.30 m/s (b) 16.1 m/s (c) 11.5 m/s
3. (a) 3.75 m/s; (b) 0
4. (a) -2.4 m/s (b) -3.8 m/s (c) 4.0 s
5. (b) 23 m/s, 18 m/s, 14 m/s, and 9.0 m/s; (c) 4.6 m/s^2; (d) zero
6. (a) 5 m/s (b) -2.5 m/s (c) 0 (d) $+5$ m/s
7. (a) 5.00 m (b) 4.88×10^3 s
8. 1.34×10^4 m/s^2
9. (a) 2.00 m (b) -3.00 m/s (c) -2.00 m/s^2
10. (a) 20 m/s, 5 m/s (b) 263 m
11. (a) 13.0 m/s; (b) 10.0 m/s, 16.0 m/s; (c) 6.00 m/s^2; (d) 6.00 m/s^2; (e) 0.333 s
12. (a) 1.3 m/s^2 (b) $t = 3$ s, $a = 2$ m/s^2 (c) $t = 6$ s, $t > 10$ s (d) $a = -1.5$ m/s^2, $t = 8$ s
13. (a–e) See graphs in P2.13; (f) with less regularity
14. -16.0 cm/s^2
15. (a) 35.0 s (b) 15.7 m/s
16. (a)

$v_i = 20.0$ m/s $v_f = 30.0$ m/s

$x_i = 0$ $x_f = 200$ m

(b) Particle under constant acceleration.
(c) $v_f^2 = v_i^2 + 2a(x_f - x_i)$ (Equation 2.14)
(d) $a = \dfrac{v_f^2 - v_i^2}{2\Delta x}$ (e) 1.25 m/s^2 (f) 8.00 s

17. 3.10 m/s
18. (a) 6.61 m/s (b) -0.448 m/s^2
19. David will be unsuccessful. The average human reaction time is about 0.2 s (research on the Internet) and a dollar bill is about 15.5 cm long, so David's fingers are about 8 cm from the end of the bill before it is dropped. The bill will fall about 20 cm before he can close his fingers.
20. (a) 29.4 m/s; (b) 44.1 m
21. (a) 7.82 m (b) 0.782 s
22. (a) 10.0 m/s up (b) 4.68 m/s down
23. 1.79 s
24. (a) See proof in P2.24(a); (b) Bugatti: 10 m/s^2, Smart: 2.0 m/s^2; (c) Bugatti: 35 m, Smart: 180 m; (d) 2.74 s: the Bugatti is faster than this time from 0 to 60 mi/h
25. (a) 3.00 m/s (b) 6.00 s (c) -0.300 m/s^2 (d) 2.05 m/s

26. (a) -202 m/s^2 (b) 198 m
27. (a) 70.0 mi/h · s = 31.3 m/s^2 = 3.19g (b) 321 ft = 97.8 m
28. (a) not equal to v_d unless $a = 0$; (b) equal to v_d
29. (a) See complete description in P2.29(a); (b) 2.2 (mi/h)/s; (c) 6.7 mi
30. (a) 5.32 m/s^2 for Laura and 3.75 m/s^2 for Healan
    (b) 10.6 m/s for Laura and 11.2 m/s for Healan
    (c) Laura, by 2.63 m
    (d) 4.47 m at $t = 2.84$ s

3장

【퀴즈】

1. (a)
2. (i) (b) (ii) (a)
3. 15°, 30°, 45°, 60°, 75°
4. (c)
5. (i) (b) (ii) (d)

【주관식】

1. (a) 4.87 km at 209° from E (b) 23.3 m/s (c) 13.5 m/s at 209°
2. (a) $(1.00\hat{\mathbf{i}} + 0.750\,\hat{\mathbf{j}})$m/s;
   (b) $(1.00$ m/s$)\hat{\mathbf{i}} + (0.500$ m/s$)\hat{\mathbf{j}}$, 1.12 m/s
3. (a) $5.00t\hat{\mathbf{i}} + 1.50t^2\,\hat{\mathbf{j}}$ (b) $5.00\hat{\mathbf{i}} + 3.00t\hat{\mathbf{j}}$
   (c) 10.0 m, 6.00 m (d) 7.81 m/s
4. (a) $(0.800\hat{\mathbf{i}} - 0.300\,\hat{\mathbf{j}})$ m/s^2 (b) 339°
   (c) $(360\hat{\mathbf{i}} - 72.7\,\hat{\mathbf{j}})$ m, $-15.2°$
5. 67.8°
6. 22.4° or 89.4°
7. (a) 2.81 m/s horizontal (b) 60.2° below the horizontal
8. (a) 22.6 m; (b) 52.3 m; (c) 1.18 s
9. 12.0 m/s
10. $d \tan\theta_i - \dfrac{gd^2}{2v_i^2 \cos^2\theta_i}$
11. 9.91 m/s
12. (a) (0, 0.840 m); (b) 11.2 m/s at 18.5°; (c) 8.94 m
13. (a) 18.1 m/s (b) 1.13 m (c) 2.79 m
14. $\tan^{-1}\left(\dfrac{\sqrt{2gh}}{v}\right)$
15. 377 m/s^2
16. 0.033 7 m/s^2 directed toward the center of Earth
17. 7.58×10^3 m/s, 5.80×10^3 s
18. 10.5 m/s, 219 m/s^2 inward
19. 1.48 m/s^2 inward and 29.9° backward
20. (a) 13.0 m/s^2 (b) 5.70 m/s (c) 7.50 m/s^2
21. (a) 57.7 km/h at 60.0° west of vertical (b) 28.9 km/h downward
22. (a) 2.02×10^3 s (b) 1.67×10^3 s (c) Swimming with the current does not compensate for the time lost swimming against the current.
23. 153 km/h at 11.3° north of west
24. 15.3 m
25. 22.6 m/s
26. (a) there is; (b) 0.491 m/s
27. 54.4 m/s^2
28. (a) 101 m/s (b) 3.27×10^4 ft (c) 20.6 s
29. (a) $\theta = 26.6°$; (b) 0.949

30. (a) 43.2 m; (b) 9.66 m/s, -25.6 m/s; (c) Air resistance would ordinarily decrease the values of the range and landing speed. As an airfoil, she can deflect air downward so that the air deflects her upward. This means she can get some lift and increase her distance.

4장

【퀴즈】

1. (d)
2. (a)
3. (d)
4. (b)
5. (i) (c) (ii) (a)
6. (c)
7. (c)

【주관식】

1. (a) $\frac{1}{3}$ (b) 0.750 m/s^2
2. (a) $(2.50\hat{\mathbf{i}} + 5.00\,\hat{\mathbf{j}})$N (b) 5.59 N
3. 112 N
4. (a) $(6.00\hat{\mathbf{i}} + 15.0\,\hat{\mathbf{j}})$N (b) 16.2 N
5. (a) $\hat{\mathbf{a}}$ is at 181°; (b) 11.2 kg; (c) 37.5 m/s;
   (d) $(-37.5\hat{\mathbf{i}} - 0.893\,\hat{\mathbf{j}})$ m/s
6. (a) 5.00 m/s^2 at 36.9° (b) 6.08 m/s^2 at 25.3°
7. 2.58 N
8. (a) 3.64×10^{-18} N (b) 8.93×10^{-30} N is 408 billion times smaller.
9. (a) 534 N (b) 54.5 kg
10. (a) $\dfrac{vt}{2}$; (b) $\dfrac{F_g v}{gt}\hat{\mathbf{i}} + F_g\,\hat{\mathbf{j}}$
11. (a) 15.0 lb up (b) 5.00 lb up (c) 0
12. (a) $\sim 10^{-22}$ m/s^2; (b) $\Delta x \sim 10^{-23}$ m
13. (a) -4.47×10^{15} m/s^2 (b) $+2.09 \times 10^{-10}$ N
14. (a) $a = g \tan\theta$ (b) 4.16 m/s^2
15. (a) 49.0 N; (b) 49.0 N; (c) 98.0 N; (d) 24.5 N
16. $T_1 = 253$ N, $T_2 = 165$ N, $T_3 = 325$ N
17. See P4.17 for complete derivation.
18. 100 N and 204 N
19. $a = 6.30$ m/s^2 and $T = 31.5$ N
20. 8.66 N east
21. 3.73 m
22. $B = 3.37 \times 10^3$ N, $A = 3.83 \times 10^3$ N, B is in tension and A is in compresion
23. 950 N
24. (b) -2.54 m/s^2; (c) 3.19 m/s
25. (a) $F_x > 19.6$ N (b) $F_x \leq -78.4$ N
    (c)

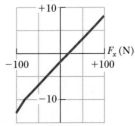

26. (a) Removing mass (b) 13.7 mi/h · s

27. (a) *Upper pulley:*   *Lower pulley:*

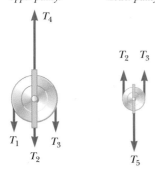

(b) $Mg/2$, $Mg/2$, $Mg/2$, $3Mg/2$, Mg (c) $Mg/2$

28. (a)

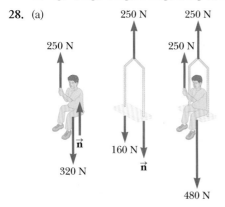

(b) 0.408 m/s² (c) 83.3 N

29. (a) Nick and the seat, with total weight 480 N, will accelerate down and the child, with smaller weight 440 N, will accelerate up; (b) In P4.29, a rope tension of 250 N does not make the rope break. In part (a), the rope is strong enough to support tension 459 N. But now the tension everywhere in the rope is 480 N, so it can exceed the breaking strength of the rope.

30. (a) and (b) See P4.30 for complete derivation; (c) 3.56 N

31. (a) $T_1 = \dfrac{2mg}{\sin\theta_1}$, $\dfrac{2mg}{\tan\theta_1} = T_3$; (b) $\theta_2 = \tan^{-1}\left(\dfrac{\tan\theta_1}{2}\right)$,

$T_2 = -\dfrac{mg}{\sin\left[\tan^{-1}\left(\frac{1}{2}\tan\theta_1\right)\right]}$;

(c) See P4.31 for complete explanation.

32. $(M + m_1 + m_2)(m_1 g/m_2)$

33. (a) $n = (8.23\text{ N}) \cos\theta$; (b) $a = (9.80\text{ m/s}^2) \sin\theta$; (d) At 0°, the normal force is the full weight, and the acceleration is zero. At 90° the mass is in free fall next to the vertical incline.

34. (a) 30.7° (b) 0.843 N

5장

【퀴즈】

1. (b)
2. (b)
3. (b)
4. (i) (a) (ii) (b)
5. (a)

6. (a) Because the speed is constant, the only direction the force can have is that of the centripetal acceleration. The force is larger at ⓒ than at Ⓐ because the radius at ⓒ is smaller. There is no force at Ⓑ because the wire is straight. (b) In addition to the forces in the centripetal direction in (a), there are now tangential forces to provide the tangential acceleration. The tangential force is the same at all three points because the tangential acceleration is constant.

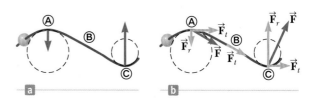

7. (c)

【주관식】

1. (a) 0.306 (b) 0.245
2. $\mu_s = 0.727$, $\mu_k = 0.577$
3. 37.8 N
4. (a) 256 m; (b) 42.7 m
5. (a) 1.78 m/s² (b) 0.368 (c) 9.37 N (d) 2.67 m/s
6. (b) $\theta = 55.2°$; (c) $n = 167$ N
7. (a) 1.11 s (b) 0.875 s
8. (a) 48.6 N, 31.7 N; (b) If $P > 48.6$ N, the block slides up the wall. If $P < 31.7$ N, the block slides down the wall; (c) 62.7 N, $P \geq 62.7$ N, the block cannot slide up the wall. If $P < 62.7$ N, the block slides down the wall.

9. (a)

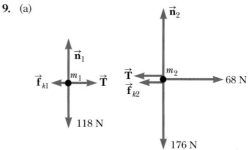

(b) 1.29 m/s² to the right (c) 27.2 N

10. (b) See P5.14 for complete list of accelerations and directions; (c) 2.31 m/s², down for m_1, left for m_2, and up for m_3; (d) $T_{12} = 30.0$ N and $T_{23} = 24.2$ N; (e) T_{12} decreases and T_{23} increases

11. any speed up to 8.08 m/s

12. The situation is impossible because the speed of the object is too small, requiring that the lower string act like a rod and push rather than like a string and pull.

13. (a) 8.32×10^{-8} N inward; (b) 9.13×10^{22} m/s² inward

14. (a) $(68.6\hat{\mathbf{i}} + 784\,\hat{\mathbf{j}})$ N (b) $a = 0.857$ m/s²

15. (a) 1.15×10^4 N up (b) 14.1 m/s

16. (a) the gravitational force and the contact force exerted on the water by the pail; (b) contact force exerted by the pail; (c) 3.13 m/s; (d) the water would follow the parabolic path of a projectile

17. (a) $v = 4.81$ m/s (b) 700 N

18. (a) 1.47 N · s/m (b) 2.04×10^{-3} s (c) 2.94×10^{-2} N

19. $\dfrac{v_i}{1+v_ikt}$

20. (a) $B = \dfrac{9.80 \text{ m/s}^2}{0.300 \text{ m/s}} = 32.7 \text{ s}^{-1}$ (b) 9.80 m/s^2 down

 (c) 4.90 m/s^2 down

21. (a) 0.034 7 s^{-1} (b) 2.50 m/s (c) $a = -cv$

22. 0.613 m/s^2 toward the Earth

23. 2.97 nN

24. 3.60 × 10^6 N downward

25. 0.212 m/s^2, opposite the velocity vector

26. 0.835 rev/s

27. (a) $\dfrac{\mu_s F_g \sec\theta}{1 - \mu_s \tan\theta}$; (b) $\tan\theta < \dfrac{1}{\mu_s}$

28. (a) $M = 3m\sin\theta$ (b) $T_1 = 2mg\sin\theta$, $T_2 = 3mg\sin\theta$

 (c) $a = \dfrac{g\sin\theta}{1 + 2\sin\theta}$

 (d) $T_1 = 4mg\sin\theta\left(\dfrac{1+\sin\theta}{1+2\sin\theta}\right)$

 $T_2 = 6mg\sin\theta\left(\dfrac{1+\sin\theta}{1+2\sin\theta}\right)$

 (e) $M_{\max} = 3m(\sin\theta + \mu_s\cos\theta)$

 (f) $M_{\min} = 3m(\sin\theta - \mu_s\cos\theta)$

 (g) $T_{2,\max} - T_{2,\min} = (M_{\max} - M_{\min})g = 6\mu_s mg\cos\theta$

29. The situation is impossible because at the angle of minimum tension, the tension exceeds 4.00 N

30. (a) 5.19 m/s (b) (c) 555 N

$T\cos 28.0°$

$T\sin 28.0°$

490 N

6장

【퀴즈】

1. (a)
2. (c), (a), (d), (b)
3. (d)
4. (a)
5. (b)
6. (c)
7. (i) (c) (ii) (a)
8. (d)

【주관식】

1. (a) 31.9 J (b) 0 (c) 0 (d) 31.9 J
2. (a) 3.28×10^{-2} J; (b) -3.28×10^{-2} J
3. -4.70×10^3 J
4. (a) 1.6×10^3 J; (b) 0; (c) force is smaller than before; (d) work performed is smaller
5. 28.9
6. (a) 16.0 J (b) 36.9°

7. 5.33 J
8. 16.0
9. $\vec{A}$ = 7.05 m at 28.4°
10. (a) 24.0 J; (b) −3.00 J; (c) 21.0 J
11. (a) 7.50 J (b) 15.0 J (c) 7.50 J (d) 30.0 J
12. (b) −12.0 J
13. (a) $mg\cos\theta$; (b) mgR
14. (a) 2.04×10^{-2} m (b) 720 N/m
15. 50.0 J
16. (a) $F_{\text{avg}} = 2.34 \times 10^4$ N, opposite to the direction of motion; (b) 1.91×10^{-4} s
17. (a) 1.20 J (b) 5.00 m/s (c) 6.30 J
18. (a) 1.94 m/s; (b) 3.35 m/s; (c) 3.87 m/s
19. 878 kN up
20. (a) 29.2 N; (b) speed would increase; (c) crate would slow down and come to rest
21. (a) 2.5 J (b) −9.8 J (c) −12 J
22. (a) 800 J; (b) 107 J; (c) $U_g = 0$
23. (a) −196 J; (b) −196 J; (c) −196 J; (d) The results should be all the same, since the gravitational force is conservative.
24. (a) $\vec{F} \cdot (\vec{r}_{\text{fi}} - \vec{r}_i)$, which depends only on end points, not path; (b) 35.0 J
25. $\dfrac{A}{r^2}$
26. $(7 - 9x^2 y)\hat{\mathbf{i}} - 3x^3\hat{\mathbf{j}}$
27. (a) -4.77×10^9 J (b) 569 N (c) 569 N up
28. 2.52×10^7 m
29. 0.27 MJ/kg for a battery. 17 MJ/kg for hay is 63 times larger. 44 MJ/kg for gasoline is 2.6 times larger still. 142 MJ/kg for hydrogen is 3.2 times larger than that.
30. (a) $U(x) = 1 + 4e^{-2x}$ (b) The force must be conservative because the work the force does on the particle on which it acts depends only on the original and final positions of the particle, not on the path between them.
31. 0.131 m
32. 90.0 J
33. (a) $x = 3.62m/(4.30 - 23.4m)$, where x is in meters and m is in kilograms (b) 0.095 1 m (c) 0.492 m (d) 6.85 m (e) The situation is impossible. (f) The extension is directly proportional to m when m is only a few grams. Then it grows faster and faster, diverging to infinity for $m = 0.184$ kg.
34. (a) $\vec{F}_1 = (20.5\hat{\mathbf{i}} + 14.3\hat{\mathbf{j}})$ N, $\vec{F}_2 = (-36.4\hat{\mathbf{i}} + 21.0\hat{\mathbf{j}})$ N

 (b) $\sum\vec{F} = (-15.9\hat{\mathbf{i}} + 35.3\hat{\mathbf{j}})$ N

 (c) $\vec{a} = (-3.18\hat{\mathbf{i}} + 7.07\hat{\mathbf{j}})$ m/s^2

 (d) $\vec{v} = (-5.54\hat{\mathbf{i}} + 23.7\hat{\mathbf{j}})$ m/s

 (e) $\vec{r} = (-2.30\hat{\mathbf{i}} + 39.3\hat{\mathbf{j}})$ m (f) 1.48 kJ (g) 1.48 kJ

 (h) The work-kinetic energy theorem is consistent with Newton's second law.

7장

【퀴즈】

1. (a) For the television set, energy enters by electrical transmission (through the power cord). Energy leaves by heat (from hot surfaces into the air), mechanical waves (sound from the speaker), and electromagnetic radiation (from the screen). (b) For the gasoline-powered lawn mower, energy enters

by matter transfer (gasoline). Energy leaves by work (on the blades of grass), mechanical waves (sound), and heat (from hot surfaces into the air). (c) For the hand-cranked pencil sharpener, energy enters by work (from your hand turning the crank). Energy leaves by work (done on the pencil), mechanical waves (sound), and heat due to the temperature increase from friction.

2. (i) (b) (ii) (b) (iii) (a)
3. (a)
4. $v_1 = v_2 = v_3$
5. (c)

[주관식]

1. (a) $\Delta E_{\text{int}} = Q + T_{\text{ET}} + T_{\text{ER}}$
   (b) $\Delta K + \Delta U + \Delta E_{\text{int}} = W + Q + T_{\text{MW}} + T_{\text{MT}}$
   (c) $\Delta U = Q + T_{\text{MT}}$
   (d) $0 = Q + T_{\text{MT}} + T_{\text{ET}} + T_{\text{ER}}$
2. (a) $\Delta K + \Delta U = 0$, $v = \sqrt{2gh}$; (b) $v = \sqrt{2gh}$
3. (a) $v = (3gR)^{1/2}$ (b) 0.098 0 N down
4. (a) 5.94 m/s, 7.67 m/s; (b) 147 J
5. (a) 4.43 m/s (b) 5.00 m
6. $\sqrt{\dfrac{2(m_1 - m_2)gh}{m_1 + m_2}}$; (b) $\dfrac{2m_1 h}{m_1 + m_2}$
7. $\sqrt{\dfrac{8gh}{15}}$
8. 5.49 m/s
9. (a) −168 J; (b) 184 J; (c) 500 J; (d) 148 J; (e) 5.65 m/s
10. 2.04 m
11. $\dfrac{v^2}{2\mu_k g}$
12. (a) 0.791 m/s (b) 0.531 m/s
13. (a) 650 J; (b) 588 J; (c) 0; (d) 0; (e) 62.0 J; (f) 1.76 m/s
14. (a) 24.5 m/s; (b) Yes. This is too fast for safety; (c) 206 m; (d) see P7.14d for full explanation
15. 168 J
16. (a) −160 J (b) 73.5 J (c) 28.8 N (d) 0.679
17. 3.74 m/s
18. (a) 4.12 m (b) 3.35 m
19. (a) 1.40 m/s (b) 4.60 cm after release (c) 1.79 m/s
20. (a) 0.381 m; (b) 0.371 m; (c) 0.143 m
21. The power of the sports car is four times that of the older-model car.
22. 1.23 kW
23. 194 m
24. 2.03×10^8 s, 5.64×10^4 h
25. 5×10^3 N
26. (a) 8.01 W; (b) see P7.26b for complete explanation
27. $\sim 10^4$ W
28. (a) 5.91×10^3 W; (b) 1.11×10^4 W
29. 830 N
30. (a) 0.588 J (b) 0.588 J (c) 2.42 m/s (d) $K = 0.196$ J, $U = 0.392$ J
31. $h + \dfrac{d^2}{4h}$
32. $\sim 10^3$ W peak or $\sim 10^2$ W sustainable
33. 0.328

34. (a) 0.400 m (b) 4.10 m/s (c) The block stays on the track.

[관련 이야기 1 결론]

1. (a) 315 kJ (b) 220 kJ (c) 187 kJ (d) 127 kJ (e) 14.0 m/s (f) 40.5 % (g) 187 kJ
2. (a) Conventional car = 581 MJ; Hybrid car = 220 MJ
   (b) Conventional car = 11.4 %; Hybrid car = 30.0 %

8장

[퀴즈]

1. (d)
2. (b), (c), (a)
3. (i) (c), (e) (ii) (b), (d)
4. (b)
5. (b)
6. (i) (a) (ii) (b)

[주관식]

1. (a) $(9.00\,\hat{\mathbf{i}} - 12.0\,\hat{\mathbf{j}})$ kg·m/s (b) 15.0 kg·m/s at 307°
2. 40.5 g
3. (a) $\dfrac{p^2}{2m}$; (b) $\sqrt{2mK}$
4. (a) $v_{pi} = -0.346$ m/s (b) $v_{gi} = 1.15$ m/s
5. (a) $(-6.00\,\hat{\mathbf{i}})$ m/s (b) 8.40 J (c) The original energy is in the spring. (d) A force had to be exerted over a displacement to compress the spring, transferring energy into it by work. The cord exerts force, but over no displacement. (e) System momentum is conserved with the value zero. (f) The forces on the two blocks are internal forces, which cannot change the momentum of the system; the system is isolated. (g) Even though there is motion afterward, the final momenta are of equal magnitude in opposite directions, so the final momentum of the system is still zero.
6. 260 N normal to the wall
7. (a) 13.5 N·s (b) 9.00 kN
8. 15.0 N in the direction of the initial velocity of the exiting water stream.
9. (a) $5.40\,\hat{\mathbf{i}}$ N·s; (b) −27.0 J
10. (a) 2.50 m/s (b) 37.5 kJ
11. 91.2 m/s
12. $v = \dfrac{4M}{m}\sqrt{g\ell}$
13. (a) 0.284 (b) 1.15×10^{-13} J and 4.54×10^{-14} J
14. (a) $\left(\dfrac{3m_b - m_t}{m_b + m_t}\right)^2 h$; (b) The tennis ball bounces to a higher position than its original position, but the basketball returns to a lower height. The total mechanical energy of the isolated two-ball-Earth system is conserved.
15. $(3.00\,\hat{\mathbf{i}} - 1.20\,\hat{\mathbf{j}})$ m/s
16. $v_O = 3.99$ m/s and $v_Y = 3.01$ m/s
17. 2.50 m/s at −60.0°
18. The driver of the northbound car was untruthful. His original speed was more than 35 mi/h.
19. (a) $(-9.33\,\hat{\mathbf{i}} - 8.33\,\hat{\mathbf{j}})$ Mm/s (b) 439 fJ
20. 11.7 cm; 13.3 cm
21. $\vec{\mathbf{r}}_{\text{CM}} = (0\,\hat{\mathbf{i}} + 1.00\,\hat{\mathbf{j}})$ m

22. (a) 15.9 g; (b) 0.153 m
23. (a) $(1.40\,\hat{\mathbf{i}} + 2.40\,\hat{\mathbf{j}})$ m/s (b) $(7.00\,\hat{\mathbf{i}} + 12.0\,\hat{\mathbf{j}})$ kg · m/s
24. 0.700 m
25. (a) 787 m/s (b) 138 m/s
26. (a) 442 metric tons; (b) 19.2 metric tons; (c) This is much less than the suggested value of 442/2.5. Mathematically, the logarithm in the rocket propulsion equation is not a linear function. Physically, a higher exhaust speed has an extra-large cumulative effect on the rocket body's final speed, by counting again and again in the speed the body attains second after second during its burn.
27. (a) 3.90×10^7 N (b) 3.20 m/s^2
28. 4.41 kg
29. $\left(\dfrac{M + m}{m}\right)\sqrt{\dfrac{gd^2}{2h}}$
30. (a) Momentum of the bullet-block system is conserved in the collision, so you can relate the speed of the block and bullet immediately after the collision to the initial speed of the bullet. Then, you can use conservation of mechanical energy for the bullet-block-Earth system to relate the speed after the collision to the maximum height. (b) 521 m/s upward
31. (a) $-0.256\,\hat{\mathbf{i}}$ m/s and $0.128\,\hat{\mathbf{i}}$ m/s (b) $-0.064\,2\,\hat{\mathbf{i}}$ m/s and 0 (c) 0 and 0
32. 0.403
33. $2v_i$ for the particle with mass m and 0 for the particle with mass $3m$.

9장

【퀴즈】

1. (d)
2. (a)
3. (a)
4. (c)
5. (c), (d)
6. (a) $m_3 > m_2 = m_1$ (b) $K_3 = K_2 > K_1$ (c) $u_2 > u_3 = u_1$

【주관식】

2. See P9.2 for full explanation.
3. (a) 25.0 yr (b) 15.0 yr (c) 12.0 ly
4. (a) 21.0 yr; (b) 14.7 ly; (c) 10.5 ly; (d) 35.7 yr
5. (a) 20.0 m (b) 19.0 m (c) $0.312c$
6. $0.140c$
7. $0.866c$
8. (a) 2.18 μs; (b) 649 m
9. 1.55 ns
10. (a) 5.45 yr; (b) Goslo
11. $0.800c$
12. $v = \dfrac{cL_p}{\sqrt{c^2\Delta t^2 + L_p^2}}$
13. $0.866c$
14. (a) 17.4 m (b) 3.30°
15. (a) 2.50×10^8 m/s (b) 4.98 m (c) -1.33×10^{-8} s
16. (a) $v = 0.943c$; (b) 2.55×10^3 m
17. $0.357c$
18. $0.960c$
19. (a) $800; (b) 2.12×10^9

20. 4.51×10^{-14}
21. (a) 2.73×10^{-24} kg · m/s (b) 1.58×10^{-22} kg · m/s (c) 5.64×10^{-22} kg · m/s
22. $0.285c$
23. (a) 3.07 MeV (b) $0.986c$
24. (a) 0.582 MeV (b) 2.45 MeV
25. (a) $0.979c$ (b) $0.065\,2c$ (c) 15.0 (d) $0.999\,999\,97c$; $0.948c$; 1.06
26. See P9.26 for full explanation.
27. 4.28×10^9 kg/s
28. 0.842 kg
29. (a) $(1 - 1.12 \times 10^{-10})c$ (b) 6.00×10^{27} J (c) 1.83×10^{20}
30. 0.712 %
31. (a) $\sim 10^2$ or 10^3 s (b) $\sim 10^8$ km
32. The trackside observer measures the length to be 31.2 m, so the supertrain is measured to fit in the tunnel, with 19.8 m to spare.
33. (a) $a = \dfrac{du}{dt} = \dfrac{qE}{m}\left(1 - \dfrac{u^2}{c^2}\right)^{3/2}$; (b) For u small compared to c, the relativistic expression reduces to the classical $a = \dfrac{qE}{m}$. As u approaches c, the acceleration approaches zero, so that the object can never reach the speed of light; (c) $u = \dfrac{qEct}{\sqrt{m^2c^2 + q^2E^2t^2}}$ and $x = \dfrac{c}{qE}\left(\sqrt{m^2c^2 + q^2E^2t^2} - mc\right)$
34. 1.02 MeV

10장

【퀴즈】

1. (i) (c) (ii) (b)
2. (b)
3. (i) (b) (ii) (a)
4. (a)
5. (i) (b) (ii) (a)
6. (b)
7. (b)
8. (a)
9. (i) (b) (ii) (c) (iii) (a)

【주관식】

1. (a) 0.209 rad/s^2 (b) yes
2. (a) 5.00 rad, 10.0 rad/s, 4.00 rad/s^2 (b) 53.0 rad, 22.0 rad/s, 4.00 rad/s^2
3. 13.7 rad/s^2
4. (a) 5.24 s (b) 27.4 rad
5. 50.0 rev
6. (a) 8.00 rad/s; (b) 8.00 m/s; (c) 64.1 m/s^2, 3.58°; (d) 9.00 rad
7. 0.572
8. (a) 0.605 m/s; (b) 17.3 rad/s; (c) 5.82 m/s; (d) We did not need to know the length of the pedal cranks.
9. 1.03×10^{-3} J
10. (a) 92.0 kg · m^2; (b) 184 J; (c) 6.00 m/s, 4.00 m/s, 8.00 m/s; (d) 184 J; (e) The kinetic energies computed in parts (b) and (d) are the same.
11. (a) 1.95 s (b) If the pulley were massless, the acceleration would be larger by a factor 35/32.5 and the time shorter by the

square root of the factor 32.5/35. That is, the time would be reduced by 3.64 %.

12. 168 N·m

13. (a) 168°; (b) 11.9°; (c) the first method

14. $\hat{\mathbf{i}} + 8.00\hat{\mathbf{j}} + 22.0\hat{\mathbf{k}}$

15. 0.896 m

16. The situation is impossible because x is larger than the remaining portion of the beam, which is 0.200 m long.

17. $\vec{\mathbf{F}}_A = (-6.47 \times 10^5\,\hat{\mathbf{i}} + 1.27 \times 10^5\,\hat{\mathbf{j}})$ N and $\vec{\mathbf{F}}_B = 6.47 \times 10^5\,\hat{\mathbf{i}}$ N

18. 21.5 N

19. (a) 21.6 kg·m² (b) 3.60 N·m (c) 52.5 rev

20. (a) Particle under a net force (b) Rigid object under a net torque (c) 118 N (d) 156 N (e) $\frac{r^2}{a}(T_2 - T_1)$ (f) 1.17 kg·m²

21. (a) 11.4 N (b) 7.57 m/s² (c) 9.53 m/s (d) 9.53 m/s

22. 60.0 $\hat{\mathbf{k}}$ kg·m²/s

23. (a) $\dfrac{I_1}{I_1 + I_2}\omega_i$; (b) $\dfrac{I_1}{I_1 + I_2}$

24. (a) 0.433 kg·m²/s (b) 1.73 kg·m²/s

25. (a) 7.20×10^{-3} kg·m²/s (b) 9.47 rad/s

26. (a) 1.91 rad/s; (b) 2.53 J, 6.44 J

27. (a) 500 J (b) 250 J (c) 750 J

28. (a) 1.21×10^{-4} kg·m² (b) Knowing the height of the can is unnecessary. (c) The mass is not uniformly distributed; the density of the metal can is larger than that of the soup.

29. 131 s

30. (a) $(3g/L)^{1/2}$ (b) $3g/2L$ (c) $-\frac{3}{2}g\hat{\mathbf{i}} - \frac{3}{4}g\hat{\mathbf{j}}$ (d) $-\frac{3}{2}Mg\hat{\mathbf{i}} + \frac{1}{4}Mg\hat{\mathbf{j}}$

31. (a) 3 750 kg·m²/s (b) 1.88 kJ (c) 3 750 kg·m²/s (d) 10.0 m/s (e) 7.50 kJ (f) 5.62 kJ

32. $\omega = \sqrt{\dfrac{2mgd\sin\theta + kd^2}{I + mR^2}}$

33. (a) $\omega = 2mv_i d/[M + 2m]R^2$ (b) No; some mechanical energy of the system changes into internal energy. (c) The momentum of the system is not constant. The axle exerts a backward force on the cylinder when the clay strikes.

34. (a) 2.70R (b) $F_x = -20\,mg/7$, $F_y = -mg$

11장

【퀴즈】

1. (e)

2. (a)

3. (a) Perihelion (b) Aphelion (c) Perihelion (d) All points

4. (a)

【주관식】

1. (a) 2.50×10^{-5} N toward the 500 kg object (b) between the objects and 2.45 m from the 500 kg object

2. 2.67×10^{-7} m/s²

3. 7.41×10^{-10} N

4. 2/3

5. (a) 4.39×10^{20} N; (b) 1.99×10^{20} N; (c) 3.55×10^{22} N; (d) The force exerted by the Sun on the Moon is much stronger than the force of the Earth on the Moon.

6. (a) 7.61 cm/s² (b) 363 s (c) 3.08 km (d) 28.9 m/s at 72.9° below the horizontal

7. $(-10.0\hat{\mathbf{i}} + 5.93\hat{\mathbf{j}}) \times 10^{-11}$ N

8. (a) 1.31×10^{17} N (b) 2.62×10^{12} N/kg

9. (a) $\dfrac{2MGr}{(r^2 + a^2)^{3/2}}$ toward the center of mass; (b) At $r = 0$, the fields of the two objects are equal in magnitude and opposite in direction, to add to zero; (c) As $r \to 0$, $2MGr(r^2 + a^2)^{-3/2}$ approaches $2MG(0)/a^3 = 0$; (d) When r is much greater than a, the angles the field vectors make with the x axis become smaller. At very great distances, the field vectors are almost parallel to the axis; therefore they begin to look like the field vector from a single object of mass $2M$; (e) As r becomes much larger than a, the expression approaches $2MGr(r^2 + 0^2)^{-3/2} = 2MGr/r^3 = 2MG/r^2$ as required.

10. 0.614 m/s², toward the Earth

11. 1.30 revolutions

12. (a) 4.22×10^7 m (b) 0.285 s

13. 1.82×10^{-2} s

14. 1.90×10^{27} kg

15. 1.26×10^{32} kg

16. (a) Mercury will eventually move farther from the Sun than Pluto. (b) 3.93 yr

17. 35.1 AU

18. 1.66×10^4 m/s

19. (a) 1.84×10^9 kg/m³ (b) 3.27×10^6 m/s² (c) -2.08×10^{13} J

20. $\sqrt{2}\,v$

21. 1.78 km

22. (a) 1.00×10^7 m (b) 1.00×10^4 m/s

23. (a) 0.980 (b) 127 yr (c) -2.13×10^{17} J

24. (a) See P11.24 for full description; (b) 340 s

25. (a) 5.30×10^3 s (b) 7.79 km/s (c) 6.43×10^9 J

26. (a) 2.19×10^6 m/s (b) 13.6 eV (c) -27.2 eV

27. (a) 13.6 eV; (b) 1.51 eV

28. (a) 5 (b) no (c) no

29. (a) 0.212 nm (b) 9.95×10^{-25} kg·m/s (c) 2.11×10^{-34} kg·m²/s (d) 3.40 eV (e) -6.80 eV (f) -3.40 eV

30. (a) 29.3 % (b) no change

31. See P11.31 for full explanation.

32. (a) $\dfrac{dg}{dr} = -\dfrac{2GM_E}{R_E^3}$; (b) $|\Delta g| = \dfrac{2GM_E h}{R_E^3}$; (c) 1.85×10^{-5} m/s²

33. (a) 2.93×10^4 m/s (b) $K = 2.74 \times 10^{33}$ J, $U = -5.39 \times 10^{33}$ J (c) $K = 2.56 \times 10^{33}$ J, $U = -5.21 \times 10^{33}$ J (d) Yes; $E = -2.65 \times 10^{33}$ J at both aphelion and perihelion.

34. If one uses the result $v = \sqrt{\dfrac{GM}{r}}$ and the relation $v = (2\pi r/T)$, one finds the radius of the orbit to be smaller than the radius of the Earth, so the spacecraft would need to be in orbit underground.

【관련 이야기 2 결론】

1. (1) 146 d (b) Venus 53.9° behind the Earth

2. 1.30×10^3 m/s

3. (a) 2.95 km/s (b) 2.65 km/s (c) 10.7 km/s (d) 4.80 km/s

12장

【퀴즈】

1. (d)
2. (f)
3. (a)
4. (b)
5. (i) (a) (ii) (a)
6. (a)

【주관식】

1. 1.59 k N/m
2. (a) 1.50 Hz (b) 0.667 s (c) 4.00 m (d) π rad (e) 2.83 m
3. (a) motion is periodic; (b) 1.81 s; (c) The motion is not simple harmonic. The net force acting on the ball is a constant given by $F = -mg$ (except when it is in contact with the ground), which is not in the form of Hooke's law.
4. 40.9 N/m
5. (a) $x = 2.00 \cos (3.00\pi t - 90°)$ or $x = 2.00 \sin (3.00\pi t)$ where x is in centimeters and t is in seconds (b) 18.8 cm/s (c) 0.333 s (d) 178 cm/s^2 (e) 0.500 s (f) 12.0 cm
6. (a) See P12.6a for complete solution; (b) See P12.6b for complete solution
7. (a) 4.33 cm; (b) -5.00 cm/s; (c) -17.3 cm/s^2; (d) 3.14 s; (e) 5.00 cm
8. (a) 40.0 cm/s (b) 160 cm/s^2 (c) 32.0 cm/s (d) -96.0 cm/s^2 (e) 0.232 s
9. 2.23 m/s
10. (a) 0.542 kg (b) 1.81 s (c) 1.20 m/s^2
11. (a) 126 N/m; (b) 0.178 m
12. (a) 28.0 mJ (b) 1.02 m/s (c) 12.2 mJ (d) 15.8 mJ
13. (a) 100 N/m; (b) 1.13 Hz; (c) 1.41 m/s; (d) $x = 0$; (e) 10.0 m/s^2; (f) ± 0.200 m; (g) 2.00 J; (h) 1.33 m/s; (i) 3.33 m/s^2
14. (a) E increases by a factor of 4. (b) v_{max} is doubled. (c) a_{max} is doubled. (d) period is unchanged.
15. 2.60 cm and -2.60 cm
16. 0.944 kg · m^2
17. $I = \dfrac{mgd}{4\pi^2 f^2}$
18. $\omega = \sqrt{\dfrac{k}{m}} = \sqrt{\dfrac{g}{R}}$
19. (a) $2\pi \sqrt{\dfrac{(I_{CM} + md^2)}{mgd}}$; (b) $I_{CM} = md^2$
20. (a) 0.820 m/s (b) 2.57 rad/s^2 (c) 0.641 N (d) $v_{max} = 0.817$ m/s, $\alpha_{max} = 2.54$ rad/s^2, $F_{max} = 0.634$ N (e) The answers are close but not exactly the same. The answers computed from conservation of energy and from Newton's second law are more precise.
21. See P12.21 for complete solution.
22. 1.00×10^{-3} s^{-1}
23. If he encounters washboard bumps at the same frequency as the free vibration, resonance will make the motorcycle bounce a lot. It may bounce so much as to interfere with the rider's control of the machine; $\sim 10^1$ m.
24. 6.62 cm
25. 9.19×10^{13} Hz
26. (a) $x = 2 \cos\left(10t + \dfrac{\pi}{2}\right)$ (b) ± 1.73 m (c) 0.052 4 s = 52.4 ms

(d) 0.098 0 m

27. (a) $2\pi \sqrt{\dfrac{m(k_1 + k_2)}{k_1 k_2}}$; (b) $2\pi \sqrt{\dfrac{m}{(k_1 + k_2)}}$
28. (a) $\omega = \sqrt{\dfrac{200}{0.400 + M}}$, where ω is in s^{-1} and M is in kilograms (b) 22.4 s^{-1} (c) 22.4 s^{-1}

13장

【퀴즈】

1. (i) (b) (ii) (a)
2. (i) (c) (ii) (b) (iii) (d)
3. (c)
4. (f) and (h)
5. (d)
6. (e)
7. (e)

【주관식】

1. $y = \dfrac{6.00}{(x - 4.50t)^2 + 3.00}$, where x and y are in meters and t is in seconds.
2. (c) The graph (b) has the same amplitude and wavelength as graph (a). It differs just by being shifted toward larger x by 2.40 m; (d) The wave has traveled $d = vt = 2.40$ m to the right.
3. (a) $3.33\hat{\mathbf{i}}$ m/s (b) -5.48 cm (c) 0.667 m (d) 5.00 Hz (e) 11.0 m/s
4. (a) 0.021 5 m; (b) 1.95 rad; (c) 5.41 m/s; (d) $y(x, t)= (0.021\ 5) \sin (8.38x + 80.0\pi t + 1.95)$
5. (a) 31.4 rad/s (b) 1.57 rad/m (c) $y = 0.120 \sin (1.57x - 31.4t)$, where x and y are in meters and t is in seconds (d) 3.77 m/s (e) 118 m/s^2
6. (b) 18.0 rad/m; (c) 0.083 3 s; (d) 75.4 rad/s; (e) 4.20 m/s; (f) $y = (0.200$ m$)\sin(18.0x/$m$ + 75.4t/s + \phi)$; (g) $y(x, t) = 0.200 \sin(18.0x + 75.4t - 0.151)$, where x and y are in meters and t is in seconds.
7. (a) $y = 0.080\ 0 \sin (2.5\pi x + 6\pi t)$ (b) $y = 0.080\ 0 \sin (2.5\pi x + 6\pi t - 0.25\pi)$
8. (a) 2.00 cm; (b) 2.98 m; (c) 0.576 Hz; (d) 1.72 m/s
9. 2.40 m/s
10. (a) -1.51 m/s; (b) 0; (c) 16.0 m (d) 0.500 s; (e) 32.0 m/s
11. 0.319 m
12. 0.329 s
13. 520 m/s
14. 80.0 N
15. (a) $v = (30.4) \sqrt{m}$ where v is in meters per second and m is in kilograms; (b) $m = 3.89$ kg
16. 13.5 N
17. The calculated gravitational acceleration of the Moon is almost twice that of the accepted value.
18. (a) zero (b) 0.300 m
19. $\sqrt{2}\, P_0$
20. (a) $y = 0.075 \sin (4.19x - 314t)$ (b) 625 W
21. 55.1 Hz
22. (a) 62.5 m/s (b) 7.85 m (c) 7.96 Hz (d) 21.1 W
23. 0.196 s

24. (a) 5.56 km; (b) No, we do not need to know the value of the speed of light. The speed of light is much greater than the speed of sound, so the time interval required for the light to reach you is negligible compared to the time interval for the sound.

25. (a) 2.00 μm (b) 40.0 cm (c) 54.6 m/s (d) -0.433 μm (e) 1.72 mm/s

26. $\Delta P = 0.200 \sin (20\pi x - 6\,860\pi t)$, where ΔP is in pascals, x is in meters, and t is in seconds.

27. 26.4 m/s

28. (a) $f_{min} = 439$ Hz, $f_{max} = 441$ Hz

29. (a) 3.04 kHz (b) 2.08 kHz (c) 2.62 kHz; 2.40 kHz

30. 184 km

31. 0.084 3 rad

32. $\sqrt{\dfrac{mL}{Mg\sin\theta}}$

33. (a) $\dfrac{\mu\omega^3}{2k} A_0^2 e^{-2bx}$ (b) $\dfrac{\mu\omega^3}{2k} A_0^2$ (c) e^{-2bx}

14장

【퀴즈】

1. (c)

2. (i) (a) (ii) (d)

3. (d)

4. (b)

5. (c)

6. (b)

【주관식】

1. (a) -1.65 cm (b) -6.02 cm (c) 1.15 cm

2. (a) 156° (b) 0.058 4 cm

3. (a) 3.33 rad; (b) 283 Hz

4. 5.66 cm

5. (a) y_1: positive x direction; y_2: negative x direction (b) 0.750 s (c) 1.00 m

6. (a) 9.24 m (b) 600 Hz

7. 91.3°

8. (a) 4.24 cm (b) 6.00 cm (c) 6.00 cm (d) 0.500 cm, 1.50 cm, 2.50 cm

9. (a) 15.7 m (b) 31.8 Hz (c) 500 m/s

10. (a) The separation of adjacent nodes is $\Delta x = \dfrac{\pi}{k} = \dfrac{\lambda}{2}$. The nodes are still separated by half a wavelength; (b) Yes. The nodes are located at $kx + \dfrac{\phi}{2} = n\pi$, so that $x = \dfrac{n\pi}{k} - \dfrac{\phi}{2k}$, which means that each node is shifted $\dfrac{\phi}{2k}$ to the left by the phase difference between the traveling waves in comparison to the case in which $\phi = 0$.

11. at 0.089 1 m, 0.303 m, 0.518 m, 0.732 m, 0.947 m, and 1.16 m from one speaker

12. (a) 78.6 Hz (b) 157 Hz, 236 Hz, 314 Hz

13. (a) 3 loops; (b) 16.7 Hz; (c) one loop

14. (a) reduced by $\dfrac{1}{2}$ (b) reduced by $1/\sqrt{2}$ (c) increased by $\sqrt{2}$

15. $m = \dfrac{Mg\cos\theta}{4f^2 L}$

16. (a) 163 N (b) 660 Hz

17. (a) 0.357 m (b) 0.715 m

18. $n(0.252$ m$)$ with $n = 1, 2, 3, \ldots$

19. (a) 50.0 Hz (b) 1.72 m

20. $n(206$ Hz$)$ and $n(84.5$ Hz$)$

21. (a) 0.656 m (b) 1.64 m

22. (a) $0.085\,8n$ Hz, with $n = 1, 2, 3\ldots$; (b) It is a good rule. A car horn would produce several or many of the closely-spaced resonance frequencies of the air in the tunnel, so it would be great amplified.

23. 57.9 Hz

24. (a) 349 m/s (b) 1.14 m

25. (a) 521 Hz or 525 Hz; (b) 526 Hz; (c) reduced by 1.14 %

26. 5.64 beats/s

27. (a) 1.99 Hz; (b) 3.38 m/s

28. 12 h, 24 min. The natural frequency of the water sloshing in the bay agrees precisely with that of lunar excitation, so we identify the extra-high tides as amplified by resonance.

29. 9.00 Hz

30. (a) 14.3 m/s; (b) 86.0 cm, 28.7 cm, 17.2 cm; (c) 4.14 Hz, 12.4 Hz, 20.7 Hz

31. The resultant wave is sinusoidal; (b) $A = 11.2$, $\phi = 63.4°$

32. (a) $\dfrac{mg(L-d)}{2\sqrt{L^2 - 2dL}}$; (b) $\dfrac{3}{2d}\sqrt{\dfrac{mg(L-d)}{2\mu\sqrt{L^2-2dL}}}$

33. $\sqrt{15}\,Mg$

【관련 이야기 3 결론】

1. 3.5 cm

2. The speed decreases by a factor of 25

3. Station 1: 15:46:32
Station 2: 15:46:24
Station 3: 15:46:09

15장

【퀴즈】

1. (a)

2. (a)

3. (b)

4. (b) or (c)

5. (b)

6. (a)

【주관식】

1. 1.92×10^4 N

2. (a) 6.24×10^6 N/m²; (b) The pressure from the heel might damage the vinyl floor covering.

3. 5.27×10^{18} kg

4. 8.46 m

5. 225 N

6. (a) 5.88×10^6 N down; (b) 196 kN outward; (c) 588 kN outward

7. 2.71×10^5 N

8. 7.74×10^{-3} m²

9. The situation is impossible because the longest straw Superman can use and still get a drink is less than 12.0 m.

10. 2.31 lb

11. (a) 20.0 cm (b) 0.490 cm
12. (a) 10.5 m; (b) No
13. (a) 116 kPa (b) 52.0 Pa
14. 98.6 kPa
15. 0.258 N down
16. 3.33×10^3 kg/m^3
17. (a) 4.9 N down, 16.7 N up (b) 86.2 N (c) By either method of evaluation, the buoyant force is 11.8 N up.
18. (a) 7.00 cm (b) 2.80 kg
19. (a) 1 250 kg/m^3 (b) 500 kg/m^3
20. 1.01 kJ
21. 12.8 kg/s
22. $2\sqrt{h(h_0 - h)}$
23. (a) 27.9 N (b) 3.32×10^4 kg (c) 7.26×10^4 Pa
24. (a) 17.7 m/s (b) 1.73 mm
25. (a) 1 atm + 15.0 MPa; (b) 2.95 m/s
26. (a) 2.28 N toward Holland; (b) 1.74×10^6 s
27. 347 m/s
28. (a) See P15.28a for full description; (b) 2.66×10^{-3} m; (c) The situation in the human body is not represented by a large artery feeding into a single capillary as in part (b). See P15.28c for full explanation.
29. See P15.29 for full description.
30. 291 Hz
31. (a) $\frac{1}{6}\rho gwH^3$; (b) $\frac{1}{3}H$

[관련 이야기 4 결론]

1. (a) The blood in vessel (ii) would have the highest speed at point 2. (b) $v_{ii} = 32v_{iii}$.
2. (a) 1.67 m/s (b) 720 Pa
3. (a) 1.57 kPa, 0.015 5 atm, 11.8 mm (b) Blockage of the fluid within the spinal column or between the skull and the spinal column would prevent the fluid level from rising.
4. 12.6 m/s

16장

[퀴즈]

1. (c)
2. (c)
3. (a)
4. (b)
5. (i) (b) (ii) (a)
6. (a)

[주관식]

1. (a) −270 °C; (b) 1.27 atm, 1.74 atm
2. (a) −320 °F (b) 77.3 K
3. 1.54 km. The pipeline can be supported on rollers. Ω-shaped loops can be built between straight sections. They bend as the steel changes length.
4. 0.001 58 cm
5. Required $T = -376$ °C is below absolute zero.
6. (a) 11.2×10^3 kg/m^3 (b) 20.0 kg
7. (a) 0.176 mm (b) 8.78 μm (c) 0.093 0 cm^3

8. (a) 99.4 mL (b) 2.01 L (c) 0.998 cm
9. (a) 0.109 cm^2 (b) increase
10. 1.89 MPa
11. 8.72×10^{11} atoms/s
12. (a) 2.99 mol (b) 1.80×10^{24} molecules
13. (a) 3.95 atm = 400 kPa (b) 4.43 atm = 449 kPa
14. 2.42×10^{11} molecules
15. 473 K
16. 7.13 m
17. $m_1 - m_2 = \dfrac{P_0 V M}{R}\left(\dfrac{1}{T_1} - \dfrac{1}{T_2}\right)$
18. 3.55 L
19. 1.50×10^{29} molecules
20. 4.39 kg
21. 3.32 mol
22. $\dfrac{3}{2}\dfrac{PV}{K N_A}$
23. (a) 0.943 N (b) 1.57 Pa
24. (a) 8.76×10^{-21} J; (b) For helium, $v_{rms} = 1.62$ km/s and for argon, $v_{rms} = 514$ m/s
25. 5.05×10^{-21} J
26. 17.4 kPa
27. (a) −9.73 °C/km; (b) Air contains water vapor. Air does not behave as an ideal gas. As a parcel of air rises in the atmosphere and its temperature drops, its ability to contain water vapor decreases, so water will likely condense out as liquid drops or as ice crystals. (The condensate may or may not be visible as clouds.) The condensate releases its heat of vaporization, raising the air temperature above the value that would be expected according to part (a); (c) −4.60 °C/km; (d) 4.34 km; (e) The dust in the atmosphere absorbs and scatters energy from the electromagnetic radiation coming through the atmosphere from the Sun. The dust contributes energy to the gas molecules high in the atmosphere, resulting in an increase in the internal energy of the atmosphere aloft and a smaller decrease in temperature with height, than in the case where there is no absorption of sunlight. The larger the amount of dust, the more the lapse rate will deviate from the theoretical value in part (c). Thus it was dustier during the *Mariner* flights in 1969.
28. (a) 9.5×10^{-5} s (b) It loses 57.5 s.
29. 0.623
30. (a) $\dfrac{PM}{RT}$; (b) 1.33 kg/m^3

17장

[퀴즈]

1. (i) iron, glass, water (ii) water, glass, iron
2. The figure shows a graphical representation of the internal energy of the system as a function of energy added. Notice that this graph looks quite different from Figure 17.2 in that it doesn't have the flat portions during the phase changes. Regardless of how the temperature is varying in Figure 17.2, the internal energy of the system simply increases linearly with energy input.

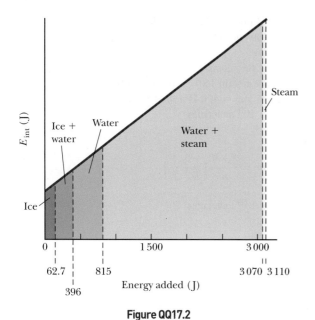

Figure QQ17.2

3. C, A, E. The slope is the ratio of the temperature change to the amount of energy input. Therefore, the slope is proportional to the reciprocal of the specific heat. Liquid water, which has the highest specific heat, has the lowest slope.

4.

Situation	System	Q	W	ΔE_{int}
(a) Rapidly pumping up a bicycle tire	Air in the pump	0	+	+
(b) Pan of room-temperature water sitting on a hot stove	Water in the pan	+	0	+
(c) Air quickly leaking out of a balloon	Air originally in the balloon	0	−	−

5. Path A is isovolumetric, path B is adiabatic, path C is isothermal, and path D is isobaric.
6. (i) (a) (ii) (c)
7. (b)

[주관식]

1. 0.281 °C
2. (a) 2.26×10^6 J (b) 2.80×10^4 steps (c) 6.99×10^3 steps
3. 0.234 kJ/kg · °C
4. 87.0 °C
5. 23.6 °C
6. 29.6 °C
7. (a) 0 °C (b) 114 g
8. 0.294 g
9. 1.22×10^5 J
10. −1.18 MJ
11. −466 J
12. (a) −12.0 MJ (b) +12.0 MJ
13. 4.29×10^4 J
14.

Process	Q	W	ΔE_{int}
BC	−	0	−
CA	−	+	−
AB	+	−	+

15. (a) 7.50 kJ (b) 900 K
16. (a) −3.10 kJ; (b) 37.6 kJ
17. (a) −9.08 kJ (b) 9.08 kJ
18. (a) 0.041 0 m³ (b) +5.48 kJ (c) −5.48 kJ
19. (a) 3.46 kJ (b) 2.45 kJ (c) −1.01 kJ
20. (a) 0 (b) 209 J (c) 317 K
21. 13.5 PV
22. (a) 1.39 atm; (b) 366 K and 253 K; (c) Q = 0; (d) −4.66 kJ; (e) −4.66 kJ
23. (a) a factor of 0.118 (b) a factor of 2.35 (c) 0 (d) 135 J (e) 135 J
24. (b) $(3^{1/\gamma}) V_i$; (c) $3T_i$; (d) T_i; (e) $-P_i V_i \left[\left(\frac{1}{\gamma - 1} \right) (1 - 3^{1/\gamma}) + (1 - 3^{1/\gamma}) \right]$
25. 2.32×10^{-21} J
26. (a) $E_{int} = Nf \left(\frac{k_B T}{2} \right) = f \left(\frac{nRT}{2} \right)$; (b) $C_V = \frac{1}{n} \left(\frac{dE_{int}}{dT} \right) = \frac{1}{2} fR$; (c) $C_P = C_V + R = \frac{1}{2} (f + 2) R$; (d) $\gamma = \frac{C_P}{C_V} = \frac{f + 2}{f}$
27. 51.2 °C
28. 3.85×10^{26} W
29. (a) Intensity is defined as power per area perpendicular to the direction of energy flow. The direction of sunlight is along the line from the Sun to an object. The perpendicular area is the projected flat circular area enclosed by the *terminator*. The object radiates infrared light outward in all directions. The area perpendicular to this energy flow is its spherical surface area; (b) 279 K, it is chilly, well below room temperatures we find comfortable.
30. (a) 17.2 L (b) 0.351 L/s
31. 2.27×10^3 m
32. 10.2 h

18장

[퀴즈]

1. (i) (c) (ii) (b)
2. C, B, A
3. (d)
4. (a) one (b) six
5. (b)
6. (a)
7. false

[주관식]

1. (a) 6.94 % (b) 335 J
2. 55.4 %
3. (a) 10.7 kJ (b) 0.533 s
4. (a) $e_1 + e_2 - e_1 e_2$; (b) $1 - \frac{T_c}{T_h}$; (c) The combination of reversible engines is itself a reversible engine so it has the Carnot efficiency. No improvement in net efficiency has resulted; (d) $T_i = \frac{1}{2} (T_h + T_c)$; (e) $T_i = (T_h T_c)^{1/2}$
5. (a) 67.2 % (b) 58.8 kW
6. 33.0 %
7. (a) 741 J (b) 459 J
8. (a) 564 K (b) 212 kW (c) 47.5 %

9. 11.8

10. (a) 2.93; (b) $(COP)_{refrigerator}$; (c) with EER 5, \$510, with EER 10, \$255; Thus, the cost for air conditioning is half as much for an air conditioner with EER 10 compared with an air conditioner with EER 5.

11. 9.00

12. 1.86

13. (a) See Fig P18.13a for the full solution; (b) See Fig P18.13b for the full solution.

14. (a) 24.0 J (b) 144 J

15. 1.17 J

16. 72.2 J

17. (a) −3.45 J/K (b) +8.06 J/K (c) +4.62 J/K

18. 195 J/K

19. (a) See Table P18.19; (b) 2 heads and 2 tails; (c) either all heads or all tails; (d) 2 heads and 2 tails

20. (a)

Macrostate	Microstates	Number of Ways to Draw
All R	RRR	1
2 R, 1G	GRR, RGR, RRG	3
1 R, 2G	GGR, GRG, RGG	3
All G	GGG	1

(b)

Macrostate	Microstates	Number of Ways to Draw
All R	RRRR	1
4R, 1G	GRRRR, RGRRR, RRGRR, RRRGR, RRRRG	5
3R, 2G	GGRRR, GRGRR, GRRGR, GRRRG, RGGRR, RGRGR, RGRRG, RRGGR, RRGRG, RRRGG	10
2R, 3G	RRGGG, RGRGG, RGGRG, RGGGR, GRRGG, GRGRG, GRGGR, GGRRG, GGRGR, GGGRR	10
1R, 4G	RGGGG, GRGGG, GGRGG, GGGRG, GGGGR	5
All G	GGGGG	1

21. (a) isobaric (b) 402 kJ (c) 1.20 kJ/K

22. −610 J/K

23. (a) one (b) six

24. 0.507 J/K

25. 3.28 J/K

26. 1.02 kJ/K

27. 1 W/K

28. (a) 5.76 J/K (b) no change in temperature

29. (a) 5.2×10^{17} J (b) 1.8×10^3 s

30. (a) 8.48 kW (b) 1.52 kW (c) 1.09×10^4 J/K (d) drop by 20.0 %

31. (a) 13.4 J/K; (b) 310 K; (c) 11.1 J/K; (d) smaller by less than 1 %

32. 8.36×10^6 J/K·s